航天科技图书出版基金
中国航天基金会　　　　　　　　　　资助出版
嫦娥奔月航天科技(北京)有限责任公司

铸就辉煌

——中国探月工程科学成果

（第一辑）［上］

国家航天局探月与航天工程中心
中国科学院月球与深空探测总体部　组织编写

刘继忠　邹永廖　主编

中国宇航出版社
·北京·

图书在版编目(CIP)数据

铸就辉煌：中国探月工程科学成果. 第一辑：全2册 / 刘继忠，邹永廖主编；国家航天局探月与航天工程中心，中国科学院月球与深空探测总体部组织编写. -- 北京:中国宇航出版社,2019.3

ISBN 978-7-5159-1608-8

Ⅰ. ①铸…　Ⅱ. ①刘…　②邹…　③国…　④中…　Ⅲ. ①月球探索-中国-文集　Ⅳ. ①V1-53

中国版本图书馆 CIP 数据核字(2019)第 042709 号

责任编辑　侯丽平　　　　封面设计　宇星文化

出版发行　中国宇航出版社

社　址　北京市阜成路8号　　邮　编　100830

(010)60286808　　(010)68768548

网　址　www.caphbook.com

经　销　新华书店

发行部　(010)60286888　　(010)68371900

(010)60286887　　(010)60286804(传真)

零售店　读者服务部

(010)68371105

承　印　河北画中画印刷科技有限公司

版　次　2019年3月第1版

2019年3月第1次印刷

规　格　787×1092

开　本　1/16

印　张　112.75

字　数　2744千字

书　号　ISBN 978-7-5159-1608-8

定　价　498.00元(上下册)

前　言

皓月当空，抬头仰望，最明亮的那道光，始终启迪着人类的智慧，为我们打开通向宇宙文明的第一扇窗。月球作为地球唯一的天然卫星，是距离地球最近的天体，以其独特的空间位置、广阔的科学探索前景，成为人类开展深空探测的首选对象，也是人类开展太阳系空间探测的理想平台。

自古以来，中华民族对月球有着无限的遐思和美好的梦想。2004 年，我国正式启动实施月球探测工程；2007 年，嫦娥一号开启了中华民族探月之旅，实现了“上九天揽月”的梦想；2010 年，嫦娥二号再续新篇章，不断刷新中国航天新高度；2013 年，嫦娥三号把玉兔号的足迹刻在了月球上，也把中华民族非凡的创造力刻在了人类文明发展的光辉史册上。

十几年来，探月工程取得连续成功，不仅突破了一大批具有自主知识产权的核心关键技术，也取得了一系列重大科学产出和原创性研究成果，许多科学成果达到了国际先进乃至领先的水平，得到了国际同行高度认可和赞赏。比如，开创了“月亮微波”先河；首次实施了图塔蒂斯（Toutatis）小行星近距离成像探测；在嫦娥三号探测区，发现了新的一种岩石类型，提出了该区火山作用的新理论模型；刷新了月球外逸层 H_2O/OH 的观测记录；首次实施月基巡天观测，发现“由物质交流形成的半相接双星”等现象以及双星、多星系的恒星系统；首次实施月基对地紫外成像观测，发现了太阳亚暴期间地球等离子体层的凸起现象，证实了地球等离子体层尺度与地磁活动强度呈反相关关系。

从嫦娥一号到嫦娥三号，探月工程始终坚持“多出成果、快出成果、出好成果、出大成果”的发展理念，制定科学数据管理办法，组织全国各有关研究机构和高校的力量，及时深入地开展科学探测数据的应用研究，并成立科学应用研究核心团队，最大程度将获取的大量科学探测数据转化为科学效益，使中国科学家实现了从月球科学调查与跟踪性研究向自主探索和自主研究的转变。在探月工程的推动下，越来越多的国内相关领域专家学者参与到行星科学研究的工作中来，使我国行星学科和研究队伍迅速发展并逐步壮大。

为激励和便于行星科学家努力前行，尤其是点燃青少年热爱科学、献身科学的热情，推动国家行星科学、空间科学领域的可持续快速发展，由国家航天局探月与航天工程中心、中国科学院月球与深空探测总体部联合组织相关专家编写了本书。

鉴于已有相关出版物介绍了嫦娥一号任务所取得的科学成果，本书在内容上以介绍嫦娥二号和嫦娥三号任务所取得的科学成果为主线，兼顾从科学角度解读探月工程实施历程，并对未来月球探测的科学预期进行展望。随着我国探月工程的推进，科学研究及应用的不断深入，将陆续出版后续科学成果汇编。由于篇幅有限，本书仅汇编了与科学产出相关的部分论文，并对其学术成就、创新点、影响力等进行了概述，而其他类型的学术论文，则列出其文章目录，方便读者查阅。全书内容均来源于探月工程第一手素材，是迄今为止对探月工程科学应用成果最详尽的梳理和汇编。

全书分五篇共12章。第一篇介绍探月工程总体概况，包括工程的战略意义、任务规划、科学目标、任务实施等；第二篇重点介绍利用探月工程探测数据在月球科学研究领域取得的科学成果；第三篇主要介绍利用探月工程数据所获取的相关小行星、恒星系统和地球等离子体层等方面的新认识；第四篇在简述国际月球地理实体命名相关规则的基础上，重点介绍因探月工程成就而开展的国际月球实体命名工作和取得的进展；第五篇进行了月球探测科学展望，包括国际月球探测发展态势，以及未来月球探测的科学设想等。

本书由国家航天局探月与航天工程中心、中国科学院月球与深空探测总体部联合组织编写，刘继忠、邹永廖同志担任主编，参与写作的同志均是工作在探月工程和行星科学研究一线的科研人员。刘继忠同志对全书探月工程部分进行了审订并撰写了前言，邹永廖同志对全书月球科学部分进行了审订并撰写了结语。第一篇由刘继忠、王倩、侯军、张哲、耿言、杨瑞洪、宁远明、付中梁编写；第二篇由邹永廖、徐琳、平劲松、孟治国、刘建忠、凌宗成、陈剑、张江、李勃、武中臣等编写；第三篇由邹永廖、王琴、王竞、曹莉、阮萍、魏建彦、杨建峰、蔡洪波、孟宪民、韩旭辉、王慎、刘朝辉、邓劲松、裘予雷、吴潮、辛立平、胡景耀、贺晗、王华宁、徐琳等编写；第四篇由刘晓群、李伟、左维、邹永廖编写；第五篇由刘继忠、裴照宇、王伟、邹永廖、卢亮亮、徐琳、付晓辉编写。刘继忠、邹永廖、裴照宇、于国斌、刘彤杰参加了全书总校并提出了宝贵意见；吴伟仁院士、胡浩总师、张荣桥总师对本书内容提出了宝贵意见；在此一并致谢。另外，感谢本书所收录论文作者们的科学奉献和大力支持。

特别感谢航天科技图书出版基金、中国航天基金会、嫦娥奔月航天科技（北京）有限责任公司对本书出版给予的资金资助和大力支持。

不忘初心，唯实求真。寄望本书的出版，能激励嫦娥之子继续在宇宙揭秘之路上前行，照亮青少年潜心科学探索之路，为探索宇宙未知、服务人类文明做出更大努力。

目　录

第一篇　探月工程及其科学任务

第二篇　月球探测篇

第三篇 月基探测篇

第四篇　月球实体命名篇

第五篇　月球科学展望篇

第一篇

探月工程及其科学任务

本篇在简要分析人类观测月球、探测月球历程的基础上，重点介绍了中国在世界航天发展的大背景下，如何把握机遇、审时度势地开展探月工程的立项论证并最终制定“三步走”的发展战略规划，确定科学目标及载荷配置，以及在科学探测任务上不断深入、由点及面、步步衔接的总体思路。

第1章 探月工程规划

人类对于月球的探索从自身诞生那一刻起就从未停歇，正是通过对月球阴晴圆缺的观察，祖先逐渐掌握四季更替的变化规律，从刀耕火种的远古时代逐步走入现代文明。月球对于中华文明是不可或缺的一部分，从远古时代嫦娥奔月的神话传说，到明月天涯等脍炙人口的浪漫诗篇，中华民族从未停止对月球的向往与追求。作为距离地球最近的天体，月球以其独特的空间位置、广阔的科学探索前景，成为人类地外天体探测和资源利用的首选目标。

20世纪50年代末期至70年代初期，以苏联和美国为首的世界航天大国开展了大量月球探测活动，掀起了人类对于月球探测的第一次高潮，取得了一系列丰硕成果，带动了相关领域科技与应用的快速发展。美国发射了"先驱者""勘测者""阿波罗"等系列共54个月球探测器，遵循从飞越、环绕、硬着陆到软着陆的技术路线，最终实现载人登月。苏联发射了"月球号""探测器号"等系列共64颗月球探测器，依次实现了硬着陆、飞越、软着陆、环绕、巡视和月球样品的自动采样返回。

进入21世纪后，美国、俄罗斯、欧洲空间局、日本、印度等国家或机构规划实施了多项月球探测活动，月球再次成为国际深空探测活动的热点。中国航天也置身于探月热潮之中。

20世纪60年代，中国百废待兴、尚未建立完整的航天工业体系时，中国学者就已将眼光投向了月球。20世纪90年代初，国家科学技术委员会、航空航天工业部分别组织相关单位开展了探月的可行性论证研究。

1995年，国家"863"计划航天领域专家委员会批复下达了"我国开展月球探测的必要性和可行性研究"的课题。月球探测工程论证面临的第一个问题就是去月球干什么。是先解决去月球的能力，还是先考虑去月球的目的，这需要决策者进行认真的研究，需要权衡两者之间的轻重。最初有观点是把解决去月球的能力放在首位，然后考虑去月球干什么。但随着论证的不断深入，逐渐达成共识，认识到这是两个相互推动、相互制约的重要因素。课题完成了包括必要性、可行性、技术方案、关键技术等比较完整的论证报告，报告认为我国已开展卫星、载人航天两大领域，但深空探测领域却仍然为处女地，科学研究的发展、未来战略机遇的考量都需要尽快开展月球探测。2000年8月，中科院组织专家论证会，评审通过了"月球探测卫星科学目标及有效载荷"研究成果，标志着探月工程一期科学目标的确立。

1998年，国防科学技术工业委员会(简称国防科工委)成立，并设国家航天局，为探月工程的论证工作提供了重大历史机遇。成立伊始，国防科工委就将规划中国航天未来发展作为重要使命，经过广泛深入的调研，着手制定中国航天白皮书。2000年11月，国务院新闻办公室发表了由国防科工委组织编写的《中国的航天》白皮书，阐述了面向21世纪中国航天的现状、发展策略、规划和国际合作政策等，首次提出了“开展以月球探测为主的深空探测预先研究”的阐述。白皮书的发表，明确了中国人要开展探月工程，嫦娥奔月终于不再是上古神话。

2001 年 12 月，国防科工委召集全国航天技术专家和月球科学家对绕月探测进行了综合论证。空间探索任务大多属于重大工程，研制周期长、需要资源多，其发展技术路线的选择十分重要。正确的技术路线会带来工程实施顺利、资源节约等事半功倍的效果，反之则会导致走弯路、浪费资源、节点推迟的情况，这对于我国这样一个发展中国家尤为重要。专家们结合中国航天技术发展现状，提出了在当时的技术水平和经费能力下，采用我国现有的长征 3 号甲火箭和东方红 3 号卫星平台，使用西昌卫星发射中心来发射中国首颗月球探测器。

2003 年 2 月，国防科工委组织召开“民用航天工作会暨月球探测动员会”，成立了由栾恩杰、孙家栋和欧阳自远组成的探月工程三人筹备领导小组，启动了探月工程的筹备工作。

2004 年 1 月 23 日，新年伊始，国务院正式批准了国防科工委、财政部《关于绕月探测工程的立项请示》。国防科工委随后组织成立绕月探测工程领导小组，将我国首颗月球探测器命名为嫦娥一号。至此，中国人对于月球的千年遥望，科学家、技术专家对于探月的向往，在此时终于迈出了坚实的第一步。

中国的探月工程从开始论证就将目光聚焦于长期、系统性地开展月球探测。2004 年初，月球探测重大专项论证组开始了月球探测第二、三期的论证工作。依据重大专项与经济社会发展、可持续发展相结合的原则，遵循突出重点、有所为有所不为的方针，论证组提出建议：“将月球探测工程(二期、三期)重大专项列入国家中长期科学和技术发展规划，是必要的、可行的。”2006 年 2 月 9 日，国务院发布了《国家中长期科学和技术发展规划纲要(2006—2020 年)》，探月工程(二期、三期)被确定为国家中长期科技发展的 16 个重大专项工程之一。

中国的探月工程在 2020 年前按照“绕、落、回”三步走实施，有着深刻的技术能力与社会经济水平发展的考虑。中国的探月工程在 2020 年前分为一期、二期、三期，充分考虑了步与步之间的有机衔接，前一步是后一步的基础，后一步是前一步的跨越；任务与任务之间承前启后，尽可能利用前一次的成果，为后一次任务多做验证。经过多阶段、多层次的广泛、充分而严谨的论证，形成了有序衔接、不断创新、持续发展的“绕、落、回”三步走的发展规划(见图 1-1)。

一期工程——“绕”。2004—2008 年，实施绕月遥感探测，突破绕月探测关键技术，实现探测卫星绕月飞行，对月球地形地貌、月面物质成分、月壤特性、地月空间环境等进行全球性、整体性和综合性环绕遥感探测。按照“有限目标、有所创新、以图为主、兼顾其他”的原则，其科学任务主要包括：为月球“画像”，获取全月面三维影像和立体图像，开展月面地形地貌与地质构造等研究，探测月面元素和矿物成分，研究地月空间环境。图 1-2 为嫦娥一号拍摄的 120 m 分辨率月球影像图。

二期工程——“落”。2008—2014 年，实现月球软着陆，对月面进行就位探测、巡视

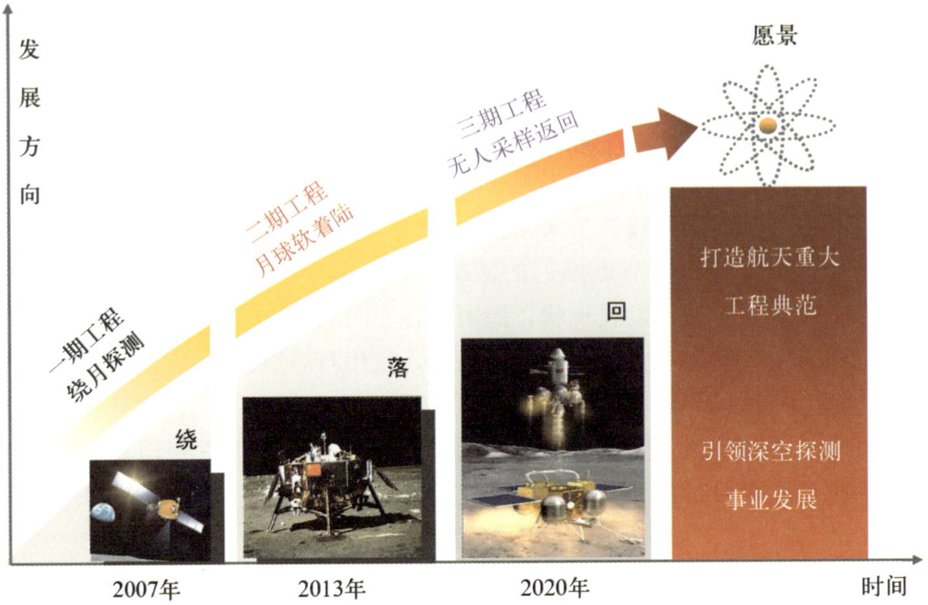

图 1-1 “绕、落、回”三步走发展规划

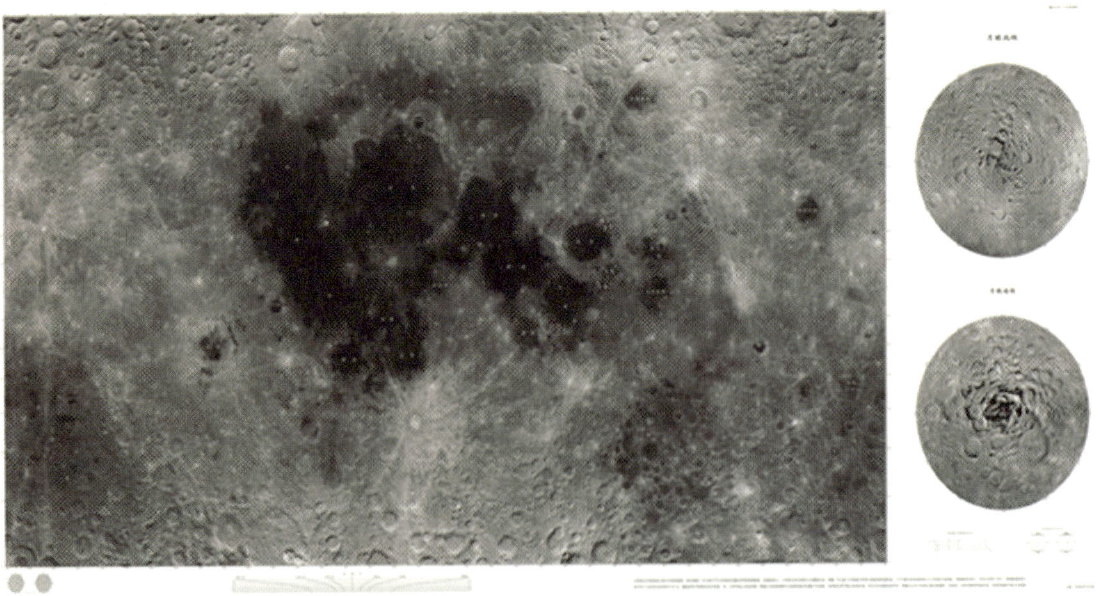

图 1-2 嫦娥一号拍摄的 120 m 分辨率月球影像图

勘察并借助月基平台开展对天、对地观测的科学活动；其主要内容为发射月球软着陆器、试验月球软着陆技术；研制和发射月球软着陆器、巡视车，探测着陆区岩石的化学与矿物成分，进行高分辨率摄影，首次实现在月球上进行巡天观测和对地球等离子体层成像观测，其主要科学目标为：着陆区地貌与地质构造调查和综合研究；月基天文观测与研究；月基对地球等离子体层成像观测与研究。

在实施月面软着陆前，为了更好地了解着陆区的形貌特征，将嫦娥一号卫星的备份星改造为嫦娥二号卫星，在 2010 年发射，执行二期工程的先导任务，开展对着陆区的详查、验证二期关键技术等工作。嫦娥二号卫星在圆满完成先导任务后，开展了具有挑战性的两个试验：一是飞往日地拉格朗日 L2 点获取其空间环境信息，二是通过飞越交会探测获得图塔蒂斯(Toutatis)4179 小行星高精度的图像(见图 1-3)，实现了 1 次发射开展 3 项探测任务的壮举。

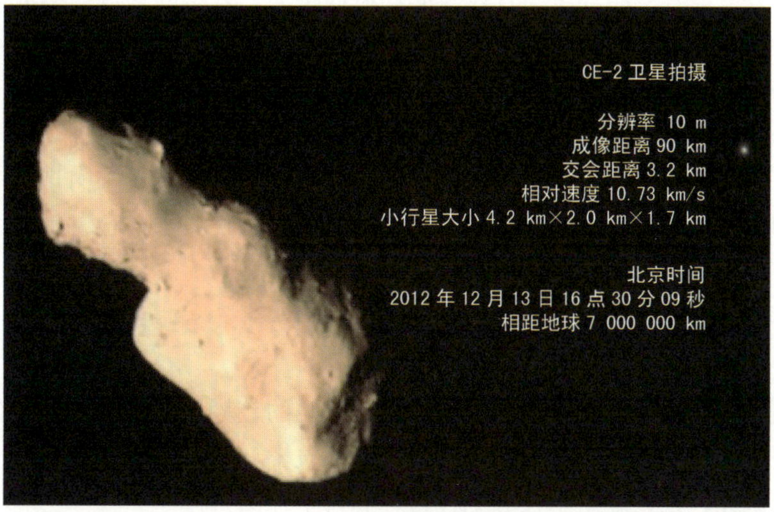

图 1-3　嫦娥二号卫星拍摄的图塔蒂斯小行星图像

三期工程——“回”。2011—2020 年，实现月球表面自动取样并安全返回地球。主要内容为掌握月面自动采样与封装、月面起飞、月球轨道交会对接、月地转移、地球大气高速再入、多目标高精度测控、月球样品储存等关键技术，提升航天技术水平。科学目标为着陆区的现场调查和分析、月球样品的分析与研究。

目前，探月工程已经取得了嫦娥一号、嫦娥二号、嫦娥三号、再入返回飞行试验四战四捷的良好成绩，证明了这是一条科学合理可行的探月工程技术路线，做到了起步晚但起点高、投入少但产出多、任务次数少但覆盖内容全，整体能力快速发展，迅速晋升为国际先进行列。

实施探月工程是遵循我国和平利用太空的一贯宗旨，在具备了开展航天活动基本的物质条件、技术条件以及经济条件的情况下所做出的选择，目的是要从科学的角度去了解月球，同时发展我国的航天技术，为未来开展深空探测积累技术基础；带动相关高新技术发展，逐步建立和完善我国的探月科学和工程体系，培养新型高科技人才队伍；最终实现对国家科技进步的推动，对经济发展和结构调整的提升，对全民族科学素养的提高，对人民生活质量的改善。

第2章　探月工程的科学目标及探测任务

人类对月球的探测虽然已历经50多年，但对月球主要科学问题的认识，如月球地形地貌类型的划分、地月空间环境与月球表面环境的特征、月壤的形成与组成、地质构造的特征、岩石类型及其分布规律、月球的演化历史与重大事件、月球的起源等，仍然存在着许多令人困惑未解的问题和争议。

我国的探月工程起步较晚，在借鉴国外月球探测工程的经验和教训基础上，充分利用我国已有的技术条件，以“绕、落、回”三步走为导向，不断深入，不断扩展，确定了探月工程各阶段的工程目标和科学探测任务。

2.1　嫦娥一号任务

根据对国外历次月球探测成果的分析和月球探测的趋势，探月工程一期任务在确保第一颗月球探测卫星成功的基础上，在当时可提供的技术、装备条件和有限资金支持下，经过论证组多次研究讨论，确定了任务工程目标和科学探测目标。

2.1.1　工程目标

嫦娥一号任务在工程目标选取上，以稳妥可靠为首要原则，重点关注基本技术突破和初步系统的构建，为探月工程后续任务奠定坚实的基础。明确以下5项工程目标：

1)研制和发射我国第一个月球探测卫星；

2)初步掌握绕月探测基本技术；

3)首次开展月球科学探测；

4)初步构建月球探测航天工程系统；

5)为月球探测后续工程积累经验。

2.1.2　科学目标

嫦娥一号任务以月球科学研究和表面可利用资源的勘测为主要科学探测目标，重点为获取月球表面三维影像，分析月表元素和物质类型的分布特点，探测月壤特性以及地月空间环境，为此确定的科学目标包括以下4项：

1)获取月球表面三维影像；

2)分析月球表面元素含量和物质类型分布；

3)探测月壤特性；

4)探测地月空间环境。

为实现上述科学目标，嫦娥一号卫星配备了 CCD 立体相机、干涉成像光谱仪、激光高度计、γ/X 射线谱仪、微波探测仪、太阳风离子探测器和太阳高能粒子探测器。载荷与科学目标的对应关系见表 2-1。

表 2-1　嫦娥一号科学载荷与科学目标对应关系

CCD 立体相机	获取月球表面三维影像
激光高度计	
干涉成像光谱仪	分析月球表面元素含量和物质类型分布
γ/X 射线谱仪	
微波探测仪	探测月壤特性
太阳风离子探测器	探测地月空间环境
太阳高能粒子探测器	

1)获取月球表面三维影像：月球表面形貌的照相观察一直是月球探测不可或缺的重要内容，也是最直观观测月球表面的途径，同时也是科普教育的重要手段。嫦娥一号任务是首次获取全月球表面三维影像，获取的数据可以用于：划分月球表面的基本构造和地形地貌；进行月球撞击坑的分析和研究；划分月球断裂和环形影像纲要图，勾画月球地质构造演化史；为后续着陆探测优选合适的区域提供科学依据等。

2)分析月球表面元素含量和物质类型分布：月球表面物质是研究月球形成和演化历史最为直接的对象。利用 γ 射线谱仪可以探测月表 14 种元素的含量与分布特征，获取其全月球分布，初步评估月球矿产资源的状况；利用干涉成像光谱仪对全月球光谱成像，结合 γ/X 射线谱仪的探测结果，辨别月球的表面物质类型，特别是月球背面的岩石组成和分布特征。

3)探测月壤特性：嫦娥一号卫星上搭载了微波探测仪，首次利用微波遥感开展对月球的探测。利用微波信号对月球表面物质的穿透传播特性，从表征月球物质微波辐射的亮温数据中，反演获得月球表面月壤厚度信息，估算月球表面氦－3 的含量、分布及资源量。

4)探测地月空间环境：月球距离地球平均 38 万多千米，处于地球磁场空间的远磁尾，在向阳面可穿出地磁场磁层顶，接触行星际空间环境，如原始太阳风、太阳宇宙射线及行星际磁场等。太阳风离子探测器和太阳高能粒子探测器通过探测数据研究磁层顶外行星际太阳风和太阳高能粒子的分布特性和传播规律，研究月球轨道空间环境的特征和对太阳活动的影响；通过在地球磁尾内外的空间环境探测，研究太阳风与地球磁层的耦合过程和磁暴的产生机制；为月球探测后续任务提供直接的空间环境数据，进一步提高卫星(探测器)适应月球探测任务的能力。

2.2 嫦娥二号任务

在嫦娥一号任务圆满成功之后，探月工程二期立项，其主要目标是实现月面软着陆和巡视勘察。考虑到其关键技术多、技术跨度大、实施难度高，为降低月面软着陆技术风险、积累工程经验，决定将嫦娥一号备份星进行适应性改进，“升级”为嫦娥三号先导星，先期验证落月的部分关键技术，并对预选着陆区进行高分辨率成像。

2.2.1 工程目标

嫦娥二号卫星充分继承嫦娥一号卫星的成熟技术和产品，并进行性能和功能升级，突破相关新技术，提升系统整体能力，形成并验证适用的行星际探测新平台。通过综合集成创新牵引成熟技术升级和新技术突破，实现任务级创新和应用创新，确保完成行星际多目标探测任务。

嫦娥二号卫星兼顾了技术验证和科学探测，围绕技术验证的任务需求，确定多个试验验证和深空探测新技术验证项目，较嫦娥一号任务有以下技术突破：

1)利用长征三号丙运载火箭直接将嫦娥二号卫星送至远地点 38 万千米的地月转移轨道(LTO)，5 天即可到达月球轨道，将嫦娥一号卫星 12 天到达月球轨道的时间大大缩短；

2)嫦娥二号卫星由嫦娥一号卫星的 200km×200km 环月轨道降低到 100km×100km，并能够调整为 100km×15km 轨道，为嫦娥三号预选着陆区拍摄高分辨率图像，验证嫦娥三号着陆前变轨的各项技术；

3)开展 X 频段深空测控技术和高速数据传输技术，搭载轻小型 CMOS 监视和降落相机，为后续月球及深空探测奠定基础。

具体有以下 6 项工程目标：

1)突破运载火箭直接将卫星发射至 LTO 的发射技术；

2)验证 100 km 月球轨道捕获技术；

3)验证 100 km×15 km 轨道机动与快速测定轨道技术；

4)对嫦娥三号任务预选着陆区——虹湾地区进行高分辨率成像试验；

5)试验 X 频段深空测控技术，验证深空测控体制；

6)试验高速数据传输和低密度奇偶校验码(LDPC)遥测信道编码、轻小型 CMOS 监视和降落相机等高新技术。

2.2.2 科学目标

嫦娥二号卫星在科学探测方面与嫦娥一号基本一致，以获取高分辨率全月图为侧重，积累各项探测数据，深化科学研究目的，明确以下四项科学目标：

1)获取月球表面三维影像，分辨率优于 10 m；

2)探测月球物质成分；

3)探测月壤特性；

4)探测地月与近月空间环境。

与嫦娥一号相比，嫦娥二号配置的有效载荷设备进行了调整和改进，去掉了干涉成像光谱仪；重新研制了更高分辨率的 TDI－CCD 立体相机和更高重复频率的激光高度计；对 X 射线谱仪和 γ 射线谱仪进行了改进升级，提升了探测能力；微波探测仪、太阳高能粒子探测器、太阳风离子探测器基本保持不变。对应的科学目标见表 2-2。

表 2-2　嫦娥二号科学载荷与科学目标对应关系

TDI－CCD 立体相机	获取月球表面三维影像，分辨率优于 10 m
激光高度计	
γ/X 射线谱仪	探测月球物质成分
微波探测仪	探测月壤特性
太阳风离子探测器	探测地月与近月空间环境
太阳高能粒子探测器	

1)获取月球表面三维影像，分辨率优于 10 m：嫦娥二号任务利用 TDI－CCD 高分辨率立体相机获取了 7 m 分辨率全月表面三维影像和 1 m 分辨率月球虹湾地区三维影像，为后续着陆区优选提供依据，同时为划分月球表面的地貌单元精细结构、断裂和环形构造，提供原始资料。

2)探测月球物质成分：γ 射线谱仪采用新型的溴化镧晶体替换嫦娥一号 γ 射线谱仪的碘化铯晶体。其能量分辨率提高了 2 倍，信号灵敏度提高了 1.4 倍，同时减轻了质量、减小了体积，获取了更高空间分辨率和探测精度的月表有用元素分布图。

3)探测月壤特性：获取更多的探测数据，进一步深化嫦娥一号的研究成果。

4)探测地月与近月空间环境：嫦娥二号卫星在轨运行期间正是太阳活动高峰年，是探测研究太阳高能粒子事件、太阳风及其对月球环境影响的最佳时期。

2.2.3　拓展任务

嫦娥二号卫星绕月探测任务圆满完成后，进入拓展任务阶段。基于“加速提升能力、推进技术发展”的思路，以验证距离地球更远的行星际探测技术、积累深空探测工程经验为目标，深化论证了扩展任务阶段的试验项目。按有序衔接、分步实施的原则，最大限度地发挥卫星潜能，以跨越行星际、突破新距离为基本目的，设计了月球轨道深化探测、日－地拉格朗日 L2 点环绕探测、图塔蒂斯 4179 小行星飞越探测等 3 阶段的多目标探测任务。

利用有效载荷和监视相机，制定并实现了以下探测目标：

1)利用 γ/X 射线谱仪获取距离地球 150 万千米处 γ/X 射线数据；

2)利用太阳风离子探测器获取地球远磁尾 150 万千米处的三维离子能谱数据；

3)利用太阳高能粒子探测器获取地球 150 万千米处高能粒子数据；

4)利用监视相机拍摄图塔蒂斯 4179 小行星图像。

2.3 嫦娥三号任务

作为二期工程主任务，嫦娥三号要实现月球表面的软着陆和巡视勘察。相比嫦娥一号、二号的绕月飞行，嫦娥三号任务的技术跨度大，着陆、巡视这两大关键环节的相关技术都没有成熟技术可以继承，需要攻关突破，而且整器大部分产品需要重新研发。但另一方面，经过航天几十年的发展和嫦娥一号任务的实施，中国航天已经具备了相当的技术实力。在这种情况下，确定其技术路线为：瞄准当今世界发展水平，高起点地确定功能与性能指标；以航天几十年来积累的技术能力为基础，针对新领域中所遇到的新问题，完全自主地进行技术上的原始创新和集成创新，通过大量的设计分析、关键技术攻关和地面验证试验，以正面攻坚的方式全面突破月球软着陆和月面巡视的核心关键技术。

2.3.1 工程目标

围绕二期工程突破月面软着陆和月面巡视勘察的核心任务，确定嫦娥三号任务的工程目标为：

1)突破月球软着陆、自动巡视勘察、深空测控通信、月夜生存等关键技术，提升航天技术水平；

2)研制月球软着陆探测器和巡视探测器，建立包括运载火箭、探测器、深空站、遥科学实验室等在内的功能模块，具备月球软着陆探测的基本能力；

3)建立月球探测航天工程基本体系，形成重大项目科学有效的工程管理方法以及人才队伍，推动我国深空探测活动的持续发展。

2.3.2 科学目标

嫦娥三号探测器直接对着陆区和巡视区开展近距离就位探测、分析，获得的探测成果是对前期任务的拓展和提升，也为前期工程获取探测数据的各种处理模型和解译方法提供精准的校正和验证的标准，从而实现在科学探测与研究上承前启后的目的，实现获取月球整体性知识与局部精确性认识高度融合的一整套有丰富内涵的科学成果。

在综合分析与总结已有月球软着陆与月球车巡视勘察的科学目标、载荷需求与研究成果的基础上，遵循我国月球探测总体科学目标的优选原则和我国科技与经济发展的需求，确立了 3 项科学目标：

1)月表形貌与地质构造调查；

2)月表物质成分和可利用资源调查；

3)地球等离子体层探测和月基光学天文观测。

围绕上述科学目标，采用多个谱段和多种探测手段，确定在着陆器(图 2-1)上配置地形地貌相机、月基光学望远镜、极紫外相机、降落相机 4 种有效载荷，在巡视器

(图 2-2)配置全景相机、测月雷达、红外成像光谱仪、粒子激发 X 射线谱仪 4 种有效载荷。各有效载荷既相互协同工作，共同完成科学探测任务，又各有侧重点；既包括标准配置仪器，如光学相机，又包含具有独创性的仪器，如极紫外相机、测月雷达等。对应的科学目标见表 2-3。

图 2-1　嫦娥三号着陆器

图 2-2　嫦娥三号巡视器

1)月表形貌与地质构造调查：实施着陆区和巡视区月表形貌和地质构造调查，获得月表形貌、地质构造、月壳结构、撞击坑和月壤厚度的数据，深化嫦娥一号、二号任务的探测结果。在着陆器降落过程中，降落相机获取的着陆区域的光学图像，用于分析着陆区月表的地形地貌和区域地质情况；降落后地形地貌相机和全景相机对着陆区和巡视区月表光学成像，用于该区域地形地貌研究、撞击坑调查以及月球地质构造解析和综合研究；测月雷达对巡视路线上月球次表层结构、月壤厚度和结构以及月球浅层结构开展探测研究。

表 2-3 嫦娥三号科学载荷与科学目标对应关系

地形地貌相机	月表形貌与地质构造调查
降落相机	
全景相机	
测月雷达	
红外成像光谱仪	月表物质成分和可利用资源调查
粒子激发 X 射线谱仪	
月基光学望远镜	地球等离子体层探测和月基光学天文观测
极紫外相机	

2)月表物质成分和可利用资源调查：同地球科学一样，月球科学最为基础的工作是获取月球的化学成分、矿物组成、岩石类型及其分布规律。红外成像光谱仪对巡视区开展月表红外光谱分析和成像探测，用于巡视区月表矿物组成和分布分析，以及能源和矿产资源的综合研究；粒子激发 X 射线谱仪对月表物质主量元素含量开展现场分析，用于识别、鉴定岩石全岩成分、月壤全岩成分和矿物成分。

3)地球等离子体层探测和月基光学天文观测：在月球表面开展该项观测，相比在地球观测，具有干扰小、超稳定、无屏蔽、可长时间连续观测等优势；由于地球空间环境的影响，甚低频波段的探测一直在地球无法实现，月球表面就成为科学家开展甚低频波段探测梦寐以求的场所。月基光学望远镜和极紫外相机可以在月昼期间进行月基天文观测和对地球周围的等离子体层进行极紫外成像探测。

第3章　探月工程的实施

探月工程是一项复杂的系统工程，具有战略性、探索性、带动性和科学性的任务特征，以及工程技术与科学紧密结合、系统复杂、新技术多、风险大、全寿命周期长的实施特点，必须建立高效的组织管理体系、支撑体系和文化体系，加强全寿命周期各要素的管理，确保任务的高效实施。

3.1　探月工程的组织管理

探月工程的组织管理工作包括协同严密的工程组织体系，系统完善的工程文化战略，以及协同开放、探索创新的研制管理模式。

3.1.1　工程组织体系

探月工程建立了由总指挥负责、技术上由总设计师负责的两总系统责任体系和由工程总体牵头抓总、五大系统（探测器系统、运载火箭系统、发射场系统、测控系统、地面应用系统）按任务分工协同配合，实现工程研制管理“横向到边、纵向到底”的组织管理体系（见图3-1）。同时，作为一项由科学研究与技术进步共同牵引的探索性任务，在探月工程中任命了月球应用科学首席科学家，负责对科学目标论证、探测数据研究和应用进行顶层规划设计；作为一项跨系统、跨行业的国家重大科技专项任务，组建了由国家航天局作为组长，并联合国家发展改革委、科技部、教育部、财政部、中国科学院、中国工程院、中国航天科技集团公司等单位共同组成的探月工程重大专项领导小组，作为工程最高组织领导和决策机构。

工程总体单位主要承担探月工程的战略规划、系统论证、总体设计和组织实施，以及工程成果转化、推广应用、国际合作和知识产权管理等工作；同时，还履行探月工程重大专项领导小组办公室、工程两总系统支撑机构等职能。

探测器系统主要承担探测器产品的研制生产任务。以探月工程二期嫦娥三号任务为例，探测器系统包括着陆器、巡视器和有效载荷分系统，用于完成月球软着陆的工程目标，并开展月面原位和巡视科学探测任务。

运载火箭系统主要承担运载火箭的研制生产任务。以探月工程二期嫦娥三号任务为例，使用长征三号乙运载火箭实施发射，并负责将探测器送入地月转移轨道。

发射场系统主要承担运载火箭的组装测试、加注及发射，同时提供探测器的组装、测试和发射保障服务，以及火箭发射段的跟踪测控等工作。每次任务前应完成适应性改造，与探测器、运载火箭系统接口匹配。

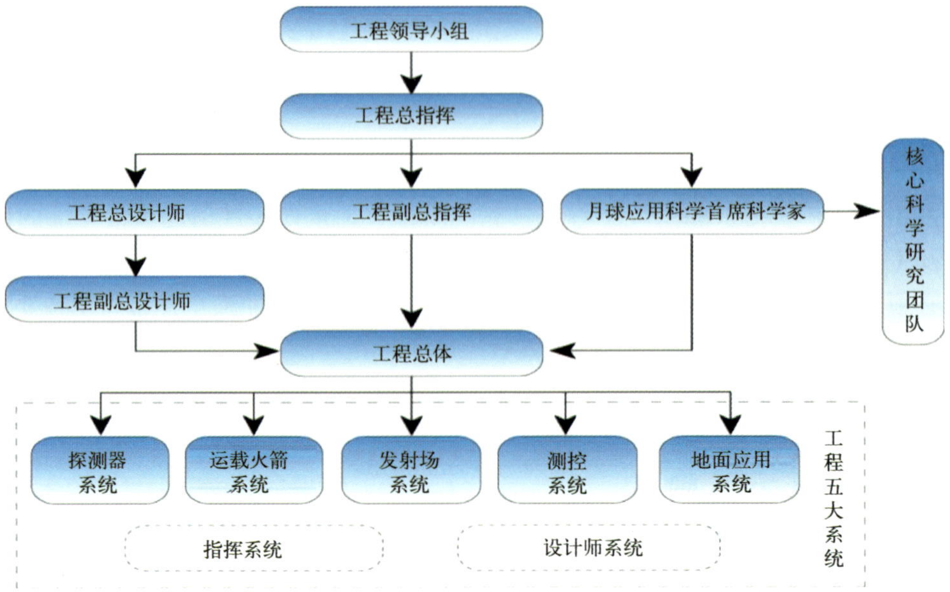

图 3-1　探月工程组织管理体系

测控系统主要承担运载火箭及探测器的轨道测量、图像及遥测监视、遥控操作、数据注入、飞行控制等，由我国近地航天测控网、深空测控网和甚长基线干涉(VLBI)测轨分系统组成。每次任务前应完成适应性改造、任务前联调和演练，按要求制定飞行控制方案、计划及故障预案，具备执行任务能力，与工程各系统接口匹配。

地面应用系统主要承担科学探测数据接收、科学载荷运行管理、科学数据应用研究等工作，由运行管理、数据接收、数据预处理、数据管理、科学应用与研究等分系统组成。每次任务前应完成改造和联调演练，通过执行任务进行能力评估，并与测控和探测器系统接口匹配。

3.1.2　工程文化体系

在探月工程十多年的发展历程中，始终把以协同高效、探索创新和质量保证为核心内涵的工程文化建设，作为提升组织管理科学化、高效化，确保任务成功的重要保证，逐渐锤炼形成探月工程文化体系。它以"大局、开拓、协同、用心"的工作作风和"高标准、高质量、高效率"的工程理念为基础，以"国家利益至上、局部服从全局、科技创造价值"的价值观为遵循，以"打造航天重大工程典范、引领深空探测事业发展"的愿景和"探索宇宙未知、服务人类文明"的使命为指引，各要素有机组成、层层支撑。同时，根据共同愿景牵引，遵循总体规划、分步实施、关键先行、持续发展的指导原则，并充分考虑工程各阶段的继承性和衔接性，确定了探月工程 2020 年前完成"绕(一期)、落(二期)、回(三期)"三步走的总体发展战略(如图 3-2 所示)。

为有效推动文化落地，更好地发挥其在工程研制管理中的指导作用，遵循工程文化体

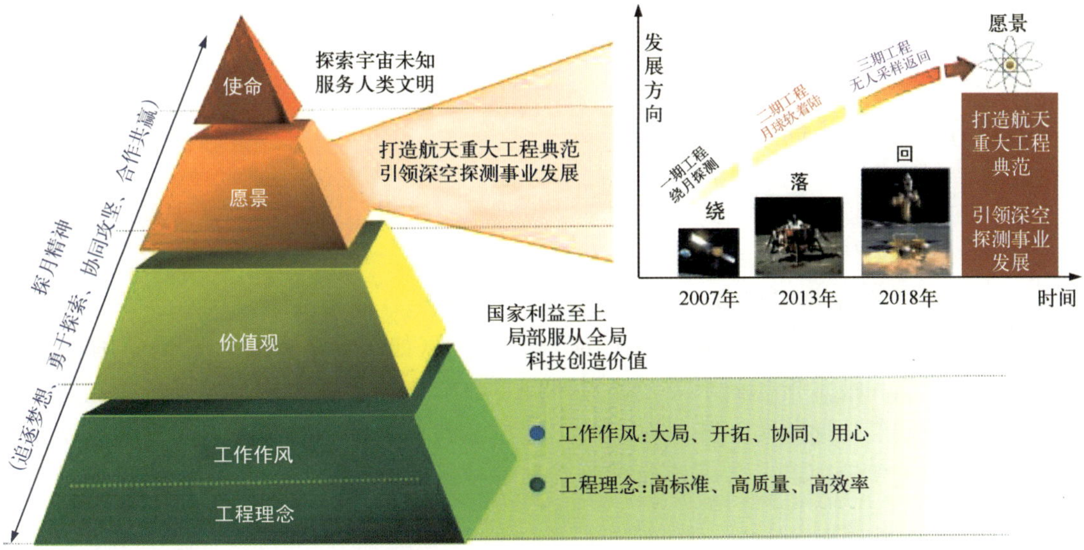

图 3-2　探月工程文化体系

系构建的核心思想，进一步从质量方针、质量理念、质量价值观等方面塑造了工程质量子文化(如图 3-3 所示)，实现了质量要求在工程各系统和全过程两个维度上的全覆盖，并有效充实和丰富了工程文化体系内涵。

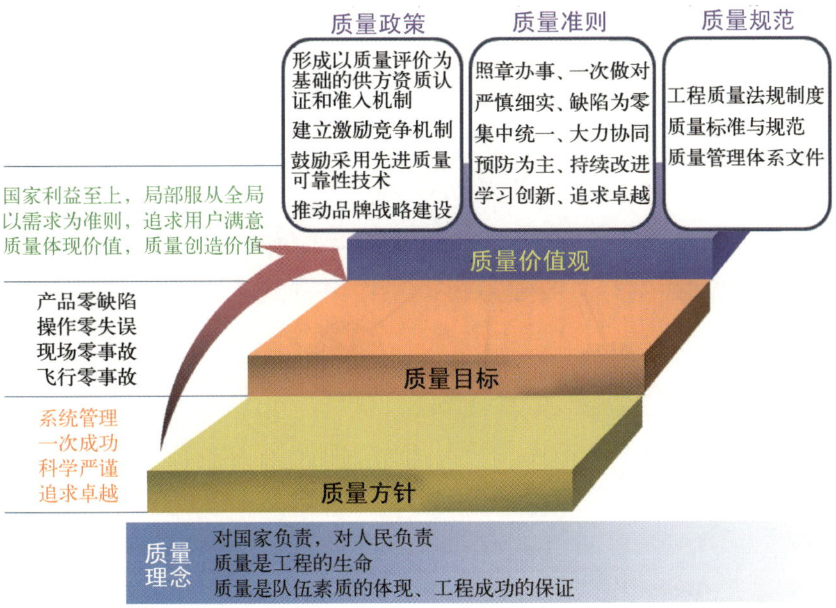

图 3-3　探月工程质量子文化内涵及组成

探月工程文化体系，植根于中国航天事业 60 年蓬勃发展的沃土，传承自深厚博大的“两弹一星”精神，发轫于创新驱动发展的战略机遇期，吸收了工程五大系统的先进文化理念。在探月工程的组织实施过程中，工程文化体系发挥了重要的引领带动作用，逐渐成为各大系统共同遵循的基本准则和确保各项工作顺利推进、实现工程圆满成功的坚实基础，是实现探月工程组织管理科学化、管理水平高效化的重要保障。

3.1.3　协同研制模式

探月工程是一项大协作、跨学科的复杂大型系统工程。为适应任务特点，建立了由工程两总、工程总体、五大系统总体、分系统研制单位、单机供应商、部组件供应商和原材料元器件供应商共同组成，包括数十个分系统、上百名各级总师，涉及信息、机械、电子、材料等近百个学科的七层次协同研制体系（如图 3-4 所示）。其中，任务相关的各类需求信息和技术指标要求等，通过研制总要求、各系统任务书、接口控制文件等方式自顶向下层层传递落实；任务对应的工程目标和科学目标的实现，通过各系统配套产品、各类改造建设项目、各项地面试验验证等技术服务，自底而上逐级提供产品与服务保障。

为使工程协同研制模式能够顺畅高效地运行，工程总体明确提出了国家利益至上、总体效益最优的协同工作思想和以工程大局为重、单机服从分系统、分系统服从系统、系统服从工程总体的协同工作原则，并倡导推行“有问题共同研究、有困难共同克服、有余量共同掌握、有风险共同承担”的协同工作方法。

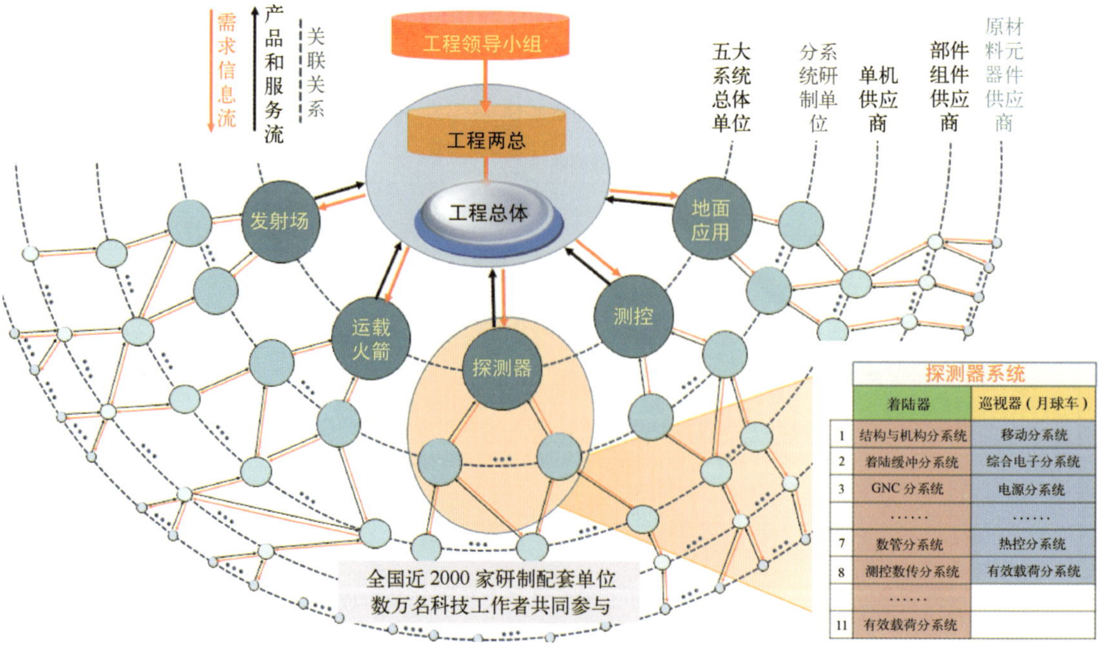

图 3-4　工程七层次协同体系

3.1.4　开放合作和竞争机制

(1)主动面向社会开放，积极推进国际合作

积极贯彻落实国家创新驱动和军民融合深度发展战略，遵循“激发探索热情、鼓励大众创新，面向社会开放、开展国际合作”的原则，在探月工程中秉持融合、共享的设计理念，主动开放部分资源，一方面广泛征集国际先进科学载荷，开展合作，实现产品共同研制、在轨联合探测、科学数据共享，有力丰富工程科学成果，显著提升了中国航天的国际影响力；同时，还组织进行面向社会的搭载项目遴选，鼓励国内各高校、科研院所，围绕空间科学普及与技术创新试验等主题，开展关键技术攻关和系统方案设计，在专家遴选评审的基础上，研究确定最优搭载项目，由此进一步激发大众参与热情，有力扩大工程的社会影响力。例如在嫦娥四号任务中，通过国际合作渠道，吸引了 20 余个国家和地区积极参与，最终选定来自德国、瑞典、荷兰、沙特 4 个国家的科学载荷，分别安装在嫦娥四号探测器和“鹊桥”中继星上，围绕月表中子与辐射剂量分析、地月 L2 点低频天文射电观测等领域开展前沿性科学研究；通过国内公开征集，遴选确定的哈工大微小卫星、重庆大学月表生物科普试验载荷、中山大学激光角发射器等搭载项目，在环月超长波天文观测、月表生态系统构建技术研究与公益科普展示等方面进行了一系列技术试验。

(2)建立竞争择优的集智攻关机制

发布了《关于在探月工程中引入竞争机制的决定》，通过公开招标、设计方案征集、多方案优选或优化组合、联合研发等方式开展竞争择优，广泛联合清华大学、哈尔滨工业大学、北京航空航天大学等高校及中科院、航天等领域各专业研究院所，汇聚国内优势力量参与关键技术攻关与基础性研究，形成了适度开放竞争的良好环境，有力保障了关键技术突破。例如在嫦娥三号任务的方案设计阶段，面向全国 20 多家单位公开优选巡视器研制单位，最终确定中国航天科技集团公司五院和八院联合承研；同时，积极组织开展有效载荷竞争择优，从国内 20 多家科研单位报送的 15 种科学载荷中优选出 8 种载荷；利用香港理工大学在机械设计方面的技术优势，通过与国内科研院所联合攻关，突破了轻小型化相机指向机构研制技术。竞争择优机制的应用，为嫦娥三号圆满完成月球软着陆和巡视勘察的任务目标，国际首次在月面同时开展“测月、巡天、观地”等科学探测，并取得原创性研究成果奠定了重要基础。

探月工程的组织管理遵循“体系为基，文化铸魂，战略引领，科学推进，模式创新”的基本原则，即建立协同严密的工程组织体系，为科学高效地开展组织管理奠定基础；形成系统完善的工程文化体系和可持续的工程发展战略，为提升管理水平发挥思想保障和战略引领作用；制定规范合理的工程研制程序，为统筹优化科研管理、确保实现科学目标提供重要支撑；通过构建全国大协作的协同研制模式、广泛开展国际合作、主动面向社会开放、适度引入竞争机制等手段，不断探索创新探月工程的组织管理模式。

3.2　探月工程的全寿命管理

探月工程主要由工程总体和探测器、运载火箭、发射场、测控(与回收)、地面应用等五大系统组成，包括工程研制和科学研究，主要分为五个阶段，分别是方案设计阶段、初样研制阶段、正样研制阶段、发射实施、长期运行管理与科学研究阶段。因此，工程全寿命管理包括技术管理、工程管理和科学研究管理。

3.2.1　技术管理

(1)开展工程总体设计，制定工程总体技术文件

工程总体组织各系统配合，按照系统工程方法，开展总体技术专题研究，优化工程总体方案，提高工程整体可靠性。在此基础上，制定工程顶层技术文件，作为工程研制的基本依据。方案阶段，形成工程研制总要求，经工程领导小组审定后，作为工程实施的基本依据；形成各系统研制任务书，作为各系统研制依据，下达各系统实施；在既有国家标准和航天标准的基础上，针对探月工程特点，补充制定工程设计规范，如时间和坐标系统规范、空间环境规范，作为各系统的设计约束。正样阶段，制定任务实施文件，确定任务发射实施时各系统最终技术状态、工作流程、工作项目，包括飞行任务大纲、测发流程、飞控大纲、在轨测试大纲、科学探测大纲等。此外，在各个阶段均制定转阶段准则，作为工程转入下一阶段的依据。

(2)开展系统间技术接口设计与协调

在各系统开展设计的基础上，开展系统间接口设计和协调，确定接口关系及指标，在方案阶段形成系统间接口控制文件(V1.0)。初样阶段，开展跨系统大型试验，对系统间接口进行验证，并根据试验结果，对系统间接口控制文件(V1.0)进行修订，形成2.0版本。正样阶段，形成3.0版本。通过每个阶段的接口协调与验证，确保系统间接口清晰、协调、匹配。

(3)技术协调与技术状态控制

在工程各个研制阶段，以上一阶段研制结果为依据，开展工程技术状态控制。对研制中出现的涉及系统间接口的技术问题进行协调，根据实际情况，按照“有问题共同商量，有余量共同掌握，有困难共同克服，有风险共同承担”的原则，通过相关系统共同努力解决技术问题。对各系统提出的涉及工程总体技术文件的技术状态更改，由工程总体组织，按照“论证充分，各方认可，试验验证，审批完备，落实到位”的技术状态更改原则，对跨系统技术状态进行更改和控制。正样研制阶段，由测控系统牵头，成立飞控技术协调组，对飞行控制各个环节的技术问题进行协调和明确，确保发射运行阶段各系统配合顺畅。

(4)质量管理与控制

探月工程以产品保证为核心，开展工程质量管理。方案阶段由工程总体根据本次任务研制特点，结合航天行业的标准和规范，编制本次任务产品保证总要求，并对研制队伍进行培训和考核，研制人员通过培训考核后，持证上岗。各系统按照产品保证总要求，细化形成本系统产品保证大纲，并逐级传递，作为各级研制单位开展产品保证工作的依据。在研制过程中，针对不同阶段的研制特点，开展产品保证检查，对暴露出的问题进行整改，并不断改进管理，对工程质量进行控制。对工程研制过程中出现的质量问题，严格按照技术归零“定位准确，机理清楚，问题复现，措施有效，举一反三”和管理归零“过程清楚，责任明确，措施落实，严肃处理，完善规章”双五条标准进行归零，确保质量问题彻底解决。

(5)工程调度与进度控制

方案阶段工程总体和各系统编制工程技术流程和计划流程，并据此开展工程进度管理。各个阶段，工程总体和各系统细化形成本阶段详细技术流程和计划流程，并据此开展工程调度，对工程进度进行控制。初样和正样研制阶段，按月组织召开调度会，对上个月研制工作进行总结，明确本月研制计划，集中协调计划执行中存在的问题；按周跟踪各系统研制工作，一旦发现短线项目，不定期组织开展专题协调，直至短线消除。

3.2.2 工程管理

为规范探月工程研制管理程序，参照国内航天型号科研管理的成功经验，工程总体按照“设计—集成—验证”的思路，采用并行工程方法制定研制流程。针对探月工程技术产品特点，也可对研制阶段进行合并实施。工程各系统完成当前阶段的全部工作后，需经工程总体评审或评估，并由主管部门审批同意后方可转入下一阶段工作。通过不同阶段的逐步递进、反复迭代、综合验证，确保系统整体性能优化和技术指标可实现，同时各系统研制结果满足任务书要求，最终实现工程目标和科学目标。

(1)方案设计阶段

工程总体依据工程立项批复和实施方案，编制《工程研制总要求》和各系统任务书，各系统据此进行方案设计。该阶段的主要工作包括：编制研制技术流程和研制计划流程；组织方案设计评审，根据评审结果确认功能基线；进行总体方案和分系统方案设计；明确关键技术的实现途径，进行关键技术攻关；进行模样试制和试验验证；拟定大型地面试验和飞行试验初步方案；提出并协调各大系统接口技术要求，编制并签署系统间接口控制文件；提出产品保证要求和标准化要求；进行研制保障条件建设；提出单机、分系统、系统技术规范，完成《方案阶段研制总结报告》等。在此阶段，明确科学载荷初步配置，开展科学载荷的方案设计。探测器系统针对科学载荷的可实现性开展分析；地面应用系统复核科学载荷工作模式、探测数据率、数据量的分析结果，完成数据接收能力满足情况分析和科学目标实现程度分析；结合这两个系统的分析结果，最后由工程总师系统和首席科学家确定工程科学目标和有效载荷配置方案。

(2)初样研制阶段

工程总体组织对各系统任务书进行技术指标确认，各系统开展初样产品设计、试制、地面试验及系统间接口匹配试验。该阶段的主要工作包括：组织初样设计评审，根据评审结果确认分配基线；进行总体、分系统和单机的初样设计、生产，进行总体和分系统的机、电、热接口协调和技术文件编制；完成鉴定件研制与试验；拟定发射场合练试验方案，编写合练大纲；进行初样产品性能试验、鉴定试验、可靠性试验、电性能测试等试验，以及探测器与运载火箭、测控系统、地面应用系统的对接试验等工程大系统间联合试验；修订并签署初样阶段系统间接口控制文件；完成研制保障条件建设；完成《初样阶段研制总结报告》《初样阶段产品质量报告》和《正样阶段设计报告》等。

(3)正样研制阶段

工程总体组织对《工程研制总要求》进行技术指标确认，各系统开展正样产品设计、生产、地面测试和任务演练，全系统具备执行任务能力。该阶段的主要工作包括：组织正样阶段评审，根据评审的结果确认产品基线；进行总体、分系统和单机的正样设计、制造、试验和装配；进行正样产品生产；进行发射场地面设备安装调试；制定发射与在轨测试阶段故障预案并进行协同演练；编制《飞行任务大纲》《放行准则》《发射场测试发射流程》《飞行控制大纲》《在轨测试大纲》等工程总体文件；进行正样单机交付试验，系统级电性能测试、系统联调演练、探测器有效载荷地面定标等试验，以及探测器与运载火箭、测控系统、地面应用系统的对接试验和飞行过程 1∶1 无线联试等大系统间联合试验；确定飞行控制实施方案；完成《正样阶段研制和质量总结报告》等。在此阶段，工程科学目标的实现方面，主要开展科学目标实现方法研究，即有效载荷分系统组织完成科学载荷的研制；地面应用系统开展载荷数据反演算法、数据接收方案研究，结合探测器平台和科学载荷能力，完成载荷定标和科学目标可实现程度的地面验证。

(4)发射实施及长期运行管理阶段

此阶段主要进行发射前准备、发射实施、轨道控制、在轨测试、载荷管理和应用研究；工程总体组织对工程目标和科学目标实现情况进行定量或定性评价，确保达到任务书要求并交付使用。该阶段主要工作包括：在发射场技术区进行探测器和运载火箭总装测试；进行发射区的测试与技术准备；完成探测器与运载火箭对接和联合检查；工程各系统完成发射前的任务准备；实施发射；组织开展运载火箭和探测器飞行控制；开展在轨测试；进行运载火箭飞行试验和探测器在轨测试技术总结；进行探测器在轨管理和维护等。在此阶段，工程科学目标的实现方面，主要开展科学探测数据的评价和研究，即由工程总体组织进行有效载荷数据质量、数据量、数据处理方法评价，制定科学探测数据管理办法，审核数据申请；组建核心科学研究团队，有效开展研究工作。

3.2.3 科学研究管理

探月工程的科学研究是全寿命周期管理非常重要的环节，是探月工程成败的重要标尺，必须重视和加强科学研究管理，确保科学产出，实现空间科学、空间技术、空间应用的全面发展。

科学研究管理贯穿规划论证、方案设计、初样研制、正样研制、长期运行管理与科学研究等各个阶段，时间周期长，有的任务在轨运行数年，甚至数十年。结合各个研制阶段的特点，科学研究管理主要包括科学目标制定、科学载荷研制、长期运行管理与科学研究三个重要过程。

(1)科学目标制定

科学目标制定是一个复杂的、不断迭代的过程，主要体现在规划论证和方案设计阶段。

在规划论证阶段，工程总体向国内(含港澳台地区)相关领域的科研院所、高等院校发出开展工程论证的通知，推荐相关学科的科学家，视情况吸纳国外科学家，组成科学目标论证专家组，牵头负责论证工程科学目标。科学目标论证从科学家自由提出科学设想开始，经过专家组充分研讨，逐步遴选最有价值的若干目标，提交论证组研讨。论证组统筹考虑科学先进性、技术带动性和工程可实现性，通过工程实现与科学需求之间反复迭代，在各种意见的争论中逐步凝聚共识，最终凝练总结每项任务的工程目标和科学目标，并提出科学载荷配置需求。

在方案设计阶段，重点是优化科学目标和科学载荷配置方案。这一阶段，随着工程技术方案的逐步深化，对有效载荷的约束逐步细化，地面应用系统对科学载荷的探测对象、环境约束、工作模式、探测数据量等进行仿真和分析，对科学目标可实现程度进行评估。工程总体组织科学家和工程技术人员共同对科学目标和有效载荷配置进行优化，确保科学数据可获取、科学目标可实现，并将科学研究目标逐一细化为数据探测目标，再落实为科学载荷的探测指标。为带动科学载荷研制水平的提升，采用竞争择优的方式确定科学载荷研制单位，力求能够获取最好的科学数据，为取得最优的科学成果奠定基础。

(2)科学载荷研制

科学载荷作为探测器系统的一个分系统，其研制工作遵循探测器研制的各项技术和管理标准。在此之外，为确保科学数据可信、可用，由地面应用系统牵头，对每台科学载荷逐一制定科学定标方案和科学验证方案，并组织开展相关验证试验，确认验证结果。科学载荷在必须通过探测器系统设定的设备验证试验之外，还必须通过地面应用系统设定的定标试验和科学验证试验，确保能够按科学研究需求获取有效科学数据，才能交付。

(3)长期运行管理与科学研究

在工程研制的同时，工程总体组织各系统开展科学研究的准备工作。一是本着开放、共享的原则制定科学数据管理办法，既要确保科学研究的有序开展，又要鼓励社会各界积极参与，保证获取的科学数据得到充分研究和应用，获取更多更好的科学成果。二是工程科学应用首席科学家牵头，广泛动员国内(含港澳台)科学家积极参与，也视情吸纳国外科学家，针对不同的科学目标和有效载荷，成立若干科学研究团队，开展数据研究和应用的先期研究和准备工作，力求探测数据获取后，可尽快取得科学成果。三是由地面应用系统牵头，在飞行控制技术协调组的框架下，组织制定科学探测计划，并将有关内容纳入到工程飞行控制大纲和在轨测试大纲，确保科学探测任务的落实。

长期运行管理与科学研究阶段，地面应用系统组织每台载荷的科学家团队和研制团队根据探测器在轨实际情况，定期制定详细的科学载荷运行计划，提交工程任务飞控组研究确定后，通过测控系统指挥探测器执行。探测器获取的科学数据由地面应用系统接收，并进行解译、处理，根据不同的研究需求，生成标准数据产品，交由科学家团队按照先期制定的研究计划开展科学研究，取得科学成果，实现科学目标。同时，这些科学数据经过一定的程序向社会公开发布，鼓励全球的科学家参与研究，增强工程的科学收益。

3.3 探月工程历程

探月工程自2004年实施以来，按总体规划，圆满完成了嫦娥一号、嫦娥二号、嫦娥三号任务、月地高速再入返回试验任务，实现了一期、二期工程的总体目标。

3.3.1 一期工程——绕月工程

一期工程即我国首次月球探测工程，主要目标是实现月球环绕探测，即嫦娥一号任务。

2004年1月，嫦娥一号任务立项，开始了全面研制工作。嫦娥一号卫星平台使用东方红三号卫星平台，运载火箭选用长征三号甲火箭，在进行适应性设计和改进后，其运载能力、入轨精度等技术性能完全可以满足任务需求。

发射场选用西昌卫星发射中心。该中心纬度较低，适用于我国地球同步轨道(GTO)卫星等高轨卫星的发射。对该发射中心的相关设施进行适应性改进后，完全可以满足GTO发射的工程要求。

测控系统由我国当时已有的统一S频段(USB)航天测控网，辅以甚长基线干涉(VLBI)天文测量系统组成。此外还通过开展国际协作，增加测控覆盖率。新建了喀什和青岛2座18m口径的接收天线，以提高星地测控链路电平余量。地面应用系统是全新的系统，通过新建密云50m和昆明40m口径2座数据接收天线和相关设施设备，具备了科学数据接收、处理和解译的能力。

嫦娥一号于 2007 年 10 月 24 日成功发射，11 月 5 日进入环月轨道。11 月 26 日，第一张月面图像正式对外发布。2008 年 10 月 24 日，嫦娥一号圆满完成一年任务，所有载荷均开展了有效的科学探测，获得了超过 1.37TB 的科学探测数据，并获得 120m 分辨率全月图。设计寿命期满后，嫦娥一号又开展了降低轨道试验以及设备长期考核等多项拓展任务，并获取了大量的科学探测数据，大大丰富了对月球的认识。2009 年 3 月 1 日，在地面测控支持下，受控撞击月球。嫦娥一号共在轨运行 494 天，圆满完成了既定使命。

3.3.2　二期工程——月球软着陆和巡视探测

在嫦娥一号任务实施中，探月工程二期于 2008 年 2 月立项，其主要目标是实现月面软着陆和巡视勘察，包括嫦娥二号先导任务和嫦娥三号软着陆任务。

(1)嫦娥二号任务

嫦娥二号是嫦娥一号的备份，为降低二期月面软着陆技术风险、积累工程经验，对嫦娥二号备份星进行适应性改进，作为二期工程先导星，先期验证月球软着陆的部分关键技术，并对预选着陆区进行高分辨率成像。

嫦娥二号卫星平台沿用嫦娥一号卫星大部分设备产品，并进行改进升级，提升了推进能力、测控通信和数传能力、机动飞行能力、热控适应能力、科学探测能力；新增技术试验分系统包含了所有新技术验证设备；为深化科学探测，对有效载荷设备进行了新研和改进。

运载火箭选用能力更强的长征三号丙运载火箭，对火箭进行适应性改进以提高入轨精度，满足直接 LTO 发射的任务需求。发射场仍采用西昌卫星发射中心，进行适应性改进。测控通信系统沿用经过嫦娥一号任务检验的测控体制和设施设备，对 2 座 18m 天线进行改造升级，并开展深空测控新技术试验。在任务后期，利用二期工程新建成的喀什 35m、佳木斯 66m 大型深空站和上海 65m VLBI 站开展了空间测试和标校试验，验证新研设备的正确性和协调性。地面应用系统基本与嫦娥一号任务相同，进行了适应性改进。

嫦娥二号卫星于 2010 年 10 月 1 日成功发射；10 月 29 日完成虹湾局部 1.5m 高分辨率成像；11 月 8 日，虹湾局部影像图发布，标志着工程取得圆满成功。至 2011 年 4 月 1 日半年设计寿命期满，获得了近 4TB 的科学探测数据，全面实现既定的六大工程目标和四大科学探测任务。随即于 2011 年 4 月下旬至 5 月底，开展了补拍月球南北两极漏拍点和再次对嫦娥三号预选着陆区进行高清晰成像拓展试验。2011 年 8 月 25 日起，嫦娥二号进入距地球 150 万千米远的日地拉格朗日 L2 点环绕轨道，并进行了为期 10 个月的科学探测，获得了地球远磁尾离子能谱、太阳耀斑爆发和宇宙伽马爆的科学数据。2012 年 12 月 13 日在距地球 700 万千米处，以 3km 的距离飞越探测 4179 号图塔蒂斯(Toutatis)小行星，并对其进行光学成像，完成了拟定的各项拓展试验。

(2)嫦娥三号任务

嫦娥三号探测器是一个全新的航天器，新技术和新产品的比例高达 80%以上。通过自力更生、集智攻关，突破着陆器制导导航与控制、推进、着陆缓冲、热控管理和巡视器移动、自主导航与遥操作控制等一系列关键技术，新研月球着陆器和巡视器；新建 1/6g 着陆悬停、2 万牛高模试车等特种试验设施，突破地面试验验证技术，满足仿真与地面试验验证的需求。运载火箭选用我国当时能力最强的长征三号乙火箭，采取多种改进措施来提高运载能力、入轨精度、可靠性及关键动作监视能力，以满足多窗口多弹道发射的任务需求。发射场仍采用西昌卫星发射中心，进行同位素源存储厂房、RF 转发等适应性改进，满足长三乙运载火箭和嫦娥三号探测器的测试、发射需求。测控通信系统除了传统的 USB 测控网加 VLBI 测轨分系统外，利用喀什 35m、佳木斯 66m 大型深空站组成深空测控网，利用上海 65m VLBI 站提高了 VLBI 观测精度，并采用同波束干涉、差分单向测距等技术，进一步提升测定轨精度和多目标测控能力。地面应用系统对原有设施设备进行了适应性改进，并新建遥科学实验室，提升科学载荷任务规划和科学数据处理、解译能力。

2013 年 12 月 2 日，长征三号乙运载火箭成功发射，并以很高的精度将嫦娥三号探测器送入 200km×380000km 的地月转移轨道。12 月 14 日，嫦娥三号成功着陆在月球北纬 44.12°、西经 19.51°的预选虹湾着陆区，着陆精度优于 1km；12 月 15 日，巡视器与着陆器成功分离，驶抵月面，并实现两器互拍，标志着嫦娥三号任务的圆满成功，为我国航天事业发展树立了新的里程碑。

3.3.3 三期工程——再入返回飞行试验

按照有序衔接的原则，在探月二期实施过程中，开展了探月三期的论证工作，并于 2011 年 1 月 7 日立项，主要目标是实现月表采样返回。考虑到返回器高速再入条件下的气动、热防护与再入环境模型掌握不全面，地面试验验证条件欠缺，为降低三期工程风险，决定安排一次再入返回飞行试验。三期工程包括再入返回飞行试验、嫦娥五号、嫦娥六号任务。

再入返回飞行试验任务的工程目标为：获取高速半弹道跳跃式再入返回过程的试验数据；验证和完善再入返回的设计模型；突破再入返回的气动力、热防护、GNC 等关键技术；验证高速半弹道跳跃式再入的测控与回收能力；验证月地转移轨道飞行和测控能力。

飞行器由服务舱和返回器两部分组成。其返回器与嫦娥五号返回器技术状态基本一致，均继承了神舟飞船返回舱外形；为返回器提供支撑平台的服务舱则继承了成熟的嫦娥二号卫星平台，并进行了技术改进。选用长征三号丙运载火箭，对运载火箭进行适应性改进，满足绕月自由返回轨道发射的任务需求。仍采用在西昌卫星发射中心实施发射。测控与回收系统沿用经过嫦娥三号任务检验的测控体制和设施设备，并新增了再入测量分系统和搜索回收分系统，在继承载人航天工程地面设备的基础上进行改造和新研，满足运载火箭、飞行器测控任务和返回器搜索回收任务的需求。

2014 年 10 月 24 日，飞行器由长征三号丙运载火箭送入绕月自由往返轨道。11 月 1 日，返回器在内蒙古自治区四子王旗预定区域成功高精度着陆，标志着三期工程取得突破性进展，为嫦娥五号任务实施打下坚实基础。

第二篇

月球探测篇

嫦娥一、二、三号任务的成功实施，不但使中国的探月工程从无至有、技术上实现了飞跃，而且在科学上取得了可圈可点的不俗成就：嫦娥一号任务实现了 120m 分辨率的全月面无缝覆盖的立体影像图、国际上首创的“微波月亮”，嫦娥二号任务分辨率等的全面提升、三次拓展任务的亮丽成就，以及嫦娥三号任务的着陆区地质演化史的揭秘、火山活动的新观点、一种新型玄武岩的发现、月球外逸层水新的测量记录，以及国际上首次利用嫦娥三号着陆平台开展的月基光学天文观测、地球等离子体层成像探测而获得的宇宙双星星表的发布、地球等离子体层新现象的发现等研究成果，无不受到了国际同行专家的高度关注与由衷赞赏。

本篇重点介绍利用嫦娥二、三号任务获取的科学探测数据而开展的在月球科学研究领域的成果，分成月球环境特性、月球地形地貌、月球成分与地质演化三部分介绍，并重点收录了这些成果的部分 SCI 期刊全文，以及部分文章目录。由于篇幅所限，另有少量综述文章不在此篇单独成为一章，仅列出文章全文和目录。

第4章　月球环境特性

月面环境是一个涉及表层、次表层、邻接月面等空间区域的包括温度、辐射、热、电、磁等各种物理场的综合性的复杂自然环境。嫦娥二号探测器搭载的微波探测仪等载荷对其中的温度、热、月壤水平和垂向分布环境，进行了高分辨能力的全月面覆盖的探测，取得了独特的探测成果。本章重点介绍利用微波探测数据解译的有关月面亮温方面的研究成果。

4.1　微波环境

微波月亮(MicM)是在中国嫦娥一号卫星、嫦娥二号卫星从绕月轨道上用微波探测仪对全月覆盖而获取的全月微波亮度温度(亮温)图后展示的一种新的月球视角。月球的微波亮温，反映了月球表面、次表层的物理特性、内部过程、月球外部各种因素对月球的影响及月球和其周围环境之间的关系与能量交换。微波探测仪所获取的全月微波亮温图属世界首次，即 MicM 的提出属首次。MicM 展示了在不同频率、不同时段的全月亮温分布图，特别是一些特殊区域，如月球两极的亮温状况。这在国际探月活动中具有里程碑意义。

4.1.1　国际上首次实施月球微波遥感探测

微波探测仪是嫦娥一号卫星和嫦娥二号卫星搭载的有效载荷之一，分别于 2007 年 10 月和 2010 年 10 月发射；在执行任务期间，多次覆盖月球表面，获取了大量的微波数据，其中嫦娥一号微波探测仪共得到 1 308 轨数据，观测日期为 2007 年 11 月到 2008 年 10 月，嫦娥二号卫星微波探测仪共收集了 2 394 轨数据，观测日期为 2010 年 10 月至 2011 年 5 月；微波探测仪是一个 4 频段微波探测仪，工作频率分别为 3.0、7.8、19.35 和 37 GHz。背景温度是影响该仪器的主要因素，在轨工作期间，嫦娥一号和嫦娥二号微波探测仪工作环境温度分布在 283～298 K，处于仪器正常工作温度范围 899 K 内，但低于地面定标试验时微波探测仪所处的环境温度(299～315 K)。与可见光和热红外数据不同，微波探测仪数据是一定深度范围内月壤成分、温度、介电常数、热导率、月壤内部热流和表面粗糙度等参数综合作用的结果，可以用来反演月球月壤厚度等参数。

(1)验证了探测数据有效性

在嫦娥一号和嫦娥二号卫星发射之前，微波探测仪都进行了系统的绝对定标研究。为保证探测结果的准确性和可靠性，微波探测仪以在轨两点定标方式工作。高温定标源采用实时测温的匹配负载提供高温定标参考，低温定标源采用冷空定标天线获取冷空的背景辐射亮温作为低温定标参考，进而确定微波探测仪的定标方程，实现微波探测仪天线获取的月壤微波辐射亮温的绝对定标，并分析了测温电路对微波探测仪定标精度的影响，认为测温电路的性能满足微波探测仪定标的要求。

利用 Diviner 物理温度廓线模拟的微波亮温与嫦娥二号微波探测仪的实测亮温匹配，来分析微波探测仪数据的有效性和稳定性，为月壤微波特性的反演奠定基础。以哥白尼坑区域为例，对比分析了 Diviner 辐射计红外通道温度与实测微波亮温的变化趋势。选择月球虹湾地区，分析了在该位置点内 5 个月球时刻的亮温数据。通过对实测亮温与模拟亮温在经纬度和太阳高度角的匹配分析得到，在高频微波通道内两者的相关性达到 96%以上，表明嫦娥二号微波探测仪数据具有较高的稳定性，可以为月壤特性反演研究提供可靠数据来源。

(2)相对定标研究取得了突破性进展

作为低温定标源的理想的冷空，温度应该是宇宙微波背景辐射 2.73 K。但由于在轨运行时，太阳、地球等射电源在某些时段进入冷空定标天线视场，直接影响了微波探测仪定标的准确度。另外从分析嫦娥一号的轨道入手，结合冷空星体的分布，研究了空间微波环境对微波探测仪探测结果的影响，对微波探测仪数据的改变可达 10 K 左右。

尽管嫦娥一号和嫦娥二号卫星使用相同的观测仪器，且进行了大量细致的定标工作，但是两者微波探测仪数据的观测结果相差很大。其中，在中低纬度地区，3 GHz 通道的平均亮温差约为 5～10 K，19.35 GHz 通道的亮温差约为 0～5 K，37 GHz 通道的亮温差约为 10 K；而 7.8 GHz 通道的亮温差最大，可达 25～30 K。为了能够将两期微波探测仪数据同时利用起来，基于辐射传输模型，结合月表亮温的数值模拟和数据融合方法，进行了嫦娥二号卫星微波探测仪数据的相对定标研究，较为成功地消除了两期微波探测仪数据之间的偏差。经过校正的微波探测仪数据，可以用来进行月壤微波热辐射特性研究和月壤参数的反演研究。

(3)构建了全月表微波亮温制图方法

全月表微波亮温制图是基于微波探测仪数据进行月壤微波热辐射特性研究和月壤参数反演的工作基础，是研究人员需要解决的首要问题。许多研究者使用了不同的方法来进行月表微波亮温制图。具有一定代表性的方法是针对观测时间对亮温的影响，首先基于时角模型、结合从微波探测仪数据文件中提取的太阳高度角、太阳方位角、观测点经度和纬度，计算得到观测数据的时角；进而通过分析，提取相同时角条件下的亮温数据；然后，采用7次多项式插值，模拟不同纬度亮温的日变特征；最后，采用亮温归一化算法，计算得到全月表不同时角条件下的微波亮温分布图。得到的亮温分布图与数据模拟结果相近。除了成功地获得白天和晚上月表亮温分布图外，采用最大熵方法和3次高斯拟合方法分析，还提高了数据的空间分辨率，在局部地区取得了一定的研究效果。

总共获得了4个频率的全月表的亮温图。由于文章篇幅的限制，在本文中只给出了几个代表性亮温图以说明亮温分布规律和特点。图4-1和图4-2给出正午和午夜时刻3 GHz和37 GHz全月表亮温分布图。

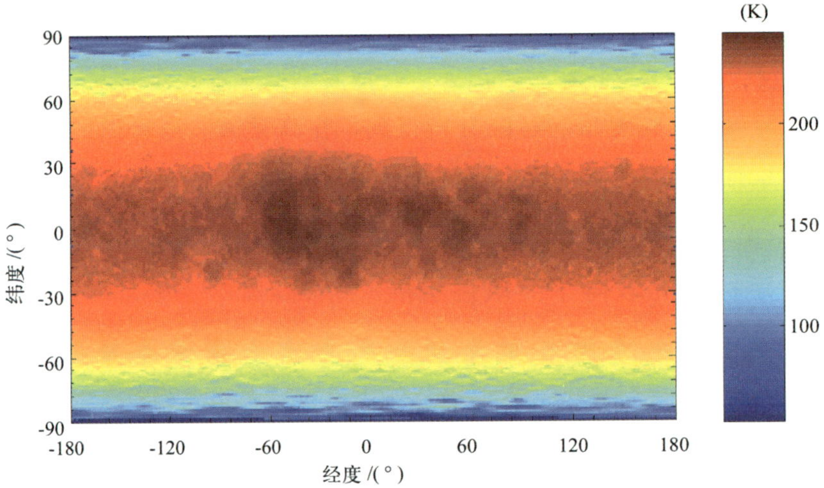

(a) 正午

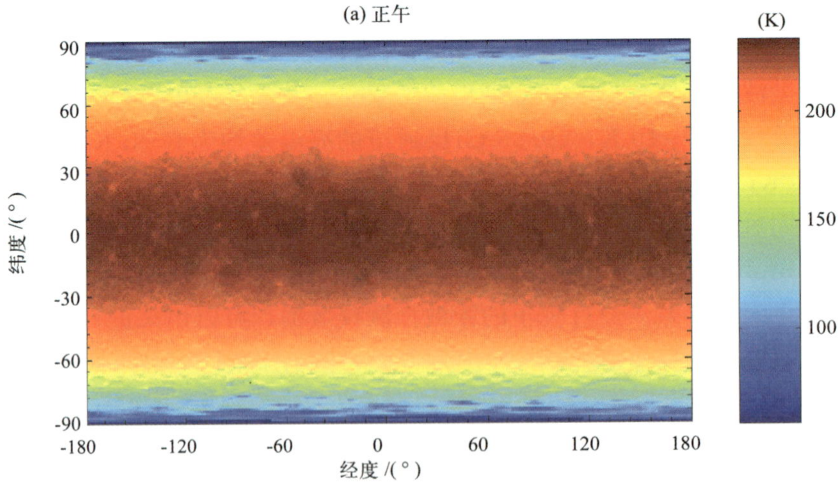

(b) 午夜

图4-1　正午和午夜时刻全月表亮温分布图(3 GHz)

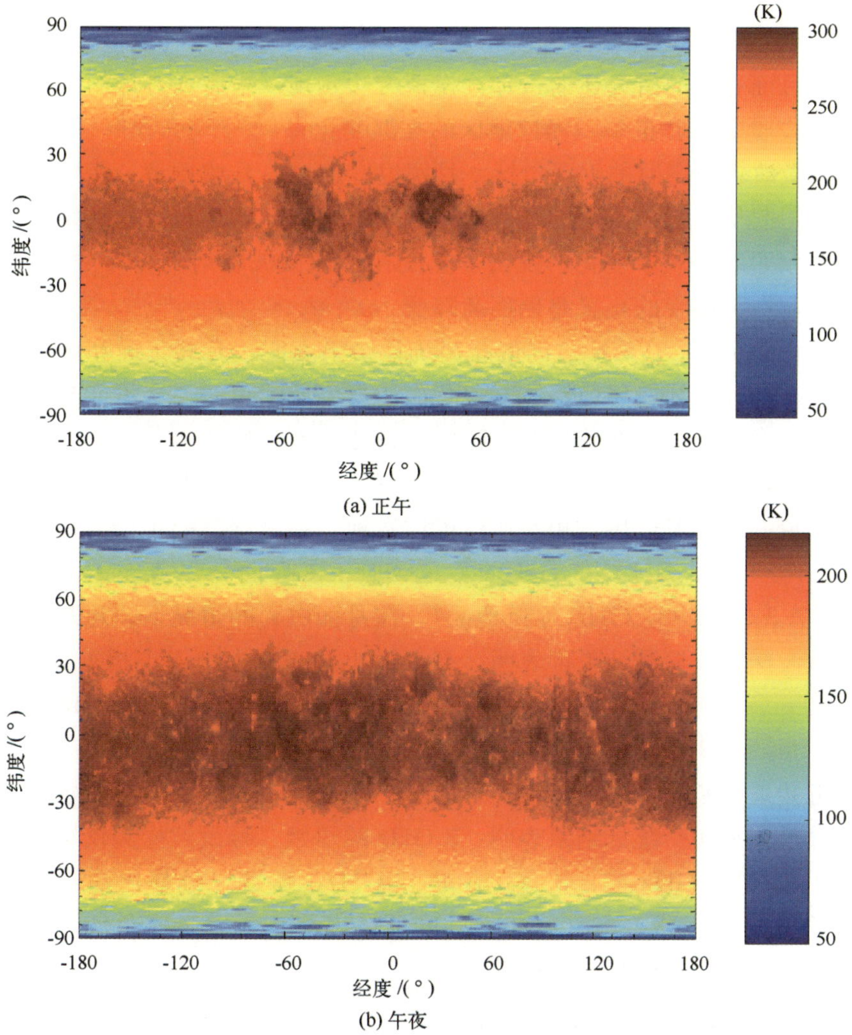

图 4-2　正午和午夜时刻全月表亮温分布图(37 GHz)

4.1.2　“微波月亮”填补国际空白

(1)揭示了月表微波亮温分布特征

由于月球赤道面和太阳黄道面交角很小，太阳基本上直射月球赤道。研究者使用经纬度、太阳入射角、太阳方位角等几何定位数据计算出了每个探测数据所处的“时角”，来表示月面某个地区在月球“一天”中表面亮温和时间的关系。在亮温 - 时角关系上，嫦娥二号微波探测仪和嫦娥一号微波探测仪的赤道地区亮温随时间的变化规律非常一致，均表现出一定的周期性，特别是在高频通道：夜晚的亮温变化平缓，呈线性变化，随时角增大而单调下降；白天的亮温变化剧烈，呈曲线变化，亮温的最大值并不在“正午”，而出现在“正午”之后。同样，在月表其他纬度地区，亮温和时角也呈类似的规律。在数值大小上，除 19.35 GHz 亮温比较接近以外，其他 3 个通道两者数值大小有一些差异。研究者们对于月面亮温的研究还通过理论模拟方法实现，来表示月球的“一天”的周期中(从“正午”到“夜晚”再到“正午”)赤道地区的亮温变化。

影响月球微波辐射亮温的因素包括：月壤温度廓线，月壤质地、密度、成分的组成情况，大型地形起伏，粗糙度，月球极地微波亮温呈现环状分布。这种结构反映了不同纬度经过的太阳照射的规律变化，说明了温度在月球微波辐射的分布中占有重要地位。随着频率降低，白天夜晚的亮温差也逐渐降低。

月球正、背面 75°S～ 75°N 之间的亮温统计结果表明，月球正面和背面的亮温分布规律服从全月亮温分布规律。但整体看，背面的亮温低于正面，这可能与在月球形成初期背面的物理温度很低，且在其演变过程中，月球背面月壤的组分、密度、散射体及介电特性等形成了与正面不同的内部结构与状态有关。另外，数据处理得到嫦娥二号微波探测仪 4 个通道的亮度温度后，相互比较可以发现，在月球白天 4 个通道亮温的大小关系是：37 GHz＞19.35 GHz＞3 GHz≥7.8 GHz；夜晚的亮温大小关系是：3 GHz＞19.35 GHz＞7.8 GHz＞37 GHz(赤道地区)。在月面白天的情况下，地基天线观测结果和嫦娥一号微波探测仪探测结果都表明，亮温大小和频率大小成正相关关系，37 GHz、19.35 GHz 和 3 GHz 这 3 个通道的相互关系符合这一规律，而 7.8 GHz 通道的亮温大小有些异常，在图 4-2 中，白天整体低于 3 GHz，且夜晚时亮温也小于 19.35 GHz，且在两极附近接近 0 K。在月面低纬度地区(50°N－50°S)的范围内，嫦娥一号和嫦娥二号的亮温差异趋势平缓。统计结果表明：3 GHz 的嫦娥二号微波探测仪结果比嫦娥一号平均高出 7.1 K，7.8 GHz、19.35 GHz 和 37 GHz，嫦娥二号都比嫦娥一号低，其中 7.8 GHz 平均偏低 25.8 K。在月面的高纬度地区，由于太阳高度角低，光照受地形影响较大，归一化的效果不明显，因此差异波动逐渐变大。

(2)诠译了月壤微波热辐射特性

基于微波探测仪数据，获得了完全不同于可见光、近红外的月表辐射信号，是近年来月球科学研究的最重要发现之一，大大加深了对月壤的微波热辐射特性的认识。

通过全月亮温分布特性的分析，发现如下的特性：

1)对于所有的频率，不管白天还是黑夜，赤道亮温最高，向两极逐渐降低，随纬度增加呈现出逐渐递减的趋势。

2)相同频率下，不同地区的亮温明显不同：正午时刻，对于相同频率，月海亮温略高于月陆；午夜时刻，月陆和月海地区的亮温差异不明显；亮温与地形呈现高度的相关性；山脉的走向、撞击坑特征可以在亮温图上清晰表现。

3)不同频率下，相同地区的亮温有显著差异，并且白天和黑夜呈现不同的特征。同一地区，在白天，高频的亮温高于低频亮温，即 TB37 ＞TB19.35 ＞TB7.8 ＞TB3 ；在晚上，TB3 ＞TB7.8 ＞TB19.35 ＞TB37 的规律性有所异常，4 个频率亮温交替变化。

4)相同频率下，对于相同地区，白天亮温均高于晚上亮温；并且昼夜温差大小与频率相关，频率越高，温差越大。

5)对于同一地区，37 GHz 昼夜亮温差异大则反映该地区介电常数较大，反之则介电常数较小；3 GHz 昼夜亮温差异大则反映该地区月壤厚度较浅，反之则月壤厚度较深。这反映出成分、结构对不同频段的影响，该微波特征显著不同于光学特征，结合起来，可以进一步揭示地物的物理性质。

6)月球背面，在嫦娥一号探测之前，国际上也做过用微波探测月面的研究，但只限于地(球)基雷达的探测，因此从未探测过月球的背面。至今，中国微波探测仪是唯一获取了月球背面微波信息的探测仪，因此显得十分重要，它将为人类研究提供前所未有的月球信息。

(3)阐释了月壤层温度分布信息

同较高频率相比，月海—月陆边界和撞击坑在 3.0 GHz 图像上的表现较为模糊，这是由于低频微波在月壤中的穿透深度可达数米。因此，3.0 GHz 亮温图像可以用来反演月壤的热特性和内部热流、厚度等参数。基于嫦娥二号微波探测仪数据，结合阿波罗计划获取的月壤厚度资料及其他月壤厚度资料，系统分析了厚度对微波探测仪观测数据的影响。结果表明：频率、($FeO+TiO_2$)含量、表面温度对亮温的影响远大于厚度对亮温的影响，是基于微波探测仪数据进行月壤厚度反演的重要影响因素；低频、低($FeO+TiO_2$)含量、低温条件下，厚度对微波探测仪数据的影响最大；利用 3 GHz、凌晨时刻的微波探测仪数据进行月陆地区月壤厚度反演具有一定的可行性。

在正午时刻、37 GHz 亮温图像上，几乎可以确定月球上所有重要的撞击坑和山脉。这表明，正午时刻高频亮温受地形的影响更大。从北部的澄海到 Caucasus 山脉，温度随纬度的增高而降低，Apenninus 山脉右侧的温度明显高于左侧。这表明，地形效应是局部地区亮温的决定性因素，尤其是在高频亮温图像上。

无论白天还是晚上，月海地区的亮温都要高于月陆地区。月陆、月海边界要比地基微波观测结果清晰。除了地形影响，研究结果还表明，具有较低反照率的月海将会比同纬度的月陆地区吸收更多的太阳辐射。另外，月海玄武岩质月壤的介电损耗比月陆斜长岩质月壤大得多，因此，微波信号在月陆地区的穿透深度远大于月海地区。相应地，月海地区的观测亮温主要来自于月壤最上层的温度贡献，而月陆地区的观测亮温贡献则来自较深且处于热稳定状态的月壤层。

夜间 37 GHz 亮温图呈现了大量相对周围较“冷”的区域，称为“冷点”。冷点与月食期间得到的热点区域吻合。研究结果表明，夜间出现的冷点都出现在相对年轻的 Copernican 撞击坑，包括 Aristarchus、Giordano Bruno、King 和 Lents 撞击坑。由于这些碗形撞击坑面积较大，辐射热交换将会比平地地区更快。这就很好地解释了这一现象：白天，年轻撞击坑的亮温较高；而在夜间，这些撞击坑的相对亮温较低。

(4)发现了月球两极微波热辐射异常

两极的微波亮温分布，包括所有纬度高于 70°的区域，从 2007 年 12 月 5 日到 2007

年 12 月 31 日期间观测的数据，如图 4-3 所示。例如，在 - 70°，37 GHz 的日较差约为 30 K，3 GHz 的日较差在 2 K 左右。这一趋势，越往极点越明显。基于这一原理，注意到在 3 GHz 的穿透深度内，辐射的主要贡献来自于温度稳定的深度内，即 0.3 m 以下。另外微波亮温的起伏受高程起伏的影响和调节。随着向南极点接近，高程越来越起主要作用。微波亮温的变化逐渐与高程变化同步，这一现象与太阳照射月球的角度有关。在极区，太阳几乎以平行于地平线的角度入射。这使得高地受照多，低地受照少，甚至形成永久阴暗区。如果辐射计视场内多为低地，则由于受太阳照射少，月壤温度低，则必然微波亮温低。反之，高地亮温高。说明在南极微波亮温的高低反映了月壤温度的高低，过高的微波亮温可能预示着该地大部分时间受太阳照射，过低的微波亮温可能预示着该地多数处于阴影区。3 GHz 亮温与纬度平均亮温的偏离值小于 - 10 ℃的地方，可能与永久阴影区有关，或有冰存在。这些地方可能成为以冰形式存在的水资源的寄宿地，对这些地方识别的意义在于，缩小了搜索永久阴影区的范围。永久阴影区是冰存在的前提条件。

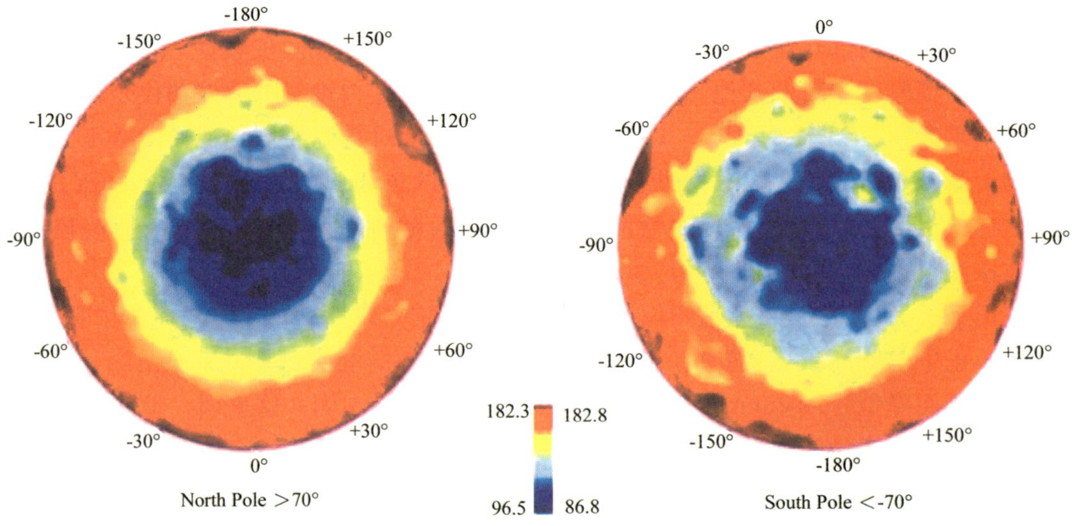

图 4-3　月球两极亮温图

(5)反演出了多个关键参数

因微波信号具有一定的穿透性，利用微波探测仪数据，还可以进行月壤层厚度、介电常数和温度等的反演。

①月壤层厚度

月壤层厚度是月壤的重要参数，也是整个月球的重要参数之一。一方面，由于月球诞生后的地质期内经受了不同大小和质量的各种月外星体的频繁而剧烈的轰击，加上长期的机械风化作用等，月球表面形成了一定厚度的月壤，其厚度反映了月球形成至今的地质年龄。在微波探测仪获取全月微波亮温及微波介电特性之前，对月壤的评估主要是靠 Apollo、Luna 落点实际探测结果，加上地基雷达对月球正面部分地区研究的结果，进行逻辑或假设推理来完成的，因此至今对月壤厚度的研究结果差异相当大。

微波探测仪结果是世界首次从月球轨道对月表进行实际探测而获得的，比起原先结果应是更加接近实际。由于不同微波频率探测的穿透深度不同，反映的月壤深度不同。计算表明对于目前已知的月壤介电常数，微波探测仪的 4 个频率，37 GHz 探测的月壤厚度不超过 0.5 m，19.35 GHz 探测深度在 1.0 m 左右，7 .8GHz 在 2.0 m 左右，而 3 GHz 探测月壤厚度约 5～6 m。

探测发现月海大部分地区的月壤厚度较小，月陆大部分地区的月壤厚度较大。这种系统性分布很大程度上反映了月陆和月海之间的年龄差异，因为月陆表面的年龄远大于月海表面。两极地区的月壤厚度较小，这很可能是因为该地区的陨石撞击概率较小。统计结果还表明，月海月壤厚度为 1.2～11 m，平均厚度约为 4.5 m，与早期研究给出的月壤厚度约为 4～5 m 的结论接近。在 Serenitatis 海、Tranquillitatis 海、Vaporum 海、Nubium 海、Cognitum 海、风暴洋和 Iridium 湾地区，基于该方法得到的月壤厚度与 Shkuratov 和 Bondarenko(2001)基于地基雷达数据得到的月壤厚度吻合得非常好。最小的月壤厚度出现在 Imbrium 海，而最大月壤厚度出现在 Fecunditatis 海和 Nectaris 海。月球最为古老的 Tranqiutatis 海的月壤厚度要大于较为年轻的风暴洋地区，再次证实了月壤厚度与年龄的关系。

月陆月壤厚度为 1.0～15 m。在月球背面，中纬度地区的月壤厚度都比较大，基本都在 8 m 以上，平均厚度为 7.6 m(见图 4－4)。

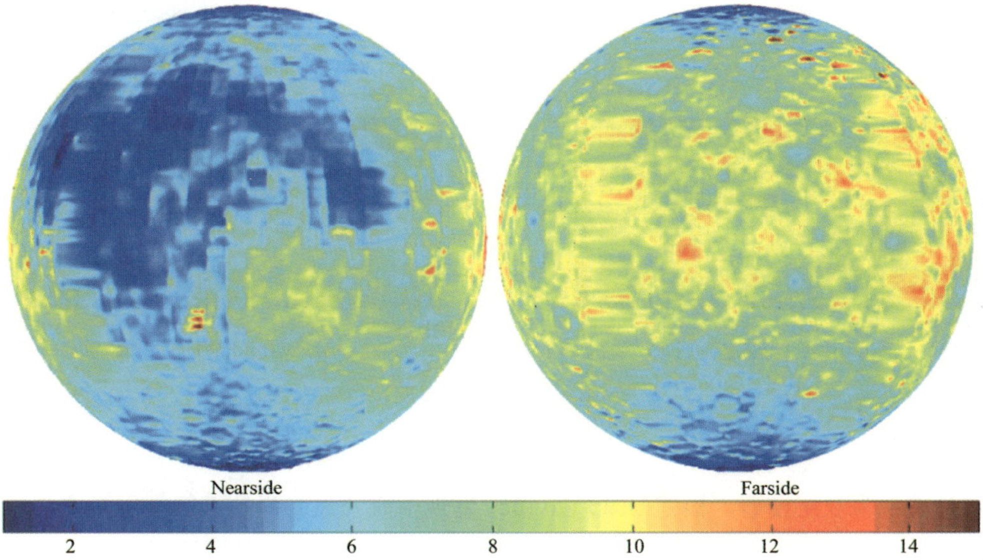

图 4-4　全月球月壤厚度分布图

②月壤层介电常数

基于嫦娥二号微波探测仪亮温数据，结合辐射传输模型，通过解算相关参数，对 3 GHz 下的全月介电常数实部和虚部进行初步反演(图 4-5)。结果表明在月海地区的介电常数实部高于月陆地区，月球极地区域介电常数实部偏低；而介电常数虚部则在月海区域和艾肯盆地表现出较高的数值，其整体趋势和前人光学遥感探测的结果一致。由于温度变化对介电常数的影响，在现有的实验条件下，尝试对反演的介电常数进行温度校正，得到了相同温度(22℃)下的全月 3 GHz 介电常数分布。将温度校正后的反演结果与月壤真实样品的介电常数测量值进行比较：介电常数实部相对误差基本都在 11%以下；而介电常数虚部相对误差虽在 Apollo 11、14、16、17 登月点较高，但其数值的偏差都在 0.002 以内。

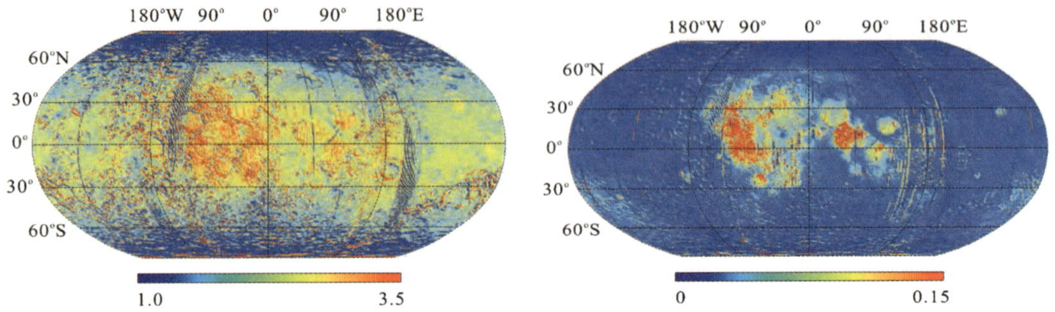

图 4-5 反演得到的介电常数实部(左图)和虚部(右图)

③月球表面温度和下垫面温度

基于嫦娥二号卫星高频微波探测仪数据进行了月球近地表温度反演研究，结果表明，在微波探测仪数据分辨率条件下，撞击坑壁的坡度约为 20°～30°，对亮温的改变约为 10～15 K。由月陆和月海反照率变化带来的亮温变化约为 5～10 K。而由介电常数带来的亮温变化约为 2～8 K。平均温度和下垫面温度随纬度(φ)的变化分别满足 $\cos^{0.3}\varphi$ 和 $\cos^{0.36}\varphi$，如图 4-6 所示。

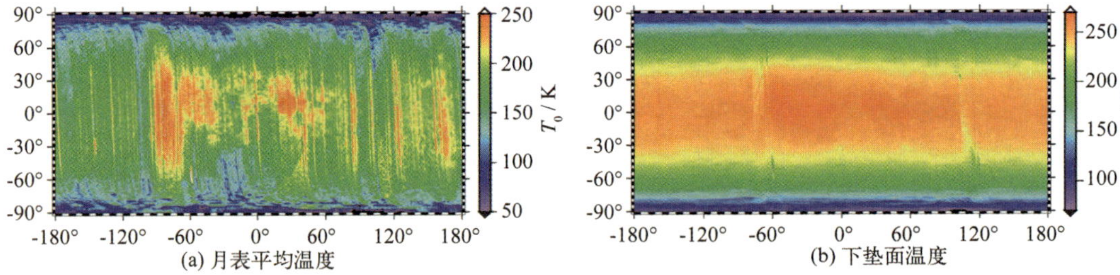

图 4-6 温度分布图

④月壤密度

将月壤视为双层模型，根据 LRO Diviner 发现雨海和风暴洋地区的表层月壤的热物理特性是均一的，预示着明显不同的微波亮温日变差值是与下垫面月壤的密度相关的。基于嫦娥二号微波探测仪数据，反演得到月壤下垫面的密度约为 1.90～2.04 g/cm^3。

4.2 月表红外温度环境与微波亮温度的特性比较

月表温度是研究月表及其内部变化的重要参数之一，对月球热演化过程研究有重要意义。嫦娥一号和二号探测任务采用间接的方法，使用遥感测量数据，并对比利用月壤样品得到的热物理参数模型，求解热辐射或传导方程得到最终的月表温度模型。

月球赤道地区覆盖了月球月海、高地等多种地形，对赤道地区的温度分析更能符合实际月表地形多样化的情况。基于空间和时间覆盖更广，空间分辨率更高的 Diviner 辐射计红外亮温数据，结合月球热传导方程进行数值求解，获得月球赤道地区月表温度分布和变化规律，以及月壤温度廓线。利用获得的物理温度廓线重建了微波亮温，与嫦娥二号微波探测仪实测微波亮温进行匹配，进而分析了嫦娥二号卫星数据的稳定性、可靠性，并进行了对比分析，如图 4-7 所示。

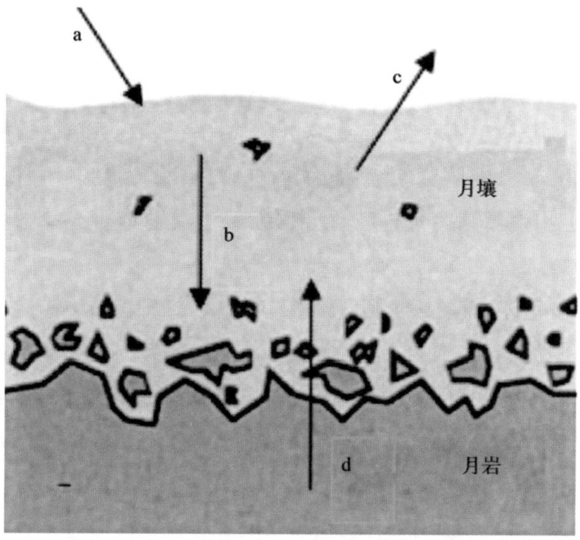

图 4-7　月表热平衡过程

采用经典的月壤物理参数模型，通过偏微分方程的数值求解方法获得随时间变化的月表温度。从实测红外亮温昼夜变化趋势看出：月球正午月表温度最高，日落后迅速降温，在日出之前温度达到最低。在月球白天，月表温度主要受太阳辐射吸收的控制，表面温度的起伏达到 250 K 左右；而在月球夜晚，表面温度受月表红外发射率与月壤热扩散控制，起伏仅在 30 K 左右，如图 4-8 所示。

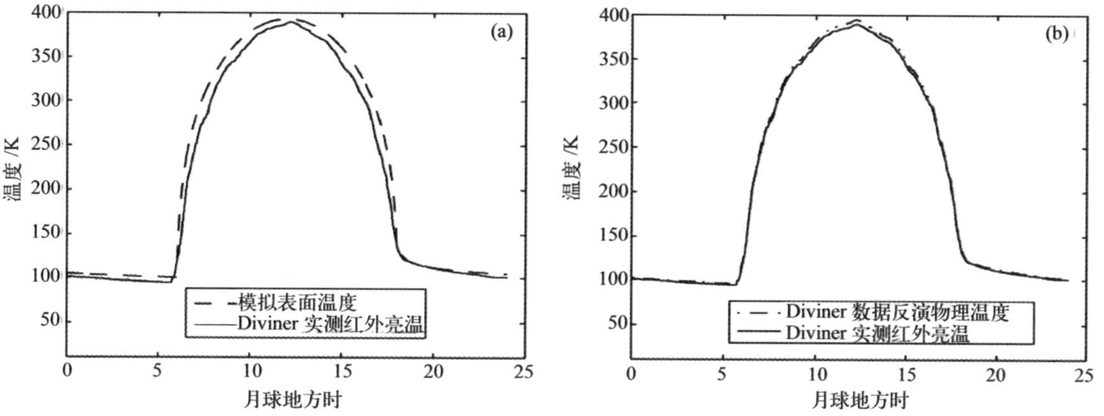

图 4-8　月球赤道地区的模拟表面温度、Diviner 实测红外亮温、Diviner 反演物理温度的昼夜变化

利用 Diviner 实测红外亮温数据反演月表温度，获得了赤道地区月壤温度廓线。进一步比较研究表明：

1)月表辐射热平衡模拟月表温度与 Diviner 红外亮温反演月表温度比较，两者随月球时间变化趋势大致相同，日落后迅速降温，在日出之前温度达到最低，正午温度最高。白天表面温度的起伏达到 250 K 左右，而夜晚温度起伏仅在 30 K 左右。两种方法获得的月表温度之间的差异仍然存在，并主要集中在受到月表起伏影响的月球白天，特别是在月球昼夜交替的时间段，最大差异温度可达 50 K。在月球夜晚，两者差异不大。

2)月壤底面温度趋于稳定，几乎不随着月球昼夜时间变化。通过月表辐射热平衡及月壤热传导求解月壤温度廓线得到赤道地区月壤底面平衡温度约为 250 K；利用 Diviner 实测红外亮温数据以及月壤热传导获得赤道地区底面平衡温度约为 246 K，均比预估的赤道地区底面温度 260 K 低。初步认为可能是忽略月球内部热流影响导致。但是月表红外发射率对月表温度的影响也不容忽视，如金属矿物的红外发射率较小，使得矿物表面温度较高，以致底面温度升高。

3)月球红外发射率的取值直接影响月表温度。当使用 0.9，0.95 和 1.0 的恒定发射率时，在月球正午时赤道地区，其表面温度随着发射率的增大而降低，并且相邻发射率导致的温度曲线最大差异约 5 K。当使用随表面温度可变的红外发射率模型时，在月球白天，变发射率模型计算的月表温度与 0.9～1.0 恒定发射率计算的温度差异波动较大，在月球夜晚，两者差异趋于稳定。可变发射率模型更接近于月球表面红外发射率 0.96 的情况。

参考文献

[1] Chan KL，Tsang KT，Kong B，Yong - Chun Z. Lunar regolith thermal behavior revealed by Chang'E-1 microwave brightness temperature data. Earth and Planetary Science Letters. 2010，295：287 - 291.

[2] Fa WZ，Jin YQ. A primary analysis of microwave brightness temperature of lunar surface from Chang - E 1 multi - channel radiometer observation and inversion of regolith layer thickness. Icarus. 2010，207：605 - 615.

[3] Fang T，Fa WZ. High frequency thermal emission from the lunar surface and near surface temperature of the Moon from Chang'E-2 microwave radiometer. Icarus. 2014，232：34 - 53.

[4] Feng JQ，Su Y，Zheng L，Liu JJ. Lunar brightness temperature from Microwave Radiometers data of Chang'E-1 and Chang'E-2. 2011，1838.

[5] Feng J - q，Su Y，Liu J - j，Zheng L，Tan X，Dai S，et al. Data Processing and Result Analysis of CE-2 MRM. Earth Sci，J China Univ Geosci. 2013，38：898 - 906.

[6] Gong XH，Jin YQ. Diurnal physical temperature at Sinus Iridum area retrieved from observations of Chinese Chang'E-1 microwave radiometer. Icarus. 2012，218：807 - 816.

[7] Gong XH，Jin YQ. Microwave brightness temperature of cratered lunar surface and inversions of the physical temperature profile and thickness of regolith layer. Radio Science. 2012，47.

[8] Gong XH，Paige DA，Siegler MA，Jin YQ. Inversion of Dielectric Properties of the Lunar Regolith Media With Temperature Profiles Using Chang'e Microwave Radiometer Observations. Ieee Geoscience and Remote Sensing Letters. 2015，12：384 - 388.

[9] Hu GP, Chen K, Huang QL, Guo W, Li Q, Gui LQ, et al. Brightness Temperature Calculation of Lunar Crater: Interpretation of Topographic Effect on Microwave Data From Chang'E. Ieee Transactions on Geoscience and Remote Sensing. 2014, 52: 4499 - 4510.

[10] Hu GP, Zheng YC, Xu AA, Tang ZS. Qualitative Verification of CE-2's Microwave Measurement: Relative Calibration Based on Brightness Temperature Model and Data Fusion. IEEE Transactions on Geoscience & Remote Sensing. 2016, 54: 1598 - 1609.

[11] Meng ZG, Xu Y, Cai ZC, Chen SB, Lian Y, Huang H. Influence of lunar topography on simulated surface temperature. Advances in Space Research. 2014, 54: 2131 - 2139.

[12] Shkuratov YG, Bondarenko NV. Regolith Layer Thickness Mapping of the Moon by Radar and Optical Data. Icarus. 2001, 149: 329 - 338.

[13] Sum SF. Lunar Regolith Modeling based on Chang'E Microwave Brightness Temperature Measurements [Ph. D.]. Ann Arbor: Hong Kong University of Science and Technology (Hong Kong). 2013.

[14] Wang XD, Bian W, Wang JS, Liu JJ, Zou YL, Zhang HB, et al. Acceleration of scattered solar wind protons at the polar terminator of the Moon: Results from Chang'E-1/SWIDs. Geophysical Research Letters. 2010, 37.

[15] Wang XQ, Cui J, Wang XD, Liu JJ, Zhang HB, Zuo W, et al. The Solar Wind interactions with Lunar Magnetic Anomalies: A case study of the Chang'E-2 plasma data near the Serenitatis antipode. Advances in Space Research. 2012, 50: 1600 - 1606.

[16] Wei G, Li X, Wang S. Thermal behavior of regolith at cold traps on the moon's south pole: Revealed by Chang'E-2 microwave radiometer data. Planetary & Space Science. 2016, 122: 101 - 109.

[17] Xing SG, Su Y, Feng JQ, Li CL. The deconvolution of lunar brightness temperature based on the maximum entropy method using Chang'e - 2 microwave data. Research in Astronomy and Astrophysics. 2015, 15: 293 - 304.

[18] Zhang D, Li Q, Lang L, Xiao Q, Zheng Y. Retrieval of the bulk density of lunar subsurface layer from diurnal differences of Chang'E-2 microwave and LRO infrared brightness temperature data. 2015.

[19] Zhang M, Huang MH, Yan YH. Simulations of ultra - long wavelength interferometers in Earth orbit and on the lunar surface. Research in Astronomy and Astrophysics. 2015, 15: 443 - 452.

[20] Zheng YC, Tsang KT, Chan KL, Zou YL, Zhang F, Ouyang ZY. First microwave map of the Moon with Chang'E-1 data: The role of local time in global imaging. Icarus. 2012, 219: 194 - 210.

[21] 封剑青，苏彦，刘建军，郑磊，谭旭，戴舜，等．嫦娥二号卫星微波探测仪数据定标和处理结果．地球科学．2013，38：898 - 906.

[22] 宫晓蕙，金亚秋．“嫦娥一号”和“嫦娥二号”微波辐射观测对具温度分布廓线的月壤层介电特性的反演．科学通报．2013，58：3798 - 3805.

[23] 连懿，陈圣波，孟治国，张锋，张莹．基于嫦娥二号卫星微波辐射计亮温数据反演月壤介电常数．地球科学．2014，39：1644 - 1650.

[24] 连懿，陈圣波，孟治国，张莹．利用嫦娥二号微波辐射计数据的全月亮温制图．武汉大学学报，信息科学版．2015，40：732 - 737.

[25] 连懿，陈圣波，孟治国，张莹，路鹏．基于嫦娥二号微波辐射计数据月球中低纬度亮温异常区地质分析研究．地球学报．2004，35：643 - 647.

[26] 孟治国，平劲松，徐懿，陈圣波，陈思．厚度对月壤微波辐射亮温的影响．地理研究．2014，1015－1022.

[27] 冉真，王振占．基于 Diviner 红外亮温数据的月球赤道地区温度廓线模拟．中国科学：地球科学．2014，1498－1507.

[28] 冉真，王振占，李芸．Diviner 红外温度与嫦娥卫星微波探测仪月表亮温的比较分析．空间科学学报. 2014，34：249－261.

[29] 邢树果，苏彦，封剑青，李俊铎，薛喜平．基于最大熵方法月球表面亮温度数据处理模拟．第十届全国月球科学与比较行星学陨石学与天体化学学术研讨会．中国广西桂林，2012.

Brightness Temperature Calculation of Lunar Crater: Interpretation of Topographic Effect on Microwave Data From Chang'E①

Guoping Hu[1], Ke Chen[1], Member, IEEE, Quanliang Huang[1], Wei Guo[1], Qingxia Li[1], Member, IEEE, Liangqi Gui[1] and Yingbiao Cheng[2]

1 the Science and Technology on Multispectral Information Processing Laboratory, Department of Electronics and Information Engineering, Huazhong University of Science and Technology, Wuhan 430074, China (e-mail: hgp.hust@gmail.com; chenke@hust.edu.cn; huangql@hust.edu.cn; guowei@hust.edu.cn; qingxia_li@hust.edu.cn; guilq@hust.edu.cn)

2 the China Ship Development and Design Center, Wuhan 430061, China (e-mail: bobo601@gmail.com).

Color versions of one or more of the figures in this paper are available online at http://ieeexplore.ieee.org. Digital Object Identifier 10.1109/TGRS.2013.2282342

Abstract: In order to quantitatively interpret topographic effect on Chang'E (CE) microwave data, a detailed method to compute brightness temperature (TB) over a lunar crater is proposed, which incorporated the effect of surface tilts. The method improves the effective solar irradiance model of the lunar surface to obtain the temperature profile of the lunar crater. The calculated TB at 37 GHz with the proposed computation method, which is based on three digital elevation models (DEMs) from different sources, are consistent with the observed TB from the CE-2 microwave radiometer. The simulated behavior of TB across crater Hercules reproduces the TB undulation observed by CE in a single swath. TB is significantly affected by the lunar dust of a lunar crater and affected by albedo and emissivity in a lesser degree. Based on the explanation with simplified models, the TB variation over a crater is proved to be significantly affected, through physical temperature, by the crater shape described by DEMs. With the simplified crater model, the amplitude of the TB oscillatory curves is proved to depend on the crater shape.

Key words: Brightness temperature (TB), Chang'E (CE), digital elevation model (DEM), lunar crater.

---

① This work was supported in part by the National High Technology Research and Development Program of China (863 Program) under Grant 2010AA122200, by the National Natural Science Foundation of China under Grants 41001195, 40971185, 41176156, and 41275032, and by the Foundation for Independent Innovation under Grant 2011QN029.

I INTRODUCTION

In the Chang'E-1 (CE-1) lunar exploration project, a multichannel (3.0-, 7.8-, 19.35-, and 37-GHz) microwave radiometer (MWR) was aboard the CE-1 orbiter, for measuring microwave brightness temperature (TB) from the lunar surface [1], [2]. During CE-1's lifetime of more than a year, it covered the surface of the moon many times in a processing polar orbit 200 km above the lunar surface, transmitting 1.38 TB of data to the Earth.

As an originally spare copy of CE-1, Chang'E-2 (CE-2) was launched on October 1, 2010 and became the pioneer in the "landing" project of the second phase of Chinese lunar reconnaissance. Compared to the payloads of CE-1, most instruments onboard CE-2 were either partially improved or remained the same (e.g., MWR), except the reconstructed charge-coupled device (CCD) stereo cameras. In addition, the spatial resolution of the MWR onboard CE-2 is once higher than that of CE-1, because the altitude of the circular polar orbit of CE-2 (100 km) is as half as that of CE-1 (200 km).

Compared to infrared radiation, passive microwave observation can sense emission from deeper layers below the lunar surface. Microwave brightness maps of the nearside of the moon have been obtained by ground-based measurements at wavelengths of 1-500 cm since the 1960s [3]-[6]. Passive orbital microwave measurements at different frequencies have been proposed since the 1980s [7], because they could provide information of global lunar heat flow and average regolith thickness. Radar studies cannot provide information about the thermal behavior of the regolith, although radar can probe deep and produce high-resolution maps [8]-[11]. The microwave thermal emission from the lunar surface layer is affected by such physical parameters as the dielectric constant, loss tangent, thermal conductivity, density, heat flow, and heat capacity [3], [7], [12], [13]. CE's microwave data are important for estimating the physical parameters, such as helium-3 abundance and the thickness of regolith [14]-[16], and for studying the physical/chemical environment of the lunar regolith.

The first global microwave image of the moon [17] was obtained from the Chinese CE-1 MWR. Lunar topographic signatures, such as the boundaries between mares and highlands and the contours of craters, can be identified in the 37-GHz TB maps [17], [18] and are similar to those seen in Clementine's lunar topography map [19] and CE-1 global optical image [20].

The theoretical analysis [21] for CE-1 radiometer observation shows that the surface of a lunar crater can be modeled as a flat surface within a spatial resolution of 30 km × 30 km. The analysis is according to the calculation of reflectivity and emissivity, which is based on Monte Carlo surface generation and triangulated network division. However, the analysis cannot well explain the topographic signatures in the TB map.

The topographic signatures in the TB map need to be studied, in order to improve the retrieval of the physical parameters of lunar regolith from the microwave data. The topographic effect is more obvious at 37 GHz than at the other three frequencies of the MWR. Therefore, 37 - GHz TB is chosen to be studied here. In this paper, to quantitatively interpret the topographic effect on the TB data from the CE MWR, a TB computation method is proposed. As an example, a swath track of TB over crater Hercules (39.1°E, 46.7° N) is calculated and compared with the observed TB from CE-2 for the first time.

Ⅱ DATA SET AND ITS CHARACTERS

A Data Set From CE

The swath data applied here are level 2C MWR data from CE-1 and CE-2, level 2C CCD camera data, and level 2B laser altimeter (LAM) data from CE-1, which comply with the Planetary Data System [24] standards for the file formats and directory names, and are now publicly available at the website http://159.226.88.59:7779/CE1OutENGWeb/ce1files.jsp. The definition of CE-1 MWR data at various levels of preprocessing was described before [16], and the definition of CE-2 MWR data, CCD camera data, and LAM data at various levels of preprocessing is similar to that of CE-1 MWR data. From November 2007 to July 2008, 2763 tracks (orbit number from 0243 to 3005) of swath data were collected by CE-1, whereas 2652 tracks (orbit number from 0088 to 2739) were collected by CE-2 from October 2010 to November 2011. For each swath, a data file was generated as the MWR orbits descending from the north pole to the south pole and then ascending from the south pole to the north pole.

The level 2C MWR data from CE-1 (CE-2) are the raw data after system calibration and geometric correction. The recorded parameters in each MWR data file are the following: the UTC time of the measurement, the TB from four microwave channels, the solar incidence angle, the solar azimuth angle, the orbital information of CE (longitude, latitude, and orbital altitude), and the data quality state. The level 2C CCD camera data and level 2B LAM camera data are the corresponding raw data from CE-1 after geometric and luminosity correction. The recorded parameters in each CCD camera data file are the following: the UTC time of the measurement; the longitude and latitude of the first (start) point and the 512th (end) point in each image line; image data. The recorded parameters in each LAM data file are the following: the UTC time of the measurement, the longitude and latitude, the height data, and the data quality state. The diameter of the LAM's footprint on the lunar surface is about 200 m. Detail description about technical specifications of the LAM onboard CE-1 can be found in [1] and [2].

The CE-1 MWR was calibrated onboard periodically (the calibration performs every 11.6 s, i.e., once every MWR measurement cycle) to assure its reliability and accuracy, using a two-point calibration method [22], [23]. The calibration and accuracy of CE-2 MWR, which is the same payload as CE-1 MWR, is similar to that of CE-1 MWR. Detail description about data calibration and data quality can be found in the relevant literatures [16]-[18], [22], [23].

B　TB Variation Over Crater Hercules

To show TB features over lunar craters, TB observation from CE-2 and CE-1 over a complex crater Hercules (46.7°N, 39.1°E) is taken as an example.

To know the solar illumination condition directly, the recorded UTC time in the MWR data set is transformed into lunar local time. With the time difference (earth days) between the measured time and the subsolar time at zero longitude, the longitude of the subsolar site at the measured time (Julian day) is obtained, where it is supposed to be at the lunar local noon. Combined with the longitude difference between the subsolar site and the target site, the lunar local time of the measurement at the target site is derived. Here, the lunar local time is divided into 12 time zones similar to the time zones on Earth.

Fig. 1 shows the variation of 37-GHz TB from CE-1 and CE-2 over crater Hercules. The variation of nighttime TB shows an oscillatory behavior in Fig. 1(a) and (c), and the peak-topeak values in Fig. 1(a) and (c) are about 10 and 6 K. The variation of daytime TB also displays an oscillatory behavior in Fig. 1(b) and (d), with the peak-to-peak values about 25 and 10 K. The peak-to-peak value of nighttime TB from CE-1 (CE-2) is smaller than that of daytime TB. More details can be seen in the CE-2 TB compared with the corresponding CE-1 TB due to the CE-2's higher spatial resolution, e.g., TB over the center of crater Hercules. The variation of daytime (nighttime) 37-GHz TB from CE in one track across Hercules shows an oscillatory behavior, whereas the variation of TB over nearby flat regions looks similar to a linear curve.

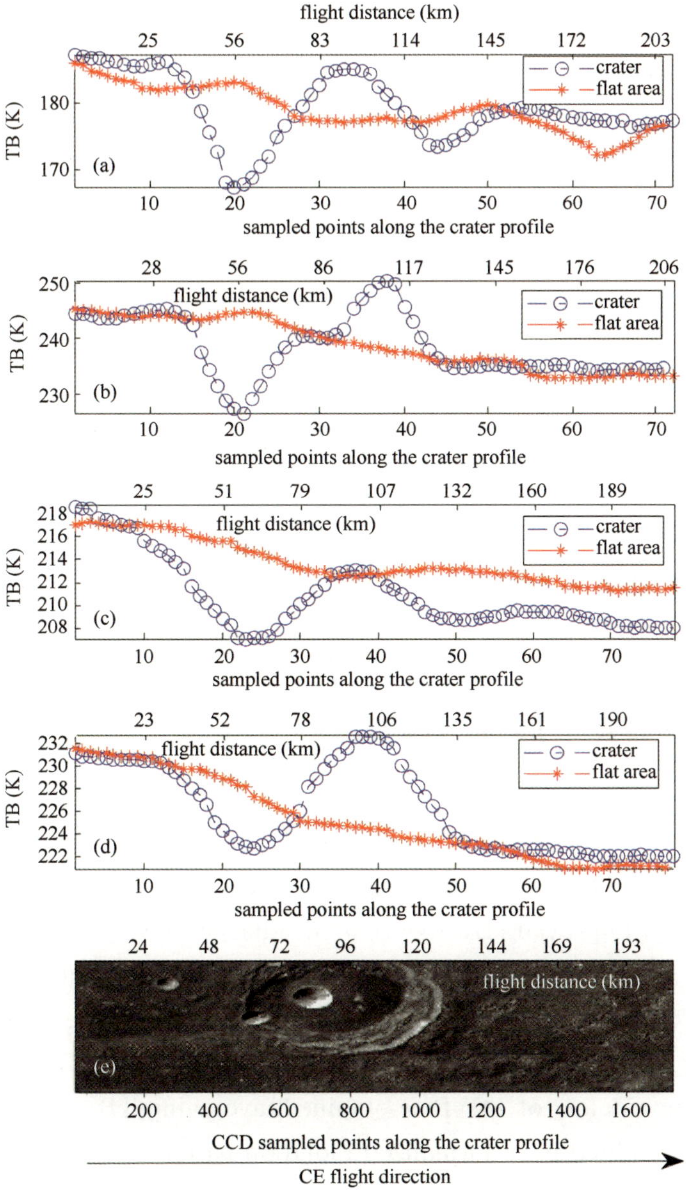

Fig. 1　TB observation over crater Hercules and the nearby flat area.

(a) Nighttime TBs from CE-2 (orbit number 0354, 0352 and lunar time around 2.26, 2.30). (b) Daytime TBs from CE-2 (orbit number 0181, 0179 and lunar time around 14.84, 14.87). (c) Nighttime TBs from CE-1 (orbit number 0969, 0974 and lunar time around 21.24, 21.74). (d) Daytime TBs from CE-1 (orbit number 0812, 0810 and lunar time around 9.96, 9.94). (e) Optical images from CE-1 (orbit number 0812 and 0810).

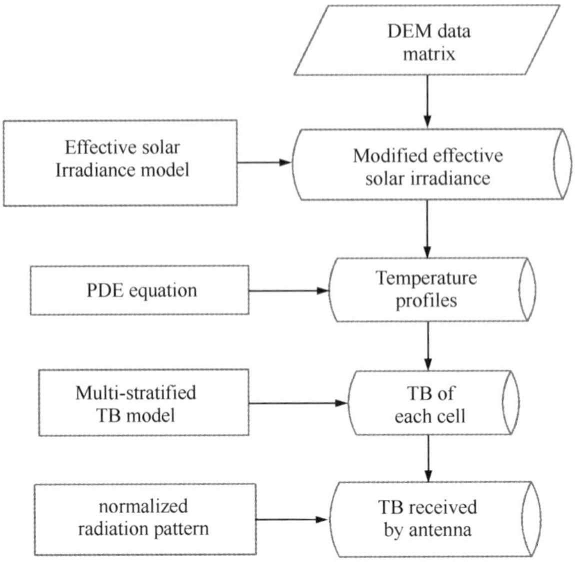

Fig. 2　Procedure for calculating TB received by CE-1 or CE-2 antenna.

Ⅲ　TB COMPUTATION METHOD

The procedure for calculating TB is shown in Fig. 2. First, the lunar surface was covered by a square - grid mesh at the spatial resolution of the digital elevation model (DEM). Second, an improved effective solar irradiance (ESI) real - time model is proposed to calculate the solar irradiance. Third, a temperature profile is calculated by solving a partial differential equation (PDE). Fourth, with the temperature profile, the TB of each square - grid cell is obtained, by using a multistratified TB model. Finally, the TB received by the antenna of MWR is obtained, averaging TB from each cell within a spatial resolution weighted by a normalized radiation pattern.

A　Calculation of Temperature Profile

1) Temperature Model: The model for calculating the temperatures of the lunar surface is a boundary value - initial condition problem in a PDE for a semi - infinite solid. In addition, the PDE [25], [26] is

$$\frac{\partial}{\partial z}\left[K(z, T)\frac{\partial T}{\partial z}\right]+Q(z, T)=\rho(z, T)c(z, T)\frac{\partial T}{\partial t} \tag{1}$$

where $\rho(z, T)$, $c(z, T)$, and $K(z, T)$, as functions of physical temperature T (K) and depth z (m), are bulk density (g/cm^3), specific capacity (Wg^{-1} · K^{-1}), and thermal conductivity ($Wm^{-1} \cdot K^{-1}$), respectively. $Q(z, t)$(Wm^{-2}) is the thermal radiation generated by translucent media; t is the lunar time (h).

The surface boundary condition is

$$K_s \frac{\partial T}{\partial z}\bigg|_s = e\sigma BT_s^4 - (1 - A_0)[I(t) + E(t)] + J_0 \qquad (2)$$

where $K_s(\partial T/\partial z)|s$ and K_s denote the heat flow conducted to the subsurface and the thermal conductivity of the lunar surface, respectively; A_0 and e are the albedo and emissivity of lunar regolith, respectively. $e\sigma BT_s^4$ is the energy radiated from the surface, where σB($Wm^{-2} \cdot K^{-4}$) is the Stefan - Boltzman physical constant, and T_S(K) is the surface temperature. $I(t)$ (Wm^{-2}) and $E(t)$ (Wm^{-2}), as functions of lunar time, are the ESI and earthshine on the lunar surface, respectively. J_0(Wm^{-2}) is a constant flux originating from internal heat sources; this flux is negligible [27] compared with other terms in (2).

The lower boundary condition is

$$\frac{\partial T}{\partial z}\bigg|_d = \frac{-J_0}{K_d} \ll 1$$

where $(\partial T/\partial z)|_d$ and K_d are the temperature gradient and thermal conductivity at the equilibrium depth.

We derive the best fit of albedo value 0.1 over cater Hercules, which is within the albedo values (0.05 - 0.20) at the lunar equatorial surface derived from Diviner's broadband solar channel 1 [28]. The best fit of 0.94 is derived as a representative emissivity value for crater Hercules, which is compatible with the value reported by Racca [29]. The bulk density and thermal conductivity model of lunar regolith is from Vasavada et al. [28]. The specific capacity used here is a third - degree polynomial based upon Apollo 11 data [26].

2) Improved ESI Model: When calculating the ESI of each square - grid cell, it should be determined whether the cell is shadowed. The minimum distance between two lunar sites is the DEM's spatial resolution in estimating the lunar topographic hadow, whereas the maximum distance between two lunar sites is about 3.7 km. The target site will be shadowed by the front sites (sites that can be illuminated earlier than the target sites in Fig.4) in the solar irradiance direction, only when the target site and front sites satisfy two specific relationships [30] as

$$h_n > h_1, n = 1,2,\cdots\cdots,31 \qquad (4)$$

$$i' > 90^\circ \qquad (5)$$

where h_n is the elevation of the front sites; h_1 is the elevation of the target site, as in Fig.4; and i' is the incidence angle with respect to the surface normal, as in Fig.3.

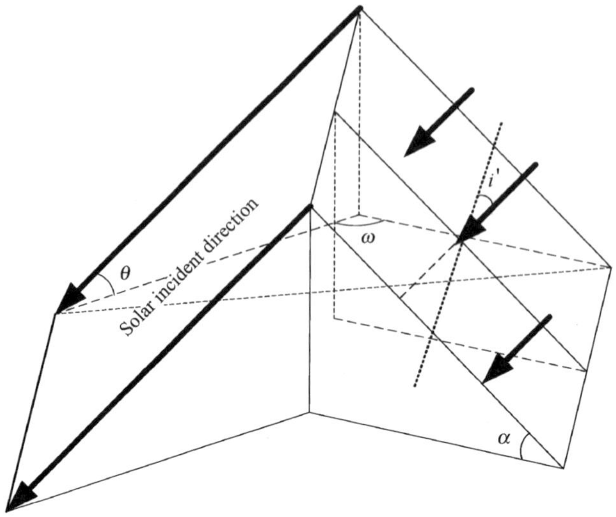

Fig. 3 Schematic diagram of the modified ESI model.

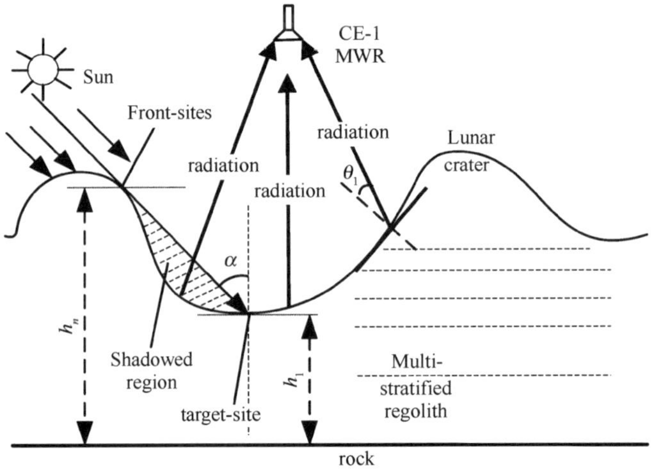

Fig. 4 Microwave radiation transfer model for lunar crater surface.

The solar irradiance of lunar surface was used to be taken as a constant [29], [31], [32]. Reference [26] employed an eclipse function ($0 \leqslant E(t/P) \leqslant 1$, where P is the lunation period) to model the solar irradiance as a cosine function. A real - time ESI model of the lunar surface [30] was proposed by Li et al. as

$$\mathrm{ESI} = E_{\mathrm{sm}} \cdot \cos(i)$$

where E_{sm} (Wm^{-2}) is the total solar irradiance; i is the incidence angle; and

$$E_{\mathrm{sm}} = \frac{S_0 \sin^2(\xi_{\mathrm{em}} R_{\mathrm{em}} / R_{\mathrm{se}})}{R_{\mathrm{em}}^2 \sin^2 \xi_{\mathrm{em}}}$$

where S_0 (Wm^{-2}) is the solar constant; ξ_{em} is the geocentric ecliptical latitude; R_{em} is the dimensionless Earth - Moon distance relative to 1AU; and R_{se} is the dimensionless Sun - Earth distance relative to 1AU.

Note that Li et al.'s model is based on the assumption that the variation of the incidence angle due to slopes of lunar terrain is negligible. Hence, the Cosine Correction model [33] shown in Fig. 3 is employed to improve their model by

$$\begin{aligned} ESI' &= E_{sm}\cos(i') \\ &= E_{sm}(\cos\alpha\cos\theta + \sin\alpha\sin\theta\cos\omega) \\ &= E_{sm}[\cos\alpha\cos\theta + \sin\alpha\sin\theta\cos(\varphi-\beta)] \end{aligned} \tag{8}$$

where ESI′ (Wm^{-2}) is ESI over the inclined terrain; i' is the incidence angle with respect to the surface normal; α is the slope angle of inclined lunar surface; θ is the solar zenith angle; ω is the azimuth difference between the solar azimuth φ and the surface azimuth angle β in Fig. 3. The Cosine Correction model is based on the assumption that the surface is supposed to have Lambertian behavior, i. e., having the same amount of reflectance in all view directions.

B TB Computation

1) *Dielectric Permittivity of Lunar Regolith*: A stepwise regolith structure had been derived from Apollo 17 measurements [34] and Apollo 15 measurements [35]. Vasavada [28] has derived the e - folding scale of 6 cm for the increase in density and conductivity in the upper few centimeters of the regolith, which remains compatible with the in situ thermal diffusivity measurements at the Apollo 15 and 17 sites [36]. The top 4 - cm lunar regolith is thought to be lunar dust layer in this paper.

In [37] and [38], it follows that the dielectric permittivity of the lunar material is quite insensitive to frequency variations. Using a lunar sample from the Apollo mission [37] and employing a nonlinear regression, Montopoli et al. [39], [40] proposed the following dielectric permittivity model:

$$\begin{cases} \varepsilon' = 10^{d\rho(z)} \\ \varepsilon'' = \varepsilon' \cdot 10^{a(f)\rho(z)+bS-p} \end{cases}$$

where ε', ε'' are the real and imaginary parts of complex dielectric permittivity, respectively; $d = 0.27$; $\rho(z)$ (g/cm^3) is the bulk density depending on depth; $b = 0.027$; S (%) is the content of FeO/TiO_2 abundance; $p = 3.058$; and

$$a(f) = a_1 f + a_2$$

where $a_1 = 0.0272$; f is the frequency (GHz); and $a_2 = 0.2967$.

The complex dielectric permittivity of the bedrock layer is given by the measurement at Apollo 15 site $\varepsilon_3 = 5.87 + 0.0086j$.

2) *TB for Square - Grid Cell*: The crater surface is divided into square - grid cells at the spatial resolution of the DEM. Each cell can be modeled as a flat surface since the

size of each cell is too small compared to the MWR's spatial resolution. Here, a multistratified model of nonuniform lunar regolith [41] is adopted to calculate the TB of each cell, including the variation of the observation angle due to slopes of inclined surface.

In the simulation, the content S of FeO/TiO_2 abundance is computed by the relationship between the content S and the optical albedo [42], with the telescope observation [43]. The thickness of the lunar regolith in the TB model is chosen to be 0.5 m, as the variation of 37 - GHz TB due to the deeper regolith (below 0.5 m) is very small [44], which can be neglected.

3) *TB Received by CE MWR Antenna*: To compare simulation with observation, TB from each square - grid cell in the field of view of the CE MWR needs to be averaged weighting with the antenna radiation pattern along the CE flight direction, as the level 2C TB from CE-1 and CE-2 at 37 GHz channel equals the TB received by the rectangular aperture antenna of the CE MWR [45]. Fig. 4 shows the microwave transfer model for the lunar crater surface. In addition, the TB received by MWR antenna is

$$T_B \approx \eta_M \cdot \overline{T}_{ML} = \frac{\iint\limits_{\text{MWR shot}} T_B(\theta,\varphi) F_n(\theta,\varphi)\,\mathrm{d}\Omega}{\iint\limits_{\text{MWR shot}} F_n(\theta,\varphi)\,\mathrm{d}\Omega} \tag{11}$$

where η_M is the main - beam efficiency; $\overline{T}_{ML}$ is the effective apparent temperature of the main - lobe contribution; $T_B(\theta,\varphi)$ is TB from each cell within an MWR shot; $F_n(\theta,\varphi)$ is the normalized radiation pattern of the MWR antenna with a rectangular size of $l \times m$; and

$$F_n(\theta,\varphi) = \left[\frac{\sin[(\pi l/\lambda)\sin\theta\cos\varphi]}{(\pi l/\lambda)\sin\theta\cos\varphi} \cdot \frac{\sin[(\pi m/\lambda)\sin\theta\sin\varphi]}{(\pi m/\lambda)\sin\theta\sin\varphi}\right] \tag{12}$$

where θ is the zenith angle; φ is the azimuth angle; $l = m = 0.05$ m; λ is the wavelength of MWR channel.

In the simulation, the size of integration area must be big enough to cover the target site, according to the size of the site and the spatial resolution of the CE MWR. As an example, an area of 192 km × 60 km, i.e., a matrix of 1600 × 512 points, is considered to cover crater Hercules. In addition, we employed the least square algorithm to find the closest corresponding sampled points from the DEMs according to the sampled points in MWR files. The algorithm has the form of

$$\Delta = \min(|\xi - \xi_0|^2 + |\psi - \psi_0|^2) \tag{13}$$

where (ξ, ψ) are the selenographic latitude and longitude recorded in the DEM data, and (ξ_0, ψ_0) are the selenographic latitude and longitude recorded in the CE-2 MWR data.

IV TB COMPARISON BETWEEN SIMULATION AND OBSERVATION

To verify our TB computation method, three different DEMs are employed to calculate 37 - GHz TB over crater Hercules. Here, DEM I stands for the DEM generated from CCD image data from CE-1, with the same spatial resolution 120 m as CCD; DEM Ⅱ stands for the DEM data from CE-1 LAM, with the spatial resolution 500 m; and DEM Ⅲ is the DEM data from Lunar Orbiter Laser Altimeter (LOLA) onboard the Lunar Reconnaissance Orbiter, with the spatial resolution about 30 m. DEM Ⅱ from CE-1 LAM has been described in Section Ⅱ; two other DEMs are introduced in this section.

A　DEM Description

1) *DEM Generated From CCD Data From CE-1*: The basic principle of a three-line-array CCD stereo camera is to photograph ground objects by three linear array sensors from three different view angles, i.e., fore-, nadir-, and back-looking angles. The three line arrays of the CE-1 CCD camera are oriented perpendicular to the direction of flight. Along the flight direction, the fore- and back-looking linear arrays are ±16.7° from the nadir-looking array. During flight, the camera continuously scans the terrain, recording three image strips. Detail description about technical specifications of the CCD stereo camera onboard CE-1 can be found in [1].

A point in an image strip is linked to its corresponding coordinates in the ground coordinate system by the collinearity condition that the image point (x, y, f_l), the exposure center $(X_{S_i}, Y_{S_i}, Z_{S_i})$, and its ground point (X, Y, Z) should be on the same line [46], i.e.

$$
\begin{aligned}
x &= -f_l \frac{r_{11}(X-X_{S_i})+r_{12}(Y-Y_{S_i})+r_{13}(Z-Z_{S_i})}{r_{31}(X-X_{S_i})+r_{32}(Y-Y_{S_i})+r_{33}(Z-Z_{S_i})} \\
y &= -f_l \frac{r_{21}(X-X_{S_i})+r_{22}(Y-Y_{S_i})+r_{23}(Z-Z_{S_i})}{r_{31}(X-X_{S_i})+r_{32}(Y-Y_{S_i})+r_{33}(Z-Z_{S_i})}
\end{aligned} \tag{14}
$$

where (x, y, f_l) is in the image coordinate system; f_l is the focal length of the camera; r_{ij} are the elements of the rotation matrix from the ground coordinate system to the platform coordinate system; $(X_{S_i}, Y_{S_i}, Z_{S_i})$ is in the platform coordinate system; (X, Y, Z) is in the ground coordinate system.

The DEM of the target region can be generated from the CE-1 CCD as follows. First, the exterior orientation parameters are obtained from (14) by the pyramid resection approach [47], with the latitude and longitude of two control points (start and end) in each image line recorded by the CE-1 CCD. Then, the image coordinates (x, y) of two or more corresponding image points are given, matching through the image pyramids [48], to generate four or more equations. Finally, the least square adjustment algorithm is applied to solve the bundle equations formed by all corresponding image points; thus, the elevation of each square cell is obtained and the DEM of the target region is generated.

Here, height data from the unified lunar control network (ULCN 2005) [49] is used to calibrate the height of control points. The DEM precision depends on the recorded orbiter information (latitude and longitude) of the start and end points in each image line and ULCN 2005's precision. Fig. 5 shows that the boundaries between the crater and the nearby flat region in the generated DEM are consistent with that of the CCD image. It can be inferred that the generated DEM is reasonable.

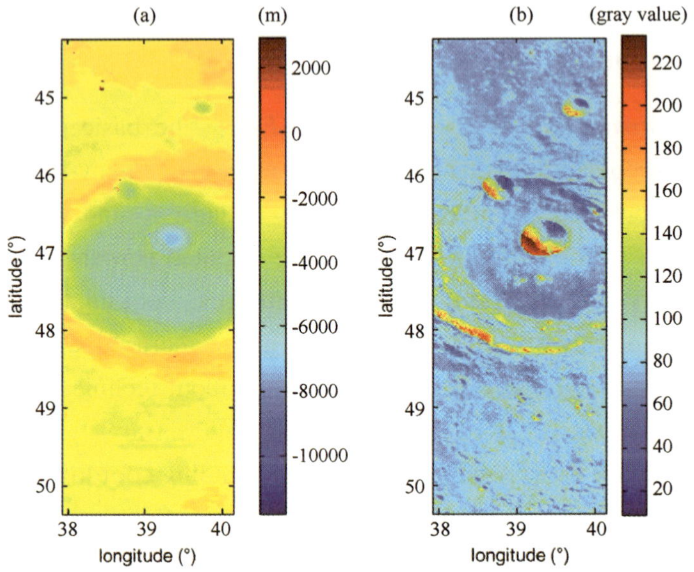

Fig. 5 Comparison between the generated DEM and the CCD image of crater Hercules (a) DEM I. (b) CCD image from CE-1.

2) *DEM by LOLA*: Here, we are using data product DEM Ⅲ based on the LOLA reduced data record (RDR) [50], [51], the level 1 packet data in NASA, which is the experiment data record after calibration to engineering and physical units and located in a selenodetic center - of - mass coordinate system. The RDR product is then used to generate derived data (GDR) products that are binned, resampled, and transformed. More details about levels of the data processing can be found in the LOLAGDR Product Software Interface Specification at the website: http://ode. rsl. wustl. edu/moon/indexProductSearch. aspx. The GDR DEM data files LDEM_1024_30N_45N_030_060. IMG and LDEM_1024_45N_60N_030_060. IMG are used to constitute the DEM of crater Hercules here.

In Fig. 6, it is shown that all three DEMs equally reproduce the major structural features of crater Hercules. However, compared with the crater center (39.1°E, 46.7°N), the latitude of the DEM I is shifted by about 0.3° with respect to the latitude from the two other DEMs. In Fig. 5, it is shown that this discrepancy is caused by the orbital information difference between the CCD and the LAM onboard CE-1.

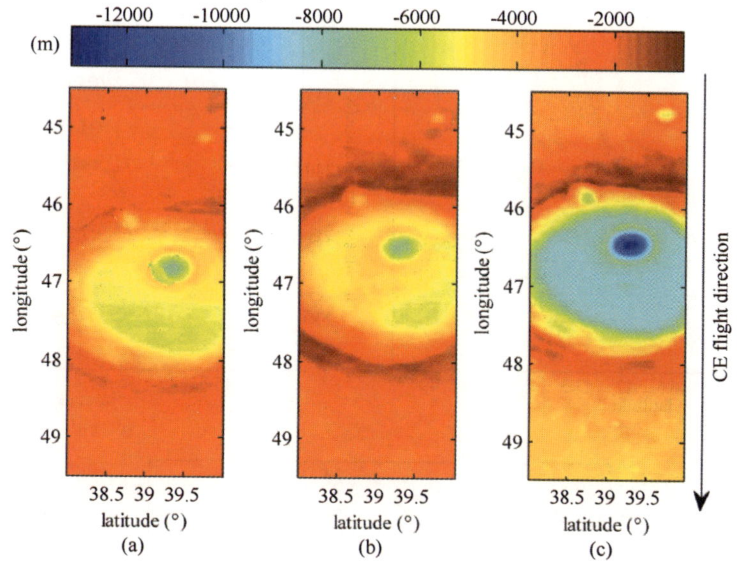

Fig. 6　Comparison among three DEMs from different sources of crater Hercules (a) DEM Ⅰ. (b) DEM Ⅱ. (c) DEM Ⅲ.

B　TB Results

The observed TB at 37 GHz used here is one track of daytime MWR data from CE-2 (orbiter number 0181 and lunar time around 14.84). The simulation is performed at this lunar local time, which is based on the same physical parameters, including albedo (0.1), spectral emissivity of lunar surface (0.94), and lunar dust thickness (4 cm).

In Fig. 7, it is shown that the whole trend of the simulated TB based on three DEMs is almost the same as that of the observed TB over crater Hercules along the CE-2 flight direction. TB for both simulation and observation first decreases and then increases from trough to peak along the profile of crater Hercules. Both simulation and observation reveal an oscillatory behavior. The location of the peak value in the simulation is consistent with that of the observed TB, which is about 47.61°N, except the shifted 0.3° in that of the simulated TB based on DEM Ⅰ.

However, the simulated TB based on three DEMs over flat regions inside and at the two sides of the crater is not as smooth as the observation. The peak - to - peak values of the simulated TB based on DEMs Ⅰ, Ⅱ, and Ⅲ are about 24, 22, and 32 K, whereas it is about 25 K for the observed TB. In Fig. 7(a) and (b), the trough value of the simulated TB is shallower than that of the observed TB by about 1 and 3 K. Instead, the trough value of the simulation based on DEM Ⅲ is much deeper than that of the observed TB by about 10 K. The peak value of simulation in Fig. 7(a) and (b) is almost the same as that of observation, and the peak value of simulation in Fig. 7(c) is lower than that of observation by about 2 K.

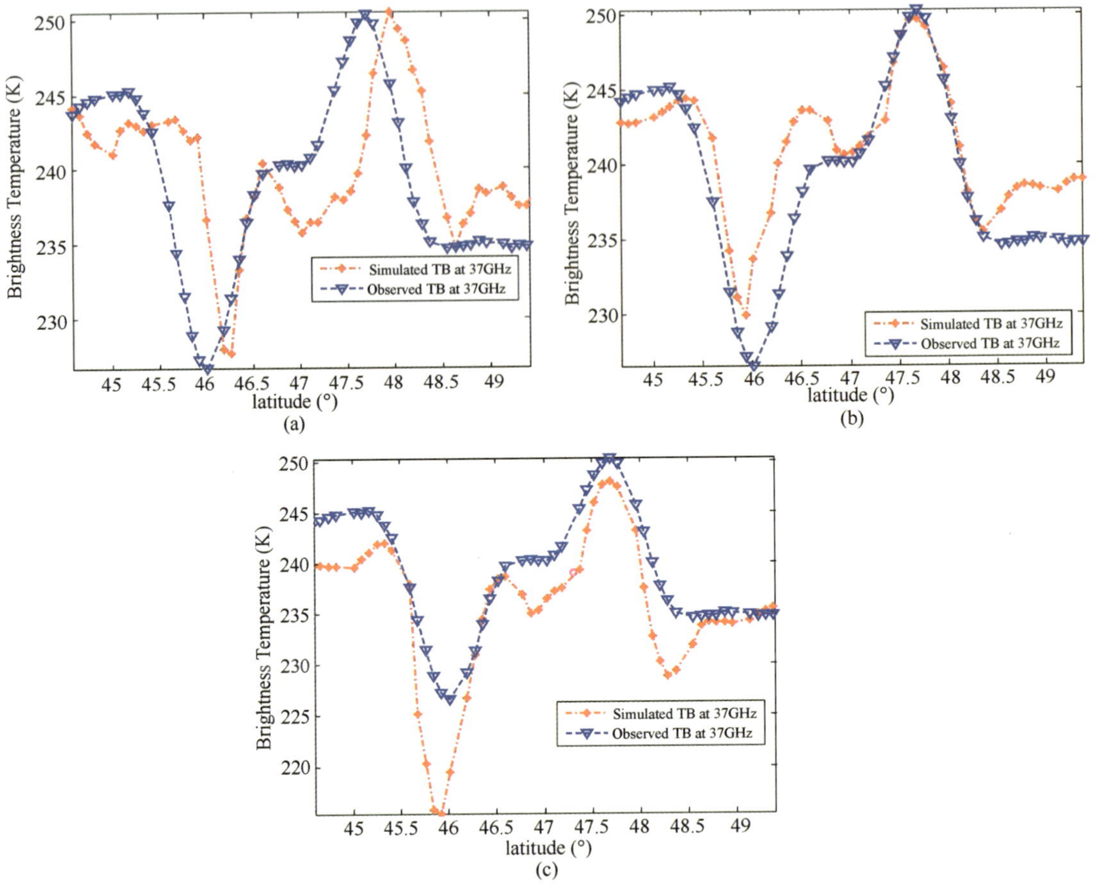

Fig. 7　Simulated TB results over crater Hercules based on (a) DEM Ⅰ, (b) DEM Ⅱ, and (c) DEM Ⅲ.

V　DISCUSSION

A　DEM Uncertainty

Although the whole trend of three DEMs is almost the same, there is difference in detail among these three DEMs. For example, the elevation of peak basin is deeper (the lowest elevation is about +13.1 km) from DEM Ⅲ than that from the other two DEMs (the lowest elevations are about +10.4 km and +7.2 km) in Fig. 6; the elevation of flat floor is also deeper (the averaged elevation is about +8.4 km) from DEM Ⅲ than that from the other two DEMs (the averaged elevation is about −5.2 km). Fortunately, the simulated TB based on three DEMs exhibit the same variation trend, and this suggests that the whole trend of TB depends on the DEM distribution trend. Since the variation trend between simulation and observation over crater Hercules is almost the same, the whole trend of the observed TB depends also on the DEM distribution trend, i. e., the structure of crater Hercules.

The DEM is an important factor to affect the simulated TB, yet there is unavoidable error (e. g., system error) and system difference among different satellite LAM instruments.

B Reasons for TB Difference Between Observation and Simulation

The latitude of the simulated TB based on DEM I in Fig. 7(a) is shifted by about 0.3° with respect to the latitude of the simulated TB in Fig. 7(b) and (c) based on DEMs II and III. In Fig. 6, it is shown that there is also about 0.3° latitude difference between DEM I and DEMs II and III. Therefore, the latitude difference between the simulation and observation in Fig. 7(a) is caused by the latitude difference between the CCD (DEM I) and the MWR (observed TB). The TB difference among the three simulations in Fig. 7, particularly TB difference over the central peak (46.3°N – 46.7°N) inside the crater Hercules, is caused by the difference among the three DEMs. The trough value of the simulated TB based on DEM III is deeper than that of the simulation based on other DEMs. In Fig. 6, it is shown that tilts of the crater wall from DEM III are much bigger than that from others. Therefore, the probability to be shaded and the size of the shaded areas from DEM III are bigger than that from the other DEMs, which make the average physical temperature much lower of the cold shady areas. The trough value of the TB curve becomes much deeper with the much lower temperature.

The departure between the simulated TB and the observed TB over regions from 45.8°N to 46.5°N, based on three DEMs, may be caused by the deeper elevation of the central peak (46.3°N – 46.7°N) in the complex crater, which makes the tilts of the crater bigger. The cold shady area in the central peak, with larger tilts, can be more possibly overcorrected by the Cosine Correction model [52].

TB difference between simulation and observation is caused by the recorded orbiter information (latitude and longitude) difference, and TB difference among the simulation based on DEMs is mainly caused by the DEM difference. In addition, the unconsidered factors, including surface roughness and subsurface rock fragment, may be the reasons for the departure between simulation and observation. For example, surface roughness on small scales may increase the TB value [53]. Volume scattering and high thermal inertia, due to subsurface rock fragment, can darken the emission [7] and cause unusual physical temperature of lunar surface [54]. As rocks are only preserved on the youngest surface or where steep slopes occur [51], we have chosen an older crater Hercules to reduce the rock effect on TB.

C　Parameters for Simulation

To analyze the variation of simulated TB with respect to such parameters as lunar dust thickness, albedo, and emissivity, only one parameter varies while other parameters are fixed in the simulation, which is based on DEM III over crater Hercules. Fig. 8 shows how these parameters of lunar regolith affect the simulated TB. In Fig. 8(a), it can be inferred that the lunar dust thickness has significant influence on 37 - GHz TB. TB from a cell increases by about 18 K when the thickness of lunar dust varies from 6 to 2 cm. Comparing Fig. 8(b) with Fig. 7(c), it can be found that most TB values increase by about 5 K, and the trough amplitude increases by about 7 K, when lunar dust thickness decreases from 4 to 2 cm. As the observation angles of square - grid cells within an MWR shot along the CE flight direction differ a lot, the lunar dust thickness affects the TB values not so much as that in Fig. 8(a).

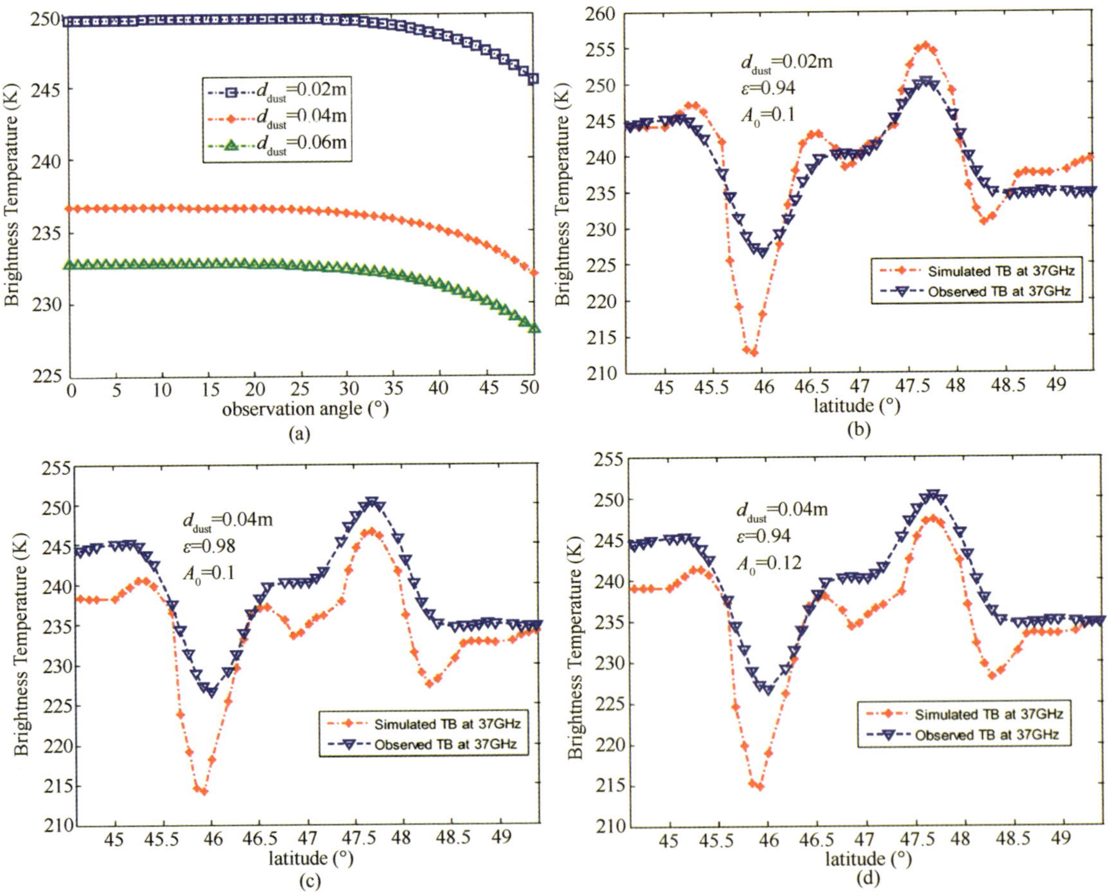

Fig. 8　Sensitivity of simulated TB to variations in parameters based on DEM III over crater Hercules. (a) TB from a certain cell inside the crater. (b) Dust thickness. (c) Emissivity. (d) Albedo.

In Fig. 8(c), it is shown that most TB values decrease by about 2 K, as the spectral emissivity increases from 0.94 to 0.98. In Fig. 8(d), it is shown that most TB values decrease slightly by about 1 K, when the albedo increases from 0.1 to 0.12. The variation of TB with respect to the albedo and spectral emissivity shows the same trend as that of surface temperature [28], but in a lesser degree. It can be inferred that there is positive correlation between 37 - GHz TB and surface temperature. Therefore, the lunar dust significantly affects 37 - GHz TB, whereas other parameters, such as spectral emissivity and albedo, affect the TB values in a lesser degree.

VI　EXPLANATION OF OBSERVED TB OSCILLATION WITH SIMPLIFIED MODELS

Here, we use a simplified observation model, a simplified crater model, and a simplified temperature model to explain the oscillatory behavior of the observed TB, as well as the relationship between TB variation and the parameters of lunar craters.

A　Simplified Observation Model

To explain the features of the observed TB in Fig. 1, a two - layer structure for lunar regolith with the vertical - uniform dielectric permittivity and temperature profile within each layer is applied here. With these hypotheses, TB from (11) can be simplified as (15), shown at the bottom of the page, where θ is the zenith angle; φ is the azimuth angle; ξ is the selenographic latitude; $T_2(\theta, \varphi, \xi)$ and $T_3(\theta, \varphi, \xi)$ are the vertical uniform temperature of the lunar regolith layer and lunar bedrock layer, respectively; $e_2(\theta, \varphi, \xi)$ and $e_3(\theta, \varphi, \xi)$ are the effective emissivity of the lunar regolith layer and lunar bedrock layer within an MWR shot, respectively. As the lunar surface of a crater can be modeled as a flat surface within a spatial resolution of CE-1 [21], i.e., the emissivity of a flat surface can be used to represent the effective average emissivity of a crater surface within an MWR shot, (15) becomes (16), shown at the bottom of the page.

$$T_B(\xi) = \frac{\iint\limits_{\text{MWR shot}} (e_2(\theta,\varphi,\xi)T_2(\theta,\varphi,\xi) + e_3(\theta,\varphi,\xi)T_3(\theta,\varphi,\xi)F_n(\theta,\varphi))\,\mathrm{d}\Omega}{\iint\limits_{\text{MWR shot}} F_n(\theta,\varphi)\,\mathrm{d}\Omega} \tag{15}$$

$$T_B(\xi) = \frac{\iint\limits_{\text{MWR shot}} (e_2(\xi)T_2(\theta,\varphi,\xi) + e_3(\xi)T_3(\theta,\varphi,\xi)F_n(\theta,\varphi))\,\mathrm{d}\Omega}{\iint\limits_{\text{MWR shot}} F_n(\theta,\varphi)\,\mathrm{d}\Omega}$$

$$= \frac{\left(e_2(\xi) \iint\limits_{\text{MWR shot}} T_2(\theta,\varphi,\xi) F_n(\theta,\varphi) \mathrm{d}\Omega + e_3(\xi) T_3 \iint\limits_{\text{MWR shot}} T_3(\theta,\varphi,\xi) F_n(\theta,\varphi)\right) \mathrm{d}\Omega)}{\iint\limits_{\text{MWR shot}} F_n(\theta,\varphi) \mathrm{d}\Omega}$$

$$= e_2(\xi)\, \overline{T_2(\theta,\varphi,\xi)} + e_3(\xi)\, \overline{T_3(\theta,\varphi,\xi)} \tag{16}$$

The cold and warm areas due to the effects of shadow and surface tilts exist inside a crater, as the sunlight is not perpendicular to the crater surface (known from the MWR data file) when the MWR intercepts the discontinuity of the crater. The cold areas include the shaded and inclined area away from the sun, whereas the warm areas include the sunlit wall of the crater. As the MWR scanning across the crater, the percentage of cold and warm areas inside a spatial resolution varies in (16); the daytime TB shows an oscillatory behavior.

For example, the subsolar site is estimated to be at the southeast of the crater based on the solar azimuth angle (about 140° in the 0812 data file) and the sunlight is judged not to be perpendicular to the crater surface according to the solar incidence angle (about 53° in the 0812 data file), when the CE MWR observes crater Hercules. The distribution of cold and warm areas is derived in Fig. 9. As the MWR first observes the cold area and then observes the warm area, TB first decreases and then increases [see Fig. 1(b) and (d)].

Note that the physical temperature of the lunar regolith at nighttime is influenced by the temperature at daytime. The high temperature of warm areas at daytime in the lunar dust layer falls fast at nighttime, due to the fact that there is no sunlight and that the inner heat sources cannot conduct to this layer due to the high insulating character [27]. However, the physical temperature of the lunar regolith within a few centimeters (below the lunar dust layer) keeps a high value with the high conductivity [27] and inner sources. Since 37 - GHz TB is the radiation of the upper lunar regolith (a few centimeters), the nighttime TB at this area is lower than daytime TB [see Fig. 1(a) and (c)]. Therefore, the peak amplitude of nighttime TB turns smaller. The lower physical temperature at the cold areas keeps the same at nighttime with the same heat sources condition; thus, the trough amplitude of nighttime TB at the cold area is almost the same as that of the daytime TB [see Fig. 1(a) and (c)].

The off - crater areas are not actually flat, yet they undulate in a lesser degree than the areas inside the crater. The probability to be shaded and the size of the shaded areas are smaller than that of the crater, based on the same sunlight condition. Combing with the smaller tilts at off - crater areas, the peak value of daytime TB at these areas is smaller than that of the crater (see Fig. 1).

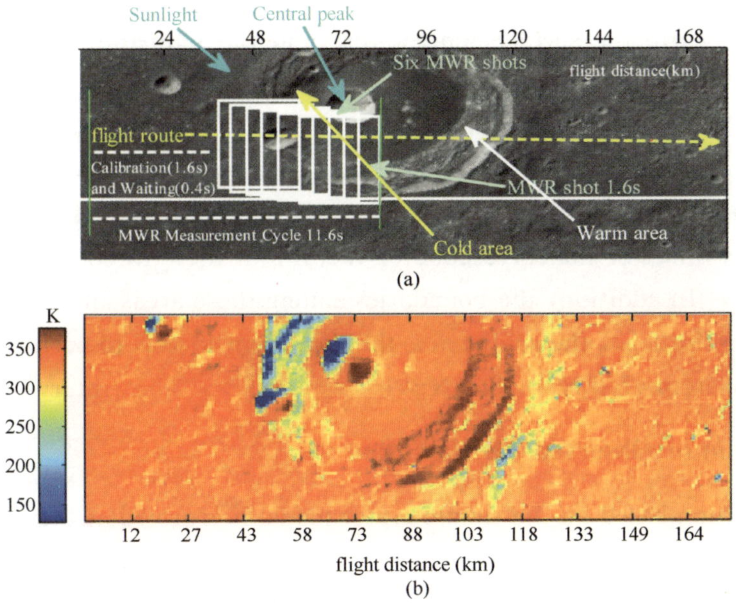

Fig. 9　(a) Schematic diagram of the 37 – GHz radiometer's measurement over crater Hercules. (b) Calculated surface temperature over crater Hercules based on DEM III. It takes CE 11.6 s in one measurement cycle, including the 1.6 – s two – point calibration time, time of six measured shots (each 1.6 s), and 0.4 – s waiting time. The average shot – to – shot distance between two consecutive CE-1 shots is less than 3 km (1.6 km/s × 1.6 s). The cold and warm areas are signed with arrows on the CCD image of crater Hercules, which is estimated from the simulated temperature in Fig. 9(b). The sunlight direction and flight routes of the radiometer are signed. The MWR shots are signed with white box.

B　Simplified Crater Model

To explain the TB oscillatory behavior and further analyze how the DEM affects TB, a statistical simple model of a crater is employed. The depth and floor diameter as a function of crater diameter have been measured from spacecraft images of the moon [37], which can be represented by the form

$$y_p = g \cdot D^K \tag{17}$$

where y_p(km) is a given crater parameter (e.g., depth and floor diameter), D (km) is the diameter of the crater (measured from rim to rim), and g and k are constants. Here, (17) is employed to reproduce craters with a spherical shape for the crater wall and a truncated cone for the flat floor inside the crater.

C　Simplified Temperature Model

To simplify the simulation, an exponential temperature profile T is employed here, and

$$T = (T_0 - T_2) \cdot e^{-\gamma z} \tag{18}$$

where T_0 and T_2 are the surface temperature and the temperature at the equilibrium depth, varying with the latitude of the lunar site [14]; the factor γ varies with surface temperature. As the sun is not perpendicular to the crater surface, the physical temperature differs around the crater. The average surface temperature of flat area, cold area, and warm area is supposed to be about 270 K, $(270 - \Delta T_1)$ K, and $(270 + \Delta T_2)$ K, respectively. The values of the corresponding factor γ at these three areas are 30, 10, and 50, respectively. In addition, the boundaries among these areas and the size of them are estimated in Fig. 9, e.g., the cold area is the area from 45.8°N to 46.5°N, and the warm area is the area from 47.6°N to 48.3°N.

D　Explanation of Observed TB Variation

The simulation based on the simple crater model performed at these hypotheses, including the simplified temperature profiles and the cold and warm areas, using our computation method. Here, both ΔT_1 and ΔT_2 are supposed to be 25 K for simplification (except the dash-dot line with asterisk markers in Fig. 10), the distribution of the three areas is fixed (except the dashed line in Fig. 10), and the DEM data are from the simple model (except the dash-dot line with upward-pointing triangle markers in Fig. 10). In Fig. 10, it is shown that the simulated TB reproduces the undulation of TB observation. There is agreement between the simulated TB based on the DEM II and the TB based on the simple crater model with the same physical temperature. In Fig. 10, it can be inferred that both the location and amplitude of peak and trough of the TB oscillatory curves de-

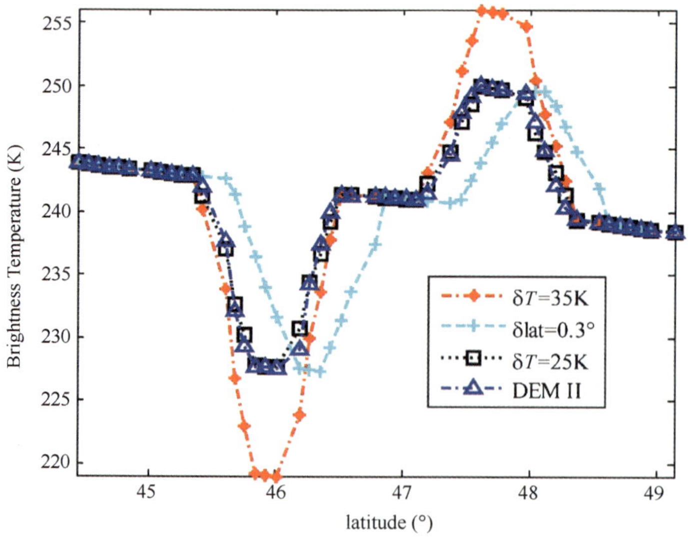

Fig. 10　Explanation of TB oscillation. Simulations performed at different simplified physical profiles based on the simple crater model and DEM II.

pend on that of the physical temperature. Combing (16) and the dependence of TB on physical temperature, it can be inferred that the crater shape described by DEMs determines the trend of TB variation along the crater profile by affecting the physical temperature of the crater.

E　Amplitude of TB Oscillation

The variation of TB with respect to the crater parameters (width and depth) is analyzed, which is based on the simple statistical crater model. Only one geometric parameter varies while other characteristics are fixed in the simulation. Two simulations are performed, simulation I is based on varied depths, k, and the rest fixed parameters of the crater, whereas simulation II is based on different diameters, depths, floor diameters, and fixed g, k. Here, the relative slope angle θ_0 is employed to describe the shape of the crater wall, and

$$\theta_0 = a\tan\left(\frac{h}{(D-D_f)/2}\right) \tag{19}$$

where h, D_f, and D are the depth, floor diameter, and diameter of the crater, respectively.

The simulated TB at 37 GHz based on the simple crater model is shown in Fig. 11. In Fig. 11(a), it is shown that, as the depth increases, the trough amplitude of the TB oscillatory curve is enlarged from about 5 to 45 K. This can well explain why the trough value of the simulated TB based on DEM III is deeper than that of the TB based on the two other DEMs. The peak value of the TB curve increases in a lesser degree, from about 4 to 10 K, as the depth increases. This can well explain why the peak value of TB is higher than that of offcrater areas during daytime observation. The peak amplitude of TB curves is smaller than the corresponding trough amplitude. In Fig. 11(b), it is shown that, when the depth increases, the trough amplitude of the TB oscillatory curve varies from about 4 to 10 K, whereas the peak value of the TB curve increases in a lesser degree (within 1 K), except the situation that the diameter increases from 30 to 60 km. From the amplitude of TB oscillatory curves (above 4 K), it can be inferred that the oscillatory behavior of TB over spherically shaped craters (30 − 150 km) can be detected by the 37 − GHz radiometer onboard CE, with the sensitivity of 0.5 K.

Based on simulations I and II in Fig. 11, the variation of oscillatory amplitude of TB curves with respect to the relative slope angle is obtained and shown in Fig. 12. In Fig. 12 (a), it is shown that the amplitude of the oscillatory TB curve increases as the relative slope angle increases. The amplitude of the oscillatory TB curve in Fig. 12(b) first increases and then decreases, when the relative slope angle increases. Therefore, it can be inferred that the amplitude of TB depends on the relative slope angle, i. e., the crater shape.

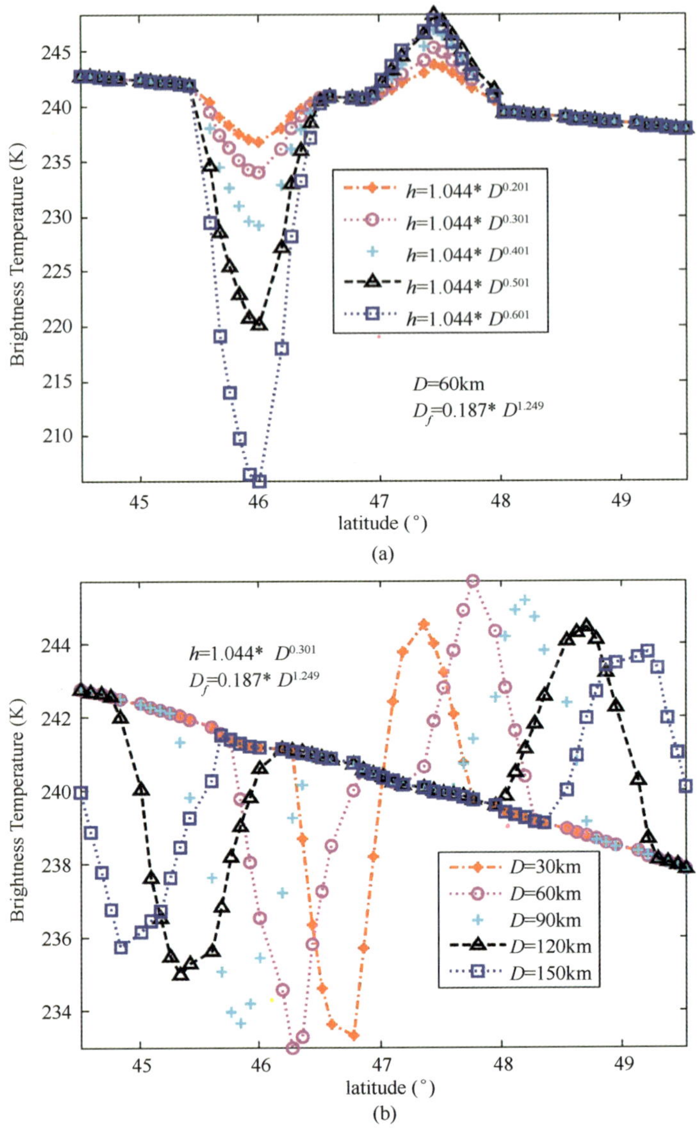

Fig. 11　Amplitude of TB oscillation with respect to the geometric parameters of craters. (a) Simulation I. (b) Simulation II.

VII　CONCLUSION

The results for TB at 37 GHz obtained with the proposed computational method using three DEMs from different sources are consistent with the observed TB from the CE-2 MWR. The simulated behavior of TB across crater Hercules reproduces the TB undulation observed in a single swath. In addition, the recorded latitude difference between the DEM I and the TB from the MWR can be well revealed in the comparison between

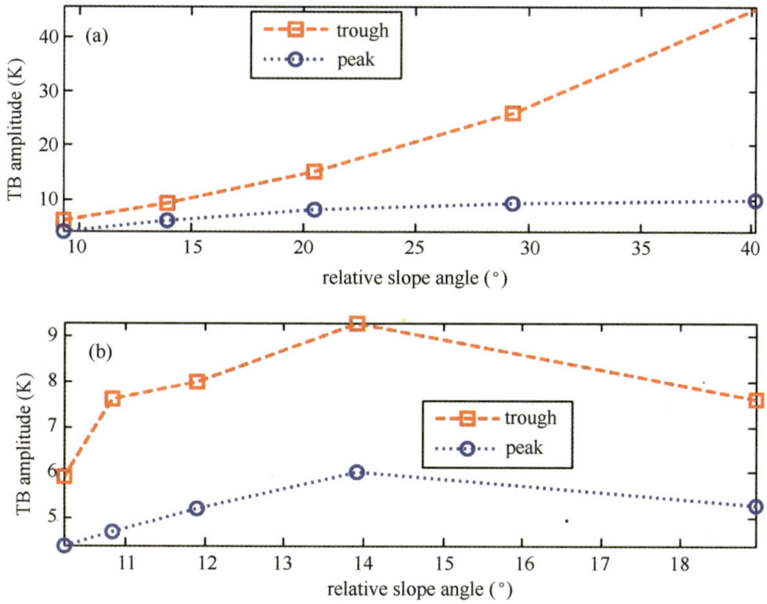

Fig. 12　Amplitude of TB oscillation with respect to the relative slope angle(the shape of the crater wall). (a) Simulation I. (b) Simulation II.

the corresponding simulation and observation. This proves that our TB method is reasonable in another way. Lunar dust significantly affects 37 - GHz TB, whereas albedo and spectral emissivity affect TB in a lesser degree.

According to the explanation with simplified models (including a simplified crater model and a simplified temperature model), it can be inferred that the most important factor to determine the TB trend over crater Hercules is the shape of the crater described by DEMs, which affects TB through physical temperature. Based on the simplified crater model, the amplitude of the TB oscillatory curve is proved to depend on the relative slope angle (the shape of the crater wall). From the amplitude (above 4 K) of the simulated TB curves with the simplified crater model, it can be inferred that the CE MWR at 37 GHz can detect the oscillatory behavior of most sphere - shaped craters (30 - 150 km), with its sensitivity of 0.5 K. The departure of the modeled curves from the measured curves, which may be caused by the unconsidered factors such as surface roughness and subsurface rock fragment of the lunar regolith, will be studied in the future.

ACKNOWLEDGMENT

The authors would like to thank the two reviewers for their careful reading and valuable suggestions, Prof. L. Jun for his help, and the contributors of China's Lunar Exploration Program for making the observation data of CE-1 and CE-2 available.

REFERENCES

[1] Z. Y. Ouyang, C. L. Li, Y. L. Zou, H. Zhang, C. Lu, J. Liu, J. Liu, W. Zuo, Y. Su, W. Wen, W. Bian, B. Zhao, J. Wang, J. Yang, J. Chang, H. Wang, X. Zhang, S. Wang, M. Wang, X. Ren, L. Mu, D. Kong, X. Wang, F. Wang, L. Geng, Z. Zhang, L. Zheng, X. Zhu, Y. Zheng, J. Li, X. Zou, C. Xu, S. Shi, Y. Gao, and G. Gao, "Chang'E-1 lunar mission: An overview and primary science results," Chin. J. Space Sci., vol. 30, no. 5, pp. 392-403, 2010.

[2] Y. C. Zheng, Z. Y. Ouyang, C. L. Li, J. Liu, and Y. Zou, "China's lunar exploration program: Present and future," Planet Space Sci., vol. 56, no. 7, pp. 881-886, May 2008.

[3] F. P. Schloerb, D. O. Muhleman, and G. L. Berge, "Lunar heat flow and regolith structure inferred from interferometric observations at a wavelength of 49.3 cm," Icarus, vol. 29, pp. 329-341, Nov. 1976.

[4] S. J. Keihm and B. L. Gary, "Comparison of theoretical and observed 3.55 cm wavelength brightness temperature maps of the fullmoon," Lunar Planet. Sci., vol. 10, pp. 2311-2319, 1979.

[5] M. Battaglia, Moon Disc Temperature as a Function of Phase at 1700 MHz. Zürich, Switzerland: ETH, 2003.

[6] D. D. Morabito, W. Imbriale, and S. J. Keihm, "Observing the Moon at microwave frequencies using a large-diameter deep space network antenna," IEEE. Trans. Ant. Prop., vol. 56, no. 3, pp. 650-661, Mar. 2008.

[7] S. J. Keihm, "Interpretation of the lunar microwave brightness temperature spectrum—Feasibility of orbital heat flow mapping," Icarus, vol. 60, no. 3, pp. 568-589, Dec. 1984.

[8] S. H. Zisk, G. H. Pettengill, and G. W. Catuna, "High-resolution radar maps of the lunar surface at 3.8-cm wavelength," Earth Moon Planets, vol. 10, no. 1, pp. 17-50, May 1974.

[9] J. L. Margot, D. B. Campbell, R. F. Jurgens, and M. A. Slade, "Digital elevation models of the Moon from Earth-based radar interferometry," IEEE Trans. Geosci. Remote Sens., vol. 38, no. 2, pp. 1122-1133, Mar. 2000.

[10] T. Ono, A. Kumamoto, H. Nakagawa, Y. Yamaguchi, S. Oshigami, A. Yamaji, T. Kobayashi, Y. Kasahara, and H. Oya, "Lunar radar sounder observations of subsurface layers under the nearside maria of the Moon," Science, vol. 323, no. 5916, pp. 909-912, Feb. 2009.

[11] P. D. Spudis, D. B. J. Bussey, S. M. Baloga, B. J. Butler, D. Carl, L. M. Carter, M. Chakraborty, R. C. Elphic, J. J. Gillis-Davis, J. N. Goswami, E. Heggy, M. Hillyard, R. Jensen, R. L. Kirk, D. LaVallee, P. McKerracher, C. D. Neish, S. Nozette, S. Nylund, M. Palsetia, W. Patterson, M. S. Robinson, R. K. Raney, R. C. Schulze, H. Sequeira, J. Skura, T. W. Thompson, B. J. Thomson, E. A. Ustinov, and H. L. Winters, "Initial results for the north pole of the Moon from Mini-SAR, Chandrayaan-1 mission," Geophys. Res. Lett., vol. 37, no. 6, pp. L06204-1-L06204-6, Mar. 2010.

[12] V. D. Krotikov and V. S. Troitsky, "Radio emission and nature of the Moon," Sov. Phys. Usp., vol. 6, pp. 841-871, 1964.

[13] M. N. Naugol'naya and N. S. Soboleva, "A study of the lunar soil in regions with temperature anomalies," Sol. Sys. Res., vol. 35, no. 1, pp. 35-45, Jan. 2001.

[14] W. Z. Fa and Y. Q. Jin, "Simulation of brightness temperature from lunar surface and inversion of regolith-layer thickness," J. Geophys. Res., vol. 112, no. E5, p. E05003, May 2007.

[15] W. Z. Fa and Y. Q. Jin, "Quantitative estimation of helium-3 spatial distribution in the lunar regolith layer," Icarus, vol. 190, no. 1, pp. 15- 23, Sep. 2007.

[16] W. Z. Fa and Y. Q. Jin, "A primary analysis of microwave brightness temperature of lunar surface from Chang-E1 multi-channel radiometer observation and inversion of regolith layer thickness," Icarus, vol. 207, no. 2, pp. 605-615, 2010.

[17] Y. C. Zheng, K. T. Tsang, K. L. Chan, Y. L. Zou, F. Zhang, and Z. Y. Ouyang, "The first microwave map of the complete moon: The role of local time in global imaging," Icarus, vol. 219, no. 1, pp. 194-210, 2012.

[18] K. L. Chan, K. T. Tsang, K. Bruce, and Y. -C. Zheng, "Lunar regolith thermal properties revealed by Chang'E-1 microwave brightness temperature data," Earth Planetary Sci. Lett., vol. 295, pp. 287-291, 2010.

[19] M. T. Zuber, D. E. Smith, F. G. Lemoine, and G. A. Neumann, "The shape and internal structure of the moon from the Clementine mission," Science, vol. 266, no. 5192, pp. 1839-1843, Dec. 1994.

[20] C. L. Li, J. J. Liu, X. Ren, L. L. Mou, Y. C. Zou, H. B. Zhang, C. Lu, J. Z. Liu, W. Zuo, Y. Su, W. B. Wen, W. Bian, B. C. Zhao, J. F. Yang, X. R. Zou, M. Wang, C. Xu, Q. D. Kong, X. Q. Wang, F. Wang, L. Di, Z. B. Zhang, L. Zheng, X. Y. Zhu, J. D. Li, and Z. Y. Ouyang, "The global image of the moon by the Chang'E-1: Data processing and lunar cartography," Sci. China Earth, vol. 40, no. 3, pp. 294-306, 2010.

[21] Y. Q. Jin and W. Z. Fa, "The modeling analysis of microwave emission from stratified media of non-uniform lunar cratered terrain surface for Chinese Chang-E1 observation," IEEE Geosci. Remote Sens. Lett., vol. 7, no. 3, pp. 530-534, Jul. 2010.

[22] Z. Z. Wang, Y. Li, X. H. Zhang, J. JingShan, C. Xu, D. Zhang, and W. Zhang, "Calibration and brightness temperature algorithm of CE-1 Lunar Microwave Sounder (CELMS)," Sci. China Ser. D Sci., vol. 53, no. 9, pp. 1392-1406, Sep. 2010.

[23] H. Y. Zhang, X. H. Zhang, and J. L. Yang, "The analysis of affections to the cold space calibration source of Chang'E-1 payload microwave detector," Adv. Space Res., vol. 42, pp. 350-357, 2008.

[24] S. K. McMahon, "Overview of the planetary data system," Planet. Space Sci., vol. 44, no. 1, pp. 3-12, Jan. 1996.

[25] Y. Li, Z. Z. Wang, and J. S. Jiang, "Influence of lunar surface temperature profiles on brightness temperature of CE-1 lunar microwave sounder," Sci. China Ser. D-Earth Sci., vol. 39, no. 8, pp. 1045-1058, 2009.

[26] W. P. Jones, J. R. Watkins, and T. A. Calvert, "Temperatures and thermophysical properties of the lunar outermost layer," Moon, vol. 13, no. 4, pp. 475-494, Dec. 1975.

[27] A. R. Vasavada, D. A. Paige, and S. E. Wood, "Near-surface temperatures on Mercury and the Moon and the stability of polar ice deposits," Icarus, vol. 141, no. 2, pp. 179-193, Oct. 1999.

[28] A. R. Vasavada, J. L. Bandfield, B. T. Greenhagen, P. O. Hayne, M. A. Siegler, J. -P. Williams, and D. A. Paige, "Lunar equatorial surface temperatures and regolith properties from the Di-

viner Lunar Radiometer Experiment," J. Geophys. Res., vol. 117, no. E12, p. E00H18, Dec. 2012.

[29] G. D. Racca, "Moon surface thermal characteristics for moon orbiting spacecraft thermal analysis," Planet. Space Sci., vol. 43, no. 6, pp. 835- 842, Jun. 1995.

[30] X. Y. Li, S. J. Wang, and Y. C. Zheng, "Estimation of solar illumination on the Moon: A theoretical model," Planet. Space Sci., vol. 56, no. 7, pp. 947-950, May 2008.

[31] C. J. Cremers, R. C. Birkebak, and J. E. White, "Lunar surface temperatures from Apollo 121," Moon, vol. 3, pp. 346-351, 1971.

[32] M. J. Pugh and J. A. Bastin, "Infrared observations of the Moon and their interpretation," Earth, Moon, Planets, vol. 5, no. 1/2, pp. 16-30, 1972.

[33] P. M. Teillet, B. Guindon, and D. G. Goodenough, "On the slope-azimuth correction of multispectral scanner data," Can. J. Remote Sens., vol. 8, no. 2, pp. 1537-1540, 1982.

[34] S. J. Keihm and M. G. Langseth, "Surface brightness temperatures at the Apollo 17 heat flow site: Thermal conductivity of the upper 15 cm of regolith," in Proc. 5th Lunar Sci. Conf., 1973, pp. 2503-2513.

[35] S. J. Keihm, K. Peters, M. G. Langseth, and J. L. Chute, "Apollo 15 measurement of lunar surface brightness temperatures: Thermal conductivity of the upper 1 1/2 meters of regolith," Earth Planet. Sci. Lett., vol. 19, no. 3, pp. 337-351, Jul. 1973.

[36] M. G. Langseth, S. J. Keihm, and K. Peters, "Revised lunar heat-flow values," in Proc. 7th Lunar Sci. Conf., 1976, pp. 3143-3171.

[37] G. H. Heiken, D. T. Vaniman, and B. M. French, Lunar Sourcebook A User's Guide to the Moon. Cambridge, U.K.: Cambridge Univ. Press, 1991, p. 736.

[38] W. Ji, L. Dihui, Z. Xiaohui, J. Jingshan, A. T. Altyntsev, and B. I. Lubyshev, "Microwave brightness temperature imaging and dielectric properties of lunar soil," J. Earth Syst. Sci., vol. 114, no. 6, pp. 627- 632, Dec. 2005.

[39] M. Montopoli, A. Di Carlofelice, P. Tognolatti, and F. S. Marzano, "Remote sensing of the Moon's sub-surface with multi-frequency microwave radiometers: A numerical study," Radio Sci., vol. 46, no. 1, p. RS1 012, Feb. 2011.

[40] M. Montopoli, A. Di Carlofelice, M. Cicchinelli, P. Tognolatti, and F. S. Marzano, "Lunar microwave brightness temperature: Model interpretation and inversion of spaceborne multi-frequency observations by a neural network approach," IEEE Trans. Geosci. Remote Sens., vol. 49, no. 9, pp. 3350-3358, Sep. 2011.

[41] G. P. Hu, Q. X. Li, Y. C. Zheng, X.-Y. Li, L. Lang, G.-Y. Shen, Q.-L. Huang, P. Chen, L.-Q. Gui, and W. Guo, "Brightness temperature of the global moon: Comparison between theoretical simulation and observation by Chang'E-1 lunar orbiter," in Proc. ICMMT, Chengdu, China, 2010, pp. 1735-1738.

[42] Y. G. Shkuratov, V. G. Kaydash, and N. V. Opanasenko, "Iron and titanium abundance and maturity degree distribution on the lunar nearside," Icarus, vol. 137, no. 2, pp. 222-234, Feb. 1999.

[43] N. V. Opanasenko, Y. G. Shkuratov, D. G. Stankevich, and V. G. Kaidash, "Colorimetric mapping of the visible hemisphere of the Moon," Sol. Syst. Res., vol. 30, no. 5, pp. 352-361, 1996.

[44] Z. Z. Wang, Y. Li, J. S. Jiang, and D. H. Li, "Lunar surface dielectric constant, regolith thick-

ness and helium-3 abundance distributions retrieved from microwave brightness temperatures of CE-1 Lunar Microwave Sounder," Sci. China Ser. D-Earth Sci., vol. 39, no. 8, pp. 1069-1084, 2009.

[45] Z. Z. Wang, Y. Li, X. H. Zhang, and J. S. Jiang, "In-orbit calibration of and antenna pattern correction to CE-1 Lunar microwave sounder (CELMS)," Sci. China Ser. D-Earth Sci., vol. 39, no. 8, pp. 1029-1044, 2009.

[46] R. Li, G. Zhou, N. J. Schmidt, C. Fowler, and G. Tuell, "Photogrammetric processing of high-resolution airborne and satellite linear array stereo images for mapping applications," Int. J. Remote Sens., vol. 23, no. 20, pp. 4451-4473, 2002.

[47] Y. Chen, Photogrammetric of Remote Sensing Images. Shanghai, China: Tong-Ji Univ. Press, 2003.

[48] L. Zhang and A. Gruen, "Automatic DSM generation from linear array imagery data," IAPRS, vol. 35, pt. B3, pp. 128-133, 2004.

[49] B. A. Archinal, M. R. Rosiek, R. L. Kirk, T. L. Hare, and B. L. Redding, "Final completion of the unified lunar control network 2005 and lunar topographic model," in Proc. LPSC, 2007, p. 2310.

[50] D. E. Smith, M. T. Zuber, B. Jackson, J. F. Cavanaugh, G. A. Neumann, H. Riris, X. Sun, R. S. Zellar, C. Coltharp, J. Connelly, R. B. Katz, I. Kleyner, P. Liiva, A. Matuszeski, E. M. Mazarico, J. McGarry, F. Novo-Gradac, A.-M. Ott, M. N. Peters, C. Ramos-Izquierdo, L. A. Ramsey, L. Rowlands, D. D. Schmidt, S. Scott, V. S. Shaw, G. B. Smith, J. C. Swinski, J.-P. Torrence, M. H. Unger, G. Yu, and A. W. Zagwodzki, "The Lunar Orbiter Laser Altimeter investigation on the Lunar Reconnaissance Orbiter mission," Space Sci. Rev., vol. 150, pp. 209-241, Jan. 2010.

[51] J. L. Bandfield, R. R. Ghent, A. R. Vasavada, D. A. Paige, S. J. Lawrence, and M. S. Robinson, "Lunar surface rock abundance and regolith fines temperatures derived from LRO Diviner Radiometer data," J. Geophys. Res., vol. 116, no. E12, p. E00H02, Dec. 2011.

[52] A. R. Jones, J. J. Settle, and B. K. Wyatt, "Use of digital terrain data in the interpretation of SPOT-1 HRV multispectral imagery," Int. J. Remote Sens., vol. 9, no. 4, pp. 669-682, Apr. 1988.

[53] P. Chen, Y. Tian, L. Hua, D. Song, Q. Lia, Q. Huanga, and L. Gui, "Second-order small perturbation method for transmission from dielectric rough surfaces," Waves Random Complex Media, vol. 21, no. 4, pp. 668-689, 2011.

[54] K. E. Bauch, H. Hiesinger, M. S. Robinson, and F. Scholten, "Thermophysical properties of physical properties of selected lunar study regions determined from LROC and DIVINER data," in Proc. 42th LPSC, 2011, p. 2278.

High frequency thermal emission from the lunar surface and near surface temperature of the Moon from Chang'E-2 microwave radiometer

Tuo Fang [a,b], Wenzhe Fa [b]

a Department of Geophysics, School of Earth and Space Sciences, Peking University, Beijing 100871, China

b Institute of Remote Sensing and Geographical Information System, Peking University, Beijing 100871, China

Abstract: Near surface temperature of the Moon and thermal behaviors of the lunar regolith can provide important information for constraining thermal and magmatic evolution models of the Moon and engineering constrains for in situ lunar exploration system. In this study, China's Chang'E-2 (CE-2) microwave radiometer (MRM) data at high frequency channels are used to investigate near surface temperature of the Moon given the penetration ability of microwave into the desiccated and porous lunar regolith. Factors that affect high frequency brightness temperature (TB), such as surface slope, solar albedo and dielectric constant, are analyzed first using a revised Racca's temperature model. Radiative transfer theory is then used to model thermal emission from a semi-infinite regolith medium, with considering dielectric constant and temperature profiles within the regolith layer. To decouple the effect of diurnal temperature variation in the uppermost lunar surface, diurnal averaged brightness temperatures at high frequency channels are used to invert mean diurnal surface and subsurface temperatures based on their bilinear profiles within the regolith layer. Our results show that, at the scale of the spatial resolution of CE-2 MRM, surface slope of crater wall varies typically from about 20 to 30, and this causes a variation in TB about 10-15 K. Solar albedo can give rise to a TB difference of about 5-10 K between maria and highlands, whereas a 2-8 K difference can be compensated by the dielectric constant on the other hand. Inversion results indicate that latitude (φ) variations of the mean diurnal surface and subsurface temperatures follow simple rules as $\cos^{0.30}\varphi$ and $\cos^{0.36}\varphi$, respectively. The inverted mean diurnal temperature profiles at the Apollo 15 and 17 landing sites are also compared with the Apollo heat flow experiment data, showing an inversion uncertainty <4 K for surface temperature and <1 K for subsurface temperature.

Key words: Moon, surface, Regoliths, Radiative transfer

1 Introduction

Near surface temperature of the Moon and thermal behaviors of the lunar regolith not only provide information for testing models for thermal evolution of the Moon, quantifying depth at which volatiles might be stable, but are also important for system design for human and robotic exploration of the Moon. Investigations of the thermal environment of the Moon have lasted for several decades since last century and we now know that the Moon experiences a very large temperature variation during a lunar day due to its long rotation period, rare atmosphere and a highly insulating surface regolith layer. As early as in 1970s, in situ heat flow experiments were conducted at the Apollo 15 and 17 landing sites, and both surface and subsurface temperatures were measured by the heat flow probes (Langseth et al., 1972; Keihm and Langseth, 1973). Based on long-term monitoring, surface temperatures at the Apollo 15 landing site were found to have a maximum value of ~375 K at noon, fall down immediately after sunset and reach to a minimum value of ~90 K before sunrise, and those at the Apollo 17 landing site were ~10 K higher (Langseth et al., 1976). Subsurface temperatures down to a depth of ~3 m were also measured by the heat flow probes, and average temperature at the Apollo 15 landing site was found to be 252.0 K at a depth of 0.8 m, and that at the Apollo 17 landing site was 256.0 K at a depth of 1.3 m (Langseth et al., 1972; Keihm and Langseth, 1973). Recently, theoretical modellings and remote sensing observations at infrared band show that surface temperature at the lunar equator varies from ~100 K at midnight to ~390 K at noon, and temperatures of permanent shadowed craters at the polar region can be as low as ~25-60 K (Vasavada et al., 1999; Paige et al., 2010; Paige et al., 2010). Based on these studies, a consensus has been established that lunar surface suffers a very large latitude-dependent diurnal temperature variation (~280 K at the equator), and this attenuates rapidly within the first few centimeters of the regolith, remaining relatively stable at depth larger than ~0.6 m.

Since 1940s, extensive Earth-based observations of thermal emission from the lunar nearside were conducted at infrared and radio bands, with wavelengths ranging from micron to meter scale (Dicke and Beringer, 1946; Piddington and Minnett, 1949; Troitskii and Tikhonova, 1970; Gary and Keihm, 1978). Though most of these observations suffered serious calibration problems and their spatial resolutions were generally coarse, surface properties (e.g., physical temperature, thermal conductivity and capacity, internal heat flow, surface albedo, regolith thickness, and dielectric properties of regolith) for local regions over the lunar nearside were studied tentatively (e.g., Keihm and Langseth, 1973; Keihm and Langseth, 1975; Heiken et al., 1991). Recently, with the development of the advanced remote sensing techniques, several orbital radiometers at infrared and microwave bands are used to investigate thermal environments of the Moon globally. The Diviner Lunar Radiometer Experiment onboard the Lunar Reconnaissance Orbiter (LRO) is the first instrument to systematically mapping global thermal state of the Moon by measuring emission from the lunar surface at infrared band with a spatial resolution of ~160 by 320 m (Paige et al., 2010). Initial observations have been used to study lunar surface properties, such as surface temperature, solar albedo, rock abundance, thermal conductivity, and thermal state of polar craters (e.g., Paige et al., 2010; Bandfield et al., 2011; Vasavada et al., 2012). Because of the shallow penetration depth, these observations at infrared band are only sensitive to thermal properties within 10 seconds to ~100 μm of the lunar surface (Henderson and Jakosky, 1997). To obtain subsurface thermal properties at a deeper depth, remote sensing techniques at long wavelength (e.g., microwave or radio band) should be utilized. In China's Chang'E-1 and Chang'E-2 lunar missions, two sets of microwave radiometers (MRM) were used to measure thermal emission from the lunar surface, from which subsurface temperature and thermal properties down to a depth of ~3 - 5 m can be investigated. MRM observations from Chang'E-1 have been used to study regolith thickness (Fa and Jin, 2010), physical temperature over the Sinus Iridum region (Gong and Jin, 2012), and "cold spots" craters (Zheng et al., 2012).

In addition to remote sensing observations, theoretical studies based on energy conservation of the lunar surface have been used to investigate near surface temperature of the Moon. By considering energy balance among the incident solar radiation, infrared thermal emission and the internal heat flow, near surface temperature of the Moon can be obtained by either analytical approaches or numerical techniques. Racca (1995) proposed an analytical model for calculating steady - state surface temperature of an ideally spherical Moon. In this model, surface temperature for a given point at lunar daytime is proportional to $\cos^{1/4} i$, where i is the spherical angle between the point of interest and the subsolar point. By numerically resolving one dimensional heat transfer equation for a two - layer regolith model, physical temperatures of the regolith layer as functions of latitude, depth, and time were studied (Vasavada et al., 1999). With the returned Diviner radiometer data over the lunar equatorial region, this model was further validated and near surface thermal properties of the regolith (e.g., bulk density, and thermal conductivity) as a function of depth were estimated (Vasavada et al., 2012).

Though extensive studies on near surface temperature of the Moon have been conducted, there are only very a few systematical investigations of subsurface temperature based on direct observations. With the release of Chang'E microwave radiometer data and the progress in theoretical modeling approach, subsurface temperature and thermal properties of lunar regolith can be investigated systematically. In this study, Chang'E-2 microwave radiometer data at high frequency channels are used to investigate near surface temperature of the Moon. Normalized brightness temperature (TB) maps at lunar noon and midnight are constructed and their global distribution characteristics are discussed firstly. A revised Racca's model with considering lunar surface slope and solar albedo is developed to estimate the steady-state surface temperature of the Moon (Racca, 1995). Then, factors that affect high frequency brightness temperature, such as surface slope, solar albedo and dielectric constant, are analyzed in order of importance. Using radiative transfer theory for a semi-infinite regolith layer, a thermal emission model for high frequency brightness temperature from the lunar surface is further developed with considering physical temperature and dielectric constant profiles within the regolith layer. Based on their bilinear property, mean diurnal physical temperature profiles within the regolith layer are inverted using the averaged diurnal brightness temperatures at high frequency channels. Inversion results show that latitude (φ) dependences of the mean diurnal surface and subsurface temperatures generally follow power law relations with respect to cos φ, with a power of 0.30 for surface temperature and 0.36 for subsurface temperature.

In Section 2, we first give a brief description of Chang'E-2 microwave radiometer and its data sets, and show a map for the penetration depth of microwave over the lunar surface. Then, global normalized brightness temperature maps at four channels at lunar noon and midnight time are presented. In Section 3, the revised Racca's model with considering surface slope and solar albedo is introduced for lunar surface temperature calculation, and then influences on high frequency brightness temperatures caused by surface slope, solar albedo and dielectric constant are discussed quantitatively. In Section 4, radiative transfer theory is utilized to model thermal emission from a semi-infinite regolith layer, with considering the profiles of the dielectric constant and physical temperature within the regolith layer. An inversion model for mean diurnal surface and subsurface temperatures is then developed based on the bilinear properties of the mean diurnal subsurface temperature profiles. Inversion results for surface and subsurface temperatures over the lunar surface are then presented in Section 5, and the inverted temperature profiles are also compared with measurements from the Apollo heat flow probes. Discussions of the temperature inversion model and its further applications are given in Section 6.

2 TB distribution characteristics

2.1 CE-2 TB data

Chang'E-2 (CE-2) lunar satellite, which is a backup of CE-1, was launched successfully by China on 1 October, 2010, and finished its lunar observations on 9 June, 2011. The orbit altitude of CE-2 (~100 km) is nearly a half as that of CE-1 satellite (~200 km), and this leads directly to an improvement in the spatial resolution by a factor of 2 for most of the instruments as compared to CE-1. A four channel microwave radiometer (MRM) is used to measure thermal emission of the lunar surface, from which thermal properties of the lunar regolith can be investigated. There are four channels for CE-2 MRM: 3.0, 7.8, 19.35 and 37.0 GHz, and the observation angle is 0. The nominal spatial resolution is 15 km for channels 7.8, 19.35 and 37 GHz, and is 25 km for 3 GHz (Wang et al., 2010a). According to the prelaunch calibration experiments, the radiometric accuracy is less than 1.0 K that depends on temperature and frequency. In-orbit calibrations of MRM were performed periodically by using a two-point calibration method, with a matched load within the receiver as the warm reference and the cosmic microwave background radiation (2.7 K) as the cold reference (Wang et al., 2010b). By comparing the observed TBs at the Apollo 14, 15 and 17 landing sites, the estimated radiometric accuracy of CE-1 MRM was found to be less than 3.0 K (Wang et al., 2010a). The radiometric sensitivity is 0.16 K for 3.0 and 7.8 GHz, 0.12 K for 19.35 GHz and 0.14 K for 37 GHz (Wang et al., 2010b).

During its 8 months' lunar observation period, CE-2 MRM obtained 2369 tracks of swath data that cover the Moon uniformly for about 15 times. CE-2 MRM data processing flow is the same as that of CE-1 MRM data (Zheng et al., 2012). In this study, Level 2C swath data are used for lunar surface thermal properties investigation, which are the raw data processed after geometric correction and radiometric calibration (Wang et al., 2010b; Zheng et al., 2012). The data in each track contain ~3700 independent observations during its 118 min orbital period, including one half track of ~1850 observations from the south pole to the north pole and the other half track from the north pole back to the south pole. For each observation cell, the metadata include observation time (in coordinated universal time, UTC), observed TBs at four channels, solar incidence and azimuth angles, latitude, longitude, orbit altitude and data quality state. Using the solar incidence and azimuth angles, local time of each observation point can be calculated using the approach in Zheng et al. (2012), which will be used for data selection in TB map construction and inversion of mean diurnal temperatures. According to the definition, a local time of 0 (or 24) corresponds to lunar midnight, and a value of 12 to noontime.

2.2 Penetration depth

Since brightness temperature from the lunar surface is the cumulative contribution of thermal emission at different depths, penetration depth is important for analyzing the observed TB. Penetration depth of microwave depends primarily on its wavelength and the complex dielectric constant of the lunar regolith. In order to eliminate the effect of the wavelength that depends on the microwave radiometer, the normalized penetration depth, d_0, is defined as (Fa, 2013)

$$d_0 = \frac{d}{\lambda} = \frac{\sqrt{\varepsilon'}}{2\pi\varepsilon''} \tag{1}$$

where d is the penetration depth, λ is the wavelength, and ε' and ε'' are the real and imaginary parts of the complex dielectric constant of the lunar regolith, respectively. Here the normalized penetration depth is used because it depends only on the dielectric properties of the lunar regolith.

Laboratory measurements of the Apollo regolith samples show that, within the temperature variation range of the Moon, real part of the dielectric constant depends primarily on its bulk density, and the loss tangent (the ratio of the imaginary and real components of the complex dielectric constant) depends strongly on bulk density, chemical composition and frequency (Heiken et al., 1991). Using the measured dielectric constant of Apollo regolith samples, a revised relation among the complex dielectric constant, regolith bulk density and composition (FeO and TiO_2 abundances) was derived derived by Fa and Wieczorek (2012). Based on this relation, global distribution of the complex dielectric constant was further obtained using FeO and TiO_2 abundances derived from the Lunar Prospector (LP) gamma ray data. Using the derived complex dielectric constant and Eq. (1), Fig.1 shows the normalized penetration depth over the lunar surface.

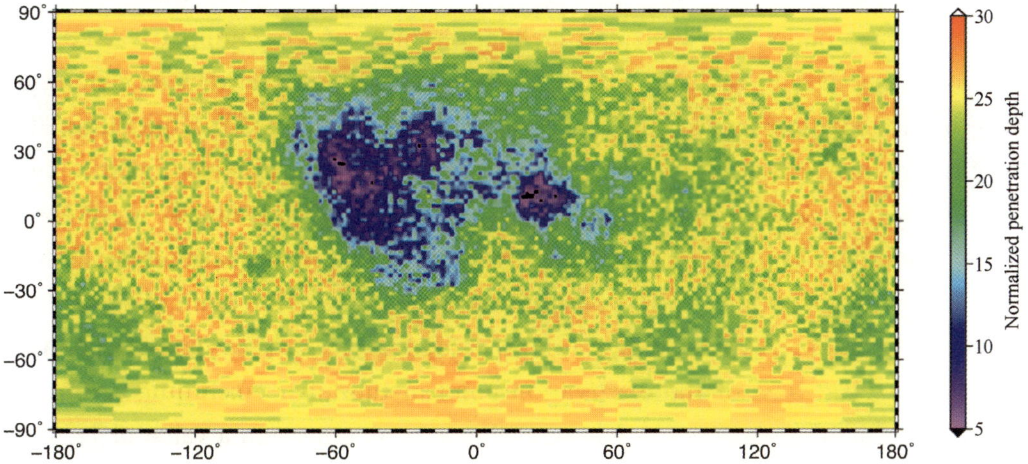

Fig. 1　Normalized penetration depth over the lunar surface calculated from Eq. (1). The complex dielectric constant is obtained by using the relation among dielectric constant, bulk density and composition in combination with the FeO and TiO_2 abundances derived from the Lunar Prospector gamma ray data.

It can be seen that, for maria regions, the normalized penetration depth varies from ~5 to 17, with an average value of ~10. The mean penetration depth is ~8 cm for 37 GHz channel with a wavelength of 8 mm, and is ~1.0 m for 3 GHz channel. For highlands regions, d_0 is from ~22 to 27, with an average value of ~25. Therefore, over highlands regions, the radiometer can sense thermal emission from at least 20 cm beneath the surface at 37 GHz, and ~2.5 m for 3.0 GHz. Normalized penetration depth is ~5–7 for Mare Tranquillitatis and is ~15–20 for Mare Serenitatis, and this could give rise to a large TB difference between these two maria as will be discussed in Section 3. When modeling thermal emission from the lunar surface, penetration depth should be considered as a baseline for thickness selection in the regolith model.

2.3 TB distribution

Physical temperature of the lunar surface depends closely on local time, and its diurnal variation is extremely large, e.g., ~280 K at the lunar equator (e.g., Vasavada et al., 1999; Paige et al., 2010). Since TB depends primarily on physical temperature of the regolith, lunar surface TB varies with local time and its diurnal variation is also large. In order to eliminate the strong influence on TB by local time, local time distribution characteristics for CE-2 observations should be considered when constructing a global TB map. Local time for a given observation point can be calculated using the solar incidence and azimuth angles in the Horizon Coordinate System (HCS) (Zheng et al., 2012). For CE-2 satellite with an orbit altitude of 100 km, the orbit period of each half track is ~118 min, which is much smaller than one lunar day (~29.53 Earth days). Because of the short period and the small inclination angle of CE-2 orbit (~2.5°), variation of local time within each track is relatively small except for high latitude regions. Taking the track with orbit No. 0743 as an example, local time variation within 70°N/S latitude is less than 0.9 h for both daytime (Fig. 2a) and nighttime (Fig. 2b). Beyond 70°N/S, local time varies dramatically, and the variation range is ~4.72 h. In our study below, we will mainly focus on non-polar regions with latitude smaller than 70°N/S. Since variation of local time for non-polar regions within each half track is very small, local time of each observation point can be regarded as the same, which can be further represented by local time of the observation point at the lunar equator. Therefore, for observations of non-polar regions within each track, two local times that differ roughly 12 h can be used to represent local times of all sub-satellite points.

To construct a global TB map at the lunar noontime, tracks with local times between 1100 and 1300 are selected, whereas those with local times between 2300 and 0100 are selected for lunar midnight. Totally 342 tracks are selected in TB map construction, and their surface coverages are shown in Fig. 2c and d. For places with no observations during

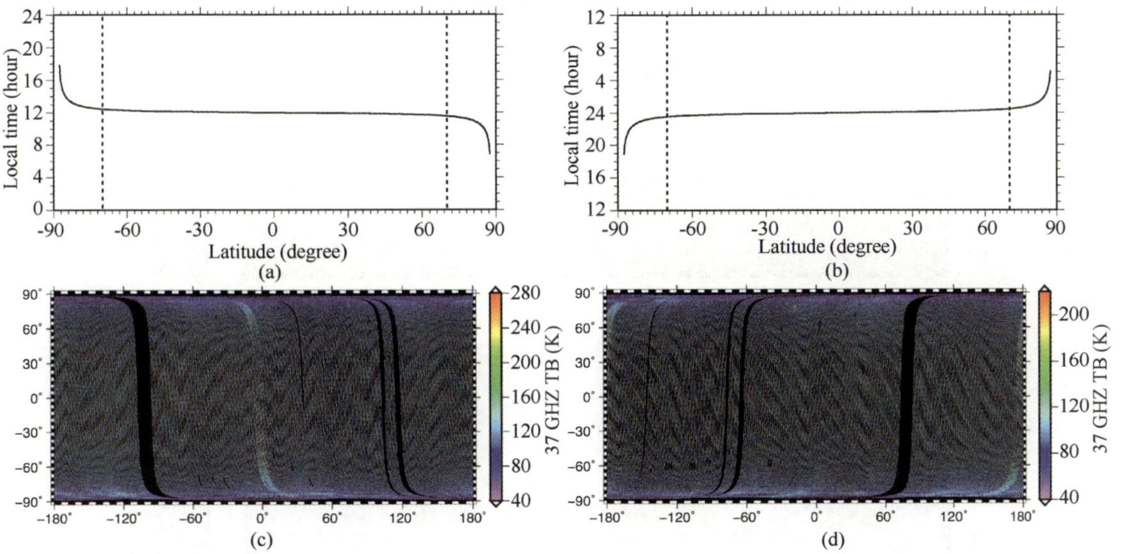

Fig. 2 Local time variation along latitude for the track with orbit No. 0743, (a) daytime and (b) nighttime. CE-2 TB data coverage (37 GHz as an example) at (c) noon and (d) midnight. The black stripes indicate regions with no TB data during the specific time period.

the given local time span, such as regions with longitude between 93°W and 111°W at noon and between 69°E and 87°E at midnight (black stripes in Fig. 2c and d), Kriging interpolation method was used to eliminate the gaps. Given the large variation of brightness temperatures with latitude, TBs were further normalized with respect to latitude. Figs. 3 and 4 show the normalized TB maps at the four channels for regions with latitude between 70°N and 70°S at noon and midnight, where the spatial resolution is 4 pixels/degree. Here the resolution is for the gridded data after Kriging interpolation, not the nominal spatial resolution of CE-2 MRM.

From Fig. 3, it can be seen that at noon time TB increases with frequency, i. e., $TB_{37} > TB_{19} > TB_7 > TB_3$. Thermal emission from the lunar surface depends closely on the depth-dependent temperature within the regolith. Due to the existence of a highly insulating dust layer atop the regolith, daytime temperature decreases dramatically within the first few centimeters of the regolith (e. g., Vasavada et al., 1999). Since high frequency channel is only sensitive to surface temperature and low frequency channel is sensitive to subsurface temperature as well (Fig. 1), TB at high frequency channel is larger than that at lower frequency channel. In contrast, physical temperature increases with depth during the lunar night, and as a result, TB increases with the decreasing of frequency, as evidenced in Fig. 4. All these phenomena indicate that TB depends strongly on the temperature and diurnal variation of surface temperature is much larger than that of the subsurface temperature. In Fig. 3, TBs over maria regions are higher than those

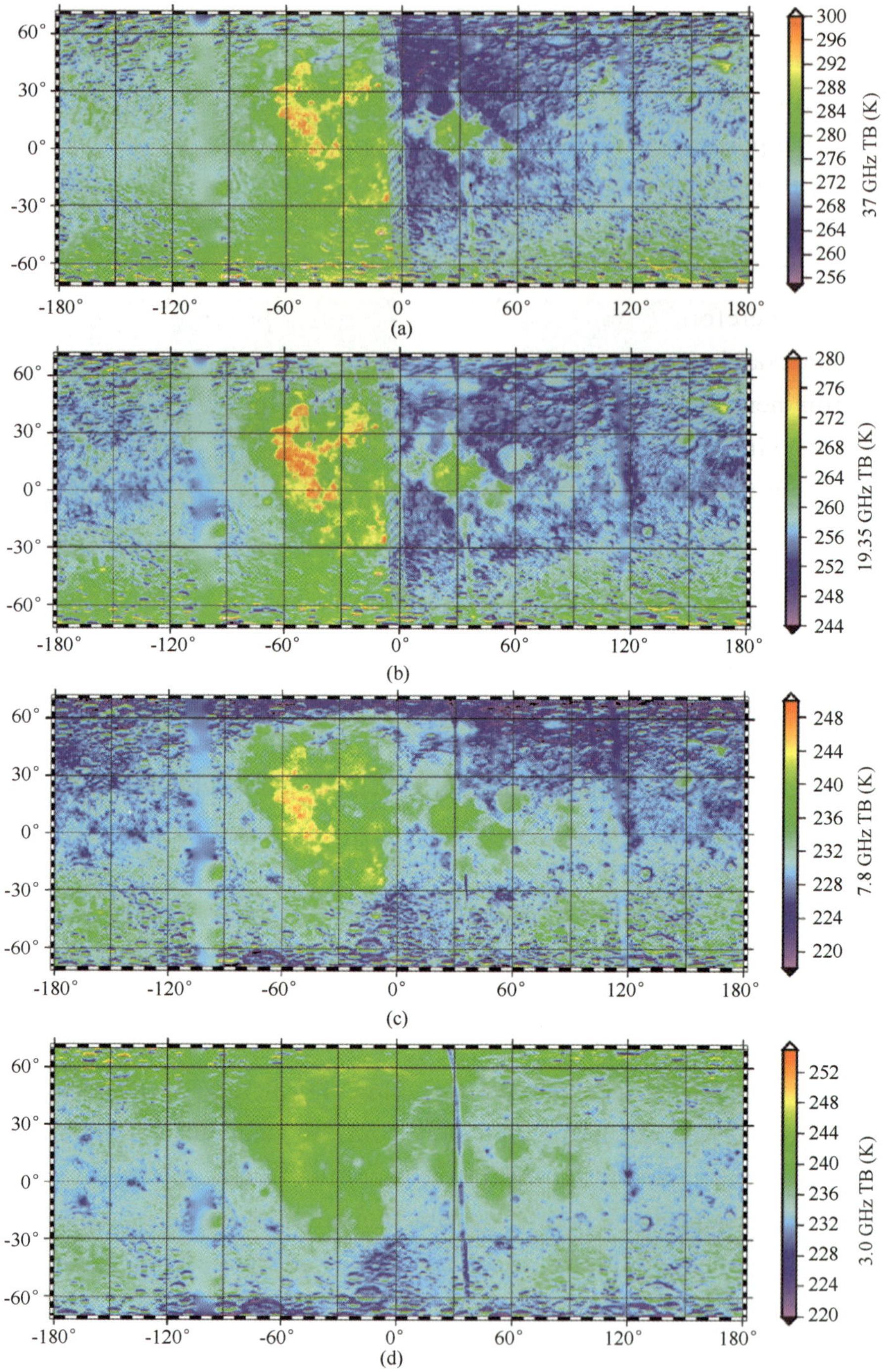

Fig.3　Brightness temperature distribution over the lunar surface at noon for 37.0 GHz (a), 19.35 GHz (b), 7.8 GHz (c) and 3.0 GHz (d). TB data are interpolated from tracks with local times between 1100 and 1300, with a spatial resolution of 4 pixels/degree. All the TB maps are normalized by using a power law relation with respect to cosine of latitude (cos φ), with a power of 0.384 for 37 GHz, 0.376 for 19.35 GHz, 0.401 for 7.8 GHz, and 0.365 for 3.0 GHz. The strip with longitude between 93°W and 111°W is caused by lacking of observations within the given time period and hence are interpolated using their neighbor observations.

for highlands, and several maria (e.g., Mare Tranquillitatis, Mare Fecunditatis, Oceanus Procellarum) can be identified clearly. In addition, many large craters can be recognized in TB maps. All these phenomena become much more obviously at higher frequency channels. One possible reason might be that high frequency TB is sensitive to surface temperature, which is easily influenced by surface topography.

Surface temperature drops dramatically after sunset, reaching to a steady state near the lunar midnight. During the lunar night, surface temperature is less influenced by solar albedo, and therefore TB difference between maria and highlands becomes smaller (Fig.4). When examining craters over mid - to high - latitude regions, it can be found easily that prominent TB difference exists between the crater walls with equator facing slopes and those with pole facing slopes, indicating that surface temperatures are still influenced by topography during the lunar night. In addition, there are abundant craters (e.g., Tycho) distributed widely over the lunar surface, with the observed TBs at 37 GHz generally ~10 - 12 K lower than their surrounding regions. These anomalous craters were previously found in CE-1 TB maps and were named as cold spots (Zheng et al., 2012). As can be seen in TB maps, cold spots become more obvious as frequency increases. One potential reason for these cold spots might be the differences in rock abundance and thermal properties of rocks associated with these craters. Further studies of rock abundance as well as their thermal properties are required in order to explain the formation mechanism of these cold spots.

3 Factors affecting high frequency TB distribution characteristics

In this section, we discuss factors that affect high frequency brightness temperatures during the lunar daytime. To maximize the effect of surface slope and solar albedo, we will mainly focus on TB data observed at noon. Given the smaller penetration depth of microwave at high frequency (Fig.1), as a first order approximation, brightness temperature at 37 GHz can be approximated as thermal emission solely from the lunar surface. In such a case, brightness temperature (TB) can be expressed as the product of surface emissivity with physical temperature,

$$T_B = e_m(\varepsilon)T_0 = [1 - r(\varepsilon)]T_0 \tag{2}$$

where T_0 is the surface temperature, e_m and r are surface emissivity and reflectivity at microwave band, and ε is the complex dielectric constant of the lunar surface.

Actually, Eq. (2) is the thermal emission from a semi - infinite homogeneous medium, where brightness temperature depends on both surface emissivity and physical temperature. At microwave band, surface emissivity depends primarily on dielectric constant of the regolith (ε) and surface roughness. Lunar surface temperature depends on the

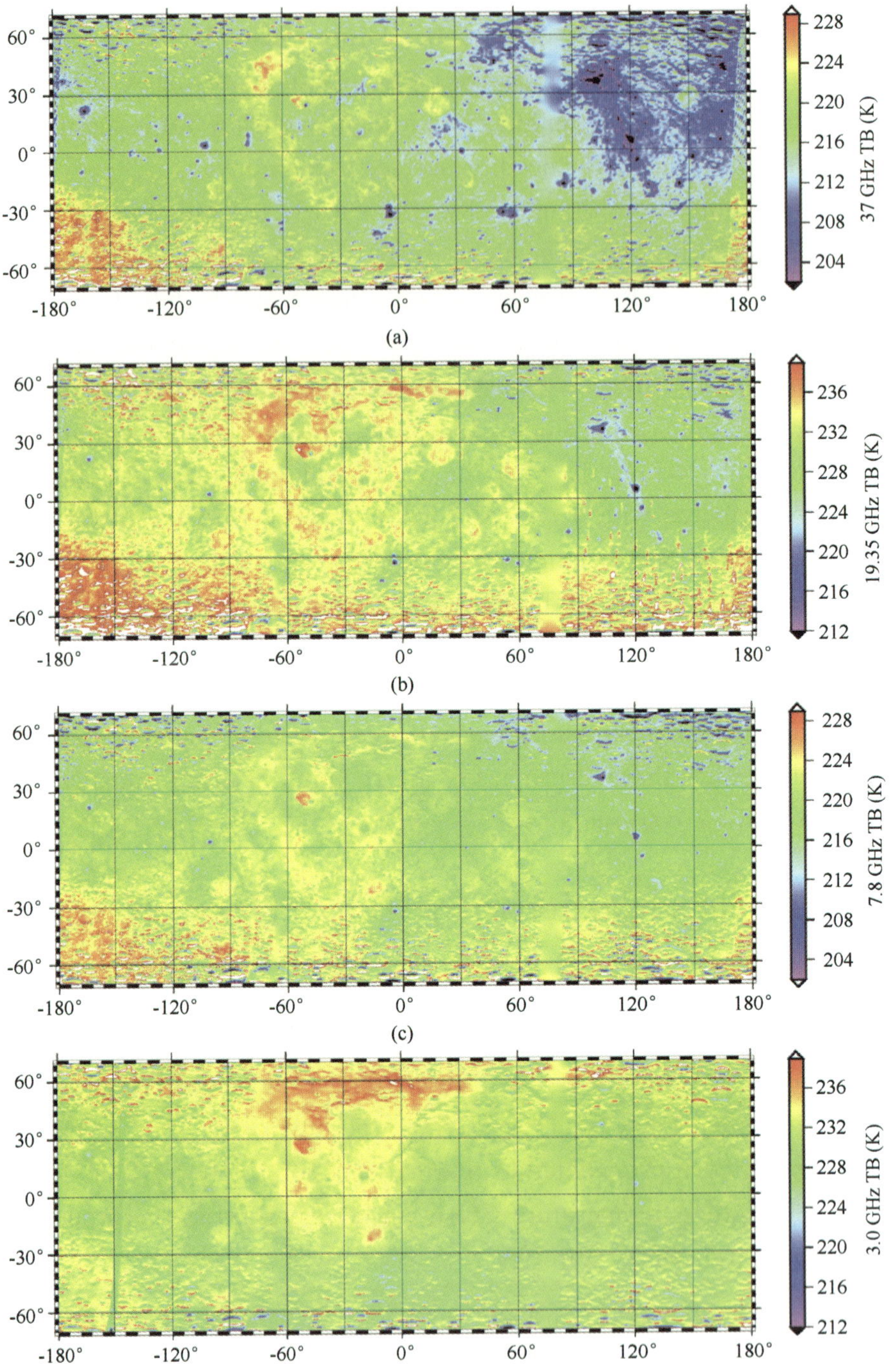

Fig. 4　Brightness temperature distribution over the lunar surface at midnight for 37.0 GHz (a), 19.35 GHz (b), 7.8 GHz (c) and 3.0 GHz (d). TB data are interpolated from tracks with local times between 2300 and 0100, with a spatial resolution of 4 pixels/degree. All the TB maps are normalized by using a power law relation with respect to cosine of latitude (cos φ), with a power of 0.358 for 37 GHz, 0.347 for 19.35 GHz, 0.398 for 7.8 GHz, and 0.350 for 3.0 GHz.

incident solar radiation, the scattered radiation, infrared thermal emission, and the internal heat flow. The intensity of solar radiation is largely a function of solar incidence angle, the angle at which the sun lights strike the Moon's surface. For a given point on the lunar surface, solar incidence angle depends on the geolocation and surface slope. Solar albedo can affect the absorbed solar radiation by the lunar surface and thus could give rise to a change in surface temperature as well. Therefore, factors that affect lunar surface brightness temperature at high frequency are dielectric constant, surface slope, solar albedo, surface roughness, and the internal heat flow. Compared with solar radiation, internal heat flow is too minor to change surface temperature during lunar daytime. Surface roughness, at the wavelength scale of the CE-2 MRM, can affect the surface emissivity. Given that roughness at thewavelength scale is not known based on our current knowledge, the effect of roughness is not discussed in our current study. Therefore, we will only discuss the effect of dielectric constant, surface slope and solar albedo in the current study.

3.1 Revised Racca's model and potential factors

During lunar daytime, steady - state surface temperature is dominated by energy equilibrium among the incident solar radiation, surface absorption, infrared emission and heat conducted into the regolith layer. By considering surface energy balance, Racca (1995) proposed an analytical model for steady - state surface temperature of an ideally spherical Moon. Using this model, surface temperature can be expressed analytically as a function of latitude, longitude and local time. In this study, steady - state surface temperatures at lunar daytime are calculated using Racca's model, but with considering of local slope and solar albedo (hereafter, this model is referred as the revised Racca's model). Therefore, steadystate physical temperature from the revised Racca's model can be expressed as

$$T(\phi,\psi) = \left[\frac{1-\overline{A}(\phi,\psi)}{e_i}\cos\theta\frac{S_{\odot}}{\sigma} + \frac{j_0}{\sigma}\right]^{1/4} \tag{3}$$

where $S_{\odot}$ is the solar constant with a nominal value of $1371 \pm 5\text{Wm}^{-2}$ at 1 AU (astronomical unit), $\sigma = 5.67\times10^{-8}\ \text{Wm}^{-2}\ \text{K}^{-4}$ is the Stefan - Boltzmann constant, $\overline{A}(\phi,\psi)$ is the solar albedo, e_i is infrared emissivity that depends slightly on surface temperature (Keihm, 1984), θ is the local incidence angle of the solar radiation that depends on local slope and geolocation of the point of interest, and ϕ and ψ are selenographic latitude and longitude, respectively. During lunar night time, the first term in the square brackets in Eq. (3) turns to zero, and hence J_0 is simply introduced as a subsurface cooling flux to produce a reasonable temperature other than zero. In this study, J_0 is set to 6Wm^{-2} (Racca, 1995), which corresponds to a nighttime temperature of ~ 101.4 K. We noted that during lunar daytime the second term with a value of 6Wm^{-2} for J_0 is negligible compared to the first term in Eq. (3). For example, at the lunar equator with a typical surface emissivity (e_i) of 0.95 and a solar albedo ($\overline{A}$) of 0.1, a value of 6 Wm^{-2} for J_0 only produces a temperature difference of 0.45 K at noon, where the physical temperature is 389.5 K.

In Racca's model, an ideally spherical Moon is considered and a single solar albedo is used for the entire lunar surface (Racca, 1995). In our revised Racca's model, surface slope that changes local incidence angle of solar radiation is considered simply by using a translation of latitude and local time. Solar and infrared energy scattered between adjacent surface elements is negligible compared with the direct solar insolation, and thus is not included in our model. For example, for two surface elements with a size of 7.5 km (corresponding to a spatial resolution of 4 pixels/degree) and an intersection angle of 150° (corresponding to a relative surface slope of 30°), the fraction of energy emitted from one surface element to another is 2.3% based on the finite element radiative heat transfer model in Vasavada et al. (1999). This only causes a difference in surface temperature with a factor of no more than 0.6% in our analysis below. In addition, solar albedo for each observation point is considered instead of a single value as in Racca's model (Racca, 1995). Thus, compared with Racca's model, the revised model considers a more realistic lunar surface and hence gives a more accurate estimation of surface temperature. It should be noted that our revised model cannot be applied to shadowed region, where local incidence angle is larger than 90°. Such situation becomes more ubiquitous at the polar regions with latitude greater than 70°, where permanently Sun shadowed craters are very common. Therefore, in our analysis below, we will not consider the lunar polar regions.

To analyze the effect of surface slope on the observed TB, high resolution topography data are required. In the analysis below, surface topography data from Lunar Orbiter Laser Altimeter (LOLA) onboard LRO (Smith et al., 2010) are used to calculate lunar surface slope. Here surface slope is defined as the angle between the normal to a sphere and the local surface normal calculated from the lunar surface topography. In our slope calculation, lunar surface topography data with a spatial resolution of 4 pixels/degree are used. We noted that LOLA slope maps are heavily interpolated and this will result in errors in the predicted surface slope relative to the real lunar surface. By comparing surface slopes with a spatial resolution of 4 pixels/degree and those at higher spatial resolutions (e.g., 256 and 1024 pixels/degree), we found that there is a systematic difference of ~1－4 in surface slope that varies from place to place. This would cause a systematic error of ~1－2 K in surface temperature, but does not affect the result between adjacent surface elements.

Solar albedo of the lunar surface depends upon surface composition, and solar albedo of highlands regions is generally larger than that of maria. By definition, solar albedo $\overline{A}$ is the ratio of the reflected solar radiation at all directions to the incident radiation upon it, which can be expressed as

$$\overline{A}=\frac{\int_0^{2\pi}\int_0^{\infty}A(i,\alpha,\theta,\lambda)E(\lambda)\mathrm{d}\lambda\mathrm{d}\Omega}{\int_0^{\infty}E(\lambda)\mathrm{d}\lambda} \tag{4}$$

where surface albedo $A(i, \alpha, \theta, \lambda)$ is the ratio of the reflected solar radiation in a specific direction at a given wavelength to the total incident solar radiation, and it is a function of incidence angle (i), emission angle (θ), phase angle (α), and wavelength (λ), and $E(\lambda)$ is the solar spectral irradiance that can be obtained either theoretically by using Planck's law or experimentally from observations, such as Solar Radiation and Climate Experiment (SORCE) mission (Woods et al., 2000). Strictly speaking, to calculate solar albedo $\overline{A}$ from surface albedo $A(i, \alpha, \theta, \lambda)$, surface albedos with all possible incidence and emission angles at all wavelengths should be known as a prerequisite. However, this is impossible given the currently available remote sensing techniques. As a feasible approach, solar albedos at 750 nm derived from the Clementine Ultraviolet - Visible (UVVIS) camera (Lucey et al., 2000) are used as a compromise. Solar albedos were obtained by dividing Clementine UVVIS reflectances at 750 nm with a factor of 1.3 following the method as in Vasavada et al. (2012). As will be seen, even with such approximations, strong correlation exists between the observed TBs and surface albedos.

3.2 Results and analysis

To highlight the effects of surface slope and solar albedo on the observed brightness temperatures, individual tracks are selected according to the following rules: (1) Local time of the observations should be around 1200. (2) Sub - satellite points should cover both maria and highlands to highlight the effect of solar albedo. (3) Variation in surface relief of the studying region should be large in order to study the effect of surface slope. Two tracks with orbit No. of 0743 and 0870 are selected in our analysis, with their ground tracks indicated by Line 1 and 2 in Fig.5. Local times for orbits 0743 and 0870 are 1159 and 1117, respectively.

The effects of surface slope and solar albedo on the observed brightness temperatures at 37 GHz are shown in Fig.6. In the analysis of the effect of surface slope (Fig.6c and h), a solar albedo of 0.127 is used in both Racca's model and the revised Racca's model. From Fig.5, ground track of orbit 0743 (Line 1) covers mainly the heavily cratered highlands regions. At the scale of the spatial resolution of CE-2 MRM, surface slopes along this track are generally smaller than 5° except for some crater walls with slope varying

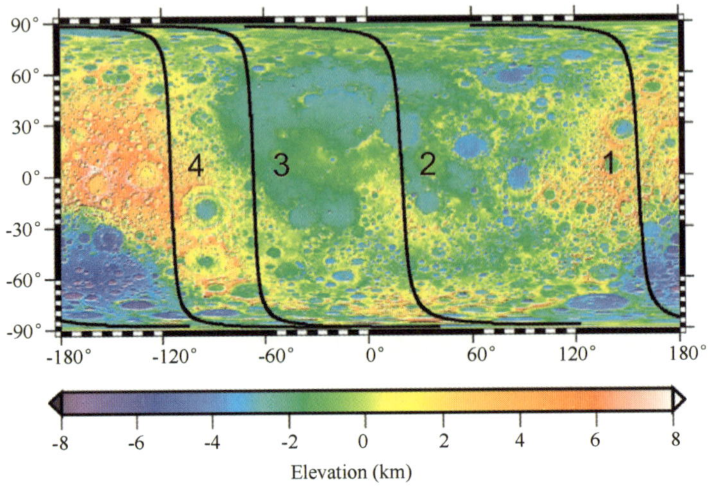

Fig. 5　Lunar surface elevation map showing the ground tracks with orbit No. of 0743 (Line 1), 0870 (Line 2), 0661 (Line 3), and 0616 (Line 4).

from about 10° to 20° (Fig. 6a). Crater walls can cause a change of ~15 − 20° in local incidence angle of the incident solar radiation. From Fig. 6c, Recca's model (the red line) predicts a smooth variation of surface temperature with latitude, whereas the revised Recca's model (the blue line) predicts a large fluctuation in surface temperature because of the slope of crater walls, which can further give rise to a variation of ~10 − 15 K in the observed TB at 37 GHz. Especially, for regions with latitude between 18°S and 40°S and between 39°N and 48°N, strong correlation exists between TBs and surface temperature.

From Fig. 6b, for regions with latitude smaller than 70°, solar albedos are relatively uniform with a mean value of ~0.15. Given the poor lighting condition at the polar regions, solar albedos for regions with latitude greater than 70° are unreliable (Lucey et al., 2000), and therefore the effect of solar albedo for polar region is not discussed here. Since solar albedo is relatively uniform for this track, there is no obvious correlation between the observed TBs (black line) and surface temperature (blue line) from the revised Racca's model with considering only the effect of surface albedo (Fig. 6d). The combined effect of surface slope and solar albedo on 37 GHz TB is shown in Fig. 6e. Comparing Fig. 6c and d with Fig. 6e, surface slope is the most dominant factor that affects the observed TBs at 37 GHz for this track.

The right column of Fig. 6 shows the effects of surface slope and solar albedo on the 37 GHz TB for orbit 0870. As indicated by Line 2 in Fig. 5, the north part of this track covers Maria Tranquillitatis, Serenitatis and Frigoris, and the south part is highlands region. Solar albedos for Mare Tranquillitatis and Serenitatis are about 0.079 and 0.087 in average, which are much smaller than those over the southern highlands regions with a typical value of 0.15 (Fig. 6g). From Fig. 6h, some small fluctuations in TB over highlands are clearly

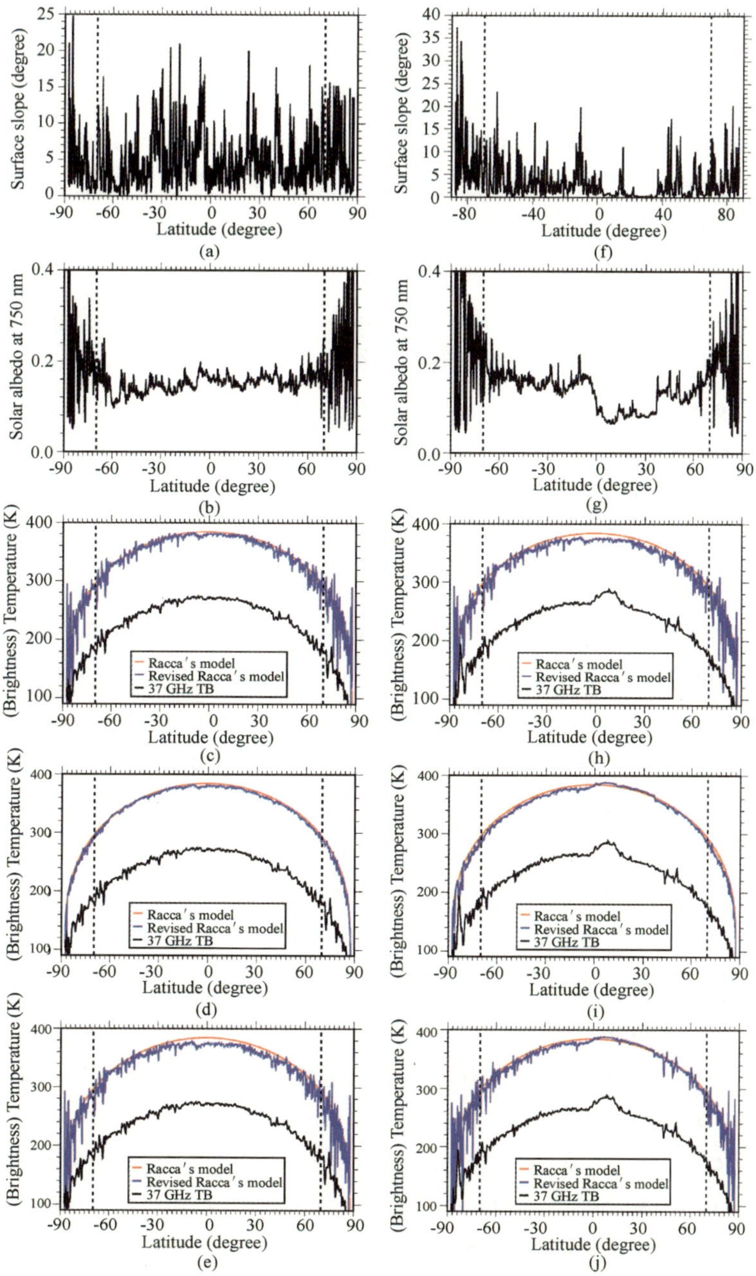

Fig. 6　The effects of surface slope and solar albedo on the observed brightness temperatures at 37 GHz for orbit 0743 (left column) and 0870 (right column). The first and second rows show surface slope and solar albedo for these two orbits. The third and fourth rows show the effect of surface slope and solar albedo on the observed 37 GHz TBs, and the fifth row shows the combined effect of surface slope and solar albedo. In (c－e) and (h－j), the black lines are the observed brightness temperatures at 37 GHz, the red lines represent the predicted surface temperatures from Racca's model, and the blue lines are the predicted surface temperatures using the revised Racca's model with considering surface slope (the third row), solar albedo (the fourth row), and both surface slope and solar albedo (the fifth row). (For interpretation of the references to colour in this figure legend, the reader is referred to the web version of this article.)

correlated with the predicted surface temperatures from the revised Racca's model, indicating the effect of the slope of crater walls. However, in maria region, there is almost no correlation between TB and the predicted surface temperature, and surface temperature predicted from the revised Racca's model (blue line) is even lower than that from Racca's model (red line). When solar albedo is considered (Fig. 6i), surface temperature (blue line) over Mare Tranquillitatis is higher than that from Racca's model (red line), and there is a good correlation between surface temperature and the observed TB. When considering the combined effect of surface slope and solar albedo (Fig. 6j), the correlation between the observed TB and predicted surface temperature is even stronger. As can be seen, the effect of solar albedo is generally at large scale (maria and highlands), whereas that of surface slope is usually at small scale (impact craters). We also examined the effect of solar albedo on the observed TB for other tracks, and the results show that solar albedo can give rise to a TB variation of ~5－10 K with a maximum value of ~25 K for Mare Tranquillitatis.

Dielectric constant of the lunar surface, especially the real part, can change surface emissivity and hence give rise to a change in the observed TB. Previous studies show that there is an obvious difference in dielectric constant between maria and highlands. Using the revised relation between dielectric constant and regolith composition derived from the LP gamma ray spectrometer data, typical dielectric constants for maria and highlands were found to be 3.2＋0.03i and 2.7＋0.01i, respectively (Fa and Wieczorek, 2012). Using these two values, surface emissivities of maria and highlands are calculated to be 0.92 and 0.94. As a result, if lunar surface temperature varies from ~100 K at nighttime to ~400 K at noon, complex dielectric constant would cause a TB difference of ~2－8 K between maria and highlands.

Using the revised Racca's model with a typical solar albedo of 0.05 for maria and 0.12 for highlands, surface temperature at the lunar equator over maria regions at noon is estimated to be 371 K, and that of highlands is about 386 K. Therefore, TBs over maria are higher than those over highlands regions if solar albedo is considered only. On the other hand, surface emissivity over maria region is smaller than that of highlands region because of the dielectric constant. This factor will reduce the TB difference between maria and highlands. As a result, the effects of the real part of the dielectric constant and solar albedo on the observed TB are canceled, at least partially. However, since the effect of surface albedo is dominant, TBs over maria are still higher than those over highlands, as evidenced in Fig. 3.

Since high frequency brightness temperature depends closely on physical temperature profile of the uppermost several centimeters, imaginary part of the dielectric constant can affect high frequency brightness temperature in a manner that changes the penetration depth. For example, Line 2 in Fig. 5 shows that this track passes over Mare Serenitatis and Mare Tranquillitatis. In the observed 37 GHz TB (Fig. 6h－j), Mare Tranquillitatis (with latitude between 0°N and 15°N) shows an elevated TB, whereas Mare Serenitatis (with latitude between 15°N and 35°N) does not. This phenomenon between Mare Serenitatis and Mare Tranquillitatis is a combined effect of surface albedo and the complex dielectric constant. According to Lucey et al. (2000) and Gillis et al. (2003), FeO and TiO_2 abundance are 18.5 wt.% and 9.0 wt.% for Mare Tranquillitatis, and 17 wt.% and 1 wt.% for Mare Serenitatis. Using the relation in Fa and Wieczorek (2012), dielectric constant is estimated to be 3.02 + 0.051i for Mare Tranquillitatis and 2.90 + 0.014i for Mare Serenitatis, and these two values correspond to a surface emissivity of 0.927 and 0.933, respectively. Solar albedos for Mare Serenitatis and Mare Tranquillitatis are 0.087 and 0.079, corresponding to a surface temperature of 388.9 K and 381.3 K at noon using the revised Racca's model. However, the observed brightness temperature at 37 GHz for Mare Tranquillitatis is ~25 K higher than that of Mare Serenitatis, and this larger difference cannot be explained by surface albedo and emissivity. The only possible explanation might be the imaginary part of the dielectric constant, or equivalently the normalized penetration depth, which is ~18.9 in average for Mare Serenitatis and ~5.4 for Mare Tranquillitatis. During lunar daytime, physical temperature drops dramatically within the first few centimeters, and a larger penetration depth would result in a lower brightness temperature, such as for Mare Serenitatis.

As an example, Fig. 7 shows the observed 37 GHz TB map for crater Pythagoras (63.5°N, 63.0°W; diameter 142 km) at local times of 0800 (Fig. 7a), 1200 (Fig. 7b) and 1600 (Fig. 7c). In the TB maps, crater rim and central peak can be easily identified. In the morning the Sun illuminates from the southeast (as indicated by the black arrow), and the northwestern crater wall has the highest brightness temperature (Fig. 7a). At the noon time, the northern crater wall has the highest brightness temperature (Fig. 7b), and during the evening the northeastern crater wall possesses the highest brightness temperature (Fig. 7c). TB of this crater increases from local time 0800 to 1200, which is caused mainly by the persistent solar radiation. Comparison between Fig. 7b and c shows that TB of the northeastern crater wall and crater floor still increases from 1200 to 1600. However, both theoretical modeling and observations show that surface temperature (for both crater wall and floor) decreases during this time period (Vasavada et al., 1999; Vasavada et al., 2012). This phenomenon might result from the persistent increase of the subsurface temperature during this time period because of the lag effect (see Section 4.14 in Turcotte and Schubert, 2002). Since the 37 GHz channel can sense thermal emission to a depth of 0.05 m, the cumulative effect would give rise to an increase in TB from 1200 to 1600 over these regions. In contrast, TB of the western crater wall decreases from

1200 to 1600, indicating that subsurface temperature decreases during this time period as well. In addition, as a result of the surface slope, TBs of the northern outer wall and the southern inner wall are generally lower, whereas those of the northern inner wall and southern outer wall are higher.

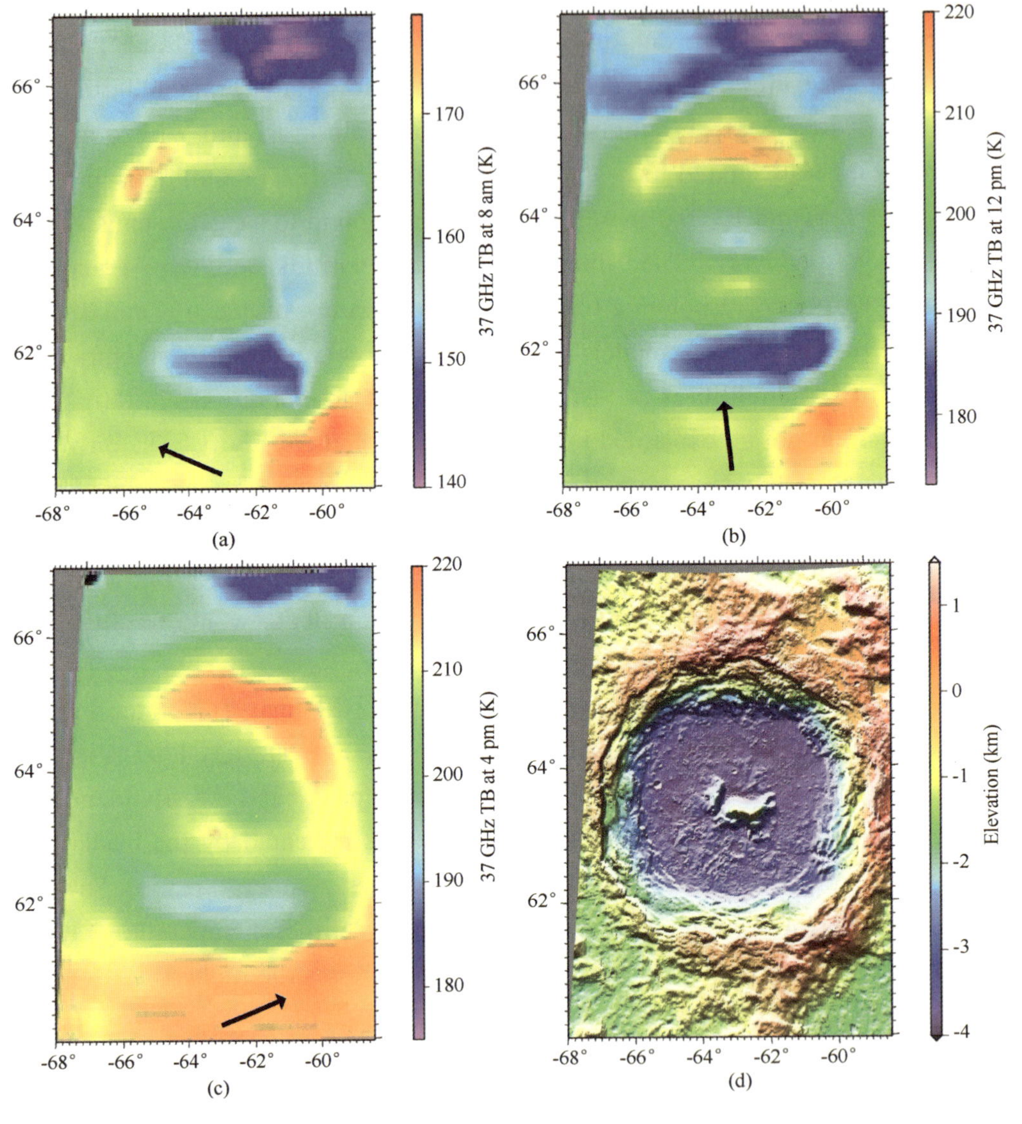

Fig. 7 37 GHz brightness temperatures for Crater Pythagoras (63.5°N, 63.0°W; diameter 142 km) with local times of (a) 0800, (b) 1200 and (c) 1600, where the black arrows show the illumination directions of the Sun. (d) Surface elevation of Crater Pythagoras.

3.3 Summary

In this section, the effects of surface slope, solar albedo and complex dielectric constant onthe observed 37 GHz TB at the lunar noontime are analyzed using the revised

Racca's temperature model. Even several approximations are assumed, the correlations between 37 GHz TBs at lunar daytime and these factors are obvious. Our analyses show that:

(1) At the scale of the spatial resolution of the CE-2 MRM, surface slope of typical crater wall is from about 20° to 30°, and this gives rise to a TB difference ~10 – 15 K. Among these three factors, slope of crater wall is the most dominant parameter, and its effect is usually at small scales.

(2) As a result of solar albedo (or surface albedo) of the lunar surface, TB for maria is usually ~5 – 10 K higher than that of highlands region, if other conditions for maria and highlands are the same.

(3) Real part of the complex dielectric constant gives rise to a difference of ~0.02 in surface emissivity, and as a result, TB for maria region is ~2 – 8 K lower than that of highlands region.

(4) Since penetration depth depends closely on the imaginary part of the complex dielectric constant and TB depends primarily on the temperature profile, imaginary part of the complex dielectric constant can give rise to a change in the observed TB as well. For any quantitative analysis of the observed TB, even for the highest frequency channel of CE- 2 MRM, subsurface temperature profile should be considered.

It should be noted that for any point on the lunar surface, TB is generally affected by these three factors simultaneously. Therefore, the variation in the observed TB by CE-2 MRM (e.g., Fig.7) is a combined effect of surface slope, solar albedo and the dielectric constant.

4 Thermal emission model and temperature inversion approach

From the above analyses, it can be seen that lunar surface TB at high frequency depends closely on surface slope, solar albedo, dielectric constant, and depth – dependent temperature profile. Temperature profile of the regolith layer varies largely with local time and latitude. As a result of these factors, it is almost impossible to invert transient temperature profiles of the regolith layer directly from the observed TBs at a given time. In this section, we propose an approach for inversion of mean diurnal temperature profile from the averaged TBs at 19.35 and 37 GHz that are observed during one lunar day.

4.1 Thermal emission model

Previous studies have shown that almost the entire lunar surface consists of a fine – grained regolith layer that covers the underlying bedrock (e.g., McKay et al., 1991).

The average thickness of the regolith layer is about 4 – 5 m for maria and about 10 – 15 m for highlands (Shkuratov and Bondarenko, 2001; Fa and Jin, 2010). Regolith samples from Apollo core tubes show that bulk density of regolith is ~1.3 g/cm^3 at the surface, increases with depth dramatically within the first tens of centimeters, and reaches to a constant of ~1.9 g/cm^3 as depth greater than 1 m (e.g., Carrier et al., 1991). Bulk density of regolith for the first few centimeters is relatively small, resulting in that thermal properties of regolith within the first few centimeters are different from those of the subsurface. Physical temperature of the regolith for the first few centimeters depends highly on solar insolation, and its variation is significant during a lunar day. Because of the insulation provided by the uppermost surface regolith, subsurface temperature with depth larger than ~0.3 m remains almost as a constant. Since dielectric constant of regolith depends closely on bulk density, the bulk density profile produces a depth increasing dielectric constant profile as well.

Penetration depths at 19.35 and 37 GHz are no larger than 0.5 m, which is much smaller than typical thickness of the regolith. Therefore, in thermal emission modeling for high frequency channels, lunar surface layer can be simplified as a semi – infinite regolith with temperature and dielectric constant profiles. Thus, for nadir observation, high frequency brightness temperature can be expressed as

$$T_B(v,t) = (1-r)\int_0^{\infty} \kappa_a(z)T(z,t)e^{-\int_0^z \kappa_a(z')\mathrm{d}z'}\mathrm{d}z \tag{5}$$

where r is surface reflectivity at 0° incidence angle, κ_a is the absorption coefficient that depends on dielectric constant of regolith, T is the depth – and time – dependent physical temperature, z is depth below the lunar surface, t is local time, and v is the frequency. The absorption coefficient κ_a can be calculated as

$$\kappa_a = 2\mathrm{Im}(k) = \frac{4\pi v}{c}\mathrm{Im}(\sqrt{\mu\varepsilon}) \tag{6}$$

where $k = 2\pi v/c$ is wavenumber, μ is the relative permeability, ε is the dielectric constant, and c is the speed of light in vacuum.

As dielectric constant and temperature profiles of the regolith are known, brightness temperature from the lunar surface can be calculated using Eq. (5). It should be noted that the emission model of Eq. (5) does not consider the effect of surface roughness and rocks that are either perched on the lunar surface or buried in the regolith. If the effective dielectric constant of the regolith layer (dielectric constant of the mixture of fine – grained regolith and buried rocks) is used in Eq. (6), then scattering effect can be considered.

4.2 Dielectric constant profile

Laboratory measurements of the Apollo regolith samples show that dielectric constant of regolith depends mainly on bulk density (or equivalently, porosity) and TiO_2 abundance. Recent study shows that, by using the estimated mineralogical norms and densities of lunar samples, pore free density of regolith can be estimated from FeO and TiO_2 abundances (Huang and Wieczorek, 2012). Dielectric constant of regolith also varies with depth due to its relation with the depth-dependent bulk density. Measurements of regolith samples from the Apollo core tubes show that depth-dependent bulk density (ρ, g/cm^3) can be described by a hyperbolic function as (Carrier et al., 1991)

$$\rho(z) = 1.919 \frac{z+0.122}{z+0.18} \tag{7}$$

If the specific gravity (or equivalently, pore-free density, G) of the regolith is known, porosity profile of the regolith, $n(z)$, can be estimated as

$$n(z) = 1 - \rho(z)/C \tag{8}$$

In a general case, there are lateral and vertical variations in bulk density, porosity and specific gravity. Based on our current knowledge of the Moon, vertical variation of specific gravity and lateral variations of porosity and bulk density are not known. Since these three parameters are closely related, lateral and vertical variations of bulk density can be estimated with several assumptions of the surface porosity and specific gravity. In this study, we assume that there is no vertical variation in specific gravity, and that the entire lunar surface processes a single porosity profile, i.e., no lateral variation of porosity. Then, lateral and vertical variations of the complex dielectric constant of the regolith can be estimated using the following procedures: (1) Using a nominal specific gravity of 3.1 that is based on measurements of Apollo regolith samples by Carrier et al. (1991), porosity as a function of depth is estimated using Eqs. (7) and (8). (2) Using the FeO and TiO_2 abundances obtained from the Lunar Prospector gamma ray spectrometer data (Prettyman et al., 2006), specific gravity across the lunar surface is estimated based on the relation between the specific gravity and FeO and TiO_2 abundances (Huang and Wieczorek, 2012). (3) Suppose that the entire lunar surface processes a single porosity profile, lateral and vertical variations of the bulk density of the regolith are calculated using the specific gravity and porosity profile. (4) Using the relation among the dielectric constant, bulk density and regolith composition in Fa and Wieczorek (2012), lateral and vertical variations of the complex dielectric constant of the regolith are estimated.

Using the above procedures with a nominal specific gravity of 3.1, Fig. 8 shows the estimated bulk density, porosity, and the complex dielectric constant as a function of depth. Bulk density of regolith increases with depth, from a surface value of ~1.3 g/cm^3 to a constant value of ~1.9 g/cm^3 at depth of ~1.0 m (Fig. 8a). Porosity of the lunar surface is ~0.58 and decreases with depth, reaching to a constant value of ~0.4 as depth larger than 1.0 m. In Fig. 8b, the FeO and TiO_2 abundances for maria are chosen to be 15.0 wt.% and 6 wt.%, whereas those for highlands region are chosen to be 4.0 wt.% and 0.5 wt.%. Both the real and imaginary components of the dielectric constants increase with depth, reaching to constant values as depth larger than 1.0 m. Dielectric constant (both real and imaginary components) of typical maria regions is larger than that of highlands regions. Especially, imaginary part of the dielectric constant for maria is about 3 times larger than that of the highlands regions.

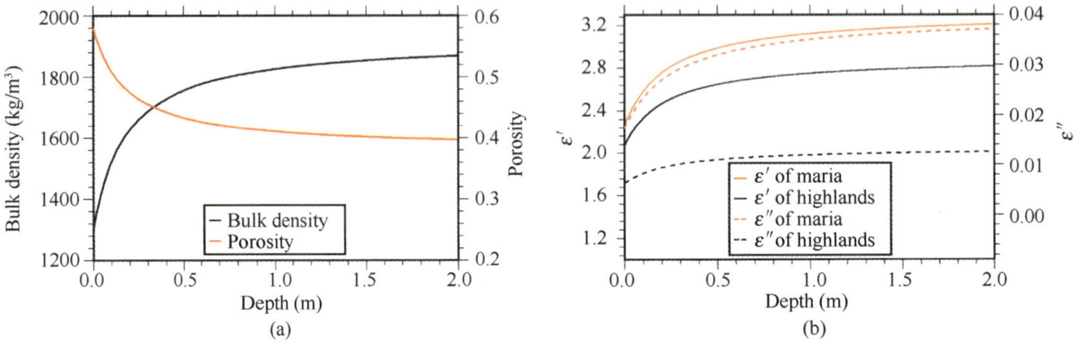

Fig.8 (a) Bulk density (black line) and porosity (red line) as a function of depth (Carrier et al., 1991). (b) Real part (solid lines) and imaginary part (dashed lines) of the complex dielectric constants of the regolith as a function of depth for typical maria (red lines) and highlands regions (black lines). (For interpretation of the references to color in this figure legend, the reader is referred to the web version of this article.)

Laboratory measurements of the dielectric constant for Apollo regolith samples show that, within the temperature variation range of the Moon, dielectric constant does not depend on physical temperature. Therefore, Eq. (7) and Eq. (8) as well as the results in Fig.8b should be valid for anytime during a lunar day.

4.3 Temperature profile of regolith layer

Transient physical temperature of the regolith layer can be obtained by dynamic equilibrium among the absorbed solar radiation by the lunar surface, infrared emission, energy conducted into subsurface, and internal heat flow of the Moon. Thus, parameters that affect physical temperature of the regolith layer include solar constant, surface albedo, infrared emissivity, bulk density, thermal capacity, thermal conductivity, and the internal heat flow. Here, one-dimensional (1D) heat transfer equation is resolved to obtain temperature profile of the regolith layer, as in Vasavada et al. (1999). However, since a continuous depth-dependent bulk density profile (Eq. (7)) is used in dielectric constant estimation, a depth-dependent continuous thermal conductivity profile should be used for the regolith model instead of a discontinuous two-layer regolith model as in Vasavada et al. (1999).

In most of the previous studies, thermal conductivity of reoglith is taken as $k = A + BT^3$ (e.g., Cremers and Birkebak, 1971; Keihm, 1984), where the coefficient A is the solid conductivity, and B is for radiative conductivity that depends highly on physical temperature. According to Grott et al. (2010), A can be obtained from the relation between thermal conductivity and bulk density, which is $\partial k/\partial q = 1.4 \times 10^{-5}$ W m^2 K^{-1} kg^{-1}. Considering the continuous bulk density profile as in Eq. (7), a depth - and temperature - dependent thermal conductivity model is proposed as

$$k(z,T) = k_1 + k_2 \frac{z + 0.122}{z + 0.18} + k_3 T^3 \tag{9}$$

The coefficient k_3 takes account for radiative conductivity and does not depend on depth, and therefore a typical value of 3.78×10^{-11} Wm^{-1} K^{-4} is used as in Keihm (1984). Using the relation $\partial k/\partial q = 1.4 \times 10^{-5}$ Wm^2 K^{-1} kg^{-1}; k_2 is calculated to be 2.69×10^{-2} Wm^{-1} K^{-1}. At the lunar surface ($z = 0$), thermal conductivity should be equal to that in Keihm (1984), which is obtained based on model fit to near surface temperatures at the Apollo 15 heat flow experiment site. According to this principle, k_1 is calculated to be -1.78×10^{-2} Wm^{-1} K^{-1} if physical temperature is set to 250 K.

Fig. 9 shows the comparison of thermal conductivity between our model of Eq. (9) (solid lines) and Keihm's model (dashed lines) at temperatures of 100 K (minimum surface temperature), 250 K (typical subsurface temperature at depth >0.5 m) and 400 K (maximum surface temperature). As can be seen, Keihm's model gives a rapid increase in thermal conductivity within the first 0.2 m, and our model produces a moderate increase in thermal conductivity for depth within 1 m. The difference in thermal conductivity between our model and Keihm's model increases from the surface to 0.2 m, reaching to a maximum at a depth of 0.2 m, and then decreases with depth. For depth larger

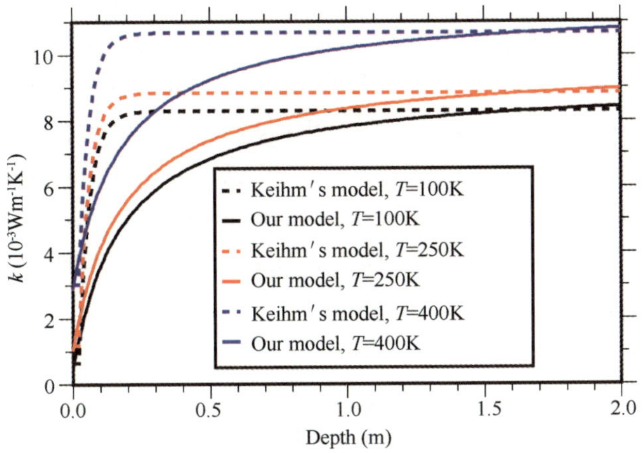

Fig. 9　Comparisons of thermal conductivity profiles between our model (solid lines) and the model in Keihm (1984) (dashed lines) with temperatures of 100, 250 and 400 K.

than 1 m, thermal conductivities predicted from the two models are almost the same. The difference in thermal conductivity between our model and Keihm's model is mainly caused by the difference in the depth - dependent bulk densities.

In our calculation below, thermal capacity of the regolith is taken as

$$C(T) = 670 + 10^3 \frac{T-250}{530.6} - 10^3 \left(\frac{T-250}{498.7}\right)^2 \tag{10}$$

which is based on Apollo samples measurements (Keihm, 1984).

In our study, Crank - Nicholson method is utilized to resolve the 1D heat transfer equation (Crank and Nicolson, 1947). Given that thermal properties of the regolith are highly varied near the lunar surface and remain invariable for depth greater than 1 m, nonlinear subdivision is used to discretize the depth. An exponential function $\Delta z(n) = 0.001 \times 1.1^{n-1}$ is used to calculate the size of each cell, where n is the number of the cell. There are totally 60 cells, and the size of the first cell is 1 mm and that of the last one is 0.277 m. The depth in our calculation is 3 m, which is much larger than equilibrium depth. The time step is 1800 s, which is about 1/ 1417 of a lunation (29.53 Earth day). An initial temperature of 300 K is given for each cell and the model is run for 5000 lunations to guarantee the convergence of the solution, which is taken as that temperature difference at the same local time between two successive lunar days is less than 10^{-6} K.

In our calculation below, we used a value of 0.1 for surface solar albedo and 0.95 for infrared thermal emissivity. As the solution converges, 1417 transient temperature profiles with depth from 0 to 3 m were obtained within one lunation. As examples, Fig. 10a shows 12 transient temperature profiles for the first 0.20 m at the lunar equator with local times of 0000, 0200, 0400, 0600,…, 2000 and 2200. Physical temperature of the regolith within the first 0.1 m depends closely on the solar insolation, and reaches to a constant value as depth larger than 0.15 m, regardless of the solar radiation. Fig. 10b shows four mean diurnal temperature profiles that are averaged from different numbers of transient temperature profiles with different equal time sampling intervals. Here different numbers of temperature profiles are selected in the averaging to illustrate the accuracy of the mean temperature profile, which will be used as a principle in TB data selection in the inversion (Section 5). As will be seen in Section 5, the number of transient temperature profiles is constrained by the number of the observed brightness temperatures. It is expected that the larger the number of the profiles in the averaging, the higher the accuracy of the averaged mean temperature profile. Therefore, the mean temperature profile by averaging from 1417 profiles can be used as a reference. As can be seen, in each mean temperature profile, mean diurnal temperature increases linearly with depth, reaching to a constant value at a depth of ~0.08 m. As the number of transient temperature profiles in the averaging decreases, the difference between the mean temperature and that from all the 1417 profiles for the first few centimeters increases. For example, the difference in surface temperature between the average from 24 profiles and that from 1417 profiles is 2.5 K, and the difference increases to 6 K and 7 K if 12 and 6 profiles are taken in the averaging, respectively. Mean temperatures are almost the same as depth larger than ~0.08 m. For convenience, hereafter the first layer (0.08 m in Fig. 10b) is named as the dust layer and the second is named as the regolith layer.

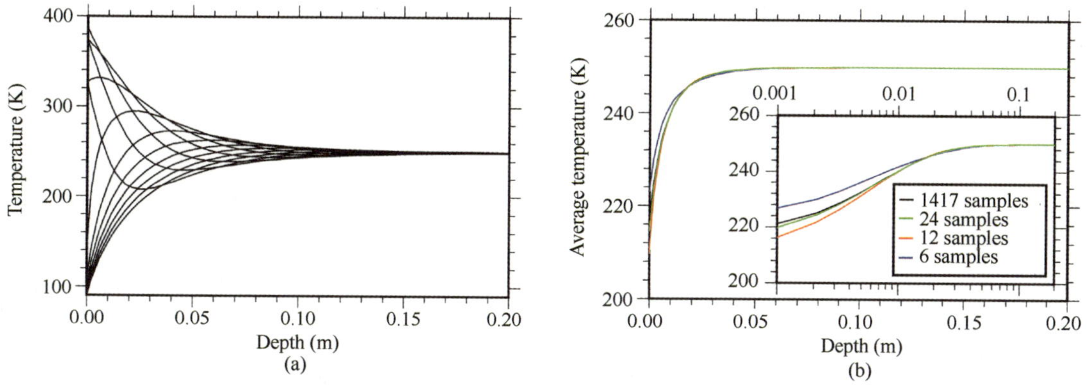

Fig. 10. (a) Transient temperature profiles at local times of 1200, 1000, 0800, …, 0, …, 1600 and 1400 (from the top to bottom). (b) Mean diurnal temperature profiles calculated from 1417 transient temperature profiles with a time interval of 24/1417 h (black line), 24 temperature profiles with a time interval of 1 h (green line), 12 temperature profiles with a time interval of 2 h (red line), and 6 temperature profiles with a time interval of 4 h (blue line). (For interpretation of the references to color in this figure legend, the reader is referred to the web version of this article.)

The mean diurnal temperature profiles in Fig. 10b can be described by a bilinear function as

$$\langle T(z,t)\rangle = \begin{cases} T_0 + \dfrac{T_1 - T_0}{d_0} z & z < d_0 \\ T_1 & z \geqslant d_0 \end{cases} \tag{11}$$

where T_0 is the mean diurnal surface temperature, d_0 is the thickness of the top dust layer below which mean subsurface temperature remains as a constant of T_1, and the brackets $\langle\rangle$ indicate average over local time.

The heat transfer model was also run to obtain mean temperature profiles at other latitudes and the results show that mean diurnal temperature profiles at other latitudes also follow a bilinear function. In addition, thicknesses of the dust layer are found to be a constant, with a value of ~0.08 m.

4.4 Mean temperature inversion model

Simulation results show that variation of transient physical temperature with depth is complicated and highly time-dependent (Fig. 10a). Given that there are only four frequency channels for CE-2 MRM, it is almost impossible to invert transient temperature profiles from the observed multi - channel TBs directly. However, since mean diurnal temperature profile can be described by a bilinear function, it can be inverted from the averaged diurnal brightness temperatures at high frequency channels, i.e., 19.35 GHz and 37 GHz.

The brightness temperature in Eq. (5) represents thermal emission from the lunar surface at a given local times t. If we take the average with respect to local time t for both sides of Eq. (5), the averaged diurnal thermal emission from the lunar surface can be expressed as

$$\langle T_B(v,t)\rangle = (1-r)\int_0^{\infty} \kappa_a(z) e^{-\int_0^z \kappa_a(z')\mathrm{d}z'} \mathrm{d}z \tag{12}$$

where $\langle T_B(v,t)\rangle$ and $\langle T(z,t)\rangle$ are the mean diurnal TB and physical temperature, respectively. $\langle T_B(v,t)\rangle$ can be obtained by averaging the observed TBs at different local times. From the analysis in Section 4.3, $\langle T(z,t)\rangle$ can be expressed by a bilinear function with parameters of T_0; T_1 and d_0. As the dielectric constant profile $\varepsilon(z)$ is known, T_0 and T_1 can be obtained by minimizing the difference between the observed and the modeled TBs as

$$T_0, T_1 = \arg\min_{T_0, T_1 \in T} \sum_{i=1}^{n} [\langle T_B^O(v_i)\rangle - T_B(T_0, T_1, v_i, d_0)]^2 \tag{13}$$

where $T_B(T_0, T_1, v_i, d)$ is the model predicted mean diurnal TB using Eq. (12), $\langle T^O(v_i)\rangle$ is the averaged diurnal TB from observations at frequency $v_i (i=1, 2, \cdots n)$, and n is the number of channels that are selected in the inversion. Here n is equal to 2 since only TBs at 19.35 GHz and 37 GHz are used in the inversion. In Eq. (13), the function argmin $f(x, y)$ returns the values of the arguments x and y that minimize the function $f(x,y)$.

From Eq. (13), T_0 and T_1 can be obtained by exhaustive search in the parameter space. But, this would take too much time if mean temperature profiles of the entire lunar surface were inverted. Here a simplified analytical model is used for T_0 and T_1 inversion. The dielectric constant profile in Fig. 8b produces an absorption coefficient profile, $\kappa_a(z)$, which increases rapidly within the first few centimeters and then approaches to a constant value. We found that for the dust layer, the absorption coefficient can be described by a linear function as $\kappa_a(z) = (az+b)v$, where a and b are frequency - independent coefficients (see Appendix A). Substitute the absorption coefficient $\kappa_a(z)$ and the bilinear temperature profile $T(z)$ into Eq. (12) and after some simplifications, TB can be simplified as

$$\langle T_B\rangle = A(v)T_1 + B(v)T_0 \tag{14}$$

where

$$A(v) = \frac{(1-r)\beta}{d_0} \tag{15a}$$

$$B(v) = (1 - r)\left(\frac{\beta}{d_0}\right) \tag{15b}$$

where $\beta = \int_0^{d_0} e^{(-a z^2/2 - b z)v} \mathrm{d}z$ can be obtained numerically, and r is the surface reflectivity. As the mean diurnal brightness temperatures at 19.35 and 37 GHz are obtained from CE-2 microwave radiometer, T_0 and T_1 can be inverted from Eq. (14).

5 Inversion results for diurnal mean temperatures

5.1 Data selection principle

To invert the mean temperature profile, mean diurnal brightness temperature should be obtained by averaging the observed TB at local times with equal time interval. From Eq. (12), the accuracy of the inverted mean diurnal temperature profile depends on the precision of the obtained mean diurnal brightness temperature. According to Fig. 10b, as the number of the temperature profiles in the averaging increases, the averaged mean diurnal temperature will be more accurate, approaching to the averaged value of all the transient profiles (1417 profiles in Fig. 10b). In the inversion, the number of transient temperature profiles should be equal to that of brightness temperatures selected in the averaging. Strictly speaking, the larger the number of TBs that are used in the averaging, the higher the accuracy of the inverted mean temperature profile. However, given the limited life span of CE-2, it is impossible for MRM to cover the entire lunar surface at every local time. By analyzing the spatial and temporal distribution of CE-2 MRM data, we found that 12 TBs observed at equal (or quasi equal) time interval can be selected as a compromise in the averaging. Considering the data coverage, a spatial resolution of 1° is further chosen to grid the observed TBs. Thus, each gridded cell has sufficient observations, and the accuracy of the diurnal averaged TBs can be guaranteed.

Based on the above principle, the averaged diurnal brightness temperature map is obtained using the following procedures: (1) For each cell at the lunar equator, find out all tracks that pass over it, and then calculate local times of the selected tracks. (2) According to local times, all the selected observations within a given cell are divided into 12 groups with equal time interval. For cells with more than 12 observations, extra observations are filtered to make sure that there is only one observation within each group. This guarantees that local times of the selected observations distribute relatively uniformly within a lunar day. (3) For non-equatorial cells, those within the same track as the selected equatorial TBs are chosen. (4) For each cell, all the selected TBs at a given frequency are averaged to obtain the mean diurnal TB.

As an example, 16 tracks passed over the cell with latitude of 0－1°N and longitude of 120－121°W (Table 1). There are two observations within the time intervals of 0－2 h, 2－4 h, 14－16 h, and 18－20 h. For these four time intervals, local time of the selected orbit should approach to the middle point of the time interval as closely as possible. The numbers in bold show the selected orbits and local times in the final TB averaging. For local time from 16 to 24 h, the deviations between the local time of the selected orbit and the middle point of the time interval are larger than 30 min, and this will result in large inversion errors in the inverted mean temperatures.

Finally, we noted that even with careful selection, there are still unavoidable differences in local times of the selected TBs between different cells. For example, local time of observation in a given cell is 1210, whereas that in the adjacent cell might be 1150. In addition, local time at high latitude (>80°) might diverge largely from that at the lunar equator within a given track, and therefore the averaging method cannot be applied to the polar regions. Even we have polar maps for the inverted temperatures, it should be noted that the results are unreliable.

5.2 Results

Totally 4234 half tracks data were selected from the whole CE-2 MRM data set to obtain the averaged diurnal TBs at 19.35 GHz and 37 GHz. Dielectric constant of the lunar regolith is obtained using the relations in Fa and Wieczorek (2012) and the FeO and TiO_2 abundances derived from the LP gamma ray spectrometer data (Prettyman et al., 2006), with an assumed porosity profile as in Eq. (8). Fig. 11 shows the inverted mean diurnal surface temperature T_0 (left) and subsurface temperature T_1 (right) using Eq. (14). There are serious north－south strips in the inverted temperature maps, especially in the surface temperature map (Fig. 11a). The reason might be the variations in local time of the selected TBs, as exampled in Table 1. Even with these defects, one can easily discern the distribution characteristics of the mean temperature. Both mean diurnal temperatures of the surface and subsurface decrease with the increasing of latitude. It is clear that mean diurnal surface temperatures for maria regions are ~25 K higher than those of

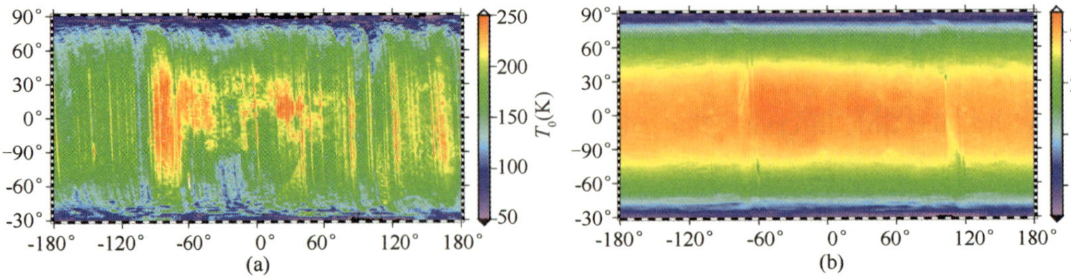

Fig. 11　Mean diurnal surface temperature (a) and subsurface temperature (b) maps that are inverted from the averaged diurnal brightness temperatures at 19.35 and 37 GHz.

highlands regions. Several craters, though not very clear, can be distinguished in Fig. 11a as well, such as Dante (25.5°N, 0.0°E; diameter 54 km). In Fig. 11b, mean diurnal subsurface temperatures for maria are ~5 K higher than those of highlands region.

Table 1　Orbit numbers and local times of the cell with 0—1°N and 120—121°W.

Time interval (h)	Orbit No.	Local time	Time interval (h)	Orbit No.	Local time
0－2	**501**	**0118**	12—14	**667**	**1223**
	2672	0140			
2—4	**166**	**0311**	14—16	333	1411
	2338	0326		**2506**	**1433**
4—6	**2004**	**0511**	16—18	**2172**	**1620**
6—8	**1669**	**0658**	18—20	1837	1806
				1503	**1953**
8—10	**1335**	**0842**	20—22	**1168**	**2142**
10—12	**1001**	**1058**	22—24	**835**	**2351**

To study the latitude variations of the inverted temperatures, the following equations are proposed to fit the mean surface and subsurface temperatures

$$\langle T_{sur}(\phi)\rangle = T_{sur0}\cos^{b_1}\phi \tag{16a}$$

$$\langle T_{surb}(\phi)\rangle = T_{sub0}\cos^{b_2}\phi \tag{16b}$$

where ϕ is the surface latitude, T_{sur0} and T_{sub0} are the mean diurnal surface and subsurface temperatures at the lunar equator, and b_1 and b_2 are exponents to be determined. For an ideally spherical Moon without considering the internal heat flow, b_1 is equal to 0.25 during the lunar daytime according to Racca's law (Eq. (3)).

From Fig. 11, it is apparent that the inverted surface and subsurface temperatures are affected by lunar surface slope and solar albedos. To avoid these effects, and to see how the inverted mean diurnal surface and subsurface temperatures vary with latitude, mean diurnal temperatures with the same latitude in Fig. 11 are further averaged. Fig. 12a and b shows the comparisons among the inverted surface and subsurface temperatures (red lines), best fits of the inversions (black lines), and the results by resolving 1D heat transfer equation using CN method (blue lines). In the model of the 1D hear transfer equation, an infrared emissivity of 0.9 and a solar albedo of 0.1 are used. The best fits of the inverted averaged temperatures using Eq. (16) show that for surface temperature T_{sur0} is equal to 198 K and b_1 is equal to 0.30, and for subsurface temperature T_{sub0} is equal to 255 K and b_2 is equal to 0.36. Analysis shows that the blue lines can also be fitted using Eq. (16), with $T_{sur0}=210$ K and $b_1=0.21$ for surface temperature and $T_{sub0}=250.5$ K and $b_2=0.27$ for subsurface temperature. The coefficients b_1 and b_2 from the inversion are larger than those from the CN method, indicating that mean surface and subsurface temperatures decrease more significantly with latitude.

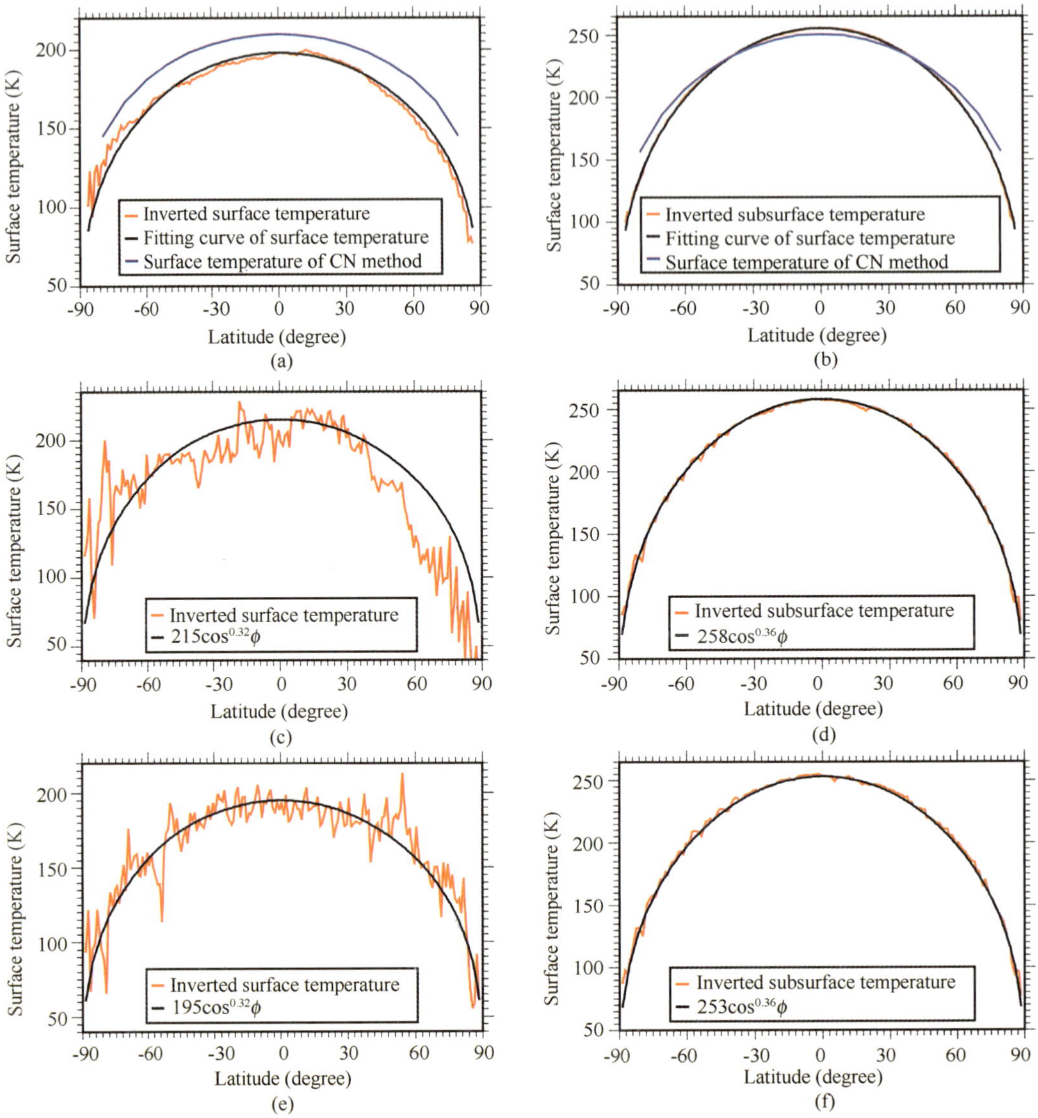

Fig. 12　Inverted mean diurnal surface temperature (left column) and subsurface temperature (right column) as a function of latitude, where the red lines are inversion results from brightness temperatures at 19.35 and 37 GHz, and the black lines are the best-fitting curves of the inverted temperatures. In a and b, the red lines indicate the inverted temperatures that are averaged from all the cells with the same latitude in Fig. 11, and the blue lines are the mean diurnal surface and subsurface temperatures calculated from the nonlinear CN method. The second (c and d) and third (e and f) rows show the inverted mean diurnal surface and subsurface temperatures for maria (orbit No. 0661) and highlands (orbit No. 0616) regions. (For interpretation of the references to colour in this figure legend, the reader is referred to the web version of this article.)

In Fig. 12a, there is a 12 K difference between the inverted mean diurnal surface temperature and the result from CN method by resolving the 1D heat transfer equation. This might be caused by the improper values of surface albedo and infrared thermal emissivity that are used in resolving the heat transfer equation. In addition, surface slope is not considered in CN method of heat transfer equation, which might affect the diurnal averaged physical temperature. Another issue might be that a single value of d_0 is used in the inversion using TB data, and it is most probably that lateral variation of this parameter might exist. This difference can be improved further as more information about near surface properties of the Moon is obtained from recent lunar missions.

To compare how surface and subsurface temperatures vary with latitude over maria and highlands regions, two tracks with orbit No. of 0661 and 0616 were selected, with their subsatellite points indicated by Line 3 and 4 in Fig. 5. Fig. 12c - f shows the comparisons of the mean diurnal surface and subsurface temperatures between the inversion results (red lines) and the best fits of the inversions by using Eq. (16) (black lines). Since the fluctuation of the inverted mean surface temperature (red line) in Fig. 12c is large and hence is difficult to fit using Eq. (16) with only two parameters, we applied the function of $T_{sur} = T_{sur0} \cos^{0.32} \phi$ in the fitting, and found that $T_{sur0} = 215$ K. As for the other three fitting curves, the best fit parameters are: $T_{sub0} = 258$ K and $b_2 = 0.36$ for Fig. 12d, $T_{sur0} = 195$ K and $b_1 = 0.32$ for Fig. 12e, and $T_{sub0} = 253$ K and $b_2 = 0.36$ for Fig. 12f.

As can be seen from Fig. 12, there are large fluctuations in the inverted surface temperatures, whereas the variations in the inverted subsurface temperatures are minor. As discussed in Section 3, surface temperature is affected significantly by surface slope and solar albedo during lunar daytime and less affected by these two parameters during the lunar night. Therefore, surface slope and solar albedo can affect the mean diurnal surface temperature. As an example, there is a sharp drop in surface temperature for the point with latitude of 54°S, in Fig. 12e. Careful examination in Fig. 5 shows that this point corresponds to the rim of crater Lippmann (50.6°S, 114.9°W; diameter 160 km). Given the large variation in surface topography and the high latitude, this region is shaded from the Sun in most time during a lunar day. Therefore, mean diurnal temperature of this region is lower. Comparing the inverted results between maria and highlands, it is clear that diurnal mean temperature for maria is larger than that of highlands. At the lunar equator, the difference in surface temperature between maria and highlands is ~20 K, whereas that is ~5 K for subsurface temperature. This is also consistent with the simulated results by resolving 1D heat transfer equation. Fig. 12c indicates that the effect of solar albedo on the mean surface temperature is not eliminated because of the persistent effect of solar albedo during lunar daytime. In contrast, the slope effect is eliminated because of the cancellation between its positive and negative effects during the daytime, as indicated by Fig. 12e. Both Apollo heat flow measurements and numerical simulations show that there is almost no diurnal variation in subsurface temperature as depth larger than 0.5 m (Keihm and Langseth, 1973; Vasavada et al., 1999), and therefore, it is possible that the inverted mean diurnal subsurface temperature are realtime subsurface temperature. The slight variation of the curves in Fig. 12d and f might result from variations in FeO and TiO_2 abundances, or blocks in the regolith, which are not considered in our current thermal emission model.

5.3 Inversion uncertainties and validations

5.3.1 Inversion uncertainties

In the inversion model of Eq. (12), the mean diurnal TB is approximated by averaging 12 observed TBs. Strictly speaking, these 12 TBs should be observed at local times with equal time interval. Because of the limited observation period of CE-2 MRM, time intervals between adjacent observations in the selected TBs cannot be exactly equal, as exampled by Table 1. Therefore, uncertainty in local times of the selected TBs is the major source of the inversion errors of T_0 and T_1.

In this section, the inversion errors of T_0 and T_1 are estimatied quantitatively by using the following procedures. First, transient temperature profiles at the lunar equator during one lunar day are simulated by resolving the 1D heat transfer equation, with a given infrared thermal emissivity and solar albedo. With these simulations, mean diurnal surface and subsurface temperatures can be obtained. Second, brightness temperatures are simulated using the thermal emission model of Eq. (5), with known values of FeO and TiO_2 abundances of the regolith. Then, diurnal averaged TBs can be obtained as model input in the inversion model of Eq. (12), and surface and subsurface temperatures can be inverted using Eq. (14). By comparing the inverted T_0 and T_1 with those from 1D heat transfer equation, inversion errors can be quantified. Finally, the above procedures are applied to other latitudes to see the latitudinal effect on the inversion errors.

In the forward simulations, for each latitude, an infrared thermal emissivity of 0.95 and a solar albedo of 0.1 were used, and FeO and TiO_2 abundances of regolith were set to 10.0 wt.% and 2.0 wt.%. For one lunation, 1417 diurnal transient temperature profiles and 1417 TBs at 19.35 and 37 GHz were obtained. These 1417 simulated TBs were divided into 12 bins with equal time interval. For each bin, one observation was chosen randomly, and its local time distributes uniformly within the range of 0.5 h from the midpoint of the bin. These 12 TBs were averaged and then used as model input, the inversion errors are shown in Fig. 13a. If local times of the selected observations are at the midpoint of each bin, the inverted surface temperatures (black dots) match well with those from the 1D heat transfer equation for regions with latitude smaller than 50°. Beyond 50°, inversion error of T_0 is about 5−10 K. When local times of the selected TBs distribute uniformly within the range 0.5 h from the midpoint of each bin, inversion errors vary from 5 to 15 K. Inversion errors of subsurface temperatures (red dots) are generally smaller than 0.5 K, and are less affected by uncertainties of local times of the selected TBs. In addition, the inversion error of surface temperature caused by accuracy of CE- 2 MRM is generally smaller than 1.0 K, and that of subsurface temperatures is less than 0.5 K (Fig. 13b).

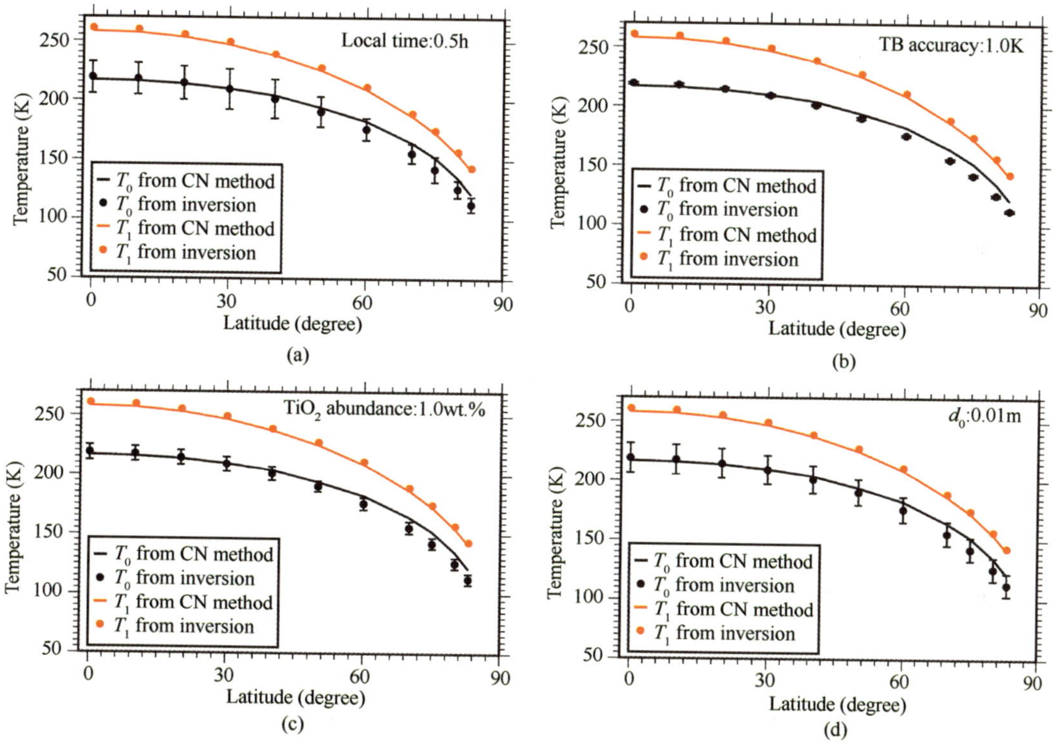

Fig. 13 Inversion errors for diurnal mean surface and subsurface temperatures caused by (a) variations in local times of the selected TBs in the averaging, (b) TB accuracy, (c) uncertainty in TiO_2 abundance, and (d) uncertainty in the thickness of the dust layer. Black lines and dots are for surface temperature (T_0), and red lines and dots are for subsurface temperature (T_1). The error bars show the inversion errors of surface temperature caused by each parameter in the figure. Inversion errors of subsurface temperature are generally less than 1.0 K, and hence are not shown here. (For interpretation of the references to colour in this figure legend, the reader is referred to the web version of this article.)

In addition to uncertainties in local times of TBs, inversion errors depend also on uncertainties of regolith properties, such asdielectric constant and thickness of the dust layer. Since the losstangent of the regolith depends mainly on TiO_2 abundance, we quantify the inversion error by changing the TiO_2 abundance in the inversion model. As can be seen, inversion error of surface temperature caused by a change of 1.0 wt.% in TiO_2 is about 4—6 K, whereas that of subsurface temperature is less than 1 K (Fig. 13c). Thickness of the dust layer is very important, because diurnal variation of temperature within this layer is huge. Fig. 13d shows the inversion errors that are caused by a 0.01 m change in the thickness of the dust layer, which are about 8—12 K for surface temperature and less than 1.0 K for subsurface temperature.

In summary, the inversion error of surface temperature is mainly caused by variations in local times of the selected TBs, thickness of the dust layer, TiO_2 abundance, and accuracy of CE-2 MRM. When considering the combined effect of these parameters, the inversion error of surface temperature can be from 10 to 20 K. In contrast, subsurface temperature is less affected by these parameters, and the inversion errors are generally less than 1.0 K. Based on the above analyses, the strips in Fig. 11a are most probably caused by variations in local time of the selected TBs due to the limited observations.

5.3.2 Validations

From the inverted T_0 and T_1 in combination with the assumed d_0, mean diurnal temperature profile within the regolith layer can be constructed using Eq. (11). The red lines in Fig. 14a and b show the inverted mean diurnal temperature as a function of depth at the Apollo 15 and 17 landing sites. Since our inversion model did not consider the effect of internal heat flow, temperature below 0.08 m remains as a constant. Measurements from the Apollo heat flow probes showed that the values of internal heat flow were 21 and 16 mW m^{-2} at the Apollo 15 and 17 landing sites, respectively (Langseth et al., 1976). Based on these values, subsurface temperature gradients are calculated to be 2.33 and 1.78 Km^{-1} at these two sites. By adding the temperature gradient directly to the red lines, the dashed lines represent the mean temperature profiles with considering the internal heat flow. The dots in Fig. 14 indicate the mean diurnal temperature at different depths by averaging 27,938 measurements from the Apollo 15 heat flow probe 1 (Fig. 14a) and 20,904 measurements from the Apollo 17 heat flow probe 2 (Fig. 14b). Fig. 14 shows that mean diurnal surface temperature inverted from our model is ~3.5 K lower than the Apollo measurements and mean diurnal subsurface temperature is ~3 K lower than the Apollo heat flow experiment data. With considering the subsurface heat flow, the inverted subsurface temperature profiles are only slightly lower than the Apollo measurements. For the Apollo 17 landing site, the inverted temperature profile matches very well with the measured temperature at a depth of ~1.7 m. The differences between our inversion and Apollo measurements might result from different regions in the study. Our inverted temperature profile is for the region with a scale of about 30 km, whereas the Apollo heat flow measurement was only for a single pinpoint. We noticed that measurement difference could even exist between the heat probe 1 and 2 at the Apollo 15 and

17 landing sites, where the two probes were separated by a distance of only ~10 m.

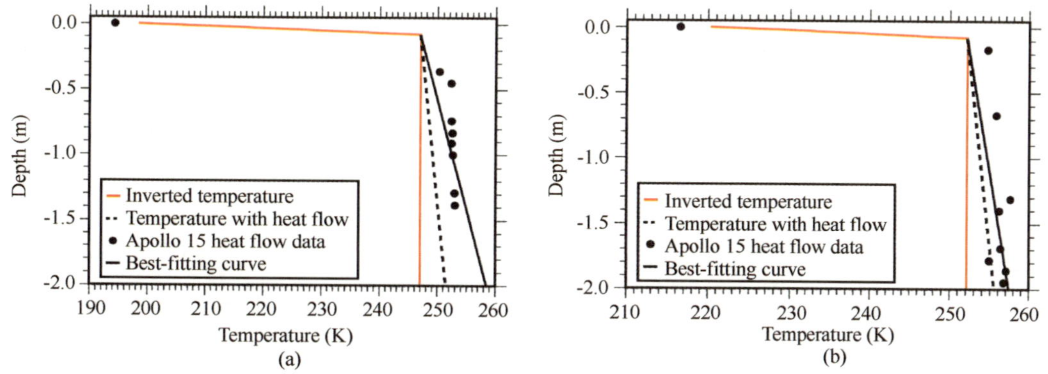

Fig. 14. Inverted mean diurnal temperature profiles without (red lines) and with (dashed lines) considering the internal heat flow at the Apollo 15 (a) and 17 (b) landing sites. The dots indicate the mean diurnal temperature obtained from the Apollo 15 heat probe 1 (a) and the Apollo 17 heat probe 2 (b) at different depths, and the black lines indicate the best fitting line of the Apollo measurements (dots) and our inverted subsurface temperatures. (For interpretation of the references to color in this figure legend, the reader is referred to the web version of this article.)

The solid black lines in Fig. 14 indicate the best - fitting lines of the Apollo measurements and our inverted temperature at a depth of 0.08 m. The temperature gradients of the solid lines are 5.99 km^{-1} and 2.77 km^{-1} for the Apollo 15 and 17 landing sites, corresponding to an internal heat flow of 54 mW m^{-2} and 25 mW m^{-2}, respectively. Considering that Apollo heat flow measurementis only for a pinpoint on the lunar surface, fusion analysis of radiometer data and heat probe measurements can be used to estimate heat flow of the Moon over large regions, i.e., regions at the scale of the spatial resolution of CE-2 MRM.

6 Discussions and applications

6.1 Model discussions

In our forward analyses on factors that affect high frequency brightness temperature from the lunar surface, surface slope, solar albedo and dielectric constant are discussed. These factors are discussed because they change surface temperature and emissivity, which determine thermal emission from the lunar surface. Our results show that there are strong correlations between lunar surface TBs and surface slope, solar albedo and dielectric constant, though the effects of these factors are at different scales. We noted that several other effects and parameters were not discussed in our current study, such as polarization effect caused by surface slope, surface roughness, and rocks either perched on the lunar surface or buried in the regolith layer.

Surface slope changes local incidence angle of the incident solar radiation, and therefore gives rise to a change in surface temperature. This effect is considered in our analysis. Surface slope, on the other hand, changes the thermal emission angle. The nominal observation angle of CE-2 microwave radiometer is 0°, indicating no polarization in the observed TB. But, if surface slope is considered, the observation angle (or equivalently emission angle) is no longer 0°. To consider the effect of the surface slope on polarized TB rigorously, the antenna radiation patterns of the CE-2 MRM and detailed information of the satellite attitude are required (Wang et al., 2010a). Lacking of these information in real time format, it is almost impossible to consider the polarization effect on TB caused by surface slope. Nevertheless, we noted that the difference in surface emissivity between horizontal (H) and vertical (V) polarization is minor at small observation angle. As shown in Fig. 15, the difference in surface emissivity between H and V polarization is ~0.015 at an incidence angle of 20°. This would give rise to a maximum TB difference ~6 K, which is ~1/3 of the effect in temperature cause by surface slope. High resolution surface topography shows that, at the scale of the spatial resolution of CE-2 MRM, surface slope for most of the lunar surface is small than 20° (Rosenburg et al., 2011). Therefore, our analysis result is valid for most of the lunar surface. But, when analyzing the correlation between TB and surface slope for heavily cratered regions, more attentions should be paid to regions with large surface slope.

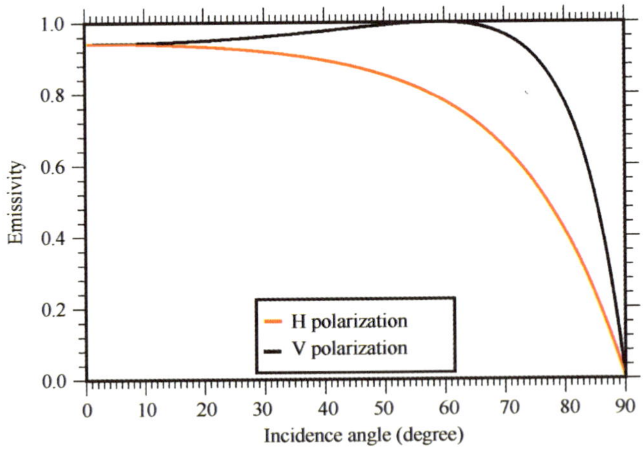

Fig. 15. Lunar surface emissivity of horizontal (red) and vertical (black) as a function of incident angle, where dielectric constant of the lunar surface is assumed to be 2.7. (For interpretation of the references to color in this figure legend, the reader is referred to the web version of this article.)

Surface roughness, at scales from a few tenths to several wavelengths, can change surface emissivity at microwave band. Considering the wavelengths of CE-2 MRM, roughness at scales from millimeter to centimeter can affect surface emissivity and hence the observed TBs. Using the digital topographic relief maps constructed from the Apollo Closeup Stereoscopic Camera (ALSCC) pictures, submillimeter-scale roughness at the Apollo 11, 12 and 14 landing sites was studied (Helfenstein and Shepard, 1999). By analyzing bistatic radar observations during the Apollo 14 and 15 missions, Tyler and Howard (1973) found that 1D root mean square (RMS) surface slope is ～2—4° in the maria and ～6—8° in the highlands at scales from decimeter to hundred meter. Recently, global surface roughness at tens of meter scale was estimated using the high resolution LOLA topography data (e.g., Rosenburg et al., 2011). Up to now, there is no attempt to link these different data sets in order to obtain a confident global surface roughness map at millimeter to centimeter scales. Therefore, in our current study, the effect of wavelength scale roughness is not considered. If this factor is considered, the only effect is to change surface reflectivity r for a smooth surface to that of a rough surface in Eq. (5). If RMS slope of the lunar surface at scales from millimeter to centimeter is smaller than 8° as in Tyler and Howard (1973), lunar surface can be regarded as a gently undulating surface. If this is true, surface roughness would not affect the observed TB in a significant manner based on rough surface scattering theory (e.g., Jin, 1994). We note that, observations from several radar instruments in recent missions, such as miniature synthetic aperture radars (Mini-SARs) onboard Chandrayaan-1 and LRO, can be used to constrain lunar surface roughness at the centimeter scale (e.g., Fa and Wieczorek, 2012). Fusion technique of active and passive microwave remote sensing can be used in future studies, where surface roughness can be estimated from radar observations and then roughness effect on the observed TB can be analyzed.

Rocks at wavelength scale are good scatterers for thermal emission, and the observed brightness temperature can be darkened by several to tens of Kelvin (England, 1975; Keihm, 1984). We noticed that rocks at meter scale can be obtained either from thermal infrared observations during the lunar night (e.g., Bandfield et al., 2011), or by directly counting in high resolution optical images (e.g., Thompson et al., 1970; Fa and Cai, 2013). However, size and abundance of rocks at centimeter scale are still difficult to obtain, which is sensitive to microwave brightness temperature study. In addition, there are still no direct studies about subsurface rocks. All these factors make the consideration of rocks difficult in our current study. As more information about near surface properties about rocks is obtained from recent missions, this factor can be taken into account. At the same time, a thermal emission with considering the scattering effect of rocks is a prerequisite.

In Fig. 6, there is an offset of ～100 K between the predicted surface temperature and the observed TB at 37 GHz. If a typical surface emissivity of 0.9 at microwave band is used, the difference between the predicted and observed 37 GHz TBs is ～70 K. The main reason is that 37 GHz channel can sense subsurface temperature down to a depth of a few centimeters, where significant temperature gradient exists (e.g., Vasavada et al., 1999). If subsurface temperature profile is considered, the offset between the modeled and simulated TBs will disappear. As an example, Fig. 16 shows the comparison of the brightness temperatures between the observation (black line) and the simulation (blue line) by using Eq. (5) for orbit 0743. In the simulation, subsurface temperature profiles were obtained by resolving 1D heat transfer equation with an infrared emissivity of 0.95 and a solar albedo of 0.1, and FeO and TiO_2 abundances of regolith were set to 13.0 wt.% and 8.0 wt.%, respectively. As can be seen, the modeled TBs match well with the observations, especially for the overall trend. Small scale deviation between the modeled and observed TB exists because a single value for each parameter (i.e., infrared emissivity, solar albedoand dielectric constant) is used in the simulation. If variations of these parameters along latitude are considered in the simulation, small scale variation could be included in the simulated TB, which can match the observation even better. But, the extensive computation of the CN method (~2 h for one point) would make this approach unrealistic. In such a case, the approximation of surface emission model (i.e., Eq. (3)) and the revised Racca's model are a better choice because of its rapid computation as an analytical expression. Therefore, when analyzing potential factors for the variation of brightness temperature at small scales, thermal emission model of Eq. (3) should be used. On the other hand, for any quantitative analysis of the observed brightness temperature, subsurface temperature profile should be considered and thermal emission model of Eq. (5) is required.

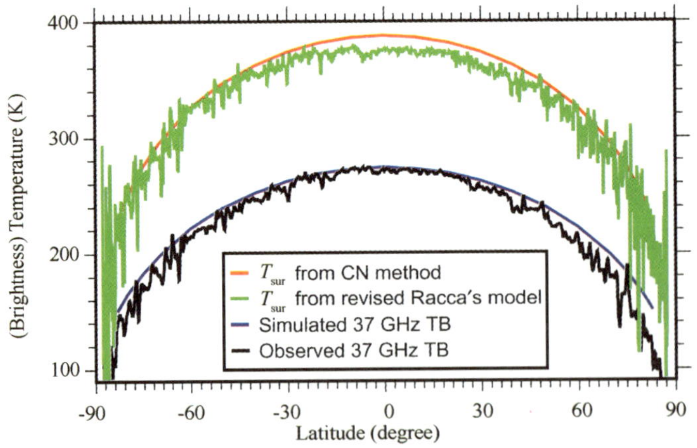

Fig. 16. Simulated brightness temperature (blue line) at 37 GHz with considering subsurface temperature profile for orbit 0743 and its comparisons with the observation (black line), and surface temperature calculated from 1D heat transfer model (red line) and the revised Racca's model (green line). (For interpretation of the references to color in this figure legend, the reader is referred to the web version of this article.)

In our mean diurnal temperature inversion, thickness of the dust layer is taken as 0.08 m for the entire lunar surface. Apparently, thickness of the dust layer might vary across the lunar surface. Thickness of this layer is very important, since it determines depth variation properties of several important parameters of regolith, such as bulk density, porosity, thermal conductivity and thermal capacity. We note that this depth can be estimated from thermal emission at infrared band, such as observations from LRO Diviner radiometer (Hayne et al., 2013). In future analysis of CE TB data, this depth can be incorporated into our model, and this will increase the accuracy of the inversion results.

6.2 Applications and future works

In Fig.4a, there are wide spread craters with their brightness temperatures ~10–12 K lower than their surrounding regions. These craters were named as "cold spots" in a previous study by Zheng et al. (2012). We noticed that these "cold spots" appear also in the inverted mean diurnal subsurface temperature map (Fig. 11b), suggesting that the subsurface temperatures of these "cold spots" are lower than their surroundings. Given the difference in thermophysical properties between rocks and regolith, the "cold spots" might be caused by the existence of rocks associated with these young impact craters. However, in infrared observations, these "cold spots" are warmer than their surrounding regions (Bandfield et al., 2011), which is totally different with the situations at microwave band. As an example, 37 GHz TB of Tycho (43.31°S, 11.36°W; diameter 86.21 km) at midnight is ~10 K lower than its surrounding region (Fig.4b), whereas it is ~10–15 K higher than its surrounding region at noon (Fig.4a). In Bandfield et al. (2011), rock abundance of Tycho is from 0.002 to 0.1, and surface regolith is warmer than its surrounding regions at nighttime. As 37 GHz is sensitive to subsurface temperature to a few centimeters, the comparison between TBs at microwave and infrared bands indicates that subsurface temperature of Tycho is most probably smaller than their surrounding regions. In addition, inhomogeneous distribution of subsurface rocks might be another reason. We suggest that in future study, more attentions should be paid to this phenomenon by analyzing microwave and infrared thermal emission simultaneously. It is anticipated that this can help us to understand the impact process on the lunar surface, especially for young impact craters.

Given the penetration ability of microwave, lower frequency can penetrate much deeper below the lunar surface. Therefore, brightness temperature at microwave band contains information about subsurface temperature profile, from which internal heat flow can be estimated. Though in situ heat flow experiment can be conducted to obtain internal heat flow, it is only for a pinpoint on the lunar surface. In addition, the measured results suffer from the astronaut's behavior (e.g., footprint) on the lunar surface, which could affect the measured heat flow values. Our model, combined with the in situ heat flow experiment, can be used to estimate internal heat flow over large regions.

7 Conclusions

In this study, CE-2 microwave radiometer data are analyzed with the purpose to study the near surface temperature of the Moon. Factors affecting high frequency brightness temperatures, such as surface slope, solar albedo, and dielectric constant, are analyzed using a revised Racca's model for lunar surface temperature. Then using a radiative transfer model for a semi - infinite regolith layer, mean diurnal surface and subsurface temperatures are inverted by the diurnal averaged brightness temperatures at 19.35 and 37 GHz. Global and local distribution characteristics of the inverted temperatures are discussed and also validated using measurements from the Apollo heat flow probes.

Our forward analyses of TB distribution characteristics show that, as a result of the dependence of physical temperature on solar radiation, lunar surface TB depends strongly on local time. At the scale of the spatial resolution of CE-2 MRM, crater wall with a typical slope of ~15—20 gives rise to a change of ~10—15 K in the observed TB. Solar albedo causes a TB difference of ~5—10 K between maria and highlands, whereas this difference can be reduced by ~2—8 K as a result of the dielectric constant dependent surface emissivity. Variations of the inverted surface and subsurface temperatures with latitude generally follow power law relations with respect to cosine of latitude, with a power of 0.30 for the surface and 0.36 for the subsurface. At the lunar equator, mean diurnal surface temperature of maria is ~20 K larger than that of highlands, whereas mean subsurface temperature of maria is ~5 K larger than that of highlands.

The results in this study can be used to study near surface thermal properties of the Moon. In addition, our preliminary test about temperature profiles at the Apollo landing sites provides a new technique for investigation of lunar subsurface heat flow at large scales by using a space borne microwave radiometer and an in situ heat flow probe.

Acknowledgments

We thank Matthew A. Siegler at Jet Propulsion Laboratory (JPL) and Matthieu Laneuville at Institut de Physique du Globe Paris (IPGP) for helpful discussions on heat transfer equation, and an anonymous reviewer for helpful comments on the manuscript. We thank Junwen Dai at Duke University for proofreading the manuscript. CE-2 microwave radiometer data were provided by the National Astronomical Observatories, Chinese Academy of Sciences, and these data are available at http://moon.bao.ac.cn. This work was supported partly by the Open Fund of State Key Laboratory of Remote Sensing Science (No. OFSLRSS201208) and the National Natural Science Foundation of China (No. 11203002). Figures were created using the Generic Mapping Tools of Wessel and Smith (1991). This is PKU PRSL contribution 4.

Appendix A　Fitting curve for absorption coefficient profile

In this Appendix, we show that near surface absorption coefficient profile, $\kappa_a(z)$, can be approximated by a linear function. According to the definition, $\kappa_a(z)$, can be calculated as

$$\kappa_a(z) = \alpha(z)v \tag{A. 1}$$

where v is the frequency and the coefficient α is

$$\alpha(z) = \frac{2\pi}{c}\frac{\varepsilon''(z)}{\varepsilon'(z)} \tag{A. 2}$$

where $\varepsilon'(z)$ and $\varepsilon''(z)$ are the real and imaginary parts of the depth - dependent complex dielectric constant, and c is light speed in vacuum. The complex dielectric constant profile $\varepsilon(z)$ can be calculated using $\rho(z)$, $n(z)$, and FeO and TiO_2 abundances.

The black line in Fig. A. 1 shows the coefficient profile $\alpha(z)$ that is calculated using Eq. (A. 1), with a FeO abundance of 10 wt. % and a TiO_2 abundance of 5 wt. %, and the red line is the linear fitting line for the near surface coefficient $\alpha(z)$. As can be seen, the linear curve fits pretty well with the coefficient profile $\alpha(z)$ for depth $z < 0.1$m. In our calculation, the thickness of the top dust layer is less than 0. 1 m, and

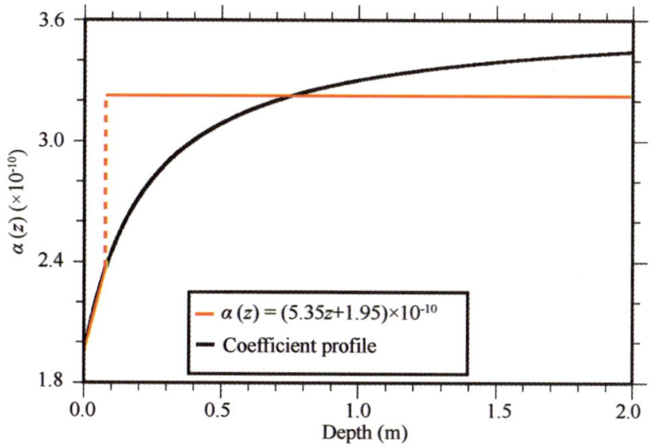

Fig. A. 1　Linear function $\alpha(z)=az+b$ (red line) and coefficient profile (black line) with FeO and TiO_2 abundances of 10 wt. % and 5 wt. %, respectively. (For interpretation of the references to color in this figure legend, the reader is referred to the web version of this article.)

therefore it is reasonable to use the linear function to represent the hyperbolic absorption profile. Then, the integral in Eq. (12) can be calculated analytically. Further examinations show that the parameters in the best fitting linear curve, a and b, depend only on the FeO and TiO_2 abundances. Therefore, in our temperature inversion model, the parameters a and b within each resolution cell vary with FeO and TiO_2 abundances.

References

[1] Bandfield, J.L., Ghent, R.R., Vasavada, A.R., Paige, D.A., Lawrence, S.J., Robinson, M.S., 2011. Lunar surface rock abundance and regolith fines temperatures derived from LRO Diviner Radiometer data. J. Geophys. Res.: Planets 116, E00H02. http://dx.doi.org/10.1029/2011JE003866.

[2] Carrier, W.D., Olhoeft, G.R., Mendell, W., 1991. Physical properties of the lunar surface. In: Heiken, G.H., Vaniman, D.T., French, B.M. (Eds.), Lunar Sourcebook: A User's Guide to the Moon. Cambridge University Press, New York, pp. 475—594.

[3] Crank, J., Nicolson, P., 1947. A practical method for numerical evaluation of solutions of partial differential equations of the heat—conduction type. Math. Proc. Cambridge Philo. Soc. 43 (01), 50—67.

[4] Cremers, C.J., Birkebak, R.C., 1971. Thermal conductivity of fines from Apollo 12. Proc. Lunar Sci. Conf. 3, 2311—2315.

[5] Dicke, R.H., Beringer, R., 1946. Microwave radiation from the Sun and Moon. Astrophys. J. 103, 375—376.

[6] England, A.W., 1975. Thermal microwave emission from a scattering layer. J. Geophys. Res. 80 (32), 4484—4496.

[7] Fa, W., 2013. Simulation for ground penetrating radar (GPR) study of the subsurface structure of the Moon. J. Appl. Geophys. 99, 98—108.

[8] Fa, W., Cai, Y., 2013. Circular polarization ratio characteristics of impact craters from Mini—RF observations and implications for ice detection at the polar regions of the Moon. J. Geophys. Res.: Planets 118 (8), 1582—1608.

[9] Fa, W., Jin, Y.—Q., 2010. A primary analysis of microwave brightness temperature of lunar surface from Chang—E 1 multi—channel radiometer observation and inversion of regolith layer thickness. Icarus 207, 605—615.

[10] Fa, W., Wieczorek, M.A., 2012. Regolith thickness over the lunar nearside: Results from Earth—based 70—cm Arecibo radar observations. Icarus 218, 771—787.

[11] Gary, B.L., Keihm, S.J., 1978. Interpretation of ground—based microwave measurements of the Moon using a detailed regolith properties model. Proc. Lunar Planet. Sci. Conf., 9, 2885—2900.

[12] Gillis, J.J., Jolliff, B.L., Elphic, R.C., 2003. A revised algorithm for calculating TiO_2 from Clementine UVVIS data: A synthesis of rock, soil, and remotely sensed TiO_2 concentrations. J. Geophys. Res.: Planets 108 (E2), 5009. http://dx.doi.org/ 10.1029/2001JE001515.

[13] Gong, X., Jin, Y.—Q., 2012. Diurnal physical temperature at sinus iridum area retrieved from ob-

servations of Chinese Chang'E-1 microwave radiometer. Icarus 218, 807—816.

[14] Grott, M., Knollenberg, J., Krause, C., 2010. Apollo lunar heat flow experiment revisited: A critical reassessment of the in situ thermal conductivity determination. J. Geophys. Res. 115, E11005. http://dx.doi.org/10.1029/ 2010JE003612.

[15] Hayne, P.O., Ghent, R., Bandfield, J.L., Vasavada, A.R., Siegler, M.A., Greenhagen, B. T., Williams, J.—P., Paige, D.A., 2013. Formation and evolution of the Moon's upper regolith: Constraints from diviner thermal measurements. Lunar Planet. Sci. Conf., 44, Abstract 3004.

[16] Heiken, G., Vaniman, D., French, B.M., 1991. Lunar Sourcebook: A User's Guide to the Moon. Cambridge University Press, New York.

[17] Helfenstein, P., Shepard, M.K., 1999. Submillimeter—scale topography of the lunar regolith. Icarus 141 (1), 107—131.

[18] Henderson, B.G., Jakosky, B.M., 1997. Near—surface thermal gradients and mid—IR emission spectra: A new model including scattering and application to real data. J. Geophys. Res.: Planets 102 (E3), 6567—6580. http://dx.doi.org/10.1029/ 96JE03781.

[19] Huang, Q., Wieczorek, M.A., 2012. Density and porosity of the lunar crust from gravity and topography. J. Geophys. Res.: Planets 117, E05003. http://dx.doi.org/ 10.1029/2012JE004062.

[20] Jin, Y.—Q., 1994. Electromagnetic Scattering Modeling for Quantitative Remoting Sensing. World Scientific Publishing, Singapore.

[21] Keihm, S.J., 1984. Interpretation of the lunar microwave brightness temperature spectrum: Feasibility of orbital heat flow mapping. Icarus 60, 568—589.

[22] Keihm, S.J., Langseth, M.G., 1973. Surface brightness temperatures at the Apollo 17 heat flow site: Thermal conductivity of the upper 15 cm of regolith. Proc. Lunar Sci. Conf. 3, 2503—2513.

[23] Keihm, S.J., Langseth, M.G., 1975. Microwave emission spectrum of the Moon: Mean global heat flow and average depth of the regolith. Science 187 (4171), 64—66.

[24] Langseth, M.G., Clark, S.P., Chute, J.L., Keihm, S.J., Wechsler, A.E., 1972. The Apollo 15 lunar heat — flow measurement. The Moon 4 (3), 390 — 410. http://dx. doi. org/ 10. 1007/BF00562006.

[25] Langseth, M.G., Keihm, S.J., Peters, K., 1976. Revised lunar heat—flow values. Proc. Lunar Sci. Conf., 7, 3143—3171.

[26] Lucey, P.G., Blewett, D.T., Jolliff, B.L., 2000. Lunar iron and titanium abundance algorithms based on final processing of Clementine ultraviolet—visible images. J. Geophys. Res.: Planets 105 (E8), 20297—20305. http://dx.doi.org/10.1029/ 1999JE001117.

[27] McKay, D.S. et al., 1991. The lunar regolith. In: Heiken, G.H., Vaniman, D.T., French, B. M. (Eds.), Lunar Sourcebook: A User's Guide to the Moon. Cambridge University Press, New York, pp. 285—356.

[28] Paige, D. et al., 2010. The Lunar Reconnaissance Orbiter Diviner lunar radiometer experiment. Space Sci. Rev. 150, 125—160. http://dx.doi.org/10.1007/s11214— 009—9529—2.

[29] Paige, D.A. et al., 2010. Diviner lunar radiometer observations of cold traps in the Moon's south polar region. Science 330 (6003), 479—482. http://dx.doi.org/ 10.1126/science.1187726.

[30] Piddington, J.H., Minnett, H.C., 1949. Microwave thermal radiation from the Moon. Aust. J. Sci. Res. A 2, 63—77.

[31] Prettyman, T.H. et al., 2006. Elemental composition of the lunar surface: Analysis of gamma ray spectroscopy data from Lunar Prospector. J. Geophys. Res. 111, E12007. http://dx.doi.org/10.1029/2005JE002656.

[32] Racca, G.D., 1995. Moon surface thermal characteristics for Moon orbiting spacecraft thermal analysis. Planet. Space Sci. 43 (6), 835—842.

[33] Rosenburg, M.A. et al., 2011. Global surface slopes and roughness of the Moon from the Lunar Orbiter Laser Altimeter. J. Geophys. Res.: Planets 116, E02001. http:// dx. doi. org/10.1029/2010JE003716.

[34] Shkuratov, Y.G., Bondarenko, N.V., 2001. Regolith layer thickness mapping of the Moon by radar and optical data. Icarus 149, 329—338.

[35] Smith, D.E. et al., 2010. The Lunar Orbiter Laser Altimeter investigation on the Lunar Reconnaissance Orbiter Mission. Space Sci. Rev. 150, 209—241. http:// dx.doi.org/10.1007/s11214—009—9512—y.

[36] Thompson, T.W., Pollack, J.B., Campbell, M.J., O'Leary, B.T., 1970. Radar maps of the Moon at 70—cm wavelength and their interpretation. Radio Sci. 5 (2), 253—262.

[37] Troitskii, V.S., Tikhonova, T.V., 1970. Thermal radiation from the Moon and the physical properties of the upper lunar layer. Radiophys. Quant. Electr. 13 (9), 981—1010. http://dx.doi.org/10.1007/BF01032762.

[38] Turcotte, D.L., Schubert, G., 2002. Geodynamics, second ed. Cambridge University Press, New York.

[39] Tyler, G.L., Howard, H.T., 1973. Dual—frequency bistatic—radar investigations of the Moon with Apollos 14 and 15. J. Geophys. Res. 78 (23), 4852 — 4874. http:// dx. doi. org/10.1029/JB078i023p04852.

[40] Vasavada, A.R., Paige, D.A., Wood, S.E., 1999. Near—surface temperatures on Mercury and the Moon and the stability of polar ice deposits. Icarus 141 (2), 179—193.

[41] Vasavada, A.R. et al., 2012. Lunar equatorial surface temperatures and regolith properties from the Diviner Lunar Radiometer Experiment. J. Geophys. Res.: Planets 117, E00H18. http://dx.doi.org/10.1029/2011JE003987.

[42] Wang, Z., Li, Y., Zhang, D., Jiang, J., Zhao, J., Hua, F., Zhang, X., 2010a. Prelaunch calibration of Chang'E-2 Lunar Microwave radiometer. In: 2010 International Conference on Microwave and Millimeter Wave Technology (ICMMT), pp. 1551—1554.

[43] Wang, Z. et al., 2010b. Calibration and brightness temperature algorithm of CE-1 Lunar Microwave Sounder (CELMS). Sci. China Earth Sci. 53 (9), 1392—1406. http://dx.doi.org/10.1007/s11430—010—4008—x.

[44] Wessel, P., Smith, W., 1991. Free software helps map and display data. EOS Trans. Am. Geophys. Union 72 (41), 441.

[45] Woods, T.N. et al., 2000. Overview of the EOS SORCE mission. SPIE Proc. 4135, 192—203.

[46] Zheng, Y.C., Tsang, K.T., Chan, K.L., 2012. First microwave map of the Moon with Chang'E-1 data: The role of local time in global imaging. Icarus 219, 194—210.

Inversion of Dielectric Properties of the Lunar Regolith Media with Temperature Profiles Using Chang'e Microwave Radiometer Observations

Xiaohui Gong[1], David A. Paige[2], Matthew A. Siegler[3] and Ya-Qiu Jin[1], Fellow, IEEE

1 the Key Laboratory for Information Science of Electromagnetic Waves, Ministry of Education, Fudan University, Shanghai 200433, China (e-mail: yqjin@fudan.edu.cn).

2 the Department of Earth and Space Sciences, University of California Los Angeles, Los Angeles, CA 90095-1567 USA.

3 the Jet Propulsion Laboratory, California Institute of Technology, Pasadena, CA 91109 USA.

Color versions of one or more of the figures in this paper are available online at http://ieeexplore.ieee.org.

Digital Object Identifier 10.1109/LGRS.2014.2343617

Abstract: As ground truth to utilize the surface temperature measurements from the Diviner Lunar IR Radiometer and the subsurface thermal properties from the Apollo heat-flow probes, we create a forward model to predict brightness temperatures (Tbs) from lunar regolith media in the microwave (MW) spectrum. These models can be then directly compared with and matched to the data from the MW radiometers flown aboard the Chang'e 1 and 2 (CE-1 and CE-2) missions. Based on an MW radiative transfer model and the least-mean-square method, the effective surface reflectivity and absorption coefficient of the lunar regolith are retrieved from multichannel MW Tbs. The effective complex dielectric constant of the lunar regolith as a function of the depth at different frequency channels is derived. Meanwhile, we find that the maximum penetration depth of the MW radiation at the Apollo 15 site ranges from about 30 cm at 37.0 GHz to 230 cm at 3.0 GHz and from 30 cm at 37.0 GHz to 560 cm at 3.0 GHz in the equatorial highlands, which are much lower than the previous results that were simply derived from FeO and TiO_2 abundance.

Key words: Apollo heat flow, brightness temperature (Tb), Chang'e 1 and 2 (CE-1 and CE-2), dielectric properties, Diviner, radiative transfer, regolith media, temperature profile.

I INTRODUCTION

Studies of the lunar regolith layer might provide the physical and structural information of mineral deposits formed during the lunar evolutionary history. A key parameter is the dielectric constant of regolith media. The dielectric constant at microwave (MW)

frequencies had been generally only estimated from the FeO and TiO_2 abundance from Apollo limited samples and from spectral albedo measurements [13], [8]-[10]. However, the samples from a location were very limited, and the spectral albedo measurement only based on the optical reflectivities of the FeO and TiO_2 components largely restricted the accuracy of calibration. In addition, these approaches do not take account of other factors that might influence the effective dielectric constants in multichannel remote observations and the topography of a cratered rough surface or other mineral compounds.

Because of almost no penetration, Diviner IR measurements actually presented the surface physical temperature, whereas the MW can penetrate into the regolith media, and the MW radiometer can present the MW emission from the whole penetrated media. In this letter, we use independent Diviner IR measurements of the surface temperature and the regolith density in literature [6] to fuse the Chinese Chang'e 1 and 2 (CE-1 and CE-2) MW multichannel radiometer observations, and the numerical results of the radiative transfer modeling with these multichannel MW emissions are employed to estimate the effective dielectric constants of global regolith media in multifrequencies. The analysis of the examples is particularly performed at the Apollo 15 site and in a broad region of the equatorial lunar highlands.

II　CE-1 AND CE-2 MW TB OBSERVATIONS AT APOLLO 15 SITE

In 2007 and 2010, China successfully launched its first lunar satellites, i.e., CE-1 and CE-2. The payloads for both spacecraft included the CE multichannel MW radiometers, which obtained thermal emission measurements in four spectral channels centered on 3.0, 7.8, 19.35, and 37.0 GHz at a spatial resolution of ~50 km. These are the first global measurements of the Moon at these wavelengths [2], [4].

The CE MW brightness temperature (Tb) data at the Apollo 15 site within a $1^\circ \times 1^\circ$ box centered at (26.4°N, 3.65°E) were collected. CE-1 obtained 1307 tracks across this region from November 2008 to February 2009 and from May 2009 to July 2009. CE-2 obtained 1468 tracks across this region from October 2010 to February 2011. The lunar local time of each observation was calculated following the literature [3].

Fig. 1 shows the CE MW Tb data at different lunar local times at the Apollo 15 site. In total, 75 tracks of CE-1 data at seven different local times and 61 tracks of CE-2 data at nine different local times were collected.

By comparing the CE-1 and CE-2 data, it can be seen that the observations at high-frequency channels, e.g., 37.0 and 19.35 GHz, and the lowest frequency channel at 3 GHz are quite consistent within few kelvin differences. However, the CE-2 Tb data at

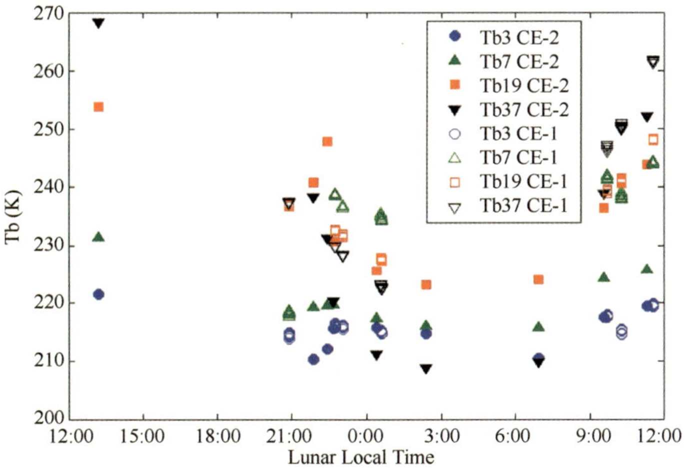

Fig. 1. Multichannel Tb data of CE-1 and CE-2 at different lunar local timesat the Apollo 15 site.

the 7.8 - GHz channel seem much lower, e. g., 20 K, than CE-1. We attribute this inconsistency to a hardware or calibration problem.

III　LUNAR REGOLITH TEMPERATURE AND DENSITY PROFILES AT APOLLO 15 SITE

The heat - flow experiment at the Apollo 15 site may provide us with the physical temperatures of the surface and subsurface media [7]. These results were introduced to fit by thermal models [6], and the resulting surface temperature had been directly validated by the IR observations of the Lunar Reconnaissance Orbiter Diviner radiometer [15]. Diviner has seven IR channels with three spectral filters near the 8 - μm wavelength and four separate channels covering 12—25, 25—50, 50—100, and 100—300 μm, respectively [12].

Under direct solar insolation, the lunar surface temperature is governed by solar illumination at daytime, and it is dominated by thermal conduction during nighttime. Generally, the regolith media form a nonuniform temperature profile $T(z)$ and bulk density profile $\rho(z)$ during a long evolution history. In a layered media model of regolith and bedrock [11], [14], the lunar regolith was taken as a 2 - cm top - dust layer and a more conductive and compacted regolith layer. By analyzing the heat - flow experiment at the Apollo 15 site, Keihm [6] gave a bulk density $\rho(z)$ as

$$\begin{aligned} \rho(z) &= 1.25, & \text{as } z \leqslant 2\text{cm} \\ \rho(z) &= 1.25 + 0.65 \times [1 - e^{\frac{-(z-2)}{4}}], & \text{as } z > 2\text{cm}. \end{aligned} \tag{1}$$

If only the solid thermal conductivity and radiation in the regolith are taken into account and other radiations from the background and the radioactive origin are neglected, the 1－D thermal diffusion equation is well applied to solve temperature $T(z)$ as follows:

$$\frac{\partial}{\partial z}\left(K(z,T)\frac{\partial T}{\partial z}\right)=\rho(z)C(T)\frac{\partial T}{\partial t}+J(z) \tag{2}$$

where $K(z, T)$ is the thermal conductivity at depth z and temperature T, C is the specific heat capacity, and t is the time. $J(z)$ indicates the influence of the internal heat flow, which is usually very small to be ignored. Under two conditions, i. e., the increased or decreased energy in each layer satisfies the energy conservation law and the temperature achieved thermal balance at a deep depth, (2) for each lunar local time can be solved using the finite - difference time - domain method.

Following Keihm's analysis [6], we obtained the physical temperature profile $T(z)$ at the Apollo 15 site for the lunar local time. Fig. 2 shows the calculated surface temperatures compared with the Diviner IR channel 7 Tb measurements. A large variation in the surface diurnal temperature can be seen, and a dashed line is indicated as the nearly constant temperature at a depth of approximately 25 cm below the surface.

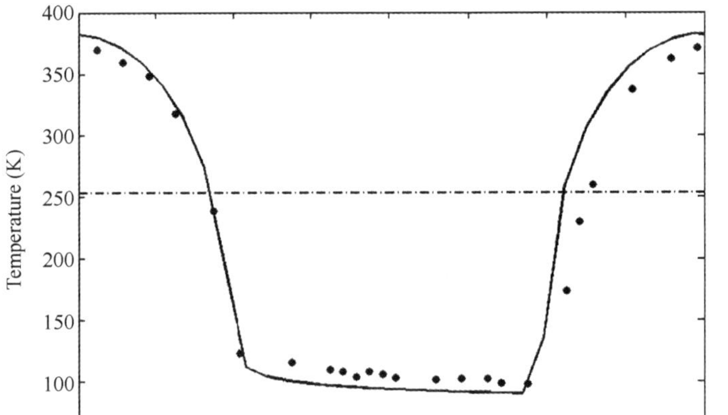

Fig. 2 Model - calculated surface temperature variations at the Apollo 15 site (line) validated by the Diviner IR data at the Apollo 15 site (dots).

Fig. 3 shows the temperature profiles at the Apollo 15 site calculated at different lunar local times. It is shown that there are large diurnal variations in the temperature of the upper regolith media. For example, a surface temperature of 380 K at daytime can be cooled to 100 K at nighttime. The temperature becomes constant around a depth of 25 cm.

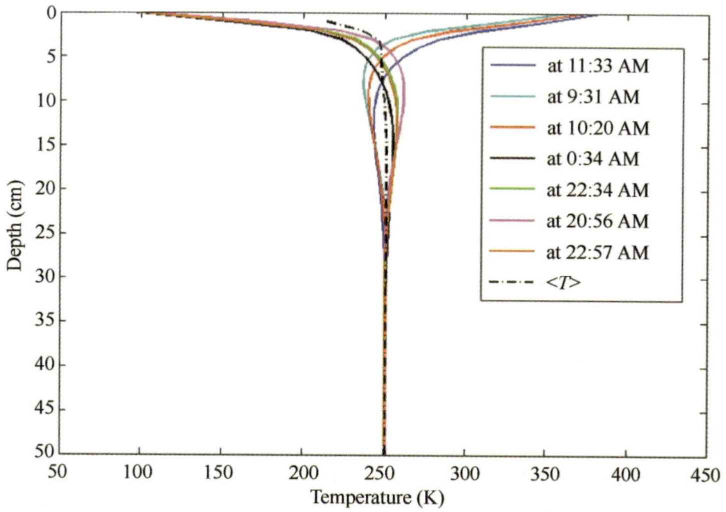

Fig. 3　Calculated temperature profiles at different local times at the Apollo 15 site.

Ⅳ　INVERSION OF DIELECTRIC CONSTANT FROM CE-1 AND CE-2 TB DATA AT APOLLO 15 SITE

Assuming the regolith is a half - space ($z \in [0, \infty]$) with a temperature profile $T(z)$, the observed Tb can be calculated by the Wentzel - Kramers - Brillouin (WKB) solution for an inhomogeneous medium with sufficiently small spatial variation of the MW radiative transfer [5] as follows (where an observation angle of 0° is taken as the CE radiometer system):

$$T_{Bv} = (1 - r_v)\int_0^\infty \rho(z)\kappa_v(z)T(z)e^{-\int_0^z \rho(z')\kappa_v(z')dz'}dz \tag{3}$$

where r_ν is the surface reflectivity at frequency ν, and $\kappa_\nu(z)$ is the absorption coefficient that is mainly governed by the imagery part of dielectric constant ε''. Note that κ_ν can be seen as a constant because the nonuniform bulk density profile $\rho(z)$ has been taken into account. The reflections between inhomogeneous layers are usually neglected in the WKB solution. Equation (3) is usually applied to the inhomogeneous mediawith a flat surface, but it may be also employed to the model with a gently rough surface with zeroth - order approximated r_ν.

There are two unknowns, i.e., r_ν and κ_ν, in (2). Using the Tb data from CE-1 and CE-2 and the validated temperature profiles at the lunar local time, an approach to find the best fit values of r_ν and κ_ν can be obtained based on the least square method as follows:

$$\Delta = \min\sum\sqrt{(T_{bv} - \widetilde{T}_{bv})^2}. \tag{4}$$

Iteratively testing r_ν with a range of (0.01—0.2) and, correspondingly, κ_ν/f with a range of ($0.8\times10^{-10}-3.0\times10^{-10}$), the best fit parameters can be obtained, as shown in Tables I and II for the CE-1 and CE-2 data, respectively.

TABLE I　BEST FIT PARAMETERS FROM THE CE-1 MW TB AT THE APOLLO 15 SITE

Channel (GHz)	λ(cm)	r_ν	κ_ν/f $(\mathrm{m\cdot g/cm^3\cdot Hz})^{-1}$	κ_ν $(\mathrm{m\cdot g/cm^3})^{-1}$	d_{max}(cm)	d_{min}(cm)	ε'	$\tan\delta/\rho$
37	0.8108	0.0300	1.2×10^{-10}	4.4400	36.04	23.71	2.012	0.0041
19	1.5504	0.0500	1.1×10^{-10}	2.1285	75.17	49.46	2.482	0.0034
7	3.8462	0.0425	1.6×10^{-10}	1.2480	128.21	84.36	2.307	0.0050
3	10.000	0.1345	3.3×10^{-10}	0.6900	231.88	152.58	4.656	0.0051

TABLE II　BEST FIT PARAMETERS FROM THE CE-2 MW TB AT THE APOLLO 15 SITE

Channel (GHz)	λ(cm)	r	κ_ν/f $(\mathrm{m\cdot g/cm^3\cdot Hz})^{-1}$	κ_ν $(\mathrm{m\cdot g/cm^3})^{-1}$	d_{max}(cm)	d_{min}(cm)	ε'	$\tan\delta/\rho$
37	0.8108	0.0650	1.6×10^{-10}	5.9200	27.03	17.78	2.835	0.0045
19	1.5504	0.0600	1.4×10^{-10}	2.7090	59.06	38.86	2.717	0.0041
7	3.8462	0.1100	2.15×10^{-10}	1.6770	95.41	62.78	3.968	0.0052
3	10.000	0.1350	2.6×10^{-10}	0.7800	205.13	134.98	4.670	0.0057

As r_ν is obtained, we can have the real part of the effective dielectric constant of the medium, i.e., ε'_ν, in the calculation of $r_\nu=|(1-\sqrt{\varepsilon'})/(1+\sqrt{\varepsilon'})|^2$ under the 0° observation [5]. Moreover, using κ_ν and ε'_ν, we obtain the imaginary part of effective dielectric constant $\varepsilon''_\nu=\kappa_\nu\bar{\rho}c\sqrt{\varepsilon'_\nu}/(2\pi f)$, where $\bar{\rho}$ is the average number of $\rho(z)$ over z. We take $\bar{\rho}=1.25$ from (1) to make the minimum of ε''_ν. Note that penetration depth d is defined as $e^{-k''d}\equiv e^{-1}$, where $k''=\kappa_\nu\bar{\rho}/2$ is the imaginary part of the complex wavenumber of the medium. Then, we can have the maximum penetration depth, i.e., $d_{max}=2/(\kappa_\nu\bar{\rho})$, as listed in Tables I and II. If $\bar{\rho}=1.9$ is taken, it may yield the minimum of the penetration depth, i.e., $d_{min}=(1.25/1.9)d_{max}$.

In these tables, it is shown that reflectivity r_ν increases and κ_ν decreases as the wavelength increases, whereas κ_ν/f remains stable. The results with the data recorded at 37.0, 19.35, and 3.0 GHz from CE-1 and CE-2 are well consistent, excluding the 7.8-GHz channel.

Using these inverted best fit parameters and the temperature profiles, the diurnal variation in the Tb can be calculated. Figs. 4 and 5 present the comparison between the simulated diurnal Tb (curve) and the observed diurnal Tb (discrete dots) from CE-1 and CE-2 at the Apollo 15 site, respectively. It is shown that the simulation of diurnal variations well matches the actual Tb data at different local times.

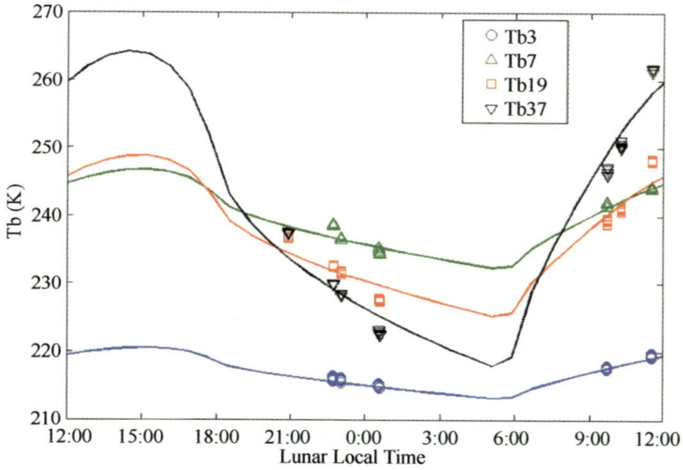

Fig. 4　Comparison of the diurnal MW Tb for each channel with the CE-1 data at the Apollo 15 site.

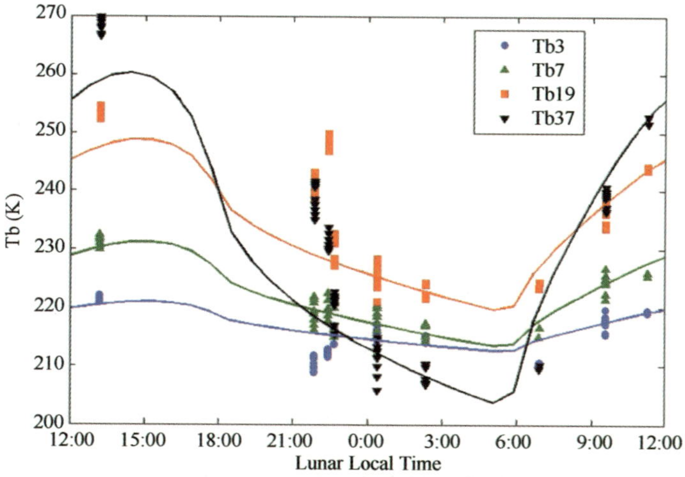

Fig. 5　Comparison of the diurnal MW Tb for each channel with the CE-2 data at the Apollo 15 site.

Fig. 6 gives the inverted ε'_{ν} and tan δ for each channel. They are termed effective because of the assumptions used in our model. The results demonstrate that different frequencies can see different depths of the media and yield different, i. e. , effective, dielectric constants. Lower frequencies have a larger penetration depth, and as a result, its effective dielectric constant can get more weight from deeper media, and vice versa.

Following (1), suppose that the dielectric constant of the topdust layer with a depth d_1 is ε_{10} and that the dielectric constant of the underlying regolith media is $\varepsilon(z)$, which

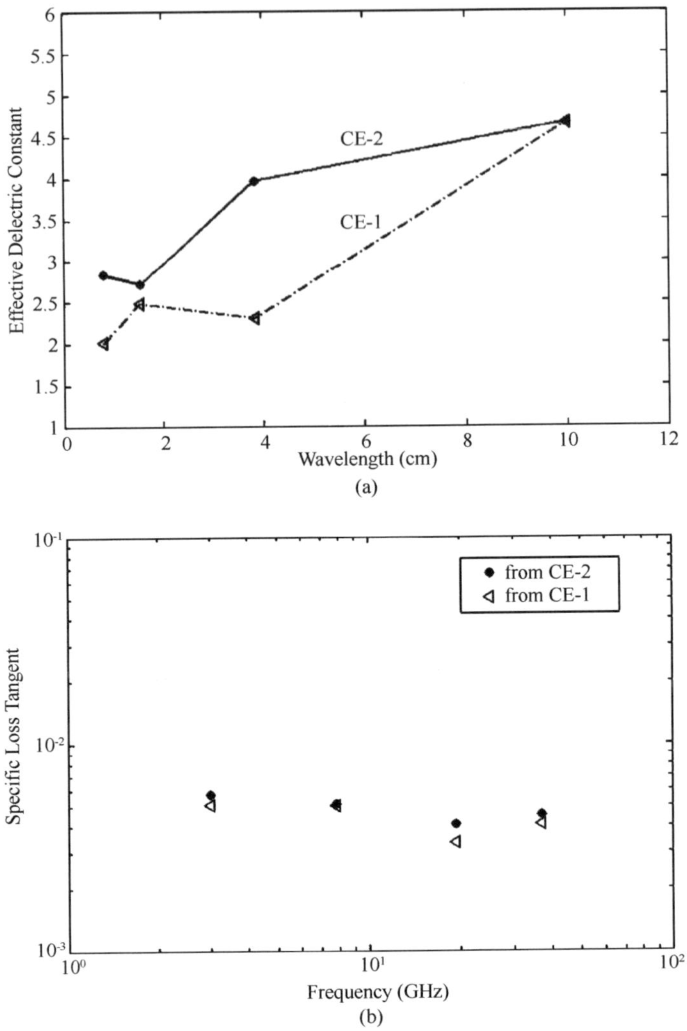

Fig. 6 Effective complex dielectric constant inverted from the CE-1 and CE-2 MW Tb data at the Apollo 15 site. (a) Real part of the effective dielectric constant for different channels. (b) Imaginary part, i. e., the specific loss tangent, of the effective dielectric constant for different channels.

is written as

$$\varepsilon(z) = \varepsilon_{10} + (\varepsilon_{20} - \varepsilon_{10})(1 - e^{-\alpha(z-d_1)}), z > d_1 \tag{5}$$

where ε_{20} represents the dielectric constant when $z \to \infty$, and α can be viewed as an attenuation factor. From the wave propagation, the phase term is written as

$$k_{\text{eff}} Z = k_0 \sqrt{\varepsilon_{10}} d_1 + \int_{d_1}^{Z} \mathrm{d}z k_0 \sqrt{\varepsilon_{10} + (\varepsilon_{20} - \varepsilon_{10})(1 - e^{-\alpha(z-d_1)})} \tag{6}$$

where Z is simply a depth for accounting the phase term in propagation. It yields

$$\sqrt{\varepsilon_{\text{eff}}} \sim \sqrt{\varepsilon_{10}}\,\frac{d_1}{Z} + \sqrt{\varepsilon_{10}}\left[(1-\frac{d_1}{Z})\,\frac{\varepsilon_{20}+\varepsilon_{10}}{2\varepsilon_{10}} + \frac{\varepsilon_{20}-\varepsilon_{10}}{2\varepsilon_{10}\alpha Z}\,(e^{-\alpha(Z-d_1)-1})\right]. \tag{7}$$

It can be seen that $\sqrt{\varepsilon_{\text{eff}}} \sim \sqrt{\varepsilon_{10}}$ when $Z \sim d_1$ for the high - frequency channels with poor penetration ability, and only the shallow surface layer can be detected. When $Z \gg d_1$, as the depth increases, it has $\sqrt{\varepsilon_{\text{eff}}} \propto \sqrt{\varepsilon_{20}}$ at the low - frequency channels with high penetration ability. Thus, it is quite reasonable that the inverted effective dielectric constants are related to the frequency.

V　INVERSION OF DIELECTRIC CONSTANT FROM CE-1 AND CE-2 TB AT EQUATORIAL HIGHLANDS

We treat the Moon's equatorial highlands as one region for inverting the dielectric constant since the equatorial highlands' regolith should have similar mineral composition and physical properties. Vasavada *et al*. [15] studied the thermal model and the surface temperature with validation from the Diviner IR data. Using the same approach, the physical temperature profiles $T(z)$ at the equatorial highlands are applied to the inversions of parameters r_ν and κ_ν. The equatorial highlands are chosen as a belt within the latitudes of $\pm 0.5^\circ$ and longitudes from $+180^\circ$ to $+75^\circ$ and from 100° to 180°.

Fig. 7 shows the Tb data from CE-1 and CE-2 at different local times around the equatorial highlands. These data have been averaged every 15 min, yielding a total of 40 observations from CE-1 and 32 observations from CE-2.

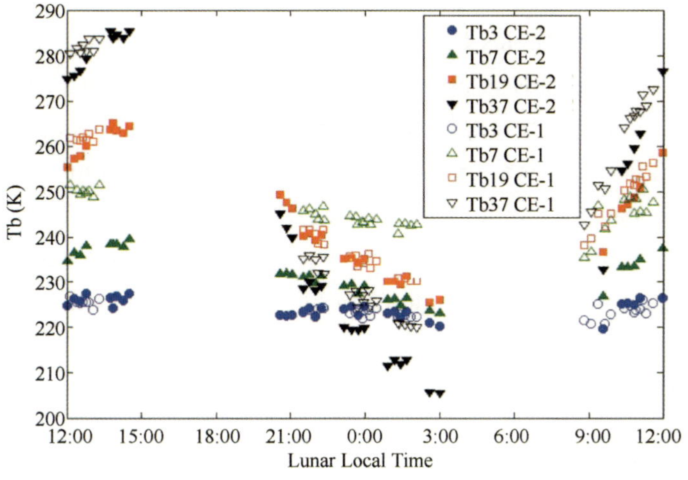

Fig. 7　MW Tb data of CE-1 and CE-2 at different lunar local times around the equatorial highlands.

Based on the work in [14], it takes $\bar{\rho}=1.3$. The best fit parameters and inverted dielectric constant of the equatorial highlands from the CE-1 and CE-2 Tb data are given in Tables III and IV, respectively.

TABLE III BEST FIT PARAMETERS AND DIELECTRIC CONSTANT OF THE EQUATORIAL HIGHLANDS FROM THE CE-1 DATA

Channel (Ghz)	λ(cm)	r	κ_v/f $(m \cdot g/cm^3 \cdot Hz)^{-1}$	κ_v $(m \cdot g/cm^3)^{-1}$	d_{max}(cm)	d_{min}(cm)	ε'	$\tan\delta/\rho$
37	0.8108	0.0450	1.2×10^{-10}	4.4400	34.65	23.74	2.365	0.0039
19	1.5504	0.0650	1.1×10^{-10}	2.1285	72.28	49.45	2.835	0.0032
7	3.8462	0.0550	1.0×10^{-10}	0.4682	328.73	224.92	2.599	0.0018
3	10.000	0.0600	0.85×10^{-10}	0.2550	603.32	412.80	2.717	0.0024

TABLE IV BEST FIT PARAMETERS AND DIELECTRIC CONSTANT OF THE EQUATORIAL HIGHLANDS FROM THE CE-2 DATA

Channel (Ghz)	λ(cm)	r	κ_v/f $(m \cdot g/cm^3 \cdot Hz)^{-1}$	κ_v $(m \cdot g/cm^3)^{-1}$	d_{max}(cm)	d_{min}(cm)	ε'	$\tan\delta/\rho$
37	0.8108	0.650	1.35×10^{-10}	4.9950	30.80	21.07	2.835	0.0038
19	1.5504	0.0700	1.05×10^{-10}	2.0310	75.75	51.83	2.955	0.0029
7	3.8462	0.1200	1.00×10^{-10}	0.7800	197.24	134.95	4.241	0.0023
3	10.000	0.0710	0.9×10^{-10}	0.2700	56980	389.86	2.979	0.0025

As a comparison with Tables I and II, the penetration depth of the 3.0-GHz channel at the equatorial highlands is about 3 times deeper than that at the Apollo 15 site. The deeper penetration may be explained as the decreased abundance of FeO and TiO_2 at the equatorial highlands, which, in turn, lowered the loss tangent.

Based on these parameters and the physical temperature profiles at different local times, the diurnal variation in the Tb at the equatorial highlands can be calculated from (2). Figs. 8 and 9 present these simulated Tbs and the CE-1 and CE-2 data at different local times and for different channels. It is shown that the diurnal Tb variation of the high-frequency channel is much more dramatic than that of the low-frequency channel because the Tb of the high-frequency channel is more sensitive to the diurnal variation in the surface temperature, and vice versa.

Fig. 10 gives the effective dielectric constants inverted for all the channels at the equatorial highlands. Compared with the dielectric constants retrieved for the Apollo 15 site, the effective dielectric constants seem similar for the high-frequency channels

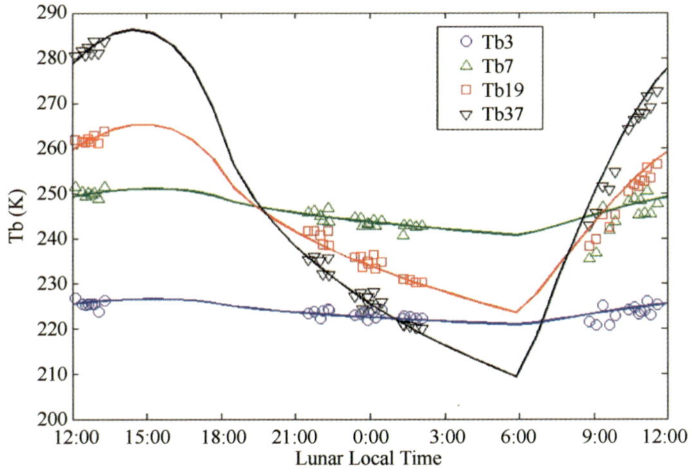

Fig. 8　Comparison between the Tb simulation and the CE-1 data at the equatorial highlands.

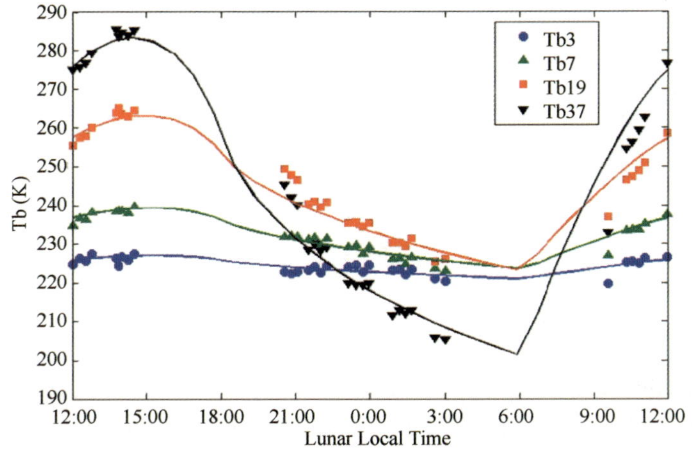

Fig. 9　Comparison between the Tb simulation and the CE-2 data at the equatorial highlands.

(19.35 and 37.0 GHz), but they become much lower at the low-frequency channels (3.0 GHz). In particular, the loss tangent is lower than the results from the maria of the Apollo 15 site. This result also agrees with the decreased abundance of FeO and TiO_2 at the equatorial highlands, which might cause lower reflectivity and higher emissivity.

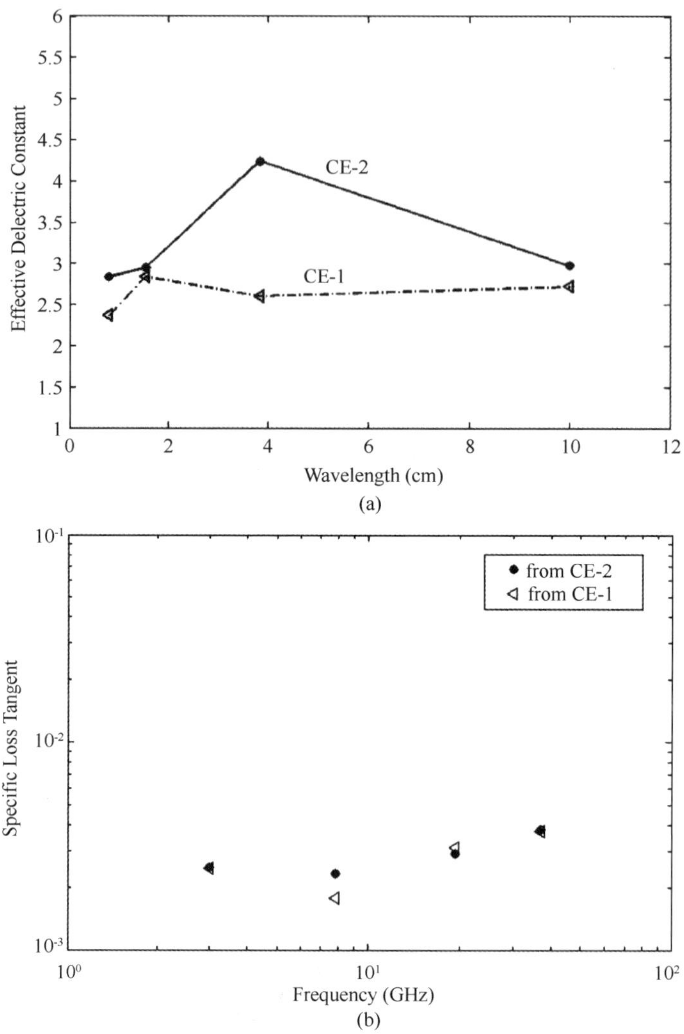

Fig. 10　Effective complex dielectric constant inverted from the CE-1 and CE-2 Tb data at the equatorial highlands. (a) Real part of the effective dielectric constant. (b) Imaginary part, i.e., the specific loss tangent, of the effective dielectric constant.

VI　CONCLUSION

Using the solutions of the 1-D thermal diffusion equation, the temperature profiles at different lunar local times can be obtained and then validated by the Diviner IR data. Based on the parameters and temperature profiles, the CE-1 and CE-2 multichannel MW Tb data are applied to invert the best fitted reflectivity and absorption coefficient of the regolith media based on the WKB solution of the radiative transfer model. It gives the inverted effective complex dielectric constant of the regolith media.

Two examples, i. e., the Apollo 15 site maria and the equatorial highlands, have been chosen for this letter. A large amount of MW Tb data from both CE-1 and CE-2 are collected and applied to the inversions. The diurnal variations in the MW Tb are also simulated based on the inverted parameters and temperature profiles. These Tb simulations of all four channels and its diurnal variations are well matched with the observations from CE-1 and CE-2 correspondingly. Different penetration depths for different frequencies indicate that the inverted effective dielectric constant is dependent on the frequency of observation. It is also related to the bulk density profile, the abundance of FeO and TiO_2, etc. The inverted results from the CE data show that the penetration ability of the MW is lower than that only predicted from the FeO and TiO_2 content in previous studies. The results of this letter have demonstrated the utility of the CE MW data in conjunction with independently derived soil temperatures for determining the dielectric constants of lunar soil. In the future, the results of this letter can be extended to create global - scale maps of lunar soil dielectric constants.

REFERENCES

[1] J. N. Cuzzi and D. O. Muhleman, "The microwave spectrum and nature of the subsurface of mars," Icarus, vol. 17, no. 2, pp. 548—560, Mar. 1972.

[2] W. Fa and Y. Q. Jin, "A primary analysis of microwave brightness temperature of lunar surface and Chang—E 1 multi—channel radiometer observation and inversion of regolith layer thickness," Icarus, vol. 207, no. 2, pp. 605—615, Jun. 2010.

[3] X. Gong and Y. Q. Jin, "Diurnal physical temperature at Sinus Iridum area retrieved from observations of Chinese Chang'E-1 microwave radiometer," Icarus, vol. 218, no. 2, pp. 807 — 816, Apr. 2012.

[4] J. S. Jiang and Y. Q. Jin, Selected Papers on Microwave Lunar Exploration in Chinese Chang'E-1 Project. Beijing, China: Science Press, 2011.

[5] Y. Q. Jin, Electromagnetic Scattering Modelling for Quantitative Remote Sensing. Singapore: World Scientific, 1994.

[6] S. J. Keihm, "Interpretation of the lunar microwave brightness temperature spectrum: Feasibility of orbital heat flow mapping," Icarus, vol. 60, no. 3, pp. 568—589, Dec. 1984.

[7] M. G. Langseth, S. J. Keihm, and K. Peters, "Revised Lunar Heat—Flow Values," in Proc. Lunar Planetary Sci. Conf., 1976, vol. 7, pp. 3143—3171.

[8] P. G. Lucey, G. J. Taylor, and E. Malaret, "Abundance and distribution of iron on the Moon," Science, vol. 268, no. 5214, pp. 1855—1858, May 1995.

[9] P. G. Lucey, D. T. Blewett, and B. R. Hawke, "Mapping the FeO and TiO_2 content of the lunar surface with multispectral imagery," J. Geophys. Res., vol. 103, no. E2, pp. 3679 — 3699, Feb. 1998.

[10] P. G. Lucey, D. T. Blewett, and B. L. Jolliff, "Lunar iron and titanium abundance algorithms

based on final processing of Clementine ultraviolet—Visible images," J. Geophys. Res., Planets (1991—2012), vol. 105, no. E8, pp. 20297—20305, Aug. 2000.

[11] D. L. Mitchell and I. D. Pater, "Microwave imaging of Mercury's thermal emission at wavelengths from 0.3 to 20.5 cm," Icarus, vol. 110, no. 1, pp. 2—32, Jul. 1994.

[12] D. A. Paige et al., "The Lunar Reconnaissance Orbiter Diviner lunar radiometer experiment," Space Sci. Rev., vol. 150, no. 1—4, pp. 125—160, Jan. 2010.

[13] Y. G. Shkuratov, V. G. Kaydash, and N. V. Opanasenko, "Iron and titanium abundance and maturity degree distribution on the lunar nearside," Icarus, vol. 137, no. 2, pp. 222—234, Feb. 1999.

[14] A. R. Vasavada, D. A. Paige, and S. E. Wood, "Near—surface temperatures on Mercury and the Moon and the stability of polar ice deposits," Icarus, vol. 141, no. 2, pp. 179—193, Oct. 1999.

[15] A. R. Vasavada et al., "Lunar equatorial surface temperatures and regolith properties from the Diviner Lunar Radiometer Experiment," J. Geophys. Res., Planets (1991—2012), vol. 117, no. E4, pp. E00H18—1—E00H18—12, Dec. 2012.

Microwave Brightness Temperature of the Moon: The Possibility of Setting a Calibration Source of the Lunar Surface①

Guo - Ping Hu[1], Yong - Chun Zheng[2], Ao - Ao Xu[1], and Ze - Sheng Tang[1]

1 the Space Science Institute/ Lunar and Planetary Science Laboratory - Partner Laboratory of Key Laboratory of Lunar and Deep Space Exploration of the Chinese Academy of Sciences, Macau University of Science and Technology, Taipa, Macau (e - mail: hgp. hust@gmail. com).

2 the Key Laboratory of Lunar and Deep Space Exploration, National Astronomical Observatories, Chinese Academy of Sciences, Beijing 100012, China, and also with the Space Science Institute/Lunar and Planetary Science Laboratory - Partner Laboratory of Key Laboratory of Lunar and Deep Space Exploration of the Chinese Academy of Sciences, Macau University of Science and Technology, Taipa, Macau (e - mail: zyc@nao. cas. cn).

Color versions of one or more of the figures in this paper are available online at http://ieeexplore. ieee. org.

Digital Object Identifier 10.1109/LGRS.2015.2504543

Abstract: To improve the retrieval accuracy of the lunar properties from microwave brightness temperature (TB) data sets of the lunar surface, TB measurements of the global moon need a calibration source to better estimate. In this letter, the standard for the calibration source is defined, and two possible calibration sources (the lunar center and Apollo 15) are proposed, which are based on a theoretical TB model. There is a difference of about 4 (3/37 GHz) and 11 K (7.8/19.35 GHz) between the simulated calibration source and Chang'E observation at the lunar center, and of about 7 K (3/7.8/19.35/37 GHz) at Apollo 15. The simulated calibration source (7.8/37 GHz) of the lunar center is within the range of the ground - based measurement. Note that the lunar center has been measured frequently by both ground - based and in - orbiter instruments, and the calibration source of the lunar center is the most possible and credible for the lunar surface. The uncertainty of the calibration source has been also analyzed.

Key words: Apollo 15, calibration source, lunar center, microwave brightness temperature (TB).

---

① This work was supported in part by the Science and Technology Development Fund in Macau under Grant 048/2012/A2 and Grant 039/2013/A2 and in part by the National Natural Science Foundation of China Program under Grant 41490633.

Ⅰ INTRODUCTION

The microwave measurement has been applied to sense the thermal environment of the Moon since the 1940s [1], due to its deep sensing (a few meters). Ground-based microwave brightness temperature (TB) maps of the nearside of the moon have been obtained at wavelengths of 1—500 cm since the pre-Apollo era [2]—[5]. Interpretations of ground-based lunar microwave measurements were done based on different lunar regolith models [5]—[7]. However, the estimation of the thermal properties (e.g., heat flow and regolith physical properties) was limited to the accuracy (calibration techniques) and resolution of the ground-based microwave measurements [8].

In 2007, the microwave radiometer (MRM) was aboard the spacecraft Chang'E-1 (CE-1) to see the whole moon for the first time. It provides some new interesting thermal behavior and properties of the lunar regolith. Lunar topographic signatures [9], [10] are identified in the first global microwave image of the moon [9], which is similar to those seen in Clementine's lunar topography map [11] and the CE-1 global optical image [12]. Many cold and hot spots are found in the nighttime and daytime TB maps [9], [10]. It also provides the global estimation of valuable lunar resources, such as helium-3 and the thickness of lunar regolith [13]. However, the calibration quality of MRM and the accuracy of the TB data should be adequately addressed for better estimation [14], [15].

The absolute TB value is crucial for constraining the thermal/ radiation properties and the modeling of the lunar surface materials. Due to the spatial resolution and systematic accuracy, the absolute value of TB from the lunar surface at a certain frequency is still uncertain, although many ground-based and orbiter observations are obtained. Therefore, setting up a calibration source of TB from the lunar surface is an urgent need for the further research of the passive remote sensing of the moon, including validation and application of the data sets. Here, the calibration source is defined as a TB standard at a certain frequency of the moon, including two aspects: 1) a standard (typical) site on the lunar surface and 2) a standard (accurate) value for the TB value. In this letter, the standard for the calibration source is set up, two possible calibration sources are founded, and the uncertainty is analyzed, based on a theoretic model.

Ⅱ DATA SETS

A Ground-Based TB Observation

Ground-based microwave measurements can only observe the nearside of the moon, due to the same period of the rotation and revolution of the moon. The more reliable ground - based microwave observations at the lunar center (0°, 0°) have been chosen for the assessment of the calibration source in this letter, due to the lower spatial resolution and the limb effect. To compare with the observations by CE MRM, the ground - based measurements around the certain frequencies (3/7.8/37.5 GHz) [16]—[18] are chosen, including the set of measurements over a wide range of lunar phase angles [19]. The details are shown in Table I.

TABLE I　GROUND - BASED TB MEASUREMENTS NEAR NOON [16]—[18]

Time(y)	Location	Diameter	Frequency(GHz)	TB(K)	Spatial resolution(km)
1955	Tokyo, japan	10	3	blackbody temperature 350±50	3578
1963	LPIRAS	22	37.5	258.6±15%	223
1979	Madrid, Spain	64	8.45	236	250
2008	Goldstone, California	34	2.3	230±1%	1624
			8.4	246±1%	443
			32	267±1%	114

B　In - Orbiter TB Observation

The swath data applied here are level 2C MRM data from CE-1 and CE-2, which comply with the Planetary Data System standards for the file formats and directory names, and are now publicly available [20]. The definition of CE-1 MRM data at various levels of preprocessing was described [9], and it was found that the definition of CE-2 MRM data is similar to that of CE-1 MRM data. The spatial resolution of CE-1 MRM at 3 GHz is 50 km, and it is 35 km at other channels (7.8/19.35/37 GHz). In addition, the spatial resolution of CE-2 MRM has been improved twice as that of CE-1 MRM at the corresponding channel [14]. The standard deviation of CE MRM's level 2C data is less than 1 K [14].

The ground - based observations in 1955 (3 GHz) and 2008 (2.3 GHz) are incomparable with CE MRM's data as the spatial resolution of the ground - based telescope is more than five times larger than that of CE MRM. Moreover, the big temperature variation within the shot of the instruments will bring much error and uncertainty to the observation of the lunar center as the local time within the footprint of more than 1600 km varies largely. Therefore, these two observations are excluded during the assessment of the calibration source.

C　DEM Data

The digital elevation model (DEM) data are applied to estimate the topographic effect during the TB simulation. NASA's Lunar Orbiter Laser Altimeter (LOLA) reduced data record (RDR) [21] is the baseline data product used, which includes experiment data record data calibrated to engineering and physical units, and located in a selenodetic center - of - mass coordinate system. The RDR product is then used to generate derived data products that are binned, resampled, and transformed. More details about the data processing are at the website [22].

III METHOD

A Standard for Calibration Sources

Themicrowave thermal emission from the lunar surface layer is affected by a number of physical parameters, including the dielectric constant, loss tangent, thermal conductivity, density, heat flow, heat capacity [5], [8], [23], [24], metal abundance, and rocks of different sizes [25], [26]. The calibration source of TB for the lunar surface should have high accuracy and quality. Therefore, to decrease the uncertainty and error of the calibration source, the characteristics of a calibration source have been suggested as follows: 1) much obtained knowledge (the more, the better); 2) relative flat regions (e.g., mare regions) with less topographic effect; and 3) rockless regionswith homogeneous composition (older regions and avoiding areas with the steep slope).

However, the candidate calibration source may not satisfy all of these three conditions. For the Apollo 15 landing site (A15), the physical properties of the surface material is not uniform and complicated due to the fluctuated topography. For ground - based observations, only the TB value of the lunar center has been well known due to the lower spatial resolution and the limb effect. All these two regions are covered by CE's MRM.

B Physical Models

1) Dielectric Constant: A nonlinear regression model [27] based on the lunar sample from the Apollo mission measurements is applied for the dielectric constant of the lunar regolith. The complex dielectric constant of the bedrock layer is given by the measurement at Apollo 15 site $\varepsilon_3 = 5.87 + 0.0086j$.

2) Physical Temperature: The model for calculating the temperatures of the lunar surface is a boundary - initial value condition problem in a partial differential equation (PDE) for a semi - infinite solid [28], including the surface and lower boundary conditions. The bulk density and thermal conductivity model for the PDE is from [30]. The specific capacity used here is a third - degree polynomial based on Apollo 11 data [28].

For the surface boundary condition, an improved effective solar irradiance model [29] concerning the surface tilts is applied. The solar albedo in this condition is set as 0.1

by experience, according to the range of 0.05—0.20 at the lunar equatorial surface [30]. The frequency effect of the infrared emissivity on the surface temperature will be reduced according to the surface boundary condition [29]. This effect on TB will be further reduced due to the averaged weighting function of subsurface temperature within a few centimeters [29]. Therefore, this effect is neglected, and an infrared emissivity value of 0.94 is applied to fit the A15 measurements, which is compatible with the reported value [31].

3) Lunar Regolith Thickness: Although the thickness of the regolith has been investigated repeatedly [13], [32]—[35], the accuracy of the thickness is still uncertain. Based on the TB model, the contribution of the lunar regolith below 5 m to the microwave emission ($\geqslant$ 3 GHz) is very small ($<$ 0.2 K) [29]. Therefore, only the regolith emission within a 5-m depth is of concern in this letter.

C　TB Model

The TB of the lunar regolith can be obtained with the radiative transfer theory and the fluctuation-dissipation theorem [36], which determine the level of microwave energy that is consistent with the thermal and dielectric environment of the medium. The fluctuation-dissipation theorem is a complex way to solve the wave function, considering both the intensity and phase of the wave field. For simplicity, a multilayer TB model considering only the intensity transmission of the wave [29] is applied here, i.e., derived from the radiative transfer function [10], [27], which assumes that the lunar regolith is made up of a large amount of wavelength-scale scatters.

IV　RESULTS

The physical properties are derived from in situ experiments at A15 first, and the simulated calibration sources at two candidate sites are founded.

A　Parameters Derived From the Measurement of Apollo 15

Until now, only the heat flow of the Apollo 15/17 landing site has been measured in the 1970s. In this letter, a best fit of the thermal conductivity and the dust thickness of the lunar regolith are derived according to the in situ measurements. The thermal conductivity model is written as [30]

$$k = k_d - (k_d - k_s) \cdot \exp(-z/d) + \chi \cdot k_s \times \left(\frac{T}{350}\right)^3 \tag{1}$$

where the parameters are modified as $k_d = 0.09$ W/m/K, $k_s = 0.00052$ W/m/K, $\chi = 2.7$, z stands for the depth, and the lunar dust thickness $d = 0.02$ m. The simulated surface physical temperature based on this conductivity is shown in Fig. 1. It can be seen that the simulation is well fit with the measurement at noon, with the correlation coefficient of 0.9898. In addition, the r - square and root - mean - square error between the simulation and the observation are 0.9798 and 16.34 K, respectively, with 95% confidence bounds. The hottest daytime surface temperatures of the simulation and measurement are 374.07 and 374.1K, respectively. The coolest nighttime temperatures of the simulation and measurement are 92.01 and 92.34 K.

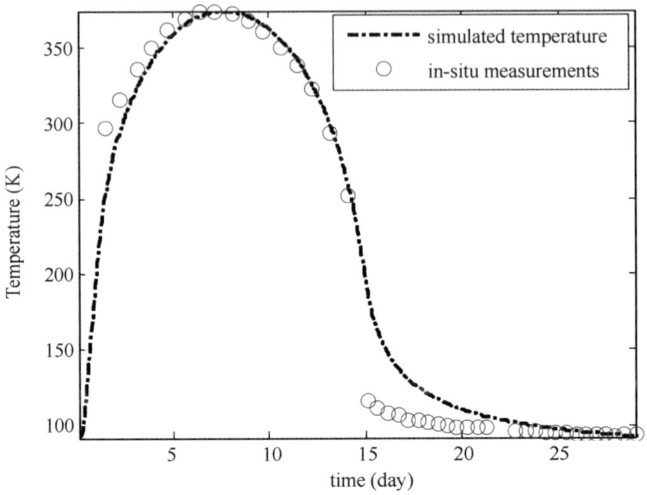

Fig. 1　Comparison of surface temperature between simulation and measurement at Apollo 15 landing site.

B　Calibration Sources

1) Lunar Center: The lunar center has been measured frequently by the ground - based telescope and CE's MRM. Hence, the simulated calibration source of lunar center should be compared with both observations. However, the ground - based and CE observations are carried out at different spatial resolutions, the field of views (FOVs) of the measurements on the lunar surface are different. Thus, the calibration source of the lunar center are simulated at four different spatial resolutions (shown in Table II), to estimate the TB difference brought by different spatial resolutions. Here, the antenna pattern is the same as CE-1 MRM's [14].

TABLE II　SIMULATED TB AT LUNAR CENTER (0°, 0°) WITH DIFFERENT SPATIAL RESOLUTIONS, BASED ON LOLA

Frequncy(GHz)	Simulated TB(K)at certain spatial resolutions (km)				Observed TB(K)	
	35	10	5	1	CE-2	CE-1
3	234.03	234.41	234.53	234.99	238.79	238.02
7.8	245.56	246.29	246.53	247.51	238.12	245.90
19.35	267.80	268.67	268.94	270.05	268.42	256.24
37	280.79	280.90	280.93	281.07	284.7	280.44

It is shown in Table II that, as the spatial resolution decreases, the absolute value of TB at four channels decreases by no more than 2 K. Thus, it is not necessary to do more simulations at other more spatial resolutions (e.g., ≤ 443 km), as long as the local time variation of the area within the FOV of the antenna is not so much. The TB differences between simulations (35 km) and CE-2 and CE-1 measurements are about 4, (7/0.4), (1/11), and (4/0.5) K at four channels. The simulated TBs at 7.8/37 GHz are within the corresponding ranges of groundbased measurements (236—246 K at 8.4 GHz and 219.81—297.39 K at 37.5 GHz in Table I).

2) Apollo 15: It can be inferred in Table III that the TB difference near noon between the simulations and CE-1 measurements at four channels are about 5, 6, 6, and 0.4 K, respectively.

TABLE III　COMPARISON BETWEEN SIMULATED TB AND OBSERVED TB OF APOLLO 15 AT NOON

Frequency(GHz)	Simulated TB(K) at 35 km	Observed TB(K) by CE-1	TB Difference
3	223.38	228.80	2.1
7.8	230.68	236.78	2.3
19.35	246.99	240.58	2.5
37	261.12	261.54	0.16

To further estimate the TB difference between the calibration source and CE-2 observation, the comparison (37 GHz) between simulation and observation from CE-2 at the same local time (9.46) along the profile of A15 are made as an example. The TB difference between the simulation and observation along the profile of A15 is about 6—20 K in Fig. 2, with the mean

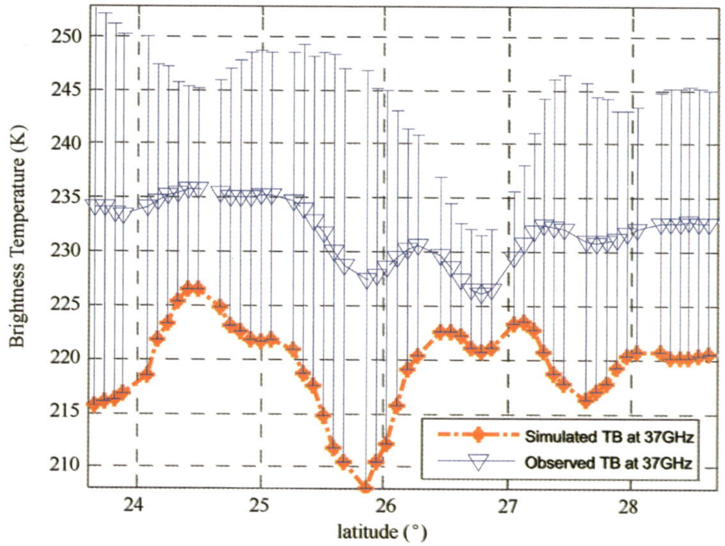

Fig. 2　TB Comparison between the simulation and the observation from CE-2 along the profile of A15 at 9.46 h (local time). The TB differences are added as error bars into the observed TB plot.

difference of 12.47 K and the standard deviation of 3.74 K. The maximum difference locates at 25.86° near the landing site. The TB curve of the simulation reproduces the undulation of CE-2 observation, which is determined by the topography [29].

V UNCERTAINTY OF THE CALIBRATION SOURCES

The calibration source is calculated by our TB model theoretically, and the validity of the calibration source is proved with the ground - based and in - orbiter (CE-1 and CE-2) measurements. Therefore, the uncertainty of the calibration source depends on the uncertainty of the model and measurements.

A Uncertainty of the Model

1) *Uncertainty of the Temperature Profile*: The uncertainty of the temperature profile is mainly caused by the topography error [29] and the uncertainty of thermal conductivity retrieved from A15 in situ measurements, including the observation error. To show the sensitivity of TB to the uncertainty of the temperature profile, four groups of different surfaces (k_s) and bottom (k_d) conductivity are applied in the simulations. It is shown in Table IV that TBs at higher frequency (7.8/19.35/37 GHz) are very sensitive to the thermal conductivity. They increase by about 4/2, 8/7, and 14/11 K at 7.8, 19.35, and 37 GHz, respectively, when k_s increases from 0.0006 to 0.0013 W/m/K or k_d increases from 0.007 to 0.03 W/m/K. There are no topographic and antenna - weighted effects in these simulations.

TABLE IV COMPARISON BETWEEN DAYTIME TB (NOON) SIMULATIONS AT APOLLO 15 BASED ON DIFFERENT THERMAL CONDUCTIVITY

Conductivity (W/m/K)		k_s=0.0006 k_d=0.007	k_s=0.0013 k_d=0.007	k_s=0.0007 k_d=0.0006	k_s=0.03 k_d=0.0006
TB (K) at different frequency (GHz)	3	237.02	238.64	237.02	237.58
	7.8	237.21	241.05	237.21	239.12
	19.35	244.12	252.27	244.12	251.23
	37	265.70	279.73	265.70	276.90

2) *Uncertainty of Physical Parameters*: There are many types of regions on the lunar surface with different topographic undulation, $FeO + TiO_2$ content, rock abundance, solar albedo, and surface roughness. However, only a set of thermal properties retrieved from the in situ measurement of A15 has been well known. In addition, the parameter models are not suitable for the whole moon and bring uncertainty to the calibration source.

In addition, the unconsidered factors, such as the wavelength scale surface roughness and the subsurface rock, can be also the reasons for the uncertainty of the TB model. For example, wavelength - scale surface roughness of the lunar surface will increase the TB value [37]. Volume scattering of the subsurface rocks can darken the emission [7].

B Uncertainty of the Measurements

The uncertainty of the measurements is mainly caused by the error of the calibration quality and system. Take the ground - based observation as an example. The system noise temperature variation, which is significantly affected by the variation of the atmosphere and cold sky, will bring uncertainty to the calibration quality [19]. The measurement error will be also introduced by the estimation of the antenna gain and from the accidental errors of the experiments [17], [18]. The calibration quality of MRM and the accuracy of the TB data should be addressed adequately [14], [15] as there is a difference between CE-1's and CE-2's MRM data due to uncertain reasons.

It is easily shown in Tables I - III that the absolute TBs of the lunar surface are different among the ground - based and CE measurements. There is about 26 - K difference between ground - based and CE measurements at 37/37.5 GHz. Even in the ground - based measurements, there is about 10 - K difference at 8.45/8.4 GHz. This may be caused by the systemic error and difference (including the spatial resolution, antenna pattern, and antenna type) among ground - based and CE measurements, which will also bring uncertainty to the assessment of the calibration source.

Note that the lunar center has been measured frequently, and the simulated calibration source of the lunar center is more credible based on the comparison between simulations and ground - based and CE measurements. Therefore, the calibration source of the lunar center seems to be the most possible and credible source for the TB of the lunar surface.

VI CONCLUSION

The absolute TB value is crucial for constraining the thermal/ radiation properties and the modeling of the lunar surface materials. The absolute TB value at a certain frequency still needs calibration due to the spatial resolution and systematic accuracy, although many ground - based and orbiter observations are obtained. In this letter, two possible calibration sources (lunar center and A15) have been proposed, based on a theoretical TB model. The biggest difference from the previous efforts is to set up a possible calibration source for the microwave TB of the lunar surface theoretically.

The thermal conductivity and dust thickness are derived from the in situ measurements of A15 for simulations. The best fit of the conductivity and dust thickness are then applied to simulate TBs of these two candidate calibration sources at four channels (3/7.8/19.35/37 GHz), based on the DEM and TB model. There is a difference of about 4 (3/37 GHz) and 11 K (7.8/19.35 GHz) between simulated calibration source and CE observations at the lunar center, respectively, and of about less than 7 K (3/7.8/19.35/37 GHz) at Apollo 15. The simulated calibration source (7.8/37 GHz) of the lunar center is within the range of the ground-based measurements. Therefore, the lunar center is the most possible and credible calibration source for TB of the lunar surface.

However, the thermal parameters retrieved from the in situ measurement of A15 are not suitable for the whole moon. The other factors, including rock abundance and roughness, should be concerned in the future work. This paper is only a beginning to find calibration sources at certain frequencies. The difficulty of setting up a calibration source includes the spatial resolution inconformity. It needs more knowledge of the physical properties of the lunar surface.

ACKNOWLEDGMENT

The authors would like to thank Prof. L.-K. Chan and two reviewers' careful reading and valuable suggestions.

REFERENCES

[1] J. H. Piddington and H. C. Minnett, "Microwave thermal radiation from the moon," Australian J. Chem., vol. 2, no. 1, pp. 63—77, 1949.

[2] R. J. Coates, "Lunar brightness variations with phase at 4.3—MM wavelength," Astrophys. J., vol. 133, pp. 723—725, 1961.

[3] B. Gary, "Results of a radiometric moon—mapping investigation at 3 millimeters wavelength," Astrophys. J., vol. 147, pp. 245—254, 1967.

[4] P. H. Moffat, "Aperture synthesis polarimetry of the moon at 21 cm," Monthly Notices R. Astron. Soc., vol. 160, pp. 139—154, 1972.

[5] F. P. Schloerb, D. O. Muhleman, and G. L. Berge, "Lunar heat flow and regolith structure inferred from interferometric observations at a wavelength of 49.3 cm," Icarus, vol. 29, no. 3, pp. 329—341, Nov. 1976.

[6] J. Feng, Y. Zou, W. Bian, Y. Zheng, and C. Li, "Review on physical models of lunar brightness temperature," Chin. J. Geochem., vol. 29, no. 2, pp. 204—211, Jun. 2010.

[7] S. J. Keihm and J. A. Cutts, "Vertical—structure effects on planetary microwave brightness temperature measurements: Applications to the lunar regolith," Icarus, vol. 48, no. 2, pp. 201—229, Nov. 1981.

[8] S. J. Keihm and M. G. Langseth, "Microwave emission spectrum of the Moon: Mean global heat flow and average depth of the regolith," Science, vol. 187, no. 4171, pp. 64—66, Jan. 1975.

[9] Y. C. Zheng et al., "First microwave map of the Moon with Chang'E-1 data: The role of local time in global imaging," Icarus, no. 219, pp. 194— 210, May 2012.

[10] K. L. Chan, K. T. Tsang, B. Kong, and Y. C. Zheng, "Lunar regolith thermal behavior revealed by Chang'E-1 microwave brightness temperature data," Earth Planet. Sci. Lett., vol. 295, no. 1/2, pp. 287—291, Jun. 2010.

[11] D. L. Mitchell and I. D. Pater, "Microwave imaging of Mercury's thermal emission at wavelengths from 0.3 to 20.5 cm," Icarus, vol. 110, no. 1,pp. 2—32, 1994.

[12] C. Li et al., "The global image of the Moon obtained by the Chang'E-1: Data processing and lunar cartography," Sci. China Earth Sci., vol. 53, no. 8, pp. 1091—1102, Aug. 2010.

[13] W. Fa and Y. Jin, "Simulation of brightness temperature from lunar surface and inversion of regolith—layer thickness," J. Geophys. Res., Planets, vol. 112, no. E5, 2007, Art. ID E5003.

[14] Z. Wang et al., "Calibration and brightness temperature algorithm of CE-1 Lunar Microwave Sounder (CELMS)," Sci. China Earth Sci., vol. 53, no. 9, pp. 1392—1406, Sep. 2010.

[15] J. S. Jiang et al., "China probe CE-1 unveils world first Moon—globe microwave emission map: The microwave Moon some exploration results of Chang'E-1 microwave sounder," Remote Sens. Technol. Appl., vol. 24, no. 24, pp. 409—422, 2009.

[16] S. J. Keihm and B. L. Gary, "Comparison of theoretical and observed 3.55 cm wavelength brightness temperature maps of the full Moon," in Proc. 10th LPSC, Houston, TX, USA, 1979, pp. 2311—2319.

[17] A. E. Salomonovich and B. Y. Losovskii, "Radio—brightness distribution on the lunar disk at 0.8 cm," Sov. Astron., vol. 6, no. 6, pp. 833—839, May/Jun. 1963.

[18] K. Akabane, "Lunar radiation at 3,000 Mc/s," Proc. Jpn. Acad., vol. 31, no. 3, pp. 161—165, Mar. 1955.

[19] D. D. Morabito,W. Imbriale, and S. J. Keihm, "Observing the moon at microwave frequencies using a large—diameter deep space network antenna," IEEE Trans. Antennas Propag., vol. 56, no. 3, pp. 650—660, Mar. 2008.

[20] "Data released system of Chang'E-1 mission," Nat. Astron. Observ., Chin. Acad. Sci., Beijing, China, Accessed: Nov. 4, 2015. [Online]. Available: http://moon.bao.ac.cn/ceweb/datasrv/dmsce1.jsp

[21] D. E. Smith, M. T. Zuber, and E. A. G. B. Jackson, "The lunar orbiter laser altimeter investigation on the lunar reconnaissance orbiter mission," Space Sci. Rev., vol. 150, no. 1, pp. 209—241, Jan. 2010.

[22] "PDS geosciences node lunar orbital data explorer," PDS Geosci. Node, Washington Univ., St. Louis, MO, USA, Accessed: Nov. 4, 2015. [Online]. Available: http://ode.rsl.wustl.edu/moon/indexProductSearch.aspx

[23] M. N. Naugol'Naya and N. S. Soboleva, "A study of the lunar soil in regions with temperature anomalies," Solar Syst. Res., vol. 35, no. 1, pp. 35—45, Jan. 2001.

[24] V. D. Krotikov and V. S. Troitsky, "Radio emission and nature of the Moon," Sov. Phys. Uspekhi, vol. 6, pp. 841—871, 1964.

[25] A. D. Fisher and D. H. Staelin, "Possible effect of subsurface inhomogeneities on the lunar microwave spectrum," Icarus, vol. 32, no. 1, pp. 98—105, Sep. 1977.

[26] W. W. Mendell and M. A. Wieczorek, "Thermogeologic mapping of the Moon from lunar orbit," in Proc. 24th LPSC, Houston, TX, USA, 1993, pp. 977—978.

[27] M. Montopoli, A. Di Carlofelice, P. Tognolatti, and F. S. Marzano, "Remote sensing of the Moon's subsurface with multi—frequency microwave radiometers: A numerical study," Radio Sci., vol. 46, no. 1, Feb. 2011, Art. ID RS1012.

[28] W. Jones, J. Watkins, and T. Calvert, "Temperatures and thermophysical properties of the lunar outermost layer," The Moon, vol. 13, no. 4, pp. 475—494, Dec. 1975.

[29] G. P. Hu et al., "Brightness temperature calculation of lunar crater: Interpretation of topographic effect on microwave data from Chang'E," IEEE Trans. Geosci. Remote Sens., vol. 52, no. 8, pp. 4499—4510, Aug. 2014.

[30] A. R. Vasavada et al., "Lunar equatorial surface temperatures and regolith properties from the diviner lunar radiometer experiment," J. Geophys. Res., Planets, vol. 117, no. E12, Dec. 2012, Art. ID E00H18.

[31] G. D. Racca, "Moon surface thermal characteristics for moon orbiting spacecraft thermal analysis," Planet. Space Sci., vol. 43, no. 6, pp. 835—842, 1995.

[32] W. Fa and Y. Jin, "Quantitative estimation of helium—3 spatial distribution in the lunar regolith layer," Icarus, vol. 190, no. 1, pp. 15—23, Sep. 2007.

[33] V. R. Oberbeck, W. L. Quaide, M. Mahan, and J. Paulson, "Monte Carlo calculations of lunar regolith thickness distributions," Icarus, vol. 19, no. 1, pp. 87—107, May 1973.

[34] Y. G. Shkuratov and N. V. Bondarenko, "Regolith layer thickness mapping of the Moon by radar and optical data," Icarus, vol. 149, no. 2, pp. 329—338, Feb. 2001.

[35] Z. Wang, Y. Li, J. Jiang, and D. Li, "Lunar surface dielectric constant, regolith thickness, and 3He abundance distributions retrieved from the microwave brightness temperatures of CE-1 lunar microwave sounder," Sci. China Earth Sci., vol. 53, no. 9, pp. 1365—1378, Sep. 2010.

[36] L. Tsang, J. A. Kong, and R. T. Shin, Theory of Microwave Remote Sensing. New York, NY, USA: Wiley—Interscience, 1985.

[37] P. Chen, T. Yan, and L. Hua, "Second—order small perturbation method for transmission from dielectric rough surfaces," Waves Random Complex Media, vol. 21, no. 4, pp. 668—689, 2011.

Retrieval of the bulk density of lunar subsurface layer from diurnal differences of Chang'E-2 microwave and LRO infrared brightness temperature data

Dan Zhang[a,b], Qingxia Li[a], Liang Lang[a], Qunhua Xiao[a], Yongchun Zheng[c]

a Science and Technology on Multi－Spectral Information Processing Laboratory, Huazhong University of Science and Technology, Wuhan 430074, China

b Department of Physics, Guangdong University of Education, Guangzhou 510303, China

c The National Astronomical Observatories, Chinese Academy of Sciences, Beijing 100012, China

Abstract: Comparisons of microwave brightness temperature (TB) observed by Chang'E-1 and Chang'E-2 with FeO + TiO_2 content observed by Clementine indicate a correspondence of diurnal difference of microwave TB to FeO + TiO_2 content in distribution, especially for 37 GHz. The correlation of FeO + TiO_2 content and 37 GHz TB is discussed. Consequently, we choose the regions, e.g. (30°N, 25°W) in Mare Imbrium and (30°N, 55°W) in Oceanus Procellarum of uniform FeO + TiO_2 content for further studying the bulk density of lunar subsurface layer, avoiding the interference of FeO and TiO_2. The lunar surface is regarded as a two－layer model. According to the infrared TB observed by LRO which is approximately equal to lunar surface temperature, it is found that the thermophysical properties of the lunar upper surface layer appear uniform for the sampled regions. In that way, distinct diurnal differences of microwave TB in both regions are related to the bulk density of lunar subsurface layer. A theoretical analysis based on a two－layer microwave TB model confirms the correlation between diurnal differences of microwave TB and bulk density of lunar subsurface layer. Finally, the bulk density of lunar subsurface layer is retrieved from microwave TB observed by Chang'E-2, ranging from 1.90 to 2.04 g/cm^3 for a profile at 33°N extending from 120°W to 6°E.

Key words: Microwave brightness temperature (TB); LRO infrared TB; Microwave TB model; FeO + TiO_2 content; Bulk density

1 Introduction

The lunar surface has experienced continuous impact of large and small meteoroids over geologic time. All the lunar landings and photographic investigations show that the entire lunar surface consists of a regolith layer that completely covers the underlying bedrock, except perhaps on some very steep－sided crater walls and lava channels, where there may be exposed bedrock (Heiken et al., 1991). New Lunar Reconnaissance Orbiter Camera high resolution images unambiguously reveal thickness of mare basalt layers exposed in impact craters, rills and steep - walled pits (Robsinon et al., 2012). The regolith layer is material formed by the constant impact gardening and space - weathering of the lunar surface, including rock debris of several kinds, such as lava flows and volcanic ash (Bates and Jackson, 1970). Based on returned core samples from all of the Apollo sites and three of the Luna sites, it shows that the bulk density depth profiles and transverse profiles vary over the lunar surface. The functional relationship between bulk density and depth has been already discussed (Heiken et al., 1991; Keihm and Langseth, 1973). However, the bulk density distribution in the transverse is unknown. Because the formation mechanism and ages are different, lunar regolith is possibly characterized by different bulk density. Different formation mechanism results different terrains, such as impact ejecta, maria and highlands. The bulk density of similar terrain is related to the formation ages, e. g. lunar maria regions. Hayne et al. (2013) used the resulting nighttime regolith temperatures from Diviner's radiance measurements at multiple wavelengths to constrain a model for the subsurface density profile, which shows geographic variability in the density scale height of the upper regolith on a range of scales. Knowledge of the bulk density can provide important information for deducing lunar geologic history.

China has successfully launched two lunar orbiters of Chang'E-1 (CE-1) with a 200 km altitude circular orbit on October 24, 2007 and Chang'E-2 (CE-2) with a lower orbit of 100 km on October 1, 2010 (Feng et al., 2011). They both carried microwave radiometers with multi - frequencies of 3.0, 7.8, 19.35 and 37.0 GHz. The observation angle of the microwave radiometers is 0 with radiometric sensitivity of 0.5 K. There were some improvements in the antenna temperature calibration of CE-2 microwave radiometers from CE-1 microwave radiometers. The spatial resolution of CE-1 is about 50 km for 3 GHz, and 35 km for other channels, and that of CE-2 is about 25 km for 3 GHz, and 15 km for other channels (Wang et al., 2010). One of the scientific objectives of the CE-1 and CE-2 missions is to measure the microwave brightness temperature (TB) of the whole lunar surface, and then to perform retrieval of the regolith thickness, and quantitative estimation of the total store of Helium - 3 in the lunar regolith (Gong and Jin, 2013). In addition, the microwave TB could provide important clues to understand the thermal evolution of the Moon (Zheng et al., 2012).

The Diviner Lunar Radiometer Experiment on board Lunar Reconnaissance Orbiter (LRO) carries out high - resolution and global observation of the Moon in 7 infrared spectral channels (from channel 3 to channel 9) that ranges from 7.55 to 400 μm (Paige et al., 2010). The field of view of Diviner actually varies depending on the observation geometry, and has varied greatly over the mission so far, mainly due to changes of LRO's orbit (Sefton - Nash et al., 2014). Lunar surface temperature distribution and variation over most of the lunar diurnal cycle were obtained by its diviner radiometer channel 8 of 50 – 100 μm wavelengths (Paige et al., 2010). The information can provide surface boundary conditions for further interpretation of CE-1 and CE-2 microwave TB.

The infrared TB reflects the thermophysical properties of lunar surface layer of several millimeters. Compared to infrared TB, microwave TB originates from deeper layers and contains information about the properties of the regolith to a certain depth. It is chiefly sensitive to dielectric constant, thermal conductivity, bulk density and heat capacity, etc. These physical parameters are in turn related to constituents of the regolith including metal abundances, especially FeO + TiO_2 content, and rocks of different sizes (Chan et al., 2010). The microwave and infrared observations would together provide an approach to study the bulk density of lunar regolith.

In this paper, the diurnal difference of 37 GHz microwave TB observed by CE-1 and CE-2 and FeO + TiO_2 content observed by Clementine are correlatively analyzed. Comparisons of diurnal differences of 37 GHz microwave TB observed by CE-1 and CE-2 and the infrared TB observed by LRO diviner 8 channel at (30°N, 25°W) in Mare Imbrium and that of (30°N, 55°W) in Oceanus Procellarum are utilized to analyze the thermophysical properties of lunar regolith. Diurnal difference of 37 GHz microwave TB in these two regions is discussed using a two – layer microwave TB model. It confirms that the difference of diurnal difference of 37 GHz microwave TB is correlated with the bulk density of the subsurface layer. We provide the bulk density distribution ranging from 1.90 to 2.04 g/cm^3 for a profile at 33°N extending from 120°W to 6°E.

2 The correlation of diurnal difference of microwave TB data and FeO + TiO_2 content

The 1289 tracks of CE-1 TB data from November 2007 to July 2008 and 2041 tracks of CE-2 TB data from January 2010 to May 2011 were collected. Due to the circular polar orbit, the TBs were measured at different local time, which were closely related to the solar incident and azimuth angles. Based on Julian chronometry, the recorded observation time (coordinated universal time, UTC) in observed data set was translated into lunar local time (Hu et al., 2014). Fig. 1 shows the diurnal difference of 37 GHz TB data derived from time – normalized 37 GHz TB data at noon and midnight by subtraction. During the CE-1, it observed an area at most 8 times. Due to incomplete diurnal coverage, the TBs at noon or midnight are missing in many locations. Thus, the TB which was not observed at a special time is interpolated, so it is for CE-2. By means of diurnal difference of microwave TB, some important information such as thermophysical properties and dielectric property of lunar regolith can be extracted.

From Fig. 1, Maps of diurnal difference of 37 GHz microwave TB observed by CE-1 and CE-2 show color variation trend with close similarity to those seen in the distribution

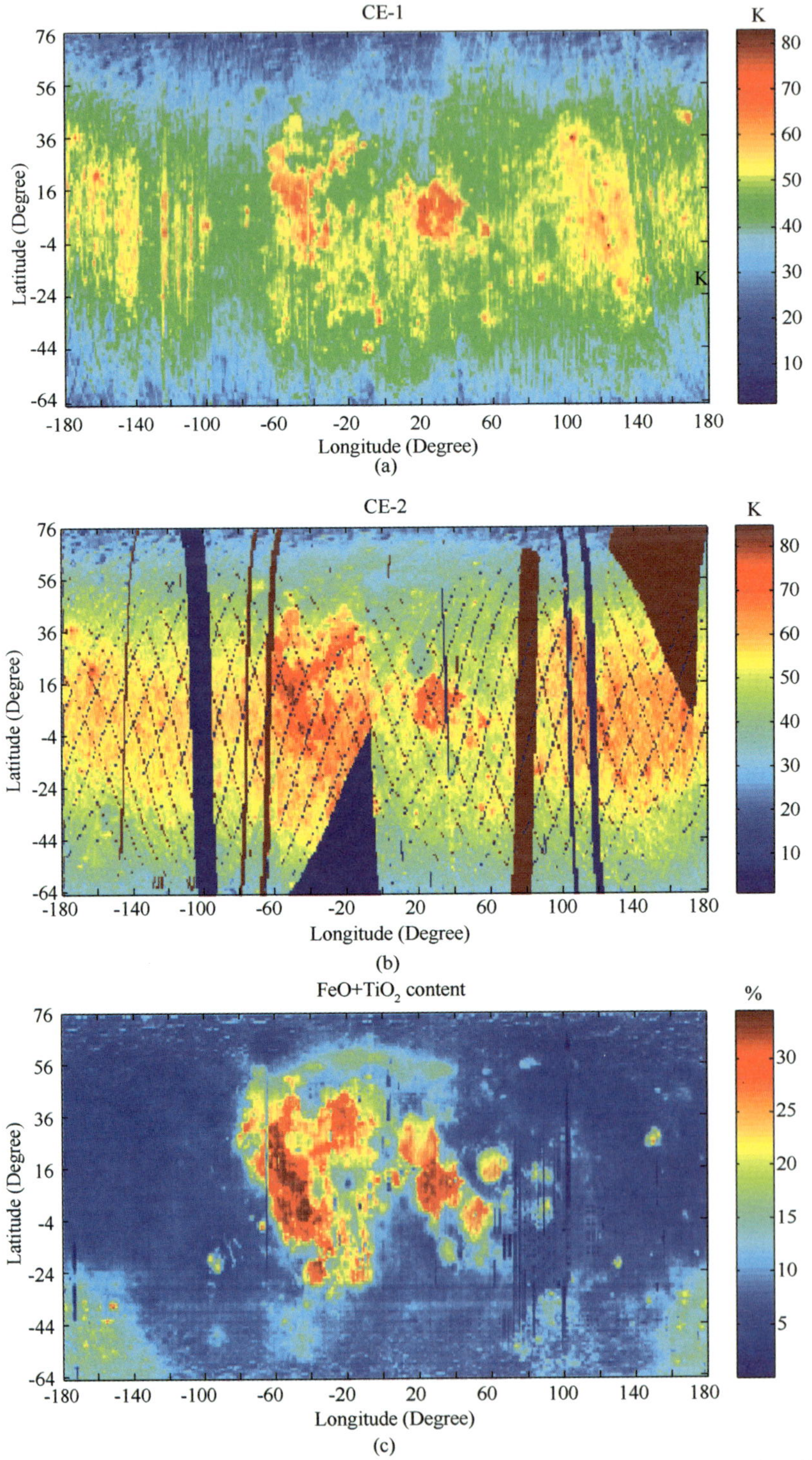

Fig. 1　Distributions of diurnal differences of 37 GHz microwave TB (K) observed by CE-1 (a) and CE-2 (b), and FeO + TiO_2 content (%) observed by Clementine (c).

of $FeO + TiO_2$ content observed by Clementine (Lawrence et al., 2002; Lucey et al., 2000; Wilcox et al., 2005), which affects the dielectric property of lunar material. The larger diurnal difference of microwave TB and $FeO + TiO_2$ content are basically concentrated in the maria areas of lunar nearside. Correlatively analysis between 37 GHz TB and $FeO + TiO_2$ content in 30—60°N, 75°W—30°E area is carried out. It can be seen that the correlation coefficients are respectively 0.5652 and 0.6274 in Figs. 2 and 3. The influence of $FeO + TiO_2$ content on TB is clearly reflected. Here, our focus of study is not the $FeO + TiO_2$ content, but to further investigate lunar regolith thermophysical properties on the premise of uniform $FeO + TiO_2$ content.

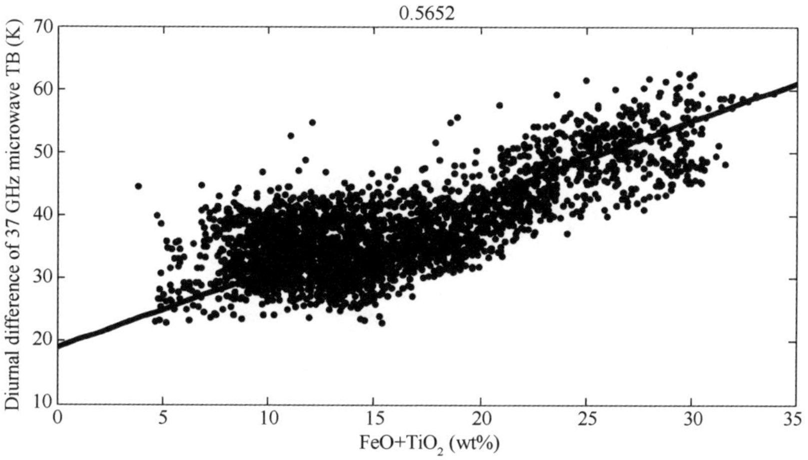

Fig. 2. The correlation of diurnal difference of CE-1 microwave TB and $FeO + TiO_2$ content in 30—60°N, 75°W—30°E area.

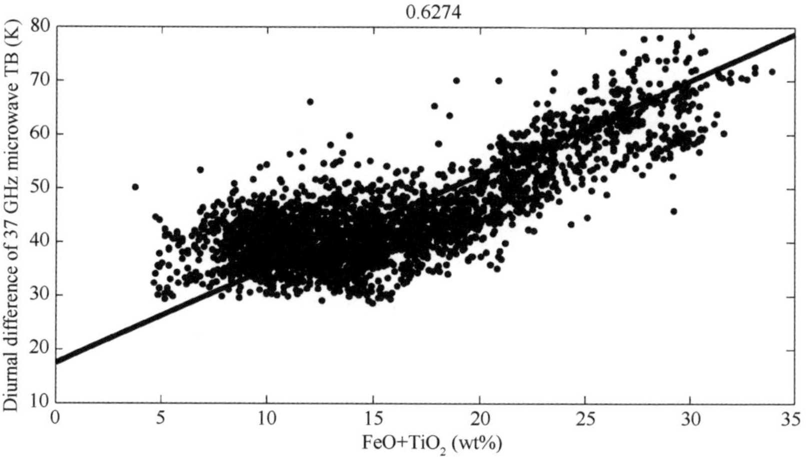

Fig. 3. The correlation of diurnal difference of CE-2 microwave TB and $FeO + TiO_2$ content in 30—60°N, 75°W—30°E area.

3 Lunar surface microwave TB model

Owing to pretty low dielectric property of lunar regolith, microwave can penetrate through the lunar surface. Penetration depth of microwave depends primarily on its wavelength and the dielectric property of lunar regolith. According to the definition of the penetration depth, the penetration depth of 37 GHz frequency comes to be 0.5 m, assumed the loss tangent of the lunar materials is 0.0093 (Ulaby et al., 1982). Regolith thicknesses in the maria are typically only a few meters (Heiken et al., 1991). Therefore, lunar surface can be simplified to be a two-layer regolith media model as shown in Fig. 4, assuming that the two-layer material are both homogeneous.

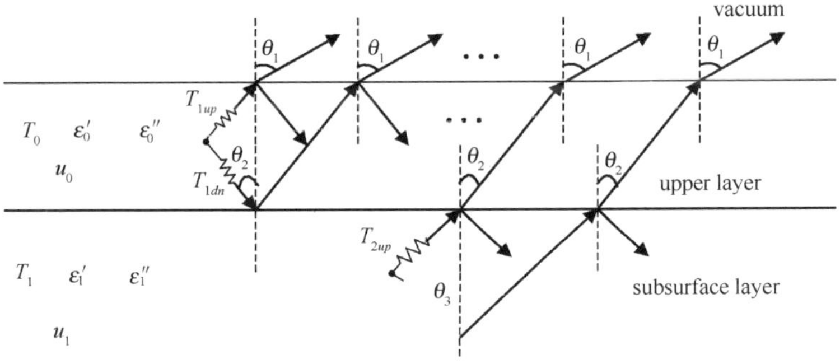

Fig. 4　A two-layer model of the lunar surface, consisting of an upper layer and a subsurface layer.

Based on the radiative transfer theory, microwave TB from the two-layer media can be calculated as follows (Ulaby et al., 1981)

$$H_b = \frac{\left(1+\frac{\Gamma_2}{L_1}\right)(1-\Gamma_2)\left(1-\frac{1}{L_1}\right)T_0}{1-\frac{\Gamma_1\Gamma_2}{L_1^2}} + \frac{(1-\Gamma_1)(1-\Gamma_2)T_1}{L_1(1-\Gamma_1\Gamma_2/L_1^2)} \tag{1}$$

where Γ_1 and Γ_2 are the reflectivity between vacuum and upper layer interface, and upper layer and subsurface layer interface, respectively. Γ_1 and Γ_2 are functions of the relative dielectric constant, relative permeability and observation angle (Ulaby et al., 1981), which can be written as

$$\Gamma_1 = \left| \frac{\mu_0 \cos\vartheta_1 - \sqrt{\mu_0 \varepsilon_0 - \sin^2\theta_1}}{\mu_0 \cos\vartheta_1 + \sqrt{\mu_0 \varepsilon_0 - \sin^2\theta_1}} \right| \tag{2}$$

$$\Gamma_2 = \left| \frac{\mu_0 \cos\vartheta_2 - \sqrt{\mu_1 \varepsilon_1 - \sin^2\theta_2}}{\mu_1 \cos\vartheta_2 + \sqrt{\mu_1 \varepsilon_1 - \sin^2\theta_2}} \right| \tag{3}$$

Because the observation angle is 0°, the polarization is not considered in calculating Γ_1 and Γ_2. u_0 and u_1 are the relative magnetic permeability of the upper layer and subsurface layer. $L_1 = e^{k_1 d_1}$ is the transmission loss factor in the upper surface layer; $k_1 = (2\pi f/c)(\varepsilon'/\sqrt{\varepsilon''})$; and d_1 is the thickness of the upper layer; f denotes the frequency of 37 GHz, and $\varepsilon = \varepsilon' + \varepsilon''$ is the relative dielectric constant, which is calculated from $FeO + TiO_2$ content and bulk density (Heiken et al., 1991). It is given by

$$\varepsilon' = 1.919^{\rho} \tag{4}$$

$$\varepsilon'' = 10^{0.038S+0.312\rho-3.260} \tag{5}$$

ρ is the bulk density, and S denotes $FeO + TiO_2$ content. T_0 and T_1 are the physical temperatures of two-layer regolith media. Thus Eq. (1) can be presented as

$$T_b = e_0 T_0 + e_1 T_1 \tag{6}$$

where e_0 and e_1 are effective emissivities, which are related to the frequency, dielectric constant. Therefore the diurnal difference of 37 GHz microwave TB is given as

$$T_d = e_0 (T_{n0} - T_{m0}) + e_1 (T_{n1} - T_{m1}) \tag{7}$$

where T_{n0} and T_{m0} are the physical temperatures of lunar upper layer at noon and midnight; T_{n1} and T_{m1} are those of the subsurface layer at noon and midnight. The diurnal difference of 37 GHz microwave TB is as a function of effective emissivity and diurnal difference of physical temperature profile. For a certain frequency, effective emissivity is mainly related to dielectric constant calculated from $FeO + TiO_2$ content and bulk density, which is controlled by the constituents of the regolith, including metal abundances, especially that of $FeO + TiO_2$, and rocks of different sizes. Diurnal difference of physical temperature profile is determined by lunar thermophysical properties. In short, on the premise of the uniform $FeO + TiO_2$ content, the diurnal difference of 37 GHz microwave TB is dominated by the bulk density and thermophysical properties. For the diurnal difference of microwave TB, lower frequency microwave such as 3, 7.8, and 19.35 GHz is also suited to the two-layer model because the physical temperature is not fluctuated under diurnal layer of ~0.5 m.

Suppose the bulk density is a constant of 1.3 g/cm^3 for the upper surface layer, and that is ranging from 1 to 4 g/cm^3 for the subsurface layer. As shown in Fig.5, the effective emissivity of the upper layer is increasing with the increasing bulk density, while it is converse of the subsurface layer. Here, we assume the upper layer thickness is 0.02 m, and the total thickness is 0.5 m according to the penetration depth of 37 GHz microwave. The $FeO + TiO_2$ content is 28.16 (%). The simulation confirms that the bulk density of subsurface layer has a strong influence on effective emissivity, especially that of the subsurface layer.

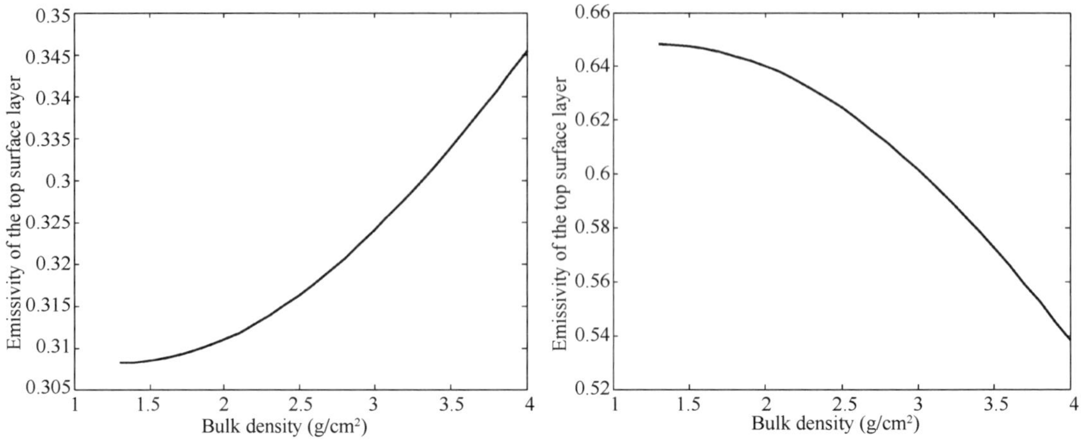

Fig. 5 The effective emissivities of lunar upper surface layer (a) and subsurface layer (b) versus the bulk density of lunar subsurface layer.

4 Diurnal difference of 37 GHz TB data in Mare Imbrium and Oceanus Procellarum

Diurnal differences of 37 GHz microwave TB show color variation trend with close similarity to those seen in the distribution of FeO + TiO_2 content as shown in Fig. 1, so there is the relationship between microwave TB and FeO + TiO_2 content. In order to eliminate the interference of FeO + TiO_2, (30°N, 25°W) in Mare Imbrium and (30°N, 55°W) in Oceanus Procellarum are chosen as regions for further analyzing the thermophysical properties of lunar regolith, where the FeO + TiO_2 contents are respectively 28.18 and 28.16 (%). Here we regard the FeO + TiO_2 content to be uniform in these two regions. In addition, these two regions are at the same latitude where the solar irradiation is approximate.

On the contrary, diurnal differences of microwave TB have great discrepancies. Fig. 6 shows diurnal differences of 37 GHz microwave TB in (30°N, 25°W) and (30°N, 55°W) regions, observed by CE-1 and CE-2, where the gridded data resolution is 1 for each pixel. We extend the (30°N, 25°W) and (30°N, 55°W) regions into 2.5°× 2.5° area. Every 1°× 1° area has a TB value. It can be found that microwave TB in (30°N, 25°W) region is about 10 K higher than that of (30°N, 55°W) region.

While the infrared TB is compared, there is no obvious difference between these two regions, as shown in Fig. 7. Diurnal difference in the surface temperature is strongly dependent on the thermophysical properties of the upper several centimeters of the material, which can be expressed by thermal inertia. The thermal inertia represents the ability of the upper surface to conduct and store heat energy during the day and to return that

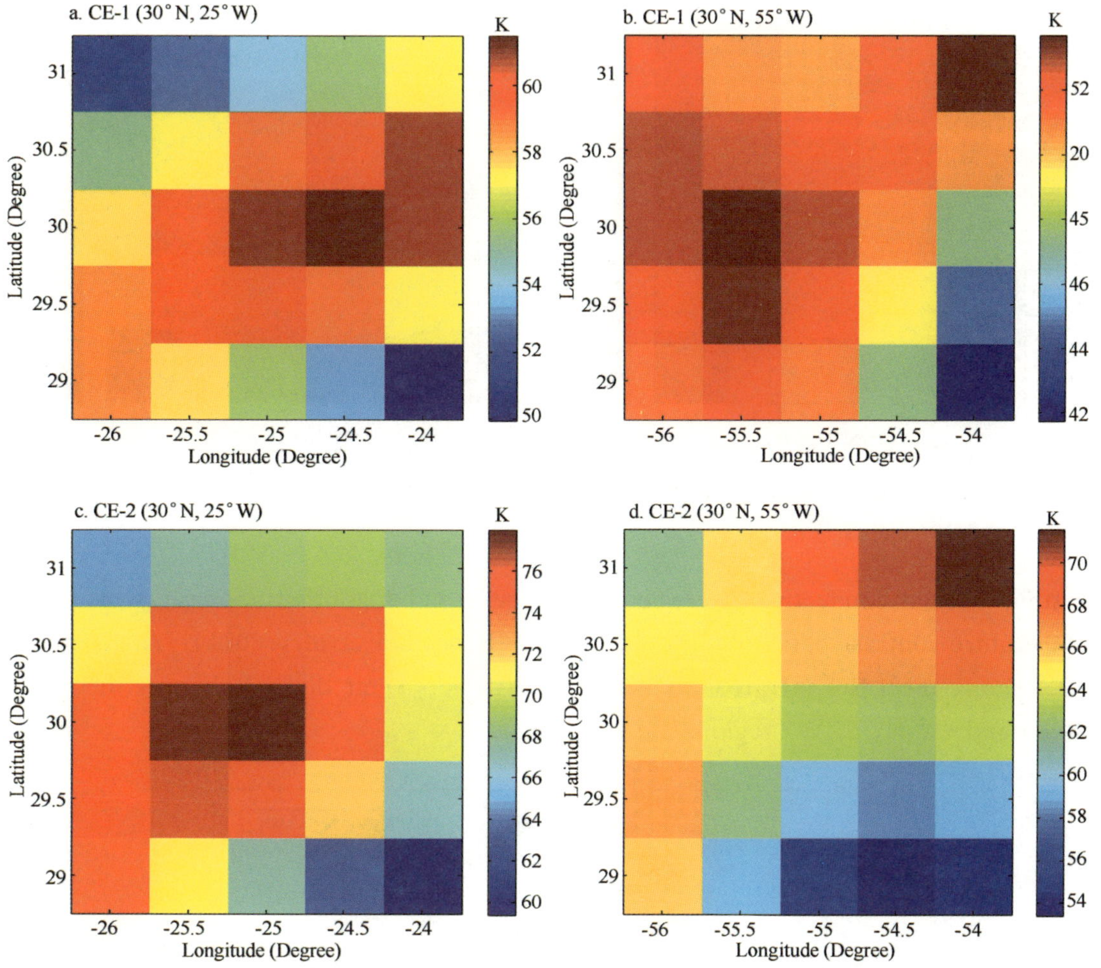

Fig. 6　Diurnal differences of lunar microwave brightness temperature of 37 GHz at (30°N, 25°W), (30°N, 55°W), observed by CE-1 and CE-2. (a) CE-1 Tb_{37} at (30°N, 25°W); (b) CE-1 Tb_{37} at (30° N, 55°W); (c) CE-2 Tb_{37} at (30°N, 25°W); (d) CE-2 Tb_{37} at (30°N, 55°W).

heat energy through the night, which is defined as a combination of thermal conductivity k, bulk density ρ, and heat capacity c (Mellon et al., 2000):

$$I = \sqrt{k\rho c} \tag{8}$$

In such a case, the thermal inertia of lunar upper surface layer in (30°N, 25°W) and (30° N, 55°W) regions are generally thought to be identical due to the agreement of diurnal difference of the infrared TB. The Diviner brightness temperatures reveal variations in rock abundance and nighttime regolith temperatures. Nighttime temperatures are diagnostic of near-surface thermophysical properties. Regolith temperatures and rock concentrations are highly correlated within local regions. For example, craters that display elevated rock concentrations also display elevated regolith temperatures. The highly con-

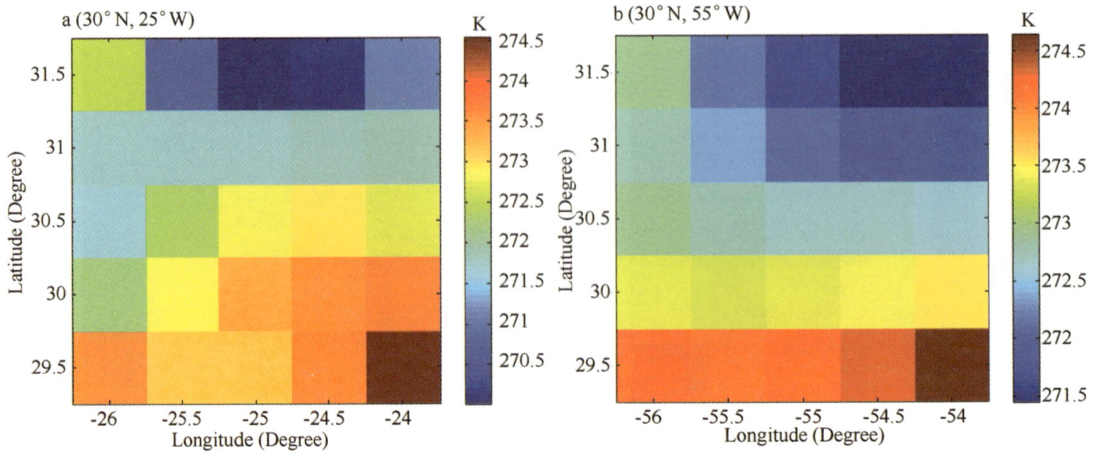

Fig. 7　Diurnal differences of LRO 8 channel infrared brightness temperature in (30°N, 25°W) and (30°N, 55°W) regions.

trasting thermal conductivity between lunar rocks and regolith fines results in a large temperature contrast between these materials (Bandfield et al., 2011). Additionally, Fig. 8 shows the LRO infrared TB versus local time. Their diurnal changes in (30°N, 25°W) and (30°N, 55°W) regions are coincident.

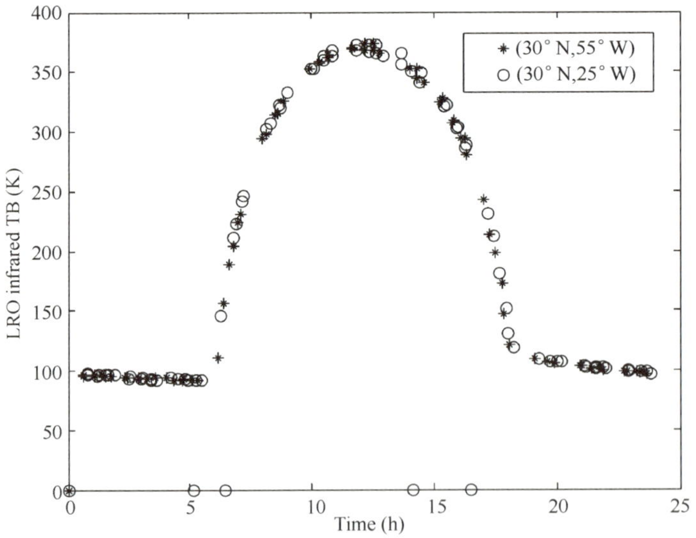

Fig. 8　LRO 8 channel infrared brightness temperature versus local time at (30°N, 25°W) and (30°N, 55°W) regions.

That is to say, the materials of lunar upper surface layer have the same thermophysical properties. It demonstrates that the diurnal differences of 37 GHz microwave TB are different possibly due to the bulk density of the subsurface layer. Here, the diurnal difference of microwave TB in (30°N, 25°W) and (30°N, 55°W) regions is given as

$$T_{dM} = e_{0M} \cdot \Delta T_{0M} + E_{1M} \cdot \Delta T_{1M} \tag{9}$$

$$T_{dO} = e_{0O} \cdot \Delta T_{0O} + e_{1O} \cdot \Delta T_{1O} \tag{10}$$

where $T_{dM} > T_{dO}$; $\Delta T_{0M} = \Delta T_{0O}$[symbol M denotes (30°N, 25°W) in Mare Imbrium; symbol O denotes (30°N, 55°W) in Oceanus Procellarum]. Due to the same physical properties, the effective emissivities of the upper surface layer are only affected by the bulk density of the subsurface layer as shown in Fig. 5(a). It can be seen that the effective emissivity of the upper surface layer increases with the increasing bulk density of the subsurface layer. Because the bulk density is determined by constituents of the regolith including metal abundances, especially that of $FeO + TiO_2$, and rocks of different sizes, it is merely related to the rocks of different sizes on the premise of the same $FeO + TiO_2$ content. Moreover, the rocks of different sizes directly influence the bulk density. It can be concluded that the bulk density of the subsurface layer in (30°N, 25°W) region is higher than that in (30°N, 55°W) region.

This conclusion seems to be reasonable owning to the different formation age. Mare Imbrium is the youngest major basin located entirely on the lunar nearside, younger than Oceanus Procellarum (Heiken et al., 1991). And the subsurface of (30°N, 25°W) region in Mare Imbrium probably consists of larger size rock debris. In contrast, the subsurface of (30°N, 55°W) region in Oceanus Procellarum consists of small pieces due to a longer time of continuous impact of large and small meteoroids. Therefore the effective emissivity of the upper layer in (30°N, 25°W) region is larger than that of the subsurface layer in (30°N, 55°W) region, while it is converse of the subsurface layer, i. e. $e_{0M} > e_{0O}$, and $e_{1M} < e_{1O}$.

The bulk density is a factor affecting the thermal inertia, thus $\Delta T_{1M} < \Delta T_{1O}$ under this assumption, calculated from a thermal conduction equation (Vasavada et al., 1999), as shown in Fig. 9. Here, the subsurface layer with higher bulk density is labeled as rock, and that with lower bulk density is labeled as gravel in Fig. 9. The upper surface layers in both regions are labeled as soil. Due to the identical thermophysical properties of the upper surface layer, let $\rho = 1.3\ g/cm^3$ for the lunar upper surface layer of about 0.02 m both in (30°N, 25°W) and (30°N, 55°W) regions. In the subsurface layer, the bulk density of (30°N, 25°W) is assumed to be $3\ g/cm^3$, and the bulk density of (30°N, 55°W) is $1.8\ g/cm^3$. The thermal conductivity and heat capacity are functions of physical temperature of lunar regolith (Vasavada et al., 1999). Fig. 9 demonstrates that the diurnal change of surface temperature is slightly affected by the subsurface bulk density during the night, when the upper surface thermophysical properties are uniform. This is in accord with measured infrared TB by LRO in these two regions. In addition, the temperatures of subsurface are apparently different due to different bulk density. The bulk density determines the thermal inertia of the subsurface layer.

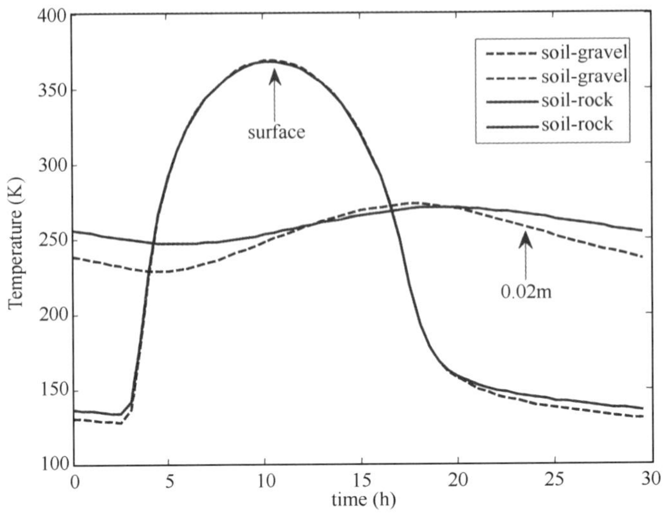

Fig. 9 Lunar physical temperature calculated from a thermal conduction equation using a two-layer model, e. g. a upper surface layer of 0.02 m, and a subsurface layer. The upper surface layer is set to be identical, with different bulk density of the subsurface layer, respectively.

As we have discussed above, the diurnal change of microwave emission in the subsurface layer is attenuated with the increasing bulk density. However, the diurnal change of microwave emission in the upper surface layer contributes more to the total diurnal change of microwave emission because the Moon experiences extremes in surface temperature due to its slow rotation, lack of atmosphere and the near-ubiquitous presence of a highly insulating regolith layer (Vasavada et al., 2012). However, the diurnal change of physical temperature in the subsurface layer is much smaller than that of the upper surface layer owing to pretty low thermal conductivity of lunar upper surface layer. The relation can be expressed as

$$\Delta T_{0M} \gg \Delta T_{1M} \quad \Delta T_{0O} \gg \Delta_{1O} \tag{11}$$

Therefore, the diurnal difference of 37 GHz microwave TB in (30°N, 25°W) is larger than that in (30°N, 55°W).

In addition, the bulk density of the subsurface layer contributes to the loss tangent. The higher the bulk density is, the larger the loss tangent is. Therefore, the penetration depth decreases with the increasing bulk density of the subsurface layer. Detectable 37 GHz microwave TB is more concentrated in the shallow layer. The physical temperatures of the shallow layer vary in wide range due to the pretty low thermal conductivity. As a result, the diurnal difference of 37 GHz microwave TB with higher bulk density in the subsurface layer is obvious.

5 Retrieval of the bulk density of lunar subsurface layer

Based on a two - layer microwave TB model, firstly retrieval of the diurnal temperature differencc is carried out to calibrate the observed microwave TB data. Though penetration depth of four channels is different, diurnal change of the physical temperature beneath the diurnal layer (0.5 m) is ignored. Thus diurnal difference of lower frequency microwave TB is not sensitive to the much deeper radiation.

Though the infrared brightness temperatures are influenced by the lunar surface roughness (Bandfield et al., 2015), the proper regions and local time for the infrared brightness temperatures could avoid the interference. Now select the CE-2 TB data for a profile at 33°N extending from 120°W to 6°E for retrieving the bulk density of lunar subsurface layer. Diurnal difference of infrared TBs in this region indicate that the thermophysical properties are similar as shown in Fig. 10, where diurnal difference of infrared TB changes no more than 5 K. These can be regard as the identical physical temperature of lunar upper surface layer for setting the same bulk density in the upper surface layer.

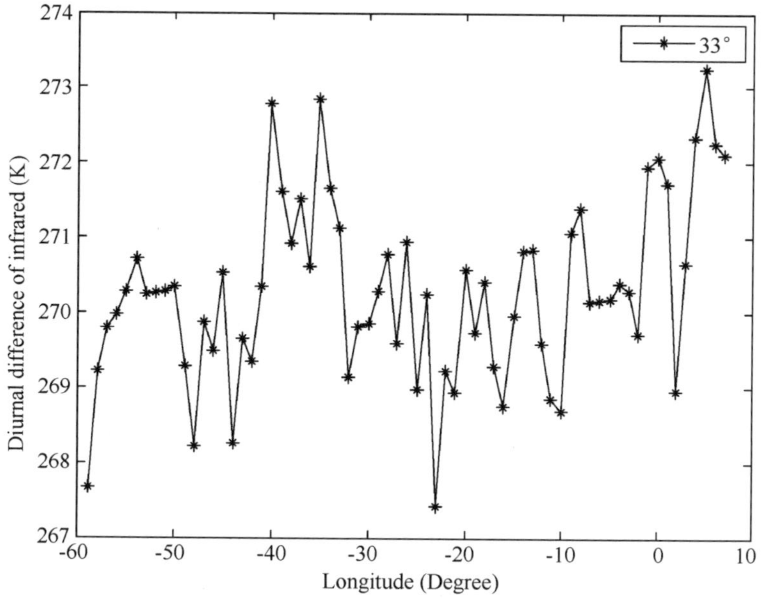

Fig. 10　Diurnal difference of LRO infrared brightness temperature for a profile at 33°N extending from 120°W to 6°E.

To avoid an ill - posed problem, the least mean square method is employed to retrieve the diurnal difference of physical temperature ΔT_0 and ΔT_1 based on the minimized difference between the simulated TB and the observed TB at four frequency channels (37, 19.35, 7.8, 3 GHz). It is written as

$$\Delta T_d = \sqrt{(T_{b3} - T_{b3}^o)^2 + (T_{b7.8} - T_{b7.8}^o)^2 + (T_{b19.35} - T_{b19.35}^o)^2 + (T_{b37} - T_{b37}^o)^2} \tag{12}$$

The superscript 'o' denotes observation. Making the variation ranges of ΔT_0 within (T_0 10, $T_0 + 10$), ΔT_1 (0, 100), Eq. (12) is solved to find the most appropriate ΔT_0 and ΔT_1. T_0 is determined from infrared TB observed by LRO. The bulk density of the upper surface layer is chosen to be 1.3 g/cm^3. And the thickness of the upper surface layer is 0.02 m. The corresponding dielectric constant is calculated from FeO + TiO_2 for a profile at 33°N extending from 120°W to 6°E.

Using the retrieved diurnal difference of physical temperature ΔT_0 and ΔT_1 for calibrating the observed microwave TB, we can simulate the TB of four channels based on the two-layer model for the area for a profile at 33°N extending from 120°W to 6°E. Then comparisons of these simulations with observations are given in Fig. 11. 37 GHz and 19.35 GHz microwave TBs fit better. Deviations can be seen at 7.8 GHz and 3 GHz.

For inverting the bulk density of the subsurface, 37 GHz and 19.35 GHz microwave TB are calibrated and then used. The calibrated curve is the black line, as shown in Fig. 12. Simulated TBs are in accordance with observed TBs. Likewise, the least mean square method is employed to retrieve the bulk density of the subsurface layer. It is expressed as

$$\Delta T_d = \sqrt{(T_{b19.35}(\rho, S, d, T) - T_{b19.35}^o)^2 + (T_{b137}(\rho, S, d, T) - T_{b37}^o)^2}$$

The superscript 'o' denotes observation after calibration. The simulated brightness temperature is a function of the bulk density, FeO + TiO_2 content, the depth and the physical temperature. Except for the unknown bulk density of the lunar subsurface layer, other physical parameters are determined. When the method finds the minimal value of ΔT_d, the bulk density of the lunar subsurface layer is retrieved. Fig. 13 gives the retrieved bulk density of lunar subsurface layer for a profile at 33°N extending from 120°W to 6°E. The bulk density of the subsurface layer ranges from 1.90 to 2.04 g/cm^3. The results are close to the measured values. It can be seen that the bulk density of lunar subsurface layer is different with the regional variation.

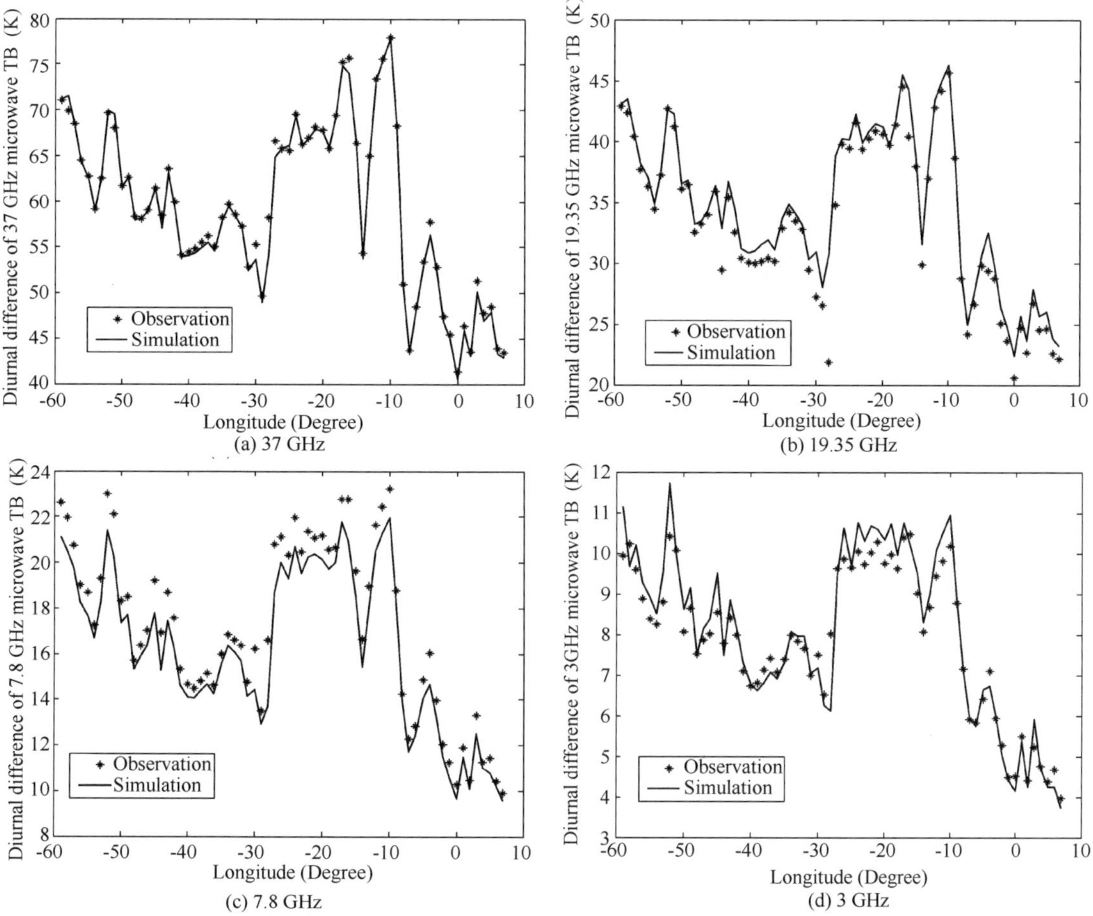

Fig. 11　Comparison of observed and simulated TB for a profile at 33°N extending from 120°W to 6°E.

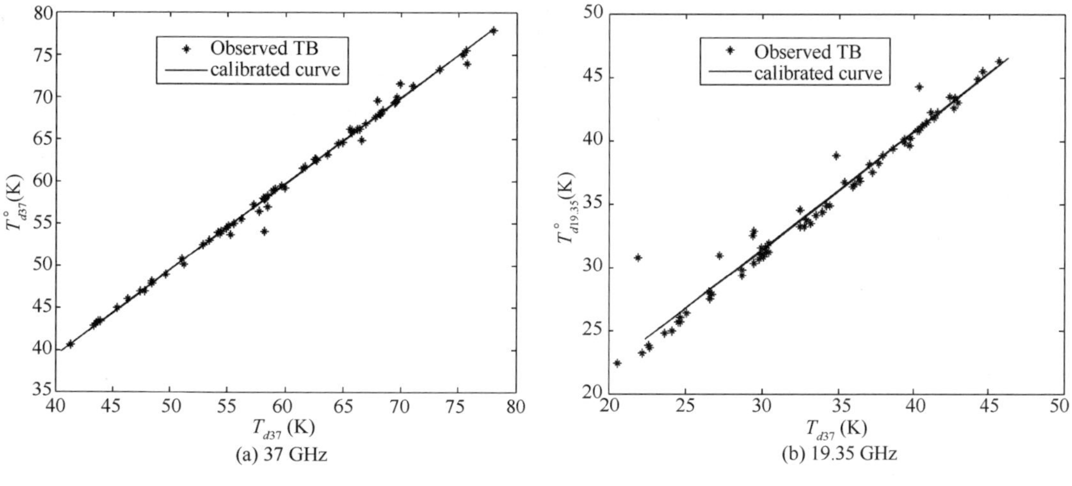

Fig. 12　Data calibration for 37 GHz and 19.35 GHz. The horizontal axis is the simulated TB based on the two-layer microwave TB model. The vertical axis is the observed TB by CE-2.

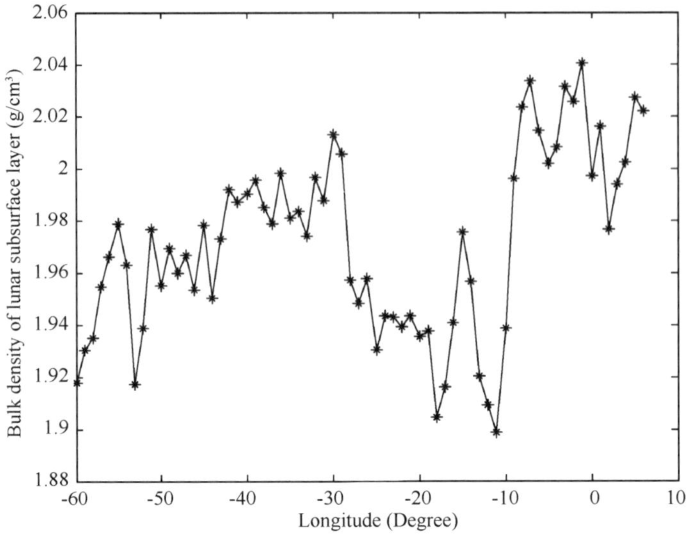

Fig. 13　Inverted bulk density of the subsurface layer (g/cm^3) for a profile at 33°N extending from 120°W to 6°E.

6　Conclusion

Correlation analysis of microwave TB and $FeO + TiO_2$ content indicates that they are highly correlative. Diurnal difference of microwave TB in lunar (30°N, 25°W) region is about 10 K higher than that in lunar (30°N, 55°W) region at the premise of uniform $FeO + TiO_2$, which is an important factor for determining lunar surface microwave TB. Meanwhile, the infrared TBs observed by LRO show that the physical properties of lunar upper surface layer have no discrepancy. Hence, the distinct diurnal differences of microwave TB result from the bulk density of lunar subsurface layer.

Under the assumption that the bulk density of the subsurface layer in (30°N, 25°W) region is larger than that in (30°N, 55°W) region. This assumption seems to be reasonable. Based on a two-layer microwave TB model, the effective emissivities of lunar upper surface layer and subsurface layer are calculated. It shows that the effective emissivity of the upper layer is increasing with the increasing bulk density, while it is converse of the subsurface layer. Meanwhile, the larger bulk density results in the small diurnal difference of physical temperature. Though the diurnal difference of microwave emission from the subsurface layer contributes less with the increasing bulk density of the subsurface layer, the main contribution is from the upper surface layer due to the apparent difference of physical temperature. Therefore (30°N, 25°W) and (30°N, 55°W) regions show diverse diurnal difference of 37 GHz microwave TB on the premise of identical thermophysical properties on the surface and $FeO + TiO_2$ content.

Based on a two-layer microwave TB model, the diurnal difference of physical temperature ΔT_0 and ΔT_1 are firstly retrieved for calibrating the microwave TB observed by CE-2 for a profile at 33°N extending from 120°W to 6°E. Then Use the retrieved parameters and calibrated microwave TB, the bulk density of the subsurface layer is retrieved, ranging from 1.90 to 2.04 g/cm^3. The results are close to the measured values. It can be seen that the bulk density of lunar subsurface layer is different with the regional variation.

The results demonstrate that the bulk density of the subsurface layer affects the diurnal difference of the microwave TB. It both affects the effective emissivity and the diurnal difference of the physical temperature.

Acknowledgments

This work is supported in part by the National High Technology Research and Development Program of China (863 Program) (No. 2010AA122204) and in part by the National Natural Science Foundation of China (Nos. 40904051, 41001195, 41275032).

References

[1] Bates, R.L., Jackson, J.A., 1970. Glossary of Geology, second ed. American Geological Institute, Falls Church, Virginia.

[2] Bandfield, J.L., Ghent, R.R., Vasavada, A.R., Paige, D.A., Lawrence, S.J., Robinson, M. S., 2011. Lunar surface rock abundance and regolith fines temperatures derived from LRO Diviner Radiometer data. J. Geophys. Res. 116, E00H02.

[3] Bandfield, J.L., Hayne, P.O., Williams, J.P., Greenhagen, B.T., 2015. Lunar surface roughness derived from LRO diviner radiometer observations. Icarus 248, 357—372.

[4] Chan, K.L., Tsang, K.T., Kong, B., Zheng, Y.C., 2010. Lunar regolith thermal behavior revealed by Chang'E-1 microwave brightness temperature data. Earth Planet. Sci. Lett. 295 (1), 287—291.

[5] Feng, J.Q., Su, Y., Zheng, L., Liu, J.J., 2011. Lunar brightness temperature from Microwave radiometers data of Chang'E-1 and Chang'E-2. In: EPSC—DPS Joint Meeting, vol. 1, p. 1838.

[6] Gong, X.H., Jin, Y.Q., 2013. Diurnal change of MW and IR thermal emissions from lunar craters with relevance to rock abundance. Acta Astronaut. 237—246.

[7] Hayne, P.O., Ghent, R., Bandfield, J.L., Vasavada, A.R., et al., 2013. Formation and evolution of the Moon's upper regolith: constrains from Diviner thermal measurements. In: Lunar and Planetary Science Conference.

[8] Heiken, G., Vaniman, D., French, B.M. (Eds.), Lunar Sourcebook: A User's Guide to the Moon. CUP Archive, 1991.

[9] Hu, G.P., Chen, K., Huang, Q.L., Guo, W., Li, Q.X., Gui, L.Q., Cheng, Y.B., 2014.

Brightness temperature calculation of lunar crater: Interpretation of topographic effect on microwave data from Chang'E. IEEE Trans. Geosci. Remote Sens. 52, 8.

[10] Keihm, S.J., Langseth Jr, M.G., 1973. Surface brightness temperatures at the Apollo 17 heat flow site: Thermal conductivity of the upper 15 cm of regolith. In: Lunar and Planetary Science Conference Proceedings, vol. 4, p. 2503.

[11] Lawrence, D.J., Feldman, W.C., Elphic, R.C., Little, R.C., Prettyman, T.H., et al., 2002. Iron abundances on the lunar surface as measured by the lunar prospector gamma—ray and neutron spectrometers. J. Geophys. Res. 107 (E12), 5130.

[12] Lucey, P.G., Blewett, D.T., Jolliff, B.L., 2000. Lunar iron and titanium abundance algorithms based on final processing of Clementine ultraviolet—visible images. J. Geophys. Res. 105 (E8), 20297—20305.

[13] Mellon, M.T., Jakosky, B.M., Kieffer, H.H., Christensen, P.R., 2000. High—resolution thermal inertia mapping from Mars global surveyor thermal emission spectrometer. Icarus 148, 437—455.

[14] Paige, D.A., Foote, M.C., Greenhagen, B.T., Schofield, J.T., Calcutt, S., et al., 2010. The lunar reconnaissance orbiter diviner lunar radiometer experiment. Space Sci. Rev. 150, 125—160.

[15] Robinson, M.S., Ashley, J.W., Boyd, A.K., Wagner, R.V., Speyerer, E.J., et al., 2012. Confirmation of sublunarean voids and thin layering in mare deposits. Planet. Space Sci. 69, 18—27.

[16] Sefton—Nash, E., Williams, J.P., Paige, D.A., 2014. Modeling, gridding and storage of eff ective fields—of—view for terascale, point—based planetary datasets: case study—LRO diviner. Lunar Planet. Sci. Conf. Abstracts 2737.

[17] Ulaby, F.T., Moore, R.K., Fung, A.K., 1981. Microwave Remote Sensing Active and Passive: Microwave Remote Sensing Fundamentals and Radiometry, vol. 1. Artech House, Norwood, MA.

[18] Ulaby, F.T., Moore, R.K., Fung, A.K., 1982. Microwave Remote Sensing Active and Passive: Radar Remote Sensing and Surface Scattering and Emission Theory, vol. 2. Artech House, Norwood, MA.

[19] Vasavada, A.R., Paige, D.A., Wood, S.E., 1999. Near—surface temperatures on Mercury and the Moon and the stability of polar ice. Icarus 141, 179—193.

[20] Vasavada, A.R., Bandfield, J.L., Greenhagen, B.T., Hayne, P.O., Siegler, M.A., Williams, Jean—Pierre, Paige, D.A., 2012. Lunar equatorial surface temperatures and regolith properties from the diviner lunar radiometer experiment. J. Geophys. Res. 117.

[21] Wang, Z.Z., Li, Y., Zhang, D.H., 2010. Prelaunch calibration of Chang'E- 2 lunar microwave radiometer. In: ICMMT 2010 Proceedings, pp. 1551—1554.

[22] Wilcox, B.B., Lucey, P.G., Gillis, J.J., 2005. Mapping iron in the lunar mare: an improved approach. J. Geophys. Res. 110, E11001. http:// dx.doi.org/10.1029/2005JE002512.

[23] Zheng, Y.C., Tsang, K.T., Chan, K.L., Zou, Y.L., Zhang, F., Ouyang, Z.Y., 2012. The first microwave map of the complete moon: the role of local time in global imaging. Icarus 219, 194—210.

Simulations of ultra—long wavelength interferometers in Earth orbit and on the lunar surface

Mo Zhang[1], Mao-Hai Huang[1] and Yi-Hua Yan[2]

1 Key Laboratory of Space Astronomy and Technology, National Astronomical Observatories, Chinese Academy of Sciences, Beijing 100012, China; mhuang@nao.cas.cn

2 Key Laboratory of Solar Activity, National Astronomical Observatories, Chinese Academy of Sciences, Beijing 100012, China

Abstract: We present simulations of interferometers in Earth orbit and on the lunar surface to guide the design and optimization of space-based ultra-long wavelength missions, such as those pioneered by China's Chang'e Program. We choose parameters and present simulations using simulated data to identify inter-dependencies and constraints on science and engineering parameters. A regolith model is created for the lunar surface array simulation, and the results show that the lunar regolith will have an undesirable effect on the observations. We estimate data transmission requirements, calculate sensitivities for both cases, and discuss the trade-off between brightness temperature sensitivity and angular resolution for the Earth orbit array case.

Key words: techniques: interferometric — Moon — methods: data analysis

1 INTRODUCTION

The ultra-long wavelength (ULW) spectral window in astrophysics is generally defined as the radio band at wavelengths longer than 10 m. In this paper, we emphasize wavelengths between 10m and 10 km (0.03~30 MHz). The ULW is a potentially significant frequency range for radio astronomy but currently has not well been explored (Jester & Falcke 2009). Due to observational constraints from Earth's ionosphere and artificial and natural radio frequency interferences, astronomical observations in this frequency range are more readily conducted from space. Antennas deployed in Earth orbit or on the lunar surface (Jester & Falcke 2009) are able to receive signals well below 10 MHz, being mainly limited by the interplanetary plasma cutoff frequency of 20~30 kHz. Compared with groundbased observations, space interferometers allow for baselines many times longer than the diameter of Earth, making much higher angular resolutions achievable even at ULW bands.

For astronomical space interferometry observations, requirements on array configurations and observation time windows vary greatly, depending on the properties of celestial objects and the nature of the astronomical phenomena being observed. Observations of compact sources require high angular resolution, therefore, long baselines are necessary, but studies of faint extended sources require high surface brightness sensitivities, which demand high array filling factors and therefore shorter baselines are essential. A full-sky survey mission would also impose different requirements compared with a time-domain event monitor.

Science requirements, engineering constraints and environmental obstacles must all be evaluated quantitatively in a trade-off study. Given the highly different, and sometimes contradictory, requirements of astronomical space interferometry missions, the outcome of the mission needs to be evaluated quantitatively against a set of science and engineering requirements and environmental constraints so that trade-offs appropriate to a space ULW mission can be made. Engineering factors to be considered include the accuracy of baseline determination, time synchronization, onboard processing and data transmission capabilities, and, for a lunar surface mission, power supply and antenna deployment. Environmental effects include the effects of space plasma and radio interference. Interplanetary, interstellar and lunar plasma degrade observation results through angular broadening, time-delay and Faraday rotation effects. Artificial and natural ULW radio interference from Earth that escapes the ionosphere is among the main obstacles that need to be overcome for ULW observations conducted near Earth (Woan 2000).

This paper aims to establish a framework for the trade-off study. Specifically, we simulate observations made by an antenna array for two cases: an array deployed in Earth orbit, and an array deployed on the lunar surface. We first select orbital parameters for the Earth orbit case and antenna positions for the lunar surface case and then obtain the $(u; v)$-coverage for each, then we simulate the signal that the antennas receive and use these to create images. The quality of the synthesized beam is used to evaluate the image quality. We add the number of antennas, orbit, regolith properties, integration time, duty cycle, bandwidth and observing frequency into the simulation and observe how the results of the simulated observations are affected by these factors.

As a first iteration of a trade-off study between scientific requirements and engineering constraints, in this paper we set the requirements for a hypothetical space ULW mission to the values given in Table 1.

Table 1　Mission Requirements

Parameter	Value
Number of antennas	$\geqslant 2$
Baseline range:	
– Earth orbit	20 ～14 000 km
– Lunar surface	10 km
Angular resolution[a]:	

Continud

Parameter	Value
− At 0.1～1 MHz	～6°
− At 1～10 MHz	～0:2°
Beam DM (See Sect. 2.2)	>10
Observing frequency	0.3～30 MHz
Antenna type	Dipole
Number of polarizations	2

Notes: [a] 10 times better than best existing surveys.

In Sections 2 and 3, we present simulations of an antenna array in Earth orbit and on the lunar surface, respectively, and estimate data transmission requirements for both cases; in Section 4, we discuss sensitivities; finally, in Section 5, we give a summary.

2 SIMULATION FOR AN ARRAY IN EARTH ORBIT

2.1 Simulation Parameters

Compared with ground-based antenna arrays, in Earth orbit, an array experiences real-time 3D movements, and the (u, v)-coverage may be significantly different and vary greatly when the synthesized beam is pointing in different directions. In addition, during observations, one or more antennas may be on the backside of the Earth, where the signal from some directions is blocked. In general, a strategy to maximize the number of available antennas at certain observation periods is needed to improve the (u, v)-coverage, and therefore the image quality. Below, we examine a relatively simple case in which the source is never occulted by Earth. The simulation parameters are listed in Table 2. All three antennas are sent into a 500 km orbit by one launch. Antenna 2 needs an orbital maneuver and antenna 3 needs two steps of orbital maneuvers to reach the expected orbits.

Table 2　Array Parameters for the Earth Orbit Simulation

Parameter	Antenna 1	Antenna 2	Antenna 3
Perigee (km)	500	500	700
Apogee (km)	500	700	700
i (°)	0	0	0
ω (°)	0	0	0
Ω	…	…	…
t_0	0	0	0
Duty cycle	1 s per 90 s (see Sect. 2.3)		
Observing frequency	10 MHz		
Phase center	North Celestial Pole		

2.2 Simulation Results

Figures 1, 2 and 3 show the (u; v)- coverages and cross - sectional views of the synthesized beams for integration times of 1 h, 6 h and 24 h, respectively. As shown in the right panels of these figures, the beam directivity improves with longer integrations. The diffraction - limited theoretical resolution and the beam directivity measure (DM), defined as the maximum value of the main beam divided by the root mean square "noise" in the beam map, are shown in Table 3 for different observation periods. Observation quality for sources in other directions can be simulated using the same method, with the effect of Earth occultations considered if necessary.

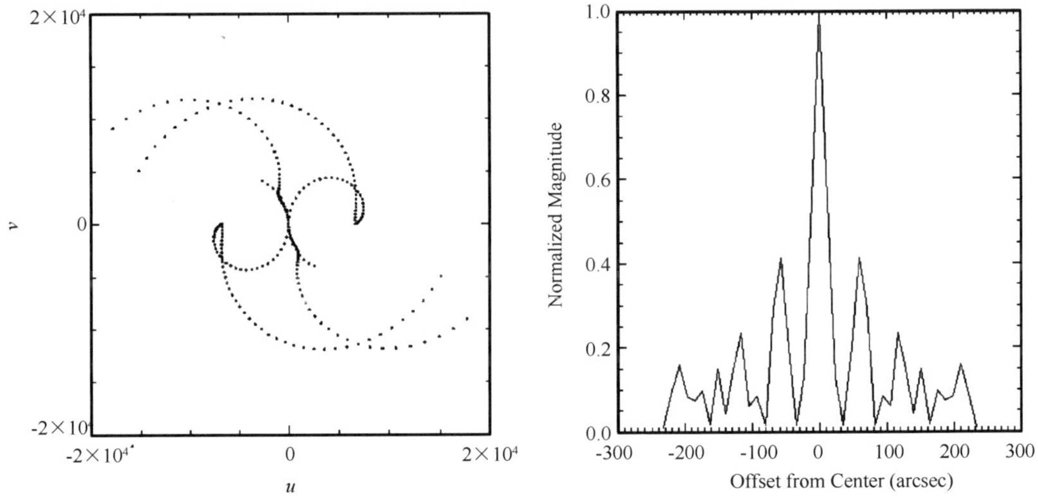

Fig. 1　(u, v)- coverage and beam profile for a 1 h observation.

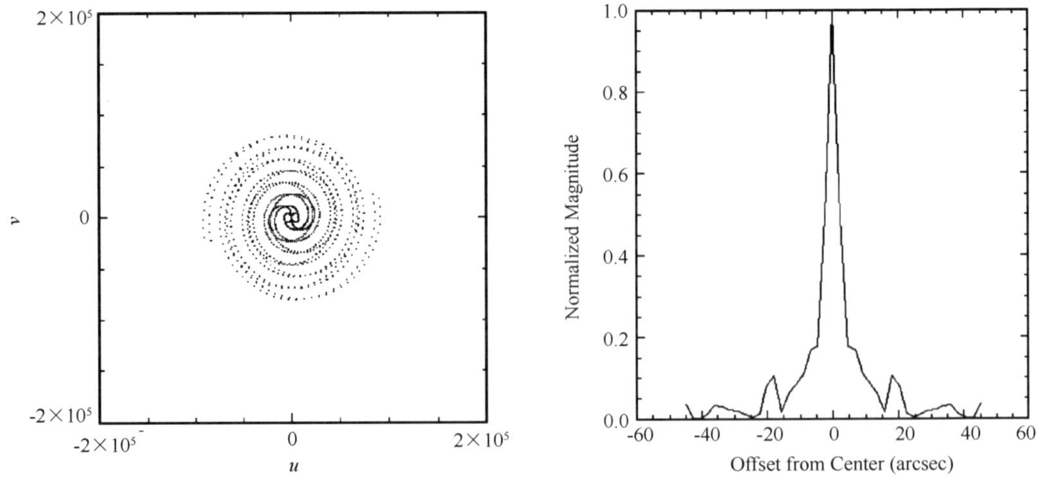

Fig. 2　Same as Fig. 1, but for 6 h.

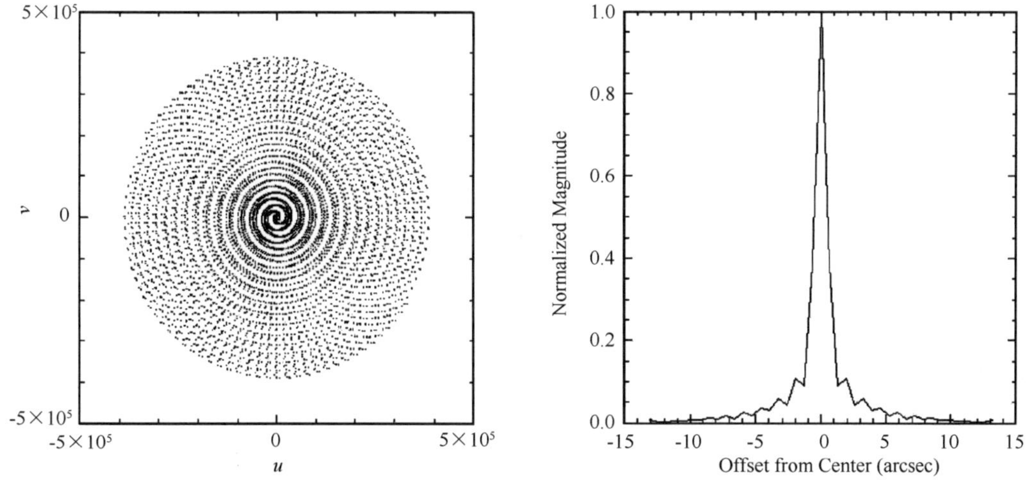

Fig. 3　Same as Fig. 1, but for 24 h.

Table 3　Beam DM for Different Observation Periods

Observation period(h)	Theoretical resolution (″)	Beam DM
1	12	14
6	2	31
24	0.7	60

2.3　Data Transmission Requirements

We assume that the ULW signal received by the antenna is sampled without down-conversion, and all the signals are transmitted to the ground for processing. The data volume is the product of the bits per sample, sampling frequency, integration time and number of polarizations. For an observing frequency of 10 MHz, the sampling frequency must be at least 20 MHz for lossless recovery, according to the Nyquist sampling theorem. We also assume that each sample occupies 1 bit of storage per polarization and that there are two polarizations per antenna, in which case each antenna will achieve a data rate of 10 MHz×2 ×1 bit per sample×2 polarizations = 40 Mbps, not including housekeeping and auxiliary data.

We adopt the parameters of a recent study by CNES (Peragin et al. 2012) to evaluate constraints on downlink requirements in the X-band. This study shows that a volume of 39.9 Gb data can be downloaded in the X-band with a 5 m station, considering a 95 min orbit with an 8 min pass window on average and three passes per day. An observation duty cycle is applied to reduce the data volume because the downlink speed is not fast enough if data are taken all the time. As shown in Table 4, if the observation duty cycle is set to 1 s per 90 s, the bandwidth requirement is ~27 Mbps per antenna station, which is acceptable.

Table 4 Data Transmission Requirements for the Earth Orbit Array

Parameter	Value
Observing frequency	10 MHz
Sampling frequency	20 MHz
Duty cycle	1 s per 90 s
Bits per sample	1
Number of polarizations	2
Data rate requirement (one station)	27 Mbps

2.4 Discussion

In our simulations, we assume that the antennas are nearly collocated when the observation starts. This is not generally true. The (u, v)-coverage for an arbitrary initial configuration or an arbitrary period of time, and the statistical properties thereof, can be studied based on the method given in this section.

In the design of some space VLBI missions, the antennas are always parallel to the surface of the Earth. With multiple antennas in different orbit positions, this design will result in nonparallel beams, which in general will reduce sensitivity and (u, v)-coverage. For our simulations above, however, this issue does not exist because the orbital plane is on the equator and the antennas always point to the Celestial North Pole, which is the phase center. In a simulation of a general case, the issue of nonparallel antennas should be considered.

If one needs to make observations with high time resolution, such as of solar radio bursts, the (u, v)-coverage of each snapshot may be very poor, especially when using a small number of antennas. For such cases, further investigation is required to develop mission configurations and data reduction techniques.

3 SIMULATION FOR AN ARRAY ON THE LUNAR SURFACE

3.1 Lunar Regolith Modeling

The relative permittivity of the lunar regolith is approximately 6 (Woan 1996). For a dipole lying on the lunar surface, the response to the signal transmitted from below the lunar surface will be 4.5 times that for a signal from above it (Woan 1996).

The depth of lunar regolith is about 10 m (Lindsay 1976). If the observing frequency is 20 MHz, the signal transmission distance in the regolith is about two times the wavelength, with a travel time of about 100 ns. The signal an antenna receives is the sum of the signals from the sky and from beneath the lunar surface. For the same source, the two signal components are emitted at different times due to reflection of the signal in the lunar regolith. Greater incidence angles result in a longer optical path in the regolith. The regolith will affect the coherence of signals and therefore the imaging quality in complex ways. In the following, we quantitatively show the effect with a simplified model to explain how the lunar regolith affects such observations.

Figure 4 shows a simplified model of the lunar regolith. Below the regolith is bedrock, which serves as a reflector. This model ignores the complex structure of the lunar regolith and bedrock; it assumes that the depth of the regolith is constant, the regolith is uniform and isotropic, and the boundary between regolith and bedrock is flat.

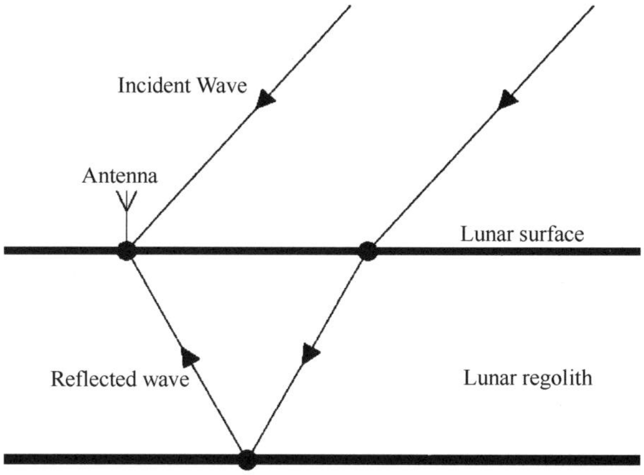

Fig. 4　Simplified signal transmission path model for the lunar regolith.

3.2　Simulation Results

Table 5 shows the parameters we used in the lunar surface simulation, considering there are only two antennas, one on the lander and one on the rover. Both of them are on the near side of the Moon.

Table 5　Array Parameters for the Lunar Surface Simulation

Parameter	Value
Number of antennas	2
Antenna latitude	45° N
Antenna configuration	East－west, 10 km separation
Hour－angle sampling range	－60° ～60°
Observation wavelength	15 m
Source position	North Celestial Pole
Lunar regolith:	
－ Depth	10 m
－ Refractive index (Lindsay 1976)	1.5
－ Signal attenuation ratio[a]	0.1
Antenna type	Short dipole
Number of samples	100

Notes: [a] Defined as the ratio of the signal magnitude from beneath the lunar surface to that from above, without considering antenna gain.

Figures 5 and 6 show the (u; v)- coverage and beam profiles of the simulation. By comparing the two beam profiles in Figure 6, one can see that the beam DM is smaller when the effect of lunar regolith is taken into account (Table 6). We conclude that the lunar regolith will have an undesirable effect on imaging, which confirms the above discussion.

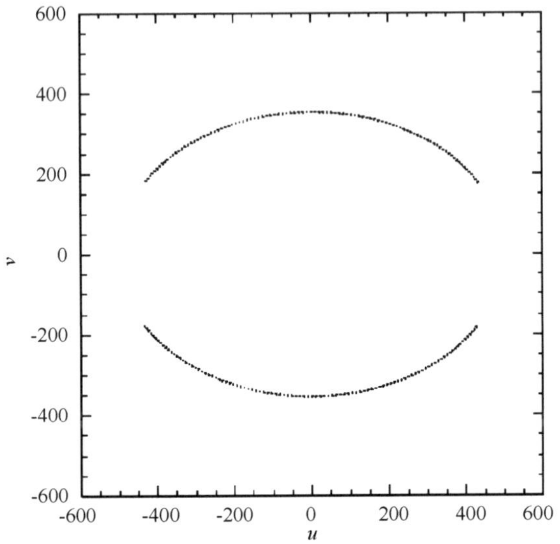

Fig. 5　(u, v)- coverage of the two- antenna array.

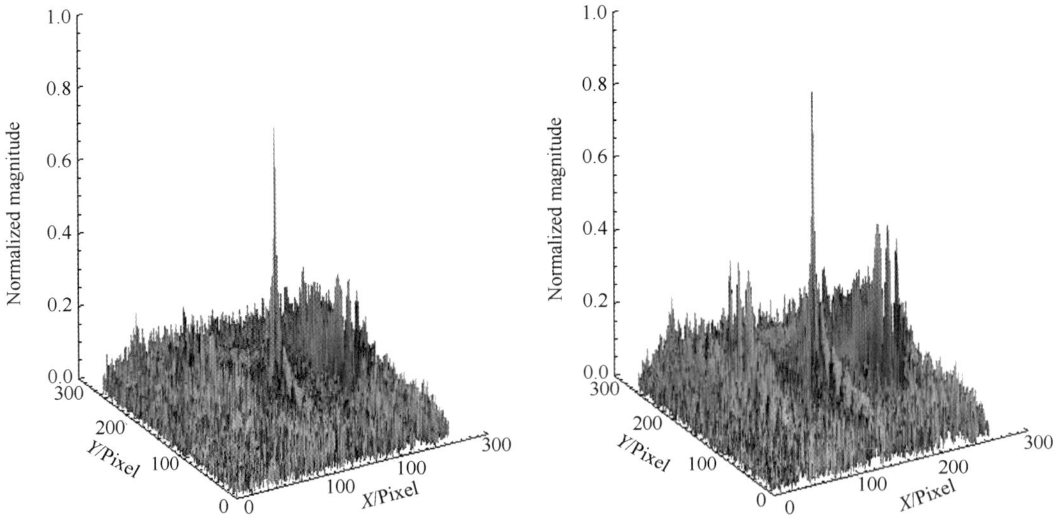

Fig. 6　Normalized beam profile when ignoring the effect of lunar regolith (left) and when taking it into account (right).

Table 6　Beam DM for Different Parameters

Lunar regolith	Beam DM
Not considered	17
Taken into account	15

3.3　Data Transmission Requirements

Compared with the Earth orbit antenna array, the data transmission bandwidth for a lunar array is much more limited, approximately 2.5 Mbps in the case of the Chang'E-1 mission. We assume the antennas are located on the near side of the Moon and are visible from a ground station for 8 hours a day on average. Furthermore, we assume that each antenna has a dedicated downlink channel with a capacity of 2.5 Mbps, downlinking data 8 hours per day; for an observing frequency of 10 MHz, 1 - bit sampling and two polarizations, a duty cycle of 1 s per 48 s is needed to meet the data transmission bandwidth requirement. According to the long - term plan of the Chang'e Program, we assume the lander and the rover are on the near side of the Moon. If they are on the far side of the Moon, a relay satellite orbiting around the Moon is needed. The transmission capability of the relay satellite is assumed to be the same as the lander and the rover, so the calculations are still applicable.

4　ARRAY SENSITIVITY

We assume basic observational parameters to derive the flux sensitivity and brightness temperature sensitivity of the antenna arrays. When the antenna beam is much larger than the angular size of the source, the observer is interested in the flux sensitivity; when the beam is comparable to or smaller than the source, the observer is interested in the brightness temperature sensitivity.

The flux sensitivity can be defined as

$$\sigma_s = \frac{2kT_{sys}}{A_e \sqrt{n(n-1)\Delta v \tau n_p}} (\mathrm{Jy}) \tag{1}$$

where T_{sys} is the antenna system temperature, n is the number of antennas, Δv is the bandwidth or channel width, τ is the integration time, n_p is the number of polarizations, Ae is the effective collecting area of one dipole, which is defined as $3\lambda^2/8\pi$ (Woan 1996), and k is the Boltzmann constant (1380 Jy K^{-1} m^2).

The brightness temperature sensitivity is defined as

$$\sigma_t = \frac{D^2 T_{sys}}{A_e \sqrt{n(n-1)\Delta v \tau n_p}} (\mathrm{K}) \tag{2}$$

where D is the maximum baseline of the interferometer array.

Tables 7 and 8 show the two types of sensitivity for different observation parameters (bandwidth, observation wavelength and antenna number), assuming $n_p = 2$ and $\tau = 86\,400$ s. A reduction of 36% in the sensitivity caused by 1 - bit sampling has been taken into account (Thompson et al. 2001). For ULW observations, T_{sys} is dominated by the Galactic background radio emission; at frequencies above 2 MHz, it can be approximated by a power law (Jester & Falcke 2009)

$$T_{sys} = 16.3 \times 10^6 \mathrm{K}\left(\frac{v}{2\mathrm{MHz}}\right)^{-2.53} \tag{3}$$

At frequencies below 2 MHz, we use the value predicted by the RAE-2 spacecraft, 2×10^7 K at 1 MHz (Novaco & Brown 1978).

Table 7　Flux Sensitivity for Different Array Parameters

Number of antennas	λ= 10 m(30 MHz)		λ= 30 m (10 MHz)		λ = 300 m (1 MHz)	
	Bandwidth (MHz)	Sensitivity (Jy)	Bandwidth (MHz)	Sensitivity (Jy)	Bandwidth (MHz)	Sensitivity (Jy)
2		10		18		43
3	1	6	1	10	0.1	24
10		1		2		6
2		3		5		13
3	10	1	10	3	1	7
10		0.4		0.8		2

Table 8　Temperature Sensitivity for Different Array Parameters

Bandwidth (MHz)	Number of antennas	Temperature sensitivity (σ_t) at λ= 30 m (K)	
		Earth orbit: D = 14 000 km[a]	Lunar surface: D = 10 km
	2	1×10^{12}	6×10^5
1	3	7×10^{11}	3×10^5
	10	2×10^{11}	1×10^5
	2	4×10^{11}	2×10^5
10	3	2×10^{11}	1×10^5
	10	6×10^{10}	3×10^4

Notes: [a] The maximum baseline in this orbit is used for calcuation. A shorter baseline results in better temperature sensitity. see section 4.

We can then choose array parameters that meet the requirements to observe specific radio sources at a certain level of flux density based on these results. For example, the average flux density of 3C 273 is about 10^2 Jy at 30 MHz, according to the flux densities of active radio sources in the 10 kHz ~ 100 MHz range from the ESA (Bely et al. 1997) design study, adapted from Zarka et al. (1997).

For thermal sources, for example regions of ionized gas surrounding massive stars, the maximum brightness temperature is approximately 2×10^4 K. Optically - thick thermal bremsstrahlung emission dominating the quiet Sun produces brightness temperatures of order 106 K (White 2007). For nonthermal sources, the brightness temperature of the Galactic radio background radiation from the polar regions is 2.3×10^7 K at 1 MHz (Cane 1979), and can be as high as 10^{12} K for synchrotron radiation sources (Wilson et al. 2009).

We also note that temperature sensitivity must be high enough to achieve sufficient Signal to Noise Ratio (SNR)

$$\mathrm{SNR}=\frac{T_{\mathrm{sys}}}{\sigma_{\mathrm{t}}}=\frac{A_e}{D^2}\sqrt{n(n-1)\Delta\nu T}=f\sqrt{\Delta\nu T}\,\frac{\sqrt{n(n-1)}}{n} \tag{4}$$

where $f = nA_e/D^2$ is the filling factor of the interferometer. A lunar based observation on the quiet Sun at 10MHz with 10 antennas, that uses a 90 day observation period, 1 s per 90 s duty cycle, 10 km maximum baseline and a 1MHz bandwidth will achieve an SNR of 10.

The maximum baseline is the key factor when considering trade - offs between sensitivity and angular resolution. Taking a low Earth orbit array as an example, an observation with 10 antennas that uses a 10 MHz observing frequency, a 10 MHz bandwidth, a 90 day observation period, 1 s per 90 s duty cycle and 14 000 km maximum baseline will achieve a temperature sensitivity of 6×10^{10} K. In such a case, the angular resolution is about $0.5''$, far from being able to resolve synchrotron selfabsorbed sources at 10^{12} K. Because noise in brightness temperature (σ_{t}) is proportional to D^{-2} and angular resolution is proportional to D^{-1}, reducing the maximum baseline will allow various kinds of sources to be observable with sufficient temperature sensitivity and angular resolution, such as the Galactic radio background radiation at arcminute resolution and solar bursts. There are multiple methods to limit the maximum baseline for an Earth orbit array, either by choosing observing windows so that data for extended sources are only taken when the antennas are close to each other, or by formation flying.

5 SUMMARY

We demonstrate a simulation framework for ULW space arrays in Earth orbit and on the lunar surface to help the overall system design of future ULW missions. We present simulations, estimate the data transmission requirements and calculate sensitivities for both cases. For the lunar surface array case, we create a simplified regolith model, and the results show that the regolith would have an undesirable effect on the observation.

For the Earth orbit array case, we discuss the relation between the maximum array baseline and the angular resolution and the brightness temperature sensitivity to show the trade-off between brightness temperature sensitivity and angular resolution.

Acknowledgements

We would like to thank the referee for the useful and valuable comments in revising the manuscript. This work was supported by a civilian space pre-research project of the State Administration of Science, Technology and Industry for National Defense, China.

References

[1] Bely, P., Laurence, R., Volonte, S., et al. 1997, Very Low Frequency Array on the Lunar Far Side, ESA report SCI (97), European Space Agency, 2

[2] Cane, H. V. 1979, MNRAS, 189, 465

[3] Jester, S., & Falcke, H. 2009, New Astron. Rev., 53, 1

[4] Lindsay, J. F. 1976, Lunar Stratigraphy and Sedimentology (Amsterdam: Elsevier)

[5] Novaco, J. C., & Brown, L. W. 1978, ApJ, 221, 114

[6] Peragin, E., Diez, H., Darnon, F., et al. 2012, X Band downlink for CubeSat, in 26th Annual AIAA/USU Conference on Small Satellite (Logan: Utah State University), http://digitalcommons.usu.edu/smallsat/2012/all2012/52/

[7] Thompson, A. R., Moran, J. M., & Swenson, G. W., Jr. 2001, Interferometry and Synthesis in Radio Astronomy (2nd edn.; New York: Wiley)

[8] White, S. M. 2007, Asian J. Phys, 16, 189

[9] Wilson, T. L., Rohlfs, K., & Hüttemeister, S. 2009, Tools of Radio Astronomy (5th edn., Springer-Verlag)

[10] Woan, G. 1996, in Large Antennas in Radio Astronomy, eds. C. G. M. van't Klooster & A. van Ardenne (Noordwijk: ESTEC), 101

[11] Woan, G. 2000, Radio Astronomy at Long Wavelengths, eds., R. G. Stone, et al. (Washington DC American Geophysical Union Geophysical Monograph Series), 119, 267

[12] Zarka, P., Queinnec, J., Ryabov, B. P., et al. 1997, Planetary Radio Emissions IV, eds. H. O. Rucker, et al. (Wien: Austrian Acad. Sci. press), 101

The deconvolution of lunar brightness temperature based on the maximum entropy method using Chang'E-2 microwave data*

Shu-Guo Xing, Yan Su, Jian-Qing Feng and Chun-Lai Li

National Astronomical Observatories, Chinese Academy of Sciences, Beijing 100012, China; suyan@nao.cas.cn

Abstract: A passive and multi-channel microwave sounder onboard the Chang'E-2 orbiter has successfully acquired microwave observations of the lunar surface and subsurface structure. Compared with the Chang'E-1 orbiter, the Chang'E-2 orbiter obtained more accurate and comprehensive microwave brightness temperature data, which are helpful for further research. Since there is a close relationship between microwave brightness temperature data and some related properties of the lunar regolith, such as the thickness, temperature and dielectric constant, precise and high resolution brightness temperature data are necessary for such research. However, through the detection mechanism of the microwave sounder, the brightness temperature data acquired from the microwave sounder are weighted by the antenna radiation pattern, so the data are the convolution of the antenna radiation pattern with the lunar brightness temperature. In order to obtain the real lunar brightness temperature, a deconvolution method is needed. The aim of this paper is to solve the problem associated with performing deconvolution of the lunar brightness temperature. In this study, we introduce the maximum entropy method (MEM) to process the brightness temperature data and achieve excellent results. The paper mainly includes the following aspects: first, we introduce the principle of the MEM; second, through a series of simulations, the MEM has been verified as an efficient deconvolution method; and third, the MEM is used to process the Chang'E-2 microwave data and the results are significant.

Key words: space vehicles — instruments: microwave sounder — Moon: brightness temperature — methods: maximum entropy method

1 INTRODUCTION

The Chang'E-2 orbiter was launched on 2010 October 1. The microwave sounder was one of the main payloads on both Chang'E-1 and Chang'E-2 orbiters, which was passive and had four channels (3 GHz, 7.8 GHz, 19.35 GHz, 37 GHz) (Jiang et al. 2010). During on-orbit observation, both microwave sounders obtained a large amount of mi-

* Supported by the National Natural Science Foundation of China.

crowave radiation brightness temperature data. Extensive research has been carried out using these microwave brightness temperature data (Fa & Jin 2010; Wang et al. 2010). Benefiting from the lower orbital altitude, the spatial resolution of the microwave sounder on the Chang'E-2 orbiter is nearly twice as high as that of Chang'E-1. In addition, Chang'E-2 measurements covered the lunar surface more completely and collected more tracks of swath data than Chang'E-1. Therefore, more available data can be used to research the radiation characteristics of the lunar surface and subsurface structure. In this paper, we choose the 37 GHz microwave data, which better reflect the lunar surface microwave radiation. Moreover, the Laser Altimeter and the Charge Coupled Device (CCD) camera are also the main payloads on the Chang'E-2 orbiter, thus the Digital Elevation Model (DEM) and CCD images are direct responses to lunar surface structure. Hence, we use the DEM and CCD images to verify the results of the deconvolution.

It is known that in the detection mechanism of the microwave sounder, antenna brightness temperature has been weighted by the antenna radiation pattern. It is the convolution of the antenna radiation pattern and the lunar brightness temperature. The result of this impact is shown in Figure 1. Because of the impact of the antenna pattern, points close together on the original map [Fig. 1(a)] cannot be distinguished in the observation map [Fig. 1 (c)]. Actually, when using the brightness temperature data for research, we suppose the lunar brightness temperature is approximately equal to the antenna brightness temperature, but this will cause a loss of details and a decrease in spatial resolution (Feng et al. 2013). The paper introduces a deconvolution method, named the maximum entropy method (MEM), to eliminate the influence of the antenna pattern. In the field of image reconstruction of radio astronomy, the MEM is a valuable tool that has many advantages in dealing with both extended sources and point sources (Starck et al. 2002).

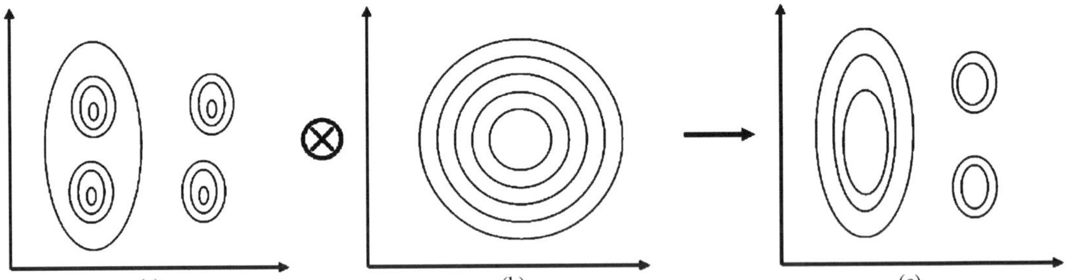

(a)　　(b)　　(c)

Fig. 1　The diagram of the impact of the antenna pattern. (a) The original map; (b) the antenna pattern; and (c) the observation map (the convolution of (a) and (b)).

This paper is organized as follows. In Section 2, a brief description on the principle of MEM is given. In Section 3, a series of simulations is carried out to verify the validity of the MEM. In this section, we introduce two indices, the Mean Squared Error (MSE) and the Peak Signal to Noise Ratio (PSNR), to evaluate the quality of the deconvolution. Through the simulations, we come to the conclusion that the MEM is an efficient deconvolution method. In Section 4, the MEM is used to process the Chang'E-2 brightness temperature data. A new brightness distribution map is shown and compared with the original map, and we also choose several local regions for discussions of the results. Finally, the conclusion of this work is stated in Section 6.

2 THE PRINCIPLE OF THE MEM

In the field of image restoration, Frieden first introduced the concept of image entropy in 1972 (Frieden 1972) and gave the expression, $S = -\sum x(i,j) \ln x(i, j)$, where x defined the gray value of the image at points i and j. With the introduction of image entropy, a new constraint condition was applied in the field of image restoration. Based on the different background and limitations in the application of the MEM, Frieden, Gull and Bryan proposed different MEMs named by the authors names respectively (Frieden 1972; Gull & Daniell 1978; Skilling & Bryan 1984). The MEM used in this paper is based on the method proposed by Bonavito et al. (1993).

Here, the model used in the paper is shown as below

$$\begin{cases} \text{subject to } y(i,j) = x(i,j) \otimes \text{PSF} \\ \max S = -\sum x(i,j) \cdot \ln x(i,j) \\ \text{find } x(i,j) \end{cases}$$

In the above model, x means the original map, y means the observed map, PSF means the antenna pattern and the model indicates that the best solution of the deconvolution needs to obey the constraint of maximum entropy.

With the Lagrange multiplier method, we obtain the maximum entropy distribution,

$$x(i,j) = \exp\left(-\sum_{m,n=1,1}^{i,j} \lambda mn \cdot \text{PSF}\right) / Z(\lambda_{11}, \cdots, \lambda_{ij}) \tag{1}$$

$$Z(\lambda_{11}, \cdots, \lambda_{ij}) = \sum_{1,1}^{i,j} \exp\left(-\sum_{m,n=1,1}^{i,j} \lambda mn \cdot \text{PSF}\right) \tag{2}$$

where Z means the partition function and λ means Lagrange multipliers. Also, a parameter is defined as

$$G = x(i,y) \otimes \text{PSF} - y(i,j). \tag{3}$$

Here we use a more storage - efficient method of successive approximation. Our recursion relation is defined as

$$\lambda(\text{New}) = \lambda(\text{old}) - \ln \frac{y}{y - G} \tag{4}$$

The steps are as follows: in the first step, we set all $\lambda = 0$; in the second step, with the $\lambda = 0$, we find an original value for x from Equation (1); in the third step, we put x, PSF and y in Equation (3), and we calculate G; and in the fourth step, having the value of G, we calculate the new value of λ from Equation (4). Then based on the new λ, we repeat the second step through fourth steps, until λ converges. This method starts with $\lambda=0$, which corresponds to a scene that is a flat map (a map with the maximum possible entropy). The entropy of the scene decreases with each iteration as it converges to the scene with the maximum entropy that satisfies the constraints of the original map and the PSF. For more details, please refer to Bonavito et al. (1993).

3 THE SIMULATION AND VERIFICATION

The simulation includes three aspects, namely the simulation based on a point source, the simulation based on an extended source and the simulation based on the Chang'E-2 microwave brightness temperature data, respectively. Two indices, the MSE and the PSNR, are used to evaluate the quality of the deconvolution. A lower MSE and a higher PSNR indicate better deconvolution results. The definitions of the MSE and PSNR are given below.

$$\mathrm{MSE}=\frac{1}{mn}\sum_{i=0}^{m-1}\sum_{j=0}^{n-1}[Y(i,j)-X(i,j)]^2 \tag{5}$$

$$\mathrm{PSNR}=10\cdot\log_{10}\left(\frac{\mathrm{MAX}^2}{\mathrm{MSE}}\right) \tag{6}$$

where X means the original map, Y means the map to be evaluated and MAX means the maximum value of data representing X. Here, the pattern function used to fit the antenna pattern is shown as below

$$f(\theta)=\mathrm{sinc}\left(\frac{D*\sin(\theta)}{\lambda}\right) \tag{7}$$

where D is the diameter of the ground antenna, λ is the observation wavelength and θ is the antenna pattern angle. The function is used in Section 3.1 and Section 3.2.

3.1 Simulation Based on Point Sources

The purpose of the simulation is to verify the validity of the method when dealing with a point source. The steps of the simulation are as follows.

First, in Figure 2(a), the original data contain three point sources and the values of the point sources are higher than the background. The second step is fitting an antenna pattern using Equation (7). Figure 2(b) shows a two-dimensional curve of the antenna pattern. The third step is convolving the original data with the antenna pattern, then the blurred map is shown in Figure 2(c). The fourth step is using the MEM to process the blurred map, and the result of the deconvolution is shown in Figure 2(d). In addition, the shadows on the lower left of Figure 2(c) and Figure 2(d) represent the projection of 3 dB beam width on the original map and the deconvolved map, respectively.

Because of the impact of the beam width from the antenna pattern, the two point sources in the bottom part of Figure 2(c) nearly become indistinguishable. However, after deconvolution using the MSE is applied, those two point sources can be clearly identi-

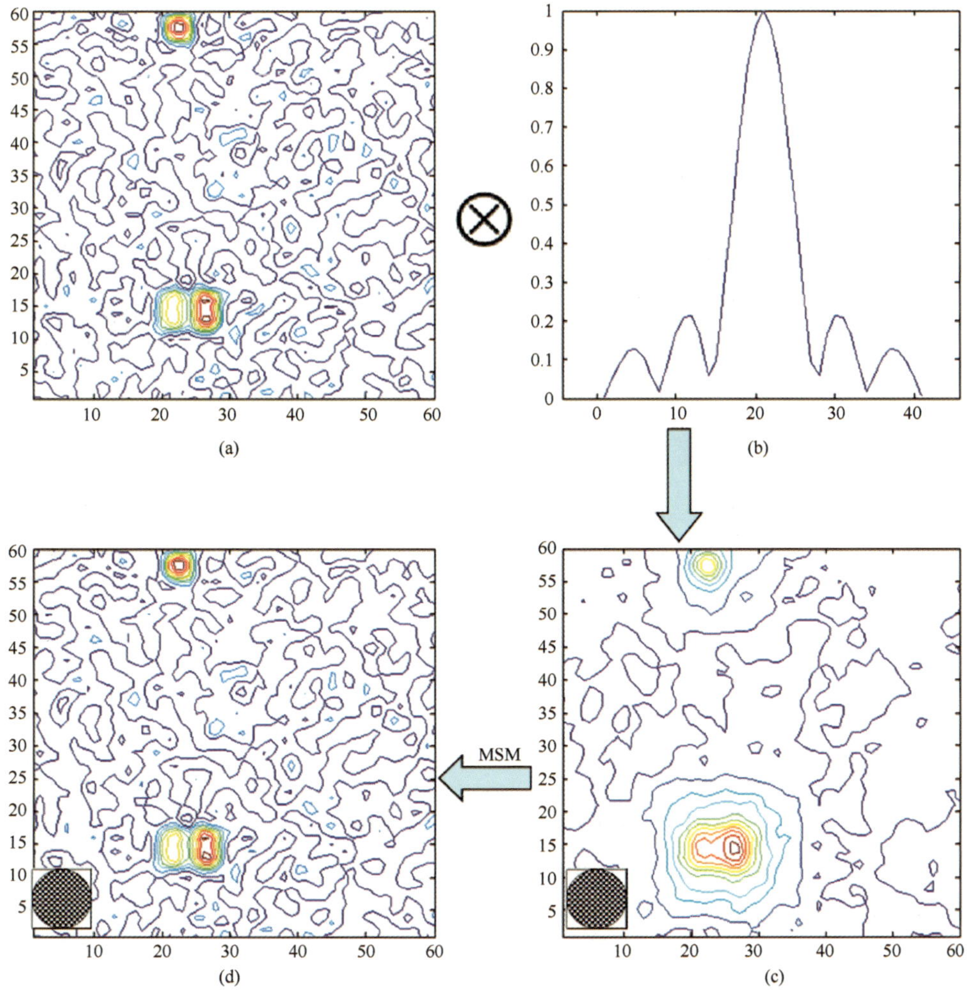

Fig. 2　A schematic representation of the simulation process based on point sources: (a) the original map; (b) the antenna pattern; (c) the blurred map; and (d) the deconvolved map.

fied in Figure 2(d). Compared with the blurred map, the deconvolved map based the MEM recovers the details found in the original data map. Moreover, we can calculate the MSE and PSNR. The MSE and PSNR of the deconvolved map are 0.0113 and 58.3980 respectively, while the values are 0.6309 and 40.9298 for the blurred map. This result demonstrates that the process of deconvolution improves the PSNR and reduces the MSE.

3.2　Simulation Based on An Extended Source

In this simulation, first, an original extended source is shown in Figure 3(a). The value in the middle area is 230 K, while the value in other areas is 0 K. Two forms, the discrete sequence image and the plane image, are shown in order to clearly illustrate the changes between the different images. Second, based on Equation (7), the antenna pattern is shown in Figure 3(b). Then, by convolving the original data with the antenna pattern, the blurred image is shown in Figure 3(c). Finally, using the MEM to process the blurred image, the result of the deconvolution process is shown in Figure 3(d).

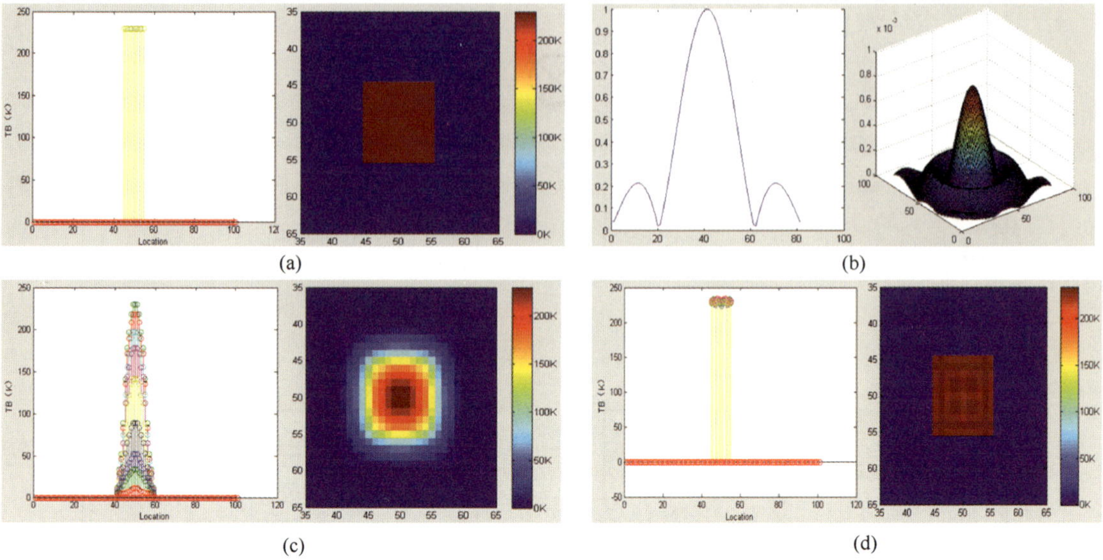

Fig. 3　The simulation based on the ground antenna.

(a) The original source; (b) the antenna pattern; (c) the blurred map; and (d) the deconvolved map.

We calculate the MSE and PSNR. The MSE and PSNR of the blurred map are 0.6608 and 40.1589 respectively, while the values are 0.0466 and 51.6718 in the deconvolved map. Figure 4 shows the residual map of the blurred map and the deconvolved map. The range of values in the residual map of the blurred map is from −150K to 100K but the range of values is from about −0.13K to 0.17K in the deconvolved map. Hence, when processing the extended source data, the MEM produced a better result.

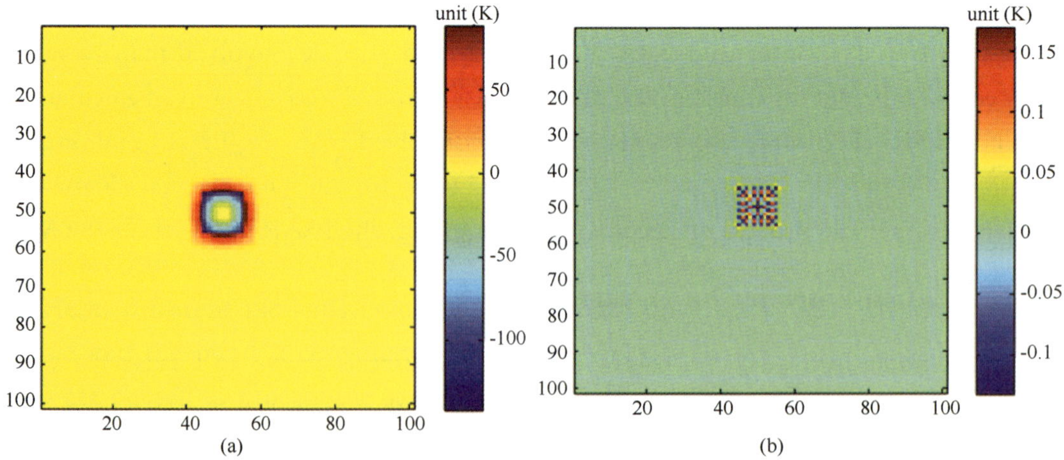

Fig. 4　The residual map of the blurred map and the maximum entropy map.

(a) The blurred one; (b) the deconvolved one. The maps are obtained from the blurred map and the deconvolved map minus the corresponding original map.

3.3 Simulation Based on Chang'E-2 Microwave Data

During the ground calibration testing, we tested the antenna pattern and gain of the 37 GHz channel and obtained four important parameters: (1) the 3 dB beam width that is approximately 10°; (2) the main beam width that is about 26°; (3) the attenuation of the first side lobe is about 22 dB; and (4) the beam width of the first side lobe that is approximately 6°. Based on a Gaussian function, we fitted the antenna pattern function using the above four parameters (the contribution of the main lobe is about 95.9% (Wang et al. 2009), so here we only consider the main lobe and the first side lobe, which are shown in Equation (8). The antenna pattern is shown in Figure 5.

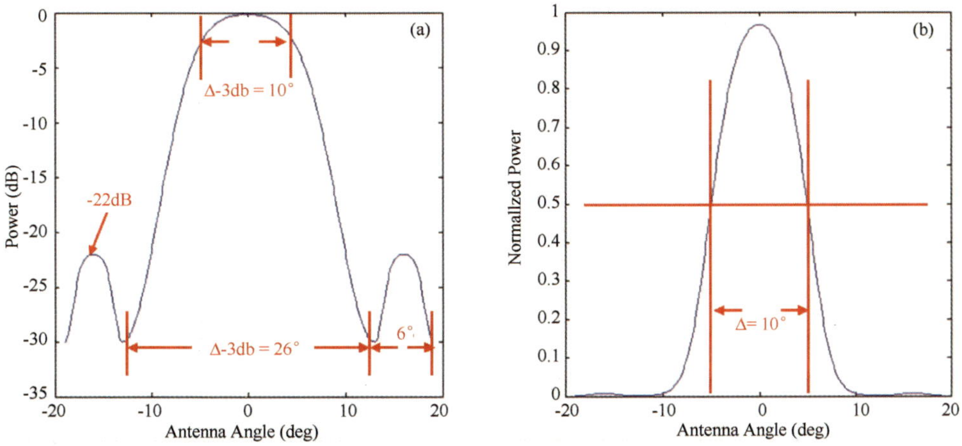

Fig.5　The antenna pattern of 37 GHz, (a) the gain (dB) antenna pattern, and (b) the normalized antenna pattern. According to Wang et al. (2009), the antenna pattern of 37 GHz is derived and used in the following deconvolution processing procedure.

In addition, considering that the bandwidth of the 37 GHz channel is about 500 MHz, we tested the antenna pattern and gain at three frequency points (36.47, 37, 37.53 GHz) during ground calibration testing. Taking the 3 dB beam width for instance, the three frequency points (36.47, 37, 37.53 GHz) corresponded to 10.07°, 10.17° and 10.03° respectively. The difference is less than 0.15°, which is about 0.25 km on the lunar surface. However, the spatial resolution of the 37 GHz channel is 13 km, far larger than 0.25 km. So in this paper, we only use the antenna pattern corresponding to 37 GHz to represent the whole band width.

$$f(\theta)=\begin{cases}-30\cdot e^{-\left(\frac{\theta+13}{5.3}\right)^2}-30\cdot e^{-\left(\frac{\theta-13}{5.3}\right)^2}, & -13^\circ\leqslant\theta\leqslant13^\circ,\\ -8\cdot e^{-\left(\frac{\frac{|\theta|-13}{0.23}}{5.3}\right)^2}-8\cdot e^{-\left(\frac{\frac{|\theta|-13}{0.23}-26}{5.3}\right)^2}-22, & 13^\circ\leqslant|\theta|\leqslant19^\circ.\end{cases}\quad(8)$$

In this simulation, the Chang'E-2 microwave data are used as the original data. The purpose of the simulation is to verify that the method used in this step can work well when processing the Chang'E-2 microwave data with the corresponding antenna pattern.

Firstly, a region about 20°×20°, chosen from the Chang'E-2 microwave brightness temperature map, is shown in Figure 6(a). Since we choose the 37 GHz microwave data, the corresponding beam width of the antenna pattern is about 10° (Wang et al. 2009); the antenna pattern map is shown in Figure 6(b). Given that the sensitivity of the Chang'E-2 microwave sounder is approximately 0.5 K (Wang et al. 2009), a Gaussian noise map is shown in Figure 6(c), whose mean and standard deviation are 0 and 0.5 respectively. Figure 6(d) shows the blurred map, which is obtained by convolving the original map with the antenna patternand then adding noise.

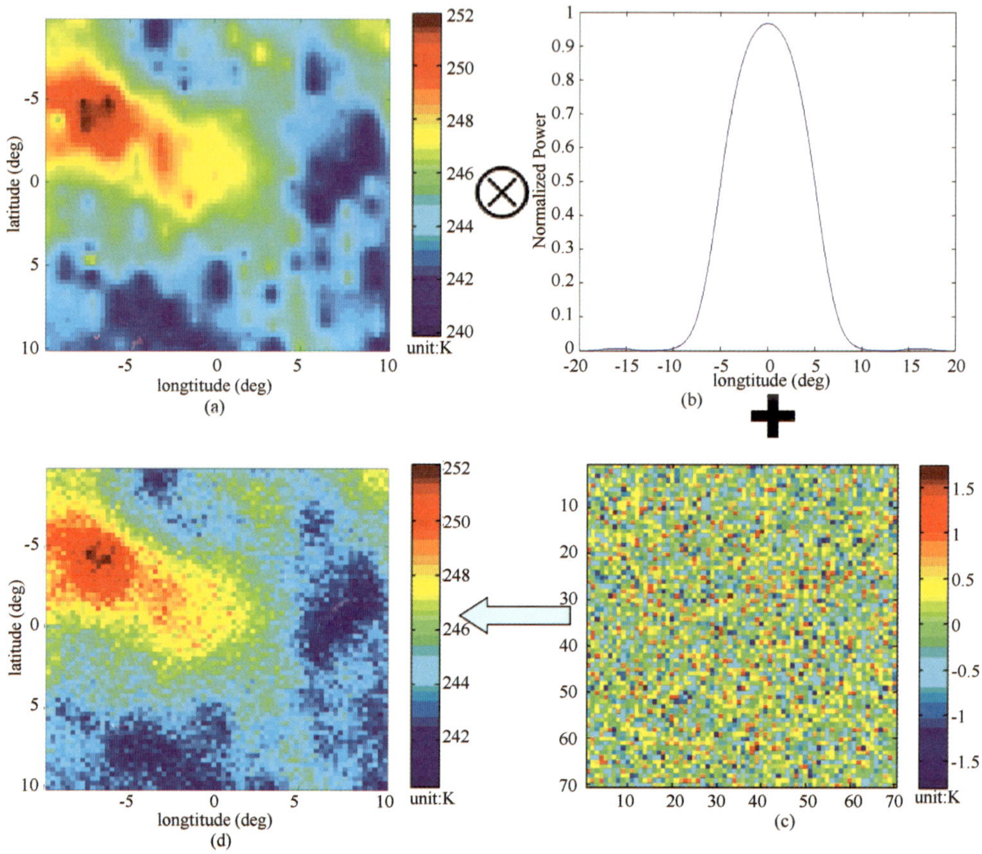

Fig. 6　The result of a simulation based on the Chang'E-2 microwave data.
(a) The original brightness temperature map; (b) the antenna pattern; (c) the Gaussian noise; and (d) the blurred map.

Here, different methods, such as the Richardson – Lucy (R – L) deconvolution method and the blind deconvolution method (Ayers & Dainty 1988; Biggs & Andrews 1997) are chosen to process the same data, and we compare the processing results. The comparison is shown in Figure 7. We also calculate the MSE and PSNR of the different methods, which are shown in Table 1. By comparison, we find that the MEM shows a significant advantage both in terms of restoring the details and restraining the noise.

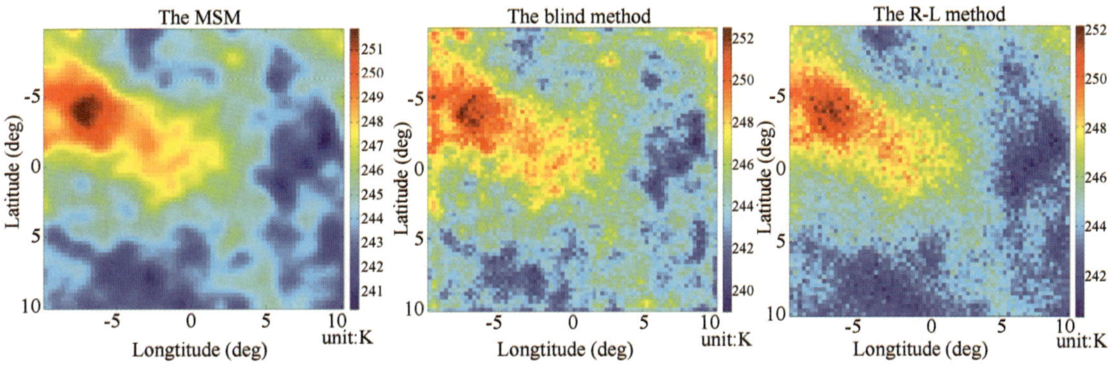

Fig. 7　The deconvolution results from different methods.

Table 1　The PSNR and MSE of the Different Methods

	Blurred	MEM	Blind method	R—L method
PSNR	52.8063	57.8611	50.4692	52.7997
MSE	0.3404	0.1039	1.2300	0.3333

Notes: The PSNR and MSE are calculated referring to Eqs. (5)and (6).

3.4　Error Analysis

Through the above three simulations, we found that the MEM is a good method to solve the deconvolution problem. In this section, we discuss the radiometric error introduced by the MEM.

Figure 8 shows the error produced in the above three simulations, which is found by the deconvolved map minus the corresponding original map. We found that in simulation 1, the range of error is from −0.35 K to 0.4 K with a standard deviation $\sigma = 0.0676$ K; in simulation 2, the error is from −0.13 K to 0.17 K with $\sigma = 0.0089$ K; and in simulation 3, because of the Gaussian noise (−1.8K to 1.8 K) introduced, the error is from about −2 K to 1.5 K with $\sigma = 0.3054$ K. The errors introduced by the MEM in the above three simulations are all less than the sensitivity of the microwave sounder, which is 0.5 K (Wang et al. 2009).

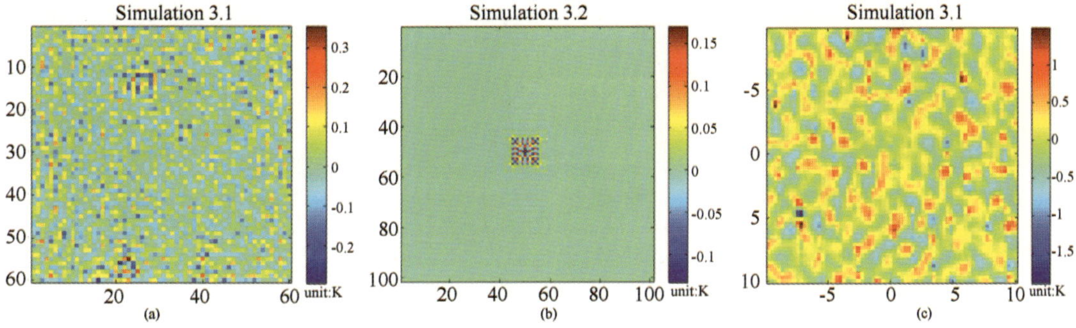

Fig. 8　Error produced in the above three simulations.

(a) Simulation based on point sources; (b) simulation based on an extended source; and (c) simulation based on the real microwave data.

Through the above simulations and error analysis, we can draw the conclusion that the MEM is an efficient method when dealing with the deconvolution problem and it can further be used to process the microwave brightness temperature data acquired by the Chang'E-2 orbiter.

4 DATA PROCESSING BASED ON Chang'E-2 MICROWAVE DATA

In this section, the MEM is used to process the real microwave data. The data are the 37 GHz nighttime microwave data acquired by the Chang'E-2 orbiter, which are normalized by the lunar local time. Referring to Zheng et al. (2012), we normalize the lunar hour angle to 0°, which implies the lunar time is the midday of the Moon. There is also a problem worthy of notice, which is how to keep the scale of the microwave data consistent with the antenna pattern. Figure 9 clearly illustrates this problem.

In Figure 9, h means the observation height of the antenna, θ means the angle of the antenna pattern, r means the radius of the Moon and α means the central angle of the Moon. In order to maintain a consistent projection of θ and α on the lunar surface, we derive an approximate equation, shown in Equation (9). With further simplification, we get $\theta \approx 17.4\alpha$, which means that 1° on the lunar surface corresponds to 17.4° in the antenna angle. When the microwave data value is taken every 0.2°, the corresponding antenna pattern value is taken every 3.48°. Thus, the correspondence of 0.2° in the microwave data with 3.48° in the antenna pattern is adopted in this paper.

$$\frac{\alpha}{180} \times \pi \times r \approx \frac{\theta}{180} \times \pi \times h \tag{9}$$

In addition, the DEM data and the CCD data from the Chang'E-2 orbiter are used in this section. The laser altimeter and the CCD camera are also the main payloads on the Chang'E-2 orbiter and the spatial resolution of the two payloads is higher than that of the microwave sounder. So, the data are used to verify the validity of the newly added details in the deconvolved map. A comparison of the original distribution map and the deconvolved distribution map based on the MEM is shown in Figure 10.

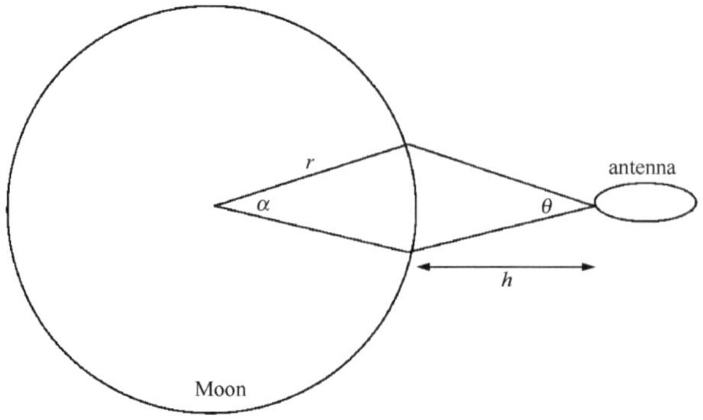

Fig. 9　A schematic diagram of the antenna observation.

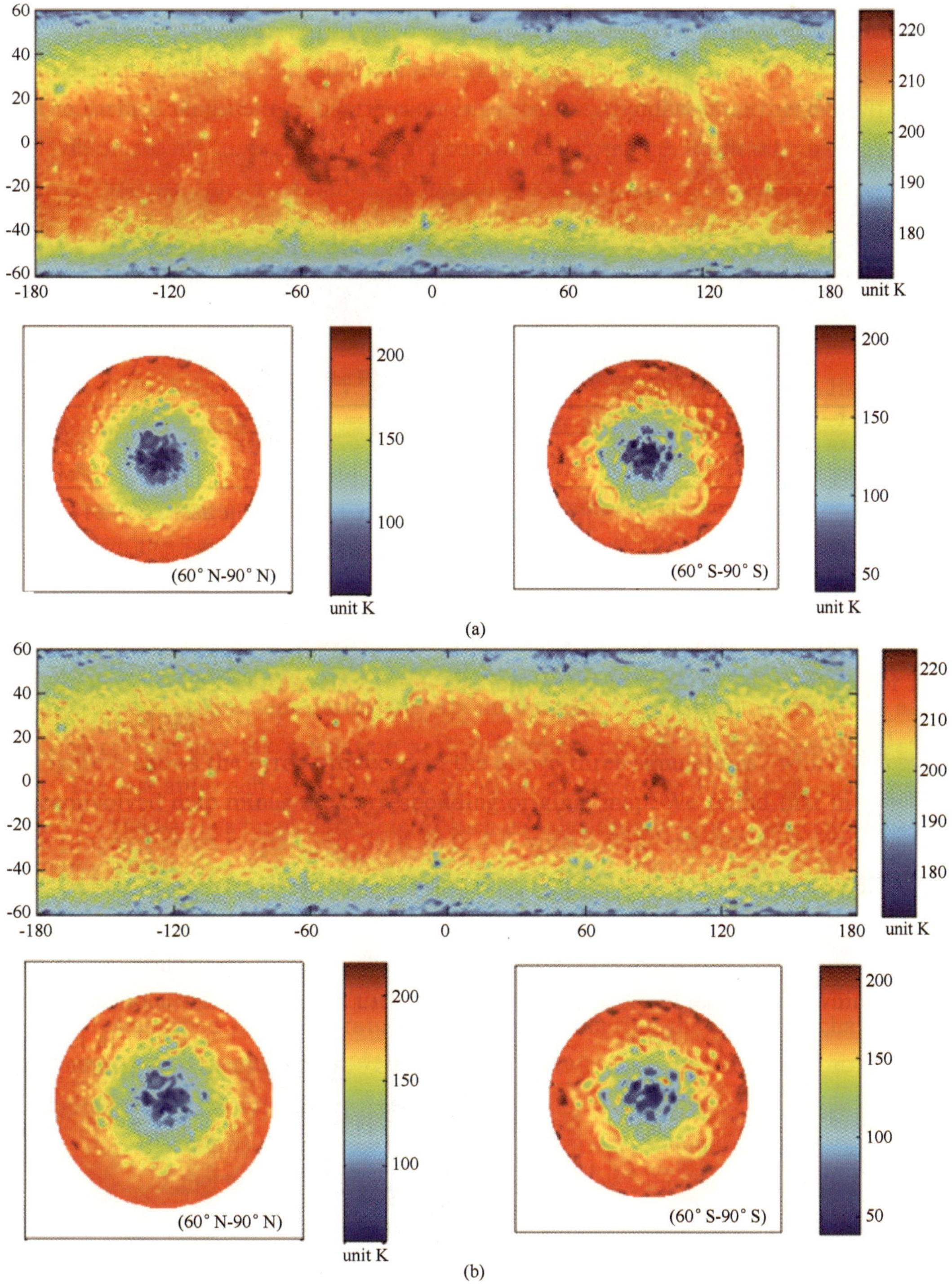

Fig. 10　A comparison of the original map and the deconvolved map of the whole lunar surface, (a) the original map, and (b) the deconvolved map. The original data came from the 37 GHz nighttime microwave data.

Furthermore, three regions are also chosen to show the differences between the original map and the deconvolved map. The range of the first region is from 14.3°W to 11.27°E and 48.2°S to 22.4°S. The second region is about 10°×10° and centered at the Apollo 16 landing point, while the third region is centered at the Luna 24 landing point. Comparisons of the three regions are shown in Figures 11, 12 and 13 respectively.

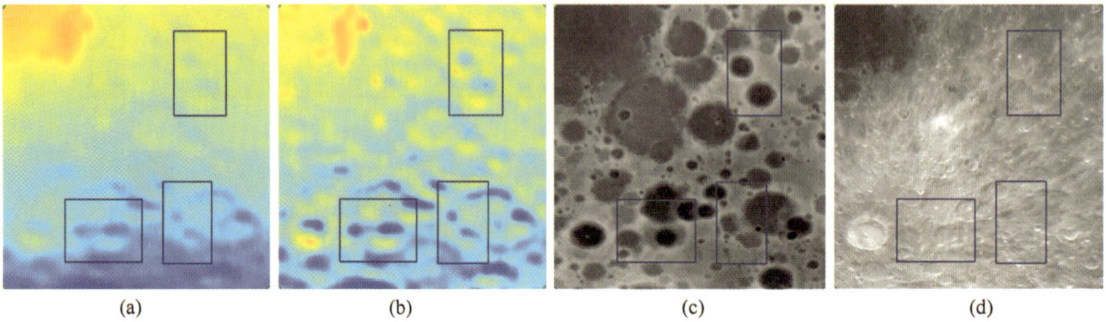

Fig. 11　A map to show comparisons of the same region. The region has a range of longitude from 14.3°W to 11.27°E and a range of latitude from 48.2°S to 22.4°S. (a) the original brightness temperature map, (b) the deconvolved brightness temperature map, (c) the DEM map, and (d) the CCD map.

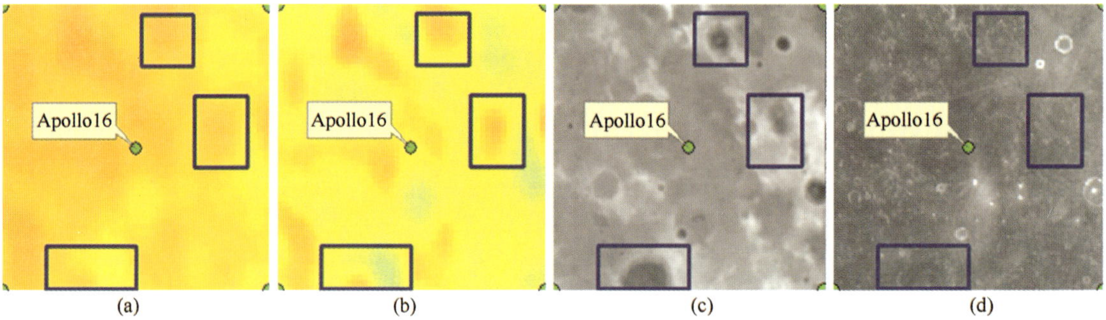

Fig. 12　A map to show comparisons of the same region. The region has a range of longitude from 57.2°E to 67.2°E and a range of latitude from 7.3°N to 17.3°N. (a) The original brightness temperature map, (b) the deconvolved brightness temperature map, (c) the DEM map, and (d) the CCD map.

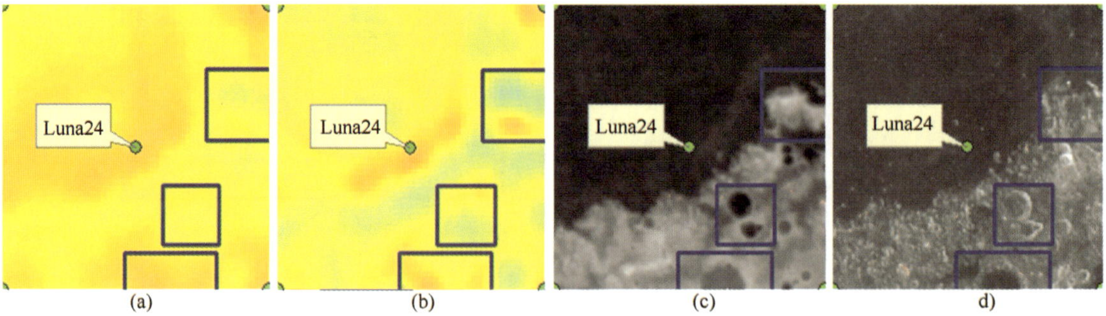

Fig. 13　A map to show comparisons of the same region. The region has a range of longitude from 10.5°E to 20.5°E and a range of latitude from 14°S to 4°S. (a) The original brightness temperature map, (b) the deconvolved brightness temperature map, (c) the DEM map, and (d) the CCD map.

Figure 10 indicates that the deconvolved map of brightness temperature has a higher resolution than the original map. In order to clearly compare the deconvolved map with the the original map, we chose three regions. From Figures 11, 12 and 13, we find that there are some newly added details which are bounded by blue lines in the deconvolved map. Furthermore, in corresponding positions, we find similar features in both the DEM and the CCD maps.

In deconvolved maps, under the conditions of only considering the influence of the antenna pattern, the error in brightness temperature introduced by the MEM is less than 0.5 K.

5 CONCLUSIONS

In this paper, the MEM is first used to deconvolve the Chang'E-2 microwave data and the results are satisfactory. Compared to the original brightness temperature map, the map processed by the MEM has more details and a higher resolution. Only considering the influence of the antenna pattern, the new data obtained by MEM processing are very useful for further research. In addition, the error in brightness temperature introduced by the MEM is less than 0.5 K. We conclude the following.

Given the impact of the antenna pattern, it is necessary to find a suitable deconvolution method used to process the Chang'E-2 microwave data. By applying the simulations above, on the one hand, we found the impact of the antenna pattern could heavily blur the original map, but on the other hand, the MEM was effective in increasing PSNR and reducing MSE, for both extended sources and point sources, eventually restoring information about the original distribution. Furthermore, compared to other methods, the MEM shows significant advantages, both for restoring detail and reducing noise.

After making comparisons of the whole lunar brightness temperature distribution map and several local regions, we found the deconvolved maps had more details and a higher resolution than the original maps. These results indicate that a more precise and higher resolution brightness temperature map has been produced.

By comparing the brightness temperature map with the topographic map, we found the newly added details also have a correspondence with the CCD map and DEM map. This, for one thing, verifies the validity of the newly added details, and also reveals a relation between the brightness temperature and the lunar terrain and geological formations. Thus, the precise brightness temperature data processed by the MEM are very useful for studying the lunar surface and subsurface structure in further research.

Acknowledgements

This work is supported by the National Natural Science Foundation of China (Grant Nos. 11173038 and 11203046). We thank the Lunar and Deep Space Exploration Department, National Astronomical Observatories, Chinese Academy of Sciences (NAOC) for providing the microwave data, as well as CCD and DEM maps.

References

[1] Ayers, G. R., & Dainty, J. C. 1988, Optics Letters, 13, 547

[2] Biggs, D. S. C., & Andrews, M. 1997, Appl. Opt., 36, 1766

[3] Bonavito, N. L., Dorband, J. E., & Busse, T. 1993, Appl. Opt., 32, 5768

[4] Fa, W., & Jin, Y.-Q. 2010, Icarus, 207, 605

[5] Feng, J.-Q., Su, Y., Liu, J.-J., Zou, Y.-L., & Li, C.-L. 2013, RAA(Research in Astronomy and Astrophysics), 13, 359

[6] Frieden, B. R. 1972, Journal of the Optical Society of America (1917—1983), 62, 511

[7] Gull, S. F., & Daniell, G. J. 1978, Nature, 272, 686

[8] Jiang, J.-S., Wang, Z., Zhang, X., et al. 2010, in Geoscience and Remote Sensing Symposium (IGARSS), 2010 IEEE International, 4282

[9] Skilling, J., & Bryan, R. K. 1984, MNRAS, 211, 111

[10] Starck, J. L., Pantin, E., & Murtagh, F. 2002, PASP, 114, 1051

[11] Wang, Z.-Z., Li, Y., Jiang, J., & Li, D. 2010, Science China Earth Sciences, 53, 1365

[12] Wang, Z.-Z., Li, Y., Zhang, X., Jiang, J., et al. 2009, Sci China Ser D—Earth Sci, 39, 1029 (in Chinese)

[13] Zheng, Y. C., Tsang, K. T., Chan, K. L., et al. 2012, Icarus, 219, 194

The Solar Wind interactions with Lunar Magnetic Anomalies: A case study of the Chang'E-2 plasma data near the Serenitatis antipode

X. －Q. Wang[a], J. Cui[a], X. －D. Wang[a], J. －J. Liu[a], H. －B. Zhang[a], W. Zuo[a], Y. Su[a], W. －B. Wen[a], H. Rème[b,c], I. Dandouras[b,c], C. Aoustin[b,c], M. Wang[d], X. Tan[a], J. Shen[a], F. Wang[a], Q. Fu[a], C. －L. Li[a], Z. －Y. Ouyang[a]

a National Astronomical Observatories, Chinese Academy of Sciences, A20 Datun Road, Beijing 100012, China;

b Universite´ de Toulouse, UPS－OMP, IRAP, Toulouse, France;

c CNRS, IRAP, 9 avenue du colonel Roche, BP44346, 31028 Toulouse cedex, France;

d Yunan Astronomical Observatory, Chinese Academy of Sciences, Phoenix Hill, Kunming 650011, China

Abstract: In this paper, we present the first and preliminary results on the near－Moon plasma environment, based on the spectrogram data obtained with the Solar Wind Ion Detector (SWID) onboard Chang'E-2 from four lunar orbits on 10－11 Oct 2010. These orbits, at a constant altitude of ~100 km, approach gradually the Lunar Magnetic Anomaly (LMA) at the Serenitatis antipode. The data reveal tentatively a region with decrement in proton density and enhancement in temperature. The near coincidence of this region with the Serenitatis antipode probably suggests the presence of a minimagnetosphere associated with the LMA, which effectively shields and heats the incident Solar Wind (SW) protons.

Key words: Lunar Magnetic Anomaly; Mini－magnetosphere

1 Introduction

Being the sister satellite of Chang'E-1 which was the first Chinese lunar orbiter (Ouyang et al., 2008), Chang'E-2 was successfully launched on 1 Oct 2010. Up to now, the Chang'E-2 satellite has completed its six months' primary mission phase around the Moon, with various payloads onboard having acquired more than 1.8 terabytes (TB) data. After a total number of 2378 orbits around the Moon, the spacecraft was sent to the L2 Lagrangian point where it arrived on August 30 2011. Among these payloads, the Solar Wind Ion

Detector (SWID) is designed to probe the near - Moon space environment, through mapping the phase space distribution of Solar Wind (SW) protons/ions (e. g., Wang et al., 2010, 2011). The measured phase space distributions can then be used to evaluate how the SW properties vary as approaching the lunar surface. This will facilitate the investigation of the SW interactions with the lunar surface.

The Moon is an ideal laboratory for studying the interactions of SW particles with atmosphereless, non - magnetized and non - conductive bodies. Traditionally, it is believed that the incident SW particles are passively absorbed at the subsolar side of the moon, leaving a plasma cavity, i. e., the lunar wake, formed at the anti - solar side and approximately overlapping with the lunar optical shadow. Near the boundaries of the lunar wake, electrons diffuse into the cavity through thermal expansion. This establishes a localized ambipolar electric field, further dragging the SW protons/ions into the cavity to maintain the overall charge neutrality of the plasma. The above processes have been supported by both observations (e. g., Ogilvie et al., 1996) and numerical calculations (e. g., Farrell et al., 1998; Kallio, 2005). However, the actual scenario of SW interactions with the lunar surface is far more complicated, especially near regions with enhanced magnetic field intensities.

Despite the lack of a global magnetic field, locally magnetized regions are known to exist on the Moon and tend to be distributed antipodal to recent impact regions (e. g., Lin et al., 1988; Richmond et al., 2005; Hood and Artemieva, 2008). The global mapping of these Lunar Magnetic Anomalies (LMAs) has been obtained based on measurements made with the MAGnetometer (MAG) and Electron Reflectometer (ER) mounted on the Lunar Prospector (LP) (Halekas et al., 2001; Richmond and Hood, 2008; Purucker, 2008; Mitchell et al., 2008), as well as the MAgnetic field and Plasma experiment - Lunar MAGnetometer (MAP - LMAG) on SELENE (Tsunakawa et al., 2010). Hood and Schubert (1980) and Lin et al. (1998) have proposed that the LMAs may produce mini - magnetospheres, effectively shielding incident SW electrons and ions. Recently, Halekas et al. (2008a, b) analyzed the LP ER data and reported the presence of an electron cavity near the LMA at the Crisium antipode. This provides the first evidence of a lunar mini - magnetosphere based on the in - situ particle data. Later, the presence of a mini - magnetosphere near the Crisium antipode gained further support from the work of Wieser et al. (2010), based on the data accumulated by the Sub - KeV Atom Reflecting Analyser (SARA) onboard Chandrayaan - 1. A significant reduction in the flux of hydrogen atoms compared to neighboring regions has been observed in the data, and is explained as a result of the shielding of SW protons/ions by the LMA, assuming that the hydrogen atom flux is caused by the neutralization and scattering of SW protons impacting the lunar surface (Futaana et al., 2010; Wieser et al., 2010). Finally, based on the data obtained with the Chandrayaan - 1 Solar WInd Monitor (SWIM), Lue et al. (2011) identified regions with high proton deflection efficiency near the LMAs, implying that these magnetic structures act as magnetosphere-like obstacles and reduce the space weathering effect through limiting the implantation rate of incident SW protons.

The main purpose of this paper is to investigate further the possible formation of lunar mini-magnetospheres, based on the plasma data obtained with Chang'E-2 SWID. We provide a brief description of the instrumentation and data in Section 2. Since no magnetometer has been mounted onboard Chang'E-2, information on the nearby magnetic field will not be presented in this paper, but is available from other missions such as LP and SELENE. In Section 3, we investigate how the properties of SW protons vary, as approaching a specific LMA near the Serenitatis antipode. Finally, we summarize and discuss in Section 4.

2 Instrumentation and data

The results presented in this paper combine the SWID data obtained from 4 Chang'E-2 lunar orbits from 22:32 UT on 10 Oct 2010 to 06:22 UT on 11 Oct 2010. Useful information on these orbits is provided in Table 1, with the first column giving the orbit identification number used throughout this paper. Chang'E-2 is a three-axis stabilized spacecraft on a polar, circular orbit around the Moon, at an altitude of ~100 km and with an orbital period of nearly 2 h. For the orbits considered here, the Moon was located upstream of the terrestrial bow shock and exposed to direct SW ion bombardment. Chang'E-2 SWID consists of two similar units, hereafter SWID-A and SWID-B, designed to obtain the energy-time (E-t) spectrogram data of SW ions in 48 channels logarithmically distributed between ~0.04 and ~20 keV per charge. The SWID sampling time is ~2.9 s for a full energy scan. The FOV is $\sim 4.7^{\circ} \times 182^{\circ}$ for SWID-A and $\sim 5.1^{\circ} \times 183^{\circ}$ for SWID-B, each of which is divided into 12 consecutive sectors. The geometric factors vary slightly for different sectors, and lie in the range of $(6.32-7.59) \times 10^{-5}$ Sr cm^2. The FOV of SWID-A is vertical to and that of SWID-B parallel with the spacecraft orbital plane. A similar instrument set has been mounted on Chang'E-1 (Wang et al., 2010, 2011). However, it is worth emphasizing that unlike these previous studies, the results presented here are exclusively based on physical quantities integrated over solid angle (e.g., density and temperature, see Section 3 for details), thus less sensitive to the orientation of each SWID sector along the spacecraft orbits. For this reason, we do not show here the detailed information on the SWID instrument configuration. A typical example can be found in Wang et al. (2010) with the difference that the Chang'E-1 orbit was at a higher altitude of ~200 km compared to Chang'E-2.

3 The near - Moon plasma environment

The first and the last lunar orbits included in this study are shown schematically in Fig. 1, in terms of the Seleno - Centric Geographic (SCG) latitude (north positive) and longitude (east positive). It is interesting to note that during the time of observations, the Chang'E-2 orbit was approaching gradually the LMA at the Serenitatis antipode, located at 27°S and 161°W (e. g., Lin et al., 1998). The diametrical size of the corresponding impact basin is 740 km (Lin et al., 1998). The closest footprint distance to the center of the Serenitatis antipode is 5 km for CE2 - 0037 (see Table 1 for details). This provides an oppor - tunity to monitor how the phase space distribution of SW protons changes in response to crustal magnetic fields. The locations of several impact basin antipodes with strong magnetic field intensities (see Table 1 of Mitchell et al., 2008), including the Serenitatis antipode, are indicated in Fig. 1 for reference. The dashed circles in the figure represent the approximate diametrical sizes of the corresponding impact basins, adopted from Mitchell et al. (2008).

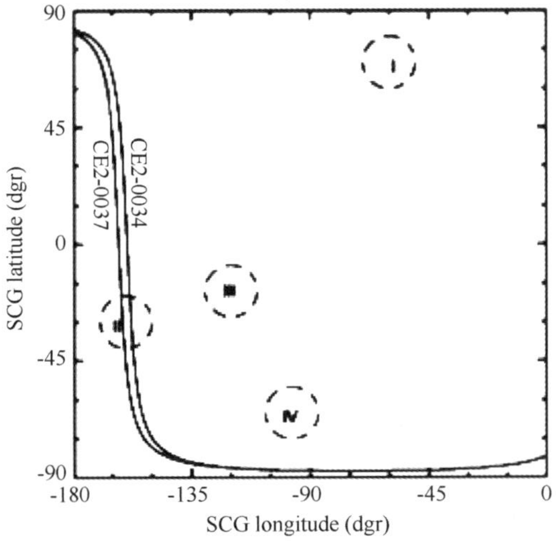

Fig. 1. The schematic illustration of the first (CE2 - 0034) and the last (CE2 - 0037) Chang'E-2 orbits around the Moon included in this study, in terms of SCG longitude and latitude. Several impact basin antipodes with strong magnetic field intensities (Mitchell et al., 2008) are indicated, including the Sikorsky - Rittenhouse antipode (I), the Serenitatis antipode (II), the Crisium antipode (III) and the Humboldtianum antipode (IV).

As an example, we show in Fig. 2 the energy spectrum obtained during CE2 - 0037, in terms of the total count summed over all SWID sectors. To be conservative, we have ignored the data from sector 1 of SWID - A and sector 12 of SWID - B, which show noise levels significantly higher than those from the other sectors. These are though to be

Table 1　Information on the 4 Chang'E-2 orbits around the Moon, including the orbit identification number, the UT time of observation, the SCG longitude of orbital crossing at the dayside lunar equator, as well as the closest footprint distance (D_{foot}) to the center of the Serenitatis antipode as reported by Mitchell et al. (2008).

ID	UT Time of Obs.	LON	D_{foot}(km)
CE2－0034	22:32－00:30/10－11 Oct 2010	159.3°W	82
CE2－0035	00:30－02:28/11 Oct 2010	160.4°W	53
CE2－0036	02:28－04:26/11 Oct 2010	161.5°W	24
CE2－0037	04:26－06:22/11 Oct 2010	162.6°W	5

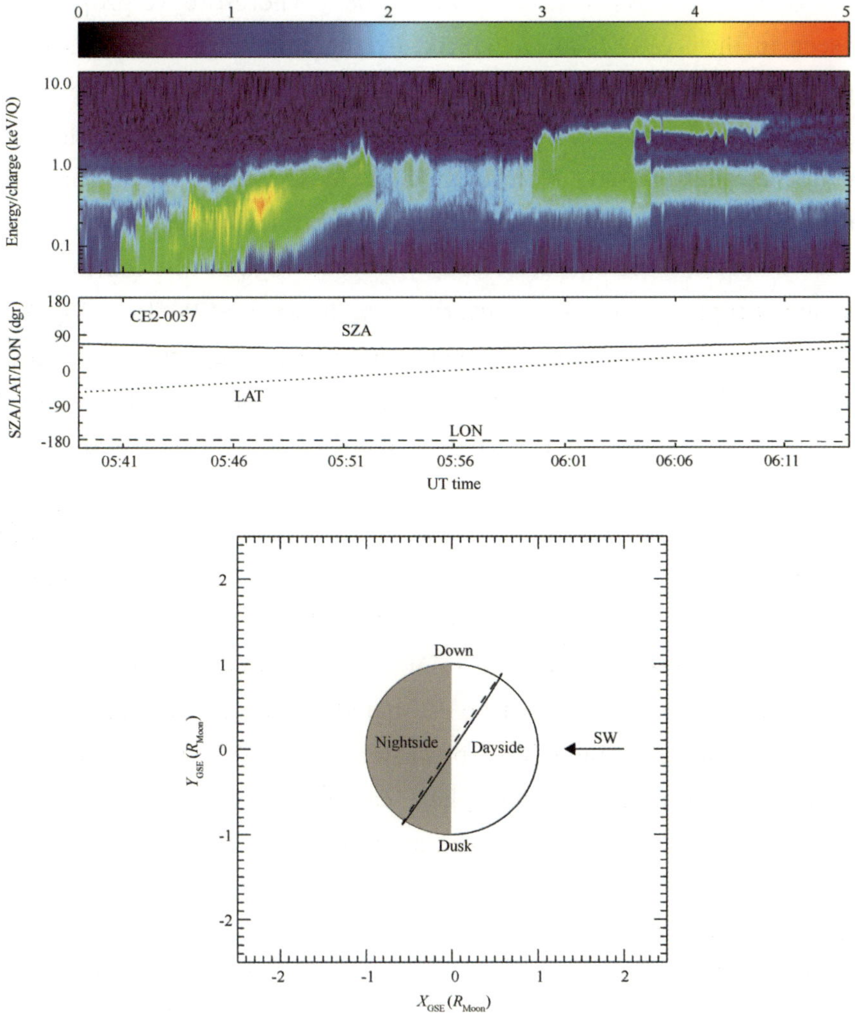

Fig. 2　The *E-t* spectrogram data (in unit of total count) for CE2－0037, summed over all SWID sectors except SWID－A sector 1 and SWID－B sector 12 (see text for details). A plasma cavity is clearly present in the data. For reference, the lower left panel gives the variations of solar zenith angle, SCG latitude and longitude, as a function of UT time along the spacecraft orbit. The right panel shows schematically the spacecraft configuration in GSE coordinates.

caused by UV contamination in the energy spectrum (e.g. Wang et al., 2010). Only the dayside portion of the energy spectrum, which is relevant to the present study, is shown in the figure. For reference, we provide the corresponding information on solar zenith angle, SCG latitude and longitude, as a function of UT time along the spacecraft orbit. The right panel of Fig. 2 shows schematically the spacecraft configuration in Geocentric Solar Ecliptic (GSE) coordinates. We see from Fig. 2 that the total count rate of SW protons decays during about 8 min between 05:52 UT and 06:00 UT. This implies the presence of a proton cavity along the spacecraft orbit. It is interesting to note that this proton cavity is located close to the well-known LMA near the Serenitatis antipode (centered at ~27°S and ~161°W, Mitchell et al., 2008). Therefore we propose that the proton cavity seen in the SWID data is induced by the shielding of SW plasma by the enhanced localized magnetic fields near the LMA, possibly indicating the formation of a mini-magnetosphere (e.g. Hood and Schubert, 1980). Although not shown in the figure, we emphasize that the data from individual SWID sectors reveal that on both sides of the plasma void, protons were detected in several sectors simultaneously, implying that the observed protons are characterized by a broad angular distribution, in contrast to the strongly anisotropic, beam-like pattern of the upstream SW flow. Fig. 2 also reveals a systematic trend of increasing proton energy with increasing time along the spacecraft trajectory. This could be interpreted by the acceleration of a population of SW protons scattered on the lunar surface, as reported by Wang et al. (2010) based on the Chang'E-1 SWID data.

The above-mentioned features are clearly revealed by the spectrogram data acquired from the three orbits of CE2-0035, CE2-0036 and CE2-0037, partially seen in the data from CE2-0034, but not seen in earlier observations. These facts effectively constrain the eastward boundary of the mini-magnetosphere to be at ~159°W. The westward boundary, however, cannot be estimated from the data because the SWID instrument was switched off during later orbits after CE2-0037. The northward and southward boundaries of the mini-magnetosphere can also be constrained by examining the detailed variations of SW proton properties along the relevant spacecraft orbits (see below).

For further illustration, we investigate the variations of macroscopic properties of SW protons along the spacecraft orbits as approaching the LMA. These macroscopic properties, such as density and temperature, can be reasonably obtained by taking velocity moments of the measured proton phase space distribution. Specifically, the proton density, N, is derived from

$$N = \int \frac{m^2}{2E} I(E,\hat{\Omega}) V^2 \mathrm{d}V \mathrm{d}\hat{\Omega} = \int \frac{I(E,\hat{\Omega})}{V} \mathrm{d}E \mathrm{d}\hat{\Omega},$$

where m, E and V are the proton mass, energy, and velocity, respectively, $\hat{\Omega}$ represents the unit vector for a given solid angle, and we have used the fact that $I(E,\hat{\Omega}) = (2E/m^2)f(V,\hat{\Omega})$, with $f(V,\hat{\Omega})$ being the proton phase space distribution function (Schunk and Nagy, 2000). To relate the observed proton energy spectrum with the above equation, we define

$$N = 4\pi\int \frac{I_0(E)}{V}\mathrm{d}E \tag{1}$$

which gives

$$I_0(E) = \frac{1}{4\pi}\int I(E,\hat{\Omega})\mathrm{d}\hat{\Omega} \approx \frac{1}{4\pi}\sum_j I_j^{obs}(E,\hat{\Omega}_j) \tag{2}$$

We estimate $I_0(E)$ as the average of all the proton energy spectra observed at a given location and with j marking the viewing direction of sector j. In a similar way, we take the second order velocity moment of the proton phase space distribution to estimate the proton temperature. The relevant equations are not included for brevity.

The proton density and temperature for the orbits CE2 - 0035, CE2 - 0036 and CE2 - 0037 obtained from Eqs. (1) and (2) are shown in Fig. 3, both as a function of SCG latitude. The data from SWID - A sector 1 and SWID - B sector 12 have been ignored in the calculations for the reason mentioned above. In Fig. 3, the shadowed region in each panel indicates the rough meridional extension of ~1000 km for the proton cavity centered at -42°S, at an altitude of ~100 km above the lunar surface. The dashed lines represent the boundaries of the LMA near the Serenitatis antipode, according to Table 1 of Mitchell et al. (2008). The plasma void appears to be shifted southward by ~10°. It is interesting to note that strong surface magnetic fields have also been found extending to the south edge of the LMA at ~40°S, nearly coincident with the apparent void center from our analysis.

Taking CE2 - 0036 as an example, we estimate from Fig. 3 the proton density within the cavity to be ~0.1 cm^{-3}, which is comparable to the thermal noise level. As approaching the boundaries of the cavity, the proton density increases sharply to ~4 - 8 cm^{-3} and then drops back slowly to less than 1 cm^{-3} outside the cavity. The local maximum roughly agrees with the proton density of ~5 cm^{-3} in the upstream SW as reported by the Solar Wind Experiment (SWE) onboard the WIND spacecraft (http://web.mit.edu/space/www/wind/wind_data.html). This validates our approach of calculating the proton density by taking velocity moments of the phase space distribution, despite of the limited FOV coverage. However, the behavior of density variation beyond the local maxima may not be realistic, since for those regions well away from the cavity, SW protons become less disturbed and highly anisotropic. In such cases, the proton density derived from Eqs. (1) and (2) are significantly underestimated unless the SW flow direc-

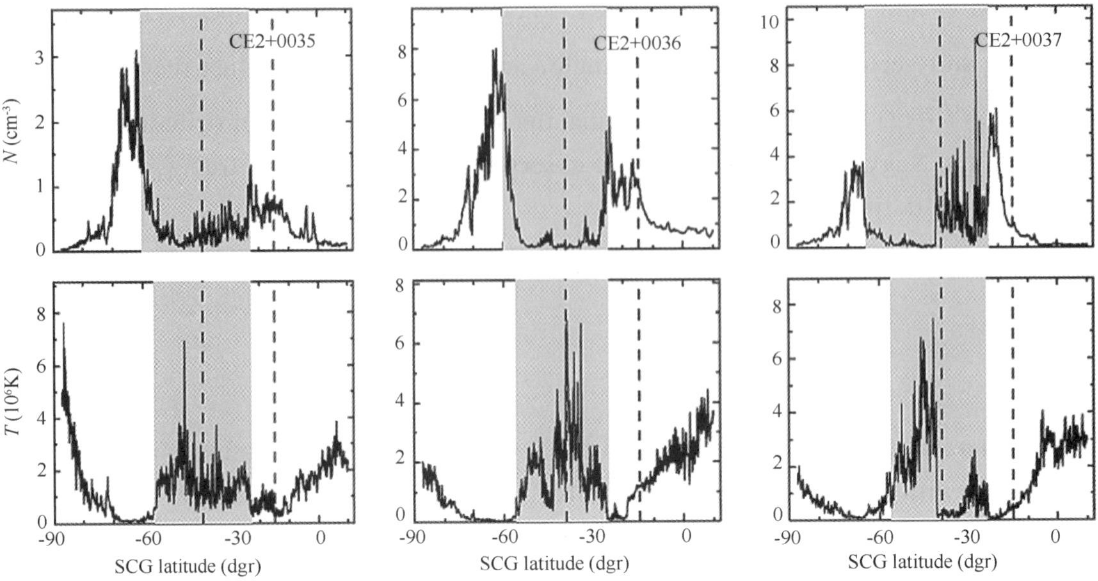

Fig. 3　The profiles of proton density (upper panels) and temperature (lower panels) as a function of SCG latitude obtained from several Change'E-2 lunar orbits near the proton cavity. The shadowed regions show apparent decrement in proton density and enhancement in proton temperature. The two dashed lines encompass the extension of the Serenitatis antipode along the spacecraft orbit, according to Table 1 of Mitchell et al. (2008).

tion falls "luckily" within the instrument FOV. This explains the apparent drop in proton density outside the cavity (i.e., both before 05:52 UT and after 06:00 UT), which may reflects geometrical limitation due to the finite instrument FOV. Another possibility is that SW ions are significantly reflected by the mini - magnetosphere formed near the LMA. This has been tentatively revealed by the SELENE data (Saito et al., 2010) and also predicted by MHD simulations (Shaikhislamov et al. 2011, Small scale magnetosphere: Laboratory experiments, physical model and Hall MHD simulation, manuscript in preparation). A rigorous interpretation of the SWID data as presented here, however, clearly calls for a more realistic data - model comparison of the characteristics of SW plasma as approaching the LMA.

The lower panels of Fig. 3 shows the profiles of proton temperature along the spacecraft orbits. A region with enhanced proton temperature is evident from the data, with locations and extensions largely overlapping with the plasma void. For the orbits shown in Fig. 3, the proton temperature inside the cavity is 1 order of magnitude higher than that outside the cavity. Such a heating effect reasonably agrees with the predictions of numerical simulations (e. g., Harnett and Winglee, 2000, 2002, 2003), and could be naturally interpreted as an outcome of SW interactions with a mini - magnetosphere.

The above discussions are based on the assumption that the available SWID observations represent an unbiased sampling of the proton phase space distribution. This is because in Eq. (2), we take the averages over all the available SWID sectors, which only occupy a limited portion of the full 4π steradian solid angle. We expect such an assumption to be reasonable in regions where the plasma flow appears to be diffuse (e.g., near and within the cavity). However, in the opposite case when the proton flow is highly anisotropic, the above formulism does not necessarily give realistic estimates of the physical parameters, unless the proton beam falls "luckily" within the FOV of a SWID sector. This is especially a consideration for vector parameters, and thus we will not investigate proton bulk velocity throughout this study. This information could be used to reveal whether the protons are deflected as approaching the LMA (e.g. Wieser et al., 2010; Lue et al., 2011).

To avoid uncertainties in proton density and temperature associated with limited instrument FOV, we present in Fig. 4 the total proton count integrated over energy, for CE2 - 0035 (black), CE2 - 0036 (blue) and CE2 - 0037 (red), respectively. The quantities obtained in this way do not rely on any assumption about the proton phase space distribution, thus are more realistic representations of the plasma data near the LMA. However, they do not have direct associations with usually defined physical parameters such as density. Fig. 4 shows that for all the three orbits, a proton cavity is clearly pres-

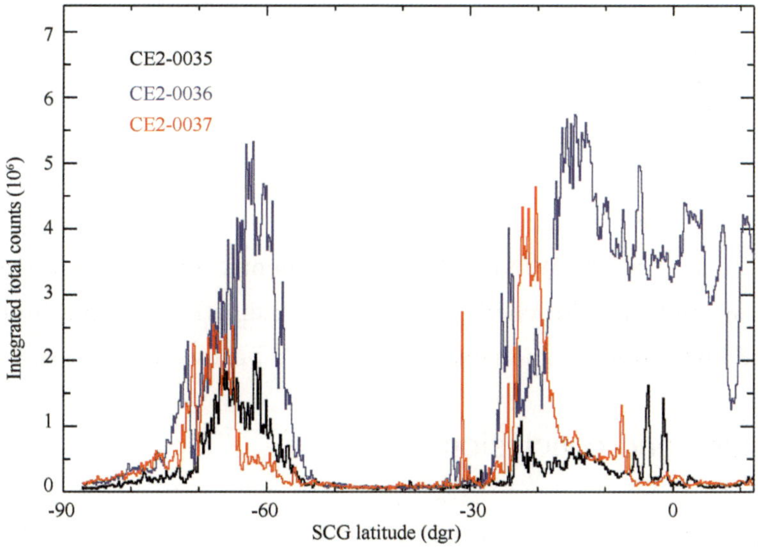

Fig. 4 The profiles of the observed counts integrated over energy and summed over all SWID sectors (not including SWID - A sector 1 and SWID - B sector 12, see text for details), as a function of SCG latitude and for the lunar orbits of CE2 - 0035 (black), CE2 - 0036 (blue) and CE2 - 0037 (red). The figure shows similar trends of proton depletion near the LMA associated with the Serenitatis antipode, as presented in Fig. 3. (For interpretation of the references to colour in this figure legend, the reader is referred to the web version of this article.)

ent as the spacecraft approaches the Serenitatis antipode, consistent with our expectation of a mini - magnetosphere formed near this LMA. Despite of such a common feature, different profiles of total proton count in Fig. 4 show some non - negligible variability among different orbits, which we expect to be associated with the time - varying conditions of the upstream SW flow on timescales of several hours.

Finally, we note that the proton density profiles shown in Fig. 3 reveal some complicated structures within the cavity. The shielding of SW protons by the mini - magnetosphere is by no means perfect, with minor density peaks obviously present within the cavity (e.g., the peak at ~35°S for CE2 - 0037). This implies the penetration of some fraction of SW protons into the mini - magnetosphere. The patterns of proton temperature within the mini - magnetosphere are even more complicated, as shown in the lower panels of Fig. 3. A full interpretation of these details is not warranted here mainly for two reasons. First, a careful examination of individual proton energy spectra reveals occasionally the possible presence of multiple proton populations near or within the plasma cavity, which cannot be interpreted by other ionic species such as He^{++} based on considerations of both peak intensities and peak energies. Second, for some regions within the plasma void, the derived proton densities are comparable to the detection threshold of ~0.1 cm^{-3}, implying that the observed variations in proton temperature are more likely to be associated with fluctuations in thermal noise. Despite this, we expect the overall trend of the heating of SW protons as approaching the cavity to be realistic, since this feature is also clearly visible when we exclude in our analysis those regions with proton densities consistent with the instrument noise. We further note that the gyroradius of SW protons is ~700 km, as estimated from a typical magnetic field intensity of ~5 nT above the Serenitatis antipode (Purucker and Nicholas, 2010) and an upstream SW flow speed of ~340 km s^{-1} based on the WIND SWE measurements. Such a length scale is comparable to the size of the LMA (Mitchell et al., 2008), indicating that the finite gyro - radius effect might be important for the penetration of SW protons into the observed cavity.

4 Discussions and conclusions

The SWID spectrogram data acquired during several Chang'E-2 orbits around the Moon provide an opportunity to investigate the variation of SW protons as approaching the well - known LMA near the Serenitatis antipode. We have identified in the data an interesting region with location and extension in reasonable agreement with the LMA. Such a region is characterized by decrement in proton density and enhancement in proton temperature. In addition, the observed proton energy spectra present a wide angular distribution near the void, in contrast to the strongly anisotropic behavior expected in the upstream SW plasma flow. These results, combined with the LP MAG and ER measurements of the magnetic fields in the same region (Lin et al., 1998; Purucker and Nicholas, 2010), tentatively suggest the presence of a mini - magnetosphere associated with the Serenitatis antipode, which may effectively shield and heat the incident SW protons. The study reported here is analogous to the work of Lue et al. (2011) based on the proton data as well, and is also complementary to the work of Halekas et al. (2008b) based on the electron data, as well as the work of Wieser et al. (2010) based on the neutral atom data.

The SWID instrument, mounted on both Chang'E-2 and its precursor Chang'E-1, is aimed at probing the near - Moon plasma environment, similar to MAP - PACE onboard SELENE and SARA onboard Chandrayaan - 1. Compared to these two instruments, SWID has a different instrument configuration in the sense that its FOV points exclusively away from the Moon. This makes SWID unfavorable for observing backscattered protons from the lunar surface. However, both the angular and energy resolutions of SWID make it ideal for monitoring change in the proton phase space distribution induced by SW interactions with lunar crustal magnetic fields, especially in terms of the formation of possible mini - magnetospheres near the LMAs. Practically, a detailed investigation of these structures will be useful for selecting candidate sites for future lunar base since mini - magnetospheres act as shelters against the incident SW plasma (e.g., Kurata et al., 2005). We will extend our analysis here by including the data from more Chang'E-2 lunar orbits, to examine whether the phenomenon reported here is serendipitous or universal. Finally, it is worth emphasizing that in this study, the association of the observed plasma cavity with the LMA is entirely based on the location of the corresponding impact basin as reported by Mitchell et al. (2008). A more robust comparison should be made instead by combining the SWID spectrogram data with the magnetic field data obtained near the anomaly with instruments such as the LP MAG/ER. Such a detailed cross - instrument data comparison will be attempted in follow - up studies.

Acknowledgments

This work is supported by the National Science Foundation of China through Grant NSFC41174146 and the National High Technology Research and Development Program of China (NHTRDPC) through Grant 2010AA1 22202. We wish to thank all members of the five subsystems of the Chinese Chang'E-2 program, whose joint efforts have made the acquisition of the data used in this study possible. We thank the Center for Space Science and Applied Research (CSSAR) of the Chinese Academy of Sciences for SWID instrument design, as well as the Institute of Research of Astrophysics and Planetology

(IRAP, former CESR) for pre - flight calibration. Chang'E-2 is operated by the China National Space Administration (CNSA), and belongs to China's Lunar Exploration Program (CLEP).

References

[1] Farrell, W.M., Kaiser, M.L., Steinberg, J.T., et al. A simple simulation of a plasma void: applications to wind observations of the lunar wake. J. Geophys. Res. 103, 23653 - 23660, doi:10.1029/97JA03717, 1998.

[2] Futaana, Y., Barabash, S., Wieser, M., et al. Protons in the near - lunar wake observed by the Sub - keV atom reflection analyzer on board Chandrayaan - 1. J. Geophys. Res. 115, A10248, doi:10.1029/2010JA015264, 2010.

[3] Halekas, J.S., Mitchell, D.L., Lin, R.P., et al. Mapping of crustal magnetic anomalies on the lunar near side by the Lunar Prospector electron reflectometer. J. Geophys. Res. 106, 27841 - 27852, doi:10.1029/2000JE001380, 2001.

[4] Halekas, J.S., Brain, D.A., Lin, D.L., et al. Solar wind interaction with lunar crustal magnetic anomalies. Adv. Space Res. 41, 1319 - 1324, doi:10.1016/j.asr.2007.04.003, 2008a.

[5] Halekas, J.S., Delory, G.T., Brain, D.A., et al. Density cavity observed over a strong lunar crustal magnetic anomaly in the solar wind: a minimagnetosphere? Planet Space Sci. 56, 941 - 946, doi:10.1016/j.pss.2008.01.008, 2008b.

[6] Harnett, E.M., Winglee, R. Two - dimensional MHD simulation of the solar wind interaction with magnetic field anomalies on the surface of the Moon. J. Geophys. Res. 105, 24997 - 25008, doi:10.1029/2000JA000074, 2000.

[7] Harnett, E.M., Winglee, R. 2.5D Particle and MHD simulations of minimagnetospheres at the Moon. J. Geophys. Res. 107, 1421, doi:10.1029/2002JA009241, 2002.

[8] Harnett, E.M., Winglee, R. 2.5 - D fluid simulations of the solar wind interacting with multiple dipoles on the surface of the Moon. J. Geophys. Res. 108, 1088, doi:10.1029/2002JA009617, 2003.

[9] Hood, L., Artemieva, N.A. Antipodal effects of lunar basin - forming impacts: initial 3D simulations of comparisons with observations. Icarus 193, 485 - 502, doi:10.1016/j.icarus.2007.08.023, 2008.

[10] Hood, L.L., Schubert, G. Lunar magnetic anomalies and surface optical properties, 208, 49 - 51, doi:10.1126/science.208.4430.49, 1980.

[11] Kallio, E. Formation of the lunar wake in quasi - neutral hybrid model. Geophys. Res. Lett. 32, L06107, doi:10.1029/2004GL021989, 2005.

[12] Kurata, M., Tsunakawa, H., Saito, Y., et al. Mini - magnetosphere over the Reiner Gamma magnetic anomaly region on the Moon. J. Geophys. Res. 32, L24205, doi: 10.1029/2005GL024097, 2005.

[13] Lin, R.P., Anderson, K.A., Hood, L.L. Lunar surface magnetic field concentrations antipodal to young large impact basins. Icarus 74, 529 - 541, doi:10.1016/0019 - 1035(88)90119 - 4, 1988.

[14] Lin, R.P., Mitchell, D.L., Curtis, D.W., et al. Lunar surface magnetic fields and their interaction with the solar wind: results from lunar prospector. Science 281, 1480 - 1484, doi:10.1126/sci-

ence. 281.5382.1480, 1998.

[15] Lue, C., Futaana, Y., Barabash, S., et al. Strong influence of lunar crustal fields on the solar wind flow. Geophys. Res. Lett. 38, L03202, doi:10.1029/2010GL046215, 2011.

[16] Mitchell, D.L., Halekas, J.S., Lin, R.P., et al. Global mapping of lunar crustal magnetic fields by lunar prospector. Icarus 194, 401-409, doi:10.1016/j.jcarus.2007.10.027, 2008.

[17] Ogilvie, K.W., Steinberg, J.T., Owen, C.J., et al. Observations of the lunar plasma wake from the WIND spacecraft on December 27, 1994. Geophys. Res. Lett. 23, 1255-1258, doi:10.1029/96GL01069, 1996.

[18] Ouyang, Z.-Y., Jiang, J.S., Li, C.L., et al. Preliminary scientific results of Chang'E-1 lunar orbiter: based on payloads detection data in the first phase. Chin. J. Space Sci. 28, 361-369, 2008.

[19] Purucker, M.E. A global model of the internal magnetic field of the Moon based on Lunar Prospector magnetometer observations. Icarus 197, 19-23, doi:10.1016/j.icarus.2008.03.016, 2008.

[20] Purucker, M.E., Nicholas, J.B. Global spherical harmonic models of the internal magnetic field of the Moon based on sequential and coestimation approaches. J. Geophys. Res. 115, E12007, doi:10.1029/2010JE003650, 2010.

[21] Richmond, N.C., Hood, L.L. A preliminary global map of the vector lunar crustal magnetic field based on Lunar Prospector magnetometer data. J. Geophys. Res. 113, E02010, doi: 10.1029/2007JE002933, 2008.

[22] Richmond, N.C., Hood, L.L., Mitchell, D.L., et al. Correlations between magnetic anomalies and surface geology antipodal to lunar impact basins. J. Geophys. Res. 110, E0511, doi:10.1029/2005JE002405, 2005.

[23] Saito, Y., Yokota, S., Asamura, k., et al. In-flight performance and initial results of plasma energy angle and composition experiment (PACE) on SELENE (Kaguya). Space Sci. Rev. 154, 265-303, doi:10.1007/s11214-010-9647-, 2010.

[24] Schunk, R. W., Nagy, A. F. Ionospheres: physics, plasma physics, and chemistry. In: Dressler, A. J., Houghton, J. T., Rycroft, M. J. (Eds.), Cambridge Atmo. Space Sci., Ser., Cambridge University Press, Cambridge, UK, pp. 246-251, 2000.

[25] Shaikhislamov, I.F., Antonov, V.M., Yu P. Zakharov, et al. Small scale magnetosphere: laboratory experiment, physical model and Hall MHD simulation. eprint arXiv:1110.4461, 2011.

[26] Tsunakawa, H., Shibuya, H., Takahashi, F., et al. Lunar magnetic field observation and initial global mapping of lunar magnetic anomalies by MAP-LMAG onboard SELENE (Kaguya). Space Sci. Rev. online version, doi: 10.1007/s11214-010-9652-0, 2010.

[27] Wang, X.-D., Bian, W., Wang, J.S., et al. Acceleration of scattered solar wind protons at the polar terminator of the Moon: results from Chang'E-1/SWIDs. Gerphys. Res. Lett. 37, L07203, doi:10.1029/2010GL042891, 2010.

[28] Wang, X.-D., Zong, Q.G., Wang, J.S., et al. Detection of m/q=2 pickup ions in the plasma environment of the Moon: the trace of exospheric H_2^+? Gerphys. Res. Lett. 38, L14204, doi:10.1029/2011GL047488, 2011.

[29] Wieser, M., Barabash, S., Futaana, Y., et al. First observation of a minimagnetosphere above a lunar magnetic anomaly using energetic neutral atoms. J. Geophys. Res. 37, L05103, doi:10.1029/2009GL041721, 2010.

第5章　月球地形地貌

月球的地形与构造特征不但反映了其在漫长的演化历史中所发生的各类事件、过程，是月球在整个演化历程中在其外表的综合体现，也是固体月球与外应力作用(撞击作用、太空风化作用等)在固体表现的直接体现。因此，对其地形地貌和地质构造特征的研究，是月球形成与演化进程的重要科学内涵。本章重点介绍利用嫦娥二号和嫦娥三号上搭载的光学相机、微波探测仪、测月雷达等科学载荷所获取的探测数据而开展的与月球地形和构造特征相关的研究成果。

5.1　月球地形特征

(1)突破了月球影像数据处理技术

月表图像是研究月球地形特征最主要的数据之一，因此在对图像数据处理及优化算法上的研究是最为关键的第一步。

在提高影像质量和精度方面，将速高比(velocity - height ratio，VHR)自动补偿的TDI - CCD成像方法和自动校正光束平差法应用在嫦娥二号CCD立体图像摄影测量处理中，同时通过结合轨道优化方案获得高质量高分辨率的图像。针对月球卫星景象匹配定位问题，设计了基于嫦娥二号卫星任务约束的匹配方法，实现了嫦娥二号观测图子块和LRO卫星WAC局部基准图的归一化互信息匹配；并通过约束模型完成了匹配矩阵的修正，由此实现了大范围卫星观测图的整体匹配，可为进一步的视觉解算定位提供足够数量的匹配点组。根据国际照明委员会(International Commission on Illumination)发布的标准建立一个彩色校正的模型，设计地面校正实验，得到了彩色校正的系数，提高了图像质量。

在影像数据拼接及镶嵌方面，提出根据局部坐标系的嫦娥二号月面影像自动拼接方法，有效地对海量月表影像进行拼接处理，并达到很好的拼接效果，最终生成全景三维月球图。以嫦娥二号DOM数据为几何纠正和色调调整底图，采用SIFT自动匹配算法实现影像精纠正，最终完成嫦娥三号着陆区高分辨率窄角相机(LROC - NAC)影像快速拼接。另外，提出了一种基于加速稳健特征(SURF)算法的嫦娥三号全景相机图像全景镶嵌方法，实现嫦娥三号月球车全景相机图像的无缝镶嵌，为着陆点周围的地形地貌和地质构造综合分析提供数据。

另外，在月表撞击坑自动识别方面，提出了通过计算模板图像和目标图像的局部可控核函数，根据余弦相似性矩阵确定目标图像中撞击坑的位置的方法，是一种撞击坑自动提取的方法，并应用到了虹湾地区。基于图像显著度特征提取方法，结合SURF算法，提高了月表撞击坑的自动识别准确度。

(2)建立了高分辨率的数字高程模型

将嫦娥三号着陆点作为一个新的绝对控制点建立起来，使当前的月球绝对控制网的面积有效扩大了 22%，对未来月球勘查、制图和月面测量提供巨大的帮助。改善了两线阵立体相机高分辨率图像自动匹配和摄影测量数据处理技术，可自动获得每个轨道的数字正摄影图(Digital Ortho Map)和数字高程模型(DEM)；特别地，利用嫦娥二号的影像数据，结合 LRO 激光高度计数据，利用组合的区域网平差方法大大提高了月球地形模型的精度，最终获得了 20 m 分辨率的数字高程模型。这些基础性的成果为月球形貌与地质构造的研究提供了重要的数据支持。

(3)构建了月球典型区域精细地形特征

地形重建为研究月表局部形貌特征及月球车的导航和路线选择具有重要的意义：利用嫦娥二号和三号影像数据的分析研究，提出了一种基于压缩感知的超分辨率图像重建方法，实现了虹湾地区月球卫星影像和 DEM 超分辨率重建以及对月球车图像超分辨率重建；综合利用运动中结构重建的数据融合、最佳的平面扫描和 3D 定位可以有效地重建地形信息，并且可以利用分形随机算法并结合月面撞击坑与石块的数学分布模型，在实现月面数字地形的基础上利用纹理映射和纹理融合的方法为月面地形添加纹理，完成了月面逼真三维环境的构建，可以为月面巡视器的导航和路线选择提供参考。通过分析降落相机序列图像成像几何特性，利用降落序列图像和单向图像空间后方交会(Single Image Space Resection)的方法来重建嫦娥三号着陆轨迹，结合图像匹配和阴影恢复形状(Shape from Shading)的方法建立了嫦娥三号着陆区的精细地形(如图 5-1 所示)。

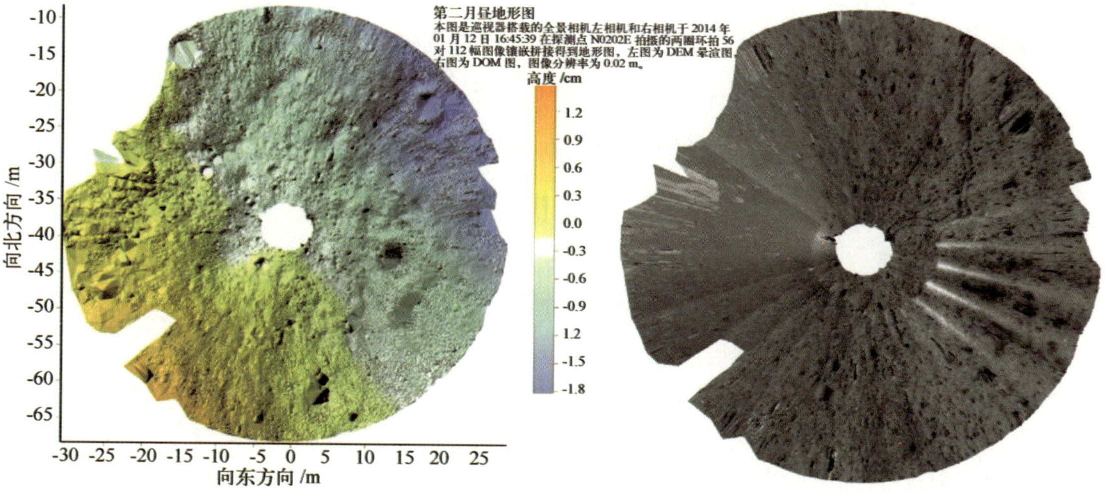

图 5-1　玉兔号在 N0108 探测点上的地形重构结果

此外，利用玉兔月球车获得4个位置的全景相机图像，重建了分辨率为0.02 m的局部月表的地形模型，并对嫦娥三号导航相机测图能力分析，同时使用多线程技术开发了基于导航相机立体影像的地形快速重建算法，能够满足玉兔号的导航及路线选择的需求，为玉兔巡航探测提供了重要的参考依据。

(4)编研了全月面高质量的地质图

月球地质图是集月球形貌、物质组成、构造演化以及形成历史研究为一体的综合性成果，其中月球形貌是最基本的图面表达内容，可以清楚地反映月表的形貌特征，为月球的地质研究提供了基础资料。基于探月工程数据，研究并制定出了月球地质图填图的标准、流程、方法和图示图例，并编研出了月球北极地区的地质图、月球澄海—静海幅地质图的编研；特别地，开展并初步完成了全月1∶250 000 0比例尺的地质图实验图幅的编制(如图5-2所示)。

5.2　月面构造与基础地质特征

(1)揭示了嫦娥三号着陆区撞击坑的分布规律

撞击作用是行星形成和表面重塑的重要地质过程，撞击作用形成的撞击坑记录并揭示了行星的演化历史，撞击坑作为月表广泛分布的显著地质构造特征，为撞击机理研究和月表地质单元的地质年龄的判定等科学问题的研究提供了重要信息。

利用嫦娥三号降落相机影像数据研究，计算分析了着陆点东侧撞击坑地形特征及相关参数(直径430m、坑最高点为－2 608m、坑最低点为－2 662m，相对高程54m)，通过等高线分析，发现撞击坑的东西两侧高程较低，而南北两侧高程较大，撞击坑的高程变化平缓，但坑壁坡度变化较大，最大坡度约22°，坑壁靠近坑底和坑沿变化较小，而坑壁中间处坡度变化最为明显；统计分析表明，着陆区分布着直径大于5m的撞击坑10 514个，大于10m的撞击坑3 222个，大于200m的撞击坑15个(如图5-3所示)。

(2)获得了月面表层月壤的风化物物理特性和结构组成信息

表层月壤是月球地质演化历史记录的重要载体，尤其在研究无大气天体的空间风化过程中，通过对嫦娥三号全景相机在第一个月昼拍摄到的强烈的月表“冲效应”(The opposition effect)数据和测月雷达探测数据的综合研究表明，造成冲效应的颗粒粒径在亚微米到毫米级，探测区间的浅层结构可分为表面风化层(＜1 m)、溅射毯层(2～6 m)、古月壤层(4～11 m)以及下伏玄武岩等四大层级结构。相比于以往星载雷达等大尺度微波遥感方法，利用测月雷达具有更高的时间分辨率与空间分辨率和较小的杂波干扰等特点，以及利用菲涅尔反射折射模型、基于共轭梯度的最优化反演方法以及历次月球样品相关研究结果的综合分析，反演出嫦娥三号着陆区域地下150 m 7层内包括相对介电常数、密度、孔隙率、电导率、电磁波衰减率、损耗角正切等重要物理参数(图5-4)。

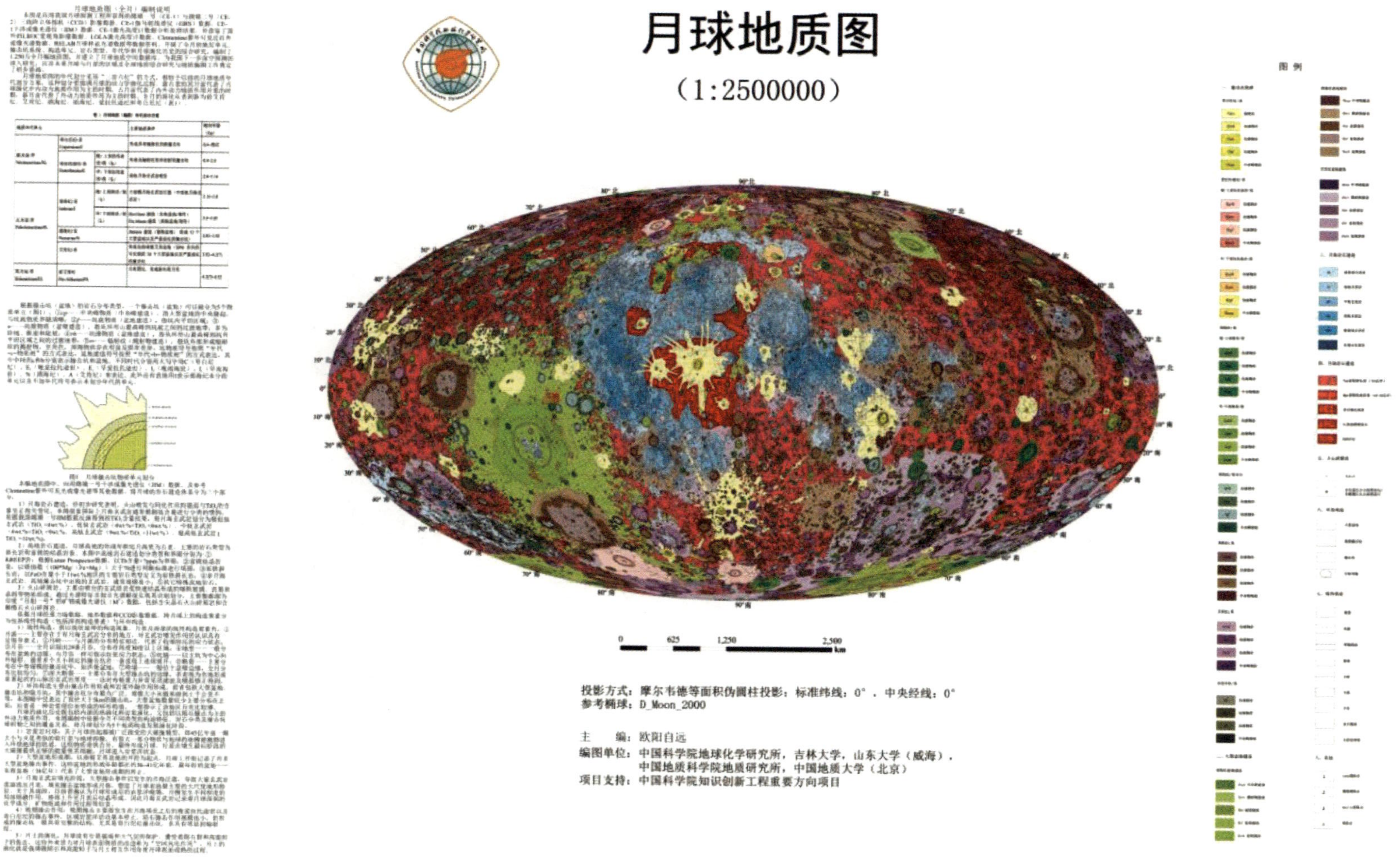

图 5-2　月球 1：2 500 000 全月地质图实验图幅

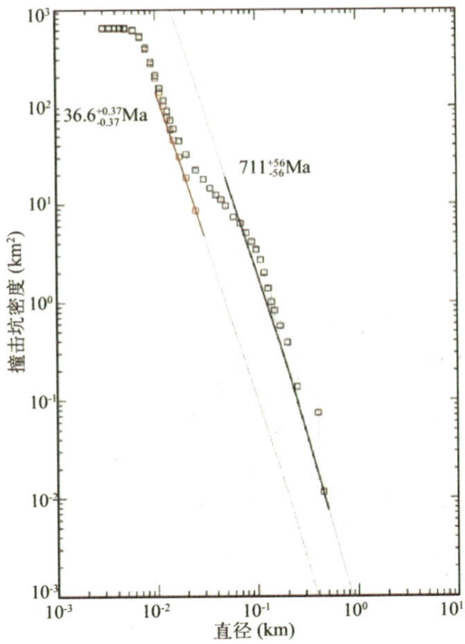

图 5-3　嫦娥三号着陆区不同直径环形坑累积频率分布图

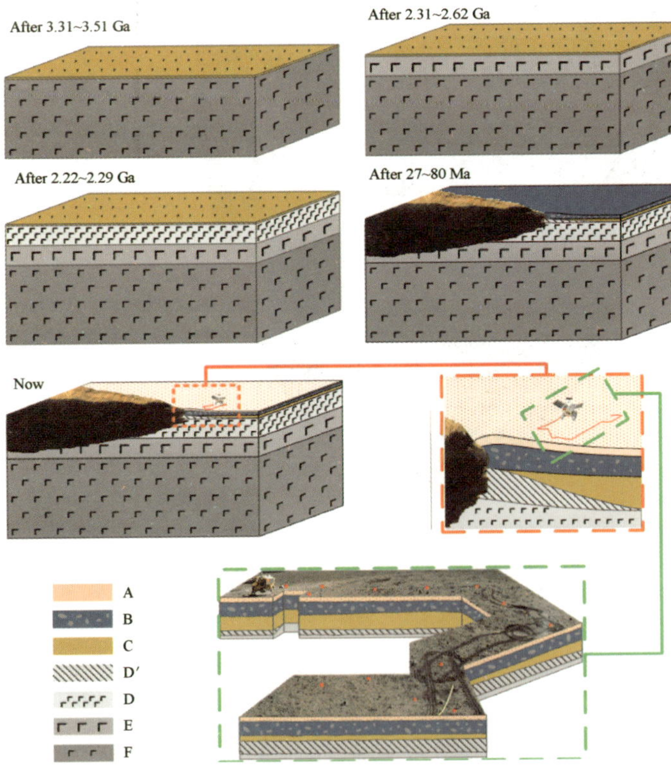

图 5-4　玉兔号探测区域地质结构模型图

左上图为嫦娥三号着陆点区域等比例地质模型，图中左侧为 450 m 撞击坑，月球车图标为玉兔号休眠位置，红色曲线为月球车行走轨迹；右上图为着陆区域浅层放大模型，对应于左上图中红色虚线框内范围；右下图为右上图中绿色虚线框内巡视路线纵向剖面模型，图中左上角图标为嫦娥三号着陆器，表面图像为探测区域真实月表，由全景相机拍摄，红色点代表导航点。

(3)获取了嫦娥三号着陆区的综合地质背景

月球地质图是集月球形貌、物质组成、构造演化以及形成历史研究为一体的综合性成果，其中月球形貌是最基本的图面表达内容，可以清楚地反映月表的形貌特征，为月球的地质研究提供了基础资料。一方面，基于探月工程数据，在制定了月球地质图填图的标准、流程、方法和图示图例的基础上，编制了月球北极地区、月球澄海—静海等各类地质图；另一方面，在对嫦娥三号着陆点背景区域(虹湾区域、着陆点附近 45 km×70 km 区域)及着陆点周边区域的地形、地貌、地质、月尘等综合分析基础上，利用嫦娥二号高分辨率地形数据及影像数据、嫦娥三号降落前后的降落相机图像数据，分析了着陆点周边 4 km×4 km 及更小区域范围的地形因子、环形坑分布、石块分布情况，研究了着陆点背景区域的总体形貌特征和该区的地质特点，得出了着陆点及其附近区域属于典型的月海地貌，地形平坦，适于巡视器行走，地质现象丰富，探测对象多，有利于开展月表科学探测等的基本结论，证实了嫦娥三号着陆区选择的科学性；特别地，利用多源遥感数据，对着陆区的地质背景进行了综合研究，分析了该区域的地形特征，对撞击坑和皱脊的形貌进行了研究和分类，发现区域内存在不同形成机制的两类皱脊，识别出了爱拉托逊纪后新形成的断裂构造。利用高分辨率的多波段成像仪数据，反演了区域内 FeO 和 TiO_2 含量，将研究区域划分为两个主要的玄武岩单元。以此为基础，综合嫦娥三号探测区域的地质背景信息，制作了着陆点区域内的地质图(图 5-5)。

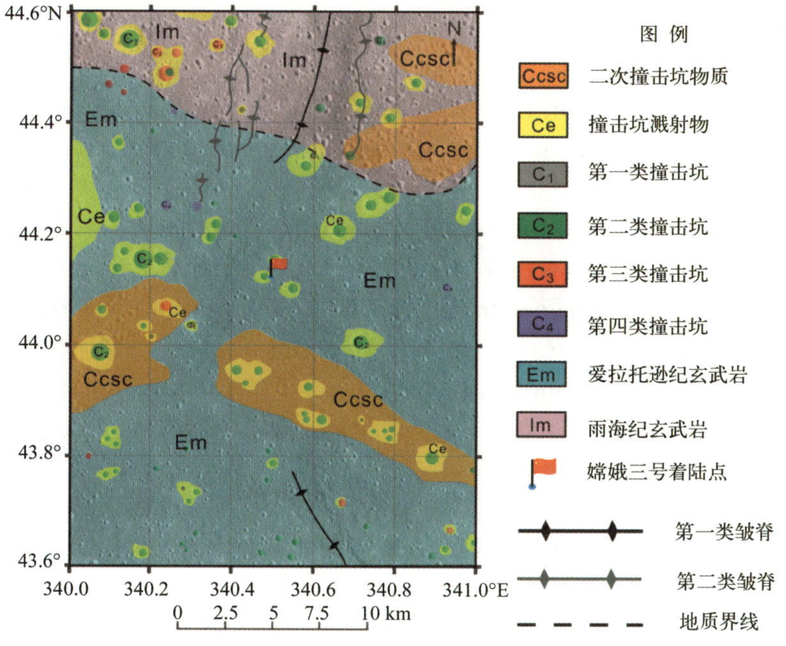

图 5-5　嫦娥三号着陆区地质图及主要地质事件(Zhao et al.，2014)

参考文献

[1] Araki H, Noda H, Tazawa S, Ishihara Y, Goossens S, Sasaki S. Lunar laser topography by LALT on board the KAGUYA lunar explorer – Operational history, new topographic data, peak height analysis of laser echo pulses. Advances in Space Research. 2013; 52: 262-71.

[2] Bu Y-L, Tang G-S, Wang M. Preparation of local base map for lunar orbiter scene matching navigation. Guangxue Jingmi Gongcheng/Optics and Precision Engineering. 2012; 20: 1838-45.

[3] Chang L, Zhao B, Yang J, Wen D. Optical system design of a two-linear array stereoscopic mapping CCD camera. Zhongguo Jiguang/Chinese Journal of Lasers. 2011; 38.

[4] Chen H, Chen Y, Jing N, Chen L, Liu Y. A parallel architecture of content based retrieval for lunar images. Guofang Keji Daxue Xuebao/Journal of National University of Defense Technology. 2013; 35: 115-22.

[5] Chen HZ, Chen YG, Jing N, Chen L. ROI detection method for lunar imagery based on SURF. Journal of Infrared and Millimeter Waves. 2011; 30: 561-+.

[6] Chen HZ, Jing N, Wang J, Chen YG, Chen L. A Novel Saliency Detection Method for Lunar Remote Sensing Images. Ieee Geoscience and Remote Sensing Letters. 2014; 11: 24-8.

[7] Dai S, Su Y, Xiao Y, Feng JQ, Xing SG, Ding CY. Echo simulation of lunar penetrating radar: based on a model of inhomogeneous multilayer lunar regolith structure. Research in Astronomy and Astrophysics. 2014; 14: 1642-53.

[8] Di K, Sun S, Yue Z, Liu B. Lunar regolith thickness determination from 3D morphology of small fresh craters. Icarus. 2016; 267: 12-23.

[9] Di K, Xu B, Peng M, Yue Z, Liu Z, Wan W, et al. Rock size-frequency distribution analysis at the Chang'E-3 landing site. Planetary & Space Science. 2016; 120: 103-12.

[10] Di KC, Liu YL, Liu B, Peng M, Hu WM. A Self-Calibration Bundle Adjustment Method for Photogrammetric Processing of Chang'E-2 Stereo Lunar Imagery. Ieee Transactions on Geoscience and Remote Sensing. 2014; 52: 5432-42.

[11] Fa W, Zhu MH, Liu T, Plescia JB. Regolith stratigraphy at the Chang'E - 3 landing site as seen by lunar penetrating radar. Geophysical Research Letters. 2016; 42: n/a-n/a.

[12] Fa WZ. Simulation for ground penetrating radar (GPR) study of the subsurface structure of the Moon. Journal of Applied Geophysics. 2013; 99: 98-108.

[13] Fa WZ, Liu TT, Zhu MH, Haruyama J. Regolith thickness over Sinus Iridum: Results from morphology and size-frequency distribution of small impact craters. Journal of Geophysical Research-Planets. 2014; 119: 1914-35.

[14] Fang GY, Zhou B, Ji YC, Zhang QY, Shen SX, Li YX, et al. Lunar Penetrating Radar onboard the Chang'e-3 mission. Research in Astronomy and Astrophysics. 2014; 14: 1607-22.

[15] Guo-Bin, En-Hai, Ru-Jin, Zhao, Zhong, Xiang-Dong, et al. Payload topography camera of Chang'e-3. 天文和天体物理学研究(Research in Astronomy and Astrophysics). 2015: 1881-92.

[16] Jin W, Zhang H, Yuan Y, Yang Y, Shkuratov YG, Lucey PG, et al. In situ optical measurements of Chang'E - 3 landing site in Mare Imbrium: 2. Photometric properties of the regolith. Geophysical Research Letters. 2016; 42: 8312-9.

[17] Kang Z, Luo Z, Hu T, Gamba P. Automatic Extraction and Identification of Lunar Impact Craters

Based on Optical Data and DEMs Acquired by the Chang'E Satellites. IEEE Journal of Selected Topics in Applied Earth Observations & Remote Sensing. 2016; 8: 4751 - 61.

[18] Lai J, Xu Y, Zhang X, Tang Z. Structural analysis of lunar subsurface with Chang'E-3 lunar penetrating radar. Planetary & Space Science. 2016; 120: 96 - 102.

[19] Li CL, Mu LL, Zou XD, Liu JJ, Ren X, Zeng XG, et al. Analysis of the geomorphology surrounding the Chang'e - 3 landing site. Research in Astronomy and Astrophysics. 2014; 14: 1514 - 1529.

[20] Li K, Liu J - J, Mu L - L, Qin Q - Q. Crater retention age calculation of lunar geological unit using small - scale craters. Jilin Daxue Xuebao (Diqiu Kexue Ban)/Journal of Jilin University (Earth Science Edition). 2012; 42: 452 - 459.

[21] Li M, Liu S, Ma Y, Sun C, Jia Y. Descent image based landing area terrain reconstruction technology for lunar landing mission. Journal of Photographic Science. 2015; 63: 440 - 446.

[22] Liu J, Ren X, Tan X, Li C. Lunar image data preprocessing and quality evaluation of CCD stereo camera on Chang' E-2. Geomatics and Information Science of Wuhan University. 2013; 38: 186 - 190.

[23] Liu JJ, Yan W, Li CL, Tan X, Ren X, Mu LL. Reconstructing the landing trajectory of the CE-3 lunar probe by using images from the landing camera. Research in Astronomy and Astrophysics. 2014; 14: 1530 - 42.

[24] Meng ZG, Xu Y, Cai ZC, Chen SB, Lian Y, Huang H. Influence of lunar topography on simulated surface temperature. Advances in Space Research. 2014; 54: 2131 - 9.

[25] Ping J. Yutu rover reveals subsurface structure of the moon. Science China: Physics, Mechanics and Astronomy. 2015; 58.

[26] Ren X, Li CL, Liu JJ, Wang FF, Yang JF, Liu EH, et al. A method and results of color calibration for the Chang'e - 3 terrain camera and panoramic camera. Research in Astronomy and Astrophysics. 2014; 14: 1557 - 66.

[27] Su Y, Fang GY, Feng JQ, Xing SG, Ji YC, Zhou B, et al. Data processing and initial results of Chang'e - 3 lunar penetrating radar. Research in Astronomy and Astrophysics. 2014; 14: 1623 - 1632.

[28] Wang FF, Liu JJ, Li CL, Ren X, Mu LL, Yan W, et al. A new lunar absolute control point: established by images from the landing camera on Chang'e - 3. Research in Astronomy and Astrophysics. 2014; 14: 1543 - 56.

[29] Wang WR, Ren X, Wang FF, Liu JJ, Li CL. Terrain reconstruction from Chang'e - 3 PCAM images. Research in Astronomy and Astrophysics. 2015; 15: 1057 - 67.

[30] Wei S, Shen Z, Zhang S, Liu S. Moon rover image super - resolution reconstruction algorithm. Wuhan Daxue Xuebao (Xinxi Kexue Ban)/Geomatics and Information Science of Wuhan University. 2013; 38: 436 - 9.

[31] Wu B, Guo J, Zhang Y, King BA, Li Z, Chen Y. Integration of Chang'E-1 imagery and laser altimeter data for precision lunar topographic modeling. Vol. 49. 12 PART 1 ed. 445 Hoes Lane / P. O. Box 1331, Piscataway, NJ 08855 - 1331, United States: Institute of Electrical and Electronics Engineers Inc. ; 2011. p. 4889 - 903.

[32] Wu B, Hu H, Guo J. Integration of Chang'E-2 imagery and LRO laser altimeter data with a combined block adjustment for precision lunar topographic modeling. Earth and Planetary Science Let-

ters. 2014; 391: 1－15.

[33] Wu B, Li F, Ye L, Qiao S, Huang J, Wu XY, et al. Topographic modeling and analysis of the landing site of Chang'E-3 on the Moon. Earth and Planetary Science Letters. 2014; 405: 257－73.

[34] Xia J－C, Ren X, Liu J－J, Mou L－L, Li C－L. Positioning of lunar high－precision control points on Chang'E-1/2 original images. Jilin Daxue Xuebao (Diqiu Kexue Ban)/Journal of Jilin University (Earth Science Edition). 2012; 42: 460－8.

[35] Xinchao X, Ying Z, Guobin W, Peixi Z, Hang L, Mengying L. Terrain reconstruction based on descent images for the Chang'e III landing area Journal of Engineering Science and Technology Review. 2015; 8: 56－63.

[36] Xue B, Zhao BC, Yang JF, Gao W, Qiao WD, Ma XL, et al. Auto－compensation of velocity－height ratio for Chang'E-2 satellite CCD stereo camera. Science China－Technological Sciences. 2011; 54: 2243－2246.

[37] Yan JG, Zhong Z, Li F, Dohm JM, Ping JS, Cao JF, et al. Comparison analyses on the 150 x 150 lunar gravity field models by gravity/topography admittance, correlation and precision orbit determination. Advances in Space Research. 2013; 52: 512－520.

[38] Yan W, Liu J, Ren X, Wang F, Wang W, Li C. Orbit optimization of Chang'E-2 by global adjustment using images of the moon. Advances in Space Research. 2015; 56: 2389－2401.

[39] Yang A, Li X, Xie J, Liu T. Three－dimensional lunar surface reconstruction based on remote sensing imagery from Chang E-2. Survey Review. 2015; 47: 296－305.

[40] Yang JF, Li CL, Xue B, Ping R, Gao W, Qiao WD, et al. Panoramic camera on the Yutu lunar rover of the Chang'e－3 mission. Research in Astronomy and Astrophysics. 2015; 15: 1867－1880.

[41] Ye HX, Jin YQ. Simulation of Multiangular Radar Echoes for Speed Measurement During CE-3 Landing on the Lunar Sinus Iridum Surface. Ieee Transactions on Geoscience and Remote Sensing. 2015; 53: 4922－4932.

[42] Zhang HB, Zheng L, Su Y, Fang GY, Zhou B, Feng JQ, et al. Performance evaluation of lunar penetrating radar onboard the rover of CE-3 probe based on results from ground experiments. Research in Astronomy and Astrophysics. 2014; 14: 1633－1641.

[43] Zhao B, Wen D, Yang J, Gao W, Chang L, Xue B, et al. Two bore－sight stereo mapping with single lens, TDI CCD pushing model imaging and compensations of the speed－to－height rate － Chang'e－2 CCD camera. Guangxue Xuebao/Acta Optica Sinica. 2011; 31: 0900115－1－8.

[44] Zhao BC, Yang JF, Wen DS, Gao W, Chang LY, Song ZX, et al. Overall scheme and on－orbit images of Chang'E-2 lunar satellite CCD stereo camera. Science China－Technological Sciences. 2011; 54: 2237－2242.

[45] Zhao JN, Huang J, Qiao L, Xiao ZY, Huang Q, Wang J, et al. Geologic characteristics of the Chang'E-3 exploration region. Science China－Physics Mechanics & Astronomy. 2014; 57: 569－576.

[46] Zhao N, Zhu PM, Yang KS, Yuan YF, Guo SL. The preliminary processing and analysis of LPR Channel－2B data from Chang'E-3. Science China－Physics Mechanics & Astronomy. 2014; 57: 2346－2353.

[47] Zhong Z, Li F, Yan JG, Shao XY, Ke BG. Localized gravity/topography admittance and correlation analysis of recent lunar gravity field models. Chinese Journal of Geophysics－Chinese Edition.

2013；56：783－791.
[48] Zhou H，Li H，Xu D，Dong G. Ground－based real－time tracking and traverse recovery of China's first lunar rover. Advances in Space Research. 2016；57：880－888.
[49] Zhou H，Li HT，Dong GL. Relative position determination between Chang'E-3 lander and rover using in－beam phase referencing. Science China－Information Sciences. 2015；58.
[50] 卜彦龙，李想，郑爱武，唐歌实．基于"嫦娥二号"卫星任务约束的月面景象匹配．光电子激光．2013：727－734.
[51] 陈建平，王翔，王楠，李婧，姚美娟，李洪克．基于嫦娥数据澄海－静海幅地质图编研．地学前缘．2014；21：7－18.
[52] 陈圣波，查逢丽，连懿，黄爽，李艳秋．基于 FDTD 的月壤分层雷达探测正演模拟．地学前缘．2014：88－91.
[53] 程维明，王娇，周成虎．月表形貌特征研究进展及趋势分析．地理研究．2014；33：1003－1014.
[54] 丁春雨，封剑青，郑磊，戴舜，邢树果，肖媛，等．雷达探测技术在探月中的应用．天文研究与技术，2015：228－242.
[55] 丁孝忠，王梁，韩坤英，庞健峰，刘建忠，郭弟均，等．基于 ArcGIS 的月球数字地质填图：以月球北极地区为例．地学前缘．2014：19－30.
[56] 高云泽，董泽华，方广有，纪奕才，周斌．嫦娥三号测月雷达第一通道数据处理与分析．雷达学报．2015：518－526.
[57] 贾阳，刘少创，李明磊，李群智，彭松，温博，等．利用降落影像序列实现嫦娥三号系统着陆点高精度定位．科学通报．2014：1838－1843.
[58] 李巍，孙义威，万文辉，刘召芹，胡文敏，岳宗玉，等．月面形貌仿真设计及在嫦娥三号任务中的应用．地理研究．2014：1040－1048.
[59] 刘斌，徐斌，刘召芹，刘一良，邸凯昌，唐歌实，等．基于降落相机图像的嫦娥三号着陆轨迹恢复．遥感学报．2014：981－987.
[60] 彭嫚，万文辉，吴凯，刘召芹，李力，邸凯昌，等．嫦娥三号导航相机测图能力分析及地形重建．遥感学报．2014：995－1002.
[61] 王娇，程维明，周成虎，赵敏．全月球撞击坑形貌特征的识别与多指标表达．地理研究．2014：1251－1263.
[62] 王梁，丁孝忠，韩坤英，庞健峰，许可娟，郑洪伟，等．月球数字地质图的编制与研究．中国地质．2015：331－341.
[63] 王楠，陈建平，王翔，李婧，何姝珺．月表线性构造定量提取与演化分析：以静海月岭、月溪为例．地学前缘．2014：229－242.
[64] 魏士俨，顾征，马友青，刘少创．基于压缩感知的月球探测器着陆图像超分辨重建．红外与毫米波学报．2013：555－558.
[65] 魏士俨，李群智，马友青，刘少创．虹湾影像超分辨率重建．光电工程．2012：86－90.
[66] 魏士俨，马友青，刘少创．月球虹湾 DEM 超分辨率重建算法研究．测绘科学．2013：17－8＋25.
[67] 魏士俨，张建利，彭松，刘少创．虹湾地区月面撞击坑自动提取．计算机仿真．2013：74－77.
[68] 吴凡路，刘建军，任鑫，李春来．嫦娥三号全景相机图像全景镶嵌方法的研究．光学学报．2014：182－190.
[69] 邢树果，苏彦．基于测月雷达机制月壤相对介电常数反演方法模拟研究．天文研究与技术．2015：306－311.

[70] 徐辛超，徐爱功，刘少创，徐宗秋．透视投影下的月面撞击坑地形恢复算法研究．测绘通报．2014：37-41.

[71] 杨阿华，李学军，谢剑薇，刘涛．局部坐标系的嫦娥二号月面影像自动拼接方法．测绘学报．2014：52-59.

[72] 杨一曼，牟伶俐，刘建军，曾兴国，刘宇轩，邹小端，等．基于嫦娥二号数据的高分辨率影像拼接方法研究．测绘通报．2015：115-120.

[73] 张烁，徐亚明，刘少创，燕丹晨．嫦娥-3号月面巡视探测器立体相机的控制场检校．武汉大学学报(信息科学版)．2015；40：1509-1513.

[74] 郑爱武，刘勇，周建平．虹湾地区高分辨率成像轨控方案．中国空间科学技术．2012：47-53.

A new lunar absolute control point: established by images from the landing camera on Chang'E-3①

Fenfei Wang, Jianjun Liu, Chunlai Li, Xin Ren, Lingli Mu, Wei Yan, Wenrui Wang, Jingtao Xiao, Xu Tan, Xiaoxia Zhang, Xiao-Duan Zou and Xingye Gao

Key Laboratory of Lunar and Deep Space Exploration, National Astronomical Observatories, Chinese Academy of Sciences, Beijing 100012, China; liujj@nao.cas.cn

Abstract: The establishment of a lunar control network is one of the core tasks in selenodesy, in which defining an absolute control point on the Moon is the most important step. However, up to now, the number of absolute control points has been very sparse. These absolute control points have mainly been lunar laser ranging retroreflectors, whose geographical location can be observed by observations on Earth and also identified in high resolution lunar satellite images. The Chang'E-3 (CE-3) probe successfully landed on the Moon, and its geographical location has been monitored by an observing station on Earth. Since its positional accuracy is expected to reach the meter level, the CE-3 landing site can become a new high precision absolute control point. We use a sequence of images taken from the landing camera, as well as satellite images taken by CE-1 and CE-2, to identify the location of the CE-3 lander. With its geographical location known, the CE-3 landing site can be established as a new absolute control point, which will effectively expand the current area of the lunar absolute control network by 22%, and can greatly facilitate future research in the field of lunar surveying and mapping, as well as selenodesy.

Key words: Moon — methods: data analysis — techniques: image processing

1 Introduction

Selenodesy is one of the main tasks involved in exploration of the Moon, which has three goals: the first is to choose a defined lunar coordinate system and establish a lunar control network; the second is the determination of the geometrical and physical parameters used in selenodesy; and the third is to calculate the lunar gravity field (Chen et al. 2005). Among these three goals, the establishment of a unified lunar control network is of great significance. The establishment of the lunar control network forms an important basis for the accurate calculation of coordinates of points on the Moon, as well as high

① Supported by the National Natural Science Foundation of China.

precision surveying and mapping. Since the first scientific observations of the Moon began, a variety of lunar control networks have been established, such as the Apollo control network on the near side of the Moon, ULCN 1994, CLCN 1997 and ULCN 2005 (Davies et al. 1987, 1994; Eliason et al. 1999; Archinal 2006).

The accuracy that comes from applying a control network is closely related to the quantity, distribution and quality of the control points that are used to establish the control network. Because it is not easy to reach the Moon, it is hard to obtain high precision lunar control points, and consequently the area that can be managed with a high precision control network is small. The locations used to establish high precision control points are mainly lunar laser ranging retroreflectors (LRRRs). Through identifying their locations on lunar satellite images, as well as continuous observations of LRRRs from Earth, the positions of LRRRs can be refined, which makes it possible to define a high precision control point. At present, there are five absolute control points with the highest precision in position, which respectively are three LRRRs that were left by Apollo missions and two LRRRs that were mounted on the surface of lunar rovers Lunokhod 1 and Lunokhod 2 launched by the former Soviet Union. Their positions have already been identified in satellite images with 0.5 m resolution from the Lunar Reconnaissance Orbiter (LRO) mission, and high precision positions at a meter level were achieved through lunar laser ranging (LLR; Davies & Colvin 2000; Murphy et al. 2011; Williams et al. 2006; Williams et al. 2008). Aided by the relationship between the locations of the LRRRs and lunar modules (LMs), the position of the LMs can be calculated to an accuracy of 30 m (Davies & Colvin 2000). Xia et al. (2012) confirmed the position of the five LRRRs and LMs with original images from the Chang'E-1 (CE-1), Chang'E-2 (CE-2) and LRO satellites, which greatly advanced the establishment of the Chang'E (CE) image control network.

At Coordinated Universal Time (abbreviated UTC) 2013-12-14 T13:11:18, the Chang'E-3 (CE-3) probe successfully landed on the surface of the Moon, with the goal of performing a one-year science exploration mission (Ip et al. 2014). At the same time, continuous observations of the lander from Earth were also carried out. Through refining those accumulated location data, the position accuracy of the CE-3 lander will be improved. The CE-3 lander is a permanent artificial landmark on the Moon. By refining measurements of its geographical position through constant observation from Earth, where the positional accuracy can reach within 10 m by radio positioning (Cao et al. 2014), the CE-3 lander will likely become a new control point that has the highest precision.

A lunar control point that can be easily applied should not only contain a geographic location, but also needs a position that can be determined in existing satellite images. Consequently, this study seeks to identify the position of CE-3's lander in satellite images, and build a lunar control point by adding its geographic location. After refinement of the geographic coordinates from the control point, this point can be used to set up a new lunar control network in combination with other high precision control points.

In general, information provided by the control point on a remote sensing image consists of the image and its attribute data. The attribute data mainly include two components: (1) the geological location and auxiliary information about the control point, such as the coordinate system and the ellipsoid parameters; (2) an image of the control point and its associated auxiliary information, such as the width, height and resolution of the image. In this paper, we will use a sequence of images taken by the landing camera (LCAM), in combination with images from the CE-1 and CE-2 satellites to identify the location of the CE-3 lander in the images and determine its geographical location as well as other attribute data.

Section 2 gives an introduction to data used in this study. Section 3 describes the method and results for each step in identifying the location of the CE-3 lander in the existing satellite images, as well as their positional uncertainty in images. Section 4 discusses the lander's geographic location on the Moon and its uncertainty. Section 5 presents our conclusions and future prospects.

2　Data

Three types of data were employed in this study: (1) Images from the LCAM on CE-3; (2) images with a resolution of 1.5 m and images with a resolution of 7 m from CE-2; (3) images with a resolution of 120 m from CE-1.

2.1　Images from the Landing Camera

The images obtained by the LCAM were utilized to determine the position of the lander in existing satellite images. The LCAM is one of the optical payloads on the CE-3 lander, which has the main task of acquiring optical images around the landing area (Tan et al. 2014). Those images can be used to study the topography or geology of the Moon's surface around the landing site, and provide a reference for the selection of subsequent targets for scientific exploration using the rover. The key parameters describing the camera are listed in Table 1.

Table 1　Key Performance Indicators of the LCAM Image Sequence

Parameter	Value
Imaging distance	2 km～4 m
FOV (°)	45.3×45.3
Focal length (mm)	8.5
Frame size	1024×1024
CCD pixel size (μm)	6.7

The camera can capture a total of approximately 4600 scenes at a speed of 10 scenes per second, when the distance from the LCAM to the Moon's surface ranges from about 2 km to 4 m (Liu et al. 2014). When approaching the surface, the resolution of images becomes higher and the imaging area becomes smaller. In order to accurately determine the position of the CE-3 lander, we chose 15 images from various independent stages of the landing process, which guarantee overlaps between adjacent images, to generate a sequence of images taken by LCAM (Table 2). This method can greatly enhance computational efficiency by reducing redundancy in the data.

Table 2 Auxiliary Information about the Sequence of Images Taken with LCAM

ID	Time(UTC)	Height (m)	Spatial Resolution (mm $pixel^{-1}$)
1	2013.12.14T13:09:55	200	158
2	2013.12.14T13:10:00	165	130
3	2013.12.14T13:10:15	105	83
4	2013.12.14T13:10:20	100	79
5	2013.12.14T13:10:45	80	63
6	2013.12.14T13:10:50	60	47
7	2013.12.14T13:10:53	50	39
8	2013.12.14T13:10:56	40	32
9	2013.12.14T13:10:59	30	24
10	2013.12.14T13:11:06	20	16
11	2013.12.14T13:11:09	15	12
12	2013.12.14T13:11:12	12	9
13	2013.12.14T13:11:12	10	8
14	2013.12.14T13:11:13	7.5	6
15	2013.12.14T13:11:15	5	4

In the LCAM image sequence, images that were acquired earlier have a larger surface coverage but the spatial resolution is lower. By contrast, images that were acquired later have a smaller surface coverage and higher spatial resolution. Thus, it is difficult to directly match the last image in the image sequence with the satellite images, due to its narrow spatial coverage. In order to complete the images registration between satellite images from CE-1 and CE-2 and images taken by LCAM, the images taken earlier in the sequence that have larger coverage should be applied. We use the following steps in the image matching to accurately determine the position of the lander in satellite images. Firstly, the position of the lander in the last image in the sequence was obtained. Secondly, the images in the sequence were matched with each other and a conversion was established. Finally, an accurate position of the lander in the first image of the sequence was calculated.

2.2 Satellite Images

The global maps of the Moon compiled by CE-1 and CE-2 satellite images have resolutions of 120 m and 7 m respectively. In addition, images acquired when the CE-2 satellite descended to 15 km have a resolution higher than 1.5 m in the area around the CE-3 landing site. We selected published images of the landing site, and some detailed information about the selected satellite images is shown in Table 3.

Table 3　Orbit Number, Spatial Resolution and Acquisition Date of CE-1 and CE-2 Satellite Images in the Area around the CE-3 Landing Site

Satellite	Orbit Number	Resolution	Date
CE-1	553 (forward/nadir/backward)	120 m	2007-12-25
CE-2	236 (forward/backward)	1.5 m	2010-10-27
	570 (forward/backward)	7 m	2010-11-23

3　Image Recognition of The Lander

The procedure of image recognition is to determine the row and column coordinates of the lander on CE-1 and CE-2 satellite images, and the main work flow is shown in Figure 1.

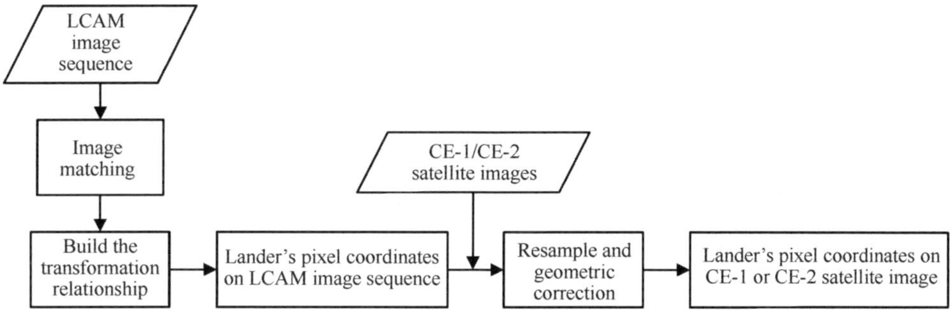

Fig. 1　The work flow of image recognition and precise positioning.

3.1　Image Matching in the LCAM Image Sequence

Certain characteristics of the LCAM image sequence make image matching difficult, such as varying resolutions in the images and different degrees of image deformation. Among various image matching algorithms, Scale Invariant Feature Transform (SIFT) (Lowe 1999, 2004) is recognized as the most useful technique to solve the above mentioned problems.

SIFT was originally proposed by Lowe (1999), which was designed to detect and describe local features in an image. The SIFT feature descriptor is invariant with respect to uniform scaling and orientation, and partially invariant with respect to affine distortion and changes in illumination. It has been wildly applied in various fields, such as object recognition, image registration and video tracking.

According to Lowe (2004), the major stages in the SIFT algorithm involve:

(1) **Scale-space extrema detection.** A scale space is generated and used to calculate the Difference of Gaussians (DoG), and then the values of local extrema points are detected in images through DoG.

(2) **Keypoint localization.** The location and scale of keypoints are accurately determined. Keypoints with low contrast or which are located at the edge will be rejected to improve efficiency and enhance the robustness of the algorithm.

(3) **Orientation assignment.** The gradient magnitudes and orientations for a small region around each keypoint are calculated. In addition, the most prominent orientation is identified and assigned as the orientation of the keypoint, which ensures that rotation invariance is satisfied.

(4) **Keypoint descriptor.** A vector of 128 values is created as a fingerprint to identify a keypoint.

Using the algorithm described above, SIFT features can be obtained from an input image, and then SIFT feature matching is done through a Euclidean - distance based nearest neighbor approach. To increase robustness, matches are rejected for those keypoints for which the ratio of the nearest neighbor distance to the second nearest neighbor distance is greater than 0.8.

In order to obtain a sufficient number of feature points for calculating the conversion between images in a sequence, we use an image matching algorithm that integrates the SIFT detector with the Harris corner detector (Harris & Stephens 1988), which is described below. Firstly, SIFT feature keypoints are detected in the original images. Secondly, the SIFT feature matching algorithm is used to obtain the initial sparse same point pairs, and the geometric transformation between images is calculated. Subsequently, the Harris corner detector is utilized to extract corner points, and the Normalized Cross Correlation algorithm, depending on the result of SIFT feature matching, is used to find the same points. Finally, least square matching (LSM) is used to obtain the matching results at the subpixel level.

3.2 Building the Transformation between Images in the Sequence

After obtaining the corresponding points between images in the sequence with the image matching algorithm, the parameters describing the transformation between adjacent images can be calculated, which can facilitate transferring the position of the lander in the sequence of images. Currently, the Thin - Plate-Spline (TPS; Bookstein 1989) transformation is widely used as a non - rigid transformation model in image registration. A smooth surface will be searched with the smallest bending through all the control points, which contains a global affine transformation and a weighted local nonlinear term (Chen et al. 2013). Compared with the affine transformation model and the polynomial model, the TPS model achieves a better transformation that can be applied to remote sensing and medical images, but requires a larger number of control points (Du et al. 2008). Fortunately, this is not a problem in our case since an adequate number of control points can be acquired from our image matching algorithm. The basic form of a TPS transformation is (Chen et al. 2013)

$$x' = a_0 + a_1 x + a_2 y + \sum_{i=1}^{N} F_i r_i^2 \ln r_i^2 , \tag{1}$$

$$y' = b_0 + b_1 x + b_2 y + \sum_{i=1}^{N} G_i r_i^2 \ln r_i^2 , \tag{2}$$

where $r_i^2 = (x - x_i)^2 + (y - y_i)^2$ and x_i, y_i are the coordinates of a control point, and N is the number of control points. Note that the first three terms on the right side of the above equations represent an affine transformation (a_0, a_1, a_2, b_0, b_1, b_2 are the affine transformation parameters), and the fourth term represents the Radial Basis Function in the nonlinear transformation. The calculation of the transformation between images via TPS is comprised of two steps. First, $2 \times (N + 3)$ TPS transformation parameters are calculated according to the coordinates of the control points. Secondly, according to the coordinates of input points, transformed coordinates will be calculated by TPS.

3.3　Image Recognition of the Lander

Following the above steps, the location of the lander in the first image of the sequence of images can be confirmed. We can subsequently determine the position of the lander in the satellite image. The identification and the positioning of a control point on the original image are helpful for convenient and effective applications in subsequent research. The principle behind identifying the CE-3 lander in images taken with the CE-1 or CE-2 satellites is to first determine its position on the image with highest spatial resolution, and then apply that information to images with lower resolution. The basic procedure is as follows: (1) the CE-2 image with a resolution of 1.5 m is resampled to the resolution of the first image in the sequence of images taken by LCAM; (2) geometric correction is applied to the resampled image with the first image of LCAM; (3) the position of the lander on the resampled image and on the CE-2 image with a resolution of 1.5 m resolution is determined; (4) Use the same approach in step 3 to determine the position on the CE-2 image with a resolution of 7 m and the CE-1 image with a resolution of 120 m.

3.4　The Result of Image Recognition and Discussion

3.4.1　Image matching between images in the sequence

In order to calculate the position of the lander in the image sequence, adequate numbers of corresponding points should be guaranteed for accurate image matching. In our study, the SIFT detector was combined with the Harris corner detector to extract feature points. The corresponding points between adjacent images were obtained by feature matching and LSM matching. The accuracy of corresponding matching points could reach the subpixel level, and the number of points in each pair of images ranged from 200 to 600. The number of points in each pair of images is listed in Table 4. Because the overlapping area between the last two images was small and the image quality was bad due to distortion from gases escaping from the engine on the spacecraft during the descent stage of the lander, the number of corresponding points was relatively few, but can still be used to calculate parameters in the next section. Meanwhile, the distribution of corresponding points was uniform in adjacent images and covered the whole overlapping area of each pair of images, which ensured accuracy in the subsequent analysis (Fig. 2).

Table 4　Number of corresponding Points for Each Pair of Images in the Sequence of LCAM Images

Pair of images	N01 – N02	N02 – N03	N03 – N04	N04 – N05	N05 – N06	N06 – N07	N07 – N08
Number of points	510	192	267	334	501	560	561
Pair of images	N08 – N09	N09 – N10	N10 – N11	N11 – N12	N12 – N13	N13 – N14	N14 – N15
Number of points	378	673	512	546	261	26	95

Notes: N01, N02 and N15 represent the first, second, and 15th image in the sequence of images, respectively. N01 – N02 indicates the processing using the first and second images, and the others can be referenced in the same manner.

Fig. 2　The distribution of corresponding points in two adjacent images (using the pair of images N06 – N07 as an illustration). The left figure is the sixth image in the sequence and the right one is the seventh. The area outlined in red indicates the overlapping region between the two images and the red marks show the locations of the corresponding points, which are uniformly distributed in both images.

3.4.2 The transformation in the sequence of images

We used the TPS model to establish the transformation between images with the corresponding points described in the previous section. In the sequence of images, images that were acquired earlier became the target images and the images that were acquired later were the source image. Parameters describing the transformation from the source image to the target image were calculated①. We carried out a series of experiments with different numbers of control points N, and compared those transformation results. We found that at least fifty control points per image were sufficient to give reliable results, so we used this many points to calculate the TPS parameters of each pair of adjacent images. The remaining corresponding points were used for validation. For each validation point, the deviation between the coordinates calculated by TPS and those derived from image matching was calculated to test the accuracy of the transformation model (Table 5).

Table 5　Accuracy of the Image Transformation for Each Pair of Images from LCAM (unit: pixel)

	N01 - N02	N02 - N03	N03 - N04	N04 - N05	N05 - N06	N06 - N07	N07 - N08
Max	0.99	0.97	0.97	1	1	0.99	1
Min	0.01	0.03	0.01	0	0.01	0.03	0
Avg.	0.41	0.38	0.3	0.37	0.46	0.44	0.43
Std.	0.23	0.23	0.19	0.24	0.23	0.23	0.23
	N08 - N09	N09 - N10	N10 - N11	N11 - N12	N12 - N13	N13 - N14	N14 - N15
Max	1	1	0.98	1	1	0.06	0.98
Min	0.03	0.01	0.01	0.01	0.04	0	0
Avg.	0.53	0.49	0.43	0.35	0.48	0.02	0.31
Std.	0.24	0.24	0.22	0.21	0.23	0.01	0.27

As shown in Table 5, the maximum difference between the result of the TPS calculation and the result of image matching was within one pixel, and the average difference was about half a pixel. This demonstrates the reliability of the TPS transformation model. One example of the TPS model output is shown in Figure 3. The image that was acquired later in the image sequence is defined as the original image and the image that was acquired earlier is defined as the reference image. As can be seen from Figure 3, the rectified image matches well with the reference image via visual inspection.

3.4.3 Image recognition

With the acquired transformation, the position of the lander on each image in the sequence could then be calculated. Based on the position observed in the last image in the

---

① Detailed information about transformation parameters is available on http://www.raa-journal.org/docs/Supp/201412wangff.pdf.

Fig. 3　The result of image transformation using the TPS model. From left to right: The image that was acquired later which is defined as the original image, the rectified version of the original image and an image that was acquired earlier which is defined as the reference image. There are some invalid data in the rectified image because the surface coverage of the original image is smaller than that of the reference image.

sequence that has the highest spatial resolution, the position of the lander in the earlier images could be gradually calculated. We determined the position in the last image that was taken by the LCAM by considering the relationship between the camera and the lander.

Table 6 lists the position of the lander in each image. The position of the CE-3 lander in the first image of the sequence is (row, column) = (142.4 pixels, 552.9 pixels).

Table 6　Pixel Coordinates of the Lander in Each Image of the Image Sequence

Image ID	Column	Row	Image ID	Column	Row
15	878.1	453.8	7	558.6	522.9
14	687.3	495.9	6	541.2	528.2
13	632.8	508.7	5	540.5	538.9
12	609.8	515.2	4	613.6	510.5
11	590.5	520.1	3	619.6	677.9
10	574.1	525.2	2	551.2	265.0
9	562.6	526.1	1	552.9	142.4
8	561.6	526.3			

We then matched the first LCAM sequence image with images taken by the CE-2 satellite that have a resolution of 1.5 m after geometric correction using the Georeferencing module available in ArcGIS software (ESRI 2011), and obtained the position of the lander in the CE-2 image. Following the same procedure, the positions of the lander on images taken by the CE-2 satellite with a resolution of 7 m and images taken by CE-1 with a resolution of 120 m were also calculated.

Figure 4 shows a schematic diagram of the lander on images taken with the CE-1 and CE-2 satellites. Detailed information about the position is listed in Table 7.

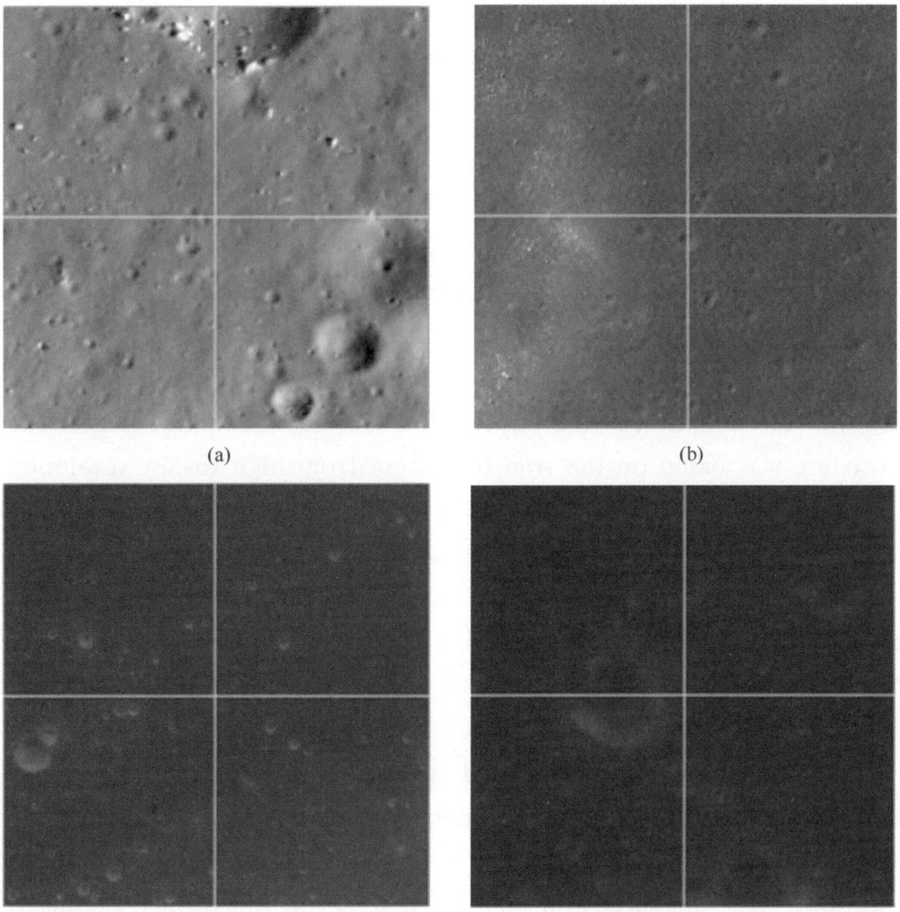

Fig. 4　The intersections of the blue lines indicate the position of the lander in the (a) CE-3 LCAM image; (b) CE-2 image with a resolution of 1.5 m; (c) CE-2 image with a resolution of 7 m; (d) CE-1 image with a resolution of 120 m.

Table 7　Pixel Coordinates of the CE-3 Lander in CE-1/CE-2 Satellite Images

Image		Forward		Backward		Nadir	
Image type	Orbit Number	Row	Column	Row	Column	Row	Column
CE-2 1.5 m	236	37003.0	4801.5	43421.5	4796.0	—	—
CE-2 7 m	570	9085.0	1969.5	9256.5	1986.5	—	—
CE-1 120 m	553	29153.5	215.5	30131.5	215.5	29642.5	214.5

Our results showed that the error in position of the lander in both satellite images was within one pixel, which demonstrates that the pixel coordinates obtained by our approach using images from the CE-1 and CE-2 satellites are precise. Assessing the accuracy of the result for each step is shown as follows:

(1) First, the accuracy of image matching for the sequence of LCAM images reached

the subpixel level, and using these corresponding points we can establish the transformation between images by the TPS model. As shown in Table 5, the average difference was about half a pixel, and the root mean square error was less than 0.3 pixel. According to the theory of error accumulation,

the uncertainty in the first image of the LCAM sequence should be

$$\begin{aligned}\sigma &= \sqrt{\sigma_1^2+\sigma_2^2+\cdots+\sigma_{14}^2}\\ &= \sqrt{(0.23\times 158\text{mm})^2+(0.23\times 130\text{mm})^2+\cdots+(0.27\times 6\text{mm})^2} = 0.058\text{m},\end{aligned} \tag{3}$$

which is about 0.4 pixel of the first image in the LCAM sequence.

(2) In the determination of the position in CE-1/CE-2 satellite images, the identification procedure was based on the transformation from high to low resolution images. Because the resolution of CE-2 1.5 m, 7 m and CE-1 120 m images varied, we manually selected the control points and estimated the accuracy in position conservatively using the maximum uncertainty here. It was obvious that the maximum uncertainty in each transformation was 0.5 pixel in the low resolution images. Therefore, the uncertainty in the CE-2 1.5 m image was calculated to be 0.058 m + 1.5 m/2 = 0.8 m (about 0.5 pixel in the CE-2 1.5 m image). The uncertainty in the CE-2 7 m image was 0.8 m + 7 m/2 = 4.3 m (about 0.6 pixel in the CE-2 7 m image), and the uncertainty in the CE-1 120 m image was 4.3 m + 120 m/2 = 64.3 m (about 0.5 pixel in the CE-1 120 m image). In summary, the accuracy of the lander's pixel coordinates in CE-1 or CE-2 satellite images was within 1 pixel.

In addition, after the successful landing of CE-3 on the surface of the Moon, the Narrow Angle Camera (NAC) on the LRO mission captured the lander with 1.5 m resolution at UTC 2013 - 12 - 25 T03:52:49. With the aid of ArcGIS software, we geometrically corrected the NAC image with a CE-2 1.5 m resolution image, and found that the difference in the pixel coordinates of the lander's center in the corrected NAC image and those in our study was within 1 pixel of the CE-2 1.5 m resolution image. This confirms that the position of the CE-3 lander on the satellite image determined by our approach is correct and accurate.

4 Identification of the Lander's Lunar Geographic Location

Position measurement techniques of lunar points made from Earth mainly include LLR, radio positioning and photogrammetry (Ouyang 2005). LLR has been recognized as the most precise one at the current time (Faller & Wampler 1970; Ouyang 2005), followed by radio positioning. Photogrammetry is the most effective way to increase the density of control points in an existing lunar control network. The geographic location of the CE-3 lander can be obtained by two methods: radio positioning and photogrammetry.

The radio positioning method has played an important role in the measurement of positions of space probes. In the Chinese Lunar Exploration Project, the Unified S-Band (USB) and Very Long Baseline Interferometry (VLBI) have been successfully used in combination for precise orbit determination. The VLBI network has achieved a tracking accuracy of better than 5 ns in the CE-2 mission (Li et al. 2012). The orbit determination of the CE-3 lander is mainly done by the Chinese deep space monitoring station and the VLBI network. The measurements of the lander's range and velocity were carried out by the Chinese deep space network, in which the ranging accuracy is about 2～3m and precision of the speed measurement can reach 0.5 mm s^{-1} (Cao et al. 2013; Chang et al. 2014). After the successful landing of the CE-3 lander, the VLBI center sent the landing trajectory and location of the lander to the Beijing Aerospace Control Center (BACC), and BACC finally released the landing location as (19.5102°W, 44.1205°N, −2636.6 m) (Chang et al. 2014), for which the accuracy in position is at the level of 100 m (Cao et al. 2013).

Meanwhile, we calculated the geodetic coordinates of the lander with the photogrammetry method based on the satellite images. Aided by an accurate geometric correction from the first image in the sequence taken by LCAM and the base map with geodetic information, we determined the geodetic coordinates of the lander. The base map used in this paper was the CE-2 orthoimage map that was produced from CE-2 images that have a resolution of 1.5 m by the photogrammetry technique. The orthoimage map is based on the result from applying a global adjustment with five absolute control points. The photogrammetry data can achieve a relative planar accuracy within 2 pixels, an absolute planar accuracy within 100 m and an elevation accuracy within 20 m (Ren et al. 2014). The coordinates of the lander in the Moon Fixed Coordinate System (Mean Earth/Polar Axis Coordinate System) was calculated to be (19.5124°W, 44.1196°N, −2638.5m). It should be noted that uncertainty in the geodetic coordinates includes two parts: (1) systematic uncertainty associated with the absolute geodetic coordinates of the base map; (2) statistical uncertainty associated with the determination of the landing site in the base map. For the systematic uncertainty, it depends on the accuracy of the base map and can be represented by the absolute planar accuracy (within 100 m) and the elevation accuracy (within 20 m). In terms of the statistical uncertainty, we selected 30 control points to implement the geometric correction and the root mean square error of the control points was 0.46 pixel (about 0.7 m). Compared with the systematic uncertainty, the statistical uncertainty is fairly small. Thus, the uncertainty in position was considered to have a planar accuracy within 100 m and elevation accuracy within 20 m.

Moreover, the Lunar Reconnaissance Orbiter Camera (LROC), which was developed by an American scientific team from the National Aeronautics and Space Administration (NASA), determined the position of the CE-3 lander by using 1.5 m resolution images captured by NAC. Comparisons between our result, the BACC value and the NASA value are shown in Table 8.

Table 8　The Results of Different Geographic Locations for the CE-3 Lander

	Geodetic coordinate			Deviation value	
	Longitude	Latitude	Altitude	Plane dev.	Elevation dev.
This paper	−19.5124°E	44.1196°N	−2638.5m	—	—
BACC	−19.5102°E	44.1205°N	−2636.6 m	55 m	1.9 m
NASA *	−19.5116°E	44.1214°N	−2640 m	57 m	1.5 m

Notes: * The NASA result comes from http://www.nasa.gov/content/nasa-images-of-changE-3-landing-site.

The deviation in plane distance between the value released by BACC and our result is about 55 m. The reasons for the deviation in location can be attributed to either the accuracy of radio measurement or the accuracy of the map used in this paper. In addition, the plane deviation determined by the LROC is 57 m and 1.5 m in elevation. The difference in geodetic coordinates is mainly caused by the different maps that are used, which means that one pixel can have the same pixel location on two maps, but their geodetic coordinates will be different. Generally speaking, by comparing with other published results, the accuracy of a geographical position achieved by the photogrammetry method is within 100 m. This demonstrates that our calculation results are feasible and could be utilized in future applications.

5　Conclusions and Future Prospects

In this study, we employed images from the LCAM, as well as images from the CE-1 and CE-2 satellites, to identify the location of the CE-3 lander. With the geographical location, we established the landing site of CE-3 as a new absolute control point. The control point could be clearly identied in existing satellite images and its geodetic coordinates were determined with high accuracy in absolute position. Comprehensive information about the control point can be found in Table 9.

Table 9　Information about the Lunar Control Point that uses the CE-3 Lander

Element	Description
Images of the control point	Images of the control point with resolutions of 1.5, 7, and 120 m are shown in Figure 4;
Auxiliary information about the image	The pixel coordinates on the CE-1 and CE-2 satellite images are listed in Table 7; The accuracy of pixel coordinates for the control point is within one pixel; The detailed information about the CE-1 and CE-2 satellite images is shown in Table 3;

Continued

Element		Description
Geodetic coordinates		19.5124°W, 44.1196°N, −2638.5 m (photogrammetry) 19.5102°W, 44.1205°N, −2636.6 m (radio positioning)
Auxiliary attribute information	Coordinate system	Moon Fixed Coordinate System
	Reference spheroid	A sphere with a radius of 1 737 400 m
	Accuracy	The absolute plane positioning accuracy is within 100 m and the height positioning accuracy is within 20 m.

Moreover, the study confirmed the position of the CE-3 lander in different images with various spatial resolutions, such as the 1.5 m resolution CE-2 image, 7 m resolution CE-2 image and 120 m resolution CE-1 image. This satisfies the requirements of establishing a control network from remote sensing images with different resolutions.

In addition, the positioning result in this paper shows that the positioning method based on a sequence of images taken by the LCAM is feasible, which may be significant for acting as a reference in future exploration missions.

Although the accuracy of absolute geodetic coordinates calculated from this control point cannot achieve the highest accuracy at present, improvement in accuracy is still possible. With the accumulation of more observation data taken from Earth, the absolute position of the the CE-3 lander will become more precise in the future. The techniques that can be used to improve the precision of a control point include the radio positioning method such as the combination of VLBI and USB. The precision of control points can reach several meters (Cao et al. 2014; Liu et al. 2009). To use thisabsolute control point, the absolute geographic coordinates of control points can be updated if higher precision coordinates are obtained.

The principle of establishing a geodetic control network on Earth requires setting up the network level by level and sequentially establishing control. The first level of the control network is established based on the set of sparsely distributed but most accurate control points, and the low level control networks will be established step by step. The principle can also be applied to the Moon. After being confirmed as a new absolute lunar control point, the landing site of the CE-3 lander will become an absolute control point in the northernmost corner (as shown in Table 10 and Fig. 5).

Table 10　Lunar Absolute Control Points with High Accuracy in Geographic Location as Determined from Earth Observations

ID	Thumbnail	Longitude(°E)	Latitude(°N)	Radius (m)	Measurement method
LGCP−A11		23.47293	0.67337	1735472	LLR

Continued

ID	Thumbnail	Longitude(°E)	Latitude(°N)	Radius (m)	Measurement method
LGCP-A14		-17.4788	-3.64421	1736335	LLR
LGCP-A15		3.62837	26.13333	1735476	LLR
LGCP-L17		-35.00796	38.31516	1734929	LLR
LGCP-L21		30.92201	25.83223	1734638	LLR
LGCP-CE3 (this paper)		-19.5124 -19.5102	44.1196 44.1205	1734761.5 1734763.4	photogrammetry radio positioning

Notes: LGCP-A11, LGCP-A14, LGCP-A15, LGCP-L17 and LGCP-L21 represent the locations of five laser reflection prisms, for which the geographic coordinates came from Davies & Colvin (2000) and Murphy et al. (2011). Except for LGCP-L17, which was calculated based on the Moon ephemeris DE421, all the other points were calculated based on the ephemeris DE403. The thumbnails show accurate locations of the control points in CE-2 7 m resolution images, which come from Xia et al. (2012) except for LGCP-CE3.

Fig. 5　The distribution of absolute control points on the Moon with high accuracy in position as determined by observations from Earth.

This will effectively expand the current control area of the high precision lunar control network. The control area will increase from 1 230 000 square kilometers to 1 500 000 square kilometers, representing an increase of 22%. By integrating with existing high resolution satellite images, a new unified global high precision control network can be established via the photogrammetry technique, in order to increase the density of points in the control network. This unified control network can not only provide an effective control method for surveying and mapping, but can also be treated as the basis for future research on the shape and movement of the whole Moon.

Acknowledgements

We are grateful for support from the five systems in the Chinese Lunar Exploration Project. We are thankful to the Ground Research and Application System for providing data. This work is supported by the National Natural Science Foundation of China (Grant No. 11273037). Two anonymous reviewers provided insightful comments on a previous draft of this manuscript, and their comments greatly helped to improve the completeness and clarity of the manuscript.

References

[1] Archinal, B. A. 2006, The Unified Lunar Control Network 2005 (US Geological Survey)

[2] Bookstein, F. L. 1989, IEEE Trans. Pattern Anal. Mach. Intell., 11, 567

[3] Cao, J. -F., Hu, S. -J., Zhang, Y., Chen, M., & Xie, J. -F. 2014, Journal of Spacecraft TT & C Technology, 33, 244

[4] Cao, J. -F., Li, P. -J., Xie, J. -F., et al. 2013, Journal of Spacecraft TT & C Technology, 32, 251

[5] Chang, S. -Q., Huang, Y., Song, Y. -Z., Li, P. -J., & Hu, X. -G. 2014, Journal of Spacecraft TT & C Technology, 33, 236

[6] Chen, B. -Q., Yang, Y. -M., Zheng, L. -H., & Wen, H. -T. 2013, RS Tech. & App., 28, 604

[7] Chen, J. -Y., Zhang, C. -Y., & Dang, Y. -M. 2005, Acta Geodetica et Cartographica Sinica, 34, 189

[8] Davies, M. E., & Colvin, T. R. 2000, J. Geophys. Res., 105, 20277

[9] Davies, M. E., Colvin, T. R., & Meyer, D. L. 1987, J. Geophys. Res., 92, 14177

[10] Davies, M. E., Colvin, T. R., Meyer, D. L., & Nelson, S. 1994, J. Geophys. Res., 99, 23211

[11] Du, Q., Raksuntorn, N., Orduyilmaz, A., & Bruce, L. M. 2008, Photogrammetric Engineering & Remote Sensing, 74, 169

[12] Eliason, E., Isbell, E., Lee, T., et al. 1999, Mission to the Moon: The Clementine UVVIS Global Lunar Mosaic

[13] ESRI. 2011, ArcGIS Desktop: Release 10

[14] Faller, J. E., & Wampler, E. J. 1970, Scientific American, 222, 38

[15] Harris, C., & Stephens, M. 1988, in Alvey Vision Conference, 15, (Manchester, UK, 50)

[16] Ip, W. - H., Yan, J., Li, C. - L., & Ouyang, Z. - Y., 2014, RAA (Research in Astronomy and Astrophysics), 14, 1511

[17] Li, P., Hu, X., Huang, Y., et al. 2012, Science China Physics, Mechanics and Astronomy, 55, 514

[18] Liu, J. J., Yan, W., Li, C. L., et al. 2014, RAA (Research in Astronomy and Astrophysics), 14, 1530

[19] Liu, Q., Shi, X., Kikuchi, F., et al. 2009, Science China Physics, Mechanics and Astronomy, 52, 1858

[20] Lowe, D. G. 1999, in Computer Vision, 1999. The Proceedings of the Seventh IEEE International Conference, 2, IEEE, 1150

[21] Lowe, D. G. 2004, International Journal of Computer Vision, 60, 91

[22] Murphy, T. W., Adelberger, E. G., Battat, J. B. R., et al. 2011, Icarus, 211, 1103

[23] Ouyang, Z. - Y. 2005, Introduction to Lunar Science (Beijing: China Astron. Publ. House)

[24] Ren, X., Liu, J. - J., Wang, F. - F., & et al. 2014, in European Planetary Science Congress 2014, 9

[25] Tan, X., Liu, J. -J., Li, C. - L., et al. 2014, RAA (Research in Astronomy and Astrophysics), 14, 1682

[26] Williams, J., Boggs, D., & Folkner, W. 2008, in 16th International Workshop on Laser Ranging, Pozna, 13

[27] Williams, J. G., Turyshev, S. G., Boggs, D. H., & Ratcliff, J. T. 2006, Advances in Space Research, 37, 67

[28] Xia, J. - C., Ren, X., Liu, J. - J., Mou, L. - L., & Li, C. - L. 2012, Journal of Jilin University (Earth Science Edition), 12, 460 (in Chinese)

A method and results of color calibration for the Chang'E-3 terrain camera and panoramic camera①

Xin Ren[1], Chunlai Li[1], Jianjun Liu[1], Fenfei Wang[1], Jianfeng Yang[2], Enhai Liu[3], Bin Xue[2] and Rujin Zhao[3]

1 Key Laboratory of Lunar and Deep Space Exploration, National Astronomical Observatories, Chinese Academy of Sciences, Beijing 10012, China; licl@nao.cas.cn

2 Xi'an Institute of Optics and Precision Mechanics, Chinese Academy of Sciences, Xi'an 710119, China

3 Institute of Optics and Electronics, Chinese Academy of Sciences, Chengdu 610209, China

Abstract: Abstract The terrain camera (TCAM) and panoramic camera (PCAM) are two of the major scientific payloads installed on the lander and rover of the Chang'E 3 mission respectively. They both use a Bayer color filter array covering CMOS sensor to capture color images of the Moon's surface. RGB values of the original images are related to these two kinds of cameras. There is an obvious color difference compared with human visual perception. This paper follows standards published by the International Commission on Illumination to establish a color correction model, designs the ground calibration experiment and obtains the color correction coefficient. The image quality has been significantly improved and there is no obvious color difference in the corrected images. Ground experimental results show that: (1) Compared with uncorrected images, the average color difference of TCAM is 4.30, which has been reduced by 62.1%. (2) The average color differences of the left and right cameras in PCAM are 4.14 and 4.16, which have been reduced by 68.3% and 67.6% respectively.

Key words: Moon — methods: data analysis — techniques: image processing

1 Introduction

The Chang'E-3 lunar surface exploration mission, including a lander and a rover, was launched at 17:30 UTC on 2013 December 1. The lander successfully descended and landed on Mare Imbrium at 13:11 UTC on Dec 14 (Li et al. 2014; Ip et al. 2014). The terrain camera (TCAM) and panoramic camera (PCAM) are two of the major scientific payloads installed on the lander and rover respectively. They are used to capture visible light images, which will be used to survey lunar surface topography and geology. The two

① Supported by the National Natural Science Foundation of China.

kinds of cameras are designed for color imaging. The two cameras captured their first color images at 11:01:38 UTC and 12:44:50 UTC respectively on Dec 15. Compared with human visual perception, the image quality is good.

PCAM and TCAM use a CMOS sensor that is part of a Bayer color filter array (CFA) to capture color images. Commercial digital cameras, such as Canon, Nikon, Sony and Aigo, use this kind of color imaging principle. This imaging technology has also been widely used in various space exploration missions, e.g., the Chang'E-2 solar wing monitor camera, the Shenzhou spacecraft astronaut monitor camera, and Mars Curiosity's MAHLI (Edgett et al. 2012) and Mastcam instruments (Malin et al. 2010). However, RGB values of the recorded images are related to properties of these cameras (Sharma & Bala 2002; Hunt et al. 2011). In evaluating the effects of color, a common problem is whether different cameras or the same camera in different imaging conditions will produce the same colors when photographing the same object, and whether the colors of the recorded image match those of human visual perception. Much work needs to be done on estimating the illumination of the scene and the tristimulus values, e.g. RGB, XYZ and CIELab, of the objects. The International Commission on Illumination (abbreviated CIE) quantitatively uses tristimulus values to describe colors, establish a CIE standard colorimetric system, and puts forward the concept of standard colorimetric observers, standard illuminants, geometric conditions and methods for the measurement of object colors (Sharma & Bala 2002; Hunt et al. 2011). A method of color correction for PCAM and TCAM is established according to the CIE standard. The ground testing and inorbit images are used to estimate the results.

Section 2 gives the principles of the panoramic camera and the terrain camera, and how they acquire color images. In Section 3, a color calibration model is constructed and the model coefficients are calculated in the ground tests. Section 4 shows the results of color correction for the two camera, and the effect of color correction is evaluated. In Section 5, the work completed in this paper is summarized.

2 Principles of Cameras and Color Imaging

The PCAM is one of the rover's major scientific payloads, with two cameras installed on the mast of the Yutu rover, and has the ability to take color and panchromatic images. The TCAM, one of the lander's major scientific payloads, has only one camera installed on the pointing mechanism of the lander, and can acquire color imaging and dynamic photography. They use a Bayer CFA covering CMOS sensor to capture lunar color images. The filter pattern of the Bayer CFA is 50% green, 25% red and 25% blue (see Fig. 1).

After Bayer CFA filter the light by wavelength range, each pixel can only produce a color red, green or blue. In order to convert the raw image to a full-color image, the demosaicing

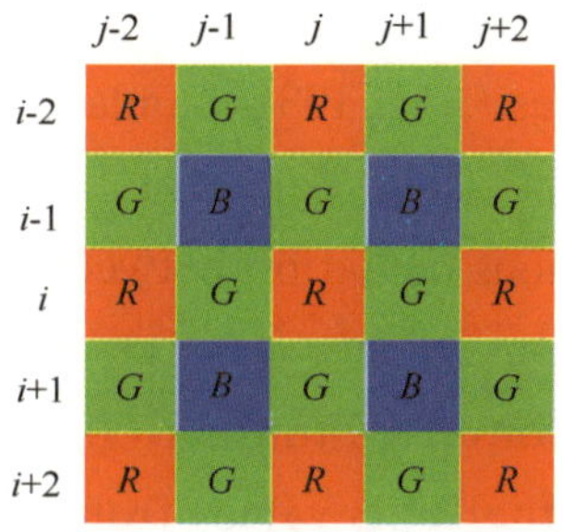

Fig. 1　Bayer CFA Filter Pattern (R, G and B represent *red*, *green* and *blue* respectively).

algorithm (Li 2005) will be used to calculate a missing color component by the color values of the surrounding pixel. In addition, because it is affected by the light source, radiation transmission path, target characteristics, camera features and other factors, the raw color image cannot accurately reproduce the color of the object. There will be some differences in color and the image quality will be reduced (Sharma & Bala 2002; Ramanath et al. 2005; Kao et al. 2006). Color correction must be done for the original color image after demosaicing. During a ground color calibration test, the correction coefficient was measured.

3　Color Calibration Methods

The imaging process mainly includes two steps.

(1) The reflected light of target enters the cameras.

(2) With the spectral response functions, the cameras convert incident light into RGB color values and output them.

Therefore, the qualities of color produced by the camera mainly depend on the outside light source, the reflection characteristics of the target and the camera's spectral response characteristics. In order to achieve consistency between color produced by the camera color and human visual perception, the spectral response errors and the effect of different light sources should be taken into consideration in a color calibration model. A color calibration model was constructed and calibration ground tests were carried out to calculate the model coefficients (Haeghen et al. 2000; Jackman et al. 2012; Li 2008; Weerasinghe et al. 2005).

3.1　Correction for Errors in the Color Response of the Camera

Once the external light source and the target are determined, the color response model is primarily related to characteristics of the spectral response. An inconsistency between spectral response functions of the camera (see the top panel in Fig. 2) and CIE standard perceptive color matching functions (see the bottom panel in Fig. 2) will cause a bias between the color recorded by the camera and color that the observer perceives. The color calibration test was based on camera spectral characteristics, from which we obtained the color calibration coefficients. They were used to convert the camera original colors to the standard color values. CIE 1931 standard observer was taken as the reference for our test. (Sharma & Bala 2002; Valous et al. 2009).

In Figure 2, there is an obvious deviation between the color response curves and the CIE 1931 observer curve. For convenience in data processing, color values in the CIE XYZ chromaticity system were converted to the RGB chromaticity system (Bianco et al. 2007). The conversion between the RGB values from the camera and those from standard values of the CIE 1931 standard observer can be expressed as the following equations

$$\begin{cases} R_y = A_{11} \times R_0 + A_{12} \times G_0 + A_{13} \times B_0, \\ G_y = A_{21} \times R_0 + A_{22} \times G_0 + A_{23} \times B_0, \\ B_y = A_{31} \times R_0 + A_{32} \times G_0 + A_{33} \times B_0, \end{cases} \tag{1}$$

where (R_y, G_y, B_y) is the RGB values of the CIE 1931 standard observer. (R_0, G_0, B_0) is the RGB values from the camera. A_{ij} ($i=1, 2, 3$, $j=1, 2, 3$) is the conversion coefficient.

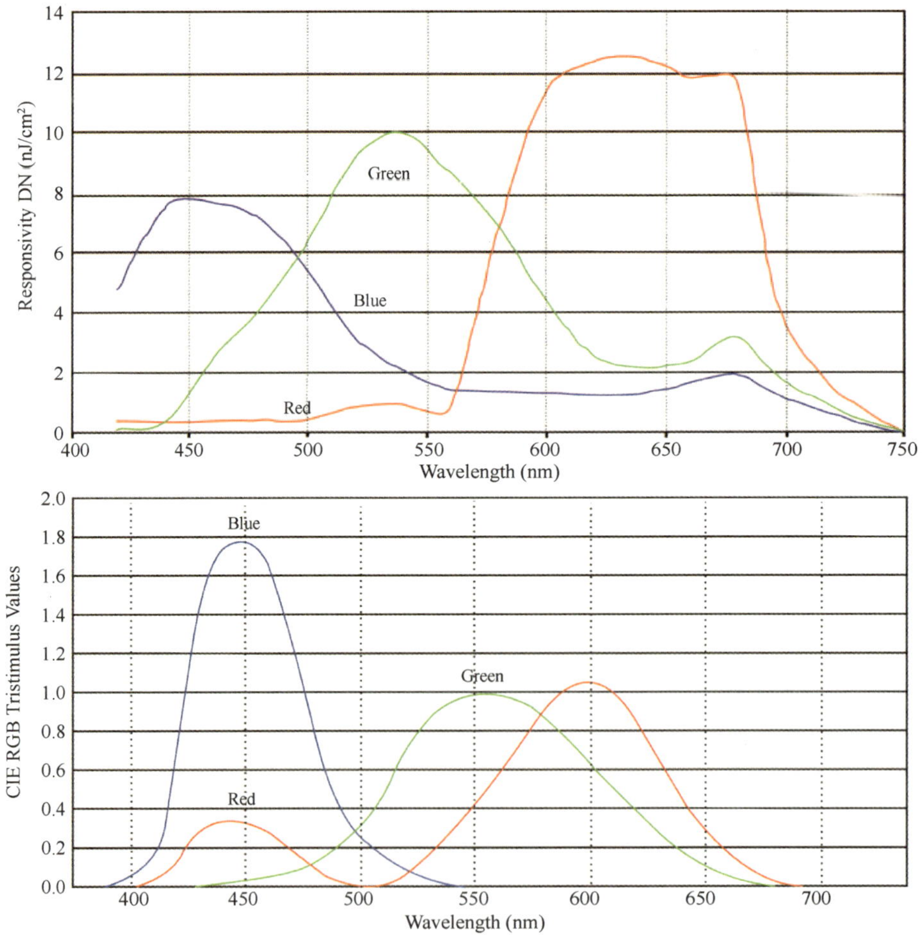

Fig. 2　*Top*: Spectral response curves of the PCAM and TCAM; *Bottom*: CIE 1931 color matching functions.

In order to get the calibration coefficients in Equation (1), a color calibration system, including a CIE standard light source (D65), a standard color board (24 colors) and a spectrometer, was set up in Figure 3. D65 provided a standard lighting source, standard color board as a target and a spectrometer to measure the color values. According to the CIE standard (GB/T3977 - 2008; GB/T3978 - 2008)① the test mainly followed the steps below:

(1) Set up the standard illumination and observation conditions (angle of incidence of 45°, angle of emergence of 0°) and image the color board with the camera;

(2) By interpolating color from the raw image data with the method of Li (2005), the original color image is obtained. The RGB value of each color patch in the color board is measured as camera observations in Equation (1). The dark current correction and relative calibration are carried out before color interpolation, and the processing parameters are provided by laboratory tests.

(3) Given the same illumination and observation geometry, the spectrometer measures spectral values for each color patch. The spectral values are converted to color values in the XYZ system (Sharma & Bala 2002), and then to RGB components in the RGB color system (Bianco et al. 2007), as the values of the CIE 1931 standard observer in Equation (1).

(4) By the least squares method, unknown variables in Equation (1) are solved, which are the camera's color calibration coefficients.

3.2 Correction for the Effect of the Light Source

Human eyes have the ability to self - adjust to restore colors. In different lighting conditions (primarily changes in color temperature), the perceptions are similar. For instance, we can correctly feel a white target no matter if it is at sunrise or in dim light. Unlike human eyes, PCAM and TCAM cannot adapt to restore colors, so the images obtained from the cameras require white balance correction to remove the influence of different illuminations.

According to the principle of how white balance operates, each color channel should be consistent with others after correction, which is to say the RGB components should be the same. Take the green component for reference; the mathematical equations are as follows:

$$\begin{cases} R_m = r \times R, \\ G_m = 1 \times G, \\ B_m = b \times B, \\ R_m = G_m = B_m, \end{cases} \tag{2}$$

where (R, G, B) and (R_m, G_m, B_m) are the RGB values before and after correction

① GB/T3977 — 2008, Methods for the measurement of object color (Standardization Administration of The People's Republic of China) and GB/T3978 — 2008, Standard illuminants and geometric conditions (Standardization Administration of The People's Republic of China).

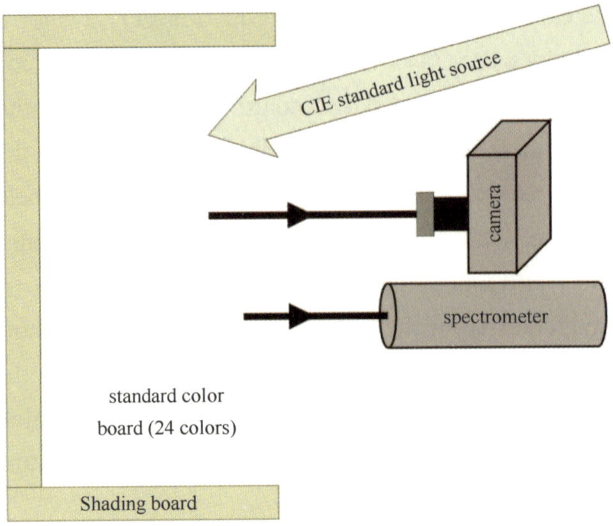

Fig. 3　Sketch of the color calibration test for the PCAM and TCAM.

respectively. (*r*, *l*, *b*) is a correction coefficient.

The white balance test is performed via a similar process as the color calibration test. The standard color board is replaced with a board having diffuse, neutral colors (black, white, pure grey) and by the least squares method, correction coefficients of *R* and *B* are calculated.

4　Results and Evaluation

In this paper, the effect of color correction in the two kinds of cameras is evaluated by quantitative and qualitative evaluation methods. The images that were photographed as part of a ground test and onboard detection are used in the evaluation process. Radiometric correction of original images is carried out before evaluation by a dark current matrix and the relative calibration matrix calculated from the results of the ground test (Liu et al. 2013). Qualitative evaluation is based on human visual perception to evaluate effect on the image after color correction. Quantitative evaluation is based on the CIE1976$L^*a^*b^*$ (CIE LAB) color difference formula (GB/T7921 - 2008① Sharma & Bala 2002). The value of color difference between a standard color and a sample color is quantitatively calculated. Color distortion in images after color correction is evaluated.

4.1　Evaluation for Ground Test Images

(1) Qualitative Evaluation

First, images of some Chinese national flags, color cards and some other color tar-

① GB/T7921 - 2008, Uniform color space and color difference formula (Standardization Administration of The People's Republic of China);

gets are photographed by the PCAM and TCAM under D65 indoors and during noon sunshine outdoors respectively. Then color correction is applied by testing correction coefficients. It can be seen that the color of an image obtained by two kinds of cameras after color correction is returned to normal compared to the original image's greenish hue. The human visual perception effect is good (see Fig. 4).

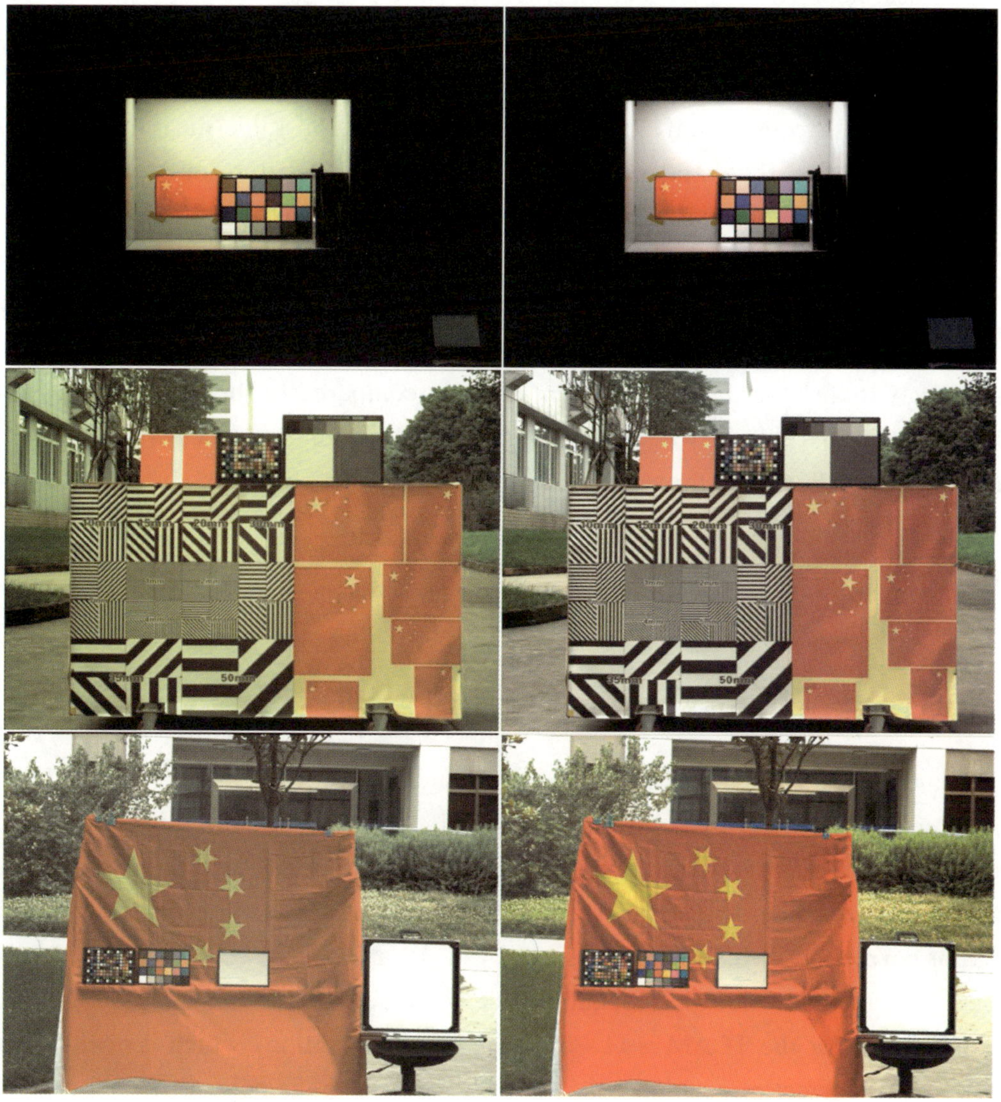

Fig. 4　*Top*: Picture showing the same kind of Chinese national flag that is carried by the TCAM under D65 light indoors; *Middle*: Picture showing the same kind of Chinese national flag that is carried by the TCAM under natural outdoor light; *Bottom*: Picture showing the same kind of national flag that is carried by the PCAM under outdoor light. Left panels are before color correction while right panels are after.

(2) **Quantitative Evaluation**

The formula CIE1976L* a* b* (CIE LAB) for color difference is used in this paper (GB/T7921—2008). The value of color difference in images before and after color correction is calculated. The color transformation between CIE XYZ color value and RGB color value is the same as in (Bianco et al. 2007). The RGB color value of 24 colored cards is measured after color correction when they are photographed under the conditions of illumination and observation geometry described in Section 3.1. Then the CIE1976L* a* b* color value is obtained by the color transformation mentioned above to be used as a sample color. As a comparison, the CIE1976L* a* b* color value measured under GB/T7921—2008 is set as the standard color by the National Institute of Measurement and Testing Technology's color calibration test. The average value of the color difference in the PCAM and TCAM after color correction is calculated with the above color difference formula, which is the average value of color difference of 24 samples. On the other hand, the average value of color difference before color correction is also calculated in the same way to analyze the improvement in color compared to the original images. The results are listed in Table 1, where TCAM is the terrain camera. LPCAM is the left panoramic camera. RPCAM is the right panoramic camera.

Table 1　Color Difference Analysis Before and After Color Correction

Camera	Before color correction	After color correction	Color difference reduction
TCAM	11.35	4.3	62.10%
LPCAM	13.03	4.14	68.30%
RPCAM	12.85	4.16	67.60%

As can be seen from Table 1, the average value of color difference in the left panoramic camera is 13.03 before color correction, which is obvious, and it is 4.14 after color correction, which is not obvious. The average color difference decreases by 68.3%. Likewise, the average value of color difference for the right panoramic camera is 12.85 before color correction, which is obvious, and is 4.16 after color correction, which is not obvious. The average value of color difference decreases by 67.6%. The average value of color difference for the TCAM is 11.35 before color correction, which is obvious, and is 4.3 after color correction, which is not obvious. The average color difference decreases by 62.1%.

On the other hand, quantitative evaluation of color difference is also carried out on the red section of a Chinese national flag on an initial prototype of the rover during a ground imaging test under the same observing conditions. The color value of camera output is set as sample color while the value of color that is calculated by the National Institute of Measurement and Testing Technology is set as the standard color. In order to avoid human error during sample selection, the sample color of the red section in the national flag is selected by the average color value of a 10×10 pixel window. A total of 10 samples are selected. The results are as follows. Combined with the actual image data, it can be seen that the difference in image color after color correction obviously improves compared to the original images.

4.2 Evaluation of Images Obtained Onboard

There are no verifiable conclusions about the true range of color in visible light on the lunar surface and the effect of human visual perception. On the other hand, the change in light conditions on the lunar surface, camera imaging angle, distribution of lunar surface rocks and minerals, the composition of material in lunar soil and other factors will cause differences in color images taken on the lunar surface. Hence, it is difficult to judge the true color of the lunar surface environment from PCAM and TCAM images. However, the color of the Chinese national flag is familiar to many people. In this paper, the images photographed by the two cameras in their best imaging position are used in the evaluation process.

The best position for TCAM to photograph the Chinese flag on the rover is located to the northeast of the lander, about ten meters away, where the rover and lander can photograph each other. Seven different exposure times are used to obtain TCAM images. The image with an exposure time of 12 ms is used in this paper for evaluation. It is the best image according to human visual perception. The best imaging position for photograph the national flag on the rover is located at 10 m south of the lander and where the rover and lander can photograph each other. The test used four types and three types of exposure times. An exposure time of 20 ms is selected for analysis of color difference. The results are shown in Figure 5 and Table 3. On the other hand, the color image photographed by the surveillance camera on the lander is displayed in Figure 6. The distortion in color for this image is obvious because no color correction is applied to it.

As can be seen from Figure 5, the effect of improvement in color for an image after color correction is obvious and the effect for human visual perception is good. The color of the Chinese national flag in the image is close to the true color. The method of calculating the difference in color value that is shown in Table 3 is the same as the method described in Section 4.1. Because the true color of the Chinese national flags carried by the lander and rover was not measured before or after the probe was launched, the standard color of the national flag when color difference was calculated is the same as the one in Section 4.1 and the value of color difference is only calculated for the red part of the national flag. It can be seen that the color difference after color correction obviously improves compared to the original image. The improvement in color difference of PCAM

Fig. 5　*Top*: Picture showing the effect of color correction in the image taken onboard by TCAM at Point A; *Bottom*: Picture showing the effect of color correction in the picture taken onboard by PCAM at Point D. Left panels are before color correction while right panels are after.

Fig. 6　Image taken onboard by the surveillance camera at Point D (without color correction).

images is more obvious than that of TCAM images.

In Tables 2 and 3, it can also be seen that the improvement in color difference for the image of the Chinese national flag in the laboratory is more obvious than that taken onboard. The reasons are as follows: (1) Difference in the light source. The results of Table 2 are calculated by the images photographed under D65, while the results of Table 3 are calculated by the images photographed under natural sunshine on the lunar surface. Color temperature of the two kinds of light sources is different. (2) The sample color and standard color used in Table 2 are measured under the same condition of illumination and observation geometry, but the condition is different for Table 3. (3) The flags that used to calculate sample color and standard color in Table 3 are different, but the flags that are used in Table 2 are the same. (4) The dark current matrix, relative calibration matrix and some other calibration parameters obtained in the ground calibration test may not be suitable for onboard image data. These factors will cause some errors in Table 3.

Table2 Analysis of the Color Difference in an Image of the Chinese National Flag Before and After Color Correction

Camera	Before color correction	After color correction	Color difference reduction
TCAM	18.46	6.43	65.90%
LPCAM	21.2	8.56	59.60%
RPCAM	19.96	7.72	61.30%

Table 3 Analysis of Color Difference in Images Taken Onboard Before and After Color Correction

Rover position	Camera	Before color correction	After color correction	Color difference reduction
Point A	TCAM	18	13.8	23.30%
	LPCAM	26.89	18.64	30.70%
Point D	RPCAM	25.74	16.31	36.60%

5 Conclusions

The study in this paper follows the CIE standard to design the ground calibration experiment and obtains the color correction coefficient of the two kinds of cameras before CE-3 was launched. Experimental results are summarized as follows:

(1) There is a very obvious color difference compared to the original color images from the PCAM and TCAM. The image quality has been significantly improved after using methods described in this paper. There is no obvious color difference in the corrected images.

(2) Ground experimental results show that the average color difference of TCAM is 4.30, which has been reduced by 62.1% compared with uncorrected images. The average

color differences in the left and right cameras of PCAM are respectively 4.14 and 4.16, which have been respectively reduced by 68.3% and 67.6%.

(3) Compared with the effect of human visual perception, the improvement in color difference of ground test images is better than that of inorbit images, mainly because of the difference in light source, illumination and observation geometry between ground tests and the lunar surface, and changes in image processing parameters.

The model used for color correction in this paper is a linear model. There will be some errors in the model that do not consider the nonlinear characteristics of human eyes, the difference between D65 light and sunlight on the lunar surface, atmospheric absorption effects, etc. Work at optimizing the model will be going on in the future. The original color value is relative to the camera spectral response function, which was provided by the CMOS manufacturer in this paper. The function must be different from a real camera, and that will result in some errors. Calibration for this function should be considered in future exploration missions. The image processing parameters, such as radiation and color correction, have been obtained in the ground test. They may change after launch because of changes in the environment and some other factors. This will result in a decline in the quality of processed images. On orbit optimization for these processing parameters should be considered. Some onorbit calibration equipment, such as a color calibration board, should be included in a future exploration mission.

Acknowledgements

We wish to thank all members from the Ground Research and Application System (GRAS), terrain camera instrument group (Institute of Optics and Electronics, CAS) and panoramic camera instrument group (Xi'an Institute of Optics and Precision Mechanics, CAS) that are part of the Chang'E-3 Project, whose joint efforts have made the data acquisition and preprocessing used for this study possible. We also thank all corresponding members of the other four major systems that are part of the Chang'E-3 Project, i.e. platform, launch vehicle, launch site system and TT&C. This work is funded by the National Natural Science Foundation of China (Grant Nos. 41371414 and 11273037).

References

[1] Bianco, S., Gasparini, F., Russo, A., & Schettini, R. 2007, Consumer Electronics, IEEE Transactions on, 53, 1020

[2] Edgett, K. S., Yingst, R. A., Ravine, M. A., et al. 2012, Space Sci. Rev., 170, 259

[3] Haeghen, Y. V., Naeyaert, J. M. A. D., Lemahieu, I., & Philips, W. 2000, Medical Imaging, IEEE Transactions on, 19, 722

[4] Hunt, R. W. G., Pointer, M. R., & Pointer, M. 2011, Measuring Colour (John Wiley & Sons)

[5] Ip, W. -H., Yan, J., Li, C. -L., & Ouyang, Z. -Y., 2014, RAA (Research in Astronomy and Astrophysics), 14, 1511

[6] Jackman, P., Sun, D. -W., & ElMasry, G. 2012, Meat Science, 91, 402

[7] Kao, W. -C., Wang, S. -H., Chen, L. -Y., & Lin, S. -Y. 2006, Consumer Electronics, IEEE Transactions on, 52, 1144

[8] Li, C. -L., Mu, L. -L., Zou, X. -D., et al. 2014, RAA (Research in Astronomy and Astrophysics), 14, 1514

[9] Li, X. 2005, IEEE Transactions on Image Processing, 14, 370

[10] Li, X. -W. 2008, in Computing, Communication, Control, and Management, 2008. CCCM'08. ISECS International Colloquium on, 1, 458

[11] Liu, J. -J., Ren, X., Tan, X., & C. -L., L. 2013, Geomatics and Information Science of Wuhan University, 38, 186

[12] Malin, M. C., Caplinger, M. A., Edgett, K. S., et al. 2010, in Lunar and Planetary Science Conference, Lunar and Planetary Inst. Technical Report, 41, 1123

[13] Ramanath, R., Snyder, W. E., Yoo, Y., & Drew, M. S. 2005, IEEE Signal Processing Magazine, 22, 34

[14] Sharma, G., & Bala, R. 2002, Digital Color Imaging Handbook (CRC Press) Valous, N. A., Mendoza, F., Sun, D. -W., & Allen, P. 2009, Meat Science, 81, 132

[15] Weerasinghe, C., Li, W., Kharitonenko, I., Nilsson, M., & Twelves, S. 2005, Consumer Electronics, IEEE Transactions on, 51, 1092

A Novel Saliency Detection Method for Lunar Remote Sensing Images①

Huizhong Chen, Ning Jing, Jun Wang, Yongguang Chen, and Luo Chen

H.-Z. Chen is with the Department of Electronic Science and Engineering, National University of Defense Technology, Changsha 410073, China (e-mail: chen_huizhong@yahoo.cn).

N. Jing and L. Chen are with the National University of Defense Technology, Changsha 410073, China (e-mail: ningjing@nudt.edu.cn; CL@nudt.edu.cn).

J. Wang is with the Third Research Institute of Ministry of Public Security, Shanghai 200031, China (e-mail: wangjun@nudt.edu.cn).

Y.-G. Chen is with the Ordnance Engineering College, Shijiazhuang 050003, China (e-mail: cyg@nudt.edu.cn).

Abstract: The saliency detection provides an alternative methodology to semantic image understanding in many applications, for example, content-based image retrieval. To detect saliency for lunar remote sensing images, this letter proposes a crater feature model by analyzing the relationship between local interest points and saliency of lunar images. Based on the model, we propose a novel saliency detection method for lunar images. Our method merges and combines the speed-up robust feature features of the highlight region and shadow region of an impact crater to get the candidate regions of interest (ROI). Then, a descriptive feature vector is generated for each ROI, and the resulting saliency regions are distinguished from false detected and inconspicuous ones through a support vector machine. The method has been put into test on Chang'E-1 and Chang'E-2 lunar image data, and confirmed to be able to detect the salient region of impact craters correctly, with results much better than those obtained by the classical saliency detection method.

Key words: Lunar image, saliency detection, speed-up robust feature (SURF), support vector machine (SVM).

① Manuscript received February 26, 2012; revised June 16, 2012 and November 21, 2012; accepted November 21, 2012. Date of publication March 20, 2013; date of current version November 8, 2013. This work was supported in part by the National Natural Science Foundation of China under Grants 60902036, 61070035, and the National High Technology Research and Development Program of China under Grants 2008AA12A211, 2011AA120300. This paper was recommended by Associate Editor P. Gamba.

Color versions of one or more of the figures in this paper are available online at http://ieeexplore.ieee.org.

Digital Object Identi. er 10.1109/LGRS.2013.2244845

1 Introduction

With the new round of lunar exploration recently, programs, such as the CLEMENTINE, LRO, SMART - 1, SELENE, Chandrayaan - 1, and Chang'E et al., obtain a large quantity of lunar remote sensing data and make it available to the public soon after the mission. The large image databases are organized by keys such as mission Sol or spacecraft clock time, which makes it difficult to find concerned images and take advantage of the full potential of the data [1]. Content - based lunar image retrieval can find the relevant remote sensing lunar images from different data sources by considering the visual content, thereby greatly reducing the retrieval time.

The saliency refers to the visual attended parts in images and is confirmed effective for content - based image retrieval [2]. For lunar images, salient regions usually contain big and conspicuous impact craters. They are the most important visual contents according to human attention. Since lunar images are the lack of color information and the shapes of objects contained are about the same, they always appear to be very similar to each other and are difficult to distinguish, which improve the difficult of content - based lunar image retrieval. The detection of saliency is very helpful in reducing the impact of similar backgrounds and in making the extracted features more distinctive. So, it becomes an important research aspect of retrieving lunar images by their visual contents.

One of the most famous saliency detecting methods for images is Itti's model [3]. Other recent well - known works include [4 - 7]. These methods are designed for general images. They do not consider the specific visual features of lunar images, and therefore, the detection results are usually not satisfying. Besides these, there are methods called crater detection algorithms (CDAs) that are usually combinational methods using image processing and artificial intelligent techniques [8 - 12] summarized most existing CDAs, and [13]also considers highlight/shade regions to detect craters. However, aiming at geological uses (for example, counting the number of craters), CDAs do not consider the human attention, and the detection results may contain many insignificant small craters at the point of regions of interest (ROI) view.

The purpose of this letter is to introduce a novel saliency detection idea for lunar remote sensing images. Our approach differs from the existing works, in which we consider not only the human attention but also the specic features of lunar images. The approach is based on the interest points and statistical learning [14]. In our research, speed - up robust feature (SURF)[15] is used to get the highlight and shadow regions of lunar craters and combine them for the detection of the candidate ROI. After that, we generate a descriptive vector for each candidate ROI and then use a support vector machine

(SVM)[16] to classication.

In the following sections, we describe a crater feature model and a saliency detection method based on the model in detail.

2 Crater Feature Model (CFM)

The salient region of the lunar remote sensing image usually consists of suspicious craters, which are the typical structures on the lunar surface. The appearances of craters in images are mainly determined by the sunlight and the shooting direction. Shown as Fig. 1, due to the angle between the sunlight and the lunar surface, only the part facing the sunlight is illuminated. Along the shooting direction, the illuminated part appears to be the highlight region of a crater in the image, and the back part appears to be the shadow region.

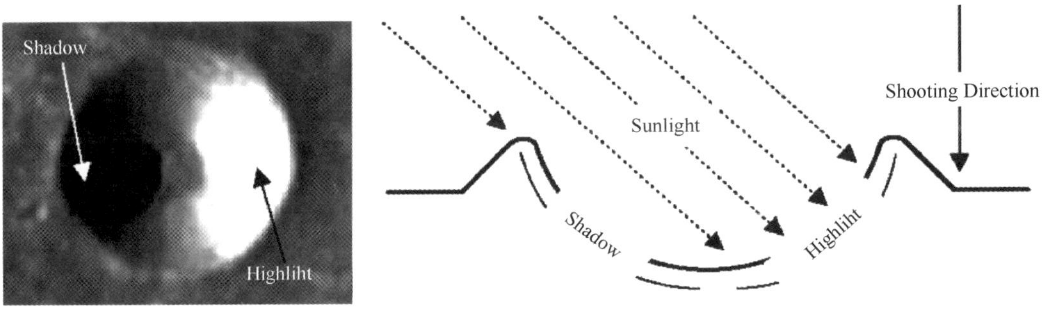

Fig. 1　Illumination of lunar impact crater. Left: the appearance of a typical crater contains a highlight region and a shadow region. Right: the corresponding illumination.

We use SURF to describe the highlight and shadow regions of lunar craters. SURF is a well-known performant interest point detector and descriptor, comprised of a feature detector based on Gaussian second derivative mask, and a feature descriptor that lies on Haar wavelet responses.

If a crater is visually salient, usually both of its highlight and shadow regions are outstanding in the image and SURF points can be detected. Here, we call the SURF points detected in highlight regions as highlight points and those in shadow regions as shadow points. Observed from Fig. 2, for a salient crater, at least one highlight point and one shadow point can be detected. While for inconspicuous ones, less or no point is detected. Therefore, the gathering areas of SURF points can describe the overview visual content of a lunar remote sensing image. The combination of nearby highlight and shadow points according to certain rules may figure out one salient crater. And, the set of these craters forms the saliency regions.

A crater feature model (CFM) is proposed based on the crater illumination feature

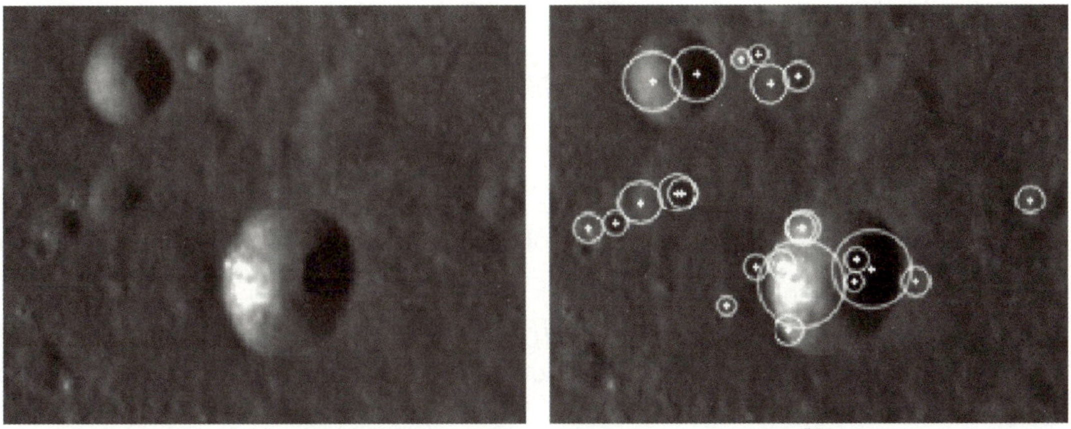

(a)　　(b)

Fig. 2　SURF points of a lunar image. (a) Sample lunar remote sensing image with size 322×262 pixel. (b) Detected SURF points, the center of each circle denotes the position and the size denotes the scale.

and its relationship with SURF points. First define the highlight point as PH=(*CH*,*SH*,*HH*). Here, $CH=(x_h, y_h)$ corresponds to coordinate of its center, *SH* corresponds to the scale of the highlight point, and *HH* corresponds to the strength. Similarly, a shadow point is defined as PS=(*CS*,*SS*,*HS*). Then, the CFM (Fig. 3) can be defined as CRATER = (PH,PS,*O*,*D*,*C*,*R*). PH and PS of CFM refer to the highlight point and shadow point that construct the model. The other four elements are based on PH and PS, defined as follows.

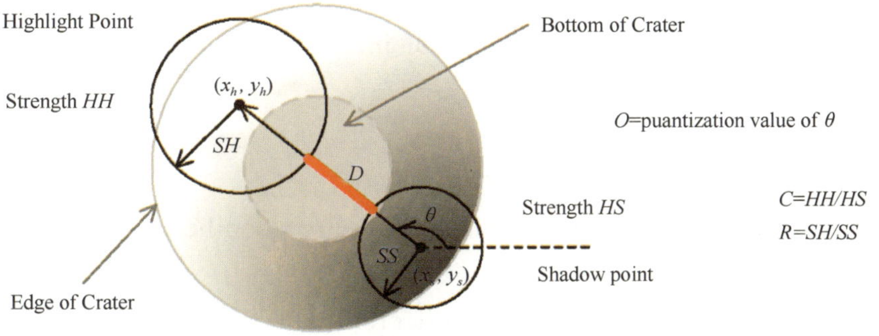

Fig. 3　Illustration of CFM: one pair of highlight and shadow points are used to construct the CFM, with elements including the orientation from highlight to shadow, the external distance, the strength contrast, and the scale ratio.

O: *Orientation*: The comparative direction of highlight and shadow. Let θ be the angle between the line from the center of shadow point to the center of highlight point and the horizontal line, calculated according to the following equation:

$$\theta = \arctan[(y_h - y_s)/(x_h - x_s)], \theta \in [0, 2\pi). \qquad (1)$$

Then, quantize θ into eight parts in the range of $[0, 2\pi]$ and correspondingly define

O to eight values.

D: *Distance*: The external distance of the highlight and shadow regions of a crater is calculated as

$$D=\begin{cases}0, \text{for } (y_h-y_s)^2+(x_h-x_s)^2\leqslant(SH+SS)^2\\ ((y_h-y_s)^2+(x_h-x_s)^2)^{\frac{1}{2}}-SH-SS, \text{otherwise.}\end{cases} \quad (2)$$

C: *Contrast*: The contrast of strength of the highlight and shadow points is calculated as

$$C=HH/HS. \quad (3)$$

R: Ratio of the scale of the highlight point and the shadow point of a crater is calculated as

$$R=SH/SS. \quad (4)$$

Unlike CDAs, the purpose of saliency detection is distinguishing ROI of the lunar images, so CFM does not contain the illumination angle information and take no account of the diameter D of craters. As needed to distinguish highlight and shadow regions of crater, CFM is only suitable for lunar visible-light remote sensors images. And, the relative dimensions of the smallest structures, which CFM can detect, should be more than four pixels to differentiate the highlight and shadow regions.

3 Saliency Detection Method

The saliency detection method for the lunar image is based on the CFM and has three main phases: preprocess, candidate regions of interest (ROI) detection, and classification.

3.1 Preprocess

In the preprocess phase, original lunar images are smoothed, contrast adjusted, and extracted the SURF points.

Original images of lunar surface from different data sources are usually of different contrast, sometimes being too bright or dark, and may contain unexpected noises. Thus, before extracting SURF features, we smooth the image and adjust the contrast automatically. Smoothing removes the small noises from the image. In our research, a Gaussian filter is applied to smooth an original lunar image and the following equation is used to adjust the contrast:

$$I(x,y)=(I(x,y)-I_{\min})\times(2^b-1)/(I_{\max}-I_{\min}). \quad (5)$$

The method for extracting SURF points is based on a fast-Hessian detector, as detailed in [15]. For each extracted feature, the sign of the Laplacian indicates that whether it is highlight or shadow, the location corresponds to the CH and CS, the scale corresponds to the *SH* and *SS* and the Hessian value indicates the *HH* and *HS*. In fact, we only concern about the detection. Therefore, it is unnecessary to calculate the high dimensional Haar - wavelet SURF descriptors.

3.2 Candidate ROI Detection

In the ROI detection phase, overlapping homogenous points are merged into one point and recalculated the center, scale and strength. After that, we combine the pairs of highlight and shadow points into ROI candidates by constructing the CFM according to several rules.

1) *Homogenous Feature Merge*: More than one SURF point may be detected within the same highlight or shadow region (see Fig. 2 for example). That is to say, detected homogenous points overlapped with each other are very likely to belong to the same highlight or shadow region. According to the definition of the CFM, we only consider one highlight point and one shadow point for each crater. To construct the model correctly and reduce the simplicity of the following calculation, overlapping homogenous points need to be merged.

The input of homogenous feature merge algorithm is the set of SURF points detected {PH} ∪ {PS} as the result of preprocess phase. The main steps are as follows.

1) For the set of highlight points {PH}, sort in descending order of *SH*.

2) Let the first point in {PH} as PH_1.

3) For each $PH_2 \in \{PH\}$ and $PH_2 = \neq PH_1$, calculate the distance between $CH_1 = (x_{h1}, y_{h1})$ and $CH_2 = (x_{h2}, y_{h2})$

$$Dist = ((y_{h2} - y_{h1})^2 + (x_{h2} - x_{h1})^2)^{\frac{1}{2}} \tag{6}$$

4) If the *Dist* is smaller than the scale SH_1 of PH_1 and no shadow point $PS' \in \{PS\}$ that is near to PH_2 (the distance between CH_2 and CS' is smaller than a threshold defined as *Dist_Threshold* that is defined as a statistics value of highlight shadow regions scale of sample images. In our paper, *Dist_Threshold* equals 15 pixels. Generally, it is 1/20 to 1/30 of the image width) can be found, then PH_2 can be merged with PH_1. In this condition, if PH_2 is not in the region of PH_1 ($Dist + SH_2 > SH_1$), we merge PH_1 and PH_2 with their minimum bounding circle and calculate the new scale and new center position for PH_1

$$SH_1 = Dist + SH_2 \tag{7}$$

$$\begin{cases} x_{h1} = x_{h2} + (x_{h1} - x_{h2}) \times \dfrac{(SH_1 - SH_2)}{Dist} \\ y_{h1} = y_{h2} + (y_{h1} - y_{h2}) \times \dfrac{(SH_1 - SH_2)}{Dist} \end{cases} \tag{8}$$

Here, the SH_1 in (8) is the newly calculated value by (7). When ($Dist + SH_2 \leqslant SH_1$), PH_1 keeps the original value. If PH_1 and PH_2 are merged, remove PH_2 from {PH}.

5) Let the next point in {PH} be PH_1. Repeat steps 3 and 4 for the remaining points.

6) For the set of shadow points {PS}, sort in descending order of *SS* and repeat steps 2 and 5 in a similar way as {PH}.

7) Return {PH} ∪ {PS} as the set of merged feature points.

2) *ROI Combination*: The identification of ROI Candidates is achieved by combining highlight point with shadow one in pairs to construct the CFM. Considering the definition of the model, we propose the following constraints for combination.

Constraint 1: Orientation consistency. Define one main orientation O_{main} and two neighboring orientation O_{left}, O_{right}. Only when the O of a pair of highlight and shadow point is equal to O_{main}, O_{left} or O_{right}, can they be combined.

Constraint 2: Adjacency. define a distance threshold D_{max}. The combination may occur when $D \leqslant D_{max}$.

Constraint 3: Strength restriction. Define an average value C_{mean}, an upper coefficient c_{max} and a lower coefficient c_{min}. When $c_{min} \times C_{mean} \leqslant C \leqslant c_{max} \times C_{mean}$, the combination is allowed.

Constraint 4: Scale restriction. define an average value R_{mean}, an upper coefficient r_{max} and a lower coefficient r_{min}. When $r_{min} \times R_{mean} \leqslant R \leqslant r_{max} \times R_{mean}$, the combination is allowed.

Based on the constraints, we propose a candidate ROI combination algorithm. The input of the algorithm is the set of merged feature points {PH} ∪ {PS} and the output is ROI candidates, defined as {ROI} = {(C_{ROI}, r, CRATER)}. It is a set of circular regions of radius r centering at $C_{ROI} = (x_{ROI}, y_{ROI})$, together with the corresponding crater feature model CRATER.

1) Sort {PH}, {PS} in descending order of *HH* and *HS*. Let current pairs of highlight and shadow: PH_{cur} and PS_{cur} be the first points in {PH} and {PS}.

2) Check the constraints of current highlight and shadow pairs for constructing a CFM. If all the constraints are satisfied, go to step 3, else go to step 4.

3) Calculate the bias parameter

$$bias = \frac{|C_{cur} - C_{mean}|}{C_{mean}} \times \frac{|R_{cur} - R_{mean}|}{R_{mean}}. \tag{9}$$

And add PS_{cur} to the temporary set of the shadow candidates $\{PS\}_{temp}$.

4) Let the next point in {PS} be denoted as PS_{cur}. Repeat step 2 for the remaining points in {PS}.

5) If $\{PS\}_{temp} \neq \varnothing$, get the shadow candidate point with smallest *bias* from $\{PS\}_{temp}$ as PS_{cur} and combine with PH_{cur} to construct a crater feature model CRATER. Calculate the corresponding ROI parameter

$$C_{ROI}: \begin{cases} x_{ROI} = (x_{hcur} + x_{scur})/2 \\ y_{ROI} = (y_{hcur} + y_{scur})/2 \end{cases} \tag{10}$$

$$r = SH_{cur} + SS_{cur} + D_{cur}/2. \tag{11}$$

Remove PS_{cur} from {PS}and add (C_{ROI}, r, CRATER) into the resulting set of ROI: {ROI} = {(C_{ROI}, r, CRATER)}.

6) Let $\{PS\}_{temp} \leftarrow \varnothing$ Let PH_{cur} be the next point in {PH} and PS_{cur} be the first point in {PS}. Repeat step 2 for the remaining points in {PH}.

7) Return {ROI}as the resulting candidate ROI.

3.3 Classification

The supervised classification aims at removing the false detected and inconspicuous craters by SVM.

In addition to the craters, SURF points may be extracted in any salient region of the image, and these points are also likely to be falsely combined if they are not in conflict with the constraints. And, the neighboring orientation may aggravate the false detection. Moreover, the desired resulting saliency regions should only contain salient craters; those noise-like small craters are not considered to be representative features of a lunar image. The supervised classification method is expected to remove both falsely combined craters and the inconspicuous small ones from the ROI results.

For the rules of classification, we consider the following.

1) Craters of large size are usually conspicuous.

2) Craters that are sharply contrast to the background are also likely to catch the observer's attention.

3) The neighboring orientation is one of the main reasons for the falsely combined.

Therefore, scale, strength, and orientation of a candidate ROI are used to form the feature vector for classification. Define $\boldsymbol{f} = \{f_1, f_2, f_3\}$as the feature vector of a candidate ROI

$$f_1 = \frac{r}{r_{\text{mean}}} \tag{12}$$

$$f_2 = \frac{HH}{HH_{\text{mean}}} \times \frac{HS}{HS_{\text{mean}}} \tag{13}$$

$$f_3 = \begin{cases} 1, & \textit{for } O = O_{\text{main}} \\ 1 - \left(\left| \theta - \frac{\pi}{4} \times (O_{\text{main}} - 1) \right| - \frac{\pi}{8}\right) / \frac{\pi}{4}, & \text{otherwise.} \end{cases} \tag{14}$$

f_1 is the ratio of the size r to r_{mean}, and r_{mean} is the mean size value of all the ROI in the same image. f_2 is the ratio of strength of the ROI to the average highlight strength and average shadow strength. f_3 denotes the deflective angle. If the orientation of the candidate ROI is equal to the main orientation of the image, f_3 is set to 1. Or, else, when it is the neighboring orientation, a deflective angle will be calculated according to (14). All three elements take the corresponding mean value into consideration so as to make better description when the lunar images are of different types.

After calculating the feature vector for each ROI candidate, an SVM is applied for classification, which identifies the false combined or inconspicuous ROI and leave salient crater regions as the output results. Here, we use the standard C－SVM with a radial－base function as the kernel function. Before the classification, a training sample is used to generate the model and the necessary parameters.

4 Experimental Results

We tested the proposed saliency detection method on the Chang'E-1 and Chang'E-2 lunar image data,① which resolutions are 120 m and 7 m separately, and compared the detection results with that by Itti's model [3]. Some CLEMENTINE data,②which resolution is 100 m, is also used for comparison. The program of our saliency detection method was developed with Microsoft Visual C++ 2008 and OpenCV 2. 0. The results by Itti's model were generated using MATLAB 7. 4 and SaliencyToolbox 2. 1. ③

Fig. 4 shows the detection results by our method of a Chang'E lunar images. The illustrations of each step and the final saliency detection results are given. Observed from the figures, SURF features after preprocessing gather at the regions where the surface is of complex structure, which distinguishes the potential attended regions from the plane background [see Fig. 4(b)]. Fig. 4(c) shows that after homogenous merge the numbers of feature points are reduced, many overlapped small points in Fig. 4(b) disappear in Fig. 4(c) by merging with larger ones. The detected candidate ROI in Fig. 4(d) includes the saliency regions together with the areas of craters together with many false detected and inconspicuous ones. For Chang'E-1 data, in regions where the backgrounds are complex, many false craters are detected. However, after supervised classification [see Fig. 4(e)]the less salient and falsely detected crater candidates are removed. Referring to the original images Fig. 4(a), it can be found that our method is able to detect the saliency regions of lunar image precisely. The results only contain those salient craters and ignore the inconspicuous and false ones, which is similar to human attention. Therefore, our saliency detection result can be a summary of the visual content of a lunar image.

Fig. 5 gives out the saliency detection results by our method upon images of the same area from two different datasources (Chang'E-1 and CLEMENTINE). Observed from the figure, the two original images do not appear to be very similar, because the sunlight direction and the gray－scale contrast are quite different. For both images, our method works well in the detection of the main crater regions. The saliency ranking order of the corre-

① Available at http://moon. bao. ac. cn.

② Available at http://nssdc. gsfc. nasa. gov/planetary/clementine. html.

③ Available at http://www. saliencytoolbox. net.

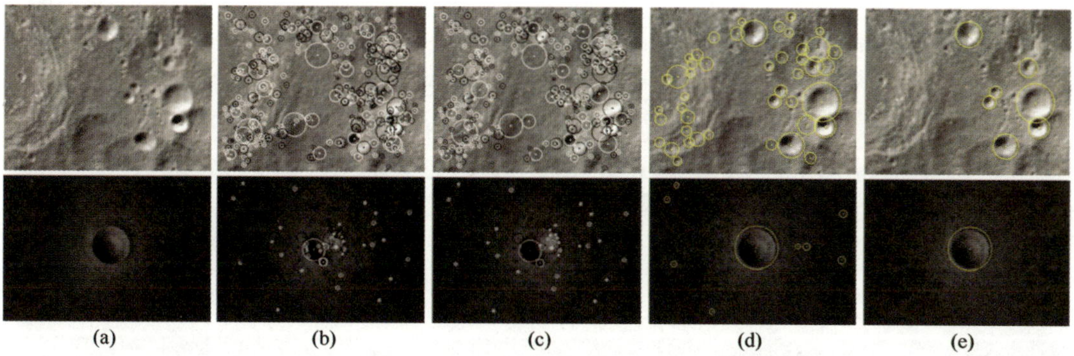

Fig. 4　Detection results for a Chang'E-1 (the first row, original image size 217×182 pixel) and Chang'E-2 (the second row, original image size 649×453 pixel) lunar remote sensing image. (a) Original images. (b) Extracted SURF feature points after preprocessing. The black circles denote the highlight points, and the write circles denote the shadow points. The point in each circle indicates the center position of feature point and the size of the circle be the scale. (c) Interest points after homogenous merge. (d) Detected candidate ROI. (e) Final saliency detection result.

sponding saliency regions may not be the same due to their different appearance, for example, the crater region 5 detected in Chang'E-1 image [see Fig. 5(b)]is ranked as 3 in Fig. 5 (d) because it looks much brighter in the CLEMENTINE image. However, it has little influence because the two results [see Fig. 5(b) and (d)]are about the same that both of them contain the same six main crater regions. It proves that the detection results by our method can represent the main visual content for images from different datasources and can establish the relationship between images of same areas.

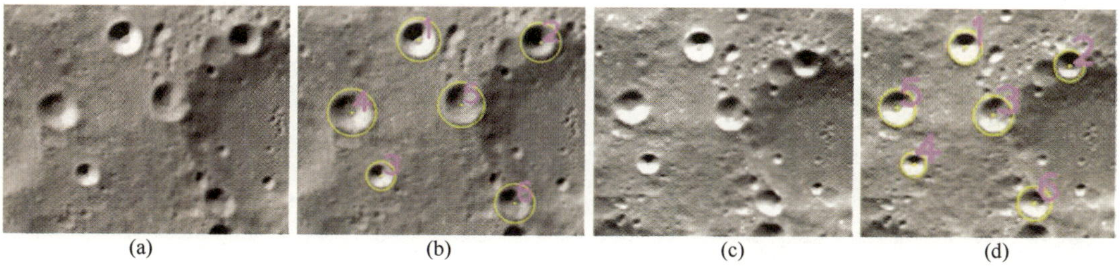

Fig. 5　Detection results from different datasources. (a) Original Chang'E-1 lunar image with size 277×225 pixel. (b) Detection result of (a). (c) Original CLEMENTINE lunar image of the same area with size 181 × 163 pixel. (d) Detection result of (c). The numbers indicate the saliency ranked during the classication phase.

Fig. 6 presents comparisons with our method against the Itti's model. Three lunar images are detected for comparison. As shown in the figure, the Itti's model usually cannot detect the whole salient crater, which usually contain part of backgrounds or split one crater. And for the right three images that is partial of Sinus Iridum, Itti's model fails to detect the two upper salient craters. In contrast, the results of our method fit the edge of craters very well and contain few backgrounds. The main reason is that CFM has considered the human knowledge about craters and lunar images for the specific features of lunar images.

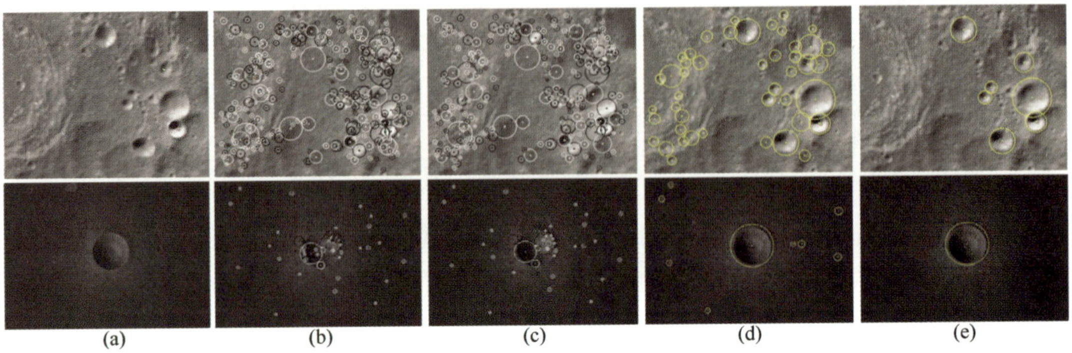

Fig. 6　Detection results compared with Itti's model. (a) Original images. (b) Saliency detected by Itti's model. (c) Our results. (d) - (f) Partial images of Sinus Iridum, size 469×730 pixel.

To test effectiveness of our method, we labeled 11 073 ROIs of 1190 lunar images from Chang'E (736 images) and CLEMENTINE (454 images) manually, Fig. 7 is an example of ROI detection by humans. The left figure is an original image, the red regions on the right figure denote the most salient ROI of the original image, and the blue regions denote the less salient ROI. We also have statistics results of our method on these images, and Table Ⅰ presents the detailed information. The value is proportion of regions detected by our method in the regions labeled by humans. From statistics results, the average of detection is 92.18%, which is a high ROI detection ratio.

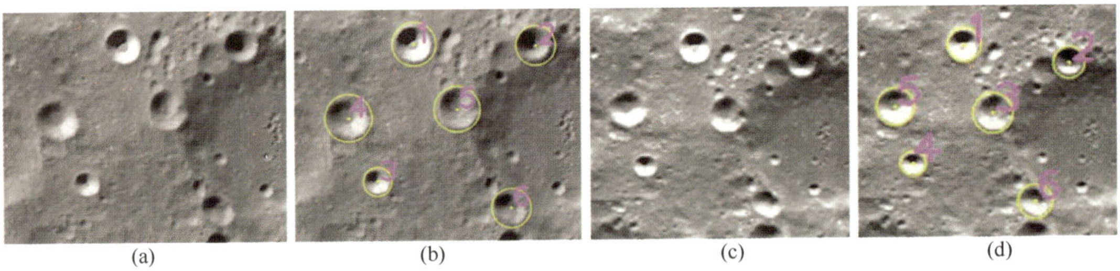

Fig. 7　Example of manual labeling.

Table Ⅰ　Statistic Analysis Information About the Experimental Datasets

(11 073 Craters Labeled)	Best	Worst	Average
Detected salient craters	100%	66.67%	92.18%
Detected less salient craters	0%	27.27%	8.75%
Detected unsalient craters	0%	0%	0%
Falsely detected	0%	15.38%	2.37%

5 Conclusion

In this letter, a method was proposed for detecting the saliency regions in lunar remote sensing images. Unlike existing saliency detection methods or CDAs, our methods took both human attention and specific visual features of lunar images into account. The method was simply designed and described in detail. It was based on SURF interest points to generate candidate ROI that may contain the salient craters. Furthermore, an SVM is used for supervised classification to detect the final saliency results. Experiments and comparison upon the real lunar images show that our method had a good detection effect—precise and in accordance with human attention.

The appearance of lunar images may be different for many reasons, such as sun elevation and azimuth. In some cases, the highlight and shadow regions are not obvious. For better solutions, our future work will consider other feature descriptors and combine them with the method in this letter.

References

[1] C. Meyer and M. Deans, "Content based retrieval of images for planetary exploration," in Proc. IEEE/RSJ Int. Conf. Intell. Robots Syst. , 2007, pp. 1377 – 1382.

[2] K. Vu, K. Hua, and W. Tavanapong, "Image retrieval based on regions of interest," IEEE Trans. Knowledge Data Eng. , vol. 15, no. 4, pp. 1045 – 1049, Jul. – Aug. 2003.

[3] L. Itti, C. Koch, and E. Niebur, "A model of saliency – based visual attention for rapid scene analysis," IEEE Trans. Pattern Anal. Mach. Intell. , vol. 20, no. 11, pp. 1254 – 1259, Nov. 1998.

[4] R. Achanta, S. Hemami, F. Estrada, and S. Susstrunk, "Frequency – tuned salient region detection," in Proc. IEEE Conf. Comput. Vision Pattern Recognit. , Jun. 2009, pp. 1597 – 1604.

[5] T. Liu, Z. – J. Yuan, J. Sun, N. – N. Zheng, X. Tang, and H. – Y. Shum, "Learning to detect a salient object," IEEE Trans. Pattern Anal. Mach. Intell. , vol. 33, no. 2, pp. 353 – 367, Feb. 2011.

[6] J. Harel, C. Koch, and P. Perona, "Graph – based visual saliency," in Proc. Adv. NIPS, vol. 19. 2007, pp. 545 – 552.

[7] X. Hou and L. Zhang, "Saliency detection: A spectral residual approach," in Proc. IEEE Conf. Comput. Vision Pattern Recognit. , Jun. 2007, pp. 1 – 8.

[8] D. Bue and F. Stepinski, "Machine detection of martian impact craters from digital topography data," IEEE Trans. Geosci. Remote Sensing, vol. 45, no. 1, pp. 265 – 274, Jan. 2007.

[9] L. Bandeira, J. Saraiva, and P. Pina, "Impact crater recognition on mars based on a probability volume created by template matching," IEEE Trans. Geosci. Remote Sensing, vol. 45, no. 12, pp. 4008 – 4015, Dec. 2007.

[10] R. Martins, P. Pina, J. – S. Marques, and M. Silveira, "Crater detection by a boosting approach," IEEE Geosci. Remote Sensing Lett. , vol. 6, no. 1, pp. 127 – 131, Jan. 2009.

[11] G. Troglio, J. Le Moigne, J. - A. Benediktsson, G. Moser, and S. - B. Serpico, "Automatic extraction of ellipsoidal features for planetary image registration," IEEE Geosci. Remote Sensing Lett. , vol. 9, no. 1, pp. 95 - 99, Jan. 2012.

[12] G. Salamuniccar, S. Loncaric, P. Pina, L. Bandeira, and J. Saraiva, "Mai 30301gt catalogue of martian impact craters and advanced evaluation of crater detection algorithms using diverse topography and image datasets," Planetary Space Sci. , vol. 59, no. 1, pp. 111 - 131, 2011.

[13] R. Urbach, and F. Stepinski, "Automatic detection of sub - km craters in high resolution planetary images," Planetary Space Sci. , vol. 57, no. 7, pp. 880 - 887, 2009.

[14] V. N. Vapnik, The Nature of Statistical Learning Theory. New York, USA: Springer - Verlag, 1995.

[15] S. Bay, T. Tuytelaars, and L. Gool, "Surf: Speeded up robust features," in Proc. Eur. Conf. Comput. Vision, 2006, pp. 404 - 417.

[16] C. Cortes and V. Vapnik, "Support - vector networks," Mach. Learning, vol. 20, no. 6, pp. 273 - 297, 1995.

A Self-Calibration Bundle Adjustment Method for Photogrammetric Processing of Chang'E-2 Stereo Lunar Imagery①

Kaichang Di, Yiliang Liu, Bin Liu, Man Peng and Wenmin Hu

The authors are with the State Key Laboratory of Remote Sensing Science, Institute of Remote Sensing and Digital Earth, Chinese Academy of Sciences, Beijing 100101, China (e-mail: kcdi@irsa. ac. cn; ylliu@irsa. ac. cn; liub@irsa. ac. cn; pengman@irsa. ac. cn; huwm@irsa. ac. cn).
Color versions of one or more of the figures in this paper are available online at http://ieeexplore. ieee. org.

Abstract: Chang'E-2 (CE-2) lunar orbiter is the second robotic orbiter in the Chinese Lunar Exploration Program. The charge - coupled - device (CCD) camera equipped on the CE-2 orbiter acquired stereo images with a resolution of less than 10 m and global coverage. High - precision topographic mapping with CE-2 CCD stereo imagery is of great importance for scientific research, as well as for the landing preparation and surface operation of the incoming Chang'E-3 lunar rover. Uncertainties in both the interior orientation (IO) model and exterior orientation (EO) parameters of the CE-2 CCD camera can affect mapping accuracy. In this paper, a self - calibration bundle adjustment method is proposed to eliminate these effects by adding several parameters into the IO model and fitting EO parameters using a third - order poly - nomial. The additional IO parameters and the EO polynomial coefficients are solved as unknowns along with ground points in the adjustment process. A series of strategies is adopted to ensure the robustness and reliability of the solution. Experimental results using images from two adjacent tracks indicated that this method effectively reduced the inconsistencies in the image space from approximately 20 pixels to subpixel. Topographic profiles generated using unadjusted and adjusted CE-2 data were compared with Lunar Orbiter Laser Altimeter data. These comparisons indicated that the local topographies generated after bundle adjustments, which reduced elevation differences by 9 - 10 m, were more consistent with LOLA data.
Key words: Index Terms—Chang'E-2 stereo imagery, self - calibration bundle adjustment (SCBA), topographic mapping.

1 Introduction

Since the 1990s, a new series of lunar explorations have emerged, and spacecraft e-

① This work was supported in part by the National Key Basic Research and Development Program of China under Grant 2012CB719902 and in part by the National Natural Science Foundation of China under Grant 41171355 and 41201480.

quipped with high - technology scientific instruments have been successively launched. As the most important and basic equipment for topographic and morphological mapping, the optical cameras carried by these spacecraft acquired numerous high - resolution lunar images, such as Clementine [1], SELENE [2], Chandrayaan - 1 [3], and Lunar Reconnaissance Orbiter (LRO)[4]. China also conducted its robotic lunar exploration program (Chinese Lunar Exploration Program), which is commonly known as the Chang'E program. This program has three phases, namely, orbital mission, soft lander and rover, and automated sample return [5]. Change'E-1 (CE-1) and Chang'E-2 (CE-2) are the orbiters in phases I and II, respectively.

The CE-1 orbiter was launched on October 24, 2007 with a three - line - array push - broom charge - coupled - device (CCD) camera and a laser altimeter (LAM) for acquiring global lunar CCD images with a 120m resolution and LAM data at 1400m along - track spacing, producing a global image mosaic of the Moon [5,6]. After the general survey by the CE-1 orbiter, the CE-2 orbiter (launched on October 1, 2010) conducted a global survey of the lunar surface with a higher resolution and more detailed investigations on the certain regions of interest, such as the preselected landing site of the Chang'E-3 (CE-3) lander and rover [7]. As a follow - up orbiter of CE-1, CE-2 is similar in design to CE-1 but has significant technical improvements such as a high - resolution CCD camera that can capture images with a resolution 17 times higher than those captured by CE-1. A local image map of Sinus Iridum, the preselected landing site of CE-3 lunar rover, which was produced using CE-2 CCD images, was released on November 8, 2010 [8]. A global image mosaic of the Moon with 7 - m resolution was also released by the State Administration for Science, Technology and Industry for National Defense on February 6, 2012 [9].

Considering the systematic errors usually caused by orbit position and orientation errors, unstable relationship of CCD camera line arrays, and so on, adjusting the lunar orbital data is necessary and critical to produce high - precision topographic maps. Considerable effort has been exerted toward developing adjustment methods for lunar and Mars imagery. A method for adjusting the nominal camera pointing and spacecraft trajectory data was used in the Clementine Ultraviolet/Visible multilook angle images [10]. Haruyama et al. corrected the distortion models of TC CCD detectors and attachment angles of TC telescopes in SELENE mission to produce a lunar global digital terrain model [11]. Radhadevi et al. generated digital elevation models (DEMs) and orthoimages from Chandrayaan - 1 TMC stereo triplets through various operations such as modeling camera trajectory, sensor modeling, automatic tie point/check point/lunar control point identification, block adjustment, image matching, and stereo intersection [12]. ASU, DLR/TUB, UA, USGS, OSU, and Ames adopted different software packages and methods to generate high - precision topographic products using LRO narrow - angle camera data by boresight calibration, bundle adjustment (BA), and so on [13,14]. Similar adjustment processing methods were also used in Mars topographic mapping using the Mars Orbiter Camera, Mars Orbiter Laser Altimeter, High - Resolution Stereo Camera, and High - Resolution Imaging Science Experiment data [15 - 19].

With a gradual release of Chang'E (CE) data, many researchers focus their attention on the geometric modeling and adjustment processing of CE data. Wang adopted an equivalent frame photo bundle adjustment method, which regards shorttime push - broom imaging as frame imaging, to perform close fitting and adjustment calculation for CE-1 CCD images [20]. Peng et al. developed a rigorous sensor model of the CE-1 CCD camera, through which a high - precision DEM was automatically generated [21]. Based on the push - broom imaging principle, Di et al. implemented a 3 - D registration of the CE-1 CCD images and LAM data [22]. Wu et al. presented a combined adjustment method with both CE-1 CCD images and LAM data [23]. Furthermore, Di et al. improved the coregistration algorithm of LAM points and CCD images through LAM crossover adjustment and image sensor model refinement [24].

For CE-2, no LAM data were acquired. Thus, CE-2 CCD images are the only available data from the mission for topographic mapping. Since the CE-2 images cover the entire lunar surface and have the highest resolution (7 - m resolution) among the global lunar image data sets at present, it is valuable and critical to study the rigorous geometric modeling and highprecision processing of CE-2 CCD images. CE-2 has different characteristics from existing planetary or Earth observation satellites in terms of orbit design, orbit determination uncertainty, and imaging sensor configuration. So far, geometric modeling and processing of CE-2 CCD images have not been systematically investigated yet. In our previous work, a rigorous geometric CE-2 CCD camera model was developed, and a simple adjustment method was used to reduce the inconsistencies between forward - and backward - looking images in one track. DEM and digital orthophoto map (DOM) for partial CE-2 CCD images were generated [25] However, this method did not consider orbit position and orientation errors and was only applied to stereo imagery mapping in one track. It is necessary to develop and publish a rigorous adjustment method for multitrack CE-2 CCD image processing and mapping.

Unlike the CE-1 CCD camera implemented on an area array CCD sensor [26], the two line arrays of the CE-2 CCD camera [26 - 28] are separately assembled on a focal plane to constitute a relatively unstable structure, which may cause internal inconsistencies. Thus, the effect of the camera's interior relationship on mapping accuracy should not be neglected, and previous adjustment methods used for CE-1 CCD images, which only focus on the refinement of exterior orientation (EO) parameters, are insufficient to be applied to CE-2 CCD images. Furthermore, we determined through an extensive analysis of the original telemetry data that the quality of CE-2 orbiter's attitude data (pointing data) cannot meet the requirements of high-resolution topographic mapping (which would be elaborated later). Thus, a new method that can adjust the interior orientation (IO) model and EO parameters simultaneously without the original attitude data is the focus of this paper.

In this paper, we present a self-calibration bundle adjustment (SCBA) method (also called overall adjustment with additional parameters) to refine the spatial relationship between the two CCD camera line arrays and the EO parameters. First, a rigorous geometric model (including the IO and EO models) of the CE-2 CCD images is developed. Second, hundreds of tie points evenly distributed in the overlapping area are selected and used to generate the corresponding ground points as initial adjustment values. Third, the IO model is modified by adding several parameters, and the EO parameters are fitted using a third-order polynomial; the additional parameters and polynomial coefficients are incorporated into the BA equations as unknowns along with the ground points. Finally, the DEM and DOM at Sinus Iridum are generated using the refined IO model and EO parameters. The accuracy in image space is evaluated by calculating residuals before and after adjustment; the accuracy in object space is verified by comparing the DEMs with two Lunar Orbiter Laser Altimeter (LOLA) data tracks. The adjustment results using a BA method without self-calibration (traditional BA) are also listed for comparison purposes.

2 Rigorous Geometric Model of CE-2 CCD Images

2.1 Overview of CE-2 CCD Camera

As shown in Fig. 1, the CE-2 CCD stereo camera adopts a stereo imaging solution with a single lens and two look angles in the same track and a push-broom imaging mode with high-sensitivity time-delay integration CCD [27]. It acquires images at two different orbit heights: One is a 100 km × 100 km circular orbit to provide high-resolution global image coverage of the Moon for various scientific research studies, and the other is a 100 km×15 km elliptical orbit to provide more detailed information for the CE-3 rover landing and surface operation. Images acquired at these two orbit heights can reach a resolution of around 7m and 1.5 m (at the perilune)[26].

The CE-2 CCD camera consists of two line arrays that are separately fixed on the focal plane. The two arrays share the same optical axis with a focal length of 144.3 mm. Each line array has 6144 pixels. The primary technical parameters are listed in Table 1 [26].

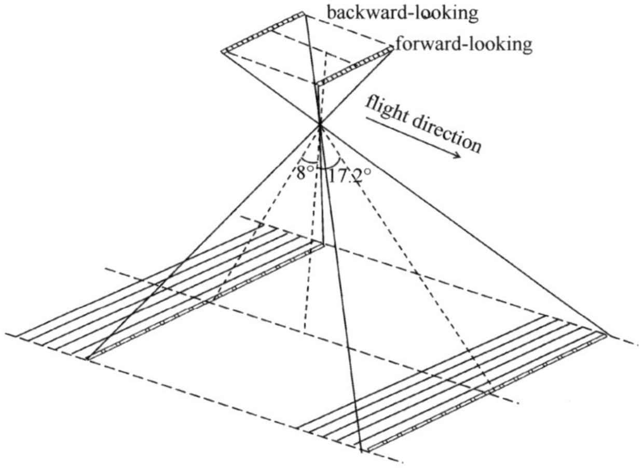

Fig. 1　CE-2 stereo camera imaging configuration.

Table 1　Technical Parameters of CE-2 CCD Camera

Parameters	Orbit	
	100 km circular orbit	100×15 km elliptical orbit
Image Swath	⩾43 km	⩾6 km
Spatial resolution	⩽10 m	⩽1.5 m
Look angle	Forward − looking +8°, backward − looking −17.2°	
Focal Length	144.3mm	

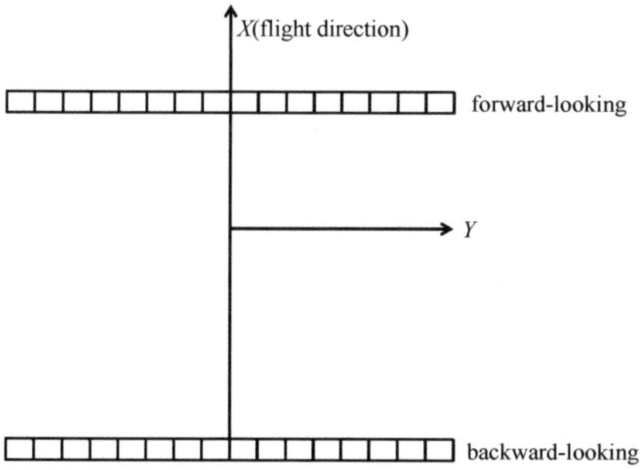

Fig. 2　Focal plane of CE-2 CCD camera.

2.2　Interior Orientation (IO)

IO refers to the transformation from the image space coordinate system (ISCS) to their focal plane coordinate system (FPCS) centered at the principal point of the image according to the calibrated IO parameters of the camera. Fig. 2 shows the focal plane structure of the CE-2 CCD camera; the X − axis of the FPCS represents the flight direction and is perpendicular to the two line arrays. According to the definition of FPCS, the IO model of the CE-2 CCD camera can be derived using

$$x = x_0 - \tan(\theta) \cdot f$$
$$y = y_0 - (col - s_0) \cdot pixsize \tag{1}$$

where θ represents the look angle, which is 8° for forward looking images and −17.2° for backward-looking images; f denotes the focal length; col is the column number (image coordinate) of an image point; s_0 is the CCD center, the value of which is 3071.5; $pixsize$ stands for the pixel size of the CCD array, which is 10.1 μm [28]; (x_0, y_0) represents the principal point position in the focal plane frame; and (x, y) are the focal plane coordinates of forward- or backward-looking images.

2.3 Exterior Orientation (EO)

EO refers to the transformation between the FPCS and lunar body-fixed coordinate system (LBF). The rigorous geometric model can be represented as collinearity equations as either of the following:

$$x = -f\frac{a_1(X-X_s)+b_1(Y-Y_s)+c_1(Z-Z_s)}{a_3(X-X_s)+b_3(Y-Y_s)+c_3(Z-Z_s)}$$
$$y = -f\frac{a_2(X-X_s)+b_2(Y-Y_s)+c_2(Z-Z_s)}{a_3(X-X_s)+b_3(Y-Y_s)+c_3(Z-Z_s)} \tag{2}$$

$$\begin{bmatrix} X-X_s \\ Y-Y_s \\ Z-Z_s \end{bmatrix} = \lambda R_{ol} R_{bo} R_{ib} \begin{bmatrix} x \\ y \\ -f \end{bmatrix} = \lambda R \begin{bmatrix} x \\ y \\ -f \end{bmatrix} \tag{3}$$

where (x, y) are the focal plane coordinates of an image point; f is the focal length; (X, Y, Z) and (X_s, Y_s, Z_s) are the ground point and the perspective center position in LBF, respectively; R_{ib} is the rotation matrix from the ISCS to the spacecraft body coordinate system (BCS); R_{bo} is the rotation matrix from the BCS to the orbit coordinate system (OCS); R_{ol} is the rotation matrix from the OCS to the LBF; λ is a scale factor; R represents the overall rotation matrix from the ISCS to the LBF; and a_i, b_i, and c_i ($i = 1, 2, 3$) are the elements of rotation matrix R.

The R_{ib} matrix is also called the placement matrix, which is a constant matrix that approximates to a unit matrix. R_{bo} is calculated from the original attitude data. R_{ol} is calculated using the interpolated orbiter's ephemeris data (including the position and velocity of the spacecraft in the LBF) and attitude data (including the three Euler angles from the BCS to the OCS).

This paper only discusses the 100 km × 100 km circular orbit. Fig. 3 shows the OCS, the origin of which is at the spacecraft's center of mass. The Z-axis of OCS points to the Moon's center of mass; its X-axis is in the orbital plane, perpendicular to the Z-axis, and pointing forward, whereas its Y-axis is perpendicular to the orbit [29]. Based on the position vector (X_s, Y_s, Z_s) (Z-axis) and the velocity vector (d_x, d_y, d_z), the Z-, Y-, and X-axis vectors of the OCS in the LBF can be determined as follows:

$$Z_{axis} = [X_s\ Y_s\ Z_s]^T$$
$$v = [d_x\ d_y\ d_z]^T$$
$$Y_{axis} = Z_{axis} \times v$$
$$X_{axis} = Y_{axis} \times Z_{axis} \tag{4}$$

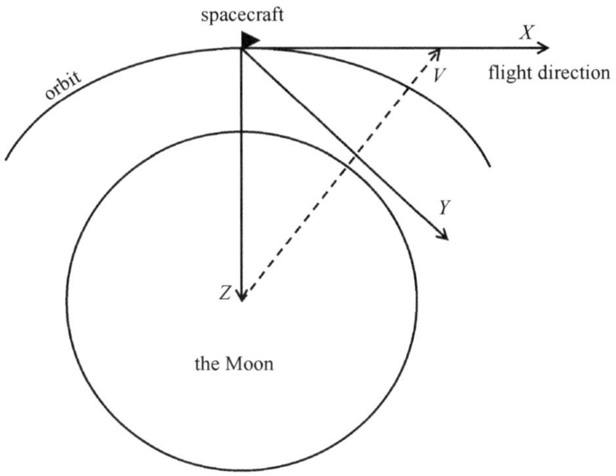

Fig. 3 Orbit coordinate system definition

where × stands for the cross product of two vectors. Thus, R_{ol} is calculated using

$$R_{ol} = \left[\frac{X_{axis}}{|X_{axis}|} \quad \frac{Y_{axis}}{|Y_{axis}|} \quad \frac{Z_{axis}}{|Z_{axis}|} \right]. \tag{5}$$

Therefore, a rigorous geometric model is established to implement the transformation between the focal plane coordinates and the ground coordinates in the LBF.

For push - broom sensors, each image scan line should have a specific set of EO parameters (X_s, Y_s, Z_s, ϕ, ω, κ), but the acquisition frequency of the original telemetry (spacecraft positions and attitudes) is much lower than that of the image scanning. Thus, we use a polynomial model to interpolate the EO parameters for each scan line (as elaborated in Section III). (X_s, Y_s, Z_s) can be directly interpolated using the ephemeris in the LBF, and the three Euler angles (ϕ, ω, κ) from the BCS to the OCS can be interpolated from the angles calculated from matrix $R_{ol}R_{bo}$.

2.4 Space Intersection and Back Projection

The forward - and backward - looking images in one track or the images from adjacent tracks can form stereo pairs for 3 - D topographic mapping. After a series of image processing (including image stretching for enhancing image contrasts, scaleinvariant feature transform (SIFT) matching [30]for obtaining tie points, random sample consensus (RANSAC) algorithm [31] for eliminating gross errors, and dense matching for obtaining dense homologous points), 3 - D ground points are calculated by space intersection.

Subsequently, the DEM is generated by interpolating the dense ground points. In this paper, a least square solution using linearized collinearity equations based on the rigorous sensor model is adopted to obtain the ground points.

Given the 3 - D ground points and the rigorous geometric model, we can obtain the back - projected image points corresponding to the tie points for each image. Back - projection residuals between the back - projected points and the tie points are calculated to measure the consistency in image space. The image space residual is an important indicator for the accuracy of IO and EO parameters.

Considering the various error sources, the accuracy of original EO parameters derived from telemetry data is typically inadequate. Moreover, the calibrated IO parameters may slightly change during orbit over time. Therefore, the calculated 3 - D ground positions are not accurate enough and are not consistent between adjacent tracks. Achieving higher mapping accuracy requires the adjustment of the EO and IO parameters to reduce the errors, including systematic and random errors.

3 Self - Calibration Bundle Adjustment Method

Bundle adjustment methods are rigorous methods used to solve EO parameters and 3 - D ground points simultaneously with high accuracy and consistency. Self - calibration is a common approach to compensate for systematic errors in IO parameters in BA. Systematic errors are usually modeled by several additional parameters and considered as weighted observations to be solved together with other unknowns, thereby self - detecting and eliminating the effect of these errors during the adjustment process. Considering that systematic errors can be conveniently expressed as functions of the image point coordinates, a self - calibration method can be easily conducted in the BA process with image coordinates as observations. Self - calibration methods are mature for stereoscopic earth observation satellites such as ALOS (PRISM) and SPOT5 (HRS)[32 - 35]. However, they are multilens CCD cameras that have different structures from CE-2's singlelens CCD camera. In addition, planetary exploration satellites such as CE-2 CCD camera have the characteristics of low orbit and poor orbit determination accuracy compared with Earth observation satellites. Thus, self - calibration methods for Earth observation satellites may not be completely suitable for CE-2 CCD images.

In this paper, according to the inconsistency between the two line arrays of CE-2 CCD camera, several additional parameters are introduced into the IO model to describe systematic errors in image space. The original telemetry data are fitted using a polynomial model. Selected telemetry data (with equal intervals) are considered as pseudo - observations to stabilize the SCBA. The adjustment simultaneously refines the IO model with self－calibration parameters, the EO parameters, and the ground points using the image tie points obtained through image matching and the corresponding ground points derived from space intersection and pseudo－observations. Fig. 4 shows the SCBA method framework.

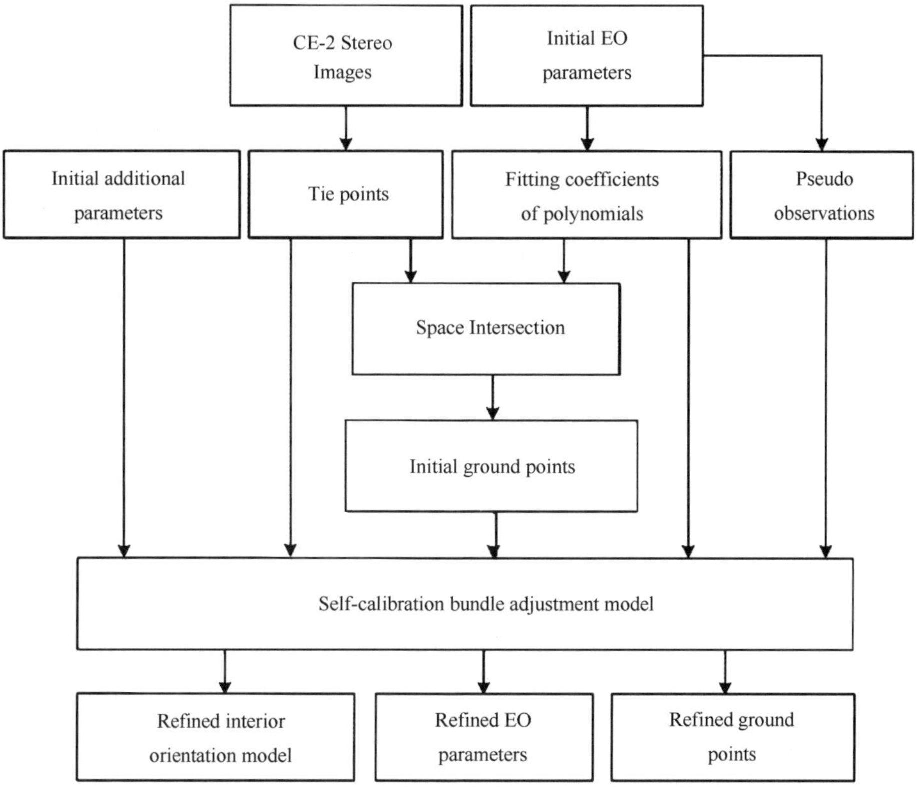

Fig. 4　SCBA method framework for CE-2 CCD images.

3.1　Modification on the IO Model

The CE-2 CCD images used in this paper are the Level 2C data with a 7－m resolution in planetary data system (PDS) format [36] released by the National Astronomical Observatories, Chinese Academy of Sciences. These images were acquired at the 100 km × 100 km circular orbit and preprocessed for radiometric, geometric, and photometric corrections [37]. The acquisition time and the gray values for each scan line can be obtained from the PDS files. Hundreds of evenly distributed tie points are automatically selected using SIFT matching and RANSAC algorithm. Occasionally, a manual tie－point selection may be necessary in certain featureless areas of the images. Three－dimensional ground points and back－projection residuals are calculated by space intersection and back projection. By analyzing the back－projection residuals, we determined that the CE-2 CCD image residuals are significantly larger than those of CE-1 [18], which is likely because of the uncertain relationship between the two CCD camera line arrays, aside from the EO parameter errors.

Therefore, we modified the IO model by adding four additional parameters for forward - and backward - looking images

$$x' = (x - x\_offset)/x\_scale$$
$$y' = (y - y\_offset)/y\_scale \tag{6}$$

where x_offset and x_scale represent the translation and rotation in the x - direction, respectively; similarly, y_offset and y_scale represent the translation and rotation in the y - direction, respectively. The initial values are 0 for x_offset and y_offset and 1 for x_scale and y_scale. These values ensure that the real focal plane coordinate (x', y') is exactly the theoretical coordinate (x, y) in an ideal situation. For a pair of forward - and backward - looking stereo images, there are totally eight self - calibration parameters.

3.2 Processing of EO Parameters

The original attitude data (the Euler angles from BCS to OCS) were alternately received by two observation stations. When we processed the attitude data, we found that several hours of interruptions occur when neither of the stations observed the orbiter. Attitude data during these interruption periods are difficult to interpolate and estimate precisely. Moreover, we calculated the root - mean - square error (RMSE) of the attitude data for the partial observable period. RMSEs for the three Euler angles are 0.0124°, 0.0087°, and 0.0080°, which do not meet the 0.01° accuracy requirement. Thus, we reset the rotation angles to 0 as initial values in our adjustment method.

1) Polynomial Fitting of EO Parameters: Previous research has shown that the change in the EO parameters of the orbiter over short trajectories can be modeled using polynomials [16,19,21]. In this paper, a third - order polynomial model, with the image scan time t as independent variable [as shown in (7)], is used to fit the curve of the EO parameters. Considering that the three Euler angles (φ, ω, κ) from BCS to OCS are calculated from ephemeris data (X_s, Y_s, z_s, dx, dy, dz) and the Euler angles (φ_o, ω_o, κ_o) from BCS to OCS, we opt to fit the change of (φ_o, ω_o, κ_o) instead of (φ, ω, κ) to remove the correlation in the adjustment computation

$$X_s(t) = a_0 + a_1 t + a_2 t^2 + a_3 t^3$$
$$Y_s(t) = b_0 + b_1 t + b_2 t^2 + b_3 t^3$$
$$Z_s(t) = c_0 + c_1 t + c_2 t^2 + c_3 t^3$$
$$\phi_o(t) = d_0 + d_1 t + d_2 t^2 + d_3 t^3$$
$$\omega_o(t) = e_0 + e_1 t + e_2 t^2 + e_3 t^3$$
$$\kappa_o(t) = f_0 + f_1 t + f_2 t^2 + f_3 t^3 \tag{7}$$

where a_0, a_1, $\cdots$, f_3 are the polynomial coefficients of the six EO parameters (X_s, Y_s,

Z_s, φ_o, ω_o, κ_o).

It is easy to understand that fitting residuals of EO parameters can become larger as track length increases. Thus, when adjustment is performed in a long track, EO parameters are first divided into several segments and then fitted separately using third - order polynomials to ensure fitting precision. Constraint conditions of continuous first partial derivatives at the junction of two adjacent polynomial curves are also added to the adjustment model.

2) Pseudo - Observation: Given that no ground control is available during the adjustment, the coefficient matrix of the observation equations is rank deficient. Thus, several lines of original EO parameters at certain intervals are selected as pseudo - observations to improve the stability of the observation equations [19]. Given the original EO parameters and the corresponding acquisition time, the observation equations of pseudo - observations can be represented as

$$\begin{aligned} v_{X_s} &= X_s^{ori}(t) - X_s(t) & v_{\varphi_o} &= \varphi_o^{rio}(t) - \varphi_o(t) \\ v_{Y_s} &= Y_s^{ori}(t) - Y_s(t) & v_{\omega_o} &= \omega_o^{ori}(t) - \omega_o(t) \\ v_{Z_s} &= Z_s^{ori}(t) - Z_s(t) & v_{\kappa_o} &= \kappa_o^{ori}(t) - \kappa_o(t) \end{aligned} \tag{8}$$

where $X_s^{ori}(t)$, $Y_s^{ori}(t)$,…, $\kappa_o^{ori}(t)$ are the original EO parametersat time t; $X_s(t)$, $Y_s(t)$,…, $\kappa_o(t)$ are the EO parametersat time t calculated from (7); and v_x, v_y,..., v_κ are the corresponding residuals.

3.3 SCBA Model

According to the general form of collinearity equation in (2) and the modified IO model in (6), the SCBA model can be represented as

$$\begin{aligned} x &= -x\_scale \cdot f \cdot \overline{X}/\overline{Z} + x\_offset \\ y &= -y\_scale \cdot f \cdot \overline{Y}/\overline{Z} + y\_offset \end{aligned} \tag{9}$$

where

$$\begin{aligned} \overline{X} &= a_1(X_A - X_s) + b_1(Y_A - Y_s) + c_1(Z_A - Z_s) \\ \overline{Y} &= a_2(X_A - X_s) + b_2(Y_A - Y_s) + c_2(Z_A - Z_s) \\ \overline{Z} &= a_3(X_A - X_s) + b_3(Y_A - Y_s) + c_3(Z_A - Z_s). \end{aligned}$$

Using Taylor's formula, the linearized observation equations can be derived as

$$\begin{aligned} v_x = {} & \frac{\partial x}{\partial X_s}\mathrm{d}X_s + \frac{\partial x}{\partial Y_s}\mathrm{d}Y_s + \frac{\partial x}{\partial Z_s}\mathrm{d}Z_s + \frac{\partial x}{\partial \varphi_o}\mathrm{d}varphi_o \\ & + \frac{\partial x}{\partial w_o}\mathrm{d}omega_o + \frac{\partial x}{\partial k_o}\mathrm{d}kappa_o + \frac{\partial x}{\partial X}\mathrm{d}X \\ & + \frac{\partial x}{\partial Y}\mathrm{d}Y + \frac{\partial x}{\partial Z}\mathrm{d}Z + \frac{\partial x}{\partial x\_scale}\mathrm{d}x\_scale \\ & + \frac{\partial x}{\partial x\_offset}\mathrm{d}x\_offset + (x) - x \end{aligned}$$

$$v_y = \frac{\partial y}{\partial X_s}\mathrm{d}X_s + \frac{\partial y}{\partial Y_s}\mathrm{d}Y_s + \frac{\partial y}{\partial Z_s}\mathrm{d}Z_s + \frac{\partial y}{\partial \varphi_o}\mathrm{d}varphi_o$$
$$+ \frac{\partial y}{\partial w_o}\mathrm{d}omega_o + \frac{\partial y}{\partial k_o}\mathrm{d}kappa_o + \frac{\partial y}{\partial x}\mathrm{d}X$$
$$+ \frac{\partial y}{\partial Y}\mathrm{d}Y + \frac{\partial y}{\partial Z}\mathrm{d}Z + \frac{\partial y}{\partial y\_scale}\mathrm{d}y\_scale$$
$$+ \frac{\partial y}{\partial y\_offset}\mathrm{d}y\_offse + (\mathrm{y}) - \mathrm{y} \tag{10}$$

The whole SCBA model can be then written in matrix form as

$$V_M = AX_1 + B_1X_2 + C_1X_3 - L_1,\ P_1$$
$$V_{EO} = B_2X_2 - L_2,\ P_2$$
$$V_{Add} = C_2X_3 - L_3,\ P_3$$
$$V_{Curve} = DX_4 - L_4,\ P_4 \tag{11}$$

where the four equations are the observation equations of tie points, pseudo - observations, additional parameters, and polynomial constraints; X_1, X_2, X_3, and X_4 are the unknown corrections of ground points, polynomial coefficients of the EO parameters, additional parameters, and constraints of EO parameters (continuous first partial derivatives), respectively; P_1, P_2, P_3, and P_4 are the weights of corresponding equations; A, B_1, B_2, C_1, C_2, and D are coefficient matrices; and L_1, L_2, L_3, and L_4 are constant terms. We did not include absolute control such as LOLA points because we want to exclusively evaluate the potential of CE-2 imagery. The equations in (11) can be combined to form the final SCBA equation in

$$V = AX - L. \tag{12}$$

According to the least squares principle, the normal equation can be presented as

$$A^TPAX = A^TPL \tag{13}$$

where P is the weight diagonal matrix comprising P_1, P_2, P_3, and P_4 in (11).

Finally, corrections can be calculated using

$$X = (A^TPA)^{-1}A^TPL. \tag{14}$$

The adjustment process should iterate until the change in correction value X is less than the predefined thresholds.

3.4 Weight Determination

Previous research shows that introducing pseudo - observation equations into adjustment process is an efficient treatment method to adjust any participant contributions flexibly by determining their weights [19,23]. A reasonable selection of weights facilitates the fast convergence of the solution. Different weights are assigned to different observation types according to our knowledge about their qualities. Weights are assigned using (15)[29]

$$p_i = 1/\sigma_i^2 \tag{15}$$

where p_i and σ_i are the weight and the standard deviation of the ith observation type, respectively.

In this paper, the image tie point measurement standard deviation is half a pixel, which is approximately 3. 5m. According to the position error of orbit determination using Unified S - Band system and Very - long Baseline Interferometry observation data, the perspective center standard deviation (X_s, Y_s, Z_s) is set as 100 m [38], and the pointing angle measurement standard deviation is assumed to be 0.01° [39]. Weights are assigned to these observation equations according to their a *priori* standard deviations. EO polynomial parameter coefficients are adjusted by iteratively solving their weighed observation equations.

As regards the observation equation of additional parameters, a proper weight is determined from the empirical values. The observation equation of EO polynomials is theoretically rigorous with geometric meanings, thus requiring a relatively high weight.

To avoid the effect of potential errors in tie points, a robust estimation strategy is used in weight determination of the tie points. Since the gross errors in tie points have already been eliminated by the RANSAC strategy, the Huber method is used to mitigate the effect of some little errors [40]. The equivalent weight in this method is determined using

$$\overline{p_i} = \begin{cases} p_i, & |v_i| < k\sigma \\ p_i \dfrac{k\sigma}{|v_i|}, & |v_i| \geq k\sigma \end{cases} \tag{16}$$

where k is an empirical constant; σ is the RMSE of observations; and v_i and p_i are the residual and weight for the ith observation, respectively. The weight function is divided into two groups, thereby maintaining the weights of normal points while reducing the weights of doubtful points.

In our experiment, weights of different magnitudes around the *a priori* weight for each parameter are tested. The results show that the residuals in both image and object spaces are not sensitive to moderate changes in weight magnitude.

3. 5　Solution of Ill - Posed Equation

The normal equation of an observation equation can be ill posed when the intersection angle of the stereo pairs is extremely small or when correlations exist among unknown parameters. In our experiment, intersection angles between images in the same track and between adjacent tracks are approximately 25. 2° and 17. 6°, respectively, which form a relatively poor geometric configuration and result in an illposed problem in the normal equation of the SCBA model. Thus, we adopt the truncated singular value decomposition (TSVD) method to ensure the stability of the solution. First, singular value decomposition on the coefficient matrix A^TPA of the normal equation is performed using

$$\underset{m\times n}{A} = \underset{m\times m}{U} \times \underset{m\times n}{S} \times \underset{n\times n}{V^T} \tag{17}$$

where U and V are numeric unitary matrices, the columns of which are the singular vectors, and S is a diagonal matrix containing the singular values.

We then found that the singular values on the S diagonal show a step pattern (see Fig. 5). The left side of the "step" has large singular values, which stands for the reliable part of the model, whereas the right part with small singular values stands for the unreliable part to be discarded.

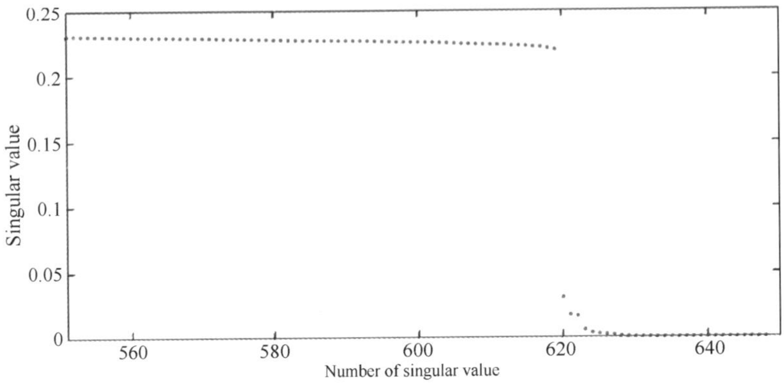

Fig. 5　Singular value distribution pattern.

Previous works proved that the TSVD method is applicable to this step - pattern distributed singular value [40,41]. Thus, the solution to the SCBA equations can be calculated using only the t largest values and their corresponding vectors

$$X = \underset{n\times t}{V} \cdot \underset{t\times t}{S^{-1}} \cdot \underset{m\times t}{U^T} \cdot \underset{n\times 1}{A^T PL} \quad (t \leqslant m \text{ and } t \leqslant n). \tag{18}$$

4　Experimental Results

Two tracks (No. 0580 and No. 0581) of CE-2 CCD images located at Sinus Iridum (the CE-3 lunar rover preselected landing site) are used in the experiment. The images were acquired on November 24, 2010 and have a resolution of 7 m. Fig. 6 shows partial forward - and backward - looking images (15 000 rows, after grayscale stretching) of the No. 0580 and No. 0581 tracks.

In our experiment, we used 6144 columns by 15 000 rows of forward - and backward - looking images for both tracks. After image stretching, evenly distributed tie points are automatically selected by SIFT matching with RANSAC - based error elimination. Tie points are of two types, i. e., intratrack points (marked as green and cyan points in Fig. 6) and intertrack points (marked as yellow crosses in Fig. 6). Intratrack points are measured on forward - and backward - looking images from the same track (twofold overlay), whereas intertrack points are measured on forward - and backward - looking images from both tracks (fourfold overlap).

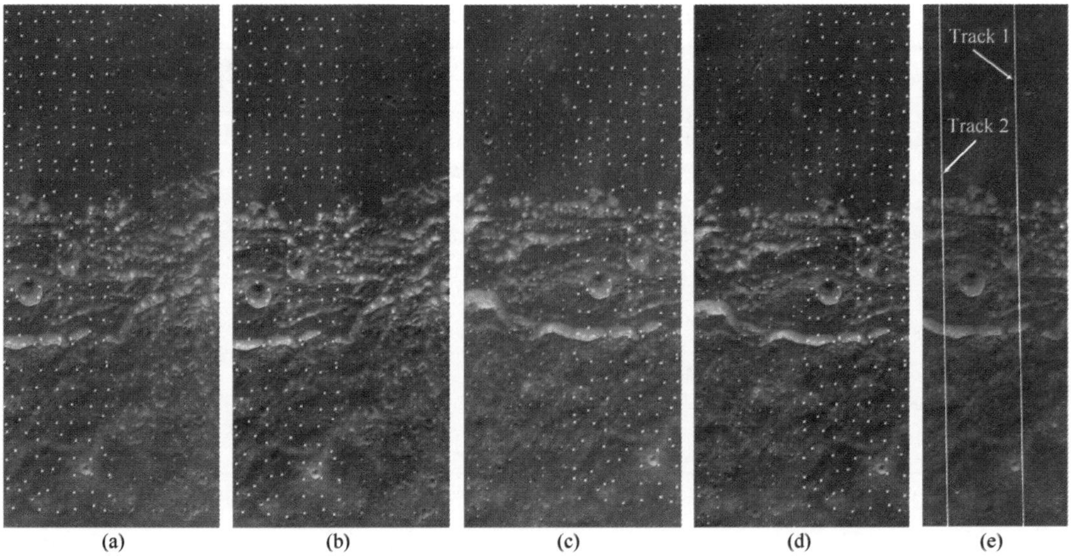

Fig. 6　Partial forward - and backward - looking lunar images (7 - m resolution) of the No. 0580 and No. 0581 tracks taken by CE-2 CCD camera: (a) Forward looking image of No. 0580 track, (b) backward - looking image of No. 0580 track, (c) forward - looking image of No. 0581 track, and (d) backward - looking image of No. 0581 track. Green and blue dots are intratrack tie points; yellow crosses are intertrack tie points. (e) Two selected tracks of LOLA data at Sinus Iridum used for comparison overlaid on the CE-2 CCD image for comparison.

4.1　Intratrack Adjustment

Initial ground points are calculated by space intersection using forward - and backward - looking images in the same track. The residuals in image space calculated by back projection are shown in Table 2, which shows that the back - projection residuals in one track mainly exist in the column direction. Tie points, initial ground points, initial additional parameters, and pseudo - EO observations are then added to the SCBA equations as observations. Table 2 shows the back - projection residuals for the No. 0580 and No. 0581 tracks before and after self-calibration adjustment. Table 3 lists the changes of the EO parameters and ground points after adjustment. Additional IO parameters are shown in Table 4. The comparison of adjustment results using traditional method is also listed in Tables 2 and 3. The average of the residuals in the column direction is reduced from more than 5 pixels to subpixel level using the traditional or the self - calibration method. However, by introducing additional IO parameters, the consistency between forward - and backward - looking images can be adjusted without evidently changing the terrain (ground points). Since EO parameters for images in one track have a relatively good consistency, slight changes of EO parameters in the self - calibration method are supposed to be more reasonable than the large changes in the traditional method.

Table 2 Back - Projection Residuals Before And After Intretrack Adjustment

	Track No.	Look angle[a]	Column direction (pixel)		Row direction (pixel)	
			Average	RMSE	Average	RMSE
Before Adjustment	0580	F	-5.13	0.46	0.00	0.00
		B	5.13	0.46	0.00	0.00
	0581	F	-5.08	0.46	0.00	0.00
		B	5.08	0.46	0.00	0.00
After Traditional Bundle Adjustment	0580	F	-0.04	0.44	0.00	0.00
		B	0.04	0.44	0.00	0.00
	0581	F	-0.07	0.44	0.00	0.00
		B	0.77	0.44	0.00	0.00
After Self - calibration Bundle Adjustment	0580	F	-0.02	0.43	0.00	0.00
		B	0.02	0.43	0.00	0.00
	0581	F	-0.01	0.42	0.00	0.00
		B	0.01	0.42	0.00	0.00

[a] "F"and "B" in column "Look angle" stand for Forward - and Backward - looking respectively.

Table 3 Changes in EO Parameters and Ground Points After Intertrack Adjustment

Method	Track No.	Change for EO parameters		Change for ground points		
		(X_s, Y_s, Z_s)(m)	$(\varphi_O, \omega_O, \kappa_O)$(")	X(m)	Y(m)	Z(m)
Traditional Bundle Adjustment	0580	31.77	1.20	9.76	15.03	5.83
	0581	30.03	1.07	9.52	13.74	5.17
Self - calibration Bundle Adjustment	0580	4.85	0.13	0.62	0.43	1.18
	0581	5.31	0.16	0.62	0.63	1.31

Table 4 Additional IO Parameters for Intertrack Adjustment

Track No.	Look angle	*x_scale*	*x_offset*	*x_scale*	*x_offset*
0580	F	0.99999999	0.00000052	1.00000198	-0.00005366
	B	1.00000018	0.00000397	0.99999780	0.00005000
0581	F	1.00000000	-0.00000004	1.00000622	-0.00005201
	B	1.00000018	0.00000406	0.99999414	0.00005120

4.2 Intertrack Adjustment

Similar computations are also performed using both intratrack points and intertrack points for intertrack adjustment. Back - projection residuals before and after adjustment are shown in Table 5. Changes in EO parameters and ground points are shown in Table 6. For intertrack adjustment, additional IO parameters for different tracks (see Table 7) are considered the same. The self - calibration method slightly outperforms the traditional method. DEMs generated using CE-2 data before and after adjustment are shown in Fig.7. As shown in Fig.7, the inconsistencies (e.g., artifacts in the intertrack overlapping area) between two adjacent tracks are effectively eliminated using the two adjustment methods, and the self - calibration method slightly outperforms the traditional method.

Table 5　Back - Projection Residuals before and After Intertrack Adjustment

	Track No.	Look angle	Column direction (pixel)		Row direction (pixel)	
			Average	RMSE	Average	RMSE
Before Adjustment	0580	F	-0.61	0.44	20.92	0.51
		B	9.69	0.61	16.72	1.51
	0581	F	-9.53	0.39	-16.84	0.36
		B	1.04	0.79	-20.99	1.42
After Traditional Bundle Adjustment	0580	F	0.06	0.43	0.02	0.24
		B	-0.03	0.42	-0.07	0.65
	0581	F	-0.09	0.44	-0.02	0.33
		B	0.05	0.49	0.05	0.70
After Self - calibration Bundle Adjustment	0580	F	0.04	0.36	0.01	0.13
		B	-0.03	0.40	0.02	0.59
	0581	F	-0.06	0.37	-0.01	0.30
		B	0.04	0.45	-0.04	0.56

Table 6　Changes in EO Parameters and Ground points after Intertrack Adjustment

Method	Track No.	Change for EO parameters		Change for ground points		
		(X_s, Y_s, Z_s)(m)	$(\varphi_O, \omega_O, \kappa_O)('')$	X(m)	Y(m)	Z(m)
Traditional Bundle Adjustment	0580	48.98	2.01	7.39	8.87	5.11
	0581	54.17	1.92			
Self - calibration Bundle Adjustment	0580	47.07	1.43	4.08	4.07	8.85
	0581	41.71	1.27			

Table 7　Additional Io Parameters for Intertrack Adjustment

Look angle	*x_scale*	*x_offset*	*y_scale*	*y_offset*
F	0.99999963	0.00000471	1.00026279	-0.00005342
B	0.99999762	-0.00002736	0.99973929	0.00004101

4.3　Comparison With LOLA Data

To verify the terrain produced from CE-2 data, two tracks of LOLA data are used for comparison. LOLA is a multibeam LAM onboard NASA's LRO. LOLA has a five-spot sampling pattern that can produce five parallel profiles along the LRO's subspacecraft ground track. Profiles are separated by around 10 - 12 m, and observations within each profile are 56 m apart from one other. The altimetric observations acquired by LOLA have been used to improve the lunar geodetic grid to around 10 - m radial and 100 - m spatial accuracy values with respect to theMoon's center of mass[43,44].

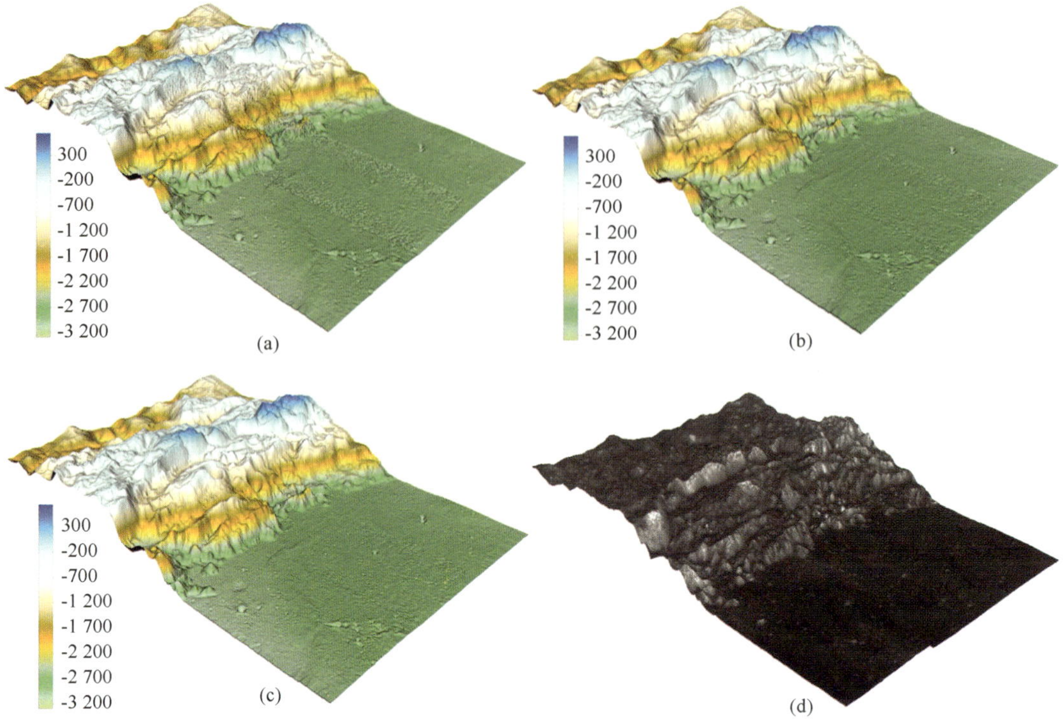

Fig. 7　DEMs of CE-2 CCD images. (a) DEM generated using original CE-2 data. (b) DEM generated using CE-2 data after traditional BA. (c) DEM generated using CE-2 data after SCBA. (d) DOM overlaid on the DEM after SCBA.

In our experiment, the channel one data of two tracks located at our experiment area ($46.62^\circ - 50.13^\circ$N, $29.04^\circ - 32.57^\circ$W) is used for comparison and is shown in Fig. 6 (e). Detailed information on the two LOLA tracks is listed in Table 8. After a simple translation, profiles are generated using original and adjusted CE-2 data by interpolating with the longitudes and latitudes of the selected LOLA tracks. The LOLA and CE-2 profiles are visually compared in Fig. 8; two insets are included for detailed comparison. We calculated the detailed statistics of the differences between the profiles that covered the entire range of our experimental area, and the results are listed in Table 9. From the experimental results, we can see that the terrain generated by CE-2 CCD images is generally consistent with that of LOLA data regardless of whether adjustment is performed. SCBA effectively corrects fine-scale local terrain. After adjustment, the elevation differences are reduced by 9 – 10 m. Overall, the SCBA method shows a slight advantage over the traditional BA method.

Table 8　Two Tracks Selected from Lola Data at Sinus Iridum

LOLA Data	Orbit No.	Start Time	End Time	Point Number
Track 1	1957	2009 – 11 – 29T 18:21:56.653Z	2009 – 11 – 29T 18:23:12.011Z	1822
Track 2	10994	2011 – 11 – 09T 10:46:19.830Z	2011 – 11 – 09T 10:47:33.973Z	2071

Table 9　Statistics of Profile Comparisons Between Lola And CE-2 Data

Track No.	Statistics (m)	Before Adjustment	After Traditional Bundle Adjustment	After Self－calibration Bundle Adjustment
Track 1	Mean	53.07	32.47	31.74
	Maximum	179.56	90.40	83.96
	StdDev	19.92	10.77	9.14
Track 2	Mean	85.32	30.24	28.73
	Maximum	162.76	113.05	94.68
	StdDev	23.44	14.99	14.01

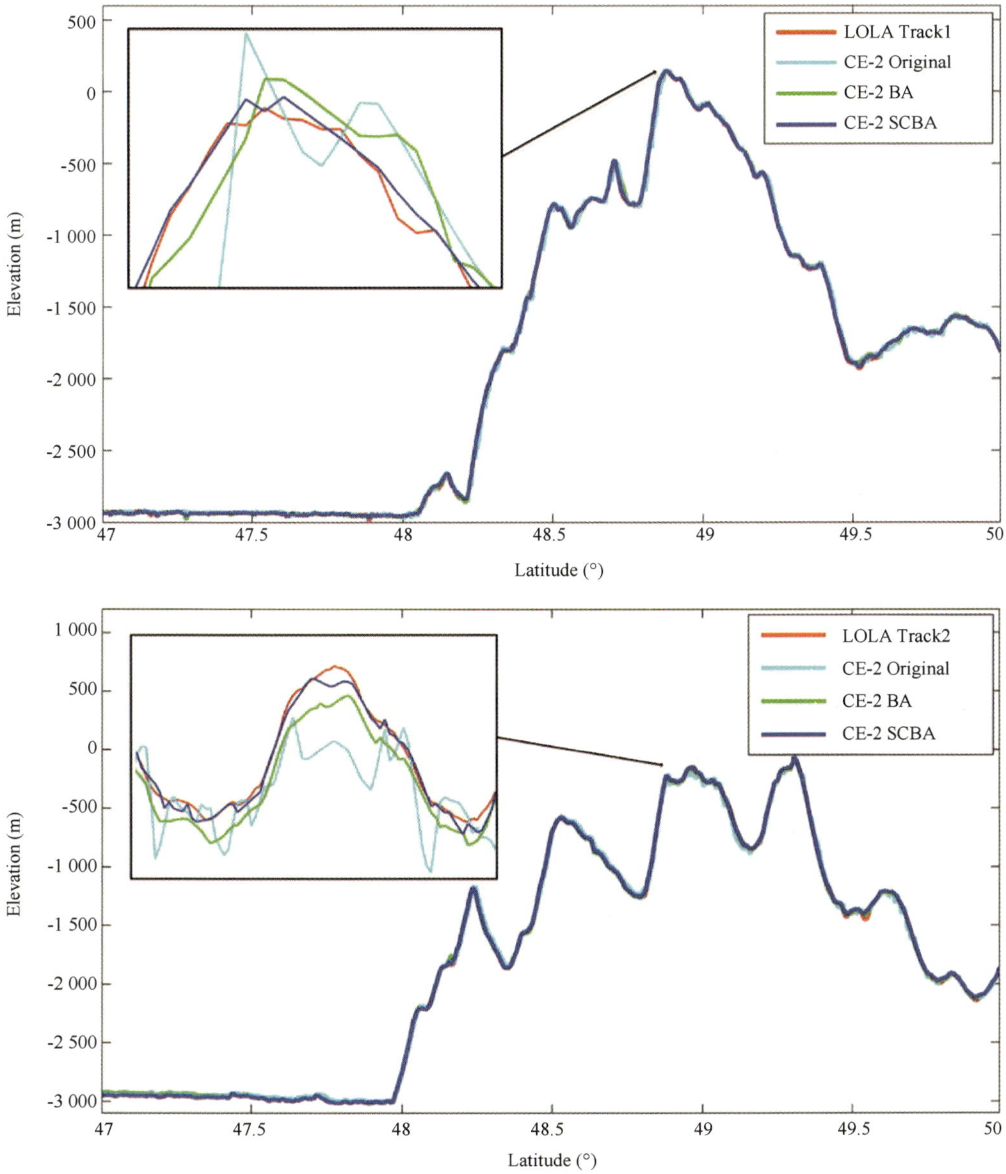

Fig. 8　Profile comparison of two LOLA tracks. “CE-2 Original” “CE-2 BA”and “CE-2 SCBA” represent the profiles before adjustment, after traditional method, and after self－calibration method, respectively.

It is worth to note that we also tried a different set of self - calibration parameters and found that the proposed eight parameter model[see (6)] can achieve the best precision with stable solution. Less number of parameters would not be effective to reduce back - projection residuals; more parameters did not provide better results than the eight parameters.

5 Conclusion and Discussion

The rigorous geometric model of CE-2 CCD images has been developed in this paper. After analyzing the cause of inconsistencies between images of different - looking angles in one track and between adjacent tracks, a self - calibration bundle adjustment method is proposed by introducing additional IO parameters to the traditional bundle adjustment model. A series of strategies is used to enhance the stability of adjustment equation, including pseudo - observation selection from EO parameters, a reasonable weight determination strategy, and the TSVD method for ill - posed equation solutions. Experiments were performed with two tracks of CE-2 CCD images located at Sinus Iridum, and the results showed that the SCBA method was effective in eliminating the inconsistencies of CE-2 CCD images by reducing the image residuals from more than 20 pixels to subpixel level. The accuracy in object space was also verified by comparing the ground points with two tracks of LOLA data. The differences between CE-2 data and LOLA data were reduced by 9 - 10 m after adjustment. Experimental results also indicated that the SCBA method had a certain advantage over the traditional BA method in terms of the precision improvement in both the image and object spaces.

The proposed SCBA method and the developed geometric processing and mapping procedure are valuable for high precision lunar topographic mapping using CE-2 images, and the 3 - D topographic products can be used for various fine-scale scientific investigations, as well as for the landing preparation and surface operation of the incoming Chang'E-3 lunar rover. In further research, ground control data (e. g. , LAM points) will be incorporated into the BA model for stricter constraint and absolute orientation. More images from other sites will be also used to verify the effectiveness of the SCBA method.

Acknowledgment

The authors would like to thank the Lunar and Deep Space Exploration Science Applications Center of the National Astronomical Observatories and Beijing Aerospace Control Center for providing the CE-2 images and telemetry data, respectively.

References

[1] S. Nozette, P. Rustan, L. P. Pleasance, D. M. Horan, P. Regeon,E. M. Shoemaker, P. D. Spudis, C. H. Acton, D. N. Baker, J. E. Blamont,B. J. Buratti, M. P. Corson, M. E. Davies, T. C. Duxbury, E. M. Eliason,B. M. Jakosky, J. F. Kordas, I. T. Lewis, C. L. Lichtenberg, P. G. Lucey,E. Malaret, M. A. Massie, J. H. Resnick, C. J. Rollins, H. S. Park,A. S. McEwen, R. E. Priest, C. M. Pieters, R. A. Reisse, M. S. Robinson,R. A. Simpson, D. E. Smith, T. C. Sorenson, R. W. Vorder Breugge, and M. T. Zuber, "The Clementine mission to the moon: Scientific overview,"Sci. New Series, vol. 266, no. 5192, pp. 1835－1839, Dec. 1994.

[2] J. Haruyama, M. Ohtake, T. Matunaga, T. Morota, C. Honda, Y. Yokota,and Y. Ogawa, "SELENE (KAGUYA) terrain camera observation results of nominal mission period," presented at the 40th Lunar Planetary Science Conf., Houston, TX, USA, Mar. 23－27, 2009, Paper 1553.

[3] A. S. Kiran Kumar and A. Roy Chowdhury, "Terrain mapping camera for Chandrayaan－1," J. Earth Syst. Sci., vol. 144, no. 6, pp. 717－720, Dec. 2005.

[4] Arizona State University, Phoenix, AZ, USA, Reconnaissance Orbiter Camera. [Online]. Available: http://lroc.sese.asu.edu/

[5] Z. Ouyang and C. Li, "The primary science result from the Chang'E-1 probe," Sci. China Ser. D, Earth Sci., vol. 53, no. 11, pp. 1565－1581,Nov. 2010.

[6] C. Li, J. Liu, X. Ren, L. Mou, Y. Zou, H. Zhang, C. Lü, J. Liu, W. Zuo,Y. Su, W. Wen, W. Bian, B. Zhao, J. Yang, X. Zou, M. Wang, C. Xu,D. Kong, X. Wang, L. Fa. Wang, Z. Geng, L. Zhang, X. Zheng, J. Zhu,and Z. Li, "The global image of the Moon obtained by the Chang'E-1 Data processing and lunar cartography," Sci. China Ser. D, Earth Sci., vol. 40, no. 3, pp. 294－306, Aug. 2010.

[7] Z. Ouyang, "Preliminary scientific results of Chang'E-1 lunar probe and missions of Chang'E-2 lunar probe," Spacecraft Eng., vol. 19, no. 5,pp. 1－6, Sep. 2010.

[8] National Astronomical Observatories, Chinese Academy of Science, Release of the first Chang'E-2 image of Sinus Iridum, Nov. 8, 2010. [Online]. Available: http://moon.bao.ac.cn/templates/T_yestem_articelcontent/index.aspx? nodeid＝13&page＝ContentPage&contentid＝184

[9] C. Li, "China publishes the most clear moon map," Defence Sci. Technol. Ind., no. 2, pp. 20－21, Feb. 2012.

[10] J. Oberst, T. Roatsch, W. Zhang, A. C. Cook, R. Jaumann, T. Duxbury,F. Wewel, R. Uebbing, F. Scholten, and J. Albertz, "Photogrammetric analysis of Clementine multi－look angle images obtained near Mare Orientale," Planet. Space Sci., vol. 44, no. 10, pp. 1123－1133, Oct. 1996.

[11] J. Haruyama, S. Hara, K. Hioki, A. Iwasaki, T. Morota, M. Ohtake,T. Matsunaga, H. Araki, K. Matsumoto, Y. Ishihara, H. Noda, S. Sasaki,S. Goossens, and T. Iwata, "Lunar global digital terrain model data set produced from SELENE (Kaguya) terrain camera stereo observations," presented at the 43th Lunar Planetary Science Conf., The Woodlands, TX,USA, Mar. 19－23, 2012, Paper 1200.

[12] P. V. Radhadevi, V. Nagasubramanian, S. S. Solanki, T. Krishna Sumanth,J. Saibaba, and G. Varadan, "Rigorous photogrammetric processing of Chandrayaan－1 Terrain Mapping Camera (TMC) images for lunar topographic mapping," presented at the 42th Lunar Planetary Science Conf., The Woodlands, TX, USA, Mar. 7－11, 2011, Paper 1384.

[13] T. Tran, M. R. Rosiek, R. A. Beyer, S. Mattson, E. Howington-Kraus, M. S. Robinson, B. A. Archinal, K. Edmundson, D. Harbour, and E. Anderson, "Generating digital terrain models using LROC NAC images," in Proc. Spec. Joint Symp. ISPRS Tech. Commiss. IV Auto-Carto Conjunction ASPRS/CaGIS Fall Spec. Conf., Orlando, FL, USA, Nov. 15-19, 2010, vol. 38, pp. 1-7.

[14] R. Li, W. Wang, S. He, J. W. Hwangbo, Y. Chen, P. Tang, X. Meng, Y. Choung, J. Lawver, P. Thomas, M. Robinson, and M. Rosiek, "Precision photogrammetric modeling of LROC NAC cameras and topographic products," in Proc. Annu. Meet. Lunar Exploration Anal. Group, Washington, DC, USA, Sep. 14-16, 2010, p. 36.

[15] R. L. Kirk, L. A. Soderblom, E. Howington-Kraus, and B. A. Archinal, "USGS high-resolution topomapping of Mars with Mars obiter camera narrow-angle images," in Proc. ISPRS Symp. Geospatial Theory, Process. Appl., Ottawa, ON, Canada, Jul. 9-12, 2002, pp. 713-722.

[16] J.-S. Yoon and J. Shan, "Combined adjustment of MOC stereo imagery and MOLA altimetry data," Photogramm. Eng. Remote Sens., vol. 71, no. 10, pp. 1179-1186, Oct. 2005.

[17] H. Ebner, M. Spiegel, A. Baumgartner, B. Giese, and G. Neukum, "Improving the exterior orientation of Mars express HRSC imagery," presented at the Proc. 21st ISPRS Congr., Beijing, China, Jul. 3-11, 2008, pp. 852-857.

[18] R. L. Kirk, E. Howington-Kraus, M. R. Rosiek, J. A. Anderson, B. A. Archinal, K. J. Becker, D. A. Cook, D. M. Galuszka, P. E. Geissler, T. M. Hare, I. M. Holmberg, L. P. Keszthelyi, B. L. Redding, W. A. Delamere, D. Gallagher, J. D. Chapel, E. M. Eliason, R. King, and A. S. McEwen, "Ultrahigh resolution topographic mapping of Mars with MRO HiRISE stereo images: Meter-scale slopes of candidate Phoenix landing sites," J. Geophys. Res., vol. 113, no. E3, pp. E00A24-1-E00A24-31, Mar. 2008.

[19] R. Li, J. Hwangbo, Y. Chen, and K. Di, "Rigorous photogrammetric processing of HiRISE stereo imagery for Mars topographic mapping," IEEE Trans. Geosci. Remote Sens., vol. 49, no. 7, pp. 2558-2572, Jul. 2011.

[20] R. Wang, "EFP bundle triangulation using lunar imagery obtained from satellite three-line-array camera," Sci. Surv. Mapping, vol. 33, no. 4, pp. 5-7, Jul. 2008.

[21] M. Peng, Z. Yue, Y. Liu, and K. Di, "Research on lunar and Mars orbital stereo image mapping," in Proc. SPIE Remote Sens. Environ., 17th Remote Sens. Conf., Hangzhou, China, Aug. 27-31, 2010, vol. 8203, pp. 820304-1-820304-8.

[22] K. Di, Z. Yue, M. Peng, and Z. Liu, "Co-registration of Chang'E-1 stereo images and laser altimeter data for 3D mapping of lunar surface," in Proc. ASPRS/CaGIS 2010 Specialty Conf., Orlando, FL, USA, Dec. 15-19, 2010, pp. 1-7.

[23] B. Wu, J. Guo, Y. Zhang, B. A. King, Z. Li, and Y. Chen, "Integration of Chang'E-1 imagery and laser altimeter data for precision lunar topographic modeling," IEEE Trans. Geosci. Remote Sens., vol. 49, no. 12, pp. 4889-4903, Dec. 2011.

[24] K. Di, W. Hu, Y. Liu, and M. Peng, "Co-registration of Chang'E-1 stereo images and laser altimeter data with crossover adjustment and image sensor model refinement," Adv. Space Res., vol. 50, no. 12, pp. 1615-1628, Dec. 2012.

[25] K. Di, Y. Liu, B. Liu, and M. Peng, "Rigorous photogrammetric processing of Chang'E-1 and Chang'E-2 stereo imagery for lunar topographic mapping," in Proc. 22nd ISPRS Congr., Melbourne, Australia, Aug. 25/Sep. 1, 2012, pp. 307-312.

[26] B. Zhao, J. Yang, D. Wen, W. Gao, L. Chang, Z. Song, B. Xue, and W. Zhao, "Overall

scheme and on-orbit images of Chang'E-2 lunar satellite CCD stereo camera," Sci. China Ser. E, Technol. Sci., vol. 54, no. 9, pp. 2237-2242, Sep. 2011.

[27] B. Zhao, D. Wen, J. Yang, W. Gao, L. Chang, B. Xue, and Z. Song, "Two bore-sight stereo mapping with single lens, TDI CCD pushing model imaging and compensations of the speed-to-height rate—Chang'E-2 CCD camera," Acta. Opt. Sin., vol. 31, no. 9, pp. 134-141, Sep. 2011.

[28] B. Zhao, J. Yang, D. Wen, W. Gao, L. Chang, and B. Xue, "Chang'E-2 lunar orbiter CCD stereo camera design and validation," Spacecraft Eng., vol. 20, no. 1, pp. 14-21, Jan. 2011.

[29] Y. Xiao, Principle of Aircraft Flight Dynamics. Beijing, China: Astronautics Press, 1995, p. 204.

[30] D. G. Lowe, "Distinctive image features from scale-invariant keypoints," Int. J. Comput. Vis., vol. 60, no. 2, pp. 91-110, Nov. 2004.

[31] M. A. Fischler and R. C. Boolles, "Random sample consensus: A paradigm for model fitting with applications to image and automated cartography," Commun. ACM, vol. 24, no. 6, pp. 381-395, Jun. 1981.

[32] P. V. Radhadevi, R. Müller, P. d'Angelo, and P. Reinartz, "In-flight geometric calibration and orientation of ALOS/PRISM imagery with a generic sensor model," Photogramm. Eng. Remote Sens., vol. 77, no. 5, pp. 531-538, May 2011.

[33] S. Kocaman and A. Gruen, "Orientation and self-calibration of ALOS PRISM imagery," Photogramm. Rec., vol. 23, no. 123, pp. 323-340, Sep. 2008.

[34] D. Poli, L. Zhang, and A. Gruen, "SPOT-5/HRS stereo images orientation and automated DSM generation," in Proc. 20th ISPRS Congr., Istanbul, Turkey, Jul. 12-23, 2004, vol. 35, pp. 421-432.

[35] P. Michalis and I. Dowman, "A rigorous model and DEM generation for SPOT5-HRS," in Proc. 20th ISPRS Congr., Istanbul, Turkey, Jul. 12-23, 2004, pp. 410-415.

[36] "Planetary data system standards reference," California Inst. Technol., Pasadena, CA, USA, 2002.

[37] National Astronomical Observatories, Chinese Academy of Science, CLEP data description. [Online]. Available: http://159.226.88.59:7779/CE1OutENGWeb/explain.jsp

[38] M. Chen, J. Cao, Y. Zhang, X. Li, G. Tang, J. Wang, J. F. Duan, J. F. Xie, and B. Tong, "Orbit determination and tracking technology of CE-2 satellite," Chin. Sci. Bull., vol. 57, no. 9, pp. 689-696, Sep. 2012.

[39] X. Li, private communication, 2012.

[40] P. J. Huber, Robust Statistics. New York, NY, USA: Wiley, 1981.

[41] P. C. Hansen, "Analysis of discrete ill-posed problems by means of the L-curve," SIAM Rev., vol. 34, no. 4, pp. 561-580, Dec. 1992.

[42] Z. Wang and J. Ou, "A new ill-posed singular value correction scheme and the application of geodesic survey," Prog. Nat. Sci., vol. 14, no. 6, pp. 672-676, Jun. 2004.

[43] D. E. Smith, M. T. Zuber, G. B. Jackson, J. F. Cavanaugh, G. A. Neumann, and H. Riris, "The Lunar Orbiter Laser Altimeter investigation on the Lunar Reconnaissance Orbiter mission," Space Sci. Rev., vol. 150, no. 1-4, pp. 209-241, Jan. 2010.

[44] D. E. Smith, M. T. Zuber, G. A. Neumann, F. G. Lemoine, E. Mazarico, M. H. Torrence, J. F. McGarry, D. D. Rowlands, J. W. Head, III, T. H. Duxbury, O. Aharonson, P. G. Lucey, M. S. Robinson, O. S. Barnouin, X. Sun, P. Liiva, D.-d. Mao, J. C. Smith, and A. E. Bartels, "Initial observations from the Lunar Orbiter Laser Altimeter (LOLA)," Geophys. Res. Lett., vol. 37, no. 18, pp. L18204-1-L18204-6, Sep. 2010.

Analysis of the geomorphology surrounding the Chang'E-3 landing site[①]

Chunlai Li, Lingli Mu, Xiaoduan Zou, Jianjun Liu, Xin Ren, Xingguo Zeng, Yiman Yang, Zhoubin Zhang, Yuxuan Liu, Wei Zuo and Han Li

Key Laboratory of Lunar and Deep Space Exploration, National Astronomical Observatories, Chinese Academy of Sciences, Beijing 100012, China; mull@nao.cas.cn

Abstract: Chang'E-3 (CE-3) landed on the Mare Imbrium basin in the east part of Sinus Iridum (19.51°W, 44.12°N), which was China's first soft landing on the Moon and it started collecting data on the lunar surface environment. To better understand the environment of this region, this paper utilizes the available high - resolution topography data, image data and geological data to carry out a detailed analysis and research on the area surrounding the landing site (Sinus Iridum and 45 km×70 km of the landing area) as well as on the topography, landform, geology and lunar dust of the area surrounding the landing site. A general topographic analysis of the surrounding area is based on a digital elevation model and digital elevation model data acquired by Chang'E-2 that have high resolution; the geology analysis is based on lunar geological data published by USGS; the study on topographic factors and distribution of craters and rocks in the surrounding area covering 4 km×4 km or even smaller is based on images from the CE-3 landing camera and images from the topographic camera; an analysis is done of the effect of the CE-3 engine plume on the lunar surface by comparing images before and after the landing using data from the landing camera. A comprehensive analysis of the results shows that the landing site and its surrounding area are identified as typical lunar mare with flat topography. They are suitable for maneuvers by the rover, and are rich in geological phenomena and scientific targets, making it an ideal site for exploration.

Key words: atlases — methods: data analysis — techniques: image processing — techniques: photometric

---

① Supported by the National Natural Science Foundation of China.

1　Introduction

On 2013 December 14, at 13:11:13 (UTC), China's first lunar probe to make a soft landing, Chang'E-3 (CE-3), touched down on the east edge of Mare Imbrium beside a crater with a diameter of 430 m in the east part of Sinus Iridum (19.51°W, 44.12°N, elevation: −2615 m). To better understand the environmental conditions on and around the landing site, this paper compiles the associated data on morphology and geology. However, analysis of available high - resolution image data on morphology at the CE-3 landing site is still limited, with only one image from CE-2 covering the area with a resolution of 1.5 m (CCD stereo camera), captured at 13:27:15, 2013 October 27 (UTC), at a solar elevation of 33.01°. In addition, there are six images from the Lunar Reconnaissance Orbiter (LRO) with resolution ranging from 1.1−1.7 m. Among these LRO data, images taken by the Narrow Angle Camera were recorded during a long duration survey of the Moon from 2009 July 15 to 2013 July 27 at solar elevation angles between 9.37°and 45.62°①The spatial distribution of the high resolution remote sensing image data is shown in Figure 1.

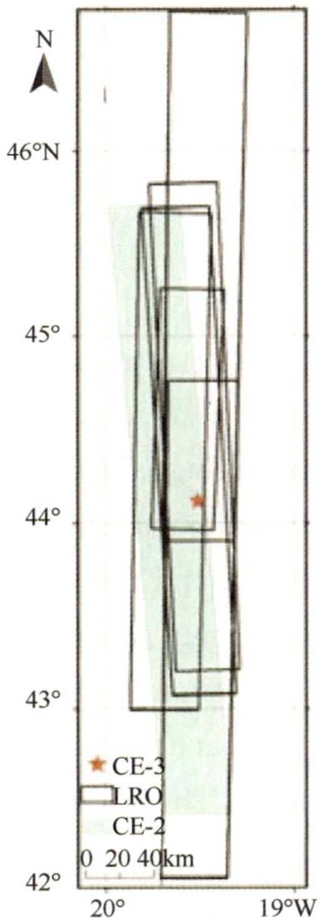

Fig.1　Schematic map showing coverage of the CE-3 landing site taken by high resolution images with CE-2 and LRO.

① http://lroc.sese.asu.edu/data/

In addition, some images captured by the CE-3 probe could also be utilized for topographic analysis of the landing site, which include: (1) landing camera images. During the soft landing process of CE-3, the landing camera captured 4673 continuous images (10 frames per second) from a height of 12 km to the landing. Within 7 min, the range of area constantly narrowed down from hundreds of square kilometers to only a few square meters, and the region represented by a pixel in the central images decreased from meters to millimeters; (2) topography camera images. After the Yutu rover successfully deployed from the CE-3 lander on 2013 December 15, the topographic camera (carried by the lander) and the panoramic camera (carried by the rover), captured clear images of the landing site from a close distance (Tan et al. 2014; Liu et al. 2014; Wang et al. 2014; Ren et al. 2014; Ip et al. 2014).

In terms of geologic analysis, the data were mainly collected from the I－703 Lunar Geologic Renovation (2013) map with a scale of 1∶5000000, which was published by the USGS①.

Based on these data, this paper uses data from the CE-2 1.5 m digital orthophoto map (DOM) as the georeference map, applies geometric registration to the LRO images and images from the CE-3 landing camera, and also utilizes high resolution remote sensing data combined with images taken during the landing process by CE-3. This paper analyzes the surrounding environment and topographic characteristics of the landing site.

In the remainder of this article, Section 2 introduces the basic environment surrounding the landing site. Section 3 describes the topography and landforms around the landing area, and then Section 4 analyses the effects of the engine plume from CE-3 on the lunar dust. Finally Section 5 gives a conclusion.

2 Environment Surrounding the Landing Site

To have a comprehensive understanding of the environment surrounding the landing site, this paper mainly analyzes and studies the environmental conditions of Mare Imbrium and the area that is 45km×70 km around the landing site.

By compiling and georeferencing images taken by CE-2 (with resolution 7 m), a local high resolution image from CE-2 (orbit number 0236, resolution 1.5 m) and images from the landing camera on CE-3, this paper generates a map of the topography around the landing site and its surrounding area. The coverage is shown in Figure 2. In the map, the CE-3 landing site (see the red five-pointed star) is in the northern part of Mare Imbrium, to the south of the Montes Recti range at an approximate distance of 120 km; the nearest named place from the landing site is crater Laplace F, which is about 41 km away

① http://astrogeology.usgs.gov/search/details/Moon/Geology/Lunar Geologic GISRenovation March2013/zip towards the north. The landing site is geographically located at 19.51°W, 44.12°N, with an elevation of −2615 m, which is found to be nearby the preselected landing areas (area outlined in red in Fig. 2, 356 km × 91 km). The area surrounding the landing site is typical lunar mare with low albedo compared to areas with high albedo in the north.

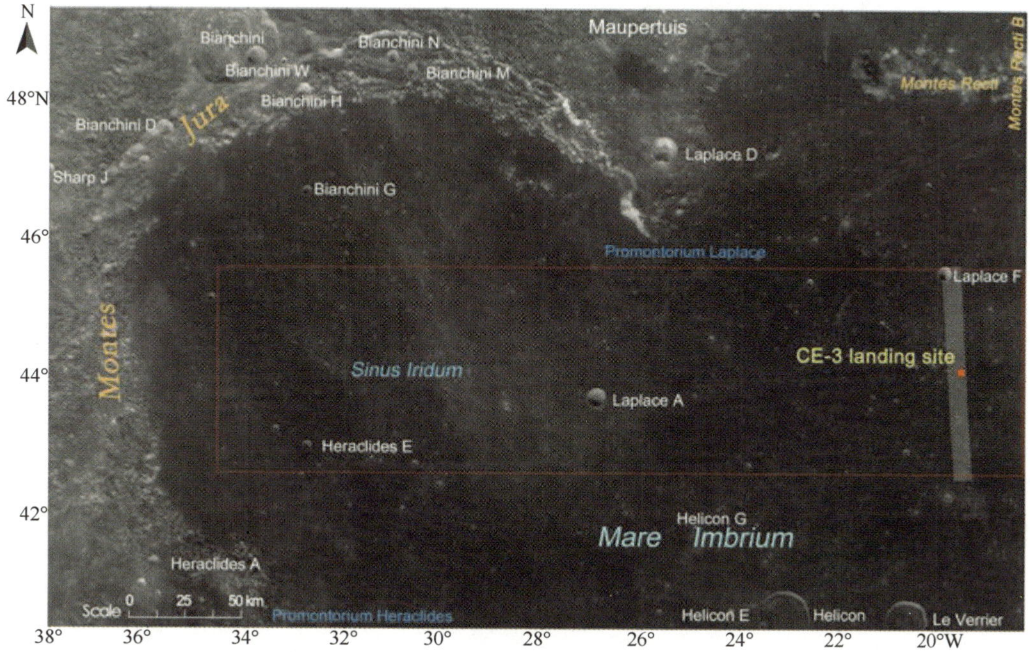

Fig. 2　Diagram showing the location of the CE-3 landing site. The highlighted region corresponds to the blue region in Fig. 1

In order to understand the geological properties of the landing site, we make a geologic map of the CE-3 landing site, using the 1∶5000000 Lunar Geologic Renovation (2013) map I－703 published by USGS①, and add the corresponding place name from Li et al. (2013), see Figure 3. When the geologic map is adjusted to and compared with the image data, it can be determined that the location of the CE-3 landing site is within the border of two basalt strata, and the landing site is in the Eratoshenian basalt stratum. The northern part of the landing area is in an area with basalt stratum in Mare Imbrium (Wilhelms & McCauley 1971).

In order to more clearly reveal the topographical and geological features of the landing site, setting the CE-3 landing site as the central point, this paper performs an additional analysis of the 45km × 70 km area around the landing site, utilizing 7 m DOM and 21 m digital elevation model (DEM) data derived from CE-2 images.

The topographic situation of this specific 45 km × 70 km area near the landing site is

① http://webgis.wr.usgs.gov/pigwad/down/moon geology.htm

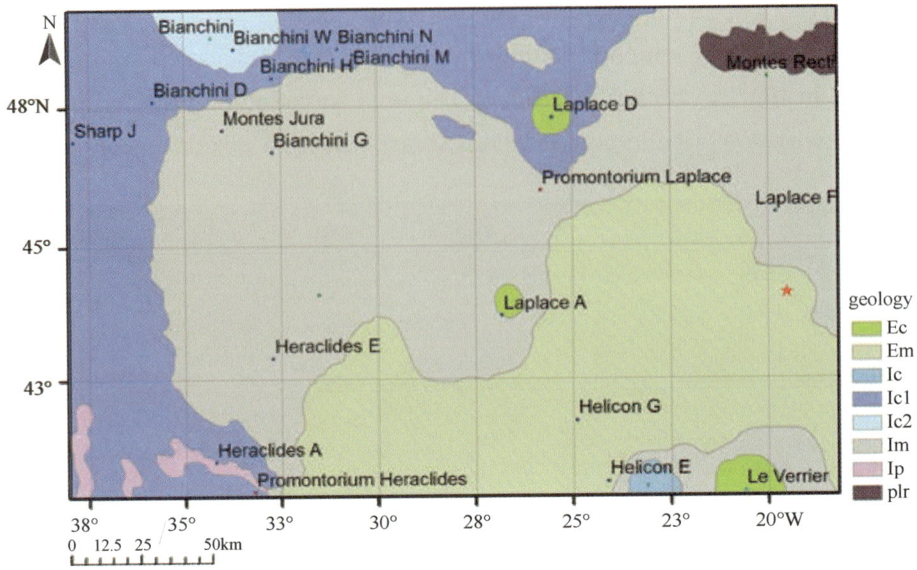

Fig. 3 Geological map of the CE-3 landing site.

shown in Figure 4. Coinciding with DEM and contour lines (at intervals of 20 m), we can see that the CE-3 landing site is on the edge of a plateau in the mare, with the large-scale gradient of inclination being in the direction northeast - southwest. The southern part is higher than the northern part, with the middle part being the highest. The contour in the center of the map shows characteristics of a plateau in the mare that is narrow and slender, see Figure 4(a). In this area, a steep slope appears at the edge of some craters, but the area between the craters is relatively flat with a shallow slope, see Figure 4(b).

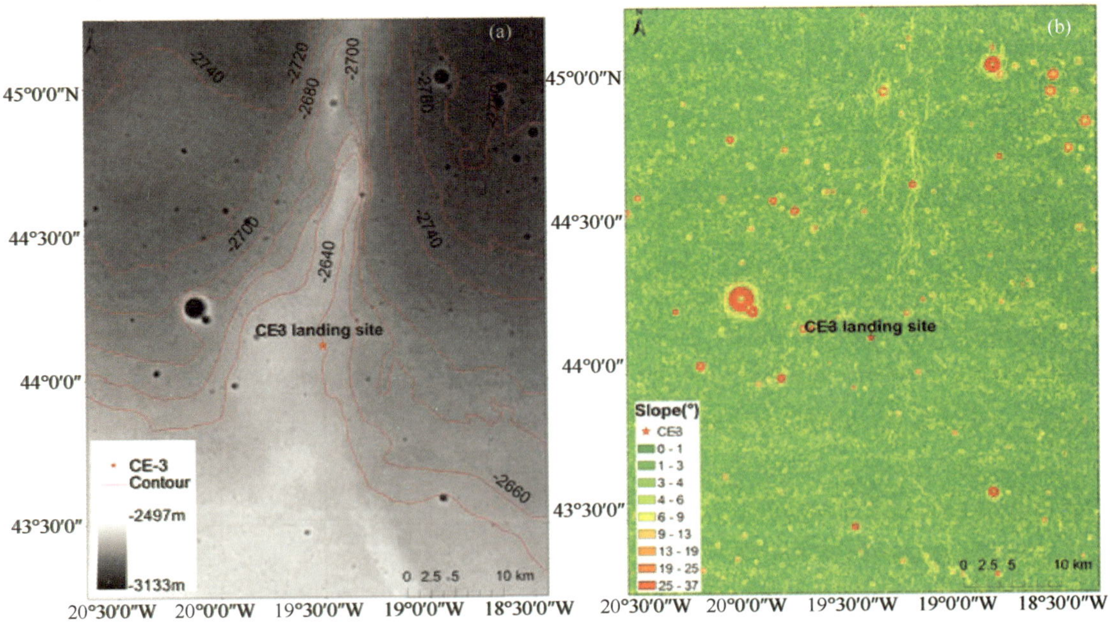

Fig. 4 Topographic map and clinometric map.

After applying processing that sharpened the image (with a 2% linear stretch), the image (Fig. 5) clearly reflects the distribution of albedo and lithology. In this figure, we can see that the CE-3 landing site is located in the Eratoshenian basalt stratum and it has a low albedo, with a low density of craters. However, 10 km north of the landing site is a region of Mare Imbrium that has a high albedo and high crater density. By analyzing a distribution map of the component materials (Ling et al. 2013; Ouyang 2005; Wilhelms & McCauley 1971) captured by data from the CE-1 imaging interferometer, it is found that the basalts at the landing site are high titanium basalts, which contain 17.4% FeO and 6.6% TiO_2.

Fig. 5　An image of the CE-3 landing site.

3　Topography and Landforms Around The Landing Area

In these scientific exploration activities, topography and landforms around the CE-3 landing site will profoundly affect planning the scientific mission and the safety of the Yutu rover in addition to providing basic data for geological analysis. To gain a thorough understanding of this area, this paper uses image data, with a resolution of 1.5 m captured by CE-2, to carry out a more detailed analysis of the topography and landforms in the 4 km×4 km area around the landing site and local areas covered with higher resolution images.

3.1 Topographical Analysis in a 4 km×4 km Area around the Landing Site

The topography of the 4 km×4 km area around the landing site is flat at an average elevation of −2639 m. The overall terrain of this local area shows an inclining trend from west to east, and the summit is located in the northeast at an elevation of −2674 m. The lowest point is located at the bottom of the southeast crater, with a discrepancy in elevation of 71 m (see Fig. 6).

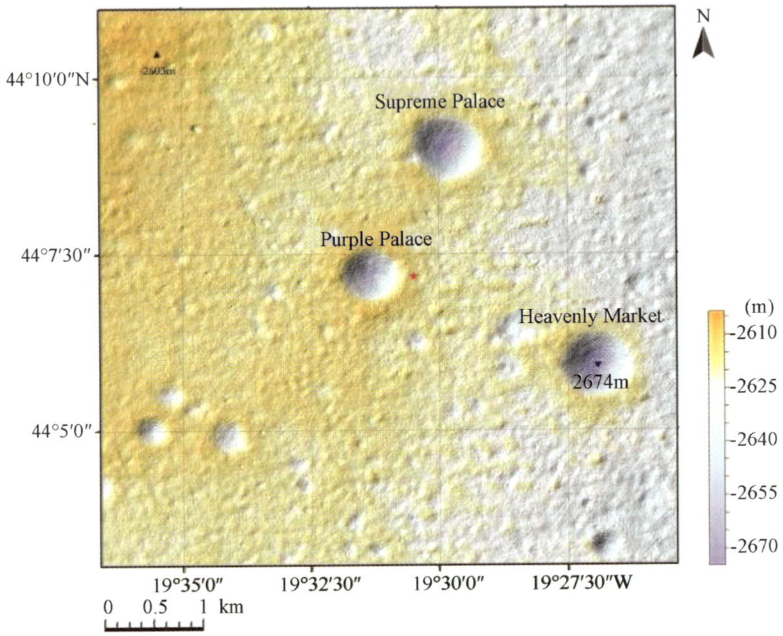

Fig. 6　A topographic map of the CE-3 landing site.

For a further topographical analysis of this area, this paper uses 1.5 m DOM data from CE-2 to detect and analyze craters with a diameter larger than 5 m, as well as their slope and topographic waviness.

3.1.1 The distribution of craters

Utilizing the crater data extracted from DOM with a resolution of 1.5 m, we can see that there are 10 514 craters with diameters larger than 5 m, 3222 larger than 10 m and 15 larger than 200 m. The largest craters are located in the southeast, north and west, with diameters of 510, 490 and 430 m respectively (see Fig. 7).

We plot the distribution frequency curve for craters in this area with the method described by Michael & Neukum (2010) (see Fig. 8), which indicates that the frequency of craters with a diameter smaller than 10 m seems to be low, and it might be caused by the fact that the detection rate decreases with the diameter of the crater decreasing. An inflection point appears at 10 m, and the distribution frequency of craters with a diameter larger than 10 m appears to decrease linearly with a slope of −2.1. The distribution frequency of craters in this area generally conforms to the previously observed distribution of lunar mare craters (NASA 1969).

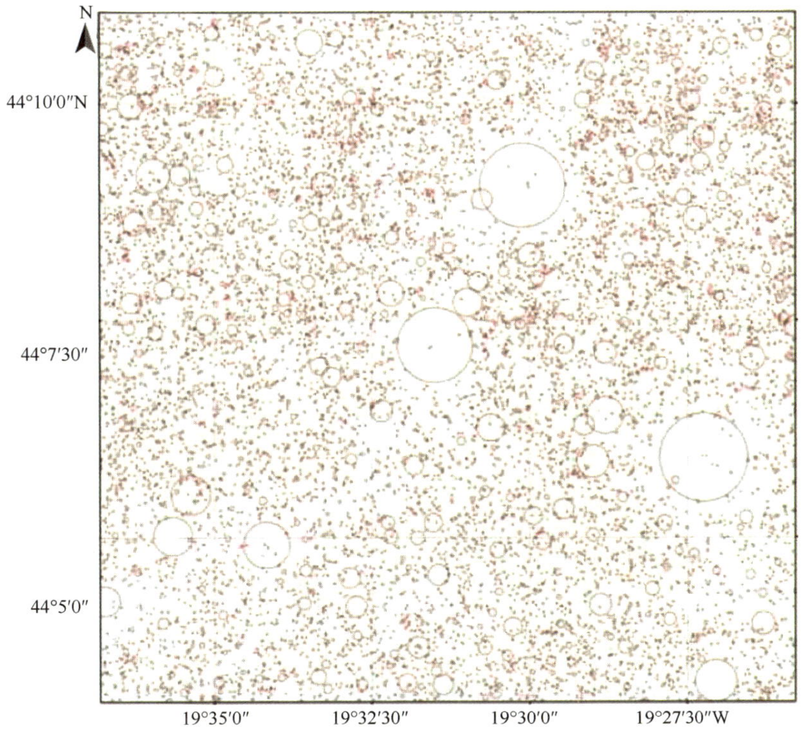

Fig. 7　Distribution of craters around the landing site.

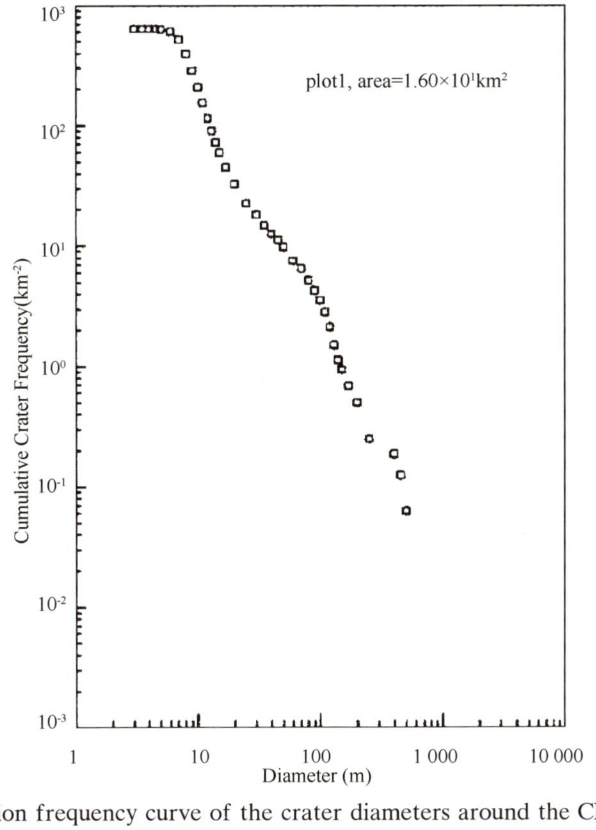

Fig. 8　Distribution frequency curve of the crater diameters around the CE-3 landing area.

3.1.2 Topographic waviness analysis

Topographic waviness is a vital indicator to describe the depth of topographic modeling. Based on the CE-2 DEM data with a resolution of 1.5 m and a 3×3 pixel window (4.5 m×4.5 m), this paper calculates the topographic waviness by the difference between the maximum elevation and the minimum elevation. The equation used for calculation is shown as follows (Dolan 1971)

$$W = E_{max} - E_{min}, \tag{1}$$

where W represents topographic waviness, E_{max} denotes the maximum elevation and E_{min} stands for the minimum elevation.

The maximum topographic waviness around the CE-3 landing site (4 km×4 km) is 4.89 m and the minimum is 0 m, with an average of 2.44 m. It can be seen (Fig. 9) that 98% of the topographic waviness in this area is below 1 m, and the topographic waviness higher than 1 m is distributed either on the inner edge or steep wall of craters, but the topographic waviness at the bottom of craters is relatively small (see Fig. 10).

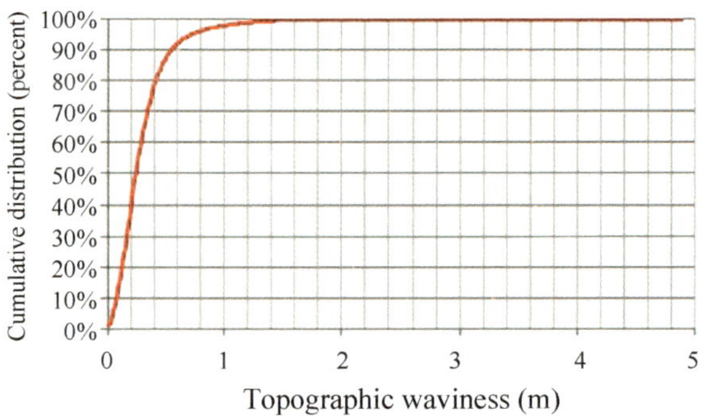

Fig. 9 Cumulative distribution of the topographic waviness around the landing site.

3.1.3 Topographic slope analysis

Topographic slope represents the steepness of the surface terrain. In the DEM raster data, a certain pixel is usually combined with eight adjacent pixels to form a slope, and the slope is calculated by dividing the difference in height along the east - west direction by the difference in height along the north - south direction (see Fig. 11). As the figure shows, the equation for calculating the slope of pixel 'e' is as follows:

$$\mathrm{d}z/\mathrm{d}x = [(c + 2f + i). (a + 2d + g)]/(8 \times L), \tag{2}$$

$$\mathrm{d}z/\mathrm{d}y = [(g + 2h + i). (a + 2b + c)]/(8 \times L), \tag{3}$$

$$S = \tan^{-1}\sqrt{(\mathrm{d}z/\mathrm{d}x)^2 + (\mathrm{d}z/\mathrm{d}y)^2}. \tag{4}$$

In Equations (2) and (3), $a \sim i$ stands for the elevation of each pixel, L denotes the size of the pixel, $\mathrm{d}z/\mathrm{d}x$ represents the slope in the east - west direction (x) and $\mathrm{d}z/\mathrm{d}y$ signifies the slope in the northsouth direction (y). The slope of e is the inverse tangent of the square root of

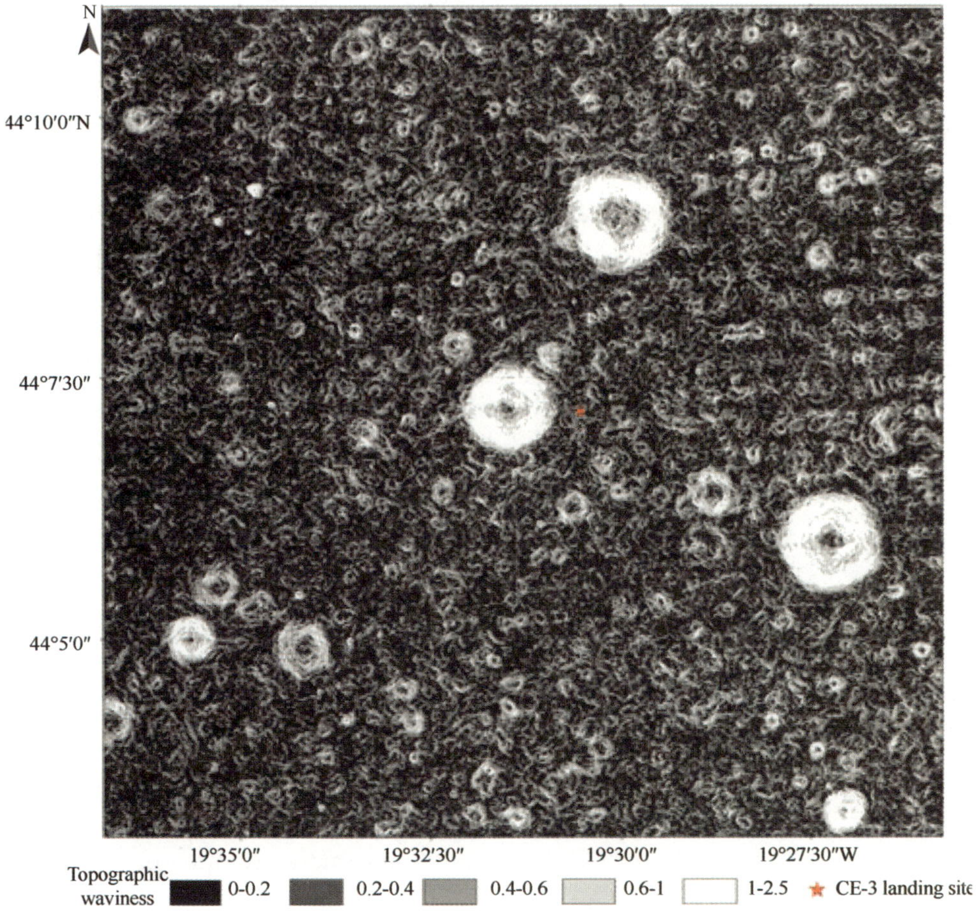

Fig. 10　The distribution map of topographic waviness at the landing site.

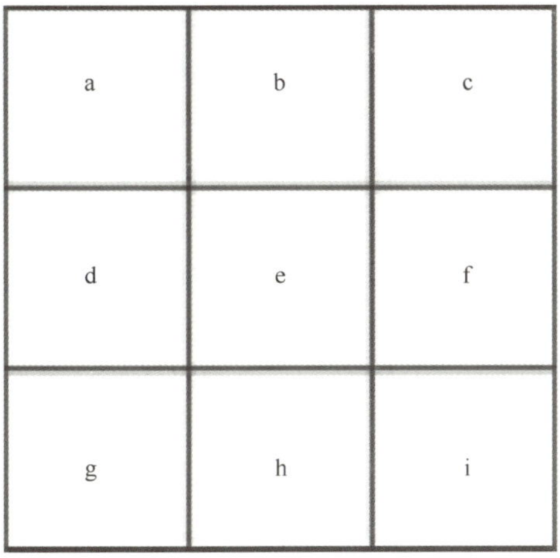

Fig. 11　A diagram of the slope calculation.

the sum of squares of the two slopes. S stands for slope, with its unit being degrees (Burrough & McDonnell 1998).

This paper uses CE-2 DEM data with a resolution of 1.5 m to calculate the slope of the landing site. The statistical result shows that the maximum slope of the CE-3 landing site is 31.0° and the minimum is 0.0°, with an average of 15.5°. An analysis of the distribution of slope (see Fig. 12) shows that about 4% of this area has a slope greater than 10°, while 89% is below 8°. The region with the larger slope is distributed on the steep walls of the craters, while the slope at the bottom of the craters is more moderate (see Fig. 13).

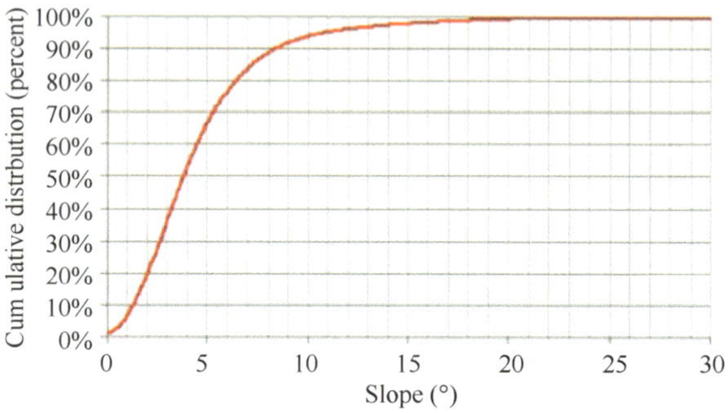

Fig. 12　Cumulative distribution of the slope around the CE-3 landing site.

3.2　Topographic Characteristics of the Area Adjacent to the Landing Site

During the landing process of CE-3, the landing camera mounted on the lander captured images (at 10 frames per second) near the landing site. After landing, the topography camera aboard the rover also acquired some images of the adjacent area, with a resolution greater than a centimeter. These images have the highest resolution of the lunar surface ever recorded by humans. In order to analyze these data in a uniform reference system, this paper uses the DOM from CE-2 as a base map, which applies geometrical rectification to images from the landing camera, as well as matching corresponding points, a process which performs the matching of landing camera images at the landing site (see Fig. 14), and accordingly analyzes the topographic characteristics. At the same time, images from the topography camera were processed into a 360°. panoramic image and matched to the base map by using the landing images, which was utilized in further study.

3.2.1　Topographic characteristics that are related to the coverage of images from the landing camera

The coverage of images from the landing camera is shown in Figure 14. The red star signifies the landing site, and the middle and lower segments of the map that have an irregular triangular shape and higher resolution (10 cm in the resampled image) show the specific coverage of the images from the landing camera. Images with lower resolution (1.5 m) are the CE-2 images.

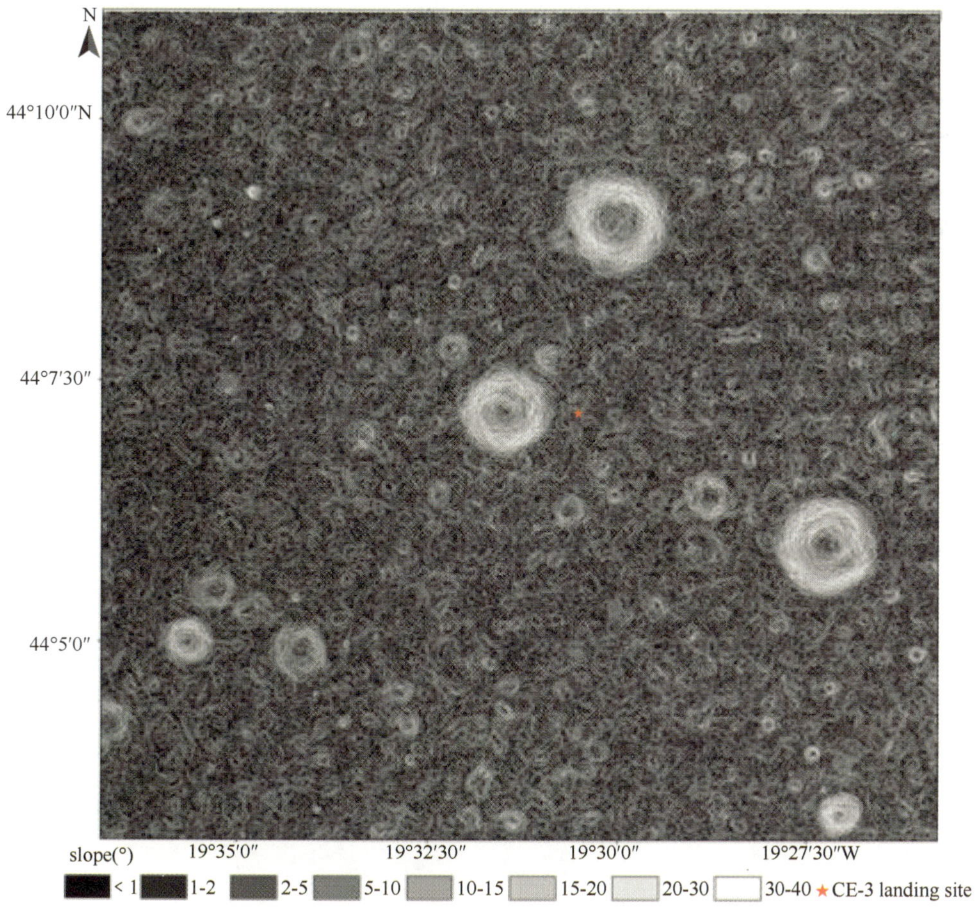

Fig. 13　The spatial distribution of the slope at the CE-3 landing site.

Fig. 14　Coverage of the CE-3 landing camera images at the landing site.

Based on images from the landing camera that are combined with topographic data near the landing site, this paper analyzes the topography of this area. The result shows that (see Fig. 15) CE-3 landed close to the east edge of a crater with a diameter of 430 m, about 40 m from the edge of the crater. The highest point in the crater has an elevation of −2608 m which lies at the south edge. Although the lowest point lies in the center at the bottom and its elevation is −2662 m, the relative height is about 54 m. From the contours of the craters, it can be found that the eastern and western parts of the crater are lower than those of the southern and northern parts.

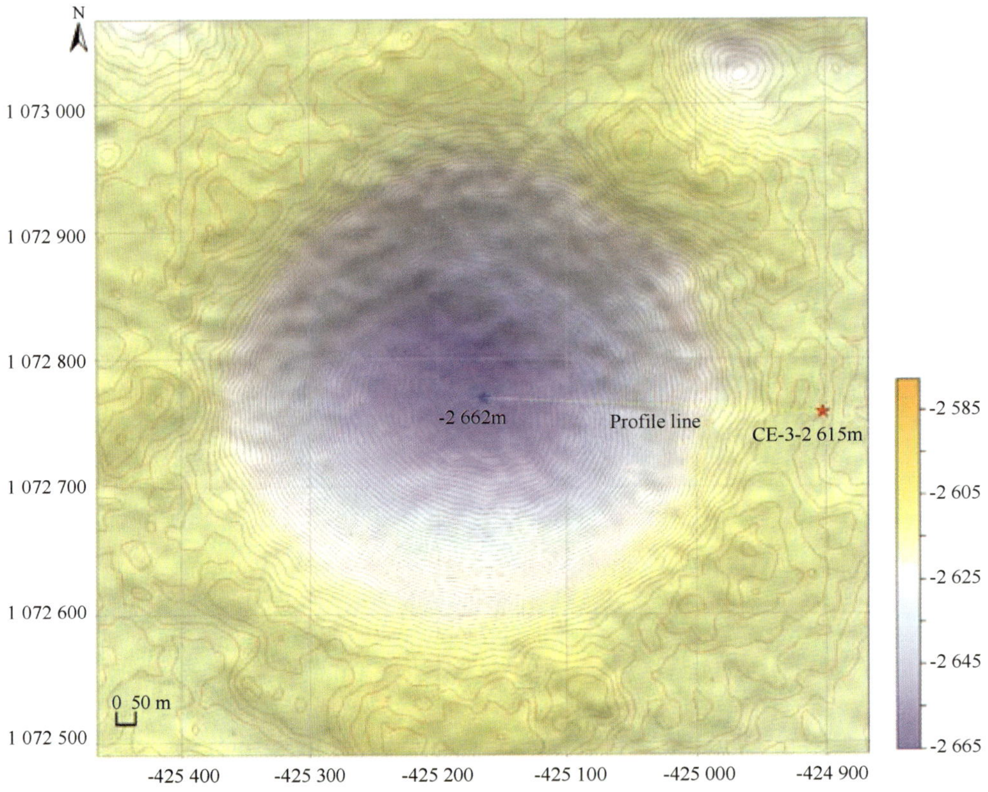

Fig. 15　Shaded relief map of the crater adjacent to where CE-3 landed.

From the bottom of the crater adjacent to the landing site, we analyze the elevation profile and slope. The result is shown in Figure 16. It can be seen that the elevation changes smoothly in the crater, but the slope changes sharply, with the largest slope being 22°. The slope at the center of the crater near the bottom and at the edge of the crater changes smoothly, but it changes sharply between these two places.

Images from the landing camera are also used in the detection and statistical analysis of rocks near the landing site and the edge of the crater (see Fig. 17). From the spatial distribution of the rocks, it is obvious that rocks near the landing point are small in size

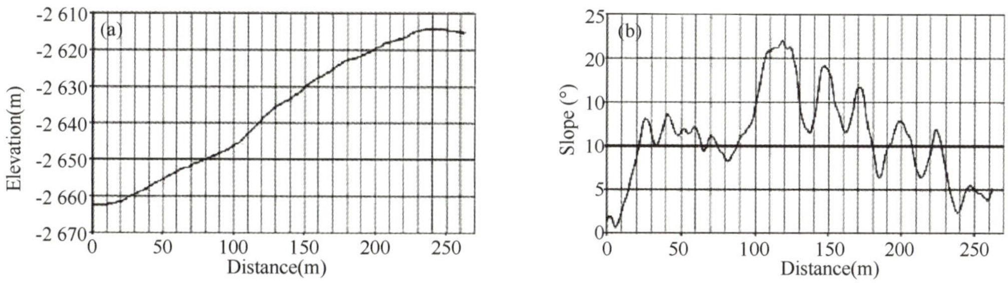

Fig. 16　(a) is the profile of elevation from the bottom of the crater to the CE-3 landing site; (b) is the profile of the slope from the bottom of the crater to the CE-3 landing site.

but spatially more dense. However, in the southern part of the crater, due to impacting, the rocks are bigger, with the largest one being about 9.7 m in length.

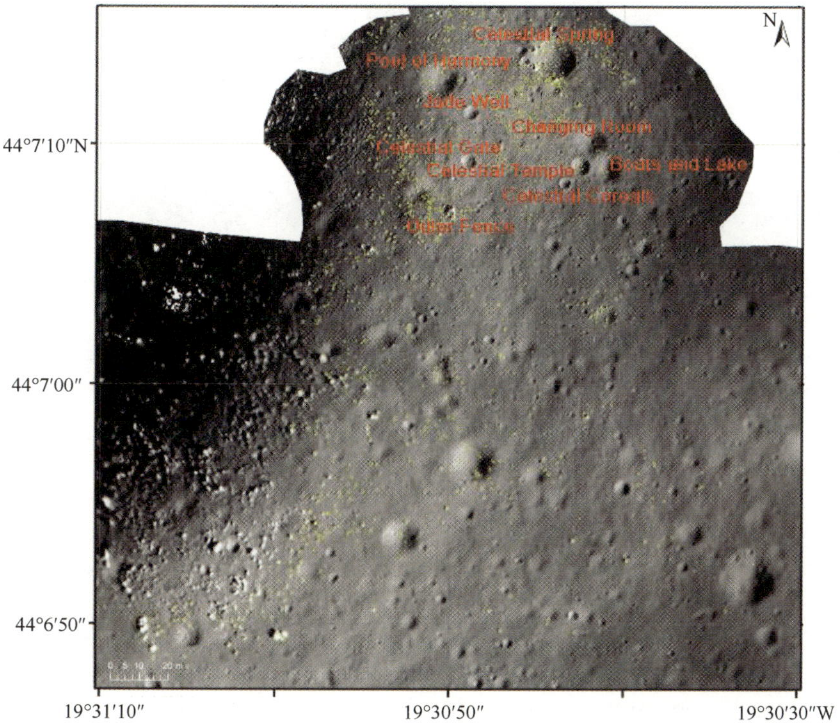

Fig. 17　Spatial distribution of rocks near the CE-3 landing site.

3.2.2　Topographic analysis that is related to coverage of images from the topography camera

A 360° angled cylindrical panoramic image of the area around the landing site was created by minimizing distortions in 60 images from three angles of the pitch (see Fig. 18 (a)). From the figure, the rocks to the east of the crater that were thrown out by the impact that created the crater and a dome in the south are quite obvious. In addition, there is a prominent pyramid - like rock toward the southeast, and in the back of this rock, there is a dome in the south and lots of rocks that were thrown out by the impact. On the west side of the image, some broken rocks with high albedo can be found on the west wall of the crater, and on the north side there are also some domes. In summary, we can conclude that the landing site shows a declining trend from west to east, and the terrain is relatively flat with small slopes. Lots of rocks are distributed in the south and west parts of the crater on the west side of the landing site.

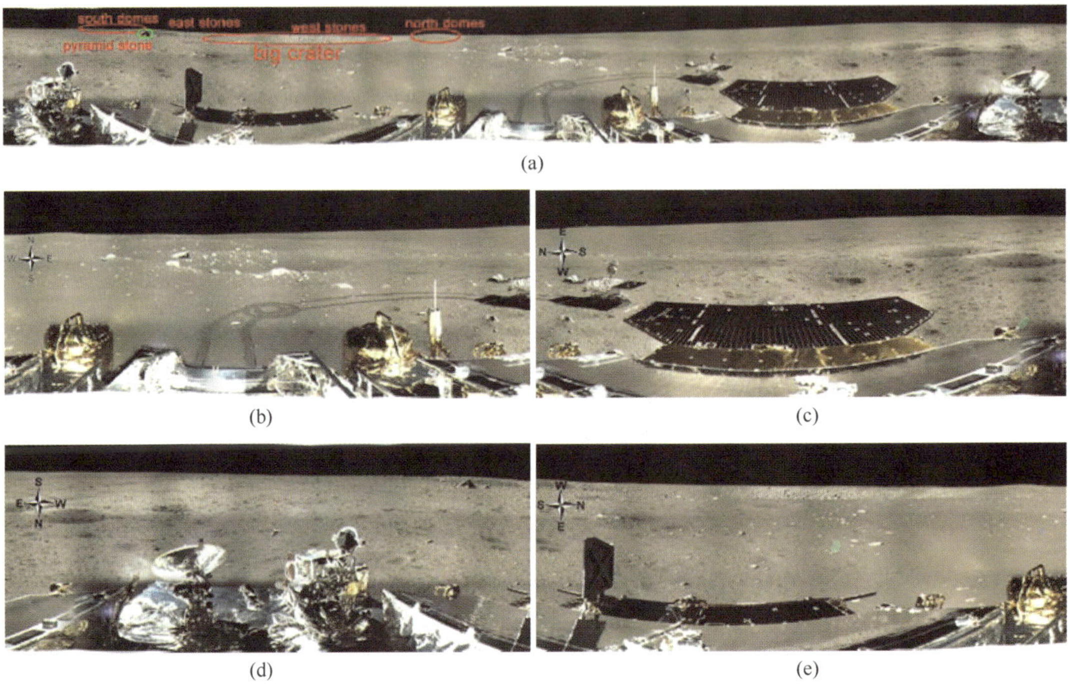

Fig. 18　Image (a) is the panoramic image, and images (b), (c), (d) and (e) are images in the directions north, east, south, and west, respectively.

4　Detecting the Effects of the Engine Plume From CE-3 on Lunar Dust

Besides lunar topography and geology, lunar dust is another important indicator about the environment of the lunar surface. By analyzing images of the CE-3 landing site as well as visible changes before and after the landing, this paper examines the interaction between the engine plume and the lunar surface, as well as the movement and redistribution of lunar dust.

Before the launch of CE-3 (2013 June 30) and shortly after its soft landing (2013 December 25), the LRO spacecraft captured two high - resolution remote sensing images (see Fig. 19), and the time interval between the images is 178 days (6 lunar days). From the images, we can see that the color, angle of sunlight, as well as shadows in these two images are quite similar. However, two objects appear in the image that was taken after CE-3 landed – the one with lighter color and larger size is the lander and the other one with a smaller size is the rover, which is south of the lander.

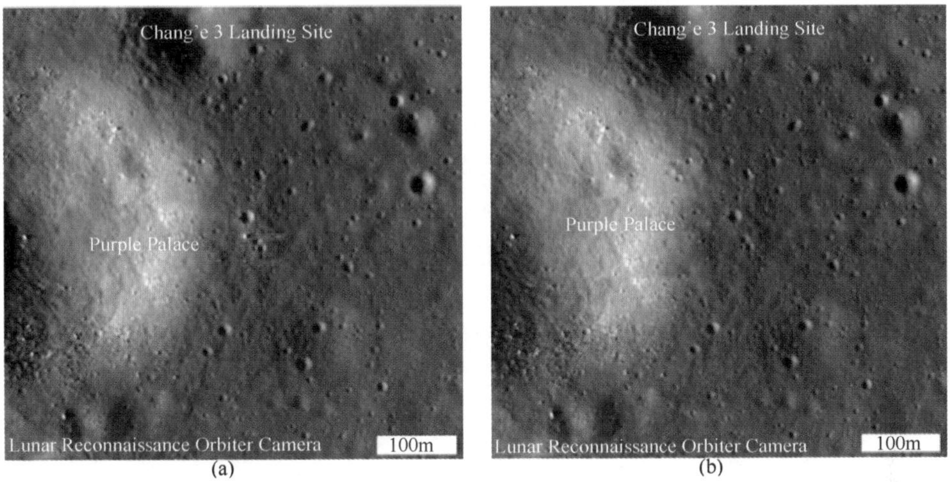

Fig. 19　Image of the CE-3 landing site taken from LRO, from NASA, and its resolution is 1.5 m. (a) was acquired at 03:52:49, at 2013 December 25, with a solar elevation of 13.36°. (b) was captured at 16:21:44.241, on 2013 June 30, with a solar elevation of 14.33°. Generally speaking, the solar elevations in the two images are almost the same, as are the texture and sunlight. However, in the center of (a), the lander and rover can be easily recognized. (Accessed from http://www.nasa.gov/content/nasa – images – of – changE-3 – landing – site/ and http://lroc.sese.asu.edu/data/LRO – L – LROC – 3 – CDR – V1.0).

During the soft landing of CE-3, as a result of using backstepping in the engine for deceleration during the landing, the engine was started at a height of about 12 km to reduce the speed, and was shut down at a height of 2.8 m. A hot plume was fired from the engine during the whole deceleration process and some loose objects (like lunar dust) in certain areas on the lunar surface were redistributed. From the series of images taken by the landing camera, we find that the lunar dust has a significant rising trend at a height of about 50 m (the engine force is 2000 N). Afterwards, the lunar dust gradually increases, and a few seconds after the engine shuts down, the image becomes clearer.

In order to study the degree and extent of the plume's effect on objects on the lunar surface, we analyze images captured before and after the landing, so as to detect its scope and extent. Figure 20(a) is the change in absolute brightness calculated by using 'b1 – b2.' Figure 20(b) is the change in relative brightness calculated by using 'b1/b2.' It can be seen that within the scope of 30 pixels (45 m) to the north, 60 pixels (90 m) to the south, 10 pixels (15 m) to the west and 30 pixels (45 m) to the east, there are obvious changes in image brightness. Around the landing point, light from the image significantly increased due to strong reflection from the solar panels (dark red areas), however, in the shadow (dark blue areas), due to blockage by the solar panels, the reflection was less, and the brightness was significantly reduced. By comparing the light profiles of the images that were captured before and after the landing (see Fig. 21), it can be found that the brightness in the image changed significantly, and the amount of change decreased when the distance from the lander increased. The information from these images shows that, during the landing process, the lunar dust around the landing site was blown away by the engine plume. As a result, the shape of the lunar dust and degree of space weathering would change, as would the albedo. According to data displayed in Figure 20, the range of influence was about 60 m in the west - east direction and 135 m in the north - south direction. The west - east direction is longer than the north - south direction, which might be caused by the fact that the lander descended in a direction from south to north.

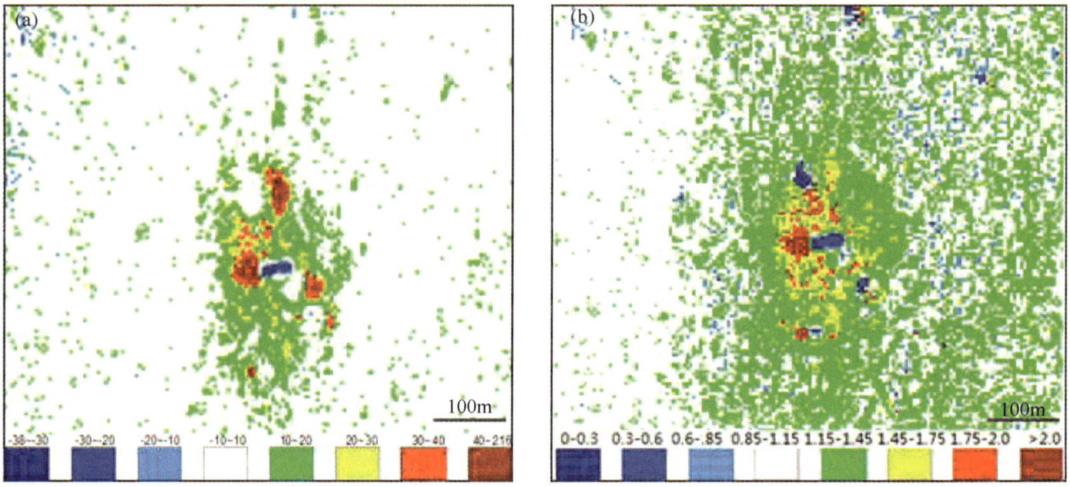

Fig. 20　Change of brightness at the landing site before and after landing (Accessed from http://lroc.sese.asu.edu/data/LRO-L-LROC-3-CDR-V1.0, 'b1' as given in Section 4 stands for the brightness value of image (a), 'b2' as given in Section 4 stands for the brightness value of image (b)).

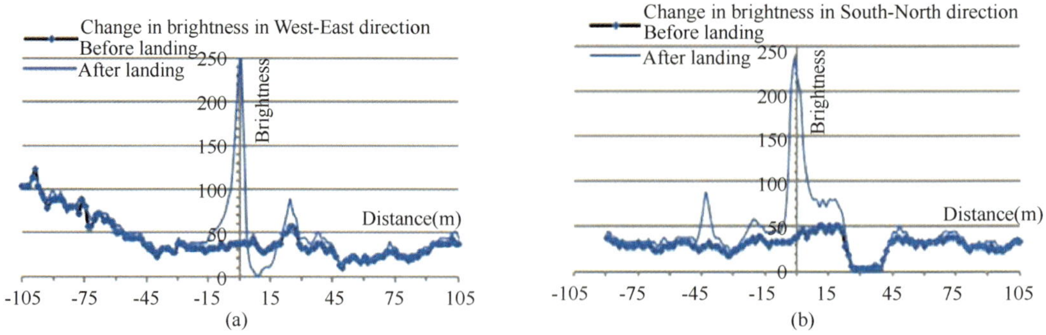

Fig. 21　Brightness profiles of the landing site before and after the landing. (a) The change in brightness in the east - west direction. (b) The change in brightness in the north - south direction. The origin of coordinates for pixels is at the geometric center of the lander.

According to information collected by the Apollo manned lunar exploration program, the plume generated by the Apollo landers also blew away lunar dust (Table 1), and the initial height of the dust was similar to that of CE-3 (Shen 2008; Costes 1970; Jaffe 1971; Scott 1973).

Table 1　The Initial Height of Dust in the Series of Spacecrafts from the Apollo Program

Apollo No.	Height (m)
Apollo 11	24
Apollo 12	33
Apollo 14	30
Apollo 15	52
Apollo 16	18.4～23.4
Apollo 17	18

5　Conclusions

This paper utilizes the available lunar topography, image and geology data with high resolution (in meters), as well as image data captured by the landing camera and topography camera on CE-3 (in centimeters) to analyze the topography, landforms, geology and lunar dust from perspectives ranging from large spatial areas (hundreds of kilometers like Sinus Iridum and North Mare Imbrium, 45km×75 km) to a smaller scale of kilometers near the landing site (4 km×4 km) and finally to the immediate area around the landing site in meters. Our initial conclusions are as follows:

(1) CE-3 landed on a flat lunar mare in the east of Sinus Iridum, which is located in the northern part of the Mare Imbrium, with a longitude of 19.51°W, latitude of 44.12°N and an elevation of −2615 m. The landing site is a high titanium basalt stratum, and its geological age is young Eratoshenian. 10 km to the north of the landing site is the older Mare Imbrium stratum, and the location of the landing site is in the area that is the intersection of these two strata.

(2) The landing site lies on the edge of a plateau in a flat plain with a declining trend from west to east, and the topographic slope and waviness of the area are low, which is typical for terrain in lunar mare. The crater next to the landing site has a lower difference in elevation from east to west, but has a higher difference in elevation from south to north. There are thousands of rocks distributed in the southern and western parts of the crater wall.

(3) The distance from the landing point to the western edge of the crater is 40 m. The adjacent area is flat terrain, with landforms such as craters, domes, strata and rocks with different albedos, which are good targets for scientific exploration.

(4) By comparing images captured before and after landing, we find that during the landing process of CE-3, lots of lunar dust was blown away by the engine plume, and the scope of influence is about 60 m from east to west and 135 m from south to north. Thus, this leads to a redistribution of lunar dust and changes in space weathering on the lunar surface.

Acknowledgements

This work is supported by the National Natural Science Foundation of China (Grant No. 41401509).

References

[1] Burrough, P. A., & McDonnell, R. 1998, Principles of Geographical Information Systems (Oxford: Oxford Univ. Press)

[2] Costes, N. C., Carrier, W. D., Mitchell, J. K., et al., Apollo 11 Soil Mechanics Investigation[J]. Science, 1970, 167(3918): 739

[3] Dolan, R. 1971, Geological Society of America Bulletin, 82, 177

[4] Ip, W. -H., Yan, J., Li, C. -L., & Ouyang, Z. -Y., 2014, RAA (Research in Astronomy and Astrophysics), 14, 1511

[5] Jaffe, L. D. 1971, in NASA Houston, 2, Second Lunar Science Conference

[6] Li, C. L., Liu, J. J., Mu, L. L., & et al. 2013, The Chang'E-1 Copographic Atlas of the Moon (Beijing: Sinomaps Press)

[7] Ling, Z. C., Zhang, J., & Liu, J. Z. 2013, in Lunar and Planetary Science Conference XXXXIV, 44, 2992

[8] Liu, J. -J., Yan, W., Li, C. -L., et al. 2014, RAA (Research in Astronomy and Astrophysics), 14, 1530.

[9] Michael, G., & Neukum, G. 2010, Earth and Planetary Science Letters, 294, 223

[10] NASA. 1969, Lunar Surface Models NASA Space Vehicle Design Criteria Environment (WA, U. S.: Marshall Space Flight Center)

[11] Ouyang, Z. Y. 2005, Introduction to Lunar Science (Beijing: Chinese Aerospace Press)

[12] Ren, X., Li, C. L., Liu, J. J., et al. 2014, arXiv:0812.0649, RAA (Research in Astronomy and Astrophysics), 14, 1557

[13] Scott, R. F. 1973, in Moscow, Vol. 2, 8th International Conference on Soil Mechanics and Foundation Engineering, 177 (New York: Springer)

[14] Shen, Z. -W. 2008, Spacecraft Recovery & Remote Sensing, 1, 004

[15] Tan, X., Liu, J. -J., Li, C. -L., et al. 2014, RAA (Research in Astronomy and Astrophysics), 14, 1682

[16] Wang, F. -F., Liu, J. -J., Li, C. -L., et al. 2014, RAA (Research in Astronomy and Astrophysics), 14, 1543

[17] Wilhelms, D. E., & McCauley, J. F. 1971, Geologic Map of the Near Side of the Moon (Denver: US Geological Survey Miscellaneous Geological Investigations Map I-703)

Auto-Compensation of Velocity-Height Ratio for Chang'E-2 Satellite CCD Stereo Camera

Bin Xue[1,2,3①], Baochang Zhao[1,3], Jianfeng Yang[1,2,3], Wei Gao[1,3], Weidong Qiao[1,2], Xiaolong Ma[1,2], Bo Zhang[3], Jiahang Liu[1], Wei Zhao[1,3] and Juanjuan Jing[1,2]

1 Xi'an Institute of Optics and Precision Mechanics of Chinese Academy of Sciences, Xi'an 710119, China;
2 Key Laboratory of Spectral Imaging Technology, Chinese Academy of Sciences, Xi'an 710119, China;
3 State Key Laboratory of Transient Optics and Photonics, Chinese Academy of Sciences, Xi'an 710119, China;
4 The Institute of Measurement and Communication, Beijing 100830, China
Citation: Xue B, Zhao B C, Yang J F, et al. Auto－compensation of velocity－height ratio for Chang'E-2 satellite CCD stereo camera. Sci China Tech Sci, 2011, 54: 2243.2246,

Abstract: The TDI－CCD imaging method using auto－compensation of velocity－height ratio (VHR) was applied to Chang'E-2 satellite CCD stereo camera. Factors that influence the image quality of the camera were discussed, among which the mismatch error in VHR was found to be the main cause. An auto－compensation scheme for VHR was developed. The validity and effectiveness were proved by the on－orbit high quality images.

Key words: Chang'E-2 satellite, CCD stereo camera, TDI－CCD, velocity－height ratio, auto－compensation scheme

1 Introduction

CCD stereo camera was one of the key payloads carried by the Chang'E-2 satellite, whose mission was to image the lunar surface with high spatial resolution and provide scientific guiding data for choosing a safety－landing site for Chang'E-3 [1,2]. The time delay integration (TDI) CCD imaging method could dramatically increase the detection sensitivity by lengthening the time staring at ground pixel. Therefore, the application could allow us to get the image of lunar polar and Sinus Iridum regions on a lower orbit.

In comparison with the general linear CCD, TDI－CCD needs to satisfy a strict condition that the transfer direction and the rate of sensor signal must match those of the

① Corresponding author (email: xuebin@opt.ac.cn)

target. Otherwise, the images will be fuzzy [3, 4].

TDI - CCD has been widely employed in the exploration of earth and Mars [4, 5]. As far as we know, it was the first time for the method to be applied to the lunar exploration. Chang'E-2 satellite flies around the moon in a circular orbit of 100 km altitude or an elliptical orbit of 100 km×15 km [1, 2]. To obtain clear images in either of the orbits, the compensation of *VHR* is a key and crucial technology.

2 TDI - CCD Imaging Factor Analysis

When the TDI - CCD imaging condition is not satisfied, the modulation transfer function (*MTF*) in the along track direction, which represents the image quality, will be decreased [5, 6]. The formula could be expressed as follows:

$$MTF_{\mathrm{TDI}} = \frac{\mathrm{sinc}(MS_{\mathrm{R}} u_{\mathrm{S}}/2)}{\mathrm{sinc}(S_{R} u_{\mathrm{S}}/2)},$$

where M is the TDI intergrated grade, S_{R} is the mismatch ratio between the signal shift - rate and the velocity of passing image and u_S is the unitary spatial frequency.

Several factors may influence the mismatch ratio, which are satellite attitude (pitching, roll, yaw), drift angle, the mismatch between *VHR* and sensor signal shift - rate [6, 7].

1) Satellite attitude: Attitude including pitching, roll and yaw derived from the stabilization and pointing of the satellite would bring mismatch error in image motion. Bad attitude will have awful effect on image quality. According to the attitude of the Chang'E-2 satellite [3, 8], the maximal mismatch ratio caused by attitude is 0.8% in the cross track direction and 0.3% in the along track direction, which has negligible effects on image quality.

2) Drift angle: Drift angle is defined as the angle of the axis of platform to the tangent to its path. The moon is a slow rotating celestial body with a period of 27.3 days, which is the same as its revolution period [9]. The drift angle of a lunar satellite can be expressed as a function of latitude:

$$\theta = \arctan\left(\frac{V_{\mathrm{moon}}(Lat)}{V_{\mathrm{sat}}}\right) = \arctan\left(\frac{2\pi \cdot 1738000 \cdot \cos(Lat)}{27.3 \cdot V_{\mathrm{sat}}}\right).$$

The drift angle is maximal (only 0.172°) when Lat is set to be 0°. The mismatch ratio is calculated to be as small as 0.297%, which could also be ignored in the analysis.

3) *VHR*: The *VHR* is defined as the relative angular velocity between the target and the camera, i.e. the ratio of ground - velocity (V) to the target - to - camera distance (H), V/H.

Due to orbit design and control, the orbital altitude of Chang'E-2 periodically changes in a range of 100 km×15 km. Considering the lunar terrain within the range of

1738 km×10 km, the resulted *VHR* variation is about ±25%, which would seriously degrade the image quality. Therefore, this effect must be correctly compensated.

3 Auto - Compensation Scheme of Velocity - Height Ratio

3.1 Principle of Compensation

The compensation of velocity - height ratio is performed by adjusting the signal shift - rate to match the velocity of image motion, which varies at different orbital heights or terrain.

The signal shift - rate can be obtained with $V_{ei} = b/T_c$, where b is the pixel height, and T_c is the reciprocal of signal shift - rate. By varying the adjustable parameter T_c, as defined below, the *VHR* could be compensated.

$$T_c = (V/H) \cdot \frac{f'}{b},$$

where f' is the focal length of the camera. f' and b are constant and V/H is variable for a certain camera.

3.2 Computing of Velocity - Height Ratio

VHR is determined by the linear velocity of sub - satellite point (V) and the distance between target and camera (H).

1) Sub - satellite point linear velocity can be calculated from satellite velocity (V_{sat}), orbital height (H') and the altitude of lunar surface (h).

$$V = \frac{(R+h) \cdot V_{sat}}{R+H'}.$$

As h ranging within ±10 km is far smaller than the radius of the moon (R), the formula could be simplified as

$$V \approx \left(\frac{R}{R+H'}\right) \cdot V_{sat}$$

2) The distance between the target and camera can be obtained from two methods. One is from the data obtained by laser altimeter of Chang'E-2. The other is indirectly from orbital altitude (H') and the up - and - down of lunar terrain (h),

$$H = H' - h,$$

where H' is from orbital forecast and h is from lunar digital elevation map (Figure 1) [10, 11] based on longitude and latitude from orbital forecast.

3) *VHR* can be further written as

$$\frac{V}{H} \approx \left(\frac{R}{R+H'}\right) \cdot \frac{V_{sat}}{H'-h} = \left(\frac{R}{R+H'}\right) \cdot \frac{V_{sat}}{H}$$

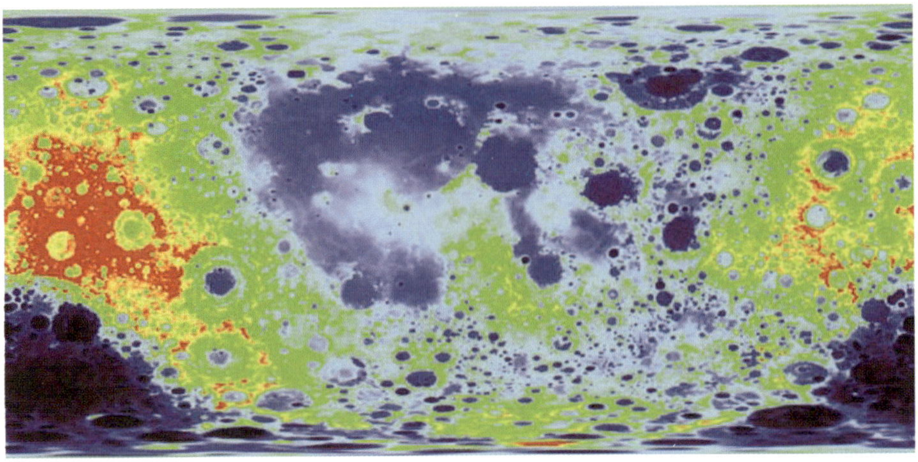

Figure 1 Lunar DEM from Chang'E-1.

4) Data uncertainty: The parameters h obtained from lunar DEM and H from laser altimeter are representative of the elevation of one sub-satellite point. However, for the camera, the swath is 43 km for the 100 km altitude and 6.45 km for 15 km altitude. Using one value to represent a strip of ground elevation may introduce the error inevitably. The elevation difference and the statistics are shown in Figures 2 and 3, respectively. From Figure 3 we could see that almost 99% of the points with elevation difference are in the range of ±500 m, which means that the uncertainty of *VHR* is about 0.5% for 100 km.

Figure 2 V/H computing error.

3.3 Realization of Compensation

The compensation of *VHR* was achieved in the subsystem of the camera by adjusting the signal shift-rate. The signal shift-rate was stored in the buffer of the camera and managed by increment on the base amount. At the imaging mode, the real-time change in the numbers of clock pulses (equivalent to the increment) was allocated to the subsys-

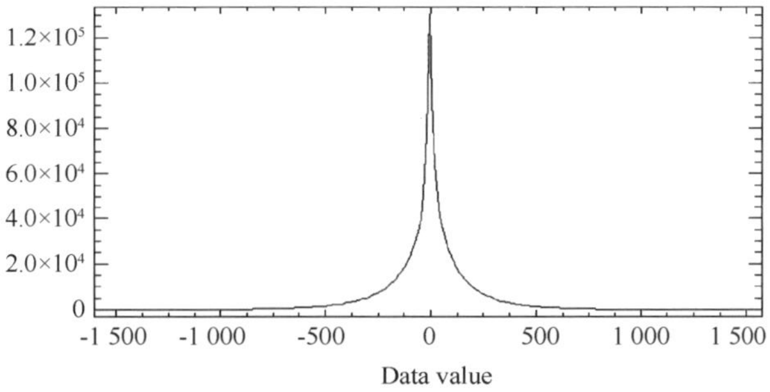

Figure 3　V/H computing error statistics.

tem for implementation.

The signal shift - rate increment ΔN was calculated from the following expression:

$$\Delta N = \text{Round}\left(\frac{T_c - T_o}{\mathrm{d}T}\right),$$

where T_c is the reciprocal of signal shift - rate, $\mathrm{d}T$ is the minimum adjustable volume, and T_0 is the base amount.

3.4　Auto - Compensation Scheme

Two methods of compensating the *VHR* in Chang'E-2 satellite were used, which are detailed as follows.

1) On - ground computing.

On ground, the orbital parameters including orbital altitude, velocity, longitude and latitude of sub - satellite point were forecasted, firstly. Then the lunar surface elevations were obtained from Lunar DEM according to latitude and longitude. Velocity - height ratios were computed by above formula, and the signal shift - rate increments were calculated and the memory load commands were prepared and up - loaded to the buffer of the satellite. Onboard the spacecraft, the camera worked by real - time adjustment according to the memory load commands.

2) On - orbit computing.

On orbit, in the subsystem of the camera, velocity - height ratios were computed utilizing the distance data from laser altimeter of Chang'E-2 satellite and the sub - satellite point velocity uploaded beforehand. Then the signal shift - rate increments were calculated by the camera onboard computer.

4　Commissioning Results and Discussion

On October 25, 2010, during commissioning we tested the default status (mismatch error is about 25%) and normal adjustment (well - match) of the imaging situation, as shown in Figure 4. Figure 4(a) is the on - orbit image with default status of the camera, Figure 4(b) is the on - orbit image with normal adjustment status of the camera. They were not the same target but similar. Figure 5(a) and (b) are images of another scene, the former being the mismatch image simulated from the same scene as the latter, which is the on - orbit well - match image.

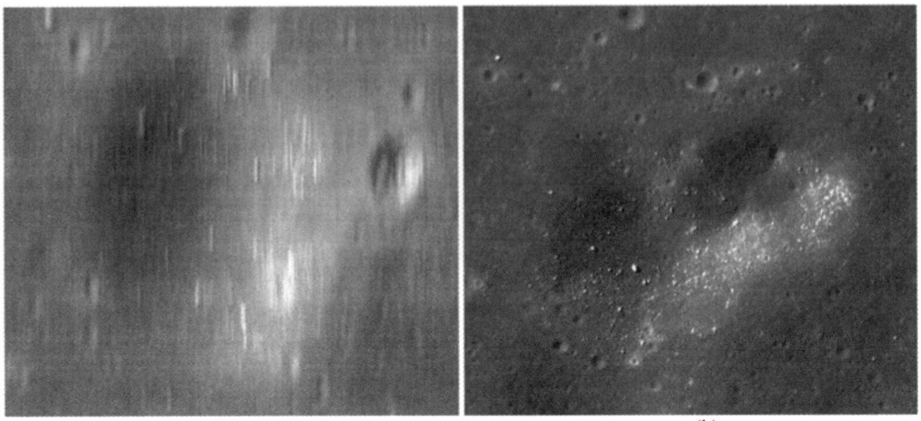

(a) (b)

Figure 4　The contrast between well - match and unmatch of on - orbit image. (a) On - orbit image which unmatch about −25%; (b) on - orbit well - match image.

(a) (b)

Figure 5　The simulation contrast result between on - orbit compensations. (a) Simulation image which unmatch about −25%; (b) on - orbit well - match image.

From Figure 4, we can see that the image quality (MTF) descends slightly in the cross - track direction (horizontal), but has significant deterioration in the along - track direction where a point degrades into a line. This could be attributed to two reasons.

1) The mismatch error between *VHR* and the signal shift - rate has no effect on the cross - track direction, but a significant impact on the along track direction.

2) The default signal shift - rate is about 1.4 times higher than the actual rate, which means that the sampling density is 0.4 times higher than the actual situation.

5 Conclusion

The TDI - CCD imaging method was used in the Chang'E-2 satellite CCD stereo camera. The mismatch error in *VHR* was found to be the main cause for the deterioration of image quality of the camera. The auto - compensation scheme of velocity - height ratio for Chang'E-2 satellite CCD stereo camera was advanced, by employing lunar digital elevation Map and the data from laser altimeter. The on - orbit high quality image indicated the validity and effectiveness of the implemented method.

This work was supported by the Chang'E Lunar Exploration Project of China, the National Hi - Tech Research and Development Program of China ("863" Project) (Grant No. 2010AA122200) and the National Basic Research Program of China ("973" Project) (Grant No. 2009CB724005)

References

[1] Huang J C, Rao W, Meng L Z, et al. Analysis of the Technical Characteristic on Chang'E-2 (in Chinese). Lunar Orbit Spacecraft Eng, 2010, 19(5): 7 - 11

[2] Zhao B C, Yang J F, Gao W, et al. Designing of the Chang'E-2 lunar satellite CCD stereo camera (in Chinese). Spacecraft Eng, 2011, 20(1): 7 - 14

[3] Xue B. Auto - compensation methods of Velocity - Height Ratio for Chang'E-2 CCD stereo camera (in Chinese). XIOPT Technical Report, 2009

[4] Xu X L, Zhao L, Fu Zh P. Application of TDICCD image sensor in reconnaissance camera (in Chinese). J Transd Tech, 2001, 11: 46 - 49

[5] McEwen A. MRO's High Resolution Imaging Science Experiment (HiRISE). J Geophys Res, 2007, 112: 1 - 25

[6] Liu L Y, Zhang B H, Li Y C. Analysis of the MTF and image quality of TDI - CCD camera (in Chinese). Opt Tech, 2000, 26(6): 481 - 483

[7] Fan Ch, Li Y C, Yi H W. Influence of Velocity - Height Ratio of Satellite on the TDICCD Camera (in Chinese). Acta Armament, 2007, 28(7): 817 - 821

[8] Deng X J, Guo Q, Rao W. Factors affecting the TDI - CCD camera image quality in the lunar orbiter (in Chinese). Spacecraft Eng, 2010,5: 70 - 75

[9] Ouyang Z Y. Introduction to Lunar Science (in Chinese). Beijing: Chinese Astronavigation Press, 2005. 24 - 30

[10] Cai Z C, Zheng C M, Tang Z S, et al. Lunar digital elevation model and elevation distribution model based on Chang'E-1 LAM data. Sci China Tech Sci, 2010, 53: 2558 - 2568

[11] Li L C, Yu Q F, Yuan Y, et al. Super - resolution reconstruction and higher - degree function deformation model based matching for Chang'E-1 lunar images. Sci China Ser E-Tech Sci, 2009, 52: 3468 - 3476.

Automatic Extraction and Identication of Lunar Impact Craters Based on Optical Data and DEMs Acquired by the Chang'E Satellites

Zhizhong Kang, Zhongfei Luo, Teng Hu and Paolo Gamba, Fellow, IEEE

Z. Kang, Z. Luo, and T. Hu are with the School of Land Science and Technology, China University of Geosciences, Beijing 100083, China (e-mail: zzkang@cugb.edu.cn; zfluo@cugb.edu.cn; huteng@cugb.edu.cn).

P. Gamba is with Telecommunications and Remote Sensing Laboratory, University of Pavia, Pavia 27100, Italy (e-mail: paolo.gamba@unipv.it).

Color versions of one or more of the figures in this paper are available online at http://ieeexplore.ieee.org.

Abstract: Craters form the basis for lunar geological stratigraphy and yield significant information on terrain evolution and the history of the solar system. Thus, the recognition of lunar impact craters is an important branch of modern planetary studies. To resolve issues associated with the insufficient and inaccurate extraction of quantitative information about lunar impact craters, this study proposes an algorithm for the automatic extraction and identification of impact craters that is based on CCD stereo camera images and associated digital elevation model (DEM) data that were acquired by the Chang'E satellites. The proposed procedure works by jointly characterizing a crater candidate by means of its 2-D and 3-D features. Specifically, the novel procedure discussed in this paper selects possible crater candidates based on the extraction of geometric features from optical images and improves the final selection using 3-D features that are extracted from the DEM. Additionally, this study addresses for the first time to accurately identify different types of impact craters based on the 2-D and 3-D characteristics of the crater bottoms as well as topographic transects across the craters. The proposed approach is tested on multiple data sets that were acquired by the Chang'E satellites and provides a very high level of accuracy in both the detection and identification phases.

Key words: Index Terms—Aspect, Digital Elevation Model (DEM), Impact Crater, Random Sample Consensus.

1 Introduction

The moon is the closest celestial body to the Earth and has long been a focus of the scientific community. At the beginning of the Twenty-first century, leading countries and organizations in the aerospace industry initiated a new round of lunar exploration projects with the goal of returning to the moon [1]. The coverage area and data resolution of China's "Chang'E-1" and "Chang'E-2" satellites have been improved [2], and these satellites have provided reliable data for studies of the spatial differences and distributions of linear and circular structures that are associated with impact craters [3 – 7]. The "Chang'E-1" and "Chang'E-2" satellites have played a prominent role in these studies because they provide relatively fine-resolution multispectral and LIDAR data [2].

Lunar exploration data have been used for a variety of purposes. Montopoli et al. [3,4] performed numerical simulations to investigate the capability of a microwave radio – metric sounder (MiWaRS) of the European student moon orbiter (ESMO) missionto determine the characteristics of the Moon's regolith subsurface and detect the presence of rocks and ice under the near – surface layer. Hu et al. [5] proposed a detailed method to compute the brightness temperature(TB) over a lunar crater, while Hu et al. [6] performed a crossover analysis and adjustment of Chang'E-1 laser altimeter data. Additionally, Namiki et al. [7] studied the far – side gravitational field of the moon using Selenological and Engineering Explorer (SELENE) data.

The complex topography and geomorphology of the moon's surface have been studied by determining the distribution and characteristics of linear and circular structures [8 – 12]. Impact craters are the most typical geomorphological unit and the most basic geomorphological features of the moon, and their morphological characteristics and spatial distribution have been examined in recent studies. Xie et al. [13] proposed a method for detecting craters that is based on infrequently used morphological characteristics. Leroy et al. [14] developed a generalized Hough transform (GHT) – based ellipse detection method for identifying asteroid impact craters. Cheng et al. [15] used the Conic Fitting method to automatically identify asteroid impact craters in the framework of optical navigation by spacecraft and were able to successfully identify 90% of the asteroid impact craters and reduce the misclassification rate to less than 5%. By exploiting fuzzy edge detectors and the Hough/Radon transform, Salamuniccar and Loncaric [16] proposed a crater detection algorithm to search for impact craters that are not in existing catalogues using digital topographic data. Magee et al. [17] proposed a cross – correlation – based template matching method and demonstrated it using test images. Burl et al. [18] conducted experiments with data from a lunar mare region that were acquired by the Clementine spacecraft using a continuous scalable template matching method.

The focus of all of these studies was on detecting craters as opposed to categorizing them, and no joint exploitation of 2 – D and 3 – D data was considered. Therefore, a novel algorithm that is aimed at the simultaneous automatic extraction and identification of impact craters using optical images from the Chang'E stereo CCD camera and a corresponding digital elevation model (DEM) is still necessary. The approach that is proposed in this work selects possible crater candidates based on geometric features that are extracted from optical images and improves the final selection using 3 - D features from the DEM. Additionally, other 3 - D features, including the slope and bottom of the crater and a topographic transect across each crater, are extracted and combined to identify the crater type, which is important for geological and geomorphological studies of the lunar surface.

The overall structure of the approach includes the following processing steps, which are further described and discussed in following sections.

1) A robust edge extraction operator and bilateral filtering are employed to extract the edges of impact craters from optical images. False edge points are removed by looking for geometrical consistency between the gradient direction of a candidate edge point and the light direction.

2) A RANdom SAmples Consensus (RANSAC) technique is then applied to extract the best fitting circular shape from the extracted edge points. The ratio between the number of edge points inside the impact crater and the number of theoretical edge points is used as a constraint for the RANSAC process to remove false hypotheses.

3) DEM data are analyzed to remove crater candidates that do not exhibit continuous 3 - D features on the crater walls. A novel use of the variance of difference of aspects (DOA) is proposed.

4) The final extraction and identification of the selected cratersis performed based on other 3 - D features, such as abrupt changes of the normal vectors, point - cloud ratios of the walls and bottom, the spatial distribution of the 3 - D points at the crater bottom, and the 3 - D character - istics of the crater transects.

2 Preliminary Extraction of Crater Candidates from CCD Camera Images

The preliminary extraction of crater candidates is performed using images that were acquired by the CCD camera onboard the Chang'E-1/2 satellites. Because of the sun illumination, craters exhibit characteristic patterns in optical images [19] and have distinctive edge features, such as nearly round edges; the illuminated areas of impact craters are relatively bright, while the nonilluminated areas are relatively dark. The first step in this procedure is a denoising pretreatment (described in the next section). The edges of potential impact craters are then extracted. The third step is the removal of most of the nonedge points based on the gradients of the edges, and the edge points are then fitted using the RANSAC method.

2.1 Noise Removal and Edge Extraction

Noise patterns may exhibit similar patterns to those of real edges, and the effectiveness of the extraction of impact craters is determined by the accurate extraction of edges. To remove the effects of noise, the input data sets are denoised using a bilateral filter, which is a nonlinear, self-adaptive filter that considers both spatial information and gray similarity; it also discards noise while retaining edge information [20]. Thus, bilateral filters are effective for edge extraction. Fig. 1 shows an example that uses the Robert edge extraction operator.

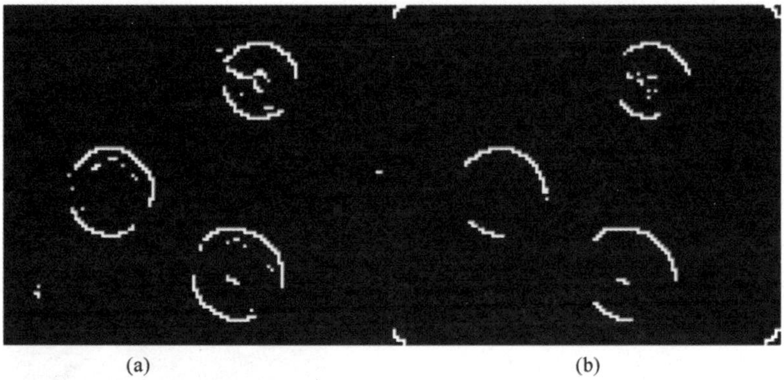

Fig. 1　Effect of noise filtering on edge extraction. (a) Results from an unfiltered image. (b) Results after noise removal.

Edge extraction methods include the Robert, Sobel, Prewitt, and Canny operators. After noise removal and the fitting technique described below are applied, the results of these techniques are not significantly different, although the Robert operator requires the least computational work.

2.2　Removal of Nonedge Points

Even after the denoising procedure, a few false edges may still be extracted due to illumination effects. For example, in Fig. 2, the edges between regions A and B and between regions C and D are true edges of the crater, whereas the edges between regions B

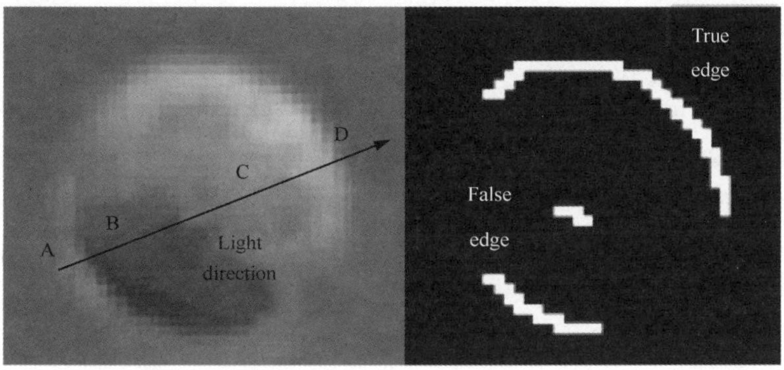

Fig. 2　Edge extraction results for a typical impact crater.

and C are false edges. False edges can be identified and removed by exploiting the direction of the light, which is computed based on the camera acquisition time and the view angle with respect to the sun's apparent position. The gray value of a true edge decreases in the direction of the light, whereas the gray value of a false edge may increase.

specifically, if the false edges are caused by the contrast between the shadow and the illuminated regions inside the crater, the gradient of this edge will be oriented in the opposite direction to the light direction (Fig. 3). Accordingly, the absolute value of the angle between the gradient and the light direction will be greater than 90° (the value of the angle ranges from $-180°$ to 180°). In contrast, the gradient direction for true edges is expected to be the same as that of the light direction, which in turn causes the absolute value of the angle between the two to be less than 90°. This condition is expressed in (1)

$$\nabla f \cdot n > 0 \tag{1}$$

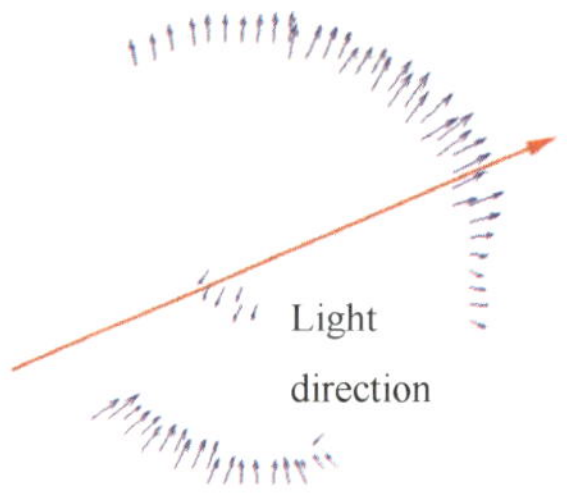

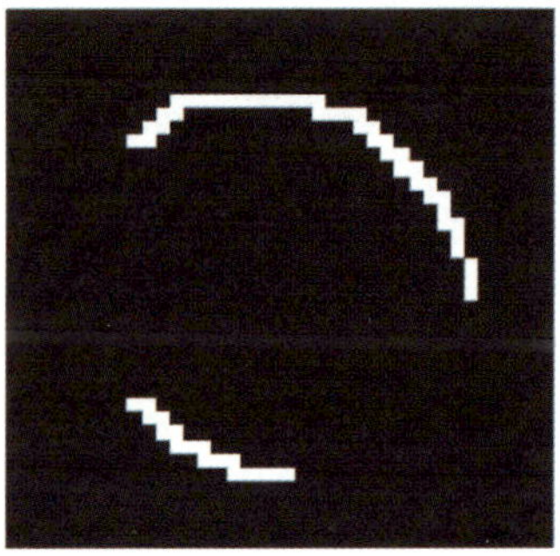

Fig. 3 Removal of nonedge points from a potential impact crater image. (a) Gradient direction of the impact crater. (b) Resulting image after the nonedge points are removed.

where n represents the light direction vector, and ∇f is the gradient on the edge that is detected at (x, y). The product in (1) is a scalar product. If the gradient direction of an edge point forms an angle that is less than 90° from the light direction, (1) is satisfied. Otherwise, the edge pointis considered to be a false edge.

2.3 RANSAC - Based Edge Fitting

To complete the first phase of the crater candidate selection, we can exploit the fact that impact craters are nearly round; therefore, impact craters can be extracted using circle fitting. Instead of using a standard least squares method, this study uses the RANSAC approach [21] because it can be applied to fit multiple crater candidates simultaneously. The RANSAC algorithm is also more efficient because it does not use all of the edge points for the fitting. Instead, the RANSAC algorithm uses initial data that satisfy as few fitting conditions as possible and uses a consensus to expand the data set; in addition, the RANSAC algorithm fits data by searching for models.

The process of fitting impact craters using the RANSAC algorithm involves several steps.

1) First, three points are randomly selected from the edge points because three points are sufficient to make a first guess for the circle(2)

$$x^2 + y^2 + ax + by + c = 0 \tag{2}$$

where $a = -2A$, $b = -2B$, $c = A^2 + B^2 - R^2$, (A, B) are the coordinates of the center of the circle, and R is the radius (units: meters).

2) The difference between the radius of the fitted circle and the distance between the extracted ith edge point and the center (d_i) is then computed as follows:

$$\Delta d_i = | d_i - R | \tag{3}$$

3) Finally, all of the points for which $\Delta d < \Delta d_{th}$, where Δd_{th} is a selected threshold value, are labeled as edge points inside the crater. The number(N)of points that satisfes $\Delta d < \Delta d_{th}$ can be used as a criterion to evaluate the hypothesis model in the original RANSAC framework. However, in the case that the data points contain multiple models, it is likely that the model that has the most inliers is a false model [Fig. 4(b)]. In the image, the number of edge points should be approximately equal to the length of the edge (in pixels). Fig. 4(b) shows that if the circle hypothesis is false, there is a low expectation that the ratio of the number of edge points inside the impact crater to the number of theoretical edge points (the perimeter L of the fitted circle) is equal to 1. This ratio is computed using (4) and can be employed as the criterion for hypothesis testing in the following processing steps. Fig. 4(c) shows that this procedure eventually selects only the correct circles

$$p = N/2\pi R \times 100\%. \tag{4}$$

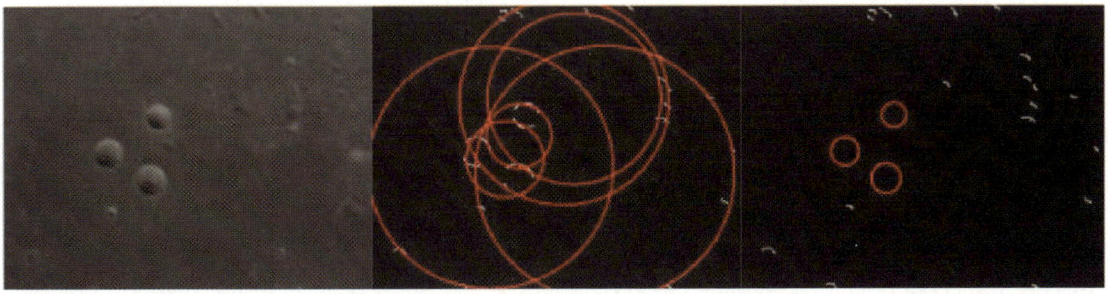

(a)　　(b)　　(c)

Fig. 4　Fitting procedure for impact crater edges. (a) Candidate craters. (b) Fitting procedure using the number of points that pass the verification procedure as a criterion. (c) Fitting procedure using the ratio of the number of the edge points inside the impact crater to the number of the oretical edge pointsas a criterion.

a) The hypothesis testing process is repeated until the number of sampling iterations reaches a predefined threshold, which is called T

$$T = \frac{(\log(1-p))}{\log(1-(1-\varepsilon)^n)} \tag{5}$$

where p is the confidence probability, and ε is the outlier rate, which is computed as the number of outliers in the data divided by the number of data points.

b) The circle model with the largest value of the ratio p is selected as the best model, and all inlier points that are consistent with this model are used to compute the optimal model parameters through least - squares adjustment.

c) The edge points that are inside the current impact crater are removed from the initial edge points. The procedure then restarts from the firsts tep to fit another crater.

3 Removal of Incorrectly Extracted Impact Craters Based on the Continuity of Aspects of the Crater Walls

The extraction of impact craters from CCD camera images is primarily based on the image features of the crater. However, other structures on the moon's surface, such as valleys and faults, may result in similar 2 - D geometric features. Therefore, incorrect impact crater extractions may occur when the craters are extracted solely based on images. Impact craters are ringshaped, and each crater wall has a 360° rotational symmetry. Incorrect extraction results can be removed based on whether or not the distribution of the aspects of the impact crater wall points is continuous. First, the DEM data that correspond to a potential impact crater are extracted, and the range of the crater wall is determined. The continuity of the aspects of the crater wall points is then analyzed, and impact craters with unusual shapes are removed.

3.1 Determination of the Ranges of Crater Walls and Calculation of Aspects

The slope reflects the degree of inclination of a terrain. The relatively steep slopes on the inside of an impact crater range have inclinations from approximately 25° to 50°, and the gentle slopes on the outside of the craters range from approximately 3° to 8°[22]. The slope of the crater wall is steepest from the outside edge to the inside. Moreover, the cross section of a crater wall is usually symmetrical. The slopes of the impact craters can be computed using the DEM data, and the point - cloud data within the range of each crater wall are obtained by limiting the threshold values of the slope (the default range is set between 25° and 50°).

The slopes and aspects are then computed [23]. The slope (S) and aspect (A) of a point on the surface are functions of the rates of change of the elevation of the terrain surface function $Z = f(x, y)$ (unit: meters) in the east - west and south - north directions

$$\begin{cases} S = \arctan\sqrt{f_x^2 + f_y^2} \\ A = 270° - \arctan\dfrac{f_y}{f_x} + 90° \dfrac{f_x}{|f_x|} \end{cases} \tag{6}$$

where f_x represents the rate of change of the elevation in the east - west direction, and f_y represents the rate of change of the elevation in the south - north direction. The slope is computed using the second - order difference in the horizontal and vertical directions. Only points with slopes in the range $25^\circ - 50^\circ$ are extracted.

3.2 Analysis of the Continuity of the Aspects of the Crater Walls

Fig. 5(a) and (b) shows an impact crater and a simulated nonimpact structure, respectively. Most impact craters are ringshaped, so the values of the aspects of the crater wall points are continuously distributed within the range $0^\circ - 360^\circ$The red line in Fig. 5(c) shows a continuous distribution of the aspect values of the crater wall points, although the numbers of points with similar aspect values clearly varies. The blue line in Fig. 5(c) shows that a nonimpact crater lacks wall points with aspect values from 20° to 150° However, it is difcult to evaluate the continuity of the distribution of aspect values that is illustrated in Fig. 5(c).

To address this issue, the aspects of the crater wall points are sorted within the range $0^\circ - 360^\circ$, and the differences between the adjacent values of the sorted aspects (DOAs) are computed. Statistical calculations are then performed on the DOA values. Fig. 5(d) shows that the DOA distribution of an impact crater is concentrated approximately 0°, while the DOA distribution of the nonimpact structure has a peak at 146°, which makes it clearly recognizable.

To statistically characterize the DOA distribution, its standard deviation σ is computed. The DOA σ values for the impact and nonimpact crater walls in Fig. 5 are equal to 0.20 and 37.67, respectively, which illustrates the use of the DOA variance as a criterion to discriminate between the two crater types.

4 Calculation of The Parameters of Impact Craters and Identification of Types of Impact Craters

4.1 Calculation of Parameters

In contrast to image data, DEM data can be used to illustrate the 3 - D topographic structure of an impact crater; thus, DEM data are suitable for studies of the extraction of quantitative information about impact craters as well as studies of the identification of impact craters. The normal vectors of the edge points of an impact crater change abruptly compared with those of the wall points, so the edge points can be extracted by calculating the rates of change of the normal vectors. Impact craters have round edges, and the edge points were fitted using the least squares method to calculate the basic parameters of the impact crater.

1) Calculation of the Normal Vectors of Points: When the value of N (the number

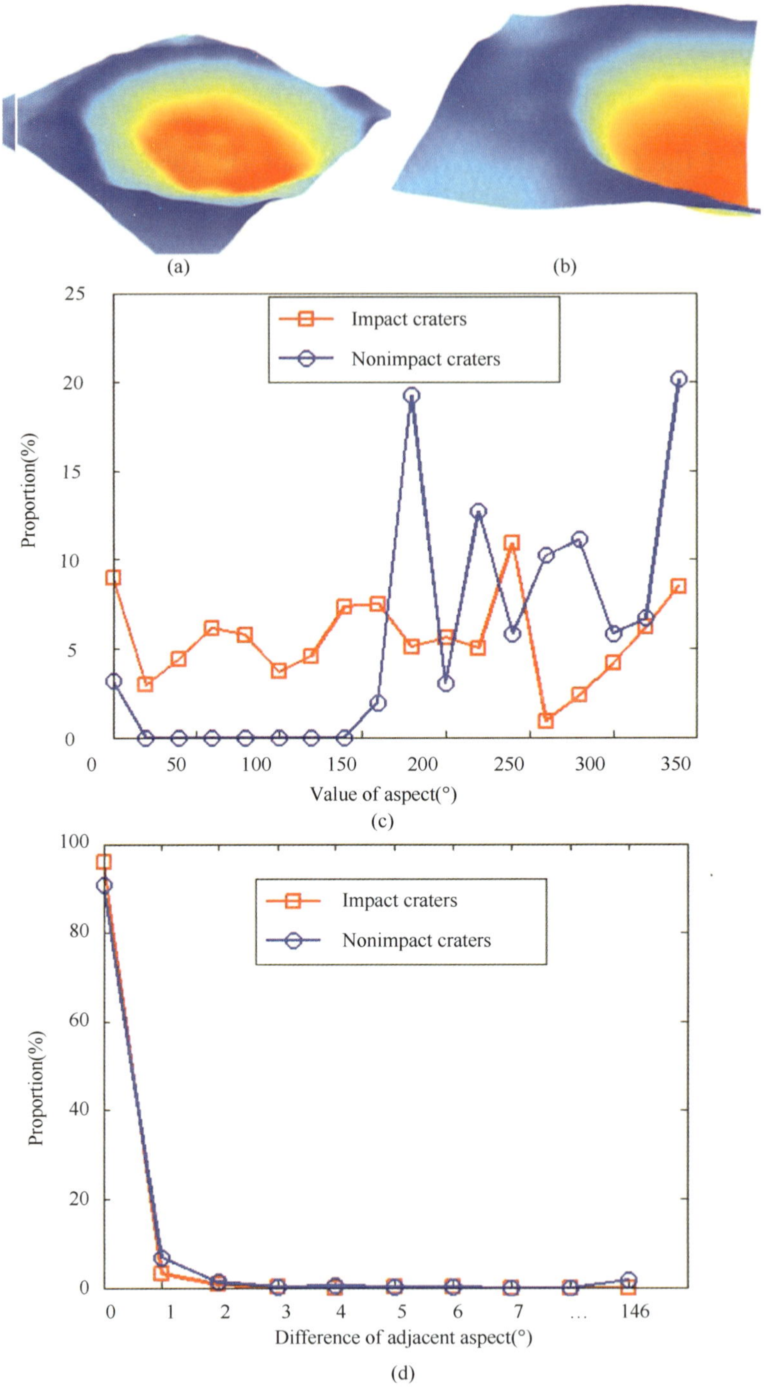

Fig. 5　Significant differences in the aspects of adjacent points in impact craters and nonimpact craters. (a) Impact crater. (b) Nonimpact crater. (c) Histogram of the distributions of the aspects of an impact crater and a nonimpact crater. (d) Histogram of the DOA of an impact crater and a nonimpact crater.

of neighboring points) and a point p_i are given, the approximate tangent plane of point p_i can be obtained through its neighboring point sets $q_j(1 \leqslant j \leqslant N)$. The covariance matrix c was computed using the neighboring points(7). The normal vector is the unitized eigenvector that corresponds to the least eigenvalue of the covariance matrix c, which was determined by the principal component analysis (PCA)algorithm [24]

$$c = \sum_{j=1}^{N} (x_j . x_i)^T (x_j . x_i) \tag{7}$$

where x_i represents the coordinates of the point p_i, and x_j denotes the coordinates of the neighboring point of p_i.

2) Extraction and Fitting of Edge Points Based on Abrupt Changes of the Normal Vectors: The rate of change of anormal vector (k) can be expressed as

$$\begin{cases} k = \sqrt{d_x^2 + d_y^2} \\ d_x = \arccos(c_6 \cdot c_4) \\ d_y = \arccos(c_8 \cdot c_2) \end{cases} \tag{8}$$

where d_x represents the rate of change of the normal vector in the east - west direction, d_y represents the rate of change of the normal vector in the south - north direction, and c represents the unit normal vector, with c_6 and c_4 representing the neighboring points in the west - east direction and c_8 and c_2 representing the neighboring points in the north - south direction. The key to calculating k is in the calculation of d_x and d_y; similar to calculating the slopes, d_x and d_y were also solved within a local range.

The distribution of angles between the normal vectors of the crater wall points and the horizontal plane was concentrated, and the angles between the normal vectors of the edge points and that of the horizontal plane are mostly concentrated approximately 90°. The difference between 90°and the mean angle between the point - cloud normal vector of the crater wall and the surface can be used as the threshold value of the rate of change of the normal vector. The rate of change of the normal vector of an edge point should satisfy the following condition

$$k \leqslant | \pi/2 - \theta_0 | \tag{9}$$

where θ_0 is the threshold value that represents the difference between 90° and the mean angle between the point - cloud normal vector of the crater wall and the surface. The edge points are extracted and fitted using the least squares method. The circle equation is shown in (2). After solving for a, b, and c, the parameters of the circle can also be solved. We solve the following equation:

$$\begin{bmatrix} a \\ b \\ c \end{bmatrix} = \left(\begin{bmatrix} x_1 & y_1 & 1 \\ \vdots & \vdots & \vdots \\ x_n & y_n & 1 \end{bmatrix}^T \begin{bmatrix} x_1 & y_1 & 1 \\ \vdots & \vdots & \vdots \\ x_n & y_n & 1 \end{bmatrix} \right)^{-1} \begin{bmatrix} x_1 & y_1 & 1 \\ \vdots & \vdots & \vdots \\ x_n & y_n & 1 \end{bmatrix}^T \begin{bmatrix} -x_1^2 & -y_1^2 \\ & \vdots \\ -x_n^2 & -y_n^2 \end{bmatrix} \tag{10}$$

where(x, y) represents the coordinates of the edge point X, Y.

4.2 Identification of the Types of Impact Craters Based on Their Section Lines

Impact cratersare generally classified into three major types: simple bowl - shaped impact craters, complex impact craters (including central uplift craters, and flat - bottomed complex impact craters) and monocyclic or polycyclic impact craters (Table 1). Crater types can be identified based on the areas of the crater bottoms as well as several features of topographic transect across the crater. Because monocyclic or polycyclic impact basins have extremely complicated structures, this study classified impact craters into "simple" and "complex" types (including central uplift and flat - bottomed complex impact crater types).

Table 1　Classification of Impact Craters

Types	Characteristics	Crater examples
Simple bowl - shaped craters	A simple bowl - shaped crater has a bowl - shaped structure with a diameter that is generally less than or equal to 20 km Simple bowl - shaped craters are generally formed in regions with thick lunar soil and have smooth inner walls and stable slopes A simple bowl - shaped crater has a relatively small bottom area and a relatively large depth - diameter ratio.	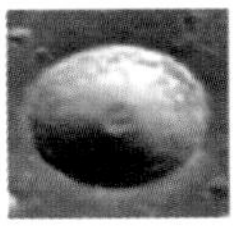
Complex impact craters (central uplift type)	The difference between the structure of a central uplift complex impact crater and the structure of a simple crater starts approximately 7.5 km from the center Central uplift craters generally have diameters greater than 35 km. A central uplift crater has a relatively large bottom area and contains an uplified region in the center of the crater, which is slightly lower than the crater wall.	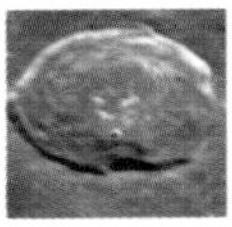
Complex impact craters (flat - bottomed type)	The difference between the structure of a flat - bottomed type complex impact crater and the structure of a simple crater starts approximately 7.5 km from it scenter. A flat - bottomed crater has a relatively large bottom area.	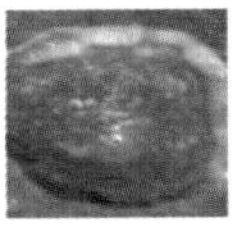
Monocyclic or polycyclic unpact craters	A polycyclic impact crater has multiple well - developed ring structures Collapse phenomena are clearly discernible on the walls of polycyclic impact craters, which have complicated and variable structures Polycyclic impact craters generally have diameters of 175 - 450 km but can be larger.	

The ratio of the area of the bottom of a complex impact crater to its total area is larger than that of a simple impact crater; the area of the bottom of a complex impact crater accounts for more than 20% of its total area, whereas the area of the bottom of a simple impact crater is less than 20% of its total area. To compute the areas of an impact crater and its bottom, we generate a triangulated irregular network (TIN) for each point segment and sum the areas of the triangles.

The two types of complex impact craters (flat - bottomed and central uplift) can be identified based on features of their topographic transects (Fig. 6). A transect across a flat - bottomed impact crater has two peaks that are generally located at the two ends, whereas a transect across a central uplift impact crater generally has at least three peaks. The type of complex impact crater can be determined based on the number and locations of the peaks on its transect.

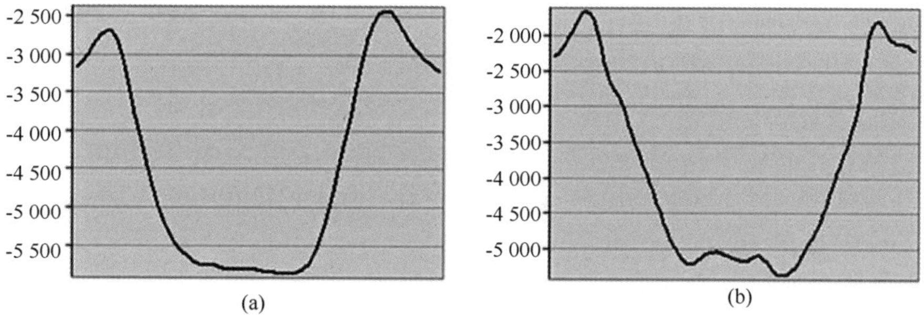

Fig. 6 Topographic transects across complex craters. (a)Transect across a flat bottomed type complex impact crater. (b)Transect across a central uplift type complex impact crater.

5 Experimental Results

The proposed approach was tested on both synthetic and real data sets. The real data set comprises six images and DEM data obtained from the Chinese lunar exploration project acquired by the Chang'E-1 and Chang'E-2 satellites. The images were acquired by a three-line array CCD stereo camera in a pushbroom fashion. The orbit height of Chang'E-1 was 200 - km above the lunar surface, so the swath width was 60 km, and the spatial resolution was 120 m. The orbit height of Chang'E-2 was 100 - km above the lunar surface; accordingly, the swath width was 43 km, and the spatial resolution was 7 m. The DEM was generated automatically from the images that were acquired by the image array of the forward view, backward view, and nadir view of the Chang'E-1 CCD stereo camera using the three-line array photogrammetric method. The DEM has horizontal and vertical accuracies of 192 and 120 m, respectively, and a spatial resolution of 500 m (website: http://moon.bao.ac.cn/ceweb/datasrv/dmsce1.jsp).

To investigate the dependence of the proposed algorithm on the DEM resolution, DEM data with lower spatial resolutions (i.e., 1000 and 1500 m) were downsampled from the 500 - m resolution data. Moreover, 1800 elliptical impact craters [partially illustrated in Fig. 7(a - c)] were simulated with random eccentricities (0 - 1 in steps of 0.1), orientations (0° - 180° in steps of 1°), and sizes (radii from 20 to 25 pixels) to verify the proposed image-based extraction method for impact craters. One thousand noncraters [rectangle; partially illustrated in Fig. 8(a) – (c)] were also simulated with orientations (0° – 180° in steps of 1°), and sizes (radii from 20 to 25 pixels). Noise with different variances (0 – 10 pixels) was also added to the edge points of the simulated impact craters and noncraters.

5.1 Results of the Extraction of Simulated Impact Craters

The percentage of correct detections and false alarms for the simulated craters and noncraters was statistically analyzed as a function of the noise standard deviation Fig. 7 (a), (b), (c) shows the extraction of the simulated craters with noise standard deviation of 2, 3, and 6 pixels, respectively. The correct detections were determined in terms of the differences between the simulated and computed parameters of elliptical impact craters, i. e., the major axis, minor axis, center, and orientation. The corresponding thresholds were kept fixed to 3 pixels for all differences/distances, and 10° for the orientation difference. As expected, the percentage of correct detections decreases as the noise standard deviation increases [Fig. 7(d)]. Assuming 80% as the minimum value for a successful extraction, the graph shows that the maximum noise standard deviation manageable by the proposed approach is 5 pixels.

The RANSAC framework was implemented to fit elliptical impact craters from the edge points of simulated noncraters. The hypothesis models passed the verification process proposed in Section II – C were identified as false alarms. The percentage of false alarms increases with the increase of noise standard deviation[Fig. 8(d)]. Assuming 20% as the maximum value for false alarms, the graph show sthat the maximum standard deviation is 4 pixels. Figs. 7(a) and 8(a) also show that when the noise standard deviation was set as a reasonable value, i. e., 2 pixels, the percentages of correct detections and false alarms are, respectively, 100% and 0%, which demonstrates that the eccentricity and orientation have negligible impactson the detection.

5.2 Results of the Extraction of Impact Craters from Chang'E Optical Images

Finally, impact craters were automatically extracted from the six optical images described above. Three images were acquired by the Chang'E-1 satellite [Fig. 9(a), (d), (g)], and three were acquired by the Chang'E-2 satellite [Fig. 9(j), (m), (p)]in the same areas as the images that were acquired by the Chang'E-1 satellite. These six images covered areas between 32° W and 59° W latitude and 41° N and 55° S longitude. Each of the six images underwent filtering, edge extraction, and fitting using the RANSAC method. Because the resolution of the DEM data was lower than that of the images, the size of successfully extracted and identified craters is dependent on the resolution of the DEM data. The spatial resolution of the DEM data that were employed was 500 m; thus, only impact craters with radii of more than 4 km were extracted. Fig. 9 shows the results of extracting the impact craters from the images.

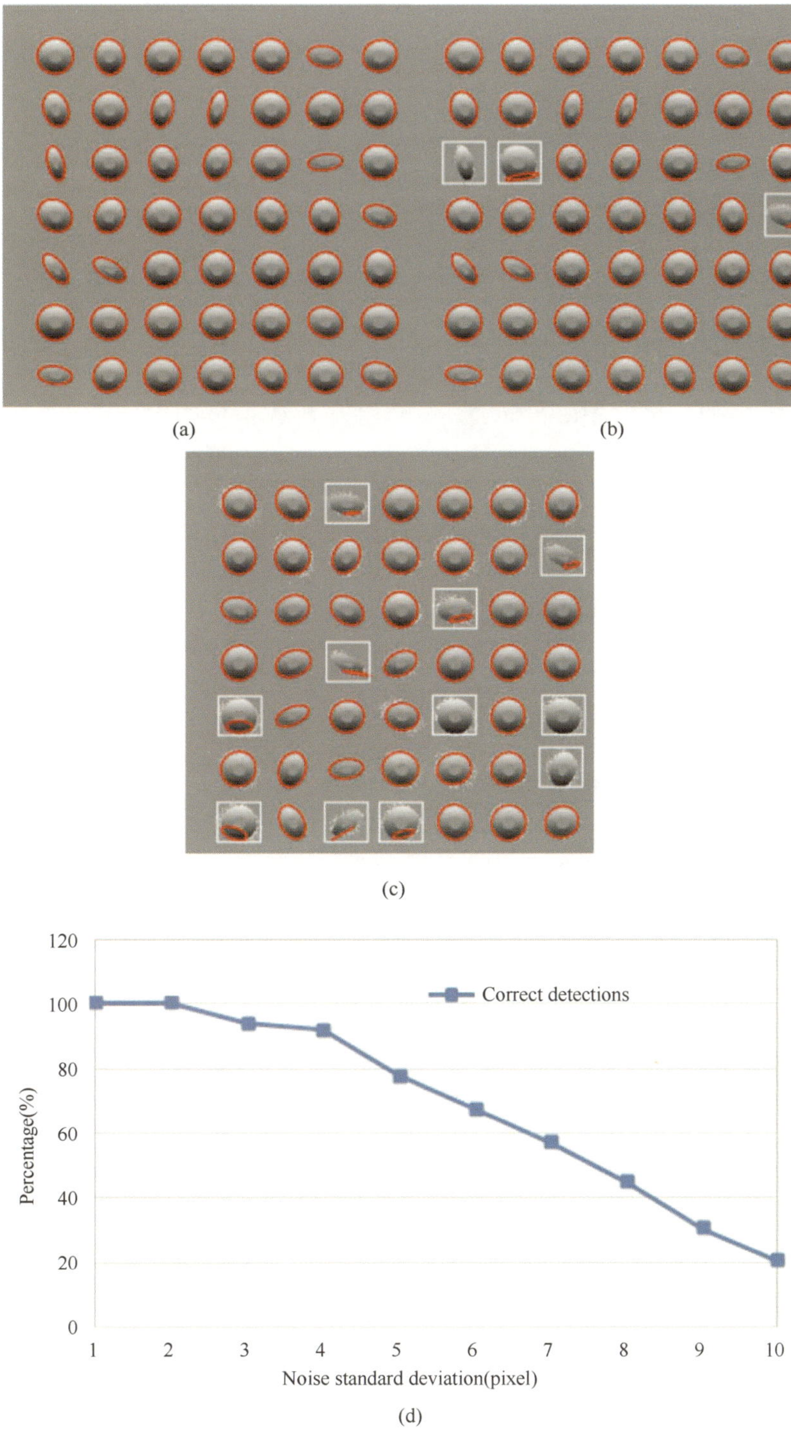

Fig. 7　Extraction of impact craters from simulated images with different noise standard deviation. (a)2pixels. (b)3pixels. (c)6pixels. (d) Histogram of correct detections with increasing noise standard deviation.

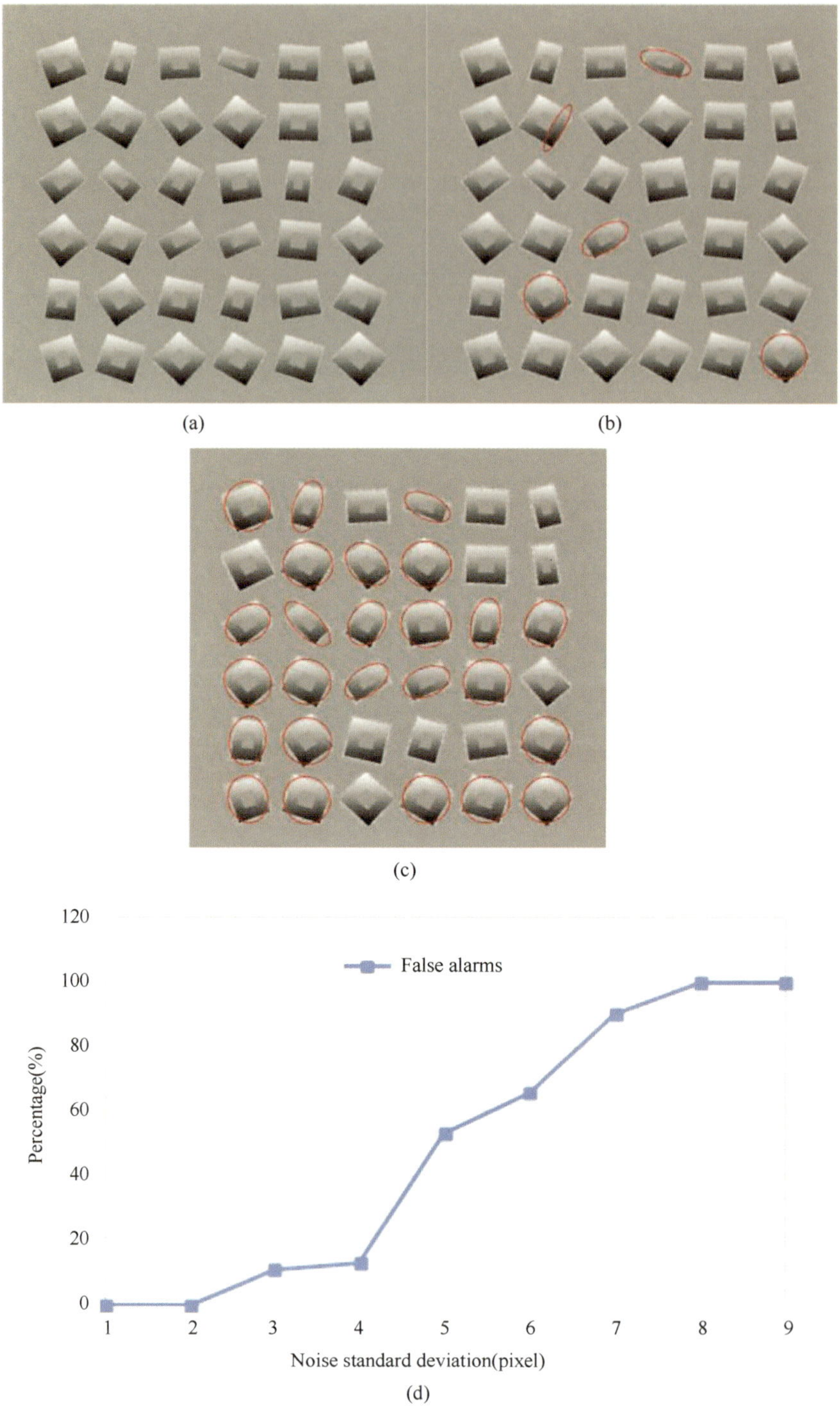

Fig. 8　False alarms of noncraters from simulated images with different noise standard deviation. (a)2pixels. (b)3pixels. (c)6pixels. (d) Histogram of false alarms with increasing noise standard deviation.

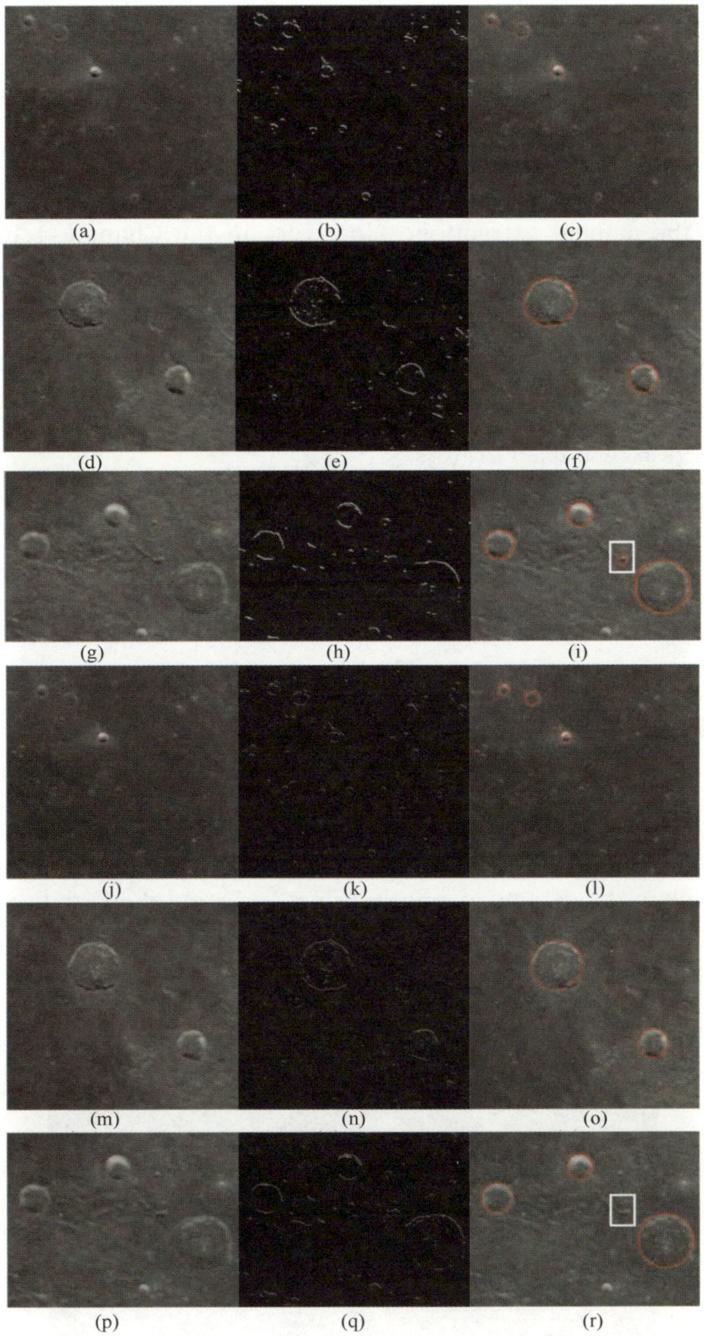

Fig. 9　Extraction of impact craters from six real optical images (see the text). (a) Experimental image 1. (b) Edge extraction of image 1. (c) Extraction results of image 1. (d) Experimental image 2. (e) Edge extraction of image 2. (f) Extraction result of image 2. (g) Experimental image 3. (h) Edge extraction of image 3. (i) Extraction result of image 3. (j) Experimental image 4. (k) Edge extraction of image 4. (l) Extraction result of image 4. (m) Experimental image 5. (n) Edge extraction of image 5. (o) Extraction result of image 5. (p) Experimental image 6. (q) Edge extraction of image 6. (r) Extraction result of image 6.

Table 2 shows the extraction results of the experimental images. "Manual extraction" refers to impact craters that were obtained by visual identification, "automatic extraction" refers to impact craters that were obtained using the algorithm, and "false-extraction" refers to nonimpact craters that were extracted by the algorithm. The results show that all of automatically extracted craters in the Chang'E-2 images are consistent with those from the manual extraction. However, in the Chang'E-1 images, the automatically extracted crater that is highlighted by the white rectangle in Fig. 9(i) is inconsistent with the manual extraction results. The difference between the performance of the proposed algorithm on the Chang'E-1 images (120 m resolution) and the Chang'E-2 images (7 m resolution) indicates that a higher image resolution can improve the robustness of the extraction of impact craters.

Table 2　Crater Extraction Results

Image sources	Chang'E-1			Chang'E-2		
Optical date set no.	1	2	3	4	5	6
Manual extaction	3	2	3	3	2	3
Automatic extraction	3	2	4	3	2	3
False extraction	0	0	1	0	0	0

5.3　Removal of Incorrectly Extracted Impact Craters

To better explain the effects of jointly using 2 - D and 3 - D data, Fig. 10 considers the nine impact craters that were extracted froma Chang'E-1 dataset. The craters are numbered from left to right and from top to bottom(c1 - c9).

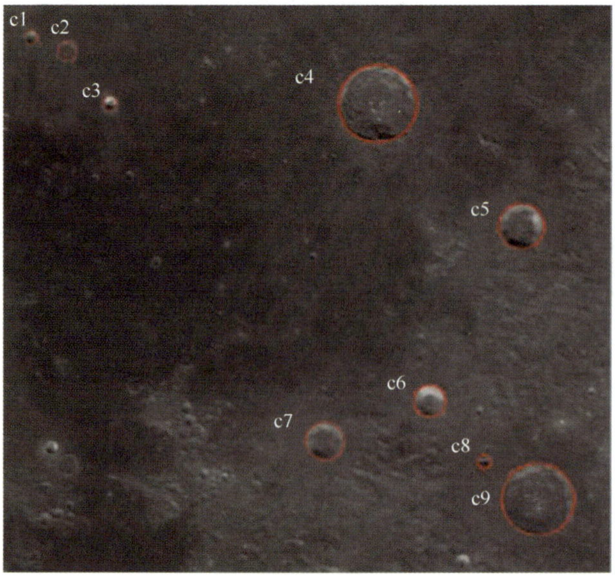

Fig. 10　Extraction of craters from a Chang'E-1 optical image.

To exploit 3 - D data, the point - cloud data of the impact craters are extracted from the corresponding DEM data at different resolutions (i. e., 500, 1000, and 1500 m). We then extract points on the impact crater walls with slope angles between 25° and 50°. The aspects of the crater wall points are then sorted, and the differences between the adjacent values of the sorted aspects are calculated. As presented in Section 3.2, the standard deviation σ of the DOA of each crater is computed (Table 3). The results show that the standard deviations of the DOAs of craters c2 and c8 that were computed using the 500 - m resolution DEM data were significantly larger than those of the other craters, so the two craters are identified as incorrectly extracted craters. Table 3 also indicates that the standard deviation σ increases as the DEM resolution decreases. As a result, the standard deviation of the DOA of crater c2 that was computed using the 1500 - m resolution DEM data becomes less abnormal, which in turn shows that a lower DEM resolution may degrade the robustness of the identification of incorrectly extracted craters. Compared with the results presented in Section 5.2, impact crater c8 is identified as an incorrectly extracted impact crater, which is consistent with the manual identification. However, the identification of impact crater c2 as a false crater is inconsistent with the manual image identification results. A detailed analysis of the distribution of the DOAs that were computed using the corresponding DEM data shows that impact crater c2 is a false impact crater and that the visual identification of this crater was erroneous. These results highlight the usefulness of DEM data for impact crater identification.

Table 3　Statistical DOAS of Craters Extracted From the Chang'E-1 Data Set Shown in Fig. 10

Crater ID	Standard deviation σ (°)			Crater? (Yes/no)
	500m	1000m	1500m	
c1	2.20	5.20	8.78	Yes
c2	11.08	11.74	11.80	NO
c3	2.41	4.01	7.47	Yes
c4	0.21	0.52	0.74	Yes
c5	0.64	1.44	2.34	Yes
c6	1.07	2.78	4.96	Yes
c7	0.71	1.92	2.94	Yes
c8	20.83	20.51	16.52	NO
c9	0.51	0.70	1.20	Yes

5.4　Calculation of the Parameters of Impact Craters and Identification of the-Type of Impact Crater

To classify the impact craters, the DEM data of the seven identified impact craters are used to extract the rates of change of the normal vectors and the crater edge points. Finally, the ratios of the impact crater bottoms with respect to all of the points within the radius of the crater can be computed. If an impact crater is classified as a "complex" type, the morphological characteristics of its topographic transect are used to determine whether it is a flat - bottomed impact crater or a central uplift impact crater.

Tables 4, 5 and 6 show the results for different DEM resolutions. Because of their small sizes, the parameters of craters c1 and c3 were not calculated for the coarse DEMs. The results show that the impact crater types that were identified using the 500 - m resolution DEM are consistent with those that were identified using the 1000 - m resolution and 1500 - m resolution DEMs. As a result, impact craters c3, c5, c9, and c10 are classified as complex craters. Because crater c9 has two relatively clear peaks in its transect and contains a significantly uplifted region at the bottom, it is further classified as a central uplift impact crater.

Table 4　Parameters and Types of Craters Extracted from the Data Set shown in Fig. 10 (500 - M Resolution DEM)

Impact crater images (cl - c9 except c2 and c8)	Coordinates of the centers (m)	Radii (m)	Point cloud ratios of the crater bottoms (%)	Transects	Types
	(-96 607,151 948)	4 227	1.45	—	Simple impact crater
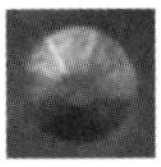	(-55 471,117 937)	3 524	1.48	—	Simple impact crater
	(81 850,117 524)	21 353	51.20	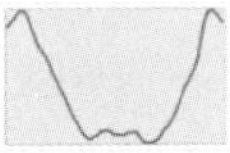	Complex crater (central uplift type)
	(155 705,54 015)	11 697	57.06	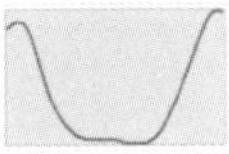	Complex crater (flat - bottomed type)
	(108 342, -36 875)	8 199	6.81	—	Simple impact crater
	(54 699, -57 566)	10 048	26.27	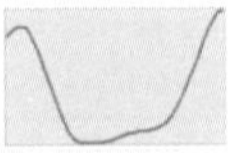	Complex crater (flat - bottomed type)
	(163 900,88 601)	17 361	78.51	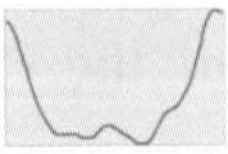	Complex crater (central uplift)

Table 5　Parameters and Types of Experimental Craters (1000—M Resolution DAM)

Impact crater images (cl－c9 except c2 and c8)	Coordmates of the centers (m)	Radii (m)	Point cloud ratios of the crater bottoms (%)	Transects	Types
	—	—	—	—	—
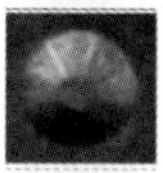	—	—	—	—	—
	(82 752,117 712)	20 305	50.40	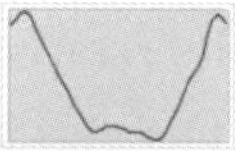	Complex crater (central uplift type)
	(155 705,54 729)	10 650	47.46	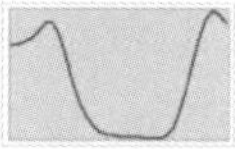	Complex crater (flat－bottomed type)
	(108 233,－36 534)	7 597	4.02	—	Simple impact crater
	(3 604,－56 951)	8 615	5.80	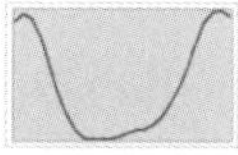	Complex crater (flat－bottomed type)
	(161 987,88 503)	17 861	66.12	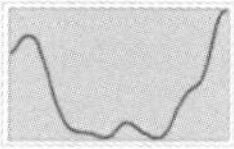	Complex crater (central uplift)

Table 6　Parameters and Types of Experimental Craters (1500—m Resolution DAM)

Impact crater images (cl－c9 except c2 and c8)	Coordinates of the centers (m)	Radii (m)	Point cloud ratios of the crater bottoms (%)	Transects	Types
	—	—	—	—	—
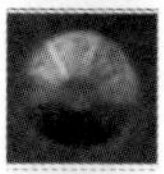	—	—	—	—	—
	(82 462,119 282)	20 835	51.20	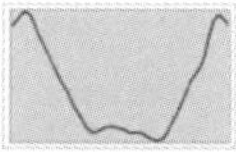	Complex crater (central uplift type)
	(155 488,54 988)	11 183	50.41	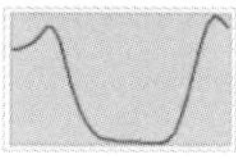	Complex crater (flat－bottomed type)
	(108 038,－36 040)	6 985	7.02	—	Simple impact crater
	(54 223,－57 153)	8 862	26.70	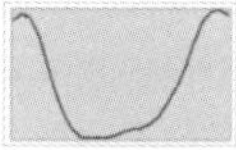	Complex crater (flat－bottomed type)
	(163 443,－88 692)	15 032	70.22	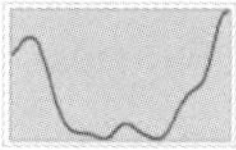	Complex crater (central uplift)

6 Conclusion

This study introduces an automatic algorithm that uses optical data sets and associated DEM data to improve the detection of lunar impact craters and provides the first automatic classification of lunar impact craters. Data sets that were acquired by the Chang'E-1 and Chang'E-2 satellites were used to validate the algorithms.

The experimental results show that the joint use of 2 - D and 3 - D data is resolution dependent; the results from the Chang'E-2 images were better than the results from the Chang'E-1 images. The results also indicate that the proposed standard variance of the DOA is an excellent 3 - D quantitative index that can be used to extract impact craters.

The main limitation of this study is that it primarily identifies "simple" and "complex" impact craters. Future research will thus focus on performing the extraction and identification of monocyclic or polycyclic basins and other geological structures. Moreover, because the amplitude of the brightness temperature that is observed by a passive radiometer depends on the slope angle [10], we plan to use this additional information to further improve the extraction and identification of lunar craters.

References

[1] Z. Ouyang and C. Li, "The progress and the development strategy of deep space exploration in our country," Chin. Aerosp., no. 12, pp. 28-32, 2002.

[2] C. Li et al., "The image data processing of Chang'E-1 and the image mapping to the Moon," Chin. Sci. D, no. 3, pp. 294-306, 2010.

[3] M. Montopoli, A. Di Carlofelice, P. Tognolatti, and F. S. Marzano, "Remote sensing of the Moon's sub-surface with multi-frequency microwave radiometers: A numerical study," Radio Sci., vol. 46, p. RS1012, 2011.

[4] M. Montopoli, A. Di Carlofelice, M. Cicchinelli, P. Tognolatti, and F. S. Marzano, "Lunar microwave brightness temperature: Model interpretation and inversion of spaceborne multi-frequency observations by a neural network approach," IEEE Trans. Geosci. Remote Sens., vol. 49, no. 9, pp. 3350-3358, Sep. 2011.

[5] G. Hu et al., "Brightness temperature calculation of lunar crater: Interpretation of topographic effect on microwave data from Chang'E," IEEE Trans. Geosci. Remote Sens., vol. 52, no. 8, pp. 4499-4510, Aug. 2014, doi:10.1109/TGRS.2013.2282342.

[6] W. Hu et al., "Crossover analysis and adjustment for Chang'E-1 laser altimeter data," Acta Geod. Cartographica Sin., vol. 42, no. 2, pp. 218-224, 2013.

[7] N. Namiki et al., "Far side gravity field of the moon from fourway Doppler measurements of SELENE (Kaguya)," Science, vol. 323, no. 5916, pp. 900-905, 2009.

[8] S. Chen et al., "The mapping to geological analysis by lunar satellite remote sensing in rainbow ray

area," Chin. Sci. Phys. Mech. Astron., vol. 40, no. 11, pp. 1370－1379, 2010.

[9] N. L. Chabot, G. V. Hoppa, and R. G. Strom, "Analysis of lunar lineaments: Far side and polar mapping," Icarus, vol. 147, no. 1, pp. 301－308, 2000.

[10] T. Morota and M. Furumoto, "Asymmetrical distribution of rayed craters on the Moon," Earth Planet. Sci. Lett., vol. 206, no. 3, pp. 315－323, 2003.

[11] E. R. Urbach and T. F. Stepinski, "Automatic detection of sub－km craters in high resolution planetary images," Planet. Space Sci., vol. 57, no. 7, pp. 880－887, 2009.

[12] B. Hawke et al., "The origin of lunar crater rays," Icarus, vol. 170, no. 1, pp. 1－16, 2004.

[13] Y. Xie et al., "Crater detection using the morphological characteristics of Chang'E-1 digital elevation models," IEEE Geosci. Remote Sens. Lett., vol. 10, no. 4, pp. 885－889, Jul. 2013.

[14] B. Leroy et al., "Crater detection for autonomous landing on asteroids," Image Vis. Comput., vol. 19, no. 11, pp. 787－792, 2001.

[15] Y. Cheng et al., "Optical landmark detection for spacecraft navigation," Adv. Astronaut. Sci., vol. 114, pp. 1785－1803, 2003.

[16] G. Salamuniccar and S. Loncaric, "Method for crater detection from Martian digital topography data using gradient value/orientation, morphometry, vote analysis, slip tuning, and calibration," IEEE Trans. Geosci. Remote Sens., vol. 48, no. 5, pp. 2317－2329, May 2010.

[17] M. Magee et al., "Automated identification of Martian craters using image processing," in Proc. Lunar Planet. Inst. Sci. Conf. Abstr., 2003, vol. 34, pp. 17－21.

[18] M. C. Burl et al., "Automated detection of craters and other geological features," in Proc. 6th Int. Symp. Artif. Intell. Robot. Autom. Space, 2001, pp. 1－8.

[19] L. Jin et al., "Characteristics of lunar craters on the first image of Chang'E-1 satellite," J. Jilin Univ., vol. 39, no. 5, pp. 942－946, 2009.

[20] C. Tomasi and R. Manduchi, "Bilateral filtering for gray and color images," in Proc. IEEE 6th Int. Conf. Comput. Vis., 1998, pp. 839－846.

[21] M. A. Fischler and R. C. Bolles, "Random sample consensus: A paradigm for model fitting with applications to image analysis and automated cartography," Commun. ACM, vol. 24, no. 6, pp. 381－395, 1981.

[22] K. Li et al., "Research on dating of the mare basalts based on the automatic identification of impact craters in the northern region of mare imbrium on the Moon (LQ－4)," Earth Sci. Front., vol.19, no.6, pp. 47－59, 2012.

[23] L. W. Martz et al., "An outlet breaching algorithm for the treatment of closed depressions in a raster DEM," Comput. Geosci., vol. 25, no. 7, pp. 835－844, 1999.

[24] C. Lange and K. Polthier, "Anisotropic smoothing of point sets," Comput. Aided Geom. Des., vol. 22, no 7, pp. 680－692, 2005.

In situ optical measurements of Chang'E-3 landing site in Mare Imbrium: 2. Photometric properties of the regolith

Weidong Jin[1], Hao Zhang[1], Ye Yuan[1], Yazhou Yang[1], Yuriy G. Shkuratov[2], Paul G. Lucey[3], Vadim G. Kaydash[2], Menghua Zhu[4], Bin Xue[5], Kaichang Di[6], Bin Xu[6], Wenhui Wan[6], Long Xiao[1] and Ziwei Wang[1]

1 Planetary Science Institute, School of Earth Sciences, China University of Geosciences, Wuhan, China,
2 Astronomical Institute, Kharkov V. N. Karazin National University, Kharkov, Ukraine,
3 Hawaii Institute of Geophysics and Planetology, University of Hawaii, Honolulu, Hawaii, USA,
4 Space Science Institute, Macau University of Science and Technology, Taipa, Macau,
5 Xi'an Institute of Optics and Precision Mechanics, Chinese Academy of Sciences, Xi'an, China,
6 State Key Laboratory of Remote Sensing Science, Institute of Remote Sensing and Digital Earth, Chinese Academy of Sciences, Beijing, China)

Abstract: The panorama cameras onboard the Yutu Rover of the Chang'E-3 lunar mission acquired hundreds of high-resolution color images of the lunar surface and captured the first in situ lunar opposition effect (OE) since the Apollo era. We extracted the phase curve and the color ratio in three bands with the phase angle range from 2° to 141°. Photometric inversions using the Hapke model reveal that submicroscopic dusts are present in the landing area and both the coherent backscattering and the shadow hiding are responsible for the strong OE. Compared with spaceborne measurements, the grains in the landing site are brighter, more transparent, and appear to be better crystallized than the average maria basaltic grains. The results show that the phase-reddening effect appears to be present in the in situ phase curves. The current phase curve can be used as the ground-truth validations of any future spaceborne phase curve measurement over the landing site region.

Key Points: The first in situ lunar phase curve since the Apollo era covers phase angle range of 2° - 141° Both shadow hiding and coherent backscattering contribute to the opposition surge Single-particle scattering has backward and forward scattering lobes and regolith porosity is obtained

1 Introduction

Optical measurements of the Moon can be categorized into three broad types: spectroscopic, polarimetric, and photometric measurements (e. g., Ohtake et al., 2013;

Dollfus and Bowell, 1971; Shkuratov et al., 2011, 2015). Compared with the spectroscopic features which reveal mineral and chemical compositions, the phase curve, and especially the opposition effect (OE), is more sensitive to regolith's physical properties including particle size distributions, grain transparency, porosity, and packing structures (e.g., Hapke, 2012; Hapke etal., 2012; Shkuratov et al., 2011). The most prominent feature of the lunar OE is a nonlinear surge toward the opposition at small phase angles, and it maybe caused by the shadow hiding opposition effect (SHOE) and/or the coherent backscattering opposition effect (CBOE). Photometric models have been developed to quantitatively retrieve regolith's physical properties from measured phase curves (e.g., Hapke, 2012; Shkuratov et al., 2011). During the last two decades, many spaceborne measurements of the lunar phase curve such as the Clementine (Buratti et al., 1996), the Moon Mineralogy Mapper (Kaydash et al., 2013a), the Kaguya (Yokota et al., 2011), and the Lunar Reconnaissance Orbiter (LRO) (Sato et al., 2014) missions have become available. In contrast, in situ quantitative digital measurement of the lunar phase curve had never been carried out until the successful landing of the Chang'E-3 (CE3) mission in northern Mare Imbrium near 340.49°E and 44.12°N in December 2013 (Xiao et al., 2015). The Yutu Rover roved more than 100m (with a final resting place 22m away from the lander) from 15 December 2013 to 14 January 2014, and its onboard panorama cameras performed the first quantitative measurement of the lunar phase curve using its panoramic capability, including the first in situ OE measurement since the Apollo era.

In this letter, we first describe the panoramic camera (PCAM) measurement of the phase curve and the calibration procedures in section 2. Then in section 3 photometric inversions using the Hapke model are presented. We also compare the fitting parameters of the in situ measurement with that derived from remote measurement by the LRO instrument (Sato et al., 2014) in section 4. Possible phase-reddening effects are discussed in section 5. Conclusion and summary are given in section 6.

2 Instrument, Measurement, and Phase Curve Extractions

Figure S1 in the supporting information is an image of the Yutu Rover taken by the CE3 lander shortly after rover deployment. On top of the mast are two panoramic cameras (PCAMs) and two navigation cameras (NCAMs) with alternating arrangement as indicated by the white arrows (the arrangement is PCAM 1 (P1), NCAM 1 (N1), PCAM 2 (P2), and NCAM 2 (N2)). Both PCAMs can rotate in horizontal (0° − 360°) and vertical (30° − 0°) directions and the pointing directions in horizontal of the two always turn to each other by 1° so part of their scenes overlaps. The specifications of the PCAMs are summarized in Table S1 in the supporting information.

Figure 1(a) displays the landing site vicinity observed by the landing camera onboard the CE3 lander during the final descent stage. Node E, Node S3, Node N203, and Node N205 are locations where four visible - near - infrared spectroscopic (VNIS) measurements were carried out. Figure 1(b) is the digital elevation model (DEM) of the landing area, and it shows that this region is macroscopically flat with the maximum and minimum height of 2613.22 and 2619.97m respectively, with respect to the average radius of the Moon, which is 1737.4 km. Figure 2 displays the strong OE centered around the shadow of the rover mast captured by the P1. This image is a mosaic of 16 overlapping level 2C images (see below) that form a circular area with ~20m diameter as indicated by the white circle in the inset of Figure 1(a). The three tiny craters, C1, C2, and C3, as indicated in Figures 1 and 2, are used to locate the study area where the in situ phase curve was extracted. Obviously, the lunar surface that shows the strong opposition surge is located in the region between Node N203 and N205 and is relatively far from the landing engine blown site. Even so, the blowing may still significantly influence the phase function of the lunar surface, as indicated by earlier studies (Kaydash et al., 2013b; Shkuratov et al., 2013).

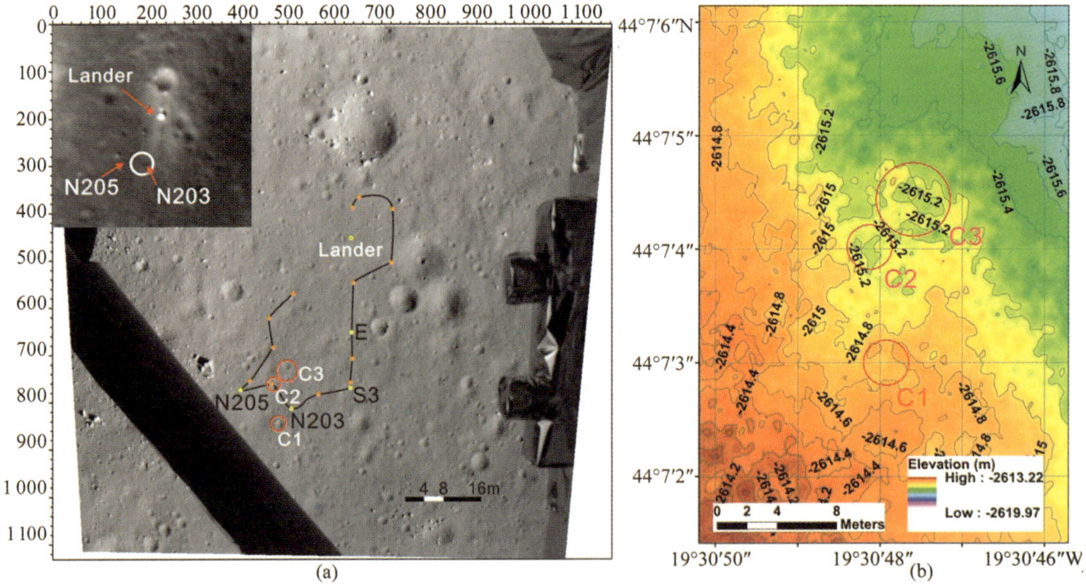

Figure 1　The study area of the phase curve. (a) Orthorectified image of the landing area taken by the Landing Camera. The lander position and the rover's path are indicated. The inset is a Lunar Reconnaissance Orbiter Camera image taken on 17 February 2014 showing the increased surface albedo after landing. E, S3, N203, and N205 mark the VNIS measurement locations. (b) DEM of the study region. C1, C2, and C3 are the three tiny craters also indicated in Figure 2.

The PCAM data products provided by the payload team consist of the sequence of level 0 (L0) to level 2 (L2) images. A detailed description of the data products can be

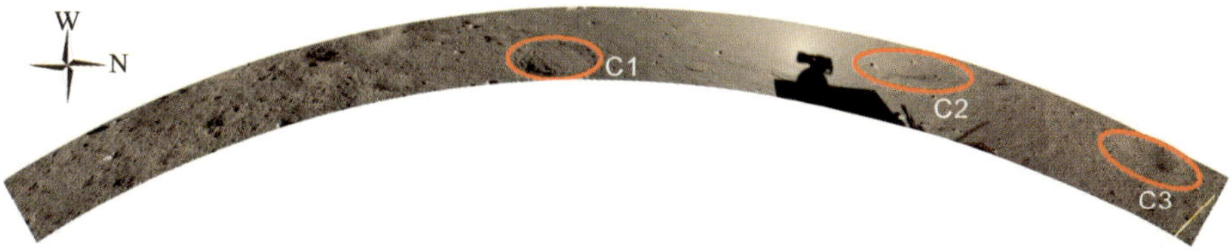

Figure 2 The study area of the phase curve imaged by the PCAM (P1). This image is a mosaic of 16 overlapping images that form a circular area with ~20m diameter as indicated by the white circle in the inset of Figure 1a. The lunar opposition effect is seen centered around the shadow of the P1 camera. The three small craters circled by red ovals are used to identify the study areas shown in Figures 1a and 1b. When these images were taken, the distance of the rover to the lander was 44m and the rover coordinate was (340.490561°E, 44.118516°N). The average solar incident angle was 70°.

found in Tan et al. (2014), and the following is a brief summary. The L0 data correspond to the raw signals measured, whereas the L1 data are the frame transformed from the original L0 data by format processing, and the unit becomes digital number (DN). L2A data are then obtained after performing dark current subtraction and flat fielding corrections using calibration matrices measured in preflight experiments. In addition, information including gain and exposure time is added. The L2B data in DN are obtained by adding geometric information to the corresponding L2A data. The geometric information includes the solar zenith angle, solar azimuth angle, the exterior orientation elements T1, and the inner orientation elements T2. Finally, the L2C data are obtained after performing color calibrations.

To extract the phase curve from the images and perform quantitative photometric analysis, the reflectance value, the phase angle, and the viewing zenith (or emergence angle) of each pixel should be obtained. We first notice that the vector from the pixel to the camera can be calculated with given T1 and T2 by using the collinearity equation and thus the emergence angle is obtained. Next, the vector from the pixel to the Sun can be easily calculated with known values of solar zenith angle and solar azimuth angle. Then the phase angle α, which is the angle between these two vectors, of every pixel can be obtained using simple vector algebra. We plot the phase angle as contour map and lay it on top of Figure 2 (notice that the original image of Figure S2 in the supporting information is a single frame of the 16 images that formed Figure 2). Although the minimum phase angle in Figure 2 is about 1.5°, the fuzzy nature of the rover shadow edges may complicate the brightness retrieval near 0° and thus the region within the red lines in Figure S2 is excluded in phase curve extractions. For this reason the minimum phase angle in the retrieved phase curve is truncated to 2°. To retrieve the phase curve over larger phase angle ranges, we used 12 L2B images captured by the P1. To reduce albedo variations at the same phase angles caused by surface heterogeneities and inhomogeneities, we averaged the DN values of pixels within 1° phase angle. The accurate extraction of the phase curve would require two additional conditions. The first one is that the PCAMs have accurate attitude parameters. The second one is that the measured terrain is flat and homogeneous. The first condition is satisfied as when the contour plot of the phase angles computed by this approach is laid on top of the original imagery, it is found that the constant phase angle levels form concentric rings centered around the opposition (the center of P1's shadow), as shown in Figure S2. Thus, the algorithms used to compute the emergence angles should be valid. The second condition is also satisfied as we have shown earlier in Figure 1(b) that the region under study is rather flat. After averaging pixels having the same phase angle, the residual topography effect will be smoothed out. In addition, pixels containing resolvable fragments and tiny craters are excluded in phase curve extractions to ensure the homogeneity of the observed region.

Each L2B frame contains 2352 by 1728 pixels and consists of four color bands (with the approximate center wavelengths indicated in parenthesis) with Bayer filter (https://en.wikipedia.org/wiki/Bayer_filter) mosaic arrangement: red (640 nm), green (540 nm), green (540 nm), and blue (470 nm) (Ren et al., 2014). To compensate for the different gains and exposure times of different frames in the mosaic, each L2B frame is divided by a working mode normalization parameter A_{Cali} recorded in header files to normalize the brightness; then we use the absolute radiation calibration coefficients C_{Rad} obtained in preflight calibrations to convert the L2B DN values to radiance as

$$I_s = \frac{DN}{A_{Cali}\, C_{Rad}}, \tag{1}$$

where C_{Rad} (in Sr nm cm^2/W) is 5.9365×10^5 for the red channel centered at 640 nm, 5.9796×10^5 for the first green channel centered at 540 nm, 5.8939×10^5 for the second green channel centered at 540 nm, and 5.1837×10^5 for the blue channel centered at 470 nm, respectively.

Since the PCAMs were not equipped with a calibration target, we used solar irradiance to obtain the reflectance (expressed in terms of the reflectance factor [Hapke, 2012]) as

$$r_s = \frac{\pi I_s}{\cos i \int J(\lambda) S(\lambda)\, \mathrm{d}\lambda}, \tag{2}$$

where $J(\lambda)$ is the solar irradiance reaching the surface (Gueymard, 2004), $S(\lambda)$ is the normalized spectral response of the sensor, and i is the solar zenith angle, respectively. The preflight-measured CE3 PCAM sensor spectral response $S(\lambda)$, provided by the payload team, is approximated by Gaussian functions centered at each band's center wavelength.

The retrieved phase curve in reflectance in 640 nm is plotted as grey dots in Figure 3 (a). Although keeping only the brightest pixels such as those on the top envelop of the phase curve can make the phase curve to have a higher signal - to - noise ratio (SNR)(e. g., Abe et al., 2006) as in the shot - noise limit the SNR is proportional to the square root of the signal strength, keeping all pixels can retain the information of all particles imaged by the PCAM. It also should be noted that although the phase angle range extends to 149° in Figure 2, we only keep the data below 141° as the images with phase angles higher than 141° contain specular reflections of the rover surface (Figure S3 in the supporting information) and have low SNR values. By averaging the reflectance values of pixels within 1° phase angle range, the final phase curve with one standard deviation can be obtained, as shown as the red line in Figure 3(a) for the 640 nm channel. The color variations of the phase curve will be discussed in section 5.

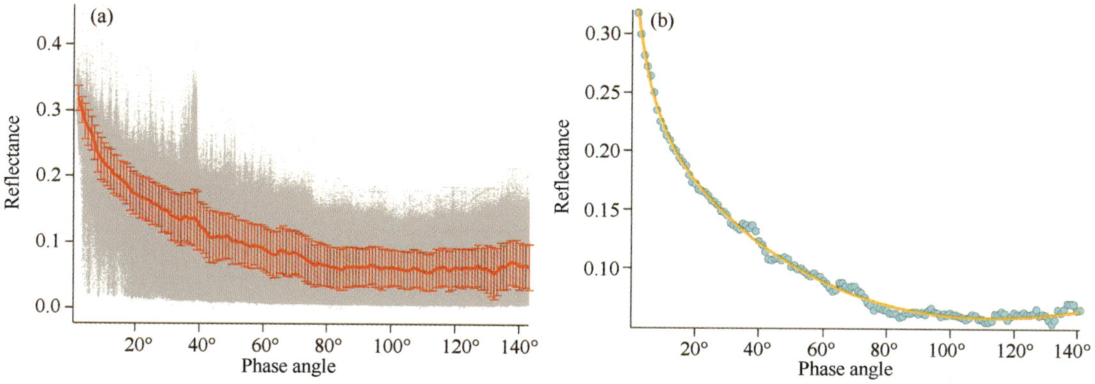

Figure 3　In situ phase curve at 640 nm and the Hapke model fitting result. (a) Reflectance at 640 nm corresponding to the areas shown in Figure 2 plotted against phase angle. The dots are the individual reflectance of each pixel and the red line is the average with one standard deviation. Pixels containing resolvable fragments and tiny craters are excluded. (b) In situ phase curve at 640 nm and the results of fitting to the nine-parameter Hapke photometric model.

3　Photometric Inversions Using the Hapke Model

Although the accuracy of approximation photometric models especially for high albedo surfaces has been in debate (e. g., Mishchenko, 1994; Hapke, 1996; Hapke et al., 2009; Zhang and Voss, 2011; Shkuratov et al., 2012; Hapke, 2013), their closed form permits an easy inversion to infer the physical properties of the regolith. We used the nine-parameter Hapke model (Hapke, 2012; Hapke et al., 2012) to fit the extracted phase curve using a nonlinear least squares method. Since the phase-reddening effect is very weak (section 5) and the four spectral bands are overlapping, we concentrate the quantitative analysis on the red phase curve (640 nm) shown in Figure 3. The most recent version of the Hapke model expressed in reflectance factor is

$$r_s(\mu_0, \mu, \alpha) = K \frac{\overline{\omega}_0}{4\mu_0} \frac{\mu_{0e}}{\mu_{0e} + \mu_e} \{[1 + B_S(\alpha)]P(\alpha) +$$

$$H(\mu_{0e}/K)H(\mu_e/K) - 1\}[1 + B_C(\alpha)]S(i, e, \psi\bar{\theta}), \tag{3}$$

where K is the porosity coefficient, $\overline{\omega}_0$ is the particle single-scattering albedo, μ_{0e} and μ_e are the effective cosines of the incident and viewing zenith angles, and

$$\mu_0 = \cos i,$$

$$H(x) \approx \frac{1}{1 - \overline{\omega}_0 x \left(r_0 + \frac{1 - 2r_0 x}{2} \ln \frac{1+x}{x}\right)},$$

where r_0 is the diffusive reflectance given by

$$r_o = \frac{1 - \sqrt{1 - \overline{\omega}_0}}{1 + \sqrt{1 - \overline{\omega}_0}}$$

The functions $B_S(\alpha)$ and $B_C(\alpha)$ describe the SHOE and CBOE at small phase angles, respectively, as

$$B_S(\alpha) = \frac{B_{S0}}{1 + \frac{1}{h_S} \tan\left(\frac{\alpha}{2}\right)},$$

$$B_C(\alpha) = B_{C0} \frac{1 + | 1 - \exp(-\zeta) | / \zeta}{2 | 1 + \zeta |^2},$$

$$\zeta = \frac{\tan(\alpha/2)}{h_C},$$

and $S(i, e, \psi\bar{\theta})$ is the surface roughness factor with an average subpixel surface slope angle $\bar{\theta}$ (Hapke, 2012). The single-particle scattering phase function $P(\alpha)$ can be approximated by a two-parameter Henyey-Greenstein phase function as

$$P(\alpha) = \frac{1+c}{2} \frac{1-b^2}{(1 - 2b\cos\alpha + b^2)^{3/2}} + \frac{1-c}{2} \frac{1-b^2}{(1 + 2b\cos\alpha + b^2)^{3/2}}, \tag{4}$$

where b and c are empirical parameters. At rather small $\overline{\omega}_0$ (the lunar case) the normal albedo A_n of a planetary surface may be approximated by the Hapke parameters as

$$A_n \approx \frac{\overline{\omega}_0}{8} (1 + B_{S0})(1 + B_{C0}) P(0), \tag{5}$$

where $P(0)$ is single-scattering phase function at zero phase angle. The fitting parameters used in this work are thus K, $\overline{\omega}_0$, b, c, B_{S0}, h_S, B_{C0}, h_C, and $\bar{\theta}$ and their interpretations are briefly outlined below. For equant particles much larger than radiation wavelength, K may be expressed in terms of the filling factor ϕ as

$$K = -\frac{\ln(1 - 1.209\phi^{2/3})}{1.209\phi^{2/3}}. \tag{6}$$

The single-scattering albedo $\overline{\omega}_0$ is the ratio of the particle scattering efficiency and extinction efficiency and can approach 1 for nearly nonabsorbing grains and several percent for charcoal black materials. Parameters b and c control the backscattering or forward scattering nature of a single scatter. The parameter B_{S0} is a measure of the transparency feature of the scatter and is 1 for totally opaque grains and close to 0 for transparent grains. The parameter h_S is closely related to the regolith filling factor ϕ and size distribution $N(d)$. For the typical lunar regolith with a power law size distribution $N(d) \sim d^{-4}$(McKay et al., 1974), hs is given by

$$h_S \approx -0.537 \frac{\ln(1-1.209\phi^{2/3})}{\ln(d_l/d_s)} \phi^{1/3}, \tag{7}$$

where d_l and d_s are the largest and smallest grain sizes, respectively (Hapke, 20120). The physical meaning of B_{C0} is still in debate and it is probably related to the brightness of the surface. The parameter h_C is related the photon transport mean free path Λ_T through(Hapke, 2012)

$$\Lambda_T \sim \frac{\lambda}{4\pi h_C}, \tag{8}$$

where λ is the radiation wavelength. Since equation (8) has only been quantitatively verified for colloidal suspensions of well-separated spherical particles but not for media of closely packed irregular particles such as the lunar regolith, Λ_T is only used to estimate the order of magnitude of the average distance between particles and hence the average particle size responsible for the coherent backscattering (CBS) effect. The slope angle $\overline{\theta}$ describes the subpixel roughness feature of a terrain. In general, resurfacing processes such as volcanism and dust blowing would smooth a surface while frequent meteorite bombardment would roughen a surface. By using the Apollo Lunar Surface Closeup Camera pictures of the lunar surface, Helfenstein and Shepard (1999) have estimated that the average RMS slope angles for lunar highland and mare regolith are $\overline{\theta} = 27^\circ \pm 1^\circ$ and $\overline{\theta} = 24^\circ \pm 1^\circ$, respectively. Although the study area in this work is very flat with maximum elevation fluctuations less than 1m as evidenced by the DEM data [Figure 1(b)], the subpixel roughness term with the average slope angle $\overline{\theta}$ is included as this term may operate down to millimeter or smaller levels.

The nine-parameter model given by equation (3) is highly nonlinear except for $\overline{\omega}_0$ and at least some of the parameters are sensitive to the initial guess values in the fitting. To avoid ambiguous and unphysical results as much as possible, we followed the approach used by Hapke et al. (2012) and the detailed procedures are given in the supporting information. The final fitting results are as follows: $\overline{\omega}_0 = 0.19^{+0.1}_{-0.3}$, $b = 0.30 \pm 0.1$, $c = 0.08^{+0.12}_{-0.08}$, $K = 1.47^{+0.16}_{-0.07}$, $\overline{\theta} = 17^{\circ}{}^{+1^\circ}_{-6^\circ}$, $B_{S0} = 0.52^{+0.3}_{-0.2}$, $h_S = 0.059 \pm 0.01$, $B_{C0} = 0{:}47^{+0.15}_{-0.17}$, $h_C = 0.12 \pm 0.01$, and $A_n = 0{:}15^{+0}_{-0.05}$. The plain numbers indicate the best fitting values and the upper and lower bounds indicate the possible ranges of values estimated from Figure S5 in the supporting information. The fitting result is displayed in Figure 3(b). The obtained normal albedo A_n is close to that observed in lunar maria at 640 nm from the Earth(Velikodsky et al., 2011). The h_C value implies, through equation (8), that the particles responsible for the CBOE are ~ 0.4 μm, corresponding to submicroscopic dust grains present in the landing area, though observational data show that CBOE should be small for such dark surfaces (Shkuratov et al., 2012; Kaydash et al., 2013a). By using equations (6) and (7), the filling factor ϕ corresponding to $K = 1.47$ is 0.32, and the ratio of the largest and smallest particle diameters d_l/d_s corresponding to $h_S \sim 0.059$ is ~180. If we assume the smallest grains that can cast shadows are 20 μm, the largest particles responsible for the SHOE effect are ~4mm. The derived filling factor value, $0.32^{+0.11}_{-0.05}$, is smaller than the best estimate value of the Apollo in situ measurement for depth range 0 − 15 cm, 0.48 ± 0.02, (Carrier et al., 1991), and is thus plausible as the topmost layers that visible radiation can penetrate should be more porous. Compared with the average mare region (24 ± 1°), the lower $\overline{\theta}$ value (11° − 18°) retrieved indicates the smoother nature of the landing site. This result is consistent with the smoother surfaces blown by landing spacecraft as revealed by phase ratio imagery (Shkuratov et al., 2011, 2013).

4 Comparisons with Spaceborne Measurements

Compared with our in situ phase curve analysis which used a nine-parameter Hapke model, most workers working on lunar and asteroid photometry have used a more simplified version. For example, Hapke et al. (2012) assumed $c = 1$, $K = 1$, and $S = 1$ in equation (3) in analyzing the LRO Wide Angle Camera (WAC) data by arguing that the forward scattering lobe is absent within the 120° phase angle range of the data set they used and for the nadir-viewing WAC sensor the roughness effect can be ignored; Sato et al. (2014) mapped the Hapke parameters over the Moon by using a SHOE-only version with further simplifications by correlating B_{S0} with $\overline{\omega}_0$ and relating b with c through an empirical relationship ("Hockey stick," equation (9) below) and thustheir model is essentially a three-parameter version of equation (3). Most workers analyzing photometric data of dark asteroids (e.g., 1 Ceres) ignore the coherent backscattering enhancement effect in the Hapke model and assume a backscattering phase function, thus leaving only five parameters ($\overline{\omega}_0$, b, B_{S0}, h_S, and $\overline{\theta}$) in equation (3) (e.g., Li et al., 2006). It thus would be instructive to use a SHOE-only version and compare the current in situ results with remote measurements such as that done by Sato et al. (2014) using the LRO data. By using the five-parameter version of equation (3) ($\overline{\omega}_0$, b, c, B_{S0}, and h_S) and fixing $\overline{\theta} = 23.4°$ as Satoet al. (2014) did, we obtained: $\overline{\omega}_0 = 0.33 \pm 0.00$, $b = 0.32 \pm 0.01$, $c = 0.17 \pm 0.02$, $B_{S0} = 1.28 \pm 0.07$, and $h_S = 0.03 \pm 0.01$. The reason that we did not use the Hockey Stick relation

$$c = 3.29\mathrm{e}^{-17.4b^2} - 0.908, \tag{9}$$

to derive c from b is that we would not make a prior assumption that the b and c values retrieved from the current in situ phase curve should fall into the known b and c library values based on which equation (9) was derived. We also did not use the correlation between $\overline{\omega}_0$ and B_{S0} derived by Sato et al. (2014) as their phase angle range is within 97°, while our data reaches out to 141°. Comparison of our results with Sato et al.'s average maria results (Table S2 in the supporting information) shows that (1) our $\overline{\omega}_0$ value, 0.33, is larger than their value 0.24, indicating that we are seeing brighter grains in the landing site; (2) our b and c values are very close to the typical highland crystalline and mare crystalline in the Hockey stick graph; (3) our h_S value 0.03 is smaller than the average maria value of 0.05, indicating we are seeing a broader size distribution in the in situ phase curve; (4) our smaller B_{S0} value 1.28, as compared to the much larger B_{S0} value 2.0 for the average maria region, may indicate we are seeing more transparent grains. The five-parameter Hapke model fitting also implies that the SHOE alone may not completely account for the OE as the B_{S0} value is larger than 1. Thus, the effect of coherent backscattering enhancement should be present in the opposition spike in the CE3 landing site or the model is not entirely adequate (Shkuratov et al., 2012).

5 Phase-Reddening Effect

Since many regions of the lunar surface have been found to exhibit a prominent phase-reddening effect when observed from space, i. e., shorter wavelength phase curves are steeper than the longer wavelength ones (e. g., Kaydash et al., 2010, 2013a), it would be interesting to see if the in situ phase curve has this effect or not. The extracted in situ phase curves in three different colors are shown in Figure 4. It is seen that the red reflectance has the highest values while the blue one is the lowest and when normalized to 2° phase angle, the three colors reflectance almost lay on top of each other, though the blue curve is about 6% steeper than the red one at phase angle 100° as shown in Figure 4(c). The weakness of the phase reddening effect observed by the PCAMs can be related to the broad and overlapping spectral responses of the three color bands (Ren et al., 2014) which could have averaged this effect out. The oscillating structures shown in Figure 4(c) were found to be caused by uncertainties of the inner and exterior orientation elements recorded in the PCAM image header files and the retrieved viewing zenith angles have similar oscillating behavior (Figure S6 and supporting information). The resultant uncertainty in the retrieved emergence angle and phase angle is about 1°. Nevertheless, it appears that the phase-reddening effect is present in the in situ phase curve. Earlier, this was found in photometric laboratory measurements of lunar samples [Shkuratov et al., 1996]. We did not detect the color opposition effect that points out to the existence of coherent backscattering enhancement (Shkuratov et al., 2011; Kaydash et al., 2013a).

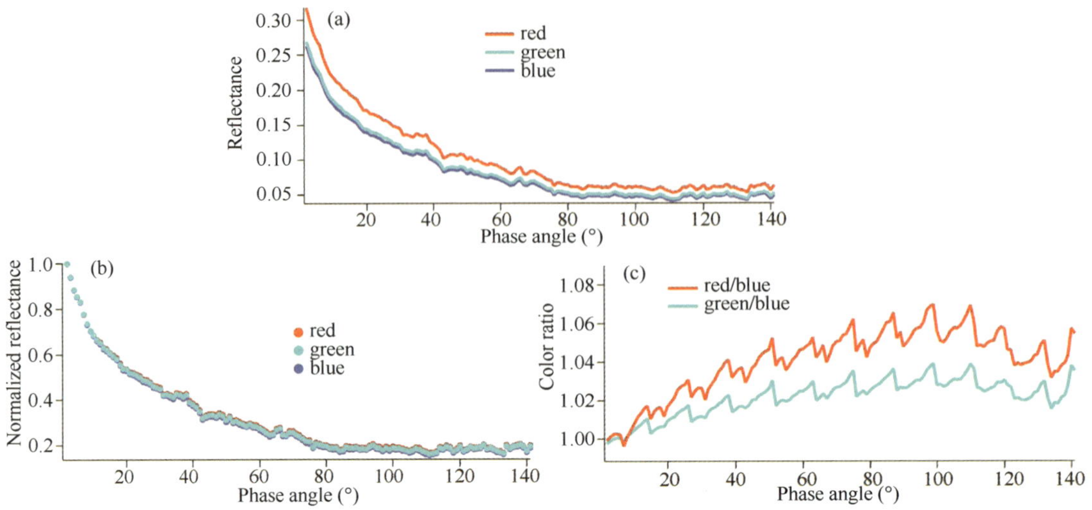

Figure 4 Phase curves in different colors and color ratios, red (640 nm), green (the average of two 540 nm channels), and blue (470 nm). (a) Reflectance, (b) reflectance normalized at 2° phase angle, and (c) ratios of red over blue and green over blue. The error bars are not shown here for clarity.

6 Summary and Conclusions

We have extracted the first in situ lunar phase curve since the Apollo era and performed the photometric inversions to infer the regolith physical properties. To the best of our knowledge, the current in situ phase curve has covered larger phase angle range, up to 141°, as compared with previous Apollo in situ (Pohn et al., 1969; Rennilson et al., 1968) and modern spaceborne measurements (e.g., Hapke et al., 2012; Sato et al., 2014). This has enabled us to perform reliable photometric inversions, and we have found that the lunar regolith does have a forward lobe in the single-scattering phase function and the coherent backscattering may exist in the relatively brighter mare regions. Comparisons of the ground-truth measurement with spaceborne phase curve measurements show that the grains in the landing site are brighter, more transparent, and appear to be better crystallized than the average maria basaltic grains. These results are also consistent with the spectroscopic results that show the in situ data have stronger mineral absorption features than the remote measurements (Zhang et al., 2015). We demonstrated that in situ measurements are very important as they can reveal surface features that are not detected by orbital measurements. The current phase curve can be used as the ground-truth validations of any future spaceborne phase curve measurement over the landing site region.

References

[1] Abe, M., Y. Takagi, K. Kitazato, S. Abe, T. Hiroi, F. Vilas, B. Clark, P. Abell, S. Lederer, and K. Jarvis (2006), Near-infrared spectral results of asteroid Itokawa from the Hayabusa spacecraft, Science, 312, 1334-1338.

[2] Buratti, B. J., J. K. Hillier, and M. Wang (1996), The lunar opposition surge: Observations by Clementine, Icarus, 124, 490-499, doi:10.1006/ icar.1996.0225.

[3] Carrier, W. D., III, G. R. Olhoeft, and W. Mendell (1991), Physical properties of the lunar surface, in Lunar Sourcebook, edited by G. H. Heiken, D. T. Vaniman, and B. M. French, pp. 475-594, Cambridge Univ. Press, Cambridge, U. K.

[4] Dollfus, A., and E. Bowell (1971), Polarimetric properties of the lunar surface and interpretation. I. Telescope observation, Astron. Astrophys., 10,29-53.

[5] Gueymard, C. A. (2004), The sun's total and spectral irradiance for solar energy applications and solar radiation models, Sol. Energy, 76,423-453.

[6] Hapke, B. (1996), Are planetary regolith particles backscattering? Response by a paper by M. Mishchenko, J. Quant. Spectros. Radiat. Transfer,55, 837-848.

[7] Hapke, B. (2012), Theory of Reflectance and Emittance Spectroscopy, Cambridge Univ. Press, Cambridge, U. K.

[8] Hapke, B. (2013), Comment on "A critical assessment of the Hapke photometric model" by Y. Shkuratov et al, J. Quant. Spectros. Radiat. Transfer, 116, 184-190, doi: 10.1016/j. jqsrt. 2012. 11.002.

[9] Hapke, B., M. Shepard, R. Nelson, W. Smythe, and J. Piatek (2009), A quantitative test of the ability of models based on the equation of radiative transfer to predict the bidirectional reflectance of a well-characterized medium, Icarus, 199, 210-218.

[10] Hapke, B., B. Denevi, H. Sato, S. Braden, and M. Robinson (2012), The wavelength dependence of the lunar phase curve as seen by the Lunar Reconnaissance Orbiter wide angle camera, J. Geophys. Res., 117, E00H15, doi:10.1029/2011JE003916.

[11] Helfenstein, P., and M. K. Shepard (1999), Submillimeter-scale topography of the lunar regolith, Icarus, 141, 107-131.

[12] Kaydash, V. G., S. Y. Gerasimenko, Y. G. Shkuratov, N. V. Opanasenko, Y. I. Velikodsky, V. V. Korokhin, and M. V. Kaydash (2010), The phase ratios of the color index: Mapping of two regions of the near side of the Moon, Sol. Syst. Res., 44, 267-280, doi: 10. 1134/S0038094610040015.

[13] Kaydash, V., C. Pieters, Y. Shkuratov, and V. Korokhin (2013a), Lunar opposition effect as inferred from Chandrayaan-1 M3 data, J. Geophys. Res. Planets, 118, 1221-1232, doi:10.1002/ jgre.20098.

[14] Kaydash, V., Y. Shkuratov, and G. Videen (2013b), Landing of the probes Luna 23 and Luna 24 remains an enigma, Planet. Space Sci., 89,172-182.

[15] Li, J.-Y., L. A. McFadden, J. W. Parker, E. F. Young, S. A. Stern, P. C. Thomas, C. T. Russell, and M. V. Sykes (2006), Photometric analysis of 1 Ceres and surface mapping from HST

observations, Icarus, 182, 143 - 160.

[16] McKay, D. S., R. M. Fruland, and G. H. Heiken (1974), Grain size and the evolution of lunar soils, in Proceedings of the Fifth Lunar Science Conference, edited by W. Gose, pp. 887 - 906, Pergamon, New York.

[17] Mishchenko, M. I. (1994), Asymmetry parameters of the phase function for densely packed scattering grains, J. Quant. Spectros. Radiat. Transfer, 52, 95 - 110, doi: 10.1016/0022 - 4073(94)90142 - 2.

[18] Ohtake, M., C. Pieters, P. Isaacson, S. Besse, Y. Yokota, T. Matsunaga, J. Boardman, S. Yamomoto, J. Haruyama, and M. Staid (2013), One Moon, many measurements 3: Spectral reflectance, Icarus, 226, 364 - 374, doi:10.1016/j.icarus.2013.05.010.

[19] Pohn, H. A., H. W. Radin, and R. L. Wildey (1969), The Moon's photometric function l, near zero phase angle from Apollo 8 photography, Astrophys. J., 157, L193 - L195.

[20] Ren, X., C. - L. Li, J. - J. Liu, F. - F. Wang, J. - F. Yang, E. - H. Liu, B. Xue, and R. - J. Zhao (2014), A method and results of color calibration for the Chang'E-3 terrain camera and panoramic camera, Res. Astron. Astrophys., 14, 1557 - 1566.

[21] Rennilson, J. J., H. E. Holt, and E. C. Morris (1968), In situ measurements of the photometric properties of an area on the lunar surface, J. Opt. Soc. Am., 58, 747 - 755.

[22] Sato, H., M. Robinson, B. Hapke, B. Denevi, and A. Boyd (2014), Resolved Hapke parameter maps of the Moon, J. Geophys. Res. Planets, 119, 1775 - 1805, doi:10.1002/2013JE004580.

[23] Shkuratov, Y. G., L. Y. Melkumova, N. V. Opanasenko, and D. G. Stankevich (1996), Phase dependence of the color index of solid surfaces of celestial bodies, Sol. Syst. Res., 30, 71 - 79.

[24] Shkuratov, Y., V. Kaydash, V. Korokhin, Y. Velikodsky, N. Opanasenko, and G. Videen (2011), Optical measurements of the Moon as a tool to study its surface, Planet. Space Sci., 59, 1326 - 1371.

[25] Shkuratov, Y., V. Kaydash, D. Petrov, V. Korokhin, D. Stankevich, and G. Videen (2012), A critical assessment of the Hapke photometric model(2012), J. Quant. Spectrosc. Radiat. Transfer, 113, 2431 - 2456.

[26] Shkuratov, Y., V. Kaydash, X. Sysolyatina, A. Razim, and G. Videen (2013), Lunar surface traces of engine jets of Soviet sample return probes: The enigma of Luna - 23 and Luna - 24 landing sites, Planet. Space Sci., 75, 28 - 36.

[27] Shkuratov, Y., N. Opanasenko, V. Korokhin, and G. Videen (2015), The Moon, in Polarimetry of Stars and Planetary Systems, edited by L. Kolokolova, J. Hough, and A. - C. Levasseur - Regound, Cambridge Univ. Press, Cambridge, U. K.

[28] Tan, X., J. - J. Liu, C. - L. Li, J. - Q. Feng, X. Ren, F. - F. Wang, W. Yan, W. Zuo, X. - Q. Wang, and Z. - B. Zhang (2014), Scientific data products and the data pre-processing subsystem of the Chang'E-3 mission, Res. Astron. Astrophys., 14, 1682 - 1694, doi:10.1088/1674 - 4527/14/12/016.

[29] Velikodsky, Y. I., N. V. Opanasenko, L. A. Akimov, V. V. Korokhin, Y. G. Shkuratov, V. G. Kaydash, G. Videen, S. A. Ehgamberdiev, and N. E. Berdalieva (2011), New Earth - based absolute photometry of the Moon, Icarus, 214, 30 - 45.

[30] Xiao, L., P. Zhu, G. Fang, Z. Xiao, Y. Zou, J. Zhao, N. Zhao, Y. Yuan, L. Qiao, and X.

Zhang (2015), A young multilayered terrane of the northern Mare Imbrium revealed by Chang'E-3 mission, Science, 347, 1226 - 1229.

[31] Yokota, Y., et al. (2011), Lunar photometric properties at wavelengths 0.5 - 1.6 μmacquired by SELENE Spectral Profiler and their dependency on local albedo and latitudinal zones, Icarus, 215, 639 - 660.

[32] Zhang, H., and K. J. Voss (2011), On Hapke photometric model predictions on reflectance of closely packed particulate layers, Icarus, 215,27 - 33, doi:10.1016/j.icarus.2011.07.022.

[33] Zhang, H., et al. (2015), In situ optical measurements of Chang'E-3 landing site in Mare Imbrium: 1. Mineral abundances inferred from spectral reflectance, Geophys. Res. Lett., 42, 6945 - 6950, doi:10.1002/2015GL065273.

Influence of Lunar Topography on Simulated Surface Temperature

Zhiguo Meng[1,2,3①], Yi Xu[2], Zhanchuan Cai[2], Shengbo Chen[1], Yi Lian[1], Hang Huang[1]

1 College of Geoexploration Science and Technology, Jilin University, Changchun 130026, China

2 Space Exploration Laboratory, Macau University of Science and Technology, Macau, China

3 Key Laboratory of Lunar and Planetary Exploration, National Astronomical Observatories, CAS, Beijing 100012, China

Abstract: The surface temperature of the Moon is one of the essential parameters for the lunar exploration, especially to evaluate the Moon thermophysical features. The distribution of the temperature is heavily influenced by the Moon topography, which, however, is rarely studied in the state-of-art surface temperature models. Therefore, this paper takes the Moon topography into account to improve the surface temperature model, Racca model. The main parameters, such as slopes along the longitude and latitude directions, are estimated with the topography data from Chang'E-1 satellite and the Horn algorithm. Then the effective solar illumination model is then constructed with the slopes and the relative position to the subsolar point. Finally, the temperature distribution over the Moon surface is obtained with the effective illumination model and the improved Racca model. The results indicate that the distribution of the temperature is very sensitive to the fluctuation of the Moon surface. The change of the surface temperature is up to 150 K in some places compared to the result without considering the topography. In addition, the variation of the surface temperature increases with the distance from the subsolar point and the elevation, along both latitude and longitude directions. Furthermore, the simulated surface temperature coincides well with the brightness temperature in 37 GHz observed by the microwave sounder onboard Chang'E-2 satellite. The corresponded emissivity map not only eliminates the influence of the topography, but also hints the inherent properties of the lunar regolith just below the surface. Last but not the least, the distribution of the permanently shadowed regions (PSRs) in the lunar pole area is also evaluated with the simulated surface temperature result.

Key words: Surface temperature; Moon topography; Improved Racca model; LAM data; Effective solar illumination

---

① Corresponding author. Permanent address: No. 938 Ximinzhu Street, Changchun 130026, China. Tel.: +86 431 88502362. E-mail address: mengzg@jlu.edu.cn (M. Zhiguo).

1 Introduction

The surface temperature distribution is one of the fundamental thermophysical parameters for the Moon research, and essential to interpret the thermal emission information from the regolith, especially to analyze the data collected by microwave sounder (Chen et al. 2010;Jiang et al., 2008). The microwave sounders onboard Chang'E satellites have measured the global brightness temperature of the Moon (Wang et al., 2010). The application of such data, however, encounters critical problems, one of which resides in estimating the surface temperature (Krotikov and Troitsky, 1964; Keihm and Langseth, 1975; Schloerb et al., 1976; Naugol'naya and Soboleva, 2001; Jiang et al., 2008; Li et al., 2008). The surface temperature of Moon varies considerably with the relative position of the measured point to the subsolar point. Unlike geologically active bodies, the Moon no longer has an internal heat source, thus the heating comes almost entirely from the Sun (Jones et al., 1975; Heiken et al., 1991). Therefore, precise estimation of the surface temperature will greatly benefit the thermal research, e.g. thermal evolution of the Moon, and the selection of the lunar landing sites (Neal, 2009).

Currently, there are several methods to obtain the lunar surface temperature, including the direct measurement during the Apollo missions, the estimation from the earth-based observation and the simulation with theoretical models (Racca, 1995; Li et al., 2007). The last approach is widely used in Moon research due to its high accuracy contributed by the various input parameters, such as solar illumination, dielectric constants, emissivity, albedo and internal thermal flux of the lunar regolith. Wesselink(1948) constructed a surface temperature model to interpret the thermophysical parameters of the lunar material, assuming that the surface temperature is changing either in associated cosine function or in Fourier series. Viewing the Moon surface material as gray body, Jaeger (1953) established the temperature model by considering the temporal change of the solar illumination. Jones et al. (1975) simulated the Moon surface temperature with thermal conductivity equation, which considered not only the changes of the solar illumination but also the ellipse parameters to obtain the surface temperature during lunar eclipse. Li et al. (2008) simulated the surface temperature using thermal conduction equation and the thermophysical parameters obtained from Moon samples. According to the conservation of energy and the thermal conduction equation, Racca (1995) deduced the relation between the surface temperature and the solar illumination, thermal emission, absorption and the internal thermal flux in steady state and transient behavior. Compared with aforementioned models, the model constructed by Racca, named as Racca model in this paper, is derived with energy conservation and thermal conduction in the lunar regolith and takes the internal thermal flux into account. Moreover, the surface temperature in steady state is of great interest to scientists. Therefore, the Racca model for steady state is adopted and improved in this study.

As an important influential factor, the solar illumination is employed in all Moon surface temperature models, including Racca model (Racca, 1995; Li et al., 2007). However, previous surface temperature research focused on the influence of the effective solar illumination and the relative position of the measured point to the subsolar point on the final surface temperature and ignored the impact of topography on the solar illumination (Jaeger, 1953; Jones et al., 1975; Racca, 1995; Li et al., 2009). The great hills and the huge craters are widely spread on the Moon surface (Heiken et al., 1991), and such fluctuation of the terrain may heavily affect the distribution of the effective solar illumination. Bussey et al. (2009) introduced a model to determine the illumination and thermal conditions inside the permanently shadowed regions near the lunar pole regions. The result shows that the thermal condition within the crater is highly affected by its terrain. To study the ice deposit in pole regions, Vasavada et al. (1999) took the terrain into consideration and simulated the temperature distribution in bowl - shaped and flat - floored craters. Based on Diviner data, Paige et al. (2010) presented the surface temperature maps, which also demonstrated that the temperature distribution is heavily influenced by the topography. Bussey et al. (2010) and Mazarico et al. (2011) studied the permanently shadowed regions in both poles of the Moon using Kaguya topography and LOLA (Lunar Orbiter Laser Altimeter) topography, respectively. However, the influence of the topography on the surface temperature is still uncovered.

Therefore, to simulate the surface temperature, the influence of the topography should be considered and quantified. In this paper, to study the influence of the topography on the surface temperature, the Laser Altimeter (LAM) data from Chang'E-1 satellite and the Horn algorithm are used to produce the topographic features of the Moon. Section 2 introduces the improved Racca model according to the surface topography; Section 3 presents the LAM data and methodology used to produce the topographic features of the Moon; Section 4 provides the results of the simulated lunar surface temperature considering both solar illumination and topography; Section 5 is the conclusion and discussion.

2 Improved temperature model

According to the thermal conduction theory of the semifinite material, the lunar surface temperature is affected by two thermal sources: the solar radiation and the internal thermal flux of the Moon (Jones et al., 1975). Based on the Stefan - Boltzmann rule, the relation between the temperature and the thermophysical parameters can be constructed by solving the thermal conduction model(Jones et al., 1975; Racca, 1995).

2.1 Lunar surface temperature model

Considering a lunar unit surface at latitude ϕ_1 and longitude φ_1, the steady state surface temperature T_0 can be expressed as (Racca, 1995):

$$T_0(\phi_1\ \varphi_1) = \left[\frac{1-\alpha}{\varepsilon}\frac{S}{\sigma} + \frac{Q}{\sigma}\right]^{1/4} \tag{1}$$

where ε is the thermal emissivity of the regolith. α is the albedo. Q is the inner thermal flux. $\sigma = 5.67 \times 10^{-8}\,\mathrm{W\ m^{-2}\ K^{-4}}$ is the Stefan - Boltzmann constant and S is the effective solar radiation.

Given the slope of the surface is 0 (Fig.1), S in the measured position (ϕ_1, φ_1) can be expressed as

$$S = S_0 \cos\phi' \cos\varphi' \tag{2}$$

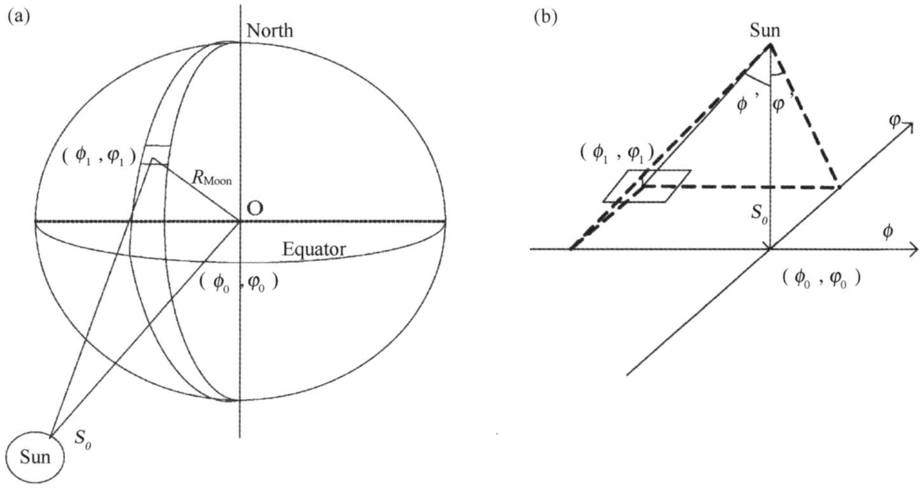

Fig.1 Schematic diagram of solar radiation incidence angle on the lunar surface O is the geometric center of the Moon. (ϕ_0, φ_0) is the subsolar point of the Sun light. (ϕ_1, φ_1) is the measured point.

where S_0 is the total solar illumination, (ϕ_0, φ_0) is the subsolar point of the Sun light, and $\phi' = |\phi_1 - \phi_0|$ and $\varphi' = |\varphi_1 - \varphi_0|$ are the corresponding solar angles of the measured unit along the longitude and latitude, respectively.

Therefore, if the real surface is inclined and the slope is ϕ_s in longitude direction and φ_s in latitude (Fig.2), the theoretical effective solar illumination is

$$S = S_0 \cos(\phi' - s) \cos(\varphi' - \varphi_s) \tag{3}$$

However, the actual topography is fairly complicated and the slope of the surface may be positive or negative relative to the direction of solar radiation. In a region where the surface slope is negative and the absolute value of the slope is large enough, which

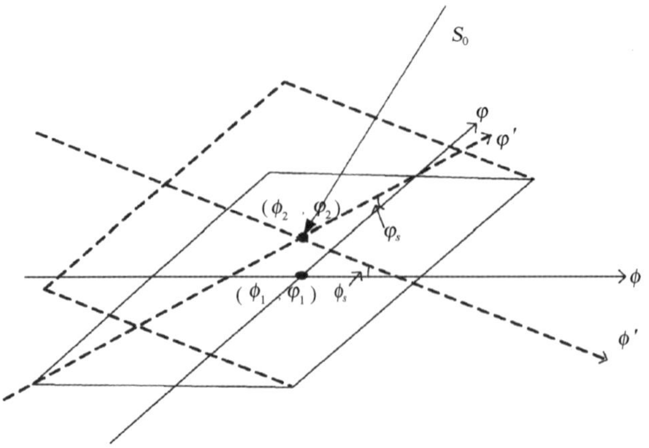

Fig. 2　Topography influence on the effective solar radiation.

makes $(\phi' - \phi_s) > 90°$ or $(\varphi' - \varphi_s) > 90°$, the region will be in the shadow with no solar radiation. Therefore, the Racca's surface temperature model can be improved as

$$T_0(\phi', \varphi') = \left[\frac{1-\alpha}{\varepsilon}\frac{S}{\sigma} + \frac{Q}{\sigma}\right]^{1/4}$$

$$= \begin{cases} \left[\dfrac{1-\alpha}{\varepsilon}\dfrac{S_0\cos(\phi'-\phi_s)\cos(\varphi'-\varphi_s)}{\sigma} + \dfrac{Q}{\sigma}\right]^{1/4}, & \phi'-\phi_s \leqslant 90°, \varphi'-\varphi_s \leqslant 90° \\ \left(\dfrac{Q}{\sigma}\right)^{1/4}, & \text{other} \end{cases} \tag{4}$$

2.2　Improved surface temperature model

Eq. (1) shows that the effective solar radiation is one of the essential factors to estimate the lunar surface temperature. However, in the previous studies, the influence of the topography is rarely considered in the simulation of the lunar surface temperature. The results by Li et al. (2008), Bussey et al. (2010) and Mazarico et al. (2011) demonstrate that the effective solar radiation is strongly affected by the topography, which will inevitably influence the surface temperature.

Eq. (4) tells that if the position of the measured point relative to the subsolar point as well as its slope is known, the influence of the topography on the actual surface temperature can be evaluated.

3　Data and methodology

Kaguya Topography data and LOLA topography data have been employed by Bussey et al. (2010) and Mazarico et al. (2011), respectively, to estimate the illumination conditions of the Moon surface. Onboard Chang'E-1 satellite, Laser Altimeter (LAM) has collected elevation data overlapping the whole Moon surface with higher accuracy (Ping et al., 2009). Thus, the LAM data and the Horn algorithm (Zhou and Liu, 2006) are employed to evaluate the influence of the Moon topography on the surface temperature.

3.1 LAM data

The Chang'E-1 satellite is the first Chinese lunar orbiter. The laser altimeter, one of the key payloads of Chang'E-1 (CE-1), is used to measure the altitude of the entire Moon surface, and the lunar topography can be obtained with these range measurements (Ping et al., 2009; Li et al., 2010).

Till Dec. 4th, 2008, LAM has obtained 9.12 million original altimetry data over 1000 orbits that cover the entire lunar surface. More than 8 million range measurements from the Chang'E-1 Laser Altimeter have been used to produce a global topographic model of the Moon with improved accuracy (Ping et al., 2009; Li et al., 2010). CLTM - s01 (Chang'E Topographic Model), developed by Ping et al. (2009), is a 360th degree and order spherical harmonic expansion. The absolute vertical accuracy of CLTM - s01 is 31 m and the spatial resolution is 0.25 (7.5 km) (Ping et al., 2009). Considered that the goal of our study is to evaluate the influence of the topography on the surface temperature, the CLTM - s01 elevation data (Fig. 3) is accurate enough for extracting the surface topography information.

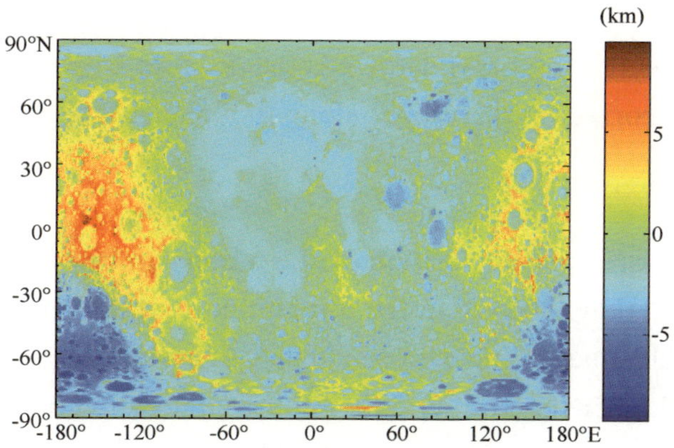

Fig. 3　Lunar surface altitude map.

3.2 LAM data processing

Slope is an important parameter to represent the fluctuation of the topography. Currently, the slope is always estimated by analyzing the digital elevation data (Tang et al., 2005; Zhou and Liu, 2006). Based on the grids used in calculation, the analyzing methods for calculating the surface slope can be categorized as Maximum Gradient Method, Second Finite Difference, Horn algorithm (Tang et al., 2005; Zhou and Liu, 2006). The Horn algorithm is applicable to estimate the slope of any kind of topography (Chen et al., 2009), thus it is adopted in this study.

In the two-dimensional plane $\phi - \varphi$ composed by LAM data z_i (Fig. 4), the inclination rate of the terrain, f_ϕ along the longitude and f_φ along the latitude, can be calculated with the Horn algorithm using a 3×3 local mobile window as shown in Fig. 4.

$$f_\phi = \frac{z_3 - z_1 + 2(z_6 - z_4) + z_9 - z_7}{8g}$$

$$f_\varphi = \frac{z_7 - z_1 + 2(z_8 - z_2)\ t + z_9 - z_3}{8g} \tag{5}$$

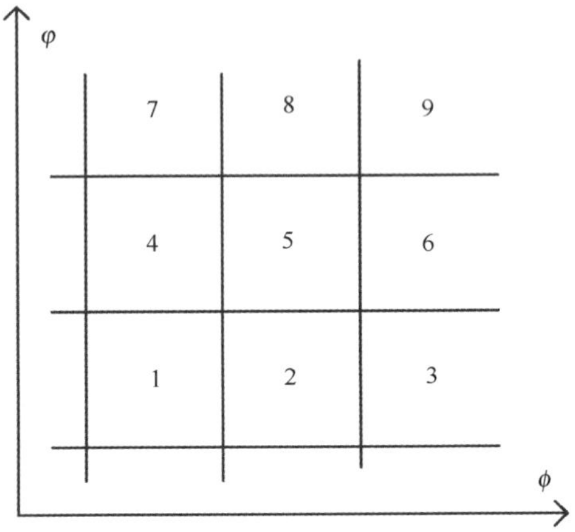

Fig. 4　3×3 Local mobile window for LAM.

where, $z_i (i = 1, 2, \cdots, 9)$ is the LAM data, g is the distance between the center of the two adjacent pixels. The corresponding slopes along the longitude and the latitude can be expressed as

$$\phi_s = \arctan(f_\phi),\quad \varphi_s = \arctan(f_\varphi) \tag{6}$$

Therefore, the slopes at any position of the Moon can be obtained.

The above calculation is based on the assumption that the change of the topography is positive if the pixel values in the west are higher than those in the east or the pixel values in the north are higher than those in the south. Otherwise, the changes are negative. However, the illumination conditions over the Moon surface are complicated. Even the same slope may have different effects on the effective solar illumination. Assuming the pixel values in the west are larger than those in the east in the measured point, the slope should be positive. But if the measured point locates in the west relative to the subsolar point, the point will experience more effective illumination. Otherwise, the effective illumination will be less.

To solve the problem, the Moon surface is divided into four parts and the boundaries are the central longitude and central latitude of the subsolar point (Fig. 5). Then the effective solar illumination can be express as

$$S = \begin{cases} S_0 \cos(\phi' + \phi_s)\cos(\varphi' - \varphi_s), & \text{I} \\ S_0 \cos(\phi' - \phi_s)\cos(\varphi' - \varphi_s), & \text{II} \\ S_0 \cos(\phi' + \phi_s)\cos(\varphi' + \varphi_s), & \text{III} \\ S_0 \cos(\phi' - \phi_s)\cos(\varphi' + \varphi_s), & \text{IV} \\ 0, & \text{other} \end{cases} \tag{7}$$

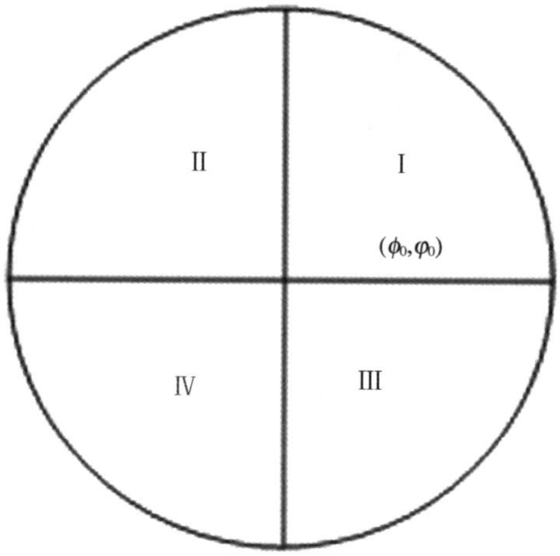

Fig. 5　Blocking model of the Moon surface.

where the condition for I, II, III and IV is $(\phi' - \phi_s) < 90^\circ$ and $(\varphi' - \varphi_s) < 90^\circ$. S is zero on condition that $(\phi' - \phi_s)$ or $(\varphi' - \varphi_s)$ is bigger than 90°.

With Eqs. (4) and (7), the lunar surface temperature influenced by the topography can be simulated.

4　Results and discussion

To simulate the lunar surface temperature, several essential surface thermophysical parameters should be studied thoroughly, including thermal emissivity ε, solar albedo α, and the total solar radiation S_0. According to the previous work (Logan et al., 1972; Smith and West, 1983; Neukum et al., 1991; Racca, 1995), $\varepsilon = 0.97$, $\alpha = 0.127$, $Q = 6\text{Wm}^{-2}$ and $S_0 = 1371\ \text{W m}^{-2}$ are reasonable and adopted in this study. Then based on the LAM data and Eq. (4), the surface temperature at any time of the Moon can be obtained.

4.1　Surface temperature simulation

Assuming the subsolar point is (0°N/0°E), the surface temperature on the nearside of the Moon can be simulated (Fig. 6). Fig. 6 shows the simulated surface temperature, where the influence of the topography is not considered in Fig. 6(a) and that is considered in Fig. 6(b). Fig. 6 indicates that the topography strongly affects the distribution of the surface temperature, which results in the fluctuations of the temperature distribution. In general, the distribution of the temperature is apparently corresponding to the variation of the terrain, especially in the regions far from the subsolar point such as Mare Smythii (1°18′N/87°30′E) and Mare Orientale (19 24′S/92°48′W).

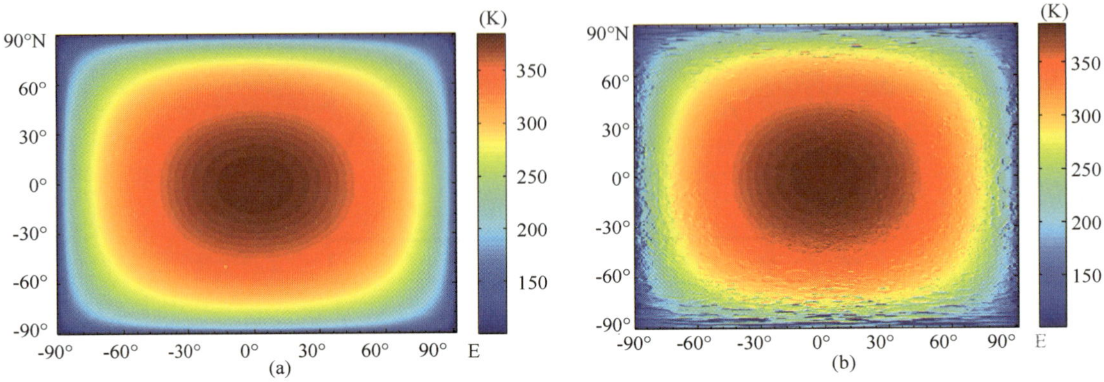

Fig. 6　Simulated lunar surface temperature. (a) Without considering topography. (b) Considering topography. The parameters used in the above simulation are $a=0.127$, $e=0.97$, $Q=6$, $S_0=1\ 371$.

Furthermore, Fig. 6 also shows that the variation of the temperature are greater in the south and north polar regions. An interesting phenomenon is observed in Cabeus crater, located in 84°S to 85.6°S and 30°W to 45°W in south polar area. The simulated temperature in Cabeus crater is much lower than that in other places along the same latitude. This agrees well with the conclusion of Heiken et al. (1991) that Cabeus crater is a permanently shadowed region.

The comparison between Fig. 6(a) and (b) presents that the alternation of the temperature is regular. Around the subsolar point, the alternation of the temperature in near and middle areas is less than 40 K. The change increases with the distance from the subsolar point and with the variation of elevation, along both latitude and longitude directions. The most apparent changes occur in regions along the longitude 85°W and 85°E and in the polar areas. In some places such as Mare Smythii (1°18′N/87°30′E) and Mare Orientale (19°24′S/92°48′W), the difference of the simulated surface temperature is up to 150 K, which is almost the same as its flat surface temperature.

4.2　Relationship between surface temperature and topography

Fig. 7 is the simulated temperature along the longitude 0° and the latitude 0°, where Curve 1 and Curve 2 represent the temperature that considers the topography or not, respectively. Curve 3 is the relative elevation data. Fig. 7 shows that the influence of the topography on the surface temperature is strong. And the drastic changes of the temperature in Curvel are always corresponding to the obvious fluctuations of the topography in Curve 3. If a place with positive slope locates in the west or in the north relative to subsolar point, it will receive more solar radiation and therefore the temperature will become higher than the theoretical value in Curve 2. Otherwise, the surface temperature will decrease. As for a crater in north hemisphere, such as W. Bond crater at 65°18′N/0°E, the temperatures become lower along the south side of the crater but higher in the north side than those without considering the variation of elevation. The distribution of the simulated temperature in Curve 1 is apparently coincided with this observation.

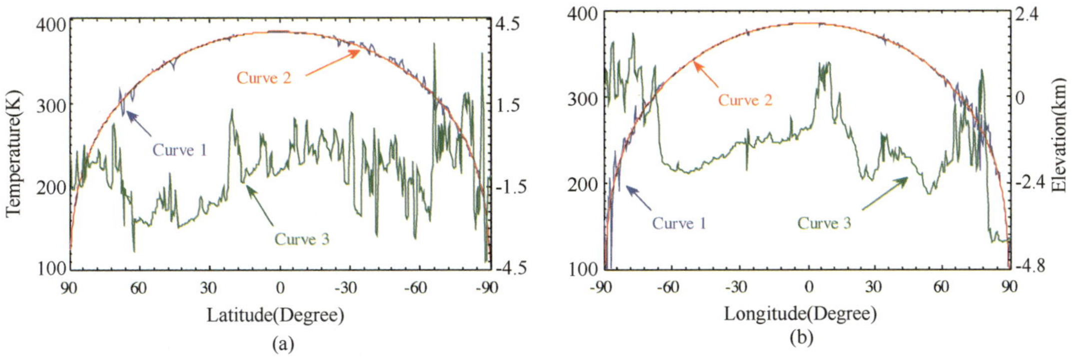

Fig. 7 Simulated temperature along the longitude 0° (a) and the latitude 0° (b). The influence of topography is considered in Curve 1 but it is not considered in Curve 2. Curve 3 is the relative elevation data along longitude 0° in (a) and latitude 0° in (b).

The correlation analysis is conducted between the simulated temperature along latitude 0° and the elevation data. The correlation coefficient is only about 0.0148, which gives a weak correlation. In viewing that the influence from topography on the temperature is different in the east and west hemisphere, the same correlation is done for the data in the east hemisphere and the west hemisphere, respectively. The results show that the coefficients are 0.59 for the east part and 0.45 for the west, which inevitably posts that the influence of the topography on the surface temperature is directly correlated with its relative position on the Moon surface.

Meanwhile the correlations between the amount of the surface temperature change (which is the difference between Curve 1 and Curve 2 in Fig. 7) and the slope along latitude 0° and longitude 0° are also estimated. The correlation coefficient is about 0.68 along the latitude 0° while it is about 0.86 along the longitude 0°. It hints that the correlation between the surface temperature change and the alternation of the topography is much higher than previous results. Therefore, the influence from topography should not be neglected in the study of the surface temperature over the Moon surface.

4.3 Surface temperature versus microwave brightness temperature

To evaluate the simulated surface temperature, the microwave brightness temperatures in high frequencies are employed because the microwave at higher frequencies has the lower penetration depth, which makes brightness temperature be strongly influenced by the surface temperature and weakly affected by the uncertain regolith parameters such as the particle sizes and the surface roughness (Ulaby et al., 1981; Wang et al., 2010).

Onboard Chang'E-2 satellite, the four - channel microwave sounder (CELMS) operates at four frequency channels including 3, 7.8, 19.35 and 37 GHz to measure the brightness temperature of the Moon (Chen et al., 2010). Then the brightness temperature at 37 GHz channel (Fig. 8(b)) is employed to compared to the simulated surface temperature (Fig. 8(a)). Suppose the solar azimuth is 30, and the solar elevation angle is only decided by its latitude for any measured point, the global surface temperature could be simulated in Fig. 8(a). And the brightness temperature with the same solar azimuth is also selected from observed CELMS data. Fig. 8 postulates that the distribution of the brightness temperature is apparently related to the surface temperature. They have nearly the same features along the longitude and latitude. The influence of the topography on the temperature distribution is obviously in high latitude regions, especially in the high latitudes such as Clavius crater (58.4°S/14.4°W), Cabeus crater (84.9°S/35.5°W) and Birkhoff crater (58.7°N/46.1°W).

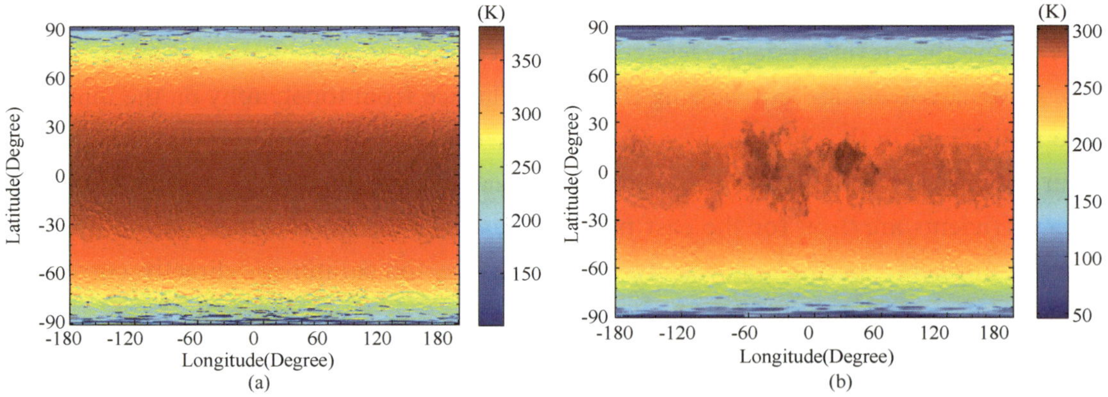

Fig. 8　Simulated lunar surface temperature (a) and observed brightness temperature (b). (a) is the global temperature with the assumption that the solar azimuth is 30°, and the solar elevation angle is only decided by its latitude for any measured place. (b) Microwave brightness temperature in 37 GHz observed by Chang'E-2 satellite with the solar azimuth 30°.

However, the distributions of the simulated temperature and the observed brightness temperature do not coincide well with each other in low - latitude regions. The brightness temperature is much higher in Oceanus Procellarum and Mare Tranquillitatis than that along the same latitude. Considered that the penetration depth of the microwave used is about 10 cm at 37 GHz (Jiang et al., 2008; Li et al., 2010), it is inevitably the physical properties of the subsurface materials that result in the inconsistency, which in turn shows that it is feasible to extract the lunar regolith parameters with the CELMS data. To retrieve the lunar regolith parameters from the CELMS data, the influences from the topography on the surface temperature should be considered and removed at first.

In theory, if the change of the dielectric constants with temperature is neglected, the emissivity of the regolith will be fixed over the whole lunar day because the emissivity depends solely on the dielectric constants and the structure of the lunar regolith (Ulaby et al., 1981). We set the effective temperature of the regolith equal to the surface temperature as an approximation. Hence, the observed brightness temperatures are divided by the simulated surface temperatures, the results of which can be seen as the emissivity of the lunar regolith (Fig. 9). Fig. 9 indicates that, apparently, the influence of the topography on the emissivity is eliminated. Fig. 9 also postulates that surface emissivity is largely ranging from 0.7 to 0.95 and it is higher in Mare than that in highlands. This coincides with the results by Meng et al. (2010) and Chen et al. (2010). That is, the simulation of the surface temperature is largely acceptable. However, there still exist abnormal regions in higher latitude regions, where the emissivity is much larger or smaller than that in other regions. And the research on surface temperature with other source data will provide further information about the nature of the regolith.

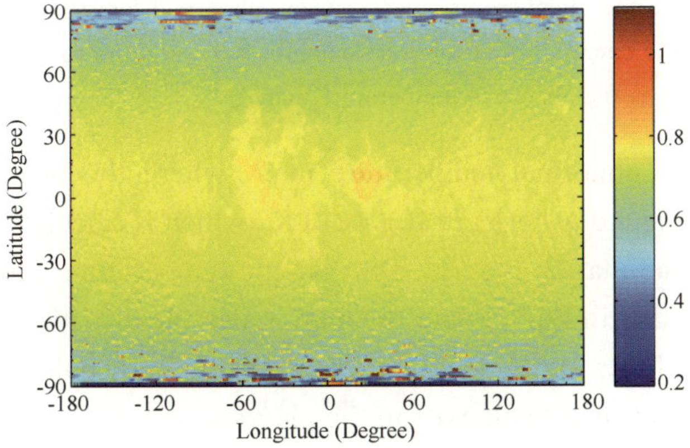

Fig. 9　Estimated emissivity map of the Moon at 37 GHz, solar azimuth is 30°

4.4. Abnormal temperature distribution in polar region

Research on permanently shadowed regions (PSRs) is one of the essential problems in the current Moon study. The PSRs are the places that never receive direct solar illuminations. That is to say, at any time of a day, the regions are in the shadow and the effective solar illumination of the regions is zero. Therefore, to any point over the Moon surface, we can simulate the temperature vector during a day (supposing the solar azimuth is changing from 0° to 180°) by improved Racca model and find out the highest temperature. If the highest temperature is much less than that in other places of the same latitude, it hints that the site is likely to be PSR.

Fig. 10(a) is the distribution of the highest temperature for any point in a day. It shows that there exist the obvious temperature abnormal regions in the south and north polar regions. The Cabeus crater in 84.9°S/35.5°W is known as a PSR, and the temperature here is much lower than that in the same latitude and with the same solar illumination. The regions of the same kind are widely distributed in the polar area.

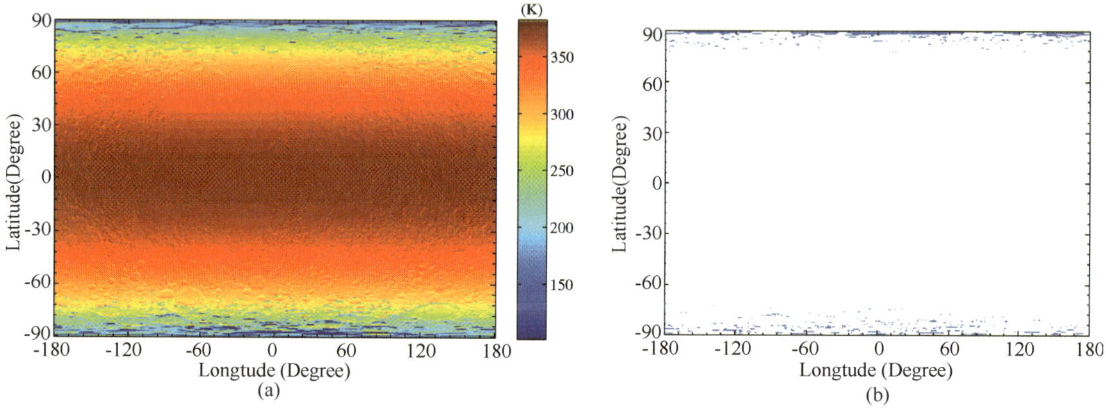

Fig. 10　Highest lunar surface temperature map (a) and abnormal temperature map (b). (a) is the global temperature on the condition that the solar azimuth is 0°, and the solar elevation angle is 0° for any measured place. (b) is the abnormal temperature map.

Fig. 10(b) is the abnormal temperature map, where the blue point says that the highest temperatures in a day here are 101.4243 K, which is calculated with Eq. (1) when the effective solar illumination is zero. That is, the temperature here is only decided by the internal thermal flux in Eq. (1)and the map is also the distribution of the PSRs. Fig. 10 indicates that the PSRs are widely distributed in the both pole regions. In the north polar area, the PSRs are nearly all exist in the places where the latitude is higher than 85°N, while the lowest latitude in the south is up to the latitude 78°S. Moreover, the area of individual regions in north polar area is obviously larger than that in the south.

Statistical results show that the total area of the PSRs are about 11 274 km^2 in the north polar area and 6076 km^2 in the south (respectively 4.12% and 2.19% of the total region area). This is significantly lower than that estimated by Mazarico et al. (2011), while it is close to the result by Bussey et al. (2003) (Table 1). Table 1 postulates that the improved Racca model is also a possible way to study the PSRs in the Moon research.

Table 1　Comparison of area in PSRs in the south and north polar areas.

	North (km^2)	South (km^2)
Meng et al.	11 274	6 076
Mazarico et al. (2011)	12 866	16 055
Noda et al. (2008)	1 236	4 466
Bussey et al. (2003)	12 500	6 500

We note that in Polar Regions, the surface temperature may experience more influential factors such as the weak solar illumination, the multi-reflection of the solar illumination, and so on. In addition, the collected brightness temperature data are affected by the spatial resolution of the microwave sounder, physical characteristics of the lunar regolith and the multi-reflection of the microwave thermal radiation at such regions. Thus, the abnormal emissivity values obtained by the proposed model may not be sufficient to identify PSRs, which requires further study.

5　Conclusions

This work focuses on studying the influence of topography on the Moon surface temperature. The surface temperature simulation model, Racca's model, is improved by incorporating the Moon topography as an influential factor. The LAM topography data obtained from Chang'E-1 satellite is employed to estimate the effective illumination with Horn algorithm and to study the influence of the topography on the surface temperature. The comparison between the surface temperature considering the topography and the temperature without considering the topography is conducted in this study. The results indicate that the surface temperature is heavily affected by the topography and the extent of the influence is different over the Moon surface. The fluctuation of the temperature becomes greater with the distance farther from the subsolar point and with the variation of elevation becoming greater. The comparison between the simulated surface temperature and the observed microwave brightness temperature in 37 GHz shows that the distribution of two temperature datasets is highly similar to each other. And the emissivity distribution estimated by the simulated temperature and the observed brightness temperature not only eliminates the influence of the topography, but also provides the inherent properties about the lunar regolith just below the surface, which indicates that the topography aware surface temperature model is reasonable and more accurate than the original Racca model. The improved temperature model can also be used for further study of the lunar regolith properties with other source data. The distributions of the permanently shadowed regions are also analyzed based on the simulation result.

Nevertheless, the total solar radiation and its seasonal and annual changes should also be taken into account in the surface temperature study. Meanwhile, the causes of the abnormal emissivity in pole regions deserve further study. These problems will be studied in our future work.

Acknowledgments

The LAM data are provided by National Astronomical Observatories, Chinese Academy of Sciences. The CELMS data are provided by Dr. Zheng Yongchun, researcher of National Astronomical Observatories, Chinese Academy of Sciences.

This work is supported by National Natural Science Foundation of China (Grants Nos. 41371332 and 40901159), China Postdoctoral Science Foundation (No. 2012M511341), and the Science and Technology Development Fund of Macau (No. 048/2012/A2).

References

[1] Bussey, D.B., McGovern, J.A., Spudis, P.D., Neish, C.D., Noda, H., Ishihara, Y., Sorensen, S.A., 2010. Illumination conditions of the south pole of the Moon derived using Kaguya topography. Icarus 208, 558-564.

[2] Bussey, D.B., Sorensen, S.A., Spudis, P.D., 2009. Illumination and temperature modelling of the lunar polar regions. LPSC, p. 2027.

[3] Bussey, D.B.J., Lucey, P.G., Steutel, D., Robinson, M.S., Spudis, P.D., Edwards, K.D., 2003. Permanent shadow in simple craters near the lunar poles. Geophys. Res. Lett. 30, 1278.

[4] Chen, K.L., Tsang, K.T., Bruce, K., Zheng, Y.C., 2010. Lunar regolith thermal behavior revealed by Chang'E-1 microwave brightness temperature data. Earth Planet. Sci. Lett. 295, 287-291.

[5] Chen, Y.L., Li, S.M., Liu, D.Y., 2009. Analysis of slope and aspect based on regular grid DEM. Geomat. Spatial Inf. Technol. 32 (5), 36-39.

[6] Heiken, G., Vaniman, D., French, B.M., 1991. Lunar Source Book: A User's Guide to the Moon. Cambridge University Press, Cambridge.

[7] Jaeger, J.C., 1953. The surface temperature of the Moon. Aust. J. Phys. 6, 10-21.

[8] Jiang, J.S., Wang, Z.Z., Li, Y., 2008. Study on theory and application of CE-1 microwave sounding lunar surface. Eng. Sci. 10, 16-22.

[9] Jones, W.P., Watkins, J.R., Calvert, T.A., 1975. Temperatures and thermophysical properties of the lunar outermost layer. The Moon 13, 475-494.

[10] Keihm, S.J., Langseth, M.G., 1975. Lunar microwave brightness temperature observations reevaluated in the light of Apollo program findings. Icarus 24, 211-230.

[11] Krotikov, V.D., Troitsky, V.S., 1964. Radio emission and nature of the Moon. Sov. Phys. Usp.

6, 841－871.

[12] Li, C.L., Ren, X., Liu, J.J., et al., 2010a. Laser altimetry data of Chang'E-1 and the global lunar DEM model. Sci. China Ser. D 53 (11), 1582－ 1593.

[13] Li, X.Y., Wang, S.J., Zheng, Y.C., Cheng, A.Y., 2008. Estimation of solar illumination on the Moon: a theoretical model. Planet. Space Sci. 56, 947－950.

[14] Li, X.Y., Wang, S.J., Cheng, A.Y., 2007. A review of lunar－surface temperature model. Adv. Earth Sci. 22 (5), 480－485.

[15] Li, Y., Wang, Z.Z., Jiang, J.S., 2010b. Simulations on the influence of lunar surface temperature profiles on CE-1 lunar microwave sounder brightness temperature. Sci. China Ser. D 53, 1379－1391.

[16] Logan, L.M., Hunt, G.R., Balsamo, S.R., Salisbury, J.W., 1972. Midinfrared emission spectra of Apollo 14 and 15 soils and remote compositional mapping of the Moon. Proc. 3rd Lunar Sci. Conf. 3, 3069－3076.

[17] Mazarico, E., Neumann, G.A., Smith, D.E., Zuber, M.T., Torrence, M.H., 2011. Illumination conditions of the lunar polar regions using LOLA topography. Icarus 211, 1066－1081.

[18] Meng, Z.G., Chen, S.B., Du, X.J., Cui, T.F., 2010. Effective reflectivity of the lunar surface based on the laser altimeter data from the Chang'E-1 orbiter. J. Jilin Univ.: Earth Sci. Ed. 40 (3), 721－725.

[19] Naugol'naya, M.N., Soboleva, N.S., 2001. A study of the lunar soil in regions with temperature anomalies. Sol. Syst. Res. 35, 35－45.

[20] Neal, C.R., 2009. The Moon 35 years after Apollo: what's left to learn. Chem. Erde 69, 3－43.

[21] Neukum, G., Jaumann, R., Hoffmann, H., Oberst, J., Wagner, R., Regner, P., Rebhan, H., Hiesinger, H., Dummel, A., 1991. Earth－based multispectral observations of the Moon. LPSC, p. 971.

[22] Noda, H., Araki, H., Goossens, S., Ishihara, Y., Matsumoto, K., Tazawa, S., Kawano, N., Sasaki, S., 2008. Illumination conditions at the lunar polar regions by Kaguya (SELENE) laser altimeter. Geophys. Res. Lett. 35, L24203.

[23] Paige, D.A., Matthew, A.S., Zhang, J.A., et al., 2010. Diviner lunar radiometer observations of cold traps in the Moon's south polar region. Science 330, 479－482. http://dx.doi.org/10.1126/science.1187726.

[24] Ping, J.S., Huang, Q., Yan, J.G., Cao, J.F., Tang, G.S., Shu, R., 2009. Lunar topographic model CLTM－s01 from Chang'E-1 laser altimeter. Sci. China, Ser. G 52 (7), 1105－1114.

[25] Racca, G.D., 1995. Moon surface thermal characteristics for Moon orbiting spacecraft thermal analysis. Planet. Space Sci. 43, 835－842.

[26] Schloerb, F.P., Muhleman, D.O., Berge, G.L., 1976. Lunar heat flow and regolith structure inferred from interferometric observations at a wavelength of 49.3 cm. Icarus 29, 329－341.

[27] Smith, R.E., West, G.S., 1983. Space and planetary environment criteria guidelines for use in space vehicle development, NASA TM 82478, MSFC, Alabama.

[28] Tang, A.G., Liu, X.J., Yan, G.N., 2005. Principle and Application of the Digital Elevation Model and Geological Analysis. Science Press, Beijing.

[29] Ulaby, F.T., Moore, R.K., Fung, A., 1981. Microwave Remote Sensing: Active and Passive.

Addison - Wesley Publishing Company, Massachusetts.

[30] Vasavada, A. R., Paige, D. A., Wood, S. E., 1999. Near - surface temperature on Mercury and the Moon and the stability of polar ice deposits. Icarus 141, 179 - 193.

[31] Wang, Z. Z., Li, Y., Jiang, J. S., Li, D. H., 2010. Lunar surface dielectric constant, regolith thickness and helium - 3 abundance distributions retrieved from microwave brightness temperatures of CE-1 lunar microwave sounder. Sci. China Ser. D 53 (9), 1365 - 1378.

[32] Wesselink, A. J., 1948. Heat conductivity and nature of the lunar surface material. Bull. Astron. Inst. Neth. 10, 351 - 363.

[33] Zhou, Q. M., Liu, X. J., 2006. Digital Terrain Analysis. Science Press, Beijing.

Integration of Chang'E-2 Imagery and LRO Laser Altimeter Data with a Combined Block Adjustment for Precision Lunar Topographic Modeling

Bo Wu[1], Han Hu[1,2,3]①, Jian Guo[1]

1 Department of Land Surveying and Geo – Informatics, The Hong Kong Polytechnic Univer sity, Hung Hom, Kowloon, Hong Kong

2 State Key Laboratory of Information Engineering in Surveying Mapping and Remote Sensing, Wuhan University, Wuhan, PR China

3 Faculty of Geosciences and Environmental Engineering, Southwest Jiaotong University, Chengdu, PR China

Abstract: Lunar topographic information is essential for lunar scientific investigations and exploration missions. Lunar orbiter imagery and laser altimeter data are two major data sources for lunar topographic modeling. Most previous studies have processed the imagery and laser altimeter data separately for lunar topographic modeling, and there are usually inconsistencies between the derived lunar topographic models. This paper presents a novel combined block adjustment approach to integrate multiple strips of the Chinese Chang'E-2 imagery and NASA's Lunar Reconnaissance Orbiter (LRO) Laser Altimeter (LOLA) data for precision lunar topographic modeling. The participants of the combined block adjustment include the orientation parameters of the Chang'E-2 images, the intra – strip tie points derived from the Chang'E-2 stereo images of the same orbit, the inter – strip tie points derived from the overlapping area of two neighbor Chang'E-2 image strips, and the LOLA points. Two constraints are incorporated into the combined block adjustment including a local surface constraint and an orbit height constraint, which are specifically designed to remedy the large inconsistencies between the Chang'E-2 and LOLA data sets. The output of the combined block adjustment is the improved orientation parameters of the Chang'E-2 images and ground coordinates of the LOLA points, from which precision lunar topographic models can be generated. The performance of the developed approach was evaluated using the Chang'E-2 imagery and LOLA data in the Sinus Iridum area and the Apollo 15 landing area. The experimental results revealed that the mean absolute image residuals between the Chang'E-2 image strips were drastically reduced from tens of pixels before the adjustment to sub – pixel level after adjustment. Digital elevation models (DEMs) with 20 m resolution were generated using the Chang'E-2 imagery after the combined block adjustment. Comparison of the

---

① Corresponding author at: State Key Laboratory of Information Engineering in Surveying Mapping and Remote Sensing, Wuhan University, Wuhan, PRChina. E-mail: huhan@whu. edu. cn(H. Hu).

Chang'E-2 DEM with the LOLA DEM showed a good level of consistency. The developed combined block adjustment approach is of significance for the full comparative and synergistic use of lunar topographic data sets from different sensors and different missions.

Key words: lunar topography, Chang'E-2 imagery, LRO LOLA, cross - mission data integration, block adjustment

1 Introduction

Lunar topography is one of the principal measurements that quantitatively describe the body of the Moon. Together with gravity data, it enables the mapping of subsurface density anomalies and yields information on not only the shape but also the internal structure of the Moon (Smith et al., 1997). Such information is critical to understanding the structure of the Moon's crust, which has major implications for the thermal history of the Moon (Garvin et al., 1999; Wieczorek et al., 2006). High resolution and precision lunar topographic data also play critical roles in lunar exploration missions, in such areas as the selection of landing sites, the safe maneuvering of lunar vehicles or robots, and the navigation of astronauts in ground operations (Wu et al., 2013).

Lunar orbiter imagery and laser altimeter data are two major data sources for lunar topographic modeling. Recent lunar exploration missions, such as the Chinese Chang'E-1 (launched in October 2007) and the Chang'E-2 (launched in October 2010) (Ouyang et al., 2010), the Japanese SELenological and ENgineering Explorer (SELENE)/Kaguya (launched in September 2007) (Kato et al., 2008), India's Chandrayaan - 1 (launched in October 2008) (Vighnesam et al., 2010), and NASA's Lunar Reconnaissance Orbiter (LRO) (launched in June 2009) (Vondrak et al., 2010), have involved the use of orbiter cameras and laser altimeters with different configurations on - board the spacecraft. They have collected vast amounts of lunar topographic data at different resolutions and levels of uncertainty. Most previous related research has processed the orbiter imagery and laser altimeter data for lunar topographic modeling separately (Araki et al., 2009; Li et al., 2010a, 2010b; Mazarico et al., 2011; Di et al., 2012; Haruyama et al., 2012; Scholten et al., 2012; Robinson et al., 2012), and there are usually inconsistencies between the derived lunar topographic models (e.g. digital elevation models (DEMs)). The correlation or integration of cross - sensor data (e.g. lunar imagery and laser altimeter data) has the potential to produce consistent and precise topographic models, which cannot be achieved when only using the data from a single type of sensor (Rosiek et al., 2001; Wu et al., 2011a; Di et al., 2012). Wu et al. (2011a) proposed the integration of the Chang'E-1 imagery and laser altimeter data for lunar topographic modeling through a least - squares adjustment approach, in which the Chang'E-1 laser altimeter points, the orientation parameters of the Chang'E-1 images, and tie points collected from the stereo Chang'E-1 images are processed and adjusted to export the refined image orientation parameters and laser ground points. This approach eliminates the inconsistencies between the imagery and laser altimeter data and allows the generation of precision lunar topographic models. However, the approach was designed for the integration of Chang'E-1 imagery and Chang'E-1 laser altimeter data. The inconsistencies between these two data sets are moderate because they were collected by sensors onboard the same spacecraft Chang'E-1 (Wu et al., 2011a). In addition, the approach was designed for single strip image processing and did not consider multi-strip images for lunar topographic modeling within large image blocks. Lunar topographic modeling using multi-strip images requires block adjustment (Brown, 1976; Cramer and Haala, 2010) of the images, so that the inconsistencies in the inter-strip overlapping areas can be eliminated.

This paper aims at cross-mission and cross-sensor data integration for precision lunar topographic modeling. The existing approach (Wu et al., 2011a) will be improved and extended to integrate data from Chang'E-2 imagery and the Lunar Reconnaissance Orbiter (LRO) Laser Altimeter (LOLA). Integration of cross-mission lunar imagery and laser altimeter data is a more challenging task because the effect of uncertainties between the data sets collected by different sensors from different missions is more significant. For example, DEMs were derived from the Chang'E-2 imagery (Zou et al., 2012) and LOLA data separately in relation to the Sinus Iridum area on the Moon. The statistics of the elevation differences between these two types of DEM have shown that the Chang'E-2 data is about 300 m lower than the LOLA data on average. Nevertheless, this cross-mission and cross-sensor data integration strategy is very valuable for the integration of data sets from different sources to generate consistent and precise lunar topographic models, which will permit the full comparative and synergistic use of such data sets. This paper presents a novel combined block adjustment approach for the integration of Chang'E-2 imagery and LOLA data covering large areas with multi-strip images. The combined block adjustment of Chang'E-2 imagery and LOLA data can enhance the geometric consistency between multi-strip Chang'E-2 images and between the Chang'E-2 imagery and LOLA data, so that the accuracy of topographic modeling in large block areas can be further improved.

After presenting a literature review on lunar topographic modeling from various lunar orbital imagery and laser altimeter data, this paper describes the specifications of Chang'E-2 imagery and LOLA data. The combined block adjustment approach for the integration of Chang'E-2 imagery and LOLA data is then presented in detail. The Chang'E-2 imagery and LOLA data for the Sinus Iridum area (18° to 25.7°W and 42° to 46.3°N) and the Apollo 15 landing area (0.15° to 4°E and 24° to 28°N) are used for experimental analysis. The performance of the proposed method is then evaluated. Finally, concluding remarks are given.

2 Related work

Lunar exploration missions in recent years have collected a vast amount of lunar surface images and elevation measurements through the use of cameras and laser altimeters onboard the spacecraft. The CCD camera onboard the Chinese Chang'E-1 spacecraft returned 1098 orbiter images with a spatial resolution of 120 m. A global DEM was produced using these images. The grid size for this DEM is up to 500 m and the planar positioning accuracy is about 370 m (Liu et al., 2009). A global topographic map of the Moon at a scale of 1∶2 500 000 was also produced using the Chang'E-1 imagery; its planar positioning accuracy ranges from 100 m to 1.5 km (Li et al., 2010a). The laser altimeter onboard the Chang'E-1 spacecraft collected more than nine million range measurements covering the entire Moon. The measurements had spacing resolutions of 1.4 km for the along-track direction and 7 km for the cross-track direction (at the equator), from which a global DEM with 3-km grid spacing was produced. The plane positioning accuracy of the DEM was 445 m, and the vertical accuracy was 60 m (Li et al., 2010b).

The Japanese SELENE mission also collected stereoscopic images with a spatial resolution of 10 m using its push-broom Terrain Camera, which covered almost the entire surface of the Moon. A global DEM mosaic with 10-m spatial resolution was produced from this camera imagery. The locations of the Apollo Laser Ranging RetroRefiector (LRRR) were compared with this DEM. The results revealed differences ranging from −17 m to 5 m for longitude, from −20 m to 48 m for latitude, and from 3 to 5 m for elevation (Haruyama et al., 2012). The SELENE laser altimeter collected more than 10 million high-quality range measurements covering the entire lunar surface with a height resolution of 5 m at a sampling interval smaller than 2 km (Araki et al., 2009). A global lunar topographic map with a spatial resolution of 0.5 degree was derived from the SELENE laser altimeter data (Araki et al., 2009).

India's Chandrayaan-1 was equipped with a Terrain Mapping Camera with an imaging capability of 5 m spatial resolution. The collected images partially covered the lunar surface and were used to produce regional DEMs (Arya et al., 2011; Radhadevi et al., 2013). The root mean square (RMS) error of the DEMs was about 200-300 m in latitude, longitude, and height with respect to the references of Clementine base map mosaic and LOLA data (Radhadevi et al., 2013). The laser altimeter onboard Chandrayaan-1 was able to provide range measurements with range resolution better than 5 m (Kamalakar et al., 2009). The collected laser altimeter data cover both of the lunar poles and other lunar regions of interest.

There are two cameras onboard the LRO spacecraft: a wideangle camera (WAC) and the narrow - angle camera (NAC). The cameras have collected lunar images with spatial resolutions of 100 m and 50 cm, respectively. The WAC images provide global coverage,and a near - global DEM GLD100 with grid spacing of 100 m was produced from them (Scholten et al., 2012). The NAC images cover only a small portion of the lunar surface, but that includes complete coverage of both poles (Robinson et al., 2012). Regional DEMs with meter - level resolution have been generated from the NAC images (Tran et al., 2010; Burns et al., 2012). The LOLA onboard the LRO measures the distance to the lunar surface at five spots simultaneously (Smith et al., 2010). The five-spot pattern provides five adjacent profiles for each track. The spacing resolution in the along - track direction is 10 to 12 m within the combined measurements in the five adjacent profiles. The average distance between LOLA tracks is in the order of 1 - 2 km at the equator and decreases at higher latitudes. LOLA measurements are generally very dense (varying from a few meters to tens of meters) at polar sites. LOLA Digital Elevation Models (LDEM) are built by binning all valid measurements into the map grid cells and are generated at multiple resolutions. The LDEM_1024 from the LOLA release 8 in the Planetary Data System (PDS) has the best resolution of 1024 PPD (pixel per degree), which is equivalent to about 30 m/pixel in latitude. However, it should be noted that not every pixel in the LDEM_1024 has a measurement, depending on the latitudes of the locations.

As described above, most previous research has processed the lunar imagery and laser altimeter data separately. Research reports have occasionally emphasized cross - sensor and cross - mission data integration for lunar topographic modeling. The Unified Lunar Control Network (ULCN), which dated back to Brown (1968), had combined the earth - based LRRR (Lunar Laser Ranging Retrorefiector) measurements and telescopic observations to form a network of lunar ground control points. Light (1972) and Doyle et al. (1976) were among the first to integrate observations of synchronized instruments on board the same spacecraft to create lunar topographic models using the data collected from Apollo missions 15, 16, and 17. Light (1972) adopted the distance measurements from a laser altimeter to constrain the orbiter height of the optical camera. Doyle et al. (1976) employed the stellar camera to help orient the optical camera with preflight calibrated locbangles, and used the laser altimeter observations to help determining the scale of the stereo model of the images collected by the optical camera. Rosiek et al. (2001) attempted to combine the Clementine images with the Clementine laser altimeter data. The images were used to establish horizontal control and the laser altimeter data were used for vertical control. However, the two data sets did not align well with each other due to the marginal overlap between the stereo models. Radhadevi et al. (2013) presented a geometric correction method for Chandrayaan - 1 imagery. The planimetric control was identified from the Clementine base map mosaic and vertical control was derived from LOLA data. This method only used the Clementine and LOLA data as control information in the photogrammetric processing of Chandrayaan - 1 imagery, and the control information was very limited. Di et al. (2012) studied the co - registration of Chang'E-1 stereo images and laser altimeter data. A crossover adjustment was first used to remove the crossover differences between the different laser altimeter tracks. An ICP (iterative closest point) algorithm was used to register the 3D points derived from the stereo images to the laser altimeter points, from which the image orientation parameters were refined so that the images and laser altimeter data were coregistered. However, this method treated the Chang'E-1 laser altimeter data as the absolute control and the accuracy of the final generated topographic models was totally dependent on the accuracy of the laser altimeter data.

Integration of multi - source remote sensing imagery and laser altimeter data has been used for topographic mapping of Earth and Mars. An early example of using additional data sources (e. g. DEM) as control information for aerial triangulation was the approach presented by Ebner et al. (1991). This approach focused mainly on the satisfaction of accuracy for middle- and small - scale photogrammetry for Earth aerial and satellite image processing by minimizing the differences between the heights derived from stereo images and using the interpolated heights from a DEM as constraints. Jaw (2000) proposed a method in which additional surface information was integrated into the aerial triangulation workflow by hypothesizing plane observations in the object space. The estimated object points derived from image measurements together with the adjusted surface points provided a better point group describing the surface. Teo et al. (2010) investigated the block adjustment of three SPOT 5 images using a DEM as the elevation control. Common tie points were first identified from images. Initial ground coordinates of the points were derived from space intersection using the image orientation parameters. The elevation coordinates of the points were then interpolated from the DEM based on their planimetric coordinates, and their ground coordinates were further adjusted through an iteration procedure in the block adjustment. The experimental results indicated that using the DEM as an elevation control can improve geometric accuracy and reduce geometric discrepancies between images. For Mars topographic mapping applications, Anderson and Parker (2002) investigated the registration between the imagery and laser altimeter data collected by the Mars orbiter camera (MOC) and Mars orbiter laser altimeter (MOLA), both onboard the Mars Global Surveyor (MGS). Yoon and Shan (2005) presented a combined adjustment method to process the single-strip MOC imagery and MOLA data and reported that the large mis - registration between the two datasets could be reduced to a certain extent. Spiegel (2007) presented a method for the co - registration of

High Resolution Stereo Camera (HRSC) images and MOLA data. A sparse stereo point cloud generated from the HRSC images was adjusted to optimize its fit to a surface interpolated from the MOLA data, from which the interior and exterior orientation parameters of the HRSC images were improved. Albertz et al. (2005) presented a method for the photogrammetric processing of HRSC imagery. The processing comprises improvements of the image EO parameters and the enhancement of the DEM quality with the assist of MOLA DEM. Gwinner et al. (2009) also produced high quality DEM products from the HRSC imagery and MOLA DEM. The proposed system had successfully created DEM of 50 m grid from stereo imagery with the ground resolution of 12 m/pixel. The differences between the DEM produced by the proposed system and that of MOLA DEM ranged from 30 to 40 m.

Compared with previous research works, the combined block adjustment approach for the integration of Chang'E-2 imagery and LOLA data presented in this paper highlights the following three aspects: (1) Cross - mission and cross - sensor lunar imagery and laser altimeter data integration has the capability of processing multistrip images; (2) LOLA data is used as a local surface constraint to reduce the inconsistencies between the Chang'E-2 imagery and LOLA data; (3) a novel orbit height constraint is incorporated to obtain more robust and convergent results, which is crucial for the block adjustment of multistrip images.

3 Specifications of Chang'E-2 imagery and LRO laser altimeter data

3.1 Chang'E-2 imagery

Chang'E-2 is a Chinese lunar probe launched on October 1, 2010. It was a follow - up to the Chang'E-1 lunar probe, which was launched in 2007. Chang'E-2 was part of the first phase of the Chinese Lunar Exploration Program (Ouyang et al., 2010). The mission collected a tremendous amount of data with its various onboard payloads for lunar scientific research and in preparation for a soft landing by the Chang'E-3 lander and rover (Wang et al., 2012). Chang'E-2 completed its lunar exploration mission on June 8, 2011. It was then sent to the L2 Lagrangian point where it arrived on August 30, 2011. Chang'E-2 remained at L2 for several months and departed from L2 to the asteroid 4179 Toutatis on April 15, 2012. Chang'E-2 successfully flew by the Toutatis on December 13, 2012 and took close-up images of the asteroid. Chang'E-2 is now 20 million km away from Earth and is flying into deeper space.

Chang'E-2 used its onboard CCD camera to collect surface imagery of the Moon. Chang'E-2 flew at two types of orbit altitude The first was a 100×100 km circular orbit at which the CCD camera could image the lunar surface at a resolution of 7 m. The second was a 100 ×15 km elliptical orbit at which the CCD camera provided imaging resolution better than 1.5 m (Zhao et al., 2011). The images collected during the first type of orbit provided global image coverage of the Moon. The higher resolution images collected during the second type of orbit provided more detailed information and were mainly used for the preparation of Chang'E-3 lunar landing mission and surface operations (Zhao et al., 2011).

The CCD camera onboard Chang'E-2 spacecraft is a two - line push - broom sensor. The two CCD lines are assembled on a unique focal plane separately, which enables the acquisition of forwardand backward - looking imagery along the flight direction simultaneously to create stereo pairs. The forward - looking imagery has a viewing angle of 8° and the backward - looking imagery has a viewing angle of 17.2°. The forward - looking CCD line is closer to the center of the focal plane and offers better imaging quality. Each CCD line is 62.06 mm in length and has 6 144 pixels (pixel size: 10.1 μm). They share the same optical axis. The field - of - view of the camera is 42°. The schematic configuration of the Chang'E-2 CCD camera (Zhao et al., 2011) is illustrated in Fig. 1.

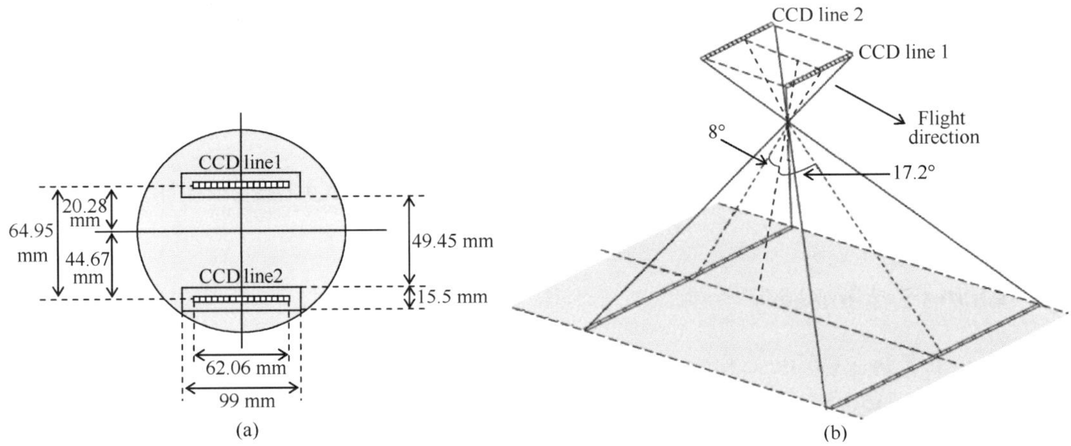

Fig. 1 Schematic configuration of the Chang'E-2 CCD camera. (a) Focal plane of the Chang'E-2 CCD camera and (b) stereo imaging geometry of the Chang'E-2 CCD camera.

To model the geometry of the Chang'E-2 imagery, it is necessary to determine the coordinate flames and the IO (interior orientation) and EO (exterior orientation) parameters of the imagery. A lunar body - fixed flame is the reference flame on which the relative position and orientation of the Chang'E-2 spacecraft flame is defined. A camera flame is defined at the center of the camera focal plane, and its orientation with respect to the Chang'E-2 spacecraft flame is known. IO parameters define the intrinsic setting of the camera system. The Chang'E-2 camera optical system has a focal length of 144.3 mm. The dimensions of the CCD lines and their positions with respect to the camera focal plane are provided in Fig.

1(a). In the raw Chang'E-2 image, the row position of each pixel is related to the Ephemeris Time. The physical position of each pixel in the image with respect to the camera flame can be calculated from the IO parameters. The EO parameters define the positions of the camera's perspective center and pointing angles at a specific time. The EO parameters of each image line are different and can be retrieved by interpolating the spacecraft's trajectory and pointing vectors based on the observation time. Based on the well - known co - linearity equation (Wang, 1990), the 3D coordinates of a ground point in the lunar body - fixed coordinate system can be calculated by photogrammetric space intersection from the image coordinates of conjugate points in stereo images.

3.2 LRO LOLA data

The LOLA onboard the LRO is a five-spot X - pattern pulse detection altimeter, which is designed to measure the shape of the Moon by measuring precisely the range from the spacecraft to the lunar surface. LOLA operates at 28 Hz and is able to measure the distance to lunar surface at five spots simultaneously with a nominal ranging accuracy of 10 cm (Smith et al., 2010). The five-spot pattern provides five adjacent profiles for each track, 10 m to 12 m apart over a 50 - to 60 - m swath, with combined measurements in the along - track direction every 10 to 12 m. This five - spot pattern of ranging measurements is very useful in the determination of surface roughness and surface slopes in local regions.

The accuracy of the topographic measurements and models derived from LOLA ranging data is very high. As reported by Mazarico et al. (2011), LOLA measurements have a precision about 10 m in the along - track and cross - track directions and 1.5 m in the radial direction, respectively, which are estimated as the root - meansquare deviation of the LRO orbit solutions, after cross - over analysis and depending on the orbit solution (Mazarico et al., 2011) The absolute accuracy of the orbit solutions, and therefore the error of the true position of the terrain point, is estimated to be of the same order of magnitude.

The LOLA data set is considered to be the most accurate topographic data set of the Moon to date. It provides much denser range measurements compared with other similar instruments from other missions.

4 Combined block adjustment of Chang'E-2 imagery and LRO laser altimeter data

4.1 Overview of the approach

A combined block adjustment model is developed for the integration of Chang'E-2 imagery and LOLA data. Since there are no tracking data or kernel data provided for the Chang'E-2 imagery used in this research, several (10 – 20 in general) LOLA points were manually selected on both the Chang'E-2 forward – and backward – looking images as ground control points, from which an initial set of EO parameters for the Chang'E-2 images could be derived using the method presented by King et al. (2009). The initial EO parameters were then improved through a bundle adjustment of the single – strip Chang'E-2 imagery and LOLA data using the approach presented by Wu et al. (201la). The obtained EO parameters for each single – strip Chang'E-2 imagery were then used as input in this combined block adjustment. The combined block adjustment uses two types of tie points: intra – strip tie points and inter – strip tie points. The intra – strip tie points are the corresponding points (conjugate points representing the same textural feature) identified from the stereo images (forward – and backward – looking images) of the same image strip. The inter – strip tie points are the corresponding points identified from the overlapping area in the stereo images of two neighbor image strips. These tie points should be distributed evenly in the image area. Based on the IO and EO parameters of the images, the 3D coordinates of intra – strip and inter – strip tie points in the lunar body – fixed flame can be calculated from the photogrammetric space intersection. However, the image EO parameters would probably not be precise enough, and the 3D coordinates of the tie points may deviate from their true locations. There might be inconsistencies between the 3D coordinates of the same pair of inter – strip tie points identified from two neighbor image strips. In addition, based on the image orientation parameters, the LOLA ground points can be back – projected to the Chang'E-2 stereo images. If the image EO parameters are precise enough, these back – project points on the Chang'E-2 stereo images should be conjugate points representing the same textural feature. However, this is not the case due to the possible errors in the image EO parameters.

The above mentioned errors or inconsistencies can be reduced or eliminated through the combined block adjustment of the Chang'E-2 imagery and LOLA data. The participants of the combined block adjustment include the image EO parameters, the intra – strip tie points, the inter – strip tie points, the ground coordinates of the tie points, the LOLA ground points, and the backprojected image coordinates of LOLA ground points. Two additional constraints are incorporated in the block adjustment. The first is a local surface constraint, which indicates that the calculated ground coordinates of the tie points should lie in a local surface determined by its neighbor LOLA ground points. The second is an orbit height constraint, which is based on a constant circular orbit height of the Chang'E-2 spacecraft. The final output of the combined block adjustment is the improved image EO parameters and improved ground coordinates of the LOLA points. Dense image matching (Wu et al., 201lb, 2012) can then be carried out between the stereo image pair for each image strip to generate enormous evenly distributed matched points. The 3D coordinates of the matched points can be calculated from the photogrammetric space intersection based on the improved image EO parameters, so that lunar topographic models (e. g. , DEMs) with improved interstrip consistency and improved precision can be generated. The framework of the combined block adjustment approach is shown in Fig. 2. The numbers marked in Fig. 2 correspond to the observation equations of the block adjustment model which are described in detail in the following section.

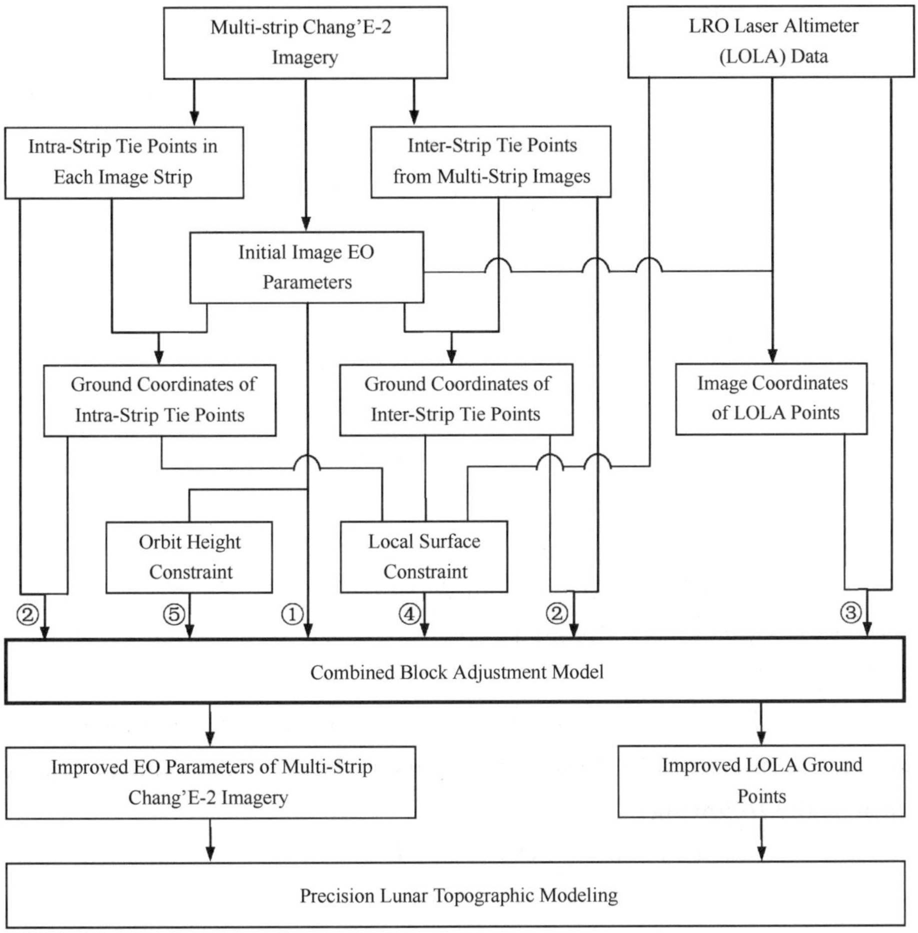

Fig. 2　Framework of the combined block adjustment of Chang'E-2 multi-strip imagery and LOLA data for precision lunar topographic modeling.

4.2　Combined block adjustment model

For the Chang'E-2 stereo images, the relationship of a 3D ground point (X_P, Y_P, Z_P) and its corresponding pixel (x_P, y_P) can be represented by the following co-linearity equation (Wang, 1990):

$$x_P = -f\frac{m_{11}(X_P - X_S) + m_{12}(Y_P - Y_S) + m_{13}(Z_P - Z_S)}{m_{31}(X_P - X_S) + m_{32}(Y_P - Y_S) + m_{33}(Z_P - Z_S)}$$
$$y_P = -f\frac{m_{21}(X_P - X_S) + m_{22}(Y_P - Y_S) + m_{23}(Z_P - Z_S)}{m_{31}(X_P - X_S) + m_{32}(Y_P - Y_S) + m_{33}(Z_P - Z_S)} \quad (1)$$

where (X_S, Y_S, Z_S) are the coordinates of the camera center in object space, f is the focal length, and m_{ij} are the elements of a rotation matrix that is determined entirely by three rotation angles (q, w, K). The variables (X_S, Y_S, Z_S, φ, ω, κ) are the EO parameters of the images. The EO parameters of each line in the Chang'E-2 imagery are different and can be retrieved by a polynomial function by interpolating the spacecraft's trajectory and pointing vectors based on the observation time. Several interpolation approaches have been attempted in this research to model the changes of image EO parameters including the Lagrange polynomial function, second - order polynomial, and third - order polynomial functions. The third - order polynomial function has proven to be the best and has been used in this research. The third - order polynomial function is listed as follows:

$$\begin{aligned} X_S(r) &= a_0 + a_1 r + a_2 r_2 + a_3 r^3 \\ Y_S(r) &= b_0 + b_1 r + b_2 r^2 + b_3 r^3 \\ Z_S(r) &= c_0 + c_1 r + c_2 r^2 + c_3 r^3 \\ \varphi(r) &= d_0 + d_1 r + d_2 r^2 + d_3 r^3 \\ \omega(r) &= e_0 + e_1 r + e_2 r^2 + e_3 r^3 \\ \kappa(r) &= f_0 + f_1 r + f_2 r^2 + f_3 r^3 \end{aligned} \quad (2)$$

where r is the row index in the image, and $X_S(r)$, $Y_S(r)$, $Z_S(r)$, $\varphi(r)$, $\omega(r)$, and $\kappa(r)$ are the EO parameters of the image row r. a_i, . . . , f_i(i - 0, 1,2, 3) are the coefficients of the polynomials.

After linearization of Eqs. (1) and (2), the observation equation system for the combined block adjustment of Chang'E-2 imagery and LOLA data can be represented in matrix form as the following:

$$\begin{aligned} V_1 &= AX_1 - L_1, \ P_1 \\ V_2 &= BX_1 + CX_2 - L_2, \ P_2 \\ V_3 &= BX_1 + CX_3 - L_3, \ P_3 \\ V_4 &= DX_2 - L_4, \ P_4 \\ V_5 &= DX_1 - L_5, \ P_5 \end{aligned} \quad (3)$$

The observation equation system includes the following five types of observation equations. The first corresponds to the arrow marked with ① in Fig. 2, which is the pseudo observation equation for the image EO parameters. X_1 is the vector of corrections to the unknown coefficients a_i,…, f_i(i - 0, 1,2, 3) in the polynomials in Eq. (2). By the term "pseudo", it means the measurements are estimated instead of real measurements (such as the precisely matched tie points) in other types of observations and they are used as initial input of the unknowns. The pseudo observations for the image EO parameters are selected from the initial image EO parameters, which are discrete samples along the row direction of the image. The refined EO parameters are assumed to fluctuate around them.

The second observation equation corresponds to the arrows marked with ② in Fig. 2, which relate to the intra - and interstrip tie points identified from the images. Intra - strip tie points are identified within each image strip, and inter - strip tie points are identified in the overlapping areas of two neighbor image strips. For the observations of the intra - and inter - strip tie points, they connect the 3D ground points and their image measurements by the EO parameters as indicated in Eqs. (1) and (2). X_2 is the vector of corrections to the unknown ground coordinates of the tie points that are simultaneously solved with X_1.

The third observation equation corresponds to the arrow marked with ③ in Fig. 2, which is for the LOLA points. X_3 is the vector of corrections to LOLA points. It should be noted that, the adjustment to LOLA points can be controlled based on their corresponding weights. Because of the superior accuracy of LOLA points, they can be awarded with large weights, so that they will only be adjusted slightly in local regions. Given infinite weights they will not change during the block adjustment and act as control points. The image coordinates of the LOLA points are initially derived by back - projecting the LOLA points onto the stereo images using the initial image EO parameters. The initially determined image coordinates of the LOLA points on the stereo images are not necessarily the same homologous points due to the inaccurate image EO parameters and inconsistencies between the two data sets. However, they will be corrected in the adjustment process.

The fourth equation corresponds to the arrow marked with ④ in Fig. 2, which is a pseudo observation equation related to a local surface constraint in the adjustment model. The fifth observation equation corresponds to the arrow marked with ⑤ in Fig. 2, which is the orbit height constraint. These two constraints are specifically designed in the block adjustment model to help reduce the inconsistencies between the Chang'E-2 imagery and LOLA data. The details are described in Section 4.4.

In the observation equation system (Eq. (3)), the coefficient matrix A, B, C and D contains partial derivatives with respect to the unknown parameters. P_i ($i=1,2,3,4,5$) represents different weight for each observation, which will be described in detail in Section 4.5. The block adjustment is processed iteratively based on a least squares approach. In each iteration the corrections are added to the unknown parameters, so that the precise values of the unknown parameters are finally obtained.

4.3 Intra - and inter - strip tie points determination

Two types of tie points, intra - and inter - strip tie points, are employed in the block adjustment. As illustrated in Fig. 3, intra - strip tie points are identified within the stereo images (forward - and backward - looking images) of each strip. They are used in the block adjustment to eliminate the internal inconsistency of intra - strip stereo. Inter - strip tie points are identified in the overlapping areas of two neighbor image strips and measured in both image strips. The overlapping areas between any two adjacent orbits range from 30% to 50% for the Chang'E-2 imagery. The inter - strip tie points are used in the block adjustment to eliminate the disagreement between two adjacent image strips.

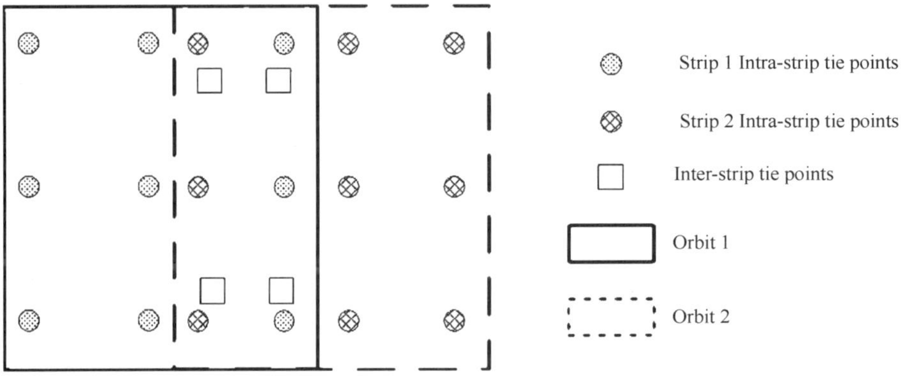

Fig. 3　Distribution pattern of intra - and inter - strip tie points.

Automatic interest point detection and matching methods (Wu tal., 2012, 2011b; Zhu et al., 2007a, 2007b) are employed for feature point matching, and intra - and inter - strip tie points are selected from the matched feature points and checked for even distribution. There are hundreds of intra - strip tie points used in the block adjustment and they are evenly distributed on the images, including the overlapping areas between two neighbor image strips. Dozens of inter - strip tie points are used in the block adjustment, and they are evenly distributed within the overlapping areas of any two neighbor image strips

4.4 Constraints in the block adjustment

As mentioned previously, there are significant inconsistencies between the topographic models derived from the Chang'E-2 imagery and LOLA data separately (e.g., about 300 m difference in elevation in the Sinus Iridum area). Therefore, the following two constraints are specifically designed in the block adjustment approach to reduce the inconsistencies between these two data sets.

4.4.1 LOLA data used as local surface constraint

In the traditional photogrammetric processing of stereo images, including the block adjustment for the generation of digital topographic models, ground control points have generally been used as ground truth to improve the accuracy of the derived topographic models. On the lunar surface, very few precisely known points can serve as classical ground control points, but a large number of ground points were measured by LOLA. However, the exact image coordinates of these LOLA points cannot be determined in the stereo images. Therefore, it is not possible to use the LOLA points as normal ground control points in a block adjustment. Instead, a local surface constraint was developed to incorporate the LOLA oints to provide constraints in the block adjustment of Chang'E-2 images.

The basic idea of this local surface constraint is that the ground positions of the intra - and inter - strip tie points on the Chang'E-2 images obtained through a space intersection using the image EO parameters should be consistent with a local surface determined by the nearby LOLA points. The local surface constraint can be represented by the following equation:

$$\sqrt{X_T^2 - Y_T^2 - Z_T^2} - R - H_L = 0 \qquad (4)$$

where X_T, Y_T, and Z_T are the ground positions of the tie points in the lunar geocentric coordinate system originated at the spheroid center, R is the radius of the Moon (1 737.4 km), and H_L is the height at the location of X_T, Y_T interpolated from the nearby LOLA points. After linearization of Eq. (4), it can be represented in matrix form which is the fourth observation equation in Eq. (3). With this constraint an improvement of the height derived from the Chang'E-2 images can be expected.

From the experimental analysis in this study, it is noticed that without this local surface constraint, it is difficult to achieve convergence in the block adjustment process between the Chang'E-2 imagery and the LOLA data due to the large inconsistencies between these two data sets and the lack of ground control points. By adding this local surface constraint, the block adjustment model is able to effectively improve the heights derived from the Chang'E-2 images to achieve results close to those of the LOLA data.

4.4.2 Orbit height constraint

The above mentioned local surface constraint has the potential to improve the heights derived from the Chang'E-2 images. However, improvements in planimetry can only be expected if there are different local terrain slopes at the different surfaces determined by the LOLA points, an element which is hard to explicitly incorporate in the block adjustment model. Moreover, in the block adjustment process the EO parameters of the Chang'E-2 images are adjusted simultaneously and erroneous results in planimetry may exist, especially considering the large inconsistencies between the Chang'E-2 images and LOLA data and between multiple strips of Chang'E-2 images. The imposition of an explicit constraint on EO parameters is considered to remedy this situation; this is the orbit height constraint.

Because the Chang'E-2 spacecraft had a circular orbit of 100 km when collecting the images with 7 m spatial resolution, the orbit height constraint is defined as follows:

$$\sqrt{X_S^2 + Y_S^2 + Z_S^2} - R - H_o = 0 \tag{5}$$

where X_S, Y_S, and Z_S are the translation elements of image EO parameters representing the projective center of the camera, R is the radius of the Moon (1 737.4 km), and H_o is the height of the Chang'E-2 orbit (100 km). This orbit height constraint indicates that the length of the vector determined by the translation elements of image EO parameters should be equal to the constant orbit height of the Chang'E-2 spacecraft plus the radius of the Moon. After linearization of Eq. (5), it can be represented in matrix form that is the fifth observation equation in Eq. (3).

4.5 Weight determination in the block adjustment

The weights P_i ($i=1,2,3,4,5$) in the block adjustment model (Eq. (3)) indicate the contribution of each type of observation. They are generally determined by the a priori standard deviation σ_i ($i=1,2,3,4,5$) for each type of observation. More specifically, the weight P_i can be determined by the reciprocal of σ_i^2.

Although the determination of σ_i for each type of observation is arbitrary, it should be based on appropriate assumptions. For the σ_1 of the first observation equation relating to the initial EO parameters, 1000 m is chosen for the translation elements (X, Y, Z) and 0.028 gon for the rotation elements (φ, ω, κ) following Bostelmann et al. (2012) in the experiments of the HRSC imagery. For the σ_2 of the second observation equation regarding the tie points, one third of a pixel is chosen because this is the paradigm in determining the weight for tie point observations. For the σ_3 of the third observation equation regarding the LOLA points, $\sigma_3 = 10$ pixels is used based on the practical experimental analysis in this research and Yoon and Shan (2005). For the σ_4 of the fourth observation equation about the local surface constraint, generally $\sigma_4 = 10$ m is used in this research considering the LOLA points are very accurate, which indicates that the local surface determined by the nearby LOLA points has the *a priori* standard deviation of 10 m. For the σ_5 of the fifth observation equation relating to the orbit height constraint, the orbit height constraint should be quite loose because maximal ± 5 km deviation is expected for the nominal 100 km circular orbit of the Chang'E-2 spacecraft (Zhou and Yang, 2010). Therefore, $\sigma_5 = 5000$ m is suitable supposing that the deviation accords with uniform distribution between $[-15, 15]$km.

It should be noted that from previous experiences in photogrammetry (Yoon and

Shan, 2005; Wu et al., 2011a), moderate changes in weight magnitude will yield the same results from the adjustment model.

5　Experimental analysis

5.1　Experiments in the Sinus Iridum area

Sinus Iridum (Latin for "Bay of Rainbows") is a plain area that forms a northwestern extension to the Mare Imbrium. The Chinese first lunar lander/rover Chang'E-3 is planned to land in the Sinus Iridum area in 2013. In this study, the experimental area in Sinus Iridum covered a region of 18° to 25.7°W and 42° to 46.3°N. The topography in this area is relatively flat with a maximum elevation difference of about 1 km. The experimental data includes six strips of Chang'E-2 imagery with orbit numbers from 0570 to 0575 and 1 740 036 LOLA points. The size for each image is 6 144 × 18 000 pixels and there is an overlap of about 45% between two neighbor image strips. Fig. 4 shows the LOLA points overlaid on the Chang'E-2 image mosaic for this area. It should be noted that, not all of the LOLA points are used in the block adjustment due to the unaffordable computation cost. Empirically, 100 – 300 well distributed LOLA points for each image strip are enough for the combined block adjustment. A DEM interpolated from all the LOLA points is used for comparison purpose.

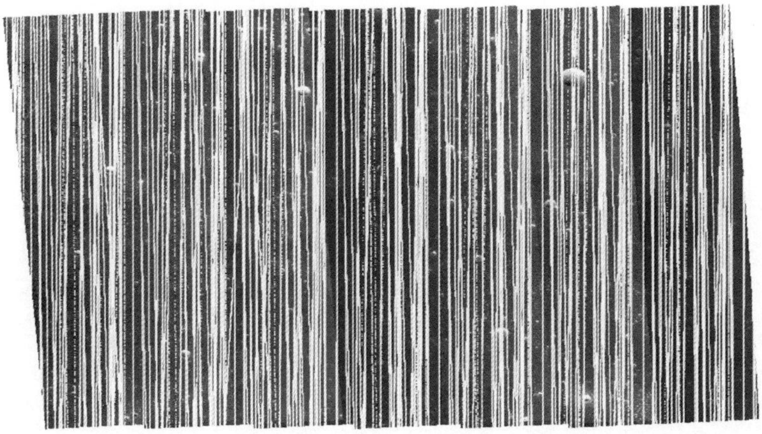

Fig. 4　LOLA points overlaid on the Chang'E-2 image mosaic in the Sinus Iridum area.

A primary objective of the proposed combined block adjustment is to reduce the inter-strip inconsistency induced by the errors in the initial EO parameters of the Chang'E-2 imagery. Fig. 5 gives a qualitative validation by visually comparing the DEMs generated using the image EO parameters before and after the combined block adjustment. For DEM generation, a dense image matching method (Wu et al., 2011b; 2012) was used to obtain dense point matches from the Chang'E-2 stereo images, and the ground positions of the matched points were calculated through a space intersection using the image EO parameters, from which DEMs with 20 m spatial resolution were interpolated using the Kriging method. As shown in Fig. 5(a), the DEM generated using the initial image EO parameters shows rough areas in the overlapping regions of the Chang'E-2 image strips, which are mainly caused by the inter - strip inconsistency of the Chang'E-2 imagery. These rough areas are removed in the DEM generated using the refined image EO parameters after the combined block adjustment as shown by the smooth terrain surface in Fig. 5(b).

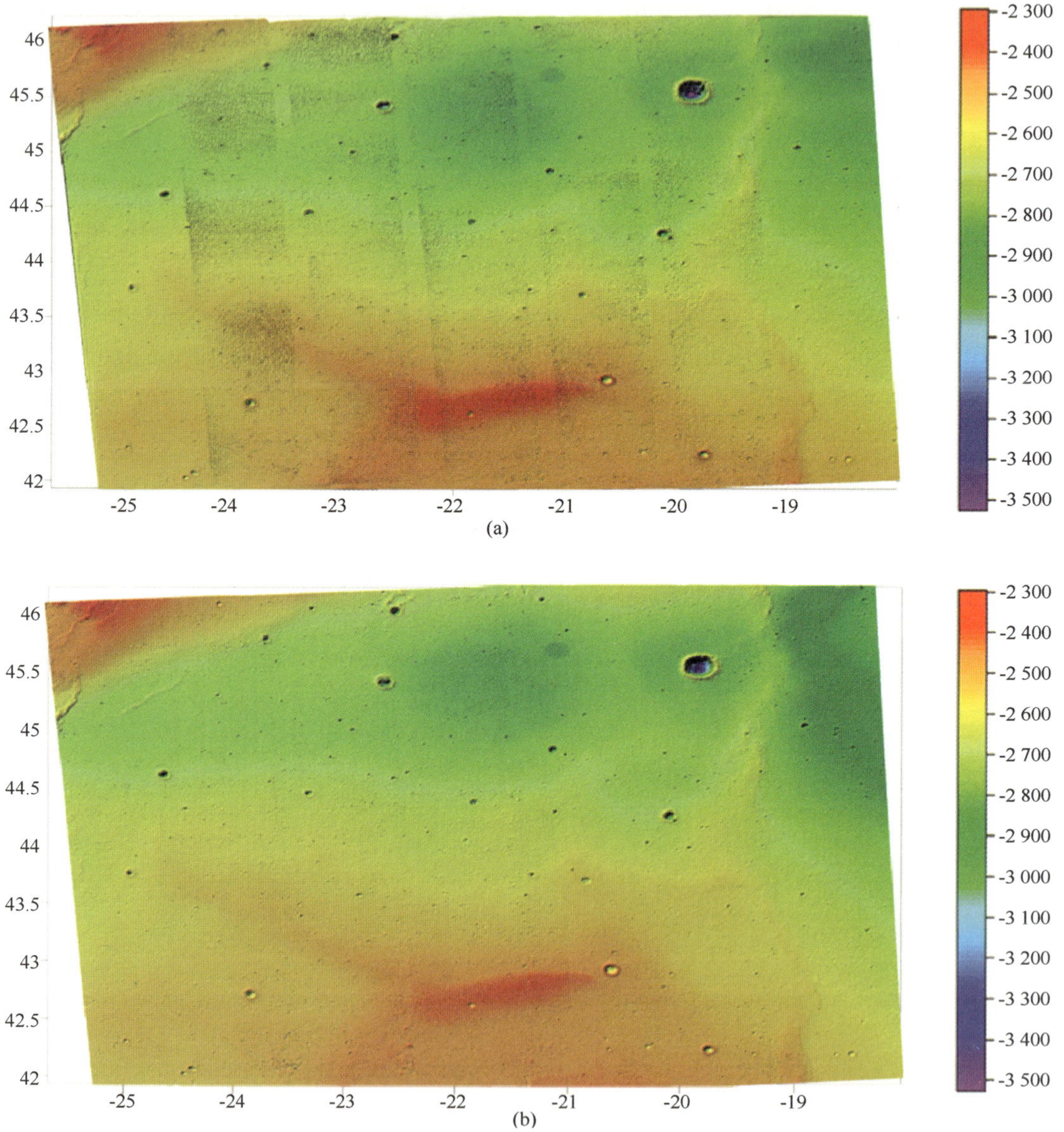

Fig. 5　Comparison of DEMs before and after combined block adjustment in the Sinus Iridium area. (a) DEM generated using initial image EO parameters and (b) DEM generated using image EO parameters refined by combined block adjustment.

To quantitatively analyze the performance of the combined block adjustment approach, hundreds of quadruple matched points in the overlapping areas are selected as check points. The ground positions of these check points are obtained through space intersection using the EO parameters of the Chang'E-2 images in the first strip, and then backprojected onto the neighbor strip of images using their corresponding EO parameters. The discrepancies between the original image coordinates of the check points and the backprojected coordinates are plotted on the Chang'E-2 imagery mosaics as shown in Fig. 6.

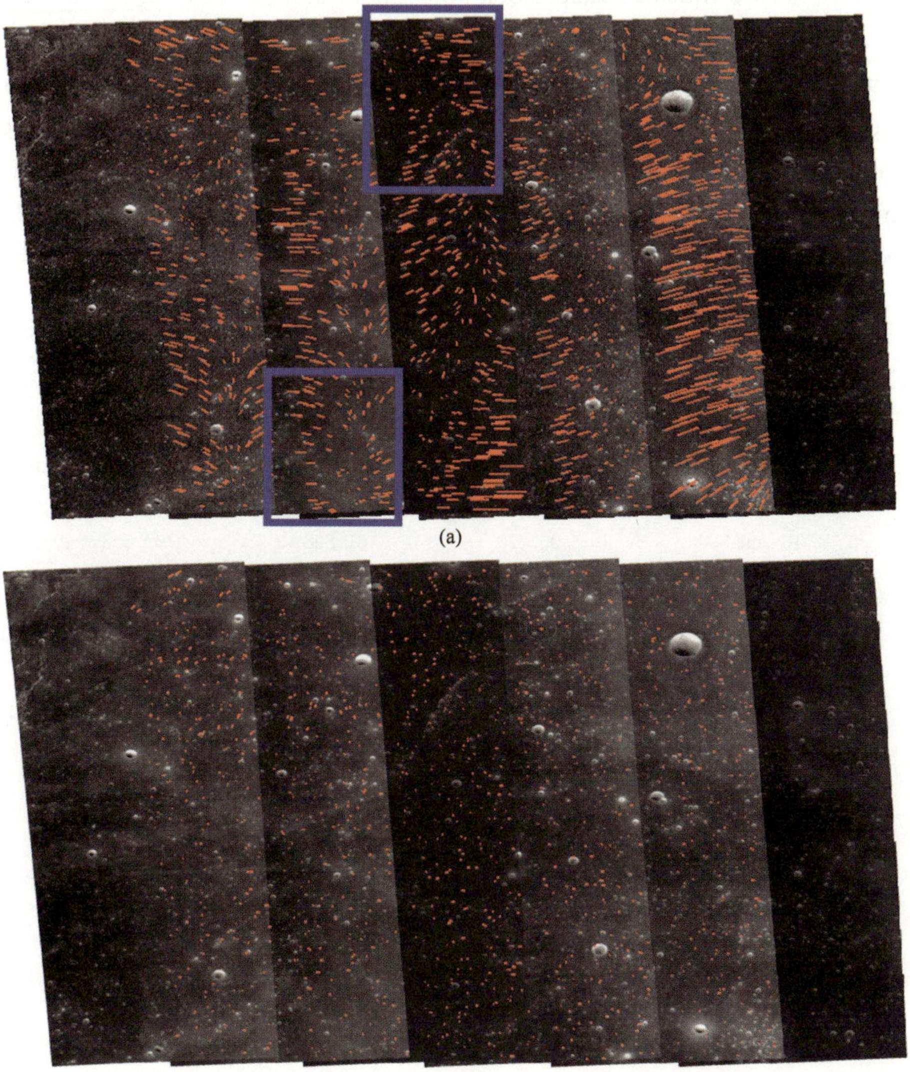

(a)

(b)

Fig. 6　Residual vectors of the check points overlaid on Chang'E-2 image mosaics in the Sinus Iridium area. (a) Residuals before the combined block adjustment (exaggerated 10×) and (b) residuals after the combined block adjustment (exaggerated 100×).

Fig. 6(a) illustrates the image residual vectors before the combined block adjustment that are exaggerated 10 times for better visual comparison. Fig. 6(b) shows the residual vectors after the combined block adjustment that are exaggerated 100 times. Detailed statistics are summarized in Table 1, including mean absolute error (MAE), Maximum, Minimum, and StDev (standard deviation). Two improvements are obtained from the combined block adjustment. First, the mean absolute image residuals are reduced from 14 - 39 pixels before the block adjustment to 0.3 - 0.5 pixels after the block adjustment while the standard deviations are reduced from 9 - 18 pixels to about 0.2 pixels. Second, residual vectors before the combined block adjustment contain obvious systematic errors. The errors are predominately biased in the side overlap direction and have a legibly diffuse pattern as addressed by the blue rectangles in Fig. 6(a). The bias in residual error can also be quantitatively gauged from the average residual error before the combined block adjustment in X and Y direction as shown in Table 1. After the combined block adjustment the residual vectors are generally randomly distributed and no clearly diffuse pattern exists.

Table 1 Statistics of the image residuals before and after the combined block adjustment in the Sinus Iridum area.

		MAE (pixels)	Max (pixels)	Min (pixels)	StDev (pixels)
(a) Image residuals before the combined block adjustment					
0570 - 0571	Residual X	35.378	61.898	-69.553	25.364
	Residual Y	13.332	33.269	-2.291	7.882
	Residual vector	38.756	73.826	1.392	18.234
0571 - 0572	Residual X	11.584	15.003	-44.286	11.575
	Residual Y	6.602	13.443	-12.802	5.673
	Residual vector	14.121	46.281	0.769	9.411
0572 - 0573	Residual X	17.520	76.444	-27.54 6	21.399
	Residual Y	8.112	14.966	-5.568	5.231
	Residual vector	20.897	76.452	1.014	12.326
0573 - 0574	Residual X	16.634	46.776	-49.230	19.561
	Residual Y	9.037	7.783	-22.248	7.111
	Residual vector	20.867	49.243	1.293	10.144
0574 - 0575	Residual X	13.526	36.214	-35.094	16.560
	Residual Y	10.914	20.353	-21.825	9.253
	Residual vector	18.400	41.934	2.682	9.390

Continuted

		MAE (pixels)	Max (pixels)	Min (pixels)	StDev (pixels)
(b) Image residuals after the combined block adjustment					
0570 – 0571	Residual *X*	0.272	1.089	–1.070	0.341
	Residual *Y*	0.117	0.505	–0.526	0.152
	Residual vector	0.322	1.091	0.011	0.198
0571 – 0572	Residual *X*	0.315	1.454	–0.989	0.391
	Residual *Y*	0.171	0.984	–0.981	0.237
	Residual vector	0.393	1.469	0.017	0.239
0572 – 0573	Residual *X*	0.320	1.388	–1.118	0.402
	Residual *Y*	0.191	0.750	–0.898	0.250
	Residual vector	0.409	1.401	0.016	0.245
0573 – 0574	Residual *X*	0.285	1.464	–0.950	0.353
	Residual *Y*	0.310	1.539	–0.729	0.405
	Residual vector	0.467	1.621	0.016	0.270
0574 – 0575	Residual *X*	0.320	1.202	–1.561	0.409
	Residual *Y*	0.321	1.334	–1.539	0.440
	Residual vector	0.502	2.054	0.028	0.334

With the combined block adjustment, the DEM generated from the Chang'E-2 imagery is expected to align well with the DEM directly interpolated from the LOLA points. To evaluate the fit between these two DEMs, four reference lines are selected for profile comparison as shown in Fig. 7, of which two are along the North – South direction and the other two are along the East – West direction.

Fig. 8 shows that the profiles derived from the LOLA DEM and Chang'E-2 DEM are visually quite consistent. The statistics for the elevation differences between the corresponding profiles are listed in Table 2. The fit between the two DEMs can be denoted by the MAE of the elevation differences, which is about 10 m except for reference line 2. The abnormal 20.06 m in reference line 2 is due to the large discrepancies in the largest crater which has a diameter over 500 m. The reason for the large discrepancy may be a lack of matched points inside the crater on the Chang'E-2 imagery, so that the interpolated DEM is shallower than the DEM derived from LOLA points in the crater region. Furthermore, the spikes in the profiles as can be noticed from Figs. 8(c) and 8(d) may be occasionally sampled points on low hills or shallow craters. In fact, the MAE by a maximum about 20 m between the two profiles can be considered as acceptable.

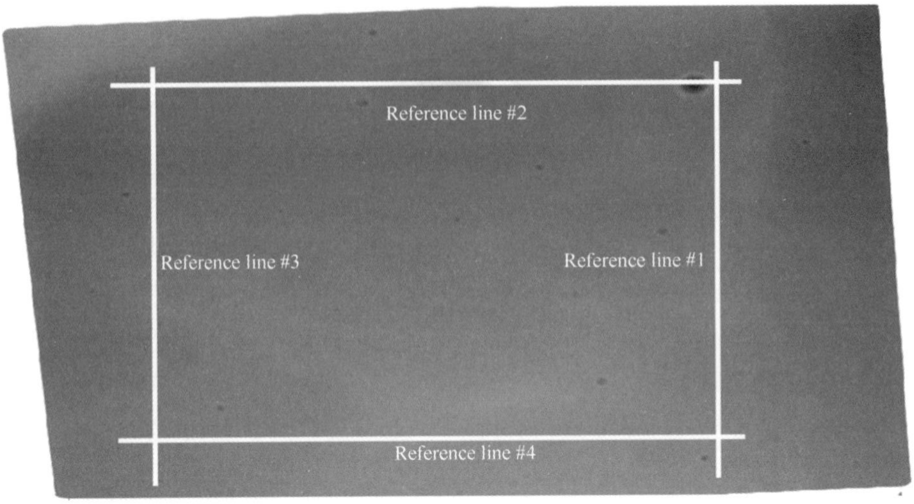

Fig. 7　Reference lines for profile comparison in the Sinus Iridum area.

Table 2　Statistics for the elevation differences between the profiles derived from LOLA DEM and Chang'E-2 DEM in the Sinus Iridum area.

	MAE (m)	Max (m)	Min (m)	StDev (m)
Reference #1	6.721	40.233	−92.989	9.879
Reference #2	20.060	198.521	−518.685	69.626
Reference #3	11.255	39.464	−61.888	14.958
Reference #4	10.835	49.483	−66.688	9.981

5.2　Experiments in the Apollo 15 landing area

The Apollo 15 landing area is located at the foot of the Apennine Mountain range. The experimental area in this research covered a region of 0.15° to 4°E and 24° to 28°N, including three strips of Chang'E-2 imagery with orbit number from 0550 to 0552 and 105 535 LOLA points. The size for each image is 6144 × 18 000 pixels, and there is about 30% overlap between two neighbor image strips. Unlike the previous experimental area in the Sinus Iridum area, the topography in this area is rugged and contains various terrain features including flat lands, continuous mountains, long gullies, and craters. The maximum elevation difference in this area is about 6 km. Fig. 9 shows the LOLA points overlaid on the Chang'E-2 image mosaic in this area.

Similar to the previous scenario, two DEMs are generated using the EO parameters of the Chang'E-2 images before and after the combined block adjustment. Fig. 10 provides a visual comparison between the two DEMs. Roughness in the overlapping area of the image strips before the combined block adjustment as can be seen in Fig. 10(a) has been removed after the combined block adjustment as shown in Fig. 10(b). As can be seen from Fig. 10(a), the inconsistency within the right two image strips (0550 and 0551)

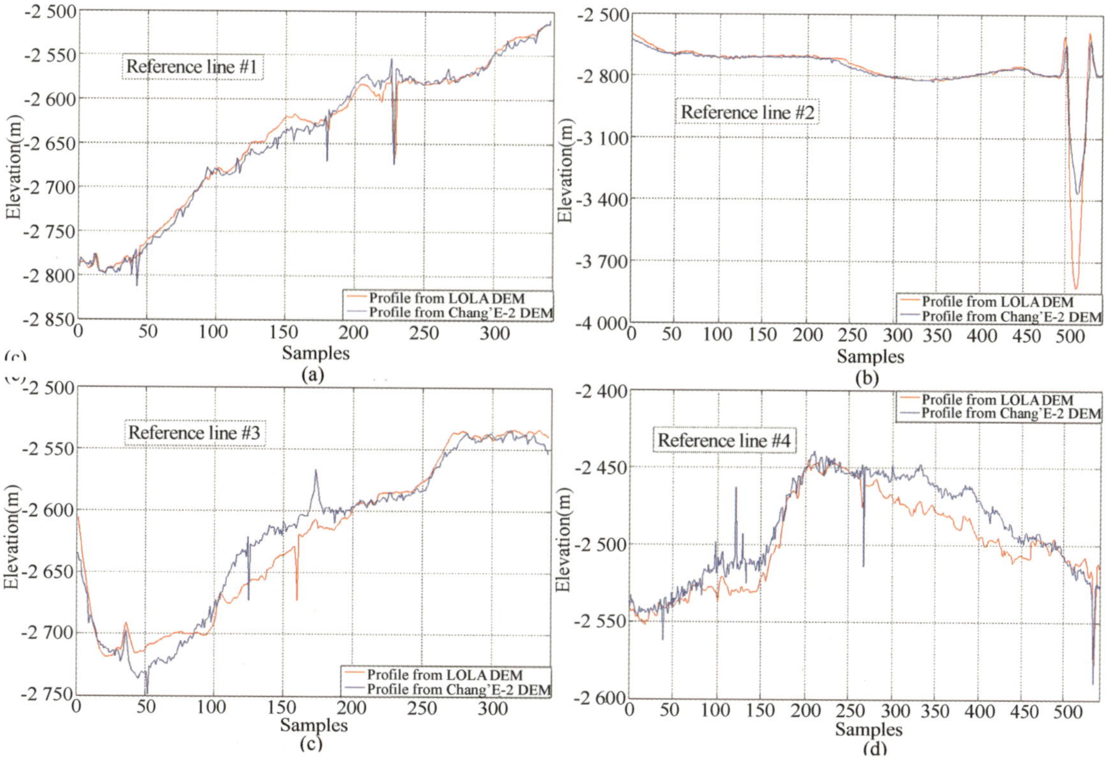

Fig. 8　Profiles derived from LOLA DEM and Chang'E-2 DEM in the Sinus Iridium area. (a) Profiles for reference line 1, (b) profiles for reference line 2, (c) profiles for reference line 3, and (d) profiles for reference line 4.

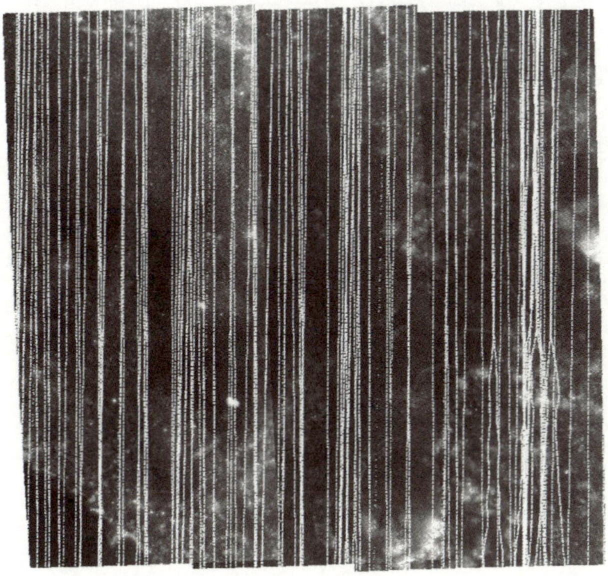

Fig. 9　LOLA points overlaid on the Chang'E-2 image mosaic in the Apollo 15 landing area.

is more serious than that between the left two image strips (0551 and 0552), which results in a more severe and larger rough area. This can be quantitatively analyzed based on the image residuals.

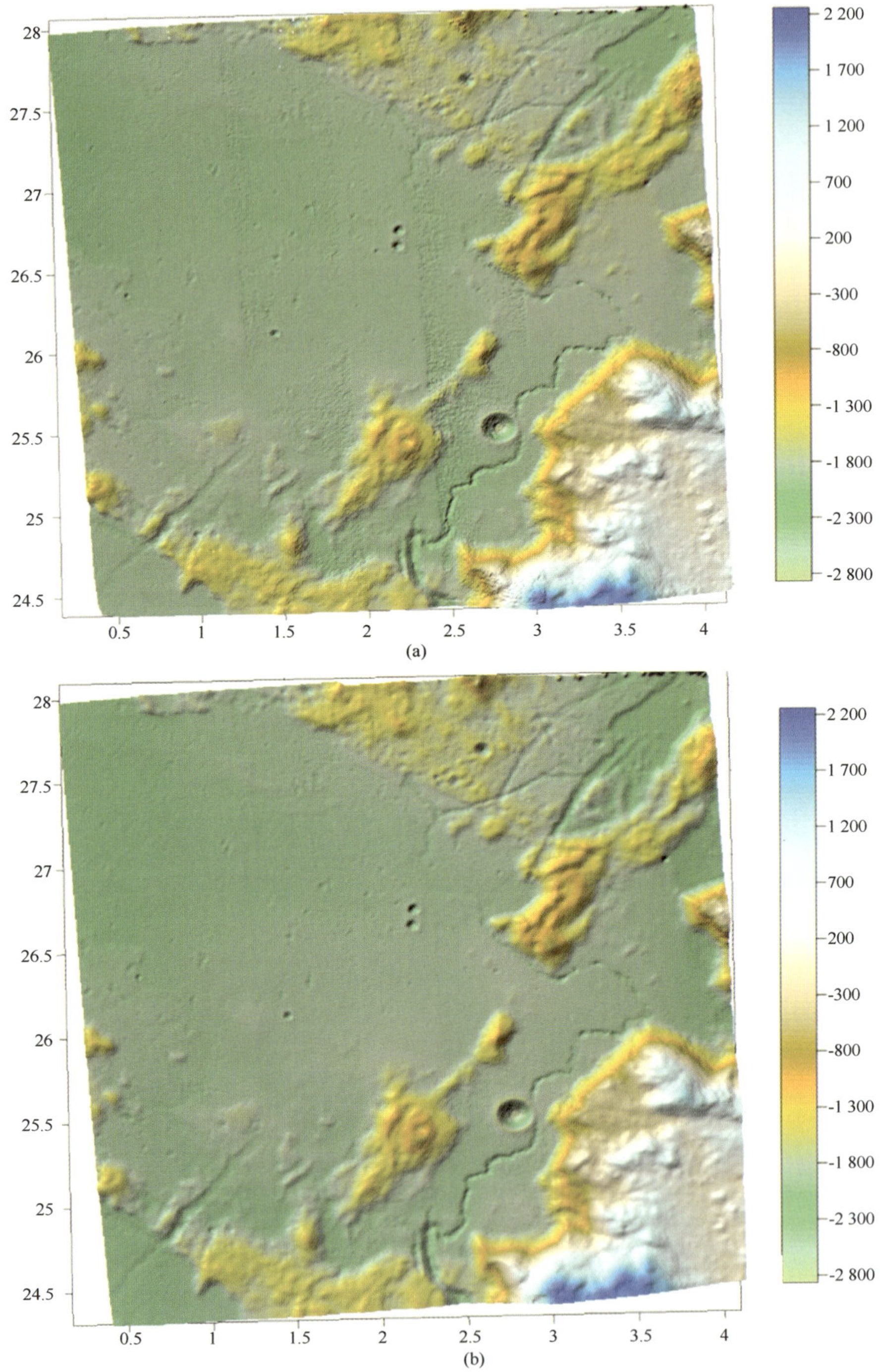

Fig. 10　Comparison of DEMs before and after combined block adjustment in the Apollo 15 landing area. (a) DEM generated using initial image EO parameters and (b) DEM generated using image EO parameters refined by combined block adjustment.

Fig. 11(a) shows the image residual vectors of the quadruple tie points before the combined block adjustment exaggerated 10 times. Fig. 1 1(b) shows the image residual vectors after the combined block adjustment exaggerated 100 times. The corresponding statistics are listed in Table 3. It can be seen from Fig. 11 that the residual vectors between the right two image strips (0550 and 0551) are much longer than those of the left two strips (0551 and 0552). The average image residual for the right two image strips is about 68 pixels, compared with 18.5 pixels for the left two image strips before the com-

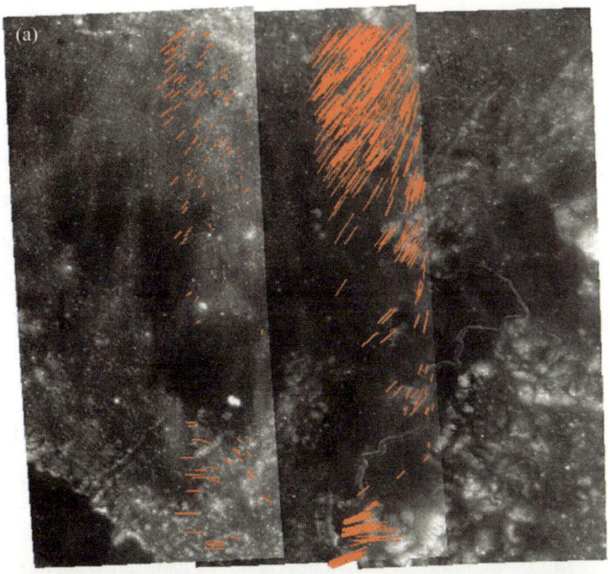

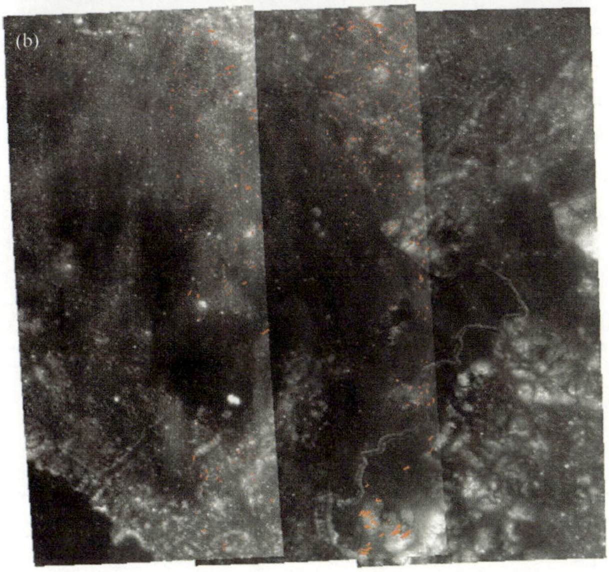

Fig. 11　Residual vectors of the check points overlaid on Chang'E-2 image mosaics in the Apollo 15 landing area. (a) Residuals before the combined block adjustment (exaggerated 10×) and (b) residuals after the combined block adjustment (exaggerated 100×).

bined block adjustment. This explains the different magnitude of roughness shown in Fig. 11(a). Furthermore, the same two types of systematic error, which are due to directional bias and diffuse patterns as exposed in the Sinus Iridum area, are also seen in Fig. 11(a), where they are more evident.

After the combined block adjustment, the quality of the EO parameters of the Chang'E-2 images has been improved at least in three aspects. First, the image residual vectors for both overlapping areas (0550 – 0551 and 051 – 0552) have decreased drastically from 18 – 68 pixels to the sub – pixel level, as listed in Table 3. The standard deviations for the two overlapping areas have also been reduced from over 10 pixels to the sub – pixel level. This indicates that the inconsistencies in the overlap areas are significantly reduced. Second, different levels of inconsistency between the two overlapping areas have been leveraged to and reach to about the same MAE of the residuals. Therefore, the DEM generated using the EO parameters after the combined block adjustment will obtain over all smoothness instead of the previous imbalance in consistency. Third, systematic errors have been eliminated as the directional bias and diffuse pattern of the residual vectors is no longer visible in Fig. 11(b).

Table 3　Statistics of the image residuals before and after the combined block adjustment in the Apollo 15 landing area.

		MAE(pixels)	Max(pixels)	Min(pixels)	StDev(pixels)
(a) Image residuals before the combined block adjustment					
0550 – 0551	Residual *X*	40.838	116.390	0.876	17.077
	Residual *Y*	51.408	3.483	– 73.646	14.752
	Residual vector	67.863	116.442	16.408	14.5990
0551 – 0552	Residual *X*	14.270	54.515	– 1.693	11.400
	Residual *Y*	10.296	23.596	– 25.648	10.166
	Residual vector	18.479	54.612	0.217	11.574
(b) Image residuals after the combined block adjustment					
0550 – 0551	Residual *X*	0.535	2.931	– 7.295	0.869
	Residual *Y*	0.459	3.443	– 4.436	0.696
	Residual vector	0.793	7.328	0.013	0.787
0551 – 0552	Residual *X*	0.569	2.203	– 3.487	0.809
	Residual *Y*	0.588	2.340	– 2.826	0.760
	Residual vector	0.911	4.200	0.039	0.633

To evaluate the performance of the combined block adjustment, the DEM generated from the Chang'E-2 imagery after the combined block adjustment is compared with the DEM directly interpolated from the LOLA points. Four reference lines are selected for profile comparison, as shown in Fig. 12, of which two are along the North – South direction and the other two are along the East West direction.

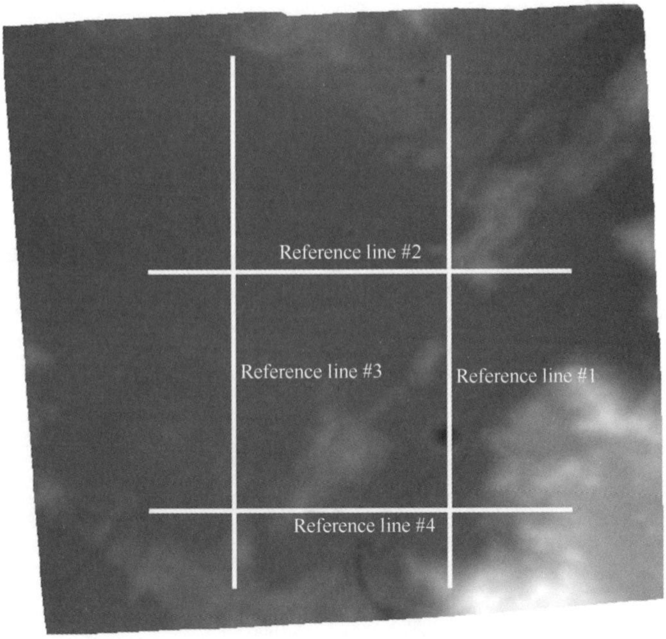

Fig. 12　Reference lines for profile comparison in Apollo 15 landing area.

Fig. 13 shows that the profiles derived from LOLA DEM and Chang'E-2 DEM are generally quite consistent. The statistics for the elevation differences are listed in Table 4. The MAE of the elevation difference for the four reference lines ranges from 15 to 42 m. The results for the Apollo 15 landing area are arguably worse than those for the Sinus Iridum area. This may be related to the complex terrain features and huge fluctuation in elevation in the Apollo 15 landing area. The elevation range is typically 300 m for the Sinus Iridum area as shown in Fig. 8 while the range is 3000 m for profiles in the Apollo 15 landing area. In addition, almost all of the obvious terrain features that are revealed in the profiles can be registered well enough free of impact from large elevation range.

Table 4　Statistics of the elevation differences between the profiles derived from LOLA DEM and Chang'E-2 DEM in the Apollo 15 landing area.

	MAE (m)	Max (m)	Min (m)	StDev (m)
Reference ＃1	41.175	200.077	−395.013	56.239
Reference ＃2	22.817	160.269	−49.925	42.709
Reference ＃3	15.369	106.365	−79.838	31.979
Reference ＃4	21.742	97.421	−175.407	39.908

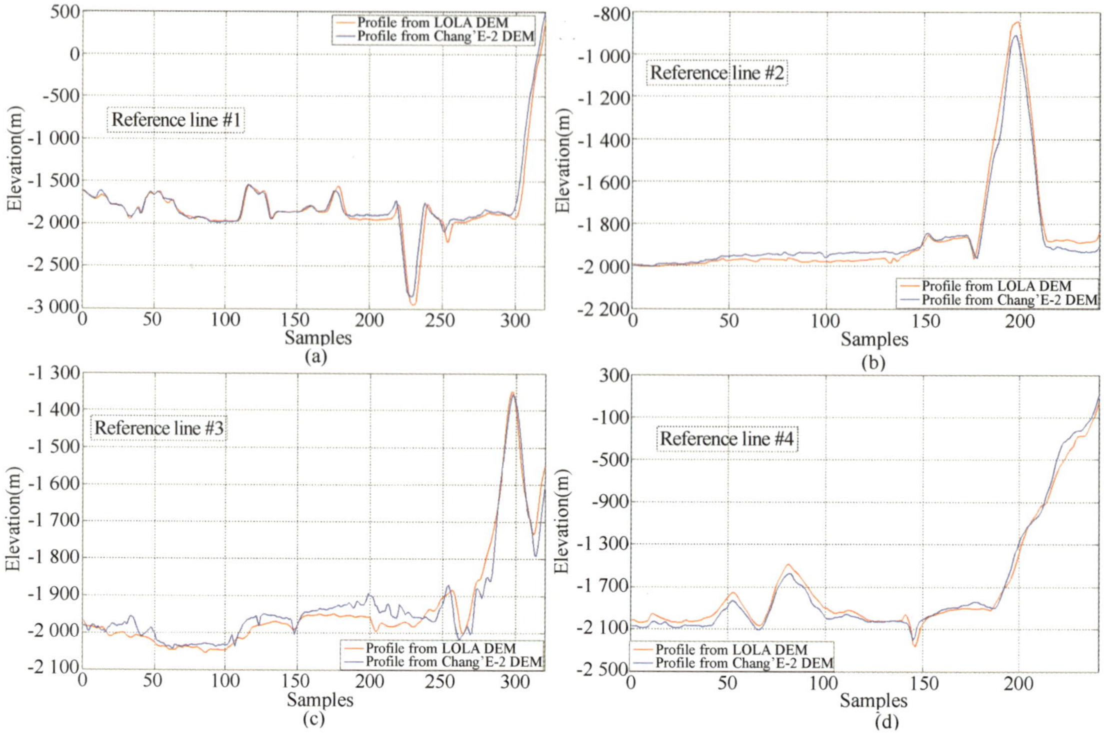

Fig. 13　Profiles derived from LOLA DEM and Chang'E-2 DEM in the Apollo 15 landing area. (a) Profiles for reference line 1, (b) profiles for reference line 2, (c) profiles for reference line 3 and (d) profiles for reference line 4.

6　Concluding remarks

This paper presents a combined block adjustment approach for the integration of Chang'E-2 imagery and LOLA data for precision lunar topographic modeling. The approach incorporates LOLA data to improve the EO parameters of the Chang'E-2 imagery and uses two particular constraints to minimize the inconsistencies between the overlapping Chang'E-2 images and the inconsistencies between the Chang'E-2 and LOLA data sets. The performance of the developed combined block adjustment approach was evaluated using multiple strips of Chang'E-2 imagery and LOLA data in the Sinus Iridum area and the Apollo 15 landing area. In both experimental areas, the mean absolute image residuals were drastically reduced from tens of pixels before the block adjustment to sub-pixel level (0.3-0.5 pixels for the Sinus Iridum area and 0.8-0.9 pixels for the Apollo 15 landing area) after the block adjustment, while the standard deviations were reduced from over 10 pixels to sub-pixel level as well (about 0.2 pixels for the Sinus Iridum area and 0.8 pixels for the Apollo 15 landing area). DEMs with 20 m resolution were generated based on the improved EO parameters of the Chang'E-2 imagery after the combined block adjustment. Comparison of the Chang'E-2 DEM with the LOLA DEM showed a good level of consistency.

The combined block adjustment approach developed in this study was able to integrate cross - mission and cross - sensor lunar orbiter imagery and laser altimeter data for precision lunar topographic modeling, which will permit the full comparative and synergistic use of lunar topographic data sets from different sources. This cross - sensor and cross - mission data integration strategy can also be used in other similar applications on Earth, Mars, and beyond.

Acknowledgements

The authors would like to thank the National Astronomical Observatories of the Chinese Academy of Sciences for providing the Chang'E-2 imagery. The work described in this study was supported by a grant from the Research Grants Council of Hong Kong (Project No: PolyU 5312/10E) and a grant from the National Natural Science Foundation of China (Project No: 91338110). The work was also supported by a project from the China Academy of Space Technology.

References

[1] Albertz, J., Attwenger, M., Barrett, J., Casley, S., Dorninger, P., Dorrer, E., Ebner, H., Gehrke, S., Giese, B., Gwinner, K., 2005. HRSC on Mars express - photogrammetric and cartographic research. Photogramm. Eng. Remote Sens. 71 (10), 1153 - 1166.

[2] Anderson, F.S., Parker, T.J., 2002. Characterization of MER landing sites using MOC and MOLA. In: Proceedings, 33rd Lunar and Planetary Science Conference. League City, Texas, March 11 - 15.

[3] Araki, H., Tazawa, S., Noda, H., Ishihara, Y., Goossens, S., Sasaki, S., Kawano, N., Kamiya, I., Otake, H., Oberst, J., Shum, C., 2009. Lunar global shape and polar topography derived from Kaguya - LALT laser altimetry. Science 323, 897 - 900.

[4] Arya, A.S., Rajasekhar, R.P., Thangjam, G., Ajai Kumar, A.S.K., 2011. Detection of potential site for future human habitability on the Moon using Chandrayaan - 1 data. Curr. Sci. 100 (4), 524 - 529.

[5] Bostelmann, J., Schmidt, R., Heipke, C., 2012. Systematic bundle adjustment of HRSC image data. Int. Arch. Photogramm. Remote Sens. Spat. Inf. Sci. XXXIX - B4, 301 - 306.

[6] Brown, D.C., 1968. A unified lunar control network. Photogramm. Eng. 34 (12), 1272 - 1292.

[7] Brown, D.C., 1976. The bundle adjustment - Progress and prospects. Int. Arch. Photogramm. 21 (3). 33 p.

[8] Burns, K.N., Speyerer, E.J., Robinson, M.S., Tran, T., Rosiek, M.R., Archinal, B.A., Howington - Kraus, E., the LROC Science Team, 2012. Digital elevation models and derived products from

LROC NAC stereo observations. Int. Arch. Photogramm. Remote Sens. Spat. Inf. Sci. XXXIX-B4, 483-488.

[9] Cramer, M., Haala, N., 2010. DGPF project: Evaluation of digital photogrammetric aerial-based imaging systems-Overview and results from the pilot center. Photogramm. Eng. Remote Sens. 76 (9), 1019-1029.

[10] Di, K., Hu, W., Liu, Y., Peng, M., 2012. Co-registration of Chang'E-1 stereo images and laser altimeter data with crossover adjustment and image sensor model refinement. Adv. Space Res. 50 (12), 1615-1628.

[11] Doyle, F.J., Elassel, A.A., Lucas, J.R., 1976. Experiment S-213 selenocentric geodetic reference system. NASA STI, Final Report B28631-000A. National Oceanic and Atmospheric Administration, Rockville, MD.

[12] Ebner, H., Strunz, G., Colomina, I., 1991. Block triangulation with aerial and space imagery using DTM as control information. CSM-ASPRS Auto-Carto 10, Annual Convention, Technical papers, Baltimore, March 25-29, Vol. 5, pp. 76-85.

[13] Garvin, J.B., Sakimoto, S., Schnetzler, C., Frawley, J.J., 1999. Global geometric prop erties of martian impact craters: a preliminary assessment using Mars Orbiter Laser Altimeter (MOLA). In: The Fifth International Conference on Mars. July 18-23, Pasadena, CA.

[14] Gwinner, K., Scholten, F., Spiegel, M., Schmidt, R., Giese, B., Oberst, J., Heipke, C., Jaumann, R., Neukum, G., 2009. Derivation and validation of high-resolution digital terrain models from Mars Express HRSC-Data. Photogramm. Eng. Remote Sens. 75 (9), 1127-1142.

[15] Haruyama, J., Hara, S., Hioki, K., Iwasaki, A., Morota, T., Ohtake, M., Matsunaga, T., Araki, H., Matsumoto, K., Ishihara, Y., Noda, H., Sasaki, S., Goossens, S., Iwata, T., 2012. Lunar global digital terrain model dataset produced from SELENE (Kaguya) terrain camera stereo observations. In: Proceedings, Lunar and Planetary Science Conference. Woodlands, TX, March 19-23. In: LPS, vol. XLIII, p. 1200.

[16] Jaw, J.-J., 2000. Control surface in aerial triangulation. Int. Arch. Photogramm. Remote Sens. XXXIII (B3), 444-451.

[17] Kamalakar, J.A., Bhaskar, K.V.S., Laxmi Prasad, A.S., Selvaraj, P., Venkateswaran Kalyanim, R.K., Goswami, A., Sridhar Raja, V.L.N., 2009. Lunar laser ranging instrument (LLRI) a tool for the study of topography and gravitational field of the moon. Curr. Sci. 96 (4), 512-516.

[18] Kato, M., Sasakia, S., Tanakaa, K., Iijimaa, Y., Takizawaa, Y., 2008. The Japanese lunar mission SELENE: Science goals and present status. Adv. Space Res. 42 (2), 294-300.

[19] King, B., Guo, J., Chen, Y.Q., Zhang, J.X., Zhang, Y.H., Ning, X.G., 2009. The lunar DEM generation process based on clementine and Chang'E-1 images. In: Proceedings, International Conference on Geo-spatial Solutions for Emergency Management. Beijing, China, September 14-16.

[20] Li, C.L., Liu, J.J., Ren, X., Mou, L., Zou, Y., Zhang, H., Lv, C., Liu, J., Zuo, w., Su, Y., Wen, w., Bian, W., Zhao, B., Yang, J., Zou, x., Wang, M., Xu, C., Kong, D., Wang, X., Wang, F., Geng, L., Zhang, Z., Zheng, L., Zhu, X., Li, J., Ouyang, z., 2010a. The global image of the moon by the Chang'E-l: Data processing and lunar cartography. Sci. China Earth Sci. 40 (3), 294-306.

[21] Li, C.L., Ren, X., Liu, J., Zou, x., Mou, L., Wang, J., Shu, R., Zou, Y., Zhang, H., Lv, C., Liu, J., Zuo, w., Su, Y., Wen, w., Bian, W., Wang, M., Xu, C., Kong, D., Wang, X., Wang, F., Geng, L., Zhang, Z., Zheng, L., Zhu, X., Li, J., 2010b. Laser altimetry data of Chang'E-1 and the global lunar DEM model. Sci. China Earth Sci. 40 (3), 281-293.

[22] Light, D.L., 1972. Altimeter observations as orbital constraints. Photogramm. Eng. 38 (4), 339-346.

[23] Liu, J.J., Ren, X., Mu, L., Zhao, B., Xiang, B., Yang, J., Zou, Y., Zhang, H., Lu, C., Liu, J., Zuo, w., Su, Y., Wen, w., Bian, W., Zou, X., Li, C.L., 2009. Automatic DEM generation from Chang'E-l's CCD stereo camera images. In: Proceedings 40th Lunar and Planetary Science Conference. Houston, TX, March 23-27, p. 2570.

[24] Mazarico, E., Rowlands, D.D., Neumann, G.A., Smith, D.E., Torrence, M.H., Lemoine, F. G., Zuber, M.T., 2011. Orbit determination of the lunar reconnaissance orbiter. J. Geod. 86, 193-207.

[25] Ouyang, Z.Y., Li, C., Zou, Y., Zhang, H., Lv, C., Liu, J., Liu, J., Zuo, w., Su, Y., Wen, w., 2010. Preliminary scientific results of Chang'E-1 lunar orbiter. Sci. China 53 (11), 1565-1581.

[26] Radhadevi, P.V., Solanki, S.S., Nagasubramanian, V., Sudheer Reddy, D., Krishna Sumanth, T., Saibaba, J., Varadan, Geeta, 2013. An algorithm for geometric cor rection of full pass TMC imagery of Chandrayaan-1. Planet. Space Sci. 79, 45-51. http://dx.doi.org/10.1016/j.pss.2013.01.012i.

[27] Robinson, M.S., Speyerer, E.J., Boyd, A., Waller, D., Wagner, R.V., Burns, K.N., 2012. Exploring the Moon with the lunar reconnaissance orbiter camera. Int. Arch. Photogramm. Remote Sens. Spat. Inf. Sci. XXXIX-B4, 501-504.

[28] Rosiek, M., Kirk, R., Hare, T., Howington-Kraus, E., 2001. Combining lunar photogrammetric topographic data with Clementine LIDAR data. In: Proceedings, ISPRS WG IV/9: Extraterrestrial Mapping Workshop "Planetary Mapping 2001". Flagstaff, AZ, October 14-15.

[29] Scholten, F., Oberst, J., Matz, K.-D., Roatsch, T., Waihlisch, M., Speyerer, E.J., Robinson, M.S., 2012. GLD100: The near-global lunar 100 m raster DTM from LROC WAC stereo image data. J. Geophys. Res., Planets 117, E00H17.

[30] Smith, D.E., Zuber, M.T., Neumann, G.A., Lemoine, EG., 1997. Topography of the Moon from the Clementine LiDAR. J. Geophys. Res., Planets 102 (El), 1591-1611.

[31] Smith, D.E., Zuber, M.T., Jackson, G.B., Cavanaugh, J.F., Neumann, G.A., Riris, H., Sun, X., Zellar, R.S., Coltharp, C., Connelly, J., Katz, R.B., Kleyner, I., Liiva, P., Matuszeski, A., Mazarico, E.M., McGarry, J.F., Novo-Gradac, A., Ott, M.N., Peters, C., RamosIzquierdo, L.A., Ramsey, L., Rowlands, D.D., Schmidt, S., Scott, V.S., Shaw, G.B., Smith, J.C., Swinski, J., Torrence, M.H., Unger, G., Yu, A.W., Zagwodzki, T.W., 2010. The lunar orbiter laser altimeter investigation on the lunar reconnaissance orbiter mission. Space Sci. Rev. 150 (1-4), 209-241.

[32] Spiegel, M., 2007. Improvement of interior and exterior orientation of the three line camera HRSC with a simultaneous adjustment. Int. Arch. Photogramm. Remote Sens. Spat. Inf. Sci. 36 (3/W49B), 161-166.

[33] Teo, T.A., Chen, L.C., Liu, C.L., Tung, Y.C., Wu, W.Y., 2010. DEM-aided block adjust-

ment for satellite images with weak convergence geometry. IEEE Trans. Geosci. Remote Sens. 48 (4), 1907-1918.

[34] Tran, T., Rosiek, M., Ross, R., Beyer, A., Mattson, S., Howington-Kraus, E., Robinson, M.S., Archinal, B.A., Edmundson, K., Harbour, D., Anderson, E., the LROC Science Team, 2010. Generating digital terrain models using LROC NAC images. In: Proceedings, ASPRS/CaGIS 2010 Fall Specialty Conference. Orlando, Florida, November 15-19.

[35] Vighnesam, N.V., Sonney, A., Gopinath, N.S., 2010. India's first lunar mission Chandrayaan-1 initial phase orbit determination. Acta Astronaut. 67 (7-8), 784-792.

[36] Vondrak, R., Keller, J., Chin, G., Garvin, J., 2010. Lunar Reconnaissance Orbiter (LRO): observations for lunar exploration and science. Space Sci. Rev. 150, 7-22.

[37] Wang, Z.Z., 1990. Principles of Photogrammetry [with Remote Sensing]. Press of Wuhan Technical University of Surveying and Mapping, Publishing House of Surveying and Mapping, Beijing.

[38] Wang, X.Q., Cui, J., Wang, X.D., Liu, J.J., Zhang, H.B., Zuo, W., Su, Y., Wen, W.B., Rème, H., Dandourasb, I., Aoustinb, C., Wang, M., Tan, X., Shen, J., Wang, F., Fu, Q., Li, C.L., Ouyang, Z.Y., 2012. The solar wind interactions with lunar magnetic anomalies: A case study of the Chang'E-2 plasma data near the Serenitatis antipode. Adv. Space Res. 50 (12), 1600-1606.

[39] Wieczorek, M.A., Jolliff, B.L., Khan, A., Pritchard, M.E., Weiss, B.P., Williams, J.G., Hood, L.L., Righter, K., Neal, C.R., Shearer, C.K., McCallum, I.S., Tompkins, S., Hawke, B.R., Peterson, C., Gillis, J.J., Bussey, B., 2006. The constitution and structure of the lunar interior. Rev. Mineral. Geochem. 60, 221-364.

[40] Wu, B., Guo, J., Zhang, Y., King, B., Li, Z., Chen, Y., 2011a. Integration of Chang'E-1 imagery and laser altimeter data for precision lunar topographic modeling. IEEE Trans. Geosci. Remote Sens. 49 (12), 4889-4903.

[41] Wu, B., Zhang, Y., Zhu, Q., 201 lb. A triangulation-based hierarchical image matching method for wide-baseline images. Photogramm. Eng. Remote Sens. 77 (7), 695-708.

[42] Wu, B., Zhang, Y., Zhu, Q., 2012. Integrated point and edge matching on poor textural images constrained by self-adaptive triangulations. ISPRS J. Photogramm. Remote Sens. 68, 40-55.

[43] Wu, B., Guo, J., Hu, H., Li, Z., Chen, Y., 2013. Co-registration of lunar topographic models derived from Chang'E-I, SELENE, and LRO laser altimeter data based on a Novel surface matching method. Earth Planet. Sci. Lett. 364, 68-84.

[44] Yoon, J.-S., Shan, J., 2005. Combined adjustment of MOC stereo imagery and MOLA altimetry data. Photogramm. Eng. Remote Sens. 71 (10), 1179-1186.

[45] Zhao, B., Yang, J., Wen, D., 2011. Chang'E-2 satellite CCD stereo camera design and verification. Spacecraft Eng. 20 (1), 14-21.

[46] Zhou, W., Yang, W., 2010. Orbit design for Chang'E-2 lunar orbiter. Spacecraft Eng. 19 (5), 24-28.

[47] Zhu, Q., Wu, B., Wan, N., 2007a. A filtering strategy for interest point detecting to improve repeatability and information content. Photogramm. Eng. Remote Sens. 73 (5), 547-553.

[48] Zhu, Q., Wu, B., Wan, N., 2007b. A subpixel location method for interest points by means of the Harris interest strength. Photogramm. Rec. 22 (120), 321-335.

[49] Zou, X.D., Liu, J.J., Mou, L.L., Ren, X., Li, K., Zhao, J.J., Liu, Y.X., Li, C.L., 2012. Topographic analysis of the proposed landing area of Sinus Iridum. In: EPSC Abstracts, vol. 7. EPSC2012-151-1.

Lunar Penetrating Radar onboard the Chang'e-3 mission

Guangyou Fang, Bin Zhou, Yicai Ji, Qunying Zhang, Shaoxiang Shen, Yuxi Li, Hongfei Guan, Chuanjun Tang, Yunze Gao, Wei Lu, Shengbo Ye, Haidong Han, Jin Zheng and Shuzhi Wang

Institute of Electronics, Chinese Academy of Sciences, Beijing 100190, China; gyfang@mail.ie.ac.cn

Abstract: Lunar Penetrating Radar (LPR) is one of the important scientific instruments onboard the Chang'e-3 spacecraft. Its scientific goals are the mapping of lunar regolith and detection of subsurface geologic structures. This paper describes the goals of the mission, as well as the basic principles, design, composition and achievements of the LPR. Finally, experiments on a glacier and the lunar surface are analyzed.

Key words: Chang'E-3 mission; moon rover; Lunar Penetrating Radar

1 Introduction

From the end of the 1950s to the end of the 1970s, the Soviet Union and the US space agency NASA launched many spacecrafts to the Moon, and some explorers successfully landed on the Moon (Heiken et al. 1991; Ouyang 2005). Since the end of the 1990s, the exploration of the Moon has again attracted attention because of its unknown origin and abundance of mineral resources. With the fast development of modern science, many novel technologies can be used to study and explore the Moon in detail. At present, the Moon's interior geological structure and the distribution of regolith thickness on the Moon are also poorly understood. If the thickness of lunar regolith can be measured, the content of mineral resources in the lunar regolith can be estimated. On the other hand, there is no overall understanding of the origin and formation process of the Moon. Due to geological structures on the Moon being related to its evolution history, if the geological conditions several kilometers beneath the Moon's surface can be explored, the origin and evolution of the Moon can be better understood.

Information about geological structures within a depth of 1 – 2 km in parts of the Moon have been known from the results of the US Apollo program. In 1973, the Apollo 17 spacecraft carried multiband ground penetrating radar, which was named the Apollo Lunar Sounder Experiment (ALSE) (Porcello et al. 1974). ALSE operated in two HF bands (with center frequencies 5 MHz – HF1 and 15 MHz – HF2) and one VHF band

(150 MHz), each with a bandwidth of 10% (using a chirped signal). The ALSE radar worked a total of 13 hours in lunar orbit and obtained many geological data to a depth of 1 - 2 km below the surface of the Moon. But due to limitations in electronic technology at that time, the radar has several shortcomings, mainly in the low quality and signal - to - noise ratio of the signal, no phase information, poor depth resolution and short detection time. For example, the depth resolution was about 150 m and the thickness distribution of lunar regolith could not be detected. In addition, because the radar data were recorded on optical films, special pieces of equipment developed by NASA were needed to read the data, which lead to extreme difficulty in subsequent data processing. Up to now, NASA has only published some results from ALSE radar detected from some areas. From the published data, although ALSE radar was poor at discerning the composition and thickness of geological layers, these experimental results still provided important information for humans to better understand the Moon.

Japan developed a lunar spacecraft in the 1990s named Kaguya (SELENE). SELENE carried 14 scientific equipments, one of which was a Lunar Radar Sounder (LRS) which was used to detect geological structure at depths of 4 - 5 km under the surface of the Moon (Ono et al. 2010; Kobayashi et al. 2012). SELENE's LRS radar operated in the frequency range of 4 to 6 MHz, and a linear frequency - modulated pulse signal with a pulse width of 200 μs and pulse power of 800 W were used. The power consumption and weight were respectively 50 W and 24 kg. The LRS system consists of two dipole antennas crossed each other. One dipole antenna is used to transmit the EM signals and both dipole antennas are used to receive the echo signals. SELENE was launched on 2007 September 14 with an orbital height of 100 km from the Moon. From 2007 November 20, LRS radar began to work. The LRS radar system obtained data about the geological structure from hundreds of meters to kilometers below the lunar surface, but its resolution was poor for identifying geological layers and it could not detect the thickness distribution of lunar regolith.

Both ALSE radar and LRS radar were installed on lunar orbiters, and they worked in a low frequency range with narrow bandwidth and poor resolution, which could not detect the thickness distribution of lunar regolith. This paper proposes an ultra - wide - band ground penetrating radar mounted on a lunar rover to explore the thickness distribution of lunar regolith and geological structures of rock under the lunar surface, which was named Lunar Penetrating Radar (LPR) and is part of the Chang'e-3 (CE-3) mission (Ip et al. 2014). LPR is one of the important payloads on the CE-3 probe. This paper describes the working principle and scientific goals of LPR, and then summarizes the design of the radar system which includes the design technologies of the nanosecond pulse transmitter, nanosecond receiver and ultra - wideband antennas. Finally, the experimental results on the ground and on the Moon are given. The details of data processing and initial results of LPR can be found in a companion paper (Su et al. 2014). The performances of LPR onboard the rover of the CE-3 probe are evaluated based on results from a ground experiment (Zhang et al. 2014) and an echo simulation of LPR (Dai et al. 2014).

The plan of the paper is as follows. The next section presents the principle and scientific objectives of LPR. Section 3 describes of the LPR system. In this section, the operating techniques used by the LPR system, nanosecond pulse transmitters and receivers, ultra-broadband antennas are discussed. In Section 4, the experiment results on a glacier and the lunar surface are analyzed. A final conclusion is given in Section 5.

2 The Principle and Scientific Objectives of LPR

LPR is a kind of nanosecond imaging radar that is carrier free and operates in the time domain. Its working principle is shown in Figure 1. It can be seen from the figure that the radar transmits a carrier free pulse signal into the lunar subsurface, and the pulse signal propagates into the lunar regolith and lunar crustal rock. If the pulse signal encounters an uneven layer, the interface of different media, rocks or other targets, it will be reflected and scattered back to the radar. By receiving the reflection and scattering signal and through data processing, analysis and inversion, the thickness and distribution of lunar regolith as well as the geological structure of the lunar subsurface along the rover's path can be detected.

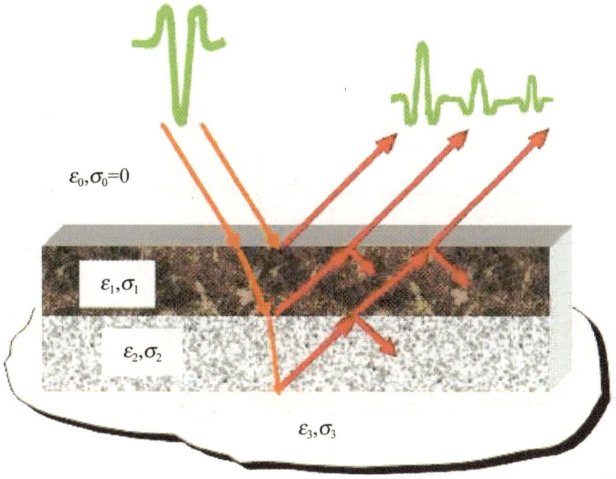

Fig. 1　Working principle of LPR.

The scientific objectives of the LPR are to complete the exploration of lunar subsurface structure along the path of the rover: (1) an exploration of thickness and layer structure in lunar regolith; (2) an exploration of geological structure in the shallow lunar crust.

According to data measured by LPR, the following objectives of science and engineering research can be achieved: (1) to obtain the thickness distribution of lunar regolith along the path of the rover, and allow inversion of electromagnetic parameters describing lunar regolith and lunar shallow rocks to provide a basis for the estimation of mineral resources in the regolith; (2) to better understand the relationship between lunar terrain characteristics and geological structures, and provide scientific data for research on lunar morphological terrain and geology; (3) to provide a scientific basis for a detailed study of the formation and evolution of the Moon; (4) to provide necessary scientific data for the location of a future Moon base.

3 Design of the LPR System

In order to realize the scientific objectives, two detection channels are designed in the LPR system. the first channel (CH1) works in the frequency band 40 - 80 MHz and the depth resolution is about several meters. This channel is used to detect structure of the shallow lunar crust along path of the rover. The second channel (CH2) operates in the frequency band 250 - 750 MHz and the depth resolution is less than 30 cm. This channel is used to detect the thickness and structure of lunar regolith along the path of the rover. The composition of the radar system include the interface among the internal parts, the interface between LPR and the electrical control box of the payload are shown in Figure 2.

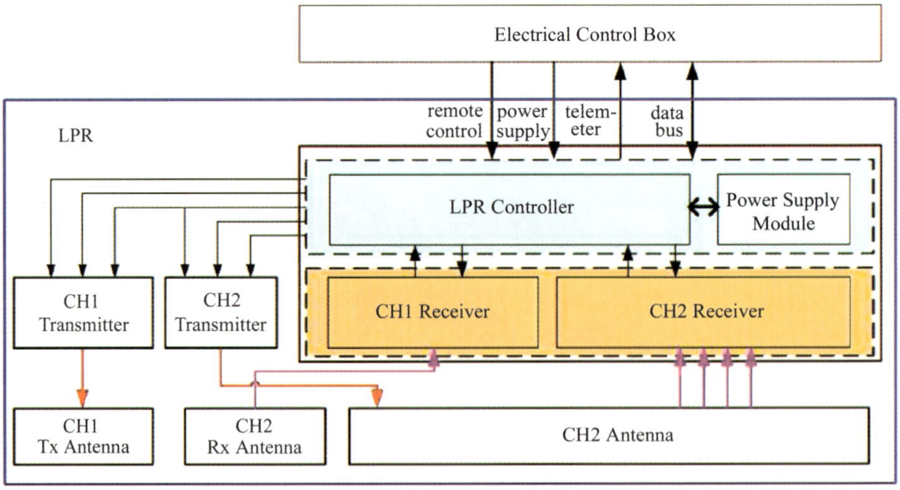

Fig. 2　Composition of the LPR system.

As shown in Figure 2, the CH1 pulse transmitter is triggered by a clock signal from the LPR controller to generate a reliable pulse signal, and then the pulse is fed to the CH1 transmitting antenna and is transmitted into the lunar subsurface. The echo signal from the underground target is received by the CH1 receiving antenna and sent to the CH1 pulse receiver. The echo signal is amplified in the CH1 receiver which is controlled by the LPR controller, and then the amplified signal is sent to the controller for digitizing. According to the same principle, the CH2 completes the transmission and receives the pulse signal. All of the data from CH1 and CH2 are processed by the LPR controller and accumulated, and then the channel code and time code are inserted to the data, then the data are packed and sent to the integrated electronic system through the data bus.

3.1 Technique for Generating the Nanosecond Pulse

An avalanche transistor based on a Marx bank is usually used for generating a high voltage nanosecond pulse in the transmitter for ground penetrating radar (Daniels 2004). The transmitter includes four units, which are a trigger pulse generator unit, trigger pulse shaping unit, Marx bank and power supply. The trigger pulse generator unit is a digital integrated circuit which is used to generate a trigger pulse for the Marx bank. The trigger pulse shaping unit sharpens the trigger pulse. Several avalanche transistors are mounted as a cascade, charged in parallel and discharged in serial for a higher power narrow pulse in the Marx bank. Avalanche transistors in the Marx bank are biased near the maximum collector - base breakdown voltage $V_{(BR)CES}$ before the trigger pulse is initiated. When the trigger pulse is initiated, transistors are avalanched and higher power narrow pulses are generated with hundreds or even thousands of volts. The voltage is proportional to the number of avalanche transistors, and the width relies on the charging capacitor between every transistor. Low DC power is used by the trigger generator and pulse shaping units and higher DC power by the Marx bank, which are provided by the power supply unit.

Avalanche transistors often have a short lifetime because of the following reasons. The first reason is that avalanche transistors operate close to their avalanche breakdown voltage and have limited avalanche times. The imperfect static biasing will seriously affect the avalanche times. The second reason is that there is a large diversity in avalanche parameters, especially $V_{(BR)CES}$. The same circuit topology and static biasing will not apply to every transistor in the Marx bank. The circuit must be carefully designed. The third reason is that when the circuits operate at high voltage, high voltage will cause failure of components even if the average power is very small.

A highly reliable (which means long operating time) Marx - type nanosecond pulse generator is proposed in the LPR. The nanosecond pulse generator is shown in Figure 3. It consists of a trigger pulse generator, isolation circuit, Marx bank and power supply. The protection and isolation circuit between the trigger pulse generator and Marx bank ensure the safety of the trigger pulse generator. The bias voltage is defined through analysis, simulation and laboratory tests. An RF transformer with wide bandwidth feeds the trigger pulse to every transistor, as shown in Figure 4, and every transistor will breakdown at the same time and the reliability is enhanced. This nanosecond pulse transmitter has undergone all tests with no failures, and has been in service for over three months on the lunar surface with no failures.

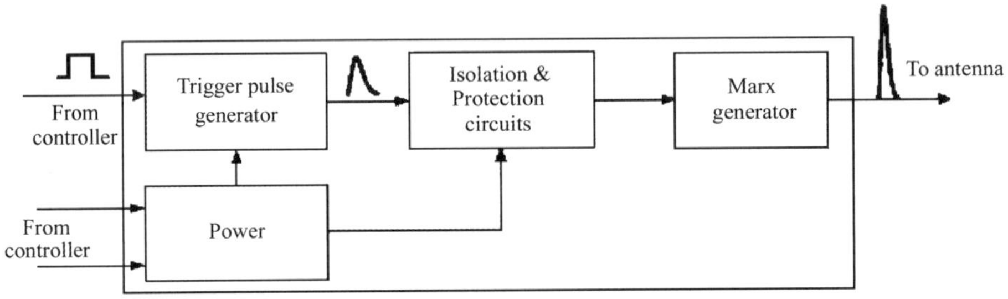

Fig. 3　Nanosecond pulse generator.

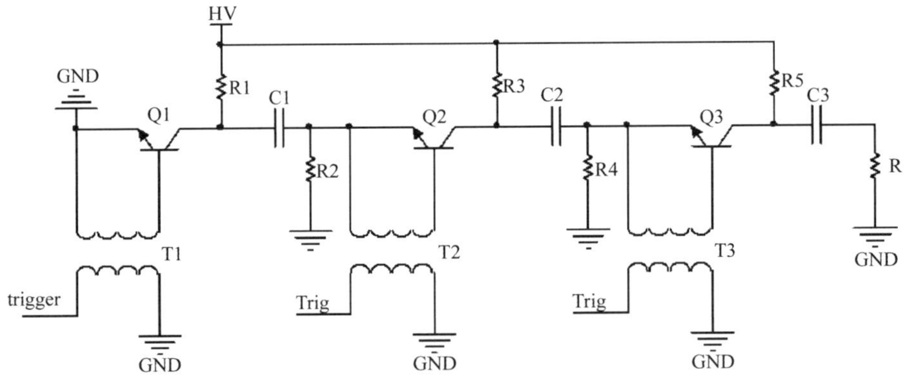

Fig. 4　The Marx bank circuit.

Twelve avalanche transistors are incorporated in the Marx bank circuit in the transmitter for CH1, and produce a negative pulse. The peak amplitude of the negative pulse is 1033.45 V at a 50 Ω load with a 1.6 ns falling time. Ten avalanche transistors are included in the Marx bank circuit in the transmitter for CH2, and produce a balanced pulse. The peak amplitude of the balanced pulse is 398.2 V at a 100 Ω load with a 800 ps falling time. The output pulses for CH1 and CH2 are shown in Figures 5 and 6 respectively.

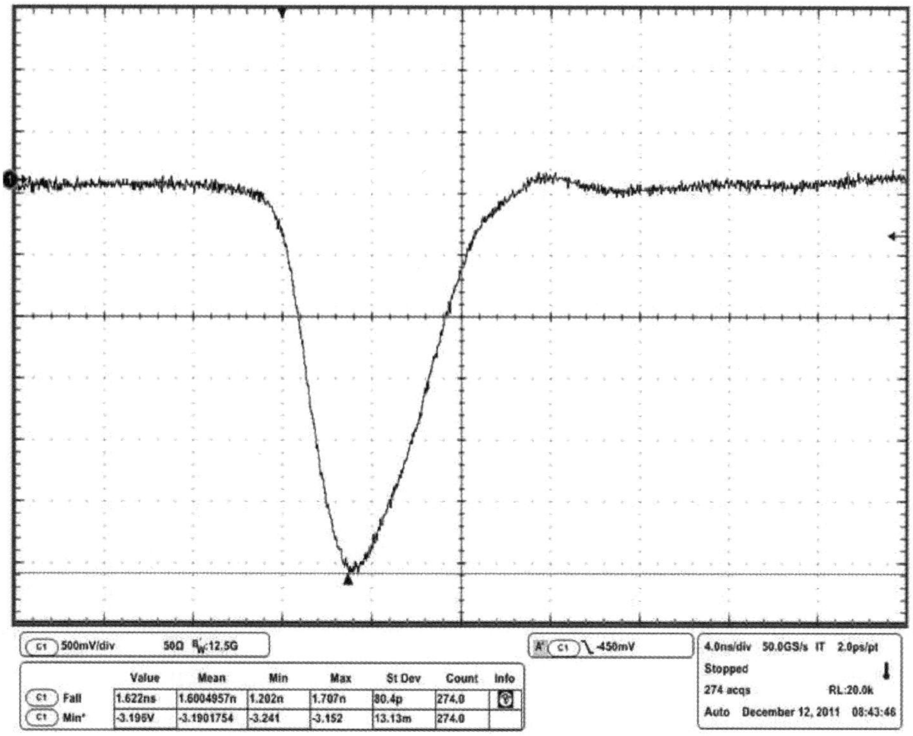

Fig. 5　Output pulse of the CH1 transmitter.

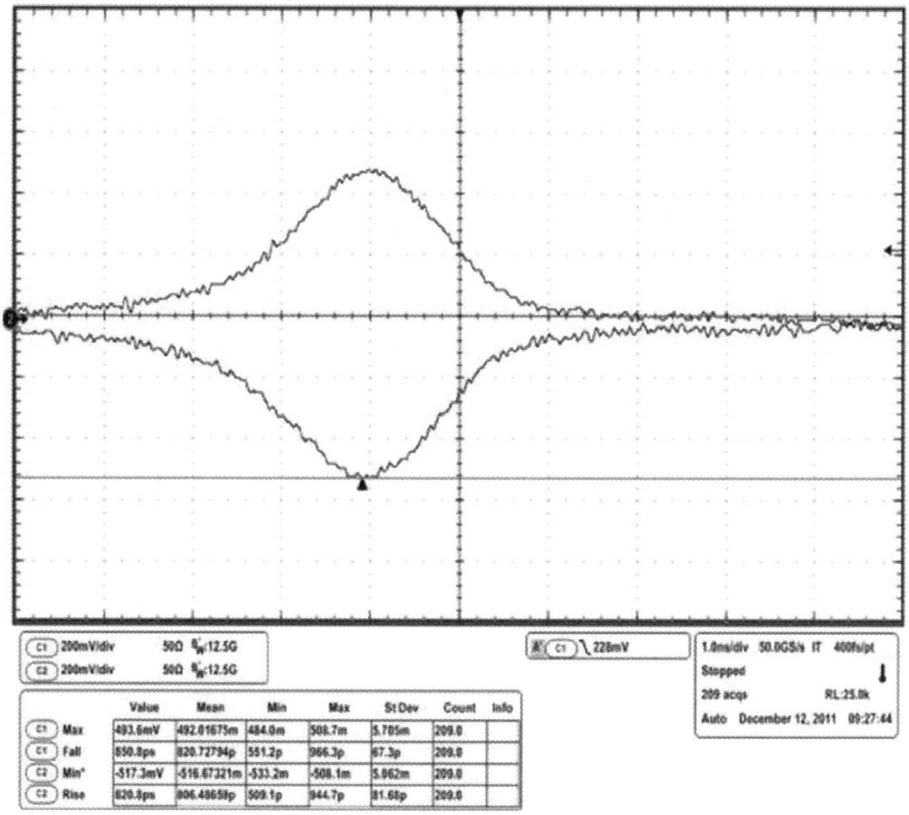

Fig. 6　Output pulse of the CH2 transmitter.

3.2 Technique for Receiving the Nanosecond Pulse

In time - domain ultra - wideband radar, the real - time sampling or equivalent - time sampling method can be used to receive the echo signal of the high - frequency nanosecond pulse. The real - time sampling method uses a high - speed analog - to - digital converter (ADC) to digitize the echo signal, with the entire waveform being acquired by a single trigger. Due to the Nyquist sampling theorem and considering the time - domain ultra - wideband characteristics of the radar echo signal, the operating frequency of the ADC usually samples at 5~10 times the radar center frequency. The real - time sampling method has the advantages of a high utilization rate of echo and high radar scanning rate, but the disadvantages are the need for very high - speed ADC, high power consumption, difficulty in thermal design and complex storage and processing circuits to handle the high flow of output from the high - speed ADC. An equivalent - time sampling method utilizes multiple echo signals to reconstruct one equivalent waveform with frequency reduction or time - interleaved technology. A popular equivalent - time sampling method uses a diode bridge to reduce the repetitive high frequency signal to a low frequency signal which can be sampled by a low - speed ADC. The disadvantage of the popular equivalent - time sampling method is that a large number of echoes are often required to reconstruct one equivalent echo, and the echo utilization rate is low. Considering factors such as the center frequency of the radar, and availability and power consumption of the circuit components, a non - uniform quantization sampling technology based on 1 - bit sampling quantization and gain control is adopted, so the LPR can have a higher rate when scanning for echoes and a larger dynamic range for receiving signals.

3.2.1 1 - bit sampling technology

The block diagram of how 1 - bit sampling technology operates is shown in Figure 7. The pulse echo signal is 1 - bit that is sampled real - time and accumulated many times to achieve an equivalent 8 - bit sampled waveform in the FPGA. The circuit is mainly composed of a high - speed comparator, a sampler and an 8 - bit digital - analog converter (DAC). The amplified echo signal $V_g(t)$, which is biased to a specified voltage V_{g_DC}, is applied to the non - inverting input of the comparator. The output of the DAC V_{th} is applied to the inverting input of the comparator.

The high speed digital signal output from the comparator is sampled at frequency f_s in the sampler. In a pulse repetition interval, the m - th sample output from the sampler, $S(m)$ is

$$S(m)=\begin{cases}1 & for\ (V_g(t)+V_{g\_DC})>V_{th},\\ 0 & \text{otherwise.}\end{cases} \tag{1}$$

As can be seen, the echo signal is sampled in real time in 1 - bit and the sampling fre-

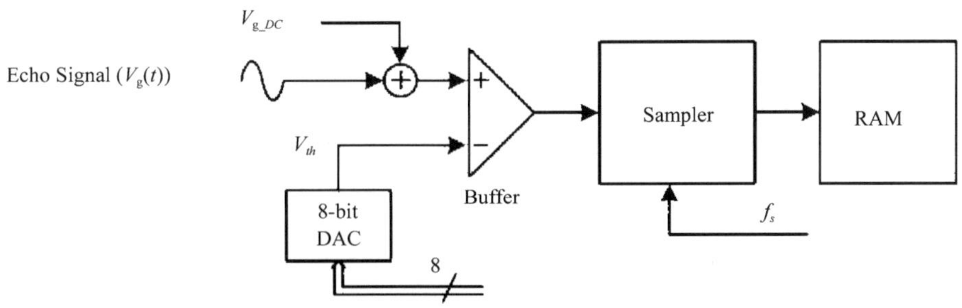

Fig. 7　Block diagram of 1 - bit sampling.

quency is f_s. To achieve a higher quantization, the reference voltage at the inverting input of the comparator is changed as follows

$$V_{th}(n) = V_{init} + (n-1)\Delta v,\ n \in [1,\ 256], \tag{2}$$

where V_{init} is the initial reference voltage and Δv is the minimum voltage representing quantization. If the 1 - bit sampling results are called $S_n(m)$ when the reference voltage is $V_{th}(n)$, after 256 repeated comparisons, the 256 sequences of 1 - bit sampled results, $S_1(m) \sim S_{256}(m)$, can be expressed as a bitmap data matrix $B_{256\times M}$

$$B_{256\times M} = \begin{bmatrix} S_1(m) \\ S_2(m) \\ \vdots \\ S_{256}(m) \end{bmatrix},\ m \in [1,M]. \tag{3}$$

The m - th equivalent quantitative sample is $y(m)$

$$y(m) = \sum_{n=1}^{256} S_n(m). \tag{4}$$

The output produced by equivalent sampling is equivalent to the result which is directly acquired by using an 8 - bit commercial ADC with sampling frequency f_s and minimum quantitative voltage Δv. The sampling frequency used by CH1 in LPR is 400 MHz and the sampling frequency used by CH2 in LPR is 3.2 GHz.

The 1 - bit sampling technology used by LPR does not need a special high - speed ADC chip, which avoids the difficult requirement of space needed for a high - speed ADC device. The power consumption used by the radar system is also greatly reduced. In addition, the utilization rate of the echo has nothing to do with the sampling points. Rather, it is only associated with the total number of various reference voltages. Only 256 echo signals are needed to reconstruct the original signal waveform in 8 - bit. The new equivalent sampling technique better utilizes energy in the echo signal compared with the traditional equivalent sampling technique when the number of sampling points is larger.

3.2.2　Gain control method

The time-varying gain of the traditional gain control mode which applies gain to the signal in time is not suitable for the new equivalent sampling method that is adopted in the receiver of LPR, which is based on 1 - bit real - time sampling technology. The amplitude - gain function is used to implement variable - gain control, namely the gain changes over a range of reference voltages, and a large gain will be used for a weak signal and a small gain will be used for a strong signal. The change in gain only needs to be completed in a pulse cycle, which greatly reduces the response time of the RF digital attenuator. The sampling and gain control timing of LPR is shown in Figure 8. The reference voltage curve corresponding to the RF attenuation is shown in Figure 9. By combining this kind of gain control method with 1 - bit sampling technology, an equivalent 8 - bit non - uniform quantization sampling technology can achieve a dynamic range of more than 90 dB.

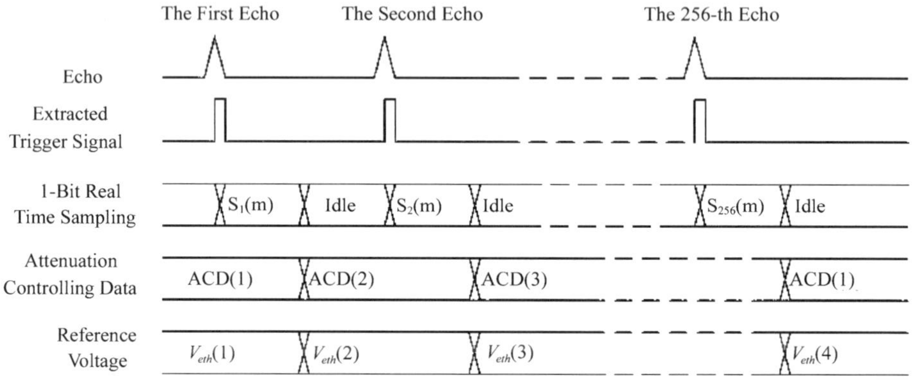

Fig. 8 Timing sequence diagram for sampling and gain control.

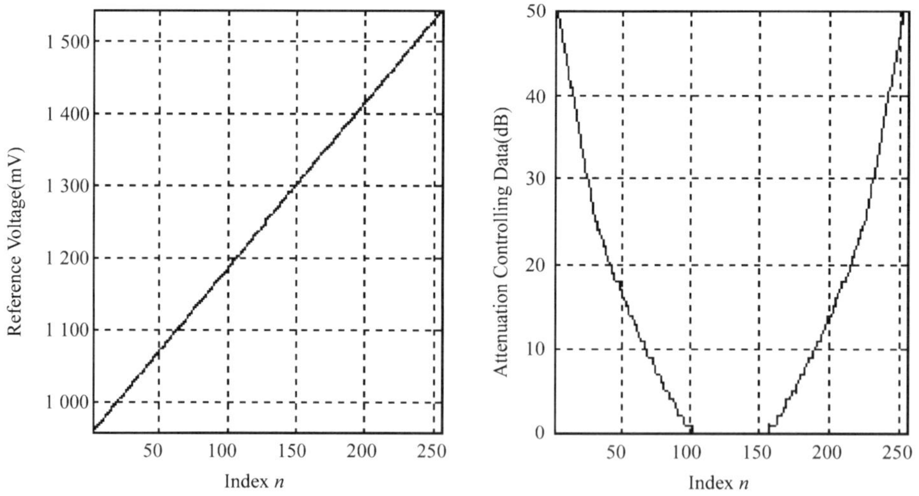

Fig. 9 Reference voltage curve corresponding to the RF attenuation.

3.3 Design of Ultra - broadband Antennas

The ultra - wideband antenna system is one of the most critical parts of the LPR system. The design requirements of the antenna system are mainly driven by scientific objectives of the exploration and its volume, weight and installation position on the lunar rover. LPR has two channels which are respectively connected to their own ultra-wide-band antennas. The working frequency band of the CH1 antenna is 40-80 MHz and the working frequency band of the CH2 antenna is 250-750 MHz. As shown in Figure 10, two CH1 antennas are respectively mounted on two bottom sides of the top board of the moon rover, and are pointed toward the $-X$ direction. The CH2 antenna is mounted on the bottom board of the lunar rover, and the main direction for radiation points toward the Moon's surface (in the $+Z$ direction).

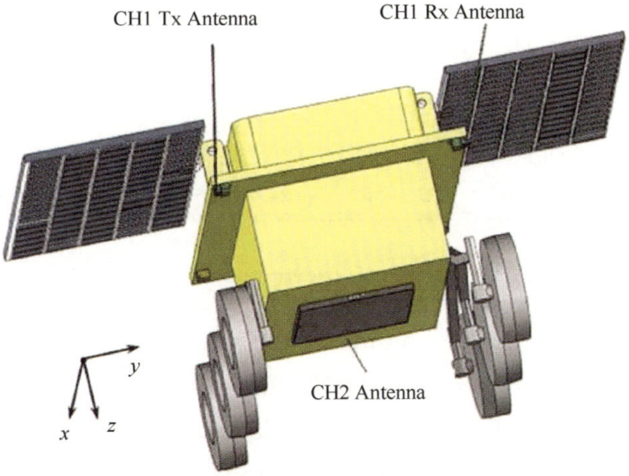

Fig. 10　Positions of the LPR antennas on the lunar rover.

3.3.1　Design of the CH1 antenna

According to the technical requirements of the CH1 antenna, considering the shape and size of the lunar rover and suitable locations for installation, two broadband monopoles grounded on the body of the lunar rover are chosen as the CH1 antennas. As shown in Figure 11, in order to facilitate the installation, the CH1 transmitting antenna and receiving antenna of LPR are respectively mounted on two bottom sides of the lunar rover's top board by an expansion mechanism. When the lunar rover arrives on the Moon, a command signal is sent from the ground base to release the mechanisms, and then the antennas are deployed along a specific track to the back of the lunar rover and directed toward the. X direction, as shown in Figure 10.

Each of the CH1 antennas is mounted in a tubular radome. The radome is used to protect and support the monopole antenna. The radome is 1 150 mm in length and 12 mm in diameter. The transmitting antenna and receiving antenna are spaced about 800 mm apart. In order to generate the pulse wave to propagate along the antenna without reflection, the Wu-King impedance loading method (Wu & King 1965) is used to load the antenna by a continuous resistive load from the feed point to the end of the antenna. In the actual process, the continuous distribution of the resistance load is generally difficult to produce, so a piecewise loading method which is shown in Figure 12 is usually used,

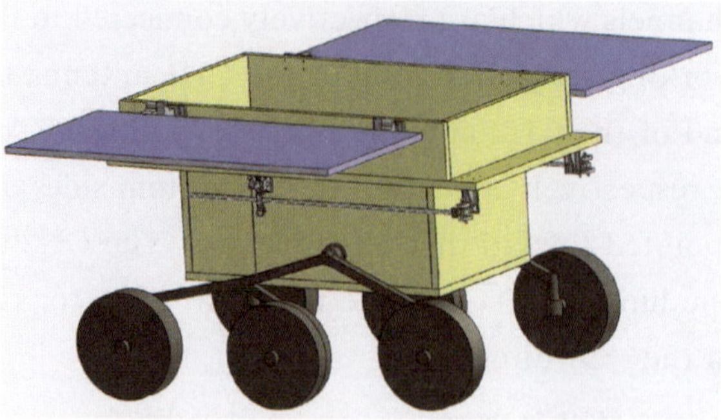

Fig. 11　CH1 antennas folded on the lunar rover.

namely concentrated resistive loading.

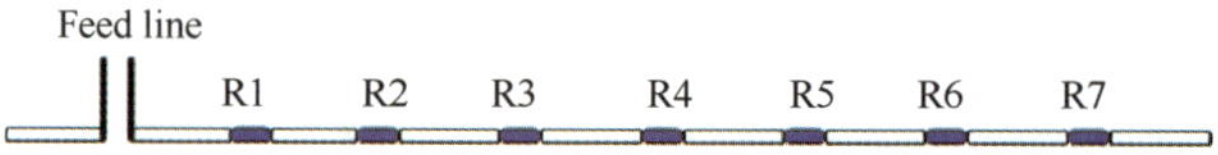

Fig. 12　CH1 antenna loaded by piecewise resistors.

The Wu-King impedance loading method used for loading the antenna, and the antenna input impedance is designed to be 200Ω, thus a 1∶4 impedance transformer is connected to the input port of the antenna in order to transform the antenna impedance from 200Ω to 50Ω and match the impedance of the feed cable. The FEKO software and FDTD method are employed to simulate and design the CH1 antenna, and the antenna prototypes are produced after the simulation and design. The antenna prototypes are installed on a prototype of the lunar rover, and the VSWR of the antenna was tested in an open space outdoors.

Figure 13 shows the VSWR characteristics of the CH1 antenna. As can be seen from the graph, the VSWR is less than 3 in the frequency band 40-80 MHz and the experimental results are in good agreement with the simulation results.

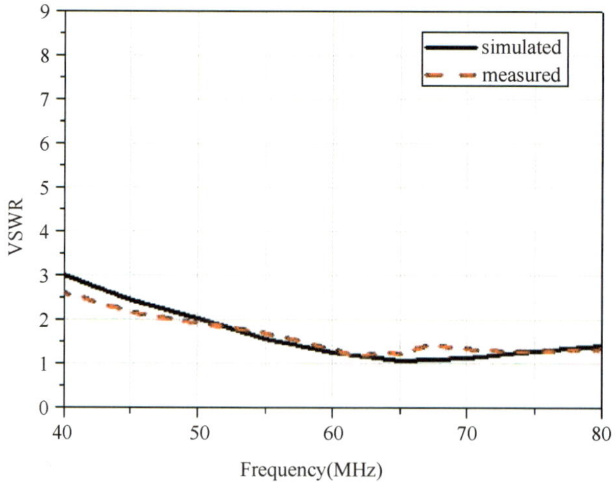

Fig. 13　VSWR of the CH1 antenna.

In order to test radiation patterns of the CH1 antennas, two 1 : 4 scale models of the CH1 antennas are produced and mounted on a 1 : 4 scale model of lunar rover. The 1 : 4 scale models of the CH1 antennas are unfolded and tested in an anechoic chamber. Figure 14 shows the

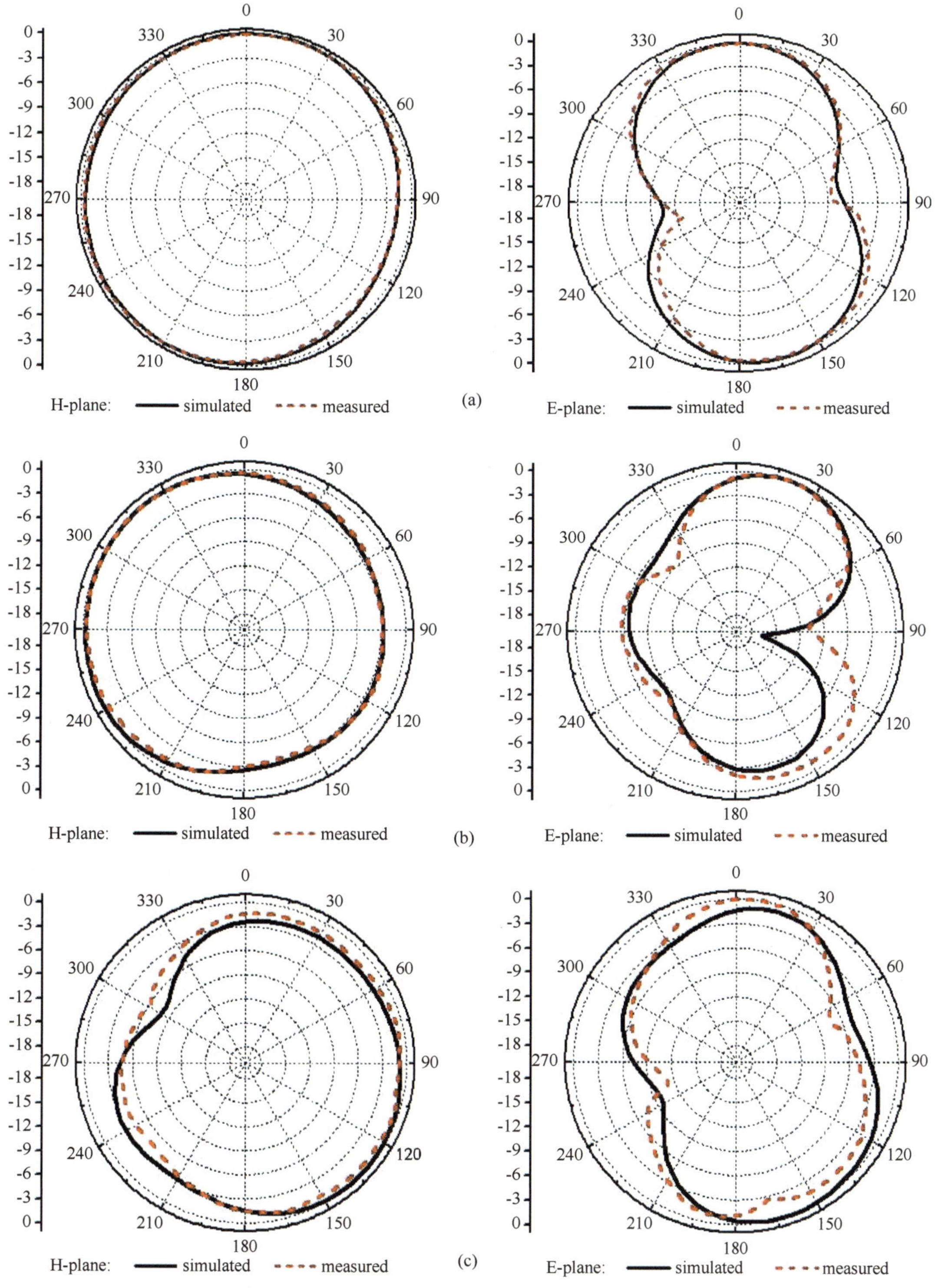

Fig. 14　Normalized radiation patterns of the CH1 antenna: (a) 40 MHz; (b) 60 MHz; (c) 80 MHz.

normalized radiation patterns of the CH1 antenna. It can be seen that the H - plane radiation pattern of the CH1 antennas is approximately omnidirectional, and the simulation results and experimental results are in good agreement.

When the antenna is excited by a Gaussian pulse, the radiated pulse waveform 30 m away from the antenna is shown in Figure 15. It can be seen from the graph that the radiated pulse waveform from the CH1 antenna has less oscillation, which means that the antenna can meet the requirements of the LPR system.

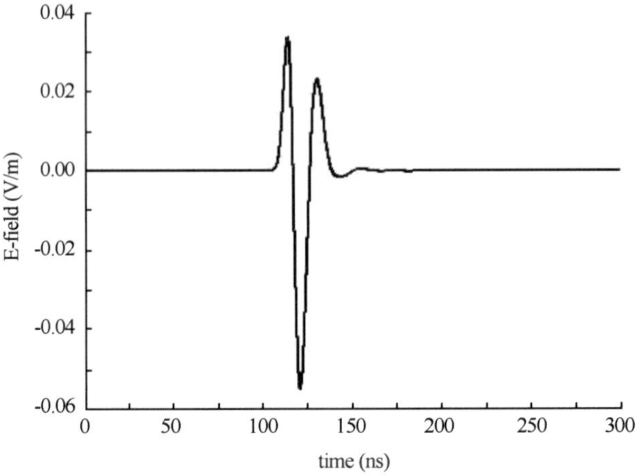

Fig. 15　The waveform of the electric field produced by the CH1 antenna.

3.3.2　Design of the CH2 antenna

A set of bow tie antennas is chosen as the CH2 transceiver antenna. In order to obtain ultra - wideband capability, the set of antennas is loaded by resistors in order to absorb the current reflected by the end of the set of antennas. In order to improve the radiation performance of the bow tie antennas and reduce interference from the surrounding environment, a shallow rectangular conducting cavity is added to the bow tie antennas. The cavity behind the antennas can increase radiation from the antennas directed toward the ground and provide a large forward to backward ratio (Vorobyov et al. 2007; Caratelli et al. 2009).

The CH2 transceiver antenna is mounted at the bottom of lunar rover, which is about 30 cm away from the ground. Figure 16 shows the structure of the CH2 antenna. As can be seen from the figure, the CH2 antenna has three antenna elements. The antenna elements are arranged side by side in a metal back cavity which is divided into three individual cavities. One antenna element is used to transmit EM waves and the other two are used to receive the EM waves. Each antenna element is 336 mm in length and 120mm in width, and the space between the antenna elements is about 160mm. The height of the back cavity of the antenna is reduced to 22mm from a quarter of the center wavelength in order to ensure the lunar rover can maneuver over obstacles. In order to increase the bandwidth and improve the match between the antenna and the feed line, two identical half－ellipse shaped arms are used for the antenna element. The half－ellipse arm is divided into seven sections and loaded by five parallel resistors between each of the two subsections, which can decrease the reflections from the end of the arms. Both ends of the antenna element are connected to the back cavity by two respective parallel resistors. The input impedance of the antenna element is 100 Ω and the antenna element is fed by a pair of parallel transmitting lines whose characteristic impedance is 100 Ω.

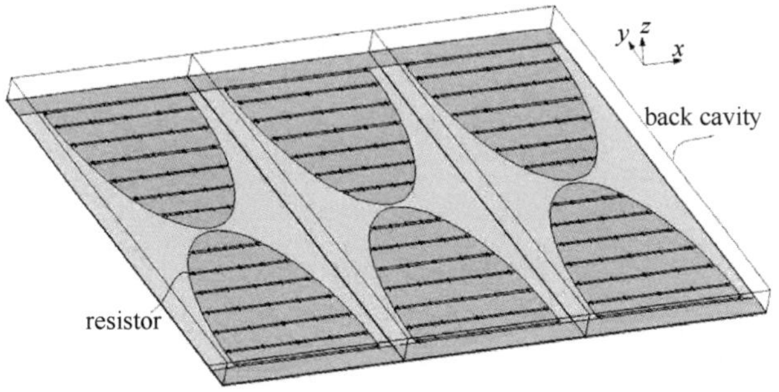

Fig. 16　The structure of CH2 antenna.

The CH2 antenna is simulated by FDTD and FEKO softwares. The antenna is manufactured and mounted on a prototype of the moon rover. Then its VSWR and radiation pattern are measured by a Vector Network Analyzer (Agilent E5071C) in an anechoic chamber. The antenna VSWR simulated by the FEKO software is shown in Figure 17. It can be seen that the VSWR is below 2.0 in the whole frequency range. Good agreements are achieved between the simulated results and the measured ones.

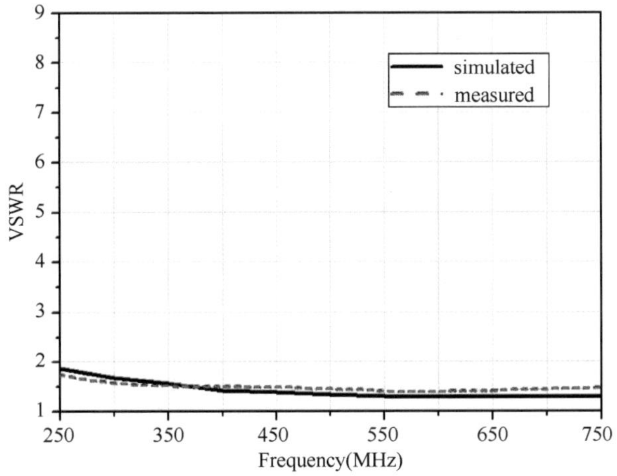

Fig. 17　VSWR of the CH2 antenna.

The normalized far field radiation patterns of E－plane and H－plane are simulated by the software FEKO and measured in an anechoic chamber. Figure 18 shows the simulated results and measured ones. It can be seen that the CH2 antenna has a smooth main

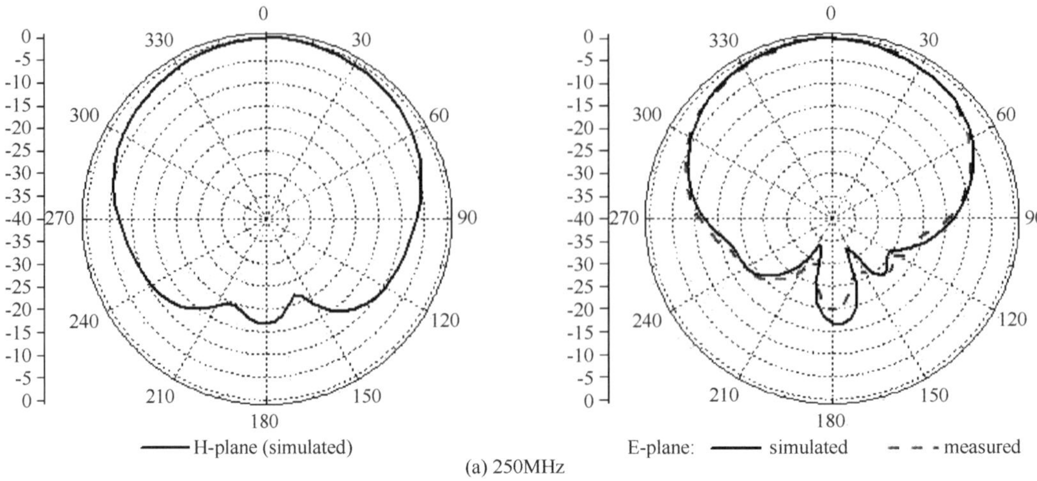

(a) 250MHz

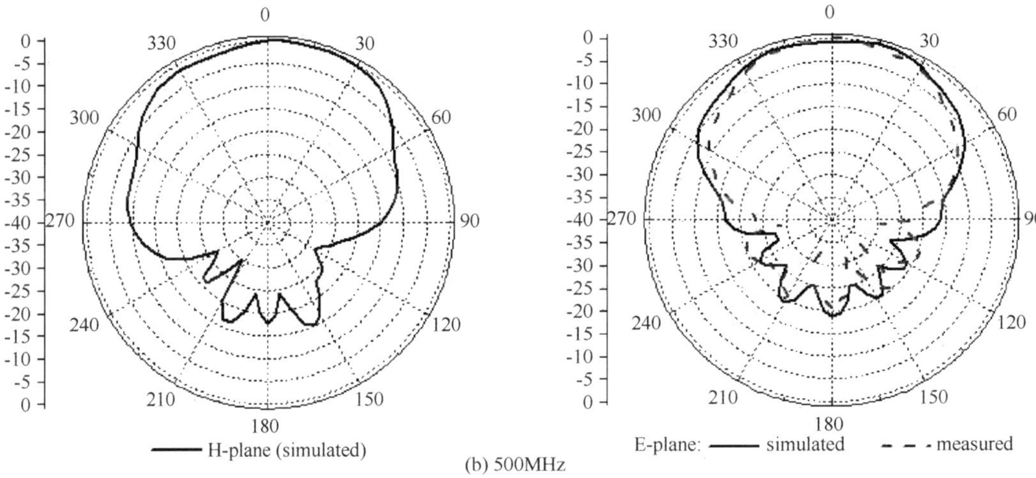

(b) 500MHz

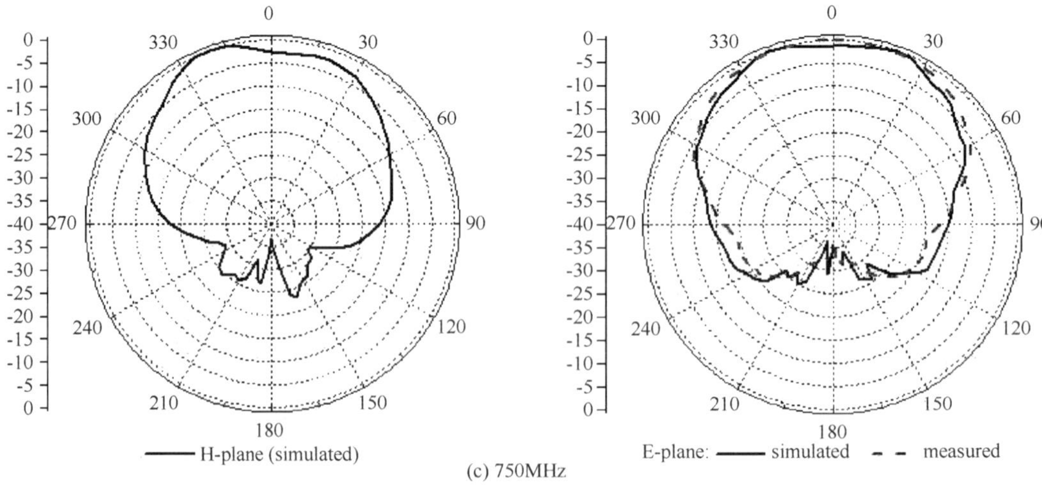

(c) 750MHz

Fig. 18　Normalized far field radiation patterns of the CH2 antenna.

lobe, good directivity, small backward radiation and the main radiation direction points to the ground. The simulated radiation pattern of the antenna is very consistent with the measured results. The simulated gain of the antenna is about −7 dBi at 500 MHz and the measured gain is about −7.5 dBi.

The radiated pulse waveform of the antenna in time domain is very important in the LPR system, which can directly affect the performance of the LPR system. The CH2 antenna is fed by a Gaussian pulse whose pulse width is about 2 ns. The normalized waveform of the radiated field 1m away from the antenna is plotted in Figure 19. It is indicated that the antenna system has a good waveform in the time domain, which can satisfy the demands of the LPR system.

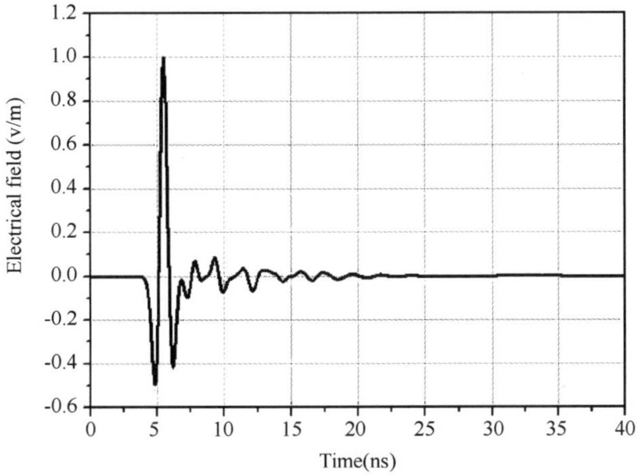

Fig. 19　Normalized waveforms of the electrical field produced by the CH2 antenna.

4　Experiments on the Ground and Lunar Surface

In order to evaluate the performance of LPR, the radar was tested on a dryland glacier in the Subei Mongol Autonomous County of Jiuquan City in Gansu province. The experimental results are shown in Figures 20 and 21. It can be seen from the figures that CH1 reached a depth of more than 150 m in the ice of the glacier, and CH2 reached a depth of more 50 m in the ice of the glacier. The internal layers and bottom bedrock of the glacier can be clearly seen from radar images.

After the lunar rover landed on the Moon's surface, LPR started to work on 2013 December 15. A large amount of scientific data about exploring the lunar regolith and subsurface were successfully obtained. Figure 22 shows the shallow profile image of lunar regolith along the path of the lunar rover detected by CH2 on LPR. After preliminary analysis, CH1 can clearly detect information about the shallow layer of the lunar crust along the path of the lunar rover, and CH2 can clearly detect the layer structure of lunar regolith.

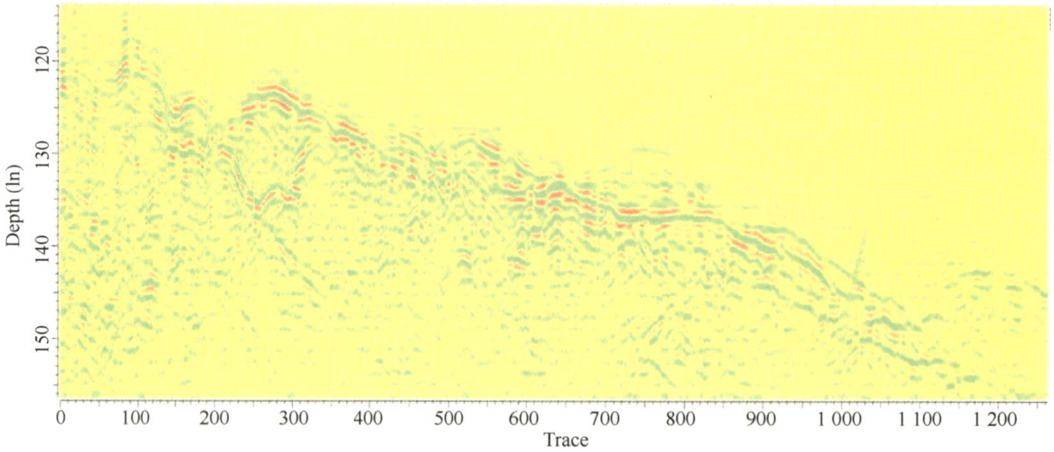

Fig. 20　LPR image of the glacier explored by CH1.

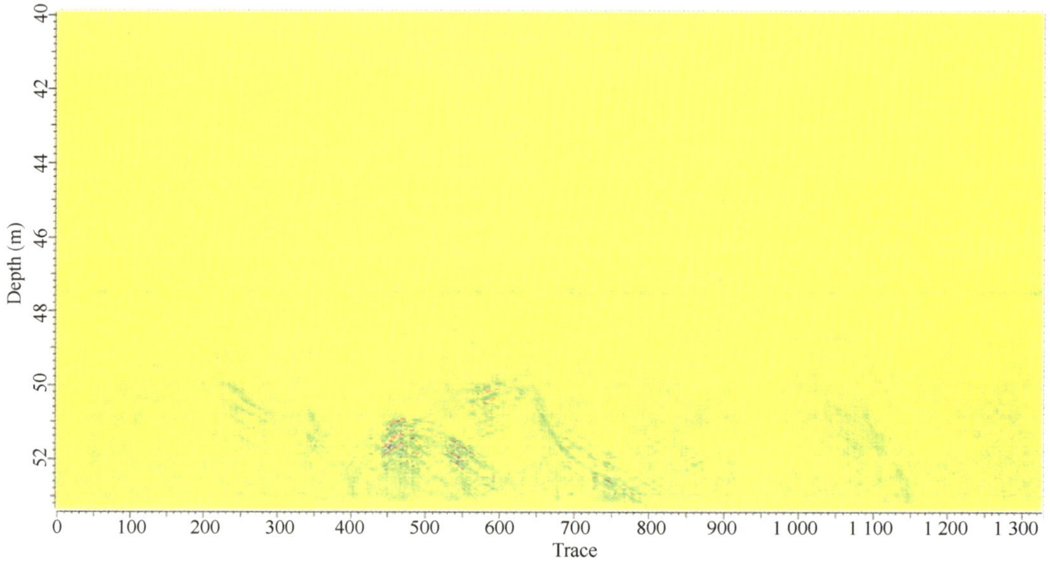

Fig. 21　LPR image of the glacier explored by CH2.

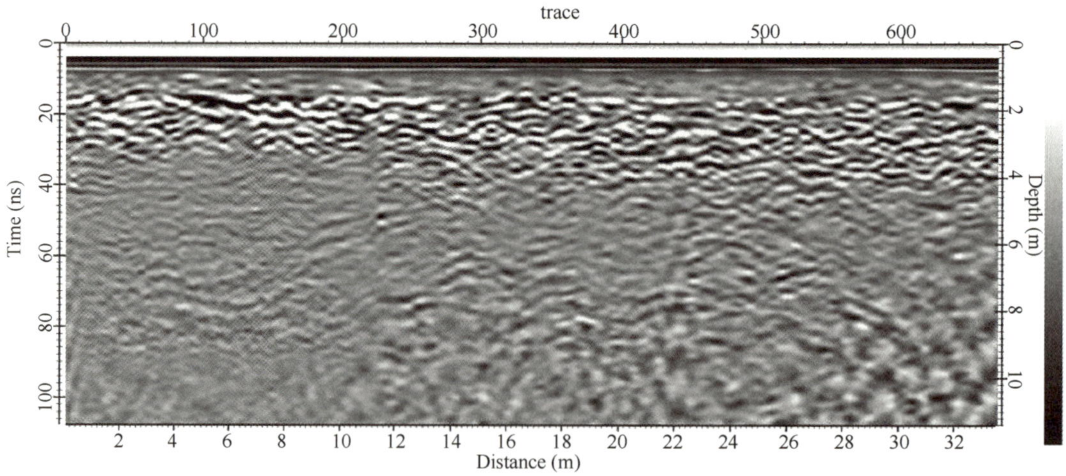

Fig. 22　LPR image of lunar regolith explored by CH2.

5　Conclusions

After more than five years of research, the LPR for the CE-3 mission was successfully developed at the Institute of Electronics, Chinese Academy of Sciences. On 2013 December 2, the CE-3 probe was successfully launched. After thirteen days of flight, the probe successfully landed on Mare Imbrium on 2013 December 14. LPR started to work on 2013 December 15. Many satisfying scientific data were acquired by LPR, and the design requirements of its engineering task were fulfilled.

Acknowledgements

This work was funded by the second phase of the Chinese Lunar Exploration Program.

References

[1] Caratelli, D., Yarovoy, A.,& Ligthart, L. P. 2009, Antennas and Propagation, 2009. EuCAP 2009. 3rd European Conference on, 2115

[2] Dai, S., Su, Y., Xiao, Y., et al. 2014, RAA(Research in Astronomy and Astrophysics), 14, 1642

[3] Daniels, D. J. 2004, Ground Penetrating Radar (London: The Institution of Engineering and Technology)

[4] Ip,W. -H., Yan, J., Li, C. -L.,& Ouyang, Z. -Y., 2014, RAA(Research in Astronomy and Astrophysics), 14, 1511

[5] Heiken, G. H., Vaniman, D. T., & French, B. M. 1991, Lunar Sourcebook - A User's Guide to the Moon(Cambridge: Cambridge Univ. Press)

[6] Kobayashi, T., Lee, S. R., & Ping, J. S. 2012, in Ground Penetrating Radar (GPR), 2012 14th International Conference on, IEEE, 913

[7] Ono, T., Kumamoto, A., Kasahara, Y., et al. 2010, Space Sci. Rev., 154, 145

[8] Ouyang, Z. -Y. 2005, Introduction to Lunar Science (Beijing: China Astronautic Publishing House)

[9] Porcello, L. J., Jordan, R. L., Zelenka, J. S., et al. 1974, IEEE Proceedings, The Apollo Lunar Sounder Radar System, 62, 769

[10] Su, Y., Fang, G. -Y., Feng, J. -Q., et al. 2014, RAA(Research in Astronomy and Astrophysics), 14, 1623

[11] Vorobyov, A. V., Yarovoy, A. G., Aubry, P., & Ligthart, L. P. 2007, Antennas and Propagation, 2007. EuCAP2007. The Second European Conference on, 1

[12] Wu, T., & King, R. 1965, IEEE Transactions on Antennas and Propagation, 13, 369

[13] Zhang, H. -B., Zheng, L., Su, Y., et al. 2014, RAA(Research in Astronomy and Astrophysics), 14, 1633

Lunar Regolith Thickness Determination from 3D Morphology of Small Fresh Craters

Kaichang Di, Shujuan Sun, Zongyu Yue,[①] Bin Liu

State Key Laboratory of Remote Sensing Science, Institute of Remote Sensing and Digital Earth, Chinese Academy of Sciences, Beijing 100101, China

Abstract: The lunar regolith can provide critical information about the Moon and the space environment. In the study of lunar regolith, thickness is one of its most important parameters because of the significance in estimating the relative geologic age and the quantities of solar wind implanted volatiles. In this research, an improved morphological method for determining the lunar regolith thickness is proposed by directly measuring the distance from the lunar ground surface to the floor (flat-bottomed and central-mound craters) or bench (concentric craters) of indicative small fresh craters. The pre-impact ground surface is first modeled with crater edge points through plane fitting, avoiding crater ejecta. Then the lunar regolith thickness is calculated as the distance between the modeled ground surface and the crater floor or bench. The method has been verified at the landing sites of Chang'E-3 rover with high-resolution stereo images from Chang'E-2 orbiter, and the landing sites of Apollo 11, 12, 14, 15, 16, and 17 missions with high-resolution Lunar Reconnaissance Orbiter DEM data. All the results are in good agreement with results from in-situ measurements, demonstrating the reliability of the proposed method. This method can be applied to estimate lunar regolith thickness where high-precision topographic data is available.

1 Introduction

Lunar regolith, the layer of fragmental and unconsolidated rock material on the lunar surface, includes many types of debris from volcanic or impact activities (Shoemaker et al., 1970; McKay et al., 1991). As lunar regolith is intimately correlated with many geologic processes and has also captured large quantities about solar wind particles and cosmic-ray particles over geologic time, it can provide critical information about lunar geology (Shoemaker et al., 1968, 1970). In the study of lunar regolith, thickness is one of its most important parameters because of the significance in estimating the relative geologic age (Shkuratov and Bondarenko, 2001) and the quantities of solar wind implanted

① Corresponding author at: P. O. Box 9718, Datun Road, Chaoyang District, Beijing 100101, China., volatiles (Fegley and Swindle, 1993).

Currently, the methods used to estimate lunar regolith thickness can be generally divided into morphological methods (Oberbeck and Quaide, 1967; Quaide and Oberbeck, 1968; Shoemaker et al., 1969), seismic methods (Cooper et al., 1974; Nakamura et al., 1975), and electromagnetic - wave based methods (Shkuratov and Bondarenko, 2001; Kobayashi et al., 2010; Fa and Jin, 2010). Among these methods, the morphological methods were proposed first and have been verified through experiments in laboratory. The seismic method is based on the fact that velocities of seismic signals are different between the fragmental surficial layer and the more competent underlying basalt. It is direct and the results are relatively reliable (Shkuratov and Bondarenko, 2001), but it can only be applied in a few landing sites on the lunar surface. Electromagnetic - wave based methods are developed using the penetration and reflection of electromagnetic waves in lunar regolith. It is suitable for inverting regolith thickness on a large scale; however, it depends on many assumptions and large inconsistencies may exist with different parameters, especially on a small scale (Shkuratov and Bondarenko, 2001; Fa and Jin, 2010).

Gault et al. (1966) first pointed out that the morphological features of the lunar surface indicated a surficial layer of unconsolidated fragmental material. In order to study the relationship between crater size and crater morphology, Oberbeck and Quaide (1967) performed laboratory experiments on the formation of small craters by impacting projectiles into layered targets of fragmental surficial material and cohesive substrate. As a result, four types of morphologies were formed: normal, flat - bottomed, central - mound, and concentric. They further studied the morphologies of small craters and found that the conditions of formation of all four crater types defined in terms of the ratio D_A/t (where D_A is the apparent crater diameter and t is the thickness of surface fragmental layer) were unaffected by impact velocity, angle of impact, projectile properties, or magnitude of gravity field (Quaide and Oberbeck, 1968). In particular, they found that when $D_A/t < 3.8-4.2$, the resulting crater has a normal bowl - shaped morphology formed only in the surficial fragments; when $3.8-4.2 < D_A/t < 8-10$, the resulting crater is flat - bottomed or with central - mound; when $D_A/t > 8-10$, the projectile penetrates the fragmental layer and concentric craters form (Quaide and Oberbeck, 1968; Oberbeck and Quaide, 1968). Therefore, the lunar regolith thickness can be estimated within a limited range from qualified small fresh craters (flat - bottomed, central - mound, and concentric). A recent study by Bart et al. (2011) using Lunar Reconnaissance Orbiter Camera (LROC) images showed that the median regolith thickness ranges from 2.5 m in Mare Humorum to 8.7 m near the crater Landau in the lunar far side. However, different results may be obtained in the same region, and sometimes the discrepancy may be very large. For example, Oberbeck and Quaide (1968) estimated the median lunar regolith thickness of Lunar Orbiter V, site 24 to be about 16 m, whereas Bart et al. (2011) estimated it to be only about 3.4 m. The discrepancy may be due to the different data used. It may also be due to the uncertainties of the traditional morphological method.

Traditional morphological methods use single images to measure the crater diameters and estimate the depths of qualified small fresh craters (flat - bottomed, central - mound or concentric) and use them as the thicknesses of the lunar regolith. Now that many stereo high - resolution images of lunar surface are also available, the depths of qualified small fresh craters (i.e., the lunar regolith thicknesses) can be directly measured. These directly measured thicknesses could be of higher accuracy than those derived from crater diameters.

In this study, we developed a new morphological method to determine the lunar regolith thickness by directly measuring the depth (the distance from the lunar ground surface to the floor or bench) of small fresh craters using high - resolution stereo images or Digital Elevation Models (DEMs) derived from stereo images. We verified the method at all Apollo landing sites and the Chang'E-3 (CE-3) landing site. The in - situ measured lunar regolith depths at the landing sites were used as references. Compared with the lunar regolith thicknesses estimated by the traditional morphological methods, the results obtained from the new morphological method show better consistency with in - situ measurements at most landing sites

2 Data

Two types of data were used in this study. At CE-3 landing site, Chang'E-2 (CE-2) stereo images with a resolution of 1.3 m were used, while at Apollo landing sites, the existing Lunar Reconnaissance Orbiter (LRO) DEM data with a pixel scale of 2.0 m were used. Although a LRO DEM is also available at CE-3 landing site, the pixel scale is only 5.0 m. The 1.3 m resolution CE-2 stereo images should provide better measurement accuracy than the 5.0 m pixel scale LRO DEM. As a result, all of the data used in the research are of the highest spatial resolutions available up to present. The details of the data are given below.

2.1 CE-2 stereo images of CE-3 landing site

CE-2 orbiter was launched on October 1, 2010 (Zhao et al., 2011), and one of its goals is to provide high - resolution images for the CE-3 landing site. The CE-2 Charge-Coupled Device (CCD) stereo camera adopts a pushbroom imaging mode and acquires stereo images with 1.3 m resolution around the CE-3 landing site (Zhao et al., 2011). In addition, the CE-2 stereo images were taken with a solar elevation angle larger than 30° (Zhao et al., 2011), which facilitates the identification of different types of small fresh craters.

CE-3 mission was successfully soft landed at northern Mare Imbrium on December 14, 2013 (Liu et al., 2015). The Yutu rover was subsequently released to the lunar surface to carry out surface exploration on December 15, 2013. The overall distance traveled by the rover is 111.2 m from image-based localization (Liu et al., 2015). The rover carried a Lunar Penetrating Radar (LPR) that consisted of two types of antennas. The Channel 1 is a monopole antennas that can penetrate to a depth ~400 m (Xiao et al., 2015), with dominant frequency of 60 MHz and resolution of 1 m (Zhao N. et al., 2014). The Channel 2 consists of two receiving antennas, Channel-2A and Channel-2B. The Channel 2 can penetrate to a depth >30 m, with dominant frequency of 500 MHz and resolution of 30 cm (Zhao N. et al., 2014). During surface operations, the Yutu rover surveyed the structure and thickness of the lunar regolith along the rover path (Zhao N. et al., 2014; Xiao et al., 2015), which can verify the results of our method.

The CE-3 landing site is covered by the 0236 orbit of CE-2 stereo images, and the experimental area consists of part of 0236 orbit and the adjacent 2745 orbit, both are densely populated with the four types of craters as defined in Oberbeck and Quaide (1968). The CE-2 data can be accessed from homepage of the Science and Application Center for Moon and Deep Space Exploration (http://moon.bao.ac.cn/ceweb/datasrv/dmsce1.jsp). Table 1 lists the CE-2 data used in this study. Each orbit consists of two data files. The data with a letter 'F' in file names represent the forward - looking images, and the data with a letter 'B' in file names represent the backward - looking image of the same area. The forward - looking and backward - looking images in one orbit form stereo pairs for stereoscopic measurement.

Table 1　CE-2 stereo image data used for the CE-3 landing site.

Mission	Coordinates	Orbit number	Data file name	Resolution (m)
CE-3	(19.51°W, 44.12°N)	0236	CE2_BMYK_CCD - F_IMG_0236 - 01_A.tif	1.3
			CE2_BMYK_CCD - B_IMG_0236 - 01_A.tif	1.3
		2745	CE2_BMYK_CCD - F_IMG_2745 - 01_ A.tif	1.3
			CE2_BMYK_CCD - B_IMG_2745 - 01_ A.tif	1.3

2.2　LRO DEM data of Apollo landing sites

The LRO was launched on June 18, 2009 to facilitate mapping of the lunar surface at new spatial scales (Vondrak et al., 2010). The LROC onboard LRO includes a Wide Angle Camera (WAC) and two Narrow Angle Cameras (NACs). The former is a push -

frame camera with a resolution of 100 m visible and 400 m ultraviolet while the latter are two monochrome narrow - angle linescan imagers with a full resolution of 0.5 m at 50 km orbit (Robinson et al., 2010).

The Apollo 11, 12, 14, 15, 16, and 17 landing sites are all covered with LROC NAC observations and the corresponding DEM data and orthophoto products are also available. These data were produced by the LROC team (NASA/GSFC/Arizona State University) and can be downloaded from homepage of LROC (http://lroc.sese.asu.edu/). Table 2 lists the data used in this study. At each landing site, the data with a letter 'E' in file names represent the DEM file, and the data with a letter 'M' represents the orthophoto of the same area. The orthophotos are used to identify indicative craters, and the DEM data are used to measure elevations. Most DEMs and corresponding orthophotos at Apollo landing sites have been coregistered except for Apollo 12. There is an offset between the DEM and orthophoto at Apollo 12 landing site, therefore the orthophoto needs to be coregistered to the DEM before identification of craters. The precision values of the DEM data listed in Table 2 come fromthe reported precision errors from SOCET SET in the readme files associated with the DEM and orthophoto products (e.g., the precision error of Apollo DEM and orthophoto can be found at http://lroc.sese.asu.edu/ data/LRO - L - LROC - 5 - RDR - V1.0/LROLRC_2001/EXTRAS/BROWSE/NAC_ DTM/APOLLO11/NAC_DTM_APOLLO11_ README.TXT).

Table 2　LRO DEM and orthophoto data used for the Apollo landing sites.

Mission	Landing locations	Data file name	Pixel scale (m)	Precision (m)
Apollo 11	(23.505°E, 0.647°N)	NAC_DTM_APOLLO11_E010N0230.IMG	2.0	0.77
		NAC_DTM_APOLLO11_M150361817_50CM.IMG	0.5	
Apollo 12	(−23.418°E, −3.036°N)	NAC_DTM_APOLLO12_E030S3365.IMG	2.0	0.80
		NAC_DTM_APOLLO12_M120005333_50CM.IMG	0.5	
Apollo 14	(−17.480°E, −3.660°N)	NAC_DTM_APOLLO14_E034S3425.IMG	2.0	0.76
		NAC_DTM_APOLLO14_M150633128_50CM.IMG	0.5	
Apollo 15	(3.650°E, 26.083°N)	NAC_DTM_APOLLO15_E261N0036.IMG	2.0	1.06
		NAC_DTM_APOLLO15_M111571816_50CM.IMG	0.5	
Apollo 16	(15.514°E, −8.991°N)	NAC_DTM_APOLLO16_E90S0160.IMG	2.0	0.90
		NAC_DTM_APOLLO16_MOSAIC_50CM.IMG	0.5	
Apollo 17	(30.767°E, 20.167°N)	NAC_DTM_APOLLO17_E200N0310.IMG	2.0	1.06
		NAC_DTM_APOLLO17_MOSAIC_60CM.IMG	0.6	

3 Method

3.1 Principle

In the analysis of Quaide and Oberbeck (1968), apparent crater depth δh was defined as the elevation difference from crater rim crest to floor, and the surficial layer thickness t was defined as the regolith layer thickness. Apparently δh was larger than t due to ejecta on crater rim. In their definition, the crater floor (flat - bottomed and central - mound craters) or bench (concentric craters) was assumed to be on the substrate layer (Quaide and Oberbeck, 1968). The empirical formula employed by Bart et al. (2011) was derived based on this assumption. Our method was also developed based on the same assumption. The lunar regolith thickness could be determined as the elevation difference from crater floor (flat - bottomed and central - mound craters) or bench (concentric craters) of small fresh craters to the lunar surface near crater rim, avoiding the influence of ejecta. In this study, the area beyond crater ejecta is called crater edge. Compared with the traditional morphological method, our method measures regolith thickness (i. e., the t in Quaide and Oberbeck, 1968) directly from high - resolution stereo images or DEMs instead of calculating thickness from crater diameter.

3.2 Identification of qualified small fresh craters

The three types of small fresh craters, namely flat - bottomed, central - mound, and concentric, were identified to determine the lunar regolith thickness. Fig. 1 shows examples of these craters. The left column shows the images and the right column shows the corresponding elevation profiles. The flat - bottomed crater has a pronounced flat floor while the central - mound crater has a well - defined mound at the center of the floor. Sometimes these two types of craters are similar in morphology (e. g., Fig. 1(a) and (b)), and Quaide and Oberbeck (1968) treated them as one class when studying the variables affecting crater morphologies. A typical concentric crater is characterized by a crater - in - crater structure, and some concentric craters even have more than one inner crater. It can be seen from the right column of Fig. 1 that the elevation of the ground surface varied from place to place, therefore the thickness of surficial layer (i. e., the thickness indicated by a crater) is measured as the distance from the bottom (flat - bottomed and central - mound craters) or bench (concentric craters) to the fitted ground plane of crater edge. The dashed lines represent the projection of fitted ground plane.

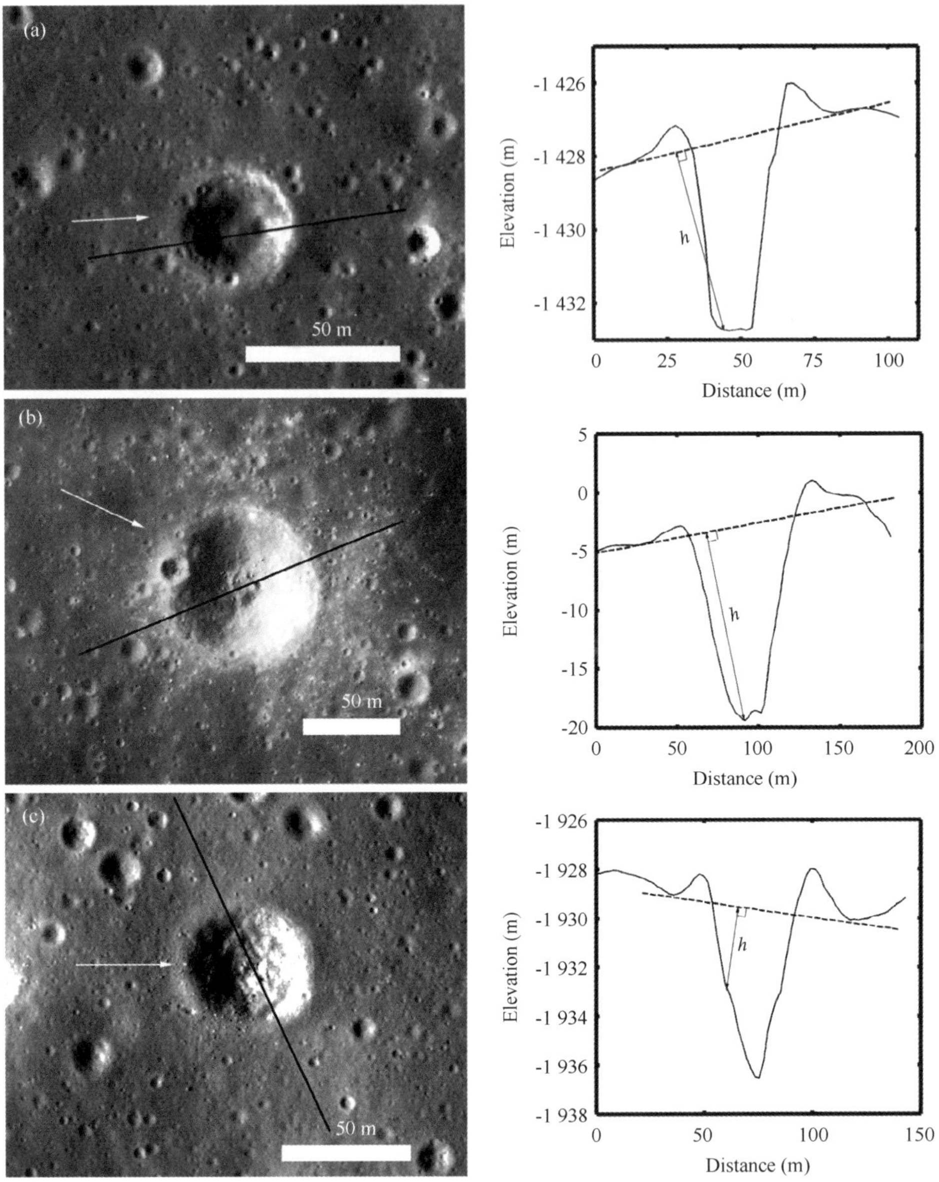

Fig. 1　Examples of qualified small fresh craters. The left column shows craters taken from orthophotos with a pixel scale of 0.5 m, and the right column shows the corresponding elevation profiles taken from DEM files with a pixel scale of 2.0 m. (a) A flat - bottomed crater (23.466°E, 2.997°N) with a diameter of 41.1 m; (b) a central - mound crater (15.567°E, 8.884°N) with a diameter of 75.4 m; (c) a concentric crater (23.455°E, 0.697°N) with a diameter of 50.6 m. Illumination direction is indicated by white arrow. North is up.

Only fresh small craters were used, because old craters could be degraded and cause deviations in thickness calculations (Oberbeck and Quaide, 1967). Fresh craters are usually characterized by sharp features, high contrast in tone, or the existence of ejecta rays or halos (Oberbeck and Quaide, 1967).

It should be noted that some craters with diameter greater than 250 m also possess morphologies similar to these small fresh craters. However, there is no indication that the morphology of these craters is due to the same mechanism as these craters, and the morphology may no longer reflect the difference in the strengths of near - surface rocks (Quaide and Oberbeck, 1968). Thus in this study only craters with diameter less than 250 m are used.

3.3 Calculation of the lunar regolith thickness

The computation process for one small fresh crater is shown in Fig. 2. To determine the thickness of the lunar regolith, we first selected three floor points and five to six uniformly distributed points from the edge of the crater. Floor points were chosen at the circumference of crater floor for central - mound craters. For flat - bottomed craters, floor points could be located at any location of the floor, but considering the

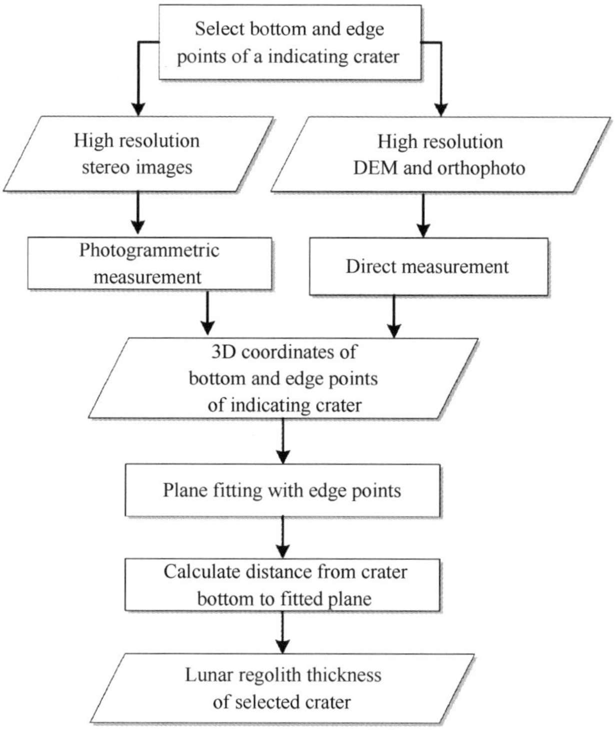

Fig. 2　Process for determining lunar regolith thickness.

possibility that sometimes central - mound and flat - bottomed craters look similar, floor points should be chosen at circumference of crater floor. For concentric craters, floor points should be located on the bench. In order to avoid the effects of ejecta on crater rim, the edge points should be located far enough from possible ejecta. In the case of stereo images, the ejecta can be observed directly. Otherwise, the ejecta can be identified from visible images with help from the DEM.

For the Apollo landing sites, high resolution DEM data and orthophotos were provided. Floor and edge points were selected from orthophotos because they provide more texture information than DEMs. Since the DEM and corresponding orthophotos were co - registered, the 3D coordinates of selected points can be measured directly from DEMs. For the CE-3 landing site, points were selected from high resolution stereo images, and the 3D coordinates of selected points were calculated directly using a photogrammetry method (Di et al., 2014). The two methods are essentially identical since the DEM was generated from stereo images, although the interpolation error in DEM products is avoided in the photogrammetric method.

The lunar regolith thickness could be directly calculated from the elevation difference between the edge and the floor of qualified small fresh craters. However, the lunar surface may be undulate and/or sloped (as is shown in Fig. 1), inevitably affecting the measurements. To remove the possible errors from topography, the pre - impact ground surface was modeled by fitting a plane to five or six edge points around a small fresh crater. Similarly, considering the possible variation of crater floor elevations, The three points on the bottom (flat - bottomed and central - mound craters) or bench (concentric craters) were used to calculate distance separately, and the regolith thickness was determined by the average distance from the three points to the fitted plane.

Fig. 3 demonstrates selected points for three types of small fresh craters, using the same craters as in Fig. 1. Take the central - mound crater (Fig. 3(b)) for example, nine points were selected altogether for this crater, three of which were located on crater floor and the others were on crater edge to model the lunar ground surface. The 3D coordinates of selected points were obtained from DEM. The distances from the three floor points to the fitted plane were 16.47 m, 16.03 m, and 17.41 m, respectively. The mean distance of 16.64 m was taken as the lunar regolith thickness around this crater.

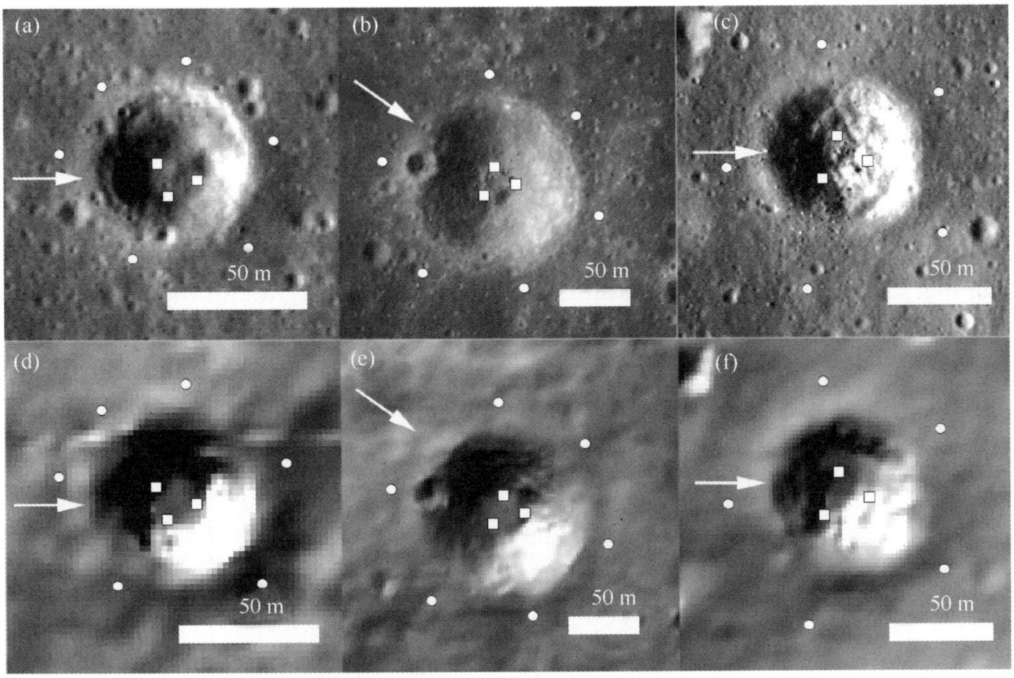

Fig. 3　Examples of selected points. The craters are the same as in Fig. 1. (a) − (c) are taken from orthophotos with pixel scale of 0.5 m and (d) − (f) are corresponding craters taken from hillshade map, which were produced from DEMs with pixel scale of 2.0 m. Floor points are shown with square dots and edge points with circular dots. White arrows in (a) − (c) indicate illumination directions. North is up.

3.4　Traditional morphological method

To compare with the traditional morphological method, lunar regolith thicknesses were also calculated according to the following empirical formula (Bart et al., 2011):

$$thickness = (k - D_F/D_A)D_A \tan(\alpha)/2 \tag{1}$$

where D_F is the diameter of crater floor, D_A is the diameter of crater rim, k is an empirical constant (0.86) and α is the angle of repose (31°). For more details, please refer to Bart et al. (2011). D_F was measured according to the rule that the best way to measure D_F is by making the largest possible measurement, measuring just at the bottom of the normal crater wall slope (Bart, 2014).

4 Results

4.1 Lunar regolith thickness around CE-3 landing site

Fig. 4 shows the 269 indicative craters selected in this area. As we have tried to identify all the qualified small fresh craters in experimental area, this should be a comprehensive number. Most of the selected craters are uniformly distributed in the region, and only the northeast area is lacking indicative craters. Craters on the Moon are distributed

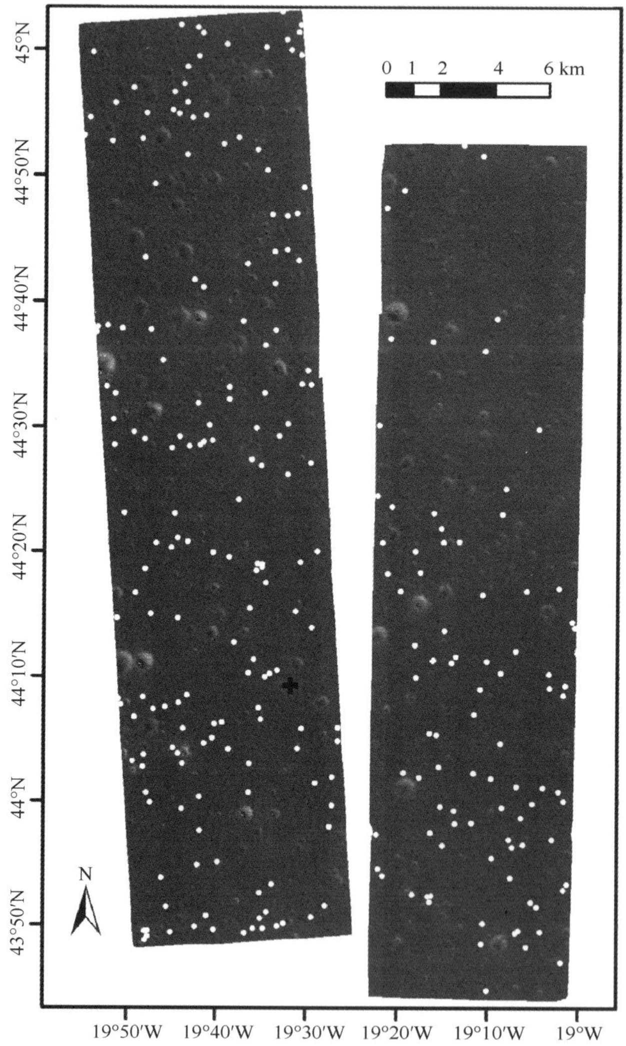

Fig. 4　Selected small fresh craters (white circular dots) in the area of CE-3 landing site. The background is the CE-2 images from orbits 0236 (left) and 2745 (right) with a resolution of 1.3 m. The CE-3 landing point is marked with a black cross.

randomly, which may be caused by geologic events or some other reasons. On average in these two images, one indicative crater can be found per 2.4 km^2. Information about the craters can be found in additional Supporting Table S9.

The minimum and maximum thicknesses of the lunar regolith around these craters are 0.5 m and 15.5 m, with the corresponding diameters of 27.0 m and 142.6 m, respectively. In this area, the median thickness of the lunar regolith from all craters is 4.7 m. To investigate the thickness variations in the area, a histogram of estimated thickness is displayed in Fig. 5. The horizontal axis is thickness, and the vertical axis is the percentage of craters indicating that thickness. More than 50% of the craters reflect a thickness around 4.0 m (2.0 – 6.0 m), and most of the craters reflect a thickness less than 10.0 m. There are also several abnormal locations (about 12.1 – 15.5 m) corresponding to relatively large craters.

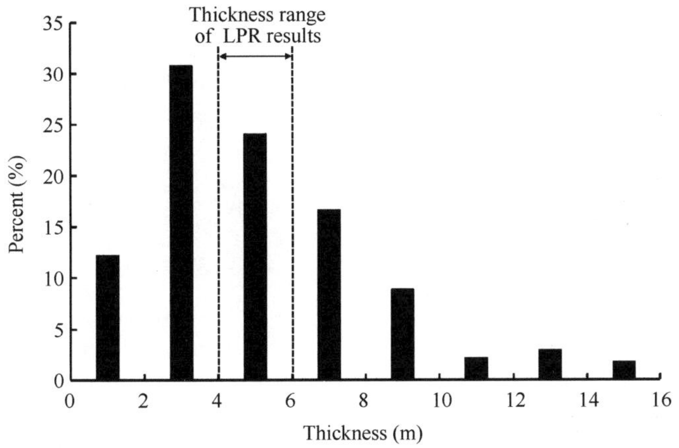

Fig. 5　Histogram of lunar regolith thickness around CE-3 landing site.

The regolith of CE-3 landing site surveyed by LPR is about 4 – 6 m deep (Su et al., 2014), which has also been marked in Fig. 5. Within 1.0 km from CE-3 landing point, there are only three small fresh craters, with thickness of 3.85 m, 5.15 m, and 5.65 m, respectively. These values are consistent with the LPR results. The median lunar regolith thickness of 4.7 m derived from all small fresh craters around the CE-3 landing site is also in good agreement with the results from the LPR. The wider range of thickness in this study is reasonable because the study area (Fig. 4) is much larger than the region that the Yutu rover explored.

4.2　Lunar regolith thickness at the landing sites of Apollo Missions

One hundred and twenty – six indicative craters were selected around Apollo 11, 12, 14, 15, 16, and 17 landing sites, as is shown in Fig. 6. Most of the selected craters are uniformly distributed around Apollo landing sites, generally within 4.0 km from each landing site. Information about the craters can be found in Tables S1 – S6.

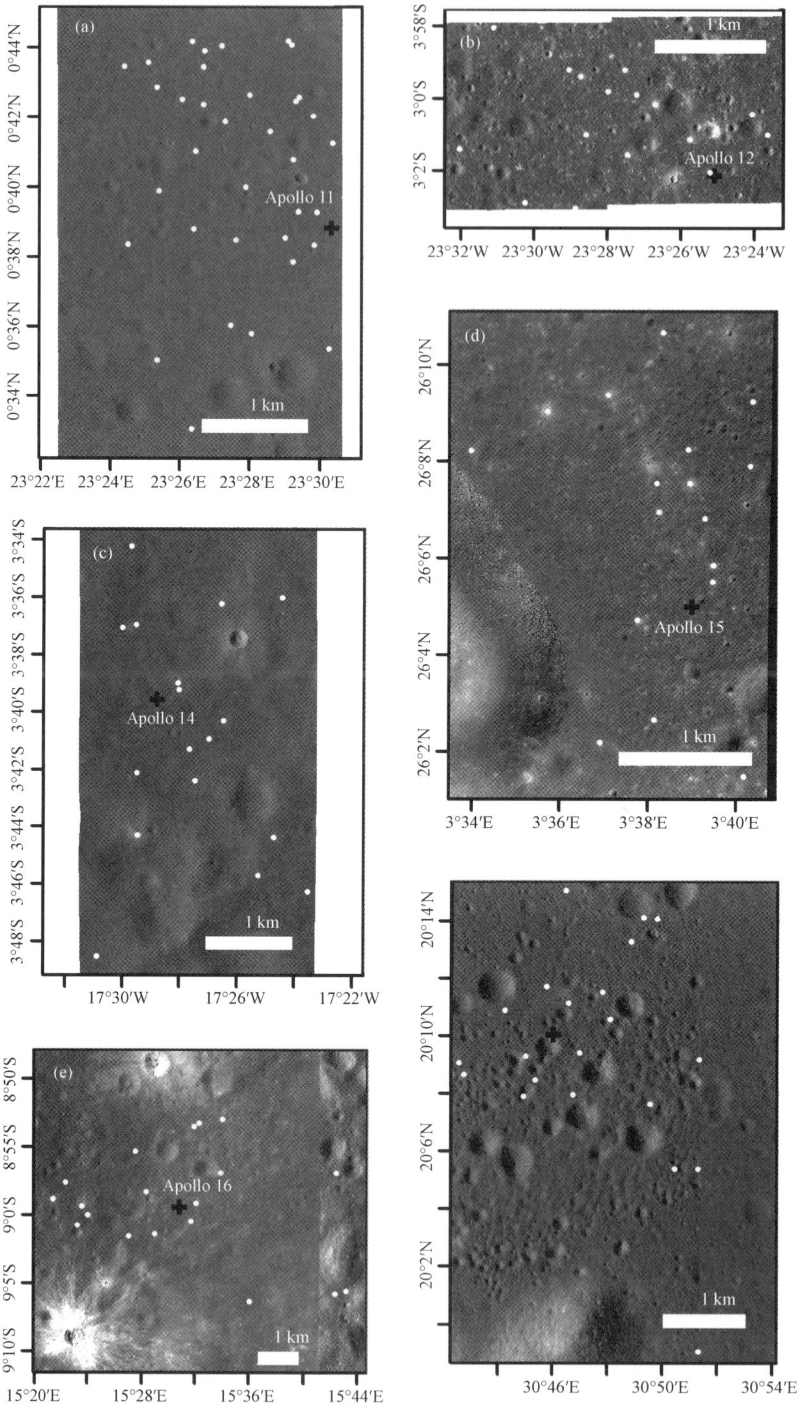

Fig. 6　Selected small fresh craters (white circular dots) at Apollo landing sites. The backgrounds are the orthophotos of Apollo landing sites with a pixel scale of 0.5 m. The Apollo landing locations are marked with black crosses. North is up.

Fig. 7 displays the histogram of the lunar regolith thickness at each landing site. The horizontal and vertical axes are the same as Fig. 5. Table 3 lists the number of indicative craters and the median thicknesses of each area, both from our method and from the traditional morphological method. For comparison, morphological method is also conducted to craters within 4.0 km from CE-3 landing site, and results are listed in Table 3. Detailed information about the craters can be found in Table S7. It can be seen that the results from the two methods are close, with a difference less than 1.0 m in most cases.

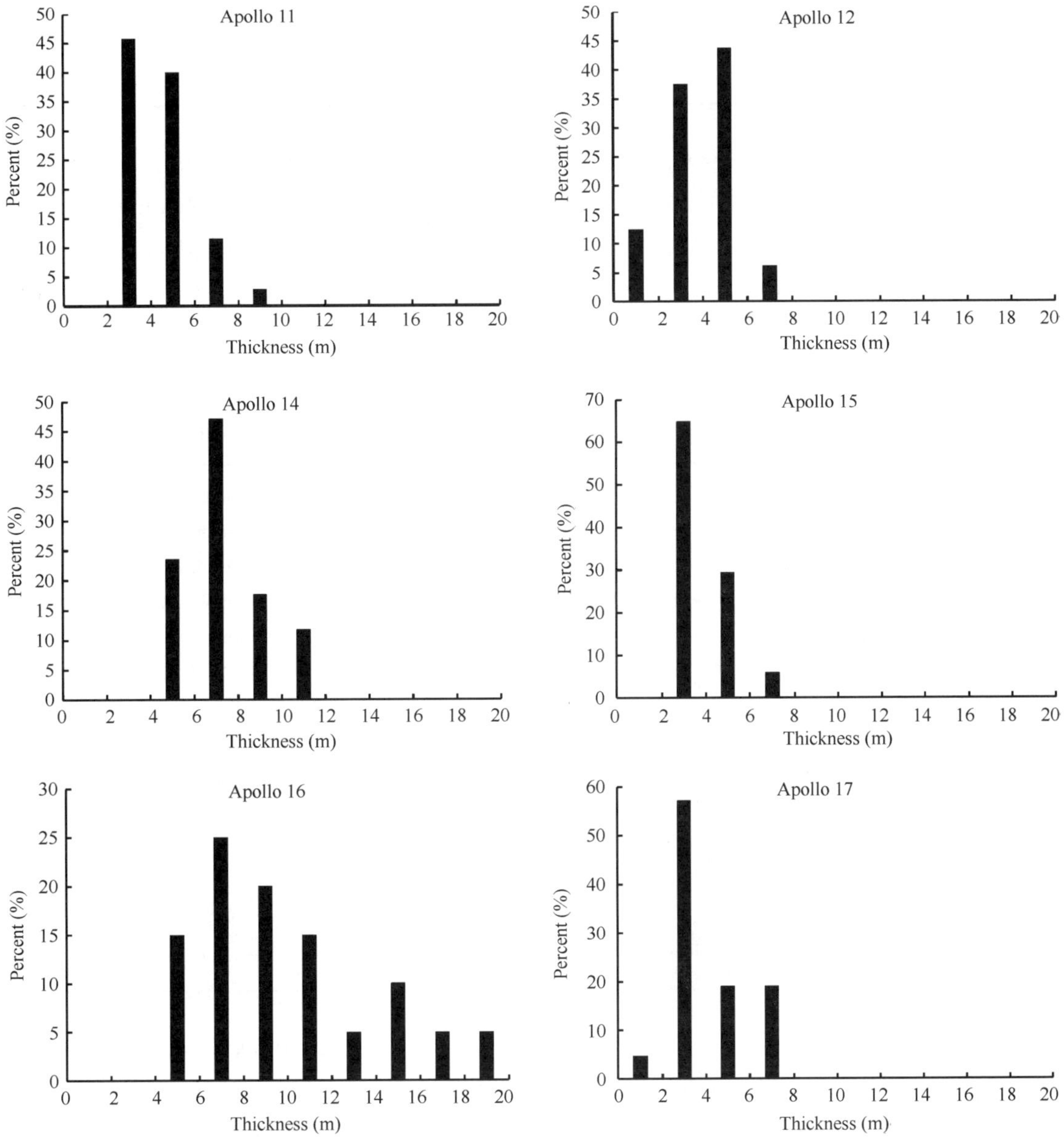

Fig. 7　Histograms of regolith thickness at Apollo landing sites.

Table 3 Lunar regolith thicknesses at Apollo landing sites.

Location	Number of indicative craters	Median thickness from this paper (m)	Median thickness from the morphological method (m)
Apollo 11	35	4.1	3.3
Apollo 12	16	4.1	3.4
Apollo 14	17	6.6	5.8
Apollo 15	17	3.8	3.3
Apollo 16	20	10.1	8.1
Apollo 17	21	3.9	3.3
CE-3	25	3.7	3.5

The measured thicknesses were verified by comparing thicknesses obtained from in-situ measurements. The thickness of Apollo 11, 12 and 15 are from Nakamura et al. (1975), and the thickness of Apollo 14, 16 and 17 are from Cooper et al. (1974). The comparison results are listed in Table 4. In the table, the relative error of the median was calculated according to the following equation:

$$RE = (MT - RT)/RT \tag{2}$$

Table 4 Lunar regolith thicknesses at seven landing sites. See text for details.

Location	Thickness from in-situ measurement (m)	Number of indicative craters	Distance to nearest crater (m)	Distance to farthest crater (m)	Median thickness from our method (m)	Relative error of our method (%)	Median thickness from traditional morphological method (m)	Relative error of traditional morphological method (%)
Apollo 11	4.4	9	194.6	897.4	4.3	-2.3	3.3	-25.0
Apollo 12	3.7	6	48.3	847.9	3.5	-5.4	3.3	-10.8
Apollo 14	8.5	8	286.2	926.7	6.4	-24.7	6.1	-28.2
Apollo 15	4.4	8	247.0	981.2	3.3	-25.0	2.9	-36.3
Apollo 16	12.2	4	429.1	899.4	-10.9	10.7	8.3	- 32.0
Apollo 17	4.0	10	390.7	839.1	3.6	-10.0	3.2	-20.0
CE-3	4.0-6.0	3	749.8	987.5	5.2	-13.3 to 30	3.7	-38.3 to -7.5

where RE means relative error, MT and RT refer to median thickness and reference thickness, respectively. In order to make the calculated thicknesses more comparable to in-situ measurements within smaller areas around the landing points, the median thicknesses were calculated using the small fresh craters within 1.0 km from the landing points.

It can be seen from Table 4 that the median regolith thicknesses of these landing sites from our study are very close to the in-situ measurement values, especially at Apollo 11 and 12 landing sites, with relative errors around 5%. At landing sites of Apollo 16 and 17 the relative errors are about 10%. The maximum relative error occurs at Apollo 14 and 15 landing sites. Because the regolith thickness of CE-3 landing site ranges from 4.0 m to 6.0 m (Su et al., 2014), only a range of relative error can be obtained. However, result from our method is within the range while result from traditional method is lower than the minimum value of the range. The variation of the relative error is caused by the different size of selected craters. If an area is uniformly distributed with indicative craters of all sizes, the mean thickness is a good approximation of the regolith thickness. Otherwise, the result may be biased. In general, the results of this study at the landing sites are close to reference values, verifying the reliability of our method. The relative errors at all the seven landing sites from our new method are smaller than that from the traditional morphological method, demonstrating that the proposed method improve the regolith thickness estimations compared with the traditional morphological method. Meanwhile, it is worth to note that the median thicknesses calculated from both the proposed method and the traditional morphological method are always lower than those derived from in-situ measurements, and those calculated from the traditional morphological method are even lower than that from our method.

5 Discussion

5.1 Uncertainties of regolith thickness determination from the proposed method

The possible error sources of our method consists of height measurement error from stereo images, random error of selecting points in the process of ground plane fitting, and uncertainties from crater morphology.

5.1.1 Height measurement error

The measurement error for one specific crater depth should be consistent with the vertical error from stereo measurement or DEM. The precision of DEMs at Apollo landing sites have been demonstrated in Table 2. The precision of selected points σ_h from CE-2 can be obtained by photogrammetric theory (Slama et al., 1980):

$$\sigma_h = S_p \frac{H}{B} \sigma_m \sqrt{2} \tag{3}$$

where S_p is image scale, H is height of sensor above surface, B is photographic baseline, σ_m is the precision of measurement of image, i.e., image matching precision.

In the case of CE-2, the forward and backward looking angles are $+8^\circ$ and -17.2°

respectively (Di et al., 2014), thus we have

$$\frac{H}{B}=\frac{1}{\tan 8^{\circ}+\tan 17.2^{\circ}}\approx 2.22 \tag{4}$$

Considering the present image matching precision can at least reach 1/3 pixel (Debella-Gilo and Kääb, 2011; Foroosh et al., 2002; Tian and Huhns, 1986), that is, $\sigma_m < 1/3$, therefore $\sigma_h < 1.36$ m.

5.1.2 Random error of selecting points

To examine the random error of selecting points in the process of plane fitting, experiments were conducted by selecting different number of points for an indicative crater. Again, the central-mound crater in Fig. 1(b) was chosen as an example. In total, there are 17 points were selected around the crater, with 3 points located on crater floor and 14 points on crater edge in this experiment. Fig. 8 shows the selected points on the floor and edge of this crater. Coordinates of selected points were obtained from DEM data, and results can be found in Table S8. The points on crater edge were used to model the ground surface, and the bottom points were used to calculate the distance from crater bottom to the fitted plane. Two experiments were conducted with these points:

(1) 3 points on crater floor (white square dots) and 6 points uniformly distributed on crater edge (white circular dots).

(2) 3 points on crater floor and 14 points uniformly distributed on crater edge (both black and white circular dots).

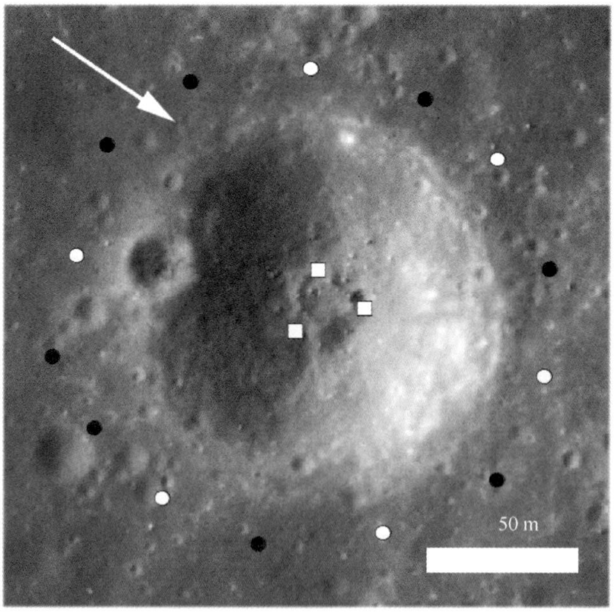

Fig. 8 A central-mound crater (15.567°E, 8.884°N) with the selected edge points for plane fitting. Floor points are plotted with white square dots and edge points are plotted with black and white circular dots. Illumination direction is indicated by white arrow. North is up.

The results of derived lunar regolith are shown in Table 5. The three points on crater floor are numbered 1, 2, and 3 in the table. h_1 indicates distance from floor points to the plane fitted with 6 points on crater edge, and h_2 indicates distance from floor points to the plane fitted with 14 points on crater edge. Both h_1 and h_2 refer to lunar regolith thickness. Δh is the absolute value of the difference between h_1 and h_2. The maximum and minimum Δh are 0.20 m and 0.07 m respectively, and the mean difference is 0.12 m. This is considerably small compared with the derived thickness of lunar regolith. Therefore, it can be concluded that five to six points are enough for plane fitting.

Table 5　Results of plane fitting with different edge points. See text for detail.

Point No.	h_1(m)	h_2(m)	Δh (m)
1	16.47	16.27	0.20
2	16.03	15.96	0.07
3	17.41	17.34	0.07
Mean	16.64	16.52	0.12

5.1.3 Uncertainties from crater morphology

Our method, as well as the traditional morphological method, was developed under the assumption that the crater floor (flat - bottomed and central - mound craters) or bench (concentric craters) is on the substrate layer (Quaide and Oberbeck, 1968). The sections of laboratory impact craters of Oberbeck and Quaide (1967) (Fig. 3) did show that the bench of concentric craters exposes the substrate layer, but a thin layer of regolith remained in the floor of flat - bottomed craters. However, the sections in Fig. 10 of Quaide and Oberbeck (1968) proved that flat - bottomed craters could also expose the substrate layer, only central - mound craters reserved some regolith. Thus it could be speculated that a portion of flat - bottomed and central - mound craters might expose the substrate layer, while some flat - bottomed and central - mound craters might reserve some regolith on crater floor. This remains to be an uncertainty that could possibly underestimate lunar regolith thickness.

In all, the height measurement error is the primary error source affecting the regolith thickness measurement results

5.2 Further comparison of the results from in - situ measurements and traditional morphological methods

To give a more intuitive comparison of the two morphological methods, Fig. 9 shows the results of the new method of this paper (solid line) and results from empirical formula of the traditional morphological method (dashed line), as well as the reference values obtained by in - situ measurements (dotted horizontal line). The shaded regions in Fig. 9

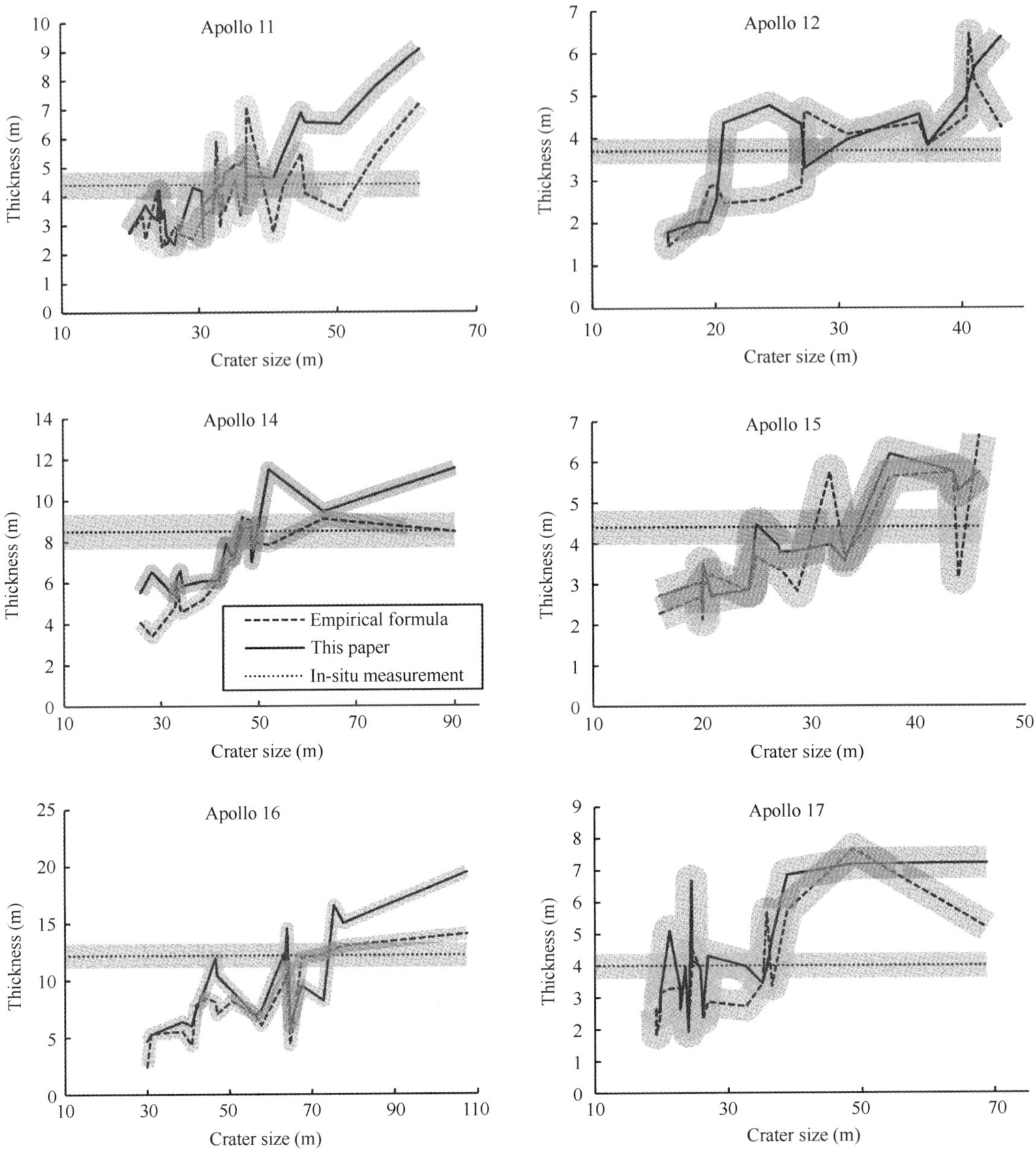

Fig. 9　Comparison of results from new and traditional morphological methods. The shaded regions indicate the thickness errors.

indicate the thickness errors, which are roughly represented by the precision errors of the LRO DEMs (see Table 2) for the morphological methods. The errors of the reference thicknesses are estimated as 10% of the thicknesses from the in - situ seismic measurements (Cooper et al., 1974). In each sub - figure, the horizontal axis is the crater size (D_A) of indicative craters, and the vertical axis is thickness. There is an observable trend in the figure that the thickness from empirical formula is similar to the direct measurement from our method, but sometimes big discrepancies exist. Nevertheless, both morphological methods provide reasonable results of lunar regolith thickness, compared with in-situ measurement results.

Fig. 9 shows a trend of measured regolith thickness increasing with crater size, but it is not always the case. It is not difficult to understand this dependency. In a place where the lunar regolith thickness is thin, small fresh craters used in our manuscript can form. If strong impact happens, the projectiles probably break the substrate layer and large concentric craters form. However, in a place where the lunar regolith is thick and the impacts that form small craters cannot reach the substrate layer, neither small flat-bottomed nor central-mound nor concentric craters can form. Only strong impacts that can reach the substrate layer can form craters with flat-bottomed, central-mound or concentric morphologies. In this case, the craters are usually large.

Both our new method and the traditional morphological method were developed based on the principle of the relationship between the crater size and crater morphology, established by laboratory experiments (Oberbeck and Quaide, 1967, 1968; Quaide and Oberbeck, 1968). It is interesting to compare the relationship between the directly measured crater diameter and depth from our method with the "theoretical" relationship derived from laboratory experiments. According to Quaide and Oberbeck (1968), the ratio of apparent diameter to crater depth (D_A/t) is greater than 3.8-4.2 for all indicative craters. The ratio ranges from 3.8-4.2 to 8-10 for flat-bottomed and central-mound craters, and is greater than 8-10 for concentric craters. Fig. 10 shows the histogram of D_A/t of 126 indicative craters at Apollo landing sites. The ratio range of Quaide and Oberbeck (1968) has also been demonstrated by dashed lines. It can be observed that the ratio of most concentric craters is greater than 6, only one crater falls into 4-6; while the ratio of most central-mound and flat-bottomed craters fall in between 4 and 10, with only two craters fall into 2-4. Generally, the ratio of apparent diameter to crater

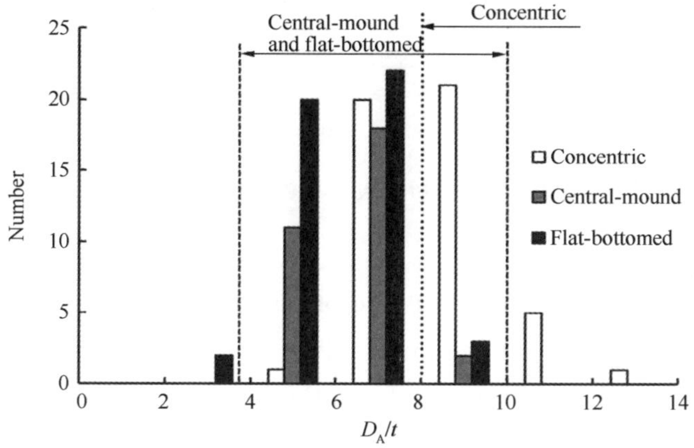

Fig. 10　Histogram of D_A/t ratio of indicative craters.

depth for indicative craters are consistent with the laboratory experiments (Quaide and Oberbeck, 1968), except that the boundary values separating concentric craters from flat - bottomed and central - mound craters are overlapped in the 6 – 8 range.

5.3 Geological implication

The lunar regolith thickness can reflect the relative age of the lunar surface: the older the age, the thicker the regolith (McKay et al., 1991). Radiometric ages of Apollo landing sites and thickness determined from our method are shown in Fig. 11. The error bars show the thickness errors, which are taken from the LRO DEM errors for the Apollo sites and from the theoretical analysis in Section 5.1.1 for CE-3 site. The surface age of Apollo 11, 12 15 and 17 come from Basaltic Volcanism Study Project (1981), surface age of Apollo 14 come from Turner et al. (1972), surface age of Apollo 16 come from James (1982), while surface age of CE-3 come from Zhao J. et al. (2014). It can be seen that the regolith thickness is very large before 3.7 Ga, but almost remain the same after that. The trend correlates well with that of Shkuratov and Bondarenko (2001). It has been confirmed that the meteorite flux was much higher before 3.5 Ga, resulting a higher rate of regolith growth (Wilhelms, 1987). Therefore, although a correlation still exists between regolith thickness and surface age, this rule should be used with caution.

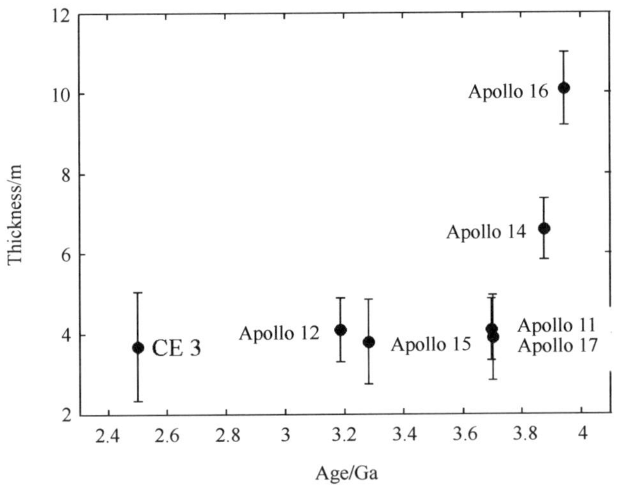

Fig. 11　Median regolith thickness vs. surface age at seven landing sites. The error bars show the thickness errors.

The lunar regolith is the primary source of our information about the Moon (McKay et al., 1991). All the remote sensing observations reflect physical or chemical properties of lunar regolith. The collected samples from the Moon are also from the regolith layer, which help us understand properties of lunar material. Knowledge of regolith depths is important for the planning of sample retrieval from the Moon or other planets (Wilcox et al., 2005). In addition, the regolith thickness might be useful for resources such as meteoritic Fe and siderophile elements, and as a potential building material. Measurements of regolith thickness will also be useful when considering these aspects of lunar resources (Crawford, 2015).

6 Conclusion

An improved method of estimating lunar regolith thickness is proposed based on the assumption that small fresh craters of flat - bottomed, central - mound and concentric morphologies can reveal the competent layer underlying lunar regolith. The new morphological method directly measures the thickness from high - resolution stereo images or DEM data. Ground surface fitting is conducted with crater edge points to avoid the effect of undulation of lunar ground surface exterior to the crater. The regolith thickness is calculated as the distance from crater floor (flat - bottomed and central - mound craters) or bench (concentric craters) to the modeled pre-impact ground surface.

Measurements of lunar regolith thickness have been conducted at CE-3 and six Apollo landing sites. The results are in good agreement with the reference thicknesses derived from in - situ measurements, verifying the effectiveness and reliability of our method. Meanwhile, the relative errors at 6 Apollo landing sites from our new method are smaller than that from the traditional morphological method, indicating that the new method can improve regolith thickness estimation.

This new morphological method can be applied to any areas covered by high - resolution stereo images or DEM data. As lunar regolith thickness correlates with geologic age (McKay et al., 1991), this method can be used to infer relative age of different areas on the Moon. The method can also contribute to the planning of sample retrieval from the Moon or other planets (Wilcox et al., 2005) or estimation of the quantities of solar wind implanted volatiles (Fegley and Swindle, 1993).

Acknowledgments

This study was supported in part by the Key Research Program of the Chinese Academy of Sciences (Grant No. KGZD - EW - 603) and National Natural Science Foundation of China (Grant No. 41590851 and 41301528). We are grateful to reviewers Ingrid Daubar and Ian Crawford for their insightful comments and constructive suggestions on this paper. We would like to thank the Lunar and Deep Space Exploration Science Applications Center of the National Astronomical Observatories and Beijing Aerospace Control Center for providing the Chang'E-2 images and telemetry data, respectively. We would also like to thank the LROC team (NASA/GSFC/ Arizona State University) for making the LRO DEM and orthophoto data of Apollo landing site available online.

Appendix A. Supplementary material

Supplementary data associated with this article can be found, in the online version, at http://dx.doi.org/10.1016/j.icarus.2015.12.013.

References

[1] Bart, G.D., 2014. The quantitative relationship between small impact crater morphology and regolith depth. Icarus 235, 130-35. http://dx.doi.org/ 10.1016/j.icarus.2014.03.020.

[2] Bart, G.D. et al., 2011. Global survey of lunar regolith thickness from LROC images. Icarus 215 (2), 485-90. http://dx.doi.org/10.1016/j.icarus.2011.07.017.

[3] Basaltic Volcanism Study Project, 1981. Basaltic Volcanism on the Terrestrial Planets. Pergamon Press, Inc., New York, pp. 950-52.

[4] Cooper, M.R., Kovach, R.L., Watkins, J.S., 1974. Lunar near-surface structure. Rev. Geophys. 12 (3), 291-08. http://dx.doi.org/10.1029/RG012i003p00291.

[5] Crawford, I.A., 2015. Lunar resources: A review. Prog. Phys. Geogr. 39 (2), 137-67. http://dx.doi.org/10.1177/0309133314567585.

[6] Debella-Gilo, M., Kääb, A., 2011. Sub-pixel precision image matching for measuring surface displacements on mass movements using normalized cross-correlation.

[7] Remote Sens. Environ. 115 (1), 130-142. http://dx.doi.org/10.1016/j. rse.2010.08.012.

[8] Di, K. et al., 2014. A self-calibration bundle adjustment method for photogrammetric processing of Chang'E-2 stereo lunar imagery. Geosci. Remote Sens. 52. http://dx. doi. org/10. 1109/TGRS. 2013. 2288932.

[9] Fa, W., Jin, Y., 2010. A primary analysis of microwave brightness temperature of lunar surface from Chang-E 1 multi-channel radiometer observation and inversion of regolith layer thickness. Icarus 207 (2), 605-615. http://dx.doi. org/10.1016/j.icarus.2009.11.034.

[10] Fegley, B., Swindle, T.D., 1993. Lunar volatiles: Implications for lunar resource utilization. In: Lewis, J., Matthews, M.S., Guerrieri, M.L. (Eds.), Resources of Near Earth Space. Tucson University Press, Tucson, pp. 367-426.

[11] Foroosh, H., Zerubia, J.B., Berthod, M., 2002. Extension of phase correlation to subpixel registration. IEEE Trans. Image Process. 11 (3), 188-200. http://dx.doi. org/10.1109/83.988953.

[12] Gault, D.E. et al., 1966. Luna 9 photographs: Evidence for a fragmental surface layer. Science 153 (3739), 985-988. http://dx.doi.org/10.1126/science.153.3739.985.

[13] James, O.B., 1982. Petrologic and age relations of the Apollo 16 rocks: Implications for subsurface geology and the age of the Nectaris basin. Proc. Lunar Sci. Conf. 12, 209-233.

[14] Kobayashi, T. et al., 2010. Simultaneous observation of lunar radar sounder and laser altimeter of Kaguya for lunar regolith layer thickness estimate. Geosci. Remote Sens. Lett. 7 (3), 435-439.

http://dx.doi.org/10.1109/ LGRS.2009.2038499.

[15] Liu, Z. et al., 2015. High precision landing site mapping and rover localization for Chang'E-3 mission. Sci. China - Phys. Mech. Astron. 58 (1), 019601. http://dx. doi.org/10.1007/s11433-014-5612-0.

[16] McKay, D.S. et al., 1991. The lunar regolith. In: Heiken, G., Vaniman, D., French, B.M. (Eds.), Lunar sourcebook: A user's guide to the Moon. CUP Archive, pp. 285-356.

[17] Nakamura, Y. et al., 1975. Shallow lunar structure determined from the passive seismic experiment. The Moon 13, 57-66. http://dx.doi.org/10.1007/ BF00567507.

[18] Oberbeck, V.R., Quaide, W.L., 1967. Estimated thickness of a fragmental surface layer of Oceanus Procellarum. J. Geophys. Res. 72 (18), 4697-4704. http://dx. doi.org/10.1029/JZ072i018 p04697.

[19] Oberbeck, V.R., Quaide, W.L., 1968. Genetic implications of lunar regolith thickness variations. Icarus 9 (1), 446-465. http://dx.doi.org/10.1016/0019-1035(68) 90039-0.

[20] Quaide, W.L., Oberbeck, V.R., 1968. Thickness determinations of the lunar surface layer from lunar impact craters. J. Geophys. Res. 73 (16), 5247 - 5270. http://dx. doi.org/10.1029/ JB073i016 p05247.

[21] Robinson, M.S. et al., 2010. Lunar reconnaissance orbiter camera (LROC) instrument overview. Space Sci. Rev. 150 (1-4), 81-124. http://dx.doi.org/10.1007/s11214- 010-9634-2.

[22] Shkuratov, Y.G., Bondarenko, N.V., 2001. Regolith layer thickness mapping of the Moon by radar and optical data. Icarus 40 (2), 329-338. http://dx.doi.org/ 10.1006/icar.2000.6545.

[23] Shoemaker, E. M. et al., 1968. Television observations from Surveyor 3. J. Geophys. Res. 73 (12), 3989-4043. http://dx.doi.org/10.1029/JB073i012p03989.

[24] Shoemaker, E.M. et al., 1969. Observations of the lunar regolith and the Earth from the television camera on Surveyor 7. J. Geophys. Res. 74 (25), 6081 - 6119. http://dx.doi.org/10.1029/JB 074i025p06081.

[25] Shoemaker, E.M. et al., 1970. Lunar regolith at tranquillity base. Science 167 (3918), 452-455.

[26] Slama, C.C., Theurer, C., Henriksen, S.W., 1980. Manual of Photogrammetry (No. Ed. 4). American Society of photogrammetry, pp. 901-902.

[27] Su, Y. et al., 2014. Data processing and initial results of Chang'E-3 lunar penetrating radar. Res. Astron. Astrophys. 14 (12), 1623-1632. http://dx.doi.org/10.1088/ 1674-4527/14/12/010.

[28] Tian, Q., Huhns, M.N., 1986. Algorithms for subpixel registration. Comput. Vis. Graph. Image Process. 35 (2), 220-233. http://dx.doi.org/10.1016/0734-189X (86)90028-9.

[29] Turner, G. et al., 1972. Ar40-Ar39 systematics in rocks and separated minerals from Apollo 14. Proc. Lunar Planet. Sci. Conf. 2, 1589-1612.

[30] Vondrak, R. et al., 2010. Lunar Reconnaissance Orbiter (LRO): Observations for lunar exploration and science. Space Sci. Rev. 150 (1-4), 7-22. http://dx.doi.org/ 10.1007/s11214-010-9631-5 .

[31] Wilcox, B.B. et al., 2005. Constraints on the depth and variability of the lunar regolith. Meteorit. Planet. Sci. 40 (5), 695-710.

[32] Wilhelms, D. E., 1987. The Geological History of the Moon. USGS Professional Paper 1342, Washington, DC.

[33] Xiao, L. et al., 2015. A young multilayered terrane of the northern Mare Imbrium revealed by Chang'E-3 mission. Science 347 (6227), 1226 – 1229. http://dx. doi. org/10. 1126/science. 1259866.

[34] Zhao, B. et al., 2011. Overall scheme and on – orbit images of Chang'E-2 lunar satellite CCD stereo camera. Sci. China Technol. Sci. 54, 2237 – 2242. http://dx. doi. org/ 10. 1007/s11431 – 011 – 4519 – 5.

[35] Zhao, J. et al., ao et al. 2014. Geologic characteristics of the Chang'E-3 exploration region. Sci. China Phys. Mech. Astron. 57 (3), 569 – 576. http://dx. doi. org/ 10. 1007/s11433 – 014 – 5399 – z.

[36] Zhao, N. et al., 2014. The preliminary processing and analysis of LPR Channel-2B data from Chang'E-3. Sci. China Phys. Mech. Astron. 2014 (57), 2346 – 2353. http://dx. doi. org/10. 1007/s11433 – 014 – 5590 – 2.

Orbit Optimization of Chang'E-2 by Global Adjustment Using Images of the Moon

Wei Yan, Jianjun Liu, Xin Ren①, Fenfei Wang, Wenrui Wang, Chunlai Li

Key Laboratory of Lunar and Deep Space Exploration, National Astronomical Observatories, Chinese Academy of Sciences, Beijing 100012, China

Abstract: The orbit accuracy of the Chang'E-2 (CE-2) lunar probe is one of the most critical factors for a seamless mosaic of the global lunar topographic map. During the production of the CE-2 global lunar topographic map, a maximum deviation of kilometers magnitude existed in the horizontal direction of homologous points between neighboring images, while the maximum height deviation of these points is up to several hundred meters. This phenomenon indicates that current orbit determination results of CE-2 cannot truly reflect the relative position relationship between probe and lunar surface features. Against this background, global adjustment using images of the moon should be carried out to solve this problem. In this paper, the influence of CE-2 current orbit accuracy on the production of a global lunar topographic map will be analyzed based on the introduction of CE-2 observation data, including images and orbit data. Additionally, key technologies and technical processes of global adjustment using CE-2 images with high-resolution and large amounts of data will be researched. Finally, orbit optimization of CE-2 after global adjustment is analyzed, as well as the accuracy of the CE-2 global lunar topographic map for validation verification.

Key words: Chang'E-2; CCD stereo camera; Global lunar topographic map; Global adjustment; Orbit optimization

1 Introduction

The lunar topographic map is one of the principal measurements that quantitatively describe the moon. The data are fundamental for our understanding of the internal structure of the moon and lunar surface evolution (Smith et al., 1997). High resolution and precision lunar topographic data also plays a critical role in lunar exploration missions, such as the selection of landing sites, the navigation of lunar rovers, and planning programs of unmanned and/or manned exploration activities (Wu et al., 2011, 2014).

① Corresponding author. Tel.: +86 01064880576. E-mail addresses: yanw@nao.cas.cn (W. Yan), renx@nao.cas.cn (X. Ren).

As the backup satellite of Chang'E-1 (CE-1) and a pioneer satellite for the second phase of the China Lunar Exploration Project (CLEP), one of the main scientific objectives of the Chang'E-2 (CE-2) lunar probe is to obtain three-dimensional images of the global lunar surface including Sinus Iridum region with high spatial resolution. To be specific, this is achieved through three - dimensional photographing of the global lunar surface in the visible band by a two -line linear push - broom CCD stereo camera (forward - and backward - looking, respectively) mounted on CE-2.

A global lunar topographic map with a resolution of 7 m based on CE-2 CCD stereo camera images was produced by the Ground Research and Application System (GRAS) of CLEP. This map has the highest resolution (1.5 m) in the Sinus Iridum region for the selection of a CE-3 safe landing site (Huang et al., 2010, 2012, 2013). However, there is a maximum deviation of kilometers magnitude in the horizontal direction of homologous points between neighboring images during the production of the CE-2 global lunar topographic map. The maximum height deviation of these points is also up to several hundred meters. This could affect the accuracy of the image mosaic seriously. These deviations were mainly caused by the orbit determination accuracy of CE-2 under the condition of excluding quality problems of the image observations themselves. It can be concluded that the current CE-2 orbit data obtained by ground observations using the unified S - band monitoring system (USB) and Very Long Baseline Interferometry (VLBI) in real - time task cannot truly reflect the relative position relationship between probe and lunar surface features. Therefore, it is necessary to improve the orbit accuracy of CE-2 to eliminate these position deviations between images for the successful production of a high -resolution global lunar topographic map. The results can also provide high - resolution basic lunar terrain data for China's subsequent lunar exploration missions, such as Chang'E-3 (CE-3).

Global adjustment using images of the moon is an effective method for eliminating image mosaic errors between neighboring images. It is based on the principle of analytical photogrammetry regarding stereo images, which calculates the coordinates of unknown points in the lunar fixed coordinate system under the photogrammetric collinearity equation and least square method. Global adjustment can modify the position and attitude parameters of CE-2 (exterior orientation (EO) parameters of images) when images are photographed, as well as the line and column information of homologous points in images. The results of global adjustment will improve the relative position relationship between probe and lunar surface features for orbit optimization and elimination of image mosaic errors. In Section 2 of this paper, the features of CE-2 images and orbit data will be introduced, while the influence of current orbit accuracy on the production of a global lunar topographic map will be analyzed in Section 3. Then, in Section 4, key technologies and technical processes of global adjustment using CE-2 images with high - resolution and large amounts of data will be researched. Results including the optimization of CE-2 orbit accuracy and image mosaic accuracy after global adjustment will also be analyzed in Section 5. Finally, some useful conclusions for further study will be given in Section 6.

2 CE-2 observation data

2.1 Images

Images of CE-2 were obtained by using a stereo camera with a time-delay and integration (TDI) charge coupled device (CCD) detector with 96 stages (Zhao et al., 2011). As far as we know, this was TDI - CCD's first use during lunar exploration. The camera was a two - line linear pushbroom sensor mounted separately on a unique focal plane and shared the same optical lens. The two - line stereo image strips were acquired in the forward - and backward - looking directions with a viewing angle of 7.98° and −17.2°, respectively, base to height ratio (B/H) is 0.45. The imaging principle of the CE-2 CCD stereo camera and its main performance parameters are illustrated in Fig. 1 and Table 1, respectively.

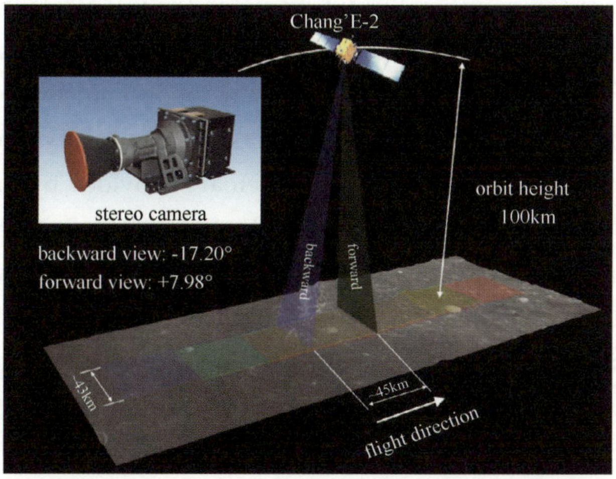

Fig. 1　Imaging principle of CE-2 two - line stereo camera.

Table 1　CE-2 two—line stereo camera performance parameters.

Parameter name	Parameter value
Image size	6144 pixels/line(2 CCD lines)
Focal length	144.3 mm
Stereo channels	Forward: +7.98°, backward: −17.2
Spectral band	1 panchromatic band, 0.45 μm − 0.52 μm
Radiometric resolution	8 bit
Detector pixel size	10.1 μm × 10.1 μm
Gain	0.7, 1.0 and 2.0
Integration grade	16, 32, 48, 64 and 96

Until May 23, 2011, the CE-2 CCD stereo camera had obtained a total of 607 image strips (Li et al., 2012a). At a 100km ×100 km circular polar orbit, which was the prime mission orbit of CE-2, the image strip included ~77 million image lines and covered a ground length of approximately 5 458 km from south pole to north pole. Its spatial resolution is 7 m and the image width is 43 km. The degree of overlap along the orbit between the forward - and backward - looking image strips is 100%. The across track overlap degree between neighboring image strips is 24% at the equator, which increases with latitude. 16 image strips with a spatial resolution of 1.5 m were also obtained near the Sinus Iridum region when CE-2 transitioned to a 100 km×15 km polar orbit for the selection of a CE-3 safe landing site. These image strips covered the whole surface of the moon. Therefore, there are enough images to generate a global lunar topographic map.

These images have been archived with a Planetary Data System (PDS) format by GRAS, and the data size is ~2 TB, which had been released on the website(http://moon.bao.ac.cn/).

2.2 Orbit data and other ancillary data

The orbit data are the main auxiliary parameter for GRAS daily data reception and processing. They are also the important part of EO parameters of images. Their accuracy will directly affect the reliability of the global lunar topographic map. Currently, the orbit data used in GRAS are precise orbital elements with an interval of one day and orbit ephemerides with an interval of one second, which are provided by the Beijing Aerospace Command & Control Centre (BACC). These data are defined in the Earth - centered Earth Mean Equator and Equinox of Epoch J2000 coordinate system which should be conversed to Moon centered coordinate system for application according to JPL DE421 precision planetary ephemeris (Archinal et al., 2011). For orbital elements, the positional accuracy and radial accuracy are 400 m (3σ) and 60 m (3σ), respectively, within domestic measurements at an altitude of 100 km. The positional accuracy and radial accuracy will decrease to 900 m (3σ) and 180 m (3σ), respectively, without domestic measurements at the same orbital altitude (Liu et al., 2013; Li et al., 2012b). Orbit ephemeris is extrapolated by using each day's orbital elements according to the Kepler equation (Broucke and Cefola, 1972).

It is easy to understand that the accuracy of orbit ephemerides will decrease as time goes on, which is far from the epoch orbital elements that are calculated. The cumulative error will be increased obviously such that the accuracy of orbit ephemerides in the middle part of one orbit arc will be relatively higher and in the end parts of this orbit arc will be decreased gradually. On the other hand, accuracy of orbit data will also be affected by many other factors, such as observation conditions, geometric configuration between

CE-2 probe and ground stations, and so on; these will affect the accuracy of observations used for orbit determination. Therefore, there will be deviations in orbit determination results which obtained by using different day's observations.

Two neighboring days' orbit ephemerides will have overlapping portions because orbit ephemeris is extrapolated by using orbital elements, and there will be deviations in overlapping orbit ephemerides. Sometime these deviations will be even larger than several kilometers and will seriously affect the application level of precise orbit ephemerides. Fig. 2 gives an example showing the deviations in overlapping orbit ephemerides that are extrapolated by using orbital elements calculated on Nov. 2 and Nov. 3, 2010, respectively. The precise orbit ephemeris files are noted as reph20101102 and reph20101103, and the comparison result is illustrated in Fig. 2.

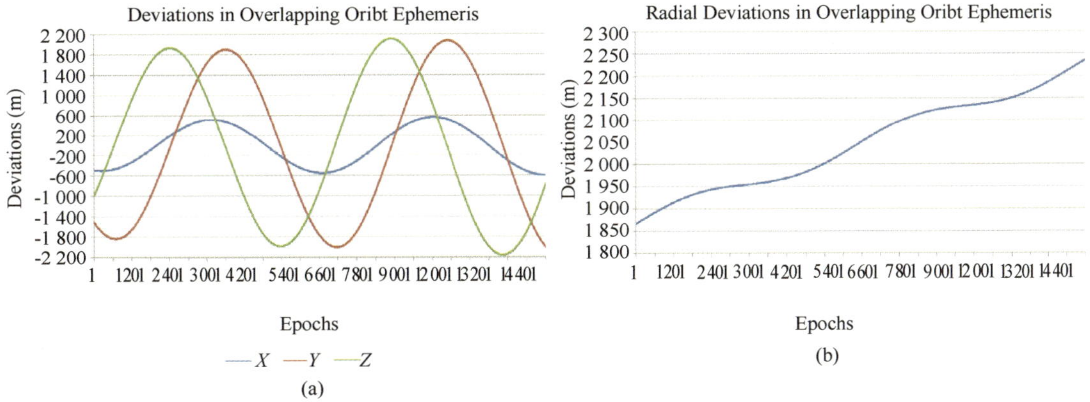

Fig. 2　Deviations in overlapping portions between reph20101102 and reph20101103

Fig. 2(a) illustrates deviations of each component in the overlapping orbit ephemeris between file reph20101102 and reph20101103, including a total of 14 401 epochs. It can be seen that the deviations exhibited a sinusoidal distribution, in which maximum deviations of components Y and Z are larger than 2000 m and are much larger than the position accuracy of precise orbit determination results. Fig. 2(b) illustrates the radial deviations of overlapping orbit ephemeris. It can be seen that the radial deviations showed an increasing trend with time, being much larger than the radial accuracy of the precise orbit determination results as well. This phenomenon is common in the precise orbit ephemeris of CE-2. It is necessary to pay attention to these features of CE-2 orbit data during the production of a global lunar topographic map.

Attitude data of CE-2, which is another part of EO parameters of images, is measured by using several gyroscopes and star sensors onboard the probe. Its precision is better than 0.03° (3σ), and its stability is better than $0.0005^\circ/s$. Interior orientation (IO) parameters of images, including the focal length, principal point position in the focal plane and the stereo view angle, are calibrated in the laboratory before launch (Liu et al., 2013; Li et al., 2012b).

3 Influence of current orbit accuracy on global lunar topographic map

Images used in the production of the CE-2 global lunar topographic map with a spatial resolution of 7 m were photographed by a CCD stereo camera onboard on the probe, as mentioned in Section 2.1. 384 image strips covering the whole surface of the moon once with better quality are selected from the 607 total image strips for this work. For the sake of convenient calculation, the global lunar surface is divided into three mapping regions, i.e., north mapping region (N70° − N90°), south mapping region (S70° − S90°) and mid and low latitude mapping region (S70°～N70°). The three mapping regions are then respectively divided into 2 strips, 2 strips and 10 strips along latitude direction as illustrated in Fig.3. After data organization, image strips are finally cut into 6689 short-strip stereo images includes a forward-view image and a backward-view image, corresponding to the 6689 sub-orbit arcs.

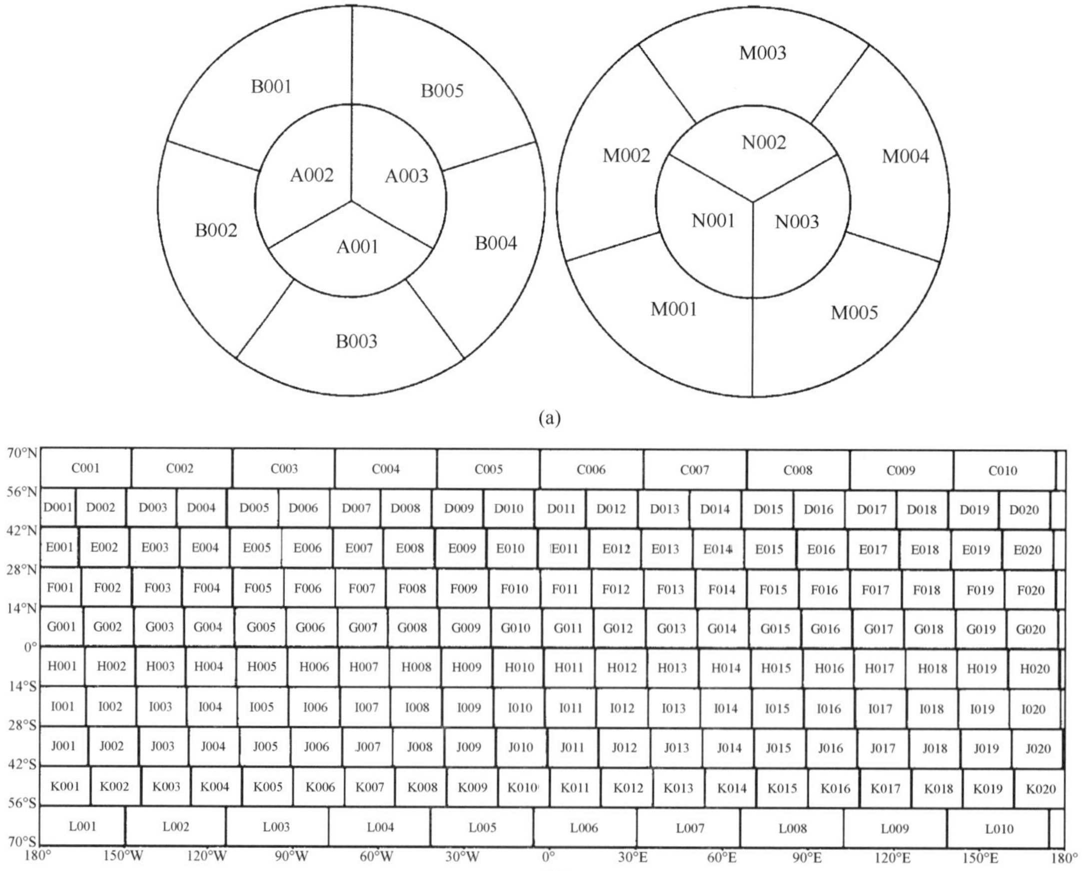

Fig.3 Strips distribution on global lunar surface (this figure respectively shows the distributions of north mapping region, south mapping region and mid and low latitude mapping region).

As mentioned above, there were obvious image mosaic errors during the production of the global lunar topographic map using the current CE-2 orbit ephemerides. In this Section, quantitative analysis of image mosaic accuracy between neighboring images, geometric positioning accuracy of the same image and so on will be carried out to emphasize the importance of orbit optimization of CE-2.

3.1 Image mosaic accuracy between neighboring images

Image mosaic accuracy can be reflected by relative position deviations of homologous points in overlapping areas of neighboring images. The ground coordinates of these points in the lunar fixed coordinate system can be calculated by forward intersection using the forward and backward - looking images between neighboring image strips (Wang, 2007), and thus the relative position deviations can be obtained.

There are 4 380 703 (~4 million) total homologous points between neighboring image short - strips. For the sake of statistical analysis, 540 141 points from these homologous points are selected in this paper, which is approximately 80 points for each image short - strip. The distribution and statistical charts of relative position deviations of these homologous points are illustrated in Figs. 4 and 5, respectively.

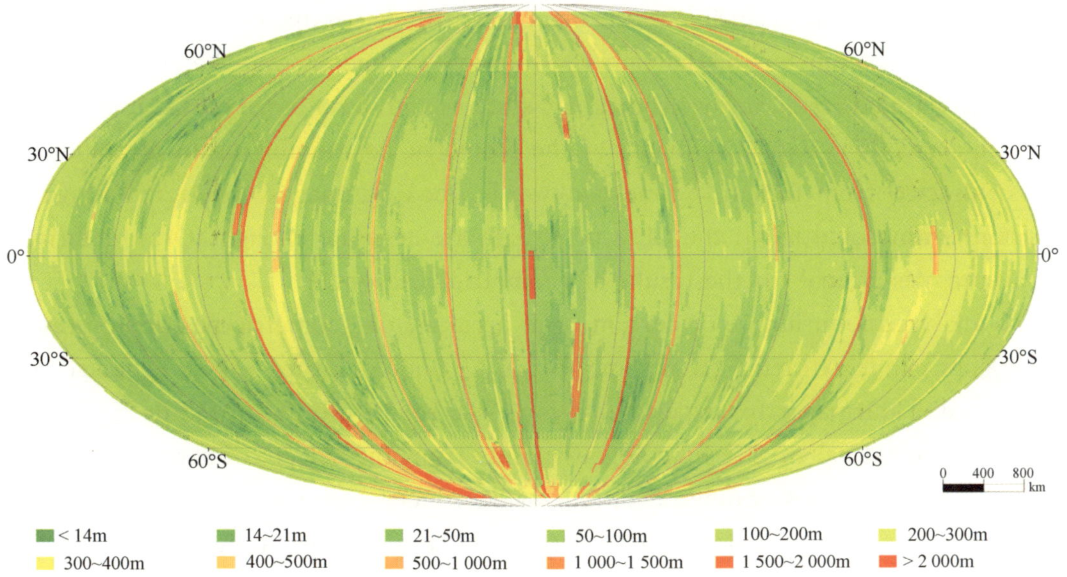

Fig. 4　Distribution of relative position deviations of homologous points between neighboring images.

According to the statistical results, the average positioning deviation of these points is 187.690 m, while the maximum value, the minimum value and the standard deviation are 2667.590 m, 0.411 m, and 211.51 m, respectively. It can be clearly seen that relative position deviations are larger than 14 m, corresponding to 2 pixels, in most of the area, accounting for 99.4% of the whole surface of the moon. It cannot meet the re-

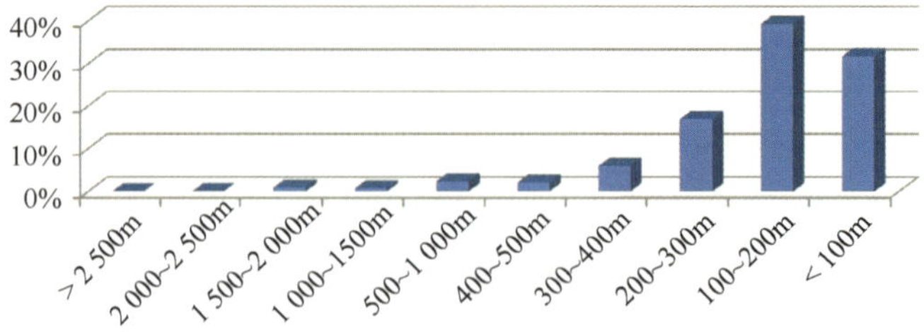

Fig. 5　Statistical charts of relative position deviation values (the vertical axis indicates the proportion of points with relative position deviations within each range to total homologous points).

quirements of seamless mosaic at the pixel level.

3.2　Geometric positioning accuracy of the same image

The influence of orbit data accuracy on the same image strip can be reflected by the geometric positioning accuracy of images. Geometric positioning is one of the main technologies used during remote sensing data preprocessing to calculate the lunar locations or any other related geometric parameters of remote sensing sampling data. For images obtained using the CE-2 CCD stereo camera, the principle of geometric positioning is to calculate the lunar location of each pixel in forward - and backward - looking arrays of CCD images accurately according to the orbit and attitude parameters of CE-2, geometric and installation parameters of the camera, rotation parameters and shape of the moon, conversion parameters of various coordinate systems and so on based on the processing of radiation correction (Fig. 6). Obviously, the geometric positioning results of homologous points extracted from forward - and backward - looking images, respectively, will be consistent with each other if the CE-2 orbit data are accurate enough. Orbit determination accuracy is critical for the results of geometric positioning.

To analyze the influence of current orbit accuracy on geometric positioning results, homologous points extracted from some forward - and backward - looking image strips are selected in this paper for experimentation. The results are illustrated in Fig. 7.

There are a total of 231 homologous points from the selected image strips. Fig. 7 shows the geometric positioning deviations of coordinate components for these homologous points. It can be seen clearly that there are great deviations in the geometric positioning results of homologous points from forward - and backward - looking images, which presents a systematic characteristic. The deviations of component Z are even larger than 300 m. The analysis indicates that there is a systematic error of several hundred meters magnitude in the CE-2 precise orbit ephemeris.

In summary, current CE-2 orbit ephemerides cannot exactly reflect the relative position relationship between the probe and lunar features. This will seriously affect the production of a global lunar topographic map. In this case, it is necessary to optimize the

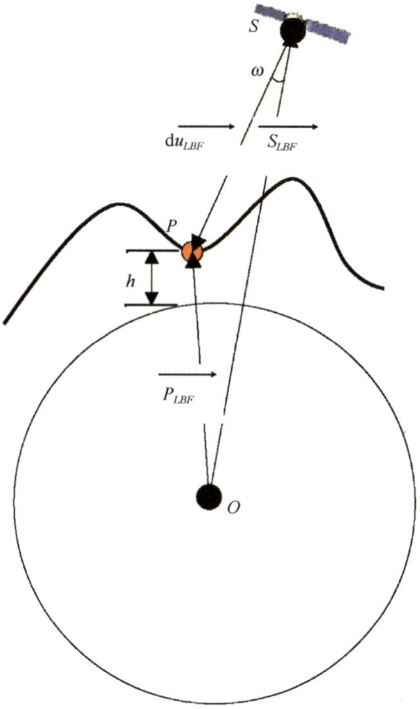

Fig. 6　Principle of geometric positioning for CE-2 images. ($\boldsymbol{S}_{\mathrm{LBF}}$; $\boldsymbol{du}_{\mathrm{LBF}}$ and $\boldsymbol{P}_{\mathrm{LBF}}$ represents vectors of CE-2 satellite, lunar ground homologous points and observation in the image strips, while O, P, S is according to lunar centroid, lunar ground point, image projective center respectively. h is the elevation of point P. Coordinates of P can be obtained under geometric relationships of these vectors illustrated in this figure.)

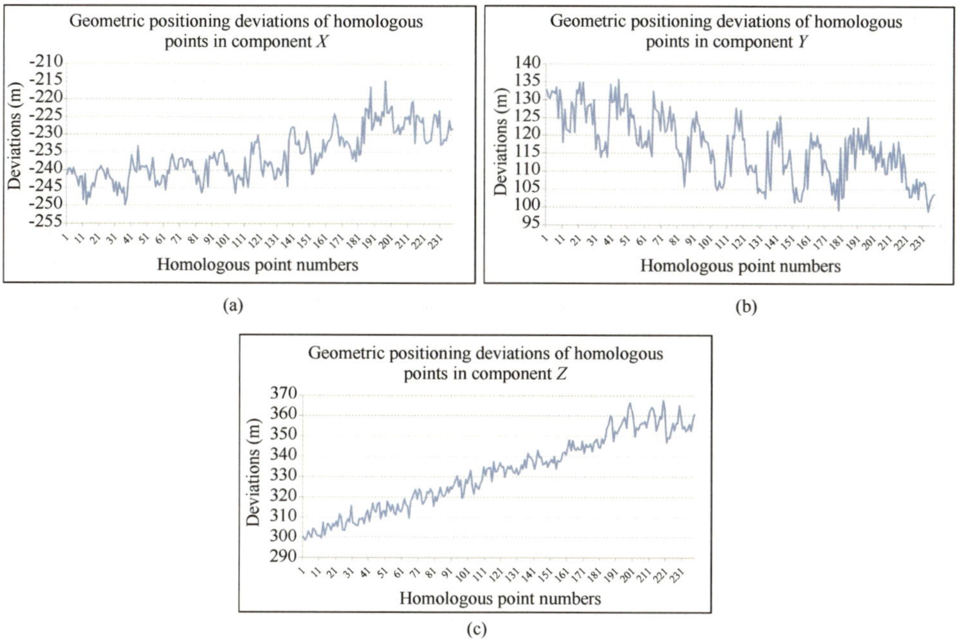

Fig. 7　Geometric positioning deviations of homologous points extracted from forward－ and backward－looking images.

orbit accuracy of CE-2 further by data processing, such as global adjustment, using images of the moon to meet the requirement of a high - resolution global lunar topographic map.

4 Global adjustment using images of the moon

As mentioned above, there are obvious errors in the current CE-2 orbit data, which is an important part of image data's EO parameters because of its own features. On the other hand, in - orbit calibration of CCD camera parameters was not carried out so that the IO parameters used for image processing were ground calibration results. All of these factors will cause deviations of homologous points between neighboring images, affecting the production of a global lunar topographic map. Therefore, it is necessary to carry out global adjustment using images of the moon to solve these problems. This means that EO and IO parameters of images should be seen as adjusted parameters for use in the calculation of coordinates of homologous points.

4.1 The principle of global adjustment of images

The basis of global adjustment using images of the moon is the photogrammetric collinearity equations. The basic collinearity equation reflects the central projection relationship between the camera system, which is formed by each line's images of the CCD linear array sensor, and the object system, which is formed by homologous points on the lunar surface. The equation is as follows: (Wang, 2007)

$$
\begin{aligned}
x - x_P - \Delta x &= -f \cdot \frac{r_{11}(X - X_C) + r_{21}(Y - Y_C) + r_{31}(Z - Z_C)}{r_{13}(X - X_C) + r_{23}(Y - Y_C) + r_{33}(Z - Z_C)} \\
y - y_P - \Delta y &= -f \cdot \frac{r_{21}(X - X_C) + r_{22}(Y - Y_C) + r_{32}(Z - Z_C)}{r_{13}(X - X_C) + r_{23}(Y - Y_C) + r_{33}(Z - Z_C)}
\end{aligned} \tag{1}
$$

where $[x, y]$ are image coordinates of homologous points, $[x_p, y_p]$ are image coordinates of the image principal point, $[\Delta x, \Delta y]$ are self - checking correction terms of the camera, including lens distortion correction and so on, $[X, Y, Z]$ are lunar surface coordinates of homologous points, $[X_C, Y_C, Z_C]$ are lunar surface coordinates of the image principal point, f is the focal length of the camera, and r_{11}—r_{33} are elements of the conversion matrix $R(\omega_C, \varphi_C, \kappa_C)$ which is formed by EO angle parameters of images and used to translate homologous points from image coordinates to lunar surface coordinates.

At present, bundle block adjustment has increasingly become the mainstream method of analytical aerial triangulation because of its rigorous theory. The global adjustment of CE-2 images of the moon will also be based on the principle of bundle block adjustment. For bundle block adjustment, approximation of unknowns should be provided as better initial values to guarantee the final accuracy of adjustment results. These initial values are usually obtained by block adjustment with an independent model, which connects image strips covering the whole surface of the moon to a free network. However, traditional approaches of block adjustment with an independent model cannot solve the image mosaic problem of CE-2 images effectively to provide high - precision initial values for bundle block adjustment. It will even cause non - convergence of the algorithm of bundle block adjustment. The reason for this phenomenon is that the EO and IO parameters of CE-2 images are affected by decreasing accuracy of CE-2 orbit ephemerides from the middle part of one orbit arc to the end parts of that orbit arc and systematic positioning errors in the image line direction caused by no in - orbit calibration, respectively. Therefore, it is very important to research feasible methods to achieve global adjustment of CE-2 images with high - resolution and large amounts of data to solve the above problems.

This paper will focus on the research of feasible expression of the EO and IO parameters of CE-2 images, key technologies such as the global adjustment technical process, and the optimization of CE-2 orbit accuracy after global adjustment, as well as image mosaic accuracy of the global lunar topographic map.

4.2 Expression of EO and IO parameters

EO parameters of CE-2 images are composed of position and attitude parameters of the probe in the lunar fixed coordinate system corresponding to the image acquisition epoch. Because the scanning interval of CCD stereo camera arrays is approximately 0.04 s, which is much shorter than the sampling interval of CE-2 orbit ephemerides and attitude parameters (1 s, as mentioned in Section 2), interpolation should be used to obtain each image line's EO parameters. However, the scanning interval of CCD stereo camera arrays is not successive which will produce irregular jumping change. Taking into account the features of CE-2 orbit data mentioned in Section 2.2, this jumping change will cause deviations in interpolation results so that there will be a geometric positioning error of homologous points from the same image strip and image mosaic errors between neighboring images which will affect the production of the global lunar topographic map. Thus, this jumping change in EO parameters must be first eliminated.

To solve this problem, the scanning interval of CCD stereo camera arrays will be redetermined and the CE-2 orbit will be expressed by a set of fitting orbital elements. Because position errors of discrete points in an orbit ephemeris will be weakened by fitting orbital elements, it can be considered that an approximate “ideal” orbit is obtained to eliminate the jumping change deviations in EO parameters by direct interpolation using the initial orbit ephemeris. Stable initial values of probe position parameters can be provided by this method. The specific methods are as follows:

(1) Sampling interval of an orbit ephemeris is redetermined by the length and total lines of images obtained from some orbit arc. Probe positions at any epoch when images are photographed can be interpolated by an initial orbit ephemeris, and then Chebyshev polynomial interpolation for coordinate components $X/Y/Z$ of probe position in the lunar fixed coordinate system can be fitted. Chebyshev polynomial interpolation is a function of time. It can apply to many research fields, such as aerial images, satellite images and so on, depending on the setting of its order. Velocity components $X_v/Y_v/Z_v$ of CE-2 in the lunar fixed coordinate system can also be fitted as Chebyshev polynomial interpolations by differentiating the position polynomials with time.

Until then, position and velocity parameters of CE-2 at any epoch of some orbit arc can be interpolated by the Chebyshev polynomial interpolation derived above. Orbit elements of the probe at 5 evenly selected epochs in the same orbit arc can then be calculated by position and velocity interpolation results based on the conversion relationship between orbit elements and Cartesian coordinates. Final orbit elements for the studied orbit arc can be obtained by averaging these 5 sets of parameters. Further, for the sake of convenient calculation is another reason to express probe position and velocity as orbit elements because only observation time is needed.

(2) EO parameters of images are expressed in the form of main terms and perturbation terms. For linear elements, the main term can be calculated by using the orbit elements derived above based on Kepler's Laws of Planetary Motion, and the perturbation term can be modeled as a 4 order Chebyshev polynomial interpolation. For angle elements, the main term can be set as 0 and perturbation term can be modeled as a 6 order Chebyshev polynomial interpolation.

During the global adjustment of CE-2 images of the moon, the start and stop epoch of some sub - orbit arc i, corresponding to the image photography epochs, can be defined as t_{ini}^{i} and t_{fin}^{i}, respectively. Define the following variable: (Daniela, 2005)

$$\bar{t} = \frac{t - t_{ini}^{i}}{t_{fin}^{i} - t_{ini}^{i}} \tag{2}$$

where t is the photography time of one image line. Then, the perturbation term of EO parameters can be expressed as:

$$\left.\begin{aligned}
X_C(\bar{t}) &= X_0 + a_X T_0(\bar{t}) + b_X T_1(\bar{t}) + c_X T_2(\bar{t}) + d_X T_3(\bar{t}) \\
Y_C(\bar{t}) &= Y_0 + a_Y T_0(\bar{t}) + b_Y T_1(\bar{t}) + c_Y T_2(\bar{t}) + d_Y T_3(\bar{t}) \\
Z_C(\bar{t}) &= Z_0 + a_Z T_0(\bar{t}) + b_Z T_1(\bar{t}) + c_Z T_2(\bar{t}) + d_Z T_3(\bar{t}) \\
q_{1C}(\bar{t}) &= q_{10} + a_{q1} T_0(\bar{t}) + b_{q1} T_1(\bar{t}) + c_{q1} T_2(\bar{t}) + d_{q1} T_3(\bar{t}) + e_{q1} T_4(\bar{t}) + f_{q1} T_5(\bar{t}) \\
q_{2C}(\bar{t}) &= q_{20} + a_{q2} T_0(\bar{t}) + b_{q2} T_1(\bar{t}) + c_{q2} T_2(\bar{t}) + d_{q2} T_3(\bar{t}) + e_{q2} T_4(\bar{t}) + f_{q2} T_5(\bar{t}) \\
q_{3C}(\bar{t}) &= q_{30} + a_{q3} T_0(\bar{t}) + b_{q3} T_1(\bar{t}) + c_{q3} T_2(\bar{t}) + d_{q3} T_3(\bar{t}) + e_{q3} T_4(\bar{t}) + f_{q3} T_5(\bar{t})
\end{aligned}\right\} \tag{3}$$

$$q_{1C}^2 + q_{2C}^2 + q_{3C}^2 + q_{4C}^2 = 1 \tag{4}$$

where $a_X \sim f_{q3}$ are the coefficients of Chebyshev polynomial interpolation. $q_{1C} \sim q_{4C}$ are the attitudes of four elements. $T(\bar{t})$ is the Chebyshev polynomial, which can be expressed as: (Diebel, 2006)

$$\begin{cases} T_0(\bar{t}) = 1 \\ T_1(\bar{t}) = \bar{t} \\ T_n(\bar{t}) = 2\bar{t}T_{n-1}(\bar{t}) - T_{n-2}(\bar{t}); \ |\bar{t}| \leqslant 1; \ n \geqslant 2 \end{cases} \tag{5}$$

(3) Using the same method, IO parameters of images can also be modeled in the form of a main term and a perturbation term, in which the perturbation term is expressed as a 9 order Chebyshev polynomial interpolation.

4.3 Technical process of global adjustment

Based on the modeling of images' EO and IO parameters, global adjustment can be implemented. The following technical processes for the global adjustment of CE-2 images are designed to solve the problem of image mosaic errors caused by traditional block adjustment with an independent model.

(1) Adjustment with a single model

Images from each sub - orbit arc can be seen as a single model. The principle of single model adjustment is the same as bundle block adjustment without considering the corrections of IO parameters of images. Homologous points of images from the same sub - orbit arc are used in single model adjustment. The error equation of each beam, according to homologous points, can be written as follows according to Eq. (1):

$$V = [A \ B]\begin{bmatrix} t \\ X \end{bmatrix} - L$$

$$V = [v_x \ v_y]^T$$

$$A = \begin{bmatrix} a_{11} & a_{12} & a_{13} & a_{14} & a_{15} & a_{16} \\ a_{21} & a_{22} & a_{23} & a_{24} & a_{25} & a_{26} \end{bmatrix}$$

$$B = \begin{bmatrix} -a_{11} & -a_{12} & -a_{13} \\ -a_{21} & -a_{12} & -a_{23} \end{bmatrix}$$

$$t = [\Delta X_S \ \Delta Y_S \ \Delta Z_S \ \Delta\varphi \ \Delta\omega \ \delta_\kappa]$$

$$X = [\Delta X \ \Delta Y \ \Delta Z]^T, \ L = [l_x \ l_y]^T$$

where A and B are design matrixes of unknowns, while t and X are unknowns parameters column vectors, and L is the residual vector of image coordinates. Expansions of A and B are illustrated in Wang (2007).

The purpose of this step is to optimize the EO parameters of images from different sub - orbit arcs, and lunar surface coordinates of homologous points to improve the inner precision of unknowns. Positioning errors of homologous points caused by initial orbit determination results during forward intersection can obviously be avoided through this step.

(2) Block adjustment with an independent model

The connection points of all single models obtained in step (1) are used to link all images covering the whole surface of the moon. The principle of adjustment with an independent model is that coordinates of connection points from different single models should be as equal to each other as possible under a least squares estimate. This means that the square sum of error between coordinates of connection points or control points' calculated values and measured values should be minimized. Only rotation, translation and scaling are processed for each single model throughout the process, which is called space similarity transformation. The conversion formula for each single model is as follows (Wang, 2007)

$$\begin{bmatrix} X \\ Y \\ Z \end{bmatrix} = \lambda R \begin{bmatrix} \overline{X} \\ \overline{Y} \\ \overline{Z} \end{bmatrix} + \begin{bmatrix} X_G \\ Y_G \\ Z_G \end{bmatrix}$$

where (X, Y, Z) are adjustment results of connection points' lunar surface coordinates, λ is the scaling factor of the model, R is the rotation matrix of the model, $(\overline{X}, \overline{Y}, \overline{Z})$ are the centralized coordinates of connection points that have two or more projection centers, and (X_G, Y_G, Z_G) are translation values of the single model. Based on Eq. (7), seven absolute directional parameters for each single model can be calculated under least squares estimation to obtain ground coordinates for all connection points.

This step is used to connect all images from different sub-orbit arcs to a free network in which connection points of images can be brought into the lunar fixed coordinate system optimally. Different from the traditional absolute orientation mentioned in Wang (2007), the rotation matrix R should be expressed as a 5 order Chebyshev polynomial interpolation in this paper for the sake of convenient calculation. The constraint condition of adjustment is that connection points and control points from neighboring single models or from forward- and backward-looking images should be as equal to each other as possible. Coordinates of control points should be assigned with greater weight during the calculation. Because the inner precision of each independent model is guaranteed by single model adjustment, more accurate lunar surface coordinates of connection points and control points can be obtained as the initial values for global adjustment.

(3) Global bundle block adjustment

The results of adjustment with the independent model connected all CE-2 images as a unified free network and provided high-precision initial values for global bundle block adjustment. The method of global bundle block adjustment is similar to single model adjustment except the former further considers the corrections of the IO parameters of images. EO and IO parameters will be calculated alternately throughout the process to avoid the instability of solutions caused by relativity between the two types of parameters. It should be noted that high - precision initial values of unknowns are important for block adjustment with fewer control points. For ground observations, regional networks connected by pilotages that are formed by images after relative orientation are usually used for bundle block adjustment. Taking into account control points on the ground, a better relative position relationship between satellite and ground features and more accurate initial values of homologous points can be obtained by adjustment with an independent model for subsequent bundle block adjustment. This is the basic thought of the technical process derived in this paper.

5 Results and analysis

5.1 Orbit optimization of CE-2 by global adjustment

Optimized EO parameters of images corresponding to the image photography epoch can be obtained by the global adjustment introduced in Section 4. Using these results, the relative position relationship of CE-2 orbit and lunar surface features can be improved effectively for further optimization of the CE-2 orbit. Optimization of CE-2 orbit accuracy can be reflected by corrections of orbit positions after the global adjustment of images of the moon. The orbit corrections calculated in this paper are illustrated in Fig. 8. Images participating in global adjustment are from 6686 sub - orbit arcs covering the whole surface of the moon.

It can be seen from Fig. 8 that corrections with different degrees have been carried out for CE-2 position components in each sub - orbit arc after global adjustment. Specifically, maximum correction for coordinate component X is 1701.64 m corresponding to absolute value, while minimum correction is 0.02 m and the RMS of corrections is 132.17 m. For component Y, maximum correction is 6070.56 m corresponding to absolute value, while minimum correction is 0.01 m, and the RMS of corrections is 201.48 m. Finally, for component Z, maximum correction is 1869.44 m corresponding to absolute value, while minimum correction is 0.01 m, and the RMS of corrections is 79.38 m. The large maximum corrections for a few suborbit arcs are caused by the low quality of images or low precision initial values of these sub - orbit arcs. The number of sub - orbit arcs whose corrections for each coordinate component are larger than 500 m corresponding to absolute value is approximately 122, or 2% of the total number of sub - orbit arcs. Thus, the orbit accuracy of CE-2 can be optimized compared with its initial values after the global adjustment of images. The degree of optimization depends on the initial accuracy of the various sub - orbit arcs. The relative position relationship of CE-2 and lunar surface fea-

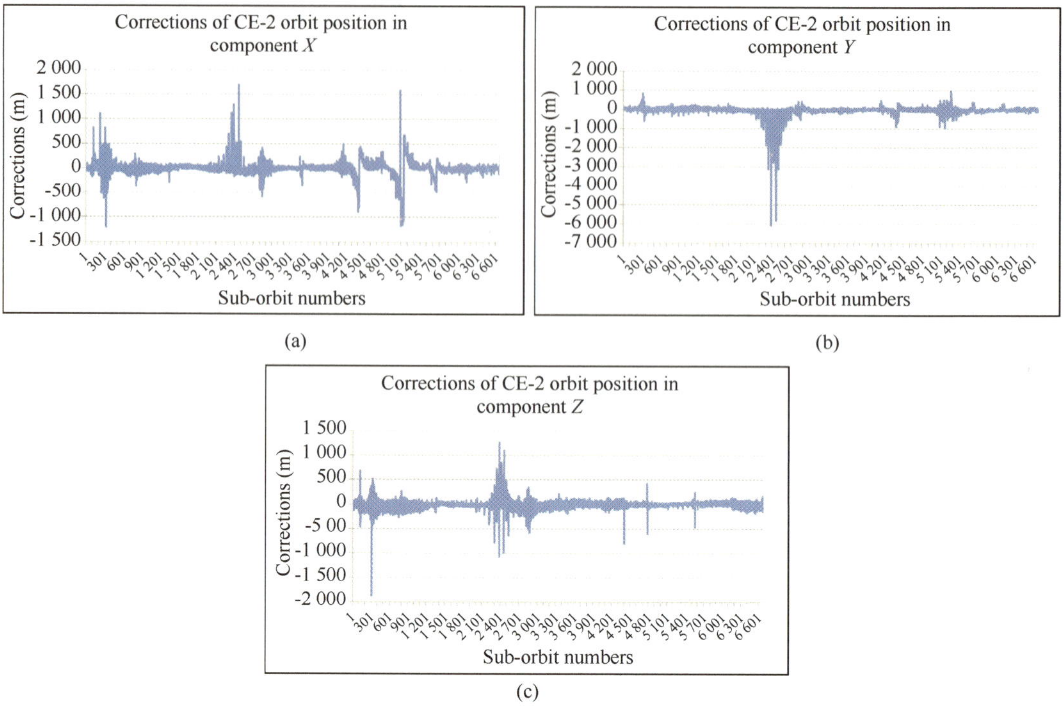

Fig. 8　Corrections of CE-2 orbit adjustment results.

tures can be improved effectively by global adjustment.

Some papers said the orbit accuracy was better than 100 m, such as Li et al. (2012b). It should be noted that this accuracy was obtained in post - processing mode with higher ground tracking data. However, orbit data used in this paper is obtained in real - time task and its initial accuracy is worse compared with post - processing results. Even though, the optimized orbit accuracy discussed in this paper is quite comparable to the results obtained by orbit tracking data and meets the requirement of lunar mapping project. So the optimization method of CE-2 orbit mentioned in this paper is effective.

5.2　Validation verification of optimized CE-2 orbit

Accuracy of the CE-2 global lunar topographic map is analyzed to verify the efficiency of orbit - optimized results. Lunar surface positioning accuracy of homologous points between neighboring images, geometric positioning accuracy of homologous points in forward - and backward - looking images from the same orbit arc, and position accuracy of absolute control points on the lunar surface according to the optimized CE-2 orbit data after global adjustment will be analyzed.

(1) The positioning accuracy of 540,141 homologous points between neighboring image short - strips used in Section 3.1 is calculated again after global adjustment. The results are illustrated in Fig. 9.

It can be seen from Fig. 9 that position deviations of homologous points between neighboring image short - strips were reduced to an average of 2 m after global adjustment, while the maximum deviation is 124 m, minimum deviation is 0 m, and RMS of position deviation is 6 m. Positioning accuracy is increased compared with its initial values. Further, over 95% of these position deviations are less than 14 m (2 pixels), which meets the requirement of the seamless mosaic of images. The results verified the validity of the technical process of global adjustment studied in this paper. The orbit accuracy of CE-2 is optimized. The relative position relationship between CE-2 probe and lunar surface features is improved, as well as the image mosaic accuracy between neighboring image short - strips to guarantee the quality of the global lunar topographic map.

(2) Geometric positioning of the homologous points in forward - and backward - looking images from the orbit sub - arcs mentioned in Section 3.2 is carried out again under the optimized CE-2 orbit data after global adjustment. The positioning deviations of coordinate components for homologous points are illustrated in Fig. 10.

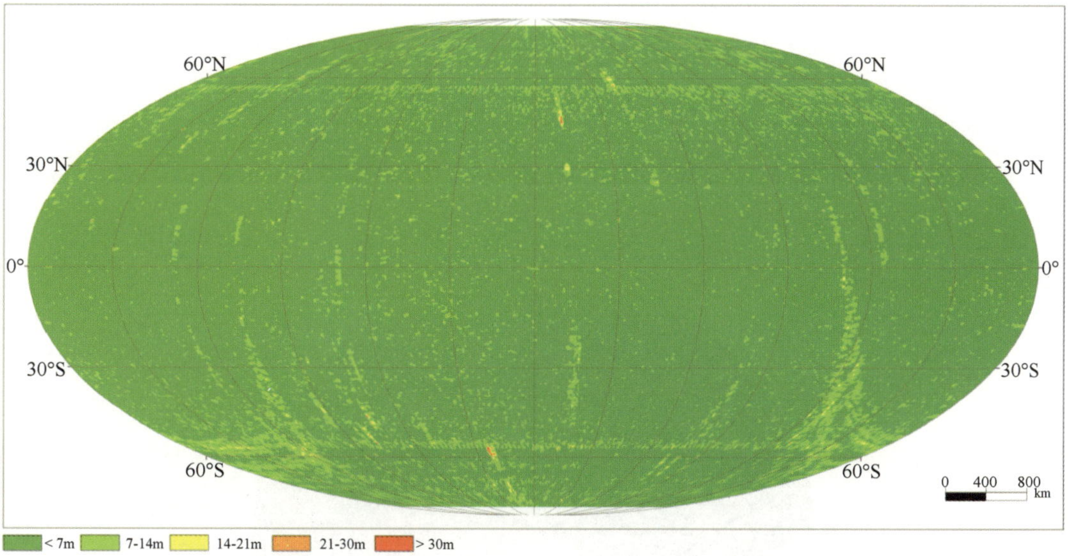

Fig. 9　Position deviations of homologous points between neighboring image short - strips after global adjustment.

Compared with Fig. 7, it can be concluded that the geometric positioning deviations of homologous points in forward - and backward - looking images are decreased effectively, being reduced to of tens of meters magnitude and meeting the requirement of application. 3) For absolute control points on the lunar surface, 5 Laser Retro Reflectors (LRRR, Fig. 11) placed on the moon are selected to analyze their position errors. The results reflect the absolute accuracy of global adjustment studied in this paper and validity of the CE-2 optimized orbit. Statistical results are listed in Table 2.

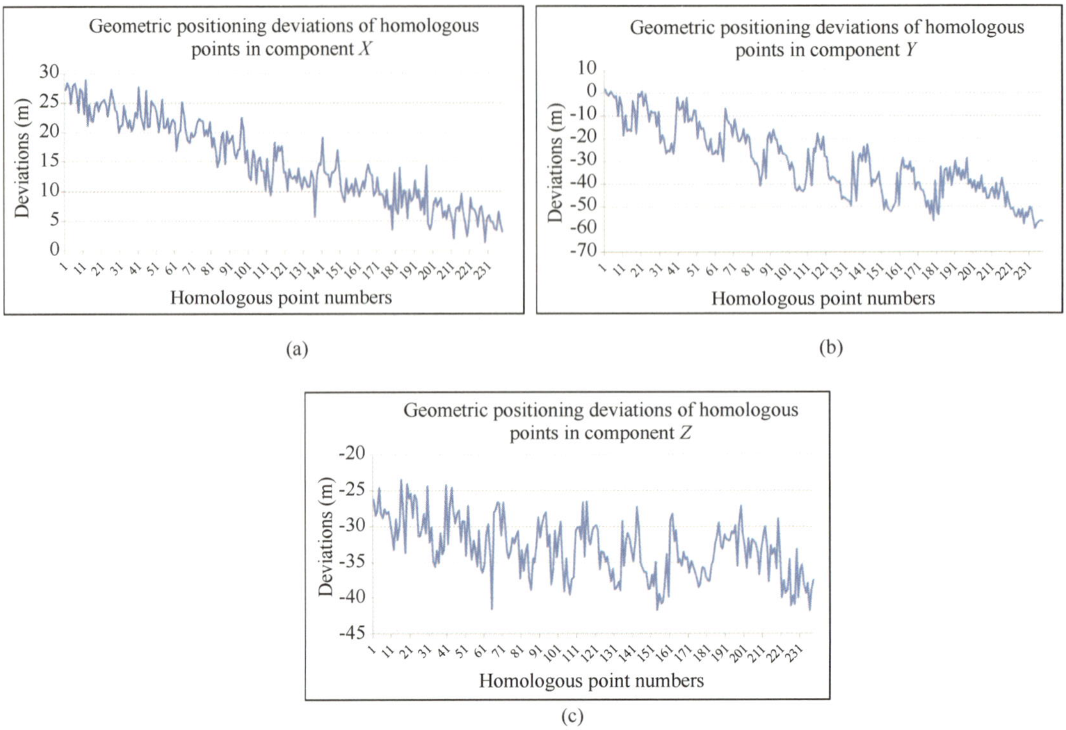

Fig. 10　Geometric positioning deviations of homologous points in forward- and backward-looking images.

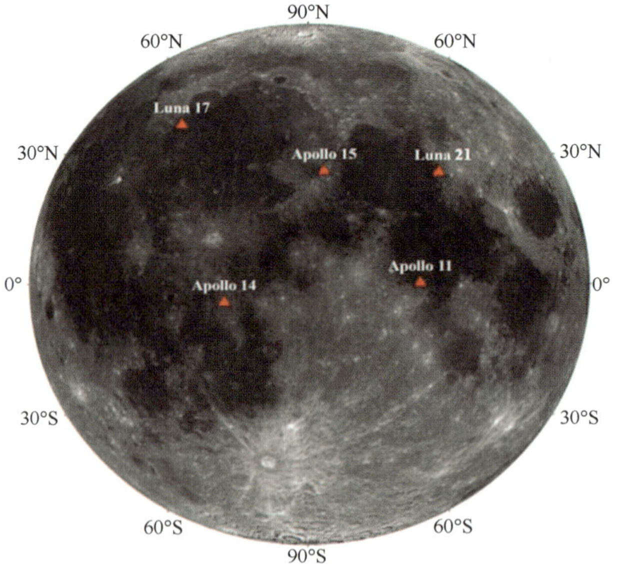

Fig. 11　Positions of five LRRR on the lunar surface.

Table 2 Position errors of absolute control points on lunar surface.

LRRR	Longitude (°)	Latitude (°)	Height (m)	Longitude direction (m)	Latitude direction (m)	Height direction (m)
Apollo 11	23.473 0	0.673 4	-1 927.3	48	36	- 2
Apollo 14	-17.478 6	-3.644 2	-1 063.9	21	95	2
Apollo 15	3.628 5	26.133 4	-1 922.7	-40	-35	8
Luna 17	38.315 1	-35.008 0	-2 471.3	-4	-20	10
Luna 21	30.922 1	25.832 3	-2 761.0	-55	-60	-19

It can be seen from Table 2 that the absolute errors of the 5 lunar control points regarding longitude direction, latitude direction, and height are from -55 to 48 m, -60 to 95 m and -19 to 1 m, respectively. The RMS of position errors in these three directions is 42.44 m, 62.24 m and 11.28 m, respectively. The position accuracy of these control points has reached the highest level of international similar global lunar digital products.

Consequently, a seamless mosaic and high precision absolute positional global topographic map can be generated using the optimized CE-2 orbit data after global adjustment. Image mosaic accuracy between neighboring image short-strips will be improved, as well as the geometric positioning accuracy of images from the same sub-orbit arc.

6 Conclusion

In this paper, features of CE-2 images and orbit data are introduced. The influence of current orbit accuracy on the production of a global lunar topographic map is researched by analyzing position deviations in overlapping portions of precise orbit ephemerides, image mosaic accuracy between neighboring images, and geometric positioning accuracy of images from the same sub-orbit arc. The results show that current orbit accuracy would cause a maximum of several kilometers of positioning deviations for homologous points. The relative position relationship between CE-2 orbit and lunar surface features must be improved through the global adjustment of images. Then, key technologies and technical processes of global adjustment for CE-2 images with high-resolution and large amounts of data are researched, including single model adjustment, block adjustment with an independent model and global bundle block adjustment, based on the feasible expression of EO and IO parameters of images by Chebyshev polynomial interpolation. Orbit optimization of CE-2 is analyzed and its efficiency is verified.

Results show that the position corrections of 132.17 m, 201.48 m, 79.38 m (RMS) magnitude are optimized for the CE-2 initial orbit in coordinate components $X/Y/Z$, respectively. In addition, the image mosaic accuracy between neighboring image strips is improved significantly after global adjustment. The positioning accuracy and geometric positioning accuracy of homologous points in images between neighboring image strips and from the same sub-orbit arc, respectively, can all achieve an order of tens of meters (RMS). The orbit optimization researched in this paper can guarantee the quality of a high-precision global lunar topographic map.

Acknowledgements

This work is funded by the National Natural Science Foundation of China (Grant No. 11503055, 41490633, 41490633, and 41490633). We wish to thank all members from the Ground Research and Application System (GRAS), the Probe System and the Monitoring and Control System of the Chang'E-2 program, whose joint efforts have made the data acquisition and preprocessing used for this study possible. We also thank reviewers for very useful comments and suggestions.

References

[1] Archinal, B.A., A'Hearn, M.F., Bowell, E., et al., 2011. Report of the IAU working group on cartographic coordinates and rotational elements: 2009. Celest. Mech. Dyn. Astr. 109, 101-135.

[2] Broucke, R.A., Cefola, P.J., 1972. On the equinoctial orbit elements. Celestial Mech. 5 (3), 303-310.

[3] Poli, Daniela, 2005. Modelling of Spaceborne Linear Array Sensors [D]. Institute of Geodesy and Photogrammetry.

[4] Diebel, J., 2006. Representing attitude: euler angles, unit quaternions, and rotation vectors. Matrix 58, 15-16.

[5] Huang, J.C., Rao, W., Meng, L.Z., et al., 2010. Analysis of the technical characteristic on Chang'E-2 lunar orbiter. Spacecraft Eng. 19 (5), 7-11 (in Chinese).

[6] Huang, J.C., Rao, W., Meng, L.Z. et al., 2012. Research and development of Chang'E-2 satellite. In: Proceedings of the 63rd IAC (International Astronautical Congress), Naples, Italy, Oct. 1-5, 2012, Paper: IAC-12- A3.2A.5.

[7] Huang, J.C., Rao, W., Meng, L.Z. et al., 2013. The technical characteristic and fruition of Chang'e-2 mission. In: Proceedings of the 64th International Astronautical Congress (IAC 2013), Beijing, China, Sept. 23-27, 2013, Paper: IAC-13-A3.2B.2.

[8] Li, C.L., Liu, J.J., Mou, L.L., et al., 2012a. Chang'E-2 High Resolution Image Atlas of the Moon. SinoMaps Press, Beijing (in Chinese).

[9] Li, P.J., Hu, X.G., Huang, Y., et al., 2012b. Orbit determination for Chang'E-2 lunar probe and evaluation of lunar gravity models. Sci. Chin. Phys. Mech. Astron. 55 (3), 514-522. http://dx.doi.org/10.1007/ s11433-011-4596-2.

[10] Liu, J.J., Ren, X., Tan, X., et al., 2013. Lunar image data preprocessing and quality evaluation of CCD stereo camera on Chang'E-2. Geomatics Inf. Sci. Wuhan Univ. 38 (2), 186-190 (in Chinese).

[11] Smith, D.E., Zuber, M.T., Neumann, G.A., et al., 1997. Topography of the Moon from the Clementine LiDAR. J. Geophys. Res. Planets 102 (E1), 1591-1611.

[12] Wang, Z.Z., 2007. Principle of Photogrammetry. Wuhan University Press, Wuhan.

[13] Wu, B., Guo, J., Zhang, Y., et al., 2011. Integration of Chang'E-1 imagery and laser altimeter data for precision lunar topographic modeling. IEEE Trans. Geosci. Remote Sens. 49 (12), 4889-4903.

[14] Wu, B., Hu, H., Guo, J., 2014. Integration of Chang'E-2 imagery and LRO laser altimeter data with a combined block adjustment for precision lunar topographic modeling. Earth Planet. Sci. Lett. 391, 1-15. Zhao, B.C., Yang, J.F., Wen, D.S., et al., 2011. Overall scheme and onorbit images of Chang'E-2 lunar satellite CCD stereo camera. Sci. Chin. Technol. Sci. 54 (9), 2237-2242.

Overall Scheme and On – Orbit images of Chang'E-2 Lunar Satellite CCD stereo Camera

BaoChang Zhao[1,4], Jianfeng Yang[1,2,4], DeSheng Wen[1,2], Wei Gao[1,4], LingYing Chang[1,3], ZongXi Song[1], Bin Xue[1,2,4] and Wei Zhao[1,4]

1 Xi'an Institute Optics and Precision Mechanics, Chinese Academy of Sciences, Xi'an 710119, China;
2 Key laboratory of Spectral Imaging Technology, Chinese Academy of Sciences, Xi'an 710119, China;
3 Graduate University of Chinese Academy of Science, Beijing 100049, China;
4 State key Laboratory of Transient Optics and Photonics, Chinese Academy of Sciences, Xi'an 710119, China

Abstract: The goals of engineering and scientific missions for Chang'E-2 lunar satellite require high detection sensitivity and large imaging dynamic range for the onboard CCD cameras. The TDI CCD image sensor was adopted for the two linear CCD stereo cameras for the first time in the lunar reconnaissance of the world. The design argumentation is described in this paper. The analysis shows that the imagers meet the mission requirements. The satellite was launched on 1 October 2010 at zero window. The cameras obtained images of 7 m resolution on the 100 km orbit for the first time on 24 October 2010, and operated once again on 27 October 2010 to take stereo images of the Sinus Iridum with the resolution better than 1.5 m. On the near – moon – arc of 15 km×100 km elliptical orbit, the images are very clear and rich of grey scales, indicating successful completion of the Chang'E-2 engineering mission. At the present the cameras are acquiring the full lunar surface stereo images with 7 m resolution on the 100 km circular orbit to complete their scientific mission.

Key words: lunar satellite, Chang'E-2, CCD stereo camera, engineering and scientific target, Sinus Iridum image

1 Introduction

Following the success of Chang'E-1 lunar satellite[1-4], its originally spare copy named Chang'E-2 was launched on 1 October 2010, and became the pioneer in the "landing" project of the second phase of Chinese lunar reconnaissance. As a link between past

Zhao B C, Yang J F, Wen D S, et al. Overall scheme and on – orbit images of Chang'E-2 lunar satellite CCD stereo camera. Sci China Tech Sci, 2011,54: 2237 – 2242, doi: 10.1007/s11431 – 011 – 4519 – 5 and future, Chang'E-2 serves to test many techniques of the future Chang'E-3 mission in order to guarantee its success. Among the Chang'E-2 payloads compared to those of Chang'E-1, only the CCD stereo - cameras were reconstructed, while other instruments were either partially improved or remained the same. As a newly - built key instrument, its progresses significantly affected the launch schedule of Chang'E-2.

The requirements for the camera's performance are greatly enhanced in comparison with those of Chang'E-1. The spatial resolution of Chang'E-1 camera is 120 m, while the resolution of Chang'E-2 cameras is required to be better than 10 m on the 100 km circular orbit for taking the stereo - images over global lunar surface, and better than 1.5 m on the near - moon - arc of 15 km×100 km elliptical orbit, which is chosen to be the "landing" area for Chang'E-3 on the lunar Sinus Iridum area. Due to the changes in spatial resolution and orbit configurations, the ground speed of chang'E-2 increases. As a result, the allowable maximal exposure time decreases largely with the line - array - selfpushing imaging model. The time cannot be longer than 0.9 ms during imaging of the lunar Sinus Iridum. In addition, the lunar Sinus Iridum area has very low reflectivity, and solar elevation angle is lower, about 30°. Therefore, the signal intensity is expected to be very insufficient due to the above - mentioned disadvantageous conditions.

In order to meet the tight time schedule and enhanced technical requirements, we boldly decided to employ the TDI CCD stereo - camera and provided the imagers within one year. This effort greatly contributes to the success of Chang'E-2 mission. The clear stereo - images of the lunar Sinus Iridum area were already acquired with the spatial resolution of 1.3 m. The engineering mission goals were perfectly performed. At the present, the cameras are still working on the 100 km circular orbit for completing scientific mission goal.

2 Engineering and scientific mission goals

The CCD stereo - camera of Chang'E-1 acquired whole lunar surface mapping, which was the most complete and most clear at that time in the world[2]. However, its spatial resolution is only 120 m and thus only the lunar pit larger than 360 m can be found. This does not satisfy the demand for safe "landing" of Chang'E-3. Also, its mapping rate is $1:2.5\times10^6$, not detailed enough to allow investigation of the lunar geomorphology and geology. Thus the requirements for Chang'E-2 cameras are put forward as follows.

1) Engineering mission goals.

The images of lunar Sinus Iridum area can be obtained on the near - moon - arc of the 15 km×100 km elliptical orbit with spatial resolution better than 1.5 m. This is considered as a mark whether the engineering mission goals of Chang'E-2 are achieved or not.

2) Scientific mission goals.

The stereo－image of global lunar surface can be acquired on the 100 km circle orbit, and its spatial resolution is required to be better than 10 m.

3 Analysis of mission goals and design scheme

3.1 Analysis of mission goals

According to the lunar－bright－model[5] and the background knowledge from Chang'E-1[6], the minimal signal intensity is expected to occur during imaging the lunar Sinus Iridum area on the near－moon－arc from 15 km × 100 km elliptical orbit, while the maximal one at the area near the lunar equator from 100 km circular orbit when lunar surface is illuminated vertically by sun and thus has the maximal reflectivity. The minimal and maximal signals determine the upper and lower limitation of dynamical imaging region of the CCD cameras respectively.

In Table 1, the values of the darkest imaging signal are normalized as 1, and the values of the brightest one is expressed in terms of the normalized values.

The estimates are based on the followings.

1) The ratio between the minimal and maximal exposure time is about 1 : 7.2.

Two factors are considered, as shown in Table 2.

Table 1　The estimated relative value of the darkest and the brightest image signals

Parameter	Minimal imaging signal intensity (Sinus Iridum area imaging)	Maximal imaging signal intensity (100 km circular orbit, imaging in lunar equator area)
Exposure time	1	7.2
Reflectivity of lunar surface	1	3.1
Effect of Sun elevation angle	1	3.2
Sum	1	71

Table 2　Comparison of exposure time

Parameters	Orbit	
	15 km × 100 km elliptical orbit	100 km circular orbit
Spatial resolution (*GSD*)	1.5 m	10 m
Ground speed of nadi (*V*)	1.69 km • s^{-1}	1.565 km • s^{-1}

The allowable maximal exposure time is the ratio of spatial resolution and ground speed of nadir, namely

$$t_{max} = \frac{GSD}{V} \tag{1}$$

where *GSD* is the spatial resolution and *V* is the corresponding ground speed for either 100 km circular orbit o the near - moon - arc of elliptical orbit.

2) The estimated ratio between the highest and lowest reflectivity is about 1 : 3.1.

Referring to ref.[7], the highest reflectivity for spectral lines in spectral region of 450 - 520 nm is generally not more than 0.25, and average reflectivity of the lunar Sinus Iridum area is about 0.08, which is in general agreement with the experimental data acquired by Chang'E-1.

3) The estimated effect of illuminant conditions on the imaging signal intensity.

The centre position of the lunar Sinus Iridum area is located at the north latitude 44.1°. The angle between the sunlit direction and the plane of the satellite orbit is about 45°, so the sun elevation angle is about 30°. If the lunar equator is at 90°, the estimated rate will be about 1 : 3.2.

As discussed above, the imaging dynamical region of the CCD stereo - cameras is not less than 71. This is easy to implement for a detector system, but difficult for an imaging system with quantitative grade of dynamic region limited at 8 bits and good signal - to - noise (*SNR*) required. At demonstration stage, the estimated maximal noise was about 1 digital number (DN). However, the required *SNR* is equal to or greater than 40; namely, the average signal output at the lunar Sinus Iridum is not less than 40 DN. If the quantitative grade of dynamic region is limited at 8 bits, the CCD stereo - camera of Chang'E-2 should be considered to have high sensibility and large imaging dynamic region. To achieve this goal, hence, we boldly decided to employ the TDI CCD as the imaging sensor. The technique scheme is generally called "the stereo - imaging with single lens and two visual angles, TDI CCD self - pushing and compensation of high precise speed - to - height ratio".

3.2 Demonstration of overall scheme

1) Mission's requirements.

According to the mission set by the satellite's leaders and the General Department of the Lunar Reconnaissance of the Chinese Academy of Sciences, the main performance parameters are shown in Table 3.

2) Performance parameters of TDI CCD.

Its performance parameters are shown in Table 4.

Table 3　The main technical parameters of the CCD stereo camera

Parameters	Orbit	
	100 km circular orbit	15 km×100 km elliptical orbit
Altitude(*H*)	100 km	15 km
Spatial resolution (*GSD*)	≤10 m	≤1.5 m
Width of imaging (*L*)	≥43 km	≥6 km
Wavelength region	Visible	
Number of visual angles	Two line arrays	
Visual angle	Forward－sight: 8°, back－sight: 17.2°	
Base－to－height ratio	≥0.45	
Distortion	≤0.5%	
Diffusing light coefficient	≤5%	
MTF	≥0.2	
SNR	≥100 (reflectivity of lunar surface is $\rho=0.2$, sun elevation angle $\theta=60°$, altitude is 100 km)	
Life	Half year	

Table 4　The performance parameters of TDI CCD

Parameter	Value
Number of pixel	6 144
Integration grade	16, 32, 48, 64, 96
Pixel size	10.1 μm×10.1 μm
Dynamical region	8 bits
Saturation grade	1.18 V(12×10^4 e-)
Responsibility ($\lambda=640$ nm)	790 V μJ^{-1} cm^2

3) Calculations of the parameters.

a) The allowable maximal spatial resolution *GSD* of single TDI CCD on 100 km circular orbit.

According to the mission requirements, imaging width is $L=43$ km. TDI CCD pixel number is $N=6144$, allowable maximal spatial resolution GSD_{max} is

$$GSD_{max}=\frac{L}{N}=\frac{43\ \mathrm{km}}{6144}=6.999\ \mathrm{m}\approx 7\ \mathrm{m} \tag{2}$$

On 15 km×100 km elliptical orbit, *GSD* is increased by 100 km/15 km＝6.67 times. The *GSD* resolution then becomes

$$GSD_{15max}=\frac{7\ \mathrm{m}}{6.67}=1.05\ \mathrm{m} \tag{3}$$

The imaging width becomes

$$L_{15max} = GSD_{15max} \times N = 1.05\ \text{m} \times 6\ 144 = 6.45\ \text{km} \tag{4}$$

It indicates that a single TDI CCD device can satisfy the imaging demands of the spatial resolution and imaging width on 100 km circular and 15 km×100 km elliptical orbit, respectively.

b) Focal length f' of optical system.

If the orbit altitude is $H = 100$ km, the spatial resolution is $GSD = 7$ m, and the pixel size is $dx = 10.1\ \mu m \times 10.1\ \mu m$, we can get

$$f' = \frac{H \cdot dx}{GSD} = 144.3\ \text{mm} \tag{5}$$

c) Configuration of the focal plane and field of view of system.

The forward - sight angle is 8° and backward - sight angle is 17.2°. The configuration of the focal plane is shown in Figure 1. The maximal line field of view of the system is determined by OA.

$$OA = \sqrt{OB^2 + BA^2} \tag{6}$$

$$OB = f' \times \tan 17.2° = 44.67\ \text{mm} \tag{7}$$

$$BA = (6144/2) \times 0.0101 = 31.02\ \text{mm} \tag{8}$$

From eqs. (5) - (7), we can get $OA = 54.38$ mm. Hence, total field of view is

$$\tan u_p = \frac{OA}{f'} = \frac{54.38}{144.3} = 0.376\ 9$$

$$u_p = 20.65°$$

$$2u_p = 41.3° \tag{9}$$

d) Choice of spectral region and relative aperture.

Both the spectral region and aperture of optical system influence the recorded signal intensity of imaging. Since TDI CCD device has high sensitivity, the signal intensity is no longer an issue. Instead, it permits us to use narrower spectral region and smaller relative aperture in the system. This is regarded as resources to enhance *MTF*.

The highest CTF value of the TDI CCD device can reach about 0.9 (corresponding to $MTF = 0.7$) in spectral region of 450 - 520 nm. Since the CTF value decreases rapidly with increasing wavelength, spectral region of 450 - 520 nm was chosen as the working pass band for the cameras. When choosing the relative aperture of optical system, we should consider diffraction *MTF* value, not the optical throughput of the CCD. For relative aperture of $F/9$, the diffraction - limited *MTF* is about 0.71.

4) Design scheme of optical system and test before the launch.

a) Main parameters of optical system.

According to the analysis above, the final parameters of optical system are

Focal length: $f' = 144.2$ mm ($\lambda = 480$ nm);

Field of view: $2u_p = 42°$;

Relative aperture: F/number = $F/9$;

Wavelength region: 450 – 520 nm;

Base – to – height ratio: ≥0.45 (forward sight and backward sight);

Distortion: ≤0.5%;

MTF: ≥0.6 (Nyquist spatial frequency: 50l p mm^{-1}).

b) Design scheme.

The designed optical system[8] consists of 7 glasses as shown in Figure 2. Total weight is about 0.5 kg. The diameter of the maximal element is ϕ79 mm (the last lens). The averaged *MTF* of the forward sight and backward sight are about 0.68 and 0.66 respectively, and the distortion is ±0.1%. The maximal size of the pattern is less than one pixel.

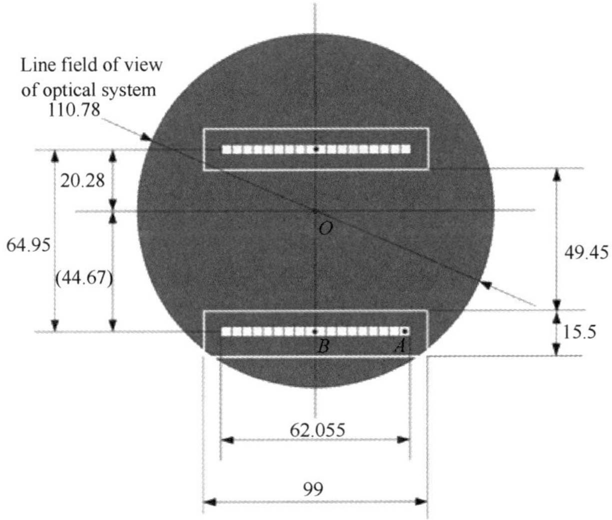

Figure 1　Configuration of focal plane (unit: mm).

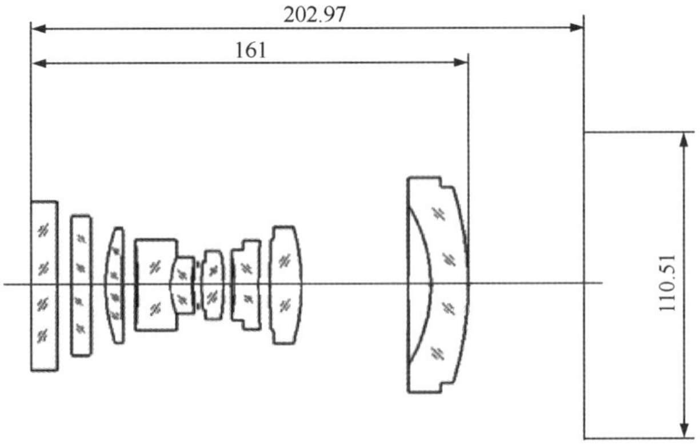

Figure 2　The optical configuration of Chang'E-2 lunar satellite CCD stereo camera system.

c) Evaluation of design scheme.

The available spatial resolution and imaging width of the cameras were evaluated and are shown in Table 5.

Table 5　Technical parameters of CCD stereo camera

Parameters	Orbit	
	100 km circular orbit	15 km×100 km elliptical orbit
Spatial resolution (*GSD*)	7 m	1.05 m
Imaging width on lunar surface	43 km	6.45 km
Wavelength region	450 – 520 nm	
Distortion	±0.1%	
MTF	Forward sight 0.68, backward sight 0.66	

Note: Other parameters are the same as those in Table 3.

d) Test before launch.

The CCD stereo-cameras were tested thoroughly before the launch. The *MTF* and *SNR* values responsible for the imaging quality are shown in Table 6.

Table 6　Test results before launch

Parameters	Orbit	
	100 km circular orbit	15 km×100 km elliptical orbit
MTF	Forward sight 0.42, backward sight 0.4	Forward sight 0.42, backward sight 0.4
SNR	233.17 (16 integration grades, electronic gain: 1×)	122.68 (48 integration grades, electronic gain: 1×)

e) Calibration of radiance in the laboratory.

The electronic gain was set at three grades: 0.7×, 1.0× and 2.0×. The optical throughput can be controlled by changing the transmissivity of the filter to prevent imaging from saturation, which may occur at the highest reflectivity and the direct irradiation of sun when the lunar surface area near the equator is observed on 100 km circular orbit. The maximal radiance of target is estimated as

$$L_{max} = \frac{E}{\pi} \cdot \rho = 10.9\ \mathrm{Wm^{-2}sr^{-1}}(450 - 520\ \mathrm{nm}), \tag{10}$$

where $E = 137\ \mathrm{W\,m^{-2}}$ is the total irradiance within the wavelength region of 450 – 520 nm out of the Earth atmosphere, and $\rho = 0.25$ is the assumed maximal reflectivity of the lunar surface.

During our calibration, the radiance of lamps in the integration sphere was modulated to satisfy the above value within the wavelength region of 450 – 520 nm. The electronic output of the camera approximately approached to the saturation value ($DN = 250$) at the condition of 16 integration grades and 1× electronic gain. According to the above matched optical throughput, the imaging dynamic region D of the CCD camera is estimated as

$$D = \frac{92\text{grade} \times 2\text{gain}}{16\text{grade} \times 1\text{gain}} \times \frac{250DN}{40DN} = 75$$

Compared with the demands in Table 1, the design can satisfy the estimated imaging dynamic region. Further improvement of dynamitic region is limited by the 8 - bit quantitative grade.

f) Operating model of the TDI CCD stereo - cameras.

The imaging characteristics of TDI CCD cameras are still those of line array CCD device. Therefore, the Chang'E-2 cameras are operated in a way similar to that of Chang'E-1, i. e. self - pushing imaging model (see Figure 3).

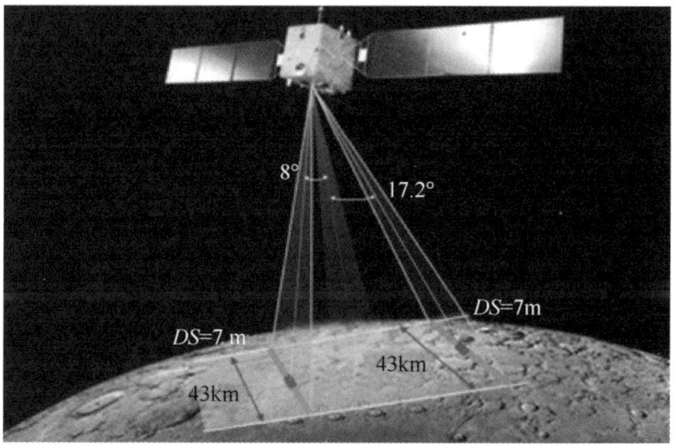

Figure 3 The operating model of the CCD stereo camera on the Chang'E-2 lunar satellite.

On the 100 km circular orbit, the lunar surface distance between the forward sight and backward sight is about 45 km. The time interval between the forward and backward scans over the same point on the lunar surface is about 28.76 s. On the near - moon - arc of 15 km×100 km ellipsoid orbit, the distance is about 6.75 km and the time interval is about 4 s.

4 On - orbit imaging and analysis

The Chang'E-2 TDI CCD stereo - cameras obtained images on the 100 km orbit for the first time on 24 October 2010 for test purpose. The images were analyzed and confirmed cameras working normally with all the engineering parameters achieved. Then the images from south latitude 75° to north latitude 75° were obtained with 32 integration grades and 1× electronic gain. All the images are very clear and rich of gray scales (see Figure 4). The use of 32 integration grades was determined by the lower sun elevation angle (about 45°) and lower reflectivity of the lunar surface near the Equator. Subsequently, the images of lunar polar were taken with 64 integration grades and 1× electronic gain. The quality of the polar images is much better in comparison with the images of lower latitude area, see Figure 5.

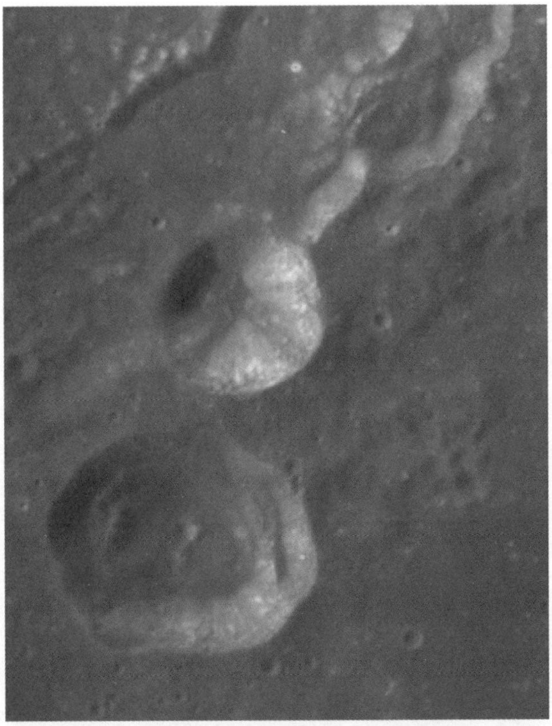

Figure 4　The first orbit image of 100 km (part).

Figure 5　The first polar region image of 100 km.

On 26 October 2010, the satellite switched into the 15 km×100 km elliptical orbit. After taking images over 3 orbits for test, the TDI CCD stereo - cameras completed images over 16 orbits for the mission tasks. All the images are very clear. On 8 November 2010, Premier Wen Jiabao on behalf of Chinese government released the images of the Sinus Iridum to the world (see Figure 6). Figure 7 shows the stereo - scene image of the Laplace-A pit sited on the Sinus Iridum area. It is reconstructed by combining the forward and backward sight plane images taken by the Chang'E-2 stereo - cameras.

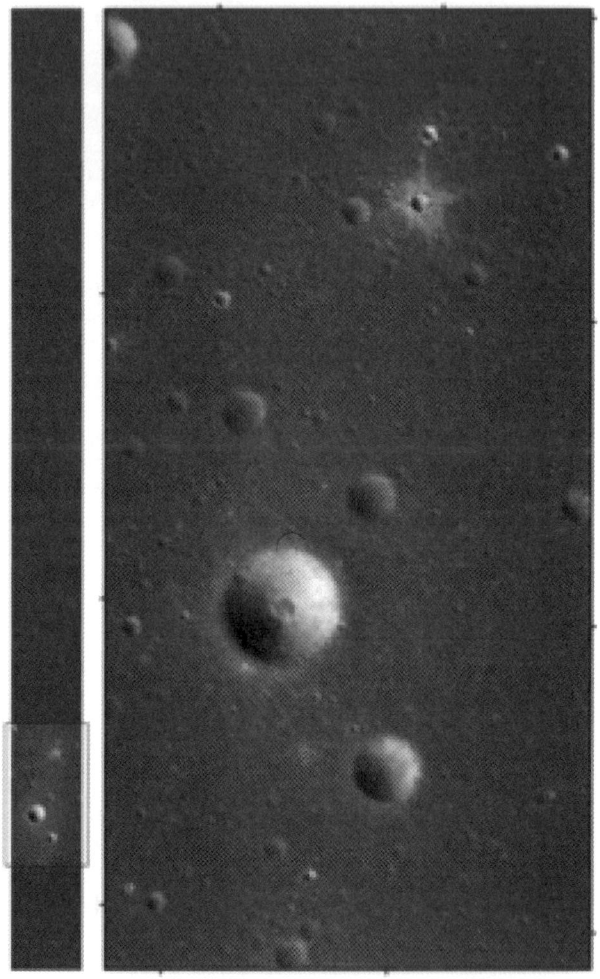

Figure 6　Part of the image of lunar Sinus Iridum on 15 km×100 km elliptical orbit.

Figure 8 compares the images taken by the TDI CCD stereo - camera of Chinese Chang'E-2 (Figure 8(b)) and by the LRO (Lunar Reconnaissance Orbiter) narrow camera of USA[9-11] (Figure 8(a)) at lunar Sinus Iridum area. Their spatial resolutions are similar (about 1 m). But varying illuminant conditions introduce different visual effects. The LRO image was taken when sunlight came from left side and the solar elevation angle was very small. In contrast, the Chang'E-2 image was taken when the solar elevation

Figure 7　The Laplace − A 3 − D image on 100 km × 15 km elliptical orbit.

angle was larger about 30°. Hence the Chang'E-2 image shows no obvious dark and bright areas, but distinguishes various small pits and rock sites on the edge and bottom of the big pit. This capability could be due to higher MTF (0.42) for the CCD of Chang'E-2, as tested before launch.

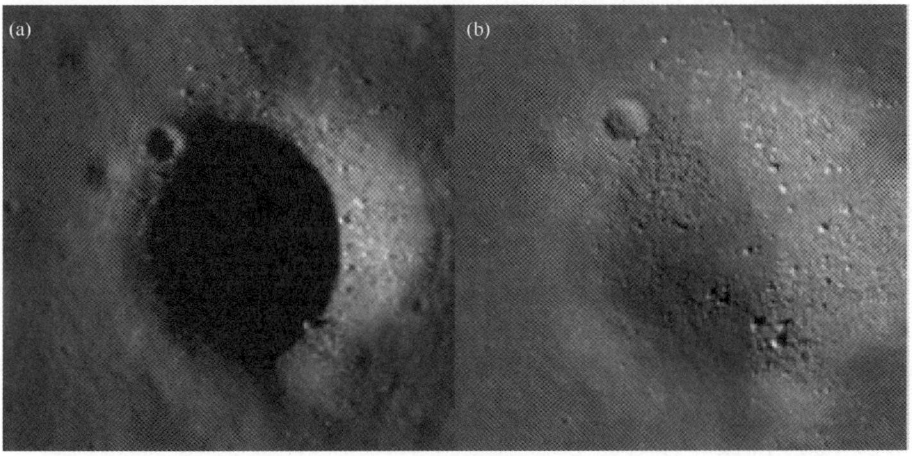

Figure 8　Comparison of the image of LRO (a) and that of Chang'E-2 (b).

The TDI CCD stereo − cameras used 96 integration grades and 2 × electronic gain for the image of the lunar Sinus Iridum (the signal output is about 30 − 50*DN*), and 64 integration grades and 1 × electronic gain for the image of the lunar polar region on 100 km circular orbit. There was no saturation phenomenon occurring for the images on equator. The tested values agree well with those of the design and estimation.

In the Earth's remote sensing, several methods are used to evaluate the quality of the on − orbit images. For examples, the *MTF* at Nyquist space frequency is measured with respect to the resolution pattern on the ground, or the images of the well − known standard ground radiation field are taken and used to rigorously calculate the *SNR*. Then the quality of the on − orbit images can be evaluated scientifically and objectively in the aspects of their ground resolution, *MTF* and *SNR*[12]. However, for the lunar reconnaissance satellite, the above conditions cannot be achieved at present and thus the quantitative estimates cannot be provided. Usually, every research institute would release some tested data before launch, which can be regarded as the important estimation for the design of a space remote camera.

5 Conclusions

The CCD stereo - cameras of the chang'E-2 satellite used TDI CCD device as imaging sensor for lunar mapping for the first time in the world. The lunar images of good quality were obtained and resulted from the precise compensation of the speed - to - height ratio based on the precise orbit attitude control technique. Very clear images of the lunar Sinus Iridum area were obtained by Chang'E-2 cameras with the spatial resolution of 1.3 m. The resolution is slightly larger than the nominal value of 1.05 m, because the actual orbit height is 18.7 km, slightly higher than the nominal altitude of 15 km. At present the TDI CCD stereo - camera is still acquiring images on 100 km circular orbit, and so far has already obtained the stereo images of 99.9% global lunar surface.

References

[1] Ouyang Z Y, Li C L, Zou Y L, et al. Primany scientific results of Chang'E-1 lunar mission. Sci China Earth Sci, 2011, 53: 1565 - 1581

[2] Li C L, Liu J J, Ren X, et al. The global image of the moon obtained by the Chang'E-1: data processing and lunar cartography. Sci China Earth Sci, 2010, 53: 1091 - 1102

[3] Ouyang Z Y, Jiang J S, Li C L, et al. Preliminary scientific results of Chang'E-1 lunar orbiter: based on payloads detection data in the first phase. Chin J Space Sci, 2008, 28: 361 - 369

[4] Zhao B C, Yang J F, He Y H, et al. Lunar exploration optics. Acta Ph Otonica Sinica, 2009, 38: 461 - 467

[5] John K H, Bonnie J B, Kathryn H. Multispectral photometry of the moon and absolute calibration of the Clementine UV/Vis camera. Icarus, 1999, 141: 205 - 225

[6] Zhao B C, Yang J F, Gao W, et al. Design and on - orbit measurement of Chang'E-1 satellite CCD stereo camera. Spacecraft Eng, 2009, 18: 30 - 36

[7] Zou Y L, Liu J Z, Liu J J, et al. Reflectance spectral characteristics of lunar surface. Chin T Astron Astrophs, 2004, 4: 97 - 104

[8] Zhao B C, Yang J F, Wen D S, et al. Chang'E-2 lunar satellite CCD stereo camera design and validation. Spacecraft Eng, 2010, 20: 7 - 14

[9] Richard V, John K, Gordon C. Lunar reconnaissance orbiter (LRO): observations for lunar exploration and science. Space Sci Rev, 2010, 150: 7 - 22

[10] Robinson M S, Brylow S M, Tschimmel M, et al. Lunar Reconnaissance orbiter camera (LROC) instrument overview. Space Sci Rev, 2010, 150: 81 - 124

[11] http://wms.itoc.asu.edu/Iroc/view - iroc/LRO - L - LROC - 3 - LOR - V1.0/ M102299877LC

[12] Robert D F. Image quality and λFN/P for remote sensing. Opt Eng, 1999, 38: 1229 - 1240

Panoramic Camera on the Yutu Lunar Rover of the Chang'E-3 Mission

Jianfeng Yang[1], Chunlai Li[2], Bin Xue[1], Ping Ruan[1], Wei Gao[1], Weidong Qiao[1], Di Lu[1], Xiaolong Ma[1], Fu Li[1], Yinghong He[1], Ting Li[1], Xin Ren[2] and Xingtao Yan[1]

1 Lunar and Deep Space Exploration Technology Laboratory of Xi'an Institute of Optics and Precision Mechanics, Chinese Academy of Sciences, Xi'an 710068, China; ytop31@163.com

2 National Astronomical Observatories, Chinese Academy of Sciences, Beijing 100012, China Received 2014 July 21; accepted 2015 April 7

Abstract: The Chang'E-3 panoramic camera, which is composed of two cameras with identical functions, performances and interfaces, is installed on the lunar rovermast. It can acquire 3D images of the lunar surface based on the principle of binocular stereo vision. By rotating and pitching the mast, it can take several photographs of the patrol area. After stitching these images, panoramic images of the scenes will be obtained. Thus the topography and geomorphology of the patrol area and the impact crater, as well as the geological structure of the lunar surface, will be analyzed and studied. In addition, it can take color photographs of the lander using the Bayer color coding principle. It can observe the working status of the lander by switching between static image mode and dynamic video mode with automatic exposure time. The focal length of the lens on the panoramic camera is 50 mm and the field of view is $19.7^\circ \times 14.5^\circ$. Under the best illumination and viewing conditions, the largest signal – to – noise ratio of the panoramic camera is 44 dB. Its static modulation transfer function is 0.33. A large number of ground testing experiments and on – orbit imaging results show that the functional interface of the panoramic camera works normally. The image quality of the panoramic camera is satisfactory. All the performance parameters of the panoramic camera satisfy the design requirements.

Key words: Moon—methods: observational—techniques: image processing—high angular resolution

1 Introduction

The three phases of China's lunar exploration plan include orbiting, landing and sample return. After the successful launch of the Chang'E-1 and Chang'E-2 satellites, the Chang'E-3 (CE-3) mission, which was made up of the first lander and rover in China's lunar exploration program, was charged with a number of science missions to explore the Moon's surface (Sun et al. 2013; Ouyang 2006). The Yutu lunar rover was the first lunar rover launched and controlled by China (Wang et al. 2014). It has undertaken many scientific goals, such as imaging the lunar surface and carrying out geological structure investigation and detection (Ouyang 2005). The CE-3 panoramic camera, which operates in a similar way to a rabbit's eyes, is an important payload on Yutu. It is composed of two cameras with identical functions, performances and interfaces, and is installed on the lunar rover mast (Ip et al. 2014; Li et al. 2014). It can acquire 3D photos of the lunar surface based on the principle of binocular stereo vision. With the rotation and pitching of the mast, it can take multiple photographs of the scenes. After stitching these images, panoramic images of the scenes have been obtained. These images are used to investigate the geomorphology of the patrol area, impact craters, lunar geological structure, and so on (Dai et al. 2014). Meanwhile, both monochrome and color photos of the lander have been taken by the panoramic camera. From these photos, the working state of the lander was constantly monitored. In order to satisfy the weight, volume, performance, lifetime and other requirements of the spacecraft's payload, the optical, structural, thermal and electronic design of the CE-3 panoramic camera had to overcomemany technical difficulties. This camera contributed to the successful completion of the CE-3 mission, and advanced engineering expertise in camera design related to lunar and deep space exploration.

This paper introduces the panoramic camera and its on - orbit check out results in detail. Section 2 gives the technical parameters of the panoramic camera. Section 3 provides the composition of the panoramic camera. Section 4 introduces the system design of the panoramic camera. In Section 5, calibration experiments related to the panoramic camera are summarized. Section 6 gives some onorbit images of the panoramic camera.

2 Technical Parameters

2.1 Camera Parameters

According to user requirements and lunar imaging characteristics, the technical parameters of the panoramic camera are shown in Table 1. It must be able to endure the low temperature on the Moon. It should be able to clearly image objects as distances from 3 m to infinity in the visible spectral range. During the actual working state, it takes color photographs of the lander using color mode, and monochrome pictures of other scientific exploration targets using panchromatic mode. In the panchromatic mode, the data in every four pixels are merged into one pixel (2×2 binning). At this point, the spatial resolution of the camera will decline, but the image quality can be further improved. Besides meeting the requirements of field of view and the focal length, the static modulation transfer function (MTF) of a designed optical system must be greater than 0.2. MTF is an important evaluation standard for the imaging system, which is numerically between 0 and 1. For a scientific imaging camera, its static MTF must be larger than 0.2 to ensure favorable imaging results. In order to stay within restrictions of the whole weight of the CE-3 payload, the total weight of the two cameras must be less than 0.65 kg.

2.2 Sensor Performance Parameters

The image sensor in each panoramic camera is a Complementary Metal Oxide Semiconductor (CMOS) chip produced by DALSA. The main performance parameters of the sensor are shown in Table 2. Each pixel size is 7.4 μm × 7.4 μm, which effectively guarantees the spatial resolution of the panoramic camera. The largest frame frequency is 62 fps, which ensures high-speed transfer of data and the ability to work in video mode. The sensor has a wide dynamic range and spectral response range. As shown in Figure 1, it has different responses to wavelength bands R, G and B. This will lead to chromatism in color images taken by the panoramic camera. Therefore, the optical design and subsequent processing should be taken into account to ensure the consistency of images.

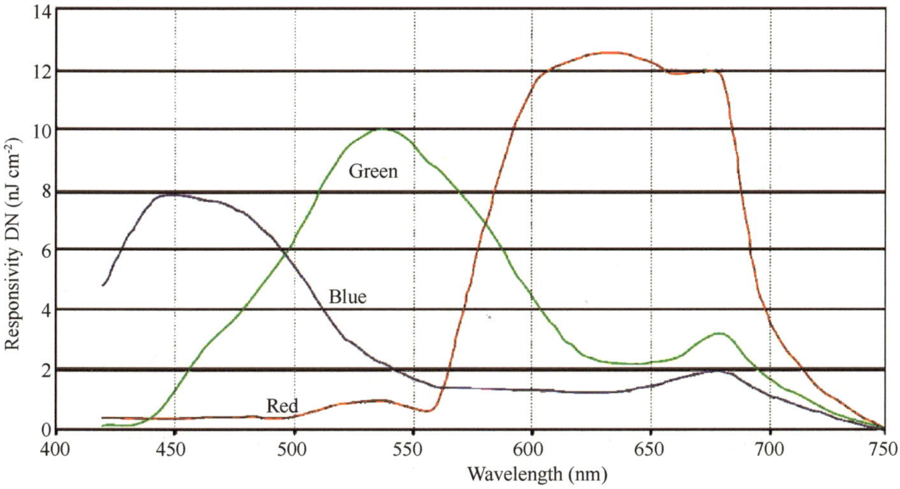

Fig. 1　Spectral response curves of the panoramic camera sensor.

3 Composition of the Panoramic Camera

The panoramic camera is actually a set of artificial stereo imaging equipment, whose two cameras are similar to human eyes. The principle of binocular stereo vision used in the eyes of humans is shown in Figure 2 (left). When the eyes gaze at point A, the visual axis of the two eyes will instinctively intersect at this point. The intersection angle is γ.

At the same time, for a point B (near A), the intersection angle of the two eyes' visual axis is $\gamma + d_\gamma$. As the intersection angle of the visual axis at point B is larger than at point A, point B is perceived as being closer to the eyes than point A. On the two retinas, the difference in coordinates between the image at point A is $P_A = a - a'$, and the difference in coordinates between point B is $P_B = b - b'$. The difference in coordinates between the two points is $p = P_A - P_B = a - b$, where p is called the horizontal parallax difference or physiological parallax. This is why the eyes can distinguish nearby objects from those that are far. Similarly, if we place a plane in front of each retina to record each image and remove point A and B, we can also distinguish point A from B by observing the images on the planes. The reason is that the difference in horizontal parallax between A and B still exists. According to the principle above, if we place two cameras at positions P_1 and P_2 to image the same object at the same time, we can get two images of each scene, as shown in Figure 2 (right). By measuring the coordinates of a homologous point in the two images, we can recover the depth or distance to the target. This process should be completed by special calibration experiments of a panoramic camera to obtain effective camera parameters.

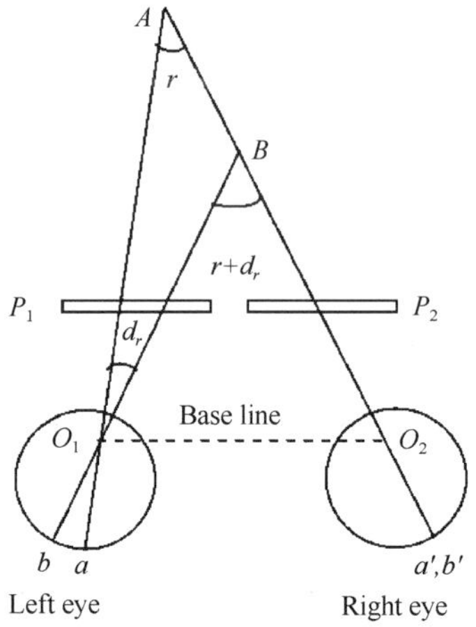

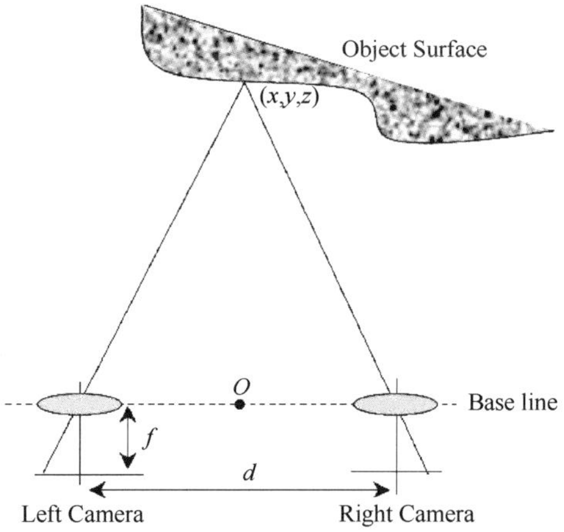

Fig. 2　Schematic diagram of binocular stereo imaging used by human eyes and stereo imaging used by the panoramic camera.

Table 1　Main Technical Parameters of the Panoramic Camera

Items	Parameters
Spectral range	420～700 nm
Color	Red; Green; Blue (R; G; B)
Image mode	Color mode; Panchromatic mode (Can be switched)
Normal imaging distance (m)	3～∞
Effective pixel numbers	2 352 × 1 728 (Color mode); 1 176 × 864 (Panchromatic mode)
Field of view	19.7° ×14.5°

Continued

Items	Parameters
Focal length	50 mm
Optical system static MTF	≥0.2
Quantitative values (bit)	10
Signal to noise ratio S/N (dB)	≥40 (Under the best illumination and viewing conditions) ≥30 (Albedo: 0.09, Angle of the Sun: 19.7°)
Distance between two cameras' optical axis	270 ± 2 mm
Average power consumption (W)	≤5
Weight (kg)	≤0.65 (Two cameras')

Table 2　Main Performance Parameters of the Sensor

Items	Parameters
Sensor mode	IA－G3 DALSA
Pixel number	2352 × 1728
Pixel size	7.4 μm × 7.4 μm
Frame frequency	62 fps
Spectral response range	400～750 nm
Full trap charge	60 ke
Dynamic range	57 dB

Each single camera that is part of a panoramic camera includes the components of an optical system, structural system, electronic system and thermal control system. The electronic system includes a CMOS sensor, camera power, buffer circuit, sequential control Field Programmable Gate Array (FPGA), camera control input interface (Controller Area Network (CAN) bus), image output interface (Low Voltage Differential Signaling (LVDS)), etc. Figure 3 shows the composition schematic diagram of the panoramic camera.

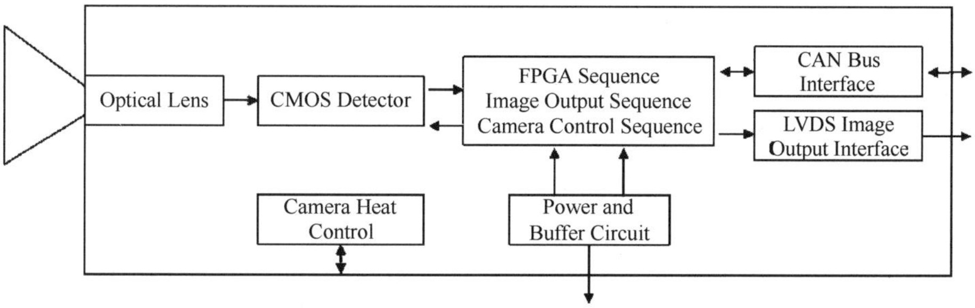

Fig.3　Composition diagram of the panoramic camera.

4　Design of the Panoramic Camera

4.1　Optical System Design

According to the technical parameters, the field of view of each camera should be 19.7°× 14.5°. The camera's focal length is 50 mm. For normally imaging both near and far objects, and ensuring the signal strength, the *F* number of the optical system is 10. It is a system with a large *F* number, so the system has a large depth of field. For balancing the weight and imaging quality of the optical system, a structure with four lenses was chosen. Each lens only has primary aberration and system tolerance range is wide, which ensures an easier assembly and good temperature adaptability. A glass covering and filter were also added to protect and improve the optical system. A schematic diagram of the structural layout of the system is shown in Figure 4. The total length, back focal length and system diameter are 63.05, 41.05 and 14 mm respectively. As shown in Figure 5, MTF of the designed optical system in each field is close to the diffraction limit and is over 0.52 at the Nyquist frequency. This ensures good imaging quality at both the center and edge of the field.

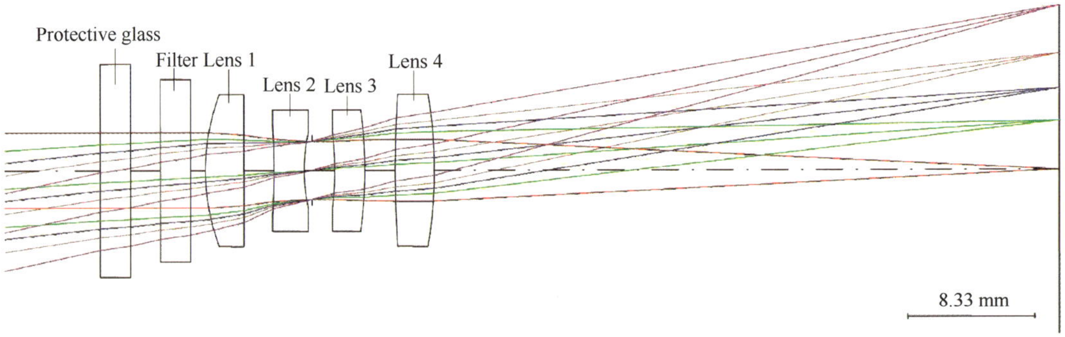

Fig.4　Layout of the optical system.

4.2　Structural System Design

The panoramic camera structure includes the optical lens and a focal plane control box. In accordance with requirements of the working environment and guaranteeing the image quality of the optical system, the key point in the structural design is the integration of the optical, structural, electronic and thermal control systems to make the camera lightweight. The optical lens is designed as an independent part. The hood material is aluminum alloy. The tube material is titanium alloy with high stiffness and a small thermal expansion coefficient. The optical lenses are fixed by a screw clamping ring. The

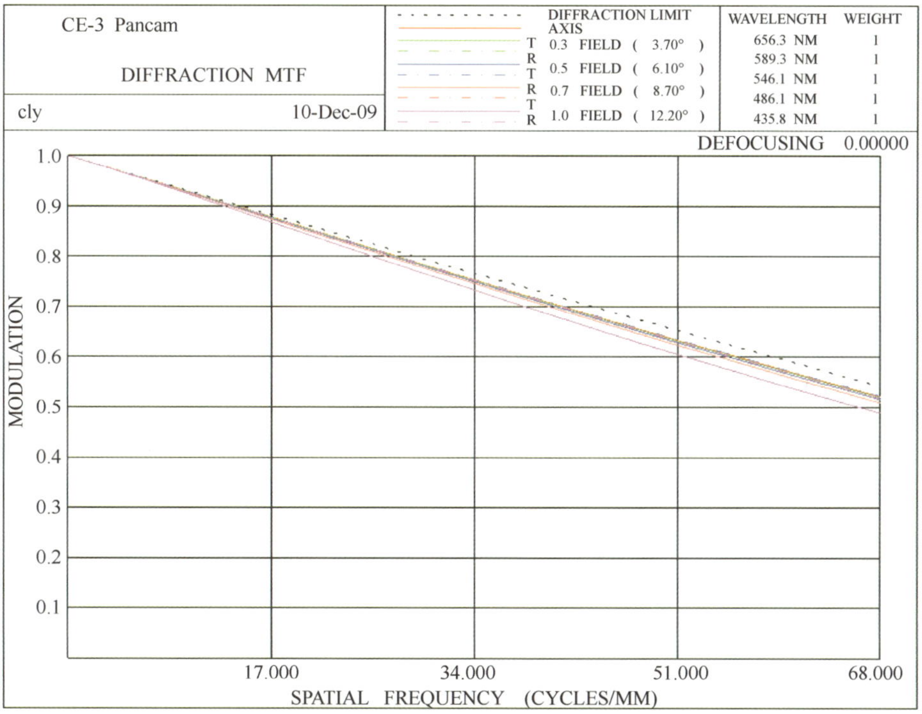

Fig. 5 MTF of the designed optical system.

material that makes the focal plane control box is aluminum alloy. The connection between the detector and circuit board is directly welded. The circuit board is fixed on the shell of the control box. A photo of the panoramic camera is shown in Figure 6. Each single camera size is 90 mm×110 mm×110 mm. The total weight of the two cameras is 0.64 kg. Both of them satisfy the requirements for weight and volume.

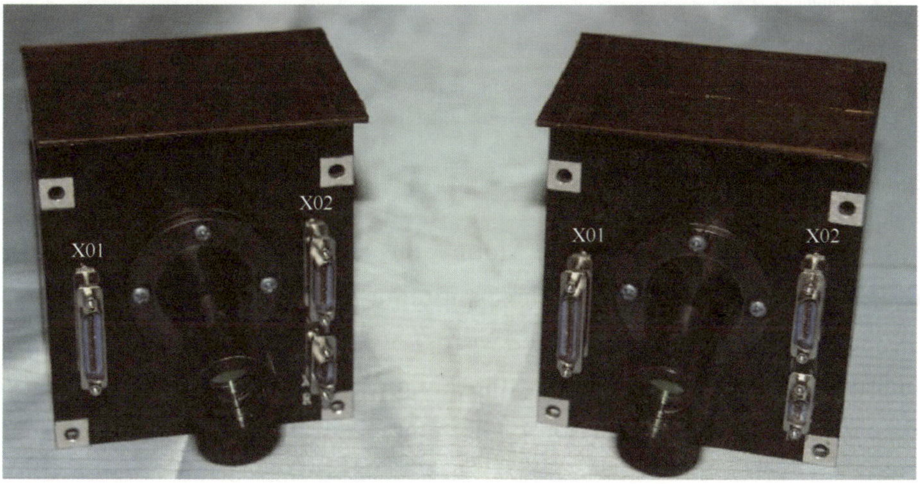

Fig. 6　Photo of the panoramic camera.

4.3 Electronics Design

A schematic diagram illustrating the electronics design is shown in Figure 7. The sensor IA - G3 transforms the image signal directly to FPGA. FPGA is the control core of the camera and transforms the output image through an LVDS serial interface circuit. The control of the camera is dependent on the payload electric cabinet. This design reduces the power consumption and volume required for this system. In order to improve the adaptability for changes in target and light intensity, the camera should control the brightness of images from different scenes. Thus, FPGA is designed with two kinds of control functions: automatic and manual exposuremode. The former automatically changes the exposure time by setting the best average exposure time, while the latter directly acquires the exposure time that comes from the ground control system. The stability, compactness and quickness of the designed electronics system guarantee the acquisition control, transmission and storage ability of the panoramic camera image. It works as the central nervous system for the whole camera.

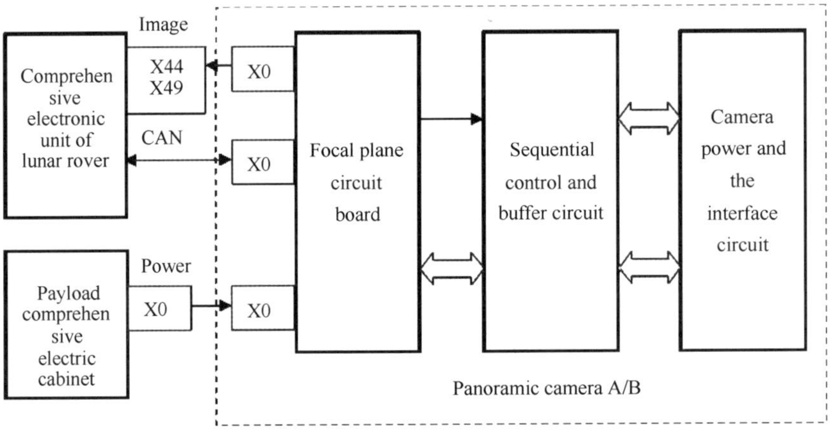

Fig. 7　Schematic diagram of the electronic system associated with the panoramic camera.

4.4 Thermal Control Design

As there is no atmosphere on the Moon, the temperature difference between day and night is very large. Therefore, the panoramic camera should be able to adapt to this large temperature change. In other words, it needs to operate in a wide range of environmental temperatures, so both panoramic camera *A* and *B* have a temperature sensor to constantly monitor the focal plane temperature. Two kinds of thermal measuring devices are utilized in this scheme. One covers the surface of the optical lens structure with multilayer insulation materials, and the other is Optical Solar Reflector material with low absorption rate and high emissivity material that is pasted on the upper part of the focal plane box. We have carried out various ground testing experiments, such as 100 hours of continual experimentation, a high and low temperature cycle experiment and a vacuum simulation experiment. The panoramic camera works normally in such experiments that have a −25～+55 ℃ temperature range, and its image quality is consistently good.

5　Calibration and Parameter Testing

The purpose of calibration is to calibrate the parameters of the apparatus, in order to eliminate the various errors and inconsistencies produced by the instrument and make the imaging data produced by the instrument more accurate. The calibration of the panoramic camera includes: dark current calibration, relative radiation calibration, mode normalization and color calibration. The purpose of parameter testing is to check the main parameters of the fabricated panoramic camera. It includes checking of geometric distortion, linearity, focal length, MTF, etc. All of these experiments have been meticulously performed. For brevity, let us briefly introduce the major ones below. The main pieces of equipment used in the calibration experiments are shown in Table 3.

Table 3　Main Equipment Used in the Panoramic Camera Calibration

Equipment name	Model	Main technical indicators
Spectral radiation meter	Fieldspec Pro UV/VN-FR	Spectral range: 350～1 050 nm; Spectral resolution: 3 nm; Quantitative level: 16-bit
Integrating sphere system	Labsphere XTH-2000	Provide uniform plane light source; Ball diameter is 1.65 m; Open aperture is 550 mm; Adjustable; Uniformity > 99%.
Standard color light box	D65 light box	Produce D65 light source
Standard color card	Color Checker	X-rite, standard 24 color
Object	—	White board, the national flag, striped cloth

5.1　Dark Current Calibration

The camera's dark current is the detector's response without radiation input. It directly affects the contrast ratio of the camera's image. The procedure is to cover the panoramic camera lens with its cap to ensure no incident radiation triggers the sensor, change the working modes, save 25 dark images in each mode, calculate the numerical values of the dark current coefficient matrix, and draw the relationship curve between dark current and exposure time. The mathematical model of dark current calibration can be described as calculating the average dark current for each pixel; calculating the average dark current of the whole CMOS sensor; calculating the dark current RMS for each pixel. The dark current calibration results of the panoramic camera are shown in Figure 8, where the numbers 0, 1, 2 and 3 denote different gain settings. The difference between dark current values of the shortest and the longest exposure time is very small. To eliminate the dark current interference and improve contrast in the image, the component of dark current should be subtracted.

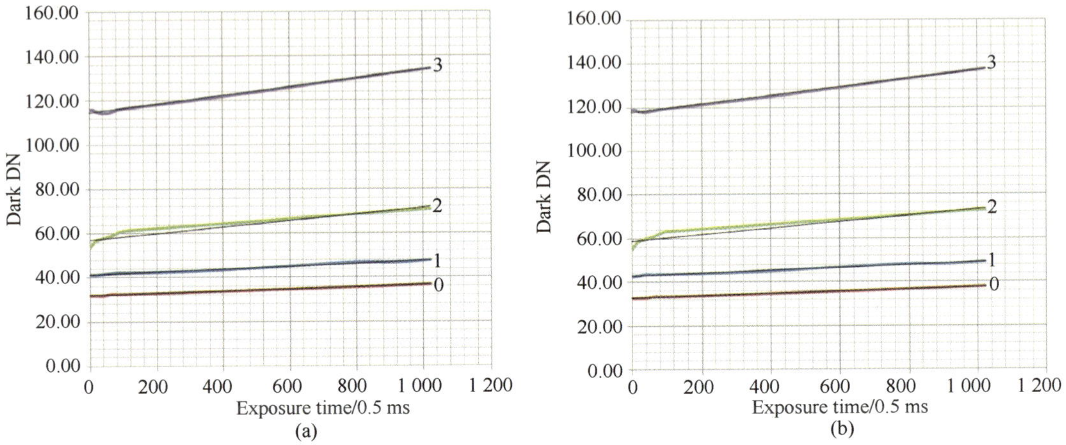

Fig. 8　Relationships between dark current and exposure time for panoramic camera A (left) and B (right).

5.2　Relative Radiation Calibration

The goal of relative radiation calibration (flat field correction) is to eliminate the response inconsistencies between CCD or CMOS pixels (Hu & Zhang 2007). Specific steps in relative radiation calibration are shown in Figure 9. The main equipment is an integral sphere. According to the requirement, the uncertainty in the panoramic camera's relative calibration should be better than 3%. The results of the flat field correction are shown in Figures 10 and 11. To enhance contrast, a DN value has been chosen between 700 and 900. Figure 11 demonstrates the validity of relative radiation calibration. In different working modes (with different exposure times, gain setting and DN values from 200 to 900), the uncertainty in flat field correction of camera A and B is less than 1.38% and 1.23% respectively.

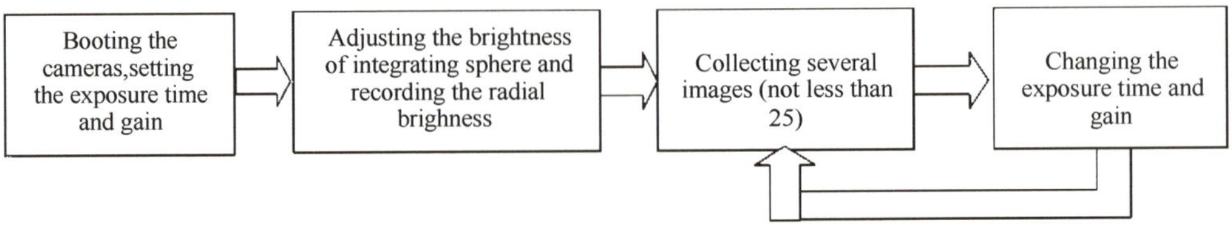

Fig. 9　Steps in the panoramic camera relative radiation calibration experiment.

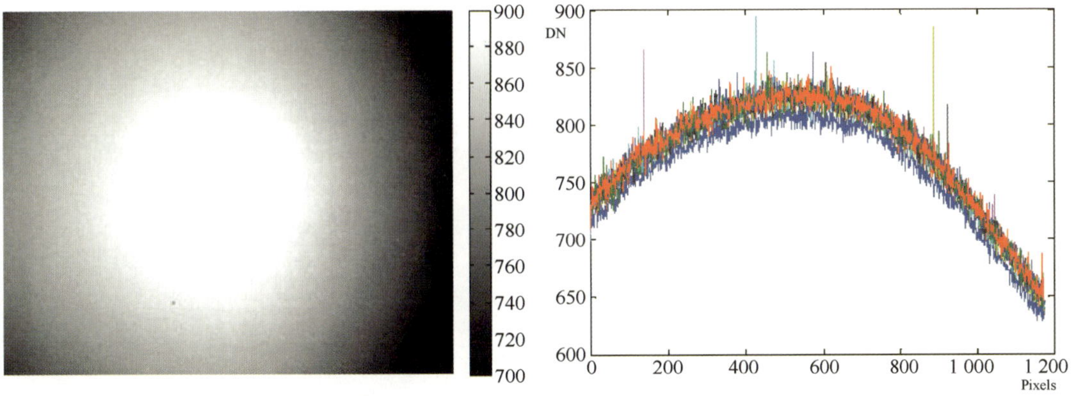

(a) The image before flat field correction.　　(b) DN value curve of middle row pixels.

Fig. 10　The image of channel R before flat field correction.

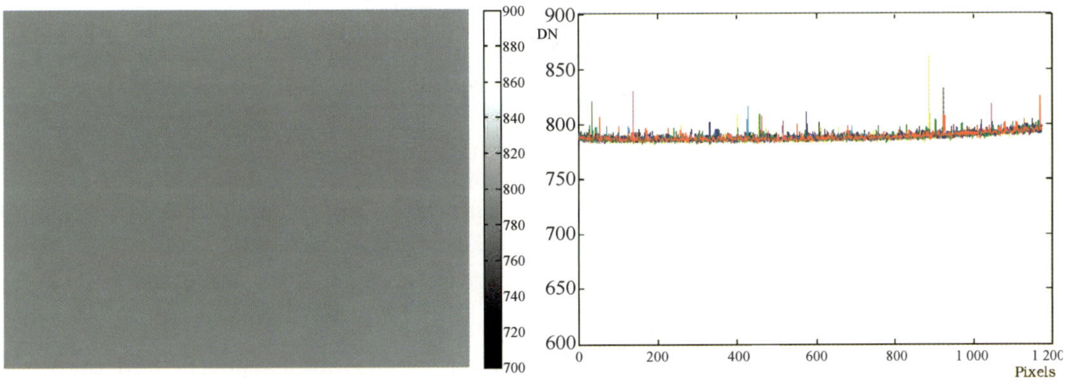

(a) The image after flat fild correction.　　(b) DN value curve of middle row pixels.

Fig. 11　The image of channel R after flat field correction.

5.3　Mode Normalization

According to the user's requirement, the relative changes in the images taken using different working modes should be consistent, so we have implemented mode normalization rather than absolute radiometric calibration. The basis of mode normalization is the linearity in the panoramic camera response (Gao et al. 2009). The camera's linearity is the relationships between DN values and exposure times, which are shown in Figure 12. Here R, G, G, B denote the responses of each physical pixel after the color filter array (CFA) which will be introduced in Section 5.4 and shown in Figure 13. According to Figure 11, the linearity in the panoramic camera response is better than 99%, so the difference in the absolute radiometric calibration coefficient between different working modes is very small and the calibration correction coefficient matrix can be simplified into that of one mode. In this experiment, we chose the working mode with a 40 ms exposure time and gain setting of 1. This is the meaning of mode normalization.

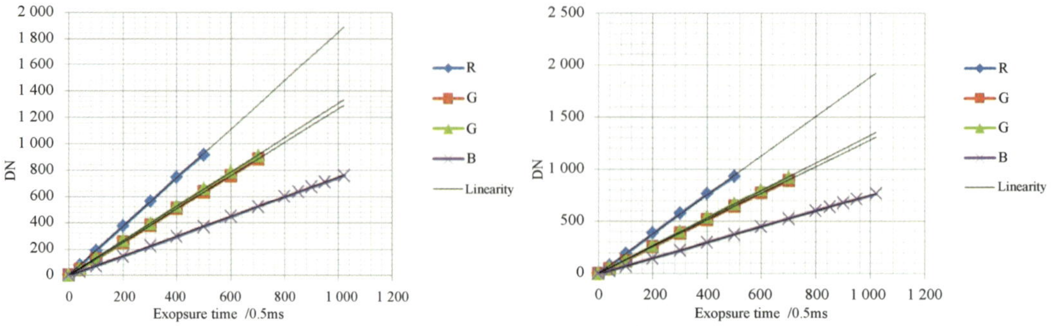

Fig. 12　The linearity of panoramic camera A (left) and B(right).

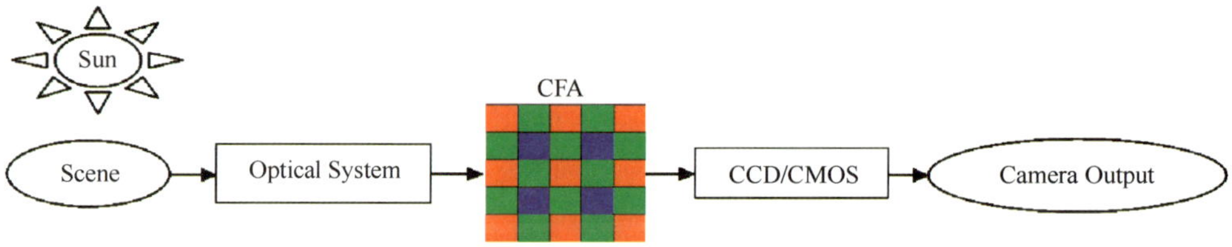

Fig. 13　Schematic diagram of the panoramic camera's color imaging mode.

5.4　Color Calibration

Based on the Bayer color coding principle, the panoramic camera can take color photographs of the lander. The schematic diagram is shown in Figure 13. It uses a single CMOS for a digital still camera with a color filter array (CFA) placed in front of the image sensor array. Each physical pixel of the sensor can collect one of three primary color components (Red (R), Green (G) and Blue (B)). In order to get the full color image, three color components (R, G and B) must be known. Therefore, the two missing color values of each pixel must be estimated from adjacent pixels. This process is known as color interpolation or demosaicing. A color interpolation algorithm is related to the pattern of the CFA. The CFA pattern of the panoramic camera shown in Figure 14 is a Bayer pattern. As the detector response curve (shown in Fig. 1) is different from the International Commission on Illumination (CIE) 1931 chromaticity diagram (shown in Fig. 15), chromatism will exist in color images taken by the panoramic camera. In order to correct this chromatism, a color calibration experiment must be carried out (Valous et al. 2009). After calculating the white balance coefficient and color correction coefficient matrix, the color value of the camera image will be restored into the standard color value. This work is an important part of the panoramic camera calibration. Steps in the panoramic camera color calibration experiment are shown in Figure 16.

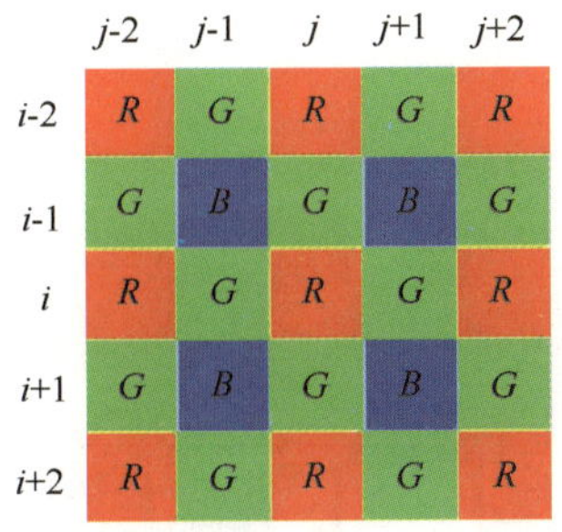

Fig. 14　Bayer pattern CFA.

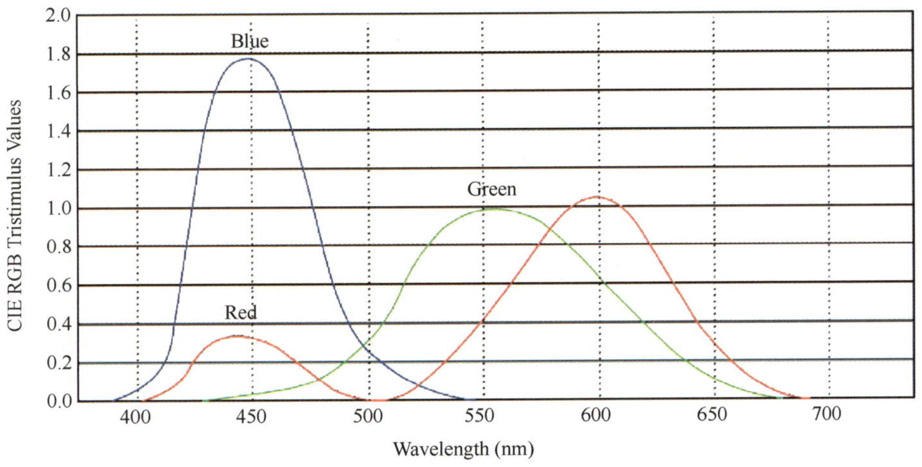

Fig. 15　CIE 1931 standard observer color matching function curves.

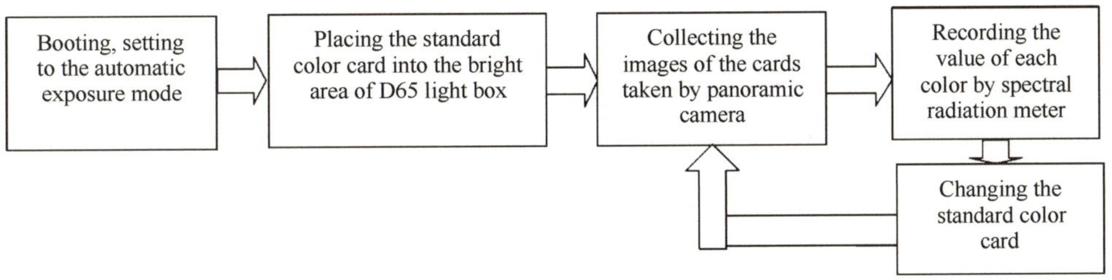

Fig. 16　Steps in the panoramic camera color calibration experiment.

Figure 17 is the comparison between the color images taken by the panoramic camera before and after the color correction. The color in Figure 17(b) is much better than that in Figure 17(a). The results of the ground test and calibration experiments show that the panoramic camera meets the general requirements and satisfies the demand of color imaging. Ren et al. have dedicated more scrutiny to the color calibration of the panoramic camera and terrain camera. More specific information and the quantitative white balance coefficient and color correction coefficient matrix calculation method can be referenced there (Ren et al. 2014).

(a) Before color correction (b) After color correction

Fig. 17 Color images of a flag taken by the panoramic camera.

5.5 Parameter Testing

The results of geometric distortion checking shows that the distortion of the panoramic camera is less than 0.05%, which is negligible. The focal lengths of panoramic camera A and B are 50.10 mm and 50.08 mm respectively. The MTF of panoramic camera A and B are 0.32 and 0.33 respectively. All these parameters satisfy the design requirements.

6 On-Orbit Images and Discussion

The panoramic camera was booted at 12:42 UTC on 2013 December 15. It successfully acquired the first color photo of the lander at 12:44:50 UTC.

Figure 18 is a photo of the upper part of the lander taken by the panoramic camera at working point D (8 m away from lunar rover). Figure 19 is a panoramic image of the lander, which is stitched from six images that show different parts of the lander image. Both of the images are clear, colorful, bright enough and have a large depth of field. The panoramic images show the lander's position and status very well.

Figure 20 is the panoramic images of the patrol area. As we can see, both near and far objects are clearly imaged. Through adjusting the exposure time automatically, the best contrast of images is obtained. During patrolling, the panoramic camera acquired a large number of useful images for further scientific research on the Moon (Dai et al. 2014). From 2013 December 15 to 2014 March 17, the panoramic camera successfully completed the expected scientific mission. It operated for a total of about 579 minutes, and took more than 780 images that could later be stitched with the expected image quality. During the entire process of operation, the temperature of the panoramic camera was

Fig. 18 A photo of the upper part of the lander taken by the panoramic camera at working point D.

Fig. 19 A panoramic image of the lander (stitched from six images of the scene).

between −5 ℃ and +40 ℃. That was within the designed working temperature range (−20 ℃～+45 ℃). This indicates that thermal controlmeasures are rational and reliable. After going through three lunar nights with a low temperature of −100 ℃, the image quality of the panoramic camera is still consistent with the requirements. This also demonstrates that the optical and structural system design is reasonable and reliable. In addition, the current in the electric cabinet varied within the normal range, which indicates that the electronic design is reasonable and reliable. A panoramic image of the lander after stitching had no flaw, which indicates the result of flat field correction is good. The color of the picture is normal and real, which indicates the matrix of color correction is correct. The on - orbit working status shows that all the engineering parameters associated with the panoramic camera are normal. Its image quality is satisfactory. All the performances satisfy the application requirements.

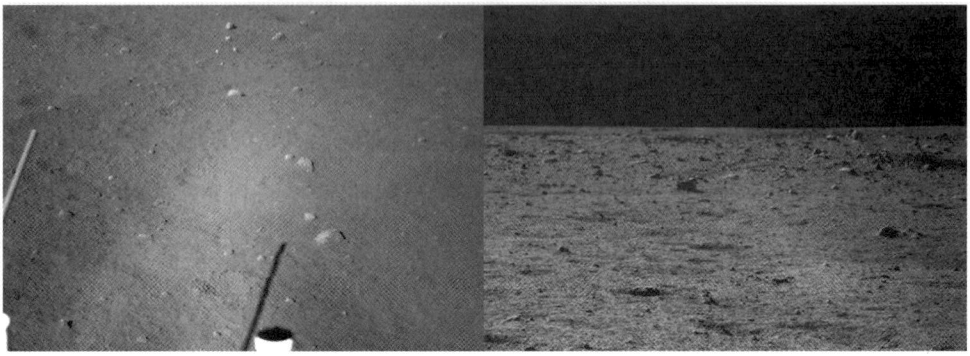

(a) Near objects　　(b) Far objects

Fig. 20　Photos of the patrol area.

7 Conclusions

By choosing a simplified four piece optical lens system and highly integrated components, the CE-3 panoramic cameras demonstrate the advantages of the lightweight and miniaturized design of this instrument. Two kinds of thermal control measures are taken to allow the cameras to adapt to the wide range of environmental temperature on the Moon. Detailed ground testing experiments have been performed which verify that the cameras can operate normally and continuously in the harsh environment on the Moon for a long time. The good images taken on - orbit verify that the function, interface and performance of panoramic camera meet the user requirements very well. The panoramic images of the lander and patrol area provide a great amount of scientific data for lunar exploration.

Acknowledgements

We wish to thank the referees for their constructive reports and all the participants for their great work in the CE-3 mission.

References

[1] Dai, S. - W., Jia, Y. - Z., Zhang, B. - M., et al. 2014, Science China (Technological Sciences), 44, 361

[2] Gao, Z. -Q., Yang, Z. -G., & Wang, X. -F. 2009, Remote Sensing and Aerial Photography, 4, 48

[3] Hu, Y., & Zhang, Y. 2007, Spacecraft Recovery & Remote Sensing, 28, 54

[4] Ip, Wing-Huen, Yan, J., Li, C. -L., et al. 2014, RAA(Research in Astronomy and Astrophysics), 14, 1511

[5] Li, C. -L., Mu, L. -L., Zou, X. -D., et al. 2014, RAA(Research in Astronomy and Astrophysics), 14, 1514

[6] Ouyang, Z. -Y. 2005, Intoduction to Lunar Science (Beijing: China Astronautic Publishing House)

[7] Ouyang, Z. -Y. 2006, Bulletin of Chinese Academy of Sciences, 21, 370

[8] Ren, X., Li, C. -L., Liu, J. -J., et al. 2014, RAA(Research in Astronomy and Astrophysics), 14, 1557

[9] Sun, Z. -Z., Jia, Y., & Zhang, H. 2013, Science China (Technological Sciences), 56, 2702

[10] Valous, N. A., Mendoza, F., Sun, D. -W., & Allen, P. 2009, Meat Science, 81, 132

[11] Wang, X. -C., Pan, C., & Wu, X. 2014, Aerospace China, 1, 361

Payload Topography Camera of Chang'E-3

Guobin Yu, Enhai Liu, Rujin Zhao, Jie Zhong, Xiangdong Zhou, Wulin Zhou, Jin Wang, Yuanpei Chen and Yongjie Hao

Institute of Optics and Electronics, Chinese Academy of Sciences, Chengdu 610209, China; ygb@ioe.ac.cn

Abstract: Abstract Chang'E-3 was China's first soft – landing lunar probe that achieved a successful roving exploration on the Moon. A topography camera functioning as the lander's "eye" was one of the main scientific payloads installed on the lander. It was composed of a camera probe, an electronic component that performed image compression, and a cable assembly. Its exploration mission was to obtain optical images of the lunar topography in the landing zone for investigation and research. It also observed rover movement on the lunar surface and finished taking pictures of the lander and rover. After starting up successfully, the topography camera obtained static images and video of rover movement from different directions, 360° panoramic pictures of the lunar surface around the lander from multiple angles, and numerous pictures of the Earth. All images of the rover, lunar surface, and the Earth were clear, and those of the Chinese national flag were recorded in true color. This paper describes the exploration mission, system design, working principle, quality assessment of image compression, and color correction of the topography camera. Finally, test results from the lunar surface are provided to serve as a reference for scientific data processing and application.

Key words: Moon—instrumentation: detectors—techniques: image processing

1 Introduction

Chang'E-3 was China's first lunar probe that achieved a soft landing and performed a roving exploration on the lunar surface. It was composed of a lunar probe that soft landed on the surface (hereinafter referred to as the "lander") and a lunar roving probe (hereinafter referred to as the "rover"). The scientific goals of Chang'E-3 included (1) lunar surface topography and geology survey, (2) lunar surface material composition and resource survey, and (3) Earth plasma layer detection and lunar – based ultraviolet astronomy observation (Ye & Peng 2006). The Chang'E-3 probe was successfully launched by a "Long March – III B Model 2" rocket at 17:30 on 2013 December 1 (UTC) and smoothly landed at the landing point (19.51°W, 44.12°N) in Sinus Iridum at 13:11 (UTC) on 2013 December 14 (Li et al. 2014; Ip et al. 2014; Liu et al. 2014), which initiated the explorationmission associated with China's first lunar soft landing. After the Chang'E-3 probe successfully landed on the lunar surface, the four payloads installed on the lander were activated for in - situ investigation, and the four payloads installed on the rover were used for roving exploration in order to complete the scientific exploration mission (Dai et al. 2014).

The topography camera was one of the main scientific payloads installed on the lander. In order to best utilize the designed capability of the camera pointing mechanism and to ensure a normal range of operating temperature, the camera adopted a split design. It was composed of a camera, an electronic component that performs image compression, and a cable assembly. The camera was installed on a two - dimensional turntable such that the camera pointing mechanism was mounted at the top of the lander and could easily acquire images, as shown in Figure 1. The electronic component that performed image compression was integrated into the lander's payload electrical control box. The cable assembly was routed to the camera and the electronic component that performed image compression through the inner wall of the camera pointing mechanism. To improve the demonstration capability of scientific exploration results and engineering implementation, the Chang'E-3 topography camera was designed with color imaging capability, which could obtain color images of the rover. The topography camera obtained optical image data of the lunar surface in the landing zone and color image data of the rover at an azimuth of $\pm 175^{\circ}$(the imaging coordinate system is the same coordinate system that was used the lander, where an azimuth of 0°. coincides with the $+Z$ axis of the lander) and a pitch angle of $\pm 60^{\circ}$ (a pitch angle of 0° is the plane defined by the $Y-Z$ axis of the lander) relative to the lunar surface.

Fig.1　Photograph of the lander with the topography camera identified.

In Section 2, the scientific exploration goals of the Chang'E-3 topography camera are first introduced. Then in Section 3, the functions and performance are given. In Section 4, the working principle and system design are described. In Section 5, the assessment of image compression quality and color correction are provided. Lunar surface exploration mission objectives are provided in Section 6 and conclusions are given in Section 7.

2 Scientific Exploration Goals

The topography camera operated together with other payloads to accomplish the lunar surface topography and geology survey. The goal of the scientific exploration mission using the topography camera was to obtain optical images of the lunar surface topography in the landing zone for investigation and research. The engineering exploration task was to acquire color pictures of the rover (including pictures of China's national flag), complete mutual picture - taking, monitor and record rover movement, and improve engineering demonstration capability.

3 Functions and Performance

The topography camera was able to: (1) obtain images of the lunar surface in the landing zone and monitor rover movement on the lunar surface; (2) acquire color images; (3) take static images and video; (4) adjust exposure; (5) protect against dust; (6) compress images; (7) reduce stray light.

The topography camera was kept inactive when the Chang'E-3 probe was being launched, in the Earth - Moon transfer orbit, lunar orbit, and landing. It was activated after the lander landed safely and the rover was separated from the lander. Table 1 lists the main characteristics of the topography camera. It could operate in either standby mode or detection mode (static camera, sampling video camera, and window video camera).

Table 1 Main Characteristics of the Topography Camera

No.	Parameter	Value
1	Wavelength range	Visible light
2	Color	Color (R, G, B)
3	Imaging mode	Static and video (switchable)
4	Normal imaging distance (m)	5 to 1
5	Effective pixels	2 352 × 1 728
6	Field of view (FOV) angle	22.9° × 16.9°
7	Frame frequency (fps)	5
8	Quantized value (bit)	8
9	Signal - to - noise ratio (dB)	49.5 (max.) 36 (albedo: 0.09, solar elevation angle: 30°)
10	System static MTF	0.25 (full FOV)
11	Image compression peak signal - to - noise ratio (dB)	Static image PSNR ≥46
12	Image compression	2 : 1 (static imaging) 24 : 1 (video imaging)
13	Power consumption (W)	3.5 (camera)
14	Weight (kg)	0.58 (camera)

Standby mode: The camera was in a power - on state without actively acquiring a picture. No image data were output during the initial power - on state.

Detection mode: The camera was in a power - on state while actively acquiring a picture. The camera provided three switchable detection modes, including the static mode (Frame frequency: 1 frame/2.5 s, Resolution: 2 352 × 1 728), sampling video mode (Frame frequency: 5 frame/second, Resolution: 720 × 576, 720 × 576 obtained by downsampling of 2 352 × 1 728 resolution), and window video mode (Frame frequency: 5 frame/second, Resolution: 720 × 576, 720 × 576 obtained by window acquisition of 2 352 × 1 728 resolution). After completion of the static mode, the camera automatically returned to the standby mode. The two video modes could be switched to static mode, and could be switched to each other.

4 Working Principle and System Design

4.1 System Composition

The topography camera adopted a split design, as shown in Figure 2. Its camera was mounted on the two - dimensional turntable of the camera pointing mechanism at the top of the lander. The electronic component that performed image compression was integrated in the electrical control box for the payload of the lander. The cable assembly was routed to the camera and electronic component that performed image compression through the inner wall of the camera pointing mechanism. Hardware that was part of the topography camera was made up of the camera, an electronic component used for image compression, and cable assembly. Additional hardware was comprised of a Field - Programmable Gate Array (FPGA) used for camera control and an FPGA for image compression.

4.2 Working Principle

An optical lens of the topography camera collected optical signals that contained imaging targets (lunar topography, rover) and created an image on the IA - G3 color sensor, which then converted optical signals into image data, as shown in Figure 2. The camera control board sent the original image data to the electronic component used for image compression at a rate of 24 Mbps. The electronic component used for image compression compressed the original image data and then redirected the compressed code stream to the data management subsystem.

The camera control FPGA located on the camera control board was responsible for driving the IA - G3 color sensor, collecting original image data, communicating via

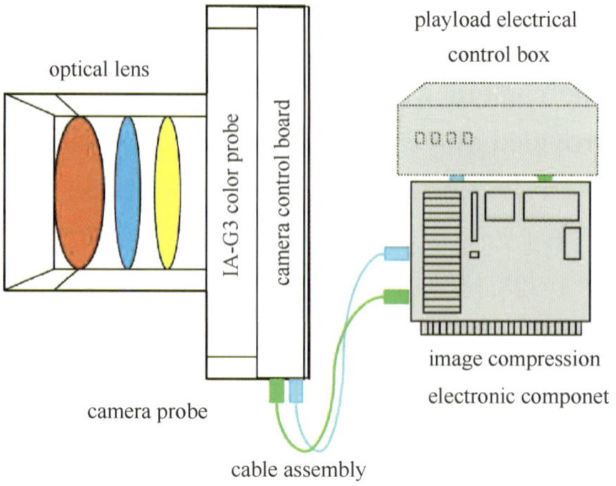

Fig. 2　Schematic diagram of system design and working principle.

an RS-422 interface, and transmitting original image data to the image compression FPGA.

The image compression FPGA located on the electronic component that performed image compression communicated via RS-422 and sent the compressed code stream to the data management subsystem.

When the topography camera was used to take static images, its frame frequency was set to 1 frame/2.5 s, resolution to 2 352×1 728, image compression ratio to 2∶1, and transmission rate to 8 Mbps.

When the topography camera was used to acquire video, its frame frequency was set to 5 frame/s, resolution to 720×576, image compression ratio to 24∶1, and transmission rate to 800 kbps. The topography camera generated images with a resolution of 720×576 using one of the two modes: window acquisition and downsampling.

Commands and data to the topography camera were sent by using the lander's electrical control box for the payload to transmit data packets to the image compression FPGA through an RS-422 serial interface. After receiving data packets, the image compression FPGA forwarded data packets related to the camera to the camera control FPGA inside the camera. Engineering parameters of the topography camera were sent by using the image compression FPGA to the lander's payload electrical control box through the RS-422 interface.

4.3　System Design

4.3.1　Probe selection

Based on the function and performance requirements, and the requirements for lighting, temperature, and irradiation based on the environment of the lunar surface, the topography camera used DALSA company's IA – G3 color sensor. Its main characteristics were as follows: (1) spectral response range: 400 nm to 1100 nm, (2) effective pixel number: 2352×1728, (3) pixel size: 7.4 μm×7.4 μm, (4) frame frequency: 62 frame/second, (5) full trap charge: 60 000 e, (6) anti – vignetting factor: 1000, and (7) operating temperature: −40 ℃ to +60 ℃.

4.3.2 Optical system and lens design

As the topography camera was the "eye" of the lander, it must be able to operate in the particular conditions on the lunar surface, such as cosmic rays, extreme cold or hot temperatures, and lighting conditions. If the camera's ability to operate in these conditions was inadequate, the cosmic rays on the lunar surface would be detrimental to the transmittance capability of the optical lens, which would significantly hamper the functionality of the topography camera. The optical system utilized technology that helped it function even when radiation was in this environment and all anti – radiation optical materials ensured that the topography camera could properly acquire images (Nicoletta & Eubanks 1972). Moreover, due to dramatic changes in temperature on the lunar surface, the optical lenses must be able to withstand extreme temperatures that range from −180 ℃ to +150 ℃, and operate properly in a thermal vacuum environment with temperatures ranging from −35 ℃ to +65 ℃. With advanced designs, such as passive thermalization in the optical systems, the optical lenses could adapt to the particular temperature conditions on the Moon, ensuring high image quality and guaranteeing that the topography camera could see clearly. In addition, how to take "true color" photographs on the Moon had been a challenge for designers and engineers. After extensive consideration, calculation, and experiments, the cutoff wavelength range of the optical lenses was ultimately determined to ensure that the topography camera could acquire as realistic images as possible.

The main technical parameters of the optical system that was part of the topography camera were: (1) wavelength range: 420 nm to 700 nm, (2) field of view: 22.9°×16.9°, (3) clear aperture: 5.4 mm, (4) focal length: 43 mm, (5) f – number: 8, (6) imaging distance: 5 m to ∞, (7) modulation transfer function (MTF): > 0.45, (8) spectral transmittance: > 85%, and (9) operating temperature: −35 ℃ to +65 ℃. The wave band of the optical system was designed to be from 420 nm to 700 nm, the central wavelength 540 nm, the diagonal field of view 28.2°, the optical volume Φ 23×38.5 mm^2, and the optical weight 15 g. The structural design of the optical lenses is shown in Figure 3.

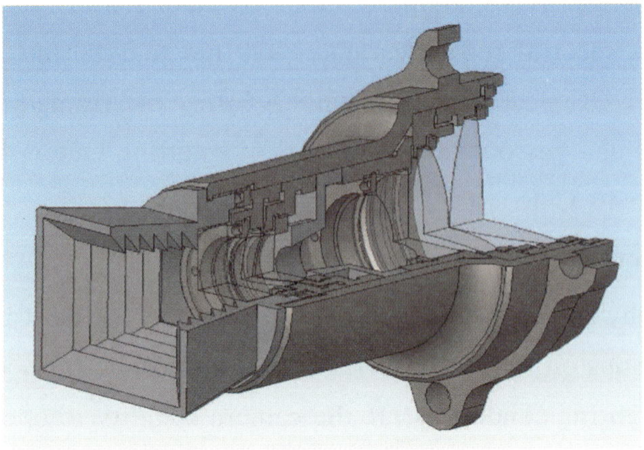

Fig. 3　Structural design of optical lenses.

4.3.3 Structural design of the camera

When designing the structure of the topography camera, the following were mainly considered: (1) mechanical environment conditions of launch, transfer, and landing, (2) imaging quality requirements of the optical system, (3) lightweight and compact structure design requirements, and (4) thermal control requirements of the probe. The camera consisted of an optical lens assembly, box, rear box, active pixel sensor (APS) circuit board, camera control board, and cover. Based on the relationship between the APS circuit board and the optical lenses, the APS circuit board was fixed perpendicularly to the optical lenses while being parallel to the camera control board so that between the two boards there would be sufficient space for components and connectors. The clear aperture in the light shield of the optical lenses was a tapered square hole (as shown in Fig. 4), which not only reduced stray light outside the field of view, yielding improved image quality, but also protected the optical lenses from lunar dust. To reduce heat generated by the surface-mounted APS probe during operation, the camera used a special I - shaped thermal conductive device and heat conduction path to transfer generated heat to the camera's mechanical structure, which would then transfer the heat to the optical solar reflector (OSR) thermal film on the heat dissipation panel in order to dissipate heat into deep space. The heat dissipation area of the OSR film was 105×80 mm^2. This design solved the heat dissipation problem of the high - power surface-mount APS probe, ensuring a good temperature difference between the APS probe and the camera's mechanical structure. The ability to sustain this temperature difference at 5 ℃ allowed the camera to work at a high temperature of 150 ℃. Figure 4 shows a schematic diagram of the camera, and Figure 5 shows a photograph of the camera.

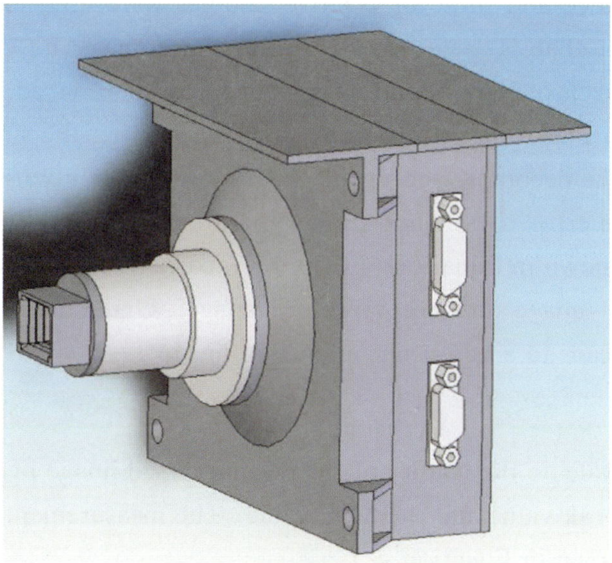

Fig. 4 Schematic diagram of the camera.

Fig. 5 Photograph of the camera.

5 Assessment of Image Compression Quality And Color Correction

5.1 Assessment of Image Compression Quality

The topography camera implemented image compression algorithms using an FPGA. In order to verify the performance and effectiveness of the FPGA, the actual color images of the lunar surface and those of positive samples were used to evaluate the image compression quality (Zhao R. J. et al. 2015 in preparation). The "difference" between the corresponding pixels of the original image and the decompressed image were obtained using a quantitative calculation, which allowed for measuring the similarity between the original image and the decompressed image. The most commonly used evaluation standards are mean square error (MSE) and peak signal to noise ratio (PSNR). The MSE calculation formula is shown in Equation (1), and it incorporates the average gray deviation between the original image and decompressed image. Under normal circumstances, a smaller MSE value leads to a better decompressed image

$$\mathrm{MSE} = \frac{1}{XY}\sum_{x=1}^{X}\sum_{y=1}^{Y}[f(x,y) - f'(x,y)]^2 \tag{1}$$

PSNR was used to evaluate the quality of the decompressed image by calculating the ratio between the signal peak value and the MSE value. The measurement unit is decibel (dB) and its formula is shown in Equation (2).

$$\mathrm{PSNR} = 20\lg\frac{255}{\sqrt{\frac{1}{XY}\sum_{x=1}^{X}\sum_{y=1}^{Y}[f(x,y) - f'(x,y)]^2}} \tag{2}$$

In Equations (1) and (2), $f(x, y)$ indicates the gray value of the original image, $f'(x, y)$ represents the gray value of the decompressed image, (x, y) denotes image pixel coordinates, X indicates the maximum values of image pixel coordinates of the horizontal coordinate and Y signifies the maximum values of image pixel coordinates of the longitudinal coordinate.

The PSNR is calculated between the original image and the decompressed image using the same color interpolation. The PSNR value of the decompressed image satisfies the requirement for the topography camera (PSNR≥45), as shown in Figures 6 to 8.

Fig.6　*Left*: Before; *right*: After. Contrast between lunar surface color images before and after compression(MSE = 0.63, PSNR = 50.11).

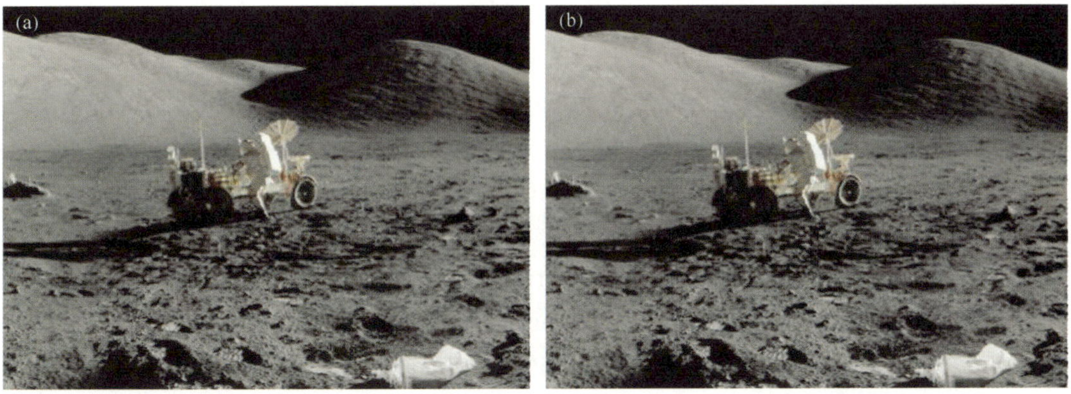

Fig. 7 *Left*: Before; *right*: After. Contrast between lunar surface color images before and after compression(MSE = 1.35, PSNR = 46.83).

Fig. 8 *Left*: Before; *right*: After. Contrast between positive sample images before and after compression(MSE = 0.99, PSNR = 48.18).

5.2 Assessment of Color Correction

Inconsistency between the color spectral response function of the IA - G3 color sensor used by the topography camera and the color matching function of the International Commission Illumination (CIE) 1931 standard observer (GB/T 3977 - 2008①; Valous et al. 2009), and impact of the lunar surface lighting conditions on camera color responsiveness would cause color cast in images taken by the topography camera. To deal with those problems, a two - step color correction method that combined color calibration and white balance was designed (Zhao R. J. et al. 2015 in preparation). First, to calibrate the inconsistency between the camera color spectral response function of the IAG3 color sensor and the color matching function of the CIE-1931 standard observer, the camera's

① GB/T 3977—2008, Methods for the measurement of object color (Standardization Administration of The People's Republic of China).

RGB chromaticity response correction matrix under the RGB color system was obtained by using the least squares adjustment of the 24 - color cards under D65, which also improved the applicability of the correction matrix to different color images. Secondly, under various lighting conditions close to those in the environment of the lunar surface, the least squares adjustment of the n - order neutral color cards was adopted for the camera's white balance correction, which improved the generalization ability of the traditional single - color white balance correction coefficient and effectively reduced the impact of lunar surface lighting conditions on the camera's image color (Ren et al. 2014).

Color correction accuracy is mainly evaluated through the two measures of color calibration error and white balance correction error.

$$\triangle E_{ori}^{rgb} = \frac{\sum\limits_{k=1,\cdots,24} [(r_{std}-r_{ori})^2+(g_{std}-g_{ori})^2+(b_{std}-b_{ori})^2]^{1/2}}{24} \tag{3}$$

$$\triangle E_{ori}^{rgb} = \frac{\sum\limits_{k=1,\cdots,24} [(r_{std}-r_{cor})^2+(g_{std}-g_{cor})^2+(b_{std}-b_{cor})^2]^{1/2}}{24} \tag{4}$$

In Equations 3 and 4, $\triangle E_{ori}^{rgb}$ indicates the average chromaticity value of 24 - color cards beforecolor calibration, $\triangle E_{cor}^{rgb}$ represents the average chromaticity value of 24 - color cards after colorcalibration, r_{std}, g_{std}, b_{std} denote standard chromaticity values of color codes, r_{ori}, g_{ori}, b_{ori} signifychromaticity values of color codes before color calibration, and r_{cor}, g_{cor}, b_{cor} give chromaticity values of color code after color calibration.

$$\triangle E_{ori}^{white} = \frac{\sum\limits_{k=1,\ldots,24} [(r'_{ori}-1/3)^2+(g'_{ori}-1/3)^2+(b'_{ori}-1/3)^2]^{1/2}}{n} \tag{5}$$

$$\triangle E_{cor}^{white} = \frac{\sum\limits_{k=1,\ldots,n} [(r'_{cor}-1/3)^2+(g'_{cor}-1/3)^2+(b'_{cor}-1/3)^2]^{1/2}}{n} \tag{6}$$

In Equations 5 and 6, $\triangle E_{ori}^{white}$ indicates the average chromaticity value of n - order neutral color cards before white balance correction, $\triangle E_{cor}^{white}$signifies the average chromaticity value of n - order neutral color cards after white balance correction, r'_{ori}, g'_{ori}, b'_{ori} represent chromaticity values of color code before white balance correction, and r'_{cor}, g'_{cor}, b'_{cor} give chromaticity values of color code after white balance correction.

The ground tests of color correction are shown in Figures 9 and 10. Under the D65 light source and simulated lunar surface lighting conditions, both color cards and colors were significantly restored, leading to a higher approximation to the actual colors that human eyes could see. Especially in the simulated lunar surface lighting environment, the rover color was effectively improved, indicating that the white balance correction had eliminated the impact of lunar surface illumination and thus was more applicable to lunar surface imaging.

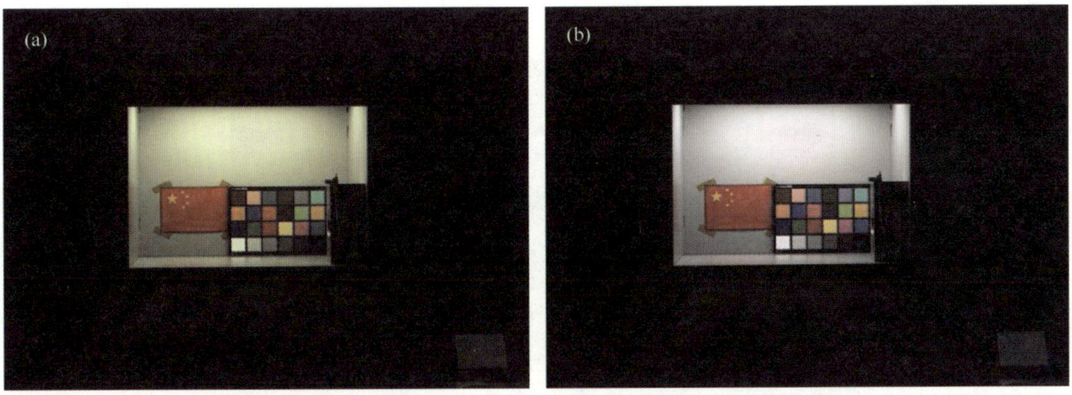

Fig. 9　*Left*: ($\triangle E_{ori}^{rgb}$ = 0.064 7), *Right*: ($\triangle E_{cor}^{rgb}$ = 0.046). Contrast between images of the Chinese flag taken under the indoor D65 light source before and after color calibration.

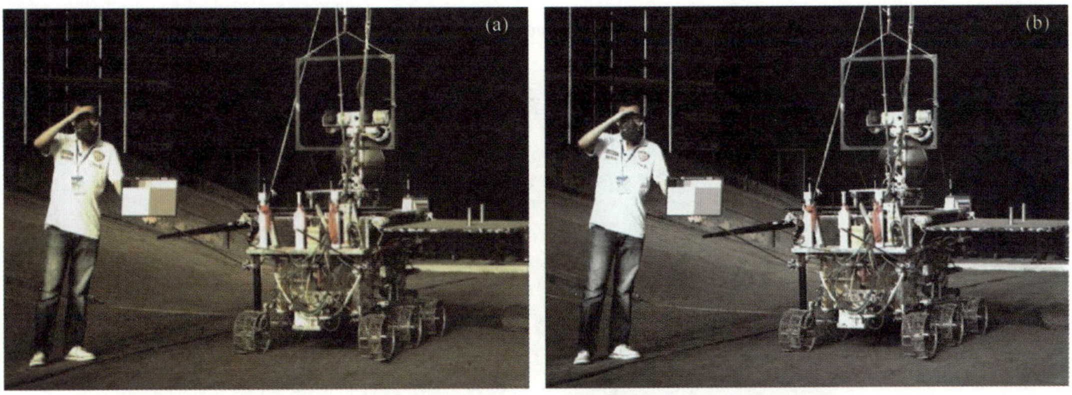

Fig. 10　*Left*: ($\triangle E_{ori}^{white}$ = 0.074 9), *Right*: ($\triangle E_{cor}^{white}$ = 0.00188). Contrast between images of the rover taken under simulated lunar surface lighting conditions before and after white balance correction.

6　Lunar Surface Exploration Mission Objectives

At 21:11 on 2013 December 14, the Chang'E-3 lunar probe successfully soft landed on the lunar surface. After the lander and rover separated, the topography camera was used to explore the lunar surface. The main explorationmission objectives completed on the lunar surface included: (1) taking static images and video of rover movement from different angles and capturing pictures of the lander and rover, (2) taking 360° panoramic images of the lunar surface topography in the landing zone from multiple angles, and (3) shooting a number of pictures of the Earth. The topography camera successfully fulfilled all assigned scientific and engineering exploration mission objectives.

Representative images of the lunar surface acquired by the topography camera are shown in Figures 11 to 16. The topography camera took clear images of the rover, lunar surface and the Earth, and showed the true color of the national flag of China. Photos of the Earth allowed us to see the planet from another point of view.

Fig. 11 First picture of the lunar surface after powering up (taken at 05:58:12 on 2013 December 15).

Fig. 12 Picture of the rover at point A (taken at 23:42:16 on 2013 December 15).

Fig. 13 Picture of the rover at point B (taken at 04:59:04 on 2013 December 16).

Fig. 14　Picture of the lunar surface in the landing zone (taken at 00:24:59 on 2013 December 18).

Fig. 15　Picture of the lunar surface in the landing zone (taken at 10:22:43 on 2013 December 23).

Fig. 16　Picture of the Earth (taken at 02:19:50 on 2013 December 25).

7 Conclusions

The topography camera was the main payload on the Chang'E-3 lander. It accomplished mission objectives including obtaining optical images of the landing zone topography and observing the rover and itsmovement on the lunar surface, providing image data for research on lunar surface topography and geological structure, and taking pictures of both the lander and the rover. Before launch, ground tests, assessment of image compression quality, assessment of color correction, and environmental simulation tests were conducted for the topography camera. After successfully powering up on the lunar surface at 05:58:12 on 2013 December 15, the topography camera took static pictures and video of rover movement from different angles, 360° panoramic shots of the lunar surface topography in the landing zone from multiple angles, and numerous pictures of the Earth. All photos and videos of the rover, lunar surface, and the Earth were clear, and those of the Chinese national flag showed the true color.

Acknowledgements

We give special thanks to the special funds of Phase 2 of the Chinese Lunar Exploration program for supporting this work. We also give special thanks for the strong support from the leadership and colleagues in the Moon and Deep Space Exploration Ground Application System Department of the Chinese Academy of Sciences for help in developing the camera. We also thank the strong support and assistance from the Moon and Deep Space Exploration Ground Application System Department of the Chinese Academy of Sciences for ground test validation and data preprocessing. In addition, we give special thanks for the strong support and help from the Overall Payload Space Center of the Chinese Academy of Sciences in camera development and joint tests, and special thanks to researchers from Institute 8358 of China Aerospace Science and Industry Corporation and those from Xi'an University of Electronic Science and Technology.

References

[1] Dai, S., Jia, Y., Zhang, B., et al. 2014, Sci. Sin. Tech, 44, 361

[2] Ip, W. -H., Yan, J., Li, C. -L., & Ouyang, Z. -Y. 2014, RAA(Research in Astronomy and Astrophysics), 14, 1511

[3] Li, C. -L., Mu, L. -L., Zou, X. -D., et al. 2014, RAA(Research in Astronomy and Astrophysics), 14, 1514

[4] Liu, J. -J., Yan, W., Li, C. -L., et al. 2014, RAA(Research in Astronomy and Astrophysics),

14，1530

[5] Nicoletta，C. A.，& Eubanks，A. G. 1972，Appl. Opt.，11，1365

[6] Ren，X.，Li，C. -L.，Liu，J. -J.，et al. 2014，RAA(Research in Astronomy and Astrophysics)，14，1557

[7] Valous，N. A.，Mendoza，F.，Sun，D. -W.，& Allen，P. 2009，Meat Science，81，132 Ye，P. -J.，& Peng，J. 2006，China Engineering Science，8，13

Performance Evaluation of Lunar Penetrating Radar on Board the Rover of CE-3 Probe Based on Results from Ground Experiments ①

Hongbo Zhang[1], Lei Zheng[1], Yan Su[1], Guangyou Fang[2], Bin Zhou[2], Jianqing Feng[1], Shuguo Xing[1], Shun Dai[1], Junduo Li[1], Yicai Ji[2], Yunze Gao[2], Yuan Xiao[1], Chunlai Li[1]

1 Key Laboratory of Lunar and Deep Space Exploration, National Astronomical Observatories, Chinese Academy of Sciences, Beijing 100012, China; zlei@bao.ac.cn

2 Institute of Electronics, Chinese Academy of Sciences, Beijing 100190, China

Abstract: Lunar Penetrating Radar (LPR) onboard the rover that is part of the Chang'E-3 (CE-3) mission was firstly utilized to obtain in situ measurements about geological structure on the lunar surface and the thickness of the lunar regolith, which are key elements for studying the evolutional history of lunar crust. Because penetration depth and resolution of LPR are related to the scientific objectives of this mission, a series of ground – based experiments using LPR was carried out, and results of the experimental data were obtained in a glacial area located in the northwest region of China. The results show that the penetration depth of the first channel antenna used for LPR is over 79 m with a resolution of 2.8 m, and that for the second channel antenna is over 50.8 m with a resolution of 17.1 cm.

Key words: Moon—techniques: radar astronomy—methods: analytical

1 Introduction

The subsurface geological structure is of great importance for studying the origin and evolution of lunar crust. Because of the absence of an atmosphere, the subsurface, which is composed of lunar soil and rock fragments, is the boundary layer between the solid part of the Moon and the matter and energy that fill the solar system. Studying the subsurface is important for understanding the earlier evolution of the solar system, properties of the solar wind, composition of the crust and the evolutional history of the Moon as well as acquiring new scientific information (Ouyang 2005).

---

① Supported by the National Natural Science Foundation of China.

The internal structure of theMoon has been a topic for discussion and planning since the Apollo program started in the 1960s. The information provided by natural and artificial seismic studies indicates that the Moon can be divided into a crust, mantle and core, a model which is analogous to the Earth. The thickness of the outermost shell is 60～65 km and the upper 1～2 km is mainly composed of regolith and rock fragments. Investigation of samples returned by the Apollo missions shows that lunar soil is mainly composed of rock fragments, breccias, glasses and meteorite fragments. A hyperbolic relationship was found between the soil density and depth. The dielectric constant of the soil is 2.3～3.5 and the loss tangent is 0.005～0.009. The highlands mainly consist of anorthosites while the maria are mainly composed of basalts that have a dielectric constant of 6.6～8.6 and a loss tangent of 0.009～0.016 (Heiken et al. 1991). Observational data acquired by 70 cm ground based radar and the abundance of iron and titanium on the nearside of the Moon have been used by Shkuratov and Bondarenko to produce the first map that shows the distribution of the thickness of regolith. The average depth of lunar soil in maria is 45 m and that in highlands is 10～15 m (Shkuratov & Bondarenko 2001). Fa & Jin (2010) produced an inverse map of regolith depth for the entire Moon using data taken from a microwave radiometer carried by Chang'E-1 and the ultraviolet - visible spectral data from Clementine. The Lunar Radar Sounder (LRS) onboard the Japanese spacecraft SELENE explored the stratified structure of the subsurface with a detection depth greater than 5 km and a thickness resolution of 75 m (Ono et al. 2008). Some mare areas on the nearside have structure that can be seen in stratigraphy studies; most of the interfaces of the strata lie at a depth of hundreds of meters, with the deepest place currently known being 1 050 m (Ono et al. 2009).

The Lunar Penetrating Radar (LPR) onboard the Chang'E-3 (CE-3) rover represents the first time that humans have used ground penetrating radar on the surface of the Moon to detect subsurface geological structure. The scientific goal is to investigate the thickness of the regolith layer as well as the shell structure of the Moon along the route traversed by the rover (Ip et al. 2014). Compared with previous methods of detection, this study concentrates more on gaining information about the shallow layer. The expected detection depth is 100 m with the highest resolution reaching the decimeter scale. The acquired data can reveal more about the origin and evolution of the Moon.

A ground test is an important tool for verifying the potential quality of scientific results obtained with the LPR. From the ground test, we can determine the subsurface detection ability of the LPR, and verify and improve the data processing method. A series of ground tests is carried out. We set up a hierarchical model according to the test results and analyze the depth measurement ability and the thickness resolution.

In Section 2, the properties of the LPR is first introduced. Then in Section 3, the location of the ground experiment is selected. In Section 4, the results and performance of the ground experiment are analyzed. Conclusions are given in Section 5.

2 Instrument Properties

The LPR, like the Ground Penetrating Radar (GPR), uses the Ultra Wide Band (UWB) impulse technique, and transmits UWB signals when the the rover, named Yutu, moves along its designated route. Echoes will be produced when the signals encounter interfaces in the medium under the surface of the Moon, and are received and identified by the LPR, which can be used for the detection of subsurface structure (Fang et al. 2014).

The LPR has two detection channels: the first one is designed to detect the structure of lunar shallow crust with one transmitting dipole and one receiving dipole; the center frequency of the transmitted unipolar pulse signal is 60 MHz. The second channel is designed to detect the thicknesses of the lunar regolith with one transmitting bow tie antenna and two receiving bow tie antennas marked A and B respectively. The center frequency of the transmitted bipolar pulse signals is 500 MHz. The main properties of the LPR are listed in Table 1.

Table 1 Technical Parameters of the LPR Onboard the CE-3 Lunar Rover

Parameter	First channel value	Second channel value
Antenna Type	Dipole	Bow tie
Antenna Center Frequency (MHz)	60	500
Antenna Band (MHz)	41	500
Antenna VSWR	≤3	≤1.8
Transmitter Pulse Amplitude (V)	1 000 (with 5% bias)	400 (with 5% bias)
Transmitter Pulse Repetition Frequency (kHz)	0.5, 1, 2	5, 10, 20
Transmitter Pulse Rising Time (ns)	≤2	≤1
Receiver Band (MHz)	10.193	10.135 9
Receiver Sample Rate (MHz)	400	3 200
Receiver Dynamic Range (dB)	103.3	96.7
System Gain (dB)	152	133.3
Standard Data Rate (bps)	6.94 K	
Mass (kg)	≤5.5	
Power (W)	9.8	

In the ground experiment, an LPR prototype is carried by a 1:1 model of the CE-3 lunar rover. In addition, a GPS receiver (device model TRIMBLE R8 GNSS) is attached to trace the path taken by the LPR, as shown in Figure 1. The performance of the LPR prototype is almost the same as the actual one, except the latter is installed with certain isolators and filters to avoid the influence of communication signals between the lunar rover and the lunar lander. The differences between the filtering settings have no notable influences on the results of the ground experiment.

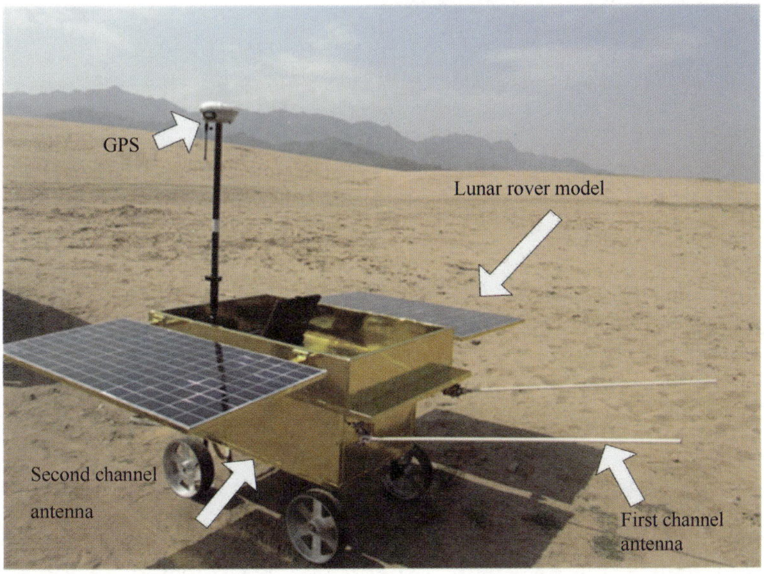

Fig. 1　The LPR prototype onboard a model of the CE-3 lunar rover.

3　Ground Experiment

According to the principles governing GPR, the detection capability of LPR is not only related to its technical performance, but also depends on the electromagnetic properties of the lunar subsurface (Dai et al. 2014). Therefore, in order to analyze the depth and thickness resolution of LPR, some places on Earth with similar electromagnetic properties as Mare Imbrium should be selected for the location of the ground experiment.

3.1　Lunar Soil Simulant

The site where the ground experiment is conducted, located in the China Academy of Space Technology, is built according to requirements for the lunar soil simulant, and its electromagnetic characteristics are very close to those of lunar regolith. In the ground experiment, we can verify the validity of the data processing method used for LPR and measure the detection accuracy of the experimental result. We can also derive the minimum resolvable thickness of the second channel in the ground experiment which will approximate the thickness resolution of the lunar regolith. The experiment site is built with a soil layer varying from 15 cm to 70 cm in thickness, and two sets of measurement data are obtained along Lines 1 and 2 (as shown in Fig. 2 (left)).

Fig. 2　Site of the ground experiment. *Left*: Site of the artificial lunar regolith experiment. *Right*: Site of the alpine glacier experiment.

3.2　Alpine Glacier

According to the detection results obtained from the Apollo program, the subsurface of Mare Imbrium is mainly a basalt structure, and is absolutely dry (Heiken et al. 1991). It is hard to find such areas on Earth. Therefore, we selected an alpine glacial area, which has relatively weak electromagnetic attenuation. The alpine glacier experiment was conducted on the Laohugou Glacier No. 12 in the Qilian Mountains. A photo of the experiment site is shown in Figure 2 (right). The experiment acquired four sets of data along four survey lines, including the areas with the thickest and the thinnest layers of ice: Survey Lines 1 and 3 follow vertical paths in ranges of altitudes of 4 400 – 4 480 m and 4 434 – 4 354 m, respectively. Survey lines 2 and 4 follow horizontal paths near altitudes 4 290 m and 4 465 m, respectively.

4　Results and Performance Analysis

4.1　Results

Figure 3 shows the result from the LPR second channel for line 2 in the artificial lunar regolith. From the results of the five tests, the average value of the dielectric constant is 3.2. As can be seen from the figure, these results are consistent with hierarchical structures. In addition, echoes can still be distinguished even in the area that is 0.15 m thick, which means the thickness resolution of the second channel used by the LPR in the simulated lunar regolith is higher than 0.15 m.

Figures 4 and 5 show the maximum penetration depth along the survey lines for the

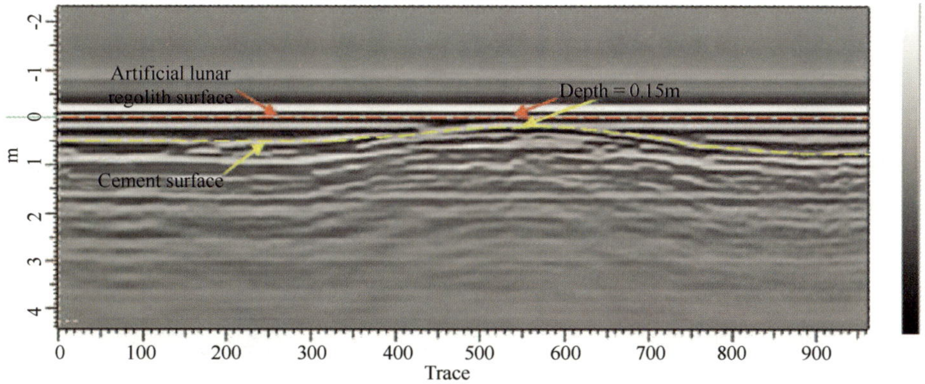

Fig. 3　The result of the LPR second channel in the area with artificial lunar regolith.

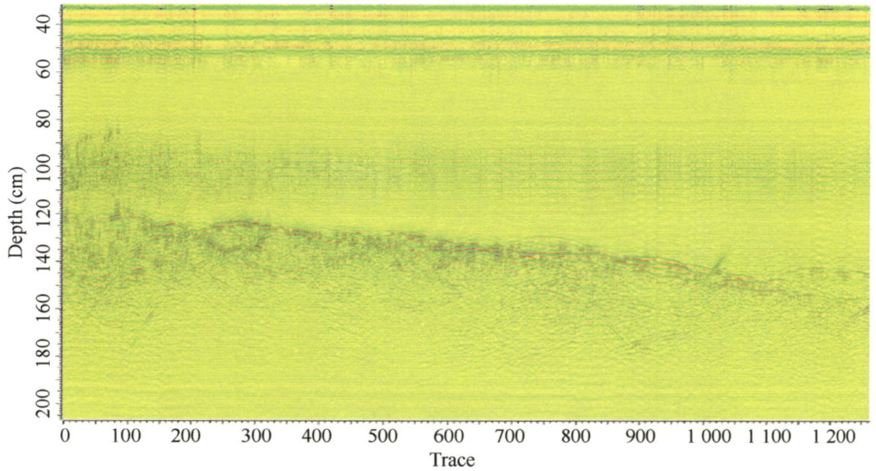

Fig. 4　The results for the maximum penetration depth in the mountain glacial area from the LPR first channel.

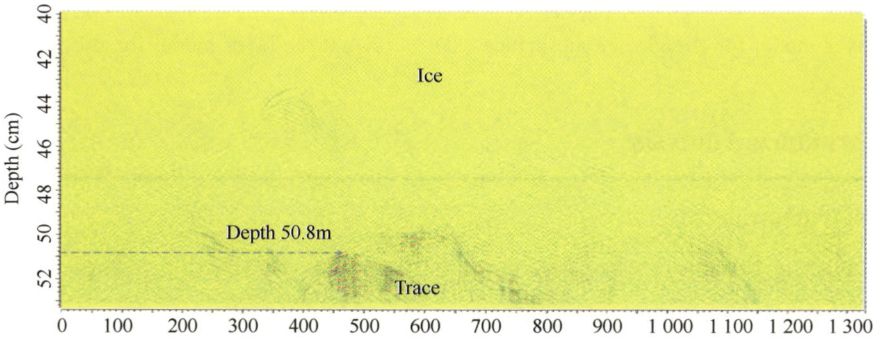

Fig. 5　The results for the maximum penetration depth in the mountain glacial area from the LPR second channel.

first and second channels obtained by the LPR respectively. As can be seen from Figure 5, the radar signal penetrated the ice layer and reached the bedrock. The maximum penetration depth of the first channel is 152 m, where there is an echo deep down near 91 – 115 m. Comparing results from the alpine glacier experiment (Wu et al. 2009) suggests that there may be an area where ice and rock are mixed together. The maximum penetration depth of the second channel is 50.8 m.

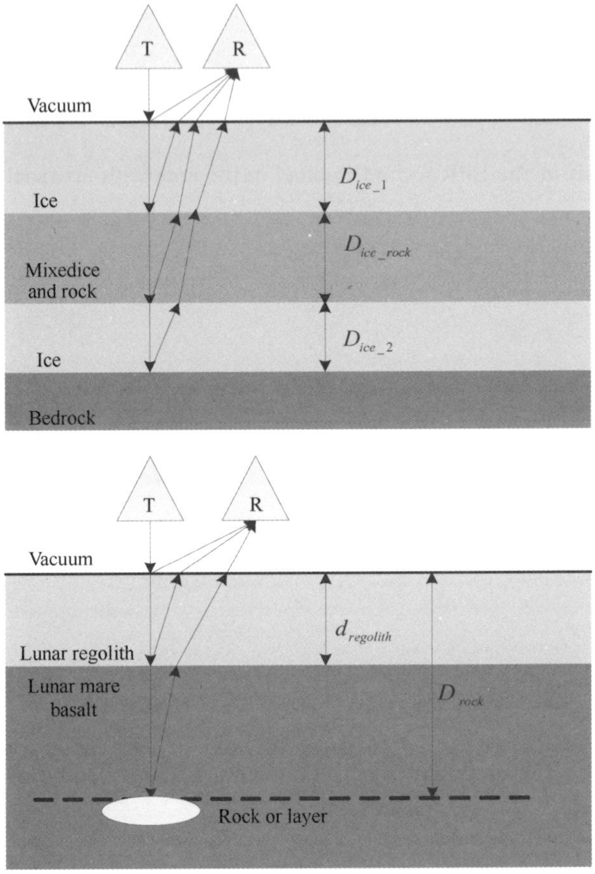

Fig. 6 A uniform hierarchical model for the subsurfaces of the Moon and glacier. *Top*: A five-layer model for the glacier subsurface. *Bottom*: A three-layer model for the lunar subsurface.

4.2 Performance Analysis

4.2.1 Penetration depth

By calculating the energy loss in the transmission path, the depth detection capability of the LPR can be evaluated. The internal hierarchical structure of the glaciers was modeled according to the LPR experiment on the alpine glaciers, as shown in Figure 6 (top); and the lunar subsurface structure modelwas established on the basis of early detection results, as shown in Figure 6 (bottom). Analysis with the model assumes that each layer is a homogeneous medium, the radar signal can be modeled as a plane wave and the angle of incidence for each layer is zero.

Considering attenuation that takes place during propagation through a lossy medium, and the transmission and reflection losses at the interfaces between two different media, a wave propagating through a lossy dielectric material in the positive z-direction can be described by (Daniels 2004)

$$E = E_0 e^{-\alpha z}, \tag{1}$$

where E_0 represents the initial amplitude of the radar wave, z represents the propagation distance and the attenuation coefficient, α, may be expressed as

$$\alpha = \omega\sqrt{\mu\varepsilon}\sqrt{\frac{1}{2}(\sqrt{1+\tan^2\delta}-1)}. \tag{2}$$

Here ω represents the angular frequency of the radar, μ represents the permeability of the medium, ε represents the real part of the dielectric constant of the medium and $\tan\delta$ represents the dielectric loss tangent.

According to the reflection and transmission properties of a plane wave at the interface of different media, when the incident angle is 0, the reflected and transmission losses of the electric field amplitude can be expressed as (Su et al. 2006)

$$E = E_0\left|\frac{\eta_1-\eta_2}{\eta_1+\eta_2}\right|, \tag{3}$$

$$E = E_0\left|\frac{2\eta_2}{\eta_1+\eta_2}\right|, \tag{4}$$

where η_1 and η_2 represent the wave impedance of the incidentmedium and the transmission medium respectively. These can be expressed as

$$\eta \approx \sqrt{\mu_0/\varepsilon_0\varepsilon}, \tag{5}$$

where μ_0 represents the permeability of a vacuum, and ε_0 and ε represent the real component of the dielectric constant for a vacuum and the given medium.

Therefore, in the alpine glacier experiment, the total loss of the radar wave in the transmission path can be expressed as

$$L_{\text{glacier}} = \frac{4\eta_{\text{ice}}}{(1+\eta_{\text{ice}})^2}\exp[-\alpha_{\text{ice}}(D_{\text{ice-1}}+D_{\text{ice-2}})]^2\frac{\eta_{\text{ice}}-\eta_{\text{base\_rock}}}{\eta_{\text{ice}}+\eta_{\text{base\_rock}}}$$
$$\times\exp(-\alpha_{\text{ice\_rock}}D_{\text{ice\_rock}}\frac{\sqrt{\varepsilon_{\text{ice}}}}{\sqrt{\varepsilon_{\text{ice\_rock}}}})^2\frac{16\eta_{\text{ice\_rock}}^2\eta_{\text{ice}}^2}{(\eta_{\text{ice}}+\eta_{\text{ice\_rock}})^4}, \tag{6}$$

where $D_{\text{ice\_1}}$, $D_{\text{ice\_1}}$ and $D_{\text{ice\_rock}}$ are the thicknesses of different glacial layers, as shown in Figure 6(top). The lunar subsurface detection capabilities of the LPR first channel with the same attenuation is actually equal to the penetration depth Drock, as shown in Equation (7)

$$L_{\text{glacier}} = \frac{4\eta_{\text{regolith}}}{(1+\eta_{\text{regolith}})^2}\exp(-\alpha_{\text{regolith}}d_{\text{regolith}})^2\frac{4\eta_{\text{rock}}\eta_{\text{regolith}}}{(\eta_{\text{regolith}}+\eta_{\text{rock}})^2}$$

$$\times \exp[-\alpha_{\text{rock}}(D_{\text{rock}} - d_{\text{regolith}})]^2 \frac{\eta_{\text{rock}} - \eta_{\text{next\_laye}}}{\eta_{\text{rock}} + \eta_{\text{next\_layer}}}. \tag{7}$$

According to Equations (6) and (7), the depth detection ability of the LPR first channel ranges from 79 to 198 m. The parameters of the selected medium are shown in Table 2, in which parameters describing the electromagnetic properties of the ice-rock mixture were taken to be the mean values of ice and bedrock.

Table 2　Electromagnetic Parameters of Media Used in This Study

Parameter	Value
Ice ε_{ice}	3.2
Ice tan δ_{ice}	0.006 − 0.01
Lunar regolith depth	4 − 5.2 m
Lunar regolith $\varepsilon_{\text{regolith}}$	2.32 − 3.41
Lunar regolith tan δ_{regolith}	0.005 − 0.009
Lunar Mare basalts $\varepsilon_{\text{rock}}$	6.62 − 8.59
Lunar Mare basalts tan δ_{rock}	0.0093 − 0.016
Ice bedrock $\varepsilon_{\text{base\_rock}}$	5 − 9
Mixed ice and rocks $\varepsilon_{\text{ice\_rock}}$	4.1 − 6.1
Mixed ice and rocks tan $\delta_{\text{ice\_rock}}$	0.053 − 0.055
Rock or layer in Mare basalts $\varepsilon_{\text{next\_layer}}$	6.6 − 8.8
$D_{\text{ice\_1}}$	91
$D_{\text{ice\_2}}$	37
$D_{\text{ice\_rock}}$	24

Since the LPR second channel only focused on the structure of lunar regolith, we consider its depth detection ability in lunar regolith. According to Table 2, the electromagnetic properties of lunar regolith are very similar to those of the glacier, so the lunar regolith detection ability of the LPR second channel is approximately equal to its ability to detect the depth of the glacier. On the basis of the results obtained by the experiment on the glacier, the lunar regolith detection ability of LPR second channel is higher than 50.8m.

4.2.2　Depth resolution

According to the principle governing ground penetrating radar, the depth resolution T of the LPR is inversely proportional to the dielectric constant of the lunar subsurface, as shown in Equation (8)

$$T = \frac{c}{2B\sqrt{\varepsilon}} \tag{8}$$

where c represents the speed of light, B denotes the effective bandwidth of the radar signal, and ε is the real part of the dielectric constant of the medium. Therefore, the depth resolution of the lunar subsurface can be calculated based on the minimum depth resolution obtained by the LPR ground experiment, as shown in Equation (9).

$$T_{\text{lunar\_subsurface}} = T_{\text{ground\_experiment}} \times \frac{\sqrt{\varepsilon_{\text{ground\_experiment}}}}{\sqrt{\varepsilon_{\text{lunar\_subsurface}}}}, \tag{9}$$

where $T_{\text{lunar\_subsurface}}$ and $T_{\text{ground\_experiment}}$ denote the depth resolutions for the lunar subsurface and the ground tests respectively; $\varepsilon_{\text{lunar\_subsurface}}$ and $\varepsilon_{\text{ground\_experiment}}$ represent the real part of the dielectric constant for the lunar subsurface and the tested medium, respectively.

The minimum thickness measured in the glacier with the LPR first channel is 4 m. Then according to Equation (9), the depth resolution of the LPR first channel in mare basalt is higher than 2.8 m. Similarly, the depth resolution of the LPR second channel in lunar regolith is better than 17.1 cm.

5 Conclusions

The characteristics of LPR as well as tests performed on the lunar soil simulant and a dry land glacier are introduced in this paper. The test results of the lunar soil simulant show that the detection results are consistent with a layered structure that has been incorporated in the model, which indicates that the data processing method for LPR is correct and the measured depth values are accurate. We establish a uniform layered model according to test results from a dry land glacial area and analyze the detection ability of LPR in the subsurface by calculating the total loss of a radar wave in the path of propagation. The results show the first channel's depth detection ability for LPR is better than 79 m; and the second one is better than 50.8 m. At the same time, the thickness resolution of the LPR in the subsurface is evaluated by the minimum layered thickness in the lunar soil simulant and glacier, which shows the thickness resolution of the first channel in the mare basalts is better than 2.8 m, and the second one is better than 17.1 cm.

However, there are still some problems that can affect the final results. First of all, the detection depth is calculated by the dielectric constant of the surface without considering changes with the depth. Secondly, the uniform hierarchical model is inconsistent with the actual situation. Due to conditions of the experiment, we could not acquire an ice core from the detection area, so the accuracy of the glacial stratigraphy model cannot be verified. In addition, the second channel did not yield information about stratigraphy that is sufficiently accurate during the glacier test, which affects the ability to distinguish depths calculated fromthe test results. In fact, the effective bandwidth of the radar wave would be narrowed with depth, which results in a decreasing depth resolution. Thus, the thickness resolution for a depth of 15 cm is only a reference, which does not necessarily represent the most accurate thickness resolution of the second channel.

Acknowledgements

This work was supported by the National Natural Science Foundation of China (Grant No. 11203046).

References

[1] Dai, S., Su, Y., Xiao, Y., et al. 2014, RAA(Research in Astronomy and Astrophysics), 14, 1642

[2] Daniels, D. 2004, Ground Penetrating Radar (2nd edn.; London: The Institution of Electrical Engineers)

[3] Fa, W.-Z., & Jin, Y.-Q. 2010, Scientia Sinica Informations, 40, 115 (in Chinese)

[4] Fang, G.-Y., Zhou, B., Ji, Y.-C., et al. 2014, RAA(Research in Astronomy and Astrophysics), 14, 1607

[5] Heiken, G. H., Vaniman, D. T., & French, B. M. 1991, Lunar Sourcebook - A User's Guide to the Moon (New York: Cambridge Univ. Press)

[6] Ip, W.-H., Yan, J., Li, C.-L., & Ouyang, Z.-Y., 2014, RAA(Research in Astronomy and Astrophysics), 14, 1511

[7] Ono, T., Kumamoto, A., Yamaguchi, Y., et al. 2008, Earth, Planets, and Space, 60, 321

[8] Ono, T., Kumamoto, A., Nakagawa, H., et al. 2009, Science, 323, 909

[9] Ouyang, Z.-Y. 2005, Introduction to Lunar Science (Beijing: China Aerospace Press, in Chinese)

[10] Shkuratov, Y. G., & Bondarenko, N. V. 2001, Icarus, 149, 329

[11] Su, Y., Huang, C.-L., & Lei, W.-T. 2006, Ground Penetrating Radar (GPR) Theory and Application (Beijing: Science Press, in Chinese)

[12] Wu, Z., Liu, S.-Y., & Zhang, S.-Q. 2009, Advances in Earth Science, 24, 149 (in Chinese)

Reconstructing the landing trajectory of the CE-3 lunar probe by using images from the landing camera*

Jian-Jun Liu, Wei Yan, Chun-Lai Li, Xu Tan, Xin Ren and Ling-Li Mu

Key Laboratory of Lunar and Deep Space Exploration, National Astronomical Observatories, Chinese Academy of Sciences, Beijing 100012, China; licl@bao.ac.cn

Abstract: An accurate determination of the landing trajectory of Chang'E-3 (CE-3) is significant for verifying orbital control strategy, optimizing orbital planning, accurately determining the landing site of CE-3 and analyzing the geological background of the landing site. Dueto complexities involved in the landing process, there are some differences between the planned trajectory and the actual trajectory of CE-3. The landing camera on CE-3 recorded a sequence of the landing process with a frequency of 10 frames per second. These images recorded by the landing camera and high-resolution images of the lunar surface are utilized to calculate the position of the probe, so as to reconstruct its precise trajectory. This paper proposes using the method of trajectory reconstruction by Single Image Space Resection to make a detailed study of the hovering stage at a height of 100 m above the lunar surface. Analysis of the data shows that the closer CE-3 came to the lunar surface, the higher the spatial resolution of images that were acquired became, and the more accurately the horizontal and vertical position of CE-3 could be determined. The horizontal and vertical accuracies were 7.09 m and 4.27 m respectively during the hovering stage at a height of 100.02 m. The reconstructed trajectory can refect the change in CE-3's position during the powered descent process. A slight movement in CE-3 during the hovering stage is also clearly demonstrated. These results will provide a basis for analysis of orbit control strategy, and it will be conducive to adjustment and optimization of orbit control strategy in follow-up missions.

Key words: Moon — methods: data analysis — techniques: image processing

1 Introduction

The Chang'E-3 (CE-3) Lunar Probe successfully landed in the northwestern part of Mare Imbrium at 13:11 on 2013 December 14 (UTC), making China the third country to achieve a soft landing on the Moon (Ip et al. 2014). The flight procedure of CE-3 includ-

* Supported by the National Natural Science Foundation of China.

ed four stages: launching from the Earth, transferring from the Earth to the Moon, orbiting around the Moon and powered descent. The powered descent stage was essential for soft-landing and marks a new development in lunar probes that are partof the CE program. Soft-landing on the Moon introduced new requirements for accuracy of orbit planning and the Guidance, Navigation and Control system in the lunar probe.

In order to implement a safe soft-landing, planning in the powered descent stage and implementing a trajectory control strategy for the soft-landing stage are crucial (Wang et al. 2007; Zhang & Duan 2013). According to the plan for the orbit, CE-3 in the powered descent stage uses a 1 500～7 500 N variable propulsion unit for autonomous navigation control, which includes stages of major deceleration, rapid adjustment, approach, hovering, obstacle avoidance and low-speed descent (Fig. 1). The whole process lasts about 720 s.

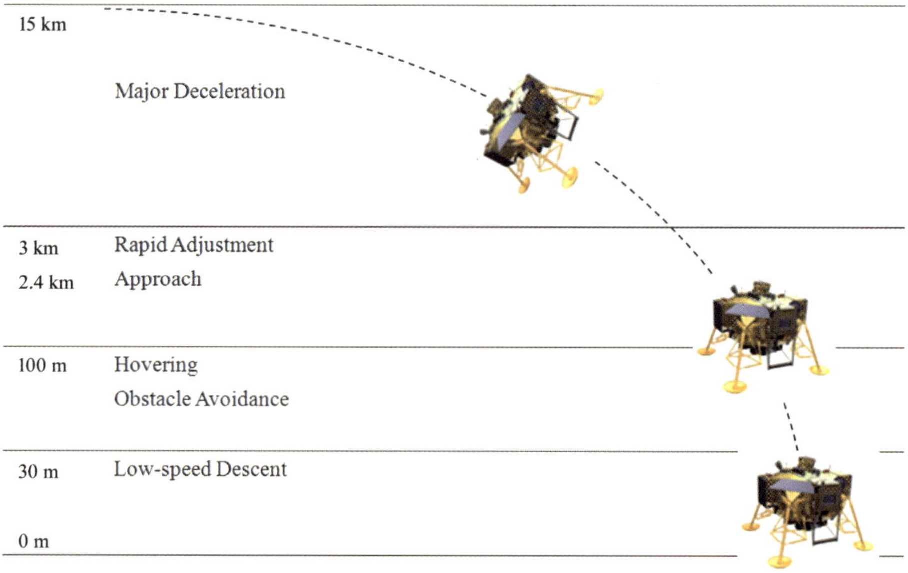

Fig. 1　Schematic diagram of the CE-3 powered descent process.

For determining the trajectory, the Global Positioning System (GPS) (Chang 2010) has traditionally been used in ground measurements, as well as a combination of GPS and telemetry (Gui et al. 2003). However, due to the short time required for landing on a lunar or planetary surface, as well as its long distance from Earth and the complexities involved in calculating position, it is difficult to obtain a precise trajectory for a probe. Methods currently being used to calculate the landing trajectory are based on the orbital elements before descent and engine settings during powered descent; the method of radio measurement is also used. The landing sites of Mars probes, such as the Viking lander (Yoder & Standish 1997), Pathfinder (Folkner et al. 1997), the Exploration Rover mission (Li et al. 2005) and Phoenix lander (Edwards et al. 2010), were successfully calculated using radio observations. Li et al. (2010) resolved the trajectory taken by Chang'E-1 (CE-1) during its controlled impact on the lunar surface using radio ranging and Very Long Baseline Interferometry (VLBI) tracking delay to calculate the position of the spacecraft. Cao et al. (2010) determined the impact site of CE-1 by combining the Unified S – band (USB) system with VLBI data in its short – arc orbit. Li et al. (2010)measured the impact site of CE-1 using a fifth – degree polynomial, USB ranging data, VLBI delay data and VLBI delay rate data. However, due to the difficulty in accurately establishing a dynamic model for the trajectory in the controlled impact process, the radio measurement method can only obtain a positional accuracy of kilometers. By utilizing the image data captured by the CCD camera during the controlled impact together with the published global image data and terrain data of the Moon, Liu et al. (2012) measured the sizes of impact craters observed during the nearly 1 500 km flight path. Also, by measuring the time of flight over these craters, they calculated the tangential velocity of the CE-1 probe with respect to the lunar reference sphere under lunar gravitation, and determined the coordinates of the impact site on theMoon. However, the accuracy of the impact site coordinates was influenced by discontinuous images and poor horizontal accuracy in the base map. Shang & Palmer (2011) analyzed the geometric relations between changing positions in two – dimensional images and three – dimensional positions that were recorded when the lunar probe was descending. A sequence of two – dimensional images was generated using continuously changing filters and then the three – dimensional position of the probe could be solved, but this process was limited to analyzing analog data. Therefore, the presently used methods for calculating the trajectory are not suitable for accurately reconstructing the trajectory of CE-3's soft – landing.

During the powered descent process of CE-3, 4672 images were captured by the landing camera at a rate of 10 frames per second (fps), among which 3760 images recorded details about the process of CE-3's soft – landing. There was a corresponding relationship between lunar surface features and pixels in images, which satisfied the photogrammetric collinearity equation (Wang & Xu 2010). Therefore, this equation could be used to match feature points between high – resolution archive images and landing camera images. Then the exterior orientation elements of the landing camera images could be calculated by Single Image Space Resection (SISR) (Wang & Xu 2010), a method that calculates the image's exterior orientation elements using three or more non – collinear feature points in the image according to the photogrammetric collinearity equation. Finally, the trajectory of the soft – landing could be reconstructed.

A method to find the position of the probe based on image data is not affected by the lunar gravitational field, kinetic model or other factors. It is a new method to obtain a highly precise trajectory of the soft – landing. Additionally, based on the high – frequency of acquisition in the sequence of images from the landing camera, a slight movement during the soft - landing process can be clearly reconstructed. This is, however, difficult to clearly demonstrate by orbital control systems and radio observations. These results will provide a basis for analysis of orbit control strategy, and will be conducive to adjustment and optimization of orbit control strategy in follow - up missions.

In Section 2, the methods used in reconstructing CE-3's soft - landing trajectory by using images taken by the landing camera are studied. In Section 3, validation of the algorithm and accuracy of the result are analyzed. Finally, Section 4 demonstrates how slight movement of CE-3 during the process of the hovering stage.

2 Method for Reconstructing the Soft - Landing Trajectory

The landing camera is one of four payloads on the CE-3 lander. It is mounted on the bottom of the probe with an optical axis that is fixed in a direction parallel to the direction of flight, which means that the landing camera can adjust its attitude with respect to the probe during the process of softlanding and capture images of the lunar surface. The main performance parameters of the landing camera are shown in Table 1.

Table 1　Performance Parameters of the Landing Camera on CE-3

Name	Performance Parameter
Wavelength range (nm)	419～777
Field of view (°)	45.3×45.3
Focal length (mm)	8.5
Effective number of pixels	1 024×1 024
Pixel size on focal plane (μm)	6.7
Automatic exposure time (ms)	0.1～60
Frame rate (fps)	10
Quantized value (bit)	8

The method of reconstructing the CE-3 soft - landing trajectory by images from the landing camera is proposed in Figure 2. Based on image coordinates of feature points and the corresponding lunar fixed coordinates for points of the same feature on the lunar surface, the position of the camera's focus is calculated by SISR, and then the trajectory of the probe is reconstructed. The spatial distribution of feature points, accuracy of image matching and position accuracy of coordinates for feature points on the lunar surface are crucial for precise calculation of the probe's trajectory. Exact matching and positioning of feature points in images from the landing camera need high - resolution images of the lunar surface. The Ground Research and Application System (GRAS) that is part of the China Lunar Exploration Program has produced a map of the landing site in Mare Imbrium taken with CE-2 CCD stereo camera images that have a resolution of 1.5 m. Based on this map, the landing site of CE-3 was successfully located at (−19.512 4°, 44.119 6°) by image matching with images from the landing camera that have a matching error of 12 pixels (Wang et al. 2014). It can be clearly seen that the exact matching and positioning are achieved by images from the landing camera and high-resolution images of the lunar surface, which provide reliable results for calculating the position of the probe and reconstructing the soft-landing trajectory.

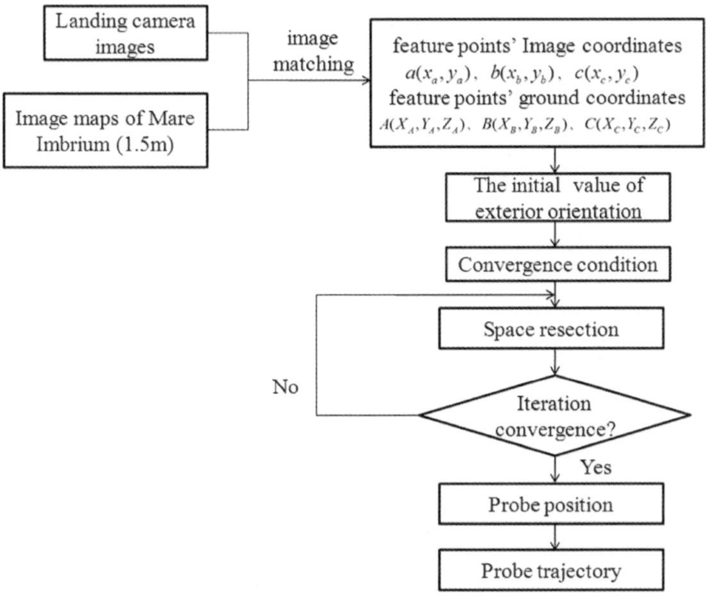

Fig. 2 Technical flowchart for the process of reconstructing the soft-landing trajectory by images taken with the landing camera.

When the coordinates of matching feature points in landing camera images are obtained, the position of CE-3 can be calculated by SISR (Fig. 3). The basis of the space resection process is the collinearity equation. It can be calculated based on a collinearity equation by using coordinates of at least three points on the lunar surface, denoted $A(X_A, Y_A, Z_A)$, $B(X_B, Y_B, Z_B)$ and $C(X_C, Y_C, Z_C)$, and their corresponding image coordinates, identified as $a(x_a, y_a)$, $b(x_b, y_b)$ and $c(x_c, y_c)$ respectively. According to the collinearity equation, the exterior orientation elements X_s, Y_s, Z_s, φ, ω, κ can be calculated. For this study, A, B, C are the lunar fixed coordinates of feature points, a, b, c are the corresponding image coordinates in landing camera images, X_s, Y_s, Z_s and φ, ω, κ are respectively the position parameters and attitude angles of CE-3 when the images are captured.

The basic mathematical definition used by SISR can be written as shown in Equation (1) (Wang & Xu 2010).

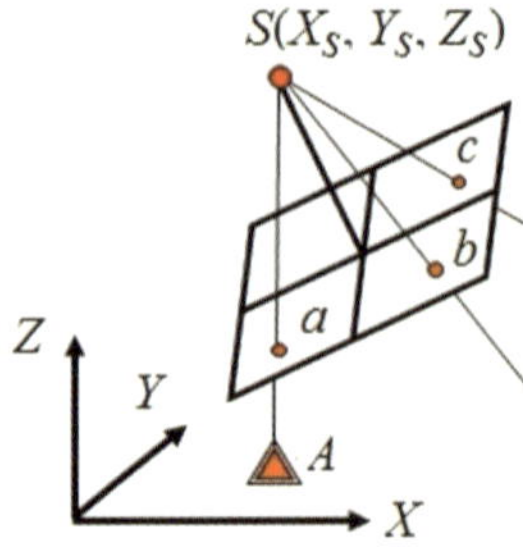

Fig. 3　A schematic diagram of coordinates of matching feature points used by SISR.

$$\left.\begin{aligned} x &= -f\frac{a_1(X-X_S)+b_1(Y-Y_S)+c_1(Z-Z_S)}{a_3(X-X_S)+b_3(Y-Y_S)+c_3(Z-Z_S)} \\ y &= -f\frac{a_2(X-X_S)+b_2(Y-Y_S)+c_2(Z-Z_S)}{a_3(X-X_S)+b_3(Y-Y_S)+c_3(Z-Z_S)} \end{aligned}\right\}. \tag{1}$$

Equation (1) is the collinearity equation. It can be linearized as follows according to the Taylor decomposition of the first derivative.

$$\left.\begin{aligned} x &= (x)+\frac{\partial x}{\partial X_s}dX_s+\frac{\partial x}{\partial Y_s}dY_s+\frac{\partial x}{\partial Z_s}dZ_s+\frac{\partial x}{\partial \varphi}d\varphi+\frac{\partial x}{\partial \omega}d\omega+\frac{\partial x}{\partial \kappa}d\kappa \\ y &= (y)+\frac{\partial y}{\partial X_s}dX_s+\frac{\partial y}{\partial Y_s}dY_s+\frac{\partial y}{\partial Z_s}dZ_s+\frac{\partial y}{\partial \varphi}d\varphi+\frac{\partial y}{\partial \omega}d\omega+\frac{\partial y}{\partial \kappa}d\kappa \end{aligned}\right\}, \tag{2}$$

in which (x) and (y) are the function approximations obtained by initial values of exterior orientation elements; f is the focal length of the landing camera; a_i, b_i, $c_i (i = 1, 2, 3)$ are the elements of a 3×3 orthogonal rotation matrix generated by φ, ω, κ; dX_S, dY_S, ..., $d\kappa$ are the correction to exterior orientation elements and $\frac{\partial x}{\partial X_s}$, ..., $\frac{\partial y}{\partial \kappa}$ are derivatives of the collinearity equation which represent the coefficient of exterior orientation elements. Then, the error equation for each feature point can be written as follows:

$$\left.\begin{aligned} v_x &= \frac{\partial x}{\partial X_s}dX_s+\frac{\partial x}{\partial Y_s}dY_s+\frac{\partial x}{\partial Z_s}dZ_s+\frac{\partial x}{\partial \varphi}d\varphi+\frac{\partial x}{\partial \omega}d\omega+\frac{\partial x}{\partial \kappa}d\kappa+(x)-x \\ v_y &= \frac{\partial y}{\partial X_s}dX_s+\frac{\partial y}{\partial Y_s}dY_s+\frac{\partial y}{\partial Z_s}dZ_s+\frac{\partial y}{\partial \varphi}d\varphi+\frac{\partial y}{\partial \omega}d\omega+\frac{\partial y}{\partial \kappa}d\kappa+(y)-y \end{aligned}\right\}. \tag{3}$$

For each lunar feature point, two equations can be set by image coordinates and corresponding lunar fixed coordinates like in Equation (1). If there are three feature points in an image taken by the landing camera, the correction to six exterior orientation elements can be calculated with six equations. In order to improve accuracy in the calculation, more than four feature points can be chosen in the image from the landing camera, and the optimal correction to exterior orientation elements can be calculated based on the principle of Least Squares Adjustment. Additionally, a method of successive approximation is used in this paper because only the first degree term in the Taylor decomposition is chosen for the coefficient in Equation (2) and the correction to unknown parameters is inaccurate. Iterative computation should be carried out until the change in value is smaller than a threshold. The calculated position of the probe and attitude parameters can be obtained as follows:

$$\left.\begin{aligned} X_S &= X_{S0} + dX_{S1} + dX_{S2} + \ldots \\ Y_S &= Y_{S0} + dY_{S1} + dY_{S2} + \ldots \\ Z_S &= Z_{S0} + dZ_{S1} + dZ_{S2} + \ldots \\ \varphi &= \varphi_0 + d\varphi_1 + d\varphi_2 + \ldots \\ \omega &= \omega_0 + d\omega_1 + d\omega_2 + \ldots \\ \kappa &= \kappa_0 + d\kappa_1 + d\kappa_2 + \ldots \end{aligned}\right\} \tag{4}$$

in which X_{S0}, Y_{S0}, ..., κ_0 are the initial values of the position of the probe and attitude parameters. dX_{S1}, dX_{S2}, ..., $d\kappa_1$, $d\kappa_2$, ... are the correction to unknown parameters after each iteration. Finally, the complete soft - landing trajectory can be reconstructed by the calculated positions of the probe corresponding to each image from the landing camera.

For assessing the accuracy, the mean square error of the landing camera's focus based on the Least Squares Adjustment will be used as the criterion to evaluate accuracy in the position of the probe when SISR converges. It can reflect the internal accuracy of unknown parameters. The equationused for the calculation is as follows:

$$\begin{aligned} m_i &= m_0\sqrt{Q_{ii}}, \\ m_0 &= \pm\sqrt{\frac{[V^T V]}{2n-6}}, \end{aligned} \tag{5}$$

in which Q_{ii} are the diagonal elements of the correlation coefficient matrix, which is the inverse matrix of normal equation coefficient matrix formed by the partial derivative of exterior orientation elements. m_0 is the mean square error of unit weights. V is the residual vector of image coordinates for feature points after adjustment is applied. n is the number of feature points.

3 Method for Validating the Reconstruction of the Soft - Landing Trajectory

3.1 Experimental Data

Some landing camera images were selected from 3 760 images in order to apply the method used for validation. They were used to carry out image matching with a map composed of images with a resolution of 1.5 m from CE-2 and calculate the position of CE-3 by SISR. The result could reflect the overall trend in the CE-3 soft - landing trajectory. At the beginning of the soft - landing process, the sampling interval was set to be 5 s as the criterion for selecting images because the fps of the landing camera was 10 and the height of CE-3 reduced gradually during the major deceleration and rapid adjustment stages. The numbers of selected images ranged from 50 to 1 800. It should be emphasized that the first 49 images (No. 1~No. 49) were not used here because their image quality was not good enough to perform image matching. With a continuous descent in orbit height, the probe's motion became irregular so that images from the landing camera could no longer be selected with a sampling interval of 5 s. The selection criterion was mainly based on whether the feature points could be accurately identified in the image. According to the above criterion, 55 landing camera images were selected to include in the calculation.

Feature points were selected manually during image matching. They should be typical lunar surface features, such as visible centers of craters, rocks and so on. There should be a feature point near each corner of the image from the landing camera to avoid a matching error caused by overstretching during image matching. On the other hand, feature points should be evenly spatially distributed and the number of feature points should be larger than three so that Least Squares Adjustment could be used to calculate exterior orientation elements of the image (Fig. 4). The lunar fixed coordinates of feature points and corresponding image coordinates can be obtained from the CE-2 image and landing camera images respectively after image matching.

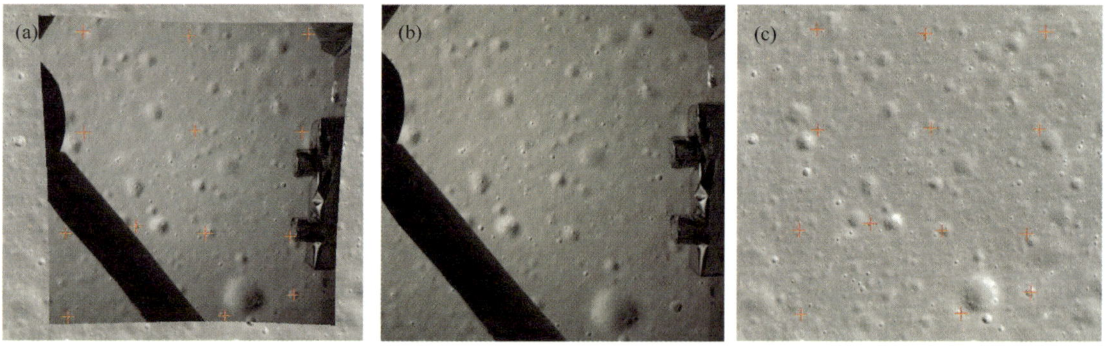

Fig. 4 A diagram that illustrates the result from matching image No. 2000 that was taken with the landing camera with an image from CE-2.

When SISR was applied, the initial values of attitude angles were set as 0; X_S and Y_S were setas the average values of X and Y; Z_S was set as $f \times m_0$, in which f was the focal length of the landing camera and m_0 was the average height of CE-3 during the soft-landing. The convergence conditions were dX_S, dY_S, $dZ_S < 1$ mm.

3.2 The Results of Reconstructing the Soft-Landing Trajectory

The lunar fixed coordinates of CE-3 corresponding to the 55 selected images fromthe landing camera were calculated after imagematching and SISR was applied. The soft-landing trajectory is illustrated in Figure 5 by transforming the lunar fixed coordinates into latitude and longitude.

As mentioned in Section 2, the spatial distribution of feature points, accuracy of image matching and accuracy of lunar position estimates from feature points are crucial for SISR. In this paper, the feature points are evenly spatially distributed among images to have good geometry. On the other hand, the position of corresponding lunar points was obtained by examining a map of images with a resolution of 1.5 m acquired by CE-2 (Ren et al. 2014). Therefore it can be concluded that the error in calculation mainly comes from errors in the image matching process.

According to Equation (5), the mean square error of the probe position was $4^{\circ} \times 10^{-6}$ in latitude and 0.0056° in longitude at a height of 9.8 km by Least Squares Adjustment after convergence of space resection (Fig. 5(a) and (b)), corresponding to a horizontal accuracy of 168.81 m. Horizontal accuracy was improved with a reduced height because the spatial resolution of images from the landing camera and matching accuracy of images were improved. When the probe's height reduced to 3 km, the spatial resolution of the landing image was 2.5 m and the horizontal accuracy was 117.57 m. CE-3 moved from the major deceleration stage to the rapid adjustment stage. When the height reduced to 2.4 km, the spatial resolution of the landing image was 1.9 m and the horizontal accuracy was 37.64 m. The probe moved from the rapid adjustment stage to the approach stage. When the probe's height reduced to 100.02 m, the spatial resolution of the landing image was 0.09 m and the horizontal accuracy was 7.09 m. Furthermore, the horizontal accuracy was 0.26 m when CE-3 was at a height of 23.3 m above the landing site and the spatial resolution of the landing image was 0.02 m.

Vertical accuracy demonstrated the same characteristics (Fig. 5(b)). It was 58.10, 20.30, 16.80, 1.20 and 0.17 m at the corresponding heights of the probe discussed above.

It should be noted that the calculated accuracy mentioned above was affected by accuracy of the unknown parameters coming from random errors such as the matching error, the measurement error of image coordinates and so on. The lunar fixed coordinates of feature points were regarded as constants without position errors during calculation of unknown parameters because this paper focuses on the soft - landing trajectory of CE-3 relative to the lunar surface. Internal accuracy improved with higher matching accuracy. If position errors of feature points are considered, Equation (3) can be rewritten as follows:

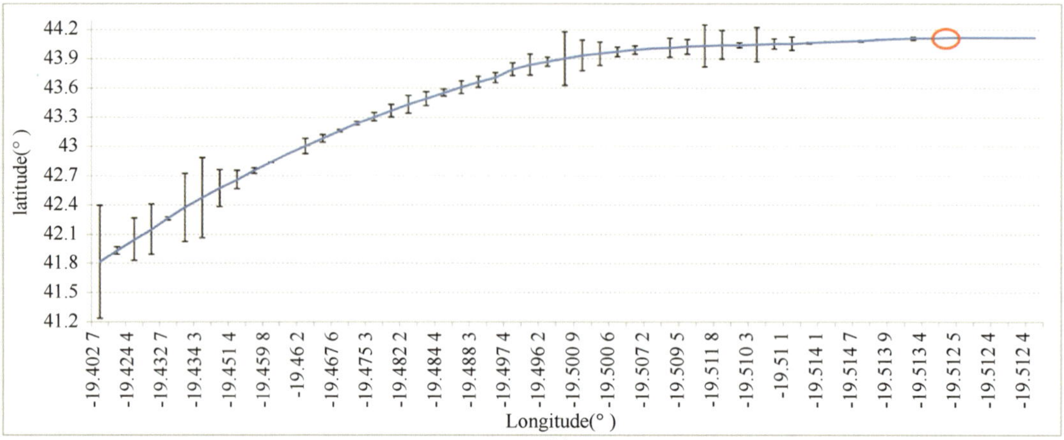

(a)

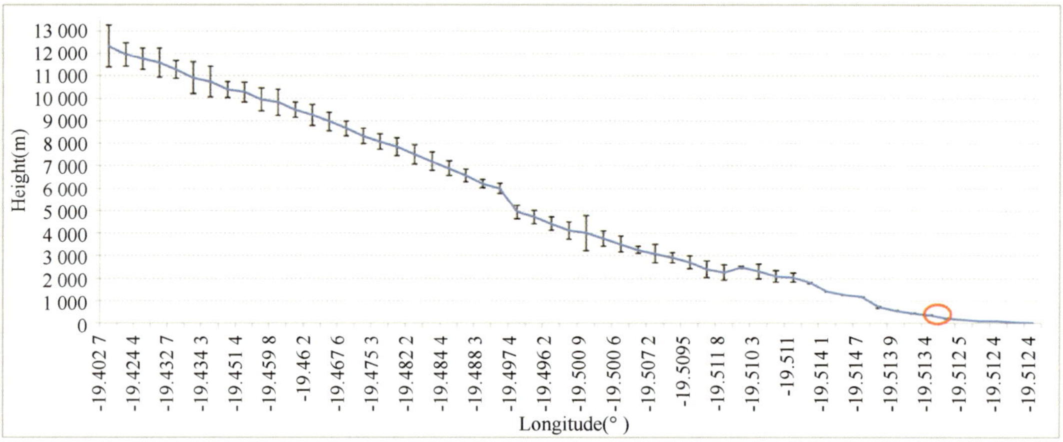

(b)

Fig. 5　The reconstructed trajectory of CE-3 in the powered descent stage. This figure illustrates the reconstructed trajectory in the $x-y$ plane (ground－track) and in the $x-z$ plane (east－west and height), which includes error bars for all calculated points. For convenience of display, error bars are magnified 10 times in Fig. 5(a) and 1 000 times in Fig. 5(b). The range indicated by the red circle in this figure is the CE-3 hovering stage, in which the motion of CE-3 is small and reconstruction of the trajectory by the landing camera is important for orbit analysis. This aspect is discussed in detail in Sect. 4.

$$\left.\begin{aligned}
\upsilon_x-\frac{\partial x}{\partial X}\upsilon_X-\frac{\partial x}{\partial Y}\upsilon_Y-\frac{\partial x}{\partial Z}\upsilon_Z &= \frac{\partial x}{\partial X_s}\mathrm{d}X_s+\frac{\partial x}{\partial Y_s}\mathrm{d}Y_s+\frac{\partial x}{\partial Z_s}\mathrm{d}Z_s+\\
&\quad \frac{\partial x}{\partial \varphi}\mathrm{d}\varphi+\frac{\partial x}{\partial \omega}\mathrm{d}\omega+\frac{\partial x}{\partial \kappa}\mathrm{d}\kappa+(x)-x\\
\upsilon_y-\frac{\partial y}{\partial X}\upsilon_X-\frac{\partial y}{\partial Y}\upsilon_Y-\frac{\partial y}{\partial Z}\upsilon_Z &= \frac{\partial y}{\partial X_s}\mathrm{d}X_s+\frac{\partial y}{\partial Y_s}\mathrm{d}Y_s+\frac{\partial y}{\partial Z_s}\mathrm{d}Z_s+\\
&\quad \frac{\partial y}{\partial \varphi}\mathrm{d}\varphi+\frac{\partial y}{\partial \omega}\mathrm{d}\omega+\frac{\partial y}{\partial \kappa}\mathrm{d}\kappa+(y)-y
\end{aligned}\right\},\qquad (6)$$

in which υ_X, υ_Y and υ_Z are corrections to lunar fixed coordinates for feature points.

Appropriate weighting is needed to reflect the influence of uncertainty in positions of feature points on calculation results if these corrections must be considered during calculation. The CE-2 image map used in this paper can achieve an absolute horizontal accuracy within 100 m, and vertical accuracy within 20 m (Ren et al. 2014). These position errors would cause a maximum deviation of 100 m for unknown parameters according to the propagation of error (Tao et al. 2009). This deviation is systematic and cannot be eliminated by the method mentioned in this paper. However, it does not affect the overall trend of reconstructing the trajectory so it is not considered here. For calculation of absolute position, this deviation cannot be ignored.

3.3 Data Comparison and Analysis

A map of the sub-satellite point track (Fig. 6) is illustrated on the map compiled by images with a resolution of 1.5 m that shows the latitude and longitude of CE-3's moving trajectory. The red pentagram indicates the landing site of CE-3.

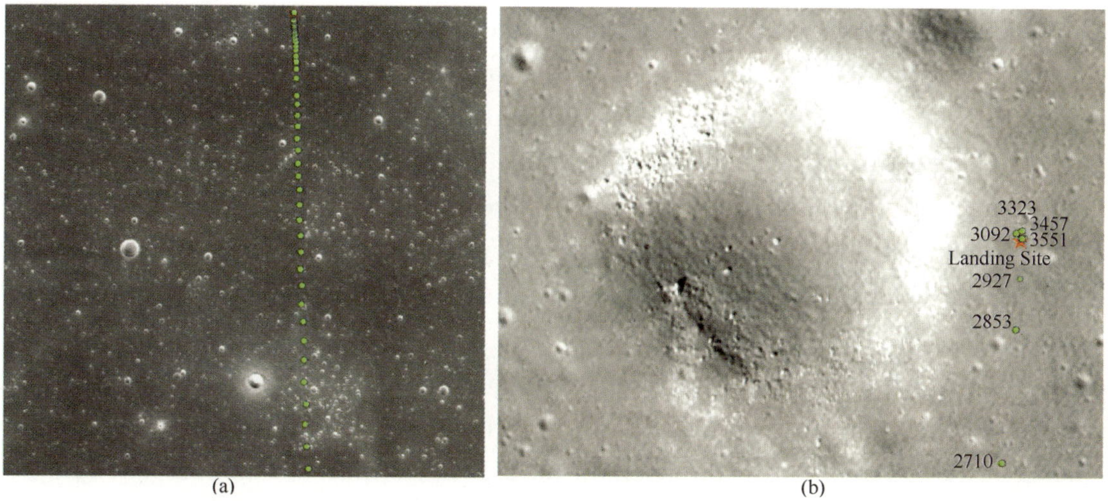

Fig. 6 A diagram illustrating the map of the sub-satellite point track during the powered descent of CE-3.

Figure 6(a) shows the sub-satellite point track of CE-3 during the process of soft-landing. The sub-satellite points move progressively closer to the landing site and gradually become denser because the horizontal velocity of CE-3 became slower. The results are consistent with the actual situation of the CE-3 soft-landing. Figure 6(b) is a partial view of the sub-satellite point track near the area of the landing site, in which the number is the frame count of each landing camera image. It can be clearly seen that the probe adjusted its position toward the south after frame 3 092 to achieve a safe landing.

A comparison between the height of CE-3 calculated in this paper and ranging data obtained by a laser rangefinder carried on the probe during the soft - landing was also performed to verify the reasonableness of calculated results. The laser rangefinder had two beams which worked at heights of 30 km - 4 km and under 4 km respectively. Its ranging accuracy was 0.5 m. The sampling interval of ranging data used in this paper was 8 s. In the comparison, the ranging data were interpolated according to the times the images were acquired. On the other hand, CE-3's height was calculated by the distance between the probe and center of mass for the Moon, and the altitude of the subsatellite point obtained by the digital elevation model of Mare Imbrium with a resolution of 1.5 m. This result is illustrated in Figure 7.

Figure 7(a) shows the consistency of height estimates and ranging data corresponding to the 55 selected images from the landing camera. The overall trend of the two results is to have better consistency with reduced orbital height. Figure 7(b) illustrates the difference between them. The difference is reduced fromamaximumof 300 m to 2 m. It also demonstrates that the results for height were consistent with measured ranging data when the height of the probe descended. Figure 7(c) illustrates the ratio of difference in height between the two values divided by the calculated height. It can be seen that the difference in height appears to be random with an average ratio of 2.14% compared to the calculated height. The main reasons for this phenomenon are as follows:

(1) There is calculation error caused by SISR. As mentioned in Section 3.2, the vertical accuracy of CE-3 calculated by SISR improved with reduced height. When the probe's height was 9.8 km with a vertical accuracy of 58.10 m, the maximum difference in height was 366 m compared with ranging data. The difference reduced to 2.29 m at a height of 23.3 m with a vertical accuracy of 0.17 m.

(2) The ranging data were different from the sub - satellite height because of CE-3's attitude relative to the lunar surface, although its ranging accuracy was 0.5 m. At the beginning of the softlanding, the direction of the laser rangefinder was not perpendicular to the lunar surface and had an angle of about 5° with respect to the normal direction of the lunar surface (Zhang et al. 2014), so there was a difference of several hundred meters between the ranging results and sub - satellite height. With a reduced orbit height, the ranging direction gradually became perpendicular to the lunar surface and ranging results were consistent with the sub - satellite height and the calculation results in this paper. On the other hand, there was an error in the interpolated ranging data because the sampling interval of ranging data was 8 s and the velocity of the probe was too fast when the orbit height was over 3 km. This could cause an error of tens of meters compared to the actual height of the CE-3 probe, leading to a difference between the two sets of height data which was in the range derived by error analysis.

On the other hand, it could be seen from Figure 7 that the height of CE-3 descended

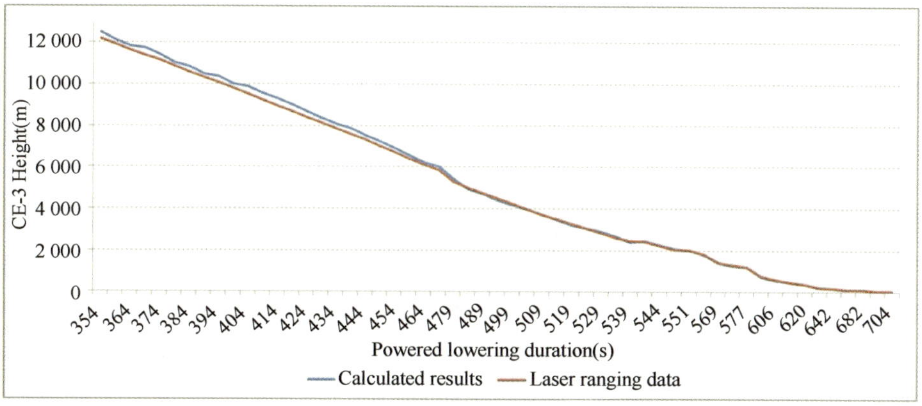

(a)

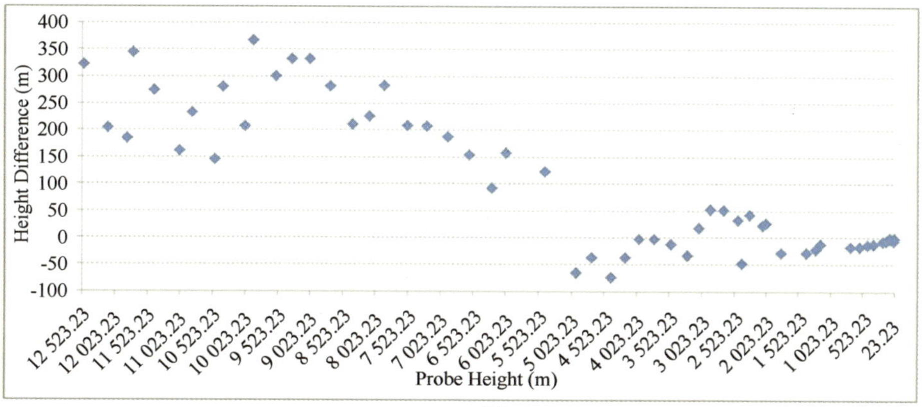

(b)

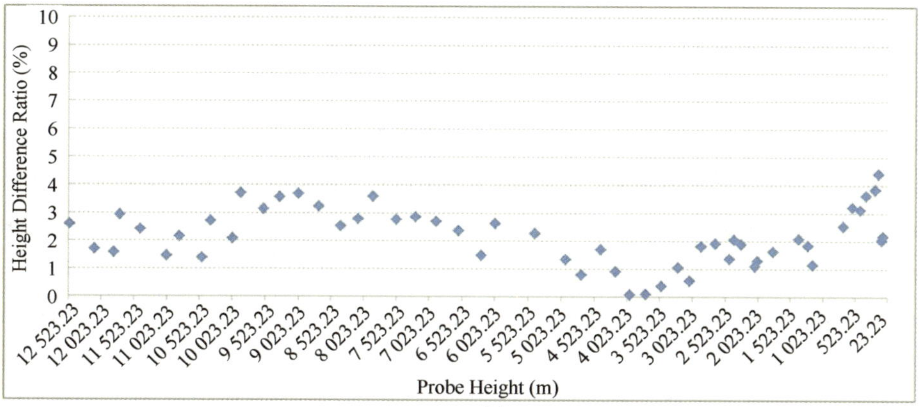

(c)

Fig. 7　The difference between calculated height of CE-3 and ranging data by the laser rangefinder.

from 15 km to 3 km in 514 s during the major deceleration process. Similarly, the height descended from 3 km to 2.4 km in 24 s during rapid adjustment and from 2.4 km to 100 m in 120 s during the approach stage. However, according to the plan during the powered descent, the amount of time for the probe to reach the target height of each stage was 450, 20 and 180 s respectively. The results of this paper are crucially important for orbit optimization and adjustment of orbit control strategy.

In summary, the positions of the sub - satellite point track and height calculation results obtained by images from the landing camera were reasonable. This approach can be used in precise reconstruction of the trajectory.

4 Precise Reconstruction of The Trajectory In The Hovering Stage

When CE-3 descended to a height of about 100 m, the probe entered the hovering stage in which thrust from the main engine was adjusted to 2 500 N to maintain the hovering state. The probe detected craters or rocks on the lunar surface with diameters larger than 1m by an optical imaging sensor designed to carry out obstacle avoidance and select a safe landing site. It can be clearly seen in images from the landing camera that the probe adjusted its position somewhat during this process. Because the time taken by this stage was just 25 s, it was difficult to find the probe's slight movement by the Measurement and Control System or by radio observations. Under these circumstances, the method for reconstructing the trajectory mentioned in this paper can be used to obtain the trajectory of CE-3. Images from the landing camera frame 3 050 to frame 3 174, which lasted about 13 s, were used here for calculating the probe's trajectory. Because overlap of images taken by the landing camera was high enough at a height of 100m, image matching between frame 3 050 and the map of images from CE-2 was first applied to obtain feature points and then subsequent images were matched with frame 3 050. This method could reduce the influence of matching error on calculation results to ensure accuracy in the reconstructed trajectory. The results are shown in Figure 8.

Figure 8 illustrates the trajectory of CE-3 before and after the hovering stage (marked by the red circle in Fig. 5), which also includes error bars calculated by Equation (5). The average horizontal accuracy was 7.65 m during this stage. The corresponding average vertical accuracy was 4.86 m. When the probe stayed at a height of about 100.02 m, it could be seen that the probe entered the hovering segment at frame 3 116 (13:10:19 on 2013 December 14 (UTC)) with a horizontal accuracy of 7.09 m and a vertical accuracy of 4.27 m. During the hovering stage, the probemoved a maximum of about 6 m in the north - south direction and 6 m in the east - west direction to avoid obstacles. After CE-3 managed to avoid obstacles in the landing trajectory, it started the slow descent stage and successfully landed on the lunar surface.

The results are consistent with the situation presented by images taken by the landing camera and the overall design scheme of the hovering stage. Hence, the method mentioned in this paper can be used to reconstruct the actual trajectory in the hovering stage and demonstrate CE-3's movement in detail.

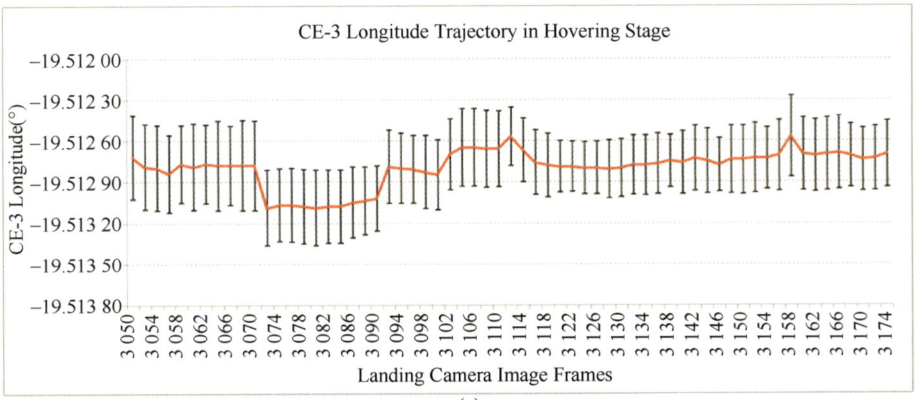

(a)

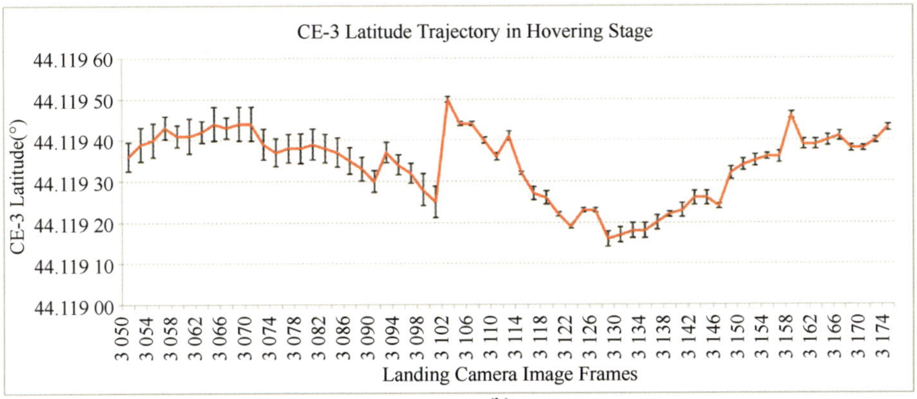

(b)

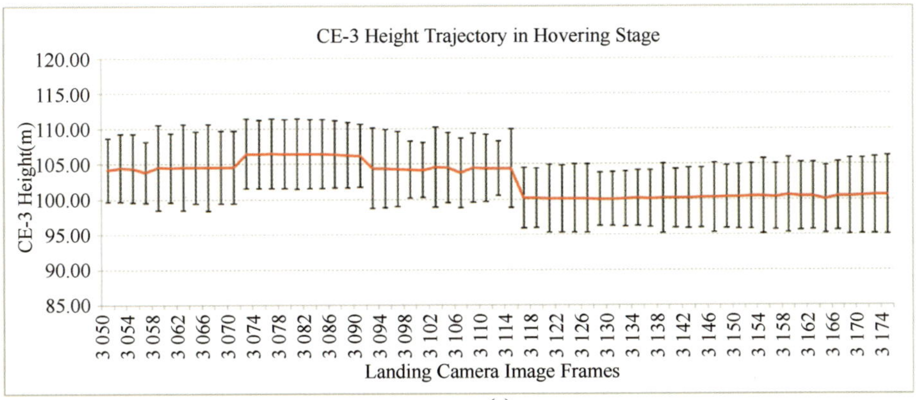

(c)

Fig. 8　Reconstruction of the trajectory in the hovering stage.

5　Conclusions

In this paper, the space resection method is used to reconstruct the trajectory during CE-3's softlanding by using images taken with the landing camera and a map of images with resolution 1.5 m taken by CE-2. The precise trajectory of the hovering stage at a height of about 100 m was reconstructed in detail. It can be concluded that the probe's horizontal and vertical accuracy improved with the reduced orbit height and improved spatial resolution in the images. For the hovering stage at a height of about 100.02 m (frame 3 116), CE-3's horizontal accuracy reached 7.09 m while the vertical accuracy was up to 4.27 m. Slight changes emerged when the soft-landing trajectory of CE-3 was reconstructed. The results are consistent with the situation presented by images from the landing camera and the overall plan of the hovering stage. Furthermore, the results can be used for analysis of orbital control strategy, optimization of future lunar missions and planning orbital control adjustments.

In future work, automatic feature recognition and matching algorithms will be utilized. More images and more sampling points will be used in an automated process for deriving a more accurate soft-landing trajectory.

Acknowledgements

This work is funded by the National Natural Science Foundation of China (Grant No. 41371414). We appreciate help from all colleagues working for the Chinese Lunar Exploration Program (CLEP), who performed admirably during the CE-3 mission, especially those in the Probe System, the Monitoring and Control System and the Ground Research and Application System. We also thank reviewers for very useful comments and suggestions.

References

[1] Cao, J. F., Huang, Y., Hu, X. G., & et al. 2010, Journal of Astronautic, 31, 1724

[2] Chang, S. L. 2010, Modern Electronics Technique, 12

[3] Edwards, C. D., Bruvold, K. N., Erickson, J. K., et al. 2010, in Aerospace Conference, IEEE, 1

[4] Folkner, W. M., Yoder, C. F., Yuan, D. N., Standish, E. M., & Preston, R. A. 1997, Science, 278, 1749

[5] Gui, Y. N., Zhang, F. S., & Jao, L. C. 2003, Acta Electronica Sinica, 31, 1894

[6] Ip, W.-H., Yan, J., Li, C.-L., & Ouyang, Z.-Y., 2014, RAA (Research in Astronomy and Astrophysics), 14, 1511

[7] Li, R. X., Squyres, S. W., Arvidson, R. E., et al. 2005, Photogrammetric Engineering & Remote Sensing, 71, 1129

[8] Li, J. L., Guo, L., Qian, Z. H., et al. 2010, Chinese Science Bulletin, 55, 1240

[9] Liu, J. J., Ren, X., Zou, X. D., et al. 2012, Science China Earth Sciences, 55, 83

[10] Ren, X., Liu, J.-J., Wang, F.-F., et al. 2014, in European Planetary Science Congress 2014, 9

[11] Shang, Y., & Palmer, P. L. 2011, Acta Astronautica, 68, 149

[12] Tao, B. Z., Qiu, W. N., Huang, J. N., & et al. 2009, Error Theory and Fundation of Surveying

Adjustment (Wuhan: Wuhan Univ. Press)

[13] Wang, F. -F., Liu, J. -J., Ren, X., et al. 2014, RAA(Research in Astronomy and Astrophysics), 14, 1543

[14] Wang, P. -J., & Xu, Y. -M. 2010, Photogrammetry (2nd edn.; Wuhan: Wuhan Univ. Press)

[15] Wang, P. -J., Zhang, H., & Qu, G. -J. 2007, Journal of Astronautic, 28, 1175

[16] Yoder, C. F., & Standish, E. M. 1997, J. Geophys. Res., 102, 4065

[17] Zhang, F., & Duan, G. -R. 2013, Aerospace Science and Technology, 27, 112

[18] Zhang, H. H., Guan, Y. F., Huang, X. Y., et al. 2014, Science China Technological Sciences (in Chinese), 44, 377

Regolith stratigraphy at the Chang'E-3 landing site as seen by lunar penetrating radar

Wenzhe Fa[1], Meng-Hua Zhu[2], Tiantian Liu[1], and Jeffrey B. Plescia[3]

1 Institute of Remote Sensing and Geographical Information System, Peking University, Beijing, China,
2 Space Science Institute, Macau University of Science and Technology, Macau, China,
3 The Johns Hopkins University Applied Physics Laboratory, Laurel, Maryland, USA

Abstract: The Chang'E-3 lunar penetrating radar (LPR) observations at 500 MHz reveal four major stratigraphic zones from the surface to a depth of ~20 m along the survey line: a layered reworked zone (<1 m), an ejecta layer (~2 - 6 m), a paleoregolith layer (~4 - 11 m), and the underlying mare basalts. The reworked zone has two to five distinct layers and consists of surface regolith. The paleoregolith buried by the ejecta from a 500 m crater is relatively homogenous and contains only a few rocks. Population of buried rocks increases with depth to ~2 m at first, and then decreases with depth, representing a balance between initial deposition of the ejecta and later turnover of the regolith. Combining with the surface age, the LPR observations indicate a mean accumulation rate of about 5 - 10 m/Gyr for the surface regolith, which is at least 4 - 8 times larger than previous estimation.

Key Points: Chang'E-3 high-frequency lunar penetrating radar observations are presented; Four major stratigraphic zones at the Chang'E-3 landing site are observed; Regolith accumulation rate is at least 4 - 8 times higher than previous estimation.

1 Introduction

The primary product of the continuous impacts of large and small meteoroids on the lunar surface is a global fragmented layer referred to as regolith [*Shoemaker et al.*, 1968, 1970; *Papike et al.*, 1982], wherein surficial materials are excavated in the form of ejecta deposits and are then comminuted, welded, overturned, mixed, altered, and

---

Supporting Information: Texts S1 - S5 and Figures S1 - S11
Correspondence to: W. Fa, wzfa@pku.edu.cn
Citation: Fa, W., M.-H. Zhu, T. Liu, and J. B. Plescia (2015), Regolith stratigraphy at the Chang'E-3 landing site as seen by lunar penetrating radar, *Geophys. Res. Lett.*, 42, 10,179 - 10,187, doi: 10.1002/2015GL066537.
Received 9 OCT 2015 Accepted 9 NOV 2015 Accepted article online 11 NOV 2015 Published online 2 DEC 2015

homogenized by subsequent impacting and space weathering events [*Langevin and Arnold*, 1977]. The composition and structure of the regolith preserve vital clues about the geology and impact history of the Moon and are also critical for quantifying potential resources for future lunar exploration and engineering constraints for human outposts. During the Apollo and Luna missions, regoliths at a few sites were sampled to a depth from several centimeters to 3 m using scoops and core tubes [*Vinogradov*, 1971; *McKay et al.*, 1991]. These samples show that upper regolith is composed of numerous localized layers that differ in grain size, particle proportion, and maturity. Up to the present, direct observations of the regolith stratigraphy were conducted at only these sites with limited surface extent and sampling depth.

Spaceborne or rover - deployed ground penetrating radar (GPR) is considered as an effective geophysical tool for mapping subsurface stratigraphy of the Moon to a given depth that depends on radar frequency and dielectric property of the lunar surface materials (*Ono et al.*, 2010; *Russell et al.*, 2013; *Fa*, 2013; *Angelopoulosa et al.*, 2014). Though the Kaguya lunar radar sounder (frequency of 5 MHz) was able to detect subsurface structure down to a depth of several hundred meters, its low range resolution (75 m in vacuum) makes it impossible to resolve near - surface regolith structure [*Ono et al.*, 2010]. A similar experiment was flown on the Apollo 17 mission (the Apollo Lunar Sounder Experiment) that used three frequencies (5, 15, and 150 MHz) (*Porcello et al.*, 1974) and had similar limited ability to resolve details of the shallow stratigraphy. On 14 December 2013, China's Chang'E-3 (CE-3) spacecraft successfully landed on the east rim of a 500 m crater (hereafter named as CE-3 crater, Figure 1a) in Mare Imbrium. The dual - frequency lunar penetrating radar (LPR) aboard the Yutu rover (*Fang et al.*, 2014; *Su et al.*, 2014; *Zhang et al.*, 2014) provides a unique opportunity to map subsurface structure to a depth of several tens of meters with high resolution over a relatively larger region compared to core tube experiments. Initial analysis of the LPR observations, especially those from the low - frequency channel, indicates that there are more than nine subsurface layers from the surface to a depth of ~360 m (*Xiao et al.*, 2015). However, near - surface stratigraphic structure of the regolith, which can be inferred from high - frequency observations, is not analyzed in detail. Here we report the results of high - frequency LPR data collected along a traverse of approximately 110 m at the landing site.

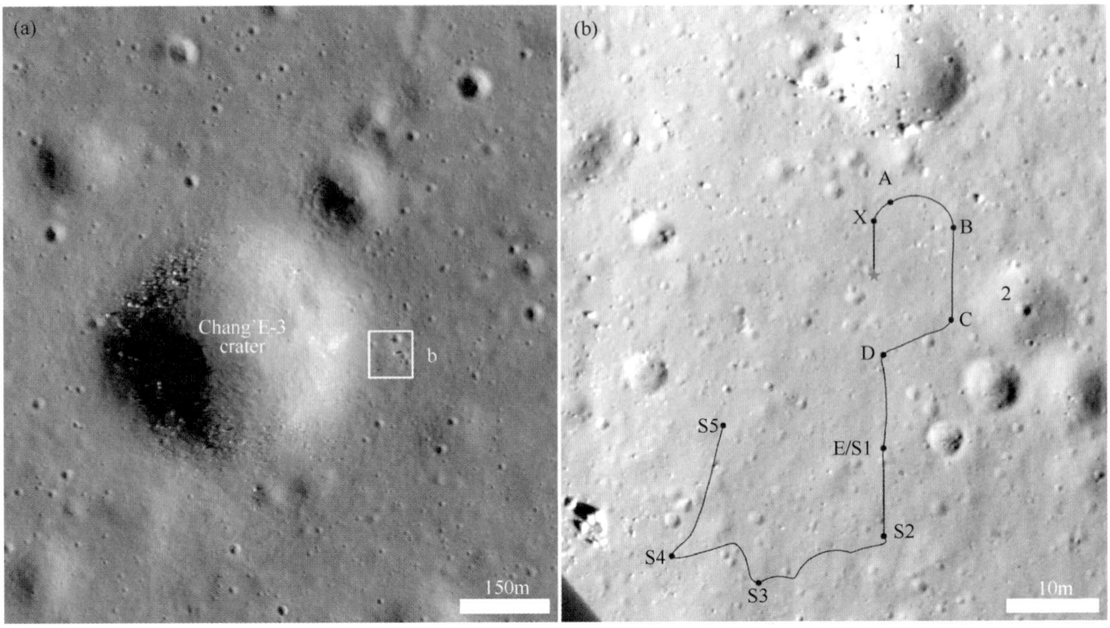

Figure 1 (a) A LROC Narrow Angle Camera (NAC) image (M1157862508LE) showing the landing region of the CE-3. (b) An optical image from the CE-3 landing camera (LCAM) showing the geologic context of the landing site; the red star is the CE-3 landing site; the black line shows the route of the Yutu rover; and X, A, B, C, D, E/S1, S2, S3, S4, and S5 are surface navigation points. Craters 1 and 2 are labeled as 1 and 2.

2 The CE-3 Landing Site

The CE-3 landing site is in northern Mare Imbrium at 44.121 3°N, 19.511 5°W at an elevation of −2.627 km. The geologic map of the Sinus Iridum quadrangle [*Schaber*, 1969] shows that the landing site is within an Eratosthenian-aged geologic unit (I22, Figure S1 in the supporting information) consisting of high- and low-titanium mare basalts. The unit has a model surface age of $2.96^{+0.13}_{-0.17}$ Gyr [*Hiesinger et al.*, 2000]. North of the landing site, about 10 km, is the boundary with an older low to very low titanium mare basalt (I5, Figure S1) with an age of $3.52^{+0.06}_{-0.08}$ Gyr [*Hiesinger et al.*, 2000]. These geologic units indicate that Mare Imbrium underwent prolonged magmatic activity, and thus, its subsurface stratigraphic structure might be very complicated. Based on the morphology of small, fresh impact craters [*Quaide and Oberbeck*, 1968; *Fa et al.*, 2014], median regolith thickness of the landing region is estimated to be ~8 m (Figures S2–S4), and this is consistent with the estimation of 8–9 m based on the rocky craters (Figures S5–S7) [*Wilcox et al.*, 2005]. According to the Lunar Prospector gamma ray spectrometer observation [*Prettyman et al.*, 2006], FeO and TiO_2 abundances at the landing site are 19.5% and 5.2%, respectively. Using the relation between dielectric property and regolith composition [*Fa and Wieczorek*, 2012], as well as a typical regolith porosity of 0.45, relative dielectric permittivity of the lunar regolith at the landing site is estimated to be $3 + i0.03$.

The landing site is ~50 m from the east rim of the CE-3 crater (Figure 1a). Using the digital terrain model data from Lunar Reconnaissance Orbiter Camera (LROC) [*Burns et al.*, 2012], the slopes of the inner wall of the CE-3 crater are as steep as 18°, and the depth (with respect to the rim) is ~50 m (i.e., its depth/diameter ratio is ~0.1). Images from the CE-3 rover - mounted panorama cameras and orbital LROC show abundant rocks in the crater interior, whereas almost no meter - scale rocks occur outside of the crater rim. According to these morphological characteristics, the CE-3 crater is classified as morphologic class B, and its age is estimated as about 100 Myr with an uncertainty of 30 Myr [*Basilevsky*, 1976] (see Text S3 in the supporting information). Therefore, CE-3 crater is very young, and its surface morphology and near - surface structure should preserve recent geologic process since the formation of the crater.

3 The CE-3 Lunar Penetrating Radar Experiment

CE-3 LPR is an ultrawideband impulse ground penetrating radar operating at two channels - center frequencies of 60 and 500 MHz (5 and 0.6 m wavelengths in vacuum) [*Fang et al.*, 2014]. The bandwidths of the two channels are 40 and 450 MHz, respectively, corresponding to range resolutions of 3.75 and 0.3 m in vacuum [*Fa*, 2013; *Fang et al.*, 2014]. The LPR began operating on 15 December 2013, and the effective observation time is ~8.3 h during the 2 month lifetime of the Yutu rover [*Su et al.*, 2014]. During its surface traverse from points X to S5 (navigation points) along a distance of ~110 m (obtained from the coordinates of the navigation points and verified by the track of the rover in LROC image; Figure 1b), 9 871 and 19 446 tracks of raw data were obtained in total in the first and second channels, respectively. Here we report the results from the 500 MHz channel, because this channel is suitable to study regolith stratigraphic structure due to its relatively shallower penetration depth and higher range resolution. Radar returns from the 60 MHz channel are very weak and require special signal processing techniques to properly interpret the data. The preliminary results about deep subsurface structure from the 60 MHz channel were presented in *Xiao et al.* [2015] and *Zhang et al.* [2015], but their results are controversial concerning the number and depth of subsurface layers.

In order to increase the contrast and sharpness of the 500 MHz data, to remove the noise, background, and to reduce the clutter, the raw data were processed with repetitive observation removal, horizontal band removal, band - pass filtering (Figure 2a), compensation of geometrical spreading and dielectric attenuation (aka gain control; Figure 2b), and range migration (Figure 2c) [*Daniels*, 2004] (see Text S4 in the supporting information for detail about LPR data processing). In the compensation of dielectric attenuation of the signal, the relative dielectric permittivity is taken as $3 + i0.03$ [*Fa and Wieczorek*, 2012]. The processed LPR data are displayed in B - scan format as a function of lateral distance and one-way travel time or, equivalently, depth (Figure 2). Here the depth is calculated as $ct/\sqrt{\varepsilon'}$, where c is the speed of light in vacuum, t is the one - way travel time, and ε' is the real part of the relative permittivity. The height of the high - frequency antennas is about 0.273 m from the surface, and the corresponding one - way travel time is offset so that zero time (and also zero depth) coincides with the level of the surface. Absolute signal amplitude is not rigorously tracked, and therefore, all the echoes are in relative values. Figures 2a and 2b illustrate near - surface ($<\sim 3$ m) and deep subsurface structures, respectively (see also Figures S8a and S8b). Since the exploration region is within the continuous ejecta of the CE-3 crater, a time domain diffraction stacking range migration method was further used to reduce the clutter caused by buried rocks within the ejecta (Figure 2c). Note that in Figure 2, several lateral discontinuities in amplitude and along - profile contrast are probably caused by bumping and tilting of the Yutu rover and cannot be removed, but they do not affect our analysis.

In the LPR data processing, a dielectric permittivity of $3.0 + i0.03$ was used for the lunar subsurface based on regolith composition and an assumed porosity [*Fa and Wieczorek*, 2012]. For a typical regolith porosity of 0.45, the uncertainty of the estimated dielectric permittivity is 0.25 for the real part and 0.009 for the imaginary part. This results in a relative uncertainty of $\sim 5\%$ in the calculated depth, which is acceptable in LPR data analysis. We note that porosity (or equivalently, bulk density) might decrease (increase for bulk density) with depth, causing the dielectric permittivity to increase with depth as well [*Carrier et al.*, 1991; *Fang and Fa*, 2014]. In addition, as will be seen, the lunar subsurface along the survey line is inhomogeneous, and therefore, dielectric permittivity is probably different at depth. If a maximum real part of the dielectric permittivity is taken as 6 (for typical ejecta that can be modeled as a mixture of buried rock and regolith), the relative uncertainty in the estimated depth is $\sim 40\%$. This can be taken as the maximum uncertainty in the estimated depth.

The strength of GPR echo depends strongly on radar cross section of subsurface target. The LPR exploration region is over the ejecta of the CE-3 crater, and the most possible subsurface materials are only fine - grained regolith and rock debris. As a result, no significant variation in radar cross section of the subsurface is expected. Therefore, to identify regolith stratigraphy from the LPR image, we will mainly use the relative ampli-

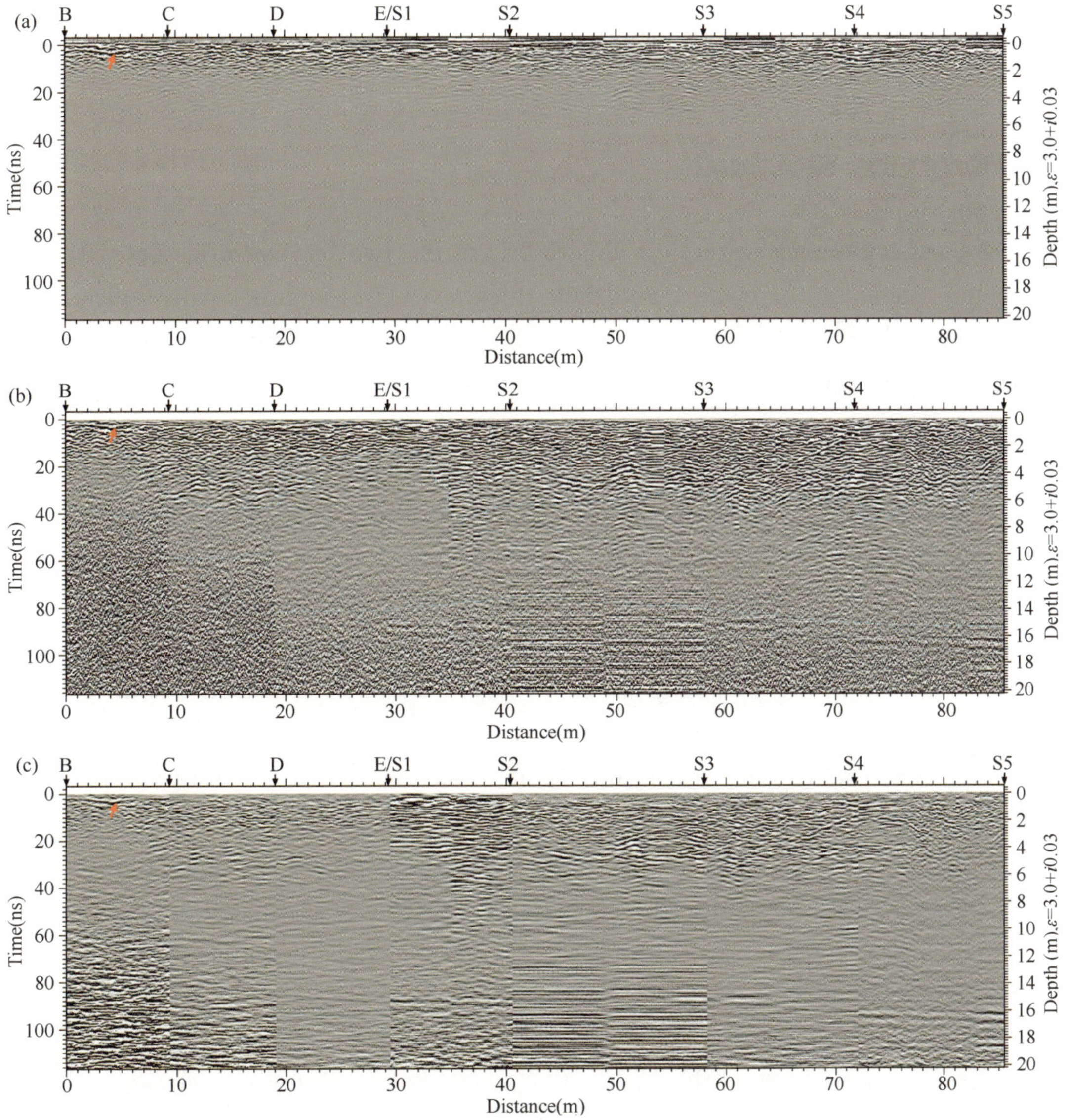

Figure 2　LPR images from points B to S5 along the Yutu survey line：(a) raw data after horizontal band removal and band－pass filtering，(b) image processed for compensation of geometrical spreading and dielectric attenuation，and (c) image after range migration. Strong echoes appear white，and weak reflections are seen as gray. The depth is obtained with an assumed relative dielectric permittivity of $3.0 + i0.03$. The one－way travel time between the antenna and the surface is offset so that zero time (and also zero depth) corresponds to the level of the lunar surface. In Figure 2b，the upper cyan line shows the base of the ejecta layer，and the lower cyan lines show a conservative base of the paleoregolith layer.

tude of the radar echoes. For a few times，the texture of the LPR image is also utilized for assistance. We note that interpretation of subsurface stratigraphy might be ambiguous if solely based on LPR image. Therefore, in LPR image interpretations below, other geologic information (e.g., surface rocks and excavation depth of craters) will be utilized when necessary.

4 Subsurface Structure

The most prominent features in Figure 2a are the two to five reflectors within the first meter. Layers are irregular, and their thickness varies laterally with typical values of 0.2 – 0.3 m (see also Figure S8a). Their lateral continuity extends more than 3 m, and a few of them extend more than 10 m (e.g., from points S1 to S3). These layers are probably layers of ejecta fromsmall local craters (diameters less than 10 m). For example, the layer with lateral continuity less than 6 m(indicated by the red arrow between points B and C in Figure 2) is correlated with craters 1 and 2 (Figure 1). However, not every layer can be correlated with a given surface crater, indicating that micrometeorite bombardments and surface modification are very complicated and random. The region containing these layers represents the regolith formed on the ejecta of the CE-3 crater. North of the landing site is a rocky crater ~18 m in diameter (crater 1, Figure 1b), and east of the navigation point C is a rock - free crater with a diameter of ~11 m (crater 2, Figure 1b). The rocky crater should have penetrated the surface regolith and excavated subsurface rocks in the ejecta, whereas the rock - free crater should formin the fine-grained regolith. Using a typical value of 1/10 for the depth/diameter relation of lunar craters [*Pike*, 1974], regolith thickness on the ejecta is estimated to be less than ~1.5 m, which is consistent with the LPR observation. This region is interpreted as the reworked zone. Similar near - surface layering was also found at the Apollo and Luna landing sites, indicating that the upper regolith is composed of numerous layers (e.g., 10 layers within 0.42 m depth at the Apollo 12 site and 42 layers within 2.36 m at the Apollo 15 site) with limited lateral continuity [*Mitchell et al.*, 1973; *McKay et al.*, 1980]. Layers in the core tube are identified based on the grain size, relative proportion of different minerals and rock types, and maturity. Layer thicknesses are typically of the order several centimeters, which are much smaller than the LPR range resolution. Therefore, fewer layers in the reworked zone are observed in the LPR images.

Belowthe reworked zone, at a depth from about 0.5 to 7 m, is a region with bright radar echoes (Figure 2b). There are substantial variations in the thickness of this layer: its base deepens from ~2.5 m at point B to ~5 m at point C, continues at ~6.5 m from points C to D, and then decreases to ~2.5 m at the point with lateral distance of 33 m, after that it remains at ~6 m(dashed black line in Figure 3a). We interpreted this material as the continuous ejecta from the CE-3 crater. Thismaterial contains numerous, chaotic, irregular layers, and hyperbolic curves. The lateral continuity of these irregular layers is not as great as those in the reworked zone and is typically less than 3 m; the layering may result from irregular interface geometry or discontinuities of the dielectric properties. They may also result from densely distributed rocks at scales much smaller than the LPR wavelength [*Liu et al.*, 2013]. In GPR data, hyperbolic curves are typically produced by discrete scatterers [*Daniels*, 2004]. Here these hyperbolic curves are interpreted as subsurface rocks produced during the formation of the CE-3 crater. The eccentricity of the hyperbolic curves [*Arcone et al.*, 1998] indicates a mean dielectric permittivity of 3.2, corresponding to a mean bulk density of 1.8 g/cm^3 for this region (supporting information, Figure S9). Given that the LPR wavelength is ~0.35 m in the subsurface, the size of buried rocks is probably larger than 0.5 m. Hyperbola patterns near the base of the ejecta for region C－D (lateral distance: 10－20 m; depth: 3－6 m) are less dense than those of typical ejecta, indicating that rock abundance is smaller than other region in the ejecta. The thickness of this region varies from about 2 to 6 m, and this is consistent with the predicted ejecta thickness of 4 m at a location that is 50 m from the rim of a 500 m crater [*McGetchin et al.*, 1973].

Below the ejecta layer is a region exhibiting weak radar echoes, even after compensation for dielectric loss (Figures 2b, 2c, S8b, and S8c). This region is relatively homogeneous, and only a few hyperbolic curves are visible. The distinct features in this region are four subsurface reflectors with lateral continuity more than 30 m (indicated by the red arrows in Figure S8c). The first reflector begins from point B at a depth of about 11 m, tilts upward with a slope of ~3°, and extends for ~58 m. The second reflector, at a depth of 13 m at point B and 16.5 m at point S5, tilts downward with a slope of 2.3°, but it is not clear between points S2 and S3. Two parallel reflectors, with depths of ~10 m and ~12 m, begin around point S2 and extend about 37 m. There are probably other subsurface reflectors in this region, but their echoes are too weak to be identified confidently. This region is probably the regolith layer produced on top of the mare basalts (unit I22) during 2.96 Gyr and was later buried by the ejecta of the CE-3 crater. Thus, this region can be regarded as a paleoregolith [*Crawford et al.*, 2010]. From Figure 2c, the paleoregolith appears to be layered.

Beneath the paleoregolith layer, at a depth of 8－14 m (the lower cyan lines in Figure 2b), the strength of radar echoes increases gradually and numerous chaotic irregular layers appear again (Figure 2c), indicating an increase of subsurface rocks. In Figure 2b, there are numerous salt－and－pepper noises at depth below the dashed cyan line, especially for region B－D. This might be caused by overgained control of the LPR data. The instrument noise should be independent of depth, and their intensity is exaggerated to be saturated at large depth. Range migration can increase signal/noise ratio to some extent,

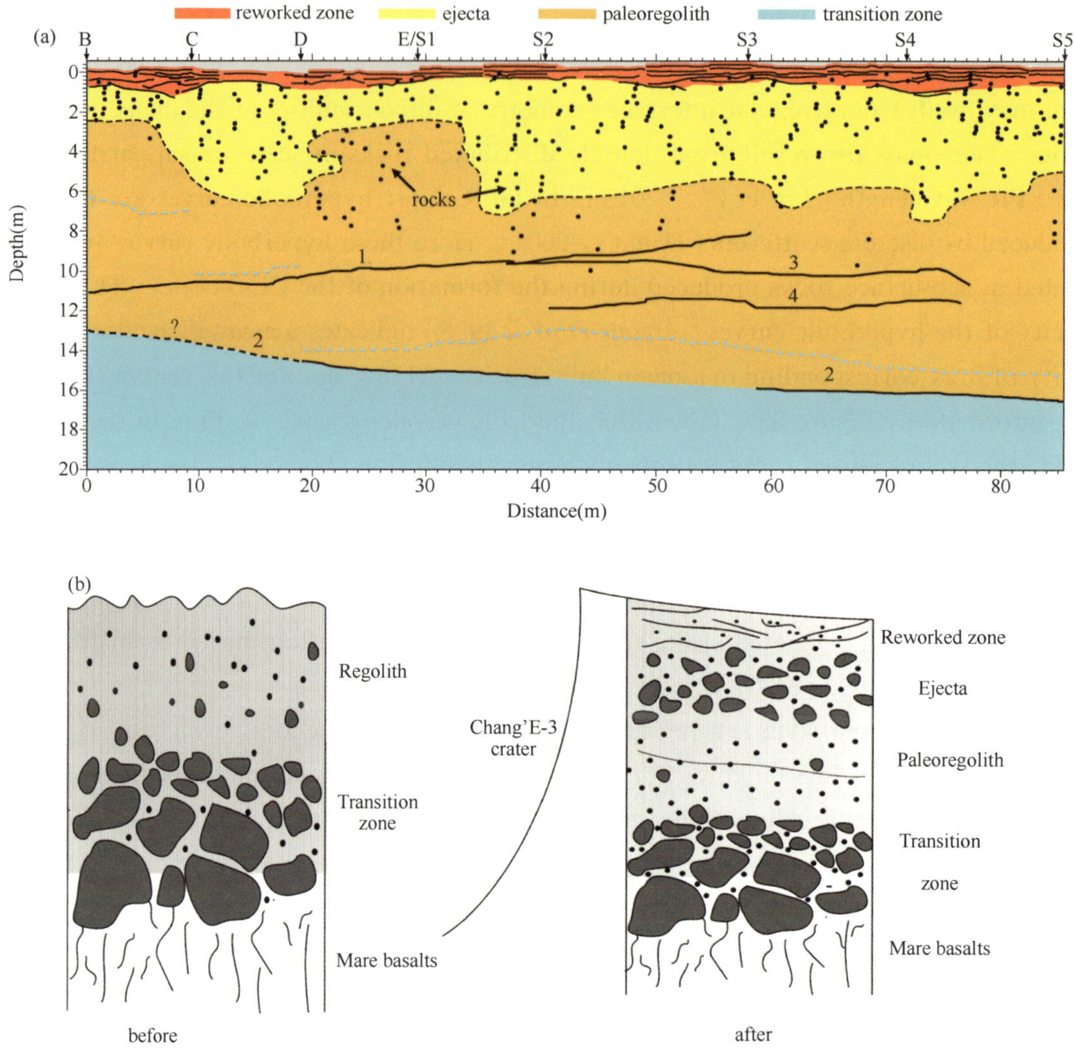

Figure 3　(a) Subsurface structure along the Yutu survey line identified from the LPR images. The dots represent buried rocks that are identified as the vertexes of the hyperbolas in the LPR images. Four subsurface reflectors in the paleoregolith layer are labeled as 1, 2, 3, and 4. The dashed cyan lines show a conservative base of the paleoregolith layer (based on echo strength, corresponding to a minimum layer thickness), and reflector 2 can be regarded as the deepest base of the paleoregolith. The deepest base of the paleoregolith over region B – D is impossible to identify because of the noise – dominated radar echoes and is represented by the dashed black line. (b) Stratigraphic structure at the CE-3 landing site before (left) and after (right) the formation of the CE-3 crater.

and therefore, deep subsurface reflectors can be recognized (Figure 2c). This region is interpreted as the transition zone between the paleoregolith layer and the underlying mare basalts. During the formation of the paleoregolith, coherent mare basalt at the base of the paleoregolith was fractured or fragmented, but not excavated, resulting in a transition zone that contains numerous large fragments. Intact mare basalt should occur below this transition zone, but it is not observed in the high - frequency LPR data because of its limited penetration depth. The 60 MHz data with deeper penetration depth should reveal the basalts, and Xiao et al. (2015) reported that Eratosthenian basalts exist and extend to a depth of ~35 m.

The presence of the transition zone makes it difficult to identify the base of the paleoregolith and hence to estimate the thickness of the paleoregolith. A conservative estimation of the paleoregolith thickness can rely on the radar echo strength in Figures 2b and 2c. This yields a thickness of ~4 m from points B to D, 11 m from point D to the point with lateral extent of ~35 m, and ~6 - 9 m from points S2 to S5 (cyan lines in Figure 2b). If the second reflector were taken as the base of the paleoregolith, the thickness of the paleoregolith would be ~2 - 6 m larger. In region B - D, the noise - dominated LPR echoes (caused by overgained control) make recognition of the base of paleoregolith almost impossible, and the dashed cyan line should represent a conservative estimation (corresponding to a minimum thickness of the paleoregolith). Considering that the landing site is very close to the rim of the CE-3 crater, stratigraphic inversion [*Melosh*, 1989] probably happened during the formation of the CE-3 crater. During this process, the ejected regolith was deposited on the undisturbed surface, resulting in an increase in the thickness of the paleoregolith by a maximum factor of 2. Therefore, regolith thickness before the formation of the CE-3 crater should be at least 2 - 5.5 m, with a typical value of ~4.5 m. After deposition, the bulk density of the overturned regolith is probably lower than that of the undisturbed regolith. This difference in the bulk density forms an interface with contrasting dielectric properties, which further produces the layered structures in the paleoregolith as observed by the LPR.

5 Discussions

Based on the LPR data, local stratigraphic structure at the CE-3 landing site includes a surface reworked zone with a thickness less than 1 m, followed by an ejecta layer with a thickness of 2 - 6 m, a paleoregolith layer of 4 - 11 m thickness, a transition zone with large fragments, and the underlying mare basalts (Figure 3a). After the formation of mare basalts, during the following 2.96 Gyr, a regolith with a minimum thickness of 2 - 5.5 m formed. About 100 Myr ago, the CE-3 crater formed and the original regolith layer was buried by the ejecta and turned into paleoregolith [*Crawford et al.*, 2010]. At that time, a significant number of large rocks should have been present at the landing site. Over the last 100 Myr, micrometeorite bombardments continued, surface rocks were pulverized, and near - surface ejecta were overturned and shattered. Along with the solar wind impingement and other space weathering processes, a new regolith formed on the surface of the ejecta (Figure 3b). LPR images show that the thickness of each layer along the survey line varies dramatically, indicating that local stratigraphic structure is closely correlated with its idiosyncratic geologic history and may be dramatically different from site to site even if only a few meters apart.

Cumulative size-frequency distributions of impact craters for the region surrounding the CE-3 crater (beyond the continuous ejecta of CE-3, Figure S10a) from LROC images show an equilibrium crater diameter of 161 m (Figure 4a), corresponding to a maximum likely regolith thickness of about 40 m(1/4 of the diameter) [*Melosh*, 1989]. Values this large are not observed on the Moon, and the value should represent an upper limit of the paleoregolith thickness, which is much greater than the 4 – 11 m suggested by the LPR data. Based on an age of 2.96 Gyr for themare basalts, the mean accumulation rate of the regolith is estimated to be about 1.3 – 3.7 m/Gyr (with a relative uncertainty of 4% – 12% considering a 5% depth uncertainty and an age uncertainty of +0.13/0.17 Gyr). Regolith accumulation rate for points B to D is about 1.3 m/Gyr, comparable with the rate of 1.2 m/Gyr at the Apollo 11 landing site with a surface age of 3.6 Gyr [*Melosh*, 1989]. For other regions along the survey line, accumulation rate is ~1.5 – 3 times greater than that at the Apollo 11 site. If stratigraphic inversion is taken into account, mean regolith accumulation rate for the small size meteorite bombardments over the CE-3 region would be comparable to that at the Apollo 11 site. Nevertheless, a large variation in the accumulation rate of paleoregolith exists, even for the small local region the Yutu rover explored. This most likely represents different amount of ejecta that have been deposited, which correlates with local slope before the deposition.

After the formation of the CE-3 crater, the ejecta were shattered, overturned, and mixed by surface bombardment and other space weathering events, developing the surface regolith. Cumulative size – frequency distribution of small impact craters over the CE-3 landing site counted from the CE-3 landing camera shows an equilibrium crater diameter of 3.85 m (Figure 4a), corresponding to a maximum likely regolith thickness of ~1 m. This value is in agreement with the thickness of the newly formed regolith from the LPR data. Given that the age of the CE-3 crater is about 100 Myr, regolith accumulation rate of the reworked zone is estimated to be ~5 – 10 m/Gyr (with an uncertainty of 20% – 50% combining the 30 Myr uncertainty in age and 5% uncertainty in depth), which is about 4 – 8 times greater than that at the Apollo 11 site. One possible explanation is that excavation efficiency on fresh ejecta is much higher than for solid basalt, resulting in a more rapid development of regolith. With time, self – buffering effect of the regolith prevents its rapid growth, and this is a possible reason for the lower accumulation rate of the paleoregolith. Another possible reason for the greater accumulation rate might be an increased impact flux over the last 100 Myr, suggested to be triggered by the catastrophic breakup of the parent body of the Baptistina asteroid family in the main belt [*Bottke et al.*, 2007]. If this is true, then a similar greater regolith accumulation rate should be found over other young maria surfaces and maybe on the surface of other airless planets (e.g., Mercury).

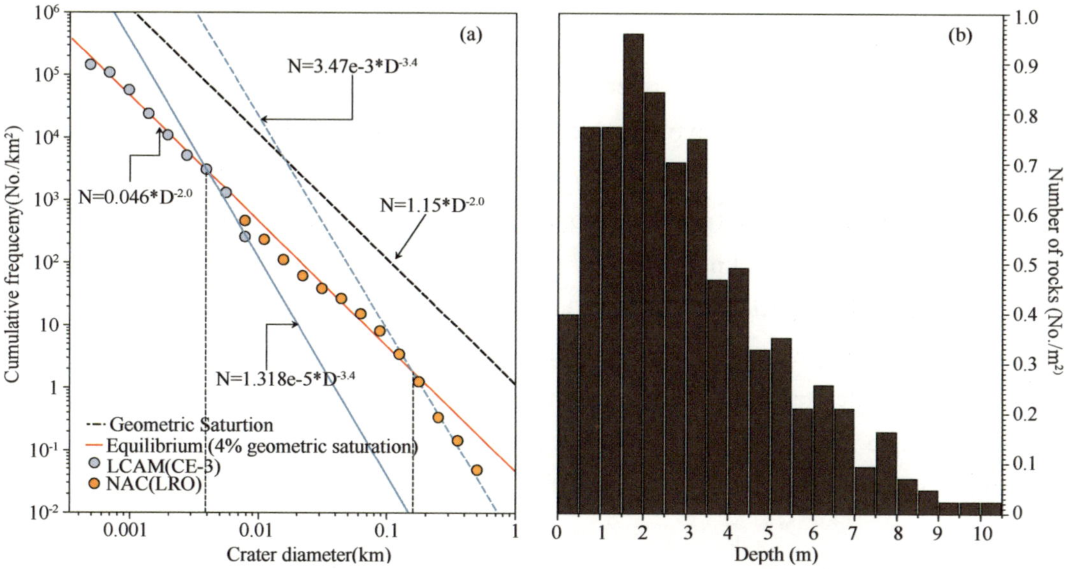

Figure 4　(a) Cumulative distribution of small craters over the region surrounding the CE-3 crater and the landing region. (b) Rock number per square meter as a function of depth.

According to cratering theory, within a given excavation streamline, the size of fragment increases with distance from the impact site [*Melosh*, 1989]. As a result, after the deposition of the CE-3 crater ejecta, fragmentsat the surface should be smaller but more frequent, whereas those at depth should be larger but less frequent. These fragments were then overturned, mixed, and modified by later micrometeorite bombardment. With a surface age of 100 Myr, the ejecta have been on average overturned about 315, 12.5, and 0.5 times at depths of 0.01, 0.1, and 1 m (Figure S11). As a result, fragments near the surface were pulverized more efficiently than those at depth. Therefore, the number of fragments should increase with depth, reaching to a maximum value at a certain depth, and then decrease with depth. This is indicated in the depth variation of rock population in Figure 4b, showing clearly that a maximum rock number occurs at a depth of ~1.8 m. A similar result that more rocks occur in the subsurface is also deduced when comparing the Lunar Reconnaissance Orbiter (LRO) Diviner and miniature radio frequency radar data [*Ghent et al.*, 2014]. Given that the landing site is very young, its surface was modified mostly by small diameter impacts (<10 m) with an excavation depth less than 1 m. In contrast, the buried paleoregolith was previously exposed to the surface for about 2.96 Gyr, and its surface was modified by craters having diameters of several hundreds of meters, as seen in LROC images (Figure S1). The penetration depth is much greater and overturn was more frequent. As a result, the paleoregolith is more homogeneous, as evidenced in the LPR images.

6 Conclusion

Even though the CE-3 Yutu rover only explored a small region ~110 m in length, the in situ LPR observations have provided many new insights. For a surface as young as 100 Myr, lunar stratigraphic structure can be very complex, including the reworked zone, ejecta, paleoregolith, transition zone, mare basalt, and buried features. The substantial variation in the thickness of each zone implies that each small region experienced a unique history. In addition, the rapid accumulation rate of the new regolith indicates that space weathering is very fast for young fresh surfaces. These results provide valuable information to understand the modification of the lunar surface and evolution of the regolith and are also important as a reference for future lunar sample return missions, such as Chang'E-5.

Author Contributions

W. F. processed the LPR data, led and participated in all aspects of the analysis, and wrote the paper. M. H. Z. analyzed regolith turnover times and participated in LPR image interpretation, T. T. L. counted all the craters and estimated the regolith thickness with W. F., and J. B. P. participated in LPR image interpretation and topography analysis of the CE-3 crater.

Acknowledgments

CE-3 data were provided by the Lunar and Deep Space Exploration Department, National Astronomical Observatories, Chinese Academy of Sciences (NAOC) and are available at http://moon.bao.ac.cn. W.F. thanks G. Fang and Y. Ji for their explanations about the LPR data and L. Liu and T. Kobayashi for their helpful discussions on GPR data processing. This work was supported partly by the Key Research Program of the Chinese Academy of Sciences (grant KGZD-EW-603), the National Natural Science Foundation of China (grant 11203002, 41490633, and 41230747), and the Science and Technology Development Fund of Macau (075/2014/A2). This is PKU PRSL contribution 7. The authors declare no competing financial interests. Correspondence and requests for materials should be addressed to W. F. (email: wzfa@pku. edu. cn).

References

[1] Angelopoulosa, M., D. Redman, W. H. Pollard, T. W. Haltigin, and P. Dietrich (2014), Lunar ground penetrating radar: Minimizing potential data artifacts caused by signal interaction with a rover body, *Adv. Space Res.*, *54*, 2059—2072.

[2] Arcone, S. A., D. E. Lawson, A. J. Delaney, J. C. Strasser, and J. D. Strasser (1998), Ground—penetrating radar reflection profiling of groundwater and bedrock in an area of discontinuous permafrost, *Geophysics*, *63*, 1573—1584.

[3] Basilevsky, A. T. (1976), On the evolution rate of small craters, *Proc. Lunar Sci. Conf.*, *7*, 1005—1020.

[4] Bottke, W. F., D. Vokrouhlicky, and D. Nesvorny (2007), An asteroid breakup 160 Myr ago as the probable source of the K/T impactor, *Nature*, *449*, 48—53.

[5] Burns, K. N., E. J. Speyerer, M. S. Robinson, T. Tran, M. R. Rosiek, B. A. Archinal, E. Howington—Kraus, and the LROC Science Team (2012), Digital elevation models and derived products from LROC NAC stereo observations, *Int. Arch. Photogramm. Remote Sens. Spatial Inf. Sci.*, *XXXIX − B4*, 483—488, doi:10.5194/isprsarchives − XXXIX − B4 − 483 − 2012.

[6] Carrier, W. D., et al. (1991), Physical properties of the lunar surface, in *Lunar SourcE-Book: A User's Guide to the Moon*, edited by G. H. Heiken, D. T. Vaniman, and B. M. French, chap. 9, pp. 475—594, Cambridge Univ. Press, New York.

[7] Crawford, I. A., S. A. Fagents, H. K. Joy, and M. E. Rumpf (2010), Lunar paleoregolith deposits as recorders of the galactic environment of the solar system and implications for astrobiology, *Earth Moon Planets*, *107*, 75—85.

[8] Daniels, D. (2004), *Ground Penetrating Radar*, Inst. of Electr. Eng., London.

[9] Fa, W. (2013), Simulation for ground penetrating radar (GPR) study of the subsurface structure of the Moon, *J. Appl. Geophys.*, *99*, 98—108.

[10] Fa, W., and M. A. Wieczorek (2012), Regolith thickness over the lunar nearside: Results from Earth—based 70—cm Arecibo radar observations, *Icarus*, *218*, 771—787.

[11] Fa, W., T. Liu, M.—H. Zhu, and J. Haruyama (2014), Regolith thickness over Sinus Iridum: Results from morphology and size-frequency distribution of small impact craters, *J. Geophys. Res. Planets*, 119, 1914—1935, doi:10.1002/2013JE004604.

[12] Fang, G. Y., et al. (2014), The lunar penetrating radar (LPR) onboard Chang'E-3 mission, *Res. Astron. Astrophys.*, *14*, 1607—1622.

[13] Fang, T., and W. Fa (2014), High frequency thermal emission from the lunar surface and near surface temperature of the Moon from Chang'E-2 microwave radiometer, *Icarus*, *232*, 34—53.

[14] Ghent, R. R., L. M. Carter, J. L. Bandfield, and D. A. Paige (2014), Physical properties of lunar impact ejecta: Constraints from LRO Diviner and Mini—RF observations, *Lunar Planet. Sci. Conf.*, *45*, Abstract 2339.

[15] Hiesinger, H., R. Jaumann, G. Neukum, and J. W. Head (2000), Ages of mare basalts on the lunar nearside, *J. Geophys. Res.*, *105*, 29,239—29,275, doi:10.1029/2000JE001244.

[16] Langevin, Y., and J. R. Arnold (1977), The evolution of the lunar regolith, *Annu. Rev. Earth Planet. Sci.*, *5*, 449—489.

[17] Liu, L., Z. Li, S. Arcone, L. Fu, and Q. Huang (2013), Radar wave scattering loss in a densely packed discrete random medium: Numerical modeling of a box—of—boulders experiment in the Mie regime, *J. Appl. Geophys.*, *99*, 68—75.

[18] McGetchin, T., M. Settle, and J. Head (1973), Radial thickness variation in impact crater ejecta: Implications for lunar basin deposits, *Earth Planet. Sci. Lett.*, *20*, 226—236.

[19] McKay, D., G. Heiken, B. Abhijit, S. Simon, R. Reedy, B. M. French, and J. Papike (1991), The lunar regolith, in Lunar SourcE-Book: *A User's Guide to the Moon*, edited by G. H. Heiken, D. T. Vaniman, and B. M. French, chap. 7, pp. 285—356, Cambridge Univ. Press, New York.

[20] McKay, D. S., A. Basu, and G. Nace (1980), Lunar core 15010/11: Grain size, petrology, and implications for regolith dynamics, *Proc. Lunar Sci. Conf.*, *11*, 1531—1550.

[21] Melosh, H. J. (1989), Impact Cratering: *A Geologic Process*, Oxford Univ. Press, New York.

[22] Mitchell, J. K., W. D. Carrier, N. C. Costes, W. N. Houston, and R. F. Scott (1973), Surface soil variability and stratigraphy at the Apollo 16 site, *Geochim. Cosmochim. Acta*, *3*, 2437—2445.

[23] Ono, T., et al. (2010), The Lunar Radar Sounder (LRS) onboard the KAGUYA (SELENE) spacecraft, *Space Sci. Rev.*, *154*, 145—192.

[24] Papike, J. J., S. B. Simon, and J. C. Laul (1982), The lunar regolith: Chemistry, mineralogy, and petrology, *Rev. Geophys.*, *20*, 761—826, doi:10.1029/RG020i004p00761.

[25] Pike, R. J. (1974), Depth/diameter relations of fresh lunar craters: Revision from spacecraft data, Geophys. *Res. Lett.*, *1*, 291—294, doi:10.1029/ GL001i007p00291.

[26] Porcello, L. J., R. L. Jordan, J. S. Zelenka, G. F. Adams, R. J. Phillips, W. E. Brown Jr., S. H. Ward, and P. L. Jackson (1974), The Apollo lunar sounder radar system, *Proc. IEEE*, *62*, 769—783.

[27] Prettyman, T. H., J. J. Hagerty, R. C. Elphic, W. C. Feldman, D. J. Lawrence, G. W. McKinney, and D. T. Vaniman (2006), Elemental composition of the lunar surface: Analysis of gamma ray spectroscopy data from Lunar Prospector, *J. Geophys. Res.*, *111*, E12007, doi: 10.1029/2005JE002656.

[28] Quaide, W. L., and V. R. Oberbeck (1968), Thickness determinations of the lunar surface layer from lunar impact craters, *J. Geophys. Res.*, *73*, 5247—5270, doi:10.1029/JB073i016p05247.

[29] Russell, P. S., J. A. Grant, K. K. Williams, L. M. Carter, W. Brent Garry, and I. J. Daubar (2013), Ground penetrating radar geologic field studies of the ejecta of Barringer Meteorite Crater, Arizona, as a planetary analog, *J. Geophys. Res. Planets*, *118*, 1915—1933, doi: 10.1002/jgre.20145.

[30] Schaber, G. G. (1969), *Geologic Map of the Sinus Iridum Quadrangle of the Moon*, *I*—602 (*LAC*—24), U.S. Geol. Surv., Washington, D. C.

[31] Shoemaker, E. M., R. M. Batson, H. E. Holt, E. C. Morris, J. J. Rennilson, and E. A. Whitaker (1968), Television observations from Surveyor 3, *J. Geophys. Res.*, *73*, 3989—4043, doi: 10.1029/JB073i012p03989.

[32] Shoemaker, E. M., M. H. Hait, G. A. Swann, D. L. Schleicher, G. G. Schaber, R. L. Sutton, D. H. Dahlem, E. N. Goddard, and A. C. Waters (1970), Origin of the lunar regolith at Tran-

quillity Base, *in Proceedings of the Apollo 11 Lunar Science Conference*, vol. 3, pp. 2399—2412, Pergamon Press, New York.

[33] Su, Y., et al. (2014), Data processing and initial results of Chang'E-3 lunar penetrating radar, Res. *Astron. Astrophys.*, *14*, 1623—1632.

[34] Vinogradov, A. P. (1971), Preliminary data on the lunar ground brought to Earth by automatic probe "Lunar—16", *Proc. Lunar Sci. Conf.*, *2*, 1—16.

[35] Wilcox, B. B., M. S. Robinson, P. C. Thomas, and B. R. Hawke (2005), Constraints on the depth and variability of the lunar regolith, *Meteorit. Planet. Sci.*, *40*, 695—710.

[36] Xiao, L., et al. (2015), A young multilayered terrane of the northern Mare Imbrium revealed by Chang'E-3 mission, *Science*, *347*, 1226—1229.

[37] Zhang, H. B., et al. (2014), Performance evaluation of lunar penetrating radar onboard the rover of CE-3 probe based on results from ground experiments, *Res. Astron. Astrophys.*, *14*, 1633—1641.

[38] Zhang, J., et al. (2015), Volcanic history of the Imbrium basin: A close-up view from the lunar rover Yutu, *Proc. Natl. Acad. Sci. U.S.A.*, *112*, 5342—5347.

Regolith thickness over Sinus Iridum: Results from morphology and size-frequency distribution of small impact craters

Wenzhe Fa[1], Tiantian Liu[1], Meng-Hua Zhu[2], and Junichi Haruyama[3]

1 Institute of Remote Sensing and Geographical Information System, Peking University, Beijing, China,
2 Space Science Institute, Macau University of Science and Technology, Macau, China,
3 Institute of Space and Astronautical Science, Japan Aerospace Exploration Agency, Sagamihara, Japan

Abstract: High-resolution optical images returned from recent lunar missions provide a new chance for estimation of lunar regolith thickness using morphology and the size-frequency distribution of small impact craters. In this study, regolith thickness over the Sinus Iridum region is estimated using Lunar Reconnaissance Orbiter Camera (LROC) Narrow Angle Cameras (NACs) images. A revised relationship between crater geometry and regolith thickness is proposed based on old experimental data that takes into considering the effect of the illumination angle of the images. In total, 227 high-resolution LROC NAC images are used, and 378 556 impact craters with diameters from 4.2 to 249.8 m are counted, and their morphologies are identified. Our results show that 50% of the Sinus Iridum region has a regolith thickness between 5.1 and 10.7 m, and the mean and median regolith thicknesses are 8.5 and 8.0 m, respectively. There are substantial regional variations in the regolith thickness, with its median value varying from 2.6 to 12.0 m for most regions. Local variations of regolith thickness are found to be correlated with the lunar surface age: the older the surface, the greater the thickness. In addition, sporadically distributed impact ejecta and crater rays are associated with relatively larger regolith thickness, which might result from excavation and transport of materials during the formation of the secondaries of Copernican-aged craters. Our estimated regolith thickness can help with future analysis of Chang'E-3 lunar penetrating radar echoes and studies of the subsurface stratigraphic structure of the Moon.

Key Points: A revised relation between crater geometry and regolith thickness is obtained; Regolith thickness over Sinus Iridum is estimated; Regolith thickness correlates well with surface age.

Correspondence to: W. Fa, wzfa@pku.edu.cn

Citation: Fa, W., T. Liu, M.-H. Zhu, and J. Haruyama (2014), Regolith thickness over Sinus Iridum: Results from morphology and size-frequency distribution of small impact craters, *J. Geophys. Res. Planets*, *119*, 1914-1935, doi: 10.1002/2013JE004604.

1 Introduction

Sinus Iridum (Bay of Rainbows) is a bay of basaltic lava located on the northwest of Mare Imbrium. Because of its relatively flat terrain, diverse geological features and complex evolution history, Sinus Iridum is selected as one of the potential landing sites for China's Chang'E-3 (CE-3) lunar lander/rover, which was launched recently in 2 December 2013. For the first time, a rover-deployed lunar penetrating radar (LPR) is used to study regolith thickness, dielectric property of the regolith, and subsurface stratigraphic section of the Moon to a depth of several hundred meters [*Fa*, 2013]. It is expected that by analyzing the received LPR echoes, subsurface stratigraphic structure of the landing site can be obtained directly, which is important to study the formation and evolution of Mare Imbrium and Sinus Iridum. In addition, in situ measurements from CE-3 LPR will provide a unique chance for estimating the regolith thickness over the landing site, since information of regolith thickness will be recorded directly in the received LPR radargrams. The obtained regolith thickness can be used to validate those inverted from the Chang'E-1/2 (CE-1/2) microwave radiometers[*Wang et al.*, 2010; *Fa and Jin*, 2010], from which a global regolith thickness map with a higher precision can be obtained.

Since the 1960s, extensive studies have been conducted to estimate the lunar regolith thickness at regional and global scales [*e.g.*, *Oberbeck and Quaide*, 1968; *Shkuratov and Bondarenko*, 2001; *Fa and Jin*, 2010]. In general, the major methods for regolith thickness estimation include in situ geophysical experiments at the Apollo landing sites, morphology and the size-frequency distribution of small impact craters, and remote sensing techniques using radio waves (for a review of these methods, the reader is referred to *Fa and Wieczorek* [2012]). Though the regolith thicknesses estimated from in situ geophysical experiments are relatively unambiguous, these experiments were performed at only the Apollo landing sites. Regolith thickness estimated by using the morphology and size-frequency distribution of small impact craters is usually reliable because it is based directly on laboratory experiments. However, this approach is generally laborious since a large number of craters have to be counted and their morphologies have to be identified. In addition, high-resolution lunar surface optical images observed at proper illumination angles are required in order to estimate regolith thickness using this approach. The remote sensing techniques at radio frequency are usually very efficient; nevertheless, the estimated regolith thickness depends largely on the quality of the data, the selected geophysical models, and model input parameters. Based on these studies, it is now recognized that typical regolith thickness is about 4—5 m in the maria and 10—15 m in the older highland regions [*e.g.*, *McKay et al.*, 1991; *Shkuratov and Bondarenko*, 2001; *Fa and Jin*, 2010]. However, there are still large uncertainties in the estimated regolith thickness over local regions. Taking the Sinus Iridum region as an example, regolith thickness was estimated to be 4.6 m by using the early uncalibrated 70 cm Arecibo radar data [*Shkuratov and Bondarenko*, 2001], whereas it was inverted to be ~6–7 m from the analysis of the Selenological and Engineering Explorer (Kaguya) Lunar Radar Sounder (LRS) data [*Kobayashi et al.*, 2010]. When using the CE-1 microwave radiometer observations, regolith thickness was estimated to be 4.6 m using a three-layer thermal emission model[*Fa and Jin*, 2010], yet another independent analysis based on a different thermal emission model indicated that regolith thickness was only 3.0 m over the same region [*Chen et al.*, 2010]. Lacking cross validation among these methods, it is still premature to apply either of these methods globally to obtain a confident regolith thickness map of the Moon.

Recently, with a renewed interest in lunar exploration, a variety of state-of-art optical instruments, including the Kaguya Terrain Camera (TC) [*Haruyama et al.*, 2008a, 2008b], Chang'E-1/2 CCD stereo camera [*Zheng et al.*, 2008; *Ouyang et al.*, 2010], and Lunar Reconnaissance Orbiter Camera (LROC) [*Robinson et al.*, 2010], have returned a large quantity of high-resolution images of the Moon. With the release of these optical images, it is now possible to estimate regolith thickness with high precision using the morphology and size-frequency distribution of small impact craters [*e.g.*, *Bart et al.*, 2011]. Nevertheless, most of the previous studies using this approach were applied only to small regions, where regolith thickness was usually given in its cumulative distribution format [(*e.g.*, *Oberbeck and Quaide*, 1967, 1968, *Bart et al.*, 2011]. When large region is of interest, it is difficult to investigate lateral variation of regolith thickness from a single plot of cumulative distribution. In addition, multiple optical images are required when regolith thickness over large region is studied. Given different observation conditions, spatial resolution and illumination angle of the selected images usually vary from one optical image to another, which can affect the estimated regolith thickness largely. All these factors should be considered when these newly released optical images are used to estimate regolith thickness over large regions. So far as we know, there is no systematical study that discusses these problems.

In this study, regolith thickness over the Sinus Iridum region is estimated by using the morphology and size-frequency distribution of small impact craters from LROC NAC images. Our results show that median regolith thickness over the Sinus Iridum region varies from 2.6 to more than 12.0 m, and 50% of the region has a regolith thickness between 5.1 and 10.7 m. Local variations of regolith thickness in this region are found to be correlated with surface age, with older surface having thicker regolith. Regional impact ejecta and crater rays are associated with relatively larger regolith thickness, which might result from excavation and transport of materials during the formation processes of the secondaries of Copernican - aged craters. In addition, potential factors that might affect the estimated regolith thickness are discussed when multiple optical images are used. The same approach can be applied to regolith thickness estimation over the CE-3 landing site, which can help to interpret the received radar echoes from the CE-3 LPR. We expect that in future as regolith thickness over the CE-3 landing site is estimated by the LPR radargrams, a feasible approach for regolith thickness estimation can be selected by comparing the estimated regolith thicknesses from different approaches. Then, the selected approach can be applied globally in order to obtain a more confident lunar regolith thickness map.

In section 2, we briefly introduce the regolith thickness estimation approach by using the morphology and size-frequency distribution of small impact craters. To consider the effect of illumination angle when multiple optical images are used, a revised relation between crater morphology and regolith thickness is obtained based on the old experiment data from *Quaide and Oberbeck* [1968]. The geologic context of the Sinus Iridum region is described in section 3. In section 4, we first show the regolith thickness estimation results over the Sinus Iridum region and then discuss local variations of regolith thickness and the correlation between regolith thickness and surface age. Finally, limitations of the regolith thickness estimation approach and its future applications are discussed in section 5.

2 Method, Data, and Tool

2.1 Methodology

Examination of high - resolution photographs from Ranger and Lunar Orbiter (LO) revealed that the morphology of small fresh craters that are widespread on the lunar surface can be classified into four types: normal, central mound, flat bottomed, and concentric (exemplified by LROC images as in Figure 1) [*Gault et al.*, 1966; *Oberbeck and Quaide*, 1967]. *Quaide and Oberbeck* [1968]conducted extensive impact experiments in the laboratory and found that the condition for the formations of these crater types could be used to estimate the thickness of the regolith layer. In their experiments, a two - layer model consisting of a loose granular noncohesive layer (24 - mesh quartz sand) overlying a more cohesive substrate (24 - mesh quartz sand bonded by epoxy resin) was used to represent regolith on top of underlying bedrock. In order to simulate the widest possible situations on a more realistic lunar surface, thickness of the surficial layer varied and the materials of the substrates had an extremely wide range of strengths. By impacting such a two - layer target with a projectile from a high - velocity gun, the same types of craters

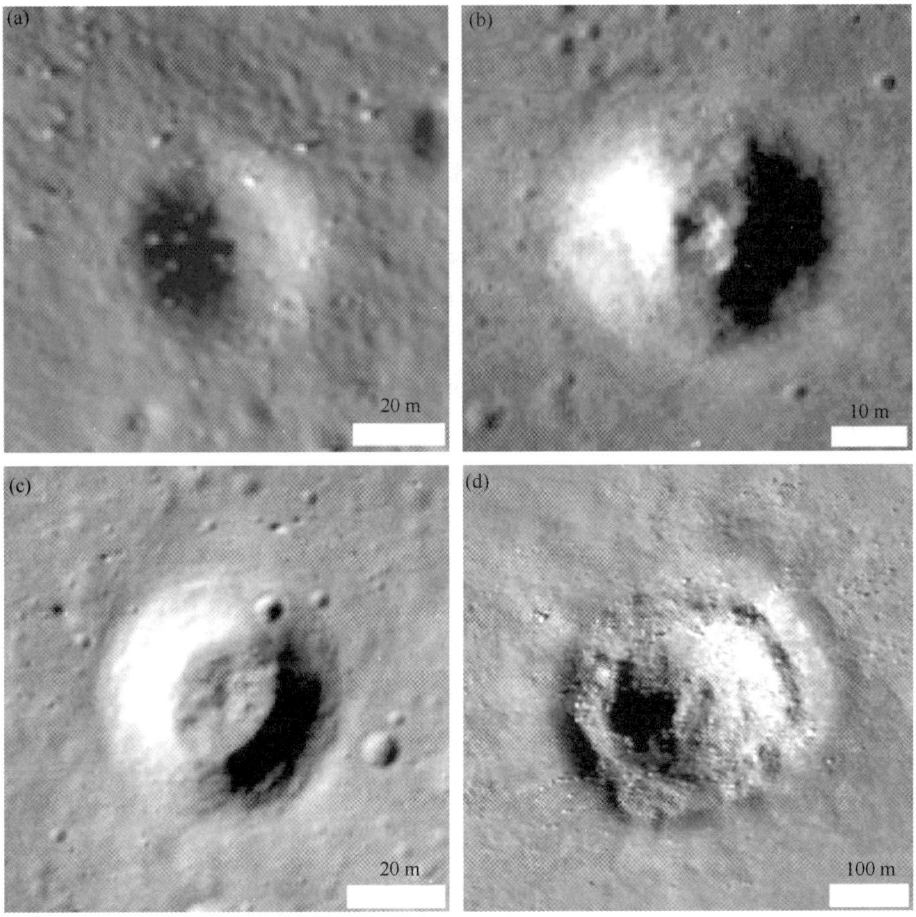

Figure 1　Four types of small craters. (a) A normal crater with a diameter of 38.6 m, from the LROC NAC image M166059183RE with a spatial resolution of 0.76 m/pixel. (b) A central mound crater with a diameter of 36.0 m, from the LROC NAC image M113697607LE with a spatial resolution of 0.46 m/pixel. (c) A flat-bottomed crater with a diameter of 53.0 m, from the LROC NAC image M144842944LE with a spatial resolution of 0.52 m/pixel. (d) A concentric crater with a diameter of 343.6 m, from the LROC NAC image M104740579LE with a spatial resolution of 1.71 m/pixel.

could be produced in the laboratory. Through extensive studies of the effects of all the impact variables on crater morphology, such as the thickness of the surface layer, substrate strength, impact velocity, impact angle, gravity field, projectile properties, and repose angle of surficial materials, they found that the morphology of small craters (with diameters <250 m) depends mainly on the thickness of the surficial layer and only slightly on subsurface strength [*Quaide and Oberbeck*, 1968]. Therefore, as the condition for the formation of crater morphology is obtained, it is possible to estimate regolith thickness from the morphology of small impact craters. By assuming that distributions of the various morphologic types of craters are uniform, the cumulative distribution of regolith thickness can be obtained from the size-frequency distribution of small impact craters.

The formation mechanism of the various crater morphologies depends mainly on the contrast of the mechanical property and the contact status between the fragmental layer and the substrate during the impacting process. During the cratering process, part of the kinetic energy of a projectile is consumed to break intergranular bounds in the cohesive target. A normal crater forms, if a projectile does not have enough energy to reach the substrate. This means that the regolith thickness should be larger than a certain value, which is the lower limit. If a projectile can reach the substrate but does not have sufficient energy to disturb the substrate, further crater growth is suspended, and a flat - bottomed crater or a flat - bottomed crater with central mound forms. If a projectile has enough energy when reaching the substrate, the substrate will be excavated and a concentric crater forms [*Oberbeck and Quaide*, 1967; *Melosh*, 1989; *Senft and Stewart*, 2007]. For a concentric crater, the regolith should be shallower than a certain value to allow the projectile to excavate the substrate. Therefore, the morphology of a concentric crater can give an estimate for the upper limit of the regolith thickness [*Oberbeck and Quaide*, 1967].

In *Quaide and Oberbeck* [1968], to define boundary values that separate realms of crater morphologies, the ratio of apparent crater diameter (the rim - to - rim diameter of the final crater, D_A) to regolith thickness (d), D_A/d, was used. Their experiments showed that normal craters form when D_A/d is smaller than a value between 3.8 and 4.2, concentric craters form when D_A/d is larger than a value between 8 and 10, and flat - bottomed and central mound craters form when D_A/d has a value between that forms a normal and a concentric crater [*Quaide and Oberbeck*, 1968]. For flat - bottomed, central mound, and concentric craters, the ratio of the diameter of the floor (D_F) of the surficial crater to the apparent crater diameter, D_F/D_A, was also introduced because it depends on the ratio of D_A/d. In addition, in optical images, extreme values of D_F/D_A for flat - bottomed, central mound, and concentric craters can be calculated directly from the illumination angle (the angle between the lunar surface and the direction of sunlight, denoted by γ), which are required to consider the effect of solar incidence angle in regolith thickness estimation. The relation between D_F/D_A and D_A/d obtained from laboratory experiments is shown by the dots in Figure 2, indicating that D_F/D_A increases with D_A/d. These experimental data are scattered, and since the limit of regolith thickness is usually constrained, the envelopes of these data are required when considering the illuminationangle of optical images in regolith thickness estimation. We noted that in *Quaide and Oberbeck* [1968], an analytical expression between D_F/D_A and D_A/d was given only when considering the effect of repose angle of the surface materials. In this study, we propose a revised relation between D_F/D_A and D_A/d for the best fit and the envelopes of the experimental data, which is

$$D_F/D_A = k(\pm \Delta k) - \frac{\beta \cot\alpha}{D_A/d} \tag{1}$$

where k is a constant that relates true diameter (the diameter of a crater measured at the preimpact surface) of a crater to its apparent diameter, β is a coefficient, and α is the repose angle of the surficial material, with a typical value of 31° for the lunar regolith. In equation (1), k, $k+\Delta k$, and $k-\Delta k$ correspond to the best fit and the upper and lower envelopes of the experimental data. We reanalyzed all the experimental data in *Quaide and Oberbeck* [1968] and found that $k=0.834$, $\Delta k=0.067$, and $\beta=1.875$. As a comparison, k is equal to 0.84 and β is equal to 2.0 in *Quaide and Oberbeck* [1968]. As can be seen, except for one point, all the other points are tightly enclosed by the upper and lower envelopes indicated by our revised relations (the thinner black lines in Figure 2). We noted that this exceptional point with a large D_A/d value does not affect the boundary values that separate realms of crater morphology.

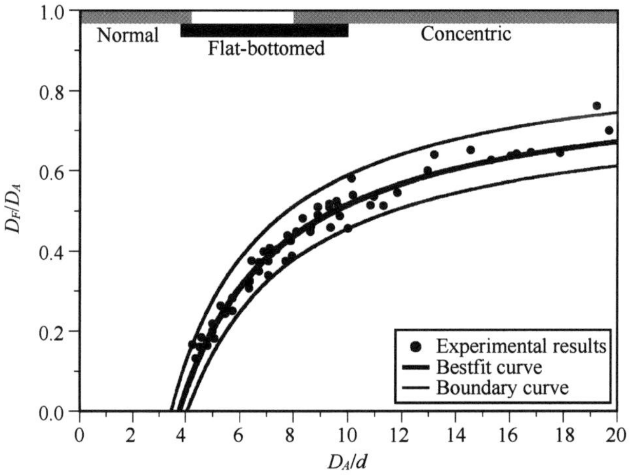

Figure 2　Relationships between crater geometry (normal, flat bottomed, and concentric) and he ratio of D_A/d and between ratios of D_F/D_A and D_A/d, where D_F is the diameter of the floor of the surficial crater in flat-bottomed and concentric craters, D_A is the apparent crater diameter, and d is the regolith thickness. The dots are all the experimental data in *Quaide and Oberbeck* [1968], the thick black line indicates the best fit curve of the experimental data, and the lower and upper lines are the envelopes of the experimental data.

Table 1　Extreme Value of Illumination Angle for Normal and Concentric Craters

Boundary value	Normal Crater			Concentric Crater		
	3.8	4	4.2	8	9	10
Upper envelope	27.1°	25.2°	23.6°	19.5°	18.2°	17.1°
Best fit	30.4°	28.3°	26.6°	21.4°	20.2°	19.1°
Lower envelope	31.0°	31.0°	29.8°	23.2°	22.0°	21.1°

Since the relationship for central mound craters can be included in that of flat-bottomed craters, central mound craters are not treated specially and are instead classified as flat-bottomed craters in our study. This does not affect the estimated regolith thickness in any case. We also noted that for estimating regolith thickness, though flat-bottomed craters are usually counted, only normal and concentric craters are used in most cases.

When applying the experimental relation of equation (1) in regolith thickness estimation, illumination angle (or complementarily, solar incidence angle) of the optical images that are used for crater morphology identification should be considered. This is because that when illumination angle is smaller than repose angle of the regolith, a flat-bottomed crater could be misrecognized as a normal crater and a concentric crater could be misrecognized as a flat-bottomed one. Therefore, the separating boundary of crater morphology should be modified with considering the effect of the illumination angle. An example is the extreme case when the shadow cast by the crater rim completely covers the floor of a flat-bottomed crater, and when the shadow cast by the rim of the outer crater just touches the rim of the inner crater for a concentric crater. According to *Quaide and Oberbeck* [1968], for any repose angle (α) and illumination angle (γ), the minimum value of D_F/D_A for recognition boundary separating normal from flat-bottomed geometry can be determined from the shadow pattern as

$$\frac{D_F}{D_A}=\frac{1-\cot\alpha\tan\gamma}{1+\cot\alpha\tan\gamma}, \tag{2}$$

and the limiting condition of recognition boundary separating realms of flat-bottomed and concentric craters can be obtained as

$$\frac{D_F}{D_A}=\frac{1-\cot\alpha\tan\gamma}{1-0.33\cot\alpha\tan\gamma}. \tag{3}$$

For the geometry and the derivation of these two equations, the reader is referred to Figure 14 and section 5 in *Quaide and Oberbeck* [1968].

As the minimum value of recognition boundary in terms of D_F/D_A is calculated from equation (2) or (3), the corresponding value in terms of D_A/d can be obtained from equation (1), which is the calculated recognition boundary separating realms of crater morphology. In estimating regolith thickness, if the calculated recognition boundary is larger than the experimental boundary, the boundary that separates a normal crater from a flat-bottomed crater is selected as the calculated value from equation (2) and that separating a flat-bottomed crater from a concentric crater is chosen as the calculated result from equation (3). In all cases when the calculated recognition boundary is smaller than the experimental boundary, for whatever geometry, the recognition boundary is selected as the experimental boundary[*Quaide and Oberbeck*, 1968].

Using the experimental boundary value, the recognition boundary in terms of D_F/D_A can be calculated from equation (1), which can be further converted to extreme illumination angles by using equations (2) and (3) with a known value of the repose angle. Table 1 lists the extreme values of illumination angle for normal and concentric craters with a typical repose angle of 31°for lunar regolith. When the illumination angle of the selected image is smaller than the corresponding value in Table 1, the effect of the illumination angle should be considered.

2.2 Data and Tool

In the past few years, a significant amount of high - resolution optical images have been obtained by the state - of - art cameras on board the recent lunar missions, including the Kaguya TC[*Haruyama et al.*, 2008a, 2008b], CE-2 CCD Camera [*Zheng et al.*, 2008; *Ouyang et al.*, 2010], and LROC NACs [*Robinson et al.*, 2010]. The nominal spatial resolutions of CE-2 CCD Camera and Kaguya TC are 7.0 and 7.4 m/pixel, respectively, and that of LROC NAC is ~0.5 m/pixel. Since the diameter of the minimum recognizable crater and the uncertainty in the measured diameter depend closely on the spatial resolution of optical images, LROC NAC images with a higher spatial resolution are a better choice for our regolith thickness estimation.

In our study, the Crater Helper Tools toolkit extension to ArcGIS [*Nava*, 2011] is used for crater counting and morphology identification. To identify a crater, three points on the rim of a crater are selected manually and then a circle is defined that is used to determine the diameter of the crater automatically. The morphology of a crater is identified visually according to its shape and shadow pattern, and then a flag is assigned manually to mark its morphology type. As can be seen from Figure 1, a normal crater usually has either a conical or spherical segment shape as evidenced by their single arcuate shadow pattern. A crater with flat - bottomed geometry has an obvious planar floor with a single annular shadow pattern. A concentric crater usually contains a well - developed central crater and is characterized by a double annular or ring - shaped arcuate shadow pattern. As a crater is identified, its location, diameter, and morphology type are recorded by this toolkit, which can be exported for further analysis.

To summarize, Figure 3 shows the flow chart for regolith thickness estimation by using morphology and size-frequency distribution of small impact craters. As high - resolution optical images are available, morphologies of small fresh craters are identified visually and their diameters and locations are recorded automatically by Crater Helper Tools. For each optical image, minimum values of D_F/D_A for flat - bottomed and concentric craters are calculated from equations (2) and (3). Using these minimum values, lower limits of recognition boundary D_A/d are obtained by using equation (1). If these lower limits of recognition boundary are smaller than the experimental recognition boundary, the recognition boundaries are chosen as the experimental recognition boundary. Otherwise, the recognition boundaries are chosen as the calculated values. Finally, combining the recognition boundaries with information of crater morphologies, diameters, and locations, lower and upper limits of regolith thickness can be estimated. By assuming a uniform distribution of each morphologic type of craters, the cumulative distribution of regolith thickness can be obtained from the size-frequency distribution of craters. As the approach is applied to large regions, the spatial distribution of regolith thickness can be obtained.

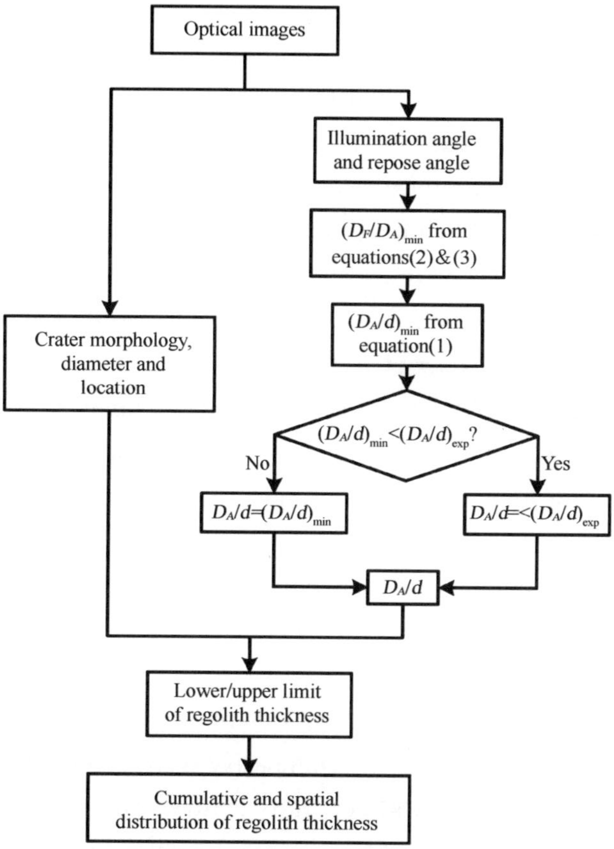

Figure 3　Flow chart for lunar regolith thickness estimation using the morphology and size-frequency distribution of small craters. $(D_F/D_A)_{min}$ is the minimum value of recognition boundary that can be calculated from equations (2) and (3), and $(D_A/d)_{min}$ is the corresponding value from equation (1), where D_F is the diameter of the floor of the surfical crater, D_A is the apparent rim to rim diameter of a crater, and d is the regolith thickness. (D_F/D_A)exp is the experimental recognition boundary with a value between 3.8 and 4.2 that separates normal from flat－bottomed geometry, and a value between 8 and 10 that separates flat－bottomed from concentric geometry.

2.3　Validation of the Method

Before applying this method for regolith thickness estimation to our study region, regolith thickness at the Surveyor 1 landing site (Figure 4a) in Oceanus Procellarum was estimated using images from LO, TC, and LROC. Previously, the average regolith thickness over this region was estimated to be 8—9 m from LO photographs using the same method by *Oberbeck and Quaide* [1967]. Here two LO images (spatial resolution: ~7.0 m/pixel; illumination angle: 26.8° and 27.6°), two TC images (spatial resolution: 7.4 m/pixel; illumination angle: 24.6° and 24.9°), and 10 LROC images (spatial resolution: 0.43—1.1 m/pixel; illumination angle: 11.3—64.8°) were used, and in total 786, 4 293, and 6 070 craters were counted in each image set, respectively. In order to compare the estimated regolith thickness with the result by *Oberbeck and Quaide* [1967], the separating boundary between normal and flat - bottomed craters and that between flat - bottomed and concentric craters were chosen as 6.5 and 11, as in *Oberbeck and Quaide* [1967] For these two boundary values, extreme values of the illumination angle for normal and concentric craters are calculated to be 15.9° and 18.3°, both of which are smaller than the illumination angles of the selected LO and TC images. As for LROC, six of the 10 selected images have illumination angles larger than the corresponding extreme values, and their surface area is about 73% of the study region. If the effect of the illumination angle is considered for the other four LROC images, it would only make a difference less than ~10% in the cumulative distribution of the regolith thickness. Therefore, the effect of the illumination angle for all these images is not considered here.

Figure 4b shows the cumulative distributions of the regolith thicknesses estimated from LO, TC, and LROC images and their comparisons with the result in *Oberbeck and Quaide* [1967]. For convenience in comparison, the black line in Figure 4b is the best fit curve of regolith thickness estimated from LO photographs by *Oberbeck and Quaide* [1967] (black squares). As can be seen, cumulative distribution of regolith thickness estimated from LROC images (red dots) generally matches well with the result in *Oberbeck and Quaide* [1967], except an exceptional maximum difference of 40% when the regolith thickness is 8.4 m. The small difference between our estimation using LROC images and that in *Oberbeck and Quaide* [1967] (<15% for most cases) might result from investigator bias, in which an uncertainty of 3—5 pixels always exists when determining the diameter of a crater. Our new estimation based on LO images (black dots) is generally 15%—20% smaller than the result in *Oberbeck and Quaide* [1967], which might be caused by the quality (contrast, brightness, and spatial resolution) of the LO images in different studies. We used the digitalized LO images processed at the Lunar and Planetary Institute, and *Oberbeck and Quaide* [1967] probably used the printed photographs from LO films. The cumulative distribution of regolith thickness from TC images (blue dots) is generally 20%—40% smaller than the result in *Oberbeck and Quaide* [1967],

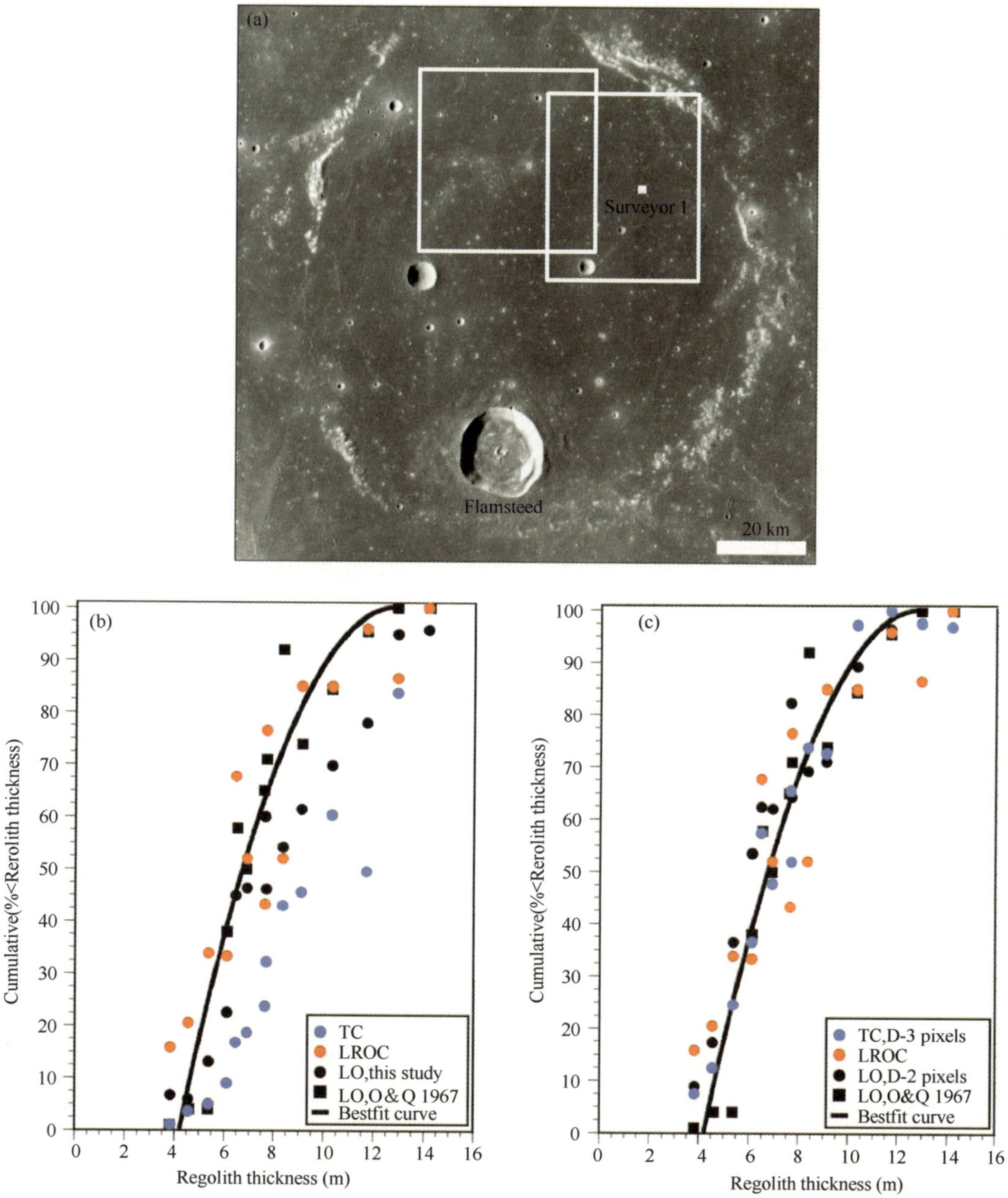

Figure 4　(a) A LROC Wide Angle Camera image showing the study region that is located at the Surveyor 1 landing site, where the left and right white boxes indicate the frames of LO photographs M－201 and M－207. (b) Cumulative distribution of regolith thickness estimated from Kaguya TC images (blue dots), LROC images (red dots), LO images (black dots), and the LO photographs by *Oberbeck and Quaide* [1967] (black squares). The black line is the best fit curve of the estimated regolith thickness in *Oberbeck and Quaide* [1967]. (c) Cumulative distribution of regolith thickness, the same as Figure 4b, except that the diameters measured from Kaguya TC and LO images were subtracted by 3 and 2 pixels, respectively.

which might result from the coarse spatial resolution of TC images. We noted that for TC and LO images with a spatial resolution of ~7 m/pixel, a 1 pixel uncertainty in the measured diameter would result in an uncertainty of ~1.1 m for normal craters and ~0.6 m for concentric craters in the estimated regolith thickness. If the diameters of the counted craters in TC and LO images were subtracted by 3 and 2 pixels, respectively, cumulative distributions of the regolith thickness from TC and LO images would match well with the black line (Figure 4c).

The overall match between our estimation and the result in *Oberbeck and Quaide*[1967] indicates that our crater morphology identification is reliable. An unavoidable uncertainty of 3—5 pixels in the measured crater diameter could affect the estimated regolith thickness that depends on the spatial resolution of the images. Considering the data quality and spatial resolution, we will use LROC NAC images for regolith thickness estimation in this study.

3 Sinus Iridum Region

Sinus Iridum (45.01°N, 31.67°W; 249.29 km diameter) is a bay of basaltic lava that is located on the northwest of Mare Imbrium (Figure 5). The rim from the northeast to the southwest is marked by the arcuate Montes Jura range, and the rim from the south to northeast was breached by basaltic volcanism that formed Mare Imbrium. Sinus Iridum and Mare Imbrium are connected naturally via two capes, with Promontorium Laplace at the northeast and Promontorium Heraclides at the southwest. There are only a few large craters over this region, with the most notable Laplace A (43.74°N, 26.93°W; 8.16 km diameter) along the eastern edge. Several chain craters can be found in the center of the floor (e.g., the north of region B, and region C), which might probably be secondary craters. The surface of Sinus Iridum is relatively flat but is marked by seven wrinkle ridges along the northeast to the southwest direction [*Schaber*, 1969]. A sinuous rille with length about 70 km, originating probably at a crater (46.13°N, 24.98°W; 0.5 km diameter) ~15 km east of the Promontorium Laplace, meanders along northeast edge of the floor of Sinus Iridum and sometimes is truncated by Montes Jura. These features might provide important clues to the formation, basaltic magma intrusion, and late surface modification of Sinus Iridum and Mare Imbrium. In addition to its relatively flat terrain, Sinus Iridum was selected as one of the potential landing sites for CE-3 lander/rover[*e.g.*, *Chen et al.*, 2010; *Gong and Jin*, 2012; *Fa*, 2013].

According to *Schaber* [1969], after the formation of the Imbrium basin (3.77, 3.85, or 3.91 Ga ago in *Stoeffler et al*. [2006]), an independent impact event formed Iridum crater, with a diameter of ~250 km. This impact event destroyed and buried part of the outer Imbrium basin ring for a distance about one crater diameter (~250 km). After

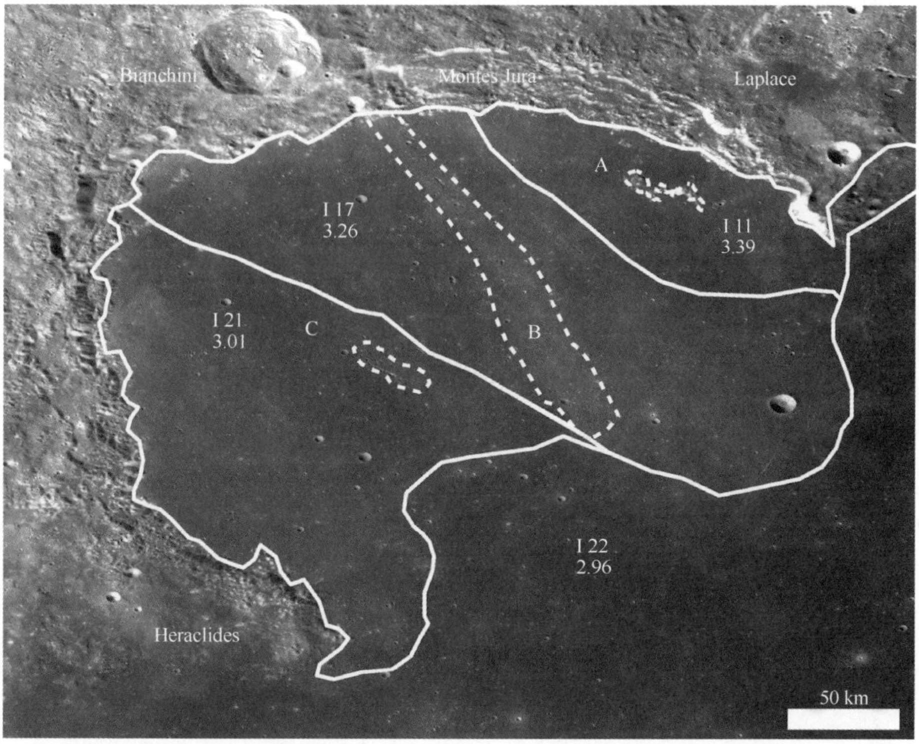

Figure 5 A Kaguya TC image of the Sinus Iridum region in simple cylindrical projection, where thespatial resolution is 16.3 m/pixel. According to the age-dating results by *Hiesinger et al*. [2000], this region is divided into four geologic units as I11, I17, I21, and I22, with their surface ages of 3.39, 3.26, 3.01, and 2.96 Ga. Region A is complex mixture of slumped Iridum ejecta, reworked Imbrim basin ejecta, and uncovered pre-Imbrian basement materials, and regions B and C are ray materials of secondary craters [*Schaber*, 1969].

the deposition of the Iridum ejecta, the southeastern rim crest of Iridum crater was breached by basaltic volcanism, and its floor was filled with lava flow. Considerable time must have elapsed before the formation of the youngest lava plain within Sinus Iridum. Since then, impact events became the major geological process that modified its surface, and Eratosthenian - and Copernican - aged craters formed. The Eratosthenian - aged craters have no associated rays, whereas the Copernican - aged craters are surrounded by bright halos and streaks of ray materials. Large regional ray patches, chain craters, and ejecta materials (e. g., regions B and C in Figure 5) are conspicuous, which probably formed by fragments ejected from the large craters like Copernicus, Aristillus, and Aristarchus of Copernican age.

During its formation process, Sinus Iridum undergone a series of magmatic activities, making its geologic history complicated and multistage. According to multispectral Galileo Earth/Moon Encounter 2 (EM2) imaging data, the surface of Sinus Iridum was divided into four geologic units as I11, I17, I21, and I22 by *Hiesinger et al*. [2000], and their surface ages were estimated as $3.39^{+0.07}_{-0.08}$, $3.26^{+0.08}_{-0.07}$, $3.01^{+0.12}_{-0.16}$, and $2.96^{+0.13}_{-0.17}$ Ga based on crater size-frequency distribution. In this study, we follow the division by *Hiesinger et al*. [2000] (Figure 5) in the analysis of the correlation between regolith thickness and surface age.

4 Regolith Thickness Estimation Results

4.1 LROC Images and Crater Counting Results

In this study, LROC NAC Engineering Data Record (EDR) images processed with the Integrated Software for Imagers and Spectrometers (ISIS) are used for crater counting and morphology identification. In total, 227 NAC images are selected, covering 85.3% of the Sinus Iridum region (Figures 6a and 6b). Among these images, 121 images have pixel scales ranging from 0.34 to 0.76 m, covering 10% of the surface area, and the

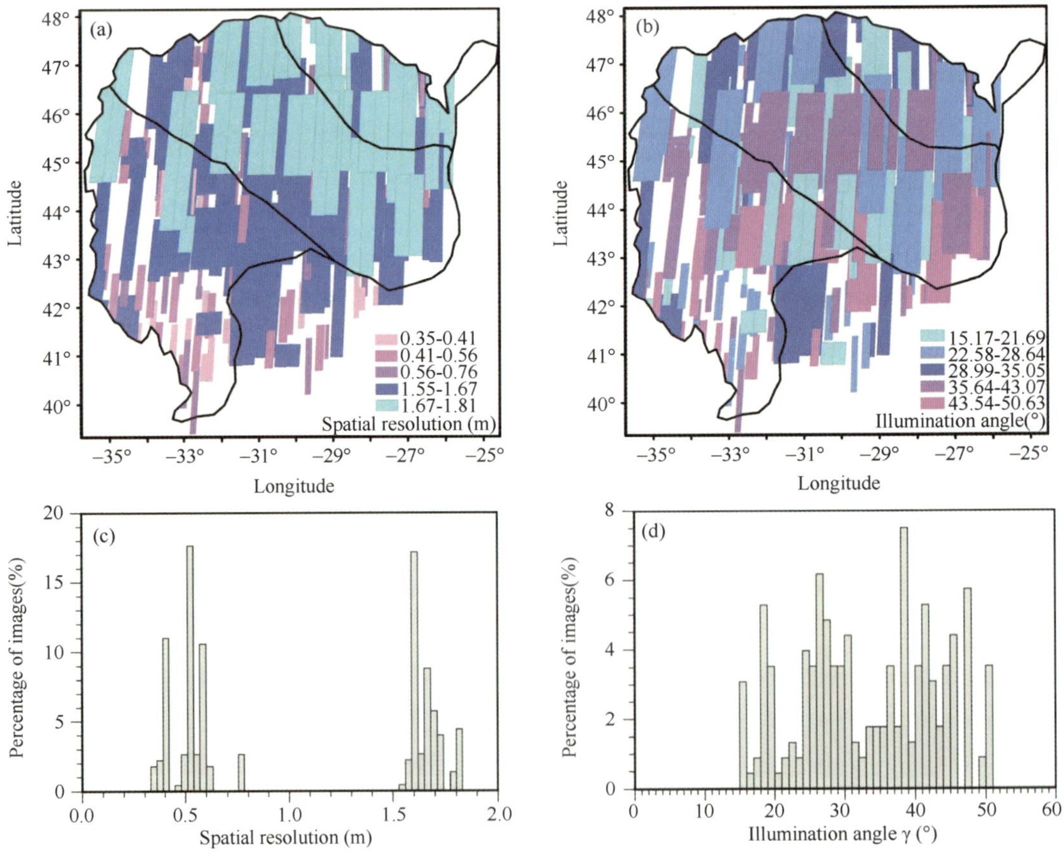

Figure 6　(a and b) Maps and (c and d) histograms of the spatial resolution and the illumination angle of the selected 227 LROC NAC images.

spatial resolution of the rest is from 1.55 to 1.81 m (Figure 6c). The illumination angle of these images varies from 15° to 51° (Figure 6d), and ~46.7% of these images have illumination angles smaller than 31°, in which the illumination angle effect should be considered in regolith thickness estimation. For these images, the recognition boundaries that separate a normal crater from a flat - bottomed crater and a flat - bottomed crater from a concentric crater should be calculated using equations (2) and (3), instead of using the experimental boundary.

In total, 378 556 small fresh craters over the Sinus Iridum region were counted, of which 275 090 are normal craters, 67 840 are flat - bottomed craters, and 35 626 are concentric craters (Figure 7a). The diameters of these craters vary from 4.2 to 249.8 m. Morphologies of craters with diameters smaller than 4 m are difficult to identify, and hence, those craters are excluded in the current study. As an example, Figure 7b shows a region with a cluster of normal craters in the northeast of the Sinus Iridum region (square b in Figure 7a). Compared with normal craters, concentric craters are sometimes not easy to identify because of the degradation. The fresh crater 1 in the top left of Figure 7c can be identified unambiguously as concentric based on the annular shadow in the southwest inner wall and the existence of abundant fresh rocks. The floor of crater 2 is relatively flat, and hence, it could be identified as flat bottomed. However, careful examination shows that annular shadows exist in its southwest wall and several rocks distribute sporadically within its rim. In addition, its albedo is higher than the background, indicating that it is fresh as well. Therefore, crater 2 is identified as concentric craters, though it is degraded to some extent. Comparing Figure 7b with 7c, it is clear that normal craters are usually smaller with a relatively larger crater density; in contrast, concentric craters are larger but with a sparse density.

The counted craters in Figure 7a were gridded spatially with a grid size of 0.5°× 0.5°, and Figure 8 shows the spatial distribution of crater density (number of craters per km^2) for all the counted, normal, flat - bottomed, and concentric craters. For those grids in the southwest region in Figure 6a that were only partially covered by LROC images, crater density of the entire grid was assigned as that of the partially covered region by LROC images. In Figure 8, normal crater dominates among the three crater types overall, with a crater density ~4.1 (9.4) times as large as that of flat - bottomed (concentric) craters for most regions. For each type of craters, there are substantial regional variations in their spatial distributions. Normal and flat - bottomed craters are more concentrated in the southern portions of the Sinus Iridum region, whereas concentric craters are more abundant in the southwestern portions, with several clusters of craters concentrating at the locations of (44°N, 31.75°W), (41.5°N, 30.25°W), and (41°N, 33.5°W). The north portion in region B (Figure 5) that consists of ejecta materials has a relative low abundance of craters,

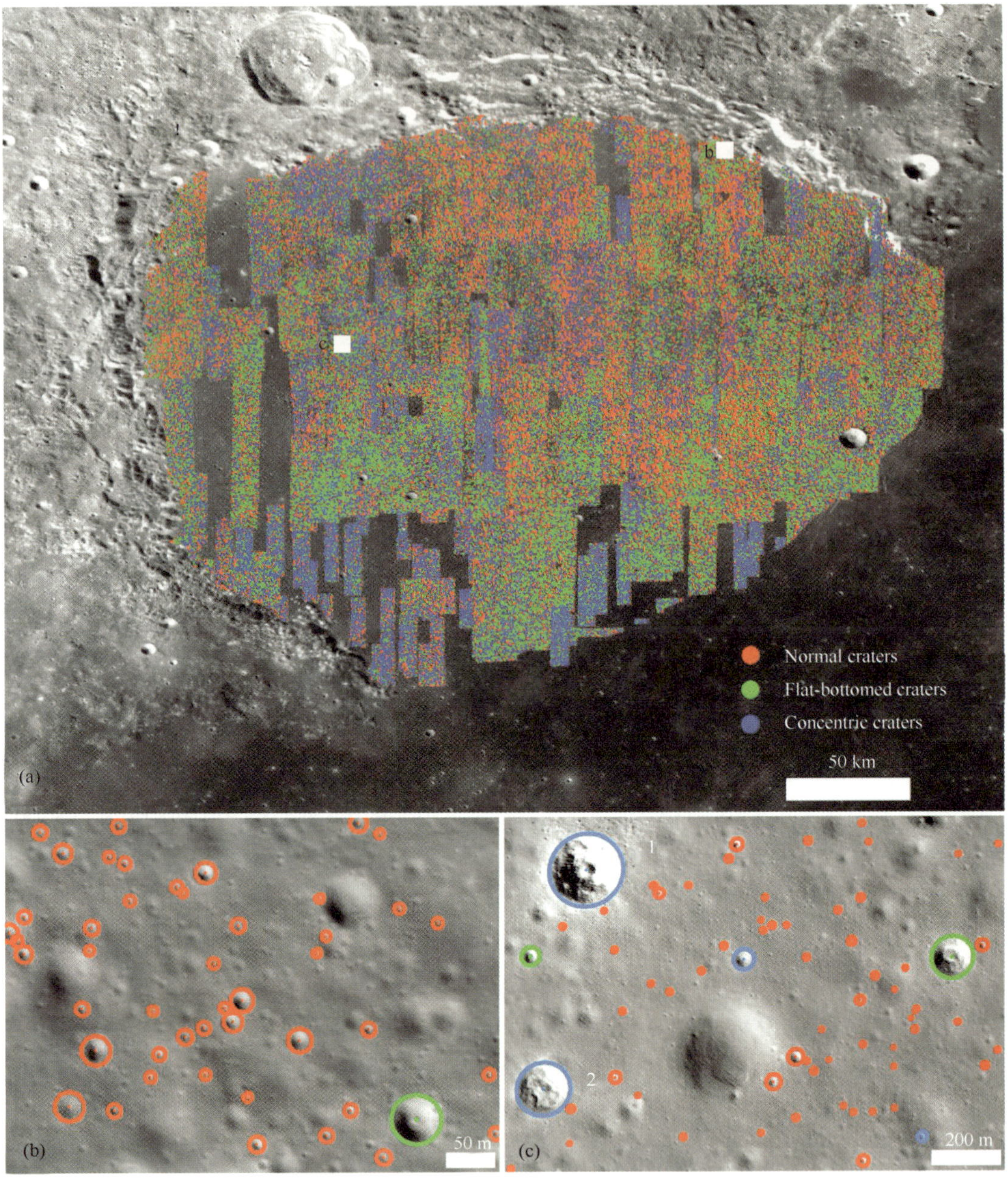

Figure 7 (a) All the counted small fresh craters over the Sinus Iridum region, where the red, green, and blue points indicate the normal, flat - bottomed, and concentric craters, respectively. (b) A LROC NAC image (M1099029677LE) showing a region with abundant normal craters in the north-east of the Sinus Iridum region (square b in Figure 7a), where the spatial resolution is 1.68 m/pixel. (c) A LROC NAC image (M104740579RE) showing a region with four concentric craters near the center of the Sinus Iridum region (square c in Figure 7a), where the spatial resolution is 1.71 m/pix-el. Craters 1 and 2 are used to illustrate how to identify concentric craters at different degradation states.

especially for the concentric and flat - bottomed geometry types. Region C that is featured by chain craters is one of the few regions that have the highest crater density.

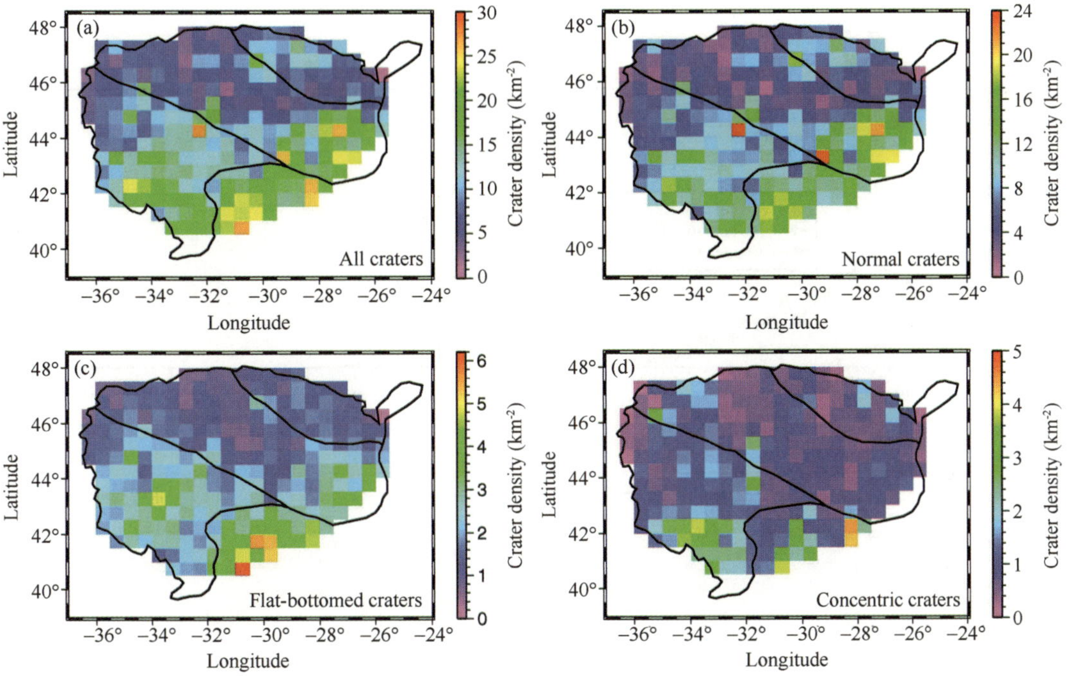

Figure 8　Crater densities (number per km^2) over the Sinus Iridum region: (a) all the counted small fresh craters, (b) normal craters, (c) flat - bottomed craters, and (d) concentric craters.

Figure 9 shows the relative distributions of the normal, flat - bottomed, and concentric craters over the Sinus Iridum region. Diameters of the normal craters are smaller than 50 m with a mean value of ~20.3 m, those of the flat - bottomed craters are generally from 10 to 100 m with a mean value of ~32.8 m, and diameters of the concentric craters are from 10 to 200 m with a mean value of ~52.4 m. From Figure 9a, normal craters dominate at diameter smaller than 40 m, flat - bottomed craters dominate at diameters between 40 and 70 m, whereas concentric craters dominate at diameter larger than 70 m. The number of concentric craters is relatively small over this region, with a proportion of <10%. Most of fresh craters with diameters larger than 100 m are concentric. In Figure 9a, the slight increase (decrease) in the relative number of normal (flat - bottomed) craters at a diameter of ~15 m is most probably caused by the discontinuity in spatial resolutions of the optical images (Figures 6a and 6c). Usually, 10—20 pixels are required in order to identify a flat - bottomed crater unambiguously. Because of the lack of images with a spatial resolution of ~1 m, it is most probable that flat - bottomed craters with a diameter of 15 m were misidentified as normal in our crater counting. In our regolith thickness estimation below, though we will show the estimated regolith thickness using a crater diameter of 15 m, it should be noted that the result might contain some uncertainty caused by misclassification. Nevertheless, given to the small proportion of craters at this diameter, this would not affect the estimated regolith thickness in any significant manner.

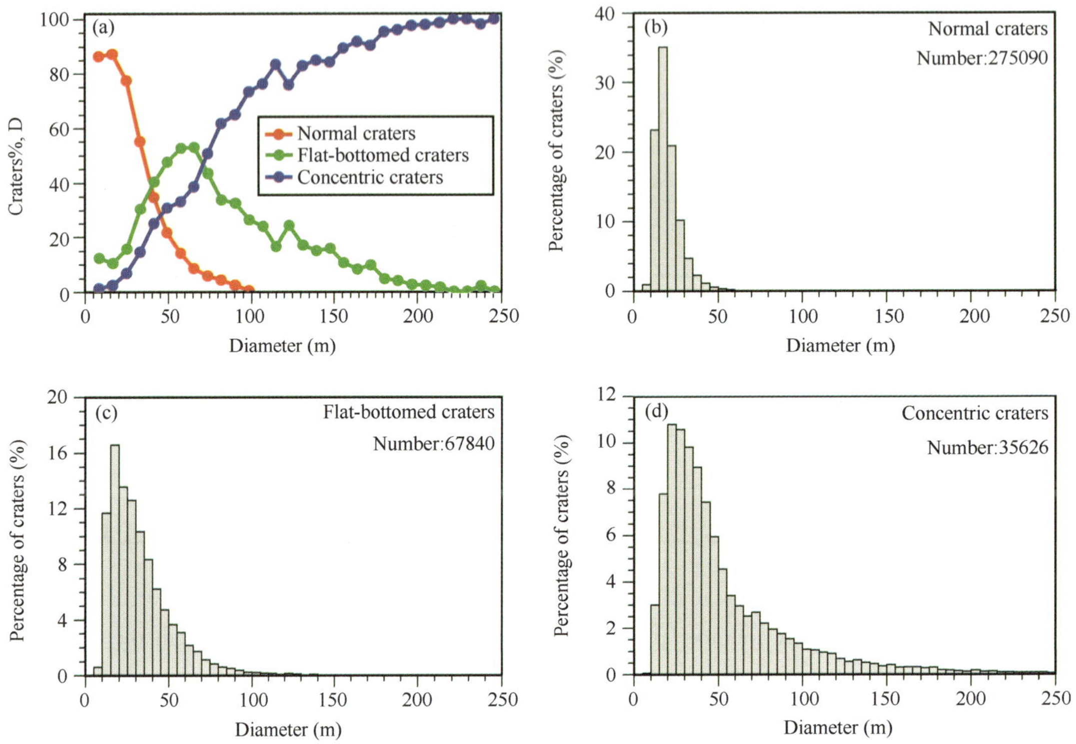

Figure 9　(a) Percentage of normal (red), flat-bottomed (green), and concentric (blue) craters as a function of crater diameter for all the counted craters over the Sinus Iridum region. Relative distributions of (b) normal, (c) flat-bottomed, and (c) concentric craters.

4.2　Regolith Thickness Results

Using the morphologies of the counted craters and the separating boundary in section 2, upper and lower limits of regolith thickness can be obtained from concentric and normal craters, respectively. We noted that one D_F/D_A value in Figure 2 corresponds to two separating boundaries that result from the lower and upper envelope curves. Since normal craters constrain the lower limit of regolith thickness, the upper envelope curve results in a larger regolith thickness with a lower confidence level, whereas the lower envelope curve gives a smaller regolith thickness with a higher confidence level. In contrast, for concentric craters, the upper envelope curve results in a larger regolith thickness with a higher confidence level, whereas the lower envelope curve predicts a smaller regolith thickness with a lower confidence level. Theoretically speaking, if there are sufficient craters to provide adequate statistics, regolith thickness estimated from normal craters should be equal to that estimated from concentric craters. Nevertheless, in practice, there are certain differences between these two estimates, especially when the lower and upper envelope curves in Figure 2 are used. In this section, we will first show the estimated regolith thickness from normal and concentric craters separately and then present the combined results from both normal and concentric craters. As will be seen, these results are consistent with each other within the uncertain region of this approach.

To investigate local variation of the regolith thickness over the Sinus Iridum region, the study region is divided into 256 grids with a grid size of $0.5^\circ \times 0.5^\circ$. The number of craters within most of the grids (~89%) is larger than 500, and therefore, the estimated regolith thickness of each grid is statistically significant. For each grid, cumulative distributions of regolith layer thickness can be obtained from normal, concentric, and both normal and concentric craters, from which three median regolith thicknesses can be obtained. To study the effect of the illumination angle, regolith thickness can also be estimated with the experimental boundaries (4 for normal craters and 9 for concentric craters), as well as the two separating boundaries calculated from the upper and lower curves in Figure 2. Figure 10 shows the spatial distributions of the median regolith thickness over the Sinus Iridum region from normal (Figures 10a—10c), concentric (Figures 10d—10f), and both normal and concentric (Figures 10g—10i) craters. As can be seen, there are substantial regional variations in each regolith thickness map. Except for Figures 10b, 10f, and 10i, median regolith thickness over the northeastern region is larger, and that over the southern region is lower. Median regolith thickness for most regions varies from 4 to 12 m, except for several small portions in those maps estimated with a lower confidence level where the thickness can be as high as 12—14 m (Figure 10c) and as small as 2—4 m (Figure 10f).

The effect of illumination angle can be quantified by directly comparing Figures 10a, 10d, and 10g with Figures 10b, 10e, and 10h and Figures 10c, 10f, and 10i. For normal craters, the estimated median regolith thickness with a higher confidence level (Figure 10b) is about 1—5 m (mean value: ~2.2 m) smaller than that estimated directly from the experimental boundary, whereas regolith thickness with a lower confidence level (Figure 10c) is about 0.2—1.5 m (mean value: ~0.4 m) larger. In contrast, for concentric craters, the estimated regolith thickness with a higher confidence level (Figure 10e) is about 0.5—1.5m(mean value: ~1.0 m) larger than that without considering the effect of the illumination angle, whereas regolith thickness with a lower confidence level (Figure 10f) is about 0.5—6.5 m (mean value: ~2.1 m) smaller. The effect of the illumination angle on the estimated regolith thickness from normal craters is opposite to that estimated from concentric craters. When both normal and concentric craters are used,

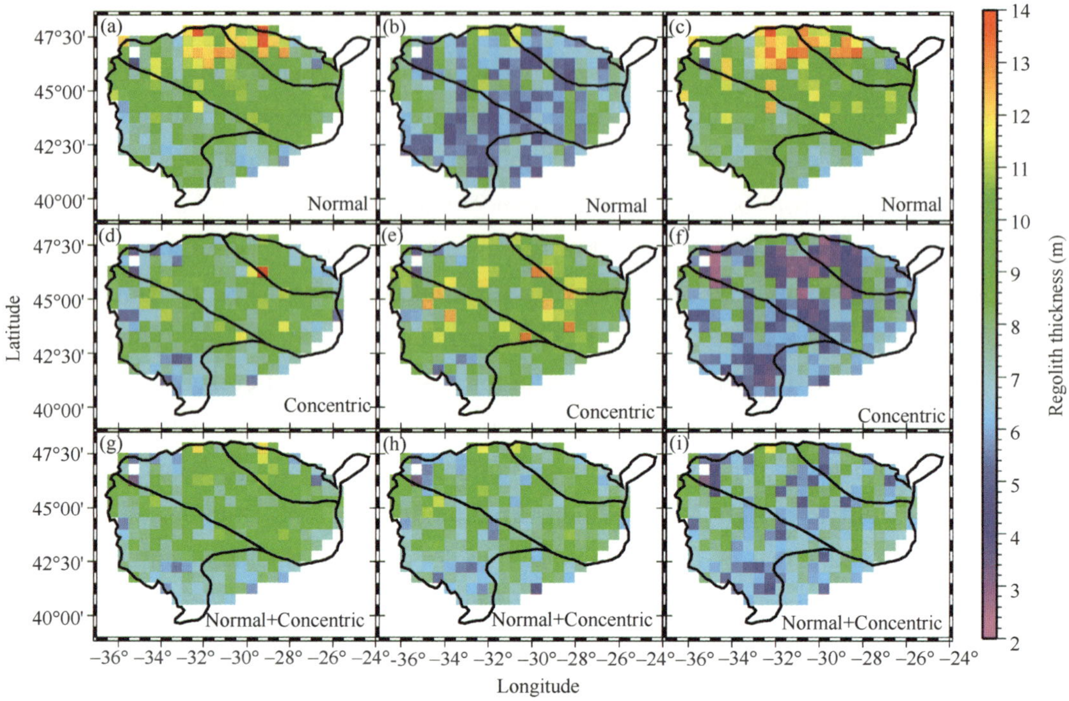

Figure 10 Distribution of the median regolith thickness estimated from (a—c) normal, (d—f) concentric, and (g—i) both normal and concentric craters over the Sinus Iridum region. Regolith thickness in the left column is based on the experimental boundary values without considering the effect of the illumination angle, and the middle and right columns represent regolith thickness with a higher and lower confidence level, respectively.

regolith thickness with a higher confidence level (Figure 10h) is ~0.4 m smaller on average, whereas that with a lower confidence level(Figure 10i) is ~1.2 m lower. In summary, the choice of upper and lower envelope curves can affect the estimated regolith thickness by a factor of ~4%—23.5%.

Similarly, the difference in the regolith thicknesses estimated from solely normal or concentric craters and both normal and concentric craters can be studied by comparing the top and middle rows with the bottom row in Figure 10. If the effect of the illumination angle is not considered (Figures 10a, 10d, and 10g), for ~50% of the study region, median regolith thickness estimated from normal craters is consistent with that from concentric craters, with a difference less than 1.0 m. The estimated regolith thickness from both normal and concentric craters is more close to the estimation from concentric craters, with a difference of ~0.6 m on average. When the illumination angle effect is considered, the difference in regolith thickness between normal and concentric craters becomes larger, with a mean value of ~2.7 m for a high confidence level and ~3.3 m for a lower confidence level. When both normal and concentric craters are used, the difference in regolith thickness between that with a higher and lower confidence level is smaller than the difference of regolith thickness estimated from solely normal or concentric craters. The difference between Figures 10h and 10i provides the maximum uncertainty range of the median regolith thickness, and the true median regolith thickness should be some value between those in Figures 10h and 10i. Therefore, regolith thickness estimated from both normal and concentric craters is more reliable than that estimated solely from normal or concentric craters.

Figure 11a shows the cumulative distributions of regolith thickness (percentage of area with regolith thickness smaller than a given value) that obtained from normal (red) and concentric (blue) craters separately. In the calculation, the separating boundaries based on experimental data (4 for normal craters and 9 for concentric craters) are used directly without considering the effect of the illumination angle. As can be seen, the median regolith thickness over the Sinus Iridum region is ~8.4 m based on concentric craters and is ~9.0 m based on normal craters. The result based on normal craters shows that 25% of the region has a regolith thickness smaller than 6.3 m, and the regolith thickness for 75% of the region is smaller than 12.0 m. As for the thickness estimated from concentric craters, 25% of the region has a regolith thickness smaller than 4.8 m, and 75% of the regolith has a thickness smaller than 11.7 m. Overall, cumulative distribution of regolith thickness estimated from normal craters is only slightly larger than that based on concentric craters when regolith thickness is less than 13 m. To consider the effect of the illumination angle, separating boundaries for each individual image in Figure 6b are calculated first and then their mean values are obtained by weighting their surface areas. Figure 11b shows the cumulative distributions of regolith thickness by using the weighted separating boundaries, with a value of 4.5 for normal craters and 9.5 for concentric craters. It is obvious that the result estimated from normal craters is consistent well with that from concentric craters when the effect of the illumination angle is considered. The median regolith thickness reduces to ~8.0 m, which is 1.0/0.4 m (normal/concentric) smaller if the illumination angle effect is not considered. Maximum regolith thickness can be determined from the largest craters, which is about 24.8 m based on the largest normal crater and 27.8 m from the largest concentric crater. The minimum regolith thickness is ~1 m in this region; this is obtained from the smallest recognizable crater, which is limited by the spatial resolution of the optical images.

4.3 Discussions

Comparing the estimated regolith thickness maps (especially Figures 10a, 10d, and 10g) with the geologic units in Figure 5, it is obvious that regolith thickness varies among geologic units. To study how regolith thickness correlates with the surface age, cumula-

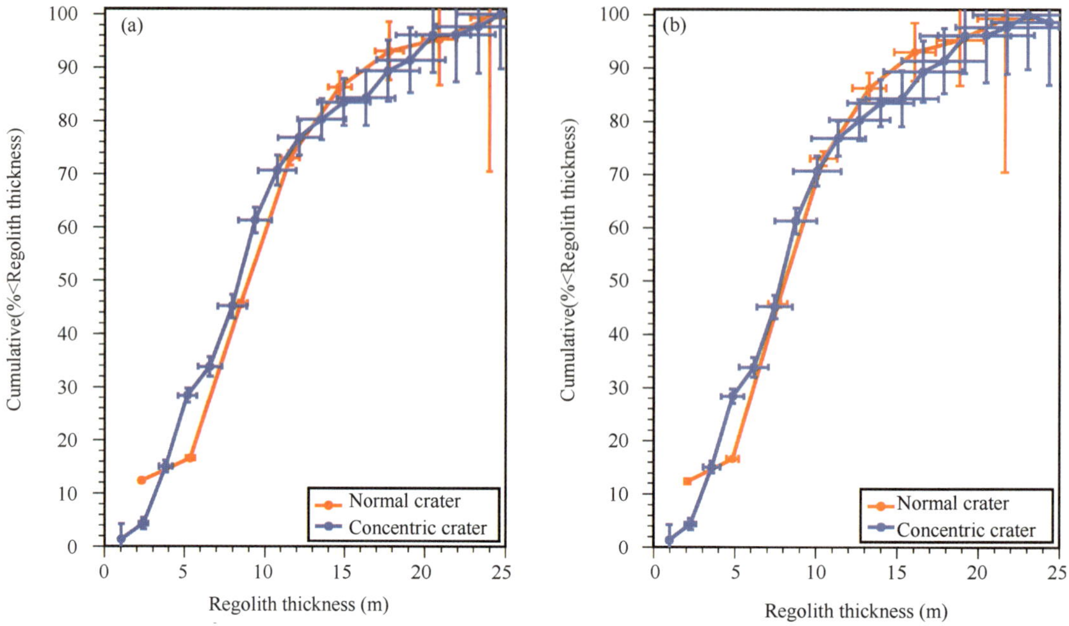

Figure 11　Cumulative distribution of regolith thickness (percentage of area with regolith thickness esmaller than a given value) stimated from normal (red) and concentric (blue) craters by using (a) experimental separating boundaries (4 for normal craters and 9 for concentric craters)and (b) surface area weighted mean separating boundaries (4.5 for normal craters and 9.5 for concentric craters). The horizontal error bars show the uncertainty of the regolith thickness caused by the upper and lower envelopes in Figure 2; the vertical error bars indicate the uncertainty in the cumulative distribution of regolith thickness, which are calculated based on the one standard deviation (1σ) of the counted crater numbers with a Poisson distribution.

tive distributions of regolith thickness over the four geologic units are obtained without considering the effect of the illumination angles of the optical images. Figure 12 shows the plot of regolith thickness versus surface age for these four geologic units estimated from both normal and concentric craters. The minimum and maximum regolith thicknesses estimated from the smallest and largest craters show no correlation with surface age. The median regolith thicknesses are 8.6, 8.5, 8.0, and 7.4 m for the geologic units I11, I17, I21, and I22, respectively. There is a strong correlation between the median regolith thickness and surface age: the older the surface, the thicker the regolith. There are even good correlations between the first and third quartiles of the regolith thickness and the surface age. It is clear that regolith growth rate over younger surface is larger than that of the older surface. Since lunar regolith results from the continuous impacts of large and small meteoroids, for a young surface with a small regolith thickness, both large and small impacts can penetrate the regolith layer and excavate fresh bedrock. As time goes on and regolith thickness increases, only larger impacts can penetrate the regolith layer, bring underlying bedrock, and produce new regolith [*e.g.*, *Oberbeck and Quaide*, 1968; *McKay et al.*, 1991]. Therefore, the regolith growth rate decreases with surface age. The average regolith growth rate is estimated to be 2.7 m/Ga, which is much larger than the mean growth rate of ~1.2 m/Ga at the Apollo 11 landing site[*Melosh*, 1989]. This indicates that the growth rate of regolith might vary from place to place. We note that if surface ages of unit I22 estimated by *Bugiolacchi and Guest* [2008] and *Morota et al.* [2011] are used, regolith growth rate will reduce to ~1.0 m/Ga. A strong correlation between regolith thickness and surface age still exists.

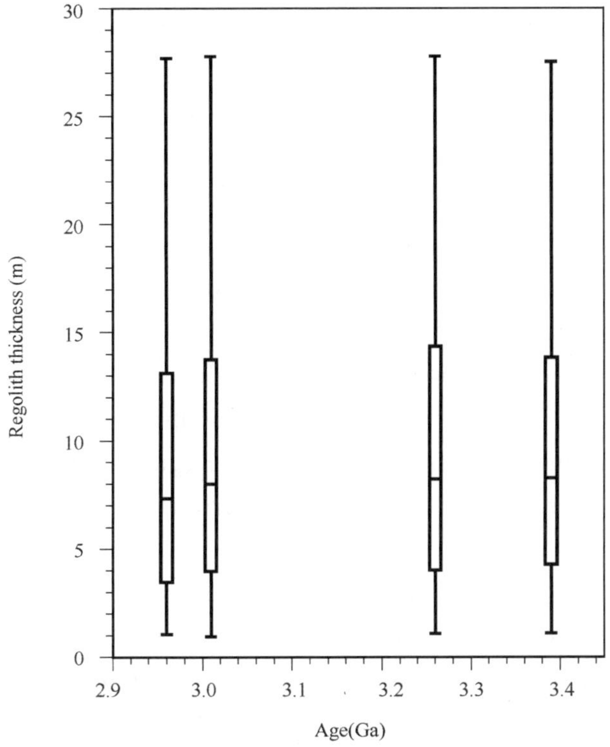

Figure 12　The minimum, first quartile, median, third quartile, and maximum regolith thicknesse stimated from all the normal and concentric craters versus absolute surface age for the four geologic units I11, I17, I21, and I22.

There is an anticorrelation between the regolith thickness (Figure 10) and crater density (Figure 8): the less the number of small fresh craters, the thicker the regolith. This seems to be counterintuitive at first but turns out to be consistent with the correlation between regolith thickness and surface age. In our study, only small fresh craters (<250 m) are counted. For an older surface with a thicker regolith, small craters form mostly in loose regolith because the projectiles cannot reach the underlying bedrock. In contrast, for a younger surface with a thinner regolith, a portion of small craters form in coherent bedrock. Small craters formed in loose regolith are more easily degraded than those formed in bedrock. In addition, an older surface suffers from more large impacts that can efficiently degrade the small fresh craters. Therefore, a younger surface should have more fresh craters than an older surface. A good example is regions B and C in Figure 5. Both regions B and C consist of ray patches, chain craters, and ejecta materials, and both are probably Copernican aged. Region B formed in an older surface (I17) with a thicker regolith, whereas region C formed in a younger surface (I21) with a thinner regolith. As a result, crater density of region C is much larger (~3 times) than that of region B. In summary, the older the surface, the thicker the regolith layer, and the less the number of fresh craters. This relationship might provide a fast method for qualitatively comparing regolith thickness between different surfaces.

After the formation of Sinus Iridum, its surface suffered from ejecta of large Copernican - aged craters like Copernicus, Aristillus, and Aristarchus, as indicated by the chains of craters and bright ejecta materials (e. g., regions B and C in Figure 5). We found that three regions A—C in Figure 5 have a regolith thickness larger than their background geologic units. Figure 13 shows the LROC NAC images and cumulative distributions of regolith thickness for these three regions. According to the geologic map by *Schaber* [1969], region A is complex mixtures of slumped Iridum ejecta, reworked Imbrium basin ejecta, and uncovered pre-Imbrian basement materials, which may result from normal faulting during the slumping process. Regions B and C consist of bright ray materials of secondary craters excavated by ejecta from large impact craters like Copernicus, Aristillus, and Aristarchus. A secondary crater chain is obvious in region C. From Table 2, median regolith thicknesses of these three regions are all larger than those of their corresponding geologic units. It is likely that the pre-Imbrian - aged region A suffered more impact events and therefore has a thicker regolith thickness. For regions B and C, the secondary craters may excavate the underlying bedrock and produce more new regolith. As shown in Figure 14, the *R* plot values of regions B and C are much larger than their background geologic units, and therefore, it is most probable that the large number of secondary impact events produce more regolith over these two regions. All these abnormal thickness value correlates with local geologic process. From Table 2, the regolith thickness of region C is ~1.0 m larger than that of region B, even though the background geologic unit of region C is younger than that of region B. In Figure 14, it can be found clearly that the *R* value of region C is larger than that of region B. All this evidence implies that regolith thickness over a local region might correlate with its local impact history.

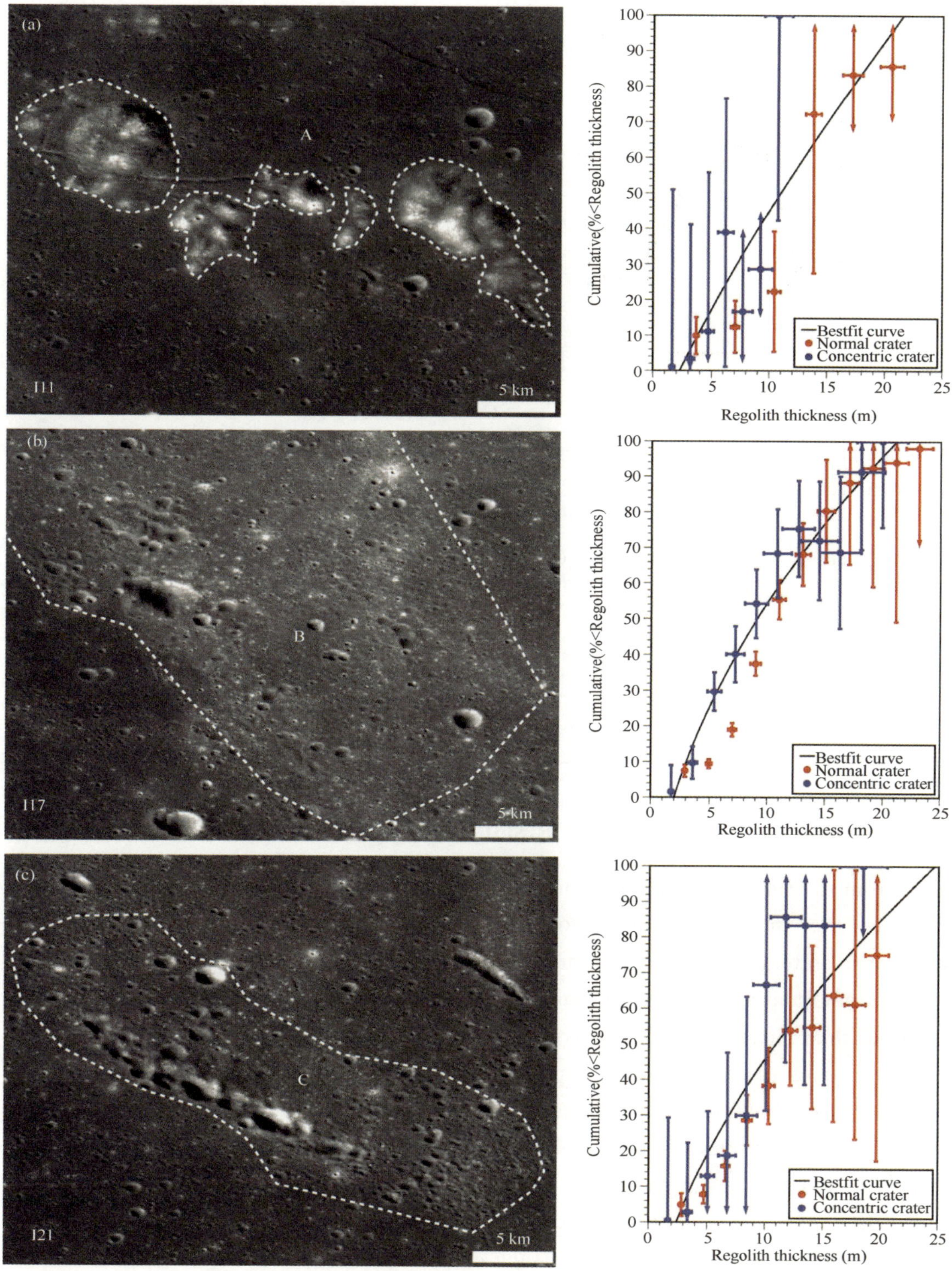

Figure 13　LROC NAC images and cumulative distributions of regolith thickness for regions (a) A, (b) B, and (c) C, where the red dots are estimations from normal craters, the blue dots are estimations from concentric craters, and the black lines are the best fit curves.

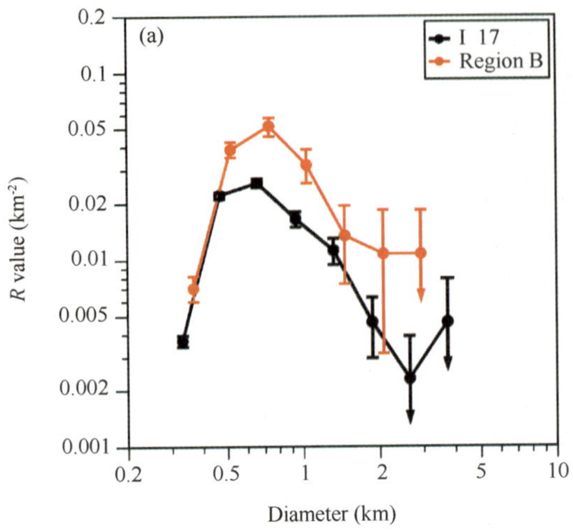

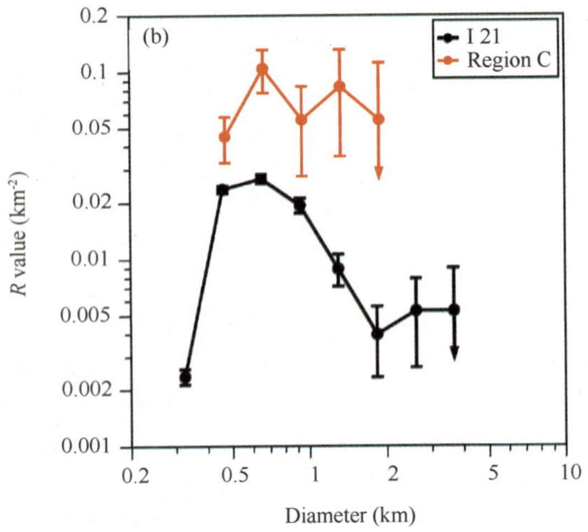

Figure 14　(a) *R* plot of region B and its background geologic unit I17 and (b) *R* plot of region C and its background geologic unit I21.

Table 2　Regolith Thickness (m) of Regions A—C and Their Background Geologic Units

Method	Regolith Thickness (m)					
	Region A	I11	Region B	I17	Region C	I21
Normal crater	12.8	9.3	10.6	9.2	13.9	8.1
Concentric crater	9.3	8.3	8.7	8.2	9.3	8.0
Normal + Concentric	11.0	8.6	9.3	8.5	10.3	8.0

4.4　Comparisons With Previous Results

From the cumulative distributions of regolith thickness in Figure 11, mean regolith thickness over the Sinus Iridum region is estimated to be 8.5 m from both the normal and concentric craters. Table 3 shows the regolith thickness over the Sinus Iridum region estimated from radar and radiometer data. As can be seen clearly, our estimation is generally larger than the inversion results from Earth-based Arecibo radar data [*Shkuratov and Bondarenko*, 2001] and CE-1 radiometer data [*Chen et al.*, 2010; *Fa and Jin*, 2010]. The early Arecibo radar observations and the CE-1 microwave radiometer suffered from data calibration problems [e.g., *Shkuratov and Bondarenko*, 2001; *Fa and Wieczorek*, 2012]. In addition, a simple radar scattering model without considering the effect of buried rocks [*Shkuratov and Bondarenko*, 2001] or a simplified temperature model within the regolith layer [*Chen et al.*, 2010; *Fa and Jin*, 2010] makes the regolith inversion model unrealistic. All these issues might result in the smaller regolith thickness inverted from the Arecibo radar and CE-1 radiometer data. The regolith thickness estimation approach by using Kaguya LRS data depends primarily on the time delay of the received radar echo, which can be measured precisely. Therefore, the estimated regolith thickness from LRS data is more reliable compared to those estimated from Arecibo radar and CE-1 radiometer data. Considering a 0.5 m uncertainty in the LRS estimation, our estimation using crater morphology is much close to that inverted from Kaguya LRS data.

Table 3 Regolith Thickness Estimation Results Based on Different Methods

Thickness (m)	Method	Reference
4.6	Earth - based 70 cm Arecibo radar	*Shkuratov and Bondarenko* [2001]
4.6	CE-1 microwave radiometer	*Fa and Jin* [2010]
3.0	CE-1 microwave radiometer	*Chen et al*. [2010]
6.0—7.0	Kaguya lunar radar sounder	*Kobayashi et al*. [2010]
8.5 (mean)	Normal and concentric craters	This study
8.0 (median)	Normal and concentric craters	This study

It should be noted that the principles of these regolith thickness estimation methods are different. The approach in this study by using morphology of small craters depends mainly on the mechanical properties of the regolith and the substrate, whereas the remote sensing techniques rely primarily on the dielectric properties of the regolith and the underlying bedrock. Though the mechanical and dielectric properties of the regolith and the underlying bedrocks share several physical parameters, such as the bulk density (or equivalently, porosity) and composition, the differences in these properties make the principles of regolith estimation approaches different. Therefore, the estimated regolith thickness from the morphology of small craters cannot match exactly with those inverted from remote sensing observations.

In our study, regolith thickness is estimated using morphology and the size-frequency distribution of small impact craters. Since this approach is based on laboratory experiments and it does not have problems like data calibration, the restrictions of theoretical model and input parameters, the result is therefore relatively reliable, or at least under current conditions for all the available approaches and data sets. Our results show that regolith thickness over the Sinus Iridum region is from 2.6 m to more than 12 m, with a median value 8.0 m. In our regolith thickness maps, local variation of regolith thickness exists and correlates strongly with surface age. We noted that for most of the previous estimations, none of these phenomena about the regolith thickness was revealed.

5 Discussions and Future Applications

5.1 Rules for Crater Morphology Identification

To estimate regolith thickness, morphologies of small fresh craters have to be identified and their diameters have to be measured in high - resolution optical images. In high -resolution images, diameters of craters can be measured precisely with an uncertainty of only a few pixels, whereas the identified crater morphology can be affected largely by the selected images and rules for crater morphology identification. In counting and identification of the morphologies for 378 556 craters in LROC NAC images, as well as regolith thickness estimation over the region at the Surveyor 1 landing site (Figure 4a) by using LO photographs, Kuguya TC, and LROC NAC images, several primary rules for optical image selection and crater morphology identification were established and used. These rules are summarized here, which might be helpful in further application of this method.

When regolith thickness over a large region is of interest, multiple images have to be utilized. We note that for some regions, there might be several optical images. Two important factors of the selected image that can affect the estimated regolith thickness are illumination angle and spatial resolution. For crater morphology identification, small flat-bottomed and concentric craters can be easily misrecognized as normal craters. Therefore, if other conditions are the same, the image with the highest spatial resolution is always the first choice. The illumination angle affects the number of craters that can be identified in an image. As the illumination angle of the selected image becomes smaller, more craters become visible and can be readily identified. On the other hand, when the illumination angle is smaller than the repose angle of the regolith, a flat - bottomed cater could be misrecognized as a normal crater, and a concentric crater could be misrecognized as a flat - bottomed crater. Therefore, a compromise choice should be those images with illumination angle only slightly larger than the repose angle of the regolith. In case of those selected images with illumination angles smaller than the repose angle of the regolith, the illumination angle effect should be compensated for by using the separating boundaries calculated from equations (2) and (3).

It is well known that the morphology of impact craters changes with crater diameter. For small craters in our study, with increasing diameter, crater morphologies are normal, center mound, flat bottomed, and concentricin sequence. As the crater diameter continues to increase, the morphology of a crater will transit into normal again and the formation mechanism of crater morphology will be different. Therefore, only small craters can be used for regolith thickness estimation, and the upper limit of crater diameter is chosen as 250 m according to *Oberbeck and Quaide* [1967]. As a result, the maximum regolith thickness can be estimated from normal craters is 62.5 m and that from concentric craters is about 27.8 m.

To identify the morphology of a crater unambiguously, only fresh craters are counted. Craters are considered fresh if they have rays or halos. For the smallest craters, sharpness of crater features (e. g. , rim of a normal crater and inner rim of a concentric crater) can be used as a criterion. In addition, rims of fresh craters are usually higher than their background surface. As time goes on, their uplifted rims erode and their interiors are filled with regolith until they become shallow to the point that their morphologies cannot be identified easily [*Shoemaker and Morris*, 1969; *Soderblom*, 1970]. Using these rules, the morphologies of fresh craters in most images can be identified easily. In some cases, it is not easy to identify crater morphology even using the above rules, because crater rims may appear blurry in the images obtained under extreme illumination conditions. In such a case, if the morphology of a crater is unambiguous, it is regarded as fresh, instead of judging from the sharpness of its rim. Sometimes, craters of the same morphology cluster within a uniform geologic unit (e. g. , normal craters in Figure 7b and concentric craters in Figure 7c), and this can help to distinguish whether the morphology is flat bottomed or concentric.

5.2 Discussions of the Approach

In this study, the principle of the regolith thickness estimation approach is based on the size-dependent crater morphology. According to the laboratory experiments by *Quaide and Oberbeck* [1968], the morphology of small craters depends mainly on the physical properties and depth of the substrate, as well as the contact status of the projectile with the substrate during the impacting process. Though a wide range of parameters concerning with the projectile and target was studied, the conditions of their experiments and the corresponding results did not cover all the situations for a realistic lunar surface. For example, the impact velocity was much lower in the laboratory (1—7 km/s) than on the lunar surface (~15—20 km/s), and the craters produced in the laboratory were much smaller. Scaling the laboratory results to the lunar sizes and velocities might result in an offset such that the separating boundary (D_A/d) would be systematically off, causing an error in the estimated regolith thickness. Taking the Sinus Iridum region in Figure 11 as an example, an offset of 0.5 in the separating boundary would cause a difference of ~1.0 m in the median regolith thickness. On the other hand, a portion of the small craters in our study is secondary craters that resulted from low - velocity impacts and hence do not suffer from this problem, though its proportion is not known. In addition, as pointed out by *Wilcox et al*. [2005], the interface between the surficial granular layer and the substrate is not necessarily the bedrock. The strength discontinuity between the surficial layer and substrate in the laboratory can be as weak as 1.4 bar. These lead to situations of impact against targets consisting of a regolith layer overlying a large buried rock or indurated regolith, both of which can produce the same crater morphologies. In such a case, the estimated regolith thickness might not represent the real value, especially for the results estimated from concentric craters. One way to amend this is examination of craters with the same morphology but different sizes. In our study, since an exhaustive search of small fresh craters was conducted, our results should not be affected by this problem in any significant manner. We also noted that surface slope and roughness could also affect the morphology of small craters, which were not investigated in previous experiments by *Quaide and Oberbeck* [1968]. Therefore, we suggest that mechanisms of the formation of small craters and potential factors affecting crater morphology should be investigated in future, either by laboratory experiment [e.g., *Ormö et al.*, 2013] or by numerical simulation [e.g., *Senft and Stewart*, 2007].

Even with the above considerations, the regolith thickness estimated from morphology of small craters is usually reliable in that it is based on laboratory experiments. In situ geophysical experiments can be applied to a single location; nevertheless, it is impossible to apply these methods to large regions. No new results about regolith thickness can be obtained until future geophysical station is deployed on the lunar surface. The approaches based on remote sensing techniques suffer from problems like data calibration and uncertainties in model input parameters. Taking the Sinus Iridum region as an example, our results show that large variation of regolith thickness exists over this region, and regolith thickness correlates well with surface age. Though regolith thickness over this region was investigated previously by using radar and radiometer data [*Shkuratov and Bondarenko*, 2001; *Fa and Jin*, 2010; *Kobayashi et al.*, 2010], no large variation of regolith thickness was found, not to mention the correlation between regolith thickness and surface age. In addition, our results show that regoliths over ejecta and crater rays are thicker than their background geologic units. Therefore, by using this approach and recent high-resolution optical images, regolith thickness over a small region and its spatial distribution can be investigated. In summary, under current conditions for all the available regolith estimation approaches and data sets, crater morphology and the size-frequency distribution is the most feasible and reliable approach for regolith thickness estimation.

5.3 Future Applications

The landing site (44.12°N, 19.51°W) of CE-3 is in the northern region of Mare Imbrium, which is ~8 km away from the boundary of two maria units (I22 and I5). We are now applying the same method to estimate the regolith thickness over the CE-3 landing site. Our initial results show that regolith thickness at the CE-3 landing site is very close to that of the unit I22 (Figure 9) [*Liu et al.*, 2014], which is consistent with the geologic division by *Schaber* [1969] in which the landing site and unit I22 are within the same unit (EIm). By comparing our estimated regolith thickness with that from CE-3 LPR, a more reliable regolith thickness over the CE-3 landing site can be obtained. This might provide evidences for regolith/bedrock contact and possible contact between lava flows of the maria units. The estimated regolith thickness, in combination with the analyses of the lower frequency CE-3 LPR echoes and Kaguya LRS data, can be used further to construct a subsurface stratigraphic structure to a depth of several hundreds of meters, from which the contact of the mare lava fill with the basin floor might be investigated. If formation ages of subsurface layers can be obtained from surface ages of different geologic units using superposition criterion, eruption rate of lava flow over the Mare Imbrium can be estimated. All these can provide important information on the magnitude of magma eruption, extension of the lava flow, and cessation of the volcanism over Mare Imbrium.

In addition, our estimated regolith thickness can help to decipher LPR echoes from CE-3 rover, from which physical properties of lunar regolith at a natural state can be investigated. For example, to estimate the regolith thickness from LPR echoes, dielectric constant of the regolith is a requisite[*Fa*, 2013]. Knowledge of the dielectric constant of the lunar regolith is generally obtained based on laboratory measurements of the returned Apollo samples, which have two potential problems. First, the natural states (e.g., porosity, bulk density, particle shape) of the regolith were destroyed during the sample collection. Second, all the measurements were conducted in air, and hence, the samples were contaminated by moisture. By comparing our estimated regolith thickness with the time delay of LRP echoes, it might be possible to estimate dielectric constant of the lunar regolith at a natural state in a real lunar environment. The estimated dielectric constant can provide a precise assessment on the dielectric measurements of the Apollo samples, which is crucial for the interpretation of radar and radiometer data and radar sensor design for future missions. In addition, from the dielectric constant, bulk density (or porosity) and composition (FeO, TiO_2) of regolith as a function of depth at the landing site may be further estimated.

We noted that in lunar surface age dating using crater population, significant differences exist between different research groups. Taking the geologic unit I22 (Figure 5) as an example, surface age was estimated to be 1.98 Ga or 2.29 Ga if a different production function is used [*Morota et al.*, 2011], which is much smaller than that in *Hiesinger et al.* [2000]. If surface age of the unit I22 represents the formation age of the basalt unit, this age difference will produce a considerable uncertainty in interpreting the period of the magma intrusion and eruption rate of mare basalt. If regolith accumulates with a constant growth rate (e.g., 1.2 m/Ga at the Apollo 11 landing site), then our estimated regolith thickness can be used to resolve the ambiguity in surface age dating. If surface age in *Morota et al.* [2011] is used, our results produce an average regolith growth rate of ~1.0 m/Ga, which is very close to regolith growth rate at the Apollo 11 landing site, implying that the estimated surface age in *Morota et al*. (2011) might be more reliable.

Since small fresh craters are ubiquitous across the lunar surface, counting and identifying their morphology is time consuming. In this study, it took 1 200 h to count the fresh craters in the Sinus Iridum region, a region that spans 10.6° in longitude and 7.6° in latitude. If the entire lunar surface is of interest, a rough estimation shows that it would take 500 years to count all the small fresh craters, if their crater density is the same as that over the Sinus Iridum region. One way to resolve this problem might be the development of an automatic identification technique for crater size and morphology. Another feasible way might be reduce the redundant craters when using this method. Apparently, the counted 378 556 craters are oversampled. During our counting process, we found that as the count of craters reaches a certain number, the median value of regolith thickness will remain as a constant and show no variation with increasing of the number of craters any further. We expect that by using an undersampling method, redundant craters can be reduced and only a small number of craters are required to obtain the same result. This will be treated in our future work, and of course, the sample of the 378 556 craters is a prerequisite. It is expected that by using the improved crater counting method, regolith thicknesses over larger regions (e.g., at global scale) with a high spatial resolution can be investigated.

6 Conclusions

In this study, regolith thickness over the Sinus Iridum region is estimated using the morphology and size-frequency distribution of small fresh craters from LROC NAC images. 378 556 small fresh craters with diameters between 4.2 and 249.8 m are counted and their morphologies are identified. Our results show that 50% of the Sinus Iridum region has a regolith thickness between 5.1 and 10.7 m, and the mean and median regolith thicknesses are 8.5 and 8.0 m, respectively. Median regolith thickness maps show that most regions have a median thickness from 2.6 to 12 m. There are substantial regional variations in regolith thickness, and regolith thickness correlates well with lunar surface age, with an older surface corresponding to a thicker regolith layer. The regolith growth rate for younger surface is larger than that of older surface. In addition, regolith thicknesses of regions with uncovered pre-Imbrian basement materials, ray materials, or crater chain are usually larger than their background geological units.

The approach in this study can be used to estimate regolith thickness over the CE-3 landing site. In future, as CE-3 LPR data are available, the estimated regolith thickness can be further compared and validated, from which a more reliable regolith thickness map can be obtained. Combining the obtained regolith thickness with deeper subsurface structure from the LPR, the intrusion of lava flow, and surface modification processes over Mare Imbrium and Sinus Iridum can be investigated. In addition, if the method using small crater morphology can be simplified and improved in the future, regolith thicknesses over larger regions might be estimated. All these can improve our understanding of the evolution of the lunar surface.

Acknowledgments

The authors gratefully acknowledge Arizona State University for providing LROC images, Lunar and Planetary Institute for providing Lunar Orbiter photographs, and JAXA for providing Kaguya TC images. W. Fa and T. Liu thank V. R. Oberbeck for helpful discussions about the recognition of small crater morphology, and Zhiyong Xiao at China University of Geosciences and Jiang Zhang at Shandong University for helping on LROC NAC image processing using ISIS. The authors thank two anonymous reviewers for helpful comments on the manuscript. This work was supported partly by the National Natural Science Foundation of China (grant 11203002) and the Key Research Program of the Chinese Academy of Sciences (grant KGZD—EW—603). Some of the figures were created using the Generic Mapping Tools of *Wessel and Smith* [1991]. This is PKU PRSL contribution 6.

References

[1] Bart, G. D., R. D. Nickerson, M. T. Lawder, and H. Melosh (2011), Global survey of lunar regolith depths from LROC images, *Icarus*, *215*(2), 485—490, doi:10.1016/j.icarus.2011.07.017.

[2] Bugiolacchi, R., and J. E. Guest (2008), Compositional and temporal investigation of exposed lunar basalts in the Mare Imbrium region, *Icarus*, *197*(1), 1—18, doi:10.1016/j.icarus.2008.04.001.

[3] Chen, S., Z. Meng, T. Cui, Y. Lian, J. Wang, and X. Zhang (2010), Geologic investigation and mapping of the Sinus Iridum quadrangle from Clementine, SELENE, and Chang'E-1 data, *Sci. Chin. Phys. Mech. Astron.*, *53*, 2179—2187.

[4] Fa, W. (2013), Simulation for ground penetrating radar (GPR) study of the subsurface structure of the Moon, *J. Appl. Geophys.*, *99*, 98—108, doi:10.1016/j.jappgeo.2013.08.002.

[5] Fa, W., and Y.—Q. Jin (2010), A primary analysis of microwave brightness temperature of lunar surface from Chang—E 1 multi—channel radiometer observation and inversion of regolith layer thickness, Icarus, *207*(2), 605—615, doi:10.1016/j.icarus.2009.11.034.

[6] Fa, W., and M. A. Wieczorek (2012), Regolith thickness over the lunar nearside: Results from Earth—based 70—cm Arecibo radar observations, *Icarus*, *218*(2), 771—787, doi:10.1016/j.icarus.2012.01.010.

[7] Gault, D. E., W. L. Quaide, and V. R. Oberbeck (1966), Interpreting ranger photographs from impact cratering studies, in *The Nature of the Lunar Surface*, edited by W. N. Hess, D. H. Menzel,

and J. A. O'Keefe, chap. 6, The Johns Hopkins Press, Baltimore, Md.

[8] Gong, X., and Y.-Q. Jin (2012), Diurnal physical temperature at Sinus Iridum area retrieved from observations of Chinese Chang'E-1 microwave radiometer, *Icarus*, *218*(2), 807—816, doi:10.1016/j.icarus.2012.02.001.

[9] Haruyama, J., T. Matsunaga, M. Ohtake, T. Morota, C. Honda, Y. Yokota, M. Torii, Y. Ogawa, and the LISM Working Group (2008a), Global lunar—surface mapping experiment using the Lunar Imager/Spectrometer on SELENE, *Earth Planets Space*, *60*(4), 243—255.

[10] Haruyama, J., et al. (2008b), Planned radiometrically calibrated and geometrically corrected products of lunar high - resolution Terrain Camera on SELENE, *Adv. Space Res.*, *42*(2), 310—316, doi:10.1016/j.asr.2007.04.062.

[11] Hiesinger, H., R. Jaumann, G. Neukum, and J. W. Head (2000), Ages of mare basalts on the lunar nearside, *J. Geophys. Res.*, *105*(E12), 29,239—29,275, doi:10.1029/2000JE001244.

[12] Ivanov, B. A., G. Neukum, and R. Wagner (2001), Size-frequency distributions of planetary impact craters and asteroids, in Collisional Processes in the *Solar System*, edited by M. Y. Morov and H. Rickmann, pp. 1—34, Kluwer Acad., Norwell, Mass.

[13] Kobayashi, T., et al. (2010), Simultaneous observation of lunar radar sounder and laser altimeter of Kaguya for lunar regolith layer thickness estimate, *IEEE Geosci. Remote Sens. Lett.*, *7*, 435—439.

[14] Liu, T., W. Fa, M. Zhu, and J. Haruyama (2014), Regolith thickness estimation over Sinus Iridum using morphology and size frequency distribution of small craters from LROC images, *The 45th Lunar and Planetary Science Conference*, Abstract 1347, Woodlands, Tex.

[15] McKay, D., G. Heiken, B. Abhijit, S. Simon, R. Reedy, B. M. French, and J. Papike (1991), The lunar regolith, in *Lunar Source-Book: A User's Guide to the Moon*, edited by G. H. Heiken, D. T. Vaniman, and B. M. French, chap. 7, pp. 285—356, Cambridge Univ. Press, New York.

[16] Melosh, H. J. (1989), *Impact Cratering: A Geologic Process*, Oxford Univ. Press, New York.

[17] Morota, T., et al. (2011), Timing and characteristics of the latest mare eruption on the Moon, Earth Planet. *Sci. Lett.*, *302*(3—4), 255—266, doi:10.1016/j.epsl.2010.12.028.

[18] Nava, R. A. (2011), *Crater Helper Tools for ArcGIS* 10.0, pp. 1—13, United States Geological Survey, Flagstaff, Ariz.

[19] Neukum, G. (1983), Meteoritenbombardement und Datierung planetarer *Oberflächen*, PhD thesis, Habilitation Dissertation for Faculty Membership, Ludwig—Maximilians—Univ, Munich.

[20] Oberbeck, V. R., and W. L. Quaide (1967), Estimated thickness of a fragmental surface layer of Oceanus Procellarum, *J. Geophys. Res.*, *72*(18), 4697—4704, doi:10.1029/JZ072i018p04697.

[21] Oberbeck, V. R., and W. L. Quaide (1968), Genetic implications of lunar regolith thickness variations, *Icarus*, *9*, 446—465, doi:10.1016/0019—1035(68)90039—0.

[22] *Ormö, J., K.* Housen, K. Wünnemann, D. Elbeshausen, I. M. Asensio, G. Collins, and A. Rossi (2013), Experimental analysis of concentric craters in targets with layers of different density: Clues to target influence on gravity dominated craters, *European Planetary Science Congress 2013*, Abstract 1007, London, U. K.

[23] Ouyang, Z., et al. (2010), Chang'E-1 lunar mission: An overview and primary science results, *Chin. J. Space Sci.*, *30*(5), 392—403.

[24] Quaide, W. L., and V. R. Oberbeck (1968), Thickness determinations of the lunar surface layer

from lunar impact craters, *J. Geophys. Res.*, *73* (16), 5247—5270, doi: 10.1029/JB073i016p05247.

[25] Robinson, M. S., et al. (2010), Lunar Reconnaissance Orbiter Camera (LROC) instrument overview, *Space Sci. Rev.*, *150*, 81—124, doi:10.1007/s11214—010—9634—2.

[26] Schaber, G. G. (1969), *Geologic Map of the Sinus Iridum Quadrangle of the Moon*, *I*—602 (*LAC*—24), United States Geological Survey, Washington, D. C.

[27] Senft, L. E., and S. T. Stewart (2007), Modeling impact cratering in layered surfaces, *J. Geophys. Res.*, *112*, E11002, doi:10.1029/2007JE002894.

[28] Shkuratov, Y. G., and N. V. Bondarenko (2001), Regolith layer thickness mapping of the Moon by radar and optical data, *Icarus*, *149*(2), 329—338, doi:10.1006/icar.2000.6545.

[29] Shoemaker, E. M., and E. C. Morris (1969), Thickness of the regolith, in Surveyor Program Results, *Tech. Rep.*, U. S. Government Printing Office, Washington, D. C.

[30] Soderblom, L. A. (1970), A model for small—impact erosion applied to the lunar surface, *J. Geophys. Res.*, *75*(14), 2655—2661, doi:10.1029/JB075i014p02655.

[31] Stoeffler, D., G. Ryder, B. A. Ivanov, N. A. Artemieva, M. J. Cintala, and R. A. F. Grieve (2006), Cratering history and lunar chronology, *Rev. Mineral. Geochem.*, *60*, 519—596.

[32] Wang, Z., Y. Li, J. Jiang, and D. Li (2010), Lunar surface dielectric constant, regolith thickness, and ^{3}He abundance distributions retrieved from the microwave brightness temperatures of CE-1 Lunar Microwave Sounder, *Sci. Chi. Earth Sci.*, *53*(9), 1365—1378, doi:10.1007/s11430—010—4022—z.

[33] Wessel, P., and W. Smith (1991), Free software helps map and display data, *Eos Trans. AGU*, *72* (41), 441—446, doi:10.1029/90EO00319.

[34] Wilcox, B. B., M. S. Robinson, P. C. Thomas, and B. R. Hawke (2005), Constraints on the depth and variability of the lunar regolith, *Meteorit. Planet. Sci.*, *40*(5), 695—710, doi:10.1111/j.1945—5100.2005.tb00974.x.

[35] Zheng, Y., Z. Ouyang, C. Li, J. Liu, and Y. Zou (2008), China's lunar exploration program: Present and future, *Planet. Space Sci.*, *56*(7), 881—886, doi:10.1016/j.pss.2008.01.002.

Relative position determination between Chang'E-3 lander and rover using in - beam phase referencing

ZHOU Huan*, LI HaiTao & DONG GuangLiang

Beijing Institute of Tracking and Telecommunications Technology, Beijing 100094, China
Received January 27, 2015; accepted March 4, 2015; published online July 16, 2015

Abstract: Chang'E-3 is China's first lunar surface exploration mission, as a part of the second phase of China's Lunar Exploration Program (CLEP). It landed successfully in the northwest of Mare Imbrium on December 14, 2013, incorporating two probes, a lander and a rover named *Yutu*. The execution of the cooperative science tasks required an accurate determination of the relative position between the lander and the rover. In - beam phase referencing experiments have been conducted with the Chinese VLBI Network (CVN) to accurately image the rover in reference to the stationary lander in order to obtain their offsets in Right Ascension and Declination, which were then transformed into the lunar local coordinate system to acquire their relative position on the lunar surface. The observations and the data processing procedures are described in this paper. Images of the rover in six epochs between December 15 and 21, 2013 were made, resulting in accurate positions of the rover that are consistent with the visual localization approach. Through measurement of the locations of the rover's omnidirectional antenna with respect to the lander's directional antenna before their separation, and the recognition of the rover's turning actions during its exploratory moves, we demonstrate that the accuracy of relative position determined in this way could reach the meter level and the resolution is better than 1 m.
Key words: Chang'E-3, relative position determination, in - beam phase referencing, Chinese VLBI Network, lunar exploration

1 Introduction

Very Long Baseline Interferometry (VLBI) phase referencing technique is recently used to obtain the angular position of a deep space probe on the plane of the sky. By observing a nearby celestial source with known position and transferring the phase solutions to the spacecraft, this technique can obtain an accuracy as high as 0.25 mas, which is

* Corresponding author (email: zhouhuan@bittt.cn)
Citation Zhou H, Li H T, Dong G L. Relative position determination between Chang'E-3 lander and rover using in - beam phase referencing. Sci China Inf Sci, 2015, 58: 092201(10), doi: 10.1007/s11432-015-5363-1

better than delta Differential One-way Range (delta - DOR) method commonly used for spacecraft positioning[1,2]. The National Aeronautics and Space Administration (NASA) and the National Radio Astronomy Observatory (NRAO) of the US have performed many VLBI phase referencing experiments with the Very Long Baseline Array (VLBA) on the Mars Exploration Rover - B[3], Cassini - Huygens[4], and Phoenix[5,6]. Similarly, the Joint Institute for VLBI in Europe (JIVE) and the European Space Agency (ESA) have observed the Venus Express spacecraft during 2010—2011 with the European VLBI Network (EVN)[7]. The phase referencing technique can work with almost any kind of spacecraft signals, without the need of DOR tones, and utilize much weaker (i.e., much closer) calibration quasars. In principle, phase referencing requires fast switching between the target and the calibrator, as well as interpolation of phase solutions in time-domain[8]. But if both signals are located within the same primary beam of the ground antennas, continuous unambiguous phase referencing would be possible, which leads to a much more accurate relative position; such a technique is called in - beam phase referencing[9,10].

The main science objectives of the Chang'E-3 mission cover studies of the lunar geomorphology and geological structure, explorations of mineral resources and observations of important celestial bodies with a lunar - based optical telescope and the Earth's plasmasphere with an extreme ultraviolet camera. The telescope and the camera are mounted on the lander. The rover *Yutu* carries a ground - penetrating radar, an particle X - ray spectrometer and two panoramic cameras, allowing for direct investigation of the lunar soil and crust structure in different depths for the first time. To fulfil these tasks, accurate positions of the two probes have to be required. The location of the lander on the lunar surface is known with tens meters level accuracy from ranging, Doppler and delta - DOR methods[11]. But this was not the case for the rover because there were no proper measurement beacons within its downlink signals. Therefore, there is a great demand to determine the relative position between the lander and the rover.

The CVN, together with the Chinese Deep Space Network (CDSN)①, has been used to track the Chang'E-3 spacecraft during its lunar trip. After released from the Chang'E-3 lander at 20:35 UTC, December 14, 2013, the rover *Yutu* began to explore its surroundings. Since the two probes remained close enough to be observed within the same beam②, they provided an excellent opportunity to assess the spacecraft tracking capabili-

① This network is made up of three deep space stations: the Jiamusi 66 m antenna in northeastern China, the Kashi 35 m antenna in western China, and another incomplete 35 m antenna in Argentina. These stations have been mainly used to provide range and Doppler information.

② Their maximum relative distance does not exceed 200 m on the lunar surface, corresponding to a < 110 mas angular separation which is much smaller than the beamwidth of the CVN antennas.

ty of the in-beam phase referencing technique.

In this paper, we present the details of the observations and data processing in Sections 2 and 3, and then we calculate the positions of the rover when it stopped at several exploring sites on the lunar surface using the experimental data obtained from December 15 to 21 in Section 4. The accuracy and resolution capability of this method will be discussed in Section 5.

2 Observations and data correlations

After landing on the Moon, the lander has been sending out a 5-MHz-wide X-band data transmission signal with its directional antenna at each lunar noon. Meanwhile, during most of the time when there were no scientific data downloading, the rover was transmitting a 4-kHz-wide X-band telemetry signal using its omnidirectional antenna.

The TT&C system of the Chang'E-3 mission has organized four stations of the CVN, including the Shanghai 65 m, Beijing 50 m, Kunming 40 m and Urumqi 25 m, to observe the two probes after their separation. The signals were recorded in two 8-MHz intermediates frequency (IF) channels. Signals of the rover were received in the first IF channel with the center frequency of 8.462 GHz and those of the lander in the second IF channel with the center frequency of 8.496 GHz. Doppler frequency shift caused by the motion of the probes has been compensated. The data were transferred in real-time to the VLBI data correlation center through an electronic high speed network and then correlated using a FX software correlator[12,13]. A near-field delay model of the lander was adopted in the correlation[14,15]. The correlator, which is capable of processing radio astronomy data[16] and spacecraft data[17], has previously been used to support the Chang'E-1 and 2 missions[18-20]. Interferometric fringes are shown in Figure 1 as a 4 096 point FFT. The integration time of the correlation is 0.983 04 s. Six baselines were available with four stations. The longest one is between Shanghai and Urumqi, about 3 200 km, and the shortest one is between Shanghai and Beijing, about 1 000 km. Figure 2 presents a typical example of the (u, v) coverage for a 2 h observation.

We shall mention that fringes are clearly seen in the first IF channel of Figure 1, even when only the 4-kHz-wide telemetry signals were transmitted by the rover. These fringes result from the 12th to 14th harmonics of the strong data transmission signal of the lander. Hence useful signals of the rover when it sends out telemetry signals are only obtained for 1—2 points at the peak.

In addition, to perform a clock search, fringe finder source 3C454.3, 2 134+00, DA193 or 3C273B were observed for about 1 h before and after each spacecraft tracking session.

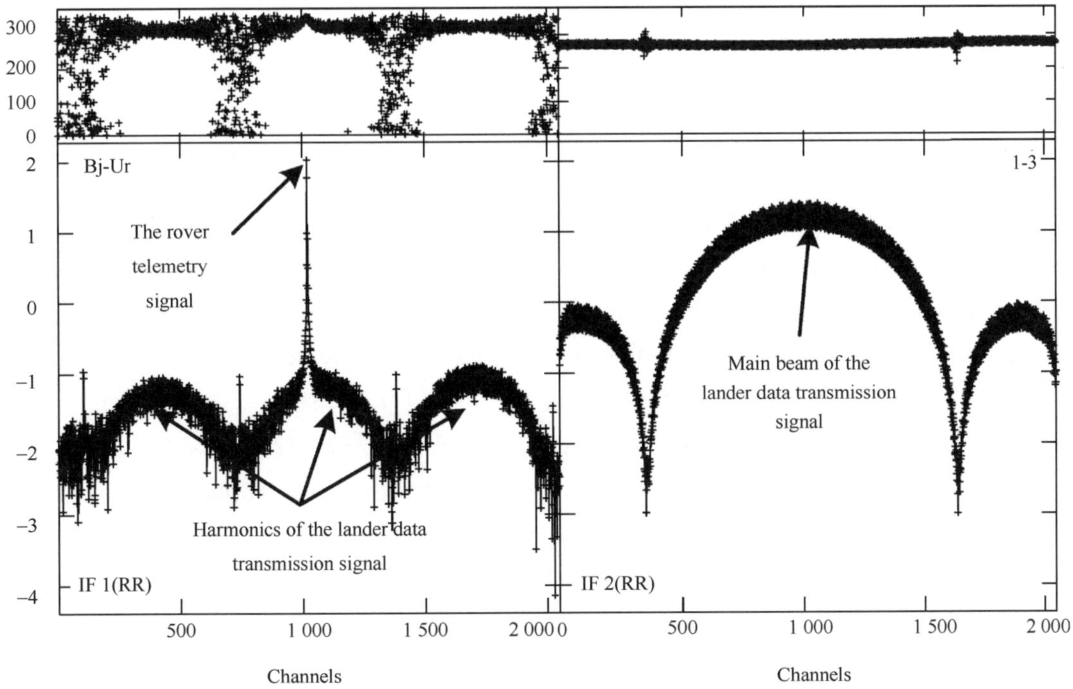

Figure 1 Interferometric fringes of the two probes observed on December 15, 2013, baseline Bj−Ur. The first IF channel (IF 1) is for the rover and the second one (IF 2) for the lander. Each panel shows the fringe phases in unit of degrees in the top and the amplitudes in logarithm in the bottom.

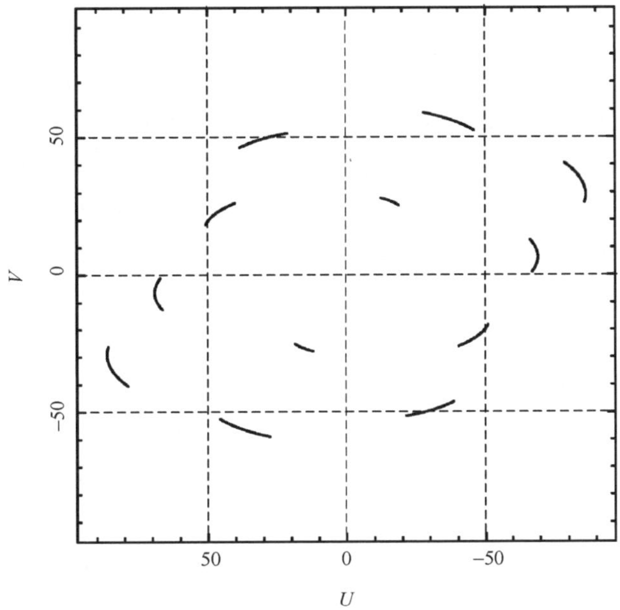

Figure 2 (u, v) coverage of the CVN at 8.462 GHz from 15:00 to 17:00 UTC, December 15, 2013. Units are mega wavelength.

3　Data processing

3.1　Phase difference derived from in - beam phase referencing

The relative position between the two probes is related to the phase of the fringes[21]. By adopting the in - beam phase referencing, the rover is the target and the lander is chosen as the reference source. After compensations using the same near - field delay model in the correlation, the phases of the rover and the lander can be expressed as

$$\varphi_R(t) = \varphi_R^{\mathrm{str}}(t) + \varphi_R^{\mathrm{geo}}(t) + \varphi_R^{\mathrm{ins}}(t) + \varphi_R^{\mathrm{atm}}(t) + \varphi_R^{\mathrm{ion}}(t) + \delta\varphi_R, \tag{1}$$

$$\varphi_L(t) = \varphi_L^{\mathrm{str}}(t) + \varphi_L^{\mathrm{geo}}(t) + \varphi_L^{\mathrm{ins}}(t) + \varphi_L^{\mathrm{atm}}(t) + \varphi_L^{\mathrm{ion}}(t) + \delta\varphi_L, \tag{2}$$

where $\varphi^{\mathrm{str}}(t)$, $\varphi^{\mathrm{geo}}(t)$, $\varphi^{\mathrm{ins}}(t)$, $\varphi^{\mathrm{atm}}(t)$ and $\varphi^{\mathrm{ion}}(t)$ are the residual phases caused by the source structure, the geometrical delay, the instrumental delay, and the atmospheric and ionospheric perturbations respectively (the letters R and L in the subscript denote the rover and the lander). $\delta\varphi$ represents the measurement errors. The phase difference between the two probes is

$$\Delta\varphi(t) = \varphi_R(t) - \varphi_L(t) = \Delta\varphi^{\mathrm{str}}(t) + \Delta\varphi^{\mathrm{geo}}(t) + \Delta\varphi^{\mathrm{ins}}(t) + \Delta\varphi^{\mathrm{atm}}(t) + \Delta\varphi^{\mathrm{ion}}(t) + \Delta\delta\varphi. \tag{3}$$

Because both signal probes can be approximately regarded as point sources, the residual phase errors due to the source structure can be neglected, i.e., $\Delta\varphi^{\mathrm{str}}(t)\approx 0$. The signals from the two probes are received in different IF channels. A novel way to remove the influence of $\Delta\varphi^{\mathrm{ins}}(t)$ will be described below. $\Delta\varphi^{\mathrm{atm}}(t)$ and $\Delta\varphi^{\mathrm{ion}}(t)$ are also negligible due to the nearly identical signal paths. Therefore, the major contribution to the phase difference is the relative position between the probes.

Visibilities of the rover, after phase referenced to the visibilities of the lander, were used to generate its images. The residual terms of the phase difference determine the offset of the peak intensity from the image center, which corresponds to the separation in Right Ascension and Declination between the rover and the lander.

3.2　Procedures of in - beam phase referencing imaging

During the transmission of the telemetry signal by the rover, the relative position between the rover's omnidirectional antenna and the lander's directional antenna can be determined. Both the rover telemetry signal and the lander data transmission signal were recorded in the first IF channel (Figure 1). The former is narrow band while the latter is broad, and the signals can be easily identified. This makes it possible to derive the phase difference with only the data from the first IF channel. Although the harmonics of the lander data transmission signal are not as strong as the main beam, high - quality fringes are produced, as mentioned in Section 2, because the probe is not too far away from the Earth. The benefit of reducing the two signals observed in the same channel is that the phase errors induced by different channels are not taken into account, i.e., $\Delta\varphi^{ins}(t)$ becomes zero in (3).

The detailed procedures to generate images of the rover are summarized as follows.

(1) The correlated data were imported into the Astronomical Image Processing System (AIPS) software package[22]. The pre-processes are similar to those done for ordinary radio astronomy data. Because only the phase part of the visibilities was concerned, no amplitude calibration was done.

(2) The rover telemetry signal and the low Signal to Noise Ratio (SNR) parts of the harmonics of the lander data transmission signal were flagged in the first IF channel. We ran fringe fitting to the rest high - SNR harmonics of the lander data transmission signal to solve the residual delay and delay rate corresponding to the lander.

(3) The harmonics of the lander data transmission signal in the first IF channel were flagged, and the solutions obtained from step (2) were applied to the remaining rover telemetry signal, thus the phase difference between the rover and lander signals was derived.

(4) The visibilities of the rover telemetry signal were exported from the AIPS and imported into the Difmap software package[23] to generate an image of the rover, without self - calibration applied. The position of the peak intensity in the image indicates the rover's relative position in Right Ascension and Declination with respect to the lander.

3.3 Calculation of the relative position on the lunar surface

Expressing the relative positions in Right Ascension and Declination obtained from the images into the North and East coordinates on the lunar surface would make the following analysis easier. Since the location of the lander has been known, the Right Ascension and Declination of the rover can be acquired. Nevertheless, three-dimensional positioning of the rover on the lunar surface cannot be done with only two known quantities. Fortunately, the panorama picture taken by the lander's panoramic cameras suggests that the terrain surrounding the landing site is rather flat (Figure 3). For this reason, we assume that the two probes are at the same height level above the lunar surface in order to obtain the height difference between their antennas, which is known from their assembly diagram. Using these inputs, the position of the rover relative to the lander in the lunar local coordinate system could be resolved. The lunar local coordinate system is defined as a right -handed system with its original point being the lander center, with the X - axis pointing to the local North and Y - axis pointing to the local East. The reference points for these relative positions are the antenna phase centers. To get the relative positions between the mechanical centers, the mounting positions of the antennas and the attitudes of the two probes obtained from their on - board Inertial Measurement Unit modules were used.

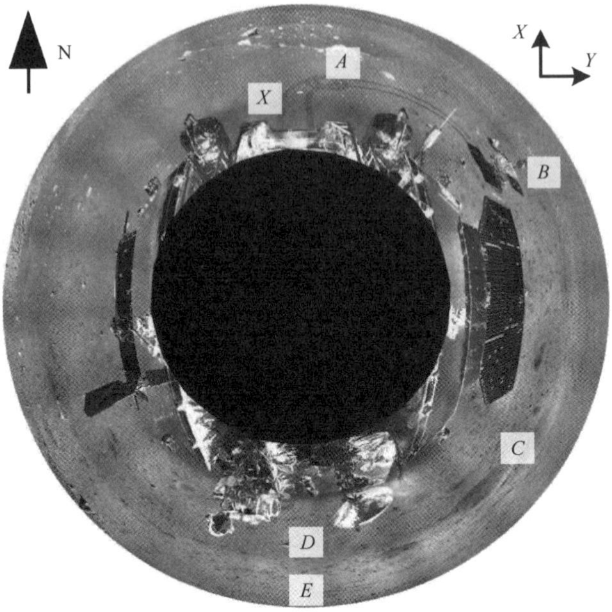

Figure 3　A 360° panorama of the moonscape taken by the lander's cameras. *X* and *A* to *E* denote the six exploration sites of the rover.

4　Results

Chang'E-3 landed at 44.12°N, 19.51°W on the Moon. The lander faces to south at an elevation of about −2.632 km referenced to a lunar mean radius of 1 740 km. The rover was released from the back of the lander and first reached at site *X*. Then it moved round clockwise and took photos of the lander at site *A*, *B*, *C*, *D* and E in sequence, as shown in Figure 3. The rover can move straight or with a certain turning angle. At each site, the rover would also explore the local environments and plan its path to the next site. During the first few days, the rover *Yutu* spent much time (usually more than 2 h) staying at every one of those locations, whereas the transfers between two adjacent sites were finished within only severalminutes. When the rover was stationary at a site, we can assume the relative position between the two probes would not change, that provided us an opportunity to observe them for several hours with VLBI and determine their offset using the approach described in Section 3. We reduced the data acquired on December 15, 16, 20 and 21. Only the scans when the rover was sending telemetry signals were used. The images of the lander at six different sites are illustrated in Figure 4. The offsets in Right

Ascension and Declination obtained from the images were transformed into the lunar local coordinate system to get the relative positions between the mechanical centers of the two probes, as presented in Table 1, using a height difference of 1.52 m between the antennas.

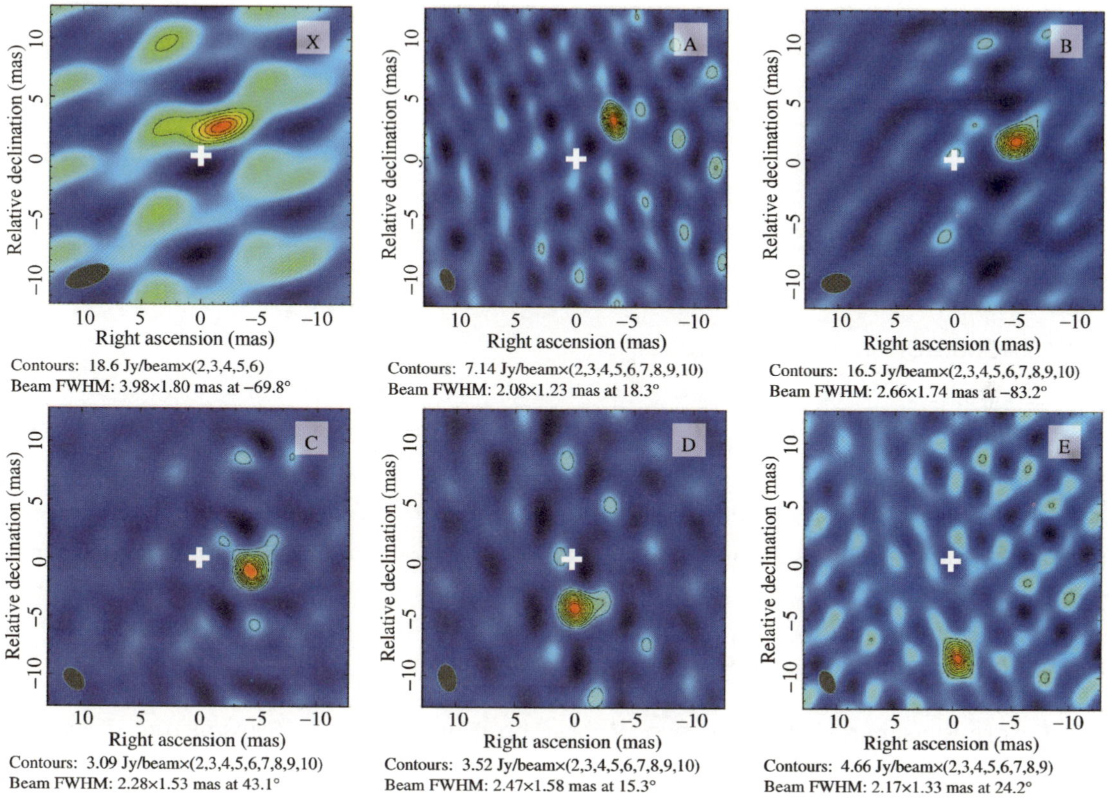

Figure 4　Images of the omnidirectional antenna on the rover at site X and A to E. The lowest contour represents 2 times the rms noise level.

For comparison, position determination results① obtained by the visual localization approach are also listed in Table 1. Two navigation cameras have been mounted on the rover *Yutu* to detect the path ahead. They can determine the relative position between one stopping site and the next stopping site[24]. But the effective range is shorter than 10 m. Accumulations are required between two non-adjacent stopping sites, resulting in error accumulations at the same time. The accuracy of this approach is about 4%, (i.e., 0.4 m at a relative distance of 10 m)[25].

① The data are supplied by the Beijing Aerospace Control Center.

Table 1　Relative positions of the rover with respect to the lander

Date	Epoch (UTC)	Site	Offsets RA (mas)	Offsets Dec (mas)	Relative positions North (m)	Relative positions East (m)	Visual results North (m)	Visual results East (m)
2013-12-15	09:47—10:57	X	−1.33	2.51	7.87	−0.55	7.51	0.21
2013-12-15	15:20—17:10	A	−3.29	3.36	9.63	1.41	9.03	1.50
2013-12-16	11:11—13:30	B	−5.10	1.69	5.46	8.53	5.01	8.90
2013-12-20	15:30—18:30	C	−4.34	−0.99	−5.15	8.33	−5.65	8.36
2013-12-20	21:40—23:30	D	−0.02	−4.01	−9.87	0.61	−9.75	0.27
2013—12—21	18:00—20:20	E	−0.49	−8.30	−19.33	−0.27	−19.77	−0.20

5　Discussion

Comparison of the rover path determined from in-beam phase referencing imaging with the visual localization approach has verified the correctness and validity of our method. Though their deviations are less than 1 m in both directions, in order to evaluate the true accuracy and resolving capability of our method, some additional experiments have been carried out.

5.1　The positional accuracy

Before the separation of the two probes, both of them were transmitting signals to the Earth from 16:00 to 19:00 UTC, December 14, 2013. However, the IF channel bandwidth of the observations here was only 2 MHz while other parameters were the same as those mentioned in Section 2. We measured the relative position of the rover's omnidirectional antenna with respect to the directional one on the lander, and compared our results with the practical mounting positions (Figure 5). This provides a direct evaluation of the accuracy of our method. Figure 6 shows the image of the antenna and Table 2 provides the comparison. The deviations between the measurements and the true values are less than 1 m in both directions, indicating the relative position measurement based on our phase referencing method can well achieve a meter-level accuracy.

Table 2　Relative position between the rover's omnidirectional antenna and the lander's directional antenna

Date	Epoch (UTC)	Offsets RA (mas)	Offsets Dec (mas)	Measurements North (m)	Measurements East (m)	Mountings North (m)	Mountings East (m)	Deviations North (m)	Deviations East (m)
2013-12-14	16:00—17:09 17:37—18:11 18:25—19:00	−0.21	0.72	1.17	−0.13	1.02	−0.61	0.15	0.48

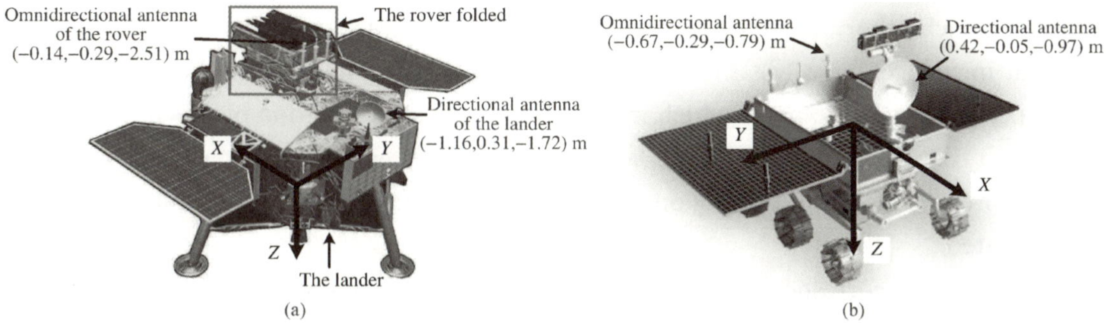

Figure 5　(a) Mounting diagram of the antennas on the two probes before their separation; (b) mounting diagram of the rover's antennas. The original points of the two body − fixed coordinate systems in panel (a) and (b) are the mechanical centers of the two probes. The body − fixed coordinate system of the lander here coincides with the lunar local coordinate system established in Subsection 3.3. The X − axis of the lander points to the local North after it landed on the Moon. The rover moves forward along its X − axis direction.

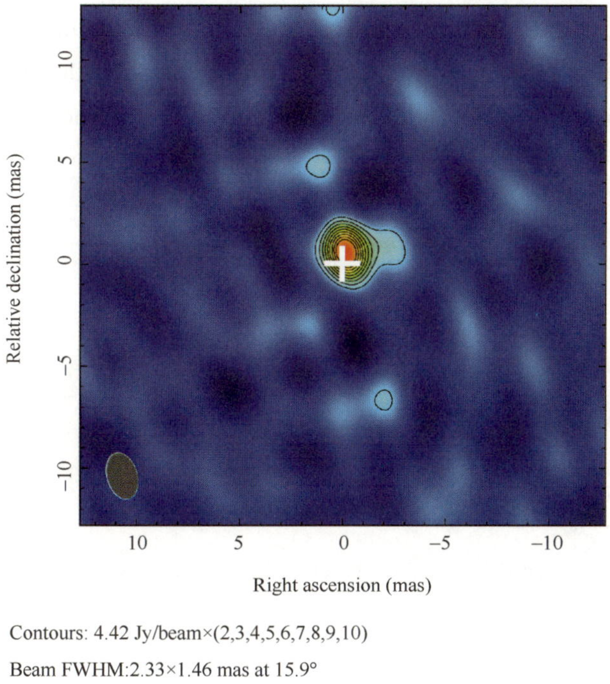

Figure 6　Image of the omnidirectional antenna on the rover before the separation. The lowest contour represents 2 times the *rms* noise level.

5.2　The resolution capability

To explore the surrounding circumstance, the rover would move from one site to another as well as swerving around at a location. We investigated two turning actions of the rover: (1) the rover turned right by 180° at site A to aim at the lander in order to make photos of each other; (2) the rover turned left by 90° to face east at site C to avoid high sunlight incidence angle. As shown in Figure 5(b), the omnidirectional antenna on the rover is mounted at the rear, which means that the relative position of this antenna with respect to the directional one on the lander would change when the rover turns. With the data before and after the turning operations, the resolution capability of our method can be evaluated.

Phase jumps corresponding to the changes of the relative position could be easily distinguished. Figure 7 shows the variation of the phase difference related to the two turning operations. The rover's omnidirectional antenna before and after the turnings has been imaged using the rover telemetry signals and the results of each turning are displayed in one image to show the obtained differences (see Figure 8). Measuring the relative distance of the omnidirectional antenna before and after the turning can assess the resolution capability, as shown in Figure 9. The height difference between the antennas is approximately unchanged while the turning center is considered to be at the origin of the rover body-fixed coordinate system. Table 3 gives the analysis of the two turning operations. The results show that our method can accurately identify the turning actions of the rover with measurement deviations less than 0.5 m, demonstrating the high-resolution capability of it.

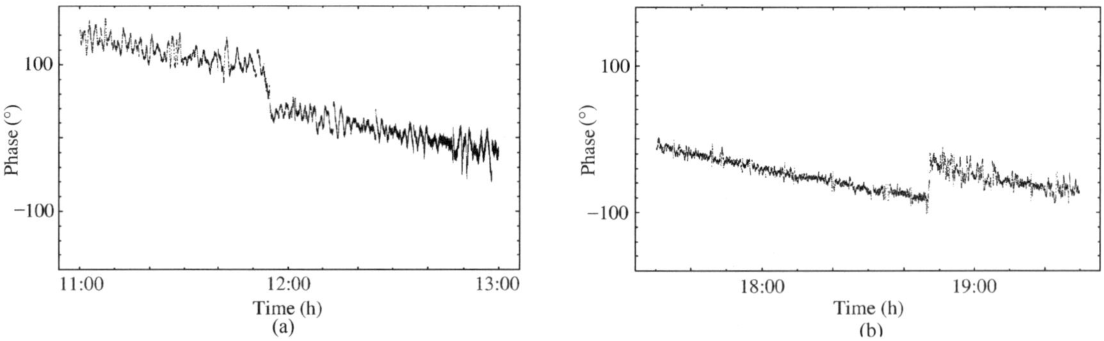

Figure 7 Variations of phase difference on baseline Bj−Ur corresponding to the two turnings. (a) The rover turned right by 180°; (b) the rover turned left by 90°.

Table 3 Results of the relative distance of the omnidirectional antenna

Action	Pre-positions		Post—positions		Relative distance		
	North (m)	East (m)	North (m)	East (m)	Measurement (m)	Theoretical value (m)	Deviation (m)
Turn right by 180° at site A	10.70	0.24	11.52	1.03	1.14	1.46	−0.32
Turn left by 90° at site C	−3.32	8.31	−4.30	7.67	1.17	1.03	0.14

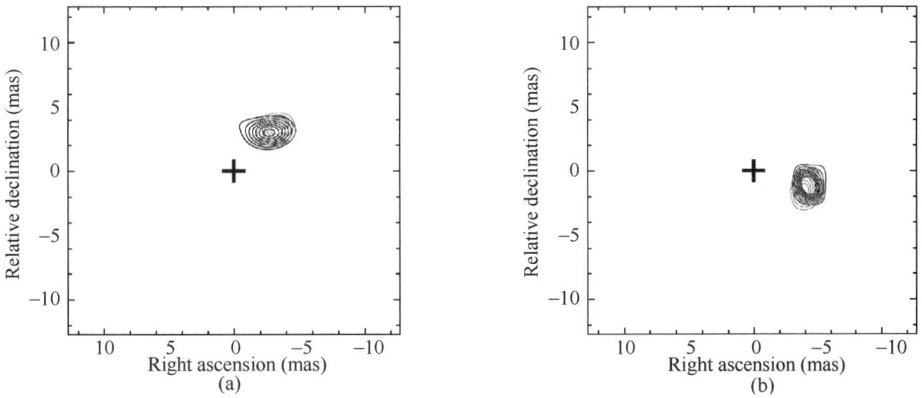

Figure 8　(a) Images before (black, epoch: 11:05—11:53 UTC, restoring beam: 2.86×1.75 mas, PA: −87.2°, contours: 9.91 Jy/beam × 3, 4, 5, 6, 7, 8, 9) and after (red, epoch: 11:55—13:09 UTC, restoring beam: 2.12×1.53 mas, PA: 61.6°, contours: 3.36 Jy/beam × 3, 4, 5, 6, 7, 8) the right turning at site *A*; (b) images before (black, epoch: 17:00—18:45 UTC, restoring beam: 2.17×1.35 mas, PA: 31.2°, contours: 2.82 Jy/beam × 3, 4, 5, 6, 7, 8, 9, 10) and after (red, epoch: 18:48—21:05 UTC, restoring beam: 2.16×1.25 mas, PA: 21.8°, contours: 4.42 Jy/beam × 3, 4, 5, 6, 7, 8) the left turning at site *C*.

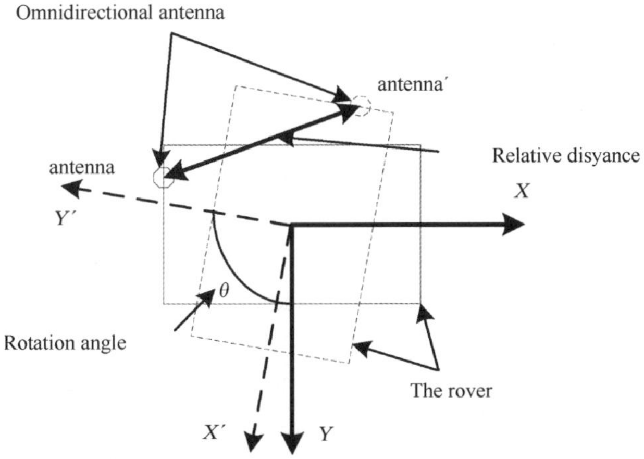

Figure 9　Relative distance of the omnidirectional antenna when the rover turns around.

6　Conclusion

Accurate spacecraft position is of essential importance for the safety of the spacecraft, as well as for science exploration objectives such as planetary gravity field and ephemerides investigations. The present research demonstrated that in-beam phase referencing of two probes significantly decreases the phase errors caused by atmosphere fluctuations, resulting in a high accuracy relative position determination between the probes. A number of in-beam phase referencing opportunities are anticipated in deep space explorations, which will render this technique much more significant in spacecraft navigation. Compared with its applications in radio astronomy, phase referencing technique works even more effectively in spacecraft tracking, since the simple structure of the spacecraft can be assumed as a perfect point source. Good (u, v) coverage is needed to shorten the integration time, especially when real－time tracking is highly desired.

A next stag of development will be to image the Chang'E-3 lander with phase reforencing using a quasar to get its more allurate location in the celestial rerference frane. The CVN and CDSN mill work togethor to expand our observation network, improve the (u, r)coverage and track the spacecrafe in real－time. All of these activities would provide strong support for future planetary missions.

Acknowledgements

This work was supported by National Key Techniques Research Program of China's Lunar Exploration (Grant No. TY3Q20100009). We are grateful to TONG FengXian for data format conversion, AN Tao and BAAN Willem for language editing, ZHENG WeiMin, JIANG DongRong, LIU QingHui, LI PeiJia, GURVITS Leonid, JI Gang, FAN Min, HAO WanHong, HUANG Lei, WANG Hong, TANG GeShi and REN TianPeng for their kindness support. We also express our sincere gratitude to our colleagues fighting for the CLEP. We thank the referees and editors for their comments.

References

[1] Lanyi G, Border J S, Benson J S, et al. Determination of angular separation between spacecraft and quasars with the Very Long Baseline Array. JPL: IPN Progress Report 42—162. 2005

[2] Curkendall D W, Border J S. Delta—DOR: the one-nanoradian navigation measurement system of the deep space network—History, Architecture, and Componentry. JPL: IPN Progress Report 42—193. 2013

[3] Martin－Mur T J, Antreasian P, Border J S, et al. Use of very long baseline array interferometric data for spacecraft navigation. In: Proceedings of the 19th International Symposium on Space Flight Dynamics, Kanazawa, 2006. ISTS 2006—d—50

[4] Jones D L, Fomalont E, Dhawan V, et al. Very Long Baseline Array astrometric observations of the Cassini spacecraft at Saturn. Astron J, 2011, 141: 29—45

[5] Martin－Mur T J, Highsmith D E. Mars approach navigation using the VLBA. In: Proceedings of the 21st International Symposium on Space Flight Dynamics, Toulouse, 2009. 1—10

[6] Fomalont E, Martin－Mur T J, Border J S, et al. Spacecraft navigation using the VLBA. In: Proceedings of the 10th European VLBI Network Symposium and EVN Users Meeting: VLBI and the New Generation of Radio Arrays, Manchester, 2010. 66F

[7] Duev D A, Calves G M, Pogrebenko S V, et al. Spacecraft VLBI and Doppler tracking: algorithms and implementation. Astron Astrophys, 2012, 541: A43

[8] Beasley A J, Conway J E. VLBI phase-referencing. In: Zensus J A, Diamond P J, Napier P J, et al., eds. Very Long Baseline Interferometry and the VLBA. San Francisco: ASP, 1995. 327—341

[9] Guirado J C, Ros E, Jones D L, et al. Space-VLBI phase-reference mapping and astrometry. Astron Astrophys, 2001, 371: 766—770
[10] Majid W A, Bagri D S. Precision spacecraft tracking using in - beam phase referencing. In: Proceedings of the 2008 IEEE Aerospace Conference, BigSky, 2008. 1—7
[11] Huang Y, Chang S Q, Li P J, et al. Orbit determination of Chang'E-3 and positioning of the lander and the rover. Chin Sci Bull, 2014, 59: 3858—3867
[12] Zhang X Z, Shu F C, Xiang Y, et al. VLBI technology development at ShAO. In: Proceedings of the 6th IVS General Meeting, Hobart, 2010. 383—387
[13] Zheng W M, Quan Y, Shu F C, et al. The software correlator of the Chinese VLBI Network. In: Proceedings of the 6th IVS General Meeting, Hobart, 2010. 157—161
[14] Sekido M, Fukushima T. A VLBI delay model for radio sources at a finite distance. J Geodesy, 2006, 80: 137—149
[15] Shu F C, Zhang X Z, Kondo T. Development of correlator model for differential VLBI observations of satellites. In: Proceedings of the International Conference on Microwave and Millimeter Wave Technology, Nanjing, 2008. 443—446
[16] Guo L, Zheng X W, Zhang B. New determination of the position of the pulsar B0329+2B54 with Chinese VLBI network. Sci China—Phys Mech Astron, 2010, 53: 1559—1564
[17] Cao J F, Huang Y, Hu X G, et al. Mars Express tracking and orbit determination trials with Chinese VLBI network. Chin Sci Bull, 2010, 55: 3654—3660
[18] Zheng W M, Luo W C. CVN software correlator development and applications in Chinese Lunar Exploration Mission. In: Proceedings of the 5th IVS General Meeting, St. Petersburg, 2008. 129—133
[19] Ma M L, Zheng W M, Li J L, et al. Accurate determination of impact epoch and coordinate of ChangE-1 Satellite on the Moon. J Astronaut, 2011, 32: 477—481
[20] Huang Y, Hu X G, Zhang X Z, et al. Improvement of orbit determination for geostationary satellites with VLBI tracking. Chin Sci Bull, 2011, 56: 2765—2772
[21] Thompson A R, Moran J M, Swenson J G. Interferometry and Synthesis in Radio Astronomy. 2nd ed. New York: John Wiley & Sons, 2001
[22] Greisen E, Bridle A. AIPS Cookbook. National Radio Astronomy Observatory, 2013
[23] Taylory G. Difmap Cookbook. California Institute of Technology. Pasadena, 1997
[24] Nist´er D, Naroditsky O, Bergen J. Visual odometry. In: Proceedings of the IEEE Computer Society Conference on Computer Vision and Pattern Recognition, Washington, 2004. 652—659
[25] Wang B F, Zhou J L, Tang G S, et al. Research on visual localization method of lunar rover (in Chinese). Sci Sin Inform, 2014, 44: 452—460

Rock size-frequency distribution analysis at the Chang'E-3 landing site

Kaichang Di[a], Bin Xu[a], Man Peng[a,*,1], Zongyu Yue[a], Zhaoqin Liu[a], Wenhui Wan[a], Lichun Li[b], Jianliang Zhou[b]

a State Key Laboratory of Remote Sensing Science, Institute of Remote Sensing and Digital Earth (RADI), Chinese Academy of Sciences, Beijing 100101, China
b Beijing Aerospace Control Center (BACC), Beijing 100094, China

Abstract: This paper presents a comprehensive analysis of the rock size-frequency distribution at the Chang'E-3 landing site. Using 84 Navcam stereo images acquired at 7 waypoints by the Yutu rover and an interactive stereo image processing system, a total of 582 rocks larger than 0.05 m in diameter were identified and measured. The statistical results of the size-frequency distribution show that the cumulative fractional area covered by rocks versus their diameter follows a simple exponential function and has a convex – up shape on log – log graphs with the slope increasing with diameter. The cumulative number of rocks versus diameter derived by numerically integrating the cumulative fractional area also shows a good fit with the data. A diameter – height relationship was also determined from height and diameter ratios. The observed rock statistics were also compared with those from other lunar missions, including the Surveyor, Apollo, and Lunokhod missions; results suggest that the rock distribution at the Chang'E-3 landing site is similar to that found by Surveyor III.

Key words: Chang'E-3, Rock size-frequency distribution, Lunar landing site

1 Introduction

Rock populations on the surface of a planet can provide important geological information related to the planet's origin, the evolution of its crust, and the timing of critical events such as volcanism and meteorite bombardment (Garvin et al., 1981; Grant et al., 2006; Ouyang, 2005; Ward et al., 2005; Yingst et al., 2007). Analyzing and characterizing size-frequency distributions of rocks at planetary landing sites is important for understanding the geological history of the region and is also critical in identifying potential hazards in support of future landings and rover navigation (Golombek et al., 2003, 2008; Golombek and Rapp, 1997).

Rock abundance and distribution research has been performed widely on Mars and

* Corresponding author. Tel. /fax: +86 10 64807987. *E-mail address*: pengman@radi. ac, cn (M. Peng).

on the Moon; this research is mostly related to the landing sites of landers and/or rovers. To select suitable landing sites for multiple Mars missions, the detection and characterization of rocks and the relationships of rock size-frequency were usually studied in detail in advance from orbital and ground data (Golombek et al., 2012a). For example, during the Mars Pathfinder (MPF) project's development, the size-frequency distributions of rocks at the two Viking landing sites and Earth analog sites were combined to predict the probability of boulders that were potentially hazardous to the MPF. The results from Viking Lander 1 and Viking Lander 2 stereo measurements were fitted with exponential functions to model the rock distributions. In addition, the rock size-frequency distributions at Earth analog sites were found to be consistent with those of the two Viking landing sites (Golombek and Rapp, 1997; Golombek et al., 1997). These results were valuable in achieving a safe landing of the Mars Pathfinder lander. The rock distributions from ground observations after the MPF landing fit well with the exponential function and were consistent with prior analyses (Golombek et al., 1999). During Mars Exploration Rover (MER) landing site selection, rock distribution statistics and models were determined from the Imager for the Mars Pathfinder stereo images. Mars Orbiter Camera (MOC) images of 4 MER candidate landing sites (Meridiani Planum, the Gusev crater, Melas Chasma, and Isidis Planitia) were also used to search for boulder fields. The results were used to test the rock distribution model. Furthermore, the cumulative number of rocks per square meter and the probability of impacting rocks larger than 1 m in diameter (Golombek et al., 2003) were estimated using rock abundance estimates from the Viking Infrared Thermal Mapper at the Meridiani and Gusev landing sites (Christensen, 1986). Based on these results, the probability of impacting potentially hazardous rocks at MER landing sites was calculated using an exponential model (Golombek et al., 2003). In addition, with orbital and Spirit rover data, Golombek et al. (2006) provided an overview of the geology of the Gusev cratered plains, over which the rock abundance and maximum block size measured on the ejecta blanket were consistent with expectations.

During the Phoenix landing site selection, Golombek et al. (2008) developed an automated rock - detection algorithm that fit ellipses of shadows and cylinders to rocks. They measured the diameters and heights of ~10 million rocks using High Resolution Imaging Science Experiment (HiRISE) images over > 1 500 km^2 of the northern plains. The rock distributions counted in the HiRISE images were also compared with distributions measured from lander images. The size-frequency distributions were extrapolated along model curves to estimate the number of smaller - diameter rocks that could be hazardous to the Phoenix lander (Golombek et al., 2008). The probability of encountering rocks during different phases was also estimated. The estimation proved to match the dearth of large rocks found at the landing site (Heet et al., 2009).

During the Mars Science Laboratory (MSL) mission, Golombek et al. (2012a, 2012b) improved the rock detection techniques which had been used for the Phoenix landing site selection and analyzed rock abundances and size-frequency distributions for the four final sites (Eberswalde crater, the Gale crater, the Holden crater, and Mawrth Vallis) using HiRISE images. The rock abundance at the landing sites was determined by fitting the cumulative number of rocks between 1.5–2.25 m in diameter in 150 m and 450 m bins to the cumulative fractional area distribution. The fitted model predicts that all of the sites were safe with respect to rocks.

Most studies of rock distributions on the Moon have been conducted with data returned by spacecraft that landed there, particularly by the Surveyor series of landers (Shoemaker and Morris, 1968). The Surveyor, Apollo, and Luna programs provided a great deal of detailed information regarding the distributions, compositions, and physical properties of the lunar regolith/rocks at a limited number of sites (Heiken et al., 1991). Shoemaker and Morris (1968) used a power law function to analyze the rock size frequency distributions at the Surveyor landing sites. The results suggested that fragments larger than 0.1 m occurred more at the Surveyor VII landing site than the Surveyor III, V, and VI landing sites. Mission documents from the six Apollo lunar missions also characterized the geological properties of the landing sites. During the Apollo 11 mission, the cumulative size-frequency distribution of rock fragments larger than 0.32 m was measured from panorama images in the vicinity of the lunar module (LM) (Aldrin et al., 1969). The results suggested that rocks larger than 0.32 m in diameter were more abundant than at the Surveyor landing sites (Aldrin et al., 1969). At the Apollo 16 landing site, the rock size distribution was investigated using panoramic images composed of photographs taken by astronauts. The differential distribution plots of blocks and the cumulative size-frequency indicated that rocks less than 0.1 m in size were the most abundant at stations 5, 6, and, likely, 4. The number of blocks at all stations was inversely proportional to size (Muehlberger et al., 1972). As much as 2.3% of the traversed area was littered with blocks in the 0.1 to 1.0 m size range as well as with smaller blocks that reached the resolution limit (4 cm) (Muehlberger et al., 1972). Recently, Demidov and Basilevsky (2014) studied the height-to-diameter ratios of lunar rocks using 91 panoramic photographs taken by Lunokhod-1, 2, and 17 along with six Lunar Reconnaissance Orbiter Camera (LROC) Narrow Angle Camera (NAC) images. The height-to-visible-diameter and height-to-maximum-diameter ratios were measured for lunar rocks at three highland and mare sites on the Moon. Basilevsky et al. (2015) compared and assessed the results of measurements and observations by the Lunokhod 1 and Yutu rovers; results show that rock shape and degree of preservation of the observed rock fragments in Lunokhod 1 and Chang'E-3 (CE-3) landing sites are rather similar.

Orbital photography images were also used to measure block dimensions and distributions (Cameron and Coyle, 1971; Cintala and McBride, 1994; Moore, 1971). Block distributions in the vicinities of the Surveyor I, III, VI, and VII sites were determined using Lunar Orbiter photography from the 4 landing sites where spacecraft had recorded data. In addition, orbiter-observed thermal inertia data from the Lunar Reconnaissance Orbiter (LRO) Diviner Radiometer and a lunar thermal model were employed to study rock abundance over a majority of the lunar surface (Bandfield et al., 2011; Bauch et al., 2013; Urquhart and Mellon, 2007). Recently, Qiao et al. (2014) systematically studied the topographic, compositional, stratigraphic, and geological features in Sinus Iridum using multi-source data, i.e., the Lunar Reconnaissance Orbiter Altimeter (LOLA) and Camera (LROC), SELENE Terrain Camera (TC), Clementine ultraviolet-visible (UVVIS), and Chandrayaan-1 Moon Mineralogy Mapper (M3) data. To understand the distributions of blocky ejecta, Bart and Melosh (2007, 2010a, 2010b) investigated the spatial distributions of boulders ejected from lunar impact craters. The results contributed to understanding boulder ejection velocities and the distributions of secondary craters in the Solar System.

The Chinese Lunar Exploration Program (CLEP, also called the Chang'E Program) began in 2004. It includes three phases: orbiting, landing, and returning lunar samples to Earth. Following the successes of the Chang'E-1 (CE-1) and Chang'E-2 (CE-2) orbital missions, the CE-3 mission, which included a lander and a rover, landed successfully at 44.12°N, 19.51°W (radio-tacking solution) on Mare Imbrium of the Moon on December 14, 2013 (Xiao, 2014). The CE-3 lunar rover was the first soft-landing on the Moon since 1976. The stereo images from the rover camera made rock size-frequency analysis possible at the landing site; however, as far as we know, to date no such analysis has been reported.

In this paper, we study the detection and characterization of rocks and the rock size-frequency distributions at the CE-3 landing site, and we perform a detailed comparison with results from other lunar missions. First, the image data and method for rock size measurement from the Yutu rover are described. Next, rock statistics and size-frequency distributions are analyzed and characterized. Finally, the rock distributions from the Yutu rover data are compared with the rock population results from other lunar missions.

2 Study area and data

2.1 The study area: the CE-3 landing site

As the first Chinese lunar soft-lander and rover, the landing site of CE-3 was selected primarily based on engineering constraints including topography, communication, and solar illumination (Zhao et al., 2014). In addition, local geological diversity was taken into consideration, including impact craters, wrinkle ridges, and basaltic materials of various ages (Zhao et al., 2014). Detailed topography mapping of the landing site was conducted before and after the mission by several research/operation teams. For example, Li et al. (2014) generated digital elevation model (DEM) and a digital orthophoto map (DOM) products with different resolutions using CE-2 orbital images and analyzed the geomorphology surrounding the landing site. Based on a DEM generated from Terrain Camera (TC) images of SELENE-I, the topography was found to be relatively flat, with an elevation difference of less than 300 m (Zhao et al., 2014). Wu et al. (2014) characterized the slopes and crater distribution at the CE-3 landing site based on multi-source lunar remote sensing data. They found that the candidate landing area was relatively fiat, with a slope of less than 15°. Liu et al. (2015) presented a method for high-precision topographic mapping with multi-source data. Analysis of the geomorphology surrounding the CE-3 landing site shows that the landing area and its surroundings are typical lunar mare with flat topography (Li et al., 2014).

Fig. 1 shows the DEM and DOM of the landing region, which were generated from 80 descent images taken between 217 m and 10 m in altitude from the surface with a resolution from 0.168 m/pixel to 0.008 m/pixel (Liu et al., 2015). The white dots in the maps represent the lander position. The lander position is near the borders of two basalt strata and is in the Eratosthenian basalt stratum (Bugiolacchi and Guest, 2008). The maximum local relief is several meters. The northern part of the landing area is in an area with basalt stratum in Mare Imbrium (Wilhelms and McCauley, 1971). The landing site is a high-titanium basalt stratum, and its geological age is young Eratosthenian (Li et al., 2014).

As shown in Fig. 2, the landing site is close to the eastern edge of crater C1 with a diameter of 450 m (Xiao et al., 2015) and was 40 m east of the edge of the crater. There

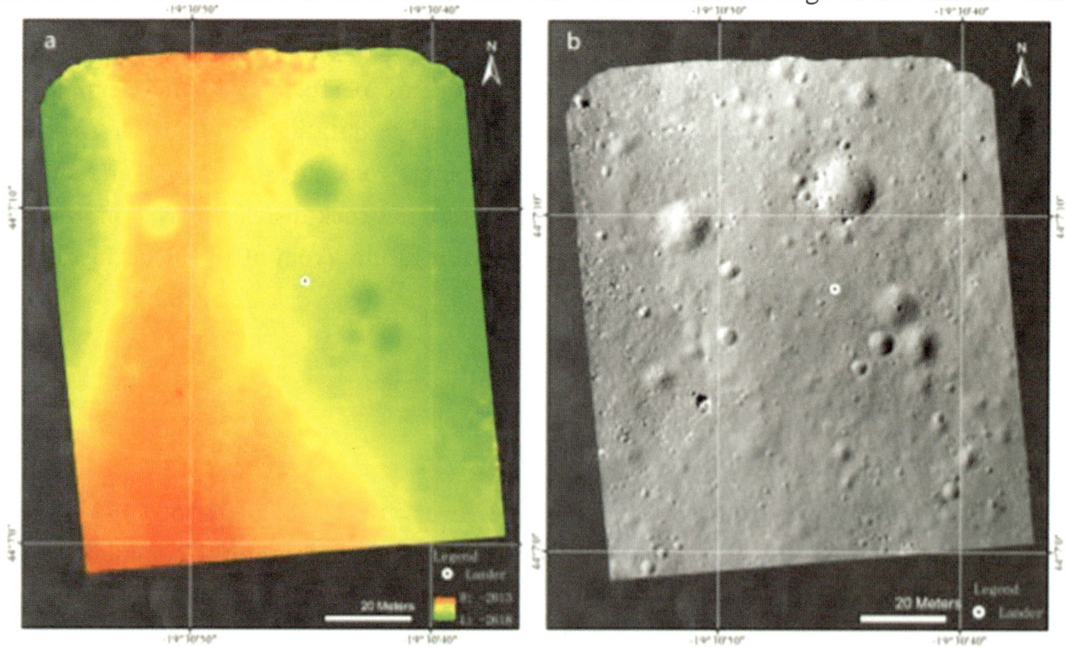

Fig. 1 DEM and DOM of CE-3 landing region. (a) The DEM generated with 0.05 m resolution, covering an area of 97 m × 115 m with an elevation from −2 618 m to −2 613 m. (b) The DOM generated with a resolution of 0.05 m.

exist many small fresh impact craters on the continuous ejecta deposits of the C1 crater. Fig. 3 shows the traverse map and localization results of the rover waypoints using a cross－site visual localization method. Along the traverse, the rover acquired stereo images that covered 120° of the field. This was realized at each waypoint by using its Navcam in the forward direction with a segment length of approximately 10 m. The base DOM in Fig. 3 was generated from descent images as shown in Fig. lb. All the waypoints were located on the ejecta blanket of the C1 crater. There is an abundance of subdued craters as large as 3 m in diameter in this region. Most have slightly raised, round rims. Some small craters such as C2 and C3 have excavated boulders larger than ～ 1 m in diameter, while smaller nearby craters such as C4 did not penetrate through the surface regolith because no excavated boulders are visible on the crater rims (Xiao et al., 2015).

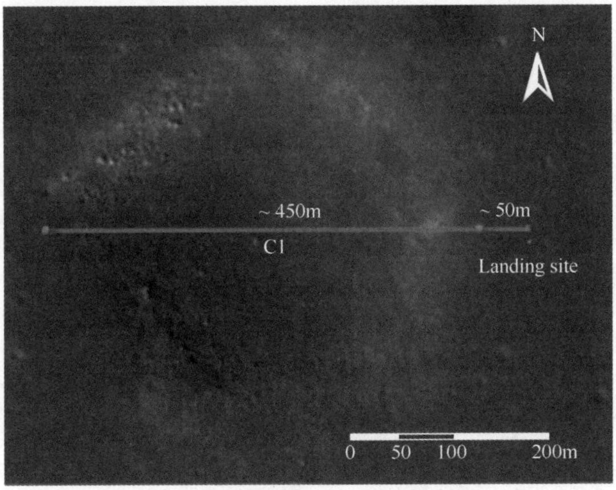

Fig. 2　Yutu landed on the eastern rim of the C1 crater (Xiao et al., 2015).

2.2　CE-3 site data

In this study, Navcam stereo images were used for identifying rocks and measuring rock sizes. The Navcams were mounted on a camera mast 1.5 m above the ground with a stereo base of 0.27 m. The image size of the two identical cameras was 1 024 ×1 024 pixels with 0.27 mrad per pixel. The focal length of the cameras was 17.7 mm with a field of view of 46.4°× 46.4°. Along the rover traverse, the Navcams usually captured 7 pairs of stereo images at each waypoint. After departing the lander, the Yutu rover traversed 17 waypoints. It acquired 120°－field－of－view forward direction stereo images at 14 waypoints. Stereo images with high resolution and proper lighting conditions were utilized to identify and measure rocks. As a result, stereo pairs from 7 consecutive sites were selected to estimate rock abundance parameters in the landing area. Table 1 lists the information from selected Navcam images. The start/end solar azimuths were retrieved from the header files of the raw data; unfortunately, there is no solar azimuth data available at stations N0106 and N0107. The DOMs of the 14 sites are shown in Fig. 3. Fig. 4 shows two example images from the left Navcam acquired at N0101 and N0102.

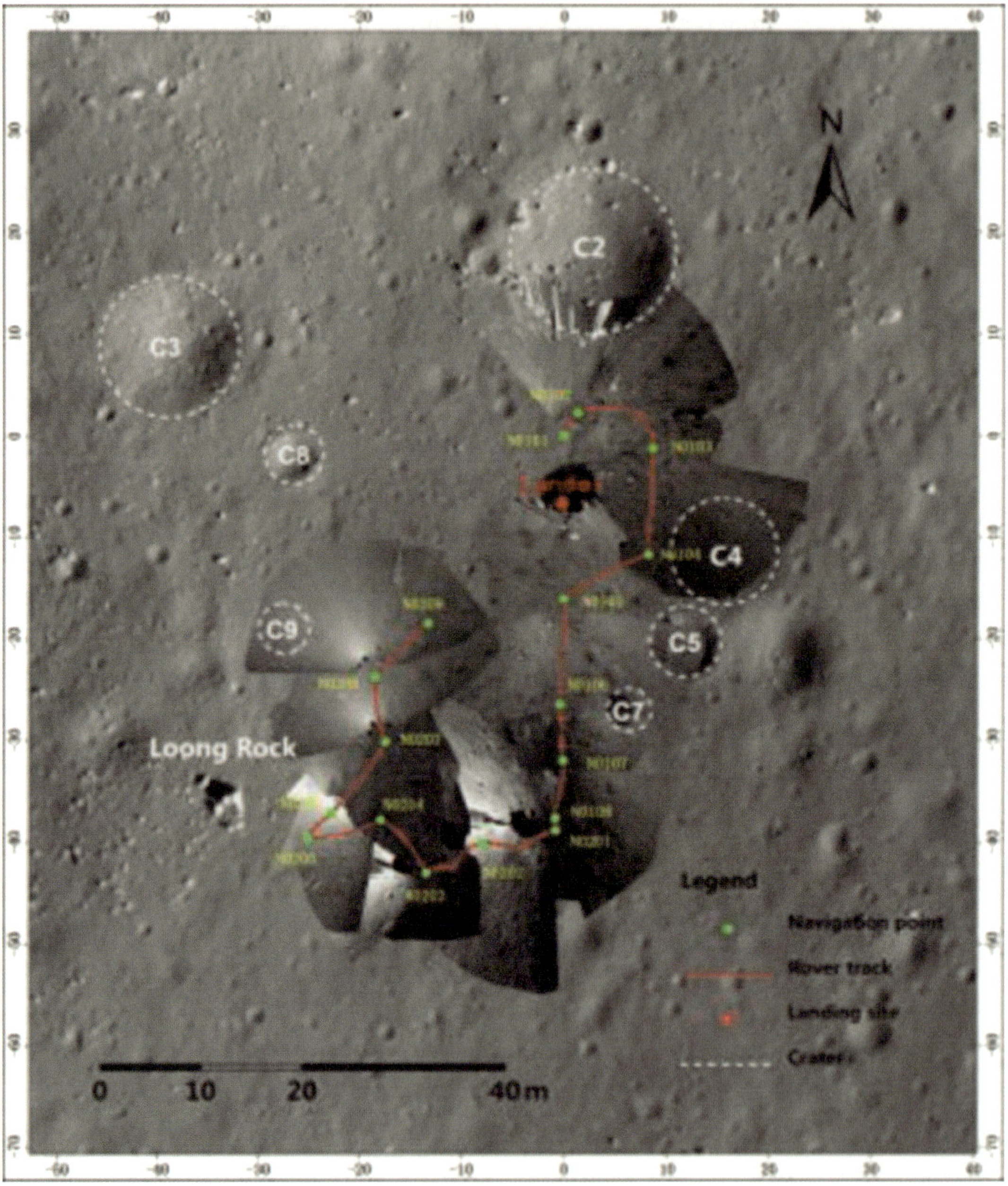

Fig. 3　Traverse map of the CE-3 rover. The overlaid maps are DOMs generated from Navcam stereo images with 0.02 m resolution. The red line shows the rover track, and green points represent waypoints. The crater labels are from Xiao et al. (2015). (For interpretation of the references to color in this figure legend, the reader is referred to the web version of this article.)

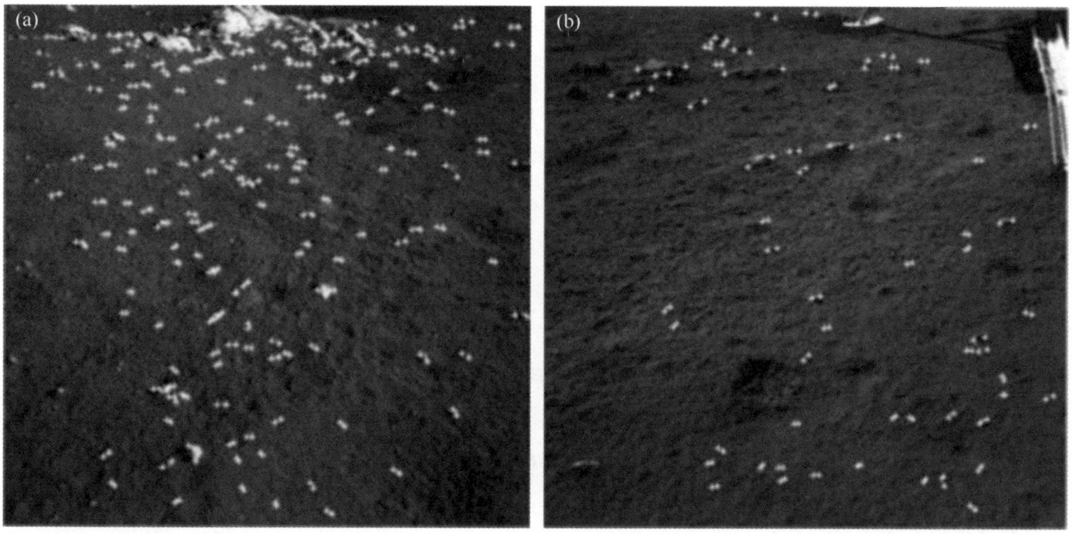

Fig. 4　Examples of Navcam images acquired at waypoints. (a) An image from the left Navcam at site N0101. (b) An image from the left Navcam at site N0102. White crosses are the measured left and right ends of rocks.

Table 1　Details of images used in the project.

Waypoint ID	Location (m)	Start solar azimuth (°)	End solar azimuth (°)
N0101	(0, 0, 0)	30.603	30.627
N0102	(1.27, 2.2, 0.01)	32.209	32.233
N0103	(8.57, −1.25, − 0.50)	44.696	44.685
N0104	(8.18, −11.74, − 0.5)	43.927	43.914
N0105	(−0.05, −16.12, −0.05)	39.639	39.621
N0106	(−0.40, −26.46, −0.02)	N/A	N/A
N0107	(−0.09, −31.99, 0.02)	N/A	N/A

3　Method

The original Navcam images were downlinked from the rover and stored in a Planetary Data System (PDS) format. Stereo image processing and mapping software developed in-house was used to process images and measure rocks in 3D. Prior to rock extraction, epipolar images of the Navcam stereo images were generated, and feature point matching was performed on the Navcam images to extract tie points. A bundle adjustment was then applied to the Navcam images at each site to refine their exterior orientation parameters.

After the bundle adjustment, the interactive 3D measurement tool was adapted to measure rocks from the Navcam stereo images. A stereo display mode can be chosen to assist in rock selection and measurement. 3D coordinates can be calculated for any point using the interior and exterior parameters of stereo images. Considering the mapping accuracy of Navcam stereo images and resolution limitations for reliable measurement (Peng et al., 2014), only rocks larger than 0.05 m in object space and greater than 8×8 pixels in image space (regardless of actual size) were considered. Because there are overlapping areas between neighboring sites, duplicate rocks in these areas were counted only once.

When measuring a rock, its endpoints and peak were selected manually on the left image of the stereo pair, and corresponding points were automatically matched on the right image. Consequently, the 3D coordinates of the peaks and endpoints were calculated, and the apparent width W was calculated as the distance between the leftmost and rightmost points. The average rock diameter was then calculated as $0.75W$ (Golombek et al., 2003). In this analysis, the bases of the rocks were assumed to be circular when calculating their areas. Rock height was determined based on the highest and lowest elevation points. All rocks larger than 0.05 m in diameter and taller than 0.001 m were included in the measurement. Fig. 5 shows a typical pair of Navcam images. The white crosses represent the measured ends of rocks, and Fig. 5c and d are the zoomed-in areas of Fig. 5a and b respectively.

4 Results

4.1 Rock statistics

A total of 582 rocks were measured from the Navcam images at the 7 sites (waypoints). Fig. 6 shows the rocks superimposed on the DOMs. Local concentrations of blocks are found, especially on the east sides and rims of crater C1.

The number of rocks at each site is listed in Table 2. The largest number of rocks was found at site N0101, with 198 rocks.

Table 2　Rock number for each waypoint.

Site	Maximum diameter (m)	Minimum diameter (m)	Average diameter (m)	Maximum height (m)	Minimum height (m)	Average height (m)	Total number
N0101	1.533	0.050	0.146	0.359	0.001	0.034	198
N0102	0.668	0.053	0.164	0.314	0.001	0.040	81
N0103	0.841	0.051	0.147	0.129	0.002	0.040	50
N0104	0.660	0.052	0.153	0.115	0.004	0.044	40
N0105	0.322	0.050	0.100	0.083	0.001	0.030	65
N0106	0.294	0.050	0.089	0.099	0.002	0.029	76
N0107	0.412	0.050	0.102	0.089	0.003	0.030	72

Fig. 5　Rocks measured from Navcam stereo images. (b) The left image, (b) the right image, (c) the enlarged view of the rectangular area in the left image, and (d) the enlarged view of the rectangular area in the right image. White crosses are the measured left and right corners of rocks.

Fig. 7 shows the histogram of rock diameters for all 7 sites; 61% of rocks are less than 0.1 m in diameter. An exponential function derived through nonlinear least squares fitting is given below and also shown in Fig. 7 as a curve:

$$F = 193.2\exp(-16.77 \times D)\ (R^2 = 0.9287) \tag{1}$$

where F represents the number of rocks and D is rock diameter. The curve exhibits a good fit for diameters between 0.07 m and 0.28 m, but it underestimates the number of rocks of smaller and larger diameters.

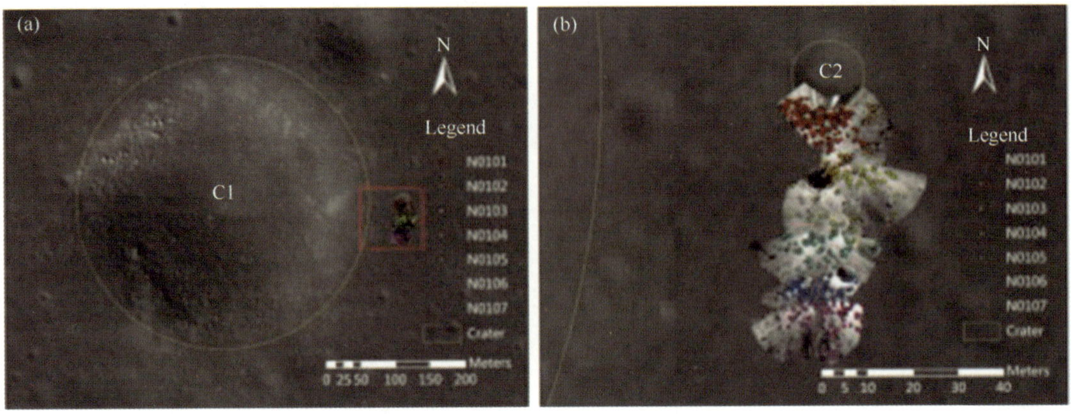

Fig. 6　Rocks superimposed on the DOMs. (a) Seven colors represent rocks extracted from seven sites after removing duplicate rocks; (b) an enlarged view of the rectangular area in (a).

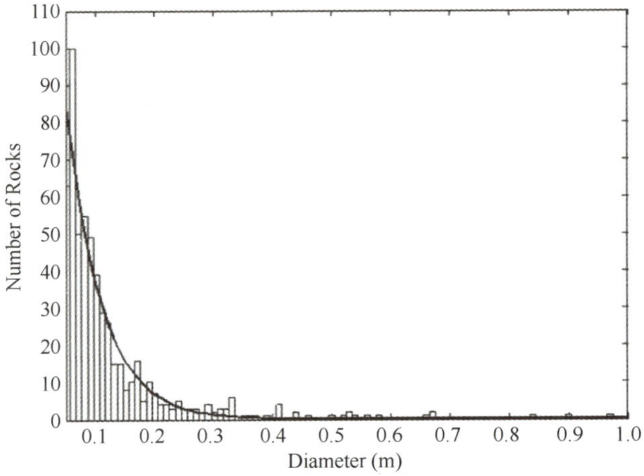

Fig. 7　Histogram showing the number of rocks of each diameter. Binned data and the power law function fit are shown.

4.2　Cumulative area results

The model of the cumulative area covered by rocks of a given diameter D or larger can be formulated by an exponential function (Golombek and Rapp, 1997):

$$F_k(D) = k\exp\{iD\} \tag{2}$$

where k is the total area covered by rocks of all sizes and i is the exponential factor. A least squares method was used to calculate k and i with data from each waypoint and all sites. Table 3 lists the values of all parameters.

Table 3　Parameters for each waypoint.

Site	N0101	N0102	N0103	N0104	N0105	N0106	N0107	All sites
Rock area (m^2)	8.346	2.336	1.398	1.180	0.697	0.635	0.830	15.422
k	0.036 39	0.011 6	0.005 47	0.005 07	0.003 60	0.006 33	0.004 81	0.012 5
i	−1.216	−2.163	−1.506	−2.398	−7.969	−7.563	−6.803	−1.743
R^2	0.990 8	0.899 5	0.997 7	0.954 5	0.967 3	0.971 3	0.975 2	0.996 5

The cumulative fractional - area - versus - diameter plot for each waypoint in Fig. 8 shows that the family of curves is not parallel; the portions of the cumulative fractional area distributions at diameters smaller than 0.1 m fit the exponential model better than other portions. The largest area of rocks was found at site N0101, with 8.346 m^2.

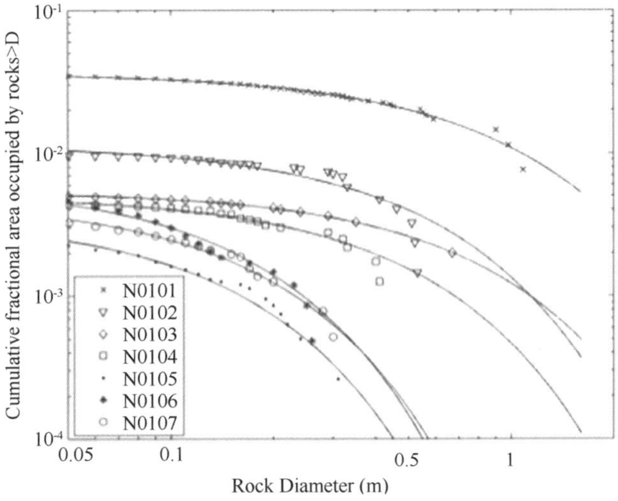

Fig. 8　Cumulative fractional area covered by rocks versus rock diameter at the CE-3 site.

A plot of the cumulative fractional area covered by rocks versus diameter is shown in Fig. 9. The plotted rock data display a convex - up curve shape on log - log graphs. The curve slowly drops off at small diameters, and the slope gradually increases. As shown in Fig. 9, the distribution of rocks fits the exponential model very well for diameters smaller than 1 m.

It should be noted that the fitted value of k for the CE-3 site is 0.012 5; while various k values have been tried in order to produce the curves in Fig. 9, the range of rock coverage k values in Fig. 9 are 1%, 2%, 3%, and 5% (Golombek and Rapp, 1997). The figure shows that the curve of the whole area was close to the curve when k in Eq. (2) was set to 1%. This means that the areas of the 7 sites occupied by rocks account for nearly 1% of the whole area. In total, an area of 1 320.602 m^2 with medium rock density has a cumulative fractional area distribution that resembles the model curve for 1% rock

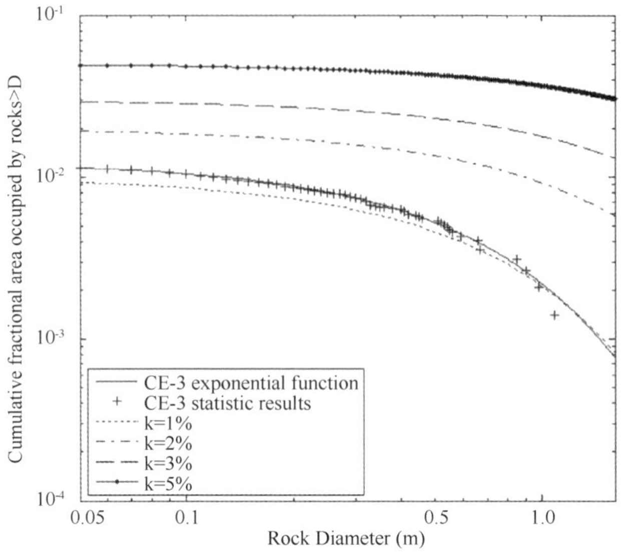

Fig. 9 Cumulative fractional area covered by rocks versus rock diameter at the CE-3 site. Exponential model size-frequency distributions from Eq. (2) for 1%, 2%, 3%, and 5% are also shown.

coverage. Small-diameter rocks account for 1.2% of the total area, while 1-m-diameter boulders account for 0.1%.

4.3 Cumulative number results

The cumulative number of rocks of a given diameter or larger per m^2 can be modeled with the exponential function below (Golombek and Rapp, 1997):

$$N(D) = L\exp\{-sD\} \tag{3}$$

where $N(D)$ is the cumulative number of rocks of a given diameter or larger, L represents the total number of rocks of all sizes per square meter, and s is the exponential factor.

However, since inferring cumulative-area-versus-diameter distributions from the cumulative-number-versus-diameter distributions in a mathematically rigorous way introduces a quadratic equation (Golombek and Rapp, 1997), Golombek et al. (2003) derived cumulative-number-versus-diameter distributions by numerically integrating cumulative fractional area curves. For our analysis, we used numerical integration with MATLAB software to derive the cumulative number function. From Eq. (2), it follows that

$$\mathrm{d}F = kle^{ld}\,\mathrm{d}D \tag{4}$$

$$\mathrm{d}N(D) = \frac{\mathrm{d}F}{\pi D^2/4} = \frac{4kl}{\pi}e^{lD}D^{-2}\,\mathrm{d}D \tag{5}$$

where k is 0.013 5 and l is -1.734.

In MATLAB, the integrated function for Eq. (5) can be represented as

$$N(D) = 0.0279 \times \exp(-867/500 \times D)/D - 0.04785 \times Ei(1\,867/500 \times D) \quad (6)$$

where *Ei* represents an exponential integral function that can be solved by MATLAB. Finally the cumulative number of rocks of a given diameter or larger can be calculated. As shown in Fig. 10, the cumulative number distributions track the exponential integral function well.

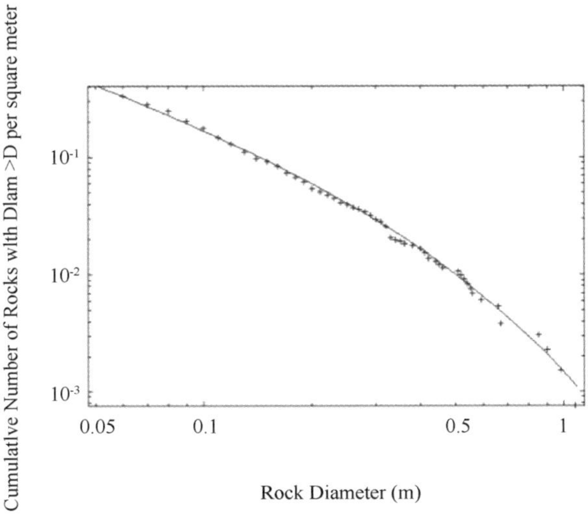

Fig. 10　Cumulative number of rocks per square meter greater than a given diameter versus rock diameter measured at the CE-3 site.

4.4　Generalized diameter - height relationship

A linear relationship was determined between rock height and diameter at the CE-3 landing site. The height of each rock is plotted against its diameter in Fig. 9. The linear least squares fit for the data is given by:

$$H = 0.2347D + 0.0039 \quad (7)$$

In the equation, *H* represents the height of rocks, indicatingthat rocks at the site have heights on average ~ 1/4 of their diameter. The adjusted R^2 value is 0.871 1. Fig. 11 shows that most rocks with heights smaller than 0.1 m and diameters smaller than 0.2 m are concentrated in a small area.

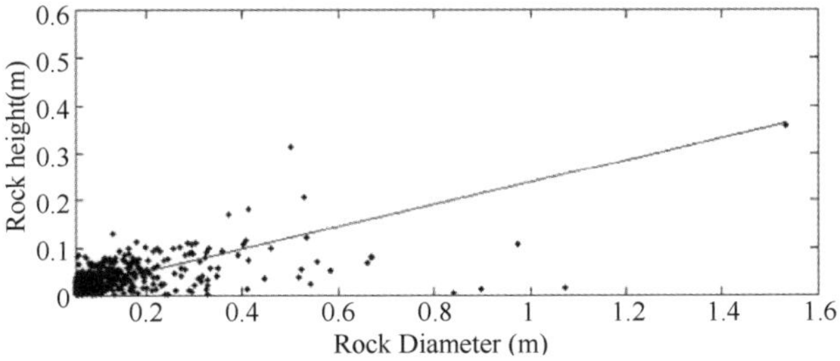

Fig. 11　Plot of rock height versus diameter. Data indicates that rock heights are 0.234 times their diameter, on average.

4.5 Comparison with previous mission results

The distributions of rock sizes found at the CE-3 landing site were compared with the distributions observed from the Surveyor, Apollo, and Lunokhod missions. Fig. 12 shows the cumulative number of rocks versus their diameter for the CE-3, Apollo, and Surveyor missions. In general, the number of rocks at all sites is inversely proportional to rock size, with a gradual descent apparent for small rock diameters and a drop off occurring at large diameters. The entire rock distribution curve of the CE-3 site is very close to that of Surveyor I, Surveyor III, and Surveyor VI; in particular, the value is almost equal to that of Surveyor I for rocks with diameters around 0.25 m. Table 4 lists the cumulative number of rocks with diameters larger than 0.1 m. The cumulative number of rocks per square meter for this specific diameter or larger at the CE-3 site (0.17) is close to that for Surveyor VI (0.20).

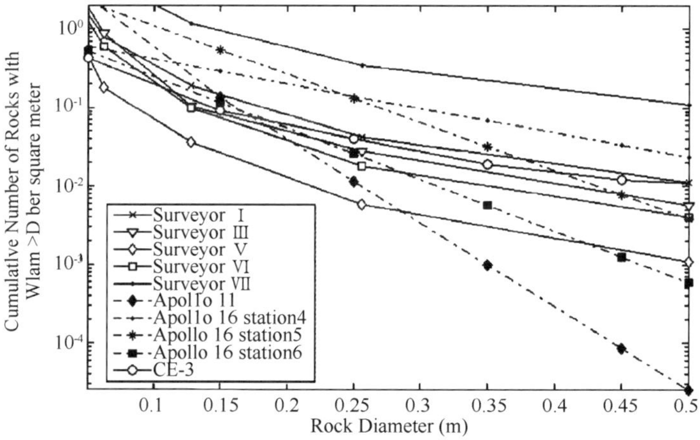

Fig. 12　Comparison of the cumulative number of rocks greater than a given diameter per square meter. Surveyor rock distributions are from Shoemaker and Morris (1968), the Apollo 11 rock distribution is from Aldrin et al. (1969), and Apollo 16 rock distributions are from Muehlberger et al. (1972).

Table 4　Cumulative number of rocks with diameters larger than 0.1 m (Shoemaker and Morris, 1968; Aldrin et al., 1969; Muehlberger et al., 1972).

Site*	All	A16-4	A16-5	A16-6	CE-3	SI	SIII	SV	SVI	SVII
Cumulative number of rocks	0.47	0.41	1.10	0.24	0.17	0.34	0.30	0.07	0.20	1.97

* We have abbreviated Apollo as A, Surveyor as S, and Lunokhod as L in Tables 4 and 5.

The height-to-diameter (H/D) and height-to-maximum-diameter (H/D_{max}) ratios are important lunar rock parameters. Table 5 lists the statistical results from the Lunokhod-1 and 2 and Apollo 11—17 sites (Demidov and Basilevsled, 2014). Rocks at the CE-3 site have lower height - to - diameter ratios compared to rocks from other lunar missions, indicating that the rocks at the CE-3 site are relatively fiat. No significant geographic variations were found in the resulting H/D and H/D_{max} parameters. The average H/D for all 582 rocks at the CE-3 landing site is 0.31 with a standard deviation of 0.203. The 95% confidence interval for the average H/D is 0.31 ± 0.013. This is consistent with the early recommendations of Hutton (1969) and with the H/D of Mars rocks as being around 0.5 (Golombek and Rapp, 1997) and falls within the H/D range of 0.2—0.9 (Florensled et al., 1971).

Table 5　Values of the H/D and H/D_{max} parameters for Lunokhod - 1 and 2 and Apollo 11—17 (Demidov and Basilevsky, 2014)*.

	L1	L2	All	Al2	Al4	Aol5	Al6	Al7	CE-3
Number	108	116	45	34	38	34	35	35	5824
Average H/D	0.64	0.60	0.59	0.57	0.54	0.58	0.63	0.52	0.31
Average H/Dmax	0.58	0.54	0.53	0.51	0.49	0.52	0.57	0.47	0.28

* We have abbreviated Apollo as A, Surveyor as S, and Lunokhod as L in Tables 4 and 5.

Note that the constant in Eq. (7) was not considered, and only H/D was calculated. Therefore, the H/D ratio is slightly different from the parameter in Eq. (7), which was calculated as 0.234 in Section 4.4.

5　Discussion

The Yutu rover drove 114 m on the ejecta blanket of crater Cl. There are many small, fresh impact craters in the landing area, and analyses of the relationship of size frequencies and space at the CE-3 landing site are valuable in investigating the mechanism of their formation.

A number of studies have been made on block distributions around craters on the lunar surface (Cintala and McBride, 1994; Hutton, 1969; Moore et al., 1969; Shoemaker and Morris, 1968; Bart and Melosh, 2007, 2010a, 2010b). Moore et al. (1969) found that the frequencies of rocks per unit area usually decrease with distance from a crater and, according to Surveyor statistics, frequencies of blocks around fresh lunar craters change with size, locale, and distance from the crater rim. The results show that frequencies of blocks larger than one meter across are higher on rough mare than on smooth mare. Shoemaker and Morris (1968) studied the size distribution of the fragmented debris in the strewn fields of blocks surrounding craters with raised rims at the Surveyor III landing site. Hutton (1969) showed that block distributions around craters vary from crater to crater. Cintala and McBride (1994) presented rock distributions for the Surveyor I, III, and VI sites as three distinct groups: blocks inside craters, blocks between craters, and all blocks. Moreover, complex relationships have been suggested to describe the decrease in both total rock abundance and maximum block size with distance from the crater (Gaskell, 1993). According to Melosh (1989), the ejecta deposits of the smallest class of lunar craters (from 0.5 to about 1 km in diameter) that penetrate the fragmented regolith are blocky and show little structure.

The mare basalts at the landing site of CE-3 represent a type of unsampled lunar basalt and can be classified as medium - titanium basalts (Giguere et al., 2000). The Yutu rover surveyed a small area over the Eratosthenian basalts within the Imbrium basin. These mare basalts are believed to be among the youngest compared with the landing sites of the Apollo and Luna missions. As these lava flows are young, the regolith depth derived from high - frequency LPR echoes varies from 2.2 m to 5.4 m with a median value of ~ 5 m (Zhang et al., 2015). This value is relatively thin when compared with the thickness of the regolith at the Apollo sites (which ranged from 3—4 m at the young Apollo 12 site up to over 6—8 m at the old Apollo 11 landing site). A consequence of a thin regolith is that, because the bedrock is close to the surface, small craters can excavate rocks from beneath the soil. This probably accounts for the rock distribution of the CE-3 landing site.

Compared to the 450 m diameter of crater C1, the distance (40 m) is much less than half of the radius, and the rock abundance beyond the radius cannot be determined. As crater C2 in Fig. 6b is blocky, it may have penetrated the regolith layer and excavated the underlying bedrock. When considered on a directcount basis, the estimated rock distribution may have an apparent spatial relationship, being disposed more or less radially relative to crater C2. Table 6 lists rock areas designated as 0 - R, R - 2R, 2R - 3R, 3R - 4R, and 4R - 5R around the C2 crater; statistics show that the rock abundance peaks at 2R - 3R. The results proved to conform to the block distribution within 3R.

Table 6　Rock areas around the C2 crater.

	0 − R	R − 2R	2R − 3R	3R − 4R	4R − 5R
Rock area (m^2)	1.185	4.795 1	5.380 2	2.011 8	0.906 8
Fractional area	2.50%	2.67%	3.89%	0.89%	0.44%

6　Conclusions

Research on rock abundance and distribution is of great importance in determining lander and/or rover landing sites. Meanwhile, knowledge of the rock population may lead to a better understanding of geological site information. In this paper, the size-frequency distributions of rocks at the CE-3 lunar landing site were analyzed. Rock data were obtained from Navcam stereo images from 7 waypoints, covering most of the CE-3 traversal area. The plot of cumulative fractional area versus diameter fits well with an exponential function. These rock data display a convex - up curve shape on a log - log plot. The cumulative number of rocks of a certain diameter, obtained by numerically integrating the cumulative fractional area curve, shows that the curve fits well with the data. The plots of the cumulative number and cumulative area distributions had portions with distinct slopes. Comparison with Apollo, Surveyor, and Lunokhod lunar mission data show that the entire rock distribution curve at the CE-3 site is similar to that found in the Surveyor III mission.

Acknowledgments

This work was supported by the National Natural Science Foundation of China (Grant nos. 41201480, 41171355, 41471388, 41472303 and 41590851) and the Key Research Program of the Chinese Academy of Sciences (Grant no. KGZD - EW - 603) and Open Research Fund of State Key Laboratory of Information Engineering in Surveying, Mapping and Remote Sensing of China (Grant no. 1402).

References

[1] Aldrin, E. E., Armstrong, N. A., Collins, M., 1969. Crew Observations. Apollo 11 Preliminary Science Report NASA SP－214. Published by NASA, Washington, D.C., pp. 42—47.

[2] Bauch, K.E., Hiesinger, H., Weinauer, J., Robinson, M.S., Scholten, E, 2013. Estimated Rock Abundances at the Apollo and Luna Landing Sites. In: Proceedings of the EGU General Assembly Conference Abstracts. Vol. 15, p. 8053.

[3] Bandfield, J.L, Ghent, R.R., Vasavada, A.R., Paige, D.A., Lawrence, S.J., Robinson, M.S., 2011. Lunar surface rock abundance and regolith fines temperatures derived from LRO Diviner Radiometer data. J. Geophys. Res. 116, El2.

[4] Basilevsky, A. T., Abdrakhimov, A. M., Head, J. W., Pieters, C. M., Wu, Y. Z., Xiao, L., 2015. Geologic characteristics of the LunalT/Lunokhodl and Chang'E-3/Yutu landing sites, Northwest Mare lmbrium of the Moon. Planet. SpaceSci. 117, 385—400.

[5] Bart, G.D., Melosh, H.J., 2007. Using lunar boulders to distinguish primary from distant secondary impact craters. Geophys. Res. Lett. 34, L07203. http://dx.doi. org/10.1029/2007GL029306.

[6] Bart, G.D., Melosh, H.J., 2010a. Distributions of boulders ejected from lunar craters. Icarus 209, 337—357. http://dx.doi.org/10.1016/j.icarus.2010.05.023.

[7] Bart, G.D., Melosh, H.J., 2010b. Impact into lunar regolith inhibits high - velocity ejection of large blocks. J. Geophys. Res. 115, E08004. http://dx, doi.org/10.1029/2009JE003441.

[8] Bugiolacchi, R., Guest, J.E., 2008. Compositional and temporal investigation of exposed lunar basalts in the Mare lmbrium region. Icarus 197, 1—18.

[9] Cameron, W.S., Coyle, G.J., 1971. An analysis of the distribution of boulders in the vicinity of small lunar crater. Moon 3, 159—188.

[10] Christensen, P.R., 1986. The spatial distribution of rocks on Mars. Icarus 68, 217—238.

[11] Cintala, M.J., McBride, K.M., 1994. Block distributions on the lunar surface: a comparison between measurements obtained from surface and orbital photography. In: Proceedings of the Lunar and Planetary Science Conference. Vol. 2, pp. 261—262.

[12] Demidov, N.E., Basilevsky, A.T., 2014. Height—to—diameter ratios of Moon rocks from analysis of Lunokhod—1 and —2 and Apollo 11—17 panoramas and LROC NAC images. Sol. Syst. Res. 48 (5), 324—329.

[13] Florensky, K.P., Basilevsky, A.T., Pronin, A.A., Popova, Z.V., 1971. Preliminary results of panoramas geomorphologcal research in Peredvizhnaya laboratoriya na Lune-Lunokhod—1 (Lunokhod—1: Movable Laboratory on the Moon). Nauka, Moscow, 96—115.

[14] Garvin, J.B., Mouginis—Mark, P.J., Head, J.W., 1981. Characterization of rock populations on planetary surfaces: techniques and a preliminary analysis of mars and venus. Moon Planet. 24, 355—387.

[15] Gaskell, R., 1993. Martian surface simulations. J. Geophys. Res. 98, 11099—11103. Giguere, T. A., Taylor, G.J., Hawke, B., Lucey, P.G., 2000. The titanium contents of lunar mare basalts. Meteorit. Planet. Sci. 35, 193—200.

[16] Golombek, M.P., Rapp, D., 1997. Size-frequency distributions of rocks on Mars and Earth analog sites: implications for future landed missions. J. Geophys. Res. 102, 4117—4129.

[17] Golombek, M.P., Cook, R.A., Moore, H.J., Parker, T.J., 1997. Selection of the Mars Pathfinder landing site. J. Geophys. Res. 102, 3967—3968.

[18] Golombek, M.P., Moore, H.J., Haldemann, A.EC., Parker, T.J., Schofield, Jif., 1999. Assessment of Mars Pathfinder landing site predictions. J. Geophys. Res. 104, 8585—8594.

[19] Golombek, M.P., Haldemann, A.EC., Forsberg—Taylor, N.K., DiMaggio, E.N., Schroeder, R.D., Jakosky, B.M., Mellon, Mfr., Matijevic, J.R., 2003. Rock size-frequency distributions on Mars and implications for Mars exploration rover landing safety and operations. J. Geophys. Res.: Planet. 108, El2.

[20] Golombek, M.P., Crumpler, L.S., Grant, J.A., Greeley, R., Cabrol, N.A., Parker, T.J., Rice Jr, J.W., Ward, J.G., Arvidson, R.E., Moersch, J.E., Fergason, R.L, Christensen, P. R., Castafio, A., Castafio, R., Haldemann, A.EC., Li, R., Bell III, j.E, Squyres, S.W., 2006. Geology of the Gusev cratered plains from the spirit rover transverse. J. Geophys. Res.: Planet. 111, E2.

[21] Golombek, M.P., Huertas, A., Marlow, J., McGrane, B., Klein, C., Martinez, M., Arvidson, R.E., Heet, T., Barry, L., Seelos, K., Adams, D., Ii, W., Matijevic, J.R., Parker, T., Sizemore, H.G., Mellon, M., McEwen, A.S., Tamppari, LK., Cheng, Y., 2008. Size-frequency distributions of rocks on the northern plains of Mars with special reference to Phoenix landing surfaces. J. Geophys. Res. 113, E00A09.

[22] Golombek, M.P., Huertas, A., Kipp, D., Calef, E, 2012a. Detection and characterization of rocks and rock size-frequency distributions at the final four Mars science laboratory landing sites. Mars 7, 1—22.

[23] Golombek, M.P., Grant, J., Kipp, D., Vasavada, A., Kirk, R., Fer2gason, R., Bellutta, P., Calef, E, Larsen, K., Katayama, Y., Huertas, A., Beyer, R., Chen, A., Parker, T., Pollard, B., Lee, S., Sun, Y., Hoover, R., Sladek, H., Grotzinger, J., Welch, R., Noe Dobrea, E., Michalski, J., Watkins, M., 2012b. Selection of the Mars science laboratory landing site. Space sci. rev. 170 (1—4), 641—737.

[24] Grant, J.A., Wilson, S.A., Ruff, S.W., Golombek, M.P., Koestler, D.L., 2006. Distribution of rocks on the Gusev plains and on Husband hill, Mars. Geophys. Res. Lett. 33, L16202.

[25] Heet, T.L, Arvidson, R.E., Cull, S.C., Mellon, Mfr., Seelos, K.D., 2009. Geomorphic and geologic settings of the Phoenix Lander mission landing site. J. Geophys. Res. 114, E00E04.

[26] Heiken, G.H., Vaniman, D.T., French, B.M., 1991. Lunar Sourcebook: A User's Guide to the Moon. Cambridge University Press, Cambridge, UK, p. 753, Research Supported by NASA.

[27] Hutton, R.E., 1969. Lunar surface models. NASA Technique report.

[28] Ii, C., Mu, L, Zou, X., Liu, J., Ren, X., Zeng, X., Yang, Y., Zhang, Z., Liu, Y., Zuo, W., Ii, H., 2014. Analysis of the geomorphology surrounding the Chang'e-3 landing site. Res. Astron. Astrophys. 14, 1514.

[29] Liu, Z., Di, K., Peng, M., Wan, W., Liu, B., Li, L, Yu, T., Wang, B., Zhou, J., Chen, H., 2015. High precision landing site mapping and rover localization for Chang'e-3 mission. Sci China Phys. Mech. Astron. 58 (1), 1—11.

[30] Melosh, H.J., 1989. Impact Cratering: A Geologic Process, (Oxford Monographs on Geology and Geophysics No. 11). Oxford University Press, New York, p. 253. (Research supported by NASA).

[31] Moore, H.J., Pike, R.J., Ulrich, G.E., 1969. Lunar Terrain and Traverse Data for Lunar Roving Vehicle Design Study, March 19: preliminary US Geological Survey Report.

[32] Moore, H.J., 1971. Large Blocks Around Lunar Craters. Analysis of Apollo 70 Photography nd Visual Observations NASA SP—232. pp. 26—27.

[33] Muehlbergeh W.R., Batson, R.M., Boudette, E.L., Duke, C.M., Eggleton, R.E., Elston, D.P., England, A.W., Freeman, V.L., Hait, M.H., Hall, T.A., Head, J.W., Hodges, C.A., Holt, H.E., Jackson, E.D., Jordan, J.A., Larson, K.B., Milton, D.J., Reed, V.S., Rennilson, J.J., Schaber, G.G., Schafer, J.P., Silver, L.T., Stuart—Alexander, D., Sutton, R.L., Swann, G.A., Tyner, R.L., Ulrich, G.E., Wilshire, H.G., Wolfe, E.W., Young, J.W., 1972. Preliminary Geologic Investigation of the Apollo 16 landing site, Apollo 16 Preliminary Science Report. Published by NASA, Washington, D. C., pp. 107—108.

[34] Ouyang, Z.Y., 2005. Introduction to Lunar Science. Chinese Aerospace Press, Beijing.

[35] Peng, M., Wan, W., Wu, K., Liu, Z., Ii, L, Di, K., Ii, L, Miao, Y., Zhan, L, 2014. Topographic mapping capability analysis of Chang'e-3 Navcam stereo images and three-dimensional terrain reconstrucion for mission operation. J. Remote Sens. 18 (5), 995—1002.

[36] Qiao, L., Xiao, L, Zhao, J., Huang, Q., Haruyama, J., 2014. Geological Features and evolution history of Sinus lridum, the Moon. Planet. Space Sci. 101, 37—52.

[37] Shoemaker, E.M., Morris, E.C., 1968. Size-Frequency Distribution of Fragmental Debris, Jet Propulsion Laboratory, Surveyor Project Final Report, Part Il. Science Results, pp. 86—136.

[38] Urquhart, M.L., Mellon, Mfr., 2007. A new model for determining lunar rock abundance and landing hazards. In: Proceedings of the Lunar and Planetary Institute Science Conference Abstracts,

p. 2171.

[39] Ward, J.G., Arvidson, R.E., Golombek, M., 2005. The size-frequency and areal distribution of rock clasts at the spirit landing site, Gusev crater, Mars. Geophys. Res. Lett. 32, Ll1203.

[40] Wilhelms, D.E., McCauley, j.E, 1971. Geologic Map of the Near Side of the Moon. US Geological Survey Miscellaneous Geological Investigations Map 1—703, Denver.

[41] Wu, B., Li, E, Ye, L., Qiao, S., Huang, J., Wu, X., Zhang, H., 2014. Topographic modeling and analysis of the landing site of Chang'E-3 on the Moon. Earth Planet. Sci. Lett. 405, 257—273.

[42] Xiao, L., 2014. China's touch on the Moon. Nat. Geosci. 7, 391—392.

[43] Xiao, L, Zhu, P., Fang, G., Xiao, Z., Zou, Y., Zhao, J., Zhao, N., Yuan, Y., Qiao, L., Zhang, X., Zhang, H., Wang., J., Huang., J., Huang, Q., He., Q., Zhou., B., Ji, Y., Zhang., Q., Shen., S., Li, Y., Gao, Y., 2015. A young multilayered terrane of the northern Mare lmbrium revealed by Chang'E-3 mission. Science 347 (6227), 1226—1229.

[44] Yingst, R.A., Haldemann, A. EC., Biedermann, K. L., Monhead, A. M., 2007. Quantitative morphology of rocks at the Mars Pathfinder landing site. J. Geophys. Res. 112, E06002.

[45] Zhao, J., Huang, J., Qiao, L., Xiao, Z., Huang, Q., Wang, J., xiao, L, 2014. Geologic characteristics of the Chang'E-3 exploration region. Sci. China Phys. Mech. Astron. 57 (3), 569—576.

[46] Zhang, J., Yang, W., Hu, S., Lin, Y., Fang, G., Li, C., Peng, W., Zhu, S., He, Z., Zhou, B., Lin, H., Yang, J., Liu, E., Xu, Y., Wang, J., Yao, Z., Zou, Y., Yan, J., ouyang, z., 2015. Volcanic history of the imbrium basin: a close-up view from the lunar rover Yutu. PNAS 112 (17), 5343—5347.

Simulation for ground penetrating radar (GPR) study of the subsurface structure of the Moon

Wenzhe Fa

Institute of Remote Sensing and Geographical Information System, Peking University, Beijing 100871, China

Abstract: Ground penetrating radar (GPR) is currently within the scope of China's Chang-E 3 lunar mission, to study the shallow subsurface of the Moon. In this study, key factors that could affect a lunar GPR performance, such as frequency, range resolution, and antenna directivity, are discussed firstly. Geometrical optics and ray tracing techniques are used to model GPR echoes, considering the transmission, attenuation, reflection, geometrical spreading of radar waves, and the antenna directivity. The influence on A－scope GPR echoes and on the simulated radargrams for the Sinus Iridum region by surface and subsurface roughness, dielectric loss of the lunar regolith, radar frequency and bandwidth, and the distance between the transmit and receive antennas are discussed. Finally, potential scientific return about lunar subsurface properties from GPR echoes is also discussed. Simulation results suggest that subsurface structure from several to hundreds of meters can be studied from GPR echoes at P and VHF bands, and information about dielectric permittivity and thickness of subsurface layers can be estimated from GPR echoes in combination with regolith composition data.

Key words: Modeling and simulation, Subsurface structure, GPR echo ,Inversion ,Moon

1 Introduction

During the long geologic history of the Moon, the lunar surface has been bombarded by numerous large and small meteoroids. The continuous impacts have shattered and fragmented the lunar crust down to a few kilometers, and produced a global stratigraphic layer of impact debris. Quantifying the subsurface stratigraphic structure, at a depth from a few to hundreds of meters, not only provides important information concerning significant questions about lunar geology, impact history and evolution of the Moon, but also is critical for quantifying potential resources for future lunar exploration and engineering constraints for human outposts (e. g. , Heiken et al. , 1991).

In 1972, a multifrequency electromagnetic probing experimentwith frequencies at 1,

Institute of Remote Sensing and Geographical Information System, Peking University, Beijing 100871, China

2, 4, 8, 16 and 32 MHz was conducted at the Apollo 17 landing site. The received electromagnetic field strengthwas used to analyze regolith layer thickness and dielectric properties (Strangway et al., 1975). During the same mission, the Apollo Lunar Sounder Experiment (ALSE) with frequencies at 5, 15 and 150 MHz was carried out from lunar orbit to map subsurface electrical conductivity structure and infer geological structure of the lunar subsurface (e.g., Porcello et al., 1974). Analysis of ALSE echoes indicated that the apparent subsurface boundaries in Mare Serenitatis are about 0.9 and 1.6 km, whereas that in Mare Crisium is about 1.4 km (Peeples et al., 1978).

Recently, with a renewed interest in lunar exploration, a variety of remote sensing instruments, including the Earth - based Arecibo radar (Campbell et al., 2007, 2010), the Kaguya lunar radar sounder (LRS) (Ono et al., 2009), the Chang-E 1 microwave radiometer (Fa and Jin, 2007; Wang et al., 2010) and the Mini - SARs (miniature synthetic aperture radar) onboard Chandrayaan - 1 and Lunar Reconnaissance Orbiter (LRO) (Nozette et al., 2010; Raney et al., 2011), have been used to investigate lunar subsurface structure froma few to hundreds of meters. Preliminary observations from these instruments have been used to study global and regional regolith thickness (Fa and Jin, 2010; Fa and Wieczorek, 2012; Kobayashi et al., 2010; Shkuratov and Bondarenko, 2001), as well as deep subsurface stratigraphic structure (Ono et al., 2009; Oshigami et al., 2009). It is hoped that, with systematical analysis of these data sets, information about lunar subsurface stratigraphic structure can be obtained globally. However, interpretation of these data usually depends upon geophysical models, and sometimes the obtained results are ambiguous (e.g., Campbell, 2002). Therefore, any interpretation should be validated by in situ measurement before confident conclusions can be extended globally.

Ground penetrating radar (GPR) is an effective tool for probing the shallow subsurface in a variety of geologic settings (e.g., Daniels, 2004). Given the low dielectric loss of the lunar surface materials (Heiken et al., 1991), GPR waves at proper frequency can penetrate tens to hundreds of meters below the lunar surface, and therefore the received echo contains rich information about near surface stratigraphic structure. In China's Chang-E 3 lunar mission, a rover deployed GPR will be used to characterize near surface geology, structure and the dielectric properties of the Moon. In this paper, major factors that affect a lunar GPR performance, such as the penetration depth, range resolution, and antenna directivity, are discussed firstly. Normalized penetration depth and range resolution distribution across the lunar surface are then presented using a new dielectric permittivity map (Fa and Wieczorek, 2012), which are critical for GPR frequency and bandwidth selections. Given that scattering at long wavelength might not be a significant problem over maria regions (e.g., Campbell et al., 1997), it is reasonable to assume that lunar subsurface layers are homogeneous and relatively flat. Based on geometrical optics and ray tracing technique, an approach for GPR echo simulation from stratified lunar subsurface is then developed, with consideration of the transmission, attenuation, reflection and geometrical spreading of the radar waves, as well as the antenna directivity. The influence on GPR echoes by surface and subsurface roughness, dielectric properties, radar frequency and bandwidth, and the distance between the transmit and receive antennas are discussed based on the simulated A - scope radar echoes. Taking the Sinus Iridum region as an example, radargrams are simulated based on lunar surface topography and regolith composition. Finally, potential scientific return from GPR echoes, such as subsurface structure and dielectric properties of lunar regolith, is also discussed. Our analysis shows that a GPR with frequency at VHF (very high frequency, 30—300 MHz) and P bands (300 MHz—1 GHz) can penetrate the lunar subsurface from several meters to hundreds of meters depending on the regolith composition.

In the Chang-E 3 mission, a rover - deployed GPR will study the Sinus Iridum region. Our objectives here are to analyze potential factors that could affect the GPR performance, and to provide a first order estimation on the magnitude of the expected GPR echoes. To achieve this, the lunar subsurface is simply modeled as parallel stratified layers, and GPR echoes are calculated using geometrical optics and ray tracing.

2 Parameters affecting a lunar GPR performance

2.1 Subsurface structure and dielectric permittivity

An impulse GPR can delineate subsurface interfaces between materials with contrasting dielectric properties. Therefore, structure and dielectric properties of the Moon are two important parameters. Over history, the lunar surface has been struck by high - velocity projectiles that range over 35 orders of magnitude in mass from microscopic dust particles to meteoroids. During the period of late heavy bombardment (LHB), numerous large impacts shattered and fragmented the lunar crust down to a few kilometers, and this produced a global layer called megaregolith. Based on the seismic experiments at the Apollo landing sites, the megaregolith layer was estimated to be several to 10 kilometer thick, with a maximum value as large as tens of kilometers (Hiesinger and head, 2006; Toksoz et al., 1973). With the end of the LHB, smaller impacts became more important. These smaller impacts produced a fine-grained powdery layer on the lunar surface, which is termed as regolith. The average thickness of the regolith layer is about 5 m over maria and 12 m over highland regions (e.g., Fa and Jin, 2010; Shkuratov and Bondarenko, 2001). Below the regolith layer, a large scale ejecta layer that consists of ballistically transported coarsegrained ejecta and comminuted melt sheets exists, with a thickness from tens of meters to a few kilometers. Below the large scale ejecta layer, there might be structurally disturbed and fractured crust (Hiesinger and Head, 2006). Rocks, impact debris and breccias are ubiquitous within the megaregolith layer, and their size and abundance depend on the impact flux and the size of impactors. This picture is highly idealized, and information about lateral and vertical variation of each layer is not known currently.

Roughness of the lunar surface and subsurface interfaces can also affect the received GPR echoes. Surface roughness at scales larger than tens of meters can be obtained from high resolution data of recent missions, such as LRO Lunar Orbiter Laser Altimeter (LOLA) (Smith et al., 2010), which has shown that surface roughness is scale dependent over baselines from 17 m to 2.7 km (Rosenburg et al., 2011). If the lunar surface is monofractal, surface roughness at the GPR wavelength scale can be extrapolated from those at large scales (Rosenburg et al., 2011). Unfortunately, given the available techniques and limited observations at present, it is almost impossible to quantify roughness of subsurface interfaces. In our simulation below, lunar surface and subsurface interfaces at GPR wavelength scale are assumed to be Gaussian roughness surface, which can be constructed numerically using the method in Kuang and Jin (2007).

Laboratory measurements of Apollo regolith samples showed that the real part of the complex relative dielectric permittivity strongly depends on the bulk density and is independent of regolith composition. Above 1 MHz, it is also independent of frequency and temperature within the range of lunar surface temperature. The loss tangent (the ratio of the imaginary and real components of the complex relative dielectric permittivity) strongly depends on the bulk density and regolith composition ($FeO + TiO_2$ abundance), and less on frequency and temperature (Heiken et al., 1991). To quantify the effect of FeO and TiO_2 abundance individually, the measured dielectric permittivity of the Apollo regolith samples at 450 MHz is reanalyzed. The results show that, when normalized to a specific density, the real part of the dielectric permittivity of the regolith is constant (e.g., 2.75 for a bulk density of 1.7 g/cm^3), and the loss tangent depends only on the abundance of TiO_2 (i.e., abundance of ilmenite) (Fa and Wieczorek, 2012). The bulk density distribution across the lunar surface is estimated using an empirical correlation between bulk density of regolith and its composition (FeO and TiO_2 abundance), which was found on the basis of estimated mineralogical norms and densities of Apollo lunar samples (Fa and Wieczorek, 2012; Huang and Wieczorek, 2012). Therefore, as the FeO and TiO_2 abundances of regolith are obtained, the complex relative dielectric permittivity of lunar regolith can be estimated (See Fa and Wieczorek (2012) for more details).

Using the FeO and TiO_2 abundances of the lunar surface derived from the Lunar

Prospector gamma ray data (Prettyman et al., 2006), bulk density of lunar regolith over the lunar surface is estimated firstly. The complex relative dielectric permittivity of the regolith, ε, is then estimated using the relation among dielectric constant, bulk density and composition (Fa and Wieczorek, 2012), with an assumed porosity of 45% (Heiken et al., 1991). Fig. 1a and b shows a calculated distribution of the real part of the dielectric permittivity and the loss tangent across the lunar surface, with a spatial resolution of 2°/pixel. The real part varies from 2.5 to 3.4, and the loss tangent varies from 3.6×10^{-3} to 2.8×10^{-2}. The real part for maria is larger than that of highlands by a factor of roughly 0.5, whereas the loss tangent over maria is about 2 times larger than that over highlands (Fa and Wieczorek, 2012). In this model, lateral variation of the real part of the dielectric permittivity is mostly caused by the bulk density of regolith, and that of loss tangent is mainly caused by ilmenite abundance (indicated by TiO_2).

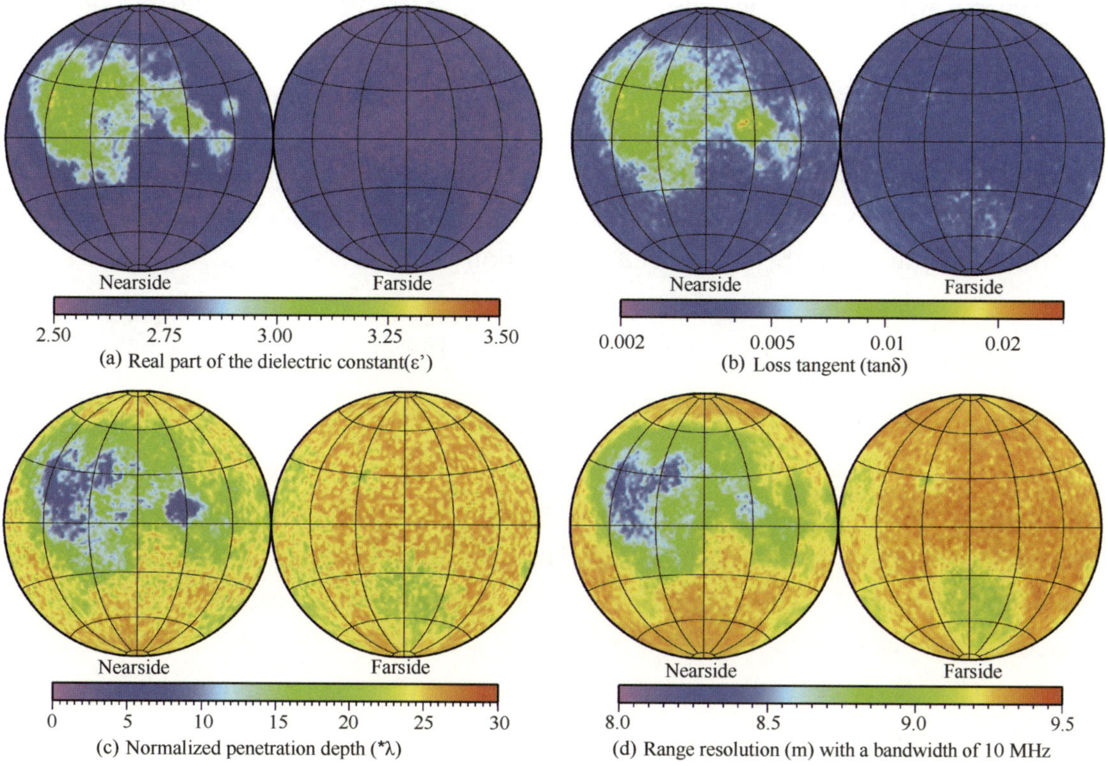

Fig. 1　Maps of the real part of the dielectric permittivity (a), loss tangent (b), normalized penetration depth (c), and range resolution (m) with a bandwidth of 10 MHz (d) for the lunar regolith. Oceanus Procellarum (18.4°N, 57.4°W, diameter 2 592 km) and Mare Tranquillitatis (8.5°N, 31.4°E, diameter 873 km) have the largest loss tangent and therefore the minimum penetration depth.

The spatial resolution of the dielectric permittivity map in Fig. 1 is about 60.6 km/pixel depending on the spatial resolution of the composition map. For GPR echo analysis in a local area, a dielectric permittivity map with a higher spatial resolution is required.

Different remote sensing techniques (e.g., optical, X-ray, and gamma-ray spectroscopy) can be used to derive the regolith composition map (e.g., Lucey et al., 2000; Prettyman et al., 2006), and a specific technique should be selected according to the spatial resolution and accuracy. In GPR echo simulation in Section 5, regolith composition data derived from the Clementine ultraviolet-visible (UV-VIS) data with a spatial resolution about 100 m/pixel (Lucey et al., 2000) will be used instead of the data from gamma-ray spectroscopy.

2.2 Selection of GPR frequency and bandwidth

The nominal penetration depth depends on the complex dielectric property of lunar regolith and radar frequency, whereas the range resolution depends mainly on the real part of the dielectric permittivity and GPR bandwidth. Suppose the lunar subsurface is homogeneous with a dielectric constant of $\varepsilon = \varepsilon' + i\varepsilon''$. The penetration depth of radar wave is then (e.g., Kong, 2008)

$$d = \frac{\sqrt{\varepsilon'}}{2\pi\varepsilon''}\lambda = \frac{c\sqrt{\varepsilon'}}{2\pi f\varepsilon''} \qquad (1)$$

where f and λ are the wavelength and frequency of the radar wave in free space, and c is the speed of light in vacuum. To emphasize the effect of the dielectric permittivity on the penetration depth, here the normalized penetration depth is defined as

$$d_0 = d/\lambda. \qquad (2)$$

The range resolution in the subsurface is (e.g., Curlander and McDonough, 1991)

$$\Delta R = \frac{c}{2B_w\sqrt{\varepsilon'}}, \qquad (3)$$

where B_w is the bandwidth of incident radar wave. Using the complex dielectric permittivitymaps in Fig. 1a and b, Fig. 1 c and d shows the normalized penetration depth and range resolution with a bandwidth of 10 MHz, respectively. From Fig. 1c, the normalized penetration depth varies from 3λ to roughly 15λ over maria region, with a minimum located at Oceanus Procellarum (18.4°N, 57.4°W, diameter 2 592 km) and Mare Tranquillitatis (8.5°N, 31.4°E, diameter 873 km), whereas that over the highlands region varies roughly from 20λ to 28λ. For a radar bandwidth of 10 MHz, the range resolution varies from 8.2 m over maria regions to 9.5 m over highlands. Range resolution with other bandwidths can be simply extrapolated from Eq. (3) based on Fig. 1d.

Given that the average regolith thickness is about 5 m over maria and 12 m over highlands (e.g., Fa and Jin, 2010; Shkuratov and Bondarenko, 2001), we estimate that the best frequency range to investigate regolith thickness over maria regions is from 180 to 900 MHz and that over highlands is from 500 to 700 MHz. If the subsurface structure at 100 m depth is to be studied, the frequency range should be 5 to 10 MHz over maria and 50 to 90 MHz over highlands. Therefore, Pband (300 MHz—1 GHz) is suitable to study the structure of the regolith layer, and VHF band (very high frequency, 30—300 MHz) is suitable for the deep structure at 100 m scale.

Given the scientific objective and technique feasibility, a dual frequency GPR at 60 and 450 MHz, with a nominal penetration depth from roughly 2 to 50 m over maria and 100 m over highlands, might be a better choice for the Chang-E 3 rover. The range resolution in the lunar subsurface varies from 20 cm over maria to that of 25 cm over highlands for a bandwidth of 400 MHz (for the high frequency channel), whereas from about 2 to 2.5 m for a bandwidth of 40 MHz (for the low frequency channel).

2.3 GPR antenna and its directivity

The Chang-E 3 GPR will utilize an electric dipole for the transmit and receive antennas. Fig. 2 shows the coordinate system of the GPR antennas (for a bistatic case), where the $x-y$ plane indicates the lunar surface, zenith angle θ is measured from the vertical z axis, and azimuth angle ϕ in the $x-y$ plane is measured from the x axis. The dipole antenna is located h above the lunar surface, with its long dimension parallel to the x axis.

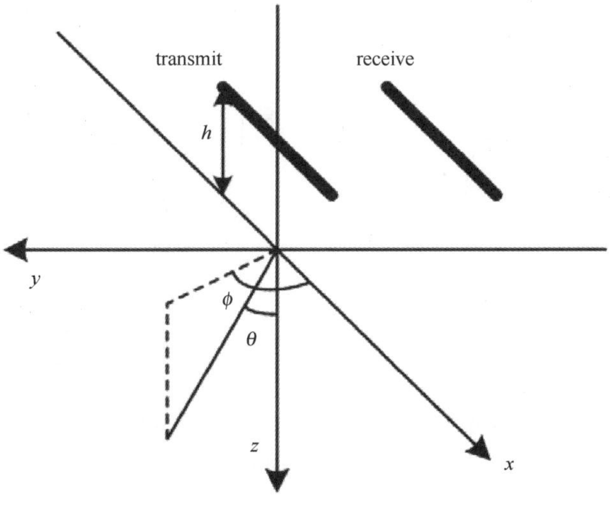

Fig. 2　Coordinate system of the GPR antenna.

According to Smith (1984), the radiation field over a half-space surface can be expressed as a spectrum of plane waves, from which the pattern function, gain, and directivity can be calculated. Suppose that the lunar subsurface is an infinite homogeneous medium with a complex dielectric permittivity of $\varepsilon = 2.7 + 0.01i$, and the center frequency is 450 MHz, Fig. 3 shows the electric field patterns for a half-wavelength dipole with h equal to 0, 0.1λ, 0.5λ and λ. Fig. 3a is for E_θ with $\phi = \pi/2$, $3\pi/2$ (TM polarization) and Fig. 3b is for E_ϕ with $\theta = 0$, π (TE polarization). For E_θ, as h increases, the side lobe decreases whereas the lobes above the lunar surface increase. For E_ϕ, the side lobe above the lunar surface increases as h increases. As can be seen, for both E_θ and E_ϕ, the radiated field in the lunar subsurface approaches the far field radiation pattern as $h > 0.5\lambda$. For E_θ, the maximum radiation is in the direction $\theta = 0$ regardless of h, whereas the maximum radiation for E_ϕ occurs in the direction with $\theta \approx 37^\circ$ depending on textith.

From Fig. 3, for a GPR system with a lower antenna height, more energy is radiated into the subsurface, and the side lobes above the lunar surface are smaller, which can reduce the cross coupling between the transmit and receive antennas. Therefore, the GPR system works best with antennas lying on the lunar surface. Nevertheless, considering the potential contamination by surface dust (especially at the terminator, which is the division between the illuminated and dark parts of the Moon) and rover trafficability, it is better to raise the antenna above the lunar surface. In such a case, Fig. 3 could be used to indicate how to choose the antenna height for the GPR system.

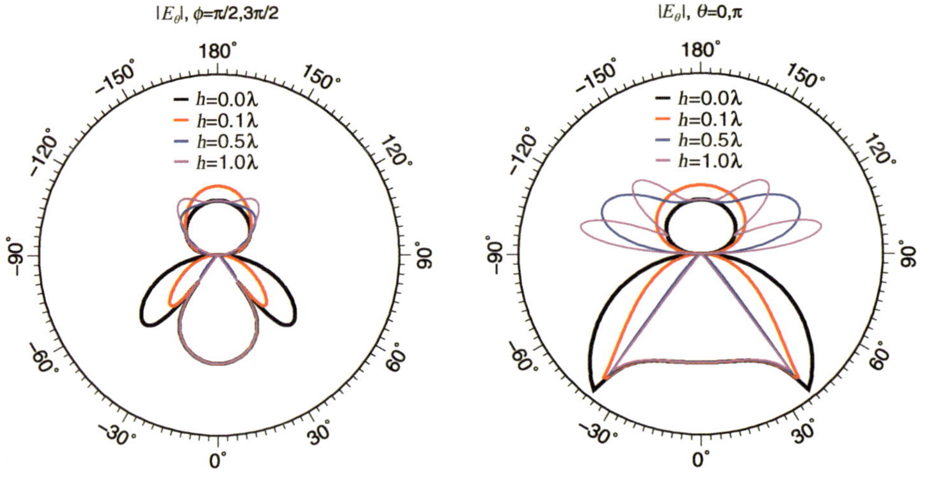

(a)　　　　(b)

Fig. 3　Electric field patterns for a dipole antenna with height of 0, 0.1λ, 0.5λ and λ above the lunar surface: (a) E_θ with $\phi = \pi/2$, $3\pi/2$, and (b) E_ϕ with $\theta = 0$, π.

2.4　Incident wave

The transmitted wave should have enough bandwidth to obtain a specified range resolution. In the simulation below, the input source is a differentiated Gaussian pulse, which has no zero frequency components. The time domain waveform is

$$E_{inc}(t) = \frac{t - t_0}{\tau}\exp\left[-\frac{4\pi(t - t_0)^2}{\tau^2}\right], \tag{4}$$

where τ is a constant that determines thewidth of the pulse and t_0 is the time delay. The frequency spectrum of this pulse is

$$E_{inc}(f) = -\frac{j\tau^2 f}{16\pi}\exp\left[-j2\pi f t_0 - \frac{\pi f \tau^2}{4}\right]. \tag{5}$$

Taking τ and t_0 as 1.77 ns and 3.55 ns, Fig. 4 shows the waveform of a differentiated Gaussian pulse and its spectrum with a center frequency of 450 MHz, where the amplitude is normalized. From Fig. 4b, as $f = 0.5/\tau$ (28.2 MHz) and $f = 2.2/\tau$ (1.24 GHz), E_f is about 10% of its peak value.

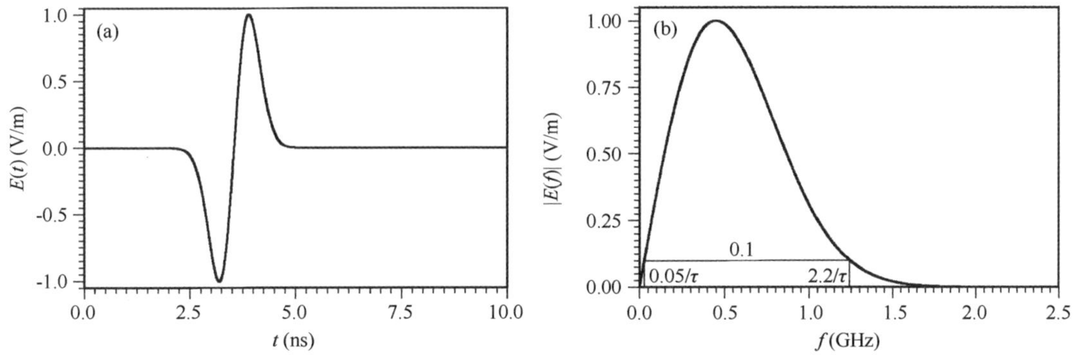

Fig. 4　Differentiated Gaussian input pulse in (a) time domain and (b) frequency domain.

3　Modeling and simulation approach

As shown in Fig. 5, the lunar subsurface is modeled as N parallel stratified layers, with each layer described by its mean thickness di and complex dielectric constant ε_i $(i=1,2,\cdots,N-1)$, and the N-th layer is infinite. The interface of subsurface layers possesses a roughness that is described by its statistical root mean square (RMS) height δ and correlation length l. Given that scattering at long wavelength might not be a significant problem over maria regions (Campbell et al., 1997), lunar subsurface interfaces are assumed to be relatively flat in our study. The GPR antennas are located h above the lunar surface, and the distance between the transmit and receive antennas is d. There might be rocks either perched on the lunar surface or buried in the regolith, which can cause subsurface inhomogeneity. However, the abundance of surface rocks is relatively low, with a surface fraction generally less than 0.05 (Bandfield et al., 2011). The effect of rocks would be too small to affect the GPR echoes in any significant way, and thus we do not consider the effect of rocks in our current model.

In this study, the geometrical optics and ray tracing techniques are used to simulate GPR echoes from lunar subsurface layers. The procedures for GPR echo calculation are: 1) For a given surface point with an incident wave, we calculated the reflected wave using local surface normal, and then the angle between the direction of the reflected wave and the direction from the given surface point to the receive antenna. If this angle is smaller than a given threshold value, the receive antenna will receive the echo from this surface point. Otherwise, the GPR does not receive any echo from the given surface point. 2) For a given point on the surface, we then calculated the transmitted wave using

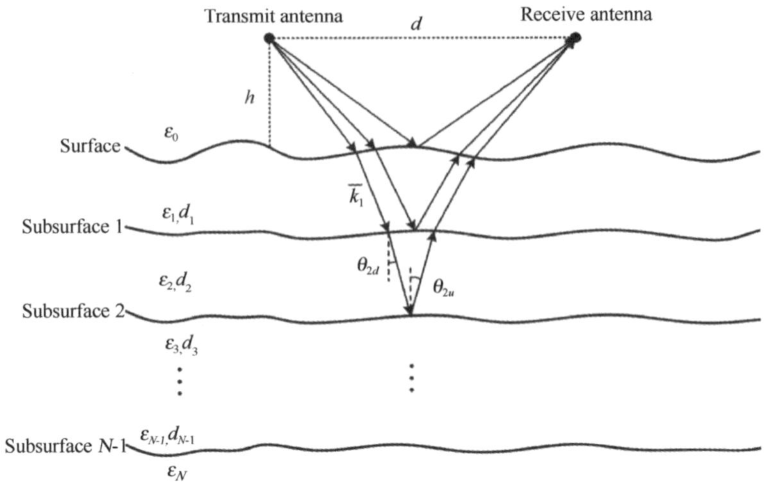

Fig. 5　N－layer model of lunar subsurface.

Snell's law, and searched out the incident point of the transmitted wave upon subsurface 1 using ray tracing. Next, we calculated the reflected wave based on the local normal of the incident point on subsurface 1, and found the intersection point of the reflected wave with the surface. Finally, we calculated the transmitted wave above the surface (in the upward direction) using Snell's law. If the angle between the transmitted direction and the direction from the transmitted point on the surface to the receive antenna is smaller than the given threshold value, the receive antenna will receive the echo from subsurface 1. 3) Using a similar approach as in Step 2, the GPR echo from subsurface i ($i = 2, \cdots, N-1$) can be calculated. In each step of the tracing, the length of the ray path and the dielectric constant are recorded for the echo calculation.

After the ray tracing is finished, the received GPR echo from the i－th layer can be expressed as

$$E_i = \frac{E_{inc} D_i D_r \widetilde{R}_{i,i+1}}{G_i G_0} \prod_{m=1}^{i} \widetilde{T}_{m-1,m} \widetilde{T}_{m,m-1} \exp[-jk_m d_m (\sec\theta_{mu} + \sec\theta_{md})], \tag{6}$$

where E_{inc} is the strength of the incident radar wave, D_i and D_r are the directivity of the transmit and receive antennas, G_i and G_o are the inplane and out－of－plane geometrical spreading factors, k_m is the complex wavenumber in layer m, θ_{mu} and θ_{md} are the transmission angles as the wave propagates in the upward and downward direction in the m－th layer, and $\widetilde{R}_{k;l}$ and $\widetilde{T}_{k;l}$ are the reflection and transmission coefficients for rough surface from layer k to l, respectively.

The time delay of the echo from the i－th layer is

$$t_i = \sum_{m=0}^{i} \sqrt{\varepsilon'_m} d_m (\sec\theta_{mu} + \sec\theta_{md}) / c. \tag{7}$$

Then, the received GPR echo from the subsurface can be expressed as

$$E_r(t) = E_t * \sum_{i=0}^{N-1} E_i(t)\delta(t - t_i), \tag{8}$$

where E_t is the waveform of the transmitted wave, and " * " represents convolution.

The geometrical spreading factors G_i and G_0 in Eq. (6) are calculated on the basis of the similarity between electromagnetic waves and seismic waves. Suppose the total number of segments along the ray is ns, according to Cai and McMechan (1994), the in-plane geometrical spreading is

$$G_i = \left[l_1 + \sum_{j=2}^{ns} \left(l_j \prod_{m=1}^{j-1} \sqrt{\frac{\varepsilon'_m}{\varepsilon'_{m+1}}} \frac{\cos^2\theta_m}{\cos^2\theta_{m+1}} \right) \right]^{1/2} \tag{9}$$

and the out-of-plane geometrical spreading is

$$G_0 = \left[\sum_{j=1}^{ns} l_j \sqrt{\varepsilon'_0/\varepsilon'_j} \right]^{1/2}, \tag{10}$$

where l_j is the length of the jth segment, and θ_m is the refraction angle for the mth segment. For an infinite homogeneous medium, the geometrical spreading factors (G_i, G_o) reduces to l^{-1}, indicating a spherical wave.

The reflection and transmission coefficients from a rough surface in Eq. (6) are calculated as (Fung, 1994)

$$\widetilde{R}_{ij} = R_{ij}\exp(-2k_i\delta_i\cos\theta_i), \tag{11a}$$

and

$$\widetilde{T}_{ij} = T_{ij}\exp[-\delta_i(k_j\cos\theta_j - k_i\cos\theta_j)], \tag{11b}$$

where R_{ij} and T_{ij} are reflection and transmission coefficients for a plane interface between layers i and j, and δ_i is the RMS height of the interface i. Here, the interface is assumed to possess a small perturbation with δ_i much less than a wavelength, and therefore only the coherent part of the scattering and transmission at a rough interface is considered (Fung, 1994). The plane wave reflection coefficients between layers extiti and j can be calculated as (e.g., Kong, 2008)

$$R_{ij}^{TE} = \frac{\sqrt{\varepsilon_i}\cos\theta_i - \sqrt{\varepsilon_j}\cos\theta_j}{\sqrt{\varepsilon_i}\cos\theta_i + \sqrt{\varepsilon_j}\cos\theta_j}, \tag{12a}$$

and

$$R_{ij}^{TM} = \frac{\sqrt{\varepsilon_j}\cos\theta_i - \sqrt{\varepsilon_i}\cos\theta_j}{\sqrt{\varepsilon_j}\cos\theta_i + \sqrt{\varepsilon_i}\cos\theta_j}, \tag{12b}$$

and the transmission coefficients from layers i to j are

$$T_{ij}^{TE} = 1 + R_{ij}^{TE} \tag{13a}$$

and

$$T_{ij}^{TM} = 1 + R_{ij}^{TM}. \tag{13b}$$

4 Simulation results

4.1 Simulation of A - scope echo

In our A - scope simulation, if not mentioned specifically, a center frequency of 450 MHz (corresponding to a free space wavelength of 0.67 m) and $t_0 = 3.55$ ns will be used, the antenna height will be set to $h = 0.67$ m, and a monostatic GPR will be considered, i.e., $d = 0$. A three-layer lunar subsurface model with the following parameters are used such that: $d_1 = 2$m, $\varepsilon_1 = 2.7 + 0.01i$, $d_2 = 4$ m, $\varepsilon_2 = 4 + 0.03i$, and $\varepsilon_3 = 8 + 0.5i$. Both lunar surface and subsurface are modeled as Gaussian random rough surfaces, and are constructed numerically using the approach in Kuang and Jin (2007). The correlation length l is set to one free space wavelength (0.67 m) and then different surface roughnesses can be obtained by changing the RMS height δ. Here the parameters $k\delta$ will be used as a measure for surface roughness, where a larger value indicates a rougher surface.

Fig. 6 shows the simulated GPR echoes for different surface roughnesseswith $k\delta_1 = 0.0$, 0.3, and 0.5, where the two subsurface interfaces are flat ($k\delta_1 = 0.0$ and $k\delta_2 = 0.0$). The GPR echoes from the surface and subsurface layers are very clear. The time delay of the surface echo is 7.998 ns, which matches the theoretical value of $t_0 + 2h/c = 7.994$ ns. Surface echo strength decreases with increasing surface roughness, as shown in Fig. 6b, whereas the strength of the subsurface echo does not depend upon surface roughness (Fig. 6c and d). A careful analysis of the echo shows that surface roughness can change the time delays of GPR echoes from each interface, and this depends on the local undulation of each interface.

Fig. 7 shows the simulated GPR echo for different surface and subsurface roughnesses. The black line indicates a flat surface and flat subsurface interfaces and the red line represents interfaces that have a roughness of $k\delta = 0.3$. The increasing roughness decreases the strength of the GPR echo from each layer, and also changes the time delay of the echo. Therefore, roughness would cause an uncertainty in the inverted layer thickness.

Fig. 8 shows the simulated GPR echoes with different imaginary parts of the dielectric permittivity for subsurface layer 1, where the real part of the dielectric permittivity is 2.7. As expected, as the imaginary part increases, the subsurface echo strength from subsurfaces 1 and 2 decreases.

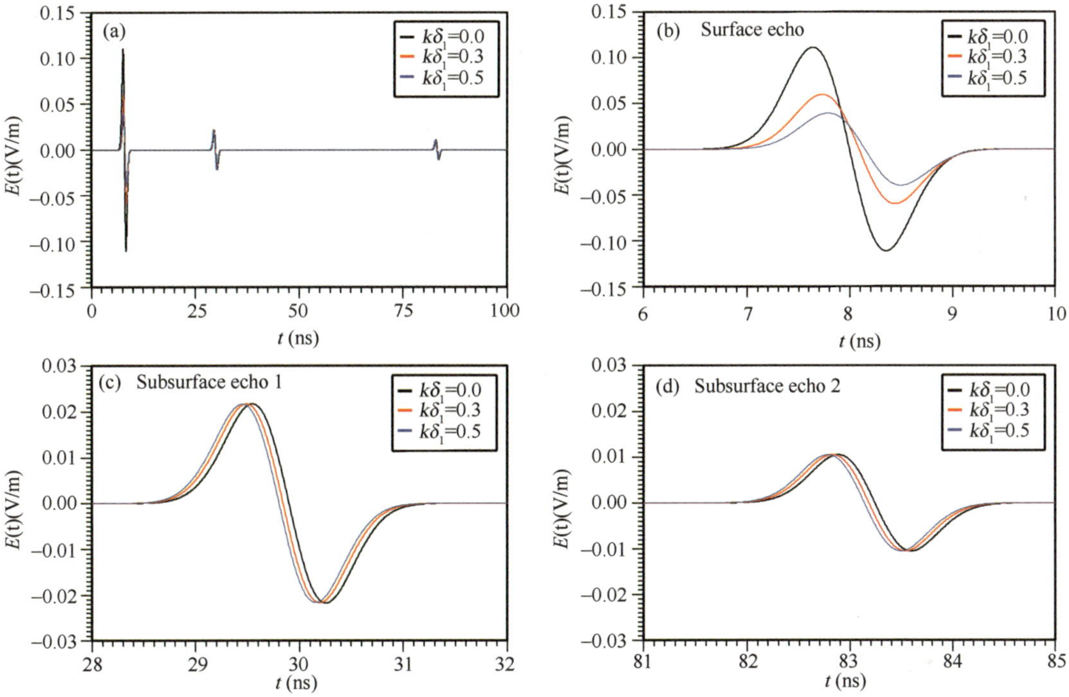

Fig. 6 Simulated GPR echoes as a function of surface roughness with $k\delta_1 = 0.0$, 0.3 and 0.5. (a) Surface and subsurface echoes; (b) Surface echo; (c) Subsurface echo from interface 1; (d) Subsurface echo from interface 2.

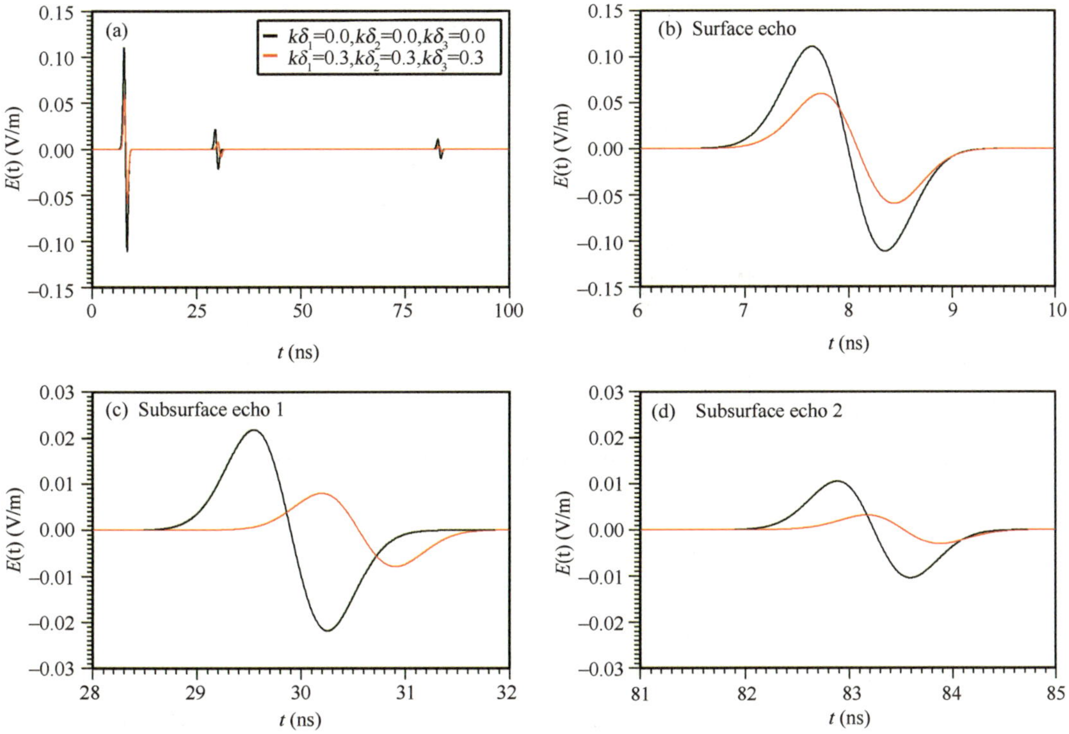

Fig. 7 Simulated GPR echoes as a function of roughness of surface and subsurface. (a) Surface and subsurface echoes; (b) Surface echo; (c) Subsurface echo frominterface 1; (d) Subsurface echo from interface 2.

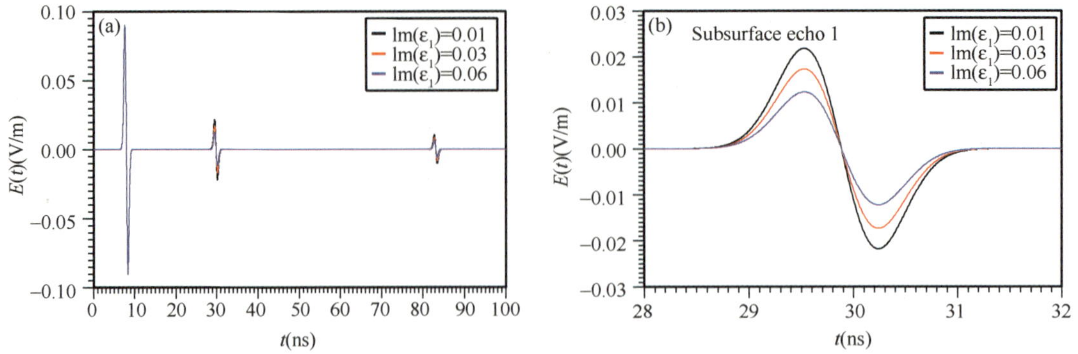

Fig. 8 Simulated GPR echo for different dielectric losses of the lunar subsurface layer 1. (a) Surface and subsurface echoes; (b) Subsurface echo from interface 1.

To study the effect of the center frequency and radar bandwidth, Fig. 9 shows the simulated radar echoes with a frequency of 450 MHz (black line) and 60 MHz (red line). The thickness of the first and the second layer is 1 m and 5 m, respectively, and the roughnesses of the three interfaces are $k\delta = 0.1$, where k is the wavenumber at 450 MHz. The lower frequency 60 MHz has a smaller bandwidth, and hence, a coarser range resolution. At 60 MHz, the surface and subsurface echoes from subsurface 1 interfere and it is difficult to discriminate them. Given that the range resolution is much better at 450 MHz, the surface echo and echo from layer 1 are clear and can be discriminated easily. A given surface undulation becomes smoother at lower frequency, which causes a stronger echo for an incidence angle of 0. Therefore, both the surface and subsurface echoes at the lower frequency band are stronger than those at higher frequency.

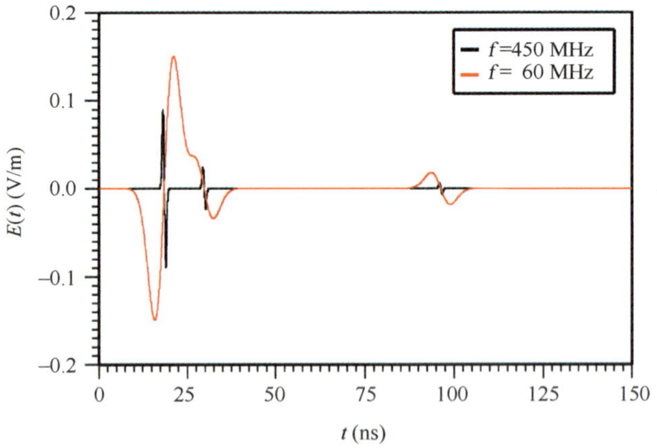

Fig. 9 Simulated GPR echo for different frequencies and bandwidths.

Fig. 10 shows the simulated GPR echo for a bistatic case (red line), with the distance between the transmit and receive antennas equal to 2λ. The surface echo for a bistatic GPR is larger than that of a monostatic case, which is caused by the fact that the Fresnel reflectivity increases with the incidence angle. Subsurface echo strength depends upon both local incidence angle and antenna directivity, and antenna directivity decreases with increasing incidence angle. Here, antenna directivity affects the received echo. Therefore, the subsurface echo strength from layer 1 for a bistatic GPR system is smaller than that for a monostatic case. Of course, as the ray path increases for a bistatic GPR, the time delay of the GPR echo becomes large compared with that of a monostatic GPR.

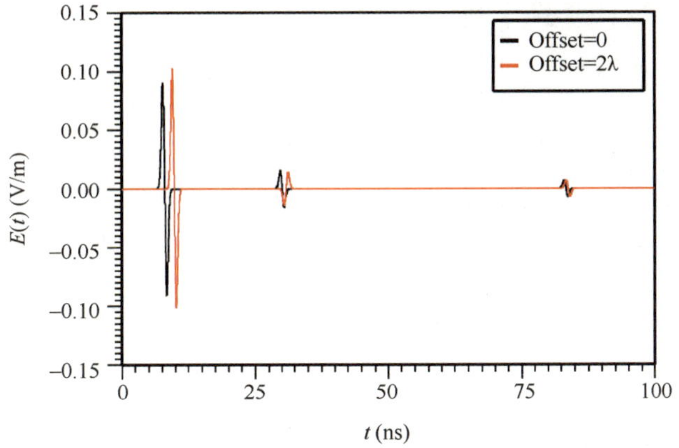

Fig. 10　Simulated GPR echo for different distances between the transmit and receive antennas.

4.2　B - scan simulation for the Sinus Iridum region

The Sinus Iridum region will probably be the first choice of the landing site for China's Chang-E 3 rover (Chen et al., 2010). Fig. 11a shows the surface topography of the Sinus Iridum region from LRO Lunar Orbiter Laser Altimeter (LOLA) (Smith et al., 2010), where the white line indicates an assumed GPR ground track in the simulation. Fig. 11b shows the FeO and TiO_2 abundances (wt. %) along the white line in Fig. 11a, derived from Clementine UV - VIS data (Lucey et al., 2000), and this will be used to calculate dielectric permittivity in the simulation. Previous analyses of Chang-E 1 microwave radiometer and Kaguya LRS data show that the regolith thickness of this region is about 4—6 m (Fa and Jin, 2010; Kobayashi et al., 2010). To simulate GPR echoes from this region, Fig. 11c shows an assumed four layer subsurface structure, which is based on a general subsurface stratigraphic structure, as discussed in Section 2.1. For the first and second subsurface layers, the thicknesses along latitude from 40°N to 47°N were assumed to vary linearly from 2 to 6 m and from 4 to 12 m, respectively. The interface between the third and the fourth layer varies randomly, with a mean depth of 82 m below the surface at latitude 40.688°N. The complex dielectric permittivity of each layer was calculated based on the approach in Fa and Wieczorek (2012), with the porosity of each layer at 0.58, 0.39 and 0.19, and the dielectric constant of the fourth layer equal to $10.0 + i0.02$. Our calculations show that ε' for layers 1, 2 and 3 are 2.2—2.35, 3.15—3.45 and 4.75—5.35, and the loss tangents are 0.003 2—0.013 1, 0.004 9—0.020 3, and

0.007 5—0.031 8, respectively. In Fig. 11b, c and d, 1° in the horizontal axis (along latitude direction) represents a distance of 30.3 km.

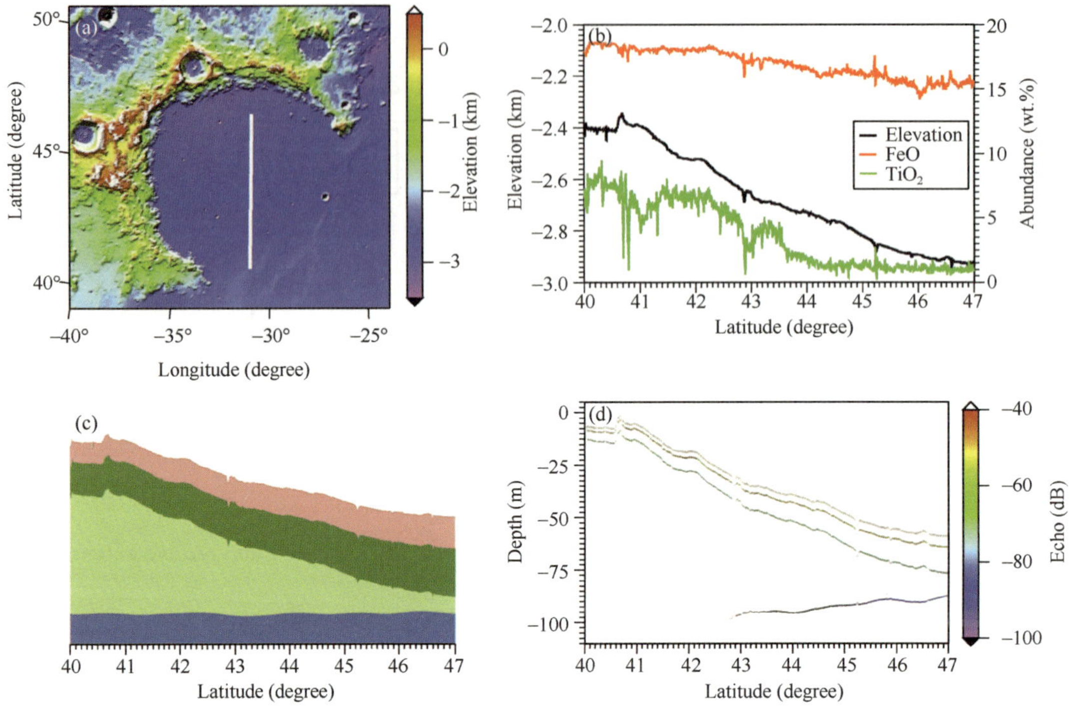

Fig. 11　(a) Topography of the Sinus Iridum region, where the white line shows an assumed ground track for a rover deployed GPR. (b) FeO and TiO_2 abundance and elevation along the white line (longitude 31°W, latitude 41—47°N). (c) An assumed four - layer subsurface structure model for Sinus Iridum. (d) Simulated GPR echo strength fromlunar subsurface layers for Sinus Iridum, with a center frequency of 450 MHz. 1° along the latitude direction represents a distance of 30.3 km.

Fig. 11d shows the simulated GPR echoes at 450 MHz as a function of apparent depth, where the real part of the dielectric permittivitywas assumed to be 3.0 for all the subsurface layers ($d=ct/2\sqrt{\varepsilon'}$). Here ε' was assumed to be constant, because in GPR imaging, we do not know the subsurface structure of the target. The radar echoes from the first and the second layer are clear, even with a priori knowledge of ε' that is different with the true value. Variation of the thickness for the first and the second layer matches well with the subsurface structure model in Fig. 11c. It is hard to see any reflected echoes from the third layer for a latitude between 40°N and 42.5°N, because the thickness and dielectric loss of the third layer in this region are too large, and the transmitted GPR wave almost cannot penetrate below the second layer in this region. Even though the interface between the third and the fourth layer is horizontal, the GPR echo strength from this layer shows a decline toward the lower latitude. This is because the real part of the dielectric permittivity for the whole subsurface layer was constant and the real value for the third layer is larger than the assumed value. Therefore, the estimated thickness for any subsurface layer from GPR echo depends closely upon the dielectric constant in the inversion.

5 Investigation of lunar subsurface properties

The dielectric permittivity and thickness of subsurface layers can be estimated from the time delay and strength of echoes. However, these two parameters are usually coupled (e.g., Fa and Wieczorek, 2012) and it is not easy to invert them directly. We propose a method to decouple the effect of these parameters with a priori knowledge of the regolith composition obtained from optical remote sensing. The lunar regolith is highly mixed in composition and grain size by the bombardment of meteoroids. As an example, at the Apollo 11 Tranquillity Base site, the regolith was estimated to be turned over 2000, 100 and 10 times at depths of 10 cm, 1 m, and 3—4 m based on the mixing model in Melosh (1989). Therefore, it is safe to assume that the composition of regolith is uniformwith depth. Then the loss tangent of the lunar subsurface can be obtained from the composition data using the method in Fa and Wieczorek (2012). In addition, to make the inversion feasible, the lunar surface and subsurface interfaces are assumed to be flat. For the surface echo, the geometric spreading factors G_i and G_o can be obtained from the antenna height and the distance between the transmit and receive antennas. Given that the directivity of the transmit and receive antennas, D_i and D_r, and the surface reflection coefficient R_{01}, are functions of ε_1, the real part can be obtained from the strength of the surface echo. The thickness of subsurface 1 can then be obtained from the time delay of the echoes between the surface and the subsurface interface 1 using the inverted real part of subsurface layer 1. Then using the GPR echo strength from subsurface 1, the geometric spreading factors G_i and G_o, and the directivity of the transmit and receive antennas, the real part of ε_2 can be obtained. In a similar way, the real part of the dielectric permittivity and thickness of subsurface layers 3, 4, …, $N-1$ can be estimated successively.

Taking the simulated GPR echo froma flat surface and subsurfaces in Fig. 6a (the black line) as an example, Table 1 shows the inverted results for the real part of the dielectric permittivity and the thickness of subsurface layers. In Table 1, the second column shows the model input values, the third column shows the estimated result when there are no observation errors, the fourth and the fifth columns show the estimation when the observed GPR echo strength has an uncertainty of +10% and −10%, and the last two columns show the estimated result when the time delay of the GPR echo has an uncertainty of +10% and −10%, respectively. If there are no observation uncertainties in the received GPR echo, the real part of the dielectric permittivity and the thickness of subsurface layers can be determined precisely. Because surface reflectivity increases with increasing ε', a positive uncertainty in the observed GPR echo strength results in a larger value, which further causes a smaller estimated value for the subsurface layer thickness. The situation is the opposite for a negative uncertainty in echo strength. The anti-correlation between the real part of dielectric constant and the layer thickness is mainly due to the fact that these two parameters are coupled as $t = ct/2\sqrt{\varepsilon'}$. An uncertainty in the time delays of the GPR echo does not change the estimated value of ε_1, but for those of the second and third layers. In addition, the uncertainty of the time delay can also change the estimated subsurface layer thickness. In contrast to an uncertainty in GPR echo strength, there is a positive correlation between the estimated real part of n and the layer thickness that is caused by an uncertainty in the time delay of GPR echoes.

Table 1　Estimated subsurface layer thickness and real part of the dielectric constant.

Parameters	Model input value	Inversion results				
		No uncertainty	+10% in E_r	−10% in E_r	+10% in t	−10% in t
$\varepsilon'1$	2.70	2.70	3.57	2.25	2.70	2.70
$\varepsilon'2$	4.00	4.00	5.16	3.36	4.12	3.88
$\varepsilon'3$	8.00	8.03	8.93	7.60	9.03	7.17
d_1(m)	2.00	2.00	1.74	2.19	2.20	1.80
d_2(m)	4.00	4.00	3.52	4.37	4.33	3.65

The numbers in bold aremodel input values that can be used as a baseline to quantify the inversion error.

One factor that can affect the estimated result is the roughness for lunar surface and subsurfaces, which is not considered in our current study. According to Eq. (10), if surface roughness is not considered, the estimated surface reflectivity for a flat surface will be smaller, which will cause a smaller value for the real part of the dielectric permittivity, and therefore a larger value for subsurface layer thickness. In future analysis of CE-3 GPR echo, surface roughness can be calculated from high resolution topography data (e.g., Rosenburg et al., 2011). However, roughness for subsurface layers will remain as one of the major concerns in the analysis of the GPR echo. However, if the dielectric constant can be known, subsurface roughness might be estimated using GPR echo strength.

Another factor that can cause an estimation error is the dielectric loss of the lunar subsurface materials, which depends mainly on the subsurface composition. A larger estimation of the dielectric loss of lunar subsurface materials will cause an increase in the loss factor of the radar wave and hence a smaller value for the estimated subsurface reflectivity. This will cause a smaller value for the estimated real part of the dielectric permittivity, and larger values for the thicknesses of subsurface layers. In addition, the variation of regolith composition with depth will also cause an uncertainty of the dielectric loss and the estimated value for lunar subsurface properties. Simultaneous analysis of GPR echo and the remote sensed data, such as LRS, Mini – RF, and microwave radiometer data, will be a feasible way that can reduce the uncertainties and ambiguities in deciphering the GPR echoes.

6 Summary and conclusions

To help design a ground penetrating radar for Chang-E 3 mission, major factors that affect a lunar GPR performance, such as penetration depth, range resolution and antenna directivity, were discussed firstly. Normalized penetration depth and range resolution were calculated globally based on a lunar dielectric map, and the frequency range for Chang-E 3 GPR is suggested. Based on geometrical optics and ray tracing techniques, an approach for GPR echo simulation fromstratified parallel subsurface layers was developed, considering the transmission, attenuation, reflection and geometrical spreading of radar waves in the lunar subsurface, as well as the directivity of the GPR antenna. Using this approach, A – scope GPR echoes and B – scan radargrams for the Sinus Iridum region were simulated, and the effect of lunar subsurface properties on GPR echo was also discussed. Finally, potential information about lunar subsurface structure was investigated based on a fusion technique of GPR echo and regolith composition data obtained from optical remote sensing.

Our investigations imply the following:

1. Normalized penetration depth varies roughly from 3λ to 15λ over maria regions, and about 20λ to 28λ over highlands. For a bandwidth of 10 MHz, range resolution in the lunar subsurface varies from 8.2 m over maria to that of 9.5 m over highlands. Analysis shows that the Chang-E 3 rover GPR at 60 MHz and 450 MHz can penetrate the lunar subsurface to a depth from several to tens of meters over the Sinus Iridum region, with a range resolution of tens of centimeters to several meters depending on GPR bandwidth.

2. Simulated A – scope GPR echoes show that surface roughness can decrease GPR echo strength and change the time delay of the received GPR echo, and subsurface echo strength depends closely on both dielectric loss and roughness of subsurface layers. Simulation results for the Sinus Iridum regions show that lunar subsurface structure can be investigated from GPR radargrams if subsurface layer thickness and dielectric loss are not too large.

3. Information about dielectric permittivity and thickness of subsurface layers can be estimated from GPR echo and dielectric loss of the subsurface materials obtained from

the composition data using optical remote sensing. The accuracy of the estimation depends on the calibration of the strength and time delay of GPR echoes.

Maps of the normalized penetration depth and range resolution and analysis of the antenna directivity in this study can help in the design of Chang-E 3 GPR. The modeling, simulation and inversion approach can also help to analyze the future GPR echoes from Chang-E 3 mission, and to investigate lunar subsurface structure. Simultaneous analysis of GPR echo and the remote sensed data will be a feasible way that can reduce the ambiguities and potential complications in deciphering the GPR echoes.

Our simulation results are based on the assumptions of nearly flat layers and a well mixed homogeneous subsurface medium, which are not known currently. When considering surface and subsurface inhomogeneity (e. g., rocks either perched on the surface or buried in the regolith), a more common approach for GPR echo simulation is the finite difference time domain (FDTD) technique (Daniels, 2004; Kuang and Jin, 2007). GPR echoes from Chang-E 3 will help to identify whether lunar subsurface layers are homogeneous or not. For example, if the returned GPR echoes reveal thousands of hyperbolic diffractions superimposed on any reflecting horizons, then the subsurface layers are most probably not homogeneous (Liu and Arcone, 2012). As Chang-E 3 GPR echoes are analyzed in combination with other complementary data using a more realistic modeling approach, subsurface stratigraphic structure can be obtained precisely, improving our understanding of the Moon.

Acknowledgments

The author thanks Dr. Steven A. Arcone for the helpful comments on the manuscript. Thiswork was supported partly by the National Natural Science Foundation of China (No.: 11203002) and the National High Technology Research and Development Program of China (863 Program No.: 2009AA122201). Some of the figures were created using the Generic Mapping Tools of Wessel and Smith (1991). This is PKU PRSL contribution 2.

References

[1] Bandfield, J.L., Ghent, R.R., Vasavada, A.R., Paige, D.A., Lawrence, S.J., Robinson, M.S., 2011. Lunar surface rock abundance and regolith fines temperatures derived from LRO Diviner Radiometer data. Journal of Geophysical Research: Planets 116, E12.

[2] Cai, J., McMechan, G.A., 1994. Ray-based synthesis of bistatic ground-penetrating radar profiles. Geophysics 60, 87—96.

[3] Campbell, B.A., 2002. Comment on "Regolith layer thickness mapping of the Moon by radar and

optical data" by Y G. Shkuratov and N. V. Bondarenko. Icarus 158，560—561.

[4] Campbell，B. A.，Hawke，B. R.，Thompson，T. W.，1997. Regolith composition and structure in the lunar maria：results of long - wavelength radar studies. Journal of Geophysical Research Planets 102 (E8)，19307—19320.

[5] Campbell，B. A.，Campbell，D. B.，Margot，J. L.，Ghent，R. R.，Nolan，M.，Chandler，J.，Carter，L. M.，Stacy，N. J. S.，2007. Focused 70 - cm radar mapping of the moon. IEEE Transactions on Geoscience and Remote Sensing 45，4032—4042.

[6] Campbell，B. A.，Carter，L. M.，Campbell，D. B.，Nolan，M.，Chandler，J.，Ghent，R. R.，Hawke，B. R.，Anderson，R. F.，Well，K.，2010. Earth—based 12.6—cm wavelength radar mapping of the moon：new views of impact melt distribution and mare physical properties. Icarus 208，565—573.

[7] Chen，S.，Meng，Z.，Cui，T.，Lian，Y.，Wang，J.，Zhang，X.，2010. Geologic investigation and mapping of the Sinus Iridum quadrangle from Clementine，SELENE，and Chang'E-1 data. Science China Physics Mechanics and Astronomy 53，2179—2187.

[8] Curlander，J. C.，McDonough，R. N.，1991. Synthetic Aperture Radar：Systems and Signal Processing. John Wiley & Sons Inc.，New York.

[9] Daniels，D.，2004. Ground Penetrating Radar. The Institution of Electrical Engineers，London，United Kingdom.

[10] Fa，W.，Jin，Y.—Q.，2007. Simulation of brightness temperature from lunar surface and inversion of regolith—layer thickness. Journal of Geophysical Research 112，E05003. http://dx.doi.org/10.1029/2006JE002751.

[11] Fa，W.，Jin，Y.—Q.，2010. A primary analysis of microwave brightness temperature of lunar surface from Chang—E 1 multi—channel radiometer observation and inversion of regolith layer thickness. Icarus 207，605—615.

[12] Fa，W.，Wieczorek，M. A.，2012. Regolith thickness over the lunar nearside：results from earth—based 70—cm Arecibo radar observations. Icarus 218，771—787.

[13] Fung，A. K.，1994. Microwave Scattering and Emission Models and Their Applications. Artech House，Boston.

[14] Heiken，G. H.，Vaniman，D. T.，French，B. M.，1991. Lunar Source Book：A Users Guide to the Moon. Cambridge University Press，New York.

[15] Hiesinger，H.，Head，J. W.，2006. In：Jolliff，B. L.，Wieczorek，M. A.，Shearer，C. K.，Neal，C. R. (Eds.)，New Views of Lunar Geoscience：An Introduction and Overview. New Views of the Moon，1，pp. 1—81.

[16] Huang，Q.，Wieczorek，M. A.，2012. Density and porosity of the lunar crust fromgravity and topography. Journal of Geophysical Research 117，E05003.

[17] Kobayashi，T.，Kim，J. H.，Lee，S. R.，Araki，H.，Kumamoto，A.，Nakagawa，H.，Noda，H.，Tazawa，S.，Oshigami，S.，Oya，H.，Yamaguchi，Y.，Yamaji，A.，Ono，T.，2010. Simultaneous observation of lunar radar sounder and laser altimeter of Kaguya for lunar regolith layer thickness estimate. IEEE Geoscience and Remote Sensing Letters 7，435—439.

[18] Kong，J. A.，2008. Electromagnetic Wave Theory. EMW Publ.，Cambridge，Mass.

[19] Kuang，L.，Jin，Y.—Q.，2007. Bistatic scattering from a three-dimensional object over a randomly

rough surface using the FDTD algorithm. IEEE Transactions on Antennas and Propagation 55, 2302—2312.

[20] Liu, L., Arcone, S.A., 2012. Integrative GPR loss in a discrete random medium model: the effect of rough—surface and subsurface Mie scatterers. 2012 14th International Conference on Ground Penetrating Radar (GPR), pp. 981—984.

[21] Lucey, P.G., Blewett, D.T., Jolliff, B.L., 2000. Lunar iron and titanium abundance algorithms based on final processing of Clementine ultraviolet—visible images. Journal of Geophysical Research 105 (E8), 20297—20305.

[22] Melosh, H.J., 1989. Impact Cratering: A Geologic Process. Oxford University Press, New York.

[23] Nozette, S., Spudis, P., Bussey, B., Jensen, R., Raney, K., Winters, H., Lichtenberg, C.L., Marinelli, W., Crusan, J., Gates, M., Robinson, M., 2010. The Lunar Reconnaissance Orbiter Miniature Radio Frequency (Mini—RF) technology demonstration. Space Science Reviews 150, 285—302.

[24] Ono, T., Kumamoto, A., Nakagawa, H., Yamaguchi, Y., Oshigami, S., Yamaji, A., Kobayashi, T., Kasahara, Y., Oya, H., 2009. Lunar radar sounder observations of subsurface layer under the nearside maria of the Moon. Science 323, 909—912.

[25] Oshigami, S., Yamaguchi, Y., Yamaji, A., Ono, T., Kumamoto, A., Kobayashi, T., Nakagawa, H., 2009. Distribution of the subsurface reflectors of the western nearside maria observed from Kaguya with lunar radar sounder. Geophysical Research Letters 36, L18202.

[26] Peeples, W.J., Sill, W.R.,May, T.W.,Ward, S.H., Phillips, R.J., Jordan, R.L., Abbott, E. A., Killpac, T.J., 1978. Orbital radar evidence for lunar subsurface layering in Maria Serenitatis and Crisium. Journal of Geophysical Research 62, 3459—3468.

[27] Porcello, L.J., Jordan, R.L., Zelenka, J.S., Adams, G.F., Phillips Jr., R.J., W. E. B, Ward, S.H., Jackson, P.L., 1974. The apollo lunar sounder radar system. Proceedings of the IEEE 62, 769—788.

[28] Prettyman, T.H., Hagerty, J.J., Elphic, R.C., Feldman, W.C., Lawrence, D.J., McKinney, G.W., Vaniman, D.T., 2006. Elemental composition of the lunar surface: analysis of gamma ray spectroscopy data from Lunar Prospector. Journal of Geophysical Research 111, E12007. http://dx.doi.org/10.1029/2005JE002656.

[29] Raney, R.K., Spudis, P., Bussey, D., Crusan, J., Jensen, J., Marinelli, W., McKerracher, P., Neish, C., Palsetia, M., Schulze, R., Sequeira, H., Winters, H., 2011. The lunar Mini—RF radars: hybrid polarimetric architecture and initial results. Proceedings of the IEEE 99, 1—6.

[30] Rosenburg, M.A., Aharonson, O., Head, J.W., Kreslavsky, M.A., Mazarico, E., Neumann, G.A., Smith, D.E., Torrence, M.H., Zuber, M.T., 2011. Global surface slopes and roughness of themoon from the lunar orbiter laser altimeter. Journal of Geophysical Research 116, E02001. http://dx.doi.org/10.1029/2010JE003716.

[31] Shkuratov, Y.G., Bondarenko, N.V., 2001. Regolith layer thickness mapping of themoon by radar and optical data. Icarus 149, 329—338.

[32] Smith, G.S., 1984. Directive properties of antennas for transmission into a material halfspace. IEEE Transactions on Antennas and Propagation 32, 232—246.

[33] Smith, D.E., Zuber, M.T., Jackson, G.B., Cavanaugh, J.F., Neumann, G.A., Riris, H.,

Sun, X., Zellar, R.S., Coltharp, C., Connelly, J., Katz, R.B., Kleyner, I., Liiva, P., Matuszeski, A., Mazarico, E.M., McGarry, J.F., Novo—Gradac, A.—M., Ott, M.N., Peters, C., Ramos— Izquierdo, L.A., Ramsey, L., Rowlands, D.D., Schmidt, S., Scott III, V.S., Shaw, G.B., Smith, J.C., Swinski, J.—P., Torrence, M.H., Unger, G., Yu, A.W., Zagwodzki, T.W., 2010. The Lunar Orbiter Laser Altimeter investigation on the Lunar Reconnaissance Orbiter Mission. Space Science Review 150, 209—241.

[34] Strangway, D., Pearce, G., Olhoeft, G., 1975. Magnetic and dielectric properties of lunar samples. In: Vinogradov, A.P. (Ed.), Kosmochimiya Luny i PlanetNauka 712—728.

[35] Toksoz, M.N., Dainty, A.M., Solomon, S.C., Anderson, K.R., 1973. Velocity structure and evolution of the Moon. Proceedings of the Fourth Lunar Science Conference 3, 2529—2547.

[36] Wang, Z., Li, Y., Zhang, X., Jiang, J., Xu, C., Zhang, D., Zhang, W., 2010. Calibration and brightness temperature algorithm of CE-1 Lunar Microwave Sounder (CELMS). Science China Earth Science 53, 1392—1406.

[37] Wessel, P., Smith, W., 1991. Free software helps map and display data. EOS Transactions of the American Geophysical Union 72, 441.

Simulation of Multiangular Radar Echoes for Speed Measurement During CE-3 Landing on the Lunar Sinus Iridum Surface

Hongxia Ye, Member, IEEE, and Ya-Qiu Jin, Fellow, IEEE

Abstract: The main objective of the Chinese Chang'E-3 (CE-3) lunar satellite is to achieve soft-landing and roving exploration on the lunar surface. A multibeam radar in the lunar lander is implemented to measure the echoes from the lunar rough surface during its descending and to derive the speed of the lander. In this paper, numerical simulation of multiangular radar echoes and speed inversions from Doppler frequency are presented. An area of the Lunar Sinus Iridum bay, as landing site, is specifically selected. The rough surface described with the real DTM data is first divided into triangular patches for numerical Kirchhoff approximation calculation. The radar echoes of multiangular radar beams of CE-3 during the landing are numerically simulated. The echo phase and the Doppler frequency are then derived to obtain the vertical speed.
Key words: Index Terms—Chang'E-3 (CE-3), Doppler frequency, multiangular radar, retrieval of range and speed, rough surface scattering, soft-landing.

I Introduction

THE Moon, the Earth's only natural satellite, has been the preferred celestial body for human space exploration since the 1950s. At the end of the last century, 1976—1986, after a period of silence for lunar exploration during a decade, the project "return to moon" was again proposed. Many countries, such as the USA, European Union, Japan, China, India, and others, developed new lunar exploration missions, such as Clementine (1994)[1,2], Lunar Reconnaissance Orbiter (2009)[3,4], Gravity Recovery and Interior Laboratory (2011)[5,6] of the USA, Smart-1 (2003)[7,8] of European Union, Kaguya (SELENE, 2007) of Japan[9-11], Chang'E (CE) (2007) of China[12,13], Chandrayaan-1 (2008) of India[14], etc. The Moon has become one of the most interested planets to the scientists and aerospace engineers over the world.

China initiated the Chang'E's lunar program for exploring the Moon surface media. It includes three steps as surrounding (CE-1, CE-2), landing (CE-3, CE-4), and returning (CE-5, CE-6). As the first step, the satellites CE-1 and CE-2 were successfully launched in 2007 and 2010, respectively[12,13]. As the second step, the CE-3 satellite launched on December 2, 2013, and the lander landed on 44.12°N 340.49°E of the northern Mare Imbrium[15]. During the landing process, the speed is gradually reduced from about 1.6 km/s to zero. It is designed that at 100 m altitude, the lander is hovering to adjust position toward a relatively smooth place for landing, and at 4 m altitude the velocity can reach to zero, and finally falls freely to land on the surface. Several sensors, such as height, speed, and obstacle-detection sensors, are employed for landing control and guidance[16]. The multiangular Doppler radar, as the speed sensor, is used to measure the landing speed based on the frequency shift of echo signals.

This paper presents a model and numerical simulation for multiangular radar echoes during CE-3 landing at the Sinus Iridum area, where the real Digital Terrain Model (DTM) data described the gently perturbed rough surface[19]. This paper is arranged as follows. Section I gives the background. Section II introduces the multiangular radar configuration. Section III presents the radar echoes calculation and the speed inversion. Section IV shows the numerical results and analysis. Finally, Section V gives some conclusions.

II Configuration of Multiangular Radar

The CE-3 radar system contains five angular beams, whose central directions are illustrated in Fig. 1. Beams R1, R2, and R3 form a cone with a half angle 17°. Beams R4 and R5 are mutually perpendicular, and their central directions are on the same plane of the cone axis. The angle between R5 and the cone axis is 30°. At the beginning of descending (from the altitude 20 to 5 km), the beam R4 is perpendicular to the lunar sur-

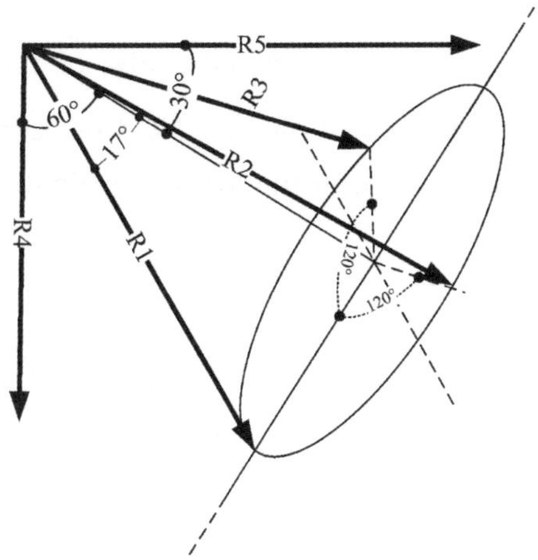

(a)

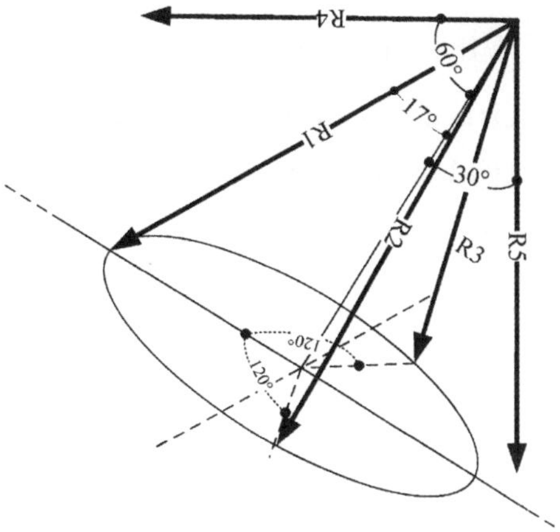

(b)

Fig. 1　Beam directions of multiangular radars (a) before and (b) after the posture adjustment.

face, R1—R3 look sideways, and R5 is not in use, as figured in Fig. 1(a). At altitude 5 km, the radar platform adjusts its posture that R5 becomes perpendicular to the surface and R4 is not in use (from altitude 5 to 100 m), as shown in Fig. 1(b). The radar works at both X - band (the wavelength $\lambda = 3.8$ cm) and Ka - band ($\lambda = 8.76$ mm). All beams are configured with the same width of $6^\circ \times 6^\circ$ and dual copolarizations (vertical v - copol and horizontal h - copol) are used.

In the numerical simulation, a local coordinate system is established for each beam, as illustrated in Fig. 2, and the axis of the local coordinate are defined as

$$\hat{x} = \frac{\bar{r}_c - \bar{r}}{|\bar{r}_c - \bar{r}|} = \hat{k}_c \quad \hat{h} = \hat{z} = \frac{\hat{x} \times Z}{|\hat{x} \times Z|} \quad \hat{v} = \hat{y} = \hat{z} \times \hat{x} \tag{1}$$

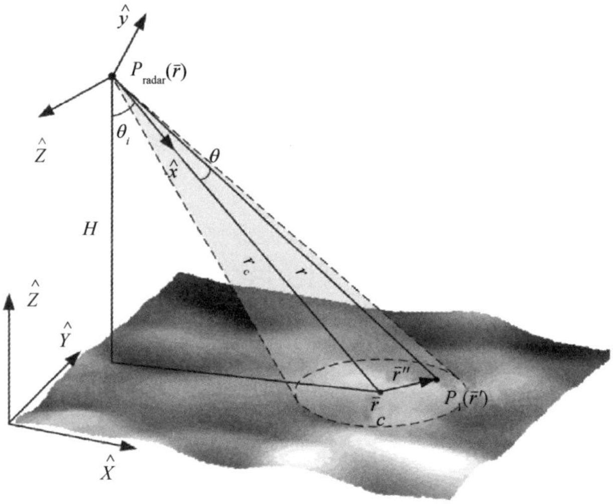

Fig. 2 Local coordinate system of each beam.

where $\hat{k}_c$ is the direction of the beam axis, and $\hat{r}_c$ is the illuminated center of the beam. $\hat{Z}$ is the vertical axis in principle coordinates. Under an unit electric field incidence, the radiation field of each beam to illuminate the lunar surface in the local coordinates can be written as follows[17]:

$$\overline{E}_i(\overline{r}') = \overline{E}_{\mathrm{rad}} = \hat{e}_i \frac{e^{ik_0[\hat{k}_i \cdot (\overline{r}' - \overline{r})]}}{4\pi |\overline{r}' - \overline{r}|} f(\theta) = \hat{e}_i E_{i0} \tag{2}$$

where k_0 is the wavenumber of free space. $\hat{e}_i = \hat{v}, \hat{h}$ denotes the polarization, $r = |r - \overline{r}'|$ is the distance between the source point $P_{\mathrm{radar}}(\overline{r})$ (radar position) and the field point $P_1(\overline{r}')$ (on lunar surface, which is also the secondary radiation source of the scattering echo). $\hat{k}_i = (\overline{r}' - \overline{r})/r$ is the radiation direction and it is also the incident direction on the lunar surface. The directivity function is expressed as a Gaussian function $f(\theta) = \exp[-(\theta/c)^2]$ with $c = 0.089$ (the corresponding beamwidth is $\alpha = 6^\circ$), and $\theta = \cos^{-1}(((\overline{r}' - \overline{r}) \cdot \hat{x})/(|\overline{r}' - \overline{r}|))$ is the intersection angle of the radiation direction and the beam axis.

The Sinus Iridum Bay, centered at about 45.01°N 328.33°E, has been chosen as the landing position. Although the topography of the lunar surface is quite different everywhere, with the highest mountain of 7 km and the deepest valley of 10 km, the Sinus Iridum bay is a gently perturbed plain surface of basaltic lava[18]. Fig. 3(a) shows the overall terrain of the bay area. In 2010, the JAXA Selene project published the DTM data of this area using high - performance optical camera (the Lunar Imager/Spectrometer (LISM) DTM) with 7.403 m posting[19]. Fig. 3(c) displays the high - resolution DTM data from the Selene website. As shown in the figure, some small craters might be identified. These data are adopted for surface scattering simulation.

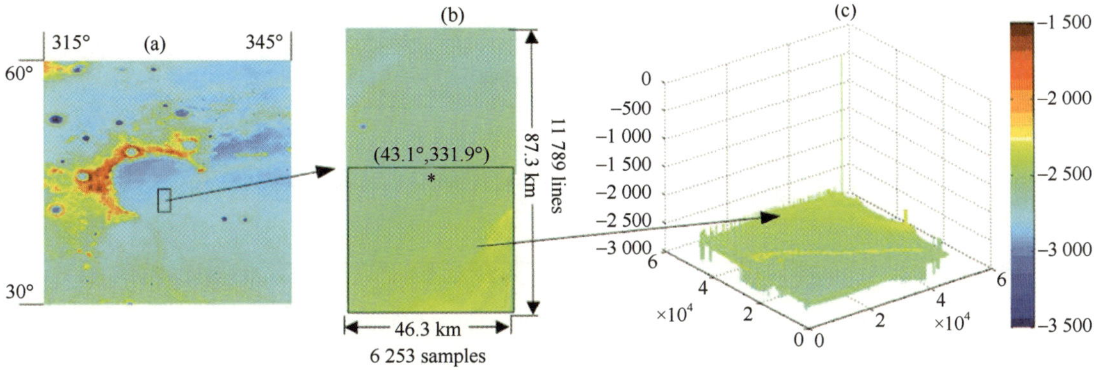

Fig. 3 DTM map of the bay area and the smoothed surface. (a) Global terrain of rainbow bay area. (b) Smooted and montaged terrain for simulation. (c) Original DTM data.

As example, Fig. 4 shows several height profiles of Fig. 3(b) along longitude and latitude directions, respectively. The depth of craters range from several meters to hundreds meters. The width in horizontal scale is up to 3 km, such as the large dip of the green line in Fig. 4(a). Some small craters are also shown in Fig. 4.

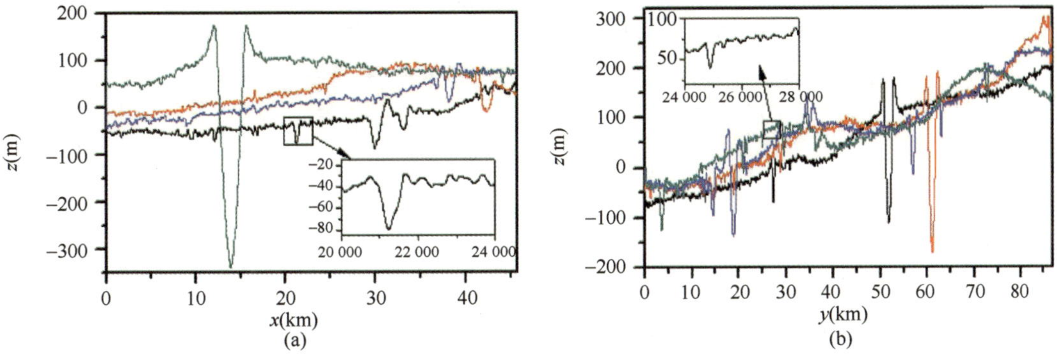

Fig. 4 Height profiles along central (a) longitude and (b) latitude.

It might find some stripes with steep heights, significantly deviating from the adjacent points in the original DTM data of Fig. 3(c). Chosen several profile curves along longitude direction, as shown in Fig. 5, a subfigure particularly shows the enlarged curve with several peaks. The horizontal interval is 7.403 m, but the height jump is 500 m. These data are seen as abnormal and locally smoothed in scattering simulation. In addition, the abnormal data on the edges are replaced with those in adjacent track. Thus, an area of 87 km × 46 km, as shown in Fig. 3(b), is applied to numerical simulation.

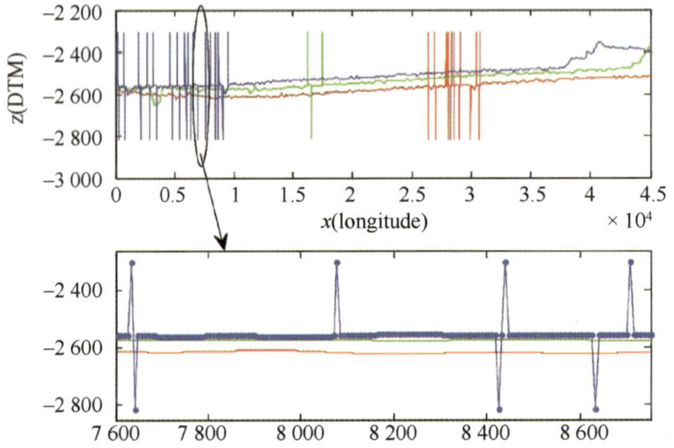

Fig. 5　Height profile of the original DTM data.

III　Echo Simulation Using Numerical Kirchhoff Method

According to the Huygens Principle[20], the radar echoes, as the secondary radiation of the surface currents, are expressed as

$$\overline{E}_s(\overline{r}) = -ik_0\iint_S E_{i0}(\overline{r'})\overline{F}(\overline{r'})\frac{e^{ik_0\hat{k}s\cdot(\overline{r}-\overline{r'})}}{4\pi\,|\,\overline{r}-\overline{r'}\,|}\mathrm{d}s'$$
$$= -ik_0\iint_S \frac{e^{ik_0[\hat{k}_i\cdot(\overline{r'}-\overline{r})]}}{4\pi\,|\,\overline{r'}-\overline{r}\,|}f(\theta,\varphi)\overline{F}(\overline{r'})\frac{e^{ik_0[\hat{k}_i\cdot(\overline{r}-\overline{r'})]}}{4\pi\,|\,\overline{r}-\overline{r'}\,|}\mathrm{d}s' \tag{3}$$

$$\overline{F}(\overline{r'}) = (\hat{e}_i\cdot\hat{q})[\hat{k}_s\times(\hat{n}\times\hat{q})](1+R_h)+(\hat{e}_i\cdot\hat{p})(\hat{n}\cdot\hat{k}_i)$$
$$\times[\hat{k}_s\times\hat{q}](1-R_v)-(\hat{e}_i\cdot\hat{q})(\hat{n}\cdot\hat{k}_i)\hat{q}(1-R_h)$$
$$+(\hat{e}_i\cdot\hat{p})(\hat{n}\times\hat{q})(1+R_v) \tag{4}$$

where $\hat{n} = ((-\alpha\hat{X}-\beta\hat{Y}+\hat{Z})/(\sqrt{1+\alpha^2+\beta^2}))$ is the local normal of the surface, α and β are, respectively, the slopes along $\hat{X}$ and $\hat{Y}$ directions. These parameters vary everywhere due to the surface roughness. $\hat{k}_s = -\hat{k}i$ is the backward receiving direction. $E_{i0}(\overline{r'})$ is the incident electrical field amplitude on the lunar surface, as defined in (2). $(\hat{k}_i, \hat{p}, \hat{q})$ is the local coordinates, as defined in[14]. R_h and R_v are the reflection coefficients of h-and v-polarizations, respectively[20].

The backscattering field can be expressed as

$$\overline{E}s(\bar{r}) = -ik_0 \iint_S f(\theta,\varphi)\overline{F}(\bar{r}') \frac{e^{i2k_0[\hat{k}_i \cdot (\bar{r}' - \bar{r})]}}{(4\pi|\bar{r}' - \bar{r}|)^2} ds' \tag{5}$$

In the following, the Kirchhoff approximation (KA) is applied to calculation of (3). The triangular meshes are made to numerically describe the rough surface more precisely than the quadrangular meshes[21]. The rough surface is first meshed into triangular patches, as illustrated in Fig. 6(a). The DTM data are used as the z - coordinate value for the nodes of the meshes. Then the meshed surface model is applied to numerical calculation. The scattering field is expressed as[22]

$$\overline{E}_s(\bar{r}) \approx -ik_0 \sum_m \frac{f(\theta,\varphi)\overline{F}(\bar{r}m,\alpha,\beta)}{(4\pi r_m)^2} e^{i2k_0\hat{k}_{im}\cdot(\bar{r}_m - \bar{r})} \times \iint_{\Delta S_m} e^{i2k_0\hat{k}_{im}\cdot\bar{r}'_m} ds' \tag{6}$$

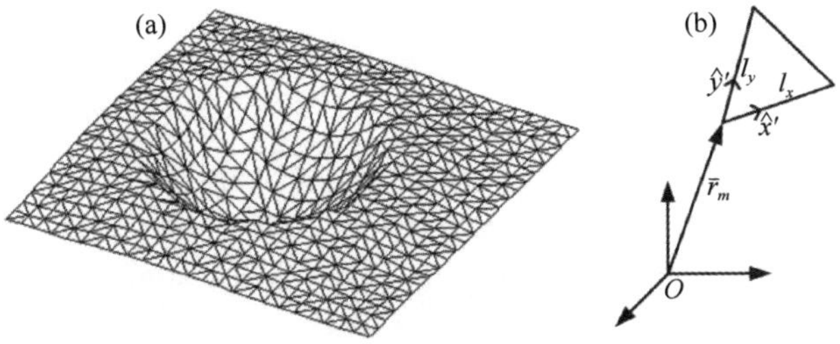

Fig. 6　Triangular meshed surface.

As shown in Fig. 6(b), $\overline{r'm}$ is the reference vertex of the triangular patch $\Delta' S_m$, and $\bar{r}' = \bar{r}_m + \bar{r}'_m$, $r_m = |\bar{r}_m - \bar{r}|$. $\hat{k}_{im} = |\bar{r}_m - \bar{r}|/r_m$ is the incident direction at reference point.

The integration in (6) takes account of the phase interference on the triangular patch. According to the Green's theorem, the above integration can be reduced to the line integrals along the plate boundary. For the triangular boundary contour in Fig. 6(b), the integration can be expressed as[23]

$$I_{Pm} = \iint_{\Delta S_m} e^{i2k_0\hat{k}_{im}\cdot\bar{r}'m} ds' = |\sin\Delta_{xy}| \int_0^{l_y}\int_0^{(1-y'/l_y)l_x} e^{i2k_0(\hat{k}_{im}\cdot\hat{x}')x'} dx' \times e^{i2k_0(\hat{k}_{im}\cdot\hat{y}')} dy'$$

$$= \frac{|\sin\Delta_{xy}|}{A}\int_0^{l_y} e^{Al_x - Ay'l_x/l_y - 1_e By'dy'} = \frac{|\sin\Delta_{xy}|}{A}\left[e^{Al_x}\frac{e^{Bl_y - Al_x} - 1}{B - Al_x/l_y} - \frac{e^{Bl_y} - 1}{B}\right] \tag{7}$$

$$|\sin\Delta_{xy}| = |\hat{x}' \times \hat{y}'|, A = i2k_0\hat{k}'_{im}\cdot\hat{x}', B = i2k_0\hat{k}'_{im}\cdot\hat{y}' \tag{8}$$

where $\hat{x}'$, $\hat{y}'$ are the unit vectors, and l_x, l_y are the side-length. The two sides are intersected at the referenced vertex $\bar{r}_m$, as shown in Fig. 6(b).

The bi-static scattering coefficient γ is defined as[20]

$$\gamma(\bar{k}_s) = \lim_{r\to\infty} 4\pi r_0^2 \frac{P_r}{P_{\text{inc}}} = \lim_{r\to\infty} 4\pi r_0^2 \frac{|\hat{e}_s \cdot \overline{E}_s|^2}{E_0^2 A\cos\theta_i} \tag{9}$$

where $r_0 = |\overline{r}_0 - \overline{r}|$ is the distance from the spot center $P_1(\vec{r})$ to the radar receiver $P_{\text{radar}}(\overline{r})$, as shown in Fig. 2. $E_0 = 1/(4\pi r_0)$ is the amplitude of the illumination field on the lunar surface. $\hat{e}_s = \hat{v}, \hat{h}$ is the polarized vector in the principle coordinate. A is the spot size on the surface of the 3—dB antenna beam.

To make a comparison with analytical calculation, consider a Gaussian rough surface with given correlation length l and height variance Δ, the coherent scattering coefficient in the specular direction $\bar{k}_s = \bar{k}_r$ is analytically written as[20]

$$\gamma_{\text{coh}}^{p} = 4\pi |R_{p0}|^2 \frac{e^{-4k^2\Delta^2\cos\theta_i^2}}{\sin\theta_i} \delta(\theta_s - \theta_i)\delta(\phi_s - \phi_i) \tag{10}$$

Moreover, the incoherent scattering coefficient in the backdirection $\bar{k}_s = -\bar{k}_i$ can be written as[20]

$$\gamma_{\text{incoh}}^{p} = (kl)^2 |R_p 0|^2 \cos\theta_i e^{-4k^2\Delta^2\cos\theta_i^2} \times \sum_{m=1}^{\infty} \frac{(2k\Delta\cos\theta_i)^{2m}}{mm!} e^{-\frac{(k\Delta\sin\theta_i)^2}{m}} \tag{11}$$

where $p = v, h$ denotes the v - copol, h - copol (copolarization), R_{p0} is the p - pol reflection coefficient of the mean flat surface. The series summation in (11) can be fast converged.

Based on (11), (12), the scattering of the Gaussian rough surface with given kl and $k\Delta$ is firstly computed for comparison and validation of the KA numerical calculation. The Fast Fourier Transform method[24] is used to generate 50 random samples of Gaussian rough surface. Equations (5)—(9) are used for numerical KA computation. In Fig. 7 the v - copol and h - copol backscattering coefficients computed with numerical KA method (lines with circles in Fig. 7) are compared with the analytical method (lines without circles in Fig. 7). The results of three groups Gaussian rough surface with constant $k\Delta = 0.717$ and different kl are shown. The dielectric constant of the rough surface is $\varepsilon_r = 7.1$.

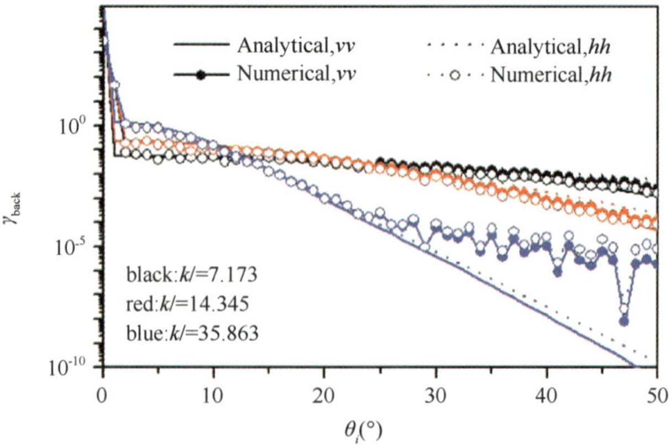

Fig. 7　Backscattering coefficients of Gaussian rough surfaces γ_{back} versus incident angle θ_i ($k\Delta = 0.717$, $\varepsilon_r = 7.1$).

It can be seen that the numerical KA results are well matched with the analytical one, except at low grazing angles. Due to restriction of the analytic KA approach at low gazing angle, these two results are not well matched. However, it would not affect the speed inversion using the Doppler frequency, because the Doppler frequency is caused by the relative motion.

IV Speed Retrieval with Doppler Frequency

Suppose that the lander descends from the altitude $H = 20$ km with a constant speed, and only the nonzero velocity component along the elevation axis is taken into consideration. Assume that the lander receives the scattering echo in every drop of 100 meters, and total 500 samples are recorded at the height interval $\Delta H = \lambda_{Ka}/10 = 8.76e^{-4}$ m during the time interval Δt. The length of sampling window is $L = 500 \cdot \Delta H = 0.438$ m. At altitude $H = 5$ km, the platform adjusts its posture, as explained in Fig. 1.

According to the above KA method, the backscattering field can be expressed as

$$\overline{E}_s(\overline{r}) = -ik_0 \iint_S f(\theta,\varphi)\overline{F}(\overline{r}') \frac{e^{i2k_0[\hat{k}_i \cdot (\overline{r}'-\overline{r})]}}{(4\pi\,|\,\overline{r}'-\overline{r}\,|)^2} \mathrm{d}s'$$

$$\approx -ik_0 \frac{e^{i2k_0 r_0}}{(4\pi r_0)^2} \iint_S f(\theta,\varphi)\overline{F}(\overline{r}') e^{i2k_0 \hat{k}_{i0} \cdot \overline{r}''} \mathrm{d}s' = -ik_0 \frac{e^{i2k_0 r_0}}{(4\pi r_0)^2} I_S \tag{12}$$

where $\overline{r}' = \overline{r}_0 + \overline{r}''$, and the incident direction of the beam is kept as the same as $\hat{k}_{i0} = |\overline{r}_0 - \overline{r}|/r_0$, which is the incident direction at the center of the beam spot.

Because of $\Delta H \ll \lambda_0$, the illumination area keeps almost the same during descending. The integral term I_S is seen as constant during the sample interval. Then, the scattering field is mainly related to R_0, and the phase difference can be expressed as

$$\Delta\varphi = 2k_0 \Delta R_0 = 2\frac{2\pi}{\lambda_0}\Delta R_0 \tag{13}$$

The radial Doppler frequency f_d is expressed as[25]

$$f_d = \frac{1}{2\pi}\frac{\Delta\varphi}{\Delta t} = 2\frac{v_r}{\lambda_0}, v_r = \frac{\Delta R_0}{\Delta t}, \Delta t = \frac{\Delta H}{v_0} \tag{14}$$

where $\Delta\varphi$ is the phase difference during the time interval Δt. λ_0 is the carrier wavelength. $v_r = v_0 \cos\beta$ is the radial speed along the beam center, and β is the intersection angle of the beam center and the elevation axis, v_0 is the descent speed to be inverted.

V Numerical Results

Now, numerical KA method is applied to the echo simulation, and the received echoes are then used for inversion of radar descent speed.

A Flat Surface

The echo is first simulated for the case of a flat surface with dielectric constant of $\varepsilon_r = 3.1$[26,27]. During the descending, the radar echo is recorded at every drop 100 m, with 50 signal samples at interval of $\Delta H = 8.76 \times 10^{-4}$ m. Fig. 8 shows the echo power of each beam (the echoes from R4 and R5 are displayed in the same figure, because of the same incident angle of 0°). Both v - and h - copol echoes are similarly fluctuating, even with slightly different amplitude, and only the h - copol results are given in Fig. 8. The red line is for X - band and the blue line is for Ka - band. The echoes of R2 and R3 have a mutation at $H = 5$ km, because of the incidence change from 69.4° to 25.64° along with the radar adjustment. The echoes of other beams change slowly due to a little incidence change (R1 incidence from 434°to 474°, R4 and R5 incidence of 04°). For a flat surface, the echoes are due to the finite illumination spots by the antenna beams.

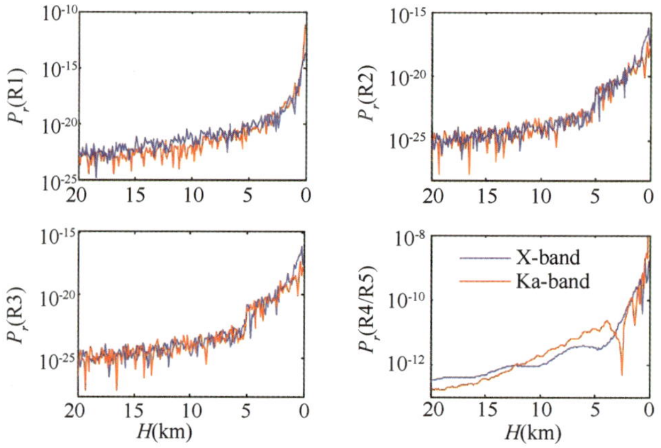

Fig. 8 Echo power from a flat dielectric surface of each radar beam.

Fig. 9 shows the enlarged figures of the echoes at $H = 10$ km, 8 km (before adjustment) and $H = 5$ km, 3 km (after adjustment), sequentially. Here only the echo of R2 is plotted, because the echo of R3 appears similarly (their incident angles are almost same). It can be seen that the echoes of R1 and R2 (the side-looking beams) are significantly fluctuating, because the received incoherent backscattered echoes show the Sinc-function with the spotlight size. However, the echoes of R4 and R5 (down - looking beams) are varying slightly, because the coherent echoes show a linear relationship with the spotlight size. Moreover, the echo curves of Ka - band fluctuate more remarkably than that of X - band, because the relative electric size of the spotlight of Ka - band (with smaller wavelength) changes more quickly than that of X - band, along with radar descending.

Fig. 10 gives the backscattering coefficients [see (9)] for each beam. Backscattering

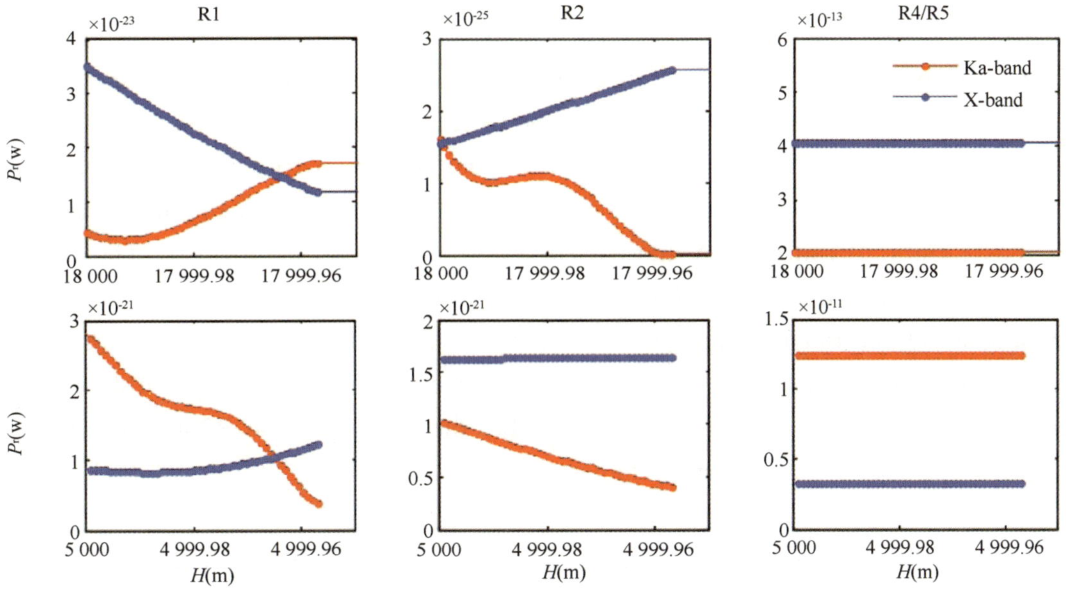

Fig. 9　Enlarged parts of the echoes power (before and after the posture adjustment).

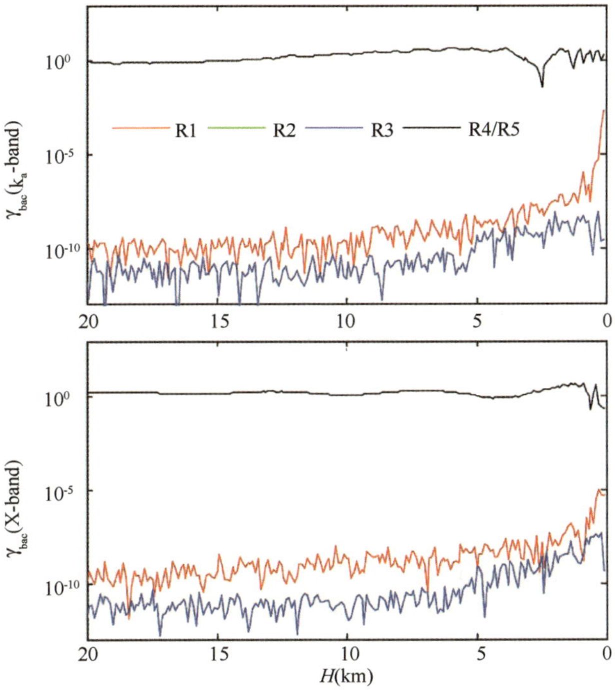

Fig. 10　Backscattering coefficients of each beam (Ka－band and X－band).

coefficients γ_{back} of the beam R2 is equal to those of R3, and two curves are totally overlapped. The coherent scattering coefficient of the beams R4 and R5 is much remarkably larger than the incoherent scattering coefficients of the beams R1－R3. Backscattering coefficients γ_{back} of the beams R2 and R3 fluctuate around a horizontal line, which corresponds to incident angle $\theta_i = 69.4^\circ$. At altitude $H = 5$ km, γ_{back} increases abruptly, which corresponds to $\theta_i = 25.6^\circ$. Note that when H approaches zero (the lunar surface), the above computation would not be valid due to the far-field limitation.

Fig. 11 gives the phase information of the radar echoes (before adjustment: $H = 10$ km, 8 km, and after adjustment: $H = 5$ km, 3 km). The radar descending speed is supposed as 1 km/s. It can be seen that each beam gives a linear phase curve. The slope of phase curve is related to the beam direction (relative to radar motion direction), descending speed and radar frequency. It is seen that the blue line (Ka-band) is steeper than the red line (X-band). As the platform changes the posture, the curve slope of the beams R1, R4, and R5 are slightly changed, but the beams R2 and R3 are changed significantly because of the incidence change from 69.4° to 25.6°.

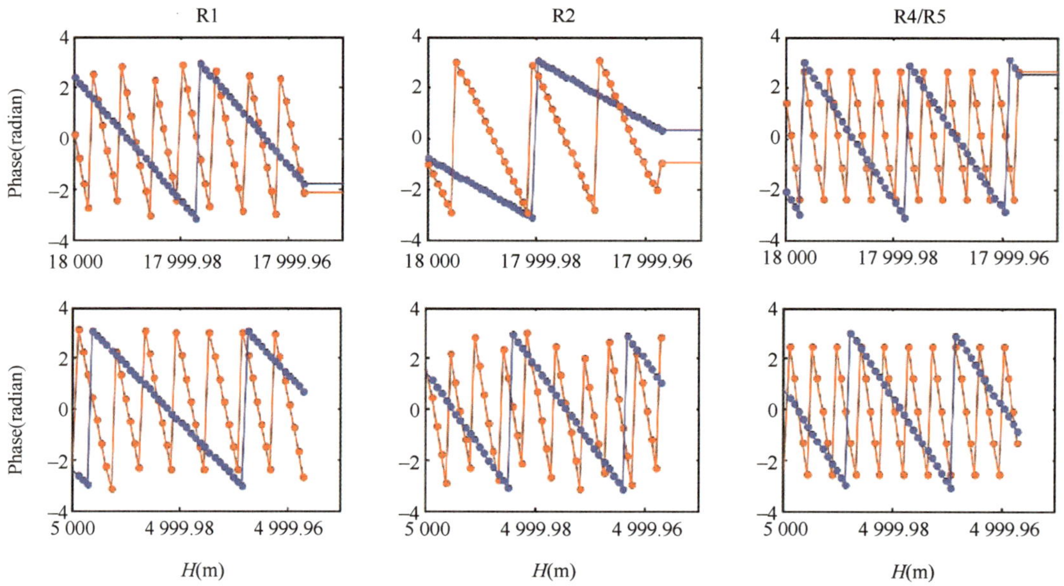

Fig. 11　Phase information of each beam (before and after posture adjustment) (blue lines: Ka-band, red lines: X-band).

To realize soft-landing, the descending speed of the lander should be first reduced to ~1.6 km/s, and then, after posture adjustment, to 2—4 m/s. In the following simulation, two speeds of $v_0 = 1$ km/s and 5 m/s are supposed. The same height interval $\Delta H = 8.76 \times 10^{-4}$ m is applied, which means the sampling time interval $\Delta t = 8.76 \times 10^{-7}$ s for $v_0 = 1$ km/s and $\Delta t = 1.752 \times 10^{-4}$ s for $v_0 = 5$ m/s. Using (14), the Doppler frequency of each beam can be derived, as shown in Fig. 12. Table I gives the mean value and the variance of the phase difference (two speeds: $v_0 = 1$ km/s and 5 m/s) during descending.

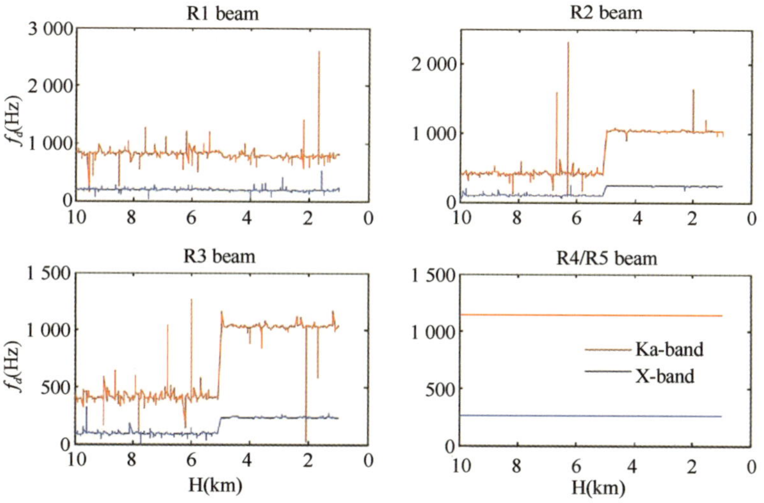

Fig. 12　Doppler frequency during descending ($v_0 = 5$ m/s).

TABLE I　(a) Mean Value and Variance of Doppler Frequency (Speed $v_0 = 1$ km/s).

(B) Mean Value And Variance of Doppler Frequency (Speed $v_0 = 5$ m/s)

(a)

radar posture		R1		R2		R4 and R5	
		Ka - band	X - band	Ka - band	X - band	Ka - band	X - band
before	Mean(Hz)	1.665e5	3.890e4	0.814e5	1.925e4	2.283e5	5.263e4
	Variance	1.228e4	2.774e3	1.003e4	1.977e3	0.162	1.037
after	Mean(Hz)	1.550e5	3.645e4	2.052e5	4.735e4	2.283e5	5.263e4
	variance	1.387e4	3.608e3	0.602e4	0.837e3	3.067	2.72

(b)

radarposture		R1		R2		R4 and R5	
		Ka - band	X - band	Ka - band	X - band	Ka - band	X - band
before	Mean(Hz)	832.749	194.503	406.987	96.274	1141.552	263.158
	Variance	61.403	13.869	50.126	9.887	0.00081	0.000 52
after	Mean(Hz)	775.110	182.267	1031.230	236.766	1 141.555	263.158
	Variance	69.392	18.040 1	30.104	4.187	0.015 34	0.001 36

It can be found in Fig. 12 that there are some hops of the Doppler frequency, some of which are very large. Taking some local positions in Fig. 12 (H = 1 700 m for R1 beam, H = 6 300 m for R2 beam, and H = 6 000 m for R3 beam) with the highest hops (Ka - band) to peep the details, Fig. 13 shows an interesting relevance. It can be seen that as the scattering power approaches zero, the phase extracted from these week signals are deviated from the inherent linear relationship, which causes the hops. Backscattering field of a flat surface may be fluctuating with change of the illuminated area, and the received echo power will approach zero during the descent.

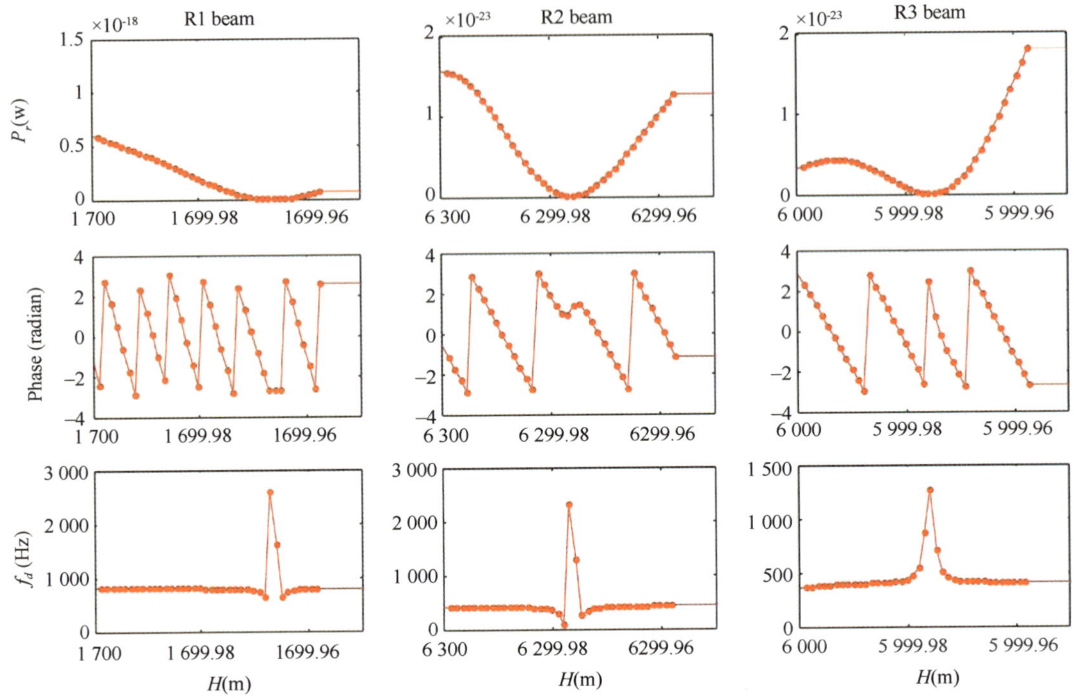

Fig. 13　Echo power, phase, and Doppler frequency are enlarged at the selected hop positions.

The angle between each beam center and descending direction is given as

$$\beta_{1,2,4} = \begin{cases} 43°,\ 69.4°,\ 0°\ (before\ adjustment) \\ 47°,\ 25.6°,\ 0°\ (after\ adjustment) \end{cases} \tag{15}$$

The descending speed of the lander can be derived using (14), as shown in Table II. It can be seen that the inverted speed well matches to the simulated value. The inverse accuracy of the beams R4 and R5 is better than others, because their beam centers are well coincident with the descending direction.

TABLE II　Inverted Descending Speed (m/s) Using Doppler Frequency

radar posture		R1		R2		R4 and R5	
		Ka - band	X - band	Ka - band	X - band	Ka - band	X - band
5 m/s	before	4.987 248	5.053 031	5.066 493	5.198 948	5.000 000 35	4.999 997 1
	after	4.977989	5.077 829	5.008 452	4.988 241	5.000 012 3	5.000 006 2
1 km/s	before	997.449 63	1 010.606	1 013.299	1 039.789	1 000.000 06	999.999 43
	after	995.597 9	1 015.566	1 001.690	997.648 1	1 000.002 46	1 000.001 24

B　Lunar Rough Surface

Based on the optical measurement of Lunar Orbiter[18], the maximum of mean slope of the lunar mare region is about 4.0° even for the ramp spacing of 1 m. Thus, the KA method of gently large scale rough surface can be well applied to the Sinus Iridum region. In the following, a region of 87.3 km ×46.3 km centered at 43.0°N 329.7° E is selected for echo simulation. All parameters are the same of the flat surface.

Fig. 14 gives h - copol (copolarized) and v - copol echoes of each beam (color lines) with comparison of the case of the flat surface (black lines) at both Ka - and X - bands. It can be seen that the incoherent backscattering of the beams R1—R3 is larger than that of the flat surface due to scattering from lunar rough surface. Certainly, the coherent scattering of the beams R4 and R5 is smaller than that of the flat surface. It can be found that there is a jump of the echoes of R2 and R3 at altitude 5 km, because the radar platform adjusts the posture at this altitude and, correspondingly, incident angle changes from 69.4° to 25.6°. Incoherent backscattering at X - band is slightly larger than ones at Ka - band. Generally, h - copol echoes of R2, R3, and R1, before adjustment, are larger than v - copol echoes due to large incident angle. At the incident 0°- angle of R4 and R5, two copol echoes are the same. The echoes of R2 and R3 at altitude H >15 km remarkably decrease, because the beams R2 and R3 are actually beyond the size 87 km ×46 km as we selected in calculation.

During the descending, the radar echo is recorded at every drop 100 meters, with 500 signal samples at interval of $\Delta H = 8.76 \times 10^{-4}$ m. Fig. 15 gives the enlarged echo record at altitude $H = 10$ km. It can be seen that the echoes of R1—R3 (the side-looking beams) fluctuate significantly, whereas the echoes of R4 and R5 (down - looking beams) vary slightly. Compared with the case of flat surface, the echoes of h - copol and v - copol are quite different for the side-looking beams R1—R3, because of the rough surface.

Fig. 16 gives the enlarged phase information of the echoes at altitudes: $H = 10$ km, 8 km (before adjustment) and $H = 5$ km, 3 km (after adjustment), sequentially. It can be seen that the phase curves appear periodically fluctuating with different slopes. The curve slopes of R1, R4 and R5 remain the same, but the slopes of R2 and R3 become different when the platform makes adjustment, because the angle between the beam center and descending direction changes from 69.4° to 25.6°. It can also be seen that the larger the angle, the steeper the phase curve.

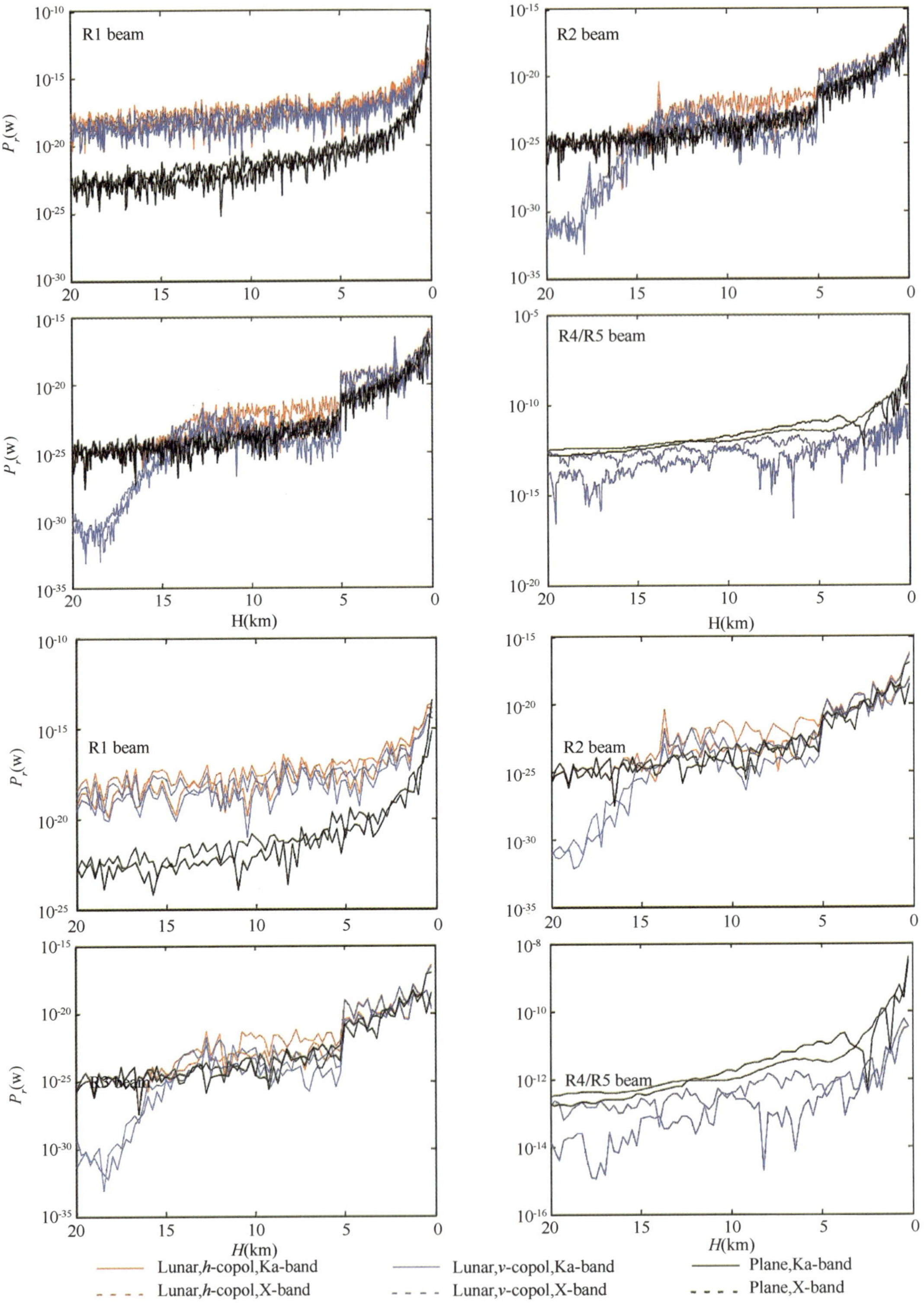

Fig. 14　Radar echo power of each beam from lunar rough surface with comparison of flat surface (in the upper figure the height interval is 50 m, in the lower figure the height interval is 250 m).

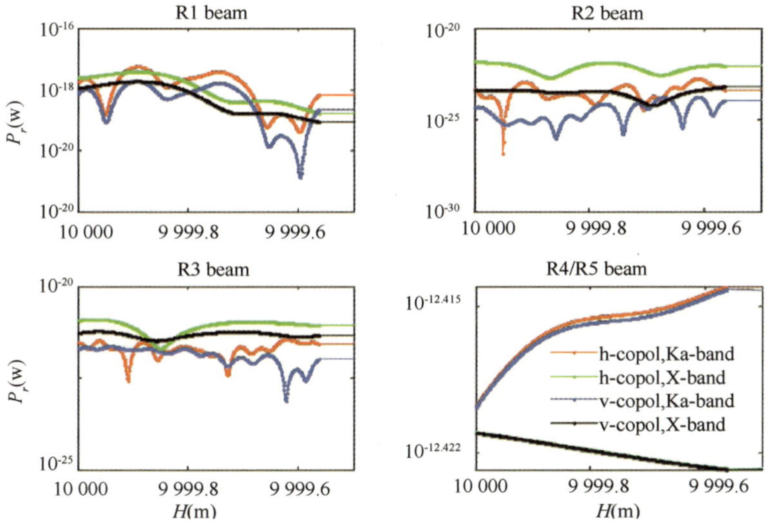

Fig. 15 Enlarged echo of each beam from lunar rough surface.

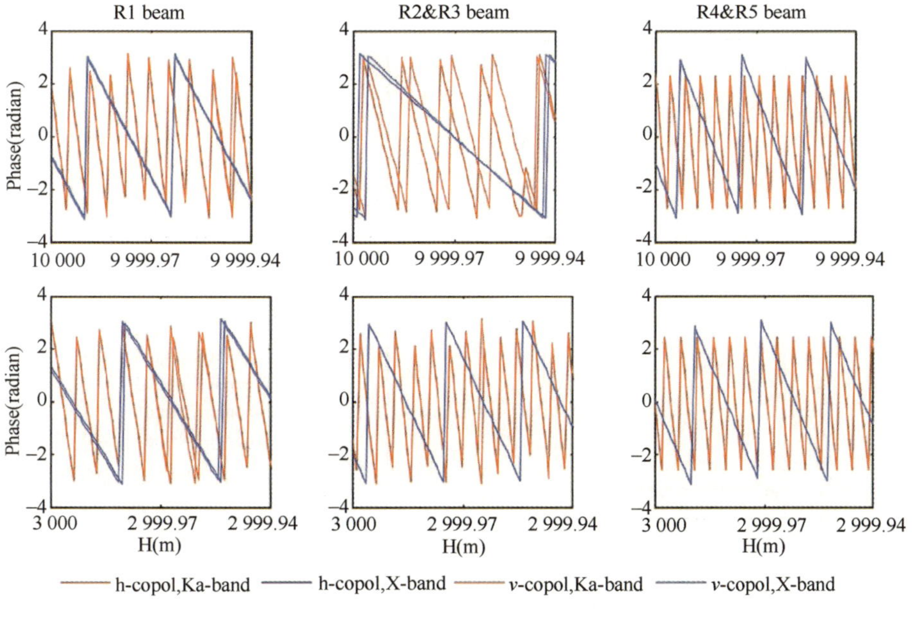

Fig. 16 Enlarged phase information.

Fig. 17 gives the phase difference $\Delta\varphi$ in (14) of each beam. The phase difference, which corresponds to the Doppler frequency, is slightly fluctuating around a certain value at a fixed incidence angle. There are some peaks are most likely due to unusual topography, e. g., craters, which makes big change of the echo range. Table III gives the mean value and variance of the phase difference.

TABLE III　Mean Value and Variance Of The Phase Difference

radar attitude		R1		R2		R3		R4/R5	
		Ka - band	X - band	Ka - band	X - band	Ka - band	X - band	Ka - band	X - band
Before	Mean(radian)	0.919 68	0.211 37	0.448 18	0.103 58	0.446 16	0.105 92	1.256 63	0.289 69
	Variance	0.039 95	0.005 03	0.077 70	0.016 91	0.069 66	0.032 14	0.000 06	0.000 01
after	Mean(radian)	0.862 46	0.196 89	1.141 65	0.262 68	1.135 71	0.259 54	1.256 71	0.289 67
	Variance	0.047 76	0.008 20	0.018 04	0.007 64	0.017 60	0.002 36	0.000 12	0.000 02

In Fig. 17, the phase difference curves also have many large hops. Chosen some local positions in Fig. 17 ($H = 9\,900$ m for R1 beam, $H = 7\,500$ m for R2 beam, and $H = 6\,500$ m for R3 beam), which correspond to the remarkable hops of the solid blue lines (h—copol, Ka—band), Fig. 18 shows that when the echo power is reduced to zero, the phase extracted from the weak signal can be deviated from the inherent linear relationship to cause the hops of the phase difference, and then the Doppler frequency.

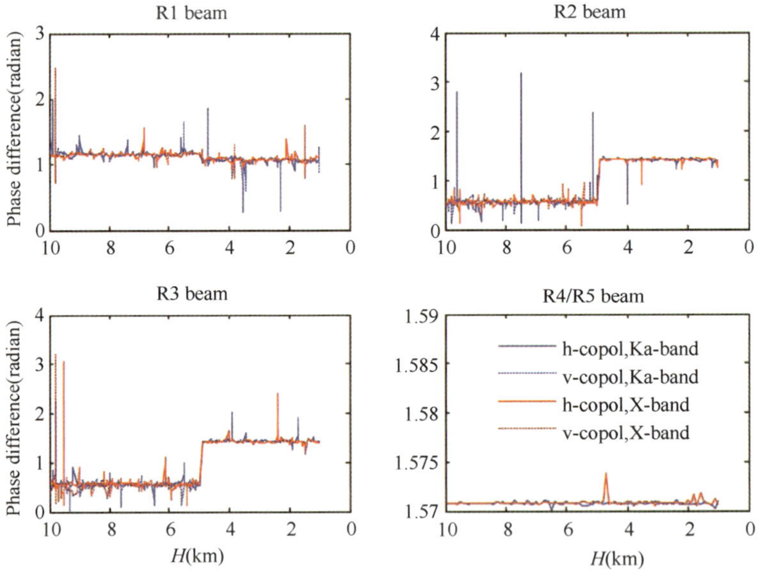

Fig. 17　Phase difference of each beam versus the radar altitude.

Using (14), the Doppler frequency caused by lander descending can be calculated using the mean phase difference in Table III. And then, the descending speed can be derived, as shown in Table IV. These speeds are well matched with the preproposed values in simulation. From the inverted results in Table IV, some conclusions can be obtained. Based on numerical tests, it can be seen that inversion accuracy is not sensitive to the frequency change. The reason is that the same height interval is supposed, and both Ka - and X - bands satisfy the Nyquist - Shannon sampling theorem for Ka - band and X -

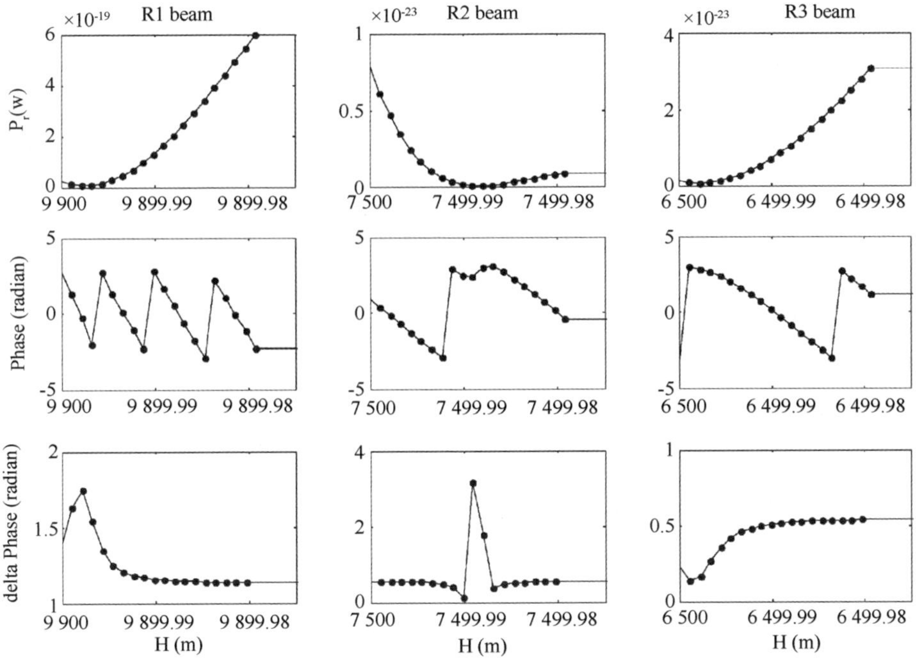

Fig. 18　Enlarged echo power, phase curve, and the phase difference at the hopposition of the phase difference.

band. The inversion accuracy for h - copol seems better than the one of v - copol. For 0° incidence (beams R4/R5), the inversion accuracy is the same for h - copol and v - copol, because two copol are the same relative to isotropic rough surface.

TABLE IV　(a) Inverted Radar Speed (Pre-Proposed v_0 = 1 km/s).
(b) Inverted Radar Speed (Pre-Proposed v_0 = 5 m/s)

Radar attitude		R1		R2		R3		R4 and R5	
		Ka - band	X - band	Ka - band	X - band	Ka - band	X - band	Ka - band	X - band
Before	h—copol	1 000.688	997.685	1 013.672	1 016.240	1 009.100	1 039.210	999.997	1 000.006
	v—copol	1 000.053	992.410	966.294	1 022.872	987.844	1 167.225	999.997	1 000.006
after	h—copol	1 006.345	996.582	1 007.388	1 005.475	1 002.150	993.476	1 000.055	999.953
	v—copol	1 002.752	998.782	1 007.346	1 005.315	1 002.185	993.357	1 000.055	999.953

(b)

Radar attitude		R1		R2		R3		R4 and R5	
		Ka - band	X - band	Ka - band	X - band	Ka - band	X - band	Ka - band	X - band
Before	h—copol	5.003 44	4.988 43	5.068 36	5.081 20	5.045 50	5.196 05	4.999 98	5.000 03
	v—copol	5.000 27	4.962 05	4.831 47	5.114 36	4.939 22	5.836 12	4.999 98	5.000 03
after	h—copol	5.031 72	4.982 91	5.036 94	5.027 37	5.010 75	4.967 38	5.000 28	4.999 77
	v—copol	5.013 76	4.993 91	5.036 73	5.026 57	5.010 92	4.966 79	5.000 27	4.999 76

It can be seen that as the beam angle away from the descending direction is small, the inversion is good. For example, the inversion of the beams R4 and R5 (0° incidence) is the best, and the inversion of beams R2 and R3 is the worst before radar adjustment (at 69.4° incidence). After the posture is adjusted, the inversion of the beams R2 and R3 becomes improved (at 25.6° incidence).

Let the error Δv_r in the radial speed v_r, the inverted descent speed can be written as

$$v_0 + \Delta v_0 = \frac{v_r}{\cos\beta} + \frac{\Delta v_r}{\cos\beta} \tag{16}$$

It can be seen that the inversion error $\Delta v_0 = \Delta v_r / \cos\beta$ is relevant to the intersection angle β, and large β causes large error.

VI Conclusion

Based on the real DTM data of lunar rough surface, the area of the Lunar Sinus Iridum bay was specifically selected for CE-3 radar echoes simulation. The rough surface of this region is first divided to the triangular patches for numerical KA calculation. Backscattering of multiangular radar beams of the CE-3 landing is numerically calculated. It produces the multiangular radar echoes during the CE-3 soft-landing on the lunar area with the size 46 km × 87 km. Numerical results are also validated and compared with the case of flat surface case. The phase changes of the echoes signal are extracted for the Doppler frequency from simulated descending process, and the speed of descending radar is derived and well matched preproposed values in simulation. This simulation presents a model and data guideline to the multiangular radars during soft-landing on a certain lunar rough surface area. The simulation and inversion results in this paper demonstrate that the simulation modeling and inversion are valid for elsewhere, as long as the surface around the landing position is gently rough. The CE-3 with muti-angular radar had been successfully landed on 44.12°N 340.49°E of the northern Mare Imbrium on December 2, 2013.

References

[1] B. J. Buratti, J. K. Hillier, and M. Wang, "The lunar opposition surge: Observations by Clementine," Icarus, vol. 124, no. 2, pp. 490—499, Dec. 1996.

[2] S. Nozette et al., "The Clementine mission to the Moon: Scientific overview," Science, vol. 266, no. 5192, pp. 1835—1839, Dec. 1994.

[3] R. R. Vondrak, J. Keller, G. Chin, and J. Garvin, "Lunar Reconnaissance Orbiter (LRO): Observations for lunar exploration and science," Space Sci. Rev., vol. 150, no. 1—4, pp. 7—22, Jan. 2010.

[4]I. Mitrofanovl et al., "Testing polar spots of water—rich permafrost on the Moon: LEND observations onboard LRO," J. Geophys. Res. Planets, vol. 117, E00H27—1—E00H27—1, 2012.

[5] M. T. Zuber and D. E. Smith, "Gravity Recovery and Interior Laboratory (GRAIL) Mission: Mission status and preliminary science results," presented at the Amer. Astronomical Soc., AAS Meeting, Anchorage, AK, USA, 220 117.02, 2012.

[6] M. T. Zuber et al., "Gravity field of the moon from the Gravity Recovery and Interior Laboratory (GRAIL) mission," Science, vol. 339, no. 6120, pp. 668—671, Feb. 2013.

[7] B. H. Foing, G. D. Racca, and A. Marini, "SMART—1 mission to the Moon: Technology and science goals," Adv. Space Res., 31, no. 11, pp. 2323—2333, 2003.

[8] B. H. Foing et al., "SMART—1 mission to the Moon: Status, first results and goals," Adv. Space Res., vol. 37, no. 1, pp. 6—13, 2006.

[9] M. Kato, S. Sasaki, K. Tanaka, Y. Iijima, and Y. Takizawa, "The Japanese lunar mission SELENE: Science goals and present status," Adv. Space Res., 42, no. 2, pp. 294—300, Jul. 2008.

[10] N. Namikil, T. Iwata, and K. Matsumoto, "Farside gravity field of the Moon from four—way Doppler measurements of SELENE (Kaguya)," Sci. Mag., vol. 323, no. 5916, pp. 900—905, 2009.

[11] M. Kato et al., "The Kaguya mission overview," Space Sci. Rev., vol. 154, no. 1—4, pp. 3—19, Jul. 2010.

[12] J. S. Jiang and Y. Q. Jin, Selected Papers on Microwave Lunar Exploration in Chinese Chang' E-1 Project. Beijing, China: Science Press, 2011.

[13] Z. Y. Ouyang and J. S. Jiang, "Preliminary scientific results of Chang'E-1 Lunar Orbiter: Based on payloads detection data in the first phase," Chin. J. Space Sci., vol. 28, no. 5, pp. 361—369.

[14] J. N. Goswamil and M. Annadurai, "Chandrayaan—1: India's first planetary science mission to the moon," Current Sci., vol. 96, no.4, pp. 486— 491, 2009.

[15] H. Huang, G. Chu, and H. Zhang, "Landing—sensor choosing for lunar soft—landing process," in Proc. Int. Lunar Conf., pp. 1—6.

[16] Z. Sun, J. Yang, and H. Zhang, "Technological advancements and promotion roles of Chang'e-3 lunar probe mission," Sci. China Technol. Sci., vol. 56, no. 11, pp. 2702—2708, Nov. 2013.

[17] J. A. Kong, Electromagnetic Wave Theory. Cambridge, MA, USA: EMW Publishing, 2005, 487—515.

[18] Lunar Surface Models, NASA Space Vehicle Design Criteria (Environment), SP—8023, 1969.

[19][Online]. Available: https://l2db.selene.darts.isas.jaxa.jp/

[20] L. Tsang and J. A. Kong, Scattering of Electromagnetic Waves, vol. 3, Advanced Topics. New York, NY, USA: Wiley, 2001, 65—83.

[21] J. F. Nouvel, A. Herique, and W. Kofman, "Radar signal simulation: Surface modeling with the facet method," Radio Sci., vol. 39, no. 1, Feb. 2004.

[22] H. X. Ye and Y. Q. Jin, "An inversion of planetary rough surface permittivity from radar sounder observations," IEEE Antennas Wireless Propag. Lett., vol. 12, pp. 1069—1072, Sep. 2013.

[23] F. Xu and Y. Q. Jin, "Bidirectional analytic ray tracing for fast computation of composite scattering from electric—large target over a randomly rough surface,"IEEE Trans. Antennas Propag., vol. 57, no. 5, pp. 1495— 1505, May 2009.

[24] J. J. Wu, "Simulation of rough surface with FFT," Tribology Int., vol. 33, no. 1, pp. 47—58, Jan. 2000.

[25]A. Foessel and W. L. Whittaker, "MMW—scanning radar for descent guidance and landing safeguard," in Proc. 6th Int. Symp. Artif. Intell., Robot. Autom. Space, Jun. 2001, pp. 1—8.

[26] G. R. Olhoeft, and D. W. Strangway, "Dielectric properties of the first 100 m of the moon," Earth Planetary Sci. Lett., vol. 24, 394—404, Jan. 1975.

[27] Z. Z. Wang, Y. Li, J. S. Jiang, and D. H. Li, "Lunar surface dielectric constant, regolith thickness, and 3He abundance distributions retrieved from the microwave brightness temperatures of CE-1 lunar microwave sounder," Sci. China, Earth Sci., vol. 53, no. 9, pp. 1365—1378, Sep. 2010.

Hongxia Ye (M'07) received the B. S. and M. S. degrees from Xi'an Jiaotong University, Xi'an, China, in 2000 and 2003, respectively, and the Ph. D. degree from Fudan University, Shanghai, China, in 2007.

She is currently an Associate Professor with the School of Information Science and Engineering, Fudan University. Her research interests include computational electromagnetics, e. g., numerical modeling and simulation for scattering from rough surfaces and volumetric objects, and automatic taget recognition for synthetic aperture radar technology.

Prof. Ye was the recipient of the First Grade Science Prize of MoE in 2009, and has published over 40 papers in China and abroad.

Ya—Qiu Jin (SM'89—F'04) received the M. S., E. E., and Ph. D. degrees from the Massachusetts Institute of Technology, Cambridge, MA, USA, in 1982, 1983, and 1985, respectively.

He is currently the Te-Pin Professor, and Director of the Key Laboratory for Information Science of Electromagnetic Waves (MoE), Fudan University, Shanghai, China. He is the Academician of the Chinese Academy of Sciences, and a Fellow of TWAS (the Developing Countries Academy of Sciences), International Academy of Astronautics, and Electroamgnetics Academy. His main research interests include polarimetric scattering and radiative transfer in complex natural media, microwave remote sensing, as well as theoretical modeling, information retrieval, and applications in Earth terrain and planetary surfaces, and computational electromagnetics. He has published more than 680 papers in refereed journals and conference proceedings and 14 books, including the most recent book of Polarimetric Scattering and SAR Information Retrieval (Wiley and IEEE, 2013). He was appointed as the Principal Scientist (2001) for the China State Major Basic Research Project by the State Ministry of Science and Technology of China to lead the remote sensing program in China.

Dr. Jin is an IEEE GRSS Distinguished Speaker (2010—), and Associate Editor of IEEE ACCESS. He will be Cogeneral Chair for IGARSS2016 in Beijing, China. He was an Associate Editor of the IEEE TRANSACTIONSON GEOSCIENCE AND REMOTE SENSING (2005—2012), a member of IEEE Geoscience and Remote Sensing Society's (GRSS) Administrative Committee, and Chair for the IEEE Fellow Evaluation of GRSS (2009—2011). He was the recipient of the IEEE GRSS Distinguished Achievement Award (2015), the IEEE GRSS Education Award (2010), the China National Science Prize (2011, 1993), the First-Grade MoE Science Prizes (1992, 1996, and 2009), and the First-Grade Guang-Hua Science Prize (1993), Prize of Fudan President (2004), among many other prizes.

Structural analysis of lunar subsurface with Chang'E-3 lunar penetrating radar

Jialong Lai[a], Yi Xu[b,*,1] Xiaoping Zhang[b], Zesheng Tang[b]

a Macau University of Science and Technology, Macau

b Lunar and Planetary Science Laboratory, Macau University of Science and Technology, Macau

Abstract: Geological structure of the subsurface of the Moon provides valuable information on lunar evolution. Recently, Chang'E-3 has utilized lunar penetrating radar (LPR), which is equipped on the lunar rover named as Yutu, to detect the lunar geological structure in Northern Imbrium (44.126 0 N, 19.501 4 W) for the first time. As an in situ detector, Chang'E-3 LPR has relative higher horizontal and vertical resolution and less clutter impact compared to space-borne radars and earth – based radars.

In this work, we analyze the LPR data at 500 MHz transmission frequency to obtain the shallow subsurface structure of the landing area of Chang'E-3 in Mare Imbrium. Filter method and amplitude recovery algorithms are utilized to alleviate the adverse effects of environment and system noises and compensate the amplitude losses during signal propagation. Based on the processed radar image, we observe numerous diffraction hyperbolae, which may be caused by discrete reflectors beneath the lunar surface. Hyperbolae fitting method is utilized to reverse the average dielectric constant to certain depth ($\overline{\varepsilon}$). Overall, the estimated $\overline{\varepsilon}$ increases with the depth and $\overline{\varepsilon}$ could be classified into three categories. Average $\overline{\varepsilon}$ of each category is 2.47, 3.40 and 6.16, respectively. Because of the large gap between the values of e of neighboring categories, we speculate a three-layered structure of the shallow surface of LPR exploration region.

One possible geological picture of the speculated three-layered structure is presented as follows. The top layer is weathered layer of ejecta blanket with its average thickness and bound on error is 0.95 ± 0.02 m. The second layer is the ejecta blanket of the nearby impact crater, and the corresponding average thickness is about 2.30 ± 0.07 m, which is in good agreement with the two primary models of ejecta blanket thickness as a function of distance from the crater center. The third layer is regarded as a mixture of stones and soil. The echoes below the third layer are in the same magnitude as the noises, which may indicate that the fourth layer, if it exists, is uniform (no dear reflector) and its thickness is beyond the detection limit of LPR. Hence, we infer the fourth layer is a basalt layer.

Key words: Chang'E-3, Lunar penetrating radar, Lunar subsurface, Dielectric constant, Regolith

---

* Corresponding author: *E-mail address*: yixu@must.edu.mo (Y. Xu).

1 Introduction

Radar is one of the common methods for scientists to study the formation and evolution of the planet subsurface, e. g. Lunar detection (Phillips et al., 1973; Porcello et al., 1974) and Mars detection (Picardi et al.. 2004). Either spaceborne radar or penetrating radar can receive the reflected signals from the subsurface layers to detect medium distribution and tectonic feature.

Apollo 17 Lunar Sounder Experiment (ALSE) demonstrated that high frequency electromagnetic radar wave can reveal the subsurface geologic structures of the Moon. Two subsurface radar reflectors with mean apparent depths of 0.9 km and 1.6 km below the surface in Mare Serenitatis and one reflector at a mean depth of 1.4 km below the surface in Mare Crisium were observed with ALSE data (Peeples et al., 1978). According to two radar measurements in equatorial zone conducted by Apollo 17, the loss tangent of the surface material is 0.008, which is in good agreement with results of rock and regolith returning samples from the Moon (Olhoeft and Strangway, 1975; Strangway and Olhoeft, 1977).

Apart from the Moon detection, most of Mars explorations of subsurface geology and ionosphere have been carried out by radar. The Mars Advanced Radar for Subsurface and Ionospheric Sounding instrument (MARSIS) on board Mars Express was the first radar sounder to operate from an orbiting probe around Mars (Picardi et al., 2005). Penetration depth of MARSIS can reach more than 3.7 km in clear water ice, this instrument was able to map the bedrock or ice interface below Mars south polar region, and estimate that integrated volume of this region is about $1.6 \pm 0.2 \times 106$ km^3 (Plaut et al., 2007; Zhang et al., 2008). The shallow radar (SHARAD) sounder is a subsurface sounding radar as a facility instrument to be flown on the NASA mission Mars Reconnaissance Orbiter (MRO), which has a 20 MHz central frequency with a 10 MHz bandwidth (Seu et al., 2004). Through the data analysis of SHARAD, Grima et al. (2009) obtained the dielectric constant and loss tangent of the bulk ice around the part of Planum Boreum, while PhJilips et al (2008) stated that the structure of the north polar regions typically consists of four packets of finely spaced reflectors separated.

On December 15, 2013 (Beijing time), Yutu rover with lunar penetrating radar (LPR) system on board rolled on the Moon from Chang'E-3 lander. On December 25, Lunar Reconnaissance Orbiter (LRO) of NASA flew over the landing point of Chang'E-3, the north of mare imbrium (44.126 0 N, 19.501 4 W), and took a picture of the Lander of Chang'E-3 and Yutu rover, as shown in Fig.1(a) (LROC, b). The white point in the upper part is the lander of Chang'E-3; the one below it is Yutu rover. The landing site is less than 50 m away from a impact crater named X (LROC, a), the diameter of which is about 450 m. Fig. 1(b) was taken by the descent camera of Chang'E-3 when the lander was lowered to around 150 m height. The black line shows the motion path of Yutu rover.

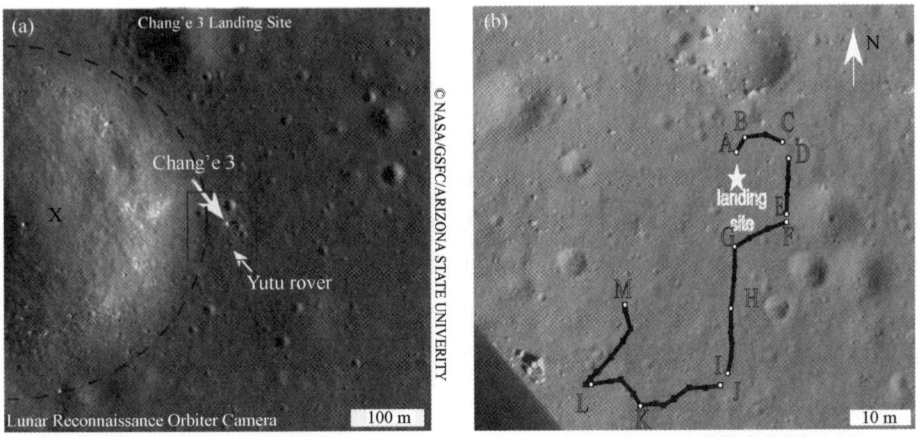

Fig. 1 (a) shows the landing site topography. LROC NAC view of the Chang'E-3 lander (large arrow) and Yutu rover (small arrow) just before sunset on their first day of lunar exploration. Image width is 576 m. North is up. The dashed curve marks the X impact crater. (b) shows the solid line rectangular area of (a). The white star denotes the lander's location. The LPR data were intermittently collected along the motion path of the rover. The timing break between generating the data of two neighboring sets varies, which is caused by other detection tasks such as X－ray scanning. The corresponding start and end positions of each data sets am marked by A, B,... shown as the white points. The black line from A to I shows the motion path of Yutu rover on the first lunar day. The line from J to M is the motion path of the second day. The total length of the path is about 114 m.

Different from ALSE, MARSIS and SHARAD, Yutu's LPR performs in situ detections and has advantages of relative high horizontal resolution and little impact from high speed movement compared spaceborne radars. Furthermore, LPR's transmission frequency (500 MHz) is higher than ALSE and LRS, resulting in higher vertical resolution (＜30 cm). Although Chang'E-3 task utilized ground penetrating radar (GPR) on the lunar surface for the first time, GPR has been used intensively for earth detection. Examples include measuring near－surface soil water content and dynamics (Steelman et: al., 2012; Steelman and Endres, 2012; Huisman et al., 2003), detecting and characterizing ground water tables (DoolJttle et al., 2006; Bano. 2006), or reconstructing depositional environments in sedimentology (Neal. 2004). In addition, GPR has been considered for the future MARS mission. Many papers have been published on the value of GPR for Mars and several prototypes constructed (Grant et aL, 2003; CiarlettJ et al., 2003; Leuschen et al, 2003; Kim et al., 2012; Ali and Shieh, 2014). The European ExoMars 2018 rover will have a GPR (Dorizon et al., 2013) and preliminary selection has also been made for a GPR on the US 2020 rover (tosti and Pajewski, 2015). Therefore, with Chang'E-3 LPR data, we expect to obtain a fine and detailed subsurface structure in small scale of area, i. e. the eject blanket of a crater next to the landing site of Chang'E-3, and provide valuable information and references for future missions.

This paper is organized as follows. The data processing methods including the filter method and amplitude recover algorithms are introduced in Section 2. In Section 3, the structure of the shallow surface of the detection area and the real part of dielectric constant of subsurface layer are provided based on the analysis of LPR data. The average relative dielectric constant ($\bar{\varepsilon}$) of the first three layers is 2.47, 3.40 and 6.16, respectively, which agrees with the general trend that $\bar{\varepsilon}$ increases with the depth (Heiken et al., 1991). The geological interpretation to explain the layered structure is also presented. We conclude this paper in Section 4.

2 Data processing

The transmitter of LPR sends a diverging beam of energy pulses to the target and the energy is reflected upon interfaces between materials of different electrical properties. Then the reflected/scattered signals are sampled and amplified by the radar system after being captured by the LPR receiver. To obtain reliable results for geologic study, additional radar data processing and analysis are required.

The radar system on Yutu rover has two channels: channel one at 60 MHz with one ejector antenna and one receiver antenna is for detection of lunar crust layer, and channel two at 500 MHz with one ejector antenna and two receiver antennas, called A, B antenna, for detection of lunar shallow subsurface. In this paper, we analyzed data of channel two, which operates in the frequency band 250—750 MHz. A set of bow tie antennas is chosen as the channel two transceiver antenna, placed in the bottom of lunar rover, about 30 cm away from the ground. Each antenna is 336 mm in length and 120 mm in width, and the distance between the antenna is about 160 mm (Fang et al., 2014).

There are 9 data sets collected in total before the rover stopped moving. The first six sets were obtained on the first day, and the remaining three were generated on the second day. LPR data are classified into different levels. The level 0 data were produced by decoding the raw data transmitted from the lunar rover. After integration, conversion, removing Direct Current (DC) offset, and adding geometric coordinate, data of level 2B are used in this paper. As the Yutu rover frequently stopped when the radar system was on, the repetitive data collected in the stationary state are removed by observation. The radar data starting position from G (shown in Fig. 1 (b)) are used because the parameter settings of LPR are optimal and the detection depth is deeper compared to previous data sets collected during parameter testing period (Su et al,, 2014).

2.1 Filtering

Filtering is applied for alleviating the noises caused by the radar system, lunar surface and the rover, etc. For example, radar clutter (Lehmann et al., 1996) and horizontal banding across the image (Olhoeft, 2000) could introduce difficulties and errors in analyzing the radar results. Due to the strong effect by horizontal banding across the data image, median filtering method was utilized firstly. Given the high frequency of channel two (500 MHz), we applied FIR filter to the LPR data. The reason of choosing FIR over IIR is that non-linear phase position shift caused by IIR filtering may introduce "ringing effect" in the time domain (Bianchi and Sorrentino, 2007), which is a serious problem for the high frequency signals (lfeachor and Jervis, 2002). Fig. 2 shows the Fourier spectrum of the 50th data track from G to H before and after filtering.

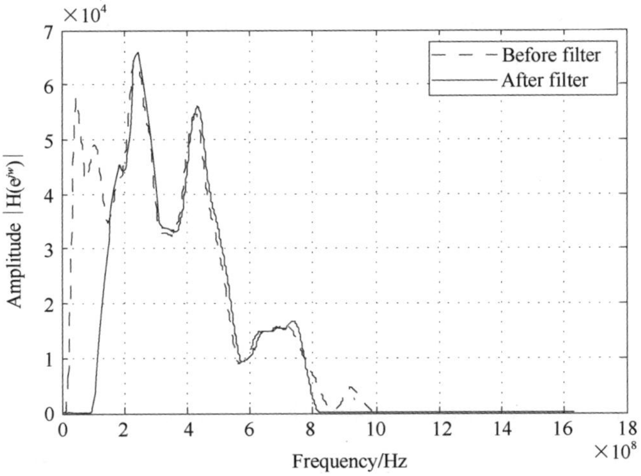

Fig. 2　The dashed and solid lines show the Fourier spectrum of the single data track before and after filtering, respectively.

After filtering, we can observe the shallow structure of the Moon with some details from the upper part of Fig. 3, however, the geologic structure in deep depth, e.g. after 50 ns, is vague. It is because the amplitude of the signals drops rapidly after ~60 ns due to the propagation losses of electromagnetic wave front and scattering by discrete reflectors in the regolith. Hence, we present the compensation method of amplitude loss in the following subsection.

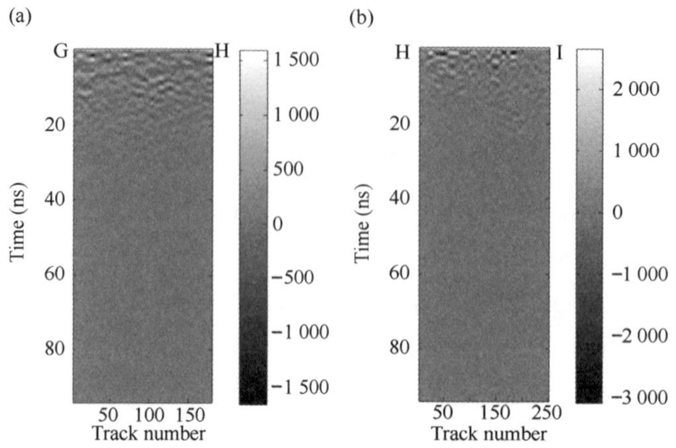

Fig. 3　(a) and (b) show 2B－level data images from G to H and from H to I after filtering. The horizontal coordinate is distance in m, and the vertical coordinate is two－way traveling time in ns.

2.2　Amplitude loss compensation

To recover the amplitude loss in spreading and scattering, automatic gain control (AGC) method is applied to radar data. Fig. 4(a) shows that radar image of entire traverse after applying AGC algorithm. Compared to Fig. 3, Fig. 4(a) reveals greater details of the subsurface geological structure in deeper depth.

3　Data analysis

3.1　Subsurface structure

The most important observations about the radar data are that the lunar regolith is dominated by discrete scatterers. In the first 10 ns of Fig. 4(a), we can observe few hyperbolae while more diffraction hyperbolae appear in the image during 10 ns to ~40 ns. Our speculation is that there is a interface between the 10 ns and 10 to ~40 ns. The bandwidth of the LPR channel two is 500 MHz (Su et al.. 2014), so its vertical resolution is about 0.3 m in the vacuum, meaning the radar is able to detect a thin layer with an apparent depth of 1.5 m (10 ns two－way travel time). The hyperbolae in the second layer indicate that this layer may have numerous stones. Furthermore, the rover motion path is near (~40 m away) the X impact crater, we infer that the second layer is the ejecta blanket of X crater. In addition, we observe two parabolas around ~40 ns marked by white arrows in Fig. 4(a). These parabolas might be small impact craters and exposed on the lunar surface in the past. Hence, we speculate that the two hyperbolaes indicate the position of the second interface shown by the black line in Fig. 4(b).

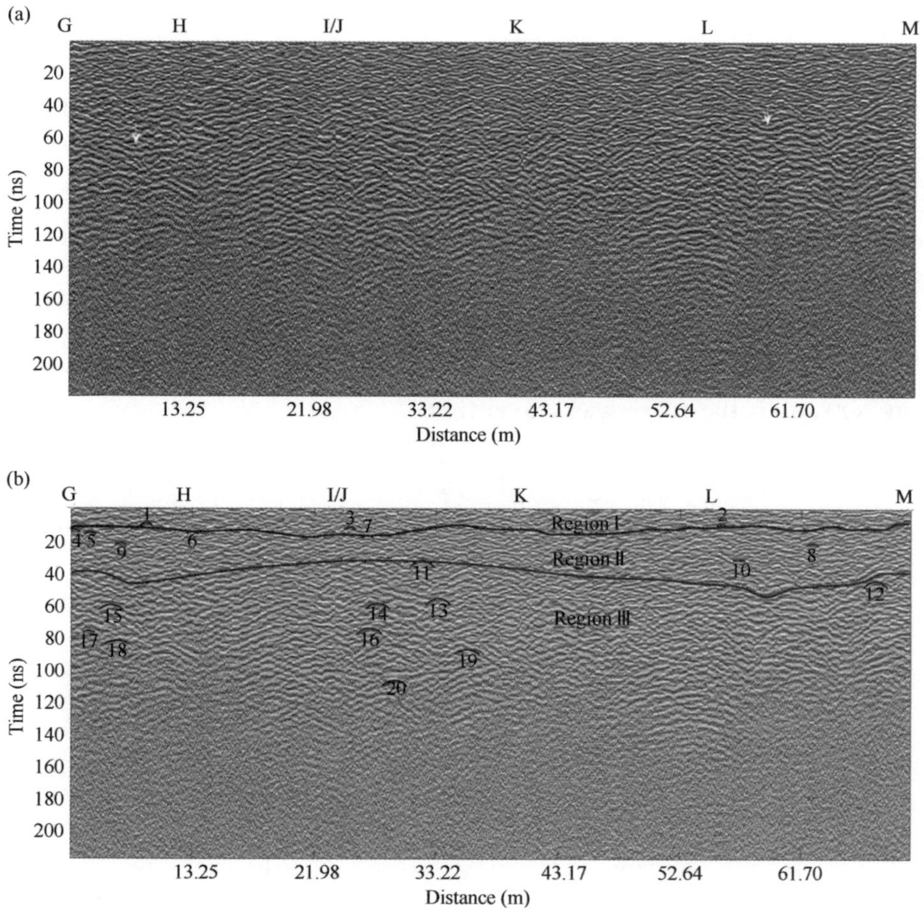

Fig. 4　Original data image and the interpretation. (a) The radar image of after amplitude recovery by AGC. The horizontal coordinate is the distance in m, and the vertical coordinate is the time in ns. (b) Hyperbolae under the rover motion path. The 20 hyperbola marked by black line is selected in the paper to inverse dielectric constant. The third interface is identified based on the die out of the discrete scatterers.

Next, we calculate the depth of the three layers with the following equation:

$$d = \frac{C}{2\sqrt{\bar{\varepsilon}}} T \tag{1}$$

C in the formula represents the speed of light in vacuum, and $\bar{\varepsilon}$ is the average dielectric constant. T represents the two-way traveling time to the subsurface layers. However, the relative dielectric constant is unknown, which will be analyzed in the following sub-section.

3.2　Dielectric constant

Hyperbolae fitting method is employed to inverse the real part of dielectric constant of lunar regolith. Fig. 5 shows the schematic diagram of dielectric constant inversion by the point object. In the motion path of LPR, the electromagnetic wave is reflected upon a point object (relative to the wavelength). Then the radar record shows a hyperbolic shape of strong echo in the image. Based on the shape of the hyperbolic, average stacking velocity (v) of electromagnetic waves at certain depth can be calculated, thereby determining the average value of dielectric constant at certain depth ($\bar{\varepsilon}$).

The relationship between electromagnetic wave propagation time and distance is shown by the following equation:

$$t = 2\frac{\sqrt{h^2+s^2}}{v} = \sqrt{\left(\frac{2h}{v}\right)^2+\left(\frac{2s}{v}\right)^2} = \sqrt{t_0^2+\left(\frac{2s}{v}\right)^2} \tag{2}$$

In Eq. (2), t_0 is the two - way travel time

$$\bar{\varepsilon} = \frac{C^2}{v^2} \tag{3}$$

where C in the formula represents the speed of light in vacuum, the average dielectric constant is $\bar{\varepsilon}$.

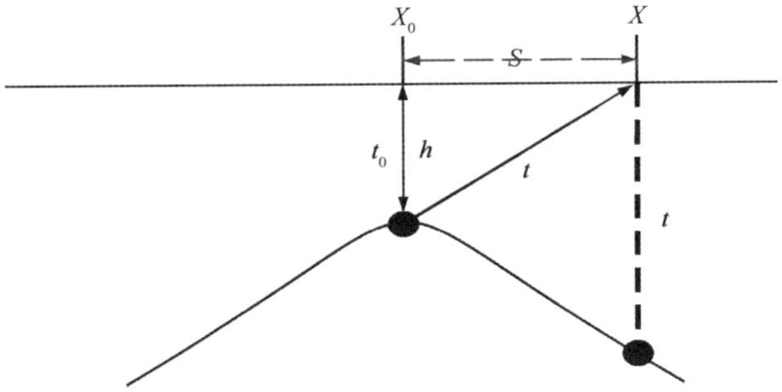

Fig. 5 The schematic diagram of dielectric constant inversion with hyperbolic fitting method.

Eq. (4) can be derived from Eqs. (2) and (3) to obtain $\bar{\varepsilon}$. $(x-x_0)$ is the distance between the two points in rover motion path, while t_0 and t are the two - way travel time of electromagnetic wave t_0 the point object

$$\bar{\varepsilon} = \frac{C^2(t^2-t_0^2)}{4(x-x_0)^2} \tag{4}$$

20 hyperbolae at different depths are selected from the radar image as shown in Fig. 4 (b). The parameters and their uncertainties of each hyperbola are determined with a minimum x^2 method of ROOT[1] software. Then the value of to listed in the second column is given in Table 1, the two - way travel time of the vertex position of the hyperbola can be calculated. $(x-x_0)$ is obtained with information of time stamp of each track and the average rover speed. According to Eq. (4), average dielectric constant $\bar{\varepsilon}$ is obtained and listed in Table 1.

Table 1　Average value of dielectric constant results derived with hyperbola fitting method.

Hyperbola number	Two − way travel time (ns)	$\overline{\varepsilon}$	Standard deviation (±)
1	8.892 7	2.47	0.10
2	9.810 4	2.36	0.09
3	11.504 1	2.50	0.07
4	13.295 1	3.25	0.13
5	14.837 9	3.29	0.16
6	15.820 8	3.18	0.20
7	18.122 1	2.54	0.09
8	21.822 9	3.36	0.10
9	21.896 7	3.29	0.11
10	31.354 7	3.77	0.13
11	32.398 6	3.64	0.23
12	45.077 8	5.86	0.34
13	56.098 1	5.61	0.20
14	58.967 1	5.90	0.18
15	62.207 1	6.33	0.14
16	74.488 5	6.07	0.23
17	76.544 2	6.44	0.16
18	82.584 7	6.56	0.30
19	86.669 4	6.11	0.12
20	107.887 2	6.53	0.22

Fig. 6 shows the relationship between the travel time of hyperbola and derived dielectric constant. Overall, average $\overline{\varepsilon}$ increases with the depth, which is consistent with the expectation. If we take a close look of $\overline{\varepsilon}$ listed in Table 1, there are some fluctuations within the region, which is probably caused by the heterogenous and uneven subsurface structure of the exploration area. We could also observe from Fig. 6 that $\overline{\varepsilon}$ can be classified into three regions denoted by asterisk, square, diamond symbols, 2.36—2.54, 3.18—3.77, and 5.61—6.53, respectively. Considering the large inter - region variations of $\overline{\varepsilon}$ within short vertical distance, we speculate that there might be two subsurface interfaces between materials of different electrical properties. The first change occurs from asterisk region to square region, near ~ 10 ns, providing another proof of the existence of the first interface mentioned in Section 3.1. Another quick increase of $\overline{\varepsilon}$ appears near ~40 ns, indicating additional subsurface interface. From Fig. 4(b), we also observe a boundary, marked by the black line, is around 40 ns. In summary, based on the analysis of channel two radar data, derived dielectric constant and previous analysis, we infer a three-layered subsurface structure beneath LPR detection path which is shown in Fig. 4(b).

Note that $\overline{\varepsilon}$ listed in Table I is the average dielectric constant from vacuum to the depth of the hyperbola, corresponding to stacking velocity. Hence, we use a model of a four - layer structure including the vacuum layer ($\overline{\varepsilon}=1$) to estimate the interval dielectric constant ε_i corresponding to the average dielectric constant of layer i. The bottom of the fourth layer is defined as the location of the deepest hyperbola listed in Table 1. The detailed approach is shown below

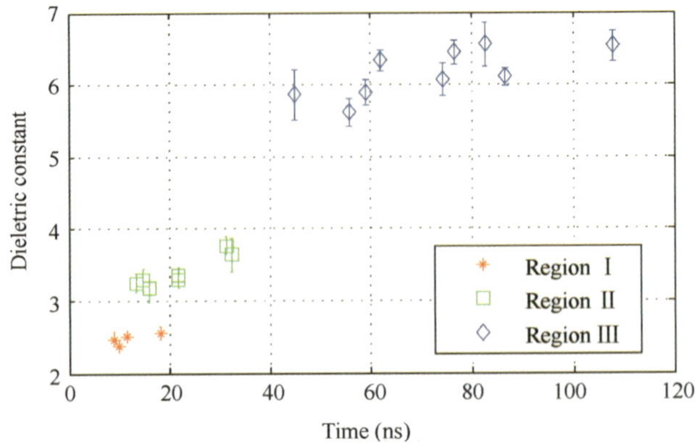

Fig. 6　Relationship of dielectric constant and two - way travel time. Based on the value of $\overline{\varepsilon}$., we dassified them into three clusters, represented by asterisk, square, diamond symbols.

$$\overline{\varepsilon}_n = \frac{\sum_{i=1}^{n} x_i \varepsilon_i}{\sum_{i=1}^{n} x_i} = \frac{\sum_{i=1}^{n} \frac{Ct_i}{\sqrt{\varepsilon_i}} \varepsilon_i}{\sum_{i=1}^{n} \frac{Ct_i}{\sqrt{\varepsilon_i}}} \tag{5}$$

In Eq. (5), $\overline{\varepsilon}_n$ is the average dielectric constant of the n layer, x_i is the thickness of the i layer, $\overline{\varepsilon}_i$ is the interval dielectric constant, C is the speed of light in vacuum, t_i is the interval time of the i layer. $\overline{\varepsilon}_i$ can be calculated with $\overline{\varepsilon}_n$, t_i. The results are listed in Table 2. The four layer structure model used in estimation is shown in Fig. 7.

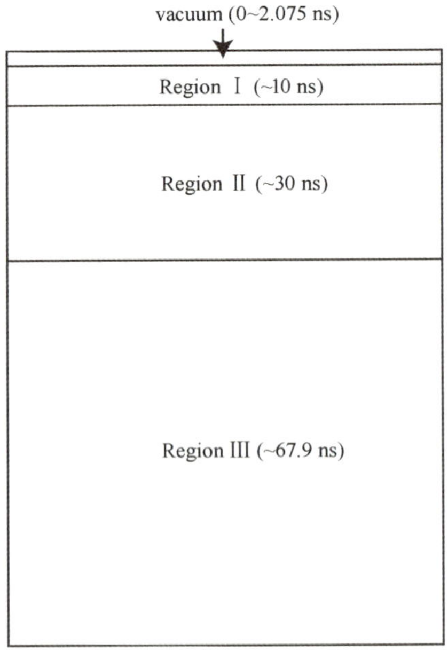

Fig. 7　Four - layer structure model used to estimate ε_i.

Table 2 The interval dielectric constant derived with Eq. (5).

Index of hyperbola	Average dielectric constant $\bar{\varepsilon}$	Estimated interval dielectric constant ε_i
(*) 1,2,3,7	2.47	2.53
(□) 4,5,6,8—11	3.40	3.84
(◇) 12—20	6.16	8.9

3.3 Geological analysis on subsurface structure

We compare the derived ε with the results reported by previous work on lunar regolith. Fa and Wieczorek (2012) predicted that the dielectric constant of surface regolith in this area is 2.75 ± 0.20 close to the derived ε of the first layer.

In addition, Carrier et al. (1991) proposed the relationship between relative dielectric constants and density of the lunar soil which is shown by the following equation:

$$K = (1.919)^{\rho} \tag{6}$$

where K is the dielectric constants of the lunar soil at the density ρ in g/cm^3. Based on the estimated interval dielectric constants listed in Table 2 and Eq. (6), we obtain that the density of each region is 1.42, 2.06 and 3.35.

Carrier et al. (1991) also proposed a formula in the following equation about depth versus density

$$\rho = 1.91 \frac{z + 12.2}{z + 18} \tag{7}$$

where z is the depth in cm. With Eqs. (6) and (7), we can get the average dielectric constant of region II at the depth of 325 cm is 3.43, similar to our result, 3.84 ± 0.15 derived with hyperbola fitting method.

The detection area of LPR is in the sputtering region of the X impact crater (Fig.1 (a)), the diameter of which is about 450 m. The numerous diffraction hyperbolae dominate the image, indicating the second layer contains a large amount of stones, which are main compositions of the ejecta blanket Hence, one possible geological picture of the observed layered structure is that the top layer is weathered layer of ejecta blanket and the second layer is ejecta blanket layer. To validate our speculation, we compare the thickness of the second layer with the ejecta blanket thickness predicted by the model (McGetchin et al., 1.973; Pike, 1974). Based on the average dielectric constants to the depth of the bottom of region I, region II and region III and uncertainties in Fig.4(b) are 2.47 ± 0.09, 3.40 ± 0.15 and 6.16 ± 0.21, respectively. The thickness of region I and region II can be obtained, which are 0.95 ± 0.02 m and 2.30 ± 0.07 m, respectively.

Eq.(8) (McGetchm et al.. 1973) and Eq. (9) (Pike, 1974) represent two main models of the function of the ejecta blanket thickness (height) to the new crater center

$$H = 0.14R^{0.74}\left[\frac{r}{R}\right]^{-3\pm0.5} \tag{8}$$

$$H = 0.033R\left[\frac{r}{R}\right]^{-3\pm0.5} \tag{9}$$

where H is the ejecta blanket thickness, r is the distance from the crater center, and R is the new crater radius, which is 0.84 times of observation crater diameter (Melosh. 1989). The model has an uncertainty 3±0.5.

Fig. 1(a) shows that the rover detection area is 30—50 m away from X impact crater edge. Based on Eqs. (8) and (9), the thickness of the ejecta blanket is estimated to be 2.26—2.46 m. The average thickness of the second layer is 2.30 m, which matches the models well, as shown in Fig. 8. Thus, we infer that the second layer is ejecta blanket layer.

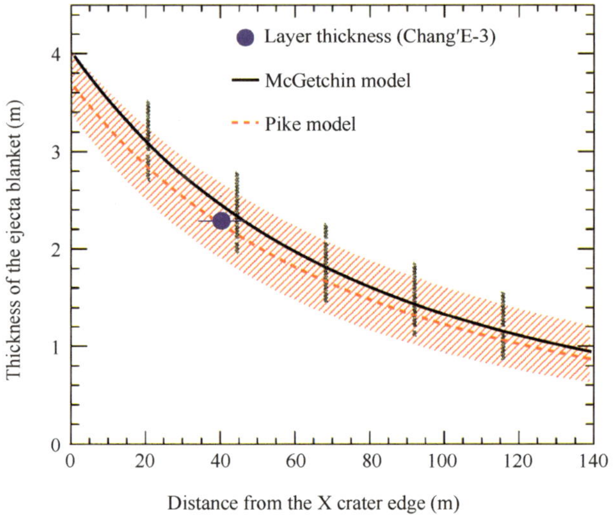

Fig. 8　Comparisons of estimated layer thickness with the thickness value of the ejecta blanket predicted by two models (McGetcHin et aL, 1973) and (Pike, J974)

The estimated interval dielectric constant of region III is 8.9, close to the e of Apollo lunar rock samples (10 046, ε 6—9; 12 002, ε 8—10; 12 022, ε 7—14) (Heiken et al., 1991). The radar image shows the heterogenous structure of the third layer, so our speculation is that the third layer is a mixture of stones and soil. Fig. 4(b) shows that the echoes below the lower part of region III are in the same magnitude as the noises, which may indicate that the fourth layer, if it exists, is uniform (no echoes) and its thickness is beyond the detection limit of LPR. We infer that the fourth layer might be the mare imbrium basalt layer. If the bottom of region III is where scatterers die out, the thickness of the third layer is 4 m. The speculated model of lunar shallow surface is illustrated in Fig. 9.

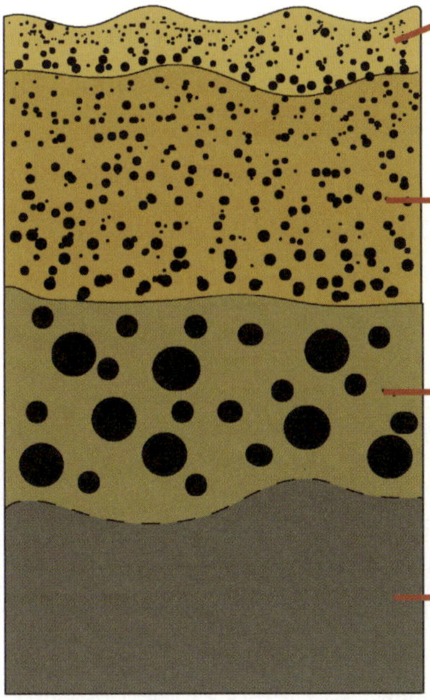

Fig. 9 A speculated model of shallow surface of the detection area based on radar record. The value in parentheses is the average thickness of the corresponding layer.

4 Conclusions

The data of LPR at 500 MHz are analyzed in the paper to invert the shallow surface structure of the Moon. We observe that the radar data at 500 MHz are dominated by discrete scatterers. Hyperbolae fitting method suggest that there might be two subsurface interfaces. The estimated interval dielectric constants and layer thickness are consistent with predications of related models. The geological interpretation of such structure is that the top two layer is ejecta blanket and its weathered layer, the third layer is a mixture of stones and soil. Yutu LPR has demonstrated GPR can be used to determine subsurface stratigraphy on the Moon. If it had lasted longer and gone further, then overlapping ejecta blankets and more regolith structure may have been resolved. This is how future GPRs will operate on Moon and Mars.

Acknowledgments

We would like to thank Robert E Grimm and David E Stillman at Southwest Research Institute for constructive comments that improved this paper. We are grateful for the support from the five systems in the Chinese Lunar Exploration Project and the

Ground Research and Application System for providing data. We appreciate helps of Prof. Fang Guang - You, Ji Yi - Cai, Gao Yun - Ze from Institute of Electronics, Chinese Academy of Sciences, Prof. Zhu Pei - ming from China University of Geosciences, Wuhan and Prof. Fa Wen - Ze from Peking University. This work is supported by the Science and Technology Development Fund of Macau under Grant nos. 048/2012/A2, 039/2013/A2, 091/2013/A3, 020/2014/A1, and 107/2014/A3.

References

[1] Ali, W., Shieh, S.R. 2014. Exploring shallow subsurface of mars and introducing the gpr technique for planetary sciences (exploring mars beyond tile surface features). J. Geol. Geosci.

[2] Bano, M., 2006. Effects of the transition zone above a water table on the reflection of gpr waves. Geophys. Rcs. Lett. 33.

[3] Bianchi, G. Sorrentino. R. 2007. Electmnic Filter Simulation & Design. McGraw—HilL New York, USA.

[4] Carrier, W.D., Olhoeft, G.R., Mendell, W., 1991. Physical properties of the lunar surface. In: Lunar Sourcebook, pp. 475—594.

[5] Ciarletti, V, Martinat, B., Reineix, A., Berthelier, J., Ney, R. 2003. Numerical simulation of the operation of the gpr experiment on netlander. J. Geophvs. Res.: Planets (1991—2012) 108.

[6] Doolittle, J. Jenkinson,B., hopkins. D., Ulmer, M, Tuttle, W., 2006. hydropedological investigations with ground—penetrating radar (gpr): estimating water—table depths and local ground—water now pattem in areas of coarse—textured soils, Geoderma 131. 317—329.

[7] Dorizon, S., Ciarletti, V., Clifford, S., Plettemeier, D., 2013. Wisdom gpr aboard the exomars rover: a powerful instrument to investigate the state and distribution of water in the martian shallow subsurface. In: AGU Fall Meeting Abstracts, vol. 1, p. 07.

[8] Fa, W., Wieczorek, M, 2012. Regohth thickness over the lunar nearside: results flora earth—based 70—cm arecibo radar observations, Jcarus 218. 771—787.

[9] Fdng, G.—Y. Zhou, B., fi, Y.—C., Zhang, Q.—Y., Shen, S.—X. Ei, Y.—X., Guan, H.—F. Tang, C.—J. Gan, Y.—Z., Lu W, et xl., 2014. laJnar penetrating radar onboard the Chang'e-3 mission. Res. Astron. Astrophys. 14, 1607.

[10] Gray. t, J.A. 5chutz, A.E. Campbell, B.A.. 2003. Ground—penetrating radar as a tool for probing the shallow subsurface of mars. J. Geophys. Res.: Planets (1991—2012) 108.

[11] Grima, C. KolYnan, W.. Mouginot, J. Phillips, RJ, Herique, A. Biccari, D.. Seu. R., Cutigni, M. 2009 North polar deposits of mars: extreme purity of the water ice. Genphys. Res Lctt. 36.

[12] Heiken G. Vaniman, D. Frend. B. 1991. Lunar sourcebook—A User's Guide to the Morea. Cambridge Upiversity Press, Cambridge, UK.

[13] Huisman, J., Hubbard, S, Redman,J., Annan, A., 2003 Measuring soil water content with ground penetrating radar. Vadose Zone J. 2,476—491.

[14] Ifeachor, E.C., Jervis, B.W., 2002. Digital Signal Processing: A Practical Approach. Pearson Education, San Antonio, USA.

[15] Kim, S., Carnes, S., Ulmer, C., 2012. Miniature ground penetrating radar (gpr) for martian exploration: interrogating the shallow subsurface of mars from the surface. LPI Contrib. 1679, 4094.

[16] Lehmann, E, Horstmeyeh H., Green, A., Sexon, J., Coulybaly, M. 1996. Georadar data from the northern sahara desert: problems and processing strategies. In: Proceedings of the 6th International Conference on Ground Penetrating Radar (GPR'96), Japan, pp. 51—56.

[17] Leuschen, C., Kanagaratnam, P., Yoshikawa, K., Arcone, S., Gogineni, P., 2003. Design and field experiments of a ground—penetrating radar for mars exploration. J. Geophys. Res.: Planets (1991—2012) 108.

[18] LROC (a). M102285549. (http://lrocsese.asu.edu/posts/724).

[19] LROC (b). Ml142582775r. (http://lroc. sese.asu.edu/posts/637).

[20] McGetchin, T.R, Settle, M., Head, J., 1973. Radial thickness variation in impact crater ejecta: implications for lunar basin deposits. Earth Planet. Sci. Lett. 20, 226—236.

[21] Melosh, H., 1989. Impact Cratering: A Geologic Process. Oxford University Press, New York, USA.

[22] Neal, A., 2004. Ground—penetrating radar and its use in sedimentology: principles, problems and progress. Earth—Sci. Rev. 66, 261—330.

[23] Olhoeft, G., 2000. Maximizing the information return from ground penetrating radar. J. Appl. Geophys. 43, 175—187.

[24] Olhoeft, G., Strangway, D., 1975. Dielectric properties of the first 100 meters of the moon. Earth Planet. Sci. Lett. 24, 394—404.

[25] Peeples, W, Sill, W., Thomas, W., Ward, S., Phillips, R., Jordan, R., Abbott, E., Killpack, T., 1978. Orbital radar evidence for lunar subsurface layering in Maria serenitatis and crisium J. Geophys. Res. 83, 3459—3468.

[26] Phillips, R., Adams, G., Jr., W.B., Eggleton, R., Jackson, P., Jordan, R., Linlor, W., Peeples, W., Porcello, L, Ryu, J, Schaber, G., Sill, W., Thompson, T., Ward, S, & Zelenka, J., 1973. Apollo Lunar Sounder Experiment. Technical Report NASA Special Publication 330(22), pp. 1—26.

[27] Phillips, R.J., Zuber, M.T., Smrekar, S.E., Mellon, Mfr., Head, J.W., Tanaka, K.L, Putzig, N.E., Milkovich, S.M., Campbell, B.A., Plaut, J.J., et al., 2008. Mars north polar deposits: stratigraphy, age, and geodynamical response. Science 320, 1182—1185.

[28] Picardi, G., Biccari, D., Seu, R., Marinangeli, L., Johnson, W., Jordan, R., Plaut, J., Safaenili, A, Gurnett, D., Ori, G., et al., 2004. Performance and surface scattering models for the mars advanced radar for subsurface and ionosphere sounding (marsis). Planet. Space Sci. 52, 149—156.

[29] Picardi, G., Plaut, J., Biccari, D., Bombaci, O., Calabrese, D., Cartacci, M., Cicchetti, A., Clifford, S.M., Edenhofer, la., Farrell, W., Federico, C, Frigeri, A., Gurneth D., Hagfors, T., Heggy, E., Herique, A., Huff, R., lvanov, A., Johnson, W., Jordan, R., Kirchner, D., Kofman, W., Leuschen, C., Nielsen, E., Orosei, R., Pettinelli, E., Phillips, R., Plettemeier, D., Safaeinili, A., Seu, R., Stofan, E., snd, T.T., Watters, G. V., Zampolini, E., 2005. Radar soundings of the subsurface of mars. Science 310, 1925—1928.

[30] Pike, R.J., 1974. Ejecta from large craters on the moon: comments on the geometric model of

Mcgetchin et al. Earth Planet. Sci. Lett. 23, 265—271.

[31] Plaut, J.J., Picardi, G., Safaeinili, A., lvanov, A.B., Milkovich, S.M., Cicchetti, A., Kofman, W., MouginoL J., Farrell, W.M., Phillips, R.J., et al., 2007. Subsurface radar sounding of the south polar layered deposits of mars. Science 316, 92—95.

[32] Porcello, L, Jordan, R., Zelenka, J., Adams, G., Phillips, R., Jr., W. B., Ward, S., Jackson, P. 1974. The Apollo lunar sounder radar system. Proc. IEEE, 62, 769—783.

[33] Seu, R., Biccari, D., Orosei, R., Lorenzoni, L., Phillips, R., Marinangeli, L, Picardi, G., Masdea, A., Zampolini, E., 2004. Sharad: the mro 2005 shallow radar. Planet. Space Sci. 52, 157—166.

[34] Steelman, CM., Endres, A.L., 2012. Assessing vertical soil moisture dynamics using multi—frequency gpr common—midpoint soundings. J. Hydrol. 436, 51—66.

[35] Steelman, C.M., Endres, A.L., Jones, J.P., 2012. High—resolution ground—penetrating radar monitoring of soil moisture dynamics: field results, interpretation, and comparison with unsaturated flow model. Water Resour. Res. 48.

[36] Strangway, D., Olhoeft, G., 1977. Electrical properties of planetary surfaces. Phil. Trans. R. Soc. Lond. A 285, 441—450,

[37] Su, Y., Fang, G.—Y., Feng, J.—Q., Xing, S.—G., Ji, Y.—C., Zhou, B., Gao, Y.—Z., Li, H., Dai, S., Xiao, Y., et al., 2014. Data processing and initial results of Chang'e-3 lunar penetrating radar. Res. Astron. Astrophys. 14, 1623.

[38] Tosti, F., Pajewski, L, 2015. Applications of radar systems in planetary sciences: an overview, Civil Engineering Applications of Ground Penetrating Radar. Springer, Cham, Switzerland, pp. 361—371.

[39] Zhang, Z., Hagfors, T., Nielsen, E., Picardi, G., Mesdea, A., Plauh J.J., 2008. Dielectric properties of the martian south polar layered deposits: Marsis data inversion using Bayesian inference and genetic algorithm. J. Geophys. Res.: Planets (1991—2012) 113.

Terrain reconstruction from Chang'e-3 PCAM images *

Wen - Rui Wang, Xin Ren, Fen - Fei Wang, Jian - Jun Liu and Chun - Lai Li

National Astronomical Observatories, Chinese Academy of Sciences, Beijing 100012, China; *renx@nao.cas.cn*

Abstrack: The existing terrain models that describe the local lunar surface have limited resolution and accuracy, which can hardly meet the needs of rover navigation, positioning and geological analysis. China launched the lunar probe Chang'e-3 in December, 2013. Chang'e-3 encompassed a lander and a lunar rover called "Yutu" (Jade Rabbit). A set of panoramic cameras were installed on the rover mast. After acquiring panoramic images of four sites that were explored, the terrain models of the local lunar surface with resolution of 0.02 m were reconstructed. Compared with other data sources, the models derived from Chang'e-3 data were clear and accurate enough that they could be used to plan the route of Yutu.

Key words: space vehicles: rover – space vehicles: instruments: panoramic camera – methods: terrain reconstruction – techniques: image processing: orthoimage

1 INTRODUCTION

Three-dimensional (3D) terrain reconstruction is a direct way to model the surface characteristics of a planetary body. There have been a number of lunar probes orbiting the Moon. Among these, Clementine (Smith et al. 1997), SELenological and Engineering Explorer (SELENE) (Araki et al. 2009), Lunar Reconnaissance Orbiter (LRO) (Smith et al. 2010) and Chang'e-1 (Li et al. 2010) obtained global maps of the Moon with different resolutions and accuracies. However, none of them could resolve fine local terrain texture. In addition, 20 soft landers from the Luna and Apollo series carried cameras, but they did not provide integrated coverage of their landing area that Chang'e-3 was able to acquire. Thus reconstructing a high resolution and highly accuracy terrain model is one of the primary objectives of Chang'e-3. The Chang'e-3 mission was composed of a soft lander and a rover called Yutu. The lander carried four scientific payloads including a terrain camera (TCAM), a descending camera, a lunar – based ultraviolet telescope (LUT) and an extreme ultraviolet (EUV) camera, while the rover was equipped

* Supported by the National Natural Science Foundation of China.

with a panoramic camera (PCAM), Ground Penetrating Radar (GPR), the VIS/NIR Imaging Spectrometer (VNIS), and the Alpha Particle X - Ray Spectrometer (APXS). Located on the top mast of Yutu, the PCAM acquired 3D imagery of the lunar surface for surveying the terrain, geological features and structures, and craters inside the target region. It also monitored the operational state of the lander. The PCAM had both panchromatic and color working modes, and it photographed the lander in static color mode at six separate sites after they were separated. During the first two working periods, Yutu maneuvered around the lander, photographed it at six sites and obtained panoramic images of the topography at four sites. During the process of acquiring panoramic images, the pitch angles (the angle from the horizontal axis to the optical axis) of PCAM were -7° and -19°, while the yaw angle (the rotation angle around the mast) was -13°.

2 IMAGING MODE

As a set of binocular stereo vision instruments, the PCAM on the rover mast is composed of two cameras with similar constructions, and the distance between their principal centers is called the baseline. Both cameras that are part of PCAM capture 2D images of a certain scene simultaneously, construct a stereo image pair and match the identical points. With the 3D coordinates of those matching points, depth or distance to a target can be reconstructed. The focal length of Chang'e-3's PCAM is about 50 mm with a field of view (FOV) of $19.7^{\circ} \times 14.5^{\circ}$. A Charge-Coupled Device (CCD) with dimensions $2\,352 \times 1\,728$ is used for color imaging mode, and for panchromatic mode the dimensions are $1\,176 \times 864$. The pixel size of the CCD is 7.4 μm (Tan et al. 2014). The two cameras are separated by a 27 cm baseline, and the angle between the principal axis and baseline is 1°. This angle ensures there is enough parallax in the image pair as shown Table 1.

Table 1 Technical Indexes of PCAM

No	Character	Value
1	Waveband	Visible light
2	Color	(R, G, B)
3	Imaging mode	Color mode/Panchromatic mode (switchable)
4	Imaging distance (m)	$3 \sim \infty$
5	Frame size	$2\,352 \times 1\,728$ (color), $1\,176 \times 864$ (panchromatic)
6	CCD Pixel size	7.4 μm
7	FOV (°)	$19.7^{\circ} \times 14.5^{\circ}$
8	Quantized value (bit)	10
9	S/N (dB)	40 (maximum) 30 (albedo: 0.09, solar elevation: 30°)
10	MTF	0.20 (full FOV)
11	Compressed or not	uncompressed

The rover mast on Yutu has two degrees of freedom, meaning that the PCAM can rotate from -180° to $+180^\circ$ horizontally and from -90° to $+90^\circ$ vertically. The PCAM elevation above the lunar surface is about 1.596 m. As the slope of the local topography has been taken as 0°, the range of visibility was totally determined by the camera specifications. The triangular geometry shows that the horizontal visibility range reaches as far as 2 379.2m. For the minimum visibility range, the calculation uses Equation (1)

$$S_{\min} = \frac{h}{\tan(\theta + \phi/2)}, \tag{1}$$

where $S_{\min}$ is the minimum visibility range, h is the elevation of PCAM above the lunar surface, θ is the pitch angle, and ϕ is the vertical FOV. For the maximum visibility range, the calculation usesEquation (2)

$$S_{\max} = R \arccos(R/(R+h)), \tag{2}$$

where $S_{\max}$ is the maximum visibility range and R is the mean radius of the Moon.

In Table 2, the pitch angles, and the nearest and farthest visibility ranges corresponding to each pitch angle are listed in the columns.

Table 2 Pitch Angles and Visibility Ranges

Pitch Angle (°)	0°—12°—24		1°—13°—25°		2°—14°—26°		3°—15°—27°	
Number of turns	2 laps	3 laps	2 laps	3 laps	2 laps	3 laps	2 laps	3 laps
Nearest (m)	5.1	3.1	4.8	3.0	4.6	3.0	4.4	2.9
Farthest (m)	2 379.2	2 379.2	2 379.2	2 379.2	2 379.2	2 379.2	2 379.2	2 379.2
Pitch Angle (°)	4°—16°— 28°		5°—17°—29°		6°—18°—30°		7°—19°—31°	
Number of turns	2 laps	3 laps	2 laps	3 laps	2 laps	3 laps	2 laps	3 laps
Nearest (m)	4.3	2.8	4.1	2.7	4.3	2.8	4.1	2.7
Farthest (m)	2 379.2	2 379.2	2 379.2	2 379.2	2 379.2	2 379.2	2 379.2	2 379.2

As the rover has a square base, when the pitch angle of PCAM is lower than -31°, the base of the rover will unavoidably appear in some images, and reduce the amount of information about the topography. For this reason, most of the images taken during the third lap contribute little to the process of terrain reconstruction. The PCAM on Yutu adjusted pitch twice (-7° and -19°) at each exploration site to achieve the best coverage and efficiency. Close-range photogrammetry using PCAM on Yutu has its own special characteristics. The resolution and accuracy differ according to the imaging range. The farther the range is, the larger the coverage will be, and resolution and accuracy will be reduced accordingly. When the Yutu rover is moving, scientists need updated local terrain models in real time to guide their decisions. So, the maximum range for the reconstructed models is 50 m.

3　Topography and Image Characteristics

Chang'e-3 soft - landed on 2013 December 14 at 13:11 UTC. The landing site (44.12°N, 19.50°W) (Huang et al. 2014) was located in Mare Imbrium, about 40 km south of Laplace F. After departure from the Lander, the Yutu rover started its working period that lasted three months. During the first two months, Yutu imaged the topography at exploration sites N0106, N0108, N0203 and N0205 (Fig. 1). Thanks to the overlaps between neighboring site images, we can connect the four site models into a strip, convenient for integrated route planning.

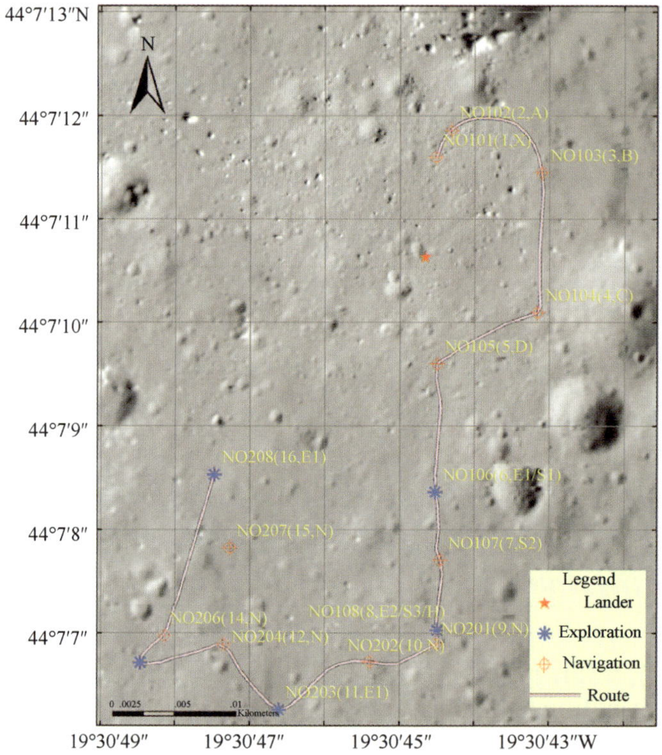

Fig. 1　Sketch of the route taken by the rover.

Figure 1 shows the planned route for the Yutu rover, in which the red circles are navigation sites and the blue stars are exploration sites.

4　Method for Single Site Reconstruction

As the texture of lunar images is neither rich nor distinct, and the grey levels change with lighting, it is not easy to implement the reconstruction method used by other planet rovers because of the specific PCAM and lunar images, so a process suitable for Chang'e-3 has to be developed (Fig. 2).

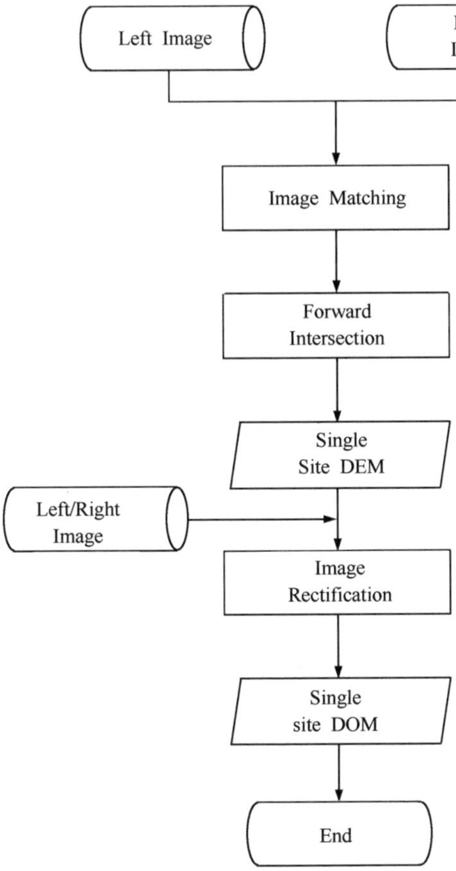

Fig. 2　Real – time processing of Chang'e-3 PCAM 3D terrain models.

The 3D reconstruction contains the following steps: the raw image pairs are preprocessed and those images after dark current correction, radiometric correction, photometric calibration, geometry correction and color restoration, if they represent the lunar surface well, are considered to be qualified input images. With the exterior orientation parameters, the positions and attitudes of image pairs are determined, and identical points on the left and the right image are matched by applying scale invariant feature transform (SIFT) and Harris operators, which are feature matching methods. The 3D coordinates of identical points are calculated using forward intersection, and a triangulated irregular network (TIN) can be constructed with the scatter points. The TIN forms the skeleton of the Digital Elevation Model (DEM), and a Digital Orthophoto Map (DOM) is generated after digital differential rectification. Considering the need for positioning and navigation, as well as processing speed, we select 0.02 m as the resolution of DEM and DOM. For the data preprocessing, radiometric calibration, geometric positioning and color restoration are needed. Also, the interior and exterior orientation parameters are necessary inputs for the following procedure. Usually, the interior orientations are obtained from the ground calibration experiment (Wu et al. 2013). The parameters include focal lengths, principal point offset and lens distortions. In order to reach a high precision, the target should be set in different positions, and at least 50% of the image FOV should be occupied by the target. Calculations of exterior orientation parameters are based on the rover attitude and position in the coordinate system used in this work, its pitch angle, yaw angle and roll angle, installation parameters of PCAM, and the relative orientation between the left and right cameras. The position and attitude of the rover and the attitudes of the mast are obtained from the real time telemetry data, and the installation parameters of the cameras are from the ground calibration. From the above parameters, the exterior orientation parameters are estimated. SIFT operator is an extreme value based method, which has the goal of finding local image features. It remains stable, informative and extensible when changes in rotation, scale or illumination are applied. Harris operator is able to ensure uniformity, reasonability and stability of image corner extraction (Tang et al. 2013). Combining SIFT operator and Harris operator together does not employ new calculations and reduces the relative complexity of the algorithm. The introduction of least squares matching and epipolar constraints converts the two-dimensional search to a one-dimensional search and further improves matching efficiency. With such a matching technique, an average of about 1 000 points was extracted from each PCAM image pair. The minimum matching error was 0 pixels, the maximum error was 1.2 pixels, and the standard deviation was 0.3 pixels. Figure 3 shows a pair of Yutu PCAM images and the distribution of identical points. These points fully cover the range in the image, and we can hardly find any errors in the computed locations of points.

After applying forward intersection of dense identical points, their 3D coordinates were obtained. We can reconstruct the single site DEM by filtering and interpolating cloud points. We chose TIN as the interpolation method, which has a resolution of 0.02 m. The TIN is a digital data structure for the representation of a surface. It is often derived from the elevation data of a rasterized DEM. An advantage of using a TIN over a raster DEM in mapping and analysis is that the points computed with a TIN are variably distributed based on an algorithm that determines which points are most necessary for an accurate representation of the terrain. Data input is therefore flexible and fewer points need to be stored than in a raster DEM with regularly distributed points. The DOM for a single site was drawn from left or right image rectification. Image rectification methods can be classified into optical-mechanical rectification, optical differential rectification and digital differential rectification. Digital differential rectification uses the orientation parameters, exterior orientation elements and DEM, with a certain mathematical model to calculate orthoimages from non-orthographic ones. This process will divide the image

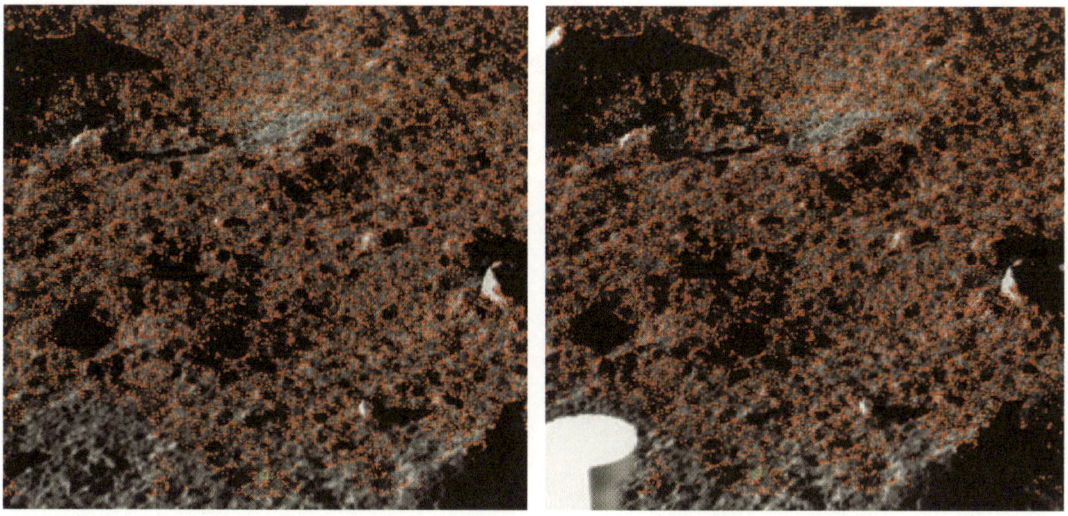

Fig. 3　Distribution of identical points in the PCAM image pair.

into many small regions, and rectify them one by one (Rainer 1980). Digital differential rectification can overcome the limitation of optical rectification, and it was applied in this paper.

5　Terrain Model and Preliminary Analysis

5.1　Terrain Models of Exploration Sites

With the PCAM images obtained during the first two months, 0.02 m DEM and DOM of four exploration sites were reconstructed. Figure 4 shows the results of sites N0106 and N0108. The left panels are DEM and the right panels are DOM.

As mentioned by Li et al. (2014), the topography of a region with area 4 km×4 km near the landing site is flat, with an average elevation of −2 639 m. The overall terrain shows an inclining trend from west to east. The exploration sites N0106 and N0108 were detected in the first lunar day, and they are located toward the south of the landing site. In DEMs of Figure 4, boundaries running from northwest to southeast can be obviously seen, dividing the topography into a western higher part and an eastern lower part. As the overall terrain of the landing area is flat, there are few large craters. In both sites, the largest craters we can see are smaller than 10 meters, and their diameters and depth show young geologic ages.

5.2　Accuracy Assessment

According to the reconstruction method, the DEM errors are mainly caused by the

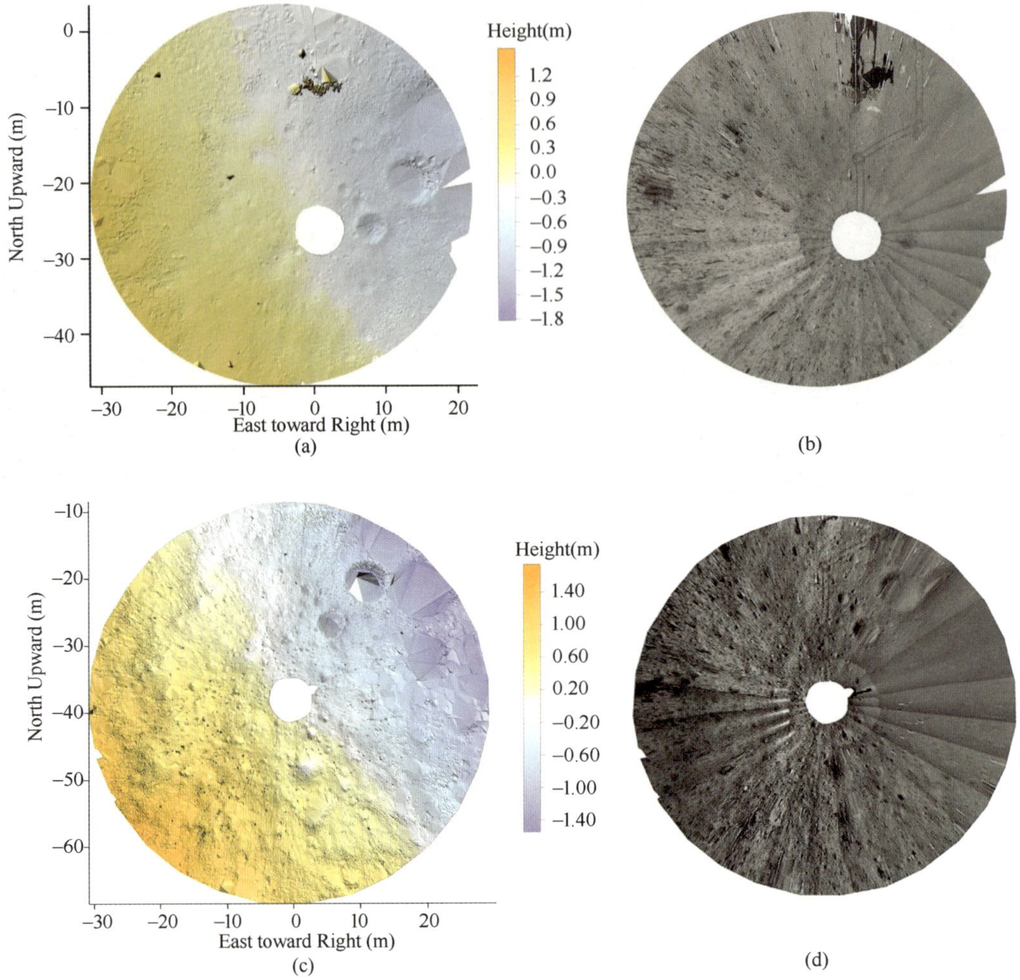

Fig. 4　DEM and DOM of sites N0106 (*top*) and N0108 (*bottom*). The left panels are DEM and the right panels are DOM, with a resolution of 0.02 m.

following factors: (1) deformation of the raw image; (2) interior orientation error; (3) exterior orientation error; (4) matching error; (5) interpolation error. For DOM, the image rectification error should be taken into consideration. As is well known, a precision analysis of the terrain model includes the inner and the outer precision analysis, which is described in subsections 5.2.2—5.2.4. The inner precision of our terrain models can be evaluated by the relationship between adjacent images while the outer precision can be evaluated by comparing with other terrain data. Although the five lunar absolute control points provide good references, the long distance between the Chang'e-3 landing site and the five control points will cause errors to accumulate and make the comparison inaccurate. For this reason, we evaluate the inner and the outer precisions by following the steps below.

5.2.1 Inner precision analysis

The overlaps between adjacent images can be used to connect the exploration sites into a strip along the rover route. We select a set of uniformly distributed identical points in the overlapping area, measure their coordinates and make comparison. Take site N0106 for example, among the 24 identical points, the maximum deviation along the East direction is −0.023 m, and the maximum deviation along the North direction is −0.028 m. They are less than 2 pixels, which is hard for the eyes to distinguish. This shows that without adjustment, the adjacent images connect with each other smoothly, so the reconstructed terrain models have high inner precision.

5.2.2 Outer precision analysis: compared with descending image

During the descent of Chang'e-3, the descending camera captured an image series that had differing resolutions. These images with views of the landing area were resampled and georeferenced on the basemap composed of Chang'e-1 images of the entire Moon that have a resolution of 120 m and then compared with the PCAM terrain models (Fig. 5). The corresponding craters near the Yutu rover both in the descending image and in the PCAM DOM were marked, and the range from the center of the rover to the center of the crater was measured. The results are shown in Table 3.

Table 3 Statistics Describing Distance in the Descending Images and PCAM DOM

Crater ID	Distance in descending image (m)	Distance in PCAM DOM (m)	Distance difference (m)	Percentage of the difference to descending image distance (%)	Percentage of the difference to PCAM distance (%)
C1	16.97	16.24	0.73	4.30	4.50
C2	15.67	15.21	0.46	2.94	3.02
C3	13.15	12.80	0.35	2.66	2.73
C4	21.27	20.55	0.72	3.39	3.50
C5	6.17	6.36	−0.19	3.08	2.99
C6	10.50	10.27	0.23	2.19	2.24
C7	16.96	17.63	−0.67	3.95	3.80

In Table 3, the maximum difference in distance is 0.73 m, and the minimum difference is 0.19 m. The maximum difference relative to distance is about 4.5%.

5.2.3 Outer precision analysis: compared with telemetry data

In Figure 6, five navigation points (N0201, N0106, N0105, N0104, N0103) can be easily recognized by following the rover tracks, and the distances between neighboring points are listed in Table 4.

Fig. 5　Craters are denoted with red circles in the descending image (a) and PCAM DOM"Descending image"(b).

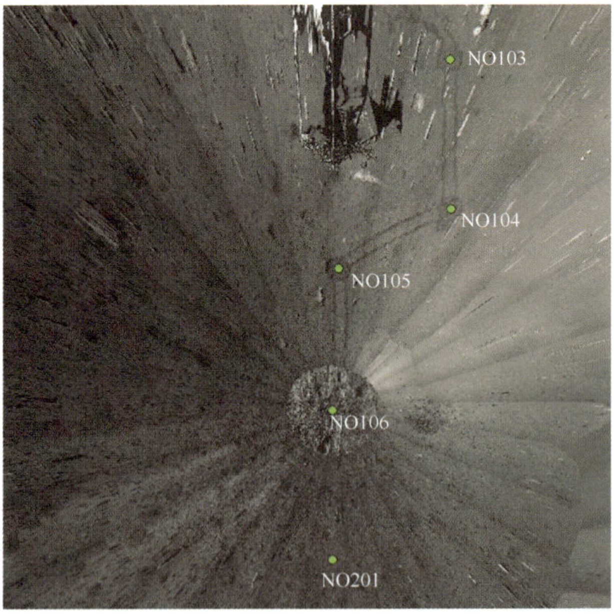

Fig. 6　Five navigation points.

Table 4　Statistics Describing Telemetry Distance and Distance in PCAM DOM

	PCAM DOM distance (m)	Telemetry distance (m)	Distance difference (m)	Percentage of the difference to PCAM distance (%)	Percentage of the difference to telemetry distance (%)
N0201—N0106	11.0	12.0	1.0	9.09	8.33
N0106—N0105	10.34	10.04	—0.3	2.90	2.99
N0105—N0104	9.23	9.75	0.52	5.63	5.33
N0104—N0103	10.95	11.16	0.21	1.92	1.88

In Table 4, the differences between DOM distance and the distance as computed by telemetry fall below 1 m, and the differences may come from errors in the rover position as computed from telemetry and in exterior orientation.

5.2.4 Outer precision analysis: compared with an image taken by LRO

On 2013 December 30, NASA published images of the Chang'e-3 lander and rover that were taken by the narrow angle camera that is part of LRO. At the time images were acquired, Yutu was located at site *S*3. Two arrows indicate the locations of both the lander and the rover (Fig. 7), and their distance can be calculated with the scale used by the image. The image taken by LRO helps to test both the landing accuracy of Chang'e-3, and also the accuracy of our reconstructed model. In the LRO image, 32 pixels represent 32 m, and in the PCAM DOM, the measured distance is about 32.4 m. The relative difference is 0.4 m, 1.3% at a range of 30 m. This validates the data processing method used in the reconstruction, and demonstrates the positioning accuracy of DOM.

We can easily recognize three craters in both the LRO image and in the PCAM DOM. These craters are marked with red circles. We measured the distances between the rover and crater centers, and the results are listed in Table 5.

Table 5　Statistics Describing Distance in the LRO Image and PCAM DOM

Crater ID	Distance in LRO image (m)	Distance in PCAM DOM (m)	Distance difference (m)	Percentage of the difference to LRO image distance (%)	Percentage of the difference to PCAM distance (%)
C1	30.2	30.3	0.1	0.3	0.3
C2	22.0	21.2	0.8	3.6	3.8
C3	13.6	13.2	0.4	2.9	3.0

Similar to the comparisons between descending image and PCAM DOM, the maximum difference in distance is 0.8 m, and the minimum difference is 0.1 m. The maximum difference relative to distance is about 3.8%. Considering that the descending image and the LRO image are perfectly calibrated and georeferenced, they can be used as a

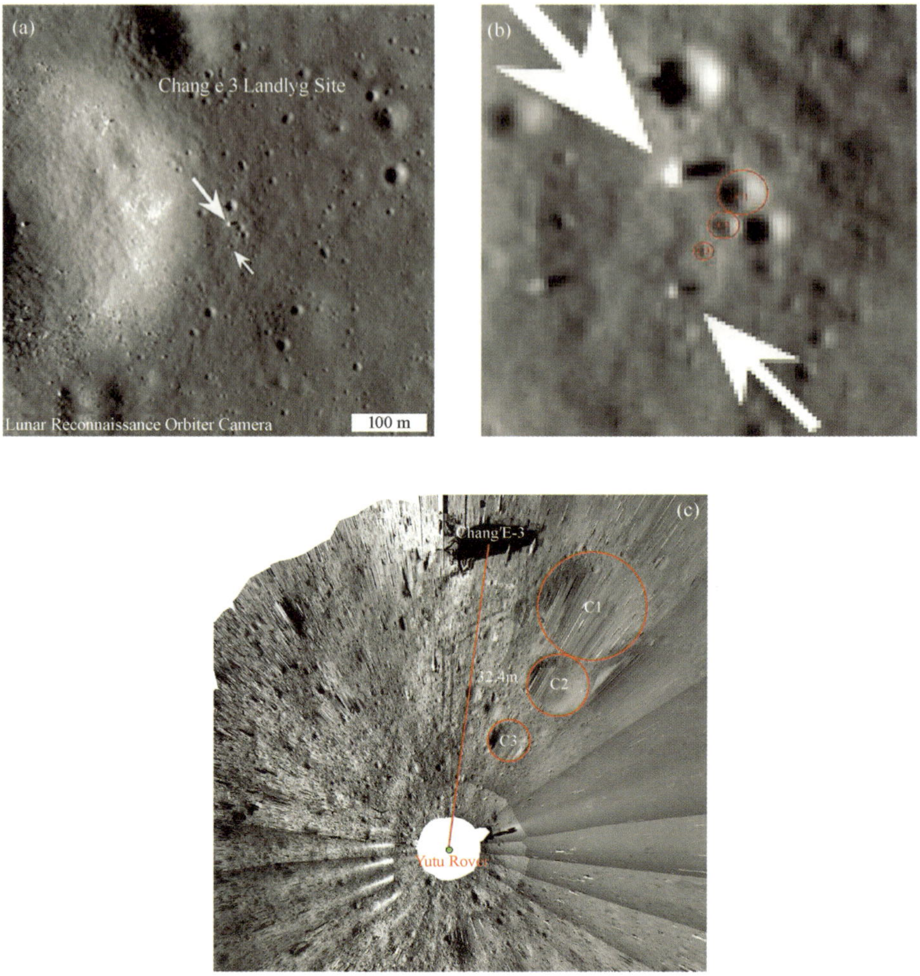

Fig. 7　LRO NAC image (Robinson et al. 2014) and PCAM DOM of site S3. (a) The LRO NAC image, where the larger arrow indicates the location of the lander, and the smaller arrow indicates the position of the rover. (b) The enlarged part of three identified craters. (c) PCAM DOM of site *S*3, with the same craters marked.

standard to evaluate the relative accuracy of PCAM DOM. From the above comparisons, we find that the reconstructed DOMs accurately reproduce the crater shape, as well as the spatial distances. The horizontal accuracy of PCAM DOM is high enough for surveying the terrain and planning a route for the rover.

6　Conclusions and Discussion

Through analyzing the imaging mode of PCAM mounted on Chang'e-3 and characteristics of the associated close-range photogrammetry, and considering the need for rover route planning while working efficiently, we chose 0.02 m as the average resolution, and generated the DEM and DOM of four exploration sites during the first two months. Their precisions are evaluated in several aspects. By comparing the relationship between adjacent images and adjacent sites, the accuracy between adjacent DOMs is less than two pixels (in the PCAM DOM with a 0.02 m resolution, two pixels is equal to 0.04 m), which is hard for the eyes to distinguish. The outer precision analysis mainly comes from the distance measurement. The differences in distance between DOM and descending image, DOM and telemetry data, and DOM and LRO image are so small that the largest relative error did not exceed 10%. Although the five lunar absolute control points whose coordinates have been determined by the lunar laser ranging provide good references for precision analysis, the long distance between the Chang'e-3 landing site and the five control points will cause errors to accumulate and make the comparison inaccurate. With the development of a lunar control network, it is possible that the terrain models in future missions will have absolute control points for validating accuracy.

Acknowledgements

This work was funded by the National Natural Science Foundation of China (Grant Nos. 41371414 and 41304021).

References

[1] Araki, H., Tazawa, S., Noda, H., et al. 2009, Science, 323, 897

[2] Huang, Y., Chang, S., Li, P., et al. 2014, Chinese Science Bulletin, 59, 3858

[3] Li, C., Liu, J., Ren, X., et al. 2010, Science China Earth Sciences, 53, 1091

[4] Li, C.-L., Mu, L.-L., Zou, X.-D., et al. 2014, RAA(Research in Astronomy and Astrophysics), 14, 1514

[5] Terrain Reconstruction from Chang'e-3 PCAM Images 1067

[6] Rainer, H. 1980, in Congree of the International Society for Photogrammetry, 294

[7] Robinson, M. S., Plescia, J. B., & Wagner, R. V. 2014, in Lunar and Planetary Science Conference, 45, 1859

[8] Smith, D. E., Zuber, M. T., Neumann, G. A., & Lemoine, F. G. 1997, J. Geophys. Res., 102, 1591

[9] Smith, D. E., Zuber, M. T., Jackson, G. B., et al. 2010, Space Sci. Rev., 150, 209

[10] Tan, X., Liu, J.-J., Li, C.-L., et al. 2014, RAA(Research in Astronomy and Astrophysics), 14, 1682

[11] Tang, J., Sun, L., & Yang, S. 2013, Computer Applications and Software, 7, 037

[12] Wu, F., Liu, J., Ren, X., & et al. 2013, Acta Optica Sinica, 33, *http://www.cnki.com.cn/Article/CJFDTotalGXXB201311023.htm*

“嫦娥三号”着陆区月壤下伏玄武岩单元划分和充填过程研究

李　勃[1]，凌宗成[1,2*]，张江[1]，武中臣[1]，倪宇恒[1]，陈　剑[1]

1. 山东大学空间科学研究院；山东省光学天文与日地空间环境重点实验室，山东 威海　264209；
2. 中国科学院 月球与深空探测重点实验室，北京　100012

LI Bo[1]，LING Zongcheng[1,2,*]，ZHANG Jiang[1]，WU Zhongchen[1]，NI Yuheng[1]，CHEN Jian[1]

1. Shandong Provincial Key Laboratory of Optical Astronomy and Solar－Terrestiral Environment；Insitute of Space Sciences，Shandong University，Weihai 264209，China
2. Key Laboratory of Lunar and Deep Space Exploration，Chinese Academy of Sciences，Beijing 100012，China

Abstrack：The crust of Moon that has undergone little to none tectonic，atmospheric，or fluvial activity，is blanketed by the ubiquitous surface soil，or regolith，and there is hardly any bedrock exposed. It is produced from billions of years of physical and chemical weathering and exposure to the solar wind. These processe stend to blend and obscure the lithology of true crustal bedrock. So it is hard to detect the characteristics of the underlying basalts using conventional remote sensing methods. The key to the detrmination of true crustal compositions is to look beneath the obscuring regolith. This paper analyzes the spectra of the floor and wall in craters which have the low optical maturity to study the compositions and information（depth，succession and distribution）of the underlying basalts in Chang’E-3’s landing area. The details are as follows：(1) selecting craters and extracting spectra based on multi－band remote sensing data of LISM，(2) defining the types and determining the information of the basaltic units and building the relationships between discrete craters and the continuous geological unit. The results show that there are at least six basaltic filling processes in the study area，and we can define six basaltic units from young to old age. The depth of unit 1－3 is reduced gradually from south to north until disappears. The unit 4－6 may exist in all study area，and in south region they are covered by the first three basaltic units and not exposed，while in north region they are located at the top of theunderlying basalts. As to the

---

基金项目：国家自然科学基金项目（11003012，U1231103，41373068，41473065）；山东省自然科学基金项目（ZR2011AQ001）；中国科学院重点部署项目（KGZD－EW－603）；中国科学院月球与深空探测重点实验室开放基金项目；山东大学威海校区校科研启动基金项目

作者简介：李勃（1981—），男，博士，讲师，主要从事行星科学和地理信息系统研究。E－mail：libralibo@sdu.edu.cn

* **通讯作者简介**：凌宗成（1981—），男，博士，副教授，主要从事行星科学研究。E－mail：zcling@sdu.edu.cn

element abundances of all basaltic units, titanium content changes a lot, from 1.26% to 6.65%, while iron content shows small change, between 16.31% and 17.57%. Finally, we found that there is a link between basaltic unit age and element abundance, that is the younger the age of basaltic units, the more enrichment in titanium and iron in it.

Key words: Chang'E-3; landing area; underlying basalts; basaltic unit classification; filling process

摘要:月球在演化过程中,几乎没有经历过大气或流水等地质作用,在全月范围覆盖有表层土壤,极少有下伏岩石裸露。经过数十亿年的空间风化作用,月海月壤光谱特性与下伏玄武岩有很大差别。因此,通过常规遥感方法不能探知下伏玄武岩的特性。了解月球岩石的关键是透过干扰的月壤看到下伏岩石的信息。通过对"嫦娥三号"着陆区低成熟度撞击坑坑底和坑壁位置的光谱分析,进行月壤下伏玄武岩的组分识别、单元划分并根据地形数据计算其厚度。具体内容包括:(1)基于 LISM 多光谱遥感数据的撞击坑筛选与光谱信息提取;(2)玄武岩单元类型划分和厚度反演,建立离散撞击坑与连续的地质单元之间的关系。结果表明,研究区至少发生了 6 期玄武岩溢出充填活动,由新到老可以依次划分出 6 种玄武岩单元。其中单元 1、2 和 3 的厚度从南向北逐渐减小最后消失;单元 4、5 和 6 可能分布于整个研究区,在南部区域被前 3 期玄武岩单元覆盖,没有暴露在月表,在北部区域则位于下伏玄武岩的顶层。从元素含量上看,不同玄武岩单元 Ti 质量分数变化较大,从最低的 1.26% 到最高的 6.65%,而 Fe 质量分数相对变化较小,在 16.31% 到 17.57%。最后,玄武岩填充时间与其 Fe、Ti 元素含量之间有一定的联系,玄武岩年代越年轻,其中的 Fe 和 Ti 元素更加富集。

关键词:"嫦娥三号";着陆区;下伏玄武岩;单元划分;充填过程

0　引言

在地质演化过程中,月球表面岩石遭受空间风化、陨石撞击事件和宇宙线的轰击,会破坏其结构导致碎裂,月球表面的原始面貌逐渐改变,最终绝大部分月表都被一层尘埃物质即月壤所覆盖。月壤在月海各处的厚度不同,薄的地方只有几厘米,厚的地方有 4～5 m[1],全月几乎没有基岩裸露。月表在遭受撞击事件后,月海下伏玄武岩会被撞掘出并分布在撞击坑周围以至更远的地方,月表光谱信息中包含了部分下伏玄武岩的信息[2-3]。尽管月海玄武岩不到月壳表面积的 1%,但包含了大量有关月球热历史和月球内部性质的信息。结合月海玄武岩的年龄、层序、地球化学和组分的分析,可以较清楚的了解月海玄武岩源区的演化历史,从而为月球的起源和演化过程提供规律性的认识[4]。了解月壳玄武岩的关键是透过月壤能够看到更深位置的岩石组分。因此,规模适中的,光学成熟度(optical maturity, OMAT)低的撞击坑被认为是研究的最佳对象[5]。另外,为避免空间风化作用对岩石物性的改变,选择成熟度低的撞击坑,其溅射物遭受空间风化作用的时间短、影响小,能较真实反映月表岩石的真实光谱。这种通过一定直径范围的撞击坑来研究月球基岩的方法(small crater probing: SCP)最早由 McCord 等[6]提出,已经成功的用于重分类和发现月海玄武岩类型。如 Kramer 等综合克莱门汀(Clementine)光谱和伽马射线质谱仪数据对莫斯科海和酒海的高铝月海玄武岩进行解译和分布范围确定[7-8]，后来又分别对酒海和冷海月壤下伏基岩进行地质单元划分[9-10]。

继美国“阿波罗”(Apollo)计划和苏联“月球”(Luna)任务后，中国探月工程第二阶段的“嫦娥三号”探测器(CE-3)于 2013 年 12 月 14 日成功降落于月球表面，降落地点(340.49°E，44.12°N)位于雨海北部区域[11]。前人对于雨海地区的玄武岩已有过很多研究，如 Hiesinger 等[12]将雨海地区玄武岩共划分了 30 个独立单元后定年，得到其年龄为 2.01～3.57 Ga，并且西部玄武岩的年龄要略小于东部的玄武岩；陈圣波等[13]综合多源遥感信息，表明虹湾与雨海无论深部结构还是表面沉积作用都表现为独立地质单元，虹湾形成后，经历了多期次沉降活动、沉积作用和撞击作用；许延波等[14]认为雨海地区月海玄武岩随着时代变新钛和铁元素更加富集。本文试图通过研究 CE-3 着陆区低成熟度撞击坑开挖的玄武岩组分，划分其下伏玄武岩单元并析其层序和厚度，了解其垂向和侧向的分布规律及组分变化，对该区域地质单元起源和演化过程有一个明确的认识，为建立 CE-3 着陆区月海玄武岩数据库和绘制地质图提供必要的专题数据[15-17]。

1　MI 遥感数据处理

遥感是对某种表面的物理状态或成分状态进行不实际接触的探测。月球矿物学遥感是利用月表反射光的光谱分析，以现有的 10～100 m 尺度的数据来确定矿物学参数[18]。克莱门汀计划使用对月球矿物特征敏感的波长，获取了几乎整个月表的多光谱图像数据，但是由于其轨道设计、数据缺失等原因，在 CE-3 号着陆区域没有获得光谱数据。日本的月亮女神探测器(SELENE)于 2007 年 9 月 14 日利用 H－IIA 火箭成功发射，2009 年 6 月 11 日受控撞击月球表面。SELENE 卫星上 LISM 是 3 个高性能光学设备总称，即多波段成像仪(MI)、成像光谱仪(SP)和地形相机(TC)。LISM 提供月球精确的地形、地质和矿物信息，其中的多波段成像仪共包含 9 个波段，其中覆盖可见光(前 5 个)到近红外(后 4 个)波段，前者空间分辨率为 20 m，后者为 62 m[19]。本文使用处理后的光谱成品数据 MI_Map，该数据全月拼接，使用简单圆柱投影，按照经纬度划分为 1°×1°的图像，每幅图像包含其 9 个波段，其空间分辨率为(1/2 048)°。另外，LISM 中地形相机以推扫成像方式连续观测月球表面，发布的地形成品数据为 DTM_Map，每幅图像的范围为 3°×3°，其空间分辨率为(1/4 096)°。以 CE-3 号降落点为中心，本文选择北纬 43°～45°，东经 339°～342°的 6 幅 MI 和 1 幅 DTM 数据作为遥感和地形的数据源①。根据前人研究，该区域可以划分出两种月表玄武岩单元，在北部是雨海纪月海物质(Im1)，另一种是在中南部的爱拉托逊—雨海纪月海物质(EIm)，其年龄分别为 3.2 Ga 和 3.0 Ga 左右[12]，如图 1 所示。

1.1　铁钛含量和光学成熟度(OMAT)反演

月海玄武岩的成分主要是通过遥感光谱分析反演月球表面月壤的成分信息获取的，月

① 数据下载网站为 http://l2db.selene.darts.isas.jaxa.jp/index.html.en

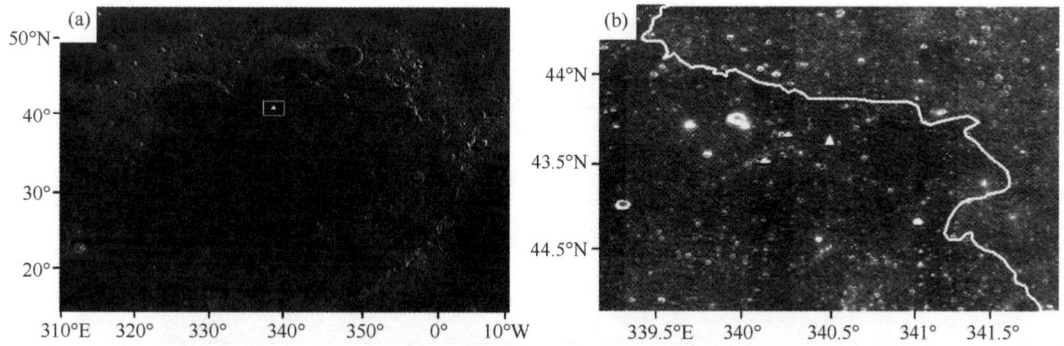

图 1　CE-3 号着陆区概貌及月表玄武岩地质单元图

Fig. 1　Geographic location of CE-3 landing area and two basaltic units

(a)—矩形框为研究区在雨海的位置，来自 Clemntine 可见光影像数据；(b)—研究区放大图，来自于 MI 750 nm 波段图像，其中白色三角形为 CE-3 号降落地点，白色实线为玄武岩单元边界。

海地区的月壤成分在很大程度上代表本地原岩成分，钛元素和铁元素的含量是月海玄武岩类型划分的重要依据，其二者含量的变化反映岩浆来源的不同。Lucey 等[20-21]使用 Clementine UV/VIS 相机的多光谱数据建立了月表 TiO_2 和 FeO 含量的反演算法。由于 MI 数据的波段设置与 Clementine 类似，Otake 等[22]在 Lucey 算法的基础上实现了 MI 数据进行 FeO 和 TiO_2 元素反演的公式，结果标准差分别为 0.81%和 0.43%：

$$\theta_{Ti} = \arctan\left(\frac{R_{415}}{R_{750}} - 0.208\right) / [R_{750} - (-0.108)] \tag{1}$$

$$w(TiO_2)/\% = 0.72 \times \theta_{Ti}^{14.964} \tag{2}$$

$$\theta_{Fe} = -\arctan\left(\frac{R_{950}}{R_{750}} - 1.250\right) / (R_{750} - 0.037) \tag{3}$$

$$w(FeO)/\% = 20.527 \times \theta_{Fe} - 12.266 \tag{4}$$

其中：R_{415}，R_{750}和 R_{950}分别代表 MI 的 415 750 和 950 纳米波段数据；θ_{Ti}和 θ_{Fe}表示 TiO_2 和 FeO 含量的光谱角参数；$w(TiO_2)$和 $w(FeO)$是计算的月表 TiO_2 和 FeO 的质量分数。

月表光谱的主要影响因素包括其元素组分和空间风化作用（微陨石撞击和太阳风注入），为准确评估矿物构成信息，需要去除空间风化的影响。光学成熟度值与月表风化程度直接相关，OMAT 越小，表明月壤越成熟，相对年龄越老，反之越年轻。Lucey 等[23]分析了月面物质的光谱特性以及对应 Apollo 着陆点的月壤样品，提出了由 Clementine 的 UV/VIS 多光谱数据计算 OMAT 的方法，该方法计算的较新鲜的撞击坑 OMAT 一般大于0.25，计算公式为

$$OMAT = \sqrt{(R_{750} - x_0)^2 + (R_{950}/R_{750} - y_0)^2} \tag{5}$$

其中，x_0 和 y_0 为常数，对于 MI 数据来说，根据 FeO 含量反演的公式(3)得到，$x_0 = 1.25$，$y_0 = 0.037$。

使用 MI 多光谱数据根据以上公式反演 CE-3 号着陆区域月表玄武岩元素组分和成熟度结果如图 2 所示，从图上可以看出，撞击坑及其周围的元素含量明显与临近月壤部位不同，说明撞击事件确实可以开挖出月壤下伏玄武岩组分。

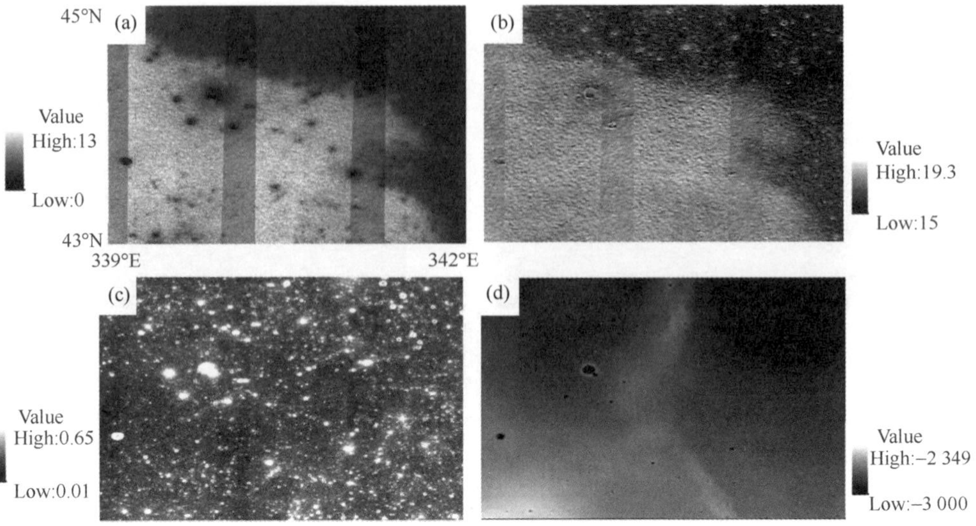

图 2 MI 数据反演 CE-3 号着陆区 FeO、TiO_2 和 OMAT 结果及 DEM 图

Fig.2 FeO abundances, TiO_2 abundances, OMAT derived from MI data, and DEM in CE-3 landing area

(a)、(b)、(c)和(d)4 幅图经纬度范围一致,分别对应研究区 FeO 含量、TiO_2 含量、OMAT 和 DTM 图。

1.2 假彩色影像合成

由于下载的 MI_Map 成品数据没有考虑地形起伏造成的光度误差,因此地形会造成撞击坑背光处的阴影和正对光的亮斑,使得同一物质组分的单元会呈现不同的亮度和颜色变化,影响地质单元的划分结果。McEwen 和 Pieters 将 Clementine UV/VIS 影像单波段两两比值结果作为可见光 3 波段(Red: R_{750}/R_{415}; Green: R_{750}/R_{950}; Blue: R_{414}/R_{750})来合成假彩色影像,以此消除光谱图像中因地形和反照率变化引起的亮度变化,并增强显示由于空间风化作用造成的物质颜色差异[24-25]。这 3 个波段比值可以较好地揭示出月表的物质特征:红色反映成熟的斜长岩高地;绿色主要反映矿物中 Fe^{2+} 的含量,随着 FeO 含量的增加而凸显绿色;蓝色主要反映的是钛元素的含量,其与玄武岩中主要的不透明矿物钛铁矿的含量成正相关。另外,红色代表较高的月表成熟度,蓝色则代表低成熟度的年轻区域。我们采用相同方法使用 MI 数据合成研究区的假彩色图,结果如图 3 所示。该假彩色影像图可以作为本文玄武岩组分识别和单元划分的重要依据。另外,从图 3 上也能够清楚地看到不同撞击坑的成熟度情况,这一点也与 MI 数据生成的 OMAT 图情况相符。

2 撞击坑筛选

通过 SCP 方法穿过月壤研究下伏玄武岩单元,首先要对研究区的撞击坑进行识别和筛选,将满足直径尺寸、成熟度和间隔距离条件的撞击坑挑选出来作为研究对象。

(1)直径条件。形态测量描述撞击坑地形特征随直径的变化,对月球图像做详细的测量,就可能总结出月坑的不同几何特征。这种测量可以用下述形式的幂律方程进行:

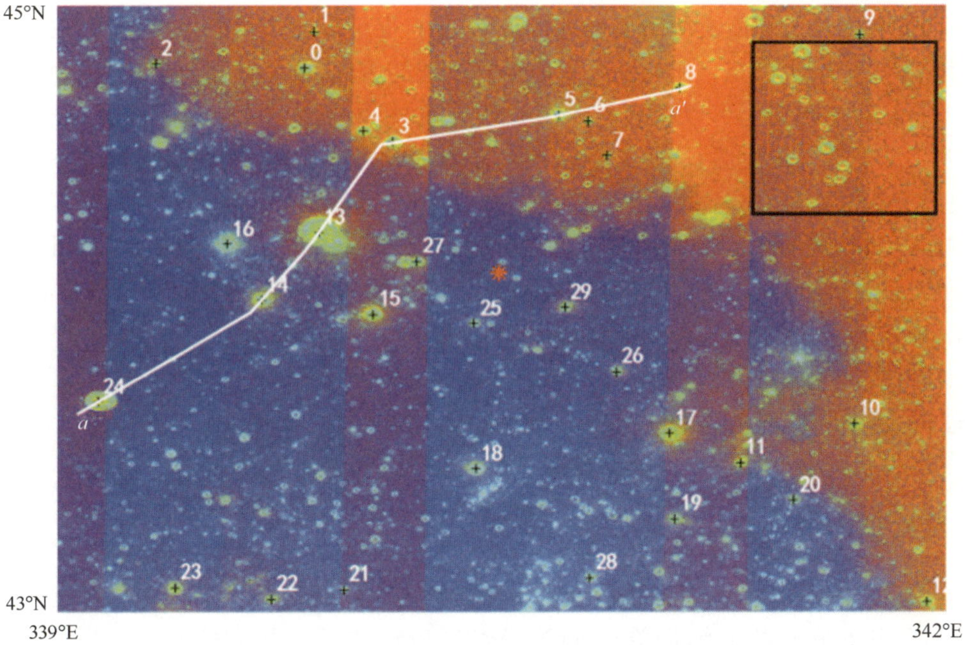

图 3　CE-3 号着落区 MI 数据假彩色合成图

Fig.3　False color image derived from MI data in CE-3landing area

假彩色图合成波段：红（R_{750}/R_{415}），绿（R_{750}/R_{950}），蓝（R_{414}/R_{750}），图中数字为撞击坑编号，矩形框围起的区域中多是坑缘破损坑底填充的撞击坑，中间红色图标为 CE-3 号降落点，白线 $a-a'$ 为选择的撞击坑剖面线，依次经过 24、14、13、3、5 和 8 号撞击坑。

$y=aD^b$，式中，y 是给定的月坑特征，D 是月坑直径（km），a 和 b 是常数。对于月坑深度（H，km）与月坑直径（$D<15$ km）之间的关系，形态测量的方程为[26]

$$H = 0.196D^{1.01} \tag{6}$$

因此，根据这个关系考虑到月海月壤的分布厚度（<6 m），项目选择直径 $D>0.5$ km 的撞击坑，保证能开掘月壤达到观察下伏玄武岩的目的。

(2)间隔距离。根据前人研究结果，溅射物厚度（h）与其到撞击坑中心距离（d）之间存在幂函数关系[27]：

$$h = t(d/r)^{-b} \tag{7}$$

其中：t 是撞击坑边缘的溅射物厚度；r 是撞击坑的半径；b 是一个常数。对于真空中的弹射物 $b=3$ 是一个合理的估算，对于半径<7 km 的小撞击坑来说，$t=0.1r^{0.94}$。使用该公式估算溅射物厚度，当 $d=2r$ 时，$h\approx(1/8)t$；$d=3r$，$h\approx(1/27)t$。因此，撞击坑两个半径之外的范围可以近似认为没有其溅射物分布，为了不使撞击坑溅射物对周围其他撞击坑开挖的玄武岩成分造成污染，我们保证选择撞击坑相互之间的距离不小于其两个半径的长度。

(3)光学成熟度。受感应深度的限制，月球遥感探测的信号都来自遭受太空风化作用的月壤层。由于月球太空风化的影响，月表的光谱特征发生明显变暗、变红和吸收峰变弱的变化，干扰了月表遥感光谱的正确解译，因而在进行遥感数据定量反演时，必须充分考虑太空风化作用对月球表面物质产生的改造效应[28]。为了降低空间风化作用的影响,本文选择研究区域内成熟度最低的撞击坑对象来进行研究,并且保证该撞击坑的坑壁没有破损,坑底没有被后继玄武岩期次填充。比如图 3 中矩形框围起的区域,虽然其成熟度较低,也满足直径条件,但是从假彩色图上可以看出其坑底物质和坑外物质几乎一致,并且坑壁处明显有破损,表明该撞击事件发生后,坑底又重新被玄武岩活动溢出充填,该处光谱数据不适合反演撞掘出的玄武岩物质成分。

按照以上 3 个条件,我们在研究区域共选择了 30 个撞击坑,其位置和编号如图 3 所示,这些撞击坑的光学成熟度>0.32,直径最大为 4.04 km,最小 0.49 km,开挖深度在 45.5～440 m。

3 玄武岩单元识别和划分

3.1 撞击坑部位选择

陨石撞击事件发生后,会在月表留下一个与其规模相关的形态谱。按直径逐渐增大可将撞击坑的基本形态划分为:简单月坑(半径<20 km),复合月坑和撞击盆地[18]。虽然不同直径的撞击坑形貌各不相同,但是大都可以从里到外划分为 5 个不同部位:中央峰,坑底,坑壁,坑缘和溅射物。由于空间风化和后续撞击的作用,年代较老的撞击坑的某些部位缺失或者界限不明显。对于 CE-3 号着陆区来说,成熟度低的撞击坑从形态上属于简单月坑,没有中央峰结构,结合地形数据和光谱数据,可以较明显的区分出其他 4 个部位。

撞击事件开挖出的下伏玄武岩在撞击坑各部位的分布和比例情况是不一样的(图 4),需要选择能够最大限度地暴露下伏玄武岩,同时含有最少量后撞击事件溅射的月壤的部位。Kramer 等[9]选择撞击坑边缘和近端溅射物的位置开展下伏玄武岩的组分的研究,但是本文研究区的撞击坑溅射物部位组分展布不明显,没有环状特征,划分玄武岩单元比较困难。由于坑壁位置坡度较陡,所以该部位堆积月壤较少,受溅射月壤光谱影响也小,因此我们选择撞击坑坑壁和坑底部位,同时保证坑底和坑壁没有被崩塌的角砾岩和撞击熔融岩等外来物质充填(图 4)。高空间分辨率的 MI 和 DTM 数据能够保证即使坑壁和坑底出露的玄武岩厚度较薄,也能够区分出来。

3.2 下伏玄武岩识别

在进行下伏玄武岩单元划分之前,需要确定研究区月表两种玄武岩单元(Im1 和 EIm)的元素含量,用于区别出与其有明显不同成分的月壤下伏玄武岩单元。月壤组分统计使用地理信息系统(GIS)中的缓冲区和擦除分析的功能,根据撞击坑溅射物大约能溅射 2 个半径的距离,在 ArcGIS 软件中使用缓冲区分析得到每个撞击坑溅射物能够覆盖的范围,并在原有 MI 光谱图层中将其擦除掉,然后统计剩下没有混合撞击坑溅射物的月壤区域中的 Fe 和 Ti 含量,进而确定研究区月壤 Im1 和 EIm 单元的组分信息,见表 1。

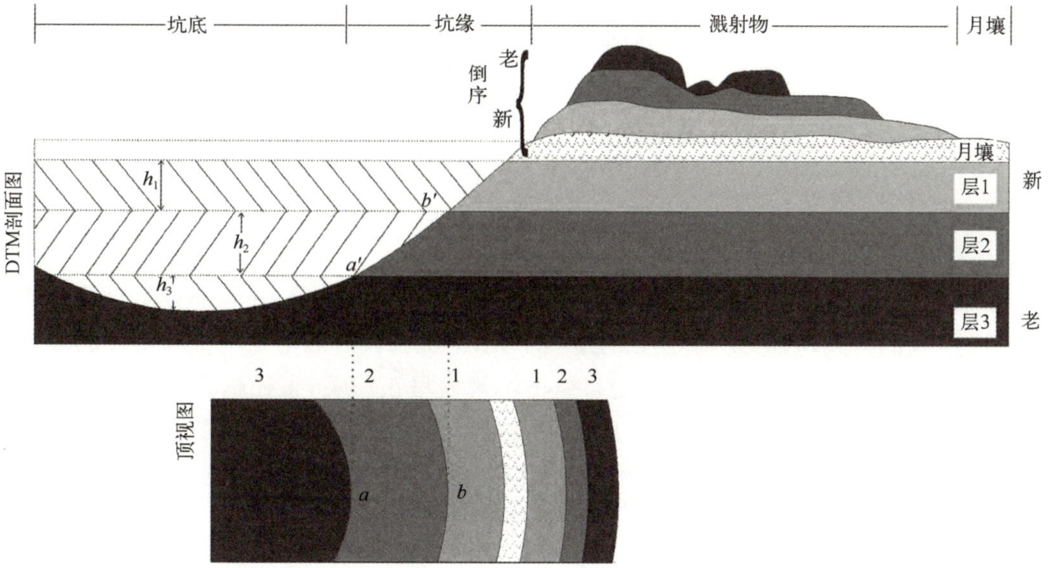

图4　撞击事件后下伏玄武岩分布图，其溅射物呈倒序分布

Fig.4　Schematic cross section of an impact crater, with the ejecta deposits of an inversion of the target stratigraphy

图中虚线表示被撞掘出的玄武岩原位置，上图和下图分别是撞击坑的深度剖面图和顶视图。

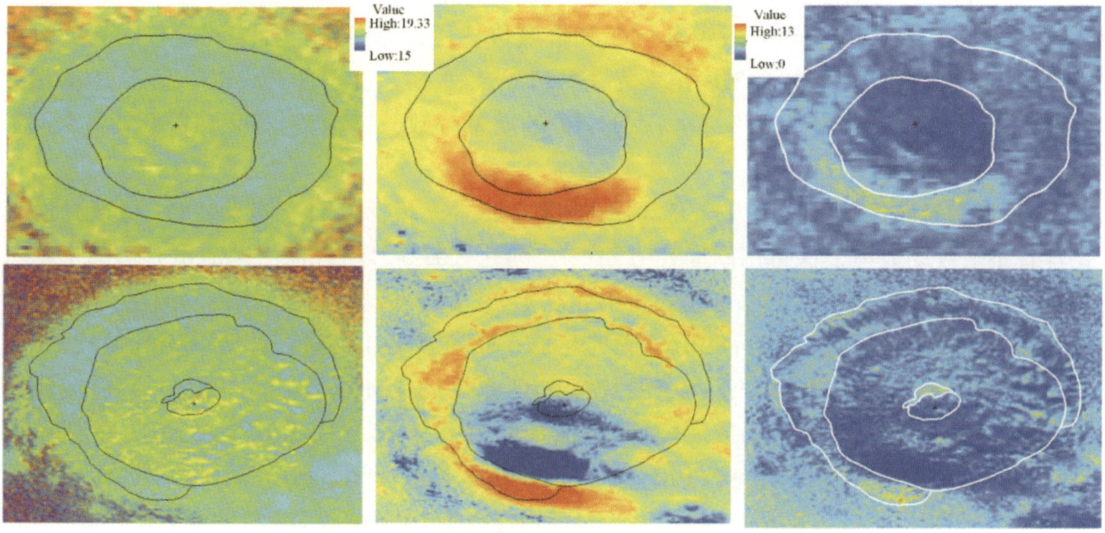

图5　典型撞击坑地质单元划分及Fe和Ti成分图

Fig.5　Basaltic urits of typical and thein Fe and Ti abundances

第一行为0号撞击坑，第二行为13号撞击坑；第一列为假彩色图，第二列为Fe成分含量图，第三列为Ti成分含量图；其中黑线是根据假彩色图划分的不同地质单元界限。

表 1 研究区月壤玄武岩单元 FeO 和 TiO_2 含量成分统计

Table 1 FeO and TiO_2 abundances of basaltic units Im1and EIm in study area

单元	$w(TiO_2)$/%			w(FeO)/%		
	最小值	最大值	平均值	最小值	最大值	平均值
Im1	0	8.8	2.19	15	18.7	16.38
EIm	0.81	13	6.65	15	19.3	17.57

假彩色合成图中光谱均一的区域其成分也相对均一,可以代表同一时期、来源和成因的物质形成,我们将其划分为一个独立的地质单元,下伏玄武岩通常在坑壁和坑底的表现为不同颜色组分的环状出露。撞击坑深度与撞击坑规模呈正相关,直径越大的撞击坑开挖的深度越深,撞击事件发生时有可能穿透月壤下伏的多个玄武岩单元,其坑壁和溅射物能够反映该区域最多的玄武岩单元成分。因此,我们从研究区域中选取尺寸最大的典型撞击坑,进行下伏玄武岩单元的识别和组分反演,然后结合该区域其他选择的撞击坑部位来对识别出的下伏玄武岩进行元素含量的计算:

(1)Im1 区域。对典型 0 号撞击坑的坑壁和坑底位置进行分析(图 5 第一行),在假彩色合成图中明显发现两层与月表玄武岩不同的环状单元,按照由新到老从上到下的顺序定义为 I1 单元和 I2 单元,其在元素含量图中的 Ti 的质量分数为 1.74%和 1.38%,Fe 的质量分数为 17.54%和 17.08%。

(2)EIm 区域。13 号撞击坑是该区域规模最大的撞击坑,开挖深度最深(440 m),从假彩色合成图(图 5 第二行)中可以看出其坑壁和坑底位置可以划分出 4 种不同颜色的玄武岩单元。按照由新到老从上到下的顺序定义为:E1、E2、E3 和 E4。这 4 种玄武岩单元 Ti 的质量分数分别为 3.52%、2.46%、1.97%和 2.71%,Fe 的质量分数分别为 17.65%、17.46%、17.33%和 16.83%。

(3)整个研究区。根据前人研究,雨海地区玄武岩充填活动具有多期次性,每期月海玄武岩的充填流动大体上保持由南向北方向[14]。因此,CE-3 号研究区后期溢出充填的下伏玄武岩可能会由南向北覆盖在原有玄武岩单元之上,在 EIm 区域可能会找到 Im1 区域月壤下伏玄武岩单元。本文在对 EIm 和 Im1 两个区域下伏玄武岩单元进行综合分析和对比后,发现 EIm 区域的 E3 和 E4 与 Im1 区域的月壤和 I1 单元的成分非常相同,又由于 Im1 是雨海纪物质,EIm 是爱拉托逊纪物质,并且研究区地势整体从 EIm 向 Im1 高度递减,所以推测 EIm 玄武岩溢出充填期次要晚于 Im1,并上覆于 Im1 其上,即 E3 = Im1 月壤,E4 = I1。

因此,综合以上 3 点的研究结果,我们认为加上 EIm 和 Im1 区域的月壤玄武岩单元,研究区至少发生了 6 次玄武岩溢出充填活动。由于该区域开挖深度的关系,目前只能看到这 6 层的物质成分,其地层层序和组分见表 2。月表玄武岩单元可以通过撞击坑直径-频率函数来进行定年,而其下伏玄武岩没有大面积出露,无法进行绝对年龄的确定,只能根据地层层序的新老关系来判断其相对年龄。从表 2 中可以看出,研究区的不同玄武岩单元 TiO_2 质量分数变化较大,从最低的 1.26%到最高的 6.65%,而 FeO 质量分数相对变化较小,在 16.31% ~17.57%。另外,玄武岩填充时间与其 FeO、TiO_2 元素含量之间有一定的联系,玄武岩年代越年轻，其中的 FeO 和 TiO_2 元素更加富集。在水平方向上，研究区从南到北地层年代逐渐变老，TiO_2 和 FeO 元素含量也在逐渐减少；在垂直方向上，从上到下地层单元由新到老，TiO_2 和 FeO 含量也逐渐减小。各个玄武岩单元的年龄也不相同，单元 1 年龄小于 3.0 Ga，单元 4 年龄大于 3.2 Ga，单元 2 和 3 年龄 3.0～3.2 Ga，而单元 5 和 6 年龄大于 3.2 Ga。

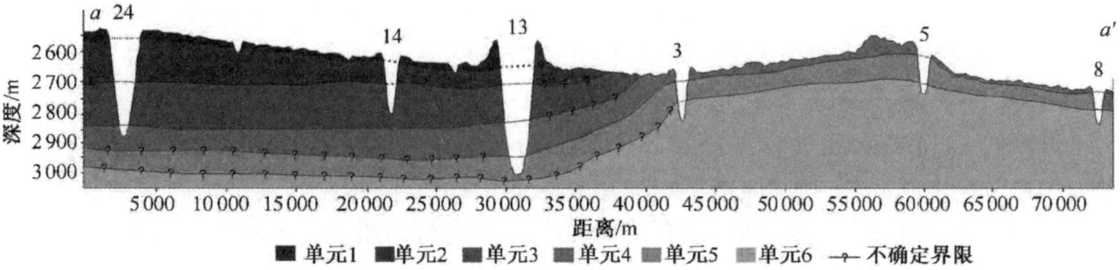

图 6　研究区撞击坑剖面玄武岩单元地层图

Fig. 6　A topographic profile of basaltic units in craters of study area

表 2　CE-3 号着陆区玄武岩单元划分及信息

Table 2　Classification and information of basaltic units in CE-3 landing area

单元	对应地层	$w(TiO_2)$/%	w(FeO)/%	层序	年龄	充填时间/Ga
1	EIm 月壤	6.65	17.57			<3.0
2	E1	3.25	17.43	上	新	3.0～3.2
3	E2	2.64	17.08	↓	↓	3.0～3.2
4	Im1 月壤、E3	2.19	16.38			>3.2
5	I1、E4	1.58	17.36	下	老	>3.2
6	I2	1.26	16.81			>3.2

3.3　玄武岩单元厚度反演

通过 SCP 方法划分地质单元的后续问题，是估算其厚度以建立撞击坑离散点与研究区域连续的地质单元之间的关系，这也为研究月球热历史和重力场、月壤成分的垂向撞击混合效应以及建立月壳厚度模型等问题提供重要数据。对于月海玄武岩活动规模的确定，Baldwin 等[29]通过撞击坑形态，把部分溢漫着月坑边缘的月海玄武岩厚度估计出来。然而，月海中极少有局部溢漫的港湾状月坑存在，所以该方法的月海厚度图准确度很难评估。Haskin 等[30]立足于与撞击成坑作用的标度方程和弹道沉积作用的概念，预测出由盆地规模的成坑事件所产生的溅射物厚度及原岩比例。该方法没有考虑不同期次月海玄武岩叠盖关系的影响，不能得到各玄武岩单元的独立厚度。与可见光相比，雷达数据能解释月表更深层的特性，如 Ghent 等[31]研究月坑地基雷达数据发现依次环绕撞击坑边缘明环和暗环的明显界限。我国“嫦娥三号”探测器(CE-3)搭载的月球车底部安装测月雷达，可以直接探测 30m 深度内月壤层的结构与厚度和数百米深度内月壳浅层的结构。由于月球车工作时间和移动距离的限制，不能对大范围月表区域获得回波数据。因此以上方法在讨论各时代月海玄武岩充填活动规模时均存在一定的片面性。

本文将 LISM 的地形相机数据和 MI 假彩色合成图对应叠加,获得合成图中撞击坑壁和坑底每层环状玄武岩边界对应的深度值,然后计算其顶面和底面的深度差值,经过统计平均后得到该层的厚度。如图 4 所示,月壤下伏玄武岩层 2 的界限在假彩色图上表现为 a 和 b,对应在撞击坑剖面图上对应的点为 a' 和 b',其厚度值为两点对应深度值之差。为了对研究区下伏玄武岩单元有一个整体的认识,我们选取了文中撞击坑较密集区域的一条剖面(图 3 中 a—a',从南到北),沿剖面穿越不同时代玄武岩地层最多、地形起伏较明显、且通过最深的 24 号和 13 号撞击坑,根据其厚度图做出了 CE-3 着陆区月海玄武岩充填模式示意图(图 6)。剖面线 a—a′依次经过 24、14、13、3、5 和 8 号撞击坑,根据每个撞击坑开挖出的玄武岩单元位置及厚度,我们把相邻撞击坑对应单元顶面和底面连接起来,其中带问号的线表示,该位置由于撞击坑开挖深度不够,没有发现该地层,但是经过推测可能存在地层的界面和趋势。从剖面图 6 上可以看出,研究区单元 1、2 和 3 只存在于 EIm 区域,厚度从南向北逐渐减小,到 3 号撞击坑附近消失,没有在 Im1 区域的撞击坑撞掘物中发现这两个单元;单元 4、5 和 6 可能存在于整个研究区,在南部 EIm 区域被前 3 期玄武岩单元充填覆盖在其上,没有暴露在月表,在北部区域位于剖面的顶层。

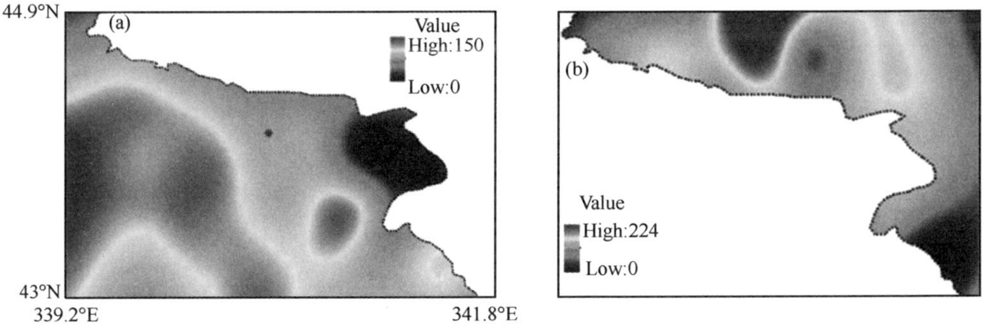

图 7 研究区下伏玄武岩单元厚度插值图

Fig. 7 Depth of basaltic unit 1and unit 5in CE-3 landing area

(a)和(b)分别为玄武岩单元 1 和单元 5 的厚度插值图,经纬度范围相同。

由于研究区符合筛选条件的撞击坑数目不多且规模较小,开挖深度浅,普遍仅能挖掘出 Im1 和 EIm 区域的第一层下伏玄武岩的顶面和底面,对于没有挖出其底面的玄武岩单元,其厚度是不完整的。因此,我们对 EIm 区域的单元 1 和 Im1 区域的单元 5 厚度进行了插值分析,结果如图 7 所示。可以看出研究区单元 1 的厚度最大为 150 m,从西到东逐渐减小;单元 5 厚度最大为 224 m,位于研究区的北部,向东西两侧依次减小。

4 结论

本文对"嫦娥三号"着陆区低光学成熟度的小撞击坑坑壁和坑底部位暴露的下伏玄武岩单元进行了研究。选择 LISM 的多光谱数据来反演研究区 Fe、Ti 元素含量和光学成熟度,使用假彩色合成图对下伏玄武岩单元进行了组分识别和分类,最后结合地形数据对月壤下伏玄武岩的充填期次和厚度进行了分析和计算，得出以下几点结论：

（1）根据相同玄武岩单元在假彩色合成图上的光谱成分一致性，加上 EIm 和 Im1 区域的月壤玄武岩，CE-3 号着陆区至少发生了 6 次玄武岩溢出充填活动，按照由新到老的顺序依次划分出 6 种玄武岩单元。单元 1 年龄小于 3.0 Ga，单元 4 年龄大于 3.2 Ga，单元 2 和 3 年龄在 3.0～3.2 Ga，而单元 5 和 6 年龄大于 3.2 Ga。

（2）研究区的不同玄武岩单元 TiO_2 质量分数变化较大，从最低的 1.26% 到最高的 6.65%，而 FeO 质量分数相对变化较小，在 16.31%～17.57%。另外，玄武岩填充时间与其 FeO、TiO_2 含量之间有一定的联系，玄武岩年代越年轻，其中的 FeO 和 TiO_2 元素更加富集。在水平方向上，研究区从南到北地层年代逐渐变老，TiO_2 和 FeO 元素含量在也逐渐减少；在垂直方向上，从上到下地层单元由新到老，TiO_2 和 FeO 含量也逐渐减小。

（3）研究区单元 1、2 和 3 只存在于 EIm 区域，厚度从南向北逐渐减小，到 Im1 区域附近消失，没有在 Im1 区域的撞击坑撞掘物中发现这两个单元；单元 4、5 和 6 可能存在于整个研究区，在南部 EIm 区域被前 3 期玄武岩单元充填覆盖在其上，没有暴露在月表，在北部区域则位于下伏玄武岩的顶层。对 EIm 区域的单元 1 和 Im1 区域的单元 5 厚度进行了插值分析，单元 1 的厚度最大为 150 m，从西到东逐渐减小；单元 5 厚度最大为 224 m，位于研究区的北部，向东西依次减小。

References

[1] McKay D S, Heiken G H, Basu A, et al. Lunar Source Book [M]. New York: Cambridge University Press, 1991.

[2] Jolliff B L, Gillis J J, Haskin L A, et al. Major lunar crustal terranes: Surface expressions and crust-mantle origins[J]. Journal of Geophysical Research, 2000, 105(E2): 4197-4216.

[3] Li L, Mustard J F. On lateral mixing effciency of lunar regolith[J]. Journal of Geophysical Research, 2005, 110(E11): 1-16.

[4] 徐义刚. 月海玄武岩与月球演化[J]. 地球化学, 2010, 39(1): 50-62.

[5] McCord T B, Clark R N, Hawke B R, et al. Near-infrared spectral reflectance: A first good look[J]. Journal of Geophysical Research, 1981, 86: 10883-10892.

[6] McCord T B, Pieters C, Feierberg M A. Multispectral mapping of the lunar surface using ground-based telescopes[J]. Icarus, 1976, 29: 1-34.

[7] Kramer G Y, Jolliff B L, Neal C R. Searching for high alumina mare basalts using Clementine UVVIS and Lunar Prospector GRS data: Mare Fecunditatis and Mare Imbrium[J]. Icarus, 2008, 198(1): 7-18.

[8] Kramer G Y, Neal C R, Jolliff B L. Distinguishing high alumina mare basalts using Clementine UVVIS and Lunar Prospector GRS data: Mare Moscoviense and Mare Nectaris[J]. Journal of Geophysical Research, 2008, 113(E1): 1-18.

[9] Kramer G Y. Characterizing bedrock lithologies using Small Crater Rims and Ejecta Probing(SCREP) [J]. Journal of Advances in Space Research, 2010, 45: 1257-1267.

[10] Kramer G Y, Jaiswal B, Hawke B R, et al. The basalts of Mare Frigoris[C]//Proceedings of Lunar and Planetary Science Conference XXXVII. Lunar and Planetary Institute Conference Abstracts.

2013:2947.

[11] Zhao J N, Huang J, Qiao L, et al. Geologic characteristics of the Chang'E-3 exploration region[J]. Science China Physics, 2014,57:569－576.

[12] Hiesinger H, Jaumann R, Neukum G, et al. Ages of mare basalts on the lunar nearside[J]. Journal of Geophysical Research, 2000,105(E12):29239－29275.

[13] 陈圣波,孟治国,崔腾飞,等.虹湾地区月球卫星遥感地质解析制图[J].中国科学:G辑,2010,40(11):1370－1379.

[14] 许延波,颜丹平,俞天石,等.雨海地区月龄分布特征及控制因素分析[J].地学前缘,2012,19(6):60－71.

[15] 丁孝忠,韩坤英,韩同林,等.月球虹湾幅 LQ－4 地质图的编制[J].地学前缘,2012,19(6):15－26.

[16] Chen J P, Xu Y B, Wang X, et al. Geotectonic evolution of lunar LQ－4 region based on multisource data[J]. Geoscience Frontiers,2013,5:227－235.

[17] 何姝珺,陈建平,李珂,等.月表典型区撞击坑形态分类及分布特征[J].地学前缘,2012,19(6):83－89.

[18] Bradley L J, Mark A W, Charles K S, et al. 月球新观[M].国土资源部探月研究小组译.北京:地质出版社,2012.

[19] Haruyama J, Matsunaga T, Ohtake M, et al. Global lunarsurface mapping experiment using the Lunar Imager/Spectrometer on SELENE[J]. Earth Planets Space,2008,60(4):243－255.

[20] Lucey P G, Blewett D T, Jolliff B L. Lunar iron and titanium abundance algorithms based on final processing of Clementine unltraviolet－visible images[J]. Journal of Geophysical Research,2000,105:20297－20305.

[21] Pieters C, Shkuratov Y, Kaydash V, et al. Lunar soil characterization consortium analyses: Pyroxene and maturity estimates derived from Clementine image data[J]. Icarus,2006,184:83－101.

[22] Otake H, Ohtake M, Hirata N. Lunar iron and titanium abundance algorithms based on SELENE (Kaguya) Multiband Imager data[C]//Proceedings of 43rd Lunar and Planetary Science Conference. Houston: Lunar and Planetary Institute,2012:1905.

[23] Lucey P G, Blewett D T, Taylor G J, et al. Imaging of lunar surface maturity[J]. Journal of Geophysical Research,2000,105(8):20377－20386.

[24] McEwen A S, Robinson M S, Eliason E M, et al. Clementine observations of the Aristarchus region of the Moon[J]. Science,1999,266:1858－1861.

[25] Pieters C M, Staid M I, Fischer E M, et al. A sharper view of impact craters from Clementine data [J]. Science,1994, 266:1844－1848.

[26] Pike R J. Depth/diameter relations of fresh lunar craters: Revision from spacecraft data[J]. Geophysical Researth Letters,1974,1(7):291－294.

[27] Li L, Mustard J F. Compositional gradients across marehighland contacts: Importance and geological implication of lateral transport[J]. Journal of Geophysical Research,2000,105(E8):20431－20450.

[28] 付晓辉,邹永廖,郑永春,等.月球表面太空风化作用及其效应[J].空间科学学报,2011,31(6):705－715.

[29] Baldwin R B. A new method of determining the depth of the lava in lunar maria[J]. Publications of the Astronomical Society of the Pacific,1979,82:857－864.

[30] Haskin L A, Moss B E, Mckinnon W B. On estimating contributions of basin ejecta to regolith deposits at lunar sites [J]. Meteoritics & Planetary Science,2003,38:13－33.

[31] Rebecca R G, Gupta V, Campbell B A, et al. Carter, generation and emplacement of fine grained ejecta in planetary impacts[J]. Icarus,2010,209:818－835.

The preliminary processing and analysis of LPR Channel-2B data from Chang'E-3①

ZHAO Na[1,2]②, ZHU PeiMin[1,2], YANG KeSi[1,2], YUAN YueFeng[1,2] & GUO ShiLi[3]

1 Institute of Geophysics and Geomatics, China University of Geosciences, Wuhan 430074, China;

2 Hubei Subsurface Multi－scale Imaging Lab, China University of Geosciences, Wuhan 430074, China;

3 College of Resources and Environmental Sciences, Henan Institute of Engineering, Zhengzhou 451191, China

Abstrack: The Lunar Penetrating Radar (LPR) carried by Chang'E-3 has imaged the shallow subsurface of the landing site at the northern Mare Imbrium. The antenna B of the Channel-2 onboard the LPR (LPR Channel-2B) has collected more than 2 000 traces of usable raw data. Because of the low resolution and noise of the raw data, only a few shallow geological structures are visible. To improve the resolution and the signal－to－noise ratio of the LPR data, we processed the LPR data including amplitude compensation, filtering, and deconvolution processes. The processing results reveal that the data processing in this study not only improves the signal－to－noise ratio of the LPR Channel-2B data but also makes the geological structures vivid. The processing results will lay the foundation for the subsequent geological interpretation and physical property inversion of lunar materials.

Key words: data processing; Lunar Penetrating Radar; Chang'E-3; lunar subsurface; Moon

Citation: Zhao N, Zhu P M, Yang K S, et al. The preliminary processing and analysis of LPR Channel-2B data from Chang'E-3. Sci China－Phys Mech Astron, 2014, 57: 2346－2353, doi: 10.1007/s11433－014－5590－2

1 Introduction

In December 2013, the Chinese Chang'E-3 (CE-3) spacecraft carrying the Yutu rover successfully landed on the northern Mare Imbrium (－19.51W, 44.12N). The Lunar Penetrating Radar (LPR) installed on the Yutu rover was applied to investigate the lunar internal structures on the Moon surface for the first time. Specifically, it was used to

① Recommended by XIAO Long (Associate Editor)

② Corresponding author (email: zhnacug@126.com)

study lunar shallow subsurface structures and to measure the thickness of the regolith of the landing site.

A high frequency (HF) radar is an effective tool to explore the lunar subsurface structures. The early radars used to explore the lunar surface and subsurface were satellite platform radars. In 1972, the lunar sounder experiment conducted by the scientific instrument module of the U.S. Apollo17 mission prospected the internal structures of the Moon, which is the first radar prospecting to the Moon[1]. This instrument operated in three frequency modes of 5, 15, and 150 MHz, respectively. The highest vertical resolution was 400 m and it could detect up to 1.6 km deep subsurface structures[2,3]. The lunar radar sounder (2007) onboard the Kaguya (SELENE) mission had a dominant frequency of 5 MHz and a vertical resolution of 75 m. It was designed to penetrate to a depth of 5 km to explore the thickness of mare basalts on the lunar nearside[4-7]. After that, all lunar radar explorations, including Chang'E-1 Lunar Microwave Sounder[8-10], Chandrayaan-1 Mini-SAR, and LRO Mini-RF[11-14], mainly investigated the thickness of the lunar regolith and the existence of water ice, but not lunar internal structures.

The altitudes of the orbital radars onboard both the Apollo17 and Kaguya were 100 km. The vertical resolutions of the radar data were low, ranging from tens to hundreds of meters. Therefore, they could not expose the subsurface structures in great detail. However, the LPR onboard the Yutu rover can probe the strata within a depth of over 100 m and has a highest vertical resolution of 30 cm. The LPR data, thus, are able to characterize the fine structures of lunar regolith, which is an iconic achievement of studying lunar subsurface.

However, the high-energy attenuation formed during the radar wave propagation in lunar rocks and regolith caused the weak echoes of deeper subsurface. Also, considering the possible existence of unknown interference, the signal-tonoise ratio of the raw radar data is too low to make the data be applied directly for geological interpretation without any processing. Hence, the data processing has to be performed to improve the signal-to-noise ratio.

Based on the operation mode of LPR, this study performed data preprocessing for the raw data at first, and then used amplitude compensation, deconvolution, filtering, and auto gain control (AGC) to further process the data. The processing results indicate that our data processing not only improves the signal-to-noise ratio, but also makes the geological structures in the subsurface more vivid.

2 Data and preprocessing

The CE-3 LPR contains two channels. The Channel-1 was designed as monopole antennas, with dominant frequency of 60 MHz and resolution of 1 m, mounted on the rear of the rover. With working frequency from 40 to 80 MHz, the Channel-1 can penetrate to a depth >100 m. The Channel-2 was mounted at the bottom of the rover, and it is only 273 mm away above the lunar surface. It was designed as bow - tie dipole antennas with working frequency from 250 to 750 MHz and the dominant frequency of 500 MHz. The vertical resolution of the Channel-2 is 30 cm and the minimum detection depth is 30 m. The Channel-2 consists of two receiving antennas, Channel-2A and Channel-2B. During the two lunar day mission when the LPR were operating, the Channel-1 and 2 collected 17 343 and 30 095 traces of data, respectively[15]. After preliminary processing and analysis, the LPR data of Channel-2B have remarkably high quality. Thus, here we just processed and analyzed the Channel-2B data.

The length of the rover track (Figure 1) is about 114 m. The LPR data collected along the track from the position 1 - 16 in Figure 1, but the Channel-2B data from the position 3 - 16 were selected in this study. Table 1 shows the start and end times of the LPR working in each track segment. The time window of collecting LPR data is 640 ns, and the sampling interval is 0.3 125 ns.

The LPR has worked in the following ways to collect data. (1) The Yutu rover traveled with a nonuniform speed, and the LPR recorded the coordinates once a minute, such that the LPR has collected many traces of data at the same positions and/or at different positions sharing a same coordinate. (2) The arrival time of the radar echo was delayed by 28.203 ns corresponding to the start time for recording data. (3) The delay time (28.203 ns) of each LPR reboot (reboot positions refer to the dots with numbers shown in Figure 1) was a little different, which caused slight time shift of some data traces. Because of the characteristics discussed earlier, we have performed the following data preprocessing: (1) picking the LPR data traces and removing the redundant traces by correlating data traces (this study picked out a total of 2 123 traces); (2) splicing the selected LPR data as a profile (Figure 2); (3) removing the delay time (28.203 ns) of each trace; and (4) performing necessary time adjustment for some LPR traces based on the phase of a strong reflection event (Figure 3). Figure 4 shows that the frequency band of the LPR data (No. 1 540 trace) is between 200 and 600 MHz, which is consistent with the aforementioned LPR working frequency band.

Table 1　The start and end times of LPR working in each track segment in Figure 1

Position number	Start time		Position number	End time	
3	2013/12/20	15:22:09	4	2013/12/20	15:33:39
4	2013/12/20	21:12:57	5	2013/12/20	21:39:01
5	2013/12/21	17:49:26	6	2013/12/21	18:00:42

Continued

Position number	Start time		Position number	End time	
6	2013/12/23	19:44:34	8	2013/12/23	23:06:01
8	2014/1/11	15:41:08	11	2014/1/11	20:21:11
11	2014/1/12	19:40:28	13	2014/1/13	12:14:09
13	2014/1/14	21:38:51	16	2014/1/15	14:16:56

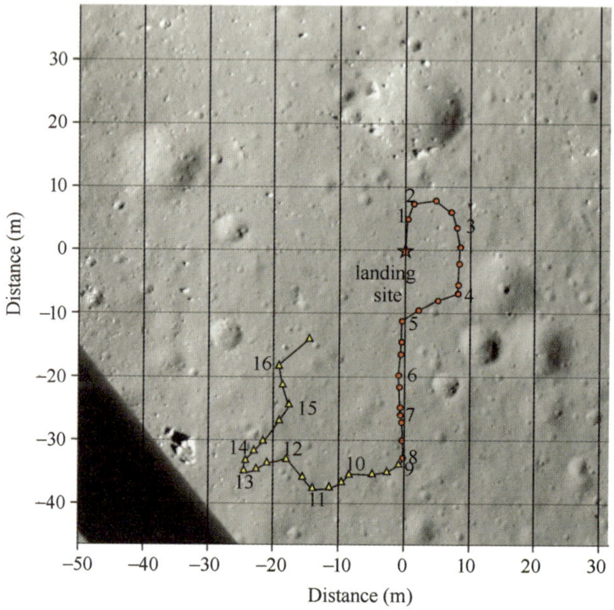

Figure 1 (Color online) The landing site of Chang'E-3 and the track of the Yutu rover. The base map was taken by a descent camera during the landing of the CE-3. The star denotes the landing site of CE-3. The dots and triangles denote the positions on the Yutu rover track in the first and second lunar daytime, respectively. The dots and triangles marked by numbers denote the positions where LPR rebooted.

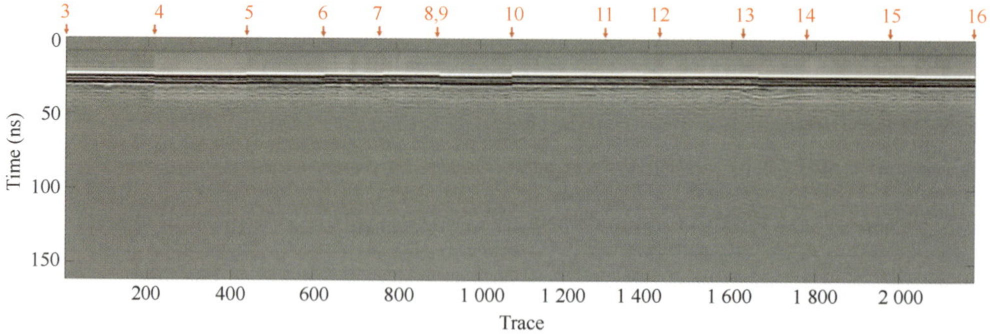

Figure 2 (Color online) The LPR profile after picking and splicing. The numbers and arrows correspond to the numbers along the lunar rover track shown in Figure 1.

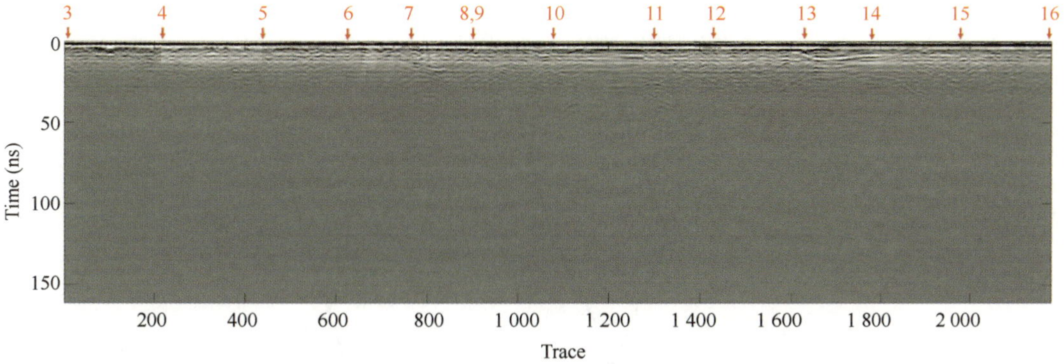

Figure 3　(Color online) The LPR profile after preprocessing.

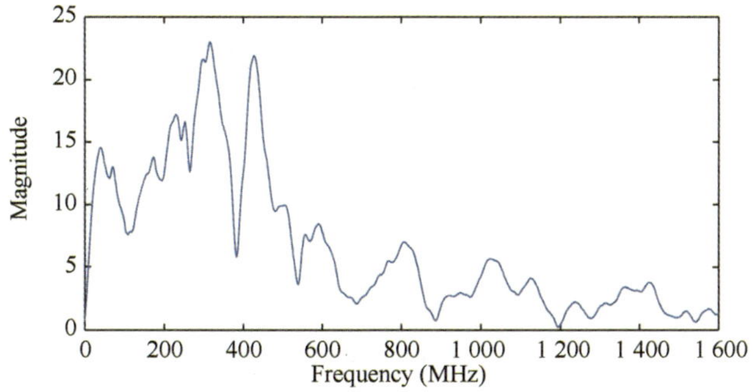

Figure 4　(Color online) Frequency spectrum of the LPR data after preprocessing (No. 1540 trace). Its frequency band is between 200 and 600 MHz.

3　Mathematical basis of the LPR data processing

The LPR antenna transmits electromagnetic wave pulse vertically into the lunar subsurface, and the penetrating electromagnetic wave would be reflected back when it meets the medium interfaces. The reflection echoes received by the LPR receiving antenna form one radar data trace. The data traces collected at different positions can make up of an LPR profile. In this study, we assume that the strata under the landing site are layered and consist of $n+1$ layers and n interfaces (Figure 5). The dielectric constants and absorption coefficients of these layers are $\varepsilon_0, \varepsilon_1, \varepsilon_2, \cdots$ ($\varepsilon_0 = 1$ is the dielectric constant of vacuum) and $\beta_0, \beta_1, \beta_2, \cdots \beta_n$, respectively. h_0, h_1, $h_2, \cdots h_n$ are the thicknesses of each layer. Considering the spherical spreading, transmission loss, and absorption of radar wave in media, an LPR trace can be expressed as[16]:

$$s(t) = \sum_{i=1}^{n} s_i(t) = \sum_{i=1}^{n} A(\tau_i) W(t - \tau_i) \tag{1}$$

The amplitude A is related to the spherical spreading, transmission loss, and medium absorp-

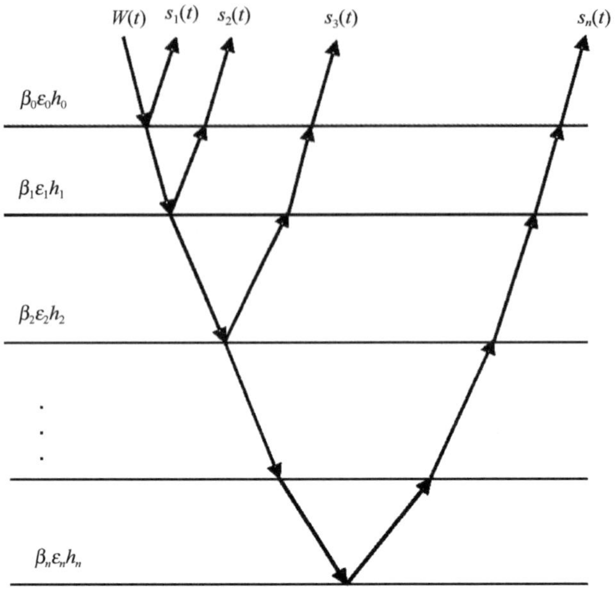

Schematic of the radar wave propagation model in the strata.

tion:

$$A(\tau_i) = A(r_i, \beta_i, R_i \mid_{i=1,2,\cdots,n}), \tag{2}$$

$$r_i = \sum_{j=1}^{i-1} 2h_j = \frac{\tau_i \cdot c}{\sqrt{\varepsilon}}, \tag{3}$$

where τ_i and r_i are the two - way travel time and two - way distance of No. i reflected echo and R, W, and c are the reflection coefficient, wavelet of transmitted pulse, and speed of light, respectively.

The influence of spherical spreading and absorption on radar wave amplitude is expressed as:

$$A \propto A_0 \frac{1}{r} e^{-\beta r}, \tag{4}$$

where A_0 is the initial amplitude of the radar wave transmitted from the LPR antenna.

4 Data processing

The low resolution and signal - to - noise ratio of preprocessing data of the Channel-2B (Figure 3) make almost all geological structures indistinct. To improve the signal - tonoise ratio of LPR data and obtain the real geological structures, we conducted amplitude compensation, filtering, deconvolution, and AGC based on the mathematical model of radar wave propagation shown in eqs. (1) - (4). Figure 6 shows the data processing flow of LPR data.

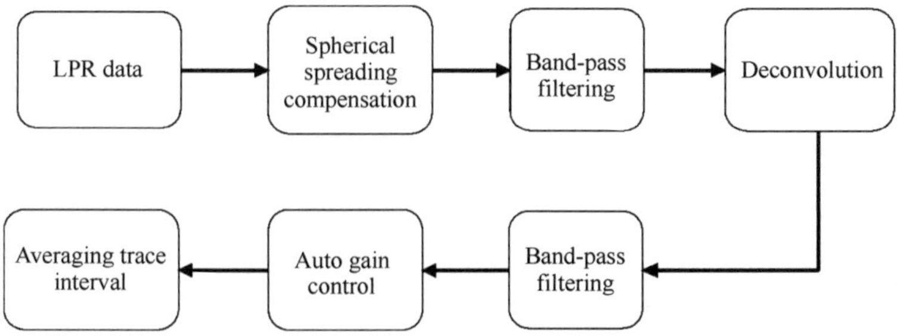

Figure 6　Data processing flow of the LPR data.

Because of the spherical spreading, transmission loss, and medium absorption, the amplitude of the received LPR wave is related to the propagation distance. However, the most useful information for geological structure study is the amplitude variation caused by the reflection (Figure 5). Eq. (4) shows that the greater the propagation distance, the weaker the amplitude of the received radar wave. Therefore, the geological structures of deeper strata are indistinct from the radar echoes. It is necessary to carry out amplitude compensation to remove the influence of spherical spreading, transmission loss, and medium absorption in order to enhance the deeper reflection echoes.

It is easy to perform spherical spreading compensation based on the estimated velocity of the radar wave. However, because the absorptivity and transmission coefficients cannot be obtained directly from the LPR data, this study could not perform absorption and transmission compensation. As an alternative way, we used the AGC[16] technology to make the LPR echoes of interested deeper strata more obvious. The basic idea of this technology is to suppress the strong amplitude and enhance the weak amplitude of radar trace, and keep the strong and weak amplitudes of reflected events in a certain dynamic range. The implementation of AGC is that each sample of an LPR trace is multiplied by different weight coefficients in different time windows.

Also, the direct current (DC) effect, multiple reflections, and other interference signals introduced many noises to the Channle-2B LPR data. Hence, the filtering is necessary to improve the signal - to - noise ratio and weaken the noises.

Theoretically, we hope the transmitted pulse of LPR is a spike pulse, which makes the reflection echoes have the highest resolution. However, because of the limitation of frequency bandwidth of LPR antennas, the actual transmitted pulse is a wavelet with time duration which brings about longer waveform of reflection event and lower resolution. To improve the resolution of LPR data, we tried to compress the length of the wavelet by applying the Wiener deconvolution[17,18]. In general, after this processing, while the resolution of useful radar signals is improved, the noise level at higher frequency is also increased. Hence, a different band - pass filtering has to be carried out to suppress the higher frequency noises of the radar data caused by deconvolution.

Because of the way of collecting and recording LPR data mentioned in the second section, the positions of most of the traces recorded in raw radar data are not correct such that even profile after data processing is not available for geophysical and geological interpretation. This study made use of the spatial data of marker traces (refer to Figures 1 and 2) to calculate the average trace intervals of adjacent trace positions with known coordinates and re-plotted the whole LPR profile. Finally, so as to be convenient to interpretation, taking the empirical values of dielectric constant of subsurface media from refs.[9,19] and according to formula (3), the time-to-depth conversion was carried out for the LPR profile from travel time versus distance to depth versus distance.

5 Data processing results and discussion

Comparing Figure 7 with Figure 3, the amplitudes of LPR data are enhanced with depth after the spherical spreading compensation and deeper geological structures are visible, although not obvious in the processed data.

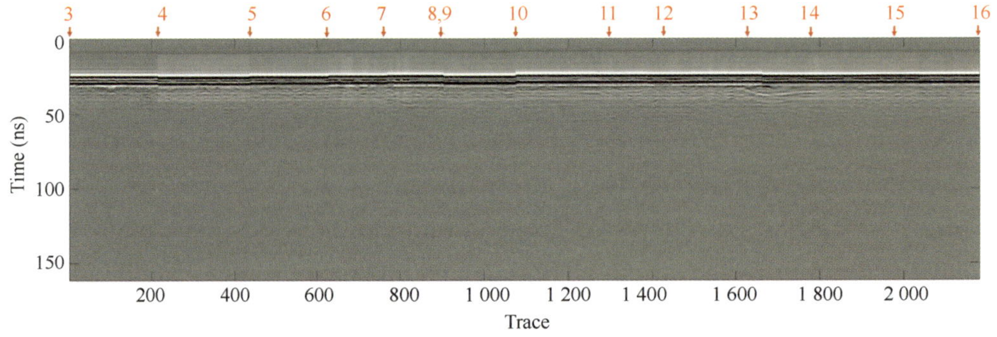

Figure 7　(Color online) LPR profile after spherical spreading compensation.

The dominant frequency (Figure 8) of the LPR Channel-2B data ranges between 200 and 600 MHz after the spherical spreading compensation. There are some interference and noises within the low frequency band between 0 and 100 MHz. Hence, we designed the band-pass filter (150-200-800-850 MHz) to remove them.

Figure 9(a) shows that the waveforms of reflection events before the deconvolution, which are broader causing the reflections of the thin layers overlapped. After deconvolution, the reflection events of the LPR data are narrowed down and the reflection events of the thin layers are separated and can be easily identified for further geological interpretation. The length of the reflection waveform (black line circled in Figure 9) is reduced from 1.3 to 0.9 ns. The deconvolution widens the frequency bandwidth of the LPR data from 600 to 850 MHz in the high-frequency end (Figure 10). It implies that

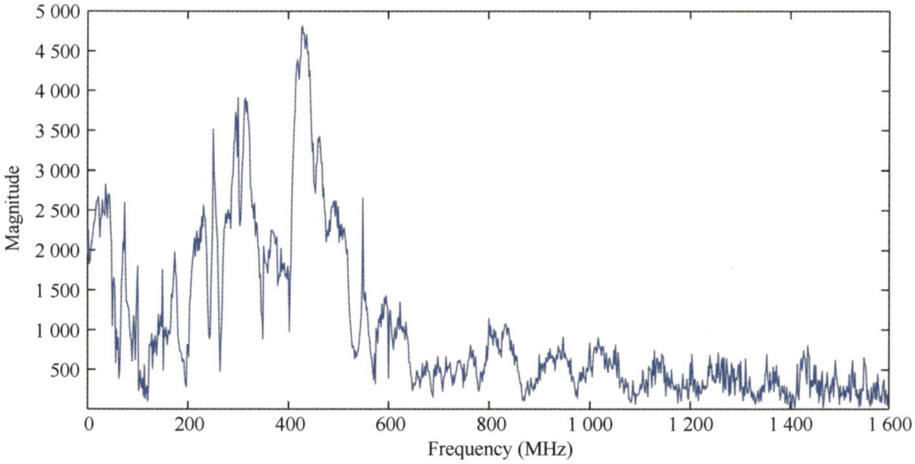

Figure 8　(Color online) Frequency spectrum of LPR data after spherical spreading compensation (No. 1540 trace). Its frequency band is between 200 and 600 MHz.

the resolution of LPR data becomes higher. The resolution of the LPR data is actually improved by about 30%. A band - pass filtering (150 - 200 - 850 - 900 MHz) was carried out again to remove the high - frequency noise caused by deconvolution.

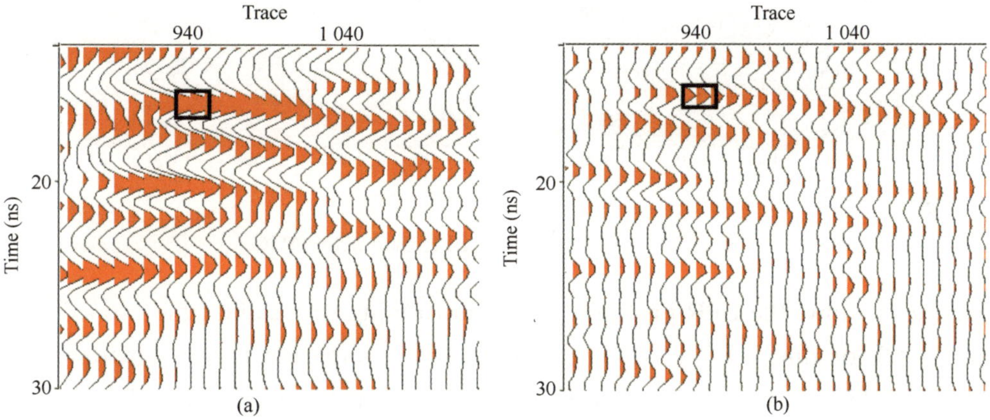

Figure 9　(Color online) LPR waveforms before (a) and after (b) deconvolution.

The AGC enhances the amplitudes of the LPR wave in deeper strata, and makes the geological structures more clear (Figure 11).

It is worth noting that if the signals with the frequency band of 0 - 100 MHz were not removed in the first filtering, there would be some strong multiple reflections (Figure 12(a)) in the LPR profile after the AGC processing. The multiple reflections are suppressed obviously in the LPR profile (Figure 12(b)) after band - pass filtering, suggesting that the signals with frequency band of 0 - 100 MHz are mainly multiple reflections indeed.

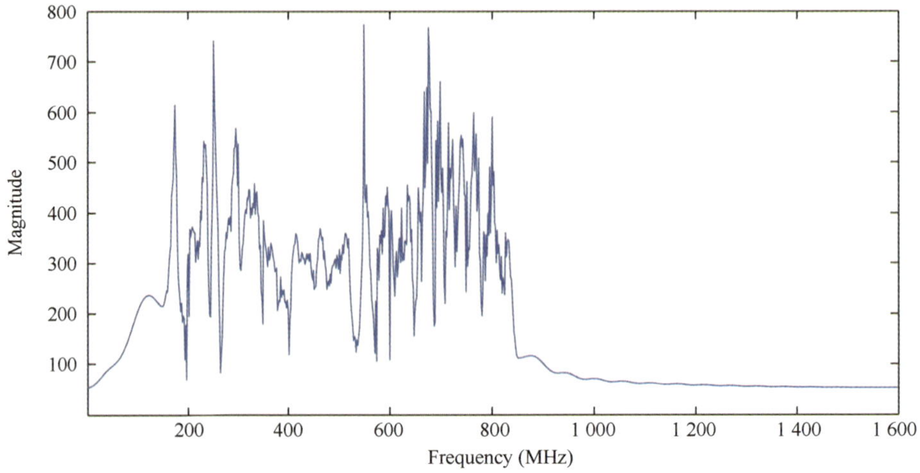

Figure 10　(Color online) Frequency spectrum of LPR data after deconvolution (No. 1540 trace). Its frequency band is between 200 and 850 MHz

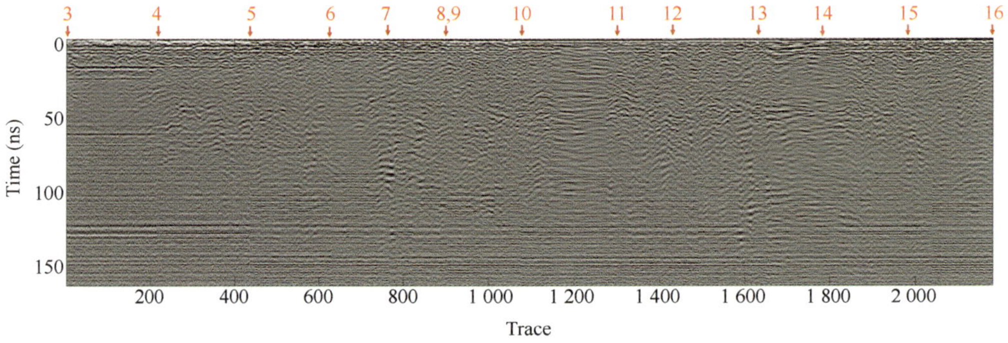

Figure 11　(Color online) LPR data after AGC.

Figure 13 shows the LPR profile after re-positioning traces and time - to - depth conversion ($\varepsilon = 3$ for time - to - depth conversion). By comparing Figure 4 with Figures 13 and 14, it is obvious that the data processing applied in this paper not only improves the signal - to - noise ratio but also makes the geological structures of the LPR profile more clear.

However, some false signals, such as the yellow line circled in Figure 13 can still be observed after all the data processing. These non - geological signals are possibly caused by (1) the interferences from Channel-1, (2) the interferences from other instruments mounted on the Yutu rover, and/or (3) the noise caused by Channel-2 itself. As a result, we should avoid these interferences and noise sources when designing instruments for future lunar missions. Meanwhile, a new algorithm to remove such noises is urgently needed.

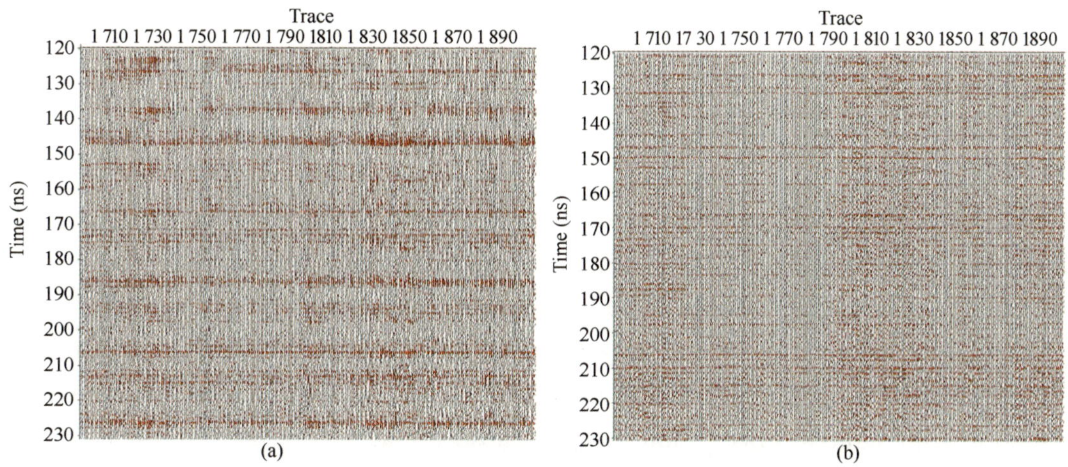

Figure 12　LPR waveform before (a) and after (b) filtering the signals with a frequency band of 0 − 100 MHz.

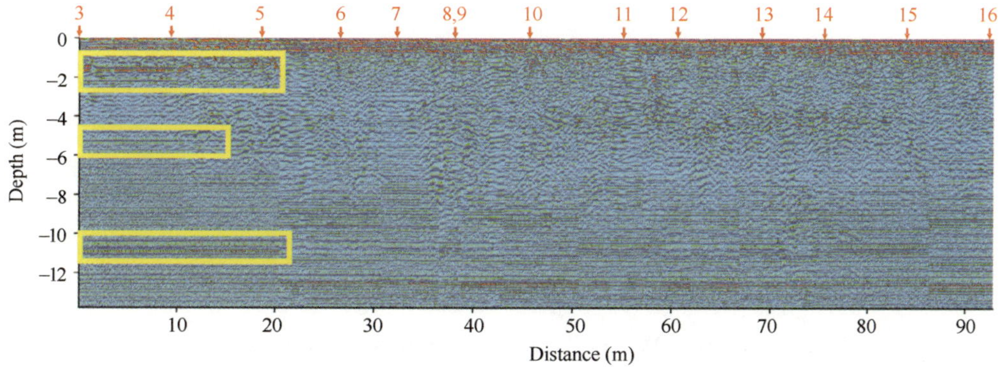

Figure 13　LPR profile after data processing.

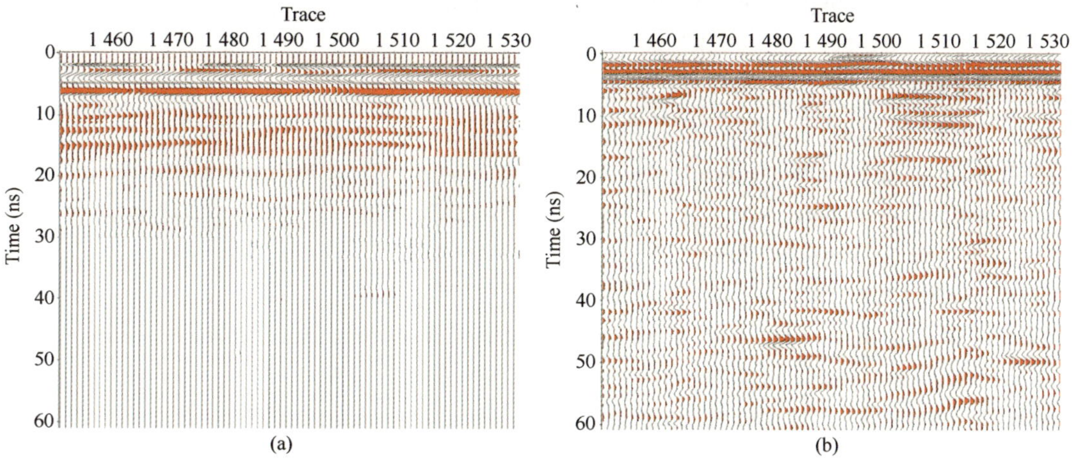

Figure 14　LPR data before (a) and after (b) data processing.

6 Conclusions

Based on LPR data processing and the analyzed results, the main conclusions of this study are summarized as follows:

(1) Considering the operation mode of the LPR, it is essential to perform data pre-processing including selecting, splicing, removing delay time, and fine-correcting.

(2) The spherical spreading compensation and AGC were applied to enhance the amplitude of reflection echoes from deeper strata. As a result, they make the geological structures more obvious, which almost cannot be reached in the raw LPR dataset because of spherical spreading, transmission loss, and absorption.

(3) The transmitted pulse with a longer time duration causes the reflections events to be much broader and overlapped. Hence, the spiking deconvolution is applied to narrow reflection events down and makes it possible to identify thin layers with 30% improved resolution.

(4) The band-pass filtering applied in this paper removes the multiple reflections and, consequently, improves the signal-to-noise ratio of LPR data.

Acknowlegement

This work was supported by the Key Research Program of the Chinese Academy of Sciences (Grant No. KGZD-EW-603) and the National Natural Science Foundation of China (Grant Nos. 41174049 and 91014002). We thank the Ground Application System of Chang'E Project for providing LPR data and Dr. LI Hui at the University of Houston for his many good suggestions while writing this paper.

References

[1] Phillips R J, Adams G F, Brown J W E, et al. Apollo lunar sounder experiment. In: Apollo 17 Preliminary Science Report, NASA SP-330, Washington DC, 1973. 22-1-22-26.

[2] Porcello L J, Jordan R L, Zelenka J S, et al. The Apollo lunar sounder radar system. Proc IEEE, 1974, 62(6): 769-788.

[3] Peeple W J, Sil W R, May T W, et al. Orbital radar evidence for lunar subsurface layering in maria Serenitatis and Crisium. J Geophys Res, 1978, 83(B7): 3459-3468.

[4] Ono T, Oya H. Lunar Radar Sounder (LRS) experiment on-board the SELENE spacecraft. Earth Planets Space, 2000, 52: 629-637.

[5] Ono T, Kumamoto A, Yamaguchi Y, et al. Instrumentation and observation target of the Lunar Radar Sounder (LRS) experiment onboard the SELENE spacecraft. Earth Planets Space, 2008, 60:

321－332.

[6] Ono T, Kumamoto A, Nakagawa H, et al. Lunar radar sounder observations of subsurface layers under the nearside maria of the Moon. Science, 2009, 323(5916): 909－912.

[7] Oshigami S, Yamaguchi Y, Yamaji A, et al. Distribution of the subsurface reflectors of the western nearside maria observed from Kaguya with Lunar Radar Sounder. Geophys Res Lett, 2009, 36(18):L18202.

[8] Wang Z Z, Li Y, Zhang X H, et al. In－orbit calibration of and antenna pattern correction to CE-1 Lunar microwave sounder (CELMS) (in Chinese). Sci China Ser D－Earth Sci, 2009, 39(8): 1029－1044.

[9] Wang Z Z, Li Y, Jiang J, et al. Lunar surface dielectric constant, regolith thickness, and ^{3}He abundance distributions retrieved from the microwave brightness temperatures of CE-1 Lunar Microwave Sounder. Sci China－Earth Sci, 2010, 53(9): 1365－1378.

[10] Fa W Z, Jin Y Q. Analysis of microwave brightness temperature of lunar surface and inversion of regolith layer thickness: Primary results of Chang－E 1 multi－channel radiometer observation. Sci China－Inf Sci, 2010, 53(1): 168－181.

[11] Spudis P, Nozette S, Bussey B, et al. Mini－SAR: An imaging radar experiment for the Chandrayaan－1 mission to the Moon. Curr Sci,2009, 96(4): 533－539.

[12] Spudis P D, Bussey D B J, Baloga S M, et al. Initial results for the north pole of the Moon from Mini－SAR, Chandrayaan－1 mission. Geophys Res Lett, 2010, 37(6): L06204.

[13] Thomson B J, Bussey D B J, Neish C D, et al. An upper limit for ice in Shackleton crater as revealed by LRO Mini－RF orbital radar. Geophys Res Lett, 2012, 39(14): L14201.

[14] Spudis P D, Bussey D B J, Baloga S M, et al. Evidence for water ice on the Moon: Results for anomalous polar craters from the LRO Mini－RF imaging radar. J Geophys Res Planets, 2013, 118(10):2016－2029.

[15] Li Y, Shen S, Zhou B, et al. Data processing and some primary results of chang'E-3 LPR sounding. In: International Symposium on Lunar and Planetary Science, Macao, 2014.

[16] Li D X. Method and Application of Ground Penetrating Radar (in Chinese). Beijing: Geological Publishing House, 1994.

[17] Wiener N. Extrapolation, Interpolation, and Smoothing of Stationary Time Series. Cambridge: MIT Press, 1964.

[18] Robinson E A, Treitel S. Geophysical signal analysis. Soc Explor Geophys, Tulsa, Oklahoma, USA, 2009, 238－250.

[19] Simmons G, Strangway D, Annan P, et al. Surface electrical properties experiment. In: Apollo 17 Preliminary Science Report, NASA SP－330, Washington DC, 1973. 15－1－15－14.

Three-dimensional lunar surface reconstruction based on remote sensing imagery from Chang'E-2

A. Yang*[1], X. Li[2], J. Xie[2] and T. Liu[2]

1 Department of Graduate Management, Equipment Academy, Beijing, China

2 Department of Information Equipment, Equipment Academy, Beijing, China

Abstrack: In this paper, we propose a complete solution for effective, automatic and accurate reconstruction of the lunar surface based on the linear array push – broom imagery from Chang E-2 (CE-2). First, with the sparse ephemeris data, an approach for estimating the corresponding areas between forward (F) imagery and backward (B) imagery is proposed through exploiting the imaging characteristics of linear push – broom cameras. Second, feature based matching (FBM) is conducted between F and B imagery, followed by Area Based Matching (ABM) for dense correspondence. Third, the extrinsic parameters of every scan line are estimated according to the supplied sparse ephemeris, and the orientation matrix is derived. Finally, the digital ortho map (DOM) and digital elevation model (DEM) of one orbit are generated automatically. The results show that the relative and absolute accuracies of triangulation are relatively high and generally acceptable. The visualised 3D realistic scene and the mosaicked DOM and DEM of lunar surface validate the feasibility of the proposed solution.

Key words: 3d reconstruction; Camera orientation; CE-2; Corresponding point matching; Linear array push – broom camera

Introduction

China launched its lunar exploration satellite CE-2 in 2010. CE-2 is a polar – orbiting satellite and orbits the moon at the height of about 100 000 m. CE-2 carries a two – linear array charge coupled device (CCD) pushbroom camera with a forward (F) view and a backward (B) view. Every linear array of sensors consists of a 6 144 – pixel array of electronic sensors covering an angle of 24.2°. The sensor array captures a row of imagery at 4.5 ms intervals.

As the satellite orbits the moon, the imagery of every scan line is accumulated and organised row by row. Then two images of one orbit, including F image and B image,

* Corresponding author, email qs08123@sina.com

are produced respectively from F and B line sensors with the width of 6 144 pixel columns and height of 300 000 to 700 000 pixel rows. The spatial resolution of the image is 7 m/pixel. At the same time, the precise ephemeris of CE-2 is surveyed by the tracking station on the earth. Then the ephemeris is interpolated according to fixed physical and astronomical constants, such as the orbital parameters of CE-2 and the gravitational field of the moon. Finally, the ephemeris with the sampling period of 30 s is produced.

With these data, the paper aims to generate the DOM and DEM of the lunar surface and finally modelling the 3D lunar surface. Unlike the data obtained by previous approaches, the dense DEM data in the proposed solution will be generated with the imagery and ephemeris data. In the solution, the data from the altimeter are not required.

The first DOM and DEM by means of linear array scanner imagery is proposed by Hofmann et al. (Hofmann et al., 1982). 3D information of the scene can be acquired from two images of the scene viewed from different positions (Szeliski, 2010). Since the camera carried by CE-2 has two views which can produce parallax, the 3D surface of lunar can be reconstructed based on the imagery from CE-2 according to similar theory. Moreover, we do not have to consider the lunar atmospheric refraction, which is the main reason for remote sensing image distortion on the earth (Wei et al., 2006). In order to achieve the goal, the first task is to match the corresponding points of the two views. Then the two view directions of one spatial point can be obtained with the recovered camera intrinsic and extrinsic parameters. Finally, the 3D coordinates of spatial point are calculated by intersecting two rays, which is known as triangular intersection (McGlone, 2004).

Every line of the linear push - broom imagery has different extrinsic parameters, i. e. the attitude and position are changing continuously. This change makes camera attitude determination complicated. Moreover, only finite discrete satellite positions with a fixed time interval of 30s are supplied and attitude data are not available. Thus, the complexity is increased. In general, there are two difficulties as follows.

The first difficulty is the dense and precise matching of the corresponding points. The second is camera orientation. In order to decrease the complexity, we make a simplified assumption (Gupta and Hartley, 1997):

The orientation of the sensor array is unchanged during image acquisition in every scan period.

Moreover, we demonstrated a complete solution to the above two difficulties, and the novelty of the paper lies in two aspects: one is proposing an approach for matching corresponding point correctly and efficiently by make use of the imaging characteristics of the linear array push - broom camera. The other is determining the satellite's attitude and position corresponding to every scan line for camera orientation based on the surveyed sparse ephemeris. In the section on 'Corresponding point matching' we introduce the method for matching corresponding points. We describe the method for camera orientation in the section on 'Camera orientation'. Then we give the steps for reconstructing the 3D lunar surface from the dense spatial points in the section on 'Lunar surface reconstruction'. Finally, we present the experimental results in the section on 'Experimental results'.

Corresponding point matching

Corresponding point matching includes three steps: feature extraction, feature matching and dense correspondence. In the first step, scale-invariant feature transform (SIFT) (Lowe, 2004; Lowe, 1999) and the Speeded Up Robust Features (SURF) (Bay et al., 2008; Bay et al., 2006) descriptors are implemented and yield a sparse descriptor set. More emphases are put on the feature matching. For feature matching, the way to predict the possible corresponding area is critical.

Corresponding area estimation

For a feature point in the F image, in order to find the corresponding point in the B image, it is necessary to go through all the feature points in the B image for a best matching. This is inefficient. Moreover, even if we have obtained a few corresponding points between the F and the B images, the transformation relationship between the F and the B image cannot be expressed with the commonly used models, such as the similarity and homography models, due to the complex imaging procedure of linear push-broom camera. Fortunately, we can make use of the imaging characteristics of linear push-broom camera to predict a comparatively small area where the corresponding feature lies in. Then we can search for the best matching point from a much smaller candidate feature point set instead of going through all the feature points in the B image. This will decrease the search time consumption dramatically.

Row interval estimation

Due to the steady structure of the two-linear array CCD camera, such as the fixed angle between the view directions of the the F and the B lines, we can roughly estimate the corresponding row in the B image for one row in the F image.

Figure 1 is a side view demonstrating the imaging geometry of CE-2's push-broom camera. *C* is the common projection centre of Forward view and Backward view of the two-linear array camera. The F and B line sensors are perpendicular to the advancing direction. The virtual image plane is an attempt to simulate the two-linear array camera as a frame array camera, and the F and B line sensors are two pixel rows of the virtual frame camera as shown in Fig. 7. α_F and α_B are respectively the dip angle of forward and backward view which are supplied in the camera manual. P_1 and P_2 are the image points corresponding to the Ground points G_1 and G_2, which are imaged respectively by the F and B line sensors at this imaging time.

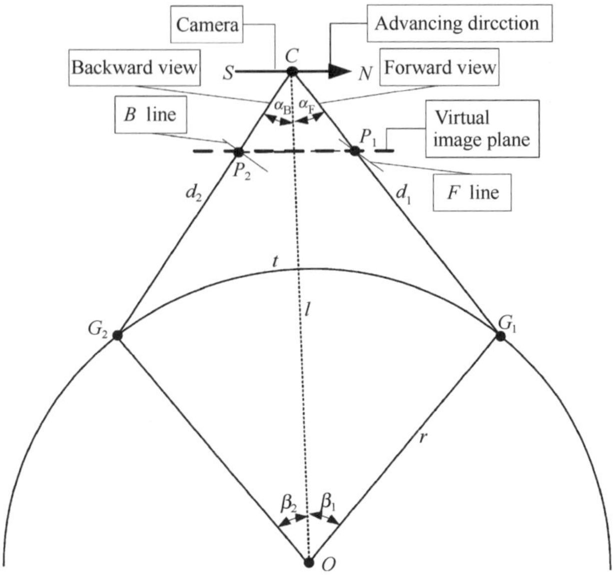

Fig. 1　Imaging geometry of push－broom camera

As shown in Fig. 2, P_1 and P_2, which are imaged at the same time and respectively belong to the F image and the B image, have the same row index. Additionally, we assume their column indexes are the same too. As the satellite orbits, the B sensors' view direction will point to G_1 after a while and generate P_1's corresponding point P_1 in B image, the row index of which is larger than that of P_1 and P_2. It is worth mentioning that the distance between the imaging positions of P_1 and P_1' directly depends on the angle between the Forward and Backward views. Since the angle is about 25.2° for CE-2, this implies significant disparity exists between P_1 and P_1', consequently facilitating triangulation.

Now we have to determine the probable row index of P_1' in the B image, or the row interval R_{itv} between P_2 and P'_1 in the B image as illustrated in Fig. 2. It can be seen from Fig. 1 that the B camera is focused at G_2 while the F camera is focused at G_1. Provided that the orbit of CE-2 is approximates to a circle over a short distance, we can get that the trace of viewed points by the B line sensors on the lunar surface from G_2 to G_1 is approximately arc $\overset{\frown}{G_1 G_2}$. The image points of $G2$ and $G1$ in the B image are respectively P_2 and P_1'. Since the resolution of the imagery is 7 m/pixel, the row interval R_{itv} between P_2 and P_1', which is also the row interval between P_1 in the F image and its corresponding point P_1' in the B image, may be calculated as

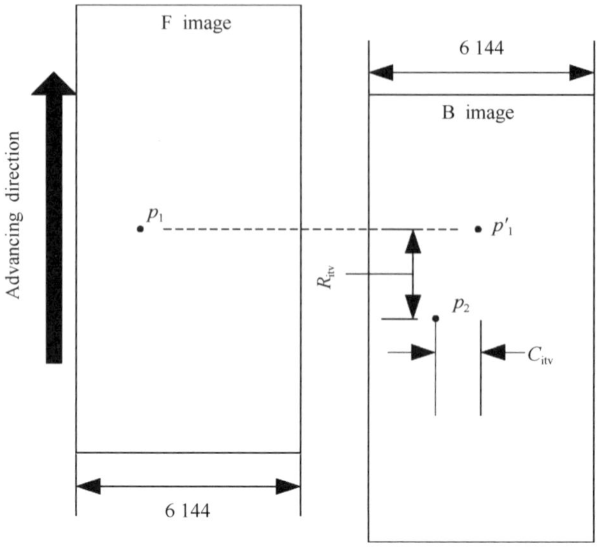

Fig. 2 Relationship between F and B image

$$R_{itv} = t/7 \tag{1}$$

where t is the length of arc $\overset{\frown}{G_1G_2}$. The problem turns to the solution of parameter t. According to Fig. 1, in the triangle ΔCOG_1, we can obtain the following two equations about the known variables of l, r and α_F and unknown variables of d_1 and β_1

$$\begin{cases} r\cos\beta_1 + d_1\cos\alpha_F = l \\ r/\sin\alpha_F = d_1/\sin\beta_1 \end{cases} \tag{2}$$

where l indicates the distance from the lunar core to the camera projection centre. Since the satellite coordinates (x, y, z) of this scan line can be obtained according to equation (12), l is calculated with the expression: $l = (x^2 + y^2 + z^2)^{1/2}$; r is the lunar radius, 1 737 400 m.

Then $\cos\beta_1$ can be solved from equation (2) and $\beta_1 = \arccos(\cos\beta_1)$; β_2 can be solved in a similar way. Hence t can be expressed as

$$t = r(\beta_1 + \beta_2) \tag{3}$$

Thus the probable row interval R_{itv} may be obtained according to equation (1).

Column interval estimation

Since the moon is revolving on its own axis from west to east, i.e. G_1 will go east for some distance when the B line sensors look at it, P_1's corresponding point P_1' moves right in the B image. So the column index of P'_1 in the B image is not the same as that of P_1 in F image and larger than P_1's index.

Since the row interval R_{itv} between P_1 and P'_1 is solved in the section on 'Row interval estimation', the time interval titv between the imaging times of P_1 and P'_1 can be obtained as

$$t_{itv} = R_{itv} P_{ed} \tag{4}$$

where P_{ed} is the row scan period, 4.5 ms.

Since G_1 is rotating around lunar axis, the moving distance d_{itv} of G_1 during the interval titv is:

$$d_{itv} = t_{itv} \times V_p \tag{5}$$

where V_p is the spin linear velocity of the lunar surface at G_1 and can be calculated as

$$V_p = \omega r \cos\theta \tag{6}$$

where ω is the commonly known angular velocity of the moon, 2.66×10^{-6} rad s^{-1}; θ is the latitude of G_1. It is obvious that V_p decreases when approaching the two poles.

Based on the above result, it is easy to get the interval C_{itv} between the column indexes of P_1 and P_1' is

$$C_{itv} = d_{itv}/7 = (R_{itv} P_{ed} \omega r e \cos\theta)/7 \tag{7}$$

It should be noted that C_{itv} varies with latitude while R_{itv} changes little.

Until now, for the feature point $P_1(x, y)$ in the F image, the coarse coordinate of its corresponding point in the B image is: $(x + R_{itv}, y + C_{itv})$, where x is the row index and y is the column index of P_1 in the F image. Then we can search for the best corresponding feature in a small area around $(x + R_{itv}, y + C_{itv})$ in the B image. The result of feature matching is shown in Fig. 3.

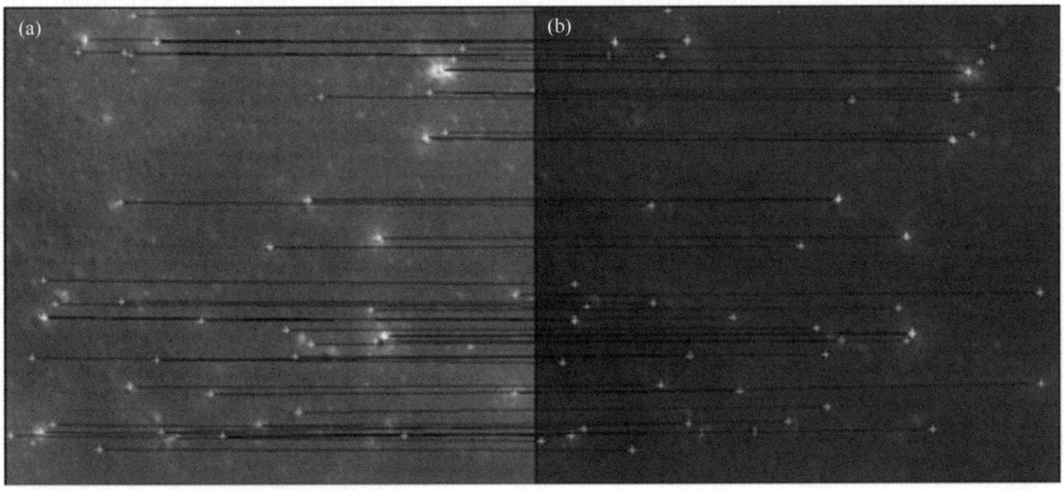

Fig. 3

Dense correspondence

The sparse correspondences obtained from feature matching cannot satisfy the precise reconstruction of the lunar surface. Besides, mis-match is inevitable and will result in false reconstruction. Solutions to these two issues are presented in this section.

In order to obtain dense correspondences, we firstly divide the overall image of one orbit into small image segments with fixed height. It is rationally assumed that two corresponding segments in the F and B images can be mutually transformed according to an approximate affine. Then, based on the sparse correspondences, RANdom SAmple Consensus (RANSAC) (Fischler and Bolles, 1981) algorithm is applied to estimate the affine transformation and eliminate the error correspondences simultaneously. If there are insufficient correspondences between two segments for transformation fitting, the height of the segments can be expanded until there are enough correspondences.

Then dense matching is conducted between the remaining feature points which are not matched in the process of sparse correspondence according to the transformation.

For a feature point p in the F image, the candidate set S in the B image can be obtained according to the transformation. Then the feature point in S, which has the shortest Euclidean distance to p and the distance is within a threshold (maximum distance), is assumed to be the correct match.

For every matched feature point couple, we search for a best match within a small area (5×5 pixel window area) around the feature point in the B image by applying normalised sum of squared differences (NSSD) (Criminisi et al., 2007). The correlation coefficient of the best match must above a threshold (In our experiment, the threshold is set to 0.95), otherwise this matched couple will be deleted.

Finally, the least square matching (LSM) (Ackermann, 1984) is carried out from the matching position determined by NSSD to achieve a sub-pixel matching accuracy.

In conclusion, the possible mis-matches may be removed by:

(i) RANSAC algorithm

(ii) affine transformation constraint

(iii) correlation coefficient threshold

(iv) additionally, the distance of the corresponding rays (refer to the section on 'Triangulation')coming from the matched couple must be within certain limits, otherwise the couple would be deleted.

Since the imagery of lunar surface is rich in texture at most of the area except for some dark area without sunshine, these four measures can make sure that almost all the correspondences are correct in practice. Figure 4 shows the results of dense correspondence. We can see that the corresponding points are almost equally distributed in the image. In Fig.4, the imagery of the second row shows the matching detail by magnifying the first row imagery four times, demonstrating the high accuracy of the matching result. Generally, there exist about 11 corresponding points at every pixel row on average and about 4 000 000 to 8 000 000 correspondences in an orbit of imagery in total. Such a density may ensure the fine reconstruction.

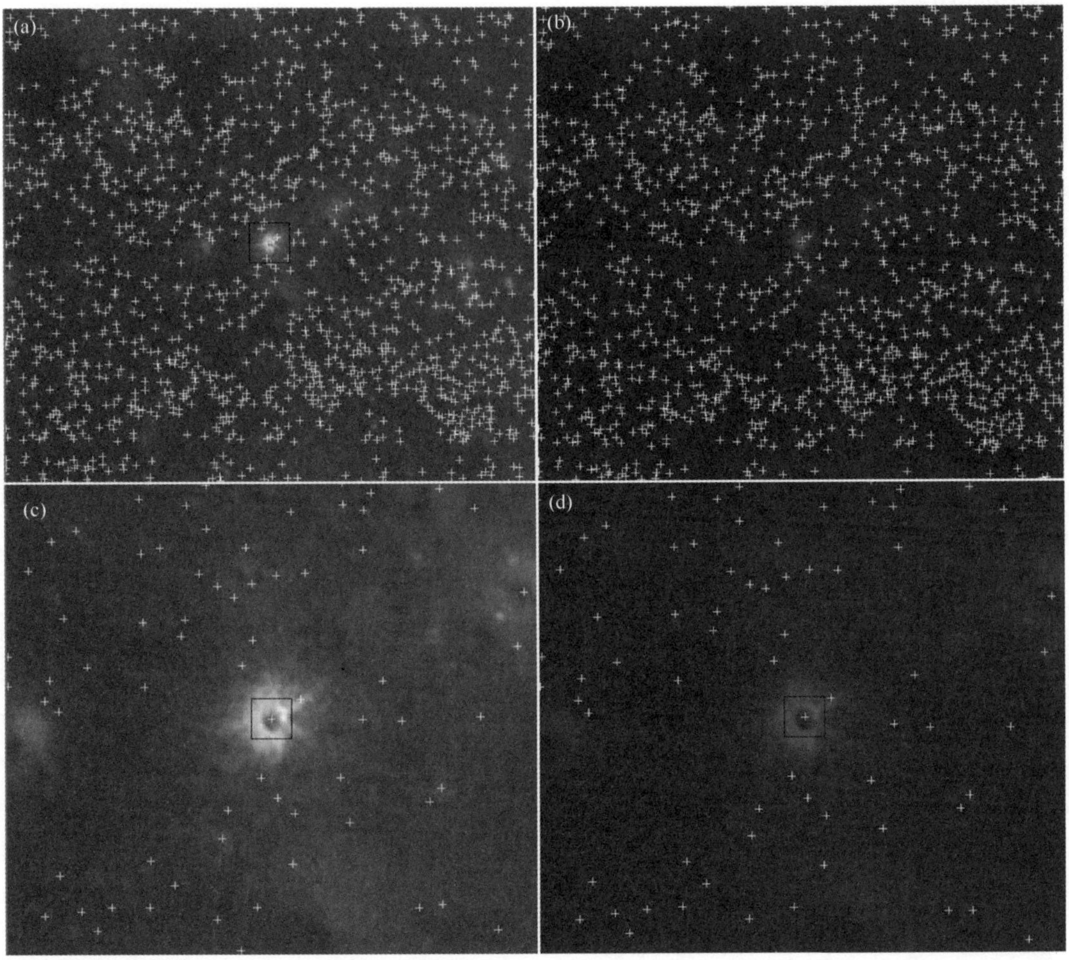

Fig. 4　Result of dense correspondence

Camera orientation

In order to carry out triangulation, we have to orient the camera. Camera orientation includes exterior and interior orientation. In exterior orientation, the satellite's position and attitude are determined by making use of the sparse ephemeris; As to interior orientation, a virtual frame camera is constructed. Exterior and interior orientations are introduced in detail in this section.

Exterior orientation

Since the camera is fixed on the satellite, the transformation from the camera coordinate system to the satellite coordinate system is constant. Hence the key issue about exterior orientation is determining the satellite's position and attitude, which will be introduced below.

Satellite coordinate system construction

Since the satellite is orbiting, its attitude and position are changing continuously. We can assume that the exterior parameters of the satellite in one scanning period of 4.5 ms are approximately constant for the purposes of simplification. Under this assumption, we constructed the satellite coordinate system corresponding to every scan line, i.e., determining the coordinates of the origin and X, Y and Z axis vectors of the satellite coordinate system in the lunar fixed coordinate system.

Ephemeris interpolation

In order to construct the satellite coordinate system of every scan line, the satellite position of every scan line should be determined firstly. Compared with the line scan period of 4.5 ms, the ephemeris of one sample in every 30 s is too sparse for orientation. Thus, we developed an approach for precisely interpolating the ephemeris.

It is worth mentioning that the imaging time of every scan line is known. As shown in Fig 5, P_t is the satellite position at time t, and P_1 and P_2 are two sampling positions of ephemeris adjacent to P_t, where the satellite coordinates are known. Since the time interval between P_1 and P_2 is 30 s, which is much shorter than the orbital period, it is rationally assumed that the satellite angular speed is unchanged between P_1 and P_2 and the points P_1, P_2, P_t and O are coplanar. Hence, the direction of vector $\overrightarrow{OP_t}$ can be obtained through revolving vector $\overrightarrow{OP_1}$ around vector V, which is perpendicular to the triangle ΔOP_1P_2 and can be calculated as

$$V = V_1 V_2 \tag{8}$$

where

$$V_1 = \frac{\overrightarrow{OP_1}}{\| \overrightarrow{OP_1} \|}$$

and

$$V_2 = \frac{\overrightarrow{OP_2}}{\| \overrightarrow{OP_2} \|}$$

The rotation angle θ_t can be calculated by linear interpolation of θ_{12} as follows

$$\theta_t = \frac{t - t_1}{t_2 - t_1}\theta_{12} \tag{9}$$

where t_1, t_2 and t are respectively the time when the satellite are at P_1, P_2 and P_t $\theta_{12} = V_1 V_2$

Therefore the direction of $\overrightarrow{OP_t}$ is

$$V_t = M_t V_1 \tag{10}$$

where M_t is the rotation matrix corresponding to the rotation by θ_t around vector V

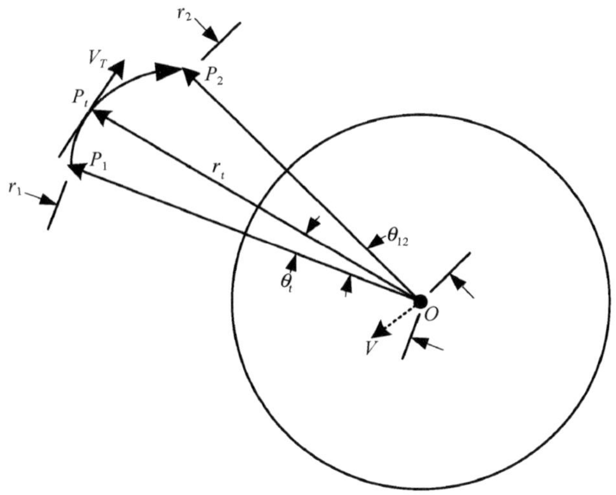

Fig. 5　Schematic diagram of ephemeris interpolation

and can be expressed as

$$M_t = I + \sin\theta_t[V]_x + (1 - \cos\theta_t)[V]_x^2$$

according to Rodriguez's equation (Ayache, 1989). The length of $\overrightarrow{OP_t}$ can be calculated by linear interpolation between r_1 and r_2 as

$$r_t = r_1 + \frac{t - t_1}{t_2 - t_1}(r_2 - r_1) \tag{11}$$

Finally, vector $\overrightarrow{OP_t}$ can be expressed as

$$\overrightarrow{OP_t} = r_t V_t \tag{12}$$

The result of equation (12) is the coordinate of satellite position P_t.

Satellite advancing direction determination

We firstly calculate the satellite orbit velocity vectors V_T in the fixed lunar coordinate system. As shown in Fig. 5, the direction of V_T is the cross product of vectors V and V_t, which can be obtained according to equations (8) and (10) as follows

$$\frac{V_T}{\| V_T \|} = VV_t \tag{13}$$

$\| V_T \|$ is the length of V_T, which is the ratio of the length of arc $\widehat{P_1 P_2}$ to the time interval from P_1 to P_2 as follows

$$\| V_T \| = \frac{\left[\frac{(r_1 + r_2)}{2} \times \theta_{12}\right]}{(t_2 - t_1)} \tag{14}$$

Then we can obtain

$$V_T = \frac{\left[\frac{(r_1 + r_2)}{2} \times \theta_{12}\right]}{(t_2 - t_1)}(VV_t) \tag{15}$$

As is shown in Fig. 6, V_T' is the advancing direction of the satellite at time t. V_e is the linear velocity vector relative to the lunar fixed coordinate system at satellite position P, which is caused by the lunar rotation and may be calculated as

$$V_e = V_p' \frac{\overrightarrow{ON} \times \overrightarrow{QP}}{\| \overrightarrow{ON} \times \overrightarrow{QP} \|} \tag{16}$$

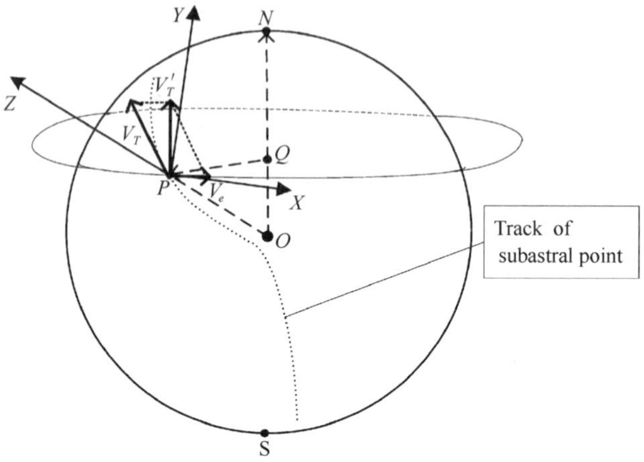

Fig. 6 Schematic diagram of satellite coordinate system construction

where V_p' is the spin linear velocity at the satellite position and can be calculated according to equation (6) by replacing r with l. $\overrightarrow{ON}$- is the Z axis vector of the fixed lunar coordinate system and $\overrightarrow{QP}$ can be expressed as

$$\overrightarrow{QP} = (x, y, 0)$$

It should be noted that the track of subastral point iscurved and complex because the moon is revolving on itsown axis.

The relationship among V_T, V_T' and V_e is

$$V_T' = V_T + V_e \tag{17}$$

Axis vectors determination

As we know, the satellite sways randomly while orbiting. Since the sway angle is little and hard to estimate, we ignore the interference from the sway for simplicity, and approximately assume the Z - axis of the satellite coordinate system coincides with that of the orbit coordinate system. So the three axes of the satellite coordinate system are defined as follows: the Z - axis is the vector from the lunar core to the satellite position; the Y - axis lies in the plane defined by the satellite advancing direction vector $V'T$ and the Z - axis; the X - axis is perpendicular to the Y - axis and the Z - axis. So the cross product of VT' and the Z - axis vector is the X - axis vector. The Y - axis vector is naturally the cross product of the Z - axis and the X - axis vector. It can be expressed as follows

$$Z = \frac{\overrightarrow{OP}}{\| \overrightarrow{OP} \|}, X = \frac{V'_T \times Z}{\| V'_T \times Z \|}, Y = ZX \tag{18}$$

Extrinsic parameter matrix determination

The constructed satellite coordinate system is shown in Fig. 6. It is obvious that this is a right hand coordinate system. Thus, the rotation matrix from the fixed lunar coordinate system to the satellite coordinate system can be expressed as follows

$$M_R = [X\ Y\ Z]^{\mathrm{T}} \tag{19}$$

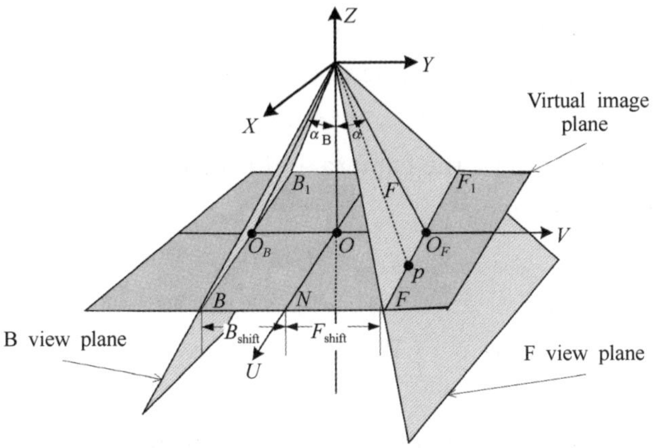

Fig. 7　Relationship between virtual camera and F and B view scan lines

As shown in Fig. 7, the scan lines of the forward and backward views can be modelled as two pixel rows of a virtual frame camera, and the transformation matrix *Mc* from the satellite coordinate system to the virtual camera coordinate system can be recovered according to the camera setup parameters provided in the camera manual.

The coordinate of a spatial point in the fixed lunar coordinate can be transformed to the virtual frame camera coordinate system by combining rotation and translation, where the rotation can be done by applying M_R, and the translation vector is

$$T_R = M_R(-P) \tag{20}$$

where P is the coordinate of the satellite in the lunar fixed coordinate system and can be obtained according to equation (12).

Thus, the 3×4 transformation matrix from the fixed lunar coordinate system to the virtual frame camera coordinate system may be expressed as

$$M_e = M_c[M_R \mid T_R] \tag{21}$$

where $[M_R \mid T_R]$ is the transformation matrix from the fixed lunar coordinate system to the satellite coordinate system. Hence, M_e is the exterior orientation matrix.

Interior orientation

For a pixel point $p(c, r)$ in F or B image, we have to recover the corresponding optical ray vector in the virtual camera coordinate system. Since the pixel's r coordinate denotes the row index of the scan line in the image, we can determine the imaging time of the scan line according to r and the virtual camera orientation matrix at this moment according to equation (21). Since c denotes the pixel index in this scan line, the pixel coordinate of $\boldsymbol{p}$ in the scan line can be expressed as $(c, 0)$.

As is shown in Fig 7, O is the origin of the virtual image plane coordinate system; ON and OO_F respectively denote the U - and V - axis. F_1F and B_1B are respectively the forward and backward scan lines. α_F and α_B are respectively the forward and backward dip angles. According to Fig. 7, since O_FF parallels with ON, the V - axis shift F_{shift} of $\boldsymbol{p}$ from the origin in the virtual image plane is the constant and can be calculated as

$$F_{\text{shift}} = f \tan \alpha_F \tag{22}$$

where f is the focal length of the camera and is provided in the camera manual. Similarly, B_{shift} may be expressed as

$$B_{\text{shift}} = -f \tan \alpha_B \tag{23}$$

and it is a negative value.

The U - axis shift equals to: $c-(W-1)/2$, where W is the pixel width of the scan line.

Thus, the interior orientation matrixes M_{iF} and M_{iB} respectively for the forward and backward sensors are expressed as

$$M_{iF} = \begin{bmatrix} f & 0 & (W-1)/2 \\ 0 & f & -F_{\text{shift}} \\ 0 & 0 & f \end{bmatrix}, \quad M_{iB} = \begin{bmatrix} f & 0 & (W-1)/2 \\ 0 & f & -B_{\text{shift}} \\ 0 & 0 & f \end{bmatrix} \tag{24}$$

Conclusively, after combining the interior and exterior orientation, the pixel $\boldsymbol{p}(c, r)$ in Fimage has the following transformation relationship with its corresponding ray vector $\mathbf{v}$ in the fixed lunar coordinate system

$$sM_eM_{iF}v = \boldsymbol{p}' \tag{25}$$

or

$$\boldsymbol{v} = \frac{1}{s}M_e^{-1}M_{iF}^{-1}\boldsymbol{p}' \tag{26}$$

where $\boldsymbol{p}' = (c, 0, 1)$; s is the scale parameter varies with points. After substituting M_{iF} with M_{iB} in equation (26), we can obtain the expression for the B image.

Lunar surface reconstruction

Triangulation

With the corresponding points and the camera projection matrix, we can construct the 3D lunar surface. For a pixel point $\boldsymbol{p}_1(c_1, r_1)$ in the F image and its corresponding point $\boldsymbol{p}_2(c_2, r_2)$ in the B image, triangulation can be formulated as

$$\boldsymbol{CP}_1 + \lambda_1\boldsymbol{v}_1 = \boldsymbol{CP}_2 + \lambda_2\boldsymbol{v}_2 \tag{27}$$

where $\boldsymbol{CP}_1$ and $\boldsymbol{CP}_2$ are respectively the corresponding satellite positions at the imaging moment of r_1 and r_2 scan lines (the imaging time is acquired according to the row index) and can be calculated according to equation (12); $\boldsymbol{v}_1$ and $\boldsymbol{v}_2$ are respectively the corresponding ray vectors of p_1 and p_2 and may be obtained according to equation (26). Thus, λ_1 and λ_2 can be solved according to equation (27). Then the coordinates of the ground point corresponding to $\boldsymbol{p}_1$ and $\boldsymbol{p}_2$ areexpressed as

$$\boldsymbol{P}_W = (\boldsymbol{P}_1 + \lambda_1 \boldsymbol{v}_1 + \boldsymbol{P}_2 + \lambda_2 \boldsymbol{v}_2)/2 \tag{28}$$

Furthermore, the longitude, latitude and altitude values of the ground point P_w can be calculated according to the result of equation (28).

DOM and DEM generation

Since the data size of one orbit is too enormous for simultaneous processing, the imagery and the solved spatial points of one orbit are divided into a few small segments with fixed latitude interval. The data of every segment are processed and stored separately.

After the calculation with equations (27) and (28) for all the corresponding points, a dense spatial point set is generated. Then the irregular triangular mesh is generated by implementing the TIN generation algorithm (Li *et al.*, 2009) to the spatial point set. Afterwards, every triangle in the TIN is scanned at the step of image spatial resolution, and every scan position can be mapped to one unit of the projective coordinate system. During the process of triangle scanning, the grey value of every position scanned can be calculated by interpolating the image data according to the three vertexes' image coordinates. Moreover, the altitude value can be obtained by interpolating the altitude values of the three vertexes. This procedure is the socalled digital differential correction and it is carried out pixel by pixel. Finally, the regular mesh DOM and DEM (Jiang and Chen, 2002) are generated.

Experimental results

Accuracy evaluation

The United Lunar Control Network 2005 (ULCN2005) has been released and can be downloaded at http://pubs.usgs.gov/of/2006/1367. However, there is no corresponding imagery with the topographic model for determining the matching points between ULCN2005 and CE-2 imagery. Thus, it is difficult to evaluate the accuracy of triangulation with the data of ULCN2005. Japan Aerospace Exploration Agency (JAXA) has created the DOM and Digital Terrain Model (DTM) of the overall lunar surface based on the data from SELENE (http://www.kaguya.jaxa.jp/en/equipment/tc_e.htm). Table 1 lists the specifications of stereo cameras on CE-2 and SELENE.

Table 1　Specifications of stereo cameras on CE-2 and SELENE

	Number of view	Field of view/°	Height/km	resolution	Pixel width	Orbit type
CE-2	2	24.2	100	7 m/pixel	6144	Pole-orbiting
SELENE	2	22.4	100	10 m/pixel	3500	Pole-orbiting

It is worth mentioning that SELENE carries a laser altimeter, and more than 30 million points were obtained in one year. These data was used to construct a global, precise topographic map of the Moon. Hence we think the accuracy of JAXA data is high.

We compare the spatial coordinates solved from CE-2 data with those of JAXA data, which are organised in blocks. We first match corresponding points between a segment of CE-2 F image and a JAXA image block. The longitude, latitude and altitude values of every corresponding point can be acquired from JAXA data as control point. At the same time, the spatial coordinates of the corresponding points are solved according to equation (28) based on the correspondences between the F and B images of CE-2. Figure 8 shows the comparisons between a segment of CE-2 data in Orbit 401 and JAXA data, where 71 corresponding points are matched. The Root Mean Square (RMS) errors in planimetry and altitude are respectively 100.257 and 110.459. The result of CE-2 almost coincides with that of JAXA data both in planimetry and in altitude, indicating that CE-2 data has the same spatial positioning accuracy as JAXA data. The discrepancy in planimetry is calculated as

$$dis_{\text{pla}} = [(dis_{\text{lat}} \times r)^2 + (dis_{\text{long}} \times r')2]^{1/2} \tag{29}$$

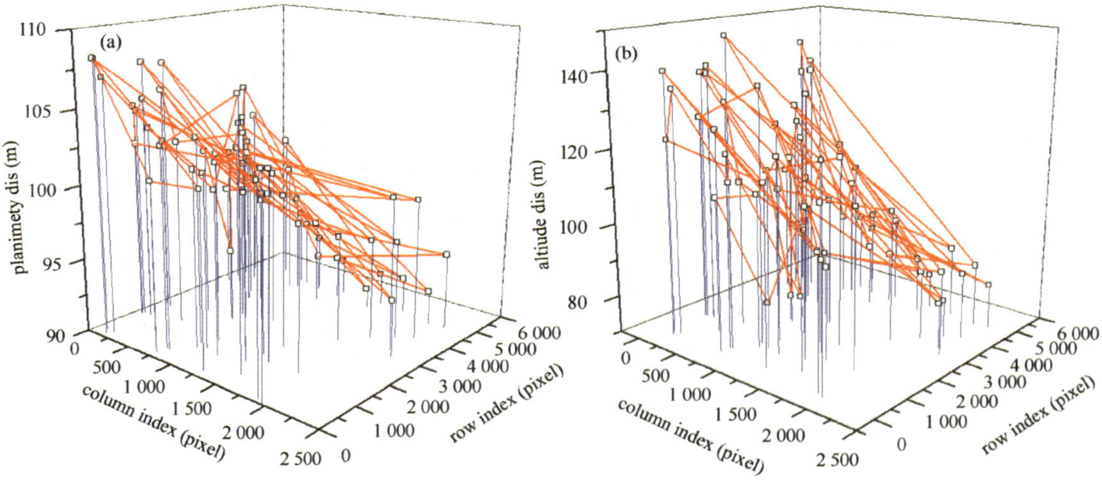

Fig. 8　a planimetry discrepancies; b altitude discrepancy

Discrepancies of ground points' spatial coordinates solved according to proposed approach and interpolated from Japanese data; row and column index are values relative to lower left corner of CE-2 F image segment

where dis_{long} and dis_{lat} respectively denote the longitude and latitude discrepancies; r is the lunar radius; while r' is the radius of the woof circle with the current spatial point.

These results demonstrate that the absolute accuracy of coordinate resolution is relatively high and generally acceptable for the modelling under the simplifying assumption.

Table 2 shows the discrepancies of 27 spatial points' coordinates solved from two adjacent orbits. The RMS discrepancies in planimetry and altitude are respectively 42.890 m (six pixels) and 106.489 m. The discrepancy of six pixels between two DOMs from two adjacent orbits shows the relative accuracy of coordinate resolving is high. This will facilitate the mosaic of DOMs in our future work.

Table 2　Discrepancies of spatial points' coordinates solved from two adjacent orbits

Index	Pla dis/m	Alti dis/m	Index	Pla dis/m	Alti dis/m
1	46.214	171.603	15	40.164	121.342
2	44.071	97.995	16	40.164	121.342
3	44.071	97.995	17	42.368	62.805
4	44.133	130.242	18	42.358	70.330
5	48.626	190.652	19	42.358	70.330
6	44.181	173.504	20	42.358	70.330
7	45.493	82.074	21	42.358	70.330
8	43.231	85.789	22	41.873	78.948
9	43.231	85.789	23	41.873	78.948
10	41.961	166.229	24	41.284	87.524
11	41.355	75.833	25	41.284	87.524
12	43.888	74.227	26	42.422	124.353
13	42.938	53.978	27	39.719	107.281
14	42.938	53.978	RMS	42.890	106.489

Since the coordinate resolving accuracy directly depends on the accuracies of image matching and camera orientation, the results above are powerful evidence that the proposed approaches for image matching and camera orientation have achieved acceptable accuracy.

Reconstruction results

Figure 9 shows the DOM and DEM generated from the data of Orbit 401 in the range of north latitude 61°–63°. Figure 10 illustrates the 3D lunar surface generated based on the DOM and DEM in Fig. 9. By first generating the single orbit DOM and DEM as shown in Fig. 9, we mosaic the product of single orbit to produce DOM and DEM of larger area. Figure 11 is the mosaicked DOM and DEM produced from the single orbit DOM and DEM of orbit 401 to 410 at the range of north latitude 22° – 31°. These figures strongly demonstrate the effectiveness and accuracy of the proposed solution.

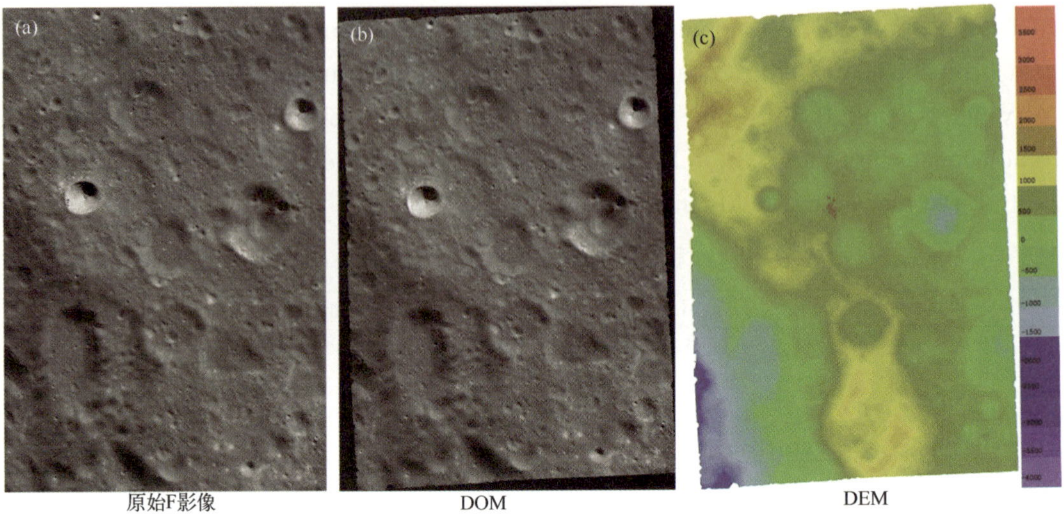

Fig. 9　DOM and DEM produced from segment of F image: left is origin image, middle is DOM and right is DEM; DOM and DEM are mapped to projective coordinate system; DEM is rendered in pseudo colour map

Fig. 10　(a) overall terrain; (b) close-up view of part of terrain

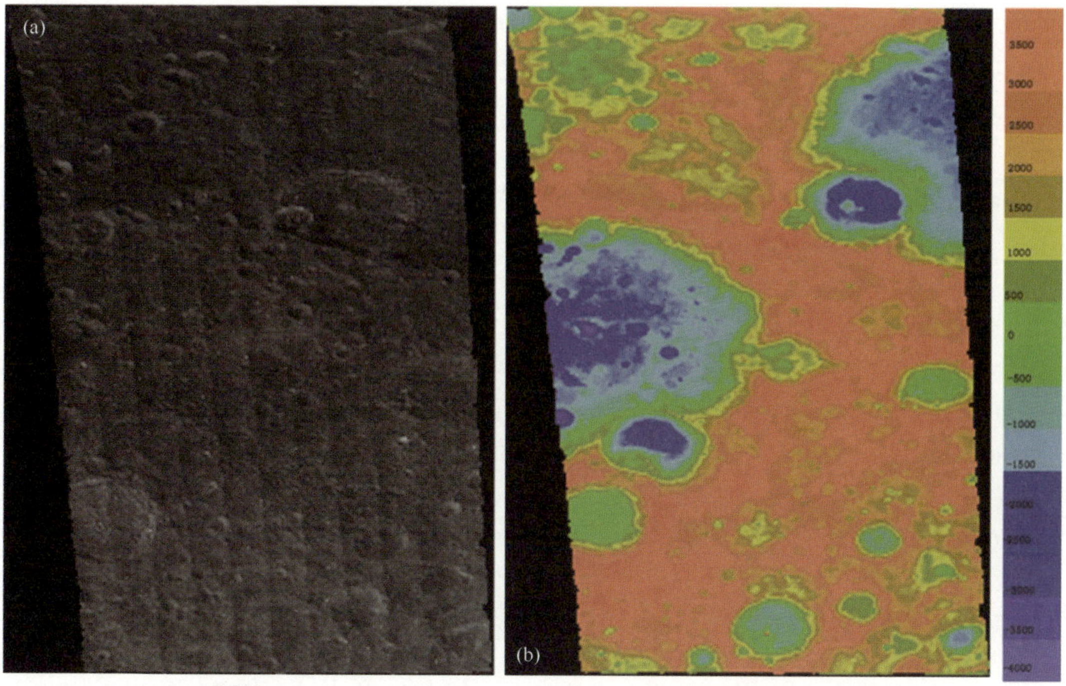

DOM　　　　DEM

Fig. 11　Mosaicked DOM and DEM

Conclusions and discussion

In the paper, we propose an approach of estimating the corresponding area between the Forward and Backward imagery by exploiting the imaging characteristics of the linear push - broom camera to improve the matching efficiency of corresponding points. In addition, every scan line's orientation matrix is determined by interpolating the sparse surveyed ephemeris and establishing the virtual camera model. Experimental results show that the proposed approaches for matching corresponding points between the F and B imagery and determining orientation matrix of every scan line are feasible and effective. Results indicate that CE-2 data have the same spatial positioning accuracy as JAXA data and that the accuracy is comparatively high and acceptable for mosaicking and reconstruction. The visualised 3D realistic scene of the lunar surface validates the feasibility of the proposed approach.

Precise reconstruction of 3D lunar surface is meaningful. It gives us a realistic illusion of the lunar landscape and helps to search for the proper landing site for the lunar landing project. Compared with the method with a laser or radar altimeter, our approach is more efficient and convenient, since the laser or radar altimeter are not needed in our approach, thus the data processing time and the hardware cost are decreased. Moreover, our approach can produce the accurate and detailed lunar surface, which can not be achieved by the approach with an altimeter.

The satellite sway and the error of ephemeris are the two factors influencing the accuracy. Bundle adjustment can be implemented to refine the attitude angles and ephemeris data of the satellite and finally improve the positioning accuracy of triangulation further. This work is under way.

References

[1] Ackermann, F., 1984. Digital image correlation: performance and potential applications in photogrammetry. Photogrammetric Record, 11, pp. 429 - 439.

[2] Ayache, N., 1989. Vision Stéréoscopique et Perception Multisensorielle. Paris: InterEditions.

[3] Bay, H., Tuytelaars, T. and Van Gool, L., 2008. Speeded - up robust features (SURF). Computer Vision and Image Understanding, 110, pp. 346 - 359.

[4] Bay, H., Tuytelaars, T. and Gool, L. V., 2006. SURF: speeded up robust features. Lecture Notes in Computer Science, 3951, pp.404 - 417.

[5] Criminisi, A., Blake, A., Rother, C., Shotton, J. and Torr, P. H. S., 2007. Efficient dense stereo with occlusion by four - state dynamic programming. International Journal of Computer Vision, 71, pp. 89 - 110.

[6] Fischler, M. A. and Bolles, R. C., 1981. Random sample consensus: a paradigm for model fitting with applications to image analysis and automated cartography. Communications of the ACM, 24, pp. 381 - 395.

[7] Gupta, R. and Hartley, R. I., 1997. Linear pushbroom cameras. IEEE Transactions on pattern analysis and machine intelligence, 19, pp. 963 - 975.

[8] Hofmann, N. P. and Ebner, H., 1982. DPS - A digital photogrammetric system for producing digital elevation models and orthophotos by means of linear array scanner imagery. The International Archives of Photogrammetry and Remote Sensing, 24, pp. 216 - 227.

[9] Jiang, X. and Chen, Y. 2002. Management & three dimensional virtualization of the DOM & DEM data. Science of Surveying and Mapping, 27, pp. 40 - 43.

[10] Li, X., Wang, L, Zuo, W. and Wang, X., 2009. A fast TIN generation algorithm based on large-scale unorganized terrain points. Computer Simulation, 11, pp. 211 - 214.

[11] Lowe, D. G., 1999. Object recognition from local scale-invariant features. In: Proceedings of the 7th International Conference on Computer Vision. Kerkyra, Greece.

[12] Lowe, D. G., 2004. Distinctive image features from scale-invariant keypoints. International Journal of Computer Vision, 60, pp. 91 - 110.

[13] Mcglone, J. C. E., 2004. Manual of photogrammetry. Maryland: American Society for Photogrammetry and Remote Sensing.

[14] Szeliski, R., 2010. Computer vision: algorithms and applications. Berlin: Springer.

[15] Wei, Z., Hu, F. and Zhang, B., 2006. The influence of atmospheric refraction on aerial digital remote sensing. Journal of Remote Sensing, 10, pp. 651 - 655.

Topographic modeling and analysis of the landing site of Chang'E-3 on the Moon

Bo Wu[1①], Fei Li[2], Lei Ye[1], Si Qiao[1], Jun Huang[2], Xueying Wu[2], He Zhang[2]

1 Department of Land Surveying and Geo－Informatics, The Hong Kong Polytechnic University, Hung Hom, Kowloon, Hong Kong

2 China Academy of Space Technology, 104 Youyi Street, Haidian, Beijing, PR China

Abstract: The Chinese lunar probe Chang'E-3, carrying the "Jade Rabbit" lunar rover, successfully landed in the Sinus Iridum area on the Moon on December 14, 2013. This paper presents the characterization activities that were done for the selection of the landing area, including topographic modeling and analysis based on multisource lunar remote sensing data. Seven meter－resolution Chang'E-2 imagery and Lunar Orbiter Laser Altimeter data were integrated to generate a digital elevation model (DEM) with a resolution of 20 m for the entire Sinus Iridum landing area. Long baseline slopes were assessed according to this DEM for all of this area. Lunar Reconnaissance Orbiter narrow－angle camera images and 1.5 m－resolution Chang'E-2 imagery were used to derive DEMs with higher resolution (4 m) at several local regions within the Sinus Iridum landing area. Slope analyses at lander footprint scale (~8 m) were performed in these local regions. Craters were detected from the DEMs and the derived orthophotos, and size-frequency distributions were generated. Crater morphological statistics, including the depth/diameter ratios, rim height/diameter ratios and wall slopes, were analyzed. The results showed that the Sinus Iridum landing area is relatively flat. Most of the area has slopes of less than 15°. The steeper slopes are mainly alongside craters and ridges. The crater size-frequency distribution is close to the equilibrium distribution. The crater ages, as indicated by their morphological statistics, vary from mature to relatively fresh in different regions. These topographic modeling and analysis results were used for strategic planning to identify the landing site for the Chang'E-3 and made a useful contribution to the success of the Chang'E-3 mission.

Key words: Chang'E-3, landing site characterization, topography, slope, crater size-frequency

1 Introduction

The Chinese lunar probe Chang'E-3, carrying the "Jade Rabbit" lunar rover, successfully landed in the Sinus Iridum area on the Moon (Fig. 1) on December 14, 2013.

① Corresponding author. Tel.: +852 2766 4335. E-mail address: bo.wu@polyu.edu.hk (B. Wu).

This probe was the first spacecraft to make a soft landing on the Moon (since the Soviet Luna - 24 mission in 1976). The Chang'E-3 lander and the "Jade Rab - bit" rover explored the landing site in the eastern part of the Sinus Iridum.

Chang'E-3 is part of the second phase of the Chinese Lunar Exploration Program, which has an ultimate goal of manned flights to the Moon (Ouyang et al., 2010). This probe is a follow - up to the previous Chang'E-1 and Chang'E-2 missions. Chang'E-1 was launched on October 24, 2007 and operated until March 1, 2009. It collected orbiter images covering the entire lunar surface with a spatial resolution of 120 m (Li et al., 2010a). Chang'E-2 was launched on October 1, 2010 and remained in lunar orbit until June 8, 2011 (Wang et al., 2012). Chang'E-2 collected orbiter images covering the entire lunar surface with a spatial resolution of 7 m and also took images with resolution of 1.5 m covering parts of the Sinus Iridum area (Zhao et al., 2011; Wu et al., 2014; Di et al., 2014). The data gathered by Chang'E-1 and Chang'E-2 were used in preparation for identifying favorable target areas for the landing of Chang'E-3.

To ensure a safe and successful landing, a careful analysis of the topography of the candidate landing areas had to be carried out. This task involved identifying favorable target areas and evaluating their surface conditions. To assess the risks to a successful touchdown associated with each potential landing site, terrain features such as slopes and craters had to be identified. We modeled and analyzed the topography of the candidate landing areas using multi - source lunar remote sensing data collected by various sensors from earlier missions, including Chang'E-2 imagery, data from NASA's Lunar Reconnaissance Orbiter (LRO) Laser Altimeter (LOLA) and LRO narrow - angle camera (NAC) imagery. The modeling and analysis were carried out at two levels. We did an overall level analysis of the entire Sinus Iridum landing area to help us understand its general topographic and morphological features. We also performed a local - level analysis within the Sinus Iridum landing area to gather detailed topographic information and identify the candidate landing sites.

This paper presentse lunar topographic modeling and analysis techniques that were developed and the results that were generated concerning the Chang'E-3 landing area. The overall topographic modeling and analysis results for the Sinus Iridum area are described in the paper's next section. In the paper's third section, we describe the results of the detailed topography modeling and analysis of two representative local regions within the Sinus Iridum area. Finally, our concluding remarks summarize what has been learned from this effort.

2 Topographic modeling and analysis of the Sinus Iridum landing area

Sinus Iridum (Latin for "Bay of Rainbows") is a plain on the Moon that forms a northwestern extension of the Mare Imbrium. The scientific group of China's Lunar Exploration Project chose this plain as the landing area for Chang'E-3 after a global comparison study based on the Chang'E-1 data sets and other lunar data. The potential landing area at Sinus Iridum covered 18.2° to 34.6° W and 42.6° to 45.6° N, or an area of approximately 358 × 91 km^2 (see Fig. 1). The next section presents the overall topographic modeling and analysis results for the entire landing area, based on the Chang'E-2 imagery with a resolution of 7 m/pixel and LRO LOLA data.

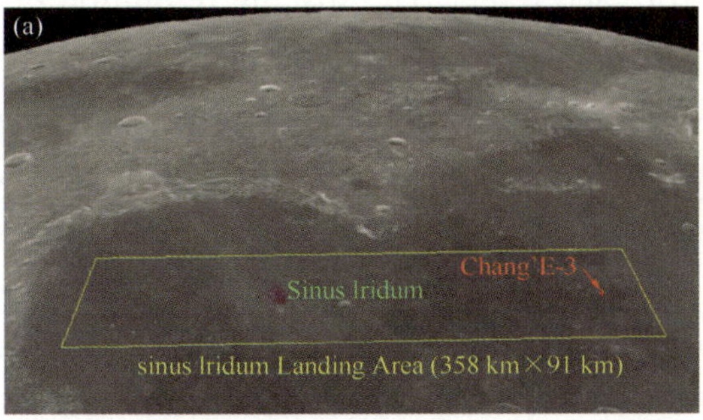

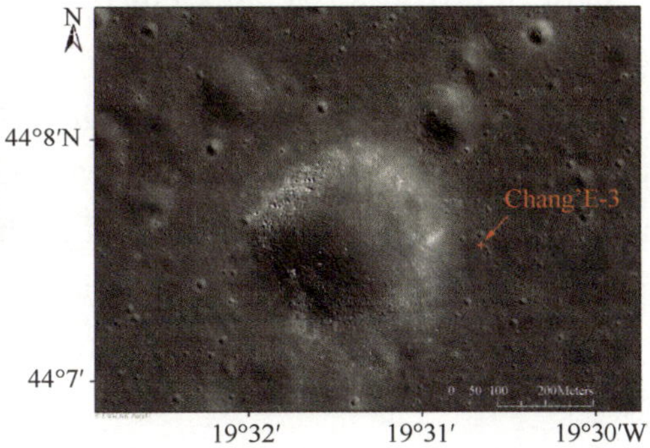

Fig. 1　Chang'E-3 landing area. (a) The landing zone of Chang'E-3 in the Sinus Iridum area and (b) the Chang'E-3 landing location (19.511 34°W, 44.121 96°N according to the Planetary Mapping and Remote Laboratory of Chinese Academy of Sciences), marked on the 1.5 m - resolution Chang'E-2 image.

2.1　Topographic modeling of the Sinus Iridum landing area

2.1.1　Chang'E-2 imagery and LRO data sets of the Sinus Iridum landing area

Chang'E-2 uses its onboard CCD camera to collect lunar surface imagery while orbiting at two altitude levels. The first level is a 100 × 100 km circular orbit, at which the CCD camera can image the lunar surface at a resolution of 7 m/pixel. The second level is a 100 × 15 km elliptical orbit, at which the CCD camera provides an imaging resolution of 1.5 m/pixel (Wu et al., 2014; Zhao et al., 2011). The images collected during the circular orbit provide global image coverage of the Moon. The higher resolution images collected during the lower - level elliptical orbit cover only part of the Sinus Iridum area and these images were used mainly for the detailed analysis and selection of the Chang'E-3 landing site.

The CCD camera onboard the Chang'E-2 spacecraft is a two - line push - broom sensor, which enables the simultaneous acquisition of forward - and backward - looking imagery along the flight direction. The camera optical system has a focal length of 144.3 mm and each CCD line has 6 144 pixels with a pixel size of 10.1 μm. The forward - looking imagery has a viewing angle of 8° and the backward - looking imagery has a viewing angle of 17.2°. The Sinus Iridum landing area was covered by 15 strips of Chang'E-2 imagery (orbits 0570 to 0584) with a resolution of 7 m/pixel. Each strip covered about 43 km in width and there was an overlap of about 45% between any two neighboring image strips.

The LRO is a lunar probe that was sent to the Moon by NASA on June 18, 2009. The LRO LOLA is a five-spot X - pattern pulse detection altimeter that measures the distance to the lunar surface at five spots simultaneously (Smith et al., 2010). The five-spot pattern provides five adjacent profiles for each track. The spacing resolution in the along - track direction is 10 to 12 m. The aver - age distance between the LOLA tracks is in the order of 1 - 2 km at the equator. At polar sites, the LOLA measurements are generally very dense (varying from a few meters to tens of meters). The LOLA measurements have a precision of about 10 m in the along - track and cross - track directions and 1.5 m in the radial direction (Mazarico et al., 2011). LOLA DEMs (LDEMs) are built by binning all valid measurements into map grid cells and then generating models at multiple resolutions. The LDEM 1024, from the LOLA release 8 in the Planetary Data System, have the best resolution at 1024 pixels per degree, which is equivalent to about 30 m/pixel in latitude.

The LRO is also equipped with two cameras, a wide-angle camera (WAC) and a narrow - angle camera (NAC). The WAC images provide global coverage with a resolution of 100 m/pixel (Scholten et al., 2012). The NAC images offer very high resolution (0.5 - 1.5 m/pixel), but they cover only small portions of the lunar surface, including complete coverage of both poles (Robinson et al., 2012). Our survey relied mainly on the LOLA data and the available LRO NAC images in the Sinus Iridum area for topographic modeling and analysis.

2.1.2 Topographic modeling approaches

Lunar orbiter imagery and laser altimeter data are the two major data sources for lunar topographic modeling. Most of the previous studies have used imagery and laser altimeter data sep - arately for lunar topographic modeling, and the various derived lunar topographic models usually result in inconsistencies at different levels (Li et al., 2010a, 2010b; Wu et al., 2013). In aiming for consistent and precise topographic modelingby combining lunar imagery and laser altimeter data from different sources, we developed an innovative approach based on a combined block adjustment of the multi - strip imagery and laser altimeter data (Wu et al., 2014).

Our combined block adjustment included the image orientation parameters, the intra - strip tie points, the inter - strip tie points and the laser altimeter points. Intra - strip tie points are the conjugate points representing each textural feature identified from the stereo images (both the forward - and backward - looking images) of an image strip. Inter -

strip tie points are the corresponding points identified from the overlapping area in the stereo images of two neighboring image strips. The output of the combined block adjustment was an improved set of image orientation parameters and ground coordinates of the laser altimeter points. The adjustments to the image orientation parameters and the laser altimeter points were dependent on their a priori precision, which was controlled by assigning them appropriate weights in the adjustment process. The details concerning this approach can be found in Wu et al. (2014)and Wu et al. (2011a). This approach was used to integrate the Chang'E-2 imagery and LOLA data sets in the Sinus Iridum area to obtain the improved orientation parameters.

After obtaining the improved orientation parameters of the images, we needed to carry out image matching to generate topographic models, such as DEMs. However, image matching was challenging where the lunar surface imagery had poor texture conditions. We therefore developed a self-adaptive triangulation-constrained image matching (SATM) method (Wu et al., 2011b, 2012; Zhu et al., 2007a, 2007b), which used dynamic Delaunay triangulations to constrain the image matching. This method has been used in various applications and has proven to be able to produce dense, reliable matching results. The SATM method was used for the automatic matching of the Chang'E-2 imagery.

From the matching results on the Chang'E-2 imagery, the 3D coordinates of the conjugate points were calculated from the photogrammetric space intersections using the improved orientation parameters of the imagery. These 3D coordinates were then used to interpolate a DEM using the Krigging approach. We used the Mean Earth/Polar Axis lunar reference system with the geographic locations of surface features expressed in planetocentric coordinates. To avoid round-off errors in our large digital terrain models, the distance of a point from the Moon's center of mass was expressed as the distance along the radius vector above (positive) or below (negative) a reference sphere of the Moon's radius (of 1 737.4 km). This coordinate system is consistent with those that the Planetary Data System archive uses for lunar data sets (LRO Project and LGCWG White Paper, 2008).

2.1.3 Derived topographic model and its comparison with LDEM 1024

Based on the above-described approaches, a DEM with a resolution of 20 m (about three times that of the Chang'E-2 image resolution) was generated from the integrated processing of 15 strips of Chang'E-2 imagery and the corresponding LOLA data of the Sinus Iridum landing area. Fig. 2(a) shows a gray scale map of this DEM.

The LDEM 1024 (resolution about 30 m) was used for comparison, as illustrated in Fig. 2(b). A direct visual comparison shows that the Chang'E-2 DEM provides more detailed topographic information than the LDEM 1024, although their resolutions are simi-

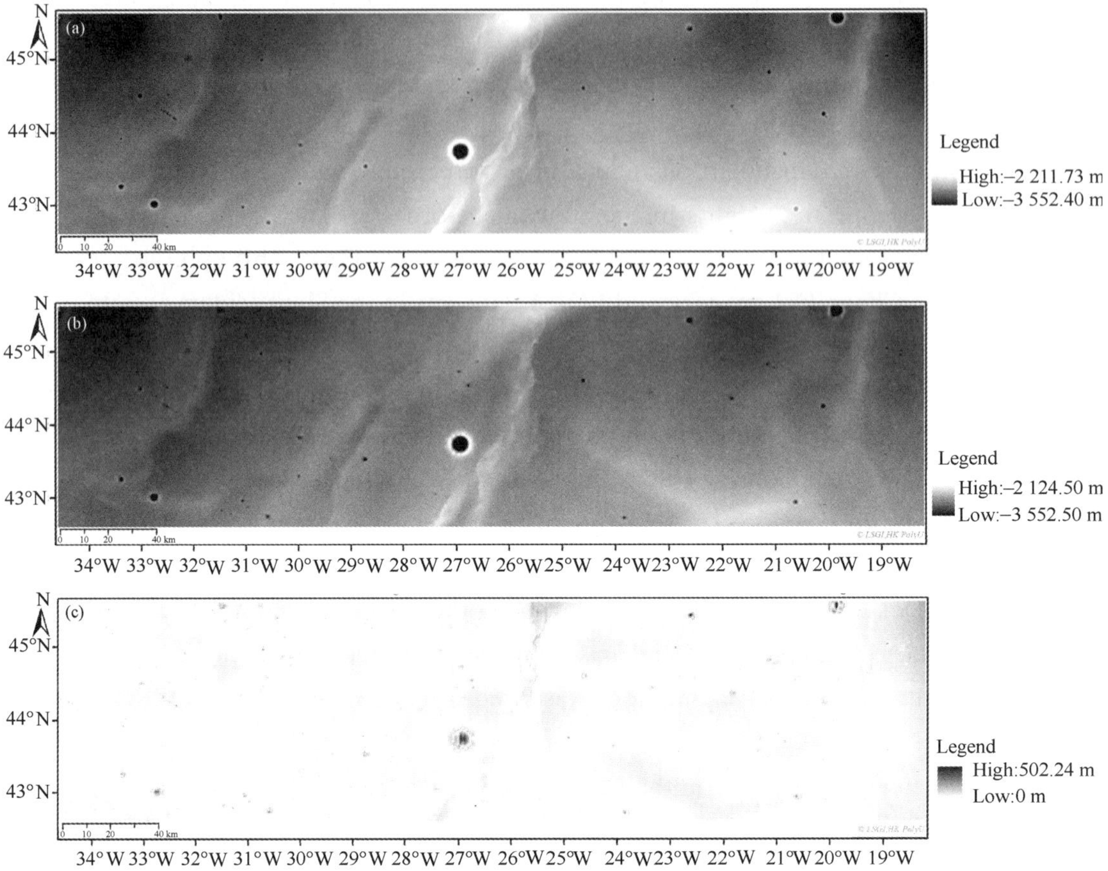

Fig. 2　DEMs of the Sinus Iridum landing area. (a) DEM generated from the integration of the Chang'E-2 imagery and LOLA data (resolution: 20 m), (b) LDEM 1024 of the Sinus Iridum landing area (resolution about 30 m), and (c) the difference between these two DEMS.

lar. The geometric shapes of small craters in the Chang'E-2 DEM are much clearer than those in the LDEM 1024 and some small terrain features (e.g., craters) that are missing in the LDEM 1024 are shown in the Chang'E-2 DEM.

To quantitatively compare the differences between these two DEMs, a difference DEM was generated by calculating the absolute difference of the elevations at all of the corresponding locations of the two DEMs. Fig. 2(c) shows the difference DEM, in which light color indicates small differences and dark color indicates large differences. A statistical analysis reveals that the average absolute elevation difference is 15.19 m, with a standard deviation of 17.08 m. This degree of difference indicates that the two DEMs are very well aligned. The larger differences appear mainly inside the big craters. These differences may indicate that the image-based method is not able to generate enough matching points due to the dark textures inside the craters and that the interpolated Chang'E-2 DEM does not reflect the actual crater topography as sharply as the

LDEM 1024.

2.2 Topographic analysis of the Sinus Iridum landing area

2.2.1 General topography

Fig. 3 shows a 3D color view of the DEM generated from the integration of the Chang'E-2 imagery and LOLA data. The Sinus Iridum landing area is generally flat in the DEM. The Laplace A crater is located in the center of the area. Close to the right side of the Laplace A crater, there are several ridges extending from the Promontorium Laplace, mostly distributed from north to south. The average altitude in this area is −2 672.12 m. The maximum elevation difference in this region is about 1 340 m. The standard deviation of altitudes in this area is 109.55 m.

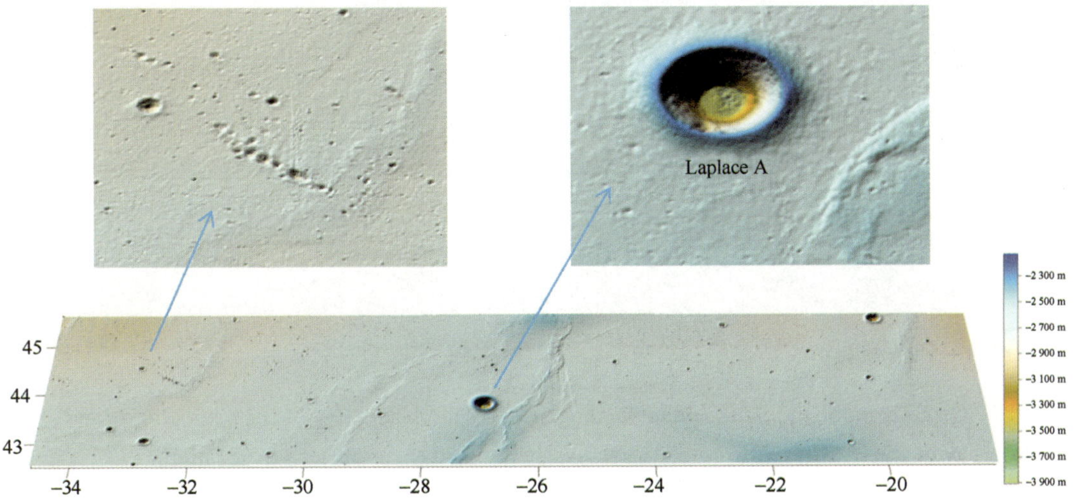

Fig. 3 3D visualization of the DEM generated from the integration of the Chang'E-2 imagery and LOLA data. The insets are enlarged figures of local terrain features.

Fig. 4 shows the contour map overlaid on the DEM, with a contour interval of 50 m. It can be seen on this map that the south part of the area is generally higher than the north part. The ridges in the middle of the area are higher than those at the left or right sides. The altitudes of the ridges on the right side decrease generally toward the north and those on the left side generally decrease in altitude toward the northwest. The terrain on the right side is generally flatter than that on the left side.

Fig. 5 shows an orthophoto generated based on the DEM and Chang'E-2 imagery. The orthophoto has a resolution of 7 m/pixel, which is the same as the original Chang'E-2 imagery. Fig. 5(b) shows a 3D view of the orthophoto by projecting it onto the 3D DEM. For better visual clarity, the altitudes are exaggerated 30 times. Fig. 5(b) provides a straightforward view of the area, which gives a better understanding the area's general topography.

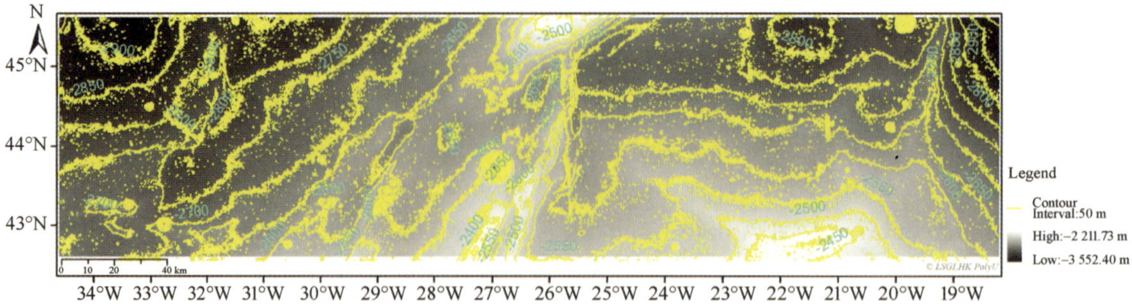

Fig. 4　Contour map of the Sinus Iridum landing area, with contour intervals of 50 m.

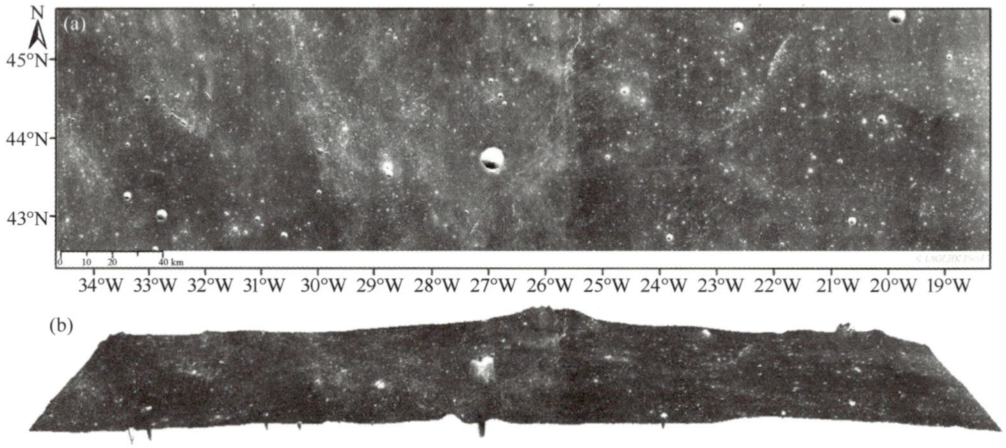

Fig. 5　Orthophoto of the Sinus Iridum landing area. (a) a planar view of the orthophoto, and (b) a 3D view of the orthophoto with elevation exaggerated 30× for better visualization.

2.2.2　Slope analysis

The design of the Chang'E-3 lander required a terrain slope of less than 15°. A steeper slope could cause the lander to capsize. The slope is defined as the inclination relative to the local horizontal of the mean plane that best fits the terrain. Based on a DEM, the slopes for every grid point of the DEM were calculated using a neighborhood moving window centered at that grid point. The size of the roving window depended on the baseline of slope calculation and the minimum size was 3×3 grid points.

Ideally, the baseline for a slope calculation should be the same size as the lander footprint. The Chang'E-3 lander's footprint size is approximately 8 m, which is the sum of the lander footprint (including the legs) and the control errors at touchdown. However, according to the DEM generated from integration of Chang'E-2 imagery and LOLA data, the shortest baseline that can be used is 40 m, as the resolution of the DEM is 20 m. Fig. 6 shows the slope map generated of the Sinus Iridum landing area with a baseline of 40 m.

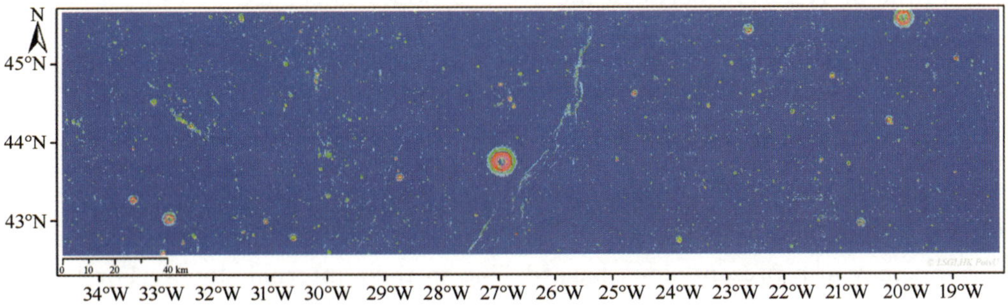

Fig. 6　Slope map of the Sinus Iridum landing area, with slope intervals of 5°.

A statistical analysis of the slopes shows that the average slope in the Sinus Iridum landing area is 1.70° with a standard deviation of 2.58°. The maximum slope in this area is 61.49°. Fig. 7 shows a histogram of the area's slope distribution.

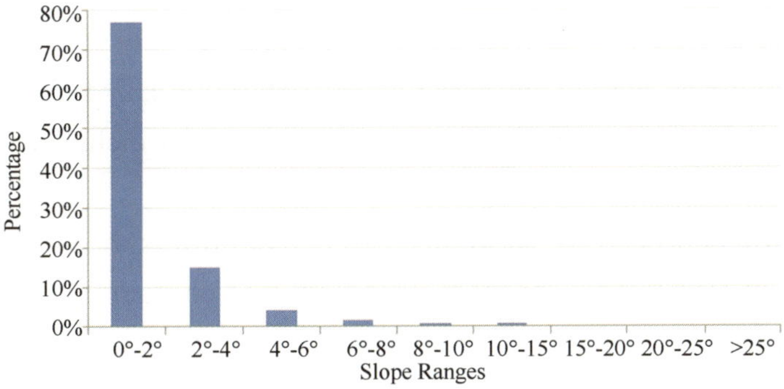

Fig. 7　Histogram of the slope distribution at the Sinus Iridum landing area.

A slope statistical analysis reveals that the majority (94.37%) of the area has slopes of less than 5° (blue in Fig. 6). The lander touchdown stability requirement is met by 99.16% of the area (slope ≤15°). The steeper slopes are mainly found around the craters. The walls of the big visible craters have slopes of over 25°.

It should be noted that the slope analysis used a baseline of 40 m, which is greater than the footprint size of the lander (approximately 8 m). A baseline of 8 m may show that the actual slopes are slightly greater than those described above. Slope determination on the scale of the lander itself requires a higher resolution DEM (e. g., resolution of 4 m). Higher resolution DEMs were generated using the Chang'E-2 imagery (with a resolution of 1.5 m/pixel) and the LRO/NAC imagery. Examples will be discussed in the following sections. However, these types of imagery were available for only a portion of the Sinus Iridum landing area. We selected several representative local regions in the Sinus Iridum landing area with 4 m resolution DEMs and analyzed the slope distributions as a function of baselines at different scales. The results reveal that in these local regions there is a ratio of 1.1－1.6 between the average slopes calculated by using a baseline of 8 m and the slopes calculated with a baseline of 40 m.

2.2.3 Crater detection and distribution analysis

Craters are the most common feature on the lunar surface and represent a significant hazard in landing spacecraft. Small craters may present a roughness hazard, especially if one or two landing pads touch down inside the crater and the others land outside the crater. Craters may also present slope hazards due to their internal slopes. For large aged craters, the depth to diameter ratios are expected to be about 0.1, and the rim height are expected to be about 1% of the diameter (Hutton, 1969). However, for relatively young craters, the depth to diameter ratios can be as large as 0.2 and their rim heights can be as large as 5% of the crater diameters (Melosh, 1989). For small bowl－shape craters, they may have depth to diameter ratios up to 0.4. Therefore, it was important to investigate the crater distribution in the landing area both statistically and metrically. To reduce the risks in landing, we needed to identify potential landing sites with less intensive distributions of craters.

Crater detection was carried out based on the generated DEM (resolution 20 m) and the orthophoto (resolution 7 m/pixel). The crater detection included the following two steps:

1) An automatic approach was developed to detect craters on the DEM according to the 3D crater morphology. This approach used slope and contour analyses to select candidate regions in which the average slopes of those regions exceeded a predefined threshold (e.g., 7°) and in which there was at least one closed contour. Next, two morphological filters were used to exclude non－crater regions. A horizontal morphological filter indicated whether the shape of each contour was similar to a circle. A vertical morphological filter required that the shapes of two profiles (one along the east to west axis and the other along the north to south axis) fitted a polynomial curve that opened upwards. After this filtering, a least square method was used to fit the crater rims in each of the remaining local regions. This approach proved able to accurately detect craters on the DEM. Details of this approach can be found in our related work (Qiao, 2014).

2) A manual digitization process on the orthophoto was used to supplement the crater detection results from the previous step. We needed to check if the crater detection from the previous step was correct by overlaying the detected craters onto the orthophoto and comparing the surrounding image texture. We also needed to manually digitize craters with diameters too small to be detected in the previous step due to the limited resolution of the DEM. A manual digitization was conducted by digitizing crater rims using the ArcGIS software with an integrated Crater Helper Tool plug－in.

Based on the 20 m resolution DEM and the 7 m resolution orthophoto, we detected

44 197 craters in the Sinus Iridum landing area that had diameters larger than 70 m (10 times the image resolution). The crater distribution map is shown in Fig. 8. As this map shows, the Sinus Iridum landing area is densely covered by craters of various sizes. The craters are fewer and more scattered around the big craters. For example, around the biggest crater, the Laplace A crater (with a diameter of 8 293.15 m), there are fewer than the average number of craters distributed in the nearby region. This finding may be related to the ejecta from this big crater, which may have filled in many small craters nearby.

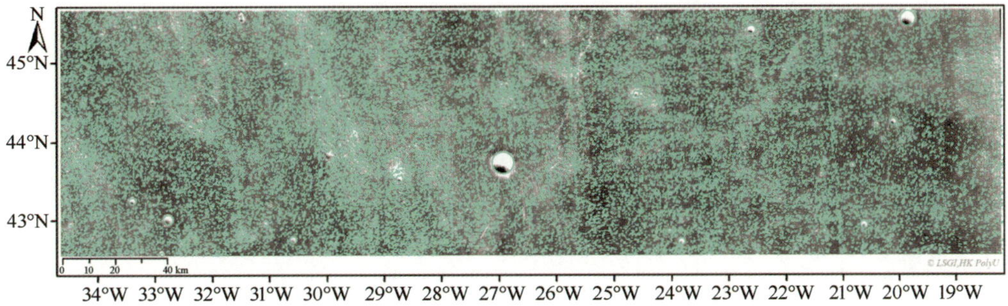

Fig. 8　Crater distribution map of the Sinus Iridum landing area.

Craters were counted in each diameter range to produce a cumulative crater size-frequency histogram, as shown in Fig. 9. The distribution is close to the equilibrium distribution, as was expected for the lunar surface (Rosa et al., 2012). Generally, the smaller the crater diameter is, the more craters of that size. From the stability of the distribution of craters with diameters larger than 300 m, we can state that there are on average about 14 craters with diameters larger than 300 m for each 10 km × 10 km area. For the size-frequency analysis of craters smaller than 300 m in size, we used higher resolution data (e. g., the 4 m resolution DEM, the 1. 5 m resolution LRO NAC imagery and the Chang'E-2 imagery) of several typical local regions within the Sinus Iridum landing area. The results are described in Section 3.

Based on the above-described extractions of craters, the 20 m resolution DEM was used to derive the depths, rim heights and wall slopes of the craters. We obtained a subset of the DEM to determine the crater depths. This subset was based on the longitudes and latitudes of crater centers and diameters, and then obtaining the maximum and minimum altitudes in this DEM subset. The crater depths were recorded in terms of absolute difference. To determine the crater rim heights, the crater boundaries were first extended outward to a distance that was 15% of each crater's diameter. Sampling points were selected on the extended boundary areas at intervals of, for example, 10°. The average altitude of the sampling points was obtained and the rim heights of the craters were calculated by subtracting their measurements from the previously obtained maximum alti-

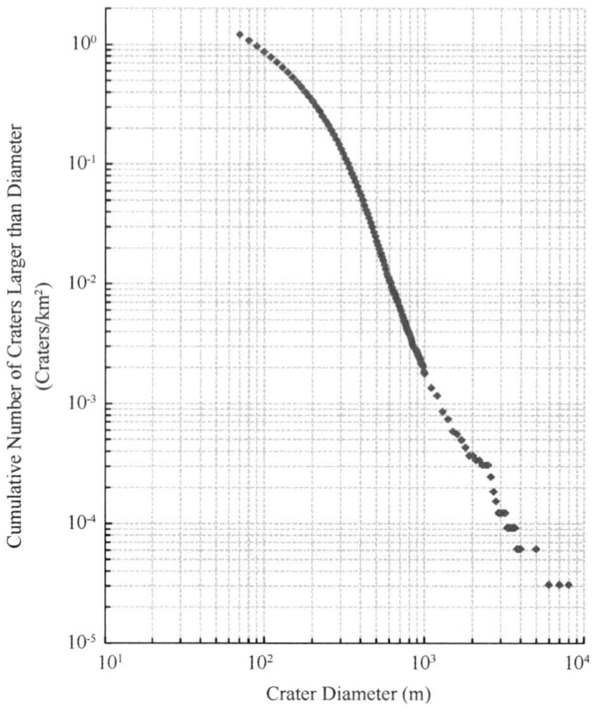

Fig. 9 Cumulative crater size-frequency histogram of the Sinus Iridum landing area.

tude in the subset DEM. The average slopes of the crater walls were calculated by the arc tangent of each crater depth divided by its radius.

By using these methods, we successfully measured the depths, rim heights and wall slopes for 18 898 craters that had complete structures. The statistics on these craters are listed in Table1. The statistical results show that most of the craters in the Sinus Iridum landing area are mature craters. Some 84.15% of the identified craters have depth/diameter ratios of less than 0.1. However, there are a small number of fresh craters with steep edges. Some 93.69% of the craters have rim height/diameter ratios of less of than 0.05 and 93% of the craters have wall slopes of less than 15°.

Table 1 The morphological statistics of crater measurements in the Sinus Iridum landing area (18 898 craters).

Depth/diameter	Count	Percentage	Rim height/diameter	Count	Percentage	Wall slope	Count	Percentage
>0.25	99	0.52%	>0.10	174	0.92%	>20°	431	2.28%
0.20−0.25	187	0.99%	0.09−0.10	61	0.32%	18°−20°	244	1.29%
0.18−0.20	164	0.87%	0.08−0.09	100	0.53%	16°−18°	368	1.95%
0.16−0.18	271	1.43%	0.07−0.08	164	0.87%	14°−16°	564	2.98%
0.14−0.16	401	2.12%	0.06−0.07	248	1.31%	12°−14°	898	4.75%
0.12−0.14	680	3.60%	0.05−0.06	446	2.36%	10°−12°	1 348	7.13%
0.10−0.12	1 129	5.97%	0.04−0.05	887	4.69%	8°−10°	2 003	10.60%

Continued

Depth/diameter	Count	Percentage	Rim height/diameter	Count	Percentage	Wall slope	Count	Percentage
0.08－0.10	1 731	9.16%	0.03－0.04	1 874	9.92%	6°－8°	2 889	15.29%
0.06－0.08	2 749	14.55%	0.02－0.03	3 867	20.46%	4°－6°	3 919	20.74%
0.04－0.06	4 126	21.83%	0.01－0.02	5 981	31.65%	2°－4°	3 302	17.47%
<0.04	7 296	38.61%	<0.01	5 096	26.97%	<2°	2 932	15.51%

3 Detailed topographic modeling and analysis at candidate landing sites within the Sinus Iridum landing area

The previously described topographic modeling and analysis for the entire Sinus Iridum landing area gave us a general understanding of the topography and associated landing hazards in this area. To further investigate the topographic details on the scale of the lander footprint size, we required more detailed topographic modeling and analysis based on higher resolution data.

The Chang'E-2 CCD camtra obtained 32 orbits of images with a resolution of 1.5 m/pixel within the Sinus Iridum landing area. However, the area was not fully covered by these higher resolution images. There were gaps of about 0.3°width between neighboring orbits. There were several stereo pairs of LRO NAC imagery that covered a small portion of the Sinus Iridum landing area. These imagery pairs had image resolutions of about 1.5 m/pixel. We used the 1.5 m resolution Chang'E-2 imagery and the LRO NAC stereo images for detailed topographic modeling and analysis. In the following sections, the results are given for two local regions (Fig. 10) with Regionl from a stereo pair of LRO NAC images and Region 2 from the 1.5m resolution Chang'E-2 images. From the previous topographic analysis results, Region 1 exhibited fluctuant terrain but with less craters, while Region 2 was characterized with flat terrain and more craters. We expected to obtain meaningful results from the investigation in these two local regions with representative topographies, which can be used as references for other regions in the Sinus Iridumlanding area.

3.1 Topographic modeling and analysis of Region 1 from the LRO NAC imagery

Region 1 (26.41°W－26.83°W, 43.1°N－45.86°N) is located at the midpoint between the Laplace A crater and the ridge close to the center of the Sinus Iridum landing area. Region 1 is therefore situated near two types of distinctive terrain features, which makes it a candidate landing site with scientific priority.

3.1.1 Topographic modeling at Region 1

The LRO NAC images were used for topographic modeling and analysis at Region 1.

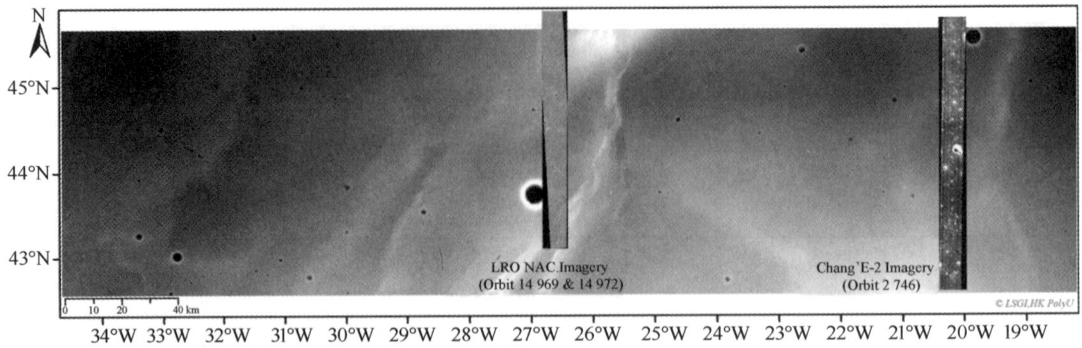

Fig. 10　Distribution of the LRO NAC and Chang'E-2 images at the two local regions in the Sinus Iridum landing area.

Unlike the Chang'E-2 linear push - broom camera, the stereo pairs of the LRO NAC imagery are collected by acquiring images on two different orbits (Robinson et al., 2012; Tran et al., 2010). Two orbits (orbit 14 969 and 14 972) of LRO NAC images provided a stereo coverage of Region1. The image resolution for both orbits was 1.5 m/pixel. Orbit 14 969 and 14 972 had slew angles of -11.08° and 12.64°, respectively, providing a stereo convergent angle of 23.72°, which was ideal for the photogram - metric processing of topographic modeling.

For the LRO NAC images, the interior orientation (IO) and exterior orientation (EO) parameters were found and retrieved from the SPICE (Spacecraft, Planet, Instrument, C - matrix, and Events) kernel, which is the primary geometry data set of the space-borne instrument provided by NASA's Navigation and Ancillary Information Facility. Based on the IO and EO parameters of the images, photogrammetry software that was developed in - house and the previously mentioned SATM image matching method were used to process the stereo pairs of the LRO NAC images and to generate a DEM with resolution of 4 m. Fig. 11 shows 2D and 3D views of the DEM.

3.1.2　Topographic analysis at Region 1

As can be seen from Fig. 11, the 4 m resolution DEM shows much more topographic detail than the previously described 20 m resolution DEM generated from the 7 m/pixel Chang'E-2 imagery. This region has an average altitude of $-2\,426.35$ m. The maximum elevation difference in this region is about 650 m. Fig. 12 shows a contour map and orthophoto based on the DEM. The contour map has an interval of 20 m for each contour. The orthophoto is generated from the orbit 14 969 image. The illuminating condition for this image is 47.75° for the incidence angle, 10.33° for the emission angle, and 45.19° for the phase angle. The orthophoto has a resolution of 1.5 m/pixel, which is the sameas the original imagery.

From the contour map, it can be seen that a large number of fragmentary contours

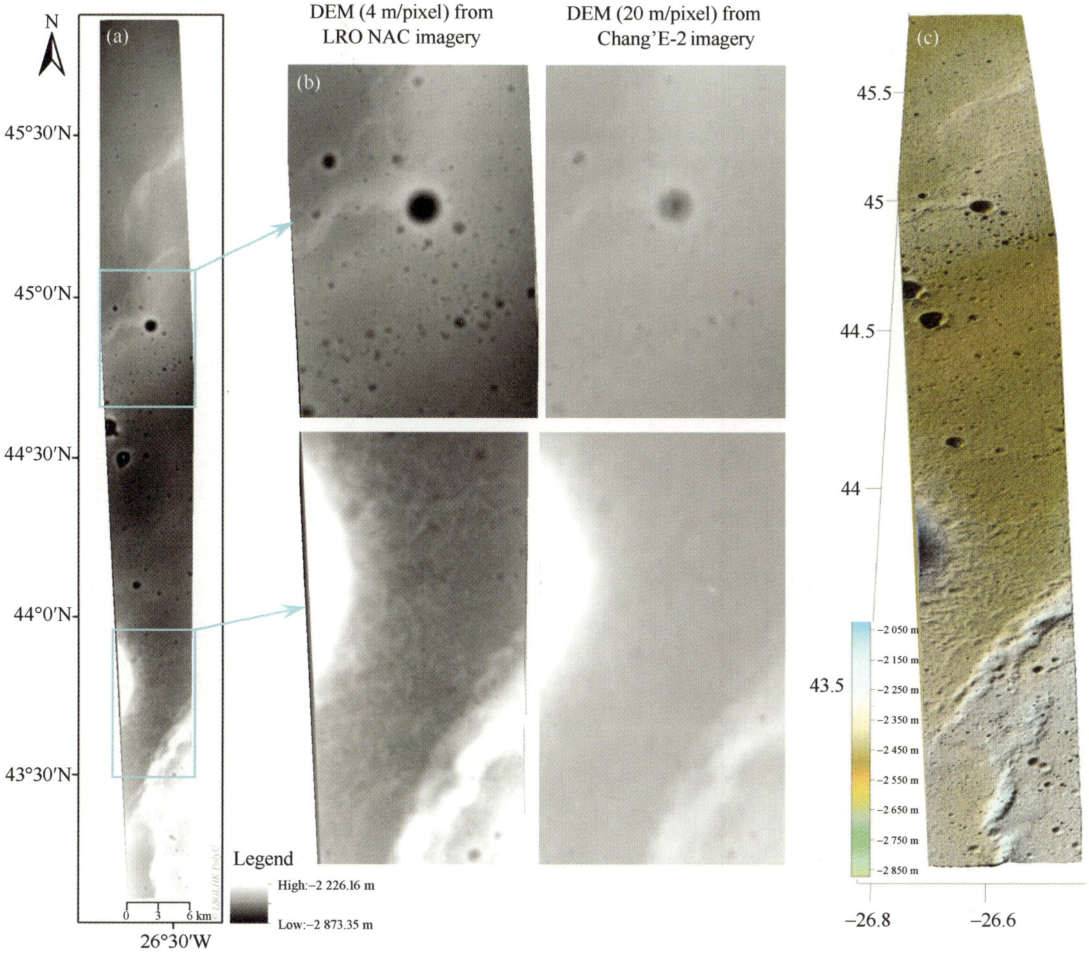

Fig. 11 DEM (4 m resolution) generated at Region 1 from the LRO NAC imagery. (a) A planar view of the DEM, (b) zoomed in views of the DEM and a side-by-side comparison with the 20m resolution DEM generated from the 7m/pixel Chang'E-2 imagery, and (c) a 3D view of the DE.

are densely distributed in the lower part of the DEM, close to the eastern rim of the Laplace A crater. These contours indicate a dense distribution of crater rays and ejecta.

The generated 4 m resolution DEM enabled a more detailed slope analysis at the scale of the lander footprint size. A baseline of 8 m was used for the slope calculation. The method of slope analysis used here was the same as the approach described previously. Fig. 13 shows the generated slope map and a histogram of the slope distribution.

A statistical analysis of the slopes showed that the average slope in this region is 6.42°, with a standard deviation of 7.31°. The maximum slope in this region is 65.44°. Indicated by the blue areas in Fig. 13(a), 52.46% of the region has slopes of less than 5°. The lander touchdown stability requirement (slope ≤15°) is met by 94.37% of the area.

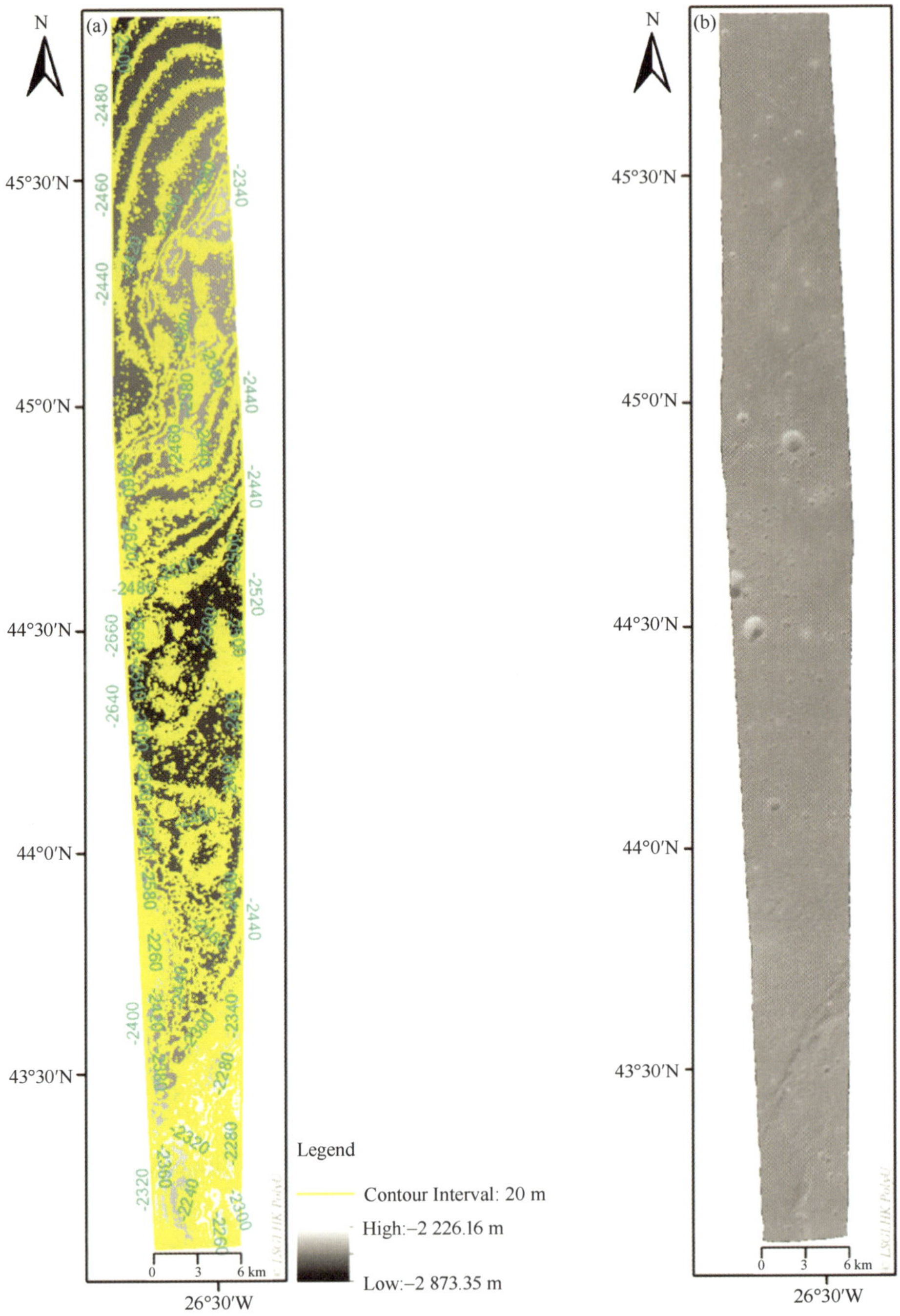

Fig. 12　Contour map and orthophoto of Region 1. (a) Contour map with contour intervals of 20 m, and (b) orthophoto with a resolution of 1.5 m/pixel.

Steeper slops are mainly found alongside the craters and ridges.

As in the crater detection method described previously, we detected craters in this region by using the 4 m resolution DEM and the 1.5 m resolution orthophoto generated

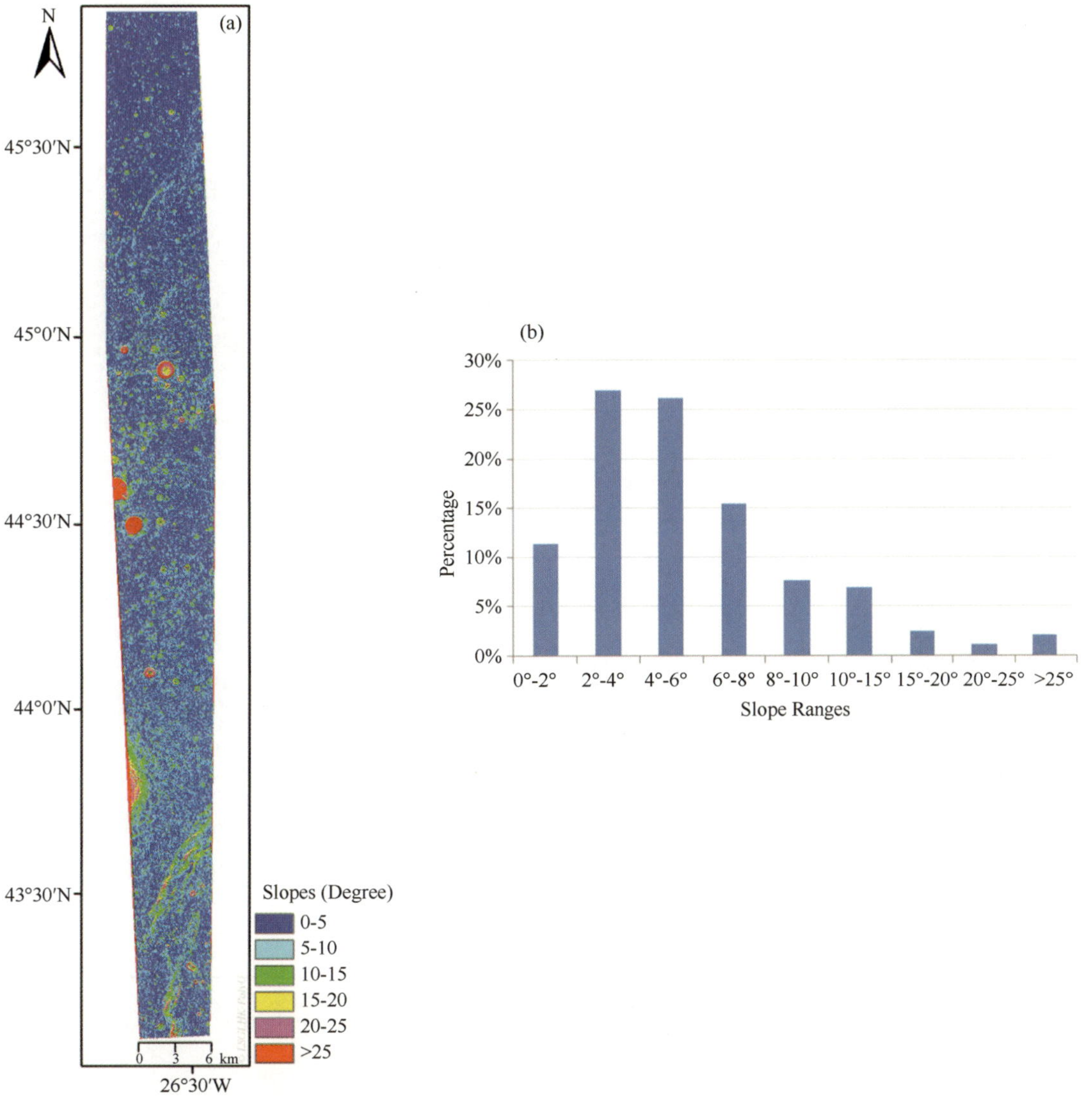

Fig. 13　Slope map and statistics at Region 1. (a) Slope map with slope intervals of 5°, and (b) histogram of the slope distribution. (For interpretation of the references to color in this figure, the reader is referred to the web version of this article.)

from the LRO NAC imagery. We identified 35 060 craters with diameters larger than 15 m (10 times the LRO/NAC image resolution). The crater distribution map and the cumulative crater size-frequency histogram are shown in Fig. 14.

The crater distribution is close to the equilibrium distribution. On average, there are 160 craters with diameters larger than 200 m in each 10 km×10 kmarea, 127 craters with diameters larger than 100 m in each 5 km×5 km area and 12 craters with diameters larger than 50 m in each 1 km×1 km area. The cumulative crater size-frequency distribution for Region 1 can be used as a representative result to supplement the cumulative crater size-

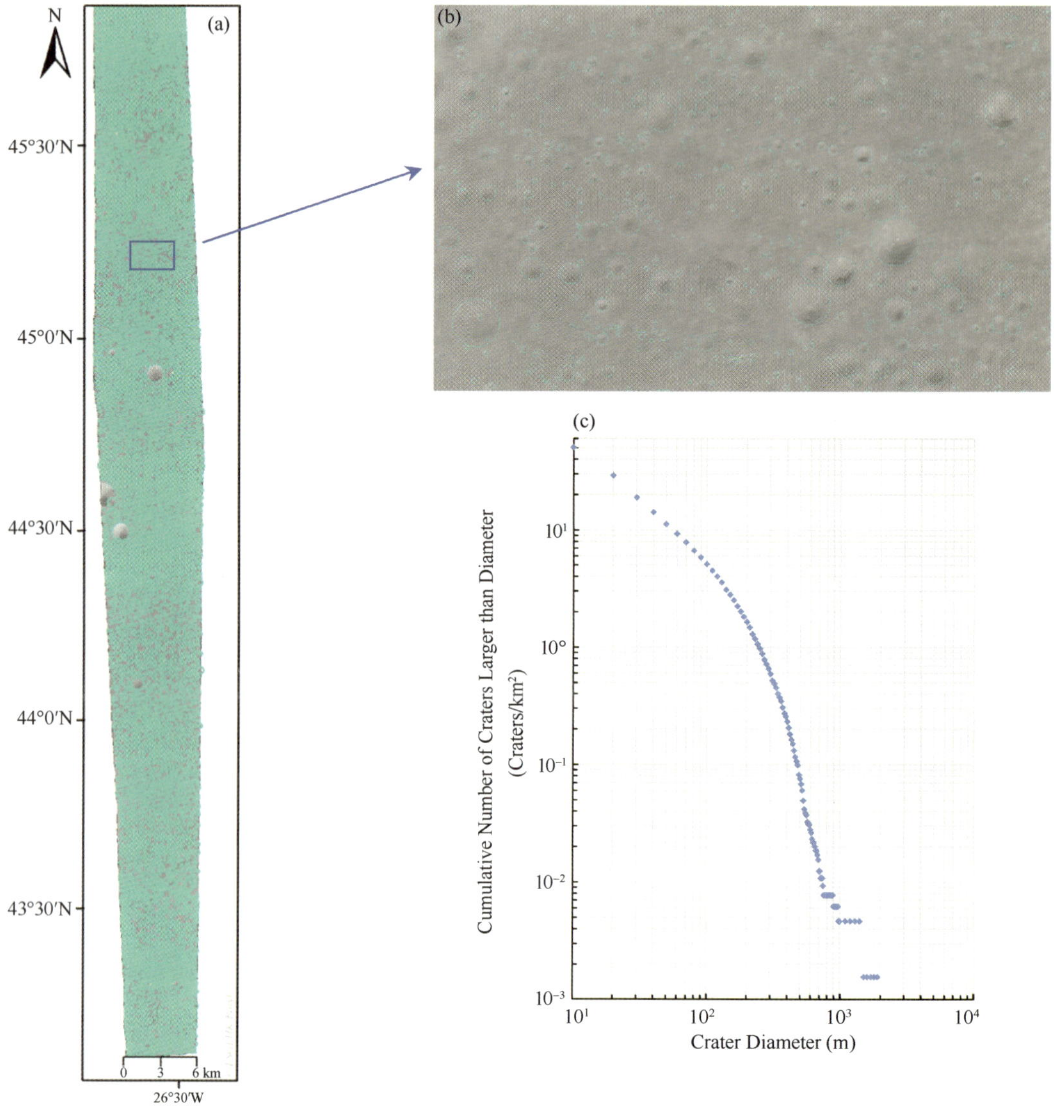

Fig. 14 Crater distribution and statistics for Region1. (a) Crater distribution map, (b) zoomed - in view of the map, and (c) cumulative crater size-frequency histogram.

frequency distribution for the entire Sinus Iridum landing area (see Fig. 9) for craters smaller than 300 m in size. From the crater - size frequency statistics, the surface age for this region is estimated to be 3.14 Ga based on the crater chronology function proposed by Neukum et al. (2001). Hiesinger et al. (2000) estimated the ages of mare basalts on the lunar nearside based on the distribution of impact craters, which is 3.01(+0.12, −0.16) Ga. The result is generally consistent with our estimation in this region.

The same method described previously was used to measure the depth, rim height and wall slope information based on the 4 m resolution DEM. We found 25 048 craters that had complete structures. The statistics on these craters are listed in Table 2.

Table 2　The morphological statistics of the crater measurements in Region 1 (25 048 craters).

Depth/diameter	Count	Percentage	Rim height/diameter	Count	Percentage	Wall slope	Count	Percentage
>0.25	37	0.15%	>0.10	24	0.10%	>20°	388	1.55%
0.20 – 0.25	176	0.70%	0.09 – 0.10	45	0.18%	18° – 20°	268	1.07%
0.18 – 0.20	198	0.79%	0.08 – 0.09	88	0.35%	16° – 18°	481	1.92%
0.16 – 0.18	302	1.21%	0.07 – 0.08	268	1.07%	14° – 16°	944	3.77%
0.14 – 0.16	560	2.24%	0.06 – 0.07	671	2.68%	12° – 14°	1 720	6.87%
0.12 – 0.14	1 135	4.53%	0.05 – 0.06	1 358	5.42%	10° – 12°	2 852	11.39%
0.10 – 0.12	2 199	8.78%	0.04 – 0.05	2 149	8.58%	8° – 10°	4 599	18.36%
0.08 – 0.10	3 956	15.79%	0.03 – 0.04	4 529	18.08%	6° – 8°	6 155	24.57%
0.06 – 0.08	6 209	24.79%	0.02 – 0.03	7 186	28.69%	4° – 6°	5 558	22.19%
0.04 – 0.06	6 920	27.63%	0.01 – 0.02	6 440	25.71%	2° – 4°	1 985	7.92%
<0.04	3 356	13.40%	<0.01	2 290	9.14%	<2°	98	0.39%

The statistical results showed that 81.61% of the craters have depth/diameter ratios of less than 0.1, which indicates that there are slightly more fresh craters in this region than the average for the entire Sinus Iridum landing area. Some 90.2% of the craters have rim height/diameter ratios of less than 0.05 and 93% of the craters have wall slopes of less than 15°.

3.2 Topographic modeling and analysis of Region 2 from the Chang'E-2 imagery

3.2.1 Topographic modeling of Region 2

Region 2 (19.9°W – 20.4°W, 42.6°N – 45.6°N) is located in the east part of the Sinus Iridum landing area. The 1.5 m resolution Chang'E-2 imagery (orbit 2 746) was used for topographic modeling and analysis of this region. The same approaches described in Section 2.1.2 were used in the integrated processing of the Chang'E-2 imagery and LOLA data to generate a DEM with a resolution of 4 m. Fig. 15 shows the 2D and 3D views of this DEM.

3.2.2 Topographic analysis of Region 2

As can be seen from Fig. 15, the 4 m resolution DEM shows much more topographic detail than the previously described low resolution data. The altitude in this region is lower in the southern part and higher in the northern part, with an average altitude of – 2 666.90 m. The maximum elevation difference in this region is about 537 m. Fig. 16 shows the contour map and orthophoto that were generated based on the DEM. The contour map has an interval of 20 m for each contour. The orthophoto is generated from the forward – looking image of the orbit 2 746. The illuminating condition for this image is 30.3° for the incidence angle and 15.3° for the emission angle. The orthophoto has a resolution of 1.5 m/pixel, which is the sameas the original Chang'E-2 imagery.

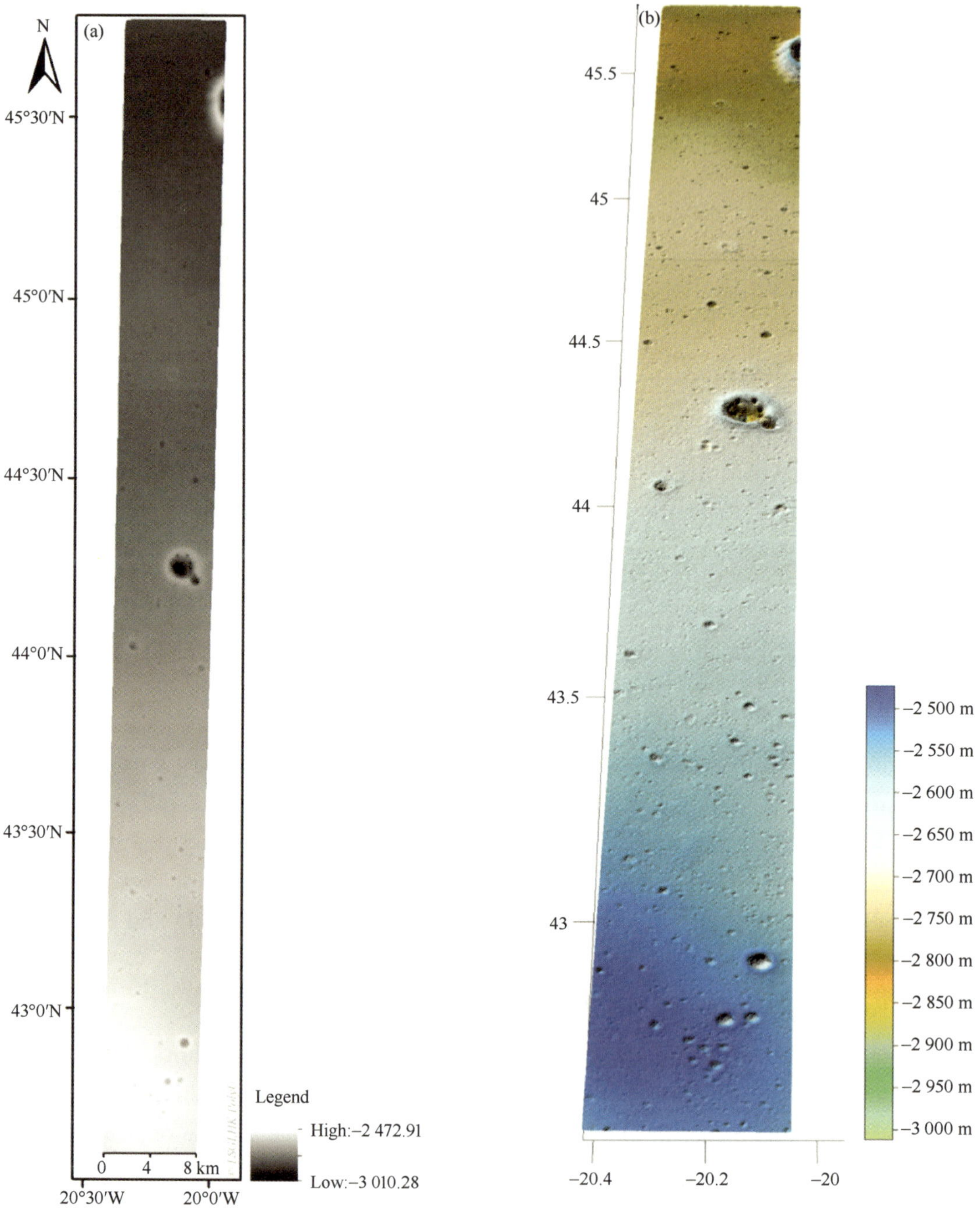

Fig. 15　DEM (4 m resolution) generated for Region 2 from the Chang'E-2 imagery. (a) A planar view of the DEM, and (b) a 3D view of the DEM.

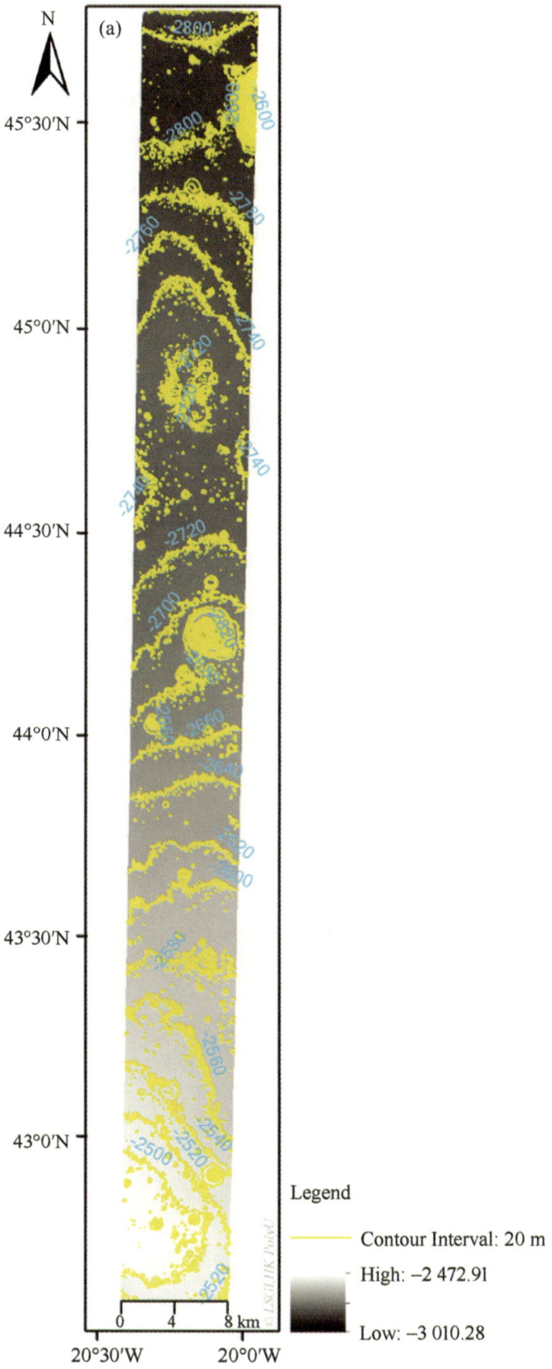

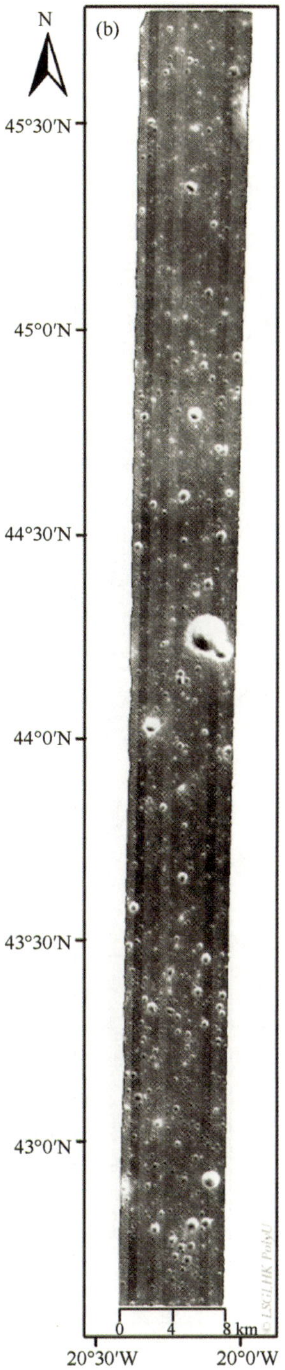

Fig. 16　Contour map and orthophoto of Region 2. (a) Contour map withc ontour intervals of 20 m, and (b) orthophoto with resolution of 1.5 m/pixel.

From the contour map, it can be seen that this region is relatively flatter than Region 1. The contours are sparsely distributed except for those inside the craters. A large number of craters of varying sizes can be recognized in the orthophoto.

A slope analysis was carried out based on the generated 4 m resolution DEM. A baseline of 8 m was used for slope calculation. Fig. 17 shows the generated slope map and a histogram of the slope distribution. A statistical analysis showed that the average slope in this region is 2.54°, with a standard deviation of 3.61°. The maximum slope in this region is 64.68°. The blue areas in Fig. 17(a) show the 88.94% of the region with slopes less

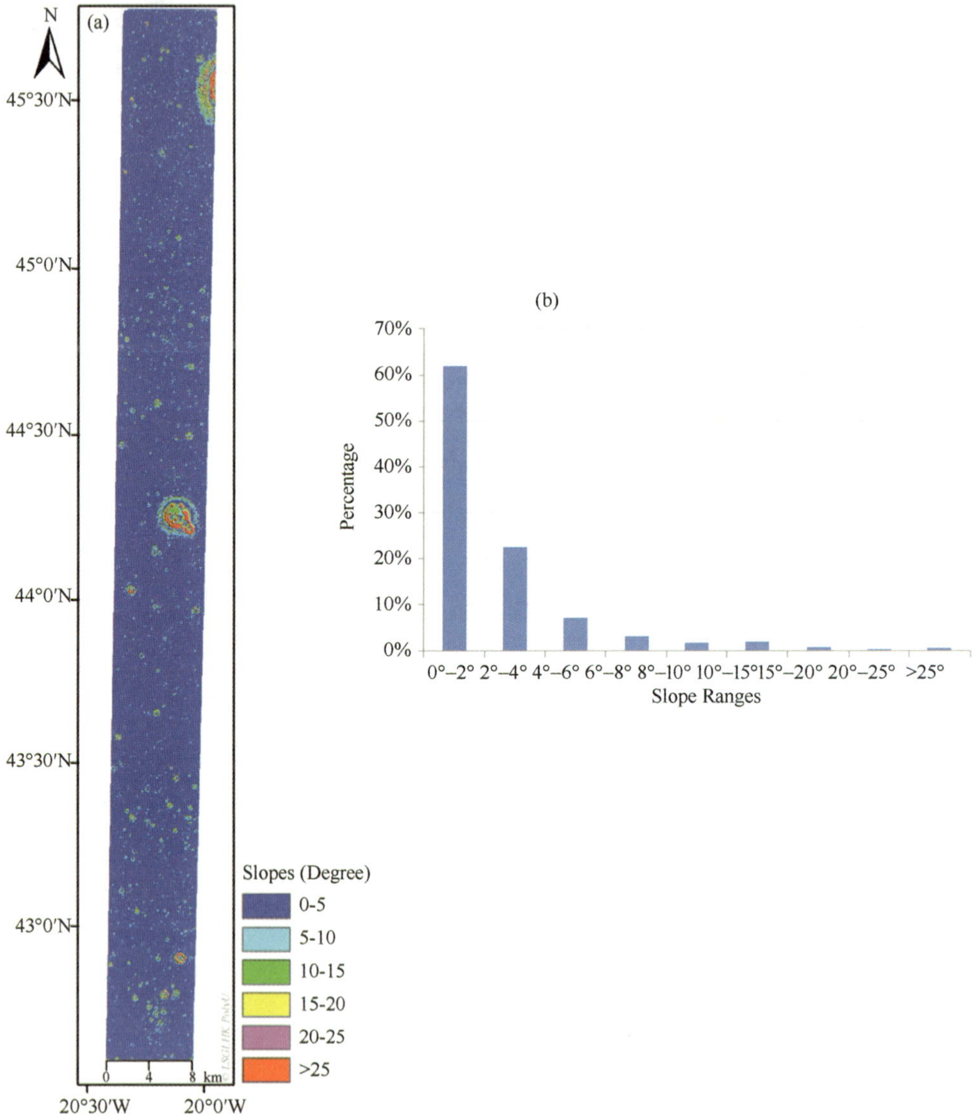

Fig. 17　Slope map and statistics for Region 2. (a) Slope map with slope intervals of 5°, and (b) histogram of the slope distribution. (For interpretation of the references to color in this figure, the reader is referred to the web version of this article.)

than 5° and 98.35% have slopes within the lander touchdown stability requirement (slope ≤15°). Steeper slops are mainly located around the craters. This slope analysis reconfirmed that Region 2 is flatter than Region 1 (with its average slope of 6.42°).

The same crater detection approach described previously was used to detect the Region 2 craters, based on the 4 m resolution DEM and the 1.5 m resolution orthophoto generated from the Chang'E-2 imagery. We identified 51 630 craters with diameters larger than 15 m (10 times the Chang'E-2 image resolution). The crater distribution map and the cumulative crater size-frequency histogram are shown in Fig. 18.

The distribution of the craters in Region 2 is close to that found in Region1. However, Region 2 has fewer big craters (larger than 100 m in diameter) and more small craters (less than 50 m in diameter). On average, there are 75 craters with diameters larger than 200 m in each 10 km×10 km area, 77 craters with diameters larger than 100m in each 5 km×5 km area and 8 craters with diameters larger than 50 m in each 1 km×1 km area. The cumulative crater size-frequency distribution of Region 2 can be used as another representative result to supplement the cumulative crater size-frequency distribution for the entire Sinus Iridum landing area (see Fig. 9) for craters smaller than 300 m. From the crater - size frequency statistics, the surface age for this region is estimated to be 3.21 Ga based on the crater chronology function proposed by Neukum et al. (2001).

The same method described previously was used to measure the depth, rim height and wall slope information based on the 4 m resolution DEM. We measured 22 870 craters with complete structures. The statistics of the Region 2 craters are listed in Table 3.

Table 3 The morphological statistics of the crater measurements in Region 2 (22870 craters).

Depth/diameter	Count	Percentage	Rim height/diameter	Count	Percentage	Wall slope	Count	Percentage
>0.25	27	0.12%	>0.10	36	0.16%	>20°	69	0.30%
0.20-0.25	26	0.11%	0.09-0.10	59	0.26%	18°-20°	11	0.05%
0.18-0.20	17	0.07%	0.08-0.09	92	0.40%	16°-18°	21	0.09%
0.16-0.18	11	0.05%	0.07-0.08	115	0.50%	14°-16°	54	0.24%
0.14-0.16	24	0.10%	0.06-0.07	196	0.86%	12°-14°	133	0.58%
0.12-0.14	74	0.32%	0.05-0.06	352	1.54%	10°-12°	317	1.39%
0.10-0.12	194	0.85%	0.04-0.05	1 006	4.40%	8°-10°	875	3.83
0.08-0.10	525	2.30%	0.03-0.04	1 936	8.47%	6°-8°	2 256	9.86%
0.06-0.08	1 694	7.41%	0.02-0.03	3 562	15.58%	4°-6°	4 766	20.84%
0.04-0.06	4 211	18.41%	0.01-0.02	6 315	27.61%	2°-4°	8 202	35.87%
<0.04	16 066	70.25%	<0.01	9 200	40.23%	<2°	6 165	26.96%

The statistical results showed that 98.36% of the craters in Region 2 have depth/diameter ratios of less than 0.1. This percentage is much larger than the 81.61% figure for

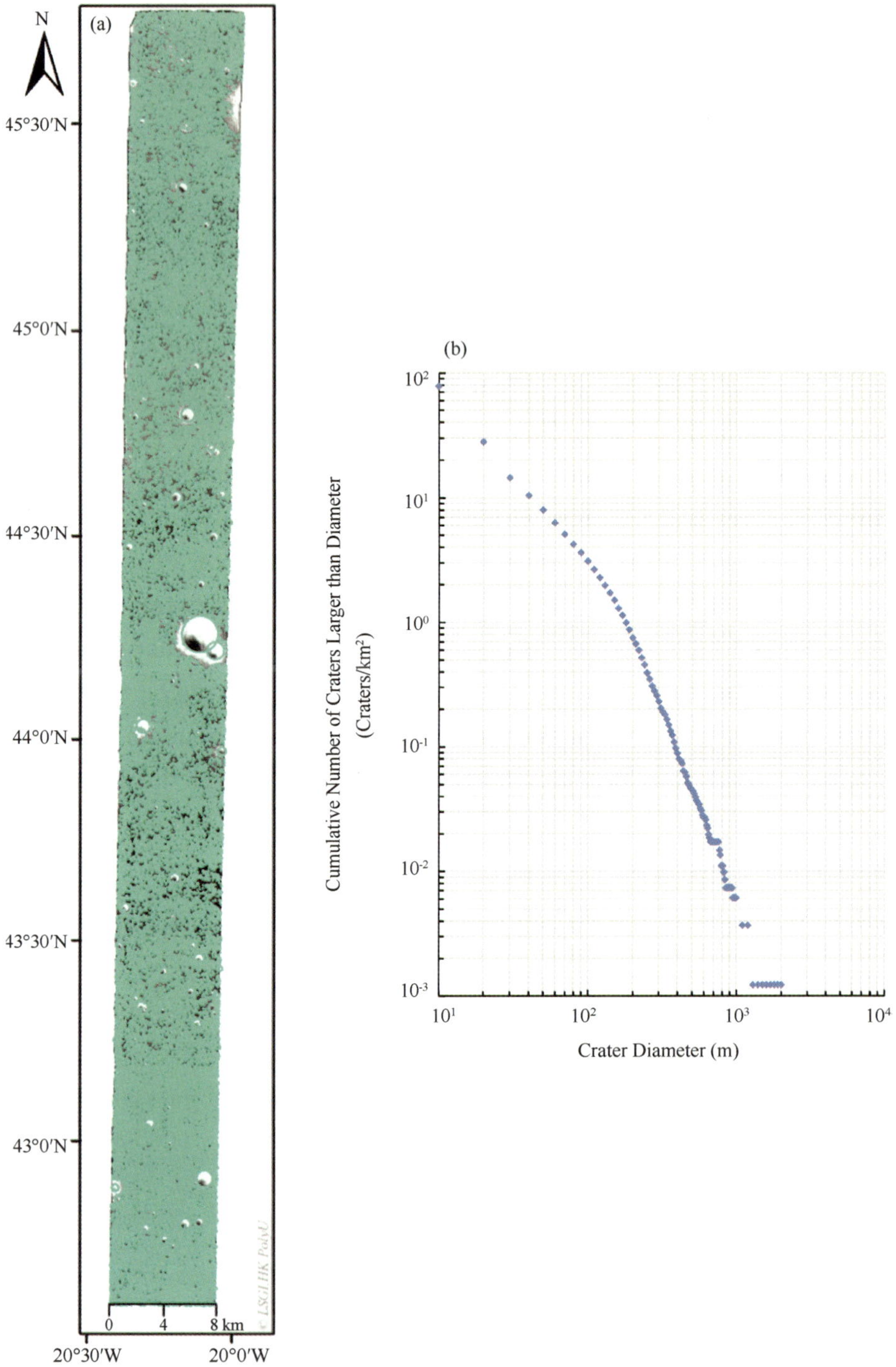

Fig. 18　Crater distribution and statistics for Region 1. (a) Crater distribution map, and (b) cumulative crater size-frequency histogram.

Region 1 or the 84.15% figure for the entire Sinus Iridum landing area. This measurement indicates that the craters distributed in Region 2 are relatively more mature that those in other parts of the Sinus Iridum landing area, including Region 1. Some 96.28% of the craters in Region 2 have rim height/diameter ratios of less than 0.05, and 99.4% of the craters have wall slopes of less than 15°.

4 Summary and discussion

This paper summarizes the lunar topographic modeling and analysis of the Chang'E-3 landing area. The investigation leads to the following conclusions.

1)The Sinus Iridum landing area is relatively flat, without a highly undulating terrain. The average altitude in this area is −2 672.12 m, with a maximum height difference of 1 340 m. Generally, the southern part of the area is higher than the northern part and the ridges in the middle of the area are higher than those in the eastern and western parts.

2)The average slope in the Sinus Iridum landing area is 1.7° and 99.16% of the area has slopes of less than 15°(if we use a baseline of 40 m for the slope calculation). A slope analysis at the lander footprint scale in the two representative local regions revealed that the average slope range is between 2.54°and 6.42°. Regions 1 and 2 have slopes of less than 15° over 94.37% and 98.35% of their surface areas, respectively. Steeper slopes are mainly found surrounding the craters and ridges.

3)The crater detection and analysis results of the Sinus Iridum landing area and the two local regions showed that on average there are about 14 craters with diameters larger than 300 m in each 10 km×10 km area, 75−160 craters with diameters larger than 200 m in each 10 km×10 km area, 77−127 craters with diameters larger than 100 m in each 5 km×5 km area and 8−12 craters with diameters larger than 50 m in each 1 km×1 km area. An analysis of the two representative local regions indicated that 81.61% to 98.36% of the craters have depth/diameter ratios of less than 0.1, 90.2% to 96.28% of the craters have rim height/diameter ratios of less than 0.05 and 93% to 99.4% of the craters have wall slopes less than 15°.

The topographic modeling and analysis results including processed images, DEMs, orthophotos, contour maps, slope maps, crater distribution maps and the related analysis results, were used for strategic planning and identifying the landing site for the Chang'E-3. This effort made a useful contribution to the success of the Chang'E-3 mission and these results can benefit many other lunar scientific programs.

It should be noted that boulder detection and analysis was not included in this investigation due to time constraints. Our future efforts will include an analysis of the boulder size-frequency distribution and we will include this factor in hazard evaluations of landing areas. Based on the advances and experience accumulated during this investigation, our goal is to develop a software framework for lunar topographic modeling and hazard analysis. Such a software framework can allow better automation and performance, with less danger of errors associated with inputting data. Our research may therefore contribute to support landing site certification and selection for future lunar exploration missions.

Acknowledgements

The work described in this paper was funded by China Academy of Space Technology (Grant No. 501-01-2013-0147). The work was also supported by a grant from the Research Grants Council of Hong Kong (Project No: PolyU 5312/10E) and grants from the National Natural Science Foundation of China (Project No: 91338110 and Project No: 41471345). The authors would like to thank the National Astronomical Observatories of the Chinese Academy of Sciences for providing the Chang'E-2 imagery.

References

[1] Di, K., Liu, Y., Liu, B., Peng, M., Hu, W., 2014. A self-calibration bundle adjustment method for photogrammetric processing of Chang'E-2 stereo lunar imagery. IEEE Trans. Geosci. Remote Sens. 52 (9), 5432-5442.

[2] Hiesinger, H., Jaumann, R., Neukum, G., Head, J.W., 2000. Ages of mare basalts on the lunar nearside. J. Geophys. Res., Planets105 (E12), 29239-29275.

[3] Hutton, R.E., 1969. Lunar surface models. NASA SP-8023.

[4] Li, C.L., Liu, J.J., Ren, X., Mou, L., Zou, Y., Zhang, H., Lv, C., Liu, J., Zuo, W., Su, Y., Wen, W., Bian, W., Zhao, B., Yang, J., Zou, X., Wang, M., Xu, C., Kong, D., Wang, X., Wang, F., Geng, L., Zhang, Z., Zheng, L., Zhu, X., Li, J., Ouyang, Z., 2010a. The global image of the Moon by the Chang'E-1: data processing and lunar cartography. Sci. China. Earth Sci. 40 (3), 294-306.

[5] Li, C.L., Ren, X., Liu, J., Zou, X., Mou, L., Wang, J., Shu, R., Zou, Y., Zhang, H., Lv, C., Liu, J., Zuo, W., Su, Y., Wen, W., Bian, W., Wang, M., Xu, C., Kong, D., Wang, X., Wang, F., Geng, L., Zhang, Z., Zheng, L., Zhu, X., Li, J., 2010b. Laser altimetry data of Chang'E-1 and the Global Lunar DEM Model. Sci. China. Earth Sci. 40 (3), 281-293.

[6] LRO Project and LGCWG White Paper, 2008. A standardized lunar coordinate system for the lunar reconnaissance orbiter and lunar datasets, version5. http://lunar.gsfc.nasa.gov/library/LunCoord-WhitePaper-10-08.pdf.

[7] Mazarico, E., Rowlands, D., Neumann, G., Smith, D.E., Torrence, M., Lemoine, F.G., Zuber, M., 2011. Orbit determination of the lunar reconnaissance orbiter. J. Geod. 86, 193-207.

[8] Melosh, H.J., 1989. Impact Cratering: A Geologic Process. Oxford University Press.

[9] Neukum, G., Ivanov, B.A., Hartmann, W.K., 2001. Cratering records in the inner solar system in relation to the lunar reference system. Space Sci. Rev. 96 (112/3/4), 55-86.

[10] Ouyang, Z.Y., Li, C., Zou, Y., Zhang, H., Lv, C., Liu, J., Liu, J., Zuo, W., Su, Y., Wen, W., 2010. Preliminary scientific results of Chang'E-1 lunar orbiter. Sci. China53 (11), 1565 – 1581.

[11] Qiao, S., 2014. 3D morphology based automatic crater detection on digital elevation models. MSc dissertation, Hong Kong Polytechnic University. 102pp.

[12] Robinson, M.S., Speyerer, E.J., Boyd, A., Waller, D., Wagner, R.V., Burns, K.N., 2012. Exploring the Moon with the lunar reconnaissance orbiter camera. Int. Arch. Photogramm. Remote Sens. Spat. Inf. Sci. XXXIX (B4), 501 – 504.

[13] Rosa, D., Bussey, B., Cahill, J.T., Lutz, T., Crawford, I.A., Hackwill, T., van Gasselt, S., Neukum, G., Witte, L., McGovern, A., Grindrod, P.M., Carpenter, J.D., 2012. Characterisation of potential landing sites for the European Space Agency's Lunar Lander project. Planet. Space Sci. 74 (1), 224 – 246.

[14] Scholten, F., Oberst, J., Matz, K. – D., Roatsch, T., Wählisch, M., Speyerer, E.J., Robinson, M.S., 2012. GLD100: the near – global lunar 100 m raster DTM from LROC WAC stereo image data. J. Geophys. Res., Planets117, E00H17.

[15] Smith, D.E., Zuber, M.T., Jackson, G.B., Cavanaugh, J.F., Neumann, G.A., Riris, H., Sun, X., Zellar, R.S., Coltharp, C., Connelly, J., Katz, R.B., Kleyner, I., Liiva, P., Matuszeski, A., Mazarico, E.M., McGarry, J.F., Novo – Gradac, A., Ott, M.N., Peters, C., Ramos – Izquierdo, L.A., Ramsey, L., Rowlands, D.D., Schmidt, S., Scott, V.S., Shaw, G. B., Smith, J.C., Swinski, J., Torrence, M.H., Unger, G., Yu, A.W., Zagwodzki, T.W., 2010. The lunar orbiter laser altimeter investigation on the lunar reconnaissance orbiter mission. Space Sci. Rev. 150 (1 – 4), 209 – 241.

[16] Tran, T., Rosiek, M.R., Beyer, Ross A., Mattson, S., Howington – Kraus, E., Robinson, M. S., Archinal, B.A., Edmundson, K., Harbour, D., Anderson, E., the LROC Science Team, 2010. Generating digital terrain models using LROC NAC images. Paper presented at the ASPRS/CaGIS 2010 Fall Specialty Conference, Orlando, Florida, November 15 – 19.

[17] Wang, X.Q., Cui, J., Wang, X.D., Liu, J.J., Zhang, H.B., Zuo, W., Su, Y., Wen, W.B., Rème, H., Dandouras, I., Aoustin, C., Wang, M., Tan, X., Shen, J., Wang, F., Fu, Q., Li, C.L., Ouyang, Z.Y., 2012. The solar wind interactions with lunar magnetic anomalies: a case study of the Chang'E-2 plasma data near the Serenitatis antipode. Adv. Space Res. 50 (12), 1600 – 1606.

[18] Wu, B., Guo, J., Zhang, Y., King, B., Li, Z., Chen, Y., 2011a. Integration of Chang'E-1imagery and laser altimeter data for precision lunar topographic modeling. IEEE Trans. Geosci. Remote Sens. 49 (12), 4889 – 4903.

[19] Wu, B., Zhang, Y., Zhu, Q., 2011b. A triangulation – based hierarchical image matching method for wide-baseline images. Photogramm. Eng. Remote Sens. 77 (7), 695 – 708.

[20] Wu, B., Zhang, Y., Zhu, Q., 2012. Integrated point and edge matching on poor textural images constrained by self – adaptive triangulations. ISPRS J. Photogramm. Remote Sens. 68, 40 – 55.

[21] Wu, B., Guo, J., Hu, H., Li, Z., Chen, Y., 2013. Co – registration of lunar topographic models derived from Chang'E-1, SELENE, and LRO laser altimeter data based on a novel surface matching method. Earth Planet. Sci. Lett. 364, 68 – 84.

[22] Wu, B., Hu, H., Guo, J., 2014. Integration of Chang'E-2 Imagery and LRO laser altimeter data with a combined block adjustment for precision lunar topographic modeling. Earth Planet. Sci. Lett. 391, 1-15.

[23] Zhao, B., Yang, J., Wen, D., 2011. Chang'E-2 satellite CCD stereo camera design and verification. Spacecr. Eng. 20 (1), 14-21.

[24] Zhu, Q., Wu, B., Tian, Y., 2007a. Propagation strategies for stereo image matching based on the dynamic triangle constraint. ISPRS J. Photogramm. Remote Sens. 62 (4), 295-308.

[25] Zhu, Q., Wu, B., Wan, N., 2007b. A filtering strategy for interest point detecting to improve repeatability and information content. Photogramm. Eng. Remote Sens. 73 (5), 547-553.

Volcanic history of the Imbrium basin: A close-up view from the lunar rover Yutu

Jinhai Zhang[1], Wei Yang[1], Sen Hu[1], Yangting Lina[1①], Guangyou Fang[2], Chunlai Li[3], Wenxi Peng[4], Sanyuan Zhu[5], Zhiping He[6], Bin Zhou[2], Hongyu Lin[7], Jianfeng Yang[8], Enhai Liu[9], Yuchen Xu[1], Jianyu Wang[6], Zhenxing Yao[1], Yongliao Zou[3], Jun Yan[3], and Ziyuan Ouyang[10]

1 Key Laboratory of Earth and Planetary Physics, Institute of Geology and Geophysics, Chinese Academy of Sciences, Beijing 100029, China;

2 Institute of Electronics, Chinese Academy of Sciences, Beijing 100190, China;

3 National Astronomical Observatories, Chinese Academy of Sciences, Beijing 100012, China;

4 Institute of High Energy Physics, Chinese Academy of Sciences, Beijing 100049, China;

5 Key Laboratory of Mineralogy and Metallogeny, Guangzhou Institute of Geochemistry, Chinese Academy of Sciences, Guangzhou 510640, China;

6 Key Laboratory of Space Active Opto – Electronics Technology, Shanghai Institute of Technical Physics, Chinese Academy of Sciences, Shanghai 200083, China;

7 The Fifth Laboratory, Beijing Institute of Space Mechanics & Electricity, Beijing 100076, China;

8 Xi'an Institute of Optics and Precision Mechanics, Chinese Academy of Sciences, Xi'an 710119, China;

9 Institute of Optics and Electronics, Chinese Academy of Sciences, Chengdu 610209, China;

10 Institute of Geochemistry, Chinese Academy of Science, Guiyang 550002, China Edited by Mark H. Thiemens, University of California, San Diego, La Jolla, CA, and approved March 24, 2015 (received for review February 13, 2015)

Abstract: We report the surface exploration by the lunar rover Yutu that landed on the young lava flow in the northeastern part of the Mare Imbrium, which is the largest basin on the nearside of the Moon and is filled with several basalt units estimated to date from 3.5 to 2.0 Ga. The onboard lunar penetrating radar conducted a 114 – m – long profile, which measured a thickness of ~5 m of the lunar regolith layer and detected three underlying basalt units at depths of 195 215, and 345 m. The radar measurements suggest underestimation of the global lunar regolith thickness by other methods and reveal a vast volume of the last volcano eruption. The in situ spectral reflectance and elemental analysis of the lunar soil at the landing site suggest that the young ba-

---

① To whom correspondence should be addressed. Email: linyt@mail. igcas. ac. cn. This article contains supporting information online at www. pnas. org/lookup/suppl/doi:10. 1073/pnas. 1503082112/-/DCSupplemental.

Author contributions: Y. L., C. L., Y. Z., J. Yan, and Z. O. designed research; J. Z., W. Y., S. H., Y. L., and W. P. performed research; G. F., W. P., Z. H., H. L., J. Yang, E. L., and J. W. contributed new reagents/analytic tools; J. Z., W. Y., S. H., Y. L., S. Z., B. Z., Y. X., and Z. Y. analyzed data; and J. Z., W. Y., S. H., Y. L., and Y. X. wrote the paper. The authors declare no conflict of interest. This article is a PNAS Direct Submission.

salt could be derived from an ilmenite-rich mantle reservoir and then assimilated by 10% – 20% of the last residual melt of the lunar magma ocean.

Key Points: volcanic history; Imbrium basin; lunar rover Yutu; lunar penetrating radar ; Chang'e-3 mission

The surface of the Moon is covered by regolith, a mixed layer of fine-grained lunar soil and ejecta deposits, which is crucial to understanding the global composition of the Moon. The lunar regolith has also recorded the complex history of the surface processes, and it is the main reservoir of ^{3}He and other solar wind gases. The thickness of the lunar regolith was estimated to be from 2 to 8 m in the maria and up to 8 – 16 m in the highland areas using various methods (1), including crater morphology (2, 3), seismology with low spatial resolution (4), radar wave scattering (5), and microwave brightness temperature (6). However, no in situ measurement of spectral reflectance, elemental compositions, lunar regolith thickness, or subsurface structures has been carried out.

The surface of the Moon is dominated with numerous large basins. They were formed about 3.9 Ga (7, 8), probably by the late heavy bombardment, and then filled with dark lava flows derived from partial melting of the lunar mantle, within a period mainly during 3.8 – 3.1 Ga (7). The Imbrium basin is the largest and was formed on Procellarum KREEP (potassium (K), rare earth elements (REE), and phosphorus (P)) Terrane (9), a unique terrain highly enriched in U, Th, and K radionuclides and other incompatible trace elements referred to as KREEP (10) and considered as the last residual melt of the Lunar Magma Ocean (11). The presence of the KREEPy materials, indicated by high concentrations of radionuclides U, Th, and K (9), around the rims of the Imbrium basin suggests that they are likely the basin – forming ejecta deposits. At least three main lava flows, dated from 3.5 Ga to 2.0 – 2.3 Ga (7, 12), have been recognized in Mare Imbrium with distinct FeO and TiO_2 concentrations (13, 14), which brought up interior information of this KREEP – rich terrain. The old and low – Ti basalt unit has been sampled by the Apollo 15 mission that landed at the eastern rim of the Imbrium basin. Information of other lava flows in Mare Imbrium was obtained only by remote sensing from orbit. On December 14, 2013, Chang'e-3 successfully landed on the young and high – Ti lava flow in the northeastern Mare Imbrium, about 10 km south from the old low – Ti basalt unit (Fig. 1).

The lunar rover Yutu (named for the jade rabbit on the Moon in a Chinese fairy tale) was equipped with an active particle-induced X – ray spectrometer (APXS), a visible to near – infrared (450 – 945 nm) imaging spectrometer and short – wave infrared (900 – 2 395 nm) spectrometer (VNIS), and a lunar penetrating radar (LPR), accompanied by a stereo camera and a navigating camera. Originally, the mission planned to have the lunar rover measure chemical and mineral compositions of the lunar soil and various types of ejecta rocks and to carry out a LPR profile of the lunar regolith and subsurface

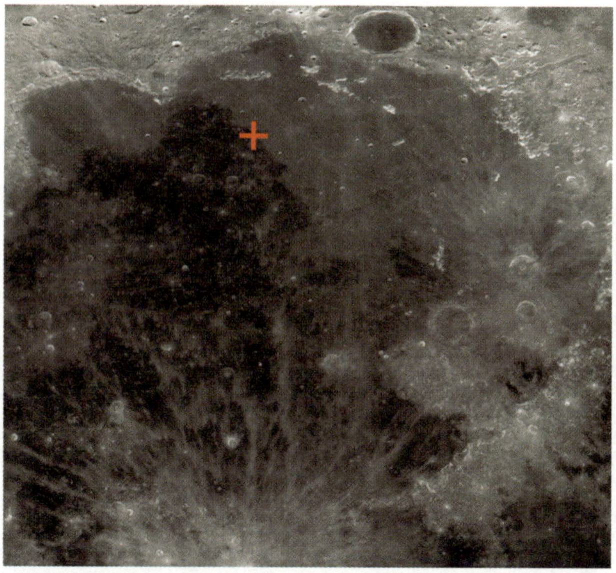

Fig. 1　The landing site of Chang'e-3 (red cross), on the high - Ti basalt (dark gray) near the boundary in contact with the low - Ti basalt (light gray). The background image was taken by Chang'e-1.

structures in the first 3 mo. The mission was scheduled to extend up to 1 y and to explore the old low - Ti lava flow ～10 km north. Unfortunately, some of Yutu's mechanical parts failed to move just before the rover prepared for sleeping at the end of the second month due to unknown faults probably in the control system. During the first 2 mo, Yutu successfully carried out two APXS and four VNIS analyses of the lunar soil and performed a 114 - m - long LPR profile along the rover track in the landing area (Fig. 2). These in situ measurements provide insights into the volcanic history of Mare Imbrium and the ground - truth data for calibration of the orbital data.

Significance

After the Apollo and Luna missions, which were flown about 40 years ago, the Moon was explored only from orbit. In addition, no samples were returned from the young and high - FeO and TiO_2 mare basalt in the northern Imbrium basin. Such samples are important to understand the formation and evolution of the Procellarum KREEP(potassium (K), rare earth elements (REE), and phosphorus (P)) terrain, a key terrain highly enriched in radioactive nuclides. The Chang'e-3 mission carried out the first in situ analyses of chemical and mineral compositions of the lunar soil and ground - based measurements of the lunar regolith and the underlying basalt units at this specific site. The lunar regolith layer recorded the surface processes of the Moon, whereas the basalt units recorded the volcanic eruption history.

Fig. 2　Chang'e-3 landing site and the rover Yutu's track. Crater A is blocky, indicating penetration through the regolith. Crater B is the largest one without blocks in the landing area. The APXS (LS1 – LS2) and VNIS (CD5 – CD8) analysis positions and the rover navigation points are marked. The image was composed from the series images taken by the Chang'e-3 landing camera.

Chemical Compositions

The chemical compositions of the lunar soil have been measured with the onboard APXS equipped on the robotic arm (Table 1), and detailed data processing is given in *SI Appendix*. The X – ray spectra of the lunar soil were emitted from the surface within a diameter of 6 cm, displaying clear peaks of Mg, Al, Si, Ca, Ti, K, Cr, Fe, Sr, and Zr and detection of Y and Nb (*SI Appendix*, Fig. S3). The quantitative compositions of the lunar soil were calibrated with 10 working references covering the compositional ranges of the lunar soil, after correction for background, peak overlapping, and decay of the ^{55}Fe and ^{109}Cd sources. The two analyses, carried out in different locations, are nearly identical to each other within the analytical uncertainties, confirming the analytical reproducibility. The lunar soil contains higher TiO_2 (4.0 – 4.3 wt %) and FeO (21.3 – 22.1 wt %) but lower Al_2O_3 (10.5 – 11.5 wt %) compared with the Apollo and Luna soil samples (*SI Appendix*, Fig. S6). The composition of the lunar soil could represent that of the basalt beneath, suggested by its high FeO and TiO_2 contents. This is confirmed by the compositional mapping of the rims and proximal ejecta of small impacts (0.4 – 4 km in diameter) on the same high – Ti basalt unit, which show the upper limits of 20 wt % FeO and 4 – 7 wt % TiO_2 (14). The intermediate concentration of TiO_2, compared with the gap between 4 and 7 wt % TiO_2 for Apollo and Luna mare basalts (15) (Fig. 3), probably indicates a distinct type of mare basalt. Based on the correlation between K and Th (16), 4 ppm Th of the lunar soil was estimated, which is slightly higher than the remote sensing value (~2 ppm Th) in Mare Imbrium (17). The incompatible lithophile trace elements Zr, Y, and Nb are enriched by factors of 0.10 – 0.12, 0.11 – 0.18, and 0.17 relative to the referred composition of KREEP (10), respectively. In addition, the concentration of K is 0.18 – 0.22 × KREEP. Such a nearly flat KREEP-normalized pattern of the lunar soil suggests that these incompatible lithophile trace elements can be attributed to assimilation of 10% – 20% of KREEP component. A scenario is that the basalt was derived via partial melting of ilmenite-rich mantle reservoir and then contaminated by the residual KREEP layer beneath the ferroan anorthosite crust as it ascended to the surface. Alternatively, the basalt was formed via partial melting of a mantle reservoir that had mixed with sinking dense ilmenite-rich KREEPy rock.

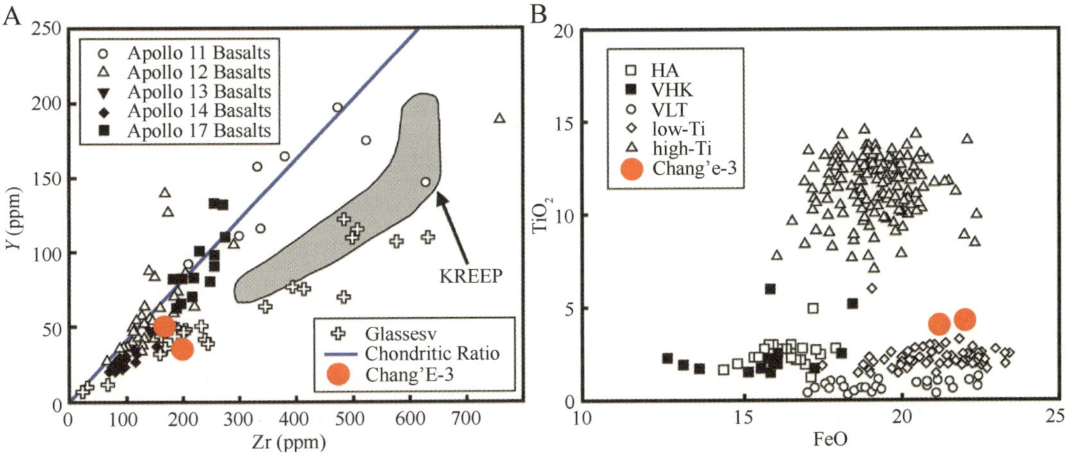

Fig. 3　Compositions of the lunar soil at the landing site. (A) Y and Zr plot close to the mixing line with KREEP, different from Apollo basalts (14). (B) The FeO and TiO_2 contents plot in the gap between the high – Ti and low – Ti basalt samples (15).

Table 1　Chemical compositions of the lunar soil measured with APXS

Sample name	LS1	±	LS2	±
SiO_2	42.8		43.2	
MgO	9.9	1.5	8.9	1.9
Al_2O_3	11.5	0.9	10.5	1.0
K_2O	0.18	0.01	0.15	0.01
CaO	10.4	0.3	10.9	0.4
TiO_2	4.0	0.2	4.3	0.2
FeO	21.3	1.7	22.1	1.9

Continuted

Sample name	LS1	±	LS2	±
Total	100.0		100.0	
Cr, ppm	877	162	825	161
Sr, ppm	139	19	198	29
Y, ppm	34	10	54	13
Zr, ppm	200	26	168	49
Nb, ppm	13	2	14	10

Mineral Abundances and Optical Maturity Index

Four reflection spectra of the lunar soil have been acquired with the onboard VNIS, and the data processing is given in *SI Appendix*. The calibrated spectra are similar to the laboratory measurements of Apollo mare soil samples, showing absorption at 1 μm and 2 μm responding to the presence of pyroxene and plagioclase (*SI Appendix*, Fig. S11). The decoded average mineral composition of the soil is 17.9 vol% pyroxene (13.0 – 20.6 vol%) and 16.4 vol % plagioclase (15.0 – 17.5 vol %). This mineral composition is consistent with the average Apollo mare soils that consist of 16.3 vol % plagioclase and 18.6 vol % pyroxenes (1). The Apollo mare soils also contain abundant impact glass and volcanic glass with minor olivine (~3.4 vol %); however, they cannot be decoded from the reflectance spectra. Furthermore, the FeO and TiO_2 concentrations of the lunar soil can be estimated from the corrections between the compositions and the reflectance spectrum parameters of the Apollo soils (SI Appendix, Fig. S9), which are 18.9 wt % (18.7 – 19.5 wt %) and 6.6 wt % (5.3 – 9.0 wt %), respectively. The estimated TiO_2 contents are somewhat higher than the APXS analyses, likely due to the shadow of the rough lunar soil surface (*SI Appendix*, Fig. S8). The estimated FeO contents are consistent with the APXS analyses within analytical uncertainties. The space weathering effect (darkening and reddening of the spectra) of the lunar soil can be indicated by the optical maturity index (18), which ranges from 0.098 to 0.158 with an exception of 0.312 for CD005 (*SI Appendix*, Table S2). The higher values of the optical maturity index and the spectral reflectance of CD005 may be due to blowing the top dusts off the lunar surface by the rocket during the descent of Chang'e-3 because CD005 is located closest to the lander (*SI Appendix*, Table S2). The optical maturity index values of CD006 – CD008 suggest submature or mature lunar soil, undistinguishable from the Apollo mare soils. This is inconsistent with the rocky surface and the presence of abundant rocks in the lunar soil at the landing site (*SI Appendix*, Fig. S2), which is suggestive of a young age for the Chang'e-3 landing site. However, it has been noticed that there was no clear correlation between the optical maturity index and the ages of the Apollo mare soils (18).

Lunar Regolith Layer Thickness

The lunar regolith layer and the underlying basalt units at the landing site have been detected by the onboard LPR, which has two frequency channels, i.e., channel 1 at 60 MHz and channel 2 at 500 MHz. The echoes were processed using preprocessing, migration and time-frequency analysis methods that are commonly used in seismic exploration (*SI Appendix*). Fig. 4 displays the LPR profile of channel 2 with a total distance of 73 m along the Yutu's track. The relative dielectric constant ε_r increases from 2.1 at the surface to 6.5 at a depth of 10 m, based on the function of lunar soil density with depth (19) and a model of the lunar regolith. We propose that the homogeneous uppermost sublayer contains 5.7 vol % of basaltic blocks determined from the high-resolution images of the landing camera (*SI Appendix*, Fig. S2). Then, we assume that the rock debris content of the lunar regolith increases with depth to 100% at 10 m deep. The high-frequency LPR echoes clearly exhibit an uneven bottom of the lunar regolith, and the depth varies from 2.2 m to 5.4 m with a median value of ~5 m (Fig. 4).

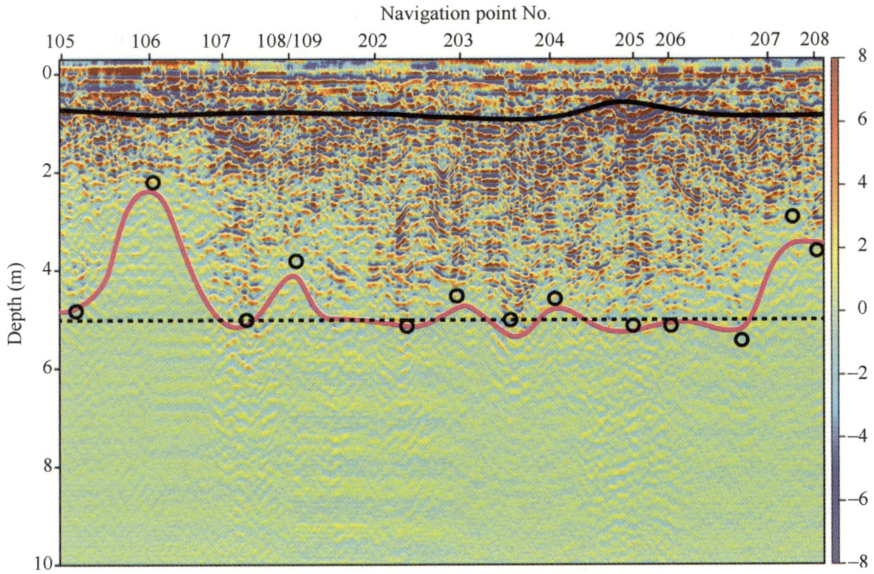

Fig. 4. Migration result of channel 2B of LPR. The profile is about 73 m long. Bold black and pink curves denote the lunar soil sublayer and regolith bottoms picked up manually, respectively. Bold black circles are the depths of lunar regolith picked up from the key traces by time-frequency analyses after migration (shown in *SI Appendix*, Fig. S19). The dashed black line (at 5 m) denotes the best depth estimation of the lunar regolith at the research area.

The thickness of the lunar regolith layer can also be constrained by high-resolution morphology of craters taken by the landing camera of Yutu. There are two large craters in the landing region (Fig. 2). The larger one (crater A, 18 m in diameter) is blocky, indicative of penetrating the regolith layer and excavating the underlying bedrock, whereas the other (crater B, 13.7 m in diameter) has few blocks, and hence, it is inside the regolith layer. The depths of both craters were calculated to 3.7 m and 4.9 m using the impacting model of the lunar regolith (www.lpi.usra.edu/lunar/tools/lunarcratercalc/). The depths of 3.7 m and 4.9 m can be referred to as the range of the regolith layer thickness, which is consistent with the LPR measurement. The ground-based LPR measurement of the lunar regolith layer thickness clarifies the wide range in previous estimations from 2.6 m (20) to 7.5 m (21) using the crater morphology method, or 6.2 ± 2.0 m (5) and 6.4 ± 1.7 m (22) based on lunar radar sounder data, in the same young, high-Ti region of Mare Imbrium. A thickness of 8.5-12.2 m of the regolith layer in the Apollo highlands was measured with seismology (4), but the lunar regolith layer thickness of 2-8 m at the Apollo mare sites was estimated (1). In addition, a much thicker regolith (8-32 m, with a median depth of 11 m) was estimated in three Eratosthenian mare areas (2.0-2.5 Ga) (23). Based on the positive correlation between regolith layer thickness and age of the surface (5), the regolith layer thickness at the young Chang'e-3 landing site could be considered to be the minimum of the global surface because of its young age of 3.0 Ga (7) or 2.0-2.3 Ga (12). The thick regolith layer at the Chang'e-3 landing site may be partially attributed to the ejecta deposits from a crater ~450 m in diameter, which locates ~60 m west to the lander. However, the high-resolution descending images reveal no recognizable modification of the distribution pattern of small craters on the surface (Fig. 2). The thickness of ejecta deposits must be less than 20 cm; otherwise, the craters <0.5 m in diameter would have been buried. Hence, the echoes detected by the LPR are mainly from the regolith layer rather than the ejecta deposits of the nearby crater. The mean thicknesses of the lunar regolith layer at Apollo mare sites were generally reported to 2-8 m (1), and the lower range could be somewhat underestimated because these sites are significantly older (3.8-3.1 Ga). This is also confirmed by the blocky nature of the Chang'e landing site, which suggests a thinner regolith layer than the Apollo sites.

In Fig. 4, the uppermost sublayer (~0.7 m in thickness) can be observed. The presence of this sublayer is independent of the model of the lunar regolith we used (*SI Appendix*, Figs. S16 and S17). This homogeneous sublayer likely represents the well-plowed-up top zone of the lunar regolith caused by small impacts. The measured thickness of ~0.7 m of the sublayer is consistent with that of the homogeneous zone (~60 cm) at the top of Apollo 17 deep drill cores (1).

Underlying Basalt Units

The underlying basalt units were probed by the low-ferquency LPR echoes. Three obvious reflectors can be observed at depths of 195 m, 215 m, and 345 m (Fig. 5), using $\varepsilon_r = 6.5$ (1). These reflectors likely indicate buried regolith layers formed during flooding hiatus of lava flows in the northeastern Mare Imbrium. This is consistent with the presence of three main types of basalt units in Mare Imbrium, based on variation of FeO and TiO_2 contents (13, 14). These basalt units were dated 3.3 – 3.5 Ga, 3.0 Ga, and 2 – 2.5 Ga (7, 12, 24). The lava flows originated from the vent area near the crater Euler (over 700 km south to the landing site) and extended north 1 200 km, 600 km, and 400 km from older low - Ti basalts to the overlying high - Ti flows (*SI Appendix*, Fig. S1). The buried regolith layers between these basalt units are expected, produced by asteroid impacts during the time periods between the eruptions of the basalt units, which are likely responsible for these significant reflection horizons. Hence, the thickness of these three basalt units is 195 m, 20 m, and 130 m, from the top to the bottom, respectively.

Based on the effects of lava flow on lunar crater populations, the thickness of lava flows in the southwest Mare Imbrium were determined to 30 – 60 m (25) or six flow units with an average of 32 – 50 m (26). The much thicker uppermost basalt unit determined by Yutu's LPR suggests a sequence of lava flooding events (e. g., refs. 3 – 6) during a short period, and the individual flows cannot be detected by the LPR because of little regolith produced in the short hiatus. The total thickness of the top two basalt units (both high Ti) can be constrained by morphology of small craters with diameters of 0.4 – 4.0 km. The distribution of the TiO_2 contents of the rims and proximal ejecta deposits of these craters determined from compositional mapping data (14) revealed whether or not the craters have penetrated the overlying layer and excavated the bedrock beneath. The smallest craters with a diameter of 0.4 – 1.0 km show a peak at ~5.0 wt % TiO_2 with a low - TiO_2 tail, whereas that of large craters has a low - TiO_2 peak at ~2.5 wt % (*SI Appendix*, Fig. S7). The high - TiO_2 peak is similar to the in situ APXS analyses and the remote sensing results (27, 28). The low - TiO_2 tail of the smallest craters is due to excavating the underlying low - Ti basalt unit, as indicated by the low - TiO_2 peak for the larger craters (1 – 4 km in diameter) and the presence of old low - Ti basalt about 10 km north to the landing site. This result sets up a range of the total thickness of the upper two basalt units, from significantly larger than 109 m (depth of a crater with 0.4 - km diameter) to obviously less than 270 m (depth of a crater with a 1 - km diameter). This is consistent with the total thickness (210 m) of the upper two reflectors of LPR. Two subsurface layers in the eastern Mare Imbrium (36.0° N, 15.3° W) have been detected by lunar radar sounder on the Kaguya spacecraft, with depths of 250 m and 454 – 460 m (29). The footprint of the lunar radar sounder is located on the old low - Ti basalt unit (29), and the first reflector could be assigned to the third echo of Yutu's LPR. However, the depth of 250 m is nearly twice of the thickness of the old low - Ti basalt unit determined by Yutu's

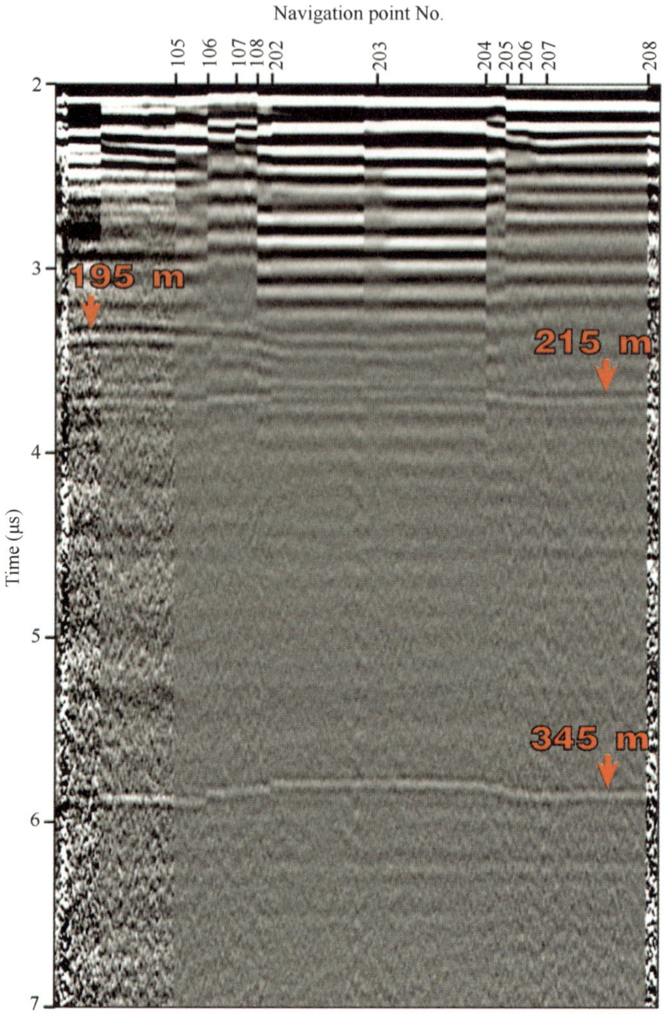

Fig. 5　The LPR profile of channel 1.

LPR. In addition, the deeper layer at 454 - 460 m measured by Kaguya spacecraft has not been detected by Yutu's LPR.

Conclusions

The chemical compositions of the lunar soil at the Chang'e-3 landing site were determined in situ by APXS, including trace elements of Zr, Sr, Y, and Nb. Its higher FeO (21.3 - 22.1 wt %) and TiO_2 contents (4.0 - 4.3 wt %) and lower Al_2O_3 content (10.5 - 11.5 wt %) compared with the Apollo and Luna soil samples suggest a new type of basalt beneath, which has not yet been sampled in previous missions. The nearly flat KREEP - normalized abundance pattern of K, Zr, Y, and Nb suggests assimilation of the underlying KREEP material. The mineral abundances decoded from the ground -

based measurements of the reflectance spectra of the lunar soil are similar to Apollo mare soil.

The thickness of the lunar regolith layer was measured with the LPR to be ~5 m. This is significantly larger than what we expected for a young mare site dated about 2.0 – 3.0 Ga (7, 12). Such a thick lunar regolith layer is unlikely attributed to ejecta deposits from a nearly crater because no significant modification on the surface was observed in the high – resolution images taken by the descending camera. In addition, an upper sublayer of ~70 cm was detected, which has a feature of lacking rocks. This argues against a detectible layer of the ejecta deposit along the lunar rover's track. Our LPR imaging results show that the thickness of the global lunar regolith layer was underestimated in previous studies (e.g., refs. 1, 20).

The presence of three basalt units detected by the LPR is consistent with the distribution of three main basalt units in the northern Mare Imbrium (*SI Appendix*, Fig. S1). The thickness of 195 m of the top basalt unit indicates no significant cessation of volcanic eruption in the Imbrium basin until 2.0 – 3.0 Ga, different from a gradual cessation of magma eruption in the Imbrium basin (30). This could be at least partially attributed to high concentrations of radionuclides in the Procellarum KREEP Terrane. The high – Ti basalt was probably formed via partial melting of ilmenite-rich lunar mantle reservoir, followed by ascending to the Imbrium basin with 10% – 20% contamination of the KREEP material.

Methods

The chemical compositions of the lunar soils were determined from the APXS analyses, calibrated with two analyses of the onboard basaltic working reference and a set of standards that were measured in laboratory. All of the original APXS data are in 2B level and have been corrected for background and peak overlapping (for data processing details, see *SI Appendix*, S2).

The mineral abundances, optical maturity index, and the contents of FeO and TiO_2 of the lunar soil were achieved from the VNIS data in 2B level. The VNIS spectra were combined from those measured separately by the VIS/NIR imaging spectrometer (450 – 945 nm) and the shortwave IR (SWIR) (900 – 2 395 nm), and they were reduced to repair bad lines and make flat field corrections and converted to reflectance. The Modified Gaussian Model was applied to decode the VNIS spectra, and the Apollo mare soils data were used to calibrate the results (for data handling, see *SI Appendix*, S4).

The lunar regolith layer was detected by the high – frequency channel (500 MHz, channel 2), and the depths of underlying basalt units were detectedby the low – frequency channel (60 MHz, channel 1) of LPR on the Yutu rover. The 2B level data of channel 2 were processed using spherical spreading amplitude compensation and filtered by the second - order Butterworth filter. The time-frequency analysis was applied to the channel 2 data. The depths of the lunar soil sublayer and the lunar regolith bottom were estimated using the migration method. For channel 1, the 2B level data were filtered by band - pass Butterworth filter and 2D median filter (for full technical details, see *SI Appendix*, S5).

Acknowledgments

We thank two anonymous reviewers for their constructive reviews. The Chang'e-3 mission was carried out by the Chinese Lunar Exploration Program, and the data were supplied by the Ground Research and Application System of the Chinese Lunar Exploration Program. This study was supported by the Key Research Program of the Chinese Academy of Sciences (KGZD - EW - 603), National Natural Science Foundation of China (41273077, 41490631, 41221002, 41074092, and 41103031), and National Major Project of China (2011ZX05008 - 006). Numerical simulation of electromagnetic wavefields was performed in Computer Simulation Laboratory, Institute of Geology and Geophysics, Chinese Academy of Sciences.

References

[1] Heiken G, Vaniman D, French BM (1991) Lunar Sourcebook: A User's Guide to the Moon (Cambridge University Press, Houston).

[2] Quaide WL, Oberbeck VR (1968) Thickness determinations of the lunar surface layer from lunar impact craters. J Geophys Res 73(16):5247 - 5270.

[3] Bart GD (2014) The quantitative relationship between small impact crater morphology and regolith depth. Icarus 235(E8):130 - 135.

[4] Nakamura Y, Dorman J, Duennebier F, Lammlein D, Latham G (1975) Shallow lunar structure determined from the passive seismic experiment. Moon 13(1 - 3):57 - 66.

[5] Shkuratov YG, Bondarenko NV (2001) Regolith layer thickness mapping of the Moon by radar and optical data. Icarus 149(2):329 - 338.

[6] Fa W, Jin Y - Q (2010) A primary analysis of microwave brightness temperature of lunar surface from Chang - E 1 multi - channel radiometer observation and inversion of regolith layer thickness. Icarus 207(2):605 - 615.

[7] Hiesinger H, Jaumann R, Neukum G, Head JW, III (2000) Ages of mare basalts on the lunar nearside. J Geophys Res 105(E12):29239 - 29275.

[8] Geiss J, Rossi A (2013) On the chronology of lunar origin and evolution. Astron Astrophys Rev 21 (1):1 - 54.

[9] Jolliff BL, Gillis JJ, Haskin LA, Korotev RL, Wieczorek MA (2000) Major lunar crustal terranes: Surface expressions and crust - mantle origins. J Geophys Res 105(E2): 4197 - 4216.

[10] Warren PH, Wasson JT (1979) The origin of KREEP. Rev Geophys 17(1):73 - 88.

[11] Warren PH (1985) The magma ocean concept and lunar evolution. Annu Rev Earth Planet Sci 13 (1):201 - 240.

[12] Morota T, et al. (2011) Timing and characteristics of the latest mare eruption on the Moon. Earth Planet Sci Lett 302(3 - 4):255 - 266.

[13] Bugiolacchi R, Guest JE (2008) Compositional and temporal investigation of exposed lunar basalts in the Mare Imbrium region. Icarus 197(1):1 - 18.

[14] Kramer GY, Jolliff BL, Neal CR (2008) Searching for high alumina mare basalts using Clementine UVVIS and Lunar Prospector GRS data: Mare Fecunditatis and Mare Imbrium. Icarus 198(1): 7 - 18.

[15] Kramer GY, Jolliff BL, Neal CR (2006) Distinguishing high - alumina mare basalts using Clementine UVVIS and Lunar Prospector GRS data: Mare Moscoviense and Mare Nectaris. J Geophys Res 113(E1):E01002.

[16] Gillis JJ, Jolliff BL, Korotev RL (2004) Lunar surface geochemistry: Global concentrations of Th, K, and FeO as derived from lunar prospector and Clementine data. Geochim Cosmochim Acta 68 (18):3791 - 3805.

[17] Yamashita N, et al. (2010) Uranium on the Moon: Global distribution and U/Th ratio. Geophys Res Lett 37(10):L10201.

[18] Lucey PG, Blewett DT, Taylor GJ, Hawke BR (2000) Imaging of lunar surface maturity. J Geophys Res 105(E8):20377 - 20386.

[19] Olhoeft GR, Strangway DW (1975) Dielectric properties of the first 100 meters of the Moon. Earth Planet Sci Lett 24(3):394 - 404.

[20] Bart GD, Nickerson RD, Lawder MT, Melosh HJ (2011) Global survey of lunar regolith depths from LROC images. Icarus 215(2):485 - 490.

[21] Oberbeck VR, Quaide WL (1968) Genetic implications of Lunar regolith thickness variations. Icarus 9(1 - 3):446 - 465.

[22] Kobayashi T, Kim JH, Seung Ryeol L, Araki H, Ono T (2010) Simultaneous observation of Lunar Radar Sounder and Laser Altimeter of Kaguya for lunar regolith layer thickness estimate. IEEE Trans Geosci Remote Sens 7(3):435 - 439.

[23] Wilcox BB, Robinson MS, Thomas PC, Hawke BR (2005) Constraints on the depth and variability of the lunar regolith. Meteorit Planet Sci 40(5):695 - 710.

[24] Hiesinger H, Head JW, Wolf U, Jaumann R, Neukum G (2010) Ages and stratigraphy of lunar mare basalts in Mare Frigoris and other nearside maria based on crater sizefrequency distribution measurements. J Geophys Res 115(E3):E03003.

[25] Neukum G, Horn P (1976) Effects of lava flows on lunar crater populations. Moon 15(3 - 4):205 - 222.

[26] Hiesinger H, Head JW, Wolf U, Jaumann R, Neukum G (2002) Lunar mare basalt flow units: Thicknesses determined from crater size-frequency distributions. Geophys Res Lett 29(8):L014847.

[27] Giguere TA, Taylor GJ, Hawke BR, Lucey PG (2000) The titanium contents of lunar mare basalts.

Meteorit Planet Sci 35(1):193－200.

[28] Gillis JJ, Jolliff BL, Elphic RC (2003) A revised algorithm for calculating TiO_2 from Clementine UVVIS data: A synthesis of rock, soil, and remotely sensed TiO_2 concentrations. J Geophys Res 108 (E2):5009－5016.

[29] Ono T, et al. (2009) Lunar radar sounder observations of subsurface layers under the nearside maria of the Moon. Science 323(5916):909－912.

[30] Oshigami S, et al. (2014) Mare volcanism: Reinterpretation based on Kaguya Lunar Radar Sounder data. J Geophys Res Planets 119(5):1037－1045.

A young multilayered terrane of the northern Mare Imbrium revealed by Chang'E-3 mission

Long Xiao[1,2*], Peimin Zhu[1*], Guangyou Fang[3*], Zhiyong Xiao[1,4], Yongliao Zou[5], Jiannan Zhao[1], Na Zhao[1], Yuefeng Yuan[1], Le Qiao[1], Xiaoping Zhang[2], Hao Zhang[1], Jiang Wang[1], Jun Huang[1], Qian Huang[1], Qi He[1], Bin Zhou[3], Yicai Ji[3], Qunying Zhang[3], Shaoxiang Shen[3], Yuxi Li[3], Yunze Gao[3]

1 China University of Geosciences, Wuhan 430074, China.

2 Macau University of Science and Technology, Macau, China.

3 Institute of Electronics, China Academy of Science, Beijing 100190, China.

4 The Centre for Earth Evolution and Dynamics, University of Oslo, Sem Salandsvei 24, 0371 Oslo, Norway.

5 National Astronomical Observatories, China Academy of Science, Beijing 100012, China.

* Corresponding author. E-mail: longxiao@cug.edu.cn (L.X.); zhupm@cug.edu.cn (P.Z.); gyfang@mail.ie.ac.cn (G.F.)

Abstract: China's Chang'E-3 (CE-3) spacecraft touched down on the northern Mare Imbrium of the lunar nearside (340.49°E, 44.12°N), a region not directly sampled before. We report preliminary results with data from the CE-3 lander descent camera and from the Yutu rover's camera and penetrating radar. After the landing at a young 450 – meter crater rim, the Yutu rover drove 114 meters on the ejecta blanket and photographed the rough surface and the excavated boulders. The boulder contains a substantial amount of crystals, which are most likely plagioclase and/or other mafic silicate mineral aggregates similar to terrestrial dolerite. The Lunar Penetrating Radar detection and integrated geological interpretation have identified more than nine subsurface layers, suggesting that this region has experienced complex geological processes since the Imbrian and is compositionally distinct from the Apollo and Luna landing sites.

Chang'E-3 (CE-3) landed at 340.49°E, 44.12°N on the Moon on 14 December 2013, and it released the Yutu (Jade Rabbit) rover the next morning (1). This was the first soft landing on the Moon since the Soviet Union's Luna 24 mission in 1976 and is a new landing site in the north part of the Mare Imbrium (fig. S1). Yutu is China's first lunar geologic mission and traveled in total ~114 m on the lunar surface. Following a zigzagging route, Yutu came to a halt about 20 m to the southwest of the landing site (Fig. 1). Yutu explored the lunar surface and subsurface near a young crater (fig. S2) using its four main instruments: Panoramic Camera, Lunar Penetrating Radar (LPR), Visible – Near Infrared Spectrometer (VNIS), and Active Particle-Induced X – ray Spectrometer

(APXS). In this study, we report the preliminary results obtained from the cameras and LPR.

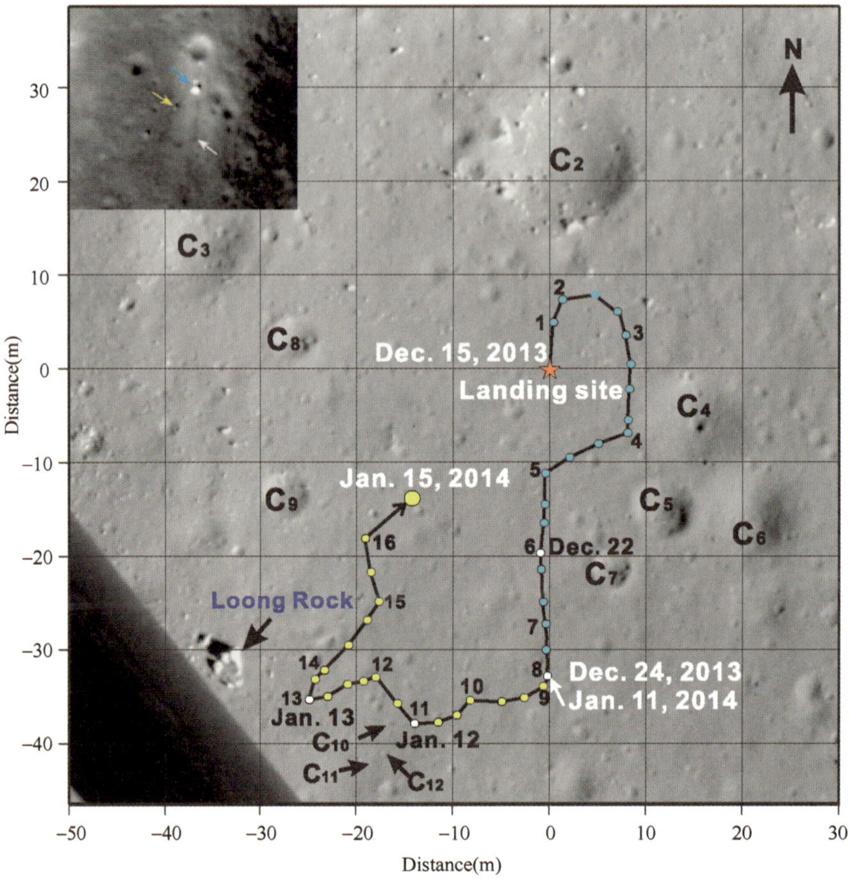

Fig. 1　Yutu's path on the Moon. The cyan and yellow dots mark the first and second lunar daytime stops, which ended on 24 December 2013 and 15 January 2014, respectively. The numbers aligned to the dots denote the positions where the LPR was rebooted. The white dots indicate positions where the APXS, VNIS, and panoramic camera gathered data. The context image was taken by the descent camera at an elevation of ~120 m, and the lower left corner was blocked by the lander. The inset image shows the positions of the CE-3 lander (blue arrow), the Yutu rover (yellow arrow), and its track (dark gray line) (the white arrow points to the spot where Yutu rested for the first lunar night). The inset image was taken by the Lunar Reconnaissance Orbiter Camera Narrow Angle Camera (LROC NAC; NASA/Goddard/Arizona State University).

High - resolution images returned by both Yutu and the lander show that the landing site features thin regolith and numerous small craters that are centimeters to tens of meters in diameter(Fig. 1 and figs. S3 to S6). Although at the regional scale the mare surface at the landing site appears relatively flat, the landing site is located ~50 m from the eastern rim of the ~450 - m crater (C_1) (2). The traversed area of the Yutu rover was wholly restricted within the continuous ejecta deposits (fig. S2). Crater size-frequency distribution measurements (2) for the continuous ejecta deposits of the C_1 crater yield a minimum model age of ~27 million years (My) and a maximum model age of ~80 My, which is late Copernican (3), consistent with the estimation made from the preservation state of the crater and from the meter-sized boulders observed on the crater rim (2).

Yutu drove very close to the rim of the C_1 crater, and its panoramic cameras photographed the shape and interior features of the crater. A full image of the crater was also acquired (fig. S4A) when Yutu stood behind the Loong rock (position number 13 in Fig. 1) (1). This circular-rimmed crater has distinct rocky walls and rims, except on the northern side. The ejected boulders are irregular in shape and of various sizes, which are up to several meters tall and wide—e.g., the Loong rock (~4 m long by ~1.5 m high).

Small craters on the ejecta blanket of the C_1 crater vary in shape, roughness, and albedo (fig. S4). Regolith exhumed by Yutu's wheels has a lower reflectance compared with regolith on the surface, which is probably due to larger grain sizes of regolith at depths (fig. S5). Extensive shallow and linear features are visible around the landing site (figs. S5 and S6). Most of them occur in two preferential directions and are intersected and/or cross-cut with each other (figs. S5 and S6). Although this region was affected by the recoil rockets during the landing process, as evident from the inset image shown in Fig. 1, any rocket jets would have formed continuous, multidirectional and/or radial features on the surface, which are not observed along the track of the Yutu rover. Furthermore, newly created surface features on the Moon should have a rougher appearance and display distinctively lower albedos compared with the surroundings, which are not observed at the landing site either. Nearby impact craters may also distribute radial ejecta rays to the surroundings, but their potential in forming such multigroup subparallel linear features is low. Alternatively, linear features with comparable scales and similar appearances were widely observed at the Apollo 11, 12, and 15 landing sites, which were interpreted to be caused by a combination of obliquely incident sunlight and small surface topographic irregularities (4, 5). The linear features observed at the CE-3 landing site, therefore, could simply be illumination features caused by the undulated surface.

Orbital chemical composition measurements from the gamma ray spectrometer onboard Lunar Prospector revealed that this area may be covered by intermediate Ti mare basalts [$TiO_2 = 5 \pm 1$ weight percent (wt%) and $FeO = 20 \pm 2$ wt%] (6). The Loong rock appears to be homogeneous in high-resolution images obtained by the Yutu rover (fig. S7). Coarse granular or porphyritic textures are visible within the boulder. The light-colored crystals are ~1.5 to 2 cm in length and exhibit diffuse margins (fig. S7B). Image comparisons between this outcrop and the Lunar Sample Compendium (http://curator.jsc.nasa.gov/lunar/lsc) indicate that the Loong rock is distinct in texture from the other lunar basalts or breccias. The light - colored crystals are most likely plagioclases or aggregates of plagioclase (7) and other mafic silicate minerals—e. g. , pyroxene and olivine (8)—indicating that this boulder may be coarse-crystalline basalt or dolerite excavated by the impact that formed the C_1 crater.

The LPR onboard Yutu consists of two types of antennas that have different frequencies, allowing subsurface structures at the landing site to be resolved at different depths and vertical resolutions (2, 9, 10). The dominant frequencies of these two channels are 60 MHz (Channel 1) and 500 MHz (Channel 2). The LPR has obtained radar echoes along the whole traverse of Yutu. Here, we report the preliminary interpretations on the radar data returned from the two antennas.

The LPR data have been processed using a standard calibration method (2, 9, 10). The Channel 1 radar reveals subsurface structures to depths of ~400 m and resolves several interfaces that have clear reflection characteristics (Fig. 2B). Subsurface structures less than ~20 m deep are not well resolved by the Channel 1 radar because of both the lower resolution and signalto - noise ratio caused by signal saturation at such small depths (2, 10). The Channel 2B data, however, reveal structures at depths less than 12 m but with greater detail compared with the Channel 1 data (Fig. 2A).

The Yutu rover surveyed a small area over the Eratosthenian basalts within the Imbrium basin. These mare basalts are believed to be among the youngest [~2. 5 billion years (Gy) old] (11), compared with the landing sites of Apollo and Luna missions (3). The uppermost and also the youngest stratigraphic unit at the landing site is a regolith layer formed from the ejecta deposits excavated in the formation of the C_1 crater (layer a in Fig. 2A). This layer is ~1 m thick, as inferred from the morphology of small craters at the landing site [(2) and fig. S3]. At different locations along Yutu's track, small craters postdating the C_1 crater, such as the C_2 and C_4 craters (Fig. 1), have modified the local regolith thickness by impact excavation and deposition. This thickness variation is also resolved in the interpreted layer a from the Channel 2B data, which is ~2 m thick between positions 3 and 4 and ~1 m thick at the rest area along Yutu's track (Fig. 2A). Below the surface regolith layer are the remnant ejecta deposits from the C_1 crater, which are generally thicker near the crater rim and then thin outwardly (12). This layer of ~1 to ~4 m is recognized in the Channel 2B data (layer b in Fig. 2A), which is thicker from positions 4 to 16 (Fig. 1). Also, there may be many rocks with the size of about 0.3 to 1 m within the ejecta deposits, based on the presence of diffraction events of radar wave (see fig. S14).

Before the C_1 crater formed ~27 to 80 million years ago (Ma), a boulder - bearing paleoregolith (layer c in Fig. 2A) had accumulated at the base of the Eratosthenian basalts [~2. 5 billion years ago (Ga)] by space weathering and impact gardening. Contin-

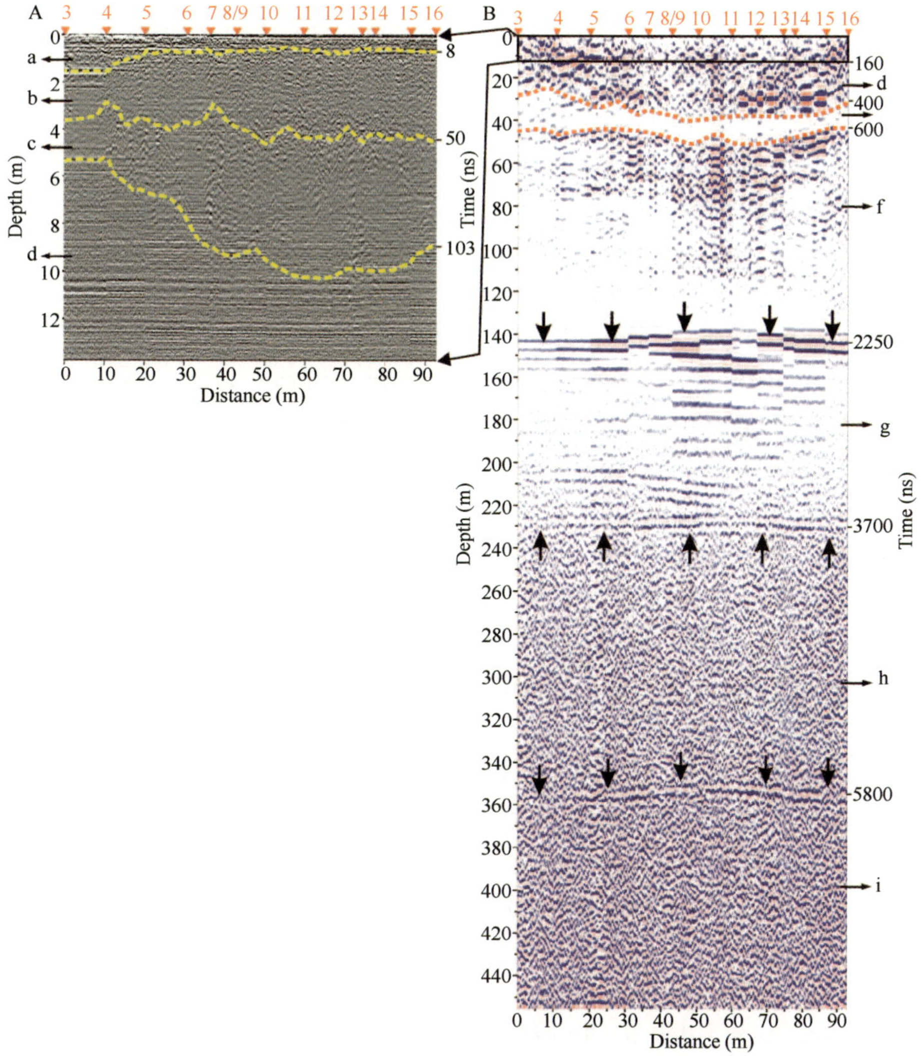

Fig. 2　Results and interpretations of the LPR Channel-2B and Channel-1 data. (A) Channel-2B. (B) Channel-1. The interpreted interfaces are marked as dashed lines and arrows and are labeled from a to i. The red numbers on the top of the profiles correspond to the positions marked along Yutu's track shown in Fig. 1. The time－to－depth conversion for the LPR profiles are based on the empirical dielectric constant e. e=3 (2) for the Channel-2B data, and the dielectric constants (17) for the Channel-1 data are shown in table S1.

uous ejecta from the C_1 crater was then deposited (layer b in Fig. 2A) over this paleoregolith layer. This layer is consistent with the third layer recognized at depths from ~4 to ~10m from the Channel 2B (layer c in Fig. 2A). It exhibits a wide range of thickness from ~2 to ~6 m, which is consistent with the large variety of regolith depth over small distances on the Moon (13). It may be a record of the nonuniform production rate of regolith over the lunar surface and/or the disturbance by later impacts, such as the C_1 crater. Materials at depths larger than ~6 to 10m (layer d in Fig. 2A) show regular layering and the radar echoes indicating larger density compared with shallower regolith or fractured ejecta deposits. These radar features suggest that layer d is made of thick competent rocks, most likely similar to the Eratosthenian basalts beneath the paleoregolith layer.

The Channel 1 data reveal that the Eratosthenian basalts at the landing site extend to a depth of ~35 m (layer d in Fig. 2, A and B), which is consistent with the depth estimated from nearby impact craters that have excavated deeper Imbrian materials (14). Two clear interfaces that feature higher radar reflection strengths are shown at depths ~35 m and ~50 m (layer e in Fig. 2B), respectively. This fifth layer (layer e), is interpreted to be the paleoregolith formed on top of the Imbrian lava flows (>~3.3 Ga) (11), over which the Eratosthenian basalts were emplaced subsequently. A deeper layer between ~50 and 140 m has similar radar reflections to the Eratosthenian basalts resolved in layer d, suggesting that this layer probably represents the latest Imbrian basalts that filled in the Imbrium basin around 3.3 Ga (layer f in Fig. 2B). Other subhorizontal interfaces are visible at depths larger than ~140 m, such as those at depths of ~240 and ~360 m (layers g, h, and i in Fig. 2B). Interestingly, layer g shows different reflection texture compared with layers f and h. The reflection wave is comparable to those of bedded rocks—e.g., sedimentary or pyroclastic rocks on Earth. Considering the geological history of the lunar mare area (15), we propose that this layer is probably bedded or interlayered lava flow and/or pyroclastic rocks or thin and multilayered basaltic lavas.

Current regional geologic studies suggest that at least five episodes of lava eruptions filled the northeast region of the Imbrium basin, forming about 1-km-thick basaltic layers (16). Yutu's LPR has revealed five distinct episodes of pyroclastic/lava filling events within the upper ~400 m depth, although it is very likely that more episodes of volcanic eruptions have filled the Imbrium basin at greater depths (8).

Integrated geologic and geophysical explorations using the scientific payloads onboard the Yutu rover have revealed the detailed subsurface geological structures and the geological history of this area. Compared with previous Apollo and Luna landing sites, this area has the youngest mare basalts that appear to have unusual petrofabric characteristics. The LPR data have revealed complex subsurface structures of shallow crust within the mare, providing valuable information to reveal the lava eruption extents, style, and filling history within the Imbrium basin and the production history of regolith since ~3.3 Ga (Fig. 3). The available data suggest that the diversity of geological characteristics and thermal history of different lunar mare areas indicates there is more complex geological history than we had thought.

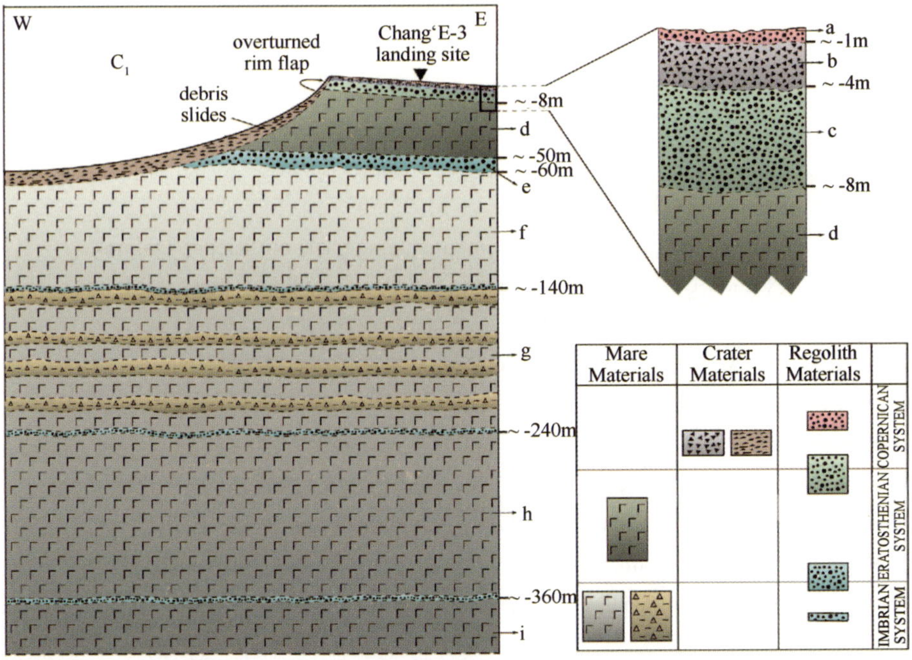

Fig. 3　Sketched geological cross section and an inferred profile of the CE-3 landing site. Yutu has detected seven subsurface interfaces, which formed from Imbrian to Copernican. Letters a to i indicate interpreted subsurface layers based on LPR data (Fig. 2).

Acknowledgments

All the authors acknowledge support from the Key Research Program of the Chinese Academy of Sciences (grant KGZD－EW－603). L. X., Z. Y. X., J. N. Z., L. Q., and J. H. acknowledge support of the Natural Science Foundation of China (grant 41373066). X. P. Z. acknowledges support from the Science and Technology Development Fund (FDCT) of Macau (grants 068/2011/A, 048/2012/A2, and 091/2013/A3). We thank C. L. Li and the Ground Application System of Lunar Exploration, National Astronomical Observatories, Chinese Academy of Sciences, for their valuable and efficient help on data calibration and supplying. Author contributions: L. X., Z. Y. X., J. N. Z., L. Q., Y. L. Z., J. H., H. Z., X. P. Z., J. W., Q. Huang, and Q. He processed the imagery data and conducted image and radar data interpretation and geological analysis. P. M. Z., G. Y. F., N. Z., and Y. F. Y processed LPR data and did interpretation. B. Z, Y. C. J., Q. Y. Z., S. X. S., Y. X. L., and Y. Z. G. are team members of the LPR instrument. All authors contributed to the writing of the paper. The imagery data obtained by the Panoramic Camera onboard Yutu are the level 2C data. The imagery data obtained by the Descent Camera onboard the Chang'E-3 lander are the level 2A data.

The IDs for the images used in the figures are listed in table S2 in the supplementary materials. Data presented in this paper are hosted at http://moon.bao.ac.cn.

References

[1] L. Xiao, Nat. Geosci. 7, 391-392 (2014).
[2] Materials and methods are available as supplementary materials on Science Online.
[3] H. Hiesinger, J. Head, U. Wolf, R. Jaumann, G. Neukum, Spec. Pap. Geol. Soc. Am. 477, 1-51 (2011).
[4] G. G. Schaber, G. A. Swann, Proc. Lunar Planet. Sci. Conf. 1, 27-38 (1971).
[5] E. W. Wolfe, N. G. Bailey, Proc. Lunar Planet. Sci. Conf. 1, 15-25 (1972).
[6] T. H. Prettyman et al., J. Geophys. Res. 111 (E12), E12007 (2006).
[7] E. M. Shoemaker et al., J. Geophys. Res. 74, 6081-6119 (1969).
[8] F. Thiessen, S. Besse, M. I. Staid, H. Hiesinger, Planet. Space Sci. 104, 244-252 (2014).
[9] G. Y. Fang et al., Research in Astronomy and Astrophysics 14, 1607-1622 (2014).
[10] N. Zhao, P. Zhu, K. Yang, Y. Yuan, S. Guo, Sci. China-Phys. Mech. Astron. 57, 2346-2353 (2014).
[11] J. Zhao et al., Sci. China-Phys. Mech. Astron. 57, 569-576 (2014).
[12] T. R. McGetchin, M. Settle, J. Head, Earth Planet. Sci. Lett. 20, 226-236 (1973).
[13] B. B. Wilcox, M. S. Robinson, P. C. Thomas, B. R. Hawke, Meteorit. Planet. Sci. 40, 695-710 (2005).
[14] L. Qiao, L. Xiao, J. Zhao, Q. Huang, J. Haruyama, Planet. Space Sci. 101, 37-52 (2014).
[15] B. L. Jolliff, M. A. Wieczorek, C. K. Shearer, C. R. Neal, Eds., New Views of the Moon (Mineralogical Society of America, Chantilly, VA, 2006).
[16] B. J. Thomson, E. B. Grosfils, D. B. J. Bussey, P. D. Spudis, Geophys. Res. Lett. 36, L12201 (2009).
[17] Z. Wang, Y. Li, J. Jiang, D. Li, Sci. China Earth Sci. 53, 1365-1378 (2010).

The Chang'e 3 Mission Overview

Chunlai Li[1], Jianjun Liu[1], Xin Ren[1], Wei Zuo[1], Xu Tan[1], Weibin Wen[1], Han Li[1], Lingli Mu[1], Yan Su[1], Hongbo Zhang[1], Jun Yan[1], Ziyuan Ouyang[1]

National Astronomical Observatories, Chinese Academy of Sciences, 20A Datun Road, Chaoyang District, Beijing 100012, China

Abstract: The Chang'e 3 (CE-3) mission was implemented as the first lander/rover mission of the Chinese Lunar Exploration Program (CLEP). After its successful launch at 01:30 local time on December 2, 2013, CE-3 was inserted into an eccentric polar lunar orbit on December 6, and landed to the east of a 430 m crater in northwestern Mare Imbrium (19.51°W, 44.12°N) at 21:11 on December 14, 2013. The Yutu rover separated from the lander at 04:35, December 15, and traversed for a total of 0.114 km. Acquisition of science data began during the descent of the lander and will continue for 12 months during the nominal mission. The CE-3 lander and rover each carry four science instruments. Instruments on the lander are: Landing Camera (LCAM), Terrain Camera (TCAM), Extreme Ultraviolet Camera (EUVC), and Moon-based Ultraviolet Telescope (MUVT). The four instruments on the rover are: Panoramic Camera (PCAM), VIS-NIR Imaging Spectrometer (VNIS), Active Particle induced X-ray Spectrometer (APXS), and Lunar Penetrating Radar (LPR). The science objectives of the CE-3 mission include: (1) investigation of the morphological features and geological structures of and near the landing area; (2) integrated in-situ analysis of mineral and chemical composition of and near the landing area; and (3) exploration of the terrestrial lunar space environment and lunar-based astronomical observations. This paper describes the CE-3 objectives and measurements that address the science objectives outlined by the Comprehensive Demonstration Report of Phase II of CLEP. The CE-3 team has archived the initial science data, and we describe data accessibility by the science community.

Key words: Moon, Lunar, Spacecraft, Mission, design

1 Introduction

The Chang'e 3 (CE-3) mission was successfully launched on December 2, 2013 at 01:30 local time as China's third lunar probe and the country's first lunar lander-rover mission. Previously two orbital probes Chang'e 1 (CE-1) and Chang'e 2 (CE-2) were launched in 2007 and 2010, respectively, as part of Phase I and first stage of Phase II of the Chinese

Lunar Exploration Program (CLEP). The CE-3 mission was implemented as the second stage of Phase II of CLEP to explore the Moon from its surface. The successful landing of CE-3 at (19.51°W, 44.12°N) in Mare Imbrium on December 14, 2013 marked the first return of manmade spacecraft on the lunar surface since the former Soviet Union probe Luna 24 landed in Mare Crisium 37 years before (Kaydash et al. 2013).

The CE-3 rover has a planned mission phase of three months, and the lander's planned mission phase is one year. Science data from the CE-3 lander and rover will be deposited in the data archive center at the Ground Research and Application System (GRAS) of CLEP with open access to the exploration and science community.

To fulfill the science objectives of CE-3, the Chinese National Space Agency (CNSA) solicited proposals for CE-3 instruments and coordinated the processes of payload evaluation, construction and management. A total of eight science instruments were selected for the CE-3 mission. Science instruments on the lander include: Landing Camera (LCAM) (Liu et al. 2014b), Terrain Camera (TCAM) (Ren et al. 2014), Extreme Ultraviolet Camera (EUVC) (Chen et al. 2014), and Moon-based Ultraviolet Telescope (MUVT) (Wen et al. 2014). The four science instruments on the Yutu rover are: Panoramic Camera (PCAM) (Ren et al. 2014), VIS-NIR Imaging Spectrometer (VNIS) (He et al. 2014; Liu et al. 2014a), Active Particle induced X-ray Spectrometer (APXS) (Fu et al. 2014), and Lunar Penetrating Radar (LPR) (Fang et al. 2014) (Fig. 1).

In this review, we outline the science objectives and instrument capabilities of the CE-3 mission in Sect. 2 and summarize mission implementation in Sect. 3. In Sect. 4, we explain post-acquisition data processing; in Sect. 5, we provide information on how to access data from each instrument. Finally, a brief summarization of preliminary science results is included in Sect. 6.

2 CE-3 Science Mission Objectives

An initial formulation of CE-3 science objectives was conceived and outlined in the Comprehensive Demonstration Report of Phase II of CLEP submitted to the State Council in 2006. After the mission was approved in 2008, eight instruments were competitively selected, including Landing Camera (LCAM), Terrain Camera (TCAM), Extreme Ultraviolet Camera (EUVC), and Moon-based Ultraviolet Telescope (MUVT) on the lander, and Panoramic Camera (PCAM), VIS-NIR Imaging Spectrometer (VNIS), Active Particle induced X-ray Spectrometer (APXS), and Lunar Penetrating Radar (LPR) on the rover (Wu et al. 2014; Ta-

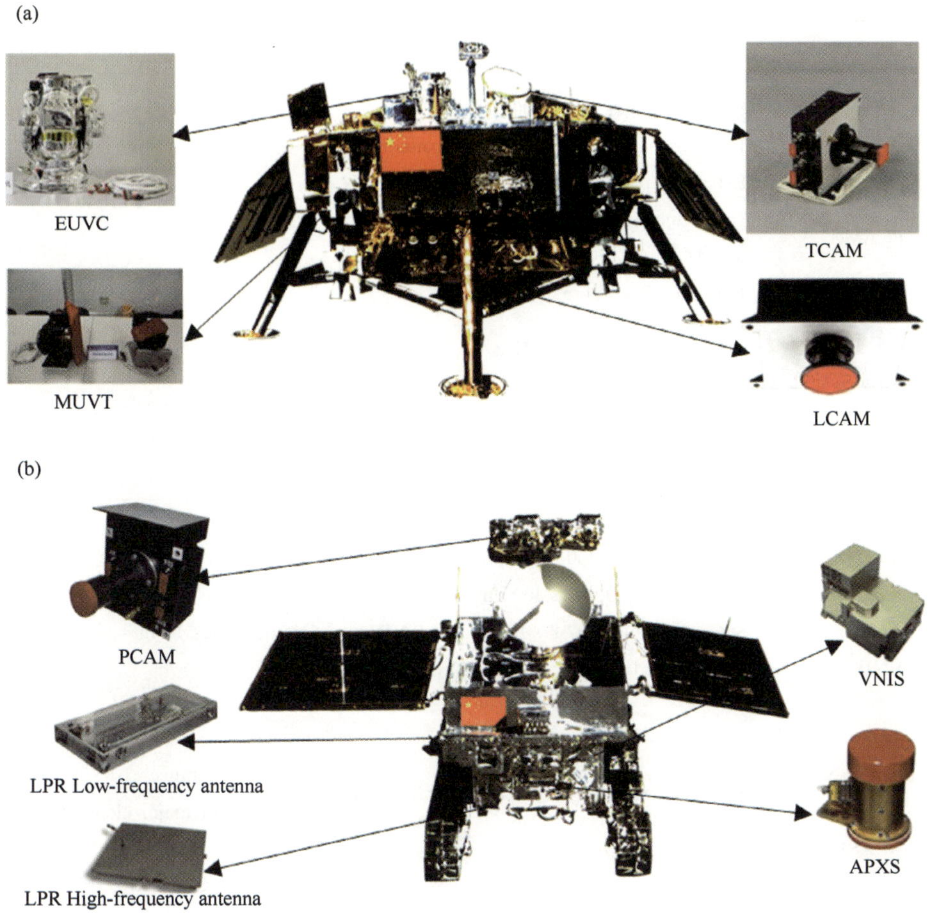

Fig. 1 Placement of science instruments on CE-3. (a) Extreme Ultraviolet Camera (EUVC), Moon - based Ultraviolet Telescope (MUVT), Landing Camera (LCAM), and Terrain Camera (TCAM) are mounted on the lander; (b) Panoramic Camera (PCAM), VIS - NIR Imaging Spectrometer (VNIS), Active Particle induced X - ray Spectrometer (APXS), and Lunar Penetrating Radar (LPR) are mounted on the rover

ble 1). Due to the cancellation of several initially proposed instruments, the CE-3 science objectives were refined (Table 2) and the final formulation includes: (1) investigation of the morphological features and geological structures of and near the landing area; (2) integrated in - situ analysis of mineral and chemical composition of and near the landing area; (3) integrated exploration of lunar interior structure; and (4) exploration of the terrestrial - lunar space environment and lunar surface environment and lunar - based astronomical observations.

Table 1　Instrument performance parameters of CE-3's payload

Platform	Instrument	Major technical characteristics	Major performance characteristics
Rover	Panoramic Cameras (PCAM)	Spectral range: 420 − 700 nm Imaging modes: color and panchromatic Effective pixel number: 2 352 × 1 728 (color mode), 1 176 × 864 (panchromatic mode) FOV: 19.7° × 14.5°	Imaging distance: 3 m − ∞
	Lunar Penetrating Radar (LPR)	Center frequency: 60 MHz (1st channel), 500 MHz (2nd channel) Band width: ≥40 MHz (1st channel), ≥450 MHz (2nd channel)	Depth range: ≥100 m (1st channel), ≥30 m (2nd channel) Vertical resolution: ~1 m (1st channel), ≤30 cm (2nd channel)
	VIS − NIR Imaging Spectrometer (VNIS)	Spectral range: 450 − 950 nm (Vis − NIR), 900 − 2 400 nm (IR) Spectral resolution: 2 − 10 nm (Vis − NIR), 3 − 12 nm (IR)	Detection distance: 0.7 − 1.3 m Quantization: 10 bit
	Active Particle induced X − ray Spectrometer (APXS)	Energy range: 0.5 − 20 keV Spectral resolution: 80 − 150 eV at 5.9 keV FWHM	Detection distance: 10 − 30 mm Accuracy for major elements: ≤15 %
Lander	Terrain Camera (TCAM)	Spectral range: 420 − 700 nm Imaging modes: color static, color video Effective pixel number: 2 352 × 1 728 FOV: 22.9° × 16.9°	Imaging distance: 5 m − ∞ Quantization: 8 bit Video frame rate: 5 − 10 fps
	Landing Camera (LCAM)	Spectral range: 419 − 777 nm Effective pixel number: 1 024 × 1 024 FOV: 45° × 45°	Imaging distance: 4 m − ∞ Quantization: 8 bit Frame rate: 10 fps
	Moon − based Ultraviolet Telescope (MUVT)	Spectral range: 245 − 340 nm Effective pixel number: 1 024 × 1 024 FOV: 1.36° × 1.36°	Detection limit: ≤1.13 × 105 counts/s/m^2 (30 s, 5σ) Resolution: 0.2 magnitude (within 5 − 13 magnitudes) Quantization: 8 bit
	Extreme Ultraviolet Camera (EUVC)	Center wavelength: 30.4 nm Band width: ≤5 nm FOV: 15°	Angular resolution: ≤0.1° Measurement range: 0.1 − 10 R

Table 2　CE-3 science objectives with instrument measurement capabilities

Science Objective	Science Exploration Tasks	Contributing Instruments	
		Lander Instruments	Rover Instruments
Geomorphology and geological structure of and near the landing area	3D imagery Regolith thickness and subsurface structure	Landing Camera (LCAM), Terrain Camera (TCAM)	Panoramic Camera (PCAM), Lunar Penetrating Radar (LPR)
Mineralogy and chemical composition of and near the landing area	In-situ analysis of chemical composition (element content and distribution) In-situ analysis of mineralogical composition (mineralogical content and distribution) In-situ analysis of noble gases (isotopic content and distribution) Integrated analysis of mineral and energy resources		VIS-NIR Imaging Spectrometer (VNIS), Active Particle induced X-ray Spectrometer (APXS)
Terrestrial-lunar space environment and lunar-based, optical astronomical observation	EUV imaging of terrestrial plasmasphere Moon-based astronomical observation	Extreme Ultraviolet Camera (EUVC), Moon-based Ultraviolet Telescope (MUVT)	

2.1　Morphological and Geological Investigation

Four instruments, LCAM and TCAM on the lander and PCAM and LPR on the rover, work in concert to investigate the morphological features and geological structures of and near the landing area.

LCAM is capable of obtaining images with spatial resolutions between 3.2 mm and 1.62 m and with image widths between 1 656.9 m to 3.3 m at an elevation range of 2 km to 4 m during lander descent. In static imaging mode, TCAM can take 360° panoramic images of the landing area with a ±175° yaw angle. As it rotates on the horizontal plane, TCAM takes one image every 19°, or 19 images in one full circle; in two circles it captures 38 images for panoramic imaging. The imaging distance of TCAM is between 5 m and ∞. At a distance of 10-100 m, image resolution is 0.17-16.99 mm; at a distance of 600 m, average image resolution is 10 cm. Thus, TCAM can image the landing area within 600 m radius range for the purpose of morphologic and topographic analysis.

PCAM is able to obtain decimeter resolution continuous 3D image profiles approximately 2 000-2 200 m long and 1 400 m wide along the excursion path of the rover. LPR is designed to obtain radar data for information on decimeter - scale structures of the regolith and meter - scale structures of the upper crust along the excursion path (planned length is approximately 800 m).

Science data obtained by LCAM, TCAM, PCAM, and LPR combined together are expected to help produce: (1) large-scale morphological and stereo - topographic maps of the landing area and excursion area; (2) large-scale regional geologic map with structure information; (3) 3D model of surrounding impact craters; (4) profiles showing structures of regolith and upper crust along the excursion path; and as a result, (5) improved understanding of regional morphology, tectonics, and formation and evolution of regolith and upper crust with the aid of additional compositional data.

2.2 Compositional Investigation

Two science instruments, APXS and VNIS on the rover, are selected to detect the mineralogical and chemical composition of and near the landing area.

Based on analysis of data obtained by APXS and VNIS, we hope to be able to obtain: (1) content and distribution of major elements in the excursion area; (2) content and distribution of major minerals in the excursion area; (3) regional "geochemical provinces" of regolith and upper crust with characteristic chemical and mineralogical composition, which can improve understanding of the chemical evolution of regional crust.

2.3 Space Environment and Astronomical Investigation

EUVC and MUVT onboard the lander are selected for the purposes of exploring the terrestrial - lunar space environment and lunar - based astronomical observation in nearultraviolet (NUV), respectively.

EUVC can image the plasmasphere of the Earth from varied angles in the EUV wavelengths and obtain side view EUV images of the plasmasphere. During one lunar day, EUVC can collect data continuously for approximately 12 earth days, obtaining approximately 864×2 frames of continuous large FOV EUV images of terrestrial plasmasphere. It is expected to obtain for the first time a complete EUV record of changes in terrestrial plasmasphere throughout a geomagnetic storm cycle. This record provides first - hand data to study the dynamic processes during the initial phase, growth phase, and recovery phase of a geomagnetic storm, with potential to improve future space weather forecasting capability (Gonzalez et al. 1999; Mendillo 2006).

MUVT will make long - duration observations of selected areas of the sky in NUV, without atmosphere shielding and disturbance (Murphy and Vondrak 1993; Wang et al. 2011). Specifically, it can obtain continuous NUV images of objects at detection limits down to magnitude 13. Under ideal operational conditions, MUVT can obtain $60\times24\times$

11 images of selected areas of the sky during each lunar day in NUV wavelengths, as well as light curves of celestial bodies during the observation time period. The observable areas of the sky include the region 60°N pole-ward above the Moon, with a total area of ~2 762 square degrees, or approximately 6% of the whole sky.

3 Science Mission Implement

CE-3 was launched on a Long March 3B rocket from the Xichang Satellite Launch Center in Sichuan Province at 01:30 (local time) on December 2, 2013, and was inserted into an initial near circular orbit (radius 100 km) after aerobraking on December 6. On December 10, CE-3 entered an elliptical orbit (15 km × 216 km). CE-3 stayed in this orbit for approximately four days before it landed at (19.51°W, 44.12°N) in northwestern Mare Imbrium at 21:11 (local time) on December 14 and sent back its first images taken by LCAM. The Yutu rover separated from the lander subsequently at 04:35 on December 15. During its first lunarday observation, Yutu traversed from the lander - rover separation point along a semi - circle around the lander, allowing PCAM and TCAM to obtain color images of the lander and rover, respectively (Fig. 2). Yutu's subsequent traverse path is shown schematically in Fig. 3, with several important exploration points labeled for illustration. On the first lunar day, all science instruments on the rover and lander successfully obtained data as planned. On December 26, Yutu was powered off for the cold lunar night at exploration point N0108, approximately 18 m to the south of the lander.

Digital elevation models (DEMs) of the surrounding terrain were reconstructed based on image pairs obtained by PCAM at exploration points N0106, N0108 (same as N0201), N0203, and N0205 to guide traverse path planning (Fig. 3). On the second lunar day, at exploration point N0205, Yutu bypassed a boulder (measured at 1.5 m × 2.5 m), which previously had been selected as a geological exploration target, and changed traverse direction and headed northeastwards. Toward the end of the second lunar day on January 25th, Yutu encountered mechanical control issues, halting the rover's movement. The rover stopped at exploration point N0209, though all science instruments onboard both the rover and the lander continued to function well.

Members of the CE-3 Core Scientists Team, selected from a wide range of lunar experts from universities and the Chinese Academy of Sciences, help plan observations during the primary and extended mission and aid in the analysis of CE-3 science data, especially correlating results from multiple instruments to develop our understanding of the lunar surface and geological evolution.

(a)

(b)

Fig. 2　The Yutu rover separated from the lander on December 15, approximately six hours after landing. (a) The Yutu rover as obtained by TCAM. Size of the Chinese flag is 192 mm × 128 mm; (b) Lander imaged by PCAM onboard the rover. Size of the flag on the lander is 480 mm × 320 mm

4　Data Processing

Data obtained by the instruments onboard CE-3 are first packaged according to the Consultative Committee for Space Data Systems (CCSDS) standard before they are delivered from the lander and rover via time division multiplex access (TMDA) through multi-

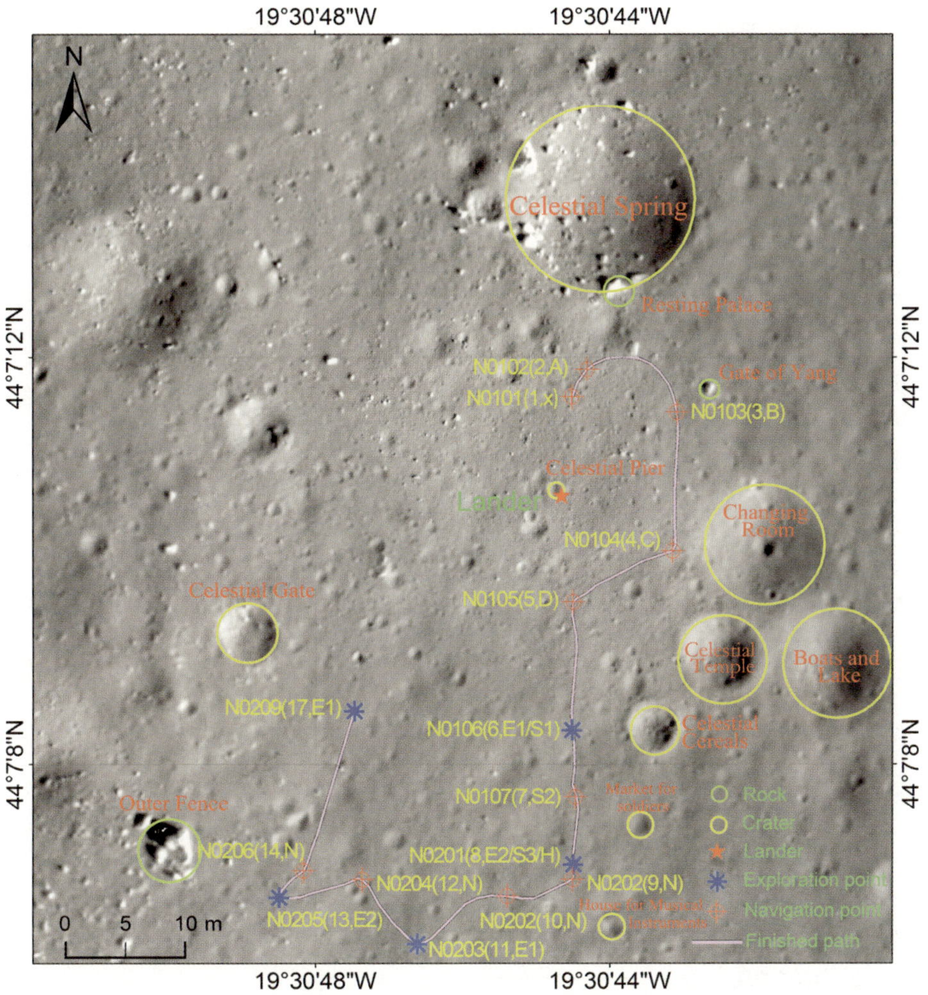

Fig. 3　Traverse path of the Yutu rover

ple virtual channels (VC) to the two GRAS ground receiving stations located in Miyun and Kunming (Tan et al. 2014). Received data are then transmitted to GRAS Headquarters in Beijing for post-acquisition data processing. CE-3 data processing includes RS (Reed-Solomon) decoding and descrambling of the raw data, extracting science data of each instrument based on virtual channel identifier and instrument source package identifier, data optimization, format reforming, physical quantity conversion, and system correction and geometric information addition (Fig. 4). Science data products generated by the GRAS include Level 0 to Level 3 data (Table 3).

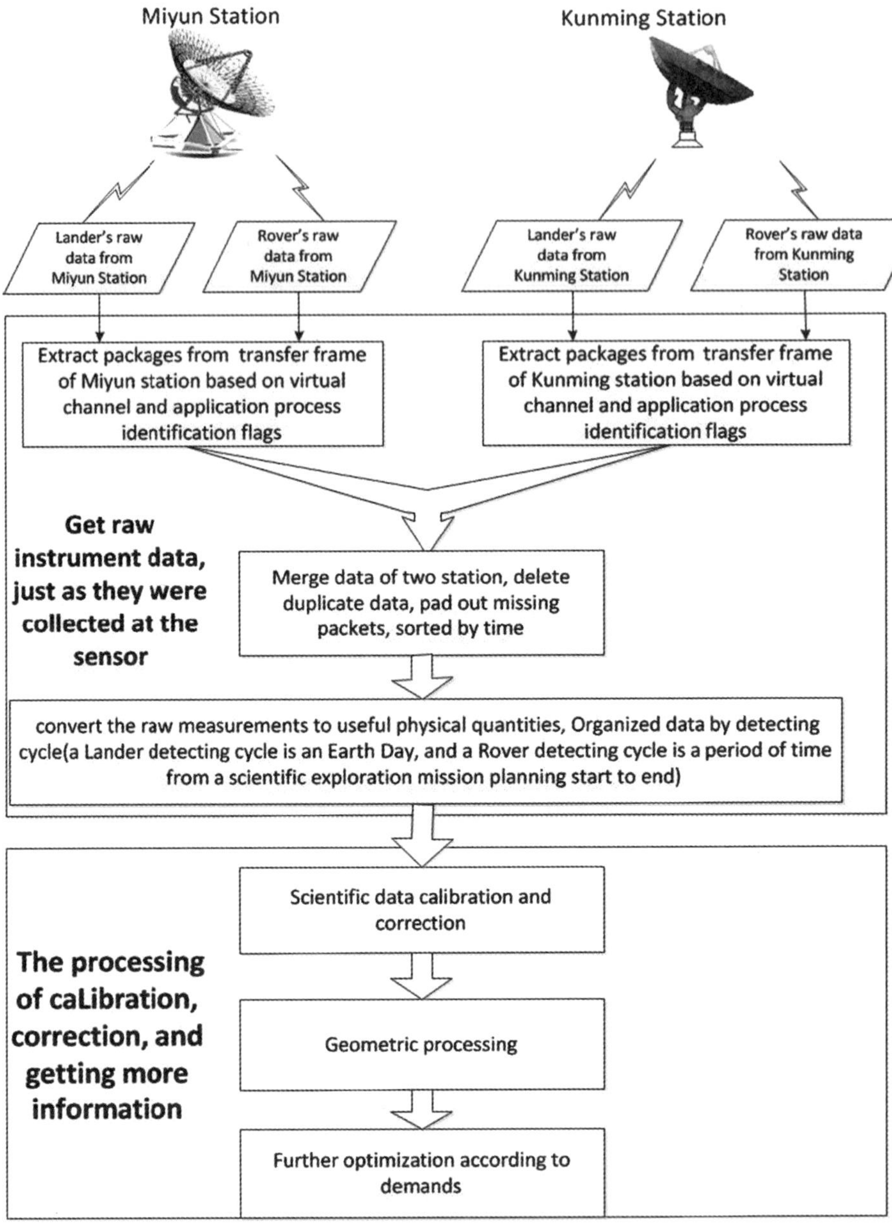

Fig. 4　CE-3 data processing pipeline

Table 3　CE-3 data processing levels

Data Level	Description	Comments
Raw data	Downlink data	Bit stream data
Frame data	Frame sequence after frame synchronization, descrambling, and RS decoding	
Level 0A	Payload data source pack	

Continuted

Data Level	Description	Comments
Level 0B	Payload science data block	
Level 1	Data after physical quantity conversion, and mosaicked based on exploration periods	
Level 2	Data after payload system calibration and geometric calibration	Further divided into Level 2A, Level 2B, and Level 2C

4.1 Data Editing and Resampling (Level 0 and 1 Data Processing)

Level 0 and Level 1 data processing result in science data from each instrument divided by exploration periods. Specific procedures are as follows:

(1) Single station unpacking: at either ground receiving station, data are extracted from valid virtual channels based on downlink data format, and science data packets for each instrument are extracted based on individual instrument's application process identifier. In this step, data received by the two ground receiving stations are processed separately.

(2) Double station data compiling: for data from either station, valid data are extracted from science data packets and mosaicked into complete science data frames. Each data frame comprises exploration data and instruments parameters, as well as temporal information. Compressed data are also decompressed in this step. Then decisions are made about redundant data received by the two stations and only highest quality data are selected. Data are sequenced based on acquisition time and frame counts.

(3) Data integration: data from multiple transmission sequences are reorganized based on data acquisition time, such that each data file comprises all data collected in one exploration period. In particular, rover data downlinked from the lander are also integrated into one data file.

4.2 Correction of Instrument Data (Level 2A Data Processing)

In Level 2A data processing, data of each instrument in different exploration periods (Level 1 data) are further corrected for scientific study. Level 2A processing for each instrument is explained below.

4.2.1 Level 2A Data Processing of LCAM

LCAM, mounted at the bottom of the lander, obtained image data during the lander descent from an elevation range of 12 km to 3m. Level 2A data processing of LCAM mainly include: (1) extracting each individual frame image as one data file; (2) searching for corresponding calibration coefficient of each pixel based on image integration time (0.1 ms, 0.2 ms, 0.4 ms, 0.5 ms, 0.6 ms, 0.8 ms, 1.0 ms, 2.0 ms, 2.5 ms, 4 ms, 7.5 ms, 10 ms, 12.5 ms, and 15 ms), and multiply this coefficient with data DN values.

4.2.2 Level 2A Data Processing of TCAM

TCAM comprises a detector mounted on the lander camera pointing mechanism and an image compression board inside the payload electric control cabinet. Level 2A data processing of TCAM mainly includes: (1) extracting each individual frame image as one data file; (2) determining dark image based on image temperature and actual exposure time, and then subtracting dark image from scene image; (3) obtaining the relative calibration coefficient for each pixel for relative calibration; (4) normalization (TCAM works in different modes under varied lighting conditions, and the switching of modes causes prominent changes in image DN value; thus, image data taken under different TCAM modes must be normalized). Coefficients for R, G, and B channels are calculated so image exposure time is normalized to be 30 ms, without changing image data values.

4.2.3 Level 2A Data Processing of MUVT

MUVT images are 1 070 × 1 027, including two overscan areas: overscan1[i, j] ($i \in [1, 6]$, $j \in [1, 1\,024]$) and overscan2[i, j] ($i \in [1\,063, 1\,070]$, $j \in [1, 1\,024]$), and three dark current areas: dark1[i, j] ($i \in [7, 22]$, $j \in [1, 1\,024]$), dark2[i, j] ($i \in [1\,047, 1\,062]$, $j \in [1, 1\,024]$), and dark3[i, j] ($i \in [1, 1\,070]$, $j \in [1\,025, 1\,027]$), and one valid pixel area: obj[i, j] ($i \in [23, 1\,046]$, $j \in [1, 1\,024]$). Data processing only applies to those in the valid pixel area. Main processing procedures include: (1) overscan correction, (2) scattered light removal, and (3) flat-field correction.

4.2.4 Level 2A Data Processing of EUVC

EUVC, mounted on the top of the lander, will image the terrestrial plasmasphere using plasma resonance scattering at 30.4 nm. Level 2A processing of EUVC data includes: (1) radiance correction; (2) distortion correction; (3) image resampling (the 15° camera FOV and its optical angular resolution of 0.08° results in oversampling on the 1 500 × 1 500 detector; thus, pixels needs to be combined, and every 7 × 7 pixels are added together to obtain 214 × 214 images); (4) dark current correction; (5) image rotation (camera coordinates are shifted 60° from real world physical coordinates, and images need to be rotated counterclock wise 60°; pixel values after rotation are calculated through bilinear interpolation); (6) image cropping (images are cropped to a final size of 150 × 150 pixels).

4.2.5 Level 2A Data Processing of PCAM

PCAM comprises two identical cameras mounted on the rover mast. Level 2A data processing of PCAM includes: (1) dark current correction (obtain dark current coefficients based on information such as image gain and pixel location and subtract dark image); (2) radiance correction (divide image after dark current correction by radiance correction coefficient of each pixel); (3) work mode normalization (similar to TCAM, in this step, normalization coefficients are calculated so image exposure time is normalized to 10 ms, without actually causing changes to images).

4.2.6 Level 2A Data Processing of LPR

The low frequency antenna of LPR is a pole-shaped, dipole antenna placed at the end of the rover, while the high frequency antenna is a bow - tie antenna placed at the bottom of the rover. In Level 2A processing, DC component is removed from LPR data by applying a DC removal filter.

4.2.7 Level 2A Data Processing of VNIS

VNIS consists of two detectors: CMOS visible detector and SWIR near - infrared detector. Each data set requires different processing procedures.

Level 2A processing of CMOS data includes: (1) CMOS image salt - and - pepper noise removal; (2) dark current removal; (3) non - uniform correction; and (4) radiometric correction. For SWIR, Level 2A processing procedures include: (1) removal of redundant shortwavelength IR data; (2) dark current removal; (3) SWIR detector temperature correction; and (4) radiometric correction.

4.2.8 Level 2A Data Processing of APXS

APXS is placed at the end of the rover mechanic arm. Level 2A processing of APXS data includes: (1) determining rover work mode (based on engineering data, it needs to be determined whether data are collected in calibration mode, rate meter detection mode, or in - situ detection mode); (2) calculating the distance between the detector and lunar surface; (3) converting energy number to energy; (4) dead time correction.

4.3 Geometric Correction (Level 2B Data Processing)

To correct geometric distortion caused by the cameras and provide lunar surface positioning information or geometric information, geometric correction needs to be performed through coordinate system transfers based on the position, attitude, and sensor parameters of the lander and rover, and lunar rotation and shape. Geometric information for CE-3 level 2B data processing is detailed in Table 4.

Table 4 CE-3 instrument geometric correction

Instrument	Geometric correction
PCAM/TCAM	Geometric information including observation vector of image four corner points and the center point, camera center position, camera rotation angle, solar incidence, solar azimuth, mast pitch angle and mast yawing angle

Continuted

Instrument	Geometric correction
LPR	Position of reference point relative to the current position. Attitude of reference point relative to the current attitude
VNIS	Instrument parameters: focal length, pixel size, principal point position. Rover location and center point location. Geometric information including the incidence, azimuth and phase angles of the center point and four corner points
APXS	Geometric information including rover longitude and latitude, rover elevation, and rover attitude
LCAM	Geometric distortion correction using grid - point longitude and latitude spacing with 32×32 pixels, center point incidence angle, center point azimuth angle, center point phase angle, solar incidence angle, and solar azimuth angle
EUVC	Geometric information including camera observation vector in solar magnetospheric coordinate system
MUVT	Geometric information including gimbal azimuth, gimbal pitch, right ascension and declination in J2000

4.4 Need - Based Data Optimization (Level 2C Data Processing)

Currently, data obtained by three of the eight CE-3 science instruments, PCAM, TCAM, and LPR, have undergone Level 2C processing. Data from PCAM and TCAM are color - restored and color - corrected. Through color restoration, Red, Green, and Blue components for each pixel in the images are obtained. After color correction and white balance correction, Red, Green, and Blue components that reflect the true color of targets and meet human visual habits are obtained. For LPR Level 2C data processing, bandpass filtering is applied with a Finite Impulse Response (FIR) filter using the frequency sampling method.

5 Data Accessibility

To make the CE-3 observations accessible to both exploration planners as well as the science community, calibrated CE-3 data will be rapidly deposited into the Data Release System hosted by the Ground Research and Application System (GRAS) at http://moon.bao.ac.cn/ceweb/datasrv/dmsce2.jsp, where CE-1 and CE-2 data are also located.

CE-3 data are categorized into five levels including raw data and levels 0, 1, 2 and 3 data. Raw data (the demodulated and bit - synchronized, downlinked data stream) are organized by science payload into Level 0 data blocks after necessary processing, such as channel processing, ordering, optimal splicing, deduplication, and source package header removal. Level 1 data generally consist of count rates converted into physical units, and Level 2 data are subsequently processed results after radiometric calibration, approximate geometric correction, photometric calibration, etc., which can be further divided into Levels 2A, 2B and 2C. Level 3 data products are appropriate for direct science application, such as imaging products with accurate geometric correction.

Typically, the first batch of high - level data, mainly Level 2 data, will be publically released after the expiration of the data proprietary period, which is usually six months after the beginning of the primary mission phase, and subsequent high - level data products will be delivered at regular intervals based on the progress of data production. Users can retrieve the specific files related to their research topic or download entire volumes containing chronologically organized data from the data release system. Low - level data, such as Levels 0 and 1, as well as raw data, are mainly used to verify instrument performance and algorithms by experts during the data proprietary period, after which such data can be obtained through written request according to the procedure described on the website mentioned above.

6 Preliminary Results

Of the eight science instruments onboard CE-3, LCAM was the first to be powered on. LCAM captured a total of 4 673 optical images of the surface from an altitude range of 2 km to 4 m at a rate of 10 frame/s. These images, with millimeter to decimeter resolutions, are employed to locate the landing site, reconstruct the lander descent trajectory, construct control points on the lunar surface, and assist in morphological analysis (Wang et al. 2014).

TCAM obtained panoramic images of the landing area by imaging the surrounding terrain as the camera rotated at three pitch angles. During each rotation, the camera obtained 20 frames either at horizontal position or at $\pm 30^{\circ}$ pitch angles. A total of 120 frames of mm to decimeter resolution images of the landing area were obtained. Apart from imaging the lunar terrain, from an engineering point of view, TCAM also monitored the state of the rover as well as its traverse paths, and assisted in traverse planning and science target selection (Fig. 2). A panchromatic panorama was obtained at exploration point N106 (E) (Fig. 5).

PCAM obtained 360° stereo panoramas at the first three exploration points. Color panoramas were acquired at points N203 and N205 (Fig. 6). Three stereo image pairs were obtained at exploration point N209. These millimeter - to decimeter - resolution images are used to assist in the analysis of local morphological and structural characteristics (Li et al. 2014).

Fig. 5　Panchromatic panorama at exploration point N106 (E) obtained by PCAM. A 16 m diameter crater lies to the north of the lander with boulders of relatively large size and high reflectance at the crater rim. To the west of the lander lies a 430 m diameter crater with a large number of boulders distributed on the crater wall and near the rim. In this panorama the Yutu Rover is 10 m away from the lander

VNIS was powered on at four exploration points and obtained visible images and NIR spectral data of the regolith at points E, N203, and N205 (after calibration), with a total data volume of 350 MB. These spectra will assist in the analytical study of minerals in the lunar regolith. Energy spectra acquired by APXS at points N202 and N205 will assist in the identification of elements and resolving their relative content.

Fig. 6　Color panorama obtained by PCAM at exploration point N205. In the background is the lander located to the northeast of the rover, with rover tracks between them visible on the ground. In the foreground are the two antennas of Lunar ground - Penetrating Radar (LPR) installed on the rover

LPR conducted continuous measurements along the rover's 113 - m traverse path during ~6.8 hours (Su et al. 2014). A total of 18,513 and 32,381 tracks of radar echo signals have been obtained for the first and second channel of LPR, respectively, providing ground penetrating radar data for the first time to analyze the depth of lunar regolith and subsurface structure.

EUVC has been imaging the terrestrial plasmasphere in 30.4 nm wavelengths during each lunar day, obtaining for the first time a lunar - based, wide-angle, continuous view of Earth's plasmasphere (Fig. 7). Until June 12, 2014, EUVC obtained more than 1 000 frames EUV images of Earth plasmasphere in 230 hours (Feng et al. 2014).

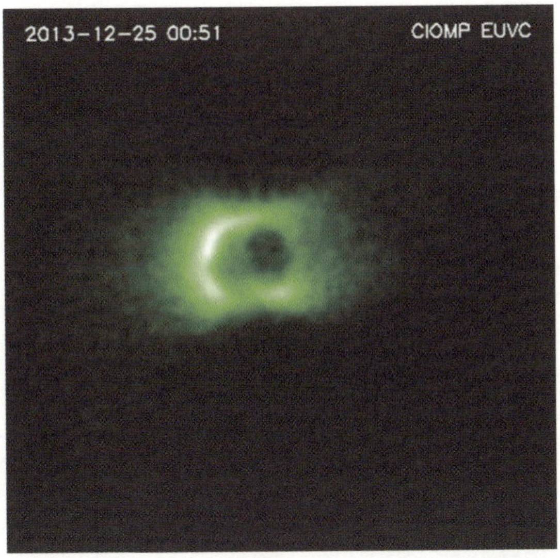

Fig. 7　Observation of Earth's plasmasphere by EUVC on December 25, 2013 after background removal. The plasmasphere, plasmapause, airglow and Earth's shadow can be seen in this image

MUVT obtained night sky images in 245 - 340 nm wavelengths, employing both survey mode and target mode. The telescope has surveyed over 1,000 square degrees of the sky, while monitoring light curve changes of 10's of short - period variable stars by mid 2014 (Fig. 8). After calibration and background subtraction, NUV images of three sky areas near Draco were obtained and utilized to determine the celestial coordinates of target bodies.

7 Conclusion

The lander and EUVC and MUVT onboard are performing well. The rover traversed for a total of 114 m and stopped due to mechanical control issues toward the end of the second lunar day; science instruments onboard the rover are functioning well. With both the CE-3 lander and rover operating in long - term functioning mode, it is expected that CE-3 will be able to successfully accomplish its science objectives within its one-year nominal mission phase. The comprehensive data sets collected by the CE-3 science instruments will help improve our understanding of the compositional and geologic characteristics of and near the landing area, as well as the formation and evolution of Mare Imbrium and the Moon as a whole. The engineering capabilities demonstrated by CE-3 to successfully soft land on the Moon and deploy the rover promise great potential to eventually return lunar samples, which is the goal of Phase III of CLEP, in the future.

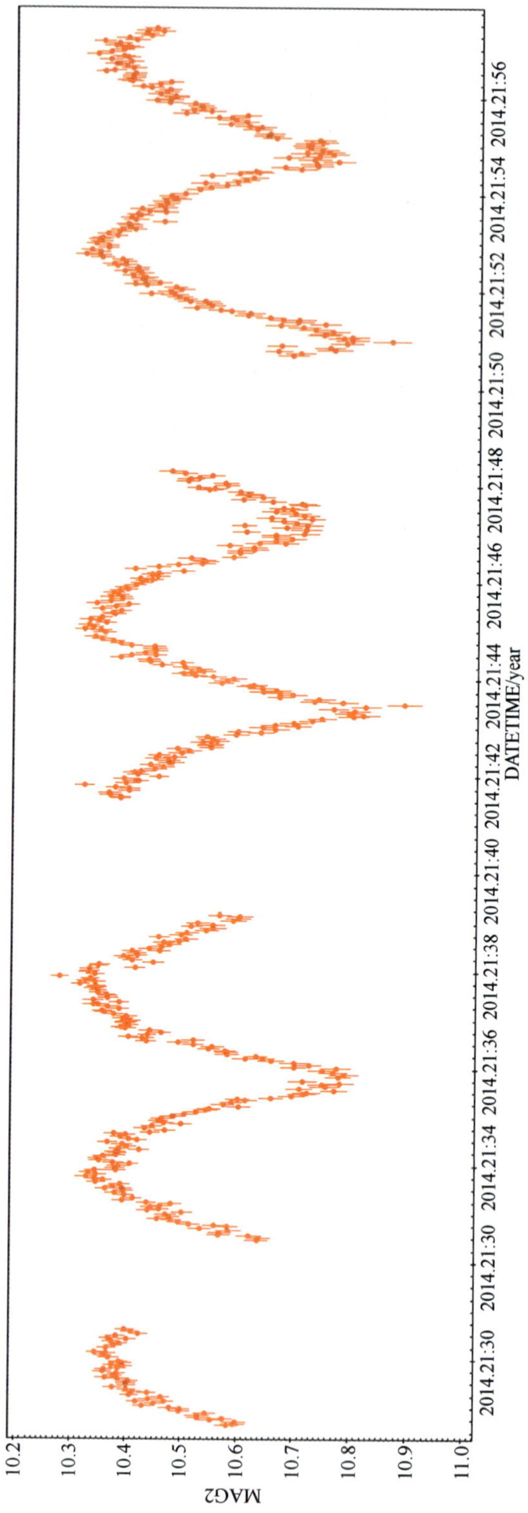

Fig. 8　Light curve of VW Cep double star

Acknowledgements

We thank Julie Stopar for proofreading the manuscript that helped improve this paper and the two referees for their constructive comments.

References

[1] B. Chen, K.F. Song, Z.H. Li, Q.W. Wu, Q.L. Ni, X.D.Wang, J.J. Xie, S.J. Liu, L.P. He, F. He, X.G.Wang, B. Chen, H.J. Zhang, X.D. Wang, H.F. Wang, X. Zheng, S.L. E, Y.C. Wang, T. Yu, L. Sun, J.L. Wang, Z. Wang, L. Yang, Q.L. Hu, K. Qiao, Z.S. Wang, X.W. Yang, H.M. Bao, W.G. Liu, Z. Li, Y. Chen, Y. Gao, H. Sun, W.C. Chen, Development and calibration of the Moon－based EUV camera for Chang'e 3. Res. Astron. Astrophys. 14, 1654－1663 (2014).

[2] G.Y. Fang, B. Zhou, Y.C. Ji, Q.Y. Zhang, S.X. Shen, Y.X. Li, H.F. Guan, C.J. Tang, Y. Z. Gao,W. Lu, S.B. Ye, H.D. Han, J. Zheng, S.Z. Wang, Lunar penetrating radar onboard the Chang'e-3 mission. Res. Astron. Astrophys. 14, 1607－1622 (2014).

[3] J.Q. Feng, J.－J. Liu, F. He, W. Yan, X. Ren, X. Tan, L.－P. He, B. Chen, W. Zuo, W.－B. Wen, Y. Su, Y.－L. Zou, C.－L. Li, Data processing and initial results from the CE-3 Extreme Ultraviolet Camera. Res. Astron. Astrophys. 14, 1664－1673 (2014).

[4] X.－H. Fu, C.－L. Li, G.－L. Zhang, Y.－L. Zou, J.－J. Liu, X. Ren, X. Tan, X.－X. Zhang, W. Zuo, W.－B. Wen, W.－X. Peng, X.－Z. Cui, C.－M. Zhang, H.－Y. Wang, Data processing for the active particle-induced Xray spectrometer and initial scientific results from Chang'e-3. Res. Astron. Astrophys. 14, 1595－1606 (2014).

[5] W.D. Gonzalez, B.T. Tsurutani, A.L. Clua de Gonzalez, Interplanetary origin of magnetic storms. Space Sci. Rev. 88, 529 (1999).

[6] Z.P. He, B.Y. Wang, G. Lü, C.L. Li, L.Y. Yuan, R. Xu, B. Liu, K. Chen, J.Y. Wang, Operating principles and detection characteristics of the visible and near－infrared imaging spectrometer in the Chang'e-3. Res. Astron. Astrophys. 14, 1567－1577 (2014).

[7] V. Kaydash, Y. Shkuratov, G. Videen, Landing of the probes Luna 23 and Luna 24 remains an enigma. Planet. Space Sci. 89, 172－182 (2013).

[8] C.L. Li, L.L. Mu, X.D. Zou, J.J. Liu, X. Ren, X.G. Zeng, Y.M. Yang, Z.B. Zhang, Y.X. Liu, W. Zuo, H. Li, Analysis of the geomorphology surrounding the Chang'e-3 landing site. Res. Astron. Astrophys. 14, 1514－1529 (2014).

[9] B. Liu, C.L. Li, G.L. Zhang, R. Xu, J.J. Liu, X. Ren, X. Tan, X.X. Zhang,W. Zuo,W.B. Wen, Data processing and preliminary results of the Chang'e-3 VIS/NIR Imaging Spectrometer In－situ Analysis. Res. Astron. Astrophys. 14, 1578－1594 (2014a).

[10] J.J. Liu, W. Yan, C.L. Li, X. Tan, X. Ren, L.L. Mu, Reconstructing the landing trajectory of the CE-3 lunar probe by using images from the landing camera. Res. Astron. Astrophys. 14, 1530－1542 (2014b).

[11] M. Mendillo, Storms in the ionosphere: patterns and processes for total electron content. Rev. Geophys. 44, RG4001 (2006).

[12] D.L. Murphy, R.R. Vondrak, Effects of levitated dust on astronomical observations from the lunar surface, in Proc. 24th Lunar Planet. Sci. Conf. (1993), pp. 1033-1034.

[13] X. Ren, C.L. Li, J.J. Liu, F.F. Wang, J.F. Yang, E.H. Liu, B. Xue, R.J. Zhao, A method and results of color calibration for the Chang'e-3 terrain camera and panoramic camera. Res. Astron. Astrophys., 1557-1566 (2014)

[14] Y. Su, G.Y. Fang, J.Q. Feng, S.G. Xing, Y.C. Ji, B. Zhou, Y.Z. Gao, H. Li, S. Dai, Y. Xiao, C.L. Li, Data processing and initial results of Chang'e-3 lunar penetrating radar. Res. Astron. Astrophys. 14, 1623-1632 (2014).

[15] X. Tan, J.J. Liu, C.L. Li, J.Q. Feng, X. Ren, F.F. Wang, W. Yan, W. Zuo, X.Q. Wang, Z. B. Zhang, Scientific data products and the data pre-processing subsystem of the Chang'e-3 mission. Res. Astron. Astrophys. 14, 1682-1694 (2014).

[16] F.F. Wang, J.J. Liu, C.L. Li, X. Ren, L.L. Mu, W. Yan, W.R. Wang, J.T. Xiao, X. Tan, X.X. Zhang, X.D. Zou, X.Y. Gao, A new lunar absolute control point: established by images from the landing camera on Chang'e-3. Res. Astron. Astrophys. 14, 1543-1556 (2014)

[17] J. Wang, J.S. Deng, J. Cui, L. Cao, Y.L. Qiu, J.Y. Wei, Lunar exosphere influence on lunar-based nearultraviolet astronomical observations. Adv. Space Res. 48, 1927-1934 (2011)

[18] W.B. Wen, F. Wang, C.L. Li, J. Wang, L. Cao, J.J. Liu, X. Tan, Y. Xiao, Q. Fu, Y. Su, W. Zuo, Data processing and initial results from the CE-3 extreme ultraviolet camera. Res. Astron. Astrophys. 14, 1674-1681(2014)

[19] W.R. Wu, Z.Y. Pei, T.J. Liu (eds.), Chang'e 3 Mission Technical Handbook (China Astronautic Publishing House, Beijing, 2014)

[20] H.B. Zhang, L. Zheng, Y. Su, G.Y. Fang, B. Zhou, J.Q. Feng, S.G. Xing, S. Dai, J.D. Li, Y.C. Ji, Y.Z. Gao, Y. Xiao, C.L. Li, Performance evaluation of lunar penetrating radar onboard the rover of CE-3 probe based on results from ground experiments. Res. Astron. Astrophys. 14, 1633-1641 (2014)

High precision landing site mapping and rover localization for Chang'e-3 mission

LIU ZhaoQin[1], DI KaiChang[1*], PENG Man[1], WAN WenHui[1], LIU Bin[1], LI LiChun[2], YU TianYi[2], WANG BaoFeng[2], ZHOU JianLiang[2] and CHEN HongMin[2]

1 State Key Laboratory of Remote Sensing Science, Institute of Remote Sensing and Digital Earth (RADI), Chinese Academy of Sciences, Beijing 100101, China;
2 Beijing Aerospace Control Center (BACC), Beijing 100094, China

Abstract: This paper presents the comprehensive results of landing site topographic mapping and rover localization in Chang'e-3 mission. High-precision topographic products of the landing site with extremely high resolutions (up to 0.05 m) were generated from descent images and registered to CE-2 DOM. Local DEM and DOM with 0.02 m resolution were produced routinely at each waypoint along the rover traverse. The lander location was determined to be (19.512 56°W, 44.118 84°N, −2 615.451 m) using a method of DOM matching. In order to reduce error accumulation caused by wheel slippage and IMU drift in dead reckoning, cross-site visual localization and DOM matching localization methods were developed to localize the rover at waypoints; the overall traveled distance from the lander is 114.8 m from cross-site visual localization and 111.2 m from DOM matching localization. The latter is of highest accuracy and has been verified using a LRO NAC image where the rover trajeactory is directly identifiable. During CE-3 mission operations, landing site mapping and rover localization products including DEMs and DOMs, traverse maps, vertical traverse profiles were generated timely to support teleoperation tasks such as obstacle avoidance and rover path planning.

Key words: Chang'e-3, Yutu rover, landing site mapping, rover localization, descent camera, navigation camera

1 Introduction

Chinese Lunar Exploration Program (CLEP, also known as Chang'e program) initiated in 2004. This program includes three phases - orbiting, landing and returning lunar samples to Earth[1]. Following the successes of the Chang'e-1 (CE-1) and Chang'e-2 (CE-2) orbital missions, Chang'e-3 (CE-3) mission, which includes a lander and a rover, was successfully landed in northern Mare Imbrium of the moon on 14 December 2013[2]. The

Yutu rover was released to the lunar surface and began surface exploration on December 15. High precision mapping of landing site and localization of the rover is critical for both safe navigation and achievement of the science and engineering goals of the mission[3,4]. During the rover exploration, path planning and navigation of the rover mainly depend on high precision localization of the rover and detailed mapping of the surrounding terrain.

The first unmanned lunar rover, Lunokhod - 1, was launched by former Soviet Union in 1970 and explored the Mare Imbrium for 11 months and traversed 10.54 km. Lunokhod - 2 landed on the moon in 1973 and traversed 37.0 km in 8 weeks[5]. The two rovers were teleoperated based on downlinked television pictures with slight time lag. The first Mars rover mission, Mars Pathfinder mission, was launched by the National Aeronautics and Space Administration (NASA), USA, in 1996, and landed in 1997 and deployed the Sojourner rover to the Martian surface for traversing and exploring a landing site within an area of 10 m×10 m. The location of Pathfinder was determined by comparing a mosaic of Viking Orbiter images (40 m/pixel) to surface features and their azimuths that were identified and measured on the lander's horizon[6]. Sojourner rover traversed about 100 m clockwise around the lander, dead - reckoning and interactive matching of features on lander imagery were applied to localize the rover[7]. In NASA Mars Exploration Rover (MER) 2003 mission, Spirit and Opportunity rovers landed on the Gusev Crater and Meridiani Planum of Mars on 4 January and 25 January 2014, respectively. After landing, the topographic and localization products including Digital Elevation Model (DEM), Digital Orthoimage Map (DOM), and traverse maps were generated and disseminated through a Web GIS routinely[3,8]. Spirit rover was localized in orbital imagery by triangulation of landmarks identified from orbital images and surface images[9]. Several methods including onboard dead reckoning, visual odometry and bundle adjustment were applied to localize the rover. The nominal localization accuracy of the dead reckoning was 10% of the traveled distance. The visual odometry method was primarily used for short traverses and critical areas to correct location errors caused by wheel slippage[10-12]. Through bundle adjustment of an image network, long - range rover localization can be achieved at a higher level of accuracy than dead - reckoning and visual odometry. The mapping products and localization information supported the strategic planning, tactical operations and science applications[3,13].

CE-3 was landed at (44.12°N, 19.51°W) (radio - tacking solution). As of 17 January 2014, Yutu rover has traversed 114.8 m (cross - site visual localization result) on the lunar surface and accomplished a series of scientific investigations under teleoperation. To fulfill teleoperation requirements during CE-3 mission, the RADI team, in collaboration with BACC teleoperation team, has developed techniques of image -

based topographic mapping and rover localization and routinely produced high precision topographic and rover localization products. These techniques and derived products are critical to support teleoperation tasks such as obstacle avoidance and rover path planning.

Zhao et al.[14] studied regional topographic, geomorphologic and compositional characteristics of CE-3 exploration region using various data obtained by SELENE-1 and Lunar Reconnaissance Orbiter (LRO) missions, in particular, the topographic analysis was based on the digital terrain model generated from SELENE-1 images with a resolution of ~10 m. Some preliminary results of lander/rover localization and mapping using the data obtained from CE-3 mission have been reported recently. Jia et al.[15] determined the 2D location of the CE-3 lander by consecutive registration of descent images to CE-2 basemap and space resection with navigation cameras (Navcam) images; Wan et al.[16] presented the cross - site rover localization method using the rover's Navcam for localization of the rover at waypoints.

Herein we present comprehensive results of landing site mapping and rover localization for CE-3 mission. Comparing to the above previous results, we produced seamless DEM and DOM from descent images with very high resolution (up to 0.05 m); for lander localization, the 3D location of the lander was determined by registeration of the Navcam DOM generated from the images at the lander to the DOM and DEM derived descent images; for rover localization, we performed cross - site visual localization and DOM matching localization and validated the results using a LRO image where the lander and the rover trajectory are directly identifiable. These mapping and localization products directly contributed to the success of surface operations.

2 Data

Landing site mapping and rover localization are based on multiple data including orbital images, descent images and rover images.

Pre - landing orbital images were obtained by CE-2 camera, which is a two - line array push - broom CCD camera. It acquired global lunar images with 7 m resolution[17,18]; moreover, to support the CE-3 mission, CE-2 orbiter acquired 1.5 m resolution images at the pre - selected landing site - mare Imbrium and Sinus Iridum[19], which covered 40°N - 50°N, 18°W - 35°W incompletely. The actual landing site is located in the image of No. 0236 track. A 4 m - resolution DEM and a 1.5 m -resolution DOM of the landing site were generated from the CE-2 orbiter images by National Astronomical Observatories, Chinese Academy of Sciences (NAOC). They were used as basemaps in localization of the lander and rover. Figure 1 shows the DEM and DOM of CE-3 landing site, in which the red flags indicate the location of CE-3 lander. The maps are represented in the Mercator projection with 49° parallel. The elevation value is with respect to the reference sphere with a radius of 1 737.4 km.

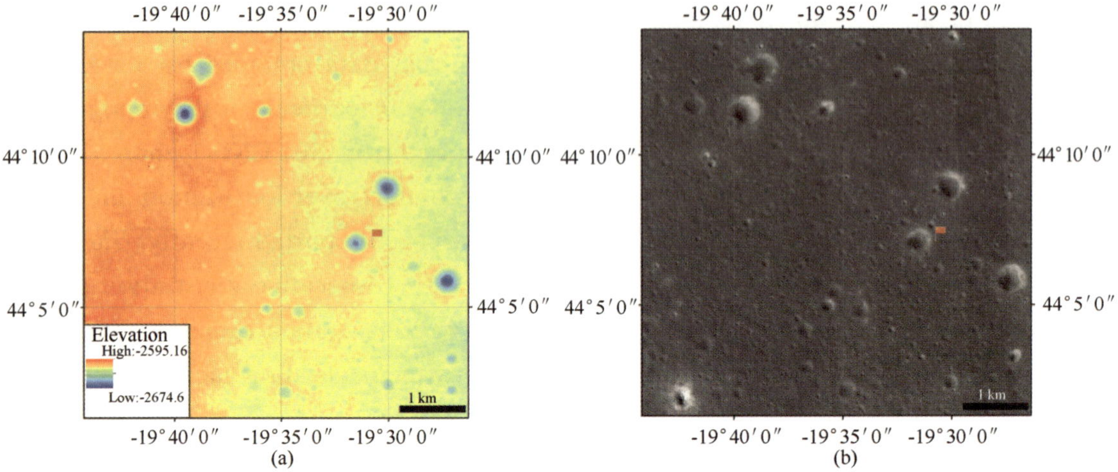

Figure 1　(Color online) CE-2 DEM (a) and DOM (b) coverage of CE-3 landing site.

On 25 December 2013, ten days after CE-3 landing, NASA' LRO acquired a 1.5 m resolution image of the CE-3 landing site by the Narrow Angle Camera (NAC). The CE-3 lander and rover can be directly identified in the image. The trajectory of Yutu rover can be identified in another LRO NAC image (resolution 1.5 m) acquired on 17 February 2014[20]. These images were used to verify the results of CE-3 lander and rover localization. During the phase of descending, the descent camera (Descam) acquired totally 4 672 images with a resolution higher than 1 m within an area of 1 km×1 km and as high as 0.1 m within a range of 50 m from the landing point. Descam is mounted on the bottom of CE-3 lander and looks vertically downward. The imaging area of Descam is 1024 pixels×1024 pixels. Descam has an effective depth of field of 4 m to infinity, a nominal field of view (FOV) of 45.4°, and a nominal focal length of 8.3 mm. The parameters derived from a self-calibration bundle adjustment are listed in Table 1. The Descam started to take images at 10 fps from 2 km above the lunar surface. The resolution of descent images becomes higher with the descending of lander, which is from 1.634 m to 0.003 m when the lander went from 2 km down to 3 m[21]. The descent images were used for high precision landing site mapping and trajectory reconstruction. The images and derived mapping products were also used in lander and rover localization.

Table 1 Parameters of Descam from self - calibration bundle adjustment

Items	Descam	Distortion coefficients	Descam
Frame (pixels×pixels)	1024×1024	k1	$3.004\,07\times10^{-3}$
Pixel size (mm)	0.006 7	k2	$1.380\,71\times10^{-5}$
Focal length (mm)	8.595 2	k3	$1.636\,01\times10^{-7}$
Principal point offset in x (mm)	0.013 0	p1	$4.115\,69\times10^{-5}$
Principal point offset in y (mm)	0.042 2	p2	$2.523\,48\times10^{-5}$
–	–	α	$3.157\,88\times10^{-3}$
–	–	β	$2.439\,91\times10^{-3}$

Among the payload instruments on Yutu rover, three pairs of stereo cameras, Navcam, Panoramic Camera (Pancam) and hazard avoidance camera (Hazcam) are important for localization and mapping. Navcam and Pancam are mounted on the same camera bar of the rover mast; Hazcam is mounted on the lower front of rover body (Figure 2). Navcam is an engineering stereo camera used for navigation purposes. The imaging area of Navcam is 1024 pixels × 1024 pixels. Navcam has a stereo base of 270 mm, a focal length of 17.7 mm and a FOV of 46.6°. Figure 3 shows the images of left Navcam acquired before separation of rover from lander. Navcam parameters including the elements of interior orientation and relative exterior orientation have been calibrated before launching of CE-3. Along the traverse, Yutu was commanded to capture a 120° partial Navcam panorama along forward direction at each waypoint with a segment length of about 10 m. These images were used for topographic mapping and rover localization to support stepwise mission planning.

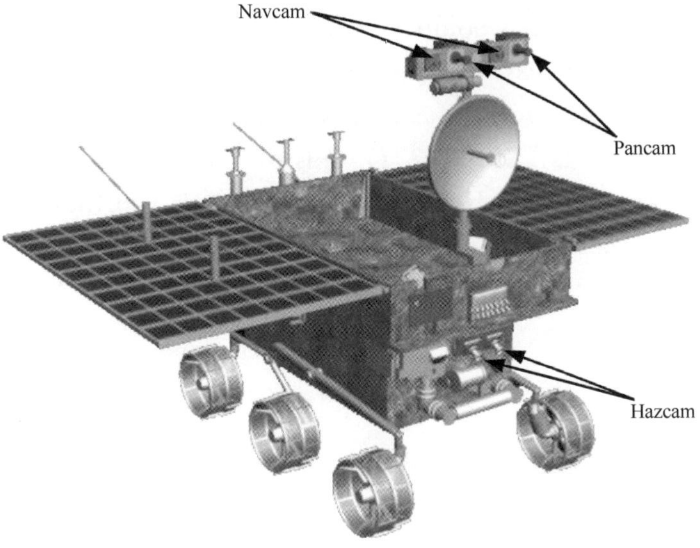

Figure 2 Stereo cameras onboard Yutu rover.

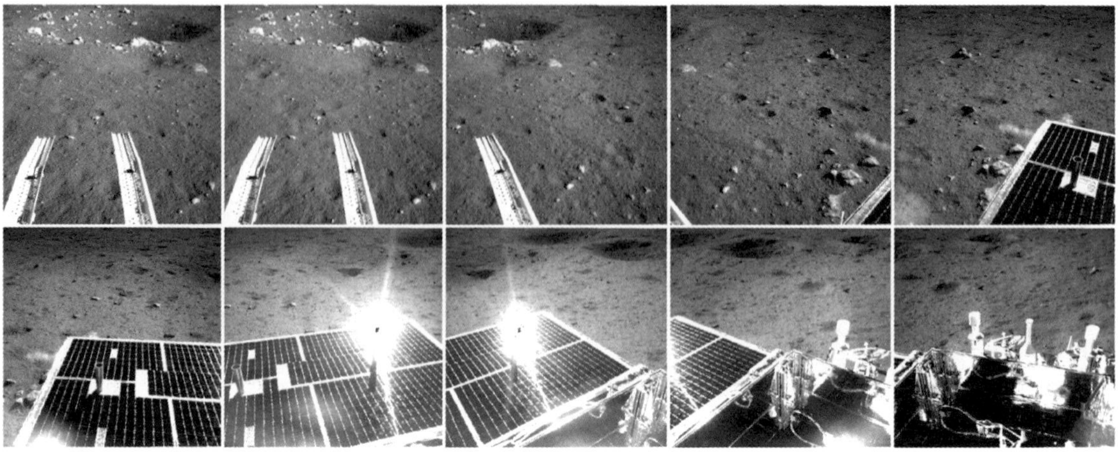

Figure 3 Navcam images acquired before separation of rover from lander.

There are several reference systems defined for mapping of landing site and rover localization. Lunar inertial reference system was adopted in radio - tracking of CE-3 during orbiting and descending phases, the origin of which is the center of mass of the moon. The Lunar Body - Fixed reference system (LBF) was adopted for global mapping of the lunar surface. It is a right - handed coordinate system with the origin at the center of mass; the z - axis is the mean axis of rotation; the x - axis is in the equatorial plane and points to the Prime Meridian (mean earth direction); the y - axis is orthogonal to the x - and z - axes.

The Landing Site Local reference system (LSL) was defined to support surface operations at each waypoint (also called site). It is a north - east - down right - handed coordinate system with the origin at the first waypoint; the z - axis points down in the local normal direction, x - axis points to north pole, and the y - axis is orthogonal to the x - and z - axes. In the case of map production, the Landing Site Cartographic coordinate system (LSC) was defined as an east - north - up right - handed local system that has the same origin as LSL. The z - axis of LSC points up in the local normal direction, y - axis points to north pole, and the x - axis is orthogonal to the y - and z - axes. Rover localization is conducted in the LSL reference system. After a simple conversion, the coordinates of rover waypoints are given in the LSC coordinate system.

3 Methods

The workflow of high precision landing site mapping and rover localization is shown in Figue 5. Details of some key techniques are given below.

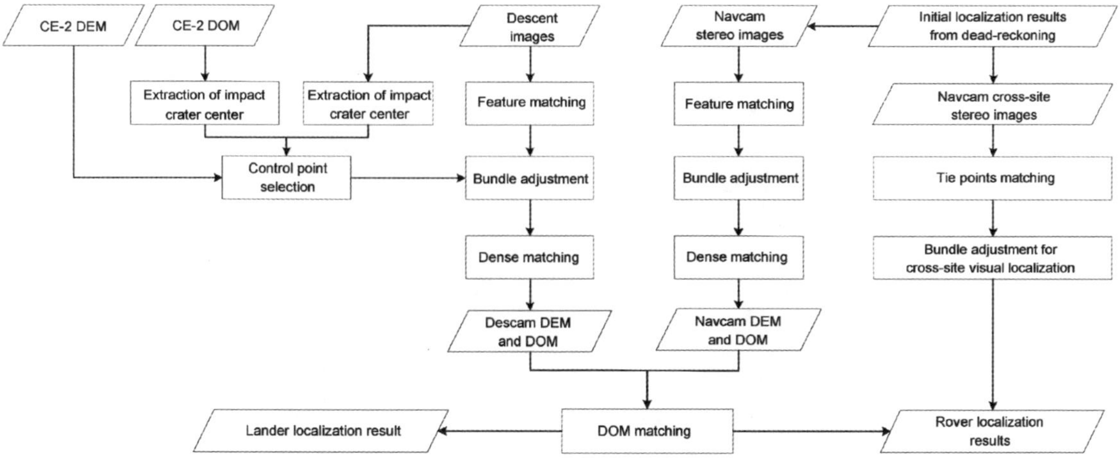

Figure 4　Workflow of landing site mapping and rover localization.

3.1　Landing site mapping with CE-3 descent images

Automated photogrammetric processing techniques were employed for landing site mapping using descent images. First, 180 descent images were selected at intervals from 2.35 km to 10 m altitude, and image matching among the selected sequence images was subsequently performed with Scale Invariant Feature Transform (SIFT) matching[22], during which gross errors were eliminated by an Random Sample Consensus (RANSAC) algorithm[23]. Second, the remaining matched points were used as tie points to construct an image network, and bundle adjustment was then performed with GCPs from the CE-2 DEM and DOM. Impact craters, which are the most evident features, were automatically extracted from descent images and CE-2 DOM; the center points of the craters then served as ground control points (GCPs) and check points. Figure 5 shows the GCPs and check points in the CE-2 DOM. Third, dense matching among the sequence images was performed to generate dense matched points, and the three-dimensional coordinates of the dense points were subsequently calculated by space intersection. Finally, the DEM was generated by Kriging method and DOM was generated by back projection to the descent images of highest resolution. This work was done shortly after all the descent images were down-linked to BACC's teleoperation center. The resultant DOM and DEM, which have much higher resolution than that of CE-2, have been used as basemaps for rover localization and path planning.

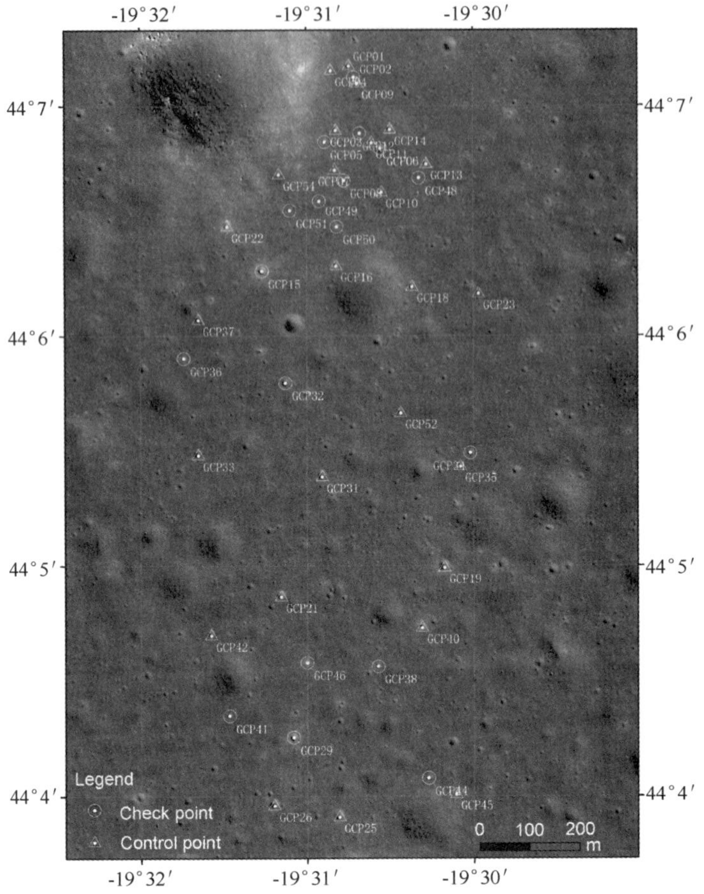

Figure 5　GCPs and check pints in CE-2 basemap for photogrammetric processing of CE-3 descent images.

3.2　Waypoint mapping with CE-3 navigation camera images

Along the traverse, Yutu Rover acquired stereo images covering 120° field of view using the Navcam at waypoints that are about 10 m apart. Epipolar images of the Navcam stereo images were generated and feature point matching was performed among the Navcam images to extract tie points. Block bundle adjustment was then performed to refine the exterior orientation parameters of the Navcam images. Dense matching was performed with the constraints from the matched feature points[24,25]. Figure 6 shows the results of feature point matching and dense matching between Navcam stereo images. Finally, the DEM and DOM were generated by a similar method to produce the topographic products from the descent images. These topographic products have been used to support path planning at every waypoint.

Figure 6 (Color online) Results of feature point matching (a) and dense matching (b) between Navcam stereo images.

3.4 Rover localization based on CE-3 Navcam images

Three localization methods have been applied during the Yutu rover exploration. The Guidance, Navigation and Control System (GNC) contains an onboard dead-reckoning system, which processes the inertial measurement unit (IMU) and wheel odometer data to localize the rover on the lunar surface continuously. However, there are relatively large errors in localization results derived from dead-reckoning because of wheel slippage and IMU drift, and the localization errors inevitably increase and accumulate with the increasing length of the rover traverse[26]. To reduce error accumulation, two types of image-based methods, namely cross-site visual localization and DOM matching, are applied in CE-3 mission.

The steps of cross-site visual localization based on Navcam images are as follows[16]: correspondent areas between Navcam images acquired at adjacent sites were firstly extracted by initial localization results from the dead reckoning system; image matching between the correspondent areas was performed with Affine-SIFT[27] matching to extract tie points, during which gross errors are eliminated by a RANSAC algorithm; then the image network was subsequently constructed by the tie points and bundle adjustment was performed to obtain the accurate localization results of the present site with respect to the previous site. This stepwise localization method was routinely applied to support teleoperation of the rover.

Furthermore, in order to further eliminate the accumulated localization error and improve the localization accuracy for long range rover traverse, DOM matching was performed between the DOMs derived from Navcam stereo images at each waypoint and the Descam DOM generated previously so that to directly localize the rover waypoint on Descam DOM. The matching was primarily based on SIFT, while manual matching was applied occasionally when SIFT matching failed. As a result, the rover waypoints were localized in CE-2 DOM since the Descam DOM has been registered to the CE-2 DOM through bundle adjustment (as described in sect. 3.1).

4 Results

4.1 Results of landing site mapping

Taking the CE-2 DOM as reference, high precision terrain products covering the landing area of CE-3 have been produced using the descent sequence images. 26 GCPs were elected from the CE-2 DEM and DOM for bundle adjustment of descent images and 18 check points were used to validate the mapping accuracy. The root mean square errors (RMSEs) of GCPs and check points are listed in Table 2. Figure 7 shows the DEM and DOM generated from 180 descent images with 0.4 m resolution, which cover an area of 780 m×1800 m with elevation range from −2 655 m to −2 599 m. Figure 8 shows the DEM and DOM generated with 0.05 m resolution, which cover an area of 97 m×115 m with elevation range from −2 618 m to −2 613 m. The white dots in the maps represent the lander.

Table 2　RMSEs of GCPs and check points (units: m)

Items	RMSE in X	RMSE in Y	RMSE in Z
GCPs	0.724	0.717	0.602
Check points	0.908	0.800	0.806

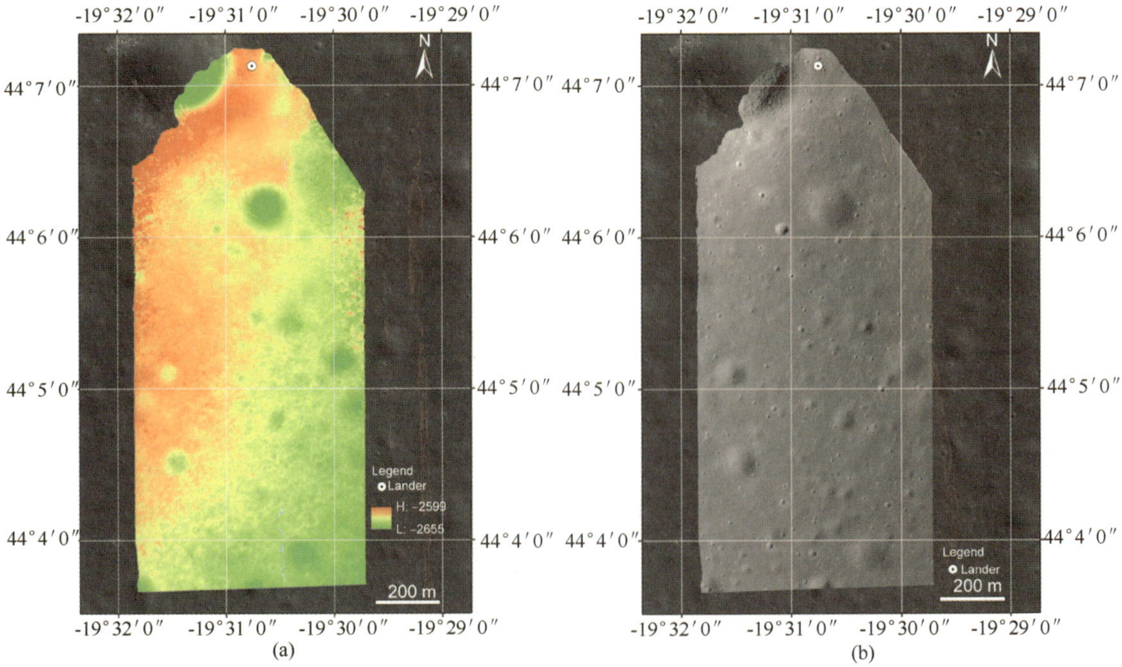

Figure 7　(Color online) 0.4 m resolution DEM (a) and DOM (b) generated from descent images (covering 780 m×1 800 m).

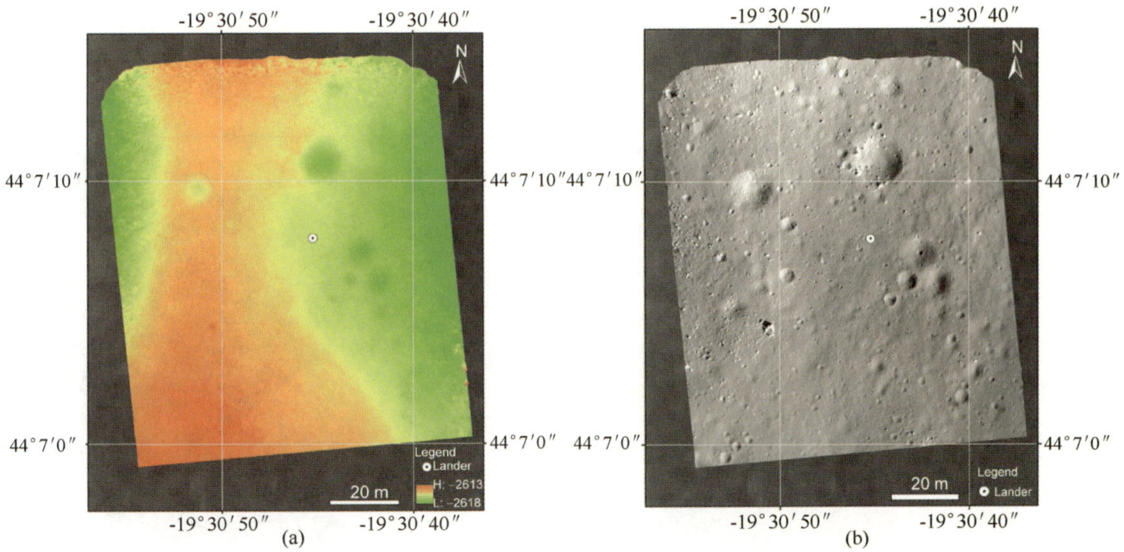

Figure 8　(Color online) 0.05 m resolution DEM (a) and DOM (b) generated from descent images (covering 97 m×115 m).

4.2　Results of waypoint mapping

Yutu rover traversed 17 waypoints after departing from lander and acquired stereo images covering 120° field of view in forward direction at 14 waypoints. Topographic products (DEM and DOM) were routinely generated quickly at 14 waypoints using Navcam images in the LSL system and then converted to LSC system. Before Yutu rover departed from the lander, Navcam acquired 10 pairs of stereo images covering 220° field of view (shown in Figure 3). Figure 9 shows the DEM and DOM with 0.02 m resolution generated from these Navcam images. The DEM with reduced resolution (0.2 m) resolution was used to produce slope map by fitting a plane to the z - values of 3×3 cell neighborhood around the processing cell (Figure 10(a)); obstacle map was produced subsequently considering all factors obstructing the traverse of rover such as slope, aspect, and elevation difference (Figure 10(b)). High precision topographic mapping provided detailed terrain information to ensure the safety of the rover as well as to support scientific investigations.

4.3　Lander localization result

Through the method of DOM matching between Navcam DOM and Descam DOM, the coordinates of the lander in CE-2 DOM are (19.512 56°W, 44.118 84°N, −2 615.451 m) (Figure 11). Figure 12 shows the registration result between LRO NAC image and Descam DOM based on impact crater matching. It can be seen that the lander localization result based on DOM matching is almost the the same as the lander location observed directly in the LRO NAC image, and the difference between two localization result is less than 1 pixel of the LRO NAC image.

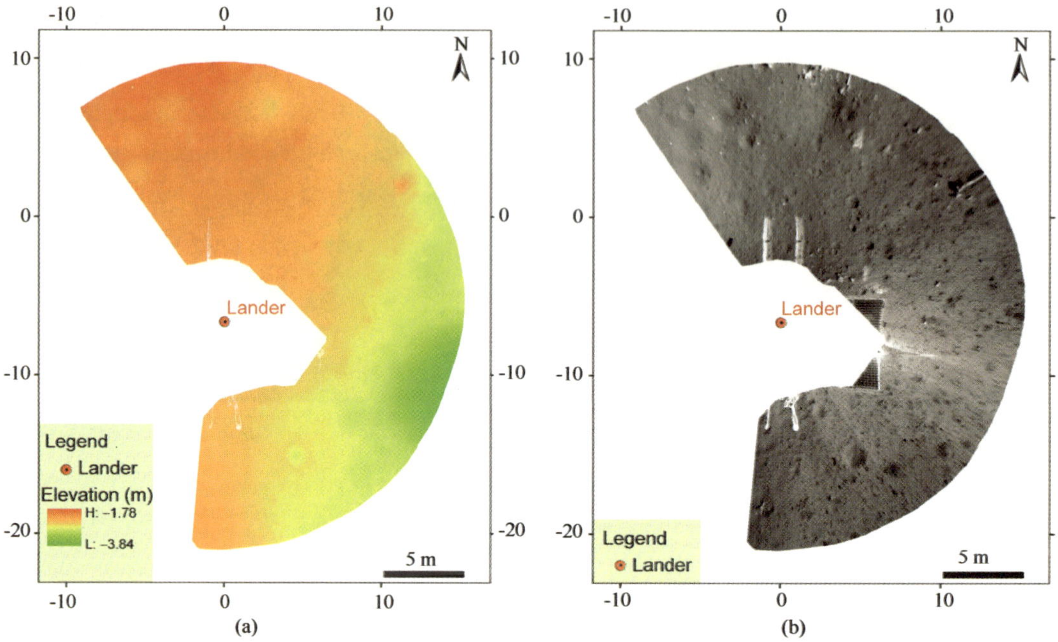

Figure 9　(Color online) DEM and DOM generated from Navcam images taken before separation of rover from lander (30 m×30 m, 0.02 m/pixel).

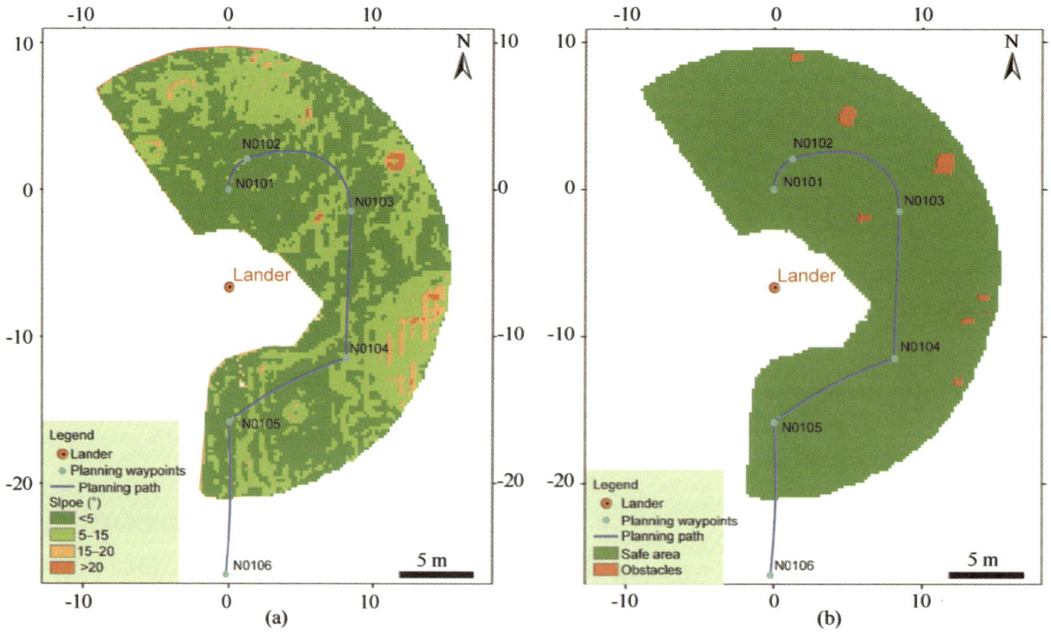

Figure 10　Slope map (a) and obstacle (b) map generated from Navcam DEM.

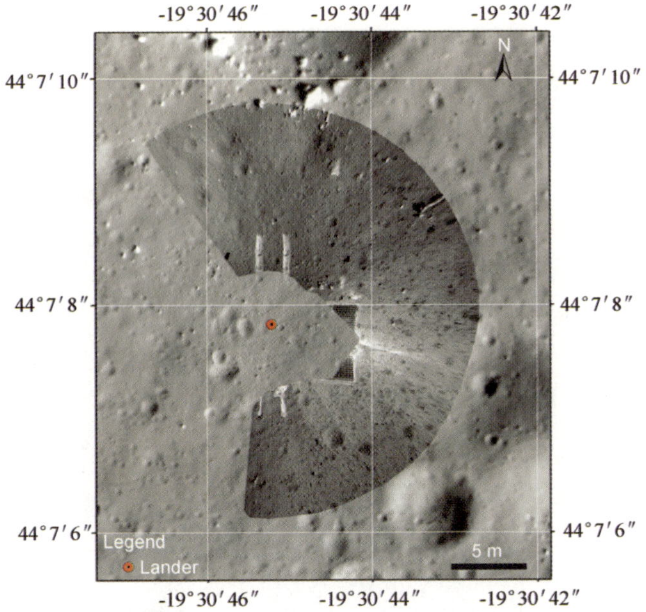

Figure 11　Lander localization based on DOM matching.

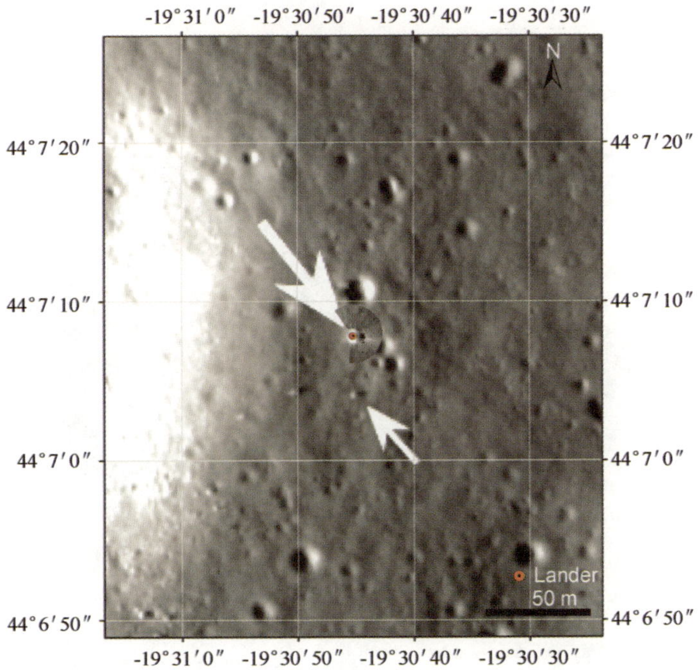

Figure 12　Comparision of lander localization result and direct observation on LRO image.

The waypoint N0101, which is the first waypoint after rover separated from lander, was defined as the origin of LSL. The location of the origin were derived by registration of the Navcam DOM at waypoint N0101 to the Descam DOM (Figure 13); the resultant coordinates are (19.512 56°W, 44.119 06°N, −2 615.386 m).

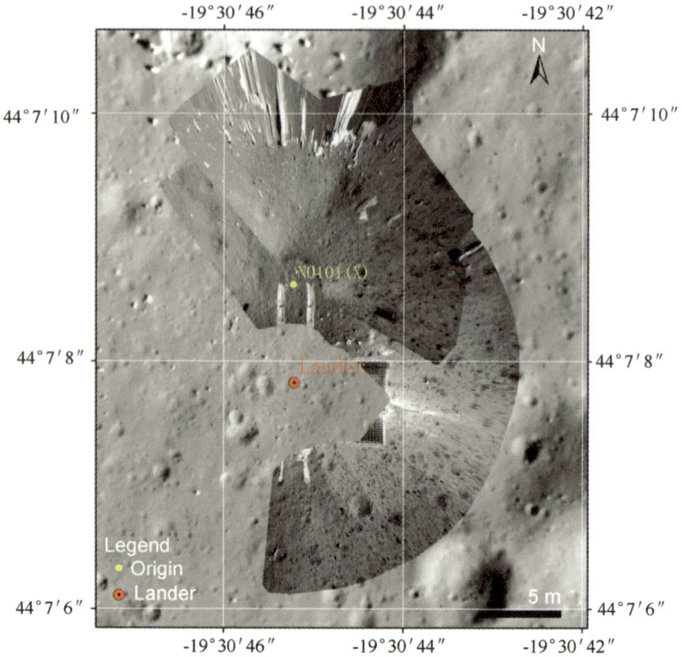

Figure 13　Origin of landing site local reference system.

4.4　Rover localization result

Figure 14 shows the traverse map and localization results of rover waypoints derived

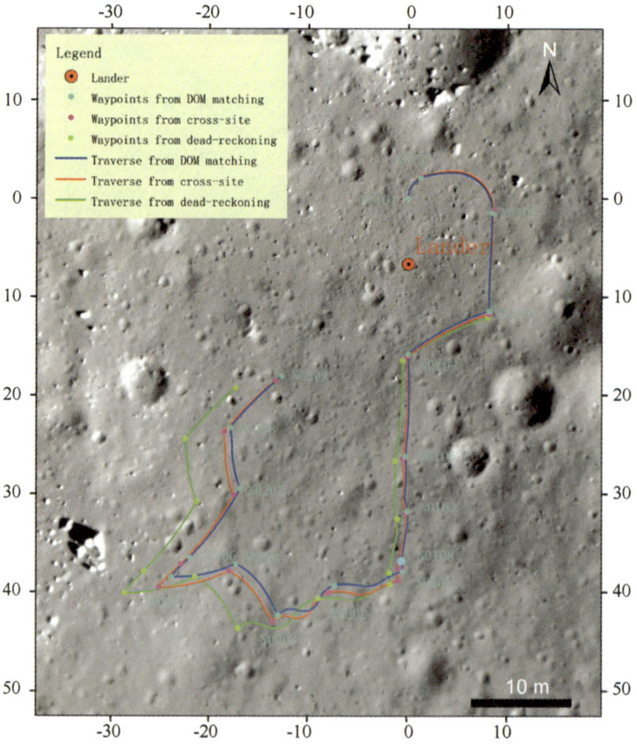

Figure 14　Yutu rover teaverses derived form different methods.

from the three methods: dead reckoning (green), cross-site visual localization (red), and matching of Navcam DOMs and Descam DOM (blue). The coordinates of the waypoints and traveled distance are listed in Table 3. All the coordinates have been converted to the LSC reference system with origin at N0101. Along the traverse, N0101 was the first waypoint after rover departed from lander, N0201 was the starting point of the second moon day and N0204 was defined to correct the localization error caused by wheel slippage. The traverse derived from dead reckoning is the source data (obtained from the GNC system) without being corrected at N0204, and the coordinates are also listed in Table 3.

Table 3 Coordinates of waypoints and traverse distance from first waypoint N0101 (unit: m)

Method	DOM matching				Cross-site visual localization				Dead-reckoning		
Coordinate	x	y	z	Distance	x	y	z	Distance	x	y	Distance
N0101 (X)	0	0	0	0	0	0	0	0	0	0	0
N0102 (A)	1.26	2.10	0.02	2.6	1.27	2.20	0.01	2.7	1.27	2.19	2.7
N0103 (B)	8.47	-1.50	-0.31	12.2	8.57	-1.25	-0.50	12.4	8.48	-1.40	12.3
N0104(C)	8.17	-11.49	-0.46	22.2	8.18	-11.74	-0.50	23.1	8.10	-12.13	23.1
N0105(D)	0.05	-15.83	-0.06	31.5	-0.05	-16.12	-0.05	32.7	-0.48	-16.45	32.7
N0106(E)	-0.17	-26.22	-0.04	41.9	-0.40	-26.46	-0.02	43.0	-1.18	-26.71	43.0
N0107(S2)	0.04	-31.79	0.07	47.5	-0.09	-31.99	0.02	48.9	-0.98	-32.57	48.9
N0108(S3)	-0.50	-36.88	0.31	52.5	-0.84	-37.66	0.40	54.6	-1.74	-38.09	54.5
N0201	-0.39	-37.96	0.36	53.7	-0.82	-38.85	0.40	55.8	-1.66	-39.28	55.7
N0202	-7.26	-39.36	0.7	61.0	-7.88	-40.06	0.51	63.2	-8.91	-40.68	63.3
N0203	-12.89	-42.36	0.93	68.0	-13.48	-43.03	0.90	69.9	-16.98	-43.68	72.8
N0204	-17.19	-37.16	0.79	74.8	-17.90	-37.85	0.72	76.8	-21.39	-38.49	79.7
N0205	-23.80	-38.51	1.22	81.7	-25.10	-39.55	1.21	84.3	-28.60	-40.12	87.2
N0206	-21.93	-36.54	0.95	84.4	-22.82	-37.16	1.07	87.6	-26.60	-37.91	90.2
N0207	-16.78	-29.53	0.61	93.1	-17.43	-30.16	0.48	96.6	-21.19	-30.78	99.1
N0208	-17.78	-23.28	0.62	99.4	-18.42	-23.75	0.36	103.0	-22.39	-24.47	105.6
N0209	-12.62	-18.05	0.32	106.8	-13.26	-18.52	0.34	110.4	-17.23	-19.24	113.0

The nominal localization accuracy of the dead reckoning was 15 percent of the traveled distance, and it may accumulate large location errors due to wheel slippage and IMU drift. The localization error of the cross-site visual localization, which was validated in various field tests, was about 4 percent of the traveled distance[28]. The three-dimensional cross-site visual localization results of the waypoints are listed in Table 3. Although the localization accuracy is higher than that of dead reckoning, the localization error is also accumulated with the traveled distance. Thus the DOM matching method was adopted to further correct the accumulate errors. DOM matching localization was performed at 14 waypoints between Navcam DOMs with 2 cm resolution and Descam DOM with 5 cm resolution. The coordinates x and y were derived from DOM and z from

Descam DEM.

The locations of the waypoints can be derived from the cross - site visual localization and DOM matching localization, but the detailed traverse between adjacent waypoints can't be derived from these methods. Thus the detailed traverse segments from dead reckoning were incorporated into the traverses from the two image - based methods through similarity transformation. At the last waypoint N0209, only one pair of Navcam images were acquired and not adequate for image - based localization. Thus, the locations of the last waypoint in the two image - based traverses were derived according to the relative location to the previous waypoint N0208 in the traverse from dead - reckoning.

Yutu rover traveled 4.4 m during the separation from lander. The distance listed in Table 3 is initiated from N0101, not including the distance traveled from lander. Therefore the overall traverse distance from the lander would be 111.2 m, 114.8 m and 117.4 m using three localization methods respectively. The localization accuracy of DOM matching localization would be expected to be the highest among the three results. The traverse was verified by the LRO NAC image acquired on 17 February 2014, in which the trajectory can be identified clearly though most of the waypoints can not be identified (Figure 15). Apparently, the traverse derived from DOM matching matches the actual trajectory very well. If

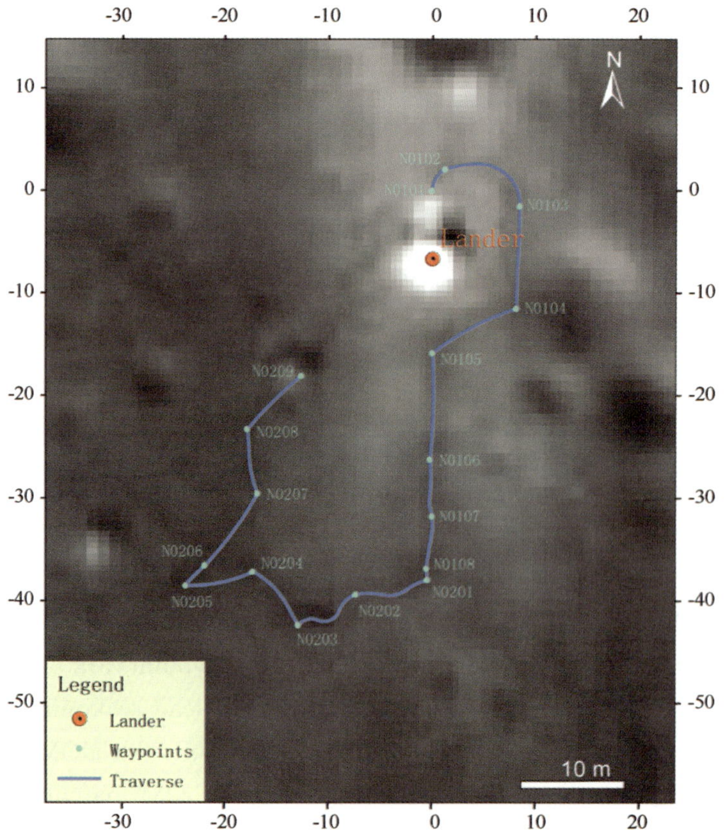

Figure 15　Comparison of rover traverse and direct observation on LRO NAC image.

waypoint locations from DOM matching localization are used as reference, the localization accuracy of cross – site visual localization method is better than 4 percent of the traveled distance, and better than 7 percent using dead reckoning method. Until N0201, the traverse from dead reckoning is very close to the other two traverses, indicating an excellent performance of dead reckoning. Afterwards, the localization error of dead reck – oning was mainly caused by the wheel slippage from N0202 to N0203. Overall, on – board dead reckoning and the two image – based localization methods performed well and provided timely and accurate localization information for teleoperation of the rover.

4.5 Vertical profile of rover traverse

In addition to high resolution DOM, DEM and localization information, a vertical profile (Figure 18) was generated to support science investigations such as lunar soil and subsurface research based on Lunar Penetrating Radar data. The horizontal coordinates are the distance derived from DOM matching localization and started from N0101. The vertical coordinates are the elevation from Descam DEM with 0.05 m resolution. Along the traverse, the lowest location is close to waypoint N0104 and the highest location is close to waypoint N0205. The maximum elevation difference is 1.7 m.

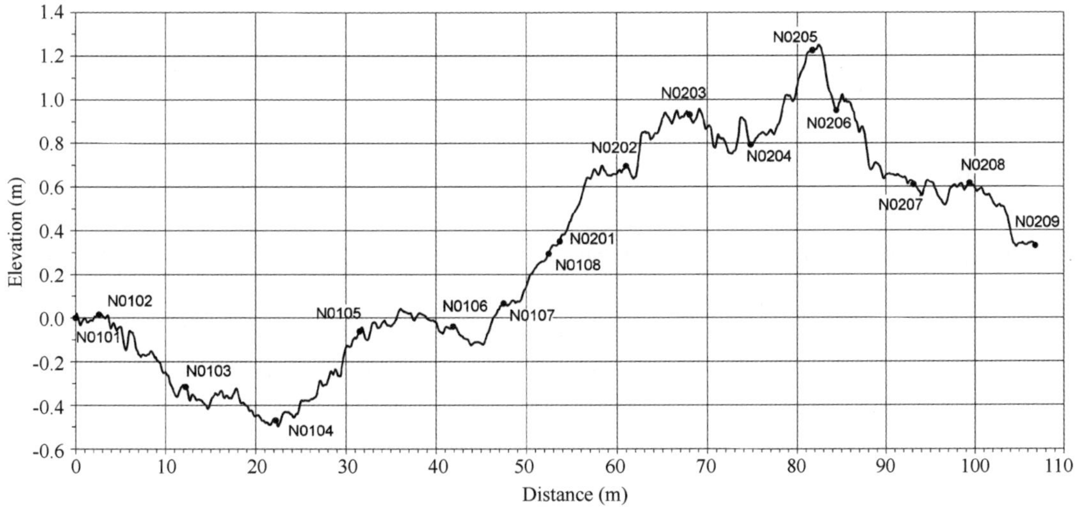

Figure 16　Vertical profile of Yutu rover traverse.

5 Conclusions

The paper presented a summary of the techniques and results of landing site topographic mapping and rover in the CE-3 mission. High – precision topographic products with extremely high resolutions (up to 0.05 m) were generated from consecutive descent images and were used to support localization of the lander and the rover. Along the rover traverse, local DEM and DOM with a resolution of 0.02 m generated routinely from Navcam images were used to support path planning at every waypoint. According to the results of DOM matching, the lander location is (19.512 56°W, 44.118 84°N, −2 615.451 m), and the location of the first way point N0101 is (19.512 56°W, 44.119 06°N, −2 615.386 m). Dead reckoning, cross − site visual localization and DOM matching localization methods were used synergically to localize the the rover. Cross − site visual localization and DOM matching localization are able to correct accumulated errors caused by wheel slippages and IMU drift in dead reckoning; the overall traveled distance form the lander is 114.8 m from cross − site visual localization and 111.2 m from DOM matching localization. The rover localization result from DOM maching is of highest accuracy and has been verified using a LRO NAC image where the lander and the rover trajectory can be directly observed. The high precision landing site mapping and rover localization results have been directly used in the mission to support teleopration of the rover at BACC. These maps and information will be valuable for post − mission scientific investigations.

This work was supported by the National Natural Science Foundation of China (Grant Nos. 41201480, 41171355 *and* 41301528) *and the Key Research Program of the Chinese Academy of Sciences (Grant No. KGZD − EW −* 603). *We thank the Lunar and Deep Space Exploration Science Applications Center of the National Astronomical Observatories for providing the CE-*2 *DEM and DOM.*

References

[1] Ouyang Z. The primary science result from the Chang'E-1 probe. Sci China − Earth Sci, 2010, 53 (11): 1565 − 1581.

[2] Xiao L. China's touch on the Moon. Nat Geosci, 2014, 7(6): 391 − 392.

[3] Li R, Squyres S W, Arvidson R E, et al. Initial results of rover localization and topographic mapping for the 2003 mars exploration rover mission. Photogramm Eng Rem S, 2005, 71(10): 1129 − 1142.

[4] Arvidson R, Anderson R, Bartlett P, et al. Localization and physical properties experiments conducted by Spirit at Gusev Crater. Science, 2004, 305(5685): 821 − 824.

[5] Zakrajsek J, Mckissock D, Woytach J, et al. Exploration rover concepts and development challenges. In: 1st Space Exploration Conference: Continuing the Voyage of Discovery. Orlando: AIAA, 2005. 1 − 23.

[6] Golombek M, Cook R, Economou T, et al. Overview of the Mars Pathfinder mission and assessment of landing site predictions. Science, 1997, 278(5344): 1743 − 1748.

[7] Golombek M, Anderson R, Barnes J, et al. Overview of the Mars Pathfinder mission: Launch through landing, surface operations, data sets, and science results. J Geophys Res Planets, 1999, 104 (E4): 8523 − 8553.

[8] Li R, Di K, Matthies L H, et al. Rover localization and landing − site mapping technology for the

2003 Mars Exploration Rover mission. Photogramm Eng Rem S, 2004, 70(1): 77-90.

[9] Parker T, Malin M, Golombek M, et al. Localization, localization, localization. In: 35th Lunar and Planet science conference, abstract, Woodlands, 2004. 2189.

[10] Cheng Y, Maimone M W, Matthies L. Visual odometry on the Mars exploration rovers-a tool to ensure accurate driving and science imaging. IEEE Robotics Automation Mag, 2006, 13(2): 54-62.

[11] Maimone M, Cheng Y, Matthies L. Two years of visual odometry on the mars exploration rovers. J Field Robot, 2007, 24(3): 169-186.

[12] Di K. A review of spirit and opportunity rover localization methods (in Chinese). Spacecraft Eng, 2009, 18(5): 1-5.

[13] Di K, Xu F, Wang J, et al. Photogrammetric processing of rover imagery of the 2003 Mars Exploration Rover mission. Isprs J Photogramm, 2008, 63(2): 181-201.

[14] Zhao J, Huang J, Qiao L, et al. Geologic characteristics of the Chang'E-3 exploration region. Sci China-Phys Mech Astron, 2014, 57: 569-576.

[15] Jia Y, Liu S, Li M, et al. Chang'E-3 system pinpoint landing localization based on descent image sequence (in Chinese). Chin Sci Bull, 2014, 59(19): 1838-1843.

[16] Wan W, Liu Z, Di K, et al. A cross-site visual localization method for Yutu rover. In: ISPRS 2014 Technical Commission IV Symposium. Suzhou, 2014. 279-284.

[17] Liu J, Ren X, Mou L, et al. Payloads and scientific experiments of Chang'E-2 lunar Orbiter (in Chinese). Life Sci Instruments, 2013, 11(2): 31-38.

[18] Ouyang Z C. Chang'E-2 preliminary results (in Chinese). Chin J Nat, 2013, 35(6): 391-395.

[19] Zhao B, Li C, Huang J, et al. Analysis on in-orbit CCD stereo camera images of Chang'e-2 lunar satellite (in Chinese). Spacecraft Eng, 2012, 21(5): 1-7.

[20] ASU. Chang'e 3 Lander and Rover From Above (J/OL). Secondary Chang'e 3 Lander and Rover From Above (J/OL), 2014, 2014(Agust 28): http://wms.lroc.asu.edu/lroc/view_lroc/LRO-L-LROC-2-EDRV1.0/M1147290066RE.

[21] Liu Z, Wan W, Peng M, et al. Remote sensing mapping and localization techniques for teleoperation of Chang'e-3 Rover (in Chinese). J Remote Sensing, 2014, 18(5): 971-980.

[22] Lowe D G. Distinctive image features from scale-invariant keypoints. Int J Comput Vision, 2004, 60(2): 91-110.

[23] Fischler M, Bolles R. Random sample consensus: A paradigm for model fitting with applications to image analysis and automated cartography. Commun ACM, 1981, 24(6): 381-395.

[24] Peng M, Di K, Liu Z. Adaptive markov random field model for dense matching of deep space stereo images. J Remote Sensing, 2014, 18(1): 77-89.

[25] Peng M, Yue Z, Liu Y, et al. Lunar and Mars orbital stereo image mapping. In: Proc SPIE. Hangzhou: SPIE, 2010. 820304.

[26] Di K, Liu Z, Yue Z. Mars rover localization based on feature matching between ground and orbital imagery. Photogramm Eng Rem S, 2011, 77(8): 781-791.

[27] Morel J, Yu G. ASIFT: A new framework for fully affine invariant image comparison. SIAM J Imaging Sci, 2009, 2(2): 438-469.

[28] Wan W. Theory and Methods of Stereo Vision Based Autonomous Rover Localization in Deep Space Exploration (in Chinese). Beijing: Chinese Academy of Sciences, 2012.

Ground-based real-time tracking and traverse recovery of China's first lunar rover

Huan Zhou*, Haitao Li, Dezhen Xu, Guangliang Dong

Beijing Institute of Tracking and Telecommunications Technology, Beiqing Road 26, Beijing 100094, China

Abstract: The Chang'E-3 unmanned lunar exploration mission forms an important stage in China's Lunar Exploration Program. China's first lunar rover "Yutu" is a sub – probe of the Chang'E-3 mission. Its main science objectives cover the investigations of the lunar soil and crust structure, explorations of mineral resources, and analyses of matter compositions. Some of these tasks require accurate real – time and continuous position tracking of the rover. To achieve these goals with the scale – limited Chinese observation network, this study proposed a ground – based real – time very long baseline interferometry phase referencing tracking method. We choose the Chang'E-3 lander as the phase reference source, and the accurate location of the rover is updated every 10 s using its radio – image sequences with the help of a priori information. The detailed movements of the Yutu rover have been captured with a sensitivity of several centimeters, and its traverse across the lunar surface during the first few days after its separation from the Chang'E-3 lander has been recovered. Comparisons and analysis show that the position tracking accuracy reaches a 1 – m level.

Key words: Real – time tracking; Traverse recovery; Lunar rover; Radio imaging

1 Introduction

Space exploration forms an integral aspect of human endeavor. The Chang'E-3 mission is the first lunar softlanding experiment initiated by China. The mission is also expected to pioneer the second stage of China's Lunar Exploration Program (CLEP) (Zheng et al., 2008). The spacecraft, consisting of a lander and a rover named Yutu, was launched from the Xichang Satellite Launch Center on December 2, 2013, and it touched down in the northwest region of Mare Imbrium 12 days later (Liu et al., 2015a). The Yutu rover, which is a six – wheeled moon vehicle, was subsequently released from the Chang'E-3 lander and began its lunar surface exploration mission. With the objectives of studying the lunar elemental chemistry, lunar subsurface structure, mineral distribution, and geological structure, the rover carried several scientific payloads, including an alpha particle X - ray spectrometer, a pair of ground - penetrating radars, a near - infrared imaging spectrometer, and two panoramic cameras. Under guidance from the Beijing Aerospace Control Center (BACC), the rover can semi - automatically travel to areas of scientific interest. Meanwhile, the Chang'E-3 lander, as a stationary platform, remained at the landing site (44.12N, 19.51W), and its function was to observe the Earth's plasmasphere and certain important celestial bodies. Fig.1 shows the photographs of the lander and rover as obtained from their respective cameras on the lunar surface, along with their main payloads and transmitting antennas [high - gain antenna (HGA) and low - gain antenna (LGA)].

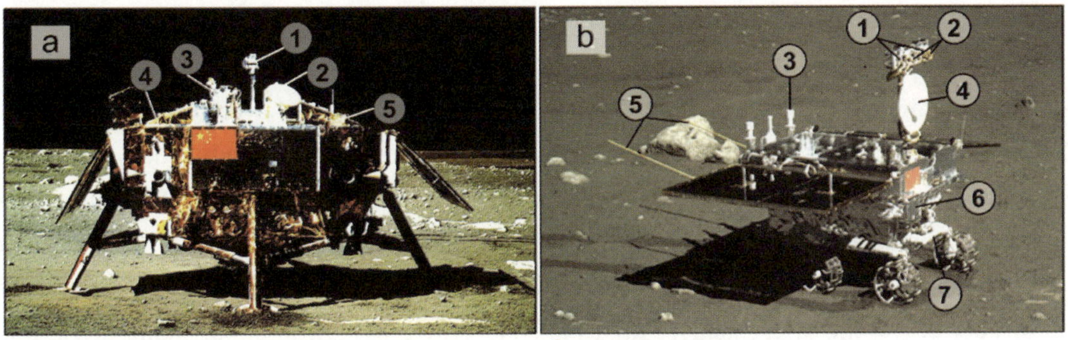

Lander:

1.Panoramic cameras
2.X-band high gain transmitting antenna
3.Extreme ultraviolet camera
4.Lunar-based optical telescope
5.X-band low gain antenna

Rover:

1.Navigation cameras
2.Panoramic cameras
3.X-band low gain transmitting antenna
4.X-band high gain transmitting antenna
5.Ground-penetrating radar
6.Near-infrared imaging spectrometer
7.Alpha particle X-ray spectrometer

Fig.1　Photographs of (a) the Chang'E-3 lander and (b) the Yutu rover on the lunar surface with their main payloads and transmitting antennas.

With regard to mission safety and certain specific scientific objectives (e.g., survey of the lunar soil and crust structure using the ground - penetrating radar), accurate real - time and continuous position tracking of the Yutu rover is required (Yan et al., 2011; Wei et al., 2013; Xiao et al., 2015). Similar to other outer space explorations, the Chang'E-3 mission mainly used image - based in - situ navigation methods such as the cross - site visual localization and digital orthoimage map (DOM) matching localization methods to measure the rover position using its on - board cameras (Li et al., 2004; Liu et al., 2015b). The image - based approaches could step - by - step obtain localization results between adjacent parking sites (i.e., the present site with respect to the previous site) and are sensitive to lighting conditions. To obtain a continuous transverse, dead - reckoning method using inertial measurement unit (IMU) data is usually adopted. However, because of the IMU drift and wheel slippage, considerable errors accumulated (Di et al., 2011; Liu et al., 2015b). Therefore, some other measurement tools were desired to correct or verify their results. Because the lander and rover were so close to each other that they could be simultaneously observed within the same primary beam of a single ground antenna, Liu et al. (2014) tried the same-beam interferometry (SBI) technique to determine their relative position from the ground (Folkner and Border, 1992). This approach could monitor the rover motion from the variations in the differential phase delay and acquire the rover position when it was fixed on the lunar surface. However, the absence of multi-frequency downlink beacons in this mission prevented it from resolving the phase ambiguity when the rover was moving, meaning that the entire movement could not be completely recorded (Kikuchi et al. 2009; Liu et al., 2010).

In the current study, we focus on the real-time and continuous position tracking of the moving rover using the very long baseline interferometry (VLBI) phase referencing technique (Pogrebenko et al., 2003; Majid and Bagri, 2007; Fomalont et al., 2010; Zhou et al., 2015). In contrast to conventional interferometry methods, the VLBI phase referencing technique can determine the accurate position of the rover though radio imaging using common downlink signals. However, for instantaneous location determination, this technique would require a large number of antennas to simultaneously observe the target, e.g., the latest near real-time spacecraft navigation experiment carried out by the 10 antennas of the Very Long Baseline Array (Max-Moerbeck et al., 2015). Unfortunately, only four VLBI stations were available in the Chang'E-3 mission. To track the real-time movements of the rover using this scale-limited observation network, a novel method using a priori position as an aid is proposed. The details of the method are presented in Section 2. Section 3 introduces the rover traverse recovery results using the observation data ranges from December 14 to 21, 2013. Section 4 shows the comparisons of the different methods and analyzes the possible measurement accuracy. Conclusions are finally provided in Section 5.

2 Real-time tracking method

2.1 Data pre-processing

Two newly constructed deep-space stations in China, namely, the Kashi (35-m antenna) and Jiamusi (66-m antenna) stations, tracked the Chang'E-3 spacecraft since it entered the Earth-Moon transfer orbit, providing ranging and Doppler information. Meanwhile, VLBI measurements were mainly performed by the Chinese VLBI Network (CVN), which included the Shanghai (65-m antenna, also named as Tianma), Kunming (40-m antenna), Beijing (50-m antenna), and Urumqi (25-m antenna) stations. After separation, the rover and lander photographed each other, and the scientific payloads went operational. During the course of its movement, the rover transmitted telemetry signals with a bandwidth of 4 kHz at X - band via its LGA, and the lander transmitted data - transmission signals with a bandwidth of 5 MHz at X - band via its HGA. Both sets of signals were recorded over two 8 - MHz intermediate - frequency (IF) channels. The data - transmission signal of the lander was sufficiently strong for the first channel, which was originally used to record the rover telemetry signal with a center frequency of 8.462 GHz, to also record its corresponding harmonics, as shown in Fig. 2. This process facilitated the determination of the rover relative position with only the data of the first channel using the VLBI phase referencing technique, and calibration of the systemic errors between different channels was not needed. Overall, by exploiting the nearly identical signal paths of in - beam observations, measurement errors due to the troposphere, ionosphere, instruments, and models can be greatly reduced, and much more accurate positioning results are now possible (Folkner and Border, 1992).

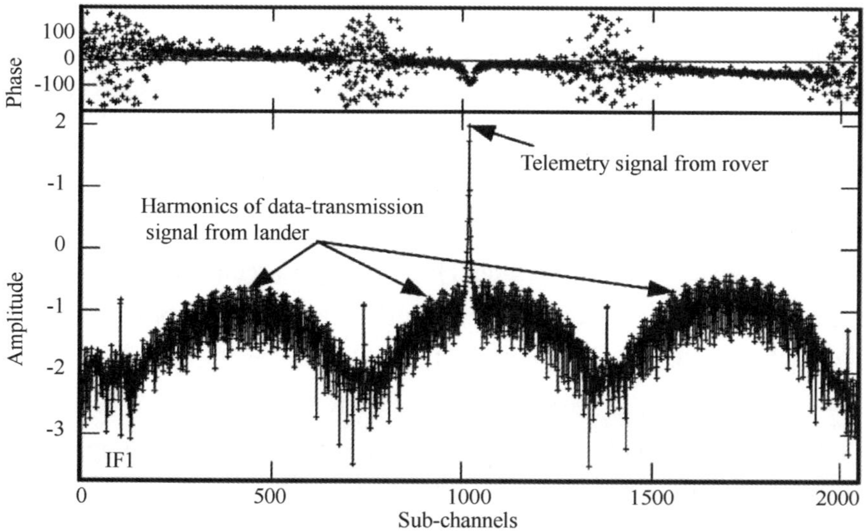

Fig. 2 Cross - power spectrum (or interferometry fringes) of the two probes obtained via a 4096 - point fast Fourier transform in the first channel with the baseline from Beijing (Bj) to Shanghai (Sh) over the time range 18:00:00 - 18:01:00 UTC on December 15, 2013.

The observation data from the four VLBI stations were delivered in near real - time over the e - CVN platform to the Shanghai VLBI center for correlation (Zheng et al., 2011). We chose the lander as the phase reference calibrator. Hence, the phase solutions obtained from the fringe fitting of the wideband signal of the lander (i.e., the harmonics of the lander data - transmission signal) were transferred to the narrowband telemetry signal of the rover using the National Radio Astronomy Observatory Astronomical Image Processing System (Greisen and Bridle, 2013). Subsequently, the phase - referenced visibilities of the rover within a selected period of time were processed using the Caltech Difmap software package (Taylor, 2013) to generate its radio image without cleaning and self-calibration. From the radio image, we obtained the angular separation between the two probes.

2.2 Localization of the stationary rover

For a point-like source such as a spacecraft, the quality of its radio image is greatly affected by the (u, v) plane coverage. A longer observation interval and the use of more observation stations usually lead to improved (u, v) coverage. In the Chang'E-3 mission, because of the lack of a sufficient number of VLBI tracking stations, observation data acquired from over 1 to 2 h were required to obtain a reliable and clear radio image of the Yutu rover (Zhou et al., 2015). Here, we consider our observations on December 14, 2013 from 16:00:00 to 19:10:00 UTC as an example. During this interval, the Yutu rover was still located atop the lander before their separation, i.e., the rover was stationary relative to the lander. The (u, v) coverage formed by the four VLBI stations is shown in Fig. 3(a), and the radio image of the Yutu rover obtained without any cleaning and self-calibration using the data acquired over the 3-h interval is shown in Fig. 3(c). The rover, which is represented by a bright spot (i.e., the peak intensity), is clearly seen in the image. The offset of the peak intensity with respect to the image center, which is fairly small because the two probes were very close, corresponds to the separation between the rover LGA and lander HGA in right ascension (RA) and declination (Dec). In theory, the measurement uncertainties caused by system errors can be estimated in radians as (Folkner and Border, 1992; Kahn et al., 1992)

$$\sigma_{\mathrm{RA,Dec}} \approx (2/2\pi) \times (1/\mathrm{SNR}) \times (\lambda/B) \tag{1}$$

Here, SNR denotes the signal-to-noise ratio, λ is the signal wavelength, and B is the projected baseline length in RA and Dec. The factor "2" accounts for the separate error of the four signal paths connecting the two probes and two ground stations. In our experiments, the wavelength was approximately 0.036 m, and the SNR was approximately 20. The projected baseline lengths in RA and Dec were approximately 3120 and 2130 km, respectively. Therefore, the angular positional accuracy corresponding to the system errors was found to better than 0.06 mas (~0.1 m on the lunar surface).

Because the location of the lander was accurately determined with an accuracy of approximately 50 m (Huang et al., 2014), the relative position of the rover with respect to the lander on the lunar surface could be obtained by utilizing their angular separation in the plane-of-sky. Here, we assume that the two probes were at the same height level above the lunar surface because of the rather flat surrounding terrain (Wu et al., 2014; Zhao et al., 2014), as shown in Fig. 4. The uncertainty of the height difference was less than

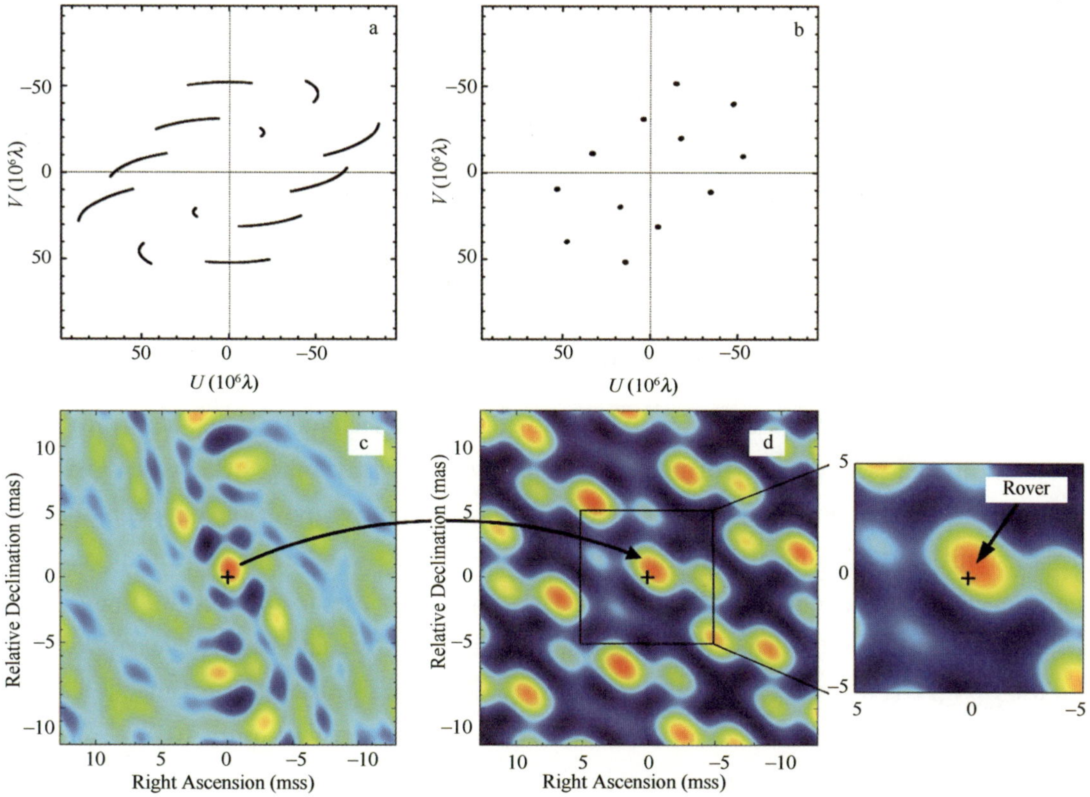

Fig. 3　(a) and (c). (u, v) coverage of the CVN and radio image of the rover acquired over the time interval of 16:00:00 - 19:10:20 UTC on December 14, 2013. (b) and (d). (u, v) coverage and radio image obtained over a time range of 19:10:20 - 19:10:30 UTC on December 14, 2013. The image centers are marked with crosses.

0.5 m on the basis of the measurements from the rover navigation cameras, digital elevation model, and on-board integrated inertial navigation system (Liu et al., 2015b), which led to a relative position error of approximately 0.4 m on the lunar surface. For the other measurementerror sources (Kahn et al., 1992), the total error budget was less than 0.5 m based on our calculation, which means that the accuracy of the relative position of the rover obtained from the radio image was better than 1 m. For example, the relative position between the rover LGA and lander HGA determined using the angular separation obtained from Fig. 3(c) is (1.17, -0.13) m in the lunar local North and East direction. Meanwhile, their actual relative position is (1.02, -0.61) m known from the assembly diagram. The differences in both directions are less than 0.5 m.

Fig.4 Time - lapse panorama from the Chang'E-3 lander. A to E denote the five photograph - shooting sites. X is a midway parking site.

2.3 Real - time tracking of the moving rover

As mentioned earlier, because of the shortage of sufficient stations, accurate rover localization could only be performed when the rover was stationary at a parking site for more than 1 h. When the rover began to move, the relative position between the two probes significantly changed. To track the movements of the rover in real time, reducing the interval of data acquisition was required. In this case, the acquired radio image inaccurately depicted the rover position because the (u, v) coverage became very poor with the use of very few observation stations along with reduced observation time. Fig.3(b) and (d) show the (u, v) coverage and radio image obtained with only 10 s of observation data when the Yutu rover was moving away from the lander. Several bright spots are present in the image, and distinguishing the actual location of the Yutu rover is difficult. We call this situation as location ambiguity.

To resolve the location ambiguity, a method using a priori information is presented here. For example, we consider the position of the rover shown in Fig.3(c) as the a priori information. Before separation, the rover was located at (-0.21, 0.72) mas, as shown in Fig.3(c). When the rover moved, radio images were obtained with sequential 10 - s data sets. The separation between any two adjacent bright spots in either one of the radio images was larger than 2.30 mas (this assumption is justified in the next subsection), thereby corresponding to a distance of approximately 4.24 m on the lunar surface. Because the motion velocity of the Yutu rover on the lunar surface cannot exceed 200 m/h, the variation in its position on the lunar surface within a 10 - s interval could not be more than 0.56 m. Therefore, the nearest bright spot around the coordinates of (-0.21, 0.72) mas in the image acquired over the first 10 s was considered as that of the rover, as shown in the magnified panel in Fig.3(d).①

The above process can subsequently be applied for the image acquired over the next

① The relative position obtained from the image is the average position obtained during the observation scan. The mid - interval of the scan is chosen as the time instant of the result.

10 s because the location of the rover has been accurately obtained from the first image; such iterations were thus performed. Consequently, the motion of the rover could be iteratively tracked in real time in this manner. The entire time period from the original observation to the final position result of each iteration can be limited to less than 1 min. In addition, because the rover was mounted atop the lander before their separation, the initial relative position between them could be acquired from their assembly diagram. If the observation covered all the intervals when the rover was moving, this initial value could also be utilized as an a priori position. Fig. 5 shows the summary of the entire data processing procedure.

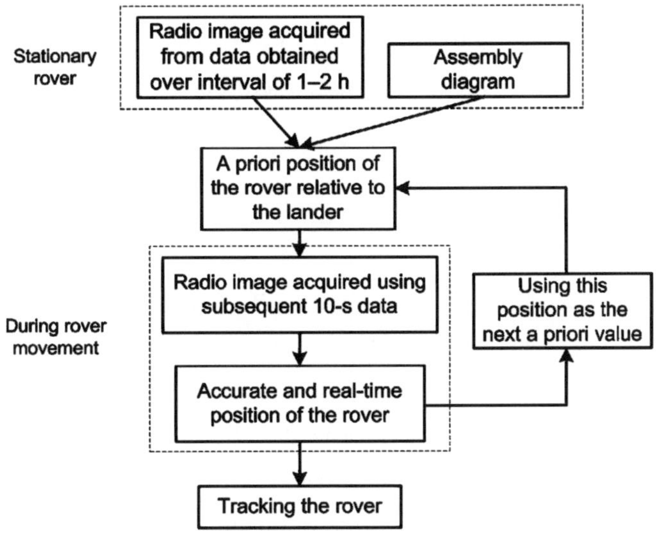

Fig. 5　Data processing flowchart showing the procedure to accurately track the rover.

2.4　Validity analysis

We first remark that only if the separation between any two adjacent bright spots in a radio image is sufficiently large can the actual location of the Yutu rover be obtained without ambiguity. In principle, radio image $I(l,m)$ derived from the two-dimensional Fourier transform of the visibilities is a convolution of the true brightness of the spacecraft $I_0(l,m)$ and the "dirty" beam $F(l,m)$ (Thompson et al. 2008). The relationship among these three parameters is given by

$$I(l,m) = I_0(l,m) * F(l,m) \tag{2}$$

Because the rover can approximately be treated as an unresolved point source, under the assumption of normalized intensity, $I_0(l,m)$ can be simply expressed as

$$I_0(l,m) = \begin{cases} 1 & l = l_0, \quad m = m_0 \\ 0 & \text{else} \end{cases} \tag{3}$$

Here, l_0 and m_0 represent the offsets of the rover relative to the image center. Consequently, $I(l,m)$ is equivalent to $F(l-l_0,m-m_0)$, which indicates that the radio image is actually a translation of the dirty beam. Furthermore, dirty beam $F(l,m)$ is the two-dimensional Fourier transform of the (u, v) coverage. If the observation time is sufficiently short (e.g., 10 s), $F(l,m)$ can be considered as the sum of all the fringes produced by every pair of VLBI stations. The spacing of the fringes in radians can be estimated as

$$\theta \approx \lambda / B \tag{4}$$

Therefore, the minimum separation between the bright spots is the fringe spacing of the longest baseline. Among the observation stations, the longest baseline lies between Shanghai and Urumqi (corresponding to a distance of approximately 3 200 km). Therefore, the minimum separation is larger than 2.30 mas at a frequency of 8.40 GHz, thus indicating that the actual rover location can be unambiguously determined using the a priori position.

3 Traverse recovery

We processed the downlink signals of Chang'E-3 received from December 14 to 21, 2013 using the above mentioned method. We used only the scans corresponding to the rover movement. The details relevant to these scans are listed in Table 1. The visibilities of the Yutu rover after it was phase-referenced to the lander were divided into 10-s data samples, and subsequently, a radio image of the rover was constructed using each data sample. The unambiguous relative positions determined at those photograph-shooting sites where the rover has been stationary for more than 1 h were also used as the a priori positions, and the rover location was then updated every 10 s. Fig. 6 shows the obtained traverse. Because the measured relative position is actually the location of the rover LGA with respect to the lander HGA, the map center does not represent the mechanical center of the lander but the phase center of its HGA. Consequently, the traverse corresponds to that of the rover LGA.

Table 1　Details of the observation scans and fitting results.

Scan	Epoch (UTC)	Curve fitting model	rms (m)
Separation (S1)	2013-12-1419:10:20-19:19:30	Linear $x+0.20y+0.22=0$	0.25
X-A	2013-12-1510:58:00-10:59:20	Circular $(x-1.74)^2+(y-9.37)^2-6.56=0$	1.15
A-S3	2013-12-1517:17:00-17:22:20	Linear $x+0.87y-9.08=0$	0.06
S3-B	2013-12-1517:22:20-17:28:40	Circular $(x-4.26)^2+(y-6.73)^2-16.72=0$	0.23
B-C	2013-12-2015:21:00-15:28:10	Linear $x-0.01y-8.84=0$	0.21
C-D	2013-12-2021:21:00-21:36:50	Linear $x-2.02y-17.77=0$	0.87
D-E	2013-12-2117:48:30-17:57:20	Linear $x-0.02y-0.56=0$	0.21
Mean			0.43

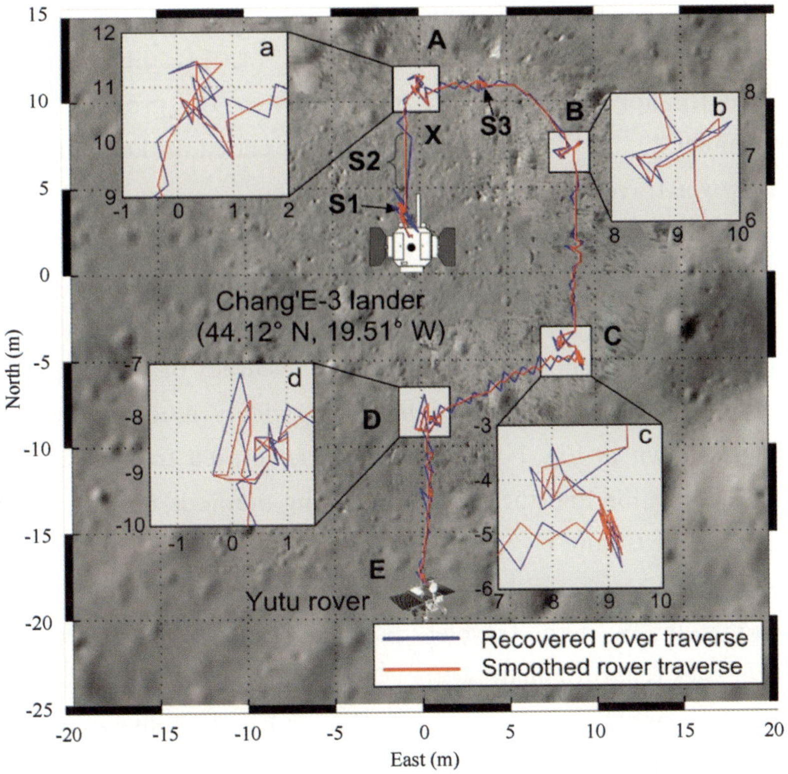

Fig. 6 Rover traverse recovered by application of the proposed method (blue track). The red track is generated after smoothing. Panels (a)–(d) show the details of the turning maneuvers at sites A, B, C, and D, respectively, where mission-relevant photographs were acquired. (For interpretation of the references to colour in this figure legend, the reader is referred to the web version of this article.)

To minimize the effects of the phase noise, we employed a median filter with a window width of three to smoothen the curve. The smooth traverse is shown by the red curve in Fig. 6. From the recovered traverse, we can not only accurately determine the location of the rover but also distinguish its detailed movements. For example, Fig. 6(a)–(d) show the details of the turning maneuvers at sites A, B, C, and D, respectively. The rover turned left by ~120° at site A before it moved to site B, and it turned left by 90° when it reached site B to take a photograph of the lander. It then turned right by 90° to face south before moving to site C. After arriving at site C, it turned left again by 90° to avoid the high sunlight incident angle and then turned right by ~160° to move to site D. Similar maneuvers were executed at site D. Segment S1 corresponds to the separation process of the two probes, which occurred over a fairly large time interval; hence, the points are dense along the trace. No observation data were acquired over the journey corresponding to segment S2. The rover moved directly to site X after it separated from the lander; thus, the traverse is simply a straight line. The large number of "crowded" points shown in S3 indicates that the rover stopped here for a while during the transfer.

Before the mechanical breakdown on January 25, 2014, the rover has traveled on the lunar surface for approximately 115 m. However, the ground VLBI observation stopped on December 23, 2013, and our experiments ended on December 21. Thus, full coverage of the rover traverse cannot be presented here.

4 Discussions

To evaluate the effectiveness and measurement accuracy of the proposed method, we compare our results with those obtained by other widely used approaches. The black track of the rover shown in Fig. 7 is subsequently generated from a combination of the DOM matching localization and the dead-reckoning methods (Liu et al., 2015b). The DOMs derived from the Chang'E-2 and 3 missions were used. The black points denote the parking sites where the rover positions were determined. The accuracy of these positions reached approximately 4% of the traveled distance (i. e., ~0.4 m because the distance between adjacent sites is approximately 10 m). We should point out that the detailed trajectory between adjacent sites, e. g., the arc-like trace from site A to B, could not be derived from the DOM matching method. To address this problem, traverse segments from dead reckoning using the IMU data was incorporated through similarity transformation (Liu et al., 2015b). Meanwhile, the actual wheel track of the rover can be directly identified from the photograph taken by the narrow-angle camera of the Lunar Reconnaissance Orbiter (LRO)①, as shown at the left bottom. Limited by the photograph resolution, the details of the rover movements are not well presented. The other track in green was generated using five discrete positions that were determined by SBI (the rover position at site X is not presented) (Liu et al., 2014). The rover relative positioning accuracy was estimated to be better than 1 m. However, because the method could not track the rover position when it was moving due to the unresolved phase ambiguity, the detailed trajectory between those discrete positions were not available.

Comparison between Fig. 6 and 7 shows the consistency of the rover position determined by the different methods. The location difference among them is at the level of 1 m, which indicates that our method has achieved a high traverse accuracy, and its effectiveness has been checked. The results also demonstrate that our method was able to provide real-time and continuous tracking of the rover with all details of the traverse during the observation run being captured. More information about the rover move-

① http://www.nasa.gov/mission_pages/LRO/main/

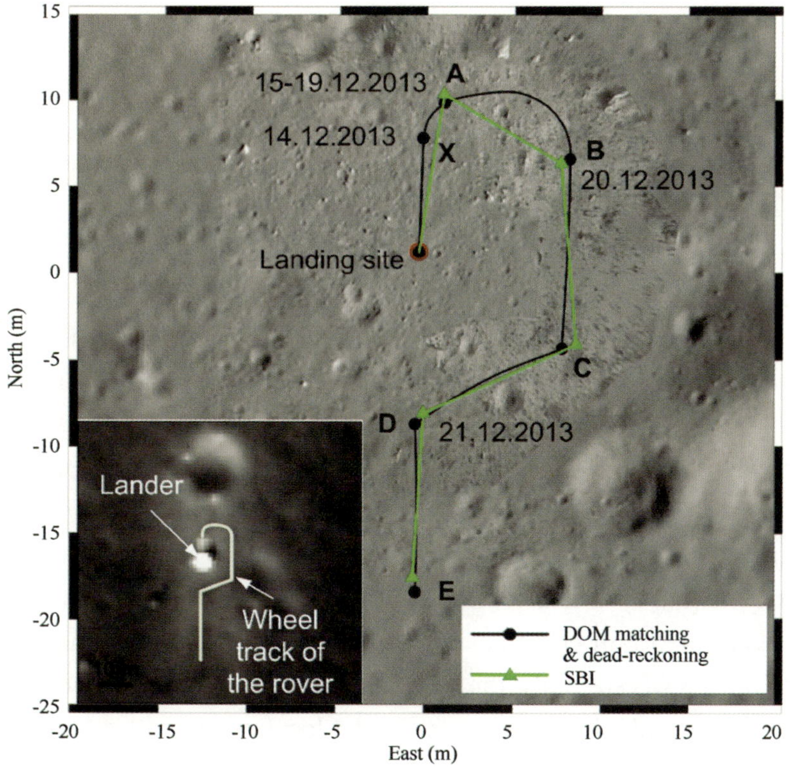

Fig. 7　Rover traverses recovered by DOM matching and dead – reckoning methods (black track) and SBI (green track). The waypoints of each track indicate the parking sites where the rover stopped. The panel at the left bottom shows the image obtained by the narrow – angle camera of the LRO on February 17, 2014, and it shows the wheel track of the Yutu rover. (For interpretation of the references to colour in this figure legend, the reader is referred to the web version of this article.)

ments, such as the turning maneuvers at the parking sites, is now possible in real time at a centimeter – level sensitivity. However, we also note that a comparatively large fluctuation is present in our original traverse (the blue one shown in Fig. 6), especially the segment from site C to D, which is mainly caused by the phase jitter of the downlink signal when the rover was moving forward. More accurate frequency shift compensation or frequency tracking is desired to minimize such errors.

As discussed in Section 2.2, the positioning uncertainty of the stationary rover is less than 1 m. To further evaluate the internal root mean square (rms) accuracy of the real-time tracking, we fitted the recovered traverse using the least squares method. From the BACC teleoperation team, we learned that the Yutu rover can only move in a straight line or turn at certain angles on the lunar surface. Therefore, we employed a linear or circular motion model to evaluate the accuracy of the traverse. The fitting parameters and the rms of the fitting residual errors in each traverse segment are listed in Table 1.

The data corresponding to the turning maneuvers were not included in the fitting process. The rms value of the scan corresponding to the rover movement from site X to site A is considerably larger than that of the other scans because of the reduced distance and therefore reduced number of data samples acquired during the journey. The mean rms value of all the scans is approximately 0.43 m, which indicates that the internal accuracy of the recovered traverse also reaches a 1 – m level.

5 Conclusions

We have presented a successful ground – based real – time and continuous tracking of China's first lunar rover under the limitation of only four available VLBI observation stations. The proposed method works well in resolving the location ambiguities that normally occur in a case where very few observation stations are available for very short observation intervals. A 1 – m level accuracy traverse of the rover has been achieved, and the detailed movements have been detected with sensitivity at the level of several centimeters, providing an important complement for the on – board in – situ navigation. For future lunar explorations, especially the third stage of CLEP that includes the Chang'E-5 lunar sampling – return mission, real – time target localization will provide strong support to some time – critical phases such as lunar orbit rendezvous and docking. Furthermore, two deep – space stations, namely, Kashi and Jiamusi, are also expected to join the VLBI observation network soon. Significantly improving the (u, v) coverage and enhancing our ground tracking capability have become very promising.

Acknowledgments

The authors would like to express our sincere thanks to Fengxian Tong, Weimin Zheng, and Dongrong Jiang from Shanghai Astronomical Observatory and to Gang Ji, Wanhong Hao, Min Fan, Lei Huang, and Shaowu Chen from Beijing Institute of Tracking and Telecommunications Technology for their support. The authors would also like to thank the editors and referees for their valuable comments and suggestions to improve the quality of the paper. This work was supported by the Key Techniques Research Program of China's Lunar Exploration (GrantNo. TY3Q20100009).

References

[1] Di, K., Liu, Z., Yue, Z., 2011. Mars rover localization based on feature matching between ground and orbital imagery[J]. Photogramm. Eng. Remote Sens. 11, 781 – 791. http://dx.doi.org/10.14358/PERS.77.8.781.

[2] Folkner, W.M., Border, J.S., 1992. Orbiter – orbiter and orbiter – lander tracking using same beam interferometry[R]. JPL: The Telecommunications and Data Acquisition Progress Report 42 – 109, May 15.

[3] Fomalont, E., Martin – Mur, T.J., Border, J.S., et al., 2010. Spacecraft navigation using the VLBA[C]. In: The 10th European VLBI Network Symposium and EVN Users Meeting: VLBI and the new generation of radio arrays, Manchester, UK.

[4] Huang, Y., Chang, S., Li, P., et al., 2014. Orbit determination of Chang'E-3 and positioning of the lander and the rover[J]. Chin. Sci. Bull. 59, 3858 – 3867. http://dx.doi.org/10.1007/s11434 – 014 – 0542 – 9.

[5] Greisen, E., Bridle, A., 2013. AIPS Cookbook[M]. National Radio Astronomy Observatory.

[6] Kahn, R.D., Folkner, W.M., Edwards, C.D., et al., 1992. Position determination of a lander and rover at Mars with Earth – based differential tracking[R]. JPL: The Telecommunications and Data Acquisition Progress Report 42 – 108, February 15.

[7] Kikuchi, F., Liu, Q., Hanada, H., et al., 2009. Picosecond accuracy VLBI of the two subsatellites of SELENE (KAGUYA) using multifrequency and same beam methods[J]. Radio Sci. 44, 1 – 7. http://dx.doi.org/10.1029/2008RS003997.

[8] Li, R., Di, K., Matthies, L.H., et al., 2004. Rover localization and landing site mapping technology for the 2003 Mars exploration rover mission[J]. Photogramm. Eng. Remote Sens. 14, 77 – 90. http://dx.doi.org/10.14358/PERS.70.1.77.

[9] Liu, L., Cao, J.F., Liu, Y., et al., 2015a. Chang'E-3 contingency scheme and trajectory[J]. Adv. Space Res. 55, 1074 – 1084. http://dx.doi.org/10.1016/j.asr.2014.11.025.

[10] Liu, Q., Chen, M., Xiong, W., et al., 2010. Relative position determination of a lunar rover by using high – accuracy multi – frequency same beam VLBI. Sci. China Phys. Mech. Astron. 53, 1 – 8. http://dx.doi. org/10.1007/s11433 – 010 – 0147 – 5.

[11] Liu, Q., Zheng, X., Huang, Y., et al., 2014. Monitoring motion and measuring relative position of the Chang'E-3 rover [J]. Radio Sci. 49, 1080 – 1086. http://dx. doi. org/10. 1002/2014RS005449.

[12] Liu, Z.Q., Di, K.C., Peng, M., et al., 2015b. High precision landing site mapping and rover localization for Chang'e-3 mission[J]. Sci. China Phys. Mech. Astron. 58, 019601. http://dx.doi. org/10.1007/s11433 – 014 – 5612 – 0.

[13] Majid, W., Bagri, D., 2007. In – beam phase referencing with the Deep Space Network Array[R]. JPL: Interplanetary Network Progress Report 42 – 169, May 15.

[14] Max – Moerbeck, W., Brisken, W.F., Romney, J.D., 2015. Near real – time astrometry for spacecraft navigation with the VLBA: a demonstration with the Mars reconnaissance orbiter and odyssey[J]. Publ. Astron. Soc. Pac. 127, 161 – 166. http://dx.doi.org/10.1086/680013.

[15] Pogrebenko, S.V., Gurvits, L.I., Campbell, R.M., et al., 2003. VLBI Tracking of the Huygens probe in the atmosphere of Titan[C]. Proceedings of the International Workshop Planetary Probe Atmospheric Entry and Descent Trajectory Analysis and Science, Lisbon, Portugal.

[16] Taylor, G., 2013. The Difmap Cookbook[M]. California Institute of Technology, Pasadena, CA.

[17] Thompson, A.R., Moran, J.M., Swenson, J.G.W., 2008. Interferometry and Synthesis in Radio Astronomy [M]. John Wiley & Sons.

[18] Wei, E., Jin, S., Yang, H., et al., 2013. Simulation and results on real - time positioning of Chang'E-3 rover with the same - beam VLBI observations[J]. Planet. Space Sci. 84, 20 - 27. http://dx.doi.org/10.1016/j.pss.2013.04.005.

[19] Wu, B., Li, F., Ye, L., et al., 2014. Topographic modeling and analysis of the landing site of Chang'E-3 on the Moon[J]. Earth Planet. Sci. Lett. 405, 257 - 273. http://dx.doi.org/10.1016/j.epsl.2014.09.009.

[20] Xiao, L., Zhu, P., Fang, G., et al., 2015. A young multilayered terrane of the northern Mare Imbrium revealed by Chang'E-3 mission[J]. Science 347, 1226 - 1229. http://dx.doi.org/10.1126/science.1259866.

[21] Yan, J., Li, F., Liu, Q., et al., 2011. Proposal of application of same beam VLBI measurements in precision orbit determination of lunar orbiter and return capsule and lunar gravity field simulation in Chang'E-3 mission[J]. Adv. Space Res. 48, 1676 - 1681. http://dx.doi.org/10.1016/j.asr.2011.07.019.

[22] Zhao, J.N., Huang, J., Qiao, L., et al., 2014. Geologic characteristics of the Chang'E-3 exploration region[J]. Sci. China Phys. Mech. Astron. 57, 569 - 576. http://dx.doi.org/10.1007/s11433-014-5399-z.

[23] Zheng, W., Chen, Z., Wang, G., et al., 2011. Chinese e - VLBI network: A multi - purpose e - science platform[C]. In: The IEEE 7th International Conference on E-Science, Stockholm, Sweden. 2011, http://dx.doi.org/10.1109/eScience.35.

[24] Zheng, Y., Quyang, Z., Li, C., et al., 2008. China's Lunar Exploration Program: present and future[J]. Planet. Space Sci. 56, 881 - 886. http://dx.doi.org/10.1016/j.pss.2008.01.002.

[25] Zhou, H., Li, H.T., Dong, G.L., 2015. Relative position determination between Chang'E-3 lander and rover using in - beam phase referencing[J]. Sci. China Inf. Sci. 58, 092201. http://dx.doi.org/10.1007/s11432-015-5363-1.

Echo simulation of lunar penetrating radar: based on a model of inhomogeneous multilayer lunar regolith structure①

Shun Dai[1], Yan Su[1], Yuan Xiao[1,2], Jian - Qing Feng[1,2], Shu - Guo Xing[1,2] and Chun - Yu Ding[1,2]

1 Key Laboratory of Lunar and Deep Space Exploration, National Astronomical Observatories, Chinese Academy of Sciences, Beijing 100012, China; dais@nao.cas.cn

2 University of Chinese Academy of Sciences, Beijing 100049, China

Abstract: Lunar Penetrating Radar (LPR) based on the time domain Ultra - Wideband (UWB) technique onboard China's Chang'e-3 (CE-3) rover, has the goal of investigating the lunar subsurface structure and detecting the depth of lunar regolith. An inhomogeneous multi - layer microwave transfer inverse - model is established. The dielectric constant of the lunar regolith, the velocity of propagation, the reflection, refraction and transmission at interfaces, and the resolution are discussed. The model is further used to numerically simulate and analyze temporal variations in the echo obtained from the LPR attached on CE-3's rover, to reveal the location and structure of lunar regolith. The thickness of the lunar regolith is calculated by a comparison between the simulated radar B - scan images based on the model and the detected result taken from the CE-3 lunar mission. The potential scientific return from LPR echoes taken from the landing region is also discussed.

Key words: Moon—techniques: radar astronomy—methods: numerical

1 Introduction

Lunar regolith, as part of the lunar subsurface which is composed of tiny, sticky particles that form dusty material less than 1mm in size, covers a layer on the surface of the Moon. The structure of the debris is unconsolidated, and is mainly composed of clastic rock, powder, breccia and molten glass. The thickness of the regolith varies between 4 - 5 m in areas with lunar mare, and up to 20 m for the oldest surfaces in the lunar highlands (Heiken et al. 1991). Regolith is formed from the constant bombardment of the lunar surface by space weathering processes, including most prominently meteoroid im-

① Supported by the National Natural Science Foundation of China.

pacts. Such impacts (ranging in size from meters to kilometers) pulverize and mix any exposed rock on the surface. This process occurs at a rate of about 1mm of regolith production per million years, though it is likely that regolith production was faster in the past due to an increased impactor flux. Therefore, exploring the stratigraphic and tectonic characteristics of lunar regolith helps researchers to better understand the formation and evolution of the Moon.

Radar is a very useful method that takes advantage of radio pulses to image the underlying subsurface of the regolith. The first map containing information about the thickness of the regolith layer was obtained using radar from Arecibo with a 70 cm wavelength and a model that incorporated multiple scattering. This model was applied to the layer on the nearside of the Moon and was used to compare independent estimates for the thickness of regolith layer at landing sites that were visited in the past and other areas (Shkuratov & Bondarenko 2001). Observations with the Lunar Radar Sounder (LRS) onboard of the Japanese Kaguya spacecraft (SELENE) found that most nearside maria have subsurface stratifications (Ono et al. 2009; Kobayashi et al. 2010; Kobayashi et al. 2012). The Chang'e-1 microwave radiometer (Fa & Jin 2007) and the Mini-SARs (Spudis et al. 2010) onboard Chandrayaan-1 and Lunar Reconnaissance Orbiter (LRO) (Nozette et al. 2010) were utilized to study stratigraphic features in lunar subsurface structure. Early observation data have not only been applied to investigate the local/global regolith thickness (Fa & Jin 2010a), but were also utilized in studies of the deep subsurface tectonic structure (Ono et al. 2009).

Ground Penetrating Radar (GPR) and the radar sounder techniques were recently employed in the exploration of the Moon. Kobayashi et al. (2002a, b) applied a two-layer model to simulate an A-scope and B-scan of LRS echoes for lunar maria and highland regions. Fa & Jin (2010b) conducted a numerical simulation of radar echoes that can find demixing in deep lunar subsurfaces. Many GPR data modeling codes have been developed (Bourgeois & Smith 1996; Carcione 1996; Rejiba et al. 2003). The GprMax suite of programs, which incorporates finite differences in time domain modeling, is capable of simulating application scenarios that occur almost daily in GPR (Giannopoulos 2005; Sanintenoy et al. 2008).

In Section 2, the performance of Lunar Penetrating Radar (LPR) is first introduced. Then in Section 3, a multilayer microwave transfer inverse-model for lunar regolith is established. The velocity of propagation, the reflection, refraction and transmission coefficients at the interfaces, the resolution and the dielectric constant of the lunar regolith are also discussed. In Section 4, the model is further used to numerically simulate and analyze variations in echoes obtained from the LPR with implied information about time, location and thickness of the lunar regolith. The thickness of lunar regolith is calculated by comparison between the simulated radar B - scan images based on the model and data collected with the LPR second channel during the Chang'e-3 (CE-3) lunar mission. The potential scientific return from LPR echoes taken from the landing site is also discussed. Discussions are provided in Section 5 and conclusions are given in Section 6.

2 Lunar Penetrating Radar

The CE-3 rover is designed to explore an area of 3 km^2 during its 3 - month lifetime, with a maximum traveling distance of 10 km. The LPR onboard of the rover, similar to GPR, is the first instrument to operate on the lunar surface which utilizes the Ultra - Wideband (UWB) impulse technique. This has the goal of detecting the topography of a specific area and the subsurface geological structure in detail (Fang et al. 2014).

The LPR transmits nanosecond pulses in time domain patterns with no carrier frequency. Echoes will be produced at interfaces in the medium as the signal propagates through the deep subsurface layers of the regolith. These echoes are then received and identified by the LPR. Based on the analysis of radar echo signals, the thickness of regolith and subsurface structure may be obtained. Compared to a microwave radiometer, LPR, using an active detection method, can identify impedance variations, which makes results about lunar subsurface imaging more intuitive. Compared to ground - based radars and LRS, the performance of LPR directly transmitted from the lunar surface, with less interference from the space environment, enables greater probing depth and accuracy when measuring lunar subsurface structure.

In order for LPR to detect both the thickness of regolith and the geological structure in the subsurface of the regolith, the LPR incorporates two detection channels: the first one is designed to detect the structure of the shallow region of lunar crust; the center frequency of the transmitted unipolar pulse signal is 60 MHz. The second channel is designed to detect the thickness of lunar regolith; the center frequency of the transmitted bipolar pulse signal is 500 MHz. At 500 MHz, LPR is able to survey a depth range of 30 m in the lunar regolith with a range resolution of $<$30 cm, and at 60 MHz, LPR can reach 100 m with a range resolution of $<$1 m in the shallow region of lunar crust. In this paper, the emphasis mainly focuses on shallow structure under the lunar surface; the second data channel at 500 MHz is applicable.

The LPR is designed to transmit pulses and receive echo signals when the rover moves, and the scientific data can be sent back when the rover is stationary. There are one transmitting dipole and one receiving dipole for the first channel, which are installed at the back of the rover. There are one transmitting bow tie antenna and two receiving bow tie antennas marked A and B, which are installed at the bottom of the rover. The main technical parameters for the LPR are listed in Table 1.

Table 1 LPR Performance

Parameter	Channel 1 Performance	Channel 2 Performance
Transmitter Impulse Voltage (V)	1 000	400
Transmitter Repetition Frequency (kHz)	0.5, 1, 2	5, 10, 20
Transmitter Impulse Rising Time (ns)	⩽5	⩽1
Receiver Working Frequency (MHz)	10～300	100～1 000
Receiver Sample rate (MHz)	400	3 200
Receiver Input Dynamic Range (dB)	90	90
Antenna Center Frequency (MHz)	60	500
Antenna Bandwidth (MHz)	⩾40	⩾450
Antenna VSWR	⩽3	⩽2.5
System Gain (dB)	152	133.3
Probing Depth (m)	⩾100	⩾30
Thickness Resolution	1 m	30 cm

3 Structure Model for Lunar Regolith

3.1 Multilayer Model to Describe Lunar Regolith

The lunar regolith layer and the sputtered layer may have undergone superposition and dislocation as a result of billions of years of erosion, impact, bombardment by meteoroids and effects from radiation. The regolith structure can have inhomogeneous stratifications (Heiken et al. 1991).

Figure 1 shows a simple lunar subsurface structure model for the mare basalt area used in this simulation. The upper medium is the vacuum of free space, with a permittivi-

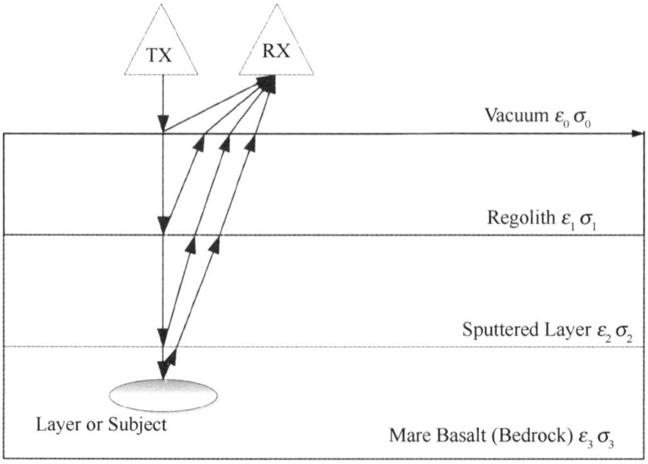

Fig. 1 Simple model for the structure of the lunar subsurface.

ty of ε_0 and electrical conductivity of σ_0; the second layer which is assumed to be regolith has a finite thickness (ε_1, σ_1); the third layer is filled with ejecta from accumulations of material resulting from crater sputtering (ε_2, σ_2); and the bottom layer is bedrock (ε_3, σ_3). The relative magnetic permeability is assumed to be the same for all four layers and equal to 1.

3.2 Wave Properties

For homogeneous and isotropic materials, the propagation velocity, v, the attenuation coefficient, α, and the electromagnetic (EM) impedance, Z, can be expressed as (Daniels 2004)

$$v = \frac{c}{\sqrt{\varepsilon \cdot \mu}} \tag{1}$$

$$\alpha = \sqrt{\frac{\mu}{\varepsilon}} \cdot \frac{\sigma}{2} \tag{2}$$

$$Z = \sqrt{\frac{\mu}{\varepsilon}} \tag{3}$$

where c is the speed of light in a vacuum, μ is the magnetic permeability, ε is the relative dielectric permittivity and σ is the dielectric conductivity. The depth is then derived from

$$d = v \cdot \frac{t}{2} \tag{4}$$

where t is the transit time which is spent to and from the target.

3.3 Electromagnetic Propagation at Interfaces

The LPR antenna maintains a certain distance from the lunar surface, and receives the reflected or scattered signals from the target. The transmitted signal spreads in a vacuum and then into the lunar regolith, and the propagation of reflected signals within the Moon can be modeled as EM wave propagation in layered media. The reflection coefficients of a plane wave at the interface between lunar layers i and j for transverse electric (TE) and transverse magnetic (TM) waves can be calculated from

$$R_{ij}^{\mathrm{TE}} = \frac{Z_j \cos\theta_i - Z_i \cos\theta_j}{Z_j \cos\theta_i + Z_i \cos\theta_j} \tag{5}$$

$$R_{ij}^{\mathrm{TM}} = \frac{Z_i \cos\theta_i - Z_j \cos\theta_j}{Z_i \cos\theta_i + Z_j \cos\theta_j} \tag{6}$$

The transmission coefficients from layer i to j are

$$T_{ij}^{\mathrm{TE}} = 1 + R_{ij}^{\mathrm{TE}} \tag{7}$$

$$T_{ij}^{\mathrm{TM}} = 1 + R_{ij}^{\mathrm{TM}} \tag{8}$$

3.4 Spatial Resolution

The spatial resolution of LPR is the primary consideration for design, and consists of two components: the radial resolution which indicates the limiting thickness of a layer and the lateral resolution which indicates the limiting size of a target. The radial resolution derived from (Jol 2009) is

$$\Delta r \geqslant \frac{Wv}{4} = \frac{v}{4B} = \frac{v}{4f_c} \tag{9}$$

where the pulse width W is directly related to the bandwidth B, which is also related to the center frequency f_c.

The lateral resolution can be calculated from

$$\Delta l \geqslant \sqrt{\frac{Wvr}{2}} \tag{10}$$

where r is the distance to the target.

3.5 Dielectric Constant of Lunar Regolith

The dielectric constant, which is one of the most fundamental electromagnetic parameters, greatly affects the interpretation of data from LPR. The range resolution depends on the real part of the dielectric constant and the LPR bandwidth, whereas the penetration depth depends on the complex dielectric constant describing lunar subsurface materials and EM wave frequencies.

Wang & Yu (2010) described the bulk density of regolith at the lunar surface as follows

$$\rho_0 = \frac{\log \varepsilon'_0}{\log 1.919} \tag{11}$$

where ε'_0 represents the dielectric constant of a vacuum. Hence, for a given depth of lunar regolith h, the bulk density can be expressed as

$$\rho(h) = \rho_0 + 0.62 + \frac{11.136}{h+18} \tag{12}$$

The profile of the loss tangent of the regolith is modeled as

$$\tan\delta(h) = 10^{(0.44\rho(h)-2.943)} \tag{13}$$

Suppose the lunar subsurface is homogeneous, then the permittivity coefficient can be written as $\varepsilon = \varepsilon' + \varepsilon''$. The imaginary part of the permittivity coefficient is derived from

$$\varepsilon'' = \varepsilon' \tan\delta \tag{14}$$

The lunar regolith is the top unconsolidated layer of fragmented, fine-grained, cohesive, clastic material. Regolith is composed of crystalline rock fragments, mineral fragments, breccia, aggregates held together with impact glass called agglutinates and glasses. The regolith samples that were returned from the US Apollo missions showed that the bulk component of regolith is a fine gray soil with a density ranging from about 1.3 gcm^{-3} to 1.92 gcm^{-3}, but the regolith also includes breccia and rock fragments from the local bedrock, in which the real part of the permittivity coefficient varies from 2.3 to

3.5, and the loss tangent is in the range 0.005 to 0.009. The permittivity coefficient of the mare basalts can have values from of 6.6 to 8.6, and the loss tangent varies between 0.009 and 0.016 (Heiken et al. 1991).

Figure 2 shows depth profiles of several indices related to the maturity of lunar regolith, which were derived from samples returned by the Apollo missions. In general, the indicators of maturity gradually increase in the in range 0 - 50 cm deep, and tend to have little fluctuation deeper than 100 cm.

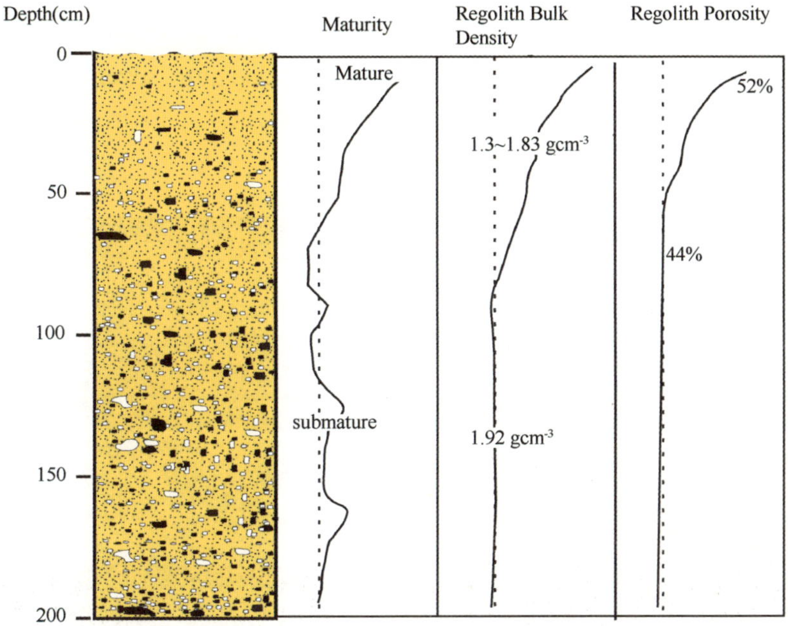

Fig. 2　The depth profiles of several maturity indices.

4　Simulated Demonstration of Lpr Echo

The GprMax2D software suite was adopted to simulate radar images. We assume that the electrical conductivity is sufficiently low and the attenuation coefficient of the echoes is negligible in the present analysis.

4.1　Excitation of the Waveform

The excitation source is chosen to be a differentiated Gaussian pulse, which has no DC components. The time domain waveform of the Gaussian pulse source is

$$E_{\mathrm{ewt}}(t) = \frac{t-t_0}{\tau}\exp\left[-\frac{4\pi(t-t_0)^2}{\tau^2}\right] \tag{15}$$

where t_0 is the time delay and the constant τ is the width of the pulse. Therefore, its frequency spectrum is

$$E_{\mathrm{ewf}}(f)=\frac{j\tau^{2}f}{16\pi}\exp\left[-j2\pi f t_{0}-\frac{\pi f\tau^{2}}{4}\right] \tag{16}$$

The source waveform is a Ricker wavelet centered at 500MHz in the simulation.

4.2 A - Scope Echo Simulation

For comparison, simulations of the radar echo were modeled as two cases. As shown in Figure 3 (left), Model 1 is for a multilayer regolith structure. It is ordered from top to bottom such that the vacuum layer has a thickness of 1 m, the regolith layer has a thickness of 7 m and there is a 2 m thick bedrock layer with a relative dielectric permittivity equal to 6. In addition, the regolith layer is subdivided into seven uniform sublayers, with variations in relative dielectric permittivity from 2.3 - 3.5 with an increment of 0.2 for each sublayer.

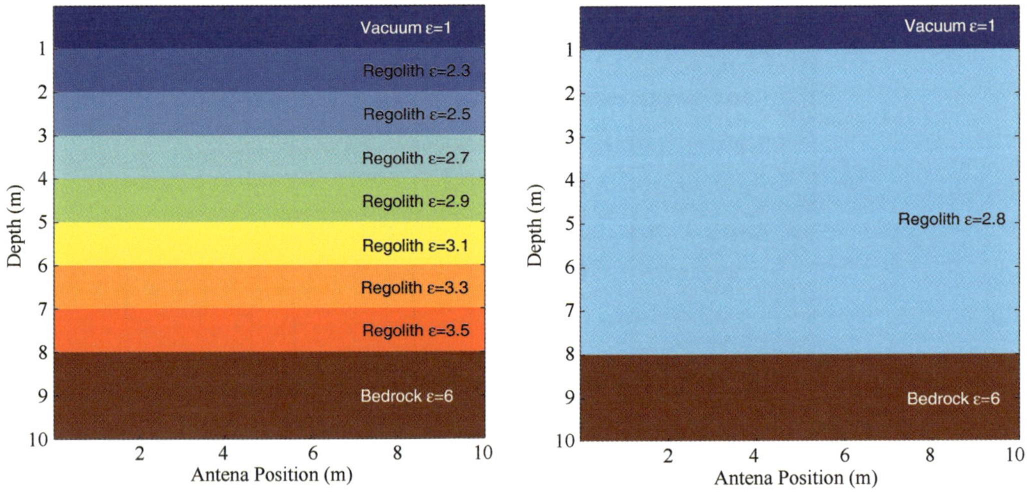

Fig.3　The regolith model

eft: regolith Model 1: the multilayer model. Right: regolith Model 2: the three - layer model.

Model 2 is for three - layer regolith (Zhang et al. 2014), as illustrated in Figure 3 (right). The regolith layer is modeled as a single homogeneous medium with a thickness of 7 m and a relative dielectric permittivity of 2.8. This value is chosen such that the time spent for the radio wave to propagate through this layer is equal to the time that is spent inside the seven sublayers of the regolith for Model 1. The value of relative dielectric permittivity for the bedrock layer is chosen as 6 in both cases. The mesh is set to 5× 5 mm in a simulation domain of 10×10 m. The computation time step is 23.58 ps and the time widows are 120 ns.

For the LPR discussed in this paper, there is a 20 cm difference in height between the radar antenna for the second channel and the surface of the regolith with a 10 cm spacing between the transmitting antenna and receiving antenna due to their mounting position on the rover. Figure 4 (top) shows two simulated single traces for Model 1 and 2, in which the blue solid curve represents the result from Model 1 and the red dashed curve represents the result of Model 2.

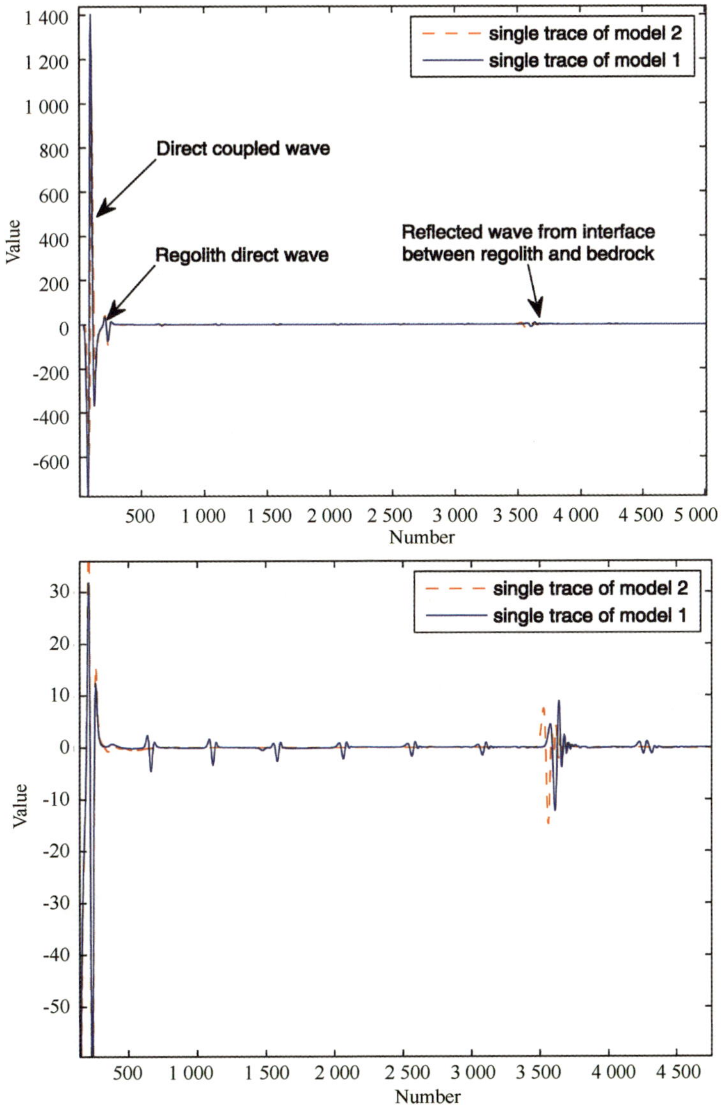

Fig. 4　The simulated LPR echoes from the regolith model.
Top: The simulated LPR echoes. Bottom: An enlarged view that shows details of the wave that is reflected from the interface.

There are three types of EM waves that appear in both cases which are the direct coupled wave caused by the downward propagation from the transmitting antenna and receiving antenna, the direct wave from the interface between the vacuum and the regolith and the reflected wave from the interface between the regolith and the bedrock. However, by comparing Figure 4 (bottom) with Figure 4 (top) the transitions between sublayers in the regolith appear as six small reflections traced by the solid blue line. These are not present in Model 2 which only has vacuum/regolith interfaces. Moreover, for Model 1, the amplitude of the seventh reflection is higher than other reflections because of a major difference in the type of medium.

4.3　B-scan Simulation

Figure 5 shows the simulated results of a B-scan using LPR. This is used to investigate the depth as derived from the time delay of Model 1 and Model 2. It is clear that there are more than seven reflections in Figure 5 (left), which is also more than what is shown in Figure 5 (right), corresponding to the seven sublayer transitions inside the regolith layer using Model 1. Figure 5 (left) suggests that there is a ramp-shaped waveform that appears in the time delay range of 85-105 ns, meaning there is a fake layer arising from a wave that repeatedly reflects between the sublayer-interfaces. In addition, there are wave-absorbing boundaries. The echoes from the bedrock are both obvious, nevertheless the reflections in Figure 5 (right) are much weaker because of the small changes in dielectric constant.

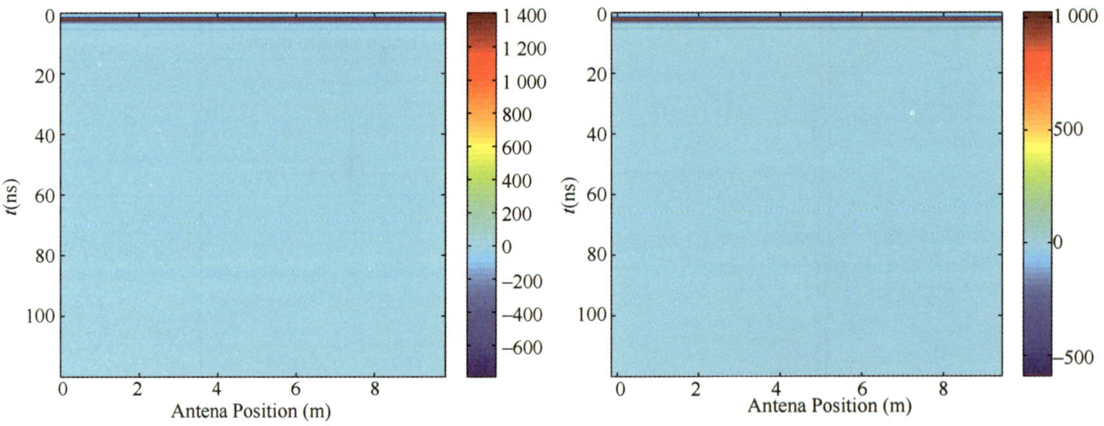

Fig.5　The simulated B-scan from the regolith model

Left: The simulated B-scan ofModel 1. Right: The simulated B-scan of Model 2.

4.4　Rock in Regolith Simulation

We have simulated rock reflections in a model that incorporates a homogeneous medium, as depicted in Figures 6 and 7. The mesh was set to 5 mm×5 mm in a domain of 30 m×5 m. Two cases were considered: in Model 3, five round rocks were placed in the regolith at a depth of 3m and the distance between each rock is 5 m. The radii of the rocks are 4, 8, 12, 16 and 20 cm respectively. In Model 4, five round rocks with the same size are placed in the regolith at different depths, which are 3.5, 3, 2.5, 2 and 1.

5 m respectively. The relative dielectric permittivity of the regolith is equal to 2.8 and the relative dielectric permittivity of the rocks is 7.

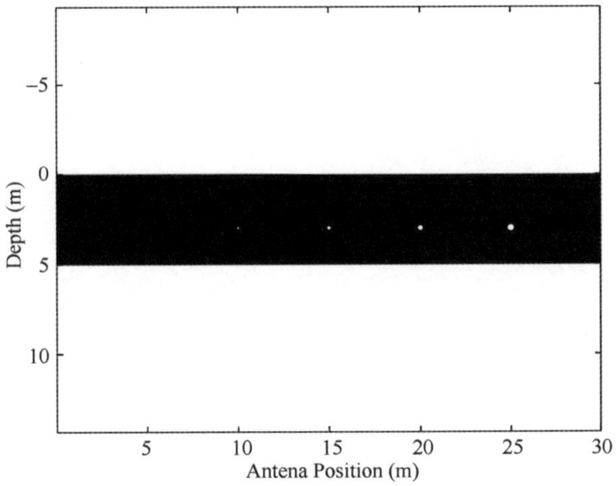

Fig. 6　The regolith as determined with Model 3.

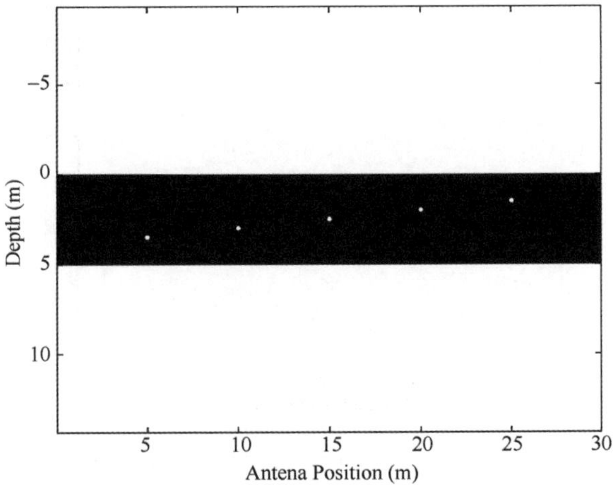

Fig. 7　The regolith as determined with Model 4.

Figure 8 shows the simulated B - scan from regolith Model 3. It can be seen that two hyperbolic echoes emerge from the upper and lower interfaces of the rocks and regolith. As the spherical radius of the rock increases, the time delay between two echoes also gradually increases. The first group of echos from the left has just one layer, since the size of the rock is close to the limiting resolution of the radar. Figure 9 shows the simulated B - scan from regolith using Model 4. It can be seen that with spherical increases in rock depth, the width of the hyperbolic echo is also gradually increasing.

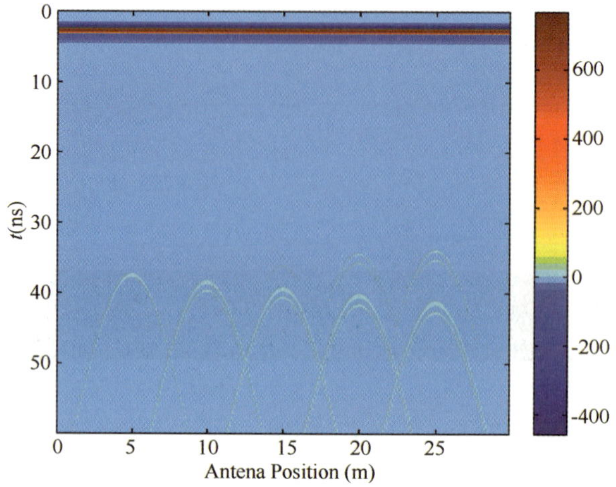

Fig. 8　The simulated B－scan from the regolith as determined with Model 3.

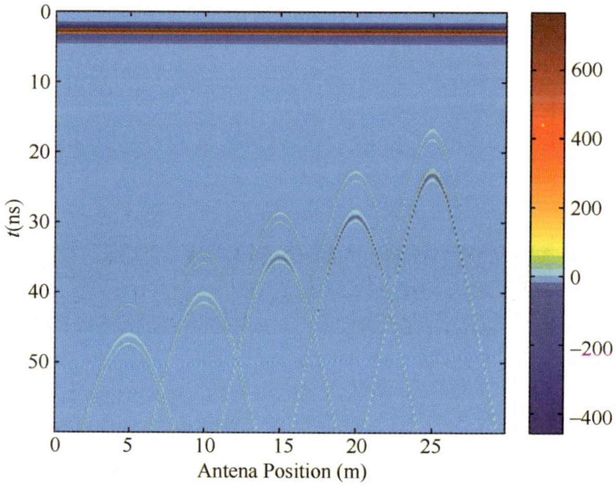

Fig. 9　The simulated B－scan from the regolith as determined with Model 4.

5　Comparative Analysis and Discussion

CE-3 was launched on 2013 December 2 and it successfully landed on the Moon. The landing place is at 44.126 0N, 19.501 4W in Mare Imbrium, as shown in Figure 10, about 40 km south of the crater Laplace F (Zhao et al. 2014). The Yutu rover was successfully deployed from the lander and touched the lunar surface on 2013 December 14 (Ip et al. 2014).

Figure 11 shows simulated images of the B－scan for the detection route which was produced by echo signals from LPR observation data received at the surface from distinct points N105 to N208 collected during several normal working periods of the rover (Su et

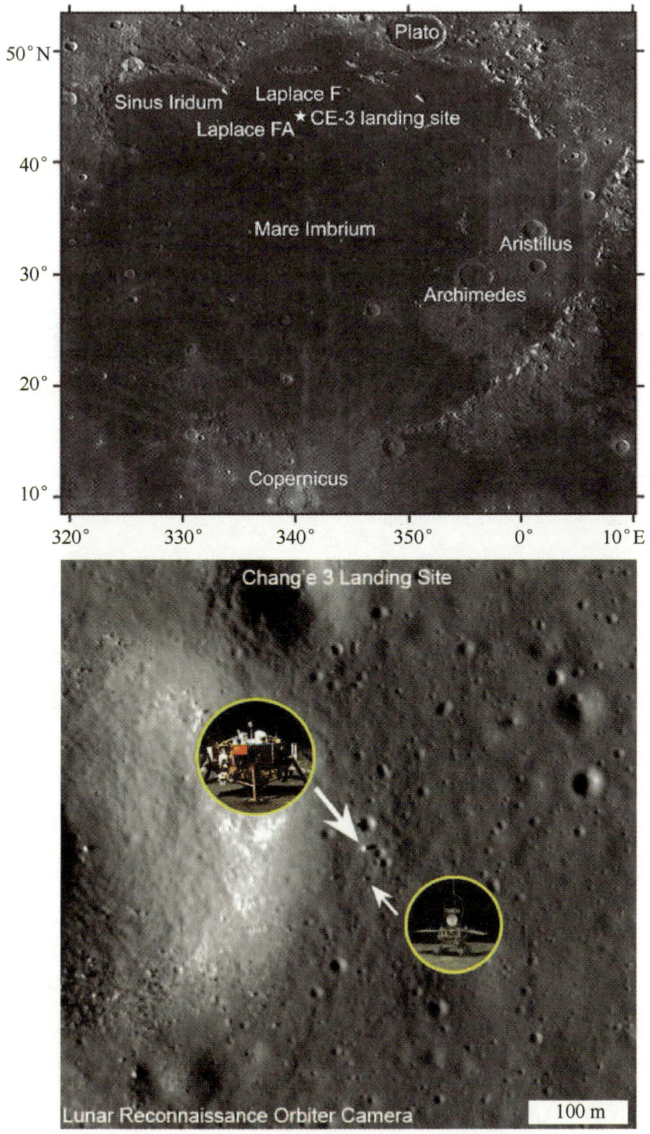

Fig. 10 Location of the CE-3 landing site.

Top: Location of the CE-3 landing site within Mare Imbrium (Zhao et al. 2014).

Bottom: A photo of the CE-3 landing site taken by a camera mounted on the LRO.

al. 2014). It can be seen that many reflections took place with a range of time delays between 0 – 80 ns. There are relatively obvious boundaries found at about 50 ns, which indicate that there are many layers present in the regolith. This is consistent with the simulation presented in Section 4. In that simulation, the dielectric permittivity of the regolith was set to be 2.5 and the thickness was calculated to be 4.74 m. The calculated result is roughly in accordance with values published in previous studies (Heiken et al. 1991; Shkuratov & Bondarenko 2001; Kobayashi et al. 2012). A distinct 2 – layer hyperbolic echo appears at 40 ns in region N202 – N203 as marked in the figure. The time delay between the upper and lower echo is approximately 5 ns, and the width of the echo is about 3m. By comparing with the simulated radar B – scan images based on the model, it can be inferred that there may exist a rock at a depth of 3m in that region, with a radius of about 15cm. More interpretation of this image will be presented in another paper.

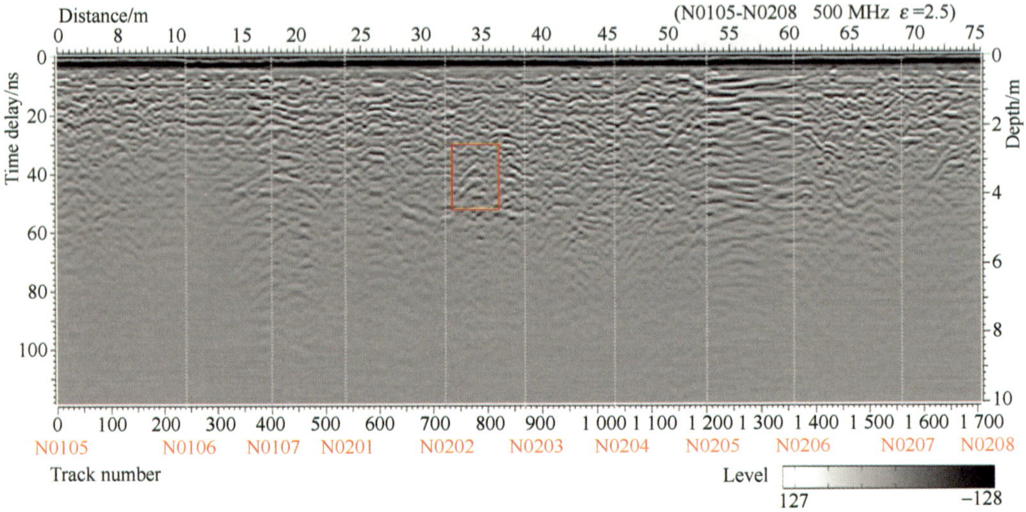

Fig. 11　The B – scan images of LPR.

6　Conclusions

A simple lunar subsurface structure model for an area of mare basalt is established according to the principle of LPR, and a description of preliminary lunar landings and photographic investigations are presented. The model includes a vacuum, regolith layer, sputtered layer and bedrock. The dielectric constant of lunar regolith, the velocity of propagation, the reflection, refraction and transmission at interfaces, the resolution and the scattering attenuation are discussed. The A – scope and B – scan images based on a typical vacuum – regolith – bedrock model and the multilayer model are simulated. The influences of separate rocks placed in the model on the B – scan at different positions and sizes are also analyzed. The actual thickness of regolith for a certain detection route around the landing site of CE-3 is estimated to be about 48m which is consistent with previous research. This should help specialists in this field better understand the nature of the Moon.

Acknowledgements

This work was supported by the National Natural Science Foundation of China

(GrantNos. 11173038 and 11203046), and by the Young Researcher Grant of National Astronomical Observatories, Chinese Academy of Sciences.

References

[1] Bourgeois, J. M., & Smith, G. S. 1996, IEEE Transactions on Geoscience and Remote Sensing, 34, 36.

[2] Carcione, J. M. 1996, Geophysics, 61, 1664.

[3] Daniels, D. 2004, Ground Penetrating Radar, (2nd edn.; London: The Institution of Electrical Engineers).

[4] Fa, W., & Jin, Y. - Q. 2007, Journal of Geophysical Research (Planets), 112, 5003.

[5] Fa, W., & Jin, Y. - Q. 2010a, Icarus, 207, 605.

[6] Fa, W. - Z., & Jin, Y. - Q. 2010b, Science China: Earth Sciences, 53, 1043.

[7] Fang, G. - Y., Zhou, B., Ji, Y. - C., et al. 2014, RAA(Research in Astronomy and Astrophysics), 14, 1607.

[8] Giannopoulos, A. 2005, Construction and Building Materials, 19, 755.

[9] Heiken, G. H., Vaniman, D. T., & French, B. M. 1991, Lunar Sourcebook - A User's Guide to the Moon (Cambridge: Cambridge Univ. Press).

[10] Ip, W. - H., Yan, J., Li, C. - L., & Ouyang, Z. - Y., 2014, RAA(Research in Astronomy and Astrophysics), 14, 1511.

[11] Jol, H. M. 2009, Ground Penetrating Radar: Theory and Applications (Amsterdam: Elsevier Science).

[12] Kobayashi, T., Kim, J. H., Lee, S. R., Araki, H., & Ono, T. 2010, IEEE Geoscience and Remote Sensing Letters, 7, 435.

[13] Kobayashi, T., Lee, S. R., & Ping, J. - S. 2012, in 14th International Conference on Ground Penetrating Radar (IEEE), 913.

[14] Kobayashi, T., Oya, H., & Ono, T. 2002a, Earth, Planets, and Space, 54, 973.

[15] Kobayashi, T., Oya, H., & Ono, T. 2002b, Earth, Planets, and Space, 54, 983.

[16] Nozette, S., Spudis, P., Bussey, B., et al. 2010, Space Sci. Rev., 150, 285.

[17] Ono, T., Kumamoto, A., Nakagawa, H., et al. 2009, Science, 323, 909.

[18] Rejiba, F., Camerlynck, C., & Mechler, P. 2003, Radio Science, 38, 1005.

[19] Sanintenoy, A., Schneider, S., & Tucholka, P. 2008, Vadose Zone Journal, 7, 208.

[20] Shkuratov, Y. G., & Bondarenko, N. V. 2001, Icarus, 149, 329.

[21] Spudis, P. D., Bussey, D. B. J., Baloga, S. M., et al. 2010, Geophys. Res. Lett., 37, 6204.

[22] Su, Y., Fang, G. - Y., Feng, J. - Q., et al. 2014, RAA(Research in Astronomy and Astrophysics), 14, 1623.

[23] Wang, Z. - Z., Li, Y., Jian, J. - S., & Li, D. - H. 2010, Science China Earth Sciences, 53, 1365.

[24] Zhang, H. - B., Zheng, L., Su, Y., et al. 2014, RAA(Research in Astronomy and Astrophysics), 14, 1633.

[25] Zhao, J., Huang, J., Qiao, L., et al. 2014, Science China Physics, Mechanics and Astronomy, 57, 569.

Descent image based landing area terrain reconstruction technology for lunar landing mission

M. Li*[1], S. Liu[1], Y. Ma[1], C. Sun[2] and Y. Jia[3]

1 Institute of Remote Sensing and Digital Earth, Chinese Academy of Sciences, Beijing 100101, China
2 Computational Informatics, CSIRO, North Ryde, NSW 1670, Australia
3 Beijing Institute of Spacecraft System Engineering, Beijing 100094, China
* Corresponding author, email mingleili87@gmail.com

Abstract: In this paper, we present a descent image based extraterrestrial terrain reconstruction technology, which has been successfully applied in China's first soft landing Chang'E-3 mission on moon. When scouting on the moon surface, the lunar rover (Jade Rabbit rover) requires reliable terrain information for navigation and positioning tasks. The descent image sequence acts as a link between the orbital images and the surface images. The proposed approach collects multilevel descent images, as well as inertial information from an inertial measurement unit and surface stereo vision information, to generalise a consistent surface model. A data fusion strategy is proposed to track the camera trajectory, and refined plane sweep stereo matching and 3D alignment technologies are analysed in this article. The onboard result, as well as on – earth simulation experiments, has shown that the discussed techniques are reliable to reconstruct the terrain information for the lunar rover's localisation and navigation.

Key words: Descent images, Data fusion, Plance sweep, 3D alignment

Introduction

There are three stages in China's lunar exploration mission. In the first stage, Chang'E-1 and Chang'E-2 have been launched in lunar orbit with many types of sensors.[1-3] Then, on 14th December 2013, the Chang'E-3 system successfully accomplished the soft landing task on the moon, which was a symbol of the second stage. In the near future, as the third stage, another rover will land on the moon and then return to Earth with lunar soil and stone samples for scientific research.

In Chang'E-3 mission, and also a future space exploration programme, the terrain information is essential for the rover's route planning and science target detection. During the landing phase, the descent images, captured by the landing camera that is mounted under the lander, provide multilevel terrain information. These descent images can be used to locate the landing site in a global coordinate frame, as well as to provide high resolution maps for mission planning. In this paper, a general terrain reconstruction technology based on such descent images is proposed.

Vision based technologies used in space exploration have been proved very efficient and successful because of low power, low cost and high accuracy. In 2003, NASA launched two Mars rovers, the 'spirit' and the 'opportunity', which have a significant impact on the history of space exploration. In those two missions, a vision based system called the Descent Image Motion Estimation System (DIMES) was used to estimate the horizontal velocity of spacecrafts in the landing phase, by tracking features on the ground with landing cameras.[4-6] Then in 2011, NASA launched the Mars Science Laboratory in Mars exploration tasks,[7] where vision based system has achieved excellent performances for automatic navigation.

Vision based landing area mapping technologies for space exploration have been exploited by Xiong et al.[8,9] Considering the camera's vertical motion, they use a set of anti-aliasing image wrappings corresponding to a set of virtual parallel planes to recover the depth map. However, their methods do not generate a georegistered terrain model and the recovered depth map is vulnerable to sampling noise. Some similar terrain mapping methods based on plane sweep techniques have also been conducted to serve for the navigation task of unmanned aerial vehicles (UAVs)[10] and ground vehicles.[11] Some structure from motion (SFM) and simultaneous localisation and mapping techniques[12-14] mainly focus on reconstructing depth values by recursive motion and orthogonal decomposition methods, but only based on sparse feature points, not on dense terrain mapping. In this planet landing mission, the viewed field is nearly a planar surface and the motion is perpendicular, so it can be difficult to recover a dense three-dimensional (3D) terrain model by simply taking the traditional SFM approach or those methods mentioned earlier.

In this paper, a robust terrain reconstruction method based on the descent images is designed for Chang'E-3 lunar exploration mission. The algorithm has three main steps: pose estimation, dense reconstruction and finally accurate georegistration. The main contributions include the following: first, camera motion trajectory is recovered by fusing inertial measurement unit (IMU) and altimeter data in SFM method to handle perpendicular motion; second, a semiglobal optimisation approach is proposed to refine the depth map obtained from plane sweep matching; and third, based on the rover's stereo system, we devise an accurate georegistration procedure on the geometric reconstruction.

Descent Image Analysis

In Chang'E-3 landing mission, camera motion is associated with the spacecraft's motion trajectory. The lander carrying the rover arrived at the surface of the moon from a height of 15 km. During landing phase, the camera captured a 6 min descent image sequence, which provides a wealth of information for this space exploration mission. As shown in Fig. 1, (i) first, the lander spacecraft's flight height decreased from 15 to 2 km, which completed the main deceleration and attitude adjustment processes; (ii) then, the height decreased slowly from 2 km to 100 m in order to detect and avoid any large obstacles; (iii) after that, the lander managed to avoid any small obstacles from 100 m height to 4 m height; (iv) finally, the lander started free falling from 4 m height to the moon surface.

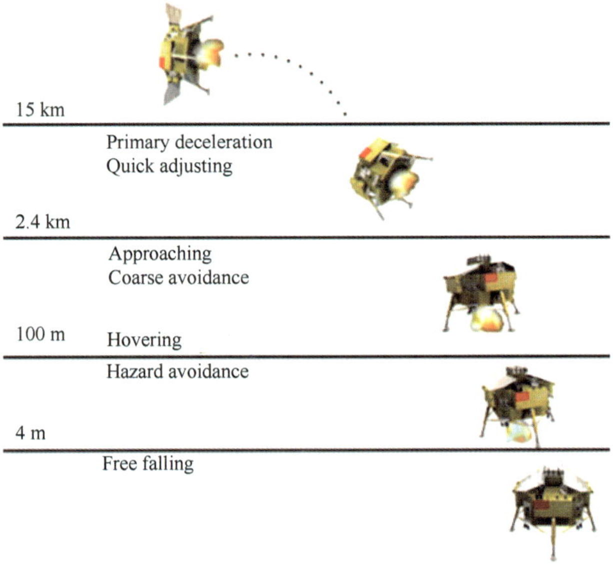

Fig. 1　Scheme of descent stages

A set of descent image examples are shown in Fig. 2. In Fig. 2a－c, the region closed by wired frames presents the overlapping region with their next images. Figure 2d is a registration result of a set of descent images with a digital orthophoto map obtained from Chang'E-2 orbiter.

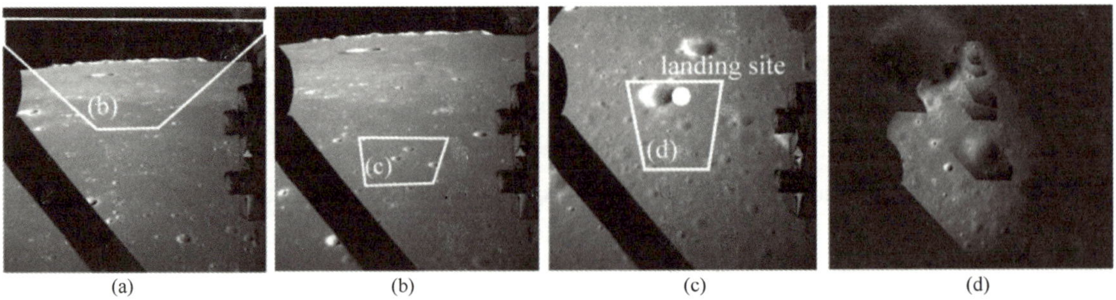

Fig. 2　Original descent image examples

(region closed by wired frames present overlapping region with their next images)

The landing camera has a resolution of 1024×1024 pixels and a frame rate of 10 Hz. Because of its special motion trajectory, this descent image sequence has a successive scale change and an obvious illumination variation, which is quite different from common images on earth. During spacecraft descent, all changing conditions, such as lighting angle, viewing direction and spacecraft altitude, can affect the appearances of landmarks. Developing a robust algorithm to handle these factors and to match features becomes very fundamental. In addition to the image acquisition system, the angular velocity and vertical velocity of the spacecraft can be measured by onboard equipments, i.e. an IMU and a laser altimeter. These accessible altitude and attitude data provided initial estimates to deal with the camera pose estimation. The procedures of feature correspondence and camera pose estimation are explained in the following section.

Algorithms

In this section, we give a concise review for the proposed algorithm for landing site terrain reconstruction with a general layout as shown in Fig. 3. First, pose estimation for each key frame is the base of 3D reprojection. We carry out this by determining sparse point correspondences to recover the two view geometry from an SFM technique. Different from previous theories, this implementation uses an object function of an absolute orientation algorithm to recover the motion of the camera, using the input from IMU and altimeter data as initial estimates, which could compensate the effect of vertical motion.

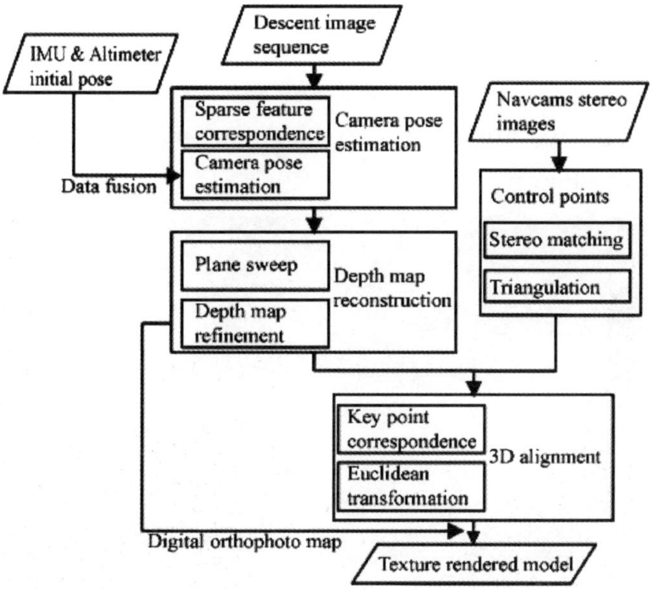

Fig. 3　Flow chart of terrain reconstruction algorithm from descent images

Then, the dense reconstruction step correlates stereo frames based on a plane sweep algorithm to recover depth map and produce a texture mapping. This paper introduces a semiglobal optimisation method to refine the recovered depth map. Finally, using the lunar surface stereo images obtained by the rover, a 3D alignment process is designed to transform the 3D model to a lunar surface's local coordinate system.

Camera Motion Estimation

In order to recover the depth map from stereo reconstruction, it is necessary to estimate the epipolar geometry between the stereo images via camera pose estimation. Hence, sparse correspondences must be established between images.

For an image pair, we denote the higher image as the reference image I^r and the lower image as the target image I^t. First, the resolutions of the two images are equalised by down sampling I^t with a scale s computed by $s = h^t / h^r$, where h is the altitude obtained from the altimeter. Different from the strategy used by Xiong *et al*.[8] which uses a straight forward feature tracking manner to determine the feature correspondence, our implementation tracks features in the image pair using Harris corner detector.[15] Harris corner detector has the ability to deal with rotation and scale changes to a certain extent that suits lunar descent images. By detecting corners independently in the adjacent images, reliable features in the target image can be retained, and there is no dependence on initial ego-motion estimation in this procedure. A threshold constraint on the normalised correlation score is then applied in order to select the most consistent matches. Then, mismatches are removed using random sample consensus (RANSAC). By assuming that the surface is flat, any mismatch between two frames is robustly rejected with a number of iterations until all inliers satisfy a 3×3 homography matrix. A result of feature correspondences is shown in Fig. 4.

Fig. 4 Feature correspondences

For this landing mission, the motion is nearly perpendicular to the planetary surface and the terrain surface is almost a plane. In this case, it is difficult to simply decompose translations and rotations from transfer matrix using traditional SFM method. However, the orientation measurement from the IMU and the altitude measurement from the altimeter provide a good initial estimate for the spacecraft's ego - motion estimate. Because the camera is rigidly fixed on the spacecraft, we can obtain the estimation of camera poses indirectly through camera mount matrix that associates camera coordinate frame and lander's body coordinate frame.

According to the pinhole camera projection principal, the projection displacement from target image to reference image can be encoded in a transfer matrix $P=[\boldsymbol{R}\mid \boldsymbol{t}]$, formed by a rotation matrix $\boldsymbol{R}_{3\times3}$ and a transformation vector $\boldsymbol{t}_{3\times1}$. We set the reference image coordinate frame is the original coordinate frame, and then the projection equation can be written as:

$$m_i^{\mathrm{r}} = f(X_i;I;0;\boldsymbol{K}), m_i^{\mathrm{t}} = f(X_i;\boldsymbol{R};\boldsymbol{t};\boldsymbol{K}), \tag{1}$$

where m_i^{r} and m_i^{t} denote the image positions of a space point X_i on the reference and target images respectively; $\boldsymbol{K}$ is the intrinsic camera matrix. Using the initial motion estimated from IMU and altimeter, the feature correspondence in the target image can be projected in an estimated location, i.e. $\hat{m}_i^{\mathrm{t}}=(\hat{x}'_i, \hat{y}'_i)^{\mathrm{T}}$. Since there is a relationship between the amount of projection residue and the transfer P, we estimate the motion parameter by minimising the objective function as:

$$E_{\mathrm{LLS}} = \sum_i \| \hat{m}_i^t + (\partial f/\partial P) d_P - m_i^{\mathrm{t}} \|^2 = \sum_i \| \boldsymbol{J} d_P - L_i \|, \quad L_i = m_i^{\mathrm{t}} - \hat{m}_i^{\mathrm{t}}, \tag{2}$$

This is a linear regression formulation, where $\boldsymbol{J}$ is the Jacobian of the transfer P, d_P denotes the correction of transfer parameters and L_i is the reprojection residue. In this landing mission, the camera is already calibrated, so prior knowledge about the intrinsic calibration matrix $\boldsymbol{K}$, as well as initial transfer P^0, is incorporated in the formulation. In this case, the minimum can be solved using the symmetric positive definite system of normal equations to obtain d_P. At last, the camera motion transfer P can be obtained by directly minimising the set of equation (2) with a small number of iterations as:

$$P_{\mathrm{refine}} = P^0 + d_P^1 + d_P^2 + \cdots \tag{3}$$

$$d_P = \sum_i [\boldsymbol{J}^{\mathrm{T}}(m_i^{\mathrm{t}})\boldsymbol{J}(m_i^{\mathrm{t}})] \sum_i \boldsymbol{J}^{\mathrm{T}}(m_i^{\mathrm{t}}) L_i \tag{4}$$

where P_{refine} and P^0 represent the camera motion transfers after refined and initial estimation respectively. Thus, the result of the optimisation is a refined estimate of the rotation $\boldsymbol{R}$ and translation $\boldsymbol{t}$ between different camera positions.

Plane Sweep Matching

When the monocular camera motion is nearly perpendicular to the field of view, traditional stereo matching methods, which resample along epipolar lines, will oversample near the image centre and under sample near the image boundaries. To handle this, we use a plane sweep algorithm[16,17] to obtain a coarse depth map. Then, the depth map is post - processed by a smoothness constrained refinement to deal with the presence of ambiguous, little surface texture or specularity.

As shown in Fig. 5, this implementation assumes that descent images view a terrain scene that can be swept by a series of virtual planes in space, i.e. virtual plane volume. When the target image is warped from these virtual planes, a set of depth hypothesis can be embedded in a warped image volume $\{\boldsymbol{I}^{dk} \mid k=0,\cdots,N\}$. The image warping process is described as follows.

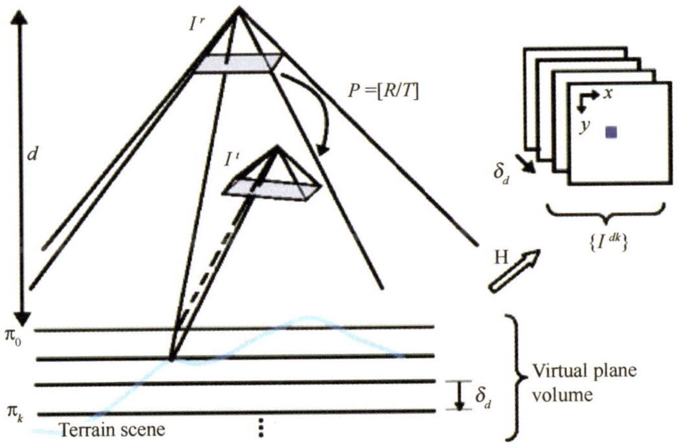

Fig. 5　Plane sweep scheme

Let $m_i^{\mathrm{t}}=(x_i^{\mathrm{t}}, y_i^{\mathrm{t}}, 1)^{\mathrm{T}}$ and $m_i^{\mathrm{r}}=(x_i^{\mathrm{r}}, y_i^{\mathrm{r}}, 1)^{\mathrm{T}}$ denote the homogeneous coordinates of the corresponding image points in target image and reference image respectively. Mapping a scene point X_i located on a given virtual plane from one camera to another can be performed as:

$$m_i^{\mathrm{t}}=\boldsymbol{H} m_i^{\mathrm{r}} \tag{5}$$

where $\boldsymbol{H}$ is a general 3×3 homography matrix. It has the following formula induced by a plane located at distance d:

$$\boldsymbol{H}=\boldsymbol{K}\left(\boldsymbol{R}+\boldsymbol{t}\frac{1}{d}\hat{n}^{\mathrm{T}}\right)\boldsymbol{K}^{-1} \tag{6}$$

where matrix $\boldsymbol{K}$, $\boldsymbol{R}$ and vector $\boldsymbol{t}$ have the same meanings with equation (1). When sweeping a set of virtual planes through the field, a warped image volume $\{\boldsymbol{I}^{dk} \mid k=0,\cdots,N\}$ is generalised through a series of homographies $\boldsymbol{H}(d_k)$. Let a plane sweep through space in steps along a direction parallel to the optical axis of the reference image. Thus, a space point X_i with depth d_k should lie on the virtual plane $\pi_k: \hat{n}^{\mathrm{T}} \cdot X_i - d_k=0$, where $\hat{n}(0, 0, 1)^{\mathrm{T}}$ is the unit normal vector of the virtual plane and d_k is the distance from plane π_k

to the optical centre.

Depth increment δ_d between adjacent planar is a crucial term. It should meet the requirement that the induced parallax can be distinguished in the image pair, i.e. the parallax is over one pixel. Let f denote the focus length, u denote pixel width and h denote target image height. Field angle of a pixel can be estimated by $\alpha \approx u/f$. Since h is far outweighing depth increment, in order to detect the parallax around image centre, the depth unit increment should be:

$$\delta_d = h \cdot \alpha = h \cdot u/f \tag{7}$$

Thereafter, once the volume $\{I^{dk}\}$ has been generated, the next step is to produce a univalued function for depth map that best describes the shape of the surface. In the overlapping region, each point is warped on every image in $\{I^{dk}\}$. If a spatial point X_i is exactly located on the plane π_k, the point's projection on I^{dk} is expected to be photoconsistent with I^t at the identical projection position. Based on this assumption, we detect the correspondences in this image pair of I^t and I^{dk} by calculating the correlation score $C(m_i^{\mathrm{t}}, \boldsymbol{H}_k m_i^{\mathrm{r}})$ on a square aggregation window around the pixel of interest $I_i=(x_i, y_i)^{\mathrm{T}}$. The volume item I^{dk} who gains the highest score in curve is selected as the optimal estimate, i.e. the depth value $d(x_i, y_i)$ in the depth map is equal to d_k. In order to handle the radiometric differences such as bias and gain changes, normalised cross-correlation (NCC) score is used to compute the correlation.

$$C(m_i^{\mathrm{t}}, \boldsymbol{H}_k m_i^{\mathrm{r}}) = C_{\mathrm{NCC}}^k = \frac{\sum_{i\in W}[I_i^{\mathrm{t}} - \bar{I}^{\mathrm{t}}][I_i^{dk} - \bar{I}^{dk}]}{\sqrt{\sum_{i\in W}[I_i^{\mathrm{t}} - \bar{I}^{\mathrm{t}}]^2}\sqrt{\sum_{i\in W}[I_i^{dk} - \bar{I}^{dk}]^2}} \tag{8}$$

where C_{NCC}^k is the correlation score of the kth warped image, $\bar{I}$ denotes the average grey value in a support window Wabout the point of interest, and I_i^{t} and I_i^{dk} denote the ith pixel in image I^t and I^{dk} respectively. For each pixel $I_i^r(x_i; y_i)$ in the reference image, to estimate its depth value is to find out the distance of the virtual plane π_k who generalises I^{dk} that contains the biggest correlation score with the target image I^{t} at position $(x_i; y_i)$.

Since the image pair presents ambiguous problems caused by texture absence, the depth map D generated by plane sweep may suffer from blocky appearance. Assuming the terrain is a piecewise smooth, a semiglobal optimisation framework, like matching methods proposed by Hirschmuller,[18,19] is used to quantitatively refine the depth map. The refinement is formulated in a minimisation problem, which deals with an energy function $E(D)$ in the form of:

$$E(D) = \sum_p \Big[S(p, d_p) + \sum_{|d_p - d_q| \leqslant \delta_p} P_1 + \sum_{|d_p - d_q| > \delta_p} P_2\Big], q \in Np \tag{9}$$

where p and q are pixel positions in the depth map D; d_p and d_q are their depth values; Np denotes a set of neighbour pixels about p. The first term S is the matching cost obtained from the local aggregation, and the second term P_1 denotes a constant penalty for those pixels q, whose depth deviation from d_p is less than the increment δ_d. The third term P_2 adds a larger constant penalty for larger depth changes.

After the minimisation operation, the value of each pixel on the depth map is rearranged. At last, the coordinate of every spatial point can be calculated by a triangulation model. Thus, a 3D terrain model is generated on the first image coordinate frame. This dense reconstruction stage also obtains texture mapping results from the image input.

Georegistration

The terrain model with respect to the image coordinate system cannot be used in the exploration mission directly, so a registration step is required. However, it is difficult to directly match ground and descent images together due to the large differences in their camera viewpoints and imaging conditions. We addr ess the problem of registering ground level models by a 3D alignment based on control points.

Because the field is rigid here, the 3D alignment is implied in a linear transfer, composed of translation $\boldsymbol{t}$, rotation $\boldsymbol{R}$ and a scale factor λ close to 1. Then, we have the following relationship: $X_i^{Geo} = \lambda(\boldsymbol{R}X_i + \boldsymbol{t})$, where X_i and X_i^{Geo} are the coordinates of a space point before and after the transformation. In this case, we look for $\boldsymbol{R}$, $\boldsymbol{t}$ and λ that minimise the error:

$$E = \sum_i \| X_i^{Geo} - \lambda \boldsymbol{R} X_i - \lambda \boldsymbol{t} \|^2 \tag{10}$$

which is often called the absolute orientation problem.[20] When existing over four control points, the problem can be solved using a general least square method.

In space mission, stereo vision system of the rover has the advantage of being all solid state, hence having greater mechanical reliability. In our implementation, the lunar rover has a pair of engineering navigation cameras (Navcams) mounted on the mast (the rover's 'neck and head'). Since the rover's Navcams have a stable baseline and intrinsic parameters have been calibrated on earth, the point coordinates generalised by stereo triangulation technique can be assumed accurate, which have accuracy in millimeter level. So these reconstructions are conducted as control points in the 3D alignment process.

The main steps of the registration algorithm are summarised as follows:

(i) Many 2D correspondences are manually selected on descent images and nav images respectively. Then, their 3D coordinates are computed by stereo triangulation technique. (ii) All transformation parameters are calculated using a least square method based on the control point alignment. (iii) At last, transformation parameters are independently applied for each 3D point to obtain a consistent terrain surface. Finally, a 3D terrain model is generated on a moon surface coordinate frame, independent of the location of the camera.

Experimental Results

Simulation Experiment on Earth

A simulation experiment for landing mission was designed to evaluate the proposed system. The images (as shown in Fig. 6) were taken in a desert area using an UAV with a downward looking Canon 5D camera. As there is no IMU data, the initial UAV altitude values are calculated from ground control points. The depth map is shown in Fig. 6d, where blue regions represent higher ground, while orange and red regions represent lower areas.

Fig. 6　Descent images captured from UAV

a higher image I^r; b lower image I^t; c overlapping region; d depth map

A quantitative evaluation of the reconstruction accuracy is shown in Table 1, which demonstrates that our results are fully satisfied for the demands of exploration. Obviously, the large scale terrain structure has been successfully recovered and the large manual crater can be easily distinguished, which is useful for the exploration mission and path planning tasks.

Table 1　Quantitative analysis on the simulation experiment

Objects	True value	Recovered value	Relative error
Manual crater depth	0.45 m	0.39 m	13.3%
Distance between two control points	8.43 m	8.25 m	3.7%

Onboard Results

In Chang'E-3 mission, the proposed algorithm has been tested and good results have been obtained. First, appropriate key frames were carefully chosen out. The image sequence from 100 to 4 m is stable, and the field of view at this stage can cover the rover's scouting area for the first few days after landing. In order to be able to detect the parallax around the image centre, the heights of I^r and I^t should be nearly halved.[9] In order to maintain the recovery precision, our implementation chooses two frames from the descent image sequence at heights of 87.25 and 43.75 m respectively. Figure 7a and b shows the image pairs that were captured by the landing camera. Two selected left images of stereo pairs captured by the Navcams are shown in Fig. 7c and d.

(a)　(b)　(c)　(d)

Fig. 7　Chang'E-3 onboard images

a descent image I^r; b descent image I^t; c one nav image; d another nav image

While carrying out the plane sweep, parameters including virtual planes' depth unit increment and volume size need to be selected in advance. Based on the altimeter measure, we can estimate that the viewed terrain depth changes within 0.7 m. Then, according to equation (7) about plane depth increment δ_d, the increment value is set to 34 mm to bracket the range of the working volume. Thus, there will be 21 virtual warped images in the volume $\{I^{dk}\}$.

Using the method described in the 'Plane sweep matching' section, depth maps are generated. Figure 8a is a result without global constraint, while Fig. 8b is a refined depth map after semiglobal optimisation. It is obvious that the refined result performs better than the former one, which has serious blocky problems.

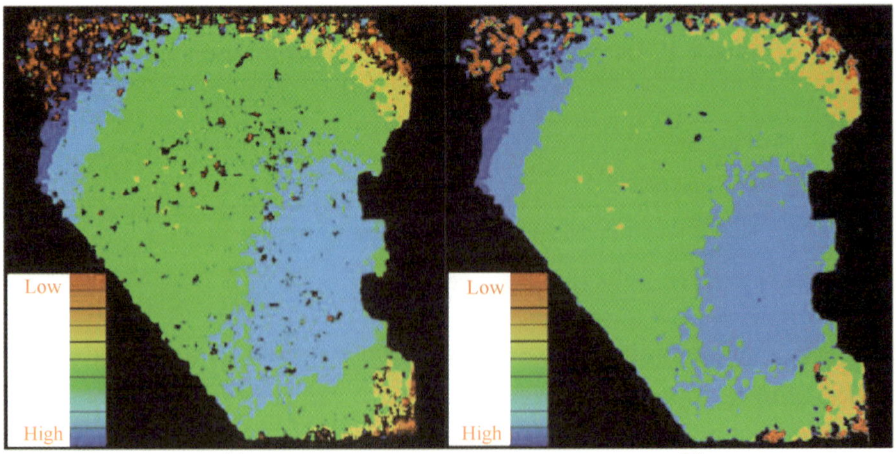

(a)　(b)

Fig. 8　Recovered depth map

a without global constraint; b refined depth map

We use onboard stereo reconstruction data as a benchmark to evaluate the mapping precision. In this test, the root mean square error of this method is 13.5 cm. The maximum mapping region is 34.94 m length and 32.96 m width. Descent image based mapping method has generated a middle level terrain map with respect to scales and precision, and the approach successfully filled the gap between the orbiter image maps and rover stereo vision maps.

The lunar surface data are post - processed with the rover's stereo vision system to register the 3D model to a local Euclidean coordinate system whose origin is on lunar surface. After georegistration, the 3D terrain model is qualified for virtual reality simulations of the mission, wherein the model is texture mapped with the original images as shown in Fig. 9. Using such a model, ground managers could conduct navigation and middle range path planning for lunar rover around the landing site.

(a) (b)

Fig. 9　Texture rendered scene
a aerial view; b near view

Conclusions

In this paper, we present a system aimed at building a georegistered terrain map from descent images, as a novel representation for space landing mission environments. Techniques, including data fusion in SFM, optimised plane sweep and 3D alignment, are analysed in this paper. The results show that this implementation produces high quality reconstruction in terms of both geometry and appearance. Our next study emphasis will be vision based odometry and slip perception for automatic driving in future space exploration mission.

Acknowledgements

This work is supported in part by China Academy of Space Technology.

References

[1] Zheng, Y., Ouyang, Z. Y., Li, C., et al. China's lunar exploration program: present and future. Planet. Space Sci., 2008, 56/7, 881－886.

[2] Fa, W. Z. and Jin, Y. Q. Global inventory of Helium－3 in lunar regoliths estimated by a multi－channel microwave radiometer on the Chang－E 1 lunar satellite. Chin. Sci. Bull., 2010, 55/35, 4005－4009.

[3] Sun, Z. Z., Zhang, T. X. and Zhang, H. The technical design and achievements of Chang'E-3 probe. Sci. Sin. Techol., 2014, 44/4, 331－343.

[4] Matthies, L.,Maimone, M., Johnson, A., et al. Computer vision on Mars. Int. J. Comput. Vis., 2007, 75/1, 67－92.

[5] Cheng, Y., Goguen, J., Johnson, A., et al. The Mars exploration rovers descent image motion estimation system. IEEE Intell. Syst., 2004, 19/3, 13－21.

[6] Li, R. X., Di, K. C., Matthies, L. H., et al. Rover localization and landing－site mapping technology for the 2003 Mars exploration rover mission. Photogramm. Eng. Remote Sens., 2004, 70/1, 77－90.

[7] Wright, J. R., Hartman, F., Maxwell, S., et al. Updates to the rover driving tools for ''Curiosity''., in IEEE 8th International Conference on System of Systems Engineering, New York, 147－152 2013.

[8] Xiong, Y., Olson, C. F. and Matthies, L. H. Computing depth maps from descent images. Mach. Vis. Appl., 2005, 16/3, 139－147.

[9] Meng, C., Zhou, N., Xue, X. L., et al. Homography－based depth recovery with descent images. Mach. Vis.Appl., 2013, 24/5, 1093－1106.

[10] Meingast, M., Geyer, C. and Sastry, S. Vision based terrain recovery for landing unmanned aerial vehicles., IEEE Conf. on 43rd Decision and Control, Atlantis, Paradise Island, Bahamas 2004, Vol. 2, pp. 1670－1675.

[11] Ducrot, A., Dumortier, Y., Herlin, I., et al. Real－time quasi dense two－frames depth map for autonomous guided vehicles., in 2011 IEEE Intelligent Vehicles Symposium, Baden－Baden, Germany 2011, pp. 497－503.

[12] Kanade, T. and Morris, D. Factorization methods for structure from motion. Philos. Trans. R. Soc. London A, 2001, 356/1740, 1153－1171.

[13] Tomasi, C. and Kanade, T. Shape and motion from image streams under orthography—a factorization method. Int. J. Comput. Vis., 1992, 9/2, 137－154.

[14] Triebel, R., Pfaff, P. and Burgard, W. Multi－level surface maps for outdoor terrain mapping and loop closing., in 2006 IEEE/RSJ International Conference on Intelligent Robots and Systems, Bei-

jing, 2276 - 2282 2006.

[15] Harris, C. and Stephens, M. A combined corner and edge detector., in Proc. on 4th Alvey Vision Conference, 147 - 151 1988.

[16] Collins, R. T. A space - sweep approach to true multi - image matching., in IEEE Conf. on Computer Vision and Pattern Recognition, San Francisco, CA 1996, pp. 358 - 363.

[17] Szeliski, R. and Golland, P. Stereo matching with transparency and matting. Int. J. Comput. Vis., 1999, 32/1, 45 - 61.

[18] Hirschmuller, H. Accurate and efficient stereo processing by semiglobal matching and mutual information., in IEEE Conf. on Computer Vision and Pattern Recognition, San Diego, CA, vol. 2 2005, pp. 807 - 814.

[19] Hirschmuller, H. Stereo processing by semi - global matching and mutual information. IEEE Trans. Pattern Anal. Mach. Intell., 2008, 30/2, 328 - 341.

[20] Horn, B. K. P. Closed - form solution of absolute orientation using unit quaternions. J. Opt. Soc. Am. A, 1987, 4/4, 629 - 642.

Data processing and initial results of Chang'e-3 lunar penetrating radar

Yan Su[1], Guang - You Fang[2], Jian - Qing Feng[1], Shu - Guo Xing[1], Yi - Cai Ji[2], Bin Zhou[2], Yun - Ze Gao[2], Han Li[1], Shun Dai[1], Yuan Xiao[1] and Chun - Lai Li[1]

1 Key Laboratory of Lunar and Deep Space Exploration, National Astronomical Observatories, Chinese Academy of Sciences, Beijing 100012, China; suyan@nao.cas.cn

2 Institute of Electronics, Chinese Academy of Sciences, Beijing 100190, China

Abstract: To improve our understanding of the formation and evolution of the Moon, one of the payloads onboard the Chang'e-3 (CE-3) rover is Lunar Penetrating Radar (LPR). This investigation is the first attempt to explore the lunar subsurface structure by using ground penetrating radar with high resolution. We have probed the subsurface to a depth of several hundred meters using LPR. In - orbit testing, data processing and the preliminary results are presented. These observations have revealed the configuration of regolith where the thickness of regolith varies from about 4 m to 6 m. In addition, one layer of lunar rock, which is about 330 m deep and might have been accumulated during the depositional hiatus of mare basalts, was detected.

Key words: space vehicles: instruments: Lunar Penetrating Radar — techniques: radar astronomy — methods: data processing — Moon: lunar subsurface — Moon: regolith

1 Introduction

The Moon is the only natural satellite of our Earth. Since the invention of optical telescopes, human beings have been continuously exploring the Moon by different kinds of techniques (Ip et al. 2014). Radar is an attractive and powerful technique to observe the Moon. There are three main goals in using radar to observe the Moon: firstly, to explore the lunar landscape including polar regions; secondly, to probe for water ice at the lunar poles based on high resolution mapping; thirdly, to analyze and study lunar subsurface structures such as the thickness of regolith. The study of subsurface structures is not only useful for better understanding the geologic history of the Moon, but also its thermal history and the origin of the Earth - Moon system (Yamaji 1998).

Radar mapping of the Moon's topography was first done by the Arecibo telescope at a wavelength of 70 cm in 1964 (Thompson & Dyce 1966). Since then, the Goldstone Solar System Radar has been improved to allow 40 MHz bandwidth imaging with Earth based radar interferometric measurements. Images and interferograms with a resolution of about 4 m in range by 5 m in azimuth were subsequently obtained (Hensley et al. 2011). The investigation with Mini - RF consists of polarimetric Synthetic Aperture Radar (SAR) imagers on the ISRO Chandrayaan - 1 lunar orbiter and the NASA Lunar Reconnaissance Orbiter (LRO), which have the primary objective of searching for water ice in permanent shadows at the lunar poles (Kirk et al. 2010; Spudis et al. 2010). Mapping the thickness of the regolith layer on the nearside of the Moon was carried out with Arecibo radar data at a wavelength of 70 cm (Thompson 1987) and distributions of iron and titanium content were derived from Earth - based optical data (Shkuratov et al. 1999). The average thicknesses were found to be 5 m and 12 m respectively for maria and highlands (Shkuratov & Bondarenko 2001). In 1972, the Apollo Lunar Sounder Experiment (ALSE) was the subsurface sounder experiment that flew on the Apollo 17 mission to study the Moon's surface and interior. Its working frequency was 5 MHz, and the estimated depth of penetration was 1.3 km with range resolution of 300 m. The Lunar Radar Sounder (LRS) onboard the Japanese KAGUYA spacecraft (SELENE) found that most nearside maria have subsurface stratifications. The working frequency of LRS is 5 MHz, which enabled subsurface data to be obtained to a depth of several kilometers with a resolution of 75 m (Ono et al. 2010).

Chang'e-3 (CE-3) was launched on 2013 December 2, and it landed successfully on the Moon. The CE-3 rover is called Yutu, and one of the scientific payloads it carries is Lunar Penetrating Radar (LPR). It is the first ground penetrating radar that has operated on the lunar surface. Compared with ALSE and LRS, LPR works at higher frequencies of 60 MHz and 500 MHz (Fang et al. 2014). Thus it can probe regions with shallower depth at higher range resolution. At these two frequencies, it can measure the structure and depth of lunar regolith within 30 m, and investigate the structure of lunar crust to hundreds of meters deep. The LPR transmits nanosecond pulses in the time domain with no carrier frequency. Based on the analysis of radar echo signals, subsurface structures can be revealed. The free space range resolutions are 50 cm and 25 m for 60 MHz and 500 MHz respectively. The LPR uses one transmitting and one receiving dipole antenna for 60 MHz which are installed at the back of the rover. For the 500 MHz system, one transmitting and two bow - tie receiving antennas are attached to the bottom of the rover, as shown in Figure 1.

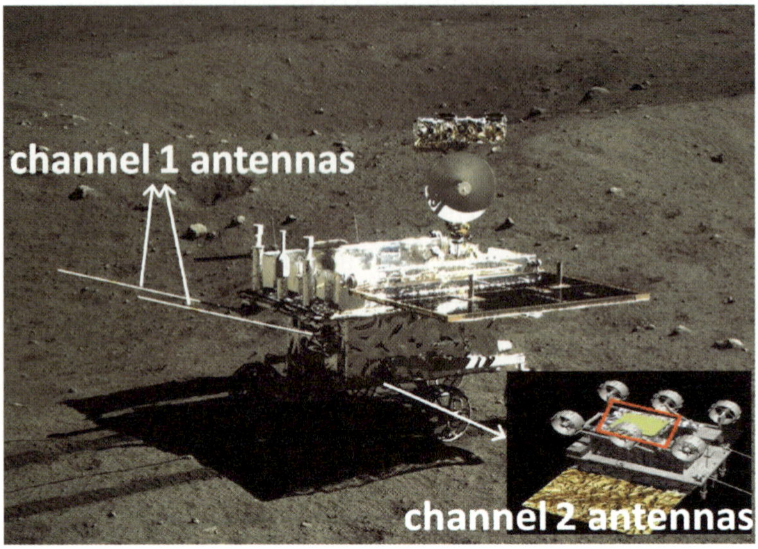

Fig. 1　Illustration of the two radar channels on the LPR. This picture was taken by the descending camera onboard the CE-3 lander when the Yutu rover was on the site denoted by point N0104. One transmitting and one receiving dipole antennas for the first channel of 60 MHz are installed at the back of the Yutu rover. For the second channel that operates at 500 MHz, one transmitting and two receiving bow - tie antennas are attached to the bottom of the Yutu rover.

2　Tests and measurements

The landing site of CE-3 is 44.126 0N, 19.501 4W in Mare Imbrium, about 40 km south of the crater Laplace F. The Yutu rover was successfully deployed from the lander and touched the lunar surface on 2013 December 14. The LPR transmits a pulsed signal and receives the radar echo signal along the path that the Yutu rover traverses. The radar data stop being sampled and are sent back to Earth when Yutu is stationary. Observations are simultaneously carried out at frequencies of 60 MHz and 500 MHz.

Radar data are stored by track. A block of track data contains the relative intensity of the radar echo signal in one time window appended with setting parameters for the instrument. The time window is defined as the length of time for receiving reflected echoes. They are 10 240 ns and 640 ns respectively for the two channels.

During the Yutu rover's traverse, exploration points are designated and set for scientific studies. Also, a number of navigation points are set at short distance steps along the path of the scientific exploration points so that the progress of the Yutu rover can be periodically verified along its route. These points are labeled N0101, N0102, etc.

Figure 2 shows the trajectory of the Yutu rover's traverse. The background image is the topography that was photographed by a descending camera attached to the CE-3 lander while it descended. The LPR started working at 10:50:32 UTC on 2013 Dec. 15. Until 14:16:56 UTC 2014 Jan. 15, LPR had worked for 277 min. 10 171 and 19 934 track data were obtained for the first and second channels respectively. Among these data, 1340 and 2531 track data are valid while the Yutu rover was maneuvering. Others are duplicated and similar when Yutu was stationary.

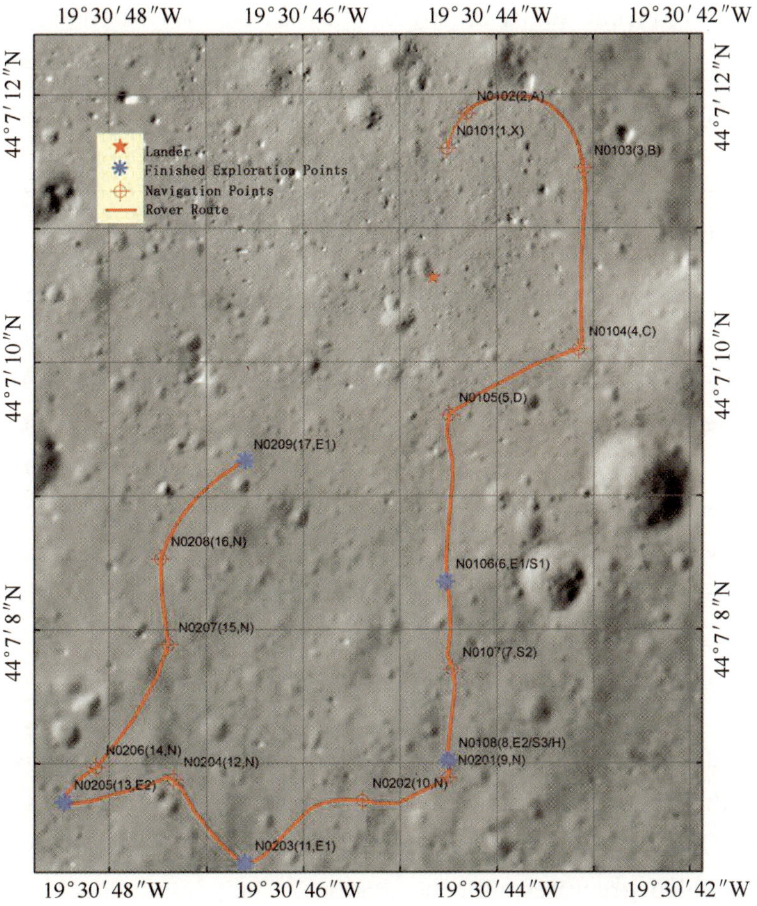

Fig. 2　The roadmap of the Yutu rover's traverse is denoted by the red line. The red star represents the CE-3 lander's landing location, the blue asterisks are the scientific exploration points and the red circles with plus signs are the navigation points. The background topographic picture was taken by a descending camera attached to the lander as it descended. The picture has a resolution of 10 cm.

Two important instrument parameters, i. e. the system gain and cumulative number, need to be tested and confirmed during in - orbit testing of the LPR. In order to expand the dynamic range of the radar system, system gain can be changed with relative amplitude of the radar echo signal. The weaker the relative amplitude of the radar signal is, the greater the system gain should be set. Thus weaker signals could be recognized and LPR would be able to detect deeper subsurface structures. However, further analysis based on relative amplitude of the radar echo signal requires that the relative amplitude of the real original signal must be obtained and the effect of variable gain must be eliminated; this has been done in published data. The cumulative number is the number of radar echo signals accumulated and saved as one block of track data. The smaller the cumulative number is, the greater the radar data volume becomes, which could cause difficulty with downlink transmission of data. When the rover moved from N0101 to N0102, N0103, N0104, N0105 and N0106, different parameter setting were tested in each period to confirm which parameters were optimal, as shown in Table 1.

Table 1 Test of Different Parameter Settings for the LPR

Channel No.	Parameter	N0101－N0102	N0102－N0103	N0103－N0104	N0104－N0105	N0105－N0106
Channel 1	Pulse Repetition Frequency (kHz)	1	1	1	1	1
	Cumulative Number	35	35	4	4	4
	Gain Mode	Variable gain	Constant gain	Variable gain	Variable gain	Variable gain
	Attenuation Settings (dB)	31	50	20	10	0
	Valid Data Length	8 192	8 192	4 096	4 096	4 096
Channel 2	Pulse Repetition Frequency (kHz)	10	10	10	10	10
	Cumulative Number	18	18	15	15	15
	Gain Mode	Variable gain	Constant gain	Variable gain	Variable gain	Variable gain
	Attenuation Settings (dB)	31	50	20	10	10/0
	Valid Data Length	2 048	2 048	2 048	2 048	2 048

Figures 3 and 4 are the radar maps at 60 MHz and 500 MHz respectively. They very clearly indicate that the LPR works well and different parameter settings result in different radar maps. One set of parameters from the points N0105 to N0106 is optimal, so the results display detailed structures in deeper regions. The parameter settings during LPR's subsequent traverse are almost same as the optimal settings but slightly different according to the actual detection. All the parameter settings are stored in the PDS index of every track radar data. Unfortunately the Yutu rover suffered major problems near the end of the second lunar day and it could not traverse anymore. Thus the radar data from points N0208 to N0209 are lost and only repeated data at the location of point N0209 could be obtained.

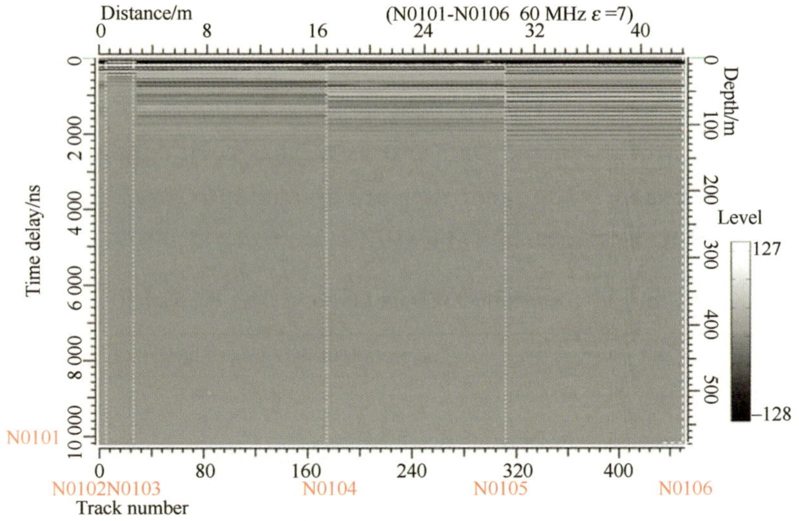

Fig. 3 A radar map of the LPR tests from points N0101 to N0106 with different parameter settings used for channel 1. The relative dielectric constant is set to be 7. This shows that different parameter settings result in different mantling layers with different detection depths.

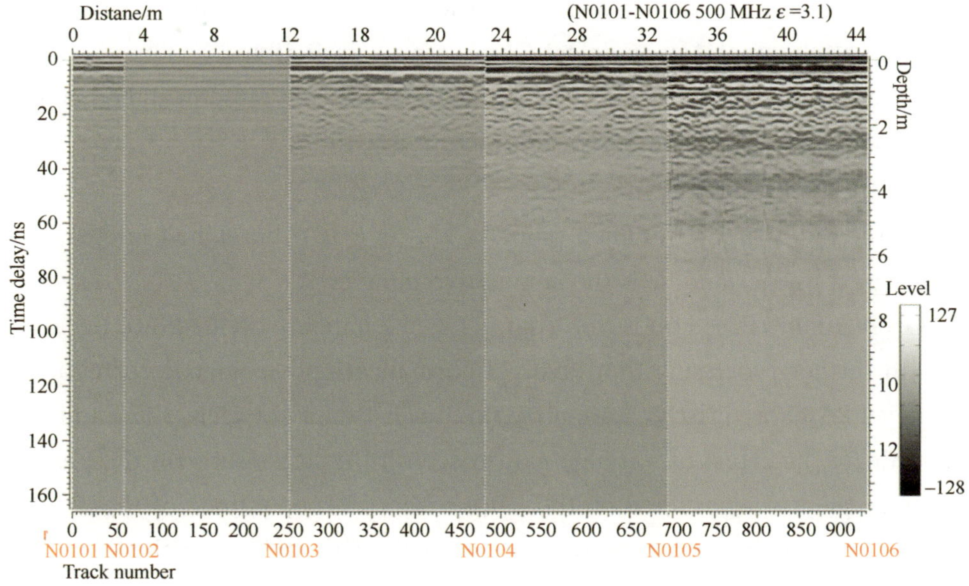

Fig. 4 The radar map of the LPR tests from points N0101 to N0106 with different parameter settings used by channel 2. The relative dielectric constant is set to be 3.1. This shows that optimal parameter settings result in good mantling layers with deeper detection depths.

3 Data processing

The scientific data are archived and distributed by National Astronomical Observatories, Chinese Academy of Sciences. Data processing has been done in order to eliminate the effect of the instrument. The radar data are divided into three levels including Level 0, Level 1 and Level 2, as shown in Table 2.

Table 2 Description of Data Levels in Data Processing

Data Levels	Description of data processing
Level 0	The raw data
Level 1	Convert the unsigned numbers to signed numbers
Level 2	Level 2A: Normalization, elimination of variable gain and the effect of instrument drift
	Level 2B: Include the navigation point position of the Yutu rover
	Level 2C: Filtering

(1) Raw data: Raw data are collected by the 50m radio telescope in Beijing and the 40m radio telescope in Kunming. Each station transmits the raw data by a dedicated fiber to the headquarters of the science and application center for lunar and deep space exploration located at National Astronomical Observatories in Beijing.

(2) Level 1 data: The unsigned 16-bit numbers are converted to signed numbers according to their cumulative number, as defined in Equation (1).

$$X_{(m)} = S_{(m)} - 128 \times (A+1) \tag{1}$$

where m is the index of the sampled points, $X_{(m)}$ is a 16-bit signed integer, $S_{(m)}$ is a 16-bit unsigned integer and A is the cumulative number.

(3) Level 2 data: Based on Level 1 data, Level 2 data are divided into Levels 2A, 2B and 2C with further processing that involves normalization, geometric correction, etc.

(a) Level 2A data: Firstly, normalize the Level 1 data between -128 and 128. Secondly, eliminate the effect of variable gain based on the test results on the Earth before the LPR instrument was installed on the Yutu rover, thus amplitude of the relative echo signal can be calculated. In addition, we remove the DC drift using the sliding window method as shown in Equation (2).

$$Y_{(n)} = y_{(n)} - \frac{1}{n_2 - n_1 + 1}\sum_{m=n_1}^{n_2} y_{(m)}$$

$$n_1 = \begin{cases} n - \dfrac{N-1}{2}, & n \geqslant \dfrac{N-1}{2} \\ 0, & n < \dfrac{N-1}{2} \end{cases}$$

$$n_2 = \begin{cases} n + \dfrac{N-1}{2}, & n \leqslant N_e - \dfrac{N+1}{2} \\ N_e - 1, & n > N_e - \dfrac{N+1}{2} \end{cases} \tag{2}$$

where $Y_{(n)}$ is the calculated value after eliminating the effect of instrument drift, $y_{(n)}$ is the calculated value after eliminating the effect of variable gain and n is the index of sampled points. N is the sliding window size; for 60 MHz track data, N equals 201, but N equals 101 for 500 MHz track data. N_e means the number of valid points in one block of track data.

(b) Level 2B data: While the Yutu rover was maneuvering, different navigation points were set. The coordinates of the current navigation point and the relative position according to the current navigation point are recorded in Level 2B data, thus the location of the Yutu rover could be determined.

(c) Level 2C data: A band-pass filter based on FFT filtering was designed. Parameters for the filter included a low stop-band cut-off frequency, a low pass-band cut-off frequency, high pass-band cut-off frequency and a high of 5, 10, 100, 120, and 10, 50, 950, 1000 MHz for 60 MHz and 500 MHz respectively.

4 Data analysis and preliminary results

Based on the Level 2C radar data and the parameter settings in the PDS index, to obtain clear radar images, coordinate transformation, data editing, background removal, the operations of smoothing and gain resetting need to be applied. Coordinate transformation is used to obtain the trajectory of the LPR. There are two coordinate systems in radar data processing. One is the coordinate system which uses the CE-3 lander's landing point as the origin (east-north-sky) where navigation points can be calculated. In the other coordinate system, the origin is the current navigation point (northeast-Earth), from which the position where LPR data are acquired can be calculated. Notably, the navigation point might be set differently for each movement of the Yutu rover. After transformation between these two coordinate systems, the working trajectory relative to the landing point can be obtained from Equation (3).

$$(X_{\text{lander}}, Y_{\text{lander}}, Z_{\text{lander}}) = (X_0, Y_0, Z_0) + (Y_{\text{NEU}}, X_{\text{NEU}}, -Z_{\text{NEU}}) \tag{3}$$

where (X_0, Y_0, Z_0) are the coordinates of the navigation point with respect to the center of the landing site and are recorded in each block of track data, $(X_{\text{NEU}}, Y_{\text{NEU}}, Z_{\text{NEU}})$ are the coordinates of the Yutu rover with respect to the center of the current navigation point in each track of data, and $(X_{\text{lander}}, Y_{\text{lander}}, Z_{\text{lander}})$ are the coordinates of the Yutu rover with respect to the center of the landing site for each track data.

As the Yutu rover does not traverse at a constant speed, frequently stopping and maneuvering, about 13% of track data are valid. A lot of tracking data were sampled when the Yutu rover was stationary. The purpose of data editing is to extract valid data from all data to obtain a uniform distribution across the lunar surface. According to the time label for movements of the Yutu rover, valid track data during the traverse of the Yutu rover are selected.

Background noise exists in the radar echo signal, and it could be removed by subtracting the mean of all the track data in a certain period from each block of track data according to Equation (4). The time period could be determined by the system parameter settings of the LRP and the actual working status of the device.

$$Y_{(n)} = y_{(n)} - \frac{1}{N}\sum_{n=1}^{N} y_{(n)} \tag{4}$$

where y_n represents the original radar track data, Y_n represents radar track data after the removal of background, n denotes the sequential number for the radar track data in a certain period of time and N is the total number of radar track data in a certain period of time.

To generate an overall radar image, radar data from different periods need to be spliced together. Smoothing has been applied between data points as defined in Equation (5). By comparison, N equals 7 returns a better fit, that is, considering that the track data have a mean of 7.

$$\begin{aligned} Y_{(n)} &= \frac{1}{n_2 - n_1 + 1}\sum_{i=n_1}^{n_2} y_{(i)} \\ n_1 &= \begin{cases} n - \dfrac{N-1}{2}, & n > \dfrac{N-1}{2} \\ 1, & n \leqslant \dfrac{N-1}{2} \end{cases} \\ n_2 &= \begin{cases} n + \dfrac{N-1}{2}, & n \leqslant N_{\text{all}} - \dfrac{N+1}{2} \\ N_{\text{all}}, & n > N_{\text{all}} - \dfrac{N+1}{2} \end{cases} \end{aligned} \tag{5}$$

where N_{all} means the number of the all radar track.

Gain resetting aims to amplify a weak radar signal, so we can identify layers in deeper regions. Here, non - linear gain in the area of interest is considered.

Based on analysis of the Apollo samples and other previous studies (Olhoeft & Strangway 1975; Haskin et al. 1991), in mare regions the relative dielectric constant of the regolith was measured to be in the range 2.32 to 3.49, and the relative dielectric constant of the lunar rock is in the range 6.62 to 8.76. Here we assume the relative dielectric constant to be 3.1 for the regolith and 7 for the lunar rock. According to calibration tests that were performed by the Institute of Electronics, Chinese Academy of Sciences, the time delay of the radar echo signal transmitted from the lunar surface is 69.664 ns and 28.203 ns for channel 1 and channel 2 respectively, thus the lunar surface is denoted by this value for time delay.

The initial results of the two frequency channels during the second lunar day (from 11 to 15 January 2013 UTC) are presented in the following figures. Figures 5 and 6 show the results from points N0201 to N0207.

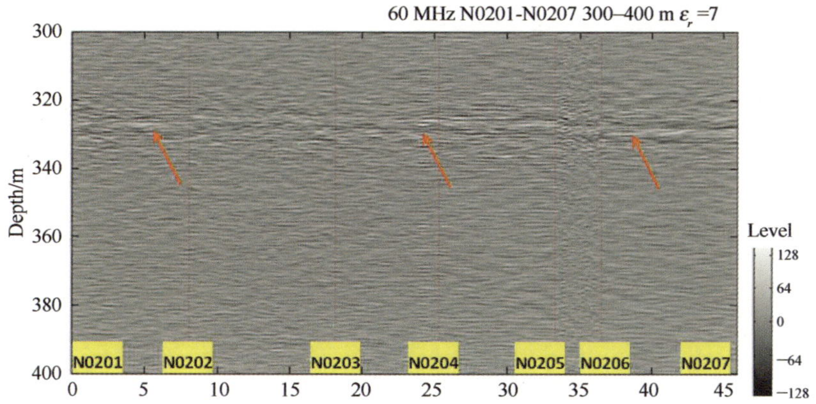

Fig. 5　The radar result of 60 MHz from N201 to N207. The depth range for the plot is from 300m to 355m. The arrows indicate the existence of prominent reflectors at a depth of about 330m with the assumption that the basalt has a relative dielectric constant of 7.

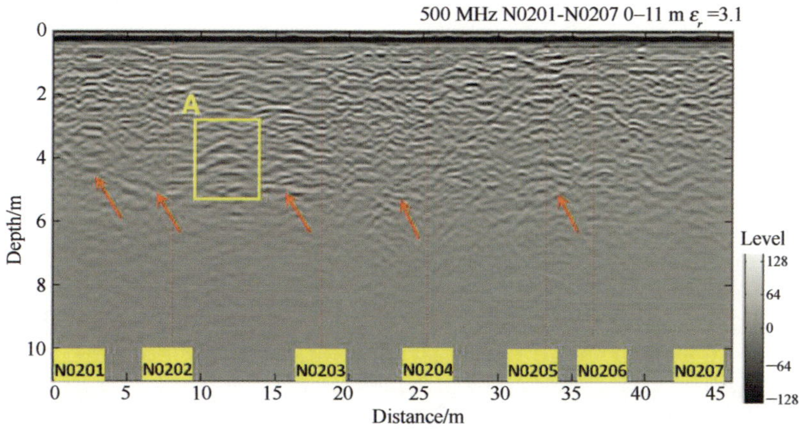

Fig. 6　The stratification of regolith along the Yutu rover's transverse path with the assumption that the regolith has a relative dielectric constant of 3.1. The arrows indicate the layer in the regolith where the thickness of the regolith is 4 – 6 m. The region labeled by A has a typical hyperbolic shape that might be caused by a rock underneath the regolith.

5　Discussion

Error analysis is very import but difficult work. According to the instrument's setting parameters, the length of valid data for each track is 4 096 points at 60 MHz and

2 048 points at 500 MHz. Using the repeated raw data at one point where data were taken when the Yutu rover was stationary, the system drift is calculated and shown in Figures 7 and 8. Also, the system standard deviations using all the repeated raw data at all points where data were taken are analyzed. Figures 9 and 10 show the standard deviation for each sample point, and the average system standard deviations are 2.4 and 0.6 at 60 MHz and 500 MHz respectively.

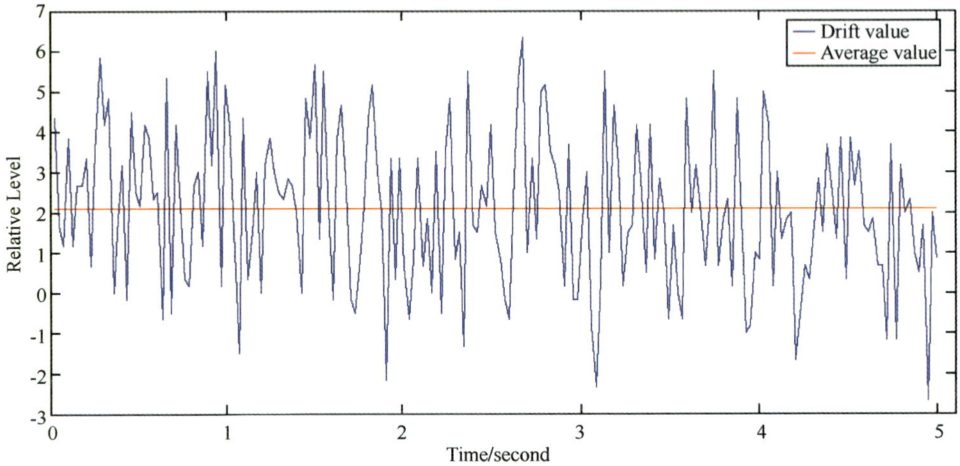

Fig. 7　The instrument drift at sample point 1000 in one block of track data observed at the location point N0209 in 5 min (60 MHz). The average is 2.1, and the standard deviation is 1.9, so the possible interval of the amplitude with a 95% confidence level is 2.1±3.8.

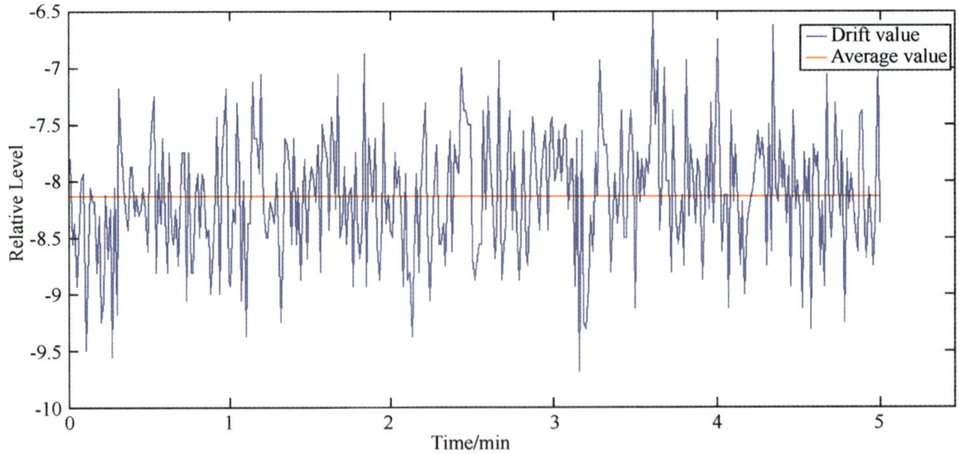

Fig. 8　The instrument drift at sample point 1000 in one block of track data observed at the location point N0209 in 5 min (500 MHz). The average is −8.1, and the standard deviation is 0.4, so the possible interval of the amplitude with a 95% confidence level is −8.1±0.8.

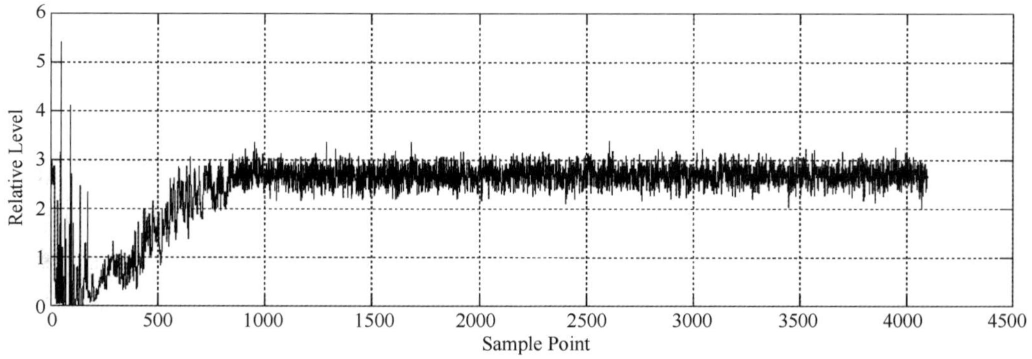

Fig. 9　The instrument standard deviation at 60 MHz. The average standard deviation is 2.4. The standard deviation is relatively large in less than 250 points since the radar echo signals are strong in the shallow region. From point 250 to point 900, the standard deviation is smaller because the receiving system is in a state of nonlinear saturation. The standard deviation is stabilized afterwards.

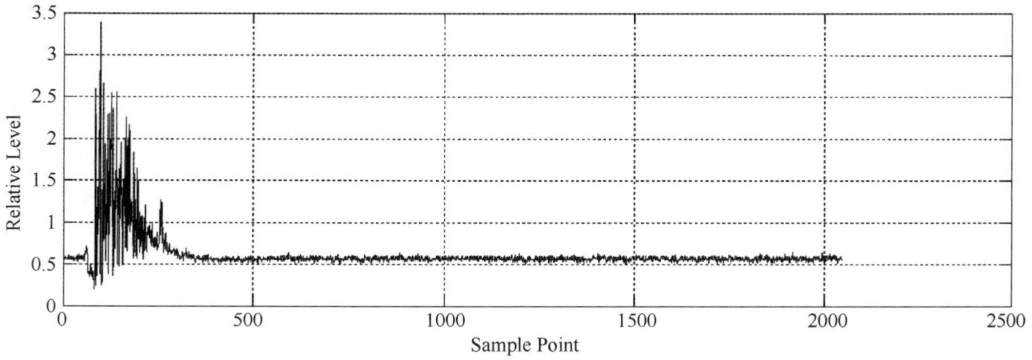

Fig. 10　The instrument standard deviation at 500 MHz. The average standard deviation is 0.6. The standard deviation is relatively large in less than 250 points because the radar echo signals are strong in the shallow region. The standard deviation is stabilized afterwards.

6　Conclusions

Mare Imbrium is the largest impact basin on the nearside of the Moon and the formation age of Imbrium is 3.85 Gyr (Wilhelms et al. 1987). Between 2.01 and 3.57 Gyr, when mare basalts were erupting, older basalts could have been covered by younger basalts (Hiesinger et al. 2000; Hiesinger et al. 2010). The radar sounder carried by Apollo 17 indicates that there are two continuous buried horizontal layers in Mare Serenitatis. One layer is at a depth of about 0.9 km and the other is at about 1.6 km (Peeples et al. 1978). The radar sounder onboard the KAGUYA spacecraft also revealed that there is a two – layer structure in Mare Imbrium and the apparent depths are 320 – 550 m and 920 – 1 050 m respectively (Ono et al. 2009, 2010). Apparent depth is defined as the penetrating depth with $\varepsilon_r = 1$. The LPR observations also reveal that Mare Imbrium has subsurface stratifications.

Figure 5 very clearly indicates the presence of one prominent reflector at depths of hundreds of meters. Apparent depth with $\varepsilon_r = 1$ is assumed to be 873 m, and the corresponding layer is estimated to have a depth of about 330m considering $\varepsilon_r = 7$. The buried regolith layer might have been accumulated during the depositional hiatus of mare basalts.

The regolith on the Moon's surface is a highly comminuted surface layer, which was formed by billions of years of collisions. The regolith is not uniform and structures with multiple layers have been observed, as shown in Figure 6. Observations with the LPR show the regolith around the landing place in Mare Inbrium is about 4 – 6 m deep. Also, the typical hyperbolic radar echo signal recorded in the A region might indicate that a rock lies underneath the regolith.

Since the Yutu rover had severe problems during its second lunar day, it is pity that the Yutu rover only transversed a limited distance. Nevertheless, the LPR worked successfully and performed the first on site exploration of structure under the lunar subsurface. In total, 566 MB of data were obtained. The preliminary results have been derived, and further analysis will be carried out.

Acknowledgments

We thank Neil Roddis for great help with English correction. This work was supported by the National Natural Science Foundation of China (Grant Nos. 11173038 and 11203046). We also thank the Lunar and Deep Space Exploration Department, National Astronomical Observatories, Chinese Academy of Sciences (NAOC) for providing the radar data.

References

[1] Fang, G. – Y., Zhou, B., Ji, Y. – C., et al. 2014, RAA(Research in Astronomy and Astrophysics), 14, 1607.

[2] Haskin, L., Warren, P., Heiken, G. H., Vaniman, D. T., & French, B. M. 1991, CUP, 447.

[3] Hensley, S., Gurrola, E., Harcke, L., et al. 2011, in Lunar and Planetary Science Conference, 42, 1813.

[4] Hiesinger, H., Head, J., Wolf, U., Jaumann, R., & Neukum, G. 2010, Journal o f Geophysical Research: Planets (1991 – 2012), 115.

[5] Hiesinger, H., Jaumann, R., Neukam, G., & Head, J. W. 2000, J. Geophys. Res., 105, 29239.
[6] Ip,W. - H., Yan, J., Li, C. - L.,& Ouyang, Z. - Y., 2014, RAA(Research in Astronomy and Astrophysics), 14, 1511.
[7] Kirk, R., Cook, D., Howington - Kraus, E., et al. 2010, in A Special Joint Symposium of ISPRS Technical Commission IV & AutoCarto in Conjunction with ASPRS/CaGIS 2010 Fall Specialty Conference.
[8] Olhoeft, G. R., & Strangway, D. W. 1975, Earth and Planetary Science Letters, 24, 394.
[9] Ono, T., Kumamoto, A., Kasahara, Y., et al. 2010, Space Sci. Rev., 154, 145.
[10] Ono, T., Kumamoto, A., Nakagawa, H., et al. 2009, Science, 323, 909.
[11] Peeples, W. J., Sill,W. R., May, T. W., et al. 1978, J. Geophys. Res., 83, 3459.
[12] Shkuratov, Y. G., & Bondarenko, N. V. 2001, Icarus, 149, 329
[13] Shkuratov, Y. G., Kaydash, V. G., & Opanasenko, N. V. 1999, Icarus, 137, 222.
[14] Spudis, P., Bussey, D., Baloga, S., et al. 2010, Geophysical Research Letters, 37.
[15] Thompson, T. W. 1987, Earth Moon and Planets, 37, 59.
[16] Thompson, T. W., & Dyce, R. B. 1966, J. Geophys. Res., 71, 4843.
[17] Wilhelms, D. E., McCauley, J. F., & Trask, N. J. 1987, The Geologic History of the Moon (Washington: U.S. G.P.O.).
[18] Yamaji, A. 1998, Mem. Geol. Soc. Japan., 50, 213.

Comparison analyses on the 150×150 lunar gravity field models by gravity/topography admittance, correlation and precision orbit determination

Jianguo Yan[a,b,*], Zhen Zhong[a,c], Fei Li[a], James M. Dohm[d], Jinsong Ping[e], Jianfeng Cao[f], Xie Li[f]

1 State Key Laboratory of Information Engineering in Surveying, Mapping and Remote Sensing, Wuhan University, Wuhan 430070, China;

2 Space Research Institute, Austrian Academy of Science, Graz 8042, Austria;

3 School of Physics and Electronic Science, Guizhou Normal University, Guiyang, 550001, China;

4 Department of Hydrology and Water Resources, University of Arizona, Tucson, AZ 85721, USA;

5 National Astronomical Observatories, Chinese Academy of Science, Beijing 100012, China;

6 Space Flight Dynamics Laboratory, Beijing Aerospace Command and Control Center, Beijing 100094, China

Abstract: We analyzed the 150 × 150 lunar gravity field models, LP150Q, GLGM − 3 and SGM150, using the power spectrum on the lunar nearside and farside, the lunar global and localized gravity/topography admittance and correlation, and Chang'E-2 precision orbit determination to investigate which model is a more effective tool to estimate geophysical parameters and determine the lunar satellite precision orbit. Results indicate that all gravity field models can be used to estimate the lunar geophysical parameters of the nearside of the Moon. However, SGM150 is better in such computation of the farside. Additionally, SGM150 is shown to be the most useful model for determining the lunar satellite orbit.

Key words: Lunar gravity field models; Admittance spectrum; Correlation spectrum; Chang'E-2; Precision orbit determination

1 Introduction

Studies of the lunar gravity field can generally convey information concerning its interior mass distribution, deep tectonic features, and origin, especially when coupled with geologic mapping information as shown by Wilhelms et al. (1979). Geophysical parameters of the Moon are widely estimated through comparative analysis among gravity and topography data due to the limited seismic data.

Numerous efforts have been made to develop lunar gravity field models since the first lunar orbiter Russian Luna 10 mission in 1966 (Akim, 1966). More recent tracking data acquired through the U. S. Lunar Prospector (LP) provided a much improved understanding of the lunar gravity field. This resulted in a series of LP gravity field models (Konopliv et al., 1998, 2001; Konopliv and Yuan, 1999). Many fine-scale gravity signatures on the nearside have been successfully identified using the latest LP model LP150Q, which includes the entire LP tracking data, in addition to the historical data. Using the same LP150Q based data, Mazarico et al. (2010) provided a new gravity field model GLGM-3 with different strategies of data weighting and regularization. This model closely related with LP150Q, particularly in orbital performance; however, gravity anomalies obtained from GLGM-3 appear to better correspond with geophysical features. LP150Q and GLGM-3 can provide high-resolution gravity maps on the nearside. By contrast, both models considerably lack resolution on the farside due to the lack of direct tracking data from the spacecraft.

In order to fill the data gaps on the farside, Japan launched a lunar exploration mission SELENE in 2007, which provided a series of gravity field models, such as SGM90d, SGM100h, and SGM100i (Namiki et al., 2009; Matsumoto et al., 2010; Goossens et al., 2011). The latest SELENE model, SGM150, includes the entire SELENE data, as well as data used in LP150Q and GLGM-3. As a result, SGM150 was able to provide not only high-resolution gravity mapping on the farside, but also refined resolution mapping on the nearside. Although many gravity field models can genarally reveal the surface/near-surface structure of the moon, the low-degree coefficients and the Love number, k_2, still need to be further improved and constrained (Matsumoto et al., 2010). The first Chinese lunar exploration satellite, Chang'E-1, with an orbital height (200 km) sensitive to low-degree coefficients of lunar gravity field, provides additional information to address these problems. Combining the tracking data of Chang'E-1, SELENE, LP, and other historical spacecraft, Yan et al. (2012) developed an improved lunar gravity field model CEGM02 up to degree and order 100. This model helps constrain the density and size of the lunar core.

For terrestrial planets, gravity and topography data form the basis for investigating their interior structure since field-based seismic data are limited. Admittance between gravity and topography is often used in geophysical parameter inversion under the condition that gravity and topography data are linearly related in the frequency domain. Admittance is widely used to investigate the lithospheric thickness of the Moon, isostatic compensation of basins, origins of gravity mascons, and the lunar thermal evolution. Crosby and McKenzie (2005) successfully calculated the elastic thickness of the ancient lunar lithosphere by using admittance between the LP line - of - sight acceleration and the Clementine topography data. Ishihara et al. (2009) compared the difference between SPA (South Pole - Aitken basin) and FHT (Far - side Highland Terrain) by analyzing the local coherence spectrum map with different spectral bandwidth and harmonic degrees of SGM100g and STM - 359. Namiki (2010) studied the isostatic compensation in Freundlich - Sharonov basin by analyzing the local admittance and coherence spectrum of SGM100g and STM - 359.

Up to now, improved topography models include CLTM - s01 (Ping et al., 2009), STM - 359 (Araki et al., 2009), and LOLA (Smith et al., 2010). Degrees and orders expanded in the newly topography models are significantly higher than the gravity field models. Our computation indicates that the differences in admittance are negligible for the common gravity field model with different topographic models. Thus, we perform a comparative analysis of the admittance and coherence spectrum for the different gravity field models, LP150Q, GLGM - 3 and SGM150 with the same topographic model, CLTM - s01. This work is intended to contribute to constraining the estimates of the various lunar geophysical parameters.

China plans to launch its first robotic lander and rover to the lunar surface, Chang'E-3 in 2013, subsequent to the two successful missions. To provide an indispensable reference for the mission, we performed a detailed comparative analysis of the admittance, correlation, and orbit determination for the three 150×150 gravity field models.

2 Power of the coefficients

The RMS of coefficients of power variance, σ_l, represents the power of gravity field in the frequency domain. The RMS of coefficients of error, δ_l, is a standard measure for formal error of the gravity field model. They can be represented as (Heiskanen and Moritz, 1967):

$$\sigma_l = \sqrt{\frac{\sum_{m=0}^{l}(\overline{C}_{lm}^2) + \overline{S}_{lm}^2)}{2l+1}}, \qquad \delta_l = \sqrt{\frac{\sum_{m=0}^{l}(\sigma_{\overline{C}_{lm}}^2 \sigma_{\overline{S}_{lm}}^2)}{2l+1}} \tag{1}$$

where $\sigma_{\overline{C}_{lm}}$ and $\sigma_{\overline{S}_{lm}}$ are error variances of the normalized Stokes coefficients $\overline{C}_{lm}$ and $\overline{S}_{lm}$ with degree l and order m, respectively. The RMS of coefficients of power and error for LP150Q, GLGM - 3 and SGM150, and those localized on the nearside and the farside are shown in Fig. 1. SGM150 gives larger power for the degree higher than 40 compared to LP150Q and GLGM - 3, especially at medium - degree. This can also be confirmed by the RMS on the farside. The farside tracking data contribute greatly to the RMS of coefficients of error, which are significantly reduced in low - and medium - degree. Between degrees 10 and 20, we can clearly see that the RMS power of GLGM - 3 on the farside are larger than those of LP150Q. As Mazarico et al. (2010) stated, this ascribes to the different strategies of data weighting and regularization. Consequently, we can conclude that filling the data gap in the farside plays an important role in decreasing the global RMS of coefficients of error.

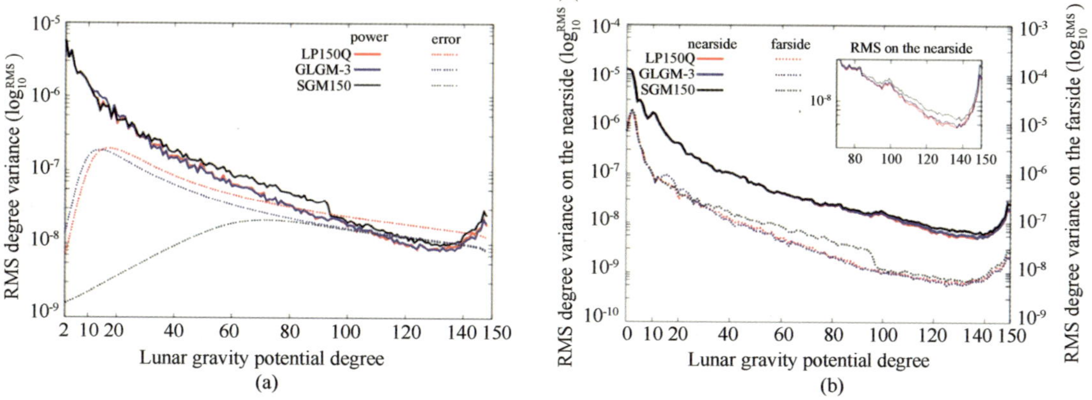

Fig. 1　Comparison of RMS of coefficients of power and error for different gravity field models, and RMS of coefficients of power localized on the nearside (solid lines) and the farside (dashed lines).

3　Gravity/topography admittance and correlation spectra of different gravity field models

Correlations between gravity and topography can inform lunar isostatic compensation. For the terrestrial planets, the high degree gravity anomalies are predominantly from uncompensated topography, and in general, higher correlation between topography and gravity point to better models (Lemoine et al., 2001; Han et al., 2009). Different gravity field models are evaluated through their admittance and correlation with lunar topography model CLTM - s01 in this section. If we define $S_{ff}(l)$ and $S_{gg}(l)$ as power of topography f, and gravity g, respectively, and $S_{fg}(l)$, as their total cross - power spectrum, the gravity/topography admittance $Z(l)$ and correlation spectrum $\gamma(l)$ at degree l are computed as

$$Z(l)=\frac{S_{fg}(l)}{S_{ff}(l)},\quad \gamma(l)=\frac{S_{fg}(l)}{S_{ff}(l)S_{gg}(l)},\quad (-1\leqslant\gamma(l)\leqslant 1) \tag{2}$$

Gravity and topography are independent when the correlation has the relationship $\gamma(l)=0$. Besides the widely used lunar topography models based on the Clementine mission (Zuber et al., 1994), many new models have been obtained from the latest lunar missions, such as the 360th degree and order model CLTM - s01 from Chang'E-1 laser altimeter LAM, the 359th degree and order model STM - 359 from SELENE laser altimeter LALT, and the 720th degree and order model from LRO laser altimeter LOLA. We computed the gravity/topography admittance and correlation spectra for the identical gravity field model with different topography models. The results show no difference in admittance and correlation. Therefore, we applied CLTM - s01 to our calculation.

The gravity field models are evaluated by computing the correlation with the lunar topography model CLTM - s01. The global correlations of LP150Q, GLGM - 3 and SGM150 with coefficients of CLTM - s01 are illustrated in Fig. 2. The negative correlations at degrees 10 and 20 for LP150Q and GLGM - 3 are related to the nearside principal mascons as previously mentioned, but the correlation at degree 20 was found to be due to the farside uncertainties (Namiki et al., 2009). The correlations for the models LP150Q and GLGM - 3 have peaks of around 0.75, while the correlations given by model SGM150 have a peak of close to 1. The higher correlations and admittances in SGM150 are due to its high quality resolution on the farside, considering that there are no essential differences in the coefficients of gravity powers on the nearside (Fig. 1). SGM150 shows the highest admittances even in degrees from 100 to 150, since the RMS variances for both sides of the Moon exhibit a slightly stronger power at higher degrees (Fig. 1). This indicates that SGM150 sustains the higher sensitivity in the nearside due to the inclusion of SELENE data. GLGM - 3 gives higher admittances and correlations for degrees lower than 20, but the admittances and correlations for degrees 40 - 80 are lower than those of LP150Q. This again reflects the different strategies of data processing for LP150Q and GLGM - 3. Accordingly, SGM150 performs better in correlation and admittance.

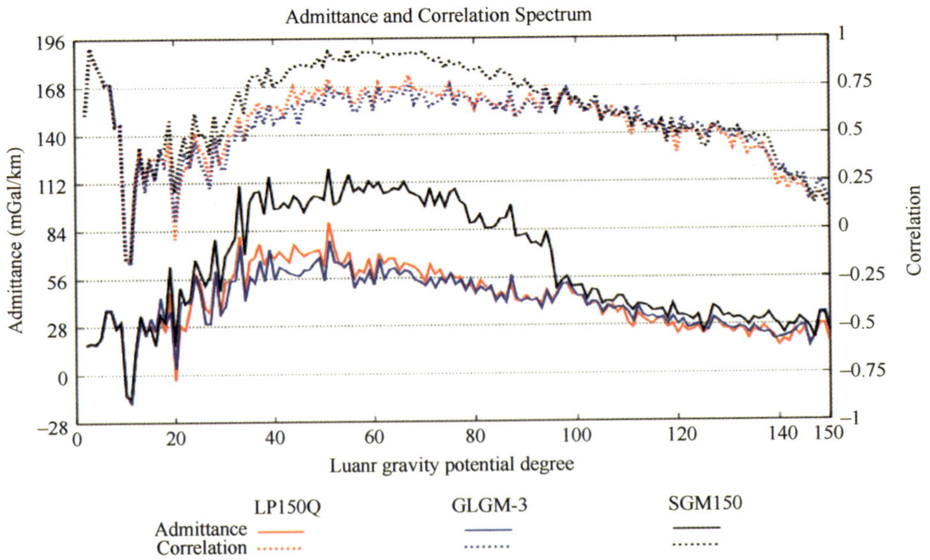

Fig. 2 Admittance (solid) and Correlation (dashed) spectra for different gravity field models.

4 Localized gravity/topography admittance and correlation spectra

Geophysical parameters in local regions can be estimated through localized gravity/topography admittance and correlation spectra, where the gravity field and topography often expanded as spherical harmonics. We employ the spatio - spectral localization technique of Simons et al. (1997) to obtain localized gravity/topography admittance and correlation spectra. We localize harmonic expansion with axisymmetric windows of constant diameter, described by the zonal harmonic coefficient, L_{win}. This fixed window insures that the same geographical region is analyzed throughout the permissible wave number band, providing an appealing property for studying a specific geologic province. Once L_{win} is determined, the spatial resolution of the region can also be defined. In our study, we localized the admittance and correlation at harmonic degree of 35 with windows $L_{win}=10$ and $L_{win}=17$ (equivalent to spatial scales of 1100 km and 640 km, respectively). We consider $L_{win}=5$ and $L_{win}=5$ as the localized power spectra of topography f and gravity g, and $l=65$ as the localized cross - power spectra of the two fields. The localized gravity/topography admittance $Z_{\Phi\Gamma}(l)$ and correlation $\gamma_{\Phi\Gamma}(l)$ at degree l are respectively given by

$$Z_{\Phi\Gamma}(l)=\frac{S_{\Phi\Gamma}(l)}{S_{\Phi\Phi}(l)},\quad \gamma_{\Phi\Gamma}(l)=\frac{S_{\Phi\Gamma}(l)}{\sqrt{S_{\Phi\Phi}(l)S_{\Gamma\Gamma}(l)}} \tag{3}$$

Global maps of the gravity/topography admittance (left) and correlation (right) for degree 35 with $L_{win}=10$ (window diameter = 1 100 km) are shown in Figs. 3—5 for LP150Q, GLGM - 3 and SGM150, respectively. All the maps are drawn with Hammer equal- area projection (centered at 90°W, 0°N). Several mascon - delineated gravity anomalies, approximating 400 mGal, stand out as negative admittance and correlation regions, such as highlighted in the Crisium, Tranquillitatis, Fecunditatis, Serenitatis, and Nectaris regions where elevations range from −4 km to −2 km. As a result, gravity is negatively correlated with topography. High and moderate admittance values of mare Moscoviense are more than −30 mGal/km. The admittance and correlation spectra on the nearside perform similarly for LP150Q, GLGM - 3 and SGM150. Geophysical parameters can be calculated by all three gravity field models. Near - zero correlation regions appear on the farside more for GLGM - 3 than for LP150Q, thus GLGM - 3 has less resolution on the farside than LP150Q. Due to different strategies of data weighting and regularization of GLGM - 3, based on Mazarico et al. (2010), gravity anomalies in the low latitudes of the farside are better resolved in LP150Q than in GLGM - 3, as illustrated by more near - zero admittance on the farside. As for SGM150, with the exception of areas in Mare Moscoviense and those on its rim, there is less near - zero correlation.

Therefore, SGM150 is highly useful in estimating lunar geophysical parameters of the farside because of its strong correlation, of nearly 1 in most places.

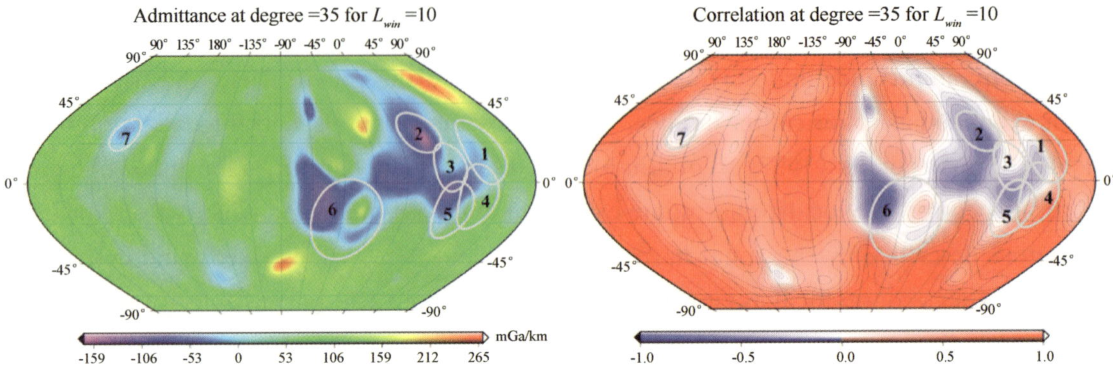

Fig. 3 Global admittance (left) and correlation (right) maps localized at harmonic degree 35 with window of spectral width L_{win} = 10 for gravity field model LP150Q: 1. Mare Crisium; 2. Mare Serenitatis; 3. Mare Tranquillitatis; 4. Mare Fecunditatis; 5. Mare Nectaris; 6. Mare Humorum; 7. Mare Moscoviense.

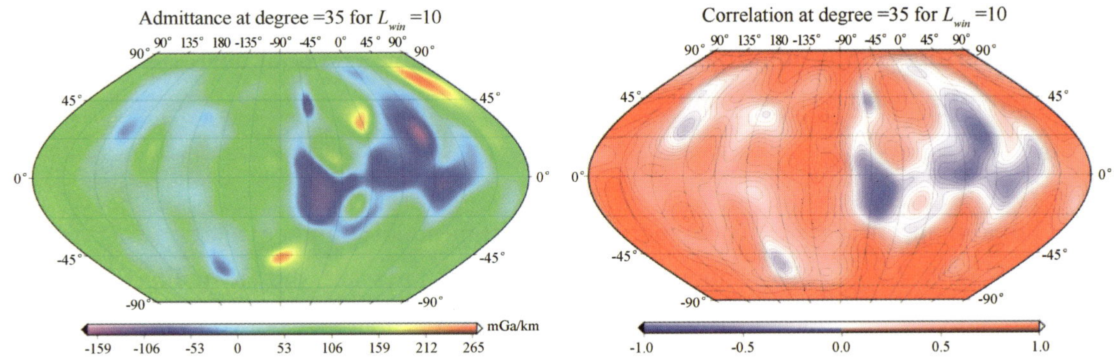

Fig. 4 Global admittance (left) and correlation (right) maps localized at harmonic degree 35 with window of spectral width L_{win} = 10 for gravity field model GLGM-3.

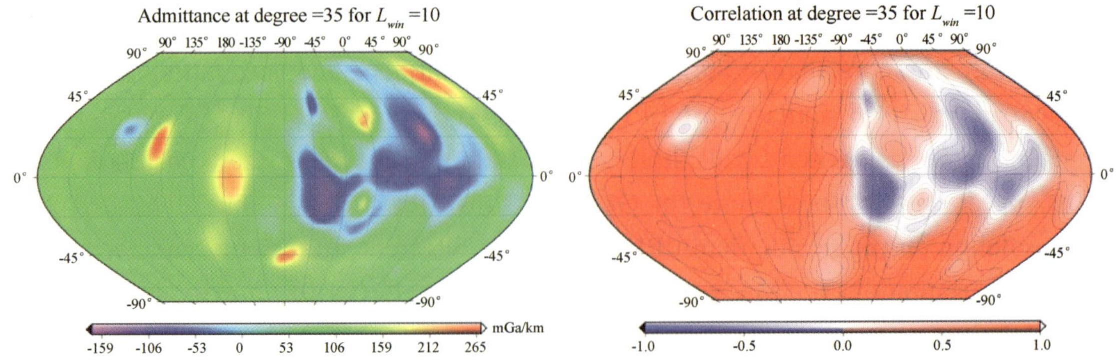

Fig. 5 Global admittance (left) and correlation (right) maps localized at harmonic degree 35 with window of spectral width L_{win} = 10 for gravity field model SGM150.

Global maps of the gravity/topography admittance (left) and correlation (right) data at degree 35 with $L_{win} = 17$ (window diameter = 640 km) for all the gravity field models are shown in Figs. 6—8, respectively. Every map is drawn with Hammer equal - area projection (centered at 90°W, 0°N). The admittances and correlations in the nearside are similar to those in Figs. 3—5, but more detailed patterns are seen because of higher spatial resolution. Most areas for SGM150 in the farside sustain a stronger correlation, which is similar to those in Fig. 5. Consequently, all models are suitable for estimating the geophysical parameters on the nearside, while SGM150 is better for analysis of the farside. When window band L_{win} is enlarged, its corresponding diameter is subsequently reduced, and anomalies at small scale can be observed. Mare Moscoviense, for example, distinctly shows near - zero correlation in Fig. 5 and strong negative correlation in Fig. 8. Yet another example is the Mendel - Rydberg basin (94°W, 50°S) which displays positive correlation in Fig. 5 and negative correlation in Fig. 8. As shown above, it can be concluded that geophysical parameters on the nearside can be estimated for all gravity field models, but those on the farside can be better calculated using SGM150.

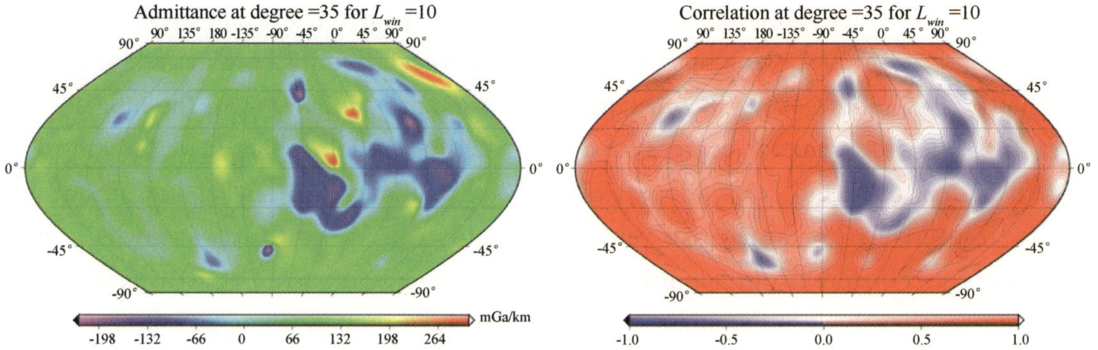

Fig. 6　Global admittance (left) and correlation (right) maps localized at harmonic degree 35 with window of spectral width L_{win} = 17 for gravity field model LP150Q.

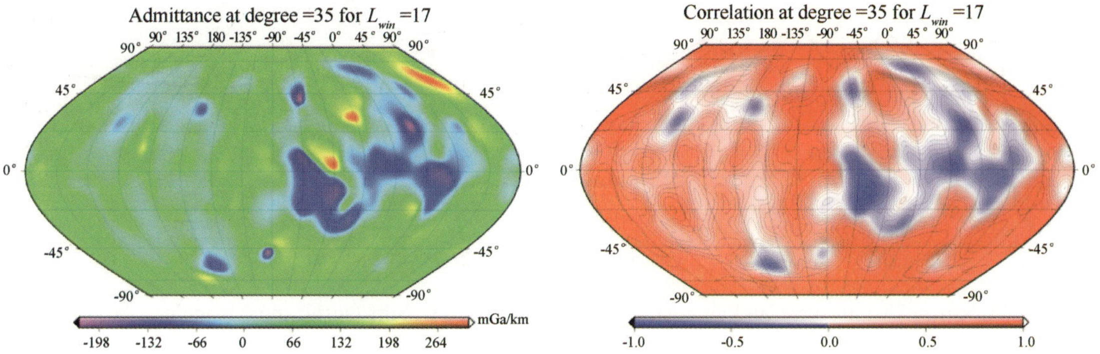

Fig. 7　Global admittance (left) and correlation (right) maps localized at harmonic degree 35 with window of spectral width L_{win} = 17 for gravity field model GLGM - 3.

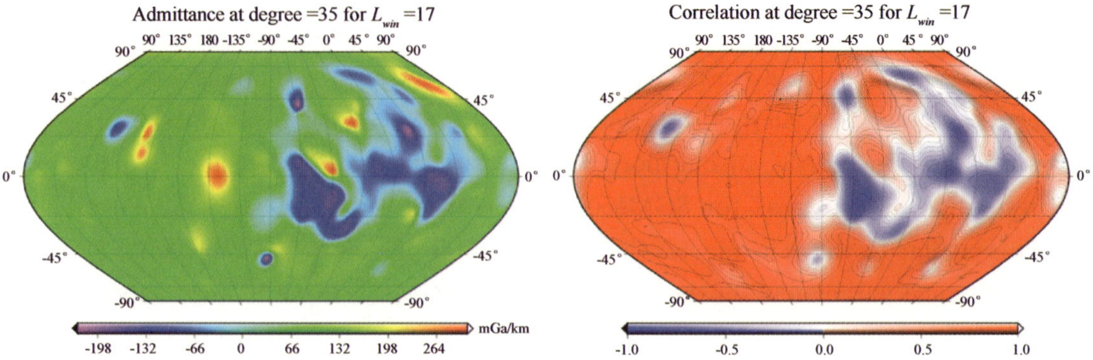

Fig. 8 Global admittance (left) and correlation (right) maps localized at harmonic degree 35 with window of spectral width L_{win} = 17 for gravity field model SGM150.

5 Admittance and correlation spectrum for some typical mare basins

Admittance and correlation for mare basin Crisium on the nearside (left) and Mendeleev on the farside (right) are shown in Fig. 9; their diameters are 555 km and 313 km, respectively. SGM150 shows a high admittance and correlation for both mare basins. The distributions of admittance and correlation at Crisium are similar for all the models, except for small difference for degrees beyond 80, with a spatial resolution of 136 km. The negative admittance and correlation at degree 20 are about − 160 mGal/km and nearly −0.8, respectively. Such negative values are usually considered to be caused by a mascon. The small difference in admittance and correlation corresponding with mare Crisium indicates that the local parameters on the nearside of the Moon can be estimated from any of the three gravity field models.

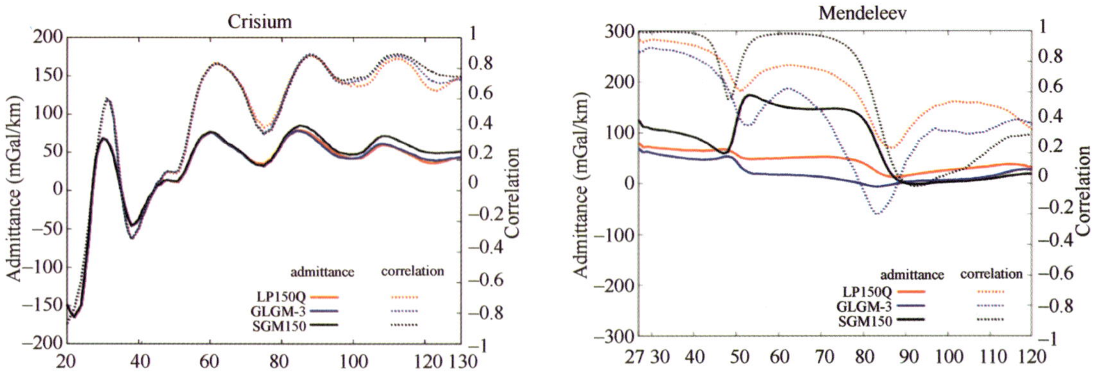

Fig. 9 Localized admittance and correlation spectra in Mare Crisim (left) and Mendeleev (right) for different gravity field models.

As for mare basin Mendeleev, correlation of SGM150 is nearly 1, with admittance higher than other models from degree 27 to 40. At the same time, SGM150 shows a stronger correlation from degree 55 to 75, with an admittance of 140 mGal/km. This indicates that the local geophysical parameters of the farside can be better estimated using SGM150. Moreover, a small negative correlation appearing at degree 92 in SGM150, suggests a mascon below basin Mendeleev. As such, the mascon associated with Mendeleev is smaller and a greater depth than that of Crisium. The two farside impact basins represented by mare Mendeleev are deeper and smaller than the four nearside impact basins represented by mare Crisium as shown in Table 1. This result is consistent with the findings of Liang et al. (2009).

Table 1 Maxium negative correlation of typical impact basin (crater).

		Diameter(km)	Depth(km)	Correlation	Degree
Nearside	Imbrium	1 123	1.1	−0.21	30
	Serenitatis	707	1.5	−0.84	20
	Crisum	555	3.0	−0.87	21
	Nectaris	333	2.6	−0.95	35
	Humorum	389	1.1	−0.20	31
Farside	Moscoviense	277	4.8	−0.14	101
	Korolev (crater)	437	4.7	−0.41	123
	Mendeleev(crater)	313	4.5	−0.02	92

6. Chang'E-2 precision orbit determination with different gravity field models

Precision orbit determination (POD) were conducted by a dynamic orbit determination method using Unified S Band (USB) and Very Long Baseline Interferometry (VLBI) tracking data acquired while Chang'E-2 was in orbit around the Moon. This method can be applied to evaluate the performance of LP150Q, GLGM-3 and SGM150. The dynamical models used in orbit determination include lunar non-spherical gravitational perturbation, Earth's oblateness on the spacecraft, indirect oblateness due to the Earth-Moon oblateness interaction, solar radiation pressure, Sun and Earth point-mass gravitation, and relativity effects. Local parameters estimated through POD include the initial orbital elements of the spacecraft, pass-dependent biases of the two-way range and range rate measurement, and a solar radiation pressure coefficient per arc. The sampling rate is 10 s for range and range rate and 5.2 s for VLBI delay and delay rate. Tracking data include those acquired from October 12 to 13, 2010. The statistics of range and range rate residuals are shown in Table 2. As can be seen in Fig. 9, slight differences of range residuals are observed between LP150Q, GLGM-3 and SGM150, while range rate residuals are the same for all models. The maximum RMS of range residuals is approximately 2.1 m. The RMS of the range rate residuals is 0.009 m/s for all models.

Table 2 Statistics for range and range-rate residuals for different gravity field models using tracking data acquired on October 12, 2010.

		Mean	RMS
Range (m)	LP150Q	0.094	1.542
	GLGM-3	0.053	1.475
	SGM150	0.057	2.138
Range rate ($m\ s^{-1}$)	LP150Q	0.0003	0.009
	GLGM-3	0.0003	0.009
	SGM150	0.0003	0.009

Residuals of different VLBI baselines are shown in Tables 2 and 3. RMS of delay reaches decimeter level in Table 2, which is close to the observation noise level. Table 3 denotes that the RMS error of delay rate is smaller than $10^{-4}\ m\ s^{-1}$. The RMS of the residuals is equivalent to the observational accuracy level, we can therefore assume that the dynamical models used in our solution are reasonable.

Table 3 Statistics of baseline delay residuals for different gravity field models.

	Mean (m)			RMS (m)		
	LP150Q	GLGM-3	SGM150	LP150Q	GLGM-3	SGM150
Beijing-Kunming	-0.001	-0.004	-0.003	0.627	0.627	0.632
Shanghai-Beijing	-0.076	-0.074	-0.074	0.880	0.879	0.881
Shanghai-Kunming	-0.075	-0.079	-0.079	0.956	0.962	0.982
Beijing-Urumqi	-0.013	-0.014	-0.015	0.635	0.646	0.665
Kunming-Urumqi	0.029	0.026	0.027	0.637	0.641	0.651

Overlap differences are computed to evaluate the precision orbit determination accuracy based on various models. During the in-orbit test phase of Chang'E-2 spacecraft, a significant part of the orbital arcs are not appropriate for overlap analysis because of frequent unloading and uploading maneuvers. Therefore, only daily orbital arcs from October 12 to 13, 2010 were applied in the overlap analysis. Fig. 10 shows the overlap errors in the RTN coordinate frame (i. e., in the radial, transverse, and normal directions of the orbital plane). Table 3 clearly shows the overlap error of SGM150 to be the lowest in the normal direction. Overlap errors in three directions and position (i. e., $r=\sqrt{R^2+T^2+N^2}$) are shown in Table 4. Both the mean value and RMS of overlap error for SGM150 are the lowest. Consequently, the gravity field model SGM150 is more optimal for precision orbit determination (See Table 5).

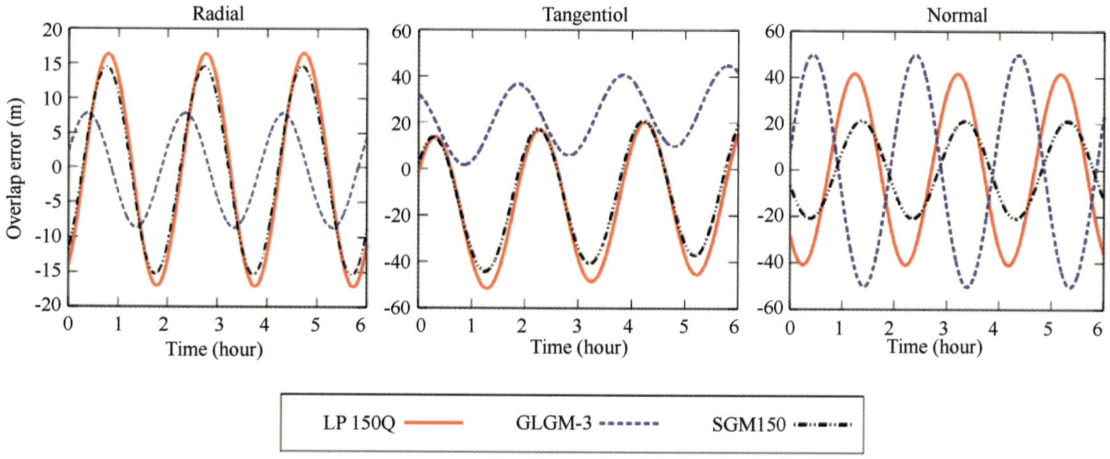

Fig. 10　Orbit overlap in three directions for different gravity field models.

Table 4　Statistics of baseline delay rate residuals for different gravity field models.

	Mean value ($\times 10^{-6}$ m s^{-1})			RMS ($\times 10^{-4}$ m s^{-1})		
	LP150Q	GLGM-3	SGM150	LP150Q	GLGM-3	SGM150
Beijing-Kunming	-3.437	-4.956	-7.117	2.964	3.082	3.042
Shanghai-Beijing	1.024	1.296	0.724	2.189	2.176	2.199
Shanghai-Kunming	10.258	9.369	4.799	3.245	3.303	3.235
Beijing-Urumqi	-0.551	0.006	-1.141	2.138	2.092	2.231
Kunming-Urumqi	-9.924	-11.342	-15.424	3.523	3.421	3.558

Table 5　Statistics of orbit overlap for different gravity field models.

	R (m)		*T* (m)		*N* (m)		Position (m)	
	Mean	RMS	Mean	RMS	Mean	RMS	Mean	RMS
LP150Q	-0.51	11.83	-15.28	23.37	-0.04	29.2	39.79	13.72
GLGM-3	-0.42	5.79	22.74	12.56	-0.23	35.14	41.81	13.95
SGM150	-0.53	10.55	-11.06	20.91	0.07	14.86	28.19	9.81

7　Conclusion

The main purpose of this work was to perform comparative analysis among gravity field models with high degree and order. Based on the lunar topography CLTM-s01, analysis of the 150×150 lunar gravity field models LP150Q, GLGM-3 and SGM150 were performed through localized gravity/topography admittance and correlation, as well as precision orbit determination. The RMS coefficient power of SGM150 on the farside is stronger than that of others, as well as the global admittances and correlations spectra of SGM150. This indicates that filling the tracking data gap in the farside plays an essential part in the lunar gravity field, and can contribute to the global and localized RMS degree variance as well as the admittance and correlation. All models show the same localized admittance and correlation on the nearside, thus geophysical parameters on the nearside can be estimated from any of the models. However, SGM150 is better in such calculation on the farside due to its strong correlation of nearly 1 in most areas. The localized admittance/correlation analyses for mare basins, Crisium and Mendeleev, show a significant improvement in model SGM150 for the lunar farside, and the correlation can be an indication of potential mascon depth and magnitude. Precision orbit determination for spacecraft Chang'E-2 also demonstrates the superiority of SGM150. Our research can provide reference for further geophysical analysis using high-resolution lunar gravity field models.

Acknowledgements

The authors appreciate the contribution of SGM150 provided by Dr. Goossens Sander, and GLGM-3 provided by Dr. Erwan Mazarico. Dr. Goossens Sander and Dr. Yuji Harada are acknowledged for their helpful comments on this paper. We used the Generic Mapping Tools (GMT) software and GNUPLOT for drawing the figures. Our localized spherical harmonic analyses were performed using the freely available software archive SHTOOLS. This research is supported by Grant of the National Natural Science Foundation of China (41174019).

References

[1] Akim, E.L. Determination of the gravitational field of the Moon from the motion of the artificial satellite "Lunar-10". Dokl. Akad. Nauk SSSR 170, 799-802, 1966.

[2] Araki, H., Tazawa, S., Noda, H., et al. Lunar global shape and polar topography derived from Kaguya-LALT laser altimetry. Science 323, 897-900, 2009.

[3] Crosby, A., McKenzie, D. Measurements of the elastic thickness under ancient lunar terrain. Icarus 173 (1), 100-107, 2005.

[4] Goossens, S., Matsumoto, K., Liu, Q., et al. Lunar gravity field determination using SELENE same-beam differential VLBI tracking data. J. Geod. 85, 205-228, 2011.

[5] Han, S.C., Mazarico, E., Lemoine, F.G. Improved nearside gravity field of the Moon by localizing the power law constraint. J. Geophys. Res. 36, L11203, 2009.

[6] Heiskanen, W.A., Moritz, H. Physical Geodesy. Freeman, San Francisco, 1967.

[7] Ishihara, Y., Namiki, N., Sugita, S. Localzied gravity/topography correlation and admittance spectra on the Moon. Lunar Planet. Sci. Conf., 40th, Abstract 1623, 2009.

[8] Konopliv, A.S., Binder, A.B., Hood, L.L., et al. Improved gravity field of the Moon from Lunar Prospector. Science 281, 1476-1480, 1998.

[9] Konopliv, A. S., Yuan, D. N., 1999. Lunar Prospector 100th degree gravity model development. Lunar Planet. Sci. Conf. XXX, Abstract 1067.

[10] Konopliv, A.S., Asmar, S.W., Carranza, E., et al. Recent gravity models as a result of the lunar prospector mission. Icarus 150, 1-18, 2001.

[11] Lemoine, F.G., Smith, D.E., Rowlands, D.D., et al. An improved solution of the gravity field of Mars (GMM-2B) from Mars Global Surveyor. J. Geophys. Res. 23 (106), 359-376, 2001.

[12] Liang, Q., Chen, C., Huang, Q., et al. Bouger gravity anomaly of the Moon from CE-1 topography data: implications for the impact basin evolution. Sci. China, Ser. G 52 (12), 1867-1875, 2009.

[13] Matsumoto, K., Goossens, S., Ishihara, Y., et al. An improved lunar gravity field model from SELENE and historical traking data: revealing the farside gravity features. J. Geophys. Res. 115 (E06007), 1-22, 2010.

[14] Mazarico, E., Lemoine, F.G., Han, S.C. GLGM-3: Adegree-150 lunar gravity model from the historical tracking data of NASA Moon orbiters. J. Geophys. Res. 115 (E05001), 1-14, 2010.

[15] Namiki, N., Iwata, T., Matsumoto, K., et al. Farside gravity field of the Moon from four-way Doppler measurements of SELENE (Kaguya). Science 323, 900-905, 2009.

[16] Namiki, N. Admittance and correlation of localized gravity and topography of Freundlich-Sharonov basin of the Moon. Lunar Planet. Sci. Conf., 41th, Abstract 1885, 2010.

[17] Ping, J.S., Huang, Q., Yan, J.G., et al. Lunar topographic model CLTMs01 from Chang'E-1 laser altimeter. Sci. China, Ser. G 52 (7), 1105-1114, 2009.

[18] Smith, D.E., Zuber, M.T., Neumann, G.A., et al. Initial observations from the Lunar Orbiter Laser Altimeter (LOLA). Geophys. Res. Lett. 37 (18), 1-6, 2010.

[19] Simons, M., Solomon, S.C., Hager, B.H. Localization of gravity and topography: constrains on the tectonics and mantle dynamics of Venus. J. Geophys. Res. 131 (10), 24-44, 1997.

[20] Wilhelms, D.E., Howard, K.A., Wilshire, H.G. Geologic map of the South Side of the Moon. U.S. Geol. Surv. Map., I-1192, 1979.

[21] Yan, J.G., Goossens, S., Matsumoto, K., et al. CEGM02: an improved lunar gravity model using Chang'E-1 orbital tracking data. Planet. Space Sci. 62, 1-9, 2012.

[22] Zuber, M.T., Smith, D.E., Lemoine, F.G., et al. The shape and internal structure of the Moon from the Clementine mission. Science 266, 1839-1843, 1994.

航天科技图书出版基金
中国航天基金会　　　　　　　　　　　资助出版
嫦娥奔月航天科技（北京）有限责任公司

铸就辉煌
——中国探月工程科学成果

（第一辑）　［下］

国家航天局探月与航天工程中心
中国科学院月球与深空探测总体部　组织编写
刘继忠　邹永廖　主编

中国宇航出版社
·北京·

目　录

第一篇　探月工程及其科学任务

第二篇　月球探测篇

第三篇 月基探测篇

第四篇 月球实体命名篇

第五篇　月球科学展望篇

第 6 章　月面成分与地质演化

月表物质成分的种类和空间分布是由月球早期的全球岩浆洋分异结晶历史和后期火山喷发、陨石撞击等内外力地质过程共同作用的产物，也是月面成分与地质演化最重要的研究载体。月表不同区域的化学元素和矿物组分是理解月球起源与演化历史最重要的线索之一。因此，在我国探月工程任务中，物质成分的探测一直是最重要的探测内容，无论是嫦娥一号和二号任务的轨道遥感探测，还是嫦娥三号任务的月面着陆巡视探测，都搭载了用于获取月面元素、矿物的探测仪器。迄今为止，探月工程中直接用于物质成分探测的科学载荷主要包括：嫦娥一号 γ 射线谱仪、X 射线谱仪和干涉成像光谱仪等；嫦娥二号的 γ 射线谱仪、X 射线谱仪等；嫦娥三号巡视器玉兔号的粒子激发 X 射线谱仪、红外成像光谱仪和测月雷达等。本章主要介绍根据嫦娥二号、嫦娥三号获取的有关月面成分方面的科学数据而开展的研究工作。

6.1　月面成分

(1)获取了全月面相关元素、矿物和岩石类型的分布特征

基于嫦娥二号 X 射线谱仪数据，解译出了全月面 Mg/Si、Al/Si 的分布特征，发现二者分布趋势均与月面的地体分布相关，即月海区域 Mg/Si 更高，月陆区域偏低，而 Al/Si 的分布规律则与 Mg/Si 相反，反映出了月球经历了三次重大的成分“变迁”的事件；反演出了风暴洋中多个区域的 Mg、Al、Si、Ca、Fe 元素含量及其分布特性，表明该区经历了复杂的成分演化历史(图 6-1)。

利用嫦娥二号 γ 射线谱仪探测数据，获取了全月面 K 元素分布图(图 6-2)，发现危海与东海的 K 元素丰度与周围区域相比更高，说明这两个盆地的成盆撞击事件可能穿透了月壳而挖掘出更深处的物质；结合 K 元素含量及其分布特征，以及 Clementine 所测得的 FeO 含量和分布、玄武岩年龄数据，发现东海盆地内月海玄武岩可能是由同一个相对均一的源区多次喷发形成，这一研究成果为认识月球大型盆地撞击事件、月壳深部物质分布、背面火山作用及岩浆演化提供了新的约束。

基于嫦娥二号 γ 谱仪数据提取的 Fe 峰计数率，结合月球勘探者号的中子谱仪数据的系统研究，以及月球样品、陨石和嫦娥三号就位巡视探测数据的分析，获得了我国首张源自 γ 射线遥感探测数据的全月面 Fe 元素分布图(图 6-3)，为早期岩浆活动、火山历史等的研究提供了重要的约束。

通过干涉成像光谱仪、γ/X 射线谱仪探测数据的综合分析，反演得到了全月面 FeO、TiO_2含量及其分布特性，结合全月面主量元素含量及其分布情况等，划分并构建了全月面的岩石类型及其分布，这一成果不但为全月数字地质图的编研工作提供基础素材，而且对月球的化学演化的研究提供重要的依据。

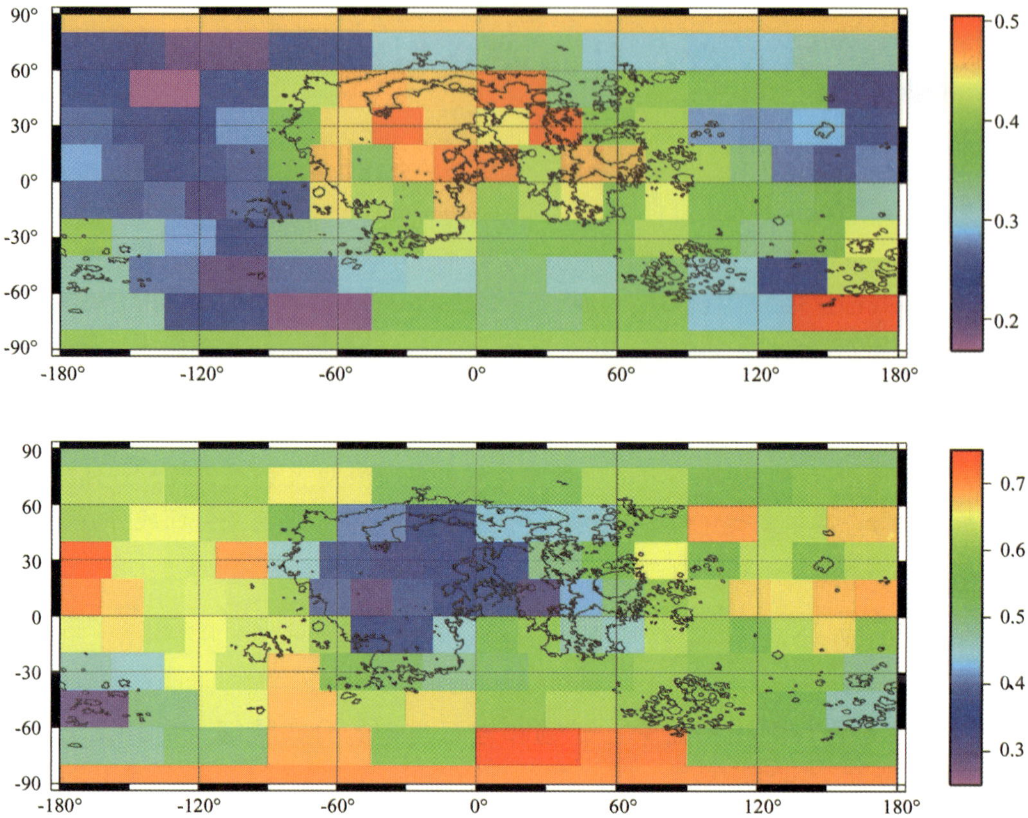

图 6-1　嫦娥二号 X 射线谱仪测得的月表 Mg/Si 与 Al/Si 分布[5]

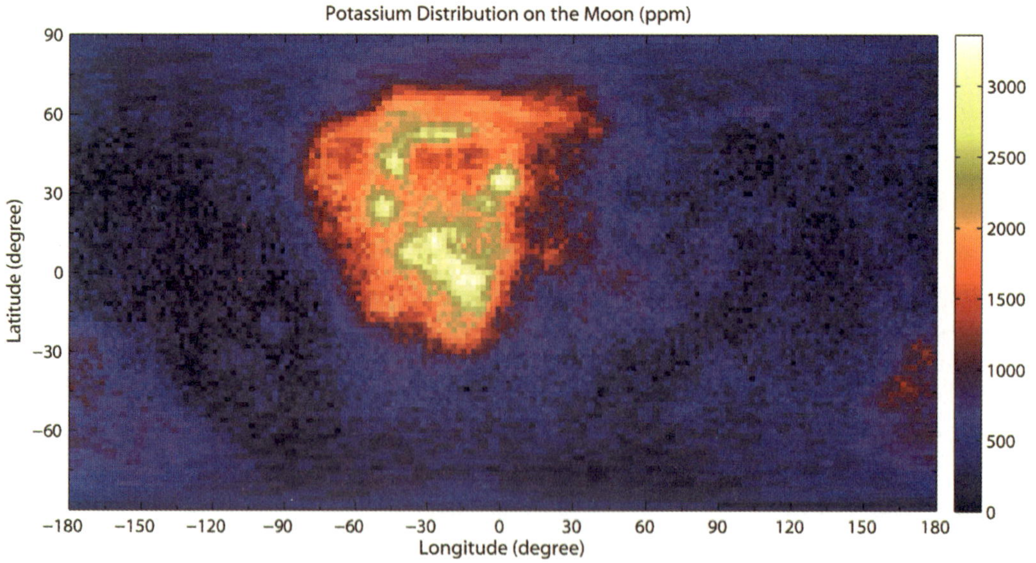

图 6-2　嫦娥二号 γ 谱仪测得的月表 K 元素分布[35]

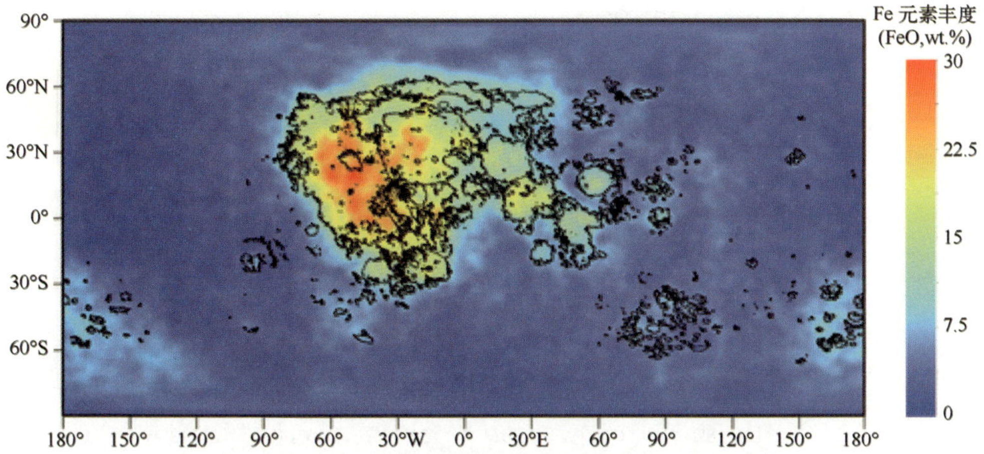

图 6-3　嫦娥二号 γ 谱仪测得的月表 Fe 元素分布[38]

(2)获取了嫦娥三号着陆区的精细成分

嫦娥三号探测区着陆于雨海北部，成为首个重返月球表面进行巡视勘察的探测器。

在探测区矿物研究上，根据月球特性表征联盟(Lunar Soil Characterization Consortium, LSCC)矿物光谱数据中吸收特征分布，通过修正高斯模型与多元回归分析建立辉石与橄榄石含量反演模型，引入月球矿物绘图仪的高光谱数据与 Hapke 辐射传输模型制作的混合矿物光谱检验模型性能后，应用于嫦娥三号着陆区得到的矿物含量分布图，发现雨海周围月陆以苏长质岩石为主，存在橄榄石、辉石、尖晶石等矿物；而月海中古老的中低钛玄武岩则以易变辉石为主，含有少量低钙普通辉石；特别地，对该区的成分研究发现，年轻的高钛玄武岩富含橄榄石，这一研究结果对认识雨海撞击事件与玄武岩岩浆中矿物成分随时间演化规律以及理解月球年轻的火山活动具有指示意义；结合嫦娥一号干涉成像光谱仪数据解译的 FeO、TiO_2 等分布特征，以及嫦娥一号和嫦娥二号 γ 谱仪和 LP 所取得的该区 Th 元素分布特征，研究并划分了雨海—冷海地区的八大类岩石类型及其分布图，并预测了嫦娥三号着陆区的化学成分与岩石类型特征，这一研究结果由嫦娥三号玉兔号就位探测结果所证实，如图 6-4 所示。

红外成像光谱仪就位探测获取了嫦娥三号着陆区 4 个探测位置的数据。嫦娥三号地面应用系统进行暗电流校正、温度校正、辐射校正、几何校正等预处理后，发布的玉兔号红外成像光谱仪数据，经过坏像元修复与平场校正，基于太阳辐照度与入射角进行反射率定标，并对阴影效应进行校正后，获得的着陆区 4 个探测点可见—近红外波段反射率，具有月海月壤的光谱特征与月表的空间风化特征。通过修正高斯模型解谱与 Apollo 月壤标定后，反演得到 FeO 和 TiO_2 含量，与粒子激发 X 射线谱仪获得的 FeO 和 TiO_2 含量相当。光谱成熟度参数表明，着陆区属于亚成熟型月壤，其主要组成矿物可能为辉石、长石与玻璃胶结物。借鉴火星探测成像光谱仪数据的反射率转换方法，通过模拟月壤的实验室双向反射率分布函数测试进行修正，可以应用于玉兔号红外成像光谱仪在月表的探测；实验室模拟嫦娥三号的月表探测环境，验证了定量反演月壤 4 种典型矿物(辉石、长石、钛铁矿与橄榄石)的相关分析与偏最小二乘联合算法。基于上述反射率分析方法与矿物定量反演方法解译的玉兔号探测区域矿物成分以高钙辉石与橄榄石为主。

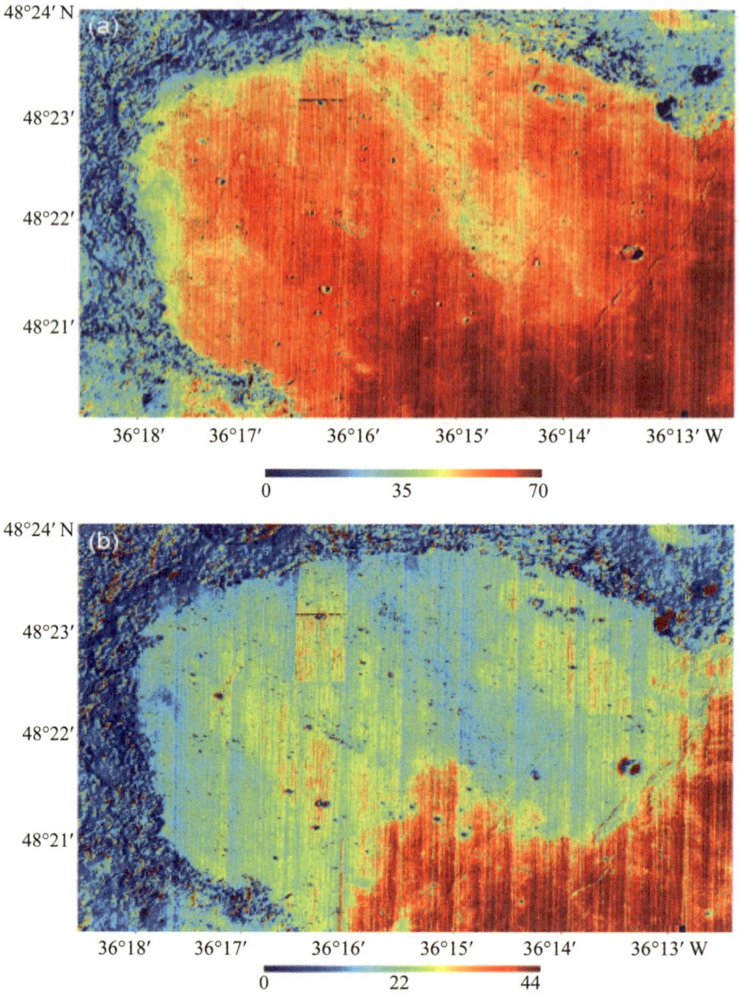

图 6-4　虹湾地区辉石、橄榄石含量反演结果[5]

利用辐射传输混合模型所建立的光谱查找表对 4 条月表光谱的矿物成分分析，发现嫦娥三号着陆区月壤富含橄榄石成分。根据岩浆洋模型，这意味着着陆区的玄武岩可能来源于高度部分熔融的月幔深部。成像光谱数据获得的化学成分与 X 射线测试数据相匹配，表明两种载荷具有数据联合分析的应用潜力，结合初步推断的矿物信息，为深入解析着陆区物质成分与地质演化奠定基础。

月面特殊的环境导致粒子激发 X 射线谱仪工作在变温过程中，峰位受温度漂移影响，能量分辨率显著降低。进行月表热环境对粒子激发 X 射线谱仪影响的模拟与试验研究，采用一种基于 Pearson χ^2 检验的修正方法，温度循环试验中变温阶段的数据测试结果表明，该方法具有很好的修正效果和可靠性，能够有效提高变温过程中的能量分辨率，使之达到恒温状态水平，可以用于解决粒子激发 X 射线谱仪在测量过程中，由于环境、仪器不稳定等因素造成的谱形变化微小而道址漂移的问题。利用两种样品(玄武岩与混合粉末)对粒子激发 X 射线谱仪进行地面验证测试的结果表明，主量元素的含量测定误差小于 15%。工作距离与积分时间对化学成分探测性能影响的测试结果表明，测定主量元素所需的工作距离小于 30 mm，积分时间大于 30 min。

为了保证数据的精确性，先后进行了 10 个标准样品的地面验证测试。这些标准样品的成分变化范围很大，基本覆盖了月球玄武岩和月壤的成分区间，从而确保了嫦娥三号粒子激发 X 射线谱仪反演数据的准确性。通过地面验证测试的数据和标准样品的化学成分，发现使用线性模型是最佳的仪器本底扣除方法。在此基础之上，以 Si 作为内标，获得了粒子激发 X 射线谱仪的校正曲线。使用上述校正曲线，不仅准确测定出月壤的 Mg、Al、Si、K、Ca、Ti、Fe 等主要元素的含量，而且获得了 Cr、Sr、Y、Zr、Nb 等微量元素的含量。严密的地面验证测试为玉兔号月面操作方案提供了指导，合理的数据标定与校正保证了月表实测科学数据解译的准确性与可靠性。根据定标板与月壤谱线中的元素峰面积比，发现嫦娥三号着陆区 K、Mg 和 Al 的含量偏低，而 Ca、Ti、Fe 的含量偏高。经过能量定标、时间校正与非线性最小二乘拟合，利用基本参数法测定的主量元素含量与 LPGRS 一致(图 6-5)。

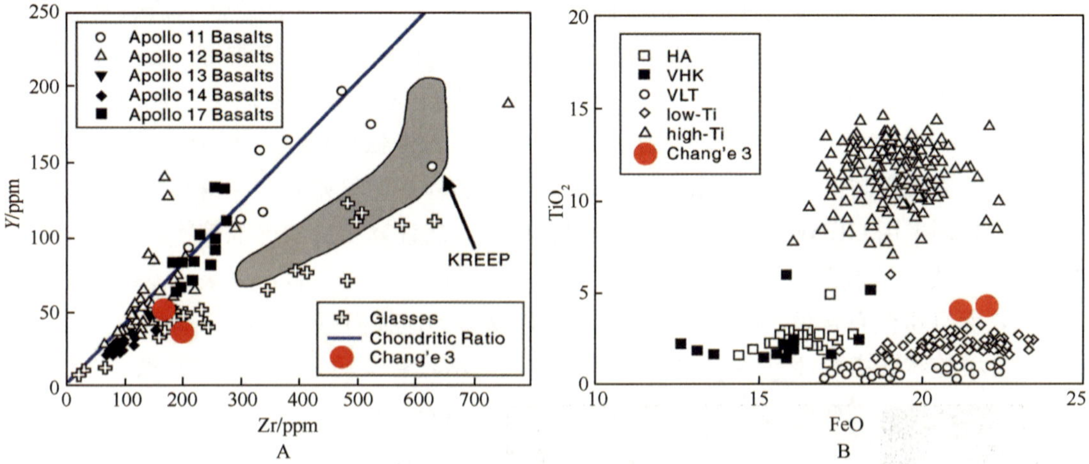

图 6-5 嫦娥三号粒子激发 X 射线谱仪的分析结果

月表就位探测数据的反射率换算方法研究以及原理样机矿物光谱数据的偏最小二乘法定量分析等红外成像光谱仪地面验证工作，为后期的科学数据处理打下了良好的基础。月面不同矿物组分对于近红外光谱反射定标板污染效应的实验室模拟，评估了定标板分别在无污染、受轻度和重度污染情况下对于月壤矿物混合光谱特征的浑然作用，并采用偏最小二乘方法分析了其对于矿物定量分析和反演的影响。采用受污后的光谱数据重建的偏最小二乘模型，提高了样品的反演精确度。通过 3 种典型模拟行星样品的实验室反射率测试，证明玉兔号红外成像光谱仪所采用的定标板中聚四氟乙烯成分在 2.1 μm 处的吸收特征将影响近红外光谱的解译，这一人为的吸收特征可以采用经验方法剔除，并应用于月面实测光谱数据的修正。分析月尘与定标板材料对测试样品光谱特征的影响效应对于红外成像光谱仪的月面定标具有指导意义。

(3)发现了一种新型的月球玄武岩

嫦娥三号着陆于雨海北部的晚期火成岩平原——一个人类航天器从未涉足的区域，为研究自雨海纪以来月球的火山活动和地质演化历史提供了前所未有的机遇。最近，国际天文联合会(IAU)将嫦娥三号着陆区命名为“广寒宫”。由于嫦娥三号着陆于新鲜的“紫微”撞击坑溅射物上，因此我们认为着陆区的局地月壤成分信息可以反映撞击坑挖掘出来的玄武岩成分特征。根据玉兔号月球车搭载的粒子激发 X 射线谱仪(APXS)和红外成像光谱仪(VNIS)就位探测所获得的光谱数据(如图 6-6 所示)，联合解译了嫦娥三号着陆区的元素化学与矿物成分。研究发现与已有 Apollo 和 Luna 月球取样以及月球陨石收集过的月海玄武岩不同，紫微撞击坑开掘出的岩石是一种全新的月球玄武岩，具有低硅、中钛、高钙、极高铁等化学特性，含有较为丰富的富铁橄榄石和钛铁矿。这种玄武岩还具有富 K、Zr、Y、Nb 等不相容元素的特征，表明其形成过程中可能混入了 10%～20%的克里普组分。这一新型的玄武岩可能来源于月球岩浆洋分异晚期的玄武岩源区，由富含 Fe 和 Ti 的月幔源区部分熔融形成。岩浆经历了复杂的结晶分异过程，由较重的富铁辉石和钛铁矿堆积岩下沉并与月幔富铁橄榄石和斜方辉石的岩浆混合杂化，然后在上侵过程中受到月壳底部的克里普岩层混杂，最后溢出月表，充填到了雨海盆地，形成了广袤的玄武岩熔岩平原。

研究采用 APXS 就位探测所获取的光谱，采用峰面积比值法计算获得了 2 个采样位置(CE3－0006 和 CE3－0008)的化学成分信息，获得着陆区月壤的平均化学成分为：低硅(41.2wt.%)，极高铁(22.8wt.%)，高钙(12.1wt.%)，中钛(5wt.%)和中铝(9.7wt.%)。这种成分的玄武岩与已有的 Apollo 和 Luna 月球样品存在明显差异。在得到主要成分的含量之后，分别采用 CIPW 标准矿物计算和混合模型方法计算相应的标准矿物模式含量。结果显示，嫦娥三号着陆区的岩石中，辉石含量较高(51.5 wt.%)，以高钙辉石为主(35 wt.%)，而且橄榄石含量较高(14.4 wt.%)，以富铁的橄榄石(Fo＝40.1)为主。此外，着陆区的月壤整体镁指数(Mg/Mg＋Fe)偏低(38)，揭示其来源的玄武岩极为富铁。

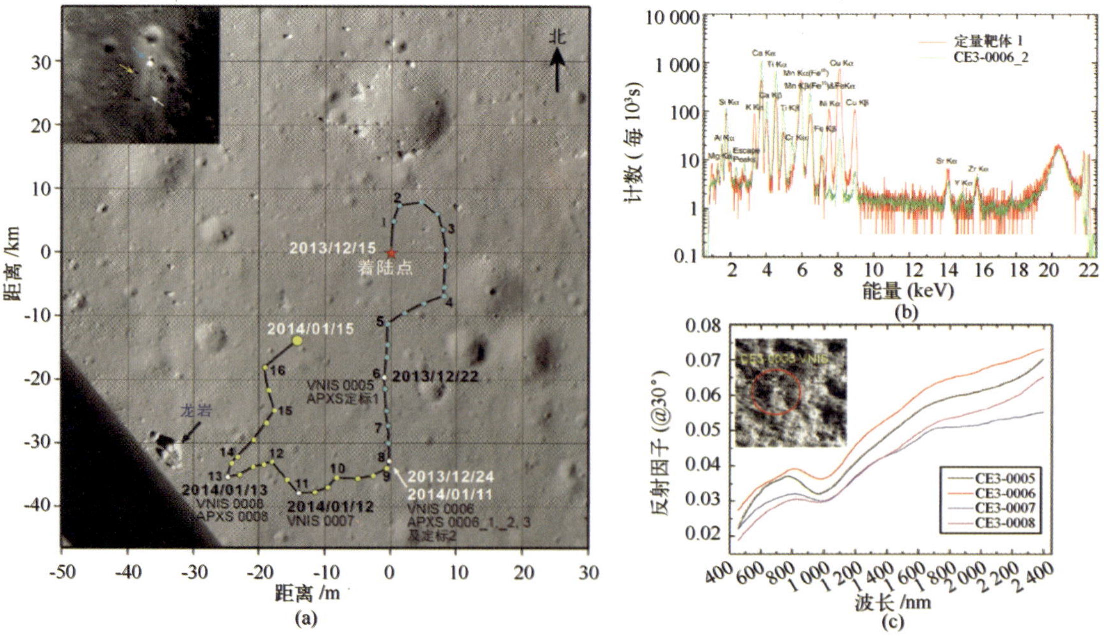

图 6-6　玉兔号月球车在月表巡视路线及物质成分就位探测数据

(a)玉兔号月球车在月表巡视路线；(b)粒子激发 X 射线谱仪(APXS)在嫦娥三号 0006 位置获取的光谱及指认；(c)红外成像光谱仪(VNIS)在 4 个位置获取的光谱数据及采集的图像(以 CE3－0006 位置为例)[13]

研究还独立采用修正高斯模型(MGM)对 VNIS 获取的可见近红外光谱数据进行光谱解混，获得了 4 个探测点(CE3－0005～0008)的高钙辉石、低钙辉石、橄榄石等矿物的吸收峰位置和相对吸收强度信息，并估算出了月壤中的铁镁质矿物相对含量和矿物化学信息。VNIS 与 APXS 研究结果在 2 个探测位置(CE3－0006 和 CE3－0008)的矿物组成(如高钙辉石、低钙辉石和橄榄石的比例)和矿物化学成分(辉石偏高钙，橄榄石偏铁)结果相洽，均表明 2 个探测位置的成分存在一定差异(如 CE3－0008 更为富镁和橄榄石)。值得指出的是，通过联合采用 APXS 和 VNIS 获取的月表物质成分探测数据，研究推导出自洽的矿物成分结果并相互交叉验证，最终获得了这种新型月球玄武岩的可靠矿物组成和化学信息。

近 50 年，对 Apollo 和 Luna 月岩样品及月球陨石的研究表明，月球玄武岩以高钛和低钛玄武岩为主，然而轨道遥感指出了中钛玄武岩存在的可能性。嫦娥三号玉兔号月球车的就位探测物质成分研究成果不仅证实了月球轨道遥感结果，且表明其具备更高的空间和光谱分辨率以及准确度，从而使嫦娥三号着陆区成为月球轨道遥感的一个新的月面定标点，为研究月球晚期火山活动和岩浆演化机制提供了新的约束。

6.2　嫦娥三号着陆区地质演化

在人类探月历史上，嫦娥三号着陆器首次搭载了测月雷达(Lunar Penetrating Radar)。该仪器通过在月表激发电磁脉冲，利用天线接收来自于月表以下电磁属性界面的反射电磁波，进而探测月壤和月壳浅表的结构。测月雷达直接在月面进行探测，较以往的雷达遥感探测方法具有更高的分辨率，能够为未来进一步探测月球提供至关重要的约束和参考。

月壤内部分布着大量的强散射体，因此需要采用偏移成像技术来恢复反射界面的几何结构和真实埋深。将地震勘探领域发展的信噪分离、瞬时频谱分析和偏移成像等信号处理技术推广到测月雷达，实现了测月雷达数据的精细分析和处理，获得了相对可靠的月壤深度和月壳浅表结构等关键参数。利用数值模拟再现电磁波在月表激发和接收的物理过程，然后对各种可能的反射构造模型进行测试，进而分析偏移成像方法的适用性和可靠程度；在此基础上，以 Apollo 数据建立的月壤模型为基础，利用偏移成像对月壤结构进行成像扫描和深度误差估计。偏移成像扫描结果发现：月表存在一层相对均匀、角砾较少的顶层月壤，其厚度约为 0.7 m(误差小于 11 cm)，该结果同 Apollo 17 号钻孔探测到的 0.6 m 厚的均匀覆盖层非常相似，验证了偏移成像的可靠性。此外，利用偏移成像和时频分析获得了月壤基底的深度和起伏形态，最大限度地避免了人为划分结构可能带来的随意性。

测月雷达的低频通道数据探测到 3 个间断面，利用典型月壳模型估算，其深度分别为 195 m、215 m 和 345 m，这些间断面可能反映了玄武岩喷发间歇期时月面形成的月壤层。尤其重要的是，最上层(即玉兔号直接探测的顶层)的玄武岩厚度达 195 m，有力证明了这是一次大规模的火山喷发事件，这一发现与雨海地区的 3 次大规模玄武岩喷发是一致的，其时间分别对应于 20～25 亿年、30 亿年和 33～35 亿年前。

根据嫦娥三号的探测结果进行解译，还探测到月球表面下的多层结构，首次揭示了雨海纪(39～32 亿年)和埃拉托欣纪(32～15 亿年)多次玄武岩及火山碎屑岩对雨海的充填事件。对雷达数据的地质解译，结合区域地质演化历史发现以及与雨海其他着陆点的对比研究发现，月球晚期火山活动的形式多样，包括平静的溢流式和剧烈的爆发式，这说明晚期岩浆中仍然有大量的挥发成分。

科学界以往普遍认为：月球在31亿年后就很少有大规模的岩浆活动。但嫦娥三号的探测结果表明，在月球火山活动的晚期，仍然有岩浆喷发，厚度高达195 m，这与以往科学界的认识存在很大不同。大规模的火山喷发活动可能与该区域富含放射性元素克里谱岩有关。

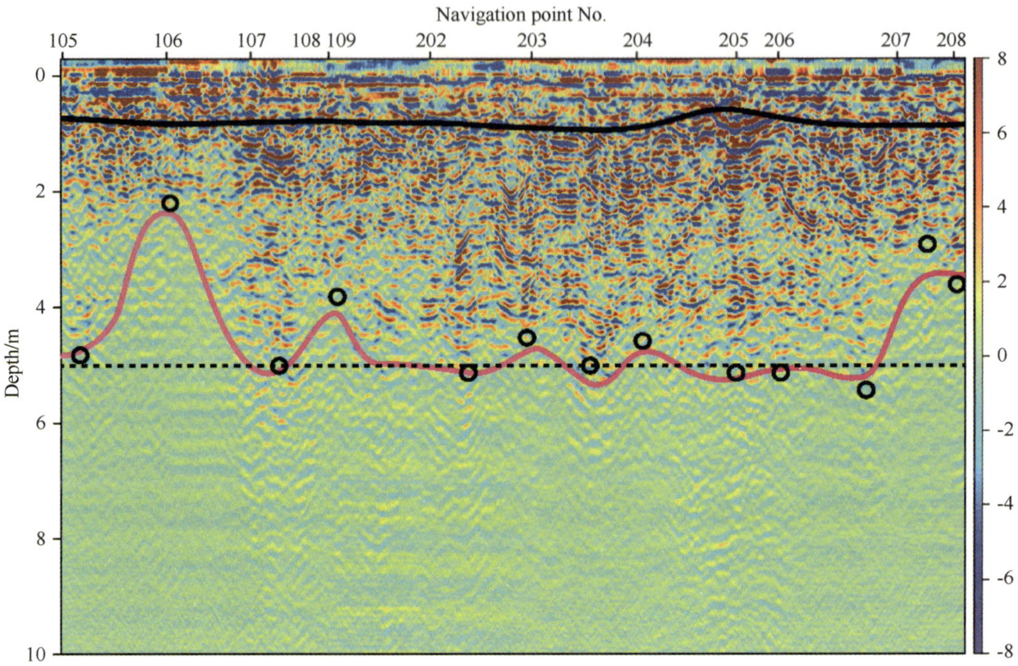

图 6-7 探月雷达高频通道获取的着陆区月壤剖面

黑色粗线为上层细粒“月尘”层底界，红色曲线为月壤的底界面，空心圆点为时频分析给出的月壤与基岩分界点。虚线为5 m深度。

将地震偏移成像等技术推广到嫦娥三号测月雷达数据，为估算月球^{3}He资源总量提供了相对可靠的约束，也为深入研究着陆区的火山活动提供了必要的结构信息。嫦娥三号对月壤的化学组成、光谱特征和结构进行就位探测，可以对月球轨道遥感探测数据的解释提供校正标准。对玉兔月球车的3种科学载荷数据进行综合解译，有利于更加深入地认识着陆区的形成和演化历史。

6.3 典型科学成果

嫦娥三号着陆区的研究成果，得到了国际同行专家的高度肯定。如发表在《科学》、美国《科学院院刊》、《自然—通讯》等的学术论文，其新发现、新认知产生了重大国家影响，并被国内外媒体广泛报道。

1)利用嫦娥三号的雷达、全景相机等科学仪器的探测数据，发表在《科学》上的 *A young multilayered terrane of the northern Mare Imbrium revealed by Chang'E-3 mission*(Vol. 347，Issue 6227，13，March 2015：1226)文章，在国际上首次剖析了探测区浅层结构特性及其地质演化历史。对于该文章的发表，科学新闻、路透社、NBC新闻、

Space. com、国际财经时报等全球主流媒体上都做了广泛和深入的报道。此外，国际同行专家也对该文章进行了评价，认为文章中的新发现让我们了解了月球新的一面和更为复杂的地质历史，为月球科学界带来了新的知识。尤其重要的是，该论文发表了探地雷达的成果，这是人类首次对月球表面进行的探测活动。

2)利用嫦娥三号月球车上全部 4 台科学仪器的探测数据，发表在《国家科学院院刊》(简称 PANS)上的 *Volcanic history of the Imbrium basin：A close - up view from the lunar rover Yutu*(Vol. 112，No. 17，April 28，2015：5342 - 5347)文章，在国际上首次揭示了月球雨海地区的火山演化历史，该成果作为 PANS 封面文章进行展示。随后在人民日报、中国科学报等全球主流媒体上得到报道，国际上最具影响力的科学资讯网站 phys. org 也第一时间报道了该研究结果，认为其揭示了雨海盆地东北部的火山活动历史。加拿大行星物质研究首席科学家斯普雷(Spray)教授于 2016 年在《地球和行星科学年度评论》上发表了综述性文章，他在有关月球的部分引用了这一月壤成像结果，包括月壤上覆层的厚度、月壤基底深度和剧烈变化的模式等。审稿人评价如下："本文将会对 PNAS 作出卓越贡献(excellent contribution)，因此我强烈推荐其发表(highly recommend that it be published)。本文在两方面将会对读者产生感染力，包括那些非月球专家。…它展示了 1976 年以来第一个月球着陆器的探测结果，其中有独特的探地雷达(ground penetrating radar，unique)…关于玄武岩厚度的部分是新雷达数据同地质影像和遥感的极佳结合(superb combination)…"。此外，国际同行专家也对该文章作了高度评价，认为该篇文章展示了 1976 年以来第一个月球着陆器的探测结果，其中有独特的探测雷达的数据，尤其其中关于玄武岩厚度的部分是新雷达数据同地质影像和遥感的完美组合，这一结果将会对 PNAS 期刊作出卓越的贡献。

3)发表在《自然—通讯》上的"Correlated compositional and mineralogical investigations at the Chang'E-3 landing site"文章也得到同行的高度赞扬，目前在 Altmetric 的得分为 580 分，在该期刊同期 701 篇文章中排名第 5 位。其中一位审稿人对文章予以评价称，"These are pioneering observations of a region of the lunar surface which has not previously been explored and will be of compelling interest to lunar scientists. "("对于月表该区域的观测是开拓性的，对于月球科学家有绝对的吸引力")……"I consider that the importance and topicality of the work do justify publication in Nature Communications. "("考虑到该工作的重要性和时事性，我认为其应该在《自然 通讯》发表")；另外一位审稿人认为："The location of the lander gives access to a volcanic surface that has not been previously analyzed with this level of detail and the chemistry and mineralogy is apparently not represented in the collection of lunar samples returned from the moon. In that regard the results are novel and an important contribution of lunar and planetary science. "("(嫦娥三号)着陆区为研究这一特殊的火山地区提供了良机，尤其是该地区的化学和矿物成分不能被已返回的月球样品所代表，也从未被在这种细节层次上分析过。考虑到这一点，该工作的结果具有创新性，是对月球与行星科学的重要贡献")。

《自然—通讯》杂志将论文作为亮点研究成果发布新闻稿(Press release)"Planetary science：A new type of basalt on the Moon"(行星科学：月球上的一种新型玄武岩)予以报道并点评"These are pioneering observations of a region of the lunar landscape not previously explored, and help advance knowledge of some of the youngest volcanism on the

Moon."(这是对于未曾探测过的月面地区的开创性观测结果，将有助于加强我们对于月球某些最年轻火山的认识)。美国《纽约时报》《华盛顿邮报》和《洛杉矶时报》、英国《卫报》和《镜报》、西班牙《世界报》和《国家报》《世界日报》《新科学家》等国外媒体纷纷刊文赞誉玉兔号发现月球新型玄武岩；新华社、《科技日报》《中国科学报》《参考消息》《中国日报》以及科学网、网易、新浪、腾讯等国内媒体均转载并报道了这一研究成果。科技日报总编辑点评如下："发现新型岩石，对分析月球表面成分构成，甚至研究宇宙起源都有重要价值。中国的航天事业，已不再是'绕、落、回'的技术验证，而是进入了发现和探索的新阶段。"该成果被《今日美国》(USA Today)评为"一周五大不可思议发现"之一，被《技术时代》(Tech Times)评为"2015 年国际十大空间事件和发现"之一，被中国天文学会与中国科学院国家天文台评为 2015 年度十大天文科技进展之一。

参考文献

[1] Ban C, Zheng Y, Zhu Y, Zhang F, Xu L, Zou Y. Research on the inversion of elemental abundances from Chang'E-2 X-ray spectrometry data. Chinese Journal of Geochemistry. 2014; 33: 289-299.

[2] Basilevsky AT, Abdrakhimov AM, Head JW, Pieters CM, Wu Y, Xiao L. Geologic characteristics of the Luna 17/Lunokhod 1 and Chang'E-3/Yutu landing sites, Northwest Mare Imbrium of the Moon. Planetary and Space Science. 2015; 117: 385-400.

[3] Bo LI, Ling ZC, Jiang Z, Jian C, Sun LZ, Zhao HW. Geochronology, petrogenesis and geological significance of the lunar basalts around CE-3 landing site. Acta Petrologica Sinica. 2016.

[4] Chen J, Ling Z, Li B, Zhang J, Sun L, Liu J. Abundance and distribution of radioelements in lunar terranes: Results of Chang'E-1 gamma ray spectrometer data. Advances in Space Research. 2016; 57: 919-927.

[5] Dong WD, Zhang XP, Zhu MH, Xu AA, Tang ZS. Global Mg/Si and Al/Si Distributions on the Lunar Surface Derived from Chang'E-2 X-ray Spectrometer. Research in Astronomy and Astrophysics. 2016; 16: 31-38.

[6] Fu XH, Li CL, Zhang GL, Zou YL, Liu JJ, Ren X, et al. Data processing for the Active Particle-induced X-ray Spectrometer and initial scientific results from Chang'e-3 mission. Research in Astronomy and Astrophysics. 2014; 14: 1595-1606.

[7] Guang-Liang, Zhang, Chun-Lai, Xiao-Hui, Li-Yan, Zhang, et al. Laboratory verification of the Active Particle-induced X-ray Spectrometer(APXS) on the Chang'e-3 mission. 天文和天体物理学研究(Research in Astronomy and Astrophysics). 2015; 15: 1893-1904.

[8] Guo DY, Wang HY, Peng WX, Cui XZ, Zhang CM, Liu YQ, et al. Ground-based verification and data processing of Yutu rover Active Particle-induced X-ray Spectrometer. Chinese Physics C. 2015; 39.

[9] He ZP, Wang BY, Lu G, Li CL, Yuan LY, Xu R, et al. Operating principles and detection characteristics of the Visible and Near-Infrared Imaging Spectrometer in the Chang'e-3. Research in Astronomy and Astrophysics. 2014; 14: 1567-1577.

[10] He ZP, Wang BY, Lv G, Li CL, Yuan LY, Xu R, et al. Visible and near-infrared imaging spectrometer and its preliminary results from the Chang'E 3 project. Review of Scientific Instruments. 2014; 85.

[11] He ZP, Wang BY, Lv G, Li CL, Yuan LY, Xu R, et al. Visible and Near-infrared Imaging Spectrometer (VNIS) for Chang'E-3. Multispectral, Hyperspectral, and Ultraspectral Remote Sensing

Technology, Techniques and Applications V. Vol. 9263. Bellingham: Spie - Int Soc Optical Engineering; 2014.

[12] Hu S, Lin YT, Liu B, Yang W, He ZP, Xing WF. Reflectance calibration and shadow effect of VNIS spectra acquired by the Yutu rover. Research in Astronomy and Astrophysics. 2015; 15: 1587 - 1596.

[13] Ling Z, Jolliff BL, Wang A, Li C, Liu J, Jiang Z, et al. Correlated compositional and mineralogical investigations at the Chang´e - 3 landing site. Nature Communications. 2015; 6: 8880.

[14] Ling Z, Liu J, Zhang J, Li B, Wu Z, Ni Y, et al. The lunar rock types as determined by Chang'E-1 IIM data: A case study of Mare Imbrium - Mare Frigoris region (LQ - 4). Earth Science Frontiers. 2014; 21: 107 - 120.

[15] Ling ZC, Jiang Z, Liu JZ, Bo LI, Zhongchen WU, Yuheng NI, et al. Lunar global FeO and TiO _ 2 mapping based on the recalibrated Chang' E-1 IIM dataset. Acta Petrologica Sinica. 2016.

[16] Liu B, Li CL, Zhang GL, Xu R, Liu JJ, Ren X, et al. Data processing and preliminary results of the Chang'e - 3 VIS/NIR Imaging Spectrometer in - situ analysis. Research in Astronomy and Astrophysics. 2014; 14: 1578 - 1594.

[17] Liu B, Liu J, Zhang G, Ling Z, Zhang J, He Z, et al. Correlation analysis and partial least square modeling to quantify typical minerals with Chang'E-3 visible and near - infrared imaging spectrometer's ground validation data. Chinese Journal of Geochemistry. 2014; 33: 86 - 94.

[18] Liu B, Liu JZ, Zhang GL, Ling ZC, Zhang J, He ZP, et al. Reflectance conversion methods for the VIS/NIR imaging spectrometer aboard the Chang'E-3 lunar rover: based on ground validation experiment data. Research in Astronomy and Astrophysics. 2013; 13: 862 - 874.

[19] Lu Y, Shevchenko VV. Increased iron abundances in slope avalanches of certain lunar craters. Solar System Research. 2012; 46: 253 - 262.

[20] Peng WX, Wang HY, Zhang CM, Cui XZ, Cao XL, Zhang JY, et al. Prospective results of CHANG'E-2 X - ray spectrometer. Chinese Physics C. 2009; 33: 819 - 825.

[21] Sun LZ, Ling ZC, Jiang Z, Bo LI, Guo DJ. Radiative transfer modeling of lunar mafic minerals: A case study in Chang' E-3 landing region. Acta Petrologica Sinica. 2016; 32: 43 - 52.

[22] Wang J, Wang XM. Estimation of lunar major elemental abundances in Chang'E-3 landing site based on Active Particle - induced X - ray Spectrometer (APXS). Astrophysics and Space Science. 2015; 359.

[23] Wu B, Hu H, Guo J. Integration of Chang'E-2 imagery and LRO laser altimeter data with a combined block adjustment for precision lunar topographic modeling. Earth and Planetary Science Letters. 2014; 391: 1 - 15.

[24] Wu MY, Wang HY, Peng WX, Zhang CM, Zhang JY, Cui XZ, et al. Temperature Effect Correction for Chang' E-3 Alpha Particle X - Ray Spectrometer. Spectroscopy and Spectral Analysis. 2012; 32: 1965 - 1968.

[25] Wu YZ. Major elements and Mg # of the Moon: Results from Chang'E-1 Interference Imaging Spectrometer (IIM) data. Geochimica Et Cosmochimica Acta. 2012; 93: 214 - 234.

[26] Wu YZ, Besse S, Li JY, Combe JP, Wang ZC, Zhou XF, et al. Photometric correction and in - flight calibration of Chang' E-1 Interference Imaging Spectrometer (IIM) data. Icarus. 2013; 222: 283 - 295.

[27] Xiao H, Peng W - X, Wang H - Y, Cui X - Z, Guo D - Y. On - orbit calibration of soft X - ray detector on Chang'E-2 satellitesupported by national science foundation of ministry of education.

Chinese Physics C. 2015; 39: 106002 (5 pp.) - (5 pp.).
[28] Xiao L, Zhu PM, Fang GY, Xiao ZY, Zou YL, Zhao JN, et al. A young multilayered terrane of the northern Mare Imbrium revealed by Chang'E-3 mission. Science. 2015; 347: 1226-1229.
[29] Yan BK, Xiong SQ, Wu YZ, Wang ZC, Dong LN, Gan FP, et al. Mapping Lunar global chemical composition from Chang'E-1 IIM data. Planetary and Space Science. 2012; 67: 119-129.
[30] Zhang H, Yang Y, Yuan Y, Jin W, Lucey PG, Zhu MH, et al. In situ optical measurements of Chang'E - 3 landing site in Mare Imbrium: 1. Mineral abundances inferred from spectral reflectance. Geophysical Research Letters. 2015; 42: 6945-6950.
[31] Zhang H, Yang YZ, Jin WD, Liu CJ, Hsu WB. Effects of Spectralon absorption on reflectance spectra of typical planetary surface analog materials. Optics Express. 2014; 22: 21280-21291.
[32] Zhang JH, Yang W, Hu S, Lin YT, Fang GY, Li CL, et al. Volcanic history of the Imbrium basin: A close-up view from the lunar rover Yutu. Proceedings of the National Academy of Sciences of the United States of America. 2015; 112: 5342-5347.
[33] Zhao JN, Huang J, Qiao L, Xiao ZY, Huang Q, Wang J, et al. Geologic characteristics of the Chang'E-3 exploration region. Science China - Physics Mechanics & Astronomy. 2014; 57: 569-576.
[34] Zhongchen WU, Ling Z, Jiang Z, Yunfeng BI, Chu Q. Effect of reflectance standard contaminations on quantitative analysis of typical lunar minerals. Earth Science Frontiers. 2014; 21: 129-136.
[35] Zhu MH, Chang J, Ma T, Ip WH, Fa WZ, Wu J, et al. Potassium Map from Chang'E-2 Constraints the Impact of Crisium and Orientale Basin on the Moon. Scientific Reports. 2013; 3.
[36] Zhu MH, Chang J, Xie MG, Fritz J, Fernandes VA, Ip WH, et al. The uniform K distribution of the mare deposits in the Orientale Basin: Insights from Chang'E-2 gamma-ray spectrometer. Earth and Planetary Science Letters. 2015; 418: 172-180.
[37] 班超，郑永春，张锋，朱永超，邹永廖．月球风暴洋地区元素丰度研究：“嫦娥二号”X射线谱仪探测数据分析．地学前缘．2014；21：62-73.
[38] 陈剑，凌宗成，李勃，孙灵芝，张江，刘建忠．嫦娥二号 γ 谱数据反演月表 Fe 元素分布．中国科学：物理学 力学 天文学．2016；46：029605.
[39] 高旻，王焕玉，张承模，崔兴柱，梁晓华，彭文溪．CE-2 有效载荷 X 射线谱仪可靠性分析．核电子学与探测技术．2014：17-19.
[40] 高旻，王焕玉，张承模，崔兴柱，梁晓华，彭文溪．CE -3 有效载荷 APXS 可靠性预计及评估．核电子学与探测技术．2014：754-757.
[41] 李勃，凌宗成，张江，武中臣，倪宇恒，陈剑．“嫦娥三号”着陆区月壤下伏玄武岩单元划分和充填过程研究．地学前缘．2014：155-164.
[42] 李婵，刘福江，郑小坡，章颖，乔乐，李登朝．月表虹湾地区辉石及橄榄石含量反演．中国科学：物理学 力学 天文学．2013：1387-1394.
[43] 梁晓华，吴明烨，王焕玉，彭文溪，张承模，崔兴柱，et al. 嫦娥三号粒子激发 X 射线谱仪红外距离感知方法．光谱学与光谱分析．2013：1360-1363.
[44] 马涛，常进，张南，蔡明生，宫一忠，唐和森，et al. 嫦娥二号伽玛射线谱仪．天文学报．2013；54：291-299.
[45] 乔乐，肖龙，赵健楠，黄倩．月球虹湾地区地质特征解译及岩浆活动历史研究．中国科学：物理学 力学 天文学．2013：1370-1386.
[46] 王敏沛，陈建平．月球雨海北部陆地区域构造及其含义．现代地质．2012；26：191-197.
[47] 吴昀昭．月球反射光谱学及应用．地学前缘．2014：74-87.

Correlated compositional and mineralogical investigations at the Chang'E-3 landing site

Zongcheng Ling[1,2,3], Bradley L. Jolliff[2], Alian Wang[2], Chunlai Li[3], Jianzhong Liu[4], Jiang Zhang[1], Bo Li[1], Lingzhi Sun[1], Jian Chen[1], Long Xiao[5], Jianjun Liu[3], Xin Ren[3], Wenxi Peng[6], Huanyu Wang[6], Xingzhu Cui[6], Zhiping He[7], Jianyu Wang[7]

1 Shandong Provincial Key Laboratory of Optical Astronomy and Solar-Terrestrial Environment, Institute of Space Sciences, Shandong University, Weihai 264209, China;

2 Department of Earth & Planetary Sciences and McDonnell Center for the Space Sciences, Washington University, St Louis, Missouri 63130, USA;

3 Key Laboratory of Lunar and Deep Space Exploration, National Astronomical Observatories, Chinese Academy of Sciences, Beijing 100012, China;

4 Institute of Geochemistry, Chinese Academy of Sciences, Guiyang 550002, China;

5 Planetary Science Institute, School of Earth Sciences, China University of Geosciences, Wuhan 430074, China;

6 Institute of High Energy Physics, Chinese Academy of Sciences, Beijing 100049, China;

7 Key Laboratory of Space Active Opto-Electronics Technology, Shanghai Institute of Technical Physics, Chinese Academy of Science, Shanghai 200083, China. Correspondence and requests for materials should be addressed to Z. L. (email: zcling@sdu.edu.cn)

The chemical compositions of relatively young mare lava flows have implications for the late volcanism on the Moon. Here we report the composition of soil along the rim of a 450-m diameter fresh crater at the Chang'E-3 (CE-3) landing site, investigated by the Yutu rover with *in situ* APXS (Active Particle-induced X-ray Spectrometer) and VNIS (Visible and Near-infrared Imaging Spectrometer) measurements. Results indicate that this region's composition differs from other mare sample-return sites and is a new type of mare basalt not previously sampled, but consistent with remote sensing. The CE-3 regolith derived from olivine-normative basaltic rocks with high FeO/(FeO + MgO). Deconvolution of the VNIS data indicates abundant high-Ca ferropyroxene (augite and pigeonite) plus Fe-rich olivine. We infer from the regolith composition that the basaltic source rocks formed during late-stage magma-ocean differentiation when dense ferropyroxene-ilmenite cumulates sank and mixed with deeper, relatively ferroan olivine and orthopyroxene in a hybridized mantle source.

The combination of precise chemical and physical properties of Apollo and Luna samples with known locations provides 'ground truth' for lunar remote sensing studies[1,2]. After some 40 years since the Apollo and Luna missions, China's Chang'E-3 (CE-3) landing and Yutu rover mission in December, 2013, provided the next robotic *in situ* measurements on the Moon[3-6]. The CE-3 landing site is in the northern part of the Imbrium basin (340.49°E, 44.12°N). Serial eruptions flooded the Imbrium basin from ~3.5 Ga to ~2 Ga (ref. 7), making this region of great scientific value for the detection of lava variations during extended volcanic activity[6-8]. The CE-3 landing site represents a relatively young (~2.96 Ga) medium-Ti lunar basalt exposure[7-10]. The top Eratosthenian lava flows at the Mare Imbrium surface on which CE-3 landed are interpreted to be 10–60 m thick and up to 1,200 km in length[7-11].

Here we combine the data from two payload elements of the Yutu rover, the Active Particle-induced X-ray Spectrometer (APXS) and Visible and Near-infrared Imaging Spectrometer (VNIS; see Methods section for the instrument descriptions), and report the composition and mineralogy of the region explored by the rover. Our analysis indicates that this young lunar mare region has unique compositional characteristics, and represents a new type of mare basalt that has not been sampled by previous Apollo and Luna missions and lunar meteorite collections. APXS data suggest that the regolith is extremely rich in FeO, high in CaO, intermediate in TiO_2, modest in Al_2O_3 and poor in SiO_2. We present the mineralogical information derived from APXS chemical data and VNIS spectral data, showing self-consistent and well-correlated results in mineral modes (for example, the proportions of high-Ca pyroxene, low-Ca pyroxene and olivine) and mineral chemistries (both data sets indicate an abundance of high-Ca ferropyroxene plus Fe-rich olivine). The more accurate *in situ* chemical and mineralogical measurements of the new basalt type provide ground-truth validation of remote sensing studies that also indicated the olivine-rich mineralogy of the basalt unit where CE-3 landed. Because the CE-3 landing site was on the ejecta of a fresh impact crater, we take the local regolith composition to be essentially that of the basalt excavated by the impact crater, and then consider the implications of the measured composition. Results suggest an origin from late-stage magmaocean cumulates that crystallized after ilmenite saturation and hybridized with an olivine-rich cumulate. The CE-3 landing site and *in situ* analyses of the rocks and soils derived from the fresh crater near the landing site provide key new ground truth for some of the youngest volcanism on the Moon.

Results

Landing site description and Yutu rover operations. The location of CE-3 from a global to a ground view is shown in Fig. 1. CE-3 landed on the rim of a young crater (~27-80 Myr old[6]), initially informally named Purple Palace[4] and now formally named Zi Wei (Fig. 1c). The diameter of the crater is ~450 m, which would have excavated ~40－50 m beneath the surface. The ejecta of the impact should cover the entire CE-3 landing site and the region explored by the Yutu rover, evidenced by the blocky surface seen by the landing camera (Fig. 1d) and big boulders encountered by Yutu during its traverse (Fig. 1d,e). The Panoramic Camera imaged two types of rocks; one is a mainly light-toned and coarse-grained rock and the other is a relatively darker, fine-grained rock (Supplementary Figs. 1 and 2, Supplementary Note 1). During 32 days of surface operations, Yutu travelled 114 m in this region and made four sets of *in situ* and stand-off measurements at four locations (Fig. 1d)[3,4,6]. The APXS and VNIS aboard the Yutu rover acquired compositional and spectral measurements at four locations (CE3-0005, -0006, -0007 and -0008), as shown in Fig. 1d. A detailed description of the instruments, measurements and data processing are given in the Methods section and refs 12－16.

Chemical compositions and normative mineralogies from APXS. APXS spectra show peaks of Mg, Al, Si, K, Ca, Ti, Cr, Fe, Ni, Sr, Zr and Y from the CE-3 soils (Fig. 2a). We used the peakarea ratio of measured samples and the calibration target (Supplementary Table 1) to derive the chemical compositions of three measured soils (CE3-0006_2, -0006_3 and -0008, Table 1). In general, the major element concentrations of the three soils at the CE-3 landing site are similar to each other and represent a distinctive composition (Table 1, Fig. 2b-d). They are characterized by low SiO_2 (~41.2 wt.%), very high FeO (~22.8 wt.%), high CaO (~12.1 wt.%), intermediate TiO_2 (~5.0 wt.%) and modest Al_2O_3 (~9.7 wt.%).

Table 1　Compositional data in weight percent and results of CIPW norm of Chang'E-3 soils from Yutu APXS after calibration.

	CE3-0006_1*	CE3-0006_2	CE3-0006_3	CE3-0008	Mean_0006*	Mean_all*
SiO_2	41.8±3.1	42.3±3.2	41.6±3.1	39.6±3.0	42.0±3.1	41.2±3.1
TiO_2	5.0±0.1	5.2±0.1	5.1±0.1	4.6±0.1	5.2±0.1	5.0±0.1
Al_2O_3	10.0±0.7	9.8±0.6	10.0±0.7	9.3±0.6	9.9±0.7	9.7±0.6
Cr_2O_3*	0.3	0.3	0.3	0.3	0.3	0.3
FeO	21.7±2.0	22.7±2.1	22.6±2.1	23.0±2.1	22.6±2.1	22.8±2.1
MnO*	0.3	0.3	0.3	0.3	0.3	0.3
MgO	8.1±0.1	6.3±0.1	7.0±0.1	11.0±0.1	6.7±0.1	8.1±0.1
CaO	12.3±0.4	12.6±0.4	12.6±0.4	11.2±0.3	12.6±0.4	12.1±0.4
Na_2O*	0.3	0.3	0.3	0.3	0.3	0.3
K_2O	0.11±0.01	0.12±0.01	0.11±0.01	0.11±0.01	0.12±0.01	0.11±0.01
P_2O_5*	0.1	0.1	0.1	0.1	0.1	0.1

Continuted

	CE3-0006_1*	CE3-0006_2	CE3-0006_3	CE3-0008	Mean_0006*	Mean_all*
Plag (wt. %)	28	27	28	26	28	27
Di (wt. %)	29	31	31	26	31	29
Hy (wt. %)	15	20	15	3	18	13
ΣPx (wt. %)	45	52	46	29	49	42
Ol (wt. %)	16	10	15	34	12	20
Ilm (wt. %)	10	10	10	9	10	9
Plag (vol. %)	34	33	34	32	33	33
Di (vol. %)	31	33	32	28	33	31
Hy (vol. %)	14	18	14	3	16	12
Σ Px (vol. %)	45	51	46	31	49	43
Ol (vol. %)	14	8	12	30	10	17
Ilm (vol. %)	7	7	7	6	7	7
Plag An	88	88	88	88	88	88
Oliv Fo	46	38	41	51	40	43
Mg#	40	33	36	46	34	38

Among the four locations, only two (CE3-0006 and CE3-0008) were analysed by APXS.

* The compositional data are normalized to 99% to allow for missing elements. (Missing elements Cr_2O_3, MnO, Na_2O and P_2O_5 are set to 0.3, 0.3, 0.3 and 0.1 wt. % for more reasonable calculations of CIPW norms. Fe^{3+}/Fe_{Total} are assumed to be 0.0 for lunar minerals for the CIPW calculations.

* CE3-0006_1 is for reference in the test mode with a detection distance of ~5 cm above the surface soils, and thus is not included in the calculation of Mean_0006). Mean_0006 is the average value of CE3-0006_2 and CE3-0006_3. Mean_all is the average value of CE3-0006_2 and CE3-0006_3 and CE3-0008. Among the four locations, only two (CE3-0006 and CE3-0008) were analysed by APXS.

* In the CIPW calculation, we refer to the sum of HCP components (Di Wo, Di En and Di Fs) as Di, whereas the Hy is the sum of Hy En and Hy Fs. Mg#, 100Mg/(Mg+Fe) atomic.

When compared with Apollo and Luna soils and basaltic rocks (Fig. 2b-d)[2,17], the TiO_2 versus FeO relation of the CE-3 soils bears some similarity with Apollo 12 ilmenite basalts, but CE-3 soils have higher FeO and TiO_2 (Fig. 2b). The CE-3 soils have MgO concentrations in the range 6.3−11.0 wt. % (Table 1) with derived Mg# (=Mg/(Mg+Fe)×100)<50 (Fig. 2c) at the low end, but a higher CaO compared with other mare samples (Fig. 2d), and deviating from the KREEP-feldspathic highlands-mare compositional triangle based on the returned lunar samples. These compositional features suggest that the CE-3 soils differ significantly from other known lunar basaltic materials.

On the basis of chemical composition (Table 1), we calculated the abundances of normative minerals of CE-3 soils using a CIPW (Cross, Iddings, Pirsson and Washington) norm. The major CIPW norm results are summarized in Table 1 and the detailed results are shown in Supplementary Tables 2,3. For CE3-0006_2 and CE3-0006_3 (sampling

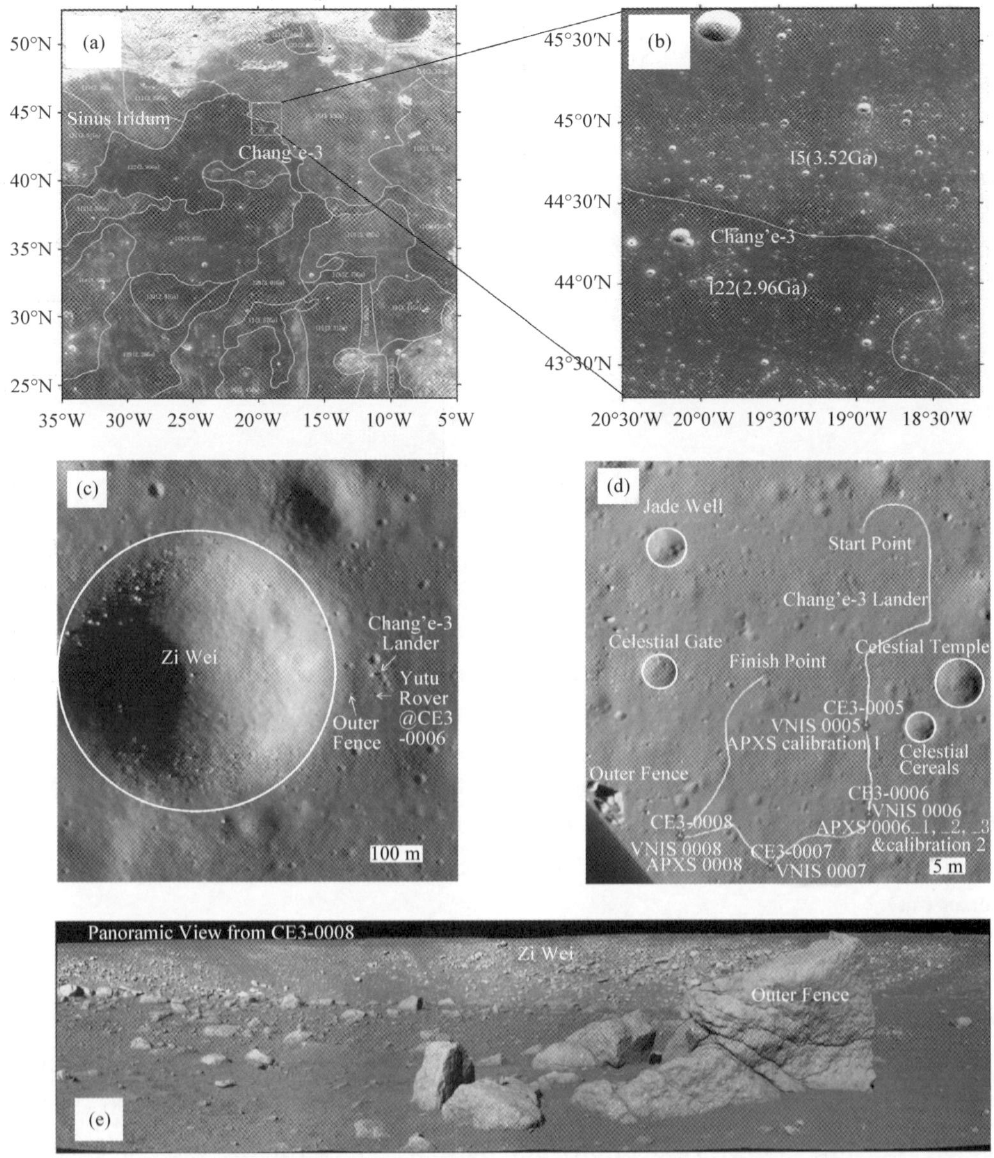

Fig. 1　Location of the Chang'E-3 landing site. (a) Chang'E-1 CCD image with boundaries of typical mare basalt units[7]. (b) Chang'E-2 CCD image and (c) LROC NAC image (LROC NAC M1142582775R). (d) The traverse map of the Yutu rover and the locations of APXS and VNIS measurements. (e) Panoramic view of the 'Zi Wei' crater by the Panoramic Camera on the Yutu rover at the CE3-0008 site.

sites ~10 cm apart), we calculated the mean value as 'Mean_0006.' For the norms summarized in Table 1, we combined the high-Ca pyroxene components as diopside (Di) and the Ca-poor components as hypersthene (Hy). Given the analytical uncertainties associated with the APXS data (Supplementary Table 4), the main difference is in MgO,

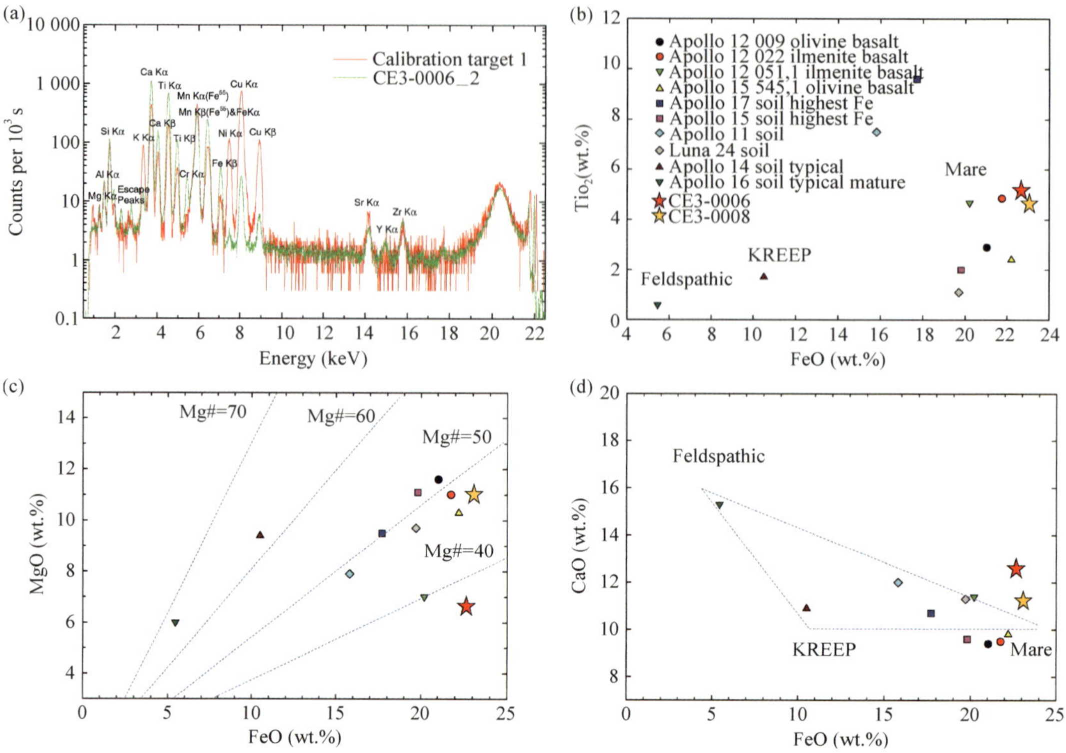

Fig. 2　X-ray spectrum and chemical compositions of Chang'E-3 soils from APXS. (a) APXS spectrum CE3-0006_2 overlain on the calibration spectrum. Comparison of Chang'E-3 site surface soil samples with Apollo and Luna samples[2,17] in (b) FeO versus TiO_2, (c) FeO versus MgO and (d) FeO versus CaO.

which is significantly higher in CE3-0008 (11 wt.%) compared with CE3-0006 (6.7 wt.%). The difference in MgO translates to a difference in the relative abundance of olivine and pyroxene and in the ratio of Di to Hy (Table 1). The higher MgO concentration of the CE3-0008 soil results in a higher Mg# (46) compared with CE3-0006 (34) and a higher Fo (Mg/(Mg+Fe) ×100) in olivine, that is, ~Fo_{51} for the CE3-0008 soil and ~Fo_{40} for the CE3-0006 soil. The CE3-0006 soil is also richer in the high-Fe endmember for both Di and Hy (Table 1) as a result of the difference in MgO. Considering analytical uncertainties for Al, Si, Ca, Fe and Ti, normative abundances of plagioclase and ilmenite are the same in -0006 and -0008, within analytical uncertainties.

Table 2　MGM results of the four VNIS spectra.

Spectrum	CE3-0005			CE3-0006		
Mineral	Centre	FWHM	Strength	Centre	FWHM	Strength
Olivine	884	138	−0.103	878	135	−0.026
	1134	139	−0.076	1136	122	−0.073

Continuted

Spectrum	CE3-0005			CE3-0006		
Mineral	Centre	FWHM	Strength	Centre	FWHM	Strength
	1248	291	−0.099	1260	237	−0.059
HCP*	1029	144	−0.196	1031	145	−0.179
	2236	337	−0.070	2371	404	−0.099
LCP*	948	110	−0.106	935	122	−0.091
	1971	240	−0.035	2024	373	−0.051
HCP/LCP* (1 μm ratio)	1.8 (LCP/(LCP+HCP)≈0.35)			2.0 (LCP/(LCP+HCP)≈0.34)		
HCP/LCP* (2 μm ratio)	2.0 (LCP/(LCP+HCP)≈0.33)			1.9 (LCP/(LCP+HCP)≈0.34)		
HCP/OL* (1 μm/1.25 μm)	2.0 (OL/(OL+HCP)≈0.34)			3.0 (OL/(OL+HCP)≈0.25)		
Spectrum	CE3-0007			CE3-0008		
Mineral	Centre	FWHM	Strength	Centre	FWHM	Strength
Olivine	874	148	−0.038	870	136	−0.037
	1158	121	−0.045	1123	146	0.068
1261	251	0.053	1234	268	−0.063	
HCP*	1043	166	−0.175	1017	142	−0.144
	2359	429	−0.145	2224	395	−0.069
LCP*	944	130	−0.076	932	111	−0.060
	1983	309	−0.065	1965	271	−0.030
HCP/LCP* (1 μm ratio)	2.3 (LCP/(LCP+HCP)≈0.30)			2.4 (LCP/(LCP+HCP)≈0.29)		
HCP/LCP* (2 μm ratio)	2.2 (LCP/(LCP+HCP)≈0.31)			2.3 (LCP/(LCP+HCP)≈0.30)		
HCP/OL* (1 μm/1.25 μm)	3.3 (OL/(OL+HCP)≈0.23)			2.3 (OL/(OL+HCP)≈0.30)		

* The HCP/LCP is the volume ratio of HCP to LCP, determined by the 1- and 2-μm band-strength ratio for the two phases. The normalized band-strength ratios, LCP/(HCP+LCP), indicating the fractions of LCP in the mixtures, are also given for references in brackets. The consistencies in LCP/(LCP+HCP)s for the 1-and 2-μm bands are important in showing that olivine and other mineral absorptions are not skewing the MGM results[32].

* The HCP/OL is the volume ratio of HCP to olivine, determined by the peak strength ratio for the two phases (1 μm peak of HCP versus ~1.25 μm peak of olivine). The normalized band-strength ratios, OL/(HCPtOL), are also indicated in brackets.

* Spectrally, HCP has the maximum absorption of the 1-μm feature located beyond 980 nm and the 2-μm feature, beyond 2200 nm, whereas LCP has these features located at <980 nm and 2,200 nm, respectively.

Table 3　Mineralogy of Chang'E-3 soils derived from APXS data using mixture modelling of the chemical composition.

APXS Mixing components	CE3-0006_1	CE3-0006_2	CE3-0006_3	CE3-0008	Mean_0006*	Mean_all*
Olivine	11.9	9.2	10.5	23.4	9.8	14.4
Augite	36.4	37.1	36.2	31.6	36.6	35.0

Continued

APXS Mixing components	CE3-0006_1	CE3-0006_2	CE3-0006_3	CE3-0008	Mean_0006*	Mean_all*
Pigeonite	16.9	18.4	17.9	13.2	18.2	16.5
Plagioclase	27.7	27.4	27.8	25.8	27.6	27.0
Ilmenite	8.0	8.3	8.5	7.7	8.4	8.2
Apatite*	0.2	0.2	0.2	0.2	0.2	0.2
Cr-spinel*	−0.1	0.1	0.0	−0.2	0.0	0.0
Sum	101.2	100.7	101.1	101.8	100.9	101.2
Olivine_chem	Fo38.2	Fo34.7	Fo36.1	Fo49.6	Fo35.4	Fo40.1
Augite_chem	En30.1Wo33.7Fs36.2	En24.8Wo34.9Fs40.6	En30.5Wo33.7Fs35.8	En39.5Wo32.2Fs28.4	En27.7Wo34.3Fs38.2	En31.6Wo33.6Fs34.9
Pigeonite_chem	En35.7Wo20.1Fs44.2	En28.1Wo21.0Fs50.9	En29.6Wo20.7Fs49.7	En35.7Wo20.1Fs44.2	En28.9Wo20.9Fs50.3	En31.1Wo20.6Fs48.3
χ^2/ν*	13.8	12.9	12.9	19.6	12.9	15.1

Mineral proportion values in wt.%.

* Minerals shown in italics (apatite and Cr-spinel) are based on assumed input values for P_2O_5 and Cr_2O_3 in similar mare basalts (Papike et al.[17]) to more accurately model Ca and Fe. Model mineral component compositions are given in Supplementary Table 7.

* χ^2/ν is a measure of the goodness of fit of the mixing model and is the error-weighted sum of squares of differences between model and actual compositions divided by the number of chemical parameters (oxides) minus the number of mixing components (minerals)[53].

* Mean_0006 is the average value of CE3-0006_2 and CE3-0006_3. Mean_all is the average value of CE3-0006_2 and CE3-0006_3 and CE3-0008.

In Table 1, the 'Means_all' column shows the average chemical composition and normative mineralogy summary of the CE-3 landing site soils. The soils have a high percentage of normative pyroxene (~42 wt.%), with most being high-Ca pyroxene, Di (29 wt.%), that is, about two times the Hy (13 wt.%). The normative feldspar content (27 wt.%) is within the range of many lunar basaltic samples. The normative olivine content (20 wt.%, corresponding to 17 vol.%) of CE-3 is at the high end of the range for known lunar basalts (for example, Apollo 12 olivine basalt has ~20 vol.% olivine[2]). In the CE-3 soils, olivine is Fe-rich with relatively low average Fo content (~43). The normative ilmenite contents of the three CE-3 soils are similar, averaging ~9 wt.%. The average Mg# of the soils is ~38, indicating the exceptionally ferroan character of source rocks that make up the local surface soils.

Mineral chemistry and mineral modes based on VNIR spectra. The visible-NIR (near-infrared) spectra (Fig. 3a, b) of four VNIS observations show characteristic 1 and 2 μm absorption features owing to the electron transfer of Fe^{2+} in the M1 and M2 sites of lunar mafic silicates[18]. The spectra (Fig. 3a) have obvious absorption features and relatively flat profiles, indicating a low degree of space weathering, consistent with the fact that the CE-3 landing site sits on a relatively young Eratosthenian lava flow and the fresh ejecta of the young and fresh Zi Wei crater.

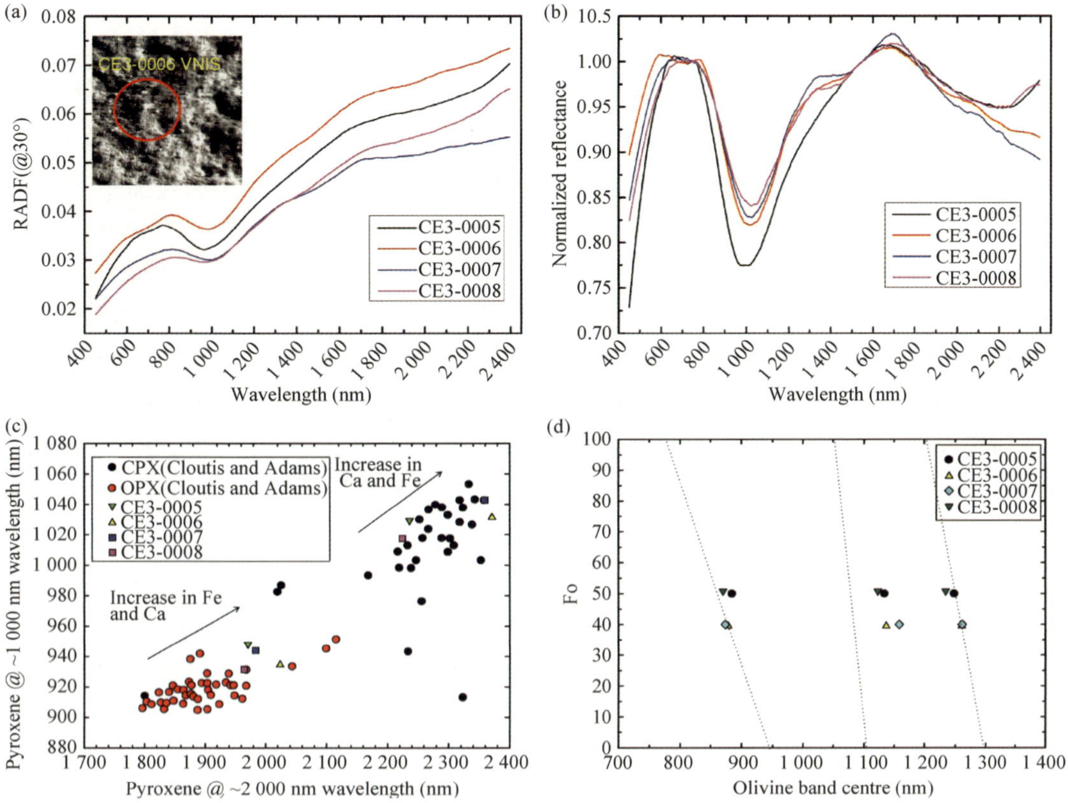

Fig. 3　Visible-NIR spectral properties and mineral chemistry of Chang'E-3 soils from VNIS. (a) Combined VNIS spectra (450-2,400 nm) from sites 0005, 0006, 0007 and 0008. The inset image is from site CE3-0006 of the VNIS (450-950 nm) image mode at 750 nm. The dashed circle indicates the region measured by the VNIS-point spectral mode (900-2,400 nm). (b) VNIS spectra after continuum removal. (c) Pyroxene VNIS peak positions of the CE-3 soils overlain on experimental results from Adams[27] and Cloutis and Gaffey[28]. (d) Fo values of olivine in four CE-3 soils derived from VNIS spectra, overlain on calibration lines (Sunshine and Pieters[20]).

To estimate the average composition of minerals contributing to the spectra, we apply the modified Gaussian model (MGM)[19,20] to deconvolve the spectral bands. We find that the spectra from CE3-0005 and CE3-0008 sites have wide and strong 1 μm absorption bands but shallow 2 μm band depths (Fig. 3a, b), thus they should have a higher 1 − 2 μm band area ratio (BAR), which implies the presence of a significant amount of olivine in the soils of these two sites[15,21-23]. The absorption components of all four continuum-removed spectra (Fig. 3b) are calculated using MGM, as mixtures of three endmembers, high-Ca pyroxene (HCP), low-Ca pyroxene (LCP) and olivine (Supplementary Note 5, Table 2). This combination is the most complicated for this type of spectral deconvolution[24-26]. The results of the MGM deconvolution are shown in Table 2.

Extensive laboratory studies of terrestrial and synthetic pyroxenes provide the basis to correlate the 1-and 2-μm band positions with their chemical compositions[27-30]. We plot the central positions of deconvolved 1 and 2 μm bands from HCP and LCP components based on the data of Adams[27] and Cloutis and Gaffey[28] (Fig. 3c). Here we define the HCP as wollastonite (Wo) > 30 and LCP as Wo < 30, keeping with previous work by Sunshine et al.[31] and Klima et al.[30]. By comparison, the compositional features of LCP of the four soils are similar (Fig. 3c) and very Fe-rich, relative to orthopyroxene examined by Adams[27] and Cloutis and Gaffey[28]. However, the HCP compositions of CE-3 soils occur in two groups; CE3-0006 and CE3-0007 are slightly richer in Ca and in Fe than CE3-0005 and CE3-0008, consistent with APXS data (Table 1). The pyroxene chemistry of the CE-3 soils derived from VNIS data thus supports their general Fe-rich character, with CE3-0006 and CE3-0007 having even higher Fe contents, consistent with APXS results.

The volume percentage ratio of HCP and LCP (HCP/LCP) can be estimated using the band-strength ratios of 1 and 2 μm bands from MGM deconvolution of VNIS spectra[19,24,29,30,32]. The HCP/LCP vol. % ratios for four CE-3 soils were calculated using both the 1-and 2-μm band-strength ratios. The results for each soil using two ratios are consistent (Table 2), indicating an equivalent compositional effect on both 1 and 2 μm bands. Overall, the HCP/LCP ratios in four CE-3 soils are similar, with HCP about two times LCP in abundance.

The MGM-derived band positions of olivine shift as a function of Fo content, thus they can be used to estimate olivine chemistry[20,25]. We plot central positions of two deconvolved M1 component bands of CE-3 olivine (Fig. 3d) with trend lines determined on terrestrial samples by Sunshine and Pieters[20]. The central positions of the two olivine M1 bands occur at 870-884nm and 1234-1261 nm for the four CE-3 soils, suggesting they are Fe-rich (30 < Fo < 55, Fig. 3d). Specifically, spectra indicate that CE3-0005 and CE3-0008 soils have higher olivine Fo values than the other two soils.

The precise location of the M2 band (~1050 nm) of olivine in the VNIS spectrum is difficult to determine via MGM deconvolution[20,33] (Supplementary Note 5). However, we plotted the central positions of olivine M2 bands of four CE-3 soils derived from MGM deconvolution in Fig. 3d, which also shows a trend along the trend line determined by Sunshine and Pieters[20]. Therefore, olivine chemistry of the CE-3 soils derived from VNIS data supports their general Fe-rich character, consistent with normative analysis of the APXS results (Fo ~43 on average, Table 1). The band-strength ratios of the HCP 1-μm band to the olivine M1 band near 1.25 μm could also be used to estimate their volume percentage[24]. The four CE-3 soils can be divided into two groups (Table 2): the CE3-0005 and -0008 soils are richer in olivine on the basis of VNIS analysis (HCP/OL = 2.0 and 2.3) than CE3-0006 and CE3-0007 (HCP/OL = 3.0 and 3.3, respectively).

Refinement of mineral mode by correlated APXS and VNIS. A key result from both the APXS and VNIS data is the inferred abundance of olivine. The APXS data indicate relatively low SiO_2 and high FeO + MgO, resulting in a significant proportion of olivine in the norm (10 vol.% in CE3-0006 and 30 vol.% in CE3-0008, Table 1). Our MGM analysis of the VNIS spectra also reflects high olivine contents (the HCP/OL ratio is 3.0 for CE3-0006 and 2.3 for CE3-0008, Table 2). A high olivine content coupled with intermediate to high TiO_2 makes the CE-3 soil and the basalt from which it derives unique among the known lunar samples, similar to a basalt type that has been inferred from orbital data[34], but not until the CE-3 mission verified by *in situ* or sample analysis.

Second, olivine chemistry derived from the norm analysis based on the APXS composition (Table 1) and from the central positions of the olivine M1 bands in VNIS spectra (Fig.3d) both support the Fe-rich character of olivine in CE-3 soils. Fe-rich olivine was predicted on the basis of remote sensing of this area[21], thus the Fe-rich olivine found by CE-3 indicates a relatively evolved magma from late-stage volcanic activity in the Imbrium basin[35].

We also find similarity in pyroxene features inferred from normative analyses of the APXS composition (Table 1) and deconvolved VNIS spectra (Table 2). For example, both sets of analyses suggest CE-3 soils are rich in HCP. A good match was found between HCP/LCP ratios in CE3-0006 soil derived from VNIS (2.0, Table 2) and the Di/Hy components derived from APXS analysis (2.0, Table 1). The CIPW norm analysis based on APXS composition indicates a much higher Di/Hy ratio for CE3-0008 (8.7, Table 1) than the HCP/LCP derived from VNIS (2.3, Table 2). This large difference results in part from the effect of the normative pyroxene components in which the Hy component has no Ca. In reality the LCP pyroxene (in this case, pigeonite) does contain Ca. The effect is greatest in CE3-0008 because it contains so much olivine that there is little normative Hy and abundant Di. Moreover, the VNIS and APXS target areas were within a short distance of each other (<1 m), so we do not expect such a large variation in this less (space-) weathered basaltic regolith.

To provide a better comparison between APXS data and VNIS data, we use typical compositions of lunar mare minerals (that is, olivine, augite, pigeonite and plagioclase) as endmembers in a mixing-model calculation instead of the normative calculation results (Supplementary Table 7). The results of this mixing analysis are shown in Table 3.

From the mixing analysis, the refined mineral mode of CE3-0008 yields an Aug/Pig ratio of 2.4 (Table 3), which matches well with the VNIS HCP/LCP ratio (2.3, Table 2) based on VNIS spectral deconvolution. For CE3-0006, the Aug/Pig value in the refined mineral mode (2.0) and the HCP/LCP value in the VNIS-derived mode (2.0) are essentially the same. Considering these results, the APXS and VNIS mineral modal data are consistent.

The CE3-0008 soil may have a greater abundance of material contributed from deeper levels of the nearby Zi Wei crater (Fig. 1e), with a composition similar to the nearby light-toned rocks (Supplementary Figs 2 and 3) such as the 'Outer Fence' boulder. From an image-based mineral modal estimation of Outer Fence, we infer ~20 vol. % in plagioclase phenocrysts (Supplementary Fig. 3, Supplementary Table 5, Supplementary Note 2), which is in general agreement with our estimations (~33 vol. %) of nearby CE3-0008 soil. Moreover, the regolith reflectance differences observed by the Lunar Reconnaissance Orbiter Camera Narrow Angle Cameras (LROC NAC) are rather limited around the landing site (Supplementary Fig. 4, Supplementary Note 3). The Al_2O_3 content of CE-3 landing site based on experience of lunar samples is most likely in the range of 7 – 10 wt. % (Supplementary Fig. 5, Supplementary Note 4). The reflectance of the nearby rocks at the CE-3 landing site may result from texture-related human-eye brightness exaggeration (that is, some workers[36] initially interpreted the rock as an aluminous basalt with a plagioclase content possibly exceeding 40 vol. % (see Supplementary Notes 2 – 4 for additional discussion).

Correspondence between the landing site and remote sensing. Lunar Prospector (LP) Gamma-Ray Spectrometer (GRS) results suggest that soils developed on north-central Imbrium mare basalts, including the CE-3 landing site, have high FeO (>20 wt. %, half-degree per pixel binning) and TiO_2 (5.20 wt. %, 2°per pixel binning)[6,37]. Clementine data for areas near the CE-3 site indicate ~19 wt. % FeO and 5-7 wt. % TiO_2. The LP-GRS TiO_2 data in this part of Imbrium are variable, however. Considering both the LP-GRS data and the Clementine ultraviolet-visible data, the values are broadly similar to those of some widespread western Procellarum mare regions (for example, centred ~18°N and 303°E) where the surface is spectrally similar and where LPGRS TiO_2 values are similar (4-6 wt. %). TiO_2 is normally used as the primary compositional criterion to classify remote sensing data for lunar basalts and indicates that many of the lunar basalts are actually intermediate in TiO_2 content (for example, 4.5-7.5 wt. %)[38]. The CE-3 composition falls in this range, thus we regard them as intermediate Ti basalt (similar to Neal et al.[36]). The intermediate Ti content of CE-3 provides an important calibration point for the TiO_2 estimation by spectral data (for example, Clementine UVVIS)[38,39], which has been problematic (for example, Gillis et al.[40] suggested about 50% uncertainty in the Imbrium basalts). The CE-3 TiO_2 data provide ground truth for further revision or evaluation of TiO_2 estimation methods for remote sensing studies. The high CaO content of the CE-3 soils (compared with other mare basalts, Fig. 2d) and the abundance of HCP inferred from the visible-NIR spectra support a high Ca content in the area of this flow unit. This result is consistent with the LP-GRS results (CaO of ~11.1 wt. %, same region in northcentral Imbrium at 2° per pixel[37]) and Clementine UVVIS mineral mapping (rich in clinopyroxene and olivine, but poor in orthopyroxene)[2,41]. LRO Diviner data[42] show a Christiansen feature value near 8.55 μm, indicating a low SiO_2 content in this region, which qualitatively agrees with the low SiO_2 (41.2 wt.% average, Table 1) of the CE-3 APXS measurements. Moreover, the high olivine content and Ti enrichment in the late-stage volcanism of the Procellarum and Imbrium regions have been interpreted by many authors[21-23,34,43,44] according to spectral data from telescopic observations, the UVVIS camera on Clementine, and the Moon Mineralogy Mapper (M^3) on Chandrayaan-1, and these observations are supported in the Imbrium region by CE-3 results.

Discussion

Given a basalt that is rich in TiO_2 (5%) yet also rich in olivine (>10%), we consider its possible origin. The composition of CE-3 basalt, inferred from APXS analyses of immature soils at the site derived from the uppermost young basalt flow, is FeO-rich, with an Mg/(Mg + Fe) value of ~0.4. This composition suggests derivation from late-stage magma-ocean cumulates that crystallized after ilmenite saturation and thus were rich in ferropyroxene and ilmenite, possibly hybridized with an intermediate to latestage olivine-orthopyroxene cumulate. Such an origin may be common among late-stage basalts in the Procellarum-Imbrium region (Procellarum KREEP Terrane or 'PKT'[45,46]), producing olivine-bearing, ilmenite-rich ferrobasalts such as those of the flow sampled by CE-3 in north-central Imbrium as well as the extensive Ti-rich, olivine-bearing basalts of Western Procellarum[21,34]. Extended magmatic activity in the PKT may have been driven by radioactive decay and heating of late-stage, incompatible-element-rich cumulates that were also rich in Ti. Olivine enrichment would not be expected with such cumulates because lunar magma ocean (LMO) residual melts at the stage of ilmenite saturation (>95% LMO crystallization) would most likely be saturated with pigeonite and augite[47,48], thus requiring localized mixing or hybridization with an olivine-rich cumulate. In that case, the olivine-rich cumulate would, itself, be fairly iron-rich, for example, as might have been produced from the LMO after some 75% solidification. These would be late-stage LMO cumulates, likely enriched in incompatible trace elements (ITEs), including U and Th, consistent with prolonged mare basaltic activity in this part of the Moon[49]. An origin of such hybridized magmas, as formed by partial melting of upper mantle cumulates, is similar to the origin inferred by Snyder et al.[47] for high-Ti basalts.

In conclusion, from a correlated analysis of the regolith derived from rocks at the CE-3 landing site, freshly excavated by Zi Wei crater, we recognize a new type of lunar basalt with a distinctive mineral assemblage compared with the samples from Apollo and

Luna, and the lunar meteorites. The chemical and mineralogical information of the CE-3 landing site provides new ground truth for some of the youngest volcanism on the Moon.

Methods

Instruments and data descriptions. The APXS is designed to conduct *in situ* elemental measurements of lunar regolith, using ^{55}Fe and ^{109}Cd as the excitation sources. The APXS is installed on the arm of the Yutu rover with an effective detection area of ~50mm in diameter[13]. The VNIS employs the Acousto-Optic Tunable Filter (AOTF) technique to provide hyperspectral images in the 450-950-nm region and point spectral measurements in the 900-2,400-nm region[14-16]. The VNIS is installed on the front of the rover at a height of 0.69 m, observing the lunar surface at a fixed 45 view angle. The targeting area of the VNIS imager is~16×21 cm. The targeting area of the VNIS-point spectrometer is a circle of ~7 cm diameter, inside of the targeting area (Fig. 3a) of the VNIS imager. The distance between the sampling areas of the APXS and VNIS at one location is within 1 m. The detailed descriptions of these two instruments and their calibration procedures can be found in refs 12 - 16.

This study is based on level 2C (APXS) and 2B (VNIS) data released by the Ground and Research Application System (GRAS) of the Chang'E-3 Project. The APXS conducted two calibration target measurements and four sets of lunar soil measurements at two locations (CE3-0006 and -0008). Measurement 0006_1 was a test measurement at ~5 cm distance from the surface of the regolith, 0006_2 was at the same location as 0006_1 but at a distance of ~2.5 cm above the surface and 0006_3 was at a lateral distance of about 10 cm from 0006_2. The VNIS acquired four hyperspectral images (450-950 nm) and four point NIR spectral measurements (900-2,400 nm) at four locations (CE3-0005, -0006, -0007 and -0008). The locations of the APXS and VNIS measurements are shown in Fig. 1d. The APXS data at CE3-0006_1-3 and CE3-0008 correspond to the VNIS spectra from CE3-0006 and CE3-0008.

APXS data processing and analysis. The APXS has a calibration target with known chemical composition (Fig. 2a). We employed the peak-area ratio of measured samples and calibration target (proportional to the elemental ratios of corresponding elements) to derive the chemical compositions of the CE-3 soils. Our APXS data processing began with level 2C data, which has undergone energy, dead-time and temperature corrections[13]. The four raw spectra were accumulated for 2657 s, 2778 s, 2050 s and 3627 s. We first normalized the spectral counts of all four APXS spectra to 10^3 seconds (Fig. 2a). The background was then removed from raw spectra to eliminate the effects of multiple scattering. The peak areas of individual elements were derived by spectral curve fitting using GRAMS software (Galactic Industries Corporation, NH, USA). A Gaussian function was used to fit the peak shape. Multiple iterations in curve fitting were conducted until convergence was reached. The resulting peak area for each element was then divided by that from the calibration target, and multiplied by the known concentration of that element in the calibration target, to obtain the nominal concentrations of elements. The concentrations of seven major elements (Mg, Al, Si, K, Ca, Ti and Fe) as oxides were then normalized to 99% to obtain the final concentration of each of these elements in a CE-3 surface sample, with the remaining 1% set for elements not measured but known to be present, including Cr_2O_3, MnO, Na_2O and P_2O_5, to 0.3, 0.3, 0.3 and 0.1 wt.%, respectively (Table 1). This method has the advantage of normalization of different observation geometries and instrument effects (for example, the CE3-0006_1 test measurement also shows a relatively reasonable result compared with CE3-0006_2, although it was taken at a distance of ~2.5 cm higher than the other three measurements). Neal et al.[36] also reported derived chemical compositions of the CE-3 soils, but using instead a Fundamental Parameters Method. Their results are in general agreement with our derived composition, but differ in detail, especially for Al. A detailed analysis of the differences is in the Discussion section of this paper.

VNIS data processing and analysis. Our VNIS spectral data processing began with level 2B data, which has undergone dark current, flat-field, temperature corrections and radiometric and geometric calibration[15]. For each of the four locations, we averaged ~ 9182 pixels spectra (450 − 950 nm) of the sampling area from VNIS in the image mode, then connected the averaged spectrum with a point spectrum (900 − 2400 nm) measured from a circular area within the imaged area (Fig. 3a). To correct the step artifacts between the two spectral ranges due to the response differences of the two detectors, a factor obtained from 900 nm of the point spectrum was used to multiply the averaged spectrum in the 450 − 900 nm region. We derived the single scattering albedo of the combined spectra, which is independent of the illumination geometry of the visible-NIR measurements. Based on the Hapke radiative transfer model[50,51], the radiance factor was converted at the standard illumination geometry ($i = 30^\circ$, $e = 0^\circ$ and $\alpha = 30^\circ$) to facilitate comparison. The spectra were then smoothed using the Savitzky-Golay smoothing method[52], which is a spectral smoothing algorithm that essentially performs a polynomial regression to the data points in a moving window (Fig. 3b). The spectral background (continuum) was removed using a straight line that connects the spectral points at 750 nm and 1700 nm. Mineral modes of four CE-3 soils were extracted by spectral deconvolution using the MGM (refs 19,20,24-26,32; Supplementary Figs 6 and 7, Supplementary Table 6, Supplementary Note 5). The software was downloaded from the Reflectance Experiment Laboratory (http://www.planetary.brown.edu/mgm/).

Acknowledgements

This research was partly funded by the National Natural Science Foundation of China (U1231103, 41473065, 41373068 and 41490634), National Science and Technology Infrastructure Work Projects (2015FY210500), Natural Science Foundation of Shandong Province (JQ201511 and ZR2015DQ001) and Key Research Program of the Chinese Academy of Sciences (KGZD-EW-603). Support from the Department of Earth & Planetary Sciences and the McDonnell Center for the Space Sciences at Washington University in St Louis for B. L. J., A. W. and Z. L. is greatly appreciated. We thank Ryan Clegg-Watkins for assistance in processing the LROC NAC images, and Randy Korotev, Carle Pieters, Bin Liu and Xiaohui Fu for helpful discussions. The authors thank Mariek Schmidt and two anonymous reviewers for constructive comments, which led to significant improvements in the manuscript.

Author contributions

Z. L. wrote the manuscript and performed calculations. B. L. J. contributed to the CIPW and mixing modelling as well as science interpretations. A. W. assisted with the APXS and VNIS data processing and interpretations. C. L. and J. Z. L. contributed to the geological interpretations of the data. J. Z., B. L., L. S and J. C helped to process the APXS and VNIS data. L. X., J. J. L. and X. R. helped to produce the camera data and geological analysis. W. P., H. W. and X. C. are team members of the APXS instrument and helped with the APXS data preprocessing. Z. H. and J. W. are team members of the VNIS instrument and helped with VNIS data preprocessing. We thank the team of the CE-3 Project for their successful work, especially the GRAS of Lunar Exploration, for their valuable and efficient assistance with providing the data and data calibration.

Additional information

Supplementary Information accompanies this paper at http://www.nature.com/naturecommunications

Competing financial interests: The authors declare no competing financial interests.

Reprints and permission information is available online at http://npg.nature.com/reprintsandpermissions/

How to cite this article: Ling, Z. et al. Correlated compositional and mineralogical investigations at the Chang'E-3 landing site. Nat. Commun. 6:8880 doi：10.1038/ncomms9880（2015）.

References

[1] Heiken，G. H.，Vaniman，D. T. & French，B. M.（eds）. Lunar Sourcebook：A User's Guide to the Moon（Cambridge University Press，1991）.

[2] Lucey，P. G. et al. in New Views of the Moon Vol. 60（eds Jolliff，B. L.，Wieczorek，M. A.，Shearer，C. K. & Neal，C. R.）83-219（Mineralogical Society of America，2006）.

[3] Ip，W. H.，Yan，J.，Li，C. L. & Ouyang，Z. Y. Preface：the Chang'E-3 lander and rover mission to the Moon. Res. Astron. Astrophys. 14，1511（2014）.

[4] Li，C. L. et al. Analysis of the geomorphology surrounding the Chang'E-3 landing site. Res. Astron. Astrophys. 14，1514-1529（2014）.

[5] Xiao，L. China's touch on the Moon. Nat. Geosci. 7，391-392（2014）.

[6] Xiao，L. et al. A young multilayered terrane of the northern Mare Imbrium revealed by Chang'E-3 mission. Science 347，1226-1229（2015）.

[7] Hiesinger，H.，Jaumann，R.，Neukum，G. & Head，J. W. Ages of mare basalts on the lunar nearside. J. Geophys. Res. 105，29239-29275（2000）.

[8] Schaber，G. G. Lava flows in Mare Imbrium：Geologic evaluation from Apollo orbital photography. Proc. Lunar Planet Sci. Conf. 4，73-72（1973）.

[9] Bugiolacchi，R. & Guest，J. E. Compositional and temporal investigation of exposed lunar basalts in the Mare Imbrium region. Icarus 197，1-8（2008）.

[10] Zhao，J. et al. Geologic characteristics of the Chang'E-3 exploration region. Sci. China-Phys. Mech. Astron. 57，569-576（2014）.

[11] Hiesinger，H.，Head，J. W.，Wolf，U.，Jaumann，R. & Neukum，G. Lunar mare basalt flow units：thicknesses determined from crater size-frequency distributions. Geophys. Res. Lett. 29，89（2002）.

[12] Peng，W. X. et al. Active particle-induced X-ray Spectrometer for CHANG'E-3 YuTu Rover Mission and its first results. In 45th Lunar and Planetary Science Conference. Abstract no. 1699（2014）.

[13] Fu，X. H. et al. Data processing for the Active Particle-induced X-ray Spectrometer and initial scientific results from Chang'E-3 mission. Res. Astron. Astrophys. 14，1595-1606（2014）.

[14] He，Z. P. et al. Operating principles and detection characteristics of the Visible and Near-Infrared Imaging Spectrometer in the Chang'E-3. Res. Astron. Astrophys. 14，1567-1577（2014）.

[15] Liu，B. et al. Data processing and preliminary results of the Chang'E-3 VIS/NIR Imaging Spectrometer *in situ* analysis. Res. Astron. Astrophys. 14，1578-1594（2014）.

[16] Liu，B. et al. Reflectance conversion methods for the VIS/NIR imaging spectrometer aboard the Chang'E-3 lunar rover：based on ground validation experiment data. Res. Astron. Astrophys. 13，862-874（2013）.

[17] Papike, J. J., Ryder, G. & Shearer, C. K. in Planetary Materials (ed. Papike, J. J.) 1-234 (Mineralogical Society of America, 1998).

[18] Burns, R. G. Mineralogical Applications of Crystal Field Theory, 2nd ed. (Cambridge University Press, 1993).

[19] Sunshine, J. M. & Pieters, C. M. Estimating modal abundances from the spectra of natural and laboratory pyroxene mixtures using the modified Gaussian model. J. Geophys. Res. 98, 9075-9087 (1993).

[20] Sunshine, J. M. & Pieters, C. M. Determining the composition of olivine from reflectance spectroscopy. J. Geophys. Res. 103, 13675-13688 (1998).

[21] Staid, M. I. et al. The mineralogy of late stage lunar volcanism as observed by the Moon Mineralogy Mapper on Chandrayaan-1. J. Geophys. Res. 116, E00G10 (2011).

[22] Besse, S. et al. Compositional variability of the Marius Hills volcanic complex from the Moon Mineralogy Mapper (M3). J. Geophys. Res. 116, E00G13 (2011).

[23] Varatharajan, I., Srivastava, N. & Murty, S. V. Mineralogy of young lunar mare basalts: assessment of temporal and spatial heterogeneity using M3 data from Chandrayaan-1. Icarus 236, 56-71 (2014).

[24] Clénet, H. et al. A new systematic approach using the Modified Gaussian Model: Insight for the characterization of chemical composition of olivines, pyroxenes and olivine-pyroxene mixtures. Icarus 213, 404-422 (2011).

[25] Isaacson, P. J. & Pieters, C. M. Deconvolution of lunar olivine reflectance spectra: Implications for remote compositional assessment. Icarus 210, 8-13 (2010).

[26] Isaacson, P. J. et al. Remote compositional analysis of lunar olivine-rich lithologies with Moon Mineralogy Mapper (M3) spectra. J. Geophys. Res. 116, E00G11 (2011).

[27] Adams, J. B. Visible and near-infrared diffuse reflectance spectra of pyroxenes as applied to remote sensing of solid objects in the solar system. J. Geophys. Res. 79, 4829-4836 (1974).

[28] Cloutis, E. A. & Gaffey, M. J. Pyroxene spectroscopy revisited: Spectral-compositional correlations and relationship to geothermometry. J. Geophys. Res. 96, 22809-22826 (1991).

[29] Klima, R. L., Pieters, C. M. & Dyar, M. D. Spectroscopy of synthetic Mg-Fe pyroxenes I: spin-allowed and spin-forbidden crystal field bands in the visible and near-infrared. Meteorit. Planet. Sci. 42, 235-253 (2007).

[30] Klima, R. L., Dyar, M. D. & Pieters, C. M. Near-infrared spectra of clinopyroxenes: effects of calcium content and crystal structure. Meteorit. Planet. Sci. 46, 379-395 (2011).

[31] Sunshine, J. M. et al. High-calcium pyroxene as an indicator of igneous differentiation in asteroids and meteorites. Meteorit. Planet. Sci. 39, 1343-1357 (2004).

[32] Kanner, L. C., Mustard, J. F. & Gendrin, A. Assessing the limits of the Modified Gaussian Model for remote spectroscopic studies of pyroxenes on Mars. Icarus 187, 442-456 (2007).

[33] Cloutis, E. A., Gaffey, M. J., Jackowski, T. L. & Reed, K. L. Calibrations of phase abundance, composition, and particle size distribution for olivine-orthopyroxene mixtures from reflectance spectra. J. Geophys. Res. 91, 641-11,653 (1986).

[34] Staid, M. I. & Pieters, C. M. Mineralogy of the last lunar basalts: results from Clementine. J. Geophys. Res. 106, 27887-27900 (2001).

[35] Basaltic Volcanism Study Project. Basaltic Volcanism on the Terrestrial Planets (Pergamon Press, New York, 1981).

[36] Neal, C. R., Wu, Y. Z., Cui, X. Z., Peng, W. X. & Ping, J. S. Regolith at the Chang'E-3 Landing Site:

a new type of Mare Basalt Composition. In 46th Lunar and Planetary Science Conference. Abstract no. 1641 (2015).

[37] Prettyman, T. H. et al. Elemental composition of the lunar surface: analysis of gamma ray spectroscopy data from Lunar Prospector. J. Geophys. Res. 111, E12007 (2006).

[38] Giguere, T. A., Taylor, G. J., Hawke, B. & Lucey, P. G. The titanium contents of lunar mare basalts. Meteorit. Planet. Sci. 35, 193-200 (2000).

[39] Lucey, P. G., Blewett, D. T. & Jolliff, B. L. Lunar iron and titanium abundance algorithms based on final processing of Clementine ultraviolet-visible images. J. Geophys. Res. 105, 20297-20305 (2000).

[40] Gillis-Davis, J. J., Lucey, P. G. & Hawke, B. R. Testing the relation between UV - VIS color and TiO_2 content of the lunar maria. Geochim. Cosmochim. Acta 70, 6079-6102 (2006).

[41] Lucey, P. G. Mineral maps of the Moon. Geophys. Res. Lett. 31, L08701 (2004).

[42] Greenhagen, B. T. et al. Global silicate mineralogy of the Moon from the Diviner Lunar Radiometer. Science 329, 1507-1509 (2010).

[43] Pieters, C. M. et al. Late high-titanium basalts of the western maria: geology of the Flamsteed region of Oceanus Procellarum. J. Geophys. Res. 85, 3913-3938 (1980).

[44] Thiessen, F., Besse, S., Staid, M. I. & Hiesinger, H. Mapping lunar mare basalt units in mare Imbrium as observed with the Moon Mineralogy Mapper (M3). Planet. Space Sci. 104, 244-252 (2014).

[45] Jolliff, B. L., Gillis, J. J., Haskin, L. A., Korotev, R. L. & Wieczorek, M. A. Major lunar crustal terranes: surface expressions and crust-mantle origins. J. Geophys. Res. 105, 4197-4216 (2000).

[46] Haskin, L. A., Gillis, J. J., Korotev, R. L. & Jolliff, B. L. The materials of the lunar Procellarum KREEP Terrane: a synthesis of data from geomorphological mapping, remote sensing, and sample analyses. J. Geophys. Res. 105, 20403-20415 (2000).

[47] Snyder, G. A., Taylor, L. A. & Neal, C. R. A chemical model for generating the sources of mare basalts: combined equilibrium and fractional crystallization of the lunar magmasphere. Geochim. Cosmochim. Acta 56, 3809-3823 (1992).

[48] Elardo, S. M. et al. The origin of young mare basalts inferred from lunar meteorites Northwest Africa 4734, 032, and LaPaz Icefield 02205. Meteorit. Planet. Sci. 49, 261-291 (2014).

[49] Wieczorek, M. A. & Phillips, R. J. The 'Procellarum KREEP Terrane': Implications for mare volcanism and lunar evolution. J. Geophys. Res. 105, 20417-20430 (2000).

[50] Hapke, B. Theory of Reflectance and Emittance Spectroscopy (Cambridge University Press, 2005).

[51] Li, S. & Li, L. Radiative transfer modeling for quantifying lunar surface minerals, particle size, and submicroscopic metallic Fe. J. Geophys. Res. 116, E09001 (2011).

[52] Savitzky, A. & Golay, M. J. Smoothing and differentiation of data by simplified least squares procedures. Anal. Chem. 36, 1627-1639 (1964).

[53] Korotev, R. L., Haskin, L. A. & Jolliff, B. L. A simulated geochemical rover mission to the Taurus Littrow valley of the Moon. J. Geophys. Res. 100, 14403-14420 (1995).

Data processing for the Active Particle-induced X-ray Spectrometer and initial scientific results from Chang'E-3 mission*

Xiao-Hui Fu[1], Chun-Lai Li[1], Guang-Liang Zhang[1], Yong-Liao Zou[1], Jian-Jun Liu[1], Xin Ren[1], Xu Tan[1], Xiao-Xia Zhang[1], Wei Zuo[1], Wei-Bin Wen[1], Wen-Xi Peng[2], Xing-Zhu Cui[2], Cheng-Mo Zhang[2], Huan-Yu Wang[2]

1 National Astronomical Observatories, Chinese Academy of Sciences, Beijing 100012, China; licl@nao.cas.cn;

2 Institute of High Energy Physics, Chinese Academy of Sciences, Beijing 100049, China

Abstract: The Active Particle-induced X-ray Spectrometer (APXS) is an important payload mounted on the Yutu rover, which is part of the Chang'E-3 mission. The scientific objective of APXS is to perform *in-situ* analysis of the chemical composition of lunar soil and rock samples. The radioactive sources, ^{55}Fe and ^{109}Cd, decay and produce α-particles and X-rays. When X-rays and α-particles interact with atoms in the surface material, they knock electrons out of their orbits, which release energy by emitting X-rays that can be measured by a silicon drift detector (SDD). The elements and their concentrations can be determined by analyzing their peak energies and intensities. APXS has analyzed both the calibration target and lunar soil once during the first lunar day and again during the second lunar day. The total detection time lasted about 266 min and more than 2000 frames of data records have been acquired. APXS has three operating modes: calibration mode, distance sensing mode and detection mode. In detection mode, work distance can be calculated from the X-ray counting rate collected by SDD. Correction for the effect of temperature has been performed to convert the channel number for each spectrum to X-ray energy. Dead time correction is used to eliminate the systematic error in quantifying the activity of an X-ray pulse in a sample and derive the real count rate. We report APXS data and initial results during the first and second lunar days for the Yutu rover. In this study, we analyze the data from the calibration target and lunar soil on the first lunar day. Seven major elements, including Mg, Al, Si, K, Ca, Ti and Fe, have been identified. Comparing the peak areas and ratios of calibration basalt and lunar soil the landing site was found to be depleted in K, and have lower Mg and Al but higher Ca, Ti, and Fe. In the future, we will obtain the elemental concentrations of lunar soil at the Chang'E-3 landing site using APXS data.

* Supported by the National Natural Science Foundation of China.

Key words: data analysis— composition— Moon

1 Introduction

The Active Particle-induced X-ray Spectrometer (APXS) permits the determination of elemental chemical composition of rocks and soil by placing its sensor head against the sample, powering on the instrument and acquiring spectra. It does not require any preparation of the sample and is thus well suited for *in-situ* measurements of the surface constituents of objects in space (e. g. planets, comets and asteroids). Characterizing rocks and regolith is critical for the geologic exploration of a planet's surface by rovers. Chemical analysis of the samples will be supported by mineralogical analysis and images of their texture, thus facilitating their classification (igneous, metamorphic, sedimentary, water depositional, etc.).

Three generations at Mars rovers all carried an APXS instrument as part of their science payload which used ^{244}Cm as the radioactive source. The APXS that was carried by the Mars Pathfinder mission had three instrumental modes. The α-mode measured the energy and intensity of backscattered α-particles from a sample, which is also called Rutherford backscattering (RBS). The proton-mode measured the intensity of protons emitted from (α, p) reactions in the sample, which enabled measurement of Na, Mg, Al, Si, S and N. The X-ray mode measured the intensities of X-rays produced from α-particles and X-rays striking the sample, thus facilitating measurement of abundances of elements, which uses processes called α-particle induced X-ray emission (PIXE) and X-ray fluorescence (XRF) respectively. Unlike the Pathfinder APXS, the APXS that is part of the ongoing Mars Exploration Rover (MER) does not have a proton mode. The proton mode has been dropped because recent increases in spectral resolution and sensitivity in the X-ray mode have made it unnecessary. The APXS that is part of the Mars Science Laboratory (MSL) is an improved version of the APXS that flew successfully on Pathfinder and MER (Rieder et al. 1997, 2003; Gellert et al. 2006). The MSL APXS takes advantage of a combination of the well-established terrestrial standard methods PIXE and XRF to determine elemental chemistry. It uses sources of ^{244}Cm for X-ray spectroscopy to determine the abundance of major elements down to trace elements from sodium to bromine and beyond.

Table 1 gives the APXS instruments in planetary missions and their radioactive sources, working principles and detection abilities.

The fundamental parameter approach has been widely used to derive the elemental composition from X-ray data and similarly least squares fitting programs have been used to reduce the alpha and proton data (Gellert et al. 2006). A new approach using fundamental parameters to derive constituent chemicals from APXS spectra has been developed by Campbell et al. (2009, 2010). It employs a spectral fitting code, GUAPX, which was developed from the PIXE analysis software package GUPIX (Maxwell et al. 1995) by adding the capability to handle simultaneous XRF analysis. GUAPX could fit the spectra, compute matrix effects and convert the peak areas to elemental concentrations. It has been used in data analysis of APXS instruments onboard MSL.

2 Scientific Objectives

The scientific objectives of the Chang'E-3 mission include surveying lunar surface topography and geology, collecting data about material composition and resources on the lunar surface, measuring the Sun-Earth-Moon space environment and performing lunar-based astronomical observation (Ip et al. 2014). APXS is one of four scientific instruments aboard on the Yutu rover, which has the goal of performing *in-situ* analysis of the chemical compositions of lunar soils and rocks at the landing site.

APXS is a reliable, well-tested instrument for quantitative *in-situ* elemental analysis of planetary surfaces and has been successfully employed for surface exploration on Mars. APXS on Spirit and Opportunity together have analyzed hundreds of rocks and soils. The data they acquired significantly changed the view of Mars. Compositions of rock samples measured by APXS from Gusev Crater indicate they are mostly basalts, and are distinct from Martian meteorites. Prior to the MER missions, there was considerable controversy about whether great swaths of the Martian surface were covered with andesite. The Opportunity rover encountered sedimentary rocks which APXS indicated have high contents of S, Cl and Br. These types of deposits are formed by evaporation of salt-laden brine that precipitates sulfates, other salts and cemented sand grains. These results also suggest that liquid water existed in vast quantities on ancient Mars (McSween et al. 2011).

Table 1　Comparisons of APXS Instruments in Lunar and Planetary Missions

Mission	Radioactive source	Working principle	Detector	Energy resolution	Detection ability	Reference
Mars Pathfinder	$9\times{}^{244}Cm$ total 40mCi	RBS proton mode PIXE XRF	Si PiN	250 eV@ 5.9 keV	Determine all elements (except H) present in amounts above a fraction of a percent	Economou (2001); Foley et al. (2003)
MER	$6\times{}^{244}Cm$ total 30mCi	RBS PIXE XRF	SDD 10mm^2	160 eV@ 5.9 keV	Determine light elements (C and O), major elements, such as Mg, Al, Si, K, Ca, and Fe, and several minor elements	Rieder et al. (2003); Gellert et al. (2006)

Continuted

Mission	Radioactive source	Working principle	Detector	Energy resolution	Detection ability	Reference
MSL	6×^{244}Cm	PIXE XRF	SDD 10mm^2	200 eV@ 6.4 keV	Determine the abundance of major elements down to trace elements from sodium to bromine and beyond	Campbell et al. (2012); Gellert et al. (2009)
Rosetta mission	6×^{244}Cm total 30mCi	RBS PIXE XRF	SDD	180 eV@ 5.9 keV	Determine light elements (C and O), detect the elements from Na up to Ni and above	Schmanke et al. (2010); Klingelhöfer et al. (2007)
Beagle-2	2×^{55}Fe+ 2×^{109}Cd	PIXE	Si PiN	300 eV	Determine major elements (Mg, Al, Si, S, Ca, Ti, Cr, Mn, Fe) and trace elements up to Nb	Pullan et al. (2004)
Chandrayaan-2	6×^{244}Cm	PIXE XRF	SDD 20mm^2	150 eV@ 5.9 keV	Determine elements from Na to Br	Shanmugam et al. (2014)
Chang'E-3	4×^{55}Fe + 4×^{109}Cd	PIXE XRF	SDD 7mm^2	135 eV@ 5.9 keV	Determine major element concentration≥0.1wt%	This study

In December 2013, the Chang'E-3 spacecraft, carrying the Yutu rover, successfully landed in the northern part of Mare Imbrium on the Moon. The landing site of Chang'E-3 is located at (44.1260°N 19.5014°W), which is quite close to the boundary of two disparate geological units. Mare Imbrium has sequences of long basaltic lava flows that flooded the basin (Zhao et al. 2014). Based on the distribution of Ti on the Moon, basaltic lava that flowed around the landing area was high-Ti mare basalt. The boundary between high-Ti and low-Ti basalt was identified on false color images from Clementine, and this boundary is located to the northeast of Chang'E-3. We also observed many outcrops of bedrock on the rim of a crater that is 400 m in diameter and lies to the west of Chang'E-3 as identified in Pancam images. Geochemical investigations are an important part of characterizing a landing site, which includes chemistry, mineralogy and the texture of surface material. Data acquired by APXS can help us understand the chemical compositions and identify minerals in lunar soils and rocks. The analysis of lunar rocks near the landing site will be compared with the analysis of basalt samples from the Apollo program. The combined data set of measurements made by APXS and Infrared spectra (Liu et al. 2014) can reveal the rock types and their mineral assemblage, and improve interpretation of Mare Imbrium magmatic evolution and geological history.

3 Instrument Description

APXS is mounted on a robotic arm attached to the Yutu rover, which on command brings the sensor head close to the lunar surface. The APXS instrument consists of a sensor head mounted on the arm, an in-flight calibration target, a radioactive heating unit (RHU) and main electronics (Fig. 1). The specifications of components in APXS are listed in Table 2. APXS involves the measurement of characteristic X-rays emitted from the sample due to the processes of PIXE and XRF. The radioactive sources (4×) ^{55}Fe and (4×) ^{109}Cd decay and produce alpha particles and X-rays. When alpha particles and X-rays interact with atoms in the surface material, they knock electrons out of their orbits, producing characteristic X-rays that can be measured with the silicon drift detector (SDD). The elements and their concentrations can be determined by analyzing their peak energies and intensities. The penetration depth of APXS radiation is only several micrometers into the surface of a sample.

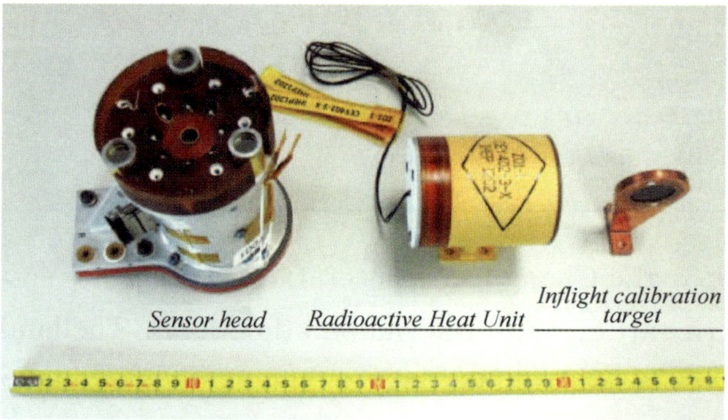

Fig. 1　APXS sensor head, RHU and calibration target.

Table 2　APXS Specifications

Parameter	Value
Sensor head	
Detector type	Silicon Drift Detector
Energy range	0.39-22.1 keV
Energy resolution	135 eV@5.9 keV
Time resolution of data recording	Spectral, 8 s
Mass	752 g
Power	0.8W
Radioactive source	4×70mCi ^{55}Fe + 4×5 mCi ^{109}Cd

Continued

Parameter	Value
Area	7mm^2
Width * length * height	80×115×124 mm^3
Radioactive Heating Unit	
Mass	358 g
Power	4.25 W
Fuel	4.76 TBq ^{238}Pu
Width * length * height	70×58×85 mm^3
Calibration target	
Material	Basalt
Mass	24 g
Target size	Φ23 mm, 3 mm in thickness

The sensor head (~752 g, 1.2W) is comprised of an SDD and eight excitation sources (Fig.2). Use of the SDD with an active area of 7 mm^2, a 2 μm thick Be window and an energy resolution of about 135 eV at 5.9 keV permits high-resolution measurement. Figure 3 shows the measurement geometry of the sensor head and a sample at a distance of 10 mm. A circular region on the Moon that emits characteristic X-rays that can be detected by SDD is called an effective detection area, which has a diameter of about 50 mm. The distance sensor is at the front of the APXS sensor head (light blue in Fig.3). It can not only measure the distance between the head and target by the X-ray counting rate, but also prevent the head from moving too close to the target which might cause mechanical damage.

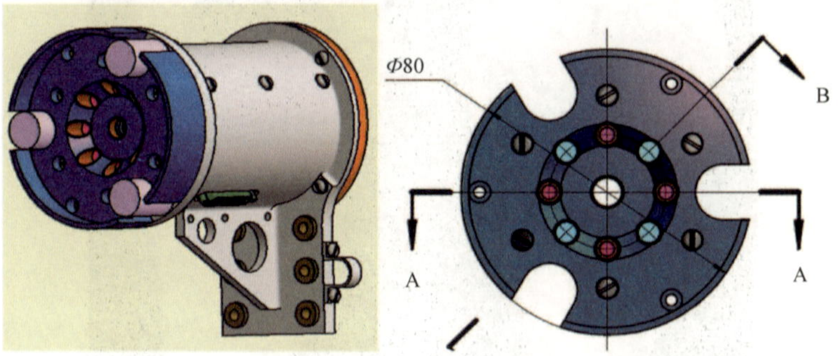

Fig.2　APXS sensor head.

The RHU is employed to provide a heat source (~4W) that helps the sensor head survive a cold lunar night. RHU incorporates ^{238}Pu with a strength 4.76 TBq as fuel. The RHU is mounted at the front of the rover. During a lunar night, the robotic arm would be raised and retracted so the position of the sensor head would be close to the RHU (Cui

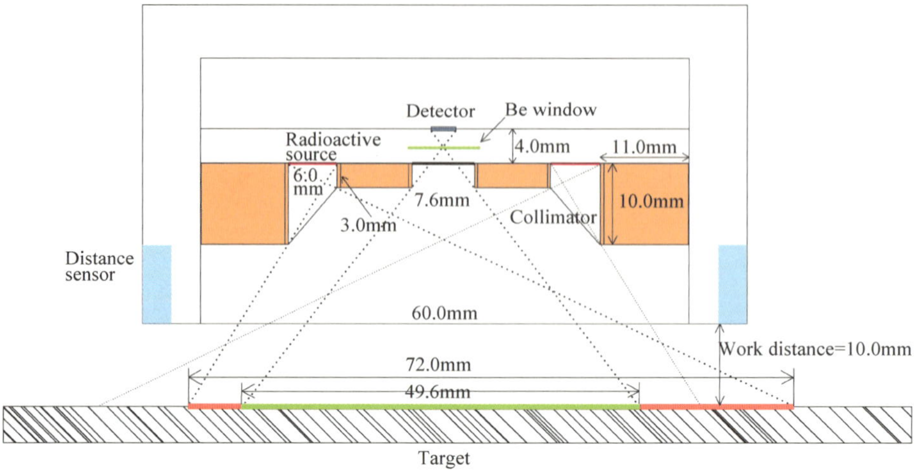

Fig. 3　Geometry of the APXS instrument (work distance 10 mm).

et al. 2014).

The APXS calibration target is a slab of well-characterized basaltic rock (Φ20 mm × 5 mm) fixed in an aluminum frame with a copper coating (thickness 10 μm) (Peng et al. 2014). While the Yutu rover is working on the surface of the Moon, this target is used to periodically check the ongoing performance and calibration of the APXS instrument (Fig. 4). The basaltic sample in the target is from Liuhe District, Jiangsu Province, in east China. Major element concentrations are listed in Table 3.

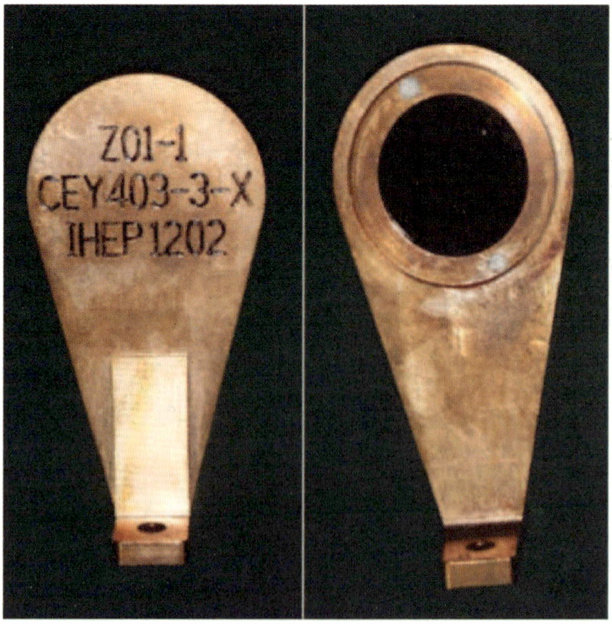

Fig. 4　View of the APXS calibration target.

Table 3　Chemical Compositions of the APXS Calibration Target

Element	Concentration (wt%)	Element	Concentration (wt%)
Na	3.12	Fe	7.77
Mg	6.07	Mn	0.111
Al	7.13	P	0.222
Si	21.56	Cr	0.049
K	1.42	Ni	0.034
Ca	5.11	S	0.26
Ti	1.23		

The major sources in the instrument are a set of eight radioactive sources, $4\times{}^{55}Fe$ and $4\times{}^{109}Cd$, that excite the target via primary X-rays at 5.90, 6.49, 22.16 and 24.94 keV (Table 4). Based on the theory of characteristic X-ray emission, ^{55}Fe can excite the characteristic X-ray of $Z=11(\mathrm{Na})\sim24(\mathrm{Cr})$. The lighter the atomic weight Z is, the weaker the X-ray fluorescence becomes. In principle, ^{109}Cd can excite the characteristic X-ray of $Z=11(\mathrm{Na})\sim42(\mathrm{Mo})$. Despite the ability to excite Mn, the energy of scattering off ^{55}Fe from the source is overlapped with that from $K\alpha$ of Mn, which implies that its concentration in the sample cannot be determined. The lighter elements, Na, P and S, all have lower production cross-sections. These trace elements in lunar soils and rocks cannot be detected. In summary, using the sources ^{55}Fe and ^{109}Cd, APXS could detect major elements (Mg, Al, Si, K, Ca, Ti, Fe) and several trace elements (Ni, Sr, Y, Zr).

Table 4　Characteristics of the Radioactive Sources ^{55}Fe and ^{109}Cd used in the APXS Instrument

	Energy (keV)	Relative intensity
	^{55}Fe (Half-life: 2.744 yr)	
Mn K_α	5.90	24.4%
Mn K_β	6.49	2.85%
	^{109}Cd (Half-life: 1.264 yr)	
XR $K_\alpha 2$	21.99	29.7%
XR $K_\alpha 1$	22.163	56%
XR $K_\beta 3$	24.912	4.79%
XR $K_\beta 2$	25.455	2.31%
γ	88	3.7%

4 APXS Data Processing

APXS produces two data files for each measurement. The channel-count data are identified with "PIXS-E," which could be used for analyzing the concentrations of elements. The data file records parameters describing the robotic arm, the temperatures of the APXS sensor head and main electronics and the 2148 channel counts each 8 s. The arm parameters are used to determine APXS operating modes and the temperature can help us correct for the effect of temperature. The other file, named "PIXS-C," records the X-ray counting rate from the distance sensor, which can be used to calculate the work distance for analysis of a lunar sample.

4.1 Description of Operating Modes

APXS has three operating modes: calibration mode, distance sensing mode and in-situ detection mode. During the calibration mode, the robotic arm will retract and the APXS sensor head is aimed at the calibration target. In the "PIXS-E" data, the column representing operating mode is filled with the number "1." When APXS approaches a lunar sample and attempts to analyze it, the distance sensor at the front of the sensor head will collect the counting rate to determine the work distance. This is called distance sensing mode, which is denoted with the number "2" in PIXS-E data. When the APXS sensor head arrives at the designated location and begins *in-situ* analysis, this is called in-situ detection mode and is denoted with the number "3." All the others are denoted with "0" in PIXS-E data.

4.2 Work Distance Calculation

The work distances for the three different operating modes are calculated with different methods. For the calibration mode, the work distance d is 1.0 cm. For the distance sensing mode, the work distance d is 0. For the in-situ detection mode, d is calculated based on the counting rate data. The polynomial fitting equation is expressed as follows:

$$d = (P_0 + P_1 \cdot C + P_2 \cdot C^2 + P_3 \cdot C^3 + P_4 \cdot C^4)$$

where d is the work distance and P_i are the parameters in the given 4th order polynomial fitting equation. The values of these parameters are listed in Table 5. C is the counting rate collected when the sensor head is deployed to the designated location. In order to obtain the correct work distance, the selected value of C for calculating d is the average of eight counting rates in the first effective row of data. We compare all the counting rate data from top to bottom. The first row, in which all the eight values are less than 550, is defined as the first effective row of data.

Distance calibration experiments in a laboratory were performed in March 2013 before Chang'E-3 was launched. These experiments were carried out at room temperature in a vacuum container with residual pressure of less than 10 Pa. The sensor head of APXS was mounted on a movable platform, which could be used to control the distance between the head and sample with an error of ±0.01 mm. Lunar simulants were used as samples in these experiments. The sensor head collected the counting rate data at distances ranging from 3 mm to 60 mm at intervals of 3 mm or 5 mm. A curve could be obtained if the distance is plotted on the X axis and the counting rate on the Y axis. We fit the curve with the 4th order polynomial equation and calculated the parameters P_i. However, these parameters will change along with the radioactivity of excitation sources because of their decay. The parameter values for different dates are listed in Table 5.

Table 5 Parameter Values for Work Distance Calculation used during *in-situ* Detection Mode

Parameter	2013-12-15	2014-01-01	2014-02-01	2014-03-01
P_0	233.291	239.165	241.244	243.23
P_1	-1.92169	-2.03867	-2.10878	-2.17487
P_2	0.00692733	0.00764009	0.00809416	0.00852927
P_3	-1.14E-05	-1.32E-05	-1.43E-05	-1.54E-05
P_4	6.92E-09	8.45E-09	9.39E-09	1.03E-08

4.3 Correction for the Effect of Temperature

A traditional but effective calibration includes a gain (k, in keV $Channel^{-1}$) that varies as a function of temperature and an offset (b) yielding the relationship (VanBommel 2013): $E = C \cdot k + b$, where E is the X-ray energy in keV and C is the channel number.

We can pick several well-known peaks in the spectrum and derive the relationship between peak center and characteristic X-ray energy on an element. k and b can be calculated with the least squares method.

In this study, we chose nine peaks on the APXS spectrum, including Si K_α (1.74 keV), K K_α (3.31 keV), Ca K_α (3.69 keV), Ti K_α (4.51 keV), Ti K_β (4.93 keV), Fe K_β (7.06 keV), Ni K_α (7.74 keV) and Cu K_α (8.04 keV). All these peaks are clearly identified and have narrow FWHMs. We built the linear relationship between the channel and peak energy and calculated the values of slope and intercept for each measurement.

4.4 Dead Time Correction

The fourth step is dead time correction. A detector that sequentially responds to individual events requires a minimum amount of time that should separate two events in order that the events be recorded as two separate events. This minimum time is called the "dead time." The dead time t of APXS is 12.5 μs. The value was set in the main electronics component during development of the instrument. Dead time correction could be calculated with the following expression

$$\text{APXS\_2} = \frac{\text{APXS\_1}}{8\text{-}t \cdot \text{APXS\_1}}$$

where APXS_1 is the number of counts from each channel before dead time correction is applied, APXS_2 is the counts after correction and t is the dead time of APXS.

5 Obtained Data

APXS has carried out two calibrations and two lunar soil detections. Figure 5 shows a map of the transverse path for the Yutu rover on the Moon and locations where APXS measurements were acquired. On 2013 December 22, the Yutu rover arrived at a point south of the lander (which corresponds to point N0106) and APXS was powered on for the first time. At this location, APXS performed the first calibration after landing on the Moon. During seven minutes, APXS obtained 93 frames of scientific data. On 2013 December 24, APXS analyzed the first lunar soil sample and recorded 1100 frames of scientific data for two and a half hours. After the first night on the Moon, the Yutu rover successfully woke up on 2014 January 12. The second calibration lasted about 35 minutes and 304 frames of data were obtained. On 2014 January 14, APXS performed the second lunar soil analysis for about one hour and 584 frames of scientific data records were acquired.

6 Initial Results From APXS

In the present study, we analyzed data from the first calibration and lunar soil survey. Corrections for the effect of temperature and dead time were performed using the method presented above. Based on the spectra, we identified major element peaks and compared semi-quantitative results of elemental abundance in the calibration basalt and lunar soil.

Figure 6 shows APXS results of the calibration target and lunar soil. Major elements Mg, Al, Si, K, Ca, Ti and Fe are identified. In this study, we build a linear relationship between elemental peaks and energies in order to convert spectral channel to energy. The elemental peaks and their energies are listed in Table 6. For the calibration target, the slope and intercept of the regression line are $0.0109 \pm (1.43 \times 10^{-4})$ and 0.562 ± 0.072 respectively, and the correlation coefficient is 99.86%. For lunar soil, the slope and intercept are $0.0109 \pm (1.38 \times 10^{-4})$ and 0.501 ± 0.070 respectively, and the correlation coefficient is 99.87%. To compare the two spectra, integration time has been normalized, as shown in Figure 7. The energy resolution of APXS is estimated to be 138 eV at 5.9 keV, which is good enough to resolve the K-lines of elements ($Z = 12 \sim 41$).

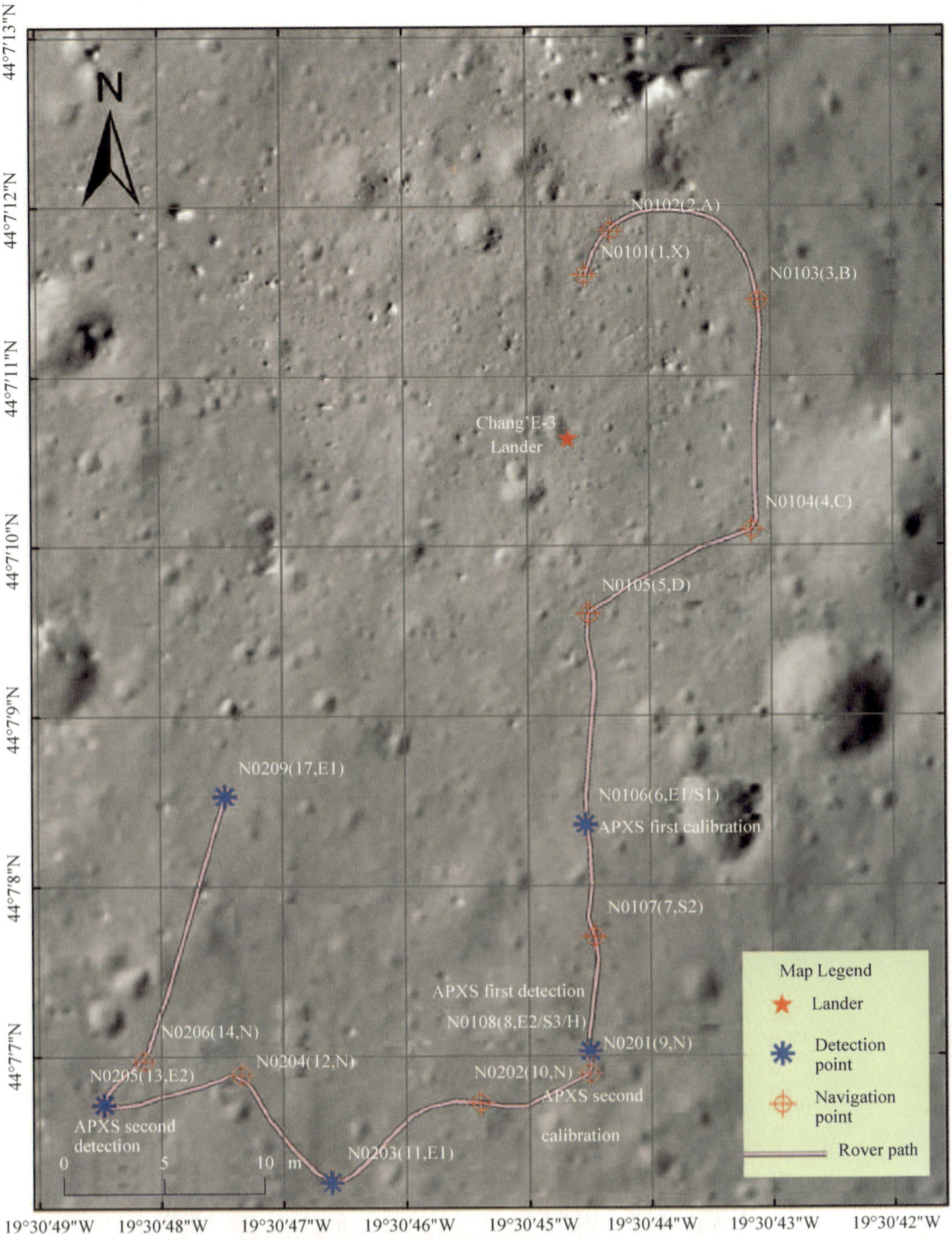

Fig. 5　Map of the path that the Yutu rover traversed on the Moon and the locations where APXS was operated.

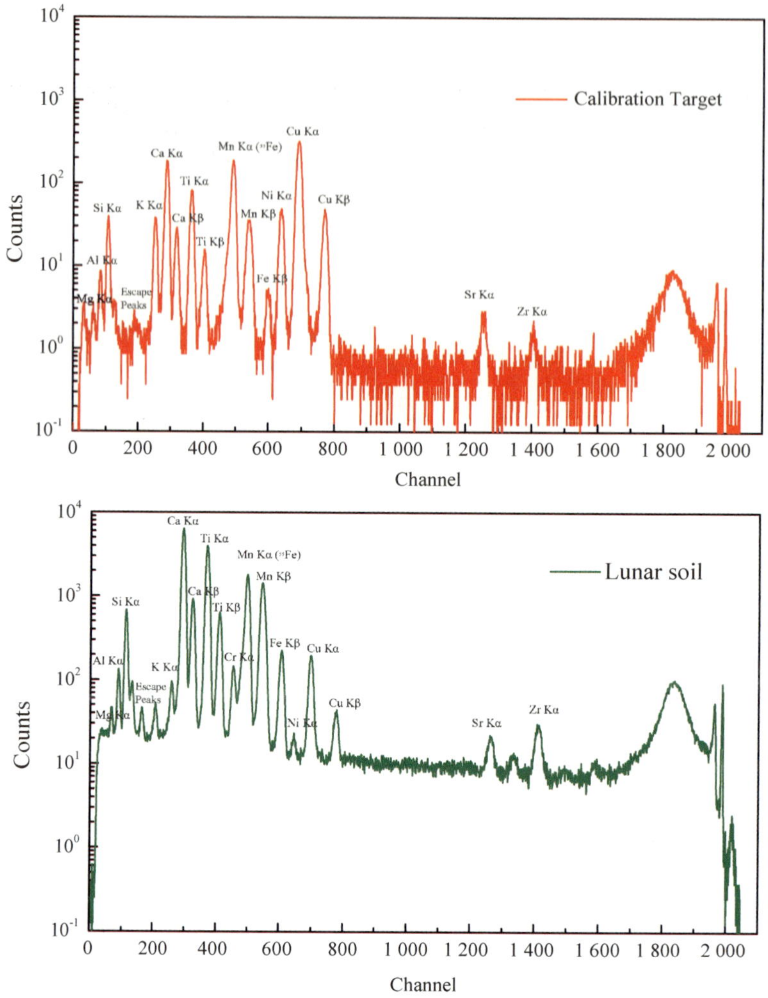

Fig. 6　Spectra of channel count data acquired by APXS of the calibration target and lunar soil.

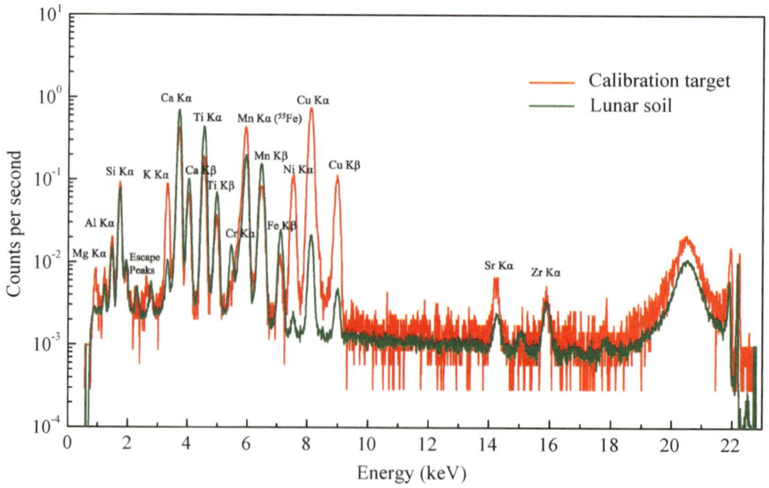

Fig. 7　APXS spectra of the calibration target and lunar soil.

Table 6　Elemental Peaks and Energies Chosen for Linear Fitting

Peak	Calibration	Lunar soil	Energy (keV)
Si K_α	106	112	1.74
K K_α	252	258	3.31
Ca K_α	287	294	3.69
Ti K_α	364	370	4.51
Ti K_β	403	409	4.93
Fe K_β	597	606	7.06
Ni K_α	637	645	7.74
Cu K_α	690	697	8.04
Cu K_β	770	777	8.907

In this study, the spectral background is fitted with a third order polynomial curve. The peaks are fitted with the Peakfit program. The peak areas and their ratios with Si are listed in Table 7. For all the seven elements, we compared their peak areas near the K_α line. Note that lunar soil is more enriched in Mg and Al than the calibration basalt, and also has higher amounts of Ca, Ti and Fe. However, K in lunar soil is significantly less than the calibration basalt.

Table 7　Elemental Peak Areas and Ratios between the Calibration Target and Lunar Soil

	First calibration			First lunar soil detection		
	Peak area (counts)	Relative error of peak area (counts)	Peak area ratio	Peak area (counts)	Relative error of peak area (counts)	Peak area ratio
Mg K_α	149.09	22.65	0.05	429.98	17.86	0.03
Al K_α	587.46	37.66	0.21	2220.63	43.02	0.17
Si K_α	2832.71	77	1	13321	113.4 1	
K K_α	3367.83	83.35	1.19	1999.38	41.37	0.15
Ca K_α	16728.6	184.61	5.91	153755	358.77	11.54
Ti K_α	7823.04	126.18	2.76	103376	294.38	7.76
Fe K_α	2789.41	90	0.98	34114.3	292.51	2.56

In this study, we only compared the ratios of elements in calibration basalt and lunar soil. The absolute concentrations of these elements have not yet been obtained, because the calibration spectrum measured by APXS on the Moon is not only produced by the calibration basalt. It has been noticed that the area of the APXS sensor head exceeds the effective area of the basalt during calibration. This means that in the calibration mode, APXS not only detected characteristic X-rays emitted from the basalt but also the Al holder with Cu coating. This is the reason why there are strong Cu peaks in the calibration spectrum. In the future, we will perform calibration experiments to eliminate the X-ray contribution of the holder, and calculate the absolute elemental concentrations of two lunar soils based on two sets of in-situ detection data.

7 Conclusions

APXS is an important payload mounted on the Yutu rover, part of the Chang'E-3 mission, with the goal of determining the chemical composition of a sample of lunar soil and rocks. APXS has analyzed the calibration target and lunar soil once for the first lunar day and again for the second lunar day. The total detection time lasted about 266 min and more than 2000 frames of data were acquired. APXS has three operating modes: calibration mode, distance sensing mode and detection mode. In the detection mode, work distance was calculated from the X-ray counting rate collected by SDD. Correction for the effect of temperature has been performed to convert the channel number of each spectrum to X-ray energy. Dead time correction tries to eliminate the systematic error in quantifying the activity of an X-ray pulse in a sample and derive the real count rate. Here, we report data obtained from APXS and initial results during the first and second lunar days for the Yutu rover. In this study, we analyze data from the calibration target and lunar soil on the first lunar day. Seven major elements, including Mg, Al, Si, K, Ca, Ti and Fe, have been identified. Comparing the peak areas and ratios of calibration basalt and lunar soil, the landing site was found to be depleted in K, and have lower Mg and Al but higher Ca, Ti and Fe. In the future, we will obtain elemental concentrations of lunar soil near the Chang'E-3 landing site using APXS data.

Acknowledgements

This work was funded by the National Natural Science Foundation of China (Grant No. 41303051).

References

[1] Campbell, J. L., Lee, M., Jones, B. N., et al. 2009, Journal of Geophysical Research (Planets), 114, 4006.

[2] Campbell, J. L., Andrushenko, S. M., Taylor, S. M., & Maxwell, J. A. 2010, Journal of Geophysical Research (Planets), 115, 4009.

[3] Campbell, J. L., Perrett, G. M., Gellert, R., et al. 2012, Space Sci. Rev., 170, 319.

[4] Cui, X. Z., Wang, H. Y., Peng, W. X., et al. 2014, in Lunar and Planetary Inst. Technical Report, 45, Lunar and Planetary Science Conference, 1373.

[5] Economou, T. 2001, Radiation Physics and Chemistry, 61, 191.

[6] Foley, C. N., Economou, T. E., Clayton, R. N.,& Dietrich, W. 2003, Journal of Geophysical Research (Planets), 108, 8095.

[7] Gellert, R., Campbell, J. L., King, P. L., et al. 2009, in Lunar and Planetary Inst. Technical Report, 40, Lunar and Planetary Science Conference, 2364.

[8] Gellert, R., Rieder, R., Brückner, J., et al. 2006, Journal of Geophysical Research (Planets), 111, E02S05 Ip, W.-H., Yan, J., Li, C.-L.,& Ouyang, Z.-Y., 2014, RAA(Research in Astronomy and Astrophysics), 14, 1511.

[9] Klingelhöfer, G., Brückner, J., D'Uston, C., Gellert, R., & Rieder, R. 2007, Space Sci. Rev., 128, 383.

[10] Liu, B., Li, C.-L., Zhang, G.-L., et al. 2014, RAA(Research in Astronomy and Astrophysics), 14, 1578.

[11] Maxwell, J., Teesdale, W.,& Campbell, J. 1995, Nuclear Instruments and Methods in Physics Research Section B: Beam Interactions with Materials and Atoms, 95, 407.

[12] McSween, H. Y., McNutt, R. L., & Prettyman, T. H. 2011, Proceedings of the National Academy of Science, 108, 19177.

[13] Peng, W. X., Wang, H. Y., Cui, X. Z., et al. 2014, in Lunar and Planetary Inst. Technical Report, 45, Lunar and Planetary Science Conference, 1699.

[14] Pullan, D., Sims, M. R., Wright, I. P., Pillinger, C. T., & Trautner, R. 2004, in ESA Special Publication, 1240, Mars Express: The Scientific Payload, ed. A. Wilson & A. Chicarro, 165.

[15] Rieder, R., Economou, T., Wanke, H., et al. 1997, Science, 278, 1771.

[16] Rieder, R., Gellert, R., Brückner, J., et al. 2003, Journal of Geophysical Research (Planets), 108, 8066.

[17] Schmanke, D., Klingelhöfer, G., Girones Lopez, J., Brückner, J., & D'Uston, C. 2010, in European Planetary Science Congress 2010, 898.

[18] Shanmugam, M., Murty, S., Acharya, Y., et al. 2014, Advances in Space Research, 54, 1974.

[19] VanBommel, S. 2013, Analysis and Calibration of the MER-A APXS Alpha Particle Backscatter Spectra, PhD Thesis, Department of Physics, University of Guelph.

[20] Zhao, J., Huang, J., Qiao, L., et al. 2014, Science China Physics, Mechanics, and Astronomy, 57, 569.

Effects of Spectralon absorption on reflectance spectra of typical planetary surface analog materials

Hao Zhang[1,*] Yazhou Yang[1] Weidong Jin[1] Chujian Liu[2] Weibiao Hsu[3]

1. Planetary Science Institute, School of Earth Sciences, China University of Geosciences, 388 Lumo Road, Hongshan District, Wuhan, 430074, China
2. State Key Laboratory of Geological Process and Mineral Resources, China University of Geosciences, 388 Lumo Road, Hongshan District, Wuhan, 430074, China
3. Key Laboratory of Planetary Sciences, Purple Mountain Observatory, Chinese Academy of Sciences, Nanjing, 210008, China

* um_zhanghao@yahoo.com

Abstract: Acquiring accurate visible and near-infrared (VisNIR) reflectance values of atmospherelesss celestial bodies is very important in inferring the physical and geological properties of their surficial materials. When a calibration target with inherent non-trivial absorption features is used, the calibrated reflectance would essentially always contain spurious spectral features and the spectroscopic data may easily be misinterpreted if the artifact is not properly taken care of. We demonstrate with laboratory reflectance measurements that the VisNIR spectra of three typical planetary surface analog materials, lunar simulant JSC-1A, olivine and pyroxene grains, have an artificial peak at 2.1 μm when Spectralon-type plaque made of polytetrafluoroethylene is used as the calibration target in the NIR region. The degree of severity of this artifact is dependent on the strength of the 2.0 μm absorption feature of the mineral. Empirical methods are proposed to remove this artifact to bring the spectra close to that calibrated by a gold mirror which does not have any conspicuous absorption features in the NIR region. The correction methods may be applied to reflectance data acquired by the VisNIR imaging spectrometer onboard the Yutu Rover of the Chinese Chang'E 3 lunar mission which employed an onboard Spectralon-type calibration target.

OCIS codes: (120.0280) Remote sensing and sensors; (290.5850) Scattering, particles; (300.6340) Spectroscopy, infrared; (300.6170) Spectra; (300.6300) Spectroscopy, Fourier Transforms.

1 Introduction

To accurately extract the surficial mineralogical, compositional and physical information of atmosphereless celestial bodies using visible and near-infrared (VisNIR) reflectance spectroscopy in space missions, space-borne and *in situ* spectrometers should be rigorously calibrated to obtain the reliable reflectance of the surface materials (e. g., [1 – 4]). For example, the band-depth, band-position and relative intensities of the electronic transition bands around 1 μm and 2 μm appearing in reflectance spectra of olivine and pyroxene, two of the most common minerals found on lunar and asteroidal surfaces, have been found to strongly depend on their mineral morphologies, chemical compositions and particle size distributions [5–7] As a result, the geological and mineralogical information retrieved is critically dependent on the accuracy of the reflectance values measured. Despite of the rapid increase of sensor numbers in the space exploration era, reflectance calibration remains a difficult task as the spectral, radiometric and photometric properties of the calibration targets must be very well understood and must remain stable to provide long-term reliability of the spectra taken during the mission. Any imperfections or spurious spectral features of the calibration target itself should be well compensated during the calibration process or spurious spectral features of the measured sample may result [8].

Reflectance spectra measured by most space mission sensors are bi-directional reflectance r in nature,

$$r = \frac{I}{F} \tag{1}$$

where I is the sensor-measured radiance reflected by planetary surface under study and F is the solar irradiance reaching the surface[9–10]. In many practices, however, F is not directly measured and the sample reflectance r_s is obtained by ratioing I from the sample (I_s) to that from a calibration target (I_c) with near-Lambertian behavior and known reflectance values (r_c) within the spectral range of interest,

$$r_s = \frac{I_s}{I_c} r_c \equiv R_s r_c \tag{2}$$

where R_s is the relative reflectance of the sample to the calibration target measured under the same illumination and viewing geometries as r_c.

Two NIST-traceable and commercially available calibration targets manufactured by Labsphere Corp. (North Sutton, NH), Spectralon plaque and InfraGold plate, are the most extensively used reflectance standards in remote sensing applications[11–16]. Spectralon is a sintered polytetrafluoroethylene (PTFE) plaque and Infra Gold is a rough metal plate with gold coating. The different materials that make up the reflectance standards make them suitable in different spectral ranges and different environments. For example, InfraGold plate was chosen as the calibration target over Spectralon in the Near-Infrared Spectrometer (NIS) onboard the Near Earth Asteroid Rendezvous (NEAR) spacecraft for its resistance to solar irradiation damages [17] to ensure the long-term stability of measured spectra (0.8 – 2.7 μm) [2–3]. The Moon Mineralogy Mapper imaging spectrometer onboard the Chandrayaan-1 spacecraft, on the other hand, used a

Spectralon plaque in spectral range 0.4-1.7 μm and an InfraGold plate in 1.7-3.0 μm, respectively[12]. The most recent lunar exploration mission, Chinese Chang'E-3, which had its lander successfully landed on the Moon on December 15, 2013 and deployed a lunar rover Yutu to roam in the Mare Imbrium region, had an imaging spectrometer (0.45-2.4 μm) with a Spectralon-type calibration target made of PTFE onboard the rover [18] and performed the first *in situ* optical spectroscopic measurement of the Moon[19].

Because some widely used calibration targets such as Spectralon and Halon (see Section 2 below) have reflectance values very close to 1 in the VisNIR, often times the quantity R_s is also dubbed as "reflectance" especially in comparative studies. For example, the preflight calibration of the NIS onboard the NEAR spacecraft performed measurements on many types of minerals relative to a Halon standard and the data are presented in terms of "reflectance" (e.g., see Fig. 38 in [2]) to be compared with earlier reflectance data calibrated by Halon. However, if the calibration target contains absorption features that are not calibrated out, r_s and R_s are not interchangeable over the wavelengths of the absorption.

In this paper, we use both a Spectralon plaque and a gold mirror as reflectance targets (or backgrounds) to obtain the reflectance spectra of three common planetary surface analog materials: lunar simulant JSC-1A, olivine and pyroxene grains. We demonstrate that the absorption feature at 2.14 μm of the Spectralon plaque incurs spurious spectral features with varying degrees of severity in sample spectra calibrated by Spectralon plaque in the NIR region. Empirical correction procedures are proposed to remove this artifact to bring the spectra close to that recorded with a gold mirror in the same spectral region.

2　The absorption feature of Spectralon at 2.14 μm

We first notice that laboratory reflectance (R_s) spectra of pure olivine grains obtained using Labsphere Spectralon material as the calibration target show a peak at 2.1 μm (see, e.g., Figs. 4 and 5 in [20]). Since olivine ($(Mg/Fe)_2SiO_4$) is one of the dominant rock-forming minerals of atmosphereless celestial bodies such as the Moon and many asteroids, the reflectance spectra of olivine particles with varying chemical compositions (Mg/(Mg + Fe) values), impurities, morphologies and particle size distributions (from microns to bulk) are very well documented and a peak at 2.1 μm is rarely seen in well-calibrated reflectance (e.g., [1,3,4,6][7,10,21]). Moreover, if calibrated using a Spectralon (-type) plaque in this spectral region, essentially all types of minerals measured have shown such a peak (see e.g., Figs. 6 and 7 in [19]; Fig.1 in [22]; and many others). The appearance of a 2.1 μm peak would easily confuse and complicate mineral identifications as it apparently splits an otherwise flat 1.6-2.4 μm region into two separate dips which could be easily misinterpreted as a mixture of clinopyroxene (with an absorption at ~2.2-2.3 μm) and orthopyroxene (with an absorption at ~1.9 μm). Of course these apparent bands could also be misinterpreted to other origins such as aqueous alteration of the olivine grains [20].

This spectral artifact can be qualitatively understood by looking at the spectral properties of the Spectralon plaque in the visible and NIR regions. In Fig. 1, we plot the 8°-hemispherical reflectance (8°-HR) of a Spectralon plaque with 99% nominal reflectance provided by Labsphere (Reflectance Standard SRS-99-020, Serial # 7A15A-1426) in the spectral range of 0.4-2.5 μm. For most regions in the visible, the reflectance remains at 99%. Longer than 1.8 μm or so, the reflectance starts to drop below 98% and reaches a "local minimum" value of 94% at 2.14 μm. This absorption feature (a dip of ~5%) must have caused the spurious peak located at 2.1 μm of the sample R_s spectra when radiance of the sample is ratioed by radiance from the plaque during the calibration process. Indeed, the peaks at 2.1 μm in reflectance spectra of some mineral grains (see Section 4) have similar features of the 2.1 μm absorption dip of the Spectralon plaque: the slope is steeper at long wavelength side and less steep in the short wavelength side. Halon, a once popular "white" reflectance target (also made of PTFE) which began to become obsolete in the late 1990's, has a similar absorption feature near 2.1 μm [23]. For comparison purposes, reflectance data of InfraGold from two different sources [24,25], both provided by Labsphere, are also plotted in Fig. 1. The theoretical gold reflection for the configuration of the EasiDiff device used in this study (see Sections 3 and 4) is also shown. Obviously in the NIR region above 1 μm the gold reflectance is smoother than that of Spectralon.

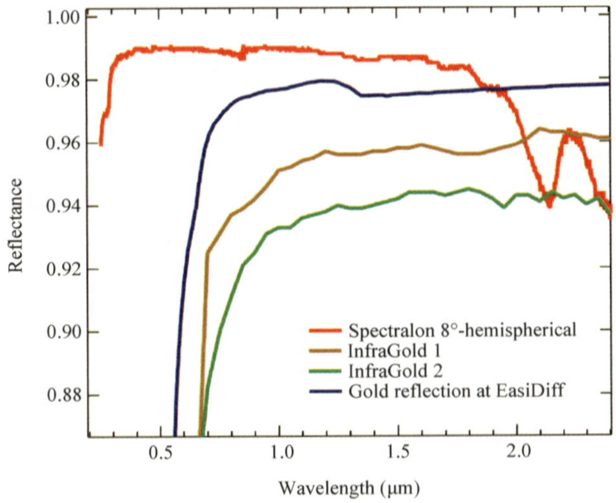

Fig. 1　Visible and near-infrared reflectance values of Labsphere Spectralon (red), InfraGold (yellow and green) and a theoretical gold reflection curve (blue, see Section 4). The two data sets for InfraGold materials, InfraGold 1 and InfraGold 2, are taken from [23] and [24], respectively.

3 Laboratory measurements

To further understand the plaque absorption effects and devise a possible fix, we carried out reflectance measurements on powders of lunar simulant JSC-1A, olivine and pyroxene grains. The JSC-1A was purchased from OrbiTech and its most grains are much smaller than 1 mm. Olivines and pyroxenes are nearly pure minerals collected from Hebei Province, China and were ground and sieved into particle sizes from 0 to 45 μm. These samples were chosen not only because they are among the most typical planetary surface analogs, but also for their various strengths of the 2.0 μm absorption feature so we may evaluate the impact of the Spectralon 2.14 μm absorption. Measurements were carried out on a Bruker Optics Vertex 70 Fourier transform infrared (FTIR) spectrometer with an aluminum mirror system to enhance the throughput in the VisNIR region. To measure the reflectance of the powdery surfaces, EasiDiff reflectance accessories from Pike Technologies were used. The EasiDiff measures the biconical reflectance at incident zenith angles range from 30 to 65°, the same angular spans of the viewing zenith and a viewing azimuth of 180°. Although the spectral region of interest of this study is 0.5-2.4 μm, the typical region of VisNIR remote sensing of atmosphereless solar system bodies, we performed measurements in 3 overlapping spectral ranges: 0.5 – 1.1 μm, 0.83 – 2.85 μm and 1.33 – 38 μm to double-check the quality of the spectra obtained. The light sources, beamsplitters, detectors and diffuse accessories for these 3 overlapping spectral ranges from visible to mid-infrared (MIR) are listed in Table 1. To record spectra using Spectralon as the background signal, a circular portion of the plaque was carefully cut out of the original 2-inch diameter piece (SRS-99-020, serial #7A15A-1426) to fit into the sample holder inside the EasiDiff accessory. Great care was taken to make sure that the surface was not contaminated or damaged during the machining process. Because an InfraGold plate is difficult to be modified to fit into our diffuse reflectance accessory, a gold mirror with nominal 97% reflectance that can be fitted into the EasiDiff sample cup slide, provided by Pike Technologies along with other parts that came with the EasiDiff device, was used to compare with the Spectralon. It is noted that a gold mirror or thin gold film is widely used in measuring relative reflectance in spectroscopic studies of granular materials (e.g [26].). Sample cups and calibration targets are shown in Fig. 2. With a sample layer thickness of 3 mm, radiative transfer computations [27-29] show that for the wavelength spans in this study these particulate layers have optical thickness values large enough to have their reflectance not affected by any substrate retro-reflections. All measured data presented here are reflectance relative to Spectralon with nominal 99% reflectance, or R_s in Eq. (2), except indicated individually.

Fig. 2　The background targets and 2 out of the 3 mineral samples used in this work mounted in Pike EasiDiff sample cup sliders: the smaller circular Spectralon cut from the original larger Spectralon plaque (SRS-99-020) (top left), Pike gold mirror (top right), olivine grains (0-45 μm) (bottom left) and lunar simulant JSC-1A (bottom right). Photo taken by lead author of this work (Hao Zhang).

Figure 3 displays the original VisNIR spectra of pyroxene grains (0-45 μm) obtained using Spectralon plaque as the calibration target. It is seen from this plot that the differences between spectra taken using different accessories (Table 1) within the overlapping regions are within a few percent and the spectral shapes can match each other very well. Although in principle the more accurate absolute reflectance factors at three visible wavelengths, 0.473, 0.532 and 0.633 μm, can be obtained by using our custom-built goniometric bi-directional reflectance system [30] and used to calibrate all spectra, this work concentrates on the possible spurious spectral features incurred by calibration target absorption and thus the absolute reflectance value is not critically important, we simply scaled the NIR region to connect to the visible. For the case shown in Fig. 3, for example, the NIR curve (in green) was brought up by 2.3% to be connected with the VisNIR one (in blue). In this work the MIR spectra were only used to cross-check the NIR data quality and thus are not shown in the rest part of this paper.

Table 1　Accessories used to obtain the spectra of visible to mid-infrared spectral ranges

Spectral coverage	Source	Beamsplitter	Detector	EasiDiff
VisNIR (0.5 − 1.1 μm)	NIR	Quartz	Silicon diode	Aluminum
NIR (0.83 − 2.85 μm)	NIR	Quartz	InGaAs diode	Aluminum
MIR (1.33 − 38 μm)	GloBar	KBr	LaDTGS	Gold

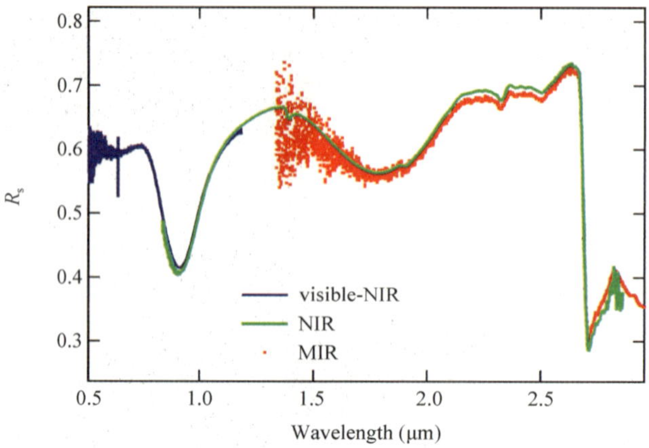

Fig. 3. Original reflectance spectra R_s of pyroxene grains (0 – 45 μm), relative to a Spectralon plaque with 99% nominal reflectance, taken at 3 overlapping spectral ranges. Accessories used for each spectral range are listed in Table 1.

Typical reflectance spectra from 0.5 to 2.4 μm for 3 powdery samples are shown in Fig. 4. Because FT-IR technique is less efficient in the shorter wavelength region as compared to the long wavelength region, spectra below 0.7 μm are noisy. The spike at 0.63 μm was caused by the He-Ne laser used to perform the alignment in the Vertex-70 system. Other than these two regions, the spectra have very high signal-to-noise ratios as each spectrum was obtained by averaging 1000 scans.

4 Discussions

Two of the three spectra in Fig. 4 (JSC-1A in Fig. 4(a) and Olivine in Fig. 4(b)) show a conspicuous asymmetric peak ("hump"), starting from ~1.9 μm, ending at ~2.2 μm and centered at 2.14 μm with similar but complimentary spectral features as the 2.14 μm absorption dip in the Spectralon reflectance spectra shown in Fig. 1: both the humps and the dip have a more gradual slope in the short wavelength side (1.9 – 2.14 μm) and are steeper in the long wavelength side (2.14 – 2.2 μm) of the peak (compare Figs. 4 and 5 in [20] and Figs. 6 and 7 in [19] with this work's Fig. 4(b)). The Pyroxene spectrum (Fig. 4(c)), although does not show such a conspicuous asymmetric peak, does have a shoulder-like structure at 2.14 μm. Later we will show that this is also the spurious feature caused by Spectralon's 2.14 μm absorption, though this artifact is diminished somehow for pyroxene (see Section 4).

As the quantity R_s presented in Fig. 4 contains the spurious 2.1 μm peak and the absolute reflectance of target r_c (Fig. 1) contains the 2.1 μm dip, it would be interesting to see if this artifact could be cancelled out in sample absolute reflectance r_s through Eq. (2). Note the absolute reflectance of Spectralon shown in Fig. 1 is the 8°-HR and the biconical reflectance measured under the EasiDiff geometry should be closer to a 47°-incidence and 47°-viewing bidirectional reflectance. These two quantities should have different reflectance values and band depths because of the directional effects of the Spectralon especially under oblique incidences (e.g [28].). Because few goniometers can accurately measure the absolute bidirectional reflectance above 1.5 μm and thus the real r_c data containing the 2.1 μm peak under the EasiDiff geometry are not available. Nevertheless, we attempted the following empirical corrections in an attempt to remove the 2.1 μm feature in reflectance spectra.

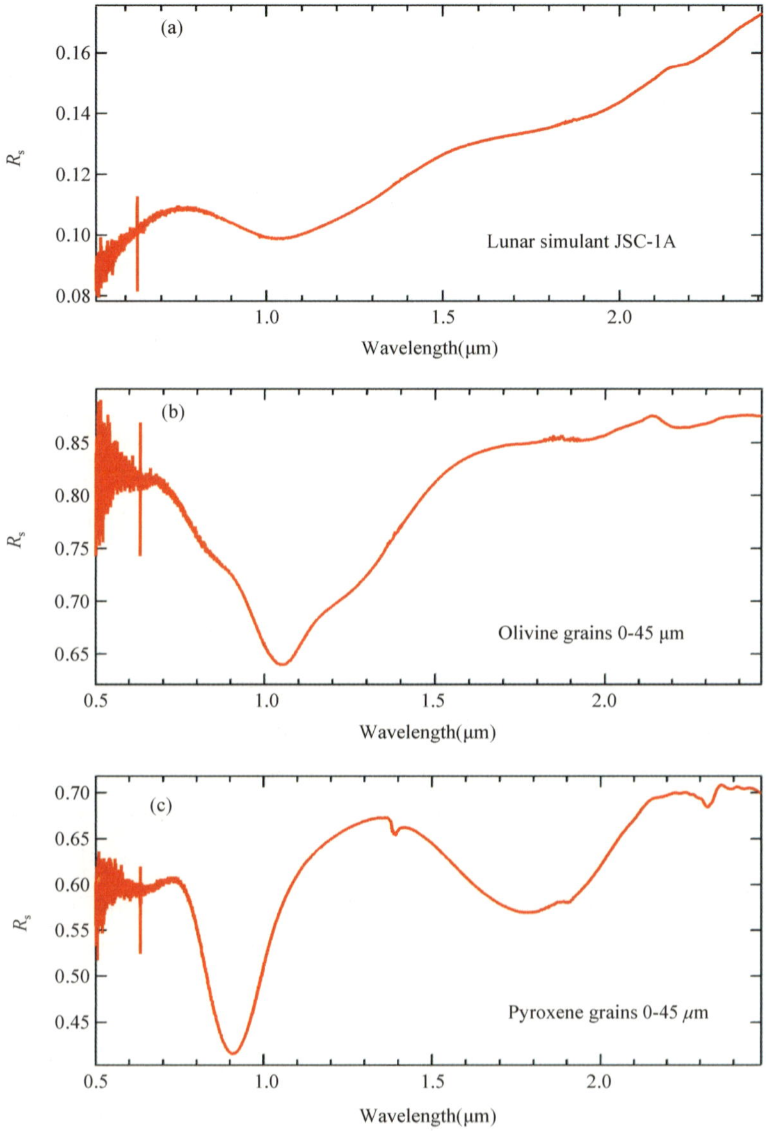

Fig. 4　Reflectance spectra R_s of (a) lunar simulant JSC-1A, (b) olivine grains (0 − 45 μm) and (c) pyroxene grains (0 − 45 μm). Reflectance values are relative to a Spectralon plaque with 99% nominal reflectance.

Method 1. We simply multiplied the sample R_s spectra by the 8°-HR of the Spectralon plaque (as shown in Fig.1), r_c, to obtain the sample reflectance r_s as given by Eq.(1).

Method 2. Same as Method 1, but the sample reflectance r_s was obtained by multiplying R_s by the Spectralon reflectance $r_c^{Spectralon\_gold}$ evaluated under the EasiDiff geometry as follows. The relative reflectance of the Spectralon to the Pike gold mirror, $r_c^{Spectralon\_gold}$, was measured on the EasiDiff. Since the mirror exhibited a much stronger specular peak than the Spectralon, this relative reflectance has very low values. Using the widely available data of the real and imaginary refractive indices of gold (Au) (e.g., [31]), the average of the theoretical gold Fresnel reflections from 30° to 65° incidences (corresponding to the EasiDiff configuration) at 1° step was evaluated and shown in Fig. 1 (blue curve). The quantity $r_c^{Spectralon\_gold}$ was then multiplied by this Fresnel correction factor in the study spectral range. In principle, if the averaged Fresnel correction factor is the true absolute reflectance of the gold mirror under the EasiDiff configuration, the corrected $r_c^{Spectralon\_gold}$ would be the absolute Spectralon reflectance under the EasiDiff configuration. In reality, however, the mirror has a diffuse component and the true reflectance value is different from the theoretical curve. Hence the quantity tity $r_c^{Spectralon\_gold}$ was scaled to have the same 2.14 μm absorption center value of the 8°-HR and is shown in Fig.5 (orange circles).

Method 3. The sample relative reflectance R_s is corrected to remove the 2.1 μm feature. First R_s is divided by the 8°-HR with the 2.1 μm dip removed, or r_c^{smooth}, then multiplied by the original 8°-HR r_c to obtain the corrected relative reflectance R_s^{corr},

$$R_s^{corr} = \frac{R_s}{r_c^{smooth}} \cdot r_c \tag{3}$$

Specifically, we first removed the reflectance values between 1.98 and 2.2 μm in Spectralon 8°-HR where reflectance values drop down significantly due to the 2.14 μm absorption, as shown in Fig.5. Then a 4th-order polynomial was fit to the 8°-HR between 1.94 and 2.4 μm and the fitting results between 1.98 and 2.2 μm were used to replace the removed data. The interval of the data points being removed before fitting (1.98, 2.2μm), the order of the polynomial (4th) and the fitting interval (1.94, 2.4 μm) were found on a trial and error basis to yield a reasonably shaped baseline of the 2.14 μm dip, a smooth connection of the fitted data points at 1.98 and 2.2 μm and at the same time a R_s^{corr} spectrum that is not too much "overcorrected" (see discussions on Fig.6 below). The quantity r_c^{smooth} used in Eq. (3) was obtained by combining the dip-removed 8°-HR (blue trace in Fig.5) and the fitted 8°-HR (red trace in Fig.5), as shown in Fig.5.

Method 4. This approach performs curve fitting to sample spectra without dealing with the calibration target spectra. Specifically, we first removed the sample reflectance values between 1.95 and 2.23 μm where the spurious 2.1 μm peak dominates, forming a gap in between, then fitted reflectance between 1.6 and 2.4 μm (1.6 to 2.3 μm for py-

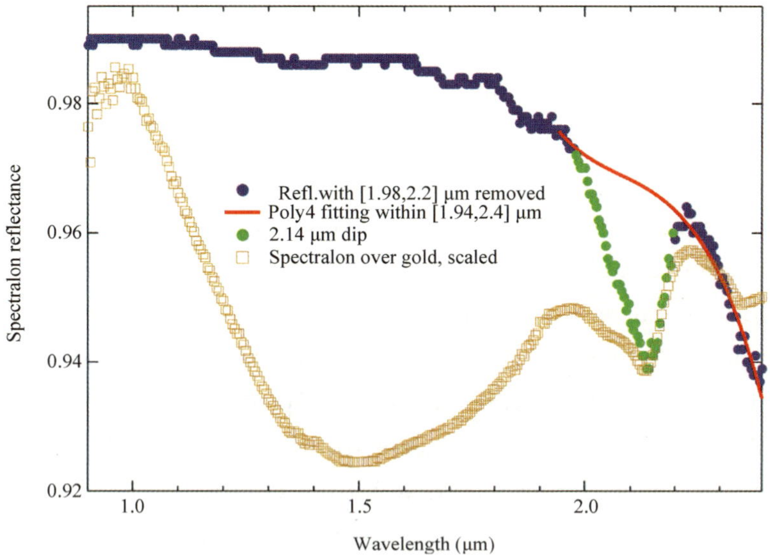

Fig. 5　Original Spectralon 8°-hemispherical reflectance c r with the 2.14 μm absorption dip (green) removed (blue), the 4th-order polynomial fit to the dip-removed area (red) and the scaled relative reflectance of Spectralon to gold mirror measured on EasiDiff ($r_c^{Spectralon\_gold}$ in blue). The blue and red data were pieced together to form the quantity r_c^{smooth} used in Eq. (3).

roxene grains as this sample has an absorption structure at 2.32 μm) using a 5-term polynomial. The fitted data between 1.95 and 2.23 μm were then used to fill the gap, producing the smooth sample spectra.

Figure 6 displays comparisons of the original mineral spectra taken with the Spectralon (R_s in red), the above 4 method corrected spectra (either R_s or r_s) and the spectra recorded using gold mirror as background (R_s in orange) for all 3 minerals measured. We only plot the NIR region above 0.9 μm to compare the results because gold reflectance decreases sharply below 0.8 μm, as shown in Fig. 1. We scaled the spectra corrected by Method 2 (purples in Fig. 6) and that recorded with the gold mirror (R_s in orange) by constants to better compare with other spectra for a number of reasons. First, these two quantities are unlikely to be the true reflectance values because the gold mirror has a strong specular reflection component which resulted much lower reflectance values as compared with that taken with the Spectrlon. Second, the Pike gold mirror used here is not a NIST-traceable calibration target and thus the resultant spectra do not have any meaningful absolute values. Third, the main purpose of using the gold mirror as reflectance background here is to show that the gold mirror calibrated spectra do not have any spurious features near 2.1 μm, in contrast to that recorded with the Spectralon. Subwindows show the details around the 2.1 μm region. Obviously one can see from Fig. 6 that the R_s spectra of all 3 samples taken with the gold mirror are all free of the 2.1 μm artifact appearing in every spectrum calibrated with the Spectralon.

The spectra corrected by Method 1 (curves in light blue in Fig. 6) decreases quicker above 1.5 μm than the R_s spectra as the Spectralon has a declining absolute reflectance in that region. After multiplying the Spectralon reflectance with the 2.1 μm dip, the artifact transformed into a dip from a peak. It is very likely that the 8°-HR (with a near-normal incidence) has a deeper band-depth than reflectance taken using the EasiDiff device which has a much more oblique incidence. For Method 2, when the relative reflectance of Spectralon over gold is multiplied by the sample R_s spectra over Spectralon, the resultant spectra (the purple curves in Fig. 6) are nearly identical to the sample spectra recorded with the gold mirror except for a scaling constant. This is not a surprise because of the algebra relationship in deriving the spectra. Spectra corrected by Method 3 yielded nearly identical results with Method 4 except for olivine grains which suffered a "over-correction" with an obvious dip produced at 2.1 μm (Fig. 6(b)) (~1% maximum difference at 2.1 μm). Although Method 4 produced the most smooth spectra that are comparable to spectra recorded with the gold mirror for all 3 spectra, real planetary mission data are much more scattered than the smooth laboratory data presented here and thus Method 4 might not work well all the time. A correction method that removes the spurious feature reasonably well and at the same time distort the raw data as little as possible should be found and used to analyze the field data.

It is interesting to note that for pyroxene spectra shown in Fig. 6(c), although the comparison of the gold mirror calibrated spectrum (in orange) and the Spectralon calibrated spectrum (in red) unambiguously identifies that the shoulder-like structure at 2.1 μm comes from Spectralon absorption, this peak is minimal among the three samples, possibly because the 2.1 μm Spectralon absorption (~5%) is overshadowed by the much more stronger 2.0 μm pyroxene absorption (~20%) and thus the artifact is greatly reduced in magnitude. For planetary missions that employed a Spectralon-type calibration plaque for the NIR region like Chang'E 3's VisNIR spectrometer, a detailed study on the impact of plaque's 2.1 μm feature on various sample information retrievals would be necessary.

Finally, we notice that in addition to the 2.14 μm absorption of the Spectralon, the continuum drop of its reflectance toward the longer wavelengths could also potentially distort reflectance features. However, this drop has a much gentle gradient as compared with the 2.1 μm sharp feature and thus its role in potentially confusing mineral identifications should be minimal. Furthermore, because of the presence of space weathering effects, most atmosphereless planetary surface spectra are "reddened" (increased reflectance with increasing wavelength) and exhibit a much steeper sloped feature. For this reason, to compare with laboratory measurements or spectral library data, some continuum removal procedures need to be applied to measured planetary spectra. As a result, the effects of continuum drop of the calibration target are largely removed, but not the arti-

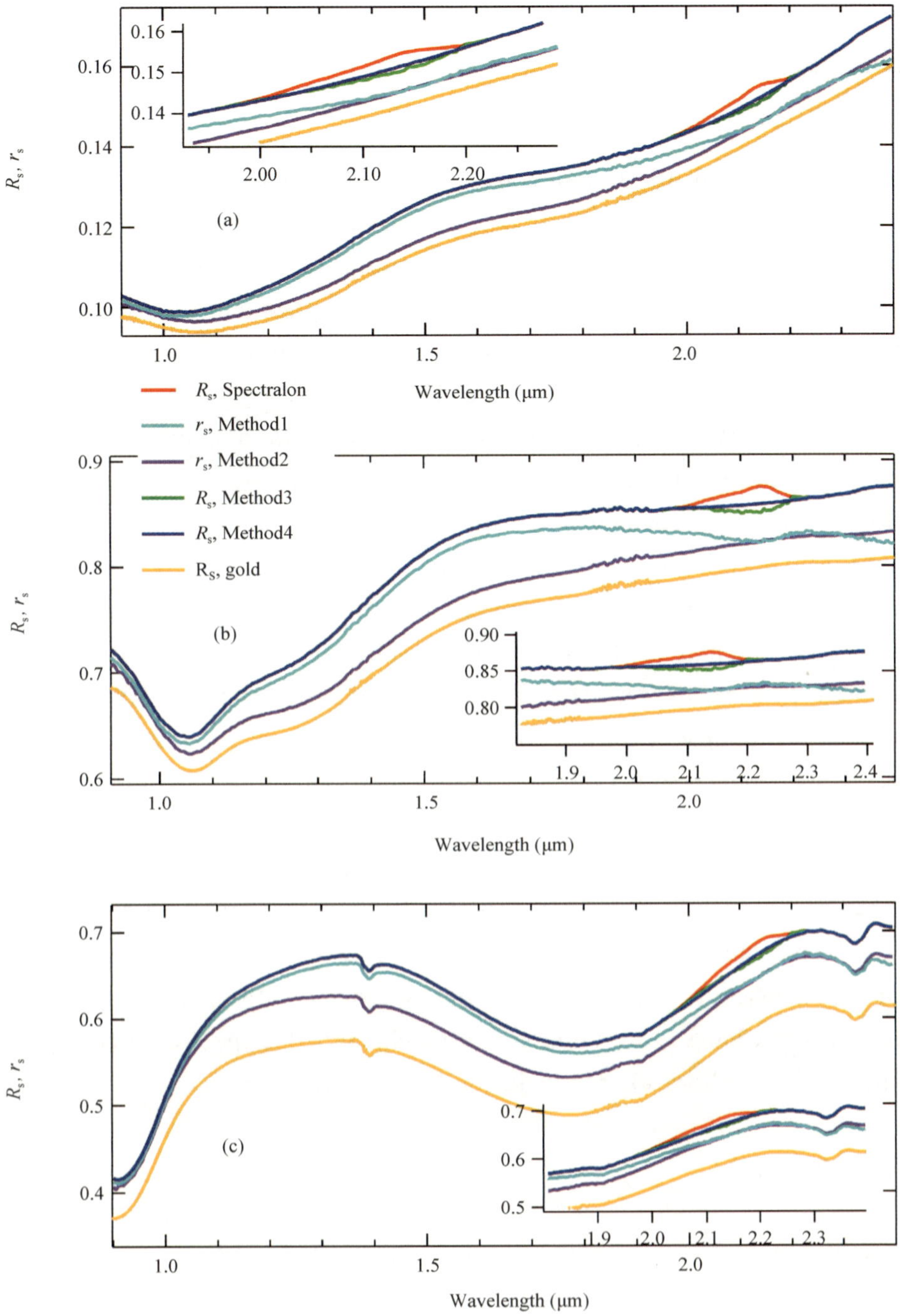

Fig. 6　Comparisons of the original spectra obtained using Spectralon and gold as background targets (red and orange) and the spectra corrected by the 4 methods described in text in the NIR region for (a) JSC-1A, (b) olivine grains and (c) pyroxene grains. The 2.1 μm region for each sample is magnified and shown in subwindows.

fact incurred by the 2.1 micron absorption feature.

5 Conclusions

Although the possible spurious feature at 2.14 μm incurred by using a Spectralon-type calibration target in the near-infrared was pointed out by *R*. Clark and colleagues [8,23] and others as early as more than 20 years ago, it seems that reflectance spectra containing this artifact floating around in the literature have not diminished substantially. By performing reflectance measurements of 3 common planetary surface analog materials with differing 2 μm intrinsic absorption strengths, using both the Spectralon plaque and a gold mirror as the calibration targets, we demonstrated unequivocally that the use of Spectralon (PTFE) in calibrating NIR spectra can produce a spurious peak at 2.1 μm, caused by the absorption feature of the Spectralon (PTFE) at 2.14 μm. The severity of this artifact in the spectra is dependent on the absorption strength of the 2 μm peak of the mineral itself. An intrinsically very strong 2 μm absorption peak present in the mineral itself could minimize this artifact but for minerals lacking any 2 μm features this artifact is significant and may easily cause confusions in mineral identifications. By performing 4 empirical corrections this artifact could be reduced to a lower level but except for Method 4 (fitting sample spectra), all 3 more or less have produced a dip at 2.1 μm (over-correction). The results presented here should caution researchers, both in laboratory measurement and payload development, that calibration targets with conspicuous absorption features should be avoided or carefully taken care of before doing data interpretations, or erroneous conclusions may result. The correction methods (except for Method 2 which requires additional measurements) will be used and evaluated in our analysis of the VisNIR spectra taken with the *in situ* VisNIR imaging spectrometer onboard the Chinese Chang'E 3's Yutu Rover which carried a Spectralon-type plaque (PTFE) as the onboard calibration target in the NIR spectral region.

Acknowledgments

This study was initiated from a discussion with Carle M. Pieters who pointed out the possible artifacts when Spectralon plaque is used as calibration target in the NIR region. We thank Wang Ziwei, Yuan Ye and Sun Hui for help in sample preparations, Zhou Jian from Bruker Optics China and Ann M. Woys from Pike Technologies for technical support. Helps in laboratory setup from Ming Houli and Huang Dinghua are also greatly appreciated. The constructive and critical comments from three anonymous reviwers improved the quality of the manuscript. This work was supported in part by the National Natural Science Foundation of China through grants 41071229, 41173076, 41273079 and

41276180, and by the Minor Planet Foundation of China.

References

[1] C. M. Pieters, "Strength of mineral absorption features in the transmitted component of near-infrared reflected light: First results from RELAB," J. Geophys. Res. 88(B11), 9534-9544 (1983).

[2] J. W. Warren, K. Peacock, E. H. Darlington, S. L. Murchie, S. F. Oden, J. R. Hayes, J. F. Bell, S. J. Krein, and A. Mastandrea, "Near Infrared Spectrometer for the Near Earth Asteroid Rendezvous Mission," Space Sci. Rev. 82, 101-167 (1997).

[3] N. R. Izenberg, J. F. Bell, J. W. Warren, S. L. Murchie, K. Peacock, E. H. Darlington, B. Carcich, C. Chapman, B. E. Clark, A. Harch, G. Heyler, J. Joseph, P. Martin, L. McFadden, B. Merline, M. Robinson, J. Veverka, and D. Wellnitz, "In-Flight calibration of the Near Earth Asteroid Rendezvous Mission's Near Infrared Spectrometer: I. Initial calibrations," Icarus 148(2), 550-571 (2000).

[4] M. Ohtake, C. M. Pieters, P. Isaacson, S. Besse, Y. Yokota, T. Matsunaga, J. Boardman, S. Yamomoto, J. Haruyam, M. Staid, Y. Mall, and R. O. Green, "One Moon, many measurements 3: Spectral reflectance," Icarus 226(1), 364-374 (2013).

[5] R. G. Burns, Mineralogical Applications of Crystal Field Theory, 2nd ed. (Cambridge U, 1993).

[6] P. G. Lucey, "Model near-infrared optical constants of olivine and pyroxene as a function of iron content," J. Geophys. Res. 103(E1), 1703-1713 (1998).

[7] J. M. Sunshine and C. M. Pieters, "Determining the composition of olivine from reflectance spectroscopy," J. Geophys. Res. 103(E6), 13675-13688 (1998).

[8] R. N. Clark, "Spectroscopy of Rocks and Minerals, and Principles of Spectroscopy," http://speclab.cr.usgs.gov/PAPERS.refl-mrs/

[9] M. I. Mishchenko, L. D. Travis, and A. A. Lacis, Scattering, absorption and emission of light by small particles (Cambridge U, 2002).

[10] Y. G. Shkuratov, V. Kaydash, Y. Velikodsky, N. Opanasenko, and G. Videen, "Optical measurements of the Moon as a tool to study its surface," Planet. Space Sci. 59(13), 1326-1371 (2011).

[11] V. R. Weidner and J. J. Hsia, "Reflection properties of pressed polytetrafluoroethylene powder," J. Opt. Soc. Am. 71(7), 856-861 (1981).

[12] R. O. Green, C. Pieters, P. Mouroulis, M. Eastwood, J. Boardman, T. Glavich, P. Isaacson, M. Annadurai, S. Besse, D. Barr, B. Buratti, D. Cate, A. Chatterjee, R. Clark, L. Cheek, J. Combe, D. Dhingra, V. Essandoh, S. Geier, J. N. Goswami, R. Green, V. Haemmerle, J. Head, L. Hovland, S. Hyman, R. Klima, T. Koch, G. Kramer, A. S. K. Kumar, K. Lee, S. Lundeen, E. Malaret, T. McCord, S. McLaughlin, J. Mustard, J. Nettles, N. Petro, K. Plourde, C. Racho, J. Rodriquez, C. Runyon, G. Sellar, C. Smith, H. Sobel, M. Staid, J. Sunshine, L. Taylor, K. Thaisen, S. Tompkins, H. Tseng, G. Vane, P. Varanasi, M. White, and D. Wilson, "The Moon Mineralogy Mapper (M3) imaging spectrometer for lunar science: Instrument description, calibration, on-orbit measurements, science data calibration and on-orbit validation," J. Geophys. Res. 116, E00G19 (2011), doi:10.1029/2011JE003797.

[13] A. Springsteen, "Standards for the measurement of diffuse reflectance-an overview of available materials and measurement laboratories," Anal. Chim. Acta 380(2-3), 379-390 (1999).

[14] K. J. Voss and H. Zhang, "Bidirectional reflectance of dry and submerged Labsphere Spectralon plaque,"Appl. Opt. 45(30), 7924-7927 (2006).

[15] O. Svensen, M. Kildemo, J. Maria, J. J. Stamnes, and ∅ Frette, "Mueller matrix measurements and modeling pertaining to Spectralon white reflectance standards," Opt. Express 20 (14), 15045-15053 (2012).

[16] A. Ferrero, A. M. Rabal, J. Campos, A. Pons, and M. L. Hernanz, "Spectral and geometrical variation of the bidirectional reflectance distribution function of diffuse reflectance standards,"Appl. Opt. 51(36), 8535-8540 (2012).

[17] C. J. Bruegge, A. E. Stiegman, R. A. Rainen, and A. W. Springsteen, "Use of Spectralon as a diffuse reflectance standard for in-flight calibration of earth-orbiting sensors," Opt. Eng. 32(4), 805-814 (1993).

[18] Report of Scientific Validations of Visible-Near-infrared Imaging Spectrometer of the Chang'E 3 Mission, Document # CE3-GRAS-CSSY-003-F3, ver. 1.0, Released May 16 2012.

[19] B. Liu, J. Z. Liu, G. L. Zhang, Z. C. Ling, J. Zhang, Z. P. He, B. Y. Yang, and Y. L. Zou, "Reflectance conversion methods for the VIS/NIR imaging spectrometer aboard the Chang'E-3 lunar rover: based on ground validation experiment data," Res. Astron. Astrophys. 13, 862-874 (2013).

[20] V. Orofino, R. Politi, A. Blanco, and S. Fonti, "Diffuse reflectance of altered olivine grains: Remote sensing detection and implications for Mars studies," Planet. Space Sci. 54 (8), 784-793 (2006).

[21] T. Hiroi and C. M. Pieters, "Estimation of grain sizes and mixing ratios offine powder mixtures of common geologic minerals," J. Geophys. Res. 99(E5), 10867-10879 (1994).

[22] C. Carli, M. Ciarniello, F. Capaccioni, G. Serventi, and M. Sgavetti, "Spectral variability of plagioclase-mafic mixtures (2): Investigation of the optical constant and retrievaed mineral abundance dependence on particle size distribution," Icarus 235, 207-219 (2014).

[23] R. N. Clark, T. V. V. King, M. Klejwa, G. A. Swayze, and N. Vergo, "High spectral resolution reflectance spectroscopy of minerals," J. Geophys. Res. 95(B8), 12653-12680 (1990).

[24] Labsphere Reflectance and Transmittance Measurement Integrating Spheres, http://woodall.ece.ucdavis.edu/pdf/labsphere_reflectance_manual.pdf

[25] A Guide to Reflectance Materials and Coatings, http://www.labsphere.com/uploads/technical-guides/a-guide-toreflectance-materials-and-coatings.pdf

[26] H. Zhang, Y. L. Liu, K. Zhu, G. G. Siu, Y. H. Xiong, and C. S. Xiong, "Fourier transform infrared characterization of nanometre SnO_2," J. Phys. Condens. Matter 10(48), 11121-11127 (1998).

[27] H. Zhang and K. J. Voss, "Comparisons of Bi-directional reflectance measurement of closely packed particulate layers with radiative transfer models," Appl. Opt. 44, 597-610 (2005).

[28] H. Zhang and K. J. Voss, "Bi-directional reflectance measurement of closely packed natural and prepared particulate layers," in Light Scattering Reviews III, A. Kokhanovsky, ed. (Springer-Praxis, 2008).

[29] H. Zhang and K. J. Voss, "On Hapke photometric model predictions on closely packed particulate layers," Icarus 215, 27-33 (2011).

[30] H. Zhang, W. D. Jin, W. B. Xu, Z. W. Wang, Y. Z. Yang, Y. Yuan, and H. Sun, "A goniometric system to measure the incomplete mueller matrices of packed layers." presented at the 45th Lunar and Planetary Science Conference, The Woodlands, TX, Mar. 17-21, 2014.

[31] Refractive index of Au, Gold, http://www.filmetrics.com/refractive-index-database/Au/Gold

Estimation of lunar major elemental abundances in Chang'E-3 landing site based on Active Particle-induced X-ray Spectrometer (APXS)

Jian Wang, Xianmin Wang

Hubei Subsurface Multi-scale Imaging Key Laboratory, Institute of Geophysics and Geomatics, China University of Geosciences, Wuhan 430074, China

Abstract: Elemental abundance provides an effective vehicle to understand lunar petrologic characteristics and evolutional history. The APXS mounted on the Yutu rover provides a valuable opportunity to determine the major elemental abundances in lunar soil within a short distance. In this study, we processed the APXS spectra including energy calibration, dead time correction and nonlinear least-squares fitting, and determined the abundances of the lunar major elements using the fundamental parameter method. In the calculation of X-ray fluorescence yield, a finite element method (FEM) was employed to improve the accuracy. The major elemental abundances derived from Chang'E-3 (CE-3) APXS possess a good consistency with the result of LP-GRS (Lunar Prospector gamma-ray spectrometer) data in the landing region. Compared with the chemical composition of the returned lunar rock samples, we draw the conclusion that the lunar soils in CE-3 landing site are fragments of mare basalts. Our conclusion is supported by the geological map of Mare Imbrium.

Key words: Chang'E-3 · APXS · Elemental abundance · Lunar soil

1 Introduction

Lunar elemental content is a key problem to disclose the origin and evolution of the moon. There have been a lot of lunar exploration missions since 1960s (Jin et al. 2013). Compared with other lunar probes, CE-3 is the first one since 1976 which achieved a soft landing and provides a valuable opportunity to detect the lunar surface within a short distance. Hence CE-3 is hopeful to obtain more accurate chemical composition of lunar soils.

CE-3 was launched on 1 December, 2013 (UTC) and landed in the northern part of Mare Imbrium (19.51°W, 44.12°N) on 14 December, 2013 (UTC). Its primary mission is to survey the terrain, chemical composition, mineral composition and geologic structure of the landing zone. To achieve this goal, eight scientific payloads, including APXS, are mounted on the lander and the rover (Ip et al. 2014). Chang'E-3 APXS carried out two times of calibrations and detections and acquired four spectra in total. First, we process the measured spectra by energy calibration, dead time correction and nonlinear least square fitting, and then obtain the characteristic peak of each element. Second, the contents of seven oxides are determined using the fundamental parameter method. According to the derived elemental contents, we attribute the two detected lunar soils to fragments of low-Ti mare basalts.

2 Instrument description

APXS is good at determining the chemical composition by X-ray spectroscopy (Gellert et al. 2006). The mechanism of APXS is based on the interaction of alpha particles or the X-ray radiation from a radioactive source with the sample matter (Rieder et al. 1997). The alpha particles or X-ray radiation bombard the sample surface to emit X-ray fluorescence, which is recorded by the X-ray detector as a spectrum, and the X-ray fluorescence generated by different elements varies in energy (Gellert et al. 2006). So according to the energies and intensities of the spectrum peaks, we can recognize the chemical components and their concentrations included in the sample.

Chang'E-3 APXS is mounted on the robotic arm of the Yutu rover. During the rover travelled on the moon surface, it can detect the soil samples along the route. The APXS consists of three parts: a sensor head, an in-flight calibration target and a radioactive heat unit (RHU) (Peng et al. 2014). The APXS employs radioactive ^{55}Fe and ^{109}Cd for X-ray excitation. There are, in total, eight radioactive sources (four radioactive ^{55}Fe and four radioactive ^{109}Cd) in the sensor head, which are arranged in a circle around the silicon drift detector (SDD). During the detection, the X-ray particles from ^{55}Fe and ^{109}Cd interact with the atoms of the sample surface, knock the inner shell electrons out of their orbits and generate the characteristic X-rays registered by the detector. The in-flight calibration target is a 5 mm thick basalt rock sheet whose diameter is about 20 mm (Fu et al. 2014). The performance of the APXS was checked before each time of detection. The RHU is employed to provide heat source to help the sensor head come through the cold lunar nighttime (Fu et al. 2014). The concrete performance parameters of Chang'E-3 APXS refer to Fu et al. (2014).

CE-3 APXS works in three modes: distance sensing mode, calibration mode and detection mode. In the distance sensing mode, the robotic arm put the APXS into a right position about 2~3 cm away from the sample. The purpose of the distance sensing mode is to guarantee the safety of APXS and at the same time the intensity of received X-ray fluorescence is not too low. After the distance sensing mode, the detection mode is started. In the calibration mode, the calibration target, instead of lunar soil sample, is detected to check the performance of APXS (Fu et al. 2014).

3 Data processing

3.1 APXS spectrum preprocessing

The APXS has completed two calibrations and two detections. The spectra measured by CE-3 APXS were recorded piecemeal (Fu et al. 2014). The count rate each 8s is recorded as a frame. In the preprocessing procedure, we select the valid frames to calculate the accumulated spectra. Valid frames are determined according to the right work mode and the normal quality state. Specially, all the frames of the second calibration have an abnormal quality state, so they are excluded.

3.2 Energy calibration

The pulse amplitude of silicon drift detector, which is converted to channel number by ADC, is proportional to the energy loss of the incoming X-rays. So E (keV), the X-ray energy, is related to the channel number C, with a linear equation (Peng et al. 2009):

$$E = k \cdot C + b \tag{1}$$

where k is the spectrum gain and b is the energy of channel 0.

We estimate the values of k and b using a linear least square method. To achieve this goal, we have to select more than two peaks in the spectra. In this work, we ultimately select ten peaks (Table 1). The calculated values of k and b are shown in Table 2.

Table 1　Details of selected peaks

Peaks	Channel number			Energy (keV)
	Calibration	Lunar soil 1	Lunar soil 2	
Si K_α	106	112	128	1.74
K K_α	252	258	275	3.31
Ca K_α	287	294	311	3.69
Ca K_β	317	324	341	4.01
Ti K_α	363	370	387	4.51
Ti K_β	402	409	427	4.93
Fe K_β	598	606	625	7.06
Ni K_α	638	645	664	7.74
Cu K_α	690	697	718	8.04
Cu K_β	769	777	797	8.91

Table 2　Values of parameters k and b

Parameter	Calibration	Lunar soil 1	Lunar soil 2
k	0.0109	0.0109	0.0108
b	0.5603	0.4955	0.3333
R^2	0.999	0.9989	0.9989

The APXS spectra after energy calibration are shown in Figs. 1 and 2. As the figures show, the characteristic peaks of many lunar elements, such as Mg, Al, Si and Ca, can be well recognized. Furthermore, the spectral features of the two lunar soils are found to be quite similar, which indicates that their chemical compositions are almost the same due to the short distance between them (the horizontal distance between them is about 10 cm (Peng et al. 2014)).

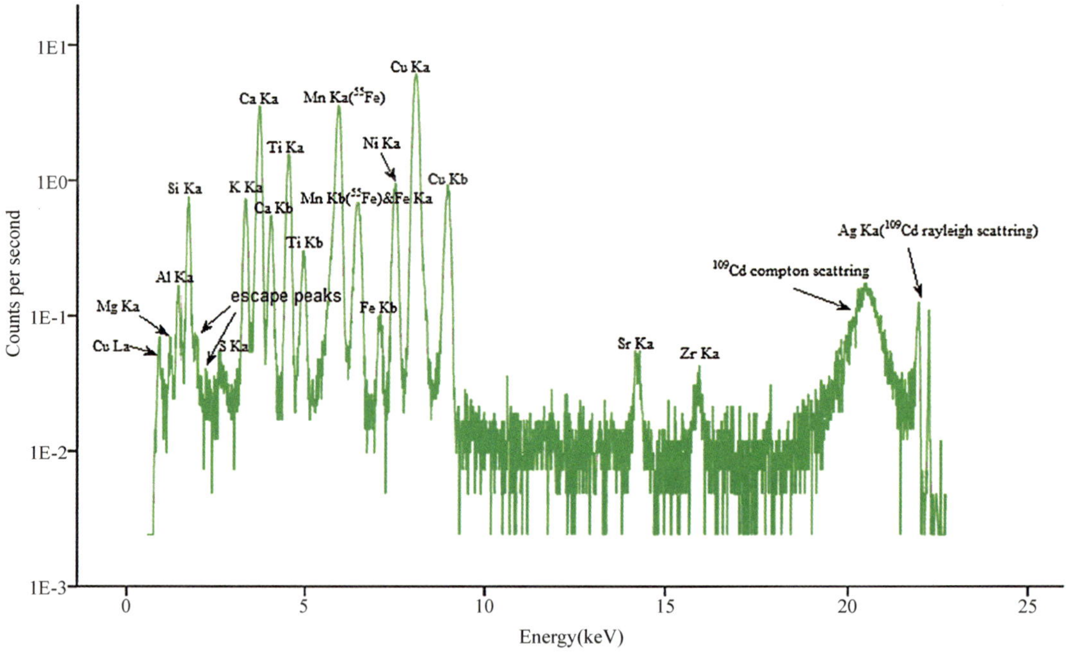

Fig. 1　Spectrum of the calibration target

3.3　Dead time correction

A detected event would cause the detector dead for a period of time τ. Any other incident events that happen to have interacted with the detector during this time interval would not be recorded. This time interval is called the "dead time" (Zhang et al. 1995). In this case, the incident count rate is related to the detected count rate according to formula (2) (Zhang et al. 1995):

$$r_{\text{in}} = \frac{r_{\text{det}}}{1 - r_{\text{det}}\tau} \tag{2}$$

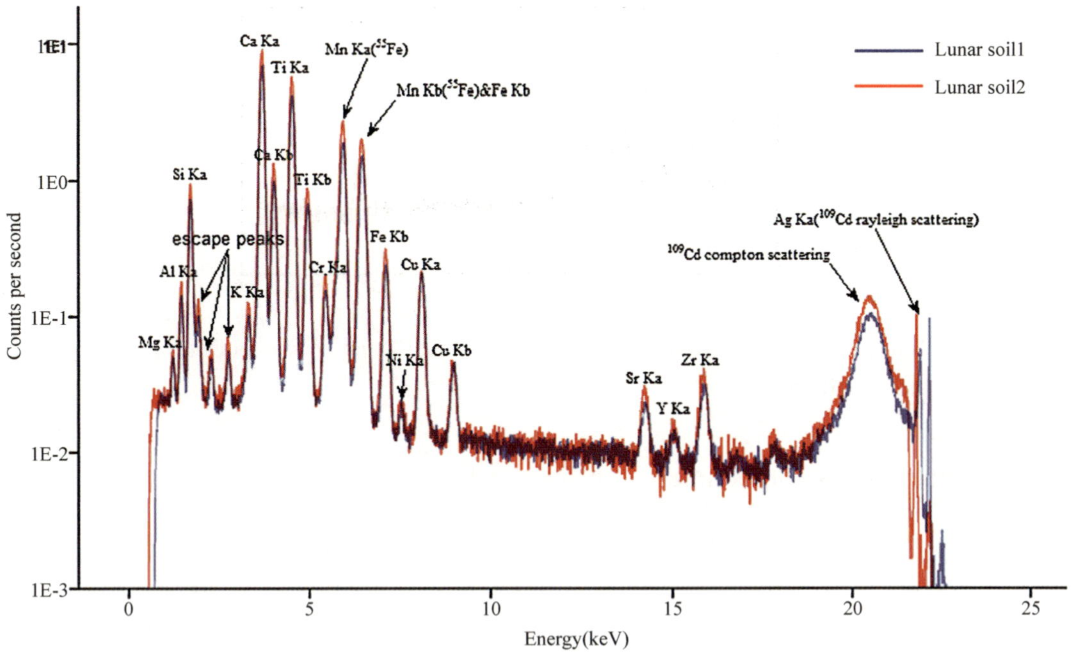

Fig. 2　Spectra of lunar soils. The blue and red curves refer to the spectra of the first and second detection, respectively

Using Eq. (2), we calculate the incident count rate and correct the effect of dead time.

3.4　Spectra fitting

By analyzing the interaction between APXS and the sample, we divide the measured spectra into two different parts: monoenergetic X-rays and background. The monoenergetic X-rays consist of the fluorescence generated by the elements in the sample and the collimator, and the Rayleigh scattering of the radiation from ^{55}Fe and ^{109}Cd. The background includes the Compton scattering of the radiation from ^{55}Fe and ^{109}Cd, the bremsstrahlung of electrons and the environmental background.

It is very difficult to determine the characteristic peak area of one element from the spectra directly because of the disturbance of the background and the contribution of its adjacent elements. So we use a nonlinear least-squares fitting method to distinguish the characteristic peaks of different elements. And before the fitting, a sensitive nonlinear iterative peak clipping method (SNIP) (Morháč and Matoušek 2008) is employed to estimate the background.

Let's take the first detection as an example. The related fitting result is shown in Fig. 3, where the characteristic peak of each element is described with the Hypermet (Phillips and Marlow 1976; Solé et al. 2007) function. Figure 3 shows that the red fitted curve is well coincided with the original spectrum.

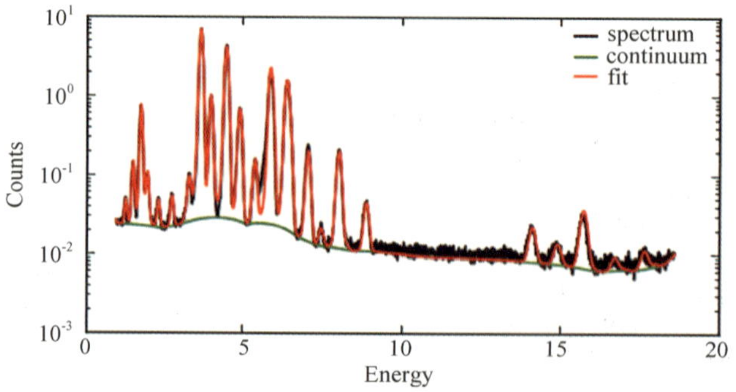

Fig. 3 Spectral fitting result of the first detection. The 'continuum' curve indicates the estimated background using SNIP method

3.5 Surface effects correction

Although the chemical composition of the sample is constant, its fluorescence intensity changes due to its irregular surface. Present studies usually grinded the sample into powder and prepared it as a sheet to reduce this disturbing effects (Brunetti and Golosio 2014; Bonizzoni et al. 2006; Trojek et al. 2010; Trojek 2011). However Chang'E-3 APXS doesn't have the ability of sample preparation, therefore we have to take the surface effects into consideration.

Wu (2012) used Monte Carlo Simulation to evaluate the surface effects of lunar soil. He suggested that the surface effects had almost no influence on the peak intensity induced by ^{109}Cd but decreased by about 15 % of the peak intensity excited by ^{55}Fe. According to the theory of the characteristic X-ray emission (Wu 2012), ^{55}Fe can excite the characteristic X-ray of the elements lighter than Mn, and ^{109}Cd can excite the characteristic X-ray of elements between Na and Mo. But the produced cross-sections of low-Z elements are very low when the radioactive source is ^{109}Cd. So we deduce that the characteristic X-rays of elements, which are lighter than Mn, namely Mg~Cr, is mainly induced by ^{55}Fe, and the others are induced by ^{109}Cd. So in order to reduce the effects of irregular surface, we correspondingly increase the measured characteristic peak intensities of elements Mg~Cr by 15%.

3.6 Quantitative analysis

3.6.1 Calculation of X-ray fluorescence yield

In order to increase the number of X-ray photons interacting with the sample surface, the radioactive source collimator of APXS is designed as wedge-shaped. But on the other hand, it leads to the difficulty in computing the X-ray fluorescence yield because the exact incident angle becomes uncertain. To solve this problem, we employ a finite element method(Tertian and Claisse 1982; Rezai 1997).

As shown in Fig. 4, the sample surface is divided into N infinitesimal squares with the area dS. Define α as the incident angle and β the emergency angle. Suppose d_1 be the distance between the infinitesimal square and the center of the radioactive source and d_2 the distance between the infinitesimal square and the center of the detector.

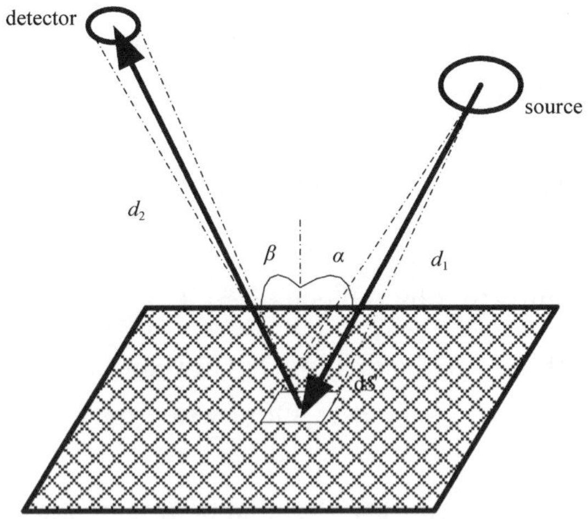

Fig. 4　Schematic of finite element method

Assuming that A is the radioactivity of the excitation source and λ is the wavelength of incident X-ray, then the number of incident X-ray photons impacting on the sample surface within a period of T is calculated as:

$$I_\lambda = \frac{S'_1}{S_1} \cdot A \cdot f \cdot T \cdot \frac{\mathrm{d}S}{4\pi d_1^2} \tag{3}$$

where f is the ratio of incident X-ray whose wavelength is λ, S_1 is the area of the radioactive source and S'_1 is the area of portion without being blocked by the collimator.

Let $f(\alpha, \beta, \lambda)$ be the generated X-ray fluorescence intensity in the unit of solid angle when a single incident X-ray photon interacts with the sample surface. $f(\alpha, \beta, \lambda)$ is calculated according to the X-ray fluorescence intensity formula (Tertian and Claisse 1982; Rezai 1997). Then the yield of fluorescence emitted by the infinitesimal square dS is deduced as (Tertian and Claisse 1982; Rezai 1997):

$$\mathrm{d}I = \frac{S'_1 S_2 \mathrm{d}S}{4\pi d_1^2 d_2^2 S_1} \cdot A \cdot f \cdot T \cdot f(\alpha, \beta, \lambda) \tag{4}$$

where S_2 is the area of detector. The summation of all infinitesimal squares is as follows:

$$I = \sum_N \frac{S'_1 S_2 \mathrm{d}S}{4\pi d_1^2 d_2^2 S_1} \cdot A \cdot f \cdot T \cdot f(\alpha, \beta, \lambda) \tag{5}$$

3.6.2　Fundamental parameter method

We adopt a fundamental parameter method (Beattie and Brissey 1954) to correct the absorbability and enhancement between elements. I_i is the K_α peak area of element i in the lunar soil sample and $I_{(i,s)}$ is the K_α peak area of element i in the calibration target.

Then the measured relative intensity of element i, R_i^{ms}, is defined as:

$$R_i^{ms} = \left(\frac{I_i}{I_{(i,s)}}\right) \cdot \left(\frac{I_{(i,s)cal}}{I_{(i)cal}}\right) \tag{6}$$

where $(I_{(i,s)})_{cal}$ is the computed K_α line intensity of element i in the calibration target using formula (5) and $(I_{(i)})_{cal}$ is the computed K_α line intensity of pure element i. The procedureof the fundamental parameter method is presented as follows.

(1) Calculate the normalized R_i^{ms} and regard it as C_i, the initial concentration of the element i in the sample.

(2) Compute the theoretical relative intensity R_i^{cal} of K_α line for each element i by formula (5).

(3) Modify the concentration by the equation: $C'_i = \frac{R_i^{ms}}{R_i^{cal}} \cdot C_i$.

(4) Compare C'_i with C_i. If the difference between them is less than 0.005%, then C'_i is the final concentration of element i. Otherwise, normalize C'_i, let $C_i = C'_i$ and repeat steps (2)-(4).

According to the above procedures, the abundances of major elements in the lunar soils are determined, which is shown in Table 3.

Table 3　Concentrations of major elements in Chang'E-3 landing site

	MgO (wt.%)	Al_2O_3 (wt.%)	SiO_2 (wt.%)	K_2O (wt.%)	CaO (wt.%)	TiO_2 (wt.%)	FeO (wt.%)
Lunar soil 1	6.62	10.08	41.49	0.12	11.97	5.56	23.25
Lunar soil 2	6.96	10.07	40.8	0.14	11.83	5.57	23.76

4　Discussion

The region around Chang'E-3 landing site is shown in Fig. 5 and its geological map is shown in Fig. 6. The region in vicinity of CE-3 landing site could be divided into two different geological units: EIm (Eratosthenian-Imbrian mare materials) and Im_1 (Imbrian mare materials 1) (Schaber 1969; Zhao et al. 2014) and the CE-3 landing site is located near the boundary of the two units. Just as Fig. 5 shows, the northeast part of the landing site has a different albedo from the southwest part and the latter seems darker in the figure. The EIm unit is a complex overlapping series of volcanic materials covered by a discontinuous thin layer of comparatively fine-grained fragmental materials generated by impacts (Schaber 1969). The chemical composition of Im_1 unit is similar to the one of EIm, but older (Schaber 1969; Hiesinger et al. 2000; Bugiolacchi and Guest 2008). The concentrations of FeO and TiO_2 in Im_1 unit are lower than the ones in EIm unit. The

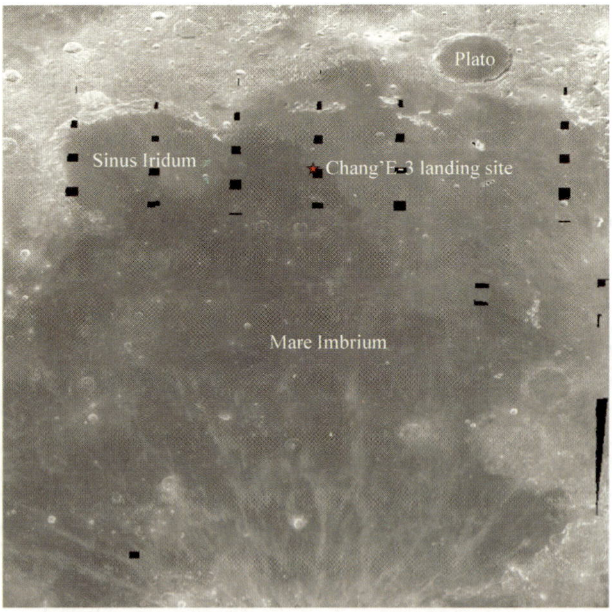

Fig. 5　Location of CE-3 landing site. The background is Clementine UVVIS 750 nm band mosaic in a simple cylindrical projection (available at www. lpi. usra. edu)

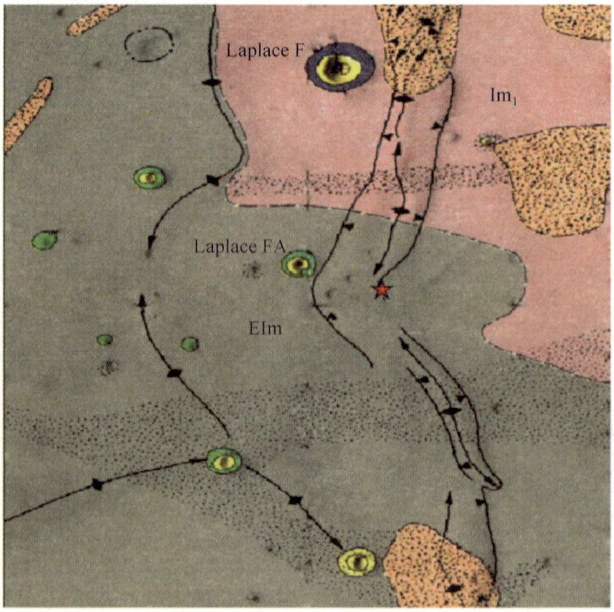

Fig. 6　Geological map of the region in vicinity of CE-3 landing site. The base geological map is from Schaber (1969). The location of APXS-detected lunar soils is marked with a *red star*. Because the distance between the two detecting positions of APXS is too close to be distinguished in the map, only one red star is employed to represent both of the two detecting locations. CE-3 landing site is located near the boundary of the two geological units: EIm and Im_1

materials in unit EIm vary from low-Ti (1-6 wt.% TiO_2) to high-Ti (>6 wt.% TiO_2) basalts, whereas those in Im1 appear as very low-Ti (VLT, <1 wt.% TiO_2) and low-Ti basalts (Zhao et al. 2014).

We analyzed our work on two aspects: (1) comparing our results with previous studies to check the accuracy, (2) comparing the two lunar soils detected by APXS with the returned lunar samples in order to identify the lithology of thesoils.

Prettyman et al. (2006) obtained the elemental composition of lunar surface with LP-GRS data. Zhang et al. (2014) adopted APXS data to figure out the abundances of major elements of the lunar surface in CE'3 landing site. The comparison of our result with theirs is shown in Table 4 and Fig. 7. The data used by Prettyman et al. (2006) were acquired during the high altitude (approximately 100 km) phase with a northward orientation for Lunar Prospector's spin axis. At this altitude, the spatial resolution of the data is about 150 km^2 (Lawrence et al. 2000). So their result is actually the mean abundances in the adjacent region of the landing site. From this perspective, our result is well consistent with Prettyman's result. Compared with Zhang's result, the Fe abundance determined by our work appears a bit higher.

Table 4　Comparison between our results and previous results

	Soil 1 wt.%	Soil 2 wt.%	Prettyman et al. (2006) wt.%	Zhang et al. (2014) wt.%
MgO	6.62	6.96	7.03	–
Al_2O_3	10.08	10.07	10.34	–
SiO_2	41.49	40.8	38.5	–
K_2O	0.12	0.14	0.1952	–
CaO	11.97	11.83	11.11	–
TiO_2	5.56	5.57	5.18	5.1
FeO	23.25	23.76	19.53	20.2

In order to evaluate the accuracy of our result, the measurement of LP-GRS (Prettyman et al. 2006) is employed as the ground truth. Thus the errors of the chemical components of the two lunar soils are shown in Table 5.

Table 5　Errors of the chemical components of two lunar soils detected by APXS

Elements	Errors of Soil 1 wt.%	Errors of Soil 2 wt.%
MgO	0.41	0.07
Al_2O_3	0.26	0.27
SiO_2	2.99	2.3
K_2O	0.08	0.06
CaO	0.86	0.72
TiO_2	0.38	0.39
FeO	3.72	4.23

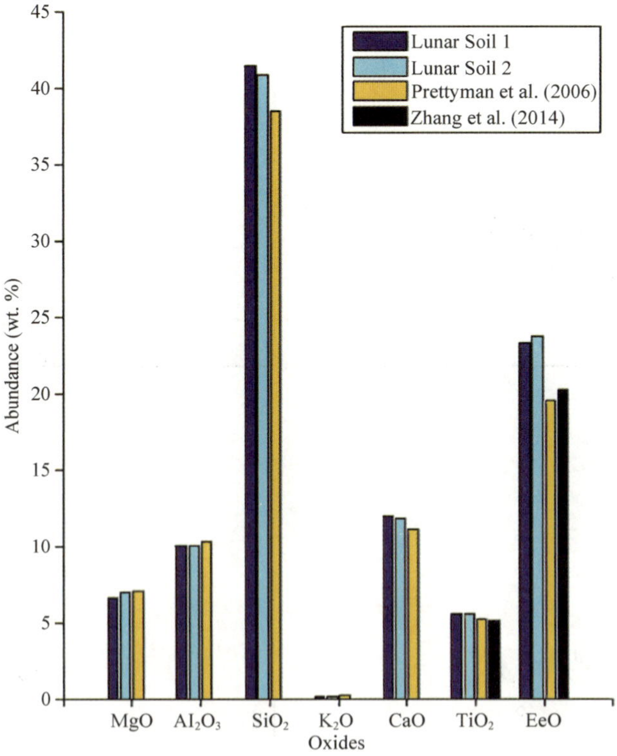

Fig. 7　Bar graph of our results and previous results

It needs to be illuminated that because there is no ground truth returned back from the Chang'E-3 landing site and there is a difference between the spatial resolutions of CE-3 lunar soil sample and LP-GRS data, the above error evaluation could only be a reference.

Figure 8 shows the comparison of the chemical compositions of the two lunar soils detected by APXS with the returned lunar samples. According to Fig. 8(a), the abundances of Al, Fe and Mg of the two lunar soils are relatively close to the abundances of alkali suite and mare basalts. As Fig. 8(b) shows, the two lunar soils are comparatively rich in titanium, just similar to mare basalts. The concentrations of TiO_2 in them are about 5.5 wt. %, whereas the abundances of TiO_2 in other rock types except for mare basalts are almost all less than 5 wt. %. In Fig. 8(c), the spots representing the two lunar soils are exactly located in the mare basalt region. Figure 8(d) also presents a similarity between the two lunar soils and mare basalts. Furthermore, it reflects that the abundance of FeO determined in this study may be on the high side. Therefore, we conclude that the chemical compositions of the two lunar soils are very similar to the one of mare basalts. And according to the classification of mare basalts (Neal and Taylor 1992), we draw a conclusion that the two lunar soils may be the fragments of low-Ti mare basalts because their TiO_2 concentration is less than 6 wt. %.

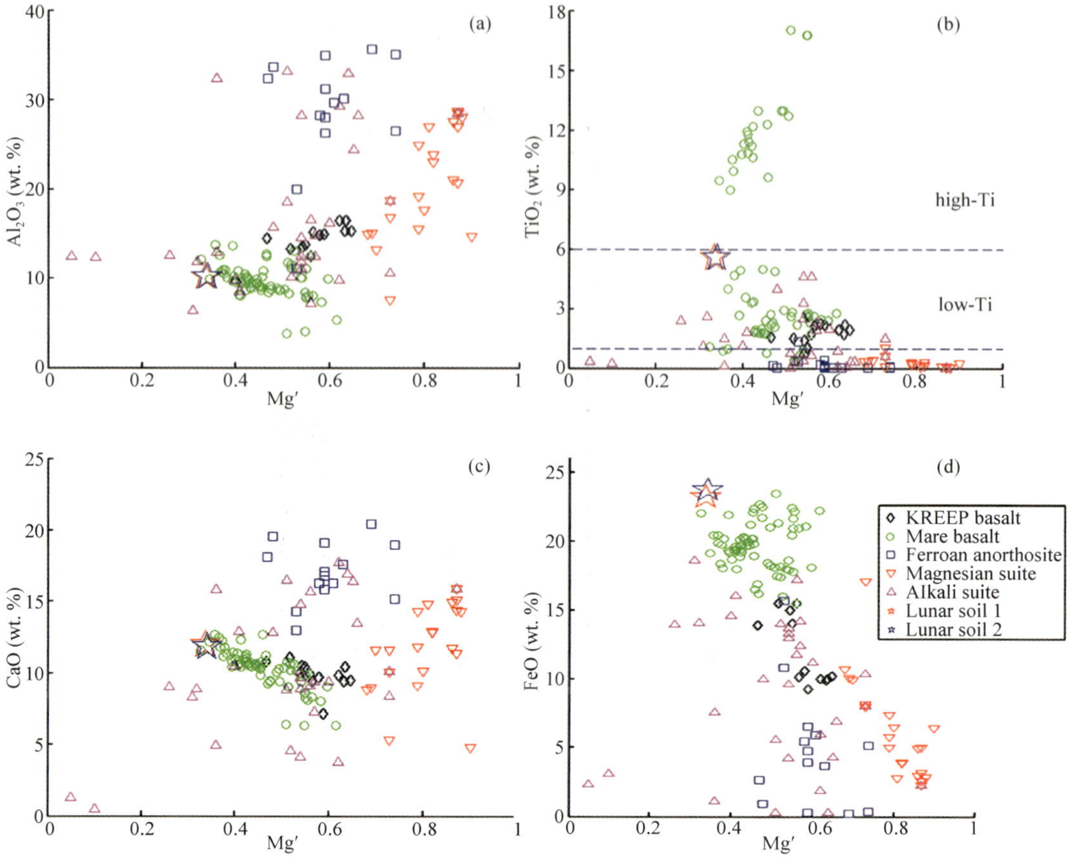

Fig. 8　Comparison of the two lunar soils with the returned Apollo and Luna samples in four elemental spaces. The chemical compositions of the returned Apollo and Luna samples refer to Wieczorek et al. (2006) (available at www.minsocam.org). The marks of the two lunar soils overlap almost together due to their similar chemical composition

Thiessen et al. (2014) mapped 83 different spectral units in Mare Imbrium using Moon Mineralogy Mapper (M^3) on board Chandrayaan-1 (Thiessen et al. 2014). Owing to the high spectral resolution of M^3, clear spectral boundaries were determined in their work and many previous units were subdivided into several smaller units. Based on their work, the CE-3 landing site is located within the unit numbered 80, the high-Ti unit, not far from its southern boundary adjacent to the one numbered 8, the low-Ti unit. Thus it could be explained that the two detected lunar soils in our work are attributed to low-Ti mare basalts, and their Ti contents seem at the upper limit of this class. Moreover, as for the FeO abundance, Thiessen et al. (2014) compared the average spectra of the two regions (one is close to their boundary and the other is farther) in each unit and found that the spectra of these two regions in the unit 80 show different absorption features from the ones in the unit 8. The absorption bands minima at 1000 nm and 2000 nm of the unit 80 are located at longer wavelengths than the unit 8, which indicates a higher abundance of olivine and/or clinopyroxene in the unit 80. Some other works also suggest that the high- Ti unit in Mare Imbrium is richer in olivine than the low-Ti unit. Staid et al. (2013, 2015) compared the spectral features of the crater materials in several regions and found that the crater materials from the high-Ti unit displayed broader and longer wavelength absorptions at 1000 nm and weaker absorptions at 2000 nm than the ones from the low-Ti unit. This may explain that the Fe contents of the two lunar soils detected by Chang'E-3 APXS are relatively high compared with the returned lunar samples (Fig. 8(d)), because the two lunar samples are situated within the unit 80 with a higher FeO abundance.

5 Conclusions

Chang'E-3 APXS perform well in lunar soil content detection. In this study, the abundances of elements Mg, Al, Si, K, Ca, Ti, Fe, are extracted by the fundamental parameter method. Our results possess a good consistency with the one of LP-GRS data. By comparison with the returned lunar samples in four different two-dimensional elemental spaces, we discover that the two lunar soils detected by APXS are relatively similar to mare basalts in chemical composition. So we conclude that the lunar soils in Chang'E-3 landing site might be fragments of mare basalts. Our conclusion is also supported by the geological map in Mare Imbrium. But on the other hand, the content of FeO determined in this study might be on the high side of the true value, which might be mainly caused by two factors. We used a sensitive nonlinear iterative peak clipping method to estimate the background and then employed a nonlinear least-squares fitting method to obtain the net area of each characteristic peak. The estimation and fitting would inevitably produce error. Besides, the chemical composition of the calibration target is determined with the $Axios^{max}$ X-ray Fluorescence Spectrometer, which would introduce, to some degree, uncertainty.

Acknowledgements

This work was supported by the National Natural Science Foundation of China (Grant No. 41372341), Wuhan Science and Technology Project (Grant No. 2015010101010025), and the Fundamental Research Funds for the Central Universities, China University of Geosciences (Wuhan) (Grant No. CUG110410). We would like to thank the Ground Research & Application System (GRAS) for APXS data reception and preprocessing and thank XingZhu Cui (Institute of High Energy Physics Chinese Academy of Sciences) and XiaoPing Zhang (Macau University of Science and Technology) for their technical assistance and providing the chemical composition of the calibration target. Finally we would like to thank the reviewers for their earnest review and pertinent suggestion.

References

[1] Beattie, H. J., Brissey, R. M.: Calibration method for X-ray fluorescence spectrometry. Anal. Chem. 26, 980 (1954).

[2] Bonizzoni, L., Maloni, A., Milazzo, M.: Evaluation of effects of irregular shape on quantitative XRF analysis of metal objects. X-Ray Spectrom. 35, 390 (2006).

[3] Brunetti, A., Golosio, B.: A new Monte Carlo code for simulation of the effect of irregular surfaces on X-ray spectra. Spectrochim. Acta, Part B 94, 58 (2014).

[4] Bugiolacchi, R., Guest, J. E.: Compositional and temporal investigation of exposed lunar basalts in the Mare Imbrium region. Icarus 197, 1 (2008).

[5] Fu, X. H., Li, C. L., Zhang, G. L., et al.: Data processing for the Active Particle-induced X-ray Spectrometer and initial scientific results from Chang'E-3 mission. Res. Astron. Astrophys. 14, 1595. (2014).

[6] Gellert, R., Rieder, R., Brückner, J., et al.: Alpha particle X-ray spectrometer (APXS): Results from Gusev crater and calibration report. J. Geophys. Res., Planets 111, E02S05 (2006).

[7] Hiesinger, H., Jaumann, R., Neukum, G., et al.: Ages of mare basalts on the lunar nearside. J. Geophys. Res., Planets 105, 29239 (2000).

[8] Ip, W. H., Yan, J., Li, C. L., et al.: Preface: The Chang'E-3 lander and rover mission to the Moon. Res. Astron. Astrophys. 14, 1511 (2014).

[9] Jin, S., Arivazhagan, S., Araki, H.: New results and questions of lunar exploration from SELENE, Chang'E-1, Chandrayaan-1 and LRO/LCROSS. Adv. Space Res. 52, 285 (2013).

[10] Lawrence, D. J., Feldman, W. C., Barraclough, B. L., et al.: Thorium abundances on the lunar surface. J. Geophys. Res. 105, 20307 (2000).

[11] Morháč, M., Matoušek, V.: Peak clipping algorithms for background estimation in spectroscopic data. Appl. Spectrosc. 62, 106 (2008).

[12] Neal, C. R., Taylor, L. A.: Petrogenesis of mare basalts: A record of lunar volcanism. Geochim. Cosmochim. Acta 56, 2177 (1992).

[13] Peng, W. X., Wang, H. Y., Zhang, C. M., et al.: Calibration of CE-1 X-ray spectrometer. Nucl. Electron. Detect. Technol. 29, 235 (2009).

[14] Peng, W. X., Wang, H. Y., Cui, X. Z., et al.: Active Particle-induced X-ray Spectrometer for CHANG'e-3 YuTu Rover Mission and its first results. LPI 45, 1699 (2014).

[15] Phillips, G. W., Marlow, K. W.: Automatic analysis of gamma-ray spectra from germanium detectors. Nucl. Instrum. Methods 137, 525 (1976).

[16] Prettyman, T. H., Hagerty, J. J., Elphic, R. C., et al.: Elemental composition of the lunar surface: Analysis of gamma ray spectroscopy data from Lunar Prospector. J. Geophys. Res., Planets 111, E12007 (2006).

[17] Rezai, A. S.: Quantitative X-ray fluorescence analysis (1997).

[18] Rieder, R., Economou, T., Wänke, H., et al.: The chemical composition of Martian soil and rocks returned by the mobile alpha proton X-ray spectrometer: Preliminary results from the X-ray mode. Science 278, 1771 (1997).

[19] Schaber, G.G.: Geologic map of the Sinus Iridum quadrangle of the Moon. US Geological Survey (1969).

[20] Solé V.A., Papillon, E., Cotte, M., et al.: A multiplatform code for the analysis of energy-dispersive X-ray fluorescence spectra. Spectrochim. Acta, Part B 62, 63 (2007).

[21] Staid, M., Besse, S.: Spectral and stratigraphic mapping of lava flows in Mare Imbrium. Lunar Planet. Inst. Sci. Conf. Abstr. 44, 2661 (2013).

[22] Staid, M., Besse, S., Thiessen, F.: Basalt stratigraphy in Mare Imbrium from M3 observations of small craters. Proc. Lunar Planet. Sci. Conf. 46, 2460 (2015).

[23] Tertian, R., Claisse, F.: Principles of quantitative X-ray fluorescence analysis (1982).

[24] Thiessen, F., Besse, S., Staid, M.I., Hiesinger, H.: Mapping lunar mare basalt units in mare Imbrium as observed with the Moon Mineralogy Mapper (M3). Planet. Space Sci. 104, 244 (2014).

[25] Trojek, T.: Reduction of surface effects and relief reconstruction in X-ray fluorescence microanalysis of metallic objects. J. Anal. At. Spectrom. 26, 1253 (2011).

[26] Trojek, T., Čechák, T., Musílek, L.: Monte Carlo simulations of disturbing effects in quantitative in-situ X-ray fluorescence analysis and microanalysis. Nucl. Instrum. Methods Phys. Res., Sect. A 619, 266 (2010).

[27] Wieczorek, M.A., et al.: The constitution and structure of the lunar interior. Rev. Mineral. Geochem. 60, 221 (2006).

[28] Wu, M.Y.: Research on Processing Method of Chang'E-3 Active Particle-Induced X-ray Spectrometer Data. Doctoral Dissertation, Chinese Academy of Sciences, Beijing (2012) (in Chinese).

[29] Zhang, W., Jahoda, K., Swank, J.H., et al.: Dead-time modifications to fast Fourier transform power Spectra. Astrophys. J. 449, 930 (1995).

[30] Zhang, X.P., Xie, M.G., Zhu, M.H., et al.: Major elements abundances in Chang'E-3 landing site from active particle-induced X-ray spectrometer. In: International Symposium on Lunar and Planetary Science, Macao, China, 3-5 June, 2014, pp. 62-64.

[31] Zhao, J.N., Huang, J., Qiao, L., et al.: Geologic characteristics of the Chang'E-3 exploration region. Sci. China, Phys. Mech. Astron. 57, 569 (2014).

Ground-based verification and data processing of Yutu rover Active Particle-induced X-ray Spectrometer①

GUO Dong-Ya(郭东亚)[1], WANG Huan-Yu(王焕玉)[1], PENG Wen-Xi(彭文溪)[1]②, CUI Xing-Zhu(崔兴柱)[1], ZHANG Cheng-Mo(张承模)[1], LIU Ya-Qing(刘雅清)[1], LIANG Xiao-Hua(梁晓华)[1], DONG Yi-Fan(董亦凡)[1], WANG Jin-Zhou(汪锦州)[1], GAO Min(高旻)[1], YANG Jia-Wei(杨家卫)[1], ZHANG Jia-Yu(张家宇)[1], LI Chun-Lai(李春来)[2], ZOU Yong-Liao(邹永廖)[2], ZHANG Guang-Liang(张广良)[2], ZHANG Li-Yan(张力岩)[2], FU Xiao-Hui(付晓辉)[2]

1 Key Laboratory of Particle Astrophysics, Institute of High Energy Physics, Chinese Academy of Sciences, Beijing 100049, China;

2 National Astronomical Observatories, Chinese Academy of Sciences, Beijing 100012, China

Abstract: The Active Particle-induced X-ray Spectrometer (APXS) is one of the payloads on board the Yutu rover of the Chang'E-3 mission. In order to assess the instrumental performance of APXS, a ground verification test was performed for two unknown samples (basaltic rock, mixed powder sample). In this paper, the details of the experiment configurations and data analysis method are presented. The results show that the elemental abundance of major elements can be well determined by the APXS with relative deviations <15 wt. % (detection distance = 30 mm, acquisition time = 30 min). The derived detection limit of each major element is inversely proportional to acquisition time and directly proportional to detection distance, suggesting that the appropriate distance should be <50 mm.

Key words: APXS, ground verification test, quantitative analysis, detection limit

PACS: 07.85.Nc, 07.05.Kf, 96.20.Dt　　DOI: 10.1088/1674-1137/39/7/076002

1 Introduction

The Active Particle-induced X-ray Spectrometer(APXS) system, on board the Yutu rover of the Chang'E-3 satellite, is designed to determine the element composition and abundance of lunar soil and rock. It consists of a sensor head, a Radioisotope Heater U-

---

① Supported by National Science and Technology Major Project (Chang'E-3 Active Particle-induced X-ray Spectrometer)

② E-mail: pengwx@ihep.ac.cn

nit (RHU) and calibration equipment (as shown in Fig. 1). The sensor head is mounted on a robotic arm at the front of the Yutu rover. It has a Silicon Drift Detector (SDD, 7 mm^2 effective areas) in the center surrounded by eight excitation sources. The RHU and the calibration equipment are both mounted on the front panel of the rover. The RHU is used to keep the sensor head warm during the moon night, and the calibration equipment, which has a basalt disk, is used for the on-orbit calibration [1].

The working principle of the Chang'E-3 APXS is similar to other X-ray fluorescence spectrometers. Elementary incident X-rays are provided by a combination of four ^{55}Fe sources (294 mCi in total, emitting X-rays of energy 5.90 keV and 6.49 keV) and four ^{109}Cd sources (13.4 mCi in total, emitting X-rays of energy 22.1 keV, 24.9 keV, 25.5 keV and 88 keV), like those used in the Viking and Beagle-2 missions to Mars [2, 3]. In detection mode, as shown in Fig. 2, the robotic arm deploys the sensor head to a target on the lunar surface, and X-rays emitted by the radioactive sources bombard atoms in the lunar soil. These atoms will be excited and produce characteristic X-rays in the de-excitation process. The SDD and electronics system then record and accumulate the characteristic X-rays. From the accumulated characteristic X-ray spectrum, we can infer the element composition and abundance of the lunar soil.

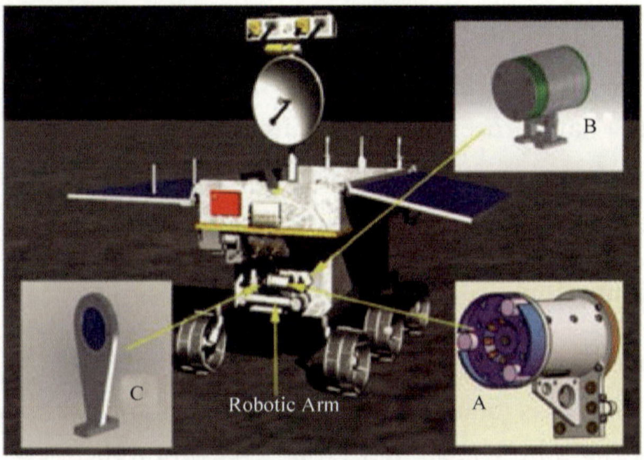

Fig. 1 (color online) Model of Yutu rover and APXS components (A: sensor head; B: RHU; C: calibration equipment).

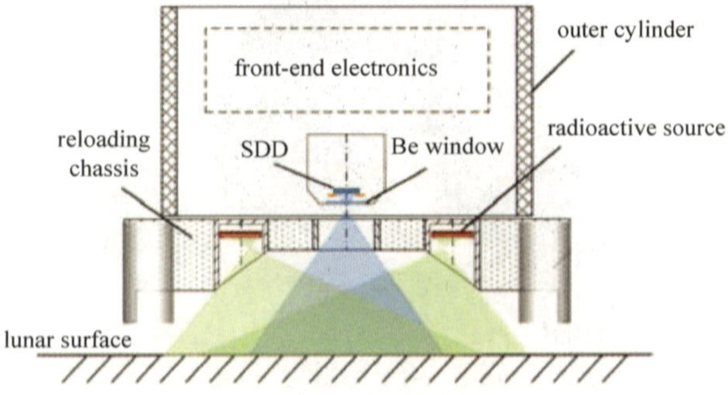

Fig. 2 (color online) Working principle of APXS.

The main technical specifications of APXS are shown in Table 1.

Table 1 Main technical specifications of APXS

technical specification	description
type of detector	silicon drift detector (SDD)
effective area	7 mm^2
energy resolution	<140 eV@5.9 keV
energy range	0.5-20 keV
detection distance	10-30 mm
active source	4×70 mCi ^{55}Fe + 4×5 mCi ^{109}Cd
weight(sensor head only)	754 g

Before being integrated on the rover, a blind test was performed for APXS to validate its quantitative analysis ability for the major elements of igneous rocks. In this paper, the experiment setup, data processing method and results are described.

2 Verification test

The main goals of the verification test are the following.

1) To assess the accuracy of APXS quantitative analysis.

2) To validate the data processing procedure and methodology.

3) To study the influence of the data acquisition time and detection distance on the limit of detection (LOD) of major elements.

2.1 Testing configuration

The test was done in a vacuum chamber. As shown in Fig.3, the sensor head of the APXS flight model (FM) was mounted on a vertical motion worktable, which can change the distance between the sensor head and target (detection distance). The targets (powder or rock) were prepared and placed under the sensor head.

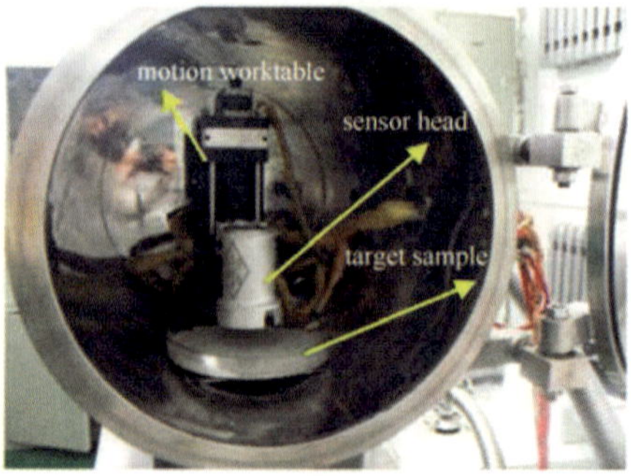

Fig.3 (color online) The vacuum chamber containing the sensor head, target and motion worktable.

2.2 Sample preparation

A basalt rock was collected in Zhangbei, Hebei Province, China. This rock was cut into two parts. One part was crushed into powder and mixed with other mineral powders, labeled 'unknown mixed powder sample'. The other was cut into a 13 cm×13 cm×2 cm cube, and labeled 'unknown rock sample'. Two samples will allow us to assess the elemental analysis capability of APXS for both lunar rock and powder samples. Both prepared samples were sent to several laboratories for the compositional analysis of major elements. The results are shown in Table 2; the authors of this paper did not know these values in advance.

Table 2　Verified compositions of test samples

sample		sample compositions (wt. %)						
		Mg	Al	Si	K	Ca	Ti	Fe
rock	mean	5.50	7.15	20.58	1.70	6.56	1.55	9.57
	σ	0.04	0.02	0.03	0.02	0.03	0.01	0.04
powder	8.27	mean	5.40	6.35	17.96	1.50	9.67	1.36
	σ	0.01	0.01	0.02	0.03	0.01	0.01	0.01
GBW	mean	4.72	7.37	21.01	1.94	6.34	1.43	9.44
07105	σ	0.16	0.11	0.07	0.07	0.10	0.04	0.13

In addition, a geochemistry standard powder sample, GBW07105 (with certified abundance of major elements as listed in Table 2) was used in this test.

During the test, the powder samples were put into a glass tray and kept with a flat surface of thickness around 10 mm, which is equal to an infinitely thick target for incident X-rays.

2.3 Test procedure

When the pressure of the vacuum chamber was lower than 10 Pa, the following tests were done.

1) For each sample (the two unknown samples and GBW07105), a spectrum of 30 minutes was accumulated at a detection distance of 30 mm.

2) With the unknown mixed powder sample as the target, the detection distance was first changed gradually from 10 mm to 110 mm (10 mm, 20 mm, 30 mm, 40 mm, 50 mm, 70 mm, 90 mm and 110 mm), while the data acquisition time was still 30 min. Then, the detection distance was kept at 30 mm, but the acquisition time for each spectrum changed from 10 min to 90 min (10 min, 20 min, 30 min, 45 min, 60 min and 90 min).

3　Data processing

3.1　Data processing procedure

The data processing steps for the APXS spectra are shown in Fig. 4. A spectrum with 2048 ADC channels can be integrated directly from the APXS raw event data. In general, geological samples contain several major elements, so we can perform self-calibration as follows. First, according to the stand-alone energy linear pre-calibration of APXS, the characteristic peaks of Ca Ka, Ti Kb and Fe Kb could be identified easily; these were then fitted by Gaussian functions to get their positions and FWHMs. The fitting results show that the peak positions and FWHMs of different spectra obtained in the verification test are almost the same for each element (the temperature drift was very small during the test). Therefore the energy calibration and energy resolution calibration can be calculated using their mean values, by Eqs. (1) and (2):

$$E(\mathrm{eV}) = K_1 \times Ch + C_1 \tag{1}$$

$$\mathrm{FWHM}(\mathrm{eV}) = \sqrt{K_2 \times E(\mathrm{eV}) + C_2} \tag{2}$$

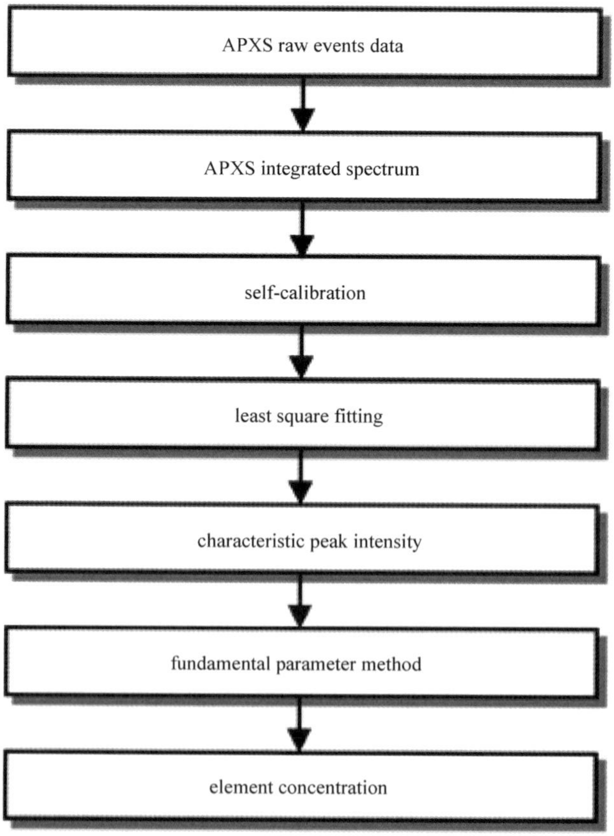

Fig. 4　Data processing procedure for APXS RAW data.

where K_1 and K_2 are the slope parameters, C_1 and C_2 are the intercept parameters, Ch is the ADC channel numberand E(eV) is the energy in eV. The calibration results in $K_1 = 11.639$, $K_2 = 3.1061$, $C_1 = 27.48$, $C_2 = 8992.6$, which were used for all the spectra.

Two typical spectra of the unknown mixed powder sample are presented in Fig. 5. As shown in that figure, the characteristic peaks of the major elements (Mg, Al, Si, K, Ca, Ti and Fe) in the sample can easily be distinguished in the spectra. Besides, some peaks of the trace elements, such as Sr, Zr and so on, can also be discovered in the spectra. In this study, we just focus on the major elements.

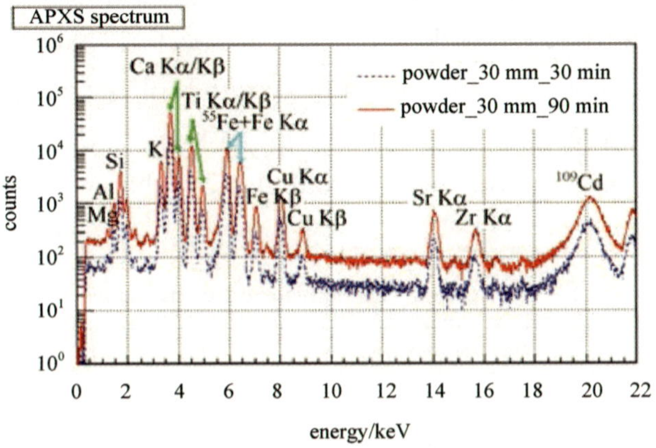

Fig. 5 (color online) Spectra of unknown mixed powder sample (dashed line: acquisition time is 30 min; solid line: acquisition time is 90 min).

Spectrum fitting is a key step of the data processing procedure.

As shown in Fig. 5, the typical spectrum has a continuous background superimposed with some Gaussian peaks, which are characteristic peaks, escape peaks and backscattering peaks.

Theoretically, the background of the APXS spectrum comes from multi-scattering X-rays and secondary electron bremsstrahlung radiation processes, which are related to the sample compositions, radioactive sources and geometric layout. It is difficult to construct an accurate analytical model based on physical theory. In our data processing, instead of studying the physical model of the background, the SNIP (Sensitive Nonlinear Iterative Peak-clipping) algorithm [4] is implemented to estimate the spectral background, as was first proposed by C. G. Ryan [5], and improved by M. Morháč[6].

In general, the response of silicon detectors to monoenergetic X-rays consists of three main components: Gaussian total energy peak, low-energy tail and escape peak, described by the HYPERMET equation [7-9], as shown in Eqs. (3) - (5):

Gaussian total energy peak:

$$G(i) = H_G \cdot \frac{1}{\sqrt{2\pi}\sigma} \exp\left[-\frac{(i-i_0)^2}{2\sigma^2}\right] \tag{3}$$

Exponential tail:

$$E(i) = H_E \exp\left(\frac{i-i_0}{\beta}\right) \cdot \frac{1}{2} \operatorname{erfc}\left(\frac{i-i_0}{\sigma\sqrt{2}} + \frac{\sigma}{\beta\sqrt{2}}\right) \cdot \frac{1}{2} \operatorname{erfc}\left(\frac{i_s-i}{\sigma\sqrt{2}}\right) \tag{4}$$

Escape peak:

$$G_{esc}(i) = H_{esc} \cdot \frac{1}{\sqrt{2\pi}\sigma} \exp\left[-\frac{(i-i_{esc})^2}{2\sigma^2}\right] \tag{5}$$

H represents the intensity of each component, i_0 is the position of the total energy peak, σ is the standard deviation of the Gaussian peak, and β is a parameter of the exponential tail; σ and β reflect the wide extent of the spectral shape. i_s is the front cutoff position of the exponential function, i_{esc} is the position of the escape peak.

A fitting code (CAPXS) based on these models was developed in the framework of ROOT. Fitting functions used for the different element characteristic peaks are shown in Table 3.

Table 3　Fitting functions for different elements

function classes	fitting function	applicable elements
func1	Gaussian	Mg, Al, Si, Ni, Rb, Sr, Y, Zr, Nb
func2	Gaussian + exponent tail + escape peak	K, Ca, Ti, Fe, Cu
func3	Gaussian + exponent tail + escape peak	^{55}Fe

As several peaks overlap, some parameters should be provided as constraints, such as the ratio of total energy peak to escape peak, and the ratio of K_α peak to K_β peak. All these parameters are determined by other ground tests (these tests results will be discussed in future papers). Fig. 6 shows the fitting result of the unknown rock sample.

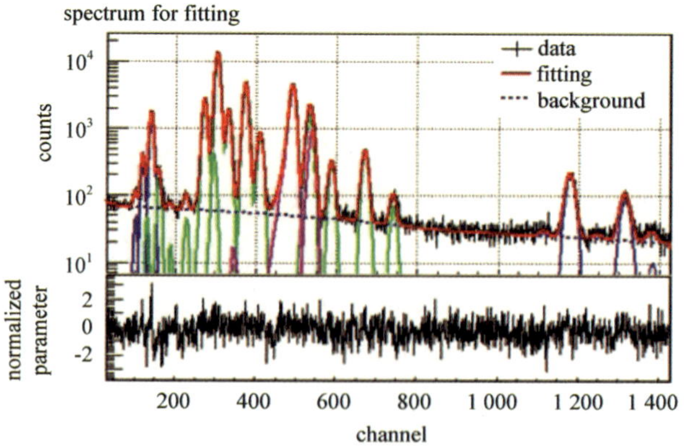

Fig. 6　(color online) Spectrum fitting and fitting residuals of the unknown rock sample (in the top graph, dashed line: background; solid line: fitting result).

Once we have the characteristic peak areas of each element in both the unknown sample and the standard sample, the elemental concentrations of the unknown sample can be derived by the Fundamental Parameter algorithm (FP).

FP is based on the X-ray fluorescence theoretical production model, in which the real geometric model of APXS was constructed. The model correction factor ε_i is used to characterize the relationship between the measured and theoretical intensity, which is calculated by Eq. (6).

$$\varepsilon_i = \frac{I_{i,m,S}}{I_{i,t,S}} \tag{6}$$

where $I_{i,m,S}$ and $I_{i,t,S}$ represent the measured and theoretical intensities respectively of element i in the standard sample.

The procedure of the FP algorithm is shown in Fig. 6. Firstly, the characteristic peak intensities of the unknown sample are normalized and compared with the standard sample to get a set of initial concentrations C_i. Then the relative intensities of the unknown sample are calculated using the initial concentration and theoretical model. According to the model correction factor, the measured and theoretical relative intensities, we can get a set of corrected concentrations C_i'. This process is reiterated until the difference between C_i and C_i' is less than 0.0008 (an appropriate and small enough number, such that neither the number of iterations nor the deviation are too big).

In Fig. 7, $I_{i,m}$ is the measured intensity of element i in the unknown sample. R_i^m and R_i^t are the measured and theoretical normalized intensities of element i in the unknown sample separately. $C_{i,S}$ is the weight percentage of element i in the standard sample.

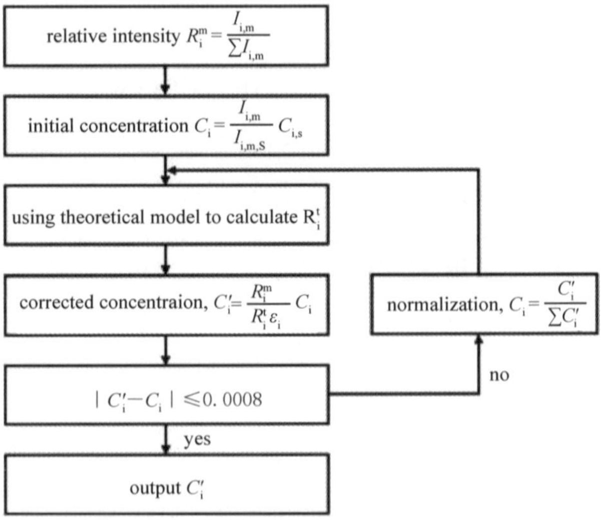

Fig. 7　Calculation process of fundamental parameter method [10].

3.2 Analysis result

Following the data processing procedure as described above, the quantitative results of the two unknown samples are derived, and then compared with the certified value, as shown in Table 4.

Table 4 Results of quantitative analysis

element	unknown rock sample			unknown mixed powder sample		
	derived value/ wt. %	certified value/ wt. %	relative error (%)	relative error (%)	derived value/ wt. %	certified value/ wt. %
Mg	4.80	5.50	12.7	5.45	5.40	0.93
Al	8.06	7.10	13.5	6.77	6.35	6.61
Si	21.26	20.58	3.3	19.31	17.96	7.52
K	1.95	1.70	14.7	1.63	1.50	8.67
Ca	6.91	6.56	5.3	9.95	9.67	2.90
Ti	1.46	1.55	5.8	1.38	1.36	1.47
Fe	8.5	9.57	11.2	9.04	8.27	9.31

The relative deviation is normally used as the criterion of elemental determination accuracy, and is expressed in Eq. (7):

$$R_{\mathrm{i}} = \left| \frac{C_{\mathrm{a,i}} - C_{\mathrm{c,i}}}{C_{\mathrm{c,i}}} \right| \times 100\% \tag{7}$$

where $C_{\mathrm{a,i}}$ is the analytic result and $C_{\mathrm{c,i}}$ is the certified value. The main sources of relative error are the statistical error, theoretical model error, sample preparation error and so on. According to the results, for both unknown rock and powder samples, the relative deviation of derived concentration for each major element is less than 15 wt.% at the distance of 30 mm with 30 min data acquisition time. Therefore, the elemental abundances of major elements could be well determined by the APXS with the data processing method described here.

3.3 Limit of detection (LOD)

The LODs of APXS for different elements were calculated by using Eqs. (8, 9) [3, 11]:

$$\mathrm{LOD} = \frac{3\sqrt{2}}{s} \sqrt{\frac{I_{\mathrm{b}} + I_{\mathrm{ip}}}{t}} \tag{8}$$

$$S = \frac{I_{\mathrm{p}}}{C_{\mathrm{i}}} \tag{9}$$

where I_{b} is the background count rate in channel $[i_0 - 3\sigma, i_0 + 3\sigma]$, i_0 and σ are the peak position and standard deviation of the analyzed characteristic line, I_{ip} is the interference peak count rate in this channel range, I_{p} is the peak count rate and t is the data acquisition time. S is defined as element sensitivity and C_i is the concentration of element i.

According to Eq. (8), the LOD is related to the element sensitivity, background count rate and data acquisition time.

When the detection distance is fixed at 30 mm, the LOD of each element under different acquisition times are shown in Table 5 and Fig. 8 (only the fitting error and statistical error were considered).

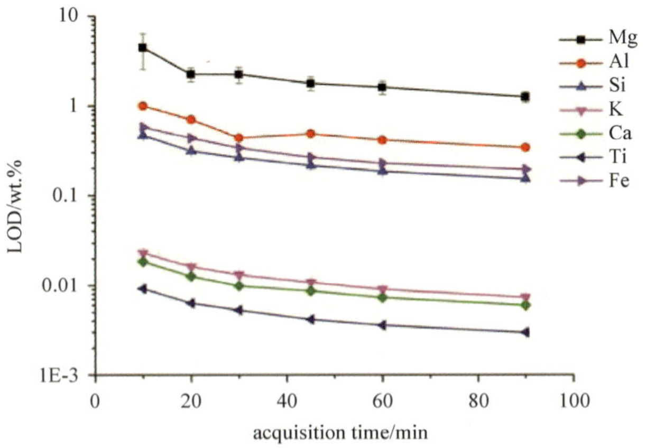

Fig. 8　(color online) LOD variation with acquisition time.

Table 5　LOD of each element under different detection times

acquisition time/min	Mg		Al		Si		K		Ca		Ti		Fe	
	LOD/wt.%	error/wt.%	LOD/wt.%	error/wt.%	LOD/wt.%	error/ppm	LOD/ppm	error/ppm	LOD/ppm	error/ppm	LOD/ppm	error/ppm	LOD/wt.%	error/ppm
10	4.47	1.92	1.00	0.09	0.47	153.05	231.1	9.01	186.4	3.33	92	2.73	0.58	354.54
20	2.26	0.40	0.70	0.05	0.31	69.34	162.9	4.85	127.6	1.66	63.1	1.4	0.43	183.96
30	2.24	0.46	0.44	0.02	0.26	47.97	132.1	3.66	98.7	1.13	52.8	1.03	0.34	121.21
45	1.78	0.31	0.48	0.02	0.21	32.71	108	2.83	86.6	0.79	41.5	0.74	0.26	77.69
60	1.61	0.27	0.41	0.02	0.18	25.33	90.1	2.22	73.1	0.60	35.8	0.59	0.23	58.75
90	1.25	0.17	0.34	0.01	0.15	16.97	73.2	1.71	59.6	0.42	29.7	0.44	0.19	39.71

As shown in Fig. 8, the detection capability of APXS for low atomic number elements such as Mg is poorer than for high atomic elements, because of the low excitation cross-section of ^{55}Fe source for these elements. In addition, the LODs of all the elements are improved with the lengthening of acquisition time.

The LOD is also sensitive to the detection distance. When the data acquisition time is fixed at 30 min, the detection limits of each element for different detection distances are shown in Table 6 and Fig. 9.

Table 6　LOD of each element under different detection distances

detection distance /mm	Mg		Al		Si		K		Ca		Ti		Fe	
	LOD/ wt. %	error/ wt. %	LOD/ wt. %	error/ wt. %	LOD/ wt. %	error/ ppm	LOD/ ppm	error/ ppm	LOD/ ppm	error/ ppm	LOD/ ppm	error/ ppm	LOD/ wt. %	error/ ppm
10	1.20	0.16	0.37	0.01	0.17	22.67	91.6	1.92	68.8	0.56	32.4	0.50	0.18	42.19
20	1.67	0.31	0.49	0.02	0.21	34.59	102.5	2.59	81.8	0.80	38.1	0.69	0.23	66.36
30	2.24	0.46	0.44	0.02	0.26	47.97	132.1	3.66	98.7	1.13	52.8	1.03	0.34	121.21
40	2.36	0.53	0.70	0.04	0.33	70.05	154.5	4.94	124.6	1.53	60.7	1.36	0.43	194.15
50	2.82	0.74	0.84	0.06	0.39	96.5	194.5	7.72	160.4	2.15	76	2.02	0.51	247.43
70	4.28	1.40	1.25	0.11	0.60	172.42	28.1	9.71	214.1	3.16	112	2.78	0.89	608.33
90	5.01	1.91	1.33	0.13	0.84	312.58	426.9	17.04	303	4.8	163.8	4.43	1.29	1225.59
110	5.95	2.18	1.90	0.26	1.22	553.94	546.6	28.16	390.9	7.14	224	7.49	1.95	2369.45

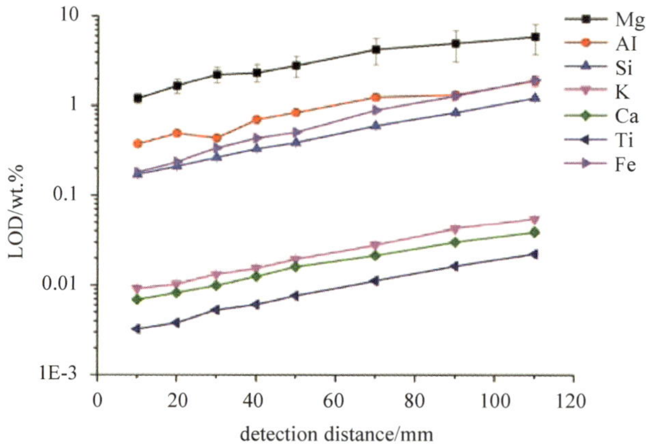

Fig. 9　(color online) LOD variation with detection distance.

Figure 9 shows that the LOD of each element increases with an increase in detection distance. When the detection distance is longer than 50 mm, the LOD of Mg is around 3 wt. % (MgO is about 5 wt. %), which is also the lower limit of Mg content in lunar soil. Figure 10 gives the average Mg content of lunar soil returned by the Apollo and Luna missions[12]. Therefore, in order to analyze the major rock-forming elements in a lunar sample, the detection distance should be controlled within 50 mm when the acquisition time is limited to 30 min.

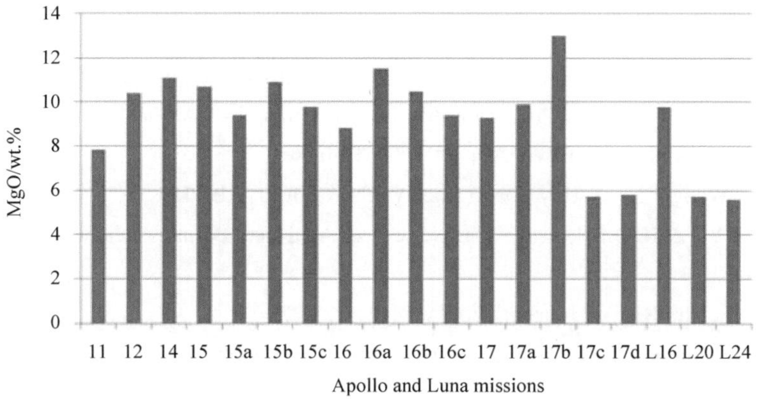

Fig. 10 (color online) MgO content of average soils at lunar landing sites and in selected regions at the Apollo 15, Apollo 16, Apollo 17, Luna 16, Luna 20, and Luna 24 sites.

4 Conclusion

According to the ground-based verification tests, we can come to the following three conclusions.

First, when we set the detection distance to be 30 mm and acquisition time to be 30 min, the seven major elements (Mg, Al, Si, K, Ca, Ti, Cr, Fe) can be easily identified in the spectra and the relative deviation of concentration for each major element is less than 15 wt. %.

Second, increasing the acquisition time helps to improve the detection limit for each element. Under the specific verification test conditions (activity of radioactive sources, vacuum degree, temperature and so on), the acquisition time should be longer than 20 min in order to give good detection of Mg element at the distance of 30 mm.

Finally, the detection limits increase with increasing detection distance. Under the specific verification test conditions, if the detection distance is more than 50mm, the presence of low atomic number elements, such as Mg, in the unknown samples cannot be effectively determined yet.

References

[1] PENG W X, WANG H Y, CUI X Z et al. Active Particle-induced X-ray Spectrometer for Chang'E-3 YuTu Rover mission and Its First Results. 45th Lunar and Planetary Science Conference. 2014.
[2] Toulmin P Baird A K, Clark B C et al. Icarus, 1973, 20: 153-178.
[3] Talboys D L, Potts P J, Fraser G W et al. X-ray Spectrometry, 2009, 38(5): 417-428.
[4] Van Grieken R E, Markowicz A A. Handbook of X-Ray Spectrometry. Second Edition. New York: Marcel Dekker, 2002. 274-278.

[5] Ryan C G, Clayton E, Griffin W L et al. Nucl. Instrum. Methods 1988, 34: 396.
[6] Morhác M. Nucl. Instrum. Methods, 2009, 600: 478-487.
[7] Phillips G W, Marlow K W. Nucl. Instrum. Methods, 1976, 137(3): 525-536.
[8] WU M Y. The Study on Data Processing Method of Chang'E-3 Alpha Particle X-ray Spectrometer (Ph. D. Thesis). Beijing: IHEP, CAS, 2012 (in Chinese).
[9] Campbell J L, Wang J X. X-Ray Spectrometry 1991, 20(4): 191-197.
[10] JI A, TAO G Y, ZHUO S J et al. X-ray Spectral Analysis. Beijing: Science Press, 2003. 115-119 (in Chinese).
[11] Rousseau R M. The Rigaku Journal, 2001, 18(2): 33-47.
[12] Heiken G H, Vaniman D T, French B M. Lunar Soucebook. Cambridge: Cambridge University Press, 1991. 346.

In situ optical measurements of Chang'E-3 landing site in Mare Imbrium: 1. Mineral abundances inferred from spectral reflectance

Hao Zhang[1], Yazhou Yang[1], Ye Yuan[1], Weidong Jin[1], Paul G. Lucey[2], Meng-Hua Zhu[3], Vadim G. Kaydash[4], Yuriy G. Shkuratov[4], Kaichang Di[5], Wenhui Wan[5], Bin Xu[5], Long Xiao[1], Ziwei Wang[1], Bin Xue[6]

1 Planetary Science Institute, School of Earth Sciences, China University of Geosciences, Wuhan, China;
2 Hawaii Institute of Geophysics and Planetology, University of Hawaii, Honolulu, Hawaii, USA;
3 Space Science Institute, Macau University of Science and Technology, Taipa, China;
4 Astronomical Institute, Kharkov V.N. Karazin National University, Kharkov, Ukraine;
5 State Key Laboratory of Remote Sensing Science, Institute of Remote Sensing and Digital Earth, Chinese Academy of Sciences, Beijing, China;
6 Xi'an Institute of Optics and Precision Mechanics, Chinese Academy of Sciences, Xi'an, China

Abstract: The visible and near-infrared imaging spectrometer on board the Yutu Rover of Chinese Chang'E-3 mission measured the lunar surface reflectance at a close distance (~1m) and collected four spectra at four different sites. These in situ lunar spectra have revealed less mature features than that measured remotely by spaceborne sensors such as the Moon Mineralogy Mapper instrument on board the Chandrayaan-1 mission and the Spectral Profiler on board the Kaguya over the same region. Mineral composition analysis using a spectral lookup table populated with a radiative transfer mixing model has shown that the regolith at the landing site contains high abundance of olivine. The mineral abundance results are consistent with that inferred from the compound measurement made by the on board alpha-particle X-ray spectrometer.

1 Introduction

The chemical, mineral, and physical properties of the lunar surface carry information regarding the geological history and space environment of the Moon [e.g., Lucey et al., 2006]. Currently, it is believed that the abundance and spatial distributions of the dominant minerals of mare basalts including olivine (OLV), clinopyroxene (CPX), orthopyroxene (OPX), plagioclase (PLG), and ilmenite are determined by a global fractionation event of magma ocean induced flotation of anorthosite-rich crust and the subsequent magmatism of basalts derived from melting of the mantle [Staid and Pieters, 2001]. Thus, the accurate mapping and validations of mineral types, distributions, and abundance play a key role in understanding the evolutionary history of the Moon.

Visible and near-infrared spectroscopy is a powerful tool in remote characterizations of the physical and mineralogical properties of the Moon [e.g., Shkuratov et al., 2011]. However, there is a large gap in spatial scale between spectral measurements from orbit with resolutions at best of tens to hundreds of meters and the spectral properties of individual samples returned from the Moon and analyzed in terrestrial laboratories [Ohtake et al., 2013; Pieters et al., 2013; Donaldson Hanna et al., 2014]. The successful landing of the Chang'E-3 (CE3) lander and the deployment of the Yutu Rover at Mare Imbrium [Xiao et al., 2015] has provided the first in situ spectral analysis of the lunar surface. The Visible and Near-infrared Spectrometer (VNIS) on board the rover captured the spectral features of the lunar surface at centimeter to meter scales that can bridge this gap in scales to help us better understand the lunar environment and evolutionary history.

2 Instrument, Measurement, and Data Reductions

The VNIS and the Active Particle X-ray Spectrometer (APXS) instruments are located on the lower left and lower right on the front surface of the rover, respectively. The VNIS is located about 0.7 m above the ground and looks down at the lunar surface at a nominal 45° angle and roughly images an area of 13 by 13 cm (Figure S1 in the supporting information). The APXS detector is situated at a robotic arm and looks at the lunar surface at a distance of 20mm. The VNIS consists of a Complementary Metal-Oxide Semiconductor (CMOS) imager with 256 by 256 pixels and a short-wavelength near-infrared (SWIR) detector with one-single pixel [Liu et al., 2014] using acousto-optic tunable filters for wavelength discrimination. The CMOS camera spans the wavelength range from 450 to 945 nm with a spectral resolution of 2-7 nm, and the SWIR detector works from 900 to 2395 nm with a spectral resolution of 3-12 nm, respectively, and both operate at 5 nm spectral sampling. The single-pixel SWIR detector images a circled area within the field of view of the CMOS camera (Figure S1). The typical signal-to-noise ratios of the CMOS and SWIR sensors are better than 30 dB (1000 : 1) when making measurements in the typical lunar environment (Report of Scientific Validations of Visible-Near-infrared Imaging Spectrometer of the Chang'E 3 Mission, Document # CE3-GRAS-CSSY-003-F3, version 1.0, Released 16 May 2012).

As indicated in Figure 1, the Yutu rover path is roughly a flipped L shape. The VNIS collected individual spectra at four different sites (Nodes E, S3, N203, and N205), from 23 December 2013 to 14 January 2014 (see Table S1 for measurement locations and times). The calibrated radiance values ($\mu Wcm^{-2}Sr^{-1}nm^{-1}$) were provided by the payload team after performing dark current subtractions and several multiplicative corrections including flat field, geometric corrections, and radiometric calibration. Reflec-

Fig. 1　Orthorectified image of the landing area taken by the Landing Camera. The landing site is marked by the yellow dot (Lander), and the rover's path with locations of the four VNIS measurements is also marked. The inset is a Lunar Reconnaissance Orbiter Camera image taken on 17 February 2014 showing the increased surface albedo after landing.

tance expressed in terms of the reflectance factor [Hapke, 2012] was obtained by using the solar irradiance calibration method (see supporting information (SI)). In addition, two APXS measurements were also made at Node S3 and Node N205 and the results are summarized in Table 1.

Table 1　Elemental Abundance Results From the Two APXS Measurements Made at Node S3 and Node N205

Components	Node S3		Node N205	
	Wt (%)	Fit Err (%)	Wt (%)	Fit Err (%)
MgO	10.503	7.487	10.116	6.037
Al_2O_3	10.311	2.325	10.725	2.267
SiO_2	41.882	2.666	40.456	2.934
K_2O	0.131	8.477	0.144	9.260
CaO	10.753	0.336	11.125	0.274
TiO_2	4.173	0.395	4.395	0.244
FeO	21.247	1.037	22.038	0.863

Figure 2 displays the VNIS reflectance spectra with photometric corrections which bring the reflectance to the NASA Reflectance Experiment Laboratory configuration ($i = 30^\circ$, $e = 0^\circ$) (SI). To compare the in situ data with remote measurements made over the same region, we also plot 25 reflectance spectra measured by the Chandrayaan-1 Moon Mineralogy Mapper (M^3) [Pieters et al., 2009] (http://pds-imaging.jpl.nasa.gov/data/m3/CH1M3_0004/DOCUMENT/DPSIS.PDF. It should be noted that the M^3 level 2 data product released is actually the radiance factor which should be divided by the cosine of the incident zenith to obtain the reflectance defined in equation (S2)). These 25 pixels form a 5 by 5 "matrix" with its central element (element [3, 3]) being centered on the location of the CE3 lander. Since each M^3 pixel has a spatial resolution of 140 m, the total area covered by these 25 pixels is roughly a square of 700 by 700 m. In Figure 2, we also plot Kaguya's Spectral Profiler (SP) measurements of a nearby site with center latitude 44.162°N and center longitude 340.514°E. The level 3 SP product is the bidirectional reflectance [Yamamoto et al., 2011]; and thus, it is multiplied by $\pi/\cos(30^\circ)$ to be converted to the reflectance factor [Hapke, 2012].

It is seen that all CE3 spectra have deeper 1 μm absorption band, and even the darkest CE3 spectrum, Node N205, is nearly 3 times brighter than the average M^3 spectrum. There are several possible reasons. First, during the landing process, the descent engines should blow away the topmost regolith layers, destruct the intricate "fairy castle" structure of natural soils [Pieters et al., 2013], and expose grains underneath the most weathered surface. Therefore, the VNIS may have measured less mature and less weathered fresh ejecta regolith. Second, as shown by the Lunar Reconnaissance Orbiter Camera (the inset of Figure 1), CE3 was landed near a 450 m diameter fresh crater and the ejecta

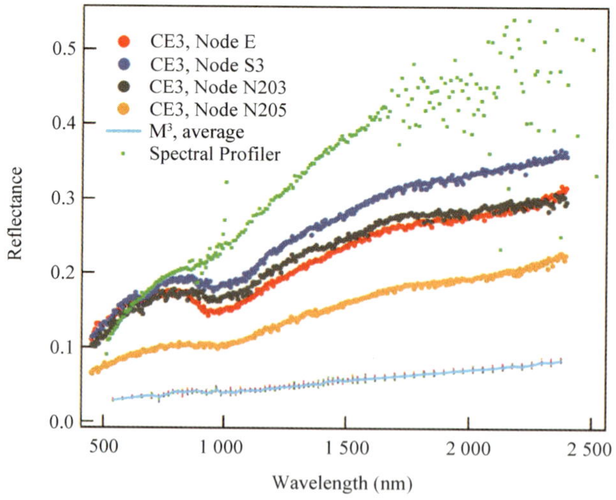

Fig. 2　VNIS spectra measured by CE3 and comparisons with M^3 data measured over the landing site. See text for descriptions of the individual M^3 data.

covers all the path of CE3 rover [Xiao et al., 2015]. Additionally, the CE3 used our in situ phase curve [Jin et al., 2015; W. Jin et al., "In situ optical measurements of Chang'E-3 landing site in Mare Imbrium: 2. Photometric properties of the regolith", submitted to, Geophysical Research Letters, 2015] measured nearby to perform the photometric function (equation (S5)) while the M^3 used an empirical phase function derived from highland terrains [Besse et al., 2013] and thus the CE3 spectra should be reliable for the landing site. However, the data reduction pipeline differences should not affect the depth of the measured absorption bands, suggesting a physical difference between the surfaces measured by CE3 and M^3. Despite these differences, the in situ measurements can serve as the ground-truth validations of the future orbital measurements, and analysts are challenged to understand the discrepancies.

3 Mineral Abundance Extractions

There are several approaches to assess mineral compositions of the lunar surface using reflectance spectroscopy [e.g., Lucey, 2004; Noble et al., 2006]. To extract mineral abundances, we constructed a synthesized lunar spectral mineral lookup table (LUT) using a radiative transfer model generated in the following steps [Lucey, 2004; Denevi et al., 2008; Lucey et al., 2014]. First, optical properties of the grains were computed using an empirical expression that is a function of mineral optical constants which, in turn, are empirical functions of the ratio of Mg to Mg+ Fe (Mg number) on a molecular basis. Second, values of single-scattering albedo were computed based on a simplified slab scattering model. Then a one-term Henyey-Greenstein phase function was employed to compute particle single-scattering contributions; the multiple scattering contributions were approximated by the Chandrasekhar H function and added to obtain the total surface reflectance. The effective grain size was fixed to be 17 μm as a study using the Lunar Soil Characterization Consortium data has shown this value is representative [Pieters et al., 1993]. The Mg number was fixed to be 65 [Lucey et al., 2014]. Submicroscopic iron is added to the grains to simulate space weathering effects. Since the model used is only valid from 750 to 1550 nm, we confined our analysis to that range [Lucey et al., 2014]. The comparisons were done after removing the continuum background which is estimated as a line connecting the reflectance values at these two positions.

To find the best matches between the LUT and the measurement, we employed four different fitting metrics and used their average as the final matching results (SI). The typical best matches of CE3 measurements and the corresponding LUT spectra are shown in Figure 3, and the corresponding mineral abundances are summarized in Table 2. These results indicate that the landing site is enriched in OLV (13-26 wt %) as compared with the average values of returned mare samples [Lucey et al., 2006]. These mineral abundances are supported by the measurements of the onboard Active Particle X-ray Spectrometer (APXS) at Nodes S3 and N205 (Table 1). The APXS measurements show that the compositions at these two locations have FeO (~22 wt %), TiO_2 (~4 wt %), MgO (~10 wt %), and K_2O (~0.14 wt %), corresponding to OLV ~ 19 wt %, pyroxenes (PXY) ~40 wt %, PLG ~30 wt %, ilmenite ~7 wt % based on CIPW normative mineralogy calculations.

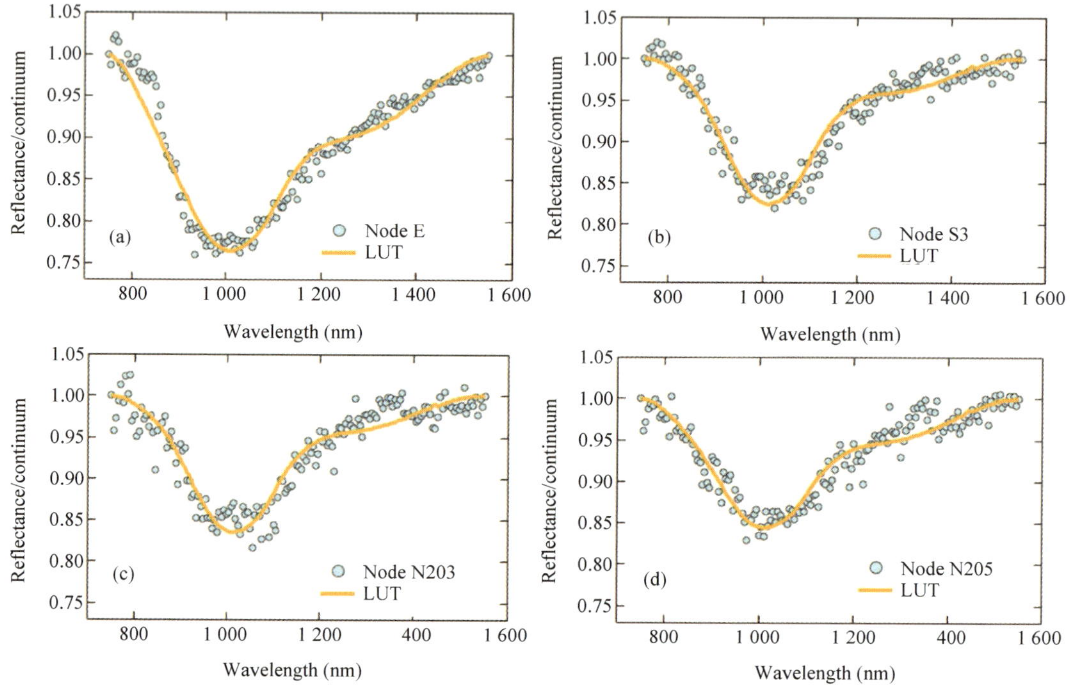

Fig. 3　Comparisons of continuum-removed measurement spectra (blue dots) with LUT spectra by searching the minimum absolute difference between them. (a) Node E, (b) Node S3, (c) Node N203, and (d) Node N205.

Table 2　Retrieved Mineral Abundance (wt %) by Comparing CE3 Data and the Mineral Lookup Table Data[a]

Data	OLV	OPX	CPX	PLG	i (deg)	e (deg)	α (deg)
Node E	26±3	8±5	30±1	31±8	59.90	48.17	107.94
Node S3	15±1	7± 1	56±4	17±6	67.50	47.41	85.61
Node N203	13±5	8±0	63±7	11±02	69.70	47.09	86.00
Node N205	23±1	15±0	38±1	19±2	54.05	44.40	95.29

[a] The details that derived these results are given in Table S2 and Figure S4. i: solar zenith angle; e: sensor zenith angle; and α: phase angle.

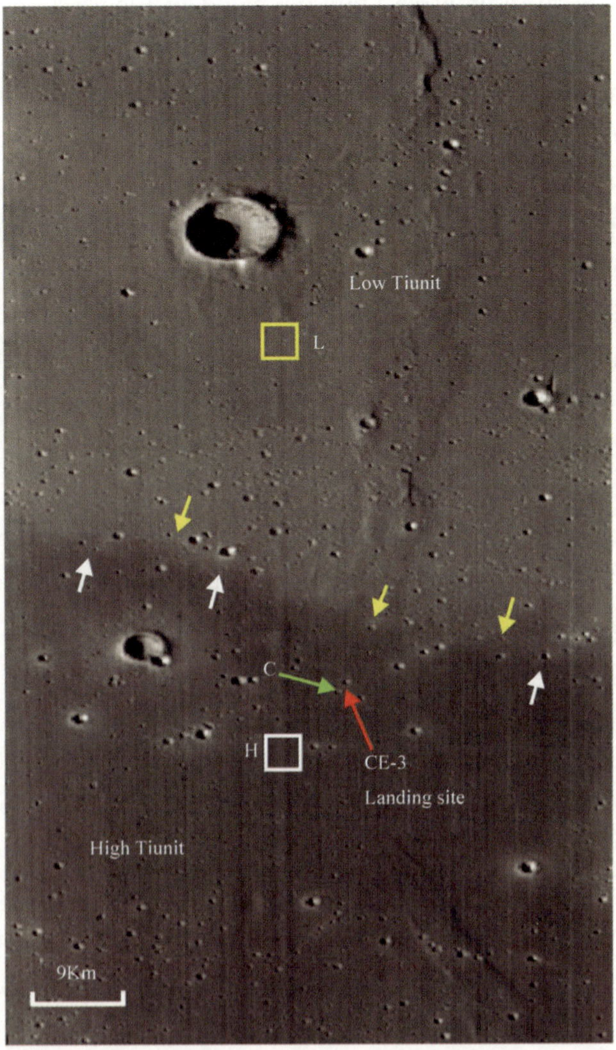

Fig. 4　The three different sites chosen from M3: C indicates a crater with a diameter of 450 m located in the west of the Chang'E 3 landing site; the spectra of site H and L are the average of the white and yellow box area (20×20 pixels), respectively. The mineral abundances of the three regions, H, L, and C, are listed in Table S3.

4　Discussion and Conclusions

Figure 4 shows a larger-scale view of the landing area measured by the M^3 instrument. It is seen that the CE3 landing site is within a high-titanium (high-Ti) unit but is very close to the border of the high-Ti and a low-Ti units [Thiessen et al., 2014]. Stratigraphy analysis shows that the younger high-Ti unit covers the low-Ti unit [Staid et al., 2011; Zhao et al., 2014]. To understand the neighboring unit mineralogy, we extracted the

SWIR spectra of three representative units indicated in Figure 4: a low-Ti unit (yellow square L), a high-Ti unit (white square H), and a 450 m crater C. These three SWIR spectra are then compared against the mineral LUT, and the matching results (Table S2) show that the landing site is more olivine rich than the neighboring low-Ti unit. Furthermore, the 450 m impact crater C near the landing site has a similar spectrum with that of the low-Ti unit, implying that this crater may have excavated the underlying low-Ti materials. Since the excavation depth of a 450 m crater is typically smaller than 45 m [Melosh, 1989], the thickness of this young high-Ti unit may be less than 45 m.

Since the landing site is a relatively young mare unit and both the VNIS and APXS measurements were performed on the fresh ejecta blanket of a 450 m diameter impact crater, the measurement results may reveal the compositions of the basalts underneath. Both the VNIS and APXS results indicate that the basalt at the landing site has a higher OLV than the surrounding mare unit, suggesting the basalt might be from high-degree partial melting of the deep mantle based on the lunar magma ocean model [Warren, 1985]. Furthermore, the basalt has high Al_2O_3 (~11 wt %), FeO, and TiO_2 that is very different than those previously discovered in the returned sample collection [Lucey et al., 2006] and extends the range of basalt types on the Moon [Neal et al., 2015]. The basalts with high aluminum and high OLV are only known from very ancient samples from Apollo 14 [Shearer et al., 2006; Neal et al., 2015]. However, the basalt at the landing site is clearly young (~2.93-2.5Ga) [Qiao et al., 2014; Xiao et al., 2015], indicating that the heat sources that allow partial melting allow a range of compositions to be sampled irrespective of age. It could imply that the lunar mantle is extremely heterogeneous in composition and heating sufficient to partial melt is not tightly coupled to final composition.

Acknowledgments

We thank Liu Bin for clarifications of the VNIS data format and Carle Pieters for helpful discussions. All the Chang'E-3 data used in this work can be obtained from http://www.bao.ac.cn/. This work was supported by the National Natural Science Foundation of China through grants 41071229 and 41276180 and by the Key Research Program of the Chinese Academy of Sciences (KGZD-EW-603).

The Editor thanks Carle Pieters and an anonymous reviewer for their assistance in evaluating this paper.

References

[1] Besse, S., J. Sunshine, M. Staid, J. Boardman, C. Pieters, P. Guasqui, E. Malaret, S. McLaugh-

lin, Y. Yokota, and J.-Y. Li (2013), A visible and near-infrared photometric correction for Moon Mineralogy Mapper (M^3), Icarus, 222, 229-242.

[2] Denevi, B., P. Lucey, and S. Sherman (2008), Radiative transfer modeling of near-infrared spectra of lunar mare soils: Theory and measurement, J. Geophys. Res., 113, E02003, doi: 10.1029/2007JE002929.

[3] Donaldson Hanna, K., I. Thomas, B. Greenhagen, N. Bowles, and C. Pieters (2014), Characterization of Apollo soil samples under simulated lunar conditions, paper presented at Lunar and Planetary Science Conference, The Woodlands, Tex., 17-21 March.

[4] Hapke, B. (2012), Theory of Reflectance and Emittance Spectroscopy, Cambridge Univ. Press, Cambridge, U. K.

[5] Jin, W., H. Zhang, Y. Yuan, K. Di, W. Wan, B. Xu, B. Xue, Y. Yang, L. Xiao, and Z. Wang (2015), In-situ lunar phase curves extracted from imageries measured by panorama cameras on board the Yutu rover of Chang'E 3 mission, paper presented at Lunar and Planetary Science Conference, The Woodlands, Tex., 16-20 March.

[6] Liu, B., C.-L. Li, G.-L. Zhang, R. Xu, J.-J. Liu, X. Ren, X. Tan, X.-X. Zhang, W. Zuo, and W.-B. Wen (2014), Data processing and preliminary results of the Chang'E-3 VIS/NIR imaging spectrometer in-situ analysis, Res. Astron. Astrophys., 14, 1578, doi: 10.1088/1674-4527/14/12/007.

[7] Lucey, P. G. (2004), Mineral maps of the Moon, Geophys. Res. Lett., 31, L08701, doi:10.1029/2003GL019406.

[8] Lucey, P. G., J. A. Norman, S. T. Crites, G. J. Taylor, B. Hawke, M. Lemelin, and H. J. Melosh (2014), A large spectral survey of small lunar craters: Implications for the composition of the lunar mantle, Am. Mineral., 99, 2251-2257, doi:10.2138/am-2014-4854.

[9] Lucey, P., R. L. Korotev, J. J. Gillis, L. A. Taylor, D. Lawrence, B. A. Campbell, R. Elphic, B. Feldman, L. L. Hood, and D. Hunten (2006), Understanding the lunar surface and space-Moon interactions, Rev. Mineral. Geochem., 60, 83-219, doi:10.2138/rmg.2006.60.2.

[10] Melosh, H. J. (1989), Impact Cratering: A Geologic Process, Research Supported by NASA, Oxford Monogr. on Geol. and Geophys., vol. 11, 253 pp., Oxford Univ. Press, New York.

[11] Neal, C., Y. Wu, X. Cui, W. Peng, and J. Ping (2015), Regolith at the Chang'E-3 landing site: A new type of mare basalt composition, paper presented at Lunar and Planetary Science Conference, The Woodlands, Tex., 16-20 March.

[12] Noble, S. K., C. M. Pieters, T. Hiroi, and L. A. Taylor (2006), Using the modified Gaussian model to extract quantitative data from lunar soils, J. Geophys. Res., 111, E11009, doi: 10.1029/2006JE002721.

[13] Ohtake, M., C. Pieters, P. Isaacson, S. Besse, Y. Yokota, T. Matsunaga, J. Boardman, S. Yamomoto, J. Haruyama, and M. Staid (2013), One Moon, many measurements 3: Spectral reflectance, Icarus, 226, 364-374, doi:10.1016/j.icarus.2013.05.010.

[14] Pieters, C. M., E. M. Fischer, O. Rode, and A. Basu (1993), Optical effects of space weathering: The role of the finest fraction, J. Geophys. Res., 98, 20, 817-20, 824, doi: 10.1029/93JE02467.

[15] Pieters, C. M., J. Boardman, B. Buratti, A. Chatterjee, R. Clark, T. Glavich, R. Green, J.

Head, P. Isaacson, and E. Malaret (2009), The Moon mineralogy mapper (M3) on Chandrayaan-1, Curr. Sci., 96, 500-505.

[16] Pieters, C., J. Boardman, M. Ohtake, T. Matsunaga, J. Haruyama, R. Green, U. Mall, M. Staid, P. Isaacson, and Y. Yokota (2013), One Moon, many measurements 1: Radiance values, Icarus, 226, 951-963, doi:10.1016/j.icarus.2013.07.008.

[17] Qiao, L., L. Xiao, J. Zhao, Q. Huang, and J. Haruyama (2014), Geological features and evolution history of Sinus Iridum, the Moon, Planet. Space Sci., 101, 37-52, doi:10.1016/j.pss.2014.06.007.

[18] Shearer, C. K., P. C. Hess, M. A. Wieczorek, M. E. Pritchard, E. M. Parmentier, L. E. Borg, J. Longhi, L. T. Elkins-Tanton, C. R. Neal, and I. Antonenko (2006), Thermal and magmatic evolution of the Moon, Rev. Mineral. Geochem., 60, 365-518, doi: 10.2138/rmg.2006.60.4.

[19] Shkuratov, Y., V. Kaydash, V. Korokhin, Y. Velikodsky, N. Opanasenko, and G. Videen (2011), Optical measurements of the Moon as a tool to study its surface, Planet. Space Sci., 59, 1326-1371, doi:10.1016/j.pss.2011.06.011.

[20] Staid, M. I., and C. M. Pieters (2001), Mineralogy of the last lunar basalts: Results from Clementine, J. Geophys. Res., 106, 27,887-27,900, doi:10.1029/2000JE001387.

[21] Staid, M., C. Pieters, S. Besse, J. Boardman, D. Dhingra, R. Green, J. Head, P. Isaacson, R. Klima, and G. Kramer (2011), The mineralogy of late stage lunar volcanism as observed by the Moon Mineralogy Mapper on Chandrayaan-1, J. Geophys. Res., 116, E00G10, doi: 10.1029/2010JE003735.

[22] Thiessen, F., S. Besse, M. I. Staid, and H. Hiesinger (2014), Mapping lunar mare basalt units in Mare Imbrium as observed with the Moon Mineralogy Mapper (M3), Planet. Space Sci., 104, 244-252, doi:10.1016/j.pss.2014.10.003.

[23] Warren, P. H. (1985), The magma ocean concept and lunar evolution, Annu. Rev. Earth Planet. Sci., 13, 201-240.

[24] Xiao, L., P. Zhu, G. Fang, Z. Xiao, Y. Zou, J. Zhao, N. Zhao, Y. Yuan, L. Qiao, and X. Zhang (2015), A young multilayered terrane of the northern Mare Imbrium revealed by Chang'E-3 mission, Science, 347, 1226-1229, doi:10.1126/science.1259866.

[25] Yamamoto, S., T. Matsunaga, Y. Ogawa, R. Nakamura, Y. Yokota, M. Ohtake, J. Haruyama, T. Morota, C. Honda, and T. Hiroi (2011), Preflight and in-flight calibration of the spectral profiler on board SELENE (Kaguya), IEEE Trans. Geosci. Remote Sens., 49, 4660-4676, doi:10.1109/TGRS.2011.2144990.

[26] Zhao, J., J. Huang, L. Qiao, Z. Xiao, Q. Huang, J. Wang, Q. He, and L. Xiao (2014), Geologic characteristics of the Chang'E-3 exploration region, Sci. China Phys. Mech. Astron., 57, 569-576.

Increased Iron Abundances in Slope Avalanches of Certain Lunar Craters

Ya. Lu and V. V. Shevchenko
(Sternberg Astronomical Institute, Moscow, Russia)

Abstract: On the basis of the first images of certain areas of Lunar surface obtained by the Chang'E-2 space craft and materials of large-scale image acquisition from the LRO (Lunar Reconnaissance Orbiter) space craft, supplemented with remote spectral measurements performed from the Clementine spacecraft, the slope movements of material have been studied in lunar craters Daniell, Burg and Mauri A. It is established that despite a significantly different age of formation of these craters, the slope formations are of similar structure and differ by increased iron abundance in the soil surface layer. All objects are characterized with by increase in FeO abundance to 20 wt % at depths of several hundred meters from the surface. The material of the slope structures is distinguished by a low maturity rate. According to preliminary assessments using the optical maturity index and spectropolarimetric maturity index, the fresher slope formations can have an exposure age from several tens of years to several years.
DOI: 10.1134/S0038094612040065

Introduction

Detailed studies of slope avalanches in lunar craters, which can be considered as recent processes observed on the Moon, were begun by the authors in previous works (Shevchenko et al., 2007; 2011; 2012; Lu et al., 2011). In the studies of features of these formations, it has been established that in some cases there occurs outcropping of structures or subsurface layers of lunar regolith with different iron abundances.

It is known that in lunar rocks the abundance of iron, as the main chromophore component, has a significant influence on reflectivity. In the work of Shkuratov et al. (1999a), a close correlation between iron abundance and the optical characteristics of surface materials has been studied in detail over the visible hemisphere. The authors used the landing sites of space probes and manned spacecraft as test areas. These results have been further developed and confirmed by Pieters et al. (2002), and it has been demonstrated with high accuracy that iron-enriched pyroxenes are the most optically active components of lunar soil. According to the results of this work, it has been conclusively established that the spectral band of pyroxene absorption of about 1 μm is a reliable parameter for identification of the chemical composition of lunar surface material by remote spectral measurements.

A similar trend of dependence of optical properties of lunar soil on occurrence of minerals enriched in iron is confirmed in a comparative analysis of data acquired with high resolution, including studies of individual samples of fine-grain fraction of regolith (Le Mouelic et al., 2000).

On the other hand, in some works (Shevchenko et al., 2007; 2011; Lu et al., 2011; Shevchenko et al., 2012), it has been mentioned that in certain cases there exists a strong correlation between iron abundance in the slope material and the degree of its maturity which can be quantitatively expressed in terms of exposure age.

Therefore, investigations into the abnormalities of increased iron abundance in slope avalanches of lunar craters can be a further step to more complete knowledge of evolutionary processes on the lunar surface.

Initial Materials of the Studies

The work by Shkuratov et al. (2003) presents photomaps which simulate optical characteristics, as well as the distribution of iron and pyroxenes in surface rocks and the soil maturity rate in the northwestern part of the visible hemisphere of the Moon according to the data from the Clementine spacecraft and results of studies of samples brought back to Earth. In particular, the authors mention that the performed data systematization leads to the conclusion that in the emission fields of young craters there is a higher abundance of pyroxenes in comparison with the surrounding surface. The authors suppose that such a feature can be attributed to the fact that in short exposure times, the comparatively transparent material of emissions (for example, pyroxenes), is significantly less exposed to the action of agglutination with subsequent growth retardation of real maturity signs.

The results of the work by Shkuratov et al. (2003) were obtained on the basis of spectral studies using images of the northwestern part of the visible hemisphere of the Moon acquired from the Clementine spacecraft with a resolution of about 100 m/pixel.

The authors of the work had an opportunity to analyze the processes of the caving of slopes of certain craters in approximately the same lunar area using the images with a resolution higher than 7 m/pixel acquired during orbital recordings from the Chang'E-2 spacecraft (http://moon.bao.ac.cn). Figure 1 illustrates total test area and actual objects of detailed analysis.

The craters studied are related to various ages of formation. Crater Daniell (35.39° N, 31.14° W) has a diameter of 28.2 km and, according to geological properties, is related to the Eratosthenes period of lunar history (Scott, 1972). Crater Burg (44.99° N,

Fig. 1　Northwestern area of visible Lunar hemisphere. Craters Daniel, 1; Burg, 2; Maury A, 3. A series of images acquired by the wide angle camera of the LRO spacecraft. Source: http://wms.lroc.asu.edu/lroc.

28.20° W) reaches a size of 40.7 km, and in terms of age, is related to the Copernicus period of lunar history (Scott, 1972). Crater Mauri A (35.96° N, 41.87° W) has a diameter of 21.1 km. According to a geological inter pretation, the crater appeared at the stage of the latest molten lava basins in Imbrian period of lunar history (Grolier, 1974).

Pattern of Slope Formations In Crater Daniell

In the work by Shevchenko et al. (2012), it has been found that such abnormal phenomena as movements of fine material along a slope in a crater differ in the dependence of the reflectivity (albedo) on the abundance of iron (pyroxenes). Flows of material on the slopes of crater Reiner, which, according to spectral data, have an increased iron abundance, stand out sharply with high brightness, which does not agree with that regularly observed on the Moon.

In this research we made an attempt to continue the analysis of this phenomenon on the basis of new original data. Crater Daniell, as already mentioned, as well as crater

Reiner, is related to the Eratosthenes period of lunar history. The difference between these objects is that crater Reiner was formed on the back ground of a typical seascape in the eastern part of Oceanus Procellarum. Crater Daniell is located in an area of transient landscape. The surrounding area of the crater, according to geological properties, has a significant inclusion of continental material evolved during formation of crater Posidonius, located to the south of crater Daniell (Scott, 1972).

Formations on the wall of crater Daniell (1-3) are indicated in Fig. 2, which have been studied in more detail. The shapes of areas 1 and 2 are similar to previously detected formations of the avalanche type (Shevchenko et al., 2012), which, probably, are to some extent widespread in lunar craters.

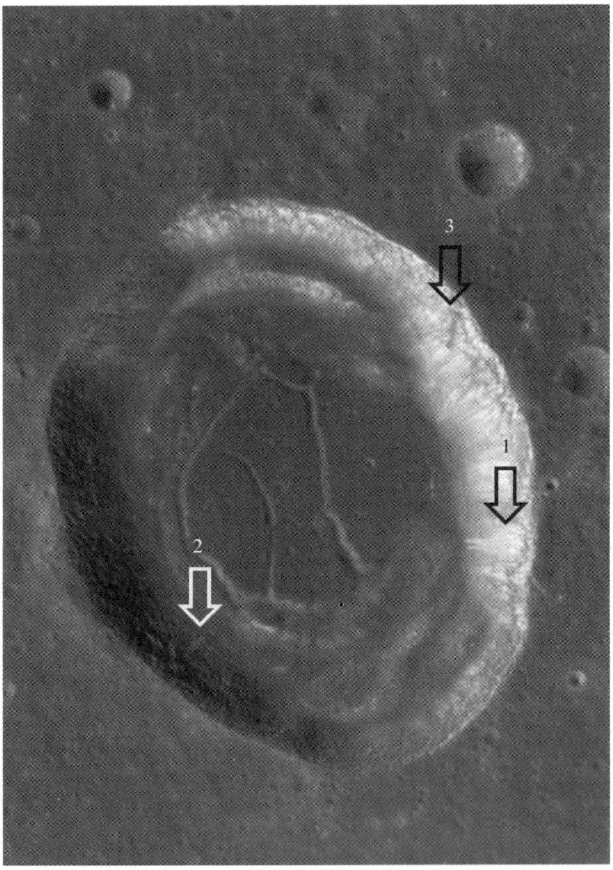

Fig. 2　Image of crater Daniel, acquired from the Chang'E-2 spacecraft on October 23, 2010, from the height of 100 km. The image resolution is about 7 m/pixel. Source: http://moon.bao.ac.cn.

Area 1 in terms of its morphological properties is identical to typical formations of the slope type. In this case, area 1 is observed at a high Sun angle (local phase angle 28°).

Figure 3 illustrates a fragment of an image acquired by the LRO spacecraft, which contains a large portion of area 1. The high albedo of the surface material should be noted, as well as signs of its fluidity. An obvious sign of substance fluidity is the length of flows at comparatively low slope angles. The total length of the flow illustrated in Fig. 3 is more than 5 km. A comparatively thin layer of fine material, though covering underlying structures, nevertheless, does not cover the relief of the substrate surface. The arrow indicates the direction of slope of the crater wall, the average incline of which in this area is 17° – 18°.

A special case is area 2, observed at a very low Sun angle, which makes it possible to reveal certain structural peculiarities and to interpret them in terms of physico-mechanical properties of surface material.

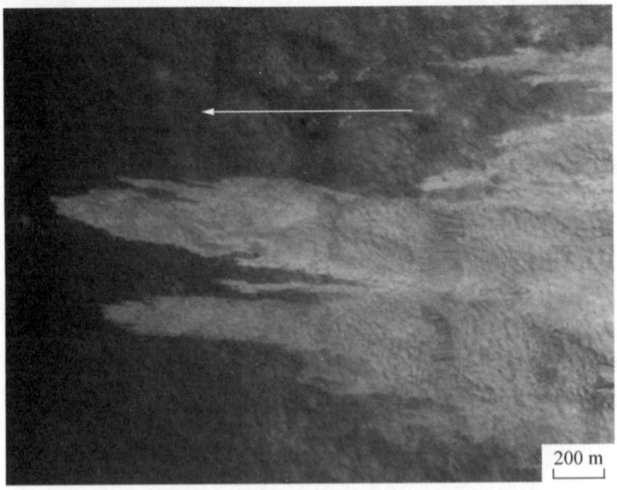

Fig. 3　A fragment of image M106676014R, acquired from the LRO spacecraft. Resolution of the original image is 1.63 m/pixel. Source: http://wms.lroc.asu.edu/lroc.

Figure 4 illustrates a fragment of image M106676104R, acquired with the narrow angle camera from the LRO spacecraft on 04.09.2009.

The slope angle in this wall area is about 20° (Lu et al., 2011). Considering known recording conditions, the local phase angle is 67°. The length of the illustrated bright formation spreading down the slope reaches 1720 m, with a maximum width of 520 m. The total brightness of the image is intentionally overrated in order to distinguish the wavy structure of the substrate.

The formation is reliably identified on the back ground of actually shadowed slope. Relatively high brightness of the studied flow at local values of phase angle 60° – 70° evidences before all the absence of noticeable influence of shadow function. At the given image resolution this peculiarity of bright substance evidences its comparative fineness.

Another pattern is, probably, characteristic for area 3. Visible features of this area strongly resemble the areas of detachment of large-scale avalanches where failure of material uncovers subsurface layers of regolith.

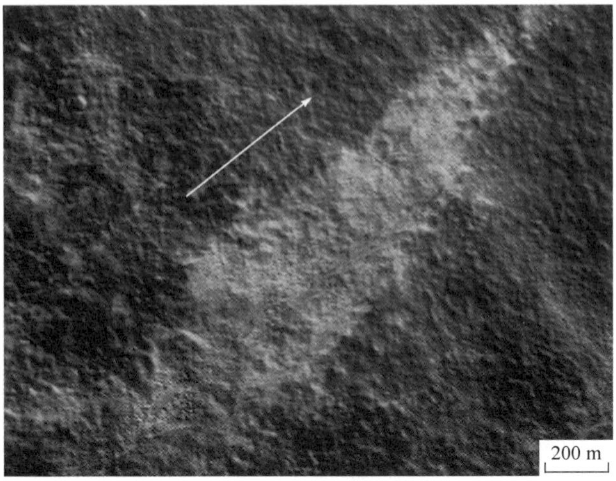

Fig. 4 A fragment of image M106676104R, acquired from the LRO spacecraft from a height of 165 km. Resolution of the original image is 1.63 m/pixel. The arrow indicates the direction of crater wall slope, which approximately coin cides with the direction of the Sun's rays. Source: http://wms.lroc.asu.edu/lroc.

Using spectral data from crater Daniel, obtained by the Clementine spacecraft, it is possible to obtain a remote assessment of the abundance of iron (pyroxenes) in the surface layer of the studied material. In this case, the method was applied developed by Lucey et al. (2000a; 2000b), and successfully used by Shkuratov et al., (1999; 2003) for remote analysis of the composition and maturity of lunar surface rocks.

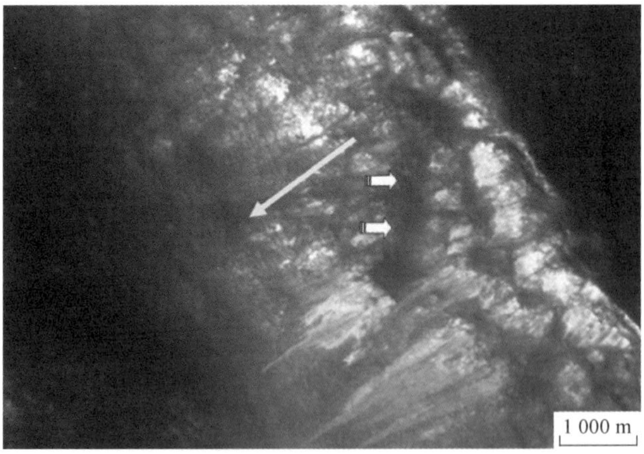

Fig. 5 A fragment of image M106676014R, acquired from the LRO spacecraft. Resolution of the original image is 1.63 m/pixel. Source: http://wms.lroc.asu.edu/lroc. The long arrow indicates general slope direction. The slope angle in this wall section is about 18°. The short horizontal arrows indicate the area of assumed failure.

Figure 6 illustrates spectral images of the studied crater acquired from the Clementine spacecraft using 750 nm (R_{750}) and 950 nm (R_{950}) filters. The images were obtained using automated software developed and implemented in the Lunar and Planetary Institute, USA, LPI Clementine..., 2011.

In order to determine FeO abundance in weight percent, the following equation obtained by Lucey et al. (2000a; 2000b) was used:

$$FeO\ (wt\ \%) = -17.43 \times \arctan\{(R_{950}/(R_{750} - 1.19)/(R_{750} - 0.08) - 7.56 \quad (1)$$

where R_{750} and R_{950} were measured by spectral images illustrated in Fig. 6.

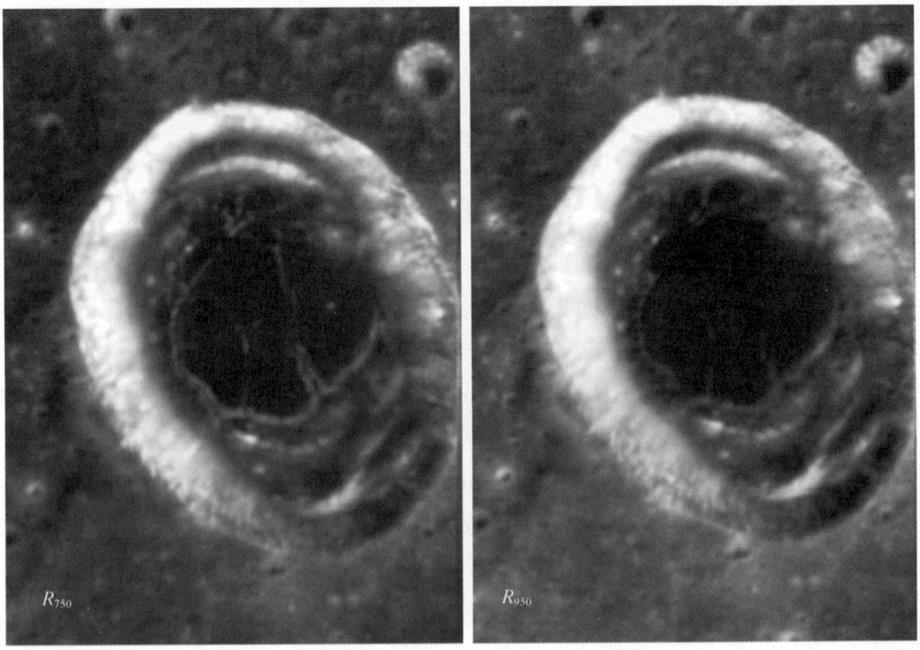

Fig. 6　Spectral images of crater Daniel, acquired from the Clementine spacecraft in the regions of 750 nm (left) and 950 nm (right). Resolution of the original images is about 100 m/pixel (LPI Clementine..., 2011).

Figure 7 illustrates iron abundance in the regolith surface layer as a function of Θ_{FeO}, which is used in the method of Lucey et al. (2000a; 2000b). In Eq. (1), the parameter of iron abundance corresponds to the term (arctan). A direct comparison of FeO values with other data is complicated at present, since image acquisition of the considered area, for instance, using the gamma spectrometer from the Lunar Prospector spacecraft, was performed with a rated spatial resolution of 150×150 km (Lawrence et al., 1998).

Subsequent data processing results in an improvement of the resolution to 45 km^2 (Lawrence et al., 2002). Using these processed data, FeO values were recalculated for areas corresponding to the back ground surface. In Fig. 7 this series of values is denoted as "background surface 1". Systematic variations in both data series can occur both from variations in the calibration systems of initial values, and from significant variations in resolution. In the latter case, parameters are integrated over sections with surface areas

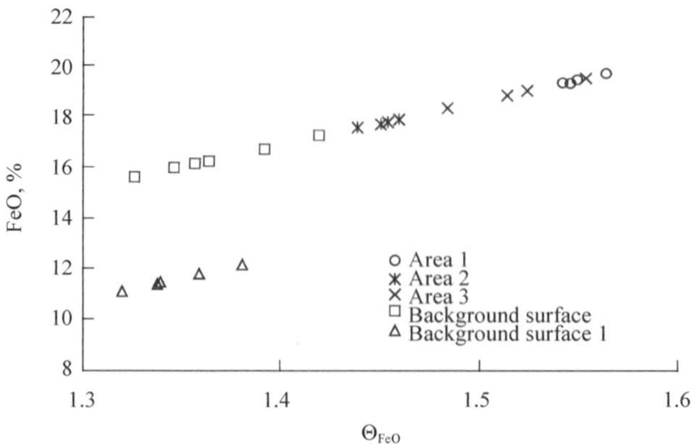

Fig. 7 FeO weight percentage as a function of iron abundance, determined by the method of Lucey et al. (2000a; 2000b) for crater Daniel.

differing by orders of magnitude. However, since in the proposed study the main subject is not determination of absolute FeO values, but, instead, a trend in their variations, then, it is possible to conclude that the measurement results obtained by the Lunar Prospector spacecraft do not contradict our results.

The main conclusion, derived from the data illustrated in Fig. 7, is that the iron abundance in the rocks located below "background surface", that is, below upper regolith layers, increases noticeably. More detailed analysis can be performed using measurement results from other craters.

At the same time, the method by Lucey et al. (2000a; 2000b) makes it possible, in addition to the presented data, to estimate soil maturity, that is, to perform a comparative analysis of the exposure age of the material of slope avalanches (areas 1 and 2) and outcrops (area 3).

In order to determine the optical maturity (OMAT), the following equation was used (Lucey et al., 2000a; 2000b):

$$OMAT = [(R_{750} - 0.08)^2 + (R_{950}/R_{750} - 1.19)^2]^{1/2} \tag{2}$$

where R_{750} and R_{950} were measured by spectral images illustrated in Fig. 6.

The characteristics of soil maturity demonstrate that the material of area 3 has the same properties as the background surface. In this relation, it should be concluded that the formation in area 3 cannot be considered as "uncovering" in the sense which is meant in the practice of geological surveys on Earth. Probably, the material of failure existed in the surface layer at approximately the same time as the "background" surface surrounding the crater. The material of avalanches in areas 1 and 2 is characterized with a high degree of immaturity. This circumstance can be preliminarily interpreted as an indication of the continu ing process of material movement on the slope resulting in the uncovering of fresher (immature) soil.

A more complete summary analysis of the phenomena, including correlation of the abnormal iron abundance with soil maturity, should be reasonably performed with the application of data obtained in studies of craters Burg and Maury A.

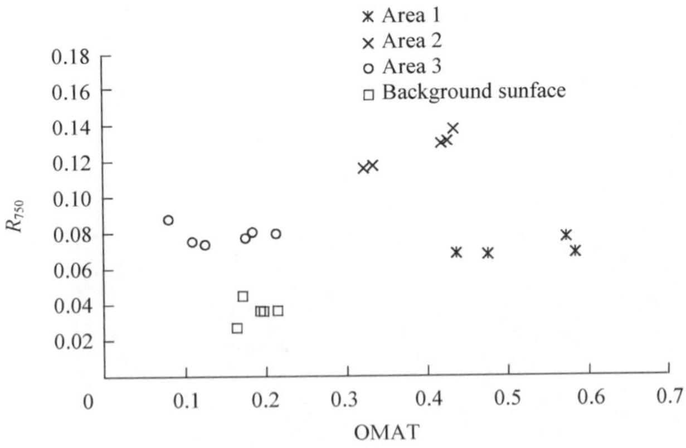

Fig. 8　Optical maturity index (OMAT) of the soil of slope formations in crater Daniel and surrounding (background) surface.

Abnormal Slope Formations In Craters Burg and Mauri A

Crater Burg (Copernicus age) is the youngest of the objects considered. It varies with noticeable abnormalities of physical characteristics of surface formations generated by slope movements of material. Figure 9 depicts an image acquired from the Chang'E-2 spacecraft with the resolution of the original image of about 7 m/pixel.

In southwestern part of crater wall, there is an observed albedo abnormality which corresponds to the formation generated by the slope movement of dark material. The crosssection of the supposed avalanche in its widest part is slightly greater than 1 km, and its length along the slope is greater than 3 km. Movement of loose surface soil occurred with an average incline angle of about 15°. The flow origin is located about 400 m below the wall edge.

Figure 10 shows a fragment of images M113778346L and M113778346R, acquired with the narrow angle camera from the LRO spacecraft with a resolution of 0.48 m/pixel, and a fragment of an image illustrated in Fig. 9, in order to compare the images of the albedo abnormality. The image fragments are brought to approximately one and the same scale. It should be noted that the images were acquired under different conditions of illumination. The local phase angle for the section of the abnormality in the image acquired from the LRO spacecraft is about 40°. In the image from the Chang'E-2 spacecraft, the local phase angle is higher (about 60°), which, however, does not interfere with the detailed comparison of both images.

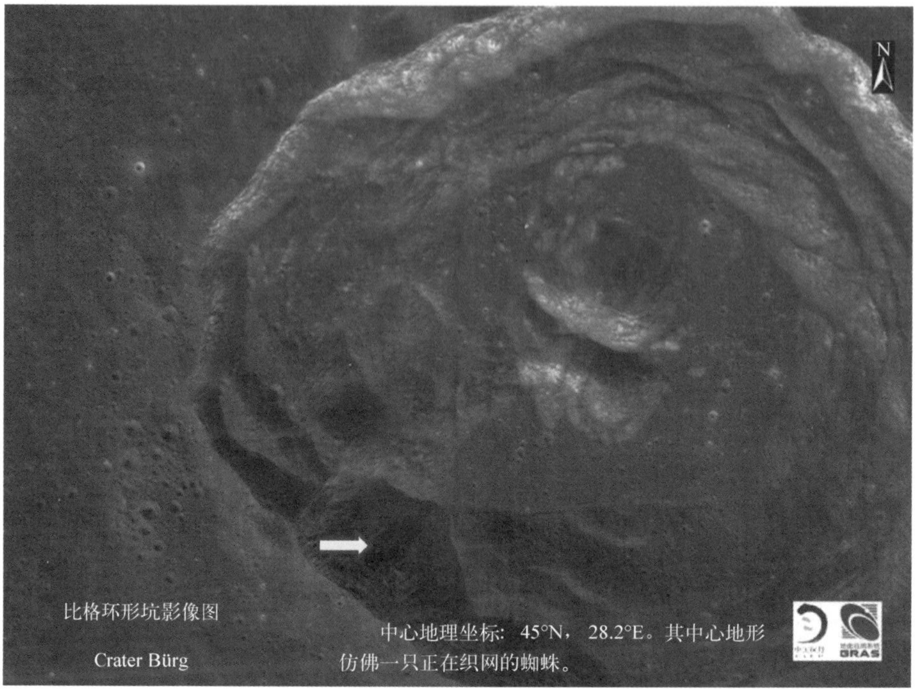

Fig. 9　Image of crater Burg, acquired from the Chang'E-2 spacecraft on October 23, 2010, from a height of 100 km. Resolution of the ori ginal image is about 7 m/pixel. Source: http://moon.bao.ac.cn.

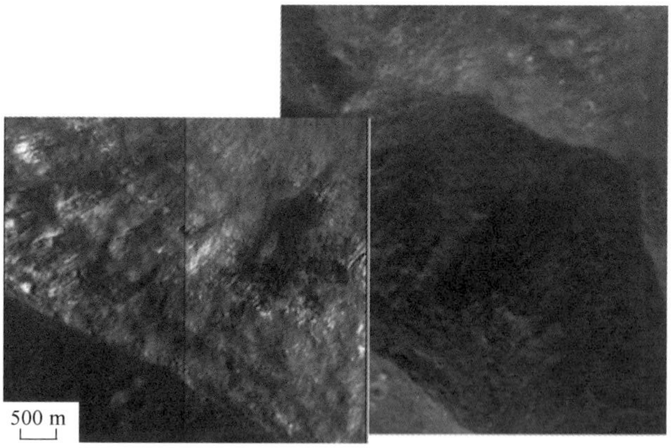

Fig. 10　Left, a fragment of images M113778346L and M113778346R, acquired by the narrow angle camera from the LRO spacecraft. Source: http://wms.lroc.asu.edu/lroc. Right, a fragment of image, acquired from the Chang'E-2 spacecraft. Source: http://moon.bao.ac.cn.

The procedure by Lucey et al. (2000a; 2000b), described above, using Eqs. (1) and (2), was applied for comparative analysis of the abnormality and slope for mations in the northern part of the crater wall.

Figure 11 depicts the spectral image of the crater acquired from the Clementine spacecraft using 415 nm（R_{415}）, 750 nm（R_{750}）and 950 nm（R_{950}）filters. The images are obtained using automated software developed and implemented in the Lunar and Planetary Institute, USA, LPI Clementine…, 2011. The compared objects are avalanches of light (1) and dark (2) material. The aforementioned abnormality is marked as (3).

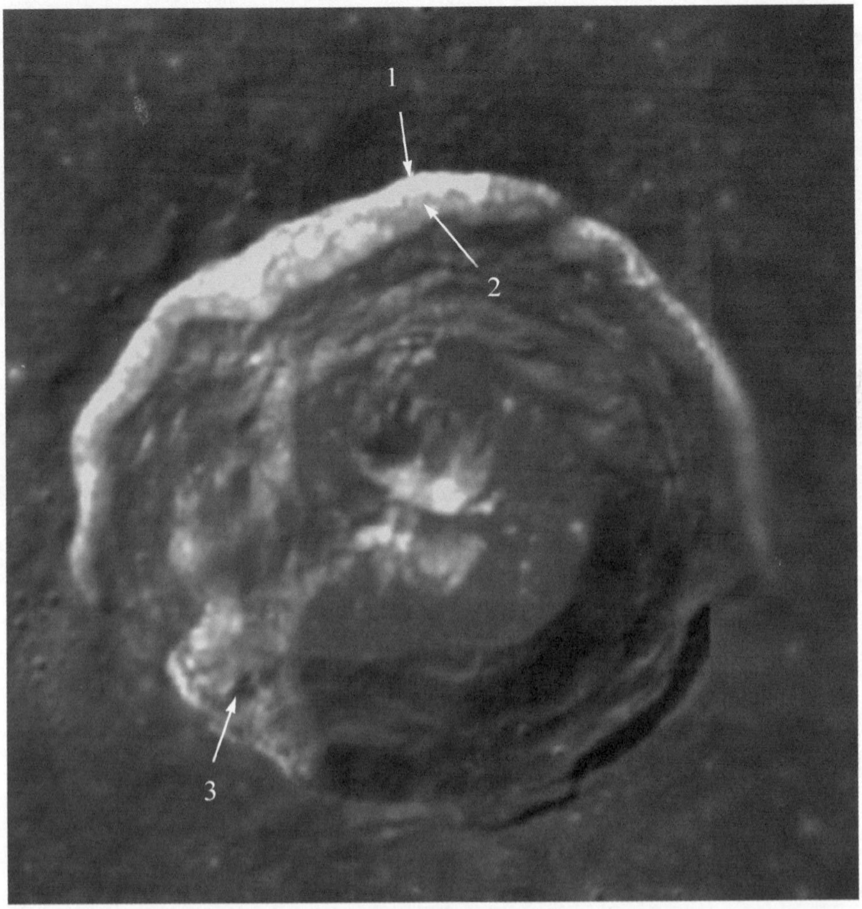

Fig. 11　Spectral image of crater Burg, based on images acquired from the Clementine spacecraft in the regions of 415 nm, 750 nm and 950 nm. Resolution of the original images is about 100 m/pixel (LPI Clementine…, 2011).

A similar procedure was applied for the comparative analysis of slope formations observed in crater Mauri A.

Figure 12 depicts an image from a series acquired by the Chang'E-2 spacecraft illustrating crater Mauri A. Area 1 is an avalanche characterized by high albedo and coinciding in shape with typical flows of fine material detected previously in other craters. Areas 2 and 3 are selected by low albedo, which in the first approximation can indicate an increased iron abundance in the surface soil layer. This selection was arrived at after detailed studies based on spectral images.

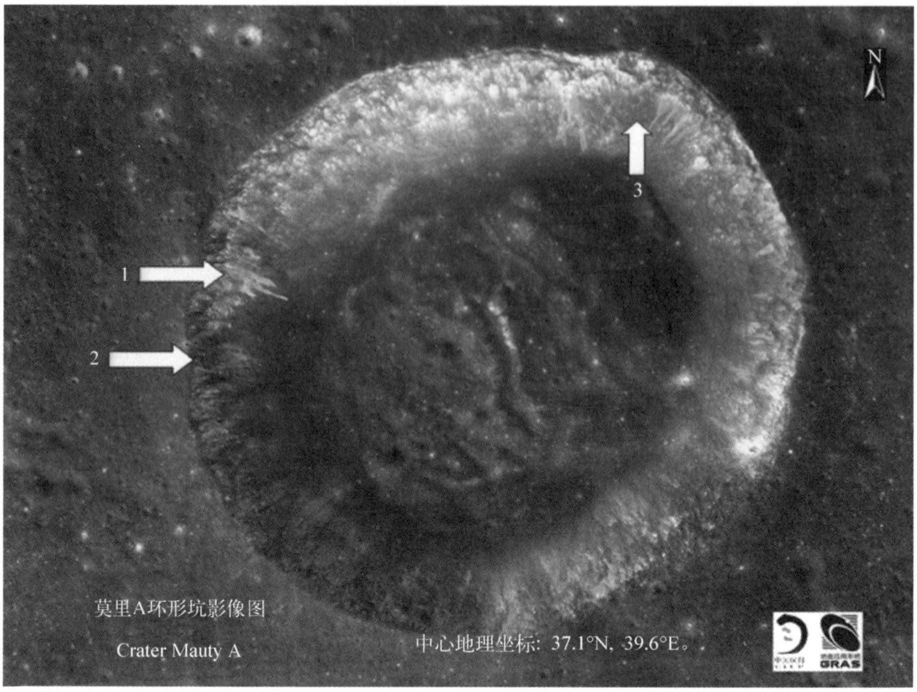

Fig. 12　Image of crater Mauri A, acquired from the Chang'E-2 spacecraft on October 23, 2010, from a height of 100 km. Resolution of the original image is about 7 m/pixel. Source: http://moon.bao.ac.cn.

Results and Discussion

Photometric calibration of the above-mentioned spectral measurements was performed according to the procedure described elsewhere (Pinet et al. (2000)). Since the measurements were carried out on images with relatively high resolution (about 100 m/pixel), variations of local phase angles are inevitable for various formations. Herewith, the work by Shkuratov et al. (1999b) presents phase dependencies of normalized color index in various spectrum sections plotted by the data acquired by the Clementine space craft, where it can be seen that for an active range of phase angles from 3° to 50°, there is an observed monotonic increase in color indices with an increase in phase angles. According to these data, at such variations of local phase angles, the relative variation of color index (950/750 nm) is not higher than ~7%. This value can be taken as an overall assessment of accuracy of the determinations of FeO abundance, which is confirmed by random deviations of some measurements in the curve illustrated in Fig. 7 and similar diagrams shown below. We believe that systematic difference of 25% from absolute FeO values, arising from a comparison with the data from the Lunar Prospector spacecraft (see Fig. 7), can be attributed to a significant difference in the dimensions of individual sections from which the information is acquired. In this case, the measurements acquired by Clementine spacecraft should be preferred. As already mentioned, the general trend of variations in FeO abundance is the same in the analysis of both series of measurements.

Figure 13 summarizes the results of the determination of FeO abundances for all three craters. A general conclusion from a comparison of the data is an abnormally high iron abundance in slope formations in comparison with the background surface. In addition, in certain cases, this difference is not high: area 1 in crater Burg, area 1 in crater Mauri A and area 2 in crater Daniel. The relief of these areas, and their location relative to the crater edge, makes it possible to assume that the observed movement of material occurs in the layers close to surface. Thus, the composition of avalanche material slightly differs from the composition of the material of the adjacent terrain.

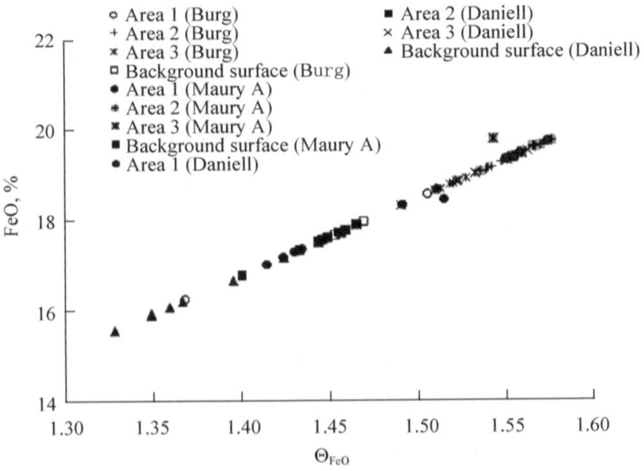

Fig. 13　Distribution of FeO abundance (wt %).

A noticeable increase in iron abundance is detected in the cases when a displacement of material from deeper subsurface layers occurs along the slope. The most illustrative example is area 3 in crater Burg. A flow of material with low albedo (see Fig. 10) starts at a depth of about 400 m. According to the diagram in Fig. 13, this area is characterized by abnormally high FeO abundance which reaches nearly 20 wt %. At approximately the same depth (420 m), dark rocks on the northern wall of crater Burg are located, marked as area 2. FeO abundance in the material of this outcrop is about 19 – 20 wt %.

The area of "failure" in the northeastern wall of crater Daniel (area 3) is located at a depth of 290 to 640 m. According to the diagram in Fig. 13, FeO abundance in the dark material of this formation reaches 19-19.5 wt %.

The uncovering of dark material in the northern part of the wall of crater Mauri A (area 3, Fig. 12) is of interest. According to data in the diagram (Fig. 13), this formation has the highest FeO abundance (about 20 wt %). The upper boundary of abnormality is located at a depth of 360 m with regard to wall edge of the crater, and the whole dark structure extends to a depth of 900 m.

It is obvious that the procedure of Lucey et al. is only an approximate assessment and can contain errors in the determination of the iron abundance in immature soils considered in this work. An example of an analysis of similar methods for the determination of iron abundance and soil maturity in surface layers is given elsewhere Starukhina and Shkuratov (2001).

Wilcox et al. (2006) studied the simulated dependence of the structural features of the soil on iron abundance. This study revealed that the iron abundance and particle size of the fine fraction correlate with each other. According to the results presented, several formations are characterized with iron - enriched deposits, with the FeO abundance in the range of 17 to 21%. The average simulated value of particle size in this case is 6-8 μm.

Application of these data to the abnormalities of lunar iron-enriched material could explain high fluidity of the slope material (Gol'dshtein, 1973).

In addition, in previous works by Shevchenko and Skobeleva (1995), Shkuratov et al. (2003), and Pieters et al. (2006), the analysis of particle sizes as a function of the mineralogical composition of surface material (iron-enriched pyroxenes and others) leads to the conclusion of an inverse dependence, stipulated mainly by an increased abundance of agglutinates.

The latter circumstance is obviously related with the action of space weathering, that is, with the exposure age of the surface material.

In relation to this, the maturity stage of detected abnormalities was studied using the method of Lucey et al. (2000a; 2000b), involving Eq. (2) mentioned above.

Figure 14 illustrates summarized results of the optical maturity index (OMAT) for all slope formations and surrounding (background) surfaces outside the crater boundaries.

The main conclusion from the analysis of these data is distinct subdivision of trends depending on the maturity of surface material for the background surface and abnormal slope formations (indicated with appropriate lines). With the same orientation, determined, probably, by the general mineralogical composition of lunar rocks, the clusters of the above-mentioned formations are possess different levels of material reflectivity in the spectral region of 750 nm. The most probable reason for such a separation of trends is the difference in time of the appearance of the formations, which are direct consequences of the shock formation of the crater and subsequent movements of material on the slope.

A peculiar feature of slope formations can be related to the same degree of maturity of surface material of the surrounding terrain and light flows of slope material, such as

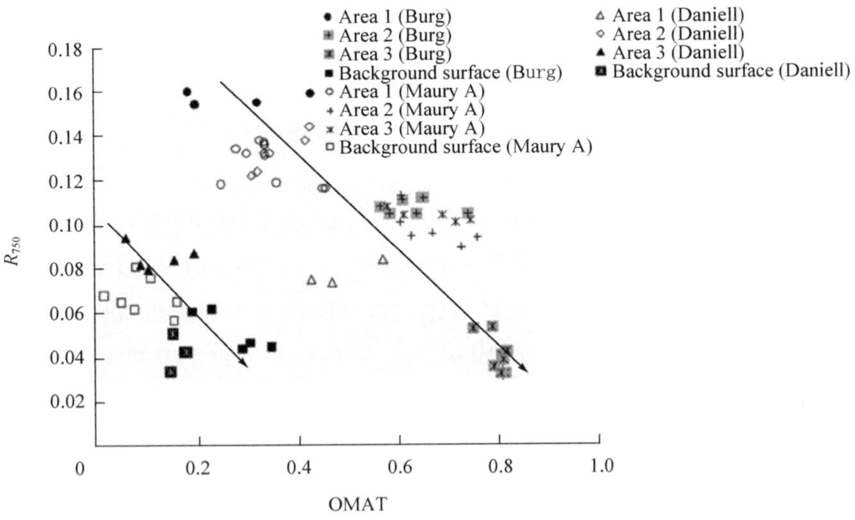

Fig. 14　Distribution of optical maturity index (OMAT).

area 1 in crater Burg, area 1 in crater Mauri A and area 2 in crater Daniel. Probably, these flows are formed by surface materials, equally exposed to space weathering. Of greatest interest, of course, is the assessment of the absolute age of the freshest structures. According to the diagram shown, the most immature substance is located in area 3 on the wall of crater Burg (Figs. 10, 11).

Similar slope flows have been studied recently using phase ratios (Shkuratov et al. (2011)), where it has been demonstrated that the surfaces of these formations on the slopes of crater Kepler are rougher than those of the surrounding terrain. This peculiarity of the surface layer of slope formations confirms a high degree of immaturity of the soil of the slope flows and, at the same time, does not contradict the existence of a fine fraction.

If correlation between the optical maturity index, spectropolarimetric maturity index of surface material and exposure age, described by Shevchenko et al. (2012), then the age, corresponding to OMAT ~0.7－0.8, can amount formally to no more than several years. Taking into consideration that the efficiency of the spectral method has not been validated under extreme conditions, these values can contain significant errors. Possibly, at present, the conditions for the generation of subsurface layers, from which the observed flows occur, are not fully considered.

At the same time, the avalanche surface in area 3 of crater Burg, as in other similar cases, contains absolutely no shock craters which can be distinguished at this resolution. Therefore, the general conclusion that the observed slope movements of material can be related to contemporary processes cannot be excluded completely.

Conclusions

This work discusses the analysis of abnormal structures on the internal walls of craters of various ages.

The craters considered are related to various ages of lunar history covering a significant time interval of formation of the lunar surface. In relation to this, the characteristics of avalanche formations are of great interest, which in terms of morphological properties are very close to each other. In all cases, the abnormal formations are characterized by increases FeO abundance in comparison with the values typical for the forms of landscape, and by the fact that iron-enriched layers are located hundreds of meters below the surface layer. These data present a somewhat vertical profile of variations in the chemical composition of the rocks.

Shevchenko et al. (2012) pointed out that one of the unsolved problems of avalanche movements of material is the reason for the existence of regolith fine fraction at a depth of hundreds of meters, which, probably, plays a major role in the generation of highly fluid avalanche flows. This peculiarity is confirmed by new data, and referring to Wilcox et al. (2006) mentioned above, it is possible to assume that the fine substance consists of particles with sizes of about 10 μm. However, in order to explain completely the existence of this particle size fraction in regolith at such depth, further research is required. Herewith, an important circumstance is the correlation between minor particle sizes and iron abundance in soil.

The most significant, and principally new, result of this research is the determination of the age of occurrence of slope movements of material enriched with iron. With all possible errors, the assessments of the age of these formations amount to several tens of years shock craters on the surface of the formations. In any case, the exposure age of the surface material of slope flows is far lower than the assumed age of formation of the craters where slope phenomena are observed.

Acknowledgments

We are grateful to the China Lunar Exploration Program and Yong-Chun Zheng for permission to use the first images of lunar surface acquired from the Chang'E-2 spacecraft, as well as to NASA LROC Team and M. Robinson, PI, for permission to use unique materials of the large-scale recording of the lunar surface obtained from the LRO spacecraft. We are also grateful to Yu. G. Shkuratov for a thorough reading of the manuscript and highly useful comments.

References

[1] Gol'dshtein, M. N., Mekhanicheskie svoistva gruntov (Mechanical Properties of Soils), Moscow: Stroiizdat, 1973.

[2] Grolier, M.J., Geological Map of the Geminus Quadrangle of the Moon, U.S. Geol. Survey Misc. Geol. Inv. Map I-841, Scale 1 : 1000000, 1974.

[3] Lawrence, D.J., Feldman, W.C., and Barraclough, B.L., Global Elemental Maps of the Moon: The Lunar Prospector Gamma-Ray Spectrometer, Science, 1998, vol. 281, no. 5382, pp. 1484-1489.

[4] Lawrence, D.J., Feldman, W.C., Elphic, R.C., et al., Iron Abundances on the Lunar Surface as Measured by the Lunar Prospector Gamma-Ray and Neutron Spectrometers, J. Geophys. Res., 2002, vol. 107, no. E12, p. 5130.

[5] Le Mouelic, S., Langevin, Y., Erard, S., et al., Discrimination between Maturity and Composition of Lunar Soils from Integrated Clementine UV-Visible/Near-Infrared Data: Application to the Aristarchus Plateau, J. Geophys. Res., 2000, vol. 105, no. E4, pp. 9445-9455.

[6] LPI Clementine Mapping, Project. http://www.lpi.usra.edu/lunar/tools/clementine/2011.

[7] Lu, Y. and Shevchenko, V.V., Dry Debris Flow on the Moon: Chang'E-2 Data, Proc. 42nd Lunar and Planetary Science Conf., Woodlands, 2011, p. 1254.

[8] Lucey, P.G., Blewett, D.T., and Jolliff, B.L., Lunar Iron and Titanium Abundance Algorithms Based on Final Progcessing of Clementine Ultraviolet-Visible Images, J. Geophys. Res., 2000a, vol. 105, no. E8, pp. 20297-20305.

[9] Lucey, P.G., Blewett, D.T., Taylor, G.J., and Hawke, B.R., Imaging of Lunar Surface Maturity, J. Geophys. Res., 2000b, vol. 105, pp. 20377-20386.

[10] Pieters, C.M., Stankevich, D.G., Shkuratov, Yu.G., and Taylor, L.A., Statistical Analysis of the Links between Lunar Mare Soil Mineralogy, Chemistry and Reflectance Spectra, Icarus, 2002, vol. 155, pp. 285-298.

[11] Pieters, C., Shkuratov, Yu. Kaydash, V., et al., Lunar Soil Characterization Consortium Analyses: Pyroxene and Maturity Estimates Derived from Clementine Image Data, Icarus, 2006, vol. 184, pp. 83-101.

[12] Pinet, P.C., Shevchenko, V.V., Shevrel, S.D., et al., Local and Regional Lunar Regolith Characteristics at Reiner Gamma Formation: Optical and Spectroscopic Properties from Clementine and EarthBased Data, J. Geophys. Res., 2000, vol. 105, no. E4, pp. 9457-9475.

[13] Scott, D.H., Geological Map of the Eudoxus Quadrangle of the Moon, U.S. Geol. Survey Misc. Geol. Inv. Map I-841, Scale 1 : 1000000, 1972.

[14] Shevchenko, V.V. and Skobeleva, T.P., The Distribution of Fine Fraction of Lunar Soil Obtained by Remote Sensing, Sol. Syst. Res., 1995, vol. 29, no. 1, pp. 74-81.

[15] Shevchenko, V.V., Pinet, P.C., Chevrel, S., et al., The Avalanche Deposits in Lunar Crater Reiner, Proc. LPS-38, League City, 2007, p. 1066.

[16] Shevchenko, V.V., Pinet, P.C., Chevrel, S., et al., The Current Avalanche Deposits in Lunar Crater Reiner. LRO Data, Proc. LPS-38, League City, 2011, p. 1161.

[17] Shevchenko, V.V., Pinet, P.C., Chevrel, S., et al., Modern Slope Processes on the Moon, Sol.

Syst. Res., 2012, vol. 46, no. 1, pp. 1-17.

[18] Shkuratov Yu. G., Kaydash V. G., and Opanasenko, N. V., Iron and Titanium Abundance and Maturity Degree Distribution on Lunar Nearside, Icarus, 1999a, vol. 137, no. 2, pp. 222-234.

[19] Shkuratov, Yu. G., Kreslavsky, M. A., Ovcharenko, A. A., et al., Opposition Effect from Clementine Data and Mechanisms of Backscatter, Icarus, 1999b, vol. 141, pp. 132-155.

[20] Shkuratov, Yu. G., Stankevich, D. G., Kaydash, V. G., et al., Composition the Lunar Surface as Will Be Seen from SMART-1: Simulation Using Clementine Data, J. Geophys. Res. Planets, 2003, vol. 108, no. E4, pp. 1-12.

[21] Shkuratov, Y., Kaydash, V., Korokhin, V., et al., Optical Measurements of the Moon as a Tool to Study Its Surface, Planet. Space Sci., 2011, vol. 59, pp. 1326-1371.

[22] Starukhina, L. V. and Shkuratov, Yu. G., A Theoretical Model of Lunar Optical Maturation: Effects of Submicroscopic Reduced Iron and Particle Size Variations, Icarus, 2001, vol. 152, pp. 275-281.

[23] Wilcox, B. B., Lucey, P. G., and Hawke, B. R., Radiative Transfer Modeling of Compositions of Lunar Pyroclastic Deposits, J. Geophys. Res., 2006, vol. 111, pp. 1-11.

Laboratory verification of the Active Particle-induced X-ray Spectrometer (APXS) on the Chang'E-3 mission

Guang-Liang Zhang[1,2], Chun-Lai Li[1,2], Xiao-Hui Fu[1,2], Li-Yan Zhang[1,2], Cao Ban[1,2], Han Li[1,2], Yong-Liao Zou[1,2], Wen-Xi Peng[3], Xing-Zhu Cui[3], Cheng-Mo Zhang[3], Huan-Yu Wang[3]

[1] National Astronomical Observatories, Chinese Academy of Sciences, Beijing 100012, China; zhanggl@nao.cas.cn;

[2] Key Laboratory of Lunar and Deep Space Exploration, National Astronomical Observatories, Chinese Academy of Sciences, Beijing 100012, China;

[3] Institute of High Energy Physics, Chinese Academy of Sciences, Beijing 100049, China

Received 2014 July 22; accepted 2015 April 17

Abstract: In the Chang'E-3 mission, the Active Particle-induced X-ray Spectrometer (APXS) on the Yutu rover is used to analyze the chemical composition of lunar soil and rock samples. APXS data are only valid are only if the sensor head gets close to the target and integration time lasts long enough. Therefore, working distance and integration time are the dominant factors that affect APXS results. This study confirms the ability of APXS to detect elements and investigates the effects of distance and time on the measurements. We make use of a backup APXS instrument to determine the chemical composition of both powder and bulk samples under the conditions of different working distances and integration times. The results indicate that APXS can detect seven major elements, including Mg, Al, Si, K, Ca, Ti and Fe under the condition that the working distance is less than 30 mm and having an integration time of 30 min. The statistical deviation is smaller than 15%. This demonstrates the instrument's ability to detect major elements in the sample. Our measurements also indicate the increase of integration time could reduce the measurement error of peak area, which is useful for detecting the elements Mg, Al and Si. However, an increase in working distance can result in larger errors in measurement, which significantly affects the detection of the element Mg.

Key words: major elements: working distance — integration time — APXS: Chang'E-3 mission

1 Introduction

For a lunar (See Fu et al. 2014) or planetary mission, the Alpha Particle-induced X-ray spectrometer (APXS) is the most important instrument on the rover or lander that is used to analyze the chemical composition of soils and rocks. These kinds of instruments have been widely used in the Surveyor series of lunar missions, three generations of Mars rovers (Mars Pathfinder, Spirit and Opportunity, and Curiosity), and the British Beagle 2 lander because of their small size, low power consumption and easy sample preparation. The APXS sensor head is always mounted on the turret of the rover's robotic arm, which makes it easier to detect the soils and rocks of interest in a rover's path.

The Surveyor 5 mission was the first to conduct in-situ chemical analysis of the lunar surface with an alpha-scattering instrument based on Rutherford's alpha-particle scattering theory (Economou 2011). The successful application of this technique has also been utilized to explore Mars. Each Viking lander carried an X-Ray Fluorescence Spectrometer (XRFS) to perform elemental analysis of the Martian regolith, using ^{55}Fe and ^{109}Cd as radioactive sources. Detectable elements range from Na ($Z=11$) to Nb ($Z=41$). Probes that were part of the Venera and Vega programs analyzed major rock-forming elements by X-ray fluorescence (XRF) with the radioactive sources ^{238}Pu and ^{55}Fe.

Three generations of Mars rovers all carried an APXS-type instrument using the radioactive source ^{244}Cm as part of the science payload. The APXS on the Sojourner rover had three instrumental modes (Economou 2001). The α-mode measured the energy and intensity of back-scattered α-particles from a sample, which enabled measurement of all major and some minor rock-forming elements, except for hydrogen. The proton-mode measured the intensity of protons emitted from (α, p) reactions in the sample, which enabled measurement of the elements Na, Mg, Al, Si, S and N. The X-ray mode measured the intensities of X-rays produced from α-particles and X-rays striking the sample and enabled measurement of abundances of elements that have X-ray energies ranging from 1 to 15 keV. This enabled measurements of major and minor rock-forming elements ranging in atomic number from Na through Ni. The α-mode was also called Rutherford backscattering (RBS) while the third was Particle Induced X-ray Emission (PIXE) and XRF. Unlike the Pathfinder mission, APXSs on the Spirit and Opportunity rovers of the Mars Exploration mission (MER) did not have a proton mode. The elements detected by MER APXS in rock and soil were typically Mg, Al, Si, K, Ca, Fe and trace elements (Na, P, S, Cl, Ti, Cr) (Rieder et al. 2003; Gellert et al. 2006). APXS on the Mars Science Laboratory (MSL) Curiosity rover was an advanced version of its predecessor instrument developed for the MER mission. It employed XRF and particle-induced X-ray emission (PIXE), based on intense ^{244}Cm radionuclide sources, to conduct elemental analysis of Martian soils and rocks. For the ESA Rosetta mission, the APXS is improved based on the instrument onboard the Mars Pathfinder to provide basic compositional data about the comet's surface.

In general, the elemental composition from the X-ray data and associated least-squares fitting programs can be derived by the fundamental parameter approach that has been used to reduce alpha and proton data (Economou 2001; Gellert et al. 2006). A new fundamental parameter approach was used by Campbell et al. (2009, 2010) and it employed a spectral fitting code, GUAPX. The PIXE analysis software package GUPIX added the capability of manual simultaneous XRF analysis. The observed yield $Y(Z)$ of a specific characteristic X-ray of a given element (atomic number Z, concentration C_Z) in an APXS measurement with duration T seconds can be described by the equation

$$Y(Z) = H \cdot C_Z \cdot T \cdot k(Z) \cdot [Y_{1,\text{PIXE}}(Z,M) + \sum Y_{1,\text{XRF}}(Z,M)] \cdot t_Z \cdot \varepsilon_Z \qquad (1)$$

where $Y_1(Z, M)$ can be computed theoretically by the X-ray yield from element Z per unit concentration within a defined matrix M, per steradian of solid angle, per ion or photon. $Y_{1,\text{PIXE}}(Z, M)$ represents X-rays from the PIXE process arising from the alpha particles emitted by the APXS excitation source (^{244}Cm) and $Y_{1,\text{XRF}}(Z, M)$ represents X-rays from the XRF process arising from plutonium L X-rays from the source. t_Z is the X-ray transmission fraction through any material interposed between the detector and the surface of a sample. ε_Z is the intrinsic efficiency of the detector and its value for iron K X-rays is close to 1.0. H is the single instrumental calibration factor and can be determined in the calibration exercise. $k(Z)$ is an experimentally determined corrective function and it has values slightly different from a default value of 1.0.

In this study the GUAPX code has been used to analyze APXS spectra ofMER and MSL. Then, the fundamental parameter approach is applied to convert the intensities to elemental concentrations.

The third Chinese lunar mission, Chang'E-3 (CE-3), successfully landed on the Moon on 2013 December 14 (Ip et al. 2014). The landing site of CE-3 was located at the northern part of Mare Imbrium, which is quite close to the boundary of two disparate geological units (Li et al. 2014; Liu et al. 2014b; Ren et al. 2014). APXS wasmounted on the rover's robotic armand began operating on the Moon. APXS's scientific objective was to perform an in-situ analysis of the chemical compositions of lunar soils and rocks during the exploration by the rover, named Yutu (Fu et al. 2014; He et al. 2014; Liu et al. 2014a). The APXS spectra were generated via both XRF and PIXE, which is the same process as used by the APXS-type instrument on MSL. Instead of ^{244}Cm, a combination of elements with ^{55}Fe (4×, 70mCi each) and ^{109}Cd (4×, 2.5 mCi each) was chosen as radioactive sources for the APXS on Yutu (Peng et al. 2014). When X-rays and alpha particles interact with atoms in a surface material, they knock electrons out of their orbits, producing an energy release by emitting X-rays that can be measured with a silicon drift detector. An element and its concentration can be identified by analyzing its peak energy and intensity.

In terms of quantitative analysis, the measured X-ray intensities are converted into values representing the concentration of elements. This issue is rather complicated because the measured intensities depend not only on the element concentration but also on matrix effects, sample type (solid, liquid or powder samples), shape and thickness of the analyzed sample, and measurement conditions such as geometrical setup of the spectrometer (Ji et al. 2005; Liang et al. 2013). According to the principle of APXS, the data are only valid if the sensor head gets close to the target and integration time lasts long enough (Tan et al. 2014). Therefore, working distance and integration time in each APXS acquisition are the dominant factors that affect results generated by APXS. Matrix effects and sample shape and thickness are not involved in this study. In order to test the ability of APXS to detect elements and investigate the influence of distance and time, we used a backup APXS instrument to determine the chemical composition of powder and bulk samples with different working distances and integration times.

In this article, Section 2 gives the experiment procedure, Section 3 provides a description of data processing methods used and Section 4 draws conclusions.

2 Apxs Ground Test

2.1 Experimental Setup

The experiments were carried out at the Institute of High Energy Physics, Chinese Academy of Sciences. The essential facilities include vacuum equipment, a Network Interface Module (NIM) chassis, a DC regulated power supply, a PortableMulti-Channel Analyzer (PMCA), a movable platform with sample stage, and a computer. The measurements were performed in a vacuum. The sensor head was mounted on the movable platform. Then both of them were placed in the vacuum chamber. The NIM bin and DC regulated power supply provided the power to the sensor head. PMCA collected the data and imported them to the computer. The level of radioactivity of the source ^{55}Fe was 300 mCi in May 2013 and the value of ^{209}Cd was 22 mCi in February 2013. On the day that the experiment was conducted (2014 April 24), the levels of radioactivity for ^{55}Fe and ^{209}Cd were 233.8 and 19.4mCi respectively.

2.2 Sample Preparation

The starting materials were samples of bulk basalt and powder lunar simulant used in these experiments. Cenozoic basalts were picked from Damiao town, Hebei province, China. The size of the bulk basalt sample was $13 \times 13 \times 2$ cm^3 (Fig. 1 left). It mostly consisted of plagioclase and pyroxene and contained some magnetite as an accessory mineral that was identified in hand specimens and a thin section of rock.

The powder samples were made of crushed basalt and phosphorous. The median diameter of powdered samples ranged from 40 to 100 μm. The loose powder was packed in a round aluminum container with a planar surface for APXS analysis (Fig. 1 right).

Fig. 1　Bulk basalt (left) and powder (right) samples used in the present study.

Chemical compositions of the powder samples were analyzed by XRFSs in three different institutes and the results are listed in Table 1.

Table 1　Chemical Compositions of the Powder Samples

Institute	Major element concentration(%)									
	Na	Mg	Al	Si	P	K	Ca	Ti	Mn	Fe
Institute of Geophysics and Geology	2.19	5.48	7.17	20.52	0.327	1.68	6.53	1.54	0.132	9.63
Langfang Geo-analysis Center	2.21	5.58	7.16	20.62	0.333	1.69	6.54	1.55	0.135	9.5
Beijing Research Institute of Uranium Geology	2.19	5.45	7.12	20.59	0.336	1.72	6.61	1.56	0.132	9.57
Average	2.2	5.5	7.15	20.58	0.33	1.7	6.56	1.55	0.13	9.57

2.3　Experimental Procedures

The APXS sensor head and movable platform were installed in the vacuum chamber (the white object in the middle of Fig. 2). As required, we connected the NIM bin, DC regulated power supply, PMCA and computer. The sample was placed on the sample

Fig. 2　The APXS sensor head and movable platform in the vacuum chamber.

stage of the movable platform, which could control the distance between the sample and sensor head. The head was normal to the surface of the sample. After the door of the vacuum chamber was closed, the vacuum pumping equipment began operation. When pressure in the chamber dropped to 10 Pa, we could stop pumping and start APXS detection. At the same time, we recorded the time when detections with APXS were made. The counting data could be displayed real-time on the computer. Table 2 lists the working distance and integration time of the bulk basalt and powder samples.

Table 2　The Working Distance and Integration Time of the Powder Samples and Bulk Basalt

	Sample	Working distance (mm)	Integration time (min)
1	Powder samples with different times	30	10
2		30	20
3		30	30
4		30	45
5		30	60
6		30	90
7	Powder samples with different working distances	10	30
8		20	30
9		30	30
10		40	30
11		50	30
12		70	30
13		90	30
14		110	30
15	Bulk basalt	30	30

2.4　Data Processing

The first step for APXS data processing is to convert the channel number of each spectrum to X-ray energy (Fig. 3). The temperature of the APXS sensor will vary according to the ambient temperature on the lunar surface (Wu et al. 2012). In order to avoid an inevitable change in the detector response with temperature, a traditional but effective calibration includes a gain (keV/Channel) that varies as a function of temperature and an offset yielding the relationship. It can be expressed as

$$E = C \cdot G + O \tag{2}$$

where E is the energy of a characteristic X-ray from an element, C is the channel number of each spectrum, G is a function of temperature and O is the offset of temperature.

We can pick several well-known peaks in the spectrum and build the relationship between peak center and energy of a characteristic X-ray from an element. The gain and offset can be calculated with the least-squares method.

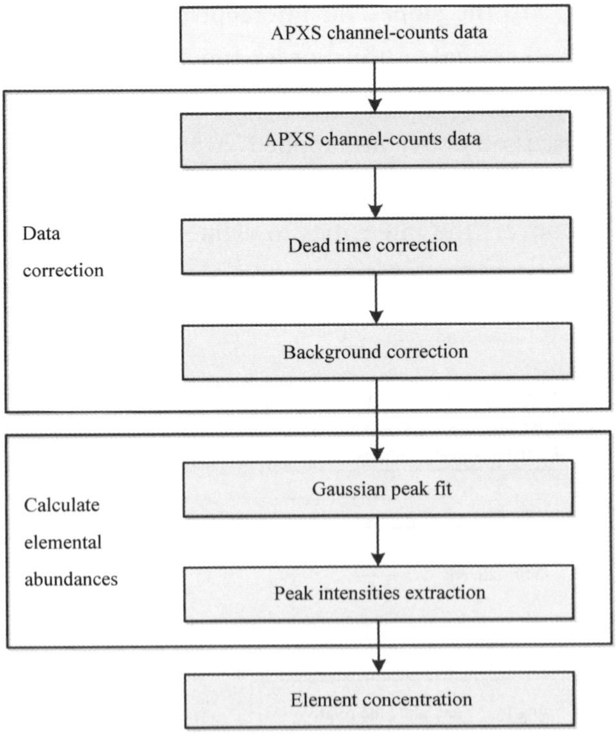

Fig. 3　APXS data processing procedure.

The second step is the dead time correction (Fig. 3). We can obtain a minimum time when a detector that responds sequentially for individual events requires a minimum amount of time that should separate two events so that these events can be recorded as two separate events. Thisminimum time is called the "dead time" (Fu et al. 2014). The value of dead time was set in the main electronics unit during development of the instrument. Dead time correction can be calculated with the following equation (Fu et al. 2014)

$$C_1 = \frac{C_0}{8 - t \cdot C_0} \tag{3}$$

where C_0 is the counts from each channel before dead time correction, C_1 is the counts after correction, and t is the dead time of the APXS detector. Note that t is an engineering parameter that is related to the detector in APXS. Ground engineering software will parse out the parameters displayed on the screen. The value displayed on the interface was 12.5 μs. In order to facilitate the calculation and verification, t was set to 12.5 μs in the test data processing according to the characteristics of the backup APXS instrument.

The third step is background correction (Fig. 3). A background function is usually applied to subtract the background from a spectrum. For narrow peaks, a linear background function can be used. It can be expressed as

$$L(i, B) = b_1 + b_2 i \tag{4}$$

where L is a linear background function for the fitted counts of each channel, i is the channel, and b_1 and b_2 are the slope and intercept of the line respectively. For wide peaks and a nonlinear background, a third order function is used. It can be expressed as

$$L(i,B) = b_1 + b_2 i + b_2 i^2 \tag{5}$$

After the corrections discussed above are applied, we used the Origin program to fit the Gaussian peaks and calculate peak areas as intensities. Then the fundamental parameter approach is applied to convert the intensities to elemental concentrations in Figure 4.

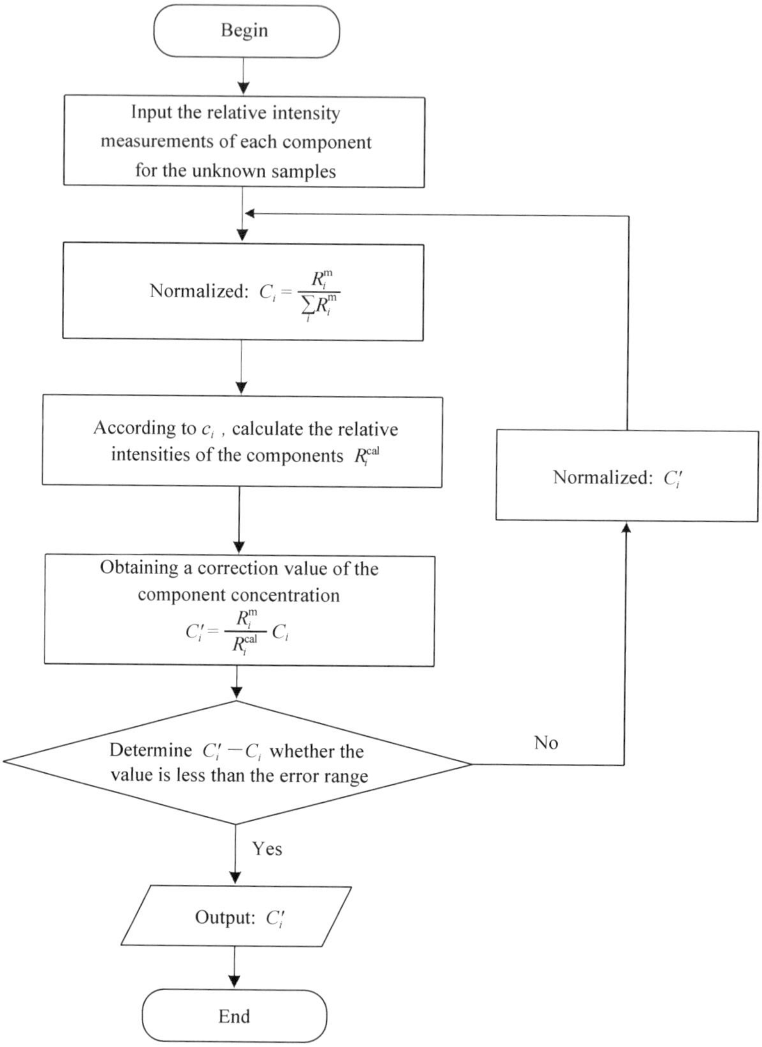

Fig. 4　A flow chart illustrating the fundamental parameter approach for converting the intensities to elemental concentrations.

In Figure 4, R_i^m is the relative intensity measurement of a component in an unknown sample. It can be expressed as

$$R_i^m = \frac{I_i^m}{I_{i,s}^m} \tag{6}$$

where I_i^{m} is the intensity measurement of a given component in the unknown sample and $I_{i,s}^{\mathrm{m}}$ is the intensity measurement of a given component in a standard sample.

In Figure 4, R_i^{cal} is the theoretical value of relative intensity of a given component in the unknown sample. It can be expressed as

$$R_i^{\mathrm{cal}} = \frac{I_i^{\mathrm{cal}}}{I_{i,s}^{\mathrm{cal}}} \tag{7}$$

where I_i^{cal} is the theoretical value of intensity for a given component in the unknown sample and $I_{i,s}^{\mathrm{cal}}$ is the theoretical value of intensity for a given component in the standard sample.

According to APXS data processing and methods in Figure 4, we analyzed and calculated the APXS test data. Tables 3-6 list the elemental types and concentrations of the test samples. Using the elemental concentrations in Table 1 as standard values, we calculated the statistical deviation and assess the accuracy of APXS analyses. In the study, the statistical deviation is used as the evaluation indicator.

$$D = \left| \frac{A_{\mathrm{APXS}} - A_{\mathrm{stad}}}{A_{\mathrm{stad}}} \right| \times 100\% \tag{8}$$

where D is the relative error, A_{APXS} is the elemental concentration analyzed by APXS, and A_{stad} is the elemental concentration analyzed by XRF in a lab as the reference.

3　Results and Analysis

3.1　Results of the Powder Samples with Different Integration Times

Figure 5 shows the channel count data of powder samples with different integration times. Seven elements were identified from the spectrum, including Mg, Al, Si, K, Ca, Ti and Fe. We performed an iterative least-squares fit of a single Gaussian peak and calculated the area of each peak and its statistical deviation.

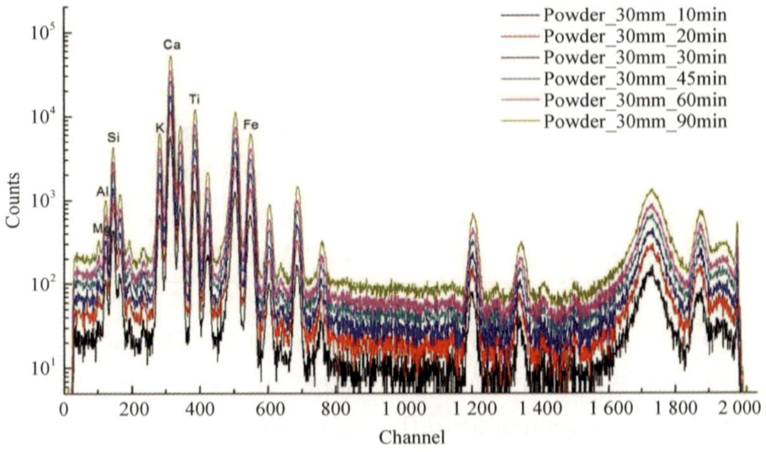

Fig. 5　APXS spectra of the powder samples with different integration times.

Table 3 lists the peak areas and statistical deviations of seven elements. To investigate correlations between them, the data are plotted in Figure 6. Note that the statistical deviation decreases as the integration time increases. The peaks of the light elements, Mg, Al and Si, are significantly improved by increasing integration time. This indicates that when APXS works on the Moon, a sufficient integration time is necessary for precise APXS results and it also helps in the identification of light elements Mg, Al and Si. These results verify the linearity of the APXS detector.

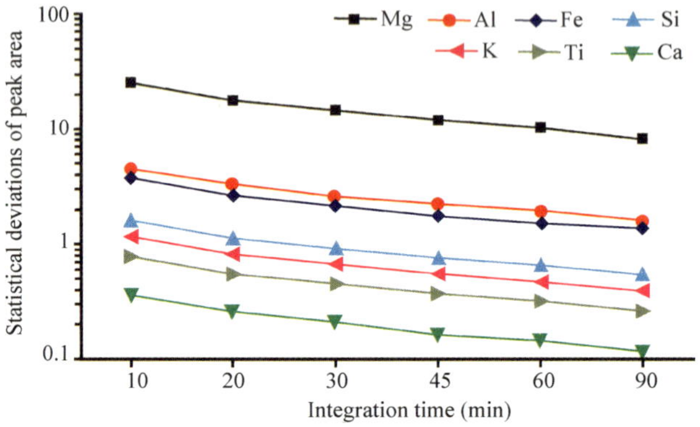

Fig. 6 The statistical deviations of peak area correlated with integration time.

Table 3 Peak Areas and Their Statistical Deviations with Different Integration Times

	Integration time (min)	Mg	Al	Si	K	Ca	Ti	Fe
Peak area (counts)	10	119	853	4643	8240	72217	16859	1291
	20	337	1695	9601	16932	147965	34685	2568
	30	430	3014	14355	25618	223833	52399	4005
	45	651	3679	21578	38425	337489	79153	6173
	60	831	4975	28778	51486	451800	105664	8311
	90	1319	9048	43201	76790	679017	159062	12243
Statistical deviations(%)	10	24.99	4.68	1.61	1.16	0.36	0.78	3.74
	20	17.67	3.31	1.14	0.82	0.26	0.55	2.65
	30	14.43	2.7	0.93	0.67	0.21	0.45	2.16
	45	11.78	2.2	0.76	0.55	0.17	0.37	1.76
	60	10.2	1.91	0.66	0.47	0.15	0.32	1.53
	90	8.17	1.59	0.54	0.39	0.12	0.26	1.41

The elemental concentrations are obtained using the fundamental parameter approach. Compared with standard values, we found that increasing the integration time showed a different behavior compared to the elemental concentration results. The statistical deviations of Mg concentration under the integration times 10, 20 and 30 min are respectively 13.33%, 14.63% and 0.37% (Table 4). It means that the increase in integration time did improve the accuracy of the detected Mg concentration.

Table 4　Elemental Concentrations Detected by APXS with Different Integration Times

	Integration time(min)	Mg	Al	Si	K	Ca	Ti	Fe
Elemental concentration (%)	10	4.68±1.17	7.40±0.35	19.45±0.31	1.65±0.02	10.27±0.04	1.44±0.01	8.47±0.32
	20	6.19±1.09	7.09±0.23	19.22±0.22	1.61±0.01	9.92±0.03	1.38±0.01	7.88±0.21
	30	5.38±0.78	7.12±0.19	19.25±0.18	1.63±0.01	10.11±0.02	1.41±0.01	8.52±0.18
	45	5.45±0.64	6.90±0.15	19.28±0.15	1.64±0.01	10.18±0.02	1.43±0.01	8.60±0.15
	60	5.23±0.53	6.97±0.13	19.29±0.13	1.65±0.01	10.23±0.02	1.43±0.00	8.69±0.13
	90	5.47±0.45	7.10±0.11	19.20±0.10	1.62±0.01	10.16±0.01	1.42±0.00	8.48±0.12
Statistical deviations (%)	10	13.33	16.54	8.3	10.00	6.2	5.88	2.42
	20	14.63	11.65	7.02	7.33	2.59	1.47	4.72
	30	0.37	12.13	7.18	8.67	4.55	3.68	3.02
	45	0.93	8.66	7.35	9.33	5.27	5.15	3.99
	60	3.15	9.76	7.41	10.00	5.79	5.15	5.08
	90	1.3	11.81	6.9	8.00	5.07	4.41	2.54

3.2　Results of Powder Samples with Different Working Distances

Figure 7 shows the channel counts data of powder samples with different integration times. Seven elements were identified from the spectrum, including Mg, Al, Si, K, Ca, Ti and Fe. We performed an iterative least-squares fit of a single Gaussian peak and calculated the area of each peak and its statistical deviation (Table 5).

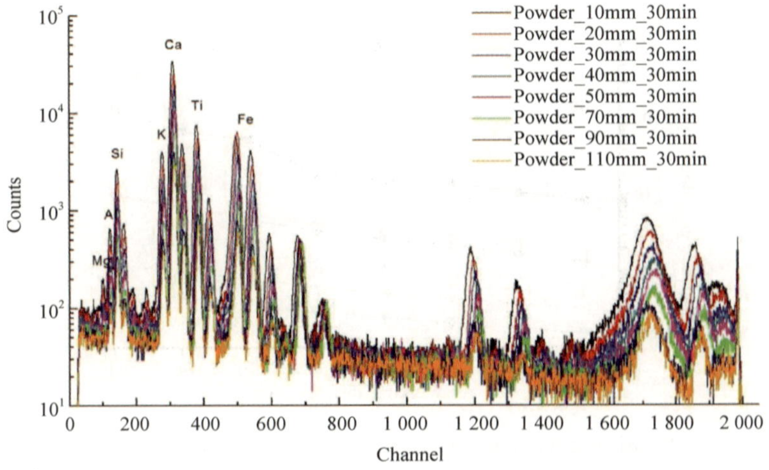

Fig. 7　APXS spectra of powder samples with different working distances.

Figure 8 shows that the peak area and its statistical deviation change with increasing working distance. We noted that the statistical deviations increase with working distance. The distance affected light elements (Mg, Al and Si) more significantly. This suggests that when APXS works on the Moon, the sensor head must be close to the target in order to obtain precise APXS results and it also helps the identification of light elements Mg, Al and Si.

Table 5 Peak Areas and Their Statistical Deviations with Different Working Distances

	Working distance(mm)	Mg	Al	Si	K	Ca	Ti	Fe
Peak area (counts)	10	870	5997	29135	52176	455752	107570	9356
	20	590	4041	20056	36261	319341	75731	6177
	30	430	3014	14355	25618	223833	52399	4005
	40	358	2180	10614	18950	168041	39554	2974
	50	269	1694	7927	14160	126059	29646	2048
	70	95	1073	5089	9120	78817	18619	1378
	90	66	899	3486	6028	53539	12717	932
	110	34	488	2288	4364	38167	8953	614
Statistical deviations(%)	10	8.52	1.82	0.64	0.47	0.15	0.32	1.28
	20	10.98	2.27	0.78	0.57	0.18	0.38	1.66
	30	14.43	2.7	0.93	0.67	0.21	0.45	2.16
	40	15.8	3.4	1.11	0.8	0.25	0.53	2.59
	50	18.91	4.03	1.31	0.96	0.29	0.63	3.39
	70	53.37	5.62	1.7	1.24	0.36	0.8	4.69
	90	68.46	6.16	2.15	1.62	0.45	1	6.92
	110	129.7	10.08	2.89	1.96	0.53	1.23	9.87

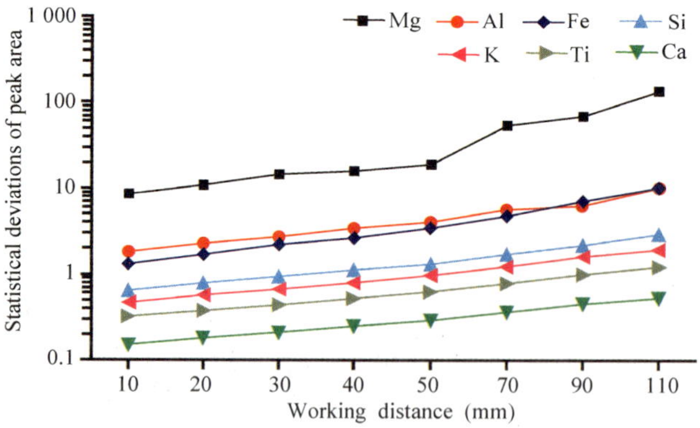

Fig. 8 The statistical deviations of peak areas correlated with working distances.

According to Poisson statistics, the statistical deviation of total counts should be proportional to distance. The results of the statistical deviations of peak areas correlated with working distances shown in this plot deviate from an ideal linear relationship (Fig. 8). This indicates that there are other factors that affect the distance dependence on counts. In order to obtain reliable data, we employed the distance sensor in the front of the backup

APXS sensor head from the CE-3 mission. The working distance (d) can be calculated based on the counting rate data in an in-situ detection model. Fu et al. (2014) describe an empirical, fourth-order polynomial relationship between the count rate and distance in detail. The polynomial fitting equation is expressed as follows (Fu et al. 2014): $d = (P_0 + P_1C + P_2C^2 + P_3C^3 + P_4C^4)$, where P_i is the parameter of the fourth-order polynomial fitting equation and C is the counting rate collected when the sensor head is positioned in the designated location.

Table 6 shows the elemental concentrations and their associated statistical deviations. We found that the working distance exhibits a different effect on these elements. The errors in Mg and Al concentrations increase with working distance. The Mg peak cannot be identified when the distance is more than 50 mm. However, the error in Si concentration decreases with working distance. Errors from other elements do not show any correlations with increasing working distance.

Table 6　Elemental Concentrations Detected by APXS with Different Working Distances

	Working distance(mm)	Mg	Al	Si	K	Ca	Ti	Fe
Elemental concentration (%)	10	5.42±0.46	6.61±0.12	19.15±0.12	1.63±0.01	9.99±0.01	1.4±0.00	9.5±0.12
	20	5.38±0.59	6.51±0.15	19.23±0.15	1.65±0.01	10.19±0.02	1.44±0.01	9.27±0.15
	30	5.45±0.79	6.77±0.18	19.31±0.18	1.63±0.01	9.95±0.02	1.38±0.01	9.04±0.20
	40	6.06±0.96	6.62±0.23	19.22±0.21	1.62±0.01	10.02±0.03	1.4±0.01	8.56±0.22
	50	6.03±1.14	6.8±0.27	19.02±0.25	1.59±0.02	9.89±0.03	1.37±0.01	8.84±0.30
	70	/	6.78±0.38	19.26±0.33	1.62±0.02	9.76±0.04	1.36±0.01	7.99±0.37
	90	/	7.76±0.48	18.29±0.39	1.43±0.02	8.76±0.04	1.2±0.01	6.95±0.48
	110	/	7.86±0.79	17.8±0.51	1.54±0.03	9.45±0.05	1.3±0.02	7.07±0.70
Statistical deviations (%)	10	0.37	4.09	6.63	8.67	3.31	2.94	14.87
	20	0.37	2.52	7.07	10.00	5.38	5.88	12.09
	30	0.93	6.61	7.52	8.67	2.90	1.47	9.31
	40	12.22	4.25	7.02	8.00	3.62	2.94	3.51
	50	11.67	7.09	5.9	6.00	2.28	0.74	6.89
	70	/	6.77	7.24	8.00	0.93	0.00	3.39
	90	/	22.2	1.84	4.67	9.41	11.76	15.96
	110	/	23.78	0.89	2.67	2.28	4.41	14.51

3.3　Comparison of Bulk Basalt and Standard Sample

Figure 9 shows the APXS spectra of bulk basalt. The working distance is 30mm and integration time is 30min. Table 7 shows the elemental concentrations of bulk basalt detected by APXS. Seven elements are identified, including Mg, Al, Si, K, Ca, Ti and

Fe. Compared with chemical compositions analyzed by XRF in a laboratory, the statistical deviation of major elements is smaller than 15%.

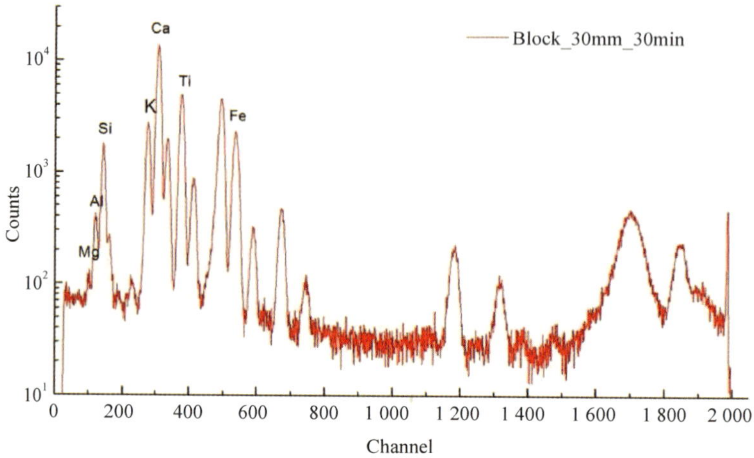

Fig. 9 APXS result of bulk basalt with a distance of 30mm and integration time of 30 min.

Table 7 Elemental Concentrations of Bulk Basalt

	Mg	Al	Si	K	Ca	Ti	Fe
Peak area	484	4359	19638	36823	186832	71371	4709
Statistical deviation of APXS results(%)	13.01	2.2	0.79	0.57	0.24	0.39	2.48
Concentration(%)	4.8±0.62	8.06±0.18	21.26±0.17	1.95±0.01	6.91±0.02	1.46±0.01	8.5±0.21
Standard value(%)	5.5±0.04	7.1±0.02	20.58±0.03	1.7±0.02	6.56±0.03	1.55±0.01	9.57±0.04
Statistical deviation	12.70%	13.50%	3.30%	14.70%	5.30%	5.80%	11.20%

4 Conclusions

In the present study, we tested the ability of the APXS to detect elements and investigated the effects of distance and time in measurements with the backup APXS instrument from the Yutu rover. The results indicate that APXS could detect seven major elements, including Mg, Al, Si, K, Ca, Ti and Fe, with a working distance of less than 30 mm and an integration time of 30 min. The analytical accuracy is better 15%. These tests verify the detection ability of the instrument for major elements in the sample. This study also compares the measurements with differentworking distances and integration times. The results suggest that an increase in integration time could reduce the measurement error of peak area, which helps in the detection of Mg, Al and Si. However, the increase in working distance could result in larger errors in measurement, which significantly influence the detection of element Mg. When the distance is more than 50 mm, APXS cannot detect the element Mg.

References

[1] Campbell, J. L., Andrushenko, S. M., Taylor, S. M., & Maxwell, J. A. 2010, Journal of Geophysical Research (Planets), 115, 4009.

[2] Economou, T. 2001, Radiation Physics and Chemistry, 61, 191.

[3] Economou, T. 2011, History of Applications of Radioactive Sources in Analytical Instruments for Planetary Exploration. Radioisotopes-Applications in Physical Sciences, ed. N. Singh, 155.

[4] Fu, X.-H., Li, C.-L., Zhang, G.-L., et al. 2014, RAA(Research in Astronomy and Astrophysics), 14, 1595.

[5] Gellert, R., Rieder, R., Br¨uckner, J., et al. 2006, Journal of Geophysical Research (Planets), 111, 2.

[6] He, Z.-P., Wang, B.-Y., Lu, C., et al. 2014, RAA(Research in Astronomy and Astrophysics), 14, 1567.

[7] Ip, W.-H., Yan, J., Li, C.-L., et al. 2014, RAA(Research in Astronomy and Astrophysics), 14, 1511.

[8] Ji, A., Tao, G. Y., Zhuo, S. J., & Luo, L. Q. 2005, X-Ray Fluorescence Spectrometry Analysis (in Chinese) (Beijing: Science Press).

[9] Li, C.-L., Mu, L.- L., Zou, X.-D., et al. 2014, RAA(Research in Astronomy and Astrophysics), 14, 1514.

[10] Liang, X. H., Wu, M. Y., Wang, H. Y., et al. 2013, Spectroscopy and Spectral Analysis (in Chinese), 33, 1360.

[11] Liu, B., Li C.-L., Zhang, G.-L., et al. 2014a, RAA(Research in Astronomy and Astrophysics), 14, 1578.

[12] Liu, J.-J., Yan, W., Li, C.-L., et al. 2014b, RAA(Research in Astronomy and Astrophysics), 14, 1530.

[13] Peng, W. X., Wang, H. Y., Cui, X. Z., et al. 2014, in Lunar and Planetary Science Conference, 45, 1699.

[14] Ren, X., Li C.-L., Liu, J.-J., et al. 2014, RAA(Research in Astronomy and Astrophysics), 14, 1557.

[15] Rieder, R., Gellert, R., Brückner, J., et al. 2003, Journal of Geophysical Research (Planets), 108, 8066.

[16] Tan, X., Liu, J.-J., Li, C.-L., et al. 2014, RAA(Research in Astronomy and Astrophysics), 14, 1682.

[17] Wu, M. Y., Wang, H. Y., Peng, W. X., et al. 2012, Spectroscopy and Spectral Analysis (in Chinese), 32, 1965.

On-orbit calibration of soft X-ray detector on Chang'E-2 satellite

XIAO Hong(肖虹), PENG Wen-Xi(彭文溪)[1], WANG Huan-Yu(王焕玉)[1], CUI Xing-Zhu(崔兴柱), GUO Dong-Ya(郭东亚)

(Institute of High Energy Physics, CAS, Beijing 100049, China)

Abstract: The X-ray spectrometer is one of the satellite payloads on the Chang'E-2 satellite. The soft X-ray detector is one of the devices on the X-ray spectrometer, designed to detect the major rock-forming elements within the 0.5-10 keV range on the lunar surface. In this paper, energy linearity and energy resolution calibration is done using a weak ^{55}Fe source. Temperature and time effects are found not to give a large error. The total uncertainty of calibration is estimated to be within 5% after correction.

Key words: SXD, calibration, on-orbit

PACS: 95.55.Pe, 95.85.Nv   DOI: 10.1088/1674-1137/39/10/106002

1 Introduction

Following the precursor Chang'E-1 (CE-1) satellite, a second Chinese lunar spacecraft, Chang'E-2 (CE-2), was launched on October 1, 2010. The CE-2 spacecraft resembles the CE-1 mission but with improved instrument performance. With the onboard instruments, a huge amount of lunar scientific data was obtained successfully during the CE-2 mission.

The X-ray spectrometer (XRS) is one of the scientific payloads on CE-2. The XRS is composed of a lunar X-ray detector (LXD) and solar X-ray monitor (SXM), as shown in Fig. 1(a). The SXM is mainly used to monitor the solar X-ray flux and energy spectrum. The LXD (layout shown in Fig. 1(b)) comprises two perpendicular arrays. Each array includes two soft X-ray detectors (SXD) which are used to detect fluorescent X-rays within 1-10 keV on the lunar surface, and eight hard X-ray detectors (HXD), which are used to detect X-rays on the lunar surface within the energy range 25-60 keV. Si-PIN X-ray sensors are used in each detector unit, which are equipped with bias circuits, charge sensitive preamplifiers and main amplifier circuits, while each detector unit works

① Supported by National Science Foundation of Ministry of Education independently from the other. In order to monitor the performance variation of SXD, a weak ^{55}Fe source (~1 μCi) was glued inside the collimator close to the Be window, also as shown in Fig. 1(b). Table 1 shows the specification of the SXDs[1].

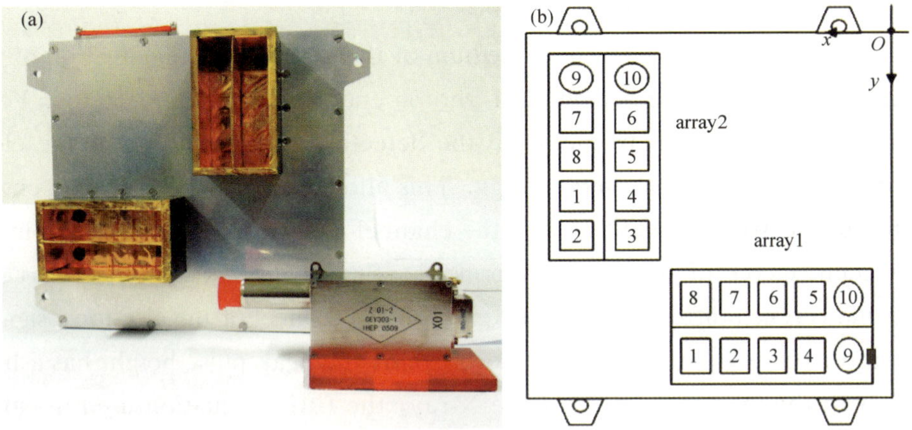

Fig. 1　(color online) (a) X-ray spectrometer on CE-2(left: lunar X-ray detector (LXD); right: solar X-ray monitor (SXM)); (b) LXD structure (circle is SXD, rectangle is HXD, blue rectangle is ^{55}Fe source).

Table 1　SXD specifications

parameters	values
component	soft X-ray detector(SXD)
objective	lunar X-ray fluorescence
detector	Si-PIN * 4 chips
filter	12.5 μm beryllium
energy range	0.5 – 10 keV
effective area	1 cm^2
energy resolution	300 eV@5.9 keV
ADC	10 bits

The scientific goal of the XRS is to obtain the abundance distribution of the major rock-forming elements (Mg, Al, Si, Ca, Ti, Fe and etc.) on the lunar surface. Precise results can be obtained by accumulating the data in each area of the lunar surface to get enough statistics, but first energy calibration should be done. Energy calibration generally includes calibration of energy linearity and energy resolution. The result of on-orbit calibration using ^{55}Fe source will be introduced in this article [2].

2　On-orbit calibration of energy linearity and resolution calibration

The CE-2 satellite went into circumlunar orbit on October 2nd, 2010. The X-ray spectrometer data was transferred to the ground-based system from October 15th, 2010. About 7 months' data was obtained for this analysis, including data on longitude, latitude, height, quality state and so on. In this section, we select good quality events from Oct. 18th, 2010 to Oct. 20th, 2010 for the on-orbit calibration analysis, when solar flare level was higher than C5 (solar flares higher than 5×10^{-6} W/m^2 between 1 and 8 angstroms detected by NOAA satellites) [3].

X-rays lose energy in the sensitive medium of the detector. The detection of incident photon energy is actually the detection of photon energy lost in the detector. For X-ray photons which deposit all their energy in the detector, the amplitude of the electronic signal represents the incident X-ray energy. This allows the relation between energy and channel to be directly obtained, so then the channel-count spectrum can be converted to an energy-count spectrum. In short, the principle of energy linearity calibration is calibrating the correlation between different X-ray energies and the channel of the electronic signal.

Normally, for a silicon X-ray detector system, the peak pulse height has a linear relationship with the incident energy of the X-ray, the fitting equation used in calibration of the energy-channel curve is

$$E = K \times ch + \Delta E = K_1 \times ch + C_1 \qquad (1)$$

where ch is the channel, E is the incident X-ray energy, K is the slope, and ΔE is the intercept [4].

In the energy spectrum, the full energy peaks of rockforming elements on the lunar surface (Mg, Al, Si, Ca, Ti, Fe etc.) and Mn excited by the ^{55}Fe source can be obtained. Considering the energy resolution and line intensity, the full energy peaks of Ca, Mn and Fe are chosen to be fitted with a Gaussian to do the energy linearity and resolution calibration. The fitting result of one detector (SXD Array1-9) is shown in Fig. 2.

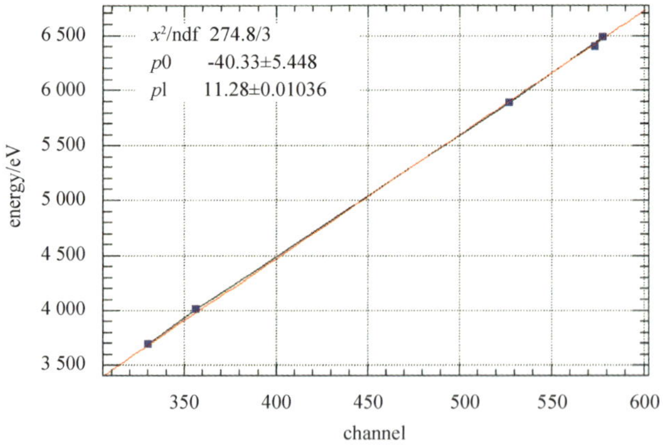

Fig. 2 (color online) Energy linearity calibration of SXD array 1-9, showing the correlation between channel and energy.

The energy resolution of a detector is usually evaluated by the FWHM of the full energy peak. The full energy spectrum of monoenergetic X-rays in an X-ray spectrometer is a Gaussian spectrum from theoretical estimation and calibration experiment analysis. The energy spectrum of the Si-PIN detector can therefore be fitted with a Gaussian distribution.

The energy resolution of the X-ray spectrometer can be influenced by two factors. One is the statistical fluctuation of random processes in ionization, and the other is noise generated by the electronics system.

The first factor (ΔE_1) is related to the incident X-ray energy, and the relationship can be described by the function $\Delta E_1 = (KE)^{1/2}$.

The second factor (ΔE_2) has nothing to do with the incident X-ray energy. According to the error propagation equation, the FWHM can be expressed as:

$$FWHM = \sqrt{\Delta E_1^2 + \Delta E_2^2} = \sqrt{K \times E + \Delta E^2} \quad (2)$$

$$FWHM^2 = K \times E + \Delta E^2 = K_2 \times E + C_2 \quad (3)$$

Equation (3) is used in fitting the energy resolution curve.

Figure 3 is the fitting result of energy resolution calibration showing the correlation between energy and FWHM.

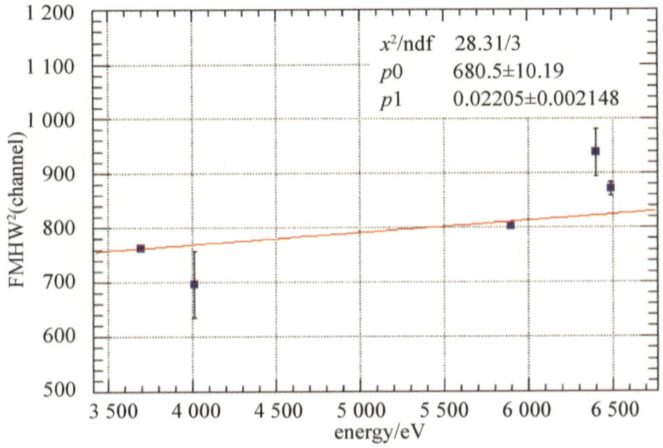

Fig. 3 (color online) Energy resolution calibration result plot for SXD array 1-9.

Energy linearity and energy resolution calibration of the soft X-ray detectors are calibrated independently, with the detailed fit result shown in Table 2.

Table 2 On-orbit calibration of energy peak and energy resolution

fit result	E vs. channel		$FWHM^2$ vs. E	
	K_1	C_1	K_2	C_2
array19	11.28±0.01	−40.33±5.45	0.0221±0.0021	680.50±10.19
array2-9	10.97±0.003	−22.86±1.42	0.0386±0.0083	637.70±28.94

3 On-orbit calibration using radioactive sources and calibration uncertainties

Because of the different environment in space, the calibration results will be different. There are two factors affecting the on-orbit performance of the SXD: in the short term, the performance changes with the orbit; and in the long term degradation caused by space radiation damage.

The main mechanisms of space radiation damage to silicon detectors are total dose effects and displacement effects. Both effects will cause an increase in the dark current and decrease in the energy resolution. In a circumlunar orbit, space radiation is mainly from galactic cosmic rays, energetic solar particles and high energy electrons.

Through on-orbit calibration data with the weak ^{55}Fe radioactive source (which only affects SXD array 1-9), the orbit-variation and time-variation of SXD performance are analyzed in this section.

Due to there being active temperature control systems, signal fluctuation of the SX-Ds is almost unaffected by the outside temperature, but the electronic noise increases as the temperature increases. The energy resolution of the detector will deteriorate as the temperature increases.

There are three thermal sensors (TMR130, TMR146 and TMR147) on the X-ray spectrometer, which can detect the temperature of the solar X-ray monitor, lunar X-ray detector and electronics crate respectively. However, the temperature of TMR146 is the temperature of the X-ray spectrometer shell, and there is an unknown temperature gradient in the vacuum environment, so it does not give the exact temperature of the temperature sensitive device. The parameter of the back-end electronics though will change over time. So the temperature of TMR146 is just taken as a reference.

Because CE-2 is a polar orbit satellite, the orbital period is about 127 minutes, and there is no big change in longitude in every cycle (only about 1°). We then find there is a positive relation between the temperature of TMR146 and the latitude; as an example, about 6 hours of data from Oct 20th, 2010 are shown in Fig. 4 for comparison. We select the data in a fixed latitude range, and then divide the data into several longitude bins to see the change[5].

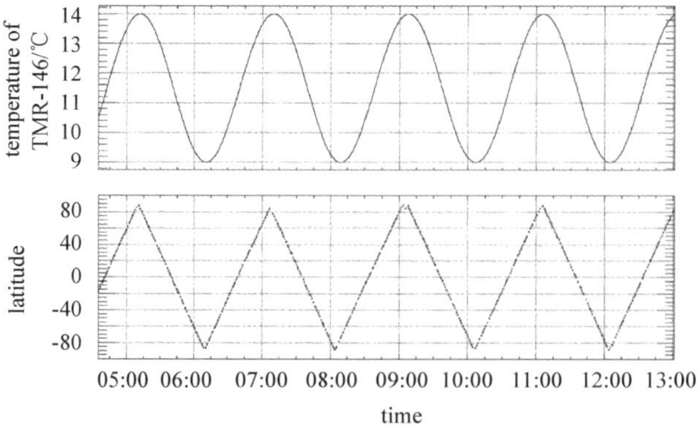

Fig. 4　Relationship between temperature and latitude on Oct 20th, 2010 (top: temperature of TMR-146 vs. time bottom: latitude vs. time).

Powerful solar flares will affect the calibration result, so we first select the data with solar flare level lower than C5. Because temperature is related to longitude and latitude, small $30^\circ \times 30^\circ$ grids (longitude 12 bins, latitude 6 bins) are analyzed to eliminate the temperature effect, assuming there is negligible change in temperature in any given grid. The time effect is first checked, with the Mn peak in every single grid in every month separately fitted as shown in Fig. 5(a). The relation between calibration and time is shown in detail in Fig. 5(b). The plot shows six months' data, with every point the result of one month's data fit, there appears to be no regular trend in the figure. Because of the different environment, the average energy resolution (about 28 channels) onorbit became a little larger than the ground-based result (about 26 channels), as we expected. The latitude is then fixed in the range 60° to 90° to see the calibration change while the longitude changes, as shown in Fig. 5(c). The upper limit of each point indicates the

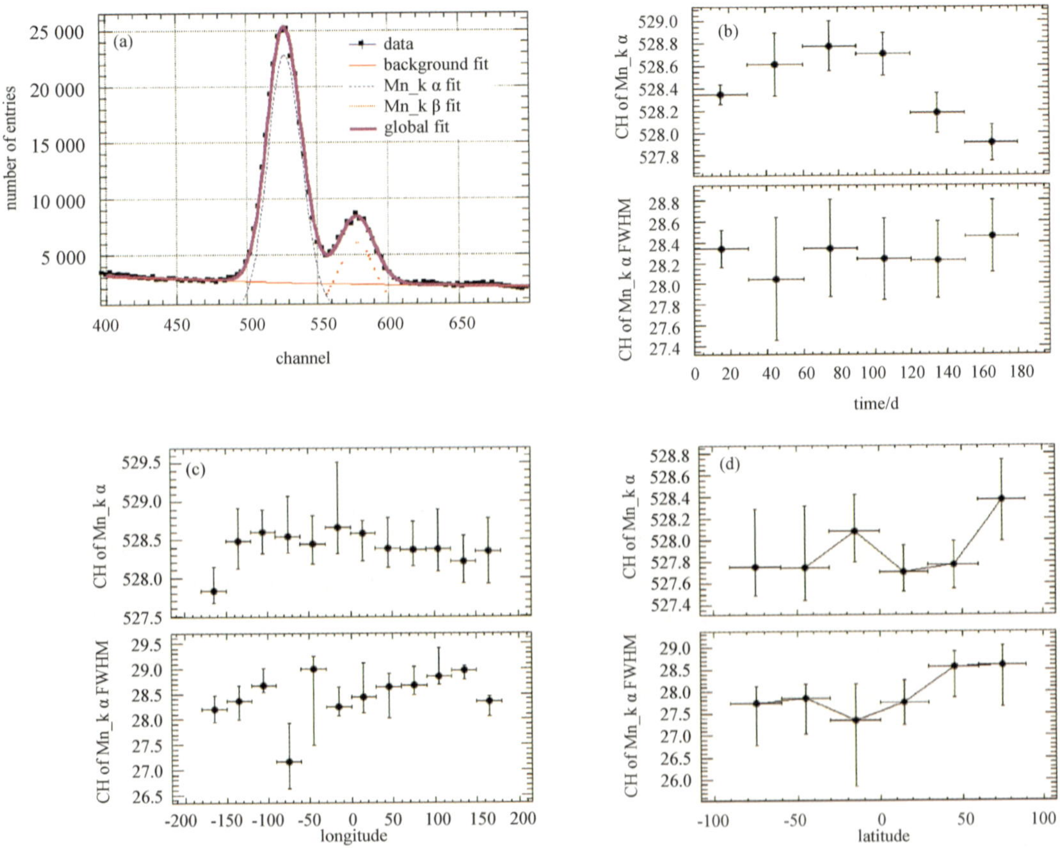

Fig. 5 (color online) (a) ^{55}Fe full energy peak fit example in one of the $30^\circ \times 30^\circ$ grids for one month, (b) Calibration result change with time (top: peak position, bottom: FWHM, unit: channel), (c) Calibration result change with longitude for latitude range 60° to 90° (top: peak position, bottom: FWHM, unit: channel), (d) Calibration result change with latitude for longitude range 0° to 30° (top: peak position, bottom: FWHM, unit: channel).

maximum value in that longitude bin over 6 months, while the lower limit gives the minimum value, and the point position is the fit result of the whole 6 months. The longitude was then fixed in the range 0° to 30° to see the calibration change while the latitude changes, as shown in Fig. 5(d). The detailed results for the peak position in each grid for the first and sixth months are shown in Tables 3, 4.

Table 3　First month ^{55}Fe peak position calibration result (unit: channel)

longitude / latitude	−90°—−60°	−60°—−30°	−30°—0°	0°—30°	30°—60°	60°—90°
−180°—−150°	527.732±0.086	527.766±0.085	528.008±0.087	527.383±0.082	527.495±0.085	527.830±0.090
−150°—−120°	527.749±0.086	527.879±0.084	527.748±0.081	527.616±0.082	527.868±0.084	528.486±0.087
−120°—−90°	528.184±0.078	528.012±0.078	527.967±0.085	528.020±0.080	528.430±0.088	528.607±0.089
−90°—−60°	528.289±0.082	528.207±0.087	528.200±0.087	528.080±0.090	528.592±0.091	528.539±0.095
−60°—−30°	528.047±0.103	527.952±0.108	527.665±0.108	527.555±0.107	528.384±0.114	528.446±0.115
−30°—0°	527.848±0.106	527.946±0.106	527.894±0.102	528.134±0.101	528.294±0.101	528.660±0.099
0°—30°	528.164±0.093	527.997±0.088	528.418±0.087	528.168±0.088	528.286±0.087	528.582±0.094
30°—60°	527.867±0.088	528.220±0.086	527.690±0.088	527.742±0.088	528.277±0.090	528.391±0.091
60°—90°	527.775±0.083	527.784±0.083	528.081±0.084	527.690±0.086	527.745±0.84	528.365±0.090
90°—120°	527.901±0.085	527.718±0.089	527.594±0.092	527.652±0.089	527.882±0.088	528.381±0.086
120°—150°	527.752±0.085	527.801±0.082	527.628±0.084	528.204±0.083	527.731±0.082	528.207±0.084
150°—180°	527.828±0.084	527.912±0.082	527.694±0.082	527.971±0.085	527.983±0.084	528.350±0.086

Table 4　Sixth month ^{55}Fe peak position calibration result (unit: channel)

longitude / latitude	−90°—−60°	−60°—−30°	−30°—0°	0°—30°	30°—60°	60°—90°
−180°—−150°	527.361±0.169	527.503±0.161	527.826±0.167	527.122±0.157	527.297±0.163	527.672±0.174
−150°—−120°	527.608±0.171	527.748±0.169	527.574±0.161	527.495±0.163	527.885±0.166	528.119±0.174
−120°—−90°	527.990±0.152	527.932±0.152	527.736±0.162	527.813±0.158	528.144±0.165	528.316±0.168
−90°—−60°	528.251±0.160	528.143±0.169	528.075±0.168	527.971±0.175	528.311±0.170	528.331±0.179
−60°—−30°	527.970±0.191	527.778±0.195	527.551±0.198	527.564±0.198	528.156±0.206	528.205±0.212
−30°—0°	527.593±0.199	527.852±0.198	527.723±0.196	527.927±0.194	528.120±0.193	528.316±0.191
0°—30°	527.795±0.171	527.944±0.166	528.288±0.166	528.143±0.169	528.173±0.163	528.527±0.173
30°—60°	527.728±0.167	528.062±0.163	527.560±0.165	527.858±0.167	528.187±0.166	528.195±0.167
60°—90°	527.559±0.157	527.642±0.158	527.952±0.158	527.654±0.161	527.696±0.156	528.233±0.167
90°—120°	527.621±0.159	527.416±0.168	527.370±0.173	527.469±0.167	527.621±0.167	528.087±0.165
120°—150°	527.568±0.157	527.435±0.151	527.488±0.155	528.010±0.152	527.592±0.152	528.041±0.158
150°—180°	527.471±0.157	527.746±0.155	527.552±0.153	527.892±0.157	527.807±0.157	527.914±0.165

We assume that the peak position and FMHW calibration result in every month in every grid are almost unaffected by time. In order to get calibration error on the lunar surface, the full energy peak position should be corrected with these parameters so as not to add extra uncertainty. The efficiency detection result is supposed to take a negligible uncertainty. The systematic error of the FMHW in every grid is thought to be mainly taken by time effect. The total error is shown in Fig. 6, including both statistical error and systematic error, the element distribution error in the grid can be estimated from this figure. We can conclude that the global calibration uncertainty was within 5% during the mission.

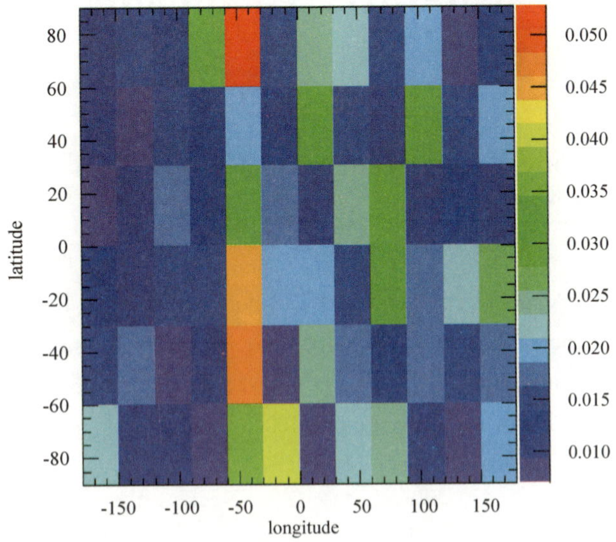

Fig. 6 (color online) Global calibration error in a $10^{\circ} \times 10^{\circ}$ grid on the lunar surface.

4 Conclusion

In order to satisfy the scientific goals of the CE-2 project, calibration of the soft X-ray detector has been successfully designed and accomplished. On-orbit calibration was used to check the performance of each of the soft X-ray detectors. Energy linearity and energy resolution were calibrated using a ^{55}Fe source. The temperature and time effect were also taken account of, with no major change found for either effect. The overall calibration uncertainty is estimated to be within 5%.

We thank the National Astronomical Observatories of the Chinese Academy of Sciences (NAOC) for providing the on-orbit data. We also thank the reviewers for improving the paper.

References

[1] Peng Wen-Xi et al. Chinese Physics C, 2009, 819: 33.
[2] ZUO Wei et al. Chin. J. Geochem., 2014, 33: 024-044.
[3] http://spaceweather.com/glossary/flareclasses.html.
[4] Grande M et al. Planetary and Space Science, 2009, 57: 717-724.
[5] Stefanie L Lawson et al. Journal of Geophysical Research, VOL. 105, No. E2, PAGES 4273-4290, February 25, 2000.

Operating principles and detection characteristics of the Visible and Near-Infrared Imaging Spectrometer in the Chang'E-3 *

Zhi-Ping He[1], Bin-Yong Wang[1], Gang Lü[1], Chun-Lai Li[1], Li-Yin Yuan[1], Rui Xu[1], Bin Liu[2], Kai Chen[1], Jian-Yu Wang[1]

1 Key Laboratory of Space Active Opto-Electronics Technology, Shanghai Institute of Technical Physics, Chinese Academy of Sciences, Shanghai 200083, China; jywang@mail.sitp.ac.cn

2 The Science and Application Center for Moon and Deep Space Exploration, National Astronomical Observatories, Chinese Academy of Sciences, Beijing 100012, China

Received 2014 July 18; accepted 2014 October 14

Abstract: The Visible and Near-Infrared Imaging Spectrometer (VNIS), using two acousto-optic tunable filters as dispersive components, consists of a VIS/NIR imaging spectrometer (0.45–0.95 μm), a shortwave IR spectrometer (0.9–2.4 μm) and a calibration unit with dust-proofing functionality. The VNIS was utilized to detect the spectrum of the lunar surface and achieve in-orbit calibration, which satisfied the requirements for scientific detection. Mounted at the front of the Yutu rover, lunar objects that are detected with the VNIS with a 45° visual angle to obtain spectra and geometrical data in order to analyze the mineral composition of the lunar surface. After landing successfully on the Moon, the VNIS performed several explorations and calibrations, and obtained several spectral images and spectral reflectance curves of the lunar soil in the region of Mare Imbrium. This paper describes the working principle and detection characteristics of the VNIS and provides a reference for data processing and scientific applications.

Key words: space vehicles: instruments— instrumentation: spectrographs— Moon — techniques: spectroscopic

1 Introduction

The Visual and Near-infrared Imaging Spectrometer (VNIS) is one of the main scientific payloads on the Yutu lunar rover that is part of the Chang'E-3 project. It uses two acousto-optic tunable filters (AOTFs) as dispersive components and consists of a VIS/

---

* Supported by the National Natural Science Foundation of China.

NIR imaging spectrometer (0.45 − 0.95 μm), a shortwave infrared (SWIR) spectrometer (0.9 − 2.4 μm) and a calibration module that is protected from dust. The VNIS is mounted at the front of the Yutu rover to obtain spectra and geometric data about objects on the lunar surface. The rover and VNIS are shown in Figure 1.

Fig. 1　Rover (upper) and VNIS (lower).

The Chang'E-3 spacecraft consists of the lander and the Yutu lunar rover, each of which carries appropriate scientific payloads. After soft landing on the Moon, Chang'E-3 completed a lunar scientific exploration mission. The scientific exploration mission of Chang'E-3 (Ye & Peng 2006; Dai et al. 2014; Ouyang 2004) has several objectives: (1) a survey of the lunar surface topography and geological structure (Ip et al. 2014), (2) exploration of mineral compositions on the lunar surface and available resources, (3) detection of the plasma layer associated with Earth and conducting Moon-based ultraviolet astronomical observations. The VNIS was mostly involved with the second objective. This paper describes the working principle and detection characteristics of the VNIS and provides a reference for data processing and applications.

In this article, Section 2 gives scientific objectives of VNIS. Then from Section 3 to 4, the major functional, performance, composition and operation principle are provided. After that, Section 5 mainly presents characteristics such as geometric, spectral and radiance of VNIS. Section 6 shows the primary detection results of VNIS on 2013 Dec. 23, when the VNIS was booted for the first time. Section 7 gives conclusions.

2 Scientific Objectives

Morphological measurement and spectral measurement are the two major methods of analyzing rock structures and compositions. Imaging spectrometers can obtain both spectra and images at the same time and are widely used in remote sensing of Earth and space. Minerals such as pyroxene, plagioclase, olivine and ilmenite, in different sizes and shapes, constitute most rocks on the lunar surface (Liu et al. 2013). They have distinctive spectral characteristics in the VIS/NIR and SWIR wavebands that can be used for identification. The specific scientific objectives and mission of the VNIS are to obtain the spectra and geometric data for objects on the lunar surface, which are used for: (1) determining the mineral composition and analyzing the distribution of materials on the lunar surface over the roving area and (2) a comprehensive study of energy and mineral resources over the roving area. The spectral reflectance curve for the Chang'E-3 landing region, as detected by the U. S. hyperspectral camera Moon Mineralogy Mapper (M^3) carried on India's Chandrayaan-1, is shown in Figure 2.

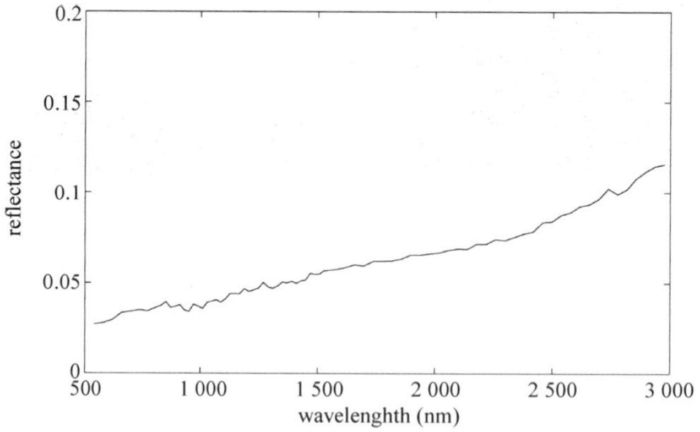

Fig. 2 Spectral reflectance curve of the Chang'E-3 landing region as detected by M^3 (Courtesy of Brown University and NASA).

Changes in the solar elevation angle and spectral reflectance of the object strongly affect the properties of spectral data detected by the VNIS. As one of the scientific payload on the Yutu rover, the VNIS detected the material composition using the sunlight reflectance spectrum taken at a 45° visual angle, as shown in Figure 3. The range of spectral radiance for the detected objects determines the dynamic range of the instruments used for detection, and the VNIS was expected to explore objects at solar elevation angles of 15°－45° and reflectances of objects on the lunar surface of 5%－98% (objects on the lunar surface and the diffusion panel of the calibration unit).

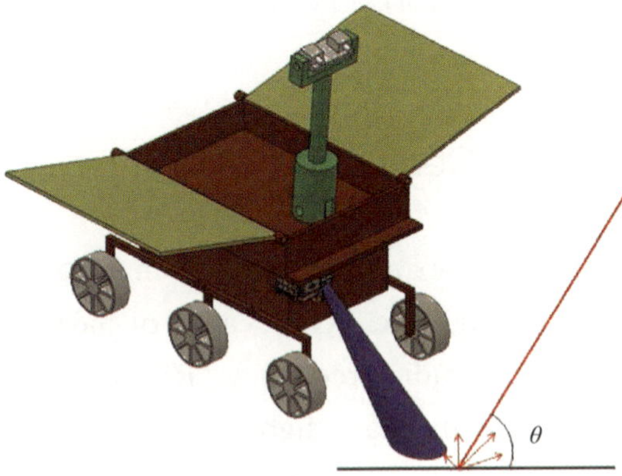

Fig. 3 Schematic of detection by VNIS.

3 Functionality and Performance

The VNIS has the following functions: (1) obtain spectral image data on specified objects in the visible and NIR (0.45－0.95 μm) and spectral data on specified objects in the SWIR (0.9－2.4 μm), (2) obtain reflectance spectral images in the visible and NIR and reflectance spectra in the SWIR, (3) perform on-orbit calibration and (4) provide dust-proofing and insulation. After the rover separated from the lander, the VNIS began operation within an appropriate time after reaching a designated location. Table 1 shows the main performance indicators of the VNIS. The VNIS has two operating modes: detection mode and calibration mode (He et al. 2011, 2014a,b).

Table 1 Major Technical Specification

Description	Specification
Spectral range (nm)	450－950 (VIS/NIR), 900-2400 (SWIR)
Spectral resolution (nm)	2－7 (VIS/NIR), 3-12 (SWIR)
FOV (°)	8.5×8.5 (VIS/NIR), Φ3.6 (SWIR)
Effective pixel count	256×256 (VIS/NIR), 1 (SWIR)
Quantized values (bit)	10 (VIS/NIR), 16 (SWIR)
SNR (dB)	>31 (VIS/NIR), >32 (SWIR)
Power consumption (W)	19.8
Weight (kg)	4.7 (probe) and 0.7 (electrical component in RECB)

Detection mode: The VNIS obtains scientific data about object on the lunar surface. The default spectral sampling interval is 5 nm, and the total number of bands that are sampled is 400. In addition, the VIS/NIR and SWIR channels both need to collect 20 extra dark frames for data processing.

Calibration mode: Using solar spectral irradiation (Gueymard 2004) as the calibration source, the diffusion panel that is part of the calibration unit is set to a horizontal position to calibrate the device. The workflow of the calibration mode is exactly the same as that of the detection mode.

4 Operating Principles and Composition of Vnis

During operation of VNIS, single-band spectral or imaging information about objects on the lunar surface passes through the AOTF (a set of narrow-band filters that are rapidly switched by altering the input radio frequency (RF) that can be controlled by an electrical signal), forming quasimonochromatic light of a certain wavelength and converging on the detector. The VNIS can realize flexible and rapid wavelength selection by altering the driving frequency exerted on the AOTF, so we can acquire spectral or imaging data in all the available wavebands. Furthermore, the VNIS uses a lightweight ultrasonic motor to adjust the calibration unit.

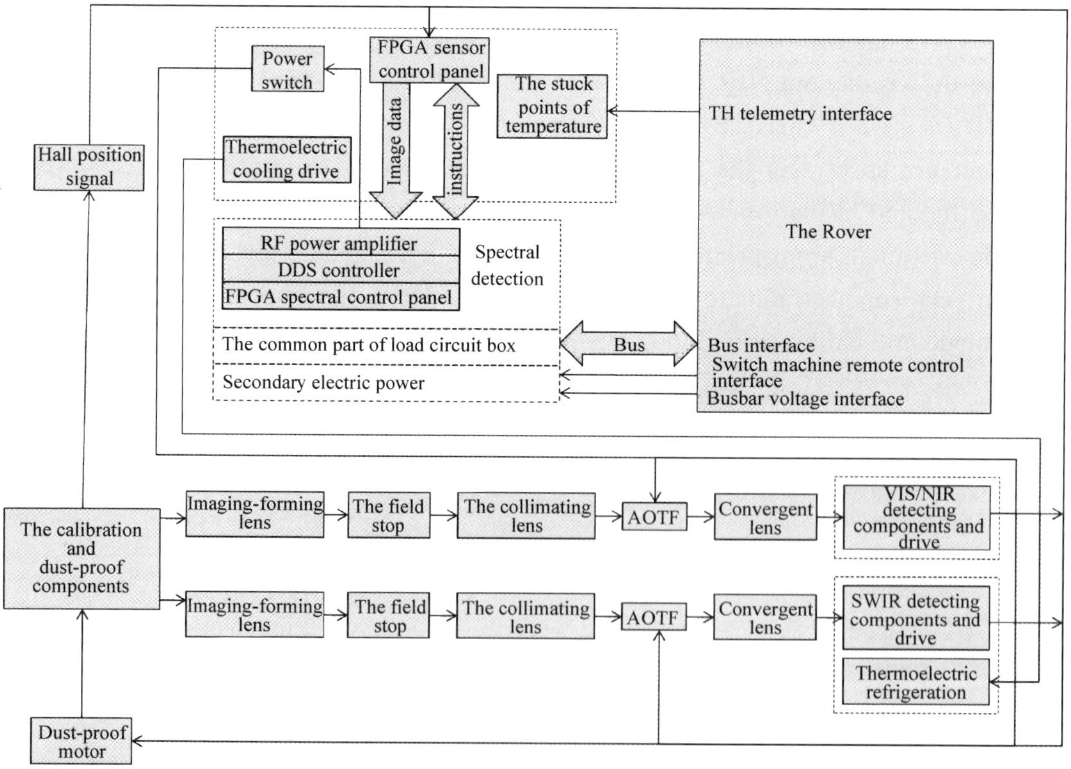

Fig. 4　Schematic diagram of the VNIS system.

The VNIS consists of the probe and one electronic section of the Remote Electrical Control Box (RECB). The electronic section forms the scientific payload of the RECB containing the RF module of VNIS, ground penetrating radar, and an alpha particle X-ray spectrometer (Dai et al. 2014). The probe consists of pre-optical components (including the calibration and dust-proofing components and image-forming and collimating lenses for the VIS/NIR and SWIR channels), the AOTFs, the convergent lenses, the detector components, the ultrasonic motor and its drive, and the main control circuit. Figure 4 shows a schematic diagram of the VNIS systems.

The VNIS probe is installed outside the vehicle, whereas the RECB is installed in the cabin. The probe and RECB are connected by cables for power supply and communication. The probe and a schematic illustration of its installation are shown in Figure 5.

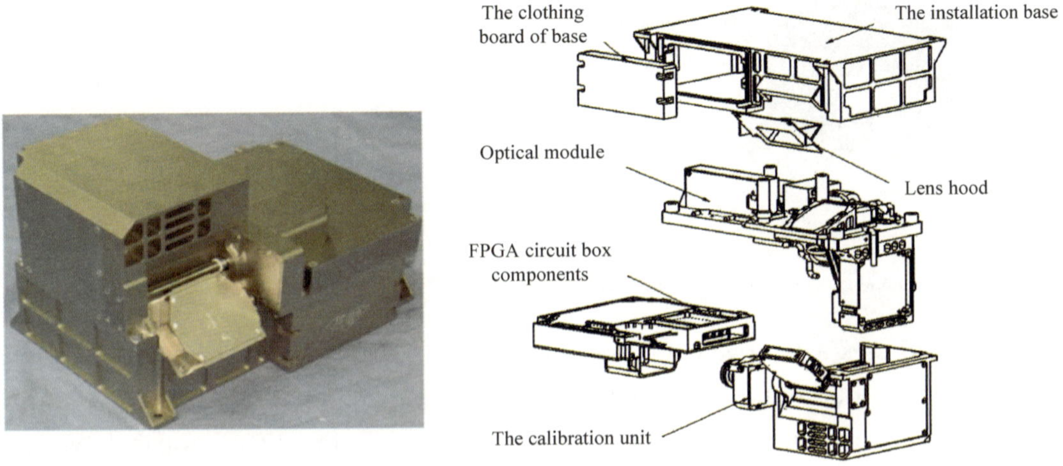

Fig. 5　VNIS probe and schematic illustration of its installation (He et al. 2011, 2014a,b).

The VNIS detects objects on the lunar surface from a height of 0.69m above the lunar surface at a 45° visual angle, as shown in Figure 6. The AOTF is a light-splitting component based on an acousto-optic effect and made by a solid crystalline material. On

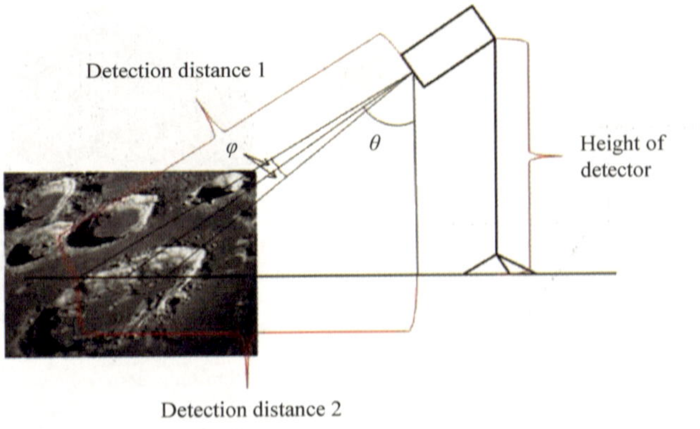

Fig. 6　Schematic illustration of VNIS detection.

the basis of the acoustic-optic effect, when an acoustic wave propagates in an anisotropic medium, the AOTF will cause Bragg diffraction of the light, which enables it to select the wavelength. The light-splitting principle and actual equipment are shown in Figure 7. Single-band spectral and imaging information about objects on the lunar surface pass through the AOTF and are photoelectrically transformed by the detector, forming quasi-monochromatic light of a certain wavelength. The VNIS can select the wavelength of monochromatic light by altering the driving frequency exerted on the AOTF, so we can acquire spectral and imaging data at different wavelengths and detect in all the available wavebands.

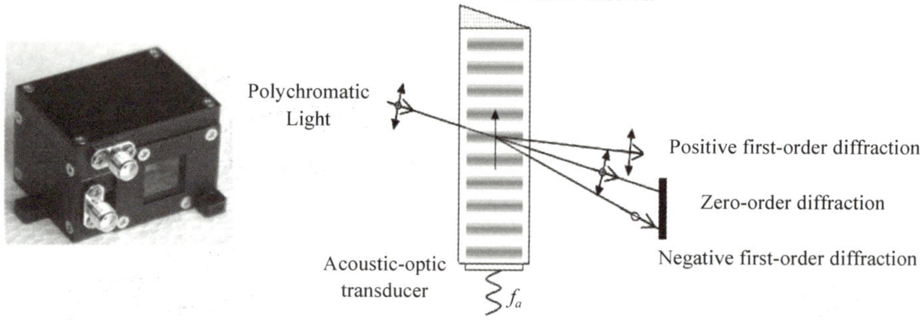

Fig. 7　AOTF and schematic illustration (Gupta 2005) of the light splitting operation.

The VNIS uses a lightweight ultrasonic motor to drive the calibration panel to achieve on-orbit calibration, dust-proofing and detection and to switch between the three modes (Fig. 8). The inner surface of the calibration unit is the diffusion panel, which is located near the light entrance. When the spectrometer is operated in detection mode, the calibration unit can be completely open at a 55° angle with respect to the mounting plane, which does not affect entrance of the light. When the spectrometer is operated in calibration mode, the solar spectral irradiance is used as a calibration source, and the diffusion panel of the calibration unit is positioned parallel to the mounting plane to obtain

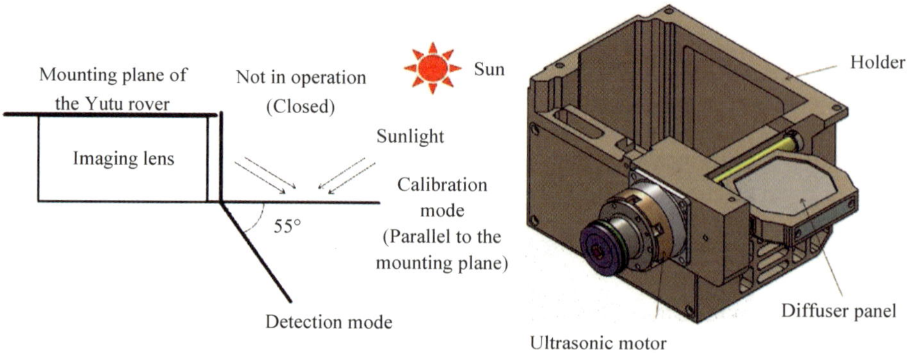

Fig. 8　Detection, calibration and dust-proofing scheme of VNIS.

calibration data (He et al. 2014b; Xu et al. 2014b). When it is not working, the calibration unit can be closed up within the framework to prevent damage to the spectrometer from dust and other pollution and also to provide good thermal insulation.

The diffusion panel (Xu et al. 2014b) that is part of VNIS uses Teflon material, whose directional-hemispherical reflectance (DHR), uniform reflectance and bidirectional reflectance factor (BRF) were accurately measured, as shown in Figure 9. The DHR measurement can be traced to the National Institute of Metrology (NIM), China. It is based on a standard diffusion screen that was tested by the NIM and uses an integral sphere system with a double light path to set the standard; the measurement error is 1.3%. The BRF was measured by comparing the radiance between thediffusion panel of the calibration unit and the standard diffuse reflection plate. The reference board is provided by the Key Laboratory of Optical Calibration of Anhui Institute of Optics and Fine Mechanics and can be traced to the hemispherical standard reflectance of the NIM. The uncertainty in the final measurement is less than 2.5%.

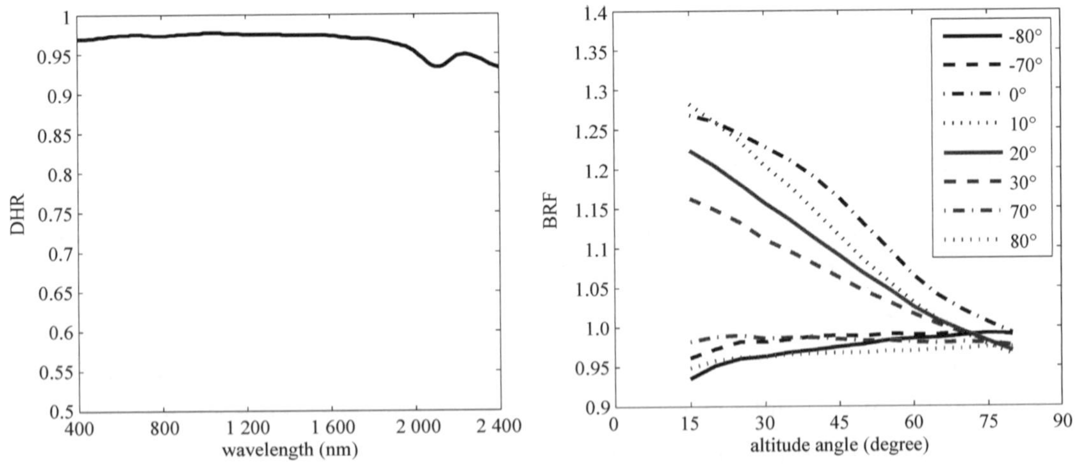

Fig.9　DHR of the calibration unit (left) and BRF of calibration unit in different azimuth conditions @600 nm (right).

5　Main Detection and Calibration Characteristics

The VNIS can obtain an image and a spectrum. It can obtain a spectral image in the VIS/NIR band and spectral data in the SWIR band simultaneously. The main characteristics of the VNIS are its geometrical detection characteristics, spectral characteristics and radiometric response characteristics.

5.1 Geometric Detection Characteristics

The VNIS is used to detect objects on the lunar surface parallel to the optical axis at a distance of 18 mm. The fields of view (FOVs) in the VIS/NIR and SWIR are 8.5°× 8.5° and Φ3.6°, respectively. The geometrical characteristics of imaging in the VIS/NIR band and spectral detection in the SWIR, obtained by testing and calibration on the ground, are shown in Figure 10 (He et al. 2014a,b).

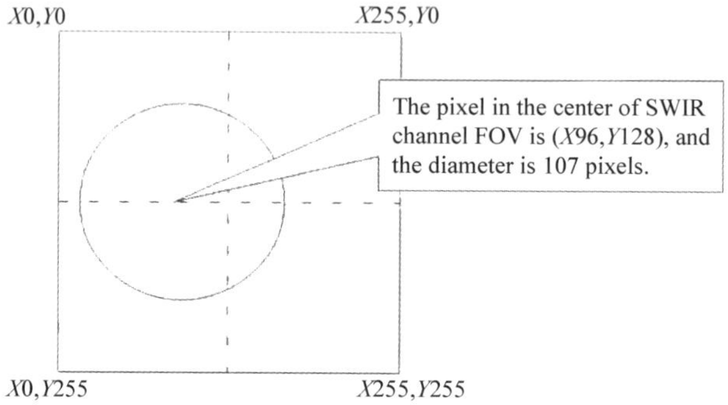

Fig. 10　Geometrical relationship in VNIS detection.

5.2 Spectral Characteristics

The spectral range and resolution of the VNIS are key performance indicators for achieving the scientific objectives and are directly related to the instrument's ability to identify the spectrum. After calibration on the ground and confirmation of the calibration, the spectral ranges of the VNIS are 449 – 950 nm in the VIS/NIR band and 899 – 2402 nm in the SWIR band. The spectral resolutions are 2 – 7 nm in the VIS/NIR band and 3 – 12 nm in the SWIR band, as shown in Figure 11.

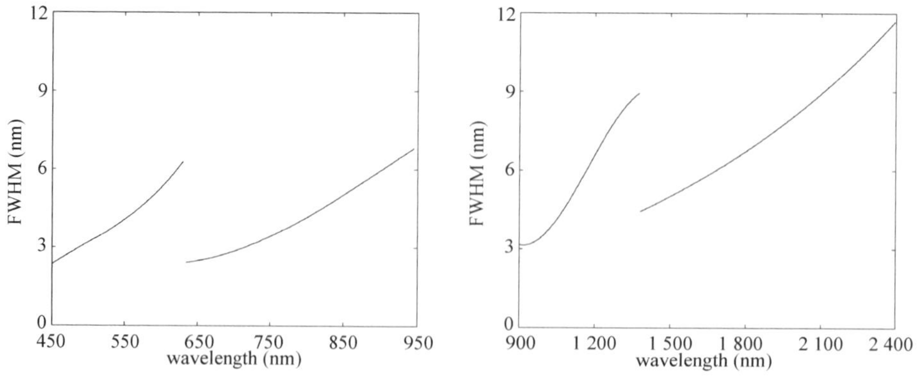

Fig. 11　Spectral resolution of VNIS (Left: VIS/NIR channel; Right: SWIR channel).

5.3 Radiometric Response Characteristics

The signal-to-noise ratio (SNR) changes with the input signal and is an important indicator of the radiometric response characteristics of the VNIS. When the noise is fixed, the SNR is obviously higher if the amplitude of the input signal is higher. The SNR is greater than 30 dB in the VIS/NIR band when the albedo is 0.09 and the solar elevation angle is 45°; when the albedo is 0.09 and the solar elevation angle is 15°, the SNR is greater than 30 dB in the SWIR band. The SNR of the VNIS was tested and analyzed by ground radiometric calibration. First, by calculating the proportionality relationship between the lunar surface reflection radiance and the energy level of the integrating sphere at different solar elevation angles, we ensured that the energy level is sufficient for calibration at different wavelengths in the spectral response range to adapt to changes in radiance on the lunar surface during orbital detection. Then, wemeasured the quantitative relationship between the VNIS's input signal radiance and the spectral image cube's response for each element, which was based on a laboratory radiometric standard source. At the same time, we established an information delivery model for spectral data and an inversionmodel of the radiance, which created the radiation correction parameters, and obtained the SNR by calculation, as shown in Figure 12.

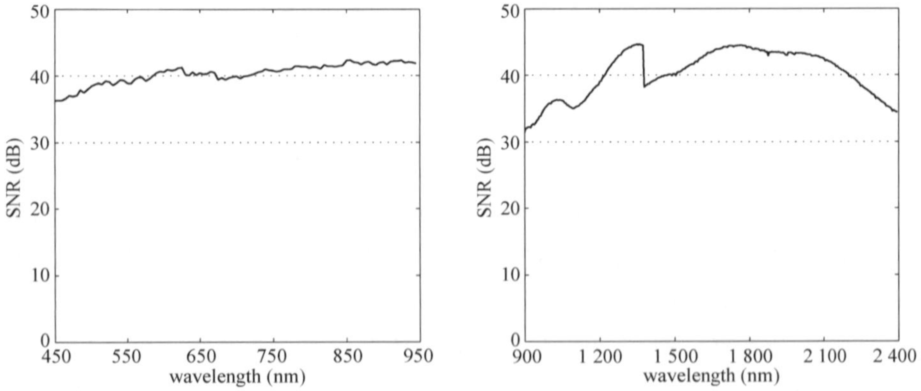

Fig. 12　Lunar surface condition equivalent SNR of VNIS (Left: VIS/NIR channel; Right: SWIR channel).

6 Characteristics of Data and Primary Detection Results

6.1 Characteristics of the Scientific Data

With a spectral sampling interval of 5 nm, the VNIS was programmed to automatically scan detected the lunar surface, and it sequentially sampled 100 frames of spectral images in the VIS/NIR band and 300 frames of spectral data in the SWIR band. In addition, an extra 20 dark current frames were obtained for subsequent data processing of each band. The flowchart is shown in Figure 13.

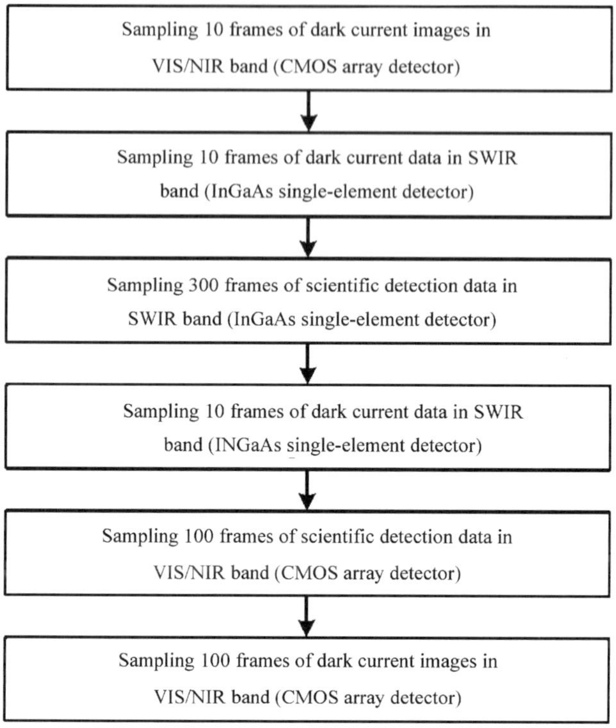

Fig. 13　Flowchart of the detection process.

The images and spectral data obtained in detection and calibration modes were the original light response signals, which should be used in subsequent data preprocessing and scientific analysis. The data preprocessing (Tan et al. 2014; Liu et al. 2014) that was applied to the raw data included dark current reduction and temperature, radiometric, and geometric corrections. To eliminate the effects of data preprocessing on the original detection data and convert from dimensionless raw data to the spectral radiance values of actual objects on the lunar surface, we used not only a processing algorithm and the real-time detection of the dark current data in detection and calibration modes, but also a temperature correction algorithm (Xu et al. 2014a) determined by ground calibration experiments and radiometric calibration data. The scientific data processing mainly included operations for reflectivity inversion and luminosity correction; the goal was to obtain real scientific data for the lunar surface that had physical meaning. The data in each frame were recorded by the VNIS in orbit, which contained scientific data and the corresponding engineering parameters, which were obtained through the data transmission channel; this included data in detection and calibration modes. The sizes of images in the

VIS/NIR band and spectral data in the SWIR are 256×256×16 bits and 3×16 bits, respectively.

6.2 Primary Detection Results

The VNIS acquired several spectral images and data from different regions of the lunar soil and detected objects since it began operation on 2013Dec. 23. Figures 14 and 15 show the primary results from the VNIS. Figure 14 shows spectral images of lunar soil, and Figure 15 shows the spectral radiance curve (upper) and spectral reflectance curve (lower). A preliminary analysis revealed that the spectrum exhibits typical characteristic absorption peaks of pyroxene and olivine.

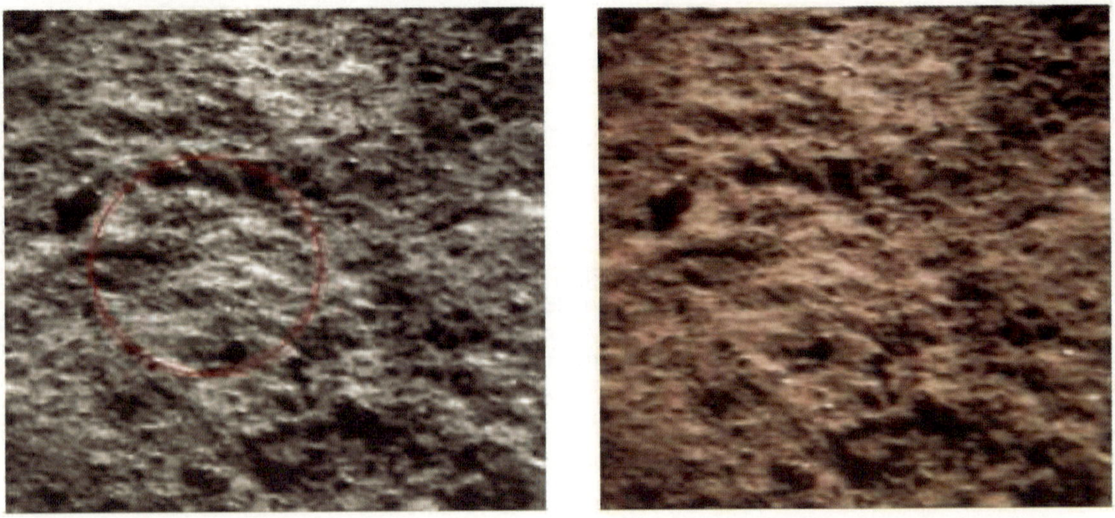

Fig.14 Primary results of VNIS (1): monochrome picture (630 nm, left) and false color picture (500, 550 and 645 nm, right).

7 Conclusions

As the main scientific payload of the Chang'E-3 rover, the VNIS was developed to obtain spectra and geometric data to meet the scientific goals for obtaining data on the composition of lunar surface material and for resource exploration. The VNIS completed a ground test, calibration and environmental simulation test before it was booted up. The VNIS performed several lunar detections and calibrations after it booted successfully on 2013 Dec. 23. It obtained certain spectral images and data, and provided a reference for scientific applications.

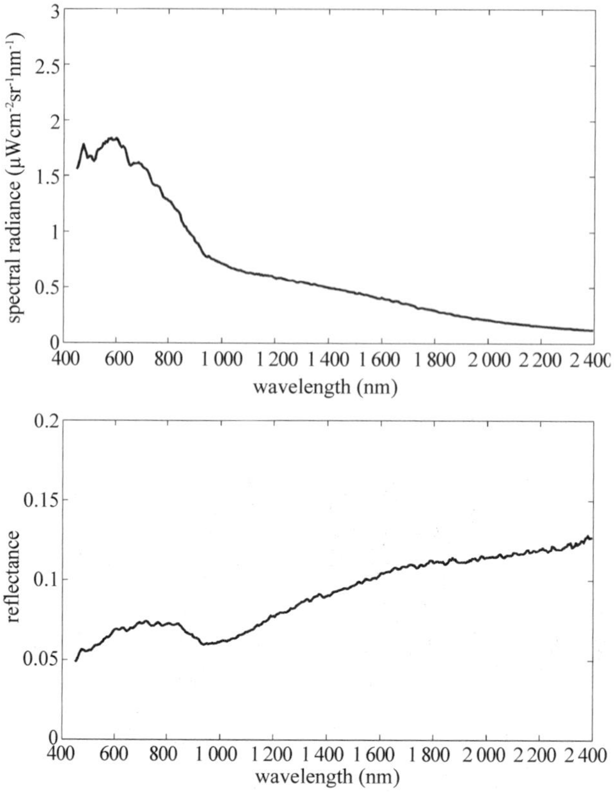

Fig. 15　Primary results of VNIS (2): spectral radiance curve (upper) and spectral reflectance curve (lower).

Acknowledgements

This paper is supported by the Chinese lunar exploration program's special funds of the second phase and the National Natural Science Foundation of China (Grant No. 21105109). We thank the Science and Application Center of the Moon and Deep Space Exploration of the Chinese Academy of Sciences for the ground test and data preprocessing. We also thank the National Space Science Center of the Chinese Academy of Sciences for related work in the aspects of development and test of the instruments.

References

[1] Dai, S. W., Jia, Y. Z., Zhang, B. M., et al. 2014, Science China: Technological Sciences, 44, 361.

[2] Gueymard, C. A. 2004, Solar Energy, 76, 423.

[3] Gupta, N. 2005, in Society of Photo-Optical Instrumentation Engineers (SPIE) Conference Series, 5953, Acousto-optics and Photoacoustics, ed. A. Sliwinski, R. Reibold, & V. B. Voloshinov, 190.

[4] He, Z., Shu, R., & Wang, J. 2011, Proc. SPIE 8196, International Symposium on Photoelectronic Detection and Imaging 2011: Space Exploration Technologies and Applications, 8196, 819625.
[5] He, Z. P., Wang, B. Y., Lv, G., et al. 2014a, Review of Scientific Instruments, 85, 083104.
[6] He, Z., Xu, R., Wang, B., et al. 2014b, Proc. SPIE Asia-Pacific Remote Sensing 2014, the Multispectral Hyperspectral Ultraspectral Remote Sens. Technol. Techniques Appl. V conference, 9263-13.
[7] Ip, W.-H., Yan, J., Li, C.-L., & Ouyang, Z.-Y., 2014, RAA(Research in Astronomy and Astrophysics), 14, 1511.
[8] Liu, B., Liu, J.-Z., Zhang, G.-L., et al. 2013, RAA(Research in Astronomy and Astrophysics), 13, 862.
[9] Liu, B., Li, C. L., Zhang, G. L., et al. 2014, RAA(Research in Astronomy and Astrophysics), 14, 1578.
[10] Ouyang, Z. 2004, Advances in Earth Science, 19, 355.
[11] Tan, X., Liu, J., Li, C., et al. 2014, RAA(Research in Astronomy and Astrophysics), 14, 1682.
[12] Xu, R., He, Z., Chen, K., et al. 2014a, Journal of Infrared and Millimeter Waves, 33, 327.
[13] Xu, R., Lv, G., Ma, Y., & Wang, J. 2014b, Proc. SPIE Asia-Pacific Remote Sensing 2014, the Multispectral Hyperspectral Ultraspectral Remote Sens. Technol. Techniques Appl. V Conference, 9263-43.
[14] Ye, P. J., & Peng, J. 2006, Engineering Sciences, 8, 1.

Potassium Map from Chang'E-2 Constraints the Impact of Crisium and Orientale Basin on the Moon

Meng-Hua Zhu[1,2], Jin Chang[2], Tao Ma[2], Wing-Huen Ip[1,3], WenZhe Fa[4], Jian Wu[2], MingSheng Cai[2], YiZhong Gong[2], YiMing Hu[2], AoAo Xu[1], ZeSheng Tang[1]

[1] Space Science Institute, Macau University of Science and Technology, Taipa, Macau,

[2] Purple Mountain Observatory, Nanjing 210008, China,

[3] Institutes of Astronomy and Space Science, National Central University, Taoyuan 32001, Taiwan,

[4] Institute of Remote Sensing and Geographical Information System, Peking University, Beijing 100871, China.

KREEP materials were thought to be last crystallized at the lunar crust and mantle boundary. Impact cratering and volcanism are mainly responsible for their distributions on the lunar surface. Therefore, observation of global KREEP materials and investigation of distributions in the areas of large basins are of critical importance to understand the geologic history of the Moon. Here we report the new global potassium distribution on the Moon detected by Chang'E-2 Gamma-ray Spectrometer. We found that our new measurements are in general agreement with previous observation. A new finding and an important difference is that relatively higher K abundances in the Mare Crisium and Mare Orientale than their surrounding rims were detected for the first time. In light of our observations in these two areas, we propose that Crisium and Orientale basin-forming impact events may have penetrated to the lower crust and excavate the deeper materials to the lunar surface.

In the Lunar Magma Ocean (LMO) hypotheses[1], KREEP materials are proposed to lie between the mafic mantle and plagioclase crust in the process of compositional crystallization. Their presence on the lunar surface is the end product of a series of evolutionary processes that have changed the surface features of the Moon[2]. In light of LMO hypotheses and the general impact cratering theory[3], impact events penetrating through the crust should excavate the KREEP materials on the lunar surface. Therefore, observation of the global KREEP material on the Moon and the investigation of KREEP material in the areas of large basins are of critical importance to understand the formation of such a magma ocean and constrain the depth of the huge impact events.

In the past few years, several spacecraft with improved compositional remote sensing instruments were sent into the orbits around the Moon and large quantities of valuable data have been obtained. Chang'E-2 spacecraft, the second lunar probe of China, was launched on 1 October 2010, and inserted into a circular orbit of 100 km altitude on 15 October 2010. It carried a suite of remote sensing and plasma instruments. Here we report the results from the gamma ray spectrometer during its 178-days measurements and their new implications on the impact depth of the Crisium and of Orientale basin, respectively.

CE-2 GRS is the first gamma ray spectrometer that used large $LaBr_3$ crystal as the main detector to measure gamma rays emitted from the Moon within the energy region from 0.3-MeV to 9-MeV[4,5]. The energy resolution of the flight model is ~5% full width at half maximum at 662 keV, which is about two times better than LPGRS[6]. Since CE-2 GRS was designed to be mounted inside the spacecraft, a big well-shape CsI(Tl) crystal was employed in anticoincidence with the main crystal to suppress the Compton effects and the background gamma rays from the spacecraft materials generated by Galactic Cosmic Rays (GCRs). Gamma rays emitted from the lunar surface are mainly from natural radioactive elemental (e.g., U, Th, K) decay effects and major elemental (e.g., Si, O, Fe, Ti, Mg, Al, Ca) excitation from interactions with incident GCRs[7]. Gamma rays entering the main crystal were recorded by the CE-2 GRS with a cadence of 3 second in the 512-channel spectrum.

More than 25 full energy peaks could be identified in CE-2 GRS spectra corresponding to different elements on the lunar surface (Fig. 1). But owing to the limitation of intrinsic energy resolution of the scintillation detector, many spectral peaks contain contributions from two or more elements. The strongest peak around 1.46 MeV is a combination of lines resulting mainly from the K line at 1.46 MeV and $LaBr_3$ self-activity because of the ^{138}La decay (1.436 MeV 1 32 keV)[8] that contributes about 85% of the corresponding gamma-ray intensity.

Corrections of gain, solid angle, and cosmic ray variation have been carried out to CE-2 GRS measurements. The spatial resolution of CE-2 GRS is about 150 km in its 100 km working orbit, but in this work, all the corrected spectra are binned into equal-area pixels about 60 km 360 km on the Moon. In our calculation we assumed gamma rays emitted from $LaBr_3$ self-activity decay are constant in the whole mission, the spectra measured in the cruise period could therefore be used as the background. The net ^{40}K gamma-rays emanating from the Moon in each pixel are obtained by calculating the peak fitting difference between binned spectra and the cruise spectrum (see inset of Fig. 1). Then all the net ^{40}K count rates from 11306 pixels were compared to count rates in the detector derived from the calculated surfaced gamma-ray fluxes to determine the abundance[7,9,10].

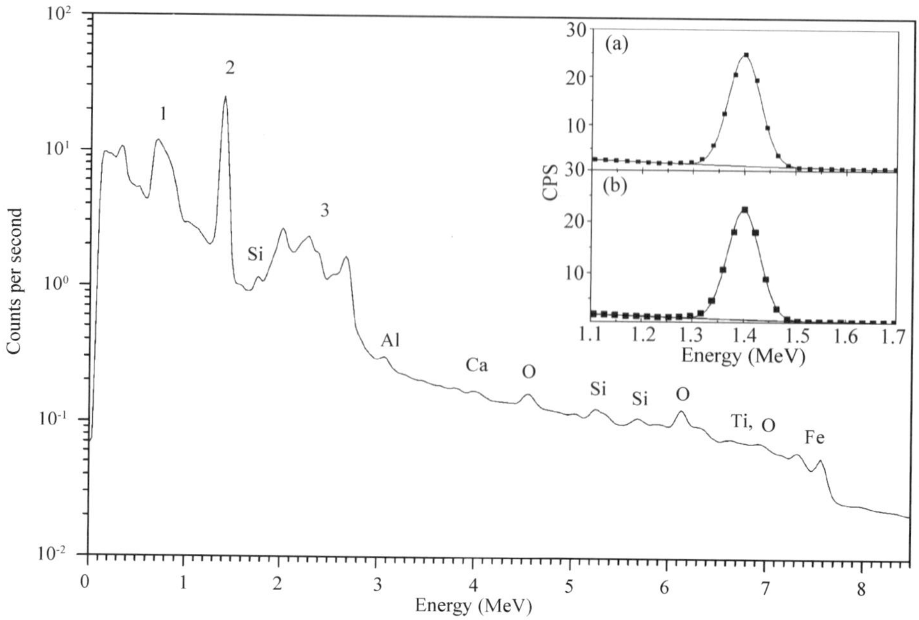

Fig. 1　Chang'E-2 gamma-ray spectrum plotted as counts per second (cps) of the whole Moon versus energy for its 178-days measurements with 100 km altitude. The major peaks are labeled. The spectrum below 2.7 MeV are mainly contributed by the self-activities from $LaBr_3$ crystal: natural ^{138}La is primarily responsible for the spectrum below 1.7 MeV while ^{227}Ac decay chain generates alpha emitters between 1.7 and 2.7 MeV, as label 3. K line (1.46 MeV) is partly contributed to the sum peak as Label 2 with the ^{138}La decay to ^{138}Ba (1.436 MeV + 32 keV) of the $LaBr_3$ crystal; label 1 is the sum peak of elements from the Moon, and crystal beta decay of ^{138}La (789 keV) to ^{138}Ce. The inset figures are the fitting results of the energy region around 1.46 MeV. (A) The orbital spectrum and its fitting result. (B) The cruise spectrum and its fitting result.

Results

The K distribution from CE-2 GRS (Fig. 2) is in general agreement with Lunar Prospector[9,11,12], Kaguya[10], and Chang'E-1 measurements[13]. The global average abundance is 620 ± 615 ppm with the upper limit of 3240 ppm, which is lower than the LP value of 755 ± 740 ppm with the upper limit of 4360 ppm[9]. The Procellarum KREEP Terrane (PKT)[14] has an average value of 1768 ± 530 ppm, comparing to 2004 ± 708 ppm determined by LPGRS. In the South Pole-Aitken (SPA) basin, the abundance ranges from 500 ppm to 1350 ppm with an average value of 615 ± 235 ppm, which is also lower than the LP measurements of 765 ± 320 ppm. Different from the PKT and SPA basin, lunar highlands is depleted in the K with the abundance being less than 500 ppm according to the CE-2 GRS observations. This is consistent with LP measurements[9].

Mare basins on the nearside, such as Serenitatis, Tranquillitatis, Fecunditatis, and Crisium, have lower K abundance than mare regions. But after careful examination of

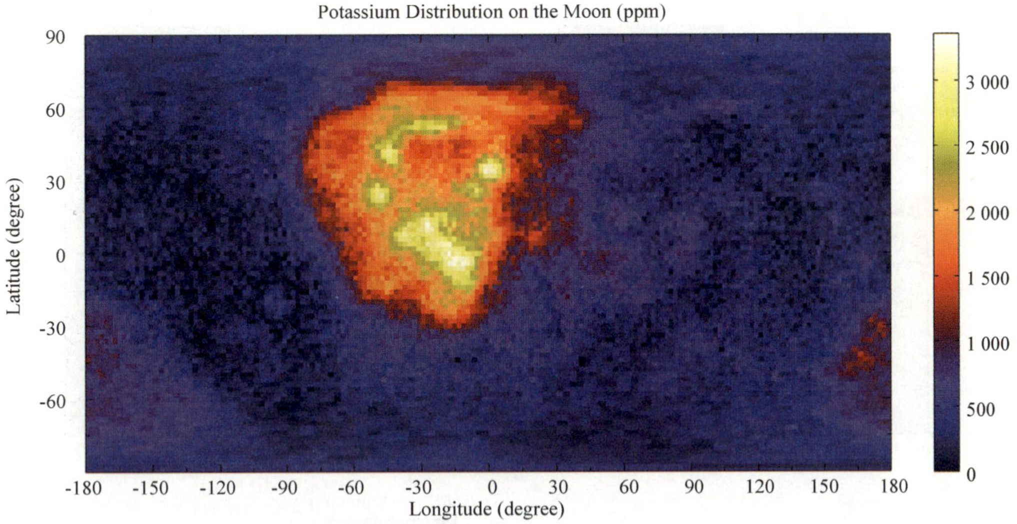

Fig. 2　The global K abundance (unit: ppm) of the Moon from CE-2 GRS 178-days measurements. All the data are binned into quasi-equals $2^\circ \times 2^\circ$ pixels in the equator and displayed in a cylindrical projection.

the CE-2 GRS data, we found that the abundance within the Crisium impact basin is clearly higher than its surrounding highlands (Fig. 3a-b). This is inconsistent with previous LP results (Fig. 3c), which indicates that there is no distinct difference between the K abundance of Mare Crisium and that of its surrounding[11].

Discussion

The Crisium basin is a Nectarian-age multi-ring impact structure on the eastern nearside of the Moon. Its interior is covered by mare basalt from a protracted period of volcanism over 0.8 Ga[15]. The abundance in its inner mare basalt ranges from 430 ppm to 840 ppm with an average value of 600 ± 100 ppm. On the other hand, the K abundance in the surrounding highlands is lower than 480 ppm with an average value of 290 ± 105 ppm. Because the southwest highlands is thought to be covered with ancient mare deposits[16], not with ejecta from the Crisium basin, the abundance in its northeast highlands thus represents the true value of the ejecta for estimating the average value here (Fig. 3b). The highest K abundance in the Picard crater (14.6°N, 54.7°E) indicates the subjacent material has K abundance about 3 times (900 ppm) higher than highlands deposits surrounding the Crisium basin.

There is a long standing question concerning the origin of material excavated by the Crisium impact event[16,17]. Some studies indicated that the Crisium impact event only excavated the upper or middle crustal material with a depth of about 40 km[16] while others preferred that the impact event might have excavated mantle material[17]. According to recent observations of olivine sites around the Crisium basin[17], the scenario that impact e-

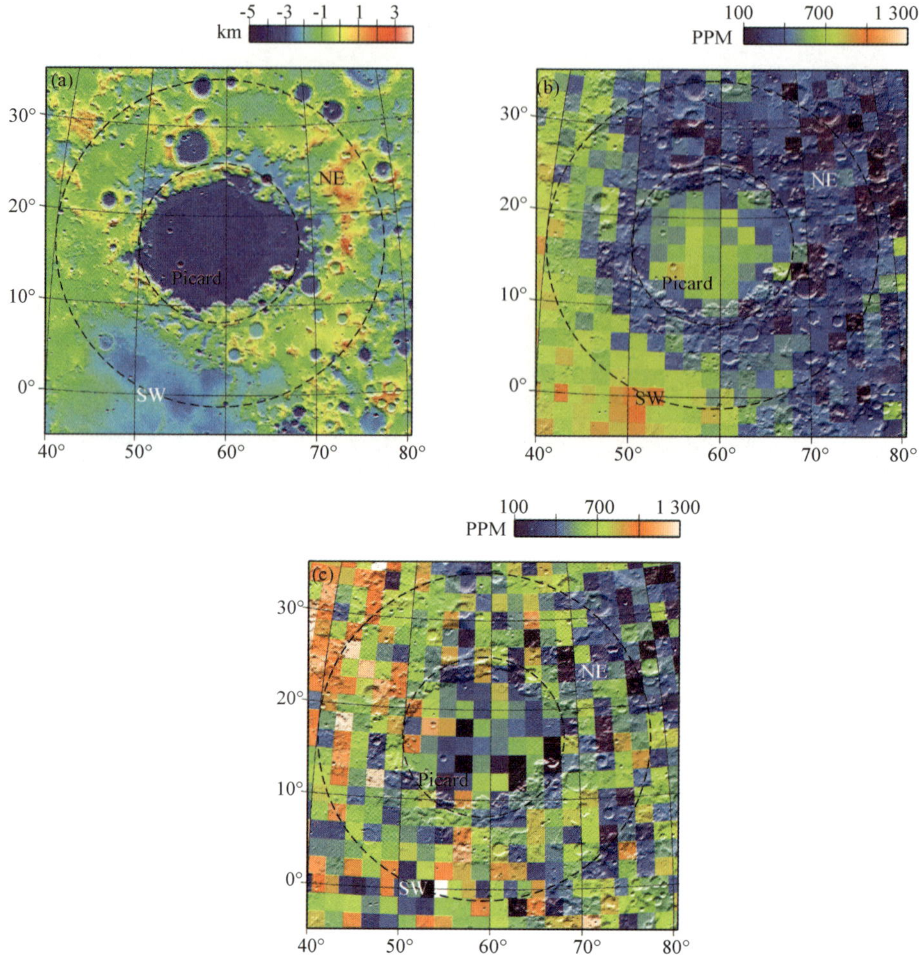

Fig. 3　Surface topography and Kdistributions of the 550-km-diameter Crisium Basin. All the maps are displayed in a Lambert azimuthal equal-area projection superimposed on the shaded lunar surface relief. Two circles represent the proposed rims with diameter of 300 km and 700 km. NE -northeast highlands of Crisium basin; SW-southwest of Crisium basin that covered by ancient mare basalt. Picard-Picard crater with 30 km in diameter. (A) the topographic elevation of the Crisium basin from Lunar Orbiter Laser Altimeter[32]. (B) K abundance of the Crisium Basin measured by CE-2 GRS with data binned into quasi-equal $2^{\circ} \times 2^{\circ}$ pixels. (C) K abundance of the Crisium basin measured by LPGRS9.

vent only excavate upper or middle crustal material is probably excluded because olivine is a significant component associated with lunar mantle or Mg-rich plutons in lower crust[18]. Furthermore, if the Crisium impact event did penetrate through the crust and KREEP layer, exposing the upper mantle, KREEP (e. g., K here) and mafic materials should be found at its rim in light of the general impact cratering theory[3], deep material will be spread around the near rim. However, higher K signal is not observed in Crisium rim and its basin terrain by CE-2 GRS, FeO is also found as lower as 2 – 4 wt. % in these areas[19].

On the basis of our observation and previous results[16,17,19], we prefer the scenario that the Crisium impact event only penetrated to the plutonic lithosphere resulting from the magmatic intrusion into the lower crust. The magmatic intrusion, which is enriched in the PKT, is the hybrid source with low-density Mg-rich olivine at the base crust resulting from the overturn of the early mantle cumulate, KREEP, and crustal anorthosite[20]. While the Crisium impact event penetrated through the crust, to the upper boundary of the magmatic intrusion, the deepest materials would be ejected to the surrounding rim area. The redistribution of excavated material resulted in the lower K and FeO in the highlands[19] bounding the basin and is in agreement with the observations of olivine exposure on the basin rim[17]. The constraint of impact to the upper boundary of the magmatic intrusion is consistent with the higher K abundance in subjacent highlands material covered by mare basalt as detected in the Picard crater, and is also consistent with the non-zero crustal thickness in the Crisium basin[21]. The big basin formation impact excavated tremendous volume material and formed a thinner crust with fracturing underlying lithosphere[22] in the Crisium area. Owing to the density difference between lower crust and partly melted magma, the buoyancy contrast[23] enabled the eruption of basalts at the Crisium basin. The partly melted magma is from the Moon's deep interior and produced by slowly heating up from the decay of radioactive elements. This supports the observations of higher K abundance (about ~600 ppm) and very higher FeO contents[19] (up to 20 wt.% for areas of the central areas) in the mare basalts covered in the Crisium basin. Located near the PKT region and consistent K abundance with mare basalts in the PKT boundary, high-heat production by radioactive decay is suggested to be responsible to the long duration of volcanic extrusions at the Crisium basin[16].

Similar characteristics are also found in the Orientale basin (Fig. 4a-d), the youngest multi-ring basin on the Moon[24]. CE-2 GRS shows that the central areas (5-6 pixels in diameter with each pixel of ~60 km) of the Orientale basin corresponding to the Mare Orientale, the largest mare deposit (~320 km in diameter) in the basin, has obviously high K abundance with the average of 360 ± 115 ppm (Fig. 4b). This value is about a factor of two higher than the surrounding areas, including the Montes Rook Formation (MRF) occurring mostly between the edge of the Inner Depression (ID) and Cordillera Ring (CR), and Hevelius Formation (HF) lying outside the CR. The MRF, consisting of smooth plains and corrugated deposits, has K abundance of 115 ± 6 95 ppm (Fig. 4b), which is only one-third of that in the Mare Orientale. Most areas of HF, which represent the radial ejecta deposits from the Orientale basin, have an average abundance a little higher (about 80 ppm) than the deposits in MRF, except two areas located at the southwest (K-1) and northwest (K-2) portion of the basin (Fig. 4d). These two areas, related to the well-preserved ejecta units in MRF (part of K-1) and HF[25], have abundance of 270 ± 80 ppm (K-1) and 255 ± 90 ppm (K-2), respectively. Because turbulent impact modification after Orientale impact event has less influence on these two areas[26], the K abundances in these two areas therefore represent the original value of excavated ejecta from the basin-forming impact.

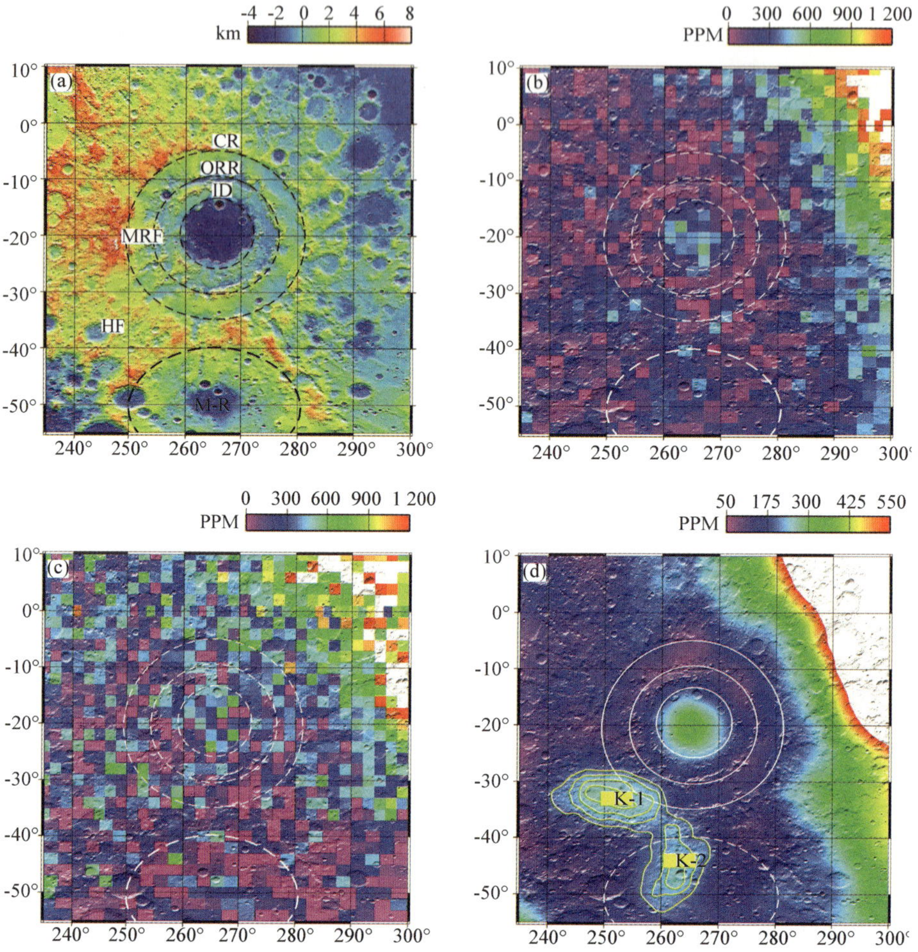

Fig. 4　Orientale Basin and the K distribution from CE-2 GRS and LPGRS in cylindrical equidistant projection superimposed on the shaded lunar surface relief. (A) the topographic elevation of the Orientale basin from Lunar Orbiter Laser Altimeter[32] with the black circles represent the rings of the Orientale basin (CR, ORR), but the Inner Rook Ring is not shown here; CR-Cordillera Ring; ORR-Out Rook Ring; ID - Inner Depression; MRF-Montes Rook Formation; HF-Hevelius Formation; M-R-Mendel-Rydberg basin. (B) K abundance in the Orientale Basin measured by CE-2 GRS with data binned into quasi-equal $2^{\circ}\times 2^{\circ}$ pixels. (C) K distribution in the Orientale basin measured by LPGRS[9]. (D) the smoothed K distribution from CE-2 GRS measurements; K-1/2 represent two areas with relatively higher K Abundances outside the CR. The yellow lines represent the contours of K abundance in K-1/2 area.

Assuming the Out Rook Ring is the closest approximation to the basin excavation cavity, CR is believed to have been formed by the inward collapse at the edge of structural uplift along the basin of the displaced zone[25]. MRF therefore represents the modification of rim ejecta and the mixture with the upper crust, which could be consistent with the similar K abundance in HF and MRF. The relative higher K abundance (about 80 ppm) in HF implies that the deeper material excavated by the impact event has relatively higher K abundance. The LMO scenario proposes that the KREEP layer lies between the anorthositic lunar crust and mafic cumulated mantle in the long-time compositional differentiation[1]. Therefore, in contrast to previous works[27] which suggested that Orientale impact event excavated only to the upper half of the lunar crust in its target region with the depth of 40-50 km, we prefer that the Orientale impact event penetrated into a source of radioactive-rich material at the lower crust. This scenario supports the lower FeO (2-4 wt. %)[19] in the surrounding of the Orientale basin and is also consistent with the estimated crustal thickness in this area[21]. This scenario is also consistent with the enrichment of low-Ca pyroxene in the central peaks of the Maunder crater, a post-Orientale crater with 55 km diameter in the interior depressionof the Orientale basin, which is thought to be sampling the noritic lower crust[26].

The internal accumulation of radiogenic heat sources causing partial melting of the mantle is the basic postulation for the formation of mare basalt[28]. The details of the generation, ascent and eruption of the mare basalts in the Orientale basin need further investigations, but the similar K abundance in the Mare Orientale to the nearside mare basalts, especially to the boundary of PKT, suggests that mare deposits within Orientale basin are similar in composition to nearside mare basalts[27]. Furthermore, two areas with higher K abundance in the Mare Orientale definitely correspond to the eastern and northwestern region of the inner depression covered by mare basalts, which have almost the identical age, ~3.2-3.3 Ga[29,30]. The same concentration of FeO, TiO_2[19], and K in these two areas supports the interpretation that the covered basalts in the center of Orientale-basin are from single volcanic events[29,31].

Methods

All raw data received from the spacecraft were converted to time series gamma ray spectra that were used to derive elemental maps. However, in order to ensure the correctness of spectral analysis, mapping, and abundance calculations, data selection was carried out at first. We eliminated the data which have bad sync words, bad check sums, and off-limit values. The measurements during solar energetic particle event were also excluded. In this work, the energetic proton data taken from the Earth orbiting GOES satellites[33] were used to identify the solar energetic particle events.

Three major corrections to the time series data were made for the variations of gain, galactic cosmic ray, and solid angle before analyzing the spectra. To monitor the gain changes, we calculated the peak positions of two strong peaks (0.511 MeV, 7.60 MeV) for every 15-min and every 3-hour interval. The time series data were then corrected according to the gain and offset values for each 3-hour and 15-min interval[34]. The time-varying galactic cosmic ray flux was monitored by measuring the counting rate of oxygen gamma ray line (6.13 MeV) for all latitudes poleward of +85°. In order to apply the galactic cosmic ray correction, the 6.13 MeV counting rate were smoothed and normalized to the counting rate seen at the beginning of the orbital mission. All spectra were then divided by this normalized flux for the correction of the galactic cosmic ray variations[34]. In addition, all spectra were normalized to a spacecraft height of 100 km to normalize the variations of solid angle seen by the detector due to height variation from 85 to 125 km.

All corrected spectra were binned into approximately equal-area pixels about 60 km ×60 km by using their latitude and longitude positions at the times they were taken. Gamma-ray spectra were accumulated in each pixel to present the spectrum measured from such area. To calculate the K counting rate in each pixel, the integrated area beneath K peak should be determined. In this work, peak fitting method (Gaussian shaped, linear background line) was used to determine K peak area in each pixel. Since the peak around 1.46 MeV is a combination of lines resulting mainly from the K line at 1.46 MeV and $LaBr_3$ self-activity because of the ^{138}La decay (1.436 MeV 1 32 keV)[8], the contribution of $LaBr_3$ self-activity should be eliminated from each calculation. Weassumed that gamma rays emitted from $LaBr_3$ self-activity decay were constant in the whole mission. The peak area estimated from the accumulated spectrum in the cruise period was used to eliminate the contribution of $LaBr_3$ selfactivity. The net ^{40}K gamma-rays emanating from the Moon in each pixel were obtained by calculating the area difference between binned spectra and the cruise spectrum.

References

[1] Warren, P. H. The magma ocean concept and lunar evolution. An. Rev. Earth Planet. Sci. 13, 201-240 (1985).

[2] Hiesinger, H. & Head, J. W. New views of lunar geosciences: An introduction and overview. Rev. Mineral. Geochem. 60, 1-81 (2006).

[3] Melosh, H. J. Impact Cratering, (Oxford University Press, 1989).

[4] Ma, T. et al. Gamma-ray spectrometer onboard Chang'E-2. Acta Astronomica Sinica 54, 1-9 (2013).

[5] Zhu, M. H. et al. The measurements of Gamma-ray spectrometer from China's Chang'E-1/2 spacecrafts (abstract). 39th COSPAR Scientific Assembly (2012).

[6] Feldman, W. C. et al. The lunar prospector gamma ray and neutron spectrometers. Nucl. Instr. Meth Phys. Res. 422, 562-566 (1999).

[7] Reedy, R. C. Expected gamma ray emission spectra from the lunar surface as a function of chemical composition. J. Geophys. Res. 78, 5847-5866 (1973).

[8] Kernan, W. J. Self-activity in lanthanum halides. IEEE Trans. Nucl. Sci. 53,395-400 (2006).

[9] Prettyman, T. H. et al. Elemental composition of the lunar surface: analysis of gamma ray spectroscopy data from lunar prospector. J. Geophys. Res. 111, E12007 (2006).

[10] Kobayashi, S. et al. Determining the absolute abundances of natural radioactive elements on the lunar surface by the Kaguya gamma-ray spectrometer. Space Sci. Rev. 154, 193-218 (2010).

[11] Lawrence, D. J. et al. Global elemental maps of the Moon: the lunar prospector gamma-ray spectrometer. Science 281, 1484-1489 (1998).

[12] Lawrence, D. J. et al. Thorium abundances on the lunar surface. J. Geophys. Res. 105, 20,307-20,331 (2000).

[13] Zhu, M. H., Ma, T. & Chang, J. Chang'E-1 gamma ray spectrometer and preliminary radioactive results on the lunar surface. Planet. Space. Sci. 58,1547-1554 (2010).

[14] Jolliff, B. L. et al. Major lunar crustal terrain: surface expressions and crust-mantle origins. J. Geophys. Res. 105, 4197-4216 (2000).

[15] Fernandes, V. A. & Burgess, R. Volcanism in Mare Fecunditatis and Mare Crisium: Ar-Ar age studies. Geochim. Cosmochim. Acta 69, 4919-4934 (2005).

[16] Schultz, P. H. & Spudis, P. D. Evidence for ancient mare volcanism. Proc. Lunar Planet. Sci. Conf. 10, 2899-2918 (1979).

[17] Yamamoto, S. et al. Possible mantle origin of olivine around lunar impact basins detected by SELENE. Nat. Geosci. 3, 533-536 (2010).

[18] Pieters, C. M. &Wilhelms, D. E. Origin of olivine at Copernicus. J. Geophys. Res. 90, C415-C420 (1985).

[19] Bussey, D. B. & Spudis, P. D. Compositional studies of the Orientale, Humorum, Nectaris, and Crisium lunar basins. J. Geophys. Res. 105, 4235-4243 (2000).

[20] Elardo, S. M., Draper, D. S.&Shearer, Jr. C. K. Lunar Magma Ocean crystallization revisited: Bulk composition, early cumulate mineralogy, and the source regions of the highlands Mg-suite. Geochim. Cosmochim. Acta 75, 3024-3045 (2011).

[21] Ishihara, Y. et al. Crustal thickness of the Moon: implications for farside basin structures. Geophys. Res. Lett. 36, L19202 (2009).

[22] Wilhelms, D. E. The Geologic History of the Moon (U. S. Geological Survey Professional Paper no. 1348, Washington, DC, 1987).

[23] Wieczorek, M. A., Zuber, M. T. & Phillips, R. J. The role of magma buoyancy on the eruption of lunar basalts. Earth Planet. Sci. Lett. 185, 71-83 (2001).

[24] Scott, D. H. et al. U.S. Geol. Survey Misc. Geol. Inv. Map I-1034 (1977).

[25] Head, J. W. et al. Global distribution of large lunar craters: implications for resurfacing and impactor populations. Science 329, 1504-1507 (2010).

[26] Head, J. W. et al. Lunar impact basins: new data for the western limb and farside (Orientale and South Pole-Aitken Basins) from the first Galileo flyby. J. Geophys. Res. 98, 17, 149-17, 181 (1993).

[27] Spudis, R. D., Hawke, B. R. & Lucey, P. Composition of Orientale basin deposits and implications

for the lunar basin-forming process. J. Geophys. Res. 89, C197-C210 (1984).

[28] Shearer, C. K. et al. Thermal and magmatic evolution of the Moon. Rev. Mineral. Geochem. 60, 365-518 (2006).

[29] Whitten, J. et al. Lunar mare deposits associated with the Orientale impact basin: new insights into mineralogy, history, mode of emplacement, and relation to Orientale basin evolution from Moon Mineralogy Mapper data from Chandrayaan-1. J. Geophys. Res. 116, E00G09 (2011).

[30] Cho, Y., Morata, T., Haruyama, J., Yasui, M., Hirata, N. & Sugita, S. Young mare volcanism in the Orientale region contemporary with the Procellarum KREEP Terrane (PKT) volcanism peak period, 2 billion years ago. Geophys. Res. Lett. 39, L11203 (2012).

[31] Yingst, R. A. & Head, J. W. Volumes of lunar lava ponds in South Pole-Aitken and Orientale basins: Implications for eruption conditions, transport mechanisms and magma source regions. J. Geophys. Res. 102, 10.909-10,931 (1997).

[32] Smith, D. E. et al. Initial observations from the Lunar Orbiter Laser Altimeter (LOLA). Geophys. Res. Lett. 37, L18204 (2010).

[33] http://www.swpc.noaa.gov.

[34] Lawrence, D. J., Maurice, S. & Feldman, W. C. Gamma-ray measurements from Lunar Prospector: Time series data reduction for the gamma-ray spectrometer. J. Geophys. Res. 109, E07S05 (2004).

Acknowledgements

The authors thank Chang'E-2 project team members for their work. This research was supported by the Science and Technology Development Fund of Macau (004/2011/A1; 048/2012/A2) and National Natural Science Foundation of China (11103089).

Author contributions

M.Z. drafted themanuscript. J.C. is the principle investigator of the GRS, and contributed to the data process and analysis with M.Z. W.I. and W.F. contributed scientific interpretations with M.Z. J.C., T.M., J.W., Y.G., M.C. and Y.H. were responsible for development and operation of the GRS system. All of the authors, including A. X. and Z.T. discussed and provided significant comments on the results and manuscript.

Additional information

Competing financial interests: The authors declare no competing financial interests.

How to cite this article: Zhu, M. et al. Potassium Map from Chang'E-2 Constraints the Impact of Crisium and Orientale Basin on the Moon. Sci. Rep. 3, 1611; DOI:10.1038/srep01611 (2013).

Prospective results of CHANG'E-2 X-ray spectrometer

PENG Wen-Xi(彭文溪), WANG Huan-Yu(王焕玉)①, ZHANG Cheng-Mo(张承模), CUI Xing-Zhu(崔兴柱), CAO Xue-Lei(曹学蕾), ZHANG Jia-Yu(张家宇), LIANG Xiao-Hua(梁晓华), WANG Jin-Zhou(汪锦州), GAO Min(高旻), YANG Jia-Wei(杨家卫), WU Ming-Ye(吴明烨)

(Institute of High Energy Physics, CAS, Beijing 100049, China)

Abstract: The Chinese second lunar satellite CE-2, which carries an X-ray spectrometer (XRS), will be launched at the end of 2010. In order to estimate the scientific results of XRS, we simulate the anticipated lunar X-ray spectra observed by XRS by using the expected mean solar X-ray flux in 2011. We also obtain the integration time and the spatial resolution required to achieve a certain significance level for the major lunar rock-forming elements in different solar activity conditions. It is expected that a spatial resolution of finer than 100 kilometers can be achieved for elements Mg, Al, Si, Ca, Ti, and Fe.

Key words: moon, X-ray fluorescence, solar cycle

PACS 96.20.-n, 95.85.Nv

1 Preface

Remote X-ray spectrometry is a key technique in measuring the lunar chemical composition. Since it is too cool to emit any X-rays by itself, the X-ray emission from the Moon's surface is excited by solar X-ray photons[1-4]. When the solar X-rays interact with the atoms at the uppermost layer of the Moon's, corresponding characteristic X-ray fluorescence will be produced if the energy of the incident X-ray emission exceeds the binding energy of the inner-shell (K or L) electrons of these atoms[1-3]. In addition, coherently and incoherently scattered X-rays, which constitute the continuous component of the lunar X-ray emission, are also produced from the lunar surface. Analyzing the X-ray spectrum collected with a detector orbiting around the Moon, we can obtain the elemental composition and distribution of the lunar surface. Table 1 shows the K-line emission properties of the major elements on the Moon[4].

---

① E-mail: wanghy@mail.ihep.ac.cn.

Table 1　The characteristic lines of rock-forming elements on the Moon

elements	atomic No.	$K\alpha_1$/keV	relative intensity	$K\alpha_2$/keV	relative intensity	$K\beta$/keV	relative intensity
O	8	0.525	100	0.525	50	—	—
Mg	12	1.253	100	1.253	50	1.302	1.9
Al	13	1.487	100	1.486	50	1.557	2.8
Si	14	1.740	100	1.739	50	1.836	8.8
Ca	20	3.692	100	3.688	50.2	4.013	19.2
Ti	22	4.511	100	4.505	50.3	4.932	20.1
Fe	26	6.404	100	6.391	50.6	7.058	20.3

The solar X-ray flux is known to vary with time[1]. Actually, the variations of solar X-ray irradiation correlate with the 11-year solar activity cycle. During the time around the solar activity minimum, the Sun can remain quiescent without any flare occurrence for weeks, and the solar X-ray emission has the lowest flux, about 10^{-8} W/m^2 (GOES A-level①). At the solar maximum, the occurrence rate of flares, especially that of large solar flares, strongly increases, and the solar background X-ray flux is usually elevated by several orders of magnitude from the solar minimum to the solar maximum[5].

The increased solar X-ray flux (1 − 10 keV) will largely enhance the intensity of lunar X-ray fluorescence, particularly the fluorescent lines of heavy elements (e.g., Ti, and Fe). As a result, the occasion of remote X-ray observation is crucial and the perfect observing time should be close to the solar maximum.

2　X-ray spectrometer onboard CE-2

The first Chinese lunar satellite CHANG'E-1 (CE-1) ended its life by impacting the Moon on March 1st, 2009. During its more than one year lifetime, the XRS[6] (Fig. 1) onboard CE-1 successfully detected the characteristic X-ray fluorescent lines emitted from the lunar rock-forming elements, such as Mg, Al, and Si[7, 8]. Unfortunately, 2008 was the solar minimum year in solar cycle 23, which means that the solar X-ray flux was the lowest. Accordingly, the lunar fluorescent X-rays excited by the solar X-rays were so few that the elemental abundance distribution could hardly be obtained.

However, the second Chinese lunar satellite CE-2 is under manufacture and the launch time is around 2011. CE-2 is almost the twin of CE-1, and no significant difference exists between them except the orbit. The orbital altitude of CE-2 will be 100 km

① Solar X-ray flux levels are classified as A, B, C, M and X according to the 1−8 Å flux measured by the GOES satellite. Each class has a flux ten times greater than the preceding one, and Class A has a flux of the order 10^{-8} W/m^2. Solar X-ray flares use the peak flux for classification.

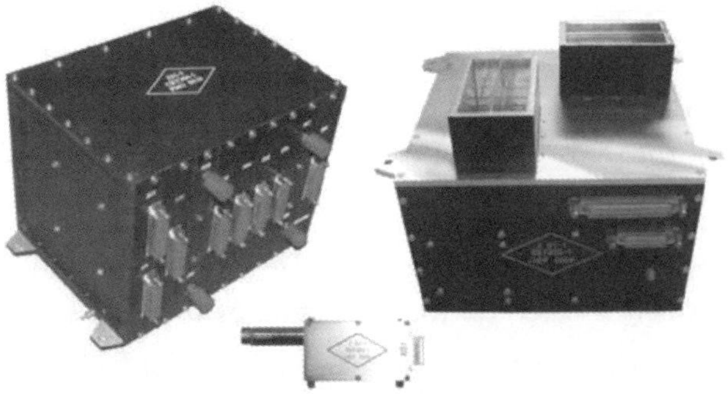

Fig. 1　Photographs of the X-ray spectrometer. Left: electronic box; middle: solar X-ray monitor; right: lunar X-ray detector.

and be kept for only 6 months. A new version of the X-ray spectrometer (XRS) will be carried by CE-2 and a ^{55}Fe source will be added on the XRS to calibrate its in-orbit performance. The characteristics of the XRS are listed in Table 2. Compared with the XRS onboard CE-1, only the lower limit of the energy range of the Hard X-ray Detector (HXD) is changed from 10 keV to 25 keV to lower the electronic noise of the detectors.

Table 2　Performance of the XRS onboard CE-2

total mass 5.5 kg			
total power 23.6 W			
components	soft X-ray detector (SXD)	hard X-ray detector (HXD)	solar X-ray monitor (SXM)
objects	lunar X-ray fluorescence	natural radiation from the Moon	solar X-ray
detector	Si-PIN×4 chips	Si-PIN×16 chips	Si-PIN×1 chips
filter	12.5 μm beryllium	1 μm aluminum	12.5 μm beryllium
energy range	0.5—10 keV	25—60 keV	0.5—10 keV
effective area	1 cm^2	16 cm^2	0.75 mm^2
energy resolution	300 eV@5.9 keV	6 keV@5.9 keV	300 eV@5.9 keV
ADC	10 bits	10 bits	10 bits

The mission time in 2011 will be excellent for XRS to perform remote lunar X-ray observation as the solar maximum will be approaching. Even so, it is still necessary to estimate the anticipated results of XRS before launching. Therefore, in this article, we first estimate the solar X-ray output level in 2011 based on the prediction of the solar activities; then we build a theoretical lunar X-ray production model for XRS to calculate the anticipated lunar X-ray spectra and the achievable spatial resolutions for the major elements on the Moon. We only focus on the calculation for the SXD units which measure the lunar X-ray fluorescence.

3 The solar activity in 2011

Before calculating the X-ray spectrum of the Moon's surface obtained by XRS, we need to know the solar X-ray output level in 2011. As mentioned above, the output of solar irradiation strongly depends on the solar activities. Therefore, first, we focus on estimating the solar activity in 2011, which is based on the prediction of the next solar cycle: solar cycle 24.

The solar cycle, i.e. the sunspot cycle, first drew scientists' attention due to the discovery of the periodic variation of the monthly mean sunspot number (Fig. 2). According to statistical data, the sunspot number R is closely related to the other solar activity indicators[9-11], thus the prediction of solar activity generally is focused on studying the variation of R, especially its amplitude (maximum sunspot number) and peak time.

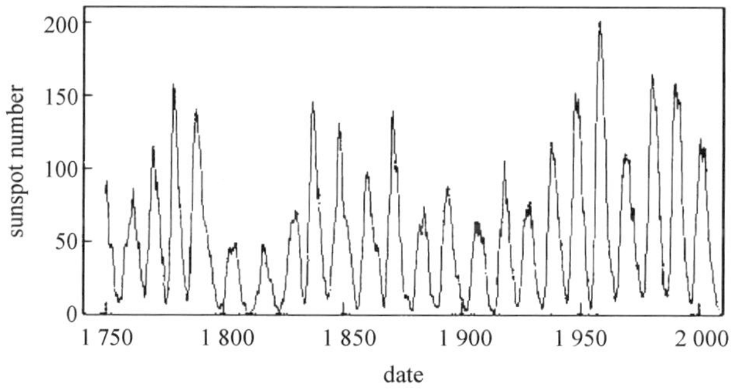

Fig. 2　Smoothed monthly sunspot number since 1749[10].

Actually, predicting the solar cycle is quite difficult, partly because the features of the solar cycle, such as amplitude, shape and duration, vary from cycle to cycle[12]; and partly because the knowledge of the solar cycle mechanism is still poor (the famous solar dynamo model, which gives a good explanation about the origin of solar cycle[13, 14], has been well developed in the past few decades but needs further improvement to interpret all the phenomena in the solar cycle[10]). Even so, several tens of methods are used to forecast the properties of solar cycle 24[10, 15]. The most widely used prediction was released by the Solar Cycle 24 Prediction Panel1) on April 25, 2007[10]. According to this prediction, the monthly sunspot numbers of the year 2011, represented as R_2011, are expected to reach 70 ± 10 in a weak cycle or 125 ± 20 in a strong cycle.

On the other hand, the relationship between the sunspot number and the solar X-ray background flux can be used to estimate the mean output of solar X-rays in 2011. Fig. 3 shows the scatter plot of the smoothed monthly solar X-ray background fluxes based on GOES data versus the sunspot numbers (data from the Sunspot Index Data Center) in solar cycle 23, which can be fitted by a power-law[11]

$$Y = AX^B \tag{1}$$

where X denotes the sunspot numbers, Y denotes the smoothed monthly solar X-ray background flux, A and B are the constant coefficients.

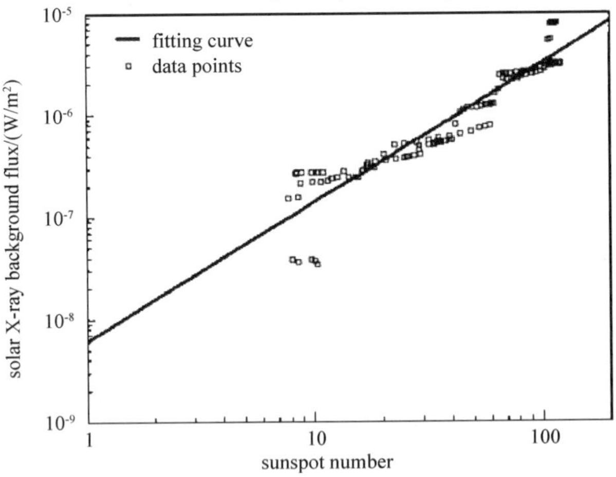

Fig. 3 Scatter plots of the smoothed monthly solar X-ray background fluxes against the sunspot numbers for solar cycle 23 (1996—2008).

The linear fit in log-log space yields $\log_{10} A = -8.21 \pm 0.07$, $B = 1.36 \pm 0.04$ and the correlation coefficient $r = 0.94$. If X is set to R 2011 in Eq. (1), we obtain an estimate of the solar X-ray background flux in 2011 (Table 3).

Table 3 The expected solar X-ray background flux in 2011

X = R_2011	solar X-ray background flux/(W/m²)
70±10	$(1.99\pm0.61)\times10^{-6}$
125±20	$(4.38\pm1.39)\times10^{-6}$

In addition, we plot the smoothed monthly solar X-ray flare numbers versus the sunspot numbers for solar cycles 21—23 (1975—2008) in Fig. 4. Eq. (1) is also used for fitting but Y denotes the smoothed monthly numbers of solar X-ray flares here.

According to the fitting results shown in Table 4, the occurrence rates of various solar X-ray flares in 2011 are calculated and listed in Table 5.

Table 4 Fitting results using Eq. (1). (X: sunspot numbers, Y: the smoothed monthly numbers of solar X-ray flares)

flare class	lg$A$	lg$A$ error	B	B error	r
≥$C1$ & <$M1$	−0.41	0.04	1.29	0.02	0.95
≥$M1$	−1.70	0.04	1.50	0.02	0.96

Table 5 The expected monthly numbers of solar X-ray flares in 2011

X = R_2011	SXR flares ≥$C1$ and <$M1$	SXR flares>$M1$
70±10	93±21	12±3
125±20	197±45	28±7

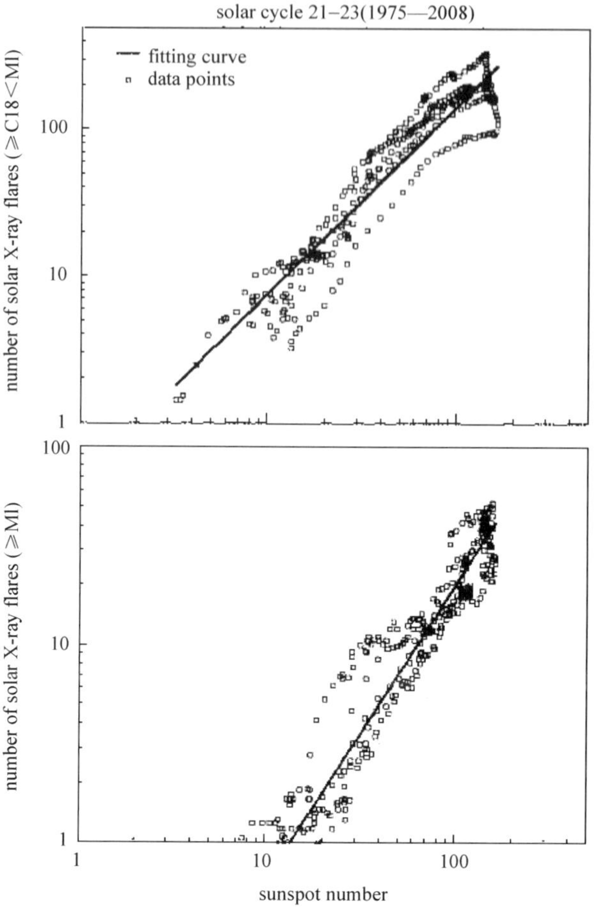

Fig. 4　Scatter plots of the smoothed monthly solar X-ray flare numbers against the sunspot numbers for solar cycles 21—23. (Top panel: flare class≥$C1$ and < $M1$. Bottom panel: flare class>$M1$).

From Tables 3 and 5, we conclude that even if solar cycle 24 is a weak cycle (R_2011 = 70±10), the mean solar X-ray output in 2011 is expected to exceed 1×10^{-6} W/m^2 (GOES C1-level) and M-flares will occur on average once every 3 days.

4　The expected results of XRS onboard CE-2

4.1　Theoretical lunar X-ray fluorescence production model

The method we used to calculate the anticipated spectra for SXD is based on the theoretical X-ray fluorescence production model described by Clark et al (1997)[3]. In this model, two equations [Eqs. (2)and (3)] are used to determine the intensities of the fluorescent X-ray emission and the scattered X-ray emission respectively from a certain location on the lunar surface.

$$F_{(j)}(\alpha,\beta)=\frac{1}{4\pi}\cdot\omega_j\cdot f_j\cdot\frac{r_j-1}{r_j}\cdot C_j\int_{E_{j,edge}}\left[\frac{J(E_c)\cdot\mu_j(E_c)\cdot dE_c}{\sum_i C_i[\mu_i(E_c)\sec\alpha+\mu_i(E_j)\sec\beta]}\right] \quad (2)$$

$$S(E,\alpha,\beta,\theta)=\sum_i\left[\frac{C_i}{A_i}\cdot N_{AV}\cdot\frac{J(E)\cdot\frac{d\sigma_i^{coh}(E,\theta)}{d\Omega}}{\sum_i C_i\cdot\mu_i(E)\cdot(\sec\alpha+\sec\beta)}\right]+$$
$$\sum_i\left[\frac{C_i}{A_i}\cdot N_{AV}\cdot\frac{J(E_c)\cdot\frac{d\sigma_i^{incoh}(E_c,\theta)}{d\Omega}}{\sum_i C_i\cdot(\mu_i(E_c)\sec\alpha+\mu_i(E)\sec\beta)}\right] \quad (3)$$

where i: all elements of the lunar surface, j: elements which emit X-ray fluorescence, μ_i: mass attenuation coefficient of i elements, μ_j: mass attenuation coefficient of j elements, C_i: concentration of i elements, C_j: concentration of j elements, ω_j: fluorescence yield for j elements, r_j: absorption jump ratio for j elements, f_j: K-shell electron transfer probability for j elements, E_j: energy of j element Xray fluorescence ($K\alpha$ and K_β), E_c: energy of primary solar X-rays, E: energy of scattering X-rays, $E=E_c/[1+E_c(1-\cos\theta)/511\text{ keV}]$, $E_{j,edge}$: energy of j element K-shell absorption edge, α: incidence angle, β: emission angle, θ: scattering phase angle, N_{AV}: Avogadro number, A_i: atomic weight of i elements, $J(E_c)$: solar X-ray differential flux, $\frac{d\sigma_i^{coh}(E,\theta)}{d\Omega}$: differential cross-section of i elements for coherent scattering X-rays, $\frac{d\sigma_i^{incoh}(E,\theta)}{d\Omega}$: differential crosssection of i elements for incoherent scattering X-rays, $F_{(j)}(\alpha,\beta)$: intensities of j element X-ray fluorescence($cm^{-2}\cdot s^{-1}\cdot sr^{-1}$), $S(E,\alpha,\beta,\theta)$: differential intensities of scattering X-rays ($cm^{-2}\cdot s^{-1}\cdot sr^{-1}\cdot keV^{-1}$).

In order to calculate the lunar X-ray intensities measured by SXD, $F_{(j)}(\alpha,\beta)$ and $S(E,\alpha,\beta,\theta)$ are integrated over the footprint of SXD, meanwhile, the point spread function and the efficiency[16] of SXD are also considered in Eqs. (4) and (5).

$$\text{Fluo\_det}_{(j)}=\int_{\text{footprint}}F_{(j)}(\alpha,\beta)\frac{\text{Psf}\cdot\text{Eff}(E_j)}{\cos\beta}d\Omega,\ cm^{-2}\cdot s^{-1} \quad (4)$$

$$\text{Scatter\_det}(E)=\int_{\text{footprint}}S(E,\alpha,\beta,\theta)\frac{\text{Psf}\cdot\text{Eff}(E)}{\cos\beta}d\Omega,\ cm^{-2}\cdot s^{-1}\cdot keV^{-1} \quad (5)$$

where $\text{Fluo\_det}_{(j)}$ is the measured intensity of j element X-ray fluorescence, $\text{Scatter\_det}(E)$ is the measured intensity of scattered X-ray emission, $d\Omega$ is the differential solid angle of the footprint seen from SXD, Psf is the point spread function of SXD, and $\text{Eff}(E)$ is the detection efficiency of SXD for X-rays with energy E.

Because the footprint of SXD on the lunar surface is a spherical quadrangle (Fig. 5), direct integration over the footprint in Eqs. (4) and (5) is quite difficult. So, we convert

Eqs. (4) and (5) into numerical expressions (Eqs. (6) and (7)) by dividing the footprint into several tens of grid cells (Fig. 5).

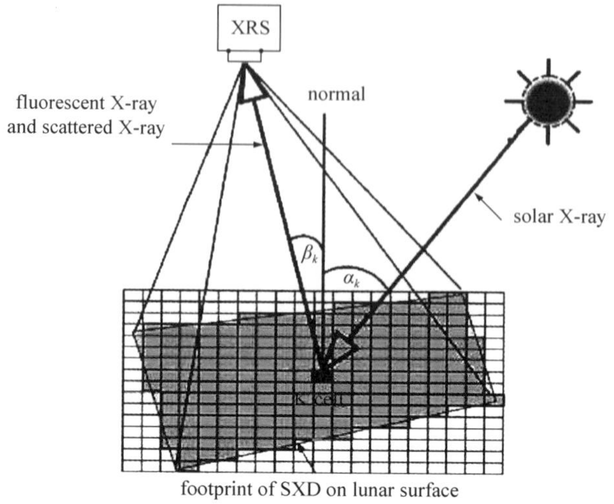

Fig. 5　Lunar X-ray fluorescence production model.

$$\mathrm{Fluo\_det}_{(j)} \approx \sum_{k=1}^{N} F_{(j),k}(\alpha_k, \beta_k) \frac{\mathrm{Psf}_k \cdot \mathrm{Eff}(E_j)_k}{\cos\beta_k} \mathrm{d}\Omega_k, \mathrm{cm}^{-2} \cdot \mathrm{s}^{-1} \tag{6}$$

$$\mathrm{Scatter\_det}(E) \approx \sum_{k=1}^{N} S_k(E, \alpha_k, \beta_k, \theta_k) \times \frac{\mathrm{Psf}_k \cdot \mathrm{Eff}(E)_k}{\cos\beta_k} \mathrm{d}\Omega_k,\ \mathrm{cm}^{-2} \cdot \mathrm{s}^{-1} \cdot \mathrm{keV}^{-1} \tag{7}$$

where k represents the grid cell which constitutes the footprint and N is the total number of the grid cells in the footprint.

In Eqs. (6) and (7), by summing up the contributions from all the grid cells, we obtain the measured intensities of the fluorescent X-ray emission and the scattered X-ray emission from the entire footprint. Then, the two components of lunar X-rays can be merged into one spectrum. After considering the energy resolution of SXD, we can get the anticipated lunar X-ray spectrum of SXD.

4.2　The anticipated results

The simulated SXD spectra of the Moon's surface are obtained under several assumptions. (1) The observations of SXD are made in a polar circular orbit around the Moon's at an altitude of 100 km and the mean incidence angle of the subpoint is 45 degrees. (2) SXD is a Moon-surface pointing instrument and the satellite platform is three-axis stabilized. (3) Solar X-ray spectra[3] in three levels $B1$, $C1$ and $M1$ are used. (4) Three targets are lunar soil samples returned by Apollo 15, 16, 17 missions respectively[17]. These assumptions represent the typical cases of the observations.

Figure 6 shows the anticipated X-ray spectra calculated for the returned samples.

Obviously, the spectral characteristics in Fig. 6 vary with elemental concentration as well as the solar X-ray output level.

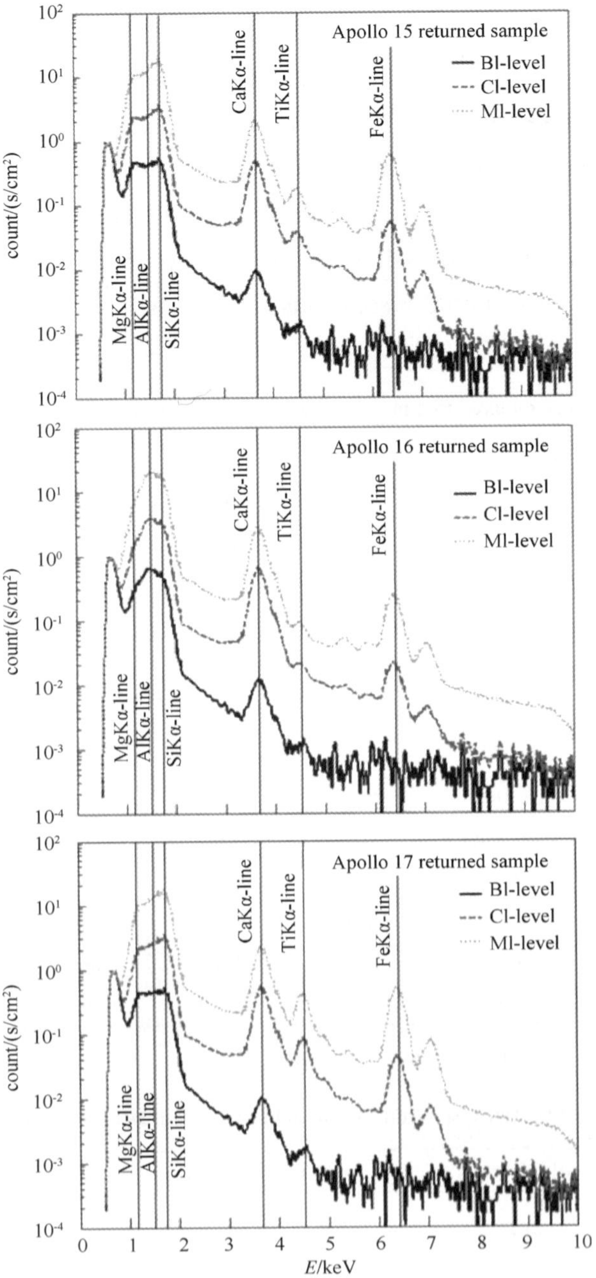

Fig. 6　The simulated XRS (SXD) spectra of different lunar soil samples.

Table 6 shows the integration time required to achieve 5σ and 10σ significance for the Kα fluorescent lines of the major elements. Compared with the light elements Mg, Al, Si and Ca, the heavy elements Ti and Fe need much longer integration time. Table 7 shows the anticipated spatial resolution to achieve 5σ significance after 6 months (4320 hours) observation. (As few X-rays are emitted from the night side of the Moon, only 2160 hours' data measured on the day side are used.) From Table 7, we can conclude that if the solar background X-ray level is B1, the spatial resolutions of light elements are several tens of kilometers, while several hundreds of kilometers are achievable for heavy elements Ti and Fe. If the mean solar X-ray output is elevated from B1 to C1, the spatial resolution will be highly improved, especially for the heavy elements. According to the anticipated solar X-ray output in 2011 (see Part 3), C-level condition will prevail through CE-2's mission time and M-flares will occur frequently. As a result, XRS will be able to map the lunar surface with spatial resolutions finer than 100 kilometers for elements Mg, Al, Si, Ca, Ti, and Fe.

Table 6 The integration time required to achieve 5σ and 10σ significant level for the major rock-forming elements

element		Apollo15 sample		Apollo16 sample		Apollo17 sample	
		*B*1	*C*1	*B*1	*C*1	*B*1	*C*1
Mg	5σ	13s	2s	43s	6s	16s	2s
	10σ	52s	7s	171s	24s	62s	8s
Al	5σ	17s	3s	5s	1s	12s	2s
	10σ	66s	11s	18s	3s	47s	8s
Si	5σ	5s	1s	6s	1s	45s	1s
	10σ	17s	2s	22s	3s	19s	2s
Ca	5σ	5.4min	3s	3.2min	2s	4.6min	2s
	10σ	21.5min	10s	12.8min	7s	18.4min	9s
Ti	5σ	2.9d	2.4min	19.0d	13.8min	8.5h	25s
	10σ	11.5d	9.4min	75.9d	55.4min	1.4d	1.7min
Fe	5σ	1.1d	29s	7.4d	2min	1.6d	39s
	10σ	4.4d	2.0min	29.7d	8.2min	6.3d	2.6min

Note: Time: d, days; h, hours; min, minutes; s, seconds.

Table 7 The anticipated spatial resolution (Y) to achieve 5σ significance for the major lunar elements

element	Apollo15 sample		Apollo16 sample		Apollo17 sample	
	*B*1	*C*1	*B*1	*C*1	*B*1	*C*1
Mg	35	22	47	29	37	22
Al	37	24	27	18	34	22
Si	27	18	29	18	48	18
Ca	78	24	68	22	75	22
Ti	411	64	657	98	243	41
Fe	322	43	519	61	354	46

Note: Spatial resolution is also represented by $Y \times Y$ square of kilometers.

5 Conclusion

The above calculations indicate that the upcoming solar maximum in 2011 will afford a golden opportunity for XRS onboard CE-2 to measure the elemental compositions of the lunar surface. The magnitude of the solar background X-ray flux will be higher than C1-level, and the anticipated spatial resolutions of several tens of kilometers can be achieved for the distributions of the six major rock-forming elements (Mg, Al, Si, Ca, Ti, and Fe), which will provide detailed information to understand the geochemical nature of terrains and to establish a lunar resource distribution database for future exploration and utilization.

References

[1] Adler I, Gerard J, Trombka J I et al. The Apollo 15 X-ray Fluorescence Experiment. Proc. Lunar Sci. Conf. 3rd, 1972. 2157-2178.

[2] Adler I, Trombka J I. Naturwissenschaften, 1973, 60(5): 231-242.

[3] Clark P E, Trombka. J. Geophys. Res. E, 1997, 102(7): 16361-16384.

[4] Truscott P, Dyer C, Peerless C. Basalt X-ray Fluorescence Study, basalt study Issue 0. b, DERA Space Depart. for ESA/ESTEC, 2000.

[5] Bouwer S D. J. Geophys. Res. A, 1983, 88(10): 7823-7830.

[6] WANG Huan-Yu, ZHANG Cheng-Mo et al. Nuclear Electronics & Detection Technology, 2008, 28 (2): 215-218 (in Chinese).

[7] OUYANG Zi-Yuan, JIANG Jing-Shan, LI Chun-Lai et al. Chin. J. Space Sci, 2008, 28(5): 361-369.

[8] SUN Hui-Xian, WU Ji, DAI Shu-Wu et al. Chin. J. Space Sci., 2008, 28(5): 374-384.

[9] Hathaway D H, Wilson R M. Geophys. Res. Lett., 2006, 33: L18101.

[10] Hathaway D H. Space Sci. Rev., 2008.9 (online first), DOI: 10.1007/s11214-008-9430-4.

[11] Veronig A M, Temmer M. Arnold Hanslmeier. Solar Physics, 2004, 219: 125-133.

[12] Hathaway D H, Wilson R M, Reichmann E J. J. Geophys. Res. A, 1999, 104(10): 22375-22388.

[13] Gough D. Nature, 2001, 410: 313-314.

[14] Babcock H W. Astrophys. J., 1961, 133(2): 572-587.

[15] Pesnell W D. Solar Physics, 2008, 252: 209-220.

[16] ZHANG Jia-Yu, WANG Huan-Yu, ZHANG Cheng-Mo et al. Nuclear Electronics & Detection Technology, 2007, 27(4): 651-653 (in Chinese).

[17] McKay D et al. The Lunar Regolith. In: Heiken G H, Vaniman D T, French B M (Editors), Lunar Sourcebook: A User's Guide to the Moon. New York: Cambridge Univ. Press, 1991. 346.

Reflectance calibration and shadow effect of VNIS spectra acquired by the Yutu rover

Sen Hu[1], Yang-Ting Lin[1], Bin Liu[2], Wei Yang[1], Zhi-Ping He[3] and Wei-Fan Xing[1,4]

1 Key Laboratory of Earth and Planetary Physics, Institute of Geology and Geophysics, Chinese Academy of Sciences, Beijing 100029, China; *linyt@mail.iggcas.ac.cn*;

2 Key Laboratory of Lunar and Deep Space Exploration, National Astronomical Observatories, Chinese Academy of Sciences, Beijing 100012, China;

3 Key Laboratory of Space Active Opto-Electronics Technology, Shanghai Institute of Technical Physics, Chinese Academy of Sciences, Shanghai 200083, China;

4 China University of Geosciences, Wuhan 430074, China

Received 2014 September 10; accepted 2015 March 13

Abstract: Yutu is the first lunar rover after the Apollo program and Luna missions. One of the payloads on the Yutu rover, the Visible and Near-infrared Imaging Spectrometer (VNIS), has acquired four VIS/NIR images and SWIR spectra near its landing site in Mare Imbrium. The radiance images were reduced through repairing bad lines and bad points, and applying flat field correction, and then were converted into reflectance values based on the solar irradiance and angles of incidence. A significant shadow effect was observed in the VIS/NIR image. The shadowed regions show lower reflectance with a darkening trend compared with illuminated regions. The reflectance increased by up to 24% for entire images and 17% for the VIS/NIR-SWIR overlapping regions after shadow correction. The correction for the shadow effect will remarkably decrease the estimate of FeO content, by up to 4.9 wt.% in this study. The derived FeO contents of CD-005～008 after shadow correction are around 18.0 wt.%.

Key words: Moon— Chang'E-3— Yutu— VNIS —shadow—reflectance

1 Introduction

The major scientific objective of Chang'E-3 was to provide new constraints on the formation and evolution history of the Moon via in-situ use of its Alpha Particle-induced X-ray Spectrometer (APXS), Visible and Near-infrared Imaging Spectrometer (VNIS), terrain camera and Lunar Penetrating Radar (LPR) in analyses of lunar rocks and soils. On 2013 December 14, Chang'E-3 successfully soft landed in the northern part of Mare Imbrium. The TiO_2 contents acquired by Clementine UVVIS data, SELENE MI data and Chang'E-1 Interference Imaging Spectrometer (IIM) data indicate multiple volcanic lava flows occurred beneath the landing site (Gillis et al. 2003; Ohtake et al. 2012; Wu et al. 2012). In addition, the age of volcanism determined by crater chronology is 1-2.5 Ga (Shultz & Spudis 1983), indicating there has been young volcanic activity on the Moon. The in-situ detections by Chang'E-3 around the landing site will supply new constraints to study examples of young geologic activity on the Moon.

The VNIS can acquire images in the range of 450 – 945 nm (VIS/NIR) and spectra in the range of 900 – 2395 nm (SWIR) (He et al. 2011; Liu et al. 2013; He et al. 2014a, b; Liu et al. 2014). The visible to near infrared spectrum of the Moon is closely correlated with chemical compositions (Lucey et al. 2000) and physical properties (Helfenstein & Shepard 1999; Shkuratov et al. 2011). The Level 2B data from VNIS, published by the Ground Segment for Data, Science and Application (GSDSA) of China's Lunar Exploration Program, were reduced and converted to calibrated reflectance, based on the processing of raw data (salt and pepper noise subtraction, dark current subtraction and non-uniformity correction) (Liu et al. 2014). Unlike detections made from orbit, the in-situ analyses on the lunar surface are constrained by the observation angles and surface roughness, which cause significant shadow effects. Therefore, in this work, we briefly introduce the VNIS data (Sect. 2) and reflectance calibration method (Sect. 3) at first, then focus on the shadow effect (Sect. 4) of the in-situ VNIS spectra, and finally assess the impact of the shadow effect on chemical composition inversion (Sect. 5).

2 VNIS Data and Processing

The VNIS data on the Yutu rover were published in PDS format. The Level 2B data were used in this work. The header file of the data recorded the solar angle of incidence, rover geographic location, integration time and some other observation information, which were used for reflectance calibration. Four local regions were measured by the Yutu rover in the first two lunar days and were designated as CD-005～008 (Table 1). The VIS/NIR (450 – 945 nm) data were recorded as images with 256×256 pixels. The spatial resolution is around 0.5mm and the spectral interval is 5 nm. The SWIR (900-2395 nm) data were recorded as spectra with a spectral interval of 5 nm (He et al. 2014a).

Table 1　Information about Level 2B Data Used in this Work

File name	Designation	i^a	Distance^b	Integration time
CE3-**-0005-A.2B	CD-005	59.884967	(-0.22, -19.79)	VIS: 40 min, NIR: 32 min
CE3-**-0006-A.2B	CD-006	67.486938	(-0.66, -32.05)	VIS: 18 min, NIR: 8 min
CE3-**-0007-A.2B	CD-007	69.721666	(-13.30, -36.36)	VIS: 31 min, NIR: 32 min
CE3-**-0008-A.2B	CD-008	54.065078	(-24.65, -32.63)	VIS: 40 min, NIR: 32 min

Notes: ** was used to abbreviate the long middle section of the file name. ^{a}: angle of incidence in degrees, ^{b}: distance from the lander (x, y) in meters, x represents the eastern direction, y represents the northern direction.

The VNIS on the Yutu rover was designed by Shanghai Institute of Technical Physics, Chinese Academy of Sciences. An Acousto-Optic Tunable Filter (AOTF) was used to split the white light into individual wavelengths to acquire the image and spectrum on the Moon (He et al. 2011). The spatial resolution of SWIR data is around 5 cm (He et al. 2014a). In the VIS/NIR image, SWIR covers a target that corresponds to a circle with a radius of 54 pixels and center at pixel coordinates (96, 128) (Fig. 1(b)) (He et al. 2014a).

The detection mode of VIS/NIR images was similar to that of the IIM on Chang'E-1 (He et al. 2011; Liu et al. 2013; He et al. 2014a, b; Liu et al. 2014), MI on SELENE (Ohtake et al. 2010) and M3 on Chandrayaan-1 (Pieters et al. 2009). We use the same method that was applied to data from IIM on Chang'E-1 to reduce the VIS/NIR data from the Yutu rover (Wu et al. 2010). The Level 2B VIS/NIR data were sequentially reduced by bad line (pixel gray-scale slope threshold method), bad point (hot pixel) and flat field corrections (global histogram equalization), and were then converted into reflectance values based on the solar irradiance and angles of incidence (Liu et al. 2013; Liu et al. 2014). The SWIR radiance was directly converted into reflectance based on the solar irradiance and angles of incidence (Liu et al. 2013; Liu et al. 2014).

The VIS/NIR images from Level 2B data, with associated bad line, bad point and flat field corrected cases, are shown in Figure 1. The VIS/NIR images acquired by the Yutu rover have good quality without bad lines (Fig. 1(b)) and rarely show bad points (Fig. 1(c)). Bad point correction ensures that any abnormal pixels in the images are repaired, which will minimize the standard deviation between the samples of the images

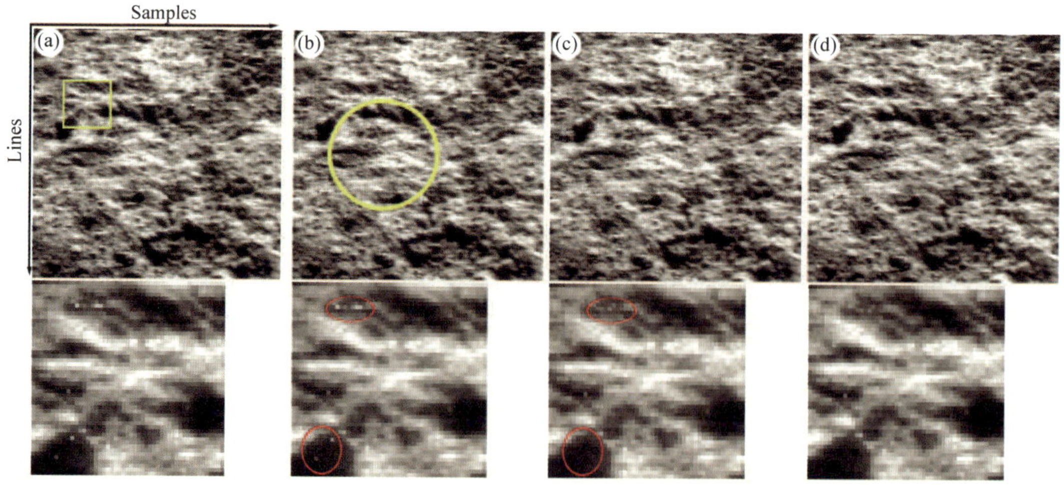

Fig. 1　Gray VIS/NIR images of (a) CD-005 representing raw data, (b) bad line corrected, (c) bad point corrected and (d) flat field corrected cases. The corresponding lower images are the magnified local regions outlined by a square in (a). CD-005 has no bad lines. Bad point correction has removed the abnormal pixels in the images. The region outlined by a circle in (b) is the SWIR detection target.

and ensure good flat field corrections. The composite images of 450 nm (R), 750 nm (G) and 945 nm (B) show that the raw data have a weak heterogeneous response in the horizontal direction (Fig. 2(a)) but this was removed after flat field correction (Fig. 2(b)). The magnitude of the flat field correction for all wavelengths is lower than 2.2%.

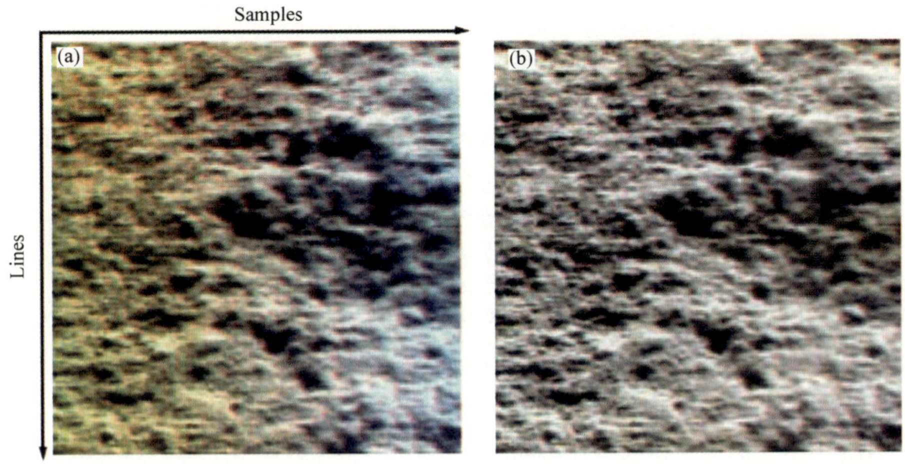

Fig. 2　Composite images (R: 450 nm, G: 750 nm, B: 945 nm) of raw data (a) and flat field corrected (b) cases. The raw data show a heterogeneous response with yellow on the left side and blue on the right side. In contrast, the image after flat field correction shows a homogeneous response. Image ID is CD-008.

3　Reflectance Conversion and Spectrum Extraction

Two reflectance conversion methods are usually used in planetary sciences. One relies on a calibration panel to convert the radiance into reflectance (Reid et al. 1999; Liu et al. 2013; Liu et al. 2014). The other employs the solar irradiance to convert the radiance into reflectance (Liu et al. 2013; Ohtake et al. 2010). Liu et al. (2013) discussed the details of converting the radiance into reflectance using the calibration panel. In this work, we just use the solar irradiance for reflectance calibration. In order to compare with the spectra acquired by an orbiting satellite and the spectra of lunar soils determined at the Reflectance Experiment Laboratory facility at Brown University (RELAB), the solar angle of incidence was normalized. The final equation for reflectance calibration is

$$R_j = \frac{\pi I_j}{\cos(i)\int I_0(\lambda)\ S_j(\lambda)\ \mathrm{d}\lambda} \tag{1}$$

R_j is the reflectivity at the jth band, I_j is the radiance at the jth band, i is the solar angle of incidence, $I_0(\lambda)$ is the irradiance spectrum of the Sun, cited from Gueymard (2004), and $S_j(\lambda)$ is the spectral response at the jth band.

The average radiance spectra of the four in-situ analyses and solar irradiance spectrum are plotted in Figure 3. The absolute reflectance was calculated based on Equation (1). The VNIS spectrum was extracted from the VIS/NIR image and SWIR spectrum in the overlapping regions. As the detection methods between VIS/NIR and SWIR are different, the reflectance will show a minor gap in the overlapping wavelengths (900 – 945 nm). Because the SWIR data have smaller spectral jitter than VIS/NIR data, offset correction was applied to shift the VIS/NIR spectra to fit the SWIR spectra (Liu et al. 2014). The offset correction method minimizes the root mean square deviation (Eq. (2)) between the overlapping wavelengths.

$$\text{error} = \sqrt{\sum_{i_\lambda=1}^{10} \{R[\lambda_{\text{VIS/NIR}}(i_\lambda) + \text{offset}] - R[\lambda_{\text{SWIR}}(i_\lambda)]\}^2 / N} \quad (2)$$

In Equation (2), 'error' is the root mean square deviation between the overlapping wavelengths of VIS/NIR and SWIR spectra, N is the number of overlapping bands ($N = 10$), i_λ is the ith band of the overlapping wavelengths, $R(\lambda_{\text{VIS/NIR}}(i_\lambda))$ is the reflectivity of VIS/NIR at the ith band, and $R(\lambda_{\text{SWIR}}(i_\lambda))$ is the reflectivity of SWIR at the ith band.

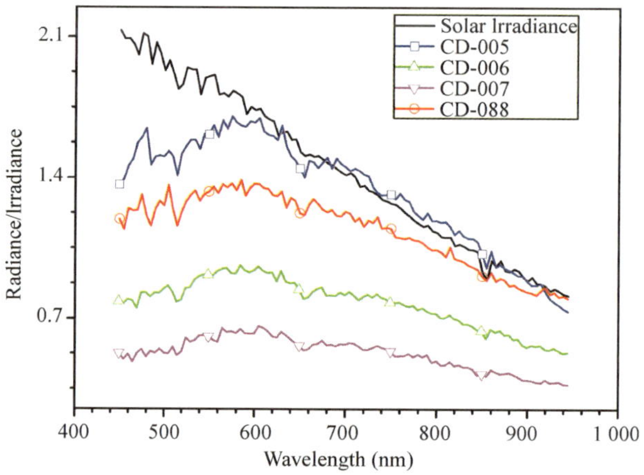

Fig. 3　Radiance spectra of CD-005～008 and a solar irradiance spectrum are plotted for comparison. Radiance is in μWcm^{-2} nm^{-1} sr^{-1} and irradiance is in 10^2 μWcm^{-2} nm^{-1} cited from Gueymard 2004.

When minimizing the 'error' between the reflectance of VIS/NIR and SWIR in the overlapping wavelength range, the best offsets for CD-005～008 are −0.0152, −0.0029, 0.0226 and 0.0032, respectively. The VNIS spectra of CD-005～008 are plotted in Figure 4, showing significant 1 μm and 2 μm absorption bands, as well as space weathering features, such as a reddened trend and dark reflectance. The VNIS spectra are similar to those of lunar mare soils (15041, Fig. 4) but significantly lower than those of lunar highland soils (67461). Moreover, the spectra of CD-005～008 show significant variation, probably indicating heterogeneous chemical compositions and physical properties (particle size, maturity, roughness, etc.) on small scales (Fig. 4).

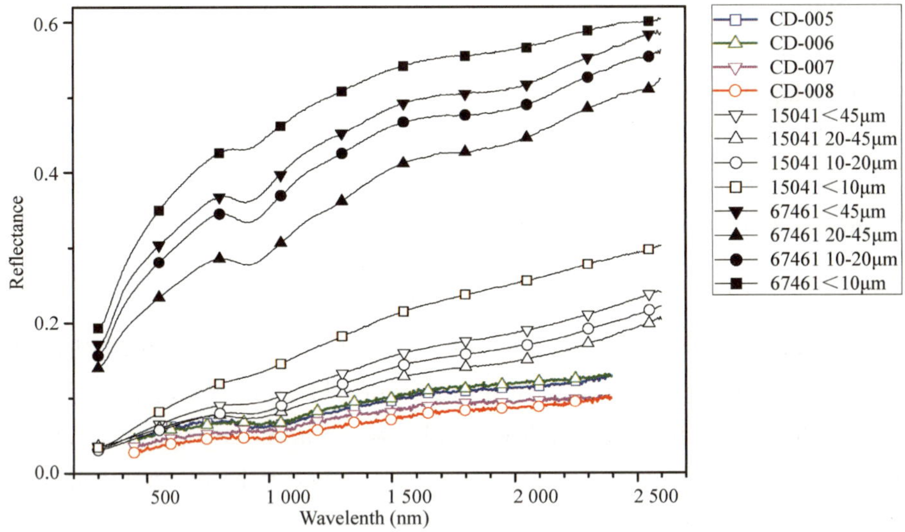

Fig. 4　The VNIS spectra of CD-005～008. The spectra of Apollo 15 soils (15041, lunar mare soils) and Apollo 16 soils (67461, lunar highland soils), from Pieters et al. 2000, with different grain sizes are also plotted for comparison.

4　Shadow Effect

As shown in Figure 1, the VIS/NIR images show significant dark regions with similar stretching directions. The local dark regions are the shadows constrained by the in-situ observation angles. The presence of shadows will have a strong effect on the average reflectance of entire images. We assess the shadow effects in the VIS/NIR-SWIR overlapping regions and entire images.

In order to assess the shadow effect, R_{750} (reflectance at 750 nm) was used to classify an entire image into shadow regions and illuminated regions. In order to determine the threshold of the shadows, CD-007 was used as an example because it showed large shadow areas (Fig. 5(b)). Reflectance at 750 nm (R_{750}) of CD-007 shows two overlapping peaks in the reflectance range 0.017-0.05 with a local minimum around 0.03 (Fig. 5(a)), which was used as the input of the shadow threshold. We can modify the threshold around the input value to find the best match of the shadow regions determined from the threshold (value pointed out by an arrow in Fig. 5(a)) and from the corresponding gray image (Fig. 5(b)). From the reflectance gray image of CD-007 (Fig. 5(b)), the dark areas represent shadow regions rather than an assemblage of finer dust because they share a similar stretch in the light direction (indicated by an arrow in Fig. 5(b)). Furthermore, the finer dust particles of lunar soils usually have higher reflectance compared with that of coarser grains as shown in Figure 4 (reflectance of 15041 at <10 μm is significantly higher than that of 15041 at 20 − 45 μm). Finally, the shadow thresholds of R_{750} in CD-005～008 are 0.042, 0.032, 0.025 and 0.03, respectively. The average reflectance ($R(\lambda)$) of the overlapping regions is lower than the reflectance ($R_{\text{illuminated}}(\lambda)$) in the area that excludes the shadow pixels. The shadow effect also exists in the SWIR ranges, although recorded as a spectrum. Based on the assessment with VIS/NIR ranges, the reflectance enhancement can be calculated by Equation (3)

$$k = \frac{1}{N}\sum_{i_\lambda=1}^{100}\frac{R_{\text{illuminated}}(\lambda)}{R(\lambda)} \tag{3}$$

where k is the shadow correction coefficient, i_λ is the ith band of the VIS/NIR wavelengths, λ is the wavelength in nm with an interval of 5 nm, $R_{\text{illuminated}}(\lambda)$ is average reflectivity at λ when excluding the shadow pixels, $R(\lambda)$ is the average reflectivity at λ of all the overlapping regions, and N represents the number of bands included in the calculation ($N = 100$ for VIS/NIR).

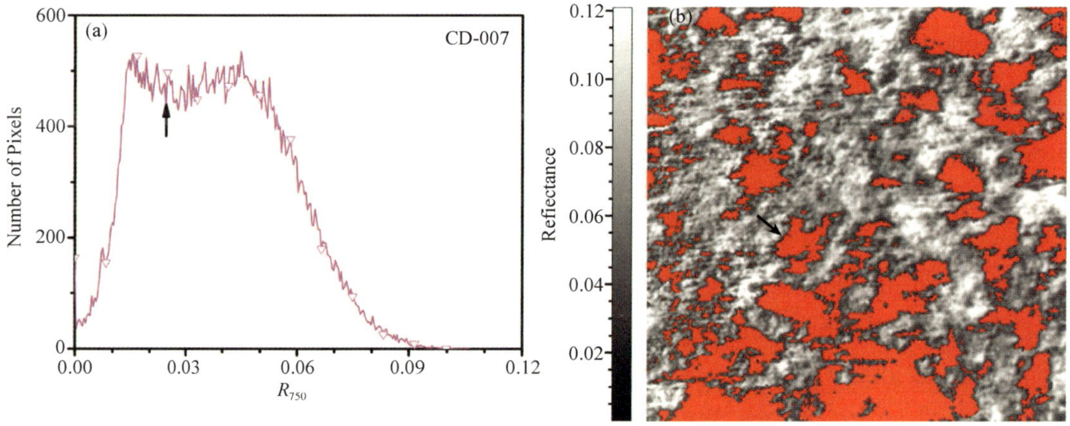

Fig. 5　(a) Histogram of R_{750} in CD-007. The value pointed out by an arrow was finally used for classifying the image into shadow and illuminated regions. (b) The corresponding image can be classified as shadow regions (*red areas*) and illuminated regions (*gray areas*).

The calculated shadow correction coefficients (k) of CD-005～008 are 1.08, 1.12, 1.17 and 1.12, respectively. The same k that was used forVIS/NIR was also used to correct the corresponding SWIR reflectance. The jump in reflectance between VIS/NIR and SWIR was corrected by Equation (2). The offsets of CD-005～008 were 0.0003, 0.0166, 0.0177 and -0.002, respectively. The VNIS spectra after shadow correction showed a higher reflectance compared to the uncorrected spectra (Fig. 6).

For the entire VIS/NIR images, the shadow regions of CD-005～008 are 14%, 20%, 30% and 12%, respectively, based on the reflectance shadow thresholds at 750 nm. The shadow corrected results are plotted in Figure 7. The reflectance enhancements after shadow correction are 8%, 13%, 24% and 7% for CD-005～008, respectively. The reflectance enhancements are positively correlated with the shadow areas, indicating that the shadow effect cannot be ignored.

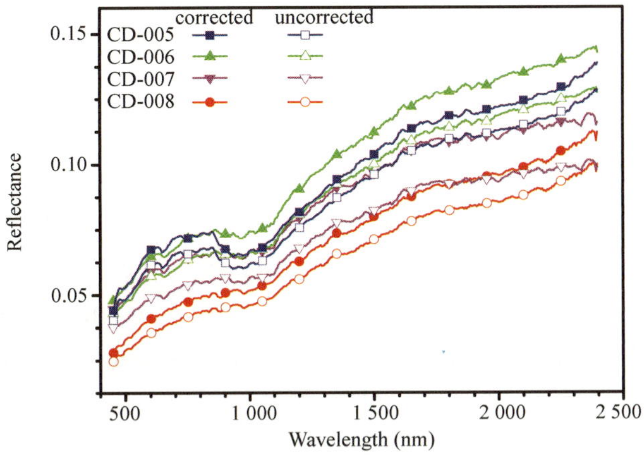

Fig. 6　Shadow corrected and uncorrected spectra of CD-005～008 in the overlapping regions between VIS/NIR and SWIR.

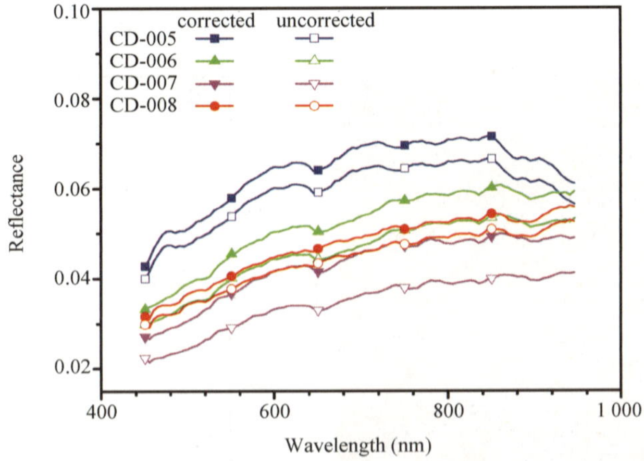

Fig. 7　The shadow corrected and uncorrected VIS/NIR spectra of CD-005～008.

5　Impact of the Shadow Effect on FEO Content Inversion

Because the VIS/NIR data are recorded as images, there are two ways to calculate the FeO contents. One is to use the image to calculate FeO contents and its distribution. The other regards the entire/partial image as spectra, like SWIR, to calculate the FeO contents.

In order to estimate the impact of the shadow effect on chemical composition inversion, FeO content of CD-005, which was calculated based on the algorithm used by Lucey's method (Lucey et al. 2000), is shown in Figure 8(a). Θ_{Fe} is defined by Equation (4) and FeO content is calculated using Equation (5) from (Lucey et al. 2000).

$$\Theta_{Fe} = -a \ \tan\left[\frac{R_{950}/R_{750} - 1.23}{R_{750} - 0.04}\right] \tag{4}$$

R_{950} and R_{750} are the reflectivity at 950 nm and 750 nm of the VNIS spectra, respectively.

$$FeO = 17.427 \times \Theta_{Fe} - 7.565 \tag{5}$$

The FeO contents of CD-008 can be classified into two endmembers (shadow regions and illuminated regions). The FeO contents of the shadow regions are set to be 0 wt.% because their relatively dark reflectance will produce a negative denominator ($R_{750}-0.04$) for $-F_e$. The illuminated regions show relatively homogeneous FeO contents (18.3±0.9 wt.%, 1 standard deviation (SD)), varying from 15 wt.% to 19.8 wt.% with a peak around 18.1 wt.% (Fig.8(b)). If including the shadow regions, then the average FeO content of CD-005 is 16.1±6.0 wt.% (1SD), 2.2 wt.% lower than that of the illuminated regions. Processed in the same way as CD-005, the average FeO contents of the illuminated regions in CD-006～008 are 17.3±2.4 wt.%, 17.9±2.3 wt.% and 17.4±2.4 wt.%, respectively. If including the shadow regions, the average FeO contents of CD-006～008 are 13.3±7.6 wt.%, 13.0±8.2 wt.% and 13.2±7.7 wt.%, which are 4.0 wt.%, 4.9 wt.% and 4.2 wt.% lower than those of the illuminated regions, respectively.

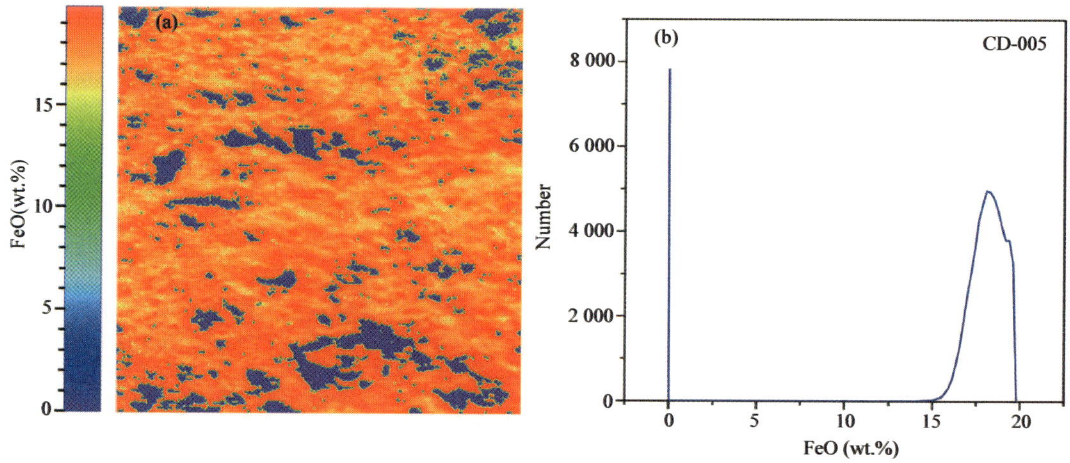

Fig.8 (a) FeO content distribution of CD-005 using Lucey's method (Lucey et al. 2000). (b) Histogram of FeO content in CD-005.

Alternatively, the FeO contents can be derived from the VIS/NIR spectra. In this study, the VIS/NIR-SWIR overlapping region was chosen to discuss the effects of shadow and offset corrections for calculating the FeO contents. Lucey's method (Lucey et al. 2000) was used to calculate FeO contents and the results are listed in Table 2. Before shadow correction, the FeO contents of CD-005～008 varied from 18.3-18.8 wt.%, except for CD-007, which showed a negative result caused by extremely low reflectivity at 750 nm (Table 2). After shadow correction, the FeO contents of CD-005～008 varied from 17.9-18.0 wt.%, which was comparable with that before shadow corrections except for CD-007 (Table 2). The shadow corrected spectra usually have higher reflectivity, which results in lower Θ_{Fe} and lower FeO contents compared with those of the uncorrected shadow case (Table 2). When excluding the darkest reflectance of CD-007, the FeO contents after shadow correction are more homogeneous (18.0 ± 0.04 wt.%) compared with that (18.6±0.27 wt.%) of the uncorrected shadow case (Table 2). At last, VNIS spectra were calculated by shifting the VIS/NIR spectra to fit SWIR spectra with corresponding offsets. The FeO contents of CD-005～008 from VNIS spectra (Fig. 6) varied from 16.2-18.3 wt.% (Table 2). The FeO contents are sensitive to the offsets, e.g., the FeO contents of CD-006 and CD-007 after offset corrections are 1.7 wt.% and 1.8 wt.% lower than those of the shadow corrected cases, respectively (Table 2), suggesting that shifting VIS/NIR to fit SWIR with large offsets would not be suitable for FeO calculation.

Table 2　FeO contents of CD-005～008 using Lucey's method (Lucey et al. 2000) from shadow uncorrected, shadow corrected and shadow+offset corrected VIS/NIR spectra in the VIS/NIR-SWIR overlapping region

Name	R_{750} (nm)	R_{945} (nm)	Θ_{Fe}	FeO (wt.%)
Before shadow correction				
CD-005	0.0666	0.0586	1.4852	18.3
CD-006	0.0490	0.0523	1.4981	18.5
CD-007	0.0398	0.0421	−1.5690	−34.9
CD-008	0.0450	0.0495	1.5156	18.8
Average*				18.6±0.27
After shadow correction				
CD-005	0.0718	0.0632	1.4684	18.0
CD-006	0.0549	0.0577	1.4640	17.9
CD-007	0.0468	0.0481	1.5288	19.1
CD-008	0.0505	0.0550	1.4680	18.0
Average				18.3±0.54
After shadow and offset corrections				
CD-005	0.0748	0.0662	1.4571	17.8
CD-006	0.0715	0.0743	1.3648	16.2
CD-007	0.0645	0.0658	1.4274	17.3
CD-008	0.0485	0.0530	1.4844	18.3
Average				17.4±0.89

Notes: * Average FeO contents excluding CD-007. *R* is the reflectivity at 750 nm and 945 nm of the VNIS spectra. The column FeO lists the FeO contents determined using the different corrections.

The shadow corrected FeO contents calculated from VIS/NIR images are consistent with those from VIS/NIR spectra within statistical uncertainties. However, the shadow uncorrected FeO contents (13.0 − 16.1wt.%) calculated fromVIS/NIR images are much lower than those (18.3 − 18.8wt.%) from VIS/NIR spectra, probably diluted by the shadows without FeO contents. These results suggest that the shadow effect must be corrected before calculating the FeO contents. The correction for the shadow effect will increase the derived FeO contents by up to 0.6 wt.% for VIS/NIR spectra and decrease the derived FeO contents by up to 2.2 - 4.9 wt.% for VIS/NIR images. The FeO contents of CD-005～008 after shadow correction are around 18.0 wt.%, which is significantly higher than lunar highland soils (Taylor et al. 2001). The shadow effects are not large enough to misclassify lunar mare soil as highland soil.

6 Conclusions

The Level 2B data were processed and converted to reflectance. The VNIS spectra were calculated by shifting the VIS/NIR to fit SWIR spectra. The VNIS spectra of Chang'E-3 show typical spectra of lunar mare soils, with significant space weathering features. The shadow effect was observed in the VIS/NIR images. The correction for the shadow effect will increase reflectance by up to 17% for the local regions and by 24% for the entire images, and affect the results related to calculations of FeO contents. For VIS/NIR images, the correction for the shadow effect will decrease the derived FeO contents by up to 4.9 wt.%. For VIS/NIR spectra in the VIS/NIR-SWIR overlapping region, the correction for the shadow effect will increase the derived FeO contents by up to 0.6 wt.%. The large offsets when shifting the VIS/NIR to fit SWIR spectra will significantly decrease the derived FeO contents by up to 1.8 wt.%. Finally, we estimate the FeO contents of CD-005～008 after shadow corrections to around 18.0 wt.%.

Acknowledgements

The constructive reviews by two anonymous referees and suggestions of the RAA editorial staff significantly improved this paper. The Level 2B data were provided by the Ground Segment for Data, Science and Application (GSDSA) of China's Lunar Exploration Program. This study was supported by the Chinese Academy of Sciences (KGZD-EW-603) and the National Natural Science Foundation of China (Grant No. 41103031).

References

[1] Gillis, J. J., Jolliff, B. L., & Elphic, R. C. 2003, Journal of Geophysical Research (Planets), 108, 5009.

[2] Gueymard, C. A. 2004, Solar Energy, 76, 423.

[3] He, Z., Shu, R., &Wang, J. 2011, in International Symposium on Photoelectronic Detection and Imaging 2011, 8196, 819625.

[4] He, Z. P., Wang, B. Y., Lv, G., et al. 2014a, Review of Scientific Instruments, 85, 083104.

[5] He, Z.-P., Wang, B.-Y., Lü, G., et al. 2014b, RAA(Research in Astronomy and Astrophysics),

14, 1567.

[6] Helfenstein, P., & Shepard, M. K. 1999, Icarus, 141, 107.

[7] Liu, B., Liu, J.-Z., Zhang, G.-L., et al. 2013, RAA(Research in Astronomy and Astrophysics), 13, 862.

[8] Liu, B., Li, C.-L., Zhang, G.-L., et al. 2014, RAA(Research in Astronomy and Astrophysics), 14, 1578.

[9] Lucey, P. G., Blewett, D. T., & Jolliff, B. L. 2000, J. Geophys. Res., 105, 20297.

[10] Ohtake, M., Matsunaga, T., Yokota, Y., et al. 2010, Space Sci. Rev., 154, 57.

[11] Ohtake, M., Takeda, H., Matsunaga, T., et al. 2012, Nature Geoscience, 5, 384.

[12] Pieters, C. M., Taylor, L. A., Noble, S. K., et al. 2000, Meteoritics and Planetary Science Supplement, 35, 127.

[13] Pieters, C. M., Goswami, J. N., Clark, R. N., et al. 2009, Science, 326, 568.

[14] Reid, R. J., Rueffer, P., Gliem, F., et al. 1999, J. Geophys. Res., 104, 8907.

[15] Shkuratov, Y., Kaydash, V., Korokhin, V., et al. 2011, Planet. Space Sci., 59, 1326.

[16] Shultz, P. H., & Spudis, P. D. 1983, Nature, 302, 233.

[17] Taylor, L. A., Pieters, C. M., Keller, L. P., Morris, R. V., & McKay, D. S. 2001, J. Geophys. Res., 106, 27985.

[18] Wu, Y., Xue, B., Zhao, B., et al. 2012, Journal of Geophysical Research (Planets), 117, 2001.

[19] Wu, Y., Zhang, X., Yan, B., et al. 2010, Science China Physics, Mechanics, and Astronomy, 53, 2160.

The uniform K distribution of the mare deposits in the Orientale Basin: Insights from Chang'E-2 gamma-ray spectrometer

Meng-Hua Zhua[1,①], Jin Chang[2], Ming-Gang Xie[1], Jörg Fritz[3], Vera A. Fernandes[3,5], Wing-Huen Ip[1,4], Tao Ma[2], Aoao Xu[1]

[1] Space Science Institute, Macau University of Science and Technology, Avenue Wailong, Taipa, Macau;

[2] Key Laboratory of Dark Matter and Space Astronomy, Purple Mountain Observatory, Chinese Academy of Sciences, Nanjing, China;

[3] Museum für Naturkunde, Leibniz Institute for Research on Evolution and Biodiversity, Berlin, Germany;

[4] Institutes of Astronomy and Space Science, National Central University, Taiwan;

[5] The centre for Earth Evolution and Dynamics, University of Oslo, Oslo, Norway

Abstract: The composition of mare basalt units in the Orientale Basin are investigated by using the potassium (K) map derived from Chang'E-2 gamma-ray spectrometer (CE-2 GRS) and FeO map derived from Clementine UV-Vis data set. Together with crater retention ages of the mare basalts from literature data, we aim to investigate possible magma sources underneath the Orientale Basin and their chemical evolution over time. Analyses of the chemical composition of the resurfaced mare basalts together with the reported eruption ages suggest a unique magma generating process for the resurfaced mare deposits. The early mare basalts in the central Mare Orientale and the later resurfaced mare deposits probably derived from magma generated by heat release due to high radioactive element concentrations. Based on forward modeling, the similar K abundances observed in the small mare deposits of the SW polygon area, Lacus Veris, and Lacus Autumni and those in the central Mare Orientale imply the same heat source for these lava eruptions. The chemical similarities (e.g., K, FeO, and TiO_2) of these regions suggest that mare basalts within the Orientale Basin are a result of multiple eruptions from a relatively homogeneous source underneath the Basin.

Key words: Moon Mare Orientale radioactive elements gamma-ray spectrometer homogeneous melt source

1 Introduction

Volcanism is the physical manifestation of the internal heat on the surface of a plan-

① Corresponding author. Tel.: +853 8897 2024; fax: +853 2882 3280. *E-mail address*: mhzhu@must.edu.mo (M.-H. Zhu).

etary body. On the Moon it is mostly represented by basaltic plains (mare) that formed by solidification of anhydrous and mafic lava of low viscosity which extruded onto the lunar surface at relatively high temperatures (Head, 1974, 1976; Hörz et al., 1991; Head and Wilson, 1992). The mare basalts (maria) occur mainly on the nearside and in a few large impact basins on the farside (Hiesinger and Head, 2006; Hiesinger et al., 2011). Maria form structurally complex units, in which the younger units overlie, cut, or overlap older ones. The chemical diversity (e. g., FeO, TiO_2, and radioactive elements) of these basaltic units can be related to the chemical and thermal evolution of the magma source regions, from which the eruptive sequence and chemical composition of the magma sources could be further understood (Grove and Krawczynski, 2009; Bugiolacchi and Guest, 2008).

Here we focus on the mare deposits within the Orientale Basin, which are located in a transitional region between the thinner nearside and the thicker farside crust (Ishihara et al., 2009; Wieczorek et al., 2013) to study the possible magma sources. The Orientale Basin is the youngest and best-preserved multi-ring impact structure. It marks the transition from the Early to the Late Imbrian Epochs, during which the Early Imbrian Epoch is characterized by the substantial impact cratering while the Late Imbrian Epoch includes most of observable lunar volcanism with less intense cratering (Head, 1974; Horz et al., 1991). Mare Orientale is the largest basaltic deposit (~320 km in diameter) within the basin covering an area of nearly 90 000 km^2 (Fig. 1A). Other large mare ponds, such as Lacus Veris (~12 500 km^2) and Lacus Autumni (~5 000 km^2) are exposed along the northeastern part of the Orientale Basin rings (Whitten et al., 2011; Cho et al., 2012).

Based on the albedo and Clementine FeO data (Wilcox et al., 2005) Mare Orientale was divided into four different regions in this study: Orientale North East (ONE), Orientale South East (OSE), Orientale South West (OSW) and Orientale North West (ONW) (Fig. 1). These mare units are outlined by following their inner boundaries to exclude the influences of contamination from surrounding highland materials. From the FeO (Wilcox et al., 2005) and TiO_2 (Gillis et al., 2004) maps in these regions derived from Clementine UV-Vis spectroscopic data, we can find that the FeO concentrations vary from 5 to 18 wt. % and TiO_2 from 3 to 6 wt. % (Table 1) for the different mare flows. The highest FeO (>15 wt. %) and TiO_2 (>5 wt. %) concentrations are mainly located in the central parts of ONW and OSE (Fig. 1B). Lower FeO and TiO_2 signatures are found in the ONE and OSW, both of which are thought to be highly contaminated by surrounding highland materials (Greeley et al., 1993; Yingst and Head, 1997). Lacus Veris and Autumni contain FeO (~14 wt. %) and TiO_2 (<4 wt. %) concentrations that are slightly lower than those found in Mare Orientale.

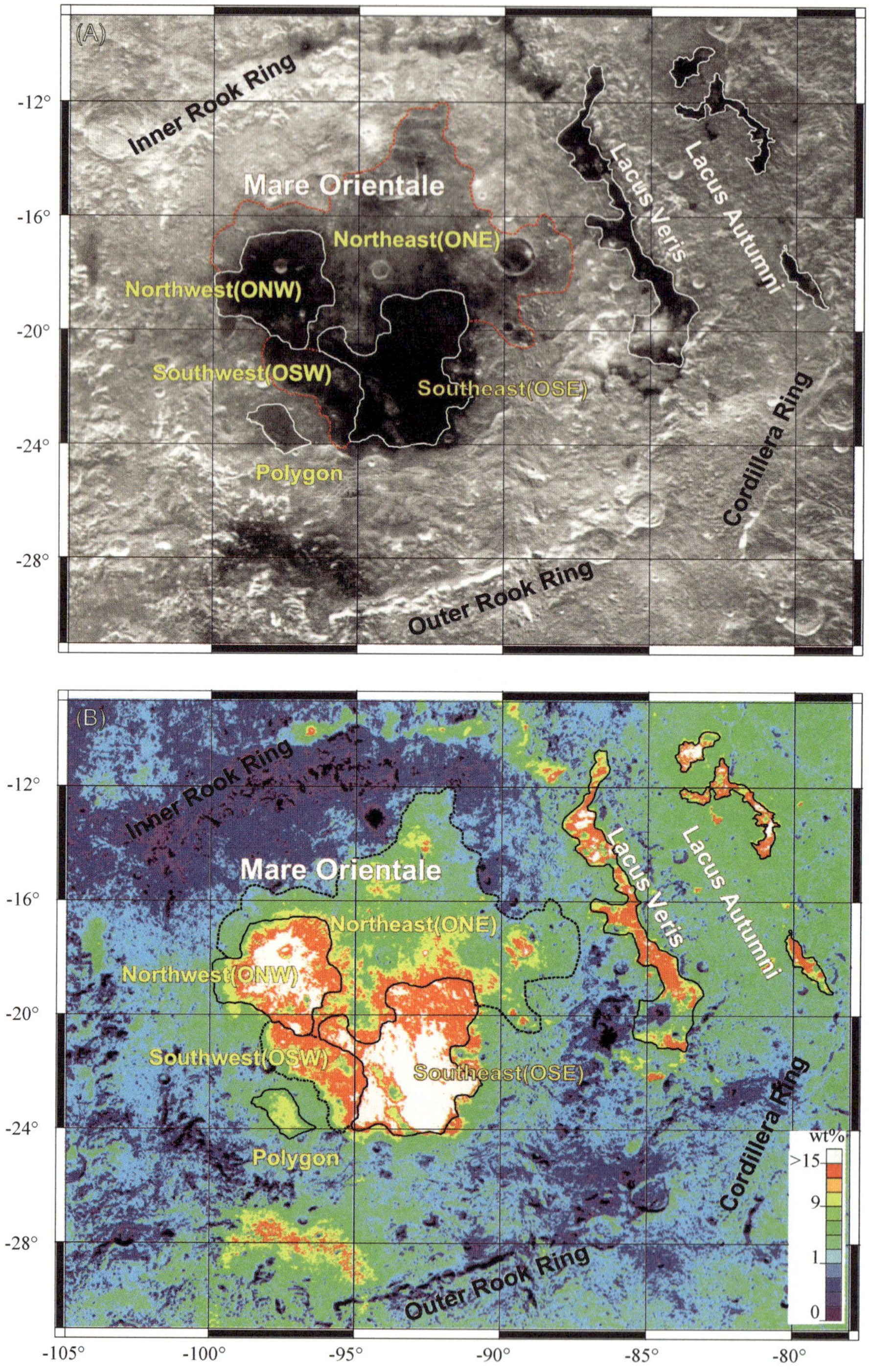

Fig. 1　CCD image of Orientale basin and its FeO distribution. (A) Mosaic image of Orientale basin (~20 m/pix) from Chang'E-2 stereo camera. (B) FeO map reproduced from Clementine UV-Vis image (100 m/pix) (Wilcox et al., 2005) with the outlines overlapped.

Table 1　Composition and crater retention ages of mare deposit units within the Orientale Basin*

Mare deposit unit[a]	K (ppm)[b]	FeO (wt. %)[c]	TiO_2 (wt. %)[c]	Model ages (Ga)[d]
Orientale event				3.79[+0.02/-0.02]
ONW				2.91[+0.19/-0.27]
p1	417[35]	13.4[1.7]	2.16[1.5]	
p2	581[43]	14.1[1.5]	3.76[1.1]	
p3	458[38]	12.8[1.6]	1.28[1.0]	
p4	385[35]	13.7[1.4]	2.86[0.9]	
ONE				
p1	207[28]	9.37[1.1]	0.97[0.4]	
p2	285[29]	9.78[1.5]	1.29[0.6]	
p3	322[34]	9.39[1.2]	1.09[0.3]	
p4	393[39]	9.03[0.8]	0.98[0.3]	
p5	129[21]	8.99[1.0]	0.88[0.3]	
p6	252[30]	10.5[1.6]	1.92[0.6]	
p7	314[34]	10.2[1.4]	2.08[0.9]	
p8	135[22]	10.4[1.4]	1.63[0.8]	
p9	72[15]	10.2[1.7]	1.11[0.6]	
OSW				3.77[+0.01/-0.01]
p1	393[36]	10.0[2.4]	1.34[0.7]	
p2	375[35]	11.6[1.6]	3.12[1.1]	
OSE				2.91[+0.19/-0.27]
p1	457[44]	13.7[1.1]	3.78[0.8]	
p2	406[38]	12.9[1.1]	2.31[1.1]	
p3	566[49]	15.7[1.5]	5.35[1.4]	
p4	392[36]	15.1[1.7]	2.90[2.0]	
Polygon area				3.77[+0.01/-0.01]
p1	109[23]	8.1[1.2]	0.95[0.3]	
Lacus Veris				3.4-3.6
p1	66[14]	11.3[1.6]	1.13[0.7]	
p2	60[12]	12.0[1.3]	1.13[0.7]	
Lacus Autumni				1.8-2.2
p1	45[11]	11.7[1.6]	1.04[0.5]	
p2	79[15]	12.9[1.5]	1.02[0.6]	

* Only the pixel area larger than 50% falling within the interested mare boundaries is listed here.

[a] The unit was represented by the pixels within the boundaries as outlined in Fig. 1.

[b] The pixel size is about 60 km × 60 km. The value in brackets represents the Poisson error of GRS detection in each pixel.

[c] The rebinned FeO (Wilcox et al., 2005) and TiO_2 (Gillis et al., 2004) concentrations from Clementine UV-Vis spectroscopic data. The value in brackets represents the standard deviation of the re-binned FeO and TiO_2 in each pixel.

[d] The model ages of mare units are from Cho et al. (2012), who used images from Kaguya Terrain Camera with 10 m/pix resolution (Haruyama et al., 2008).

The chronological investigations of mare deposits within the Orientale Basin (Greeley et al., 1993; Hiesinger et al., 2000; Morota et al., 2011; Whitten et al., 2011; Cho et al., 2012) indicate that the center of the Basin was covered by magma that erupted a few tens of million years after the impact that formed the Orientale Basin at about 3.8 Ga ago. These initial mare deposits are thought to erupt as a single volcanic event (Whitten et al., 2011) and were later resurfaced at about 2.9 Ga ago by volcanic eruptions in the NW and SE portions. Presently, the well exposed oldest mare deposits are restricted to the OSW portion of Mare Orientale (Fig. 1A). Previous morphological studies suggested that ONW and OSE basalts were emplaced by a single eruptive event with no indication for multiple mare flows in these two units (Yingst and Head, 1997; Whitten et al., 2011). However, no direct evidence such as an identical chemical composition of the lava flows was identified for these areas due to the limited sensitivity and spatial resolution of the instruments used to acquire the earlier data (Greeley et al., 1993; Staid, 2000).

Recent orbital observations with the high-sensitive gamma-rayspectrometer onboard China's Chang'E-2 spacecraft revealed an enhanced abundance of radioactive elements (e.g., K) within the Orientale Basin relative to the surrounding highlands region (Zhu et al., 2013). The new data set together with literature data of crater retention ages of the mare basalts provide an opportunity to further investigate the likelihood that a single eruption resurfaced the mare deposits and to infer on the heat sources that generated the melt beneath the Orientale Basin.

2 Methods

Global gamma-ray spectroscopic data (Fig. 2A) from the lunar surface was obtained by Chang'E-2 spacecraft launched on 1 October 2010. During the 100-km altitude orbits around the Moon the onboard GRS used a large $LaBr_3$ crystal as the main detector to measure gamma rays within the energy region from 0.3-MeV to 9-MeV (Zhu et al., 2013). Its energy resolution is ~5% full width at half maximum (FWHM) at 662 keV (Ma et al., 2013), which is higher than that of the previous Lunar Prospector (~10.5%) (Feldman et al., 1999) and Chang'E-1 gamma-ray spectrometer (~9%) (Zhu et al., 2010), but lower than Kaguya gamma-ray spectrometer (<1%) (Hasebe et al., 2008). In order to suppress the Compton effects and to reduce the background gamma rays coming from galactic cosmic rays interacting with the materials of the spacecraft, a large well-shaped CsI(Tl) crystal was employed in anticoincidence with the main crystal. Because of its special design, the CE-2 GRS has a high detection efficiency of gamma rays emitted from the lunar surface. During half-year of gamma rays detection from the lunar orbit, it was possible to identify the variation of the radioactive elements abundance on the lunar highlands (Zhu et al., 2013). Since CE-2 GRS is an uncollimated, omnidirectional instrument, its spatial resolution on the lunar surface is an approximate two-dimensional Gaussian function with a FWHM of ~1.5 times the height above the lunar surface (Reedy et al., 1973; Lawrence et al., 2003). It means that CE-2 GRS can resolve compositional spatial variations on the lunar surface within an area of 150 km ×150 km at its 100-km working orbit around the Moon. This is the same as the Lunar Prospector gamma-ray spectrometer (LP-GRS) for its 100-km altitude observations (Lawrence et al., 2003).

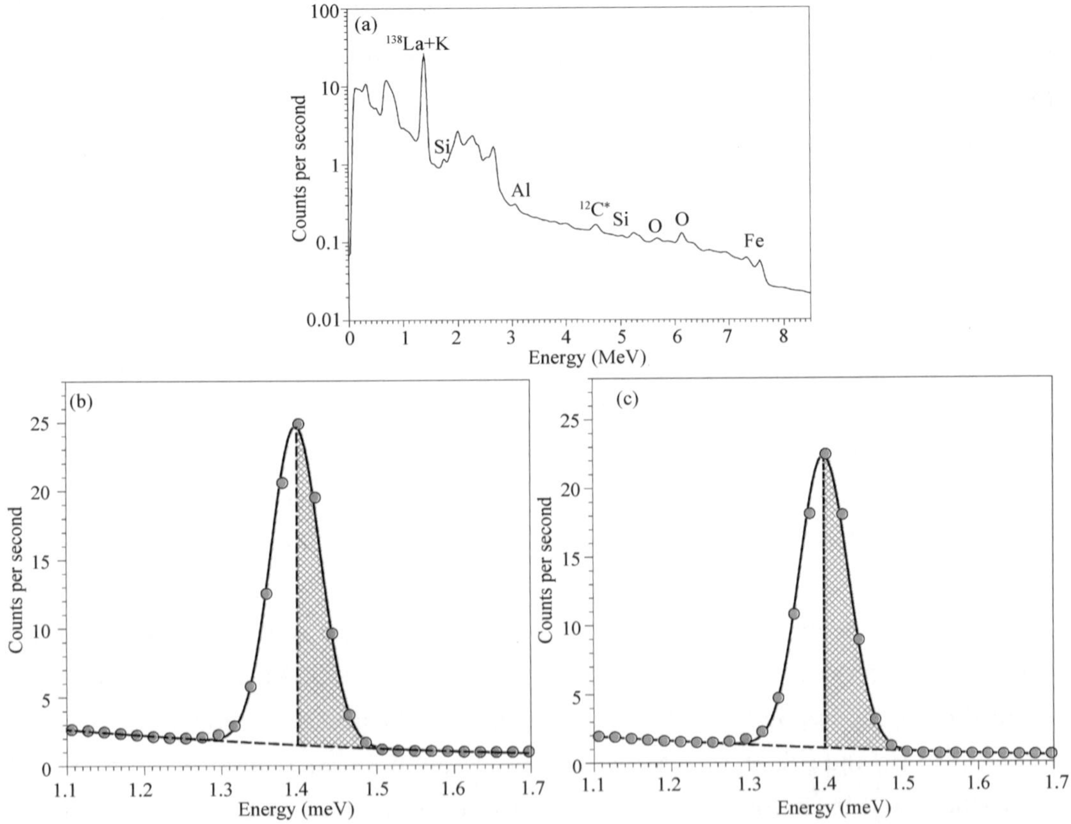

Fig. 2　Chang'E-2 gamma-ray spectrum plotted as counts per second versus energy for its 178-days observations at 100 km altitude of the Moon (A). In order to determine the net area of ^{40}K from the lunar surface, we fit both lunar (B) and cruise (C) spectra by using a Gaussianfunction and linear background line, and then calculate the area difference within the energy range of 1.40 MeV to 1.50 MeV between lunar and cruise spectra.

The heat generating radioactive elements on the lunar surface can be measured by the gamma-ray emissions that are mainly due to their natural decay. Of the three most abundant radioactive elements on the Moon (i.e., Th, K, and U), gamma rays produced by ^{40}K (1.46MeV) and ^{232}Th (2.61 MeV) decay provide the strongest gamma-ray-signals from the lunar surface (Reedy, 1978). Thus, these isotopes can be observed easily from lunar orbit with a remote sensing scintillation gamma-ray detector. In general, the Th map derived from ^{232}Th (2.61 MeV) is used as a proxy for the distribution of radioactive elements on the lunar surface because it is located in a spectral region with relatively low gamma-ray background and can be best separated from the energy spectra of lunar gamma rays (Lawrence et al., 2000; Lucey et al., 2006). However, owing to the limitation of purities of the $LaBr_3$ crystal used in the CE-2 GRS, the gamma-ray spectrum lower than 2.70 MeV is mainly dominated by the self-activities of the $LaBr_3$ detector (Kernan, 2006). For example, the natural ^{138}La is primarily responsible for the spectrum below 1.7 MeV while the ^{227}Ac decay chain generates alpha emitters between 1.70 and 2.70MeV (see Fig. 2A). It is therefore difficult to resolve the net signals from the Moon because of the complicated background and the non-Gaussian spectral shapes within the studied energy region around 2.61 MeV. Since the method of resolving the ^{232}Th peak at 2.61 MeV is still under development, we used the 1.46 MeV ^{40}K line to map the distribution of radioactive elements on the lunar surface. Because basically all the naturally radioactive elements are incompatible and expected to show similar distributions on the Moon (Lawrence et al., 1998, 2000; Prettyman et al., 2006; Kobayashi et al., 2010, 2012; Yamashita et al., 2010; Zhu et al., 2010, 2013), the K map described in this study serves as a proxy for the distribution of radioactive elements on the lunar surface. Furthermore, in order to find more details of the compositional variations, in this study, we rebinned all corrected spectra into equal-area pixels of about 60 km×60 km on the Moon in this work.

In order to determine the ^{40}K (1.46 MeV) counting rate in each pixel, we focused on the lunar spectral variations within the energy region of 1.30 MeV to 1.50 MeV (Fig. 2B). In this energy region the gamma-ray spectrum is dominated by nonelastic-scattering reactions of ^{24}Mg and ^{28}Si at 1.36 MeV, natural decay of ^{40}K at 1.46 MeV emitted on the lunar surface, and background contribu-tions from self-activity of the detector materials ^{138}La at 1.40 MeV (Reedy, 1978). CE-2 GRS has more than 20 h observations in the cruise period, the background spectrum from $LaBr_3$ self-activity decay together with that from the interaction of galactic cosmic rays with the materials of spacecraft can be eliminated from the accumulated spectrum in the cruise period (Fig. 2C). We considered the area between 1.30 MeV and 1.50 MeV as a single peak and used peak fitting method (Gaussianshaped, linear background line, see Fig. 2B-C) to determine the peak area for lunar and cruise spectra, respectively. In order to avoid the contributions from Mg and Si at 1.36 MeV and other unresolved contributions around 1.46 MeV originating from Compton continuum gamma rays in the lunar spectra, we calculated the peak area in both lunar and cruise spectra only from 1.40 MeV to 1.50 MeV (Fig. 2B-C). This energy band is slightly smaller than the energy band of 1.30 – 1.50 MeV used in the Lunar Prospector for the ^{40}K count rate (Lawrence et al., 1998). The net ^{40}K gamma rays emanating from the lunar sur-face were determined by calculating the difference in peak area from 1.40 MeV to 1.50 MeV between the binned lunar and cruise spectra. The K abundance in each pixel was estimated by comparing the net ^{40}K count rates to that in the detector derived from the calculated surfaced gamma-ray fluxes (the details can be found in Reedy et al., 1973; Lawrence et al., 2000; Prettyman et al., 2006; Kobayashi et al., 2010).

3 Results

The K distribution map derived from CE-2 GRS (Fig. 3A) is in general agreement with previous Lunar Prospector (Lawrence et al., 1998; Prettyman et al., 2006), Kaguya (Kobayashi et al., 2010), and Chang'E-1 measurements (Zhu et al., 2011). In the Procel-larum KREEP Terrane (PKT) (Jolliff et al., 2000), K abundance is greater than 900 ppm with an average K abundance of 1770 ppm. The primary characteristic of K distribution in PKT is that all the high-K regions are located around the Imbrium Basin. This characteristic distribution was previously attributed to the Imbrium and possibly to the Serenitatis impact event (e.g., Haskin, 1998; Lawrence et al., 2000; Wieczorek and Zuber, 2001). The largest continuous region with elevated K signature in PKT is the Fra Mauro Formation, at which the high K abundance is claimed to be a result of primary ejecta from the Imbrium Basin (Spudis, 1993). The South Pole-Aitken Terrane (Jolliff et al., 2000) corre-sponding to the interior of the large South Pole-Aitken Basin exhibits a moderate K abundance with an average value of 615 ppm. An anomalously high-K component with concentration greater than 1000 ppm is located at the northwest of South Pole-Aitken (SPA) Basin. The similar anomalous distribution is also expressed in the LP Th map and attributed to the asymmetrical excavation during the formation of SPA basin by an oblique impact event (Garrick-Bethell and Zuber, 2009). Consistent with previous measurements (Prettyman et al., 2006; Kobayashi et al., 2010; Zhu et al., 2011), Feldspathic Highlands Terrane (FHT) (Jolliff et al., 2000), the largest terrane that covers ~60% of the lunar surface is depleted in K with the value less than 500ppm. An isolated small region with the relatively high K value of 800 ppm is apparently located at the northern highlands between Compton (55°N, 105°E) and Belkovich (60°N, 100°E) craters, which is consistent with the previous observations (Lawrence et al., 1998; Prettyman et al., 2006; Kobayashi et al., 2010; Zhu et al., 2011).

Another region with notable K enhancement in the FHT is observed at the area of the Orientale Basin located in the transitional region between the thinner nearside and the thicker farside crust (see Fig. 3B). From Fig. 3B, we can find that in the central area

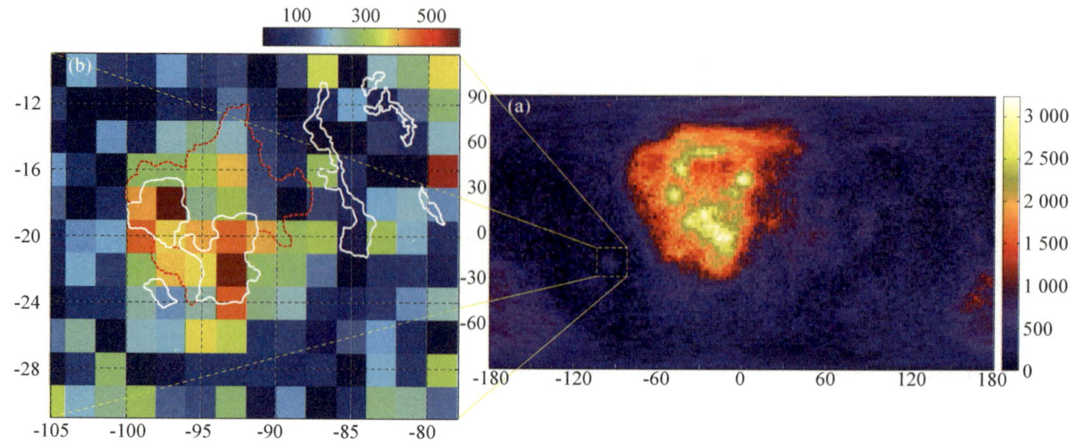

Fig. 3　The K distribution of the Moon derived from CE-2 GRS 178-days measurements (unit: ppm). All the data are binned into quasi-equals 2°×2° pixels in the equator and displayed in a cylindrical projection. (A) is the global K map and (B) is the detailed map of the Orientale Basin with maria outlines overlaid.

of the Orientale Basin occupied by the mare basalts (Mare Orientale), the present K map reveals a high abundance with an average of 360 ppm. This value is about a factor of two higher than the surrounding areas, including the Montes Rook Formation occurred mostly between the edge of the Inner Depression and Cordillera Ring, and along the Hevelius Formation which represents the continuous ejecta blanket outside the Cordillera Ring (Zhu et al., 2013). A similar Th enhancement within the Orientale Basin was also identified by Lawrence et al. (2003) based on a smoothed 0.5°×0.5° Th map with a spatial resolution of ~80 km×80 km derived from LP-GRS. The Th abundances corresponding to the mare basalts in the Orientale Basin range from 1.2 ppm to 2.0 ppm, a factor of two higher than the surrounding highland materials with abundances from 0.5 ppm to 0.9 ppm. This is consistent with the variation of K abundance derived from CE-2 GRS. Because the observed K and Th abundances in the FHT are lower than the values in the PKT, some irregularities in the FHT with relatively high K or Th abundance are always thought to be resulted from the statistical noise of the observations or the unresolved contributions from other elements. However, the enhancement feature within Orientale Basin appeared both in CE-2 K map and LP Th map provides a first-order validation of these two data sets and gives us better confidence in the observation that the enhancement in K and Th is due to the enrichment of radioactive elements, rather than other sources. This is in agreement with its location at the transitional region between KREEP enriched PKT and KREEP depleted FHT (Jolliff et al., 2000). In addition, the K and Th enrichments in the Mare Orientale coincide with the composition of mare basalts in the PKT, in which the concentration of K and Th is well correlated (Taylor et al., 2006).

In the Mare Orientale (Fig. 3B) the relatively elevated K abundances with average values of ~550 ppm are identified in the mare regions ONW and OSE. Similar to the distribution of FeO and TiO_2 derived from Clementine UV－Vis spectroscopic data, pixels with the highest K abundance were mapped in the central part the ONW and OSE unit, respectively. The mare deposits within the ONE are thought to be contaminated by ejecta from the highlands, but still show K abundance of ~100 to 300 ppm. The earliest mare deposits within OSW (Yingst and Head, 1997; Whitten et al., 2011; Cho et al., 2012) display K abundance of ~300 to 400 ppm. In contrast, the mare basalt in the southwest polygon area (~530 km^2) corresponding to an eruption age of ~3.77 Gashows lower K abundance of ~200 ppm. This value is comparable to those identified in the mare regions of Lacus Veris and Lacus Autumni (<100 ppm). However, as described above, the spatial resolution of CE-2 GRS working at 100-km altitude is 150 km×150 km, which is able to resolve distinct compositional regions separated by $5^{\circ}\times 5^{\circ}$. For example, the center of ONW and OSE could be resolved as separate features because the area occupied by ONW and OSE basalt is on the scale of the 5-degree grid-squares (see Fig. 3B). But for Lacus Veris and Lacus Autumni along the rings of Orientale Basin, the basalts are narrow deposits, much smaller than the spatial resolution of the CE-2 GRS, it is not possible to resolve these features from the K map. The spatial mixing of gamma rays from these deposits and surrounding regions with depleted K abundance may cause these narrow regions to display very low K abundances in comparison to other basaltic units. In a similar way, the surrounding high K region ONW and OSE might partially result in the modest enrichment of K in OSW. Therefore, the pixels in the new map covering mare deposits of OSW, Lacus Veris, and Lacus Autumni may not directly represent the real K abundances.

In order to account for spatial mixing of the observations, the forward model (Hagerty et al., 2006) was used to estimate the elemental abundance distribution in more detail for specific small area features on the lunar surface. Forward modeling is a process to estimate surface abundance distribution for a particular element and then transport the gamma-ray flux from this distribution through the known response of the detector. It is based on the hypotheses of the spatial correlation between the composition distribution and the geological feature (e.g., geologic map, shaded relief maps, and higher spatial resolution composition information for other elements) and allows to model a more detailed abundance distribution for specific features at or smaller than the spatial resolution of the detector (e.g., Lawrence et al., 2003, 2005; Hagerty et al., 2006, 2009, 2011).

Following the methodology of Hagerty et al. (2006), we used the delineated regions based on the Clementine FeO and albedo map as shown in Fig. 1 for the forward model to estimate a more accurate K abundance for the mare deposit in the Orientale Basin. Since the areas of defined regions are all smaller than the spatial resolution of CE-2 GRS (150 km×150 km), it is impossible to know if the region has a uniform K composition.

However, considering the positive relation of FeO and radioactive elements in the Orientale Basin (Lawrence et al., 2003) together with the distinct geologic characteristics (Greeley et al., 1993; Yingst and Head, 1997), the TiO_2 and FeO concentrations (Wilcox et al., 2005; Gillis et al., 2004), and the crater retention age (Whitten et al., 2011; Cho et al., 2012) of each unit, we assumed a homogeneous K composition for each defined mare unit. For each mare unit, we did not make any priori assumptions about its composition. We just used the K data from the CE-2 GRS observation (see Table 2) as the initial lower bound and lunar sample suite (e.g., Jolliff, 1991, 1998; Korotev, 1998; Papike et al., 1998) as the upper bound in the estimating process. We iteratively modified the K abundance in each geologic feature until a match was achieved between the modeled and measured data. The fitting was evaluated by the chi-square minimization technique and the best match provides a value of 3.12 for the reduced chi-square value. We attributed this relatively high value to the significant variation of K abundances of neighboring pixels in the measured map, which is mainly due to the uncertainties in the observations. The best match provides a modeled K distribution of the features in the Orientale Basin as shown in Fig. 4A. For comparison, we assigned the measured K value of each mare unit into the forward model (Fig. 4B), but the result has a significant deviation to the measured map (see Fig. 3B). Once we approached a K abundance distribution that matched the measured map, we then utilized the chisquare minimization technique again to evaluate the potential K abundance for each unit (see the details of the forward model in Hagerty et al., 2006, 2009, 2011). The evaluated K abundance of each feature is listed in Table 2 with the associated standard deviation determined by increasing the minimum chisquare value by 1 (Press et al., 1988). From Table 2 we can find that all the modeled K abundances are enhanced after the forward model except the large-area background, which was assumed to be constant in the calculation. All the enhanced values are comparable to the K abundances at the boundary of PKT with a value of ~900 ppm (see Fig. 3A). For example, the K abundance increases from 384 ppm to 900 ppm for OSW mare unit and from 109 ppm to 730 ppm for the Polygon mare deposit. The modeled abundances for Lacus Veris and Lacus Autumni are strongly enhanced to 1090 ppm and 1160 ppm, respectively compared to their measured values. The high standard deviations associated with these small features after forward modeling are due to the small areas occupied by these mare units compared to the spatial footprint of CE-2 GRS and the significant K variations in and around these areas. The potential K abundance for the associated unit can have a wide range without deviating the modeled K abundance distribution from the measured map while increasing the minimum chi-square value of a given small-area unit by 1. However, the significant enhancements in these features indicate that all the features may indeed have relatively high K abundances compared to the surrounding background region. The forward model recovers the K abundances for these small-area deposits, which were dragged down by the spatial mixing observations with the surrounding low-K background regions in the lunar orbit.

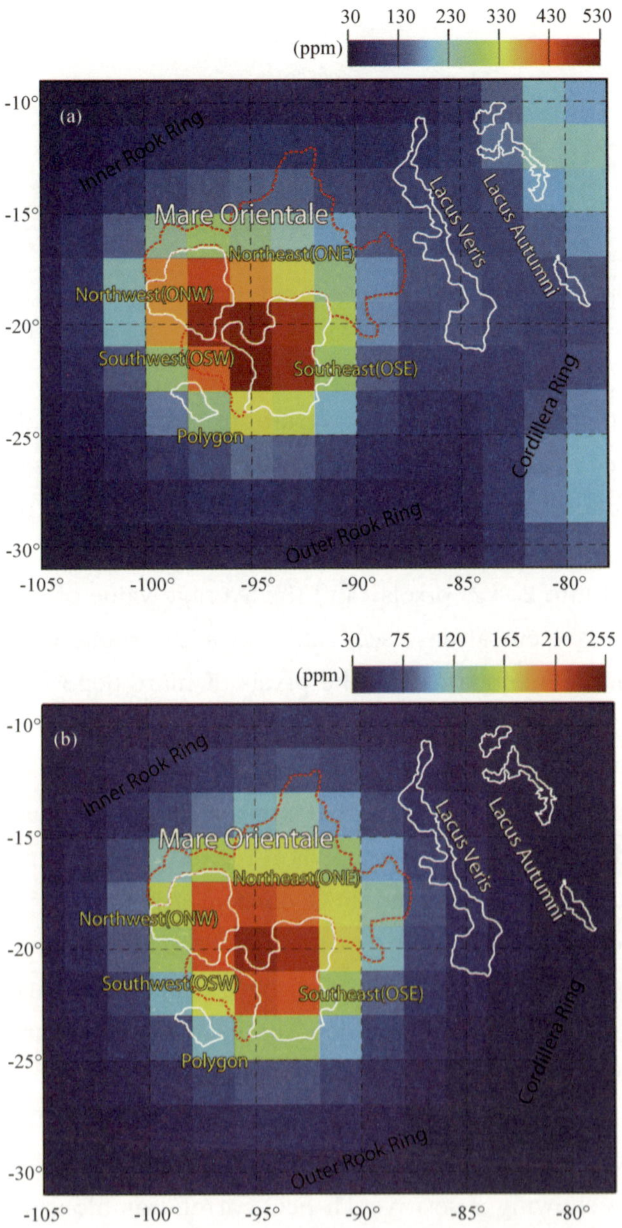

Fig. 4　The K distribution within the Orientale Basin while assigning the modeled K abundance in Table 2 to each mare deposit unit (A), and result of assigning the measured K value to each mare deposit unit (B). The maps are displayed in a cylindrical projection with quasi-equals $2^{\circ} \times 2^{\circ}$ pixels in the equator. The overlaid lines are the boundaries of mare basalt units derived from Fig. 1.

Table 2 Model parameters in the forward model for the geologic units with the Orientale Basin

Geologic unit	Measured K (ppm)[a]	Modeled K (ppm)[b]
ONW	460[38]	1210[243]
ONE	234[29]	240[70]
OSW	384[35]	900[354]
OSE	455[42]	1260[182]
Polygon area	109[23]	730[411]
Lacus Verris	63[13]	1090[376]
Lacus Autumni	62[14]	1160[442]
Background*	27.8	27.8

[a] The value in bracket represents the Poisson error of GRS detection in each unit.

[b] The modeled K abundance represents the value of each mare unit while a match was achieved between the modeled and measured map and the standard deviation estimated by the chi-squares minimization technique.

* We keep the background to be constant in the forward model.

In order to further investigate on the variations in the chemical composition of Mare Orientale, we studied the relation between K and FeO abundances of all the mare deposits within the Orientale Basin and compared their variations before and after forward modeling. The FeO image derived from Clementine UV－Vis spectroscopic data (100 m/pixel) was re-binned into $2^{\circ}\times 2^{\circ}$ pixels, and the average value of each pixel was calculated as re-binned FeO concentrations (see Table 1 for the rebinned data). Fig. 5A shows the observed K and FeO abundances in the pixels of mare deposits with boundaries outlined in Fig. 1A. From Fig. 5A, we can find that K abundances in ONW and OSE are limited to a range of 400 to 600 ppm and FeO abundances to a range of 13－15 wt. %. The OSW shows K and FeO concentrations that are a little lower than those of ONW and OSE. Other mare deposits, such as the polygon region, Lacus Veris, and Lacus Autumni, display distinctly different K and FeO concentrations (K $<$100 ppm; FeO$\sim$12 wt. %) compared to the mare deposits in the center of the Orientale Basin. However, the new relation between K and FeO of the mare deposit unit after forward modeling (Fig. 5B) indicates that high FeO mare deposits have high K abundances while the low FeO mare deposit units have low K values, supporting the existence of a positive K-FeO correlation on the small spatial scales (i. e., the small-area features like OSW, Lacus Veris, and Lacus Autumni) in the Orientale Basin. These findings are consistent with the LP-GRS observation showing a positive Th-FeO correlation along with a correspondence to a morphologic feature (Lawrence et al., 2003). The relatively centralized points representing the resurfaced mare deposits of ONW and OSE in Fig. 5A also display the same high chemical composition (Fig. 5B) while considering the ejecta contamination from later impact events into surrounding highlands.

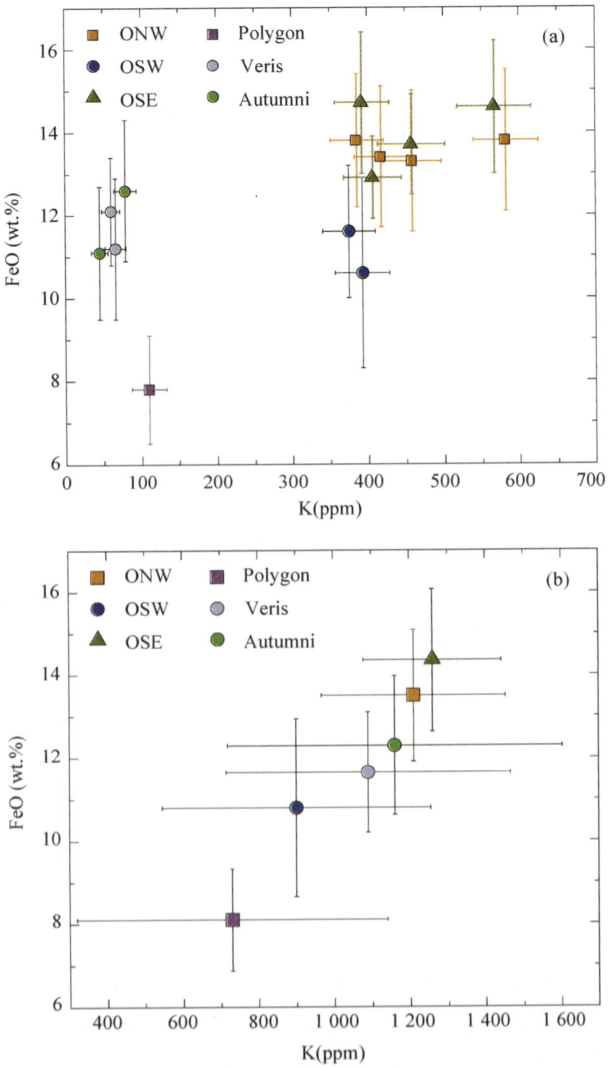

Fig. 5　The relation of FeO and K in Orientale mare deposits before (A) and after (B) forward modeling. All data points are sketched by the outlines from each deposit. For comparison, the Clementine FeO image (100 m/pix) was re-binned into $2^{\circ}\times2^{\circ}$ pixels. K concentrations in (A) are observed values from Fig. 3B, but in (B) are modeled values from Table 2. The error bars for K abundances in (A) are the Poisson errors of GRS detection (Lawrence et al., 2000), but in (B) are the estimated error utilized the chi-squares minimization technique. The error bars for FeO abundances in (A) are the standard deviations of the re-binning into $2^{\circ}\times2^{\circ}$ pixels, but in (B) are the standard deviations of the re-binning into the mare deposit units.

4 Discussions

4.1 The Unique Source for the Generation of Resurfaced Mare Deposits?

The chemical composition (especially the heat-producing radioactive elements) of basalt flows and eruption ages of each mare unit allow to trace the potential magma reservoirs. It includes the possible heat sources responsible for partial melting of the mantle, i.e., the source of the mare basalts exposed on the surface of the Orientale Basin. In the following discussion, we first focus on the younger (2.9 Ga) mare deposits that resurfaced parts of Mare Orientale where relatively high K abundances are detected by CE-2 GRS. Later, we compare the chemical composition (e.g., K and FeO) of the resurfaced mare deposits with those of the oldest basalts units still exposed within the Mare Orientale to establish whether they have the same mantle source.

Most mare basalts on the Moon are located in the PKT a region that is characterized by high surface abundance of radioactive elements (Jolliff et al., 2000; Prettyman et al., 2006; Kobayashi et al., 2010; Zhu et al., 2011). It was thought that these mare basalts were mainly attributed to the existence of a KREEP layer in the lunar interior from which the materials were partially melted due to heat generated by the decay of radioactive elements therein (Wieczorek and Phillips, 2000; Jolliff et al., 2000). The Orientale Basin is located at the boundary of PKT and FHT, but the relatively high K abundance observed by CE-2 GRS in the resurfaced mare deposits (ONW and OSE) and the impact ejecta outside the Cordillera Ring indicate that the KREEP layer extends to or some part of it exists underneath the Orientale Basin (Zhu et al., 2013). The morphological and spectral investigations of the resurfaced mare basalts revealed similarities in chemical compositions between the basalts within the Mare Orientale and those within the PKT region (Spudis et al., 1984), including the radioactive element signatures. The volcanic eruptions that formed the resurfaced mare deposits at ~2.9 Ga ago are contemporary with a 3.5 to 1.5 Ga protracted episode of volcanic activities within the PKT (Cho et al., 2012). The resurfaced mare deposits in the Orientale Basin therefore might have formed by a melt generating mechanism similar to those in the PKT region, that is, the voluminous heat released from the decay of radioactive elements concentrated in the lower crust.

Mare deposits that erupted from a single magma source in the interior of the Moon should produce basaltic units with similar compositions (e.g., K, FeO, and TiO_2). The relatively high K values in both ONW and OSE resurfaced mare deposits could be indicative for melt generation due to heat released from the radioactive decay. The comparable concentrations of K, FeO, and TiO_2 (Fig. 5B) and a roughly contemporaneous eruption age of ~2.9 Ga (Greeley et al., 1993; Whitten et al., 2011; Cho et al., 2012) for both mare deposits suggest that the resurfaced mare deposits were fed by the same magma source within the lunar interior, and were emplaced onto the lunar surface during a brief eruptive phase at that time. This is consistent with previous morphological studies, which suggested that the mare basalts in ONW and OSE were emplaced by a single eruptive event (Yingst and Head, 1997; Whitten et al., 2011).

The OSW mare basalt unit is part of the earliest mare deposits erupted at ~3.77 Ga (Greeley et al., 1993; Yingst and Head, 1997; Whitten et al., 2011; Cho et al., 2012) in which ONW and OSE areas were later covered by the young mare basalts. This initial mare deposit is thought to be erupted as a single volcanic event that was not related to the basin-forming impact (Whitten et al., 2011). Since the observed K abundance is strongly affected by spatial mixing of materials from the surrounding regions, its geologic relation with the resurfaced basalt cannot be unequivocally identified by the observations. However, the comparable K concentration of OSW (~900 ppm) to the resurfaced basalts (1200-1260ppm) after forward modeling and similar FeO concentrations observed in these two regions (i.e., ~10-15 wt.% for OSW and ~10-18 wt.% for the resurfaced basalts) indicate that these earlier mare basalts were probably derived from the same melt generating mechanism as the younger resurfacing mare deposits. That is, the initial mare deposit was also generated by heat release from the radioactive decay. Previous studies of crater retention ages suggested that the early OSW mare basalts and the resurfaced mare deposits ONW and OSE represent either multiple eruptions from a relatively homogeneous source or multiple sources with subtle compositional differences (Greeley et al., 1993). A thorough comparison of these deposits would require additional chemical and textural data. However, from the chemical composition of the mare basalts (Fig. 4) and their eruption ages (~3.77 Ga for OSW and ~2.90 Ga for ONW and OSE), we argue in favor for a homogeneous mantle source underneath the Orientale Basin. The multiple eruptions resulted in the similar compositions in the mare deposits. Located at the boundary between PKT and highlands, the Mare Orientale displays relatively lower abundances of radioactive elements and forms less extensive mare deposits compared to those inside the PKT region. The source region feeding the central Mare Orientale volcanism apparently had lower radioactive element concentrations than those in the PKT region and thus provided less heat for extensive melt generation underneath the Orientale Basin. This could explain the considerably smaller volumes of lava erupted 2.9 Ga ago compared to the extensive mare filling on the lunar nearsideat that time (Whitten et al., 2011). Moreover, the resurfacing mare deposits erupted ~0.85 Ga later (Whitten et al., 2011; Cho et al., 2012) is consistent with the observed relatively low radioactive element concentrations in a source region that requires a long time interval to accumulate enough heat to initiate the next eruptive phase.

4.2 The Unique Heat Sources for Material Re-melting?

Mare deposits that display different chemical signatures may indicate a chemical evolution of the magma reservoir or a magma generated by different processes leading to partial melting of the mantle source. To some degree the mare basalts in SW polygon and Lacus Veris area were contaminated by impact ejecta from the surrounding FeO and TiO_2 poor highlands (Spudis et al., 1984; Staid, 2000). Nevertheless, these mare deposits still display FeO and TiO_2 composition similar to those of the Mare Orientale. Previous crater chronological investigations show that these lavas were erupted early, with ages of ~3.77 Ga for SW polygon area and ~3.4–3.6 Ga for Lacus Veris (Cho et al., 2012). The eruptions are thus not temporally related to the impact that formed the Orientale Basin (~3.79 Ga) (Whitten et al., 2011). Therefore, the heat released during the impact (Elkins-Tanton et al., 2004) is not likely to have caused partial melting in the related source region. However, their eruption times are contemporary with the volcanic activity of OSW unit (~3.77 Ga), the initial mare deposits with relatively high K abundances in the Orientale Basin. Although the new K map indicates these mare deposits having the significantly lower radioactive element concentrations (K <200 ppm, see Fig. 5A), as described above, the low abundances in these small-area distributions may be due to the instrumental spatial mixing of the gamma ray observation, which reduced their compositional abundances in the orbital measurements. The high K abundances displayed in these mare deposits (~730 ppm for polygon area and ~1090 ppm for Lacus Veris) after forward modeling are comparable to the initial mare deposits OSW (~900 ppm) in the central Orientale Basin. It suggests that the mare basalts in the SW polygon area and Lacus Veris might be derived from melts generated by the same mechanism as those exposed in the central Mare Orientale. In addition to contemporaneous eruption times and similar radioactive element abundances, these two areas also show similar FeO (~10–15 wt.%) and TiO_2 (~3–6 wt.%) to the OSW mare deposits. This similarity strongly indicates that the partial melts feeding the early volcanism might be due to the same magma source within the lunar interior as the initial mare deposits OSW in the Orientale Basin. For the lava of Lacus Autumni, which was erupted later at ~1.8–2.2 Ga, the high K abundance (~1 160 ppm) derived from the forward model is comparable to the value obtained for the central Mare Orientale deposits. It suggests that the melt of Lacus Autumni might be also generated by the radioactive element heating. Furthermore, considering the high FeO (~9–15 wt.%) and TiO_2 (~3–5 wt.%) concentrations in the Lacus Autumni, we argue that this basalt might be also erupted from the same magma source as the central Mare Orientale.

This conclusion indirectly implies that the mare deposit units in the Orientale Basin represent multiple eruptions between ~3.77 Ga and 1.8 Ga that were fed by a relatively homogeneous and long lived source.

5 Conclusions

In this study, a new K map derived from CE-2 GRS and previous mineralogical and chronological (Whitten et al., 2011; Cho et al., 2012) investigations of mare deposits in the Orientale Basin were combined to elucidate possible heat sources for the generation of partial melts underneath the Orientale Basin. The younger resurfaced mare deposits display relatively high K and FeO abundance that would be consistent with partial melt generation due to heat released during the decay of radioactive elements. Similarities in the chemical and chronological data are consistent with an origin from a single magma source. The similar chemical composition of the older mare basalts in OSW relative to the overlying younger deposits indicates that the magma was generated by the same mechanism. The mare basalts in SW polygon area, Lacus Veris, and Lacus Autumni display high FeO and TiO_2 concentrations and high concentrations of radioelements as determined by the forward model. These values are comparable to the mare deposits in the central Mare Orientale. The chemical similarities of these regions are indicative of a relatively homogeneous source beneath the Orientale Basin, however, the eruption time lag between these mare basalt units implies that in the Orientale Basin multiple eruptions occurred during a protracted period of ~2.0 Ga.

Author contributions

M. Z. drafted the manuscript. J. C. is the principle investigator of the GRS, and led processing and analysis of CE-2 GRS data. J. C, W. I., J. F., and V. F. contributed scientific interpretations and manuscript preparing with M. Z. M. X. contributed the forward model. All of the authors, including T. M. and A. X., discussed and provided significant comments on the results and manuscript.

Acknowledgements

The authors thank all the team members of CE-2 GRS for their work. M.-H. Zhu was supported by the Science and Technology Development Fund of Macau (048/2012/A2). VAF acknowledges support from the Research Council of Norway through its Centres of Excellence funding scheme, project number 223272 (CEED).

References

[1] Bugiolacchi, R., Guest, J. E., 2008. Compositional and temporal investigation of exposed lunar basalts in the Mare Imbrium region. Icarus197, 1-18.

[2] Cho, Y., Morata, T., Haruyama, J., Yasui, M., Hirata, N., Sugita, S., 2012. Young mare volcanism in the Orientale region contemporary with the Procellarum KREEP Terrane (PKT) volcanism peak period ~ 2billion years ago. Geophys. Res. Lett. 39, L11203. http://dx. doi. org/10.1029/2012GL051838.

[3] Elkins-Tanton, L. T., Hager, B. H., Grove, T. L., 2004. Magmatic effects of the lunar late heavy bombardment. Earth Planet. Sci. Lett. 222, 17-27. http://dx.doi.org/10.1016/j.epsl.2004.02.017.

[4] Feldman, W. C., Barraclough, B. L., Fuller, K. R., Lawrence, D. J., Maurice, S., Miller, M. C., Prettyman, T. H., Binder, A. B., 1999. The lunar prospector gamma ray and neutron spectrometers. Nucl. Instrum. Methods Phys. Res. 422, 562-566.

[5] Garrick-Bethell, I., Zuber, M. T., 2009. Elliptical structure of the lunar South Pole-Aitken basin. Icarus 204, 399-408.

[6] Gillis, J. J., Jolliff, B. L., Korotev, R. L., 2004. Lunar surface geochemistry: global concentrations of Th, K, and FeO as derived form Lunar Prospector and Clementine data. Geochim. Cosmochim. Acta 68 (18), 3791-3805.

[7] Greeley, R., Kadel, S. D., Williams, D. A., Gaddis, L. R., Head, J. W., McEwen, A. S., Murchie, S. L., Nager, E., Neukum, G., Pieters, C. M., Sunshine, J. M., Wagner, R., Belton, M. J. S., 1993. Galileo imaging observations of lunar maria and related deposits. J. Geophys. Res. 98, 17183-17205. http://dx.doi.org/10.1029/93JE01000.

[8] Grove, T. L., Krawczynski, M. J., 2009. Lunar mare volcanism: where did the magmas come from? Elements5, 29-34.

[9] Hagerty, J. J., Lawrence, D. J., Hawke, B. R., Vaniman, D. T., Elphic, R. C., Feldman, W. C., 2006. Refined thorium abundances for lunar red spots: implications for evolved, nonmare volcanism on the Moon. J. Geophys. Res. 111, E06002. http://dx.doi.org/10.1029/2005JE002592.

[10] Hagerty, J. J., Lawrence, D. J., Hawke, B. R., Gaddis, L. R., 2009. Thorium abundances on the Aristarchus plateau: insights into the composition of the Aristarchus pyroclastic glass deposits. J. Geophys. Res. 114, E04002. http://dx.doi.org/10.1029/2008JE003262.

[11] Hagerty, J. J., Lawrence, D. J., Hawke, B. R., 2011. Thorium abundances of basalt ponds in South Pole-Aitken basin: insights into the composition and evolution of the farside lunar mantle. J. Geophys. Res. 116, E06001. http://dx.doi.org/10.1029/2010JE003723.

[12] Haruyama, J., Matsunaga, T., Ohtake, M., Morota, T., Honda, C., Yokota, Y., Torii, M., Ogawa, Y., The LISM Working Group, 2008. Global lunar-surface mapping experiment using the Lunar Imager/Spectrometer on SELENE. Earth Planets Space60, 243-255.

[13] Hasebe, N., Yamashita, N., Okudaira, O., Kobayashi, S., Yamamoto, H., Ishizaki, T., Hirano, K., Sakurai, K., Miyachi, T., Miyajima, M., Fujii, M., Koayashi, M.-N., Takashima, T., Shibamura, E., Gasnault, O., Maurice, S., d'Uston, C., Reedy, R., Grande, M., 2008. The high precision gamma-ray spectrometer for lunar polar orbiter SELENE. Adv. Space Res. 42, 323-330.

[14] Haskin, L.A., 1998. The Imbrium impact event and the thorium distribution at the lunar highlands surface. J. Geophys. Res.103, 1679-1689.

[15] Head, J.W., 1974. Orientale multi-ringed basin interior and implications for the petrogenesis of lunar highland samples. Moon11, 327-356. http://dx.doi.org/10.1007/BF00589168.

[16] Head, J.W., 1976. Lunar volcanism in space and time. Rev. Geophys. Space Phys.14, 265-300.

[17] Head, J.W., Wilson, L., 1992. Lunar mare volcanism: stratigraphy, eruption conditions, and the evolution of secondary crusts. Geochim. Cosmochim. Acta 56, 2155-2175. http://dx.doi.org/10.1016/0016-7037(92)90183-J.

[18] Hiesinger, H., Head, J.W., 2006. New views of lunar geoscience: an introduction and overview. Rev. Mineral. Geochem.60, 1-2. http://dx.doi.org/10.2138/rmg.2006.60.2.

[19] Hiesinger, H., Jaumann, R., Neukum, G., Head, J.W., 2000. Ages of mare basalts on the lunar nearside. J. Geophys. Res.105, 29239-29275. http://dx.doi.org/10.1029/2000JE001244.

[20] Hiesinger, H., Head, J.W., Wolf, U., Jaumann, R., Neukum, G., 2011. Ages and stratigraphy of lunar mare basalts: a synthesis. Geol. Soc. Am. Spec. Pap.477, 1-51.

[21] Höiz, F., Grieve, R., Heikin, G., Spudis, P., Binder, A., 1991. Lunar surface processes. In: Heiken, et al. (Eds.), Lunar Source Book: A Users Guide to the Moon. Cambridge University Press, pp.61-120. Chapter 4.

[22] Ishihara, Y., Goossens, S., Matsumoto, K., Noda, H., Araki, H., Namiki, N., Hanada, H., Iwate, T., Tazawa, S., Sasaki, S., 2009. Crustal thickness of the Moon: implications for farside basin structures. Geophys. Res. Lett.36, L19202. http://dx.doi.org/10.1029/2009GL039708.

[23] Jolliff, B.L., 1991. Fragments of quartz monzodiorite and felsite in Apollo 14 soil particles. Proc. Lunar Planet. Sci. Conf.21, 101-118.

[24] Jolliff, B.L., 1998. Large-scale separation of K-frac and REEP-frac in the source regions of Apollo impact-melt breccias and a revised estimate of the KREEP composition. Int. Geol. Rev. 40, 916-935.

[25] Jolliff, B.L., Gillis, J.J., Haskin, L.A., Korotev, R.L., Wieczorek, M.A., 2000. Major lunar crustal terrain: surface expressions and crust-mantle origins. J. Geophys. Res.105, 4197-4216.

[26] Kernan, W.J., 2006. Self-activity in lanthanum halides. IEEE Trans. Nucl. Sci.53, 395-400.

[27] Kobayashi, S., Hasebe, N., Shibamura, E., Okudaira, O., Kobayashi, M., Yamashita, N., Karouji, Y., Hareyama, M., Hayatsu, K., d'Uston, C., Maurice, S., Gasnault, O., Forni, O., Diez, B., Reedy, R.C., Kim, K.J., 2010. Determining the absolute abundances of natural radioactive elements on the lunar surface by the Kaguya gamma-ray spectrometer. Space Sci. Rev.154, 193-218.

[28] Kobayashi, S., Karouji, Y., Morota, T., Takeda, H., Hasebe, N., Hareyama, M., Kobayashi, M., Shibamura, E., Yamashita, N., d'Uston, C., Gasnault, O., Forni, O., Reedy, R.C., Kim, K.J., Ishihara, Y., 2012. Lunar farside Th distribution measured by Kaguya gamma-ray spectrometer. Earth Planet. Sci. Lett.337, 10-16.

[29] Korotev, R.L., 1998. Concentrations of radioactive elements in lunar materials. J. Geophys. Res. 103, 1691-1701.

[30] Lawrence, D.J., Feldman, W.C., Barraclough, B.L., Binder, A.B., Elphic, R.C., Maurice, S., Thomsen, D.R., 1998. Global elemental maps of the Moon: the Lunar Prospector gamma-ray

spectrometer. Science 281, 1484-1489.

[31] Lawrence, D.J., Feldman, W.C., Barraclough, B.L., Binder, A.B., Elphic, R.C., Maurice, S., Miller, M.C., Prettyman, T.H., 2000. Thorium abundances on the lunar surface. J.Geophys. Res.105, 20307-20331.

[32] Lawrence, D.J., Elphic, R.C., Feldman, W.C., Prettyman, T.H., Gasnault, O., Maurice, S., 2003. Small-area thorium features on the lunar surface. J. Geophys. Res.108 (E9), 5102. http://dx.doi.org/10.1029/2003JE002050.

[33] Lawrence, D.J., Hawke, B.R., Hagerty, J.J., Elphic, R.C., Feldman, W.C., Prettyman, T.H., Vaniman, D.T., 2005. Evidence for a high-Th, evolved lithology on the Moon at Hansteen Alpha. Geophys. Res. Lett.32, L07201. http://dx.doi.org/10.1029/2004GL022022.

[34] Lucey, P.G., Korotev, R.L., Gillis, J.J., Taylor, L.A., Lawrence, D., Campbell, B.A., Elphic, R., Feldman, B., Hood, L.L., Hunten, D., Mendillo, M., Noble, S., Papike, J.J., Reedy, R.C., Lawson, S., Prettyman, T., Gasnault, O., Maurice, S., 2006. Understanding the lunar surface and space-Moon interactions. Rev. Mineral. Geochem.60, 83-219. http://dx.doi.org/10.2138/rmg.2006.60.2.

[35] Ma, T., Chang, J., Zhang, N., Jian, W., Cai, M.S., Gong, Y.Z., Tang, H.S., Zhang, R., Wang, N., Yu, M., Mao, J., Hu, Y., Xu, A., Zhu, M., 2013. Gamma-ray spectrometer onboard Chang'E-2. Nucl. Instrum. Methods Phys. Res.726, 113-115.

[36] Morota, T., Haruyama, J., Ohtake, M., Matsunaga, T., Honda, C., Yokota, Y., Kimura, J., Ogawa, Y., Hirata, N., Demura, H., Iwasaki, A., Sugihara, T., Saiki, K., Nakamura, R., Kobayashi, S., Ishihara, Y., Takeda, H., Hiesinger, H., 2011. Timing and characteristics of the latest mare eruption on the Moon. Earth Planet. Sci. Lett.302, 255-266. http://dx.doi.org/10.1016/j.epsl.2010.12.028.

[37] Papike, J.J., Ryder, G., Shearer, C.K., 1998. Lunar samples. Rev. Miner.36, 5.1-5.234.

[38] Press, W.H., Flannery, B.P., Teukolsky, S.A., Vetterling, W.T., 1988. Numerical Recipes in C: The Art of Scientific Computing. Cambridge Univ. Press, New York.

[39] Prettyman, T.H., Hagerty, J.J., Elphic, R.C., Feldman, W.C., Lawrence, D.J., McKinney, G.W., Vaniman, D.T., 2006. Elemental composition of the lunar surface: analysis of gamma ray spectroscopy data from Lunar Prospector. J. Geophys. Res.111, E12007. http://dx.doi.org/10.1029/2005JE002656.

[40] Reedy, R.C., 1978. Planetary gamma-ray spectroscopy. Proc. Lunar Planet. Sci. Conf.9, 2961-2984.

[41] Reedy, R.C., Arnold, J.R., Trombka, J.I., 1973. Expected gamma ray emission spectra from the lunar surface as a function of chemical composition. J. Geophys. Res.78, 5847-5866.

[42] Spudis, P.D., 1993. The Geology of Multi-ring Impact Basins. Cambridge University Press, New York, 263 pp.

[43] Spudis, P.D., Hawke, B.R., Lucey, P., 1984. Composition of Orientale basin deposits and implications for the lunar basin-forming process. J. Geophys. Res.89, C197-C210.

[44] Staid, M.I., 2000. Remote determination of the mineralogy and optical alteration of lunar basalts using Clementine multispectral images; global comparisons of mare volcanism. Ph.D. thesis. Brown Univ., Providence, RI.

[45] Taylor, G.J., Stopar, J.D., Boynton, W.V., Karunatillake, S., Keller, J.M., Bruckner, J., Hanke, H., Breibus, G., Kerry, K.E., Reedy, R.C., Evans, L.G., Starr, R.D., Martel, L. M.V., Squyres, S.W., Gasnault, O., Maurice, S., d'Uston, C., Englert, P., Dohm, J.M., Baker, V.R., Hamara, D., Janes, D., Sprague, A.L., Kim, K.J., Drake, D.M., McLenna, S. M., Hahn, B.C., 2006. Variations in K/Th on Mars. J. Geophys. Res.111, E03S06. http://dx.doi.org/10.1029/2006JE002676.

[46] Whitten, J., Head, J.W., Staid, M., Pieters, C.M., Mustard, J., Clark, R., Nettles, J., Klima, R.L., Taylor, L., 2011. Lunar mare deposits associated with the Orientale impact basin: new insights into mineralogy, history, mode of emplacement, and relation to Orientale basin evolution from Moon Mineralogy Mapper data from Chandrayaan-1. J. Geophys. Res.116, E00G09. http://dx.doi.org/10.1029/2010JE003736.

[47] Wieczorek, M.A., Phillips, R.J., 2000. The "Procellarum KREEP Terrane": implications for mare volcanism and lunar evolution. J. Geophys. Res.105 (E8), 20417-20430. http://dx.doi.org/10.1029/1999JE001092.

[48] Wieczorek, M.A., Zuber, M.T., 2001. A Serenitatis origin for the Imbrium grooves and South Pole-Aitken thorium anomaly. J. Geophys. Res.106, 27825-27840. http://dx.doi.org/10.1029/2000 JE001384.

[49] Wieczorek, M.A., Neumann, G.A., Nimmo, F., Kiefer, W.S., Taylor, G.J., Melosh, H.J., Phillips, R.J., Solomon, S.C., Andrews-Hanna, J.C., Asmar, S.W., Konopliv, A.S., Lemoine, F.G., Smith, D.E., Watkins, M.M., Williams, J.G., Zuber, M.T., 2013. The crust of the Moon as seen by GRAIL. Science339, 671－75. http://dx.doi.org/10.1126/science.1231539.

[50] Wilcox, B.B., Lucey, P.G., Gillis, J.J., 2005. Mapping iron in the lunar mare: an improved approach. J. Geophys. Res.110, E11001. http://dx.doi.org/10.1029/2005JE002512.

[51] Yamashita, N., Hasebe, N., Reedy, R., Kobayashi, S., Karouji, Y., Hareyama, M., Shibamura, E., Kobayashi, M.-N., Okudaira, O., d'Uston, C., Gasnault, O., Forni, O., Kim, K., 2010. Uranium on the Moon: global distribution and U/Th ratio. Geophys. Res. Lett.37, L10201. http://dx.doi.org/10.1029/2010GL043061.

[52] Yingst, R.A., Head, J.W., 1997. Volumes of lunar lava ponds in South Pole-Aitken and Orientale basins: implications for eruption conditions, transport mechanisms and magma source regions. J. Geophys. Res.102, 10909－0931. http://dx.doi.org/10.1029/97JE00717.

[53] Zhu, M.-H., Ma, T., Chang, J., 2010. Chang'E-1 gamma ray spectrometer and preliminary radioactive results on the lunar surface. Planet. Space Sci.58, 1547-1554.

[54] Zhu, M.-H., Ma, T., Chang, J., Tang, Z.S., Ip, W.-H., Xu, A.A., 2011. Lunar potassium distribution: results from Chang'E-1 gamma ray spectrometer. Sci. China, Phys. Mech. Astron.54, 2083-2090.

[55] Zhu, M.-H., Chang, J., Ma, T., Ip, W.-H., Fa, W.Z., Wu, J., Cai, M.S., Gong, Y., Hu, Y., Xu, A.A., Tang, Z.S., 2013. Potassium map from Chang'E-2 mission constraints the impact of Crisium and Orientale basin on the Moon. Sci. Rep. 3, 1611. http://dx.doi.org/10.1038/srep01611.

Visible and near-infrared imaging spectrometer and its preliminary results from the Chang'E 3 project

Z. P. He, B. Y. Wang, G. Lv, C. L. Li, L. Y. Yuan, R. Xu, K. Chen, J. Y. Wang[①]

Key Laboratory of Space Active Opto-Electronics Technology, Shanghai Institute of Technical Physics of the Chinese Academy of Science, Shanghai 200083, China

Received 28 May 2014; accepted 21 July 2014; published online 5 August 2014

In order to conduct lunar surface mineral composition studies and content analysis, the Visible and Near-infrared Imaging Spectrometer (VNIS), one of the scientific payloads of the Chang'E 3 Yutu rover, has been developed to detect lunar surface objects and to obtain their reflectance spectra and geometric images. This is achieved with a 45° visual angle and at a height of 0.69 m. VNIS is equipped with a lunar surface calibration function, and the spectral range is 0.45–2.40 μm with a spectral resolution of 2–12 nm. It is capable of synchronously acquiring the full spectrum of lunar surface objects and *in situ* calibration. Here, we describe the VNIS and explain the preliminary results of the lunar surface exploration and calibration, which provides valuable information for scientific data processing and applications. [http://dx.doi.org/10.1063/1.4891865]

1 Introduction

Chang'E 3 consists of the Lander and the Yutu lunar rover, each of which carries corresponding scientific payloads. After soft landing on the moon, Chang'E 3 has completed several aspects of the scientific exploration mission,[1-3] namely, (1) a survey of the lunar surface topography and geological structure, (2) exploration of the lunar surface material composition and available resources, and (3) detection of the plasma layer of the earth and moonbased optical astronomical observations. Minerals such as pyroxene, plagioclase, olivine, and ilmenite, in different sizes and shapes, constitute most of the lunar surface rocks. They have distinctive spectral characteristics in the Visible and Near-infrared (VIS/NIR) waveband (0.45 – 0.95 μm) and theshortwave infrared (SWIR) waveband (0.90–2.40 μm). Fig. 1 shows the spectral reflectance curves of the

---

① Electronic mail: jywang@mail.sitp.ac.cn.

main single minerals obtained by the Visible and Near-infrared Imaging Spectrometer (VNIS) during the ground verification test, which can be used for mineral identification.[4] The VNIS is one of the key scientific payloads of the Chang'E 3 rover. It is mounted on the front of the Yutu rover to detect the lunar surface objects with a 45° visual angle to obtain the spectra and the geometry data at a height of 0.69 m.

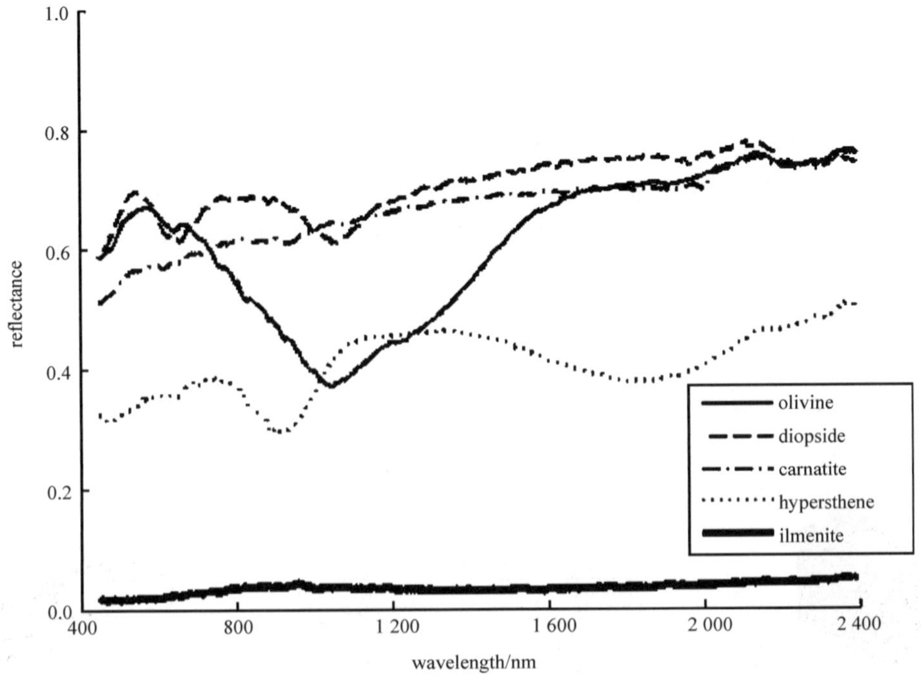

Fig. 1 The spectral reflectance curves of main single minerals of lunar surface.

2 VNIS

VNIS integrates a VIS/NIR waveband (0.45 − 0.95 μm) spectral imager, a SWIR waveband (0.90 − 2.40 μm) spectrograph, and a calibration unit with a dust-proofing function. It is designed to accomplish the scientific exploration mission regarding the identification of material composition and available resources over the roving area of the lunar surface. The major technical specifications of the VNIS are shown in Table 1.[5]

Table 1 Major technical specifications of VNIS

Description	Specification	
	VIS/NIR	SWIR
Spectral range (nm)	450-950	900-2400
Spectral resolution (nm)	2-7	3-12
Field of view (deg)	8.5×8.5	Φ3.6
Effective pixel count	256×256	1

Continued

Description	Specification	
Bit resolution	10	16
Signal to noise ratio (dB)	31	32
Power consumption (W)	19.8	
Weight (kg)	4.675 (probe part) 0.7 (electronics part)	

VNIS includes objective lenses, collimating lenses, acousto-optic tunable filters (AOTFs), imaging lenses, the detector components, a motor driver, a radio frequency (RF) driver, and the main control circuit, as shown in Fig. 2. The principle of the VNIS is briefly described as follows: reflected light from lunar objects arrives at the AOTFs, where only a narrow wavelength band data or imaging information passes through, dependent on the frequency that the RF driver generates. Then, the quasi-monochromatic light converges on the detector. The spectrometer can realize flexible and rapid choices of wavelength by altering the driving frequency exerted on the AOTF, so we can acquire spectra or image data at different wavelengths over the available spectral coverage.

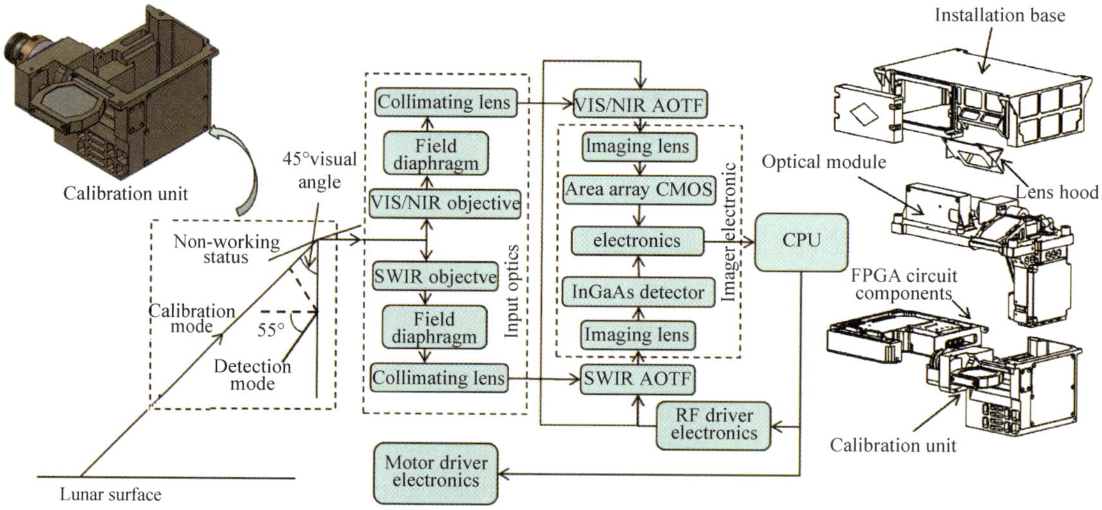

Fig. 2 Overview of the VNIS system and mode of operation.

VNIS uses a lightweight ultrasonic motor to drive a calibration unit in order to achieve *in situ* calibration, dustproofing, and detection, and to switch between the three modes. The inner surface of the calibration unit is the diffuser panel, which is located at the light entrance and made of Teflon material. When the spectrometer operates in detection mode, the calibration unit will be completely open at an angle of 55° to the mounting plane, which does not affect the light entrance. When the solar radiation is used as a calibration source, the calibration unit will align parallel to the mounting plane.

In a non-working status, the calibration unit is closed up within the framework to prevent spectrometer damage from moon dust and other pollutants and also to provide thermal insulation.

VNIS is equipped with VIS/NIR spectral imaging channel and SWIR spectral detecting channel. The Fields of View (FOVs) of the VIS/NIR and SWIR optics are $8.5^\circ \times 8.5^\circ$ and $\Phi 3.6^\circ$, respectively. These systems can detect lunar surface objects simultaneously and have an 18 mm separation between the optical axes. The geometrical characteristics of both the VIR/NIR and SWIR channels were calibrated during ground testing, and the results are shown in Fig. 3. The center of the SWIR channel FOV corresponds to the coordinate (96, 128) of VIS/NIR channel, and the FOV of SWIR channel is represented by the circle, which has a diameter of 107 pixels. Through calibration in the laboratory, the spectral ranges of VNIS are 450-2400 nm, and the spectral resolution is 2-12 nm. When the albedo is 0.09 and solar elevation angle is 15°, the signal-to-noise ratio (SNR) is greater than 31 dB in allspectral ranges.

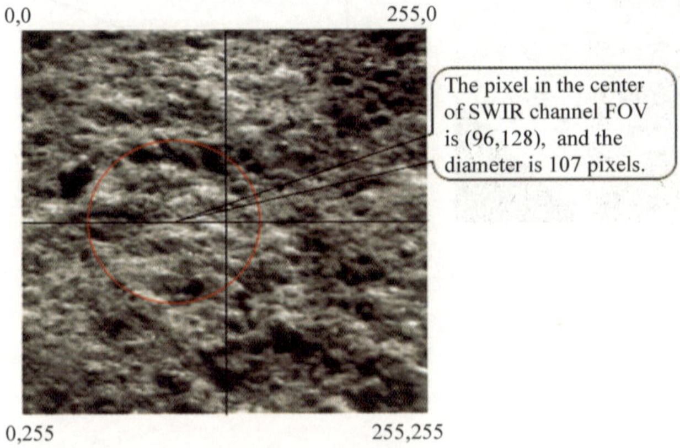

Fig. 3　The overlap region of SWIR channel's FOV mapped in the image of VNIS.

3　Preliminary Detection Results of the Lunar Surface

VNIS has already obtained several spectral images and data of different geographical regions of lunar soil, detecting objects since it started on December 23rd, 2013. As already noted, VNIS has two kinds of operating modes to work on the lunar surface: in detection and calibration mode. In detection mode, the spectrometer begins to collect data at 450 nm, and the default spectral sampling interval for the VIS/NIR waveband is 5 nm, with 100 data points in the full spectrum. In addition, the VIS/NIR channel needs to collect 20 extra frames for measurement of the dark count level. Meanwhile, the SWIR channel sets the default spectral sampling interval to 5 nm, with 300 data points in the spectrum; this also needs 20 extra frames to record the background-level, needed for data processing. In calibration mode, the spectrometer uses solar radiation as its calibration source. Here, the diffuser panel of the calibration unit is set to the horizontal position in order to realize detection of the solar radiance. The workflow in the calibration mode is entirely the same as for the detection mode.

Images and spectral data obtained in detection mode and calibration mode are original light response signals, which should be processed for scientific applications including data preprocessing and scientific data processing. Fig. 4 shows the preliminary results for lunar soil obtained by VNIS: after preliminary analysis, the spectrum has the typical characteristic absorption peak of pyroxene and olivine.

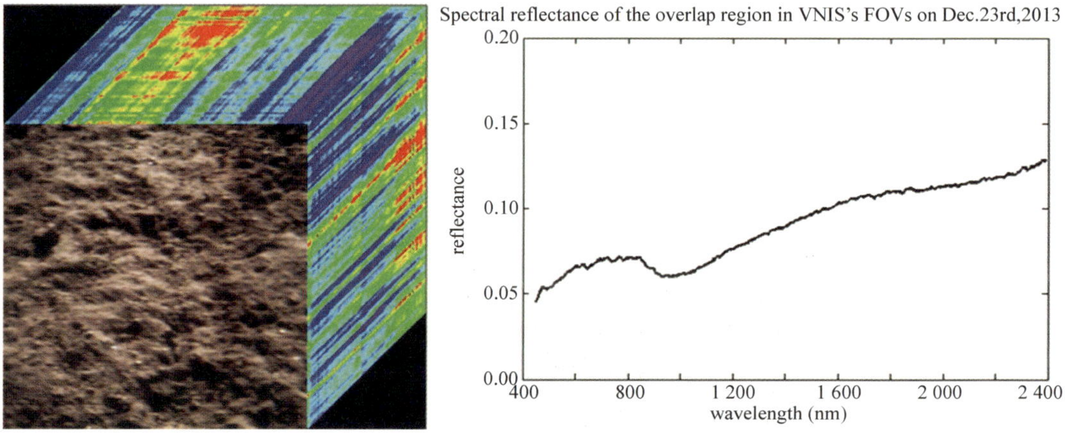

Fig. 4　Primary detecting results of VNIS. Pseudo-color image of the lunar surface object (left) and the spectral reflectance curve (right).

4　Conclusion

As the main scientific payload of the Chang'E 3 rover, VNIS has been developed to obtain spectral and geometric data in pursuit of the scientific goals of the mission: these include surveying the lunar surface material composition, and exploration of resources. Being different from previous lunar detection spectrometers on orbiters, VNIS is the first *in situ* analysis spectrometer that allows millimeter spatial resolution of the lunar surface. Furthermore, the calibration unit ensures the quality of reflectance data produced. Since the first successful boot on December 23rd 2013, VNIS has already completed several lunar detection and calibration runs, wherein it has obtained spectral image data, providing reference material for scientific applications.

Acknowledgments

This paper is supported by Chinese lunar exploration program's special funds of the second phase, and National Natural Science Foundation (No. 21105109). We thank the Science and Application Center of Moon and Deep-Space Exploration of the Chinese Academy of Science for the ground test and data preprocessing. We also thank the National Space Science Center of the Chinese Academy of Sciences for work on aspects of the development and test of the instruments.

References

[1] P. J. Ye and J. Peng, "Deep space exploration and its prospects in China," Eng. Sci. 8(10), 13-18 (2006).

[2] S. W. Dai, Y. Z. Jia, and B. M. Zhang, "Chang'E-3 scientific payloads and its checkout results," Sci. Sin. Tech. 44(4), 361-368 (2014).

[3] Z. Y. Ouyang, "Scientific objectives of Chinese lunar exploration project and development strategy," Adv. Earth Sci. 19(3), 351-358 (2004).

[4] B. Liu, J. Z. Liu, G. L. Zhang, Z. C. Ling, J. Zhang, Z. P. He, B. Y. Yang, and Y. L. Zou, "Reflectance conversion methods for the VIS/NIR imaging spectrometer aboard the Chang'E-3 lunar rover: Based on ground validation experiment data," Res. Astron. Astrophys. 13, 862 (2013).

[5] Z. P. He, R. Shu, and J. Y. Wang, "Imaging spectrometer based on AOTF and its prospects in deep-space exploration application," Proc. SPIE 8196, 819625 (2011).

Data processing and preliminary results of the Chang'e-3 VIS/NIR Imaging Spectrometer in - situ analysis①

Bin Liu[1], Chunlai Li[1], Guangliang Zhang[1], Rui Xu[2], Jianjun Liu[1], Xin Ren[1], Xu Tan[1], Xiaoxia Zhang[1], Wei Zuo[1] and Weibin Wen[1]

1 Key Laboratory of Lunar and Deep Space Exploration, National Astronomical Observatories, Chinese Academy of Sciences, Beijing 100012, China; licl@nao.cas.cn

2 Key Laboratory of Space Active Opto-Electronics Technology, Shanghai Institute of Technical Physics, Chinese Academy of Sciences, Shanghai 200083, China

Abstract: The Chang'E-3 Visible and Near-infrared Imaging Spectrometer (VNIS) is one of the four payloads on the Yutu rover. After traversing the landing site during the first two lunar days, four different areas are detected, and Level 2A and 2B radiance data have been released to the scientific community. The released data have been processed by dark current subtraction, correction for the effect of temperature, radiometric calibration and geometric calibration. We emphasize approaches for reflectance analysis and mineral identification for in-situ analysis with VNIS. Then the preliminary spectral and mineralogical results from the landing site are derived. After comparing spectral data from VNIS with data collected by the M^3 instrument and samples of mare that were returned from the Apollo program, all the reflectance data have been found to have similar absorption features near 1000 nm except lunar sample 71061. In addition, there is also a weak absorption feature between 1750～2400 nm on VNIS, but the slopes of VNIS and M^3 reflectance at longer wavelengths are lower than data taken from samples of lunar mare. Spectral parameters such as Band Centers and Integrated Band Depth Ratios are used to analyze mineralogical features. The results show that detection points E and N205 are mixtures of high-Ca pyroxene and olivine, and the composition of olivineat point N205 is higher than that at point E, but the compositions of detection points S3 and N203 are mainly olivine-rich. Since there are no obvious absorption features near 1250 nm, plagioclase is not directly identified at the landing site.

Key words: Chang'E-3; VNIS; in-situ analysis; data processing

1 Introduction

The mineralogical study of lunar mare basalts helps in understanding the geologic

---

① Supported by the National Natural Science Foundation of China.

evolution of the Moon (Tompkins & Pieters 1999; Jolliff et al. 2000; Pieters et al. 1993; Williams et al. 1995; Cahill et al. 2009; Elkins Tanton et al. 2002). On 2013 December 14 the Chang'E-3 (CE-3) lunar probe landed at a north latitude of 44.1° and west longitude of 19.5°, a site located in Mare Imbrium. The CE-3 lunar probe contains a lander and a rover. The Visible and Near-infrared Imaging Spectrometer (VNIS) is fixed at the front of the rover and designed to detect lunar minerals through in-situ analysis (Ouyang 2005; Fu et al. 2014; Ip et al. 2014). VNIS contains two channels, which are the Visible and Near-infrared (VNIR) channel and Short Wave Infrared (SWIR) channel. The spectral range of the two channels covers the range from 450 nm to 2400 nm. The main minerals on the lunar surface can be effectively identified in this spectral range, such as pyroxene, olivine and plagioclase (Fig. 1). According to the results of Zhao et al. (2014), the CE-3 landing site is relatively flat and there are two basaltic units around the landing site, low-Ti/very-low-Ti mare basalts in the northern part of Mare Imbrium, and Eratosthenian low-Ti/high-Ti mare basalts in the southern part (Schaber 1969; Hiesinger et al. 2000; Bugiolacchi & Guest 2008; Qiao et al. 2013).

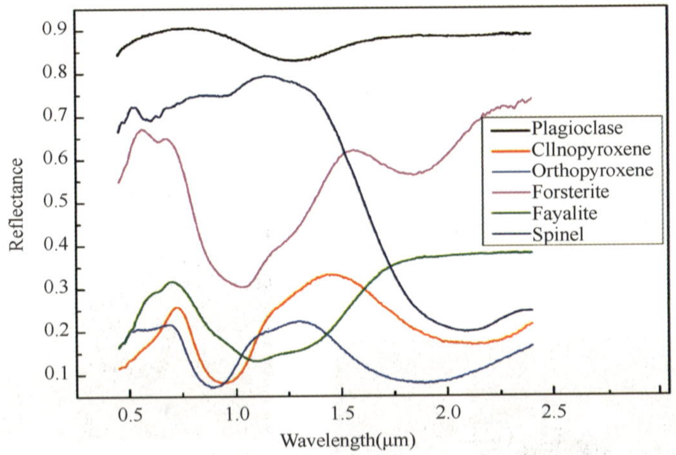

Fig. 1 Main mineral features on the lunar surface.

This is the first time that VNIS has been developed for in-situ analysis on the lunar surface. There are two main differences between VNIS in-situ analysis and spaceborne detection. First, the CE-3 exploration mission has the goal of regional detection instead of global observation. It does not include the Cayley Plains area, which is used as a reflectance calibration standard (Pieters 1999; Pieters et al. 2009; Ohtake et al. 2010; Yamamoto et al. 2011). The second difference is the viewing geometry; spaceborne spectrometers mostly view the lunar surface at the nadir point and work at a high solar elevation angles; due to changes in the rover's temperature, VNIS must work at a lower solar elevation angle and tilt 45° to look at the lunar surface. Based on the above differences, the methods used for VNIS data processing are different from spaceborne spectrometers, especially the methods for reflectance analysis and photometric calibration.

After the first exploration mission that lasted two lunar days, VNIS detected four different areas and the radiance data were released. In this study, we will first describe the principle of VNIS and its data products. We also present the reflectance analysis and mineral identification methods for VNIS. The results will demonstrate the spectral and mineralogical features of the landing site.

Section 2 gives the description of VNIS configuration and working principle. Section 3 describes the VNIS data acquired and preprocessingmethods. Section 4 introduces the methods for reflectance conversion and mineral identification. Section 5 gives the preliminary results on reflectance analysis and mineralogical analysis. Section 6 describes the main conclusion of the article.

2 Description of VNIS

VNIS was designed by the Shanghai Institute of Technical Physics, Chinese Academy of Sciences, and was carried on the lunar rover platform (Fig. 2). The entire system was composed of the probe and the electronics box (Fig. 2) (He et al. 2011, 2014). The probe was installed at the front of the rover and was inclined 45° with respect to the lunar surface, and the electronics box was installed inside the rover's cabin.

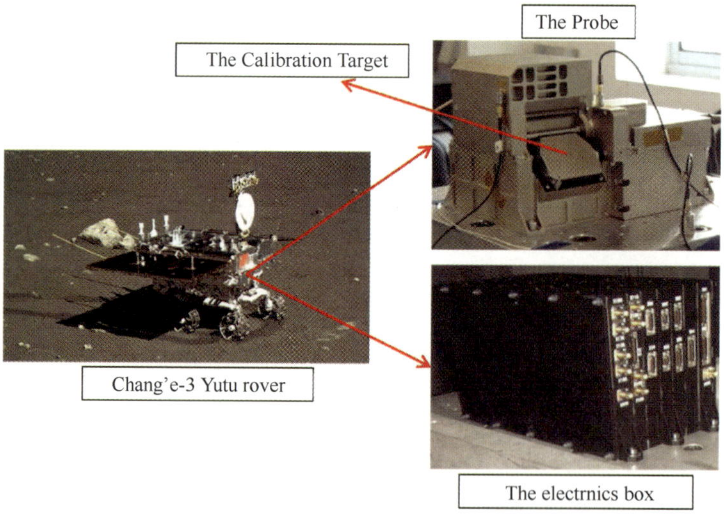

Fig. 2 Construction of VNIS and its position on the rover.

As shown in Figure 3, the solar irradiance reflected by the lunar surface is detected by the VNIS imaging lens, which uses a collimating mirror to make a parallel beam and which is then directed towards an Acousto-Optic Tunable Filter (AOTF). After that, a beam with a quasi-monochromatic wavelength is projected on the detectors through a convergent mirror. VNIS can then be used to analyze one single band of data from the lunar surface. Changing the AOTF driving frequency can modulate the wavelengths of the diffractive optics. Ultimately, all band images and spectral data can be obtained. The main parameters of VNIS are shown in Table 1.

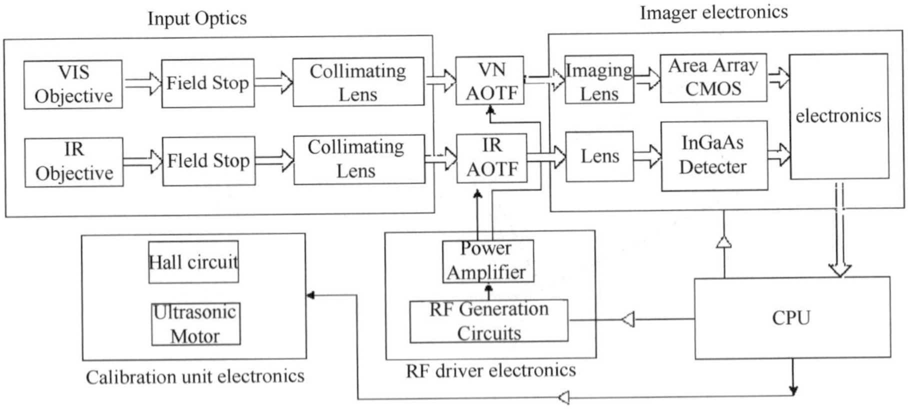

Fig. 3　The configuration of the VNIS system.

Table 1　Main Parameters of VNIS

Number	Name	Parameter	
		VNIR Channel	SWIR Channel
1	Spectral range (nm)	450～950	900～2400
2	Spectral resolution (nm)	2～7	3～11.8
3	Sample interval (nm)	5	5
4	Band	100	300
5	Field of View (°)	8.5×8.5	≥3.6
6	Number of pixels	256×256	1
7	MTF	>0.11	—
8	Detection distance (m)	0.7～1.3	

VNIS is the first instrument used for in-situ analysis in a lunar exploration mission which carried an AOTF for spectroscopic analysis. Its core component is an AOTF crystal, which is based on acoustic and optical effects (Ling et al. 2004). As the oscillation frequency of the crystal changes, the wavelength of transmitted monochromatic light changes correspondingly. There have been many successful deep space exploration missions that used AOTF imaging spectrometers. For example, ESA equipped spectrometers on Venus Express and Mars Express satellites based on AOTF technology (Korablev et al. 2002a,b, 2006, 2012; Bertaux et al. 2000, 2007).

One innovative aspect of design for VNIS is the calibration target (He et al. 2011, 2014), the goal of which is to avoid lunar dust coming into the lens when the instrument is not working (see Fig.4). The other goal is to make VNIS capable of in-situ radiometric calibration. Based on the position of the calibration target, VNIS can be divided into three operating modes: standby mode, detection mode and calibration mode. It is a moving device. When VNIS aims at the lunar surface, it works in detection mode and when VNIS aims at the calibration target, it works in calibration mode.

The three operation modes of VNIS are described as follows:

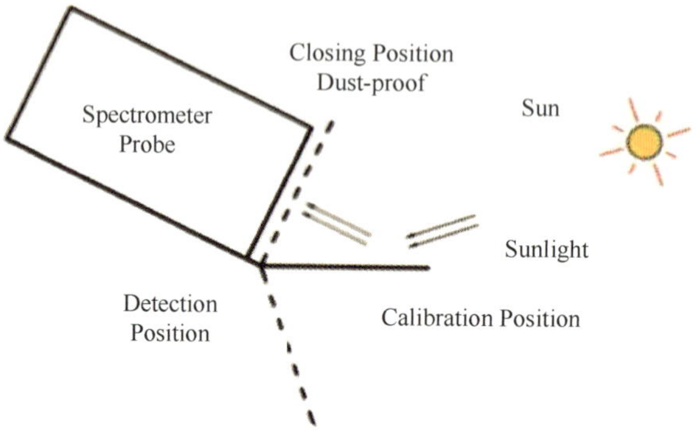

Fig.4　Based on the position of the calibration target, VNIS works in three operational modes: standby mode (dust proof), detection mode (when the calibration target is fully opened) and calibration mode (when the calibration target is partly opened).

(1) Standby mode: which means the device is powered on but no data are obtained. In this mode, the calibration target is in the closed position and the lens of VNIS is covered.

(2) Detection mode: which means the instrument works properly and obtains detection data. In this mode, the calibration target is fully opened. The image data and spectral data are obtained as a sequence of bands. In addition, the VIS/NIR and SWIR detectors both collect 20 bands of realtime dark current data. Thus VNIS collects 440 bands of data after one working cycle. The data collection sequence of VNIS is shown in Figure 5. VNIS can also change the center wavelength by changing oscillation frequency of the AOTF cystal to acquire spectral data at a specified wavelength.

(3) Calibration mode: The calibration target is positioned so that it is parallel to the lunar surface, thus the detection target is the calibration target rather than lunar surface. In this mode, the data collection sequence obtained from VNIS is the same as that in detection mode.

3　Data Description

3.1　Data Acquisition

After the first two lunar days, VNIS made measurements at four different points (E, S3, N203 and N205 in Fig.6), and obtained data in detection mode four times and calibration mode three times. Data information has been listed in Table 2. The total size of data is 350 MB. All these data have been released to the scientific community.

Table 2　Data Information (Level 2B radiance data)

Number	Detection Point	Working Mode	Detector	Data Level	Data File Name	Data Size
1	E	Detection Mode	CMOS	2B	CE3-BMYK-VNIS-CD-SCI-N-20131223021010-20131223021010-0005-A. 2B	25.61MB
			InGaAs	2B	CE3-BMYK-VNIS-SD-SCI-N-20131223021320-20131223021320-0005-A. 2B	11kB
		Calibration Mode	CMOS	2B	CE3-BMYK-VNIS-CC-SCI-N-20131223023539-20131223023539-0005-A. 2B	25.61MB
			InGaAs	2B	CE3-BMYK-VNIS-SC-SCI-N-20131223023737-20131223023737-0005-A. 2B	11kB
2	S3	Detection Mode	CMOS	2B	CE3-BMYK-VNIS-CD-SCI-N-20131224013542-20131224013542-0006-A. 2B	25.61MB
			InGaAs	2B	CE3-BMYK-VNIS-SD-SCI-N-20131224013852-20131224013852-0006-A. 2B	11kB
3	N203	Detection Mode	CMOS	2B	CE3-BMYK-VNIS-CD-SCI-N-20140112144940-20140112144940-0007-A. 2B	25.61MB
			InGaAs	2B	CE3-BMYK-VNIS-SD-SCI-N-20140112145252-20140112145252-0007-A. 2B	11kB
		Calibration Mode	CMOS	2B	CE3-BMYK-VNIS-CD-SCI-N-20140112151510-20140112151510-0007-A. 2B	25.61MB
			InGaAs	2B	CE3-BMYK-VNIS-SD-SCI-N-20140112151707-20140112151707-0007-A. 2B	11kB
4	N205	Detection Mode	CMOS	2B	CE3-BMYK-VNIS-CD-SCI-N-20140114163112-20140114163112-0008-A. 2B	25.61MB
			InGaAs	2B	CE3-BMYK-VNIS-SD-SCI-N-20140114163422-20140114163422-0008-A. 2B	11kB
		Calibration Mode	CMOS	2B	CE3-BMYK-VNIS-CC-SCI-N-20140114165642-20140114165642-0008-A. 2B	25.61MB
			InGaAs	2B	CE3-BMYK-VNIS-SC-SCI-N-20140114165839-20140114165839-0008-A. 2B	11kB

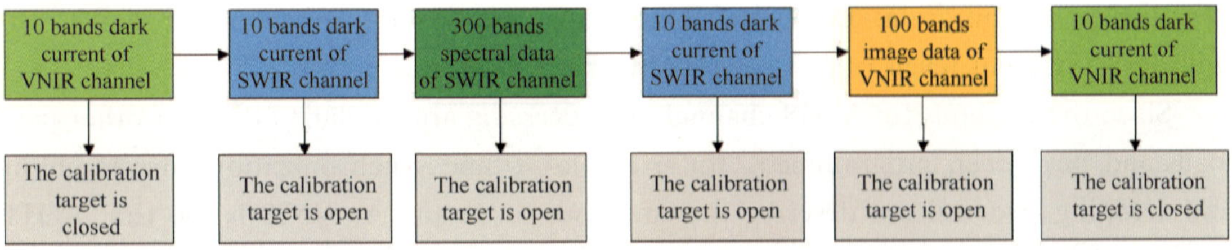

Fig. 5　The data collection sequence used by VNIS.

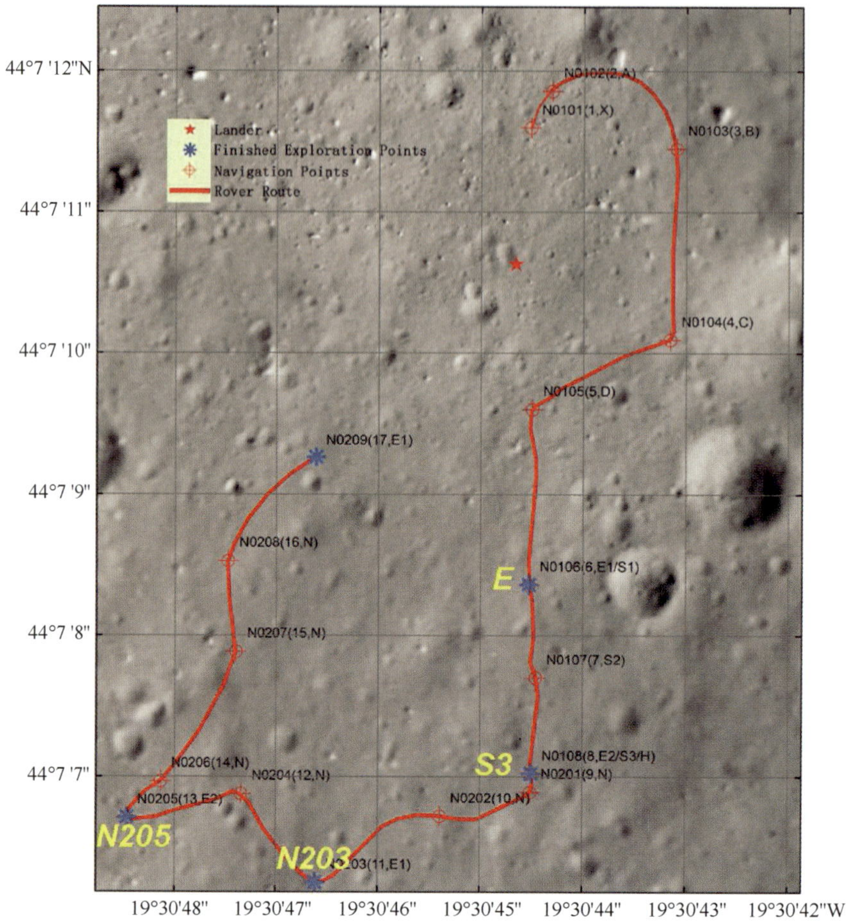

Fig. 6　Map of the path traversed by the Yutu rover and the distribution of detection points.

3. 2　Data Preprocessing Pipeline and Products

Like the CE-1 Imaging Interferometer, before the raw data from VNIS are converted to scientific data, a series of data preprocessing steps must be applied, which include channel preprocessing and instrumental preprocessing. Channel preprocessing mainly includes frame synchronization, descrambling and decoding. Instrumental preprocessing-mainly includes dark current subtraction, temperature calibration, radiance calibration and geometric calibration. Data used in this paper are Level 2B based on the above calibrations. Different levels of VNIS data have been described in Table 3.

Since the methods for VNIS channel preprocessing are similar to those of other payloads and have been programmed, for example: frame synchronization, descrambling and decoding, we will not describe thesemethods in detail. As VNIS is the first AOTF type imaging spectrometer to be used for lunar exploration, its instrument preprocessing is shown in Figure 7. The instrument data preprocessing pipeline mainly contains channel data preprocessing and SWIR channel data preprocessing for the two different detectors.

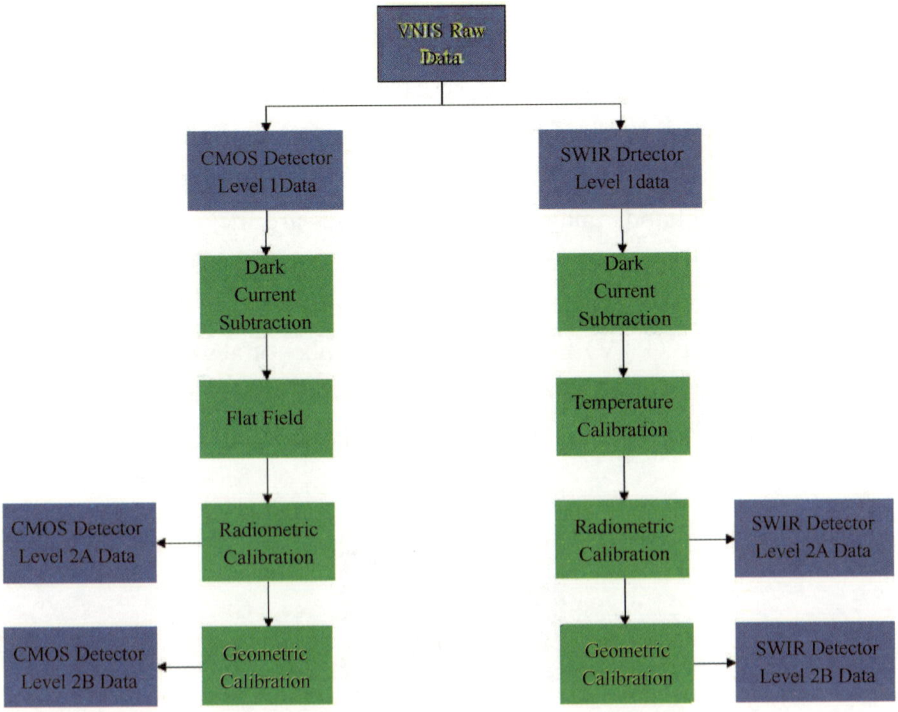

Fig. 7　Preprocessing pipeline and data products for VNIS data.

Table 3　VNIS Data Products and Description

Payload	Data Level	Data Description
VNIS	Level 0A	After channel processing, unpacked, and marked in time code with VNIS.
	Level 0B	Based on Level 0A data, but with further ordering, optimal splicing, de-replication, source package header removal, and generate data blocks for VNIS.
	Level 1	Based on Level 0B data, but with the raw measurements converted to useful physical quantities, framed by detecting cycle (a lander detecting cycle is an earth day, and a rover detecting cycle is a period of time from a scientific exploration mission planning start to end).
	Level 2A	Pepper noise subtraction, dark subtraction, temperature calibration, flat field and radiance conversion using preflight and in-situ calibration coefficient.
	Level 2B	Add the instrument's parameters: focal length, pixel size, and principal point position. Add the rover location and center point location. Add the geometric information include the center point and four corner points' incidence angle, azimuth angle and phase angle.

3.3 Data Preprocessing of VNIR Channel

3.3.1 Salt and pepper noise subtraction

Because of differences between the spectral response efficiencies of the CMOS detector's individual pixels, salt and pepper noise is added to the image. This noise is averaged out with a median filter of size 3×3 pixels. In this approach, every image in the spectral image cube (120 bands images, 20 dark images are included) is scanned pixel by pixel. The absolute difference between the center and the surrounding eight pixels' data values is calculated (Fig. 8). The Difference Threshold Value (DTV) is set to 50, and the Point Threshold Value (PTV) is set to 6; if the number of absolute differences which are greater than DTV exceeds the PTV, then the center pixel is considered to be salt and pepper noise, and its value is replaced by the median value of the surrounding eight pixels.

Fig. 8　The salt and pepper noise in the region of size 3×3 pixels.

3.3.2 Dark current subtraction

Dark current subtraction has the goal of eliminating the effect of electrical background noise. It is mainly affected by the integration time, gain and temperature. The dark current from the CMOS detector array was calculated through collecting real-time dark current images at different bands andwith different integrating times (Xu 2013). The algorithm for dark current subtraction is as follows:

(1) The 20 real-time dark current images are divided into four groups, with each group containingfive dark current images from the same band. Then, the mean dark current image from each group is derived;

(2) The four derived mean dark current images are averaged by a median filter with a kernel size of 5 × 5 pixels;

(3) A least squares linear regression method is used to derive the relationship between dark current and integration time for each pixel, and then the slope matrix $k(x, y)$ and interceptmatrix $b(x, y)$ are calculated;

(4) The dark current image of each band is calculated by Equation (1), where $DN_{dark}(\lambda, x, y)$ is the dark current of band at pixel (x, y) and $\mathrm{Int}T(\lambda)$ is the integration time of band λ.

$$DN_{\text{dark}}(\lambda, x, y) = k(x, y) \times \text{Int}T(\lambda) + b(x, y). \tag{1}$$

(5) The dark current is subtracted by Equation (2)

$$DN_{\text{after\_dark}}(\lambda, x, y) = DN(\lambda, x, y) - DN_{\text{dark}}(\lambda, x, y). \tag{2}$$

3.3.3 Nonuniformity correction

Nonuniformity correction is a necessary step in processing the data from the imaging system forsuppressing nonuniformity in images caused by optics, AOTF, etc. It is described by the followingequation

$$DN_{\text{uniformity}}(\lambda, x, y) = DN_{\text{after\_dark}}(\lambda, x, y) \times M_{\text{VNIR}}(\lambda, x, y) , \tag{3}$$

where $DN_{\text{uniformity}}(\lambda, x, y)$ is the data value after nonuniformity correction and $M_{\text{VNIR}}(\lambda, x, y)$ is the nonuniformity correction coefficient provided by the manufacturer of the VNIS.

3.3.4 Radiometric calibration

Radiometric calibration is a way to convert the value measured by VNIS to the absolute physical quantity of spectral radiance. It is calculated by the following formula

$$\text{Radiance}_{\text{VNIR}}(\lambda, x, y) = DN_{\text{after\_dark}}(\lambda, x, y) \times N_{\text{VNIR}}(\lambda, x, y), \tag{4}$$

where $\text{Radiance}_{\text{VNIR}}(\lambda, x, y)$ is the spectral radiance data value, $DN_{\text{after\_dark}}(\lambda, x, y)$ is the data value after nonuniformity correction and $N_{\text{VNIR}}(\lambda, x, y)$ is the radiometric calibration coefficient provided by the VNIS manufacturer.

The spectral radiance images must be transposed and rotated after radiometric calibration. This is mainly due to design of the optical system and the readout method used by the CMOS detector. The data readout sequence of CMOS is done column by column, so one line of the scientific image is mapped to one column of the raw image from CMOS. In addition, the image formed at the focal plane of the CMOS detector has a 180° rotation, so the image cube for radiance must be rotated toward the right (Fig.9).

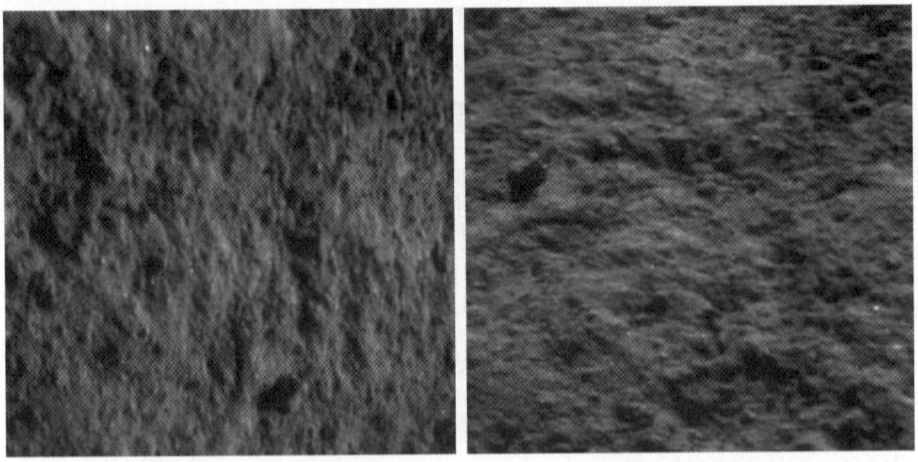

Fig.9 The radiance images before rotation and transposition (left) and after rotation (right).

3.4 Data Preprocessing of the SWIR Channel

3.4.1 Dark current subtraction

The detector adopted by VNIS in the SWIR channel is an InGaAs single element detector, and the readout circuit of this single element detector was designed to have a fixed gain and integration time. So, the dark current could be considered to be electrical noise from the detector itself and the response of unmodulated zero-order stray light signal which is constant at a certain temperature. The method used for dark current subtraction of the SWIR channel is given as follows:

(1) The mean dark current is derived by the following expression

$$DN_{\text{dark}} = \frac{1}{20}\left(\sum_{1}^{10} DN_{\text{dark(front)}}(i) + \sum_{1}^{10} DN_{\text{dark(end)}}(i)\right), \tag{5}$$

where DN_{dark} is the mean dark current, $DN_{\text{dark(front)}}(i)$ is the dark current data value from the first ten bands and $DN_{\text{dark(end)}}(i)$ is the dark current data value from the last ten bands.

(2) The dark current is subtracted with Equation (6)

$$DN_{\text{after\_dark}}(\lambda) = DN(\lambda) - DN_{\text{dark}}(\lambda). \tag{6}$$

3.4.2 Correction for effect of temperature

Unlike the VNIR channel, the InGaAs detector adopted in the SWIR channel of VNIS is very sensitive to temperature. The detector's spectral response will change when its temperature changes. Moreover, the beam splitter in VNIS, the AOTF crystal, is driven by a Radio Frequency (RF) power amplifier, and the performance of AOTF is directly affected by the RF. The efficiency of the RF will decline when its temperature goes up, and the light flux received by the InGaAs detector will be affected. After dark current subtraction, correction for the effect of temperature must be done before radiometric calibration. According to the real-time temperature data of the InGaAs detector and the RF, the temperature characteristics of the detector and RF amplifier are first modeled, and then calibration parameters are derived to calibrate data at different temperature environments to the same standard temperature used in a laboratory. The equation describing the correction for the effect of temperature is as follows

$$\text{ratio}_{\text{SWIR}}(\lambda) = \text{ratio}_D(T_D(\lambda)) \cdot \text{ratio}_{\text{RF-fit}}(T_{RF}(\lambda)), \tag{7}$$

$$DN_{\text{correction}}(\lambda) = DN(\lambda) \cdot \text{ratio}_{\text{SWIR}}(\lambda). \tag{8}$$

where $\text{ratio}_D(T_D(\lambda))$ is the detector's temperature correction parameter, $\text{ratio}_{\text{RF-fit}}(T_{\text{RF}}(\lambda))$ is the RF's temperature correction parameter, and $DN(\lambda)$ and $DN_{\text{correction}}(\lambda)$ are data values before and after temperature correction respectively. Formore details on correction for the effect of temperature, please refer to Xu (2013).

3.4.3 Radiometric calibration

Since the SWIR channel is not an imaging spectrometer, the radiometric calibration equation is written as follows

$$\text{Radiance}_{\text{SWIR}}(\lambda) = DN_{\text{after\_temperature}}(\lambda) \times M_{\text{SWIR}}(\lambda), \tag{9}$$

where $\text{Radiance}_{\text{SWIR}}(\lambda)$ is the SWIR channel spectral radiance data value, $DN_{\text{after\_temperature}}(\lambda)$ is the data value after correction for the effect of temperature is applied, and $M_{\text{SWIR}}(\lambda)$ is the radiometric calibration coefficient provided by the manufacturer of the VNIS, which has been calibrated by a laboratory radiometric experiment and refined by a lunar in-situ detection using a calibration target (Xu et al. 2014b).

3.5 Evaluation of Accuracy in Radiance Data

VNIS data released are Level 2A and 2B radiance data, and the accuracy of radiance data is important for identification and quantification of minerals from radiance data. The radiance data are evaluated by comparing data from a calibration target after radiometric calibration with its theoretical radiance values after solar irradiation. The relative error is calculated from the following expression

$$\delta = \frac{\sum_{i=1}^{N}\left|\frac{S_{\text{VNIS},i} - S_{\text{SS},i}}{S_{\text{SS},i}}\right|}{N} \times 100\% \tag{10}$$

In the equation, δ is the relative error, $S_{\text{VNIS},i}$ is the radiance data of a given band, and $S_{\text{SS},i}$ is the theoretical radiance values after solar irradiation. The theoretical radiance data are calculated with the following steps:

(1) The solar irradiance data of Gueymard (2004) are used as incident light;

(2) Given the center wavelengths and spectral resolution data of VNIS, Gaussian models are used to calculate the spectral response of every band for VNIS, then the solar irradiance is resampled by the spectral response curves of VNIS;

(3) The theoretical radiance is calculated with the following expression

$$N_{\lambda\_\text{cali}} = W_{\lambda\_\text{solar}} \times (\alpha_{\text{solar\_elev}}) \times BRF_{\text{cali}}(\alpha_{\text{solar\_elev}}, \beta_{\text{rover\_azim}}) \tag{11}$$

where W_{λ_solar} is the solar irradiance after resampling the spectrum, $BRF_{\text{cali}}(\alpha_{\text{solar\_elev}}, \beta_{\text{rover\_azim}})$ is the bidirectional reflectance factor of the calibration target at the solar elevation angle α and the rover's azimuth angle β, and $N\lambda\_\text{cali}$ is the theoretical radiance.

For example, the radiance data in calibration mode for detection point E are used to calculate the relative error. A comparison of the result between radiance after radiometric calibration and its theoretical radiance is shown in Figure 10. We can see that the radiance spectrum after radiometric calibration fits well with the theoretical radiance values. We can also see that radiance in the SWIR channel fits better than the VNIR channel, which indicates the precision of radiometric calibration for the SWIR channel is superior to that of the VNIR channel. The relative errors of the VNIR and SWIR channels are 4.13% and 1.05% respectively, and the relative error in all the bands is only 1.82%, which demonstrates that VNIS has a good precision for radiance calibration.

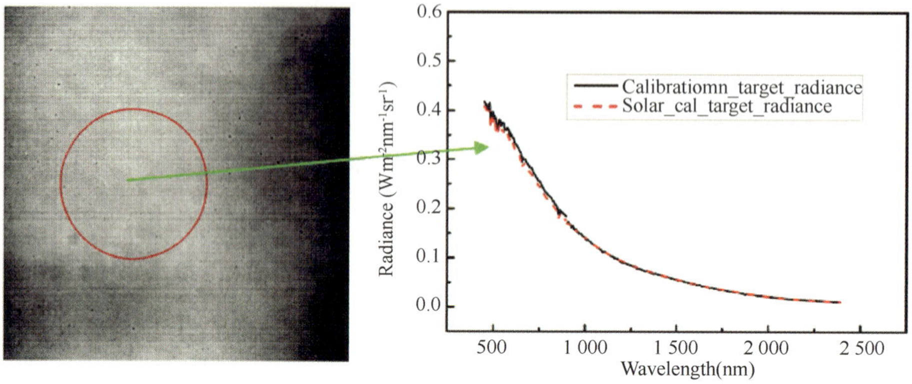

Fig. 10　Radiance data for the calibration target detected at point E (The red circle is the location of the SWIR detector's field of view in the VNIR image, the center point of the circle is located at (96, 128) of the image and the radius is 54 pixels). The black line shows the radiance data after radiometric calibration and the red line indicates values for the theoretical radiance after solar irradiation.

4　Methods for Reflectance Conversion And Mineral Identification

4.1　Reflectance Conversion

Reflectance data are basic for identification and quantification of minerals, the precision of which directly affects the precision of the final results. Since the CE-3 lander and Yutu rover landed in the northwest part of Mare Imbrium, the detection area does not include the Cayley Plains area, which is the standard area used for calibrating reflectance data from the Moon acquired by spaceborne imaging (Pieters et al. 2009). However, this method is not suitable for VNIS data. After the ground validation experiment (Liu et al. 2013, 2014), the reflectance analysis method described by Liu et al. (2013) is adopted and the formula is as follows

$$R_j = \frac{\pi I_j}{F(\lambda)\ \cos(i)} \tag{12}$$

where R_j is the band reflectance of VNIS. I_j represents the radiance data after radiometric calibration, $F(\lambda)$ is the solar irradiance (Gueymard 2004) resampled by the VNIS band-pass, and $\cos(i)$ is the cosine of the solar incident angle. The reflectance data of the four detection points are plotted in Figure 11.

As shown in Figure 11, reflectance data from two of the four detection points are found to be discontinuous at the boundary of the two channels. To correct this problem, reflectance data from the SWIR channel are selected as the standard since they are more

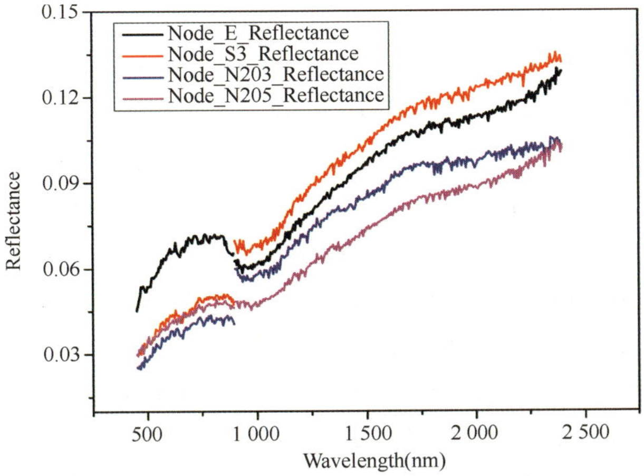

Fig. 11　The reflectance results of the four detection points.

stable and have smaller spectral jitter, then the translation factor (reflectance ratio between band 900 nm and band 895 nm) is calculated to make VNIR channel reflectance be continuous in the SWIR channel. The two discontinuous reflectance data after gap shifting are shown in Figure 12.

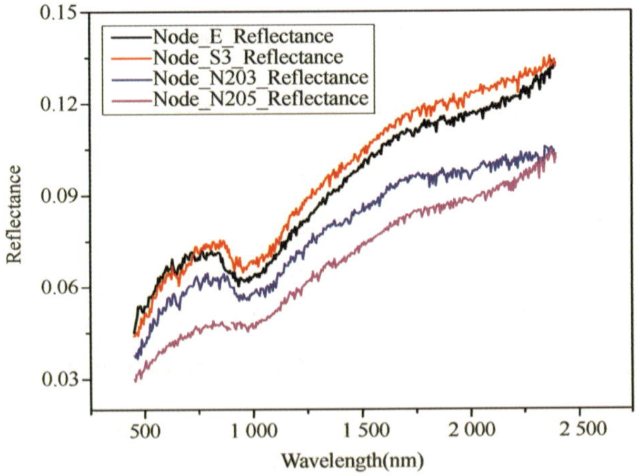

Fig. 12　Reflectance data of the four detection points after the gap shift is applied.

4.2　Identification of Minerals

The main minerals on the lunar surface have obvious absorption features from 450 nm to 2400 nm, such as pyroxene and olivine. The absorption features of pyroxene are evident near 1000 nm and 2000 nm. The absorption features of olivine broaden and deepen near 1000 nm, and it also makes the center wavelength of the absorption change to a longer wavelength (Adams 1974; Burns 1993). Since there are relationships between spectral parameters and main minerals on the Moon, we could identify the main mineral types on the lunar surface by their spectral parameters (Adams 1974; Gaffey et al. 2002; Varatharajan et al. 2014).

We used the modified approach of Varatharajan et al. (2014) to investigate the spectral composition of the CE-3 landing site. In this approach, spectral parameters derived are Band Centers (BCs) and the Integrated Band Depth Ratio (IBDR). A BC1-IBDR plot reveals information about the olivine content in an olivine-pyroxene mixture, and a BC-BC plot shows characteristics of the BCs of orthopyroxenes and clinopyroxenes, which indicate that the monomineralic low-Ca pyroxenes cluster at the bottom of the left corner of the BC-BC plot, and high-Ca pyroxenes cluster at the top right corner. The method is described as follows:

(1) Smoothing the reflectance spectra with a three-point moving average;

(2) Spectral continuum removal by ENVI software (Fig. 13);

(3) Evaluation of the BCs using a second-order polynomial fit aroundminima in the bands (Fig. 14);

(4) Evaluation of the IBDR using Varatharajan's approach. IBD 1000 and IBD 2000 are given bythe following equations:

$$\mathrm{IBD1000} = \sum_{N=0}^{94} R(740+10n)/R_c(740+10n) \tag{13}$$

$$\mathrm{IBD2000} = \sum_{N=0}^{35} R(1680+20n)/R_c(1680+20n) \tag{14}$$

$$\mathrm{IBDR} = \frac{\mathrm{IBD2000}}{\mathrm{IBD1000}} \tag{15}$$

where R is a single band reflectance and R_c is the reflectance after continuum removal. The beginning and ending wavelengths of the absorption features near 1000 nm are 740 nm and 1680 nm respectively. In addition, the beginning and ending wavelengths of the absorption features near 2000 nm are 1680 nm and 2380 nm respectively.

(5) The scatter plots of BC-BC and BC1-IBDR are used to identify the main minerals on the Moon.

5 Preliminary Results and Discussion

5.1 Spectral Feature Analysis

From Figure 12, there are obvious absorption features near 1000 nm in data from all four detection points, but the absorption feature of N205 is wider and shallower than the other three data. As revealed by Figure 13, the spectra from detection points S3 and N203 have no or very weak absorption features near 2000 nm.

Reflectance spectral data were also evaluated by comparing VNIS data with M^3 and data from samples of lunar mare. The M^3 reflectance spectrum of the CE-3 landing site was selected (pixel located at (283, 15633), which has file name*M3G20090207T061610_V01_RFL.IMG*).

Reflectance spectra of nine samples of lunar mare that were returned by the Apollo program were also selected for comparison. The results are shown in Figure 15.

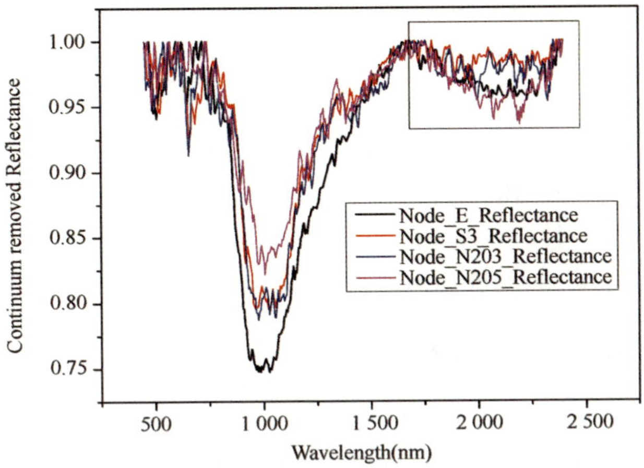

Fig. 13　Reflectance after the continuum was removed from the four detection points.

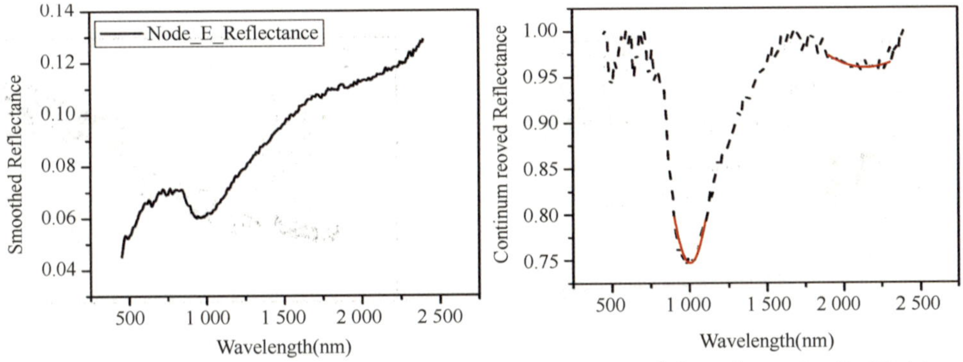

Fig. 14　Computation of the BCs. Left: the reflectance spectra of detection point E. Right: BC1 and BC2 after smoothing and continuum removal.

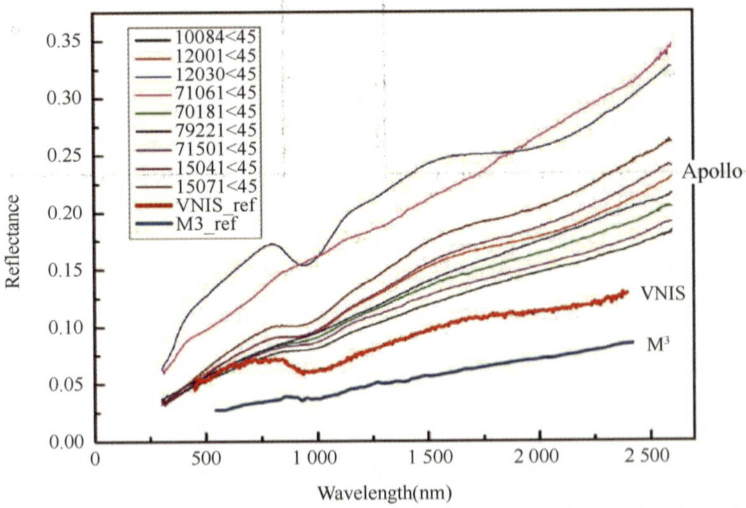

Fig. 15　VNIS spectral features of detection point E compared with samples from M^3 and samples of lunar mare that were returned by the Apollo program.

We can see that all the reflectance data have similar absorption features near 1000 nm except lunar sample 71061. VNIS reflectance also has a weak absorption feature between 1750～2400 nm, but the slope of VNIS reflectance data at longer wavelengths is lower than that in the lunar sample.

The difference between VNIS reflectance data taken with M^3 and data taken from samples of lunar mare can probably be described as follows: (1) the spatial coverage between data from VNIS, M^3 and lunar mare samples is not the same; (2) the viewing geometry between VNIS, M^3 and lunar mare sample is different; (3) the conditions of the samples of lunar mare in the laboratory are not the same as on the lunar surface.

5.2 Analysis of Mineralogical Features

Since the spectra detected at points S3 and N203 have no or very weak absorption features near 2000 nm (Fig. 13), we only take the spectra of points E and N205 into account. The result is shown in Figure 16.

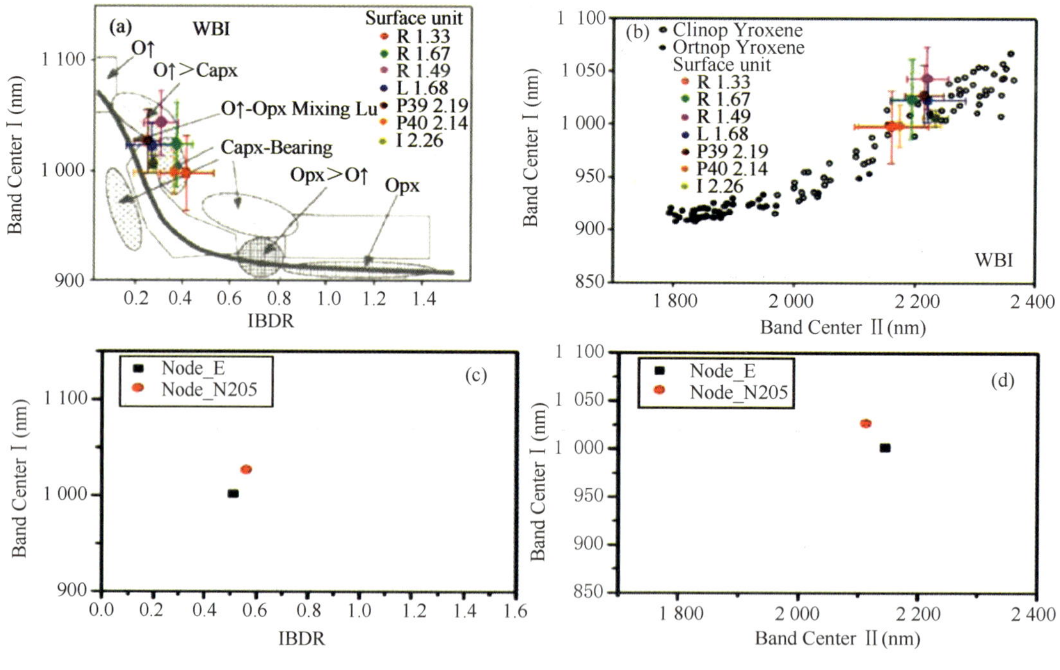

Fig. 16　(a) and (b) are BC1-IBDR and BC-BC plots of lunar western nearside results by Varatharajan et al. (2014) for reference. (c) and (d) are BC1-IBDR and BC-BC plots of data collected from the traverse of the surface by the Yutu rover.

By comparing (a) and (c) in Figure 16, the mineralogy of detection points E and N205 should be a mixture of pyroxene and olivine, and the olivine content at point N205 should be higher than that at point E due to a higher BC1 value. By comparing (b) and (d) in Figure 16, the pyroxene type detected at points E and N205 should be high-Ca pyroxene (or clinopyroxene).

The spectra (Fig. 13) show that the compositions detected at points S3 and N203 are mainly olivine-rich because of the obvious absorption features near 1000 nm and have no or very weak absorption features near 2000 nm.

6 Conclusions

In this paper, the principle and working mode of VNIS are first introduced. Based on the released Level 2B radiance data, we mainly describe the data preprocessing methods, and the approaches for reflectance analysis and mineral identification. The preliminary spectral and mineralogical features of the landing site are also discussed. After data preprocessing, the relative errors in the VNIR and SWIR channels are 4.13% and 1.05% respectively, which demonstrate VNIS has good precision for radiometric calibration. There are obvious absorption features near 1000 nm in data from all four detection points, but the detection points S3 and N203 have no or very weak absorption features near 2000 nm after removal of the continuum. Mineralogical results reveal that the mineralogy of detection points E and N205 should be a mixture of high-Ca pyroxene and olivine, and the composition of detection points S3 and N203 are mainly olivine-rich. Since there are no obvious absorption features of plagioclase near 1250 nm, we could not identify plagioclase at the CE-3 landing site.

Further work is still needed to improve the quality of VNIS data. Photometric correction must be done before mineral quantification can be performed, and the refinement of data processing is also needed.

Acknowledgements

This study was supported by the National Natural Science Foundation of China (Grant Nos. 41274182 and 11273037).

References

[1] Adams, J. B. 1974, J. Geophys. Res., 79, 4829

[2] Bertaux, J.-L., Fonteyn, D., Korablev, O., et al. 2000, Planet. Space Sci., 48, 1303

[3] Bertaux, J.-L., Nevejans, D., Korablev, O., et al. 2007, Planet. Space Sci., 55, 1673

[4] Bugiolacchi, R., & Guest, J. E. 2008, Icarus, 197, 1

[5] Burns, R. G. 1993, Mineralogical Applications of Crystal Field Theory (Cambridge: Cambridge Univ. Press)

[6] Cahill, J. T. S., Lucey, P. G., & Wieczorek, M. A. 2009, Journal of Geophysical Research (Plan-

ets), 114, 9001

[7] Elkins Tanton, L. T., Van Orman, J. A., Hager, B. H., & Grove, T. L. 2002, Earth and Planetary Science Letters, 196, 239

[8] Gaffey, M. J., Cloutis, E. A., Kelley, M. S., & Reed, K. L. 2002, in Asteroids III, ed. W. F. B. Jr., A. Cellino, P. Paolicchi, & R. P. Binzel (Tucson: University of Arizona Press), 183

[9] Fu, X. H., Li, C.-L., Zhang, G.-L., et al. 2014, RAA(Research in Astronomy and Astrophysics), 14, 1595

[10] Gueymard, C. A. 2004, Solar Energy, 76, 423

[11] He, Z. P., Shu, R., & Wang, J. Y. 2011, in International Symposium on Photoelectronic Detection and Imaging 2011, International Society for Optics and Photonics, 819625

[12] He, Z.-P., Wang, B.-Y., Lü, G., et al. 2014, RAA(Research in Astronomy and Astrophysics), 14, 1567

[13] Hiesinger, H., Jaumann, R., Neukam, G., & Head, J. W. 2000, J. Geophys. Res., 105, 29239

[14] Ip, W.-H., Yan, J., Li, C.-L., & Ouyang, Z.-Y., 2014, RAA(Research in Astronomy and Astrophysics), 14, 1511

[15] Jolliff, B. L., Gillis, J. J., Haskin, L. A., Korotev, R. L., &Wieczorek, M. A. 2000, J. Geophys. Res., 105, 4197

[16] Korablev, O., Bertaux, J.-L., Grigoriev, A., et al. 2002a, Advances in Space Research, 29, 143

[17] Korablev, O. I., Bertaux, J.-L., Dimarellis, E., et al. 2002b, in Society of Photo-Optical Instrumentation Engineers (SPIE) Conference Series, 4818, Infrared Spaceborne Remote Sensing X, ed. M. Strojnik & B. F. Andresen, 261

[18] Korablev, O., Bertaux, J.-L., Fedorova, A., et al. 2006, Journal of Geophysical Research (Planets), 111, 9

[19] Korablev, O., Fedorova, A., Bertaux, J.-L., et al. 2012, Planet. Space Sci., 65, 38

[20] Ling, B., Dennis, G. I., Miller, H. M., Spaine, T. W., & Carnahan, J. W. 2004, Progress in Quantum Electronics, 28, 67

[21] Liu, B., Liu, J.-Z., Zhang, G.-L., et al. 2013, RAA(Research in Astronomy and Astrophysics), 13, 862

[22] Liu, B., Liu, J., Zhang, G., et al. 2014, Chinese Journal of Geochemistry, 33, 86

[23] Ohtake, M., Matsunaga, T., Yokota, Y., et al. 2010, Space Sci. Rev., 154, 57

[24] Ouyang, Z. Y. 2005, Introduction to lunar science (Beijing: China Astron Publ House)

[25] Pieters, C. M. 1999, in Workshop on New Views of the Moon II: Understanding the Moon Through the Integration of Diverse Datasets, 47

[26] Pieters, C. M., Sunshine, J. M., Fischer, E. M., et al. 1993, J. Geophys. Res., 98, 17127

[27] Pieters, C. M., Boardman, J., Buratti, B., et al. 2009, Current Science, 96, 500

[28] Qiao, L., Xiao, L., Zhao, J., & Huang, Q. 2013, Scientia Sinica Physica, Mechanica & Astronomica, 43, 1370

[29] Schaber, G. G. 1969, Geologic Map of the Sinus Iridum Quadrangle of the Moon (Washington DC: US Geological Survey)

[30] Tompkins, S., & Pieters, C. M. 1999, Meteoritics & Planetary Science, 34, 25

[31] Varatharajan, I., Srivastava, N., & Murty, S. V. S. 2014, Icarus, 236, 56

[32] Williams, D. A., Greeley, R., Neukum, G., Wagner, R., & Kadel, S. D. 1995, J. Geophys. Res., 100, 23291

[33] Xu, R. 2013, PhD Thesis, Calibration of AOTF imaging spectrometer in deep-space exploration application, University of Science and Technology of China

[34] Xu, R., He, Z. P., Chen, K., et al. 2014, Journal of Infrared and Milimeter Waves, 33, 327

[35] Xu, R., He, Z. P., Ma, Y. H., Liu, B., & Wang, J. Y. 2014b, International Journal of Emote Sensing, Submitted

[36] Yamamoto, S., Matsunaga, T., Ogawa, Y., et al. 2011, Geoscience and Remote Sensing, IEEE Transactions on, 49, 4660

[37] Zhao, J., Huang, J., Qiao, L., et al. 2014, Science China Physics, Mechanics, and Astronomy, 57, 569

Global Mg/Si and Al/Si Distributions on the Lunar Surface Derived from Chang'E-2 X-ray Spectrometer

Wudong Dong, Xiaoping Zhang, Menghua Zhu, Aoao Xu and Zesheng Tang

Lunar and Planetary Science Laboratory, Macau University of Science and Technology, Macao, China; xpzhang@must.edu.mo, dowudong@gmail.com

Received 2014 November 28; accepted 2015 July 29

Abstract: The technique of X-ray fluorescence remote sensing plays a significant role in research related to the chemical compositions of the Moon. Here we describe the data analysis method for China's Chang'E-2 X-ray spectrometer in detail and present the preliminary results about the first globalMg/Si and Al/Si maps of the lunar surface. Our results show that the distributions of Mg/Si and Al/Si correlate well with terrains on the Moon. The higher Mg/Si ratio corresponds to the mare regions while the lower value corresponds to the highland terrains. The map of the Al/Si ratio shows a reversed distribution compared with the map of the Mg/Si ratio.

Key words: Moon; planets and satellites: composition; techniques: spectroscopic; X-rays: general

1 Introduction

Chemical compositions on the lunar surface are critical in the determination of the geochemical nature of lunar terrains and the geologic evolution history of the Moon. X-ray spectroscopy is considered to be one of the most effective methods among all remote sensing techniques to study the major element abundances on an airless planetary surface, such as the Moon, Mercury and asteroids (Adler et al. 1973; Clark & Trombka 1997; Trombka et al. 2000; Grande et al. 2003; Sun et al. 2008; Nittler et al. 2011). In this technique, solar X-rays interact with materials on the planet's surface producing characteristic X-ray fluorescences at the uppermost surface layer. The characteristic fluorescent X-rays of major elements, such as Kα lines of Mg (1.254 keV), Al (1.487 keV), Si (1.740 keV), Ca (3.692 keV), Ti (4.511 keV) and Fe (6.404 keV), can be detected by instruments in orbit.

X-ray spectrometers have been carried on many spacecrafts in the past. The X-ray spectrometer onboard the Soviet Luna 12 orbiter, launched in 1966, first successfully observed fluorescent X-rays from the Moon (Mandel'Shtam et al. 1968). Later in 1971 – 1972, X-ray fluorescences were measured by proportional counters in the lunar equatorial region of the nearside in Apollo 15 and 16 missions, covering ～10% of the global lunar surface. For many years, this data set was the only observation of the large-scale chemical compositions of the lunar surface from an X-ray spectrometer. The Al/Si and Mg/Si ratios were derived from Apollo X-ray Spectrometer data, providing a preliminary understanding of the distribution of the local feature of chemical composition distributions on the lunar surface (Adler et al. 1972a, b; Clark 1979). The Demonstration of a Compact Imaging X-ray Spectrometer (D-CIXS) payload onboard SMART-1 launched by ESA in 2003 detected characteristic Xray lines from rock-forming elements during several solar flare events (Grande et al. 2003; Grande et al. 2007; Swinyard et al. 2009). Unfortunately, the detector suffered severe damage from radiation in orbit during its observation, and no accurate quantitative analysis could be performed. The X-ray spectrometer onboard the Kaguya spacecraft that was launched in 2007 also suffered the same problem (Yamamoto et al. 2008; Okada et al. 2009). The X-ray spectrometers onboard the first Chinese lunar spacecraft Chang'E-1 launched in 2007 (Sun et al. 2008; Ouyang et al. 2008; Ouyang et al. 2010a, b) and Indian Chandrayaan-1 launched in 2008 (Grande et al. 2009) successfully detected fluorescent X-rays from rock-forming elements (Ouyang et al. 2008; Peng 2009; Narendranath et al. 2011; Weider et al. 2012, 2014). Since the Sun was in a quiescent period at that time, solar flares were few and the incident X-ray intensity was not powerful enough. As a result, the data were not sufficient for producing a global elemental distribution map.

The Chang'E-2 (CE-2) spacecraft, which was China's second unmanned lunar probe, was successfully launched on 2010 October 1. An innovative X-ray instrument named the Chang'E-2 X-ray spectrometer (CE2XRS) was onboard CE-2. Ban et al. (2014) derived the elemental abundances of Mg, Al, Si, Ca and Fe in the lunar Oceanus Procellarum region using CE2XRS data acquired during an M-class solar flare event. However, there has been no global elemental abundance map of the Moon from an Xray spectrometer until now. Fortunately, the Sun was in its active period so a number of solar flare events were ob served during the CE-2 mission. After more than half a year of observations, large amounts of scientific data were obtained by CE2XRS. It is, therefore, the best opportunity to derive the first global chemical compositionmaps of major elements with CE2XRS.

In this paper, we describe the data analysis procedure and present the global Mg/Si and Al/Si distributions on the lunar surface derived from CE2XRS data. This is the first global map derived by remote X-ray fluorescence spectroscopy on the Moon. Lunar global geochemical features are discussed based on the elemental distribution maps. Three major geological units on the Moon (lunar mare, highland and the South Pole-Aitken (SPA) basin) are identified.

In Section 2, we give a brief description of the CE2XRS. In Section 3, we describe the primary data processing that includes the data check, data selection, background determination, spectral deconvolution and elemental abundance mapping. Finally, in Section 4, we make a comparison between the global map of Mg/Si and Al/Si molar ratio distribution on lunar surface derived from CE2XRS and LPGRS. In adittion, we give possible reasons to explain their differences.

2 Chang'E-2 X-Ray Spectrometer

The X-ray spectrometer, one of the scientific payloads onboard the CE-2 spacecraft, was intended to obtain the distributions of major rock-forming elements (i.e., Mg, Al, Si, Ca, Ti and Fe) on the Moon. Since the detailed structure and specification of CE2XRS have been presented by Peng et al. (2009) and Ban et al. (2014), we only give a brief description here.

The CE2XRS was designed to be a compact detector. It consisted of a lunar X-ray detector, solar X-ray monitor and electronics box (see Fig. 1), which were improved compared to the X-ray spectrometer on the Chang'E-1 spacecraft. A pair of orthogonal collimators made of a permanentmagnets limited the field of view of the detectors to have an optimal spatial resolution of ~200 km×70 km at a distance of 100 km from the lunar surface. The layout of the detectors and collimators was described by Peng et al. (2009). The lunar X-ray detector was designed to measure lunar fluorescent X-rays. It was composed of a soft X-ray detector array (SXDA) and a hard X-ray detector array (HXDA). The SXDA had four Si-PIN detectors identified as 1111－9, 1111－10, 2222－9 and 2222－10. The detectable energy range of SXDA was 0.5 - 10 keV and the energy resolution was 300 eV@5.95 keV. For HXDA, the detectable energy range was 25－60 keV and the energy resolution was 6.0 keV@59.5 keV. The solar X-ray monitor (SXM) had a small Si-PIN detector. It was the same as the detector in SXDA except for the effective detector area. The SXMwas designed to simultaneously measure the solar X-ray spectrum. A ^{55}Fe radioactive source attached to the 1111－9 detector in SXDA was used to calibrate the instrument in orbit. X-rays emitted from the ^{55}Fe source generated the Mn K_α and K_β lines at 5.898 keV and 6.490 keV, respectively. The instrumental specifications of the X-ray spectrometer are listed in Table 1.

Table 1 Technical Specifications of CE2XRS from Peng et al. (2009)

Component	SXD	HXD	SXM
Detector	Si-PIN (4 chips)	Si-PIN (16 chips)	Si-PIN (1 chip)
Filter	12.5 μm Be	1 μm Al	12.5 μm Be
Effective area	1 cm^2	16 cm^2	0.2 mm^2
Detectable range	0.5 - 10 keV	25 - 60 keV	0.5 - 10 keV
Energy resolution	300 eV@5.9 keV	6 keV@59.5 keV	300 eV@5.9 keV

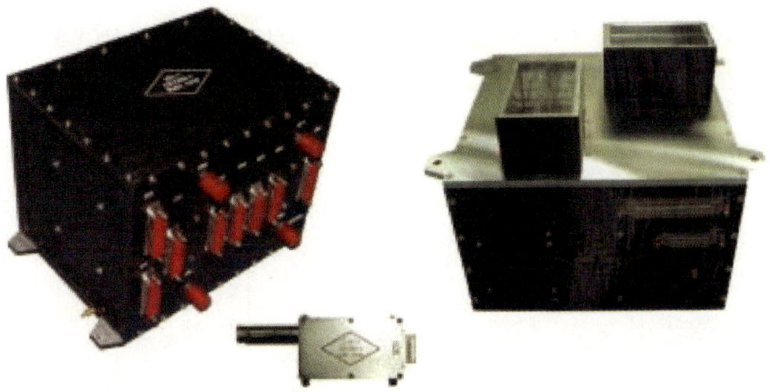

Fig. 1　The CE2XRS instruments, listed from left to right, are the electronic box, solar X-ray monitor and lunar X-ray detector. The photograph is from Peng et al. (2009).

3　CE2XRS Data Analysis

The CE-2 spacecraft followed a polar orbit with a period of ～ 118 minutes at an average altitude of 100 km. There were 2739 orbits of data collected from 2010 October 15 to 2011May 20. In our analysis, we use the CE2XRS level 2C dataset and only analyze the data from detector 1111－9 in SXDA. The data format is shown in Table 2. The description of the dataset was presented by Ban et al. (2014). A general data analysis method for the X-ray spectrometer was published by Clark & Trombka (1997), Starr et al. (2000) and Peng (2009). Here we describe the CE2XRS data analysis method for the global elemental distribution map in detail.

Table 2　The Format of the CE2XRS Level 2C Dataset

Column	Label	Column	Label
1	time	7	instrument_azimuth_angle_2
2	longitude	8	solar_incidence_angle
3	latitude	9	detector_number
4	distance	10	energy
5	instrument_incidence_angle	11	counts
6	instrument_azimuth_angle	12	quality_state

3.1　Data Check

For the CE2XRS level 2C data, there is a label "quality-state" (see Table 2) appended to the end of each record. A value of "quality_state" equaling "00" (decimal value = 0) indicates that the record is good. If a record label "quality_state" is not equal to "00," this record is eliminated (see Fig. 2). The label "distance" is the altitude between the

CE-2 spacecraft and the lunar surface. The normal average working altitude of CE2XRS is ~100 km. The records with the value labeled "distance" greater than 125 km are deleted (see Fig. 3), although the percentage of such measurements is very low.

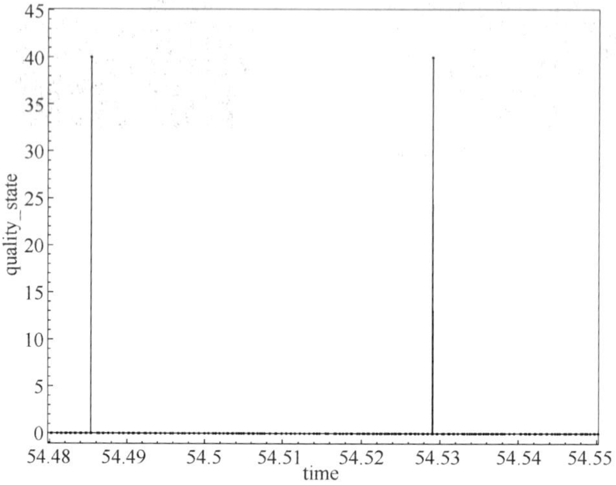

Fig. 2 The scatter plot of label "quality state" versus time from the data in orbit number 578. The time means the number of days since 2010 October 1. This orbital record represents the time span from 11:22 to 13:20 on 2010 November 24 (UTC). The bad record with the "quality state" of "40" happened at 11:38 and 12:41. These abnormal records are eliminated in the data check process.

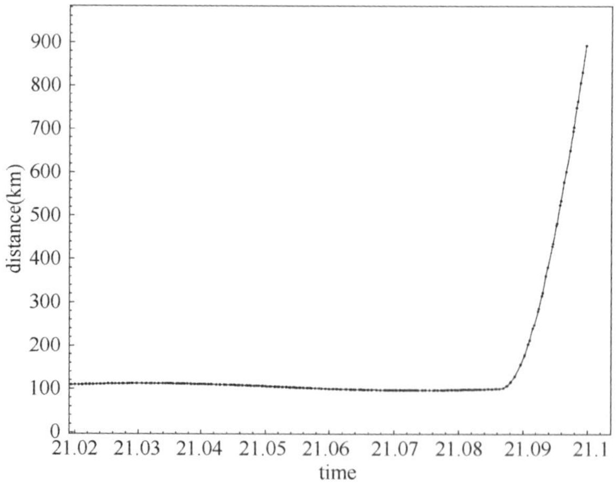

Fig. 3 The scatter plot of label "distance" versus time from the data in orbit number 169. The time means the number of days since 2010 October 1. This orbital record represents the time span from 00:25 to 02:23 on 2010 October 22 (UTC). The "distance" (altitude of the orbit) sharply increased at 02:07. These records are removed because the CE-2 spacecraft might have been doing an orbital transfer at that time.

Also, we check the relationship between channel number and energy for the detector 1111 - 9. This detector has 1024 channels. The channel information is stored in the level 2B dataset. The level 2C dataset is generated when the channel-energy calibration was carried out on the level 2B dataset. This preliminary calibration was made by the Institute of High Energy Physics and National Astronomical Observatories. We find a good linear relationship between channel number and energy (see Fig. 4) which demonstrates the good quality of the CE2XRS data. After the data check is finished, the final corrected data are ready for spectral analysis.

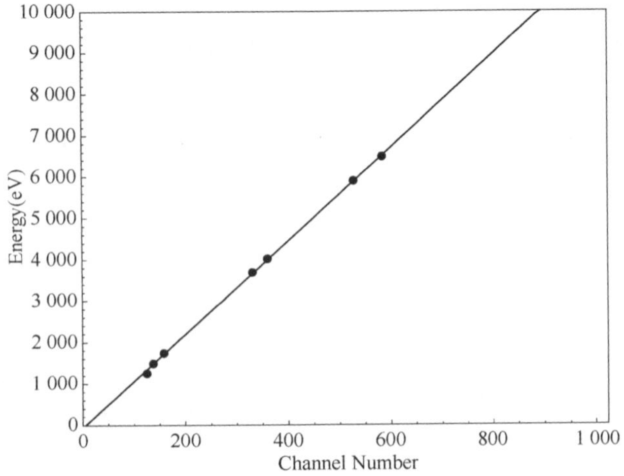

Fig. 4　The linear relationship between channel number and energy from detector 1111 - 9 data. The points from left to right are Mg(K_α), Al(K_α), Si(K_α), Ca(K_α), Ca(K_β), Mn(K_α) and Mn(K_β).

3.2　The Solar Activity and Data Selection

Solar X-rays are the primary excitation sources for the generation of fluorescent X-rays from the lunar surface. When the Sun is in an active period, the solar X-ray flux significantly increases. The flux of higher energy X-rays may increase several orders of magnitude and makes the solar X-ray spectra much harder during a solar flare. Hence, fluorescent X-rays from the lunar surface greatly increase and the signal-to-noise ratio also goes up in this period. When the Sun is in a quiescent period, the fluorescent X-rays are much lower and much more data accumulation time is needed to achieve significant results. The relationship between the variation in solar activity and the intensity of fluorescent X-rays was derived by Clark & Trombka (1997).

In our analysis, the solar plasma temperature (T_{solar}) parameter is used to represent the intensity of solar activity. We adopt the solar plasma isothermal model to derive the solar plasma temperature. The solar X-ray flux data are taken from the Geostationary Operational Environmental Satellite (GOES). GOES measures the solar flux in two channels (1–8 Å and 0.5–4 Å, corresponding to energies of 1.55–12.4 keV and 3.1–24.8 keV respectively) simultaneously every 3 s. Thomas et al. (1985) and Garcia (1994) have published methods for calculating solar plasma temperature from GOES data. This model was used by Trombka et al. (2000) and Nittler et al. (2001) in the NEAR-Shoemaker XRS papers to interpret the elemental composition of asteroid 433 Eros and was also adopted in CE-1 XRS data analysis by Peng (2009). The relationship between solar plasma temperature and the solar flux ratio (SFR) was obtained by a fitting method (Peng 2009). The SFR is defined by the ratio of flux in channel 1–8 Å to the flux in channel 0.5–4 Å. When the SFR increases, the solar plasma temperature goes down.

From the GOES solar flare event report①, we find that there were many solar flare events during the CE2XRS observation period from 2010 October 15 to 2011 May 20. For the solar flare event with level B and above, the footprint of CE2XRS on the Moon covered the whole lunar surface. The level of solar activity was good for mapping major elements, such as Mg, Al and Si, on the entire lunar surface. To obtain statistically significant results for globally mapping, X-ray spectra with the same level of solar activity and at the same location are accumulated. To increase the signal-to-noise ratio, only the data acquired in the sunlit side of the Moon with solar incidence angle less than 88° are accumulated. The final data are categorized by different solar plasma temperatures. We find the amount of data with a solar plasma temperature of 4MK is sufficient for deriving a global distribution map of Mg, Al and Si on the entire lunar surface. Therefore, this level of solar activity is selected for our analysis. Hereafter, all operations are done on the data at this level of solar activity.

The lunar surface is partitioned into a series of equal area grids for mapping CE2XRS data. According to the spatial resolution of CE2XRS and the statistics of the data, the grid size is set to be 20° × 20°. The partitioned grids start at the lunar equator and continue to the polar regions with the same latitude intervals but different longitude intervals. The total number of grids is 114. All corrected data in the same grid and at the same level of solar activity are accumulated to form a set of spectra that can be used in further analysis.

3.3 Background Determination

The X-rays detected by CE2XRS in orbit include not only the fluorescent X-rays from the lunar surface, but also the backgrounds which come from internal electronic noise of the instrument (Peng 2009), external cosmic ray induced background and scattered solar X-rays (Nittler et al. 2001). Ban et al. (2014) made a comparison of the

① http://www.ngdc.noaa.gov/stp/space-weather/solar-data/solarfeatures/solar-flares/x-rays/goes/

electronic noise background at different temperatures. It was found that the electronic noise of the detector was fairly constant and changed slightly with the detector's temperature. The overall shape of the cosmic ray induced background spectra also tends to be constant over a timescale of a few hours, but the magnitude varies (Lim & Nittler 2009; Nittler et al. 2011; Narendranath et al. 2011). In our analysis, the internal electronic noise and cosmic ray induced background are determined by summing over all measurements in the same level of solar activity and on the dark side of the Moon. This method for background determination was widely adopted by many investigators (Clark & Trombka 1997; Peng 2009; Nittler et al. 2011; Narendranath et al. 2011; Weider et al. 2012; Ban et al. 2014). Ban et al. (2014) used the dark side with solar incident angle larger than 90° as the background. To avoid direct illuminations of light from the Sun or zodiacal light on the detector near the terminator, only the spectra with a solar X-ray incident angle greater than 120° are added for background determination in our analysis. In our case, the background variation with incident angle larger than 120° is more stable as a function of incident angle. Then, the background is normalized according to the accumulation time and directly subtracted from the spectra acquired from the sunlit side of the Moon.

Figure 5 shows example spectra observed by CE2XRS form both the sunlit side and the dark side with solar incident angles larger than 120° when T_{solar} = 4MK. The scattered solar X-ray background on the sunlit side has been calculated theoretically by Clark & Trombka (1997). Nittler et al. (2001) used this method to predict scattered solar X-ray spectra at different solar plasma temperatures. The shape in the low energy part of the scattered solar Xray spectra is approximately a Gaussian profile at low solar plasma temperature. Therefore we use a Gaussian function to model the spectra from the scattered solar X-ray background. As shown in the following subsection, this function describes the low energy tail of the spectra well.

3.4 Spectral Deconvolution and Elemental Abundance Mapping

After the electronic noise and cosmic ray induced background were subtracted, the residual spectra were deconvolved to obtain the flux of each major element, such as Mg, Al and Si. For most spectra, the fitting function is the sum of three normalized Gaussian functions for Mg, Al and Si, respectively, and a Gaussian function for the scattered solar X-ray background (see Fig. 6). Each element intensity is determined by the best fit of the spectra with a minimum X^2 method that takes into account the error bar of each data point. The fitting procedure is coded and implemented in ROOT① software. One can al-

① The ROOT software can be freely downloaded from its official website: https://root.cern.ch/drupal/

so obtain the uncertainties of the X-ray flux of each element from the fitting results. Based on the fitting results, we derived the X-ray intensity ratio for each element relative to Si. Si abundances only vary slightly on the lunar surface. In the analysis, ratioing to Si helps to remove matrix effects that come from compositional variations in the lunar regolith and from geometric corrections (Clark & Trombka 1997). Then, the elemental flux ratios are used to create global distribution maps on the lunar surface.

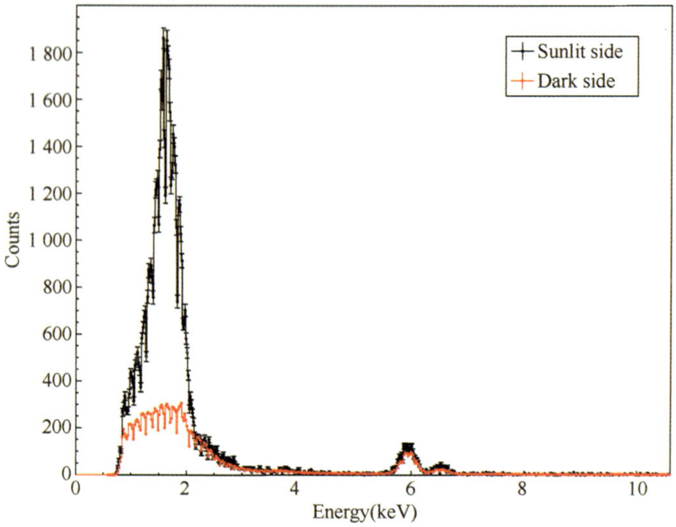

Fig. 5　Example spectra observed by CE2XRS on the sunlit side (in black points) and on the dark side with solar incident angle largerthan 120° (in red points) when T_{solar} = 4MK.

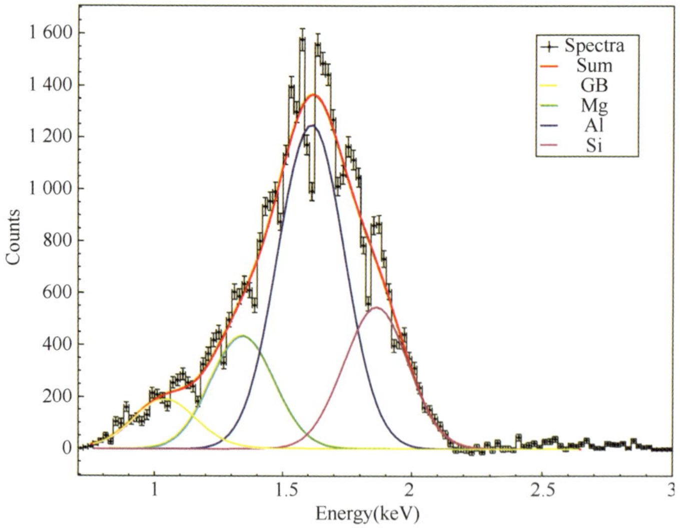

Fig. 6　The spectra, with electronic noise and cosmic ray induced background subtracted, are fitted by a sum of Gaussian functions for Kα lines of Mg (*green line*), Al (*blue line*) and Si (*pink line*), and superimposed on a scattered solar X-ray background in yellow. The line in red is the best-fit result.

4　Results and Discussions

After the above data processing steps are carried out, we obtain the first global Mg/Si and Al/Si maps of the Moon derived from CE2XRS level 2C data under the solar condition of temperature $T = 4$ MK derived from the solar plasma isothermal model (Garcia 1994). The result is normalized by global Mg/Si and Al/Si data derived from the Gamma Ray Spectrometer on Lunar Prospector (LPGRS) (Prettyman et al. 2006).

Figure 7 shows the globalMg/Simap with a resolution of $20^\circ \times 20^\circ$ and the same resolution map from LPGRS. Figure 8 shows the global Al/Si map with a resolution of $20^\circ \times 20^\circ$ and the same resolutionmap fromLPGRS. From Figure 7, we can find that the high Mg/Si ratios are mainly concentrated at the Procellarum KREEP Terrane (PKT) and SPA basin while Feldspathic Highlands Terrane (FHT) has a low value. However, the high Al/Si ratios show a reversed distribution at the FHT with a low value at PKT and SPA, as shown in Figure 8. All these maps are nicely consistent with the maps derived from LPGRS.

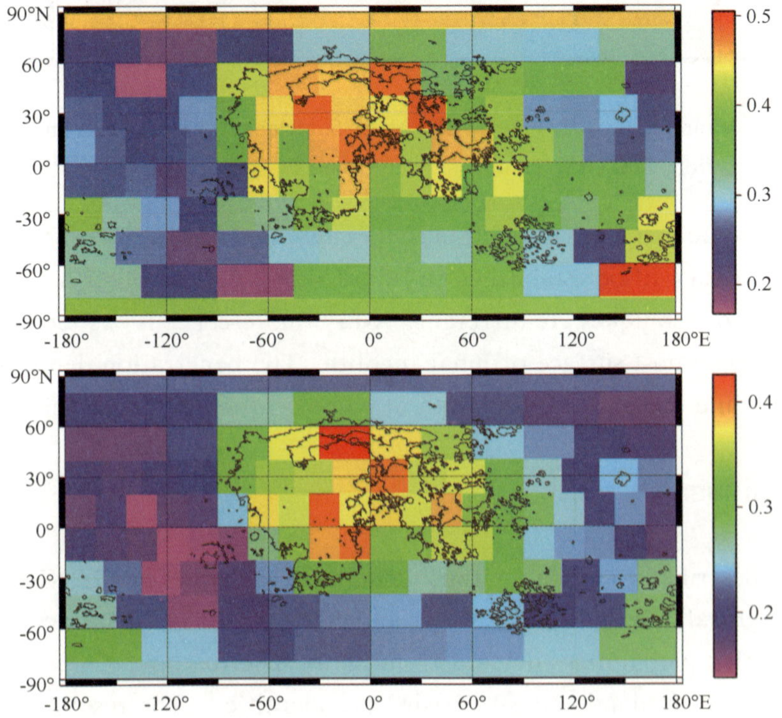

Fig. 7　The equal-area ($20^\circ \times 20^\circ$) global map of Mg/Si molar ratio distribution on the lunar surface (*Upper*: derived from CE2XRS; *Lower*: derived from LPGRS).

The possible reasons for the differences in certain regions of elemental abundance ratios derived between CE2XRS and LPGRS are presented as follows. The solar spectra used for CE2XRS derivation in initial analysis are from GOES data, which may result in

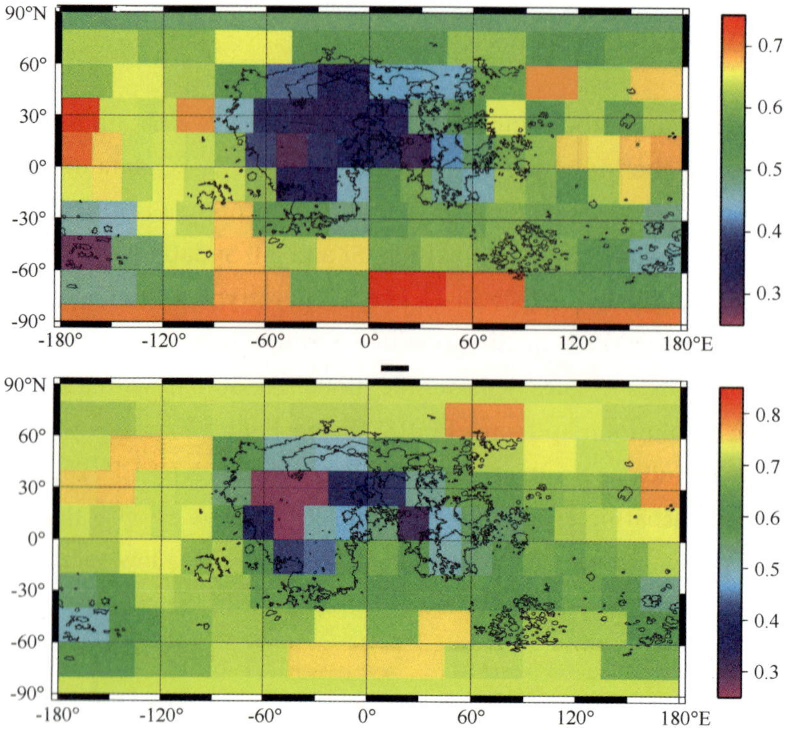

Fig. 8 The equal-area (20°× 20°) global map of Al/Si molar ratio distribution on the lunar surface (*Upper*: derived from CE2XRS; *Lower*: derived from LPGRS).

uncertainty to some extent. The solar activity calibration model that uses CE2XRS Solar X-ray Monitor data will be established in future work. On the other hand, the detection depths of the two techniques are different. X-ray fluorescence is excited by incident solar X-rays at the uppermost surface of lunar regolith. The penetration depth of solar X-rays is ~100 μm, while the penetration depth of gamma rays is on a centimeter scale.

5 Conclusions

We have described the data analysis procedures in detail for CE2XRS data and have presented the global distributions of Mg/Si and Al/Si on the lunar surface from CE2XRS, which are the first global maps derived from X-ray spectroscopy. Three major geological units (lunar mare, highland and SPA basin) are identified. The results demonstrate that this X-ray remote-sensing technique can also provide important compositional information about the lunar surface.

Acknowledgements

We thank Prof. Wang Huanyu, Dr. Peng Wenxi, Dr. Guo Dongya and Dr. Xiao

Hong from the Institute of High Energy Physics, Chinese Academy of Sciences, for valuable discussions and help on data analysis. Special thanks go to the Ground Application System of Lunar Exploration, National Astronomical Observatories, Chinese Academy of Sciences for providing the CE2XRS data. This research is supported by the Science and Technology Development Fund of Macao (Grant Nos. 068/2011/A, 048/2012/A2, 039/2013/A2, 091/2013/A3 and 020/2014/A1) and by the Key Research Program of the Chinese Academy of Sciences (Grant No. KGZD-EW-603).

References

[1] Adler, I., Trombka, J., Gerard, J., et al. 1972a, Science, 175, 436

[2] Adler, I., Trombka, J., Gerard, J., et al. 1972b, Science, 177, 256

[3] Adler, I., Trombka, J. I., Lowman, P., et al. 1973, Moon, 7, 487

[4] Ban, C., Zheng, Y.-C., Zhu, Y.-C., et al. 2014, Chinese Journal of Geochemistry, 33, 289

[5] Clark, P. E. 1979, Correction, Correlation, and Theoretical Consideration of Lunar X-ray Fluorescence Intensity Ratios, PhD Thesis, University of Maryland

[6] Clark, P. E., & Trombka, J. I. 1997, J. Geophys. Res., 102, 16361

[7] Garcia, H. A. 1994, Sol. Phys., 154, 275

[8] Grande, M., Browning, R., Waltham, N., et al. 2003, Planet. Space Sci., 51, 427

[9] Grande, M., Kellett, B. J., Howe, C., et al. 2007, Planet. Space Sci., 55, 494

[10] Grande, M., Maddison, B. J., Howe, C. J., et al. 2009, Planet. Space Sci., 57, 717

[11] Lim, L. F., & Nittler, L. R. 2009, ICARUS, 200, 129

[12] Mandel'Shtam, S. L., Tindo, I. P., Cheremukhin, G. S., Sorokin, L. S., & Dmitriev, A. B. 1968, Cosmic Research, 6, 100

[13] Narendranath, S., Athiray, P. S., Sreekumar, P., et al. 2011, ICARUS, 214, 53

[14] Nittler, L. R., Starr, R. D., Lim, L., et al. 2001, Meteoritics and Planetary Science, 36, 1673

[15] Nittler, L. R., Starr, R. D., Weider, S. Z., et al. 2011, Science, 333, 1847

[16] Okada, T., Shiraishi, H., Shirai, K., et al. 2009, in Lunar and Planetary Inst. Technical Report, 40, Lunar and Planetary Science Conference, 1897

[17] Ouyang, Z.-Y., Jiang, J.-S., Li, C.-L., et al. 2008, Chinese Journal of Space Science, 28, 361

[18] Ouyang, Z.-Y., Li, C.-L., Zou, Y.-L., et al. 2010a, Chinese Journal of Space Science, 30, 392

[19] Ouyang, Z.-Y., Li, C.-L., Zou, Y.-L., et al. 2010b, Science China Earth Sciences, 53, 1565

[20] Peng, W.-X. 2009, Research on Data Processing Method for Chang'E-1 X-ray Spectrometer, PhD thesis, University of Chinese Academy of Sciences

[21] Peng, W.-X., Wang, H.-Y., Zhang, C.-M., et al. 2009a, Chinese Physics C, 33, 819

[22] Peng, W.-X., Wang, H.-Y., Zhang, C.-M., et al. 2009b, Nuclear Electronics and Detection Technology, 29, 235

[23] Prettyman, T. H., Hagerty, J. J., Elphic, R. C., et al. 2006, Journal of Geophysical Research (Planets), 111, 12007

[24] Swinyard, B. M., Joy, K. H., SMART-1 Team 2009, Planet. Space Sci., 57, 744

[25] Starr, R., Clark, P. E., Murphy, M. E., et al. 2000, ICARUS, 147, 498

[26] Sun, H.-X., Wu, J., Dai, S.-W., Zhao, B.-C., & Shu, R. 2008, Chinese Journal of Space Science, 28, 374

[27] Thomas, R. J., Crannell, C. J., & Starr, R. 1985, Sol. Phys., 95, 323

[28] Trombka, J. I., Squyres, S. W., Brückner, J., et al. 2000, Science, 289, 2101

[29] Weider, S. Z., Joy, K. H., Crawford, I. A., et al. 2014, ICARUS, 229, 254

[30] Weider, S. Z., Kellett, B. J., Swinyard, B. M., et al. 2012, Planet. Space Sci., 60, 217

[31] Yamamoto, Y., Okada, T., Shiraishi, H., et al. 2008, Advances in Space Research, 42, 305

Reflectance conversion methods for the VIS/NIR imaging spectrometer aboard the Chang'E-3 lunar rover: based on ground validation experiment data ①

Bin Liu[1,2], Jianzhong Liu[1], Guangliang Zhang[1], Zongcheng Ling[3], Jiang Zhang[3], Zhiping He[4], Benyong Yang[5] and Yongliao Zou[1]

1 National Astronomical Observatories, Chinese Academy of Sciences, Beijing 100012, China; liub@nao.cas.cn

2 School of Space Science and Physics, Shandong University at Weihai, Weihai 264209, China

3 Graduate University of Chinese Academy of Sciences, Bejing 100049, China

4 Shanghai Institute of Technical Physics, Chinese Academy of Sciences, Shanghai 200083, China

5 Anhui Institute of Optics and Fine Mechanics, Chinese Academy of Sciences, Hefei 230031, China

Abstract: The second phase of the Chang'E Program (also named Chang'E-3) has the goal to land and perform in-situ detection on the lunar surface. A VIS/NIR imaging spectrometer (VNIS) will be carried on the Chang'E-3 lunar rover to detect the distribution of lunar minerals and resources. VNIS is the first mission in history to perform in-situ spectral measurement on the surface of the Moon, the reflectance data of which are fundamental for interpretation of lunar composition, whose quality would greatly affect the accuracy of lunar element and mineral determination. Until now, in-situ detection by imaging spectrometers was only performed by rovers on Mars. We firstly review reflectance conversion methods for rovers on Mars (Viking landers, Pathfinder and Mars Exploration rovers, etc). Secondly, we discuss whether these conversion methods used on Mars can be applied to lunar in-situ detection. We also applied data from a laboratory bidirectional reflectance distribution function (BRDF) using simulated lunar soil to test the availability of this method. Finally, we modify reflectance conversion methods used on Mars by considering differences between environments on the Moon and Mars and apply the methods to experimental data obtained from the ground validation of VNIS. These results were obtained by comparing reflectance data from the VNIS measured in the laboratory with those from a standard spectrometer obtained at the same time and under the same observing conditions. The shape and amplitude of the spectrum fits well, and the spectral uncertainty parameters for most samples are within 8%, except for the ilmenite sample which has a low albedo. In conclusion, our reflectance conversion method is suitable for lunar in-situ detection.

Key words: instrumentation: detectors; lunar in-situ detection: VNIS; reflectance conversion: BRDF

---

① Supported by the National Natural Science Foundation of China.

1 Introduction

With the successful launch of the Chang'E-2 satellite on 2010 October 1, the second phase of the Chang'E (CE) program had begun. In 2013, CE-3 will land on the lunar surface and deliver a rover to perform in-situ detection. One of the important scientific goals of the CE-3 program is to develop in-situ detection for lunar mineral resources and composition. To reach this target, a VIS/NIR Imaging Spectrometer (VNIS) based on the Acousto-Optic Tunable Filter (AOTF) technique has been selected as one payload of the CE-3 lunar rover (He et al. 2011). AOTF based imaging and non-imaging spectrometers have been widely used in deep-space exploration (Trivedi et al. 2006), e.g. an Acousto-Optic Imaging Spectrometer (AIMS) was built as a candidate for Mars land rovers (Glenar et al. 2003). The main VNIS parameters are shown in Table 1. The spectral range for VNIS is from 0.45μm to 2.4μm. Lunar minerals can be effectively recognized in this spectral coverage. Lunar reflectance spectral data derived by VNIS represent the key to interpreting lunar composition, the conversion accuracy of which will greatly affect the accuracy of lunar element and mineral determination.

Table 1 Parameters of CE-3's VNIS Instrument

Spectral Range	450～2400 nm
Spectral Resolution	≤8 nm@450～950 nm, ≤12 nm@900～2400 nm
Bands	100@450～950 nm, 300@900～2400 nm
Corresponding RF Frequency	40～80 MHz
Field of view	≥6°×6°(VIS), ≥3°×3°(NIR)
Wavelength Selection	Continuously tunable
Image signal-to-noise ratio	≥30

CE-3 would be the first program in history to carry an imaging spectrometer to the Moon for insitu detection. For a long time, Earth based telescopes and spaceborne spectrometers have been the main methods for detection of lunar materials. Although the unmanned Luna missions and manned Apollo missions completed in-situ detection on the lunar surface, they did not carry imaging spectrometers (Ouyang 2005). Earth based telescopes and spaceborne spectrometers usually select the Apollo 16 landing site, the Cayley Plains, as a calibration target, and take the laboratory spectrum of lunar sample 62231 after using the spectrometer response as a standard to calibrate the reflectance of other areas (Pieters 1999; Pieters et al. 2009). The CE-3 rover will land on Sinus Iridum, the detection area of which will not include the Cayley Plains area. So, we cannot use reflectance conversion methods from telescopes on Earth or spaceborne spectrometers in VNIS data. This mode of detection needs new reflectance conversion methods.

In-situ detection by imaging spectrometers has been widely used (Guinness et al. 1987; Reid et al. 1999; Bell et al. 2003) for rovers on Mars (Viking lander, Pathfinder, Spirit and Opportunity), and we could learn from the experience of those missions. The Viking lander's multi-spectral camera calculated radiance factor (I/F), which is one kind of bidirectional reflectance (Hapke 1993). I/F data are also widely used by the Hubble Space Telescope and spaceborne imaging spectrometers (Bell et al. 1999; Bell 2008). The imager for Mars Pathfinder (IMP) calculated reflectance factor R^* (or reflectance coefficient) for the first time (Reid et al. 1999). Spirit and Opportunity were launched in 2003 (Bell et al. 2003). The Pancam cameras aboard these two rovers calculated reflectance data of both I/F and R^*; Pancam also considered the effect of Mars' dust and built a bidirectional reflectance distribution function (BRDF) model for the rover's calibration target (Bell et al. 2006).

The Martian environment is very different from that of the Moon. The operation of the CE-3 lunar rover will also be divergent from those of Mars rovers. Thus it is worth discussing whether the reflectance conversion methods used on Mars are suitable for lunar in-situ detection. Based on a survey of Mars employing reflectance conversion methods, we analyze simulated lunar soil BRDF data from a laboratory to evaluate the suitability of this approach. Furthermore, we establish methods for performing the reflectance conversion of VNIS and validate its feasibility by results from ground based experiments.

2 Reflectance Conversion Methods Used On Mars

There are two methods that have been used to derive reflectance from landing rovers on Mars. One is to approximate I/F using radiance data. The other way is to derive $R*$ by observing the calibration target. Detailed procedures of each method are as follows.

2.1 Deriving I/F

I/F, which is also called the radiance factor (Hapke 1993), is the ratio of the radiance observed from a surface to that of a perfectly white Lambertian surface illuminated by the same light, but at normal incidence. I is the radiance data observed from the scene and πF is the incident solar irradiance from above theMartian surface. The method for deriving I/F for the multispectral camera aboard the Viking lander (Guinness et al. 1987) is

$$\rho_j = \frac{[V_j - V_{j,\text{shadow}}]}{\exp[-\iota/\mu_0]K_j\int I_0(\lambda)S_j(\lambda)\mathrm{d}\lambda}, \tag{1}$$

where j represents the jth channel, ρ_j is I/F, and V_j is the sensor's voltage received from the jth channel, which includes the contribution from all incident light. $V_{j,\text{shadow}}$ refers to the voltage received from all the scattered light, ι is the atmospheric optical depth, $I_0(\lambda)$ is the solar spectral irradiance, μ_0 the cosine of the incidence angle relative to the zenith, K_j the preflight calibration constant of the jth channel, and $S_j(\lambda)$ is the spectral responsivity of the jth channel. This method removed the effect of atmospheric and scattered sky light, deriving an uncertainty of less than 10%. The method used for Pancam in deriving I/F (Bell et al. 2006) is as follows: use the radiance spectrum at the top of the Earth's atmosphere, which is scaled to values on Mars' surface as observed through each Pancam filter with incident radiance scale factors, divided by the Pancam radiance data. This method is only approximate, because it does not consider the effect of Mars' atmosphere.

2.2 Deriving Reflectance Factor (R^*)

IMP (Reid et al. 1999) calculated R* in the following way

$$R_{\lambda,\text{sample}}(i, e, g) = \frac{I_{\lambda,\text{sample}}(i, e, g)}{I_{\lambda,\text{std}}(i, e, g)} R_{\lambda,\text{std}}(i, e, g). \tag{2}$$

$I_{\lambda,\text{sample}}(i, e, g)$ is the sample's radiance data at a fixed geometry for light incident angle i, emergence angle e and phase angle g. $I_{\lambda,\text{std}}(i, e, g)$ is the calibration target's radiance at the same geometry, and $R_{\lambda,\text{std}}(i, e, g)$ is the calibration target's reflectance coefficient.

It is straightforward to directly compare reflectance factor data with laboratory spectra and spectra taken at different times of a day (Bell et al. 2006). It also has the advantage of being partially "atmospherically corrected." This method needs a calibration targetwith the property of being nearly a Lambertian surface, but the calibration target of IMP is not a perfect Lambertian surface; it has a strong opposition surge and specular reflection (Reid et al. 1999). This phenomenon also exists in the Pancam calibration target (Bell et al. 2003). To remove this effect, Bell et al. (2003) developed a model based on the BRDF measurements of the laboratory Pancam calibration target. This model combined the backscattering equation (Hapke 1986) with the He-Torrence model (He et al. 1991) and returned R^* data. A model has also been developed for the Pancam calibration target to eliminate the effect of dust with different thicknesses on reflectance conversion (Bell et al. 2006).

2.3 Relationship Among Different Reflectance Data

We have referenced two sets of reflectance data: I/F and R^*. Recently, the Moon Mineralogy Mapper (M3) on Chandrayaan-1 derived a new type of reflectance data called apparent reflectance (Green et al. 2011). It is worth discussing the relationships among these types of reflectance data. Although apparent reflectance is not referenced in Hapke's theory, by comparing results (Bell et al. 2006; Green et al. 2011), we found that apparent reflectance and R＊ are the same expression. Radiance factor differs from the other two reflectances by the cosine of the solar incidence angle, which is a constant that does not change the shape of the spectra.

3 Suitability Analysis of Using Mars Reflectance Methods For Lunar In－Situ Detection

I/F and R^* calibrated images are both constrained by the following assumptions (Bell et al. 2006): (1) All illumination comes directly from a point source at the Sun. (2) The scene being imaged is perfectly flat. (3) The scene elements being imaged are Lambertian.

The lunar environment is quite different from Mars in terms of the atmosphere, temperature changes, surface composition etc. It is important to discuss whether Mars' reflectance conversion methods are suitable for lunar in-situ detection.

3.1 Suitability Analysis

We will analyze whether lunar in-situ detection by CE-3 satisfies the three assumptions as follows:

Firstly, the lunar environment has almost no atmosphere; the incident light to one point O on the lunar surface all comes from the Sun's surface. We could calculate the field angle $\Delta\theta$ from point O to the Sun's surface

$$\Delta\theta \approx \frac{D}{d} \approx 32', \tag{3}$$

where D is the solar diameter (1.392×10^9 m), and d (1.496×10^{11} m) is the distance between point O and the Sun's surface. $\Delta\theta$ is so small that we can consider all lunar surface illumination as coming from a point source in the direction of the Sun.

Secondly, the CE-3 rover will land on a smooth surface in the region of Sinus Iridum, which is an impact basin filled with basalt, and it is half-surrounded by Montes Jura. VNIS will be set at the front of the land rover; it has a height of 0.65 meters, and the field of view is 6°. The detection angle of VNIS is fixed at 45°. We can calculate the area of the scene being imaged as $0.13\times0.13\text{m}^2$, which is so small that we could consider it to be flat.

Finally, the scene being imaged should be Lambertian according to the assumption. It is a good assumption for the surface of Mars when we do not necessarily know the surface BRDF (Hapke 1986; Hapke 1981, 1984). As is well known, the lunar surface is not a Lambertian surface (Hapke 1986), but is a surface with specular reflection, multiple scattering, opposition effect, etc. To remove these effects, photometric normalization must be done after reflectance conversion (McEwen 1996). The goal of photometric normalization is to normalize reflectance data of different incident and emergence angles to the same viewing geometry.

During the process of photometric normalization, we should first select a suitable photometric function. Researchers have developed many photometric models to describe the lunar surface's photometric characteristics, i. e. the Lommel-Seelinger empirical model and Hapke model, based on the radiative transfer equation (Hillier et al. 1999). However, these models were mainly developed relying on data from telescopes and satellites. So, it is worth discussing whether could we consider the lunar surface to be Lambertian when the imaging area is small and so close. We can use simulated lunar soil's BRDF data to aid this discussion.

3.2 Data Analysis of BRDF for Simulated Lunar Soil

We simulated the detection model for VNIS in the laboratory and present the results of this lunar simulated soil (Chang'E program simulated lunar soil preparation report, 2007) as being representative of the natural conditions in real lunar soil. We can thus analyze its BRDF characteristics.

Figure 1 demonstrates the BRDF devices and method used for measurement. Yang et al. (2009) explains the methods of how to measure the sample's BRDF. Three kinds of simulated lunar soil were prepared by the National Observatories, Chinese Academy of Sciences: Lunar Low-Ca basaltic (LLB) soil, Lunar High-Ca basaltic (LHB) soil and Lu-

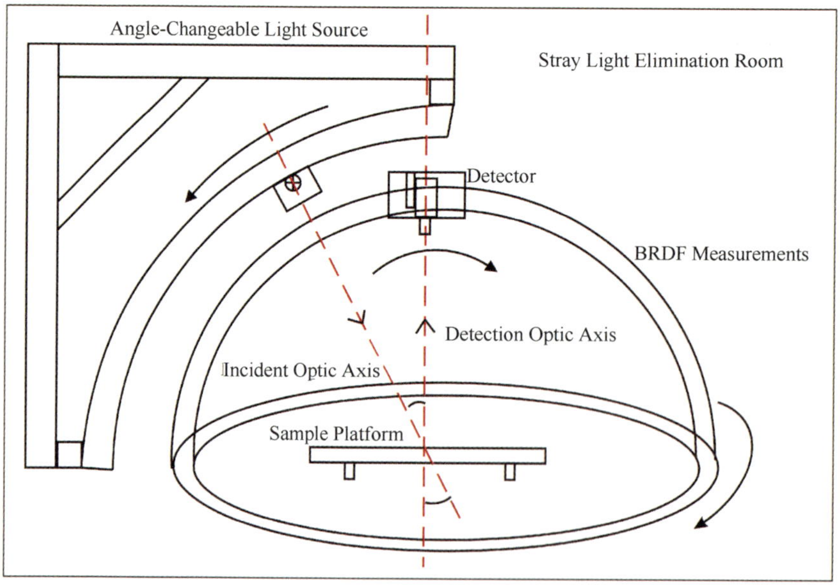

Fig. 1 BRDF device and measurement principle. Illumination incident angle could be changed by the movement of the light source; viewing detector's detection angle and azimuth angle could be changed by the movement of detector and the guide rail.

nar highland plagioclase (LP) soil. The laboratory BRDF of the LLB was measured at Anhui Institute of Optics and Fine Mechanics, Chinese Academy of Sciences, because the CE-3 rover will land on Sinus Iridum, the composition of which is mostly low-Ca basaltic soil.

The LLB's BRDF (Fig. 2) was measured by changing the incident angle of the light, detector's angle and detector's azimuth angle (the angle between the detection plane, which includes the sensor and sample platform's normal, and the light plane, which includes the light source and sample platform's normal). Light incident angles were selected at 5°, 15° and 30°. Values for the azimuth angle were 25°, 55°, 85°, 115°, 145° and 175°, and values for the detection angle of the sensor were 10°, 20°, 30°, 40°, 50°, 60° and 70°. The calibration target was calibrated by the Anhui Institute of Optics and Fine Mechanics. The source of measurement errors is mainly error in the calibration target's 0°/45° reflectance coefficient conversion, and changes in the irradiance uniformity caused by lighting and detection geometry. The measurement uncertainty is between 2.4% - 3.6%.

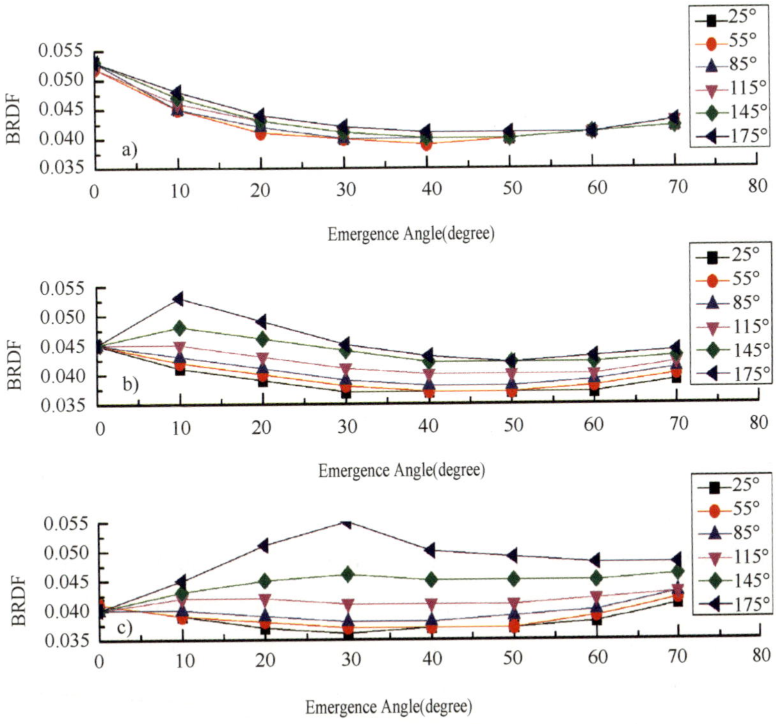

Fig. 2 Simulated Lunar Low-Ca Basaltic (LLB) soil BRDF data: a) Illumination incident angle equals 5°; b) Illumination incident angle equals 15°; c) Illumination incident angle equals 30°.

Figure 2(a) shows that the opposite effect exists in simulated lunar soil when the incidence angle is 5°, and emergence angle equals 0°, where the BRDF values are higher than those for other angles. From Figure 2(b) and (c) we can see when emergence angles are equal or close to the incident angles, the BRDF values become higher. This is especially obvious when the azimuth angle equals 175°. This phenomenon is caused by the specular reflection effect. These results demonstrate that the lunar surface can still not be considered to be a Lambertian surface when performing in-situ detection. So, the third assumption may be not suitable for the lunar surface. Actually, Mars' surface is also not Lambertian; specular and opposition effects exist based on data from the Viking landers, Pathfinder and the MER multi-spectral camera (Regner et al. 1988; Johnson et al. 1999; Johnson et al. 2006). From the BRDF data of IMP and Pancam, the calibration target cannot be considered as an ideal Lambertian surface either, which also has a "hotspot" caused by specular and opposition effects.

In conclusion, the first and second assumptions are reasonable for lunar in-situ detection, but the third assumption is not. As we have discussed, photometric normalization must be done after reflectance conversion to remove the effect of different viewing geometry. To do photometric normalization well, we should also implement a photometric data acquisition strategy like IMP and Pancam (Johnson et al. 1999; Johnson & Team 2004). For brevity we will not discuss photometric normalization in this paper.

4 Reflectance Conversion Method and Validation Of VNIS

In this section, we transformed Mars reflectance conversion methods to be applicable for observations on the lunar surface based on the suitability analysis. To validate the effectiveness of our methods, data from the ground validation experiment of VNIS are used.

4.1 Ground Validation Experiment for VNIS

Before the CE-3 imaging spectrometer (VNIS) is brought to the lunar surface, many ground validation experiments should be performed. There are two main objectives for ground validation experiments; one is to evaluate the quality of its image and spectrum, and the other is to exercise its data processing methods. Reflectance data from the VNIS were validated by comparison with a standard spectrometer (ASD). The ASD instrument we used here is Field Spec 3, the performance and specification of which can be referenced from the website (http://www.asdi.com). The instrument's operation and geometry are different from those of the Mars multi-spectral cameras. There is a dust cover aboard VNIS that prevents lunar dust from falling on the calibration target; this dust cover will be opened when the spectrometer is operating and it will be closed when the spectrometer is not operating. To avoid a high working temperature for the rover, the geometry of VNIS will be restricted to a solar elevation angle from 15° to 33°. Thus the light incident angle will change from 57° to 75°. The emergence angle will be fixed at 45°.

During the process of ground validation experiments, ASD and VNIS were fixed on the rover, which simulated the detection conditions on the lunar surface.

Figure 3 shows devices used in the validation experiment and the measurement process. The light sources usually used in the laboratory are xenon and halogen lamps; irradiance among sunlight, xenon and halogen lamps are compared in Figure 4. The incident angles of light sources were set from 45° to 80°, with a sampling interval of 5° The detection angles were fixed at 45°, and the azimuth angle changed from 30° to 180°, with a sampling interval of 30°. These two spectrometers firstly measured the calibration target's spectrum at the same time and with the same viewing geometry. After the calibration target was detected, we changed the target to the experiment samples. The raw data calibration process for VNIS and ASD included dark current subtraction and radiance calibration.

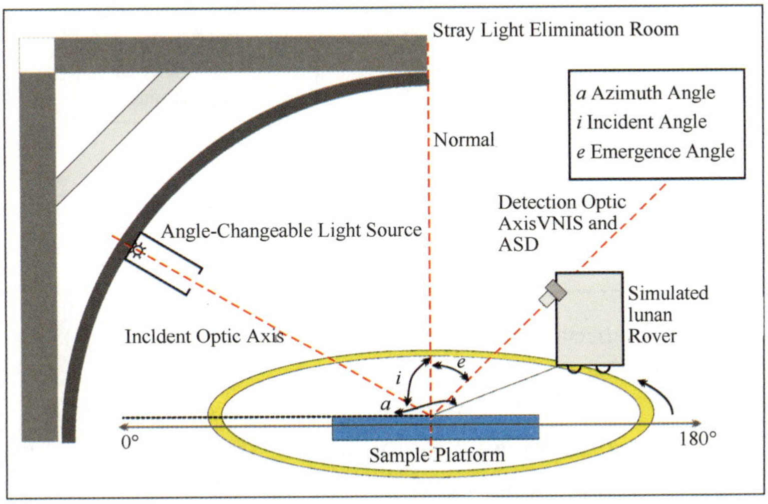

Fig. 3　VNIS ground science validation experiment devices and measurement principle. The validation experiment simulates the conditions of the CE-3 lunar rover's work mode on the lunar surface.

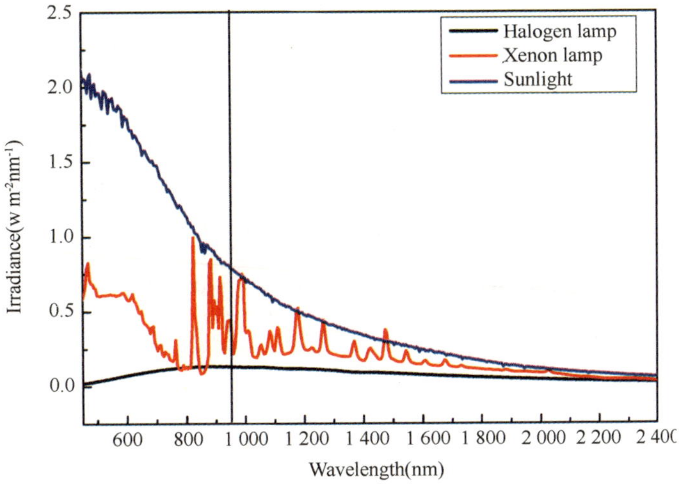

Fig. 4　Irradiance comparison between sunlight and laboratory experiment light sources, during the ground validation experiment for VNIS in the laboratory. A xenon light source was used in VIS-NIR bands (450 − 950 nm) and a halogen light source was selected in infrared bands (900 − 2400 nm).

Figure 5 shows the pipeline for reflectance conversion and validation for the VNIS.

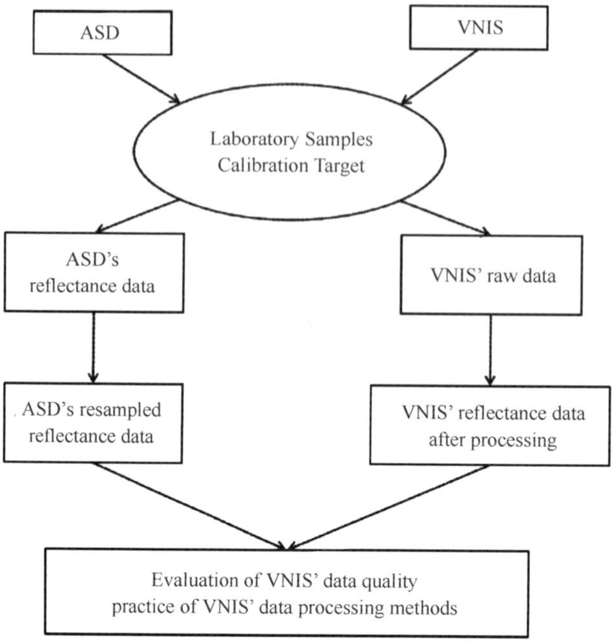

Fig. 5　Reflectance conversion and validation pipeline for VNIS.

To simulate the lunar surface's composition and particle sizes, five kinds of earth minerals were selected as experimental samples; they are hyperthene, diopside, olivine, feldspar and ilmenite. These minerals are characterized by obvious spectral features, which can be easily identified by VNIS and ASD. The mineral samples were ground with a grinder before the experiment, and the median particle size of the samples was controlled to be 40 - 130 μm. Major element microprobe analysis of hyperthene, diopside, olivine and feldspar is given in Table 2. In addition, 99% of ilmenite was composed of TiO_2. We also made seven mixture samples to simulate lunar soil by mixing and stirring four minerals of hyperthene, olivine, feldspar and ilmenite in the proportions shown in Table 3. The aim of the mixture samples was to utilize some minerals reduction models by linking mineral composition to reflectance absorption features.

Table 2　Element Analyses of Hyperthene, Diopside, Olivine and Feldspar

Oxide	Hyperthene	Diopside	Olivine	Feldspar
SiO_2	53.64	55.72	41.89	56.14
TiO_2	0.12	0.08	0.02	0.03
Al_2O_3	3.72	0.16	0.02	27.62
Cr_2O_3	0.23	0.53	0.01	0.01
FeO	17.31	1.24	8.62	0.08
NiO	0.04	0.02	0.38	0.01
MnO	0.29	0.06	0.13	0.01

Continued

Oxide	Hyperthene	Diopside	Olivine	Feldspar
MgO	24.73	17.23	49.18	0.02
CaO	0.49	24.45	0.06	10.44
Na_2O	0.02	0.37	0.02	5.13
K_2O	0.01	0.01	0.01	0.37
Total	100.60	99.87	100.31	99.87

Table 3　Proportion of Seven Mixtures

Sample Name	Hyperthene (wt%)	Olivine (wt%)	Feldspar (wt%)	Ilmenite (wt%)
Mixture1	10	20	30	40
Mixture2	40	30	20	10
Mixture3	20	40	10	30
Mixture4	30	10	40	20
Mixture5	45	0	50	5
Mixture6	60	5	35	0
Mixture7	0	15	70	15

4.2　Conversion and Validation of I/F for VNIS

Firstly, we calculate the solar irradiance at the lunar surface through every AOTF imaging spectrometer's band pass, and then set up a look-up table. Dividing the instrument's radiance data, which have been calibrated by results in the look-up table, we get I/F data in a fast and simple way

$$R_j = \frac{\pi I_j}{\int I_0(\lambda) S(\lambda) \mathrm{d}\lambda}, \tag{4}$$

where R_j is I/F in the jth band, I_j is the radiance data for the jth band image, $I_0(\lambda)$ is the solar irradiance on the lunar surface, and $S(\lambda)$ is spectral responsivity for the imaging spectrometer of an image in the jth band.

Figure 6 demonstrates a comparison of the results between samples of the I/F spectrum taken with ASD and VNIS. We found that the shape and value of reflectance data from the VNIS are similar and close to those from standard ASD reflectance data, but we note that at some wavelengths, the VNIS reflectance spectrum is not as smooth as the one from ASD, especially in the spectral range 450 – 950 nm. There are two probable reasons for this. One is that the intensity of the laboratory light sources is too weak; although the intensity of xenon is much stronger than the halogen lamp in the spectral range 450 – 950 nm, it is still weak and unstable compared to light from the Sun. The integration time for bands taken with VNIS was set for the intensity of sunlight. When the light source changed from sunlight to xenon, the signal detected by VNIS was weak, which decreased the signal to noise ratio (SNR) of VNIS. The other reason is that standard reflectance data from the ASD are averaged from ten repeated measurements, but reflectance data from VNIS are not averaged. We also noted jitter in the spectrum from ASD near 1000 nm and 2000 – 2400 nm. This phenomenon exists in most ASD spectrometers. There is a junction between the two ASD detectors at the spectral position of 1000 nm, which caused the jitter at this position, but the jitter in the range 2000 – 2400 nm is mainly caused by the detector's low spectral response.

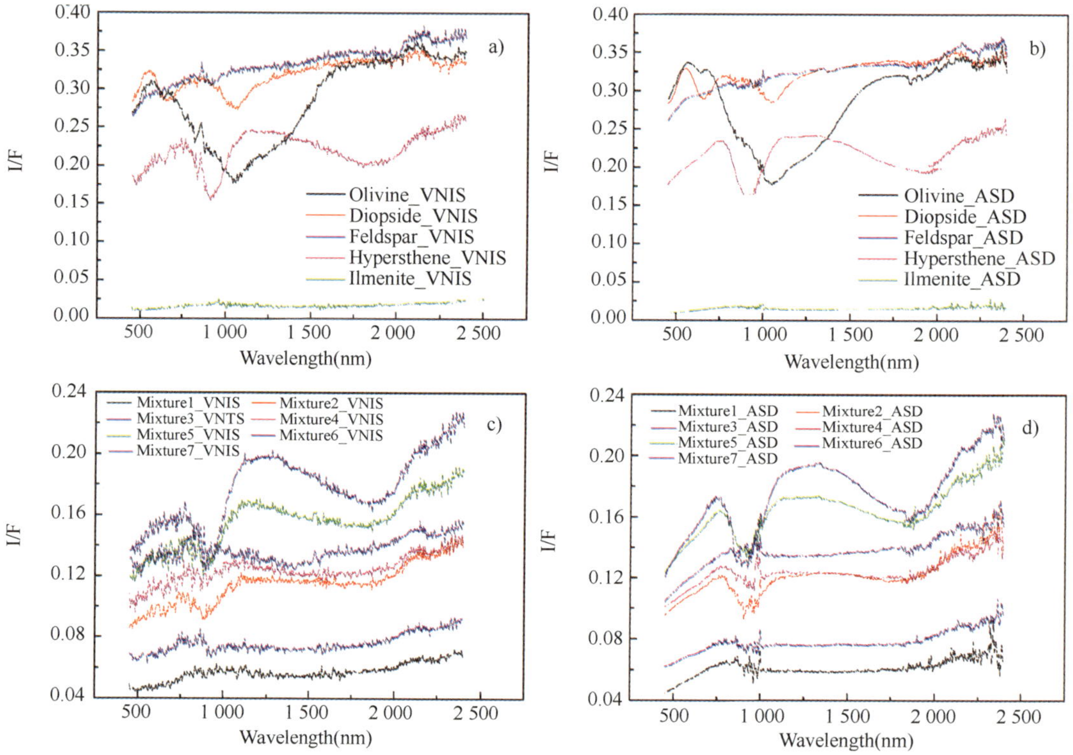

Fig. 6　Experiment sample's radiance factor (I/F) spectrum comparison between VNIS and ASD; the geometry is as follows: incident angle $i = 60^{\circ}$, emergence angle $e = 45^{\circ}$, azimuth angle $a = 180^{\circ}$. a) VNIS' I/F of five minerals, b) ASD's I/F of five minerals. c) VNIS' I/F of seven mixtures, d) ASD's I/F of seven mixtures.

Spectral uncertainty is an assessment parameter which could tell us quantitatively the deviation of VNIS reflectance from ASD data. We calculate spectral uncertainty parameters between VNIS and ASD reflectance data, and the calculation function is shown in Equation (5)

$$\delta_s = \frac{\sum_{i=1}^{N} \left| \frac{S_{VNIS,i} - S_{ASD,i}}{S_{ASD,i}} \right|}{N} \times 100\% , \tag{5}$$

where δ_s is the spectral uncertainty parameter, $S_{VNIS,i}$ is the ith band reflectance data of VNIS, and $S_{ASD,i}$ is the ith band reflectance data of ASD. Table 4 demonstrates all the samples' spectral uncertainty results. The spectral uncertainty of most samples is less than 8%, except for ilmenite. Because the color of ilmenite is black, its albedo is very low, which makes the signal weak, and brings down the SNR of VNIS, so the spectral uncertainty of ilmenite is higher than other samples.

Table 4　Spectral Uncertainty In I/F from the Laboratory Results

Samples	450～950 nm (δ_s)	900～2400 nm (δ_s)
Hyperthene	4.23	2.17
Diopside	1.62	2.10
Olivine	5.44	2.86
Feldspar	2.98	2.36
Ilmenite	12.99	14.13
Mixture1	5.51	6.88
Mixture2	3.37	4.52
Mixture3	3.82	4.53
Mixture4	5.28	2.26
Mixture5	7.87	4.50
Mixture6	5.67	2.31
Mixture7	6.04	3.21

4.3　R* Conversion

The reflectance factor could be calculated because there is a calibration target on VNIS. Like Pancam, when VNIS worked in calibration mode, the detection object changed from the lunar surface to the calibration target. The reflectance products of the multispectral cameras aboard Clementine, CE-1 and Chandrayaan-1 are also the reflectance factor (Pieters 1999; Pieters et al. 2009), so it is convenient to compare these reflectance data.

VNIS's work mode and geometry are different from the Mars multispectral cameras, with considerations for the dust cover and solar elevation angle as noted earlier. Hence, a different BRDF model should be set up to act as a calibration target.

The proposed procedures for conversion of the spectrometer's reflectance factor are as follows:

(1) Measure and calculate reflectance factor data $R_{\lambda,\mathrm{lab}}(i, e, g)$ for the calibration

target using the working geometries of VNIS in ground laboratory experiments with the methods of Yang et al. (2009);

(2) Resample the calibration target's laboratory spectrum $R_{\lambda,\mathrm{lab}}(i, e, g)$ into every band of a standard spectrum $R_{\lambda,\mathrm{std}}(i, e, g)$ for the instrument;

(3) Calculate $R^*(R_{\lambda,\mathrm{sample}}(i, e, g))$ for the imaging area by Equation (2), which needs radiance data and $R_{\lambda,\mathrm{std}}(i, e, g)$.

Figure 7 shows a comparison of the results for the reflectance factor of the samples between ASD and VNIS. The shape and values of spectra taken by VNIS are similar and close to those taken by ASD in most wavelengths. Spectral jitter also exists in some bands, the reasons for which are the same as in I/F.

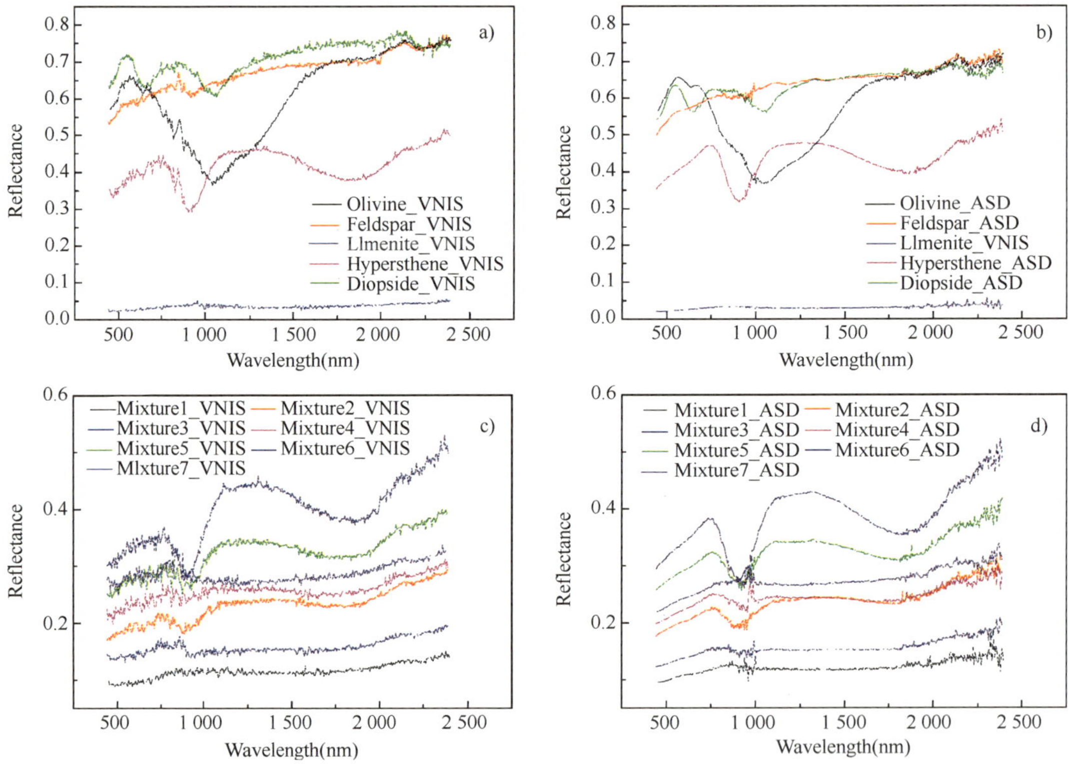

Fig. 7　A comparison of the spectrum for the experimental sample's reflectance factor between VNIS and ASD; the geometry is as follows: incident angle $i = 60°$, emergence angle $e = 45°$, azimuth angle $a = 180°$. a) VNIS value of R^* for five minerals, b) ASD value of R^* for five minerals, c) VNIS value of R^* for seven mixtures, d) ASD value of R^* for seven mixtures.

Table 5 demonstrates the spectral uncertainty parameters calculated from VNIS and ASD's R^* spectrum; most samples' spectral uncertainty parameters are within 6%, but ilmenite is an exception due to its low albedo values.

Table 5　Laboratory Samples' R^* Spectral Uncertainty Results

Samples	450～950 nm (δ_s)	900～2 400 nm (δ_s)
Hyperthene	4.23	4.62
Diopside	3.64	1.65
Olivine	3.42	5.81
Feldspar	1.07	4.51
Ilmenite	10.67	14.50
Mixture1	3.84	5.21
Mixture2	3.21	2.63
Mixture3	4.41	2.22
Mixture4	5.28	5.27
Mixture5	4.79	1.44
Mixture6	4.79	4.19
Mixture7	3.97	2.40

5 Conclusions

Based on the experience gained from reflectance conversion methods developed for in-situ detection on Mars, we firstly analyze the suitability of the methods for lunar in-situ detection. According to data of simulated lunar soil taken by BRDF in a laboratory, it is not suitable to assume lunar detection is Lambertian because of opposition and specular effects, but we could apply photometric normalization to remove these effects by observing photometric data after reflectance conversion. By considering differences between the surfaces of the Moon and Mars, we improved and set up reflectance conversion methods for the CE-3 imaging spectrometer. Through ground experimental data describing the imaging spectrometer on CE-3, we validated the effectiveness of the methods. The shape and values of reflectance data from VNIS are similar and close to those of ASD's; the spectral uncertainty parameters of most samples are within 8%, excepted for ilmenite, because of its low albedo, which makes the signal received by VNIS and ASD too weak. The validation shows that our reflectance conversion methods are suitable and can be used in the CE-3 VIS/NIR imaging spectrometer. During the following ground and in-flight calibration experiments, we will continue to improve and validate our methods to produce better reflectance data.

Acknowledgements

This study was supported by the Chang'E Program of China (No. TY3Q20110029), the Knowledge Innovation Program of the Chinese Academy of Sciences (Grant No. KGCX2-EW-402) and the National Natural Science Foundation of China (Grant Nos.

11003012 and U1231103).

References

[1] Bell, J. F., Wolff, M. J., Daley, T. C., et al. 1999, Icarus, 138, 25

[2] Bell, J. F., Joseph, J. N., Sohl-Dickstein, H. M., et al., 2006, J. Geophysics., Res., 111, E02S03

[3] Bell, J. F., Squyres, S. W., Herkenhoff, K. E., et al. 2003, Journal of Geophysical Research (Planets), 108, 8063

[4] Bell, J. 2008, The Martian Surface (New York: Cambridge Univ. Press), 154

[5] Glenar, D. A., Blaney, D. L., & Hillman, J. J. 2003, Acta Astronautica, 52, 389

[6] Green, R. O., Pieters, C., Mouroulis, P., et al. 2011, Journal of Geophysical Research (Planets), 116, E00G19

[7] Guinness, E. A., Arvidson, R. E., Dale-Bannister, M. A., Singer, R. B., & Bruckenthal, E. A. 1987, J. Geophys. Res., 92, 575

[8] Hapke, B. 1986, Icarus, 67, 264

[9] Hapke, B. 1981, J. Geophysics. Res., 86, 3039

[10] Hapke, B. 1993, Theory of Reflectance and Emittance Spectroscopy (New York: Cambridge Univ. Press), 262

[11] He, X. D., Torrance, K. E., Sillion, F. X., & Greenberg, D. P. 1991, ACM SIGGRAPH Computer Graphics, 25, 175

[12] He, Z., Shu, R., & Wang, J. Y. 2011, in Proceedings of SPIE, the International Society for Optical Engineering (Society of Photo-Optical Instrumentation Engineers)

[13] Hillier, J. K., Buratti, B. J., & Hill, K. 1999, Icarus, 141, 205

[14] Johnson, J. R., Bridges, N. T., Anderson, R., et al. 1999, J. Geophys. Res., 104, 8809

[15] Johnson, J. R., & Team, A. S. 2004, AGU Fall Meeting Abstracts, A196

[16] Johnson, J. R., Grundy, W. M., Lemmon, M. T., et al. 2006, Journal of Geophysical Research (Planets), 111, E02S14

[17] McEwen, A. S. 1996, in Lunar and Planetary Institute Science Conference Abstracts, 27, 841

[18] Ouyang, Z. Y. 2005, Introduction to Lunar Science, (Beijing: Chinese Astronautic Publishing House), 251

[19] Pieters, C. M. 1999, in Workshop on New Views of the Moon II: Understanding the Moon Through the Integration of Diverse Datasets, 8025

[20] Pieters, C. M., Boardman, J., Buratti, B., et al. 2009, Curr. Sci, 96, 500

[21] Regner, P., Kamp, L., & Neukum, G. 1988, in Lunar and Planetary Institute Science Conference Abstracts, 19, 968

[22] Reid, R. J., Rueffer, P., Gliem, F., et al. 1999, J. Geophys. Res., 104, 8907

[23] Trivedi, S., Rosemeier, J., Jin, F., et al. 2006, in Society of Photo-Optical Instrumentation Engineers (SPIE) Conference Series, 6100, eds. H. J. Hoffman & R. K. Shori, 505

[24] Yang, B. Y., Zhang, L. M., Shen, Z. G., et al. 2009, Optics and Precision Engineering, 17, 8 (in Chinese)

Gamma-ray spectrometer onboard Chang'E-2

T. Ma [1,2]①, J. Chang [1,2], N. Zhang [1,2], W. Jian [1,2], M. S. Cai [1,2], Y. Z. Gong [1,2], H. S. Tang [1,2], R. J. Zhang [1,2], N. S. Wang [1,2], M. Yu[1,2], J. P. Mao [1,2], Y. M. Hu [1,2], A. A. Xu [3], M. H. Zhu [3]

1 Purple Mountain Observatory, Chinese Academy of Sciences, Nan jing 210008, China

2 Key Laboratory of dark matter and space astronomy, Chinese Academy of Sciences, Nan jing 210008, China

3 MACAU University of Science and Technology, Avenida Wai Long, Taipa, Macau, China

Abstract: Chang'E-2 gamma-ray spectrometer (GRS) is included in the payload of Chinese second lunar mission Chang'E-2 that has been launched in October 2010. Specific objectives of the GRS are to map abundance of O, Si, Fe, Ti, U, Th, K, and, perhaps, Mg, Al, and Ca, to depth of about 20 cm. The energy resolution and detection efficiency were improved compared with Chang'E-1 GRS. We will describe the design of GRS, which used $LaBr_3$ for its main detector, and present its performance in this paper. Moreover, the initial result of Chang'E-2 GRS is reported.

Key words: Lunar; Gamma-ray; spectrometer; Remote sensing; GEANT4; Chang'E-2

1 Introduction

Gamma-ray spectroscopy (GRS) is a powerful technique for remotely measuring the abundance of chemical elements on planetary surfaces. That has been proven by many missions such as Apollo15, 16[1], Lunar Prospector[2], Mars Odyssey[3] for the Mars, Selene[4] and Chang'E-1 mission. GRS was also one of the payloads of Chang'E-2 mission.

The Chang'E-2 satellite was launched in October 2010 and circled in a lunar polar orbit at the altitude of 100 km and in operation for almost eight months before leaving the Moon to the Sun-Earth L2 Lagrange point.

The main detector of Chang'E-2 GRS is redesigned with obvious improvement while the scientific objective is the same as Chang'E-1 GRS [5]. The mission goal is to give the major elements' distribution, such as U, Th, K, Fe, Ti, Si, O, Al, Mg, and Ca.

---

① Corresponding author at: Purple Mountain Observatory, Chinese Academy of Sciences, Nan jing 210008, China. Tel.: +86 025 83332168. E-mail address: matao@pmo.ac.cn (T. Ma).

As a new material, $LaBr_3$(Ce) has been proven to be a more powerful scintillator than prior scintillators. Its energy resolution is close to the level of a semi-conductor detector. And the technique is easy to implement relatively to high purity Ge detector because of its temperature requirement. The self counting rates due to the radioactivity of $LaBr_3$ detector can be reduced by subtracting the gamma ray spectrum obtained in a low back-ground chamber and computationally removed [6]. The GRS onboard Chang'E-2 adopts a 4in. $LaBr_3$(Ce) as main detector and the energy resolution is 3.6% at 662 keV that is obtained in the lab. Fig. 1 is the structure of Chang'E-2 GRS.

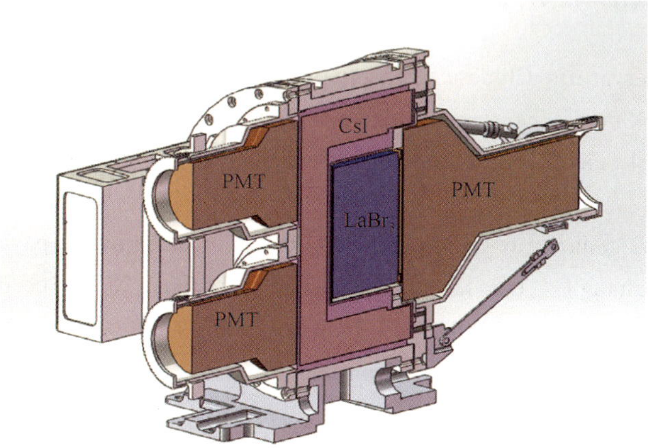

Fig. 1　The structure of the Chang'E-2 gamma-ray spectrometer GRS).

2　Instrument overview

The GRS has a geometry area with a diameter of 10.8 cm. It is body-mounted to the spacecraft and relies on a passive thermal design. Anticoincidence crystal is made of Csl, of which the anticoincidence efficiency to low energy photons is about 30%. The GRS consists of two parts, gamma-ray detector (GRD) and electronics control box (ECB). There are also two cabling harnesses connected with them. The GRD includes all the scintillation detectors and photomultiplier tubes (PMT). The high voltage electronics box and preamplifiers are also installed on the GRD. The data processing unit executing all instrument software is included in the ECB, which provides the digital interface, power supply and control. The characteristics of the instrument are shown in Table 1.

Table 1　Characteristics of Chang'E-2 GRS

Component	Specifications
Prime detector	$LaBr_3$ scintillator, 10.8×7.8 cm
Shield detector	CsI(Tl) scintillator cup, 17.8×10.8 cm

Continuted

Component	Specifications
Energy range	0.3 to 10 MeV, 512-channel spectra for prime detector, 256-channel spectra for shield detector
$LaBr_3$ energy resolution	3.6% fwhm@662keV
CsI (shield) energy resolution	12% fwhm@662keV
Anticoincidence background rejection	>97% above 5 MeV
Counting rate	10 kHz nominal
Maximum power dissipation	8.7 W
Mass	31 kg
Integration times	1,2,and 3 s adjustable

The energy resolution of GRS has been tested and the result is as good as expected. The ^{137}Cs source was used and the resolution is about 3.6%. The detector efficiency is also tested. Figs. 2 and 3 show the corresponding results.

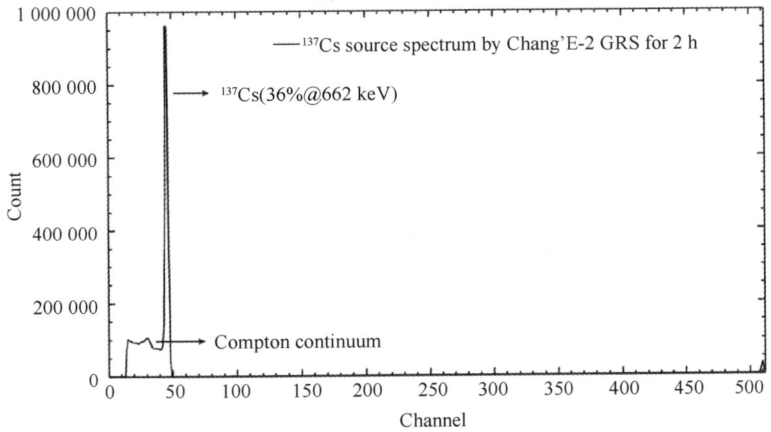

Fig. 2　The response to source ^{137}Cs for Chang'E-2 GRS.

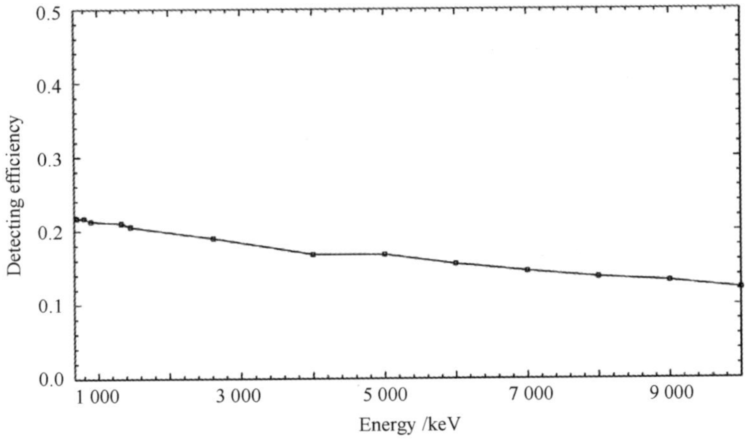

Fig. 3　Efficiency curve of Chang'E-2 GRS.

3 Instrument design and operation

The design is based on Chang'E-1 GRS and the structural design is retained. A different material of the main detector, $LaBr_3$(Ce) is used to improve the sensitivity of the instrument. Detailed design is the same as Chang'E-1 GRS and the operation of the GRS is very simple during the mission. The first job of the GRS is to collect cruise spectrum after the instrument is powered on and the count rate of the spectrum is recorded.

When the spacecraft was close to the Moon, the count rate incremented significantly and this signal was used to discriminate background spectrum with the gamma spectrum from the lunar surface. Fig. 4 shows the process, and the gain was reduced by 4% from level 4 to level 3.

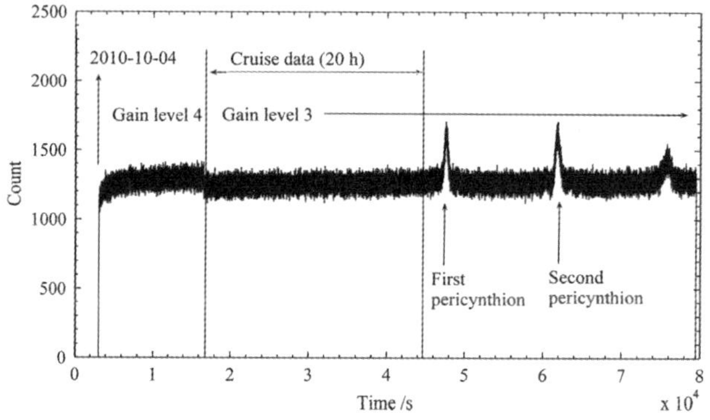

Fig. 4 The process to get the cruise data according to the count rate.

We calibrated the instrument for one month to testify the performance and get characteristics of the GRS. For the next 7 months the instrument continually worked to collect data. The energy resolution of the peak at the energy of 1460 keV was resolved and recorded every day. Fig. 5 shows the energy resolution of the GRS during the working time. The instrument was powered off on May 20th, 2011. Meanwhile the spacecraft left the Moon for the Sun-Earth L2 Lagrange point.

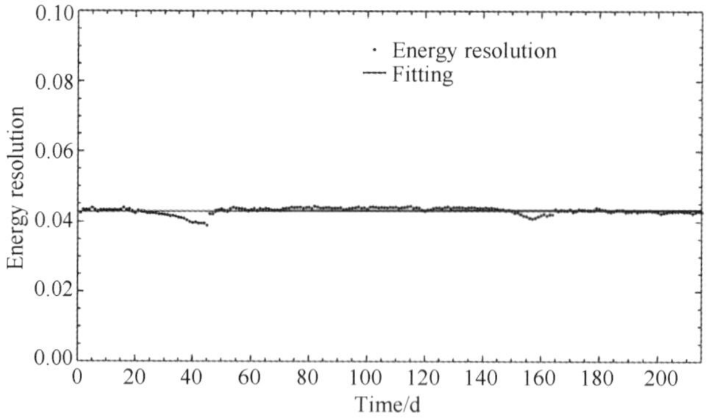

Fig. 5 The energy resolution of peak at 1460 keV versus time.

4 First result

The gamma ray spectrum was accumulated every 3 s in all working times. The energy interval of the energy spectrum is about 20 keV, and 512 channels are recorded. Before measuring the gamma spectrum from lunar surface, the cruise spectrum was well measured. Fig. 6 shows the cruise spectrum. Fig. 7 is the total gamma spectrum from the Moon showing the energy of the peak relating to the elements on the lunar surface. Fig. 8 is the map of count rate in the energy interval from 0.55 MeV to 2.75 MeV and the corresponding radioactivity elements.

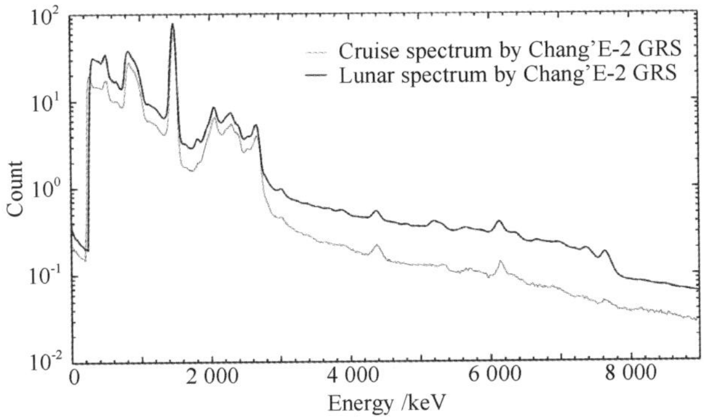

Fig. 6　The Lunar spectrum and the cruise spectrum by Chang'E-2 GRS.

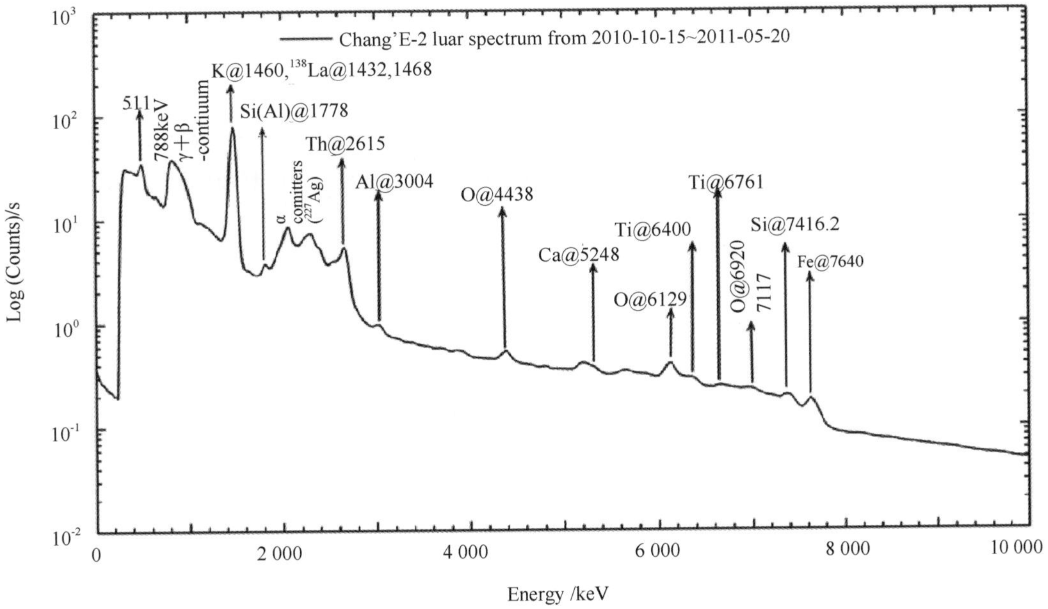

Fig. 7　The elemental information of the lunar spectrum by Chang'E-2 GRS.

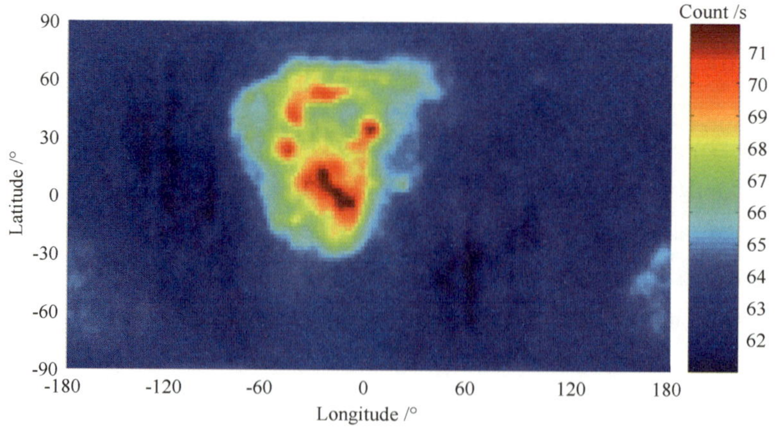

Fig. 8　Map of 0.55 - 2.75 MeV count rate.

5　Conclusions

A good energy resolution gamma ray detector (GRD) with a large effective area is presented, which was able to work for a long-duration mission and provide sufficient sensitivity and resolution to map the material of lunar surface. The calibration results show a good performance during the mission. The data analysis is going on. We present the result by the energy band analysis technique. The spectrum response-function analysis should be used to analyse the data in the future and some new results will be achieved soon.

Acknowledgements

The authors thank all GRS team members for their outstanding performance in developing this instrument. This work was supported by NSFC (Nos. 11103089 and 11203090).

References

[1] T.M. Harrington, J.H. Marshall, J.R. Arnold, et al., Nuclear Instruments and Methods 118 (2) (1974) 401.

[2] W.C. Feldman, K. Ahola, B.L. Barraclough, et al., Journal of Geophysical Research: Planets 109 (E7) (2004).

[3] W.V. Boynton, W.C. Feldman, I.G. Mitrofanov, et al., Space Science Reviews 110 (1-2) (2004) 37.

[4] N. Hasebe, E. Shibamura, T. Atarashiya, et al., Moon and Mars 23 (11) (1999) 1837.

[5] T. Ma, J. Chang, N. Zhang, et al., Advances in Space Research 42 (2) (2008) 347.

[6] Y. Ding, G. Paul, M. Sanjoy, Nuclear Instruments and Methods in Physics Research A 644 (1) (2011) 33.

Integration of Chang'E-2 imagery and LRO laser altimeter data with a combined block adjustment for precision lunar topographic modeling

Bo Wu [1], Han Hu [1,2,3,*], Jian Guo [1]

1 Department of Land Surveying and Geo-Informatics, The Hong Kong Polytechnic University, Hung Hom, Kowloon, Hong Kong

2 State Key Laboratory of Information Engineering in Surveying Mapping and Remote Sensing, Wuhan University, Wuhan, PR China

3 Faculty of Geosciences and Environmental Engineering, Southwest Jiaotong University, Chengdu, PR China

Abstract: Lunar topographic information is essential for lunar scientific investigations and exploration missions. Lunar orbiter imagery and laser altimeter data are two major data sources for lunar topographic modeling. Most previous studies have processed the imagery and laser altimeter data separately for lunar topographic modeling, and there are usually inconsistencies between the derived lunar topographic models. This paper presents a novel combined block adjustment approach to integrate multiple strips of the Chinese Chang'E-2 imagery and NASA's Lunar Reconnaissance Orbiter (LRO) Laser Altimeter (LOLA) data for precision lunar topographic modeling. The participants of the combined block adjustment include the orientation parameters of the Chang'E-2 images, the intra-strip tie points derived from the Chang'E-2 stereo images of the same orbit, the inter-strip tie points derived from the overlapping area of two neighbor Chang'E-2 image strips, and the LOLA points. Two constraints are incorporated into the combined block adjustment including a local surface constraint and an orbit height constraint, which are specifically designed to remedy the large inconsistencies between the Chang'E-2 and LOLA data sets. The output of the combined block adjustment is the improved orientation parameters of the Chang'E-2 images and ground coordinates of the LOLA points, from which precision lunar topographic models can be generated. The performance of the developed approach was evaluated using the Chang'E-2 imagery and LOLA data in the Sinus Iridum area and the Apollo 15 landing area. The experimental results revealed that the mean absolute image residuals between the Chang'E-2 image strips were drastically reduced from tens of pixels before the adjustment to subpixel level after adjustment. Digital elevation models (DEMs) with 20 m resolution were generated using the Chang'E-2 imagery after the combined block adjustment. Comparison of the

* Corresponding author at: State Key Laboratory of Information Engineering in Surveying Mapping and Remote Sensing, Wuhan University, Wuhan, PR China. E mail address: huhan@whu.edu.cn (H. Hu).

Chang'E-2 DEM with the LOLA DEM showed a good level of consistency. The developed combined block adjustment approach is of significance for the full comparative and synergistic use of lunar topographic data sets from different sensors and different missions.

Key words: lunar topography; Chang'E-2 imagery; LRO LOLA; cross mission data integration; block adjustment

1 Introduction

Lunar topography is one of the principal measurements that quantitatively describe the body of the Moon. Together with gravity data, it enables the mapping of subsurface density anomalies and yields information on not only the shape but also the internal structure of the Moon (Smith et al., 1997). Such information is critical to understanding the structure of the Moon's crust, which has major implications for the thermal history of the Moon (Garvin et al., 1999; Wieczorek et al., 2006). High resolution and precision lunar topographic data also play critical roles in lunar exploration missions, in such areas as the selection of landing sites, the safe maneuvering of lunar vehicles or robots, and the navigation of astronauts in ground operations (Wu et al., 2013).

Lunar orbiter imagery and laser altimeter data are two major data sources for lunar topographic modeling. Recent lunar exploration missions, such as the Chinese Chang'E-1 (launched in October 2007) and the Chang'E-2 (launched in October 2010) (Ouyang et al., 2010), the Japanese SELenological and ENgineering Explorer (SELENE)/Kaguya (launched in September 2007) (Kato et al., 2008), India's Chandrayaan-1 (launched in October 2008) (Vighnesam et al., 2010), and NASA's Lunar Reconnaissance Orbiter (LRO) (launched in June 2009) (Vondrak et al., 2010), have involved the use of orbiter cameras and laser altimeters with different configurations on-board the spacecraft. They have collected vast amounts of lunar topographic data at different resolutions and levels of uncertainty. Most previous related research has processed the orbiter imagery and laser altimeter data for lunar topographic modeling separately (Araki et al., 2009; Li et al., 2010a, 2010b; Mazarico et al., 2011; Di et al., 2012; Haruyama et al., 2012; Scholten et al., 2012; Robinson et al., 2012), and there are usually inconsistencies between the derived lunar topographic models (e. g. digital elevation models (DEMs)). The correlation or integration of cross-sensor data (e.g. lunar imagery and laser altimeter data) has the potential to produce consistent and precise topographic models, which cannot be achieved when only using the data from a single type of sensor (Rosiek et al., 2001; Wu et al., 2011a; Di et al., 2012). Wu et al. (2011a) proposed the integration of the Chang'E-1 imagery and laser altimeter data for lunar topographic modeling through a least-squares adjustment approach, in which the Chang'E-1 laser altimeter points, the orientation parameters of the Chang'E-1 images, and tie points collected from the stereo

Chang'E-1 images are processed and adjusted to export the refined image orientation parameters and laser ground points. This approach eliminates the inconsistencies between the imagery and laser altimeter data and allows the generation of precision lunar topographic models. However, the approach was designed for the integration of Chang'E-1 imagery and Chang'E-1 laser altimeter data. The inconsistencies between these two data sets are moderate because they were collected by sensors onboard the same spacecraft Chang'E-1 (Wu et al., 2011a). In addition, the approach was designed for single strip image processing and did not consider multi-strip images for lunar topographic modeling within large image blocks. Lunar topographic modeling using multi-strip images requires block adjustment (Brown, 1976; Cramer and Haala, 2010) of the images, so that the inconsistencies in the inter-strip overlapping areas can be eliminated.

This paper aims at cross-mission and cross-sensor data integration for precision lunar topographic modeling. The existing approach (Wu et al., 2011a) will be improved and extended to integrate data from Chang'E-2 imagery and the Lunar Reconnaissance Orbiter (LRO) Laser Altimeter (LOLA). Integration of cross-mission lunar imagery and laser altimeter data is a more challenging task because the effect of uncertainties between the data sets collected by different sensors from different missions is more significant. For example, DEMs were derived from the Chang'E-2 imagery (Zou et al., 2012) and LOLA data separately in relation to the Sinus Iridum area on the Moon. The statistics of the elevation differences between these two types of DEM have shown that the Chang'E-2 data is about 300 m lower than the LOLA data on average. Nevertheless, this cross-mission and cross-sensor data integration strategy is very valuable for the integration of data sets from different sources to generate consistent and precise lunar topographic models, which will permit the full comparative and synergistic use of such data sets. This paper presents a novel combined block adjustment approach for the integration of Chang'E-2 imagery and LOLA data covering large areas with multi-strip images. The combined block adjustment of Chang'E-2 imagery and LOLA data can enhance the geometric consistency between multi-strip Chang'E-2 images and between the Chang'E-2 imagery and LOLA data, so that the accuracy of topographic modeling in large block areas can be further improved.

After presenting a literature review on lunar topographic modeling from various lunar orbital imagery and laser altimeter data, this paper describes the specifications of Chang'E-2 imagery and LOLA data. The combined block adjustment approach for the integration of Chang'E-2 imagery and LOLA data is then presented in detail. The Chang'E-2 imagery and LOLA data for the Sinus Iridum area (18° to 25.7° W and 42° to 46.3° N) and the Apollo 15 landing area (0.15° to 4° E and 24° to 28° N) are used for experimental analysis. The performance of the proposed method is then evaluated. Finally, concluding remarks are given.

2 Related work

Lunar exploration missions in recent years have collected a vast amount of lunar surface images and elevation measurements through the use of cameras and laser altimeters onboard the spacecraft. The CCD camera onboard the Chinese Chang'E-1 spacecraft returned 1098 orbiter images with a spatial resolution of 120 m. A global DEM was produced using these images. The grid size for this DEM is up to 500 m and the planar positioning accuracy is about 370 m (Liu et al., 2009). A global topographic map of the Moon at a scale of 1 : 2 500 000 was also produced using the Chang'E-1 imagery; its planar positioning accuracy ranges from 100 m to 1.5 km (Li et al., 2010a). The laser altimeter onboard the Chang'E-1 spacecraft collected more than nine million range measurements covering the entire Moon. The measurements had spacing resolutions of 1.4 km for the along-track direction and 7 km for the cross-track direction (at the equator), from which a global DEM with 3-km grid spacing was produced. The plane positioning accuracy of the DEM was 445 m, and the vertical accuracy was 60 m (Li et al., 2010b).

The Japanese SELENE mission also collected stereoscopic images with a spatial resolution of 10 m using its push-broom Terrain Camera, which covered almost the entire surface of the Moon. A global DEM mosaic with 10-m spatial resolution was produced from this camera imagery. The locations of the Apollo Laser Ranging RetroRefiector (LRRR) were compared with this DEM. The results revealed differences ranging from −17 m to 5 m for longitude, from −20 m to 48 m for latitude, and from 3 to 5 m for elevation (Haruyama et al., 2012). The SELENE laser altimeter collected more than 10 million high-quality range measurements covering the entire lunar surface with a height resolution of 5 m at a sampling interval smaller than 2 km (Araki et al., 2009). A global lunar topographic map with a spatial resolution of 0.5 degree was derived from the SELENE laser altimeter data (Araki et al., 2009).

India's Chandrayaan-1 was equipped with a Terrain Mapping Camera with an imaging capability of 5 -m spatial resolution. The collected images partially covered the lunar surface and were used to produce regional DEMs (Arya et al., 2011; Radhadevi et al., 2013). The root mean square (RMS) error of the DEMs was about 200 − 300 m in latitude, longitude, and height with respect to the references of Clementine base map mosaic and LOLA data (Radhadevi et al., 2013). The laser altimeter onboard Chandrayaan-1 was able to provide range measurements with range resolution better than 5 m (Kamalakar et al., 2009). The collected laser altimeter data cover both of the lunar poles and other lunar regions of interest.

There are two cameras onboard the LRO spacecraft: a wide-angle camera (WAC) and the narrow-angle camera (NAC). The cameras have collected lunar images with spatial resolutions of 100 m and 50 cm, respectively. The WAC images provide global coverage, and a near-global DEM GLD100 with grid spacing of 100 m was produced from them (Scholten et al., 2012). The NAC images coveronly a small portion of the lunar surface, but that includes complete coverage of both poles (Robinson et al., 2012). Regional DEMs with meterlevel resolution have been generated from the NAC images (Tran et al., 2010; Burns et al., 2012). The LOLA onboard the LRO measures the distance to the lunar surface at five spots simultaneously (Smith et al., 2010). The five-spot pattern provides five adjacent profiles for each track. The spacing resolution in the along-track direction is 10 to 12 m within the combined measure-ments in the five adjacent profiles. The average distance between LOLA tracks is in the order of 1－2 km at the equator and decreases at higher latitudes. LOLA measurements are generally very dense (varying from a few meters to tens of meters) at polar sites. LOLA Digital Elevation Models (LDEM) are built by binning all valid measurements into the map grid cells and are generated at multiple resolutions. The LDEM_1024 from the LOLA release 8 in the Planetary Data System (PDS) has the best resolution of 1024 PPD (pixel per degree), which is equivalent to about 30 m/pixel in latitude. However, it should be noted that not every pixel in the LDEM_1024 has a measurement, depending on the latitudes of the locations.

As described above, most previous research has processed the lunar imagery and laser altimeter data separately. Research reports have occasionally emphasized cross-sensor and cross-mission data integration for lunar topographic modeling. The Unified Lunar Control Network (ULCN), which dated back to Brown (1968), had combined the earth-based LRRR (Lunar Laser Ranging Retroreflector) measurements and telescopic observations to form a network of lunar ground control points. Light (1972) and Doyle et al. (1976) were among the first to integrate observations of synchronized instruments on board the same spacecraft to create lunar topographic models using the data collected from Apollo missions 15, 16, and 17. Light (1972) adopted the distance measurements from a laser altimeter to constrain the orbiter height of the optical camera. Doyle et al. (1976) employed the stellar camera to help orient the optical camera with preflight calibrated lock-angles, and used the laser altimeter observations to help determining the scale of the stereo model of the images collected by the optical camera. Rosiek et al. (2001) attempted to combine the Clementine images with the Clementine laser altimeter data. The images were used to establish horizontal control and the laser altimeter data were used for vertical control. However, the two data sets did not align well with each other due to the marginal overlap between the stereo models. Radhadevi et al. (2013) presented a geometric correction method for Chandrayaan-1 imagery. The planimetric control was identified from the Clementine base map mosaic and vertical control was derived from LOLA data. This method only used the Clementine and LOLA data as control information in the photogrammetric processing of Chandrayaan-1 imagery, and the control information was very limited. Di et al. (2012) studied the coregistration of Chang'E-1 stereo images and laser altimeter data. A crossover adjustment was first used to remove the crossover differences between the different laser altimeter tracks. An ICP (iterative closest point) algorithm was used to register the 3D points derived from the stereo images to the laser altimeter points, from which the image orientation parameters were refined so that the images and laser altimeter data were co-registered. However, this method treated the Chang'E-1 laser altimeter data as the absolute control and the accuracy of the final generated topographic models was totally dependent on the accuracy of the laser altimeter data.

Integration of multi-source remote sensing imagery and laser altimeter data has been used for topographic mapping of Earth and Mars. An early example of using additional data sources (e. g. DEM) as control information for aerial triangulation was the approach presented by Ebner et al. (1991). This approach focused mainly on the satisfaction of accuracy for middle- and small-scale photogrammetry for Earth aerial and satellite image processing by minimizing the differences between the heights derived from stereo images and using the interpolated heights from a DEM as constraints. Jaw (2000) proposed a method in which additional surface information was integrated into the aerial triangulation workflow by hypothesizing plane observations in the object space. The estimated object points derived from image measurements together with the adjusted surface points provided a better point group describing the surface. Teo et al. (2010) investigated the block adjustment of three SPOT 5 images using a DEM as the elevation control. Common tie points were first identified from images. Initial ground coordinates of the points were derived from space intersection using the image orientation parameters. The elevation coordinates of the points were then interpolated from the DEM based on their planimetric coordinates, and their ground coordinates were further adjusted through an iteration procedure in the block adjustment. The experimental results indicated that using the DEM as an elevation control can improve geometric accuracy and reduce geometric discrepancies between images. For Mars topographic mapping applications, Anderson and Parker (2002) investigated the registration between the imagery and laser altimeter data collected by the Mars orbiter camera (MOC) and Mars orbiter laser altimeter (MOLA), both onboard the Mars Global Surveyor (MGS). Yoon and Shan (2005) presented a combined adjustment method to process the single-strip MOC imagery and MOLA data and reported that the large mis-registration between the two datasets could be reduced to a certain extent. Spiegel (2007) presented a method for the coregistration of High Resolution Stereo Camera (HRSC) images and MOLA data. A sparse stereo point cloud generated from the HRSC images was adjusted to optimize its fit to a surface interpolated from the MOLA data, from which the interior and exterior orientation parameters of the HRSC images were improved. Albertz et al. (2005) presented a method for the photogrammetric processing of HRSC imagery. The processing comprises improvements of the image EO parameters and the enhancement of the DEM quality with the assist of MOLA DEM. Gwinner et al. (2009) also produced high quality DEM products from the HRSC imagery and MOLA DEM. The proposed system had successfully created DEM of 50 m grid from stereo imagery with the ground resolution of 12 m/pixel. The differences between the DEM produced by the proposed system and that of MOLA DEM ranged from 30 to 40 m.

Compared with previous research works, the combined block adjustment approach for the integration of Chang'E-2 imagery and LOLA data presented in this paper highlights the following three aspects: (1) Cross-mission and cross-sensor lunar imagery and laser altimeter data integration has the capability of processing multi-strip images; (2) LOLA data is used as a local surface constraint to reduce the inconsistencies between the Chang'E-2 imagery and LOLA data; (3) a novel orbit height constraint is incorporated to obtain more robust and convergent results, which is crucial for the block adjustment of multi-strip images.

3 Specifications of Chang'E-2 imagery and LRO laser altimeter data

3.1 Chang'E-2 imagery

Chang'E-2 is a Chinese lunar probe launched on October 1, 2010. It was a follow-up to the Chang'E-1 lunar probe, which was launched in 2007. Chang'E-2 was part of the first phase of the Chinese Lunar Exploration Program (Ouyang et al., 2010). The mission collected a tremendous amount of data with its various onboard payloads for lunar scientific research and in preparation for a soft landing by the Chang'E-3 lander and rover (Wang et al., 2012). Chang'E-2 completed its lunar exploration mission on June 8, 2011. It was then sent to the L2 Lagrangian point where it arrived on August 30, 2011. Chang'E-2 remained at L2 for several months and departed from L2 to the asteroid 4179 Toutatis on April 15, 2012. Chang'E-2 successfully flew by the Toutatis on December 13, 2012 and took close-up images of the asteroid. Chang'E-2 is now 20 million km away from Earth and is flying into deeper space.

Chang'E-2 used its onboard CCD camera to collect surface imagery of the Moon. Chang'E-2 flew at two types of orbit altitude. The first was a 100×100 km circular orbit at which the CCD camera could image the lunar surface at a resolution of 7 m. The second was a 100×15 km elliptical orbit at which the CCD camera provided imaging resolution better than 1.5 m (Zhao et al., 2011). The images collected during the first type of orbit provided global image coverage of the Moon. The higher resolution images collected during the second type of orbit provided more detailed information and were mainly used for the preparation of Chang'E-3 lunar landing mission and surface operations (Zhao et al., 2011).

The CCD camera onboard Chang'E-2 spacecraft is a two-line push-broom sensor. The two CCD lines are assembled on a unique focal plane separately, which enables the acquisition of forward-and backward-looking imagery along the flight direction simultaneously to create stereo pairs. The forward-looking imagery has a viewing angle of 8° and the backward-looking imagery has a viewing angle of 17.2°. The forward-looking CCD line is closer to the center of the focal plane and offers better imaging quality. Each CCD line is 62.06 mm in length and has 6144 pixels (pixel size: 10.1 lnm). They share the same optical axis. The field-of-view of the camera is 42°. The schematic configuration of the Chang'E-2 CCD camera (Zhao et al., 2011) is illustrated in Fig. 1.

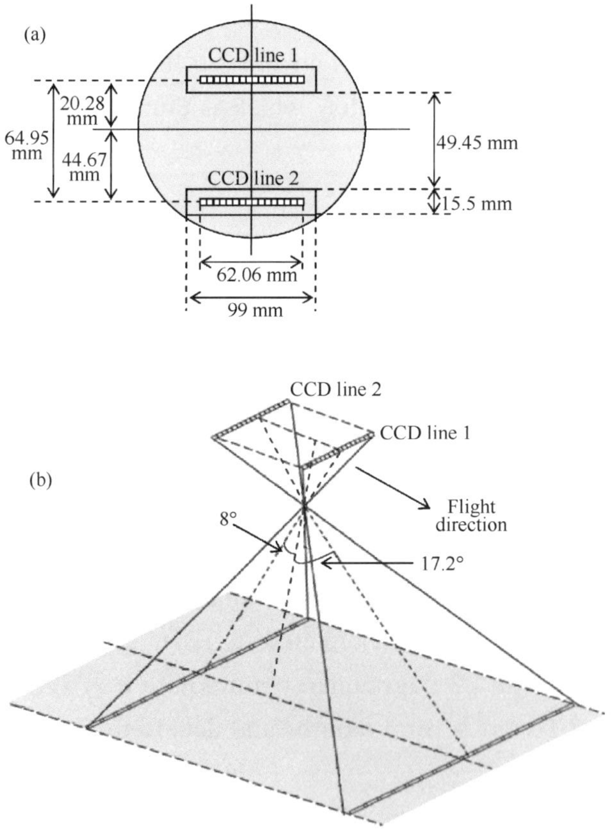

Fig. 1 Schematic configuration of the Chang'E 2 CCD camera. (a) Focal plane of the Chang'E 2 CCD camera and (b) stereo imaging geometry of the Chang'E 2 CCD camera.

To model the geometry of the Chang'E-2 imagery, it is necessary to determine the coordinate frames and the IO (interior orientation) and EO (exterior orientation) parameters of the imagery. A lunar body-fixed frame is the reference frame on which the relative position and orientation of the Chang'E-2 spacecraft frame is defined. A camera frame is defined at the center of the camera focal plane, and its orientation with respect to the Chang'E-2 spacecraft frame is known. IO parameters define the intrinsic setting of the camera system. The Chang'E-2 camera optical system has a focal length of 144.3 mm. The dimensions of the CCD lines and their positions with respect to the camera focal plane are provided in Fig.1(a). In the raw Chang'E-2 image, the row position of each pixel is related to the Ephemeris Time. The physical position of each pixel in the image with respect to the camera frame can be calculated from the IO parameters. The EO parameters define the positions of the camera's perspective center and pointing angles at a specific time. The EO parameters of each image line are different and can be retrieved by interpolating the spacecraft's trajectory and pointing vectors based on the observation time. Based on the well-known co-linearity equation (Wang, 1990), the 3D coordinates of a ground point in the lunar body-fixed coordinate system can be calculated by photogrammetric space intersection from the image coordinates of conjugate points in stereo images.

3.2 LRO LOLA data

The LOLA onboard the LRO is a five-spot X-pattern pulse detection altimeter, which is designed to measure the shape of the Moon by measuring precisely the range from the spacecraft to the lunar surface. LOLA operates at 28 Hz and is able to measure the distance to lunar surface at five spots simultaneously with a nominal ranging accuracy of 10 cm (Smith et al., 2010). The five-spot pattern provides five adjacent profiles for each track, 10 m to 12 m apart over a 50 - to 60 - m swath, with combined measurements in the along-track direction every 10 to 12 m. This five-spot pattern of ranging measurements is very useful in the determination of surface roughness and surface slopes in local regions.

The accuracy of the topographic measurements and models derived from LOLA ranging data is very high. As reported by Mazarico et al. (2011), LOLA measurements have a precision about 10 m in the along-track and cross-track directions and 1.5 m in the radial direction, respectively, which are estimated as the root-mean-square deviation of the LRO orbit solutions, after cross-over analysis and depending on the orbit solution (Mazarico et al., 2011). The absolute accuracy of the orbit solutions, and therefore the error of the true position of the terrain point, is estimated to be of the same order of magnitude.

The LOLA data set is considered to be the most accurate to-pographic data set of the Moon to date. It provides much denser range measurements compared with other similar instruments from other missions.

4 Combined block adjustment of Chang'E-2 imagery and LRO laser altimeter data

4.1 Overview of the approach

A combined block adjustment model is developed for the integration of Chang'E-2 imagery and LOLA data. Since there are no tracking data or kernel data provided for the Chang'E-2 imagery used in this research, several (10 – 20 in general) LOLA points were manually selected on both the Chang'E – 2 forward- and backward looking images as ground control points, from which an initial set of EO parameters for the Chang'E-2 images could be derived using the method presented by King et al. (2009). The initial EO parameters were then improved through a bundle adjustment of the single-strip Chang'E-2 imagery and LOLA data using the approach presented by Wu et al. (2011a). The obtained EO parameters for each single-strip Chang'E-2 imagery were then used as input in this combined block adjustment. The combined block adjustment uses two types of tie points: intra-strip tie points and inter-strip tie points. The intra-strip tie points are the corresponding points (conjugate points representing the same textural feature) identified from the stereo images (forward- and backward-looking images) of the same image strip. The inter-strip tie points are the corresponding points identified from the overlapping area in the stereo images of two neighbor image strips. These tie points should be distributed evenly in the image area. Based on the IO and EO parameters of the images, the 3D coordinates of intra-strip and inter-strip tie points in the lunar body-fixed frame can be calculated from the photogrammetric space intersection. However, the image EO parameters would probably not be precise enough, and the 3D coordinates of the tie points may deviate from their true locations. There might be inconsistencies between the 3D coordinates of the same pair of inter-strip tie points identified from two neighbor image strips. In addition, based on the image orientation parameters, the LOLA ground points can be back-projected to the Chang'E-2 stereo images. If the image EO parameters are precise enough, these back-project points on the Chang'E-2 stereo images should be conjugate points representing the same textural feature. However, this is not the case due to the possible errors in the image EO parameters.

The above mentioned errors or inconsistencies can be reduced or eliminated through the combined block adjustment of the Chang'E-2 imagery and LOLA data. The participants of the combined block adjustment include the image EO parameters, the intra-strip tie points, the inter-strip tie points, the ground coordinates of the tie points, the LOLA ground points, and the backprojected image coordinates of LOLA ground points. Two additional constraints are incorporated in the block adjustment. The first is a local surface constraint, which indicates that the calculated ground coordinates of the tie points should lie in a local surface determined by its neighbor LOLA ground points. The second is an orbit height constraint, which is based on a constant circular orbit height of the Chang'E-2 spacecraft. The final output of the combined block adjustment is the improved image EO parameters and improved ground coordinates of the LOLA points. Dense image matching (Wu et al., 2011b, 2012) can then be carried out between the stereo image pair for each image strip to generate enormous evenly distributed matched points. The 3D coordinates of the matched points can be calculated from the photogrammetric space intersection based on the improved image EO parameters, so that lunar topographic models (e.g., DEMs) with improved interstrip consistency and improved precision can be generated. The framework of the combined block adjustment approach is shown in Fig. 2. The numbers marked in Fig. 2 correspond to the observation equations of the block adjustment model which are described in detail in the following section.

4.2 Combined block adjustment model

For the Chang'E-2 stereo images, the relationship of a 3D ground point (X_p, Y_p, Z_p) and its corresponding pixel (x_p, y_p) can be represented by the following co-linearity equation (Wang, 1990):

$$x_p = -f\frac{m_{11}(X_p - X_s) + m_{12}(Y_p - Y_s) + m_{13}(Z_p - Z_s)}{m_{31}(X_p - X_s) + m_{32}(Y_p - Y_s) + m_{33}(Z_p - Z_s)}$$

$$y_p = -f\frac{m_{21}(X_p - X_s) + m_{22}(Y_p - Y_s) + m_{23}(Z_p - Z_s)}{m_{31}(X_p - X_s) + m_{32}(Y_p - Y_s) + m_{33}(Z_p - Z_s)} \tag{1}$$

where (X_s, Y_s, Z_s) are the coordinates of the camera center in object space, f is the focal length, and m_{ij} are the elements of a rotation matrix that is determined entirely by three rotation angles (φ, ω, κ). The variables (X_s, Y_s, Z_s, φ, ω, κ) are the EO parameters of the images. The EO parameters of each line in the Chang'E-2 imagery are different and can be retrieved by a polynomial function by interpolating the spacecraft's trajectory and pointing vectors based on the observation time. Several interpolation approaches have been attempted in this research to model the changes of image EO parameters including the Lagrange polynomial function, second-order polynomial, and third-order polynomial functions. The third-order polynomial function has proven to be the best and has been used in this research. The third-order polynomial function is listed as follows:

$$X_s(r) = a_0 + a_1 r + a_2 r^2 + a_3 r^3$$
$$Y_s(r) = b_0 + b_1 r + b_2 r^2 + b_3 r^3$$
$$Z_s(r) = c_0 + c_1 r + c_2 r^2 + c_3 r^3$$
$$\varphi(r) = d_0 + d_1 r + d_2 r^2 + d_3 r^3$$
$$\omega(r) = e_0 + e_1 r + e_2 r^2 + e_3 r^3$$

$$\kappa(r) = f_0 + f_1 r + f_2 r^2 + f_3 r^3 \tag{2}$$

where r is the row index in the image, and $X_s(r)$, $Y_s(r)$, $Z_s(r)$, $\varphi(r)$, $\omega(r)$, and $\kappa(r)$ are the EO parameters of the image row r. $a_i \cdots f_i (i = 0, 1, 2, 3)$ are the coefficients of the polynomials.

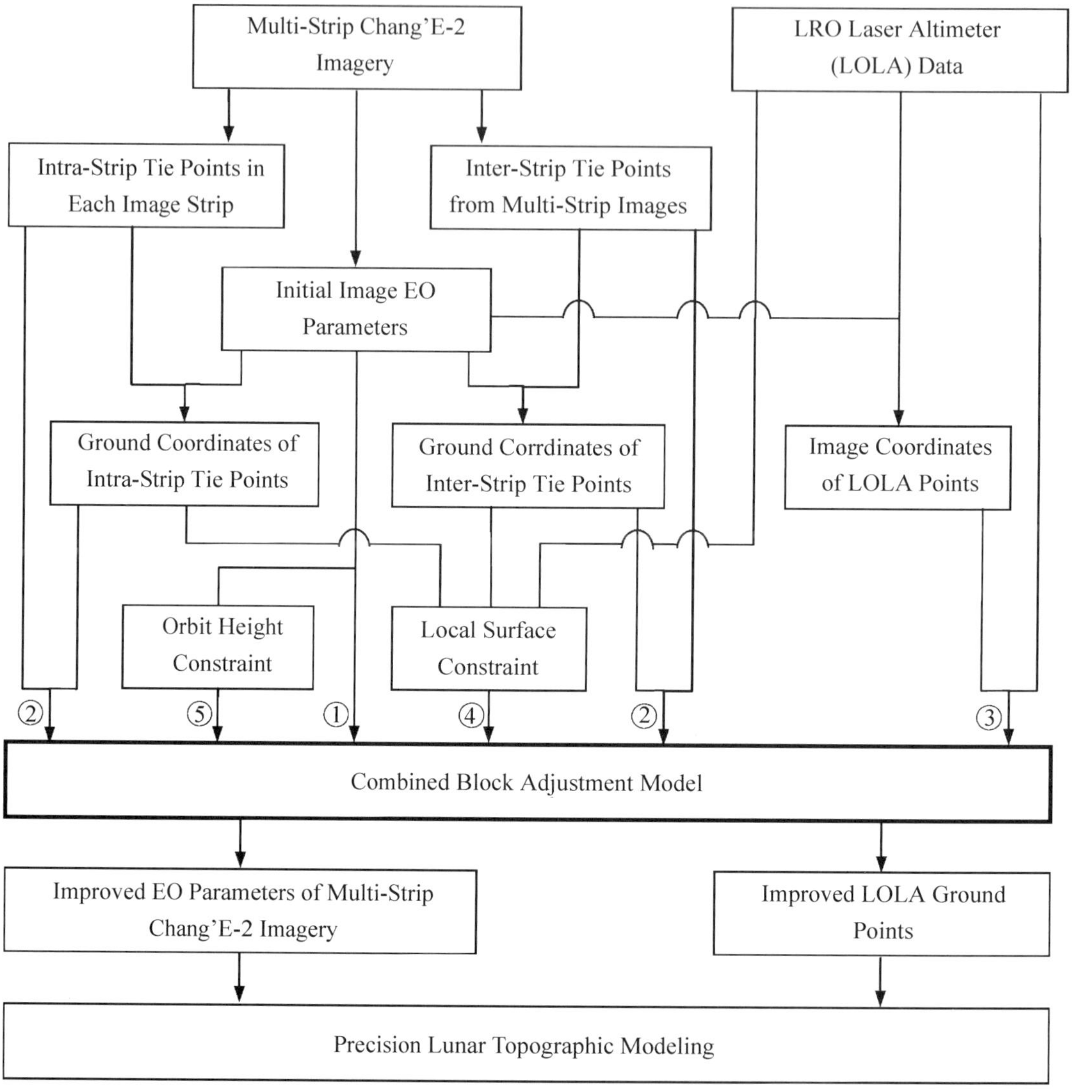

Fig. 2　Framework of the combined block adjustment of Chang'E 2 multi-strip imagery and LOLA data for precision lunar topographic modeling.

After linearization of Eqs. (1) and (2), the observation equation system for the combined block adjustment of Chang'E-2 imagery and LOLA data can be represented in matrix form as the following:

$$V_1 = AX_1 - L_1,\ P_1$$
$$V_2 = BX_1 + CX_2 - L_2,\ P_2$$
$$V_3 = BX_1 + CX_3 - L_3,\ P_3$$

$$V_4 = DX_2 - L_4, \ P_4$$
$$V_5 = DX_1 - L_5, \ P_5 \qquad (3)$$

The observation equation system includes the following five types of observation equations. The first corresponds to the arrow marked with ①in Fig. 2, which is the pseudo observation equation for the image EO parameters. X_1 is the vector of corrections to the unknown coefficients $a_i \cdots f_i (i = 0, 1, 2, 3)$ in the polynomials in Eq. (2). By the term "pseudo", it means the measurements are estimated instead of real measurements (such as the precisely matched tie points) in other types of observations and they are used as initial input of the unknowns. The pseudo observations for the image EO parameters are selected from the initial image EO parameters, which are discrete samples along the row direction of the image. The refined EO parameters are assumed to fluctuate around them.

The second observation equation corresponds to the arrows marked with ② in Fig. 2, which relate to the intra- and inter-strip tie points identified from the images. Intra-strip tie points are identified within each image strip, and inter-strip tie points are identified in the overlapping areas of two neighbor image strips. For the observations of the intra- and inter-strip tie points, they connect the 3D ground points and their image measurements by the EO parameters as indicated in Eqs. (1) and (2). X_2 is the vector of corrections to the unknown ground coordinates of the tie points that are simultaneously solved with X_1.

The third observation equation corresponds to the arrow marked with ③ in Fig. 2, which is for the LOLA points. X_3 is the vector of corrections to LOLA points. It should be noted that, the adjustment to LOLA points can be controlled based on their corresponding weights. Because of the superior accuracy of LOLA points, they can be awarded with large weights, so that they will only be adjusted slightly in local regions. Given infinite weights they will not change during the block adjustment and act as control points. The image coordinates of the LOLA points are initially derived by back-projecting the LOLA points onto the stereo images using the initial image EO parameters. The initially determined image coordinates of the LOLA points on the stereo images are not necessarily the same homologous points due to the inaccurate image EO parameters and inconsistencies between the two data sets. However, they will be corrected in the adjustment process.

The fourth equation corresponds to the arrow marked with ④in Fig. 2, which is a pseudo observation equation related to a local surface constraint in the adjustment model. The fifth observation equation corresponds to the arrow marked with⑤ in Fig. 2, which is the orbit height constraint. These two constraints are specifically designed in the block adjustment model to help reduce the inconsistencies between the Chang'E-2 imagery and LOLA data. The details are described in Section 4.4.

In the observation equation system (Eq. (3)), the coefficient matrix A, B, C and D contains partial derivatives with respect to the unknown parameters. P_i(i = 1, 2, 3, 4, 5) represents different weight for each observation, which will be described in detail in Section 4.5. The block adjustment is processed iteratively based on a least squares approach. In each iteration the corrections are added to the unknown parameters, so that the precise values of the unknown parameters are finally obtained.

4.3 Intra- and inter-strip tie points determination

Two types of tie points, intra- and inter-strip tie points, are employed in the block adjustment. As illustrated in Fig. 3, intra-strip tie points are identified within the stereo images (forward- and backward-looking images) of each strip. They are used in the block adjustment to eliminate the internal inconsistency of intra-strip stereo. Inter-strip tie points are identified in the overlapping areas of two neighbor image strips and measured in both image strips. The overlapping areas between any two adjacent orbits range from 30% to 50% for the Chang'E-2 imagery. The inter-strip tie points are used in the block adjustment to eliminate the disagreement between two adjacent image strips.

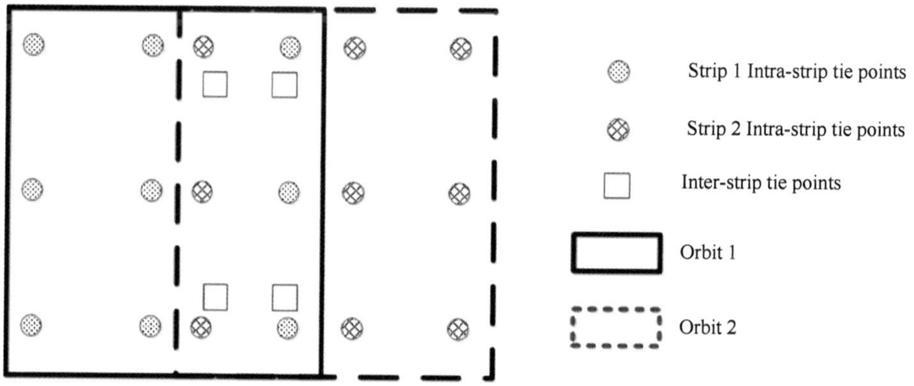

Fig. 3　Distribution pattern of intra and inter～strip tie points.

Automatic interest point detection and matching methods (Wu et al., 2012, 2011b; Zhu et al., 2007a, 2007b) are employed for feature point matching, and intra- and inter-strip tie points are selected from the matched feature points and checked for even distribution. There are hundreds of intra-strip tie points used in the block adjustment and they are evenly distributed on the images, including the overlapping areas between two neighbor image strips. Dozens of inter-strip tie points are used in the block adjustment, and they are evenly distributed within the overlapping areas of any two neighbor image strips.

4.4 Constraints in the block adjustment

As mentioned previously, there are significant inconsistencies between the topographic models derived from the Chang'E-2 imagery and LOLA data separately (e. g., about 300 m difference in elevation in the Sinus Iridum area). Therefore, the following two constraints are specifically designed in the block adjustment approach to reduce the inconsistencies between these two data sets.

4.4.1 LOLA data used as local surface constraint

In the traditional photogrammetric processing of stereo images, including the block adjustment for the generation of digital topo-graphic models, ground control points have generally been used as ground truth to improve the accuracy of the derived topographic models. On the lunar surface, very few precisely known points can serve as classical ground control points, but a large number of ground points were measured by LOLA. However, the exact image coordinates of these LOLA points cannot be determined in the stereo images. Therefore, it is not possible to use the LOLA points as normal ground control points in a block adjustment. Instead, a local surface constraint was developed to incorporate the LOLA points to provide constraints in the block adjustment of Chang'E-2 images.

The basic idea of this local surface constraint is that the ground positions of the intra- and inter-strip tie points on the Chang'E-2 images obtained through a space intersection using the image EO parameters should be consistent with a local surface determined by the nearby LOLA points. The local surface constraint can be represented by the following equation:

$$\sqrt{X_T^2 + Y_T^2 + Z_T^2} - R - H_L = 0 \tag{4}$$

where X_T, Y_T, and Z_T are the ground positions of the tie points in the lunar geocentric coordinate system originated at the spheroid center, R is the radius of the Moon (1737.4 km), and H_L is the height at the location of X_T, Y_T interpolated from the nearby LOLA points. After linearization of Eq. (4), it can be represented in matrix form which is the fourth observation equation in Eq. (3). With this constraint an improvement of the height derived from the Chang'E-2 images can be expected.

From the experimental analysis in this study, it is noticed that without this local surface constraint, it is difficult to achieve convergence in the block adjustment process between the Chang'E-2 imagery and the LOLA data due to the large inconsistencies between these two data sets and the lack of ground control points. By adding this local surface constraint, the block adjustment model is able to effectively improve the heights derived from the Chang'E-2 images to achieve results close to those of the LOLA data.

4.4.2 Orbit height constraint

The above mentioned local surface constraint has the potential to improve the heights derived from the Chang'E-2 images. However, improvements in planimetry can only be expected if there are different local terrain slopes at the different surfaces determined by the LOLA points, an element which is hard to explicitly incorporate in the block adjustment model. Moreover, in the block adjustment process the EO parameters of the Chang'E-2 images are adjusted simultaneously and erroneous results in planimetry may exist, especially considering thelarge inconsistencies between the Chang'E-2 images and LOLA data and between multiple strips of Chang'E-2 images. The imposition of an explicit constraint on EO parameters is considered to remedy this situation; this is the orbit height constraint.

Because the Chang'E-2 spacecraft had a circular orbit of 100 km when collecting the images with 7 m spatial resolution, the orbit height constraint is defined as follows:

$$\sqrt{X_S^2+Y_S^2+Z_S^2}-R-H_0=0 \tag{5}$$

where X_s, Y_s, and Z_s are the translation elements of image EO parameters representing the projective center of the camera, R is the radius of the Moon (1737.4 km), and H_0 is the height of the Chang'E-2 orbit (100 km). This orbit height constraint indicates that the length of the vector determined by the translation elements of image EO parameters should be equal to the constant orbit height of the Chang'E-2 spacecraft plus the radius of the Moon. After linearization of Eq. (5), it can be represented in matrix form that is the fifth observation equation in Eq. (3).

4.5 Weight determination in the block adjustment

The weights $P_i(i=1,2,3,4,5)$ in the block adjustment model (Eq. (3)) indicate the contribution of each type of observation. They are generally determined by the *a priori* standard deviation $\sigma_i(i=1,2,3,4,5)$ for each type of observation. More specifically, the weight P_i can be determined by the reciprocal of σ_i^2.

Although the determination of σ_i for each type of observation is arbitrary, it should be based on appropriate assumptions. For the σ_1 of the first observation equation relating to the initial EO parameters, 1000 m is chosen for the translation elements (X, Y, Z) and 0.028 gon for the rotation elements (φ, ω, κ) following Bostelmann et al. (2012) in the experiments of the HRSC imagery. For the σ_2 of the second observation equation regarding the tie points, one third of a pixel is chosen because this is the paradigm in determining the weight for tie point observations. For the σ_3 of the third observation equation regarding the LOLA points, $\sigma_3=10$ pixels is used based on the practical experimental analysis in this research and Yoon and Shan (2005). For the σ_4 of the fourth observation equation about the local surface constraint, generally $\sigma_4=10$ m is used in this research considering the LOLA points are very accurate, which indicates that the local surface determined by the nearby LOLA points has the a priori standard deviation of 10 m. For the σ_5 of the fifth observation equation relating to the orbit height constraint, the orbit height constraint should be quite loose because maximal ± 15 km deviation is expected for the nominal 100 km circular orbit of the Chang'E-2 spacecraft (Zhou and Yang, 2010).

Therefore, $\sigma_5 = 5000$ m is suitable supposing that the deviation accords with uniform distribution between [−15, 15] km.

It should be noted that from previous experiences in photogrammetry (Yoon and Shan, 2005; Wu et al., 2011a), moderate changes in weight magnitude will yield the same results from the adjustment model.

5 Experimental analysis

5.1 Experiments in the Sinus Iridum area

Sinus Iridum (Latin for "Bay of Rainbows") is a plain area that forms a northwestern extension to the Mare Imbrium. The Chinese first lunar lander/rover Chang'E-3 is planned to land in the Sinus Iridum area in 2013. In this study, the experimental area in Sinus Iridum covered a region of 18° to 25.7°W and 42° to 46.3°N. The topography in this area is relatively flat with a maximum elevation difference of about 1 km. The experimental data includes six strips of Chang'E-2 imagery with orbit numbers from 0570 to 0575 and 1 740 036 LOLA points. The size for each image is 6 144 × 18 000 pixels and there is an overlap of about 45% between two neighbor image strips. Fig. 4 shows the LOLA points overlaid on the Chang'E-2 image mosaic for this area. It should be noted that, not all of the LOLA points are used in the block adjustment due to the unaffordable computation cost. Empirically, 100 − 300 well distributed LOLA points for each image strip are enough for the combined block adjustment. A DEM interpolated from all the LOLA points is used for comparison purpose.

Fig. 4　LOLA points overlaid on the Chang'E-2 image mosaic in the Sinus Iridum area.

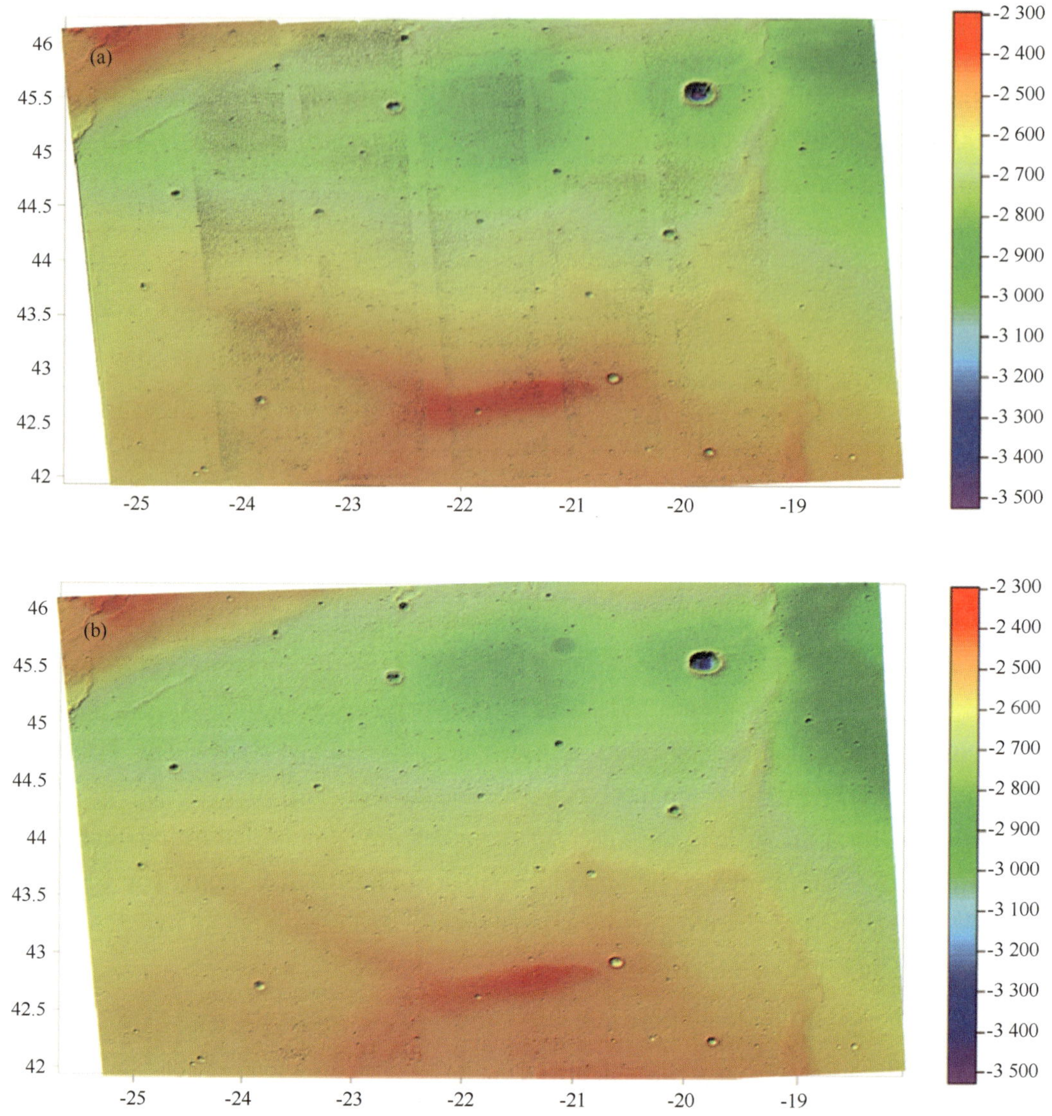

Fig. 5 Comparison of DEMs before and after combined block adjustment in the Sinus Iridium area. (a) DEM generated using initial image EO parameters and (b) DEM generated using image EO parameters refined by combined block adjustment.

A primary objective of the proposed combined block adjustment is to reduce the inter-strip inconsistency induced by the errors in the initial EO parameters of the Chang'E-2 imagery. Fig. 5 gives a qualitative validation by visually comparing the DEMs generated using the image EO parameters before and after the combined block adjustment. For DEM generation, a dense image matching method (Wu et al., 2011b; 2012) was used to obtain dense point matches from the Chang'E-2 stereo images, and the ground positions of the matched points were calculated through a space intersection using the image EO parameters, from which DEMs with 20 m spatial resolution were interpolated using the

Kriging method. As shown in Fig. 5(a), the DEM generated using the initial image EO parameters shows rough areas in the overlapping regions of the Chang'E-2 image strips, which are mainly caused by the inter-strip inconsistency of the Chang'E-2 imagery. These rough areas are removed in the DEM generated using the refined image EO parameters after the combined block adjustment as shown by the smooth terrain surface in Fig. 5(b).

To quantitatively analyze the performance of the combined block adjustment approach, hundreds of quadruple matched points in the overlapping areas are selected as check points. The ground positions of these check points are obtained through space intersection using the EO parameters of the Chang'E-2 images in the first strip, and then back-projected onto the neighbor strip of images using their corresponding EO parameters. The discrepancies between the original image coordinates of the check points and the back-projected coordinates are plotted on the Chang'E-2 imagery mosaics as shown in Fig. 6.

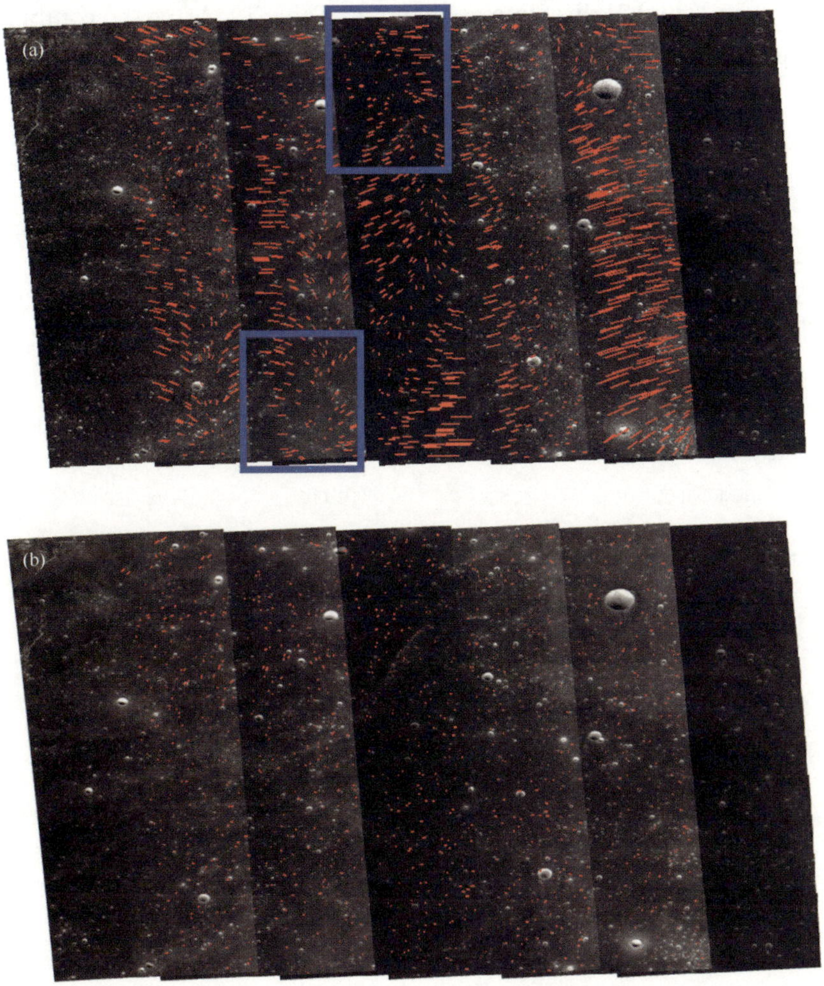

Fig. 6　Residual vectors of the check points overlaid on Chang'E 2 image mosaics in the Sinus Iridium area. (a) Residuals before the combined block adjustment (exaggerated 10×) and (b) residuals after the combined block adjustment (exaggerated 100×).

Fig. 6(a) illustrates the image residual vectors before the combined block adjustment that are exaggerated 10 times for better visual comparison. Fig. 6(b) shows the residual vectors after the combined block adjustment that are exaggerated 100 times. Detailed statistics are summarized in Table 1, including mean absolute error (MAE), Maximum, Minimum, and StDev (standard deviation). Two improvements are obtained from the combined block adjustment. First, the mean absolute image residuals are reduced from 14 - 39 pixels before the block adjustment to 0.3 - 0.5 pixels after the block adjustment while the standard deviations are reduced from 9 - 18 pixels to about 0.2 pixels. Second, residual vectors before the combined block adjustment contain obvious systematic errors. The errors are predominately biased in the side overlap direction and have a legibly diffuse pattern as addressed by the blue rectangles in Fig. 6(a). The bias in residual error can also be quantitatively gauged from the average residual error before the combined block adjustment in X and Y direction as shown in Table 1. After the combined block adjustment the residual vectors are generally randomly distributed and no clearly diffuse pattern exists.

Table 1 Statistics of the image residuals before and after the combined block adjustment in the Sinus Iridum area

		MAE(pixels)	Max(pixels)	Min(pixels)	StDev(pixels)
(a) Image residuals before the combined block adjustment					
0570 - 0571	Residual X	35.378	61.898	-69.553	25.364
	Residual Y	13.332	33.269	-2.291	7.882
	Residual vector	38.756	73.826	1.392	18.234
0571 - 0572	Residual X	11.584	15.003	-44.286	11.575
	Residual Y	6.602	13.443	-12.802	5.673
	Residual vector	14.121	46.281	0.769	9.411
0572 - 0573	Residual X	17.520	76.444	-27.546	21.399
	Residual Y	8.112	14.966	-5.568	5.231
	Residual vector	20.897	76.452	1.014	12.326
0573 - 0574	Residual X	16.634	46.776	-49.230	19.561
	Residual Y	9.037	7.783	-22.248	7.111
	Residual vector	20.867	49.243	1.293	10.144
0574 - 0575	Residual X	13.526	36.214	-35.094	16.560
	Residual Y	10.914	20.353	-21.825	9.253
	Residual vector	18.400	41.934	2.682	9.390

Continuted

		MAE(pixels)	Max(pixels)	Min(pixels)	StDev(pixels)
(b) Image residuals after the combined block adjustment					
0570 - 0571	Residual X	0.272	1.089	-1.070	0.341
	Residual Y	0.117	0.505	-0.526	0.152
	Residual vector	0.322	1.091	0.011	0.198
0571 - 0572	Residual X	0.315	1.454	-0.989	0.391
	Residual Y	0.171	0.984	-0.981	0.237
	Residual vector	0.393	1.469	0.017	0.239
0572 - 0573	Residual X	0.320	1.388	-1.118	0.402
	Residual Y	0.191	0.750	-0.898	0.250
	Residual vector	0.409	1.401	0.016	0.245
0573 - 0574	Residual X	0.285	1.464	-0.950	0.353
	Residual Y	0.310	1.539	-0.729	0.405
	Residual vector	0.467	1.621	0.016	0.270
0574 - 0575	Residual X	0.320	1.202	-1.561	0.409
	Residual Y	0.321	1.334	-1.539	0.440
	Residual vector	0.502	2.054	0.028	0.334

With the combined block adjustment, the DEM generated from the Chang'E-2 imagery is expected to align well with the DEM directly interpolated from the LOLA points. To evaluate the fit between these two DEMs, four reference lines are selected for profile comparison as shown in Fig. 7, of which two are along the North-South direction and the other two are along the East-West direction.

Fig. 8 shows that the profiles derived from the LOLA DEM and Chang'E-2 DEM are visually quite consistent. The statistics for the elevation differences between the corresponding profiles are listed in Table 2. The fit between the two DEMs can be denoted by the MAE of the elevation differences, which is about 10 m except for reference line 2. The abnormal 20.06 m in reference line 2 is due to the large discrepancies in the largest crater which has a diameter over 500 m. The reason for the large discrepancy may be a lack of matched points inside the crater on the Chang'E-2 imagery, so that the interpolated DEM is shallower than the DEM derived from LOLA points in the crater region. Furthermore, the spikes in the profiles as can be noticed from Figs. 8(c) and 8(d) may be occasionally sampled points on low hills or shallow craters. In fact, the MAE by a maximum about 20 m between the two profiles can be considered as acceptable.

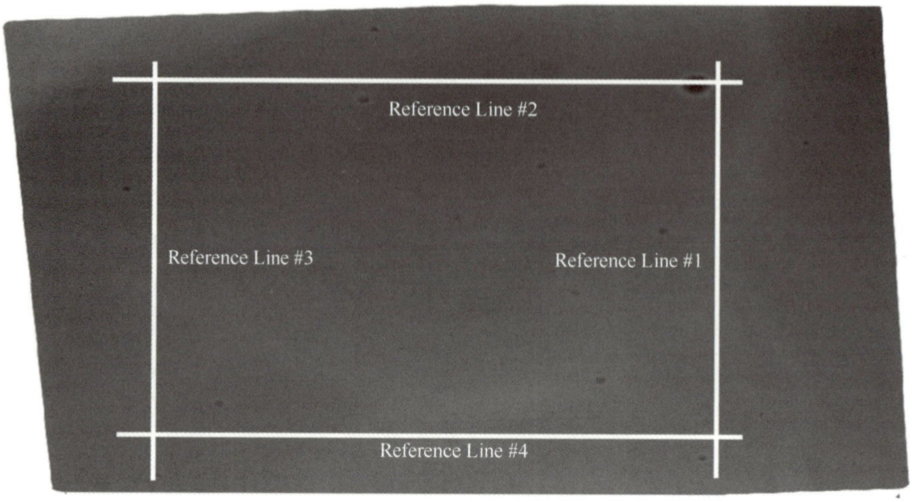

Fig. 7　Reference lines for profile comparison in the Sinus Iridum area.

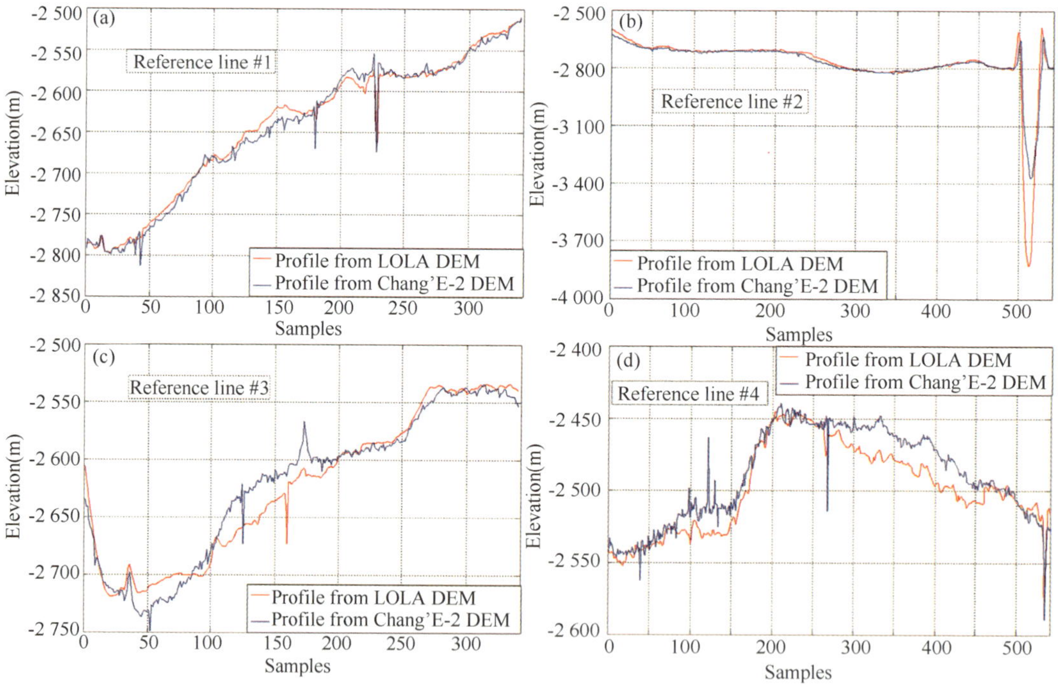

Fig. 8　Profiles derived from LOLA DEM and Chang'E-2 DEM in the Sinus Iridium area. (a) Profiles for reference line 1, (b) profiles for reference line 2, (c) profiles for reference line 3, and (d) profiles for reference line 4.

Table 2 Statistics for the elevation differences between the profiles derived from LOLA DEM and Chang'E 2 DEM in the Sinus Iridum area

	MAE(m)	Max(m)	Min(m)	StDev(m)
Reference #1	6.721	40.233	−92.989	9.879
Reference #2	20.060	198.521	−518.685	69.626
Reference #3	11.255	39.464	−61.888	14.958
Reference #4	10.835	49.483	−66.688	9.981

5.2 Experiments in the Apollo 15 landing area

The Apollo 15 landing area is located at the foot of the Apennine Mountain range. The experimental area in this research covered a region of 0.15° to 4°E and 24° to 28° N, including three strips of Chang'E-2 imagery with orbit number from 0550 to 0552 and 105 535 LOLA points. The size for each image is 6 144 × 18 000 pixels, and there is about 30% overlap between two neighbor image strips. Unlike the previous experimental area in the Sinus Iridum area, the topography in this area is rugged and contains various terrain features including fiat lands, continuous mountains, long gullies, and craters. The maximum elevation difference in this area is about 6 km. Fig. 9 shows the LOLA points overlaid on the Chang'E-2 image mosaic in this area.

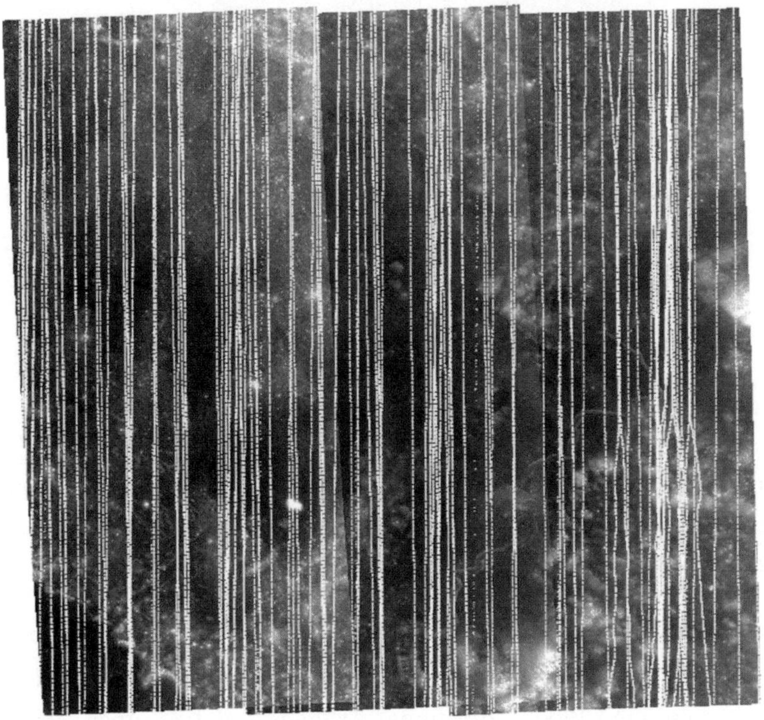

Fig. 9 LOLA points overlaid on the Chang'E-2 image mosaic in the Apollo 15 landing area.

Similar to the previous scenario, two DEMs are generated using the EO parameters of the Chang'E-2 images before and after the combined block adjustment. Fig. 10 provides a visual comparison between the two DEMs. Roughness in the overlapping area of the image strips before the combined block adjustment as can be seen in Fig. 10(a) has been removed after the combined block adjustment as shown in Fig. 10(b). As can be seen from Fig. 10(a), the inconsistency within the right two image strips (0550 and 0551) is more serious than that between the left two image strips (0551 and 0552), which results in a more severe and larger rough area. This can be quantitatively analyzed based on the image residuals.

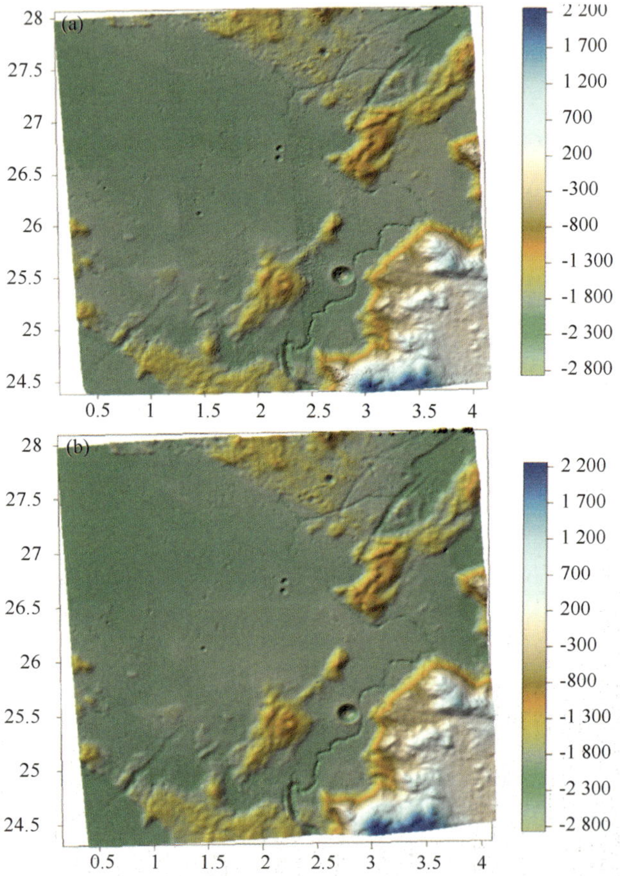

Fig. 10 Comparison of DEMs before and after combined block adjustment in the Apollo 15 landing area. (a) DEM generated using initial image EO parameters and (b) DEM generated using image EO parameters refined by combined block adjustment.

Fig. 11(a) shows the image residual vectors of the quadruple tie points before the combined block adjustment exaggerated 10 times. Fig. 11(b) shows the image residual vectors after the combined block adjustment exaggerated 100 times. The corresponding statistics are listed in Table 3. It can be seen from Fig. 11 that the residual vectors between the right two image strips (0550 and 0551) are much longer than those of the left two strips (0551 and 0552). The average image residual for the right two image strips is about 68 pixels, compared with 18.5 pixels for the left two image strips before the combined block adjustment. This explains the different magnitude of roughness shown in Fig. 11(a). Furthermore, the same two types of systematic error, which are due to directional bias and diffuse patterns as exposed in the Sinus Iridum area, are also seen in Fig. 1 1(a), where they are more evident.

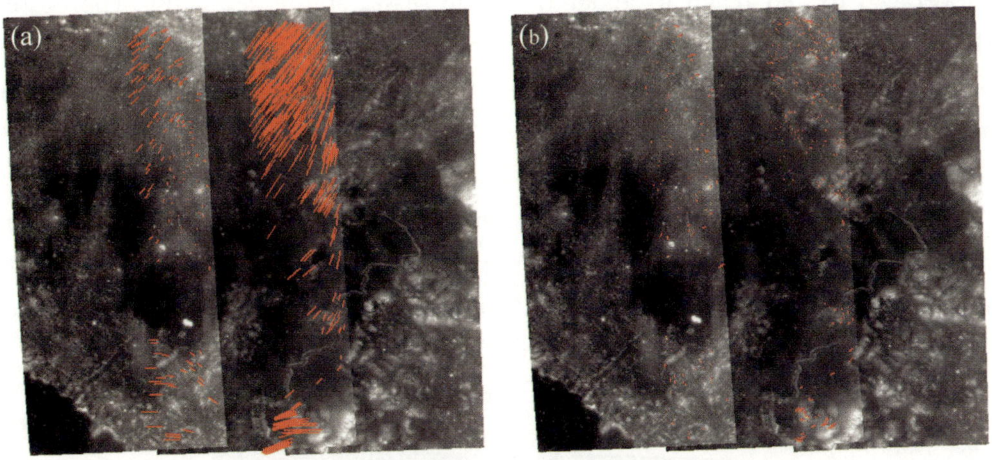

Fig. 11　Residual vectors of the check points overlaid on Chang'E 2 image mosaics in the Apollo 15 landing area. (a) Residuals before the combined block adjustment (ex aggerated 10×) and (b) residuals after the combined block adjustment (exaggerated 100×).

Table 3　Statistics of the image residuals before and after the combined block adjustment in the Apollo 15 landing area

		MAE(pixels)	Max(pixels)	Min(pixels)	StDev(pixels)
(a) Image residuals before the combined block adjustment					
0550－0551	Residual X	40.838	116.390	0.876	17.077
	Residual Y	51.408	3.483	－73.646	14.752
	Residual vector	67.863	116.442	16.408	14.599
0551－0552	Residual X	14.270	54.515	－1.693	11.400
	Residual Y	10.296	23.596	－25.648	10.166
	Residual vector	18.479	54.612	0.217	11.574
(b) Image residuals after the combined block adjustment					
0550－0551	Residual X	0.535	2.931	－7.295	0.869
	Residual Y	0.459	3.443	－4.436	0.696
	Residual vector	0.793	7.328	0.013	0.787
0551－0552	Residual X	0.569	2.203	－3.487	0.809
	Residual Y	0.588	2.340	－2.826	0.760
	Residual vector	0.911	4.200	0.039	0.633

After the combined block adjustment, the quality of the EO parameters of the Chang'E-2 images has been improved at least in three aspects. First, the image residual vectors for both overlapping areas (0550 − 0551 and 051 − 0552) have decreased drastically from 18 − 68 pixels to the sub-pixel level, as listed in Table 3. The standard deviations for the two overlapping areas have also been reduced from over 10 pixels to the sub-pixel level. This indicates that the inconsistencies in the overlap areas are significantly reduced. Second, different levels of inconsistency between the two overlapping areas have been leveraged to and reach to about the same MAE of the residuals. Therefore, the DEM generated using the EO parameters after the combined block adjustment will obtain overall smoothness instead of the previous imbalance in consistency. Third, systematic errors have been eliminated as the directional bias and diffuse pattern of the residual vectors is no longer visible in Fig. 11(b).

To evaluate the performance of the combined block adjustment, the DEM generated from the Chang'E-2 imagery after the combined block adjustment is compared with the DEM directly interpolated from the LOLA points. Four reference lines are selected for profile comparison, as shown in Fig. 12, of which two are along the North-South direction and the other two are along the East West direction.

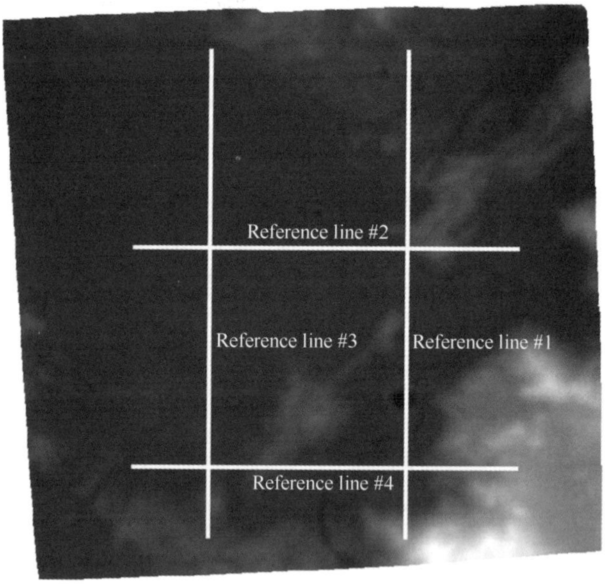

Fig. 12　Reference lines for profile comparison in Apollo 15 landing area.

Fig. 13 shows that the profiles derived from LOLA DEM and Chang'E-2 DEM are generally quite consistent. The statistics for the elevation differences are listed in Table 4. The MAE of the elevation difference for the four reference lines ranges from 15 to 42 m. The results for the Apollo 15 landing area are arguably worse than those for the Sinus

Iridum area. This may be related to the complex terrain features and huge fluctuation in elevation in the Apollo 15 landing area. The elevation range is typically 300 m for the Sinus Iridum area as shown in Fig. 8 while the range is 3000 m for profiles in the Apollo 15 landing area. In addition, almost all of the obvious terrain features that are revealed in the profiles can be registered well enough free of impact from large elevation range.

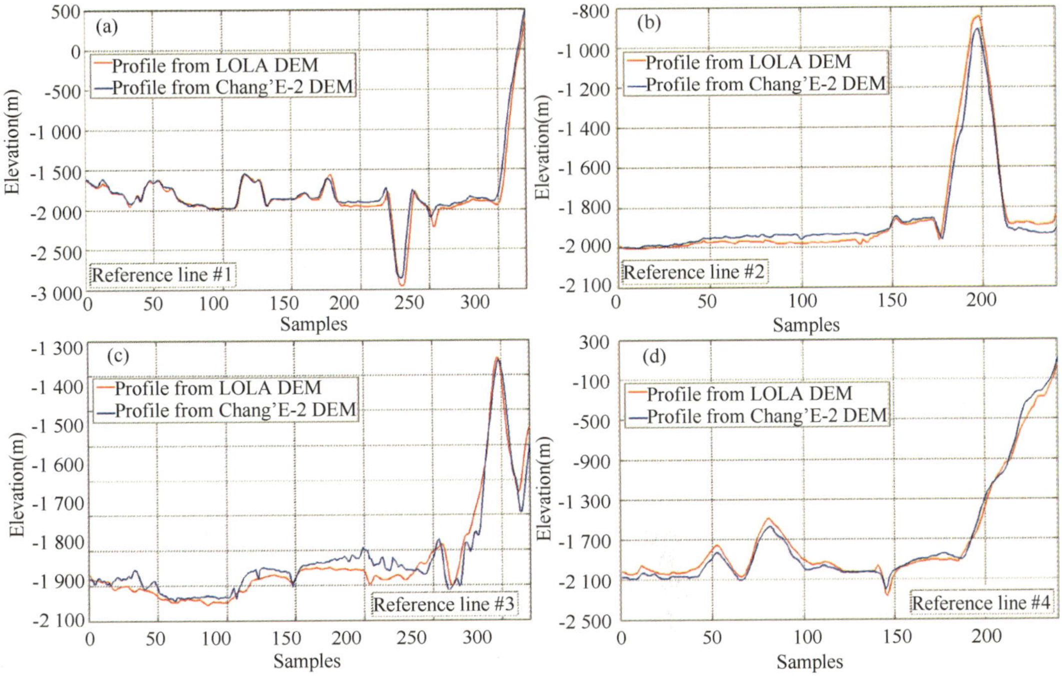

Fig. 13　Profiles derived from LOLA DEM and Chang'E-2 DEM in the Apollo 15 landing area. (a) Profiles for reference line 1, (b) profiles for reference line 2, (c) profiles for reference line 3 and (d) profiles for reference line 4.

Table 4　Statistics of the elevation differences between the profiles derived from LOLA DEM and Chang'E 2 DEM in the Apollo 15 landing area

	MAE(m)	Max(m)	Min(m)	StDev(m)
Reference #1	41.175	200.077	−395.013	56.239
Reference #2	22.817	160.269	−49.925	42.709
Reference #3	15.369	106.365	−79.838	31.979
Reference #4	21.742	97.421	−175.407	39.908

6　Concluding remarks

This paper presents a combined block adjustment approach for the integration of Chang'E-2 imagery and LOLA data for precision lunar topographic modeling. The approach incorporates LOLA data to improve the EO parameters of the Chang'E-2 imagery and uses two particular constraints to minimize the inconsistencies between the overlapping Chang'E-2 images and the inconsistencies between the Chang'E-2 and LOLA data sets. The performance of the developed combined block adjustment approach was evaluated using multiple strips of Chang'E-2 imagery and LOLA data in the Sinus Iridum area and the Apollo 15 landing area. In both experimental areas, the mean absolute image residuals were drastically reduced from tens of pixels before the block adjustment to subpixel level (0.3–0.5 pixels for the Sinus Iridum area and 0.8–0.9 pixels for the Apollo 15 landing area) after the block adjustment, while the standard deviations were reduced from over 10 pixels to sub-pixel level as well (about 0.2 pixels for the Sinus Iridum area and 0.8 pixels for the Apollo 15 landing area). DEMs with 20 m resolution were generated based on the improved EO parameters of the Chang'E-2 imagery after the combined block adjustment. Comparison of the Chang'E-2 DEM with the LOLA DEM showed a good level of consistency.

The combined block adjustment approach developed in this study was able to integrate cross-mission and cross-sensor lunar orbiter imagery and laser altimeter data for precision lunar topo-graphic modeling, which will permit the full comparative and synergistic use of lunar topographic data sets from different sources. This cross-sensor and cross-mission data integration strategy can also be used in other similar applications on Earth, Mars, and beyond.

Acknowledgements

The authors would like to thank the National Astronomical Observatories of the Chinese Academy of Sciences for providing the Chang'E-2 imagery. The work described in this study was supported by a grant from the Research Grants Council of Hong Kong (Project No: PolyU 5312/10E) and a grant from the National Natural Science Foundation of China (Project No: 91338110). The work was also supported by a project from the China Academy of Space Technology.

References

[1] Albertz, J., Attwenger, M., Barrett, J., Casley, S., Dorninger, P., Dorrer, E., Ebner, H., Gehrke, S., Giese, B., Gwinner, K., 2005. HRSC on Mars express-photogrammetric and cartographic research. Photogramm. Eng. Remote Sens. 71 (10), 1153–1166.

[2] Anderson, F.S., Parker, T.J., 2002. Characterization of MER landing sites using MOC and MOLA. In: Proceedings, 33rd Lunar and Planetary Science Conference. League City, Texas, March 11–15.

[3] Araki, H., Tazawa, S., Noda, H., lshihara, Y., Goossens, S., Sasaki, S., Kawano, N., Kamiya, 1., Otake, H., Oberst, J., Shum, C., 2009. Lunar global shape and polar topography derived from Kaguya-LALT laser altimetry. Science 323, 897-900.

[4] Arya, A.S., Rajasekhar, R.P., Thangjam, G., Ajai Kumar, A.S.K., 2011. Detection of potential site for future human habitability on the Moon using Chandrayaan-1 data. Curt. Sci. 100 (4), 524-529.

[5] Bostelmann, J., Schmidt, R., Heipke, C., 2012. Systematic bundle adjustment of HRSC image data. Int. Arch. Photogramm. Remote Sens. Spat. Inf. Sci. XXXIX B4, 301-306.

[6] Brown, D.C., 1968. A unified lunar control network. Photogramm. Eng. 34 (12), 1272-1292.

[7] Brown, D.C., 1976. The bundle adjustment-Progress and prospects. Int. Arch. Photogramm. 21 (3). 33 p.

[8] Burns, K.N., Speyerer, E.J., Robinson, M.S., Tran, T., Rosiek, M.R., Archinal, B.A., Howington Kraus, E., the LROC Science Team, 2012. Digital elevation models and derived products from LROC NAC stereo observations. Int. Arch. Photogramm. Remote Sens. Spat. Inf. Sci. XXXIX-B4, 483-488.

[9] Cramer, M., Haala, N., 2010. DGPF project: Evaluation of digital photogrammetric aerial-based imaging systems-Overview and results from the pilot center. Photogramm. Eng. Remote Sens. 76 (9), 1019-1029.

[10] Di, K., Hu, W., Liu, Y., Peng, M., 2012. Co-registration of Chang'E-1 stereo images and laser altimeter data with crossover adjustment and image sensor model refinement. Adv. Space Res. 50 (12), 1615-1628.

[11] Doyle, F.J., Elassel, A.A., Lucas, J.R., 1976. Experiment S-213 selenocentric geodetic reference system. NASA STI, Final Report B28631-000A. National Oceanic and Atmospheric Administration, Rockville, MD.

[12] Ebner, H., Strunz, G., Colomina, l., 1991. Block triangulation with aerial and space imagery using DTM as control information. CSM-ASPRS Auto-Carto 10, Annual Convention, Technical papers, Baltimore, March 25-29, Vol. 5, pp. 76-85.

[13] Garvin, J.B., Sakimoto, S., Schnetzler, C., Frawley, J.J., 1999. Global geometric properties of martian impact craters: a preliminary assessment using Mars Orbiter Laser Altimeter (MOLA). In: The Fifth International Conference on Mars. July 18-23, Pasadena, CA.

[14] Gwinner, K., Scholten, F, Spiegel, M., Schmidt, R., Giese, B., Oberst, J., Heipke, C., Jaumann, R., Neukum, G., 2009. Derivation and validation of high-resolution digital terrain models from Mars Express HRSC Data. Photogramm. Eng. Remote Sens. 75 (9), 1127-1142.

[15] Haruyama, J., Hara, S., Hioki, K., lwasaki, A., Morota, T., Ohtake, M., Matsunaga, T., Araki, H., Matsumoto, K., lshihara, Y., Noda, H., Sasaki, S., Goossens, S., lwata, T., 2012. Lunar global digital terrain model dataset produced from SELENE (Kaguya) terrain camera stereo observations. In: Proceedings, Lunar and Planetary Science Conference. Woodlands, TX, March 19-23. In: LPS, vol. XLIII, p. 1200.

[16] Jaw, J.-J., 2000. Control surface in aerial triangulation. Int. Arch. Photogramm. Remote Sens. XXXIII (B3), 444-451.

[17] Kamalakar, J.A., Bhaskar, K.V.S., Laxmi Prasad, A.S., Selvaraj, P., Venkateswaran Kalya-

nim, R.K., Goswami, A., Sridhar Raja, V. LN., 2009. Lunar laser ranging instrument (LLRI) a tool for the study of topography and gravitational field of the moon. Curt. Sci. 96 (4), 512－516.

[18] Karo, M., Sasakia, S., Tanakaa, K., fijimaa, Y., Takizawaa, Y., 2008. The Japanese lunar mission SELENE: Science goals and present status. Adv. Space Res. 42 (2),294－300.

[19] King, B., Guo, J., Chen, Y.Q., Zhang, J.X., Zhang, Y.H., Ning, X,G., 2009. The lunar DEM generation process based on clementine and Chang'E-1 images. In: Proceedings, International Conference on Geo spatial Solutions for Emergency Management. Beijing, China, September 14－16.

[20] Li, C.L, Liu, J.J., Ren, X., Mou, L, Zou, Y., Zhang, H., Lv, C., Liu, J., Zuo, W., Su, Y., Wen, W., Blah, W., Zhao, B., Yang, J., Zou, X., Wang, M., Xu, C., Kong, D., Wang, X., Wang, E, Geng, L, Zhang, Z., Zheng, L, Zhu, X., Li, J., Ouyang, Z., 2010a. The global image of the moon by the Chang'E-1: Data processing and lunar cartograpby. Sci. China Earth Sci. 40 (3), 294－306.

[21] Li, C.L, Ren, X., Liu, J., Zou, X., Mou, L, Wang, J., Shu, R., Zou, Y., Zhang, H., Lv, C., Liu, J., Zuo, W., Su, Y., Wen, W., Blah, W., Wang, M., Xu, C., Kong, D., Wang, X.,Wang, E, Geng, L, Zhang, Z., Zheng, L, Zhu, X., Li, J., 2010b. Laser altimetry data of Chang'E-1 and the global lunar DEM model. Sci. China Earth Sci. 40 (3),281－293.

[22] Light, D. L, 1972. Altimeter observations as orbital constraints. Photogramm. Eng. 38(4), 339－346.

[23] Liu, J.J., Ren, X., Mu, L, Zhao, B., Xiang, B., Yang, J., Zou, Y., Zhang, H., Lu, C., Liu, J., Zuo, W., Su, Y., Wen, W., Blah, W., Zou, X., Li, C.L, 2009. Automatic DEM generation from Chang'E-1's CCD stereo camera images. In: Proceedings 40th Lunar and Planetary Science Conference. Houston, TX, March 23－27, p. 2570.

[24] Mazarico, E., Rowlands, D.D., Neumann, G.A., Smith, D.E., Torrence, M.H., Lemoine, EG., Zuber, M.T., 2011. Orbit determination of the lunar reconnaissance orbiter. J. Geod. 86, 193－207.

[25] Ouyang, Z.Y., Li, C., Zou, Y., Zhang, H., Lv, C., Liu, J., Liu, J., Zuo, W., Su, Y., Wen, W., 2010. Preliminary scientific results of Chang'E-1 lunar orbiter. Sci. China 53 (11), 1565－1581.

[26] Radhadevi, P.V., Solanki, S.S., Nagasubramanian, V., Sudheer Reddy, D., Krishna Sumanth, T., Saibaba, J., Varadan, Geeta, 2013. An algorithm for geometric cor rection of full pass TMC imagery of Chandrayaan 1. Planet. Space Sci. 79, 45 51. http://dx.doi.org/10.10161j.pss.2013.01.012i.

[27] Robinson, M.S., Speyerer, E.J., Boyd, A., Waller, D., Wagner, R.V., Burns, K.N., 2012. Exploring the Moon with the lunar reconnaissance orbiter camera. Int. Arch. Photogramm. Remote Sens. Spat. Inf. Sci. XXXIX B4, 501－504.

[28] Rosiek, M., Kirk, R., Hare, T., Howington-Kraus, E., 2001. Combining lunar photogrammetric topographic data with Clementine LIDAR data. In: Proceedings, ISPRS WG IV/9: Extraterrestrial Mapping Workshop "Planetary Mapping 2001". Flagstaff, AZ, October 14－15.

[29] Scholten, F, Oberst, J., Matz, K.-D., Roatsch, T., Wählisch, M., Speyerer, E.J., Robinson, M.S., 2012. GLD100: The near-global lunar 100 m raster DTM from LROC WAC stereo image da-

ta. J. Geophys. Res., Planets 117, E00H17.

[30] Smith, D.E., Zuber, M.T., Neumann, G.A., Lemoine, EG., 1997. Topography of the Moon from the Clementine LiDAR. J. Geophys. Res., Planets 102 (El), 1591-1611.

[31] Smith, D.E., Zuber, M.T., Jackson, G.B., Cavanaugh, J.E, Neumann, G.A., Riris, H., Sun, X., Zellar, R.S., Coltharp, C., Connelly, J., Katz, R.B., Kleyner, 1., Liiva, P., Matuszeski, A., Mazarico, E.M., McGarry, J.E, Novo Gradac, A., Ott, M.N., Peters, C., Ramos lzquierdo, LA., Ramsey, L, Rowlands, D.D., Schmidt, S., Scott, V.S., Shaw, G.B., Smith, J.C., Swinski, J., Torrence, M.H., Unger, G., Yu, A.W., Zagwodzki, T.W., 2010. The lunar orbiter laser altimeter investigation on the lunar reconnaissance or biter mission. Space Sci. Rev. 150 (1-4), 209-241.

[32] Spiegel, M., 2007. Improvement of interior and exterior orientation of the three line camera HRSC with a simultaneous adjustment. Int. Arch. Photogramm. Remote Sens. Spat. Inf. Sci. 36 (3/W49B), 161-166.

[33] Teo, T.A., Chen, LC., Liu, C.L, Tung, Y.C., Wu, W.Y., 2010. DEM-aided block adjustment for satellite images with weak convergence geometry. IEEE Trans. Geosci. Remote Sens. 48 (4), 1907-1918.

[34] Tran, T., Rosiek, M., Ross, R., Beyer, A., Mattson, S., Howington-Kraus, E., Robinson, M. S., Archinal, B.A., Edmundson, K., Harbour, D., Anderson, E., the LROC Science Team, 2010. Generating digital terrain models using LROC NAC images. In: Proceedings, ASPRS/CaGIS 2010 Fall Specialty Conference. Orlando, Florida, November 15-19.

[35] Vighnesam, N.V., Sonney, A., Gopinath, N.S., 2010. India's first lunar mission Chandrayaan-1 initial phase orbit determination. Acta Astronaut. 67 (7-8),784-792.

[36] Vondrak, R., Keller, J., Chin, G., Garvin, J., 2010. Lunar Reconnaissance Orbiter (LRO): observations for lunar exploration and science. Space Sci. Rev. 150, 7-22.

[37] Wang, Z.Z., 1990. Principles of Photogrammetry [with Remote Sensing]. Press of Wuhan Technical University of Surveying and Mapping, Publishing House of Sur veying and Mapping, Beijing.

[38] Wang, X.Q., Cui, J., Wang, X.D., Liu, J.J., Zhang, H.B., Zuo, W., Su, Y., Wen, W.B., Rème, H., Dandourasb, 1., Aoustinb, C., Wang, M., Tan, X., Shen, J., Wang, E, Fu, Q., Li, C.L., Ouyang, Z.Y., 2012. The solar wind interactions with lunar magnetic anoma lies: A case study of the Chang'E 2 plasma data near the Serenitatis antipode. Adv. Space Res. 50 (12), 1600-1606.

[39] Wieczorek, M.A., Jolfiff, B.L, Khan, A., Pritchard, M.E., Weiss, B.P., Williams, J.G., Hood, LL, Righter, K., Neal, C.R., Shearer, C.K., McCallum, I.S., Tompkins, S., Hawke, B.R., Peterson, C., Gilfis, J.J., Bussey, B., 2006. The constitution and structure of the lunar interior. Rev. Mineral. Geochem. 60, 221-364.

[40] Wu, B., Guo, J., Zhang, Y., King, B., Li, Z., Chen, Y., 201la. Integration of Chang'E-1 imagery and laser altimeter data for precision lunar topographic modeling. IEEE Trans. Geosci. Remote Sens. 49 (12), 4889-4903.

[41] Wu, B., Zhang, Y., Zhu, Q., 201lb. A triangulation based hierarchical image match lng method for wide baseline images. Photogramm. Eng. Remote Sens. 77 (7), 695-708.

[42] Wu, B., Zhang, Y., Zhu, Q., 2012. Integrated point and edge matching on poor rex rural images

constrained by self-adaptive triangulations. ISPRS J. Photogramm. Remote Sens. 68, 40－55.

[43] Wu, B., Guo, J., Hu, H., Li, Z., Chen, Y., 2013. Co registration of lunar topographic models derived from Chang'E-1, SELENE, and LRO laser altimeter data based on a Novel surface matching method. Earth Planet. Sci. Lett. 364, 68－84.

[44] Yoon, J. S., Shan, J., 2005. Combined adjustment of MOC stereo imagery and MOLA altimetry data. Photogramm. Eng. Remote Sens. 71 (10), 1179－1186.

[45] Zhao, B., Yang, J., Wen, D., 2011. Chang'E 2 satellite CCD stereo camera design and verification. Spacecraft Eng. 20 (1), 14－21.

[46] Zhou, W., Yang, W., 2010. Orbit design for Chang'E-2 lunar orbiter. Spacecraft Eng. 19 (5), 24－28.

[47] Zhu, Q., Wu, B., Wan, N., 2007a. A filtering strategy for interest point detecting to improve repeatability and information content. Photogramm. Eng. Remote Sens. 73 (5), 547－553.

[48] Zhu, Q., Wu, B., Wan, N., 2007b. A subpixel location method for interest points by means of the Harris interest strength. Photogramm. Rec. 22 (120), 321－335.

[49] Zou, X,D., Liu, J.J., Mou, LL, Ren, X., Li, K., Zhao, J.J., Liu, Y.X., Li, C.L, 2012. To pographic analysis of the proposed landing area of Sinus lridum. In: EPSC Abstracts, vol. 7. EPSC2012-151-1.

嫦娥三号粒子激发 X 射线谱仪红外距离感知方法

梁晓华，吴明烨，王焕玉，彭文溪，张承模，崔兴柱，汪锦州，张家宇，杨家卫，
樊瑞睿，高　旻，刘雅清，张　飞，董亦凡，郭东亚

（中国科学院高能物理研究所，北京　100049）

摘要：粒子激发 X 射线谱仪（APXS）是我国嫦娥三号卫星月球巡视器的有效载荷之一，其主要目的是对月面土壤和岩石完成就位探测和离线分析，距离感知功能是保障 APXS 有效探测的一项重要功能。本文首先简要介绍了 APXS 系统，分析了距离感知功能的特殊要求和约束，然后提出了一种利用响应曲线拐点的新型红外距离感知方法。通过理论推导证明了本方法的算法可行性，并且设计实验验证了本方法。理论分析表明，尽管该方法对工作温度和月面反射率不敏感，但是强烈的太阳红外辐射环境可能引起光敏器件饱和。解决措施是适当降低器件增益并避免太阳光直射。

关键词：粒子激发 X 射线谱仪；近红外；距离感知；拐点

0　引言

0.1　嫦娥三号粒子激发 X 射线谱仪距离感知目的

嫦娥三号是我国月球探测工程第二阶段的第一颗卫星。嫦娥三号卫星将在月面软着陆，然后分离成着陆器和巡视器两个部分分别进行科学探测。APXS 是安装于巡视器机械臂上的一台有效载荷，目的是在月面进行巡视过程中，实现对月壤、月岩的就位探测。

APXS 是一台 X 射线荧光分析仪。其工作原理为，利用携带的主动激发源发出的 α 粒子和 X 射线轰击样品表面，产生特征 X 射线，再由 X 射线探测器测量后累积成能谱。通过对能谱分析得到特征 X 射线的能量和强度，从而识别出月球元素种类及其丰度。

基于 APXS 的工作原理，只有当 X 射线探测器贴近被测对象时，才能获得较大的 X 射线荧光接收度，以保证在一定时间内累积足够统计量的数据。因此需要设计专用的距离感知系统以配合机械臂的投放，确定合适的探测距离。

0.2　距离感知器设计需求

适用于 APXS 科学观测要求的距离感知系统设计要求如下。

（1）距离感知系统需要装配于 APXS 探头之上，必须结构小巧、重量轻便和低功耗（小于 1W），具有高可靠性和安全性。

(2)距离感知器必须为非活动结构,发射、着陆阶段巨大的加速度的冲击。

(3)距离感知系统作为在月面工作的舱外设备,需要经受得住月面环境应力的作用,特别是严苛的温度交变应力的作用,根据设计,嫦娥三号将首选着陆于虹湾地区(位于月球北纬43°左右),月面温度范围可达-180～90℃。

(4)距离感知系统必须能够经受月尘的影响。

(5)距离感知系统必须能够对月面复杂的月壤和月岩具有适应性,在一定的范围内(2～10 mm)可以提供可靠的预警功能。

根据如上约束,本文描述的是一种基于近红外(NIR)光学探测的距离感知系统,其系统结构框图如图1所示。其工作原理是,红外发光管产生调制红外脉冲。红外脉冲入射到月面,被月壤或月岩漫散射而被接收管收集,收集到的红外光被转换为电流信号,根据一定的算法处理数据产生就位信号。

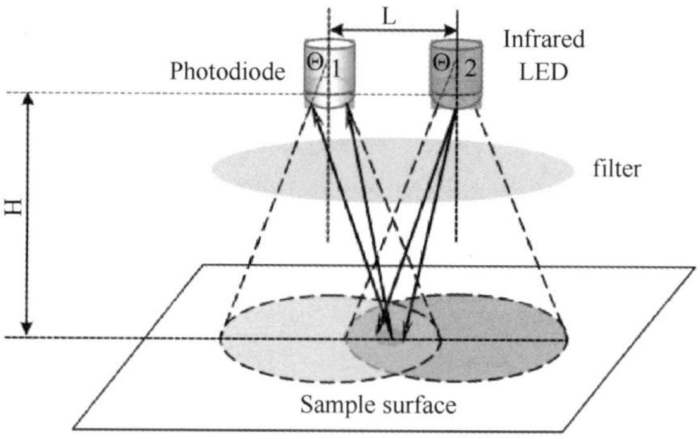

Fig.1　APXS distance sensor working principle

常规红外测距系统[1]的红外接收器件采用具有位置分辨能力的红外接收管,基于三角测量原理测距。由于接收管的信号强度与如下因素相关:距离、发射管的发光效率、滤光片透过率、样品反照率、接收管的光电转换率。而APXS在轨的工作温度变化(-35～35℃),待测的月球物质反照率未知(0.07～0.25范围内变化),以及月尘的附着,都会影响红外信号的强度。上述应用环境的特殊性所带来的约束,导致常规红外测距系统所采用的直接根据信号幅度判断距离的方法误差过大,需要事先标定,适应性差。

而在本系统中使用的是没有位置分辨能力的红外接收管,并设计了完全不同的处理算法,可以消除温度、月壤反照率、月尘的影响。

1　算法原理及实验验证

1.1　原理分析

红外距离感知的工作过程是:红外发射管发出红外光,经过滤片,在样品表面发生漫反射,再经过滤片,进入接收管,转换成电信号,放大输出电压信号。

如图1所示,发射管与接收管的视场范围的交集,是产生信号的样品表面。对该表面进

行微元，在一定距离条件下，输出信号可由式(1)表示

$$U = A \cdot \iint_S I_0 \mu^2 \rho \eta \mathrm{d}\Omega_1 \mathrm{d}\Omega_2 \tag{1}$$

其中，I_0为发射管输出光总强度，μ 为滤光片透过率，ρ 是样品表面反照率，η 是接收管光电转换率，A 为放大倍数。$\mathrm{d}\Omega_1$ 为微元对发射管的接收度，$\mathrm{d}\Omega_2$为接收管对微元发射光的接收度，积分只针对发射管和接收管的视场交集。由于式(1)可以得到，在距离感知器缓慢、均速向样品靠近过程中，红外距离感知输出信号幅度与样品距离的关系曲线如图 2 所示。

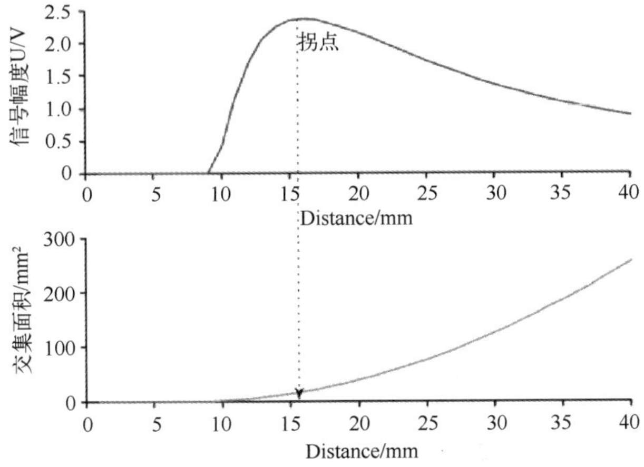

Fig. 2　Theoretical relationship: signal amplitude vs distance, overlapping area vs distance

图 2 显示信号幅度有一个极大值，该极值只和发射管、接收管的几何尺寸和相对位置有关，几乎不受温度(实际要考虑温度造成的形变)、月尘、样品反照率的影响，因此采用这一变化规律，判断拐点的位置，可以准确得到就位距离。

1.2　实验验证

由前面的分析可知，影响信号幅度的三个主要因素温度、月尘、样品反照率应与拐点的位置无关。其中月尘降低滤光片的透过率，其效果与样品反照率的降低是相同的。因此只需要对温度影响和不同样品反照率对拐点的影响进行实验测量，以验证分析结果。

测量结果如下。

(1)不同反照率的样品与拐点的关系实验：一共采用了 940nm 反照率为 7%，10%，15%，25%，35%，45%反射板以及模拟月壤，共 7 种样品，测量了输出幅度与距离的关系曲线，如图 3 所示，数据显示拐点位置分别为 14.4，13.2，14.4，15.2，14，14.8 和 12.8mm。

(2)不同温度下的拐点变化实验：实验温度 20→50→30 →20℃循环变化，每隔 10℃测量一次输出幅度和距离。结果如图 4 所示，输出幅度有显著的变化，但拐点位置变化很小，在 6.8～8.1mm 范围内。

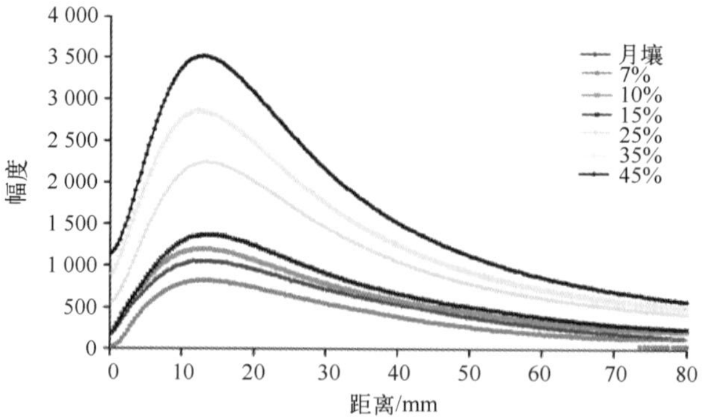

Fig. 3　Test results for samples with different reflectivity

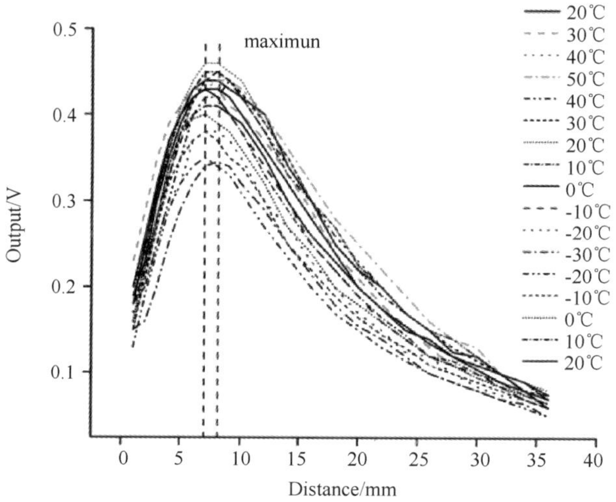

Fig. 4　Output signal amplitude of NIR sensor vs distance at different temperatur

2　太阳辐射影响分析

当阳光照射到样品表面，反射并被红外接收管收集，也会产生输出，影响距离感知功能。如图 5 所示，设太阳高度角为 α，太阳光谱的功率面密度为 $w(\lambda)$（波长 λ 的微分函 数），接收管视场面积为 S，则视场接收到的太阳光谱功率为

$$P(\lambda) = \sin\alpha \cdot w(\lambda) \cdot S \cdot \mathrm{d}\lambda \tag{2}$$

考虑视场内某一面元 A，认为样品表面是朗伯表面，那么面元 A 的反射光中指向接收管的比例为 $\Omega/2\pi$，其中 Ω 为接收管灵敏区相对面元 A 的立体角。对于任意一点，可令

$$\Omega = \frac{S_0 \cdot \cos\theta}{(d/\cos\theta)^2}$$

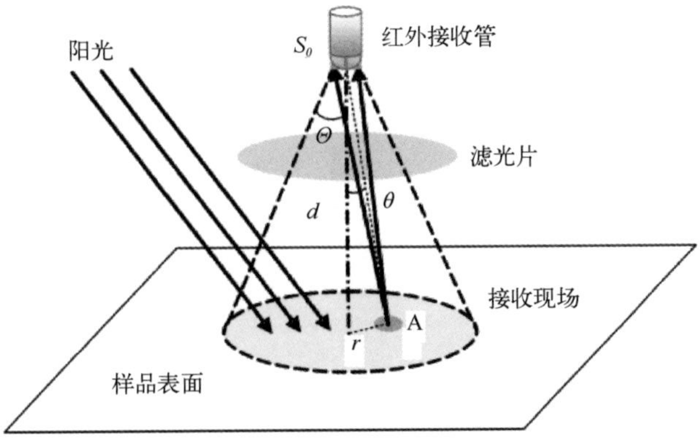

Fig. 5　Diagram about the additional signalsinduced by reflected sunligh

其中 S_0 为接收管灵敏面积，d 为视场中心到接收管的距离，θ 为面元与接收管连线与接受面法线的夹角。面元 A 的面积可写为

$$dA = r \cdot dr \cdot d\varphi = \frac{\sin\theta \cdot d^2}{\cos^3\theta} \cdot d\theta \cdot d\varphi$$

设样品表面的反照率 R，滤光片透过率 $T(\lambda)$，以及接收管的光电转换效率 $\eta(\lambda)$，则接收管对阳光的输出响应为

$$\begin{aligned} U &= \iint_{\lambda,A} \sin\alpha \cdot w(\lambda) \cdot dA \cdot R \cdot T(\lambda) \cdot \eta(\lambda) \cdot d\lambda \\ &= \iiint_{\lambda,\theta,\varphi} \sin\alpha \cdot w(\lambda) \cdot \frac{\sin\theta \cdot d^2}{\cos^3\theta} \cdot R \cdot T(\lambda) \cdot \eta(\lambda) \cdot d\theta \cdot d\varphi \cdot d\lambda \end{aligned} \tag{3}$$

经过定标实验得到的滤光片透过率、光电转换率等计算参数如下表所示，阳光的功率密度见参考文献[2,3]。

Table 1　Parameters for computation of solar radication induced voltage

波长/μm	功率密度/(W · m^{-2} · μm^{-1})	滤光片透过率	光电转换率/(V · nW^{-1})
0.820	1 082	0.003	0.001 595
0.825	1 078	0.004	0.001 606
0.830	1 063	0.004	0.001 614
0.835	1 051	0.004	0.001 635
0.840	1 041	0.003	0.001 645
0.845	1 021	0.002	0.001 643
0.850	971	0.002	0.001 622
0.855	973	0.002	0.001 629
0.860	996	0.002	0.001 644
0.865	964	0.002	0.001 646

续表

波长/μm	功率密度/(W·m^{-2}·μm^{-1})	滤光片透过率	光电转换率/(V·nW^{-1})
0.870	950	0.002	0.001 624
0.875	994	0.002	0.001 620
0.880	984	0.002	0.001 612
0.885	974	0.005	0.001 591
0.890	964	0.008	0.001 583
0.895	953	0.015	0.001 555
0.900	943	0.040	0.001 547
0.905	933	0.122	0.001 530
0.910	923	0.342	0.001 497
0.915	914	0.668	0.001 460
0.920	904	0.909	0.001 434
0.925	894	0.968	0.001 398
0.930	884	0.934	0.001 385
0.935	875	0.746	0.001 349
0.940	866	0.426	0.001 306
0.945	856	0.166	0.001 247
0.950	848	0.058	0.001 189
0.955	838	0.024	0.001 137

不同条件的距离感知对阳光的输出响应的计算结果如表 2 所示,其中 α 为太阳高度角,θ 为接收管半接收角。

Table 2　Response of distance meter to solar radiation under different conditions

月壤反照率	$\alpha=30^\circ$			$\alpha=45^\circ$		
	$\theta=15^\circ$	$\theta=17.5^\circ$	$\theta=20^\circ$	$\theta=15^\circ$	$\theta=17.5^\circ$	$\theta=20^\circ$
0.09	1.80	2.49	3.32	2.55	3.53	4.70
0.15	3.01	4.16	5.54	4.25	5.88	7.84
0.21	4.20	5.82	7.76	5.95	8.24	10.97
0.27	5.41	7.49	9.97	7.64	10.58	14.1

结合距离感知放大器的最大输出为 12V,而距离感知器自身的输出约为 5V,那么当月壤反照率较高或太阳高度角较大时(例如),很容易发生饱和。

为了避免饱和,可以从两个方面采取措施:一是采用合适的接收管视场,并合理设计信号增益,使信号强度不饱和;二是红外感知系统尽量不工作于强光照环境下,如有可能利用巡视器为 APXS 制造工作阴影区。

3　结论

基于拐点的算法，实现了一套基于非成像红外传感器距离感知系统。该系统适应月面恶劣的环境。实验测试表明，在不同温度和不同反照率情况下，距离感知系统都可以在 5～15mm 范围内给出有效的就位信息，满足工程需求。

另外，对太阳辐照的理论计算表明太阳光很可能导致红外接收管的输出饱和，不能正常响应，因此需考虑在阴影下或低太阳高度角下工作。

参考文献

[1] FU Xin-xin，GONG Chun-hua，LIU Meng-jun（富鑫鑫，龚春花，刘孟君）. Journal of Shanghai University of Electric Power（上海电力学院学报），2010，26（4）：395.

[2] http://rredc.nrel.gov/solar/spectra/am1.5/.

[3] Gueymard C. Solar Energy，2004，76（4）：423.

嫦娥三号粒子激发 X 射线谱仪能谱温度影响的修正方法

吴明烨，王焕玉*，彭文溪，张承模，张家宇，崔兴柱，梁晓华，汪锦州，杨家卫，樊瑞睿，刘雅清，董亦凡，吴 峰，赵小芸

中国科学院高能物理研究所，北京 100049

摘要： 粒子激发 X 射线谱仪（APXS）是中国探月工程二期嫦娥三号月球巡视器的有效载荷之一。简要介绍 APXS 的工作原理、组成部分，以及它在月面的工作环境，通过模拟及实验研究了月面热环境对 APXS 的影响，结果显示，APXS 将工作在显著的变温过程中。相对恒温过程，APXS 在变温过程中的能量分辨率明显变差。为了消除该温度效应的影响，提出了一种基于皮尔逊卡方检验（Pearson's chi－squared test）的修正方法，能够有效提高变温过程中的能量分辨率。通过温度循环实验中变温阶段的数据对该方法进行了测试，结果表明，该方法具有很好的修正效果和较高的可靠性。

关键词： 粒子激发 X 射线谱仪；温度影响；修正；皮尔逊卡方检验

引 言

中国探月工程二期——嫦娥三号将实现月面软着陆，在月球表面进行实地探测。嫦娥三号由着陆器和月球巡视器两部分组成，着陆成功后，月球巡视器与着陆器分离，可以在设定的控制范围内自由活动，对感兴趣的月岩、月壤等进行研究。

月球巡视器携带的粒子激发 X 射线谱仪（Alpha Particle X－ray Spectrometer，APXS），是基于荧光分析方法的元素含量分析仪器。APXS 携带了 30mCi 的同位素放射源，利用其发出的 α 粒子、X 射线轰击被测样品，产生 X 射线荧光，同时利用硅漂移探测器（silicon drift detector）测量 X 射线荧光能谱，从而实现元素的定量分析。

APXS 系统由三部分组成：（1）APXS 探头；（2）电控箱；（3）月夜生存及定标装置。其中，APXS 探头包含同位素放射源、硅漂移探测器、前置放大器、成形电路等，安装在机械臂的首端，在机械臂的操作下，可以贴近选取的月岩进行分析。电控箱包含电源、探测器后端电子学、控制电路等，安装在巡视器舱内。月夜生存装置包含一个 Radiation Heating Unit（RHU）热源，用于月夜低温环境下给 APXS 探头加热，保障 APXS 安全渡夜；定标装置为一块标准岩石样品，用于在轨定标。

---

* 通讯联系人 e－mail：wanghy@ihep.ac.cn

由于月球巡视器由太阳能电池板提供能量，需要在一定强度的太阳辐照下才能工作，因此 APXS 将在月昼、太阳高度角>5°的时段工作。而月球表面高真空、月表物质低热惯性的特点，导致太阳辐照下月面温度升高很快[1]。嫦娥三号的首选着陆点——虹湾地区位于月球北纬 43°左右，月昼可达 90℃[2]。APXS 每次的测量时间为 30min，在该过程中，太阳和月面的热辐射、探头中电子器件的发热将导致探头温度升高。

根据 APXS 工作过程中的太阳高度角的变化，通过模拟和实验研究了月面工作过程中 APXS 探头的温度变化，结果表明：在 30min 的工作过程中，探头将经历显著的变温过程，探头散热面的温度变化范围可达 - 44～48℃。

根据上述温度变化范围，通过一项高低温循环实验研究了温度对 APXS 性能的影响，发现随着温度的变化，测量能谱的道址出现了显著的漂移，而能谱形状变化很小。该效应导致：相对恒温过程，APXS 在变温过程中的能量分辨率明显变差。而月面探测中，变温过程难以避免，因此月面温度效应是影响 APXS 性能的重要因素。

提出了一种基于皮尔逊卡方检验的温度修正方法，可以有效改善 APXS 在变温过程中的能量分辨率。

1　APXS 温度影响的实验结果

在不同温度下对 APXS 探头进行了实验测量，实验中探头散热面温度范围为 - 50～50 ℃，每 5 ℃变化后平衡 45 min 测量一次 ^{55}Fe 放射源的能谱。实验结果显示，在该温度范围内：

(1)能量 - 道址的线性关系良好。

(2)能谱的道址漂移。

若能量响应函数为 $E = K \times Chn + C$，其中 E 为探测器沉积能量，Chn 为道址，K 和 C 为常数。实验结果表明，K 受温度影响很小，相对 0℃变化小于 ± 3%；C 受温度影响显著，相对 0℃变化可达 30%。该效应导致能谱道址显著漂移，例如，实验中 5.9keV 的道址，从约 420 漂移到约 450。

(3)能量分辨率变化幅度较小，相对 0℃，变化小于 ± 5%。

实验结果表明，温度影响的结果主要是能谱道址的漂移，而能谱形状变化很小，其原因分析如下：

在温度变化范围 - 50～50℃的条件下，由于硅漂移探测器带有半导体制冷器，能够使探测器与散热面之间形成 - 70℃的温度梯度，因此探测器能够保持 - 20℃以下；前端电子学电路直接通过散热面被动散热，温度略高于散热面，并且模拟电路容易受温度影响，因此温度变化主要影响了前端电子学。

2　基于能谱处理的修正方法

2.1　方法原理描述

对于一段时间的测量，能谱每道的计数是相互独立的泊松分布。假设两段时间 T_1 和

T_2,在 T_2 时段 APXS 因为温度变化能谱道址漂移了 Δ 而谱形不变,那么,如果对 T_2 时段的能谱平移 $-\Delta$,则平移后的能谱数据与 T_1 时段的能谱数据近似符合同一个参数未知的分布列。在样本容量(即能谱计数)较大的情况下,可以通过皮尔逊卡方检验(Pearson's chi - squared test)[3]得到 Δ,方法如下:

设 T1 时段的能谱为 $M_1[x_1, x_2, x_3, \cdots]$,$T_2$ 时段的能谱为 $M_0[Y_1, Y_2, Y_3, \cdots]$,假设一组间隔很小、线性变化的漂移量实验值,设经过平移 $-\Delta_j$ 的能谱数据为 $M_2[y_1, y_2, y_3, \cdots]$,令 $\Delta_j = I + F$,其中 I 为整数,$0 \leqslant F < 1$,则线性插值得到

$$y_i = (1-F) \times Y_{i+I} + F \times Y_{i+I+1} \tag{1}$$

计算 M_1 和 M_2 的检验量 X^2,

$$Ex_i = \sum_i x_i (x_i + y_i) / \sum_i (x_i + y_i) \tag{2}$$

$$Ey_i = \sum_i y_i (x_i + y_i) / \sum_i (x_i + y_i) \tag{3}$$

$$X^2 = \sum_i \left(\frac{(x_i - Ex_i)^2}{Ex_i} + \frac{(y_i - Ey_i)^2}{Ey_i} \right) \tag{4}$$

当样本容量足够大时,X^2近似满足 χ^2分布,自由度为 $N-1$,其中 N 是 M_1 和 M_2 数据的列数[4]。因此当 X^2最小时,平移后的能谱 M_2 与对比能谱 M_1 的相关性最高,则对应的 Δ_j 即为所求Δ。

实际处理 APXS 30min 的能谱数据时,可以将其划分成若干相同的时段,由于相邻时段的谱形差异较小,因此对每相邻两个时段的能谱计算漂移量 Δ,然后相对初始时段进行平移、累加,即完成了温度影响的修正。

该方法要求:

(1)能谱数据在漂移长度内不具有周期性。

APXS 能谱由几个到十几个高斯型的特征 X 射线峰和连续本底组成,特征 X 射线峰的位置不具有周期性;每道计数具有统计涨落,在统计量较大的情况下,偶然形成周期性的概率可忽略,因此满足要求。

(2)皮尔逊卡方检验用于衡量两组随机变量的相关性,要求样本容量较大,即要求参与计算的每道计数较大。

在确定漂移量 Δ 的计算中关心的是不同假设漂移量 Δ_j 的能谱与对比能谱的相对相关性,因此选择部分计数较大的道址参与计算即可。在月面探测中,APXS 的计数率约为 800cps,选择适当的时间长度,即可使每段能谱中 X 射线峰的计数较高,满足样本容量的需求。

2.2 实施方案

2.2.1 时间段的长度

APXS 每隔 8s 记录一次能谱,因此修正时段的长度为 8s 的倍数。再考虑到总时间长度为 1 800s,因此设置了不同的时段长度,分别为 32,64,128,192,256,384,512s。

2.2.2 漂移量实验值的步长及范围

漂移量实验值 Δ_j 的步长为 0.01 道,范围覆盖可能的漂移量,与时段长度相关。

2.2.3　忽略计数值较小的道址

当计数值较低时,皮尔逊卡方检验的准确度降低。在该修正方法中,忽略计数值<10 的道址。

3　变温实验及测试

3.1　温度循环实验

实验设备:高低温实验箱;APXS;计算机、电源等。

X 射线源:^{55}Fe 放射源。

温度测量点:位于 APXS 探头散热面中心。

温度循环曲线:如图 1 所示,每次循环在高温 50℃、低温 -50℃保持 4 h 45 min,升温和降温阶段均为 35 min。

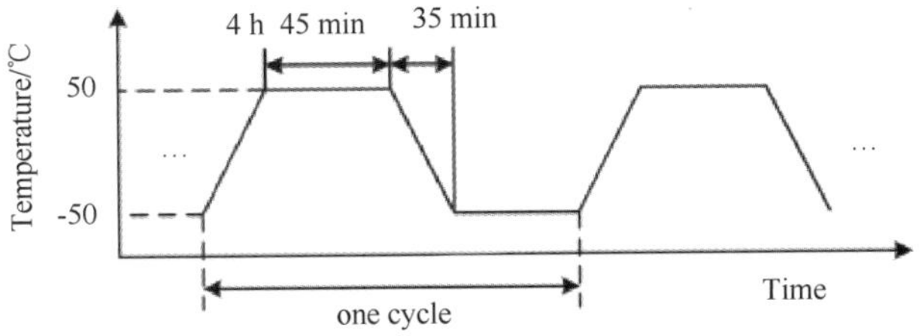

Fig.1　Temperature curve of temperature cycling test

3.2　测试方案

每个温度循环含有一段升温和降温过程,持续时间均为 35min 左右,探头温度在 ± 50℃ 之间连续变化。对这段时间的测量能谱进行修正,比较修正前后以及不同时段长度修正结果的能量分辨率。

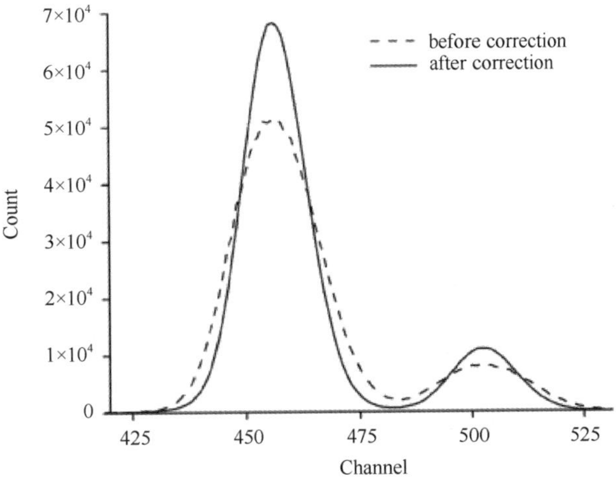

Fig.2　Spectra before and after correction

4　结果与讨论

对实验得到的 24 幅能谱按 7 种时间段长度进行了修正,其中一幅修正前后(时段长度为 128s)的能谱如图 2 所示。对修正前后的 24×8 幅能谱进行高斯多峰拟合,得到 5.9keV 的能量分辨率,以全能峰的 FWHM(半高全宽)表示,如表 1 所示。

Table 1 Energy resolution at 5.9keV, before and after correction

序号	修正前 FWHM/eV	修正后 FWHM/eV 时段长度/s 32	64	128	192	256	384	512
1	272.3	214.2	211.7	211.8	212.1	212.4	213.9	215.9
2	269.4	211.4	208.8	208.6	208.8	209.7	210.4	213.0
3	263.1	207.9	204.3	204.0	204.7	205.2	205.8	208.0
4	267.1	211.8	208.8	209.1	209.2	209.8	210.7	212.8
5	267.5	211.6	208.3	209.0	208.9	209.7	210.4	212.5
6	265.7	215.5	212.2	212.0	212.7	213.1	214.3	215.6
7	267.1	210.3	208.1	208.2	208.6	208.8	209.8	211.8
8	270.2	211.4	209.1	208.8	209.2	209.9	210.5	213.1
9	268.6	210.5	208.4	208.2	208.8	209.1	209.8	212.0
10	266.2	209.4	206.9	207.6	207.5	208.4	209.3	211.5
11	267.5	211.9	209.9	210.4	210.4	211.2	211.9	214.0
12	269.6	213.4	211.1	210.8	211.4	212.0	212.9	214.7
13	263.4	219.5	215.3	215.6	215.9	216.2	217.1	218.1
14	262.2	221.6	218.1	218.2	218.2	218.4	219.6	220.5
15	261.2	224.9	220.7	220.8	220.8	221.3	222.2	223.5
16	268.6	210.8	207.3	207.6	207.9	208.2	209.2	210.9
17	270.7	212.9	209.8	209.5	209.7	210.5	211.2	212.9
18	263.7	224.2	218.9	219.2	219.3	219.4	220.6	221.5
19	270.5	216.0	212.1	212.0	212.2	212.9	214.1	215.3
20	262.9	217.1	212.8	212.8	213.3	213.5	214.5	216.2
21	261.6	217.2	213.1	213.6	213.7	214.1	214.9	216.1
22	263.6	219.7	215.7	215.2	216.0	216.3	216.9	218.4
23	260.6	223.4	217.8	217.6	217.8	218.0	218.5	219.2
24	268.0	210.7	207.3	207.4	207.7	207.8	208.8	210.3

结果显示,24 幅能谱均得到了有效的修正,5.9 keV 的 FWHM 从 265 eV 左右降低到 210 eV 左右。修正后的能量分辨率相当于恒温状态 20℃的水平。

不同的时段长度的修正结果显示,时段过短或过长的修正效果较差。这是因为时段过短,每段能谱计数较少,统计性较差,导致皮尔逊卡方检验判断漂移量的准确度降低;时段过长,则每段能谱本身受到漂移影响较大,因此修正效果较差。所以,该修正方法需要选择合适的时段长度,在统计性和修正效果之间取得平衡。同时,该方法在能谱计数较大时,修正效果较好。

5　结论

月面特殊的环境导致 APXS 将工作在变温过程中，而变温过程中，受峰位温度漂移的影响，APXS 能量分辨率显著变差。本工作提出的基于皮尔逊卡方检验的修正方法，能够有效修正温度漂移，提高 APXS 在变温过程中的能量分辨率，达到恒温状态的水平。

该方法可以用于解决能谱、光谱等谱学测量中，由于环境不稳定、仪器不稳定等因素造成的能谱形状变化微小而道址漂移的问题。限于皮尔逊卡方检验的准确度受样本容量的影响，该方法在能谱计数较大时的修正效果较好。当能谱计数太低时，可以采用其他算法取代皮尔逊卡方检验，例如 Anderson - Darling K - sample 检验[5,6]，可用于检验 K 个样本的相关性，能够更好地兼顾数值小的数据项，在样本容量低的情况下比卡方检验有更好的表现[7]，适用于检验 X 射线荧光能谱的相关性[8]。

参考文献

[1] Heiken G, Vaniman D, et al. Lunar Sourcebook: A User's Guide to the Moon. Cambridge: Cambridge University Press, 1991.
[2] Lawson S L, Jakosky B M, et al. J. Geophys. Res., 2000, 105(E2): 4273.
[3] Plackett R L. International Statistical Review, 1983, 51(1): 59.
[4] Statistics for Applications. MIT Open Course Ware, 2007.
[5] Anderson T W, Darling D A. Annals of Mathematical Statistics, 1952, 23: 193.
[6] Scholz F W, Stephens M A. Journal of the American Statistical Association, 1987, 82: 918.
[7] Stephens M A. Journal of the American Statistical Association, 1974, 69(347): 730.
[8] Mantero A, Bavdaz B, et al. IEEE Nuclear Science Symposium Conference Record, 2003, 3: 1527.

第三篇

月基探测篇

在完成了预定科学探测后，嫦娥二号卫星从月球轨道出发，前往距离地球 150 万千米远的日 – 地拉格朗日 L2 点开始拓展任务，完成了对 L2 点附近的空间环境探测，并实现 150 万千米远距离测控与通信。后又通过精确测轨，在距离地球 702 万千米的深空，以 10. 73 km/s 的相对速度，对编号为 4179 的图塔蒂斯小行星进行了飞越探测，成功实施了再拓展任务，验证了小天体探测的轨道设计与飞行控制技术；并进行了空间测试和标校试验，验证了测控设备的协调性。

嫦娥三号利用搭载的月基天文望远镜，实现了在月面近紫外波段对可见天区进行观测，不但刷新了月球外逸层中水含量探测的新记录，而且验证了宇宙中双星物质普遍规律及其在交流和研究演化上取得的一系列新进展。同样，利用嫦娥三号搭载的极紫外相机，实现了对地球等离子体层的整体观测，首次发布了地球等离子体层 30. 4 nm 辐射大视场子午面二维影像，确认了地球等离子体层的尺度与地磁活动强度的反相关关系，发现了地球等离子体层边界在磁层亚暴的影响下发生的凸起现象。

本篇主要介绍利用嫦娥二号平台开展对编号为 4179 的图塔蒂斯小行星飞越探测、利用嫦娥三号搭载的月基天文望远镜和极紫外相机开展的科学探测所获取的相关科学成果。

第 7 章　小行星探测

7.1　小行星简述

小行星是 46 亿年前太阳系初期形成的行星体，也有人认为小行星是由一个大行星在亿万年前被撞击碎裂之后的遗留物。事实上如果将所有小行星的质量加起来考虑成一个“大行星”，这个“大行星”的直径也只有 1 500 km 左右，还不到月球直径的 1/2。

小行星是围绕太阳运行的岩石或金属天体，它们的体积不大。最大的是 1 号小行星谷神星(Ceres)，它的直径约有 1 000 km ，小的小行星则只有十几米。在目前已经发现的小行星中，直径大于 240 km 的只有 16 颗。小行星在太阳系内运动范围从地球轨道内侧一直延伸到太阳系边缘，其中绝大多数小行星分布在火星和木星轨道之间，称之为主带小行星。少数小行星的轨道和地球的轨道很接近，有些甚至已经和地球相撞湮灭了，这类小行星被称作近地小行星，它也是对地球和人类的生存和安全构成潜在危险的一类小行星。

小行星的表面性质和物质成分可用光谱法、多色测光法、偏振法、红外及射电辐射法、雷达等手段进行探测。衡量小行星表面性质的一个重要参数是其反照率，这跟小行星表面物质的性质(成分、颗粒大小、表面结构等)有关。最初小行星被划分为反照率小的碳质(C 型)小行星和反照率大的石质(S 型)小行星。随后又结合反射光谱等特征而分为很多类型(C、B、F、G 、P、D 、T、S、M 、E 、A 、Q 、R 、V 型等)。最新的分类研究应用反射光谱和反照率，把小行星分为 S、C、X 三大类以及一些次要的异常类型，每个大类下面又分出亚类，共 26 个光谱类型。

小行星表面的反射光谱反映了其本身的物质组成。如 S 型小行星的表面主要成分为硅酸盐与金属铁；M 型主要为金属铁；C 型富含碳质和有机质成分，类似于碳质球粒陨石。不同类型的小行星位于太阳系的不同区域，反映了太阳系早期形成和演化的历史。小行星在漫长的太阳系演化过程中，相互发生碰撞并破裂成众多碎片，有些碎片进入地球重力场而陨落成为陨石。因此，陨石是研究小行星以及太阳系的珍贵样品。

小行星也是人类深空探测的主要对象之一，开展小行星探测有如下重要科学意义：

1)小行星轨道的演化机制；

2)小行星的成因和演化历史，以及小行星母体内部的熔融分异机制；

3)了解太阳系原始物质特性；

4)小行星与陨石之间的关联性；

5）生命起源；

6）小行星－恒星物质关联性，以及恒星和行星形成与演化；

7）资源性小行星及其空间分布；

8）小行星碰撞地球的动力学机制及其对地球、生命的影响，以及规避撞击的风险评估和技术等。

小行星是国际深空探测活动的重要对象，是探索太阳系起源的重要研究领域。

7.2　首次获取图塔蒂斯近距离影像数据

嫦娥二号卫星在完成历时半年的环月探测任务后，于 2011 年 6 月 9 日从月球轨道逃逸，采用低能量轨道转移至日－地拉格朗日 L2 点。经精准控制与测量，嫦娥二号在完成 L2 点拓展任务后存留约 120 m/s 速度增量的可用推进剂，再次拓展实施了与 4179 号图塔蒂斯（Toutatis）小行星的交会试验任务。2012 年 12 月 13 日，嫦娥二号飞离日地拉格朗日 L2 点 195 天后，成功飞抵距地球约 700 万千米远的深空，以 10.73 km/s 的相对速度，与图塔蒂斯小行星由远及近擦身而过，首次实现我国对小行星的飞越探测。16 时 30 分 09 秒，嫦娥二号与小行星相对距离达到最近，为 3.2 km。交会时嫦娥二号星载监视相机对小行星进行了光学成像，这是国际上首次实现对该小行星近距离探测，使中国成为继美、欧、日之后第 4 个开展小行星探测的国家，突破并验证了小天体探测的轨道设计与飞行控制技术，实现了我国航天飞行从 40 万千米到 700 万千米以远的跨越；为嫦娥三号任务新建成的喀什 35 m、佳木斯 66 m 大型深空站和上海 65 m VLBI 站提供了最佳合作目标，进行空间测试和标校试验，验证了天地测控设备的正确性和协调性，开辟了我国航天活动一次发射任务同时开展月球、L2 点、小行星等多目标、多任务探测的先河。

小行星图塔蒂斯（编号 4179）是一颗近地小行星，1934 年被首次发现，但很快丢失，直到 1989 年被法国天文学家再次发现，并以凯尔特神话中的战神图塔蒂斯命名。该小行星体积约 1.70 km×2.03 km×4.26 km，其轨道远日点接近木星轨道，近日点处于地球轨道附近。由于轨道周期共振，基本每四年接近地球一次，上一次接近地球是在 2008 年 11 月 9 日，距离约 751 万 km。图塔蒂斯的形状及自转都极具特点，对其开展研究还有助于了解小行星在早期太阳系演化的重要科学信息。

通过所获取的高精度图塔蒂斯影像数据的研究，获取了如下主要的科学成果：

1）嫦娥二号观测的小行星 4179 的方位和旋转参数：角动量方位和两个旋转周期分别是 5.38 d 和 7.40 d。

2）利用嫦娥二号卫星在拓展任务期间获得的小行星图塔蒂斯图像数据，测算分析了其表面撞击坑和岩块的大小和分布特征，建立了该小行星的多面体模型和球谐系数，重塑了其原始表面；发现图塔蒂斯小行星表面撞击坑在双瓣上的分布存在差异，大瓣的撞击坑密度更大，表明图塔蒂斯的形成可能是由两个部分碰撞结合的结果，暗示着它们具有不同的表面年龄；揭示了该小行星表面曾遭受大量小天体撞击，其中南极地区直径近乎 800 m 的大型撞击坑由直径 50 m 的撞击体轰击形成。

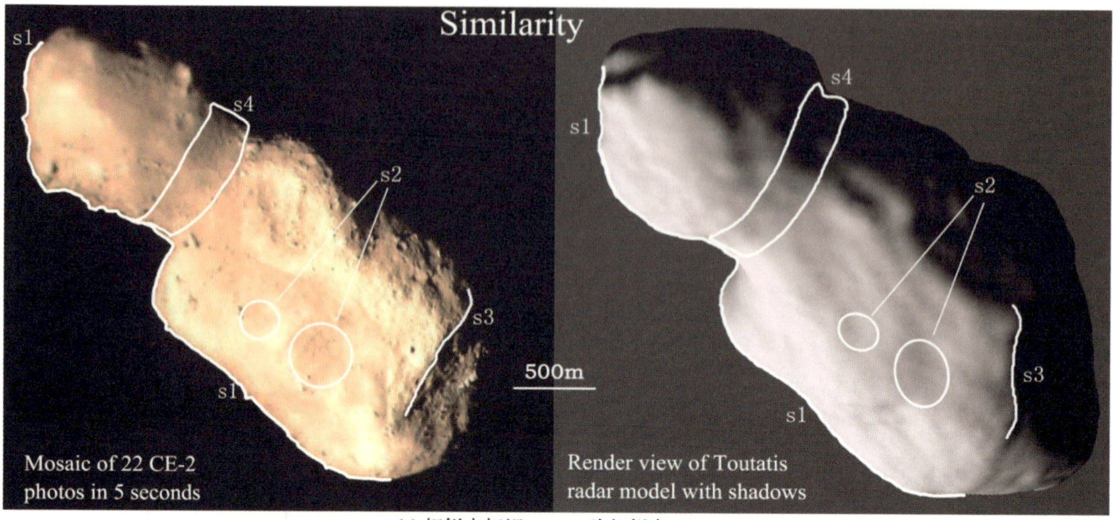

(a) 相似点标识，s_1~s_4 为相似点

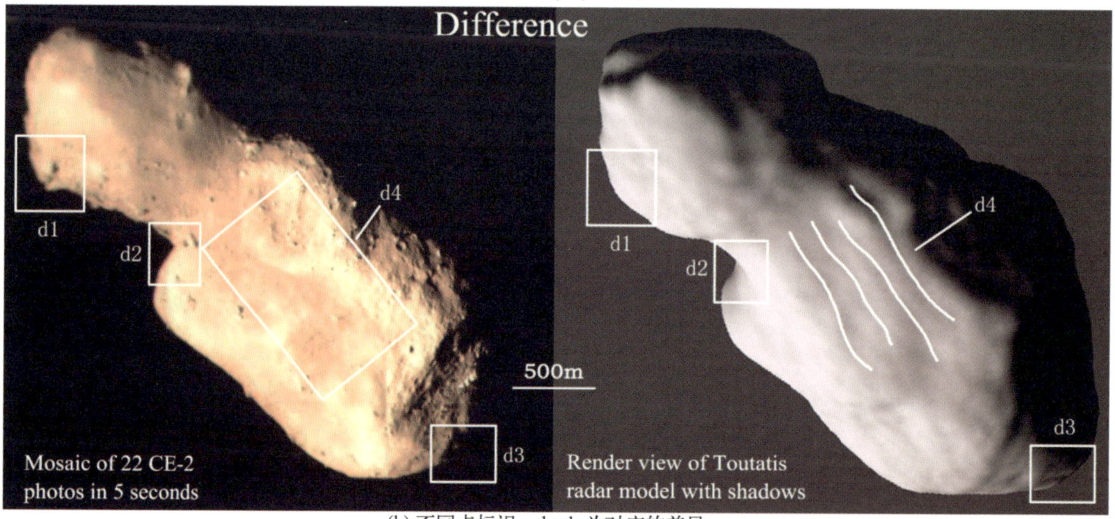

(b) 不同点标识，d_1~d_4 为对应的差异

图 7-1　小行星影像镶嵌结果和雷达模型同视角可见区域的异同

研究认为这种比较分析对进一步加深对雷达影像的理解并改进小行星模型很有帮助。将来还可以通过照片进一步修正并细化小行星表面模型，比如增加补充上面的撞击坑、隆起、石块、沟壑等结构。[8]

3)通过对影像数据、撞击坑特性及其分布特征等的综合分析，提出了图塔蒂斯很可能是一颗具有碎石堆结构的双小行星的观点(图 7-2)。

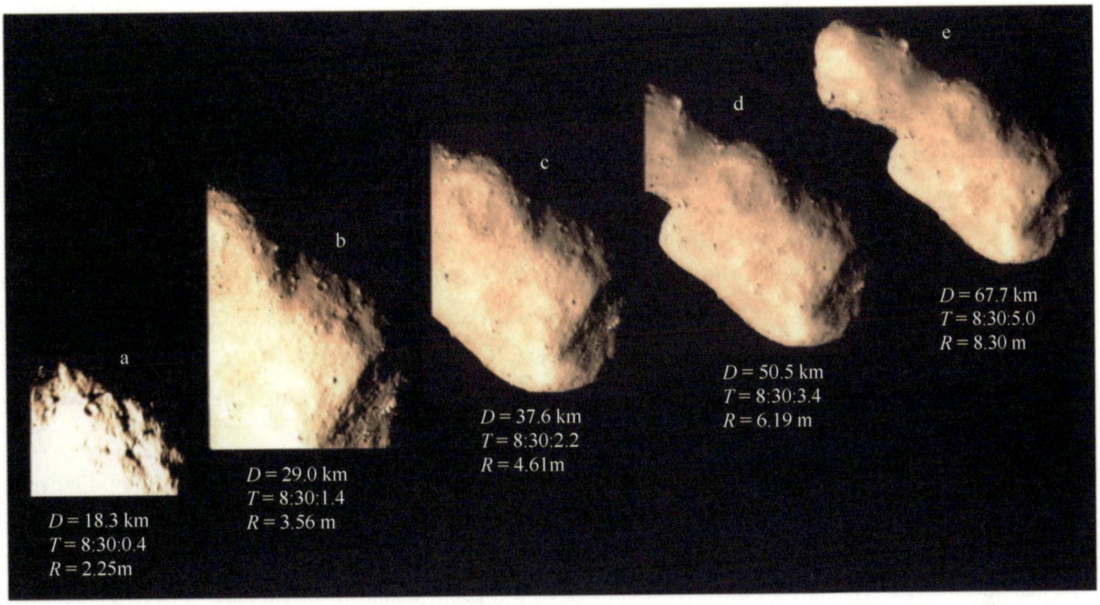

图 7-2　嫦娥二号飞越图塔斯小行星的高分辨影像图。从图像 a 到图像 e，探测器逐渐远离小行星[7]

D—拍摄图像的距离；*T*—飞越的时间(UTC 时间)；*R*—每一幅图像的分辨率。距离误差为 1. 1 km。

参考文献

[1] 刘磊，吴伟仁，唐歌实，周建亮．“嫦娥二号”后续小行星飞越探测任务设计[J]．国防科技大学学报，2014，36(2)：13－17.

[2] Yanlong Buet al. NEW INSIGHTS OF ASTEROID 4179 TOUTATIS USING CHINA CHANG’E-2 CLOSE FLYBY OPTICAL MEASUREMENTS. The Astronomical Journal，149：21 (11pp)，2015 January.

[3] Yun Jianget al. Boulders on asteroid Toutatis as observed by Chang’e－2. Nature Scientific Reports，2015－11－02.

[4] 赵玉晖，等．嫦娥二号飞越图塔蒂斯成像策略及预期成像结果研究[J]．天文学报，2013，54(5).

[5] 黄江川，等．嫦娥二号卫星飞越 4179 小行星逼近策略及成像技术[J]．中国科学：技术科学，2013，43(5)：478－486.

[6] Xiang－Yu Li et al. Modeling method and preliminary model of Asteroid Toutatis from Chang’E-2 optical images，Acta Mechanica Sinica (2014) 30(3)：310－315.

[7] Jiangchuan Huang et al. The Ginger－shaped Asteroid 4179 Toutatis：New Observations from a Successful Flyby of Chang’e－2，Nature Scientific Reports，2013－12－12.

[8] Xiaoduan Zou et al. The preliminary analysis of the 4179 Toutatis snapshots of the Chang’E-2 flyby，Icarus 229 (2014) 348－354.

[9] Zhu，M. H.，W. Z. Fa，W. H. Ip，J. C. Huang，T. T. Liu，L. Z. Meng，J. Yan，A. A. Xu，Z. S. Tang，X. L. Wang and D. Qiao (2014). Morphology of asteroid (4179) Toutatis as imaged by Chang’E-2 spacecraft. Geophysical Research Letters 41(2)：328－333.

[10] Cao J，Liu Y，Hu S，et al. Navigation of Chang’E-2 asteroid exploration mission and the minimum

distance estimation during its fly - by of Toutatis[J]. Advances in Space Research，2015，55(1)：491 - 500.

[11] Yang. Near - Earth asteroid flyby trajectories from the Sun - Earth L2 for Chang'e - 2's extended flight[J]. Acta Mechanica Sinica，2013，29(1)：123 - 131.

[12] Yang Gao. The analysis of the Earth co - orbital motion of Chang'e - 2 after asteroid flyby[J]. Science Bulletin，2014，59(17)：2045 - 2049.

[13] Liu L，Liu Y，Cao J，et al. CHANG'E-2 lunar escape maneuvers to the Sun - Earth L2 libration point mission[J]. Acta Astronautica，2014，93：390 - 399.

[14] Qiao D，Cui P，Wang Y，et al. Design and analysis of an extended mission of CE-2：From lunar orbit to Sun - Earth L2 region[J]. Advances in Space Research，2014，54(10)：2087 - 2093.

[15] Wang Y，Qiao D，Cui P. Design of optimal impulse transfers from the Sun - Earth libration point to asteroid[J]. Advances in Space Research，2015，56(1)：176 - 186.

[16] Zhao Y，Ji J，Huang J，et al. Orientation and rotational parameters of asteroid 4179 Toutatis：new insights from Chang'e - 2's close flyby[J]. Monthly Notices of the Royal Astronomical Society，2015，450(4)：3620.

[17] Gao Y，Li HN，He SM，First - round design of the flight scenario for Chang'e - 2's extended mission：takeoff from lunar orbit[J]. doi：10. 1007/s10409 - 012 - 0111 - x. ACTA MECHANICA SINICA，2012，5：1466 - 1478.

[18] Liu L，Liu Y，Cao J，et al. CHANG'E-2 lunar escape maneuvers to the Sun - Earth L2 libration point mission[J]. Acta Astronautica，2014，93：390 - 399.

[19] LIU Lei；LIU Yong；CAO Jian - feng；TANG Ge - shi；ZHOU Jian - liang. Mission Design of the CHANG'E-2 Asteroid Exploration. [J]. Yuhang Hsueh Pao (Journal of Astronautics). 2014，Vol. 35(No. 3)：262 - 268.

[20] Lei L，Weiren W U，Tang G，et al. Design of an asteroid flying - by mission for CHANG'E-2[J]. Journal of National University of Defense Technology，2014，36(2)：13 - 17.

[21] 曹建峰，胡松杰，黄勇，等. 嫦娥二号卫星日地拉格朗日 L _ 2 点探测轨道定轨分析[J]. 武汉大学学报(信息科学版)，2013，38(9)：1029 - 1033.

[22] 曹建峰，胡松杰，黄勇，等. "嫦娥二号"卫星拓展试验轨道计算中心天体的选取[J]. 中国空间科学技术，2013，V33(2)：13 - 18.

[23] 曹建峰，胡松杰，刘磊，等. "嫦娥二号"小行星探测试验定轨计算与分析[J]. 北京航空航天大学学报，2014，40(8).

[24] 曹建峰，李培佳，谢剑锋，等. CE-2 小行星探测试验轨道快速重建研究[J]. 飞行器测控学报，2013，32(3)：251 - 256.

[25] 胡寿村，季江徽，赵玉晖，等. 嫦娥二号飞越小行星试验中图塔蒂斯轨道确定与精度分析[J]. 中国科学：技术科学，2013，43(5)：506 - 511.

[26] 黄江川，王晓磊，孟林智，等. 嫦娥二号卫星飞越 4179 小行星工程参数分析[J]. 中国科学：技术科学，2013(6)：596 - 601.

[27] 梁军强，王晓磊，宋涛. 嫦娥二号卫星推进系统拓展任务性能分析[J]. 中国科学：技术科学，2013(7)：733 - 738.

[28] 刘磊，李勰，曹建峰，等. 嫦娥二号平动点间转移轨道方案研究[J]. 系统工程与电子技术，2014，36(7)：1386 - 1391.

[29] 刘磊，刘勇，曹建峰，等．“嫦娥二号”探测小行星任务转移轨道设计[J]．宇航学报，2014，35(3)：262－268.

[30] 卢晓猛，王建峰，毛永娜，等．4179 号小行星地基光学观测的天文定位研究[J]．中国科学：技术科学，2013(6)：614－617.

[31] 乔栋，黄江川，崔平远，等．嫦娥二号卫星飞越探测小行星的目标选择[J]．中国科学：技术科学，2013(6)：602－608.

[32] 乔栋，黄江川，崔平远，等．嫦娥二号卫星飞越 Toutatis 小行星转移轨道设计[J]．中国科学：技术科学，2013，43(5)：487－492.

[33] 王建峰，姜晓军，白金明，等．4179 号小行星地基光学观测[J]．中国科学：技术科学，2013，43(6)：618－622.

[34] 吴伟仁，崔平远，乔栋，等．嫦娥二号日地拉格朗日 L2 点探测轨道设计与实施[J]．科学通报，2012(21)：1987－1991.

[35] 吴伟仁，罗辉，谌明，等．面向日地拉格朗日 L2 点探测的深空遥测数传系统设计与试验[J]．系统工程与电子技术，2012，34(12)：2559－2563.

[36] 周文艳，黄昊，刘德成，等．嫦娥二号卫星日地 L2 点扩展任务轨道设计[J]．中国科学：技术科学，2013 (6)：609－613.

Boulders on asteroid Toutatis as observed by Chang'E-2

Yun Jiang[1], Jianghui Ji[1], Jiangchuan Huang[2], Simone Marchi[3], Yuan Li[4] & Wing-Huen Ip[4,5]

1 Key Laboratory of Planetary Sciences, Purple Mountain Observatory, Chinese Academy of Sciences, Nanjing 210008, China;

2 China Academy of Space Technology, Beijing 100094, China;

3 Southwest Research Institute, Boulder, Colorado 80302, USA;

4 Space Science Institute, Macau University of Science and Technology, Taipa, Macau;

5 Institute of Astronomy, National Central University, Taoyuan, Taiwan. Correspondence and requests for materials should be addressed to J.J. (email: jijh@pmo.ac.cn)

Boulders are ubiquitously found on the surfaces of small rocky bodies in the inner solar system and their spatial and size distributions give insight into the geological evolution and collisional history of the parent bodies. Using images acquired by the Chang'E-2 spacecraft, more than 200 boulders have been identified over the imaged area of the near-Earth asteroid Toutatis. The cumulative boulder size frequency distribution (SFD) shows a steep slope of -4.4 ± 0.1, which is indicative of a high degree of fragmentation. Similar to Itokawa, Toutatis probably has a rubble-pile structure, as most boulders on its surface cannot solely be explained by impact cratering. The significantly steeper slope for Toutatis' boulder SFD compared to Itokawa may imply a different preservation state or diverse formation scenarios. In addition, the cumulative crater SFD has been used to estimate a surface crater retention age of approximately 1.6 ± 0.3 Gyr.

On 13 December 2012 at 8:29:58.7 UTC, Chang'E-2 successfully flew by the near-Earth asteroid 4179 Toutatis after accomplishing a lunar exploration phase and space-environment exploration at the Sun-Earth Lagrangian point. Chang'E-2's flyby with a distance of 770 ± 120 m (3σ) from Toutatis' surface ranks top for all known asteroid flyby missions, achieving a resolution better than 3 m/pixel for the closest image obtained at 18.3 km from Toutatis' surface[1]. Moreover, Chang'E-2's flyby allows us for the first time to closely observe the detailed morphology of Toutatis, although only ~45% of its surface was imaged due to the spacecraft's relatively high velocity of 10.73 km/s and the slow spin period of ~5.4 days for the asteroid[2-4]. The optical images acquired have clearly shown interesting geological features such as craters, boulders, lineaments and regolith, and an 800-meter-wide depression at the big end and the sharply perpendicular profile in the neck region[1,5,6]. Thus, Chang'E-2's expedition enables us to have an in-depth understanding of morphology and formation for Toutatis, providing ground truth for ground-based photometric, spectroscopic, and radar observations[7-11].

Boulder distributions and surface cratering give insight into geological evolution and collisional history of an asteroid. Comparative analyses of boulder SFDs on different asteroids can reveal processes of boulder formation and modification[12,13]. Previous studies have shown that boulders on the surface of asteroids can be formed by impact cratering, or catastrophic disruption of the asteroid's parent body, or both, depending on the asteroid's size[13,14]. Boulders on relatively large bodies (with an approximate mean diameter of 10－100 km), such as 21 Lutetia, 243 Ida and 433 Eros, are believed to be mostly produced by impact cratering, whereas boulders on much smaller bodies like Itokawa (with a mean diameter ~0.3 km) are likely to originate from the disruption of their larger parent bodies[13-17]. Toutatis, with an intermediate size (~$4.6\times2.3\times1.9$ km, ref. 1), lies within the two end-member cases described above. Several geological features suggest that Toutatis is bilobate and most possibly consists of a conglomeration of shattered fragments[1-3]. In this work, we identify boulders on Toutatis' surface and investigate their spatial and size distributions in order to constrain the formation and evolution of Toutatis.

Spatial and Size Distribution of Boulders

Considering the appearance and structure of Toutatis, we herein refer to the "head", "body" and "neck" to indicate the small lobe, large lobe and conjunction between them, respectively, following the descriptions of ref. 1. The spatial distribution of boulders on the imaged surface of Toutatis is shown in Fig. 1. A total of 222 boulders were identified over the imaged area (~6.68 km^2). They have sizes ranging from 10 to 61 m, with an average size of 22 m. The two largest boulders (> 50 m) are located in the neck region (Fig. 1). Approximately 90% of boulders are no larger than 30 m in diameter.

The cumulative size-frequency distribution (SFD) of boulders per unit area is shown in a log-log plot in Fig. 2. We limit our analysis to boulders larger than 20 m in size, which exhibits a slope (power-index) of -4.4 ± 0.1. In addition, we divide all boulders into two populations for the purpose of assessing the boulder distributions on the head and the body for comparison. By using the sharply perpendicular silhouette about the neck region as a boundary, over 50 boulders are counted on the head, and 160 rocks are identified on the body. Their separate distributions of boulders are normalized by the imaged areas of the head and body respectively, which give similar distribution trends with

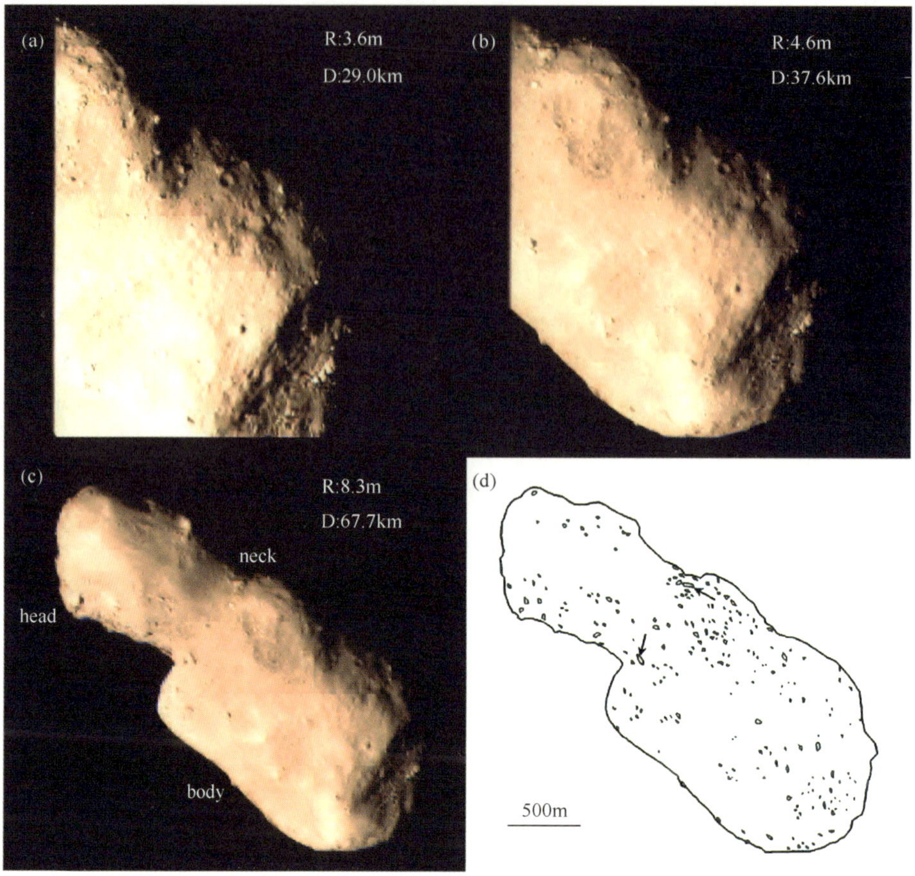

Fig. 1　Outbound images display boulders on the surface of Toutatis (from (a–c)). The left side of Toutatis is sheltered by the solar panel (a, b), whereas c is the first panoramic image acquired by Chang'E-2. The resolution (R) and imaging distance (D) are shown. The Sun-Toutatis-Chang'E-2 phase angle for outbound imaging is ~6.4°. (d) The sketch map shows the outline of Toutatis, and the approximate positions of 222 boulders identified in this work. The two largest boulders with geometric mean sizes larger than 50 m are marked by black arrows around the neck region.

previous statistics[6]. Figure 3 shows that the slopes of size distribution of boulders above 20 m are -3.9 ± 0.2 and -4.5 ± 0.1, respectively.

The number density of boulders larger than 20 m over the Toutatis' surface is ~17/km^2, which is a bit smaller than that of Itokawa (~30/km^2), but much larger than that of Eros (~2/km^2)[13,18]. The stark difference between Eros and Toutatis may result from the diverse formation process of boulders as discussed below. The number density of boulders larger than 20 m on the head (~15/km^2) is roughly the same as that on the body (~18/km^2), which bears a resemblance to that on the entire imaged side of Toutatis.

Toutatis' cumulative boulder SFD shows a slope of -4.4 ± 0.1 for boulder sizes between 20 m and 60 m, which is significantly steeper than the slopes of -3.2 for Eros

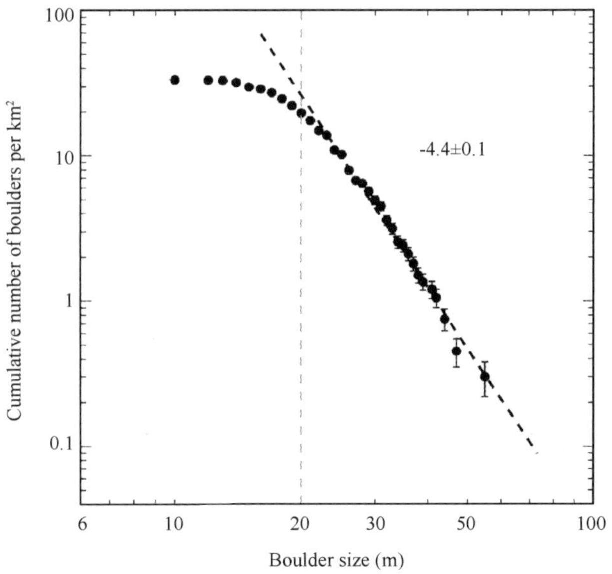

Fig. 2　The cumulative size-frequency distribution of boulders per unit area on the entire imaged surface of Toutatis. The horizontal axis is the boulder size defined as the geometric mean of maximum and minimum size of the boulder. The vertical axis is the number of boulders larger than a given size per unit surface. Vertical error bar indicates the square root of the cumulative number of counting boulders (Poisson statistics error) divided by the area. The count may be incomplete for boulders < 20 m, causing the distribution rolls over at smaller sizes. The vertical dashed line shows the location of 20 m boulders above which we limit our power law fit. The resulting power-law index of the best fit is -4.4 ± 0.1 for boulders > 20 m.

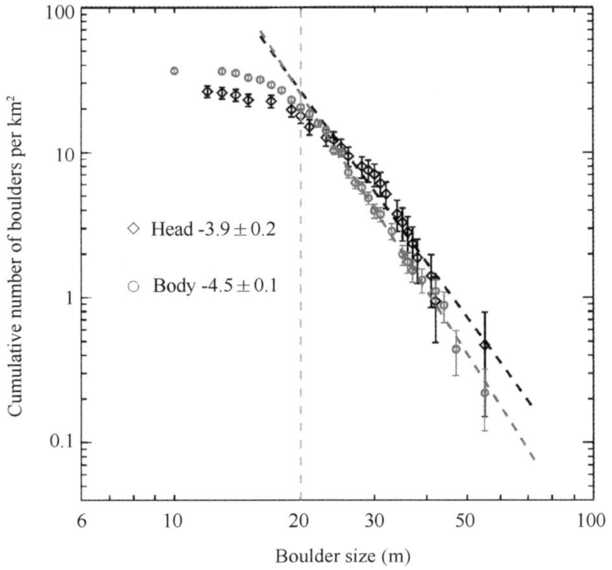

Fig. 3　The cumulative SFD of boulders per unit area on the head and body of Toutatis. Over 50 boulders are measured on the head, whereas 160 boulders are made out on the body, and their separate distributions of boulders are normalized by the areas of the head and body respectively. Their slopes for boulders > 20 m are -3.9 ± 0.2 and -4.5 ± 0.1, respectively.

boulders with sizes ranging from 15 to 80 m, and of -3.3 ± 0.1 for Itokawa boulders with sizes ranging from 6 to 38 m[13,18]. Other small objects like the Martian moon Phobos also reports a similarly shallower slope[19]. The slope of cumulative boulder SFD steeper than -2 is suggestive of very fragmented material, and a steeper slope is further indicative of greater degree of fragmentation[13,20]. Boulders could be comminuted by later impacts, which will steepen their size distribution because the largest sizes may be destroyed but not replenished[15]. The steep slope obtained for Toutatis implies that the boulders may have experienced much processing in the geological evolution, including breaking, sorting, and transporting[13,17]. As most boulders above 20 m are probably surviving fragments from Toutatis' parent body as discussed below, relatively steeper slope may suggest that the body (-4.5 ± 0.1) has suffered more energetic impacts than the head (-3.9 ± 0.2) does. If this is the case, the larger fracturing of the body may be one of reasons leading to less dense internal structure than the head, consistent with differences in the observed ratios of moments of inertia[21].

Source of Boulders

As discussed, boulders are usually produced on asteroids by impact cratering or/and catastrophic disruption of the parent body. In either case, only those boulders ejected at velocities smaller than the escape velocity of the final body can be reaccreted on the asteroid's surface. As for the impact cratering process, ejected fragments are somewhat associated with the source crater[13].

Previous investigations revealed the correlations between the largest boulder size (L) and the source crater diameter (D) for the Moon, the Martian moons Phobos and Deimos, as well as the asteroid Ida[16,22]. One of the empirical relations is expressed as $L\sim 0.25\,D^{0.7}$, with L and D in meters, which was applied for Eros and Itokawa[13,23]. For Toutatis, the largest boulder is ~61 m in geometric mean diameter. According to the above empirical relationship, the corresponding source crater is ~2570 m, which is roughly four times larger than the largest impact crater (~530 m) on the surface of Toutatis[1]. Even for the depression at the big end of Toutatis, its size is only ~800 m. Due to the limited dimension of Toutatis, the probability of the existence of km-scale impact craters on the side not imaged by Chang'E-2 is very small. Moreover, the largest depression (possibly an impact crater) identified based on global radar-derived model was 750 m across[10]. Therefore, we infer that the largest boulder is not produced by the impact cratering. As a matter of fact, the maximum diameter of boulders generated by the largest impact crater (~530 m) on the imaged side of Toutatis is ~20 m. Also, there exist about 30 boulders with sizes ranging from 30 to 61 m discerned on the surface of

Toutatis. For other small bodies, such as Phobos and Ida, boulders of this size range correspond to craters with 1 − 10 km diameter[22], which are involved in the impact cratering. These observations provide strong evidence that most boulders (larger than 20 m) are probably surviving fragments from the parent body of Toutatis, reaccreted after the initial disruption.

In addition to the analysis above, we quantitatively examine the origin of boulders on the surface of Toutatis by estimating a total volume of ejecta represented by the boulders and a total volume of ejecta represented by the craters on Toutatis. In this work, 222 boulders with sizes from 10 to 61 m give a total volume $\sim 1.8\times10^6$ m^3, on the basis of the assumption[23] that the height of a boulder is half of its geometric mean dimension. There are fifty craters with diameters from 40 to 530 m identified from the flyby images of Toutatis, as mentioned by ref. 1. According to similar estimation method for asteroids Eros and Itokawa[13,23], the volume of materials produced in the formation of these craters can be estimated to be $\sim 1.9\times10^7$ m^3, if the excavated volume is half that of the crater volume which is expressed as $V \sim 0.07\ D^3$, where D is crater diameter in meters. Thus, the boulders are about 10% the excavated volume of these craters, which would become higher if we take all boulders < 20 m into account which are counted incompletely in this work. The percentage on Toutatis (10%) is much larger than that on Eros (0.4%) where most boulders are believed to originate from the Shoemaker crater, but smaller than that on Itokawa (25%) where most boulders are of endogenic origin, i. e., fragments from the parent body[13,14]. The high ratio of the total volume of the boulders to the total excavated volume of the craters on Toutatis may also imply that most boulders cannot solely be created as products of cratering on the surface of Toutatis.

Surface Age

Although optical images of Toutatis obtained by the Chang'E-2 spacecraft have a significantly better resolution than that of the previously published radar-derived model[10,21,24], the overall quality is relatively poor because they were acquired by the engineering camera, making the detection of degraded craters a herculean task. As a result, fifty craters with diameters from 40 to 530 m have been discerned and catalogued as impact craters with various degree of confidence[1]. Toutatis has an overall shallow slope of the cumulative crater SFD (Fig. 4), with a distinct shallower slope for diameter smaller than ~0.15 km. Note that this size is well above the spatial resolution, therefore the slope turnover is unlikely due to limited resolution. The observed roll over of the crater SFD at smaller sizes shown by Toutatis qualitatively resembles that of Stein crater SFD, also shown in Fig. 4 for a comparison. As suggested for Steins[25], the rollover of the crater

SFD at small diameter may indicate the presence of some crater obliteration mechanisms. Small craters can be erased by regolith displacement due to the cumulative effects of seismic shaking of small impacts or a large impulse of erasure triggered by the formation of large craters. Similar processes have been demonstrated to be common on small bodies like Steins, Ida, Eros, and Itokawa[25-28].

In order to evaluate the crater retention age of Toutatis we estimate the impactor flux and convert impactor size to crater size by adopting a crater scaling law[25,29]. Given the likely highly fractured nature of Toutatis, we adopt a rubbly material crater scaling law, with the impact flux following the model for the dynamical evolution of asteroid belt[30]. As for the impact rate, we choose average impact condition for main belt asteroids. This is mainly because the time spent by Toutatis in the main belt is typically 100 times larger than the time spent on the near-Earth orbit, hence most of the observed craters on Toutatis are formed via collisions within the main belt. In order to estimate the crater retention age we fit the crater SFD at sizes > 0.15 km (Fig. 4), the resulting surface age of Toutatis is estimated to be ~1.6 Gyr, for rubbly material and a strength of 2×10^6 Pa, supporting the validity of our assumption[31]. The nominal age is relatively

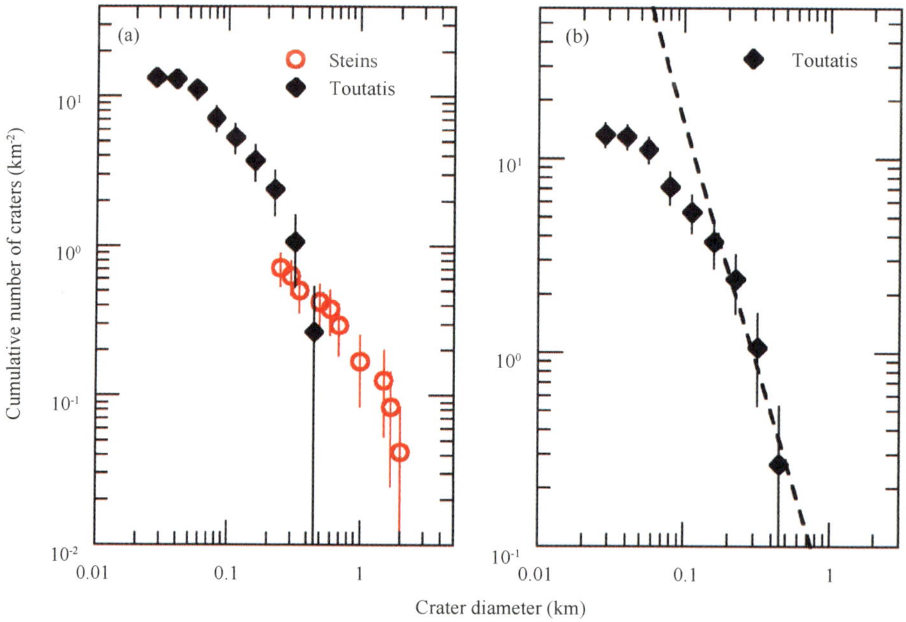

Fig. 4　The size frequency distributions of craters on Toutatis. (a) All identified craters on the imaged surface. For a comparison, the Steins cumulative SFD is also shown[25]. Error bars are estimated on the basis of poisson statistics of counts. (b) The best fit of cumulative crater SFD infers a cratering age of $\sim1.6\pm0.3$ Gyr, for rubbly material and a target strength of 2×10^6 Pa. Other parameters adopted for the age estimates are: target density (2.1 g/cm^3), impactor density (2 g/cm^3), and intrinsic collisional probability 2.86×10^{-18} km^{-2} yr^{-1} corresponding to the average main belt value. The rubbly material crater scaling law is derived from ref. 36. The main belt impactor SFD is from ref. 37.

close to an age estimate for Steins (using a similar crater scaling law). We warn, however, that low number statistics (particularly at large crater sizes) preclude a robust age assessment for both asteroids. Moreover, the cratering age for a small asteroid is a function of its material strength, and weaker materials would result in younger ages. The formal error estimate for our age estimate is ± 0.3 Gyr, but in reality it is larger due to the uncertain factors described above.

Discussion

Boulders arc ubiquitous on the surfaces of asteroids. For a relatively large asteroid like Lutetia, gravity is strong enough that boulders ejected from impacts are concentrated around the source crater. For small asteroids like Itokawa, most of ejected boulders must have been lost due to the low escape velocity, and those reaccreted are likely to be scattered globally on the surface. As far as the present investigation is concerned, most of boulders on the surface of asteroids appear to be connected to source craters, like the Shoemaker crater on Eros, the Stickney crater on Phobos and the central crater on Lutetia, whereas the distribution of observed boulders on Itokawa likely results from processes involved in Itokawa's re-accretion following the disruption of the parent body[13,15,23,32].

Toutatis can be regarded as an intermediate body between Eros and Itokawa in many respects, for instance, body size, porosity, as well as the number density of boulders >20 m and the ratio of the total volume of the boulders to the total excavated volume of the craters as mentioned above. As small-sized objects, Toutatis and Itokawa show a relatively uniform distribution of boulders, without local concentration around craters. The recent research shows that the size distribution and segregation of boulders may be correlated with the gravity field[33]. Boulders could also have been disintegrated by subsequent micrometeoroid impacts and thermal fatigue processes[12,34]. Thermal fragmentation induced by the diurnal temperature variations is considered to be a dominant mechanism of rock weathering and fragmentation on kilometer-sized asteroids[12]. Toutatis' boulders exhibit a clearly steeper slope than Itokawa, probably implying a different preservation state of boulders. If so, the preservation state of boulders may have something to do with the past orbital evolution. As discussed by ref. 35, near-Earth objects have a rather complex orbital evolution, with significant oscillations of the perihelion distance. The latter is important because the closer to the Sun the object is, the higher the thermal effects. Interestingly, numerical simulations[35] show that Toutatis minimum perihelion could have been as low as 0.02 AU with respect to 0.06 AU of Itokawa, suggesting a higher relevance of thermal effects for Toutatis.

Methods

We define boulders as rocks and features with (1) a clearly identifiable brightness variation and (2) a bright positive relief with shadow next to it, following the criteria in the identification of boulders on the Lutetia surface[15]. In order to investigate the size-frequency statistics of boulders on Toutatis, measurements were made mainly based on seven optical images with resolutions of ~3.6–8.3 m/pixel and imaging distances of 29.0–67.7 km[1]. When calculating the size of boulders, different approaches have been used. ref. 17 took the maximum size as the geometrical diameter of a boulder. Afterwards, ref. 23 took the geometric mean of the long and short axes of a boulder. Recently, ref. 18 used a boulder diameter more representative of its mass or volume. The difference among these methods is owing to the deviations in definition of boulder size.

We cannot simply apply any of above methods to our measurements, as we have not connected the shape model of Toutatis with the images acquired by Chang'E-2. Furthermore, some facets of Toutatis imaged by Chang'E-2 are not perpendicular to camera shooting direction. In our work, we choose to use the maximum length of the pixel line as the size for boulders resembling spherical shapes. For irregularly shaped boulders, we determine their size as geometric mean of maximum size and minimum size. The real size of boulders is estimated by evaluating width of pixels defining each boulder. It should be noted that the largest boulder has a smaller size than that previously measured[1,6]. This is due to the difference in the measurements of boulder size. For the same boulder, the geometric mean in this work is smaller than the maximum in ref. 1.

References

[1] Huang, J. C. et al. The Ginger-shaped Asteroid 4179 Toutatis: New observations from a successful flyby of Chang'E-2. Scientific Reports **3**, 3411 (2013).

[2] Hudson, R. S. & Ostro, S. J. Shape and non-principal axis spin state of asteroid 4179 Toutatis. Science **270**, 84-86 (1995).

[3] Ostro, S. J. et al. Asteroid 4179 Toutatis: 1996 radar observations. Icarus **137**, 122-139 (1999).

[4] Zhao, Y. H. et al. Orientation and rotational parameters of asteroid 4179 Toutatis: New insights from Chang'E-2's close flyby. MNRAS **450**, 3620-3632 (2015).

[5] Zhu, M. H. et al. Morphology of asteroid (4179) Toutatis as imaged by Chang'E-2 spacecraft. Geophys. Res. Lett. **41**, 328-333 (2014).

[6] Zou, X. et al. The preliminary analysis of the 4179 Toutatis snapshots of the Chang'E-2 flyby. Icarus **229**, 348-354 (2014).

[7] Hudson, R. S. & Ostro, S. J. Photometric properties of Asteroid 4179 Toutatis from light curves and

a radar-derived physical model. Icarus **135**, 451-457 (1998).

[8] Scheeres, D. J., Ostro, S. J., Hudson, R. S., DeJong, E. M. & Suzuki, S. Dynamics of orbits close to Asteroid 4179 Toutatis. Icarus **132**, 53-79 (1998).

[9] Reddy, V. et al. Composition of near-earth asteroid (4179) Toutatis. Icarus **221**, 1177-1179 (2012).

[10] Hudson, R. S., Ostro, S. J. & Scheeres, D. J. High-resolution model of asteroid 4179 Toutatis, Icarus **161**, 346-355 (2003).

[11] Ostro, S. J. et al. Radar images of asteroid 4179 Toutatis. Science **270**, 80-83 (1995).

[12] Delbo, M. et al. Thermal fatigue as the origin of regolith on small asteroids. Nature **508**, 233-236 (2014).

[13] Thomas, P. C., Veverka, J., Robinson, M. S. & Murchie, S. Shoemaker crater as the source of most ejecta blocks on the Asteroid 433 Eros. Nature **413**, 394-396 (2001).

[14] Fujiwara, A. et al. The rubble-pile asteroid Itokawa as observed by Hayabusa. Science **312**, 1330-1334 (2006).

[15] Küppers, M. et al. Boulders on Lutetia. Planet. Space. Sci. **66**, 71-78 (2012).

[16] Lee, P. et al. Ejecta blocks on 243 Ida and on other asteroids. Icarus **120**, 87-105 (1996).

[17] Saito, J. et al. Detailed images of Asteroid 25143 Itokawa from Hayabusa. Science **312**, 1341-1344 (2006).

[18] Mazrouei, S., Daly, M. G., Barnouin, O. S., Ernst, C. M. & DeSouza, I. Block distributions on Itokawa. Icarus **229**, 181-189 (2014).

[19] Thomas, P. C. et al. Phobos: regolith and ejecta blocks investigated with Mars Orbiter Camera images. J. Geophys. Res. **105**, 15091-15106 (2000).

[20] Hartmann, W. K. Terrestrial, lunar, and interplanetary rock fragmentation. Icarus **10**, 201-213 (1969).

[21] Busch, M. W. et al. Internal structure of 4179 Toutatis. 2012 AGU Fall Meeting, P31A-1873 (2012).

[22] Lee, S. W., Thomas, P. & Veverka, J. Phobos, Deimos, and the Moon: Size and distribution of crater ejecta blocks. Icarus **68**, 77-86 (1986).

[23] Michikami, T. et al. Size-frequency statistics of boulders on global surface of Asteroid 25143 Itokawa. Earth Planets Space **60**, 13-20 (2008).

[24] Takahashi, Y., Busch, M. W. & Scheeres, D. J. Spin state and moment of inertia characterization of 4179 Toutatis. Astron. J. **146**, 95 (2013).

[25] Marchi, S. et al. The cratering history of asteroid (2867) Steins. Planet. Space. Sci. **58**, 1116-1123 (2010).

[26] Asphaug, E. et al. Mechanical and geological effects of impact cratering on Ida. Icarus **120**, 158-184 (1996).

[27] Richardson, J. E., Melosh, H. J. & Greenberg, R. Impact-induced seismic activity on asteroid 433 Eros: A surface modification process. Science **306**, 1526-1529 (2004).

[28] Michel, P., O'Brien, D. P., Abe, S. & Hirata, N. Itokawa's cratering record as observed by Hayabusa: Implications for its age and collisional history. Icarus **200**, 503-513 (2009).

[29] Barucci, M. A., Fulchignoni, M., Ji, J. H., Marchi, S. & Thomas, N. The fly-bys of asteroids 2867 Steins, 21 Lutetia, and 4179 Toutatis, Asteroid IV proceeding, in press (2015).

[30] Marchi, S., Chapman, C. R., Barnouin, O. S., Richardson, J. E. & Vincent, J.-B. Cratering on Asteroids. Asteroid IV proceeding, in press (2015).

[31] Marchi, S., Paolicchi, P., Lazzarin, M. & Magrin, S. A general spectral slope-exposure relation for S-type main belt and near-earth asteroids. Astron. J. **131**, 1138-1141 (2006).

[32] Thomas, P. C. Surface features of Phobos and Deimos. Icarus **4**, 223-243 (1979).

[33] Tancredi, G., Roland, S. & Bruzzone, S. Distribution of boulders and the gravity potential on asteroid Itokawa. Icarus **247**, 279-290 (2015).

[34] Dombard, A. J., Barnouin, O. S., Prockter, L. M. & Thomas, P. C. Boulders and ponds on the Asteroid 433 Eros. Icarus **210**, 713-721 (2010).

[35] Marchi, S., Delbo, M., Morbidelli, A., Paolicchi, P. & Lazzarin, M. Heating of near-Earth objects and meteoroids due to close approaches to the Sun. MNRAS **400**, 147-153 (2009).

[36] Holsapple, K. A. & Housen, K. R. A crater and its ejecta: An interpretation of deep impact. Icarus **187**, 345-356 (2007).

[37] Bottke, W. F. et al. The fossilized size distribution of the main asteroid belt. Icarus **175**, 111-140 (2005).

Acknowledgements

This work is financially supported by National Natural Science Foundation of China (Grants No. 41403056, 11273068, 11473073), the Strategic Priority Research Program—The Emergence of Cosmological Structures of the Chinese Academy of Sciences (Grant No. XDB09000000), the innovative and interdisciplinary program by CAS (Grant No. KJZD-EW-Z001), the Natural Science Foundation of Jiangsu Province (Grant No. BK20131040, BK20141509), and the Foundation of Minor Planets of Purple Mountain Observatory.

Author Contributions

Y.J., J.H.J. and S.M. wrote the manuscript. J.H.J., J.C.H. and W.H.I. designed the research. S.M., W.H.I. and J.H.J. contributed ideas, discussions and comments on the manuscript. Y.J. and Y.L. analyzed the data. All authors contributed to the manuscript.

Additional Information

Competing financial interests: The authors declare no competing financial interests.

How to cite this article: Jiang, Y. et al. Boulders on asteroid Toutatis as observed by Chang'E-2. Sci. Rep. 5, 16029; doi: 10.1038/srep16029 (2015).

Morphology of asteroid (4179) Toutatis as imaged by Chang'E-2 spacecraft

Menghua Zhu[1], Wenzhe Fa[2], Wing-Huen Ip[1,3], Jiangchuan Huang[4], Tiantian Liu[2], Linzhi Meng[5], Jun Yan[6], Aoao Xu[1], Zesheng Tang[1], Xiaolei Wang[7], Dong Qiao[8]

[1] Space Science Institute, Macau University of Science and Technology, Taipa, Macau;

[2] Institute of Remote Sensing and Geographical Information System, Peking University, Beijing, China;

[3] Institutes of Astronomy and Space Science, National Central University, Taoyuan, Taiwan;

[4] China Academy of Space Technology, Beijing, China;

[5] Institute of Space System Engineering, Beijing, China;

[6] National Astronomical Observatories, Chinese Academy of Sciences, Beijing, China;

[7] Beijing Institute of Control Engineering, Beijing, China;

[8] Beijing Institute of Technology, Beijing, China

Abstract: Close observations by the Chang'E-2 spacecraft reveal that the surface of asteroid (4179) Toutatis is characterized by abundant impact craters with most of them being degraded by surface resetting. The less degraded large crater with a diameter of ~800m at the south pole is estimated to be produced by an impactor with a diameter of ~50m from strength crater scaling relations. From the analysis of large-impact events on highly porous targets, we argue that Toutatis is likely a rubble-pile body and its two lobes are contact binaries. The fact that Toutatis suffered plenty of impacts with seismic shaking resetting the initial surface features but not resulting in catastrophic disruption is probably because of the material's high attenuation of shock wave.

Key Points:
- Toutatis was imaged by Chang'E-2 spacecraft at a close distance;
- Toutatis surface has abundant craters that are degraded by surface resetting;
- Toutatis is a rubble-pile body; and its two lobes are centact binaries

1 Introduction

The S-type asteroid (4179) Toutatis has moved into a close-approaching orbit to the Earth since 1988 [Whipple and Shelus, 1993]. It is currently in a 3 : 1 mean-motion resonance with Jupiter, 1 : 4 resonance with Earth, and has a tumbling rotation[Milani et al., 1989]. It has been observed by using ground-based photometric, spectroscopic, and radar techniques. From these observations, its orbit [Ostro et al., 1995, 1999; Hudson and Ostro, 1995; Scheeres et al., 1998], rotation [Ostro et al., 1999; Spencer et al., 1995; Mueller et al., 2002], shape [Ostro et al., 1995, 1999; Hudson and Ostro, 1995; Hudson et al., 2003], density [Whipple and Shelus, 1993; Hudson and Ostro, 1995], and composition [Howell et al., 1994; Davies et al., 2007; Reddy et al., 2012] have been studied. However, due to the limitation of ground-based observations, its detailed morphology remains unknown. The recent flyby of Chang'E-2 spacecraft should be the only opportunity to observe its detailed morphology at an unprecedentedly close distance for a long time to come.

2 Observations

Chang'E-2, the second lunar probe of China, was launched on 1 October 2010. After six months of observations in lunar orbit and one year of observations at the Sun-Earth L2 point, it departed on 15 April 2012 to visit Toutatis with the aim to understand its formation and evolutional history. The flyby happened on 13 December 2012 with a relative velocity of 10.73 km/s. Before the encounter, the attitude of the spacecraft was adjusted with one of the solar-wing panels pointing to the target. Toutatis was imaged by the solar-wing panel's monitoring camera in the opposite side of the spacecraft with a closest approach distance of 3.2 km at UTC 08:30:09. This engineering complementary metal oxide semiconductor camera of 1024×1024 pixels has a focal length of 9 mm and a field of view of $7.2^{\circ} \times 7.2^{\circ}$, corresponding to a spatial resolution of 0.007°/pixel. The wavelength coverage is 430 − 780 nm, and the snapshot cadence is 0.2 s. The close approach and imaging campaign lasted about 50 s during which more than 300 optical images with spatial resolutions from 4.5 m to 80 m were obtained. However, due to Chang'E-2 spacecraft's rapid flyby and Toutatis' exceptionally slow spin of 5.4 days [Hudson and Ostro, 1995], only ~45% of Toutatis' surface was imaged, and the rest was in shadow. For convenience, we note the imaged side as the nearside and the other as the farside. Because Toutatis has an irregular two-lobe shape [Hudson and Ostro, 1995; Ostro et al., 1995], like a bowling pin, we use "head" (small lobe), "body" (large lobe), and "neck" (junction between head and body) to denote position on the asteroid for their morphological characteristics in the following part (see Figure 1a).

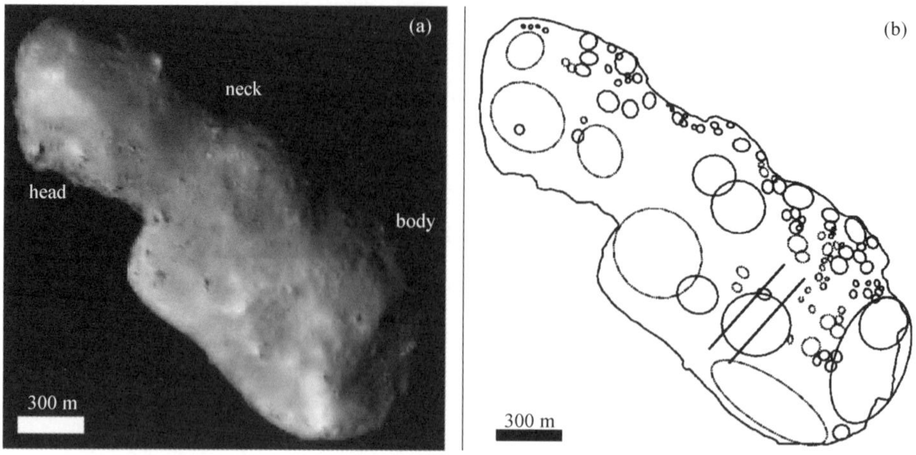

Fig. 1 The images of Toutatis by Chang'E-2 and its surface morphology. (a) An image of Toutatis with a spatial resolution of ~8. 3 m/pixel. (b) Outlines of craters and grooves on the nearside of Toutatis, where the solid circles represent the confirmed craters, the dashed circles represent the craters with obscured morphologies, and the two parallel lines represent the grooves in the body.

3 Results and Discussions

Similar to other asteroids previously explored by spacecraft (e. g., Gaspra, Ida, Mathilde, Eros, Itokawa, Steins, and Lutetia), Toutatis is covered by craters, implying that collision is the principal geologic process shaping its surface. More than 70 craters are identified unambiguously (see Figure S1 of the supporting information) in the observed images with diameters ranging from tens of meters up to 800m (Figure 1b). Large craters with diameters from 100m to ~800 m are distributed uniformly across the whole nearside. All these large craters are shallow, often with subdued rims and smooth floors. Their obscure shapes and shallow depths might be attributed to resetting processes such as seismic shaking from subsequent large impacts [Richardson et al., 2004; Thomas and Robinson, 2005]. The ejecta blanketing and downslope motions of materials on a steep slope, as believed to have happened on the surface of Steins [Keller et al., 2010], could cause shallow depression as well. The smooth floors in the large craters indicate that the surface materials are apparently composed of fine-grained particles. This is in agreement with the observation by Ostro et al. [1999], who suggested that about one third of Toutatis' surface was covered by a smooth component.

Craters with diameter smaller than 50 m have sharpest, least degraded bowl shapes (see Figure 2). Their upheaval rims without rays are consistent with the expectation of impact events on loose material [Melosh, 1989]. The smooth blankets around the rims reveal the presence of a regolith layer on the surface of Toutatis. Smaller craters in unconsolidated regolith are believed to be formed in the gravity regime [Asphaug et al., 1996]. Based on the bowl-shaped craters with diameters less than ~30 m, typical regolith thickness is therefore estimated to be at least several meters on Toutatis' surface [Quaide and Oberbeck, 1968]. However, the clear drop in the number of medium-size craters on the surface of Toutatis with diameters ranging from ~50 to ~120 m is puzzling and unexpected when compared with other observed asteroids (see Figure 3). The depressed numbers of small craters with diameter smaller than ~100 m (Figure 3b) is most probably caused by illumination bias between the terminator and the rest of the nearside. If the number of small crater is normalized by area over which they were counted, their number is still low compared to that of larger craters (see Figure S1 of the supporting information). We therefore argue that it might be attributed to young large-impact events from which the surface of Toutatis was reset.

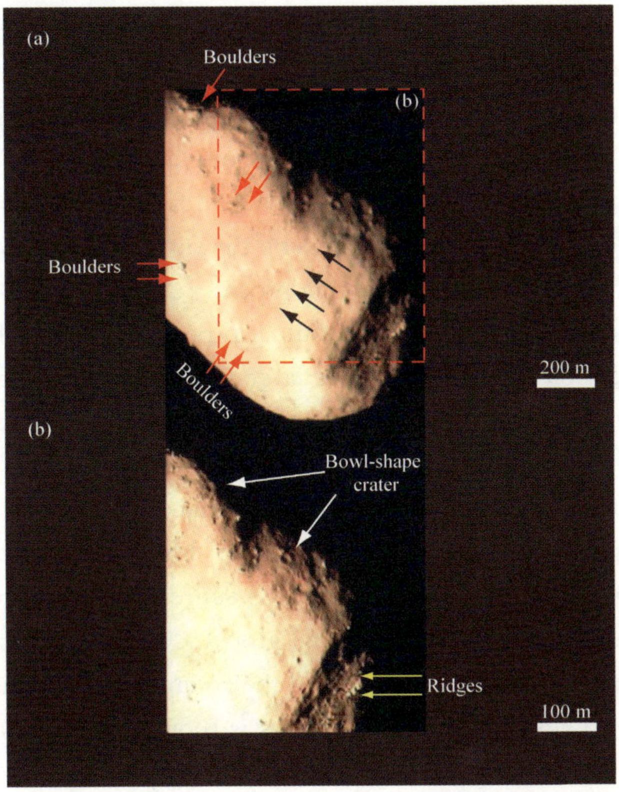

Fig. 2 Close-up images showing the (a) boulders (red arrows) and grooves (black arrows) and (b) craters and ridges (yellow arrows) to the north of the large crater at the south pole of Toutatis.

Many distinctive positive features with sizes larger than a few tens of meters were found at the north body, the south head, and the neck of Toutatis (Figure 2a). Based on their irregular shape and localized topographic high appearances (red arrows in Figure 2a), they are most probably boulders. Lack of boulders over the places with a featureless

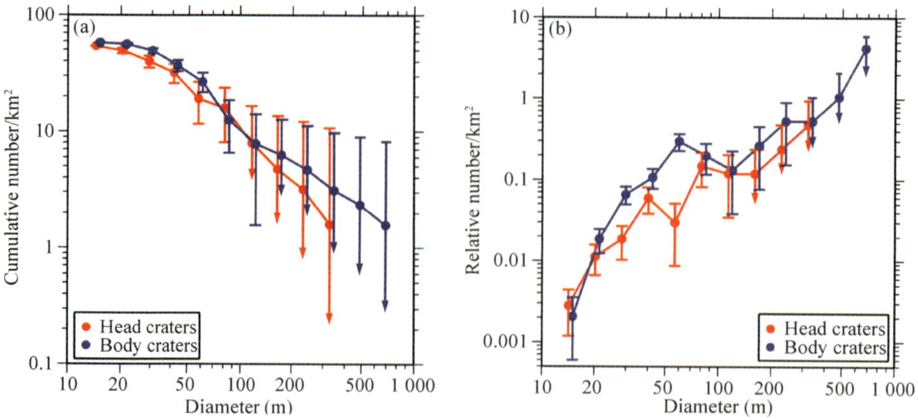

Fig. 3 (a) Cumulative distribution and (b) R plot of craters at head (red) and body (blue) of Toutatis.

smooth surface may imply that the smooth terrain is covered by regolith. Boulders in the north body and the south head are mainly located at the floor of large degraded craters. Several large boulders with sizes of 30 – 40 m are found around large craters. Their distributions are consistent with the impact experiments on porous targets in which large fragments and boulders mainly locate at the crater floors and rims [Housen and Holsapple, 2003]. However, the boulders in the neck are large (about 50 m in size) and seem to be partially buried. The partially buried boulders on the surface of asteroid have been attributed to seismic shaking during the resurfacing process [Asphaug et al., 2001; Richardson et al., 2004]. However, the low-velocity contact process of the two lobes, during which the target's surface is first damaged and then large fragments are excavated slowly, might offer another explanation for large boulders in the lobe junction, which indirectly implies the contact binaries of Toutatis' two lobes [Hudson and Ostro, 1995].

Two parallel structures are observed in the middle of the body. Both structures are oriented nearly perpendicular to the asteroid's long dimension and span almost the full width of the body (see Figure 2a). The elongated depressions with several tens of meters in width suggest that both structures might be grooves. The superposed small craters on the depressions indicate a considerable age and the collapse of loose materials. The origin of grooves on small bodies like Phobos and Eros is thought to be related to fractures of their interiors, fromwhich the surface was disturbed and partially restructured [Thomas and Veverka, 1979; Veverka et al., 1994; Cheng et al., 2009]. Fracture energy arguments however suggest that asteroid fractures may be cracks in unconsolidated regolith, rather than solid rock. According to the spatial distribution of grooves on the surface of Toutatis, these two grooves are most probably related to the large-impact basin at the south pole of Toutatis (planes orthogonal to the basin center). The large-impact event produced strong stress wave that was able to deform the surface by the distal effect of stress wave escaping to the surface at considerable distance from the basin. However, large ridges and striations found by radar images as described by Hudson et al. [2003] cannot be identified on the nearside according of the Chang'E-2 observations. They should be on the farside if they exist.

The large crater located at the south pole is one of the most intriguing characteristics of Toutatis that was not revealed in previous studies. Its diameter of ~800 m is about one third of the mean diameter of Toutatis (diameter of a sphere of equivalent volume, $D\sim$ 2.45 km [Hudson et al., 2003]). The complicated ridge structures and large boulders in the inner part of the basin reveal that this crater is relatively young. The mean density of Toutatis is ~2.1 g/cm^3 [Whipple and Shelus, 1993]. It is much smaller than the value of ordinary chondrites (~3.4 g/cm^3) that is the meteoritic counterpart of Toutatis according to the spectroscopic observations [Reddy et al., 2012]. This indicates that the porosity of Toutatis could be as high as 35% - 45%. Large craters on such a highly porous target may result from the process of material compression [Housen et al., 1999] in which case most of the ejecta material never escapes the crater [Housen and Holsapple, 2003, 2012]. This is in agreement with our observations of the absence of an ejecta blanket surrounding this crater.

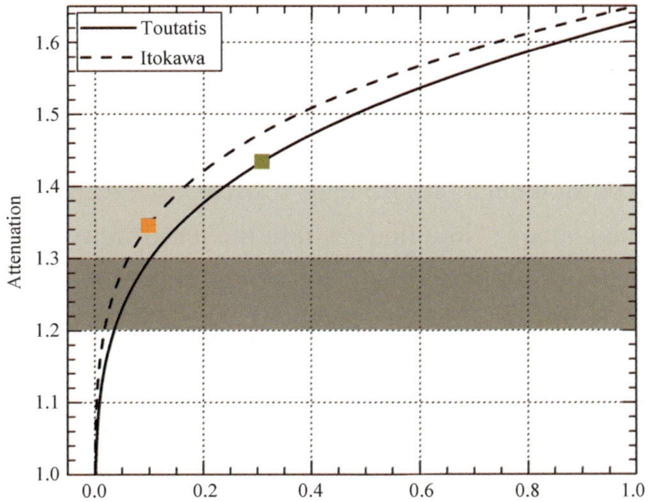

Fig. 4 Attenuation coefficient α as a function of the normalized critical crater diameter χ for Toutatis and Itokawa derived from gravity regime crater scaling relations, where the densities of the impactor and target are 2.1 g/cm^3 for Toutatis [Whipple and Shelus, 1993] and 1.9 g/cm^3 for Itokawa [Fujiwara et al., 2006]. The impact velocity is fixed to be 5 km/s. The squares represent the observed largest undegraded craters on each asteroid, which is 800 m for Toutatis and 30 m for Itokawa.

The ratio of crater diameter to the equal-mass-sphere diameter of Toutatis is about 0.33, which is not particularly high for porous targets. If we assume a solid impactor and appropriate scaling relation [Melosh, 1989], the energy of the impactor striking a component target for such a crater reaches about 5×10^{11} J, which is considerably larger than the energy required for shattering a solid rock with the same size of Toutatis [Holsapple, 2009]. Therefore, the existence of this large crater may imply that Toutatis is not a monolith, but rather already strongly fractured at the time of the crater formation. Furthermore, the mean density of Toutatis is too low to be made from solid rocks. All of these indicate that Toutatis might be a rubble pile formed from fragments that have adhered over time. This is also consistent with the observations of fresh ridges and boulders at the floor of the large crater.

Craters on loose particulate targets may result from a material compression effect [Housen et al., 1999], and the corresponding cratering efficiency may therefore be smaller than those formed on other targets [Schultz et al., 2005]. Since the gravity of Toutatis is so low (e.g., ~0.072 cm/s^2), strength rather than gravity provides the predominant response for such a large crater on a highly porous small body [Housen and Holsapple, 2003]. If strength scaling applies, the large crater on the south pole was formed by an impactor ~50 m in diameter traveling at 5 km/s with a typical impact angle of 45° [Holsapple and Housen, 2007]. The huge kinetic energy of the impactor (~1.5×10^{15} J) was transferred to compress the materials to form a crater and absorbed by Toutatis because of its very high porosity [Housen and Holsapple, 2003; Holsapple and Housen, 2012]. This consideration also gives us some hints on how Toutatis might have formed from the collision of two separate entities. If the interiors of both small asteroids (e.g., the head and body) were highly fractured and porous because of previous impacts, their mutual collision might absorb their relative kinetic energy, forming a contact binary without breaking apart. Note that, within the uncertainty range, the similar crater cumulative frequencies in both lobes by the rough estimation imply the similar epoch for their formations (see Figure 3).

The large-impact events on asteroids would cause global shaking to reset the surface morphologies [Sullivan et al., 2002] and cratering record [Greenberg et al., 1996; Thomas and Robinson, 2005]. However, there are at least four craters on the nearside of Toutatis with a similar size as the large crater at the south pole. Did these impact events reset the initial surface features? Or is the current topography the same as prior to these impacts? To know this, we calculated the critical crater diameter of Toutatis, D_{crit}, which is the threshold diameter caused by an impact event capable of degrading all prior topography of a scale D_{crit} or smaller [Asphaug, 2008]. In the calculation, the crater scaling relations and power-law approximations for stress wave particle velocity attenuation with radial distance are used. Figure 4 shows the seismic attenuation factor α as a function of normalized critical crater diameter $\chi = D_{crit}/D$. Here α is the deduced attenuation exponent at which peak particle velocity decays with radial distance. The dark green square plotted along the curve represents the large crater at the south pole of

Toutatis. In general, α is a constant with a value of 1.2 – 1.3 for most asteroids (the dark region) and 1.3 – 1.4 for porous asteroids (the gray region) when the observed crater is near the critical crater diameter. If α is fixed within the range of 1.25 – 1.4, predictions show that Toutatis should have a critical diameter of 150 – 340 m. Nevertheless, there are at least five craters with diameters exceeding this value, analogous to asteroids like Mathilde [Housen et al., 1999], which is crowded with large craters. This means that the surface of Toutatis was reset, and most preexisting small craters were destroyed by surface seismic waves caused by these large-impact events. This might be the reason that most large craters are degraded and few medium-size craters exist on the surface of Toutatis. Additionally, for the large crater at the south pole, $\alpha = 1.43$. This value is higher than those of common porous asteroids and therefore would attenuate the heavy shock wave. This could explain the crowding of giant craters that did not result in the global disruption of Toutatis.

Chang'E-2 did not acquire spectroscopic data from Toutatis, but the absence of large variations of surface color in the filtered images (see Figure 2) suggests that the surface composition of Toutatis might be homogenous. This is consistent with the near-infrared spectroscopy (NIR) spectra observations by the UK infrared telescope [Davies et al., 2007], from which no surface heterogeneities were detected [Reddy et al., 2012]. The large crater at the south pole of Toutatis is young and is not contaminated by other impact events, and the materials excavated by the crater-forming process therefore might represent the composition in the interior of the Toutatis. However, no heterogenetic NIR spectra observed at the south pole [Reddy et al., 2012] implies that the interior composition might be the same as that of the surface.

4 Conclusions

Even though Toutatis was observed in detail by ground-based optical and radar observations and its shape and bulk density have been determined to high accuracy, the close flyby observations by Chang'E-2 brought us many new insights and several surprises. The presence of boulders, grooves, and craters (with five larger than 200 m) on Toutatis' surface in combination with its small bulk density and large porosity imply that Toutatis might be a rubble-pile body. That Toutatis suffered plenty of large-impact events that did not result in catastrophic disruption and can be attributed to the strong attenuation of shock waves due to its high porosity. The relatively low number of medium-sized craters with diameters ~50 – 120m may be related to the global seismic shaking by larger impact events. Such surface resetting is further assisted by the existence of a thick regolith layer. The partially buried boulders in the lobe junction were generated from the two lobes' low-velocity contact. It indirectly implies that Toutatis is a contact binary. All these features provide valuable information on the formation mechanism and evolutional process of Toutatis.

Author Contributions

M.Z. drafted the manuscript and contributed scientific interpretations of the observations with the discussions of W.F. and W.I.. J.H., L.M., X.W., and D.Q. were responsible for the observations of Toutatis by Chang'E-2 spacecraft. T.L. and W.F. counted the craters on the surface of Toutatis. All of the authors, including J.Y., A.X., and Z.T., discussed and provided significant comments on the results and manuscript.

References

[1] Asphaug, E. (2008), Critical crater diameter and asteroid impact seismology, Meteorit. Planet. Sci., 43, 1075-1084.

[2] Asphaug, E., J. M. Moore, D. Morrison, W. Benz, M. C. Nolan, and R. J. Sullivan (1996), Mechanical and geological effects of impact cratering on Ida, Icarus, 120, 158-184.

[3] Asphaug, E., P. J. King, M. R. Swift, and M. R. Merrifield (2001), Brazil Nuts on Eros, Lunar Plant. Sci. Conf., 32, abstract 1708.

[4] Cheng, A. F., et al. (2009), Fundamentally distinct outcomes of asteroid collisional evolution and catastrophic disruption, Planet. Space Sci., 57, 165-172.

[5] Davies, J. K., A. W. Harris, A. S. Rivkin, S. D. Wolters, S. F. Green, N. McBride, R. K. Mann, and T. H. Kerr (2007), Near-infrared spectra of 12 nearearth objects, Icarus, 186, 111-125.

[6] Fujiwara, A., et al. (2006), The rubble pile asteroid Itokawa as observed by Hayabusa, Science, 312, 1330-1334.

[7] Greenberg, R., W. F. Bottke, M. Nolan, P. Geissler, J.-M. Petit, D. D. Durda, E. Asphaug, and J. Head (1996), Collisional and dynamical history of Ida, Icarus, 120, 106-118.

[8] Holsapple, K. A. (2009), On the "strength" of the small bodies of the solar system: A review of strength theories and their implementation for analyses of impact disruptions, Planet. Space Sci., 57, 127-141.

[9] Holsapple, K. A., and K. R. Housen (2007), A crater and its ejecta: an interpretation of Deep Impact, Icarus, 191, 586-597.

[10] Holsapple, K. A., and K. R. Housen (2012), Momentum transfer in asteroid impact. I. theory and scaling, Icarus, 221, 875-887.

[11] Housen, K. R., and K. A. Holsapple (2003), Impact cratering on porous asteroids, Icarus, 163, 102-119.

[12] Housen, K. R., and K. A. Holsapple (2012), Craters without ejecta, Icarus, 219, 297-306.

[13] Housen, K. R., K. A. Holsapple, and M. E. Voss (1999), Compaction as the origin of the unusual

craters on the asteroid Mathilde, Nature, 402,155－157.

[14] Howell, E. S., D. T. Britt, J. F. Bell, R. P. Binzel, and L. A. Lebofsky (1994), Visible and near-infrared spectral observations of 4179 Toutatis, Icarus,111, 468－474.

[15] Hudson, R. S., and S. J. Ostro (1995), Shape and non-principal axis spin state of asteroid 4179 Toutatis, Science, 270, 84－86.

[16] Hudson, R. S., S. J. Ostro, and D. J. Scheeres (2003), High-resolution model of asteroid 4179 Toutatis, Icarus, 161, 346－355.

[17] Keller, H. U., et al. (2010), E-type asteroid (2867) Steins as imaged by OSIRIS on board Rosetta, Science, 327, 190－193.

[18] Melosh, H. J. (1989), Impact Cratering－A Geologic Process, Oxford Univ. Press, New York.

[19] Milani, A., M. Carpino, G. Hahn, and A. M. Nobili (1989), Dynamics of planet-crossing asteroids: Classes of orbital behavior, Icarus, 78, 212－269.

[20] Mueller, B. E. A., N. H. Samarasinha, and M. J. S. Belton (2002), The diagnosis of complex rotation in the lightcurve of 4179 Toutatis and potential applications to other asteroids and bare cometary nuclei, Icarus, 158, 305－311.

[21] Ostro, S. J., et al. (1995), Radar images of asteroid 4179 Toutatis, Science, 270, 80－83.

[22] Ostro, S. J., et al. (1999), Asteroid 4179 Toutatis: 1996 radar observations, Icarus, 137, 122－139.

[23] Quaide, W. L., and W. R. Oberbeck (1968), Thickness determinations of the lunar surface layer from lunar impact craters, J. Geophys. Res., 73,5247－5270.

[24] Reddy, V., J. A. Sanchez, M. J. Gaffey, P. A. Abell, L. Le Corre, and P. S. Hardersen (2012), Composition of near-earth asteroid (4179) Toutatis, Icarus, 221, 1177－1179.

[25] Richardson, J. E., H. J. Melosh, and R. Greenberg (2004), Impact-induced seismic activity on asteroid 433 Eros: A surface modification process, Science, 306, 1526－1529.

[26] Scheeres, D. J., S. J. Ostro, R. S. Hudson, E. M. DeJong, and S. Suzuki (1998), Dynamics of orbits close to Asteroid 4179 Toutatis, Icarus, 132,53－79.

[27] Schultz, P. H., C. M. Ernst, and J. L. B. Anderson (2005), Expectations for crater size and photometric evolution from the Deep Impact collision, Space Sci. Rev., 117, 207－239.

[28] Spencer, J. R., et al. (1995), The lightcurve of 4179 Toutatis: Evidence for complex rotation, Icarus, 117, 71－89.

[29] Sullivan, R. J., P. C. Thomas, S. L. Murchie, and M. S. Robinson (2002), Asteroid geology from Galileo and NEAR Shoemaker data, in Asteroids III, edited by W. F. Bottke et al., pp. 331－350, Univ. of Arizona Press, Tucson.

[30] Thomas, P. C., and M. S. Robinson (2005), Seismic resurfacing by a single impact on the asteroid 433 Eros, Nature, 436, 366－369.

[31] Thomas, P. C., and J. Veverka (1979), Grooves on asteroids: A prediction, Icarus, 40, 394－405.

[32] Veverka, J., et al. (1994), Discovery of grooves on Gaspra, Icarus, 107, 72－83.

[33] Whipple, A. L., and P. J. Shelus (1993), Long-term dynamical evolution of the minor planet (4179) Toutatis, Icarus, 105, 408－419.

New Insights of Asteroid 4179 Toutatis Using China Chang'E-2 Close Flyby Optical Measurements

Yanlong Bu[1,2], Geshi Tang[1], KaiChang Di[3], Wenzhe Fa[4], Tianjiang Hu[5], Chibiao Ding[2], Bin Xu[3], Bin Liu[3], Jianfeng Cao[1], Songjie Hu[1], Cheng Yang[1], Chuankai Liu[1]

1 Aerospace Flight Dynamics Laboratory, Beijing Aerospace Control Center, PO Box 5130, Beijing 100094, China; buyanlong@yahoo.com, tanggeshi@bacc.org.cn

2 Institute of Electronics, Chinese Academy of Sciences, 100190, China;

3 Institute of Remote Sensing and Digital Earth, Chinese Academy of Sciences, Beijing 100101, China;

4 School of Earth and Space Sciences, Peking University, Peking 100871, China;

5 College of Mechatronics & Automation, National University of Defense Technology, 410073, China

Abstract: The mysteries of near-Earth asteroid 4179 Toutatis have been more comprehensively unveiled by analyzing the optical images taken during the Chang'E-2 flyby in 2012. Compared with previous works, this paper concentrates on the photogrammetric relation between the Chang'E-2 spacecraft and Toutatis and the imaging shadow effect during the flyby. Accurate models of imaging and optical measurements are developed to study Toutatis's dimensions and rotational state at the time of imaging. As the illumination study shows, the shadowed region perpendicular to the long axis accounts for 27.78% of the Toutatis images, while the long axis of the body is fully captured. With a compensation on the shadow effect, the optical measurements reveal that Toutatis's long axis is 4354 ± 56 m, the maximum length is 4391 ± 56 m, and the spatial orientation described with the angles of direction cosine during the flyby is ($126.^\circ 13 \pm 0.^\circ 29$, $122.^\circ 98 \pm 0.^\circ 21$, $126.^\circ 63 \pm 0.^\circ 46$). Furthermore, a new triaxial ellipsoid of $4354 \times 1835 \times 2216$ m and a volume of 7.5158 km^3 are proposed based on the previous Toutatis shape model. The effectiveness of the proposed method is validated, since typical features such as the neck and endpoints agree well with the results simultaneously observed by the ground radar. Moreover, it also potentially provides a feasible approach to precisely calculate the spin period of Toutatis.

Key words: minor planets, asteroids: individual (Toutatis) – planets and satellites: fundamental parameters – planets and satellites: surfaces

1 INTRODUCTION

An accurate measurement of an asteroid's dimensions is of great significance in order to study the formation and evolution of small celestial bodies (Morbidelli et al. 2002). Meanwhile, with a deeper understanding of the threats posed by near Earth asteroids (NEAs), scientific communities, and even the United Nations, have shown increasing concern over the observation, detection, and scientific study of NEAs.[6] An NEA is considered a potentially hazardous object[7] (PHO) if its minimum orbit intersection distance (MOID) with respect to the Earth is less than 0.05AU (approximately 19.5 lunar distances) and its diameter is larger than 100 m. Hence, an exact estimation of the geometric parameters of an NEA is important to evaluate the degree of its potential impact (Betzler & Borges 2012). Toutatis, an Apollo-, Alinda-, and Mars-crossing NEA with an Earth MOID of 0.006AU[8], is listed as a typical PHO, large in size and close to the Earth. Since itwas discovered in 1989, many observational approaches, such as early infrared radiometric observation (Spencer et al. 1993; Davies et al. 2007), optical observation through ground photometry (Spencer et al. 1995; Lupishko et al. 1995) and the Hubble Space Telescope (Noll et al. 1995), and the current mainstream ground-based delay-Doppler radar observations (Ostro et al. 1995, 1999; Hudson et al. 2003; Takahashi et al. 2013), have been tried successfully as it passed by the orbit of the Earth every four years.

Toutatis's exact dimensions, such as its dynamical characteristic of Non-Principal Axis Spin (NPA; Hudson & Ostro 1995; Mueller et al. 2002), are always the concern of astronomers. Spencer et al. (1993) estimated effective dimensions of 2 km by 2.5 km from two-dimensional (2D) images via infrared radiometric measurements. Noll et al. (1995) measured a 2D dimension range of 1.7 – 2.4 km using Hubble. The UBVRI polarimetry observation by Lupishko et al. (1995) estimated about 3 km in radius. However, the accuracy and the resolution of these early passive optical measurements were limited by the observational quality. Using a dynamically equivalent, equal-volume ellipsoid (DEEVE) model and based on several high-resolution radar images, Hudson and Ostro (Ostro et al. 1995; Ostro et al. 1999; Hudson et al. 2003) fitted a complete radar-observationbased shape model (hereafter referred to as the shape model) with dimensions of $4.60 \times 1.92 \times 2.29$ km and an uncertainty of ~100 m. The shape model is refined based on 1992 – 2008 radar-based images (Takahashi et al. 2013), and the dimensions are updated as $4.46 \times 1.88 \times 2.27$ km with an uncertainty of ~100m (Huang et al. 2013a). The shape model based on the radar measurements has been widely accepted, although the results might also be affected by the observing distance and incomplete coverage of the body surface.

All of the above observations were conducted on or near the Earth, with a distancelarger than 0.01AU. On 2012 December 13, China's Chang'E-2 spacecraft took a close flyby of Toutatis for the first time and took a set of high-resolution photos (Huang et al.

2013b). The Chang'E-2 spacecraft, launched on 2010 October 1, was originally designed as a lunar orbiter. After orbiting around theMoon for 20 months, it had completed the scheduled tasks, such as stereo imaging for the whole lunar surface and landing point detection. After that, the spacecraft was still in good condition, so it left the Moon and began a series of missions. First, it flew to the Sun-Earth L2 point, and then it flew by the asteroid Toutatis. The nearest distance during the flyby was only 1.6 km (Tang et al. 2013). The optical images of the peanut-shaped asteroid captured by Chang'E-2 during its flyby provide a valuable opportunity to understand the basic geometric and physical information of Toutatis at close range with optical measurements. Meanwhile, the American National Radio Astronomy Observatory (NRAO) observed clear groundbased delay-Doppler radar images (Takahashi et al. 2013). These fortuitously orchestrated simultaneous observations of Toutatis with multiple observational techniques provide precious data that can be used to verify past analyses and even be blended with each other to help unveil the mysteries of Toutatis.

After Chang'E-2's optical detection, Zou et al. (2014) estimated the orientation through a series of the canny operator based matching between the optical images and simulated images from the shape model, which is about $(-33^{\circ}8, 33^{\circ}0, 47^{\circ}1) \pm 1^{\circ}$ in the expression of $3-1-2$ Euler angles in the shape model coordinate system. Further, Huang et al. (2013a), based on the approximate orientation from the shape model and taking into account the imaging strategy during the flyby, statistically estimated the dimensions of Toutatis to be 4.75×1.95 km with an uncertainty of 10%, namely, ~475 m. These estimation results verified the previous conclusions within a comparatively wider margin of error, yet were insufficient to create a brand new picture about the dimensions of Toutatis. Huang et al. (2013a) pointed out that the narrow field angle of the camera onboard Chang'E-2 and the high local resolution of the optical images created difficulties in the three-dimensional (3D) surface modeling.

Accounting for particular constraints of Chang'E-2's shooting pictures during the flyby, the size of Toutatis can be better estimated. This paper analyzes the effectiveness of the optical images with radar observation data as auxiliary, and proves the completeness of the imaging along the long axis. Afterward, making use of key constraint relations between a series of images, Toutatis's dimensions are obtained with an uncertainty of 56 m and its orientation with an uncertainty of 0.55° about the long axis from 6.9 million kilometers away from the Earth. Using these accurate dimensions and orientation as reference, and combining with the radar-based shape model, the volume and spin period of Toutatis can be further estimated. The relevant methods and results contribute to the comprehensive understanding of Toutatis's characteristics, as well as precisely evaluate the threats thereof.

The rest of the paper is organized as follows. In Section 2, we sketch out the flyby geometry of Chang'E-2 relative to Toutatis according to tracking, control, and imaging during flyby. In Section 3, we analyze Toutatis's imaging completeness and identify its long axis from optical images combined with the refined shape model from radar observations. In Section 4, we provide an imaging constraint based measurement model and analyze the uncertainties. Then, we show measurement results in Section 5 and provide some deeper discussions in Section 6. Finally, in Section 7, we present the conclusions.

2 OBSERVATION AND FLYBY RELATIONSHIP

2.1 Observation and Imaging

After departing from the Sun-Earth L2 point, Chang'E-2 had been flying for approximately eight months before flying by Toutatis. The flyby happened at 8:30 (UTC) on 2012 December 13, about one day after Toutatis's periodical flyby of the Earth at 6:40 (UTC) on 2012 December 12. The minimum flyby range from the Earth is 0.046AU, about 18 times the average distance from the Earth to the Moon. At themoment of flyby, Chang'E-2was more than 6.9million kilometers away from the Earth.

To ensure a successful flyby, the Beijing Aerospace Control Center (BACC) had corrected the trajectory of Chang'E-2 several times before the detection, the last of which greatly shortened the theoretical flyby range from hundreds of kilometers to several kilometers, and obtained a relative velocity of 10.73 km s^{-1}. During the flyby, the ground observation systems and control systems were used to track and measure the movement of Chang'E-2 and Toutatis. The spacecraft orbit is tracked through the radiometric data, and the asteroid's orbit is determined through the ground optical telescopes.

A CMOS camera with a focal length of 54 mm, a resolution of 1024-by-1024 pixels, and a field of view (FOV) of 7.2° by 7.2° was used in the experiment. After Chang'E-2 departed the Sun-Earth L2 point, imaging tests and parameter calibration were conducted using fixed stars. Chang'E-2 started to take photos of Toutatis after passing by it with a mode of vanishing point gaze (Huang et al. 2013b); the effective imaging time was approximately 100 s, and the imaging frequency was 5 frames per second. Several hours before the flyby, the attitude of Chang'E-2was adjusted to make sure Toutatis came into the view of the camera and that communication with the Earth was well established. In addition, the constraint on the solar panels-Sun angles was met. The orientation of the Chang'E-2 spacecraft remained fixed inertially throughout the imaging campaign.

2.2 Flyby Relation

When imaging an asteroid with a space-borne camera, the orientation of Toutatis is a function of the relative state/dynamics, which are the position/velocity and the rotation between Chang'E-2 and Toutatis. Strict motion relations of relative displacement and relative rotation based on orbit data provide possibilities to high-precision optical measurement and analysis.

2.2.1 Relative displacement

After the last orbit trimming, Chang'E-2 became a man-made Earth-crossing asteroid in the solar system with an orbital period of about 16 yr. The orbital period of Toutatis is around four years. During the imaging time of 100 s, the perturbation sources most influencing the relative velocity between Chang'E-2 and Toutatis were the gravity of the Sun, the solar radiation pressure, the gravity of Jupiter, and the gravity of Toutatis. The former three will perturb the relative velocity of 3.96×10^{-4} m s^{-1}, ~10^{-5} m s^{-1}, and 3.78×10^{-7} m s^{-1}, respectively. A change in relative velocity during the flyby can be calculated based on the gravitational parameter of Toutatis. Supposing the gravitational parameter of Toutatis is 1.279×10.6 km^3 s^{-2} (Scheeres et al. 1998) and the flyby range is larger than one kilometer (Tang et al. 2013), the change in relative velocity is less than 2.56×10^{-5} m s^{-1}. In conclusion, the relative velocity change caused by different gravity sources is less than 4.7×10^{-4} m s^{-1}. That is to say, in 100 s, there was a relative rectilinear motion of 1073 km, whereas the lateral displacement caused by various perturbation forces was only 4.7 cm. Therefore, during the flyby, Chang'E-2 and Toutatis moved in a way very similar to uniform linear motion, with an uncertainty of 4.4×10^{-6}%.

2.2.2 Relative rotation

During the imaging, Chang'E-2 kept a constant attitude. The telemetry attitude data returned by Chang'E-2 show that the changes in roll, pitch, and yaw attitude were all below 10^{-4} radians during the imaging time. Furthermore, irregular spin is one of the typical characteristics of Toutatis. It has two spin periods around its long axis and principal axis of 5.41 and 7.33 days, respectively (Hudson & Ostro 1995). During the effective imaging time of 100 s, high-resolution imaging lasted for only 20 s. Toutatis spun around the two axes for 0.0114° and 0.0154°, respectively. In the optical images, the dimension of Toutatis is less than 400 pixels, which means that the difference caused by the spin of Toutatis in the optical images is less than 0.054 pixel. Therefore, during the high-resolution imaging time, Toutatis kept a fixed attitude with an uncertainty of 1.4×10^{-3}% s^{-1}. In conclusion, during the Chang'E-2 flyby of Toutatis, it can be considered that there was no relative rotation between the two.

3 IMAGE ANALYSIS

Our interest here lies in understanding the total coverage of the illuminated surface and whether the general shape is captured in the images or if it is even possible to identify it in our data.

3.1 Related Coordinate Systems

Three types of coordinate systems are involved herein, namely, an inertial coordinate system, a camera coordinate systems, and a spacecraft body coordinate system. For the convenience of the following analysis, they are uniformly described here. In an inertial space, various tracking data, including the coordinates and velocities of the Sun, the Earth, Toutatis, and Chang'E-2, are unified into the heliocentric inertial system O_i-xyz. The relative motion relation between Toutatis and Chang'E-2 as well as the relative rotational dynamics are described in the original camera coordinate system O_{c0}-xyz. The optical center of the space-borne camera at the moment of initial imaging is the origin O_{c0}, and the optical axis of the camera at the moment is the z-axis. Real-time camera coordinate systems O_{ck}-xyz are built for each imaging position, the origins of which are located at the camera realtime optical centers, respectively. Here, the original camera coordinate system is distinguished from the real-time camera coordinate systems for the former, which is regarded as a fixed frame in the following vision-based calculation. The conversion between the original and real-time camera coordinate systems can be achieved via constraint-based visual calculation. The conversion between the heliocentric inertial system and the camera coordinate systemsrelies on the body coordinate system O_b-xyz, that between the inertial coordinate system and body coordinate system is based on the attitude transfer matrix, and that between the spacecraft body coordinate system and camera coordinate systems is achieved based on the camera installation matrix. The spatial relationships among the three types of coordinate systems are shown in Figure 1.

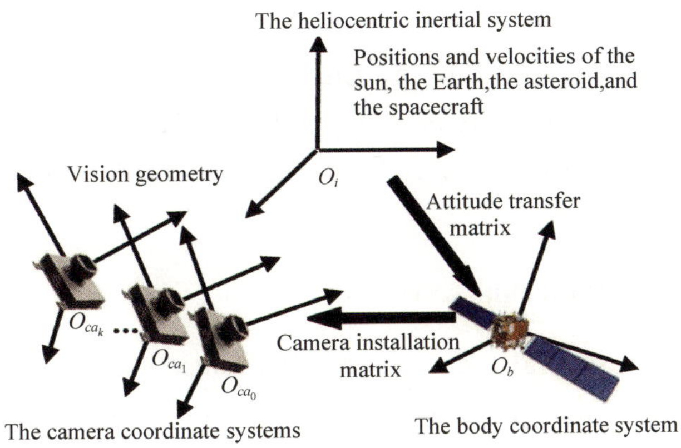

Fig. 1　Coordinate systems and their relationship.

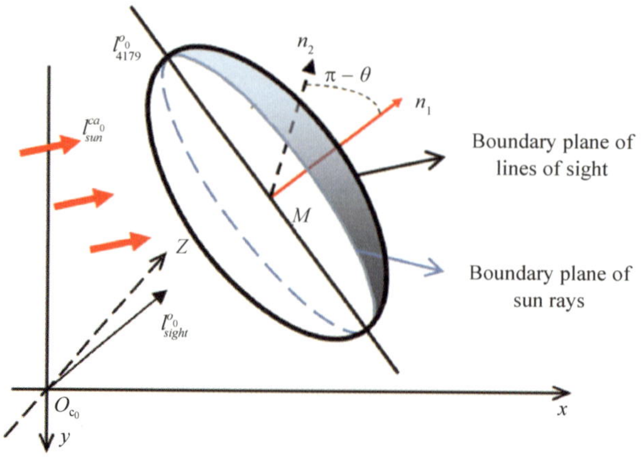

Fig. 2　Spatial geometric relation of the vectors based on the equivalent rotating body.

3.2　Illuminated Area on the Surface

Assuming that there is no light transmission on Toutatis's surface, when the imaging distance is long, lines of sight and solar rays can, respectively, be considered to be parallel vectors. When Toutatis is treated as a rotating body around the long axis, the visual range of the surface of the equivalent rotating body can be described by the dihedral angle θ formed by the interface of Sun rays and that of lines of sight. The spatial geometric relation of θ is shown in Figure 2, where n_1 are the normal vectors of the boundary plane of Sun rays, n_2 the normal vectors of the boundary plane of lines of sight, and l^{c0}_{sun}, l^{c0}_{sight}, and l^{c0}_{4179} are the vectors of Sun rays, lines of sight, and Toutatis's long axis in the original camera coordinate system, respectively. The computation of θ is described in Appendix A.1.

When the orientation of the long axis is limited in a rough degree range, the dihedral angle θ of the visible surface of the rotating body was calculated to be from 122° to 180°. From the spatial geometric relationship, the conclusion can be thereby made that the long axis of Toutatis can fortunately be completely reflected on the Chang'E-2 optical images, whereas the edge of the upper right part perpendicular to the long axis is partly shadowed.

3.3　Identification of the Long Axis

Based on data from several radar observations since 1992, Takahashi et al. (2013) studied Toutatis's inertia moment and verified the high-resolution shape model (Hudson et al. 2003) using the observation in 2012. The shape model provides a good reference for marking Toutatis's long axis in optical images captured by Chang'E-2. First, based on the solar line-of-sight angle, the illuminated surface of the shape model was simulated. Then, the attitudes of the shape model's three axes were rotated to achieve the most correspondence with the observed optical images of Toutatis. Then, the first order estimate of the direction of the axis of Toutatis was identified in the optical images. It is emphasized here that the long axis cannot be extremely precisely identified due to uncertainties in the shape model and the resolution of the optical images. In this paper, the two landmarks A and B along the long axis are considered the endpoints of the long axis. Figure 3 shows the attitude and landmarks, respectively, in the shape model and Chang'E-2 image.

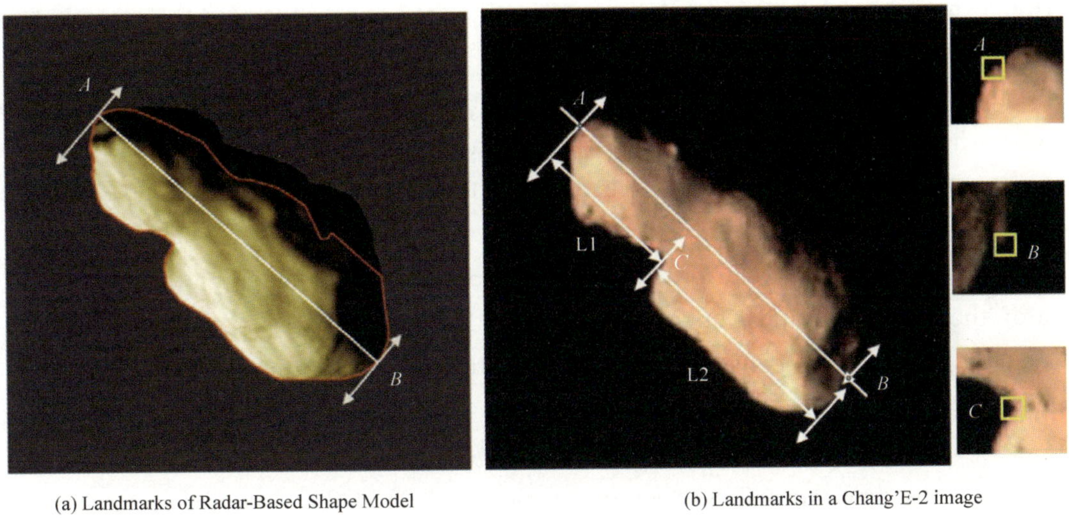

Fig. 3 Comparison between images from Chang'E-2 and the radar-based shape model. (a) Landmarks of the radar-based shape model. (The radar model is from http://echo.jpl.nasa.gov/asteroids/shapes/hirestoutatis.obj.) (b) Landmarks in a Chang'E-2 image.

4 MEASUREMENT MODEL

Since the images only differ from each other in depth, the almost parallax-free imaging relation shows that the threedimensional calculation barely yields any matching errors. However, since the resolutions of the images obviously dropped as Chang'E-2 flew away from Toutatis, it is difficult to achieve accurate matching between corresponding image points. Under such paradoxical circumstances, bundle adjustment, the commonly used photogrammetric method, is limited in eliminating errors to realize high-precision measurement. Therefore, in this paper, based on the relative motion and relative geometry of Toutatis and the spacecraft, several strict imaging constraints are introduced to the multi-view calculation to remove the effects of major uncertainties by matching and calculation.

4.1 Multi-view Calculation Based on Imaging Constraints

The relative motion between Chang'E-2 and Toutatis leads to a special imaging relationship. That is, all lines between homonymy points at different spatial coordinates intersect at an infinite point P_∞ that indicates the translational direction in space. Furthermore, on the image planes, the lines through homonymy landmarks at different positions intersect at one point, epipole e, which is the projection of P_∞. Based on the relation between the image sequence and the spatial motion, the constraints and the computational algorithm can be developed.

During the imaging period, the principal point coordinate and the focal length of the space-borne camera are deemed as known and stable with even exposure at each time of imaging. According to the observing geometry, three strict constraints can be proposed for accurate modeling.

The scale constraint. During any two times of continuous imaging, the relative motion of the spacecraft and Toutatis is unchanged. Therefore, $\Delta a_{m,n}$, the relative displacement vector of the camera between the picture Img_m and the picture Img_n, can be expressed as

$$\Delta a_{m,n} = (n-m) \cdot \boldsymbol{v} \cdot \delta t, \tag{1}$$

where δt is the time interval between two camera exposures that could be accurately controlled by the high-precision clock equipment on the spacecraft, and $\boldsymbol{v}$ is the relative velocity vector between Chang'E-2 and Toutatis. When tracking Chang'E-2 using ground communication, errors, including systematic error and random error, are inevitable. Nevertheless, themeasurement accuracy of the relative velocity in a short time could reach the mm s^{-1} level, which provides the baseline accuracy for the whole measurement system.

The attitude constraint. According to the relative rotation relation between Chang'E-2 and Toutatis, if a unit matrix $I_{[3\times3]}$ of the first image Img_0 is established as the reference, the camera rotation matrix R_k of any other image Img_k could also be uniformly expressed as

$$R_k = I_{[3\times3]}. \tag{2}$$

The epipole constraint. Theoretical values of $\boldsymbol{e}_{m,n}$, the epipole coordinate, between any two optical images Img_m and Img_n in the sequence are identical and can be uniformly denoted by

$$\boldsymbol{e}_{m,n} = \boldsymbol{e} = [e_u, e_v]^{\mathrm{T}}. \tag{3}$$

Incorporating the scale constraint, the attitude constraint, and the epipole constraint into the solution of multiple view geometry, the coordinate of a spatial point P in the original camera coordinate systemcan be obtained. Appendix A.2 gives a detailed description of the solution. The camera matrices P_m and P_n can be obtained by combining with a pure translational imaging model. The specific process refers to the multi-view geometry principle (Hartley & Zisserman 2004). After getting the camera matrix of each optical frame and coordinates of homonymy image points of the spatial point P, the exact spatial position of P in the original camera coordinate system can be obtained.

4.2 Precise Estimation of Key Feature Points

According to the above geometric relationship, the computation accuracy is directly determined by the accuracy of the coordinates of key feature points, including the homonymy landmarks and the epipole. Although the measurement accuracy of each individual point is low, the specific imaging model and constraint relations during Chang'E-2's flyby of Toutatis could help to improve the estimation accuracy of the feature points. The epipole can be estimated using the two-point algorithm with the least squares criterion (Li et al. 2000). Accurate registration of homonymy landmarks can be realized, according to a motion constraint based filter algorithm. The following first theoretically gives a motion constraint within the sequence of homonymy image landmarks. Then, based on the theoretical relation, the pixel coordinates of the homonymy landmarks are estimated accurately using a polynomial-based filter.

The motion constraint for the filter. The 2D image coordinate $[u_P(t), v_P(t)]^T$ of any spatial point P on Toutatis's surface and its spatial 3D coordinate $X_P^{c0}(t) = [x_P(t), y_P(t), z_P(t)]^T$ in the original camera coordinate system meet the following continuous time-varying relationship, the detailed derivation of which is given in Appendix A.3.

$$u_P(t) = \frac{f_u x_P(t) + u_0 z_P(t) - \frac{V_t}{K} f_u f_v e_u}{z_P(t) - \frac{V_t}{K} f_u f_v} \tag{4}$$

$$v_P(t) = \frac{f_v y_P(t) + v_0 z_P(t) - \frac{V_t}{K} f_u f_v e_v}{z_P(t) - \frac{V_t}{K} f_u f_v} \tag{5}$$

$$K = \sqrt{(f_v(e_u - u_0))^2 + (f_u(e_v - v_0))^2 + (f_u f_v)^2}, \tag{6}$$

where $u_P(t)$ and $v_P(t)$ are the pixel coordinates of the row and column direction at time t, f_u and f_v are the camera equivalent focal lengths in the two directions, u_0 and v_0 are coordinates of the camera principle point, and $\mathbf{V} = \| v \|$ represents the relative speed.

The relationship between the homonymy landmarks $[u_i, v_i]^T$, $i=1,2,\cdots,n$ of each image can be accurately established through Equations (4) – (6), which lay the theoretical foundation for the accuracy of the homonymy landmarks. However, since $X_P^{c0}(t)$ is unknown, the exact coordinates of the landmarks cannot be calculated via Equations (4) – (6) directly. Fortunately, there was a favorable condition that $X_P^{c0}(t)$ was constant in the original camera coordinate system. Therefore, to analyze the time-varying rule of the image coordinates of homonymy landmarks, different constant values can be assigned to $X_P^{c_0}(t)$. Using the scale constraint, the image points $x_k = [u_P[k], v_P[k]]^T, k = 1, 2, \cdots, n$ change continuously and stably with time sample k, which can be approximated with a polynomial.

The filter for the homonymy landmarks was designed according to the rule of approximate polynomials. First, $X_P^{c_0}(t)$ was set as a constant, and the theoretical formula in Equations (4) - (6) was used to precisely calculate pixel coordinates of the image point sequence x_k; then, a high-order polynomial was used to fit x_k, and the values of the polynomial functions were used as an estimate of x_k. Figure 4 shows a comparison of mean square errors of image coordinates of different sequence lengths via polynomials of different orders. Each statistical point was based on 200 random sample points of $X_P^{c_0}(t)$. The figure shows that for sequences of the same length, the error converges as the order of the polynomial is increased; for sequences of the same fitting order, the error diverges with an increase in the sequence scale. When the order of the polynomial is above 7, in the sequence scale of 60 points, the mean square error is less than 0.004 pixel. Therefore, fitting polynomials with orders of more than seven can be used as filter functions for an accurate correction of the homonymy landmarks.

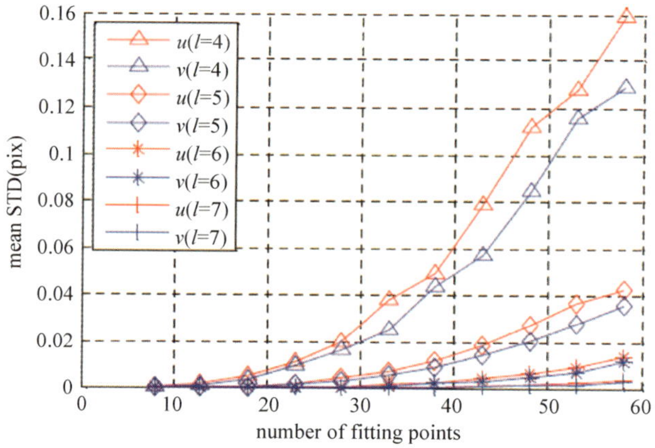

Fig. 4 Effectiveness of different filter functions.

4.3 Uncertainties

The aggregate uncertainties of the optical imaging during flyby need to be addressed. The source errors include uncertainties in the relative dynamics of Toutatis and spacecraft and the measurement models. The uncertainties in the relative dynamics are determined by that of the motion relation in Section 2. Their effects on the measurement system have proved to be negligible. Therefore, the measurement uncertainty is primarily determined by the uncertainty of the measurement model.

According to the measurement model, the main errors include the matching error of homonymy landmarks, the estimation error of the epipole, and transmission errors. To precisely analyze the degree of error, a ground testing platform is developed based on the relative imaging relationship and actual parameters including relative velocity, exposure time, and camera parameters.

The ground testing platform, on one hand, could generate theoretical spatial coordinates of simulated landmarks and corresponding homonymy image points at each exposure time. On the other hand, after adding noise to the simulated data, it can realize a series of processes including filtering and spatial position calculating, as well as a comprehensive analysis of transfer relations of various error sources.

The spatial coordinates of Toutatis's endpoints are basic landmarks for calculating the dimension and the orientation of the long axis. Based on the exact measurement model and Monte Carlo method, the uncertainty of the endpoints can be obtained statistically via the ground testing platform after estimation of the epipole, filtration of the homonymy image points, and error transmission.

The cumulative variance of a parameter can be computed as shown in the following equation. The uncertainty of the dimension d_{AB} and the orientation α_{AB} can be obtained from the coordinates of endpoints and their uncertainties.

$$\sigma_{\tau_{AB}}^2 = \sum_{i=1}^{6}\left(\frac{\partial \tau_{AB}}{\partial p_i}\cdot \sigma_{pi}\right)^2, \tag{7}$$

where τ_{AB} represents the function of Euclidean distance d_{AB} or the orientation angle α_{AB} between endpoint A and B, p_i denotes the coordinates of A and B in the original camera coordinate system, and σ_{pi} denotes the variance of each coordinate.

Based on the above mathematical formulation, the optical measurement of Toutatis's long axis is achieved as follows. First, the endpoints of the long axis are identified. Then, the extracted endpoints are matched on the sequence images. In order to obtain enough precision under a limited image resolution, a filter is invoked. Then, the spatial coordinates of the endpoints are computed under the constraints. Finally, the dimensions and the orientation of the long axis on the optical images are calculated.

5 RESULTS

The results are organized as follows. Section 5. 1 gives the results of the feature points, including endpoints and the epipole. Section 5. 2 gives the calculation of Toutatis's dimension and orientation along the long axis. Section 5. 3 contains an accurate computation of the illumination and shadow.

5. 1 Estimation of the Feature Points

A total of 30 continuous images with relatively high resolution were used for final processing. The initial matching of homonymy image points is achieved on the biquadratic interpolation images by virtue of corner-based matching algorithms, ensuring a maximum error not greater than 1 pixel and a standard deviation not greater than 0. 35 pixel. After filtering of homonymy points' coordinates based on the motion constraint, the mean error declines from 0. 39 pixel to 0. 06 pixel, and the standard deviation declines from 0. 4 pixel to 0. 05 pixel. The spatial position error of the endpoints caused by matching errors could be calculated statistically on the basis of the measurement transfer relation. After filtering, the order of magnitude of the calculated standard deviation of the spatial position decreases from hundreds of meters to ~10 m. When errors are described by the rms, errors on the x, y directions in the original camera coordinate system are ~2 m and that on the z direction is~60 m; thus, the error is mainly reflected in the z direction, namely, the depth direction. Table 1 shows estimated coordinates of endpoints A and B before and after filtering.

Table 1 Estimation Results of Endpoints A and B

ID	x_{A1} (m)	y_{A1} (m)	z_{A1} (m)	x_{B1} (m)	y_{B1} (m)	z_{B1} (m)	L_{A1B1} (m)	x_{A2} (m)	y_{A2} (m)	z_{A2} (m)	x_{B2} (m)	y_{B2} (m)	z_{B2} (m)	L_{A2B2} (m)
Img1	−1866	−383	64619	734	1983	66145	4136	−1846	−381	63966	733	1995	66543	4353
Img2	−1822	−383	66409	762	1988	68320	3995	−1820	−379	66105	759	1999	68688	4357
Img3	−1796	−377	68508	788	1992	70394	3981	−1794	−374	68255	785	2004	70832	4354
Img4	−1767	−372	70305	808	1992	72309	4030	−1768	−368	70401	810	2008	72977	4353
Img5	−1743	−369	72759	839	2003	74897	4108	−1742	−364	72546	837	2012	75122	4353
Img6	−1716	−365	74685	858	1999	76486	3932	−1716	−360	74692	863	2016	77267	4353
Img7	−1687	−359	76540	889	2003	78616	4066	−1690	−356	76836	889	2021	79415	4355
Img8	−1659	−352	78343	914	2008	80796	4268	−1665	−352	78982	915	2025	81558	4352
Img9	−1635	−354	80833	950	2023	83595	4468	−1639	−347	81127	941	2029	83702	4353
Img10	1608	−346	82767	973	2025	85599	4506	−1613	−343	83273	967	2034	85849	4352
Img11	−1581	−341	84815	978	2003	86138	3715	−1587	−338	85418	992	2038	87996	4354
Img12	−1554	−336	86827	1012	2019	88993	4102	−1561	−334	87561	1018	2042	90138	4353
Img13	−1525	−330	88576	1044	2028	91463	4528	−1535	−330	89707	1044	2047	92292	4358
Img14	−1508	−327	91773	1054	2014	92484	3544	−1509	−326	91847	1070	2051	94422	4352
Img15	−1481	−326	93851	1065	2003	93745	3453	−1483	−322	93999	1097	2055	96572	4351
Img16	−1445	−320	94817	1104	2027	97068	4133	−1457	−317	96142	1123	2060	98727	4358
Img17	−1426	−317	97764	1141	2034	99315	3811	−1431	−313	98291	1149	2064	100861	4349
Img18	−1399	−314	99775	1157	2021	100399	3518	−1405	−309	100436	1175	2068	103018	4357
Img19	−1372	−309	101854	1235	2097	106960	6217	−1379	−304	102589	1200	2073	105168	4355
Img20	−1332	−299	102227	1227	2058	106465	5483	−1353	−300	104719	1226	2077	107280	4344
Img21	−1305	−296	104289	1262	2079	109661	6410	−1327	−296	106875	1252	2080	109424	4336

Continued

ID	x_{A1} (m)	y_{A1} (m)	z_{A1} (m)	x_{B1} (m)	y_{B1} (m)	z_{B1} (m)	L_{A1B1} (m)	x_{A2} (m)	y_{A2} (m)	z_{A2} (m)	x_{B2} (m)	y_{B2} (m)	z_{B2} (m)	L_{A2B2} (m)
Img22	−1290	−294	107746	1257	2040	109157	3732	−1301	−291	109019	1278	2085	111607	4360
Img23	−1257	−285	108961	1329	2105	115022	7010	−1275	−287	111158	1303	2089	113711	4339
Img24	−1247	−290	13204	1303	2032	112362	3551	−1249	−283	113308	1330	2094	115898	4361
Img25	−1198	−271	112449	1439	2188	123891	11996	−1223	−278	115419	1356	2098	118057	4390
Img26	−1134	−260	109966	1401	2107	120794	11370	−1198	−274	117612	1382	2103	120197	4358
Img27	−1122	−265	113871	1410	2087	121439	8320	−1172	−270	119754	1407	2106	122307	4339
Img28	−1031	−240	108267	1491	2167	128235	20270	−1145	−265	121858	1433	2111	124452	4363
Img29	−1086	−260	120141	1512	2167	130177	10647	−1119	−261	123954	1458	2113	126498	4332
Img30	−799	−189	91001	1444	2038	124043	33192	−1095	−257	126289	1484	2118	128647	4226

Notes. x_{A1}, y_{A1}, z_{A1}, x B1, y_{B1}, and z_{B1} are coordinates of the two endpoints in the original camera coordinate system before the motion constraint based filtering; x_{A2}, y_{A2}, z_{A2}, x_{B2}, y_{B2}, and z_{B2} are coordinates of the two endpoints after filtering; and L_{A1B1} and L_{A2B2} are the long axis dimensions of the two types of endpoints, respectively.

The epipole is obtained from several pairs of random images. In order to ensure the reliability of the result, the image pairs with a small imaging distance and fewer homonymy points are filtered out and matching operators with scale invariant characteristics are adopted. Table 2 is the epipole estimation result in three color channels of the RGB format based optical images. Based on the transfer relation, the epipole estimation error of one times the STD leads to less than 30m of calculation errors for the endpoints.

Table 2　Estimation Result of the Epipole

Epipole	Channel R (pixel)	Channel G (pixel)	Channel B (pixel)	Mean Value (pixel)	STD (pixel)	Transfer Error (m)
e_u	609.38	609.58	609.42	609.46	0.10	<28
e_v	528.16	527.99	528.21	528.12	0.11	<30

5.2　Dimensions and Orientation

Figure 5 shows the measurement results of identified endpoints A and B of six sequential frames arbitrarily selected from the above 30 continuous images under UTC time coordinates. Table 3 shows the measurement results of typical dimension features and the orientation of the long axis. Typical dimensions include the maximum dimension and the length of the two lobes by taking the long axis as the reference distance. The orientation of the long axis is described through the angles of direction cosine between the long axis and three coordinate axes of the original camera coordinate system. Based on the analysis in the analytical conclusion of Section 3, due to the shadowing of the images in the direction perpendicular to the long axis, the relevant dimension in this direction could be measured on the optical images but does not represent the real scale of Toutatis.

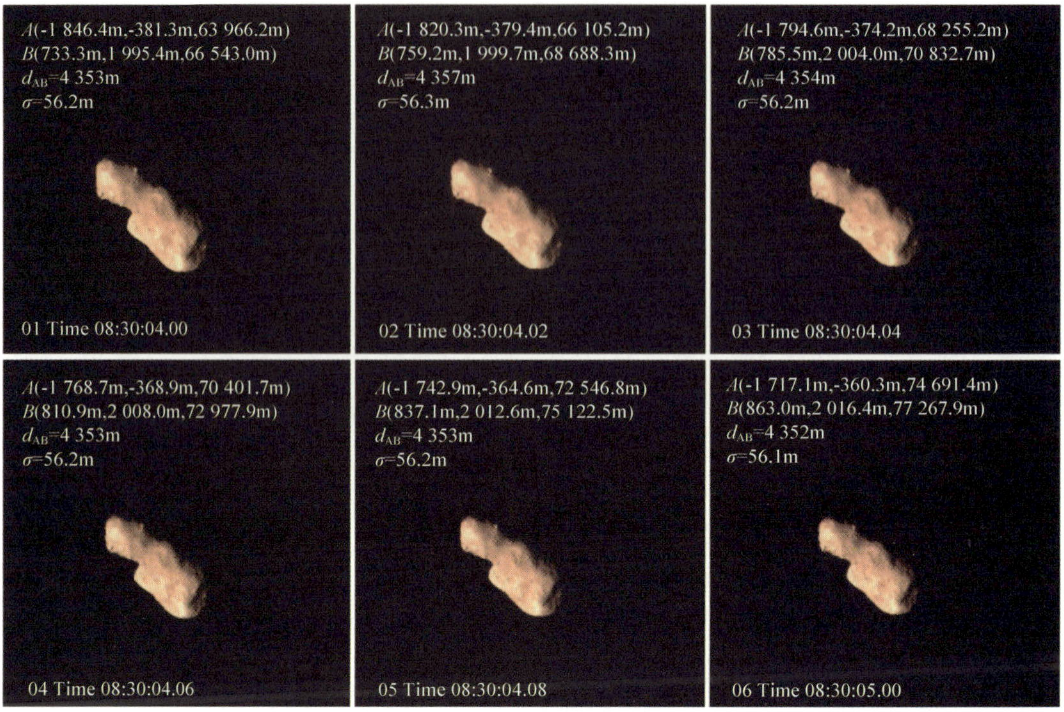

Fig. 5　Measurement results based on identified endpoints of the long axis.

Table 3　Dimensions and Orientation Based on Optical Images

Parameters	Dimension (m)					Orientation of l_{4179} (deg)						
	AB	Lmax	L1	L2	STD_L	α_{l-x}	STD_{l-x}	α_{l-y}	STD_{l-y}	α_{l-z}	STD_{l-z}	STD_α
Projection Plane	3491.7	3521.4	1427.6	2093.8	2	137.29	0.04	132.71	0.04	/	/	0.05
Imaging Space	4353.8	4391.4	1780.3	2611.0	56	126.13	0.29	122.98	0.21	126.63	0.46	0.55

The dimension of the long axis measured using the optical method is 4354 m with an uncertainty of 56 m, a difference of 246 m compared to 4.6 ± 0.1 km (Hudson et al. 2003) and 106m compared to 4.46 ± 0.1 km (Takahashi et al. 2013; Huang et al. 2013a). The longest dimension of Toutatis reflected by the image is 4391 m, and the error bar of 56 m is shorter than 100 m. The reasons for the difference include: (1) there exist deviations between identified long axis endpoints and the actual positions, whether they are based on the shape model or extracted from the optical image; (2) there may be a little shadow shelter at the bottom right of the optical images, and point B is slightly offset from the actual end point; and (3) there do exist certain deviations as to the measurement results of these two methods. The dimension of 4391 ± 56 m agrees with the length range of 4.75 km ±10% estimated by Huang et al. (2013a), while the error bar has been greatly improved. The optical measurements presented here fully integrate much useful information and constraints of Chang'E-2 flying by at a close distance. Therefore, the measurement accuracy of Toutatis's dimensions is improved by comparing it with ground-based remote observations. Dimensions of Toutatis's three axes can be estimated through a proportional relation between the results of the optical measurement and that of the refined shape model, which is $4354\times1835\times2216\pm\sim56$ m. This gives us more accurate estimate of the size of the asteroid.

The orientation of Toutatis's long axis in the original camera coordinate system has been estimated through the cannybased matching between Chang'E-2 optical images and images from the shape model by Zou et al. (2014), which is $(-33.8^\circ, 33.0^\circ, 47.1^\circ)\pm1^\circ$ in 3 − 1 − 2 Euler angles, and $(127.91^\circ, 123.00^\circ, 124.81^\circ)\pm1^\circ$ in the expression of direction cosine angles in the original camera coordinate system. Comparing it with the orientation of $(126.13^\circ\pm0.29^\circ, 122.98^\circ\pm0.21^\circ, 126.63^\circ\pm0.46^\circ)$ calculated through optical approaches in Table 3, the deviations of the three direction cosine angles are $(-1.78^\circ, -0.02^\circ, 1.82^\circ)$, respectively. This, on one hand, shows that Toutatis's attitudes measured through the two methods are basically consistent. On the other hand, through further comparison, some obvious differences could still be found between the optical images and the radar-based images, such as the tail of the larger lobe. Thus, some errors are introduced if considering the shape model based image as the reference for the canny operator based matching, especially in the depth direction. Therefore, the discrepancies in orientation between the two methods are insignificant overall, but the deviation of α_{l-z} is larger comparatively. The spatial orientation contains rotation information, which is discussed in Section 6.2.

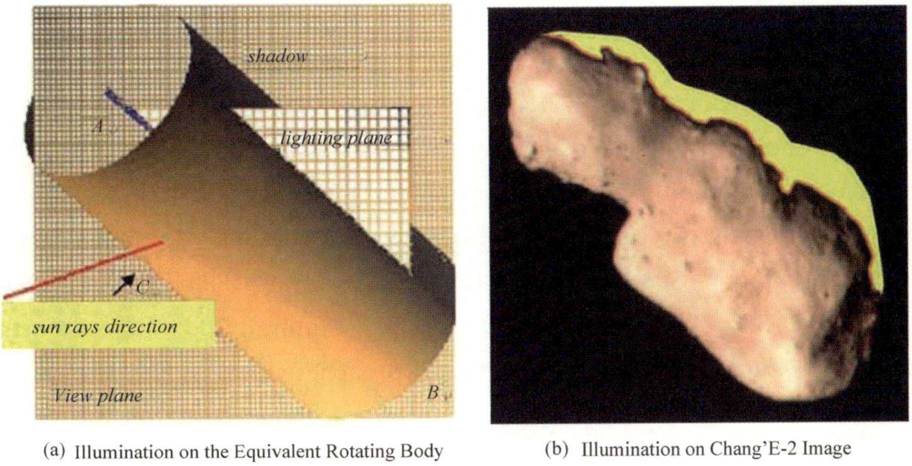

(a) Illumination on the Equivalent Rotating Body　(b) Illumination on Chang'E-2 Image

Fig. 6　Results of calculated visible part on Toutatis's imaging surface. (a) Illumination on the equivalent rotating body. (b) Illumination on the Chang'E-2 image.

5.3 Illumination and Shadow

Based on the accurate coordinates of endpoints A and B, the shadow in the optical images could be precisely calculated. The dihedral angle of the visible part between the boundary plane of Sun rays and that of lines of sight calculated through the long axial vector and Sun ray vector is 129.98, as shown in Figure 6(a). That is to say, if we consider a cylinder of equivalent size, about 27.78% of the body is hidden due to shadowing. Figure 6(b) is a prediction of the shadow in the optical images combined with a simulation image based on the shape model. Comparing Figure 6 and the previous Figure 3(a), the calclated shadow is consistent with the simulation result based on the shape model.

6 Discussions

6.1 Volume, Mass, and Density

Toutatis's dimension can be obtained through the optical method, but due to incomplete coverage of Chang'E-2 images, the volume of the asteroid cannot be estimated directly. Fortunately, Ostro and Hudson's radar based shape model provides more accurate relative information on the shape. According to the cube law, we can scale Toutatis's volume based on the shape model by adjusting axes of Toutatis from $4.46 \times 1.88 \times 2.27$ km to $4354 \times 1835 \times 2216$ m. The new estimated volume is 7.5158 km^3, 0.1830 km^3 less than 7.6988 km^3 by the refined radar based shape model. In addition, the newest radar observation and Chang'E-2 images show that Ostro and Hudson's shape model corresponds to Toutatis's actual shape over ~97% of its volume (Takahashi et al. 2013), so if a more accurate shape model can be established based on the radar observation of 2012, the estimation of the volume will be more accurate.

Furthermore, based on the estimated volume, the mass of Toutatis can be recalculated. According to analysis results from the radar echo, Toutatis's density is between 2100 kg m^{-3} and 2500 kg m^{-3} (Scheeres et al. 1998; Ostro et al. 1999; Birlan 2002), so the mass is between 1.578×10^{13} kg and 1.879×10^{13} kg. Naturally, if the exact mass of the asteroid can be estimated according to other approaches, such as the Yarkovsky effect (Chesley et al. 2003), an accurate density can be calculated based on the volume, and the bulk composition and internal makeup of Toutatis can be further analyzed.

6.2 Spin Period

The equivalent rotating body at the time of the Chang'E-2 flyby can be simulated in the earth plane of sky as shown in Figure 7(a). Comparing this with the ground radar observations on 2012 December 12 as shown in Figure 7(b)[9], it can be seen that endpoint A at the head of the smaller lobe, point C at the neck, and the sheltered endpoint B on the optical image correspond well to those on the radar image, indicating that the two images are identical in spatial orientation. Nevertheless, there exists a certain deviation as to the long axis orientations in the two figures. One reason for this deviation is the extracting error of the long axis endpoints. Another is that the imaging time of the optical image was about half a day later than that of the radar observation; therefore, after the radar observation in Figure 7(b), Toutatis had spun further, as described by Hudson & Ostro (1995).

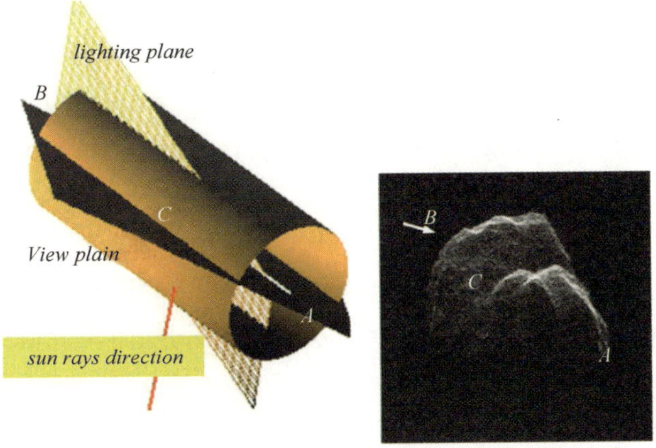

(a) Converted Equivalent Rotating Body　　(b) NASA Radar Image

Fig. 7　Feature comparisons from different angles of view. (a) Converted equivalent rotating body. (b) NASA radar image.

Furthermore, such disparity provides an opportunity for an accurate analysis of the spin period of Toutatis. The spin period can be calculated by taking the average rotation rate over the observation period. The change in attitude can be obtained by directly comparing landmarks such as A, B, and C in optical and radar images. If the images from the radar observation around 2012 December 13 can be obtained, then corresponding feature points of Toutatis can be found. Such an analysis would help improve the existing rotational dynamical models of Toutatis.

7　Conclusions

On 2012 December 13, Chang'E-2 successfully captured optical images of Touatis via a close flyby. This closest imaging has attracted many scientific communities' attention in unveiling mysteries of this PHO. In this paper, the dynamical model and optical measurements are rigorously developed. Our analysis investigated whether its dimensions and orientation could be accurately measured through optical images. Next, the shadow effect is investigated in order to validate that the optical image of Toutatis's long axis is fully captured. The internal relations between relative motion and imaging are introduced into the optical measurement model to ensure measurement accuracy. The measured dimension of Toutatis's long axis is 4354 m with an uncertainty of 56 m, the longest dimension is 4391 m with an uncertainty of 56 m, and the orientation of the long axis at the flyby time is $(126.13 \pm 0.29, 122.98 \pm 0.21, 126.63 \pm 0.46)$ based on the direction cosine angles. From the point of view of measurement precision, the estimated dimensions and orientations are more accurate and acceptable than the previously published results. The disparity in the overall dimension is about 106 m, which is jointly caused by the shape model errors and the shadow effect. The three-axis dimensions, volume and mass, of Toutatis are re-estimated with nearly simultaneous earth radar observations and the dimension from the optical method. Furthermore, a quantitative study on the spin period may be feasible by fusing surface features from both the optical and radar images simultaneously.

In summary, the Chang'e-2 flyby near Toutatis has inspired a more accurate estimation of the geometrical mysteries of Toutatis, such as the dimensions and spatial orientation. All of these would further promote more comprehensive understanding of this remote and mysterious small body.

The authors are grateful to Dr. Michael W. Busch at NRAO for discussions, and Prof. Junze Liu and Hongbing Xu at the Spacecraft Operation and Management department of BACC for providing data. The authors acknowledge valuable comments and discussions with Yong Liu, Hang Wang, Shaoran Liu, Junqi Liu, Ye Liu, Jinchao Xia, Xie Li, Lue Chen, Songtao Han, Jin Sun, Hongzheng Cui, Baofeng Wang, Lei Liu, Mei Wang, Jia Wang et al. of BACC. We would especially like to thank the anonymous reviewer and the editors of *The Astronomical Journal*. The relevant work of this paper is jointly supported by the National Natural Science Foundation of China, 41204026, and China Postdoctoral Science Foundation.

Appendix

A. 1 Calculating the Visible Surface of the Rotating Body

In the original camera coordinate system, let the line-of-sight vector from the spacecraft to the body be $\boldsymbol{l}^{c_0}_{\mathrm{sight}}$, the vector of Sun rays be $\boldsymbol{l}^{c_0}_{\mathrm{sun}}$, and the vector of Toutatis's long axis be $\boldsymbol{l}^{c_0}_{4179}$; then, the visible surface of the rotating body can be calculated using the following three steps.

A.1.1　Calculating the Boundary Plane of the Sun Rays

First, in the original camera coordinate system, $\boldsymbol{l}^{c_0}_{\mathrm{sun}}$ is determined by $\boldsymbol{X}^{c_0}_{\mathrm{sun}}$, the Sun centroid coordinate, and $\boldsymbol{X}^{c_0}_{M}$, the equivalent rotating body center, as

$$\boldsymbol{l}^{c}_{0\ \mathrm{sun}} = \boldsymbol{X}^{c_0}_{\mathrm{sun}} - \boldsymbol{X}^{c_0}_{M}. \tag{A. 1. 1}$$

Then, define plane S_1 as the plane that passes the main axis $\boldsymbol{l}^{c_0}_{4179}$ and is co-planed with the vector of Sun rays $\boldsymbol{l}^{c_0}_{\mathrm{sun}}$ and calculate the normal vector $\boldsymbol{n}^{c_0}_{\mathrm{sun}-l_r}$ of the plane S_1 with the following equation

$$\boldsymbol{n}^{c_0}_{\mathrm{sun}-l_r} = \boldsymbol{l}^{c_0}_{\mathrm{sun}} \times \boldsymbol{l}^{c_0}_{4179}. \tag{A. 1. 2}$$

Then, define plane $S_1^{\perp}$ as the plane that passes the main axis $\boldsymbol{l}^{c_0}_{4179}$ and is perpendicular to the plane S_1, and calculate the normal vector $\boldsymbol{n}^{c_0}_{(\mathrm{sun}-l_r)\perp}$ of the plane $S_1^{\perp}$ using the equation

$$\boldsymbol{n}^{c_0}_{(\mathrm{sun}-l_r)\perp} = \boldsymbol{n}^{c_0}_{(\mathrm{sun}-l_r)} \times \boldsymbol{l}^{c}_{0\,4179}. \tag{A. 1. 3}$$

Finally, calculate the plane $S_1^{\perp}$, which passes the center point $\boldsymbol{X}^{c_0}_{M}$, and with $\boldsymbol{n}^{c_0}_{(\mathrm{sun}-l_r)\perp}$ as its normal vector, using the equation

$$(\boldsymbol{n}^{c_0}_{(\mathrm{sun}-l_r)\perp})^{\mathrm{T}}(\boldsymbol{X}^{c_0} - \boldsymbol{X}^{c_0}_{M}) = 0. \tag{A. 1. 4}$$

Figure 8 is the sketch map of the boundary plane of Sun rays.

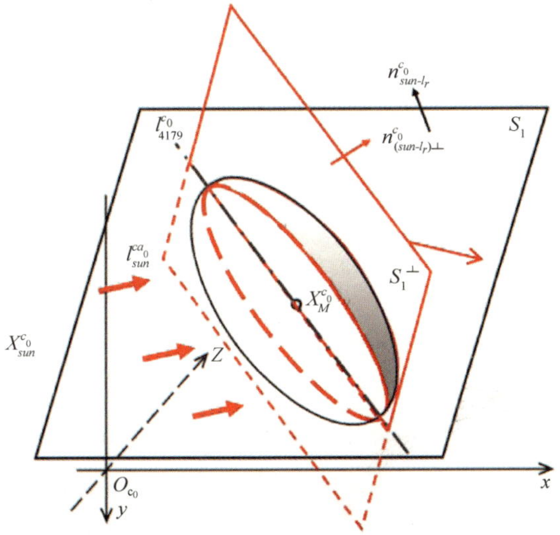

Fig. 8　Sketchmap of the boundary plane of Sun rays.

A.1.2　Calculating the Boundary Plane of the Line of Sight

Figure 9 is the sketch map of the boundary plane of the line of sight. The boundary plane of lines of sight is calculated in the original camera coordinate system. Strictly speaking, any position on the Toutatis surface can correspond to a vector of the line of sight, yet its analysis and calculation are extremely complex. Because the distance from the spacecraft to Toutatis at the imaging time is much larger than the dimension of Toutatis itself, the vector of lines of sight $\boldsymbol{l}^{c_0}_{\mathrm{sight}}$ can be represented by the parallel beams passing through the origin and the center $\boldsymbol{X}_M^{c_0}$ as

$$\boldsymbol{l}_{\text{sight}}^{c_0} = \boldsymbol{X}_M^{c_0}. \tag{A.1.5}$$

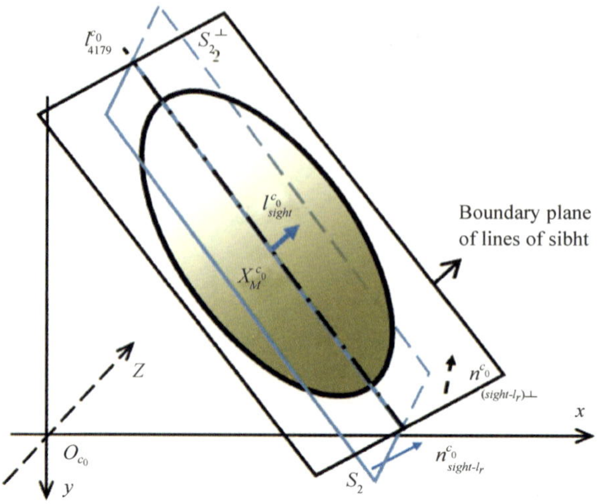

Fig. 9　Sketch map of boundary plane of the line of sight.

Define S_2 as the plane that passes the cylinder main axis $\boldsymbol{l}_{4179}^{c_0}$ and co-planes with the line of sight (directory vector $\boldsymbol{l}_{\text{sight}}^{c_0}$), and calculate the normal vector $\boldsymbol{n}_{\text{sight}-l_r}^{c_0}$ of the plane S_2 according to the equation

$$\boldsymbol{n}_{\text{sight}-l_r}^{c_0} = \boldsymbol{l}_{\text{sight}}^{c_0} \times \boldsymbol{l}_{4179}^{c_0}. \tag{A.1.6}$$

Then, calculate the normal vector $\boldsymbol{n}_{(\text{sight}-l_r)\perp}^{c_0}$ of $S_2^{\perp}$, which is defined as the plane passes the cylinder main axis $\boldsymbol{l}_{4179}^{c_0}$ and is perpendicular to S_2

$$\boldsymbol{n}_{(\text{sight}-l_r)\perp}^{c_0} = \boldsymbol{n}_{(\text{sight}-l_r)}^{c_0} \times \boldsymbol{l}_{4179}^{c_0}. \tag{A.1.7}$$

Finally, according to the below equation, calculate the plane $S_2^{\perp}$, which passes the point $\boldsymbol{X}_M^{c_0}$, and with $\boldsymbol{n}_{(\text{sight}-l_r)\perp}^{c_0}$ as its normal vector

$$\boldsymbol{n}_{(\text{sight}-l_r)\perp}^{c_0}{}^{\mathrm{T}}(\boldsymbol{X} - \boldsymbol{X}_{0M}^{c}) = 0. \tag{A.1.8}$$

A.1.3　Dihedral Angle between the Two Boundary Planes

The visible surface of the rotating body is directly determined by the dihedral angle θ between the boundary plane of the Sun rays and that of the line of sight. The angle θ can be calculated through the angle between the two normal vectors $\boldsymbol{n}_{(\text{sun}.\,l_r)\perp}^{c_0}$ and $\boldsymbol{n}_{(\text{sight}-l_r)\perp}^{c_0}$ with the following relationship

$$\cos(\pi - \theta) = \frac{\boldsymbol{n}_{(\text{sun}-l_r)\perp}^{c_0}\,\boldsymbol{n}_{(\text{sight}-l_r)\perp}^{c_0}}{\|\boldsymbol{n}_{(\text{sun}-l_r)\perp}^{c_0}\| \cdot \|\boldsymbol{n}_{(\text{sight}-l_r)\perp}^{c_0}\|}. \tag{A.1.9}$$

For convenience, let $\boldsymbol{n}_1$ represent $\boldsymbol{n}_{(\text{sun}-l_r)\perp}^{c_0}$, and $\boldsymbol{n}_2$ represent $\boldsymbol{n}_{(\text{sight}-l_r)\perp}^{c_0}$. Thus, we yield the following equations

$$\theta = \pi - \cos^{-1}(\boldsymbol{n}_1 \boldsymbol{n}_2) \tag{A.1.10}$$

$$\boldsymbol{n}_1 = (\boldsymbol{l}_{\text{sun}}^{c_0} \times \boldsymbol{l}_{4179}^{c_0}) \times \boldsymbol{l}_{4179}^{c_0} \tag{A.1.11}$$

$$\boldsymbol{n}_2 = (\boldsymbol{l}_{\text{sight}}^{c_0} \times \boldsymbol{l}_{4179}^{c_0} \times \boldsymbol{l}_{4179}^{c_0}. \tag{A.1.12}$$

The part within θ could have been illuminated by the Sun and shot by the camera at the same time, which makes it visible in the optical images. Other parts are regarded as shadowed or regions that are not detected by the spacecraft camera.

A.2 Solution of Multiple View Geometry

Supposing P is a point on Toutatis's surface, $\boldsymbol{X}_P^{c_0}$ is the spatial coordinate of P in the original camera coordinate system, $m_P[3\times1]$ is the homogeneous image coordinate of P in Img_m, and $n_P[3\times1]$ the homogeneous image coordinate of P in Img_n. There exists the following relationship between the image coordinates and $\boldsymbol{X}_P^{c_0}$

$$\boldsymbol{X}_P^{c_0} = P_m^+ m_P[3\times1] \tag{A.2.1}$$

$$\boldsymbol{X}_P^{c_0} = P_n^+ n_P[3\times1], \tag{A.2.2}$$

where P_m is the camera matrices of Img_m, P_n is the camera matrices of Img_n, P_m^+ is the pseudo-inverse of P_m, and P_n^+ is the pseudo-inverse of P_n.

If the camera position of Img_m is taken as the origin and the relative world coordinate system is built based on the reference of the optical axis direction at this moment, the camera matrices of P_m and P_n are expressed as follows, respectively

$$\begin{cases} P_m = K[I_{[3\times3]} \mid 0] \\ P_n = K[R_n \mid a_n] \end{cases}. \tag{A.2.3}$$

where R_n is the camera rotation matrix of Img_n, a_n is the translation vector at Img_n's imaging position, and K is the inner orientation matrix of the camera, which is expressed as

$$K = \begin{bmatrix} f_u & 0 & u_0 \\ 0 & f_v & v_0 \\ 0 & 0 & 1 \end{bmatrix}. \tag{A.2.4}$$

A.3 The Relationship of the Image Coordinates and the Corresponding Spatial Coordinates

Use the homogeneous vectors $[u_P(t), v_P(t), 1]^{\mathrm{T}}$ to formulate the image coordinates $\mathrm{m}_P(t)$ of the motion point P that is in line with the relation model of movement and imaging herein. Use the homogeneous vectors $[x_P(t), y_P(t), z_P(t), 1]^{\mathrm{T}}$ to formulate the coordinate $\mathrm{X}_P^{c_0}(t)$ in the original camera coordinate system. Based on the multiple-view geometrical relationship, there is a mapping relation between $m_P(t)$ and $\boldsymbol{X}_P^{c_0}(t)$ as follows

$$\boldsymbol{m}_P(t) = K\,(I,\,0)\begin{bmatrix} R & -RC \\ 0^T & 1 \end{bmatrix}\boldsymbol{X}_P^{c_0}(t). \tag{A.3.1}$$

According to the attitude constraint, whenever $t > 0$, the above relation can be simplified as follows

$$\boldsymbol{m}_P(t) = K(I, -\widetilde{C})\boldsymbol{X}_P^{c_0}(t) \tag{A.3.2}$$

$$\widetilde{\boldsymbol{C}} = [V_x(t)\ t, V_y(t)\ t, V_z(t)\ t]^T, \tag{A.3.3}$$

where $V_x(t)$, $V_y(t)$, $V_z(t)$, respectively, refer to the velocity components of the motion point P in the original cameracoordinate system in the direction of x, y, and z.

According to the scale constraint, $\boldsymbol{C}$ in Equation (A.3.3) can be expressed as

$$\widetilde{\boldsymbol{C}} = V\ t\boldsymbol{T}_{\text{norm}}, \tag{A.3.4}$$

where $\boldsymbol{T}_{\text{norm}}$ is the normalized velocity vector of the motion point P in the original camera coordinate system, namely, the normalized coordinate of the Chang'E-2 spacecraft in the original camera coordinate system.

Introduce the essential matrix E according to the multiple viewgeometry, and establish the following relationship between $\boldsymbol{T}_{\text{norm}}$ and E.

$$\boldsymbol{T}_{norm} = [T_X, T_Y, T_Z]^{\mathrm{T}} / \sqrt{T_X^2 + T_Y^2 + T_Z^2} \tag{A.3.5}$$

$$[\boldsymbol{T}]_x = \begin{bmatrix} 0 & -T_Z & T_Y \\ T_Z & 0 & -T_X \\ -T_Y & T_X & 0 \end{bmatrix} = E. \tag{A.3.6}$$

Based on the essential matrix's definition, combined with the epipole constraint, the formulation of E can be expressed as

$$E = K'^T FK = K'^T [\mathrm{e}]_\times K, \tag{A.3.7}$$

where K and K' are camera inner orientation matrixes. As the same camera was used during this flyby, the formulation of K and K' becomes

$$K = K'. \tag{A.3.8}$$

Substitute Equation (A.3.8) into Equation (A.3.7); E can be derived thereby as

$$E = \begin{bmatrix} 0 & -f_v f_u & e_v f_u - v_0 f_u \\ f_u f_v & 0 & u_0 f_v - e_u f_v \\ -f_u(e_v - v_0) & f_v(e_u - u_0) & 0 \end{bmatrix} \tag{A.3.9}$$

Then, the vector $[T_X, T_Y, T_Z]^{\mathrm{T}}$ is yielded, and each component is as follows

$$\begin{bmatrix} T_X \\ T_Y \\ T_Z \end{bmatrix} = \begin{bmatrix} f_v(e_u - u_0) \\ f_u(e_v - v_0) \\ f_u f_v \end{bmatrix}. \tag{A.3.10}$$

Subsequently, according to Equations (A.3.4) and (A.3.5), $\boldsymbol{C}$ is derived

$$\widetilde{\boldsymbol{C}} = \frac{V\ t}{K} \begin{bmatrix} f_v(e_u - u_0) \\ f_u(e_v - v_0) \\ f_u f_v \end{bmatrix}, \tag{A.3.11}$$

where $K = \sqrt{(f_v(e_u - u_0))^2 + (f_u(e_v - v_0))^2 + (f_u f_v)^2}$.

Substituting Equation (A.3.11) into Equation (A.3.2), the conclusion can be derived:

$$\begin{bmatrix} u_P(t) \\ v_P(t) \end{bmatrix} = \begin{bmatrix} \dfrac{f_u x_P(t) + u_0 z_P(t) - \dfrac{Vt}{K} f_u f_v e_u}{z_P(t) - \dfrac{Vt}{K} f_u f_v} \\ \dfrac{f_v y_P(t) + v_0 z_P(t) - \dfrac{Vt}{K} f_u f_v e_v}{z_P(t) - \dfrac{Vt}{K} f_u f_v} \end{bmatrix} \tag{A.3.12}$$

References

[1] Betzler, A. S., & Borges, E. P. 2012, A&A, 539, A158 Birlan, M. 2002, EM&P, 88, 1.

[2] Chesley, S. R., Ostro, S. J., Vokrouhlicky, D., et al. 2003, Sci, 302, 1739 (Yarkovsky).

[3] Davies, J. K., Harris, A.W, Rivkin, A.S, et al. 2007, Icar, 186, 111.

[4] Hartley, R.,&Zisserman, A. 2004, MultipleViewGeometry in ComputerVision (2nd ed.; Cambridge: Cambridge Univ. Press).

[5] Huang, J. C., Ji, J. H., Ye, P. J., et al. 2013a, Sci. Rep., 3, 3411.

[6] Huang, J. C., Wang, X. L., Meng, L. Z., et al. 2013b, Sci. China Technol. Sci. (Chinese), 43, 478.

[7] Hudson, R. S., & Ostro, S. J. 1995, Sci, 270, 84.

[8] Hudson, R. S., Ostro, S. J., & Scheeres, D. J. 2003, Icar, 161, 346.

[9] Li, H., Wu, F. C., & Hu, Z. Y. 2000, Chin. J. Comput., 23, 1121.

[10] Lupishko, D. F., Vasilyev, S. V., Efimov, J. S., et al. 1995, Icar, 113, 200.

[11] Morbidelli, A., Bottke,W. F., Jr., Froeschlé, C., et al. 2002, in Asteroids III, ed. W. F. Bottke, Jr (Tucson, AZ: Univ. Arizona Press), 409.

[12] Mueller, B. E. A., Samarasinha, N. H., & Belton, M. J. S. 2002, Icar, 158, 305.

[13] Noll, K. S., Weaver, H. A., & Storrs, A. D. 1995, Icar, 113, 353.

[14] Ostro, S. J., Hudson, R. S., Jurgens, R. F., et al. 1995, Sci, 270, 80.

[15] Ostro, S. J., Hudson, R. S., Rosema, K. D., et al. 1999, Icar, 137, 122.

[16] Scheeres, D. J., Ostro, S. J., Hudson, R. S., et al. 1998, Icar, 132, 53.

[17] Spencer, J. R., Akimov, L. A., Angeli, C., et al. 1995, Icar, 117, 71.

[18] Spencer, J. R., Emerson, J. P., Tholen, D. J., et al. 1993, IAU Symp. 160, Asteroids, Comets, and Meteors, ed. A. Milani, M. di Martino, & A. Cellino (Dordrecht: Kluwer).

[19] Tang, G. S., Bu, Y. L., Cao, J. F., et al. 2013, in IAC Conf., 13, 64th International Astronautical Congress (Beijing: IAF), A3.4.9.

[20] Takahashi, Y., Busch, M. W., & Scheeres, D. J. 2013, AJ, 146, 95.

[21] Zou, X. D., Li, C. L., Liu, J. J., et al. 2014, Icar, 229, 348.

The Ginger-shaped Asteroid 4179 Toutatis: New Observations from a Successful Flyby of Chang'E-2

Jiangchuan Huang[1,3*], Jianghui Ji[2*], Peijian Ye[1], Xiaolei Wang[4], Jun Yan[5], Linzhi Meng[3], Su Wang[2], Chunlai Li[5], Yuan Li[6], Dong Qiao[7], Wei Zhao[8], Yuhui Zhao[2], Tingxin Zhang[1], Peng Liu[8], Yun Jiang[2], Wei Rao[3], Sheng Li[9], Changning Huang[10], Wing-Huen Ip[6,11], Shoucun Hu[2], Menghua Zhu[6], Liangliang Yu[2], Yongliao Zou[5], Xianglong Tang[8], Jianyang Li[12], Haibin Zhao[2], Hao Huang[3], Xiaojun Jiang[5] & Jinming Bai[13]

1. China Academy of Space Technology, Beijing 100094, China;
2. Key Laboratory of Planetary Sciences, Purple Mountain Observatory, Chinese Academy of Sciences, Nanjing 210008, China;
3. Institute of Space System Engineering, Beijing 100094, China;
4. Beijing Institute of Control Engineering, Beijing 100190, China;
5. National Astronomical Observatories, Chinese Academy of Sciences, Beijing 100012, China;
6. Space Science Institute, Macau University of Science and Technology, Taipa, Macau;
7. Beijing Institute of Technology, Beijing 100081, China;
8. Harbin Institute of Technology, Harbin 150001, China
9. School of Electronic Engineering and Computer Science, Peking University, Beijing 100871, China
10. Beijing Institute of Space Mechanics and Electricity, Beijing 100076, China;
11. Institute of Astronomy, National Central University, Taoyuan, Taiwan;
12. Planetary Science Institute, AZ 85719, USA;
13. Yunnan Astronomical Observatory, Chinese Academy of Sciences, Kunming 650011, China

* These authors contributed equally to this work.

On 13 December 2012, Chang'E-2 conducted a successful flyby of the near-Earth asteroid 4179 Toutatis at a closest distance of 770 ± 120 meters from the asteroid's surface. The highest-resolution image, with a resolution of better than 3 meters, reveals new discoveries on the asteroid, e.g., a giant basin at the big end, a sharply perpendicular silhouette near the neck region, and direct evidence of boulders and regolith, which suggests that Toutatis may bear a rubble-pile structure. Toutatis' maximum physical length and width are (4.75×1.95 km) ± 10%, respectively, and the direction of the $+z$ axis is estimated to be (250 ± 5°, 63 ± 5°) with respect to the J2000 ecliptic coordinate system. The bifurcated configuration is indicative of a contact binary origin for Toutatis, which is composed of two lobes (head and body). Chang'E-2 observations have significantly improved our understanding of the characteristics, formation, and evolution of asteroids in general.

Chang'E-2, the second Chinese probe dedicated to the exploration of the Moon, was launched on 1 October 2010 at 10:59:57 UTC. After it accomplished its primary objective, an extended mission was designed for Chang'E-2 to travel to the Sun-Earth Lagrangian point (L2) and then to an asteroid. On 9 June 2011, Chang'E-2 departed its lunar orbit and headed directly to L2, where it arrived on 25 August 2011 and began to perform space-environment exploration. The asteroid's subsequent flyby mission remained under consideration, and eventually, asteroid 4179 Toutatis was selected as the primary target for the flyby after considering the leftover fuel of the spacecraft, the capability of the tracking and control network, and the fact that the asteroid's closest approach to Earth would occur on 12 December 2012. An undisclosed story is that Chang'E-2 was intentionally controlled to move near L2 for more than 230 days to favor the Toutatis-flyby injection maneuvers. On 15 April 2012, Chang'E-2 left L2. On 1 June 2012, the spacecraft began its mission to Toutatis. Chang'E-2 implemented the flyby on 13 December 2012 at 8:29:58.7 UTC at a closest distance of 770 ± 120 (3σ) meters from Toutatis' surface at a high relative velocity of 10.73 km s^{-1}, with highest-resolution images of better than 3 meters per pixel[1]. As of 14 July 2013, Chang'E-2 is still traveling into outer space over 50 million kilometers away from Earth, and it is the first successful multiple-type-objective probe in history that has ever visited the Moon, a Lagrangian point, and an asteroid.

Asteroids are remnant building blocks of the formation of the Solar System. They provide key clues to understanding the process of planet formation, the environment of the early Solar nebula, and even the occurrence of life on Earth. Toutatis, as an Apollo near-Earth asteroid in an eccentric orbit that originates from the main belt, was a good target for Chang'E-2's flyby mission because this asteroid is full of fascinating puzzles. The 3D shape of Toutatis has been well reconstructed, and its spin state has been determined, from extensive radar measurements taken at Arecibo and Goldstone[2-9] since 1992 during its closest approaches to Earth, once every four years. The results indicate that Toutatis is characterized as a non-principal-axis rotator; this tumbling asteroid rotates about its long axis with a period of 5.4 days, and the long-axis precession period is 7.4 days[7]; this precession may be induced by the Earth's tides during each close-in flyby[10] and the Yarkovsky-O'Keefe-Radzievskii-Paddack (YORP) effect[11]. Moreover, detailed geological features, such as complex linear structures and concavities, have been revealed in Hudson et al.'s model[5] at an average spatial resolution of ~34 m. Hence, the primary issue of concern is whether the derived radar models accurately represent the real appearance of Toutatis. Furthermore, some features such as boulders and regolith on its surface have been speculated to exist in previous radar models[5,6]. It was hoped that this mystery could be solved by obtaining optical images during a spacecraft's close flyby. Furthermore, small asteroids at the km scale are believed to have a socalled rubble-pile structure, which means that they consist of a loose collection of fragments under the influence of gravity. Therefore, the second major question arises-whether Toutatis is also an agglomeration of gravitationally bound chunks with such a fragile structure.

The optical images of Toutatis were obtained using one of the onboard engineering cameras, which were originally designed to monitor the deployment of solar panels on the spacecraft and to photograph other objects (such as the Earth and Moon) in space. The camera that is capable of color imaging has a lens with a focal length of 54 mm and a 1024-by-1024-pixel CMOS detector, and it has a field of view (FOV) of 7.2° by 7.2°. A solar panel shields the camera from sunlight to help minimize stray light. The FOV was partly occulted by the solar panel, and thus some of the images were cut off from the early gallery. As part of the imaging strategy, Chang'E-2 maneuvered to adjust the camera's optical axis to lie antiparallel to the direction of the relative velocity vector between the probe and Toutatis. Imaging during the inbound trajectory was not ideal because there

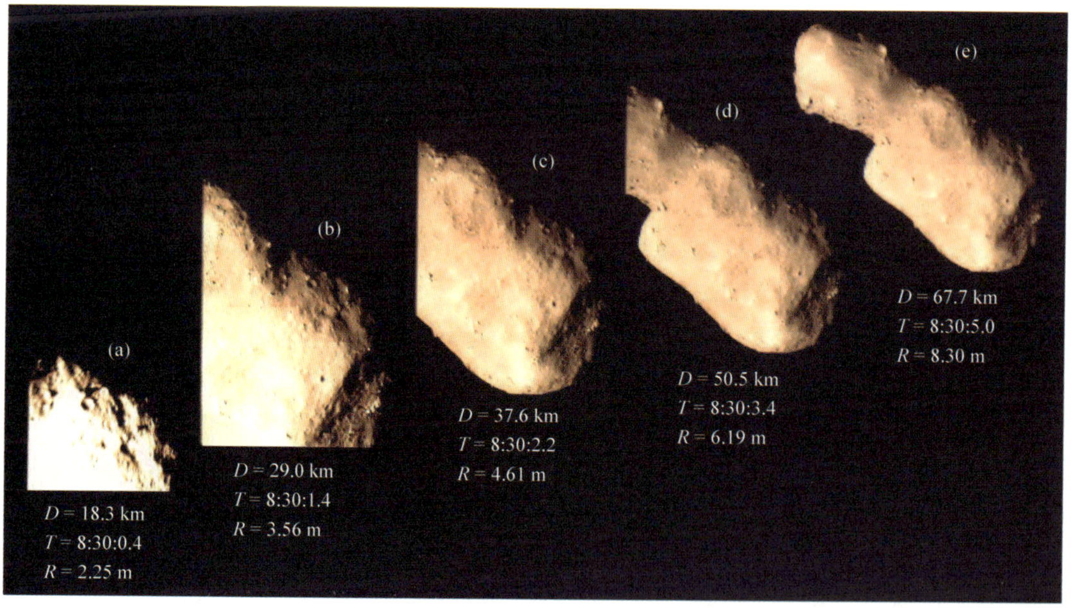

Fig. 1 Outbound images of Toutatis acquired on 13 December, 2012 during Chang'E-2 flyby, indicative of the spacecraft being away from the asteroid (from a to e). The left side of Toutatis is blocked by the solar panel in images a – d. The imaging distance (D), epoch of flyby (T, UTC) and resolution of each image (R) are shown for each snapshot, where the distance error for a is 1. 1 km. The resolution of each image is linear with the distance.

was a large Sun-Toutatis-Chang'E-2 phase angle of ~143.6°. Therefore, Chang'E-2 completed an attitude adjustment approximately an hour ahead of the flyby epoch to prepare for the outbound imaging. The overall imaging time was approximately 25 minutes, and the interval for each snapshot was 0.2 seconds. During the mission, the spacecraft collected more than 400 useful images totaling 4.5 GB of data. Figure 1 shows several outbound images of Toutatis. Panel e, which was the first panoramic image, was taken at a distance of ~67.7 km at a resolution of ~8.30 m (see Supplementary Figure 1), whereas panel a, which was the third in a sequence of images, corresponds to an imaging distance of ~18.3 km at a local resolution of ~2.25 m, as shown in Fig. 1. The present highest-resolution optical image has a resolution that is significantly finer than the 3.75 m resolution of the known radar model[8,9], although the radar images cover nearly the entire surface of Toutatis, whereas the optical images cover only one side of Toutatis' surface.

Results

We tested several methods to directly establish the 3-D model of Toutatis based on the optical images collected by Chang'E-2. However, there is no satisfactory outcome because of the narrow viewing angle and the local high-resolution images. Therefore, 3-D models developed based on delay-Doppler radar measurements[5,8,9] were adopted to discern the attitude of Toutatis in the approaching epoch.

Based on the attitude of the probe and its camera, the relative position between the asteroid and the probe, and optical images, in combination with the models of Hudson et al. and Busch et al.[5,8,9], which were utilized to match the spin state of Toutatis (see Supplementary Figure 2), the direction of the principal axis was measured to be (250 ± 5°, 63 ± 5°) with respect to the J2000 ecliptic coordinate system[5,12], and the fundamental parameters are summarized in Table 1. Our result is in good agreement with the previous prediction8, which indicates that Toutatis' spin status was greatly changed because of tidal interaction with the Earth during the 2004 flyby, which had a closest distance of ~0.01 AU[8,10]. Furthermore, we again measured Toutatis' physical size from the images, and its maximum length and width were estimated to be (4.75 × 1.95 km) ± 10%, respectively (see Supplementary Section 3). New geological features from Chang'E-2 observation. The shape of Toutatis resembles that of a ginger root (Fig. 1), where the bifurcated asteroid mainly consists of a head (small lobe) and a body (large lobe). The two major parts are not round in shape, and their surfaces have a number of large facets. In particular, at the end of the body, there appears to be a huge square concavity, which could be of large-impact origin. Regarding the asteroid's appearance, craters are more prominent on Toutatis than on Itokawa. In contrast, we clearly see fewer boulders on Toutatis, although many smaller blocks may have been missed because of the resolution of Chang'E-2 flyby images.

In comparison with the radar models[3-5], the proximate observations from Chang'E-2's flyby have revealed several remarkable discoveries concerning Toutatis, among which the presence of the giant basin at the big end appears to be one of the most compelling geological features, and the sharply perpendicular silhouette in the neck region that connects the head and body is also quite novel. A large number of boulders and several short linear structures (Fig. 1) are also apparent on the surface, although the lack of sharp contact in the radar model may be an effect of the SHAPE software[13].

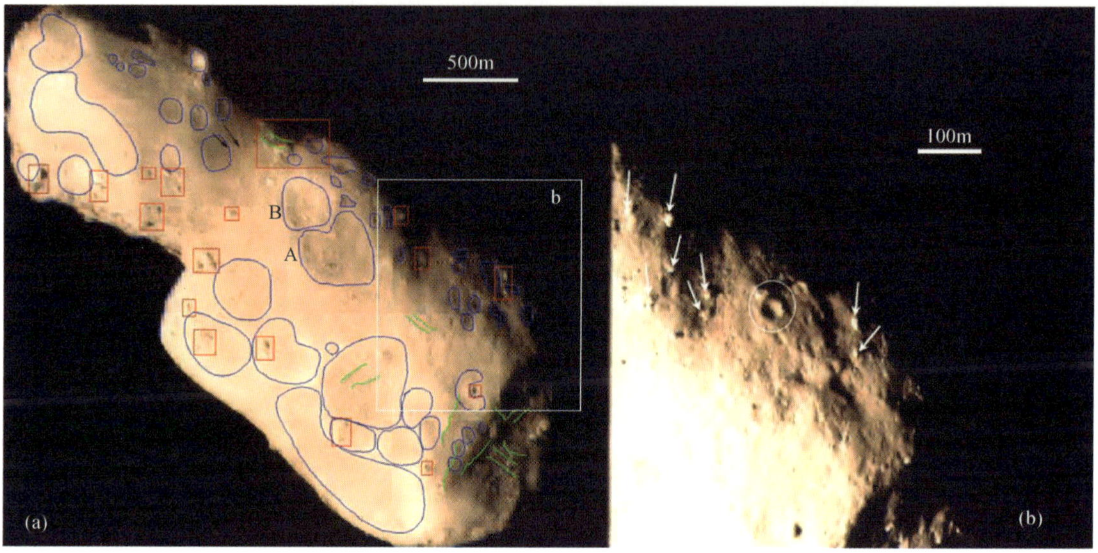

Fig. 2 All kinds of geological features on the Toutatis' surface. (a) All craters (blue profiles) and boulders (red squares) are outlined in the panoramic image of Toutatis. Two craters are closely distributed: the smaller crater (B) seemed to superimpose on the larger one (A). Green lines indicate the lineaments. Black arrows point the flow direction of the fine-grained regolith. (b) The enlarged portion shown (white box) in the left panel (a). A morphological-integrity crater can be observed. Tens of boulders are randomly distributed around.

Table 1 Parameters for Toutatis

Property	Value
Osculating Orbital elements	$a = 2.5336$ AU, $e = 0.6301$
	$i = 0.4466^\circ$, $\Omega = 124.3991^\circ$
	$\omega = 278.6910^\circ$, $M = 6.7634^\circ$
Special type	S (IV)[5]
Size (diameter) Major axes	($x = 4.60 \pm 0.10$ km, $y = 2.29 \pm 0.10$ km, $z = 1.92 \pm 0.10$ km)[5]
	($x = 4.46 \pm 0.10$ km, $y = 2.27 \pm 0.10$ km, $z = 1.88 \pm 0.10$ km)[9]
Rotational properties	
Rotation	5.4 day[2,5]
Precession	7.4 day[2,5]

Continued

Property	Value
Pole position in the space	$\beta = 250 \pm 5^{\circ}, \lambda = 63 \pm 5^{\circ}$
	$\beta = 54.6^{\circ}, \lambda = 60.6^{\circ}$ [8,9]
	$\alpha = 258 \pm 5^{\circ}, \delta = 40 \pm 5^{\circ}$
Density	$2.5\ g\ cm^{-3}$ [20]

Using the data released by the Minor Planet Center[34,35] and optical data from the ground-based observational campaign sponsored by the Chinese Academy of Sciences, we determined Toutatis' orbit with uncertainties on the order of several kilometers. Osculating orbital elements were calculated for the flyby epoch of 13 December 2012 at 8:30 UTC, where a, e, i, Ω, ω, and M are the semi-major axis, the eccentricity, the inclination, the longitude of the ascending node, the argument of perihelion, and the mean anomaly, respectively. β, λ and α, δ are the longitudes and latitudes of the long axis of the asteroid in the J2000.0 ecliptic and equatorial coordinate systems, respectively.

Concavities. The giant basin at the big end of Toutatis has a diameter of ~805 m, and we surmise that one or more impactors may have collided with the asteroid in this region, thereby gouging out such an enormous basin. Judging by the contrast of its relatively subdued relief with large impact basins on other asteroids, Mathilde and Eros, this large-end depression may be attributable to the internal structure of the large lobe, with smaller impact features overlying it. The most significant feature is the ridge around the largest basin. The wall of this basin exhibits a relatively high density of lineaments, some of which seem to be concentric to the basin. There are also several linear structures outside the basin that are roughly parallel to the basin rim (Fig. 2a). These ridges are indicative of an internal structure on small bodies[14,15]. Most of the ridges near the largest basin at the big end are most likely related to the huge stress energy during impact. The interior material in the deep region would have been scattered across Toutatis' surface by the large impact that formed the basin, leading to the fracturing of the asteroid. Hence, one may speculate that the asteroid most likely has a rubble-pile internal structure.

More than fifty craters have been identified from the flyby images, and they have diameters ranging from 36 to 532 m (with an average of ~141 m). ~44% of the craters exceed 100 min diameter, which is consistent with Hudson et al.'s model. From the close-up image, a crater of high morphological integrity (with a diameter of ~62 m) can be clearly observed, whereas tens of boulders (with lengths of ~20 – 30 m) are randomly distributed nearby (Fig. 2b). Two concavities are closely carved into the surface: the larger (with a diameter of ~368 m) has a relatively vague outline, whereas the smaller (with a diameter of ~259 m) has a relatively clear edge. Based on their appearance, we suspect that the relatively smaller, young crater (marked with the letter B) is superimposed on the larger, ancient crater (marked with the letter A) (Fig. 2a).

Although the images show that parts of the observed surface areas have a high degree of exposure, the topographical features of the craters were identified based on visual inspection and automatic annotation. Therefore, we identified craters on the large and small lobes individually, including vaguely shaped candidate craters on the highly exposed areas, for the investigation of the cumulative and relative size-frequency distributions (see Supplementary Section 4)[16]. Figure 3 indicates that the surfaces of the two lobes are very likely to share a similar cratering history because their relative sizefrequency profiles for craters[17] look alike throughout a range of diameters. Furthermore, the craters on the two lobes are not in saturation equilibrium, as the two profiles do not tend toward stability with increasing crater diameter (Fig. 3a). An abundance of craters would suggest that Toutatis suffered from many impacts of interplanetary projectiles in the past.

Boulders. From the flyby images, more than thirty boulders can be clearly discerned. They have lengths that range from 12 to 81 m, with an average of ~32 m. Approximately 90% of the boulders are less than 50 m in diameter. The largest boulder, along with other large boulders, is located near the neck region (Fig. 2a). It is believed that a large ejected fragment is empirically associated with a large crater[18,19]. The boulders are suggested to be those non-escaping ejecta that reimpact onto the asteroid's sur-

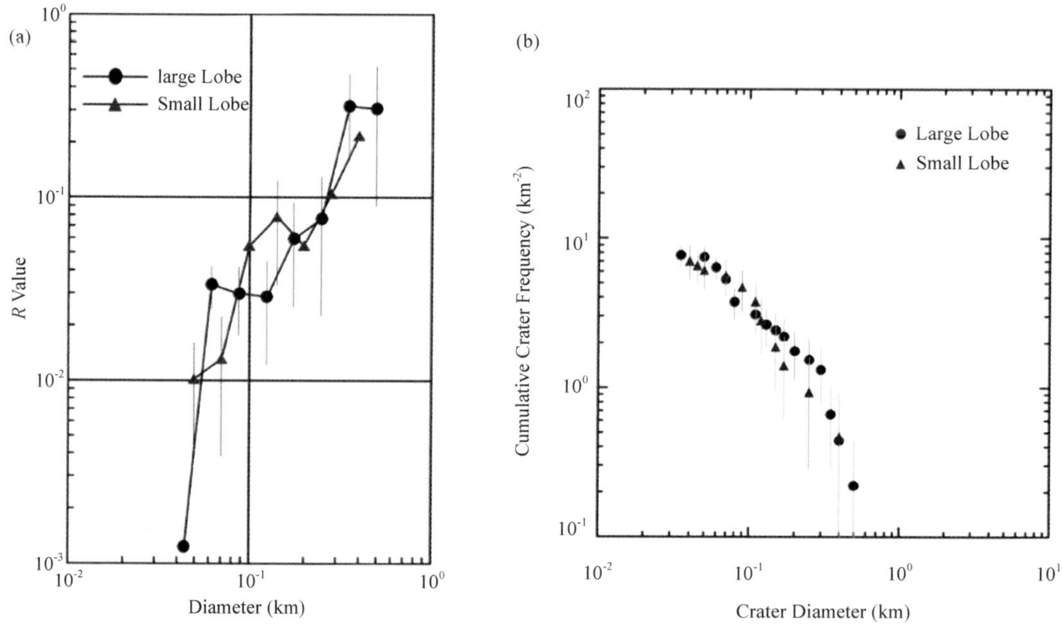

Fig. 3 (a) The relative size-frequency distribution for craters on Toutatis. (b) The cumulative size-frequency distribution for craters on Toutatis. In panel (a) R plot was devised by the Crater Analysis Techniques Working Group[17] to better show the size distribution of craters and crater number densities for determining relative ages. The vertical position of the curve is a measure of crater density or relative age on the Toutatis: the higher the vertical position, the higher the crater density and the older the surface. In panel (b) x-axis stands for the crater diameter and y-axis represents the crater number larger than corresponding diameter on the investigated area. CSFD would easily inform that the size of craters distribute as diameters increase face within a short timescale[20]. Recently, the Goldstone radar images of 12 December 2012 have also suggested that several 10-m-scale bright features may be boulders[8]. However, the optical images, although they were collected on only one side of the asteroid, have an advantage over the radarmodels[5,8] in uncovering local fine features on the surface of Toutatis.

Regolith. Two craters in the neck area are indicative of the granular flows in the inner flanks. The upper regolith near the craters is fine grained, whereas the lower is relatively coarse, and very many fragments are present (Fig. 2a). Such a structure may indicate the redistribution of regolith via downslope or resurfacing processes, which may be related to the inclined terrain and the orientation of gravity[20]. The results are in good agreement with those of polarimetric observations[21,22], thereby indicating that Toutatis is covered with fine regolith made up of light-transmitting materials. The same features have also been reported on Lutetia's surface[23]. Furthermore, the characteristics once again suggest that Toutatis' surface may consist of a fine granular or regolith layer with the porosity of lunar soils[4]. The latest results imply that this asteroid may bear an undifferentiated L-chondrite surface composition[24].

There is additional evidence that supports the existence of regolith on Toutatis' surface. The average thermal inertia for Toutatis may have a low profile, according to an empirical relation between the thermal inertia and the effective diameter[25]. For a non-principal-axis rotator such as Toutatis, the global redistribution of regolith that results from lofting may also be one of the factors that contributes to the low surface thermal inertia[25]. A considerable number of mmsized grains may constitute Toutatis' regolith (Fig. 2b), and the regolith depth on the surface might range from several centimeters to several meters. Clearly, Toutatis' thermal inertia seems to be much less than that of Itokawa[26]; thus, the terrain of Toutatis is a bit smoother than that of Itokawa, and the boulders on Toutatis' surface are less numerous than those on Itokawa's surface, which is mostly embedded with numerous pebbles and gravel in all regions.

Linear structures. Several types of linear structures, which are primarily composed of troughs and ridges that appear to be common for small asteroids[27,28], can be easily observed on Toutatis' surface. Notable linear structures are apparent in the radar models[5]; however, the flyby images do not identify any linear features that have been previously reported because the relevant part of the surface was invisible to Chang'E-2. The present linear structures, which are similar to the short linear structures of Itokawa, are clearly observed[29] to have a length of 120 – 330 m in the visible regions of the images. The troughs, which are similar in appearance to groovelike features, are primarily scattered over the small lobe; they have an average length of ~170 m, and they are approximately orientated along the long axis of the asteroid (Fig. 2a). Generally, troughs are related to extensions resulting from tensile stress in the plane of the surface[15]. Consequently, they may be produced by the tensile stresses that arise from nearby impact cratering or other geological processes.

Discussion

As mentioned above, the existence of the giant basin and its surroundings provides direct evidence that Toutatis is likely to be a rubble-pile asteroid. In this case, the asteroid could reassemble itself into a weak aggregate of large fragments via a heavy impact or many smaller impacts; in this manner, the large interior voids could absorb the collision energy and further resist huge collisions in the formation process. Furthermore, a vast majority of S-type asteroids appear to possess rubble-pile structures with an average porosity of ~15% - 25%[30]. Recent investigations have demonstrated that the typical bulk density of L ordinary chondrites is ~3.34 g cm^{-3}[24,30]. Assuming a density of 2.1 - 2.5 g cm^{-3}[20], Toutatis may have a porosity in the range ~25% to,37%, thereby implying that it may be an intermediate body between Eros (~20%[30]) and Itokawa (~41%[26]) with respect to surface features. Moreover, strong evidence from N-body simulations indicates that two km-sized objects with rubble-pile structures would produce Toutatis-like objects[31]. In summary, we may conclude that Toutatis is not a monolith but most likely a coalescence of shattered fragments.

The bifurcated configuration means that Toutatis is comprised of two major lobes, similar to Itokawa, thereby implying that Toutatis is a contact binary, which is an asteroid type that may constitute more than 9% of the NEA population. Km-sized contact binaries, such as 4486 Mithra and 4769 Castalia, share an irregular, significantly bifurcated shape[32]. The following question then arises: how do these contact binaries form?

Several formation mechanisms have been proposed to produce such bifurcated configurations. The first scenario supposes that the two major lobes were two separate objects, which were moving at a sufficiently low relative speed to yield a contact binary[26]. The difference in the orientations of head and body may be indicative of their diverse origins and further suggests that the two parts were once detached. The second scenario includes the YORP and binary YORP (BYORP) effects, which are likely to form contact binaries[33], especially for those objects with slow rotational periods. In this scenario, two components, which may be major fragments of a parent body, suffer re-impact and recombination, thereby leading to the formation of a bifurcated configuration. The third scenario suggests that catastrophic collisions may have gouged out the giant basin and a number of craters on Toutatis' surface. The boulders near three potential arc depression terrains (Figure 2a) imply that the head may have experienced severe impacts. Last but not least, tidal disruption from a close encounter with a terrestrial planet is also likely to play a role in the formation of such a contact binary. In short, the abovementioned scenarios may have actually occurred during Toutatis' history. Hence, we infer that Toutatis may be a reconstituted contact binary.

The Chang'E-2 flyby has revealed several new discoveries regarding Toutatis, e.g., the giant basin at the big end, the sharply perpendicular profile about the neck region, and direct images of distributed boulders and surface regolith. It is the first time that geological features on Toutatis' surface have been observed so clearly. All these observations suggest that Toutatis may bear a rubble-pile structure, similar to other S-type asteroids, such as Itokawa. Moreover, the close-up imaging results for the asteroid provide further indication that the bifurcated configuration that is related to the formation of contact binaries appears to be quite common among the NEA population. The observations of Chang'E-2 have significantly improved our understanding of the formation and evolution of these building blocks of the Solar System.

Methods

To adapt to Chang'E-2's characteristics of high control accuracy and the wide FOV of 7.2° by 7.2° of the engineering camera, a close-approach strategy and a specific imaging design were developed. As shown in Supplementary Figure 1, L, S, and Δt represent the minimum distance of rendezvous, the imaging distance, and the time interval between two sequential images, respectively. The camera optical axis pointed in the direction of the relative velocity between the probe and Toutatis, which remained nearly unchanged during the flyby. After a short time at the closest approach, the camera captured Toutatis; the asteroid was contained in the FOV, but the imaging size decreased as the departure distance increased. By solving the geometric relation between Image 2 and Image 3, the distances L and S and the resolution of each image were determined for the Chang'E-2 observations.

Taking into account the various characteristics of the specific approach design and imaging strategy for the flyby, a physical size of (4.75×1.95 km) ±10% for the illuminated region of the asteroid surface was statistically estimated from the sequence of images recorded by the CMOS detector during the flyby. The determined size is in good agreement with that of the radar model[5] (see Supplementary Sections 1 and 3).

The attitude of a rigid body in space is determined by its rotations around three axes of an orthogonal coordinate system. To define the attitude of Toutatis in each optical image (Supplementary Figure 2a), the three axes l_1, l_2, and l_3 are defined as follows: l_1 and l_2 extend through Toutatis' centroid in the images along the directions of the long axis and short axis, respectively, and are perpendicular to each other. l_3 is perpendicular to the imaging plane and constitutes a right-handed coordinate system with l_1 and l_2.

To match its shape to the optical images, we rotated the model of Busch et al. in intervals of 5° for each Euler angle around the three axes of the body-fixed coordinate system in space. Next, we chose three criteria of the orientation of the asteroid's longaxis, the ratio of length to width, and the obvious topographical feature at the joint of the two lobes of Toutatis-to ensure that the radar model agreed with the optical images from Chang'E-2, as shown in Supplementary Figure 2a. The most approximate attitude was finally obtained by rotating the radar model and comparing it with the optical image, as shown in Supplementary Figure 2b. The coordinate transformation from the asteroid's body-fixed system to the J2000.0 equatorial coordinate system were expressed in terms of three components of Euler angles. The directions of the principal axes were then obtained according to the attitude of the radar model.

The craters and other geological features were identified via both visual inspection and automatic annotation. In this case, dozens of low-lying regions were noted, and their positions, contours, and sizes were obtained using surface-structure-analysis techniques. The feature points on the edge of each crater were labeled manually based on the treatment of the imaging process and the radar model. After the points were marked, a piecewise-quadratic curve was fitted to them, and closed curves were obtained as contour profile. The sizes of the craters (and boulders) were calculated based on the resolution for each image and the fitted contour profiles.

References

[1] Huang, J. C. et al. The engineering parameters analysis of (4179) Toutatis flyby mission of Chang'E-2. Science China Technological Sciences 43, 596—601 (2013).

[2] Hudson, R. S. & Ostro, S. J. Shape and non-principal axis spin state of Asteroid 4179 Toutatis. Science 270, 84—86 (1995).

[3] Ostro, S. J. et al. Radar images of Asteroid 4179 Toutatis. Science 270, 80—83 (1995).

[4] Ostro, S. J. et al. Asteroid 4179 Toutatis: 1996 radar observations. Icarus 137, 122—139 (1999).

[5] Hudson, R. S., Ostro, S. J. & Scheeres, D. J. High-resolution model of Asteroid 4179 Toutatis. Icarus 161, 346—355 (2003).

[6] Busch, M. W. et al. Determining asteroid spin states using radar speckles. Icarus 209, 535—541 (2010).

[7] Busch, M. W. et al. Twenty years of Toutatis. EPSC-DPS2011 6, 297 (2011).

[8] Busch, M. W. et al. Internal structure of 4179 Toutatis. 2012 AGU Fall Meeting, P31A—1873 (2012).

[9] Takahashi, Y., Busch, M. W. & Scheeres, D. J. Spin State and Moment of Inertia Characterization of 4179 Toutatis. AJ 146, 95 (2013).

[10] Scheeres, D. J. Rotational fission of contact binary asteroids. Icarus 189, 370—385 (2007).

[11] Bottke, W. F., Vokrouhlicky, D., Rubincam, D. P. & Broz, M. in Asteroids III (eds. Bottke, W. F. et al.)(Univ. of Arizona Press, Tucson, 2002).

[12] Scheeres, D. J., Ostro, S. J., Werner, R. A. et al. Effects of gravitational interactions on asteroid spin states. Icarus 147, 106—118 (2000).

[13] Magri, C. et al. Radar observations and a physical model of Asteroid 1580 Betulia. Icaurs 186, 152—177 (2007).

[14] Prockter, L. et al. Surface expressions of structural features on Eros. Icarus 155, 75—93 (2002).

[15] Thomas, N. et al. The geomorphology of (21) Lutetia: Results from the OSIRIS imaging system onboard ESA's Rosetta spacecraft. Planet. Space Sci. 66, 96—124 (2012).

[16] Zou, X. D. et al. Preliminary analysis of the 4179 Toutatis snapshots of the Chang'E-2 fly-by. Icarus, in press (2013).

[17] Arvidson, R. E. et al. Standard techniques for presentation and analysis of crater size-frequency data. Icarus 37, 467—474 (1979).

[18] Gault, D. E., Shoemaker, E. M. &Moore, H. J. Spray ejected from the lunar surface by meteoroid impact. NASA Technical Document TND-1767, 1—39 (1963).

[19] Thomas, P. C., Veverka, J., Robinson, M. S. & Murchie, S. Shoemaker crater as the source of most ejecta blocks on the asteroid 433 Eros. Nature 413, 394—396 (2001).

[20] Scheeres, D. J., Ostro, S. J., Hudson, R. S., DeJong, E. M. & Suzuki, S. Dynamics of orbits close to Asteroid 4179 Toutatis. Icarus 132, 53—79 (1998).

[21] Mukai, T. et al. Polarimetric observations of 4179 Toutatis in 1992/1993. Icarus 127, 452—460 (1997).

[22] Hudson, R. S.&Ostro, S. J. Photometric properties of Asteroid 4179 Toutatis from lightcurves and a radar-derived physical model. Icarus 135, 451—457 (1998).

[23] Vincent, J. B., Besse, S., Marchi, S., Sierks, H. & Massironi, M. Physical properties of craters on asteroid (21) Lutetia. Planet. Space Sci. 66, 79—86 (2012).

[24] Reddy, V. et al. Composition of near-Earth Asteroid (4179) Toutatis. Icarus 221, 1177—1179 (2012).

[25] Delbo', M., dell'Oro, A., Harris, A. W., Mottola, S. & Mueller, M. Thermal inertia of near-Earth asteroids and implications for the magnitude of the Yarkovsky effect. Icarus 190, 236—249 (2007).

[26] Fujiwara, A. et al. The rubble-pile asteroid Itokawa as observed by Hayabusa. Science 312, 1330—1334 (2006).

[27] Thomas, P. C. & Prockter, L. M. in Planetary Tectonics (eds. Watters, T. R. & Schultz, R. A.) (Cambridge University Press, New York, 2010).

[28] Robinson, M. S., Thomas, P. C., Veverka, J., Murchie, S. L. & Wilcox, B. B. The geology of 433 Eros. Meteorit. Planet. Sci. 37, 1651—1684 (2002).

[29] Demura, H. et al. Pole and global shape of 25143 Itokawa. Science 312, 1347—1349(2006).

[30] Britt, D. T., Yeomans, D., Housen, K. & Consolmagno, G. in Asteroids III (eds. Bottke, W. F., Cellino, A., Paolicchi, P. & Binzel, R. P.) (Univ. of Arizona Press, Tucson, 2002).

[31] Richardson, D. C., Leinhardt, Z. M., Melosh, H. J., Bottke, W. F. Jr. &Asphaug, E. in Aster-

oids III (eds. Bottke, W. F., Cellino, A., Paolicchi, P. & Binzel, R. P.) (Univ. of Arizona Press, Tucson, 2002).

[32] Benner, L. A. M. et al. Near-Earth Asteroid 2005 CR37: radar images and photometry of a candidate contact binary. Icarus 182, 474—481 (2005).

[33] Steinberg, E. & Sari, R. Binary YORP effect and evolution of binary asteroids. AJ 141, 55 (2011).

[34] Krivova, N. V., Yagudina, E. I. & Shor, V. A. The orbit determination of (4179) Toutatis from optical and radar data. Planet. Space Sci. 42, 741—745 (1994).

[35] Milani, A. & Gronchi, G. Theory of orbit determination. (Cambridge University Press, Cambridge, UK, 2010).

Acknowledgments

The authors thank Michael W. Busch for his constructive comments that greatly helped to improve the original content of this manuscript. We thank the whole Chang'E-2 team to make the mission a success. We appreciate B. Yang for target observations before the flyby mission. We are grateful to R. P. Butler for English improvement of this manuscript. This research was supported by National Science and Technology Major Project, National Natural Science Foundation of China, the Innovative and Interdisciplinary program by CAS, and Key Laboratory of Planetary Sciences (2013DP173302), CAS. JYL's contribution to this work is not supported by any funds.

Author contributions

J.C.H. was the leader of the asteroid mission. J.H.J. wrote themanuscript with contributions from other co-authors. J.C.H., P.J.Y. and T.X.Z. were responsible for the overall project design of the flyby mission to Toutatis, imaging strategy, and proposed the method of fundamental parameter analysis. H.B.Z., J.H.J., S.C.H., S.W., Y.H.Z., Y.J. and L.L.Y. contributed to ground-based observation, refined the trajectory solution for Toutatis, completed data analysis, prepared for figures and wrote the manuscript. L.Z.M., H.H. and W.R. took charge of overall design of probe system and data analysis. X.L.W. was responsible for controlling the attitude and the spacecraft's orbit, and contributed to the engineering parameters analysis. J.Y., C.L.L., Y.L.Z. and X.J.J. took charge of data collection, data pretreatment and the ground-based observation. Y.L. andM.H.Z. partly contributed to contents and prepared for figure. D.Q. contributed to the target selection and the design of transfer orbit. W.Z., P.L. and X.L.T. were in charge of the algorithm of optical images and obtained the image information. S.L. was responsible for imaging process. C.N.H. developed the optical camera and determined the parameters of the camera. W. H. I. and J. Y. L. contributed ideas and discussions in preparation for the manuscript. J. M. B. partly participated in the target observation. All authors contributed to the manuscript.

Additional information

Supplementary information accompanies this paper at http://www.nature.com/scientificreports Competing financial interests: The authors declare no competing financial interests.

How to cite this article: Huang, J. et al. The Ginger-shaped Asteroid 4179 Toutatis: New Observations from a Successful Flyby of Chang'E-2. Sci. Rep. 3, 3411; DOI:10.1038/srep03411 (2013).

The preliminary analysis of the 4179 Toutatis snapshots of the Chang'E-2 flyby

Xiaoduan Zou[1,2], Chunlai Li[1,*], Jianjun Liu[1], Wenrui Wang[1], Han Li[1], Jinsong Ping[1]

1. Key Laboratory of Lunar and Deep Space Exploration, National Astronomical Observatories, Chinese Academy of Sciences, A20 Datun Road, Chaoyang, Beijing 100012, China;
2. University of Chinese Academy of Sciences, No. 19A Yuquan Road, Beijing 100049, China;
* Corresponding author. Fax: +86 010 6488 8703. E-mail address: licl@nao.cas.cn (C. Li).

Abstract: On 2012 December, 13, 08:30 (UTC), Chang'E-2 flew by Asteroid 4179 Toutatis in deep space 7 million kilometers away from Earth. The flyby mission returned clear optical images of Toutatis for the first time. The flyby distance and image pixel scale were calculated from the image size of the asteroid compared to a predicted view of an earlier radar shape model. We compared the similarities and differences in both the radar model and the CE-2 photo mosaic, and measured the craters and lumps on the surface of Toutatis. We preliminarily analyzed the topography of the Toutatis surface. We found that the density of craters on the small lobe is less than that on the big lobe.

Key words: Image processing; Asteroids, surfaces; Cratering

1 Introduction

The Apollo Asteroid 4179 Toutatis has been frequently observed since its discovery in 1989, using methods that include photometry, spectroscopy, radar imaging, and other Earth-based observations. According to the Small-Body Database of JPL, from 1988 to 2016, Toutatis approaches the Earth once every 4 years, and it will not pass within 0.1 AU of Earth until November 2069. In 1992, photometric measurements of Toutatis from ≥25 sites; Spencer et al. (1995) summarized that the phase curve is well described in the *H G* system, with a mean *H* of 15.3 and a slope parameter *G* of 0.10 ± 0.10, and the light curve suggests a very unusual rotation. From 1992 to 2012, during each of the close approaches of Toutatis, delay-Doppler radar images were obtained (Hudson et al., 1995, 2003; Ostro et al., 1995, 1999). Using radar images obtained in 1992 and 1996, Hudson et al. (2003) refined the low-resolution Toutatis model of Hudson et al. (1995). The radar observations support the earlier optical evidence that Toutatis has a complex structural dichotomy and non-principal-axis rotation (rotation period around the long axis p_{ψ} = 5.37 days, and the long-axis precession period p_{φ} = 7.42 days, Ostro et al., 1999; Mueller et al., 2002). According to spectral analysis, Toutatis is an S-type asteroid, and the surface composition is consistent with an undifferentiated Lchondrite composition (Howell et al., 1994; Lupishko et al., 1995; Reddy et al., 2012). The research of Hudson et al. (1998) on the light curve and model indicated that the surface of Toutatis might be covered with a fine regolith layer. Takahashi et al. (2013) chart and fit the changes in Toutatis' angular momentum from December 1992 to December 2012. They found the largest spin state change of Toutatis since 1992 was during the 2004 flyby.

Although numerous optical and radar observations were performed, including with the Hubble telescope (Noll et al., 1995), there has been no resolved optical image of Toutatis to date. On 2012 December, 13, 08:30 (UTC time), Chang'E-2 flew by Asteroid 4179 Toutatis 7 million kilometers away from the Earth. CE-2 (short for Chang'E-2) obtained photos of Toutatis with its monitor camera about 1 s after CE-2 passed the closest point. The imaging strategy (Huang et al., 2013a, b) is shown in Fig. 1. The frame size is 1024×1024, the frame rate is 5 frames per second, the focal length of the optical system is 54 mm, and the FOV is 7.2°×7.2°. The photos of Toutatis are shown in Fig. 2. Clearly, Toutatis, which has the appearance of an "uneven peanut", has a contact binary structure, and there are a number of craters, concavities, lumps, and boulders on its surface. In the following, we preliminarily analyzed the topography of the visible area of Toutatis based on the CE-2 photo sequence and the model of Hudson and Ostro (2003) (20,000 vertices, resolution 34 m). This model uses x, y, z Cartesian coordinates that are fixed to the axis of maximum-inertia and the other principal axes.

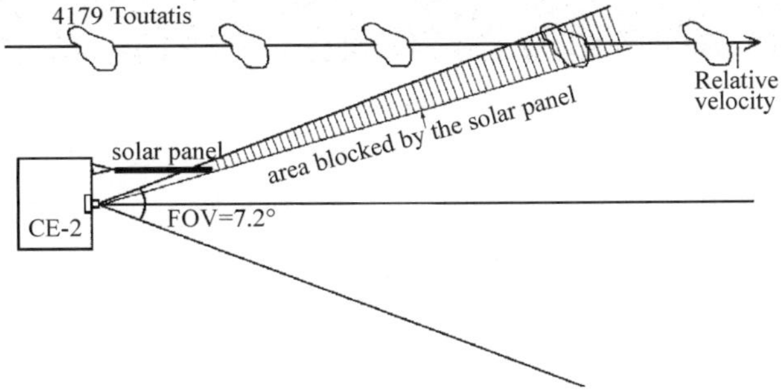

Fig. 1　The schematic diagram of the flyby imaging strategy. During the flyby, the satellite and asteroid undergo approximately uniform linear motion. In the inertial reference system of the satellite, Toutatis flies across the plane of CE-2 at a relative velocity. According to Huang et al. (2013a, b), the minimum distance between the spacecraft and Toutatis' surface is 770±120 m and the relative velocity is v = 10.7277 km/s. The optical axis of the camera remained pointed in the direction of the relative velocity of the asteroid to ensure that the asteroid would enter the field of view.

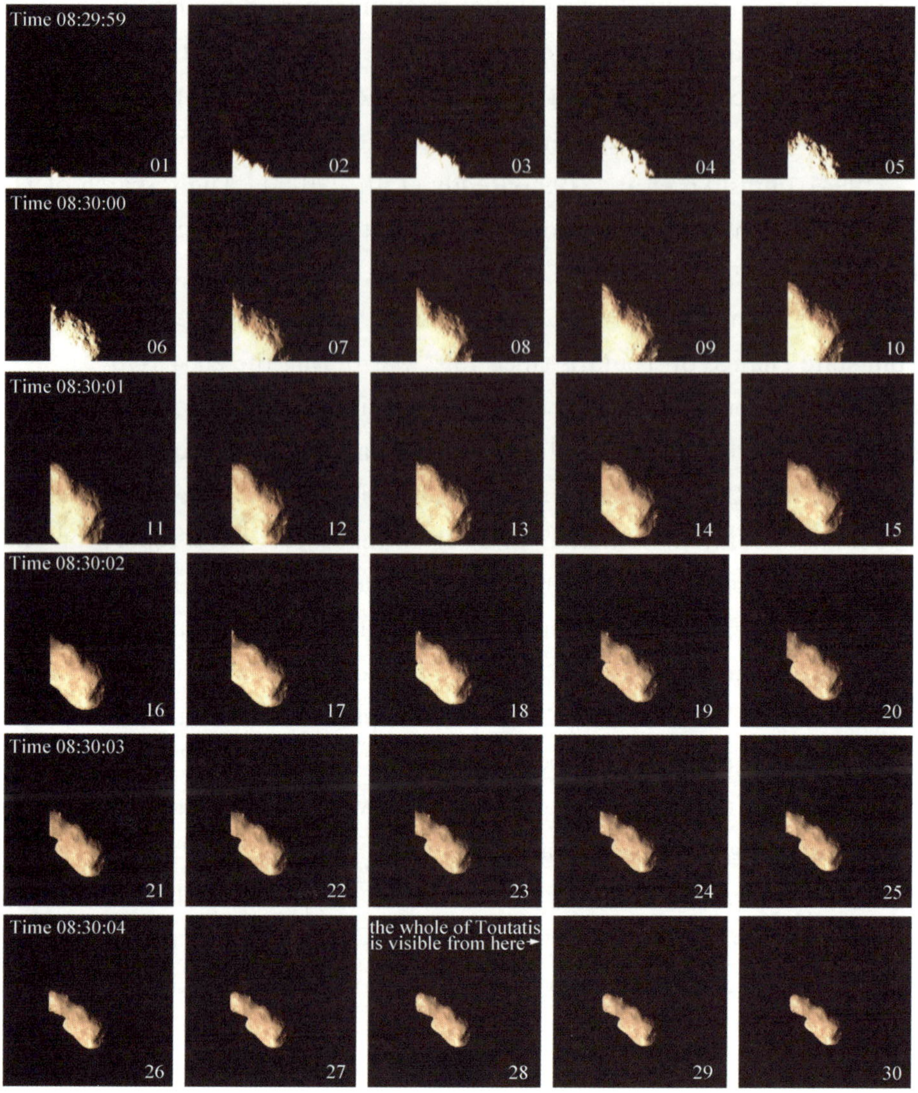

Fig. 2 The first 30 Toutatis photos by CE-2's monitor camera on 2012 December, 13, 08:30 (UTC). The photos are from the first 6 s, which are numbered and displayed in the time sequence. The No. 28 photo is the first one showing the entire asteroid without the image being obscured by the solar panel (image size: 1024×1024, imaging frequency: 5 fps, focal length: 54 mm, and FOV: 7.2°×7.2°). Since the color calibration of the camera is in progress, the color of these photos is directly from the original data without any corrections. (For interpretation of the references to color in this figure legend, the reader is referred to the web version of this article.)

2 Calculation of the attitude angle and the pixel scale

To connect the photo with the radar shape model, we calculated the asteroid's attitude angle with respect to the imaging plane by matching the silhouette in the CE-2 photo and the radar model. With the comparison results, we rendered a frame most similar to the CE-2 photos. We calculated the imaging distances and the photo pixel scales on the basis of imaging principles. With this straightforward method, we can get the image scales for the topographic analysis before we get the precise orbit data. And these results can be compared with the imaging distance calculated from orbit data.

2.1 Matching methods and results

Using the moving axis rotation theory of common photogrammetry (Wang, 1990), we defined the rotation parameters α, β, κ of the radar model, as shown in Fig. 3. According to the position and orientation of the two lobes, we estimated the values of the rotation parameters α, β, κ using a visual comparison method. We used 3ds Max software (http://download.autodesk.com/us/3dsmax/2012help/index.html) to rotate the model and add solar illumination. After an all-sided comparison between the model and the photo, we determined the rotation parameters to be $\alpha = [-39^\circ, -30^\circ]$, $\beta = [28^\circ, 37^\circ]$ and measured the average azimuthal angle $\kappa = 47.1 \pm 0.05^\circ$.

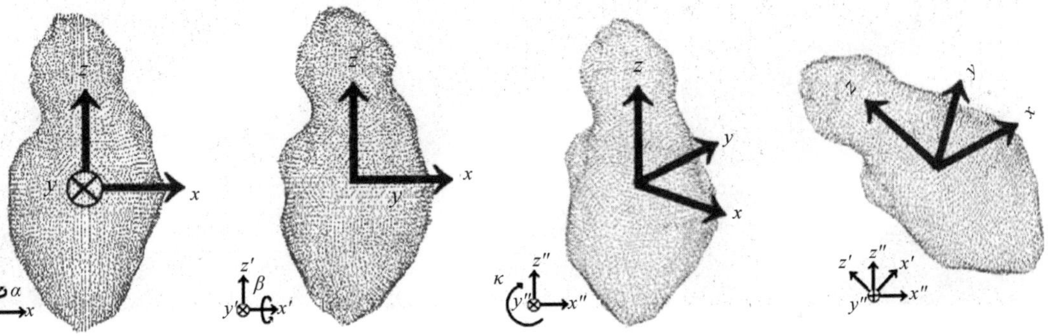

Fig. 3　Definition of the moving axis of rotation and the angles. The viewport is defined initially as XYZ, which coincides with the xyz-model fixed coordinate system (i.e., they share the same origin). To clearly show the rotation parameter, we schematically moved the XYZ axis to every lower-left corner. Frame XYZ is rotated by an angle α around the Z-axis to the position of $X'Y'Z$; then, an angle β is rotated around the X'-axis to $X'Y''Z'$; finally, an angle κ is rotated around the Y''-axis to $X''Y''Z''$. After the α-β-κ rotation, the frame model will be consistent with the view of the CE-2 photos.

Using methods of computer graphics, we extracted the projection profile of the model at all attitude angles. First, we rendered the profile of the model without illumination at a fixed interval. Although there are systematic errors, according to the size of the radar model, 1° of rotation is approximately 16 − 40 m on the Toutatis surface. Considering the resolution of the Hudson and Ostro's (2003) model as 34 m, we choose 0.5° as the interval value. Then, we binarized the 361 render frames (every 0.5 in the field of $\alpha = [-39^\circ, -30^\circ]$, $\beta = [28^\circ, 37^\circ]$) and conducted boundary detection using the CANNY operator to determine the contours. To derive the contour from the CE-2 photo

(photo number 28 in Fig. 2), we processed it with discoloration, binarization and boundary detection using the CANNY operator (Gonzalez et al., 2009). We intercepted the contours along the clear side opposite from the shadow side in the CE-2 photo. Then, we calculated the similarity of every model contour segment and the photo's contour segment with the commonly used Euclid distance and Manhattan distance algorithms (Deza and Deza, 2009; Black, 2004). Finally, we obtained the rotation angle α and β for the best match by considering both distance results.

The best match of the rotation angle α and β is shown below:

- Best match by the Euclid distance: $(\alpha,\beta) = (-33.5\pm1.0^\circ, 33.5\pm1.0^\circ)$.
- Best match by the Manhattan distance: $(\alpha,\beta) = (-34.0\pm1.0^\circ, 32.5\pm1.0^\circ)$.
- Best match: $(\alpha,\beta) = (-33.8\pm1.0^\circ, 33.0\pm1.0^\circ)$.

To validate the results, we rendered the model with similar lighting in 3ds Max using the rotation parameters. Fig. 4 shows the Toutatis appearance in the CE-2 photo (left), the render frame of Toutatis model after rotation (middle, as $\alpha = -33.8^\circ$, $\beta = 33.0^\circ$, $\kappa = 47.1^\circ$), and the sketch of the combination of both the photo and the model (right).

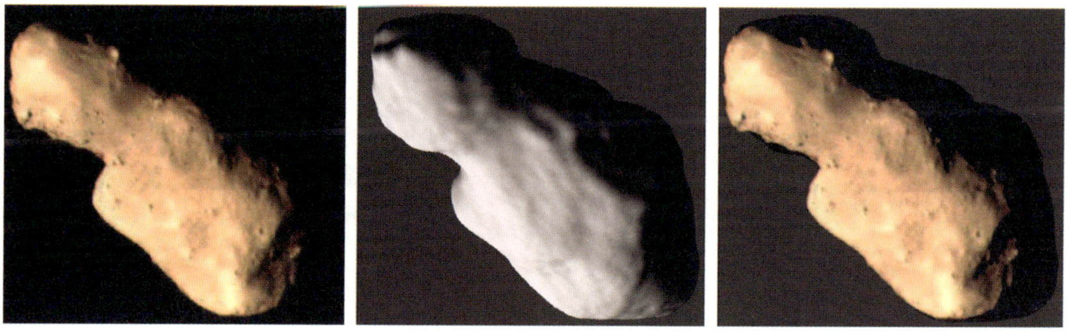

Fig. 4 Matching results comparison. The Toutatis appearance in the CE-2 photo (left), the render frame of the Toutatis model after rotation (middle, as $\alpha = -33.8^\circ$, $\beta = 33.0^\circ$, $\kappa = 47.1^\circ$), and the sketch of the combination of both the photo and the model (right).

2.2 Calculation of the distance and the photo pixel scale

Fig. 5 shows the principle of the distance and the photo pixel scale calculation.

$$D = \frac{A \times l}{\tan\left(\frac{\theta}{2}\right) \times 2 \times a} = \frac{1024 \times dz \times \cos(\beta) \times r}{\tan(3.6^\circ) \times 2 \times a} (\text{km}) \tag{1}$$

$$\text{Pixel-scale} = l \times 1000 / a (\text{m/pix}) \tag{2}$$

Eq. (1) is the distance formula. The FOV (field of view) angle of the monitor camera is $\theta = 7.2^\circ$. The length of Toutatis is $dz = 4.60\pm0.10$ km. In consideration of the Z-axis angle with respect to the imaging plane ($\beta = 33.0\pm1.0^\circ$) and the ratio of the visible area length within the total length $r = 88.7\pm1.0\%$, the visible projective length of Toutatis is $l = 3.42\pm0.09$ km. The pixel lengths (a) of Toutatis are measured directly from

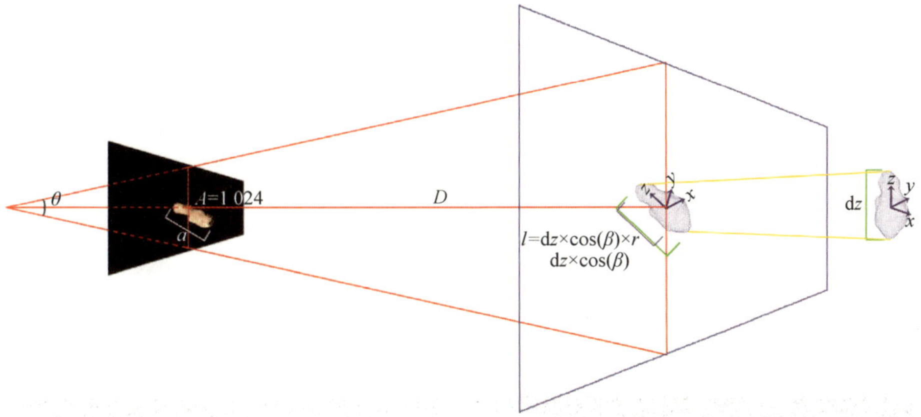

Fig. 5　The principle of the distance and the photograph pixel scale calculation. After measuring α, we calculated the distance D and the Pixel-scale of the photos using simple triangular functions. The blue model stands for the actual Toutatis asteroid. Its projection length α can be directly measured from the CE-2 photo. The FOV (field of view) angle of the monitor camera is $\theta = 7.2°$. The length of Toutatis is $dz = 4.60 \pm 0.10$ km, and the Z-axis angle with respect to the imaging plane is $\beta = 33.0 \pm 1.0°$. The ratio of the visible area length within the total length is $r = 88.7 \pm 1.0\%$. The visible projective length of Toutatis is l. The frame width is $A = 1024$ pixels.

the photographs (frame width is $A = 1024$ pixels). After measuring a, we calculated the distance and pixel scale of the photos. The results are shown in Fig. 6. The first photo showing the whole of Toutatis (number 28 of Fig. 2) was taken at 08:30:04 (UTC), 6 s after Toutatis made its appearance in the line of sight of CE-2, at a distance of 66.3 ± 1.8 km, with a pixel scale of 8.15 ± 0.22 m/pixel. From the photos of the 2nd to the 6th second (the No. 7 to the No. 27 images in Fig. 2), we estimated a by measuring scales (with respect to the No. 28image). According to our estimation, the first photo clear enough for the mosaic (number 7 of Fig. 2) was taken at a distance of 21.9 ± 0.6 km, with a pixel scale of 2.70 ± 0.07 m/pixel.

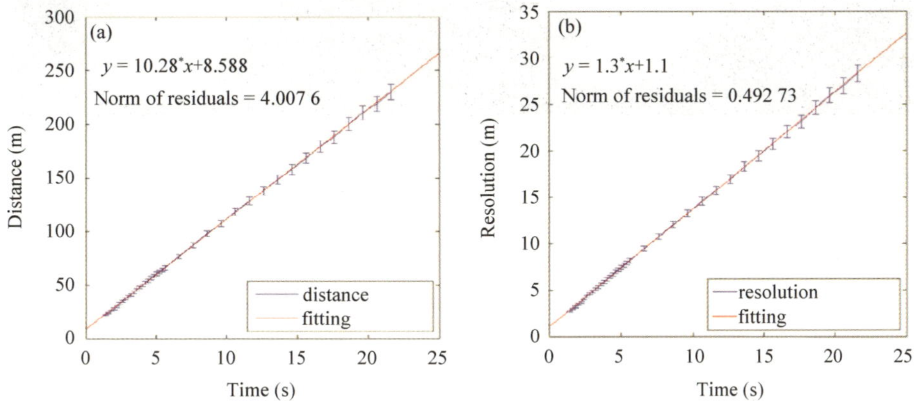

Fig. 6　The distance and pixel scale results (from the 2nd to the 22nd second). After the 6th second, we measured and calculated one frame per second using Eqs. (1) and (2).

3 Analysis of the topographic features

3.1 Comparison with the radar model

To search for more evidence to support the rotation matching results and to research the potential improvements to the current shape model of Toutatis, we compared the geological features in the photographs with those on the radar model. The major similarities and differences are shown in Fig. 7.

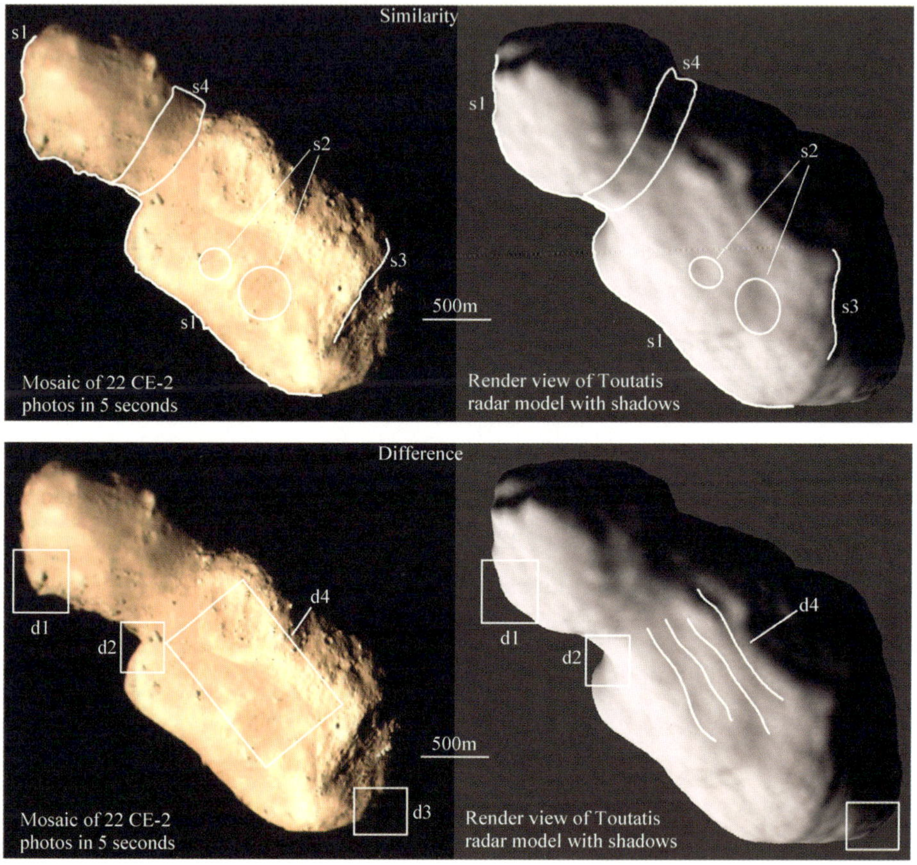

Fig. 7　Comparison of the geographic features of the CE-2 photo mosaic and the render frame of the radar model by Hudson and Ostro (2003). The color photos on the left are the CE-2 photo mosaic, and the gray photos on the right are the render frame views with lighting of the radar model. The upper group of images shows 4 marks that indicate the similarities (s1 – s4). The lower group of images shows 4 marks of the differences (d1 – d4). (For interpretation of the references to color in this figure legend, the reader is referred to the web version of this article.)

There are four obvious similarities. s1. The outline of the visible limb is the best fit; according to the matching result, the RMS of the two outlines is 149 m. s2. Both the photographs and the radar model have two circular concavities in the middle area of the big lobe (the diameters of the concavities are approximately 145 m and 361 m), which might be obliterated craters. The location of the small crater on the two photos has a deviation of approximately 177 m, and the larger one has a deviation of approximately 199 m. s3. Both the photographs and the radar model have a scarp at the far side of the big lobe. From the photo, the scarp appears to be a type of crater rim. Although the extension direction of the two scarps is different, they share the same position, with a similar length and slope. s4. Both the image and model exhibit the joint part, which are similar in terms of the width, shape and location.

However, several obvious differences are also noticed; these differences are very important for the future research of the geography of Toutatis. d1. In the photo, we can see a right angle bump on the profile of the small lobe, which is vaguely shown in the delay-Doppler images (A2 and I2) in the top three rows of figure two in the paper of Hudson and Ostro (2003); Hudson and Ostro (2003) used a conservative algorithm for the reconstruction, so the vague bump is not in the model. d2. One uncertainty of our matching results is that we can see obvious blocked perspective relation in the neck area along the profile at the right angle and not in the image; this difference might be caused by errors in the model or the coeffect of the blurring due to the imaging and the reflectance situation. d3. The far side of the big lobe is longer in the model, and it is flatter in the image; according to the delay-Doppler images (A1, A2, B2, C1, C2, D1, G1, H1, I1, and I3 in the top three rows of figure two in the paper of Hudson and Ostro (2003)), the end of the big lobe seems flatter and shorter than that of the model, which is due to a hysteresis effect. (Note that the large end of Toutatis was not observed straight-on in the radar imaging until 2012 December, so the initial radar models of Toutatis approximated the asteroid's shape as two ellipsoids in contact; without the relevant angles to constrain the large end, this initially overly tapered shape was retained in the other pre-2012 radar models of Toutatis.) d4. In the middle of the visible area of the CE-2 photo, there are no striations; however, on the model surface, four striations lie on the same spot in the direction parallel to the Z-axis, which we believe to be errors in the model.

3.2 Surface of Toutatis

Toutatis has two lobes, a small "head" and a large "body", similar to the Asteroid 25143 Itokawa in terms of the global shape Demura et al. (2006). In a mosaic of the CE-2 images (Fig. 8), we identified craters (or concavities) and boulders (or lumps) on both lobes. In addition, there are linear morphological features and numerous boulders in the right region of the irregular crater on the end of the big lobe.

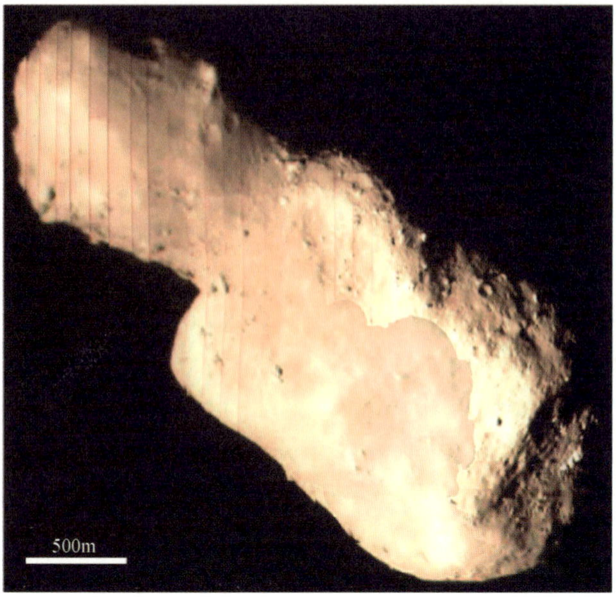

Fig. 8　High resolution photograph mosaic of Toutatis. To use all of the highest resolution CE-2 photographic coverage for geomorphological analysis, we combined 22 photos (the No. 7 to the No. 27 images in Fig. 2) with an image mosaic technique. The clear exposure but partial occlusion photos are used after simple geometric corrections. The lower right part of the image is the sharpest with a pixel scale of 2. 70 m, and the higher left part of the image is the blurriest with a pixel scale of 8. 15 m. We deliberately kept the seams with color deviation stripes, instead of being feathered in appearance as in the image of Fig. 7, to avoid subsequent misunderstandings in the identification of geomorphologic units. (For interpretation of the references to color in this figure legend, the reader is referred to the web version of this article.)

The craters and boulders identified on Toutatis' image mosaic are shown in Fig. 9. Circles are shown to indicate the identified craters (blue) and boulders (red).

We manually identified the geomorphological units in the image mosaic. The craters and boulders were identified, mainly based on the direction of the shadows, the incident light direction and the contour shape. We studied the size-frequency relationship for craters and briefly analyzed the distribution of the boulders and lumps.

Thirteen craters were identified from the small lobe, with two of them being larger than 100 m in diameter. There are 67 craters identified from the big lobe, including 17 large craters with a diameter of over 100 m. The largest crater has a diameter of 361 m. Twenty-four boulders (or bumps) were identified from the small lobe, with three of them being larger than 50 m in diameter. There are 89 boulders (or bumps) identified from the big lobe, including two larger than 50 m. The largest bump is approximately 89 m, which is located in the joint area.

The cumulative size-frequency data for the craters and boulders are shown in Fig. 10; the software we used to generate these plots is a tool named CRATERSTATS, developed

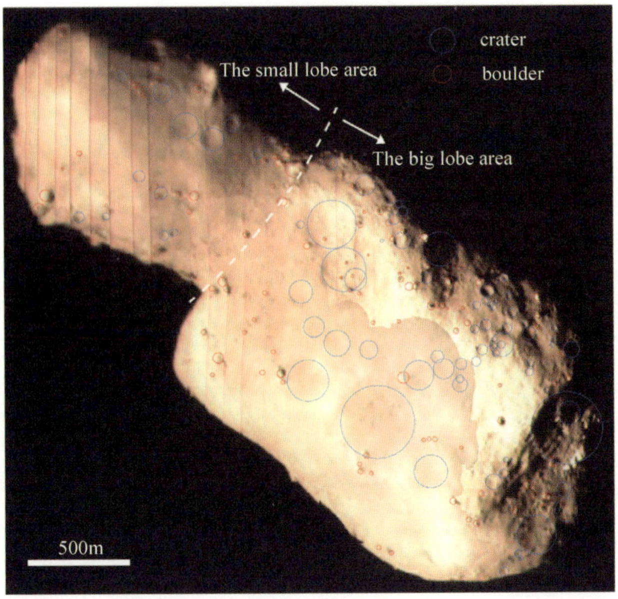

Fig. 9 Craters and boulders on the surface of Toutatis identified after team discussion and manual identification. The blue circles represent the identified craters, while the red circles represent the identified bumps or boulders. (For interpretation of the references to color in this figure legend, the reader is referred to the web version of this article.)

by Michael (Michael and Neukum, 2010). Because the image mosaic is produced from data taken at different ranges to the asteroid, as shown in Figs. 1 and 2, the pixel scale varies across the body, being best at the lower right in Fig. 8, worst at the upper left, the identification capacity is lower on the small lobe than on the big lobe. Considering the lowest pixel scale of 8.15 ± 0.22 m/pixel, the distribution of the identified craters larger than 30 m might imply a certain difference in the impact process or the degradation. If the crater distribution is saturated on a small body, the dichotomy of the crater distribution can be interpreted to be related to its geologic activity. Mainly considering the diameter $>$ 30 m part of Fig. 10, the cumulative size-frequency scatter line of the boulders of the small lobe is fit to the big lobe. This fit might indicate that the results of our identification are of the same standard in both the small lobe and big lobe area. In the upper plots, the cumulative size-frequency scatter line of the craters is consistently higher in the big lobe than in the small lobe. The big lobe has a more intensive crater coverage. The differences in cratering between Toutatis' two lobes suggest that the surface of the small lobe might be younger than the big lobe. It is also possible that there is difference in their materials or crater erasure environments.

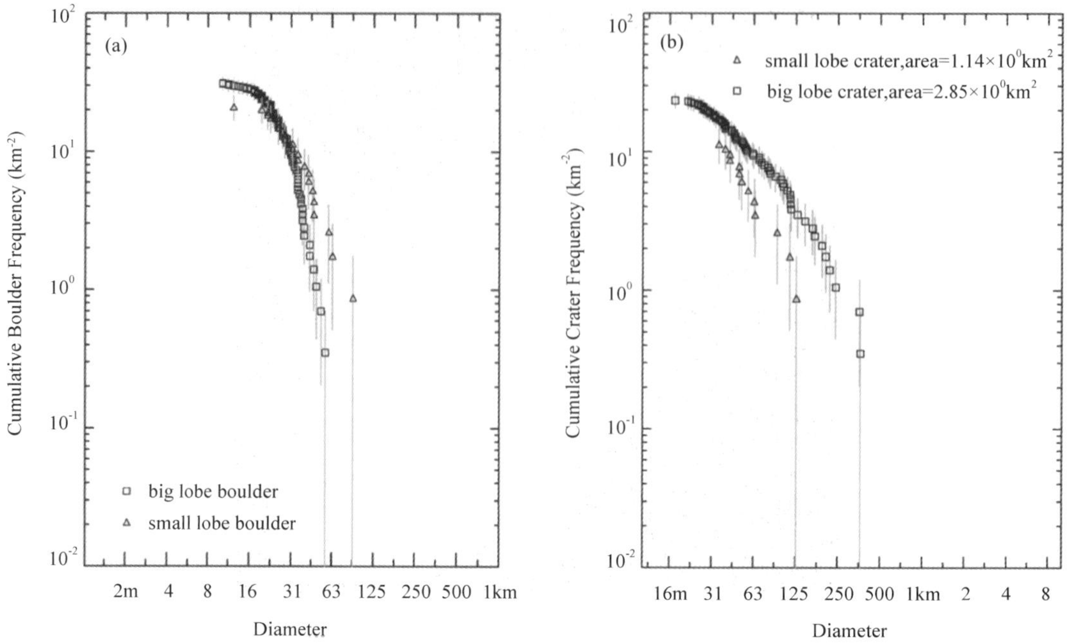

Fig. 10　Cumulative size-frequency data for craters and boulders on the two lobes of Toutatis. Mainly considering the diameter > 30 m part, the cumulative size-frequency scatter line of the boulders of the small lobe is fit to that of the big lobe (in the left plot). This fit indicates that the results of our identification are of the same standard in both – the small lobe and the big lobe areas. However, in the right plot, the cumulative size-frequency scatter line of the craters is comprehensively higher in the big lobe than in the small lobe. The big lobe has a more intensive crater coverage.

4　Summary

We used image processing methods to compare the Toutatis photos with the Hudson and Ostro (2003) radar model. By combining the matching results and the asteroid's size measurements along the principal axes, we calculated the imaging distance and pixel scale. We compared the similarities and differences in both the model render frame and CE-2 photo mosaic. We believe the comparison performed can be useful for better understanding the radar images and for improving the shape model. We can get more topographic details from the CE-2 visible area, and add them into the radar model in the future. We preliminarily analyzed the topography and geomorphology of the Toutatis surface. Due to the limits of our data, the difference between the small lobe and the big lobe, which is indicated by the crater identification results, is not yet sufficient to prove that they have different surface morphology. There may be different surfacing conditions in the two lobes. The possible hypothesis to explain the differences are collision, YORP spin up, fragmentation, and recombination. As mentioned above, both the radar model and the CE-2 images are of limited resolution. Therefore, our hypothesis still requires other data to be varified.

The CE-2 flyby mission of the Toutatis is an attempt for the scientific and technique opportunities. It has various drawbacks such as the low resolution of camera, and lack of the ground color calibration. There are still many opportunities lying in these photos. With the orbit observation data of the flyby mission, we can continue to study the obit and spin state of Toutatis. We hope that from this mission on we can explore space deeper and further.

Acknowledgments

We appreciate the help of all of the colleagues working for the Chinese Lunar Exploration Program (CLEP), who performed admirably in the asteroid flyby mission, especially those of the satellite system, the monitoring and control system and the ground application system. We also thank R.S. Hudson, S.J. Ostro, and D.J. Scheeres for their great work on the beautiful radar model. Critiques by Dr. Michael W. Busch and an anonymous reviewer significantly improved this paper. The work was supported in part by Grant 41274182 and 41371414 from the National Natural Science Foundation of China. We also appreciate the valuable suggestions of Dr. Jian-Yang Li at the beginning of our writing this paper.

References

[1] Black, P. E., 2004. Dictionary of Algorithms and Data Structures. National Institute of Standards and Technology.

[2] Demura, H. et al., 2006. Pole and global shape of 25143 Itokawa. Science 312, 1347 – 1349.

[3] Deza, M.M., Deza, E., 2009. Encyclopedia of Distances. Springer.

[4] Gonzalez, R.C., Woods, R.E., Eddins, S.L., 2009. Digital Image Processing using MATLAB. Gatesmark Publishing Knoxville.

[5] Howell, E., Britt, D., Bell, J., Binzel, R., Lebofsky, L., 1994. Visible and near-infrared spectral observations of 4179 Toutatis. Icarus 111, 468 – 474.

[6] Huang, J.C.W. et al., 2013a. The approaching strategy and imaging technology of 4179 Toutatis flyby mission of Chang'E-2. Sci. China Technol. Sci. (Chinese) 43,478 – 486.

[7] Huang, J.C.W. et al., 2013b. The engineering parameters analysis of 4179 Toutatis flyby mission of Chang'E-2. Sci. China Technol. Sci. (Chinese) 43, 596 – 601.

[8] Hudson, R.S., Ostro, S.J., 1995. Shape and non-principal axis spin state of Asteroid 4179 Toutatis. Science 270, 84 – 86.

[9] Hudson, R.S., Ostro, S.J., 1998. Photometric properties of Asteroid 4179 Toutatis from light curves and a radar-derived physical model. Icarus 135, 451 – 457.

[10] Hudson, R.S., Ostro, S.J., Scheeres, D.J., 2003. High-resolution model of Asteroid 4179 Toutatis. Icarus 161, 346－355.

[11] Lupishko, D., Vasilyev, S., Efimov, J.S., Shakhovskoj, N., 1995. UBVRI-polarimetry of Asteroid 4179 Toutatis. Icarus 113, 200－205.

[12] Michael, G., Neukum, G., 2010. Planetary surface dating from crater size-frequency distribution measurements: Partial resurfacing events and statistical age uncertainty. Earth Planet. Sci. Lett. 294, 223－229.

[13] Mueller, B.E., Samarasinha, N.H., Belton, M.J., 2002. The diagnosis of complex rotation in the light curve of 4179 Toutatis and potential applications to other asteroids and bare cometary nuclei. Icarus 158, 305－311.

[14] Noll, K.S., Weaver, H., Storrs, A., Zellner, B., 1995. Imaging of Asteroid 4179 Toutatis with the Hubble Space Telescope. Icarus 113, 353－359.

[15] Ostro, S.J. et al., 1995. Radar images of Asteroid 4179 Toutatis. Science 270, 80－83.

[16] Ostro, S.J. et al., 1999. Asteroid 4179 Toutatis: 1996 radar observations. Icarus 137, 122－139.

[17] Reddy, V., Sanchez, J.A., Gaffey, M.J., Abell, P.A., Corre, L.L., Hardersen, P.S., 2012.

[18] Composition of near-Earth Asteroid (4179) Toutatis. Icarus 221, 1177－1179.

[19] Spencer, J.R. et al., 1995. The light curve of 4179 Toutatis: Evidence for complex rotation. Icarus 117, 71－89.

[20] Takahashi, Y., Busch, M.W., Scheeres, D.J., 2013. Spin state and moment of inertia characterization of 4179 Toutatis. Astron. J. 146, 95－104, <http://stacks.iop.org/1538－3881/146/i＝4/a＝95>.

[21] Wang, Z., 1990. Principle of Photogrammetry: With Remote Sensing. Press of Wuhan Technical University of Surveying and Mapping.

Orientation and rotational parameters of asteroid 4179 Toutatis: new insights from Chang'E-2's close flyby

Yuhui Zhao[1*], Jianghui Ji,[1*], Jiangchuan Huang,[2] Shoucun Hu,[1,3]
Xiyun Hou,[4] Yuan Li[5] and Wing-Huen Ip[5,6]

1 Key Laboratory of Planetary Sciences, Purple Mountain Observatory, Chinese Academy of Sciences, Nanjing 210008, China

2 China Academy of Space Technology, Beijing 100094, China

3 University of Chinese Academy of Sciences, Beijing 100049, China

4 School of Astronomy, and Space Science, Nanjing University, 210023, China

5 Space Science Institute, Macau University of Science, and Technology, Taipa, Macau

6 Institute of Astronomy, National Central University, Taoyuan, Taiwan

Abstract: In this paper, we investigate the rotational dynamics of the ginger-shaped near-Earth asteroid 4179 Toutatis, which was closely observed by Chang'e-2 at a distance of 770 ± 120 m from the asteroid's surface during the outbound flyby on 2012 December 13. A sequence of highresolution images was acquired during the flyby mission. In combination with ground-based radar observations collected over the last two decades, we analyse these flyby images and determine the orientation of the asteroid at the flyby epoch. The 3-1-3 Euler angles of the conversion matrix from the J2000 ecliptic coordinate system to the body-fixed frame are evaluated to be $-20.1^\circ \pm 1^\circ$, $27.6^\circ \pm 1^\circ$ and $42.2^\circ \pm 1^\circ$, respectively. The least-squares method is utilized to determine the rotational parameters and spin state of Toutatis. The characteristics of the spin-state parameters and angular momentum variations are extensively studied using numerical simulations, which confirm those reported by Takahashi, Busch & Scheeres (2013, AJ, 146, 95). The large amplitude of the precession of Toutatis is assumed to be responsible for its tumbling attitude as observed from Earth. The angular momentum orientation of Toutatis is determined to be described by $\lambda_H = 180.2^{\circ}{}^{+0.2^\circ}_{-0.3^\circ}$ and $\beta_H = -54.75^{\circ}{}^{+0.15^\circ}_{-0.10^\circ}$, implying that it has remained nearly unchanged for two decades. Furthermore, using Fourier analysis to explore the change in the orientation of the axes of Toutatis, we reveal that the two rotational periods are 5.38 and 7.40 d, respectively, consistent with the results of the earlier investigation. Hence, our investigation provides a clear understanding of the state of the rotational dynamics

* e-mail: zhaoyuhui@pmo.ac.cn(YZ); jijh@pmo.ac.cn(JJ)

of Toutatis

Key words: minor planets, asteroids: individual: Toutatis - planets and satellites: dynamical evolution and stability - planets and satellites: interiors.

1 Introduction

The Apollo-type near-Earth asteroid (4179) Toutatis was originally discovered on 1934 February 10 and remained a lost asteroid until it was once again detected by C. Pollas and colleagues on 1989 January 4 in Caussols, France. From a dynamical point of view, the asteroid moves on an approximately 4 : 1 resonant orbit at a large eccentricity with the Earth and has passed through a close encounter with the Earth every four years since 1992 (Whipple & Shelus 1993; Krivova, Yagudina & Shor 1994). Dating back to the decadal years of near-Earth flybys of the asteroid, the radar observations obtained from Arecibo and Goldstone reveal that Toutatis appears to be an irregularly shaped asteroid with two distinct lobes (Ostro et al. 1995, 1999, 2002; Hudson & Ostro 1998; Hudson, Ostro & Scheeres 2003). Various types of ground-based observations indicate that Toutatis is a tumbling, non-principal axis rotating small body (Hudson & Ostro 1995; Ostro et al. 1999). These effects, as observed in Earth-approaching flybys, have also been reported based on optical observations and extensive radar measurements (Spencer et al. 1995; Hudson & Ostro 1995; Ostro et al. 1999; Takahashi et al. 2013).

The first near-Earth flyby for Toutatis occurred in 1992 December at a distance of 0.242 au, when the asteroid again came into view. Optical observations were gathered from at least 25 sites around the world through an international campaign. The observed rotational light curves of Toutatis appeared to be highly unusual, with a large amplitude and a non-periodic long rotation period. Subsequently, Spencer et al. (1995) reported two major periods of complex rotation of approximately 7.3 and 3.1 d, as estimated from analysis of the data. In addition, they reported that Toutatis was the first asteroid to show strong photometric evidence of complex rotation. However, they did not clarify this complex rotation phenomenon.

Furthermore, radar observations were performed by Goldstone in California and by the Arecibo Observatory during the approach of Toutatis in 1992. The delay-Doppler images achieved a spatial resolution of 19min range and 0.15 mm s^{-1} in radial velocity. Ostro et al. (1995) suggested a rotational period of between 4 and5dbased on these radar data. According to the investigations of Burns (1971) and Burns, Safronov & Gold (1973), the damping time-scale for the slow non-principal axis rotation of Toutatis exceeds the age of the Solar system. Thus, Ostro et al. (1995) noted that the spin state of Toutatis might be primordial. However, recent investigation suggests that Yarkovsky-

O'Keefe-Radzievskii-Paddack (YORP) effects might slow the spin states of asteroids. Thus, Toutatis' spin state remains a mystery.

Based on these high-resolution delay-Doppler radar observations, Hudson & Ostro (1995) used a least-squares estimation to calculate Toutatis' three-dimensional (3D) shape, spin states and moment-of-inertia ratios. They showed that the dimensions along the three principal axes are 1.92, 2.40 and 4.60 km and that Toutatis rotates in a long-axis mode. The two major periods were found to be 5.41 d for the rotation about the long principal axis and 7.35 d for the long-axis precession about the angular momentum vector. The results derived from the radar data were inconsistent with the solutions presented by Spencer et al. (1995).

Moreover, Hudson & Ostro (1998) adopted the published optical light curves (Spencer et al. 1995) and a radar-derived shape and spin-state model (Hudson & Ostro 1995) to estimate the Hapke parameters of Toutatis. The Hapke photometric model was applied, and a χ^2 minimization proposed by Hudson, Ostro & Harris (1997) was performed. The synthetic light curves, which were generated based on their model, provided a good fit to the optical data, with an rms residual of 0.12 mag. They showed that the combination of the optical data and radar observations led to an estimation of the spin-state parameters for Toutatis that was superior to the radar-derived outcomes. The two parameters describing the moment-of-inertia ratios were determined to be 3.22 and 3.02, respectively.

Based on the triaxial ellipsoid shape and spin state given by Ostro et al. (1995), Kryszczynska et al. (1999) presented the results of modelling the light-curve variations of this unusual rotating asteroid by numerically integrating the Euler equation in combination with the explicit expression for an asteroid's brightness as a function of Euler angles. They achieved good agreement between the observed and calculated light curves. They emphasized that the light curves of Toutatis were dominated by the precession effect and by the superposition of precession and rotation, which resulted in an unapparent relationship between the rotation period alone and thelight curves. This understanding yielded an appropriate explanation for the inconsistency between the rotational period of Toutatis determined from optical data (Spencer et al. 1995) and that determined from radar observations (Hudson & Ostro 1995).

During the 1996 near-Earth approach, Toutatis was observed by the Goldstone 8510-MHz radar system. Based on the physical model derived from the observations of the 1992 approach, Ostro et al. (1999) analysed the radar measurements and refined the estimates of the spin state of Toutatis. The combination of optical and radar data was proven to better predict the orientational sequence displayed in the images captured in 1996. After refinement, the two periods of Toutatis were updated and estimated to be

5.376 ± 0.001 d for the rotation about the long principal axis and 7.420 ± 0.005 d for the uniform precession of the long principal axis about the angular momentum vector. These two parameters yielded moment - of - inertiaratios of 3.22 ± 0.01 and 3.09 ± 0.01. Thus, the orientation at the 2004 approach could be predicted in both inertial and geocentric coordinate systems.

Scheeres et al. (2000) determined that mutual gravitational interactionsbetween an asteroid and a planet or another asteroid can play a significant role in shaping the asteroid's spin state. They analysed the interactions of a sphere with an arbitrary mass and with Toutatis based on the radar - derived shape model. The results thus obtained could partially explain the phenomenon of Toutatis' current unusual rotational state. It was demonstrated that the tumbling spin state of Toutatis might have been caused by near - Earth flybys over its lifetime. This hypothesis enabled the estimation of the mass distribution and moment - of - inertia for Toutatis (Busch et al. 2012), thereby allowing the likely internal structure to be inferred.

Using radar observations of five flybys from 1992 to 2008, Takahashi et al. (2013) modelled the rotational dynamics and estimated Toutatis' spin-state parameters using the least - squaresmethod. They calculated the Euler angles, angular velocities and moment-of inertia ratios as well as the centre-of-mass-centre-of-figure (COM-COF) offset. By directly relating the COM-COF offset and the moment - of - inertia ratios to the spherical harmonic coefficients of the first - and second - degree gravity potential, they could determine the driving force of the external torque due to an external spherical body and could evaluate the spin state. The terrestrial and solar tidal torques were considered in their dynamical models, and all aforementioned parameters were included in the variable state vector to be estimated in the study. Furthermore, the spin states and uncertainties were propagated to the 2012 flyby epoch.

On 2012 December 13, the first space-borne close observation of Toutatis was achieved by the second Chinese lunar probe, Chang'E-2, at a distance of 770 ± 120(3σ) m from the surface of Toutatis (Huang et al. 2013a). Optical images of the asteroid were acquired by one of the onboard engineering cameras during the outbound flyby. Through analysis of over 400 images, Huang et al. (2013a) estimated Toutatis' osculating orbit, its dimensions along the major axes and its orientations. The highest resolution of the images was better than 3 m. New discoveries were made, including the presence of a giant depression at the large end, a sharply perpendicular silhouette near the neck region, and direct evidence of boulders and regoliths. The geological features suggest that Toutatis might have a rubble-pile structure. The physical length and width were determined to be 4.75 × 1.95 km ± 10 per cent, and the direction of the + z - axis was calculated to be (234.1°, 60.7°). They showed that the bifurcated configuration might indicate that Toutatis is of contact binary origin and that it is composed of two major lobes (head and body).

In this work, we perform an extensive investigation of the optical images of Toutatis captured by Chang'E-2, and we determine the orientation of the asteroid at the flyby epoch. In combination with radar observations (Takahashi et al. 2013, and references therein), we estimate the rotational parameters of Toutatis. Moreover, the solar and terrestrial tidal torques are considered in the establishment of the rotational dynamics model. The torque due to the misalignment of the COM and the origin of the body-fixed frame is evaluated to be insignificant at first order (Hudson et al. 2003; Busch et al. 2012, 2014). Furthermore, we incorporate the external gravitational tidal effects from the Moon and Jupiter in our dynamical model.

Compared with the previous prediction (Takahashi et al. 2013), our results for Toutatis' orientation, derived for Chang'E-2's flyby epoch from both radar data and optical images, demonstrate good consistency with the observational results of the spacecraft (Huang et al. 2013a; Zou et al. 2014). Our simulations reproduce the trajectory of the long axis in space, with a precession amplitude of approximately 60°. This high amplitude of Toutatis' precession is supportive of its tumbling attitude as observed from Earth. The characteristics of the angular momentum variations are investigated in detail, and the variation induced by the near-Earth flyby in 2004 is estimated to be 0.03 per cent. The orientation of its angular momentum in space is found to be described by $\lambda_H = 180.2^{\circ}{}^{+0.2^{\circ}}_{-0.3^{\circ}}$ and $\beta_H = -54.75^{\circ}{}^{+0.15^{\circ}}_{-0.10^{\circ}}$, and therefore this orientation has remained nearly constant over the past two decades. The rotational periods are estimated from the simulations to be 5.38 and 7.40 d for the rotation and precession, respectively. These values are in good agreement with the work of Ostro et al. (1999).

This paper is structured as follows. In Section 2, we present the observational data, which comprise ground-based measurements and optical images acquired by Chang'E-2. In this section, we also analyse the optical data to derive the orientation of Toutatis at the flyby epoch. In Section 3, we model the rotational dynamics of Toutatis based on the Euler equation. The least-squares and multiple shooting methods are employed to fit the variable state vector and the corresponding results. The simulation results are presented in Section 4. Finally, we conclude by discussing the innovations of our investigation compared with previous works.

2 Observations

As described above, Toutatis progrades on an approximately 4 : 1 resonant eccentric trajectory with the Earth. Orbital determination and rotational parameters for Toutatis have been documented since the asteroid began to be continually observed in 1992. Since that time, ground-based observations have been performed for its every near-miss of Earth. As is well known, on 2012 December 13, Chang'E-2 completed the first successful close flyby of Toutatis and acquired numerous images of this asteroid (Huang et al. 2013a).

Using the released data from the Minor Planet Center and hundreds of optical observations from the ground-based observational campaign that lasted from 2012 July to December, the orbital determination of Toutatis was precisely achieved within uncertainties of the order of several km, and the orbital parameters at the flyby epoch were calculated to be $a = 2.5336$ au, $e = 0.6301$, $i = 0.4466^\circ$, $\Omega = 124.3991^\circ$, $\omega = 278.6910^\circ$ and $M = 6.7634^\circ$. Hence, the initial orbit can be integrated to calculate the relative positions of Toutatis with respect to the Sun, Earth, Moon and other major planets in the Solar system, which are required for computing the external torquesfrom the solar tides, the terrestrial tides and the gravitational tides from other bodies.

The positions of the major planets and the Moon are calculated based on the DE405 ephemerides released by the Jet Propulsion Laboratory (JPL). ①The gravitation of the Sun, the major planets and 67 asteroids in the main belt as well as post-Newtonian effects are considered in the dynamical model to achieve the orbital integration of Toutatis. In addition, Chebyshev polynomial fitting is numerically implemented to obtain the position of the asteroid at any given epoch.

2.1 Radar measurements

Radar measurements of Toutatis acquired byGoldstone andArecibofrom 1992 to 2008 are used to solve for the asteroid's rotational parameters. Takahashi et al. (2013) presented 33 sets of radar observations. Together with the orientation obtained by Chang'E-2 at the flyby epoch (see Section 2.2), we have 33 sets of ground-based observation outcomes, including Euler angles, angular velocities and one space-borne orientation parameter. The observational data are summarized in Table 1. The observational errors of the radar data are estimated to be between 3° and 15° (Takahashi et al. 2013) for the Euler angles and between $2^\circ\ d^{-1}$ and $10^\circ\ d^{-1}$ for the components of angular velocity; these errors are taken into account in our fitting.

① Takahashi et al. (2013) used the DE430 planetary ephemeris, which is more accurate for fitting the observation data of Toutatis. However, the position offset between DE405 and DE430 is simply a few km, which will induce systematic errors of approximately 10 parts per million into our torque calculations; this is too small to change the conclusions of this work.

Table 1　Observational data for Toutatis from 1992 to 2012 (Takahashi et al. 2013, and references therein)

Year	Month	Date	Hour	Minute	Second	Euler angles (°)	Angular velocity (° d^{-1})
1992	12	2	21	40	0	(122.2, 86.5, 107.0)	(−35.6, 7.2, −97.0)
1992	12	2	19	30	0	(86.3, 81.8, 24.5)	(−16.4, −29.1, −91.9)
1992	12	4	18	10	0	(47.8, 60.7, 284)	(29.1, −23.2, −97.8)
1992	12	5	18	50	0	(14.6, 39.4, 207.1)	(33.3, 8.2, −92.9)
1992	12	6	17	30	0	(331.3, 23.7, 151.6)	(6.6, 34.5, −95.8)
1992	12	7	17	20	0	(222.5, 25.4, 143.9)	(12.8, 25.4, −104.1)
1992	12	8	16	40	0	(169.8, 45.5, 106.9)	(−31.1 −21.9, −97.7)
1992	12	9	17	50	0	(137.3, 71.3, 22.3)	(11.8, −36.9, −94.9)
1992	12	10	17	20	0	(103.1, 85.2, 292.6)	(35.8, −8.9, −97.9)
1992	12	11	9	40	0	(77, 85.7, 225.5)	(31, 17, −96.3)
1992	12	12	9	20	0	(42.8, 70.2, 133.2)	(−1.3, 37, −95.9)
1992	12	13	8	10	0	(13.7, 44.4, 51.9)	(−38.3, 17.9, −97.3)
1992	12	14	7	50	0	(323.7, 14, 0)	(−70.5, −50.6, −91.1)
1992	12	15	7	50	0	(193.2, 24.4, 21.4)	(22.1, −26.6, −96.6)
1992	12	16	7	10	0	(165.1, 46.4, 310.6)	(33.4, −3.4, −93.7)
1992	12	17	6	49	0	(130.6, 76.1, 234.9)	(12.6, 33.9, −94)
1992	12	18	7	9	0	(91.6, 81.6, 142.4)	(−24.3, 29.6, −102)
1996	11	25	19	48	0	(130.5, 78.9, 143.2)	(−32, 16.4, −98.2)
1996	11	26	17	51	0	(94.2, 88.1, 57.7)	(−30.6, −18.7, −91.5)
1996	11	27	17	34	0	(60.4, 81.2, 320.9)	(10.7, −36.8, −94.7)
1996	11	29	15	37	0	(349.3, 30, 168)	(23.1, 28.9, −98.3)
1996	11	30	15	47	0	(250.3, 14.2, 166.9)	(−18.6, 32.1, −94.9)
1996	12	1	14	23	0	(180.4, 37.6, 139.3)	(−38.7, −0.5, −98.1)
1996	12	2	13	43	0	(146.7, 64, 64.9)	(−12.6, −34.8, −97.9)
1996	12	3	12	20	0	(116.7, 81.4, 340.4)	(24.3, −28.2, −98.1)
2000	11	4	17	6	0	(110, 88.5, 30)	(0, −32.5, −98.9)
2000	11	5	18	1	0	(70.6, 84, 281)	(34.5, −17.2, −97.9)
2004	10	7	13	56	0	(79.19, 85.3, 365.2)	(−2.5, −35.4, −109)
2004	10	8	14	4	0	(44.9, 72.5, 263.1)	(32.4, −18.1, −97.9)
2004	10	9	13	57	0	(12.8, 47.3, 181.4)	(29.7, 22.8, −98.1)
2004	10	10	13	17	0	(327.7, 20.4, 124.1)	(−10.7, 34.7, −97.3)
2008	11	22	10	54	0	(119.5, 90.7, 92)	(118.1, 90.4, 93.6)
2008	11	23	10	45	0	(86.2, 85, 0.3)	(−0.4, −36.2, −98.9)
2012	12	13	8	30	0	(−20.1, 27.6, 42.2)	

2.2 Observations by Chang'E-2

As mentioned previously, Chang'E-2 captured the silhouette of Toutatis via one of the onboard engineering cameras when the asteroid was approaching the Earth in 2012 December. The camera has a lens with a 54-mm focal length and a 1024 × 1024 pixel CMOS detector. The field of view of the camera is 7.2°×7.2°. The images were acquired during the outbound flyby of Chang'E-2 because of the large Sun-Toutatis-Chang'E-2 phase angle on the inbound route (Huang et al. 2013a; Zhao et al. 2014a). The imaging of Toutatis lasted approximately 25 min. Huang et al. (2013a) reported the first panoramic image of the asteroid in the sequence, which was acquired at a distance of 67.7 km from Toutatis at a resolution of 8.30 m, as shown in Fig.1(a).

2.2.1 Attitude matching

The 3D shape model derived from delay – Doppler radar imaging, as presented in Fig.1(b), is used to discern the attitude of Toutatis. The latest radar – derived shape model (Busch et al. 2012) was constructed based on additional radar measurements performed by Goldstone in 2000 and by Arecibo in 2004 and 2008. In this work, this model is employed in combination with the optical images from Chang'E-2's flyby to match the spin state of Toutatis.

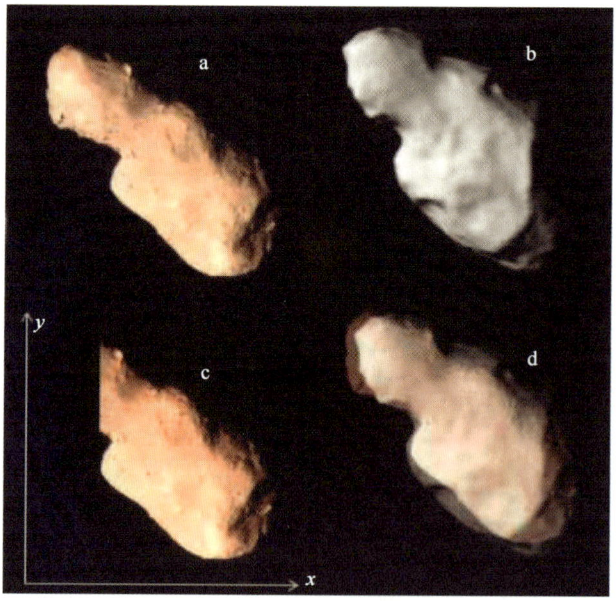

Fig.1 Images of Toutatis. (a) First panoramic image captured by Chang'E-2. (b) Best – matching attitude of the radar model with the optical imge shown in Fig.1(a). (c) Illustration of the graphical frame of the camera. (d) Combination and comparison of the radar model with the optical results.

In general, the attitude of a rigid body in space can be determined from its rotations about the three axes of an orthogonal coordinate system. As Fig. 2 shows, to obtain the attitude of Toutatis, we suppose that the axes l_1, l_2 and l_3 are defined as follows. The mutually perpendicular axes l_1 and l_2 extend through the centre of Toutatis'shape ad along the directions of the long short axes in the image, respectively. In addition, l_3 is perpendicular to the image plane through the intersection of l_1 and l_2, and thus these axes form a right-handed coordinate system.

Considering the render and the orientation of the camera's optical axis (Zhao et al. 2014a), the 3D radar-derived shape model of Toutatis can be rotated at an interval of 1° for each of the three Euler angles about the three principal axes of its body-fixed frame to match its attitude to that shown in the optical images. As shown in Fig. 2, we choose three criteria related to the optical image to determine whether the rotated model is consistent with the optical results from Chang'E-2's view direction: (i) the slope of the long axis, represented by the red line in Fig. 2(a); (ii) the ratio of the long axis to the short axis, indicated by the green line; (iii) the obvious topography on the neck area connecting the two major lobes of the asteroid, as shown in Figs 2(b) and (c). These features of the optical image can be reproduced by rotating the 3D radar shape model about its three principle axes. Fig. 1(b) shows the best approximation of the attitude of the radar model to that indicated by the optical image shown in Fig. 1(a). The two images are quantitatively compared in Table 2.

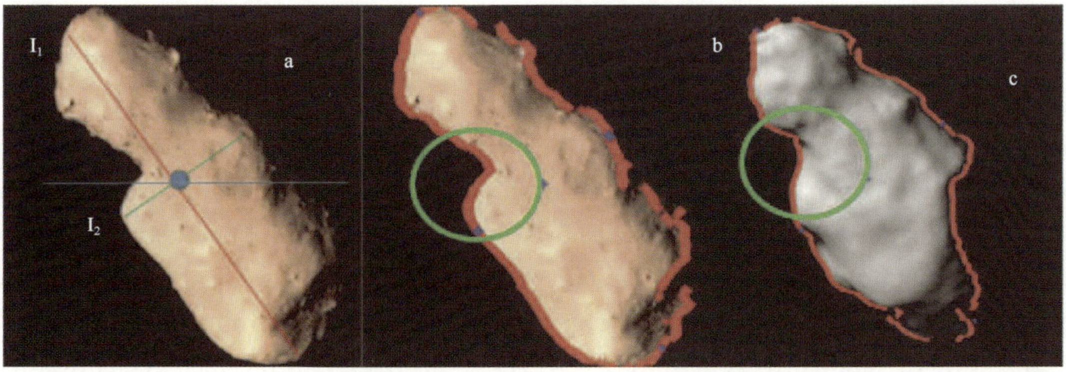

Fig. 2 Properties of an optical image of Toutatis. (a) The red and green lines represent the lengths of the image of the asteroid along the l_1 and l_2 directions, respectively; the ratio between these lengths is one of the properties that is used to characterize the image. The blue line represents the horizontal line, which can be used to determine the slope of l_1. (b), (c) The area within the green circle represents an obvious characteristic topological feature that can be used to derive information concerning the rotation about l_1.

Table 2　Comparison of optical and radar image results

Property	Optical image	Radar image
Slope	1.386	1.340
Ratio of length to width	2.52	2.08

Between the optical image and the model, the difference in the slope of l_1 is not obvious; however, the deviation in the ratio of the length to the width appears to be significant. Zou et al. (2014) suggested using a render frame with the lighting of the radar model and combining multiple optical images using computer graphics methods, which might yield a likely explanation for the higher value of the length-to-width ratio obtained for the optical images acquired by Chang'E-2.

Using the optical images from Chang'E-2, Bu et al. (2015) rotated the radar-derived model and retrieved an orientation with respect to the graphical frame described by direction cosine angles of ($126.13^\circ \pm 0.29^\circ$, $122.98^\circ \pm 0.21^\circ$, $126.63^\circ \pm 0.46^\circ$). In accordance with the definition of the cosine angles given by Bu et al. (2015), we calculate this set of cosine angles to be ($130.3^\circ \pm 1.0^\circ$, $134.78^\circ \pm 1.0^\circ$, $106.95^\circ \pm 1.0^\circ$). The two sets of results are similar to each other. However, we should note that the results presented here neglect the attitude of the camera in the inertial frame.

2.2.2 Euler angles

Because of the fixed direction of the camera's optical axis, Chang'E-2 maintained a nearly constant attitude throughout the shooting process. Fig. 3 depicts the spacecraft's body-fixed frame, where l is the direction of the camera's optical axis and the corresponding unit vector in the spacecraft's body-fixed frame is $(-0.06976, 0.9976, 0)$. The location relationship represents a transformation from Change-2's body-fixed frame to the graphical frame shown in Fig. 1(c). In combination with the attitude information of the spacecraft, we can establish a relationship between the graphical frame and the inertial coordinate system. As Fig. 1(c) shows, the left portion of Toutatis is blocked by the solar panel on the spacecraft. The unit vectors of the x and y axes, which represent the horizontal and vertical axes in the graphical frame, are determined to be $(0.824, 0.540, -0.173)$ and $(0.344, -0.233, 0.910)$, respectively, in the J2000 equatorial coordinate system (Huang et al. 2013b).

By merging the rotated radar-derived shape model and the optical image, Fig. 1(d) illustrates the similarities and differences between the two models. In combination with the conversion relationship among the asteroid's body-fixed frame, the graphical frame and the inertial coordinate system, we can obtain the matrix describing the transformation from the J2000 ecliptic coordinate system to the asteroid's body-fixed system expressed in terms of 3-1-3 Euler angles as

$$\boldsymbol{R} = R_z(42.2^\circ)R_x(27.6^\circ)R_z(-20.1^\circ)\boldsymbol{r}. \tag{1}$$

Here, R_x and R_z are the standard rotation matrices for right-handed rotations around the X and Z axes, respectively. The coordinate transformation and the corresponding Euler angles are briefly introduced in the next section. The orientation of the principle axis is then obtained with respect to the attitude of the radar model, which is estimated to be $(249.87^\circ \pm 1^\circ, 62.43^\circ \pm 1^\circ)$ in the J2000 ecliptic coordinate system (Zhao, Ji & Hu 2014b). Corresponding errors arise from the matching process, the uncertainties of the radar-derived shape model and the attitude uncertainties of the spacecraft (Huanget al. 2013a).

3 Numerical Models

3.1 Dynamical model

The rotation matrix shown in equation (1), which is composed of the three 3-1-3 Euler angles $\alpha = (\alpha, \beta, \gamma)$, maps the information for conversion from the inertial coordinate system to the body-fixed frame, as shown in Fig. 4. The body-fixed frame is generated by applying the following rotation sequence of the yaw, pitch and roll angles: a rotation of α around the z-axis, then a rotation of β around the x-axis, and finally a rotation of γ around the z-axis from the inertial frame.

The Euler angles describe the orientation of a rigid body in space at a specific time, and their variations represent spin states. Let the vector ω define the instantaneous rotational velocity in the bodyfixed frame. Then, the set of kinematic differential equations for the 3-1-3 Euler angles is

$$\begin{aligned}\dot{\boldsymbol{\alpha}} &= \frac{1}{\sin\beta}\begin{pmatrix} \sin\gamma & \cos\gamma & 0 \\ \cos\gamma\sin\beta & -\sin\gamma\sin\beta & 0 \\ -\sin\gamma\cos\beta & -\cos\gamma\cos & \sin\beta \end{pmatrix}\boldsymbol{\omega} \\ &= [B(\alpha)]\omega. \end{aligned} \tag{2}$$

The time derivative of the Euler angles encounters a singularity at either $\beta = 0^\circ$ or $\beta = 180^\circ$, which might cause α and γ to rotate in the same plane.

As derived from the Euler equation, the Euler rotational equation of motion describes the time derivative of the angular velocities,

$$[\boldsymbol{I}]\dot{\boldsymbol{\omega}} = -[\tilde{\boldsymbol{\omega}}][\boldsymbol{I}]\boldsymbol{\omega} + \boldsymbol{L}, \tag{3}$$

where the moment-of-inertia matrix $[\boldsymbol{I}]$ is constant, symmetric and given in the body-fixed frame. It has dimensions of $[3\times3]$ and can be defined in terms of six quantities. $\boldsymbol{L}$ represents the external torques acting on the dynamical system, and the matrix $[\tilde{\omega}]$ has the following form

$$[\tilde{\omega}] = \begin{bmatrix} 0 & -\omega_3 & \omega_2 \\ \omega_3 & 0 & -\omega_1 \\ -\omega_2 & \omega_1 & 0 \end{bmatrix}. \tag{4}$$

Then, the time derivative of the angular velocities is expressed as

$$\dot{\boldsymbol{\omega}} = [I]^{-1}(-[\tilde{\omega}][I]\boldsymbol{\omega} + \boldsymbol{L}). \tag{5}$$

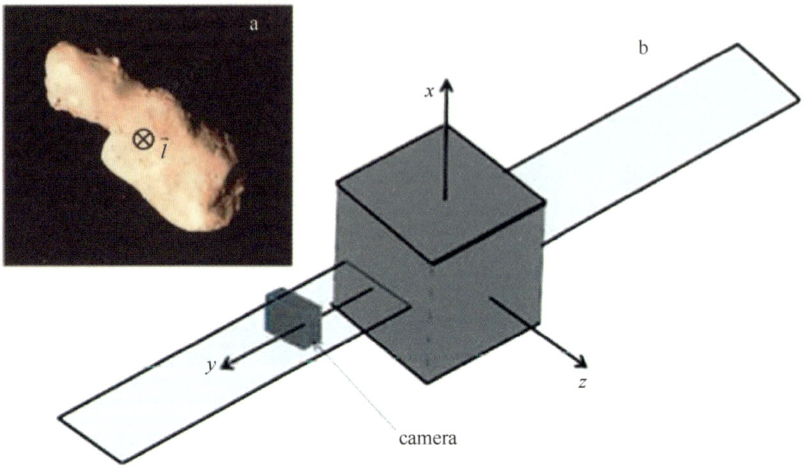

Fig. 3 (a) Graphical frame. (b) Spacecraft's body-fixed frame.

To calculate the external torque exerted by a spherical body, we assume that $\boldsymbol{r}'$ is the vector of an infinitesimal mass element (dm) of the asteroid relative to the origin. Fig. 5 presents a schematic diagram of the effect exerted by a spherical perturbing body on an irregularly shaped rigid body. According to the definition of angular momentum H, we have

$$\frac{\mathrm{d}\boldsymbol{H}}{\mathrm{d}t} = \frac{\mathrm{d}}{\mathrm{d}t}\int \mathrm{d}m\boldsymbol{r}' \times \dot{\boldsymbol{r}}' = \int \boldsymbol{r}' \times (\mathrm{d}\boldsymbol{F}_G/\mathrm{d}m - \ddot{\boldsymbol{B}})\mathrm{d}m, \tag{6}$$

where $\ddot{B}$ is the acceleration of the origin in the inertial coordinate system and $\mathrm{d}\boldsymbol{F}_G$ is the gravitational attraction experienced by an arbitrary mass element. When the COM of the rigid body is chosen as the origin $\overline{O}$, we have $\int \mathrm{d}m\boldsymbol{r}' \times \ddot{\boldsymbol{B}} = 0$. Therefore, the torques exerted on the rigid body are written in the form (Schaub, Junkins & Schetz, 2009)

$$\boldsymbol{L}_c = \int_M \boldsymbol{r}' \times \mathrm{d}\boldsymbol{F}_G. \tag{7}$$

Otherwise, if the vector of (dm) relative to the COM is $\boldsymbol{r}_c$, equation(6) has the following form:

$$\begin{aligned} \frac{\mathrm{d}\boldsymbol{H}}{\mathrm{d}t} &= \int \boldsymbol{r}' \times (\mathrm{d}\boldsymbol{F}_G/\mathrm{d}m - \ddot{\boldsymbol{B}})\mathrm{d}m \\ &= \int (\boldsymbol{r}_c - \boldsymbol{r}_{cm}) \times (\mathrm{d}\boldsymbol{F}_G/\mathrm{d}m - \ddot{\boldsymbol{B}})\mathrm{d}m, \end{aligned} \tag{8}$$

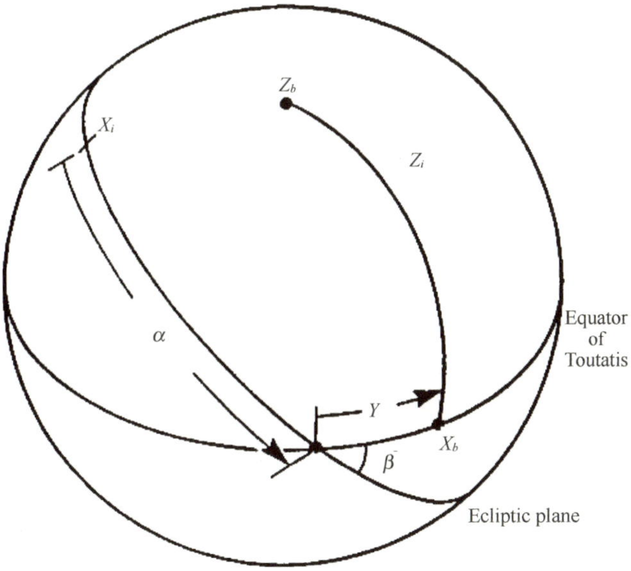

Fig. 4　Coordinate system transformation relationship in terms of 3-1-3 Euler angles. Subscripts i and b indicate the inertial coordinate system and the body－fixed frame, respectively. The three angles α, β and γ form a 3-1-3 set of Euler angles.

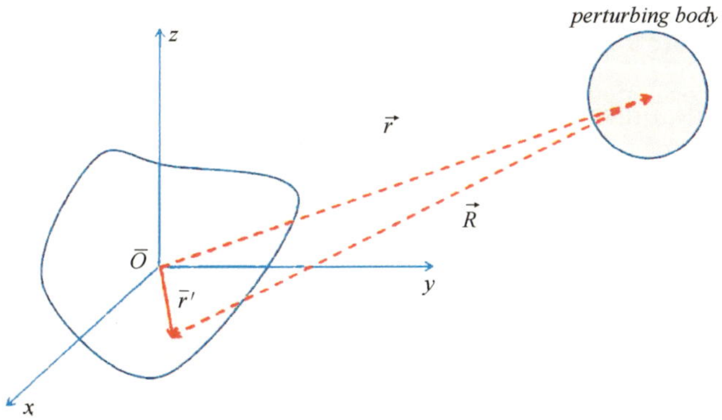

Fig. 5　External torque of a spherical body on an irregularly shaped rigid body.

where $\boldsymbol{r}_{cm}=(x_{cm}, y_{cm}, z_{cm})^{\mathrm{T}}$ is the vector of the COF with respect to the COM (the COM－COF offset). Thus, equation (6) can be expressed as

$$\boldsymbol{L}=\int_M \boldsymbol{r}' \times \mathrm{d}\boldsymbol{F}_G + M\boldsymbol{r}_{cm} \times \ddot{\boldsymbol{B}})\mathrm{d}m \tag{9}$$

where M is the total mass of the asteroid.

Let $\boldsymbol{r}$ be the position vector of the spherical body relative to the asteroid. $\boldsymbol{R}=\boldsymbol{r}'-\boldsymbol{r}$ denotes the position of a body element measured from the spherical body. Consequently, $\mathrm{d}\boldsymbol{F}_G$ has the following form,

$$\mathrm{d}\boldsymbol{F}_G=-\frac{GM_s}{R^3}\boldsymbol{R}\mathrm{d}m, \tag{10}$$

where M_s is the mass of the external spherical body. Hence, the integral in equation (9) can be expressed as

$$\boldsymbol{L} = -GM_s\int_M \boldsymbol{r}' \times \frac{\boldsymbol{R}}{R^3}\mathrm{d}m + M\boldsymbol{r}_{cm} \times \ddot{\boldsymbol{B}}. \tag{11}$$

As Fig. 5 shows, under the assumption that $r \gg r'$, the first-order expansion of $\boldsymbol{R}/R_3$ has the following form

$$\frac{\boldsymbol{R}}{R^3} = -\left[1 + \frac{3(\boldsymbol{r} \cdot \boldsymbol{r}')}{r^2}\right]\frac{\boldsymbol{r}}{r^3} + \frac{\boldsymbol{r}'}{r^3}. \tag{12}$$

Substituting equation (12) into equation (9) allows the moment from the perturbing body to be divided into two components,

$$\boldsymbol{L} = \boldsymbol{L}_1 + \boldsymbol{L}_2, \tag{13}$$

where

$$\boldsymbol{L}_1 = GM_s\int_M \boldsymbol{r}' \times \frac{\boldsymbol{r}}{r^3}\mathrm{d}m + M\boldsymbol{r}_{cm} \times \ddot{\boldsymbol{B}}, \tag{14}$$

$$L_2 = \frac{3GM_s}{r^5}\int_M (\boldsymbol{r} \cdot \boldsymbol{r}')(\boldsymbol{r}' \times \boldsymbol{r})\mathrm{d}m. \tag{15}$$

If the origin $\overline{O}$ is the COM of the irregularly shaped rigid body, then we obviously have $\boldsymbol{r}_{cm} \equiv 0$ and $\boldsymbol{L}_1 \equiv 0$. Otherwise, truncated at the lowest order, we have

$$\ddot{\boldsymbol{B}} = \frac{GM_s}{M}\int_M \frac{\boldsymbol{r}}{r^3}\mathrm{d}m. \tag{16}$$

If perturbing bodies other than the Sun are considered, then equation (16) should incorporate their contributions. Substituting equation (16) into equation (14), we obtain

$$\begin{aligned}\boldsymbol{L}_1 &= GM_s\int_M (\boldsymbol{r}' + \boldsymbol{r}_{cm}) \times \frac{\boldsymbol{r}}{r_3}\mathrm{d}m \\ &= GM_s\int_M \boldsymbol{r}_c \times \frac{\boldsymbol{r}}{r^3}\mathrm{d}m = 0.\end{aligned} \tag{17}$$

Essentially, the torques imposed by the COM-COF offset are far too small to contribute to the first-order approximation. Furthermore, the change in angular momentum that results from L_1 is not an intrinsic feature of the rigid body; rather, it is determined solely by the selection of the base point when solving for the rotational dynamics.

Takahashi et al. (2013) expressed the second-degree potential as

$$U_2 = \frac{G}{2r^3}I_{\mathrm{T}} - \frac{3G}{2r^5}\boldsymbol{r}[I]\boldsymbol{r}, \tag{18}$$

where I_{T} is the trace of $[I]$. The partial derivative of the potential can be derived as

$$\frac{\partial \boldsymbol{U}_2}{\partial \boldsymbol{r}} = -\frac{3G}{2r^5}\boldsymbol{I}_{\mathrm{T}}\boldsymbol{r} + \frac{15\boldsymbol{G}}{2r^7}(\boldsymbol{r}[I]\boldsymbol{r})\boldsymbol{r} - \frac{3G}{\boldsymbol{r}^5}[I]\boldsymbol{r}; \tag{19}$$

therefore, the deduced moment can be expressed as

$$L_2 = \frac{3GM_s}{r^5}[\widetilde{\boldsymbol{r}}][I]\boldsymbol{r}. \tag{20}$$

Our second-degree expansion of the moment given in equation (15) is consistent with the results represented by equation (20), which indicates that tidal torques are caused by the oblateness of the rigid body.

3.2 Numerical method

The least-squares and multiple shooting methods are used to fit the observational data and to simulate the propagation of the rotational parameters. The dynamical equation of the state vector, which is composed of three Euler angles and three angular velocities, is written as

$$\dot{X} = F(X, t). \tag{21}$$

Here, $X = (\alpha, \beta, \gamma, \omega_x, \omega_y, \omega_z)^{\mathrm{T}}$, where α, β and γ are the 3-1-3 Euler angles and ω_1, ω_2 and ω_3 are the three components of angular velocity. The previous results for I_{xx}, I_{yy}, I_{zz}, I_{xy}, I_{xz} and I_{yz} are used in our calculations (Takahashi et al. 2013). F is the function that represents the time derivative of X and the dynamical model. In the first-order approximation, the dynamical model has the following form,

$$\dot{X} = A(\boldsymbol{X}, t)\boldsymbol{X}(t), \tag{22}$$

where $A(X, t)$ is the dynamical matrix. The transition matrix Φ is defined as

$$\Phi(t_1, t_2) = \frac{\partial x(t_1)}{\partial x(t_2)}. \tag{23}$$

Based on the nominal orbit, we establish the relationship between the state vectors at two specific times, t_1 and t_2, as

$$X(t_2) = \phi(t_1, t_2)X(t_1). \tag{24}$$

Then, the transition matrix can be obtained by integrating the derivate equation:

$$\dot{\boldsymbol{\phi}}(t_0, t) = \boldsymbol{A}(t, \boldsymbol{X})\boldsymbol{\phi}(t_0, t). \tag{25}$$

The observational equation for the measurements Y is

$$Y_i = Z(X_i, t_i) + \varepsilon_i, \tag{26}$$

where Z represents the observational model, the subscript i indicates the sequence of the observational data and ε represents the observational uncertainties. In the first-order approximation, the partial derivatives of the observational quantities with respect to the variables form the relationships between them, and we have

$$Y_i = \left.\frac{\partial Z}{\partial X}\right|_{x=x_i} Xi + \varepsilon_i = \left.\frac{\partial Z}{\partial X}\right|_{x=x_i} \phi(t_0, t_1)X(t_0) + \varepsilon_i \tag{27}$$

where t_i is the observation epoch of the data set. The least-squares method adopted herein is similar to that of Takahashi et al. (2013). The cost function is defined as

$$J = \frac{1}{2}\left[Y - \left.\frac{\partial Z}{\partial X}\right|_{x=x_i} \phi(t_0, t_1)X(t_0)\right]^{\mathrm{T}} W \times \left[Y - \left|\frac{\partial Z}{\partial X}\right|_{x=x_i} \phi(t_0, t_1)X(t_0)\right]$$

$$+\frac{1}{2}[\overline{X}(t_0)-X(t_0)]^{\mathrm{T}}\overline{P}^{-1}[\overline{X}(t_0)-X(t_0)], \tag{28}$$

where W is the weighting matrix and P is the covariance matrix. The bars over X and P represent the a priori values deduced through estimation or from previous results. The modified differential equation that computes the correction to the variables can be expressed as

$$\Delta X(t_0)=\left(\sum H^{\mathrm{T}}WH+\overline{P}^{-1}\right)^{-1}\times\left[\sum H^{T}WY+\overline{P}^{-1}\,\overline{X}(t_0)\right]^{-1}. \tag{29}$$

The RKF78 integrator can be used to integrate the rotational equations. The initial step size is set to approximately 10^{-9} deg for the Euler angles and 10^{-8} deg d^{-1} for the rotational velocities. In the integration, an adaptive step size is used to numerically solve the equations. The truncation errors for the Euler angles and rotational velocities are set to 10^{-8} and 10^{-7} deg d^{-1}, respectively.

Table 3　Spin-state parameters of Toutatis derived from our numerical simulations

Property	Value
Simulated solutions at t_0	$\alpha = 147.5°$, $\beta = 63.9°$, $\gamma = 241.5°$
	$\omega_1 = 14.5° d^{-1}$, $\omega_2 = 33.7° d^{-1}$, $\omega_3 = -98.5° d^{-1}$
Results at flyby epoch	$\alpha = -3.65°$, $\beta = 43.62°$, $\gamma = 24.7°$
Orientation of angular momentum	$\lambda_H = 180.2°^{+0.2°}_{-0.3°}$, $\beta_H = -54.75°^{+0.15°}_{-0.10°}$
Rotational/precession period	5.38 d, 7.40 d

4　Results

To better understand the rotational dynamics of Toutatis, we performed a large number of numerical simulations based on Chang'E-2's observations and ground-based radar measurements, using our dynamical models described above. In the following, we present the major outcomes for the spin states, rotational period and variation in angular momentum of Toutatis.

In this work, the initial variables for Toutatis'spin state that were used in our numerical simulations were adopted from Takahashi et al. (2013) for the epoch t_0(17: 49: 47 UTC on 1992 November 9). The orientation of the angular momentum and the rotational periods were also calculated in the study. In our calculation, we balanced the weights of the optical data based on the uncertainties of the observations. Consequently, we derived innovative solutions for the spin state of Toutatis, which are summarized in Table 3.

The residuals of the Euler angles (34 sets) and angular velocity (33 sets) were normalized with respect to the maximum radar observational errors (15° for the Euler angles and 10° d^{-1} for the angular velocities) and are shown in Fig. 6. Because the previous prediction of the orientation at the Chang'E-2 flyby epoch based on the radar-derived results differs from that observed by Chang'E-2, the use of the optical data might have degraded the convergence of the simulation algorithm. Therefore, the magnitude of the residuals is larger than that observed in the results from the radar data (Takahashi et al. 2013). The residual errors in the simulations were normalized with respect to the observational uncertainties. Because of the inconsistency of the observational data, the magnitudes of the residuals are slightly higher than those of the previous results. However, all deviations lie within the 3σ region. The largest bias is found in the roll angle, which exhibits a remarkable difference between the prediction obtained from the radar measurements and the authentic spin state of Toutatis, which is directly indicated by Chang'E-2's observations at the flyby epoch.

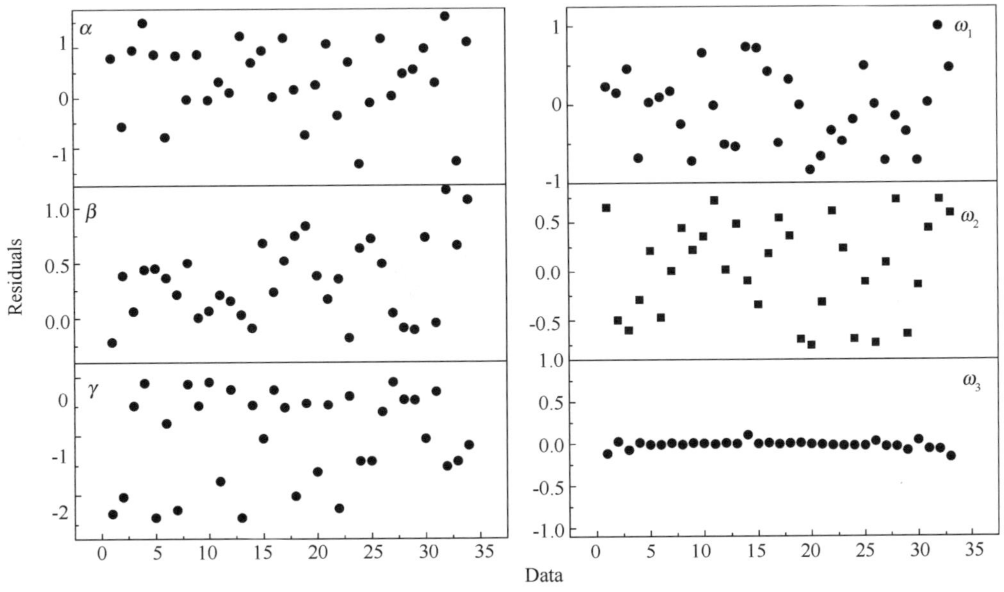

Fig. 6　Residuals of rotational parameters with respect to the maximum radar observational errors (15° for the Euler angles and 10° d^{-1} for the angular velocities). Left panels: residuals of the Euler angles. Right panels: residuals of the angular velocity components.

4.1　Spin states

According to the numerical results derived from radar observations collected before 2008 (Busch et al. 2012), we considered a render effect for Toutatis and generated a predicted imaging outcome prior to Chang'E-2's flyby, as shown in Fig. 7(a) (Busch et al. 2012; Zhao et al. 2014a). In addition, based on the images acquired by Chang'E-2, we corrected the attitude of Toutatis by rotating the radar-derived shape model (see Section 2.2.1) to search for a good match with the Chang'E-2 images acquired at the flyby epoch (Fig. 7b), which provide the only space-borne optical data regarding Toutatis' orientation. Furthermore, the present simulations yielded another solution for Toutatis' attitude during the near-Earth flyby in 2012. Fig.7(c) shows the outcomes derived from our rotational model using spaceand ground-based observations.

In comparison with the results obtained from the optical images (Fig.7b), the radar-derived results (Fig.7a) exhibit a dramatic deviation in the roll angle; hence, these results yield a different profile of the asteroid. The simulation results derived from our dynamical model (Fig.7c) differ from those of Fig.7(b) with a pitch angle bias of within 20°. Thus, we can safely conclude that our outcomes represent a good improvement in the understanding of Toutatis' spin state.

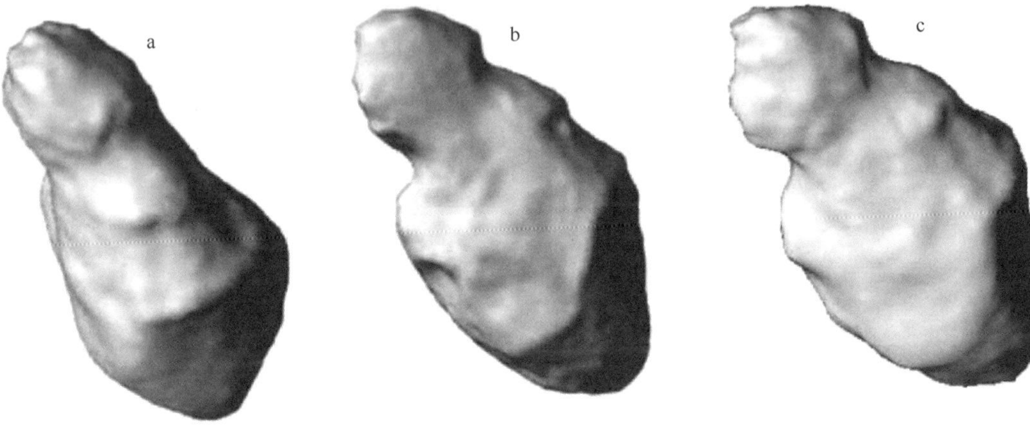

Fig.7　Comparison of Toutatis' orientation. (a) The left panel shows the results derived from Takahashi et al. (2013), with an uncertainty of dozens of degrees. (b) The middle panel shows the results calculated from optical images acquired by Chang'E-2 and by rotating the radar shape model. (c) The right panel presents the outcomes derived from our rotational model using space- and ground - based observations, which are close to those obtained from the optical images acquired by Chang'E-2.

The orientation of the long axis in the inertial frame likely reflects the precession of Toutatis. Based on the dynamical model of rotation, we calculated the variation in the direction of the long axis. Fig.8 shows the trajectories of the long axis with respect to the J2000 ecliptic coordinate system in a unit sphere over the past two decades. The motions of the long axis are projected on to the *X-Y*, *X-Z* and *Y-Z* planes (see Figs 8(a)-(c), respectively). The figure reveals that the long - axis motion of the asteroid has remained ellipsoidal in the *X-Y* and *Y-Z* planes, whereas it has rectilinearly precessed in the *X-Z* plane. All curves lie outside the ecliptic plane, implying that the small lobe of Toutatis is always located above the large end from a viewpoint close to the ecliptic.

Moreover, the orientation of the centre axis of precession of Toutatis can be approximately determined from Fig.8, and the derived spherical coordinates can be estimated to be (−0.2°, 54.6°) in the ecliptic coordinate system. As a result of Toutatis' clockwise rotation and precession, the centre axis of precession points nearly along the opposite direction to the angular momentum (see Section 4.3). The amplitude of the precession is approximately 60°, which might shed light on the significantly different attitudes of the asteroid that have been observed from Earth.

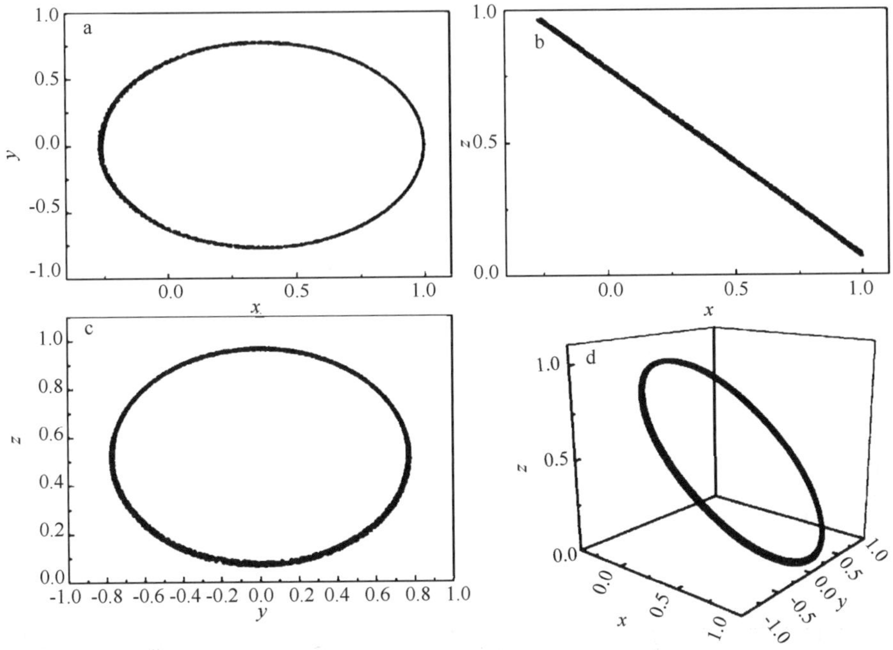

Fig. 8　Trajectories in the J2000 ecliptic coordinate system of the long axis of Toutatis in a unit sphere. Panels (a)-(c) show the trajectories in the *X-Y*, *X-Z* and *Y-Z* planes, respectively, and panel (d) shows the motion of the long axis in three dimensions.

4.2　Angular momentum

Considering the radar-derived shape model and the components of the inertial matrix inferred by Takahashi et al. (2013), we now explore the angular momentum of Toutatis induced by various external gravitational torques. Fig. 9 shows the variations in the external gravitational torques acting on the spin state of Toutatis from 1992 to 2012. The solar torque is of the order of $10^{-10}-10^{-7}$, indicating that its value is two to three orders higher at the perigee than at the apogee. Its periodic variation is clearly associated with Toutatis'orbital period. The variation tendencies of the gravitational torques arising from the Earth and Moon are similar, as shown by the red and blue curves, respectively. There is a 10^{-2} difference in the orders of these torques because of the magnitudes of the masses of the bodies from which they arise. The periods of both torques are consistent with that of the black (with □) curve because of Toutatis' resonance orbit with the Earth. At present, Toutatis is also in a 3 : 1 mean-motion resonance orbit with Jupiter

(Whipple & Shelus 1993); thus, one entire period of the torque induced by Jupiter is displayed by the green (with ▽) curve (Busch et al. 2014).

Based on the rotational dynamical equation and the integrated orbit, the overall influence of these external torques on the variation in the magnitude of Toutatis' rotational angular momentum from 1992 to 2012 was normalized with respect to the initial magnitude H_0 (Takahashi et al. 2013), as shown in Fig. 10(a). The terrestrial tidal torque (see the red curve in Fig. 10b) causes a considerable chang in angular momentum when the asteroid approaches Earth at the perihelion or during the Earth flyby that occurs every four years. The most significant change, with a variation in angular momentum magnitude on the order of 0.03 per cent, occurred in 2004 as a result of Toutatis passing the Earth within 4.02 lunar distances. Similarly, the tendency of the effect of the lunar torque is consistent with that of the terrestrial torque, as shown in Fig. 10(c). The solar tides always have a predominant influence on the rotational variation. However, the terrestrial tides also play an important role in the variation in angular momentum during Toutatis' regular nearby visits to Earth. Fig. 10(d) shows the influence on the angular momentum exerted by Jupiter. The order of magnitude of this effect slightly changed after the 2004 near-Earth flyby, and the amplitude continually remains lower than that of the terrestrial torque.

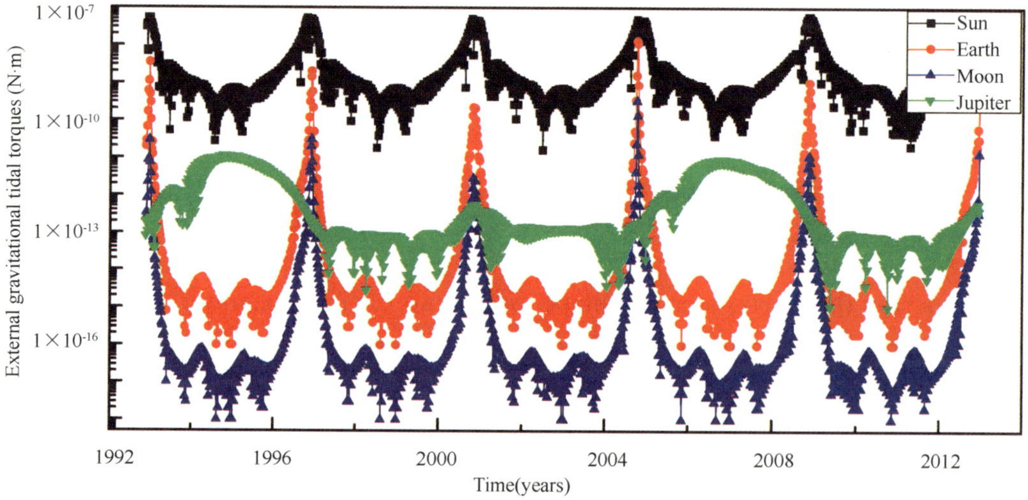

Fig. 9　Variations in external gravitational torques. The black (with□), red (with○), blue (with △) and green (with▽) curves represent the torques arising from the Sun, the Earth, the Moon and Jupiter, respectively.

As our simulation results indicate, the angular momentum orientation of Toutatis is determined to be described by ($\lambda_H = 180.2^{\circ}{}^{+0.2^{\circ}}_{-0.3^{\circ}}$ and $\beta_H = -54.75^{\circ}{}^{+0.15^{\circ}}_{-0.10^{\circ}}$) and has remained nearly unchanged in space over the past two decades. Fig. 11 shows the variations

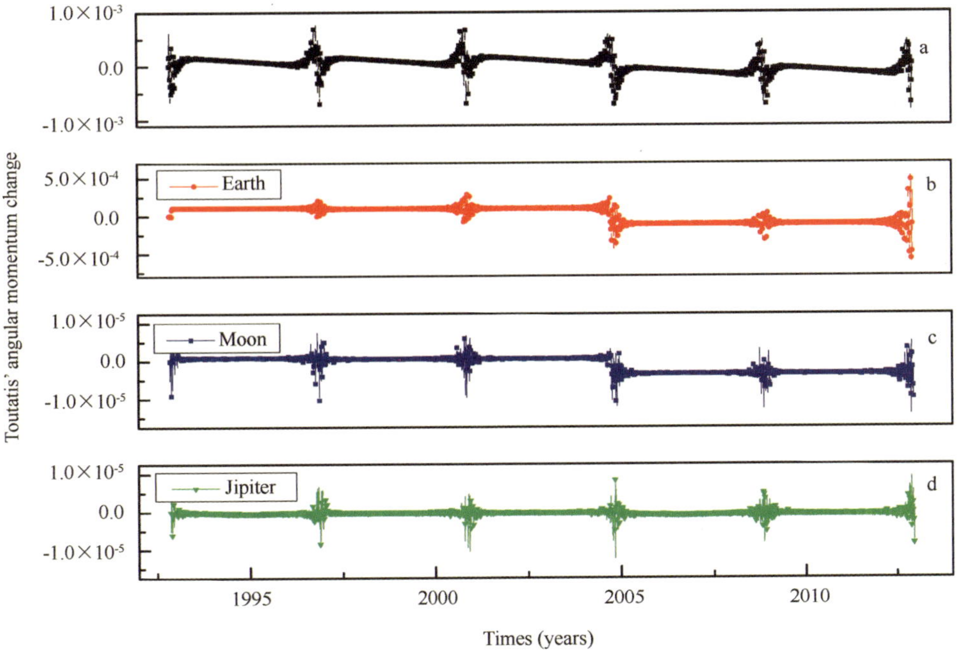

Fig. 10　Variation in the angular momentum of Toutatis from 1992 to 2012.

in Toutatis' angular momentum orientation from 1992 to 2012 in the J2000 ecliptic frame. The amplitude of this change is shown to be less than one degree in both longitude and latitude. Jumps in the angular momentum orientation occur at the perihelion of each orbit. A small change in behaviour is evident in Fig. 11(b) as a result of the 2004 near-Earth flyby, consistent with Fig. 10(b). The variation with solar distance that is apparent in Figs 11(c) and (d) indicates that the solar and terrestrial torques predominantly affect the rotational motion of the asteroid. The misalignment of the curves in Fig. 11(d) is also a result of the 2004 near-Earth flyby. Figs 11(e) and (f) show the angular momentum orientations of 33 sets of radar observations. Compared with the numerical results, the observation data fall within a reasonable error range, with the exception of a few points at large bias.

4.3　Rotational period

The motions of the short or middle axis reflect the status of the rotation about the long axis, whereas the motion of the long axis represents precession. To calculate the two periods associated with the spin states of Toutatis, we determined the latitudinal variations of the asteroid's long and middle axes in the J2000 ecliptic frame, as shown in Fig. 12. We applied Fourier transform to analyse the periods of the two oscillation parameters and found that they are 5.38 d for the rotation about the principal axis and 7.40

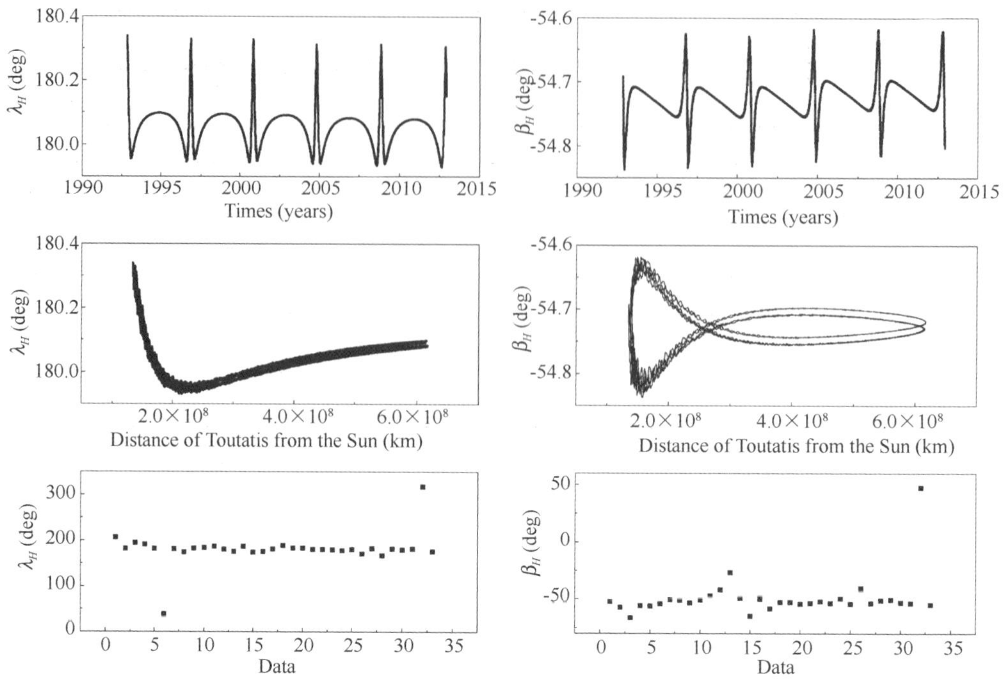

Fig. 11　Variations in Toutatis' angular momentum orientation from 1992 to 2012. Panels (a) and (b) show the variations in longitude and latitude versus time. Panels (c) and (d) show the change in longitude and latitude with the distance of Toutatis from the Sun. Panels (e) and (f) show the corresponding results from radar observations.

d for the precession of the principal axis. These results are in good agreement with the previous results (Ostro et al. 1999).

Let β_X and β_Z indicate the latitudes of the asteroid's long and middle axes, respectively, in the J2000 ecliptic coordinate system. Figs 12 and 13 show the latitudinal variations of these axes during the 1992 and 1996 flybys, respectively. Additionally, the numerical results (represented by dotted lines in Figs 12 and 13) that were calculated from our dynamical model are found to be in good agreement with the radar observations (Takahashi et al. 2013) within the error bars (marked by stars), as listed in Table 4. Hence, we can conclude that the orientation parameters of Toutatis obtained from our investigation are very reliable. This evidence provides further confirmation that our proposed rotational model can be used to correctly evaluate the spin status of Toutatis or other asteroids.

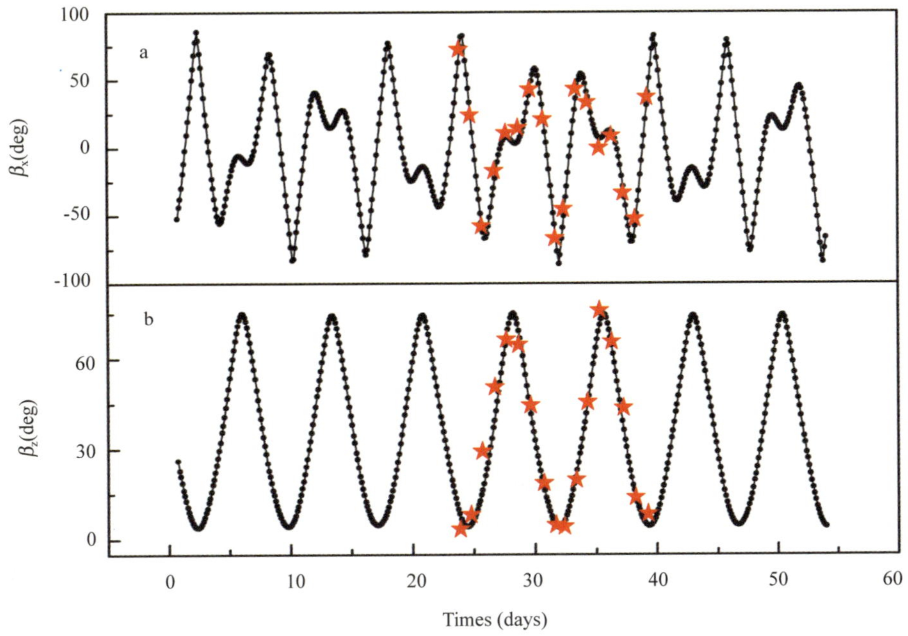

Fig. 12　Latitudinal variations of Toutatis' long axis β_z and middle axis β_x in the J2000 inertial coordinate system in 1992.

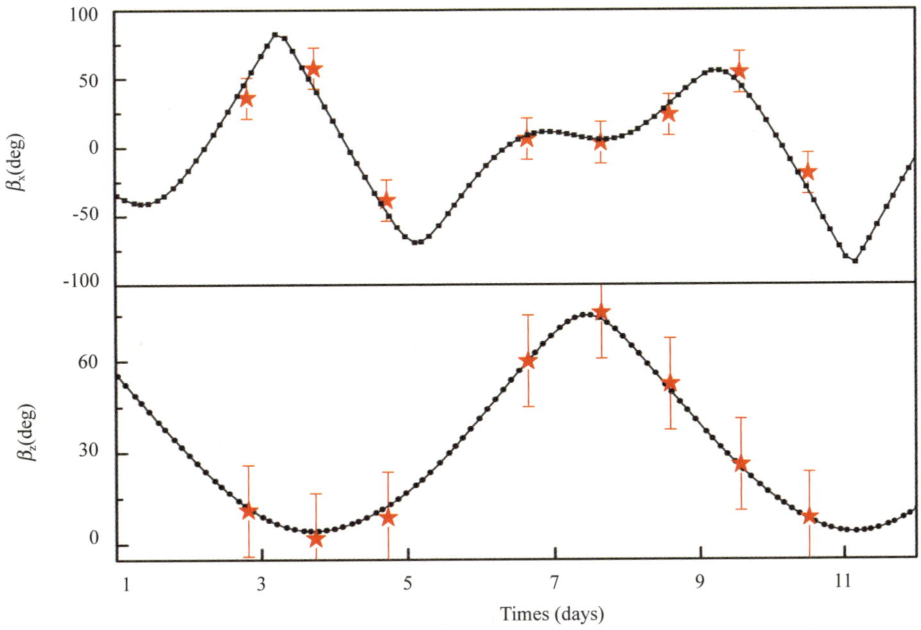

Fig. 13　Latitudinal variations of Toutatis' long axis β_z and middle axis β_x in the J2000 inertial coordinate system during the near - Earth flyby in 1996.

5 Discussion And Conclusions

In this work, we apply the observations collected during Chang'E-2's outbound flyby to model the rotational dynamics and determine the spin state of Toutatis. Based on flyby images, we utilize the radar - derived shape model to calculate Toutatis' orientation at the flyby epoch. In addition, we estimate the 3-1-3 Euler angles to be $-20.1^\circ \pm 1^\circ$, $27.6^\circ \pm 1^\circ$ and $42.2^\circ \pm 1^\circ$, respectively. Consequently, our results have greatly improved the estimation of the orientational parameters of Toutatis with respect to the previous predictions.

In combination with ground - based observations, we investigated the evolution of the spin parameters using numerical simulations. In addition to the solar and terrestrial torques, the tidal effects arising from the Moon and Jupiter are extensively considered in our dynamical model. The magnitude and influence of these gravitational torques were analysed in this work. The solar tide appears to always be the dominant torque acting on the angular momentum of Toutatis. Furthermore, the contribution to the external gravitation torque due to the COM-COF offset appears to be negligible in the first - order approximation. We also found that the closest near - Earth flyby, at 4.02 lunar distances, resulted in a 0.03 per cent change in the magnitude of the angular momentum of Toutatis. The dynamical influence exerted by Saturn on the angular momentum was also assessed in further simulations and found to be approximately 10^2 lower than that of Jupiter. Hence, we can safely conclude that Saturn plays a less important role in the variation of Toutatis' angular momentum.

The attitude at the Chang'E-2 flyby epoch that was derived from the numerical simulations yielded a better approximation to the optical results than that previously obtained from radar data alone. The largest deviation in the Euler angles is observed in the pitch angle, with a bias of less than 20°. The uncertainties corresponding to observational uncertainties and data processing error were considered in the simulations. The inconsistency in the different types of observational data might have led to higher residuals compared with previous results. Simulations based solely on radar observations were also performed, and the corresponding rms magnitude was much lower. However, the results obtained using a higher - accuracy dynamical model and a combination of the various types of observations yielded a good result that is highly consistent with the optical images acquired during the Chang'E-2 flyby in 2012.

The precession of Toutatis was investigated by considering the motion of its long axis. The behaviour of the orbit in the inertial frame was found to be circular, with a centre axis pointing along $(-0.2^\circ, 54.6^\circ)$. The precession amplitude was estimated to be up to 60°, which might be responsible for the significantly different attitude of the asteroid as observed by ground-based facilities. Moreover, by exploring the motions of the long axis and middle axis, we determined the rotation period of Toutatis using Fourier analysis. The two major periods were found to be 5.38 d for the principal axis rotation and 7.40 d for the precession, in agreement with the results reported by Ostro et al. (1999).

Toutatis'angular momentum orientation was determined to be described by $\lambda_H = 180.2^{\circ}{}^{+0.2^{\circ}}_{-0.3^{\circ}}$ and $\beta_H = -54.75^{\circ}{}^{+0.15^{\circ}}_{-0.10^{\circ}}$, indicating that it has remained nearly unchanged for the last two decades. Because of the increasing magnitudes of the solar and terrestrial torques, tiny jumps in the angular momentum orientation occur at perihelion in each orbital period. However, the dynamical effects caused by the near-Earth flyby in 2004 slightly changed the latitude of Toutatis'angular momentum orientation. Hence, our simulation results are in good agreement with previous radar observations. In a word, based on the combination of Chang'E-2's observations and radar data, our investigation offers an improved understanding of the rotational dynamics of Toutatis.

Acknowledgements

The authors acknowledge M. W. Busch and Y. Takahashi for their helpful discussions and suggestions. This work is financially supported by National Natural Science Foundation of China (Grants No. 11303103, 11273068, 11473073), the Strategic Priority Research Programme, The Emergence of Cosmological Structures of the Chinese Academy of Sciences (CAS; Grant No. XDB09000000), the innovative and interdisciplinary programme by CAS (Grant No. KJZD-EW-Z001), the Natural Science Foundation of Jiangsu Province (Grant No. BK20141509) and the Foundation of Minor Planets of Purple Mountain Observatory.

References

[1] Bu Y. L. et al., 2015, AJ, 149, 21

[2] Burns J. A., 1971, in Gehrels T., ed.,NationalAeronautics and Space Administration SP 267, Physical Studies of Minor Planets. NASA,Washington DC, p. 257

[3] Burns J. A., Safronov V., Gold T., 1973, MNRAS, 165, 403

[4] Busch M., Takahashi Y., Scheeres D. J., Benner L., Magri C., Margot J., Nolan M. C., Giorgini J. D., 2012, American Geophysical Union, Fall Meeting 2012, abstract P31A-1873

[5] BuschM. et al., 2014, in MuinonenK. et al., eds,Asteroids,Comets,Meteors 2014 - Book of Abstracts. University of Helsinki, Helsinki, p. 90

[6] Huang J. C. et al., 2013a, Scientific Reports, 3, 3411

[7] Huang J. C., Wang X. L., Meng L. Z., Li K. X., Qiao D., Zhang H. W., Huang C. N., 2013b, Science China Technological Sciences, 43, 596
[8] Hudson R. S., Ostro S. J., 1995, Sci, 270, 84
[9] Hudson R. S., Ostro S. J., 1998, Icarus, 135, 451
[10] Hudson R. S., Ostro S. J., Harris A. W., 1997, Icarus, 130, 165
[11] Hudson R. S., Ostro S. J., Scheeres D. J., 2003, Icarus, 161, 346
[12] Krivova N., Yagudina E., Shor V., 1994, Planetary and Space Science, 42, 741
[13] Kryszczynska A., Kwiatkowski T., Breiter S., Michalowski T., 1999, A&A, 345, 643
[14] Ostro S. J. et al., 1995, Sci, 270, 80
[15] Ostro S. J. et al., 1999, Icarus, 137, 122
[16] Ostro S. J., Hudson R. S., Benner L. A., Giorgini J. D., Magri C., Margot J. L., Nolan M. C., 2002, in Bottke W. F., Jr, Cellino A., Paolicchi P., Binzel R. P., eds, Asteroids III. Univ. of Arizona Press, Tucson, p. 151
[17] Schaub H., Junkins J. L., Schetz J. A., 2009, Analyatical Mechanics of Space System. American Institute of Aeronautics and Astronautics, Blacksburg, VA
[18] Scheeres D. J., Ostro S. J., Werner R. A., Asphaug E., Hudson R. S., 2000, Icarus, 147, 106
[19] Spencer J. R. ct al., 1995, Icarus, 117, 71
[20] Takahashi Y., Busch M. W., Scheeres D. J., 2013, AJ, 146, 95
[21] Whipple A. L., Shelus P. J., 1993, Icarus, 105, 408
[22] Zhao Y. H., Wang S., Hu S. C., Ji J. H., 2014a, Chinese Astronomy and Astrophysics, 38, 163
[23] Zhao Y. H., Ji J. H., Hu S. C., 2014b, in 40th COSPAR Scientific Assembly, Abstract B0.4-83-14
[24] Zou X., Li C., Liu J., Wang W., Li H., Ping J., 2014, Icarus, 229, 348

Modeling method and preliminary model of Asteroid Toutatis from Chang'E-2 optical images

Xiang-Yu Li, Dong Qiao

School of Aerospace Engineering, Beijing Institute of Technology, 100081 Beijing, China Key Laboratory of Dynamics and Control of Flight Vehicle, Ministry of Education, 100032 Beijing, China

Abstract: Shape modeling is fundamental to the analysis of dynamic environment and motion around asteroid. Chang'E-2 successfully made a flyby of Asteroid 4179 Toutatis and obtained plenty of high-resolution images during the mission. In this paper, the modeling method and preliminary model of Asteroid Toutatis are discussed. First, the optical images obtained by Chang'E-2 are analyzed. Terrain and silhouette features in images are described. Then, the modeling method based on previous radar model and preliminary information from optical images is proposed. A preliminary polyhedron model of Asteroid Toutatis is established. Finally, the spherical harmonic coefficients of Asteroid Toutatis based on the polyhedron model are obtained. Some parameters of model are analyzed and compared. Although the model proposed in this paper is only a preliminary model, this work offers a valuable reference for future high-resolution models.

Key words: Chang'E-2, Asteroid Toutatis, Shape modeling, Polyhedron method

1 Introduction

Asteroids attract many scientists because they hold the key clues for understanding the origin of the solar system and the formation of planets. Asteroid 4179 Toutatis is a member of near earth asteroids (NEAs) and belongs to the Apollo group, which has a semi-major axis of more than 1 Astronomical Unit (AU) and crosses Earth's orbit. It was first discovered on February 10, 1934, as object 1934 CT. Toutatis has a chaotic orbit caused by a 3 : 1 resonance with Jupiter, a 1 : 4 resonance with the Earth, and frequent close approaches to the Earth[1]. So it is listed as a potentially hazardous asteroid (PHA) by the International Astronomical Union (IAU).

The project was supported by the National Basic Research Program of China ("973" Program) (2012CB720000), the National Natural Science Foundation of China (11102020), and the Program for New Century Excellent Talents in University and Beijing Higher Education Young Elite Teacher Project.

As the second Chinese lunar probe, Chang'E-2 conducted investigation from a 100 km lunar orbit in preparation for a soft landing by the Chang'E－3 lander and rover[2]. After completing its primary objective, the probe left lunar orbit for the Earth－Sun L2 region to explore the Sun－Earth space environment and to test the tracking and control network[3]. It was injected into the Lissajous orbit around Earth－Sun L2 on August 25, 2011. In April 2012, Chang'E-2 departed from Earth－Sun L2 region to begin an extended mission to the Asteroid 4179 Toutatis, and made a successful flyby in December 2012. The closest distance is about (770 ± 120) m, and the relative velocity is about 10.73km/s[4]. During the flyby, Chang'E-2 obtained plenty of high－resolution optical images[5, 6].

The physical properties and shape model of asteroids are of interest to researchers because it is fundamental to the analysis of gravitational field and motion characteristic. A number of studies about the modeling of Asteroid Toutatis have been carried out in the past. Hudson et al.[7, 8] built a comprehensive physical model and estimated the shape of asteroid and spin situation on the basis of radar observation data. Scheeres et al.[9] analyzed the motion characteristics and dynamics of orbits close to Asteroid 4179 Toutatis on the basis of the shaped model. According to the update data, a high－resolution model of Asteroid 4179 Toutatis was developed by Hudson et al.[10]. This high resolution model presented some important information for understanding the physical characteristics of Asteroid 4179 Toutatis. On Dec.12, 2012, Chang'E made a close flyby of Asteroid 4179 Toutatis, obtained high－resolution optical images and uncovered the mystery of Toutatis the first time. According to the optical images, it is found that there are a lot of differences with the shape model presented by Hudson. Several reasons may lead to these large differences, such as inappropriate view angle, noise ambiguity of radar observation, changes due to the solar radiation, friction or contact with other cosmic debris and others. The modeling interest arises from these differences.

In this paper, a modeling method and a preliminary model of Asteroid 4179 Toutatis are discussed. Firstly, the characteristics of optical images obtained by Chang'E-2 probe are analyzed. Since the details about the optical images are still under investigation, we put emphasis on the modeling method and parameters analysis. So the modeling method that is based on both the previous radar model and the features of optical images is proposed. A preliminary model of Asteroid Toutatis is established. Finally, some parameters of the preliminary model are analyzed, and compared with the previous radar model.

2 Details of the image about Asteroid 4179 Toutatis

When making a flyby, Chang'E-2 obtained more than 400 high－resolution images about Asteroid 4179 Toutatis[4]. The highest resolution is up to 3 m. The meteorite craters and terrain characters can be seen clearly. The phase angle between Sun, asteroid and probe provides good illumination and visual angle[11, 12]. One of the images is shown in Fig. 1.

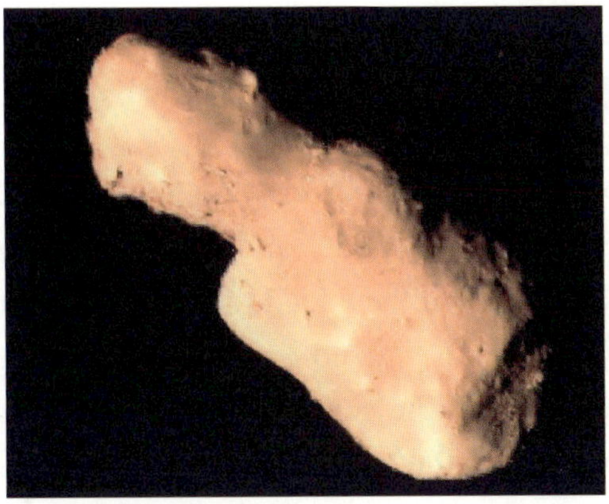

Fig. 1 Image of Asteroid 4179 Toutatis with 8.3m resolution and obtained at 67.7 km distance[4]

As shown in Fig. 1, Asteroid 4179 Toutatis is a highly irregular-shaped body. It may be the result of a violent collision by two smaller bodies. According to the previous research[4], the maximum length in the image is about (4.75 ± 0.475) km. The maximum width is estimated about (1.95 ± 0.195) km. Taking advantage of the attitude of the probe and its camera, the principle axis with respect to the J2000 ecliptic coordinate was measured to be$(250^{\circ} \pm 5^{\circ}, 63^{\circ} \pm 5^{\circ})$. The ridges, craters and cave on the surface of Asteroid Toutatis are shown in Fig. 2.

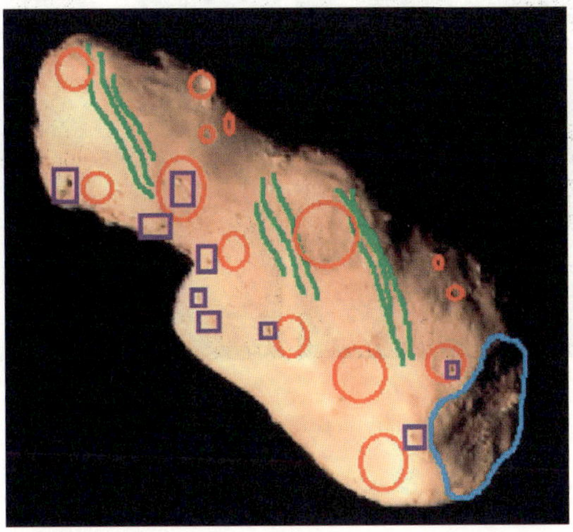

Fig. 2 Surface details of Toutatis. Green lines show the three ridges, blue curve shows the distinctive cave, red circles and purple rectangles show the craters and bulges on the surface of Toutatis

As shown in Fig. 2, there are three ridges along the south - north direction, one lies at the small lobe of asteroid, others are located on the larger lobe. There is a huge square concavity with the depth of several hundreds meters at the bottom of Asteroid Toutatis. The silhouette at the neck region is quite sharp and there are some craters and bulges on the surface of Asteroid Toutatis[4].

3 Modeling method and preliminary model

In the process of modeling, the characteristic lengths in previous model can be used to determine the relative position of model and the image view. Meanwhile, the new characters of shape and landform will be added to revise or substitute the original model.

In this paper, the asteroid body - fixed coordinate system of the preliminary model is so defined that the origin o is at the centroid of the model, and the x - and z - axis correspond to the principal axis of the smallest and the largest moment of inertia, respectively. It assumes that Asteroid Toutatis is homogeneous.

Due to the narrow view angle variation in the image series, it is hard to directly establish the 3 - D model. In that case, the model based on delay - Doppler radar measurements is taken as a benchmark. According to the radar observation and the previous model[10], the maximum extents of asteroid along the principal axis are about ([1.92, 2.29, 4.60] ± 0.1) km. The neck of the shape of Asteroid Toutatis shown in Fig. 1 is analogous to the projection of the previous model, which is shown in Fig. 3, on the xy - plane (the upper middle one).

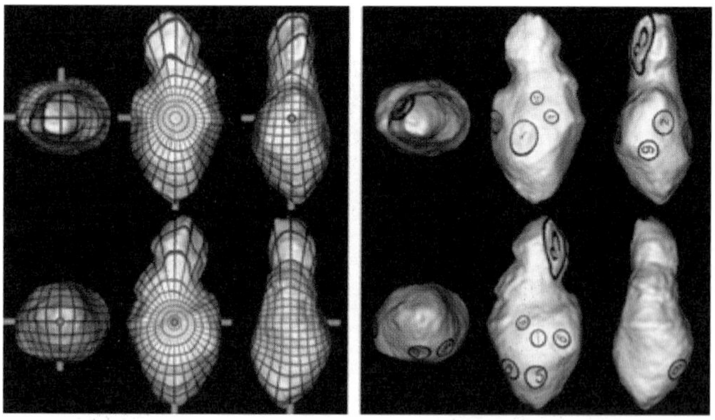

Fig. 3　The model of Asteroid 4179 Toutatis (presented by Hudson et al. in 2003)[10]

It is assumed that the projection plane has an angle with the xy - plane in body fixed coordinate. The coordinate transformation matrix between two coordinate systems can be described as

$$\begin{vmatrix} x \\ y \\ z \end{vmatrix} = R_z(\theta)R_y(\gamma)R_x(\varphi)\begin{vmatrix} x' \\ y' \\ z' \end{vmatrix} \tag{1}$$

where $R_x(\varphi)$, $R_y(\gamma)$, and $R_z(\theta)$ are the coordinate transformation matrix. Three Euler angles φ, γ, and θ correspond to rolling angle, pitch angle, and yaw angle, respectively. $o-xyz$ is the model coordinate system and $o-x'y'z'$ is the image view coordinate system.

The determination of three Euler angles can be adopted in such a way. Both the previous model and some remarkable topographical features in images are referenced during the process. Angles are estimated from images and then verified by the previous model.

The angle between the maximum length and the horizon is the initial value of θ. For γ, the maximum length in image is larger than that in the previous model. There are two possible explanations to the situation. One is that the shape of asteroid has changed or measurement error. Another is the projection relationship and the shape of asteroid. For example, the asteroid keeps its longest length for quite a distance which enlarges the length within certain angle when rotating. Just like the diagonal of rectangle is longer than its long side. We are prone to the first assumption, because the phenomenon about maximum length does not reappear, when turning the view angle of model. So the value γ is selected as the small value or close to 0. The maximum width in images will be used to judge the angle of φ. The width is smaller than the maximum extent along axis y in the previous model. What is more, the sharply perpendicular silhouette in the neck region shows that the projection is close to the xy-plane in previous model. In that case, the value of φ is estimated based on the projection relationship.

Finally, we rotate the previous model to find the best matching angle. At this time, some critical information like the neck, ridges and craters are used to locate the direction. The best matching angles are selected as $\theta=42^\circ$, $\gamma=3^\circ$, $\varphi=25^\circ$, respectively. The corresponding image view of the previous model is shown in Fig. 4. As mentioned above, even the best angle can not completely coincides with the image, since they do have a lot of differences in detail, especially the value of length and width.

Once the Euler angles are determined, the detailed modeling process is carried out as follows:

Firstly, the outline of shape model is determined. According to the coordinate transformation matrix, the outline of optical images will transform into the same coordinate to revise the edge of shape model. The transformation is based on projection principle, which means that the length in direction x is shortened and the width in direction y is elongated. Here, the transformation is also based on the hypothesis that the maximum section of asteroid generally distributes closely at the xy-plane and the shape change is

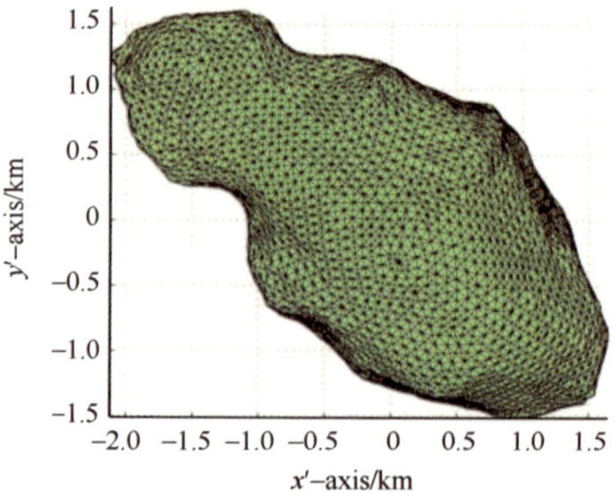

Fig. 4　The corresponding image view of the previous model

continuous and smooth.

Secondly, characteristic points can be selected. These points at the outline are selected roughly by latitude. If the curve is sharp like the neck part, more points should be chosen. When determining the characteristic points, the corresponding coordinates in the xy − plane can be obtained. By changing the x and y coordinates proportionally, a series of outline of different size and layers can be generated. There are 16 layers in the preliminary model.

Thirdly, the z coordinates for key points will be determined by the images and previous model. It is a difficult and time − consuming work. According to the hypothesis, the z coordinate for the outer contour is initially set to 0. Later we will adjust them. For the inner layers, we choose the similar points between the previous model and the image. For layers close to the boundary, with the help of some images information[4], the relative position of some characteristic points can be determined. Once the z coordinates of these points are obtained, points that have x, y, and z coordinates can be used as the known points in the asteroid body − fixed coordinate system.

Finally, the z coordinates for other points, which have no z coordinates, are set as variables to modify the model. For the invisible part of images, the points on each layer mainly relies on the previous high − resolution model. The ratio of the moments of inertia is used as the object function. The differential evolution algorithm is used to modify the model.

According to the radar observation and previous literature, Asteroid Toutatis shows a non − principal axis rotation. Based on the change of luminosity curve, the nutation period and procession period were analyzed, and the ratios of the moments of inertia I_x/I_z and I_y/I_z were also estimated in previous literature[9]. Since these parameters are estimated independently by using the radar observation, they can be adopted to evaluate and modify the model.

During the modeling, we calculate the two ratios for model consisting of known points.

It is found that the value of I_y/I_z is very close to the reference value, but the value of I_x/I_z is always smaller than the corresponding reference value. We choose lots of different characteristic points. However, this phenomenon always exists. Compared with the previous model, the preliminary model is slimmer, which may affect the value. Meanwhile the two ratios will also be influenced by perturbation and change with time. In that case, the object functions are so set as to make I_x/I_z as close to the reference value 0.313 35 as possible and I_y/I_z equal to 0.944 71. The latest observation data may provide more accurate ratios. We will update the value to adjust the model.

Based on the above modeling process, the preliminary model of Asteroid Toutatis is shown in Fig. 5. This model consists of 2 234 vertices and 4 752 triangular facets.

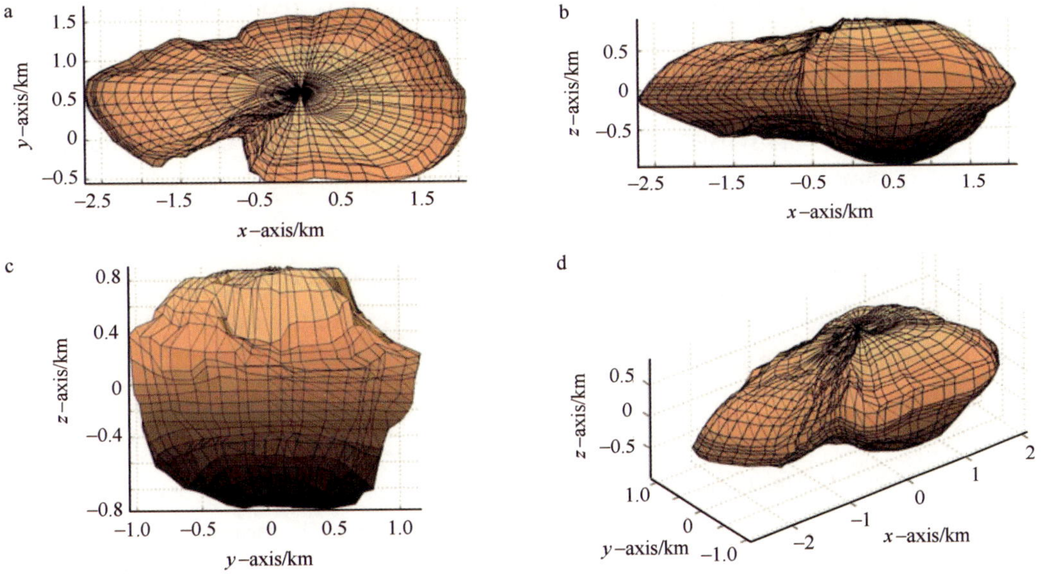

Fig. 5　The Preliminary model of Asteroid Toutatis

The preliminary model, which is shown in image view, is presented in Fig. 6.

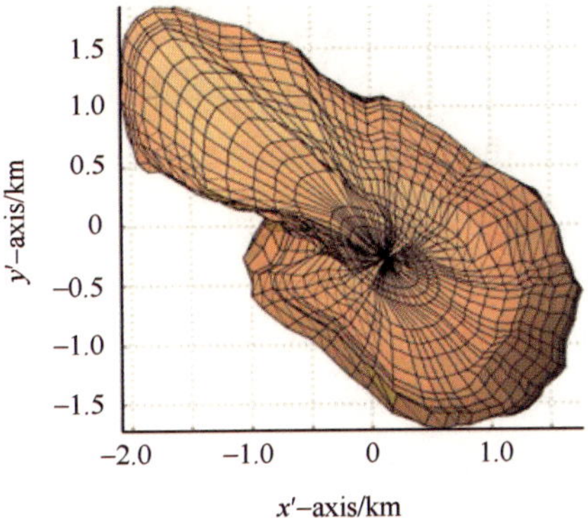

Fig. 6　The preliminary model of Asteroid Toutatis in image view

4 The parameters analysis of preliminary model

According to the above preliminary model, the bounds of Asteroid Toutatis are $-2.711 \leqslant x \leqslant 2.099$, $-1.058 \leqslant y \leqslant 1.160$ and $-0.968 \leqslant z \leqslant 0.952$. The volume of the model is about 7.801km^3. The mean radius is about 1.230 km. The ratios of the moments of inertia are about $I_x/I_z = 0.289\ 23$, and $I_y/I_z = 0.944\ 71$. Referring to relevant researches, the density of S-class asteroid is near $2.5\ \text{g/cm}^3$ (253 Ida bulk density $(2.6 \pm 0.5)\ \text{g/cm}^3$[13], 4 769 Castalia surface density $(2.1 \pm 0.4)\ \text{g/cm}^3$[14]). According to the observation data, Asteroid Toutatis belongs to the S-class. So it is assumed that the density is about $2.5\ \text{g/cm}^3$ in this paper. Then the total mass is about $M = 1.950 \times 10^{13}$ kg. Gravitational parameter is about $\mu = GM = 1.01 \times 10^{-6}\ \text{km}^3/\text{s}^2$, where G is the gravitational constant.

The gravitational potential, force and gravitational gradient can be calculated by polyhedron method[15]. According to the method, an arbitrary-shaped body can be meshed into a polyhedron. Each face of the polyhedron is a triangle. Three vertexes on the surface of the body and the mass center of the body constitute a tetrahedron. The potential of the tetrahedron at the point P can be transferred to the integral of its faces and corresponding edges. The general formula can be stated as

$$U = \frac{1}{2} G\sigma \sum_{e \in edges} r_e \cdot E_e \cdot r_e \cdot L_e - \frac{1}{2} G\sigma \sum_{f \in faces} r_f \cdot F_f \cdot r_f \cdot \omega_f. \tag{2}$$

Relevant coefficients and detail information are demonstrated in Ref.[15].

Harmonics function is another major method to describe the potential of model. The coefficients in harmonics function are usually inferred by topographic data, which would be obtained by in situ exploration. However, to the asteroid, it is difficult to get enough information. In this paper, in order to compare and analyze the model, we transform the potential of the polyhedron model into the spherical harmonics form[16]. The potential calculated by polyhedron model are used to invert the coefficients. Several points around the model are selected at random. The potential at these points can be calculated by the polyhedron method. At the same time, they can also be described by harmonics function.

It is assumed that a point $R = (x, y, z)$ in the fixed-body coordinate system can be rewritten as $R_z = (\lambda, \varphi, r)$ in the spherical coordinate system. Here, r stands for the distance from the centroid of model to the point. φ and λ is the latitude and longitude of the point, respectively. The spherical harmonics is expressed as

$$U = \frac{\mu}{r}\left\{1 + \sum_{n=2}^{\infty}\left(\frac{r_0}{r}\right)^n \sum_{m=0}^{n}\left[c_n^m \cos(m\lambda) + s_n^m \sin(m\lambda)\right] \times P_n^m(\sin\varphi)\right\} \tag{3}$$

where r_0 is the mean radius. $V=\frac{4}{3}\pi r_0^3$. $P_n^m(\sin\varphi)$ is the associated Legendre polynomials of degree n and order m for $\sin\varphi$. C_{nm} and S_{nm} are dimensionless quantities depending on the mass distribution of the body. For Eq. (3), r_0 and P_n^m have been known, but the coefficients c_n^m and s_n^m need to be solved by Eq. (4)

$$\sum_{n=2}^{\infty}\left(\frac{r_0}{r}\right)^n\sum_{m=0}^{n}[c_n^m\cos(m\lambda)+s_n^m\sin(m\lambda)]P_n^m(\sin\varphi)=\frac{Ur}{\mu}-1. \tag{4}$$

The number of coefficients, which need to be solved, is $n(n+2)-3$. Theoretically, if the number of points is also $n(n+2)-3$, the equation about coefficients has unique solution.

In this paper, it takes the 4 orders and 4 times harmonics coefficients $n=4$ and $m=4$ as an example. There are 21 coefficients to be solved. Considering the rotation situation of Asteroid Toutatis, the coordinate frame that places the equator in the yz − plane and the "pole" along the x − axis is used. The harmonics coefficients can be determined by the least − squares method and are listed in Table 1.

Table 1　Gravity spherical harmonic coefficients about the model

c_n^m		s_n^m	
C_{10}	0		
C_{11}	0	S_{11}	0
C_{20}	$0.880\,053/r_0^2$		
C_{21}	$-0.027\,777/r_0^2$	S_{21}	$-0.008\,353/r_0^2$
C_{22}	$0.017\,811/r_0^2$	S_{22}	$-0.005\,921/r_0^2$
C_{30}	$-1.119\,108/r_0^3$		
C_{31}	$-0.258\,597/r_0^3$	S_{31}	$0.031\,567/r_0^3$
C_{32}	$0.005\,679/r_0^3$	S_{32}	$-0.003\,646/r_0^3$
C_{33}	$-0.001\,032/r_0^3$	S_{33}	$0.000\,828/r_0^3$
C_{40}	$2.106\,799/r_0^4$		
C_{41}	$-0.037\,917/r_0^4$	S_{41}	$-0.005\,680/r_0^4$
C_{42}	$0.019\,350/r_0^4$	S_{42}	$-0.006\,560/r_0^4$
C_{43}	$-0.000\,226/r_0^4$	S_{43}	$-0.000\,084/r_0^4$
C_{44}	$0.000\,040/r_0^4$	S_{44}	$-0.000\,044/r_0^4$

Note: r_0 is the mean radius of the model in Table 1.

Compared with the previous model, the preliminary model of Asteroid Toutatis in this paper has some differences in shape and parameters, because the optical images obtained by Chang'E-2 are taken into consideration. Some key parameters about the model are listed in Table 2.

Table 2 Comparison with other models

	Previous work		This work Preliminary model
	HO I model[7] (Science 1995)	HO II model[10] (Icarus 2003)	
V/km^3	7.670	7.681	7.801
I_x/I_z	0.313 35	0.314 70	0.289 23
I_y/I_z	0.944 71	0.922 68	0.944 71
C_{20}	$0.777\ 68/r_0^2$	$0.782\ 81/r_0^2$	$0.880\ 05/r_0^2$
C_{30}	$-0.485\ 80/r_0^3$	$-0.566\ 62/r_0^3$	$-1.11911/r_0^3$

Note: V represents the volume. The parameters of HO I model (Science in 1995) refer to Ref. [9] and the parameters of HO II model(Icraus 2003) are calculated based on published model[17].

As shown in Table 2, parameters of preliminary model are similar to that of HO I model and HO II model in volume and coefficient C_{20}. Meanwhile some differences appear in ratio I_x/I_z and coefficient C_{30}. The alternation of shape and the error of method may lead to the differences. As explained in the third section, enlarged maximum length of the model may have influence on the ratio. It is known that the amount and precision of data are the key factor to influence the modeling. With further study of optical images, more details about shape and topographic features will be found and published. Based on these new data, a higher-resolution model will be presented in the future.

5 Conclusion

In this paper, the modeling method and preliminary model of Asteroid Toutatis are discussed. First, the optical images obtained by Chang'E-2 are analyzed. The features of optical images, such as size, ridges, craters, and cave are described. Then, a modeling method based on the previous radar model and the basic characters of optical images is proposed. The preliminary polyhedron model consisting of 2 234 vertices and 4 752 triangular facets is established. Finally, coefficients of the spherical harmonic function of Asteroid Toutatis based on the preliminary polyhedron model are obtained, and some parameters of the model are analyzed and compared. Parameters of the preliminary model are similar to that of HO I model (published by Science in 1995) and HO II model (published by Icraus 2003). Although the model proposed in this paper is a preliminary model, this work offers a significant reference for future high-resolution models.

With further study of optical images, more details about Asteroid Toutatis will be discovered. Referred to latest radar observation and optical images, higher-resolution models of Toutatis will be studied in the future.

References

[1] Marsden, B.G.: On the Relationship Between Comets and Minor Planets. Periodic Orbits, Stability and Resonances. Springer, Netherlands, 151 - 163(1970)

[2] Ye, J.P., Huang, J.C., Zhang, Y.X., et al.: Technology achievements for Chang'E-2 mission and the prospects of Chinese deep space exploration. Science China Technological Sciences 43, 467 - 477 (2013) (in Chinese)

[3] Wu, W.R., Cui, P.Y., Qiao, D., et al.: Design and performance of exploring trajectory to Sun - Earth L2 point for Chang'E-2 mission. Chinese Science Bulletin 57, 1987 - 1991 (2012) (in Chinese)

[4] Huang, J.C., Ji, J.H., Ye, P.J., et al.: The Ginger - shaped Asteroid 4179 Toutatis: New observations from a successful flyby of Chang'E-2. Nature—Scientific Reports 3, 3411 (2013)

[5] Qiao, D., Huang, J.C., Cui, P.Y., et al.: Design of transfer trajectory to fly by Asteroid 4179 Toutatis for Chang'E-2 mission. Science China Technological Sciences 43, 487 - 492 (2013) (in Chinese)

[6] Qiao, D., Huang, J.C., Cui, P.Y., et al.: Target selection to fly by asteroid exploration for Chang'E-2 mission. Science China Technological Sciences 43, 602 - 608 (2013) (in Chinese)

[7] Hudson, R.S, Ostro, S.J.: Shape and non - principal axis spin state of Asteroid 4179 toutatis. Science 270, 84 - 86 (1995)

[8] Ostro, S.J., Hudson, R.S., Rosema, K.D., et al.: Asteroid 4179 Toutatis: 1996 radar observations. Icarus 137, 122 - 139 (1999)

[9] Scheeres, D.J., Ostro, S.J., Hudson, R.S., et al.: Dynamics of orbits close to Asteroid 4179 Toutatis. Icarus 132, 53 - 79 (1998)

[10] Hudson, R.S., Ostro, S.J., Scheeres, D.J.: High - resolution model of Asteroid 4179 Toutatis. Icarus 161, 346 - 355 (2003)

[11] Huang, J.C., Wang, X.L., Meng, L.Z., et al.: Engineering parameter analysis for Chang'E-2 satellite flying by Asteroid 4179 Toutatis. Science China Technological Sciences 43, 596 - 601 (2013) (in Chinese)

[12] Huang, J.C., Wang, X.L., Meng, L.Z., et al.: Approach Strategy and imaging technology for Chang'E-2 satellite flying by Asteroid 4179 Toutatis. Science China Technological Sciences 43, 478 - 486 (2013) (in Chinese)

[13] Belton, M.J.S., Chapman, C.R., Thomas, P.C., et al.: Bulk density of asteroid 243 Ida from the orbit of its satellite Dactyl. Nature 374, 785 - 788 (1994)

[14] Scheeres, D.J., Ostro, S.J., Hudson, R.S., et al.: Orbits close to asteroid 4769 Castalia. Icarus 121, 67 - 87 (1996)

[15] Werner, R.A., Scheeres, D.J.: Exterior gravitation of a polyhedron derived and compared with harmonic and mascon gravitation representations of asteroid 4769 Castalia. Celestial Mechanics and Dynamical Astronomy 65, 313 - 344 (1996)

[16] Zhang, Z.J., Cui, H.T., Ren, G.F.: Modeling for the gravitation potential environment of an irregular - shaped asteroid and the spherical harmonic coefficient estimation. Spacecraft Environment Engineering 27, 383 - 388 (2010) (in Chinese)

[17] Neese, C.: Small body radar shape models, V2.0. NASA Planetary Data System (2004)

第 8 章　月基光学望远镜

嫦娥三号搭载的月基光学望远镜，充分利用了月球没有大气干扰和自转缓慢的优势，开展地面所无法实现的观测任务，迈出了人类在月球上实现天文学观测的第一步。根据设计的科学目标，该载荷利用近紫外波段，开展对一批有重要科学价值天体的光变进行长期连续监测，开展在强引力场、强磁场下的天体物理过程、恒星内部结构等研究领域的基础研究工作；对低银道面紫外巡天观测，填补 GALEX 卫星在这一天区的空白。

8.1　月球外逸层 H_2O/OH 的观测

作为地球的唯一一颗天然卫星，月球一直受到科学家和公众的广泛关注。这是因为对月球的探测和研究不仅有助于揭示行星形成和演化的谜团，而且有助于人类对月球资源的开发和利用。正因为如此，从 20 世纪 60 年代以来，人类从未停止过对月球的探索。比较著名的探索月球计划有苏联的月球(Luna)计划、美国的阿波罗计划，以及中国的嫦娥计划。

在众多关于月球的问题中，人们最关注的是月球上是否存在水。除了在行星形成和演化中的重要地位，水还是生命存在的前提。然而，阿波罗计划所得到的结果是令人失望的。对阿波罗计划所采集的月球表面岩石和土壤的成分分析表明：和地球截然不同，月球表面很可能是极端干燥的。基于早期的通过实验室加热汽化的方法，研究人员无法判断阿波罗计划所采集的月球表面土壤样品中所释放出的水是否真的来自月球，它们极有可能是来自地球环境对样品的污染。在阿波罗 16 所采集的月面角砾岩中所发现的铁锈成分 FeO (OH)也不能排除是来自地球大气对样品的污染。

利用月表反射光光谱中水(羟基)分子在 2.8 和 3μm 处的吸收，印度/美国国家航空航天局联合研制的月船号月球探测器－1/月球矿物地图绘制(Chandrayaan－1/Moon Mineralogy Mapper，M3)载荷以及卡西尼(Cassini)上的红外绘图分光计（Infrared Mapping Spectrometer，VIMS）载荷分别独立地宣布在月球表面的岩石中探测到了广泛分布的水，这些水分子通过化学方式被牢牢吸附在岩石表面。尽管实验表明这些化学吸附的水分子在温度低于 500K 时都是化学稳定的，但是，理论上，这些水分子在月球表面可以通过微陨石轰击、紫外光子受激脱附以及太阳风高能质子溅射的方式释放出来。从月表岩石中逃离出来的水分子会驻留在月球表面的大气层中。

月球表面存在极端稀薄的大气(通常称之为外逸层)。但是由于外逸层极端稀薄，这一直是一个摆在科学家面前的难题。从探测原理上来说，对月球外逸层的探测可以分为两类。一类是通过直接记数的方法，获得外逸层的气体总体密度或者质谱(不同质量的原子或分子记数值)。通过分析同质量的原子或分子记数值就可以直接确定外逸层的化学组成。

这种方法虽然直接，但是一个缺点是有时很难排除探测器本身在空间环境中放气的影响。由阿波罗 12，14 和 15 放置在月表的冷阴极真空计实验(Cold Cathode Gauge Experiments，CCGEs)的探测结果显示月球夜晚的外逸层密度为 $2\times10^5\ cm^{-3}$，白天的密度可能不超过 $2\times10^7 cm^{-3}$。阿波罗 17 所携带的月球大气组成实验质谱仪(Lunar Atmosphere Composition Experiment，LACE)则在月夜的外逸层中探测到了 ^4He。

另外一类方法是通过对外逸层中原子/分子的受激辐射发射线的探测，利用已知的原子分子物理来反推出其中的物理组成和化学成分。外逸层中的分子会被来自太阳的紫外光电离和激发，处于高激发态的原子/分子会向低电离态跃迁，跃迁过程会在特定的波长上产生线辐射。通过分析安装在阿波罗 17 号轨道舱的紫外光谱仪(Ultraviolet Spectrometer，UVS)以及哈勃空间望远镜的暗天体光谱仪(Hubble Space Telescope/Faint Object Spectrograph，HST/FOS)的光谱数据，科学家估计了外逸层中 H，O，C，N，S，Kr，Xe，H_2，Mg，Mg 离子，羟基以及 CO 分子等不同元素的密度上限。作为月球外逸层研究的一个重大突破，人们利用地面高空间分辨率的长缝光谱准确地测量了月球外逸层中 Na 和 K 的密度。受到太阳紫外光子辐照的作用，外逸层中的羟基分子在 3087Å 处有一个共振散射发射带。HST 紫外光谱探测给出的羟基分子的密度上限为 $10^6 cm^{-3}$。

事实上，迄今为止，所有的关于外逸层中羟基含量的测量结果都比理论预期高出了 2～6 个数量级。基于简单的物理学模型，从 Chandrayaan/CHACE 获得的质谱①推出的羟基分子密度竟高达 $10^9 cm^{-3}$。羟基分子在 3087Å 处的共振散射发射带正好落在月基光学望远镜的探测带宽内。嫦娥三号着陆平台上搭载的月基光学望远镜所拍摄的图像中的背景辐射主要来自于外逸层散射光、黄道光以及杂散光。不计算黄道光产生的背景辐射，基于 3087Å 处羟基分子的共振荧光发射，给出了迄今为止外逸层中水分子体密度最低的上限值：$10^4 cm^{-3}$(对应的柱密度为 $10^{11} cm^{-2}$)。这一结果比之前基于 HST 紫外光谱的最好上限值还低了接近 100 倍，是人类迄今为止已知的最低上限值，月基光学望远镜的结果与溅射理论(～$10^3 cm^{-3}$)的预期大致相符，刷新了观测记录。

8.2　密近双星观测领域系列研究成果

恒星结构和演化是天体物理中的核心问题，是理解星系结构与演化以及宇宙大尺度结构演化的基础。经过 20 世纪几代天文学家的努力，已经建立了非常完整的单星演化理论，并被广泛应用于星系和宇宙学的研究中。但是，基于恒星起源的分子云塌缩模型，应该是有一批不同质量的恒星在同一分子云中同时形成，这些恒星的质量服从最基本初始质量函数。按照这一理论，应该有相当数量的恒星处于双(多)星系统中。事实上，有研究表明，银河系中有 50%的恒星处于双(多)星系统中，也就是说银河系中的所有发光物质有 50%存在于双星中。双星的研究对了解宇宙的基本性质具有重要的意义，而密近双星中子星由于演化充满洛希瓣而导致的物质交流是改变其演化进程和产生许多极端天体物理过程的主

① 事实上，有评论文章认为 Chandrayaan/CHACE 所探测的质谱是来自于自身推进剂气体而不是月球外逸层。Chandrayaan 研究人员也发表声明称 CHACE 只能给出相对测量。

要原因。此外，相对于其他类型的双星，密近双星通常具有较短的轨道周期和较小的轨道角动量，这类天体是如何形成的一直是人们关心的科学问题。

在双星系统中，如果两子星间的距离比较近，每一颗子星会受到来自伴星的较强的引力场和辐射场作用。我们称这类双星系统为相互作用双星系统。由于两子星之间的相互作用，两子星的公转和自转同步，并在一定的演化阶段通过两子星之间的内拉格朗日点发生物质交流，这导致双星演化性质与单星演化理论明显不同。

(1)发现“由物质交流形成的半相接双星”

2014 年 11 月，利用月基望远镜获得了一颗周期为 0.765902 天的密近双星系统的完整紫外光变曲线(图 8-1)，研究发现，它是次星充满洛希瓣的半相接双星，次星已充满洛希瓣，并且伴随的质量流为$(9.57\pm0.63)\times10^{-8}$M. yr^{-1}，进一步分析表明，GQ Dra 是由非相接双星演化而来的(图 8-1)。

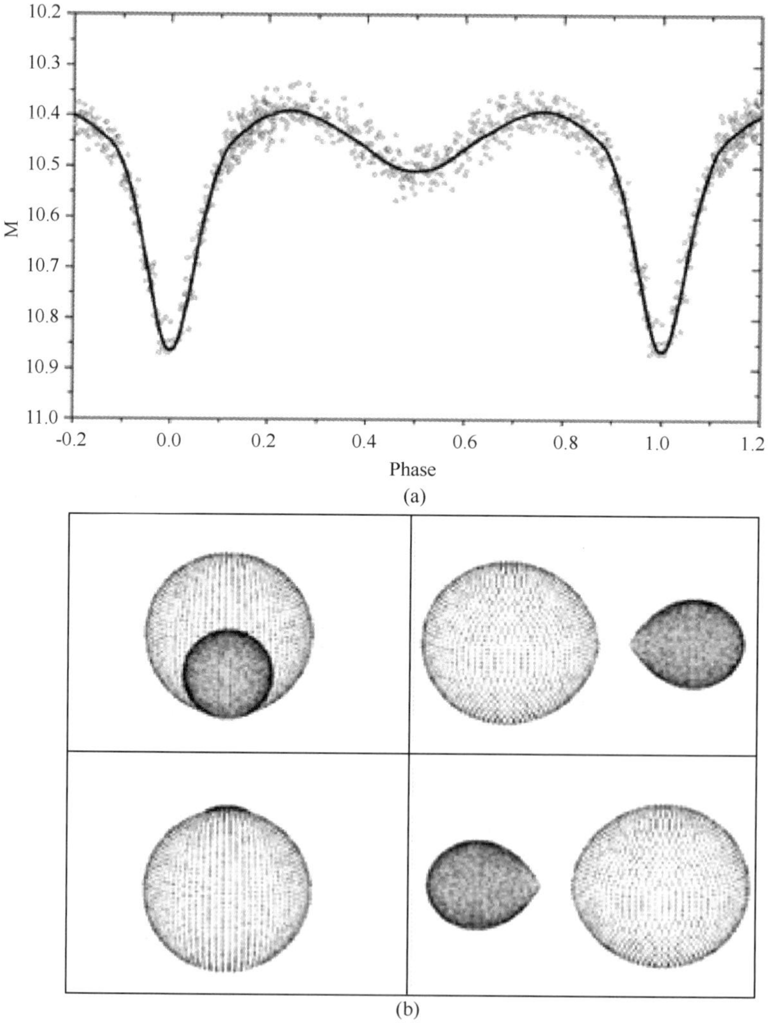

图 8-1　(a)GQ Dra 的紫外光变曲线；(b)GQ Dra 的几何结构。

(2)发现“由 5 颗恒星组成的特殊聚星系统”

2014 年 5 月，利用月基望远镜获得了 Algol 型食双星 V548 Cyg 的完整 UV 波段光变曲线，分析结果显示它是一个次星充满洛希瓣的半接双星系统。同时发现第三光的贡献达到 32.4%。对该系统所有可获得的光极小时刻进行分析发现，V548 Cyg 是一个存在 3 个额外天体围绕中心双星转动的五星系统，这和探测到的第三光贡献相一致。3 个额外天体的最小质量分别是 1.09、0.20 和 0.52 个太阳质量，它们围绕中心天体转动的周期分别是 5.5、23.3 和 69.9 年，正好在共振轨道上运动。这三颗伴星天体离中心双星的距离分别是 4.5AU、13.2AU 和 26.4AU。这些结果表明伴星天体对密近双星的形成具有重要的作用。从 O－C 分析中没有探测到轨道的长期变化。

(3)弥补了美国 GALEX 卫星在低银道面处的部分观测空白

月基光学望远镜的科学目标之一是在近紫外波段对可见天区开展普查，即天文上所说的巡天观测。月基光学望远镜的近紫外巡天弥补了美国 GALEX 卫星在低银道面处的部分空白。与月基光学望远镜采用 CCD 作为探测器不同，GALEX 卫星的探测器采用的是微通道板(MPC)。为了避免银河系内亮星对探测器产生的不可恢复的破坏，GALEX 卫星特意避开了低银道面天区。

星表覆盖的巡天天区是围绕月球北极的 2400 平方度的球冠带。基于专门为月基光学望远镜巡天观测数据，发布了月基光学望远镜的第一版星表。通过和 Tycho－2 星表的交叉，在第一版的星表中总共包括 86 467 个信噪比大于 5 的目标源。典型的探测极限星等为

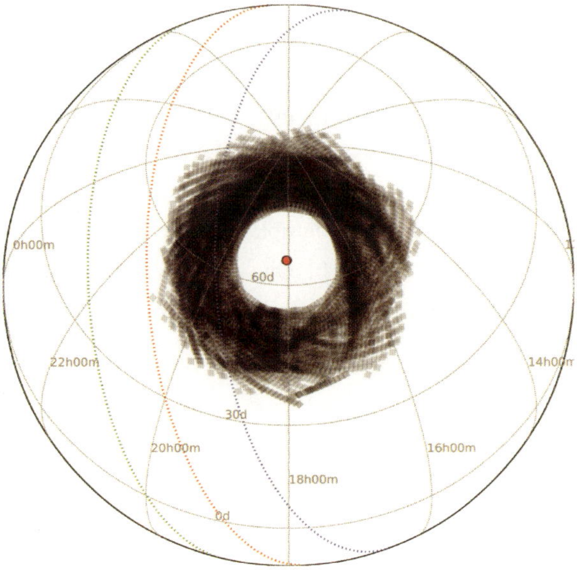

图 8-2　月基光学望远镜巡天天区示意图

黑色部分表示的是巡天观测所覆盖天区。红色点表示的是 2015 年 1 月 1 日时月北极在天球上的投影；红线代表的是银道面；蓝线和绿线分别对应的是银纬 ± 15°。

14.4 等，最深可达到 16 等。星表中的恒星的色指数①分布有 2 个峰值，对应的色指数为 mag。事实上，这 2 个峰值分别对应 F、G 型星和 K、M 型星。

参考文献

[1] Cao，L.，Ruan，P.，Cai，H. B.，et al. LUT：A lunar－based ultraviolet telescope，2011，Science China Physics，Mechanics and Astronomy，54，558.

[2] Liao，W. P.，Qian，S. B.，Li，L. J.，et al. LUT observations of the mass－transferring binary AI Dra，2016，Ap&SS，361，184.

[3] Liao，W. P.，Qian，S. B.，Zejda，M.，et al. Lunar－based Ultraviolet telescope study of the well－known Algol－type binary TW Dra，2016，RAA，16，9.

[4] Meng，X. M.，Cao，L.，Qiu，Y. L.，et al. Data processing pipeline for pointing observations of Lunar－based Ultraviolet Telescope，2015，Ap&SS，358，47.

[5] Meng，X. M.，Han，X. H.，Wei，J. Y.，et al. NUV Star Catalogue of Lunar－based Ultraviolet Telescope Survey First Release，2016，RAA

[6] Qi，Z，X.，Yu，Y.，Cao，L.，et al. 2015，Astrometric Support for the Lunar－based Ultraviolet Telescope，PASP，127，1152.

[7] Qian，S. B.，Zhou，X.，Zhu，L. Y.，et al. LUT Reveals a New Mass－transferring Semi－detached Binary，2015，AJ，150，193.

[8] Wang，J.，Cao，L.，Meng，X. M.，et al. Photometric Calibration of the Lunar－based Ultraviolet Telescope for Its First Six Months of Operation on the Lunar Surface，2015a，RAA，15，1068.

[9] Wang，J.，Meng，X. M.，Han，X. H.，et al. 18－Months operation of Lunar－based Ultraviolet Telescope：a highly stable photometric performance，2015b，Ap & SS，360，10.

[10] Wang，J.，Wu，C.，Qiu，Y. L.，et al. An unprecedented constraint on water content in the sunlit lunar exosphere seen by Lunar－based Ultraviolet Telescope of Chang'e－3 mission，2015c，P&SS，109，123.

[11] Wen，W. B.，Wang，F.，Li，C. L. Data preprocessing and preliminary results of the Moon－based Ultraviolet Telescope on the CE－3 lander，2014. RAA，14，1674

[12] Zhu，L. Y.，Zhou，X.，Hu，J. Y.，et al. LUT Reveals an Algol－type Eclipsing Binary With Three Additional Stellar Companions in a Multiple System，2016，AJ，151，107.

[13] J. Wang；J. S. Deng；J. Cui；L. Cao；Y. L. Qiu；J. Y. Wei. Lunar exosphere influence on lunar－based near－ultraviolet astronomical observations[J]. Advances in Space Research. 2011，Vol. 48 (No. 12)：1927－1934.

① 色指数定义为两个波段的星等差。

An unprecedented constraint on water content in the sunlit lunar exosphere seen by Lunar-based Ultraviolet Telescope of Chang'e-3 mission

J. Wang ①, C. Wu, Y. L. Qiu, X. M. Meng, H. B. Cai, L. Cao, J. S. Deng, X. H. Han, J. Y. Wei

Key Laboratory of Space Astronomy and Technology, National Astronomical Observatories, Chinese Academy of Sciences, 20A, Datun Road, Chaoyang District, Beijing 100012, China

Abstract: The content of OH/H_2O molecules in the tenuous exosphere of the Moon is still an open issue at present. We here report an unprecedented upper limit of the content of the OH radicals, which is obtained from the in situ measurements carried out by the Lunar-based Ultraviolet Telescope, a payload of Chinese Chang'e-3 mission. By analyzing the diffuse background in the images taken by the telescope, the column density and surface concentration of the OH radicals are inferred to be $<10^{11}$ cm^{-2} and $<10^4$ cm^{-3} (by assuming a hydrostatic equilibrium with a scale height of 100 km), respectively, by assuming that the recorded background is fully contributed by their resonance fluorescence emission. The resulted concentration is lower than the previously reported value by about two orders of magnitude, and is close to the prediction of the sputtering model. In addition, the same measurements and method allow us to derive a surface concentration of $<10^2$ cm^{-3} for the neutral magnesium, which is lower than the previously reported upper limit by about two orders of magnitude. These results are the best known of the OH (MgI) content in the lunar exosphere to date.

Key words: Lunar exosphere Sky; background Lunar-based; Ultraviolet Telescope; Chang'e-3

1 Introduction

Water is important not only for planetary evolution, but also for the existence of life. The Moon has been believed to be anhydrous for a long time based on the returned lunar samples acquired by the Apollo and Luna missions. This point of view should be, however, significantly modified at present due to the explorations carried out by the Chandrayaan-1 and Cassini missions. Both Moon Mineralogy Mapper (M^3), a NASA instrument onboard the Chandrayaan-1, and Visual and Infrared Mapping Spectrometer

① Corresponding author. E-mail address: wj@bao.ac.cn (J. Wang).

(VIMS) on the Cassini recently reported a wide distribution of water on the sunlit side of the Moon through the broad spectral absorption features at 2.8 and 3 μm (Sunshine et al., 2009; Clark, 2009; Pieters et al., 2009). These features are attributed to the OH and H_2O molecules chemically adsorbed in silicate rocks. Although these adsorbed H_2O/OH molecules are stable below a temperature of ~500 K (e.g., Hibbitts et al., 2010; Dyar et al., 2010), they could be released to the lunar exosphere by micro-metor impact, photon stimulated desorption and sputtering by the high energy protons in the solar wind (e.g., Stern, 1999; Morgan and Killen, 1997; Wurz et al., 2007; Killen and Ip, 1999; Hunten and Sprague, 1997; Johnson and Baragiola, 1991; Killen et al., 1999; Mendillo et al., 1999).

It was known for a long time that the Moon has a tenuous exosphere (Stern, 1999). The content and distribution of the exosphere is rather poorly understood at present because of its extremely low density, although great efforts have been made on the study of the exosphere. The Cold Cathode Gauge Experiments (CCGEs) emplaced on the lunar surface by the Apollo 12, 14, and 15 missions determined a total concentration of 2×10^5 cm^{-3} at night, and a weak upper limit of 2×10^7 cm^{-3} in daytime (Johnson et al., 1972). The Lunar Atmosphere Composition Experiment (LACE) deployed by the final Apollo mission, Apollo 17, reported a firm detection of ^4He in the night lunar exosphere (e.g., Hodges et al., 1972; Hodges, 1973). The upper limits of the concentration of various species, i.e., H, O, C, N, S, Kr, Xe, H_2, and CO, were obtained by Feldman and Morrison (1991) by reanalyzing the Apollo 17 UVS data. The understanding of the lunar exosphere was much improved by the detection of the D_2-lines of both K and Na, which was achieved by ground-based long-slit, high-resolution spectroscopy (e.g., Potter and Morgan, 1988, 1991; Tyler et al., 1988; Kozlowski et al., 1990; Sprague et al., 1992). The upper limits of the concentration of Si, Al, Ca, Fe, Ti, Ba, and Li were obtained by Flynn and Stem (1996) through ground-based spectroscopy between 3700 and 9700 A. Stem et al. (1997) reported the measured upper limits of the concentration of Mg, Mg^+ and OH radicals by using the HST FOS spectroscopy.

The on-orbit measurements recently done by the Chandras Altitude Composition Explore (CHACE) reported a total pressure of the exosphere of ~10^{-7} torr (Sridharan et al., 2010a, 2010b), which is higher than the upper limit previously reported by the Apollo missions (Heiken et al., 1991) by two orders of magnitude. CHACE is a mass spectrometer with a mass range of 1~100 amu. Its partial pressure sensitivity is ~10^{-13} torr, and is significantly lower than the sensitivity of the LACE by four orders of magnitude. CHACE sampled the exosphere gas at the sunlit side of the Moon in every 4s, after being released from the stationary orbit at an altitude of about 98 km. The sampling resolution is 0.1° in latitude, and 250 m in altitude. The instrument was separated from the mother spacecraft at 13.3°S and 14°E, and impacted to the lunar south pole at ~89°S and −30°W by a oblique trajectory.

The mass spectra taken by CHACE suggest that the exosphere is dominated by the H_2O and CO_2 molecules. There is an adjacent small peak at amu = 17 in the mass spectra, which is likely attributed to the OH radicals. Wang et al. (2011) estimated the surface concentrations of the OH and H_2O molecules from the CHACE mass spectra by assuming a hydrostatic equilibrium and an ideal gas law. By using a scale height of 100 km in the estimation, the gas temperature was derived from an energy conservation of each particle in collisionless case. The estimated concentrations are $\sim 2 \times 10^9$ cm^{-3} and $\sim 6 \times 10^9$ cm^{-3} for the OH and H_2O molecules, respectively, which are, however, larger than the values predicted by the current models by about 6 orders of magnitude.

This paper reports a study on the OH content in the sunshined lunar exosphere based on the in situ measurements taken by Lunar-based Ultraviolet Telescope (LUT) (Cao et al., 2011; Wen et al., 2014), a payload of Chinese Chang'e-3 (CE-3) mission (lp et al., 2014). The bandpass of LUT covers the resonant emission lines OH(0−0)($A^2\Sigma^+ - X^2\Pi$) λ3087 Å, which enables us to study the OH content from the diffuse background level recorded in the images taken by LUT. We refer the readers to Wang et al. (2011) for a discussion on the potential effect of the lunar exosphere on the sky background detected by LUT.

2 Lunar-based Ultraviolet Telescope

LUT is the first robotic astronomical telescope working on the lunar surface in the history of lunar exploration. The telescope works in the near−ultraviolet (NUV) band and was developed by National Astronomical Observatories of CAS (NAOC) and Xi'an Institute of Optics and Precision Mechanics of CAS (XIOPM). We refer the readers to Cao et al. (2011) for more details on the mission's concept and design, and to Wang et al. (in press) for a summary of the prescription in its Table l. Briefly, the optical system of LUT is a F/3.75 Ritchey−Chretien telescope with an aperture of 150 mm. A pointing flat mirror mounted on a two−dimensional gimbal is used to point and to track a given celestial object. An ultraviolet−enhanced AIMO CCD E2V47−20 with a pixel size of 13 μm, manufactured by the e2v Company, is chosen as the detector mounted at the Nasmyth focus. There are in total 1024×1024 active pixels. The detector can be thermal electrically cooled by as much as 40°C below its environment. A NUV coating is applied on the two−lens field corrector located in front of the focal plan. Two LED lamps with a center wavelength of 286 nm are equipped to provide an internal flat field. The filed−of−view is 1.36×1.36 deg^2.

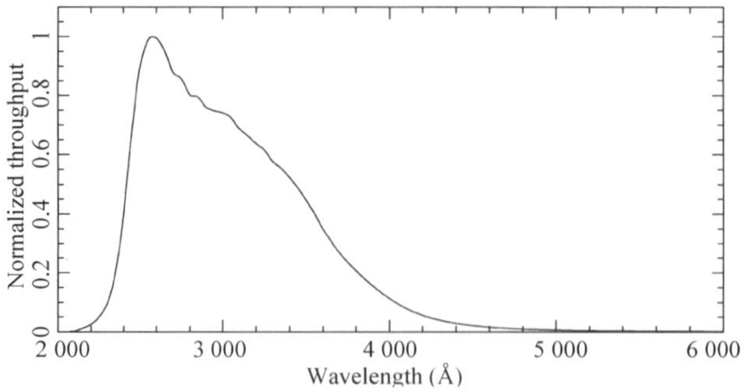

Fig. 1 The normalized throughput of LUT plotted against wavelength.

LUT has been successfully launched on December 2nd, 2013 by a Long March - 3B rocket, and had its first light on December 16th, 2013, two days after the CE-3 lander landed on the lunar surface at 19.51°W and 44.12°N. With the location on the Moon and the scope of the gimbal, LUT can cover the sky region around the north pole of the Moon with a total area about 3600 deg^2 (see Fig. 2 as an illustration). By the end of December 2014, LUT has smoothly worked on the Moon for an earth year, and acquired a total of more than 130,000 images. Its first six months of operation shows a highly stable photometric performance (Wang et al., in press).

Fig. 1 shows the measured throughput as a function of wavelength for the whole system. The throughput peaks at 2500Å with a peak value of≈8% and has an effective full width at half maximum (FWHM) of 1080Å. The throughput has been determined in the laboratory at pre - launch by a dedicated calibration system. The system is composed of a deuterium lamp, a halogen - tungsten lamp, a 207D type monochromator from McPherson, Inc., an adjustable diaphragm and two pre - calibrated sensors. The telescope collects the collimated output light from the monochromator without any intervening optics element on the light path.

3 Observations

A series of 498 images with extremely low stray light level were obtained by LUT when it performed a survey observation and a monitor on RR Lyr type variable star XZ Cyg ($\alpha = 19^h:32^m:29.3^s$, $\delta = +56^\circ:23':17''$, J2000) on April 10th, 2014 and June 8th, 2014, respectively. All the images were taken with an exposure time of 30 s. The telescope pointing was fixed with respect to the Moon within each exposure. The shift of a star on the focal plane within each exposure is negligible compared with the size of the point - spread - function (PSF). In the monitor, the diurnal apparent motion of the stars was compensated by a step tracking with an interval less than 30 min, which enables the

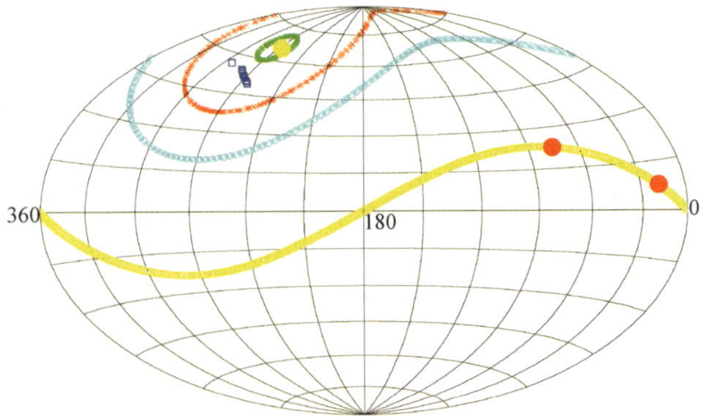

Fig. 2　The distribution of the pointings used in this paper is shown in the J2000 mean equator coordinate system by the blue squares. The LUT's available sky is located between the red and green circles. The locus of the zenith of LUT is shown by the cyan curve. The large yellow point marks the north pole of the Moon. The solid yellow line shows the equator in ecliptic. The locations of the Sun on April 10th, 2014 and June 8th, 2014 are marked by the large red points. (For interpretation of the references to color in this figure caption, the reader is referred to the web version of this paper.)

star to have a significant shift with respect to the fixed stray light pattern caused by the sunshine. LUT changed its pointing in very 30 min in the survey observation for the same reason. The survey images used in this paper were taken at a sky region roughly at $\alpha = 17^h30^m - 18^h30^m$, $\delta = +50$ to $+55^\circ$. The distribution of all the used pointings is shown in Fig. 2. The elevation of the Sun was about $12-13^\circ$ when these images were taken.

4　Data reductions

4.1　Image reductions

The raw 498 images were reduced through standard procedures in astronomy by the IRAF① package, including overscan correction, bias and dark current subtraction, and flat filed normalization. The bias and dark current images were obtained at the beginning and end of each lunar day. All the 498 images and the bias and dark current images were taken at a fixed CCD temperature of -40°C.

The instrumental effect removed images were divided into 23 groups according to the pointing of the telescope, i.e., the pointing is fixed with respect to the Moon for each of the groups. The total time of each group was additionally required to be no more than

① IRAF is distributed by National Optical Astronomy Observatory, which is operated by the Association of Universities for Research in Astronomy, Inc., under cooperative agreement with the National Science Foundation.

30 min. The level and pattern of the stray light caused by the sunshine is therefore believed to be stable for each group, because both pattern and level of the stray light change with time and with telescope pointing with respect to the Moon. The images in each group were then combined to enhance the signal-to-noise (S/N) ratio of the background. The median value of each pixel was extracted in the image combination. One combined image is shown in Fig. 3 as an example. Each combined image was subsequently smoothed by a box with a size of 5×5 pixels by using the IRAF package to further enhance its background S/N ratio.

4.2 Pixel distributions

The aim of this study is to estimate the content of the sunshined lunar exosphere from the diffuse sky background caused by the resonant line emitted from the species in the exosphere. This task is, however, complicated by several issues. At first, although the stray light level is extremely low in the 498 images, a stray light pattern can still be clearly identified in all these images (see Fig. 3 as an example again), which results in a nonuniform contamination on the potential diffuse background caused by the resonant line emission. Secondly, both pattern and level of the stray light vary with both time and pointing with respect to the Moon. Finally, the contamination caused by the stray light cannot be entirely excluded from the images.

To address the first issue, we divided each combined and smoothed image into 16 sub-images each with a physical size of 200×200 pixels (see an illustration of the grid and the identification of each of the sub-images in Fig. 3). A pixel distribution was extracted from each sub-image. Generally speaking, each distribution shows a strong peak superposed by a secondary peak or a tail at its large count-rate end. Our examination by eyes indicated that both the secondary peak and the large count-rate wing are likely resulted from the pollution caused by the stray light pattern. We then fitted each of the distributions by a sum of multiple Gaussian functions. The fitting is schemed in Fig. 4 for two typical distributions extracted from different sub-images (i.e., different subimage identifications) that were taken at different time with different pointings with respect to the Moon. The diffuse background level of each subimage was determined from the fitted expected value of the Gaussian function that reproduces the strong peak of the distribution.

In a given combined image, its underlying diffuse background level with minimized stray light contamination was extracted from the 16 diffuse background levels determined at different CCD regions by the lowest one. Table 1 lists these values for the 23 combined and smoothed images. For each of the combined images, Column (3) lists the count rate of its diffuse background along with the corresponding uncertainty at 1σ significance lev-

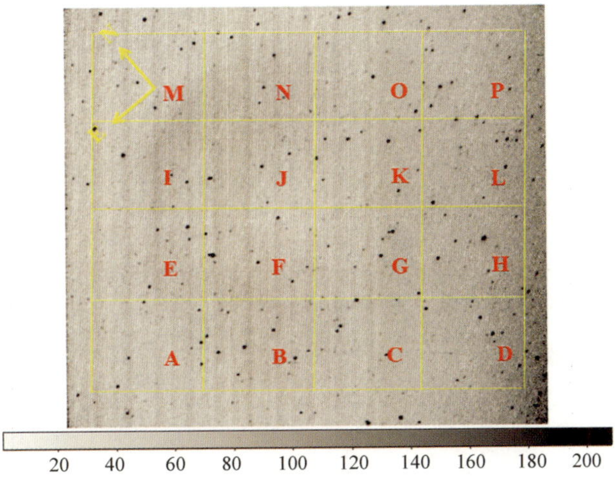

Fig. 3　An example of the reduced and combined image. The combined image was taken in the survey observation on April 10th, 2014. The center of the image is at $\alpha = 18^{h}:00^{min}:08^{S}.6$, $\delta = +51^{\circ}:22':09''$(J2000). The size of the image is about 1.35×1.35 deg^2. The east and north directions are marked by the two yellow arrows labeled at the left－upper corner. The points in the image are stars, and the strips at the left side are due to the CCD electronics. The bar underneath the image shows the scale of variation of brightness in logarithm. A pattern due to the stray light caused by the sunshine can be identified from a ring around the image center and from a gradual brightening at the CCD right fringe. The horizontal and vertical yellow lines illustrate the grid used to separate the image into 16 sub－images each with a pixel size of 200×200. (For interpretation of the references to color in this figure caption, the reader is referred to the web version of this paper.)

el. The reported count rate was converted from the originally recorded ADU by using a measured CCD gain of 1.59. The uncertainty was obtained from the fitted width of the Gaussian function.① The corresponding S/N ratio and the identification of the sub－image in which the diffuse background level was measured are tabulated in Columns (4) and (2), respectively. One can see from Column (4) that the lowest stray light contamination always occurs at the two left corners of the CCD in all the 23 combined images, which agree with our inspection by eyes.

As shown by Column (3) in Table 1, one can see a considerable variation of the determined diffuse background count rates. The variation can be easily understood because these combined images were taken at different times with different pointings with respect to the Moon. In order to further minimize the stray light contamination, the lowest diffuse background level with a count rate of 0.096 ± 0.024 e^{-} s^{-1} $pixel^{-1}$(with a S/N ratio of 3.96) is adopted in the subsequent calculations. The value was derived from the sub-

① The formal uncertainty of the expected value of the fitted Gaussian function is $\sim 10^{-4}$ e^{-} s^{-1} $pixel^{-1}$, which is much smaller than the errors reported in Table1.

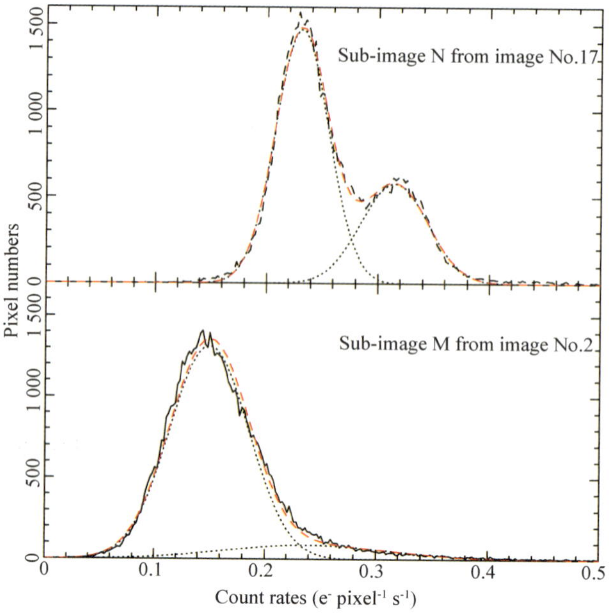

Fig. 4　Examples of fitting an extracted pixel distribution by a sum of two Gaussian functions. In each panel, the observed distribution and the best fit curve are plotted by the black solid and red dashed lines, respectively. The two fitted Gaussian functions are shown by the dotted lines. (For interpretation of the references to color in this figure caption, the reader is referred to the web version of this paper.)

image B of the combined image No. 31①.

Finally, we emphasize that this adopted value should be used as an upper limit of the diffuse background level caused by the resonant line emission, because the contamination due to the stray light cannot be fully removed from the observed background.

5 Transformation from the background to atmospherecontent

One should be bear in mind that the lowest diffuse background count rate of 0.096 ± 0.024 $e^- s^{-1} pixel^{-1}$ derived above contains the contributions from: (1) the stray light caused by the sunshine; (2) the zodiacal light from the solar system, and (3) the emission from the resonant transitions in the lunar exosphere. These complications result in the fact that only an upper limit of the content of a given species can be inferred from the LUT's in situ measurements. The potential transitions within the LUT's wave-length coverage include OH(0-0)($A^2\Sigma^+ - X^2\Pi$) at 3087 Å, MgI λ2853 and AlI λ3092 (Morgan and Killen, 1997, see below).

① Two comparable values can be found in the sub-image M of the combined image Nos. 28 and 29.

5.1 Contribution from the zodiacal light

We estimated the underlying contribution from the zodiacal light in the LUT band-pass through a combination of the zodiacal map, the zodiacal spectral shape (both taken from Leinert et al., 1998) and the throughput of LUT. The count rate due to the zodiacal light can be calculated through the integration of

$$R_{ZL} = \frac{1}{4}\pi d^2 \Delta\Omega \int I_\lambda^{ZL}(\beta - \beta_\odot, \lambda') S_\lambda d\lambda \quad (1)$$

where $d = 150$ mm is the diameter of the aperture of LUT, S_λ the system throughput at different wavelengths, and $\Delta\Omega = 22.7$ arcsec① $pixel^{-1}$ the solid angle of each pixel. $I_\lambda^{ZL}(\beta - \beta_\odot, \lambda')$ is the spectrum of the surface brightness of the zodiacal light measured at the Earth, whose shape and absolute level are a function of the viewing direction$(\beta - \beta_\odot, \lambda')$ with respect to the Sun. A fixed spectral shape that is best measured at the ecliptic equator with a solar elongation $\beta - \beta_\odot = 90^\circ$ was adopted in our integration. The absolute intensity of the spectrum was determined from the zodiacal map by a 2-dimensional interpolation. With the calculated viewing direction of $\beta - \beta_\odot \sim 110^\circ$ and $\lambda' \sim 75^\circ$ (see Fig. 2 as an illustration), the count rate on the focal plane caused by the zodiacal light was finally estimated to be $R_{ZL} \sim 0.02\ e^-\ pixel^{-1}\ s^{-1}$.

Table1　The determined underlying background count rates of the 23 combined images.

Combined image ID	Sub-image ID	Count-rate($e^-\ s^{-1}\ pixel^{-1}$)	S/N
(1)	(2)	(3)	(4)
02	M	0.150 ± 0.036	4.21
03	M	0.195 ± 0.032	6.07
04	M	0.201 ± 0.032	6.28
07	M	0.169 ± 0.030	5.64
08	M	0.154 ± 0.029	5.35
09	M	0.136 ± 0.028	4.78
12	M	0.276 ± 0.029	9.53
13	M	0.391 ± 0.030	13.25
15	N	0.291 ± 0.026	11.20
16	M	0.350 ± 0.026	13.59
17	N	0.231 ± 0.024	9.66
18	N	0.172 ± 0.022	7.91
20	N	0.224 ± 0.022	10.15
21	N	0.170 ± 0.019	8.98
22	N	0.172 ± 0.020	8.54

① The formal uncertainty of the expected value of the fitted Gaussian function is $\sim 10^{-4} e^- s^{-1}\ pixel^{-1}$, which is much smaller than the errors reported in Table 1.

Continued

Combined image ID (1)	Sub-image ID (2)	Count-rate($e^- s^{-1} pixel^{-1}$) (3)	S/N (4)
23	M	0.191±0.027	6.98
24	M	0.182±0.027	6.69
25	M	0.144±0.025	5.76
26	M	0.158±0.027	5.83
28	M	0.106±0.027	3.91
29	M	0.118±0.029	4.10
31	B	0.096±0.024	3.96
32	E	0.164±0.032	5.04

5.2 Lunar exosphere content

5.2.1 Method

A corrected diffuse background count rate of R~0.08± 0.02 $e^- s^{-1} pixel^{-1}$ was finally derived after the exclusion of the estimated contribution due to the zodiacal light. By assuming this background count rate is entirely caused by the resonant scattering line emission (within the LUT bandpass) of a given species in the lunar exosphere, an upper limit of the column density N of the species can be calculated as follows.

At the beginning, the diffuse background count rate R was transformed to the resonant line intensity I_S as

$$R = \frac{1}{4}\pi d^2 \mathrm{d}S_\lambda \Delta\Omega I_s \tag{2}$$

where S_λ is the measured throughput of LUT at the line wavelength of λ. The calculated line intensity was subsequently used to estimate the column density N of the species in the optical thin case (Flynn and Stern, 1996):

$$4\pi I_s \cos\theta = gN \tag{3}$$

where $\theta \sim 37^\circ$ is a parameter accounting for the angular distance from the pointing of LUT to the local zenith, and g the corresponding fluorescence efficiency at 1 AU (i.e., the g-factor). The g-factor is defined as an emission probability per atom in units of photon s^{-1} $atom^{-1}$, and is determined by summing the probabilities of all transitions from multiple states whose population partitions are solved from the detailed equilibrium of every state that is usually not in thermodynamic equilibrium.

5.2.2 OH radicals

Taking the g-factor of $g = 2.3 \times 10^{-4}$ photons s^{-1} $molecule^{-1}$ (Schleicher and AHearn, 1988) at 1 AU for the OH 3087 Å transitions, the zodical light-corrected diffuse background count rate of $R \sim 0.08 \pm 0.02$ e^- $pixel^{-1}$ s^{-1} was transferred to an upper limit of the column density of $N \sim (6.0 \pm 1.5) \times 10^{11}$ cm^{-2} for the OH radicals. A slightly lower upper limit of $N \sim (4.0 \pm 1.0) \times 10^{11}$ cm^{-2} can be obtained if the g-factor at a temperature of 200 K of $g = 3.5 \times 10^{-4}$ photons s^{-1} molecule^{-1} (Stevens and Conway, 1999) was adopted in the calculation.

We transformed the calculated column density to the surface concentration n_0 as $N = n_0 \Delta H$ by assuming a hydrostatic equilibrium, where ΔH is the model dependent scale height of the vertical density profile. The light OH radicals are believed to be thermal released (Stern, 1999). By adopting a typical scale height of $\Delta H = 100$ km (Wurz et al., 2007), two comparable surface concentrations of $\sim(6.0 \pm 1.5) \times 10^4$ cm^{-3} and $\sim(4.0 \pm 1.0) \times 10^4$ cm^{-3} can be obtained from the two estimated column densities, which depends on the adopted g-factor values. The slight difference between the two adopted g-factor values enables us to report an upper limit of the surface OH concentration of $\sim 10^4$ cm^{-3}, which is the best constraint on the OH content in the lunar exosphere to date (see a comparison in the next section). The calculated results are summarized in Table 2. The total mass of the OH radicals in the exosphere was estimated to be no more than $\sim 1.5 \times 10^3$ kg.

Table 2　Calculated column densities and surface concentrations for differents pecies.

Species (1)	Wavelength (Å)(2)	N (cm^{-2}) (3)	n_0(cm^{-3}) (4)	g-Factor@ 1AU (photons s^{-1} molecule^{-1})(5)	Reference (6)
MgI	2853	$(2.0 \pm 0.5) \times 10^9$	$(2.0 \pm 0.5) \times 10^2$	5.4×10^{-2}	Morgan and Killen(1997)
OH	3087	$(6.0 \pm 1.5) \times 10^{11}$	$(6.0 \pm 1.5) \times 10^4$	2.3×10^{-4}	Schleicher and AHearn(1988)
		$(4.0 \pm 1.0) \times 10^{11}$	$(4.0 \pm 1.0) \times 10^4$	3.5×10^{-4}	Stevens and Conway(1999)
AlI	3092	$(4.0 \pm 1.0) \times 10^9$	$(4.0 \pm 1.0) \times 10^2$	3.8×10^{-2}	Morgan and Killen(1997)

5.2.3　Neutral magnesium and aluminum

Besides the OH resonant emission at 3087 Å, the LUT bandpass covers two strong resonant emission lines, they are MgI λ2853 and AlI λ3092 (Morgan and Killen, 1997). We calculated the upper limits of both column density and surface concentration for the two species by the same method described in Section 5.2.1.

Using the g-factor value of the MgIλ2853 resonant line emission of 2.3×10^{-4} photons s^{-1} atom^{-1} reported in Morgan and Killen (1997), we derived an upper limit of the column density of the neutral magnesium of $\sim(2.0 \pm 0.5) \times 10^9$ cm^{-2} from the zodiacal light-corrected diffuse background count rate of $R \sim 0.08 \pm 0.02$ e$^-$ pixel^{-1} s^{-1}. The assumption of a hydrostatic equilibrium yielded an upper limit of the surface concentration of $\sim (2.0 \pm 0.5) \times 10^2$ cm^{-2} when a scale height of 100 km is adopted. Ion sputter model shows that the heavy atoms like Mg and Al can reach a considerably large scale height of $\sim$1000 km due to the sputtering by the solar wind (Wurz et al., 2007). If so, the inferred surface concentration is $<20\pm5$ cm^{-2} for the neutral magnesium. It is noted that both upper limits of the surface concentration obtained with different scale height values are lower than those reported in the previous studies (see a comparison in the next section).

An upper limit of the column density of the neutral aluminum was calculated to be $\sim(4.0\pm1.0)\times10^9$ cm^{-2} based on the g-factor of the AlIλ3092 resonant line emission of 3.8×10^{-2} photons s^{-1} $atom^{-1}$(Morgan and Killen, 1997). The inferred surface concentration is $<(4.0\pm1.0)\times10^2$ cm^{-3} for a scale height of 100 km, and $<40\pm10$ cm^{-3} for a scale height of 1000 km.

All these calculated results are tabulated in Table 2. Note that the surface concentrations listed in the table are all based on a scale height of 100 km.

6 Comparisons

The extremely low density of the lunar exosphere results in a considerable challenge in determining its content. The current study shows that the LUT's in situ measurements provide the best constraints on the content of the lunar exosphere to date, both because of the high efficiency of LUT and because of the avoidance of the contamination caused by the instrument itself.

The upper limit of $<10^4$ cm^{-3} derived for the OH radicals is lower than that derived from the HST low resolution spectroscopy (i.e., $<10^6$ cm^{-3}, Stern et al., 1997) by about two orders of magnitude, and is lower than that inferred from the mass spectra taken by the Chandrayaan-1 mission (see Introduction and Wang et al., 2011 for the details) by about 6 orders of magnitude.

We argue that the upper limit derived from the LUT's in situ measurements is very close to the prediction of the ion sputtering model. The chemically adsorbed H_2O/OH molecules (Stern, 1999; Starukhina and Shkuratov, 2000; Arnold, 1979) could be sputtered by the solar wind protons, which produces water vapor and gaseous OH radicals in the exosphere through chemical reactions (e.g., Morgan and Killen, 1997, Wurz et al., 2007; Killen and Ip, 1999; Hunten and Sprague, 1997; Johnson and Baragiola, 1991; Killen et al., 1999). The sputtering results in a surface H_2O/OH concentration $n_0\sim f_a j\eta\upsilon^{-1}\sim10^3$ cm^{-3}, Where $j\sim10^8$ p^+ cm^{-2} s^{-1} is the proton flux of the solar wind, $\eta\sim0.1$ the production rate per proton (Crider and Vondrak, 2002), $\upsilon\sim10^2$ ms^{-1} the typical velocity of a particle, and $f_a\sim0.8$ the fraction of the solar protons that are absorbed at the lunar surface. Recent observations carried out by Chandrayaan-1/SARA (Sub-kev Atom Reflection Analyzer) found that about $\sim20\%$ of the incident solar protons is backscattered to space from the surface (Bhardwaj et al., 2012). The backscattered proton becomes a hydrogen atom by recombining with an electron.

Previous study reported an upper limit of $<6000\ cm^{-3}$ at a significance level of 5σ for the neutral magnesium (Stern et al., 1997), which is larger than the value reported in this study by about two (for $\Delta H = 100$ km) or three (for $\Delta H = 1000$ km) orders of magnitude. HST UV spectroscopy observation reported a 5σ upper limit of $<11000\ cm^{-3}$ for neutral aluminum. This value is larger than that given by the LUT's measurements by about two orders of magnitude, when a scale height of 100 km was adopted in our calculations. A much lower upper limit of $<55\ cm^{-3}$ at a significance level of 5σ was obtained from the ground-based spectroscopy (Flynn and Stern, 1996), which is very close to the upper limit derived here when a scale height of $\Delta H = 1000$ km was used.

7 Conclusions

An unprecedented upper limit of the OH (MgI) content in the lunar exosphere is obtained from the in situ measurements carried out by LUT. The inferred column density and surface concentration are $<10^{11}\ cm^{-2}$ and $<10^{4}\ cm^{-3}$ for the OH radicals, respectively, which is close to the value predicted by the sputtering model. In addition, a surface concentration of $<10^{2}\ cm^{-3}$ is obtained for neutral magnesium from the same measurements and method.

Acknowledgments

We thank the anonymous referee for his/her helpful suggestions for improving the paper. The authors thank the outstanding work of the LUT team and the support by the team of the ground system of Chang'e-3 mission. The study is supported by the Key Research Program of Chinese Academy of Science (KGED－EW－603) and by the National Basic Research Program of China (973－program, Grant no. 2014CB845800). J. W. is supported by the National Science Foundation of China under Grant 11473036. M. X. M. is supported by the National Science Foundation of China under Grant 11203033.

References

[1] Arnold, J. R., 1979. Ice in the lunar polar regions. J. Geophys. Res. 84, 5659－5668.

[2] Bhardwaj, A., Dhanya, M. B., Sridharan, R., et al., 2012. Interaction of solar wind with moon: an overview on the results from the SARA experiment aboard CHANDRAYAAN－1. Adv. Geosci. Planet. Sci. (PS) Terr. Sci. (TS) 30, 35.

[3] Cao, L., Ruan, P., Cai, H. B., et al., 2011. LUT: a lunar-based ultraviolet telescope. Sci. China Phys. Mech. Astron. 54, 558－562.

[4] Clark, R.N., 2009. Detection of adsorbed water and hydroxyl on the moon. Science 326, 562-564.

[5] Crider, D.H., Vondrak, R.R., 2002. Hydrogen migration to the lunar poles by solar wind bombardment of the Moon. Adv. Space Res. 30, 1869-1874.

[6] Dyar, M.D., Hibbitts, C.A., Orlando, T.M., et al., 2010. Mechanisms for incorporation of hydrogen in and on terrestrial planetary surfaces. Icar 208, 425-437.

[7] Feldman, P.D., Morrison, D., 1991. The Apoll0 17 Ultraviolet Spectrometer - lunar atmosphere measurements revisited. Geophys. Res. Lett. 18, 2105-2108.

[8] Flynn, B.C., Stern, S.A., 1996. A spectroscopic survey of metallic species abundances in the lunar atmosphere. Icar 124, 530-536.

[9] Heiken, G., Vaniman, D., French, B.M., 1991. LUNAR SOURCEBOOK: A User's Guide to the Moon I. Cambridge University Press, New York.

[10] Hibbitts, C.A., Dyar, M.D., Orlando, T.M., et al., 2010. Thermal stability of water and hydroxyl on airless bodies. Lunar Planet. Inf. 41, 2417-2418.

[11] Hodges Jr., R.R., 1973. Helium and hydrogen in the lunar exosphere. J. Geophys. Res. 78 (34), 8055-8064.

[12] Hodges Jr., R.R., Hoffman, J.H., Yeh, T.T.J., et al., 1972. Orbital search for lunar volcanism. J. Geophys. Res. 73 (23), 7307-7317.

[13] Hunten, D.M., Sprague, A.L., 1997. Origin and character of the lunar and Mercurian atmospheres. AdSpR 19, 1551-1560.

[14] Ip, W.-H., Yan, J., Li, C.-L., Ouyang, Z.-Y., 2014. Preface: the Chang'e-3 lander and Rover mission to the Moon. Res. Astron. Astrophys. 14, 1511-1513.

[15] Johnson, R.E., Baragiola, R., 1991. Lunar surface - Sputtering and secondaryion massspectrometry. GeoRL 18, 2169-2172.

[16] Johnson, F.S., Carroll, J.M., Evans, D.E., 1972. Lunar atmosphere measurements. In: Proceedings of the Lunar Science Conference, vol. 2, pp. 2231-2242.

[17] Killen, R.M., Ip, W.-H., 1999. The surface-bounded exospheres of Mercury and the Moon. Rev. Geophys. 37 (3), 361-406.

[18] Kozlowski, R.W.H., Sprague, A.L., Hunten, D.M., 1990. Observations of potassium in the tenuous lunar atmosphere. Geophys. Res. Lett. 17, 2253-2256.

[19] Killen, R.M., Potter, A., Fitzsimmons, A., et al., 1999. Sodium D2 line profiles: clues to the temperature structure of Mercury's exosphere. Planet. Space Sci. 47, 1449-1458.

[20] Leinert, C., et al., 1998. The 1997 reference of diffuse night sky brightness. Astron. Astrophys. 127, 1-99.

[21] Mendillo, M., Baumgardner, J., Wilson, J., 1999. Observational Test for the Solar Wind Sputtering Origin of the Moon's Extended Sodium Atmosphere. Icar 137, 13-23.

[22] Morgan, T.H., Killen, R.M.C., 1997. A non-stoichiometric model of the composition of the exospheres of Mercury and the Moon. Planet. Space Sci. 45, 81-94.

[23] Pieters, C.M., et al., 2009. Character and spatial distribution of OH/H_2O on the surface of the moon seen by M3 on Chandrayaan-1. Science 326, 568-572.

[24] Potter, A.E., Morgan, T.H., 1988. Discovery of sodium and potassium vapor in the atmosphere of the moon. Science 241, 675-680.

[25] Potter, A.E., Morgan, T.H., 1991. Observations of the lunar sodium exosphere. Geophys. Res. Lett. 18, 2089 - 2092.

[26] Schleicher, D.G., AHearn, M.F., 1988. The fluorescence of cometary OH. Astrophys. J. 331, 1058 - 1077.

[27] Sprague, A.L., Kozlowski, R.W.H., Hunten, D.M., et al., 1992. The sodium and potassium atmosphere of the moon and its interaction with the surface. Icar 96, 27 - 42.

[28] Sridharan, R., Ahmed, S.M., Pratim, D., et al., 2010a. Direct evidence for water (H_2O) in the sunlit lunar ambience from CHACE on MIP of Chandrayaan I. Planet. Space Sci. 58, 947 - 950.

[29] Sridharan, R., Ahmed, S.M., Pratim, D., et al., 2010b. The sunlit lunar exosphere: a comprehensive study by CHACE on the moon impact probe of Chandrayaan - 1. Planet. Space Sci. 58, 1567 - 1577.

[30] Starukhina, L. V., Shkuratov, Y. G., 2000. NOTE: the lunar poles: water ice or chemically trapped hydrogen? Icar 147, 585 - 587.

[31] Stern, S. A., 1999. The lunar exosphere: history, status, current problems, and context. Rev. Geophys. 37, 453 - 492.

[32] Stern, S.A., Parker, J.W., Morgan, T.H., et al., 1997. NOTE: an HST search for magnesium in the lunar atmosphere. ICARUS 127, 523 - 526.

[33] Stevens, M.H., Conway, R.R., Calculated, O.H., 1999. $A^2\Sigma^+ - X^2\Pi(0,0)$ band rotational emission rate factors for solar resonance fluorescence. JGR 104, 16369 - 16378.

[34] Sunshine, J.M., Farnham, T.L., Feaga, L.M., et al., 2009. Temporal and spatial variability of lunar hydration as observed by the deep impact spacecraft. Science 326, 565 - 568.

[35] Tyler, A.L., Hunten, D.M., Kozlowski, R.W.H., 1988. Observations of sodium in the tenuous lunar atmosphere. Geophys. Res. Lett. 15, 1141 - 1144.

[36] Wang, J., Deng, J.S., Cui, J., Cao, L., Qiu, Y.L., Wei, J.Y., 2011. Lunar exosphere influence on lunar-based near - ultraviolet astronomical observations. Adv. Space Res. 48, 1927 - 1934.

[37] Wang, J., Cao, L., Meng, X.M., et al., Photometric calibration on lunar-based ultraviolet telescope for its first six months of operation on lunar surface. Res. Astron. Astrophys. arXiv: astro - ph/1412.3870, in press.

[38] Wen, W. - B., Wang, F., Li, C. - L., et al., 2014. Data preprocessing and preliminary results of the moon-based ultraviolet telescope on the CE-3 Lander. Res. Astron. Astrophys. 14, 1674 - 1681.

[39] Wurz, P., Rohner, U., Whitby, J.A., et al., 2007. The lunar exosphere: the sputtering contribution. ICARUS 191, 486 - 496.

Astrometric Support for the Lunar-based Ultraviolet Telescope

Zhaoxiang Qi[1], Yong Yu[1], Li Cao[2], Hongbo Cai[2], Yunlei Qiu[2], Jianyan Wei[2], Zhenghong Tang[1], jing Wang[2], Jinsong Deng[2], Shilong Liao[1,3], And Sufen Guo[1,3]

1 Shanghai Astronomical Observatory, Chinese Academy of Sciences, Shanghai 200030, China; kevin@shao.ac.cn.

2 National Astronomical Observatories, Chinese Academy of Sciences, Beijing 100012, China.

3 University of Chinese Academy of Sciences, Beijing 100049, China.

Abstract: The Lunar-based Ultraviolet Telescope (LUT) is an astronomical instrument aboard Chang'e 3, the lunar probe of China's Lunar Exploration Program that successfully landed on the northern part of the Moon's Mare Imbrium (340.4884E, 44.1214N) in late 2013. LUT is charting an ultraviolet map of the plane of the Milky Way and is also providing long-term light variability monitoring for a sample of RR Lyrae stars. However, the principal goal of the computer-controlled landing of the probe was a safe descent to a stable resting-place, and therefore, the precise orientation of LUT was never a priority. For this reason, at least theoretically, touchdown could have occurred anywhere and, for LUT, at any attitude, which would make the pointing and tracking of the wanted celestial objects practically impossible. Moreover, to reduce the data transmission load, the whole frame of every exposure could not be downloaded: only the image data containing the objects can make it to the ground; also, in order to save on electricity, the telescope does not usually track objects, which means that targets' accurate positions and velocities (within the focal plane CCD) are both needed. This paper presents the astrometric solution devised to solve these problems: feasibility is first shown with experiments done from Earth, and then confirmed with actual LUT observations from the Moon's surface.

Key words: Online material: color figures

1 Introduction

To observe the universe with revolutionary clarity, it is better to place telescopes above Earth's atmosphere. In orbit around the Earth is the obvious first choice; however, as Earth's sole natural satellite, the Moon is also an ideal place from which to carry out astronomical observations. Compared to telescopes orbiting the Earth, the lunar site offers several unique advantages (Heiken et al. 1991; Sridharan et al. 2010; Burns & Mendell 1988; Stern 1999). These include (1) the absence of an atmosphere, which eliminates the systematic and random effects of refraction and turbulence and provides sharper images; (2) particle density is 10 – 100 times smaller than that at the altitude of, e.g., the *Hubble Space Telescope*, and this provides a very good environment for high – energy (e.g., ultraviolet) observations; (3) the reduced gravity means that mechanical flexures are six time smaller than on Earth; (4) the sky's diurnal motion is $0\overset{''}{.}55\,s^{-1}$, about 27 times slower than on Earth, allowing longterm monitoring programs of up to 13 days without interruption; (5) environment is constantly cryogenic when in shadow, with temperatures dropping as low as 30 K; and (6) an extremely stable platform for astronomical instruments.

Lunar-based telescope projects have been proposed by several agencies and countries, and for different scientific purposes at a variety of different wavelengths (Zhang et al. 2010; Kondo et al. 2001; McGraw et al. 1992; Borra et al. 1991; Syuzo 1999). The first and, thus far, only far – ultraviolet observations were performed by the Apollo 16 mission in 1976 (Page & Carruthers 1977).

In recent years, China has been carrying out a series of lunar exploration activities including sending probes equipped with scientific instruments to, first, circle around and, later, achieve soft landing on the Moon. It is thanks to that work that the idea of the Chinese Lunar-based Ultraviolet Telescope (LUT) was realized. LUT is an astronomical instrument onboard the Chang'e 3 spacecraft, one of the lunar probes of China's lunar exploration missions, which achieved soft landing on the Moon on 2013 December 14 (UTC). LUT is a small telescope working in near – ultraviolet light, and its main scientific goal is the continuous photometric monitoring of variable stars and galaxies. Additionally, a series of low – Galactic – latitude sky surveys will also be executed by LUT. We refer the interested readers to the work of Cao et al. (2011) for a detailed description of the LUT scientific goals and mission concept, and to Wang et al. (2015) for the details on the photometric calibration.

From ground-based experience, to obtain information on celestial objects (position, magnitude) with a lunar-based telescope, the accurate position of its station on the Moon and the attitude of the telescope relative to such station are the fundamental prerequisites. However, the lunar lander on which LUT is mounted was unmanned and landing was computer controlled (Fig. 1 presents an actual photo of the Chang'e 3 lunar lander taken from the rover); therefore, landing could have occurred anywhere with any attitude, which is the same to say that accurate position and attitude of the telescope at landing were not known. Moreover, to reduce data transmission load, only parts of a whole CCD image, i.e., those comprising the celestial objects, are usually downloaded to Earth. As no image processing is done onboard, the positions of the celestial objects on the CCD frame must be known in advance with sufficient accuracy.

Fig. 1 Photo of the Chang'e 3 lunar lander taken by the rover following its soft landing on the Moon. The LUT is in a heat - insulated payload compartment on the left - hand side of this photo, with a glassless window and a protective door (shown open in the figure). The door is lifted when LUT is about to take observations, and is closed during Moon's night. The sky coverage allowed by the window is about 15° × 18°. See the online edition of the PASP for a color version of this figure.

This paper presents the astrometric procedure devised to solve those problems and provides evidence of its successful implementation. The article is organized as follows: § 2 introduces to the LUT system, the astrometric method supporting the LUT observations is then detailed in § 3, while § 4 is dedicated to the validations of the proposed method with both, a groundbased prototype and the actual operational unit on the Moon; finally, conclusions follow in § 5.

2 The Lut Structure

LUT's optical system features a F/3.75 Ritchey - Chrétien configuration working at the Nasmyth focus, with a 150 mmdiameter aperture and a square field - of - view of 1.36° on a side. A pointing flat mirror can be commanded to point to the preferred sky area and a field corrector lens is used to correct for field curvature. As shown in Figure 2, light coming from celestial objects enters the payload cabin and reaches the pointing flat mirror, which is mounted on a two - dimensional horizontal mounting. Then, the light is reflected toward the telescope optics and finally focused on the ultraviolet - enhanced CCD detector in the focal plane with a scale of 4.8″ $pixel^{-1}$. The design pointing accuracy of the flat mirror is about 0.025° (~90″rms), and objects as faint as AB = 13 mag would be reached with 30 s exposures.

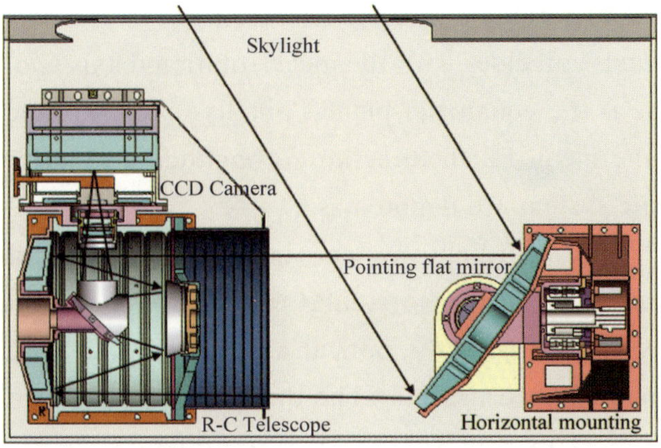

Fig. 2　Schematic illustration of the LUT instrument showing the pointing flat mirror of 150 mm in diameter; the actual telescope is a modified Ritchey－ Chrétien configuration with a square focal plane of 1.36° on a side. See the online edition of the PASP for a color version of this figure.

3　Astrometry For Lut

We describe the astrometric techniques used to achieve the transformations among the celestial coordinates of objects on the sky, their measured coordinates on the CCD and the corresponding pointing parameters for the horizontal mounting of LUT.

3.1　Coordinate Systems

All of the astrometric parameters (e.g., celestial position, parallax, proper motion, and measured coordinates on CCD) are defined in a particular reference system used to characterize the observations. When more then one reference system is involved, it helps to clarify the definition of each system. Following Murray's *Vectorial Astrometry* (Murray 1983), we use coordinate triads to represent coordinate systems. A coordinate triad is a row matrix, e.g., $[K]=(\vec{x}\vec{y}\vec{z})$, representing the three mutually orthogonal axes of a Cartesian coordinate system, and usually right－handed. A vector $\vec{r}$ can be written in terms of its coordinates relative to $[K]$ as

$$\vec{r}=\vec{x}r_x+\vec{y}r_y+\vec{z}r_z=[K]\begin{pmatrix}r_x\\ r_y\\ r_z\end{pmatrix}.$$

In addition to the conventional celestial reference systems (e.g., the International Celestial Reference System [ICRS] or the Barycentric Celestial Reference System [BCRS]), the relevant individual coordinate systems used in connection with LUT are:

1. The Selenocentric Celestial Reference System (hereafter [L]). It shares the same orientation as ICRS but with the origin at the Lunar barycenter.

2. The Moon-fixed coordinate system (hereafter [M]). The origin is the barycenter of the Moon; its z - axis coincides with the mean rotational axis (pole) of the Moon, and its zero latitude circle is the equatorial plane. Finally, [M]'s prime meridian (0° longitude) is defined by the mean Earth direction. Longitude and latitude of a point in the Moon-fixed coordinate system are denoted as (λ, φ).

3. LUT's body - fixed coordinate system (hereafter [T]). As shown in Figure 3, its origin O is at the fixed point of the horizontal mounting. The azimuth axis is its z-axis, which was accurately aligned with the optical axis of the Ritchey-Chrétien telescope in the factory with a sophisticated process. The direction of the elevation axis at zero azimuth defines the y-axis. This is a right - handed coordinate system, and azimuth and elevation of a pointing are denoted as $(\omega; \theta)$.

4. The body - fixed imaging tangential coordinate system (hereafter [C]). Its origin O′ is at the intercept of the z-axis of [T] with the "dummy" focal plane of the Ritchey-Chrétien telescope. As shown in Figure 3, this is a two-dimension coordinate system, with the first axis ξ parallel to the x-axis of [T] and the second axis η parallel to the y-axis of [T]. The coordinates of a star image are denoted as $(\xi; \eta)$: we name them "bodyfixed standard coordinates" in this paper.

5. The CCD measuring coordinate system (hereafter [O]). Its origin is at the intersection point of the optical axis with the CCD detector, as determined in the laboratory through a sophisticated method. Its x-axis is along the CCD rows with positive direction being that of increasing columns, while increasing row number defines the positive direction of the y-axis. This coordinate system describes the positions of star images on the CCD, which are denoted as (x, y); usually we refer to these as "measured coordinates."

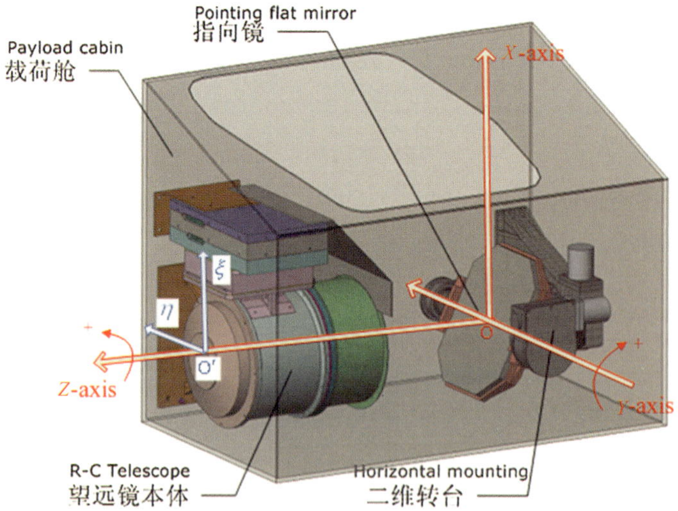

Fig. 3 The LUT body-fixed coordinate system [T], and the body-fixed imaging tangential coordinate system are both illustrated on the 3D model of the telescope shown inside its payload cabin. See the online edition of the PASP for a color version of this figure.

3.2 Astrometric Transformations

Similar to Earth-based observations, the process of observing celestial objects from the surface of the Moon starts with taking into account their space motions (proper motions and line-ofsight velocities), parallax, light deflection by the Sun, and velocity aberration. We use the JPL DE405 ephemeris (Standish 1998), providing position and kinematical data for the Moon, to transform to the Selenocentric Celestial Reference System [L] first, and then the Moon libration motions are considered, from the same ephemeris data, for the transformation to the Moonfixed coordinate system [M]. Since the transformation between ICRS and Moon-fixed coordinates is rather standard, we do not discuss this step any further. Therefore, in the following, we assume the coordinates of celestial objects are given in the Moon-fixed coordinate system. The next step is to perform the transformation from the Moon-fixed coordinate system [M] to the LUT body-fixed coordinate system [T]. Since LUT is fixed on the Moon, our solution is to directly establish the link between [T] and [M] by using the three Tait-Bryan angles (also known as nautical angles or Cardan angles). In this way, one does not have to know the geographical coordinates of the station and the attitude of a telescope relative to the station. To avoid "gimbal lock" and ambiguity problems, we do not solve for the Tait-Bryan angles themselves. The ready availability of sample observations and the comparatively low accuracy requirements mean that it is easiest to solve directly for the nine elements of the final rotation matrix [T]′[M], despite the redundancy. A more sophisticated fitting scheme, e.g., using a unit quaternion (Eggert et al. 1997), would not have improved the results. We provide the details of our method in the following sections.

3.2.1 Star Coordinates from [M] to [T]

With reference to Figure 4, the spherical coordinates of the x-axis of [T] in [M] (λ_T, φ_T) are the first two Tait-Brian rotation angles, while θ_T is the "roll" angle describing the amount of rotation around the x-axis that is applied last to align [T] to [M]. Therefore, the 3×3 matrix [T]′[M], which is the transformation from [M] to [T], can be written as follows

$$[\mathrm{T}]'[\mathrm{M}] = R_1(\theta_T)\, R_2(-\varphi_T)\, R_3(\lambda_T) = \begin{pmatrix} a_{11} & a_{12} & a_{13} \\ a_{21} & a_{22} & a_{23} \\ a_{31} & a_{32} & a_{33} \end{pmatrix} \tag{1}$$

where R_1, R_2, and R_3 represent the standard rotation matrices about the X, Y, and Z axis, respectively.

For an arbitrary star, let (λ, φ) be its spherical coordinates in [M], and the unit vector $\vec{r}$ representing the selenocentric direction to that star. Utilizing its corresponding spherical coordinates (ω, θ) in the LUT body-fixed coordinate system [T] one can write

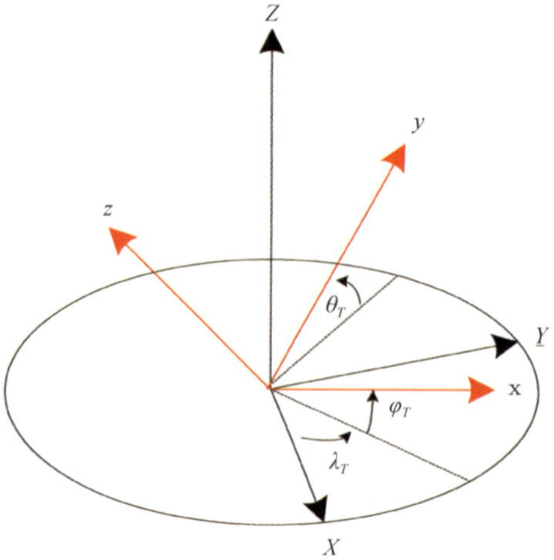

Fig. 4　Geometric relationships between the Moon-fixed coordinate system ([M], axes with capital letters and color in black) and LUT body-fixed coordinate system ([T], axes with lowercase letters and color in red); λ_T, φ_T, and θ_T are the three Tait-Bryan angles between [M] and [T]. See the online edition of the PASP for a color version of this figure.

$$\vec{r} = [\mathrm{T}]\begin{pmatrix}\cos\omega\cos\theta\\ \sin\omega\cos\theta\\ \sin\theta\end{pmatrix} = [\mathrm{T}][\mathrm{T}]'[\mathrm{M}]\begin{pmatrix}\cos\lambda\cos\varphi\\ \sin\lambda\cos\varphi\\ \sin\varphi\end{pmatrix}$$

$$= [\mathrm{T}]R_1(\theta_T)R_2(-\varphi_T)\,R_3(\lambda_T) = \begin{pmatrix}\cos\lambda\cos\varphi\\ \sin\lambda\cos\varphi\\ \sin\varphi\end{pmatrix}$$

$$= [\mathrm{T}]\begin{pmatrix}a_{11} & a_{12} & a_{13}\\ a_{21} & a_{22} & a_{23}\\ a_{31} & a_{32} & a_{33}\end{pmatrix}\begin{pmatrix}\cos\lambda\cos\varphi\\ \sin\lambda\cos\varphi\\ \sin\varphi\end{pmatrix}. \tag{2}$$

3.2.2　Pointing Flat Mirror and the Reflected Images

Let us assume there is a group of stars on the sky and that one of these stars is exactly located at the center of the focal plane (i. e., with the body-fixed standard coordinates $\xi = \eta = 0$), the direction (unit) vector $\vec{n}$ normal to the pointing (movable) flat mirror, because of the reflection law, can be written as

$$\vec{n} = \frac{\vec{r}_c + \vec{r}_{00}}{|\vec{r}_c + \vec{r}_{00}|}, \tag{3}$$

where $\vec{r}_c$ is the direction vector to the central star with spherical coordinates, i. e., azimuth and elevation, (ω_c, θ_c) in [T], and $\vec{r}_{00}$ is the unit vector of the z-axis of [T]. From Figure 3, azimuth and elevation of this axis are $(0, \pi=2)$, so that $\vec{r}_{00}$ is a constant vector, i. e.,

$$\vec{r}_{00} = [\mathrm{T}]\begin{pmatrix}0\\0\\1\end{pmatrix} \tag{4}$$

Let us indicate with (ω_n, θ_n) the true azimuth and elevation in [T] of the pointing direction vector $\vec{n}$ of the movable flat mirror; therefore, the vector $\vec{n}$ can be written as

$$\vec{n} = [\mathrm{T}]\begin{pmatrix}\cos\omega_n\cos\theta_n\\ \sin\omega_n\cos\theta_n\\ \sin\theta_n\end{pmatrix} = [\mathrm{T}]\begin{pmatrix}\cos\omega_p\cos(\theta_p+\Delta\theta_p)\\ \sin\omega_p\cos(\theta_p+\Delta\theta_p)\\ \sin(\theta_p+\Delta\theta_p)\end{pmatrix}; \tag{5}$$

here $\theta_n = \theta_p + \Delta\theta_p$, θ_p is the elevation angle of the pointing flat mirror as "read" by the pointing mechanism mounted on the telescope, and $\Delta\theta_p$ its zero-point offset relative to the true elevation angle, which enters the problem as an extra unknown parameter independent from the nine elements of the rotation matrix $[\mathrm{T}]'[\mathrm{M}]$. Conversely, for the azimuth angle the zero-point offset of the azimuth can be considered as part of the rotation matrix $[\mathrm{T}]'[\mathrm{M}]$, i.e., included in this rotation matrix, therefore $\omega_n = \omega_p$.

For the other stars in the asterism, once we have the vector $\vec{n}$ of the pointing flat mirror, the reflection law allow us to write

$$\check{\vec{r}} = [\mathrm{T}]\begin{pmatrix}\cos\hat{\omega}\cos\hat{\theta}\\ \sin\hat{\omega}\cos\hat{\theta}\\ \sin\hat{\theta}\end{pmatrix} = 2(\vec{r}\cdot\vec{n})\vec{n} - \vec{r}, \tag{6}$$

where $\hat{\omega}$, $\hat{\theta}$ are the spherical coordinates in [T] of the vector $\check{\vec{r}}$ of the reflected star image, and $\check{\vec{r}}$ is the corresponding direction vector to that star on the sky.

3.2.3 Star Image Coordinates Between [T] and [C]

As the starlight reflected at the pointing flat mirror reaches to the telescope, we assume that the imaging process realizes a gnomonic projection. The relationship between the spherical coordinates $\hat{\omega}$, $\hat{\theta}$ in [T] of the reflected star and its corresponding LUT body-fixed standard coordinates (ξ, η) in [C] on the "dummy" focal plane is

$$\xi = \cot\hat{\theta}\cos\hat{\omega}$$
$$\eta = \cot\hat{\theta}\sin\hat{\omega}. \tag{7}$$

And the inverse relations, to solve for the spherical coordinates $\hat{\omega}$, $\hat{\theta}$ of a reflected stellar image given its body-fixed standard coordinates (ξ, η) in [C], are:

$$\hat{\omega} = \arcsin\left(\frac{\xi}{\sqrt{\xi^2+\eta^2}}\right)$$

$$\hat{\theta} = \arcsin\left(\frac{1}{\sqrt{\xi^2 + \eta^2 + 1}}\right). \tag{8}$$

3.2.4 Star image coordinates between [C] and [O]

The measured coordinates (x, y) of a reflected image in the CCD measuring coordinate system [O] could contain a variety of systematic errors, in comparison with the body-fixed standard coordinate system [C], due to, e.g., optical aberrations, misalignments between optics and detector, and other systematic effects such as attitude errors of the telescope relative to the station.

Generally, for correcting the various systematic effects mentioned above, we can write the relationships between the two coordinate systems [C] and [O] as

$$\begin{aligned} \xi = {} & a_x \cdot x + b_x \cdot y + c_x + p \cdot x(x+y) + \\ & x \cdot (d_1 x^2 + d_2 xy + d_3 y^2)\eta \\ = {} & a_y \cdot x + b_y \cdot y + c_y + q \cdot y(x+y) + \\ & y \cdot (d_1 x^2 + d_2 xy + d_3 y^2), \end{aligned} \tag{9}$$

where the first three terms represent, respectively, scale, rotation, and offsets effects between the two coordinate systems, and the quantities a_x, b_x, c_x, a_y, b_y; c_y are the unknown coefficients associated with these six linear terms; quadratic and higher order terms represent optics-detector misalignments and related field-angle distortions (Guo et al. 1993).

Most modern telescopes have very little field-angle distortions, and the accuracy constraint placed on LUT for the transformation between the two coordinate systems [C] and [O] is not very high (to better than 30″); therefore, the linear terms alone (also called the "CCD linear model") suffice in meeting the accuracy requirement, and equation (9) reduces to

$$\begin{aligned} \xi &= a_x \cdot x + b_x \cdot y + c_x \\ \eta &= a_y \cdot x + b_y \cdot y + c_y. \end{aligned} \tag{10}$$

Likewise, the inverse transformation from the body-fixed standard coordinates (ξ, η) in [C] to the measured coordinates (x, y) in [O] reads

$$\begin{aligned} x &= a_\xi \cdot \xi + b_\xi \cdot \eta + c_\xi \\ y &= a_\eta \cdot \xi + b_\eta \cdot \eta + c_\eta. \end{aligned} \tag{11}$$

3.3 Observation Equations

From the discussion above, we count 16 unknown parameters, these are: the nine elements of the rotation matrix [T]′[M] in equation (1), the zero offset of the pointing flat mirror's elevation $\Delta\theta_p$, and the six parameters of the CCD linear model in equation (10) (or eq. [11]). In principle, once we have the reference stars' Moon-fixed coordinates (λ, φ), their measured coordinates (x, y), and the pointing readings (ω_p, θ_p) of the movable flat mirror, and combining equations (2), (3), (5), (6), (7), and (10), these 16 unknown parameters can be directly estimated. However, considering the complexity of equation (6), which would require linearization of the resulting model, we decided to solve the observation equations in two steps: first, we fit the rotation matrix [T]′ [M], and then solve for the CCD linear model.

3.3.1 Estimating the Transformation Parameters Between [T] and [M]

During a calibration observation, the direction (unit) vector $\vec{r}_{cp}$ of the optical axis as reflected by the pointing flat mirror shares the same direction with the unit vector $\vec{r}_c$ toward the hypothetical central star, therefore $\vec{r}_{cp} = \vec{r}_c$. If the coordinates of these two direction vectors in their coordinate systems are known, we can build the observation equation and solve for the unknown parameters linking the two frames.

The direction vector $\vec{r}_{cp}$ of the reflected optical axis in the LUT body-fixed coordinate system, following equation (6), can be expressed as function of the normal direction vector $\vec{n}$ of the pointing flat mirror and the constant vector $\vec{r}_{00}$ of the optical axis:

$$\vec{r}_{cp} = 2(\vec{r}_{00} \cdot \vec{n}) \cdot \vec{n} - \vec{r}_{00} = [T]\begin{pmatrix} \sin(2\theta_p + 2\Delta\theta_p)\cos\omega_p \\ \sin(2\theta_p + 2\Delta\theta_p)\sin\omega_p \\ -\cos(2\theta_p + 2\Delta\theta_p) \end{pmatrix} \tag{12}$$

Here, $(\omega_p, \theta_p + \Delta\theta_p)$ are the coordinates of the normal direction vector $\vec{n}$ in [T], (ω_p, θ_p) the readings of azimuth and elevation angles of the pointing flat mirror, and, as discussed earlier, $\Delta\theta_p$ is the unknown flat mirror's elevation angle offset. As there might not be a star at the CCD origin (as is usually the case), we need a procedure to derive the Moon-fixed spherical coordinates (λ_c, φ_c) of a dummy star in this location. For any of the calibration CCD images taken with LUT, this is accomplished as follows: first, the stars found on the image are cross-matched (through a field-identification procedure) to an astrometric catalog, therefore providing both Moon-fixed coordinates (λ, φ) in [M] and CCD measured coordinates (x, y) in [O]; second, tangential coordinates are derived for the measured stars by using gnomonic projection and the average position of the stellar distribution as the approximate coordinates in [M] of the tangential point of the projection; then, the linear model of equation (10) is fit to the two sets of coordinates (gnomonic standard and measured) for the estimation of the transformation constants; finally, (λ_c, φ_c) of the "dummy" central star for the given CCD calibration frame are calculated by using the corresponding measured coordinates (x_c, y_c); these identify the center as well as the origin of the CCD measured coordinate system [O], which is known in advance from accurate laboratory calibrations as mentioned earlier. ①

① The procedure can be iterated if needed.

We use

$$\vec{r}_c = [\mathrm{M}]\begin{pmatrix}\cos\lambda_c\cos\varphi_c\\ \sin\lambda_c\cos\varphi_c\\ \sin\varphi_c\end{pmatrix}, \tag{13}$$

and combining equation (13) with equations (2) and (12), the vectorial expression for the observation equation can finally be expressed as

$$\begin{aligned}\vec{r}_{cp} &= [\mathrm{T}]\begin{pmatrix}\sin(2\theta_p+2\Delta\theta_p)\cos\omega_p\\ \sin(2\theta_p+2\Delta\theta_p)\sin\omega_p\\ -\cos(2\theta_p+2\Delta\theta_p)\end{pmatrix}\\ &= \vec{r}_c\\ &= [\mathrm{T}][\mathrm{T}]'[\mathrm{M}]\begin{pmatrix}\cos\lambda_c\cos\varphi_c\\ \sin\lambda_c\cos\varphi_c\\ \sin\varphi_c\end{pmatrix}\\ &= [\mathrm{T}]\begin{pmatrix}a_{11} & a_{12} & a_{13}\\ a_{21} & a_{22} & a_{23}\\ a_{31} & a_{32} & a_{33}\end{pmatrix}\begin{pmatrix}\cos\lambda_c\cos\varphi_c\\ \sin\lambda_c\cos\varphi_c\\ \sin\varphi_c\end{pmatrix}\end{aligned} \tag{14}$$

After linearization, this observation equation becomes

$$\begin{aligned}\sin2\theta_p\cos\omega_p &= \cos\lambda_c\cos\varphi_c\cdot\boldsymbol{a}_{11}+\sin\lambda_c\cos\varphi_c\cdot\boldsymbol{a}_{12}+\\ &\quad\ \sin\varphi_c\cdot\boldsymbol{a}_{13}-2\cos2\theta_p\cos\omega_p\cdot\Delta\boldsymbol{\theta}_p\sin2\theta_p\sin\omega_p\\ &= \cos\lambda_c\cos\varphi_c\cdot\boldsymbol{a}_{21}+\sin\lambda_c\cos\varphi_c\cdot\boldsymbol{a}_{22}+\\ &\quad\ \sin\varphi_c\cdot\boldsymbol{a}_{23}-2\cos2\theta_p\sin\omega_p\cdot\Delta\boldsymbol{\theta}_p-\cos2\theta_p\\ &= \cos\lambda_c\cos\varphi_c\cdot\boldsymbol{a}_{31}+\sin\lambda_c\cos\varphi_c\cdot\boldsymbol{a}_{32}+\\ &\quad\ \sin\varphi_c\cdot\boldsymbol{a}_{33}-2\sin2\omega_p\cdot\Delta\boldsymbol{\theta}_p.\end{aligned} \tag{15}$$

Here, ω_p, θ_p, λ_c, φ_c are the observed quantities, while the nine elements $\boldsymbol{a}_{11}$;$\boldsymbol{a}_{12}$,…,$\boldsymbol{a}_{33}$ of the rotation matrix [T]′[M] and the zero offset of the pointing flat mirror's elevation $\Delta\theta_p$ are the unknown coefficients to be estimated.

In order to accomplish a robust and accurate estimation of those ten coefficients, we enforce a uniform sampling of the (λ_c, φ_c) directions over the LUT viewing window. We decided to divide this window into $N\times N$ directions (with $N\geqslant3$), commanding LUT the (ω_p,θ_p) coordinates to these different zones one by one. In this way, a sufficiently redundant set of observations becomes available and equation (15) can be solved via a least-squares procedure for the unknown ten transformation parameters.

3.3.2 Estimating the Coefficients of the CCD Linear Model

For an image taken with LUT, we first cross match all of the objects with an astrometric catalog to have their celestial coordinates (α, δ), then calculate their Moon-fixed coordinates (λ, φ) with the conventional process mentioned at the beginning of § 3.2.

Combining, as appropriate, equations (2), (5), (6), and (7), and utilize the ten coefficients estimated through the procedure described in the previous subsection, we can transform the (λ, φ) of all the stars on this CCD image into their corresponding LUT body-fixed standard coordinates (ξ, η). Finally, a leastsquares solution is applied with equation (11) as observation equation to estimate the CCD model coefficients.

With the problem of calibrating the LUT CCD-to-sky coordinate transformation solved, the system can predict with sufficient accuracy the CCD measured coordinates of known objects astronomers wish to observe under the LUT "monitoring mode." Additionally, in "survey mode," equation (10) is used to calculate the desired body-fixed standard coordinates of the surveyed (unknown) objects, and then transform them to their corresponding celestial coordinates (α, δ) for further investigations.

4 Principle Verification on the Ground and Actual Performance on the Moon

To test feasibility of the methods illustrated above, we built a ground-based prototype of the LUT, and stationed the telescope with random attitudes to simulate LUT's observation conditions on the Moon. The error budget for this prototype is presented in Table 1. On the basis of the theory of error propagation, rotation parameters between the Earth-fixed system and this telescope should be around 20″, and the final errors on the measured coordinates of the wanted celestial objects should be less than 45″ (rms). The focal length of the prototype is 400 mm, and the scale of the focal plane is 6.7″pixel^{-1}, which means the object should fall in the desired location within a radius of 21 pixels (probability=99.7%).

Table 1　Error Allocation for the Ground-based Prototype

Parameter	Error
Time	0.1 s
Star position in catalog	0.1″
Pointing	18″ × 2″
Optical field-angle distortion	15″
Star image-centering on CCD	1″

Table 2　Calibrated Values of the 16 Unknown Parameters of the LUT Ground-based Prototype

Parameters	Fitting values $\times 10^4$			Fitting errors $\times 10^4$ (rms)		
[T]′[E]	$a_{11} = -3611.18$	$a_{12} = +6739.97$	$a_{13} = +6447.45$	$\sigma_{a11} = 0.81$	$\sigma_{a12} = 0{:}71$	$\sigma_{a13} = 1.15$
	$a_{21} = +7495.89$	$a_{22} = +6194.95$	$a_{23} = -2270.63$	$\sigma_{a21} = 0.64$	$\sigma_{a22} = 0.47$	$\sigma_{a23} = 0.38$
	$a_{31} = -5542.97$	$a_{32} = +4005.85$	$a_{33} = -7298.88$	$\sigma_{a31} = 0.77$	$\sigma_{a32} = 0.95$	$\sigma_{a33} = 1.10$
$\Delta\theta_p$	73.40			0.76 (i.e., ≈15.7″)		
$[\xi, \eta]$ to $[x, y]$	$a_\xi = -9196.75$	$b_\xi = +282.67$	$c_\xi = +166.37$	$\sigma_{a\xi} = 1.14$	$\sigma_{b\xi} = 1.20$	$\sigma_{c\xi} = 0.01$
	$a_\eta = -269.71$	$b_\eta = -9810.39$	$c_\eta = +166.43$	$\sigma_{a\eta} = 2.99$	$\sigma_{b\eta} = 3.13$	$\sigma_{c\eta} = 0.03$

The tests were conducted following calibration and routine observing strategies in all similar to those anticipated for LUT on the Moon:

1. Take at least 3 × 3 images evenly divided within the viewing window of the telescope;

2. Cross-match the measured coordinates of the stars found on the CCD images to the celestial coordinates of a reference catalog (the Tycho-2 Catalog [Høg et al. 2000] was used for this work);

3. Solve, in two steps, the 16 unknown parameters discussed in the previous section, with the only difference of the rotation parameters being those between the telescope coordinate system [T] and the International Terrestrial Reference Frame [E] in place of [L];

4. Calculate the pointing ephemeris (to allow initial pointing and tracking) for the telescope and the predicted coordinates of the target objects on the CCD images for the corresponding visibility periods;

5. Upload these data to the telescope control system for scheduling and performing the observations of the specified targets.

We did multiple experiments on the ground before the LUT was launched, and these tests demonstrated the validity of our astrometric calibration procedure, giving confidence that it would also work with LUT on the Moon.

As an example, Table 2 and Figure 5 show the results for the experiment we conducted from the Xinglong Station, of the National Observatory of China, on 2011 November 24. The table lists the calibrated parameters and their fitting errors; although they all

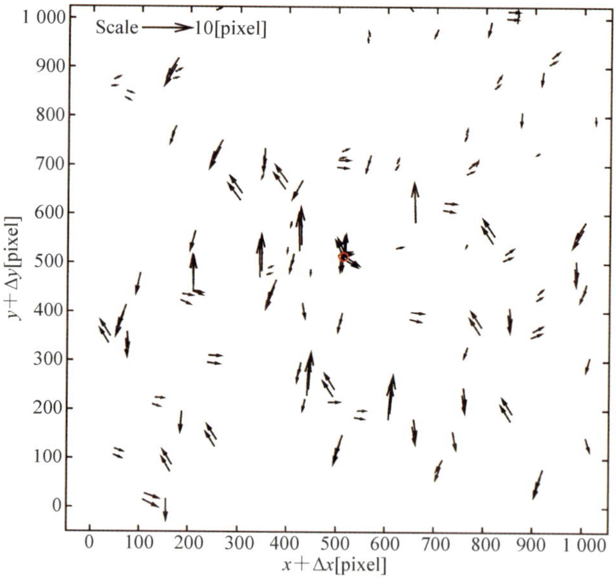

Fig. 5　Differences, in pixels, between calculated and observed measured coordinates of the celestial objects as a function of position on CCD. Vectors represent magnitude and direction of the differences. The data shown here come from five different sky pointings (those listed in Table 3, and two 1 s images were taken at each pointing. See the online edition of the PASP for a color version of this figure.

appear consistent with the error budget and the expected performances of the different hard wares, the fitting errors are larger in the η direction than along ξ. This can be explained by the fact that the telescope was not tracking when taking images; therefore, stellar images are stretched, and location accuracy decreased, in some direction. ①

Table 3　Coordinates of the Pointing Directions for the Ground Verification Experiments

α	δ
352.33482	25.04484[a]
346.20790	13.39522
25.68392	27.77376
14.36940	28.20294
1.10494	−0.80422

[a] Equatorial coordinates at J2000.0 and in the ICRS Reference System.

Table 4　Calibrated values of the 16 Parameters of Lut on the Moon

Parameters	Fitting values $\times 10^4$			Fitting errors $\times 10^4$ (rms)		
$[T]'[M]$	$a_{11}=+7037.46$	$a_{12}=-2328.00$	$a_{13}=+6752.88$	$\sigma_{a11}=34.92$	$\sigma_{a12}=16.82$	$\sigma_{a13}=37.88$
	$a_{21}=+3251.36$	$a_{22}=+9441.59$	$a_{23}=-143.31$	$\sigma_{a21}=23.99$	$\sigma_{a22}=28.25$	$\sigma_{a23}=5.85$
	$a_{31}=-6444.50$	$a_{32}=+2339.78$	$a_{33}=+7385.84$	$\sigma_{a31}=37.84$	$\sigma_{a32}=18.82$	$\sigma_{a33}=36.89$
$\Delta\theta_p$	−3.99			26.17 (i.e., $\approx 0.15°$)		
$[\xi,\eta]$ to $[x, y]$	$a_\xi=+9393.96$	$b_\xi=+172.32$	$c_\xi=+118.06$	$\sigma_{a\xi}=82.19$	$\sigma_{b\xi}=86.75$	$\sigma_{c\xi}=0.57$
	$a_\eta=+107.35$	$b_\eta=+9978.25$	$c_\eta=+118.48$	$\sigma_{a\eta}=19.28$	$\sigma_{b\eta}=20.22$	$\sigma_{c\eta}=0.13$

With the fitted calibration parameters of Table 2, and given the celestial coordinates of several groups of stars (pointing centers are listed in Table 3), we generated the pointing and tracking ephemeris for the telescope and predicted the coordinates of those stars on the CCD. As shown in Figure 5, the differences between calculated and observed measured coordinates of these stars are all less than 10 pixels (compared to the allowed error of 21 pixels): the target stars fell well within the allocated error circle from their predetermined positions proving the effectiveness of our astrometric calibration method.

On 2013 December 18, two days after LUT's first light from the surface of the Moon, we undertook the calibration of the telescope 16 absolute pointing parameters. We took 8×7 images evenly divided in LUT's visibility window and allowed 10s for each exposure. We then proceeded with the estimation of the unknown parameters with an iterative least-squares method based, as described earlier, on the (x, y) measured coordinates of the stars found on the CCD, their corresponding Moon-fixed coordinates (λ, φ), and the read-

① The exposure time was set to 1.0 s with the ground-based unit, allowing to reach a limiting magnitude of $V=10$ mag. Fortunately, stellar images are not stretched, given the same exposure time, for LUT on the Moon, as the rotation speed of the Moon is much slower (about 1/27) than Earth's.

ings (ω_p, θ_p) of the pointing flat mirror.

After several attempts, three iterations of the least-squares procedure provided the results shown in Table 4. One can see that the fitting errors (whether relative or absolute) on the parameters are all much larger than what obtained with the ground-based unit, something totally unexpected. Eventually we found the cause: because of a hardware shortcoming on the two-dimensional gimbal of LUT, the achieved pointing accuracy, e. g., on θ_p, far exceeds ($\sim$9 times worse) the primary design requirement that called for a pointing accuracy of better than $90/\sqrt{2}\sim 60''$ (see § 2). ①

Fortunately, the telescope's effective field-of-view is very large (1.36 × 1.36 degrees^2); therefore, even with a large pointing error (about 0.17°), we can still point the telescope to the target sky area with sufficient accuracy, and find the specified targets on the CCD, although the error box (and therefore the number of pixels to be downloaded to Earth) had to be enlarged to $\sim$250 × 250 pixels.

As of August 2015, LUT has been flawlessly operated for 21 months, doing ten observational runs per month around full Moon, and taking 1000 CCD images during each run, for a total of more than 210,000 images.

5 Conclusions

A significant effort was devoted to calibrate the basic information (attitude, CCD constants, etc.) of LUT for the accurate pointing and tracking of celestial objects and target detection on CCD images via a new astrometric calibration process. The ground verifications with the LUT prototype and actual performance of the unit on the Moon have demonstrated effectiveness and reliability of the solution adopted for the astrometric calibration. We could imagine that ideas and software developed for LUT might be successfully used in other cases. For example, our method could be used for automatically calibrate the attitude of Earth-based telescopes (including movable installations) relative to its local horizon coordinate system and/or to the ITRF without any manual operations at the site. It could also be applied to future space telescopes planned to be landed onto other planets.

This work is a joint study of Shanghai Astronomical Observatory and National Astronomical Observatories, Chinese Academy of Sciences. It is funded by the National Science Foundation of China under contract No. 11273003. The study is also supported by the Key Research Program of Chinese Academy of Sciences (KGED-EW-603) and by the National Basic Research Program of China (973-program, Grant No. 2014CB 845800). We wish to

① Due to weight restrictions on the payload, encoders were finally not installed on the flight unit. Therefore, the pointing readings for the flat mirror had to rely only on the step-servo motors, causing a significant loss in pointing accuracy.

thank Mario G. Lattanzi who gave us his suggestions and assistance throughout the realization of this article. The anonymous referee is thanked for her/his suggestions and comments that significantly improved the initial version of this article.

References

[1] Borra, E. F. 1991, AJ, 371, 317

[2] Burns, J. O., & Mendell, W. M. eds. 1988, Future Astronomical Observatories on the Moon (NASA CP 2489; Washington: NASA)

[3] Cao, L., Ruan, P., Cai, H. - B., Deng, J. - S., Hu, J. - Y., Jiang, X. - J., Liu, Z. - H., Qiu, Y. - L., et al. 2011, Sci. China Phys. Mech. Astron., 54, 558 Eggert, D. W., et al. 1997, Machine Vision Appl., 9, 272

[4] Guo, X., Girard, T., van Altena, W. F., et al. 1993, AJ, 105, 2182

[5] Heiken, G. H., Vaniman, D. T., & French, B. M. 1991, Lunar Sourcebook—A User's Guide to the Moon (1st ed.; New York: Cambridge Univ. Press)

[6] Høg, E., Fabricius, C., Makarov, V. V., Urban, S., Corbin, T., Wycoff, G., Bastian, U., Schwekendiek, P., et al. 2000, A&A, 355, 27

[7] Kondo, Y., Oliversen, R. J., Lowan, P., & Chen, P. C. 2001, BAAS, 33, 1319

[8] McGraw, J. T. 1992, in Space 92: Proc. 3rd Int. Conf. (Vol. 2, A93 - 41976 17 - 12; Reston: ASCE), 1865

[9] Murray, C. A. 1983, Vectorial Astrometry (Bristol: Adam Hilger)

[10] Page, T. L., & Carruthers, G. R. 1997, ApJ, 211, 728

[11] Sridharan, R., Ahmed, S. M., Pratim Das, T., et al. 2010, Planet. Space Sci., 58, 947

[12] Standish, E. M. 1998, JPL Planetary and Lunar Ephemerides, DE405/LE405, IOM 312. F - 98 - 048 (Pasadena: JPL)

[13] Stern, S. A. 1999, Rev. Geophys., 37, 453

[14] Syuzo, I. 1999, Adv. Space Res., 23, 1861

[15] Wang, J., Cao, L., Meng, X. - M., Cai, H. - B., Deng, J. - S., Han, X. - H., Qiu, Y. - L., Wang, F., et al. 2015, Res. Astron. Astrophys., 15, 1068

[16] Zhang, Z., Zhang, L., Tang, Y., & Huang, G. 2010, Proc. SPIE, 7849, 78492 M

Data preprocessing and preliminary results of the Moon-based Ultraviolet Telescope on the CE-3 lander

Wei-Bin Wen[1,2], Fang Wang[1,2], Chun-Lai Li[1,2], Jing Wang[1,3], Li Cao[1,3], Jian-Jun Liu[1,2], Xu Tan[1,2], Yuan Xiao[1,2], Qiang Fu[1,2], Yan Su[1,2] and Wei Zuo[1,2]

1 National Astronomical Observatory, Chinese Academy of Sciences, Beijing 100012, China

2 Key Laboratory of Lunar and Deep Space Exploration, National Astronomical Observatories, Chinese Academy of Sciences, Beijing 100012, China; wangf@bao. ac. cn

3 Key Laboratory of Space Astronomy and Technology, National Astronomical Observatories, Chinese Academy of Sciences, Beijing 100012, China

Abstract: The Moon-based Ultraviolet Telescope (MUVT) is one of the payloads on the Chang'e-3 (CE-3) lunar lander. Because of the advantages of having no atmospheric disturbances and the slow rotation of the Moon, we can make long-term continuous observations of a series of important celestial objects in the near ultraviolet band (245～340 nm), and perform a sky survey of selected areas, which cannot be completed on Earth. We can find characteristic changes in celestial brightness with time by analyzing image data from the MUVT, and deduce the radiation mechanism and physical properties of these celestial objects after comparing with a physical model. In order to explain the scientific purposes of MUVT, this article analyzes the preprocessing of MUVT image data and makes a preliminary evaluation of data quality. The results demonstrate that the methods used for data collection and preprocessing are effective, and the Level 2A and 2B image data satisfy the requirements of follow-up scientific researches.

Key words: Chang'e-3 mission; the Moon-based Ultraviolet Telescope; data preprocessing; near ultraviolet band

1 Introduction

The Chang'e-3 (CE-3) lunar probe was launched on 2013 December 2 from the Xichang Satellite Launch Center. It made a successful soft landing on the Moon on December 14 (Ip et al. 2014). The Moon-based Ultraviolet Telescope (MUVT) is used to observe galaxies, binary stars, active galactic nuclei and bright stars. The MUVT system is the first long-term observatory to be deployed on the Moon. A moon-based observatory has a number of advantages. The Moon's thin exosphere provides excellent opacity with no atmospheric turbulence (Wang et al. 2011). In addition, the Moon provides a stable platform. Moreover, motion of the sky as seen from the Moon is 27 times slower than on

Earth, allowing extremely long, uninterrupted imaging campaigns of a target. The MUVT system is set up to perform multi-day observation activities that can monitor variable stars and active galaxies in the near ultraviolet band. Objects that are bright in the near ultraviolet band include variable stars, binaries, novae, quasars and blazers. The MUVT can continuously monitor these targets to reveal complicated optical variable behavior they might exhibit, which can effectively uncover activity in the cores of these celestial objects and the nature of physical processes that can be observed better in the near ultraviolet band than in the visible band.

From 2013 December 16 to 2014 January 22, a series of scientific explorations by the MUVT were carried out in sequence, including instrument calibrations, shafting observations that calculate the direction of the optical path in celestial coordinates, astrometric calibrations, surveys and pointing observations.

Firstly, the technical specifications, working mode and calibration of the MUVT are introduced in Section 2. Then, Sections 3 and 4 give the methods of data calibration and preprocessing for MUVT respectively. Finally, with the help of image data, the preliminary analysis for data is carried out in Seciton 4.

2 INTRODUCTION TO THE INSTRUMENT AND ON-ORBIT WORK

The MUVT covers a wavelength range of 245 to 340 nm. It is capable of detecting objects with a brightness down to magnitude 13 (Dai et al. 2014). It also has an excellent pointing system for long-term observations of targets. The image compression on the data processing system applies the lossless image compression algorithm JPEG-LS. The main specifications are shown in Table 1.

Table 1　Main Specifications of the MUVT

Index	Name	Main indicator and performance
1	Spectrum	245～340 nm
2	Field of view	$\geqslant 1.27^{\circ} \times 1.27^{\circ}$
3	Detection limit	1.13×10^5 counts s^{-1} m^{-2} (exposure time: 30 s, S/N: 5σ)
4	Detection sensitivity (accuracy)	0.2 mag (5～13 mag)
5	Effective number of pixels	$\geqslant 1024 \times 1024$
6	Spot size of energy concentration up to 80%	$\leqslant 3 \times 3$ pixels
7	Telescope aperture	15 cm
8	Quantization value (digital bit number)	$\geqslant 8$

In terms of functionality of the modules, the MUVT system consists of a telescope, detector, reflector, swivel table, control system and accessory equipments. The MUVT system uses a pointing mirror that features a two-dimensional gimbal to track objects. It can collect radiation from the sky and image on the focal plane through the optical filter. The MUVT instrument consists of a Ritchey-Chretien telescope (RCT) that is a specialized Cassegrain telescope using a hyperbolic primary mirror and a hyperbolic secondary mirror to eliminate third-order coma and spherical aberration. RCT designs are well-suited for wide-field and photographic observations that have good off-axis performance with a large field of view free of optical errors. Figure 1 shows the main body and mounting platform of the MUVT. Figure 2 is the optical path of the MUVT system (Jia et al. 2014).

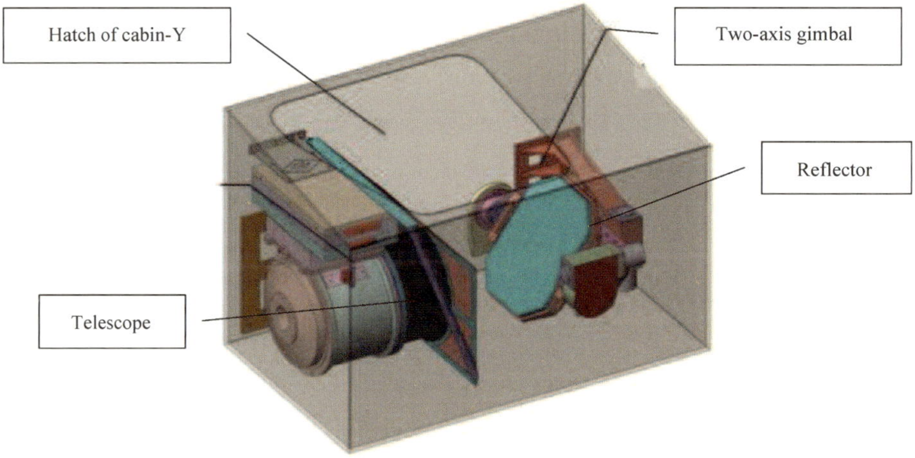

Fig. 1　Telescope body and mounting platform that uses a two-axis gimbal.

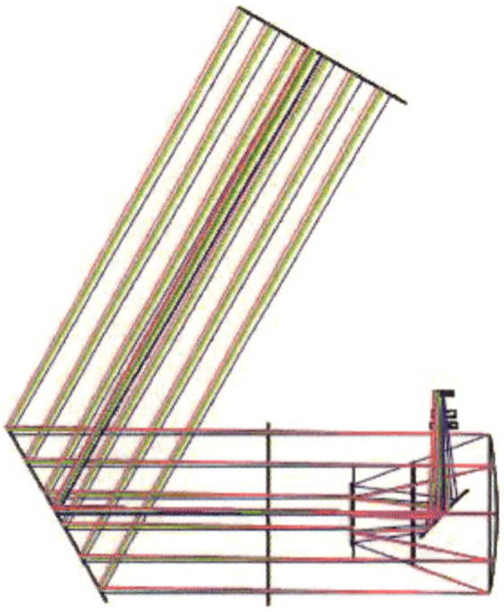

Fig. 2　The optical path of the MUVT system.

The CE-3 probe landed in Mare Imbrium, 44° north of the lunar equator. The MUVT is mounted in cabin-Y of the lander. Therefore, the best option for scientific observations is in a direction near the north celestial pole. During two lunar daytime periods from 2013 December 16 to 23 and from 2014 January 12 to 23, the observation mission performed by the MUVT included astrometric calibration, photometric calibration and surveys. In total, it has worked for about 170 hours collecting all kinds of images, including 166 uncompressed full-sized images with dimension of 1024 × 1024, 14 412 compressed full-sized images and 66 pieces of uncompressed window images. During the working time of the lunar day, the MUVT operated well, with engineering and telemetry parameters staying in an appropriate range.

3 Calibration

The calibration of MUVT can be divided into two parts, the ground calibration and on-orbit calibration. Ground calibration and related tests mainly include instrument correction and system response measurement. The flat field calibration for a CCD can be used to monitor the uniformity in the response of a CCD used for ultraviolet observations; on the other hand, it can also be used to correct nonuniformity between pixels. The flat field for the system can be used to correct nonuniformity in the system response. Because of nonuniformity in the LED's flat field on the MUVT, the LED's flat field data are used for monitoring the change in heterogeneity of individual pixels in orbit, carrying out calibration for the CCD. According to the requirements for calibration, the bias, dark and flat field calibration matrixes are obtained for different environmental conditions and different parameter sets. It is found that the dark current intensity shows a relationship with the exposure time and the working temperature of the CCD chip. By applying overscan correction and bias field correction, dark current data are divided into groups on the basis of the temperature and exposure time, and then are combined and averaged, eliminating the effects of cosmic rays. The dark current calibration matrix is obtained. By analyzing the results, it can be found that monochrome flat field data have no obvious changes, and nonuniformity in the response of the CCD to photons remains stable. By division between LED flat field data and white flat field data, the results show that nonuniformity in the response still exists among pixels, and the degree of nonuniformity in the response strongly depends on the type of spectrum, so the LED flat field data cannot be used for instrument correction. With quantitative flat field analysis of the system, the uniformity in illumination is good. The flat field data for the system can be used as a calibration matrix for nonuniformity correction of response during exploration. By overscan correction and dark field correction, the flat field data are divided into groups according to the temperature and the exposure time, and are then combined and averaged. A normalized flat field calibration matrix is obtained. In the ultraviolet CCD calibration experiment, the data on the quantum efficiency of the CCD maintain a good consistency between images, with less than a 5% deviation, compared with what is determined from the manufacturer. On orbit, the calibration items include instrument correction, attitude calibration and photometric calibration. The instrument correction on orbit includes bias field correction, dark current correction and flat field correction. Close to the beginning and end of each lunar day, after the MUVT powers on and the hatch closes, a group of images that are used for instrument correction must be taken; due to the uneven illumination, the flat field data can only be used to correct the nonuniformity in the response between pixels, being used in combination with the flat field data taken on the ground. This paper will give preliminary results after ground calibration and inflight calibration processing are combined with MUVT preprocessing.

4 Data Preprocessing and Preliminary Results

Figure 3 shows a flowchart describing the data preprocessing method used for MUVT (Tan et al. 2014). The flowchart mainly includes the following steps. First, data communication channel processing includes: frame synchronization, Reed-Solomon decoding and optimized selection of two possible ground stations; Second, the frame data are compartmentalized and sent to appropriate subsequent processing routines according to the identifier of the payload, generating Level 0A data products, the source packet data from MUVT; cutting off the frame header, splicing the scientific segmentation from the MU-

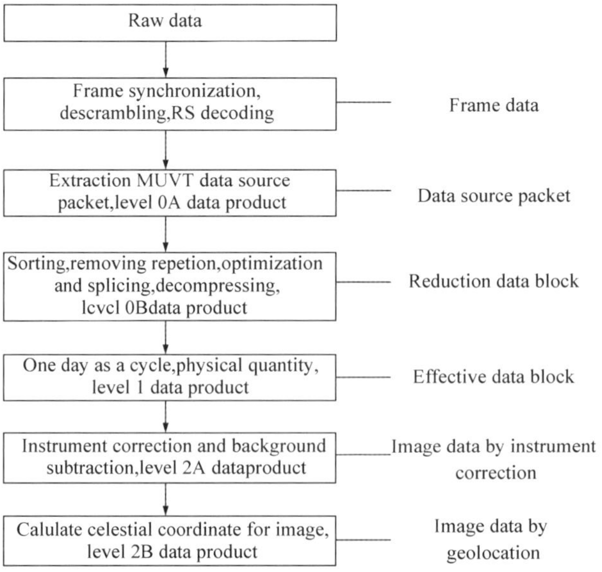

Fig. 3　Data preprocessing of the MUVT system.

VT source packet data, which generate the Level 0B data products; in order to label data from different Earth days into data blocks, after physical conversion is performed, these generate Level 1 data products; Level 2A data processing is related to instrument correction; Level 2B data produce the results for processing related to identifying location.

The following is mainly concerned with how the preprocessing method is related to Level 2A and Level 2B data products and preliminary results.

4.1 Instrument Correction

Each frame taken by the MUVT system consists of two parts: a frame header and scientific segmentation. The scientific segmentation can be subdivided into the overscan, dark and pixel parts, which are illustrated in Figure 4.

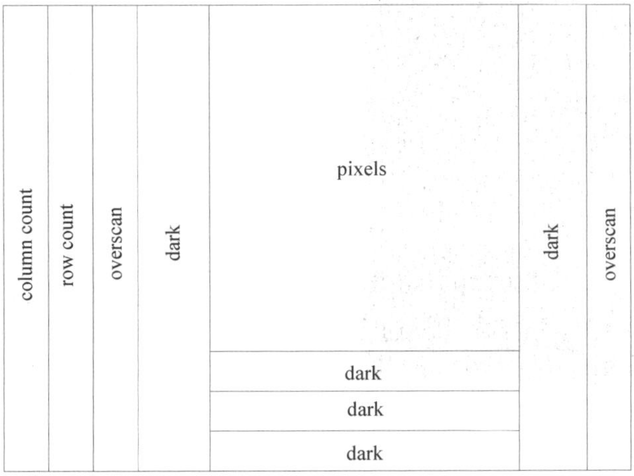

Fig. 4　The data format of the MUVT system.

The overscan correction is at first performed on all the images taken by MUVT. For each of the frames, the corresponding overscan level in each CCD row is determined by a polynomial fitting after a binning of the overscan records in both the row and column directions on the CCD. Because the MUVT system works in the lunar day, sunshine is the main source of stray light. To remove contamination due to stray light, we at first group images in each observational run by their pointings. In addition, the total time that elapsed in each group is required to be no more than 30 min to

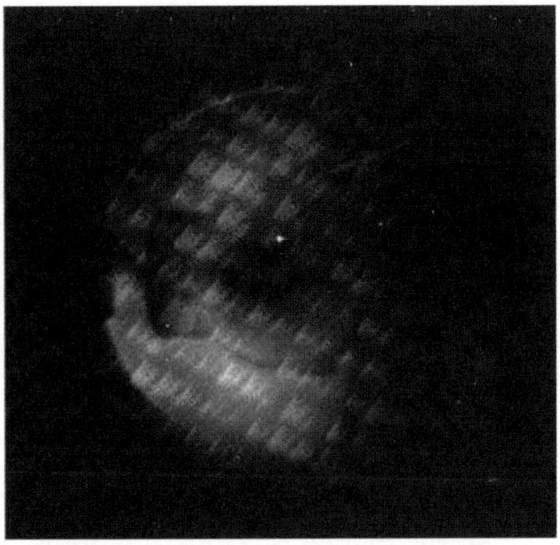

Fig. 5　Raw image of the object.

avoid a significant change in the level and pattern of stray light with time. In each group, the pattern of stray light in a given image is constructed by combining all the images (except the given image) in the group without any shift. Contamination from stray light is subsequently removed from a given image by subtracting the constructed pattern of stray light whose level is determined by the ground level of the given image. It is noted that this procedure not only removes the pattern of stray light, but also both underlying bias and dark current simultaneously. Flat field correction is then finally performed for all the images after stray light has been removed. The removal of stray light is shown in Figures 5 to 7 as an illustration, based on an image taken on 2014 January 22.

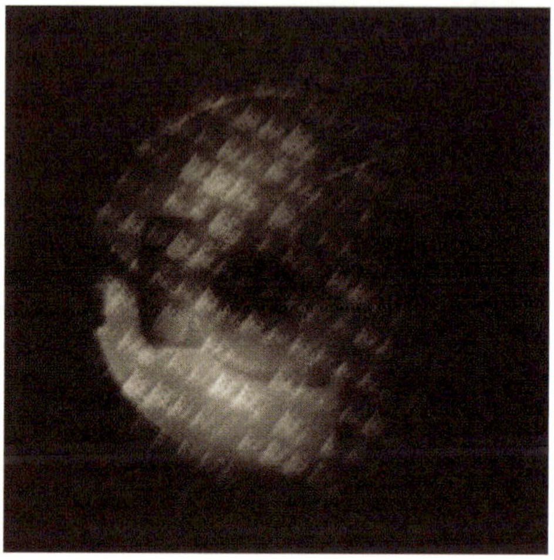

Fig. 6　Image of stray light.

Fig. 7　Image of the object minus the stray light.

4.2　Point Spread Function

Regarding the concentration of starlight that falls on the detector, the target star, HD 188665 with a high signal to noise ratio (SNR), was selected. The data were acquired on 2013 December 23. A typical point spread function produced by the MUVT is shown in Figures 8 and 9 for the standard star HD 188665. Fitting the light distribution by a 1-dimensional Gaussian returns an FWHM for the pixels, which indicates that more than 80% of the energy is enclosed within 3×3 pixels for a point source (Yang & Wu 2012).

Fig. 8　Image after processing was applied which shows the target star HD 188665.

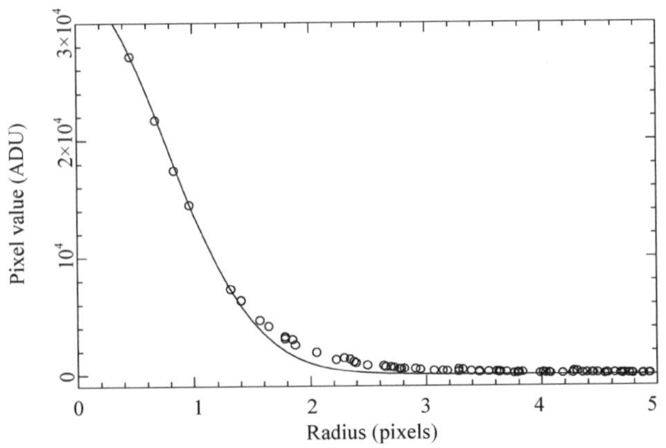

Fig. 9　ADU value distribution curve resulting from aperture photometry.

4.3　Astrometry

The celestial coordinates in the J2000 mean equatorial coordinate system are calculated for the center and the four corners for each of the images (Cao et al. 2011). The calculation is based on the pitch and azimuth angles of the gimbal and on the relationship between the attitude of the telescope and the pole that describes lunar rotation. The relationship was determined by a survey of the sky immediately after the first light of MUVT. We compare the calculated celestial coordinates and those determined by a cross-matching between the identified stars and a known catalog by using the images taken from 2014 February 13 to 15. There are 37 different pointings in total. The maximum deviation between the coordinates obtained through the different methods is about 0.2°.

4.4　Photometry System and Magnitude Zero Point

The AB magnitude system is adopted by MUVT (Yan et al. 2000). The magnitude is defined by the following equation

$$\mathrm{mag_{AB}} = -2.5\lg\frac{\int f_\upsilon \cdot S_\upsilon \cdot \mathrm{d}\ln\upsilon}{\int S_\upsilon \cdot \mathrm{d}\ln\upsilon} - 48.6, \tag{1}$$

where f_υ is the specific flux of a given object in units of erg $\mathrm{s^{-1}}$ $\mathrm{cm^{-2}}$ $\mathrm{Hz^{-1}}$ and S_υ is the system's response at frequency υ, including the contributions from the telescope, filter and CCD. The system's response has been determined in a laboratory. The apparent brightness m_{app} of an object could be converted from its instrumental magnitude m_{inst} according to Equation (2).

$$m_{\mathrm{app}} = m_{\mathrm{inst}} + Z, \tag{2}$$

where Z is the zero point for magnitude that should be determined through observations of standard stars.

Based upon observations of the standard star HD 188665 (spectral type B5V) at the beginning the MUVT mission and the data reduction described above, we obtained preliminary results on the zero point for magnitude of $Z = 17.49 \pm 0.02$ mag, in which the error corresponds to a 1σ significance level and is obtained from multiple observations.

Figure 10 shows the results when the target star is repeatedly observed with the same aperture and parameters settings. The 1σ dispersion in aperture photometry is 0.06 magnitude.

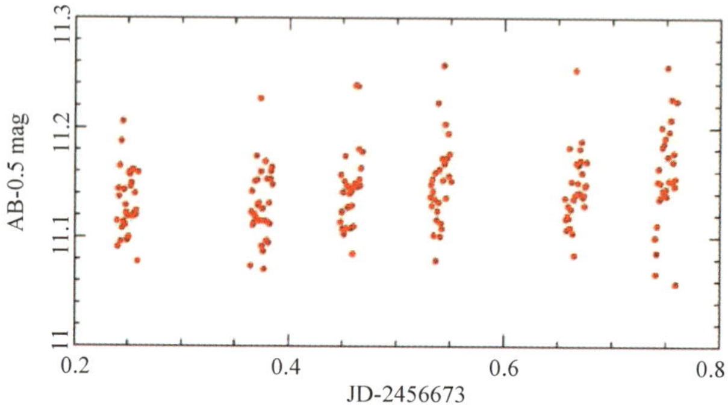

Fig. 10 The dispersion analysis for the target obtained by multiple samplings.

5 Conclusions

The MUVT is one of the payloads equipped on the lander. This is the first time the continuous monitoring of important optical variables and surveys of an area with low galactic latitude have been performed. It has worked at least one year in accordance with the design life of the instrument on the Moon. The MUVT operates in three modes: standby mode, the state of being powered on but not collecting data; adjusting mode, the state where adjustments and pointings are made; detection mode, saving data received while the device is operating. Through the analysis of data products from the first and second lunar days, instrument correction and stray light reduction are performed for all images, so the effects of the instrument and stray light are effectively removed. According to the results of data analysis, the instrument could observe magnitude 13 stars (with an SNR of 5) in a 30 s exposure during the Moon's twilight period. However, at about lunar noon, due to the interference of stray light from the Sun, the observation capacity is reduced to about magnitude 11 (with an SNR of 5). The preprocessing method is reasonable and the data products are effective. All data products can be used in a database about scientific research on ultraviolet astronomical observations.

Acknowledgements

We wish to thank all members from the Ground Research and Application System (GRAS) and the Moon-based Ultraviolet Telescope instrument group (Key Laboratory of Space Astronomy and Technology) that is part of the Chang'e-3 program, whose joint efforts have made the data acquisition and preprocessing used for this study possible.

References

[1] Cao, L., Ruan, P., Cai, H., et al. 2011, Science China Physics, Mechanics and Astronomy, 54, 558
[2] Dai, S. W., Jia, Y. Z., Zhang, B. M., et al. 2014, Science China: Technological Sciences, 44, 361
[3] Ip, W. – H., Yan, J., Li, C. – L., & Ouyang, Z. – Y., 2014, RAA(Research in Astronomy and Astrophysics), 14, 1511
[4] Jia, Y., Dai, S., Wu, J., et al. 2014, Chinese Journal of Space Science, 34, 219
[5] Tan, X., Liu, J., Li, C., et al. 2014, RAA(Research in Astronomy and Astrophysics), 14, 1682
[6] Wang, J., Deng, J. S., Cui, J., et al. 2011, Advances in Space Research, 48, 1927
[7] Yan, H., Burstein, D., Fan, X., et al. 2000, PASP, 112, 691
[8] Yang, G. P., & Wu, W. T. 2012, Progress in Astronomy, 30, 467

Data processing pipeline for pointing observations of Lunar-based Ultraviolet Telescope①

Xianmin Meng[1,2], Li Cao[1,2], Yulei Qiu[1,2], ChaoWu[1,2], JingWang[1,2], Xuhui Han[1,2], Jinsong Deng[1,2], Liping Xin[1,2], Hongbo Cai[1,2], Jianyan Wei[1,2]

1 National Astronomical Observatories, Chinese Academy of Sciences, Beijing 100012, China
2 Key Laboratory of Space Astronomy and Technology, National Astronomical Observatories, Chinese Academy of Sciences, Beijing, China

Abstract: We describe the data processing pipeline developed to reduce the pointing observation data of Lunarbased Ultraviolet Telescope (LUT), which belongs to the Chang'e-3 mission of the Chinese Lunar Exploration Program. The pointing observation program of LUT is dedicated to monitor variable objects in a near - ultraviolet (245 - 345 nm) band. LUT works in lunar daytime for sufficient power supply, so some special data processing strategies have been developed for the pipeline. The procedures of the pipeline include stray light removing, astrometry, flat fielding employing superflat technique, source extraction and cosmic rays rejection, aperture and PSF photometry, aperture correction, and catalogues archiving, etc. It has been intensively tested and works smoothly with observation data. The photometric accuracy is typically ~0.02 mag for LUT 10 mag stars (30 s exposure), with errors come from background noises, residuals of stray light removing, and flat fielding related errors. The accuracy degrades to be ~0.2 mag for stars of 13.5 mag which is the 5σ detection limit of LUT.

Key words: Space vehicles: instruments; Techniques: image processing; Techniques: photometric; Telescopes; Ultraviolet: stars

1 Introduction

Lunar-based Ultraviolet Telescope (LUT) is the first robotic astronomical telescope deployed on the moon surface. LUT is placed inside a cabin of the lander of Chang'e-3 mission (Ip et al. 2014) which belongs to the Chinese Lunar Exploration Program. After the successful landing on the moon of the lander in December 2013, LUT has been working continuously up to the present. It works about 12 terrestrial days per month in lunar daytime for sufficient power supply. LUT observation has two key programs: pointing observation program and survey program. The pointing program monitors brightness of variable targets which are proposed by world-wide astronomy society, including cataclysmic variables, RR Lyrae stars, eclipsing binaries, active chromosphere stars, flaring M dwarfs, etc. From the first light on Dec. 15, 2013 to Feb. 2015, LUT has monitored variable stars for ~800 hours, and surveyed an area of ~1600 deg^2 around the moon's north pole.

Typically, one target is continuously monitored for ~50 hours, which generates about two thousands of images and requires about 4.5 Gbytes storage space. Data processing is not performed real-time because data are obtained after LUT finished its lunar daytime work. Data processing of pointing observations should be finished in a handful of days so as to leave enough data processing time for other observation programs. Therefore, an automatic data processing pipeline is mandatory to address the issue of massive data quantity. The most parts of the pipeline follow the astronomy data reduction routines, while some parts are developed for special features of LUT observations. For example, the LUT images suffer from significant pollution of stray light from scattered sunlight in the cabin and the telescope. Another pollution source comes from the cosmic rays in space, which is much more significant than that on earth. Furthermore, flat field images taken with internal LEDs are not perfect in terms of large-scale uniformity. To solve this problem, the large-scale illumination structure, i.e. superflat, obtained through dithering observations, is coupled with the illumination corrected and normalized LED flat field.

This paper describes the data processing pipeline reducing the pointing observation data of LUT. A brief description of LUT's instruments and pointing observations are presented in Sect. 2. Details of the procedures of the pipeline, and the building of LUT flat field are described in Sect. 3. Section 4 describes the aperture correction method. The precision of the photometry after the stray light removing and flat fielding are shown in Sect. 5.

2 Instrument, observation & calibration

LUT is a 150 mm, F/3.75 Ritchey-Chretien telescope working at a Nasmyth focus. A flat mirror is mounted on a twodimensional gimbal in front of the telescope aperture for pointing and tracking (see Wang et al. 2015, Fig. 1). The mirror can rotate from -28° to $+13^\circ$ in azimuth (axis of telescope as zero), and $+20^\circ$ to $+38^\circ$ in altitude (horizontal direction as zero). A UV-enhanced back-illuminated AIMO CCD is mounted on the focal plane, and UV coating is applied on one lense of the field corrector as the UV filter. The resulting passband of LUT is about 245 - 345 nm, peaking at 250 nm. The

CCD pixel scale is 4.76″ pixel^{-1}, so the exposure area of CCD with 1024×1024 pixels gives a field of view (FOV) 1.35°×1.35°. Two pairs of LEDs are installed crosswise (one as backup) on the front inside wall of the CCD camera, which can be used to illuminate the CCD through a ring-like diffusing glass for flat field calibration. The LEDs emit at 286 nm and the spectral widths are ~12 nm. For further details of the scientific objectives, instrumentation, system performance, and calibrations of LUT, please refer to Cao et al. (2011) andWang et al. (2015).

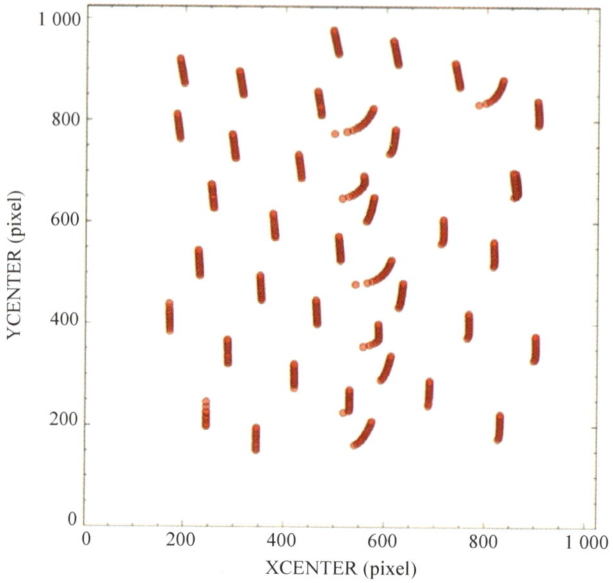

Fig.1 A typical dithering observation sampling grid of the flat field taken in June 17, 2014. The target star was HD 15 2303 with signal-to-noise ratio (SNR) 66.8 measured in 2 × FWHM aperture radius. XCENTER and YCENTER are column- and row-direction coordinates of the star on every image frame

The pointing observation strategy is described as follows. A target is placed near the center of the CCD and monitored for several observational runs. Each run lasts for about 30 minutes, consists of several exposures, and has a fixed telescope pointing with respect to the moon. During a run, the total shift of the target due to the rotation of the moon is within a region of ~50×100 pixel. The shift of stars in image during each exposure is small (within 1 pixel) comparing with their profile widths of about 2 pixels (see Sect. 3.4). The next run re-direct the flat mirror pointing to make the target return to the center. Such a strategy favors stray light removing and flat fielding (see Sect. 3).

Calibration observations include dark field acquisition, internal flat field exposures and superflat observations. LUT can obtain internal flat field images to correct pixel-to-pixel nonuniformity in CCD sensitivity, making use of its LED lamps. However, the LED illumination is not ideal in terms of large-scale uniformity. To correct the large-scale nonuniformity, superflat images are created employing dithering observation technique. Before dithering observation, a positional grid was designed to sample the large-scale nonuniformity structure in the FOV. Usually, a grid size of 7×7 was adopted (see Fig. 1). At each nodal point, the standard star was observed for about 20 times.

Superflats are not created making use of the sky background, because the atmosphere on moon is extremely tenuous so there is no sky background available, and also because the ecliptic light is not in LUT's available sky area. But after all, the stay light suffered by LUT would certainly contaminate the flat fields. Therefore, the superflat is actually uncovered using standard stars as uniform light sources. The dithering observation was carried out at most once for each month, depending on both the Chang'e-3 and LUT operation plan arrangement. They had been carried out in January, June, August and December 2014, and in January and May 2015. Flat field correction in each month made use of the superflat of the adjacent month.

3 Pipeline description

The data processing pipeline is developed for LUT pointing observations data reduction, focusing on obtaining catalogues and light curves of targets of interest. The pipeline consists of several procedures, including overscan correction, stray light removing, astrometry, flat fielding, source extraction, cosmic ray rejection, aperture radii determination, photometry, aperture correction and catalogues archiving procedures, which are summarized in Table 1. Each procedure is described in the following subsections. The pipeline is developed with SEXTRACTOR, IRAF and PYRAF (IRAF wrapped in PYTHON) programs, and PYTHON packages including NUMPY, SCIPY, ASTROPY, PYFITS and ASTLIB.

Table 1 Outline of data processing pipeline

Data processing outline
0. Data preparation
1. Overscan correction & image trimming
Stray light removing
2. Image grouping according to "AZIMUTH", "ELE" and time period
3. Combine images of a group adopting "median" algorithm to make stray light pattern template
4. Each image subtract its stray light template
Calibration
5. Astrometry
6. Flat fielding with rectified flat image
7. Source Extraction with DETECT_THRESH = 2 and DETECT_MINAREA = 4

Continued

Data processing outline
Profile measurement and clipping
8. Clip objects in margins of images and clip ELONGATION > 2 objects
9. Measure Moffat profile FWHMs for every objects in an image
10. Keep objects that have 1.3 <MFWHM <3.2
11. Determine typical MFWHM for an image group and assign to FWHMmed
Photometry
12. Aperture photometry with apertures radii in units of FWHMmed
13. PSF photometry
14. Aperture correction
15. Calculate center and corners' J2000 coordinates and write into FITS header
16. Data and catalogues archiving, light curve output

LUT's raw data are originally obtained from the Data Management Subsystem (DMS) of Ground Research and Application System (GRAS) of CE-3, in level 0B, binary format (Tan et al. 2014). After data delivering, all data are converted to FITS (Flexible Image Transport System) format. The FITS headers record the LUT observation modes and instrument working status. The keywords in the headers include "TASKCODE"—the type of observation task, "IMAGETYP"—the type of images, "ELE" and "AZIMUTH"—the pointing coordinates of the flat mirror (for details see Table 2).

Table 2　FITS header keywords recording the LUT observation modes and instrument work status

Keyword	Value	Comment
TASKCODE	"Initial"	Default observation task
	"Pointing"	The pointing observation task
	"Astrometry"	Astrometry calibration observation task for the telescope
	"Survey"	The survey observation task
IMAGETYP	"Object"	Image of celestial objects observation
	"Zero"	Image of zero calibration
	"Dark"	Image of dark calibration
	"Flat"	Image of flat field calibration
ELE	number in arcsec	Altitude angle of the flat mirror
AZIMUTH	number in arcsec	Azimuth angle of the flat mirror

3.1　Stray light removing

The LUT detection suffers from stray light problem caused by sunlight being scattered by the cabin and the telescope. The strength and pattern of the stray light are varying, with ADU counts from a few thousands in common cases to a few tens of thousands, depending on the angular distance between the flat mirror pointing and the sun. Fortunately, in most cases the variation of stray light evolves very little in subsequent images taken within ~0.5 hour, so a method had been developed to remove the stray light from those images, as is described below.

Firstly, all images are preprocessed through overscan correction and trimming to size of 1024 × 1024. Then, images are grouped according to their head keywords "TASK-CODE", "ELE", "AZIMUTH", and the exposure time of each group should be within less than 1900 seconds. For each given image, a specific stray light pattern is derived from the other images in the same group except itself through image combination using the IRAF "median"algorithm. According to the pointing observation strategy, the stars positions on successive images always have slight shifts of a few pixels, so during the "median" combination all celestial sources are rejected and a stray light pattern is hence left in the combined image. Also contained in the combined image are the underlying bias level and dark current counts. Then, each image subtracts the combined image, thereby removing the stray light pattern, bias, and dark counts. A group commonly contains 15–30 images, so the combination can give high SNR stray light templates. Thus, the pattern removing procedure can be considered not to induce extra noise to images. Our stray light removing procedure also removes underlying bias and dark current in the mean time. Figure 2 gives an example of stray light pattern and the result after its removal.

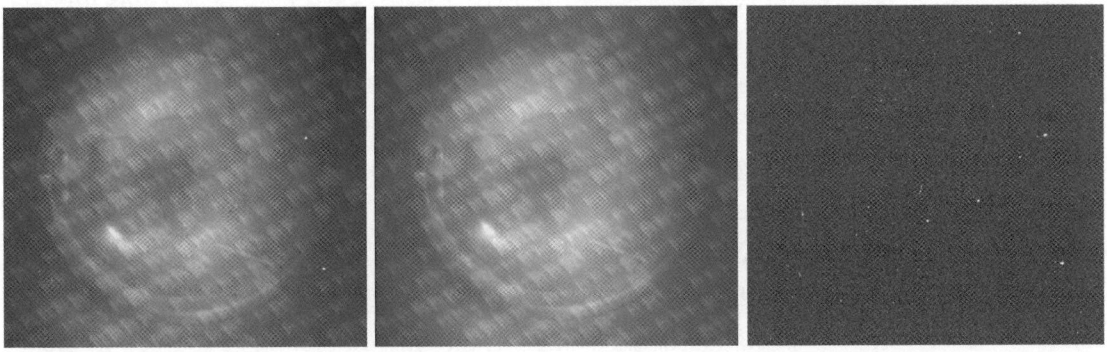

Fig. 2 The effect of stray light removing. Left: An example of original LUT CCD image in size of 1072 × 1027; middle: The derived stray light pattern of the left image made from images of its host group in size of 1024×1024; right: Image after stray light removing in size of 1024×1024

3.2 Astrometry

The astrometry is performed by cross matching the star distributions on LUT images with the Tycho-2 catalogue (Høg et al. 2000), which have been trimmed to match LUT's total available sky area. Out of every frame 5–10 bright stars are extracted using

SEXTRACTOR and fast photometry of the stars are performed. The geometrical distribution and the measured LUT magnitudes of the bright stars are then cross matched to the Tycho-2 catalogue. The star coordinates in the catalogue have been transformed to the current epoch and have also been corrected for precession. Tycho-2 optical magnitudes have to be converted to LUT NUV magnitudes for brightness matching. They are firstly transformed to standard Vega B, V magnitudes through the transformation relationships provided by the Hipparcos and Tycho Catalogues (ESA 1997). Then, the Vega B, V magnitudes are used to calculate theoretical LUT AB magnitudes through the stellar atmosphere model from Castelli and Kurucz (2004) for a series of different spectral types (details are described in Han et al.'s paper in preparation). For each matched star, in addition to the cross matching radius constraint, the difference between the measured and calculated LUT magnitude is used as further constraint and is required to be less than ~2 mag. If the cross matching successes, the world coordinate system (WCS) (J2000) as a result is written into the FITS header. If the matching fails, the pipeline gives up the current frame and jumps to the next one. If more than 20% of total frames fail in the matching, the automatic data processing pipeline working with WCS terminates and an alternative pipeline working without WCS will be carried out. The accuracy of astrometry is typically about 1″.

3.3　Flat fielding

The flat fielding procedure makes use of both the internal flat field from internal LEDs and superflat from dithering observations (see Sect. 2). The internal flat field has been processed to retain only the CCD pixel-to-pixel response nonuniformity, filtering out the low-frequence structure, which produces illumination corrected and normalized LED flat field. The dithering observation of a single standard star produces a positional sampling grid of LUT's largescale response nonuniformity. These nonuniformity structures are recorded in both the background and the stars in each image. After stray light removing, the information of large-scale response in background is removed, but is left in stars' fluxes. Since each standard star is used as an "invariable" light source, its fluxes at different positions in the FOV should exhibit the structure of large-scale response nonuniformity. The flux counts at these grid positions are measured through aperture photometry, before which, flat fielding using the internal flat field image is performed. Then, the fluxes of the grid is fitted by a two-dimensional, secondorder polynomial function and the superflat is created (see Fig. 3 top). The final flat field that is used in the pipeline is the product of image multiplication of the superflat and the illumination corrected and normalized LED flat field (see Fig. 3 bottom).

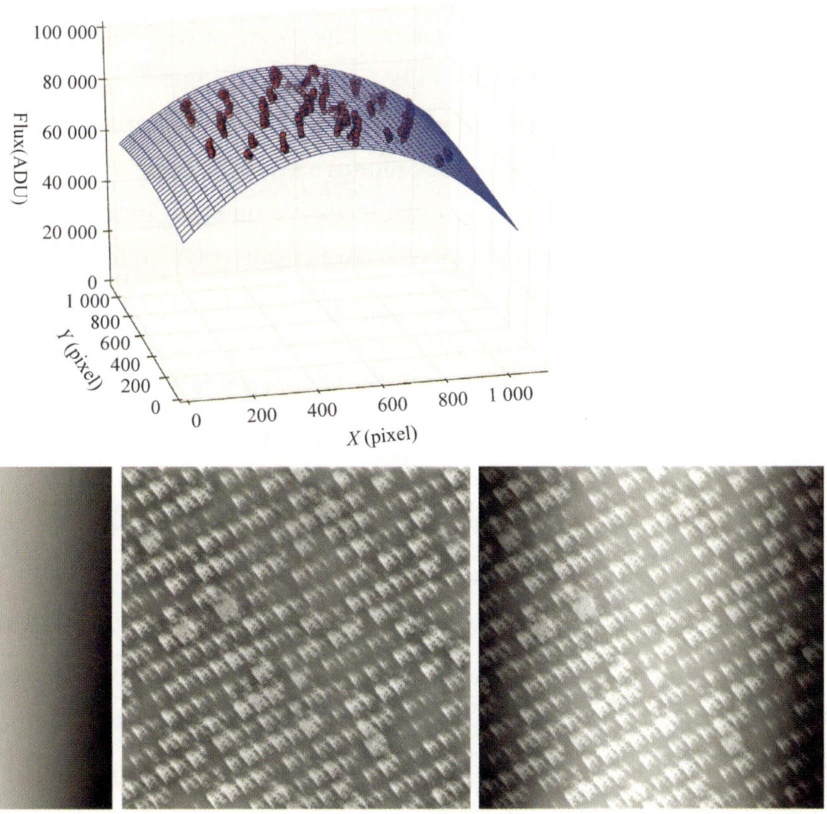

Fig. 3　Flat field creation. *Top*: two-dimensional, second-order polynomial fitting to superflat; *bottom left*: an image of the two-dimensional, second-order polynomial fitting to superflat (a); *bottom middle*: the processed internal flat field image only retaining pixel-to-pixel response nonuniformity (b); *bottom right*: final flat field image for calibration = (a) × (b)

3.4　Source extraction, brightness profile measurement and cosmic ray rejection

Sources in each frame are extracted using SEXTRACTOR by certain criteria to conveniently obtain their CCD *X*-*Y* coordinates. The key extraction criteria are summarized in Table 3. The selected parameters for SEXTRACTOR output are X_IMAGE (object's barycenter position along *X*-axis), Y_IMAGE, ELONGATION (shape parameter, major-axis/minor-axis), BACKGROUND, etc.

In order to determine the aperture size for photometry (see Sect. 3.5), brightness profile measurement and cosmic ray rejection are performed for each image. First of all, sources in edge regions are cleaned from the extracted catalogue because they may be signals arose just by instruments. Then, FWHMs of sources profiles are measured by the "psfmeasure" task in IRAF. noao. obsutil package. *X*- and *Y*-axis positions in the output file from SEXTRACTOR are used as inputs of the task, and Moffat profile widths (denoted as MFWHMs) are required as output. In LUT images, cosmic ray events are comparable to celestial sources in number. The event rate of cosmic rays is estimated to be ~4 cosmic rays per second in the FOV, corresponding to ~2 cosmic rays per second per square degree. We adopt the cosmic ray rejection criterion as MFWHM <1.3. The criterion is determined through sources identification in some typical cases, in which cosmic rays are identified by correlation of successive images. Figure 4 shows the MFWHM distributions of the identified stars (red) and cosmic rays (blue) in a typical case. Although a few cosmic rays are blended with stars in terms of their profile, the distributions of the two populations are obviously separated, which enable us to reject most cosmic rays in terms of MFWHM ~ 1.3. Objects with MFWHM > 3.2 are deemed as extended sources or cosmic ray clumps, so they are also clipped off from the extracted catalogue. Residual cosmic rays are further rejected with the shape criterion of ELONGATION > 2, if the target of pointing observation is not a binary or blended stars. The clipping criteria are summarized in Table 3.

Table 3　Source extraction criteria for SEXTRACTOR and clipping

Source extraction criteria for SEXTRACTOR	
Criteria	SEXTRACTOR parameters set up
Detection threshold relative to background RMS	DETECT_THRESH = 2
Minimum number of connected pixels above threshold	DETECT_MINAREA = 4
Background mesh size	BACK_SIZE = 64
Clipping criteria for output parameters of SEXTRACTOR and IRAF. psfmeasure	
Criteria	Parameters set up
Clip edge region of CCD columns	20<X_IMAGE <1020
Clip edge region of CCD rows	5<Y_IMAGE <1020
Clip stretched objects	ELONGATION <2
Clip cosmic rays and extended sources	1.3 <MFWHM <3.2

3.5　Aperture and PSF photometry

Both aperture and PSF photometries are performed for all the extracted objects after the cosmic ray rejection. The AB magnitude system of Oke and Gunn (1983) is adopted following Sloan Digital Sky Survey (SDSS, Fukugita et al. 1996), Galaxy Evolution Explorer (GALEX, Morrissey et al. 2007), etc. LUT magnitude is defined as

$$m_{\mathrm{LUT}} = m_{0,\mathrm{LUT}} - 2.5\ \log f_{\mathrm{LUT}} \tag{1}$$

where $m_{0,\mathrm{LUT}}$ is the zero point magnitude of LUT, f_{LUT} is the flux density in ergs $\mathrm{s}^{-1}\mathrm{cm}^{-2}$ Hz^{-1}). Zero point magnitude of photometry is calibrated for LUT system as

$$m_{0,\mathrm{LUT}} = 17.52 \pm 0.05 \tag{2}$$

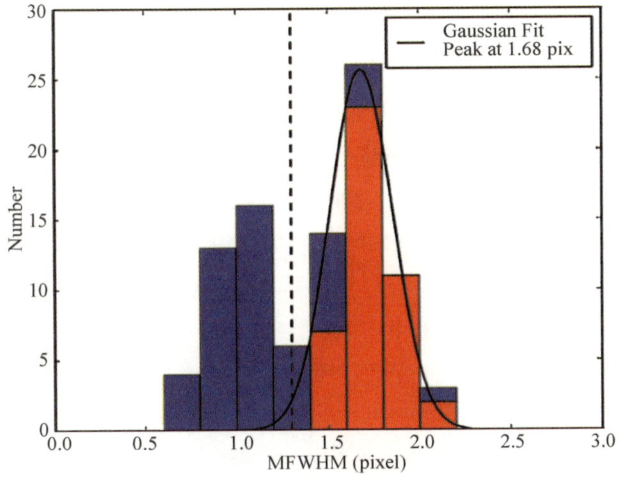

Fig. 4 An example of histogram statistics of MFWHMs of celestial objects (red) and cosmic rays (blue) for a single image. A clipping line is set at MFWHM = 1.3 to remove most cosmic rays from the extracted catalogue. A 1D Gaussian fit is performed (black line) to the histogramic distribution profile after $1.3 \leqslant$ MFWHM $\leqslant 3.2$ filtering

Details of LUT photometry calibration are given by Wang et al. (2015). The corresponding signal-to-noise ratios (SNRs) are calculated as:

$$\mathrm{SNR}_{ri} = \frac{F_{ri}}{\sqrt{\frac{F_{r_i}}{G} + A \times \sigma^2 + \frac{A^2 \times \sigma^2}{N_{\mathrm{sky}}}}} \tag{3}$$

(IRAF. apphot. phot HELP document) where F_{r_i} is the total number of counts excluding background in aperture r_i, G is the gain of CCD (electrons per ADU), A is the area in aperture r_i in square pixels, σ is the standard deviation of the background which mainly includes readout noise, stray light noise, bias and dark counts noise, local flat fielding noise, etc., N_{sky} is the pixels number of background.

The aperture photometry is performed with a series of aperture sizes, whose radii are 1×, 1.5×, 2×, 2.5×, 3×, and 4 × $\mathrm{FWHM}_{\mathrm{med}}$, where $\mathrm{FWHM}_{\mathrm{med}}$ is denoted as the stars' typical FWHM. The $\mathrm{FWHM}_{\mathrm{med}}$ is calculated for each image group which has formed in the stray light removing procedure. The calculation method of $\mathrm{FWHM}_{\mathrm{med}}$ is as follows. Firstly, for each image, MFWHMs that satisfy $1.3 \leqslant$ MFWHM $\leqslant 3.2$ are plotted in a histogram with bar width of 0.2 pixel. Secondly, a typical FWHM for each image is obtained by fitting the MFWHM distribution with a one-dimensional Gaussian function and deriving the Gaussian peak value (denoted as $\mathrm{MFWHM}_{\mathrm{peak}}$). Instead of a PSF measurement based on the brightest star, this statistical method is adopted because there are some cosmic ray events whose profiles perfectly mimic that of a bright star, which can not be removed through the rejection criteria described above. Thirdly, the median value of $MFWHM_{peak}$ of a group of images (15 – 30 in number varies for different pointing observation tasks) is derived and denoted as $FWHM_{med}$, and is used as the unit of aperture size. The average value ("median" algorithm) is adopted here to deal with possible star brightness profile variation, although such variation is negligible (within ~0.04 pixel through an observation task) for most cases. The variation may only be significant (in a factor of ~2) in the first observational day of each month, if the telescope has not reached its designed thermal equilibrium state. Background annulus for aperture photometry is set to be 6× and 8× $FWHM_{med}$ as inner and outer radii, respectively. An input file of sources positions for each image is used as IRAF image cursor, so aperture photometry runs automatically. The photometric error is typically ~0.01 mag for LUT band 10 mag stars (30 s exposure), which comes from image background noises.

Before PSF photometry, a further clipping based on FWHM criterion is carried out to select candidate PSF stars. We firstly clipped the extracted sources with FWHM < 1.4 and FWHM > 2.5 pixels. After the clipping, the brightness profiles of the 10 brightest objects are fitted through X^2 minimization. A test work of comparing various profile functions, such as Gaussian, Lorentzian and Pennian functions, has been carried out and indicates that an elliptical Moffat function with a fixed β parameter of 1.5 provides best fits more frequently. After the PSF model establishment, PSF photometry is carried out within circle radii of 3 × $FWHM_{med}$. The inner radius of the annulus used to determine background level is 5× $FWHM_{med}$, and the annulus width is 2× $FWHM_{med}$. The effects of PSF fitting for single and double star are shown in Fig. 5.

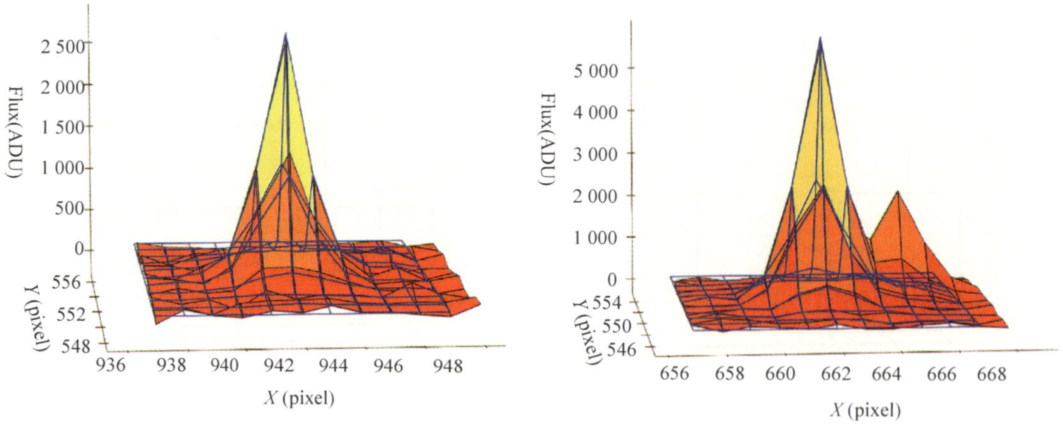

Fig. 5　PSF fitting for single and double star. The hot colored surfaces illustrate source fluxes, and the blue wired frames illustrate PSF models to the sources. Left: PSF fitting with Moffat function for a star with SNR ~31; right: PSF fitting with Moffat function for a star with SNR ~ 43 in a binary star BW Dra

4 Aperture correction

The correction of aperture effect is applied to the magnitudes measured by the aperture and PSF photometry to obtain the magnitude measured in an "infinite" size aperture, which is considered to embrace the total flux of a source. The aperture correction is performed by

$$m_{r_i,\mathrm{cor}} = m_{r_i} + \Delta m_{r_i} \tag{4}$$

where Δm_{r_i} is the aperture correction factor for aperture r_i, m_{r_i} and $m_{r_i,\mathrm{cor}}$ are magnitudes before and after aperture correction, respectively. The values of the correction factors are determined through the "curve of growth" method. The curve of growth is derived by performing aperture photometry for standard star HD 18 5395 with a dense sampled aperture radii series. The 22 sampled aperture radii range from $0.5\times \mathrm{FWHM_{med}}$ to $25\times \mathrm{FWHM_{med}}$. The standard star has 43 frames of exposure, and 43 curves of growth are obtained through aperture photometry. Mean values of magnitudes at each aperture radii are calculated to derive the mean curve of growth. Figure 6 (*left*) shows the mean curve of growth in terms of the magnitude offsets relative to magnitude measured within radius of $14 \times \mathrm{FWHM_{med}}$. The solid line in Fig. 6 (*left*) is the modeling approach to the mean curve of growth, which can be expressed by the following function:

$$\Delta m(r) = \begin{cases} 1 - 2.5\log(1 - e^{-\frac{r}{1.93-2.29r+1.4r^2-0.27r^3}}), & (r \leqslant 2) \\ 1.22 - 0.1r + 0.016r^2 - 0.00086r^3, & (r > 2) \end{cases}$$

where r is the desired aperture radius to which the photometry is corrected in units of

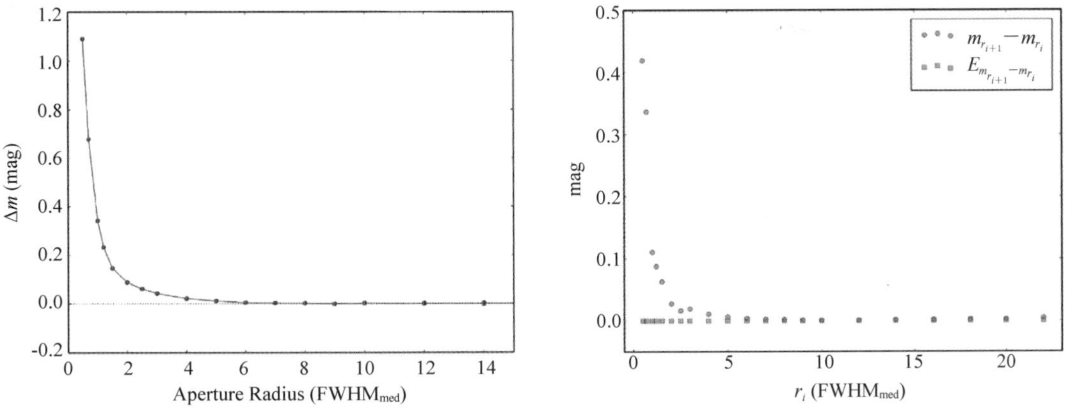

Fig. 6　*Left*: LUT point source photometric curve of growth. Magnitude of 14×FWHMmed aperture is adopted as the reference line, and aperture axis maximum range for clear show; *right*: $|m_{r_{i+1},\mathrm{med}} - m_{r_i,\mathrm{med}}|$ (*green circles*) and the corresponding errors (*red squares*)

$FWHM_{med}$.

Aperture correction factors are calculated as mean differences between magnitudes in every apertures and the magnitude in the aperture from which magnitude differences converge to zero and also converge to their errors. The criteria of converge are

$$| m_{r_{i+1}} - m_{r_i} | \simeq 0 \tag{5}$$

$$| m_{r_{i+1}} - m_{r_i} | \lesssim E_{m_{r_{i+1}} - m_{r_i}} \tag{6}$$

where m_{r_i} is the magnitude measured in aperture r_i of the mean curve of growth, $E_{m_{r_{i+1}} - m_{r_i}}$ is the error of $m_{r_{i+1}} - m_{r_i}$. Figure 6 (*right*) shows the magnitude differences and their errors versus aperture radii. From 8 × $FWHM_{med}$ on and up to 16 × $FWHM_{med}$ aperture radius, the magnitude differences converge. A mean value of magnitudes in 10×, 12×, and 14 × $FWHM_{med}$ aperture radii is calculated and used as the magnitude of total flux. Magnitude offsets between 1×, 1.5×, 2×, 2.5×, 3×, and 4× $FWHM_{med}$ aperture photometry magnitudes and the total-flux-magnitude are used as aperture correction factors, whose values are listed in Table 4.

Table 4 Aperture correct factors (in magnitude) and their errors

r_i ($FWHM_{med}$)	Δm_{r_i}
1.0	−0.348 ±7.3E−4
1.5	−0.150 ±6.5E−4
2.0	−0.086 ±6.5E−4
2.5	−0.059 ±7.2E−4
3.0	−0.043 ±7.3E−4
4.0	−0.024 ±7.3E−4

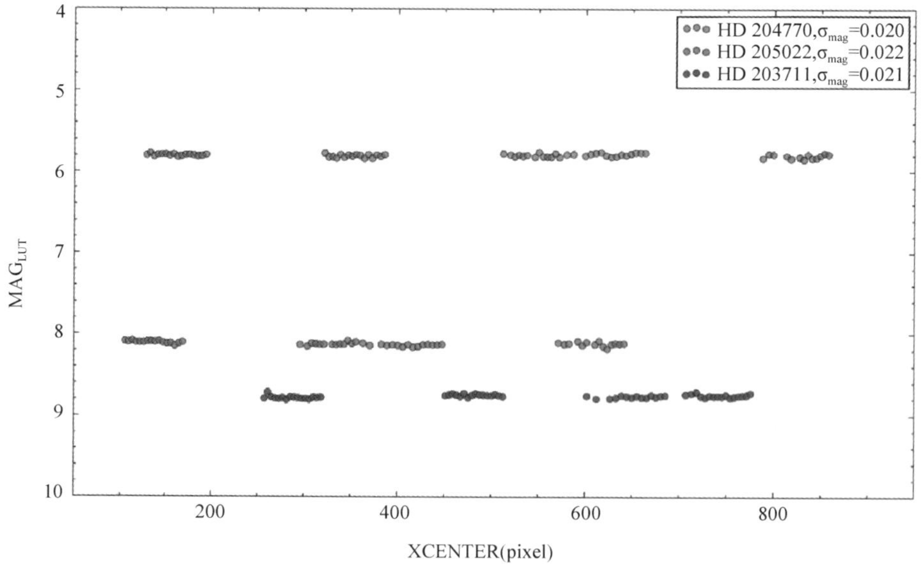

Fig.7 Photometry test for integrated effect of stray light removing, flat fielding and aperture photometry

5 Pipeline performance

We have carried out some test work to assess the accuracy of the data processing pipeline. Since the flat field images are made from the processed internal flat field images retaining pixel-to-pixel nonuniformity, and the superflat reflecting large-scale nonuniformity, they would not contain mediumscale (tens to one hundred pixels) structures, which may bring flat fielding related errors to photometry. The influence of medium-scale structures can be tested by high frequency positional sampling observations whose targets go across the image frame. At each position, aperture photometry is performed and magnitude is obtained to find out the mediumscale structures effect. Figure 7 shows the result of such test carried out in June, observing stars HD 20 4770, HD 20 5022 and HD 20 3711, where XCENTER means X-axis positions of the targets, MAG_{LUT} means LUT magnitudes measured in $3 \times FWHM_{med}$ aperture radius. Standard deviations of magnitudes are 0.020 mag for HD 20 4770, 0.022 mag for HD 20 5022 and 0.021 mag for HD 20 3711. Such dispersion is mostly caused by medium-scale nonuniformity, which is estimated to be ~0.02 mag after deducting errors of image background noises (~0.01 mag for a 10 mag star). The error increases to ~0.2 mag for stars of 13.5 mag with 30 s exposure, and this corresponds to the 5σ detection limit of LUT.

6 Summary

We describe the data processing pipeline reducing the pointing observation data of LUT. The pipeline performs stray light removing, astrometry, flat fielding employing superflat technique, source extraction, source profile measurement, cosmic ray rejection, aperture and PSF photometry, aperture correction, catalogue archiving, and outputs light curves. The pipeline has been intensively tested and works smoothly with observation data. The photometric accuracy is typically ~0.02 mag for LUT 10 mag stars (30 s exposure), with errors from all that of background noise, residuals of stray light removing, and flat fielding. The accuracy degrades to be ~0.2 mag for stars of 13.5 mag which is the 5σ detection limit of LUT.

Acknowledgements

This project is supported by the Key Research Program of Chinese Academy of Science (KGED-EW-603), the National Basic Research Program of China (973-program, Grant No. 2014CB845800), and the National Natural Science Foundation of China

(Grant Nos. 11203033, 11473036, U1231115, U1431108). The authors thank Shun-Fang Liu for the help of data reduction, and Yang Xu for the help of building the LUT database. This project made use of SExtractor, a powerful program for astronomical data analysis (Bertin and Arnouts 1996). Astropy, a community-developed core Python package for Astronomy (Astropy Collaboration, 2013). Matplotlib, a 2D graphics package for Python (Hunter 2007), is used in this work for figure making. PyRAF and PyFITS are products of the Space Telescope Science Institute, which is operated by AURA for NASA. This project make a lot of use of the tabular data analysis and visualization software TOPCAT (Taylor 2005) to do archiving works, which has not been described in the text.

Open Access

References

[1] Bertin, E., Arnouts, S.: Astron. Astrophys. Suppl. Ser. 117, 393 (1996)

[2] Cao, L., Ruan, P., Cai, H., Deng, J., Hu, J., Jiang, X., Liu, Z., Qiu, Y., Wang, J., Wang, S., Yang, J., Zhao, F., Wei, J.: Sci. China, Phys. Mech. Astron. 54, 558 (2011)

[3] Castelli, F., Kurucz, R.L.: ArXiv Astrophysics e-prints (2004). astro-ph/0405087

[4] ESA (ed.): The Hipparcos and Tycho Catalogues. Astrometric and Photometric Star Catalogues Derived from the Esa Hipparcos Space Astrometry Mission. ESA Special Publication, vol. 1200 (1997)

[5] Fukugita, M., Ichikawa, T., Gunn, J.E., Doi, M., Shimasaku, K., Schneider, D.P.: Astrophys. J. 111, 1748 (1996)

[6] Høg, E., Fabricius, C., Makarov, V.V., Urban, S., Corbin, T., Wycoff, G., Bastian, U., Schwekendiek, P., Wicenec, A.: Astron. Astrophys. 355, 27 (2000)

[7] Hunter, J.D.: Comput. Sci. Eng. 9(3), 90 (2007)

[8] Ip, W.-H., Yan, J., Li, C.-L., Ouyang, Z.-Y.: Res. Astron. Astrophys. 14, 1511 (2014)

[9] Morrissey, P., Conrow, T., Barlow, T.A., Small, T., Seibert, M., Wyder, T.K., Budavári, T., Arnouts, S., Friedman, P.G., Forster, K., Martin, D.C., Neff, S.G., Schiminovich, D., Bianchi, L., Donas, J., Heckman, T.M., Lee, Y.-W., Madore, B.F., Milliard, B., Rich, R.M., Szalay, A.S., Welsh, B.Y., Yi, S.K.: Astrophys. J. Suppl. Ser. 173, 682 (2007)

[10] Oke, J.B., Gunn, J.E.: Acad. Publ. J. 266, 713 (1983)

[11] Tan, X., Liu, J.-J., Li, C.-L., Feng, J.-Q., Ren, X., Wang, F.-F., Yan, W., Zuo, W.,

Wang, X. -Q., Zhang, Z. -B.: Res. Astron. Astrophys. 14, 1682 (2014)

[12] Taylor, M.B.: In: Shopbell, P., Britton, M., Ebert, R. (eds.) Astronomical Data Analysis Software and Systems XIV. Astronomical Society of the Pacific Conference Series, vol. 347, p. 29 (2005)

[13] Wang, J., Cao, L., Meng, X.M., Cai, H.B., Deng, J.S., Han, X.H., Qiu, Y.L., Wang, F., Wang, S., Wen, W.B., Wu, C., Wei, J.Y., Hu, J.Y.: Res. Astron. Astrophys. 15, 1068 (2015)

Lunar exosphere influence on lunar-based near-ultraviolet astronomical observations[1]

J. Wang [2],J.S. Deng, J. Cui, L. Cao, Y.L. Qiu, J.Y. Wei

National Astronomical Observatories, Chinese Academy of Sciences, 20A, Datun Road, Chaoyang District, Beijing 100012, China Received 6 April 2011; received in revised form 1 August 2011; accepted 2 August 2011 Available online 9 August 2011

Abstract: The potential effect of the lunar exosphere on the near-ultraviolet sky background emission is predicted for Lunar-based Ultraviolet Telescope (LUT: a funded Chinese scientific payload for the Chang'e-III mission). Using the upper limit on the OH concentration inferred from the recent MIP CHACE results, our calculations show that the sky brightness due to the illuminated exosphere is <8.7 photons^{-1} cm^{-2} arcsec^{2} within the wavelength range 245 – 340 nm. By evaluating the signal-to-noise ratios of observations of an AB = 13 mag point source at a series of sky background levels, our analysis indicates that the detection performance of LUT can be moderately degraded by the lunar exosphere emission in most cases. An AB = 13 mag point source can still be detected by the telescope at a signal-to-noise ratio more than 8 when the OH concentration is less than 2×10^{8} molecules cm^{-3}. However, the effect on the performance is considerable when the exosphere is as dense as suggested by CHACE.

Key words: Lunar exosphere; Sky background; Rayleigh scattering; Resonance fluorescence; Emissive photodissociation; Lunar-based Ultraviolet Telescope

1 Introduction

Lunar-based astronomical observations have advantages over both ground-based and space-based observations. (1) It has been known for decades that the Moon is surrounded by an extremely tenuous atmosphere ($\sim10^{4-5}$ molecules cm^{-3} at night, and a much higher value $\sim10^{7-8}$ molecules cm^{-3}in the daytime, see Heiken et al., 1991; Stern, 1999 for a review). This means that atmospheric opacity, atmospheric scattering/emission and, the

---

① This template can be used for all publications in Advances in Space Research.

② Corresponding author. Tel.: +86 10 64840595; fax: +86 10 64873566. E-mail addresses: wj@bao.ac.cn (J. Wang), jsdeng@bao.ac.cn (J. S. Deng), cuij@nao.cas.cn (J. Cui), caoli@bao.ac.cn (L. Cao), qiuyl@bao.ac.cn (Y. L. Qiu), wjy@bao.ac.cn (J. Y. Wei).

atmospheric turbulence are absent. (2) Unlike space-based observations, the Moon provides a large stable platform for maintaining astronomical instruments in permanently stable configurations. (3) The sky's diurnal motion on the Moon is $0.''55\ s^{-1}$, 27 times slower than on the Earth. This allows long term monitoring for 13 days without interruption. (4) The temperature in the permanent shadow regions (PDRs) at both poles of the Moon could permanently be as low as 30 K. PDRs are therefore ideal places for infrared observations. (5) Observations at very low frequency (<10 MHz, VLF) are feasible on the Moon, but not on Earth, because VLF electromagnetic waves cannot penetrate the Earth's ionosphere.

The Apollo－16 mission performed far-ultraviolet observations on the lunar surface in 1972 for the first time in history (Page and Carruthers, 1977; Carruthers and Page, 1977, 1972). The observations were carried out with a 3-inch Schmidt telescope equipped with a far-ultraviolet camera/spectrograph operating in the wavelength range from 100 to 160 nm. The field-of-view was about 20°, and the limiting magnitude was 11. The telescope was placed in the shadow of the LunarModule to avoid heating by the Sun. In total, 178 images were obtained by the telescope, and delivered to the Earth by the astronauts. In addition to the Earth's geocorona, the observed objects included star clusters and the Magellanic clouds. These observations, however, contributed little to astronomical knowledge because of the low level of the technology used at that time.

The Chinese Chang'e-III mission is designed to deploy a dedicated, robotic Lunar-based Ultraviolet Telescope (LUT, Cao et al., 2011) on the surface of the Moon. LUT will perform astronomical observations in near-ultraviolet (NUV) band. The main scientific goal of LUT is to monitor variable stars and active galaxies in the NUV band for more than a dozen days. Objects with large brightness variations in the NUV band include cataclysmic variable stars, large/small mass binaries and novae, quasars and Blazars, dMe stars, and Lyr RR stars. The variations of the stellar temperature, radius, and accretion rate of these compact objects can be studied, useful to verify current stellar atmosphere models and to investigate the origin ofthe instability. LUT will additionally perform low-Galactic- latitude sky surveys as a complement to the NASA GALEX (Galaxy Evolution Explorer) mission (Martin et al., 2005) whose onboard MCPs prevent from observing the bright objects with NUV <10 mag (Morrissey et al., 2005). At present, lunar-based observations are only feasible in the Moon daytime mainly due to the lack of electronic power supply at night.

The Indian Chandrayaan-1 payload Chandra's Altitude Composition Explore (CHACE) recently claimed a lunar exosphere pressure of 10^{-7} torr (Sridharan et al., 2010a,b), higher than that found by the Apollo missions by 2 orders of magnitude (see Section 3 for more details). Because of these new results, this paper wishes to estimate the effect of this potentially enhanced lunar exosphere on the signal-detection performance of LUT. The sunlight can bescattered and/or re-radiated by the particles of the lunar exosphere. These processes mainly include Rayleigh scattering, resonant scattering, and emissive photodissociation.

The paper is organized as follows. After describing the basic properties of LUT in Section 2, Section 3 briefly summarizes previous measurements of the lunar exosphere. The sky background brightness is calculated for the lunar exosphere in Section 4. The estimated brightness is then compared with the brightness of a point source with AB = 13 mag. Section 5 calculates the count rates at the LUT focal plane, and estimates the final signal-to-noise ratio (S/N) for an observation of a point source.

2 Lunar-based Ultraviolet Telescope

As part of the scientific payload of the Chang'e-III mission, LUT will land on the Moon and work in the lunar daytime (Cao et al., 2011). A limiting magnitude of AB = 13 mag is designed for an exposure time of 30 s. The optical system of LUT is a F/3.75 Ritchey-Chrètien telescope with an aperture of 150 mm. A pointing flat mirror mounted on a two-dimensional gimbal is used to point and track a given object. An ultraviolet-enhanced CCD E2V47-20, manufactured by the EEV Company, is chosen as the detector mounted at the Nasmyth focus. Table 1 tabulates the designed performance parameters on which our subsequent calculations are based. We refer the readers to Cao et al. (2011) for more details on the mission's concept and design.

Table 1　The designed performance parameters of LUT.

Parameter	Symbol	Unit	Value
Wavelength range	…	nm	245 − 340
Aperture size	d	cm	15
F-number	…	…	3.75
Pixel size of CCD	d_p	μm	13
Average CCD QE	$\overline{QE}$	…	0.4
Optical efficiency	η_{opt}	…	0.09
Optics PSF	f_p	…	80% energy within 3× 3 pixels
CCD Readout noise	RN	e^- pixel^{-1} read^{-1}	8
Dark current	D	$e^- s^{-1}$ pixel^{-1}	1.0 (temperature < −20)
CCD Gain	G	e^- ADU^{-1}	1

3 Measurements on lunar exosphere

Our current understanding of the lunar exosphere is mainly provided by the measurements done by the Apollo missions in 1970s (Heiken et al., 1991). The Apollo-12, -14 and -15 missions deployed three Cold Cathode Gage Experiments (CCGEs) on the lunar surface to record the gas concentration of the exosphere at the landing sites. Although the Apollo-12 instrument failed after less than one day of operation, the other two instruments operated until the mid-1970s. CCGEs accurately recorded a gas concentration of $\sim 10^{4-5}$ molecules cm^{-3} at night. The daytime data are, however, hard to interpret because of the outgassing from the instruments and the limited dynamic ranges of the instruments. Briefly, CCGEs recorded a fast rise (decrease) in gas concentration at each dawn (dusk), and determined an uncertain upper limit of 10^7 molecules cm^{-3} in the daytime since the instruments were saturated soon after sunrise (Johnson et al., 1972).

The final Apollo mission, Apollo 17, deployed a mass spectrometer, Lunar Atmosphere Composition Experiment (LACE), on the lunar surface to determine the abundance of the exospheric gas (Hodges, 1973; Hodges et al., 1972). The mass range of LACE is $1-110$ amu, and the sensitivity is 1 counts s^{-1} (corresponding to 200 molecules cm^{-3}). The nine-months of operation of LACE shows that the lunar exosphere is mainly composed of ^{20}Ne, He, H_2, ^{40}Ar, and CO_2.

Knowledge about the lunar exosphere is enhanced by the recent on-orbit measurements done by a mass spectrometer, Chandra's Altitude Composition Explore (CHACE), onboard the Moon Impact Probe (MIP) of the Indian Chandrayaan-1 mission (Sridharan et al., 2010a,b). CHACE is sensitive to a mass range of $1-100$ amu. The partial pressure sensitivity is $\sim 10^{-13}$ torr, significantly lower than the sensitivity of LACE by four orders of magnitude. CHACE sampled the exosphere gas at the sunlit side of the Moon every four seconds, after being released from the stationary orbit at an altitude of about 98 km. The sampling resolution is $0.^\circ 1$ in latitude, and 250 m in altitude. The measurements indicate that the total pressure of the exosphere is about 10^{-7} torr, two orders of magnitude higher than the values previously reported by the Apollo missions. In contrast to the results from the Apollo-17 mission, the exosphere is found to be dominated by H_2O and CO_2 molecules. In addition, CHACE detected a pressure increase of a factor of about two when the instrument raced towards the surface at the south pole from the release point.

Outgassing from the CHACE instrument may have added to these results. Therefore, the pressures reported by CHACE should be considered as upper limits for our subsequent calculations.

4 Emission from point source and sky background

In this section, we calculate the sky background brightness produced by the lunar exosphere, and compare the predicted brightness with the brightness of a point source with an AB magnitude of 13 mag.

4.1 Point source

The broadband AB magnitude of an astronomical point-source is defined as (Fukugita et al., 1996)

$$mag_{AB} = -2.5 \log \frac{\int f_v S_v \mathrm{d} \ln v}{\int S_v \mathrm{d} \ln v} - 48.6 \tag{1}$$

where f_v is the specific flux density of the object in unit of erg s^{-1} cm^{-2} Hz^{-1}, and S_v is the total efficiency of the photometric system at frequency v. The total efficiency S_v is obtained from the product of the optical efficiency of the telescope, the transparency of the filter used and the quantum efficiency of the detector. The performance parameters listed in Table 1 yield an efficiency of $\overline{S}_v = \eta_{opt} f_p \overline{QE} = 0.0288$ for LUT. With this efficiency, the total photon flux N_* within the wavelength range from λ_1 toλ_2 can be determined from the magnitude by the formula $N_* = 1/h \ln(\lambda_2/\lambda_1) \times 10^{-0.4(mag_{AB}+48.6)}$ photon $s^{-1} cm^{-2}$, where $h = 6.63 \times 10^{-27}$ erg s^{-1} is the Planck constant. For anpoint source with brightness AB = 13 mag (i. e., the limiting magnitude of LUT), the photon flux is predicted to be$N_* \approx 11.4$ photon s^{-1} cm^{-2} within the wavelength range from 245 nm to 340 nm.

4.2 Sky background from the lunar exosphere

4.2.1 Rayleigh scattering

Rayleigh scattering of sunlight by the molecules in the lunar exosphere contributes diffuse light to the sky background. The scattered photons maintain their frequencies but change directions. The differential cross-section for Rayleigh scattering strongly depends on the wavelength of the incident photon λ as $\mathrm{d}\sigma_R/\mathrm{d}\Omega \propto (\lambda/a)^{-4} \sin^2\theta$, where a is the length size of the scattering particle, and θ is the scattering angle between the directions of the incident and scattered radiation.

Because the lunar exosphere is extremely tenuous, the monochromatic intensity of scattered light along a line-of-sight can be well calculated in the optically thin approximation as $I = \int \eta_\propto \mathrm{d}s\mathrm{d}\lambda = \sec z \int \eta_\propto \mathrm{d}\lambda \mathrm{d}h$, where $\mathrm{d}s = \sec z\mathrm{d}h$ is the element of path length.

Parameters z and h are the zenith angle and height above the surface, respectively. Note that the expression $ds = \sec z dh$ is only valid when $z < 45^\circ$. For Rayleigh scattering, the emissivity gsc per unit volume can be evaluated as $\eta_{sc} = 1/4\pi n \sigma_R F_\lambda$, where n is the particle concentration in the exosphere, σ_R is the cross-section for Rayleigh scattering integrated over all directions, and F_λ is the specific solar flux density.

We assume that the vertical density distribution of each element in the exosphere can be described by hydrostatic equilibrium $n = n_0 e^{-H/\Delta H}$, where ΔH is the scale height. The brightness of the scattered sunshine can be predicted from the sum of the contributions of all elements in the exosphere as follows

$$I_p = \frac{\sec z}{4\pi hc} \sum H n_0 \int \sigma_R \lambda F_\lambda \mathrm{d}\lambda \tag{2}$$

where h and $c = 3 \times 10^{10}$ cm s^{-1} is the Planck constant and light velocity, respectively.

The gas abundances and corresponding scale heights used are tabulated in Table 2. The values are taken from the Lunar Sourcebook (Heiken et al., 1991) except for H_2O and CO_2. A mass spectrum taken by CHACE at an altitude $H \sim 98$ km indicates that the partial pressure of H_2O molecule at that point is $p' \sim 8 \times 10^{-8}$ torr (Sridharanet al., 2010a,b). By assuming hydrostatic equilibrium, the pressure at the surface is then inferred to be $p = p' e^{H/\Delta H} \sim 2.7 \times 10^{-5}$ Pa, where the scale height is $\Delta H = 100$ km. We estimate the surface concentration of H_2O molecules from its surface pressure by using the ideal gas law. A collisionless exosphere model (e.g., Chamberlain and Hunten, 1987) is used with the kinetic temperature rather than the thermal one. The kinetic temperature T can be derived from the scale height. Because the gas in the exosphere is collisionless, the energy conservation of each particle results in a relationship $\Delta H \sim kT/mg$, where m is the molecular mass, and g is the gravitation at the surface. A kinetic temperature $T \sim 350$ K is therefore required for molecules to reach the scale height $\Delta H = 100$ km. Substituting this temperature into the ideal gas law, we derive an upper limit of $n \sim 6 \times 10^9$ molecules cm^{-3} for the surface concentration of H_2O molecules.

Table 2　Gas abundances and scale heights in the lunar exosphere.

Species	Surface concentration (cm^{-3})	Scale height (km)
Ne	$\sim 10^4$	100
He	$\sim 4.7 \times 10^3$	511
H_2	$\sim 9.9 \times 10^3$	1022
Ar	$\sim 2 \times 10^3$	55
H_2O	$< 6 \times 10^9$	100
OH	$< 2 \times 10^9$	100
CO_2	$< 1.3 \times 10^{10}$	46

An adjacent small peak at amu = 17 can be identified in the CHACE mass spectrum. The peak is likely produced by OH radicals (also perhaps by NH_3). Similarly as above, we obtain an upper limit of $n \sim 2\times10^{9}$ molecules cm^{-3} for the surface concentration of the OH radical. There is another strong peak at amu = 44 in the CHACE mass spectrum. The same method yields an upper limit of $\sim1.3\times10^{10}$ molecules cm^{-3} for CO_2 by assuming the same kinetic temperature as for H_2O.

The cross-section for Rayleigh scattering is calculated as $\sigma_R = a\lambda^{-4}(1+b\lambda^{-2}+c\lambda^{-4})$, where λ is the wavelength in units of Å. The parameters a, b and c are listed in Table 3 for He, H_2, Ar, OH radical, H_2O and CO_2. The differential cross-section of Ne is adopted from the calculation based on the Quantum defect theory. Eq. (2) is then integrated within the wavelength range (i. e., 245 – 3 400 nm) by using the 1985 Wehrli Standard Extraterrestrial Solar Irradiance Spectrum. Our calculations yield a sky brightness at the zenith of $I_p < 1.5\times10^{-4}$ photon cm^{-2} s^{-1} $arcsec^{-2}$, which is 5 orders of magnitude lower than the brightness of a point-source with AB = 13 mag.

Table 3　Rayleigh scattering parameters.

Species	a	b	c	References
He	5.7×10^{-14}	0.4×10^{6}	0.18×10^{12}	Behara and Jeffery (2005)
H_2	8.1×10^{-13}	1.5×10^{6}	1.98×10^{12}	Dalgarno and Williams (1962)
Ar	3.5×10^{-12}	…	…	Sneep and Ubachs (2005)
H_2O	2.7×10^{-12}	…	…	Tarafdar and Vardya (1973)
OH	4.5×10^{-13}	…	…	Sneep and Ubachs (2005)
CO_2	9.9×10^{-12}	…	…	Sneep and Ubachs (2005)

4.2.2　Resonance emission

Similar as on Earth, the solar radiation pumps the atoms or molecules in the exosphere to high energy levels. The excited atom or molecule then radiates a photon at a particular wavelength through spontaneous emission. In the NUV bandpass of LUT, strong resonance emission transitions mainly occur in the following emission lines: NaIλ330.33, 330.39, CaIλ272.25, MgIλ285.30, MgIIλλ279.64,280.35, AlIλ309.5, and the OH(0 – 0) ($A^2\Sigma^+ - X^2\Pi$) band at wavelengths around 310 nm.

The intensity of each solar resonant scattering line is quantified for optically thin gas as $4\pi I_s = gnl$. Here, n and l are the gas concentration and line-of-sight path length, respectively. The solar-forced g-factor g is defined as an emission probability per atom in units of $photons^{-1}$ $atom^{-1}$. The g-factor is determined by summing the probabilities of all transitions from multiple-states whose population partitions are solved from the detailed equilibrium of every state that is usually not in thermodynamic equilibrium. Assuming the vertical density distribution prescribed by hydrostatic equilibrium, the sky brightness contributed by resonance emission can be predicted by summing all possible resonance fluorescence lines within the NUV bandpass of LUT,

$$I_s = \frac{1}{4\pi}\sum g n_0 \Delta H \tag{3}$$

where n_0 and ΔH are the surface concentration and scale height for each constituent in the lunar exosphere, respectively.

In order to provide a strong constraint on the resonance emission, a universal scale height $\Delta H = 100$ km is adopted in the subsequent calculations. We compile the g-factors from the literature. The g-factors given in Killen et al. (2009) are calculated for the atmosphere of Venus because Venus' atmosphere is now best understood among those outside Earth in the solar system. These values are transformed to that of the Moon according to the relationship $g \propto / r^{-2}$, where r is the distance from the Sun. The g-factors depend not only on the distance from the Sun, but also on the Doppler velocity v_r of the Moon relative to the Sun (i.e., the Swing effect). When $\upsilon_r = 0$ the g-factors are minimal because of the Fraunhofer lines in the solar spectrum. These minimum g-factors are adopted in our calculations since the average radial velocity of the Moon is only $\upsilon_r < 1.5$ km s^{-1}. The uncertainty caused by the radial velocity is only a few percent for the values of the g-factors (Stubbs et al., 2010). Table 4 lists the adopted g-factors (at $r = 0.47$ AU except for the g-factor of the OH radical at 1 AU), and the corresponding surface concentrations.

Table 4　Solar-forced g-values and corresponding surface concentrations for strong resonant emission lines in the lunar exosphere.

Species	Wavelength (nm)	g(photon s^{-1} atom^{-1})	n(cm^{-3})	References
NaI	330.33	2.45×10^{-3}	75	Killen et al. (2009)
	330.39	2.65×10^{-3}		Killen et al. (2009)
CaI	272.25	5.91×10^{-3}	<1	Killen et al. (2009)
MgI	285.30	1.50×10^{-1}	<6000	Killen et al. (2009)
MgII	279.64	3.69×10^{-1}		Killen et al. (2009)
	280.35	1.71×10^{-1}		Killen et al. (2009)
SiI	252.60	8.15×10^{-3}	<48	Morgan and Killen (1997)
AlI	309.20	1.72×10^{-1}	<55	Morgan and Killen (1997)
OH(0-0)	(308.7)	1.04×10^{-3}	$<2\times 10^9$	Killen et al. (2009)
				Feldman et al. (2010)
				Schleicher and AHearn (1988)

All the surface concentrations, except for the OH radical, are quoted from Wurz et al. (2007). Note that only upper limits are reported for surface concentrations, except for Na. The OH concentration listed in Table 4 is the upper limit inferred from the results of CHACE (see Section 3). The resonance emission appears to be dominated by the OH(0-0) ($A^2\Sigma^+ - X^2\Pi$) band emission at 308.5 nm. The sky brightness contributed by the resonance emission is predicted to be $I_s < 8.6$ photon cm^{-2}s^{-1} arcsec^{-2}according to

Eq. (3). This brightness is fainter than that of a point source with AB = 13 mag.

4.2.3 Emissive photodissociation

The molecules in the exosphere could be directly destroyed by solar ultraviolet emission through the photodissociation process. The most likely reaction occurring is the photodissociation of H_2O. The reaction results in anexcited OH radical in the $A^2\Sigma+$ state, and then is followed by an OH(0−0) ($A^2\Sigma- X^2\Pi$) transition (e.g., Bertaux, 1986):

$$h\nu_1 + H_2O \rightarrow OH(A2\Sigma+) + H \qquad \lambda \leqslant 1360\text{Å}$$

$$OH(A^2\Sigma^+) \rightarrow OH(X^2\Pi) + h\nu_2 \qquad \lambda \approx 3085\text{Å} \tag{4}$$

On the Moon at 1 AU from the Sun, the "excitation rate" for the two reactions is $P \sim 5.48\times10^{-7}\ s^{-1}$ (Crovisier, 1989). The sky brightness contributed by the photodissociation is predicted by the equation

$$I_c = \frac{1}{4\pi} n_0 P \Delta H \tag{5}$$

where $n_0 = 6 \times 10^9\ cm^{-3}$ is the upper limit to the surface concentration of H_2O, inferred from the results of CHACE. By assuming a scale height $\Delta H = 100$ km, Eq. (5) predicts an upper limit of $I_c = 7.0\times10^{-2}$ photon $cm^{-2}\ s^{-1} arcsec^{-2}$ for the sky background brightness caused by the OH photodissociation.

4.2.4 Total sky background

The total sky brightness is the sum of individual contributions $I_b = I_p + I_s + I_c \approx I_s + I_c < 8.7$ photon $cm^{-2}\ s^{-1} arcsec^{-2}$, where the contribution of Rayleigh scattering is excluded, because this emission is negligible compared with the other two processes.

5 Count rates and signal-to-noise ratio

5.1 Count rates

The count rates expected for the LUT detector are calculated in this section for both object and sky background. We refer the readers to Table 1 for the definition of the parameters used in the subsequent equations. The count rate within 3×3 pixels is calculated for a point source as follows

$$R_* = \frac{1}{4} N_* \pi d^2 \eta_{opt} f_p \overline{QE} e^- s^{-1} \tag{6}$$

where N_* is the photon flux of the point-source in units of photon $s^{-1}\ cm^{-2}$. A count rate of $R_* \approx 58.3\ e^- s^{-1}$ (within3 × 3 pixels) is predicted by inserting the parameter values of Table 1 and the value of N_* estimated in Section 4.1 into the above equation.

The sky background count-rate per pixel also depends on the solid angle subtended by each pixel $\Delta\Omega$, and is calculated by

$$R_s = \frac{1}{4}\pi d^2 \eta_{opt} \Delta\Omega I_b \overline{QE} \text{e}^- \text{ s}^{-1} \text{ pixel}^{-1} \tag{7}$$

The solid angle per pixel is determined to be $\Delta\Omega = (\alpha d_p)^2 = 22.7$ arcsec^2 pixel^{-1} for LUT, where $\alpha = 206265''/f$ and f is the focal length. An upper limit of 1.2×10^3 e$^-$ s^{-1} pixel^{-1} is predicted for the count rate perpixel by substituting the total sky brightness predicted in Section 4.2.4 into Eq. (7).

5.2 Signal-to-noise ratio

The S/N ratio pertaining to a point source observation with exposure time t (an exposure time of 30 s is adopted in the subsequent calculations) is approximately determined by the traditional "CCD" equation (Merline and Howell, 1995):

$$\frac{S}{N} \simeq \frac{R_* t}{\sqrt{R_* t + n_{\text{pix}}\left(1 + \frac{n_{\text{pix}}}{n_{\text{B}}}\right)(R_S t + R_b t + Dt + RN^2 + G^2 \sigma_f^2)}} \tag{8}$$

Here, R_b is the count rate per pixel due to stray light caused by thetelescope. A stray light simulation indicates that $R_b$is as high as 22 e$^-$ s^{-1} pixel^{-1} in the worst case, and is significantly reduced to 1 e$^-$ s^{-1}pixel^{-1}in the best case (Cao et al., 2011). The stray light level mainly depends on the Sun's elevation. When G is uniformly distributed in $(-1/2, 1/2)$, the variance caused by the A/D converters (i.e., the digitization noise) is $\sigma_f^2 = \int_{-1/2}^{1/2} f^2 \mathrm{d}f = 0.289$. The parameter $n_{\text{pix}} = 3 \times 3$ is the number of pixels in the aperture, and n_B the number of pixels used for the background determination. More the number of background pixels used, better the background correction and digitization (and the higher the S/N ratio). In astronomical observations, we typically have $n_{\text{pix}}/n_B \ll 1$. By ignoring the small elements in Eq. (8), the S/N ratio can instead be estimated by the simplified "CCD"equation (Mortara and Fowler, 1981; Gullixson, 1992 and cf. NOAO/KPNO CCD instrument manuals)

$$\frac{S}{N} \approx \frac{R_* t}{\sqrt{R_* t + n_{\text{pix}}(R_S t + R_b t + Dt + RN^2)}} \tag{9}$$

By using the predictions of the above sections and the CCD performance parameters listed in Table 1, we calculate the S/N ratio for an observation of a point source with AB = 13 mag using the above equation. In the worst case with the strongest stray light, the S/N ratio is predicted to be ~19 when the emission from the sky background is ignored. The S/N ratio is reduced to ~3 when the upper limit to the sky brightness is inserted. This result means that the potential effect of the lunar exosphere on LUT performance may be considerable if the exosphere is as dense as that suggested by CHACE.

6 Discussions

How much OH occurs in the lunar exosphere is a very important issue because the emission from the OH(0 − 0)($A^2\Sigma^+ - X^2\Pi$) transitions may be (the dominant) component of the sky background brightness; also this emission is commonly used as a tracer for H_2O molecules. So far, there are only two in − situ experiments that have measured the chemical abundances in the lunar exosphere. Surprisingly, the OH concentration recently reported by CHACE is much higher than that previously reported by LACE, by eight orders of magnitude. Here, we briefly summarize the existing arguments (both observation and theory) on the OH radical issue, and determine the S/N ratios for point source observations at different OH concentrations.

6.1 HST observations of the Moon limb

Stern et al. (1997) observed the lunar atmosphere using the HST Faint Object Spectrograph and High resolution Spectrograph in the mid − UV band. Because of the HST bright objects constraint, observations are not permitted closer than 1.2 R_M from the lunar limb. The authors did not detect OH(0 − 0)($A^2\Sigma^+ - X^2\Pi$) emission lines resulting in a 5σ upper limit of $\sim 10^6$ molecules cm^{-3} for the OH surface concentration (Wurz et al., 2007).

6.2 Ion sputtering

Solar wind protons can penetrate the lunar surface material to a depth of 0.05 to 0.1 μm. The protons then react with the lunar material to form chemically adsorbed H_2O/OH molecules (e.g., Stern, 1999; Starukhina and Shkuratov, 2000; Arnold, 1979). These chemically adsorbed H_2O/OH molecules are stable below a temperature ~ 500 K (Hibbitts et al., 2010; Dyar et al., 2010). Sputtering caused by high energy protons from the solar wind seems a reasonable mechanism to produce water vapor and gaseous OH radicals in the exosphere (Morgan and Killen, 1997; Wurz et al., 2007; Killen and Ip, 1999; Killen et al., 1999; Hunten and Sprague, 1997; Johnson and Baragiola, 1991). On the lunar surface, the proton flux of the solar wind is $j \sim 10^8$ p^+ cm^{-2} s^{-1}. The sputtering results in a surface concentration of H_2O/OH molecules estimated as $n \sim j\eta\upsilon^{-1}$, where $\eta \sim 0.1$ is the production rate per proton (e.g., Crider and Vondrak, 2002), and $\upsilon \sim 10^2$ m s^{-1} is the typical velocity of a particle. This yields an OH surface concentration of $\sim 10^3$ molecules cm^{-3}.

The balance between ion sputtering and photodissociation caused by solar ultraviolet photons indicates a column density of $N = 1.8 \times 10^{10} cm^{-2}$ for the resident OH radicals, corresponding to a limb brightness of 50 Rayleigh (Morgan and Shemansky, 1991). Assuming a scale height of $\Delta H = 100$ km, the column density results in a surface concentration of $\sim 10^3$ cm^{-3} for the OH radicals.

6.3 OH escape

Several space missions recently reported the chemically adsorbed H_2O/OH molecules on the lunar surface. The adsorbed H_2O/OH molecules are identified through their 3 μm absorption features (Clark, 2009; Pieters et al., 2009; Sunshine et al., 2009). Sunshine et al. (2009) reported a variation of the 3μm absorption features: the absorption depth decreases with the Sun's elevation. This implies a variation of the H_2O/OH column density of $\Delta N \approx 8 \times 10^{16}$ cm^{-2} according to the simulation performed by Starukhina and Shkuratov (2010). Assuming that a fraction of the OH molecules escapes from the lunar surface in half of a lunar day, the inferred concentration in the exosphere is $n \sim \Delta N/\nu t \sim 10^7$ molecules cm^{-3}, where $\nu \sim 10^2$ m s^{-1} is the typical velocity of a particle. It requires a time scale of $t' \sim \Delta N/j \sim 100$ years to recover the lost hydrogen through the ion sputtering, where $j \sim 10^8$ p+ cm^{-2} s^{-1} is the solar wind proton flux. This shows that the lost hydrogen cannot be restored until the next lunar morning. Starukhina and Shkuratov (2010) therefore argued that the reported variations are probably caused by additional thermal emission from the illuminated lunar surface, while the emissivity was fixed to one for all the wavelengths in the removal of the thermal continuum from the reflected spectra. Following the above argument, we can estimate that the OH surface concentration is lower than $\sim 10^3$ molecules cm^{-3} by assuming the lost hydrogen could be restored in a time scale of $t' \sim 10^6$ s.

6.4 Orbit decay of Chandrayaan-1

If the lunar exosphere has a significant gas concentration at relatively low altitudes, we expect that a spacecraft with a low lunar orbit experiences significant orbit decay due to "atmospheric"drag. However, the authors cannot find any report on orbit decay of the Indian Chandrayaan-1 spacecraft during its flight in a 100 km orbit between 2008 November 12 and 2009 May 19. From this and the exospheric mass spectrum measured by the MIP CHACE instrument of Chandrayaan-I, a rough upper limit may be estimated for the lunar exospheric OH concentration.

Let us assume that the accumulated decay, if any, of Chandrayaan-1 during its 177-day life must be less than 10 km to be insignificant. There have been about 2160 orbits with an orbital period of 2 h. In other words, the average orbit decay per orbit Δh must satisfy $\Delta h/(R_m + h) < 2\times10^{-6}$, where $R_m = 1740$ km is the radius of the Moon and $h = 100$ km is the orbit altitude.

For a near-circular orbit, according to the atmospheric drag theory, we have $\Delta h/(R_m + h) \approx \frac{2}{3} \cdot 3\pi \cdot \rho \cdot (R_m + h) \cdot \frac{S \cdot C_D}{M}$, where ρ is the "atmospheric"mass density. The mass of Chandrayaan-1 is about 523 kg after the MIP was released in 2008 February, its projected surface area S is approximated as 1.5 m×1.5 m, and a typical value of 2 is chosen for the drag coefficient C_D. Substituting these parameters into the above equation yields an upper limit to the total mass density of $\rho < 2.6 \times 10^{-14}$ g cm^{-3} for the exosphere at an altitude of ~100 km.

The mass spectrum measured by CHACE at an altitude of 96.6 km shows that the lunar exosphere is dominated by H_2O/OH and by CO_2. The measured partial pressures are $P_{H_2O+OH} \sim 1 \times 10^{-7}$ torr and $P_{CO_2} \sim 6 \times 10^{-8}$ torr, which results in a concentration ratio of n_{OH}: n_{H_2O}: $n_{CO_2} = 1:4:3$ assuming an identical temperature for the three species. With the upper limit to ρ deduced from the lack of orbit decay, an upper limit to the OH concentration of $n_{OH} < 7 \times 10^7$ cm^{-3} can be derived from the equation $\rho = \sum n\mu / N_A$, where μ is the molecular weight of each species and $N_A = 6.02 \times 10^{23}$ mol^{-1} is the Avogadro number. This value is lower than that inferred in Section 4.2.1 by one order of magnitude.

6.5 Signal—to—noise ratios for different OH concentrations

We predict the sky background brightness and the corresponding count rates within 3×3 pixels for different OH surface concentration levels, ranging from 1×10^4 to 2×10^9 molecules cm^{-3}. The results are listed in Table 5 and shown in Fig. 1. The curve is fairly steep at the high concentration end and, rather shallow at the low concentration end. The turnover of the curve occurs at n~10^{6-7} molecules cm^{-3}, because the emission of the sky background begins to be dominated by the H(0− 0) ($A^2\Sigma^+ - X^2\Pi$) transitions.

Table 5 Sky background brightness and corresponding count rates at different OH concentration levels.

OH concentration (molecules cm^{-3})	Sky background brightness (photon cm^{-2} s^{-1} arcsec^{-1})	Count − rates within 3 × 3 pixels (e$^-$ s^{-1})
1×10^4	2.5×10^{-2}	33.0
1×10^5	2.6×10^{-2}	33.5
1×10^6	3.0×10^{-2}	38.6
1×10^7	6.8×10^{-2}	89.0
1×10^8	4.6×10^{-1}	592.7
2×10^8	8.9×10^{-1}	1152.4
2×10^9	8.7×10^0	11,214.0

At a concentration of 2×10^8 molecules cm^{-3}, the S/N ratio of an observation of a given AB = 13 mag point source will be above 8, although the LUT detection performance can be degraded by the existence of the OH(0 − 0) emission. The effect of a "bright" OH exosphere on LUT's performance cannot be ignored in the worst case sce-

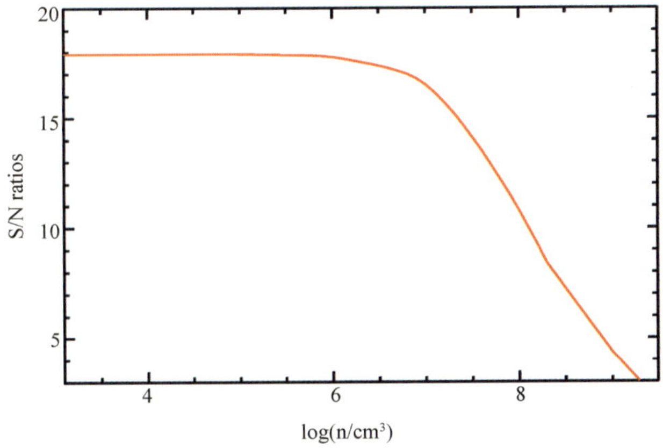

Fig. 1

nario.

In – situ measurements are essential to understand the origin of the H_2O/OH molecules on the Moon. We think that a lunar-based telescope operating in the NUV band will be able to provide significant constraints on the H_2O/OH component by examining the sky background.

7 Conclusions

We estimate the near – ultraviolet sky background brightness of the lunar exosphere. Our calculations show that the sky brightness is <8.7 photon s^{-1} cm^{-2} $arcsec^{-2}$ within the wavelength range 245 – 340 nm. The signal – to – noise analysis indicates that the detection performance of LUT can be degraded by the sky background emission in most cases. An AB = 13 mag point source can be detected by LUT at a signal – to – noise ratio above 8 when the OH concentration is less than 2×10^8 molecules cm^{-3}. However, the effect on the performance is not ignorable when the exosphere is as dense as suggested by CHACE.

Acknowledgments

The authors thank the anonymous referee for his/her comments that improve the quality of the paper. Special thanks go to Paul Wesselius, the scientific editor, for his/her great effort in improving the manuscript. The study is funded by the National Science and Technology Major Project. JW is supported by the National Science Foundation of China (under Grant 10803008). LC is supported by the National Science Foundation of China (Grant Nos. 10978020 and 10878019). JW, JSD, YLQ and JYW are supported by the National Basic Research Program of China (Grant 2009CB824800). The authors would like to thank F. Tian, H. Zhao and Prof. J. Y. Hu for valuable discussions and suggestions. We would like to thank JamesWicker for help with the language.

References

[1]Arnold, J.R. Ice in the lunar polar regions. JGR 84, 5659 - 5668, 1979.

[2]Behara, N.T., Jeffery, C.S. LTE model atmospheres with new opacities. I. Methods and general properties. A&A 451, 643 - 650, 2005.

[3]Bertaux, J.L. The UV bright spot of water vapor in comets. A&A 160, L7 - L10, 1986.

[4]Cao, L., Ruan, P., Cai, H.B., et al. LUT: a lunar-based ultraviolet telescope. ScChG 54, 558 - 562, 2011.

[5]Carruthers, G.R., Page, T. Apollo 16 far - ultraviolet camera/spectrograph: Earth observations. Science 177, 788 - 791, 1972.

[6]Carruthers, G.R., Page, T. Apollo - 16 far - ultraviolet spectra in the Large Magellanic Cloud. ApJ 211, 728 - 736, 1977.

[7] Chamberlain, J.W., Hunten, D.M. Theory of Planetary Atmosphere. Academic Press, NewYork, 1987.

[8]Clark, R.N. Detection of adsorbed water and hydroxyl on the Moon. Science 326, 562 - 564, 2009.

[9]Crider, D.H., Vondrak, R.R. Hydrogen migration to the lunar poles by solar wind bombardment of the Moon. AdSpR 30, 1869 - 1874, 2002.

[10]Crovisier, J. The photodissociation of water in cometary atmospheres. A&A 213, 459 - 464, 1989.

[11] Dalgarno, A., Williams, D.A. Rayleigh scattering by molecular hydrogen. ApJ 136, 690 - 692, 1962.

[12]Dyar, M.D., Hibbitts, C.A., Orlando, T.M., et al. Mechanisms for incorporation of hydrogen in and on terrestrial planetary surfaces. Icar 208, 425 - 437, 2010.

[13]Feldman, P.D., McCandliss, S.R., Morgenthaler, J.P., et al. Galaxy evolution explorer observations of CS and OH emission in Comet 9P/ Tempel 1 during deep impact. ApJ 711, 1051 - 1056, 2010.

[14]Fukugita, M., Ichikawa, T., Gunn, J.E., et al. The sloan digital sky survey photometric system. AJ 111, 1748 - 1756, 1996.

[15]Gullixson, C.A. Two dimensional imagery. ASPC 23, 130 - 159, 1992.

[16]Heiken, G., Vaniman, D., French, B.M. LUNAR SOURCEBOOK: A User's Guide to the Moon I. Cambridge University Press, 1991.

[17]Hibbitts, C.A., Dyar, M.D., Orlando, T.M., et al. Thermal stability of water and hydroxyl on airless bodies. LPI 41, 2417 - 2418, 2010.

[18]Hodges Jr., R.R. Helium and hydrogen in the lunar atmosphere. JGR 78 (34), 8055 - 8064, 1973.

[19]Hodges Jr., R.R., Hoffman, J.H., Yeh, T.T.J., et al. Orbital search for lunar volcanism. JGR 73 (23), 7307 - 7317, 1972.

[20]Hunten, D.M., Sprague, A.L. Origin and character of the lunar and Mercurian atmospheres. Ad-

SpR 19, 1551－1560, 1997.

[21]Johnson, R. E., Baragiola, R. Lunar surface － Sputtering and secondary ion mass spectrometry. GeoRL 18, 2169－2172, 1991.

[22]Johnson, F. S., Carroll, J. M., Evans, D. E. Lunar atmosphere measurements. Proceedings of the Lunar Science Conference 2, 2231－2242, 1972.

[23]Killen, R. M., Ip, W. － H. The surface－bounded atmospheres of Mercury and the Moon. Rev. Geophys. 37 (3), 361－406, 1999.

[24]Killen, R. M., Potter, A., Fitzsimmons, A., et al. Sodium D2 line profiles: clues to the temperature structure of Mercury's exosphere. P&SS 47, 1449－1458, 1999.

[25]Killen, R., Shemansky, D., Mouawad, N. Expected emission from mercury exospheric species, and their ultraviolet－visible signatures. ApJS 181, 351－359, 2009.

[26]Martin, D. C., Fanson, J., Schiminovich, D., et al. The galaxy evolution explorer: a space ultraviolet survey mission. ApJL 619, 1－6, 2005.

[27]Merline, W. J., Howell, S. B. A realistic model for point－sources imaged on array detectors: the model and initial results. ExA 6, 163－210, 1995.

[28]Morgan, T. H., Killen, R. M. C. A non－stoichiometric model of the composition of the atmospheres of Mercury and the Moon. P&SS 45, 81－94, 1997.

[29]Morgan, T. H., Shemansky, D. E. Limits to the lunar atmosphere. JGR 96, 1351－1367, 1991.

[30]Morrissey, P., Schiminovich, D., Barlow, T. A., et al. The on－orbit performance of the galaxy evolution explorer. ApJL 619, 7－10, 2005.

[31]Mortara, L., Fowler, A. Evaluations of charge－coupled device CCD performance for astronomical use. SPIE 290, 28－33, 1981.

[32]Page, T. L., Carruthers, G. R. Apollo 16 far－ultraviolet imagery and spectra of the Large Magellanic Cloud. 1977, Space research XVII; Proceedings of the Open Meetings of Working Groups on Physical Sciences, June 8 － 19, 1976 and Symposium on Minor Constituents and Excited Species, Philadelphia, Pa., June 9, 10, 1976. (A78－18101 05－42) Oxford and New York, Pergamon Press, pp. 749－755, 1977.

[33]Pieters, C. M., Goswami, J. N., Clark, R. N., et al. Character and spatial distribution of OH/H_2O on the surface of the Moon seen by M3 on Chandrayaan－1. Science 326, 568－572, 2009.

[34]Schleicher, D. G., AHearn, M. F. The fluorescence of cometary OH. ApJ 331, 1058－1077, 1988.

[35]Sneep, M., Ubachs, W. Direct measurement of the Rayleigh scattering cross section in various gases. JQSRT 92, 293－310, 2005.

[36]Sridharan, R., Ahmed, S. M., Pratim, D., et al. Direct' evidence for water (H_2O) in the sunlit lunar ambience from CHACE on MIP of Chandrayaan I. P&SS 58, 947－950, 2010a.

[37]Sridharan, R., Ahmed, S. M., Pratim, D., et al. The sunlit lunar atmosphere: a comprehensive study by CHACE on the Moon impact probe of Chandrayaan－1. P&SS 58, 1567－1577, 2010b.

[38]Starukhina, L. V., Shkuratov, Y. G. NOTE: the lunar poles: water ice or chemically trapped hydrogen? Icar 147, 585－587, 2000.

[39]Starukhina, L. V., Shkuratov, Y. G. Simulation of 3－m absorption band in lunar spectra: water or solar wind induced hydroxyl? LPI 41, 1385－ 1386, 2010.

[40]Stern, S. A. The lunar atmosphere: history, status, current problems, and context. RvGeo 37,

453－492，1999.

[41]Stern，S.A.，Parker，J.W.，Morgan，T.H.，et al. NOTE：an HST search for magnesium in the lunar atmosphere. ICARUS 127，523－526，1997.

[42]Stubbs，T.J.，Glenar，D.A.，Colaprete，A.，et al. Optical scattering processes observed at the moon：Predictions for the LADEE ultraviolet spectrometer. P&SS 58，830－837，2010.

[43]Sunshine，J.M.，Farnham，T.L.，Feaga，L.M.，et al. Temporal and spatial variability of lunar hydration as observed by the deep impact spacecraft. Science 326，565－568，2009.

[44]Tarafdar，S.P.，Vardya，M.S. The importance of molecular Rayleigh scattering in the atmospheres of very late type stars. MNRAS 163，261－277，1973.

[45]Wurz，P.，Rohner，U.，Whitby，J.A.，et al. The lunar exosphere：the sputtering contribution. ICARUS 191，486－496，2007.

Lut Reveals a New Mass-Transferring Semi-Detached Binary

S.-B. Qian[1,2,3], X. Zhou[1,2,3], L.-Y. Zhu[1,2,3], M. Zejda[4], B. Soonthornthum[5], E.-G. Zhao[1,2,3], J. Zhang[1,2], B. Zhang[1,2,3], and W.-P. Liao[1,2]

1 Yunnan Observatories, Chinese Academy of Sciences (CAS), P.O. Box 110, 650011 Kunming, China; qsb@ynao.ac.cn

2 Key Laboratory of the Structure and Evolution Celestial Bodies, Chinese Academy of Sciences, P.O. Box 110, 650011 Kunming, China

3 University of the Chinese Academy of Sciences, Yuquan Road 19#, Sijingshang Block, 100049 Beijing, China

4 Department of Theoretical Physics and Astrophysics, Masaryk University, Kotlářská 2, CZ-611 37 Brno, Czech Republic

5 National Astronomical Research Institute of Thailand, 191 Siriphanich Bldg., Huay Kaew Rd., Chiang Mai 50200, Thailand Received 2015 September 27; accepted 2015 October 31; published 2015 December 7

Abstract: GQ Dra is a short-period eclipsing binary in a double stellar system that was discovered by Hipparcos. Complete light curves in the UV band were obtained with the Lunar-based Ultraviolet Telescope in 2014 November and December. Photometric solutions are determined using the W-D (Wilson and Devinney) method. It is discovered that GQ Dra is a classical Algol-type semi-detached binary where the secondary component is filling the critical Roche lobe. An analysis of all available times of minimum light suggests that the orbital period is increasing continuously at a rate of $\dot{P} = +3.48(\pm 0.23) \times 10^{-7}$ days yr^{-1}. This could be explained by mass transfer from the secondary to the primary, which is in agreement with the semi-detached configuration with a lobe-filling secondary. By assuming a conservation of mass and angular momentum, the mass transfer rate is estimated as $\dot{m} = 9.57(\pm 0.63) \times 10^{-8} M_{\odot} yr^{-1}$. All of these results reveal that GQ Dra is a mass-transferring semi-detached binary in a double system that was formed from an initially detached binary star. After the massive primary evolves to fill the critical Roche lobe, the mass transfer will be reversed and the binary will evolve into a contact configuration with two sub-giant or giant component stars.

Key words: binaries; close - binaries; eclipsing - stars; evolution - stars; individual (GQ Dra)

1 Introduction

GQ Dra (= HD 158260 = HIP 85277) is the brighter companion in a double star that was discovered as an EB-type eclipsing variable by *Hipparcos* (ESA 1997) with an orbital period of 0.765899 days. It is a bright star with a meanmagnitude in the *V* band of $V=8.94$m. The epoch given by *Hipparcos* is JD 2448500.5641 (ESA 1997). Photoelectric light curves in the *B*, *V*, and *R* bands published by Atay et al. (2000) showed β Lyrae-type variations. They determined two times of minimum light using the Kwee & vanWoerden (1954) method. The orbital period was later revised by Kreiner (2004). This binary appeared in the 74th name list of variable stars (Kazarovets et al. 1999). Ulas et al. (2014) presented new photometric light curves of GQ Dra and pointed out that there was no evidence of pulsations in the light curve of the binary system. Some eclipse times were obtained (e.g., Hubscher & Walter 2007; Brat et al. 2009; Hubscher et al. 2009, 2010, 2012), but the binary has generally been neglected.

The Lunar-based Ultraviolet Telescope (LUT) is a 15 cm telescope that was mounted on the lander of China's Chang'e 3 spacecraft. It is a small Ritchey - Chrétien telescope with a Nasmyth focus (Cao et al. 2011) that was working in the nearultraviolet band (245 - 340 nm). The telescope is highly automated and can point to various targets (Wen et al. 2014). A UV enhanced back illuminated CCD was used that can observe objects at a brightness as low as magnitude 13.5 (Meng et al. 2015). It is very useful to monitor eclipsing binaries continuously and uninterruptedly because of the slow rotation of the moon (Wen et al. 2014). In this paper, CCD light curves of GQ Dra in the UV band are presented and analyzed with the Wilson - Devinney (W - D) method (Wilson & Devinney 1971). Then, based on those photometric results together with the properties of the orbital period, the structure and the evolutionary state of the short - period binary are discussed.

2 New Uv Light Curves and Changes In the Orbital Period

GQ Dra was monitored using LUT in 2014 Novenber and December. During the observations, a UV enhanced back illuminated CCD was used that has a field view of $1.3^{\circ}\times1.3^{\circ}$ (Meng et al. 2015). A special data processing method was developed by Meng et al. (2015) because LUT must run during the lunar daytime for a sufficient power supply. As introduced by Meng et al. (2015), the pipeline of data processing included stray light removing, source extraction and cosmic ray rejection, flat fielding employing the superflat technique, aperture and PSF photometry, aperture correction, etc. The calibration of those photometric data was described by Wang et al. (2015), who showed that the photometric performance of LUT was highly stable. The light curves obtained in November and December are shown in Figures 1 and 2, respectively. The photometric accuracy is about 0.02 mag, which mainly comes from background noise, residuals of stray light removing, and flat fielding related errors (Meng et al. 2015). As shown in Figures 1 and 2, the light curves are β Lyrae type.

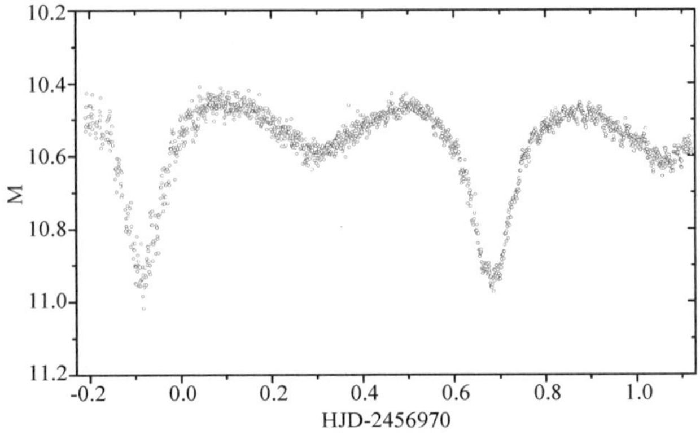

Figure 1　Photometric light curve of GQ Dra observed in 2014 November using LUT.

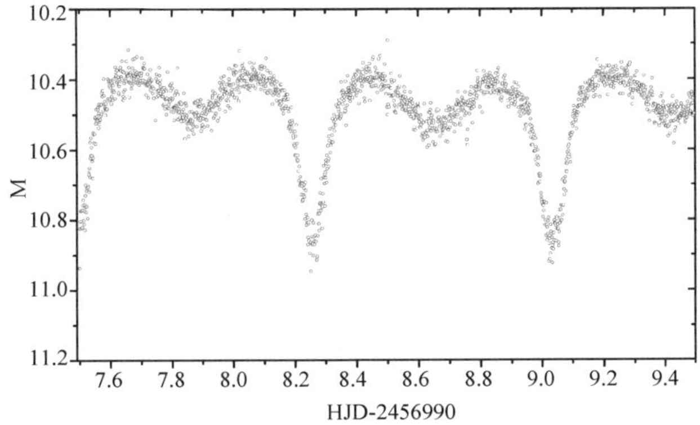

Figure 2　Light curve in the UV band observed in 2014 December using LUT.

Some times of minimum light of GQ Dra were published by several authors (e. g., Atay et al. 2000; Hubscher 2007; Hubscher & Walter 2007; Brat et al. 2009; Hubscher et al. 2009, 2010, 2012; Nelson 2014). Using LUT data, several eclipse times are computed with the Kwee & van Woerden (1954) method and they are listed in Table 1 where "I" refers to the primary minimum and "II" to the secondary minimum. Using our eclipse times together with those compiled from the literature, the period changes in the orbital period are analyzed. The $O-C$ values with respect to the linear ephemeris from $O-C$ gateway (http://var.astro.cz/ocgate/),

$$\text{Min. I(HJD)} = 2448500.5641 + 0^{d}.765902 \times E, \tag{1}$$

are calculated and listed in Table 2. The corresponding $O-C$ diagram is plotted in Figure 3 along with the epoch number E.

Table 1 New Times of Minimum Light for GQ Dra

HJD (days)	Min.	Errors (days)
2456969.9158	I	0.0009
2456970.3036	II	0.0018
2456970.6822	I	0.0004
2456997.8749	II	0.0025
2456998.2547	I	0.0008
2456998.6459	II	0.0022
2456999.0167	I	0.0007

Table 2 $O-C$ Values of Eclipse Times for GQ Dra

HJD(2400000+) (days)	Error (days)	Epoch	$(O-C)$ (days)	Residuals (days)	Method	References
51812.3133	0.0004	4324	−0.0111	−0.0027	CCD	(1)
51817.2881	0.0011	4330.5	−0.0146	−0.0062	CCD	(1)
52500.0947	0.0010	5222	−0.0096	−0.0018	CCD	(2)
54055.6459	0.0024	7253	−0.0054	−0.0010	CCD	(3)
54262.4470	0.0023	7523	+0.0022	+0.0059	CCD	(4)
54599.4421	0.0004	7963	+0.0004	+0.0028	CCD	(5)
54712.4104	0.0007	8110.5	−0.0018	+0.0002	CCD	(6)
54712.4128	0.0008	8110.5	+0.0006	+0.0026	CCD	(6)
55662.5155	0.0052	9351	+0.0018	−0.0005	CCD	(7)
56415.7860	0.0010	10334.5	+0.0077	+0.0011	CCD	(8)
48500.5641	0.0010	0	0.0000	+0.0029	CCD	(9)
51300.6930	0.0010	3656	−0.0088	−0.0004	CCD	(9)
54995.4150	0.0010	8480	+0.0019	+0.0028	CCD	(10)
56969.9158	0.0009	11058	+0.0074	−0.0028	CCD	(11)
56970.3036	0.0018	11059.5	+0.0122	+0.0020	CCD	(11)
56970.6822	0.0004	11059	+0.0079	−0.0023	CCD	(11)
56997.8749	0.0025	11094.5	+0.0110	+0.0006	CCD	(11)
56998.2547	0.0008	11095	+0.0079	−0.0025	CCD	(11)
56998.6459	0.0022	11095.5	+0.0162	+0.0058	CCD	(11)
56999.0167	0.0007	11096	+0.0040	−0.0064	CCD	(11)

As shown in Figure 3, the general trend of the $O-C$ curve shows an upward parabolic change suggesting a continuous increase in the orbital period. Using a least-squares method, the following quadratic ephemeris,

$$\text{Min. I(HJD)} = 2448500.5612(0.0010) + 0.76589915(\pm 0.00000003) \times E + 3.65(\pm 0.24) \times 10^{-10} \times E^2, \quad (2)$$

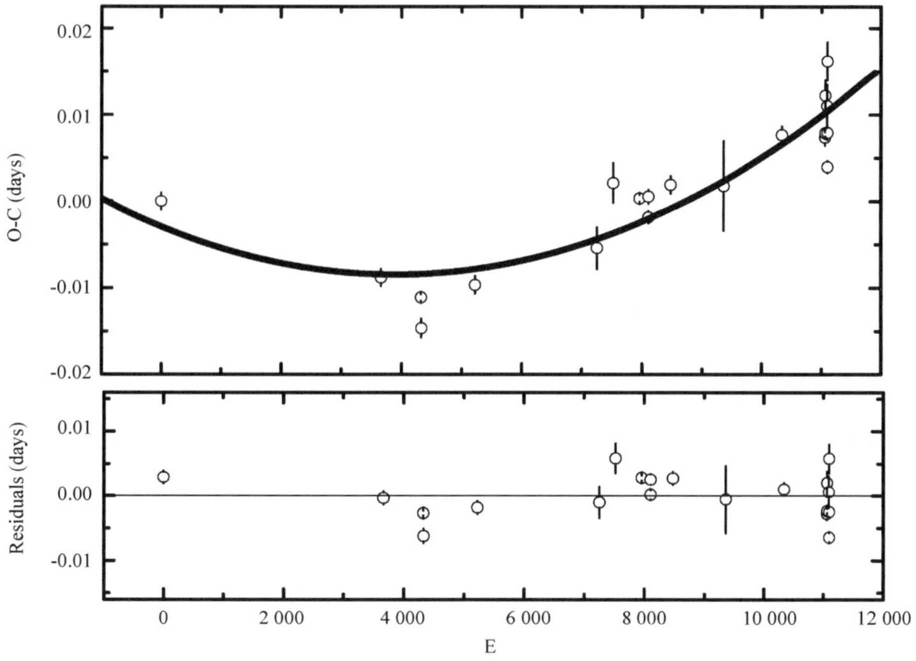

Figure 3　$O-C$ diagram of GQ Dra constructed using the linear ephemeris in Equation (1). The $O-C$ curve shows an upward parabolic variation (the solid line) that reveals a long-term period increase at a rate of $\dot{P} = +3.48\times10^{-7}$ days yr^{-1}. Residuals with respect to the quadratic ephemeris are displayed in the lower panel.

is derived. The quadratic term in Equation (2) reveals a period increase at a rate of $\dot{P} = +3.48(\pm0.23)\times10^{-7}$ days yr^{-1}. The residuals with respect to Equation (2) are shown in the fifth column of Table 2 and are plotted in the lower panel of Figure 3; no changes can be traced there, indicating that Equation (2) fits the $O-C$ curve well.

3　Photometric Solutions Derived With the W-D Method

To determine the photometric elements and to understand the geometrical structure and evolutionary state of GQ Dra, the LUT light curves were analyzed using the W-D method (Wilson & Devinney 1971; Wilson 1990). The phases of those data were computed with the following linear ephemeris,

$$\text{Min. I(HJD)} = 2456998.25471 + 0^{d}.765899 \times E. \quad (3)$$

The initial epoch in the equation is one of the new times of primary minimum light (see Table 1). During the photometric solution, the temperature of the primary was chosen to be the same value as that used by Ulas et al. (2014), i.e., $T_1 = 8750$ K.

Since the primary is an early-type star, the bolometric albedo and the gravity darkening coefficient for Star 1 are taken as A_1 = 1.0 and g_1 = 1.0, respectively. In order to search for the mass ratio of the system, the solutions for 62 assumed values from 0.05 to 1 are obtained. When the mass ratio is fixed to values of $q < 0.55$, the gravity darkening coefficient and the bolometric albedo for Star 2 are taken as g_2 = 0.32 and A_2 = 0.5 (Lucy 1967; Rucinski 1969) because Star 2, in those cases, may be a late-type star with a convective envelope. On the other hand, when $q > 0.55$, the values g_2 = 1.0 and A_2 = 1.0 are used. For a detailed treatment of limb darkening, we choose the square - root functions for both the bolometric and bandpass limb - darkening laws. The limb - darkening coefficients were chosen from van Hamme (1993). First, the values for the secondary were chosen based on its estimated temperature. After determining the temperature of the secondary star, the values for the secondary were redetermined according to its real temperature and are listed in Table 3.

Table 3　Fixed Parameters of the Photometric Solution

Parameters	Values
g_1	1.0
g_2	0.32
A_1	1.0
A_2	0.5
x_{1UV}	0.735
x_{2UV}	0.875
y_{1UV}	0.084
y_{2UV}	-0.358
T_1	8750 K

The adjustable parameters are given as follows: the inclination i, the mean temperature of Star 2 T_2, the monochromatic luminosity of Star 1 L_1, and the dimensionless potentials of Star 1 and 2, Ω_1 and Ω_2. For each assumed mass ratio we start our calculation with Mode 2 (the detached mode). It is found that the solutions converged to semi - detached configuration with a lobe - filling secondary (Mode 5). Therefore, the dimensionless potential of Star 2, Ω_2, is also fixed. The resultant sums of weighted square deviations Σ for all assumed values of q are shown in Figure 4. A minimum Σ is achieved at q = 0.21. Therefore, we choose q = 0.21 as the initial value of q and consider it an adjustable parameter. Then, a differential correction is performed and the final solution is obtained.

Since GQ Dra is an eclipsing binary star in a double stellar system, we also search for a third light during the photometric solutions. It is shown that the contribution of the the visual companion is extremely low. The theoretical light curve shown in Figure 5 fits the observations well. Those photometric parameters are shown in Table 4. Our solution in-

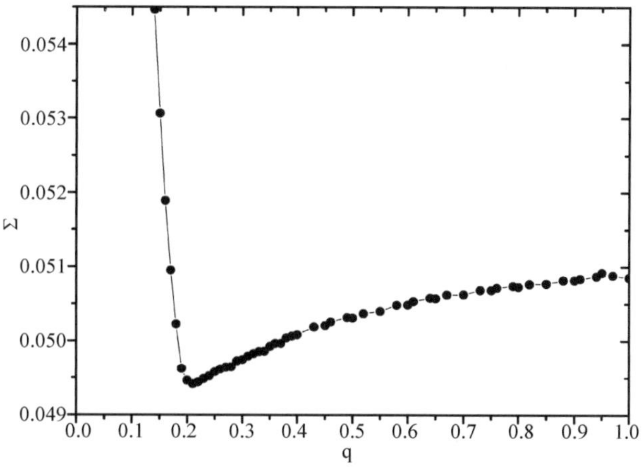

Figure 4　Relation between Σ and q.

dicates that GQ Dra is a semi-detached system where the secondary is filling the critical Roche lobe. The primary, more massive, more luminous, and greater component, eclipsed at primary minimum, is detached from its Roche lobe. The secondary fills its Roche lobe and has a temperature difference of $\Delta T = -3440$ K.

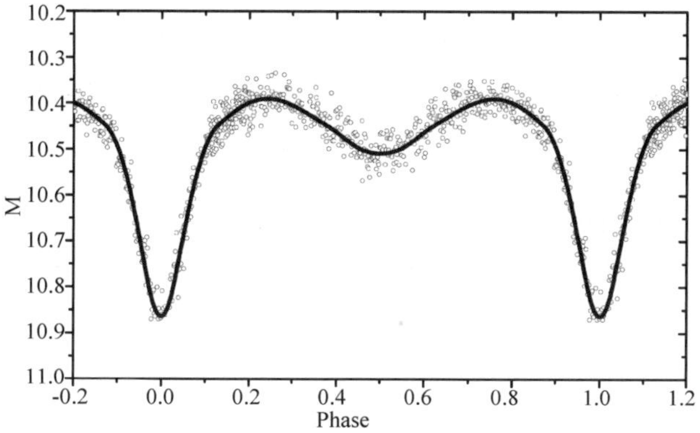

Figure 5　Theoretical light curve (solid lines) calculated using the W-D method. Also shown as open circles are the observations obtained with LUT. Phases of those observations are computed with Equation (3).

Table 4　Photometric Parameters for GQ Dra

Parameters	Photometric Elements	Errors
q (M_2/M_1)	0.210	±0.026
T_2	5311 K	±225 K
i	77.7	±1.5
$L_1/(L_1+L_2+L_3)$	0.9928	±0.0005
$L_3/(L_1+L_2+L_3)$	0.0003	±0.0005
Ω_1	2.4994	±0.0601

Continued

Parameters	Photometric Elements	Errors
r_1(pole)	0.4227	±0.0066
r_1(point)	0.4787	±0.0076
r_1(side)	0.4460	±0.0077
r_1(back)	0.4597	±0.0074
r_2(pole)	0.2496	±0.0072
r_2(point)	0.3638	±0.0072
r_2(side)	0.2598	±0.0075
r_2(back)	0.2924	±0.0076

4 Discussions and Conclusions

The photometric solutions obtained in the previous section using the W－D method suggests that GQ Dra is a semidetached binary system with a mass ratio of $q = 0.21$. As shown in other semi－detached binaries, the secondary component fills its critical Roche lobe. The mean relative radius of the primary $r_1 = 0.4528$ combined with its critical Roche lobe radius $r_{1,\mathrm{in}}$ calculated from the following well known equation,

$$r_{1,\mathrm{in}} = 0.756 - 0.46224\left(\frac{q}{1+q}\right)^{1/3} \tag{4}$$

tells us that the primary is filling 90.9% of its Roche lobe. So, more accurately, GQ Dra is a near－contact semi－detached binary star. The corresponding geometric configurations at different phases are plotted in Figure 6. By assuming that the more massive component is a main－sequence star with a temperature of 8750 K, its mass is estimated as $M_1 = 2.4M_\odot$ (Cox 2000). Then, the mass of the less massive component can be estimated as $M_2 = 0.504M_\odot$ using the derived value of q. However, radial velocity curves will be needed to confirm the photometric solution presented here. They will be very useful to determine absolute parameters of the binary system.

The semi－detached configuration of GQ Dra with a lobefilling secondary indicates that a mass transfer from the less massive component to the more massive one should take place. By analyzing our new times of minimum light together with the others compiled from the literature, we discover that the general trend of the $O-C$ curve reveals that the orbital period of GQ Dra is increasing continuously. The period increase could be explained by the mass transfer between the two components. This is in agreement with the semi－detached configuration of the binary system. By considering a conservation of mass and angular momentum, a computation with the following equation,

$$\dot{P}/P = 3\dot{m}(1/M_2 - 1/M_1), \tag{5}$$

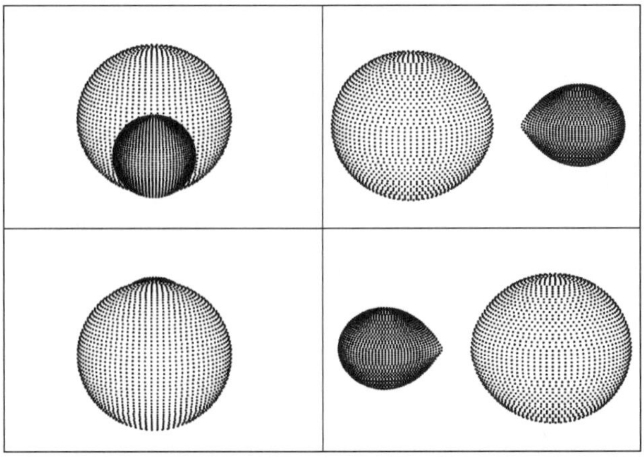

Figure 6　Geometrical structures of GQ Dra at phases of 0.0, 0.25, 0.5, and 0.75, respectively.

yields a mean rate of mass transfer at $\dot{m}=9.57(\pm 0.63)\times 10^{-8}M_{\odot}yr^{-1}$. The situation of GQ Dra is similar to those of DD Mon (Qian et al. 1997, 2009) and EG Cep (Zhu et al. 2009). All of them are semi - detached nearcontact binaries with an increasing period that is caused by mass transfer from the less massive component to the more massive one.

As pointed out by Allen (1973, p. 209), if the two components of a binary are all zero-age main-sequence (ZAMS) stars, the masses and radii of the two binary components should follow the following relation,

$$\log(r_2/r_1)/\log(m_2/m_1)=0.64. \tag{6}$$

From the solutions of GQ Dra, we obtained

$$\log(r_2/r_1)/\log(m_2/m_1)=0.28. \tag{7}$$

This result reveals that the evolutionary shape of the secondary component is earlier than that of the primary. Thus, if we assume that the primary component is a ZAMS star, the secondary component should evolve distinctly and move away from the ZAMS line in the H - R diagram. This state is the same as those in other semi - detached systems. The progenitor of GQ Dra is a detached binary where the original more massive component evolves faster and fills the critical Roche lobe first and then transfers mass to the other one. After the mass is reversed, a system like GQ Dra is formed, which indicates that GQ Dra may be at the late stage of a case - A evolution.

All of the observational properties reveal that GQ Dra is a mass - transferring semi - detached binary with a lobe - filling secondary that is formed from a detached system. At the same time, the orbital period is increasing. After the hotter primary component evolves to fill the critical Roche lobe, the mass will transfer from the primary to the secondary and the orbital period will decrease. In that case, the system will evolve into a contact binary with two sub - giant or giant components such as II UMa (Zhou et al. 2015) and V371 Cep in the old open cluster NGC 188 (Liu et al. 2011).

This work is partly supported by Chinese Natural Science Foundation (No. 11133007 and No. 11325315), the Key Research Program of the Chinese Academy of Sciences (grant No. KGZD - EW - 603), the Science Foundation of Yunnan Province (No. 2012HC011), and by the Strategic Priority Research Program "The Emergence of Cosmological Structures" of the Chinese Academy of Sciences (No. XDB09010202). The authors thank the LUT group including Drs. Wei J. - Y., Meng X. - M., Han X. - H., and Wang J. for helping with observations and data reduction.

References

[1] Allen, C. W. 1973, Astrophysical Quantities (London: Athlone Press)
[2] Atay, E., Alis, S., Keskin, M. M., Koksal, S., & Saygac, A. T. 2000, IBVS, No. 4988
[3] Brat, L., Trnka, J., Lehky, M., et al. 2009, OEJV, 107, 1
[4] Cao, L., Ruan, P., Cai, H. - B., et al. 2011, Science China, 54, 558
[5] Cox, A. N. 2000, Allen's Astrophysical Quantities (4th ed.; New York: AIP, Springer)
[6] ESA 1997, The Hipparcos and Tycho Catalogs (ESA SP - 1200; Noordwijk: ESA)
[7] Hubscher, J. 2007, IBVS, No. 5802
[8] Hubscher, J., Lehmann, P. B., Monninger, G., Steinbach, H. - M., & Walter, F. 2010, IBVS, No. 5941
[9] Hubscher, J., Lehmann, P. B., & Walter, F. 2012, IBVS, No. 6010
[10] Hubscher, J., Steinbach, H. - M., & Walter, F. 2009, IBVS, No. 5874
[11] Hubscher, J., & Walter, F. 2007, IBVS, No. 5761
[12] Kazarovets, E. V., Samus, N. N., Durlevich, O. V., et al. 1999, IBVS, No. 4659
[13] Kreiner, J. M. 2004, AcA, 54, 207
[14] Kwee, K. K., & van Woerden, H. 1954, BAN, 12, 211
[15] Liu, L., Qian, S. - B., Zhu, L. - Y., et al. 2011, MNRAS, 415, 3006
[16] Lucy, L. B. 1967, ZA, 65, 89
[17] Meng, X. - M., Cao, L., Qiu, Y. - L., et al. 2015, Ap&SS, 358, 47
[18] Nelson, R. H. 2014, IBVS, No. 6092
[19] Qian, S. - B., Liu, Q. - Y., Yang, Y. - L., Gu, S. - H., & Huang, Z. - K. 1997, A&AS, 125, 475
[20] Qian, S. - B., Zhu, L. - Y., Boonrucksar, S., Xiang, F. - Y., & He, J. - J. 2009, PASJ, 61, 333
[21] Rucinski, S. M. 1969, AcA, 19, 245
[22] Ulas, B., Ulusoy, C., Gazeas, K., Erkan, N., & Liakos, A. 2014, in IAU Symp. 301, Precision Asteroseismology (Cambridge: Cambridge Univ. Press), 507 van Hamme, W. 1993, AJ, 106, 2096
[23] Wang, J., Cao, L., Meng, X. - M., et al. 2015, RAA, 15, 1068
[24] Wen, W. - B., Wang, F., Li, C. - L., et al. 2014, RAA, 12, 1674
[25] Wilson, R. E. 1990, ApJ, 356, 613
[26] Wilson, R. E., & Devinney, E. J. 1971, ApJ, 166, 605
[27] Zhou, X., Qian, S. - B., Zhang, J., Zhang, B., & Kreiner, J. 2015, AJ, submitted
[28] Zhu, L. - Y., Qian, S. - B., Liao, W. - P., Zejda, M., & Mikulá? ek, Z. 2009, PASJ,61, 529

Lut Reveals an Algol-type Eclipsing Binary with Three Additional Stellar Companions in a Multiple System

L. - Y. Zhu[1,2,3], X. Zhou[1,2,3], J. - Y. Hu[4], S. - B. Qian[1,2,3], L. - J. Li[1,2], W. - P. Liao [1,2], X. - M. Tian [1,2,3], and Z. - H. Wang[1,2,3]

1 Yunnan Observatories, Chinese Academy of Sciences (CAS), P.O. Box 110, 650011 Kunming, P. R. China; zhuly@ynao.ac.cn

2 Key Laboratory of the Structure and Evolution of Celestial Objects, Chinese Academy of Sciences, P.O. Box 110, 650011 Kunming, P. R. China

3 University of the Chinese Academy of Sciences, Yuquan Road 19 #, Sijingshang Block, 100049 Beijing, P. R. China

4 National Astronomical Observatories, Chinese Academy of Sciences, 100012 Beijing, P. R. China Received 2015 December 8; accepted 2016 February 1; published 2016 April 4

Abstract: A complete light curve of the neglected eclipsing binary Algol V548 Cygni in the UV band was obtained with the Lunar-based Ultraviolet Telescope in 2014 May. Photometric solutions are obtained using the Wilson - Devinney method. It is found that solutions with and without third light are quite different. The mass ratio without third light is determined to be $q = 0.307$, while that derived with third light is $q = 0.606$. It is shown that V548 Cygni is a semi - detached binary where the secondary component is filling the critical Roche lobe. An analysis of all available eclipse times suggests that there are three cyclic variations in the $O - C$ diagram that are interpreted by the light travel - time effect via the presence of three additional stellar companions. This is in agreement with the presence of a large quantity of third light in the system. The masses of these companions are estimated as m sin $i' \sim 1.09$, 0.20, and $0.52 M_{\odot}$. They are orbiting the central binary with orbital periods of about 5.5, 23.3, and 69.9 years, i.e., in 1:4:12 resonance orbit. Their orbital separations are about 4.5, 13.2, and 26.4 au, respectively. Our photometric solutions suggest that they contribute about 32.4% to the total light of the multiple system. No obvious long - term changes in the orbital period were found, indicating that the contributions of the mass transfer and the mass loss due to magnetic braking to the period variations are comparable. The detection of three possible additional stellar components orbiting a typical Algol in a multiple system make V548 Cygni a very interesting binary to study in the future.

Key words: binaries; close - binaries; eclipsing - stars; evolution - stars; individual (V548 Cygni)

1 Introduction

The light variability of V548 Cygni (= BD +54 2255 = HD 189371) was discovered by Hoffmeister (1949) in 1949 and was later classified as an RR Lyr-type pulsating star by Asarnowa (1951). Based on their photographic observations, Born & Sofronijevic (1952) classified it as an eclipsing binary. Spectroscopic elements were published by Heard & Morton (1956, 1962) who showed that the system is a single - lined spectroscopic binary and classified the primary as an A0-type star. The first photoelectric light curve was obtained over 34 days from 1952 to 1953 by Fresa (1956) who derived an orbital period of 1.805257 days. Rodonó (1967) subsequently published a photoelectric light curve and computed the orbital elements of the system. Rodonó's data were also analyzed by Mardirossian et al. (1980). The eclipsing binary V548 Cygni was observed photoelectrically by Ertan (1981) in the B and V bands on 17 nights in 1975 with a 48 cm Cassegrain telescope, and solutions were obtained using the methods of Kitamura (1965) and Wood (e.g., 1973). Those light curves were also analyzed by Russo & Milano (1983) with the Wilson - Devinney (W - D) method. After that, the binary has generally been neglected. No charge - coupled device (CCD) photometric light curves or detailed analyses were published.

The Algol-type binary V548 Cygni was suspected to be an sd - d system where the secondary is an undersized subgiant that is not filling the critical Roche lobe (e.g., Mardirossian et al. 1980). However, the photometric solution by Russo & Milano (1983) indicated that the binary is a typical Algol with a lobefilling secondary. The other question for V548 Cygni is the presence of the third body. Rodonó (1967) pointed out the existence of a large amount of third light in the system. Ertan (1981) later showed that the system has a third body whose luminosity is greater than that of the secondary star. However, no third bodies were reported by Mardirossian et al. (1980) and Russo & Milano (1983).

The Lunar-based Ultraviolet Telescope (LUT) is a 15 cm telescope that is one of the scientific instruments equipped by the lander of China. s *Chang'e* 3 spacecraft. It is a Ritchey. Chretien telescope with a Nasmyth focus (Cao et al. 2011) that has been working on the Moon for the past two years. It is very useful to monitor eclipsing binaries continuously and uninterruptedly because of the slow rotation of the Moon (Wen et al. 2014). The orbital period of 1.805257 days for V548 Cygni indicates that its light curves are difficult to observe. Ten continuously clear days are required to obtain a complete light curve at one Earth-based observatory. In the paper, the CCD light curve of V548 Cygni in the UV band is presented and analyzed using the W - D program (Wilson &

Devinney 1971). Then, based on those photometric solutions together with the properties of the period changes, the presence of additional stellar companions, the structure, and the evolutionary state of the binary all are discussed.

2 Lut Light Curve and Photometric Solutions

V548 Cygni was monitored using LUT on 2014 May 13 – 14. A UV (245～340 nm) enhanced back – illuminated CCD was used that has a field view of $1\overset{\circ}{.}27 \times 1\overset{\circ}{.}27$. It could be used to observe objects at a brightness as low as magnitude 13.5 (Meng et al. 2015). The original observations were analyzed with a special data processing method developed by Meng et al. (2015) because LUT works during the lunar daytime for sufficient power. The calibration of those photometric data was described by Wang et al. (2015). The accuracy of the data is about 0.015 mag. The obtained light curves are displayed in Figure 1 where phases of the observations were calculated with the following linear ephemeris,

$$\text{Min. } I = \text{HJD } 2456791.6852 + 1.805237 \times E. \tag{1}$$

HJD 2456791.6852 in the equation is the primary time of minimum light determined with those LUT data.

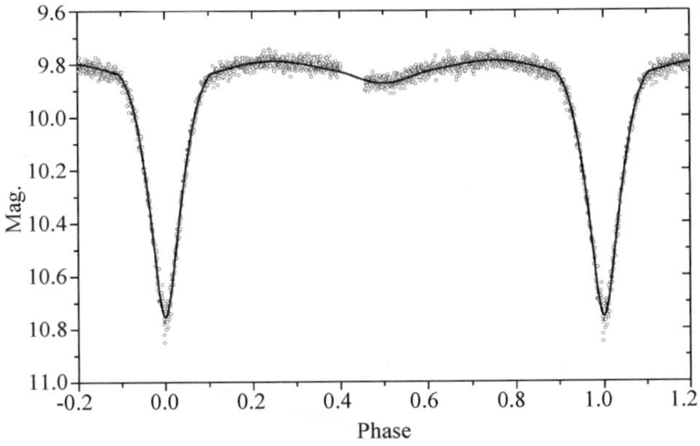

Figure 1　Light curve of V548 Cygni observed on 2014 May 13 – 14 with LUT on the Moon. Open circles refer to the observations and the solid line to the theoretical light curve computed using the Wilson – Devinney (W – D) method (see the text for details).

To understand whether V548 Cygni is a semi – detached or a detached system, the light curves obtained by LUT were analyzed using the W – D method (Wilson & Devinney 1971; Wilson 1990, 1994). During the solution process, the effective temperature of Star 1 (the primary component star that is eclipsed at phase 0.0) was chosen as $T_1 = 9395$ K according to the spectral type of A0 (e.g., Heard & Morton 1962). The bolometric albedo and the gravity darkening coefficient for the primary are taken as $A_1 = 1.0$ and $g_1 = 1.0$, respectively. Since V548 Cygni is a single – lined spectroscopic binary, its mass ratio cannot be determined spectroscopically. To search for the mass ratio of the system, the solutions for assumed values of q from 0.1 to 1 are obtained. The gravity darkening coefficient and the bolometric albedo for Star 2 are taken to be $g_2 = 0.32$ and $A_2 = 0.5$ (Lucy 1967; Rucinski 1969) because the determined temperature indicates that Star 2 is a late-type star with a convective envelope. For a detailed treatment of limb darkening, we choose the logarithmic limb-darkening coefficients from Van Hamme (1993).

For each fixed mass ratio, we started the computation with Mode 2 (the detached mode) and found that all of the solutions converged to Mode 5 (semi-detached configuration with a lobefilling secondary). The adjustable parameters are as follows: the inclination i, the mean temperature of Star 2 T_2, the monochromatic luminosity of Star 1 L_1, and the dimensionless potentials of Star 1, Ω_1. The resultant sums of the weighted square deviations $\sum$ for all assumed values of q are shown in Figure 2. As plotted in the figure, a minimum $\sum$ is achieved at $q = 0.28$. Therefore, we choose q as an adjustable parameter and $q = 0.28$ as the initial value. Then, a differential correction is performed and the final solution is obtained. The solutions are listed in Table 1, while the observed and theoretical light curves are shown in Figure 1.

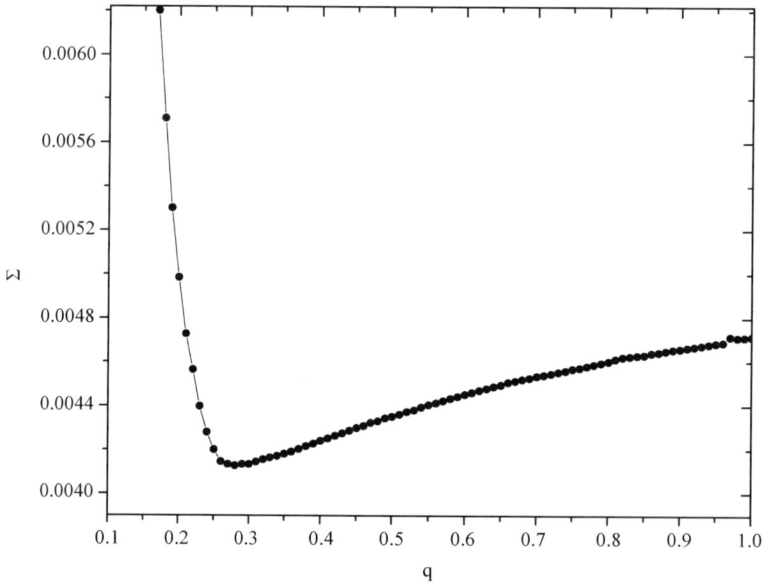

Figure 2　Relation between Σ and q without third light $L3$.

Table 1　Photometric Solutions for V548 Cygni Without Third Light

Parameters	Values	Errors
T_1(K)	9395	fixed
g_1	1.00	fixed
g_2	0.32	fixed

Continued

Parameters	Values	Errors
A_1	1.00	fixed
A_2	0.50	fixed
x_1	0.256	fixed
x_2	0.225	fixed
y_1	−0.827	fixed
y_2	−0.723	fixed
$q\ (M_2/M_1)$	0.307	±0.09
T_2(K)	5425	±61
i(°)	82.0	±0.4
Ω_1	3.2635	±0.0035
$L_1(L_1+L_2)$	0.9864	±0.0004
r_1(*pole*)	0.3369	±0.0031
r_1(*point*)	0.3560	±0.0036
r_1(*side*)	0.3459	±0.0034
r_1(*back*)	0.3517	±0.0035
r_2(*pole*)	0.2626	±0.0021
r_2(*point*)	0.3810	±0.0021
r_2(*side*)	0.2734	±0.0022
r_2(*back*)	0.3062	±0.0022

3 Variations In The $O-C$ Diagram of V548 Cygni

Since V548 Cygni is a relatively bright ($V = 8.9$ mag) binary star and has a deep primary minimum (the depth is 1.12 mag), it has been an attractive target for astronomical observers for monitoring eclipse times. It was intensively observed visually, photoelectrically, and CCD photometrically, and many eclipse times were published (e.g., Pohl & Kizilirmak 1970, 1972, 1975, 1976, 1977; Kizilirmak & Pohl 1971; Pohl et al. 1982; Caton & Smith 2005; Hubscher & Walter 2007; Samolyk 2008, 2010, 2011). Fresa (1956) determined the orbital period to be 1.805257 days, which was later revised as 1.805244 days by Rodonó (1967). An ephemeris with quadratic and cubic terms was published by Wood & Forbes (1963). However, this ephemeris was determined mainly based on photographic and visual data. Ertan (1981) obtained three photoelectric times of minimum light and determined the following linear ephemeris,

$$\text{Min. } I = \text{HJD } 24442279.3838 + 1.80524695 \times E. \tag{2}$$

The $O-C$ diagram of V548 Cygni was recently constructed by Erdem & Ozturk (2014) and was explained as a downward parabolic form. The downward parabolic $O-C$ variation indicated a decrease in their orbital period.

Using LUT data, one primary eclipse time of V548 Cygni was determined. Combined with other times of minimum light collected from the literature and from J. Kreiner (2015, private communication), the $(O-C)_1$ values with respect to the following linear ephemeris,

$$\text{Min. } I = \text{HJD } 2444456.492 + 1.805237 \times E, \tag{3}$$

were computed. The corresponding $(O-C)_1$ diagram is shown in the upper panel of Figure 3 along with the epoch number E. The solid dots in the panel refer to photoelectric and CCD (hereafter "PC") data, and crosses refer to photographic and visual (hereafter "PV") observations. All PC data are listed in the Table 2.

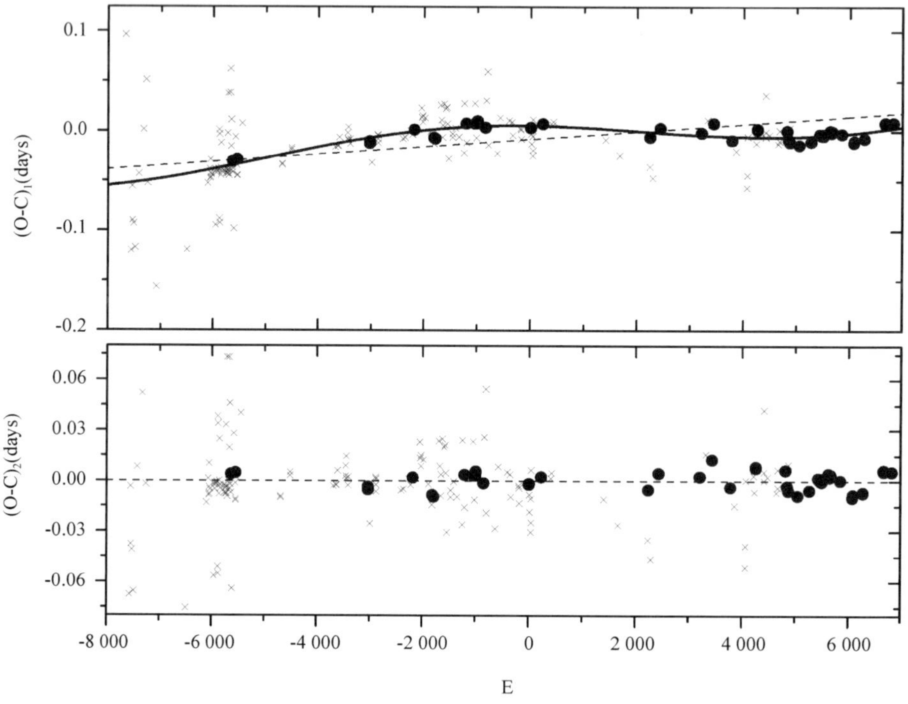

Figure 3　$O-C$ diagrams of V548 Cygni. Crosses refer to visual or photographic observations, while solid dots refer to CCD or photoelectric data. The $(O-C)_1$ curve in the upper panel represents a combination of a new linear ephemeris (the dashed line) and a cyclic period variation (solid line). The $(O-C)_2$ values with respect to Equation (4) are shown in the lower panel.

Table 2　Photoelectric and CCD Times of Minimum Light for V548 Cyg

HJD	Type	E	$(O-C)_1$	Ref.	HJD	Type	E	$(O-C)_1$	Ref.
2434298.3931	pri	−5627	−0.0303	(1)	2451273.058	pri	3776	−0.0089	(9)
2434444.619	pri	−5546	−0.0286	(1)	2452150.4147	pri	4262	0.0026	(10)
2438977.5874	pri	−3035	−0.0103	(2)	2453154.1246	pri	4818	0.0007	(9)

Continued

HJD	Type	E	$(O-C)_1$	Ref.	HJD	Type	E	$(O-C)_1$	Ref.
2438979.391	pri	-3034	-0.0119	(2)	2453202.8566	pri	4845	-0.0087	(11)
2438988.4175	pri	-3029	-0.0116	(2)	2453251.5955	pri	4872	-0.0112	(12)
2440499.4142	pri	-2192	0.0017	(3)	2453565.704	pri	5046	-0.0139	(9)
2441176.3699	pri	-1817	-0.0065	(4)	2453966.4702	pri	5268	-0.0103	(13)
2441223.3051	pri	-1791	-0.0074	(4)	2454260.7315	pri	5431	-0.0027	(9)
2442279.3841	pri	-1206	0.0079	(5)	2454318.498	pri	5463	-0.0037	(14)
2442575.443	pri	-1042	0.0080	(6)	2454385.2919	pri	5500	-0.0036	(15)
2442631.4055	pri	-1011	0.0081	(6)	2454612.7561	pri	5626	0.0007	(16)
2442640.4321	pri	-1006	0.0085	(6)	2454652.4695	pri	5648	-0.0011	(14)
2442667.5124	pri	-991	0.0103	(6)	2454690.3803	pri	5669	-0.0003	(15)
2442927.46	pri	-847	0.0037	(7)	2455011.7105	pri	5847	-0.0022	(17)
2444456.4957	pri	0	0.0037	(8)	2455432.3217	pri	6080	-0.0113	(18)
2444866.2885	pri	227	0.0077	(9)	2455450.3757	pri	6090	-0.0096	(19)
2448500.217	pri	2240	-0.0059	(9)	2455802.3993	pri	6285	-0.0072	(20)
2448850.442	pri	2434	0.0031	(9)	2456515.4836	pri	6680	0.0084	(21)
2450240.47	pri	3204	-0.0014	(9)	2456522.7044	pri	6684	0.0083	(13)
2450655.684	pri	3434	0.0081	(9)	2456791.6852	pri	6833	0.0088	(22)

References. (1) Fresa (1956), (2) Rodonó (1967), (3) Kizilirmak & Pohl (1971), (4) Pohl & Kizilirmak (1972), (5) Pohl & Kizilirmak (1975), (6) Pohl & Kizilirmak (1976), (7) Pohl & Kizilirmak (1977), (8) Pohl et al. (1982), (9) Private communication, (10) Agerer & Hubscher (2002), (11) Caton & Smith (2005), (12) Samolyk (2013), (13) Hubscher & Walter (2007), (14) Marino et al. (2010), (15) Brát et al. (2008), (16) Samolyk (2008), (17) Samolyk (2010), (18) Dogru et al. (2011), (19) Samolyk (2011), (20) Hoňková et al. (2013), (21) Hubscher (2013), (22) the present paper.

The $O-C$ diagram by Erdem & Öztürk (2014) showed a downward parabolic variation. However, the $(O-C)_1$ values of recent eclipse times did not follow the general trend. This indicates that the downward parabolic change is only a part of a long cyclic oscillation. This situation is usually encountered for close binary stars (e.g., Qian et al. 2012a, 2012b, 2013a, 2013b). Therefore, the general trend of the $(O-C)_1$ diagram is described by a cyclic variation. A least-squares solution leads to the following ephemeris,

$$\text{Min. } I = \text{HJD } 2444456.4840(\pm 0.0022) + 1.80524081(\pm 0.00000094) \times E + 0.0170(\pm 0.0034) \sin[0^\circ.0255(\pm 0^\circ.0039) \times E + 126^\circ.8(\pm 11^\circ.1)]. \quad (4)$$

During the solution, a weighted least-squares method was used, i.e., a weight of 1 was assigned to the PV observations and a weight of 10 was assigned to the PC data. The result indicates that the $(O-C)_1$ curve shows a cyclic change (τ_1) with a period of $T = 69.9(\pm 10.7)$ years and an amplitude of $A = 0.0170(\pm 0.0034)$ days. However, the period is close to the time span of the observations and its error is large. New data are needed to confirm this long-period change. The $(O-C)_2$ values with respect to Equation (4) are shown in the lower panel of Figure 3.

As displayed in the lower panel of Figure 3, the scatter of the PV data is up to $0^{d}.07$. The $(O-C)_2$ diagram constructed only using PC data is plotted in the upper panel of Figure 4. As shown in the panel, the general trend of PC observations reveals that there are two additional cyclic changes. The following equation,

$$(O-C)_2 = -0.0035(\pm 0.0008) + 0.00000066(\pm 0.00000017) \times E + 0.0032(\pm 0.0008)\sin[0^{\circ}.0769(\pm 0^{\circ}.0043) \times E + 168^{\circ}.4(\pm 19^{\circ}.3)] + 0.0061(\pm 0.0007)\sin[0^{\circ}.3235(\pm 0^{\circ}.0020) \times E + 70^{\circ}.2(\pm 9^{\circ}.1)], \quad (5)$$

is obtained with the least-squares method. The residuals based on Equation (5) are plotted in the lower panel of Figure 4. No changes can be found there, indicating that Equation (5) can fit the $(O-C)_2$ diagram well. The two cyclic oscillations are plotted in Figure 5 separately so they can be seen clearly. The amplitudes of the two cyclic changes are $0^{d}.0032$ and $0^{d}.0061$ with periods of 23.2 years and 5.5 years, respectively. However, as shown in Figures 4 and 5, the $O-C$ values between $E=0$ and 5000 show a slightly large scatter. To check the period changes presented here, more high precision times of minimum light are needed in the future.

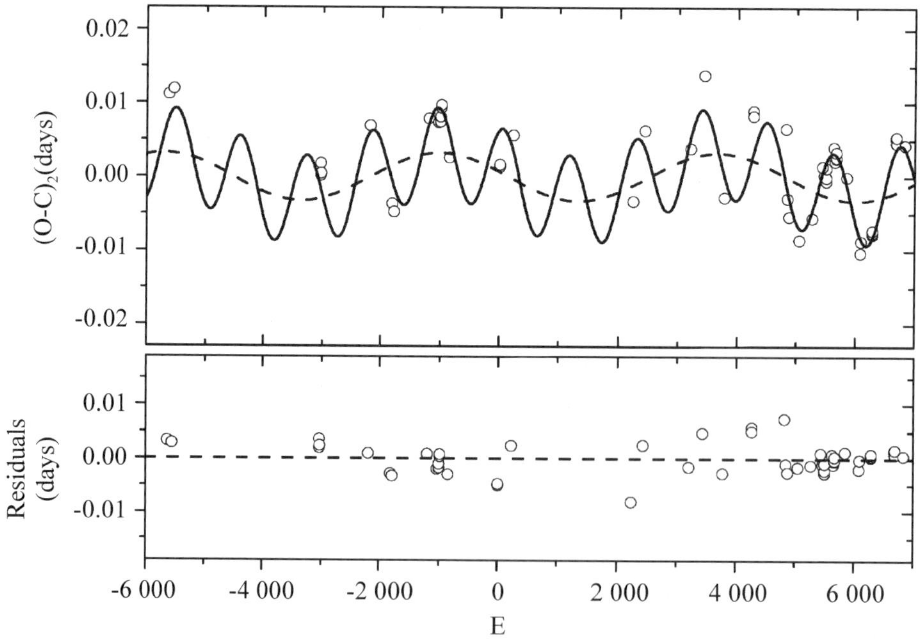

Figure 4　$(O-C)_2$ diagram of V548 Cygni constructed using all CCD and photoelectric data. The solid line represents the combination of two cyclic oscillations. After the two cyclic changes are removed, the residuals are shown in the lower panel where no variations can be seen.

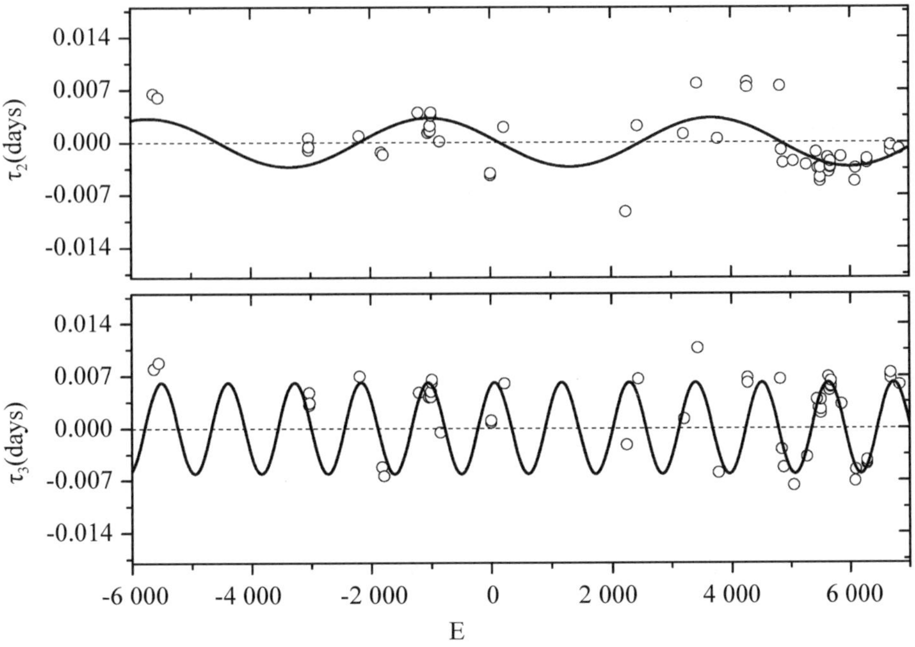

Figure 5　Two cyclic variations of V548 Cygni constructed using CCD and photoelectric observations.

4. DISCUSSIONS AND CONCLUSIONS

V548 Cygni is a close binary star with an orbital period of $1^{d}.80524$, indicating that it is difficult to obtain a complete light curve at one Earth-based observatory. The continuous and uninterrupted LUT light curve is very useful in determining the orbital and physical parameters. Photometric solutions determined in Section 2 indicate that it is a semi-detached binary with a mass ratio of $q=0.307$. However, as analyzed in the previous section, the $O-C$ diagram of V548 Cygni may show three cyclic observations that could be explained by the presence of additional stellar companions in the binary system (e.g., Liao & Qian 2010). The cyclic change of τ_3 with the shortest period among three oscillations is shown in Figure 6 and is well covered by recent PC data. Moreover, Rodono (1967) pointed out that the third light in V548 Cygni was up to 26.8% of the total system light. Ertan (1981) also showed that the luminosity of the third body is greater than that of secondary star. Therefore, the third light should be added during the solution.

By including the third light, we reanalyzed the LUT light curve. The correlation between the resultant sums of weighted square deviations Σ and the mass ratio q is shown in Figure 7. As shown in the figure, a minimum Σ is around $q=0.6$, which is quite different from that obtained without third light. The solutions with third light are listed in

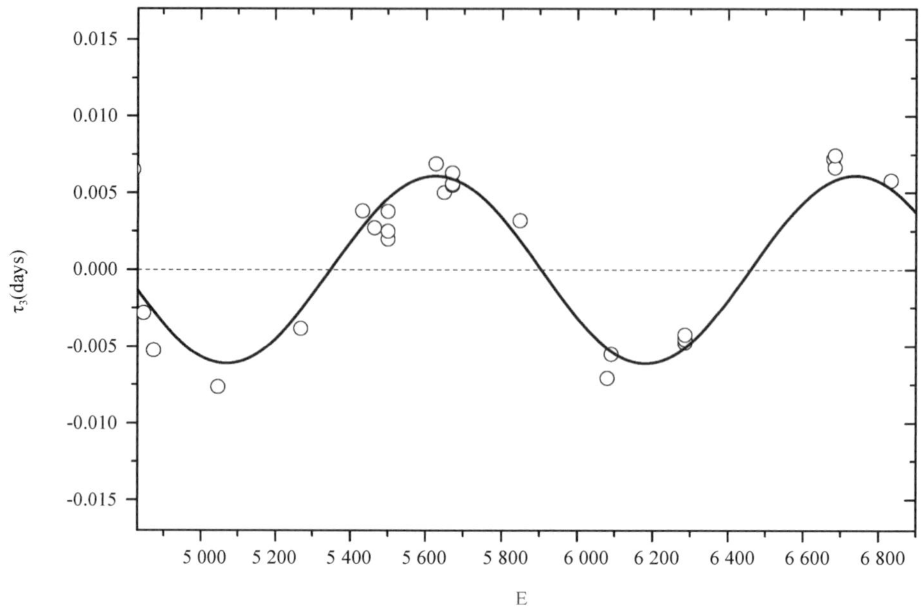

Figure 6　Cyclic change of τ_3 formed by recent PC data.

Table 3. The theoretical light curve computed with those photometric parameters is shown in Figure 8 as a solid line. Also plotted in the figure as a dashed line is the theoretical light curve calculated by removing the third light.

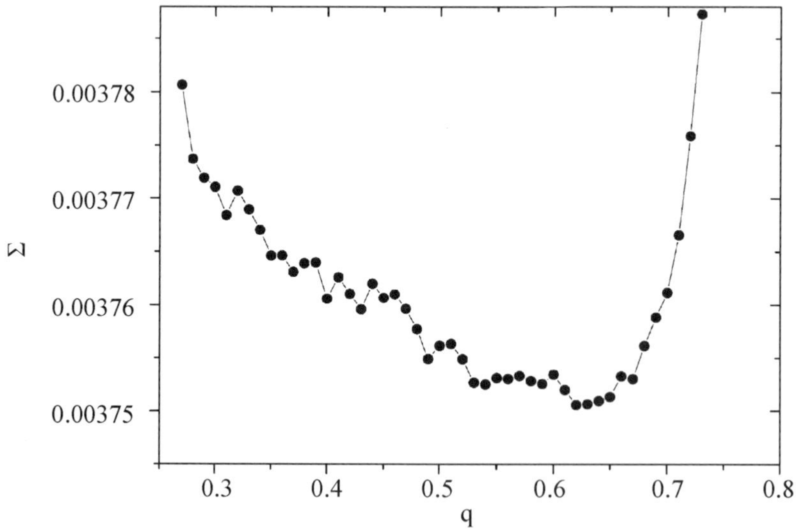

Figure 7　Relation between Σ and q computed by adding third light L_3.

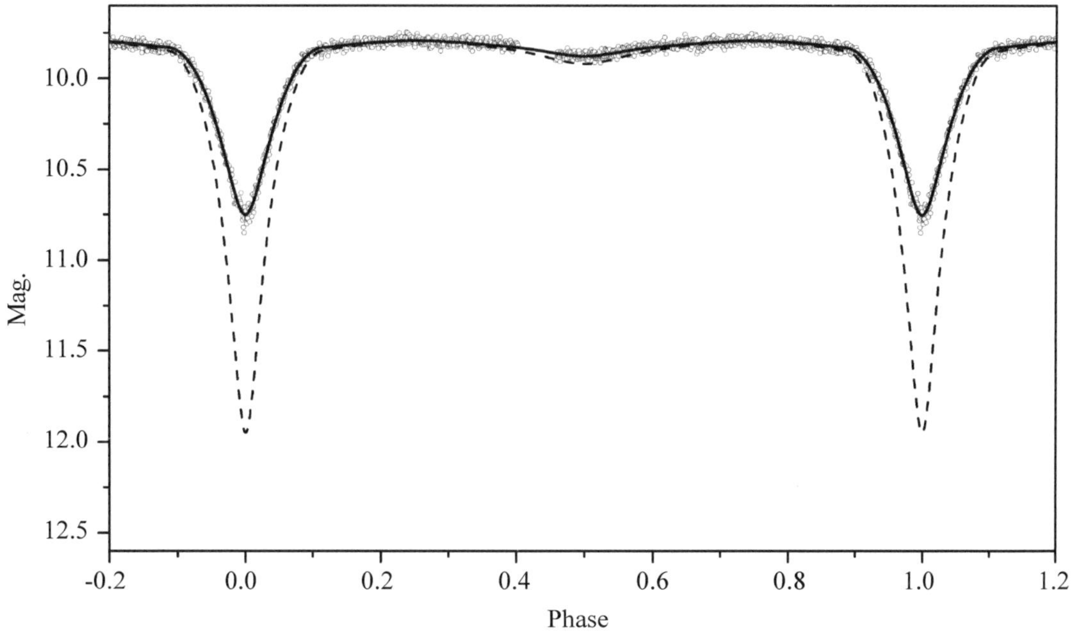

Figure 8　Light curve of V548 Cygni (open circles). The solid line refers to the theoretical light curve with the third light, while dashed line refers to the theoretical light curve without the third light but with the same photometric parameters.

Table 3　Photometric Solutions for V548 Cygni with the Third Light

Parameters	Values	Errors
$q\ (M_2/M_1)$	0.606	±0.02
$T_2(K)$	5607	±54
$i(^\circ)$	84.5	±0.5
Ω_1	3.9696	±0.0482
$L_1(L_1+L_2+L_3)$	0.6514	±0.0058
$L_3(L_1+L_2+L_3)$	0.3241	±0.0105
$r_1(pole)$	0.2943	±0.0029
$r_1(point)$	0.3117	±0.0034
$r_1(side)$	0.3006	±0.0031
$r_1(back)$	0.3075	±0.0033
$r_2(pole)$	0.3160	±0.0024
$r_2(point)$	0.4499	±0.0024
$r_2(side)$	0.3303	±0.0026
$r_2(back)$	0.3625	±0.0025

It is very interesting to discuss why the solutions with and without the third light L_3 are quite different. The mass ratio without third light is $q=0.307$, while that derived with third light is $q=0.606$. As we known, a higher mass ratio should cause deeper eclipses at both the primary and the secondary minima. On the other hand, including a third light in the solution should result in shallow minima. Therefore, the combination of a higher mass ratio and a large third light could give a good fit to the light curve. Since the $O-C$ diagram of V548 Cygni reveals that there are three more additional stellar companions in the system, we think the solution with third light is more reliable. It is interesting to point out that the third light derived by Rodono (1967) is $L_3 \sim 26.8\%$, which is close to our value. The author determined an orbital inclination of $i=84.°3$, which is also close to our value of $i=84.°5$.

By assuming that the more massive component is a mainsequence star with a spectral type of A0, its mass is estimated as $M_1=2.90M_\odot$ (Cox 2000). Then, the mass of the less massive component can be estimated as $M_2=1.76M_\odot$ using the derived value of q. For evaluating the evolutionary state of the two components of V548 Cyg, we employ the following relation suggested by Allen (1973, p. 209), which was also used by Qian et al. (2015).

$$\log(r_2/r_1)/\log(m_2/m_1)=0.64. \tag{6}$$

This formula means that if the two components of a binary are all zero-age main-sequence (ZAMS) stars, the masses and the radii should follow this relation. For the case of V548 Cyg, with a mass ratio and the radius ratio from our photometric solution (see Table 3), we can derive

$$\log(r_2/r_1)/\log(m_2/m_1)=0.22, \tag{7}$$

which implies that the secondary component is more evolved than the primary one. That means that if the primary is a ZAMS star, then the secondary should evolve away from the ZAMS line in the H-R diagram. Our solution gives a secondary component in contact with its lobe, which is a typical configuration of Algol-type eclipsing binaries. This indicates that a mass transfer from the less massive component to the more massive one should take place. The corresponding geometric structures at different phases are plotted in Figure 9. No reliable long-term increase in the orbital period was found. This may reveal that the contributions of the mass transfer and the mass loss due to magnetic braking to the period variations are comparative (e.g., Erdem & Ozt ürk 2014).

The cyclic changes of the $O-C$ diagram reveal that there are additional stellar companions in the system. Since the $O-C$ values between $E=0$ and 5000 show a slightly large scatter, properties on their eccentricities are unknown. By assuming that their orbits are circular, the orbital and physical parameters were determined and are listed in Table 4, where A and T are the amplitudes and the periods of the $O-C$ cyclic oscillations. $f(m)$ and $m\sin i'$ are their mass functions and the masses. $a_{12}\sin i'$ is determined by

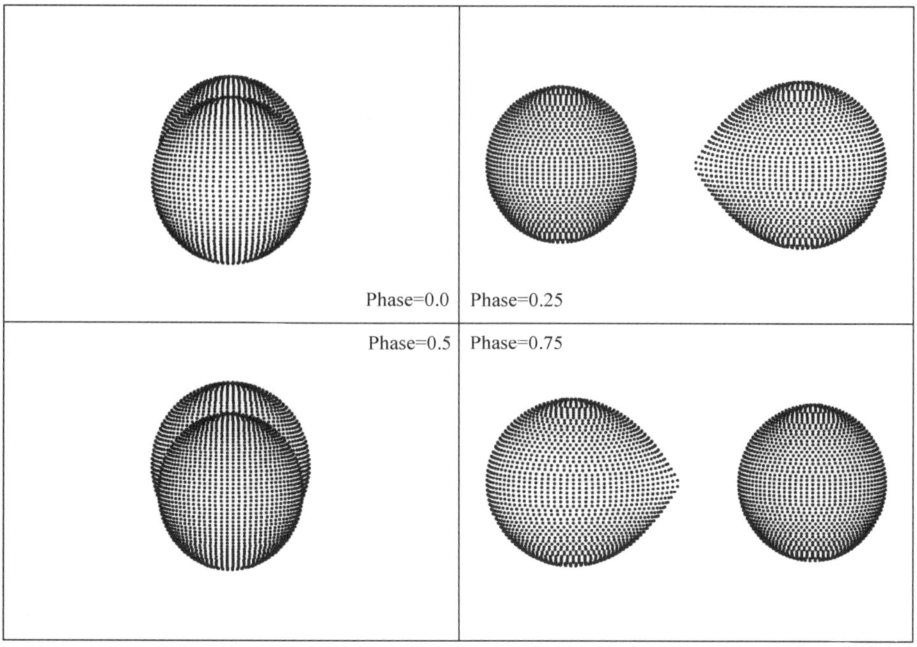

Figure 9　Geometrical structures of V548 Cygni at phases of 0.0, 0.25, 0.5, and 0.75, respectively.

$$a_{12}\ sin i' = A \times c, \tag{8}$$

Table 4　Parameters of the Three Additional Stellar Companions in V548 Cygni

Parameters	τ_3	τ_2	τ_1
A (days)	0.0061(±0.0007)	0.0032(±0.0008)	0.0179(±0.0034)
T (years)	5.50(±0.03)	23.3(±1.3)	69.9(±10.7)
a sin i' (au)	1.06(±0.12)	0.55(±0.14)	2.95(±0.59)
$f(m)$ ($M_\odot$)	3.9(±0.2)×10^{-2}	3.2(±0.3)×10^{-4}	5.2(±0.3)×10^{-3}
$m$sini$'$($M_\odot$)	1.09(±0.14)	0.20(±0.05)	0.52(±0.11)
d (i' = 90°)(au)	4.5(±0.7)	13.2(±4.7)	26.4(±5.7)

where i' is the orbital inclinations of the additional bodies. They are orbiting the central binary with orbital periods of about 5.5, 23.3, and 69.9 years, i.e., in a 1:4:12 resonance orbit. Their orbital separations are about 4.5, 13.2, and 26.4 au (1 au is the separation between the Earth and the Sun). Our photometric solutions suggest that the three third bodies contribute about 32.4% to the total light of the multiple system. It is possible that the presence of the additional components played an important role for the origin and evolution of central close binary by removing angular momentum during the early dynamical interaction and/or late evolution (e.g., D'Angelo et al. 2006; Pribulla & Rucinski 2006; Qian et al. 2013a, 2014). The existence of three possible additional stellar companions orbiting a typical Algol in a multiple system make V548 Cygni a very interesting target to study in the future. New spectroscopic observations are very useful to understand the physical properties of the stellar components in the multiple system.

The authors thank the LUT group, including Drs. Wei J. - Y., Meng X. - M., Han X. - H., and Wang J. for helping with observations and data reduction. This work is partly supported by the Chinese Natural Science Foundation (Nos. 11133007, 11325315 and 11573063), the Key Research Program of the Chinese Academy of Sciences (grant No. KGZD - EW - 603), the Science Foundation of Yunnan Province (No. 2013FB084), and by the Strategic Priority Research Program "The Emergence of Cosmological Structures" of the Chinese Academy of Sciences (No. XDB09010202). We are indebted to Dr. J. Kreiner, who sent us the times of minimum light of the eclipsing binary system he collected, and to the many observers, amateur and professional, who observed the wealth of data on the eclipsing binary system.

References

[1] Agerer, F., & Hubscher, J. 2002, IBVS, 5296, 1
[2] Allen, C. W. 1973, Astrophysical Quantities (London: Athlone)
[3] Asarnowa, T. A. 1951, Peremennye Zvjozdy, 9, 40
[4] Brát, L., Smelcer, L., Kuèáková, H., et al. 2008, OEJV, 0094, 1
[5] Born, E., & Sofronijevic, D. 1952, BAV-Rundbrief Nr. 4
[6] Cao, L., Ruan, P., Cai, H. - B., et al. 2011, Science China, 54, 2011
[7] Caton, D. B., & Smith, A. B. 2005, IBVS, 5595, 1
[8] Cox, A. N. 2000, Allen.s Astrophysical Quantities (4th ed; New York, NY: Springer)
[9] D'Angelo, C., van Kerkwijk, M. H., & Rucinski, S. M. 2006, AJ, 132, 650
[10] Dogru, S. S., Erdem, A., Alicavus, F., Akin, T., & Kanvermez, C. 2011, IBVS, 5988, 1
[11] Erdem, A., & Ozturk, O. 2014, MNRAS, 441, 1166
[12] Ertan, A. Y. 1981, Ap&SS, 77, 391
[13] Fresa, A. 1956, MmSAI, 27, 51
[14] Heard, J. F., & Morton, D. C. 1956, AJ, 61, 179
[15] Heard, J. F., & Morton, D. C. 1962, PDDO, 2, 255
[16] Hoffmeister, C. 1949, AnErg, 12, 7
[17] Hoňková, K., Jurysek, J., Lehky, M., et al. 2013, OEJV, 160, 1
[18] Hubscher, J. 2013, IBVS, 6084, 1
[19] Hubscher, J., & Walter, F. 2007, IBVS, 5761, 1
[20] Kitamura, M. 1965, AdA&A, 3, 37
[21] Kizilirmak, A., & Pohl, E. 1971, IBVS, 530, 1
[22] Liao, W. - P., & Qian, S. - B. 2010, MNRAS, 405, 1930
[23] Lucy, L. B. 1967, ZA, 65, 89
[24] Mardirossian, F., Mezzetti, M., Cester, B., Giuricin, G., & Russo, G. 1980, A&AS, 39, 235
[25] Marino, G., Arena, C., Bellia, I., et al. 2010, IBVS, 5917, 1

[26] Meng, X. -M., Cao, L., Qiu, Y. -L., et al. 2015, Ap&SS, 358, 47
[27] Pohl, E., Evren, S., Tumer, O., & Sezer, C. 1982, IBVS, 2189, 1
[28] Pohl, E., & Kizilirmak, A. 1970, IBVS, 456, 1
[29] Pohl, E., & Kizilirmak, A. 1972, IBVS, 647, 1
[30] Pohl, E., & Kizilirmak, A. 1975, IBVS, 1053, 1
[31] Pohl, E., & Kizilirmak, A. 1976, IBVS, 1163, 1
[32] Pohl, E., & Kizilirmak, A. 1977, IBVS, 1358, 1
[33] Pribulla, T., & Rucinski, S. M. 2006, AJ, 131, 2986
[34] Qian, S. -B., Liu, L., Zhu, L. -Y., et al. 2012a, MNRAS, 422, L24
[35] Qian, S. -B., Liu, N. -P., Li, K., et al. 2013a, ApJS, 209, 13
[36] Qian, S. -B., Shi, G., Zola, S., et al. 2013b, MNRAS, 436, 1408
[37] Qian, S. -B., Wang, J. -J., Zhu, L. -Y., et al. 2014, ApJS, 212, 4
[38] Qian, S. -B., Zhou, X., Zhu, L. -Y., et al. 2015, AJ, 150, 193
[39] Qian, S. -B., Zhu, L. -Y., Dai, Z. -B., et al. 2012b, ApJL, 745, L23
[40] Rodonó, M. 1967, MmSAI, 38, 465
[41] Rucinski, S. M. 1969, AcA, 19, 245
[42] Russo, G., & Milano, L. 1983, AcA, 33, 163
[43] Samolyk, G. 2008, JAVSO, 36, 186
[44] Samolyk, G. 2010, JAVSO, 38, 85
[45] Samolyk, G. 2011, JAVSO, 39, 94
[46] Samolyk, G. 2013, JAVSO, 41, 328
[47] Van Hamme, W. 1993, AJ, 106, 2096
[48] Wang, J., Cao, L., Meng, X. -M., et al. 2015, RAA, 15, 1068
[49] Wen, W. -B., Wang, F., Li, C. -L., et al. 2014, RAA, 12, 1674
[50] Wilson, R. E. 1990, ApJ, 356, 613
[51] Wilson, R. E. 1994, PASP, 106, 921
[52] Wilson, R. E., & Devinney, E. J. 1971, ApJ, 166, 605
[53] Wood, B. D., & Forbes, J. E. 1963, AJ, 68, 257
[54] Wood, D. B. 1973, MNRAS, 164, 53

Lunar-based Ultraviolet telescope study of the well-known Algol-type binary TW Dra

Wen－Ping Liao[1,2], Sheng－Bang Qian[1,2,3], M. Zejda[4], Li－Ying Zhu[1,2,3] and Lin－Jia Li[1,2]

1 Yunnan Observatories, Chinese Academy of Sciences, PO Box 110, 650216 Kunming, China; liaowp@ynao.ac.cn

2 Key Laboratory of the Structure and Evolution of Celestial Objects, Chinese Academy of Sciences, PO Box 110, 650216 Kunming, China

3 University of the Chinese Academy of Sciences, Yuquan Road 19#, Shijingshan Block, 100049 Beijing, P. R. China

4 Department of Theoretical Physics and Astrophysics, Masaryk University, Kotlářská 2, CZ－611 37 Brno, Czech Republic

Abstract: By using the Lunar-based Ultraviolet Telescope (LUT) from 2 December to 4 December, 2014, the first near－UV light curve of the well－known Algol-type binary TW Dra is reported, which is analyzed with the 2013 version of W－D code. Our solutions confirmed that TW Dra is a semi－detached binary system where the secondary component fills its Roche lobe. The mass ratio and a high inclination are obtained ($q = 0.47$, $i = 86^{\circ}.68$). Based on 589 available data spanning more than one century, the complex period changes are studied. Secular increase and three cyclical changes are found in the corresponding orbital period analysis. The secular increase changes reveal mass transfer from the secondary component to the primary one at a rate of $6.8 \times 10^{-7} M_{\odot}/\mathrm{yr}$. One large cyclical change of 116.04 yr may be caused by disturbance of visual component ADS9706B orbiting TW Dra (ADS9706A), while other two cyclical changes with shorter periods of 22.47 and 37.27 yrs can be explained as the result of two circum-binary companions are orbiting around TW Dra, where the two companions are in a simple 3:5 orbit－rotation resonances. TW Dra itself is a basic binary in a possible sextuple system (1+1)+(1+1)+(1+1), which further suggests that multiplicity may be a fairly common phenomenon in close binary systems.

Key words: stars; binaries; close-stars; binaries; eclipsing-stars; individual (TW Draco)

1 Introduction

The variability of Algol-type TW Dra was discovered in 1910 (Pickering, 1910). It is an Algol-type system with a δ Scuti－like oscillating primary component (Zhang et al., 2013), and it is the A－component of the visual binary ADS 9706. Detailed spectroscopic and photometric investigations of TW Dra have been published since its discovery, e.g., Baglow (1952); Walter (1978); Giuricin et al. (1980); Papoušek et al. (1984); Smith (1949); Popper (1989); Qian & Boonrucksar (2002); Zejda et al. (2008); Tkachenko et al. (2010); Zejda et al. (2011); Božić et al. (2013). A historical summary of investigation was given in Tkachenko et al. (2010) and Zejda et al. (2008). Here, we will focus on several studies of TW Dra in recent years. Tkachenko et al. (2010) investigated the system in detail based on highresolution spectra, and derived reliable orbital elements: $M_1 = 2.2(\pm 0.1) M_\odot$, $M_2 = 0.90(\pm 0.05) M_\odot$, $a = 12.2(\pm 0.2) R_\odot$, $T_1 = 8160(\pm 15)$ K, $q = 0.411(\pm 0.004)$, $i = 86^\circ.8(\pm 0^\circ.3)$. Orbital period changes in TW Dra were studied by many researchers, rather complicated changes of the orbital period were studied in detail by Zejda et al. (2008), who also summarized previous studies on this topic. They analysed $(O-C)$ curves in two stages, e.g., 1858 - 1942 and 1942 - 2007, a period increase and a small cyclical 6.5 - year variation were obtained. Based on multicolour light curves, Zejda et al. (2011) and Božić et al. (2013) derived similar solutions of TW Dra by using the PHOEBE program. Zejda et al. (2011) pointed out that the system could be a quadruple system. In the new solution of Božić et al. (2013), they mentioned that the small variation with period of 6.5 years in the system proposed by Wolf (1990) and Zejda et al. (2008) is not sufficient to explain the large discrepancy between observed and expected value of the period. In view of this reason and more new data have collected, we reproduce and investigate the $(O-C)$ diagram. According to Cao et al. (2011), the variation of brightness in the near - ultraviolet band is normally much stronger than in other bands. TW Dra is a binary system with large brightness variation in the near - ultraviolet band, therefore, TW Dra was finally put into our LUT observational list.

2 Lunar-Based Ultraviolet Telescope Observations

TW Dra was observed from 2 December to 4 December, 2014 by using LUT, its aperture is 15 cm, covers a near - UV band range of 245 ~ 340 nm. The field of view is $1^\circ.27 \times 1^\circ.27$. Detectable stellar magnitude limits is 13 magnitude (Wen et al., 2014; Cao et al., 2011). The photometric performance of LUT is highly stable in its first six months of operation(Wang et al., 2014).

By using the data processing method of Meng et al., (Meng et al., 2015), two eclipse light curves were obtained and are plotted in Figure 1. By using a least squares parabolic fitting method, two times of light minimum, $MinI = 2456994.45291 \pm 0.00045$ and $MinII = 2456995.86490 \pm 0.00542$, were determined. The near - UV phased light curve is displayed in Figure 2. The phases were calculated with the the equation

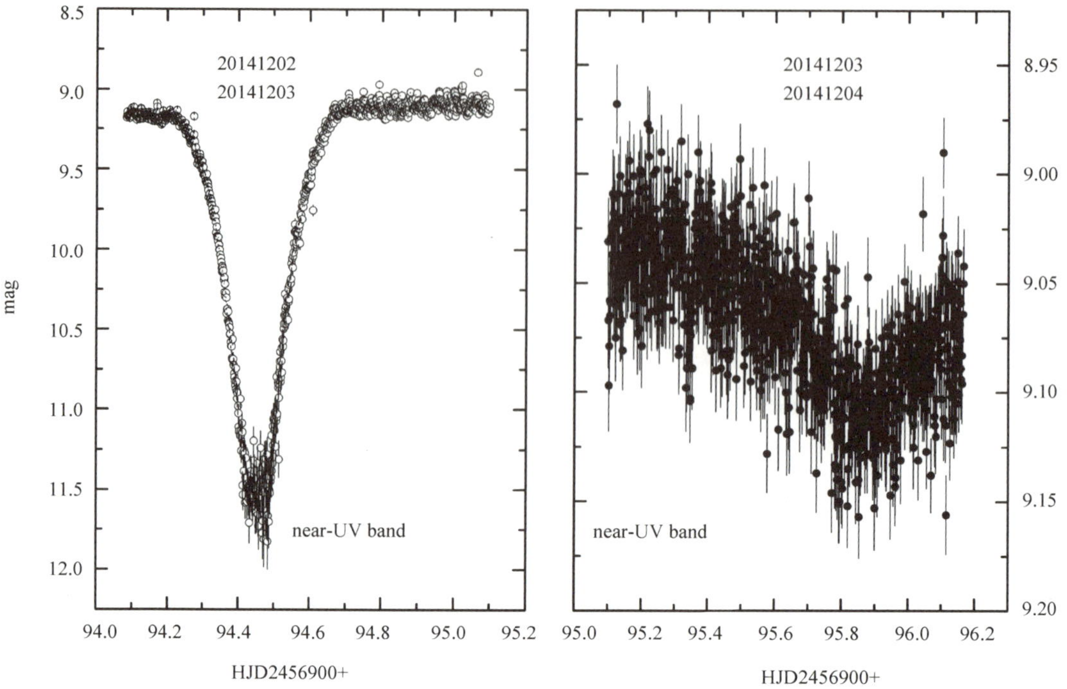

Fig. 1　Near-UV light curves of TW Dra obtained with the LUT from 2 December to 4 December, 2014. Open and filled circles represent light curves of primary and secondary minima observations, respectively.

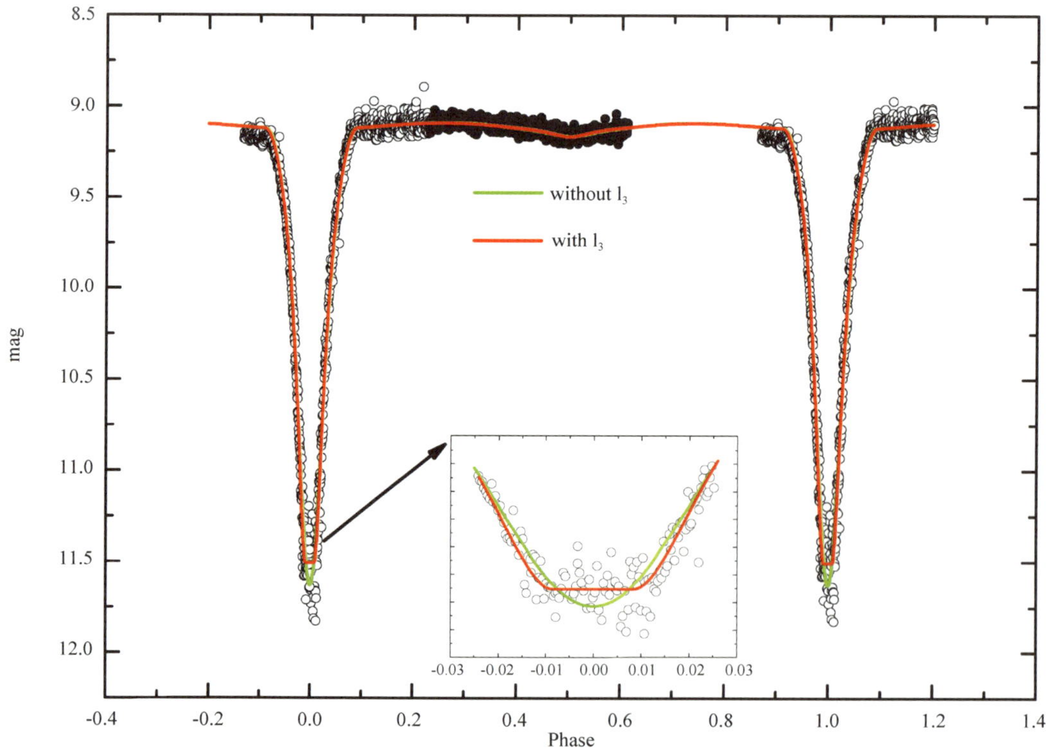

Fig. 2　The observed and theoretical near-UV light curves (solid lines) of TW Dra. The green line calculated without a third light, the red line calculated with a third light. The symbols are the same as in the Figure 1.

of 2456994.45291 + $2^{d}.806854 \times E$ (where $2^{d}.806854$ is taken from O − C gateway: http://var.astro.cz/ocgate).

3 The Analysis of Light Curves

The near − UV light curve was analyzed using the 2013 version of W − D code (Wilson et al., 1991; Wilson, 1979, 1990; Van Hamme et al., 2007; Wilson, 2008; Wilson et al., 2010; Wilson, 2012). The temperature for star 1 (star eclipsed at primary minimum light) was fixed as $T_1 = 8160K$ during the analysis (Tkachenko et al., 2010). Considering spectral type for the primary component was classified as A5V while the secondary component is a K0-type giant (Tkachenko et al., 2010), the gravity − darkening coefficients $g_1 = 1.0$, $g_2 = 0.32$ and the bolometric albedo $A_1 = 1.0$, $A_2 = 0.5$ were chosen for two component stars. For the bolometric and bandpass limb − darkening coefficients, an internal computation based on the result of van Hamme (1993) with the logarithmic law was used. The solutions converged at mode 5 (semi − detached with star 2 that fills its limiting lobe).

Because TW Dra is the brighter member (ADS 9706A) of the visual binary ADS 9706, the light contribution from the fainter one (ADS 9706B) should be considered. Two models (with and without a third light) were used during our analysis. A q − search method was used to determine mass ratio. The best solutions were found near $q = 0.60$ without a third light and $q = 0.47$ with a third light. The value $q = 0.47$ is more close to the spectral value obtained by Tkachenko et al. (2010), corresponding relation between the resulting sum of the weighted square deviations Σ and the mass ratio q is plotted in Figure 3. Then, we expanded the adjustable parameters with the mass ratio, started the iterations with the initial values of $q = 0.60$ and $q = 0.47$, differential corrections were performed until it converged. The final solutions for the two case were derived. The solid lines in Figure 2 show the theoretical light curves with and without third light, it can be seen from this figure, the fitting difference is mainly near the primary eclipse. Taking into account the fact that the primary eclipse is a total one (Popper, 1989), we take the photometric solutions with third light as our final solutions, which are listed in Table 1.

Table 1　Photometric solutions of TW Dra.

Parameter	Solutions with third light
mode	5
i[°]	86.684(±0.397)
$q[m_2/m_1]$	0.4749(±0.0073)

Continued

Parameter	Solutions with third light
$T_1[K]$	8160
$T_2[K]$	5331(±26)
Ω_1	5.00307(±0.04847)
Ω_2	2.82728
$L_1/(L_1+L_2)(UV)$	0.9436(±0.0002)
$L_2/(L_1+L_2)(UV)$	0.0564(±0.0002)
$L_3/(L_1+L_2+L_3)(UV)(\%)$	7.1(±0.3)
$r_1(pole)$	0.2207(±0.0022)
$r_1(side)$	0.2224(±0.0022)
$r_1(back)$	0.2240(±0.0023)
$r_2(pole)$	0.2963(±0.0012)
$r_2(side)$	0.3091(±0.0013)
$r_2(back)$	0.3417(±0.0013)
$\sum res^2$	0.24×10^{-5}

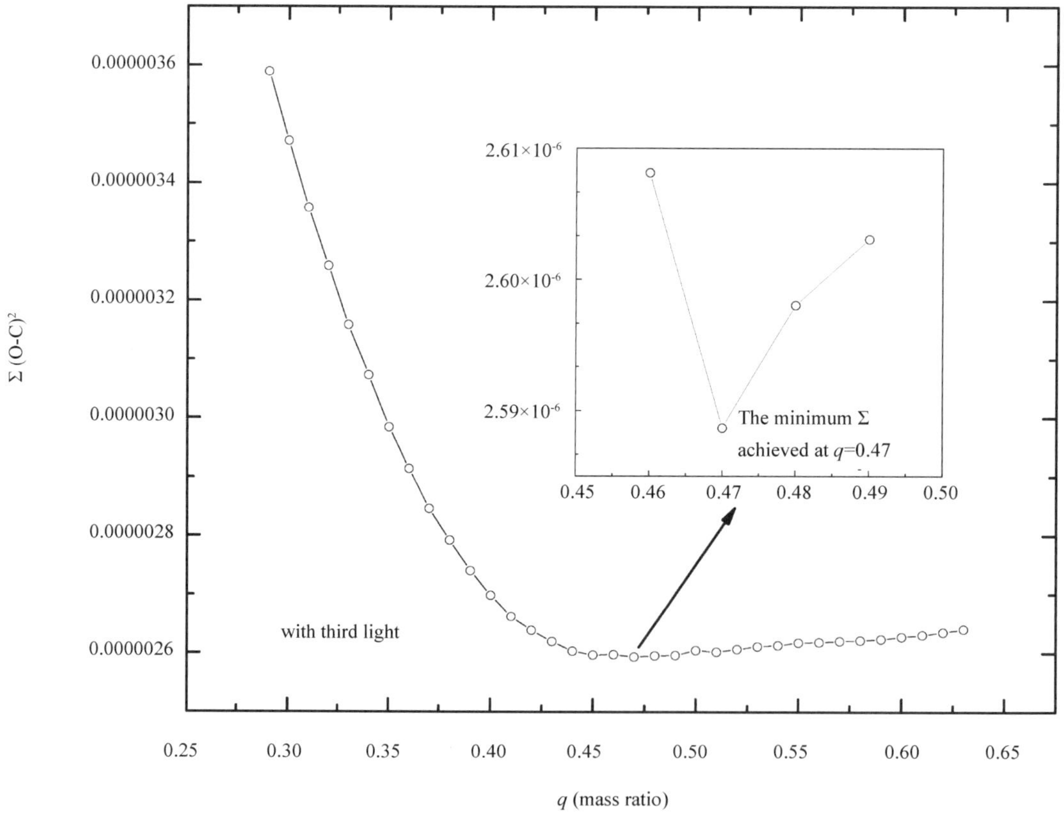

Fig. 3　Relation between the resulting sum of the weighted square deviations Σ and the mass ratio q determined with a third light.

4 Complex Orbital Period Changes of Tw Dra

By using a total of 589 data including Table 1 of Zejda et al. (2008) and those later than 2008 collected from the paper, the orbital period changes were re-analyzed by us. Due to the large scatters, the values HJDs 2399833.429, 2404663.296, 2441395.467 were not used in our analysis. The (O-C) values were computed with the linear ephemeris given by the (O-C) gateway,

$$MinI = 2433310.238 + 2^{d}.806854 \times E. \tag{1}$$

The upper panel of Figure 4 show the corresponding $(O-C)$ curve, where open circles refer to lowprecision observations (i.e., visual or photographic data), filled circles refer to high-precision observations (i.e., photoelectric or CCD data). As shown in this panel, the orbital period changes of this star is complicated. Generally, a pattern of a cyclic variation + a long-term change is exist. Therefore, during our analysis process, we firstly try to use parabolic-plus-one cyclic variation to fit the general trend of the $(O-C)$ changes. Weights of 1 and 10 were used to low-precision observations and high-precision observations, respectively. Then, based on the least-squares method, the following equation is obtained:

$$O-C = \Delta JD_0 + \Delta P_0 E + \frac{\beta}{2}E^2 + A\sin(\Omega E + \phi), \tag{2}$$

where E is the epoch number, ΔJD_0 and ΔP_0 are the correction values for the initial epoch and orbital period of the binary, β is the long-term change of the orbital period (day cycle^{-1}), $A\sin(\Omega E + \phi)$ is sinusoidal term added to fit the cyclic variation. The fitting parameters are listed in the second column of upper part of Table 2. The fitting effect is given in Figure 4. In the upper panel of Figure 4, the solid line represents to a combination of a secular increase and a cyclic period variation, and the dashed line to a quadratic fit. In the middle panel, residuals from the parabolic fit and its least-squares fit by the sinusoidal term of Equation (2)(solid line) are given. The residuals from the whole fit are displayed in the bottom panel. Its easily seen from the bottom panel of Figure 4, there are periodic changes in those residuals. To detect possible regular trends in the residuals, we secondly use a quadratic and two cyclical period variations with eccentricity to fit the $(O-C)_2$ diagram. In order to obtained more reliable results, we only focus the fit on high-precision observations (photoelectric and CCD data) in this second step. With weights of a non-linear fit, the following equation is formed to fit $(O-C)_2$ curve,

$$O-C = \Delta JD_0 + \Delta P_0 E + \frac{\beta}{2}E^2 + \tau_4 + \tau_5, \tag{3}$$

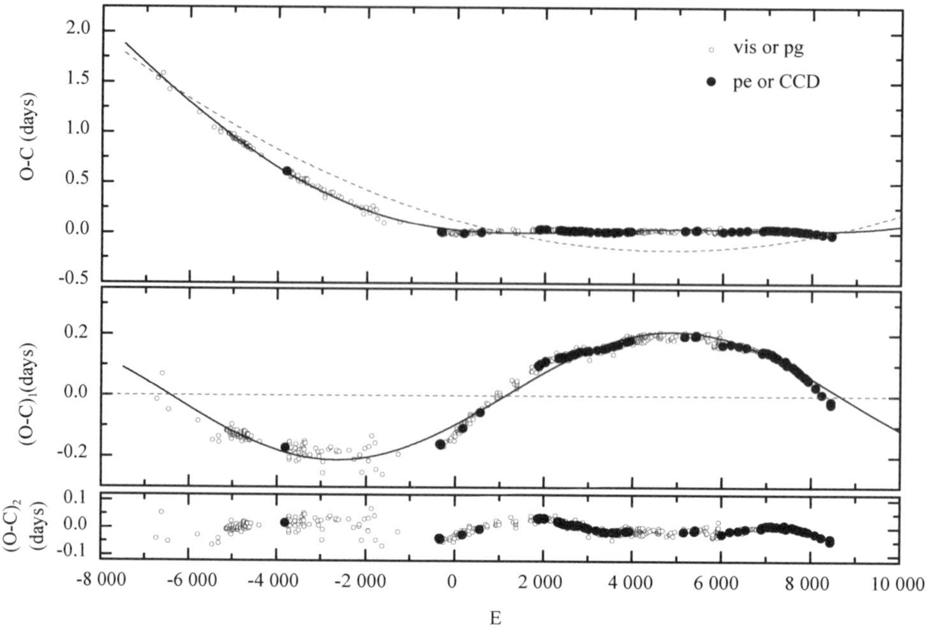

Fig.4 Upper panel: (O.C) curve of TW Dra calculated with the Equation (1). The solid line refers to a combination of a secular increase and a cyclic period variation, and the dashed line to a quadratic fit. The middle panel: residuals after removal of the parabolic fit and its least-squares fit by a sinusoidal equation (solid line). The bottom panel: the residuals from Equation (2). The open and filled circles refer to visual or photographic data and photoelectric or CCD ones, respectively.

Table 2 Parameters of the orbit of the potential additional bodies for TW Dra.

Parameters	Parabolic - plus - one pure cyclic variation(Step 1)	Parabolic - plus - two cyclic variations with eccentricity (Step 2)	
		τ_4	τ_5
ΔJD_0(HJD)	0.1252(50)	-0.0084(41)	-0.0084(41)
ΔP_0(day)	-0.0001239(39)	0.00000059(±60)	0.00000059(±60)
P_3(yr)	116.04±3.55	22.47±0.29	37.27±0.41
Ω(°)	0.0238±0.0007	-	-
ϕ(°)	333±2	-	-
ω(°)	-	332±10	298±10
β(day cycle^{-1})	$(2.61\pm0.06)\times10^{-8}$	$(-1.20\pm0.13)\times10^{-9}$	$(-1.20\pm0.13)\times10^{-9}$
e	-	0.29±0.06	0.81±0.14
A(day)	0.2108±0.0136	0.0145±0.0005	0.0346±0.0068
T(HJD)	-	2443499.0±240.8	2446536.0±224.1
$a_{12}\sin i_3$(AU)	36.52±2.36	2.51±0.09	5.99±1.18
$f(m)(M_\odot)$	3.61±0.70	0.031±0.003	0.155±0.091
$m_{3min}(M_\odot)$	7.33±0.89	0.78±0.03	1.48±0.37
$a_{3\max}(AU)$	15.45±2.12	9.98±0.52	12.55±3.99

where τ_4 and τ_5 are the cyclic change terms caused by the light travel time effect (LTTE) of supposed additional bodies (Irwin, 1952):

$$\tau = A\left[(1-e^2)\frac{\sin(v+\omega)}{1+e\cos v}+e\sin\omega\right] = A\left[\sqrt{1-e^2}\sin E^*\cos\omega+\cos E^*\sin\omega\right]. \quad (4)$$

In Equation (4), $A = a_{12}\sin i_3/c$, $a_{12}\sin i_3$ is the projected semi-major axis, c is the speed of light; e is the eccentricity, v is the true anomaly of the position of the eclipsing pair's mass centre on the orbit, ω is the longitude of the periastron of the eclipsing pair's orbit around the third body, and E^* is the eccentric anomaly.

The connection between the eccentric anomaly (E^*) and the observed times of light minimum is given by Kepler equation:

$$M = E^* - e\sin E^* = \frac{2\pi}{P_3}(t-T), \quad (5)$$

where M is the mean anomaly, T is the time of periastron passage, P_3 is the period of a supposed third body, and t is the observed times of light minimum. The third and fourth columns in upper part of Table 2 list the results of the fit. Figure 5 shows the $(O-C)$ diagrams fitted with these parameters. The upper panel of the Figure 5: the $(O-C)_2$ diagram shows the residuals from the fitting of the first step. The solid line refers to a combination of a quadratic and two cyclical period changes with eccentricity, downward par-

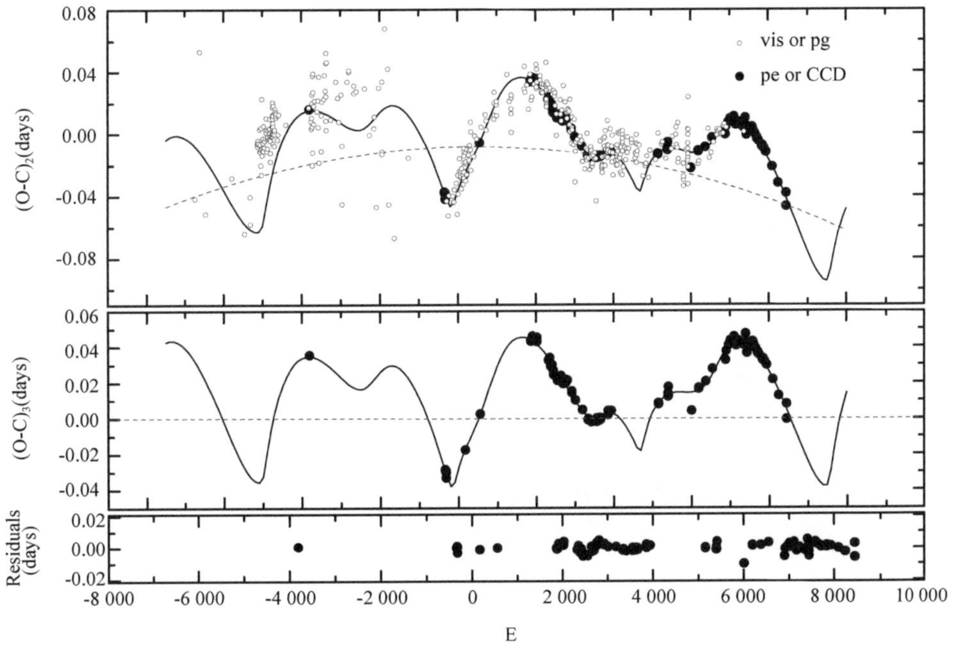

Fig. 5　The $(O-C)_2$ diagram shows the residuals from the fitting of the first step. The solid line refers to a combination of a quadratic and two cyclical variations with eccentricity, downward parabolic change here could be considered as a small correction to the upward parabolic change of the first step. The middle panel: $(O-C)_3$ curve of TW Dra described by the τ_4 and τ_5 terms of Equation (3) (solid line), after removing the other terms. The lower panel: the residuals from Equations (3-5).

abolic change here could be considered as a small correction to the upward parabolic change of the first step. Additionally, lower - precision observations (photographic and visual data) are also drew in the picture for comparison. The middle panel: $(O - C)_3$ curve described by the τ_4 and τ_5 terms of Equation (3) (solid line), after removing the other terms. The lower panel: the residuals of the fit with Equations (3 - 5), where no regularity can be found indicating that our calculation gives a good fit to the $(O - C)_2$ diagram.

The τ_4 and τ_5 terms in Equation (3) suggests two periodic variations with eccentricities of 0.29 and 0.81, which is more easily seen from Figure 6.

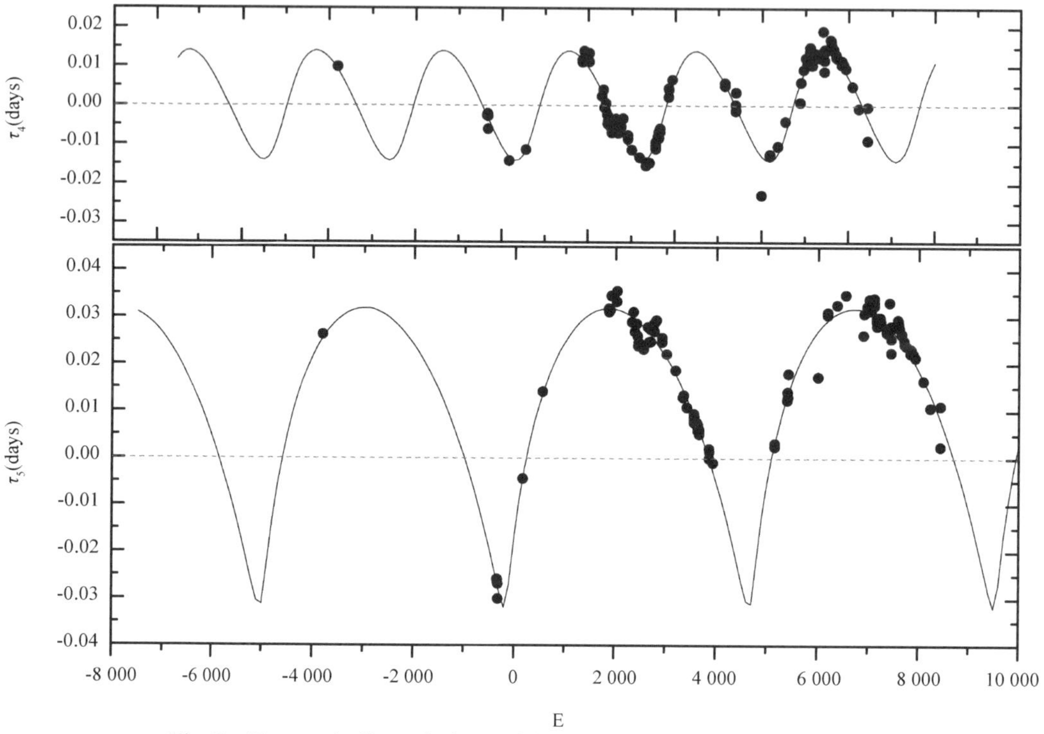

Fig. 6　Two periodic variations with eccentricities of 0.29 and 0.81.

5　Conclusion and Discussion

First view of the well - known Algol-type binary TW Dra from our Moon was finished. In this paper, we present the near - UV light curve of TW Dra. Photometric solutions with small third light were obtained. The solutions confirmed that TW Dra is a semi-detached binary where the secondary star fills its Roche lobe. The mass ratio of 0.47 and a high inclination of 86°.68 are obtained, which are close to the spectral values given by Tkachenko et al. (2010).

Based on more than one century times of light minimum, $(O - C)$ diagrams of TW

Dra are constructed. We analyse the complex changes of ($O-C$) diagrams in two steps. In step 1, Parabolic－plusone pure cyclic variation pattern is used to fit the general changes of ($O-C$) curve. It is found that the residuals from the whole fit display obvious changes. The upward parabolic change indicates that the orbital period of TW Dra is increasing at a rate of $\dot{P} = +3.39\times10^{-6}$ days/year, which could be explained as mass transfer from the secondary component to the primary one at a rate of $6.8\times10^{-7}M_{\odot}$/yr. The sinusoidal change with a period of 116.04 yr and a semi－amplitude of 0.2108 days are obtained. In step 2, Parabolic－plus－two cyclic variations with eccentricity is finally adopted to fit the residuals of step 1. The downward parabolic change could be a small correction to the upward one of the step 1. It is found that the residuals of step 1 show two cyclic oscillations with eccentricities (i.e., $P_4=22.47$ yr and $A_3=0^{d}.0145$, and $P_5=37.27$ yr and $A_4=0^{d}.0346$), where the two periods are in a simple ratio of 3∶5.

Cyclical period change is usually explained as either the magnetic activity cycles (Applegate, 1992), or the light－travel time effect (LTTE) (Frieboes & Herczeg, 1973; Chambliss, 1992; Borkovits, 1996; Liao & Qian, 2010a). Our calculations suggest that the three cyclical period changes of TW Dra cannot interpreted by Applegate mechanism. Therefore, based on the reliable orbital elements given by Tkachenko et al. (2010), we calculate parameters of the orbit of the potential additional bodies for TW Dra, and list them in the lower part of Table 2. The two possible circumbinary companions derived from step 2 may be in a simple 3∶5 mean－motion resonance. According to Allen's tables (Drilling & Landolt, 2000), the largest mass companion obtained from step 1 is corresponds to be a～B3 star. However, so far no spectral lines have been found. It may imply that visual component ADS9706B itself be a binary system, the longest cyclical variation may be caused by disturbance of component B orbiting A (TW Dra). This is a similar case of other quadruple systems, VW LMi (Pribulla et al., 2008)and HT Vir (Liao & Qian, 2010b). If it is real, TW Dra itself is a basic binary in a possible sextuple system (1+1)+(1+1)+(1+1), which further suggests that multiplicity is a common phenomenon in close binaries.

Acknowledgements

This work is supported by the Chinese Natural Science Foundation (Nos. 11403095, 11133007, 11325315), Yunnan Natural Science Foundation (2014FB187), the Science Foundation of Yunnan Province (Grant No. 2012HC011), and the Strategic Priority Research Program The Emergence of Cosmological Structures of the Chinese Academy of Sciences, Grant No. XDB09010202. The new observations of the system were obtained by the Lunar-based Ultraviolet Telescope (LUT), thanks for the LUT team members.

References

[1] Applegate J. H. 1992, ApJ, 385, 621

[2] Baglow, R. L. 1952, Publ. DDO, 2

[3] Borkovits, T., & Heged¨us, T. 1996, A&AS, 120,63

[4] Božić, H., Nemravov Á, J., & Harmanec, P. 2013, IBVS, 6086

[5] CAO Li., RUAN Ping., CAI HongBo., DENG JinSong., HU JingYao., JIANG XiaoJun., LIU ZhaoHui., QIU YuLei., WANG Jing., WANG Shen., YANG JianFeng., ZHAO Fei., & WEI JianYan. 2011, SCIENCE CHINA: Physics, Mechanics & Astronomy, Vol.54 No.3: 558C562

[6] Chambliss, C. R. 1992, PASP, 104, 663

[7] Drilling, J. S., & Landolt, A. U. 2000, in Allen's Astrophysical Quantities, ed. A. N. Cox (4th ed.; New York: Springer), 388

[8] Frieboes-Conde, H., & Herczeg, T. 1973, A&AS, 12, 1

[9] Giuricin, G., Mardirossian, F., & Fredolin, F. 1980, Ap&SS, 73, 389

[10] Irwin J. B. 1952, ApJ, 116, 211

[11] Liao W.-P., & Qian S.-B. 2010, MNRAS, 405, 1930

[12] Liao, Wen-Ping., & Qian, Sheng-Bang. 2010, PASJ, 62, 521

[13] Papoušek, J., Tremko, J., & Vetešník, M. 1984, Folia Fac. Sci. Nat. Univ. Purkynianae Brun., Phys., Tomus 25, Opus 4, 64, 25

[14] Pickering, E. C. 1910, Harvard College Obs. Circ., 159, 3

[15] Popper, D. 1989, ApJS, 71, 595

[16] Pribulla, T., Baludanský, D., Dubovský, P., Kudzej, I., Parimucha, Š., Siwak, M., & Vaňko, M. 2008, MNRAS, 390, 798

[17] Qian, S. B., & Boonrucksar, S., 2002, NewA, 7, 435

[18] Smith, B. 1949, ApJ, 110, 63

[19] Tkachenko, A., Lehmann, H., & Mkrtichian, D. 2010, AJ, 139, 1327

[20] van Hamme, W. 1993, AJ, 106, 2096

[21] Van, Hamme. W., Wilson, R. E., 2007, ApJ, 661, 1129

[22] Walter, K. 1978, A&AS, 32, 57

[23] J. Wang., L. Cao., X. M. Meng., H. B. Cai., J. S. Deng., X. H. Han., Y. L. Qiu., F. Wang., S. Wang., W. B. Wen., C. Wu., J. Y. Wei., & J. Y. Hu. 2014, arXiv:1412.3870v1

[24] Wen, Wei-Bin., Wang, Fang., Li, Chun-Lai., Wang, Jing., Cao, Li., Liu, Jian-Jun., Tan, Xu., Xiao, Yuan., Fu, Qiang., Su, Yan., Zuo, Wei. 2014, RAA, 14, 1674

[25] Wilson, R. E., Devinney E.J. 1971, ApJ, 166, 605

[26] Wilson, R. E. 1979, ApJ, 234, 1054

[27] Wilson, R. E. 1990, ApJ, 356, 613

LUT Observations of the Mass-transferring Binary AI Dra

Wenping Liao[1,2], Shengbang Qian[1,2,3], Linjia Li[1,2], Xiao Zhou[1,2,3], Ergang Zhao[1,2,3], Nianping Liu[1,2]

1 Yunnan Observatories, Chinese Academy of Sciences, P.O. Box 110, 650216 Kunming, China (e－mail: liaowp@ynao.ac.cn)

2 Key Laboratory of the Structure and Evolution of Celestial Objects, Chinese Academy of Sciences, P.O. Box 110, 650216 Kunming, China

3 University of the Chinese Academy of Sciences, Yuquan Road 19＃, Shijingshan Block, 100049 Beijing, P. R. China

Abstract: Complete UV band light curve of the eclipsing binary AI Dra was observed with the Lunarbased Ultraviolet Telescope (LUT) in October 2014. It is very useful to adopt this continuous and uninterrupted light curve to determine physical and orbital parameters of the binary system. Photometric solutions of spot model are obtained by using the W－D (Wilson and Devinney) method. It is confirmed that AI Dra is a semi－detached binary with secondary component fills its critical Roche lobe, which indicates that a mass transfer from the secondary component to the primary one should happen. Orbital period analysis based on all available eclipse times suggests a secular period increase and two cyclic variations. The secular period increase was interpreted by mass transfer from the secondary component to the primary one at a rate of 4.12×10^{-8} M⊙/yr, which is in agreement with the photometric solutions. Two cyclic oscillations were due to light travel－time effect (LTTE) via the presence of two cool stellar companions in a near 2 : 1 mean－motion resonance. Both photometric solutions and orbital period analysis confirm that AI Dra is a mass－transferring binary, the massive primary is filling 69 % of its critical Roche lobe, after the primary evolves to fill the critical Roche lobe, the mass transfer will be reversed and the binary will evolve into a contact configuration.

Key words: Stars; binaries; close-Stars; binaries; eclipsing-Stars; individual (AI Dra)-Stars; multiple-Stars; evolution

1 Introduction

AI Dra (SAO 30164, HD 153345, HIP 82884, GSC 03886－01208, BD＋52 2009, 2MASS J16561816＋5241543, TYC 3886－1208－1, $mag_v = 7.05-8.09$) was discovered as a variable star in 1938 (Schilt & Hill 1938). It is an Algol type eclipsing binary, which was confirmed by Geyer et al. (1955). Many observations have been carried out since its discovery, together with detailed photometric and spectroscopic analysis, e. g., Cester (1959), Mauder (1962), Ebbighausen (1967), Winiarski (1971), Duerbeck & Teuber (1978), Khalesseh (1999), Değirmenci et al. (2000), Jassur et al. (2001), Arevalo & Lazaro (2002), Kiss (2002). A summary of investigation history was given by Lázaro et al. (2004), Zasche et al. (2010) and Hanna (2013). Here, we will focus on several studies in recent years. The fundamental parameters of AI Dra were published by Lázaro et al. (2004), some are used in our calculation: $M_1 = 2.86(\pm 0.09) M_\odot$, $q = 0.44 (\pm 0.03)$, Sp. type = A0V + F9.5V, the photometric distance $d = 169(\pm 17)$ pc, etc. Zasche et al. (2010) pointed out that two cyclic variations together with a steady period increase exist in orbital period changes, the former were caused by two unseen companions with the masses about 0.20 and 0.16 solar mass, the latter was due to the mass transfer at a rate of $8.6 \times 10^{-9} M_\odot/\mathrm{yr}$. Hanna (2013) divided the $O-C$ diagram into two parts (separated by 1990) due to the different evolutionary status of the system between detached and semi-detached configurations. In the first part, Hanna found two cycles of 15.2 and 17.7 years, the second part showed a continuous increase.

LUT belongs to the Chang'e-3 mission of the Chinese Lunar Exploration Program. It works in the near ultraviolet band (245 ~ 345 nm) (Cao et al. 2011). It is a 15-cm telescope with a Nasmyth focus that can observe objects as low as 13.5 mag (Meng et al. 2015). The field of view is $1^\circ\!.27 \times 1^\circ\!.27$ (Wen et al. 2014). It is very useful to monitor eclipsing binaries and variable stars without interruption because of the slow rotation of the Moon (Cao et al. 2011). In the paper, complete UV light curves of AI Dra are analyzed with the Wilson-Devinney (W-D) method. Then, combining those light-curve solutions and new analysis of the orbital period changes, we will discuss the multiplicity, geometrical structure and evolutionary state of AI Dra.

2 New UV light curve and photometric solutions

By using the LUT, AI Dra was monitored photometrically in October 2014. The data processing was done with a special data processing method developed by Meng et al. (2015) because LUT works in lunar daytime for sufficient power supply. The data processing mainly includes stray light removing, astrometry, flat fielding employing superflat technique, source extraction and cosmic rays rejection, aperture and PSF photometry, and aperture correction, and catalogues archiving. The calibration of those photometric data was given byWang et al. (2015). It was showed that the photometric performance was highly stable. The light curves of AI Dra are shown as open circles in Figure 1. As shown in Figure 1, the light curve is EA-type. One times of primary minima HJD 2456941.3638($\pm$0.0003) was determined.

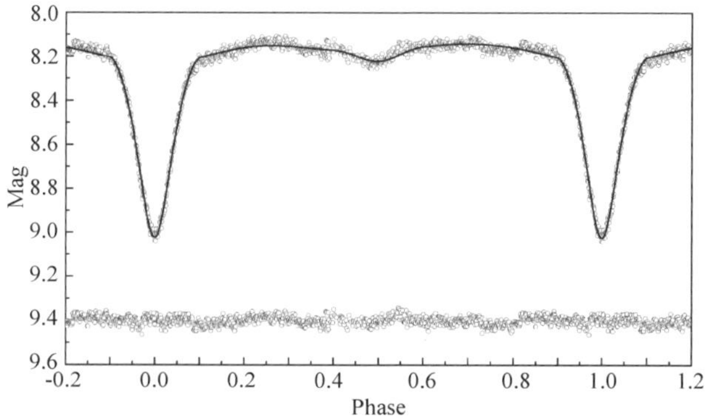

Fig. 1　Theoretical light curve (solid line) calculated by using the W - D method. Also shown as open circles are the observations obtained with LUT. Phases of those observations are computed with Eq. (1). The residuals from the fit are displayed in lower part.

To understand the geometrical structure and evolutionary state of AI Dra, the LUT light curves are analyzed with the W - D 2013 method (Van Hamme & Wilson, 2007; Wilson, 1979; Wilson, 1990; Wilson, 2008; Wilson, 2012; Wilson & Devinney, 1971 and Wilson et al. 2010). The phases of those observations were calculated with the following linear ephemeris,

$$\text{Min. } I(HJD) = 2456941.3638 + 1^{d}.1988146 \times E, \quad (1)$$

where the initial epoch is the new times of primary minima. During the solution, the temperature of the primary star (Star 1) was fixed to 9790 K (Cox, 2000) according to a spectral type of A0V given by Lázaro et al. (2004). Considering spectral types of A0V + F9.5V for two components (Lázaro et al. 2004), the gravity - darkening coefficients $g_1 = 1.0$, $g_2 = 0.32$ and the bolometric albedo $A_1 = 1.0, A_2 = 0.5$ were chosen for two component stars. For the bolometric and bandpass limb - darkening coefficients, an internal computation with the logarithmic law was used. A reliable mass ratio of 0.44 for AI Dra was obtained in Lázaro et al. (2004), mass ratio was fixed during process of solutions. The solutions were converged at model 5 (semidetached configuration with Star 2 fills its Roche lobe). However, the fitting is not satisfied to the maxima and secondary minima of light curve, thus we added spot to fit the light curve. The best fit was achieved with one hot spot on the primary star. The photometric solutions are shown in Table 1. Our solutions reveal that AI Dra is a semi - detached binary where the secondary fills its Roche lobe. The primary, eclipsed at primary minima, is detached from its Roche lobe. A temperature difference of $\Delta T = 3627$ K between components is obtained. The theoretical light curve is displayed in Figure 1 (solid line), and the corresponding geometric structures at phases of 0.0, 0.25, 0.5, and 0.75 are shown in Figure 2.

Table 1　Photometric parameters for AI Dra.

Parameters	Photometric elements
g_1	1.0
g_2	0.32
A_1	1.0
A_2	0.5
x_{1UV}	0.256
x_{2UV}	0.225
y_{1UV}	−0.827
y_{2UV}	−0.723
T_1	9790K
T_2	6163 ±62K
q (M_2/M_1)	0.44 (fixed)
i	77.77±0.06
$L_1/(L_1+L_2)$	0.9391 ± 0.0003
Ω_1	3.74417±0.01917
$r_1(pole)$	0.3008 ±0.0017
$r_1(point)$	0.3154 ±0.0021
$r_1(side)$	0.3070 ±0.0018
$r_1(back)$	0.3122 ±0.0019
$r_2(pole)$	0.2898
$r_2(point)$	0.4164
$r_2(side)$	0.3022
$r_2(back)$	0.3348
θ(radian)	1.8095
ψ(radian)	2.9072
r(radian)	0.2416
T_s/T_*	1.1187

References: θ is the "latitud" of a star spot center, measured from 0 radians at the"north" ($+z$) pole to πradians at the "south" pole. ψ is the longitude of a star spot center, measured counter−clockwise (as viewed from above the $+z$ axis) from the line of the star centers from 0 to 2π radians. r is the angular radius of a star spot, in radians, T_s/T_* is the temperature factor of a spot, which species the ratio of the local spot temperature to the local temperature which would be obtained without the spot.

3　Variations of the O−C diagram

Based on 816 (93 Pe or CCD data plus 32 pg data plus 691 vis data) available eclipse times collected from $O-C$ gateway (Paschke & Brát 2006), orbital period changes were re−analyzed. The $(O-C)_1$ diagram with respect to the following linear ephemeris,

$$Min.\ I(HJD) = 2443291.637 + 1^{d}.198816 \times E, \tag{2}$$

is plotted in Figure 3 where the big bold dots represent the higher precision (photoelec-

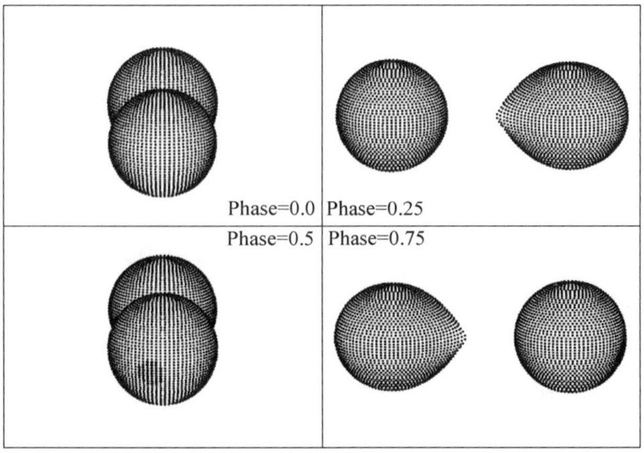

Fig. 2　Geometrical structures of AI Dra with a hot spot on the Star 1 at phases of 0.0, 0.25, 0.5, and 0.75, respectively..

tric or CCD) and the small crosses the lower precision minima times (photographic or visual). As displayed in the Figure 3, the general trend of the $(O-C)_1$ diagram can be depicted by an obvious upward parabolic. Then, based on the least-squares method, the

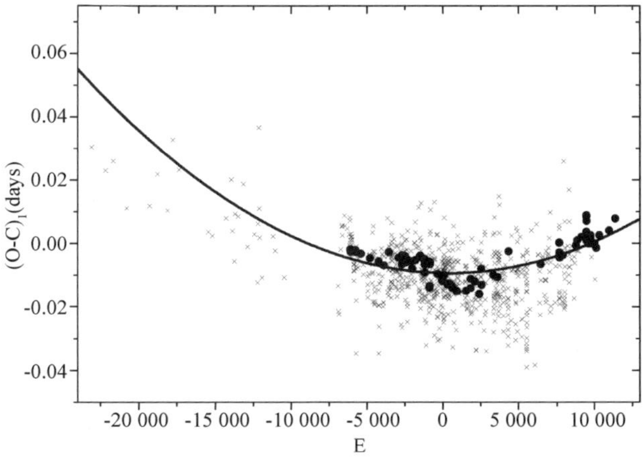

Fig. 3　The $(O-C)_1$ diagram of AI Dra with all the available eclipse times. The big bold dots represent the higher precision and the small crosses the lower precision minima times.

following equation is obtained:

$$Min.\,I = 2443291.6276(\pm 0.0167) + 1.1988159(\pm 0.0000015) \times E + 1.08(\pm 0.15)\ 10^{-10} \times E^2. \tag{3}$$

The quadratic term in Eq. (3) reveals a long-term period increase at a rate of $dP/dt = +6.58 \times 10^{-8}$ d yr^{-1}, which is depicted in solid line in the Figure 3. To develop more reliable study of period variation, only the higher precision data points (pe or CCD) were used for the latter analysis, i.e. $(O-C)_2$ diagram.

The $(O-C)_2$ curves in Figure 4 show clear periodic changes. They can be described by one sine curve (5 parameters) or double sine curves (8 parameters). In our analysis, an F-test is used to check whether the double sine solution represents a significant improvement over the one sine solution. In the test, the false-alarm rate of rejecting the null hypothesis can be expressed as: $Pr1 = Pr[F(3, N-8) > F1]$, where $F1 = (N-8) \backslash 3 * ((Chi1^2 - Chi2^2) \backslash Chi2^2)$, follows an F-distribution with (3, N-8) degrees of freedom and N is the number of the higher precision data points, $Chi1^2$ and $Chi2^2$ are the SSE associated with the single sine and double sine models, respectively. When $Pr1 < 5\%$, the double sine solution may be accepted. The values of Pr1 is 0.01 %, which means that our solution is accepted (N=93, $Chi1^2 = 6.892164444 \times 10^{-4}$, $Chi2^2 = 5.381627 \times 10^{-4}$). As shown in the upper panel of Figure 4, two cyclic variations plus a linear ephemeris can get a good fit to the $(O-C)_2$ diagram. The cyclic changes could be explained by the LTTE via the presence of a companion body (e.g., Liao & Qian 2010). We fit the $(O-C)_2$ diagram with the following equation,

$$(O-C)_2 = \Delta T_0 + \Delta P_0 \times E + \tau_1 + \tau_2, \tag{4}$$

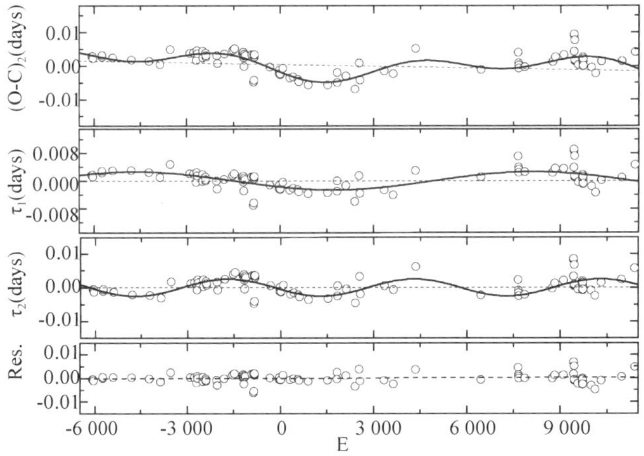

Fig.4 Upper panel: the $(O-C)_2$ diagram. Only the higher precision data points (photoelectric and CCD) here were used for the analysis. The solid line shows the two predicted LTTE variations, while the dashed line refers to a new linear ephemeris. Two LTTE variations caused by the third and fourth bodies are easily seen from the middle two panels. The residuals from the fit are displayed in the lower panel.

where E is the epoch number, ΔT_0 and ΔP_0 are the correction values for the initial epoch and orbital period of the binary. $\tau_1 = K_1 \sin(\Omega_1 E + \phi_1)$ and $\tau_2 = K_2 \sin(\Omega_2 E + \phi_2)$ are sinusoidal terms added to fit the cyclic variations, where K_1 and K_2 are LTTE semiamplitudes, $\Omega_{1,2} = 360^{\circ} P_e / T_{3,4}$ (P_e is the orbital period of eclipsing binary, $T_{3,4}$ is the orbital period of the predicted companion body). The fitting parameters are listed in the upper part of Table 2. The upper panel of Figure 4 is the fitting effect, while two LTTE terms caused by the third and fourth bodies are easily seen from the middle two panels. The residuals from the fit are plotted in the bottom panel of Figure 4, where no significant systematic variation can be traced.

Table 2　Orbital parameters of the companion bodies in AI Dra.

Parameters	Values
Revised epoch, ΔT_0 (days)	+0.00045(±0.00042)
Revised period, ΔP_0 (days)	−1.7(±0.7) $\times 10^{-7}$
LTTE semi − amplitude, K_1 (days)	0.0026(±0.0004)
LTTE semi − amplitude, K_2 (days)	0.0025(±0.0005)
Orbital period, T_3 (years)	42.0(±3.6)
Orbital period, T_4 (years)	19.7(±0.7)
phase, ϕ_1 (radians)	−2.416(±0.250)
phase, ϕ_2 (radians)	−2.935(±0.189)
$d_3(i' = 90^{\circ})$ (AU)	19.1(±4.1)
$d_4(i' = 90^{\circ})$ (AU)	11.4(±3.2)
Mass function, $f(m_3)$ ($M_{\odot}$)	5.18(±2.39) 10^{-5}
Mass function, $f(m_4)$ ($M_{\odot}$)	2.09(±1.25) 10^{-4}
Projected masses, $M_3 \sin i'$ ($M_{\odot}$)	0.097(±0.015)
Projected masses, $M_4 \sin i'$ ($M_{\odot}$)	0.16(±0.03)

4　Discussions and Conclusions

By analyzing the continuous and uninterrupted LUT light curve with the W − D 2013 method, photometric solutions with a hot spot on the primary star were obtained. It is confirmed that AI Dra is a semi − detached binary system where the secondary component fills its critical Roche lobe, which indicates that a mass transfer from the secondary component to the primary one should happen. By analyzing all available times of light minima, a long − term period increase was confirmed and revised. This indicates mass transfer from the secondary component to the primary one at a rate of 4.12×10^{-8} $M_{\odot}\,yr^{-1}$ (Yang et al. 2012), which is in agreement with the semi − detached configuration of AI Dra. The hot spot on the primary component may also give supporting evidence for mass transfer, when mass hit on the surface of primary component during masstransfer process, the hot spot was formed. LUT observations will extend observational band range of binary stars, which is useful to produce reliable parameters for binary stars (Lazaro et al. 2004).

The mean relative radius of the primary star is $r_1 = 0.3066$. Its critical Roche lobe radius $r_{1,in}$ can be calculated with the following well known equation,

$$r_{1,in} = 0.756 - 0.46224(\frac{q}{1+q})^{1/3}, \tag{5}$$

it reveals that the primary is filling 69% of its critical Roche lobe, which is consistent with Kiss's (2002) results. After the present hotter and massive component evolves to fill the critical Roche lobe, the mass will transfer from the primary to the secondary and the orbital period will decrease. In that case, the system will evolve into a contact binary.

Two cyclic changes of 42.0 and 20 years in the O－C diagram are explained by the presence of the third and fourth bodies, respectively. The mass functions and the masses of these bodies are derived by using the following equation,

$$f(m) = 4\pi^2(a_{12}\sin i')^3/GP_3^2 = (M_3\sin i')^3/(M_1+M_2+M_3)^2, \tag{6}$$

where G is the gravitational constant and P_3 is the period of the $(O-C)_2$ oscillation, $a_{12}\sin i' = K\times c$, K in this equation is the semi－amplitude of the $(O-C)_2$ oscillation and c the speed of light. The results are listed in the lower part of the Table 2. Based on the $M_1 = 2.86(\pm 0.09)M_{\odot}$, $q = 0.44(\pm 0.03)$ and the relation of $L \sim M^{3.37}$ (Kippenhahn et al. 2012), the contribution of the third and fourth bodies to the total light of the system are extremely small (less than 0.1%). It is a problem that the orbits of two additional stars do not seem to be dynamically stable, because their period ratio is only ~ 2. The double sinusoidal solution may be explained in two possible ways, either: (1) two predicted companions are in a near 2:1 meanmotion resonance with periods of 42 and 20 yrs. This situation resembles that in other binary systems, e. g. ν Oct, RW Leo, SW Lacertae, Z Draconis (Ramm et al. 2009, Liao & Qian 2010, Yuan & Şenavci 2014a, Yuan et al. 2014b), where the double periods have simple ratios, or (2) only one of the detected cyclic changes comes from the third body, the other one could be caused by some other mechanism, e.g., magnetic activity. Considering the photometric distance of AI Dra is $d = 169(\pm 17)$ pc (Lázaro et al. 2004), then the angular separation of two predicted components are computed to $\theta_3(i' = 90^\circ) = 0.11''$, $\theta_4(i' = 90^\circ) = 0.07''$, which indicating such bodies might be detectable with high－resolution technique. Compared with the results obtained by Zasche et al. (2010), basic absolute parameters of two companion stars are comparable, meanwhile, long－term period increase was confirmed and revised, the new mass transfer rate is larger, which further proves that the primary will evolve to fill its critical Roche lobe then AI Dra will evolve into a contact binary with the transfer of mass faster and faster. To obtain more accurate orbital parameters of companion bodies, more detailed observations and research are needed. The present results are more reliable than those obtained by Hanna (2013) because the total data points we collected are nearly two hundred more than Hanna (2013) did, he completely ignored visual and photographic data and separated the rest of Pe and CCD data into two portions (cyclic and quadratic portions) due to the unsatisfactory fitting with only one least－square polynomial. However, we think although the visual and photographic data show large scatter, they also reflect changes of the orbit period to some extent and should be used to analyze long - term changes. Additionally, the present analysis and those of Zasche et al. (2010) could fit cyclical changes of $O-C$ curves well without dividing the $O-C$ diagram into two parts.

Acknowledgements

This work is supported by the Chinese Natural Science Foundation (Nos. 11403095, 11133007, 11325315), Yunnan Natural Science Foundation (2014FB187), the Science Foundation of Yunnan Province (Grant No. 2012HC011), and the Strategic Priority Research Program The Emergence of Cosmological Structures of the Chinese Academy of Sciences, Grant No. XDB09010202. The authors thank the LUT group including Drs. Wei J. - Y., Meng X. - M., Han X. - H., and Wang J. for helping observations and data reduction.

References

[1] Arevalo, M. J., & Lazaro, C. 2002, IBVS, 5304

[2] Cao, L., Ruan, P., Cai, H. - B., Deng, J. - S., Hu, J. - Y., Jiang, X. - J., Liu, Z. - H., Qiu, Y. - L., Wang, J., Wang, S., Yang, J. - F., Zhao, F. & Wei, J. - Y., 2011, Science China 54, 558 (2011)

[3] Cester, B. 1959, Mem. Soc. Astron. Ital, 30, 287

[4] Cox, A.N.: Allens Astrophysical Quantities, 4th edn. Springer/AIP Press, New York (2000)

[5] De.girmenci, Ö. L., Gülmen, O., Sezer, C., Erdem, A., & Devlen, A. 2000, A&A, 363, 244

[6] Duerbeck, H. W., & Teuber, D. 1978, Acta Astron, 28, 41

[7] Ebbighausen, E.G. 1967, AJ, 72, 392

[8] Geyer, E., Reim, W., Remus, G., & Plattner, D. 1955, Kleine Veroff. Remeis Sternw, 12

[9] Hanna, M. A. 2013, JAsGe, 2, 21

[10] Jassur, D. M. Z., Khaledian, M. S., & Kermani, M. H. 2001, Ap&SS, 278, 431

[11] Khalesseh, B. 1998, Ap&SS, 260, 299

[12] Kiss, L. L. 2002, IBVS, 5355

[13] Lázaro, C., Martíínez - Pais, I.G., & Arévalo, M.J. 2004, MNRAS, 351, 707

[14] Liao, W. - P., & Qian, S. - B. 2010, MNRAS 405, 1930

[15] Mauder, H. 1962, ZA, 55, 59

[16] Meng, X. - M., Cao, L., Qiu, Y. - L., Wu, C., Wang, J., Han, X. - H., Deng, J. - S., Xin, L. - P., Cai, H. - B., & Wei, J. - Y. 2015, Ap&SS 358, 47

[17] Paschke, A. & Brát, L. 2006, OEJV, 23, 13

[18] Ramm, D. J., Pourbaix, D., Hearnshaw, J. B., & Komonjinda, S. 2009, MNRAS, 394, 1695

[19] Rudolf Kippenhahn, Alfred Weigert, & Achim Weiss, 2012, Stellar Structure and Evolution, second

ed. DOI 10.1007/978-3-642-30304-3, Springer Heidelberg New York Dordrecht London
[20] Schilt, J., Hill, S.J. 1938, Contr. Rutherford Obs, 31
[21] Van Hamme, W., & Wilson, R. E. 2007, ApJ, 661, 1129
[22] Wang, J., Cao, L., Meng, X.-M., Cai, H.-B., Deng, J.-S., Han, X.-H., Qiu, Y.-L., Wang, F., Wang, S., Wen, W.-B., Wu, C., Wei, J.-Y., Hu J.-Y., 2015, RAA 15, 1068
[23] Wen, Wei-Bin., Wang, Fang., Li, Chun-Lai., Wang, Jing., Cao, Li., Liu, Jian-Jun., Tan, Xu., Xiao, Yuan., Fu, Qiang., Su, Yan., & Zuo, Wei. 2014, RAA, 14, 1674
[24] Wilson, R. E. 1979, ApJ, 234, 1054
[25] Wilson, R. E. 1990, ApJ, 356, 613
[26] Wilson, R. E. 2008, ApJ, 672, 575
[27] Wilson, R. E. 2012, AJ, 144, 73
[28] Wilson, R. E., & Devinney, E. J. 1971, ApJ, 166, 605
[29] Wilson, R. E., Van Hamme, W., & Terrell, D. 2010, ApJ, 723, 1469
[30] Winiarski, M. 1971, Acta Astron, 21, 517
[31] Yang, Y.-G., Qian, S.-B., & Soonthornthum, B. 2012, AJ, 143, 122
[32] Yuan, Jinzhao., & Şenavci, Hakan Volkan. 2014a, MNRAS, 439, 878
[33] Yuan, Jinzhao., Şenavci, Hakan Volkan., Qian, Shengbang., & Liu, Juanjuan. 2014b, 2014arXiv1410.5648Y
[34] Zasche, P., Uhlar, P., & Svoboda, P. 2010, Ap&SS, 326, 119

LUT: A Lunar-based Ultraviolet Telescope

CAO Li[1①], RUAN Ping[2], CAI HongBo[1], DENG JinSong[1], HU JingYao[1], JIANG XiaoJun[1], LIU ZhaoHui[2], QIU YuLei[1], WANG Jing[1], WANG Shen[1], YANG JianFeng[2], ZHAO Fei[1] & WEI JianYan[1]

1 National Astronomical Observatories, Chinese Academy of Sciences, Beijing 100012, China;
2 Xi'an Institute of Optics and Precision Mechanics, Chinese Academy of Sciences, Xi'an 710119, China

Abstract: The Lunar-based Ultraviolet Telescope (LUT) is a funded lunar-based ultraviolet telescope dedicated to continuously monitoring variable stars for as long as dozens of days and performing low Galactic latitude sky surveys. The slow and smooth spin of the Moon makes its step by step pointing strategy possible. A flat mirror mounted on a gimbal mount is configured to enlarge the sky coverage of the LUT. A Ritchey－Chrétien telescope with a Nasmyth focus configuration is adopted to reduce the total length of the system. A UV enhanced back illuminated AIMO CCD 47－20 chip together with the low noise electric design will minimize the instrumental influence on the system. The preliminary proposal for astrometric calibration and photometric calibration are also presented.

Key words: ultraviolet, space-based ultraviolet telescope, photometric instrumentation, lunar probe

PACS: 95.85Mt, 95.55.FW, 95.55.QF, 95.55.Pe

1 Introduction

As the unique natural satellite of the Earth, the Moon is an ideal site to carry out astronomical observations. Lunarbased observations have several advantages over both ground-based and space-based ones:

1) It was known for centuries that the Moon has an extremely tenuous atmosphere. With the breakthrough made by the Apollo mission, the surface concentration of the atmosphere was measured to be about $\sim 10^{4-5}$ molecules cm^{-3} at night, and a much higher value $\sim 10^{7-8}$ molecules cm^{-3} during daytime [1,2]. The extremely tenuous atmosphere implies that the observational effects due to atmospheric radiation, wave－front distortion, and light absorption are negligible on the Moon.

2) Unlike space-based observations, the Moon provides a large stable platform for

① Corresponding author (email: caoli@nao.cas.cn)

maintaining astronomical instruments in permanently stable configurations. The rotation angular velocity of the Moon is about 0.55″s^{-1}, which is about 27 times slower than the Earth. The slow rotation allows long term monitoring without interruption for as long as about 10 days.

3) The temperature in the permanent shadow regions (PSRs) at both poles of the Moon could be as low as 30 K [3]. PSRs are therefore rare ideal conditions for infrared observations.

4) Observations at very low frequencies (<10 MHz, VLF) are feasible on the surface of the Moon, but for the Earth, this kind of observation is impossible, since the VLF electromagnetic wave is highly scattered by Earth's ionosphere.

The Moon is therefore an ideal location for Ultraviolet astronomy by taking into account all of these advantages. In fact, the Apollo-16 mission performed the first, and thus far only, far-ultraviolet observations on the lunar surface in 1976 [4-6]. The observations were carried out with a 3-inch Schmidt telescope equipped with a far-ultraviolet camera/spectrograph operating in the wavelength range from 100 - 160 nm. The field-of-view was 20 degrees, and limiting magnitude was 11^m. In total, 178 images of objects including Earth, star clusters and the LMC were taken by the telescope, and delivered to Earth by the astronauts. The telescope was placed in the shadow of the Lunar Module to avoid heating by the Sun. These observations, however, contributed little to astronomy due to the low level of technology used at that time.

As the forerunners of future exploration on the Moon, we here propose the concept of a small automatic Lunar-based Ultraviolet Telescope (LUT) with modern technology. This exploration can not only provide important scientific results that cannot be achieved on the ground in many astronomical fields (e.g., stellar evolution, compact stars and black holes), but also develop significant experience for lunar-based astronomical observation (e.g., gimbals, CCD detectors and onboard data processing).

2 Scientific objective

LUT is a small lunar-based astronomical telescope working in the near-ultraviolet band, which is not available on the ground because of the heavy (almost 100%) absorption by the Earth's dense atmosphere.

The main scientific goal of LUT is to continuously monitor variable stars and galaxies in the near-ultraviolet band without interruption for as long as dozens of days, taking advantage of both the very slow rotation and extremely tenuous atmosphere of the Moon. To our current knowledge, the temperatures of many variable objects are as high as 10^4 K, which results in the fact that the brightness variation is usually much stronger in the near − ultraviolet band than in other bands. The objects with large brightness variation in the near − ultraviolet band are binaries with compact objects including cataclysmic variable stars, large/small mass binaries and novae, quasars and Blazars, dMe stars, and Lyr RR stars. Table 1 lists the typical NUV − to − optical colors, variation mechanisms, amplitudes and timescales for these objects.

Table 1　Main scientific objectives of LUT

Objects	NUV − r′	Variation mechanisms	Amplitude	Timescale
Binaries with compact stars	0 − 2	flare	$>1^{m}$	Burst may last as long as about 10 days. Brightness reaches its maximum in several dozen seconds.
		sparking	$\sim 0.1-1^{m}$	several seconds to several minutes
Quasars and blazers	0 − 2	non-relativistic	$0.1-1^{m}$	from about 1 day to 100 days
		relativistic	$0.1-1^{m}$	from less than about 1 hour to 1 day
Solar − like chromosphere active stars & M Dwarf Flare Stars	>3	flare	$>1^{m}$	Burst can last as long as about 1 hour. Brightness reaches maximum in several dozen seconds.
		rotation of on-spot	$\sim 0.1^{m}$	about 1 day
Lyr RR stars	3	short term	$\sim 0.1^{m}$	from 0.5 to 1 day

Analyzing results of the light curves (e. g. , amplitude, timescale, period, power spectrum) allows us to determine the variation of the temperature, radius, and accretion rate of these compact objects, which is valuable for verifying the current stellar atmosphere model and for calculation of the transparency of the stellar atmosphere, for estimating the metal abundance of stars, and for calibrating the metal abundance as a function of the V − band absolute magnitude for Lyr RR stars. The light curve analysis is also a powerful tool to investigate the origin of the instability occurring in the central part of some objects.

In addition to the monitoring observations, LUT will also perform a series of low Galactic latitude sky surveys. GALEX (Galaxy Evolution Explorer) is a NASA small telescope working in both near − and far − ultraviolet bands [7]. Since its launch on April 28th, 2003, its pointing observations have covered about 26,000 square degrees of sky area. However, the instruments onboard GALEX are very sensitive since GALEX is dedicated to observing distant faint galaxies, which results in the fact that the sky areas (usually with low galactic latitude) that are dominated by bright objects (NUV <10 mag) are always avoided in its observations. In fact, there are a group of proposed LUT objects with strong NUV emission near the galactic plane, including e. g. , OB associations, massive star formation regions and planetary nebulae. Surveys at low galactic latitude may present the distribution in the Galaxy for massive stars and cataclysmic variable stars.

The combination of the survey data and models could be used to estimate the dust extinction/gas absorption for each of these line-of-sight observations and the distribution of dust/gas in the Galaxy. The distribution is in fact essential for our understanding of the formation and evolution of our own Galaxy.

3 Instruments

3.1 Constraints

There are two critical constraints on the instrumental design of LUT: One is that LUT is located inside a cabin. The other is that LUT has to observe during lunar daytime.

In order to enlarge the observing sky area for an observation inside a cabin, a flat mirror with a gimbal mount has been configured. The azimuth axis of the mount is along the optical axis of the primary mirror, and the altitude axis is perpendicular to the plane of the light path. The pointing flat mirror provides over 1200 square degrees of visible sky area for LUT.

The stray light from the Sun is the main problem introduced by the daytime observation. Choosing an ultraviolet pass band partly accounts for avoiding the optical band in which the Sun radiates most of its energy. In order to greatly reduce the influence of the Sun's light, many strategies have been taken, e.g. a solar blinded filter design has been adopted, the flat mirror will be set almost pointing in the direction away from the Sun, etc.

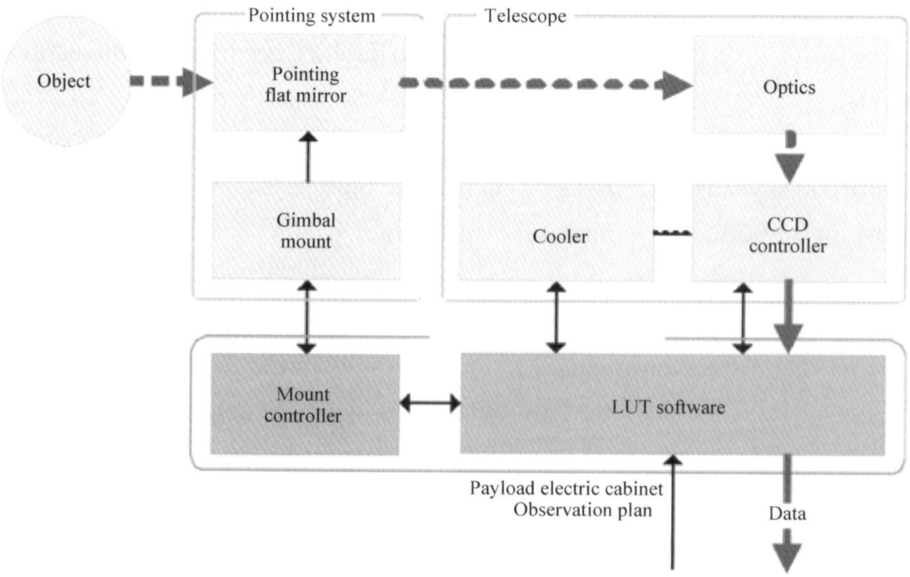

Figure 1　LUT system flow chart.

3. 2　System profile

The system profile of LUT is shown in Figure 1. The lights from celestial objects enter the payload cabin and reach the pointing flat mirror, which is set on a two dimensional gimbal mount. Then the lights are reflected to the optics of the telescope and finally focused on the CCD detector in the focal plane. The image data and status information of the CCD, the CCD's Peltier cooler and the mount are sent to the payload's electric cabinet. The LUT software runs in the computer unit inside the payload's electric cabinet. It has six functions, a) resolving the observation plans, b) executing the observation plans, c) astronomical data processing, d) controlling the gimbal mount and collecting its status information, e) controlling the CCD detector and collecting its status information, and f) controlling the CCD's Peltier cooler and collecting its status information.

3. 3　Telescope

The optical system of the LUT is a 150 – mm – diameter aperture and a F/3. 75 Ritchey – Chrétien telescope working at the Nasmyth focus. The Nasmyth focus is chosen to reduce the entire length of the system. A pointing flat mirror is configured to point to the preferred sky area and a field corrector lens is used to correct the field curvature. The optical design is briefly illustrated in Figure 2.

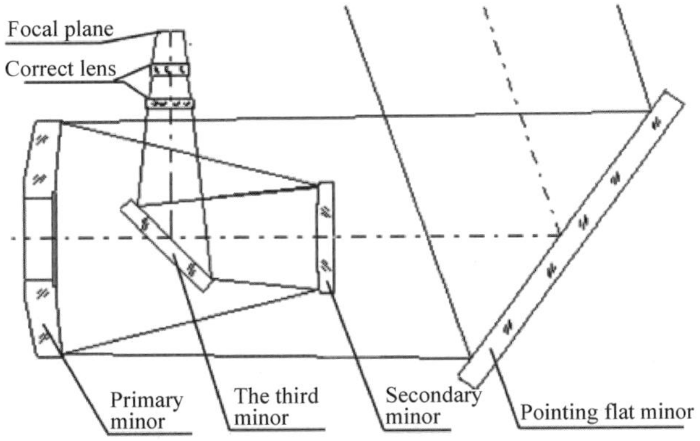

Figure 2　LUT light path.

The quantum efficiency of the CCD is quite high in the optical band (as shown in Figure 4). A filter shall be solar blinded to reduce the red leak and block the optical band stray light introduced by the Sun by the coatings on the field corrector. The transmission curve of the filter is shown in Figure 3.

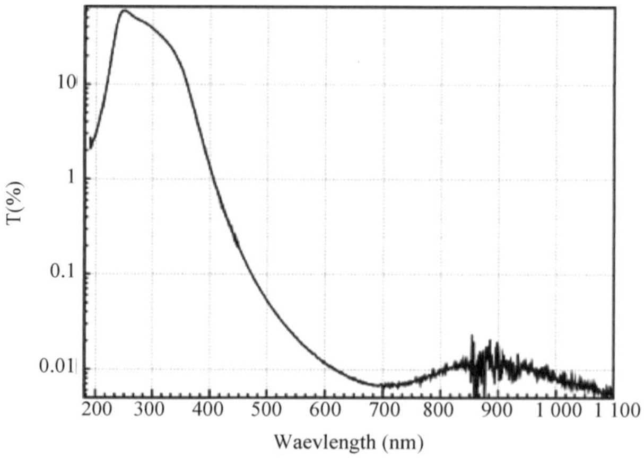

Figure 3　The transmission curve of the filter of LUT.

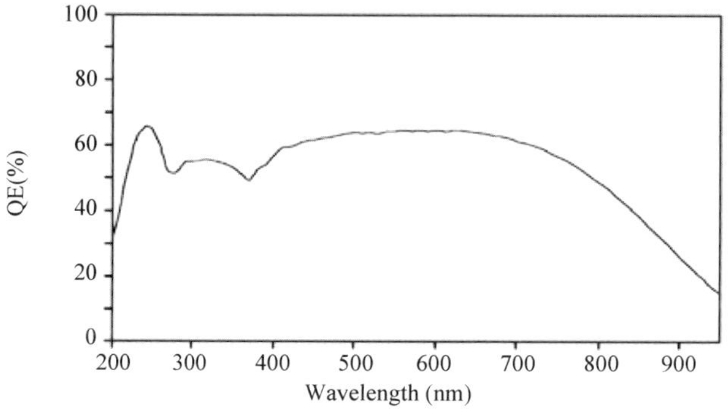

Figure 4　Typical QE at − 40°C for the UV enhanced processed AIMO device without a window.

3.4　Detector

A UV enhanced back illuminated AIMO CCD 47 − 20 chip in the Peltier package with a window is selected as the focal plane detector. It is a frame transfer device, which is perfect for a space application since it does not require a mechanical shutter, which may increase the dependability of the whole system.

3.5　Summary

The primary parameters of the LUT system are presented in Table 2.

Table 2　LUT parameters

Telescope optics		Detector	
Diameter (mm)	150	Readout noise(e^-/pixel)	8
Focal length (mm)	562.5	Dark current (e^-/pixel/s) (−40°C)	<0.1
Pass band (nm)	1, 245−345	Active pixels	1024×1024
		pixel size (μm)	13×13

4 Observation strategy

The slow and smooth rotation of the Moon greatly benefits LUT. It makes the long term continuous monitoring of a variable star possible and makes the requirements for the tracking capabilities lower than that on Earth. A topocentric telescope has to constantly adjust attitude to compensate for the diurnal apparent motion of the stars. However, the apparent motion of the stars on the Moon can be very slow. It is about 27.3 times slower than that observed from the Earth. If we set the exposure time to be relatively short, there is no need to track the object constantly. For the same reason, the interval between subsequent attitude repositionings can be several dozen minutes as long as the objects of interest still remain in the central region of the image.

Table 3 shows the apparent speed of stars on the Moon, the exposure time, and repositioning interval for different lunar declinations in the selenocentric equatorial coordinate system accordingly. The exposure time is equal to the time which it takes for a star to travel two pixels' distance on the focal plane due to apparent motion. The repositioning interval is equal to the time which it takes for a star to travel 100 pixels' distance on the focal plane.

Table 3　The observation strategy: Exposure time and repositioning interval

|Dec| (°)	Apparent motion speed("/s)	Exposure time (s)	Repositioning interval(m)
0	0.55	17	14
10	0.54	18	15
30	0.48	20	17
40	0.42	23	19
50	0.35	27	23
60	0.27	35	29
70	0.19	51	42
80	0.10	100	83
85	0.05	199	166

The observation flow chart can be found in Figure 5. For the case of variable stars (i.e., Pointing observation), the observation will continue until the object moves out of the available sky region of the telescope or the amount of accumulated data is enough. As for the low galactic latitude sky surveys, there is no need to frequently readjust the pointing flat mirror's attitude. The apparent motion of celestial objects will make the telescope scan a long slit sky area even if the attitude of the telescope remains constant.

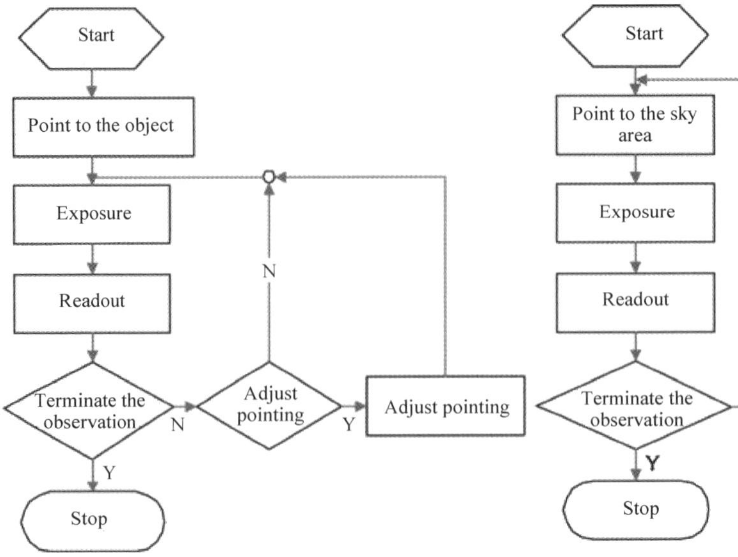

Figure 5　Observation flow chart (left: Pointing observation; right: Survey Observation).

5　Calibration

5.1　Astrometric calibration

The Lunar Lander on which LUT will be mounted is an unmanned explorer. The conditions make setting up the telescope mount on the Moon impossible. Due to the uncertainty of the landing position and 3-axes of attitude [8], great efforts have to be devoted to the attitude calibration.

In order to observe a certain celestial object, the mean equatorial coordinate at J2000 in the heliocentric coordinate system should first be converted to the observational horizon coordinate in the Lunar topocentric coordinate system [9,10]. The observational coordinate of the object shall subsequently be converted to the attitude of the mount, i.e. the azimuth angle and the altitude angle. The above step needs to consider the parameters such as landing position, 3-axis attitude of the Lunar Lander and the relative position of the LUT on the Lunar Lander. All of these parameters shall be determined by the attitude calibration process through observations after the LUT lands on the Moon. A ground verification system has been established to study the attitude calibration process and associated method.

Another key point related to the astrometric calibration is to establish a guide star catalog for the LUT system. There are two approaches to carry out this task. One can use the existing GALEX NUV catalog that has a similar pass band as LUT. Another way is to generate an astrometry catalog from the Hipparcos catalog by establishing the magnitude transform relationship between the LUT magnitude and Tycho B and V magnitudes for each spectral type.

5.2 Photometric calibration

Since the LUT does not follow any standard photometric system, an LUT photometric system must be established. A photometric system is defined by a list of standard magnitudes and colors measured at specific bandpasses for a set of stars that are well distributed around the sky [11]. There is only one bandpass in LUT. The definition of the LUT photometric system is made up of two steps: 1) to define the LUT magnitude, 2) to define the LUT magnitudes for a set of standard stars.

The definition of magnitude for the LUT system uses the AB_ν system that was first defined by Oke & Gunn [12] and gets widely used from its application in the Sloan Digital Sky Survey:

$$m_{\mathrm{LOT}} = -2.5\log \widetilde{F}_V - 48.60, \tag{1}$$

where $\widetilde{F}_V$ is the appropriately averaged monochromatic flux (in units of ergs s^{-1} cm^{-2} Hz^{-1}) at the effective wavelength of a bandpass (following the description in [13]). We adopt the definition of $\widetilde{F}_V$ as taking the system response average of the flux as in [14],

$$\widetilde{F}_V = \frac{\int_{\lambda_1}^{\lambda_2} f_V(\lambda) \cdot R(\lambda) \cdot \mathrm{d}\lambda}{\int_{\lambda_1}^{\lambda_2} R(\lambda) \cdot \mathrm{d}\lambda} \tag{2}$$

where $R(\lambda)$ is the system's response, f_ν is the spectral energy distribution of an object, and λ_1 and λ_2 are the lower and upper wavelength limits of the LUT bandpass respectively. For telescope systems with a photoelectric detector such as a CCD, $\widetilde{F}_V$ is usually written as

$$\widetilde{F}_V = \frac{\int_{\lambda_1}^{\lambda_2} f_V(\lambda) \cdot R(\lambda) \cdot \mathrm{d}(\ln v)}{\int_{\lambda_1}^{\lambda_2} R(\lambda) \cdot \mathrm{d}(\ln v)} = \frac{\int_{\lambda_1}^{\lambda_2} \frac{1}{h\nu} f_V(\lambda) \cdot R(\lambda) \cdot \mathrm{d}v}{\int_{\lambda_1}^{\lambda_2} \frac{1}{hv} R(\lambda) \cdot \mathrm{d}v}. \tag{3}$$

The system response ($R(\lambda)$), which includes the filter transmission and the quantum efficiency of the CCD, will be determined through ground tests.

The primary standard stars that define the LUT photometric zero point should be chosen from standard spectrophotometric stars with available accurate absolute specific flux densities. There are many constraints for choosing LUT standard stars, e. g. the standard stars should be within the sky coverage of LUT, the brightness of the stars should fit the dynamic range of the LUT, and the absolute spectrophotometric data in the ultraviolet band should be available. There are many sources for spectrophotometric standard stars [15,16].

Acknowledgments

This work was supported by the Ministry of Science and Technology of China and the National Natural Science Foundation of China (Grant Nos. 10803008, 10978020 and 10878019).

References

[1] Heiken G H, Vaniman D T, French B M. Lunar Sourcebook—A User's Guide to the Moon. 1st ed. New York: Cambridge University Press, 1991

[2] Sridharan R, Ahmed S M, Pratim Das T, et al. 'Direct' evidence for water H_2O in the sunlit lunar ambience from CHACE on MIP of Chandrayaan I. Planet Space Sci, 2010, 58: 947-950

[3] Stern S A. The lunar atmosphere: History, status, current problems, and context. Rev Geophys, 1999, 37: 453-492

[4] Page T L, Carruthers G R. Apollo 16 far-ultraviolet imagery and spectra of the Large Magellanic Cloud. Space Res XVII, 1977

[5] Carruthers G R, Page T. Apollo-16 far-ultraviolet spectra in the Large Magellanic Cloud. Astrophys J, 1977, 211: 728-736

[6] Carruthers G R, Page T. Apollo 16 Far-ultraviolet camera/spectrograph: Earth observations. Science, 1972, 177: 788-791

[7] Martin D C, Fanson J, Schiminovich D, et al. The galaxy evolution explorer: A space ultraviolet survey mission. Astrophys J. 2005, 619: L1-L6

[8] Peng J, Liu Z, Zhang H. Conceptual design of a lunar lander. Spacecraft Eng, 2008, 17(1): 6

[9] Kolaczek B. Selenocentric and Lunar Topocentric Coordinates of Different Spherical Systems. SAO Special Report, 1968, 286

[10] Kolaczek B. Selenocentric and lunar topocentric spherical coordinates on the base of the general formulas of spherical coordinate transformation. Astron J, 1968, 73: 20

[11] Bessell M S. Standard photometric systems. Annu Rev Astron Astrophys, 2005, 43: 293-336

[12] Oke J B, Gunn J E. Secondary standard stars for absolute spectrophotometry. Astrophys J, 1983, 266: 713-717

[13] Fukugita M, Ichikawa T, Gunn J E, et al. The sloan digital sky survey photometric system. Astron J, 1996, 111: 1748

[14] Yan H, Burstein D, Fan X, et al. Calibration of the BATC survey: Methodology and accuracy. Pub Astron Soc Pacific, 2000, 112:691-702

[15] Bohlin R C, Dickinson M E, Calzetti D. Spectrophotometric standards from the far-ultraviolet to the near-infrared: STIS and NICMOS fluxes. Astron J, 2001, 122: 2118-2128

[16] Stritzinger M, Suntzeff N B, Hamuy M, et al. An atlas of spectrophotometric landolt standard stars. Pub Astron Soc Pacific, 2005, 117: 810-822

Photometric Calibration of the Lunar-based Ultraviolet Telescope for Its First Six Months of Operation on the Lunar Surface①

Jing Wang[1,2], Li Cao[1,2], Xian - Min Meng[1,2], Hong - Bo Cai[1,2], Jing - Song Deng[1,2], Xu - Hui Han[1,2], Yu - Lei Qiu[1,2], Fang Wang[1,3], Shen Wang[1,2], Wei - Bin Wen[1,3], Chao Wu[1,2], Jian - Yan Wei[1,2], and Jing - Yao Hu[1]

1 National Astronomical Observatories, Chinese Academy of Sciences, Beijing 100012, China

2 Key Laboratory of Space Astronomy and Technology, National Astronomical Observatories, Chinese Academy of Sciences, Beijing 100012, China; wj@nao.cas.cn

3 Key Laboratory of Lunar and Deep Space Exploration, National Astronomical Observatories, Chinese Academy of Sciences, Beijing 100012, China

Abstract: We describe the photometric calibration of the Lunar-based Ultraviolet Telescope (LUT), the first robotic astronomical telescope working on the lunar surface, for its first six months of operation on the lunar surface. Two spectral datasets (set A and B) from near - ultraviolet (NUV) to the optical band were constructed with 44 International Ultraviolet Explorer (IUE) standards, because of the LUT's relatively wide wavelength coverage. Set A was obtained by extrapolating the IUE NUV spectra ($\lambda < 3200$ Å) to the optical band based upon the theoretical spectra of stellar atmosphere models. Set B was composed of theoretical spectra from 2000 Å to 8000 Å extracted from the same model grid. In total, seven standards have been observed in 15 observational runs until May 2014. The calibration results show that the photometric performance of LUT is highly stable in its first six months of operation. The magnitude zero points obtained from the two spectral datasets are also consistent with each other, i.e., zp = 17.54 ± 0.09 mag (set A) and zp = 17.52 ± 0.07 mag (set B).

Key words: space vehicles; instruments-telescopes-techniques; photometric-ultraviolet; general

1 Introduction

The Lunar-based Ultraviolet Telescope (LUT) on board the first Chinese lunar lander (Chang'e-3) is the first robotic astronomical telescope to operate on the lunar surface in the history of lunar exploration. It was developed by National Astronomical Observa-

① Supported by the National Natural Science Foundation of China.

tories, Chinese Academy of Sciences and the Xi'an Institute of Optics and Precision Mechanics, Chinese Academy of Sciences. Taking advantage of both the very slow rotation and extremely tenuous atmosphere of the Moon, the main scientific goals of LUT are (1) to continuously monitor bright variable stars in the near-ultraviolet (NUV) band for as long as a dozen days; and (2) to perform a dedicated sky survey at low Galactic latitude in the NUV band. The survey can cover regions that were avoided by the Galaxy Evolution Explorer (GALEX) mission (Martin et al. 2005). We refer the readers to Cao et al. (2011) for a detailed description of the scientific goals and mission design of LUT, and to Wang et al. (2011) for a discussion on the potential effect of the lunar exosphere on the NUV sky background emission detected by LUT.

LUT was successfully launched on 2013 December 2 by a Long March 3B rocket, and had its first light on 2013 December 16, two days after Chang'e-3 landed on the lunar surface. By May 2014, LUT had smoothly operated on the Moon for six months, and acquired a total of more than 50 000 images. This paper describes the photometric calibration for its first six months of operation on the lunar surface.

Section 2 presents an overview of the instrument. The calibration in laboratory at pre-launch is given in Section 3. Section 4 describes the calibration procedures, including spectral datasets construction, observations, data reductions, and the final calibration results. A summary is provided in Section 5.

2 INSTRUMENT OVERVIEW

A cross section of LUT is shown in Figure 1. The telescope is an F/3.75 Ritchey-Chrétien system with an aperture of 150mm. A fixed flat mirror (the third mirror) is used to reflect light to the Nasmyth focus to reduce the length of the whole instrument. A two-lens field corrector is located in front of the focal plane, and is used to correct the field curvature. A coating that improves NUV transmission is applied on the last lens. The transparency of the coating peaks at 2500 Å, and has an effective width of 1080 Å. A UV-enhanced 1024×1024 AIMO CCD E2V47-20 (manufactured by the e2v company), operated in frame transfer mode, is chosen as the detector mounted at the Nasmyth focus. The CCD has a pixel size of 13 μm and can be thermoelectrically cooled by as much as 40°C below its ambient temperature. A rotatable flat mirror (the pointing flat mirror) with a size of 200mm×166mm is mounted on a two-dimensional gimbal, which is used to point toward and track a given celestial object. The gimbal has a designed pointing accuracy of 0.05°, which corresponds to about 38 pixels on the focal plane. Two LED lamps with a center wavelength of 286 nm are equipped to provide an internal flat field. The field-of-view of LUT is 1.36×1.36 degree^2, which corresponds to a pixel scale of 4.76″ $pixel^{-1}$.

The main characteristics of LUT are summarized in Table 1. A system flow chart illustrating how the LUT functions was presented as figure 1 in Cao et al. (2011).

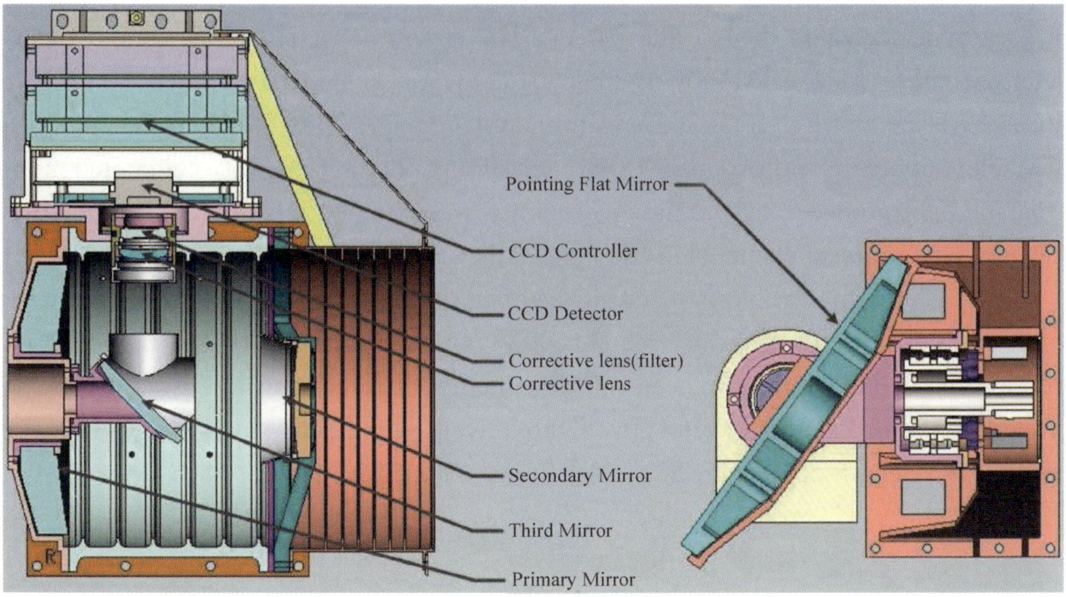

Fig. 1　A cross sectional view of LUT. The main components are labeled.

Table 1　The Main Characteristics of LUT

Item (1)	Value (2)
Telescope:	
Type	Ritchey - Chrétien
Primary diameter	150 mm
Focal length	563 mm
Field of View	1.36 × 1.36 $degree^2$
Peak efficiency	0.08 at 2500 Å
Band width (FWHM)	1080 Å
Pointing:	
Pointing flat mirror	200 mm × 166 mm
Gimbal	2 - dimensions
Gimbal accuracy	0.05°
Detector:	
Type	UV enhanced frame transfer AIMO CCD47 - 20
Active pixels	1024 × 1024
Pixel size	13 μm
Pixel scale	4.76″ $pixel^{-1}$

3 Throughput Determination at Pre-Launch

The throughput of LUT at different wavelengths was measured before launch in a laboratory by a dedicated calibration system. The calibration system was composed of a deuterium lamp (type L1314 by Hamamatsu, Inc.), a halogen-tungsten lamp (type L10296 by Hamamatsu, Inc.), a monochromator (type 207D by McPherson, Inc.), an adjustable diaphragm and two pre-calibrated sensors. During the test, collimated monochromatic light produced by the monochromator was directed into the telescope without any intervening optical elements in the light path.

Figure 2 presents the normalized throughput curve of LUT as a function of wavelength. The throughput peaks at around 2500 Å with a peak value of ≈8%. The effective wavelength and width have been calculated under different definitions. The effective wavelength defined as the wavelengthweighted average is calculated to be 3046 Å. The effective wavelength defined by Schneider et al. (1983)

$$\ln\lambda_{\mathrm{eff}} = \frac{\int d(\ln\lambda) S_{\lambda} \ln\lambda}{Q} \tag{1}$$

is calculated to be 2941 Å, where $Q = \int S_{\lambda} d\ln\lambda = 0.027$ is a flux sensitive quantity and S_{λ} the optical efficiency at wavelength λ. The full width at half maximum (FWHM) of the curve is determined to be about 1080 Å. The rms fractional width σ of the throughput, defined as

$$\sigma^2 = \frac{\int S_{\lambda} \ln^2\left(\frac{\lambda}{\lambda_{\mathrm{eff}}}\right) d\ln\lambda}{Q} \tag{2}$$

is calculated to be 0.146.

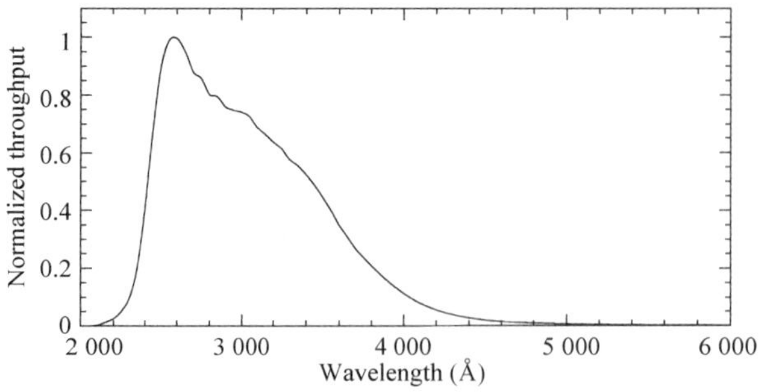

Fig. 2　The normalized throughput of LUT as a function of wavelength.

4 Photometry Calibration

4.1 Magnitude System

The AB magnitude system is adopted for LUT observations. This photometry system was first defined by Oke & Gunn (1983), and has been widely used since its application in the Sloan Digital Sky Survey (Fukugita et al. 1996). It has also been used by the GALEX mission (Morrissey et al. 2005).

The broadband AB magnitude of an object detected by LUT is defined as

$$m_{\mathrm{AB}} = -2.5 \log \frac{\int f_\nu S_\nu \mathrm{d}\ln\nu}{\int S_\nu \mathrm{d}\ln\nu} - 48.6, \tag{3}$$

where f_ν is the specific flux density of the object in the unit of erg s^{-1} cm^{-2} Hz^{-1}, and S_ν the LUT's total throughput at frequency ν. The throughput S_ν measured in the laboratory includes contributions from the optical efficiency of the telescope and pointing flat mirror, the transparency of the NUV coating, and the quantum efficiency of the detector.

The actual brightness m_{LUT} of an object observed by LUT is transformed from the observed instrumental magnitude m_{inst} through $m_{\mathrm{LUT}} = m_{\mathrm{inst}} + \mathrm{zp}$, where zp is the zero point of the LUT magnitude system that should be determined by observing standard stars. Having the throughput S_ν measured, one can convert the observed magnitude to its physical flux for a given object with known spectral shape. In the conversion, there is no free parameter in the integrand of Equation (3), except for a constant multiplier.

4.2 Photometric Standard Stars

The photometric calibration of LUT is based on the UV spectral atlas of standard stars (Wu et al. 1998) provided by the International Ultraviolet Explorer (IUE) mission[1]. This atlas was used because these stars (1) are bright enough for LUT to observe, (2) have reliable absolute specific flux in NUV, after the exclusion of stars with known variability and peculiarity, (3) have known spectral types and luminosity classes (as well as parameters characterizing their stellar atmosphere), (4) have comprehensive coverage on the H－R diagram, and (5) are nearly uniformly distributed on the sky. The NUV spectra of all the IUE standard stars were taken in the low dispersionmode (LWP/R, 1850－3300 Å) with a spectral resolution of ~6 Å. Their specific fluxes are uniformly obtained from the NEWSIPS pipeline, which involves the best treatment of noise and the latest instrument parameters (Nichols & Linsky 1996). The calibration of the IUE satellite was based on the stellar atmosphere model of white dwarf G191B2B (Nichols & Linsky 1996), which is the same method used for calibrating the Hubble Space Telescope (HST) Faint Object Spectrograph. Although the uncertainty in the atmosphere model of G191B2B is only ~2%, the calibrated flux of IUE is systematically lower than that of HST by ~6%. This is because the model's effective temperature adopted by IUE is lower than that adopted by HST (58 000 vs. 63 000 K).

There are a total of 44 IUE standards located in the sky region available to LUT, as shown in Figure 3. The total available sky area is about 3600 degree^2, which results in a surface density of ~0.01 degree^{-2} for the 44 standards. Due to the available range of the gimbal rotation, LUT can only access a small sky area of ~400 degree^2 at a given time, which means on average four standards are observable by LUT at a given time. Such a surface density and the uniform distribution ensure that a photometric calibration can be done at any epoch and that the evolution of the LUT's efficiency can be continuously monitored. In addition, the model dependence of the final calibration results can be alleviated by applying statistical analysis to multiple standards (see Sect. 4.5 below).

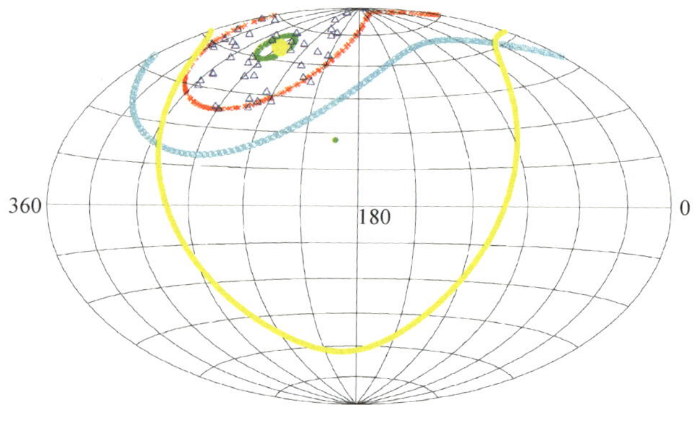

Fig. 3　The available sky of LUT and the distribution of the 44 IUE standards in the J2000 mean equatorial coordinate system. The LUT's available sky is located between the red and green circles. The locus of the zenith of LUT is shown by the cyan curve. The Galactic plane and north Galactic pole are shown by the yellow curve and small green dot, respectively. The large yellow point marks the north pole of the Moon. The distribution of the IUE standards is shown by the open blue triangles.

For the purpose of photometric calibration, two spectral datasets of the 44 IUE standards were constructed to cover the wide wavelength range of the LUT throughput (Fig. 2). The spectral atlas provided by the IUE mission has a red cutoff at 3200 Å, which would result in an underestimate of the expected brightness if the original atlas was used in Equation (3). The level of underestimation is expected to be more significant for red stars than for blue stars, simply because the peak of the SED of a star shifts toward a longer wavelength when the stellar surface temperature decreases. The ATLAS9 model atmospheres (Castelli &

Kurucz 2003) were adopted to solve this problem. With the theoretical spectra extracted from the model grid, we constructed two spectral datasets (set A and B) for the 44 IUE standards. Set A was obtained by combining the IUE observed NUV spectra (λ<3200 Å) with the theoretical spectra beyond 3200 Å. Set B was composed of theoretical spectra from 2000 Å to 8000 Å. We will show below that these two datasets return consistent calibration results within their uncertainties.

The theoretical spectra that we practically used were acquired as follows. At first, a model spectrum was extracted from the original ATLAS9 grid by a 3 - dimensional linear interpolation for each of the 44 IUE standards. The three physical parameters used in the interpolation are the measured effective temperature, surface gravity and metal abundance that are collected from recent literature (see Table 2). Secondly, each extracted model spectrum was reddened by its color excess $E(B-V)$ value through the IRAF. synphot. calcspec① task to account for the expected Galactic extinction. The $E(B-V)$ value was taken from the IUE standard catalog, and the extinction curve from Calzetti et al. (1994). Finally, the absolute flux level of each reddened model spectrum was determined from the V - band magnitude reported in SIMBAD.

Table 2　IUE standards observed by LUT until May 2014

Star (1)	s.p. type (2)	α (J2000) (3)	δ(J2000) (4)	m_V (mag) (5)	$E(B-V)$ (mag) (6)	T_{eff} (K) (7)	log g (8)	Fe/H (9)	m_{ck04} (mag) (10)	m_{iue} (mag) (11)	Reference (12)
HD 131873	K4III	14 50 42.3	+74 09 20	2.07	0.04	4077	1.7	- 0.10	6.52	6.52	Koleva & Vazdekis (2012)
HD 153751	G5III	16 45 58.2	+82 02 14	4.23	0.00	5150	2.54	0.00	7.35	7.36	Soubiran et al. (2010)
HD 159181	G2Ib - IIa	17 30 26.0	+52 18 05	2.80	0.09	5325	1.51	- 0.02	6.09	6.08	Koleva & Vazdekis (2012)
HD 164058	K5III	17 56 36.4	+51 29 20	2.23	0.01	3990	1.64	0.11	6.87	6.86	Prugniel et al. (2011)
HD 185395	F4V	19 36 26.5	+50 13 16	4.48	0.00	6700	4.30	0.01	6.34	6.41	Cunha et al. (2000)
HD188665	B5V	19 53 17.4	+57 31 25	5.14	0.02	14893	3.86	- 0.17	5.26	5.33	Fitzpatrick & Massa (2005)
HD 214470	F3III - IV	22 35 46.1	+73 38 35	5.08	0.00	6637	3.59	0.09	7.18	7.22	Soubiran et al. (2010)

Figure 4 shows the spectra constructed in this way (2000 Å to 8000 Å, both set A and B) of a standard star HD188665 (spectral type B5V) as an example. After construction of the theoretical spectrum, two expected magnitudes (set A and B) in the LUT system were subsequently calculated through Equation (3) for each of the standards.

① IRAF is distributed by the National Optical Astronomy Observatory, which is operated by the Association of Universities for Research in Astronomy, Inc., under cooperative agreement with the National Science Foundation.

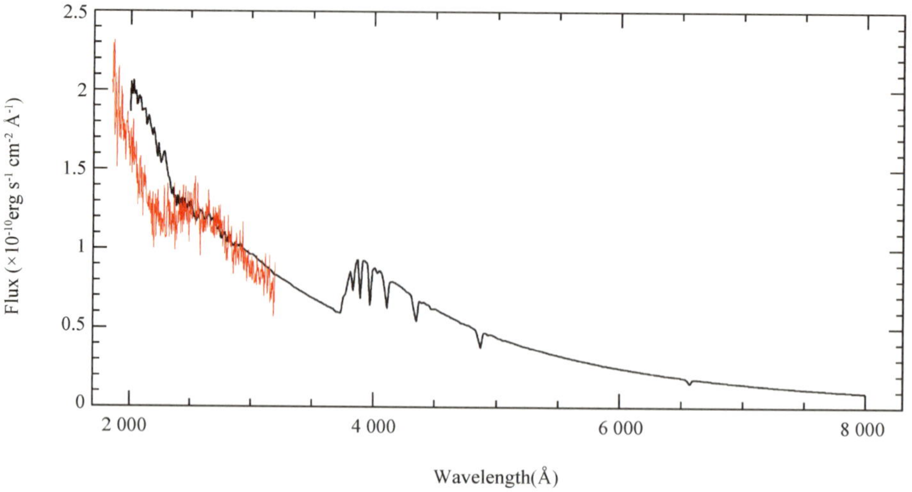

Fig. 4　The spectra of a standard star HD188665 in the unit of flam. The black curve shows the spectrum extracted from the ATLAS9 stellar atmosphere model, and the red curve the NUV spectrum observed by IUE. The absolute flux level of the model spectrum is determined by its *V* - band brightness.

4.3　Observations of the Standards

Seven standards have been observed until May 2014 in 15 observational runs. The details of the seven standards are listed in Table 2. The effective temperature, surface gravity and abundance collected from the literature are tabulated in Columns (7), (8) and (9), respectively. Columns (10) and (11) list the expected magnitudes for set B and A, respectively. An appropriate observational strategy was designed to remove the strong stray light caused by sunshine. The telescope pointing was fixed with respect to the Moon in each observational run, which is required to be long enough, i. e., close to 30 minutes, to allow the star to have a significant shift with respect to the fixed stray light pattern. Each run is composed of a series of short exposures with duration of 2 to 10 seconds depending on the brightness of the standards. Thanks to the slow rotation of the Moon, the shift of a star on the focal plane within each exposure is negligible compared with the size of the point - spread - function (PSF).

4.4　Data Reductions

Reductions of the raw calibration data were performed with the general LUT reduction pipeline. The pipeline is described in detail in a companion paper (Meng et al. in preparation). A brief summary of the pipeline is given below. At first, an overscan correction was applied to all the images taken by LUT. The overscan - corrected images in each observational run were then grouped according to the pointing of the gimbal with respect to the Moon. The total time elapsed in each group is required to be less than 30 minutes to avoid a significant evolution of both the level and pattern of the underlying stray light. For each group, the component of stray light in a given image was acquired by combining all the images (except the given one) in the group without any image shift, in which a median value was extracted for each pixel. Before the combination, the images that should be combined were scaled in advance to have a common background level which was determined by image statistics on the whole CCD of the given image. The underlying stray light was then removed from the given image by the constructed stray light image. We emphasize that both the underlying bias and dark current were simultaneously removed along with the stray light in this procedure. Each of the images that had stray light removed was subsequently normalized by a composite flat field. In addition to the internal flat field provided by the LED lamps that can only correct nonuniformity in CCD quantum efficiency on the pixel scale, a super flat field was acquired by a drift observation of a normal star. As an example, Figures 5 and 6 show a flat field that was finally used and a reduced image for HD188665, respectively.

Fig. 5 A flat field that was finally used derived from a combination of the internal flat field provided by the LED lamps and a super flat field.

Fig. 6 A reduced image for standard star HD188665.

The instrumental magnitude of each observed standard star was obtained by aperture photometry through the IRAF/apphot task. The aperture with a fixed radius of 7 FWHM was used in our photometry to ensure that almost all the signal from the star was enclosed in the aperture. The FWHM of each frame was determined by fitting the PSF by a Moffat profile. The background level around the object was measured from an annulus with a width of 5 pixels out of the photometric aperture.

4.5 Magnitude Zero Point

The measured instrumental magnitudes with an arbitrary magnitude zero point of $zp' = 25$mag are listed in Column (2) of Table 3. The 1 errors reported in the column were derived from the statistics on the multiple observations in each observational run. Each error contains the contributions mainly from the photon fluctuation, stray light removal and image normalization. Because of their high signal-to-noise ratios, the uncertainty due to the photon fluctuation is generally as low as 0.001 - 0.003 magnitudes for all the observed standards, which is much smaller than the reported errors. Our experiments show that a large fraction of the errors comes from the insufficient image normalization. As described in Section 4.4, the flat field that we finally used is a combination of the intrinsic flat field and the super flat field. The intrinsic flat field can only correct the nonuniformity in CCD quantum efficiency on the scale of pixels, but the super flat field compensates the nonuniformity on a larger scale of hundreds of pixels. Nonuniformity on a medium scale of tens of pixels can therefore not be perfectly corrected by the combined flat field.

Table 3　A Comparison between the Measured Instrumental Magnitudes and the Expected Ones

Star (1)	minst (mag) (2)	$zp' - zp$ (mag) (3)	Epoch (4)
HD 131873	14.16 ± 0.03	7.64	2014/05/19
HD 153751	14.75 ± 0.02	7.40	2014/05/19
HD 159181	13.51 ± 0.01	7.41	2014/01/12
	13.52 ± 0.02	7.43	2014/01/16
	13.55 ± 0.01	7.45	2014/02/10
HD 164058	14.40 ± 0.02	7.53	2014/01/12
	14.44 ± 0.30	7.57	2014/02/10
	14.37 ± 0.01	7.50	2014/02/15
	14.42 ± 0.03	7.54	2014/03/16
HD 185395	13.79 ± 0.01	7.45	2013/12/23
	13.79 ± 0.01	7.46	2014/02/15
	13.82 ± 0.01	7.48	2014/02/18
	13.78 ± 0.02	7.45	2014/03/16
HD 188665	12.71 ± 0.01	7.45	2013/12/23
HD 214470	14.61 ± 0.02	7.44	2014/05/19

Column (3) in Table 3 lists the reduced zero points $zp' - zp$ based on the expected magnitudes calculated from the spectral dataset constructed from set B (i. e., Column

(10) in Table 2). One can see from the table that three standards have been observed for three to four runs in the LUT's first six months of operation. The resulting magnitude zero points of these three standards show non - detectable variation (within their uncertainties) with time, which indicates a highly stable performance of LUT during its first six months of operation.

A statistic on all the calibration results from different standards at different times yields two consistent average magnitude zero points obtained from the two constructed spectral datasets, i.e., zp = 17.54 ± 0.09 mag (set A) and zp = 17.52 ± 0.07 mag (set B). Both reported errors correspond to a 1σ significance level. These reported errors are clearly larger than the errors inferred from a single standard. The increase in error can be easily understood because the expected magnitude of a standard depends on many factors, including the IUE spectral/ATLAS9 model calibration (see Sect. 4.2 for the details), the V - band magnitude, the level of extinction and the parameters used to define the atmosphere model.

5 SUMMARY

We have described the photometric calibration of LUT for its first six months of operation on the lunar surface. Two spectral datasets from NUV to the optical band were constructed for photometric calibration with 44 IUE standards, because of the relatively wide wavelength coverage of LUT. The calibration results indicate that the photometric performance of LUT has been highly stable during its first six months of operation. The magnitude zero points inferred from the two spectral datasets are highly consistent with each other.

Acknowledgements

The authors thank the outstanding work of the LUT team and support by the team from the ground system of the Chang'e-3 mission. This study is supported by the Key Research Program of Chinese Academy of Sciences (KGED - EW - 603) and by the National Basic Research Program of China (973 program, Grant No. 2014CB845800). JW is supported by the National Natural Science Foundation of China under Grant 11473036. MXM is supported by the National Natural Science Foundation of China under Grant 11203033.

References

[1] Calzetti, D., Kinney, A. L., & Storchi - Bergmann, T. 1994, ApJ, 429, 582

[2] Cao, L., Ruan, P., Cai, H., et al. 2011, Science China Physics, Mechanics, and Astronomy, 54, 558

[3] Castelli, F.,& Kurucz, R. L. 2003, in IAU Symposium, 210,Modelling of StellarAtmospheres, ed. N. Piskunov, W. W. Weiss, & D. F. Gray, 20P

[4] Cunha, K., Smith, V. V., Boesgaard, A. M., & Lambert, D. L. 2000, ApJ, 530, 939

[5] Fitzpatrick, E. L., & Massa, D. 2005, AJ, 129, 1642

[6] Fukugita, M., Ichikawa, T., Gunn, J. E., et al. 1996, AJ, 111, 1748

[7] Koleva, M., & Vazdekis, A. 2012, A&A, 538, A143

[8] Martin, D. C., Fanson, J., Schiminovich, D., et al. 2005, ApJ, 619, L1

[9] Morrissey, P., Schiminovich, D., Barlow, T. A., et al. 2005, ApJ, 619, L7

[10] Nichols, J. S., & Linsky, J. L. 1996, AJ, 111, 517

[11] Oke, J. B., & Gunn, J. E. 1983, ApJ, 266, 713

Prugniel, P., Vauglin, I., & Koleva, M. 2011, A&A, 531, A165

[12] Schneider, D. P., Gunn, J. E., & Hoessel, J. G. 1983, ApJ, 264, 337

[13] Soubiran, C., Le Campion, J. - F., Cayrel de Strobel, G., & Caillo, A. 2010, A&A, 515, A111

[14] Wang, J., Deng, J. S., Cui, J., et al. 2011, Advances in Space Research, 48, 1927

[15] Wu, C., Mo, J., Crenshaw, D. M., & Schiffer, F. H. 1998, in ESA Special Publication, 413, Ultraviolet Astrophysics Beyond the IUE Final Archive, ed. W. Wamsteker, R. Gonzalez Riestra, & B. Harris, 751

18-Months Operation of Lunar-based Ultraviolet Telescope: A Highly Stable Photometric Performance

J. Wang[1,2], X. M. Meng[1,2], X. H. Han[1,2], H. B. Cai[1,2], L. Cao[1,2], J. S. Deng[1,2], Y. L. Qiu[1,2], S. Wang[1,2], J. Y. Wei[1,2], J. Y. Hu[1]

1 National Astronomical Observatories, Chinese Academy of Sciences

2 Key Laboratory of Space Astronomy and Technology, National Astronomical Observatories, Chinese Academy of Sciences

Abstract: We here report the photometric performance of Lunar-based Ultraviolet telescope (LUT), the first robotic telescope working on the Moon, for its 18 – months operation. In total, 17 IUE standards have been observed in 51 runs until June 2015, which returns a highly stable photometric performance during the past 18 months (i.e., no evolution of photometric performance with time). The magnitude zero point is determined to be 17.53 ± 0.05 mag, which is not only highly consistent with the results based on its first 6 – months operation, but also independent on the spectral type of the standard from which the magnitude zero point is determined. The implications of this stable performance is discussed, and is useful for next gener – ation lunar-based astronomical observations.

Key words: space vehicles; instruments; telescopes; techniques; photometric; ultraviolet; general

1 Introduction

As the first robotic astronomical telescope working on the lunar surface in the history of mankind, Lunar-based Ultraviolet Telescope (LUT) on board the Chinese first lunar lander (Chang'E – 3, Ip et al. 2014) has smoothly worked for 18 months on the Moon up to the time when this paper is prepared. About 10,000 images have been acquired per month by LUT in the past 18 months.

A detailed description on the scientific goals and mission conception of LUT can be found in Cao et al. (2011). Briefly speaking, the telescope is dedicated to 1) continuously monitor bright variable stars in the near – ultraviolet (NUV) band for as long as a dozen days; 2) perform a sky survey at low Galactic latitude in the NUV band. LUT consists of a 2 – dimensional gimbal with a flat mirror used for pointing a given target and a telescope with an aperture of 150mm. Both components are horizontally mounted in a cabin of the lander (see Figure 1 in Wang et al. 2015a for a cross sectional view). The telescope adopts a Ritchey – Chretien system with a focal ratio of 3.75, and is equipped with an UV – enhanced 1024 × 1024 AIMO CCD E2V47 – 20 as the detector. The detector is operated in frame transfer mode, and can be thermoelectrically cooled by as much as 40° C below its ambient temperature, which results in a typical operating temperature in a range from –40 (at dawn or dusk) to –20°C (at noon). The pixel size of the CCD is 13μm, which corresponds a pixel scale of 4.76″pixel^{-1} and results in a filed – of – view of 1.36×1.36 degrees. Two LED lamps with a center wavelength of 286 nm are equipped to provide an internal flat field. The efficiency curve of LUT that is measured in laboratory peaks at around 2500Åwith a peak value of ≈ 8%, and has a full width of half maxi – mum (FWHM) of about 1080Å (Wang et al. 2015a).

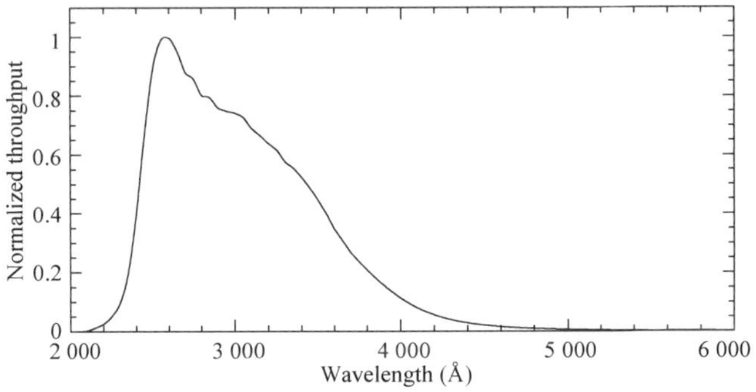

Fig. 1 The normalized throughput of LUT plotted as a function of wavelength.

Wang et al. (2015a) has minutely described the photometric calibration of LUT for its first 6 months operation, including the measurements of the throughput at different wavelength in laboratory, the selection of the used standard stars from the IUE spectral atlas, the construction of spectral data sets from NUV to optical band for these standards, the strategy of both observations and data reductions, and the finally reported magnitude zero point.

The aim of this paper is to investigate the evolution of LUT photometric performance in the past 18 months by including the new observations taken in one year. The importance of monitoring the photometric performance of LUT is described as follows. At first, the magnitude zero point that is used to obtain the actual brightness of an observed target might change with the time. This change is essential not only for a survey program with a ling time duration, but also for a re – visitation of the same object separated by several months. Secondly, the study of evolution provides an unique opportunity for the first time to examine the effect on lunar-based astronomical observations caused by the extreme environment on the Moon, which is useful for next generation of lunar-based astronomical telescope working in optical/NUV band.

The paper is organized as follows. The adopted calibration strategy is briefly described in Section 2. The observations and data reductions are given in Section 3. Section 4 presents the results and discussions.

2 An Outline of Photometric Calibration

Transforming the observed instrumental magnitude of an object to its actual brightness requires a predetermined magnitude zero point. The zero point (zp) can be determined through the relationship zp $= m_{\rm LUT} - m_{\rm inst}$ for a series of standard stars, where $m_{\rm inst}$ is the observed instrumental magnitude of a standard star and $m_{\rm LUT}$ its actual brightness. By adopting the AB magnitude system (Oke & Gunn 1983; Fukugita et al. 1996), $m_{\rm LUT}$ is calculated for a given standard a

$$m_{\rm LUT} = -2.5 \log \frac{\int f_\nu S_\nu {\rm d}\ln\nu}{\int S_\nu {\rm d}\ln\nu} - 48.6 \quad (1)$$

where f_ν is the specific flux density of the standard star in unit of erg s^{-1} cm^{-2} Hz^{-1}, and S_ν the LUT's total throughput at frequency ν which is needed to be determined in laboratory at pre-launch (see Figure 1).

The IUE standard stars are adopted in our calibration both because of their uniform distribution on sky and because of the limit available sky region of LUT. Basing upon a combination of the location (i.e., 13.31°S and 14.12°E on the Moon) where it was landed and the available range of the gimbal rotation, LUT can only cover a cap around the north pole of the Moon (see Figure 3 in Wang et al. 2015a). The total available sky area is only about 3600 degrees^2, and the available sky area at a given time is 400 degrees^2. In total, 44 IUE standards (Wu et al., 1998) located in the available sky region have been selected by Wang et al. (2015a). For each of the standards, its absolute specific flux in NUV band obtained by IUE has to be extended to optical band (i.e., has a final wavelength coverage from 2000 Å to 8000 Å), both because of the relatively broad wavelength range of LUT (see Figure 1) and because of the red cutoff at 3200Å of the IUE data. We refer the readers to Section 4.2 in Wang et al. (2015a) for the details of the construction of the spectral data sets. Briefly speaking, given the effective temperature, surface gravity and abundance, the extension is realized by a 3-dimensional linear interpolation basing upon the ATLAS9 model atmospheres (Castelli & Kurucz 2003). The absolute specific flux level of each extracted model spectrum is determined from its V-band magnitude, after a reddening by its color excess $E(B-V)$.

3 Observations and Data Reductions

We have observed 17 standards in 51 observational runs until June 2015. Table 1 lists the details of the 17 standards. Columns (7), (8) and (9) tabulates the effective temperature, surface gravity and abundance collected from the literature, except for two standards whose values are adopted from the suggested models with a solar metallicity for specific stellar types. Columns (10) lists the magnitudes calculated from Equation (1). The observations strictly follow the strategy described inWang et al. (2015a) and Meng et al. (2015), which is designed to properly remove the strong stray light caused by the sunshine. Each observational run with a duration of about 30 minutes consists of a series of short exposures with duration of 2 to 10 seconds depending on the brightness of the standards. The telescope pointing was fixed with respect to the Moon in the run. This means the shift of a star on the focal plane within each exposure is negligible compared with the size of the point-spread-function due to the slow rotation of the moon, and the total shift within the run is ~100 pixels.

Table 1　IUE standards observed by LUT until June 2015

Star (1)	s. p. type (2)	α (J2000) (3)	δ (J2000) (4)	m_V mag (5)	$E(B-V)$ mag (6)	T_{eff} K (7)	logg (8)	Fe/H (9)	m_{ck04} mag (10)	Ref. (11)
HD123299	A0III	14 04 23.6	+64 22 31	3.66	0.00	10371	3.95	-0.19	4.61	3
HD127700	K4IIIBa0.3	14 27 31.2	+75 41 43	4.27	0.00	4395	1.86	-0.08	8.30	6
HD131873	K4III	14 50 42.3	+74 09 20	2.07	0.04	4077	1.7	-0.10	6.52	1
HD132813	M5III	14 57 35.6	+65 55 54	4.59	0.00	3500	1.34	0.00	9.11	…
HD137759	K2III	15 24 55.7	+58 57 57	3.29	0.01	4520	2.61	0.12	7.19	3
HD139669	K5III	15 31 25.4	+77 20 56	4.96	0.07	3962	1.44	0.18	9.73	3
HD147394	B5IV	16 19 44.4	+46 18 45	3.90	0.01	14906	4.06	0.14	3.98	1
HD153751	G5III	16 45 58.2	+82 02 14	4.23	0.00	5150	2.54	0.00	7.35	2
HD159181	G2Ib-IIa	17 30 26.0	+52 18 05	2.80	0.09	5325	1.51	-0.02	6.09	1
HD164058	K5III	17 56 36.4	+51 29 20	2.23	0.01	3990	1.64	0.11	6.87	3
HD166205	A1Vn	17 32 12.1	+86 35 08	4.36	0.00	9230	4.10	0.00	5.63	…
HD185395	F4V	19 36 26.5	+50 13 16	4.48	0.00	6700	4.30	0.01	6.34	4
HD188209	O9.5Iab	19 51 58.9	+47 01 39	5.63	0.20	31910	3.36	0.00	5.19	5
HD188665	B5V	19 53 17.4	+57 31 25	5.14	0.02	14893	3.86	-0.17	5.26	5
HD198149	K0IV	20 45 16.6	+61 49 38	3.42	0.01	4888	3.19	-0.21	6.64	3
HD214470	F3III-IV	22 35 46.1	+73 38 35	5.08	0.00	6637	3.59	0.09	7.18	2
HD203280	A7IV-V	21 18 33.6	+62 35 05	2.46	0.00	7773	3.45	0.09	4.23	7

Note: Column (1): Star name; Column (2): Spectral type; Column (3) & (4): Right ascension and declination in J2000 mean equator coordinate; Column (5): apparent magnitude in V-band; Column (6): Color excess; Column (7): Surface effective temperature; Column (8): Surface gravity; Column (9): metal abundance; Column (10): LUT magnitude calculated through Equation (1). Reference: [1] Koleva & Vazdekis (2012); [2] Soubiran et al. (2010); [3] Prugniel et al. (2011); [4] Cunha et al. (2000); [5] Fitzpatrick & Massa (2005); [6] Luck & Heiter (2007); [7] Gray et al. (2003).

A general pipeline is developed by us to reduce the raw data. We refer the readers to Meng et al. (2015) for the details of the pipeline. The procedures of the pipeline includes overscan correction, removal of stray light (including bias and dark current), normalization by a composed flat filed, source extraction and cosmicrays rejection and final aperture photometry. The used composed flat field is derived from a combination of the internal flat field provided by the internal LEDs and superflat from a dithering observation of a single standard. The instrumental magnitude measured with a fixed radius of 7FWHM is adopted in subsequent analysis, since this aperture is believed to enclose almost all the signal from a bright star (see Figure 6 in Meng et al. 2015 for a growth curve of aperture photometry).

4 Results and Discussions

4.1 Stable Photometric Performance

Figure 2 shows the variation of the determined magnitude zero point (zp) with time from the beginning of 2014 to June 2015. The value of zp and its uncertainty in each month are obtained from a statistic on all the observations carried out in the month. All the errors correspond to a 1σ significance level. One can learn from the figure that the photometric performance of LUT is highly stable during its 18 - months operation. Based on all the observations of standard until June 2015, a statistics returns an average value of $zp = 17.53 \pm 0.05$, which is highly consistent with the results based on the first 6 - months operation (Wang et al. 2015a). The highly stable photometric performance is further illustrated in Figure 3, which shows the stable light curves (transformed to zp) of four standards that have been repeatedly visited for at least four times in the past 18 months. In addition, one can learn from the figure that the zp values based on different standards are consistent with each other within their uncertainties, although a slightly lower value is yielded from the late type - K star HD164058 (see discussion given below).

The revealed highly stable photometric performance therefore indicates that the performance degradation due to the reaction with the environment is negligible for LUT. Possible effects include the bombardment of the high energy protons from solar wind, the oxidation of the coating, and the deposition of the charged lunar dust on the the mirrors.

At first, although the damage to the coating on the mirrors/lens by the protons from solar wind has been alleviated significantly by a designed shielding. the first reflection mirror of LUT is nevertheless fully exposed to the environment when an observation is carried out. Assuming a typical inclination of $\theta = 45^{\circ}$ with respect to the local zenith, the

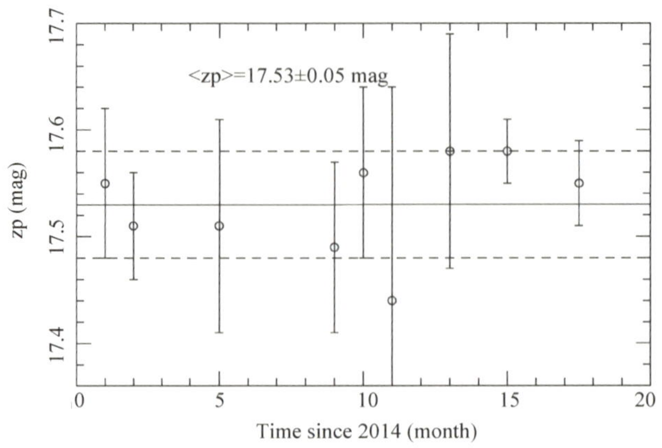

Fig. 2　The determined magnitude zero point in each month plotted against time in unit of month since the beginning of 2014. The average value of magnitude zero point is marked by the solid horizontal line. The two dashed horizontal lines mark the corresponding error at 1σ confidence level.

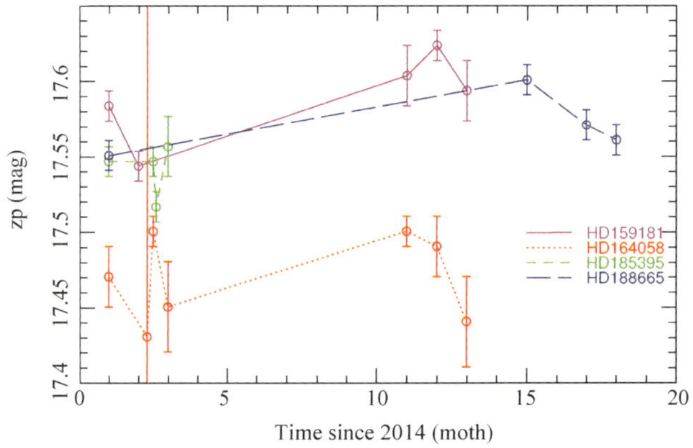

Fig. 3　The light curves (transformed to magnitude zero point) of four standards that havebeen repeatedly observed for at least four times in the past 18 months.

total number of protons bombard on the mirror is $N \sim \cos\theta jA\Delta t \sim 10^{17}$ p^+ in the past 18 months, where j $\sim 10^8$ p^+ cm^{-2} s^{-1} is the proton flux of the solar wind, $A = 20 \times 16.6 = 332$ cm^2 the area of the mirror, and Δt the total observational time elapsed in the past 18 months. Secondly, not as the telescopes on the ground or on a low orbit around earth, the degradation of reflection efficiency due to the oxidation is negligible on the Moon thanks to the extremely tenuous lunar atmosphere (e.g., Stern, 1999; Wang et al. 2011, 2015b). Finally, the stable photometric performance in the past 18 months suggests that LUT did not suffer the influence of the charged lunar dust that can continuously decrease the reflection/transparency efficiency by a deposition on the mirrors, although this effect has been indeed observed by the Apollo 12 astronaut (e.g., Colwell et al. 2007).

The avoidance of the influence of the dust can be understood by the following two reasons. At the beginning, LUT is mounted within a cabin of the CE-3 lander. Secondly, for each lunar day, the cabin was closed at both sunrise and sunset when the dust particles are believed to be launched at terminator (e.g., Berg et al. 1976).

4.2 Uncertainties

The calibration based on the IUE standards results in a magnitude zero point with an accuracy of 5%. The resulted final uncertainty contains the contributions from the shot noise from incident light, the residual nonuniformity in CCD quantum efficiency after the flatfielding, the error in the determined throughput curve, and the modeled standard spectra (i.e., the uncertainties of the parameters defining individual stellar atmosphere, see discussion given in Section 4.3). Because the used standards are so bright, the shot noise is generally estimated to be as low as 0.001 − 0.003 magnitudes for these observed standards. The magnitude uncertainty caused by the error of the throughput curve is estimated from a Monte − Carlo simulation with 100 iterations, in which a random curve is produced by a random sampling at each wavelength according to the measured error of S_λ The simulation shows that the resulted magnitude error is ~0.001 mag. As indicated by Meng et al. (2015), the residual medium − scale nonuniformity in CCD con − tributes a typical error of ~0.02mag for a 10 mag star. The finally used flat field comes from a combination of the intrinsic flat field and the super flat field. That means only the nonuniformity in CCD quantum efficiency on the scale of pixels and scale of hundreds of pixels can be corrected by the intrinsic flat field and the super flat field, respectively.

4.3 Independence On Stellar Spectral Type

To investigate the dependence of the determined zp value on the spectral type of the standard from which zp is determined, we separate the observed 17 standards into three groups according to their spectral types. Table 2 lists the zp values that are determined from each group, which allows us to draw a conclusion that the photometric calibration of LUT is independent on spectral type of the used standard. The table additionally shows a trend in which the estimated uncertainty of zp increases with spectral type of the used standard: later the spectral type, larger the resulted uncertainty will be. This trend is not hard to be understood. Except the imperfect flatfielding in a middle scale of tensof pixels discussed above, the error of the determined zp is additionally contributed by the uncertainty of the calculated magnitude of a standard. In addition to depend on the IUE spectral/ATLAS9 model calibration, the calculated magnitude depends on the V − band mag − nitude, the level of extinction and the parameters defining the atmosphere model. The level of this dependence is expected to be more significant for a late type star than for an early type star, because the peak of the SED of a star shifts toward a longer wavelength when the stellar surface temperature decreases.

Table 2 The resulted magnitude zero points from the standards with different spectral types.

s. p. type (1)	zp mag (2)	Num. of runs (3)
O, B, & A	17.55 ± 0.04	11
F & G	17.60 ± 0.07	17
K & M	17.45 ± 0.13	23

5 Summary

The photometric performance of LUT is reported here for its 18 − months operation on the Moon. The observations of 17 IUE standards in 51 runs allow us to claim a highly stable photometric performance of LUT during the past 18 months. The magnitude zero point is determined to be 17.53 ± 0.05 mag, and is found to be independent on the spectral type of the used standard.

Acknowledgements

We would like to thank the anonymous referee for his/her suggestions that improve the manuscript. The authors thank the outstanding work of the LUT team and support by the team from the ground system of the Change-3 mission. This study is supported by the Key Research Program of Chinese Academy of Sciences (KGED − EW − 603). JW is supported by the National Natural Science Foundation of China under Grant 11473036. MXM is supported by the National Natural Science Foundation of China under Grant 11203033.

Note: Column (1): Spectral type; Column (2): Determined magnitude zero point; Column (3): Total number of the used observational runs.

References

[1] Berg, O. E., Wolf, H., & Rhee, J.: Lunar and Planetary Exploration 48, 233 (1976)

[2] Cao, L., Ruan, P., Cai, H. B., et al.: ScChG 54, 558 (2011)

[3] Castelli, F. & Kurucz, R.: IAU Symposium 210, Modelling of Stellar Atmospheres, Uppsala, Sweden, eds. N. E. Piskunov, W. W. Weiss. and D. F. Gray, ASP − S210 (2003)

[4] Colwell, J. E., Batiste, S., Horanyi, M., Robertson, S., & Sture, S.: Reviews of Geophysics 45, 2006 (2007)

[5] Cunha, K., Smith, V. V., Boesgaard, A. M., & Lambert, D. L.: Astrophys. J. 530, 939 (2000)

[6] Fitzpatrick, E. L., & Massa, D.: Astrophys. J. 129, 1642 (2005)

[7] Fukugita, M., Ichikawa, T., Gunn, J. E., et al.: Astron. J. 111, 1748 (1996)

[8] Gray, R. O., Corbally, C. J., Garrison, R. F., McFadden, M. T., & Robinson, P. E.: Astron. J. 126, 2048 (2003)

[9] Ip, W. -H., Yan, J., Li, C. -L., Ouyang, Z. -Y.: Research in Astronomy and Astrophysics 14, 1511 (2014)

[10] Koleva, M., & Vazdekis, A.: Astron. Astrophys. 538, 143 (2012)

[11] Luck, R. E., & Heiter, U.: Astron. J. 133, 2464 (2007)

[12] Meng, X. M., et al.: astro-ph/arXiv:1505.07951 (2015)

[13] Oke, J. B., & Guun, J. E.: Astrophys. J. 266, 713 (1983)

[14] Prugniel, P., Vauglin, I., & Koleva M.: Astron. Astrophys. 531, 165 (2011)

[15] Schneider, D. P., Gunn, J. E., &, Hoessel, J. G.: Astrophys. J. 264, 337 (1983)

[16] Soubiran, C., et al.: Astron. Astrophys. 515, 111 (2010)

[17] Wang, J. et al.: AdSpR 48, 1927 (2011)

[18] Wang, J. et al.: Research in Astronomy and Astrophysics 7, 1068 (2015a)

[19] Wang, J. et al.: P&SS 109, 123 (2015b)

[20] Wu, C. C., et al.: ESASP 413, 751 (1998)

第 9 章　地球等离子体层观测

9.1　地球等离子体层观测

地球等离子体层(plasmasphere)是位于地球内磁层的一个环状的冷等离子体聚集区域(图 9-1、图 9-2)，与地球一起共转。它的底部是电离层，外面被环电流和辐射带包围，其主要成分来自被地磁场俘获的电离层离子。在等离子体层的外边界，等离子体密度陡降 1～2 个数量级，称为等离子体层顶(plasmapause)。

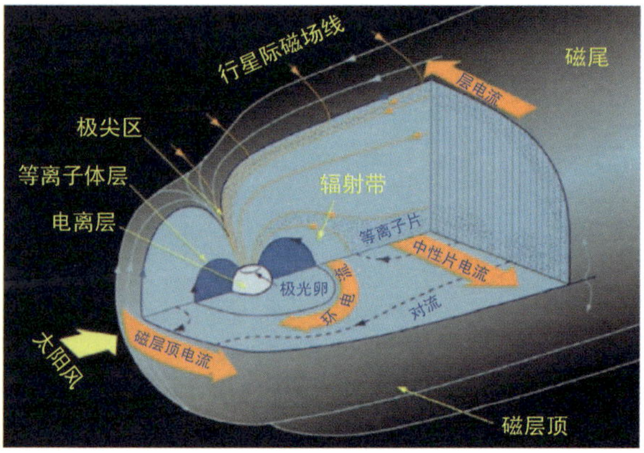

图 9-1　磁层基本结构图

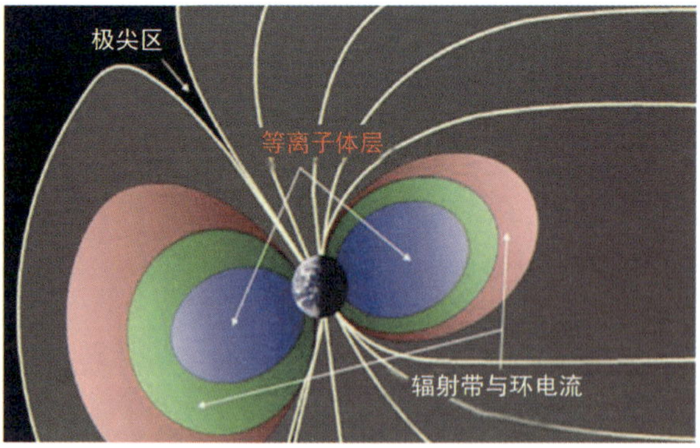

图 9-2　地球等离子体层示意图

太阳爆发活动会引起日地空间环境的剧烈扰动，传播至地球时，与地球磁层相互作用，引发强烈的地磁活动(地磁暴和磁层亚暴)，进而触发内磁层和电离层之间复杂的耦合过程，导致地球等离子体层结构发生相应的变化。在地磁活动相对平静的时期，等离子体层顶可扩展至距地心 4～6 个地球半径的位置；如果发生大的地磁暴，由于内磁层中的刻蚀过程，等离子体层的尺度会明显缩小，最小可缩至 2 个地球半径以内。

地球等离子体层中含有大量的 He^+，这些 He^+ 对太阳光中的 30.4 nm 谱线辐射(极紫外波段)会产生共振散射。如果使用工作于 30.4 nm 波长的极紫外望远镜对等离子体层进行成像观测，就可以获得等离子体层的整体位形、精细结构及其随时间演化等信息。嫦娥三号着陆器搭载的极紫外相机(extreme ultraviolet camera，简称 EUVC)正是基于这一原理，从月基子午面视角观测地球的等离子体层，研究地球等离子体层中的一些尚未完全解决的问题，如等离子体层的整体结构、亚暴期间的动力学过程、对流刻蚀和再填充等，同时对了解空间天气状态和预测空间天气变化具有重要作用(图 9-3)。

1)首次实现月基定点大视场观测地球等离子体层；

2)提供了无可替代的子午面视角的地球等离子体层时间序列图像(美国 IMAGE 卫星的观测图像为赤道面视角)；

3)空间分辨率远优于日本 KAGUYA 绕月卫星的观测数据，可以与美国 IMAGE 卫星在距地球 4 万千米处观测的数据相媲美。

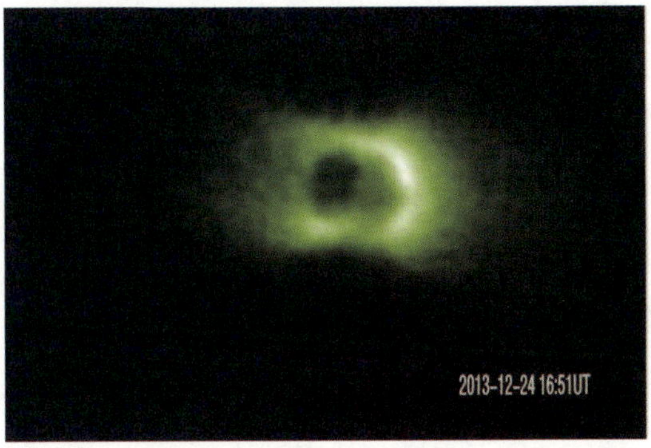

图 9-3　月基地球等离子体层观测图

9.2　月基地球等离子体层观测模拟仿真研究

(1)地球等离子体层极紫外波段辐射特性计算

使用地球等离子体层 He^+ 密度分布的动态全球核心等离子体层模式(DGCPM)，模拟了分析地球等离子体层结构特性和 30.4 nm 辐射特性，并与 IMAGE 卫星观测结果进行了对比分析表明，等离子体层顶主要位于 5.5 个地球半径以内，10min 收缩或扩张的特征尺度约为 0.1 个地球半径；等离子体层肩(shoulder)产生于行星际磁场南向偏转，并从晨侧向正午方向旋转；等离子体层尾(plume)在行星际磁场南向偏转时会向昏侧旋转并变窄。模拟得到从月球上观测时等离子体层位于 5.5 个地球半径以内，对应月基极紫外相机视场为 $10.7^\circ \times 10.7^\circ$；等离子体层 30.4 nm 辐射强度为 0.1～11.4 Rayleigh；首次从侧面模拟出了等离子体层肩和尾结构，其空间变化尺度量级为 0.1 个地球半径。

(2)月基地球等离子体层观测仪器的环境特性分析

分析了月球轨道运动特性和月球表面环境特性，结果显示在一个月球公转周期内，总观测时间约为12个地球日，极紫外观测仪器对地指向的纬度最大偏移约为7°，经度最大偏移约为6°。对月面的极紫外辐射环境的研究表明，太阳峰年月面散射的极紫外辐射强度约为2.0 Rayleigh，与地球等离子体层辐射量级相当。根据SELENE数据，分析了极紫外观测仪器所在的5个拟着陆区的地貌特征，证明了月面散射的极紫外辐射不会进入观测仪器，其中虹湾区的地形最为理想。根据Apollo－12和Apollo－15太阳风数据分析了月面质子和电子通量，结果显示在太阳活动峰年，一年内两者的总流量均为约5×10^{15} cm^{-2}。根据Apollo－12局地观测，在一个月球周期内，月面温度变化为80～390 K。

(3)建立了由月基极紫外相机图像重构地球等离子体层的算法

给出了从嫦娥三号月基极紫外相机获取的图像重建地球等离子体层的算法：

1)基于月基极紫外相机图像的视向积分形态和图像的外形轮廓特征，采用地球磁场的偶极场近似，使用最小L方法重建赤道面上的等离子体层顶；

2)得到等离子体层顶的位置之后，使用已有的等离子体层密度统计分布模式并假设等离子体密度沿磁力线为常数，获得猜测的等离子体层密度准三维分布，把这一初始猜测带入遗传算法进行迭代计算，从而得到与月基极紫外图像最接近的等离子体层结构和等离子体层密度准三维分布。

(4)地球等离子体层月基极紫外成像的模型仿真

为了达到理解月球视角极紫外图像如何呈现地球等离子体层动力学过程的目的，使用动态全球核心等离子体层模式(DGCPM，其中嵌入了TS07磁场模式和W05电场模式)，研究了从月球看到的等离子体层He^{+} 30.4 nm辐射强度和等离子体层整体结构，并对IMAGE卫星极紫外成像仪所观测到的两次典型磁暴事件从月球视角进行了系统性仿真。结果发现从月球视角看，地球等离子体层的最大辐射强度约为12.3 Rayleigh，大于从地球极轨视角探测到的数值。在月基仿真图像中，等离子体层中大尺度结构(等离子体层顶、肩和尾)的外形和随时间的演化过程也具有不同的形态。仿真结果还表明，从月基极紫外图像获得的地球等离子体层结构与从IMAGE卫星极紫外图像得到的结果一致。系统性的仿真结果显示，地球等离子体层结构的特定纬向分布只能从月球轨道的特定位置观测到。通过该研究工作，可以提供对月基极紫外图像的总体理解，对于从实际月基极紫外观测图像中辨识等离子体层结构及其演化形态也会有所帮助。

(5)地球磁鞘层中的极紫外辐射整体三维混合仿真

何飞、张效信等使用整体三维混合仿真代码和地冕氢三维模式系统地研究了地球磁鞘层中由太阳风电荷交换(SWCX)激发的30.4 nm极紫外辐射，研究涉及到不同的太阳风－行星际磁场条件和不同的成像视角。发现磁鞘层中的极紫外辐射强度差别极大，从几个

mR 到约 1 200 mR，并且辐射强度随太阳风的流速、密度、温度和 He^{2+}/H^{+} 密度比的增加而增大。北向行星际磁场在磁鞘层中引起辐射最小，而南向行星际磁场导致的辐射最大。随着行星际磁场的增强，夜侧的辐射形态在磁赤道面附近从单一的场向形分裂为蝴蝶形。此外，极紫外辐射的形态随着观测位置的变化而变化，反映了磁鞘层不同纬度和经度上的信息。该研究工作注意到，在太阳风强烈扰动的条件下，处理月基等离子体层极紫外图像时，需要考虑到磁鞘层中 SWCX 极紫外辐射的影响。在对磁鞘层进行整体极紫外成像观测时，需要大视场、高灵敏度、大动态范围和低固有暗计数率的极紫外成像仪。该研究工作可以提供对磁鞘层 SWCX 极紫外辐射的总体理解，在未来对磁鞘层进行整体成像以研究太阳风—磁层耦合时具有潜在应用。

9.3　地球等离子体层顶位置研究

(1)极紫外相机观测图像中地心位置的认证

嫦娥三号极紫外相机在任务运行期间，获取了大量的月基地球等离子体层图像。但是，由于着陆器平台姿态控制和望远镜指向控制中存在未知误差，在极紫外相机观测图像中，地心的坐标并不是固定在同一个像素位置上。如果没有经过适当的定标，这些位置偏移在分析等离子体层结构时会引入额外的误差。郑晨、平劲松等基于非常有限的测控数据信息，提出了一种基于圆形较差算法的有效定标方法，可以在每幅嫦娥三号极紫外相机观测图像中，自动精确探测地心的位置。该方法使用圆形作为基本单元，基于谱特征来捕获极紫外相机图像中高亮区域的等值线轮廓，所得到的圆形的中心即被认为是图像中地心的位置。初步分析表明，这一方法可以有效地探测到地心的位置，并且与最基本的手工识别的结果一致。研究发现圆形的半径从 2013 年 12 月到 2014 年 5 月间每月都在变化，半径的月均值与嫦娥三号着陆器落月地点的地球天顶角变化之间呈现出相对明显的正相关，与地月距离反相关。该研究工作的方法和结果将有益于基于嫦娥三号极紫外相机数据的进一步科学分析。

(2)由极紫外相机观测图像测定地球等离子体层顶位置

基于嫦娥三号极紫外相机月基等离子体层子午面观测图像，提出了测定等离子体层顶在磁赤道面上位置的最小 L 算法。用该算法从所有可用的极紫外相机图像中测定了等离子体层顶的位置，并与空间卫星就地观测获取的结果进行了定量比较。由极紫外相机图像测定的等离子体层顶位置与其他空间卫星的就地测量结果之间显示出极好的一致性，表明了月基极紫外相机图像数据和等离子体层顶位置测定算法的可靠性。该研究工作为进一步使用月基极紫外相机图像数据分析等离子体层的动力学过程提供了重要基础。

(3)确认地球等离子体层的尺度与地磁活动强度反相关

利用嫦娥三号全部观测数据分析地球等离子体层边界的变化，可以明确验证地球等离子体层的尺度与地磁活动强度反相关。极紫外相机成像数据显示，等离子体层的空间结构受到地球磁场和电场的约束和控制。磁层活动平静时期，等离子体层可以扩展至地心距离约6个地球半径。随着磁层活动的增强，等离子体层在空间上收缩；在所观测的最强的活动时期(2014年2月21日)，等离子体层顶位置地心距离下降至约3个地球半径。这些探测结果与经验的等离子体层模式以及其他卫星的就地探测结果基本一致。

9.4 揭示亚暴期间地球等离子体层动态演化过程

(1)发现了地球等离子体层边界在亚暴影响下发生凸起

地球等离子体层是磁层与电离层的耦合区域，其结构对于磁层中的磁暴和亚暴活动非常敏感。然而，人们对于亚暴期间等离子体层形态对亚暴的响应过程理解并不充分，嫦娥三号极紫外相机的观测为研究这一问题提供了一次良机。2014年4月20－22日，传播至地球的日冕物质抛射引发了多次磁层亚暴，极紫外相机提供了此期间地球等离子体层大尺度和子午面视角的观测资料。基于这些极紫外相机的观测图像，并结合其他天基和地基观测数据，研究了地球等离子体层位形对磁层亚暴的响应过程。利用已经形成的极紫外相机数据处理方法，从153幅极紫外相机时序图像中重建了等离子体层边界的三维空间位形。重建边界面的位置从空间卫星就地探测数据中得到印证。

分析等离子体层边界面的形态可发现三个明显的凸起结构(bulge)，分布于不同的磁经度上，与地球一起共转。用地球的自转角速度推算这三个凸起结构分别经过地球午夜位置的时间，发现它们与三次亚暴的发生时间相一致。这表明三次亚暴和等离子体层上形成三个凸起之间存在因果关系。与地磁暴导致等离子体层刻蚀不同，肇始于地球夜侧的磁层亚暴会在午夜区域引起等离子体层局部位形的快速膨胀。

随后采用动态全球核心等离子体层模式(DGCPM)对该观测现象进行了模拟，部分地再现了嫦娥三号极紫外相机的观测现象。嫦娥三号极紫外相机的这一观测结果改变了以往认为地磁活动只是引起地球等离子体层刻蚀的看法。

(2)亚暴期间等离子体层顶演化与极光卵边界演化具有很好的相关性

使用由嫦娥三号极紫外相机2014年2月和4月观测图像测定的地球等离子体层顶位置信息和由空间卫星观测图像测定的极光边界信息，系统研究了亚暴期间地球等离子体层顶演化特征及其与极光活动特征之间的关系，发现：

1）在非常平静的地磁活动状况下，于2014年4月21日23：05 UT观测到指向夜侧的等离子体层尾(plume)结构；

2）亚暴期间等离子体层顶的演化与极光卵边界的演化在时间和空间上具有高度的相关性，说明亚暴期间等离子体层的动力学特征受磁尾动力学特征的影响，如磁尾能量粒子注入极区、偶极化锋面的形成与演化等。这些研究结果将促进亚暴期间等离子体层动力学研究的进一步发展。

参考文献

[1] He，H. et al. Response of plasmaspheric configuration to substorms revealed by Chang'e 3. 6：32362.（2016）.

[2] Zhang，X. －X.，He，F.，Chen，B.，Fok，M. －C. & Nakano，S. Plasmaspheric evolutions during substorms observed by CE-3 EUVC.（2016）.

[3] He，F.，Zhang，X. －X.，Chen，B.，Fok，M. －C. & Nakano，S. Determination of the Earth's plasmapause location from the CE-3 EUVC images. *Journal of Geophysical Research：Space Physics* 121，296－304（2016）.

[4] Yan，Y. et al. Analysis of observational data from Extreme Ultra－Violet Camera onboard Chang'E-3 mission. *Astrophysics and Space Science* 361，76（2016）.

[5] Ni，Q. et al. Curved focal plane extreme ultraviolet detector array for a EUV camera on CHANG E lander. *Optics Express* 23，30755（2015）.

[6] 尼启良．使用曲面微通道板和感应电荷位置灵敏阳极的软 X 射线－极紫外光子计数成像探测器研究．中国光学 8(5)，847－872（2015）.

[7] Zheng，C.，Ping，J.，Wang，M. & Li，W. Geocentric position preliminary detection from the extreme ultraviolet images of Chang'E-3. *Astrophysics and Space Science* 358，5（2015）.

[8] He，F.，Zhang，X. －X.，Wang，X. －Y. & Chen，B. EUV emissions from solar wind charge exchange in the Earth's magnetosheath：Three－dimensional global hybrid simulation. *Journal of Geophysical Research：Space Physics* 120，138－156（2015）.

[9] Feng，J. －Q. et al. Data processing and initial results from the CE-3 Extreme Ultraviolet Camera. *Research in Astronomy and Astrophysics* 14，1664－1673（2014）.

[10] Chen，B. et al. Development and calibration of the Moon－based EUV camera for Chang'e－3. *Research in Astronomy and Astrophysics* 14，1654－1663（2014）.

[11] Li，Z. et al. Opto－mechanisms design of extreme－ultraviolet camera onboard Chang E lunar lander. *Optics Express* 22，15932（2014）.

[12] He，F.，Zhang，X. －X.，Chen，B.，Fok，M. －C. & Zou，Y. －L. Moon－based EUV imaging of the Earth's Plasmasphere：Model simulations. *Journal of Geophysical Research：Space Physics* 118，7085－7103（2013）.

[13] 李朝辉，王忠素，胡庆龙，杨亮．月基极紫外相机跟踪转台设计与刚度分析．仪器仪表学报 34(11)，2535－2541（2013）.

[14] 尼启良．极紫外微通道板光子计数成像探测器性能研究．光学学报 33(11)，1104001（2013）.

[15] 卜绍芳，尼启良，何玲平，张宏吉，刘世界．极紫外波段微通道板光子计数探测器．中国光学 5(3)，302－309（2012）.

[16] He，F.，Zhang，X. －X.，Chen，B. & Fok，M. －C. Reconstruction of the plasmasphere from Moon－based EUV images. *Journal of Geophysical Research：Space Physics* 116，A11203（2011）.

[17] 王智，李朝辉．月基极紫外相机光机结构设计．光学精密工程 19(10)，2427－2433（2011）.

[18] 陈波，何飞．月基地球等离子体层极紫外成像仪的光学设计．光学精密工程 19(9)，2057－2062（2011）.

[19] 何飞，陈波，张效信．月基观测地球等离子体层极紫外辐射特性．光学精密工程 18(12)，2564－2573（2010）.

[20] 尼启良，何玲平，刘世界，董宁宁，陈波．使用感应电荷位敏阳极的极紫外单光子计数成像系统．光学精密工程 18(12)，2543－2548 (2010).

[21] 李朝辉．月基对地观测极紫外相机光机结构设计．仪器仪表学报 31(10)，2352－2356 (2010).

[22] He，F.，Zhang，X. X.，Chen，B. & Fok，M. －C. Calculation of the extreme ultraviolet radiation of the earth's plasmasphere. *SCIENCE CHINA Technological Sciences* 53(1)，200－205 (2010).

Curved focal plane extreme ultraviolet detector array for a EUV camera on CHANG'E lander

Q. Ni[1,*], K. Song[1], S. Liu[1], L. He[1], B. Chen[1], W. Yu[2,3]

1. Changchun Institute of Optics, Fine mechanics and Physics, Chinese Academy of Sciences, 3888 Dongnanhu Road, Changchun, China;
2. Insititue of Micro and Nano Optics, Key Laboratory of Optoelectronic Devices and Systems of Ministry of Education and Guangdong Province, College of Optoelectronic Engineering, Shenzhen University, Shenzhen 518060, China;
3. yuwx@szu. edu. cn

* niqiliang@hotmail. com

Abstract: A novel curved focal plane extreme ultraviolet (EUV) detector array designed for a moon-based EUV camera is demonstrated. The curved focal plane detector array operating in a pulse-counting mode consists of a curved microchannel plate (MCP) stack and an induced charge wedge-strip anode (WSA). The curved MCP is fabricated by firstly thermally slumping of the MCPs, and then followed by optical polishing and core glass etching. By using this technology, curved MCPs with a length-to-diameter (L/D) ratio of 80 : 1 and a radius of curvature of 150 mm have been successfully achieved. The performance of the curved MCP detector is fully characterized in terms of the background noise, pulse height distribution, gain, image linearity and spatial resolution. It is measured that a spatial resolution of 7.13 lp/mm can be achieved with a background noise of less than 0.3 counts/cm^2 · s. The characterization results indicate that the curved focal plane detector can fulfill the requirements of the moon-based EUV camera.

OCIS codes: (040.1240) Arrays; (040.5160) Photodetectors; (040.5250) Photomultipliers; (040.7480) X-rays, soft X-rays, extreme ultraviolet (EUV).

1 Introduction

In the last few decades, the fast development of the silicon based IC industry allows planar focal plane detector arrays with more pixels and lower cost. As a result, the planar focal plane detector technology has dominated the imaging market from the consumer electronic digital cameras to the space-based astronomical telescopes. However, it is because of the planar detecting surface of the imaging sensors so that the optical system design becomes rather complicated in order to eliminate optical aberrations. Normally, a number of optical lenses with spherical or aspherical surfaces are needed to correct the aberrations, which makes the optical system the most expensive part of the optical camera. Therefore, it is always a great challenge to make the whole optical imaging system more compact and cost-effective. In particular for the space-based telescope whose size is at the meter scale and the weight at a few hundreds of Kg scale, if the size and the number of the lens can be effectively reduced, the cost of the whole imaging system can be significantly cut off so that more payloads on satellite are possible. For this purpose, curved focal plane detector arrays have been proposed in that it has the advantage to achieve a good optical image with a relatively simpler optical system design[1]. To realize curved focal plane detector arrays, different strategies were proposed[2-10]. These methods include the direct fabrication of image sensor arrays by softlithographic method[2,7] on curved surfaces, or by deforming the stretchable or compressible planar counterparts into their curved ones[3-6,8] or by mechanically deforming the rigid planar focal plane detector array directly[10].

So far, aforementioned curved focal plane detector arrays are mainly working on ultraviolet, visible or infrared wavebands, and only a few of curved focal plane detector arrays working at extreme ultraviolet (EUV) waveband were reported[11-18]. In this work, a curved focal plane detector array working at 30.4 nm wavelength is reported. The details of the fabrication, the characterization and the discussion about the curved focal plane EUV detector array are discussed. The developed curved focal plane EUV detector array has been equipped into the EUV camera and launched as a payload on Chang E Lander in the second phase of the Chinese lunar exploration project in 2013[19,20]. The EUV camera is now running based on the moon to study the distribution of He^+ in Earth's plasma sphere by detecting its resonantly-scattered emission at 30.4 nm.

2 Fabrication of the MCP Based Curved Spherical Surface

In order to capture the image of the He^+ emission of the global plasma sphere effectively, the moon-based EUV camera must have a field of view 15°. To save space and weight, the optical system is designed to only have a single spherical mirror with Mo/Si multilayer coating on its surface. The central working wavelength of the optical system is 30.4 nm with a bandwidth of ±5 nm. For the sake of eliminating the optical aberrations effectively, the focal plane of the EUV camera is designed to have a spherical surface. Therefore, a twodimensional photon-counting imaging detector array based on a spherically curved bare microchannel plate (MCP) stack is designed. The angular resolution of the EUV camera is 0.08°. Considering the focal length of the optical system is 148 mm, the pixel resolution of the curved detector array is determined to be 0.2 mm, i.e. 2.5 lp/mm.

There are 188 pixels in total in the whole 15° field of view, which means that the sensitive area of the curved detector array has have a diameter of 37.6 mm. In that the emission intensity of the He^+ Emission of the plasma sphere ranges from 0.1 R to 10 R at 30.4 nm wavelength, the sensitivity of the EUV camera should be no less than 0.11 count/s • R, and hence the background noise must be less than 1 count/s • cm^2 and the maximum global count rate should be 43 kcps. Here R is the abbreviation of 'Rayleigh', which is a unit of photon flux. Thus, the image linearity of the EUV camera is calculated to be 0.1 mm. The detector's operating temperature ranges from −15℃ to +70℃ due to the large temperature difference from −180℃ to +120℃ on the Moon.

The key technology to fabricate the curved focal plane EUV detector array is to make a spherical surface on MCPs. There are two ways to make a spherical surface on the MCP stack. One is to lap and polish each MCP surface to the required spherical one prior to etching and removing of the MCP core glass. This method can produce a spherical surface with an accurate radius of curvature but the gain uniformity is relatively poor due to the different length-to-diameter (L/D) ratio for each MCP in the stack. However, the position of the focal plane is quite exact due to the accuracy of the radius of curvature of the surface of the MCP. This technique has been applied to the MCPs for the soft X-ray and EUV astrophysics mission ALEXIS[11,12]. The other is to thermally slump a flat MCP surface into a required spherical one before core glass etching. For this method, the radius of curvature of the formed MCP spherical surface can't be controlled as accurate as that of the former method, but the gain and gain uniformity are better due to the same L/D ratio of each microchannel. However, the formed image on the curved MCP surface might be out of focus in some areas. This method has been applied to make the curved MCPs for the ROSAT wide field camera and the IMAGE EUV camera with a 30° field of view[11]. For our moon-based EUV camera, a new method by taking advantage of the merits of above two mentioned methods to make a MCP based curved focal plane detector array was proposed. In our method, the flat MCP with a greater thickness than the required was first thermally slumped into a spherical surface before core glass

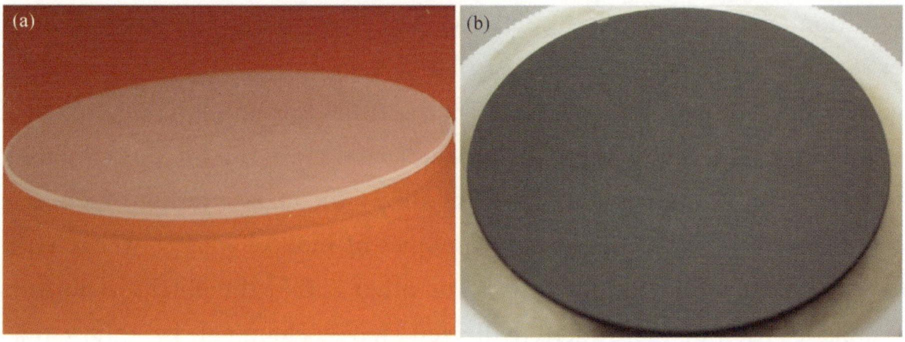

Fig. 1 Photographs of the formed MCP based curved surface (a) and the finished curved surface (b).

etching, and then followed by the lapping and polishing of each MCP surface to the desired radius of curvature and thickness to ensure an accurate radius of curvature and uniform L/D ratio. By using above new method, the MCP based curved spherical surface with a L/D ratio of 80 : 1 for each MCP, bias angles ranging from 0° to 13°, and a radius of curvature of 150 mm were successfully fabricated. Figure 1(a) shows the formed MCP based curved surface and Fig. 1(b) shows the finished MCP curved surface.

3 Two - dimensional Curved Focal Plane Detector Array and its characterization system

By using the above fabricated curved MCP, a novel curved focal plane detector array with an induced charge wedge-strip anode (WSA) for photon-counting imaging has successfully developed[21,22]. The detector consists of a Kovar-alumina brazed body assembly containing MCP stacks and the readout anode. The MCP stack is formed by using three 46 mm-diameter curved MCPs with one placed on the top of the other. Each MCP has an 80 : 1 L/D ratio and a 12 μm-diameter core. The radius of the MCP curved surface is 150 mm. The resistance for each curved MCP is about 100 MΩ. The top MCP has a 0° bias angle and the middle and the bottom MCPs have a left and right bias angles of 13° respectively. The MCP stack is circumferentially clamped into the brazed body assembly by using an annular shim and four small square springs. The MCP stacks are mounted 4 mm above the induced charge WSA, and a −200 V is applied across the MCP-to-anode gap by using a resistor mounted on the external wall of the brazed body. Figure 2 shows the exploded diagram of the curved MCP photon-counting detector with an induced charge WSA. Figure 3 shows the assembly of the curved MCP photon-counting detector and the photograph after it is mounted in the EUV camera.

In order to avoid the image non-linearity and distortion which results from the redistribution of the charges by secondary emission from the surface of the metal anode, an induced charge WSA is designed and used. Induced charge wedge strip anode is a kind of charge collection anode. In the induce charge wedge strip anode, there is an insulating glass layer sandwiched in between the resistive layer and the metal wedge-strip anode so that a capacitor is formed. In this case, the electrons are not directly collected by the metal wedgestrip anode, whereas the electrons ejected from the MCP stack incident onto the resistive layer and the capacitive structure allows the charge pulse is induced onto the metal wedgestrip anode. There are two advantages of induced charge wedge strip anode. One is that the image has a good linearity. The other is that the partition noise caused by the random distribution of the directly collected charge cloud can be eliminated[29]. The three-electrode WSA of the induced charge anode is designed to have a repetition period

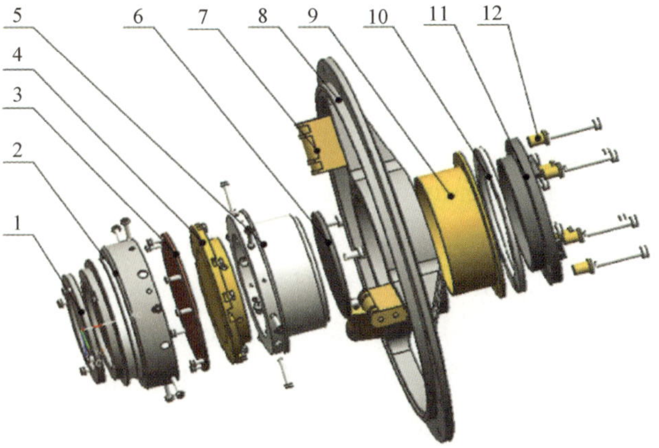

Fig. 2　An exploded diagram of the curved MCP photon-counting detector with an induced charge WSA. Where: 1. Al film filter, 2. Kovar-alumina brazed body assembly containing MCP stacks, 3. Induced charge WSA, 4. Polyimide support bracket for fixing induced charge WSA, 5. Al support bracket, 6. Steel flange with SMA connectors, 7. Polyimide divided resistance holder, 8. Titanium alloy stand to fix detector into the EUV camera, 9. Polyimide sleeve, 10. Al pad, 11. Mounting block, 12. Polyimide insulated barrel.

Fig. 3　Photography of the curved MCP photon-counting detector (a) and the photograph of it after mounted into the EUV camera (b).

of 1.5 mm, 32 periods in total. The insulation gap in between the resistive layer and the metal wedge- strip anode is 50 μm, covering a circular area with a 48 mm diameter. The three electrodes are in the form of two combs, the wedge and strip, and the interleaved zigzag shape respectively. The strip width increases linearly across the anode area in one direction, while the wedge width increases linearly in the perpendicular direction. The other surface is coated by a Ge resistive film with a great surface resistivity. Here, "surface resistivity" means the sheet resistance of a thin film with a uniform thickness. The sheet resistance can be directly measured by using a four-point probe measurement. The sheet resistance of the Ge resistive film was measured to be about 100～800 MΩ/square at temperature ranging from + 70℃ to − 15℃. The great surface resistivity is to make sure that the time for the event charge to dissipate is far longer than that taken by the readout electronics to process the event charge. The Ge film was prepared by RF magnetron sputtering method.

The round WSA was fabricated by using a picosecond laser processing technology. Typically, the conductor is a 2 μm-thick Al film directly deposited on a 1.5 mm-thick quartz substrate, which is electrically connected to four square copper metallization electrodes. These electrodes are used to weld conducting wires to SMA connectors which are connected to front-end analog circuit. A lot of debris is found left on the edge of the insulated grooves which are formed during the picosecond laser pulse ablation process. To remove the debris, the processed metal film was washed in the ultrasonic pool full of methanol for several minutes. After cleaning and drying, the width and the depth of the grooves were measured by an atomic force microscopy. The measured results show that the groove has a depth of about 2.529 μm. Since the depth is larger than the metal film thickness, i.e. 2 μm, it means that the metal film in the groove has been completely removed. The inter-electrode capacitances between W, S and Z electrodes are 50 pF, 110 pF and 110 pF respectively. The Z electrode has a resistance of 140 Ω. Figure 4 shows the photograph of the induced charge WSA anode. The Ge film is shown in Fig.4(a) and the metal WSA is shown in Fig.4(b).

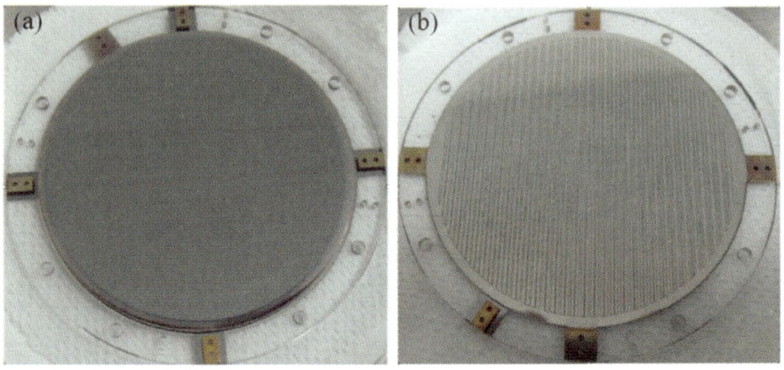

Fig.4　Photographs of the induced charge WSA anode: (a) the Ge film surface and (b) the metal WSA surface.

4　Characterization results and discussion

In order to characterize the detector, it was placed in a vacuum chamber with a pressure of about 10.5 Pa to evaluate its performance by testing parameters including background rate, pulse height distribution, gain, image linearity and spatial resolution. Figure 5 shows the layout of the whole testing system. In the testing, a UV light beam was used to illuminate the USA1951 air force resolution target or pinhole array located before the detector. The detector is connected to an analog front-end and data acquisition circuit shown in Fig.5. A negative high voltage was applied to the MCP stacks and MCP-to-anode gap via two divided resistors respectively.

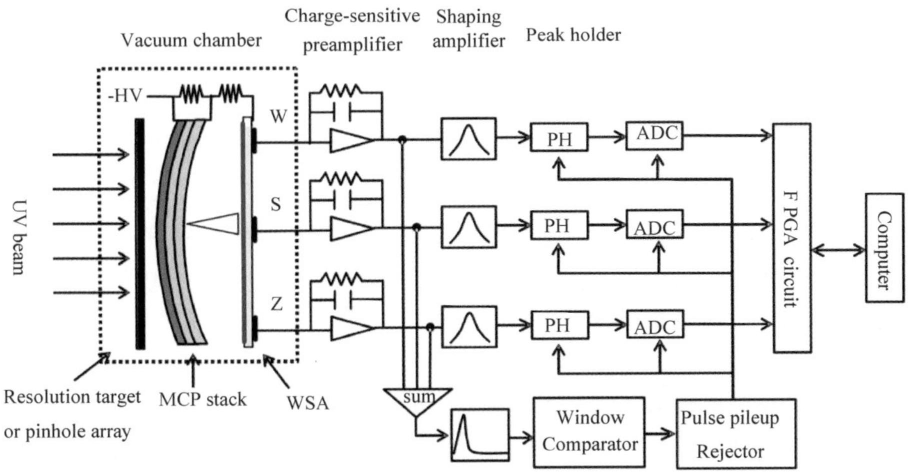

Fig. 5　Framework plot of induced charge WSA photon-counting imaging system for the testing the performance of the MCP based curved focal plane detector array.

The detector electronics consist of three charge-sensitive preamplifiers, amplifiers, peak holders, analog digital converters (ADCs), interface circuit and a computer, which are necessary to encode photon event data. When incident photons strike on the bare surface of the MCP, photoelectrons are excited, which are then multiplied and get accumulated onto the Ge film of the induced charge WSA. The induced charges are proportionally divided among the wedge, strip and zigzag electrodes, and then the signals are transferred to the detector electronics. Each of the three signals is amplified and converted to digital form before being sent to the computer and subsequently converted to X, Y photon positions by the use of the following formula[23-25],

$$X=\frac{2Q_S}{Q_W+Q_S+Q_Z},Y=\frac{2Q_W}{Q_W+Q_S+Q_Z} \tag{1}$$

Where Q_W, Q_S, and Q_Z are the charge collected by the wedge, strip and Z electrode respectively. The centroids of the electron clouds accumulating on the three electrodes of WSA can be exactly represented by X, Y coordinates.

The charge pulses from each electrode are fed into a charge-sensitive preamplifier, a shaping amplifier with 0.5 μs shaping time, a peak holder with 2 μs sample hold time, and a 12 bit A/D with 2 MHz sampling rate. The sum of three preamplifiers output pulse signals is then fed into a fast amplifier with a 40 ns shaping time. The output from the fast amplifier is considered as the input of a window comparator producing Transistor-Transistor Logic (TTL) pulses with tens of ns pulse width, then the TTL pulses are sent to a pulse pileup rejection circuit for the sake of removing all pileup pulses and generating all controlling pulses for the following ADCs, peak holders and interface circuit. The coordinate (X, Y) is calculated by the software in real-time mode according to formula (1) and the entire circuit can achieve a count rate of up to 100 kcps.

The input stage of the charge-sensitive preamplifier consists of an n-channel Junction Field Effect Transistor (JFET) (2N4416) and a low noise wide bandwidth operational amplifier (THS4031). Since the equivalent input voltage noise of JFET is 6 nV/$\sqrt{\text{Hz}}$ and the equivalent input capacitance of JFET is 10 pF, therefore the resulting transconductance of the JFET is 5 mA/V. The feedback capacitance and resistance of preamplifier are 3 pF and 100 MΩ, respectively. The measured rise time and equivalent input charge noise of preamplifier are 8 ns and 230 electrons (root mean square, RMS), respectively.

The requirement for high counting rate capability dictates the use of a pulse-shaping network with a short dead time. For this reason, a Gaussian shaper is chosen in that it performs well and requires fewer stages to implement. Moreover, the Gaussian shape also offers a flatter top that is less sensitive to timing jitter and pulse shape variations when using a peak hold approach.

The semi-Gaussian shapers are implemented by using simple passive RLC networks with two stages and buffered by the pulse amplifier (THS4031) to form a 3-pole arrangement based on the method of Mosher[26]. Pole-zero compensation is done to correct the chargesensitive preamplifier fall time. The outputs of the shapers exhibit excellent matching, symmetry, and baseline recovery without requiring circuit trims.

The peak holder is used to track shaping amplifier's input pulse and keep the maximum output pulse amplitude as a peak voltage on a hold capacitor, which has a high speed, extremely low drop rate and fast discharge time.

4.1 Gain and Pulse Height Characteristics

The pulse height distribution (PHD) of a single photon event is one of very important characteristics of the curved MCP detector. PHD is usually characterized by the ratio of the half-width at peak (full width at half maximum: FWHM) to the peak value in PHD. Since PHD is independent on wavelength, its measurement were conducted with a uniform 253.7 nm light illumination radiating from a pen Hg lamp using a fused silica diffuser. Figure 6(a) shows the measured PHD against the electron number of each output pulse from the anode for different high voltage applied to MCP stack, the gain of MCP stack is the peak value in PHD. The FWHM of PHD and gain as a function of high voltage applied to MCP stack are shown in Fig. 6(b), the PHDs have a range of about 98%~136% for different high voltages applied to MCP stack. Specifically for a 3350 V and 3450 V MCP stack applied high voltage, the peaks at PHD correspond to a gain of about 1.86×10^7 and 2.5×10^7, respectively.

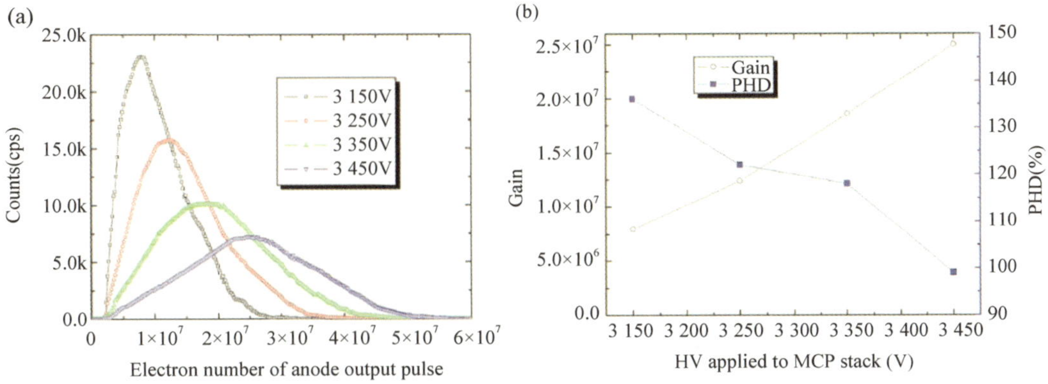

Fig.6　MCP stack PHD for different high voltage (a) and FWHM of PHD and gain as a function of voltage (b).

4.2　Background noise

The MCP stack has an intrinsic background noise which can be induced by cosmic ray. Field emission and the natural radio activity of the glass containing the radioactive decay ^{40}K are the main source of the dark counting. Therefore, an efficient method to reduce the background rate is to use a glass without ^{40}K. For our case, a kind of glass contains no Potassium or Rubidium but Sodium or Caesium element is used. The composition of the glass is 65% SiO_2, 20.5% (PbO + Bi_2O_3), 3%(Na_2O + Cs_2O) and 11.5% (TiO_2 + Gd_2O_3 + BaO + Al_2O_3). Figure 7 shows the measured background noise of the curved MCP detector at a temperature of 72.6℃. As can be seen, the background noise is quite uniform and the average of its fluctuation is less than 0.3 counts/s • cm^2 for a given photon number at different fixed exposure time of 2 minutes, 10 minutes and 20 minutes. Since the sensitivity of EUV camera is designed to be 0.1～0.2 counts/s • R, this

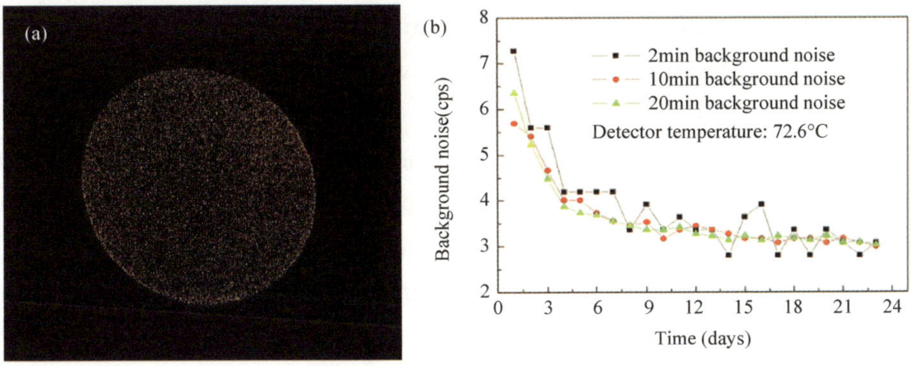

Fig.7　A background noise image for 10 min exposure time (a) and the background noise VS time for different exposure time at a temperature of 72.6℃ (b).

requires that the background noise of the detector is less than 1 counts/s • cm^2, therefore the background of the detector is sufficient for the potential measurement.

4.3 Spatial resolution and image distortion

The spatial resolution is another very important characteristic for the curved MCP detector. Detectors with a metal WSA and three different curved MCP stacks were designed and manufactured during the preliminary stage of the project. These three curved MCPs have the same radius of curvature of 150 mm, the same diameter of 46 mm and the same L/D of 80 : 1 but with different bias angles. The bias angle of a microchannel plate is the angle between the normal of the MCP surface and the channel direction. Typical bias angles range from 5° to 15°. In our case, the bias angles for three MCPs in the MCP stack have bias angles of 0°, 13° (right bias) and 13° (left bias) from top to bottom respectively. The aim of such an arrangement on the bias angles is to avoid the ion feedback problem. As a result, the detection efficiency of a MCP for charged particles and electromagnetic radiation can be optimized by controlling the incident angle of the input event. The metal WSA anode has 44 periods and each period is 1 mm. In the interest of getting the image with high resolution and low distortion, the size of the electron cloud is optimized. It is reported that the size of the electron cloud footprint strongly depends on the MCP-anode gap and the applied voltage[27,28]. The larger electron cloud footprint will result in the larger image distortion, while the smaller electron cloud footprint will have a stronger modulation effect on the image due to the comparable size between the electron cloud and the WSA pattern period[29]. To characterize the resolution and distortion of the image formed on the detector, a USAF1951 spatial resolution target in contact with the detector was illuminated by using a spot UV light under different MCP-anode gap and applied voltage conditions. Figure 8(a) shows the image formed on the detector under the condition of 16 mm MCP-anode gap and −200 V applied voltage. In this case, the voltage applied to MCP stacks is −3450 V and the gain of MCP stack is about 2.5×10^{7}. As can be seen, the image is out of round and has a great distortion on the edge. Therefore, it is quite difficult to obtain a circular image by just using the image correction algorithm. Furthermore, it is clear that the image of the 2nd element of the 2nd group of USFA1951 resolution target pattern can be resolved, which means the spatial resolution in this case is 4.49 lp/mm. It is found that by changing the MCP-anode gap and the applied voltage, the distortion of the image can be improved significantly without losing the spatial resolution. As can be seen from Fig. 8(b), when the MCP-anode gap is reduced from 16 mm to 8 mm with a corresponding applied voltage of −300 V, the shape of the image becomes rounder and rounder and the distortion of the image becomes smaller and smaller. This means that a smaller MCP-anode gap is favorable for a better image. In addition, if the applied voltage to MCP-anode is increased, the distortion of the image can be improved further. However the images obtained in Fig. 8(b) still have apparent distortions, hence it is difficult to get a circular image with small distortion.

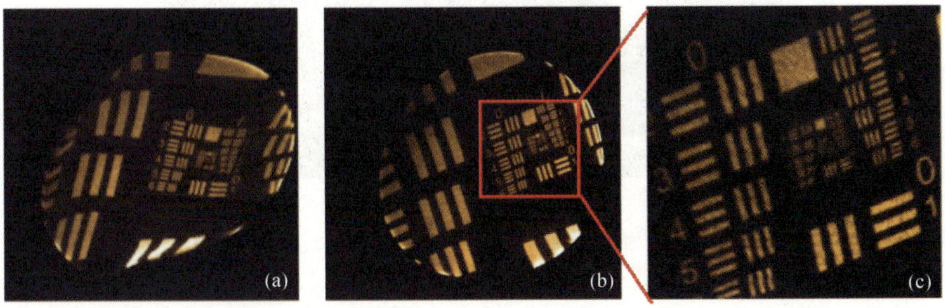

Fig. 8 The UV image of USAF1951 resolution target for metal WSA with MCP-anode gap: a) 16mm and b) 8mm, applied high voltage to MCP-anode is 200V and 300V.

In order to solve the problem on image distortion produced by metal anodes, an induced charge WSA shown in Fig. 4 is made instead of the metal anode. In this case, the minimum MCP-anode gap can be reduced to about 4 mm. The active diameter of the circular anode is set to be 48 mm so that the image distortion appeared on the edge can be minimized. Figures 9 and 10 show the 1 − 2 group USFA1951 target images with this anode under the conditions of a 10 min exposure time and 50 kcps global count rate at the temperature of 72.6℃ and −18℃, respectively. As is shown these images have a round shape and the distortion on the edge of the image is not notable. All elements in the 1 − 2 group of USFA1951 resolution target pattern are clearly resolvable, which means the spatial resolution is 7.13 lp/mm. In this measurement, the voltage applied to MCP stacks is −3350 V and the gain of MCP stack is about 1.86×10^7. The reason why the spatial resolution is significantly improved is due to the elimination of the partition noise which often exists in metal WSA.

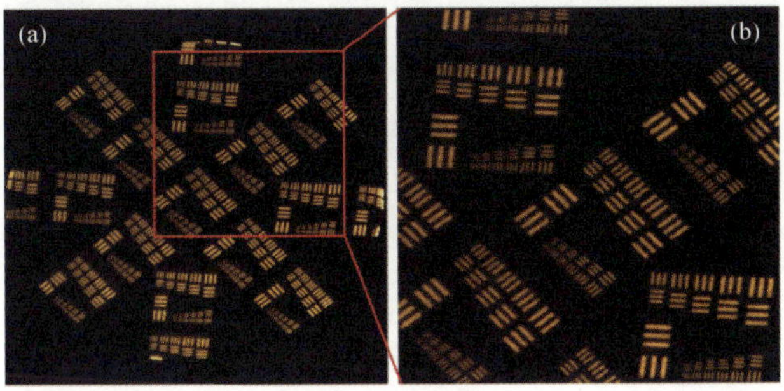

Fig. 9 The UV image of USAF1951 resolution target with 1 − 2 groups for induced charge WSA photon-counting imaging system at 72.6℃.

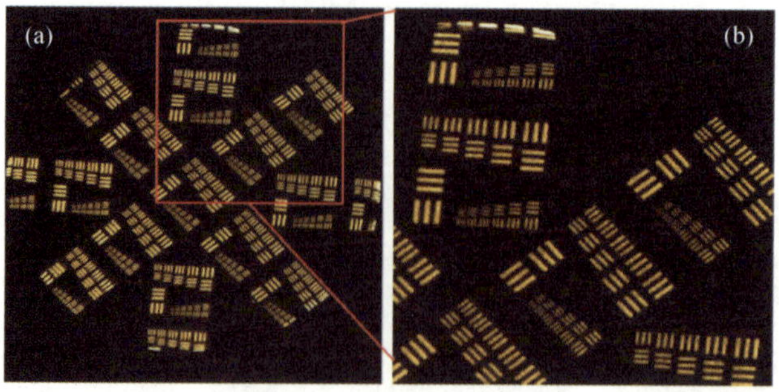

Fig. 10　The UV image of USAF1951 resolution target with 1 − 2 groups for induced charge WSA photon-counting imaging system at −18℃.

4.4　Linearity of the image

The linearity of the detector was measured by placing a two-dimensional pinhole array in front of the detector illuminated by a spot UV light. The diameter of each pinhole is 50 micron and the spacing between pinholes is 2 mm in both X and Y directions. Figure 11 shows the image of the pinhole array captured by the detector. As can be seen, there is abarrel distortion on the image shown in Fig. 11(a). This kind of the image distortion can be attributed to two reasons. One is the pulse crosstalk between electrodes, and the other is the non-uniform distribution of the electric field on the edge of the anode. A good image correction can be done by employing a polynomical correction method[30] and Fig. 11 shows the images before and after the correction. The mean value for the image linearity shown in Fig. 11(b) is calculated to be about 100 μm within 90% field of view.

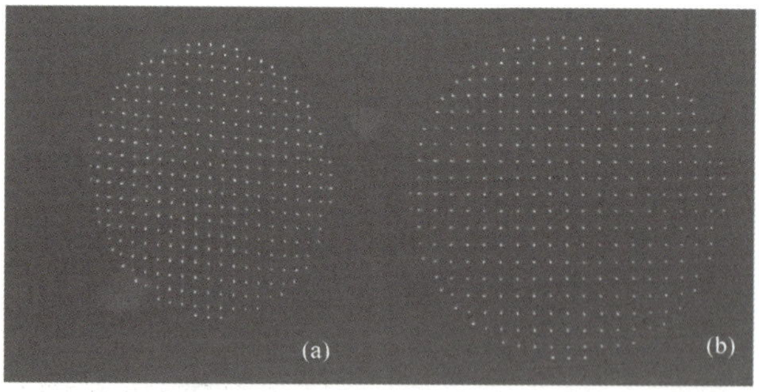

Fig. 11　Images of a pinhole array captured by the detector before (a) and after (b) the correction.

4.5　Detective Quantum efficiency

Figure 12 shows the schematic diagram of the detective quantum efficiency (DQE) measurement system, which consists of a metal target laser-produced plasma (LPP) light source, a McPherson Model XCT grazing incident monochromator with 1200 G/mm grating, a vacuum sample chamber which contains a mini rotating stage, a NIST calibrated AXUV-100 photodiode and a two-channel 12 bit NI A/D card. The LPP light source is driven by a Qswitch Nd:YAG laser (Continuum 9100) operating at the single shot mode, delivering up to~300 mJ per pulse at a wavelength of 1060 nm. The EUV radiation ranging from 10 nm~40 nm is generated from a Cu target, and is then collected and monochromatized by using a high-resolution grazing-incidence McPherson XCT monochromator in the waveband range of 5 nm~60 nm with a spectral resolution of 0.2 nm. The outputting monochromatic light beam incidents onto the bare curved MCP detector which has a 0° bias angle MCP and a metal anode, or the NIST calibrated AXUU-100, positioned on the rotating stage and connected to a common electronic system. The electronic system includes a charge-sensitive preamplifier, a shaping amplifier, a NI A/D card integrated into a PCI slot of a computer. The MCP and AXUV-100 motion is controlled by a high-resolution stepping-motor controller. The DQE in 20 nm~40 nm was measured by scanning wavelengths. The DQE versus the incident angle is achieved by rotating the MCP detector. The DQE at the wavelength λ is given by the following formula,

$$\mathrm{DQE}(\lambda)=\frac{V_{mcp}(\lambda)\cdot A_{axuv}\cdot R_e(\lambda)\cdot h\gamma}{V_{axuv}(\lambda)\cdot A_{mcp}\cdot G_{mcp}\cdot e} \tag{2}$$

Where $V_{mcp}(\lambda)$ is the amplitude of shaping amplifier output pulse for MCP detector, $V_{axuv}(\lambda)$ is the amplitude of shaping amplifier output pulse for the NIST calibrated AXUV-100, A_{mcp} and A_{xuv} are amplified multiple of shaping amplifier for MCP and AXUV-100 output signal respectively, $R_e(\lambda)$ is the DQE of the NIST calibrated AXUV-100, G_{mcp} is the gain of the MCP detector operating in the analog mode. It is assumed that MCP gain is only determined by the high voltage applied to the MCP. The constants in the formula are defined as follows: $\gamma = c/\lambda$, $c=3\times10^8$ m/s, $e=1.6\times10^{-19}$ C, $h=6.626\times10^{-34}$ m^2 · kg/s. The DQE at 30.4 nm was measured to be 14.6% and 16.1% for 10°

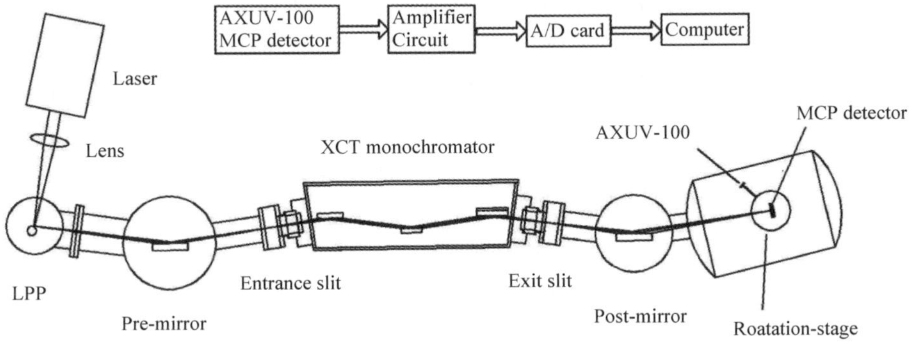

Fig. 12 Schematic diagram of detective quantum efficiency measurement system.

and 15° incident angles, respectively.

5 Conclusions

According to the requirements of the moon-based EUV camera, a prototype of twodimensional curved focal plane detector array for photon-counting imaging has beendeveloped based on the curved MCP. The curved MCP was fabricated by using a new fabrication method which retains the merits of other reported methods. As a result, the fabricated curved MCP surface does not only have an accurate desired radius of curvature, but also has the same L/D ratio for each microchannel. Based on the newly fabricated MCP, the two dimensional curved focal plane detector array working at EUV wavelength was fabricated associated with the testing electronic system. The fabricated curved detector array was then characterized to have a spatial resolution of 7.13 lp/mm, a quantum efficiency of >14%, a linearity of 100 μm, a quite small background noise with a fluctuation of less than 0.3 counts/s • cm^2 and a gain of 10^7 scale. Moreover, the optimum working condition under which a distortion free image can be obtained was also explored. In summary, the developed curved focal plane EUV detector array in this work can fulfill the requirements of the moonbased EUV camera for the purpose of capturing the image of the global plasmaspheric He^+ emission.

Acknowledgments

This work is supported by the National Natural Science Foundation of China under Grant No.61475154, 61275152, 61361166004 and 61475156.

References

[1] S.-B. Rim, P. B. Catrysse, R. Dinyari, K. Huang, and P. Peumans, "The optical advantages of curved focal plane arrays," Opt. Express **16**(7), 4965 - 4971 (2008).

[2] H. Jin, J. R. Abelson, M. K. Erhardt, and R. G. Nuzzo, "Soft lithographic fabrication of an image sensor array on a curved substrate," J. Vac. Sci. Technol. B **22**(5), 2548 - 2551 (2004).

[3] P. J. Hung, K. Jeong, G. L. Liu, and L. P. Lee, "Microfabricated suspensions for electrical connections on the tunable elastomer membrane," Appl. Phys. Lett. **85**(24), 6051 - 6053 (2004).

[4] H. C. Ko, M. P. Stoykovich, J. Song, V. Malyarchuk, W. M. Choi, C. J. Yu, J. B. Geddes 3rd, J. Xiao, S. Wang, Y. Huang, and J. A. Rogers, "A hemispherical electronic eye camera based on compressible silicon optoelectronics," Nature **454**(7205), 748 - 753 (2008).

[5] R. Dinyari, S. - B. Rim, K. Huang, P. B. Catrysse, and P. Peumans, "Curving monolithic silicon for nonplanar focal plane array applications," Appl. Phys. Lett. **92**, 191114 (2008).

[6] X. Xu, M. Davanco, X. F. Qi, and S. R. Forrest, "Direct transfer patterning on three dimensionally deformed surfaces at micrometer resolutions and its application to hemispherical focal plane detector arrays," Org. Electron. **9**(6), 1122 - 1127 (2008).

[7] I. Jung, J. Xiao, V. Malyarchuk, C. Lu, M. Li, Z. Liu, J. Yoon, Y. Huang, and J. A. Rogers, "Dynamically tunable hemispherical electronic eye camera system with adjustable zoom capability," Proc. Natl. Acad. Sci. U.S.A. **108**(5), 1788 - 1793 (2011).

[8] D. Dumas, M. Fendler, N. Baier, J. Primot, and E. le Coarer, "Curved focal plane detector array for wide field cameras," Appl. Opt. **51**(22), 5419 - 5424 (2012).

[9] Y. M. Song, Y. Xie, V. Malyarchuk, J. Xiao, I. Jung, K. -J. Choi, Z. Liu, H. Park, C. Lu, R. -H. Kim, R. Li, K. B. Crozier, Y. Huang, and J. A. Rogers, "Digital cameras with designs inspired by the arthropod eye," Nature **497**(7447), 95 - 99 (2013).

[10] B. R. Sandel, A. L. Broadfoot, C. C. Curtis, R. A. King, T. C. Stone, R. H. Hill, J. Chen, O. H. W. Siegmund, R. Raffanti, D. D. Allred, R. S. Turley, and D. L. Gallagher, "The extreme ultraviolet imager investigation for the image mission," Space Sci. Rev. **91**(1/2), 197 - 242 (2000).

[11] J. J. Bloch, B. C. Edwards, W. C. Priedhorsky, D. C. Roussel-Dupre, B. W. Smith, O. H. W. Siegmund, T. Carone, S. L. Cully, T. Rodriguez-Bell, J. K. Warren, and J. V. Vallerga, "On orbit performance of the ALEXIS EUV telescopes," Proc. SPIE **2280**, 297 - 309 (1994).

[12] C. Martin, P. Jelinsky, M. Lampton, and R. F. Malina, "Wedge-and-strip anodes for centroid-finding positionsensitive photon and particle detectors," Rev. Sci. Instrum. **52**(7), 1067 - 1074 (1981).

[13] S. Nikzad, M. Hoenk, and T. A. Jones, "Solid-state curved focal plane arrays," United States Patent Application, 20050109918, (May 26, 2005) 250/208.1.

[14] T. J. Jones and S. Nikzad, "Curved focal plane arrays using conformed thinned detector membrane," Nanotech Briefs **28**, 3 (2004).

[15] R. Dinyari, S.-B. Rim, K. Huang, P. B. Catrysse, and P. Peumans, "Curving monolithic silicon for non-planar focal plane array applications," Appl. Phys. Lett. **92**(9), 091114 (2008).

[16] S. A. Stern, D. C. Slater, J. Scherrer, J. Stone, M. Versteeg, M. F. Ahearn, J. L. Bertaux, P. D. Feldman, M. C. Festou, J. W. Parker, and O. H. W. Siegmund, "Alice: the Rosetta Ultraviolet Imaging Spectrograph," Space Sci. Rev. **128**(1 - 4), 507 - 527 (2007).

[17] O. H. W. Siegmund, M. A. Gummin, J. M. Stock, G. Naletto, G. A. Gaines, R. Raffanti, J. S. Hull, R. Abiad, T. Rodriguez-Bell, T. Magoncelli, P. N. Jelinsky, W. Donakowski, and K. E. Kromer, "Performance of the double delay line microchannel plate detectors for the Far Ultraviolet Spectroscopic Explorer," Proc. SPIE **3114**, 283 - 294 (1997).

[18] J. B. McPhate, O. H. W. Siegmund, G. A. Gaines, J. V. Vallerga, and J. S. Hull, "Cosmic origins spectograph FUV detector," Proc. SPIE **4137**, 25 - 33 (2000).

[19] O. Y. Ziyuan, L. Chunlai, and Z. Yongliao, "The scientific object of the first phase project of Chinese lunar exploration," Spacecraft Eng. **14**, 1 - 5 (2005).

[20] C. Bo and H. Fei, "Optical design of moon-based earth's plasmaspheric extreme ultraviolet imager," Opt. Precis. Eng. **19**(9), 2057 - 2062 (2011).

[21] H. O. Anger, "Survey of radioisotope cameras," Instr. Soc. Am. Trans. **5**, 311 - 344 (1966).

[22] C. Martin, P. Jelinsky, M. Lampton, and R. F. Malina, "Wedge-and-strip anodes for centroid-finding positionsensitive photon and particle detectors," Rev. Sci. Instrum. **52**(7), 1067 - 1074 (1981).

[23] J. S. Lapington, "A comparison of readout techniques for high-resolution imaging with microchannel plate detectors," Nucl. Instrum. Methods. A **525**(1-2), 361-365 (2004).

[24] J. S. Lapington and H. E. Schwarz, "The design and manufacture of Wedge and Strip Anodes," IEEE Trans. Nucl. Sci. **33**(1), 288-292 (1986).

[25] M. L. Edgar, R. Kessel, J. S. Lapington, and D. M. Walton, "Spatial charge cloud distribution of microchannel plates," Rev. Sci. Instrum. **60**(12), 3673-3680 (1989).

[26] C. H. Mosher, "Pseudo-Gassian transfer functions with superlative baseline recovery," IEEE Trans. Nucl. Sci. **23**(1), 226-228 (1976).

[27] A. S. Tremsin and O. H. W. Siegmund, "Spatial distribution of electron cloud footprints from microchannel plates: Measurements and modeling," Rev. Sci. Instrum. **70**(8), 3282-3288 (1999).

[28] A. Smith, R. Kessel, J. S. Lapington, and D. M. Walton, "Modulation effects in wedge and strip anodes," Rev. Sci. Instrum. **60**(11), 3509-3518 (1989).

[29] O. Jagutzki, J. S. Lapington, L. B. C. Worth, U. Spillman, V. Mergel, and H. Schmidt, "Position sensitive anodes for MCP read-out using induced charge measurement," Nucl. Instrum. Methods Phys. Res. A **477**(1-3), 256-261 (2002).

[30] L. P. He, J. Y. Yue, S. J. Liu, and B. Chen, "Polynomical correction of photon-counting position-sensitive detector's distortion," Acta Opt. Sin. **32**(6), 0604002 (2012).

Analysis of observational data from Extreme Ultra-Violet Camera onboard Chang'E-3 mission

Yan Yan[1,2,3], Hua-Ning Wang[1,2], Han He[1,2], Fei He[4], Bo Chen[4], Jian-Qing Feng[1], Jin-Song Ping[1], Chao Shen[5], Rong-Lan Xu[6], Xiao-Xin Zhang[7]

1. National Astronomical Observatories, Chinese Academy of Sciences, Beijing 100012, China;
2. Key Laboratory of Solar Activity, Chinese Academy of Sciences, Beijing 100012, China;
3. University of Chinese Academy of Sciences, Beijing 100049, China;
4. Changchun Institute of Optics, Fine Mechanics and Physics, Chinese Academy of Sciences, Changchun 130033, China;
5. School of Natural Sciences and Humanity, Harbin Institute of Technology Shenzhen Graduate School, Shenzhen 518055, China;
6. State Key Laboratory of Space Weather, National Space Science Center, Chinese Academy of Sciences, Beijing 100190, China;
7. National Center for Space Weather, China Meteorological Administration, Beijing 100081, China

yyan@bao.ac.cn

Abstract: The Extreme Ultra-Violet Camera (hereafter EUVC) is a scientific payload onboard the lander of the Chang'E-3 (hereafter CE-3) mission launched on December 1st, 2013. Centering on a spectral band around 30.4 nm, EUVC provides the global images of the Earth's plasmasphere from the meridian view, with a spatial resolution of 0.1 $R_{\oplus}$ in 150 × 150 pixels and a cadence of 10 minutes. Along with the data being publicly released online, some unsettled issues in the early stage have been clarified, including the geometrical preparations, the refined approach on the coefficient K for the background, and the alignment among the images. A demo of data after all the above processes is therefore presented as a guidance for users who are studying the structure and dynamics of the plasmasphere.

Key words: Earth: plasmasphere • Space vehicles: instruments • CE-3 Extreme Ultra-Violet Camera • Techniques: image processing

1 Introduction

CE-3, as part of the second phase of China's Lunar Exploration Program (hereafter CLEP), has been softly landing onto the Moon, with lots of scientific payloads, in order to implement experiments as a selenomorphological measurement, astronomical observation, and plasmaspheric imaging. The general perspective on CE-3 and payloads within is surveyed (Ip et al. 2014). Among the scientific payloads, EUVC mounted on the CE-3's lander is an Extreme Ultra- Violet Camera, studying the structure and dynamics of the Earth's plasmasphere by means of imaging it at the spectral band of 30.4 nm from the meridian perspective (Chen et al. 2014, hereafter C14).

The Earth's plasmasphere, sandwiched between the ionosphere and magnetosphere, generally regarded as a reservoir filled with cold and dense plasmas from the former along geomagnetic field lines, was first identified by whistlers observations in the late 1940s (Storey 1953; Carpenter 1963). After some decades, fruitful results both on theoretical modeling and observational characteristics were seen. In the meantime, some new observational techniques have been progressing, boosting our understanding of the plasmasphere into a higher horizon in many respects. The most highlight one among them should be the Imager for Magnetopause-to-Aurora Global Exploration (hereafter IMAGE) (Burch et al. 2001), which carried two powerful instruments. One, the radio plasma instrument (RPI), is mainly responsible for measuring the electron density by means of radio wave sounding, while the other, the extreme ultraviolet (EUV) imager (Sandel et al. 2000, 2003) takes photographs of the plasmasphere from the aerial view (also referring to the face view) through a 30.4-nm filter. The reason why the spectral line is chosen is definitely that He^+ ions, constituting some one-fifth of the plasmaspheric substance, can resonantly scatter the 30.4-nm sunlight, enabling us to visualize it. A comprehensive but precise review including the observation results prior to 2008 was written (see Darrouzet et al. 2008 and references within). Another following-up imager is the Telescope of EXtreme ultraviolet (TEX) aboard Japan's lunar orbiter (KAGUYA) (Yoshikawa et al. 2008), from the meridian view. It is to be regretted that no global images from the meridian view are obtained, as a result of the vibration or shock inducing mechanical damage of the metal band-pass filter at its launch (Yoshikawa et al. 2010). EUVC, the optical design alike, is a lunar-based and fixed camera globally imaging the plasmasphere at 30.4 nm from the meridian view (side view), investigating the observational characteristics and reflections corresponding with the one facing on. Still, any novel structures will be expected. The detailed ground calibration of EUVC was addressed by C14. Prior to CE-3 mission's launch, He et al. (2011) had made a careful plasmaspheric reconstruction from the moon-based observation by means of the Genetic Algorithm, and one had published a successive paper on a numerical simulation (He et al. 2013).

This paper is arranged into a few independent parts. Section 2 details the instrumental parameters and data products. Section 3 is a geometry-focused part, introducing some geometric preparations and their related procedures. Section 4 pays special attention to data processing, including de-noising and alignment. An initial demo is shown in Sect. 5. Section 6 will address the emission intensity and column density of He II of the plasmasphere in the side view. Finally, a summary and a discussion will be given in Sect. 7.

2 Instrumentation and data products

The section is a brief introduction of the instrumentation and data products.

2.1 Instrumentation

For pursuing both a smaller volume and a wider field of view (hereafter FoV), a single spherical mirror and a spherical detector, a microchannel plate (MCP), is applied to EUVC's optical design (Chen and He 2011; C14). The instrument, with a thin filter in front of themirror to filter out the sunlight other than 30.4 nm, is an imager fabricated on CE-3's lander, with a FoV of 14.7° and an angular resolution of 0.08° based on their calibration tests. The test results of EUVC, considered as technical parameters, are listed in Table 1, adapted from C14. Before launch, they also performed geometric and radiometric calibration at the Changchun Institute of Optics, Fine Mechanics and Physics, Chinese Academy of Sciences.

Table 1　Test results of EUVC

Parameter	Value
Center wavelength (nm)	30.2
Bandwidth (nm)	4.6
Sensitivity ratio at 30.4 nm and 58.4 nm	79.2
FoV (°)	14.7
Angular resolution (°)	0.08
Exposure time (min)	10
Dynamical range (Rayleigh)	0.1 − 10
Sensitivity (count s^{-1} $Rayleigh^{-1}$)	0.11

Note: Adapted from C14

CE-3 was launched from the Xichang Satellite Launch Center, located at Sichuan Province, Southwest of China, on December 1st, 2013. After a long journey with multi-orbit-changing, it correctly performed a soft landing at 19.51°W, 44.12°N of the Moon on December 14th, 2013 (Ip et al. 2014) successfully. By means of a short adjustment, EUVC became operational soon afterwards. A symbol referring to the data will be highlighted on China's official media-the Xinhua Net, as soon as possible.

The paper on preliminary data processing was investigated (Feng et al. 2014, hereafter F14), however, it required a deeper analysis and further revision to follow. For ease of performing scientific research, other essential tasks for data processing should be performed. Two of them will be carefully treated in Sects. 3 and 4.

2.2 Data products

The data are retrieved and distributed from the Science and Application Center for Moon and Deep Space Exploration, affiliated with National Astronomical Observatories, Chinese Academy of Sciences (NAOC) (F14). A collective of datasets, produced by the Ground Research and Application System of CLEP, is available online now. The website from which one can download the datasets is http://moon. bao. ac. cn/ceweb/datasrv/dmsce3. jsp. It requires a short registration first. The data policy is that the datasets are freely distributed and used by worldwide users. The camera needs to keep away from the direct sunlight; hence, it is cut off at all the lunar noons. The best observation schedule should therefore be arranged in lunar mornings and dusks. In fact, there had been six working windows as follows, almost each one in a month, 388 in total from December 24, 2013 to May 20, 2014 on six lunar-days; refer to Table 2 for details. The formatted database only includes two types of Level-2 products, Level-2A and Level-2B, whereas Level-2B data products are used to do scientific research.

Table 2　Data products of each working window

Number	Universal time (YYYY/MM/DD/HH/MM/SS)	Data sample
1	20131224165117 – 20131224170138	2
2	20140122191247 – 20140122203540	9
3	20140221002623 – 20140221233003	119
4	20140322115933 – 20140322235847	65
5	20140420210249 – 20140422011007	153
6	20140520110307 – 20140520184204	40
Total	20131224165117 – 20140520184204	388

The format of the scientific data is of the Planetary Data System (hereafter PDS), originally created by the National Aeronautics and Space Administration (NASA), using to lay up solar – terrestrial data. The illustration of the filename is depicted in Fig. 1 in detail.

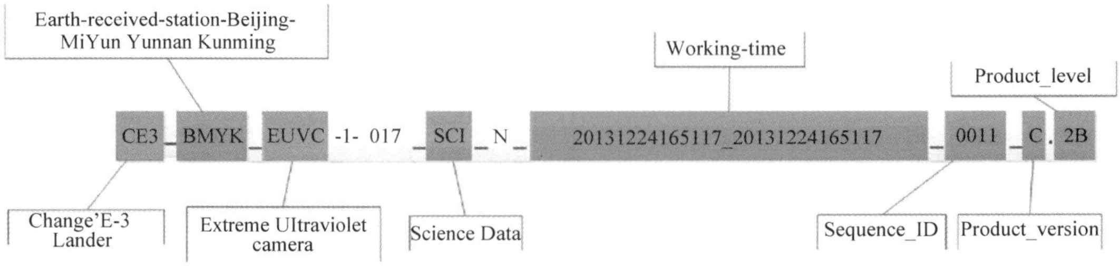

Fig. 1　The filename of an EUVC Level-2B product on December 24th, 2013.

3 Geometric positioning of the images

A first look of the plasmasphere is readily taken, and the morphology appears dipole-like. However, the coming qualitative analysis needs a precise position-fixing first. This section will give some essential geometric preparations before the data can be evaluated.

3.1 Camera coordinate system and coordinate transformation

The geometric parameters written in the head label of each data are in terms of the solar-magnetic coordinate system (hereafter SMS), and in units of the SI. SMS, generally adopted by the space science community, serves for any global structures which are symmetrical with regard to the magnetic equatorial plane, e.g. the plasmasphere. In contrast, if we want to do some calculations, the most helpful information should be evaluated in the camera coordinate system (hereafter CMS). The X_{CMS} axis refers to the vector of the optical axis pointing from the Earth to the FOV of EUVC, while the *YZ* plane, perpendicular to the X_{CMS} axis, is the projection plane of the images. On the plane, the Z_{CMS} axis means the local north of the moon, and the Y_{CMS} is determined by the right-hand law. The two axes of the *YZ* plane are illustrated in Fig. 2(b).

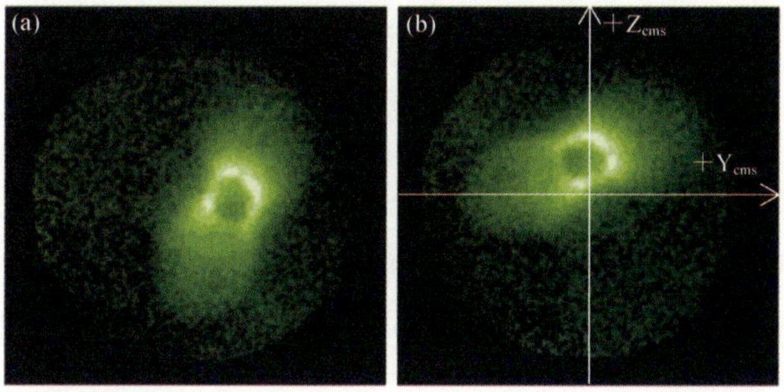

Fig. 2　The reversal of an EUVC Level-2B product observed at UTC 201312241651. (a) and (b) are both shown logarithmically. The morphology of (b) is adopted hereafter.

The coordinate transformation for the two coordinate systems can be written

$$\mathbf{V}_{CMS} = \mathbf{T} \cdot \mathbf{V}_{SMS}, \text{ or } \mathbf{V}_{SMS} = \mathbf{V}_{CMS} \cdot \mathbf{T}, \tag{1}$$

where $\mathbf{V}_{CMS}$ or $\mathbf{V}_{SMS}$ is the position vector in each Cartesian coordinate system, and $\mathbf{T}$ represents the transformation tensor, an element of which is the cosine of the angle between each component of the two unit vectors.

Based on the way of data reading of EUVC, we shall make an adjustment to the morphology. Figure 2(a) presents the uncorrected online data, whereas it is intended to be adjusted into Fig. 2(b), in accordance with the defined CMS. The transformation can be fulfilled under mutually exchanging rows and columns of the matrix.

3.2 Determination of the projection of the geocenter

Another geometric benchmark that should be pre-considered is the exact position of the projection of the geocenter on each image. The algorithm is written thus:

$$\mathbf{V}_{\oplus} = (V_1, V_2, V_3), \tag{2}$$

$$\theta = 90 - \arcsin V_1, \tag{3}$$

$$\phi = \arctan \frac{V_3}{V_2}, \tag{4}$$

$$\mathrm{d}x = \theta \cdot \cos\phi / \delta, \tag{5}$$

$$\mathrm{d}y = \theta \cdot \sin\phi / \delta, \tag{6}$$

where $\mathbf{V}_{\oplus}$ indicates the unit vector of geocenter-pointing in CMS, θ and ϕ are the deflections of polar angle and azimuthal angle in degrees, δ means the angular resolution, and $\mathrm{d}x$ and $\mathrm{d}y$ are the deviations to the center of the image in pixels.

4 Data processing

The data processing of the images from EUVC contains two sub-sections. The first one is mostly concerned with denoising for eliminating the background, whereas the second one works for the alignment of the images on each working window.

4.1 De-noise for eliminating the background

The de-noising for eliminating the background is a matter of prime importance. Various factors may induce multifarious noises, e.g. the energetic electrons (Yan et al. 2016). Among them, the noise coming from the scatter light of the sky background plays a vital role on the lowering down of the signal-to-noise ratio of the images. On account of this, an efficient and reliable method must be carried out first.

In the earlier work, as Sect. 4 of F14 treated of, there was an eight-step data processing. Later on, the Scientific Team (hereafter ST) thought that it still needed some refinement. After reaching the consensus in a workshop, ST decided to merely revise thelast step of the data processing, while reserving the other steps. In their paper, the eighth step is just to seek out a factor K to perform the optimal background removal with a belt region, sandwiched between 55 and 66 pixels away from the center of the image. However, we consider it as less-refined to give a homogeneous value to the 2D data, with a distribution in different parts. An improved algorithm is thus established to give a K distribution by means of cutting the belt region into six equal fan-shaped parts with 60° central angle each; see Fig. 3. The final version K is a matrix after smoothness and interpolation. Except for the manipulation, we agree on the magnification of K with 1.1 times the original value in the end. The angular distribution of the K matrix is illustrated in Fig. 4.

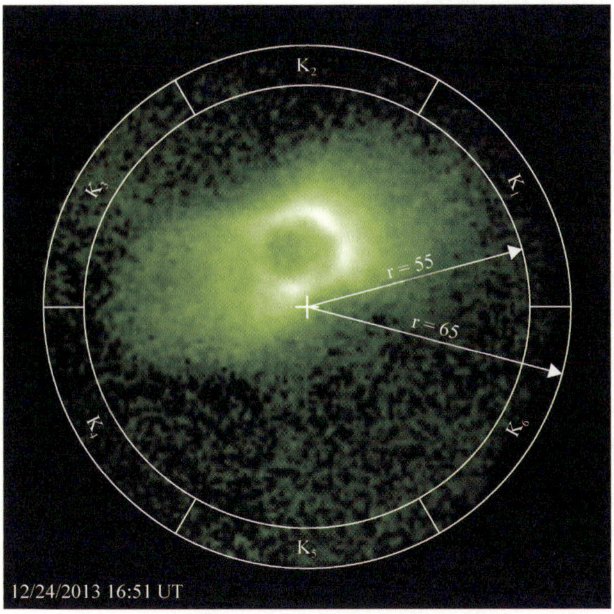

Fig. 3　Sketch of different *K* in six equal fan-shaped parts.

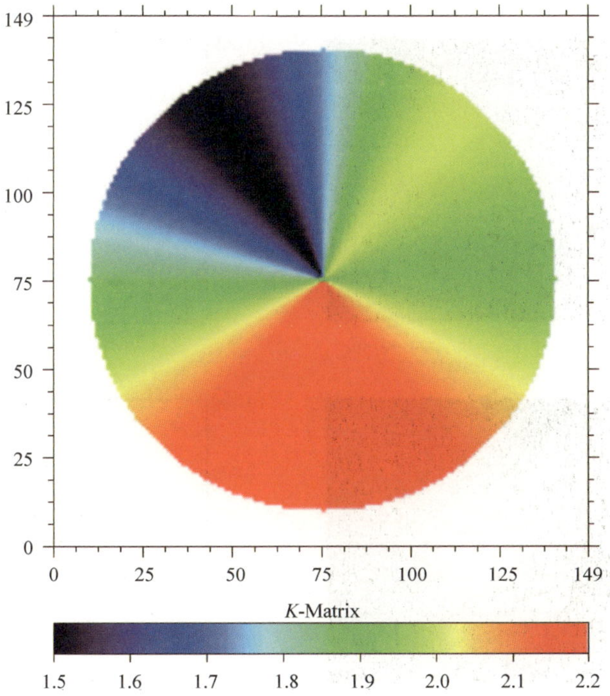

Fig. 4　Angular distribution map of *K*-matrix. The anisotropy is clear, while the bottom part is larger than the counterpart in this case.

4. 2　Alignment among the images

Except for de-noising, the alignment is another indispensable job one should pre-consider. Without perfect alignment, the arrangement is quite inconvenient in the following-up study, in particular, e. g. the temporal-evolution analysis. The images from EUVC are available covering six-month observations. In Sect. 3.2, although there has been an algorithm to calculate the projection of the geocenter on the image, we find that there are still shifts on the consecutive images of each observational window. Worse still, there is no obvious rule. It would be a troublesome problem for quantitative analysis. The only thing we can do is to look for an approach to achieve the alignment of the images. The cross-correlation methodology in Digital-Image-Processing is used frequently in medical care, remote sensing, military target tracking, and natural-science related fields. Recently, cross-correlation has made great progress, leading to a multitude of distinguished aligning methods. We decided to employ cross-correlation in a simulated template with briefness and practicality, because the consecutive images do not appear rather complicated or to have over-distorted structures.

On this issue, early work was reported in Zheng et al. (2015). Analogously, we will give a concise, but still solid method on the alignment of the images. First of all, we cut a horizontal slice (Fig. 5(a)) to make a statistical distribution analysis for creating a tem-

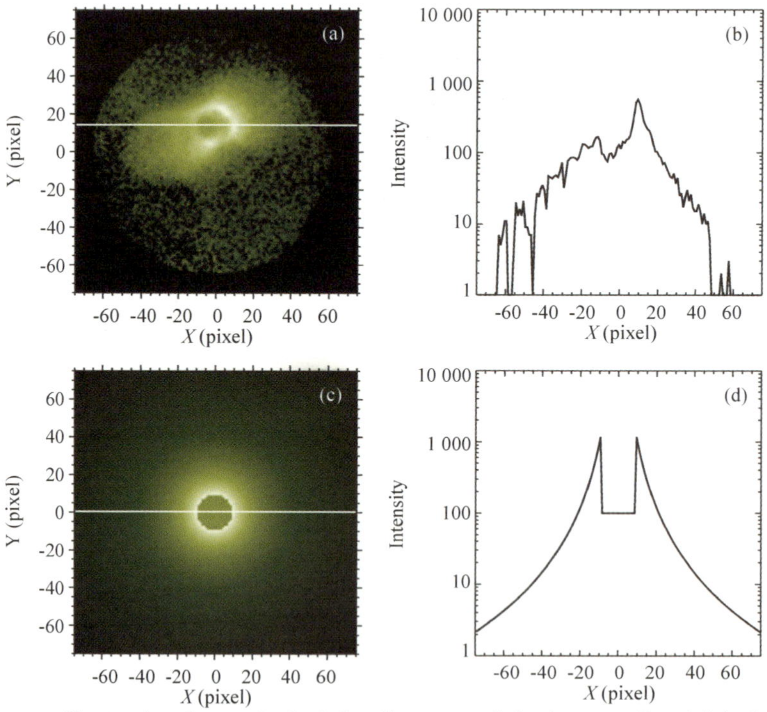

Fig. 5　Diagrams illustrating the method of the alignment of the images. Panel (a) shows the cutting horizontal slice, and (b) plots the distribution of the slice. Panel (c) presents the simulated template for cross-correlation, while (d) plots the distribution of the template.

plate (see Fig. 5(b)). Owing to the distribution, a simulated template will be produced (see Fig. 5(c)) and prepared for later use on the cross-correlation, the distribution of the template plotted in Fig. 5(d). Afterward, we apply the cross-correlation method to seek out the best position with the maximum correlation coefficient, which belongs to the geocenter (see Figs. 6(a) and (b)).

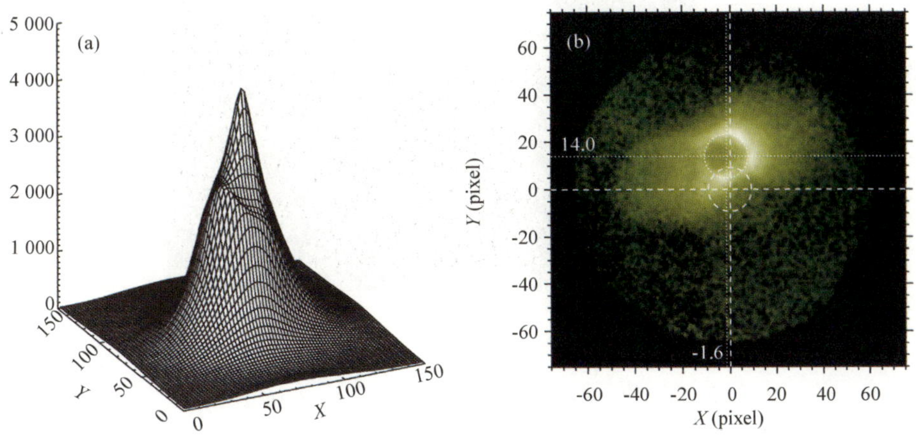

Fig. 6　Results of the determination of the geocenter with the crosscorrelation method applied to the data and template. Panel (a) depicts the output of the cross-correlation, while (b) points out the position of the geocenter. The *cross dashed lines* plotted on (b) are the *middle lines* of the image, while the *cross dotted lines* act as the deviation to the *middle lines*. The intersection of the *dotted lines* is considered to be the geocenter.

5　Demo

After the above processes, EUVC data are well prepared and can be implemented in scientific research. Subsequently, 388 data samples picked up in six observation windows (with various geomagnetic conditions) have been officially released. For using the data more handily and practically, we have developed another type of product. The product has been adjusted with the geocenter to the center of the image and with rotation of the north magnetic axis to the upward of the image by means of a cubic convolution interpolation (Park and Schowengerdt 1983). The objective of the operation is to study the physical evolution of the plasmasphere, eliminating to the utmost any influence of revolving on its own axis. Figure 7 shows the preceding example in the type, restraining the background-noise moderately.

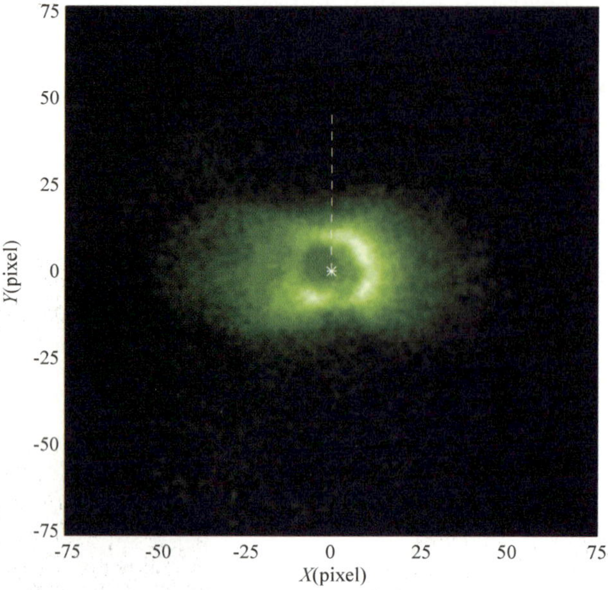

Fig. 7 New type data with the filename 20131224165117. The *dash line* acts as the north magnetic axis, penetrating the north magnetic pole from the geocenter, also as the upward of the image.

6 Emission intensity and column density of He II of plasmasphere

6.1 Emission intensity

It is feasible to convert the count into the emission intensity through Eq. (7) (C14),

$$I = \frac{N}{t \cdot S}, \tag{7}$$

where I means the emission intensity in Rayleigh, N represents the count in each pixel, t is the exposure time, and S acts as the sensitivity.

6.2 Column density

The He II solar emission (30.4 nm) is a landmark emission line to study solar chromospheric activity and also an essential factor to ionize and heat the Earth's upper atmosphere (Worden et al. 1999). Fortunately, He^+ ions, the second abundant constituent of the plasmasphere (Craven et al. 1997) can scatter the solar irradiance through a resonantly scatter process. The scattered 30.4-nm emission from the plasmasphere is optically thin; therefore, the measured brightness is directly proportionally to the He II column density along the line of sight through the plasmasphere (Meier 1991). IMAGE has given the global He II column density from the top view, convincing us of the feasibility of applying the same method to imaging the plasmasphere from the side view.

We can calculate the column density of He II from (Garrido et al. 1994)

$$4\pi I = \int e^{-\tau} p(\theta) g n(\mathbf{r}) \mathrm{d}s \times 10^{-6}, \tag{8}$$

where I is the emission intensity calculated by Eq. (7), τ is the optical depth, mostly regarded as zero due to the optical thinness, g is the scattering rate, which is proportional to the solar 30.4-nm flux, n is the number density at position $\mathbf{r}$, and $p(\theta)$ represents the scattering phase function, given by $p(\theta) = 1 + 1/4(2/3 - \sin^2 \theta)$, where θ is the angle between the sun-earth direction and the vision direction. The column density can therefore be evaluated. In addition, the solar 30.4-nm flux was available online with ultra-high timeresolution (Didkovsky et al. 2012), and the data are easily examined. While g has a linear relationship with the solar 30.4-nm flux, one may catch the rapid brightening induced by solar flares, because the other parameters are slowly and continuously varied.

7 Summary and discussion

The EUVC onboard CE-3 mission is devoted to providing the first global images of the Earth's plasmasphere from the meridian view. Level-2B data products, serving as scientific research, have been available to the scientific community. After the efficient and reliable de-noising, in the images has appeared roughly the dipole-like morphology which would be expected by previous models. The qualitative or morphological studies can therefore be evaluated. The determination of the plasmaspause based upon the EUVC data has been carried out (He et al. 2016), and the result agrees with the observations from other satellites. In addition, more accurate geometric positioning determined in sub-pixel resolution also makes doing a quantitative analysis feasible, e. g. time-series analysis. It would be beneficial to study the dynamics of the inner magnetosphere under various geophysical conditions (Darrouzet and De Keyser 2013). The global meridian images could be good Lydian-stones checking the earlier models and making a comparison with their corresponding simulation or reconstruction results.

Beyond this, we have developed another type of product, in Sect. 6, easily and flexibly used to study the dynamics of the plasmasphere. If someone who is interested in them, please contact us in personal communication, or we could release the dataset unofficially in the near future.

The first global column density of He II of the plasmasphere from the meridian view can be calculated from the images taken by EUVC. Thanks to the high time-resolution data of solar 30.4-nm flux, we may study the column density of the plasmasphere responding to the surge of the flux of solar 30.4-nm radiation, e.g. solar flares. Still, it is feasible to do a sophisticated study of the variation for months due to the inter-monthly variation of solar 30.4-nm flux. It is for the first time that one has a consecutive panorama of the Earth's plasmasphere from the meridian view in considerable temporal and spatial resolution. Accordingly, any novel structures in all kinds of scales seen from the side view would be well observed and followed on time. Still further, the more interesting thing is that we might encounter the counterparts of the structures recorded by IMAGE from the top view.

Acknowledgements

The contributions from the EUVC design and calibration team at the Changchun Institute of Optics, Fine Mechanics and Physics, Chinese Academy of Sciences, and the data processing team at the Science and Application Center for Moon and Deep Space Exploration, affiliated with the National Astronomical Observatories of China are both well appreciated. This work is primarily supported by the Key Research Program of the Chinese Academy of Sciences through grant Y422013V01-CE-3.

References

[1] Burch, J. L., Mende, S. B., Mitchell, D. G., et al.: Views of Earth's magnetosphere with the IMAGE satellite. Science **291**, 619 (2001).

[2] Carpenter, D. L.: Whistler evidence of a "knee" in the magnetospheric ionization density profile. J. Geophys. Res. **68**(6), 1675 (1963).

[3] Chen, B., He, F.: Optical design of moon-based Earth's plasmaspheric extreme ultraviolet imager. Opt. Precis. Eng. **19**, 2057 (2011). (in Chinese)

[4] Chen, B., Song, K.-F., Li, Z.-H., et al.: Development and calibration of the Moon-based EUV camera for Chang'e-3. Res. Astron. Astrophys. **14**, 1454 (2014).

[5] Craven, P. D., Gallagher, D. L., Comfort, R. H.: Relative concentration of He+ in the inner magnetosphere as observed by the DE 1 retarding ion mass spectrometer. J. Geophys. Res. **102**(A2), 2279 (1997).

[6] Darrouzet, F., De Keyser, J.: The dynamics of the plamasphere: recent results. J. Atmos. Sol.-Terr. Phys. **99**, 53 (2013).

[7] Darrouzet, F., Gallagher, D. L., André, N., et al.: Plasamaspheric density structures and dynamics: properties observed by the CLUSTER and IMAGE missions. Space Sci. Rev. **145**, 55 (2008).

[8] Didkovsky, L., Judge, D., Wieman, S., Woods, T., Jones, A.: EUV SpectroPhotometer (ESP) in extreme ultraviolet variability experiment (EVE): algorithms and calibrations. Sol. Phys. **275**, 179 (2012).

[9] Feng, J.-Q., Liu, J.-J., He, F., et al.: Data processing and initial results from the CE-3 Extreme Ultraviolet Camera. Res. Astron. Astrophys. **14**, 1664 (2014).

[10] Garrido, D. E., Smith, R. W., Swift, D. W., et al.: Imaging the plasmasphere and trough regions

in the extreme-ultraviolet region. Opt. Eng. **33**, 371 (1994).

[11] He, F., Zhang, X.-X., Chen, B., Fok, M.-C.: Reconstruction of the plasmasphere from moon-based EUV images. J. Geophys. Res. **116**, A11203 (2011).

[12] He, F., Zhang, X.-X., Chen, B., Fok, M.-C., Zou, Y.-L.: Moon-based EUV imaging of the Earth's plasmasphere: model simulations. J. Geophys. Res. **118**, 7085 (2013).

[13] He, F., Zhang, X.-X., Chen, B., Fok, M.-C.: Determination of the Earth's plasmapause location from the CE-3 EUVC images. J. Geophys. Res. (2016). doi:10.1002/2015JA021863.

[14] Ip, W.-H., Yan, J., Li, C.-L., Ouyang, Z.-Y.: Preface: the Chang'e-3 lander and rover mission to the Moon. Res. Astron. Astrophys. **14**, 1511 (2014).

[15] Meier, R. R.: Ultraviolet spectroscopy and remote sensing of the upper atmosphere. Space Sci. Rev. **58**, 185 (1991).

[16] Park, S., Schowengerdt, R.: Image reconstruction by parametric cubic convolution. Comput. Vis. Graph. Image Process. **23**, 256 (1983).

[17] Sandel, B.R., Broadfoot, A.L., Curtis, C.C., et al.: The extreme ultraviolet imager investigation for the IMAGE mission. Space Sci. Rev. **91**(1/2), 197 (2000).

[18] Sandel, B.R., Goldstein, J., Gallagher, D.L., Spasojevic, M.: Extreme ultraviolet imager observations of the structure and dynamics of the plasmasphere. Space Sci. Rev. **109**, 205 (2003).

[19] Storey, L.R.O.: An investigation of whistling atmospherics. Philos. Trans. R. Soc. Lond. **246A**, 113 (1953).

[20] Worden, J., Woods, T.N., Neupert, W.M., Delaboudinière, J.: Evolution of chromospheric structures: how chromospheric structures contribute to the solar He II 30.4 nanometer irradiance and variability. Astrophys. J. **511**, 965 (1999).

[21] Yan, Y., Wang, H.-N., Shen, C., Du, Z.-L.: A substorm-associated enhancement in the XUV radiation measuring channel observed by ESP/EVE/SDO. Res. Astron. Astrophys. (2016, in press).

[22] Yoshikawa, I., Yamazaki, A., Murakami, G., et al.: Telescope of extreme ultraviolet (TEX) onboard SELENE: Science from the Moon. Earth Planets Space **60**, 407 (2008).

[23] Yoshikawa, I., Murakami, G., Ogawa, G., et al.: Plasmaspheric EUV images seen from lunar orbit: initial results of the extreme ultraviolet telescope on board the Kaguya spacecraft. J. Geophys. Res. **115**, A04217 (2010).

[24] Zheng, C., Ping, J.-S., Wang, M.-Y., Li, W.-X.: Geocentric position preliminary detection from the Extreme Ultraviolet Images of Chang'e-3. Astrophys. Space Sci. **358**, 28 (2015).

Data processing and initial results from the CE-3 Extreme Ultraviolet Camera

Jian-Qing Feng[1], Jian-Jun Liu[1], Fei He[2], Wei Yan[1], Xin Ren[1], Xu Tan[1], Ling-Ping He[2], Bo Chen[2], Wei Zuo[1], Wei-Bin Wen[1], Yan Su[1], Yong-Liao Zou[1], Chun-Lai Li[1]

1. Key Laboratory of Lunar and Deep Space Exploration, National Astronomical Observatories, Chinese Academy of Sciences, Beijing, 100012, China;
2. Changchun Institute of Optics, Fine Mechanics and Physics, Chinese Academy of Sciences, Changchun, 130033, China

liujj@nao.cas.cn

Abstract: The Extreme Ultraviolet Camera (EUVC) onboard the Chang'e-3 (CE-3) lander is used to observe the structure and dynamics of Earth's plasmasphere from the Moon. By detecting the resonance line emission of helium ions (He^+) at 30.4 nm, the EUVC images the entire plasmasphere with a time resolution of 10min and a spatial resolution of about 0.1 Earth radius (R_E) in a single frame. We first present details about the data processing from EUVC and the data acquisition in the commissioning phase, and then report some initial results, which reflect the basic features of the plasmasphere well. The photon count and emission intensity of EUVC are consistent with previous observations and models, which indicate that the EUVC works normally and can provide high quality data for future studies.

Key words: space vehicles: instruments: Extreme Ultraviolet Camera—Earth: plasmasphere—method: data processing

1 INTRODUCTION

The Earth's plasmasphere is a torus of low energy, dense plasma that forms a region in the Earth's inner magnetosphere, with its size being about 5~6 Earth radii (R_E). The plasmasphere traps varieties of ions and electrons, among which He^+ ions resonantly scatter the extreme ultraviolet (EUV) radiation of sunlight at 30.4 nm and the intensity is proportional to the column density (Meier & Weller 1972; Meier 1991). The He^+ ion is the second most abundant component of the plasmasphere (Craven et al. 1997). Since the most abundant ion H^+ has no optical emission, the 30.4 nm emission is usually chosen for imaging the global plasmasphere (Carpenter 2004; Darrouzet & De Keyser 2013). In addition, since the magnetosphere is optically thin with respect to this emission (Brandt 1961) and the intensity of interplanetary background radiation is extremely low at 30.4 nm (Gruntman 1992; Jelinsky et al. 1995), the remote sensing method using EUV emission has become a powerful tool in the search for global perspectives on the structure and dynamics of the plasmasphere (Murakami et al. 2010).

In the past decades, researchers have been exploring the plasmasphere in many ways (Darrouzet & De Keyser 2013). The emergence of optical cameras with a wide field of view that can detect the resonantly scattered sunlight at 30.4 nm has allowed space physicists to make a great progress in imaging the plasmasphere (Carpenter 2004). The first intensity distribution of partial plasmaspheric He^+ emission that was projected on the meridian plane was obtained by the X-ray ultraviolet (XUV) scanner aboard the Planet-B mission and it demonstrated that plasmaspheric EUV emission at 30.4 nm is bright enough to be taken in snapshots (Nakamura et al. 1999, 2000). A sequence of comprehensive EUV images of the plasmasphere was first carried out by the EUV imager onboard the IMAGE spacecraft (Burch 2000; Sandel et al. 2000) and many important features of the plasmasphere were observed (Adrian et al. 2001; Sandel et al. 2001, 2003; Gallagher et al. 2005). Recently, the Telescope of Extreme Ultraviolet (TEX) aboard KAGUYA conducted overall imaging of the plasmasphere from the perspective of the meridian in lunar polar orbit and observed a medium-scale density structure in the dawnside plasmasphere during a geomagnetic quiet period (2008 June 1–2) (Yoshikawa et al. 2008; Murakami et al. 2010). However, because of the limited operation period and Field of View (FoV) of the scanner, the XUV only imaged the partial plasmasphere during its near-Earth parking orbit from July 1998 to January 1999. For IMAGE EUV, the plasmasphere could only be projected into an equatorial plane and could not be imaged continuously, because IMAGE operated in a polar orbit and could only look at the Earth for half of its duty cycle. Also, because the metal band-pass filter on TEX was mechanically damaged, two circular ghosts appeared on all images, and some pixels were contaminated by the artificial structure. Therefore, the data obtained by TEX were imperfect.

The Extreme Ultraviolet Camera (EUVC) onboard the Chang'e-3 (CE-3) lander observes the Earth's plasmasphere from the perspective of the meridian. Since the spin period and the revolution period of the Moon are equal, the nearside always faces the Earth and the FoV of EUVC always points to Earth. Thus, EUVC can image the plasmasphere continuously when the Moon circles the Earth. In this paper, we introduce the data processing method used by the CE-3 EUVC and report the initial results from the first four months. The instrumentation and calibration of EUVC are summarized in Section 2. The data acquisition is presented in Section 3. Section 4 gives the steps and algorithms implemented in data processing in detail. In Sections 5, we present preliminary results and compare them with previous studies. Finally, we draw a conclusion in Section 6.

2 INSTRUMENTATION

EUVC is composed of a thin film absorption filter, an EUV multilayer mirror, a photon-counting imaging detector, a supporting mechanism, an electronic control system and a thermal control unit. In order to improve the energy transfer efficiency of the EUVC at 30.4 nm and to obtain high quality plasmaspheric images, the EUVC adopted an optical structure composed of a single spherical mirror and a spherical microchannel plate (MCP) detector. The technical parameters of the EUVC are given by Table 1.

Table 1　Technical Parameters of the EUVC

Parameter	Value
Center wavelength (nm)	30.2
Bandwidth (nm)	4.6
FoV (°)	14.7
Angular resolution (°)	0.08
Exposure time (min)	2, 10, 20
Detectable range (Rayleigh)	0.1~10
Sensitivity (count s^{-1} $Rayleigh^{-1}$)	≥0.1

The thin film absorption filter is mounted in the front of the detector to filter out emissions that can contaminate the image in ultraviolet, visible light and infrared. The 30.4 nm emissions from the plasmasphere are focused on the MCP detector through the optical system, and the incident photons that enter the MCP are transferred to photoelectrons, which are amplified by the high voltage and then ejected from the other end of the MCP. The ejected photoelectrons diffuse to an electron cloud with a certain dimension and are collected on the wedge and strip anode, which encodes the location of the centroid of the electron cloud and transfers the data to the electronics system to find the location of incident photons. Figure 1 shows the schematic diagram of the MCP detector.

The ground calibration test was performed by the EUVC instrument team at Changchun Institute of Optics, Fine Mechanics and Physics, Chinese Academy of Sciences (CIOMP, CAS) during December 2011 and October 2012 (Chen et al. 2014). The test was divided into two parts. The first part was geometric calibration which included geometric distortion, measuring the focal length and locating the image center. The second part was radiometric calibration, composed of relative radiometric calibration and absolute radiometric calibration. A Photo Response Non Uniformity matrix was measured and the sensitivity was finally given.

An original image obtained by EUVC in observation mode has 1500 × 1500 pixels,

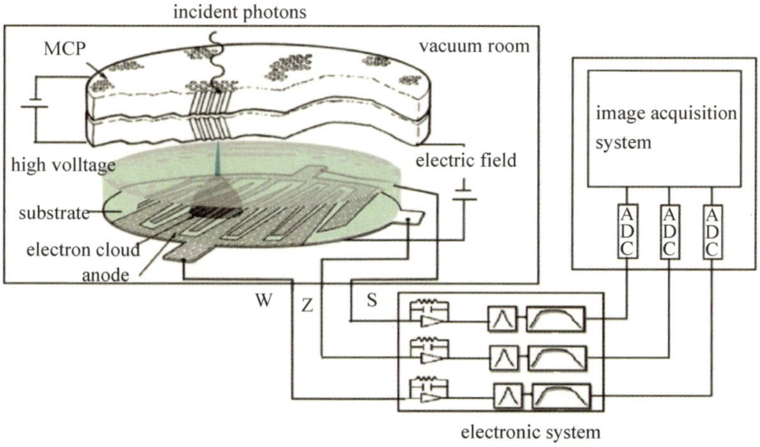

Fig. 1　Schematic diagram of the MCP detector.

with each pixel value quantized into 16-bit data. The size of each image is 4.3 MB. All the pixels in the image are arranged in the form ($x1$, $y1$), ($x1$, $y2$),…, ($x1$, $y1500$), ($x2$, $y1$), ($x2$, $y2$),…, ($x2$, $y1500$),…, ($x1500$, $y1$), ($x1500$, $y2$),…, ($x1500$, $y1500$). The value of each pixel in the image represents the number of 30.4 nm photons captured by EUVC during the exposure time.

3　DATA ACQUISITION

After successfully landing on the lunar surface on 2013 December 14 (Ip et al. 2014), the instruments onboard the CE-3 lander and Yutu rover started to work. We obtained about 642 EUVC images during the first four months until the end of March 2014. In order to supply energy, the CE-3 lander and its payload had to operate during the lunar day and hibernate throughout the lunar night. Another factor taken into consideration was contamination from light. Sunlight could come into the FoV of EUVC directly at noon and reduce the quality of the images. As a result, EUVC often worked for dozens of hours in the “morning” and the “dusk” of the lunar day. The times when data were acquired during the first four months are given in Table 2.

Table 2　Data Acquisition During the First Four Months

No	Period	Time (UTC)	Number of Images	Exposure time (min)
1	First month	2013.12.16～2013.12.24	79	10
2	Second month	2014.01.12～2014.01.22	177	10
3	Third month	2014.02.10～2014.02.21	240	10
4	Fourth month	2014.03.12～2014.03.23	146	10

By changing the pitch angle of the camera, EUVC alternatively imaged the "background" and "plasmasphere" during its normal operation, which meant that the EUVC took an image of the space background after taking several images of Earth's plasmasphere. The "background" images can be used to eliminate the light contamination in images of the "plasmasphere."

4 DATA PROCESSING

The data recorded by CE-3 are received and processed by the Science and Application Center for Moon and Deep Space Exploration, affiliated with National Astronomy Observatories, Chinese Academy of Sciences (NAOC). After being extracted from the CE-3 exploration data, the EUVC raw data need a series of processing steps to generate several levels of data production including Level 1, Level 2A and Level 2B. The data from Levels 2A and 2B will be released to researchers for scientific study. The data processing flow is described in Figure 2.

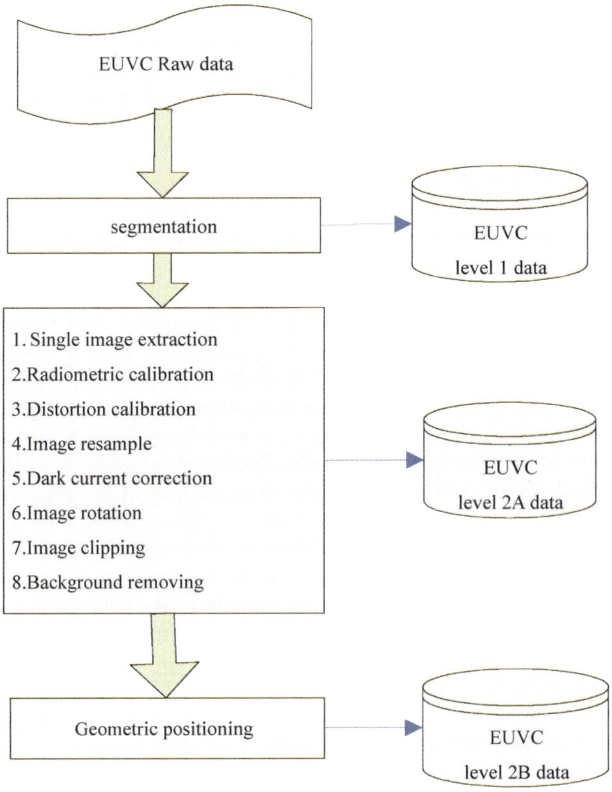

Fig. 2　EUVC data processing flow.

There is a sequence of images in EUVC raw data, so the first step is segmentation. In Level 1 data processing, the raw data are divided into several files according to the observation time, which means the images obtained during the same Earth day will be compiled into one file. Level 2A data processing contains the following steps:

(1) Single image extraction;

(2) Radiometric calibration: multiplying the single raw image by the calibration matrix in order to eliminate the Photo Response Non-Uniformity;

(3) Distortion calibration: to eliminate the geometric distortion of the image caused by the optical system of the camera. The calibration coefficient was determined by a ground calibration test before launching;

(4) Image resampling: every set of 7×7 pixels is merged into one single pixel, and by summing their values, an image of size 214×214 will be created;

(5) Dark current correction: subtracting the dark current image from the former image;

(6) Image rotation: as there was a 60° deviation between the angle that the detector installed and the angle observations were recorded, the image has to be rotated 60° counterclockwise, using a bilinear interpolation algorithm;

(7) Image clipping: the margin of the 214 ×214 image and the irregular edge of the FoV will be cut off, with 150×150 pixels left.

(8) Background removal: this is the last step in level 2A data processing. We have to find the nearest "background" image and then subtract the product of "background" and a factor K from the "plasmasphere" image to generate a "cleaner" image.

To determine the factor K, a formula is given as

$$A_n(x, y) = A_p(x, y) - A_b(x, y) \times K \ (55 \leqslant \sqrt{(x-x_c)^2 + (y-y_c)^2} \leqslant 66), \quad (1)$$

where (x, y) is the pixel location and (x_c, y_c) is the center of the image. A_{p} and A_{b} represent the pixels in an annular region (55 and 66 pixels from center of the image) of the "plasmasphere" and "background" image respectively, and A_n is the result. The factor K varies from 0.05 to 5 with a stepsize of 0.025. When the mean value or standard deviation of A_n is smallest, we can get a K_M or K_S. Their average value is a reasonable factor. The steps of background removal are demonstrated in Figure 3.

Geometric positioning with Level 2B data calculates the location and pointing direction of EUVC in the solar magnetospheric system of coordinates. The positioning result is added to the Planetary Data System (PDS) label of the 2B files.

The Level 2A and Level 2B data files are produced in the PDS format, with every file consisting of a PDS label and an image. The PDS label contains essential information about the image: Image Type ("plasmasphere" or "background"), frame count, image size, working mode, beginning time, ending time, exposure time, four temperature

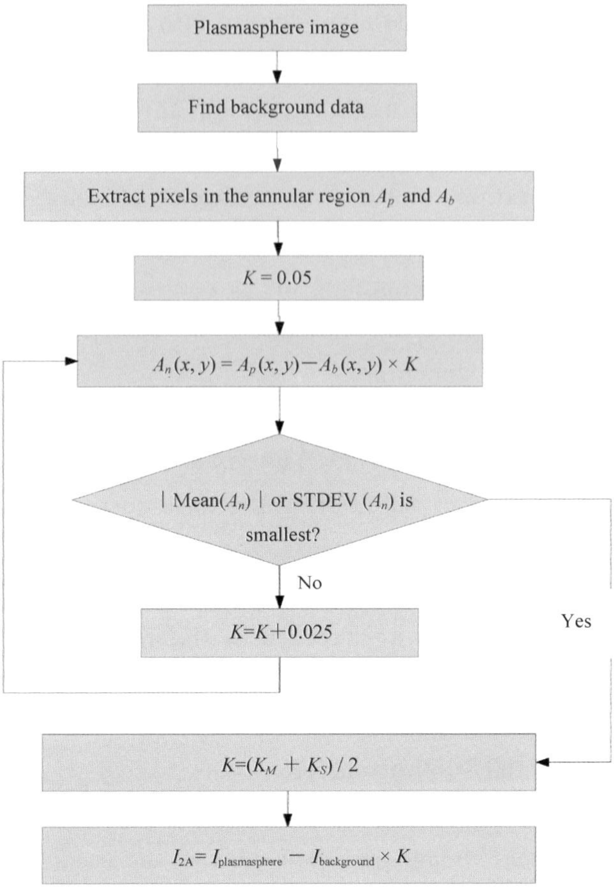

Fig. 3　The steps used in background removal. Mean(A_n) refers to the mean value of A_n and STDEV means the standard deviation. I_{2A} is the image contained in Level 2A data.

points of the camera, azimuth angle, pitch angle and so on. Compared with 2A data, the 2B PDS label adds more information, like the positioning result. The format of the Level 2 data files is given in Table 3.

Table 3　Format of Level 2 Data

Content				Description
PDS label				PDS label contains the image information, with its length being 3600 bytes in 2A data and 4500 bytes in 2B data.
(0, 0)	(0, 1)	…	(0, 149)	The image size is 150×150×2 = 45 000 bytes with 2 bytes per pixel, little-endian.
…	…	…	…	
(149, 0)	(149, 1)	…	(149, 149)	

5 INITIAL RESULTS

Figure 4 shows a raw EUVC image taken at the last moment of the first month, without any data processing. Some large-scale structures including ionospheric airglow, and the profile and shadow of the Earth can be clearly seen. However, as a result of oversampling, the photons in the image have a uniform distribution and some plasmaspheric features cannot be recognized. In addition, the installation angle of the camera makes the Earth "rotate" at a certain angle in the image. Level 2A data processing is needed to reveal more details and address the problem mentioned above.

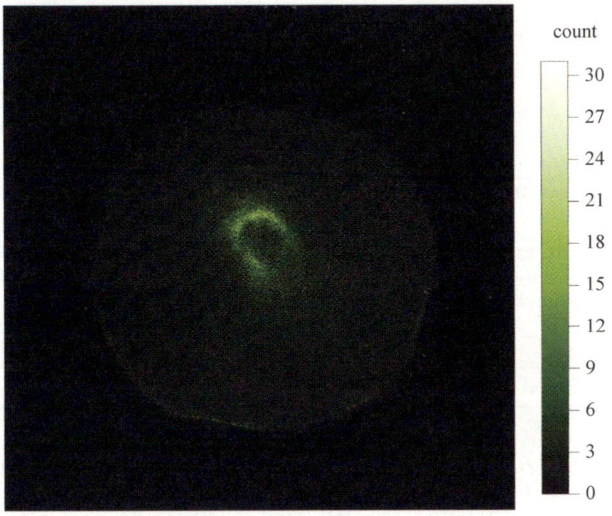

Fig.4　A raw image obtained by CE-3 EUVC during 17:01~17:11 on 2013 December 24 (UTC time). The size of the image is 1500×1500, with the color bar representing the photon count. The visible pattern in the image is the FoV of the camera; the bright area in the center is the plasmasphere.

Figure 5 shows the result of processing Level 2A data from the raw image in Figure 4. Figure 5(a) and Figure 5(b) represent the results before and after background removal respectively. As the irregular edge of the detector is cut off in the image, the visible circular FoV is 13°. Compared with Figure 5(a), the light contamination in Figure 5(b) is substantially reduced and the profile of the plasmasphere is much clearer; the average count, the minimum count and the standard deviation are smaller (listed in Table 4). The signal-to-noise ratio of the image is greatly enhanced after background removal.

We process the data recorded from the 2nd to the 4th month in the same way. Figure 6 gives some examples of the processing results. The patterns in Figures 5 and 6 show a clear plasmaspheric structure as we expect. Besides the Earth and airglow, some important features such as the plasmaspheric density profile, plume, plasmapause and even

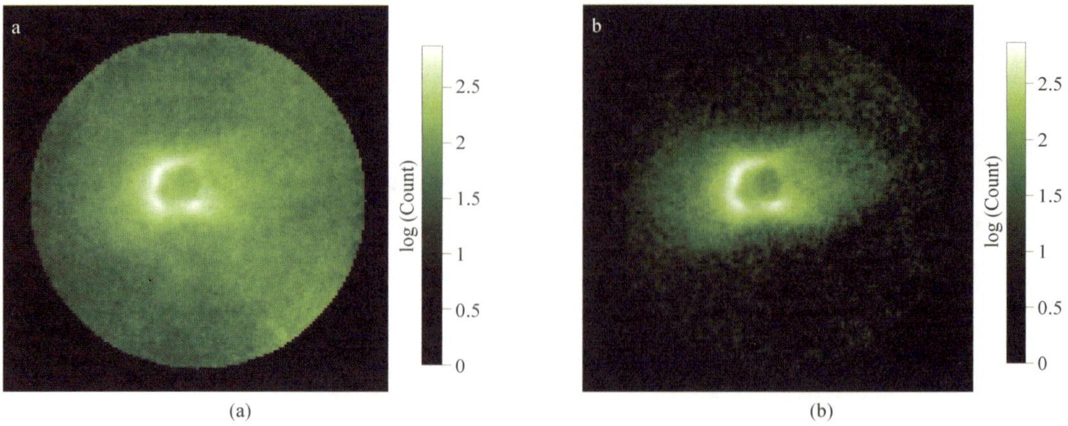

Fig. 5　Two images of Level 2A data after data processing has been applied, with image size of 150×150. (a) is the image before background removal. (b) is the image after background removal. The visible FoV in the image is 13° and the angular resolution is 0.1°.

convection tail can be distinguished.

Table 4　Statistical Results of the Two Images in Figure 5

Data	Minimum	Maximum	Mean	Standard deviation
Before background removal	15	831	52.77	72.25
After background removal	0	777.34	19.78	55.86

In order to characterize the data in a more general manner, we calculated the emission intensity of the images by using the following formula

$$I = \frac{\text{Pixel value}}{t \times S}, \tag{2}$$

where I is the emission intensity, t is the exposure time and S is the sensitivity determined by the ground calibration test. In this paper the value of S is 0.11 count s^{-1} Rayleigh^{-1}. Figure 7 shows the statistical results of EUVC images obtained during the first four months.

According to Figure 7, the maximal photon count of images in the first two months ranges between 500～900 and maximal intensity ranges between 7.3～13 Rayleigh. For the third and fourth months, however, the counts become larger, varying between 600～3000 with maximal intensity between 8.7～44 Rayleigh.

The intensity of Earth's plasmasphere in the EUV band was first given by people using a sounding rocket. Ogawa & Tohmatsu (1971) measured how EUV emissions of neutral helium (58.4 nm) and singly ionized He^+ (30.4 nm) change with altitude at night by utilizing an exospheric sounding rocket. They found that the intensity decreased from 12 to 4 Rayleigh when ascending from 420 to 1200 km. Kumar et al. (1973) firstly meas-

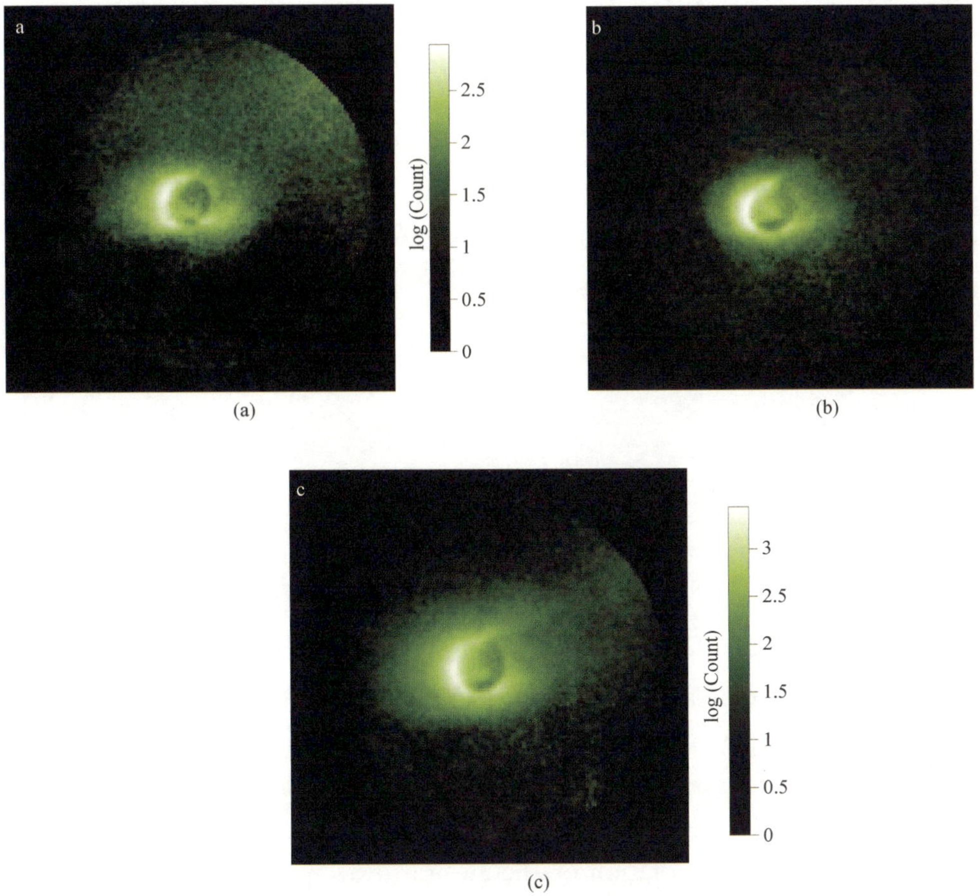

Fig. 6　(a) is an image obtained at 19:23 on 2014 January 22 (UTC time). (b) is an image obtained at 22:30 on 2014 February 21. (c) is an image obtained at 23:58 on 2014 March 22.

ured the 30.4 nm intensity radiation during the daytime, and the intensity was 9.3±3.1 Rayleigh at the height of 186 km. The distribution of partial plas maspheric He^{+} emission projected on the meridian plane was obtained by the XUV scanner and showed that the maximal intensity was 9 Rayleigh (Nakamura et al. 1999). The images acquired by IMAGE-EUV gave the result that the intensity was 0.1～7.9 Rayleigh (Sandel et al. 2003), projected on the equatorial plane. The images taken by TEX had a counting rate between 0.1～100 min^{-1}(Murakami et al. 2010; Darrouzet & De Keyser 2013).

He et al. (2010) and He et al. (2013) simulated the emission intensities and global structures of the plasmasphere viewed from the Moon using a dynamic global core plasma model embedded in a TS07 magnetic field model and W05 electric field model. In their simulation, the emission intensity was 0.1～11.4 Rayleigh within the plasmapause and the maximal count of 30.4 nm photons was 1000 after 10 minutes of accumulation, which is similar to the observation of CE-3 EUVC.

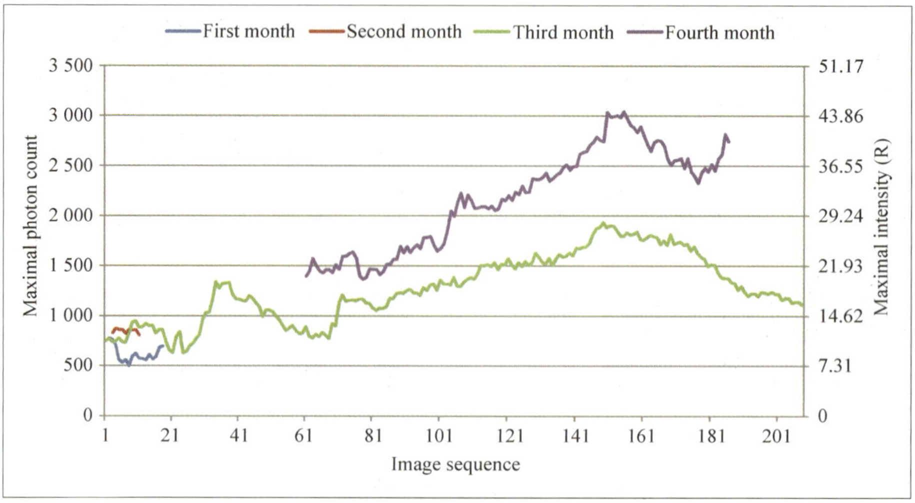

Fig. 7　The statistical results of the maximal photon count and intensity for images (after background removal) obtained in the first four months. The "background" images and severely contaminated images are not included.

The photon count and emission intensity of EUVC images from the first two months are in good agreement with previous observations and simulations. Although some data from the third and fourth months have higher values, the photon count and emission intensity of EUVC images fluctuate in a normal range. This phenomenon is probably caused by the intense 58.4 nm radiation or the auroral oval, which may come into the view of EUVC when the Moon moves into high magnetic latitudes.

6　CONCLUSIONS

The EUVC operated in good condition and obtained a lot of valuable data during the first several months. Through data processing which includes single image extraction, radiometric calibration, distortion calibration, image resampling, dark current correction, image rotation, image clipping, background removal and geometric positioning, the EUVC raw data are converted into images contained in Level 2B data.

The initial results indicate that the plasmaspheric profile and other features can be clearly seen in the images, and the distribution of photons and the intensity are of the same order of magnitude as in previous studies. The data processing method is reasonable and the EUVC images can be used in further analysis to give researchers a new understanding of the plasmasphere.

Acknowledgements

We are grateful to the referee's constructive comments and suggestions, which allowed us to substantially improved the manuscript. We also thank the EUVC instrument team for their help in the data processing.

References

[1] Adrian, M. L., Gallagher, D. L., Green, J. L., & Sandel, B. R. 2001, AGU Spring Meeting Abstracts, 32 Brandt, J. C. 1961, ApJ, 134, 975.

[2] Burch, J. L. 2000, Space Sci. Rev., 91, 1.

[3] Carpenter, D. L. 2004, Rad. Sci. Bull, 308, 13.

[4] Chen, B., Song, K.-F., Li, Z.-H., et al. 2014, RAA(Research in Astronomy and Astrophysics), 14, 1654.

[5] Craven, P. D., Gallagher, D. L., & Comfort, R. H. 1997, J. Geophys. Res., 102, 2279.

[6] Darrouzet, F., & De Keyser, J. 2013, Journal of Atmospheric and Solar-Terrestrial Physics, 99, 53.

[7] Gallagher, D. L., Adrian, M. L., & Liemohn, M. W. 2005, Journal of Geophysical Research (Space Physics),110, A09201.

[8] Gruntman, M. A. 1992, Geophys. Res. Lett., 19, 1323.

[9] He, F., Zhang, X., Chen, B., & Fok, M.-C. 2010, Science in China Series E: Technological Sciences, 53, 200.

[10] He, F., Zhang, X.-X., Chen, B., Fok, M.-C., & Zou, Y.-L. 2013, Journal of Geophysical Research (Space Physics), 118, 7085.

[11] Ip,W.-H., Yan, J., Li, C.-L.,& Ouyang, Z.-Y., 2014, RAA(Research in Astronomy and Astrophysics), 14, 1511.

[12] Jelinsky, P., Vallerga, J. V., & Edelstein, J. 1995, ApJ, 442, 653.

[13] Kumar, S., Bowyer, S., & Lampton, M. 1973, J. Geophys. Res., 78, 1107.

[14] Meier, R. R. 1991, Space Sci. Rev., 58, 1.

[15] Meier, R. R., & Weller, C. S. 1972, J. Geophys. Res., 77, 1190.

[16] Murakami, G., Yoshikawa, I., Obana, Y., et al. 2010, Earth, Planets, and Space, 62, e9.

[17] Nakamura, M., Yamashita, K., Yoshikawa, I., et al. 1999, Earth, Planets, and Space, 51, 61.

[18] Nakamura, M., Yoshikawa, I., Yamazaki, A., et al. 2000, Geophys. Res. Lett., 27, 141.

[19] Ogawa, T., & Tohmatsu, T. 1971, J. Geophys. Res., 76, 6136.

[20] Sandel, B. R., Broadfoot, A. L., Curtis, C. C., et al. 2000, Space Sci. Rev., 91, 197.

[21] Sandel, B. R., King, R. A., Forrester, W. T., et al. 2001, Geophys. Res. Lett., 28, 1439.

[22] Sandel, B. R., Goldstein, J., Gallagher, D. L., & Spasojevic, M. 2003, Space Sci. Rev., 109, 25.

[23] Yoshikawa, I., Yamazaki, A., Murakami, G., et al. 2008, Earth, Planets, and Space, 60, 407.

Determination of the Earth's plasmapause location from the CE-3 EUVC images

Fei He[1], Xiao-Xin Zhang[2], Bo Chen[1], Mei-Ching Fok[3], Shinya Nakano[4]

1. Changchun Institute of Optics, Fine Mechanics and Physics, Chinese Academy of Sciences, Changchun, China;
2. Key Laboratory of Space Weather, National Center for Space Weather, China Meteorological Administration, Beijing, China;
3. NASA Goddard Space Flight Center, Greenbelt, Maryland, USA;
4. The Institute of Statistical Mathematics, Tachikawa, Tokyo, Japan

Abstract: The Moon-based Extreme Ultraviolet Camera (EUVC) aboard China's Chang'e-3 (CE-3) mission has successfully imaged the entire Earth's plasmasphere for the first time from the side views on lunar surface. An EUVC image on 21 April 2014 is used in this study to demonstrate the characteristics and configurations of the Moon-based EUV imaging and to illustrate the determination algorithm of the plasmapause locations on the magnetic equator. The plasmapause locations determined from all the available EUVC images with the Minimum L Algorithm are quantitatively compared with those extracted from in situ observations (Defense Meteorological Satellite Program, Time History of Events and Macroscale Interactions during Substorms, and Radiation Belt Storm Probes). Excellent agreement between the determined plasmapauses seen by EUVC and the extracted ones from other satellites indicates the reliability of the Moon-based EUVC images as well as the determination algorithm. This preliminary study provides an important basis for future investigation of the dynamics of the plasmasphere with the Moon-based EUVC imaging.

1 Introduction

The Earth's plasmasphere is the low-energy (~1 eV), dense plasma region above the ionosphere [Lemaire and Gringauz, 1998; Darrouzet et al., 2009a]. The plasmaspheric helium ions (He^+) resonantly scatter the sunlight at 30.4nm with the emission intensity proportional to the column integrated density of He^+ along the line of sight (LOS) [e.g., Weller and Meier, 1974; Chakrabarti et al., 1982]. Previously, several instruments have succeeded in imaging the plasmasphere at 30.4nm, such as the partial plasmaspheric images obtained by a scanning photometer aboard Planet-B during its travel to Mars [Nakamura et al., 2000], the global plasmaspheric images obtained by an extreme ultraviolet (EUV) imager aboard Imager for Magnetopause-to-Aurora Global Exploration (IMAGE) in polar perspectives [Sandel et al., 2000, 2001], and the partial plasmaspheric images obtained by a telescope of extreme ultraviolet aboard Kaguya in lunar polar orbit [Yoshikawa et al., 2010]. Based on these observations, especially the IMAGE EUV, investigations of some global dynamics of the plasmasphere (e.g., plasmapause, plume, and shoulder) have been carried out [e.g., Burch, 2003; Darrouzet et al., 2009b; Goldstein et al., 2002, 2003a; Green, 2015; Liemohn et al., 2004; Sandel et al., 2003; Murakami et al., 2007, 2013].

To further understand the questions in plasmaspheric researches, such as the intensity distributions and the global structures of the plasmasphere, the erosion and refilling processes of the plasmasphere, the plasmaspheric responses to the solar wind and the interplanetary magnetic field and geomagnetic disturbances, and the transport of thermal plasma throughout the geospace and the inner magnetosphere [He et al., 2013], a Moon-based EUV Camera (EUVC) aboard the China's Chang'e-3 (CE-3) mission has been landed on the lunar surface to image the global structure of the plasmasphere at 30.4nm from side perspectives with a field of view (FOV) of 15°, a spatial resolution of 0.1 R_E, a sensitivity of 0.11 counts s^{-1} Rayleigh^{-1} pixel^{-1}, and a time resolution of 10 min [Chen et al., 2014]. The global images of the plasmasphere were obtained for the first time from the side views on lunar surface with each EUV image encompassing the entire Earth's plasmasphere (in one snapshot). This preliminary study presents an overall looking on the EUV images obtained by the EUVC from 24 December 2013 to 21 May 2014.

The Earth's plasmapause location determined from the Moon-based EUVC images will be illustrated in this investigation. The EUVC instrumentations and observations are introduced in section 2. The plasmapause determination algorithm will be described in detail in section 3, and the plasmapause determined from EUVC images will be compared with in situ observations in section 4. Summary and discussion will be finally given in section 5.

2 EUVC Observations

The CE-3 mission [Ip et al., 2014] was landed on lunar surface on 14 December 2013 at Sinus Iridum(44.12°N and 19.51°W in the lunar body-fixed coordinate system). The Moon-based EUVC aboard the CE-3 mission images the 30.4 nm line of the sunlight resonantly scattered by the plasmaspheric helium ions [Chen et al., 2014]. The EUVC is mounted on a two-dimensional rotation mechanism [Li et al., 2014]. Azimuthal and latitudinal adjustments can compensate the motion of the Earth in the image due to lunar phase changes to ensure that the entire plasmasphere is always inside the FOV. The EUVC images used in this paper are listed in Table 1. During the imaging periods of EUVC, the Earth-Moon distance varies from 57.7 R_E to 61.9 R_E, and the spatial resolution correspondingly changes from 0.10 R_E to 0.11 R_E. It can be inferred that such variation for EUV imaging has little influence on determining plasmapause locations at the time of events considered in this study.

Table 1　CE-3 EUVC Images Used in This Paper

Period (UT)	Number of Images	Earth-Moon Distance (R_E)	z_{sm} (R_E)[a]
2013-12-24 16:50 to 2013-12-24 17:10	2	61.89～61.90	−2.91 to −2.43
2014-01-22 19:10 to 2014-01-22 20:35	9	61.09～61.13	−17.90 to −16.39
2014-02-21 00:00 to 2014-02-21 22:30	121	59.46～60.12	−26.26 to −5.65
2014-03-22 13:00 to 2014-03-22 23:59	60	58.68～58.89	−27.97 to −12.59
2014-04-20 21:00 to 2014-04-22 01:10	153	57.91～58.11	−24.84 to −7.00
2014-05-20 12:15 to 2014-05-20 18:20	33	57.71～57.79	−15.02 to −2.97

[a] Distance of the EUVC to the SM equatorial plane.

All the raw telemetry data are processed on ground (at National Astronomical Observatories, Chinese Academy of Sciences) through the steps of radiation correction, distortion correction, and background subtraction [Feng et al., 2014]. The radiation and distortion correction matrices are obtained by laboratory calibrations [Chen et al., 2014] while the background subtraction matrices are obtained by on-orbit calibrations. Apart from imaging the plasmasphere, EUVC images the interplanetary background every 2 h by rotating the camera away from the Earth's center by 10° in latitudinal direction. Then the background is subtracted from the plasmaspheric images.

The original images are all projected onto the *yz* plane of the satellite coordinate system (SCS), the same to the definitions in He et al. [2013], as shown in Figure 1. The *x* axis of EUVC is pointed to the Earth (also the axis of the FOV), the *z* axis of EUVC is pointed to the local north of the Moon, and the *y* axis is defined according to the right-hand law. In all the EUVC images below, the horizontal direction is from left to right along the SCS *y* axis, and the vertical direction is from down to up along the SCS *z* axis. Since the observations of the EUVC are generally carried out before the fourth-quarter moon from "a" to "b" in Figure 1, the SCS *x* axis is approximately perpendicular to the Sun-Earth line (near dawn in SM coordinates), and the Sun is always on the left of the images.

An example of an EUVC image from 21 April 2014 is shown in Figure 2. This image is taken during the third quarter Moon with SM coordinates of (8.1 R_E, 56.7 R_E, and 9.0 R_E). The image is scaled logarithmically to best show the plasmaspheric structures. In the image, the Earth's apparent size and location are indicated by the white circle and

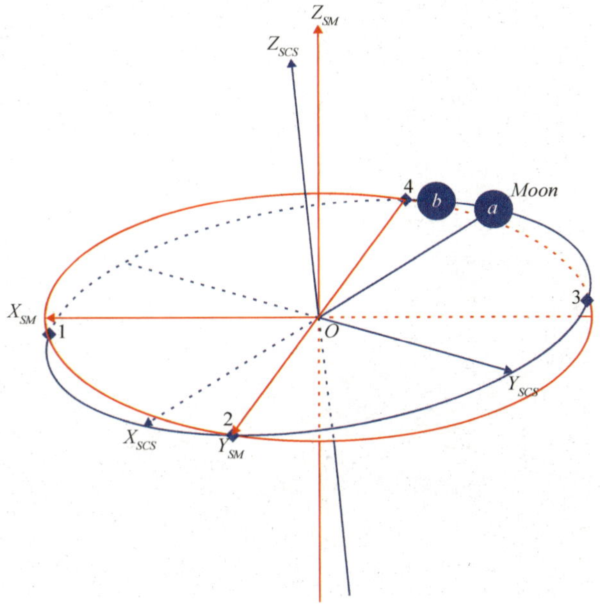

Figure 1　Illustration of the SCS and the SM coordinate systems. The origin of the SCS has been shifted from the landing site on lunar surface to theEarth's center "O." The two blue circles represent the segment of the lunar orbit where EUVC observations are carried out. The four diamonds represent the lunar phases with the first for the new moon, the second for the firstquarter moon, the third for the full moon, and the fourth for the last-quarter moon. The X_{SCS} axis is along the axis of the FOV of the imager, the Z_{SCS} axis is pointed to the local north of the Moon, while the Y SCS axis is determined by the right-hand law.

cross which are automatically calculated from the location and directionality information of the EUVC. The direction of the Sun is marked by the yellow-filled circle on the left by projecting the Sun-Earth line in SM onto the image plane in SCS. Above the dayside Earth's surface (left near $+Z_{SCS}$), a bright arc of ionospheric neutral helium 58.4nm airglow is exhibited. The apparent shadow of the Earth extends from the Earth toward the bottom right due to the tilt angle between the SCS y axis and SM equator. A plume is apparent in the lower part of the image. At the plasmapause the He^+ 30.4 nm emissions drop sharply for at least 1 order of magnitude. Noise in the image comes from the scattered sunlight which varies with observing geometry.

3　Plasmapause Determination From EUVC Images

Since the cold plasma in the plasmasphere subjects primarily to $\mathbf{E}\times\mathbf{B}$ drift, the plasmapause position is essential in determination of the inner magnetosphere convection. To better identify the position and the global shape of the plasmasphere, we reconstruct the

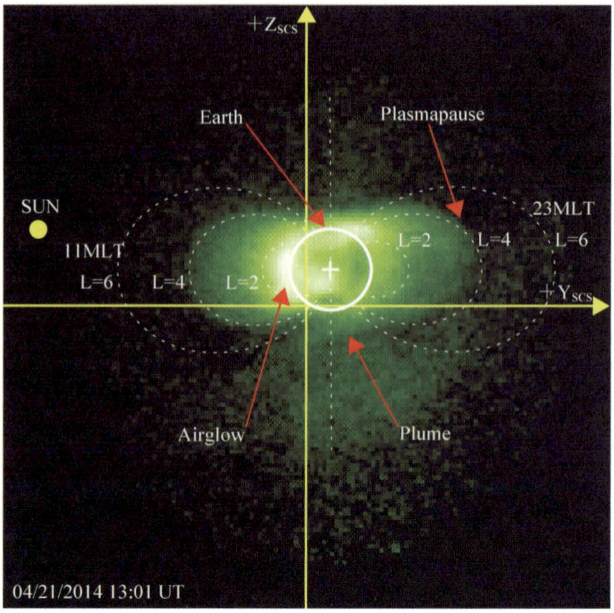

Figure 2 Image of the plasmasphere taken by CE-3 EUVC at 13:01 UT on 21 April 2014. Definitions of the axes are shown in Figure 1. The white circle shows the apparent size of the Earth with its center marked by the white cross. The vertical dashed line represents the projected dipolar axis. The white dashed curves present the projected dipolar magnetic field lines at 11 MLT and 23 MLT with L values of 2, 4, and 6. The Sun is marked by the filled yellow circle.

plasmapause from the EUVC images, which are approximately on the meridian planes, onto the magnetic equator (ME). Minimum L Algorithm (MLA) is used to determine the equatorial plasmapause locations [He et al., 2011]. The MLA operates automatically on a single EUVC image with the clear plasmasphere outline boundary. For each pixel in the outline boundary, the corresponding LOS is calculated, and all the magnetic field lines intersected by the LOS are traced onto the ME to get the minimum L value of the field line which is treated as the plasmapause. Different pixels in the outline boundary correspond to different MLTs when traced onto the ME and the MLT dependence of the plasmapause location can be finally determined by using the MLA.

It is easy to understand the application of the MLA to images from polar perspectives (e.g., IMAGE EUV) since the images are approximately projected onto the ME on which the MLT dependence is apparently exhibited and the MLT-dependence of the plasmapause location can be determined [Wang et al., 2007]. For side perspectives (e.g., from the Moon), the images are projected onto meridian planes at specific MLTs, and one may argue how the MLT dependence can be determined from such images with the MLA. The magnetic dipole nature of the plasmasphere can enable determination of the equatorial plasmapause from just one EUVC image even it is projected on meridian plane. As is stated in He et al. [2011], there are mainly two limitations in determination of the complete MLT dependence of the plasmapause shape from Moon-based images.

The first limitation is the imager-to-ME distance. Taking plasmasphere with uniform MLT distribution and plasmapause location at 6.0 R_E for an example and adopting a dipolar approximation, the equation for the plasmapause shape is $r = 6.0 \times \cos^2(\theta)$, where θ is latitude in SM. The maximum distance of the plasmapause to the ME can be calculated as $z_{max} = 2.31\ R_E$. That is to say, when the imager-to-ME distance is less than z_{max}, the LOS though pixels in the plasmasphere outline boundary in the images can only be tangent to the plasmapause surface that faces the imager with the other side shaded. For all the cases used in the paper, the imager-to-ME distance is significantly greater than z_{max} (see the last column in Table 1), so the plasmasphere outline boundary can cover all the corresponding MLTs.

The second limitation is the shading of the main plasmasphere. Due to the observing geometry from side perspectives, the plasmaspheric structures (plume, notch, shoulder, etc.) may be shaded by the main plasmasphere, and only the plasmapause of the main plasmasphere can be determined. In this investigation, only the images with clear and sharp plasmasphere outline boundaries are used to determine the equatorial plasmapause locations.

According to the characteristics of the real images, the following steps are incorporated into the algorithm:

1. Calculate the transformation matrixes between SCS and SM. According to the unit vectors of SCS x axis (X_{SCSX}, X_{SCSY}, X_{SCSZ}), y axis (Y_{SCSX}, Y_{SCSY}, Y_{SCSZ}), and z axis (Z_{SCSX}, Z_{SCSY}, Z_{SCSZ}) in SM coordinate system given in the header of EUVC data files, the transformation matrix from SCS (SM) to SM (SCS) is

$$\mathbf{T}_{SCSSM} = \begin{bmatrix} X_{SCSX} & X_{SCSY} & X_{SCSZ} \\ Y_{SCSX} & Y_{SCSY} & Y_{SCSZ} \\ Z_{SCSX} & Z_{SCSY} & Z_{SCSZ} \end{bmatrix}, \text{or } \mathrm{T}_{SMSCS} = \begin{bmatrix} X_{SCSX} & X_{SCSX} & X_{SCSX} \\ Y_{SCSY} & Y_{SCSY} & Y_{SCSY} \\ Z_{SCSZ} & Z_{SCSZ} & Z_{SCSZ} \end{bmatrix} \tag{1}$$

Finally, we can transform a vector $\mathbf{T}_1(x_1, y_1, z_1)$ in SCS to/from $\mathbf{T}_2(x_2, y_2, z_2)$ in SM through

$$\mathbf{T}_2 = \mathbf{T}_{SCSSM}\mathbf{T}_1, \text{ or } \mathbf{T}_1 = \mathbf{T}_{SMSCS}\mathbf{T}_2 \tag{2}$$

2. Calculate the LOS vector in SM. The plasmaspheric outline pixel (e.g., $[p_y, p_z]$) is manually extracted from the images, and then the LOS vector in SCS ($\mathbf{LOS}_{SCS} = [v_{scsx}, v_{scsy}, v_{scsz}]$) is calculated based on the parameters of the angular resolution of the sensor [Chen et al., 2014]. The plasmapause outline pixel is defined by the outermost sharp edge where the brightness of 30.4nm He^+ emissions drops abruptly. This criterion has also been applied in plasmapause identification from IMAGE EUV images [Goldstein et al., 2003b]. In the EUVC images, each pixel represents 0.25mm on the focal plane

with a focal length of 150.0 mm, and then the pitch (ρ) and azimuthal (φ) angle for the $\mathbf{LOS}_{SCS}$ can be calculated by

$$\tan\rho = 0.25\sqrt{\rho_z^2+\rho_y^2}/150.0, \tan\varphi = p_z/p_y \tag{3}$$

Then, we can get

$$\mathbf{LOS}_{SCS} = [v_{scsx}, v_{scsy}, v_{scsz}] = [\cos\rho, \sin\rho\cos\varphi, \sin\rho\sin\varphi] \tag{4}$$

Finally, the LOS vector in SM ($\mathbf{LOS}_{SM} = [v_{smx}, v_{smy}, v_{smz}]$) can be calculated through

$$\mathbf{LOS}_{SM} = \mathbf{T}_{SCSSM}\mathbf{LOS}_{SCS} \tag{5}$$

3. Calculate the L values of all the magnetic field lines intersected by the LOS_{SM} through a plasmasphere outline pixel using the IGRF 2010 internal magnetic field model combined with the Tsyganenko 2007 external magnetic field model [Tsyganenko and Sitnov, 2007; Sitnov et al., 2008]. For all the field lines, the one with the minimum L value is identified, and the L value (L) and geomagnetic longitude (Φ) of the line are saved. After all the plasmasphere outline pixels are processed, a set of points (L, Φ) on the magnetic equatorial plane are determined.

4. Finally, the points are interpolated with B-spline to form a smooth curve representing the equatorial plane plasmapause.

The plasmapause locations determined from the image in Figure 2 are presented in Figure 3. In Figure 3a, the original image is shown with the Earth's center marked by blue cross and the apparent size of the Earth indicated by the dashed blue circle. In Figure 3b, the plasmaspheric outline is demonstrated by the red curve where the He^+ emissions drop sharply. The LOS curves on the SM equatorial plane calculated from the outline pixels are shown in Figure 3c by red lines with the minimum L points marked by yellow crosses. These points are then interpolated with B-spline to form the smooth plasmapause in Figure 3d.

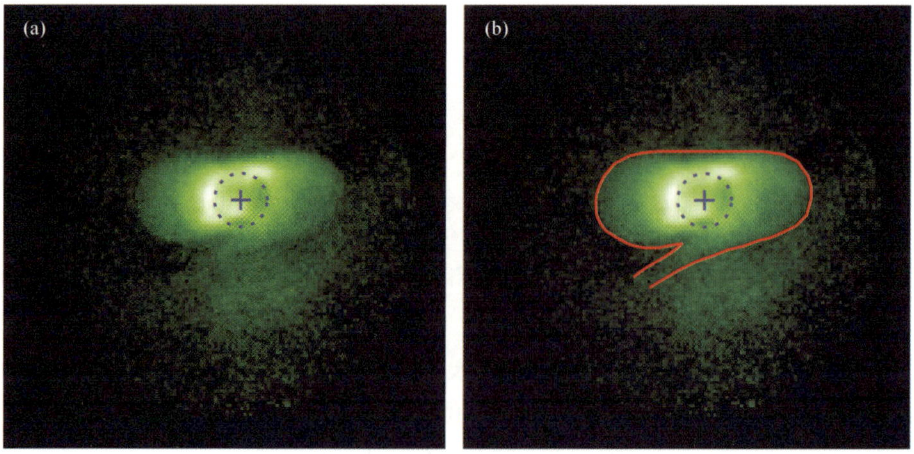

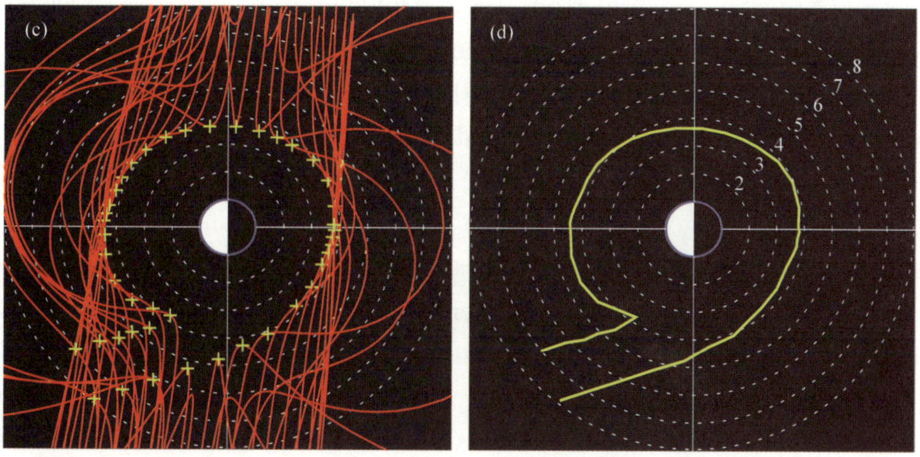

Figure 3　Equatorial plasmapause reconstructed from Moon-based EUVC images. (a) Original EUV images at 13:01 UT on 21 April 2014. (b) EUV images with plasmasphere outline (red) overlaid. (c) Calculated LOS curves (red) on magnetic equatorial plane with the minimum L points marked by yellow crosses. (d) Reconstructed plasmapause (yellow) on magnetic equatorial plane. Noon is to the right, and dusk is to the down in Figures 3c and 3d. The white dashed circles in Figures 3c and 3d are the L shells with L values shown in Figure 3d.

4　Comparison With In Situ Observations

In order to validate the plasmapause determined from the EUVC images, the in situ observations by Defense Meteorological Satellite Program (DMSP) (F16, F17, and F18), Time History of Events and Macroscale Interactions during Substorms (THEMIS) (A, D, and E), and Radiation Belt Storm Probes (RBSP) (A and B) are adopted in this paper. The method of extracting plasmapause from the H^+ densities measured by the Retarding Potential Analyzer [Rich and Hairston, 1994; Greenspan et al., 1986] on board the DMSP satellites are detailed in Anderson et al. [2008]. The spacecraft potential measured by the Electric Field Instrument [McFadden et al., 2008] and the electron thermal speed measured by the electrostatic analyzer [Bonnell et al., 2008] on board the THEMIS satellites [Angelopoulos, 2008] are used to deduce the electron density, based on which the plasmapause positions are identified with the detailed method in Li et al. [2010, and references therein]. The electron densities inferred from the Electric and Magnetic Field Suite and Integrated Science instrument suite on board the RBSP spacecraft [Kletzing et al., 2013] are used to extract the plasmapause positions with detailed method in Kurth et al. [2015].

According to previous studies, the plasmapause is usually identified as the innermost sharp gradient in density which changes by a factor of 5 or more over an L distance smaller than 0.5 [Carpenter and Anderson, 1992; Moldwin et al., 2002; Darrouzet et al., 2013; Kwon et al., 2015], or as a maximum gradient in density [Katus et al., 2015]. The first criterion is adopted to determine the plasmapause from in situ observations in this study. For all the inbound and outbound THEMIS (A, D, and E) and RBSP (A and B) orbits during the periods listed in Table 1, potential plasmapause locations are identified with an automatic algorithm, and then each location ismanually checked by browsing the density plot to ensure that the location is the boundary of the main plasmasphere. During the period between December 2013 and May 2014 when the EUVC data are available (only 378 plasmapause profiles are determined for the 6 days due to the influences of the sunlight and the operation periods of the lander), all the plasmapause crossings by the above eight satellites are extracted. Since the plasmapause crossings of all the eight satellites are not located in the SM equator, the IGRF 2010 internal magnetic field model combined with the Tsyganenko 2007 external magnetic field model are used to map the crossings to the SM equator. The parameters of UT ($UT_{in\ situ}$), the L value of the plasmapause on SM equator ($L_{in\ situ}$), and the magnetic local time ($MLT_{in\ situ}$) for each in situ crossing are stored into a database. Then, if there is EUVC image within 10 min of an in situ crossing ($|UT_{EUVC} - UT_{in\ situ}| < 10$ min since the temporal resolution of EUVC is 10 min), the magnetic equatorial plasmapause is determined according to the method described in above section and the L value of the plasmapause (L_{EUVC}) at $MLT_{in\ situ}$ is calculated. Finally, a new database with 71 pairs of $L_{in\ situ}$ and L_{EUVC} at same MLTs and UTs is compiled.

All the pairs in the database are listed in Table 2 and also plotted in Figure 4. Noting that the MLT of the plasmapause locations ranged from ~05:00 to ~20:00 and no in situ crossing was found around midnight. The Kp indices of these in situ crossings were between 0.0 and 4.0, indicating that the geomagnetic activities varied from quiet to slightly disturbed for the EUV imaging. It is also noted that several substorms happened on 21 February and 21 April, and the maximum of the AE index was 640 nT. Therefore, it is illustrated in Figure 4 that the L values scatter from ~3.0 R_E to 6.5 R_E. Figure 4 also reveals that the plasmapause in the morning to noon sector is generally closer to the Earth compared with that in the noon to dusk sector, and the plasmapause moves toward the Earth with the increase of both Kp and AE indices. The difference in colors of the pairs between the two panels indicates that the plasmapause can also move toward the Earth even during quiet periods (low Kp) in which substorms happen (high AE). This implies that substorms may play an important role in the plasmaspheric dynamics during non-storm times. The issue of the plasmapause evolutions during substorms observed by EUVC will be discussed in further investigation.

Table 2 In Situ Plasmapause Crossings With EUVC Images Available

Satellite[a]	UT[b]	L_{EUVC}	$L_{in\ situ}$	MLT	Kp/AE	Satellite[a]	UT[b]	L_{EUVC}	$L_{in\ situ}$	MLT	Kp/AE
17	2013 –12 –24 16:49	6.01	5.86	05:49	1^-/041	17	2014 –03 –22 14:37	4.36	4.10	05:50	2^0/217
16	2013 –12 –24 15:47	6.05	6.09	04:55	1^-/041	RB	2014 –03 –22 14:59	5.26	5.17	09:48	2^0/143
18	2013 –12 –24 16:58	6.25	6.40	19:56	1^-/040	17	2014 –03 –22 16:18	3.88	3.81	05:45	1^0/038
RB	2014 –02 –21 02:39	3.73	3.68	14:55	3^0/145	TE	2014 –03 –22 17:31	5.46	5.17	14:34	1^0/071
16	2014 –02 –21 02:43	3.68	3.56	15:00	3^0/145	RB	2014 –03 –22 18:58	4.94	4.88	12:51	1^-/049
TE	2014 –02 –21 02:59	3.60	3.51	16:55	3^0/209	16	2014 –03 –22 20:25	4.59	4.18	05:26	$^-$/046
RA	2014 –02 –21 04:15	3.44	3.35	15:25	2^0/155	18	2014 –03 –22 20:54	4.50	4.34	19:52	1^-/045
TE	2014 –02 –21 04:57	3.20	3.27	08:31	2^0/155	RA	2014 –03 –22 20:57	5.17	4.80	09:35	1^-/039
RB	2014 –02 –21 05:06	3.47	3.24	08:21	2^0/207	TE	2014 –03 –22 20:58	4.73	4.82	08:31	1^-/038
18	2014 –02 –21 06:30	3.91	3.60	17:41	2^0/197	17	2014 –03 –22 21:20	4.38	4.15	06:27	1^0/041
RA	2014 –02 –21 06:44	3.67	3.65	09:02	2^0/221	RB	2014 –03 –22 23:51	5.66	5.42	09:46	1^0/045
17	2014 –02 –21 07:22	3.62	3.80	07:45	2^0/224	RA	2014 –04 –20 21:24	4.24	4.17	12:51	4^-/128
18	2014 –02 –21 08:30	3.56	3.31	09:32	2^0/314	RB	2014 –04 –20 21:55	4.13	4.11	07:43	4^-/249
17	2014 –02 –21 08:50	4.63	4.30	16:02	2^0/357	RA	2014 –04 –21 00:22	3.95	3.86	07:24	4^0/410
16	2014 –02 –21 09:51	3.22	3.21	05:18	2^+/596	RB	2014 –04 –21 02:44	5.57	5.39	11:33	4^0/394
TA	2014 –02 –21 10:10	5.21	5.10	16:13	2^+/521	17	2014 –04 –21 06:20	3.54	3.56	07:19	3^+/097
17	2014 –02 –21 10:48	3.68	3.56	06:19	2^+/501	RA	2014 –04 –21 06:21	4.24	4.06	12:41	3^+/132
RB	2014 –02 –21 11:30	4.37	4.01	14:43	2^+/563	RB	2014 –04 –21 06:42	3.56	3.48	06:55	3^+/063
16	2014 –02 –21 11:33	3.37	3.25	05:01	2^+/611	17	2014 –04 –21 08:03	3.83	3.68	07:00	3^+/057

Continued

Satellite[a]	UT[b]	L_{EUVC}	$L_{in\ situ}$	MLT	Kp/AE	Satellite[a]	UT[b]	L_{EUVC}	$L_{in\ situ}$	MLT	Kp/AE
RA	2014-02-21 12:07	4.72	4.90	13:56	3^-/374	RA	2014-04-21 09:22	3.73	3.55	07:11	4^-/640
TA	2014-02-21 12:59	3.27	3.40	09:07	3^-/433	17	2014-04-21 09:46	3.53	3.23	06:34	4^-/549
RB	2014-02-21 15:04	4.17	4.46	10:03	2^+/366	TE	2014-04-21 11:30	3.20	3.10	05:28	4^-/611
17	2014-02-21 15:35	5.30	5.09	17:47	2^+/279	RB	2014-04-21 12:34	4.64	4.42	12:13	3^-/269
RA	2014-02-21 16:06	3.98	4.04	09:44	2^+/496	RB	2014-04-21 15:39	3.35	3.32	06:52	4^0/403
16	2014-02-21 16:36	2.98	2.85	04:39	2^+/357	RA	2014-04-21 15:42	4.01	3.76	13:21	4^0/424
RB	2014-02-21 19:34	4.82	5.06	13:31	2^-/390	TA	2014-04-21 16:52	4.45	4.69	13:06	4^0/375
TD	2014-02-21 19:45	3.10	3.22	08:45	2^-/351	RA	2014-04-21 18:26	3.77	3.75	07:39	2^-/055
16	2014-02-21 21:40	3.14	2.83	05:25	3^0/263	17	2014-04-21 21:16	3.43	3.39	17:55	1^0/063
RA	2014-02-21 21:41	4.41	4.25	14:28	3^0/266	RB	2014-04-21 22:00	4.18	3.90	12:55	1^0/033
RA	2014-03-22 07:00	5.48	5.35	12:32	1^-/042	17	2014-04-21 22:57	3.11	3.05	17:36	1^0/047
TA	2014-03-22 07:16	5.54	5.84	09:00	1^-/039	18	2014-04-21 23:11	3.66	3.68	19:47	1^0/048
RB	2014-03-22 09:12	5.36	5.45	12:09	1^+/036	RA	2014-04-22 00:01	4.53	4.42	12:24	1^0/043
TD	2014-03-22 09:50	5.32	5.19	14:17	1^+/037	RB	2014-04-22 01:02	4.28	4.23	07:34	1^0/033
16	2014-03-22 13:42	4.13	3.93	04:45	2^0/318	RA	2014-05-21 15:53	5.87	5.81	08:28	0^+/043
TD	2014-03-22 13:46	5.17	5.25	08:36	2^0/297	RB	2014-05-21 17:27	5.91	5.81	08:38	0^+/087
18	2014-03-22 14:11	5.28	5.44	18:58	2^0/189						

[a] The marks for the eight satellites are "16" for DMSP F16, "17" for DMSP F17, "18" for DMSP F18, "TA" for THEMIS A, "TD" for THEMIS D, "TE" for THEMIS E, "RA" for RBSP A, "RB" for RBSP B, respectively.

[b] The UT is for in situ crossing of the plasmapause by the eight satellites.

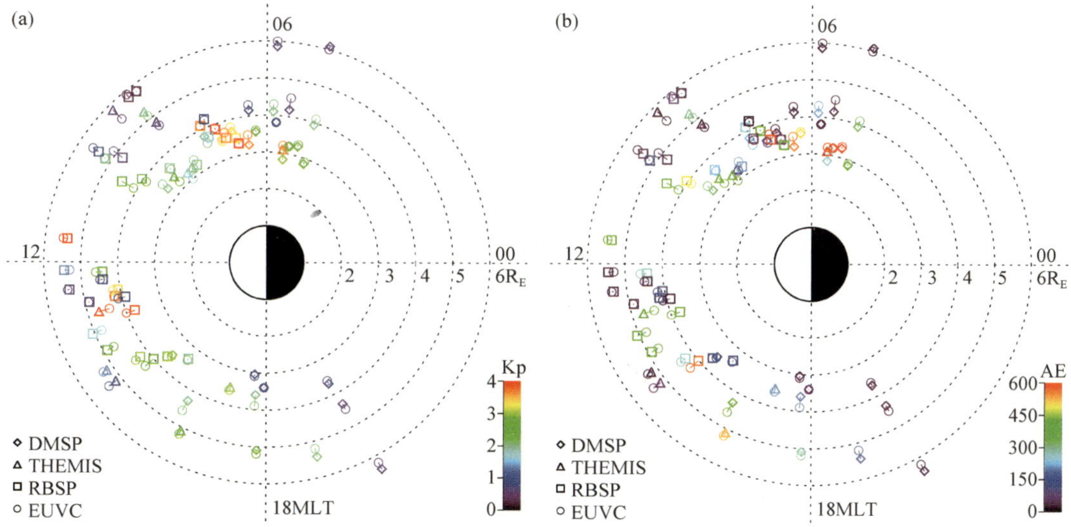

Figure 4　Distribution of the LEUVC-Lin situ pairs with colors coded by (a) Kp index and (b) AE index. Different symbols representing different in situ crossing of the plasmapause are shown at the lower left corners of each panel. The color scales for Kp and AE are shown at the lower right corner of each panel.

A plot of L_{EUVC} versus $L_{in\ situ}$ is shown in Figure 5. All the scatters are linearly fitted to a straight line $L_{EUVC} = 0.21 + 0.96 \times L_{in\ situ}$ (red solid line in Figure 5) with a high correlation coefficient CC = 0.98. The black solid line indicates $L_{EUVC} = L_{in\ situ}$; that is, L_{EUVC} and $L_{in\ situ}$ agree perfectly, and the dashed lines are plotted at $L_{EUVC} = L_{in\ situ} \pm 0.5$. It is noted that all the points are within $\pm 0.5\ R_E$ of perfect agreement. Since the L values of the plasmapause determined from the in situ observations are reliable, the high correlation between L_{EUVC} and $L_{in\ situ}$ demonstrates that the plasmapause locations determined fromthe EUVC images are correct and reliable.

A slight shift of EUVC plasmapause positions toward higher L values when compared to in situ data in Figure 5 may be due to the following reasons. The first reason is the intrinsic uncertainties in determining plasmapause positions from EUVC images and in situ data with different temporal resolutions, respectively. The second reason may be that the in situ plasmapause is defined as the innermost sharp gradient in the plasmaspheric density profile, possibly the inner edge of the plasmapause [Carpenter and Anderson, 1992; Moldwin et al., 2002; Kwon et al., 2015], while the sharp gradient in the plasmaspheric EUVC images is possibly the outer edge of the plasmapause due to the line-of-sight integration effect [Goldstein et al., 2003b].

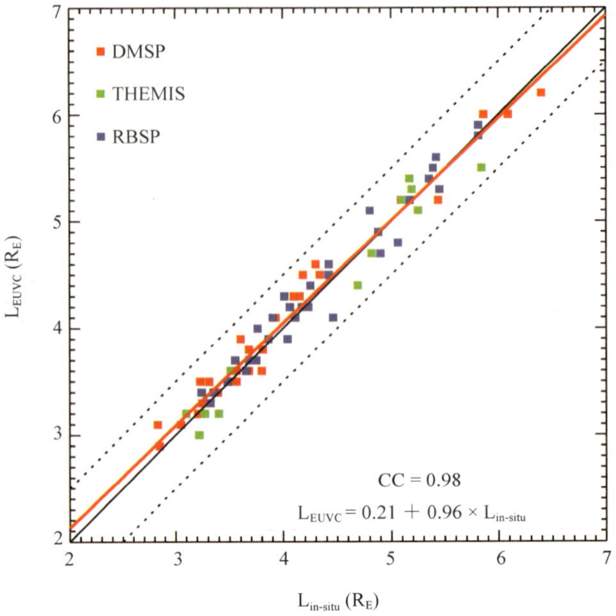

Figure 5 L values of the plasmapause as seen by EUVC versus those seen by in situ crossings. Different colors of the filled squares represent different satellites as shown in the upper left corner. The black solid line indicates $L_{EUVC} = L_{in\ situ}$, and the dashed lines are plotted at $L_{EUVC} = L_{in\ situ} \pm 0.5$, respectively. The red solid line is the linear fitting of L_{EUVC} and $L_{in\ situ}$ with the correlation coefficient (CC) shown in the lower right corner.

5 Summary

Determinations of the plasmapause locations from the EUVC images acquired by the CE-3 mission on the lunar surface are investigated in this paper. Quantitative comparisons between the plasmapause locations determined from the EUVC images and the in situ observations demonstrated an excellent correlation. This implies that the sharp emission boundary in EUVC images can be reliably interpreted as the projection of the plasmapause and the determination algorithm introduced in this study is trustworthy and useful to interpret the Moon-based EUV images. The method of plasmapause determination in this preliminary study will provide an important basis for future investigations of the CE-3 Moon-based EUV images to focus on the dynamics of the plasmasphere during storms and substorms.

Acknowledgments

The authors sincerely thank the valuable discussions with the members of the EUVC scientific team, especially Hua-Ning Wang, Jing-Song Ping, Chao Shen, and Yong-Liao

Zou. The authors are grateful to the National Astronomical Observatories, Chinese Academy of Sciences, for the provision of the CE-3 EUVC data. The authors also thank NOAA/NESDIS/National Geophysical Data Center for the provision of the DMSP data available from http://satdat.ngdc.noaa.gov/dmsp/data/, Iowa University for the provision of the EMFISIS data available from http://emfisis.physics.uiowa.edu/data/index, and the THEMIS team for provision of the THEMIS data available from http://themis.ssl.berkeley.edu/index.shtml. The authors give thanks to NASA-CCMC for providing the code of IGRF and Tsyganenko model. This work was supported by the Key Research Project of Chinese Academy of Sciences: Application research on the scientific data from Chang'E-3 mission (KGZD-EW-603), the National Natural Science Foundation of China (41204102 and 41274147), the National Basic Research Programof China (2012CB957800 and 2011CB811400), and the National Hi-Tech Research and Development Program of China (2012AA121000).

References

[1] Anderson, P. C., W. R. Johnston, and J. Goldstein (2008), Observations of the ionospheric projection of the plasmapause, Geophys. Res. Lett., 35, L15110, doi:10.1029/2008GL033978.

[2] Angelopoulos, V. (2008), The THEMIS mission, Space Sci. Rev., 141, 5.34, doi:10.1007/s11214-008-9336-1.

[3] Bonnell, J. W., F. S. Mozer, G. T. Delory, A. J. Hull, R. E. Ergun, C. M. Cully, V. Angelopoulos, and P. R. Harvey (2008), The Electric Field Instrument (EFI) for THEMIS, Space Sci. Rev., 141, 303.341, doi:10.1007/s11214-008-9469-2.

[4] Burch, J. L. (2003), Magnetospheric Imaging: The IMAGE Prime Mission, 371 pp., Kluwer Acad., New York.

[5] Carpenter, D. L., and R. R. Anderson (1992), An ISEE-Whistler model of equatorial electron density in the magnetosphere, J. Geophys. Res., 97(A2), 1097.1108, doi:10.1029/91JA01548.

[6] Chakrabarti, S., F. Paresce, S. Bowyer, S. Chiu, and A. Aikin (1982), Plasmaspheric helium ion distribution from satellite observations of He II 30.4 Å, Geophys. Res. Lett., 9(2), 151.154, doi:10.1029/GL009i002p00151.

[7] Chen, B., et al. (2014), Investigation and calibration of the Moon-based EUV camera for Chang'E-3, Res. Astron. Astrophys., 14(12), 1654.1663, doi:10.1088/1674-4527/14/12/013.

[8] Darrouzet, F., J. De Keyser, and V. Pierrard (2009a), The Earth's Plasmasphere: A CLUSTER and IMAGE Perspective, 296 pp., Springer, New York.

[9] Darrouzet, F., et al. (2009b), Plasmaspheric density structures and dynamics: Properties observed by the CLUSTER and IMAGE missions, Space Sci. Rev., 145(1.2), 55.106, doi:10.1007/s11214-008-9438-9.

[10] Darrouzet, F., V. Pierrard, S. Benck, G. Lointier, J. Cabrera, K. Borremans, N. Y. Ganushkina, and J. De Keyser (2013), Links between the plasmapause and the radiation belt boundaries as observed by the instruments CIS, RAPID and WHISPER onboard Cluster, J. Geophys. Res. Space Physics, 118, 4176.

4188, doi:10.1002/jgra.50239.

[11] Feng, J. Q., et al. (2014), Data processing and initial results from the CE-3 extreme ultraviolet camera, Res. Astron. Astrophys., 14(12), 1664.1673, doi:10.1088/1674-4527/14/12/013.

[12] Goldstein, J., R. W. Spiro, P. H. Reiff, R. A. Wolf, B. R. Sandel, J. W. Freeman, and R. L. Lambour (2002), IMF-driven overshielding electric field and the origin of the plasmaspheric shoulder of May 24 2000, Geophys. Res. Lett., 29(16), 1819, doi:10.1029/2001GL014534.

[13] Goldstein, J., B. R. Sandel, W. T. Forrester, and P. H. Reiff (2003a), IMF driven plasmasphere erosion of 10 July 2000, Geophys. Res. Lett., 30(3), 1146, doi:10.1029/2002GL016478.

[14] Goldstein, J., M. Spasojevi., P. H. Reiff, B. R. Sandel, W. T. Forrester, D. L. Gallagher, and B. W. Reinisch (2003b), Identifying the plasmapause in IMAGE EUV data using IMAGE RPI in situ steep density gradients, J. Geophys. Res., 108(A4), 1147, doi:10.1029/2002JA009475.

[15] Green, J. L. (2015), IMAGE Mission: Imager for Magnetopause-to-Aurora Global Exploration, in Handbook of Cosmic Hazards and Planetary Defense, edited by J. N. Pelton and F. Allahdadi, pp. 345.358, Springer, New York, doi:10.1007/978-3-319-03952-7_29.

[16] Greenspan, M. E., P. B. Anderson, and J. M. Pelagatti (1986), Characteristics of the thermal plasma monitor (SSIES) for the Defense Meteorological Satellite Program (DMSP) spacecraft S8 through S10, Tech. Rep. AFGL-TR-86-0227, Air Force Geophys. Lab., Hanscom Air Force Base, Mass.

[17] He, F., X. X. Zhang, B. Chen, and M.-C. Fok (2011), Reconstruction of the plasmasphere from Moon-based EUV images, J. Geophys. Res., 116, A11203, doi:10.1029/2010JA016364.

[18] He, F., X.-X. Zhang, B. Chen, M.-C. Fok, and Y.-L. Zou (2013), Moon-based EUV imaging of the Earth's plasmasphere: Model simulations, J. Geophys. Res. Space Physics, 118, 7085.7103, doi:10.1002/2013JA018962.

[19] Ip, W.-H., J. Yan, C. L. Li, and Z.-Y. Ouyang (2014), Preface: The Chang'e-3 lander and rover mission to the Moon, Res. Astron. Astrophys., 14(12), 1511.1513, doi:10.1088/1674-4527/14/12/001.

[20] Katus, D. M., D. L. Gallagher, M. W. Liemohn, A. M. Keesee, and L. K. Sarno-Smith (2015), Statistical storm time examination of MLT-dependent plasmapause location derived from IMAGE EUV, J. Geophys. Res. Space Physics, 120, 5545.5559, doi:10.1002/2015JA021225.

[21] Kletzing, C. A., et al. (2013), The Electric and Magnetic Field Instrument Suite and Integrated Science (EMFISIS) on RBSP, Space Sci. Rev., 179, 127.181, doi:10.1007/s11214-013-9993-6.

[22] Kurth, W. S., S. De Pascuale, J. B. Faden, C. A. Kletzing, G. B. Hospodarsky, S. Thaller, and J. R. Wygant (2015), Electron densities inferred from plasma wave spectra obtained by the Waves instrument on Van Allen Probes, J. Geophys. Res. Space Physics, 120, 904.914, doi:10.1002/2014JA020857.

[23] Kwon, H.-J., K.-H. Kim, G. Jee, J.-S. Park, H. Jin, and Y. Nishimura (2015), Plasmapause location under quiet geomagnetic conditions ($Kp \leq 1$): THEMIS observations, Geophys. Res. Lett., 42, 7303.7310, doi:10.1002/2015GL066090.

[24] Lemaire, J. F., and K. I. Gringauz (1998), The Earth's Plasmasphere, with contributions from D. L. Carpenter and V. Bassolo, 372 pp., Cambridge Univ. Press, New York.

[25] Li, W., R. M. Thorne, J. Bortnik, Y. Nishimura, V. Angelopoulos, L. Chen, J. P. McFadden, and J. W. Bonnell (2010), Global distributions of suprathermal electrons observed on THEMIS and potential mechanisms for access into the plasmasphere, J. Geophys. Res., 115, A00J10, doi:10.1029/2010JA015687.

[26] Li, Z. H., et al. (2014), Opto-mechanisms design of extreme-ultraviolet camera onboard Chang E

lunar lander, Opt. Express, 22(13), 15,932-5,940, doi:10.1364/OE.22.015932.

[27] Liemohn, M. W., A. J. Ridley, D. L. Gallagher, D. M. Ober, and J. U. Kozyra (2004), Dependence of plasmaspheric morphology on the electric field description during the recovery phase of the 17 April 2002magnetic storm, J. Geophys. Res., 109, A03209, doi:10.1029/2003JA010304.

[28] McFadden, J. P., C. W. Carlson, D. Larson, M. Ludlam, R. Abiad, B. Elliott, P. Turin, M. Marckwordt, and V. Angelopoulos (2008), The THEMIS ESA plasma instrument and in-flight calibration, Space Sci. Rev., 141, 277-02, doi:10.1007/s11214-008-9440-2.

[29] Moldwin, M. B., L. Downward, H. K. Rassoul, R. Amin, and R. R. Anderson (2002), A new model of the location of the plasmapause: CRRES results, J. Geophys. Res., 107(A11), 1339, doi:10.1029/2001JA009211.

[30] Murakami, G., M. Hirai, and I. Yoshikawa (2007), The plasmapause response to the southward turning of the IMF derived from sequential EUV images, J. Geophys. Res., 112, A06217, doi:10.1029/2006JA012174.

[31] Murakami, G., I. Yoshikawa, K. Yoshioka, A. Yamazaki, M. Kagitani, M. Taguchi, M. Kikuchi, S. Kameda, and M. Nakamura (2013), Plasmaspheric filament: An isolated magnetic flux tube filled with dense plasmas, Geophys. Res. Lett., 40, 250－254, doi:10.1002/grl.50124.

[32] Nakamura, M., I. Yoshikawa, A. Yamazaki, K. Shiomi, Y. Takizawa, M. Hirahara, K. Yamashita, Y. Saito, and W. Miyake (2000), Terrestrial plasmaspheric imaging by an Extreme Ultraviolet Scanner on Planet-B, Geophys. Res. Lett., 27(2), 141－144, doi:10.1029/1999GL010732.

[33] Rich, F. J., and M. Hairston (1994), Large-scale convection patterns observed by DMSP, J. Geophys. Res., 99, 3827－844, doi:10.1029/93JA03296.

[34] Sandel, B. R., et al. (2000), The extreme ultraviolet imager investigation for the image mission, Space Sci. Rev., 91(1), 197－42, doi:10.1023/A:1005263510820.

[35] Sandel, B. R., R. A. King, W. T. Forrester, D. L. Gallagher, A. L. Broadfoot, and C. C. Curtis (2001), Initial results from the IMAGE extreme ultraviolet imager, Geophys. Res. Lett., 28(8), 1439－1442, doi:10.1002/2001GL012885.

[36] Sandel, B. R., J. Goldstein, D. L. Gallagher, and M. Spasojevic (2003), Extreme ultraviolet imager observations of the structure and dynamics of the plasmasphere, Space Sci. Rev., 109(1), 25－26, doi:10.1023/B:SPAC.0000007511.47727.5b.

[37] Sitnov, M. I., N. A. Tsyganenko, A. Y. Ukhorskiy, and P. C. Brandt (2008), Dynamical data-based modeling of the storm-time geomagnetic field with enhanced spatial resolution, J. Geophys. Res., 113, A07218, doi:10.1029/2007JA013003.

[38] Tsyganenko, N. A., and M. I. Sitnov (2007), Magnetospheric configurations from a high-resolution data-based magnetic field model, J. Geophys. Res., 112, A06225, doi:10.1029/2007JA012260.

[39] Wang, C., T. S. Newman, and D. L. Gallagher (2007), Plasmapause equatorial shape determination via the Minimum L Algorithm: Description and evaluation, J. Geophys. Res., 112, A12201, doi:10.1029/2006JA012202.

[40] Weller, C. S., and R. R. Meier (1974), First satellite observations of the He^+ 304 Å radiation and its interpretation, J. Geophys. Res., 79(10), 1572－1574, doi:10.1029/JA079i010p01572.

[41] Yoshikawa, I., et al. (2010), Plasmaspheric EUV images seen from lunar orbit: Initial results of the extreme ultraviolet telescope on board the Kaguya spacecraft, J. Geophys. Res., 115, A04217, doi:10.1029/2009JA014978.

Development and calibration of the Moon-based EUV camera for Chang'e-3

Bo Chen, Ke-Fei Song, Zhao-Hui Li, Qing-Wen Wu, Qi-Liang Ni, Xiao-Dong Wang, Jin-Jiang Xie, Shi-Jie Liu, Ling-Ping He, Fei He, Xiao-Guang Wang, Bin Chen, Hong-Ji Zhang, Xiao-Dong Wang, Hai-Feng Wang, Xin Zheng, Shu-Lin E, Yong-Cheng Wang, Tao Yu, Liang Sun, Jin-Ling Wang, Zhi Wang, Liang Yang, Qing-Long Hu, Ke Qiao, Zhong-Su Wang, Xian-Wei Yang, Hai-Ming Bao, Wen-Guang Liu, Zhe Li, Ya Chen, Yang Gao, Hui Sun, Wen-Chang Chen

Changchun Institute of Optics, Fine Mechanics and Physics, Chinese Academy of Sciences, Changchun, 130033, China; chenb@ciomp.ac.cn

Abstract: The process of development and calibration for the first Moon-based extreme ultraviolet (EUV) camera to observe Earth's plasmasphere is introduced and the design, test and calibration results are presented. The EUV camera is composed of a multilayer film mirror, a thin film filter, a photon-counting imaging detector, a mechanism that can adjust the direction in two dimensions, a protective cover, an electronic unit and a thermal control unit. The center wavelength of the EUV camera is 30.2 nm with a bandwidth of 4.6 nm. The field of view is 14.7° with an angular resolution of 0.08° and the sensitivity of the camera is 0.11 count s^{-1} $Rayleigh^{-1}$. The geometric calibration, the absolute photometric calibration and the relative photometric calibration are carried out under different temperatures before launch to obtain a matrix that can correct geometric distortion and a matrix for relative photometric correction, which are used for in-orbit correction of the images to ensure their accuracy.

Key words: Chang'e-3-EUV camera: development: calibration-Earth's plasmasphere-lunar exploration

1 INTRODUCTION

1.1 International Developments

Earth's plasmasphere is a torus-shaped region with dense, low energy plasma located above the ionosphere which extends to 5~6 $R_{\oplus}$ (Earth radii, 1 $R_{\oplus}$ = 6371 km). All the charged particles in the plasmasphere are trapped on geomagnetic field lines (Lemaire & Gringauz 1998). The plasmaspheric He^+ ions resonantly scatter the extreme ultraviolet (EUV) radiation of sunlight at 30.4 nm with intensity that is proportional to the column density along the line of sight (Meier 1991). Since He^+ ions are the second most abundant component in the plasmasphere (Craven et al. 1997), their distribution can reflect the global structure of the plasmasphere. The facts that the magnetosphere is optically thin to 30.4 nm emission and the interplanetary background is extremely low make Moon-based EUV plasmaspheric imaging suitable and the imaging process simple. Thus, imaging at 30.4 nm is the best choice for monitoring the global plasmasphere and the EUV images are intuitively suitable for research on the dynamics and global structures of the plasmasphere during storms/substorms, as well as for space weather monitoring and forecasting (He et al. 2013).

The optical remote sensing of the plasmasphere began in the 1970s, starting with low-orbit photometry measurements (Weller & Meier 1974) and continuing through partial imaging by instruments in high orbits (Nakamura et al. 1999), and finally an imager with a large field of view (FoV) to image the global plasmasphere (Sandel et al. 2000). The EUV Imager (Sandel et al. 2000) onboard the IMAGE mission was launched in May 2000 and obtained many important scientific discoveries during its lifetime of nearly five years. The IMAGE mission was operated in a polar orbit around Earth with a perigee of ~1000 km and an apogee of ~42000 km. The FoV of the EUV imager was composed of three identical sub-FoVs of 30°. With that instrument, the plasmasphere could only be completely imaged in the apogean region around the north pole. The EUV imager was mounted on a spinning platform and the IMAGE mission was operated in a polar orbit with limited FoV and only half (or less) of the duty circle could view the whole plasmasphere; therefore, the plasmasphere could not be continuously imaged.

The EUV Camera (EUVC) developed at Changchun Institute of Optics, Fine Mechanics and Physics, Chinese Academy of Sciences landed on the lunar surface as part of the Chang'e 3 (CE-3) lunar lander (Ip et al. 2014; He et al. 2010) and has taken photos of Earth's plasmasphere from a perspective on the side during the past half year.

1.2 Scientific Goals

During its one year lifetime, EUVC took a number of photos of the plasmasphere in order to achieve the following scientific goals.

(1) Image Earth's plasmasphere at 30.4 nm from the perspective of the side at different positions along the orbit of the Moon to investigate three-dimensional structures in the plasmasphere.

(2) Continuously image the plasmasphere over a relatively long duration to monitor

evolution of the plasmaspheric density and structure with geomagnetic activity.

1.3 Technical Requirements

In order to achieve its scientific goals, the EUVC should have a high response at 30.4 nm and filter 58.4 nm emission from the ionosphere. In addition, it should have a large enough FoV to cover the entire plasmasphere and have a good spatial resolution that can identify plasmaspheric structures. The specifications for the EUVC are listed in Table 1.

Table 1 Specifications for the EUVC

Parameter	Value
Central wavelength (nm)	30.4±0.5
Spectral bandwidth (nm)	≤5.0
Field of view (°)	15.00±0.75
Angular resolution(°)	≤0.10
Exposure time (min)	2, 10 or 20
Dynamic range (Rayleigh)	0.1~10.0
Sensitivity (count s^{-1} $Rayleigh^{-1}$)	≥10
Sensitivity ratio at 30.4 nm and 58.4 nm	≥70.0

The arrangement of this paper is as follows. Section 2 gives the overview of the EUVC and the general test results, Section 3 provides the detailed design of the EUVC, Section 4 details the calibration of the EUVC, the first image and image processing will be described in Section 5, and a summary will be given in Section 6.

2 OVERVIEW OF EUVC AND GENERAL TEST RESULTS

The EUVC, designed for the lunar environment, is mainly composed of a main structure and an electronics box, with the main structure mounted outside the instrumental module on the top of the lunar lander and the electronics box inside the module. The main structure of EUVC is composed of a multilayer film mirror, a thin film filter, a preamplifier, a sunshade and a protective cover. The rotation mechanism is composed of a pitch control mechanism, an azimuth control mechanism and corresponding mechanical positioning units. The electronic system is composed of a wave shaping circuit, a high speed A/D conversion unit, EUVC control unit, stepper motor driving unit, FPGA, and a temperature acquisition and processing unit. A schematic diagram of the electronic system for EUVC is shown in Figure 1 and a photo of the EUVC is presented in Figure 2.

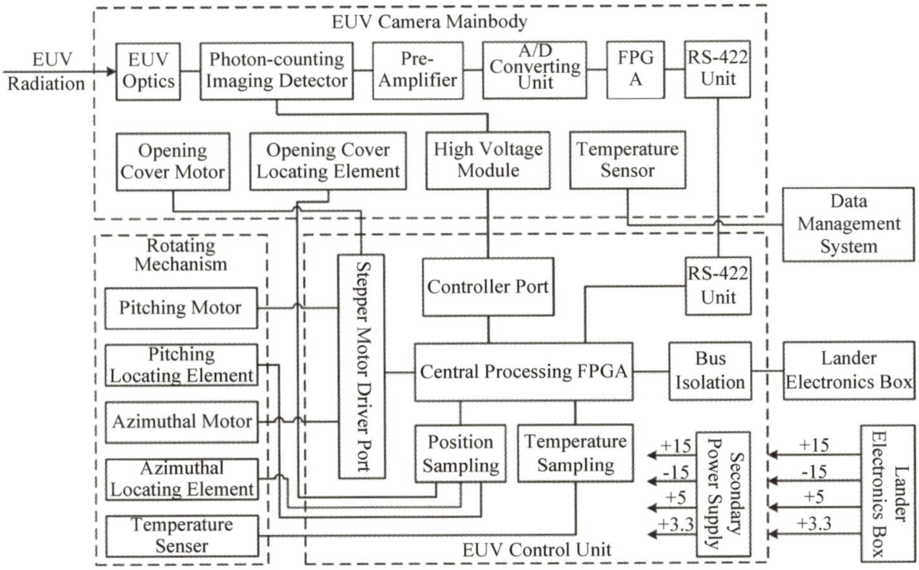

Fig. 1　Schematic diagram of the electronic system for the EUVC.

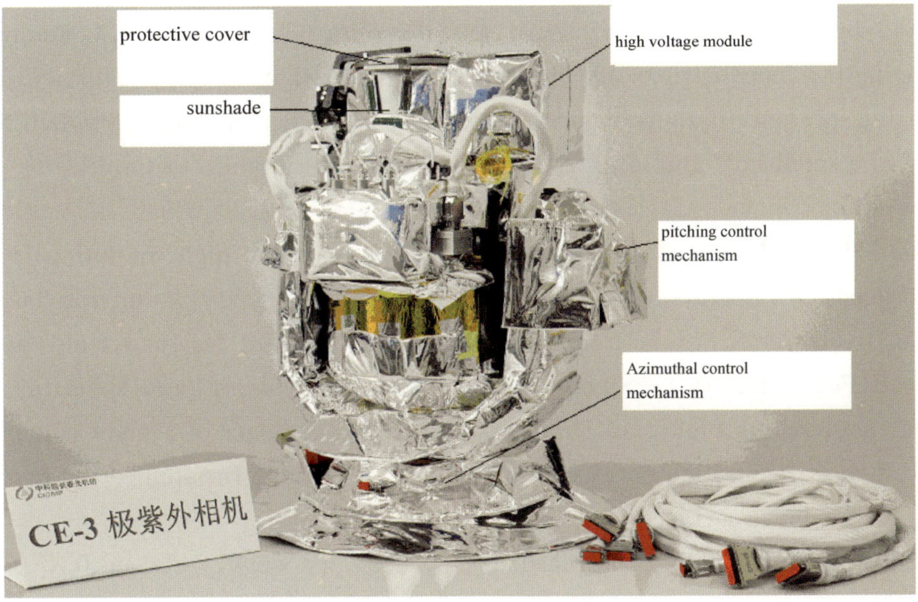

Fig. 2　Photo of the EUVC.

Before launch, the performance of the EUVC was tested in detail and the results are listed in Table 2. Table 2 indicates that the performance of EUVC satisfies the technical requirements and fulfills the requirements of imaging the plasmasphere on the lunar surface over a long duration.

Table 2 Test Results of EUVC

Parameter	Test results
Center wavelength (nm)	30.2
Bandwidth (nm)	4.6
Sensitivity ratio at 30.4 nm and 58.4 nm	79.2
FoV (°)	14.7
Angular resolution (°)	0.08
Exposure time (min)	2,10, 20
Dynamic scope (Rayleigh)	0.1~10
Sensitivity (count s^{-1} $Rayleigh^{-1}$)	0.11

3 DESIGN OF EUVC

3.1 Optical Design

Since no material that transmits in optical is suitable for the EUV wavelength range, the EUVC should implement a reflective optical system (Chen & He 2011), among which both grazing incidence designs and normal incidence designs are applicable. Commonly used grazing incidence designs include Wolter type and KB type, both of which have the property of a small FoV and large volume which are not suitable for the EUVC. Normal incidence designs include Cassegrain and Schwarzchild, both of which can achieve high resolution. However, the Cassegrain design can only achieve high resolution in a small FoV and needs two mirrors. The Schwarzchild design also needs two mirrors but its volume is relatively large. So, both Cassegrain and Schwarzchild designs are also not applicable for EUVC. Finally, a design with a single spherical mirror and a spherical detector is chosen, as shown in Figure 3. This layout has the advantages of a small volume, large FoV and high efficiency in energy transfer which are suitable for application in the environment on the lunar surface.

Since the emissions from the plasmasphere are very weak, between 0.1~10 Rayleigh, a photoncounting imaging detector with high sensitivity is needed. The parameters of the detector are spatial resolution of 0.20 mm, effective diameter of 40 mm, radius of curvature of the microchannel plate (MCP) of 150mm and dark counting rate of 1 count s^{-1} cm^{-2}. The structure of the detector is shown in Figure 4, in which 1 is the supporting assembly for the MCP, 2 is the position sensitive anode, 3 is the fixing and supporting assembly for the anode, 4 is the electronic connector, 5 is the baseplate for installation, 6 is the insulating layer, and 7 is the supporting frame.

The parameters of the optimized optical system are listed in Table 3. A diagram showing the optical path and the spot diagrams are presented in Figure 3 and Figure 5 respectively. The plasmaspheric EUV emissions entering into the system through the entrance pupil are reflected to the focal plane by the spherical multilayer film mirror, and then the EUV photons are transformed into photoelectric signals by a photon counting imaging detector. In Figure 3, the blue, green, red and yellow lines represent the 0°,3°,5°and 7.5° FoVs, respectively. The radii of the spot diagrams in Figure 5 are 0.204mm (0°), 0.203mm (3°), 0.202mm (5°) and 0.205mm (7.5°). The detector has a spatial resolution of 0.2 mm, effective diameter of 40mm and dark count rate of 1 count s^{-1} cm^{-2}. Therefore, the calculated angular resolution of EUVC is 0.08°, satisfying the requirements of the EUVC.

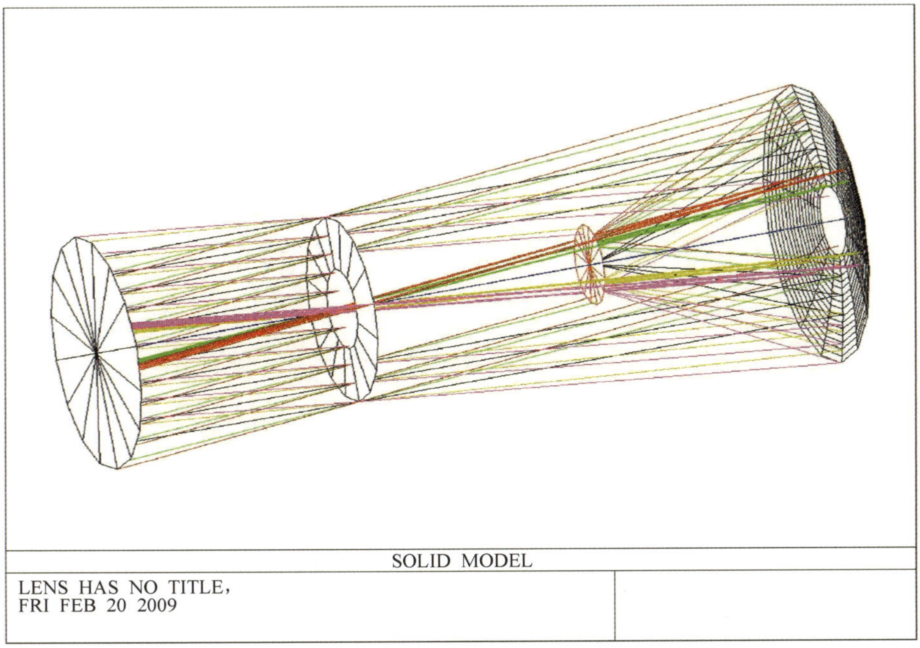

Fig.3　Diagram showing the optical path of the EUVC.

Table 3　Optimized Optical Parameters of the EUVC

Parameter	Value
Wavelength (nm)	30.4
FoV (°)	15 (Circular)
Angular resolution (°)	0.08
Diameter of the mirror (mm)	187.1
Radius of curvature of the mirror (mm)	300.0
Effective diameter of the detector (mm)	Φ40.0
Focal length (mm)	150.0

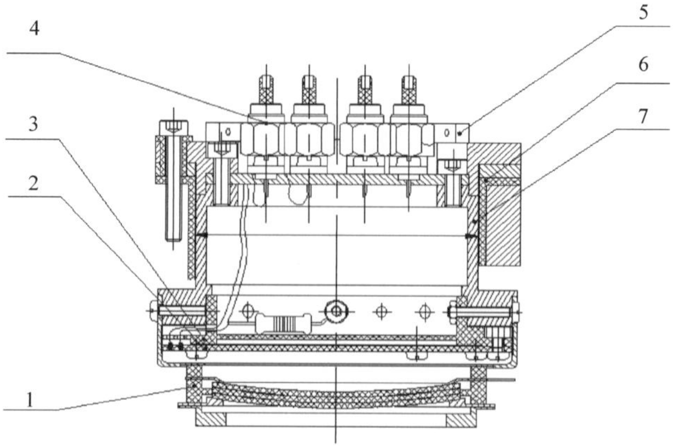

Fig. 4　Structure of the detector.

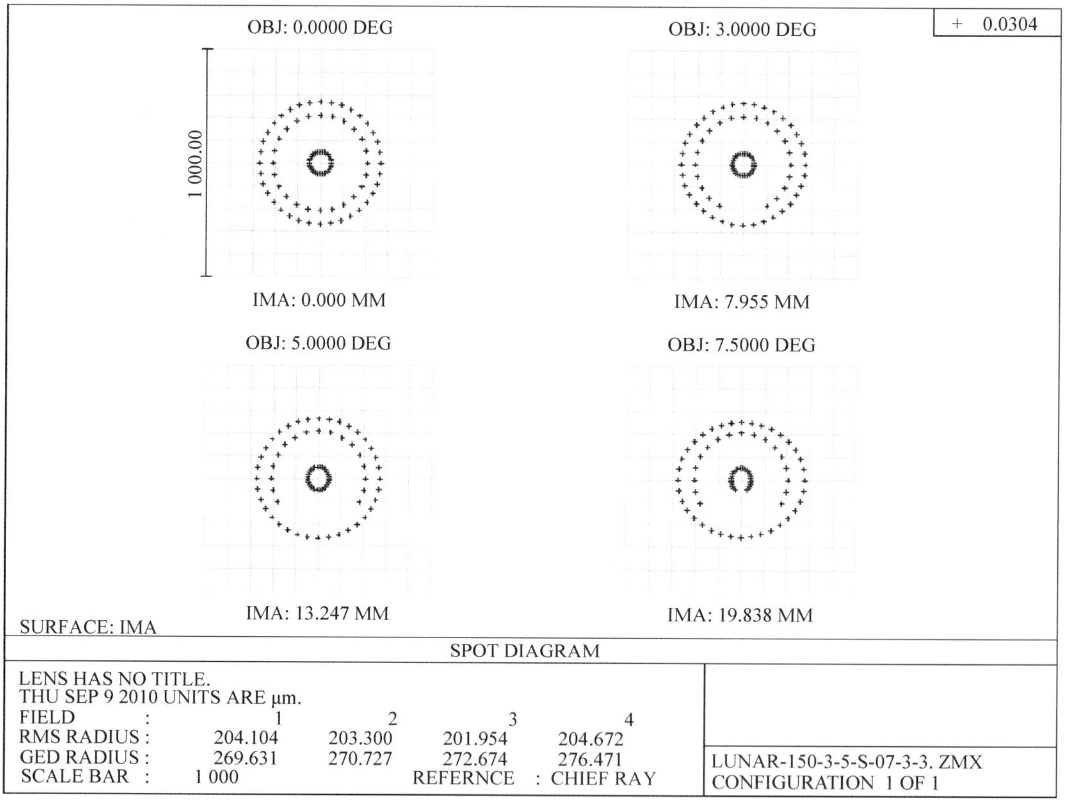

Fig. 5　Spot diagrams of the EUVC.

3. 2　Operating Wavelength

The ionosphere, located under the plasmasphere, contains a number of helium atoms which can strongly scatter sunlight at 58.4 nm. The average intensity of ionospheric 58.

4 nm emission is approximately 500 Rayleigh, much higher than the plasmaspheric 30.4 nm emission of ~10 Rayleigh (He et al. 2013). Since the ionosphere is always in the FoV of EUVC, the 58.4 nm emissions that enter the EUVC can reduce the signal-to-noise ratio of the EUV images. Also, the strong 58.4 nm emissions may cause saturation of the detector. So, the 58.4 nm emissions must be filtered to effectively image the 30.4 nm emissions from the plasmasphere.

In order to filter the 58.4 nm emissions, we have adopted the following methods. First, an EUV multilayer film mirror with a bandwidth of 4.6 nm is used as a narrow-band filter to enhance the reflectivity at 30.4 nm and reduce the reflectivity at other wavelengths. Second, a thin film filter is used to filter the transmission with wavelength greater than 50 nm. Third, the quantum efficiency of the detector is very low around 50 nm. Finally, the ratio of detective quantum efficiency for EUVC at 30.4 nm is 79.2 times higher than that at 58.4 nm. The 58.4 nm radiation and others out of the operating wavelengths are efficiently filtered.

3.3 Sensitivity of EUVC

The sensitivity of the EUVC is determined by the area of the entrance pupil, the solid angle of a spatial resolution element, the reflectivity of the mirror, the transmission of the filter and the quantum efficiency of the detector. The sensitivity S can be calculated by the formula

$$S = A \times \omega \times \varepsilon \times \tau \times \rho \times \frac{10^6}{4\pi}, \tag{1}$$

where ω is the solid angle of a spatial resolution element, τ is the transmission of the filter, ρ is the reflectivity of the multilayer film mirror, ε is the quantum efficiency of the detector and A is the area of the entrance pupil. According to the tests, $\rho = 0.187$, $\tau = 0{:}209$, $\varepsilon = 0{:}148$, $\omega = 3.1 \times 10^{-6}$ sr and $A = 80.6$ cm^2. Using the above values, we find $S = 0.11$ count s^{-1} Rayleigh^{-1}, which satisfies the requirement of the EUVC.

3.4 Design of the Rotation Mechanism

Because the EUVC is mounted outside the instrumental module on the top of the lunar lander, a mechanism for adjusting the direction is needed to change the direction of the axis of the FoV to track Earth. During launch, the axis of the FoV is perpendicular to the the module plate. After landing, the axis of the FoV should be adjusted to point to the center of Earth. Under normal operation, a two-dimensional adjustment is necessary for real-time tracking of the center of the Earth since the Moon has a latitudinal and a longitudinal drift during its rotation around Earth.

The two-dimensional mechanism is composed of a U-shaped support, an azimuthal rotation mechanism and a latitudinal rotation mechanism. The rotations in both dimensions are driven by a stepper motor. According to the location of the landing site, the azimuthal adjustment range is $92^\circ \sim 102^\circ$ and the latitudinal adjustment range is $15^\circ \sim 90^\circ$ with an adjustment accuracy of 0.1° During operation, the axis of the FoV is adjusted in real time according to telemetry from the probe to ensure that Earth's center is always located at the center of the FoV and to image the plasmasphere completely. Five months of successful operation on the lunar surface indicates that the rotation mechanism satisfies the requirements.

4 CALIBRATION OF EUVC

4.1 Geometric Calibration

Both the EUV optics and the detector on the EUVC have geometrical distortions which must be corrected. The distortion in the detector, which is greater than that in the optical system, can be corrected by optimizing the position decoding formula of the anode. The correction parameters are obtained during ground tests and can be applied to the EUVC when it is on the lunar surface.

The overall distortion of the EUVC is determined by ground calibration with polynomial functions

$$\begin{cases} x = a(x_d, y_d) = \sum_{i=0}^{N}\sum_{j=0}^{N} P_{i,j} x_d^i y_d^j, \\ y = b(x_d, y_d) = \sum_{i=0}^{N}\sum_{j=0}^{N} Q_{i,j} x_d^i y_d^j, \end{cases} \tag{2}$$

where (x, y) corresponds to the coordinate in the undistorted image, (x_d, y_d) corresponds to the coordinate in the distorted image, P and Q are the parameters to be determined and N equals 3. P and Q are determined by imaging point sources which are stars. Distorted images of these points which are stars are acquired with the displacement of the points being 1° in both the latitudinal and azimuthal directions. The coordinates of the distorted and undistorted image are used to solve the polynomial parameters as listed in Table 4. The residual distortions at different temperatures are listed in Table 5.

4.2 Photometric Calibration

Photometric calibration includes absolute calibration and relative calibration. Details are as follows.

Table 4　Distortion Correction Parameters

Primary preamplifier P_{ji}			0	1	2	3
0	Primary preamplifier	P	1.48568×10^{2}	7.82340×10^{-2}	-1.64382×10^{-4}	1.06927×10^{-7}
		Q	7.09858×10^{2}	-1.22060×10^{0}	$2.31262\ \times10^{-3}$	-8.56862×10^{-7}
	Backup preamplifier	P	1.47389×10^{2}	7.76131×10^{-2}	-1.63077×10^{-4}	1.06078×10^{-7}
		Q	7.06327×10^{2}	1.21453×10^{0}	2.30111×10^{-3}	-8.52599×10^{-7}
1	Primary preamplifier	P	5.05771×10^{-1}	-1.47789×10^{-3}	2.06959×10^{-6}	-8.85995×10^{10}
		Q	-2.20706×10^{0}	6.94997×10^{-3}	-7.11524×10^{-6}	2.55511×10^{-9}
	Backup preamplifier	P	5.01757×10^{-1}	-1.46616×10^{-3}	2.05317×10^{-6}	-8.78963×10^{-10}
		Q	-2.19608×10^{0}	6.91539×10^{-3}	-7.07984×10^{-6}	2.54240×10^{-9}
2	Primary preamplifier	P	6.52983×10^{-4}	2.24512×10^{-6}	-3.19262×10^{-6}	1.33392×10^{-12}
		Q	2.48538×10^{-3}	$-8.42840\times10\ -6$	9.10806×10^{-9}	-3.31964×10^{-12}
	Backup preamplifier	P	6.47801×10^{-4}	2.22730×10^{-6}	-3.16728×10^{-9}	1.32333×10^{-12}
		Q	2.47301×10^{-3}	-8.38647×10^{-6}	9.06275×10^{-9}	-3.30312×10^{-12}
3	Primary preamplifier	P	-3.72497×10^{-7}	-6.80674×10^{-10}	1.17403×10^{-12}	-5.42679×10^{-16}
		Q	-8.58296×10^{-7}	3.16782×10^{-9}	-3.58877×10^{-12}	1.31266×10^{-15}
	Backup preamplifier	P	-3.69541×10^{-7}	-6.75272×10^{-10}	1.16471×10^{-12}	-5.38372×10^{-6}
		Q	-8.54025×10^{-7}	3.15206×10^{-9}	-3.57091×10^{-12}	1.30613×10^{-15}

Table 5　Residual Distortions in the EUVC

Temperature	−25℃	25℃	75℃
Max. residual distortion of the primary preamplifier	1.0%	1.2%	1.8%
Max. residual distortion of the backup preamplifier	1.4%	1.2%	1.7%

Table 6　Responses of the EUVC at Different Temperatures

Temperature	Sensitivities with Primary preamplifier (count s^{-1} Rayleigh^{-1})	Sensitivities with Backup preamplifier (count s^{-1} Rayleigh^{-1})
−25℃	0.10	0.10
25℃	0.11	0.11
75℃	0.14	0.14

4.2.1　Absolute photometric calibration

The goal of absolute calibration is to determine the relationship between the responses of the EUVC and the intensity of the target. The response function of the EUVC to a target is

$$I=\frac{I_{\mathrm{p}}}{t\cdot S},\tag{3}$$

where I_p is the pixel value, t with a value of 600 s is the exposure time and S is the sensitivity of the EUVC. According to the test in Section 3.3, the sensitivities of the EUVC at different temperatures are listed in Table 6.

4.2.2 Relative photometric calibration

The goal of the relative photometric calibration or the flat field calibration is to determine the response uniformity of the active surface in the EUVC detector. The response uniformity of the EUVC depends on the detector response and the vignette of the EUV optics. The uniformity is calibrated after assembly of the EUVC. The responses of the EUVC in different FoVs are measured at intervals of 1°. During the calibration, the same EUV source is applied under the same working pressure and current, so that the intensity of EUV radiation stays the same. The calibration result is shown in Figure 6 and can be used to apply flat field correction to images of the plasmasphere. The results of the calibrations show that values are uniform within 15.8%. The results of observations from the EUVC on the lunar surface are modified by the uniformly corrected data so that the real distributions of the plasmasphere are obtained.

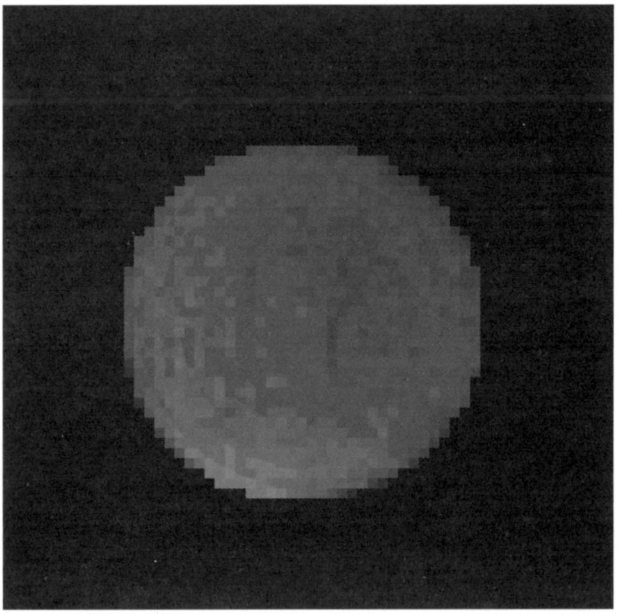

Fig. 6　The relative photometric correction matrix for the EUVC.

5 FIRST IMAGE AND IMAGE PROCESSING

The EUVC landed on the lunar surface on 2013 December 12 and obtained the first global image of the plasmasphere from the Moon. After an image of the plasmasphere was acquired, the EUVC was rotated away from the Earth to take a dark image of the background. Then the background was removed from the image of the plasmasphere. The result is shown in Figure 7. The plasmasphere, plasmapause, airglow and the Earth's shadow can be clearly seen in the image. During its long term observations, data from the EUVC will provide useful images for researchers to investigate how the plasmasphere responds to solar activities.

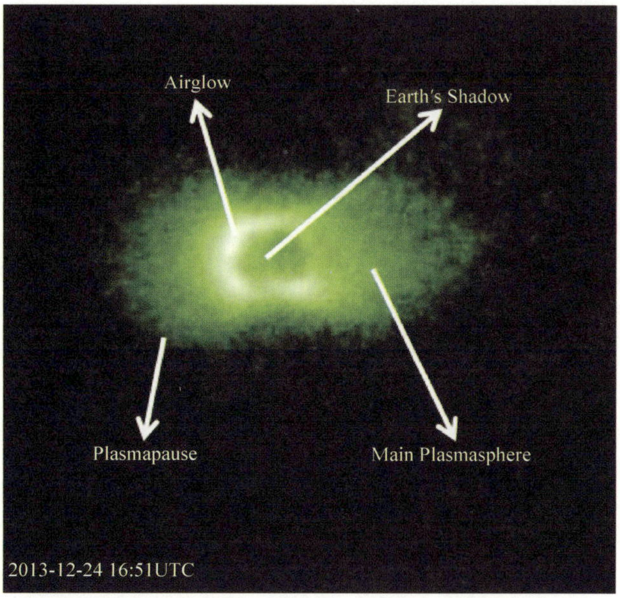

Fig. 7　Image of the plasmasphere taken at 16:51 UT on 2013 December 24.

6　SUMMARY

The development and calibration of the EUVC have been done and all the performance parameters satisfy the scientific requirements. The EUVC has successfully landed on the lunar surface and has obtained many images of the plasmasphere in EUV. Both ground and in-orbit tests indicate that the performance of the EUVC has achieved the design requirements and satisfies the needs of scientific research. The FoV of the EUVC is 14.7° which can cover the overall plasmasphere; the angular resolution is 0.08° which can clearly resolve plasmaspheric structures; the working wavelength is 30.2 nm with a bandwidth of 4.6 nm and the radiation with wavelength longer than 58.4 nm, which is UV and visible light, is strongly filtered, ensuring effective imaging of the plasmasphere; the dynamic range is 0.1～10 Rayleigh which covers the whole possible range of emissions from the plasmasphere and clearly resolves the plasmapause.

References

[1] Chen, B., & He, F. 2011, Optics and Precision Engineering, 19, 2057. (in Chinese)
[2] Craven, P. D., Gallagher, D. L., & Comfort, R. H. 1997, J. Geophys. Res., 102, 2279.
[3] He, F., Chen, B., & Zhang, X.-X. 2010, Optics and Precision Engineering, 18, 2564. (in Chinese)
[4] He, F., Zhang, X.-X., Chen, B., Fok, M.-C., & Zou, Y.-L. 2013, Journal of Geophysical Research (Space Physics), 118, 7085.
[5] Ip, W.-H., Yan, J., Li, C.-L., & Ouyang, Z.-Y., 2014, RAA(Research in Astronomy and Astrophysics), 14, 1511.
[6] Lemaire, J. F., & Gringauz, K. I. 1998, The Earth's Plasmasphere (Cambridge: Cambridge Univ. Press).
[7] Meier, R. R. 1991, Space Sci. Rev., 58, 1.
[8] Nakamura, M., Yamashita, K., Yoshikawa, I., et al. 1999, Earth, Planets, and Space, 51, 61.
[9] Sandel, B. R., Broadfoot, A. L., Curtis, C. C., et al. 2000, Space Sci. Rev., 91, 197.
[10] Weller, C. S., & Meier, R. R. 1974, J. Geophys. Res., 79, 1572.

EUV emissions from solar wind charge exchange in the Earth's magnetosheath: Three-dimensional global hybrid simulation

Fei He[1], Xiao-Xin Zhang[2], Xue-Yi Wang[3], Bo Chen[1]

1. Changchun Institute of Optics, Fine Mechanics and Physics, Chinese Academy of Sciences, Changchun, China;
2. National Center for Space Weather, China Meteorological Administration, Beijing, China;
3. Physics Department, Auburn University, Auburn, Alabama, USA

Abstract: In this paper, a three-dimensional (3-D) global hybrid simulation code and a 3-D geocoronal hydrogen model are used to systematically study the extreme ultraviolet (EUV) emissions at 30.4 nm produced by solar wind charge exchange (SWCX) in the Earth's magnetosheath, associated with different solar wind-interplanetary magnetic field (SW-IMF) conditions and different imaging perspectives. We have found that the EUV emission intensities in the magnetosheath are highly variable from several mR to ~1200 mR and increase with the flow speed, the density, the temperature, and the He^{2+}/H^{+} density ratio of the solar wind; the northward IMF leads to a minimum emission in the magnetosheath, whereas the southward IMF generates a maximum emission; with the increase of the magnitude of IMF, the emission pattern in the nightside splits from single field-aligned shape into a butterfly shape around the magnetic equator; and the EUV emissions vary with the imaging positions, reflecting different latitudinal and longitudinal information of the magnetosheath. It is noted that the SWCX EUV emissions in the magnetosheath for highly disturbed solar wind conditions should be considered in processing the Moon-based plasmaspheric EUV images. We suggest that EUV imaging of the global magnetosheath requires an EUV imager with large field-of-view, high-sensitivity, large dynamic range, and low intrinsic dark count rate. This investigation could provide us with an overall understanding on SWCX EUV emissions in the magnetosheath which can potentially be used to image the global magnetosheath to study the solar wind-magnetosphere coupling in the future.

1 Introduction

Solar wind charge exchange (SWCX) occurs whenever high-charge state solar wind ions collide with the interstellar neutrals or neutrals in the Earth's geocorona, in which an electron transferring from a neutral to a multiple charged ion is left in an excited state and consequently emits a photon in the extreme ultraviolet (EUV) or soft X-ray (SXR) region when it decays to the ground state [*Paresce et al*., 1981; *Cravens*, 1997]. In the process of SWCX, high-charge state heavy solar wind ions such as C^{5+}, C^{6+}, N^{7+}, O^{7+}, and O^{8+} can produce SXR emissions [*Lisse et al*., 2001], while light solar wind ions such as alpha particles (He^{2+} ions) can produce EUV emissions at 30.4 nm [*Paresce et al*., 1981; *Gruntman*, 1992]. Such SXR and EUV emissions have been observed from a number of comets, planets, interstellar gas in the heliosphere, and even the Moon [*Dennerl et al*., 1997; *Bhardwaj et al*., 2002; *Cravens*, 2002; *Wargelin et al*., 2004; *Krasnopolsky et al*., 2005; *Ezoe et al*., 2012, and references therein].

SXR and EUV emissions in the SWCX process take place mainly in the Earth's magnetosheath and vary in different temporal and spatial scales when solar wind impacts the Earth. As the solar wind encounters the dayside magnetosphere, charge exchange between alpha particles and geocoronal hydrogen atoms can produce 30.4nm emissions in the magnetosheath and even the cusp as well as the nightside ring current regions. SXR and EUV imaging of the magnetosheath can capture the interaction of the solar wind with the magnetosphere. There are many observations and simulation studies on the SWCX SXR emission in the magnetosheath [*Robertson and Cravens*, 2003; *Robertson et al*., 2006; *Fujimoto et al*., 2007]. *Gruntman* [1992, 2001] first estimated the diffuse 30.4nm emission from interplanetary space to be ~1 mR (1 mR= 10^{-3} R and 1 R = $10^6/4\pi$ photons cm^{-2} s^{-1} sr^{-1}), and further calculated the brightness of this emission from the solar wind to be ~3.5 mR at 1 AU from the Sun. These investigations inspire the estimation of the 30.4 nm emission intensity in the magnetosheath to be ~5 mR by *He et al*. [2013] in order to evaluate the noise level contributed by the SWCX EUV emission in the magnetosheath, in which the 30.4nm emission intensity is below the sensitivity threshold of Chang'e-3 EUV andmight have little effect on the Moon-based EUV imaging.

In order to fully understand the 30.4 nm emission characteristics in the process of SWCX in the magnetosphere, the 30.4 nm emission intensity distribution in the magnetosphere will be further investigated in this paper. We will study the variations of the emission intensity with solar wind and interplanetary magnetic field (SW-IMF) conditions from imaging perspectives based on systematical hybrid code simulations of the interaction between solar wind (including alpha particle component) and magnetosphere. In this investigation, the effects of the 30.4 emission in the magnetosheath on the Moon-based EUV imaging and image inversion [*He et al*., 2011] will be reconsidered, and the potential of imaging the magnetosheath in EUV from the Moon or other orbits in the future will be discussed.

For this purpose, the virtual EUV imager and the simulation configuration involved in *He et al*. [2013] are adopted in the simulation with larger field of view (FOV) of 40° and spatial resolution of 0.2 R_E. The three-dimensional (3-D) global hybrid simulation code and the 3-D geocoronal hydrogen model used in this investigation will be introduced in section 2. The distributions of the EUV emission intensity in the magnetosphere for different SW-IMF conditions from different imaging perspectives will be simulated and discussed in section 3. The summary and conclusion will be given in section 4.

2 Simulation Approach

According to *Gruntman* [1992] and *Robertson* and *Cravens* [2003], the 30.4 nm emission rate in the SWCX process depends upon the number density of solar wind alpha particles (He^{2+} ions), the solar wind speed, the temperature-dependent collision speed, the collision speed-dependent He^{2+} − H charge exchange cross section [*Bodewits et al*., 2006; *Gruntman et al*., 2006], and the number density of geocoronal hydrogen atoms. The plasma parameters and the hydrogen atom density in the magnetosphere are simulated with the 3-D global hybrid simulation code [*Lin et al*., 2014] and the geocoronal hydrogen model [*Hodges*, 1994], respectively.

2.1 SWCX Emission Calculation

Charge exchange collision between a solar wind alpha particle and a local hydrogen atom produces a proton and an excited singly ionized helium ion:

$$He^{2+} + H \rightarrow He^{+}(2p) + H^{+} \tag{1}$$

Upon relaxation to ground state $He^{+}(1s)$, a 30.4nm photon is emitted with the emission rate $f(s)$(photons $cm^{-3}s^{-1}$) at a given point $s = s(r, \theta, \varphi)$ to be

$$f(s) = f(r, \theta, \varphi) = n_\alpha((r, \theta, \varphi) u_\alpha(r, \theta, \varphi) n_H(r, \theta, \varphi) \sigma_{30.4}(u_\alpha) \tag{2}$$

where n_α is the alpha particle number density in the magnetosheath, u_α is the collision speed between solar wind alpha particles and local hydrogen atoms, n_H is the number density of local hydrogen atoms, $\sigma_{30.4}(u_\alpha)$ is the collision speed-dependent cross section to produce a 30.4 nm photon, and (r, θ, φ) are the geocentric distance, latitude and longitude in the geocentric solar magnetospheric (GSM) coordinate system, respectively. Normally, the speed of the hydrogen atoms in geocorona is much slower than that of the upstream solar wind flow, and u_α is very close to the solar wind speed V_{sw}. In the magnetosheath region, however, most of the bulk kinetic energy of the solar wind flow has been converted to thermal energy, and the thermal speed V_{th} becomes an important contributor to u_α[*Robertson et al*., 2006]. The thermal speed is calculated by

$$V_{th} = \sqrt{\frac{3k_B T_{sw}}{m_p}} \tag{3}$$

where k_B is the Boltzmann constant, T_{sw} is the temperature of the solar wind, and m_p is the mass of a solar wind proton. Then, the collision speed is given by the averaged total ion speed as follows:

$$u_\alpha = \sqrt{V_{sw}^2 + V_{th}^2} \tag{4}$$

For convenience of calculations in the simulation, we have fitted the collision cross section curve in *Bodewits et al*. [2006] to the following form:

$$\sigma_{30.4}(u_\alpha) = 10^{-14.89-4.90\exp(-u_\alpha/249.84)-4270.64\exp(u_\alpha/24.91)} \tag{5}$$

The cross section calculated by above formula has considered the additional contribution from the He^+ (2 s) state [*Bodewits et al*., 2006]. The variation of $\sigma_{30.4}$ versus u_α is shown in Figure 1. When u_α increases from ~250 km s^{-1} to ~750 km s^{-1}, $\sigma_{30.4}$ is increased by 2 orders of magnitude but varies not much for u_α>750 km s^{-1}.

The 30.4nm emission intensity I (photons cm^{-2} s^{-1} sr^{-1}) at an observation point is given by the integration of $f(s)$ along a line of sight (LOS):

$$I = \frac{1}{4\pi}\int_{LOS}^{\infty} f(s)\mathrm{d}s \tag{6}$$

The main task in equation (6) is to determine n_α, u_α, and n_H, for which the simulation approaches will be described below.

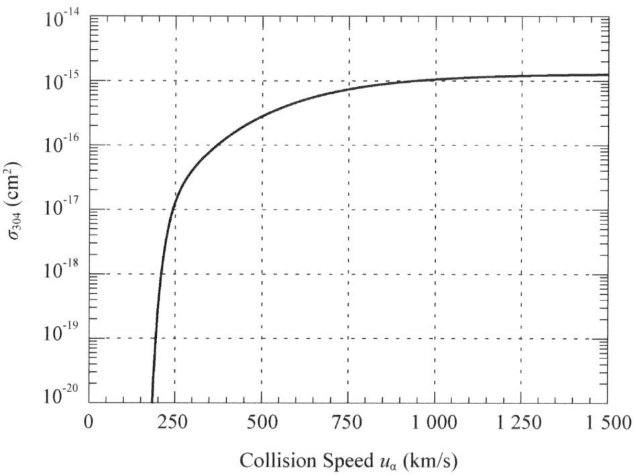

Figure 1 Charge exchange collision cross section for He II 30.4 nm line emission fitted from *Bodewits et al*. [2006].

2.2 Calculation of n_α and u_α

The solar wind alpha particle number density, the solar wind speed, and the solar wind temperature in the magnetosheath can be obtained through a 3-D global hybrid simulation code [*Lin et al*., 2014], which extends the previous version of the code that contains only the dayside magnetosphere [*Swift*, 1996; *Lin and Wang*, 2005] to include the nightside. In the hybrid code the ions (protons and alpha particles) are treated as discrete particles, while the electrons are treated as a massless fluid. Quasi charge neutrality is assumed in the simulation. The equation for ion particle motion in the simulation units is given as

$$\frac{d\mathbf{v}_p}{dt} = \mathbf{E} + \mathbf{v}_p \times \mathbf{B} - \upsilon(\mathbf{V}_p - \mathbf{V}_e) \tag{7}$$

where $\mathbf{v}_p$ is the ion particle velocity, **E** is the electric field, **B** is the magnetic field, v is an ad hoc current-dependent collision frequency with a typical value of $\sim 10^{-4}\Omega_i$ (ion gyrofrequency) but with typical peak of $\sim 0.01 - 0.1\Omega_i$ [*Tan et al.*, 2011] near the magnetopause, and $\mathbf{V}_e$ and $\mathbf{V}_p$ are the bulk flow velocities of electrons and ion particles, respectively. The collision term in equation (7) is only applied to the dayside magnetopause to trigger the reconnections for southward IMF and the simulation results are not sensitivity to it. In addition to the particle ions, a cold, incompressible ion fluid is assumed to be dominant in the inner magnetosphere, acting as an role for flow of field-aligned currents and propagation of Alfven waves between the magnetosphere and the ionospheric shell near the Earth [*Swift*, 1996; *Raeder*, 2003; *Lin and Wang*, 2005; *Omidi et al.*, 2005], since the dynamics and ion kinetic physics are considered in the outer magnetosphere ($r > 6.5\ R_E$) in our simulation. The number density of the cold ion fluid in the region of $r \leqslant 6.5\ R_E$ is [*Lin et al.*, 2014]

$$N_f = (N_{eq}/r^3)[1 - \tanh(r - 6.5)] \tag{8}$$

where r is the geocentric distance in unit of R_E, and $N_{eq} = 1000\ cm^{-3}$.

A massively parallel computation is performed. In the simulation, the solar wind flows along the $-x$ direction from the frontside boundary at $r = 20\ R_E$. Nonuniform cell grids of $(\Delta x, \Delta y, \Delta z) = (0.2\ R_E, 0.2\ R_E, 0.2\ R_E)$, $(0.12\ R_E, 0.2\ R_E, 0.2\ R_E)$, and $(0.4\ R_E, 0.4\ R_E, 0.4\ R_E)$ are adopted in the near-Earth regions with $x \geqslant -20\ R_E$, $-12\ R_E \leqslant y \leqslant 12\ R_E$, and $-12\ R_E \leqslant z \leqslant 12\ R_E$, around the bow shock, magnetosheath, and magnetopause, and in the lobes, respectively. The bow shock, magnetosheath, and magnetopause are formed from the interaction between the superfast solar wind and the geomagnetic field (dipole field with tilt angle equals to zero).

The input parameters of the hybrid simulation code include solar wind speed V_{sw}, solar wind number density N_{sw}, solar wind temperature T_{sw}, IMF components B_x, B_y, and B_z in GSM coordinate system and the He^{2+}/H^+ density ratio f_α in the solar wind. The configurations of the magnetosheath in different SW-IMF conditions can be obtained by using this hybrid simulation code. The maximum uncertainty of the ion flux in the hybrid simulation is approximately $1/\sqrt{N_{cell}}$ (N_{cell} is the average particle number per cell of about 150 - 400).

As an example, Figures 2 presents the cutoff views of the distributions of n_α, V_{sw},

T_{sw} on different planes in GSM for moderate SW-IMF conditions. All the three parameters output from the hybrid model are in the spatial scope of $-40\ R_E \leqslant x \leqslant 20\ R_E$, $-30\ R_E \leqslant y \leqslant 30\ R_E$, and $-30\ R_E \leqslant z \leqslant 30\ R_E$ with a uniform grid size of $(\Delta x, \Delta y, \Delta z) = (0.2\ R_E, 0.2\ R_E, 0.2\ R_E)$. Structures of bow shock, magnetosheath, and magnetopause are

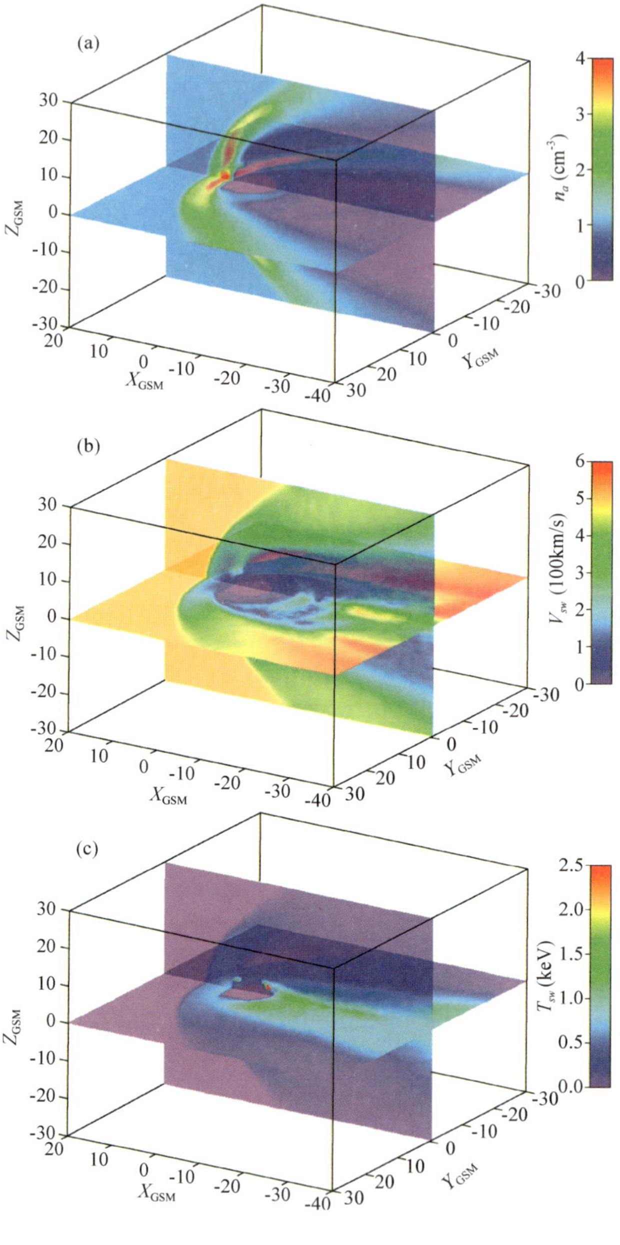

Figure 2　Cut views of the hybrid simulation results of (a) n_a, (b) V_{sw}, and (c) T_{sw} in GSM coordinate system with corresponding color bars shown at the right, respectively. The SW-IMF parameters driving the hybrid model are $V_{sw} = 500$ km s^{-1}, $N_{sw} = 10$ cm^{-3}, $T_{sw} = 20$ eV, $B_T = 10$ nT, $\theta_c = 180^{\circ}$ (B_T and θ_c are defined in section 3), and $f_a = 0.1$.

clearly shown, and the cusp region can also be seen though not so significantly in Figure 2. The model results are put into equations (2) − (6) to get the 30.4 nm emission intensity in the SWCX process in the magnetosheath at different imaging perspectives.

2.3 Calculation of n_H

In calculation of the number density of geocoronal hydrogen atoms, the Monte Carlo model of *Hodges* [1994] is adopted. This model is global and three-dimensional compared with other models [*Rairden et al.*, 1986; *Tinsley et al.*, 1986; *Bishop*, 1999; *Ostgaard et al.*, 2003; *Bailey and Gruntman*, 2011; *Fuselier et al.*, 2010] and has included both the neutral-neutral and the ion-neutral interaction processes and examined seasonal and solar cycle effects on the exospheric density, so it is suitable for calculations in this paper. The number density of hydrogen atoms at a position (r, θ, φ) is calculated by

$$n_H(r,\theta,\varphi) = N(r)\sqrt{4\pi}\sum_{l=0}^{3}\sum_{m=0}^{1}\{A_{lm}\cos(m\varphi) + B_{lm}\sin(m\varphi)\}Y_{lm}(\theta) \quad (9)$$

where the altitude-dependent parameters $N(r)$, A_{lm}, and B_{lm} are given in *Hodges* [1994] (also available from NASA-Community Coordinated Modeling Center (CMCC)),

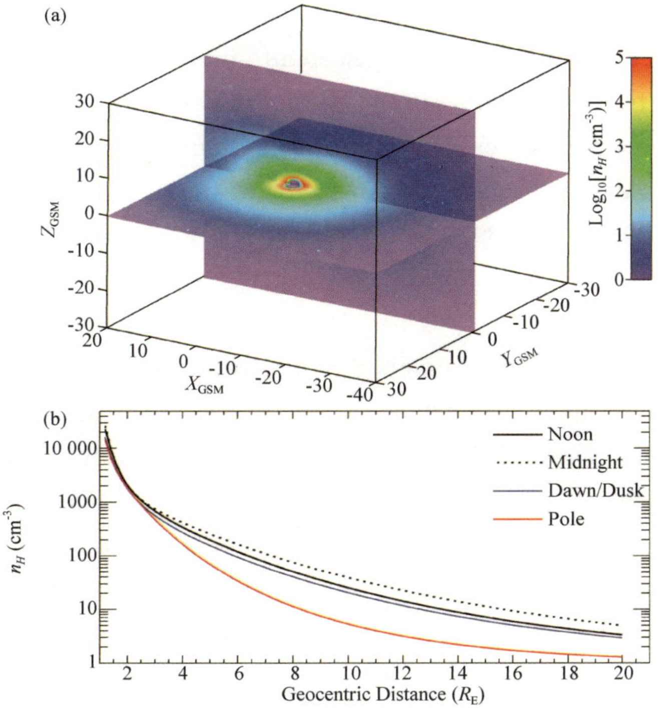

Figure 3 (a) Cutoff views of n_H and (b) geocentric distance dependences of n_H in directions toward the Sun (black solid), the midnight (black dashed), the dawn/dusk (blue solid), and the North/South Pole (red solid).

and $Y_{lm}(\theta)$ is the spherical harmonic Legendre function. Beyond 12 R_E, the outer boundary of the model, a $1/r^3$ radial variation is usually used to extrapolate the model [*Robertson and Cravens*, 2003; *Robertson et al.*, 2006], which may make the density decreases too fast [*Φstgaard et al.*, 2003; *Bailey and Gruntman*, 2011]. Here an exponential decay function of the form $n_H = A_0\exp(-r/t_1) + A_1\exp(-r/t_2)$ is adopted to extrapolate the Hodges [1994] model, in consistent with *Φstgaard et al.* [2003] and *Bailey and Gruntman* [2011]. The calculations of the exosphere are all performed at equinox for $F_{10.7} = 230$ corresponding to solar maximum in this investigation. Figure 3 shows the cutoff views and the geocentric distance dependences of n_H associated with a significant day-night asymmetry, and n_H at 8 R_E at equator noon is ~40 cm^{-3} in consistent with the result of *Bailey* and *Gruntman* [2011] and is slightly larger than that of *Fuselier et al.* [2010].

3 Dependence of Intensity on Various Parameters

In this section we use the models described in the previous section to study the 30.4 nm emission intensity in the SWCX process in the magnetosheath under different SW-IMF conditions at different observation positions. Twelve points represented by the blue circles in the lunar orbit in Figure 4 are selected to investigate the emission intensity distributions from different lunar phases and the coordinates of these points are all in GSM in units of R_E. Three points are selected during adjacent lunar phases. The points located in the first-quarter Moon to the full Moon sector of the lunar orbit are marked with *d*: (−51.4, 21.9, 11.9), *e*: (−39.9, 40.8, 9.0), and *f*: (−22.0, 54.3, 4.8), and the points located in the full Moon to the last − quarter Moon sector of the lunar orbit are marked with *a*: (−21.8, −54.3, 5.5), *b*: (−39.7, −40.8, 9.5), and *c*: (−51.3, −21.9, 12.2). The remaining six points *g* − *l* are symmetric to above points with respect to the Y_{GSM} axis. The dipole tilt angle is not considered in this study, so the positions are identical with those in *He et al.* [2013], suitable for comparisons between plasmaspheric emission and magnetosheath emission. Another 12 points *m* − *x* marked by the red circles in a virtual polar circular orbit (PCO) with a radius of 60 R_E in the GSM*yz* plane are also used in the simulations to further investigate the emission intensity at different perspectives. All simulated EUV images are projected in the *yz* plane in the satellite coordinate system (SCS) as defined in Figure 4. The XSCS axis is along the axis of the FOV of the imager and the other axes are determined by rotating of corresponding GSM axes to form a right-handed orthogonal system, with Z_{SCS} axis always pointing to the north. In all the simulated EUV images below, the axes are in units of RE, the spatial scope is between −20 R_E and 20 R_E for both axes with the Earth at center, and the spatial resolution is

$0.2\ R_E \times 0.2\ R_E$, sufficiently high for the large scale structures to be evident.

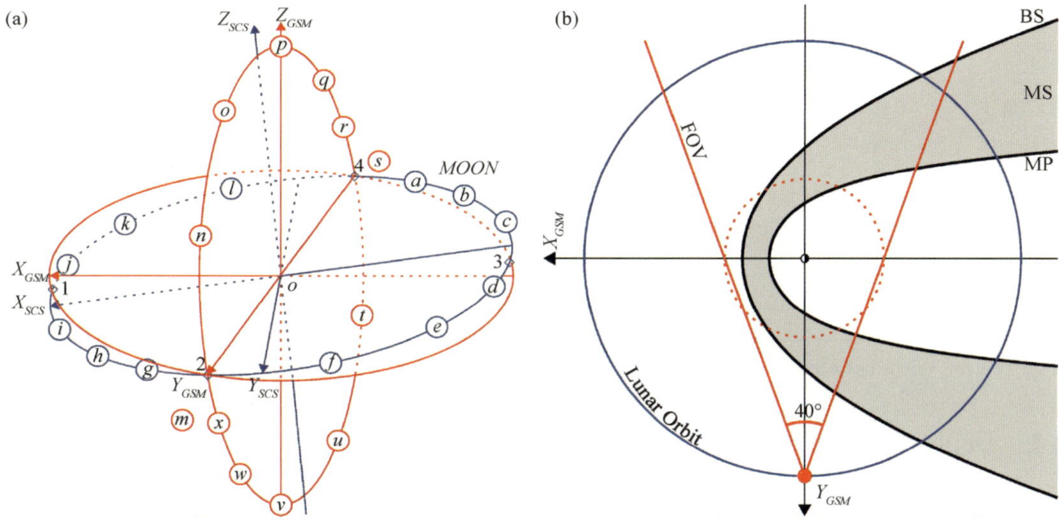

Figure 4 (a) The SCS and GSM coordinate systems used in this investigation and (b) FOV of the virtual imager projected onto GSM equatorial plane. The blue ellipses approximately represent the lunar orbit plane. The four diamonds in Figure 4a represent the lunar phases with the first for the new Moon, the second for the first-quarter Moon, the third for the full Moon, and the fourth for the last-quarter Moon. Position m is used in sections 3.1 – 3.3 while the positions $a-l$ (blue circles) and $m-x$ (red circles) are used in section 3.4. Positions m and s are actually at the second and the fourth diamonds, respectively. BS, MP, and MS in panel Figure 4b are bow shock, magnetopause (thick black curves) and magnetosheath (gray region), respectively. In Figure 4b, the two red solid lines define the FOV of 40°, and the red dashed circle represents the projection of the FOV on the GSM equator plane from the North Pole 60 R_E away from the Earth's center.

In order to simulate the 30.4nm emission of the magnetosheath under different SW-IMF conditions, the seven categories of simulations listed in Table 1 are adopted in this study. The variables for each category include V_{sw}, N_{sw}, T_{sw}, IMF B_T, IMF clock angle θ_c, and f_α. IMF B_T is defined as $B_T = \sqrt{B_y^2 + B_z^2}$ ($B_x = 0.5$ nT, not used in our simulation). The IMF clock angle, $\theta_c = \mathrm{atan}(B_y/B_z)$, is defined as the angle, looking to the Earth from the Sun, clockwise/anticlockwise (positive/negative) from the z axis in the GSM yz plane. From categories Ⅰ to Ⅵ, only one parameter is variable from low to high values for each category and other parameters are fixed to their average levels, and the imaging position is fixed at position m (0.0, 60.0 R_E, 0.0) in Figure 4. In category Ⅶ, all parameters are setup to a highly disturbed SW-IMF condition for all imaging positions in Figure 4 in order to give us a general understanding on the distributions of the emission intensity at different perspectives.

Table 1　SW-IMF Parameters Used in the Simulationsa

Category	B_T(nT)	θ_c(°)	V_{sw}(km s^{-1})	N_{sw}(cm^{-3})	T_{sw}(eV)	$f\alpha$	Position
Ⅰ	10	180~180|45	500	10	20	0.10	*m*
Ⅱ	6~38|4	180	500	10	20	0.10	*m*
Ⅲ	10	180	300 ~ 800|100	10	20	0.10	*m*
Ⅳ	10	180	500	5 ~ 40|7	20	0.10	*m*
Ⅴ	10	180	500	10	5~45|8	0.10	*m*
Ⅵ	10	180	500	10	20	.05~.3|.05	*m*
Ⅶ	25	180	700	40	50	0.20	*a - x*

[a]Note that the values before and after "|" refer to the ranges and steps of the parameters, respectively.

3.1　Dependence of Emissions on IMF

Magnetosheath EUV emission intensities simulated for θ_c increasing from $-180°$ to $180°$ at $45°$ steps are shown in Figure 5 (category Ⅰ) and the corresponding maximum emission intensities in dayside (red) and nightside (blue) are plotted in Figure 7a. All other inputs are fixed with V_{sw} = 500 km/s, N_{sw} = 10 cm^{-3}, T_{sw} = 20 eV, B_T = 10 nT, and f_α = 0.1. It is clearly revealed in Figure 5 that θ_c controls EUV emission intensity patterns in the magnetosheath. Increasing $|\theta_c|$ results in enhancements of the EUV emissions in both dayside and nightside in the magnetosphere. Positive and negative θ_c with the same magnitudes, such as 45° and −45°, produce approximately the same emission distributions as shown in Figures 5d, 5f, and 7a. Northward IMF (θ_c = 0°) leads to a minimum EUV emission, whereas southward IMF (θ_c = 180°) generates a maximum EUV emission. The more southward the IMF is, the larger the emission intensity is. As the IMF turns from northward to southward, the magnetic reconnection at magnetopause becomes more and more apparent [*Bothmer and Daglis*, 2007], allowing the magnetosheath plasma to transfer into polar cusp region where the alpha particles are trapped by Earth's magnetic field lines and piled up in the nightside ring current region. Therefore, as $|\theta_c|$ increases, the cusp region becomes apparent and the nightside emission intensity increases as demonstrated by Figure 5.

Figures 6 shows the magnetosheath EUV emission intensities for B_T increasing from 6 nT to 38 nT at 4 nT steps for a fixed IMF clock angle of 180° (category Ⅱ) and the corresponding maximum emission intensities in dayside (red) and nightside (blue) are plotted in Figure 7b. All other inputs are fixed with V_{sw} = 500 km/s, N_{sw} = 10 cm^{-3}, T_{sw} = 20eV, θ_c = 180°, and f_α = 0.1. With the increase of B_T, the dayside maximum emission intensity decreases with emission pattern expanding to cusp region, whereas the nightside maximum emission intensity changes up and down with emission patterns splitting from single field-aligned shape into a butterfly shape around the magnetic equator. The red

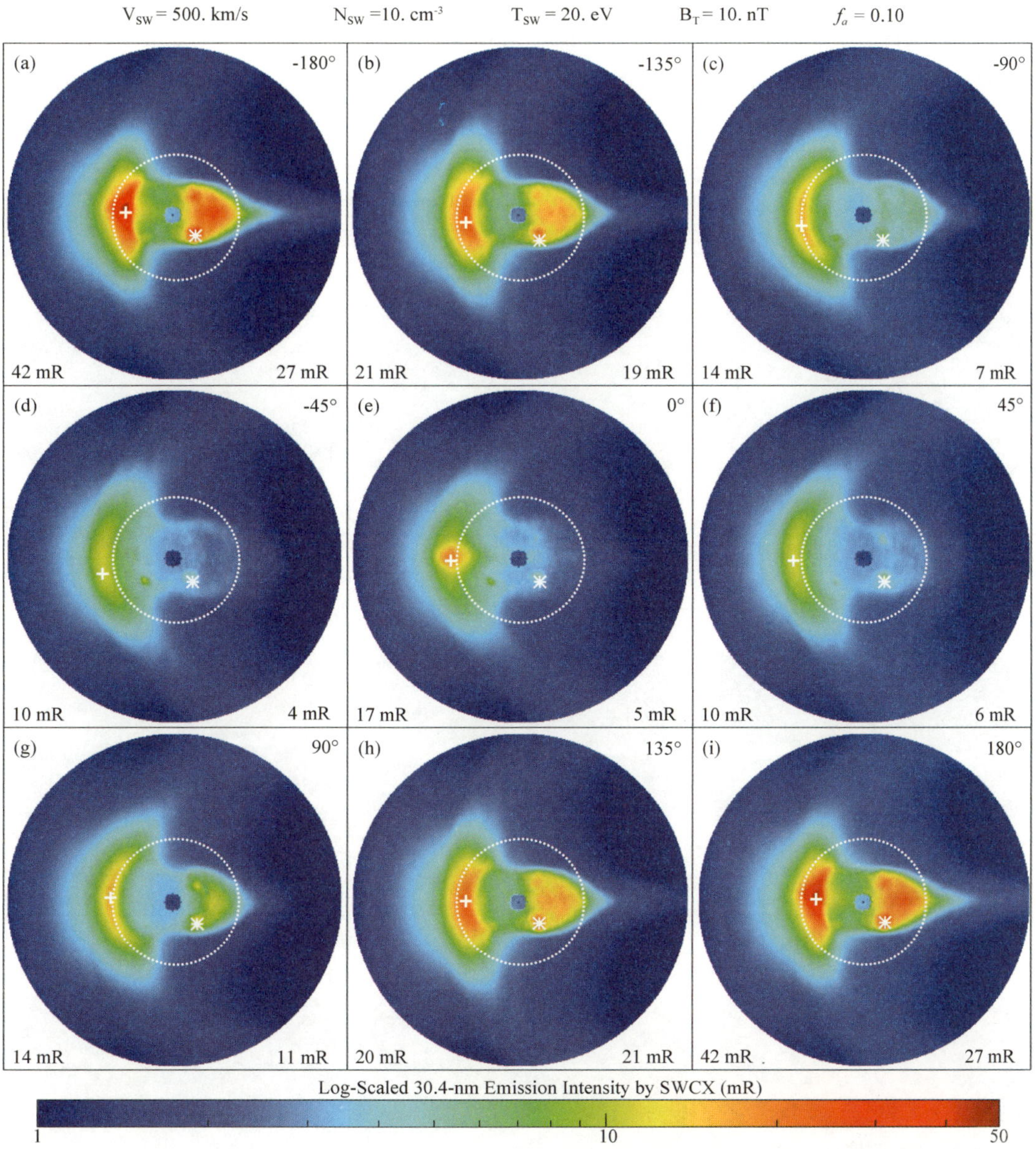

Figure 5　SWCX emission intensity for θ_c from -180° to 180° at 45° steps at position m. Note that the IMF clock angle, the dayside maximum emission intensity (indicated by the white crosses) and the nightside maximum intensity (indicated by the white stars) are shown in the upper right, the lower left and the lower right corners of each box. All the other fixed parameters are shown at the top. The dotted circle in each box represents a FOV of 15°. The images are projected in the GSM *xz* plane with the $+X_{GSM}$ axis to the left and the $+Z_{GSM}$ axis to the up. The log-scaled color bar is shown at the bottom.

dashed line in Figure 7b represents the fitting of the red points to a function proportional to $1/B_T$. It can be inferred that increasing of B_T results in decreases of both Alfvén Mach number MA and magnetosonic Mach number M_{ms}, and in turn weakens the compression of the magnetosheath, leading to the decrease of emission intensity in the magnetosheath.

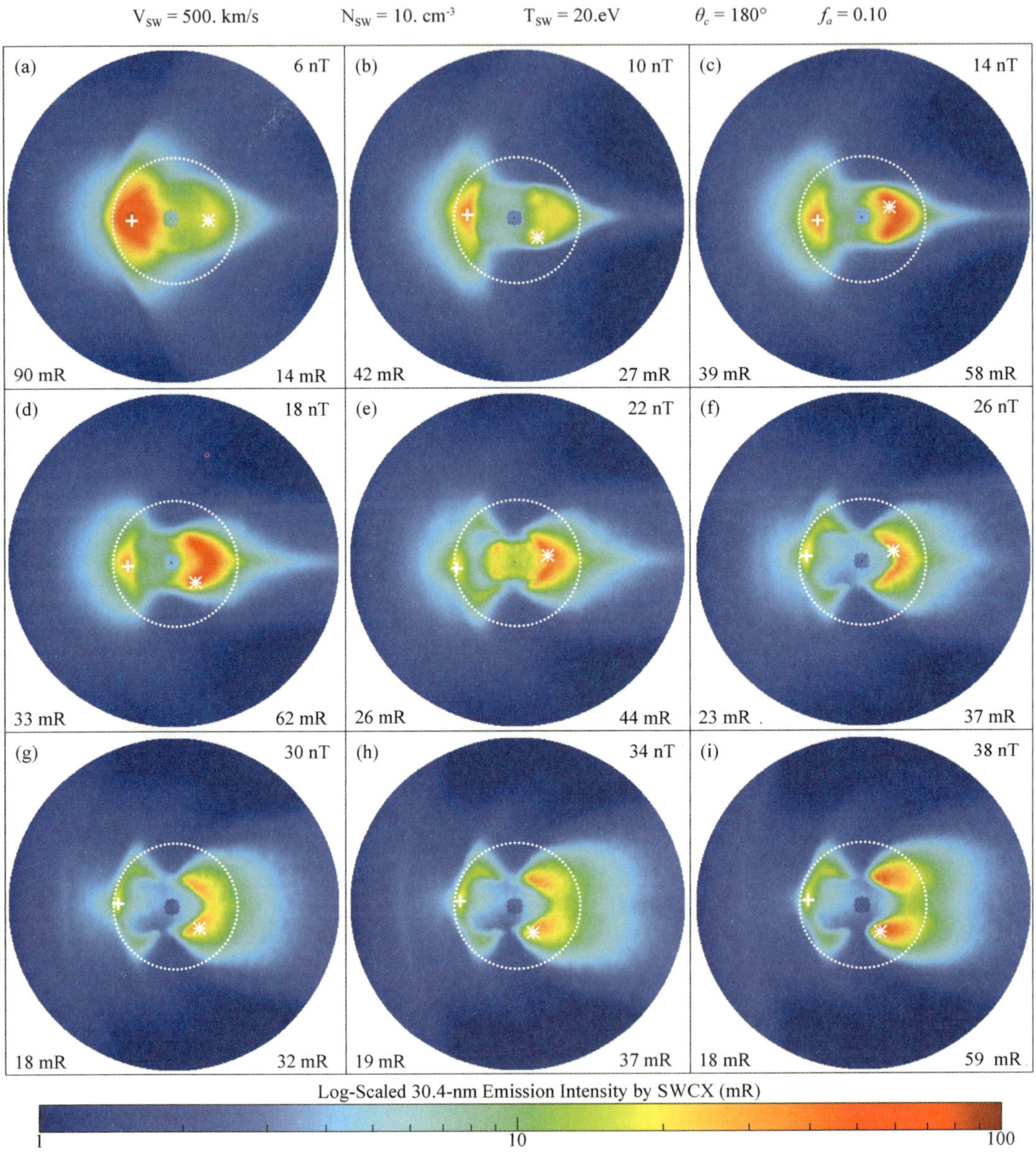

Figure 6 Dependence of SWCX emission intensity on B_T which is increased from 6 nT to 38 nT for every 4 nT as noted in the upper right of each box. All the other settings are the same as those in Figure 5.

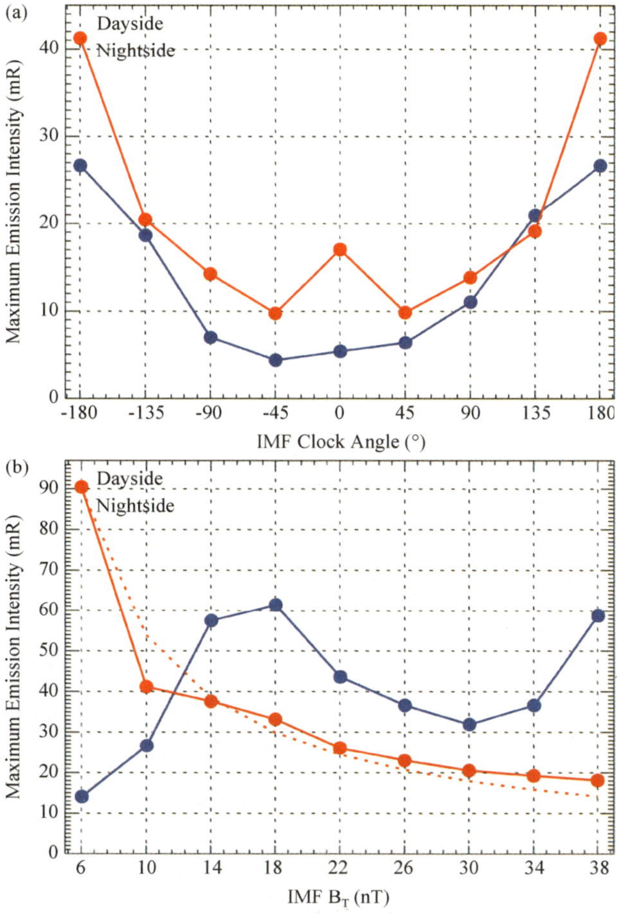

Figure 7　The maximum emission intensity as a function of (a) θ_c with all other inputs fixed with V_{sw} = 500 km/s, N_{sw} = 10 cm^{-3}, T_{sw} = 20 eV, B_T = 10 nT, and f_α = 0.1 and (b) B_T with all other inputs fixed with V_{sw} = 00 km/s, N_{sw} = 10 cm^{-3}, T_{sw} = 20 eV, θ_c = 180°, and f_α = 0.1. The red dashed line in Figure 7b is the fitting of the red points to $1/B_T$.

It can be seen that, in the intensity images there are SWCX emissions from the nightside and cusp regions especially for southward IMF (Figures 5a, 5b, and 5h – 5i), but with relatively low intensity compared with dayside. The ions enter the inner magnetosphere through dayside magnetopause reconnection and nightside tail reconnection, as well as though the cusp penetration. These trapped ions drift under the magnetic gradient and curvature forces in the inner magnetosphere and are convected to the near-nightside to enhance the ion density in the ring current region [*Lin et al.*, 2014]. Detailed studies on the ion dynamics in these regions will be conducted in future investigation.

3.2　Dependence of Emissions on V_{sw}, N_{sw}, and T_{sw}

Figures 8 and 11a show the magnetosheath EUV emission intensity distributions and the maximum emission intensities, respectively, with V_{sw} increasing from 300 km s^{-1} to 800 km s^{-1} at 100 km s^{-1} steps (category Ⅲ) with all other parameters fixed with N_{sw} = 10 cm^{-3}, T_{sw} = 20eV, B_T = 10 nT, θ_c = 180°, and f_α = 0.1, Figures 9 and 11b show the dependences of the magnetosheath EUV emission intensity distributions and the maximum emission intensities, respectively, on different N_{sw} increasing from 5 to 40 cm^{-3} at 7 cm^{-3} steps (category Ⅳ) with all other parameters fixed with V_{sw} = 500 km/s, T_{sw} = 20 eV, B_T = 10 nT, θ_c = 180°, and f_α = 0.1, and Figures 10 and 11c show the variations of the magnetosheath EUV emission intensity distributions and the maximum emission intensities, respectively, with T_{sw} increasing from 5 to 45 eV at 8 eV steps (category Ⅴ) with all other parameters fixed with V_{sw} = 500 km/s, N_{sw} = 10 cm^{-3}, B_T = 10 nT, θ_c = 180°, and f_α = 0.1. The LOS information corresponding to the dayside maxima in Figure 11 are plotted in Figure 12.

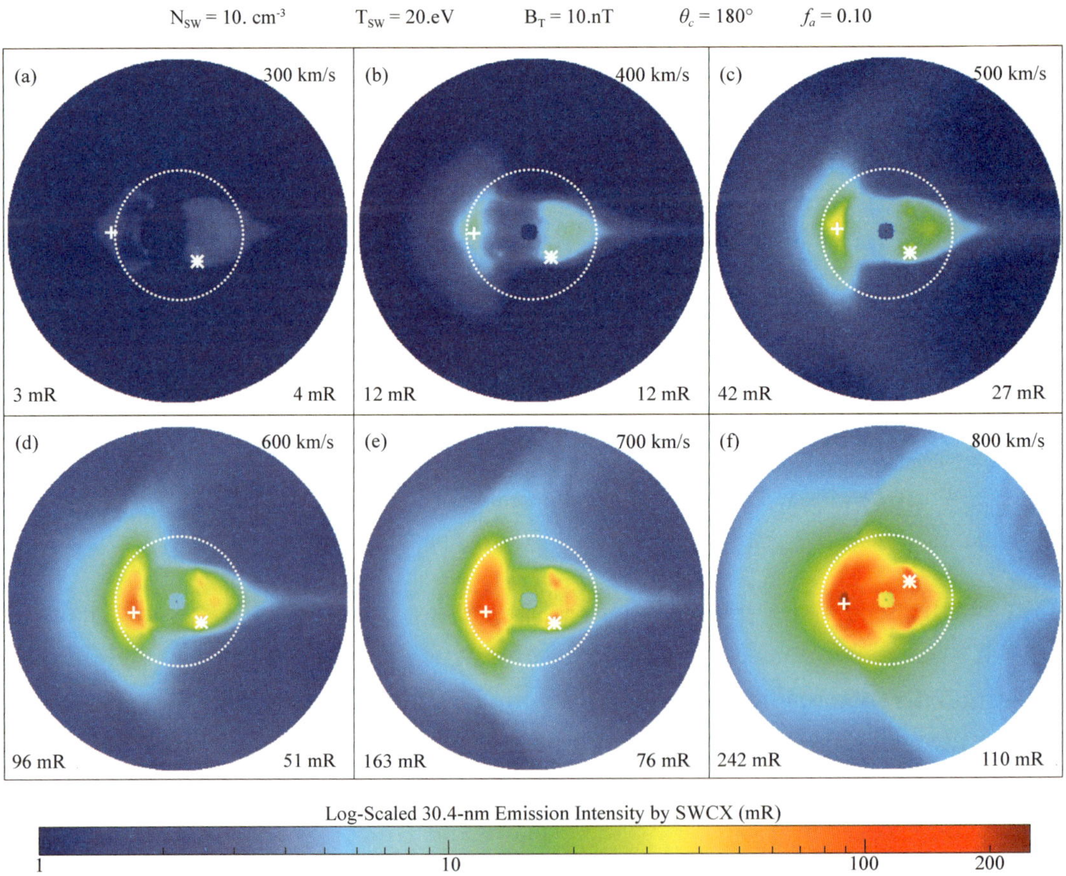

Figure 8 Dependence of SWCX emission intensity on Vsw which is increased from 300 km s^{-1} to 800 km s^{-1} for every 100 km s^{-1} as noted in the upper right corner of each box. All the other settings are the same as those in Figure 5.

Figures 8, 9, 11a and 11b demonstrate that the SWCX EUV emissions in the magnetosheath quadratically increase with both V_{sw} and N_{sw}, respectively, with the emission region apparently approaching the Earth. It can be seen in Figures 12a − 12j that the intensification of SWCX EUV emissions with V_{sw} is mainly due to the enhancements in u_α and $\sigma_{30.4}$, and with N_{sw} is mainly caused by the enhancement in n_α, respectively, based on the fact that an increase in solar wind dynamic pressure $P_d = N_{sw} V_{sw}^2$ compresses the magnetosheath close to the Earth [*Shue et al.*, 1998; *Chao et al.*, 2002; *Lin et al.*, 2010], allowing more solar wind alpha particles to enter the magnetosheath and other regions (such as the dayside geosynchronous orbit region, the cusp region, and the nightside ring current region) where nH is higher. Figures 10, 11c, and 12k − 12o reveal that the dayside emissions have an obvious increase with T_{sw} increasing from 5eV to 13eV due to the increase of n_H and do no change much when $T_{sw} > 13$ eV, whereas the nightside emissions increase with T_{sw} increasing from 5eV to 29eV and then decrease when $T_{sw} > 29$ eV.

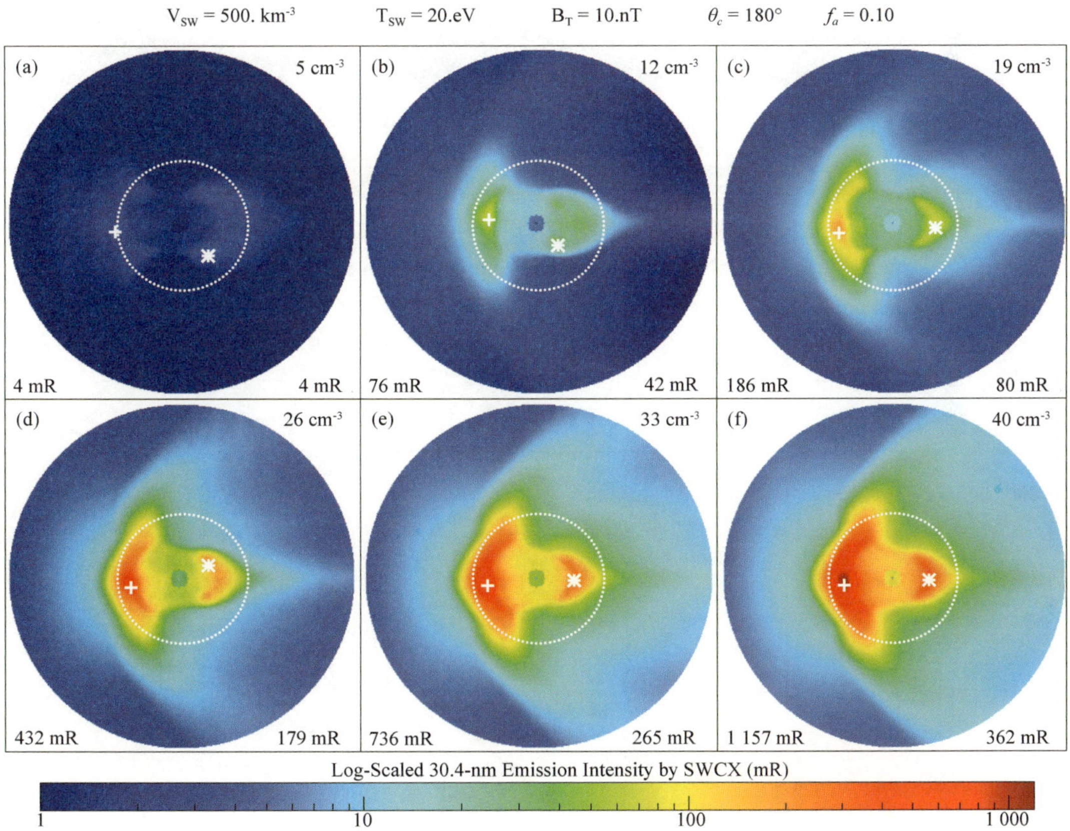

Figure 9　Dependence of SWCX emission intensity on N_{sw} which is increased from 5 cm^{-3} to 40 cm^{-3} for every 7 cm^{-3} as noted in the upper right corner of each box. All the other settings are the same as those in Figure 5.

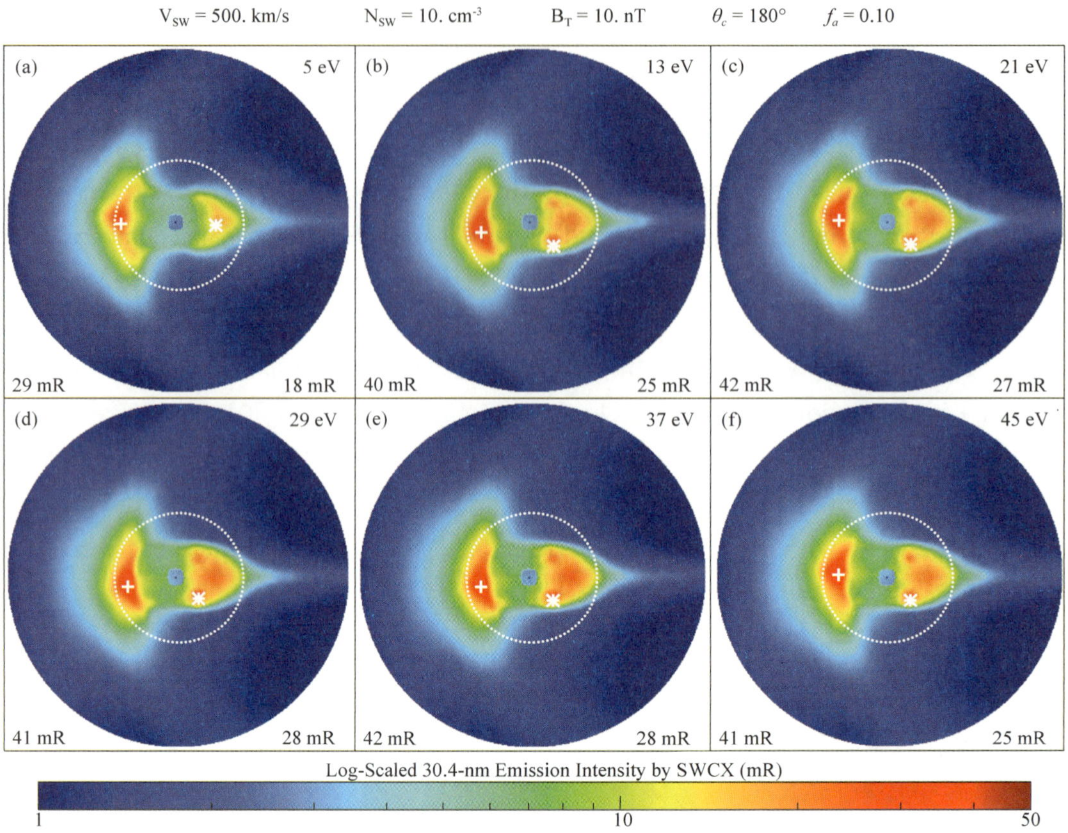

Figure 10　Dependence of SWCX emission intensity on T_{sw} which is increased from 5 eV to 45 eV for every 8 eV as noted in the upper right corner of each box. All the other settings are the same as those in Figure 5.

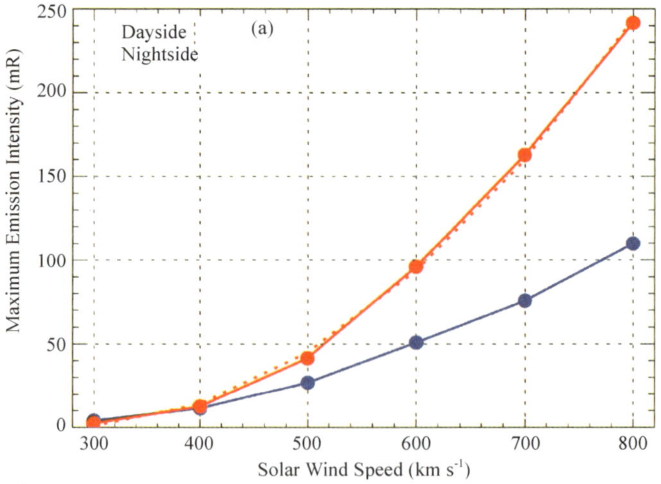

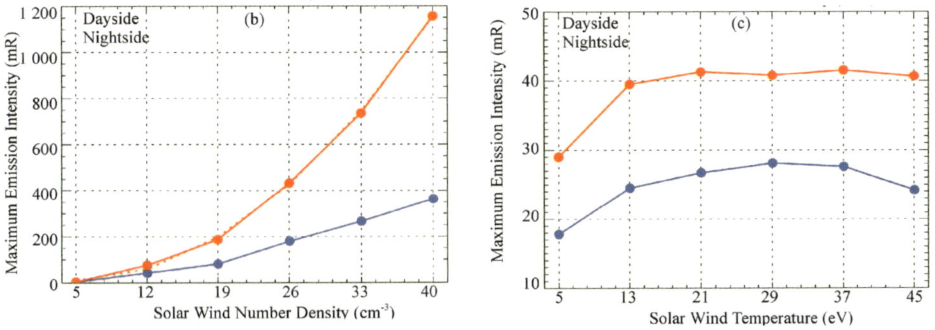

Figure 11　The maximum emission intensity as a function of (a) V_{sw} with all other inputs fixed with $N_{sw}=10\ cm^{-3}$, $T_{sw}=20$ eV, $B_T=10$ nT, $\theta_c=180^{\circ}$, and $f_{\alpha}=0.1$, (b) N_{sw} with all other inputs fixed with $V_{sw}=500$ km/s, $T_{sw}=20$ eV, $B_T=10$ nT, $\theta_c=180^{\circ}$, and $f_{\alpha}=0.1$, and (c) T_{sw} with all other inputs fixed with $V_{sw}=500$ km/s, $N_{sw}=10\ cm^{-3}$, $B_T=10$ nT, $\theta_c=180^{\circ}$, and $f_{\alpha}=0.1$. The dashed lines in Figures 11a and 11b represent the best fit to quadratic polynomial.

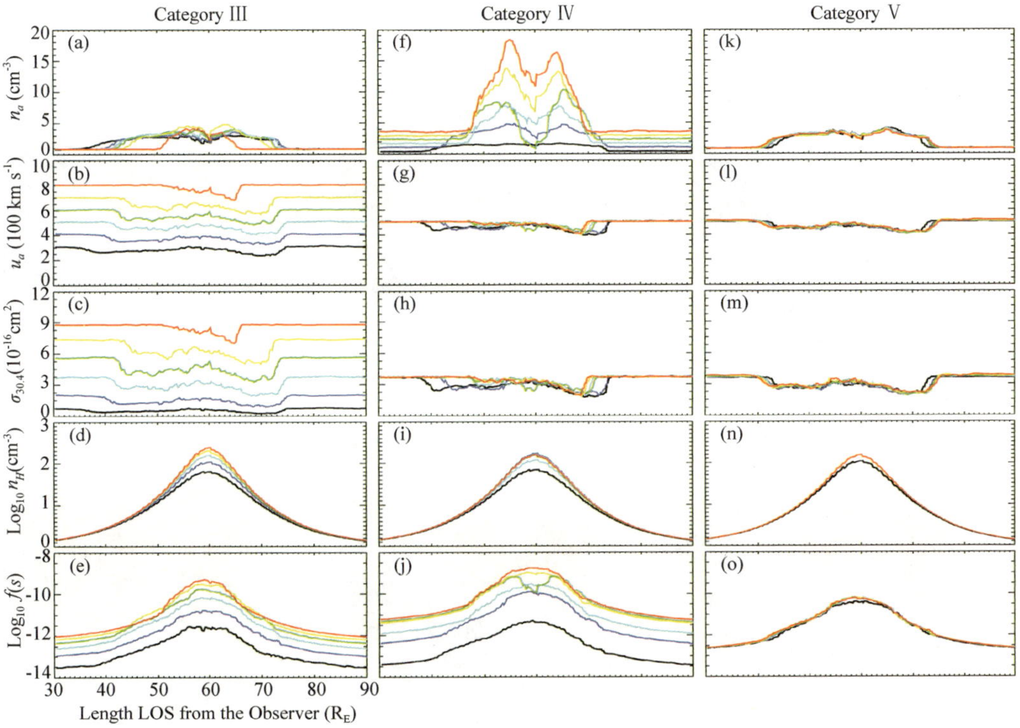

Figure 12　Dayside plasma parameters in the magnetosheath along the LOS with the maximum emission intensity. Categories (a－e) Ⅲ, (f－j) Ⅳ, and (k－o) Ⅴ, respectively. The parameters are n_{α} in Figures 12a, 12f, and 12k, n_{α} in Figures 12b, 12g, and 12l, $\sigma_{30.4}$ in Figures 12c, 12h, and 12m, n_H in Figures 12d, 12i, and 12n, and $f(s)$ in Figures 12e, 12j, and 12o, respectively. The color lines with the sequence black, blue, cyan, green, yellow, and red represent the six cases for each category, respectively, with black for the lowest value and red for the highest value of the variable of each category.

3.3 Dependence of Emissions on f_α

The dependences of the magnetosheath EUV emission intensity distributions and the maximum emission intensities on f_α are shown in Figure 13 (category VI) and Figure 14, respectively, with all other parameters fixed with V_{sw} = 500 km/s, $N_{sw} = 10\ cm^{-3}$, T_{sw} = 20 eV, B_T = 10 nT, and $\theta_c = 180^\circ$. Noting that f_α is typically ~0.05 for general solar wind conditions [*Kivelson and Russell*, 1995], but it can reach 0.2~0.4 for extreme solar wind conditions (typically for coronal mass ejections, CMEs) [*Skoug et al.*, 2004]. It can be seen in Figures 13, 14 that the overall emission intensities in the magnetosphere increase almost linearly with f_α resulting from the increase of n_α, associated with little change in the intensity distribution pattern.

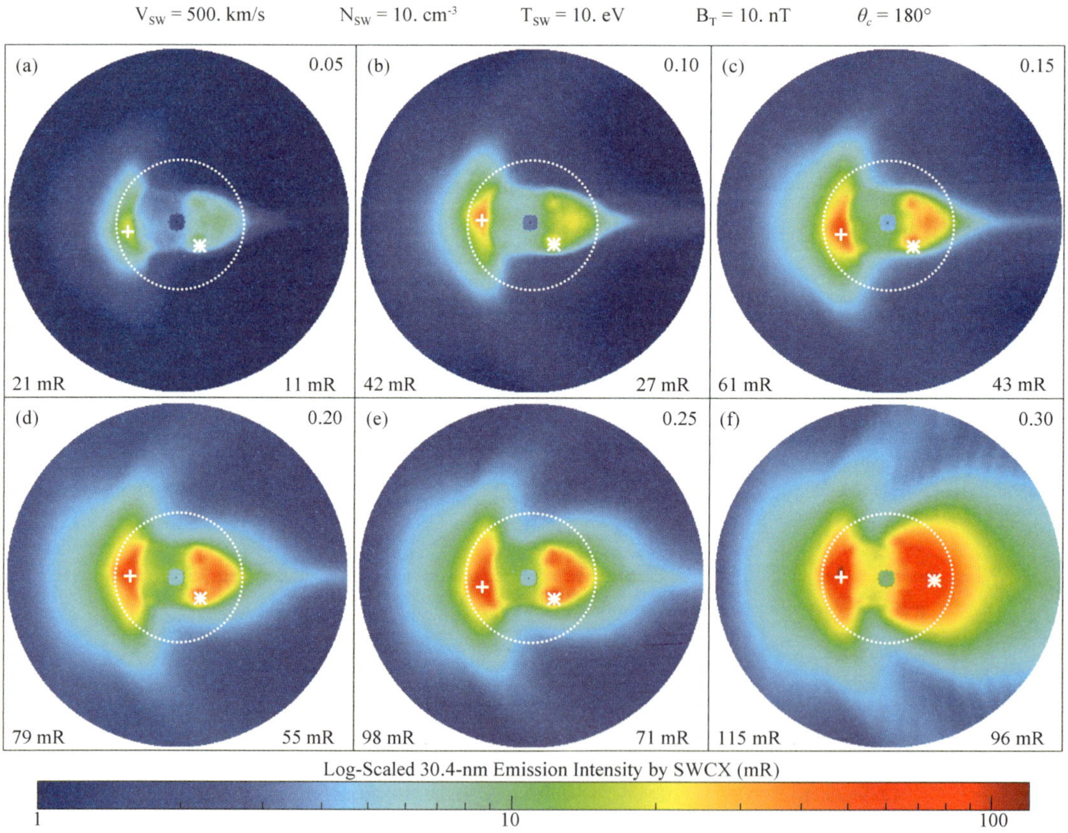

Figure 13　Dependence of SWCX emission intensity on f_α which is increased from 0.05 to 0.3 for every 0.05 as noted in the upper right corner of each box. All the other settings are the same as those in Figure 5.

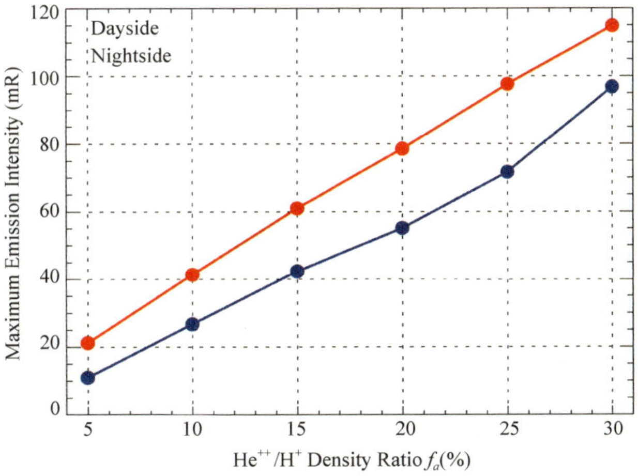

Figure 14　The maximum emission intensity as a function of f_α with all other inputs fixed with V_{sw} = 500 km/s, N_{sw} = 10 cm^{-3}, T_{sw} = 20 eV, B_T = 10 nT, θ_c = 180°, and f_α = 0.1.

3.4 Intensity Distributions at Different Imaging Positions

In order to better understand the effect of different imaging perspectives on the magnetosheath EUV emission intensities, images simulated at all positions in Figure 4 are shown in Figures 15 and 16 (category Ⅷ) with all inputs fixed with V_{sw} = 700 km/s, N_{sw} = 40 cm^{-3}, T_{sw} = 50 eV, B_T = 25 nT, θ_c = 180°, and f_α = 0.2. It is noted that the SWCX EUV emissions in the magnetosheath can be as high as ~1200 mR if the virtual imager is in the first-quarter Moon (Figures 15f, 15g, and 16a) or the last-quarter Moon (Figures 15a, 15l, and 16g) as also shown in Figure 17. The intensity peaks appear at positions *a*, *g*, *m*, and *s* near the dawn-dusk line, and the intensity valleys appear at positions *d*, *j*, *p*, and *v* near the noon-midnight line or the Earth's magnetic pole, with a peak-to-valley ratio of ~2.0 as shown in Figure 17. It is also inferred in Figures 15, 16 that the EUV emission patterns simulated at different positions are significantly different and reflect different latitudinal and longitudinal information of the magnetosheath and the nightside ring current region.

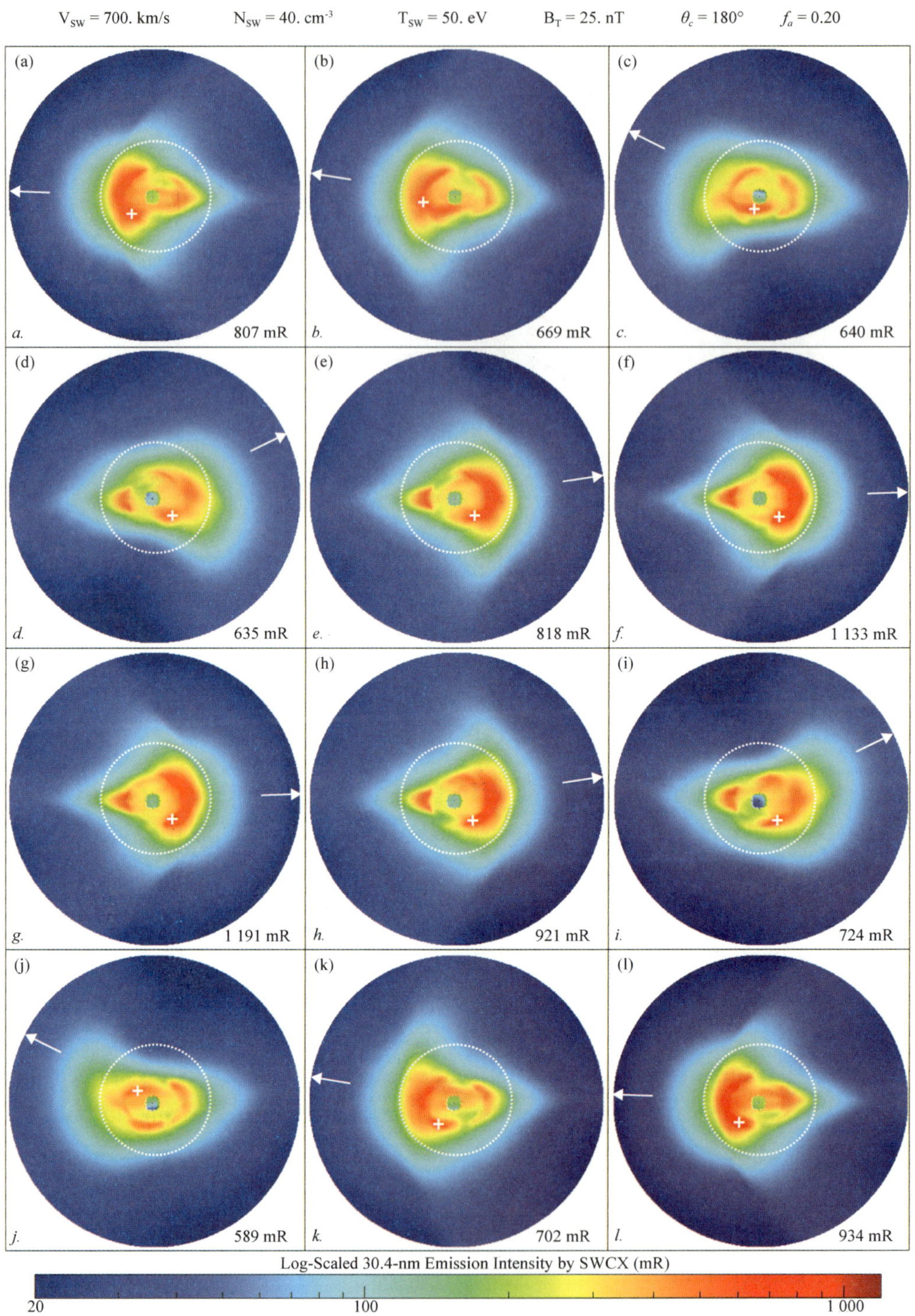

Figure 15　Magnetosheath EUV emission intensity simulated at the 12 lunar positions in Figure 4. Each box represents a lunar position in Figure 4 as indicated at the lower left corner of each box. The projection plane for all the boxes are in the SCS *yz* plane, the Y_{SCS} axis is in horizontal direction with positive to the right and the Z_{SCS} axis is along the vertical direction with positive to the up. The white arrows in each box indicate the projection of the XGSM axis in the image plane, respectively. All the other settings are the same as those in Figure 5.

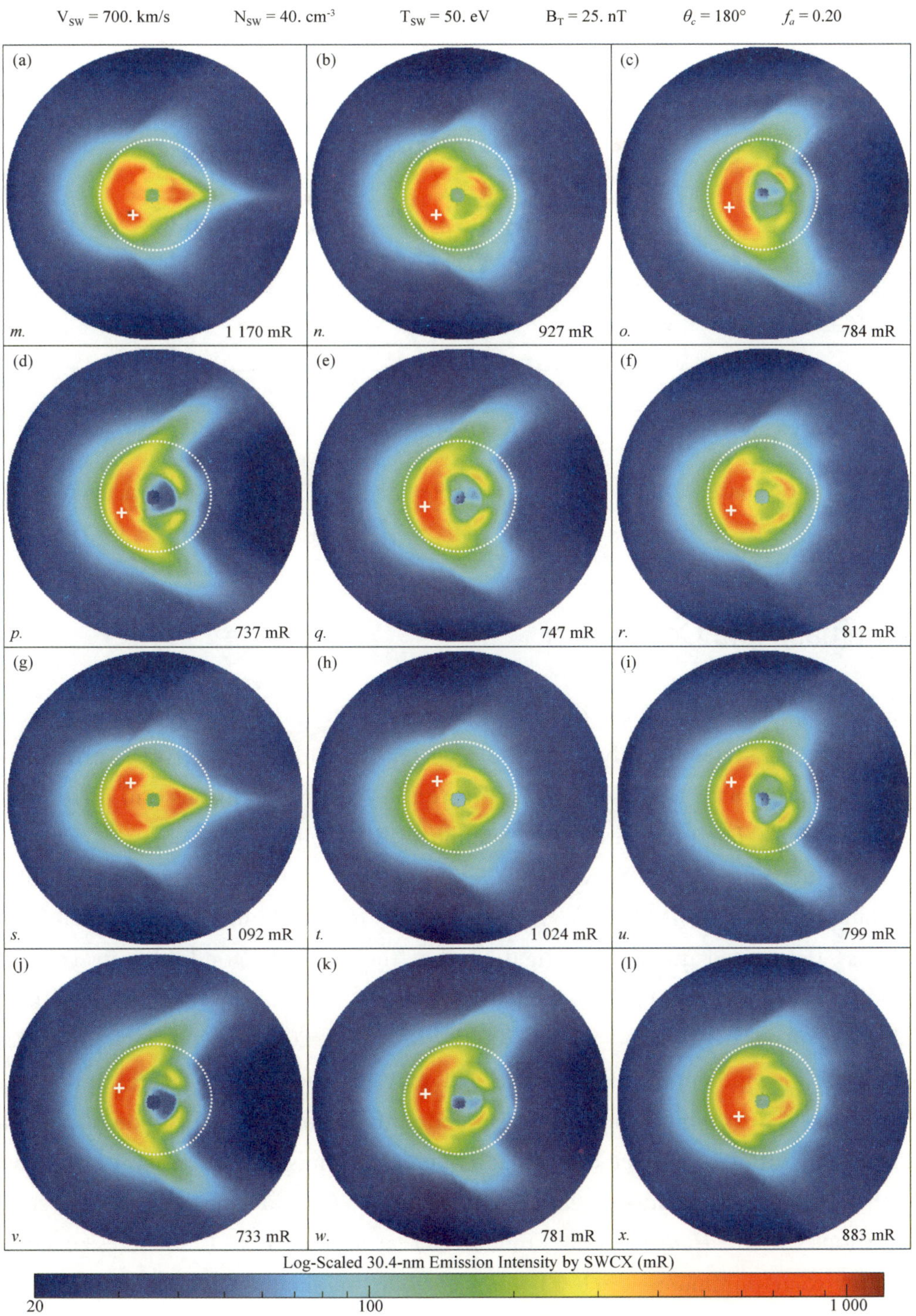

Figure 16　Magnetosheath EUV emission intensity simulated at the 12 positions in Figure 4. Each box represents a position in Figure 4 as indicated at the lower left corner of each box. The projection plane for all the boxes are the SCS *yz* plane, the Y_{SCS} axis (also the X_{GSM} axis) is in horizontal direction with positive to the left and the Z_{SCS} axis is along the vertical sdirection with positive to the up. All the other settings are the same as those in Figure 5.

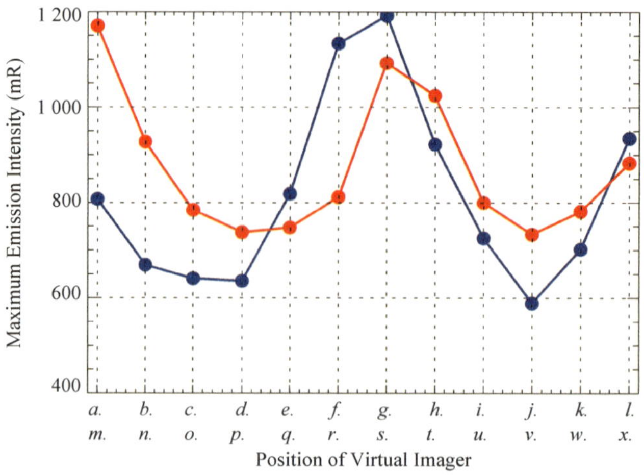

Figure 17　Maximum intensity simulated at positions $a-x$ in Figure 4 with all inputs fixed with $V_{sw}=700$ km/s, $N_{sw}=40\ cm^{-3}$, $T_{sw}=50$ eV, $B_T=25$ nT, $\theta_c=180^\circ$, and $f_\alpha=0.2$.

4　Summary and Conclusion

In this paper, a 3-D global hybrid simulation code and a 3-D geocoronal hydrogen model are used to systematically study the 30.4 nm emissions in the SWCX process in the Earth's magnetosheath, associated with different SW-IMF conditions and different imaging perspectives. The main results are summarized as follows.

1. The intensities of the SWCX EUV emissions in the magnetosheath are highly variable from several mR for quiet SW-IMF conditions to ~1200 mR for disturbed SW-IMF conditions. It is noted in this investigation that the SW-IMF conditions in Table 1 are used to drive the 3-D global hybrid simulation code to produce the realistic configurations of the magnetosphere [*Lin and Wang*, 2005; *Lin et al.*, 2014]. However, for extremely high speed solar wind conditions, P_d and MA may enhance to ~100 nPa and ~20 [*Skoug et al.*, 2004] for which the simulation code might not produce reasonable magnetospheric configurations [*Lin et al.*, 2014], and the emission intensity in the magnetosheath might be significantly greater than 1200 mR. Considering seasonal and solar cycle variations for the *Hodges* [1994] model, n_H at solstice is ~1.25 times of equinox, and n_H for solar minimum is ~1.33 times of solar maximum in the magnetosheath region, respectively. For fixed SW-IMF conditions the SWCX emission intensities at solstice for solar maximum, at equinox for solar minimum, and at solstice for solar minimum can be approximately estimated by multiplying 1.25, 1.33, and 1.67, respectively.

2. It is found that θ_c, B_T, V_{sw}, N_{sw}, and f_α are important parameters to control the SWCX EUV emission patterns in the magnetosheath and T_{sw} plays less important role.

Southward IMF and small B_T produce more intense emissions compared with northward IMF and large B_T, and the emission patterns may be complex and highly variable during disturbed IMF conditions. The SWCX EUV emissions in the magnetosheath quadratically intensify with the increase of V_{sw} due to the enhancements in u_α and $\sigma_{30.4}$, and with the increase of N_{sw} resulting from the enhancement in n_α, respectively, resulted from the fact that an increase in P_d compresses the magnetosheath close to the Earth, allowing more solar wind alpha particles to enter the magnetosheath in which n_H is higher. It can be seen that the SWCX EUV emission intensity in the magnetosheath increases linearly with f_α but does not vary much with T_{sw}, possibly due to the fact that the kinetic energy is much larger than the thermal energy in the solar wind.

3. It is revealed that the SWCX EUV emission intensities in the magnetosheath highly depend on the imaging positions and the simulated EUV images at different imaging perspectives can reflect different latitudinal and longitudinal information of the magnetosheath and the nightside ring current region. The simulation results indicate that the SWCX EUV emission intensities in the magnetosheath can be as high as ~1200 mR if the virtual imager is near the dawn-dusk line and as low as ~600 mR if it is near the noon-midnight line or the Earth's magnetic pole. It is suggested that, imaging at dawn or dusk on magnetic equatorial plane can reveal the latitudinal configurations of the bow shock, the magnetopause, the magnetosheath and the cusps in the magnetosphere, and imaging from the polar region can capture the longitudinal configurations of those structures. Of course, combined imaging from both equatorial and polar perspectives can obtain the three-dimensional structures of the magnetosphere.

4. The EUV emissions produced in the SWCX process in the magnetosheath for disturbed solar wind conditions could achieve or exceed 100 mR, the threshold of current remote sensing EUV imagers [*Sandel et al.*, 2000; *He et al.*, 2013; *Chen et al.*, 2014], near the plasmapause. Therefore, the SWCX EUV emissions in the magnetosheath for highly disturbed SW-IMF conditions should be taken into consideration in processing the Moon-based plasmaspheric EUV images and image inversions.

5. It can be inferred from the simulations and above discussions that, EUV imaging of the global magnetosheath under different SW-IMF conditions requires an EUV imager with large FOV, high-sensitivity, large dynamic range, and low intrinsic dark count rate. Considering a EUV imager 60 R_E away from the Earth's center, we suggest that a FOV of 40° with angular resolution of 0.2° should be suitable for imaging the global magnetosheath in one snapshot, the dynamic range of the camera should achieve at least 10^4 to cover the target intensity from ~10 mR to ~10 R (including the plasmasphere), the intrinsic dark count rate for a microchannel plate detector should be less than 1 count $cm^{-2}\ s^{-1}$, and the sensitivity should be as high as possible for better quality of the

images.

It is known that the sensitivity (S) is a key parameter to determine the signal-to-noise ratio (SNR) of the images and $S=10^6\times A_e\times\omega\times\rho\times\tau\times\varepsilon/(4\pi)$, where A_e is the area of the entrance aperture, ω is the solid angle of the angular resolution, ρ is the reflectivity of mirror, τ is the filter transmission, and ε is the quantum efficiency of the detector. Generally, S can also be expressed in the form of $S = SNR^2\times(I_s+2I_b)/(I_s^2\times T)$, where I_s, I_b, and T are the target intensity, the background intensities, and the exposure time, respectively.

Only two sources for I_b are considered in the magnetosheath imaging, one is the interplanetary 30.4nm background which is averagely ~2 mR [*Gruntman*, 2001], and the other one is the interplanetary 58.4nm background which is ~1.5 mR [*Wu et al.*, 1981; *Jelinsky et al.*, 1995] (using attenuation relative to 30.4nm of ~1000 for the filter transmission, detector efficiency, and multilayer mirror reflectivity [*Davis et al.*, 2013]). Thus, I_b is ~3.5 mR for the magnetosheath imaging.

According to currently realizable technique levels of EUV imagers [*Davis et al.*, 2013; *Chen et al.*, 2014], $A_e=80\ \mathrm{cm}^2$, $\omega=1.22\times10^{-5}$ sr (corresponds to 0.2 R_E spatial resolution), $\rho=0.4$, $\tau=0.3$, and $\varepsilon=0.15$, and S can achieve ~1.6 count $\mathrm{s}^{-1}\ \mathrm{R}^{-1}\ \mathrm{pixel}^{-1}$. For a target intensity of $I_s=10$ mR, in order to get a SNR of 3 (commonly accepted SNR level), the exposure time should be at least 1080 s. If the imager-to-Earth distance is reduced to 40 R_E, ω can be enlarged to 2.74×10^{-5} sr for the same spatial resolution (or increase A_e to 180 cm^2, but the imager can be very large and may be not achievable), then S can achieve ~3.6 count $\mathrm{s}^{-1}\ \mathrm{R}^{-1}\ \mathrm{pixel}^{-1}$, and the corresponding exposure time can be less than 600 s, which is commonly accepted in current EUV imaging of geospace [*Sandel et al.*, 2000; *Chen et al.*, 2014]. It is suggested that, in order to realize better temporal resolution and spatial resolution for magnetosheath EUV imaging, the sensitivity should be as high as possible, but this depends on the development of EUV imagers and also depends on the imaging orbits [*Davis et al.*, 2013; *Gruntman*, 2008, and references therein].

This paper provides us with a clear overall understanding of the EUV emissions in the SWCX process in the Earth's magnetosheath for different SW-IMF conditions and different imaging perspectives. It is expected that well-designed EUV imager will be used to image the global magnetosheath to study the solar wind-magnetosphere coupling in the future.

References

[1] Bailey, J., and M. Gruntman (2011), Experimental study of exospheric hydrogen atom distributions

by Lyman-alpha detectors on the TWINS mission, J. Geophys. Res., 116, A09302, doi: 10.1029/2011JA016531.

[2] Bhardwaj, A., et al. (2002), Soft X-ray emissions from planets, Moons, and comets, in Earth-Like Planets and Moons, Proceedings of the 36th ESLAB Symposium, Eur. Space Agency Spec. Publ., ESA SP-514, edited by B. Foing and B. Battrick, pp. 215－226, ESTEC, Noordwijk, Netherlands.

[3] Bishop, J. (1999), Transport of resonant atomic hydrogen emissions in the thermosphere and geocorona: Model description and applications, J. Quant. Spectrosc. Radiat. Transfer, 61, 473－491.

[4] Bodewits, D., R. Hoekstra, B. Seredyuk, R. W. McCullough, G. H. Jones, and A. G. G. M. Tielens (2006), Change exchange emission from solar wind helium ions, Astrophys. J., 642, 593－605.

[5] Bothmer, V., and I. A. Daglis (2007), Space Weather-Physics and Effects, Springer, in association with Praxis Ltd, Chichester. Chao, J. K., D. J. Wu, C.-H. Lin, Y. H. Yang, X. Y. Wang, M. Kessel, S. H. Chen, and R. P. Lepping (2002), Models for the size and shape of the Earth's magnetopause and bow shock, in Space Weather Study Using Multipoint Techniques, COSPAR Colloq. Ser., vol. 12, edited by L.-H. Lyu, pp. 127－134, Pergamon, Oxford, U. K.

[6] Chen, B., et al. (2014), Investigation and calibration of the Moon-based EUV camera for Chang'E-3, Res. Astron. Astrophys., doi:10.1088/1674－4527/14/12/013.

[7] Cravens, T. E. (1997), Comet Hyakutake X-ray source: Charge transfer of solar wind heavy ions, Geophys. Res. Lett., 24, 105－108, doi:10.1029/96GL03780.

[8] Cravens, T. E. (2002), X-ray emission from comets, Science, 296, 1042－1045.

[9] Davis, M. W., G. R. Gladstone, J. Goldstein, B. R. Sandel, T. K. Greathouse, K. D. Retherford, and G. S. Winters (2013), An improved wide-field camera for imaging Earth's plasmasphere at 30.4 nm, Proc. SPIE, 8859, 88590U, doi:10.1117/12.2024440.

[10] Dennerl, K., J. Englhauser, and J. Trümper (1997), X-ray emissions from comets detected in the Röntgen X-ray satellite all-sky survey, Science, 277, 1625－1630.

[11] Ezoe, Y., et al. (2012), Suzaku observations of charge exchange emission from solar system objects, Astron. Nachr., 333(4), 319－323, doi:10.1002/asna.201211664.

[12] Fujimoto, R., K. Mitsuda, D. McCammon, Y. Takei, M. Bauer, Y. Ishisaki, F. S. Porter, H. Yamaguchi, K. Hayashida, and N. Y. Yamasaki (2007), Evidence for solar wind charge-exchange X-ray emission from the Earth's magnetosheath, Publ. Astron. Soc. Jpn., 59, S133－5140.

[13] Fuselier, S. A., et al. (2010), Energetic neutral atoms from the Earth's subsolar magnetopause, Geophys. Res. Lett., 37, L13101, doi:10.1029/2010GL044140.

[14] Gruntman, M. (1992), Charge-exchange born He^+ ions in the solar wind, Geophys. Res. Lett., 19, 1323－326, doi:10.1029/92GL01277.

[15] Gruntman, M. (2001), Imaging the three-dimensional solar wind, J. Geophys. Res., 106(A5), 8205－8216, doi:10.1029/2000JA000277.

[16] Gruntman, M. (2008), Exploring the solar system galactic frontier in extreme ultraviolet, Acta Astronaut., 63, 1203－1214.

[17] Gruntman, M., V. Izmodenov, and V. Pizzo (2006), Imaging the global solar wind flow in EUV, J. Geophys. Res., 111, A04216, doi:10.1029/2005JA011530.

[18] He, F., X.-X. Zhang, B. Chen, and M.-C. Fok (2011), Reconstruction of the plasmasphere from

Moon-based EUV images, J. Geophys. Res., 116, A11203, doi:10.1029/2010JA016364.

[19] He, F., X.-X. Zhang, B. Chen, M.-C. Fok, and Y.-L. Zou (2013), Moon-based EUV imaging of the Earth 抯 Plasmasphere: Model simulations, J. Geophys. Res. Space Physics, 118, 7085–7103, doi:10.1002/2013JA018962.

[20] Hodges, R. R., Jr. (1994), Monte Carlo simulation of the terrestrial hydrogen exosphere, J. Geophys. Res., 99(A12), 23,229–23,247, doi:10.1029/94JA02183.

[21] Jelinsky, P., J. V. Vallega, and J. Edelstein (1995), First spectral observations of the diffuse background with the Extreme Ultraviolet Explorer, Astrophys. J., 442, 653–661.

[22] Kivelson, M. G., and C. T. Russell (1995), Introduction to Space Physics, Cambridge Univ. Press, Cambridge, U. K.

[23] Krasnopolsky, V. A., J. B. Greenwood, and P. C. Stancil (2005), X-ray and extreme ultraviolet emissions from comets, Space Sci. Rev., 113, 271–373.

[24] Lin, R. L., X. X. Zhang, S. Q. Liu, Y. L. Wang, and J. C. Gong (2010), A three-dimensional asymmetric magnetopause model, J. Geophys. Res., 115, A04207, doi:10.1029/2009JA014235.

[25] Lin, Y., and X. Y. Wang (2005), Three-dimensional global hybrid simulation of dayside dynamics associated with the quasi-parallel bow shock, J. Geophys. Res., 110, A12216, doi: 10.1029/2005JA011243.

[26] Lin, Y., X. Y. Wang, S. Lu, J. D. Perez, and Q. Lu (2014), Investigation of storm-time magnetotail and ion injection using three-dimensional global hybrid simulation, J. Geophys. Res. Space Physics, 119, 7413–7432, doi:10.1002/2014JA020005.

[27] Lisse, C. M., D. J. Christian, K. Dennerl, K. J. Meech, R. Petre, H. A. Weaver, and S. J. Wolk (2001), Charge exchange-induced X-ray emission from comet C/1999 S4 (LINEAR), Science, 292, 1343–1348, doi:10.1126/science.292.5520.1343.

[28] Omidi, N., X. Blanco-Cano, and C. T. Russell (2005), Macrostructure of collisionless bow shock and ion foreshock: Scale lengths, J. Geophys. Res., 110, A12212, doi:10.1029/2005JA011169.

[29] Φstgaard, N., S. B. Mende, H. U. Frey, G. R. Gladstone, and H. Lauche (2003), Neutral hydrogen density profiles derived from geocoronal imaging, J. Geophys. Res., 108(A7), 1300, doi: 10.1029/2002JA009749.

[30] Paresce, F., H. Fahr, and G. Lay (1981), A search for interplanetary He II, 304-A emission, J. Geophys. Res., 86(A12), 10,038–10,048, doi:10.1029/JA086iA12p10038.

[31] Raeder, J. (2003), Global magnetohydrodynamics – A tutorial, in Space Plasma Simulation, Lecture Notes in Physics, vol. 615, edited by J. Buchner, C. T. Dum, and M. Scholer, pp. 212–246, Springer, Berlin, doi:10.1007/3-540-36530-3_11.

[32] Rairden, R. L., L. A. Frank, and J. D. Craven (1986), Geocoronal imaging with dynamics explorer, J. Geophys. Res., 91, 13,613–13,630, doi:10.1029/JA091iA12p13613.

[33] Robertson, I. P., and T. E. Cravens (2003), X-ray emission from the terrestrial magnetosheath, Geophys. Res. Lett., 30(8), 1439, doi:10.1029/2002GL016740.

[34] Robertson, I. P., M. R. Collier, T. E. Cravens, and M. -C. Fok (2006), X-ray emission from the terrestrial magnetosheath including the cusps, J. Geophys. Res., 111, A12105, doi: 10.1029/2006JA011672.

[35] Sandel, B. R., et al. (2000), The extreme ultraviolet imager investigation for the image mission,

Space Sci. Rev., 91(1), 197－242.

[36] Shue, J.-H., et al. (1998), Magnetopause location under extreme solar wind conditions, J. Geophys. Res., 103(A8), 17,691－17,700, doi:10.1029/98JA01103.

[37] Skoug, R. M., J. T. Gosling, J. T. Steinberg, D. J. McComas, C. W. Smith, N. F. Ness, Q. Hu, and L. F. Burlaga (2004), Extremely high speed solar wind: 29－30 October 2003, J. Geophys. Res., 109, A09102, doi:10.1029/2004JA010494.

[38] Swift, D. W. (1996), Use of a hybrid code for a global-scale plasma simulation, J. Comput. Phys., 126, 109－121.

[40] Tan, B., Y. Lin, J. D. Perez, and X. Y. Wang (2011), Global-scale hybrid simulation of dayside magnetic reconnection under southward IMF: Structure and evolution of reconnection, J. Geophys. Res., 116, A02206, doi:10.1029/2010JA015580.

[41] Tinsley, B. A., R. R. Hodges Jr., and R. P. Rhorbaugh (1986), Monte Carlo models for the terrestrial exosphere over a solar cycle, J. Geophys. Res., 91, 13,631 － 13,647, doi: 10.1029/JA091iA12 p13631.

[42] Wargelin, B. J., M. Markevitch, M. Juda, V. Kharchenko, R. Edgar, and A. Dalgarno (2004), CHANDRA observations of the "dark" Moon and geocoronal solar wind charge transfer, Astrophys. J., 607, 596－610.

[43] Wu, F. M., K. Suzuki, R. W. Carlson, and D. L. Judge (1981), PIONEER 10 ultraviolet photometer observations of the interplanetary glow at heliocentric distances from 2 to 14 AU, Astrophys. J., 245, 1145－1158.

Geocentric position preliminary detection from the extreme ultraviolet images of Chang'E-3

Chen Zheng[1,2], Jinsong Ping[2], Mingyuan Wang[2], Wenxiao Li[2]

1. School of Mathematics and Statistics, Henan University, Jinming Road, Kaifeng, China, 475000;
2. National Astronomical Observatories, Chinese Academy of Sciences, Beijing, China, 100012
zhengchen_data@126.com

Abstract: An Extreme ultraviolet (EUV) Camera was installed onboard the Chinese lunar surface landing mission, the Chang'E-3 lander, as a useful method to observe the Earth plasmasphere. This EUV optical payload obtained more than 600 moon-based Earth plasmasphere images since December 14, 2013. However, due to errors of unknown size and origin in the platform attitude control of the lander and in the EUV telescope pointing control during the mission operating periods, the geocentric coordinates in these EUV images are not fixed in the same position of CCD pixel. Before adequately calibrating, these positioning offsets will introduce extra errors into the analysis of the plasmaspheric structure. With only a little insufficient telemetry information, an effective calibrating method of circle-based differential algorithm is suggested and demonstrated, for automatically and precisely detecting the geocentric position in each EUV image of Chang'E-3 mission. In each EUV image, the tested method uses the outline of a circle as the basic unit to capture the contour for the bright region based on the spectral characteristic. Then, the center of the extracted circle is adopted as the geocentric position for the image. The preliminary analysis shows that this method can effectively detect the geocentric position being always consistent with the recognition result by the basic hand labor method. It is found that the radius of the circles varies from month to month from December, 2013 to May, 2014. The monthly averages of radius show relative notable positive correlation and negative correlation with the changes of both Zenith angle of the Earth at the landing area of Chang'E-3 lander, and the Earth-moon distance, respectively. This method and results here will benefit the Chang'E-3 EUV study.

Key words: EUVC image · Chang'E 3 · Geocentric position · Detection

1 Introduction

The plasmasphere is the torus region of dense cold plasma, locating between the ionosphere and the outer magnetosphere. It was discovered by the Whistler using the groundbased technique (Carpenter 1963, 1966; Storey 1953). Since then, many approaches have been used to measure different characteristics of the Earth plasmasphere (Dent et al. 2003; Gallagher and Adrian 2007; Hoogeveen and Jacobson 1997; Lemaire and Storey 2001; Meier et al. 1998; Singh et al. 2011), such as the plasma density distribution, erosion and recovery of the plasmasphere, the plasmaspheric dynamics. This region may be an important one due to its great impact on the near-Earth space environment.

Approximately 10% – 20% of the plasmasphere's plasma particles are He^+, which resonantly scatter EUV radiation at 30.4nm under the solar radiation (He et al. 2010; Lemaire and Gringauz 1998; Li et al. 2009). The extreme ultraviolet (EUV) detection can provide the He^+ distribution of the plasmasphere by detecting its emission at 30.4 nm. Because some EUV emission can be absorbed by the Earth's atmosphere completely, usually the EUV observation is hardly implemented from the Earth ground surface. The EUV observation by space mission has been reasonable choice. Some satellites carrying EUV sensors were launched in last decades. For instance, a small extreme ultraviolet (XUV) scanner carried on board the Mars orbiter, Planet-B (Nozomi), firstly provided the terrestrial plasmasphere image from the out space. But, XUV only observed the dusk side of the plasmasphere because of the spacecraft's orbit designation and its limitation of field-of-view (Nakamu et al. 2000). Several years later, another EUV imager installed on the IMAGE satellite was launched by NASA, which provided the global images of the terrestrial plasmasphere with a spatial resolution of 0.1 R_E every 10 min (Davis et al. 2013; Keyser et al. 2009; Sandel et al. 2001). These images showed the temporal evaluation of the plasmaspheric dynamics and gave the electron density distribution (Fu et al. 2010; He et al. 2010; Sandel et al. 2003). In the SELENE mission, the EUV sensor also observed the terrestrial plasmasphere from the perspective of the lunar orbit (Yoshika et al. 2008, 2010).

The Chinese lunar mission Chang'E-3 was launched on December 2, 2013. A EUV Camera (EUVC) of 15 degrees field-of-view was installed in the lander, with angular resolution of 0.095°. The spacecraft successfully landed in the east of Sinus Iridum area of lunar surface on December 14, 2013 (Feng et al. 2014; He et al. 2013; Wu et al. 2014). This EUVC is operated at a centre wavelength of 30.2 nm and the band width of 4.6 nm. Compared with previous EUVCs, this moon-based EUVC can continuously observe the plasmasphere during the day time of lunar revolution circling the Earth except for the period that sunlight comes into the EUVC directly (He et al. 2013). It gives us a nice chance to image the Earths plasmasphere at 30.4 nm from side perspectives at different positions of lunar orbit during a relatively long period to monitor the structure and variation of the plasmaspheric density. Some EUVC images are illustrated in Fig. 1, a-c are the original EUVC images and d – f are the results after enhanced contrast in which the plasmasphere can be observed more clearly. In these images, the bright area is EUV terrestrial plasmasphere, and the Earth is always located in the middle area, however, the geocentric coordinative position is not fixed on a certain position, but slightly changes in different images.

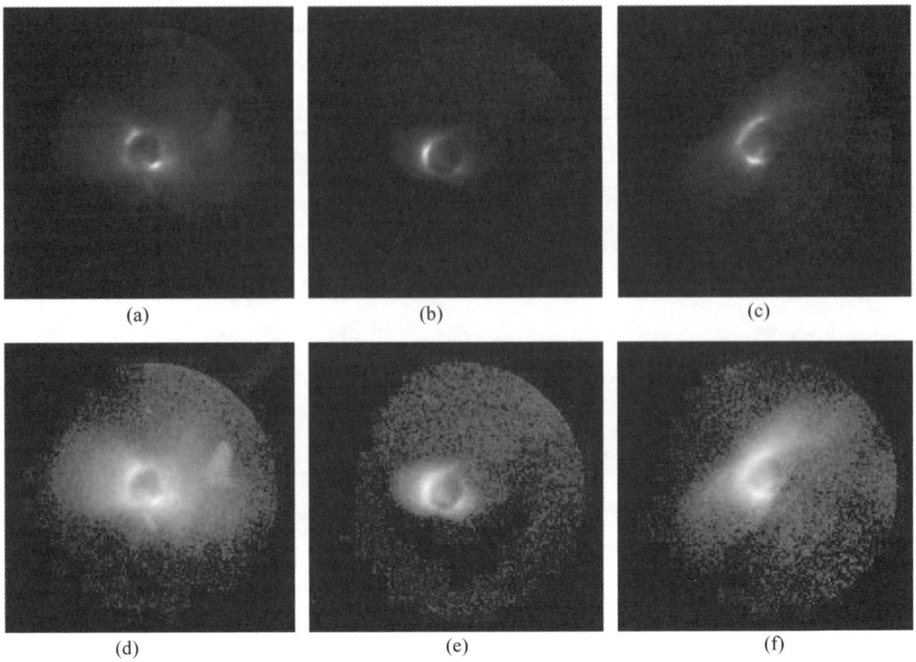

Fig. 1 Some EUVC images of Chang'E 3: (a) EUVC image obtained on December 24, 2013. (b) EUVC image obtained on February 21, 2014. (c) EUVC image obtained on May 20, 2014. (d), (e) and (f) are the enhanced images of (a), (b) and (c), respectively.

Because these positioning offsets will introduce extra errors into the analysis of the plasmaspheric structure, a fixed geocentric coordinative position on these images is required. We suggest and develop an automatic detection method to get the geocentric position from the EUVC images obtained by the Chang'E 3 lander. In this method, we first analyze the spectral characteristic of the plasmasphere according to EUVC images. Then, a circle-based difference way is designed to capture the circular contour of the bright region of Earth's plasmasphere from these images. The center of this contour is detected as the geocentric position in this paper. Experimental results demonstrate the effectiveness of the proposed method.

The rest of this paper, Sect. 2 analyzes the characteristic of EUVC images and introduces the proposed method. Then, Sect. 3 shows and discusses the extracted results of the Chang'E 3. Finally, Sect. 4 concludes the paper.

2 Analysis method

In this section, the spectral characteristic of the EUVC image obtaining by the Chang'E 3 is analyzed first. Then, based on the characteristic, a circle-based difference way is suggested to extract the contour of the bright region of the EUV plasmasphere and detecting the geocentric position.

2.1 Feature analysis of the EUVC image

To explore the spectral characteristic of the Earth and its plasmasphere, we select one point (i_0, j_0) near the geocentric position for a given EUVC image $\boldsymbol{Y} = \{y(i, j) \mid 1 \leqslant i \leqslant M, 1 \leqslant j \leqslant N\}$. Through the selected point, we made two orthogonal lines $l_1 = \{y(i, j) \mid j = j_0\}$ and $l_2 = \{y(i, j) \mid i = i_0\}$, i. e., l_1 is the horizontal line and l_2 is the vertical line. Figure 2 shows some examples, where the points (i_0, j_0) of three different EUVC images are selected as (74, 73), (75, 69), and (70, 74) respectively.

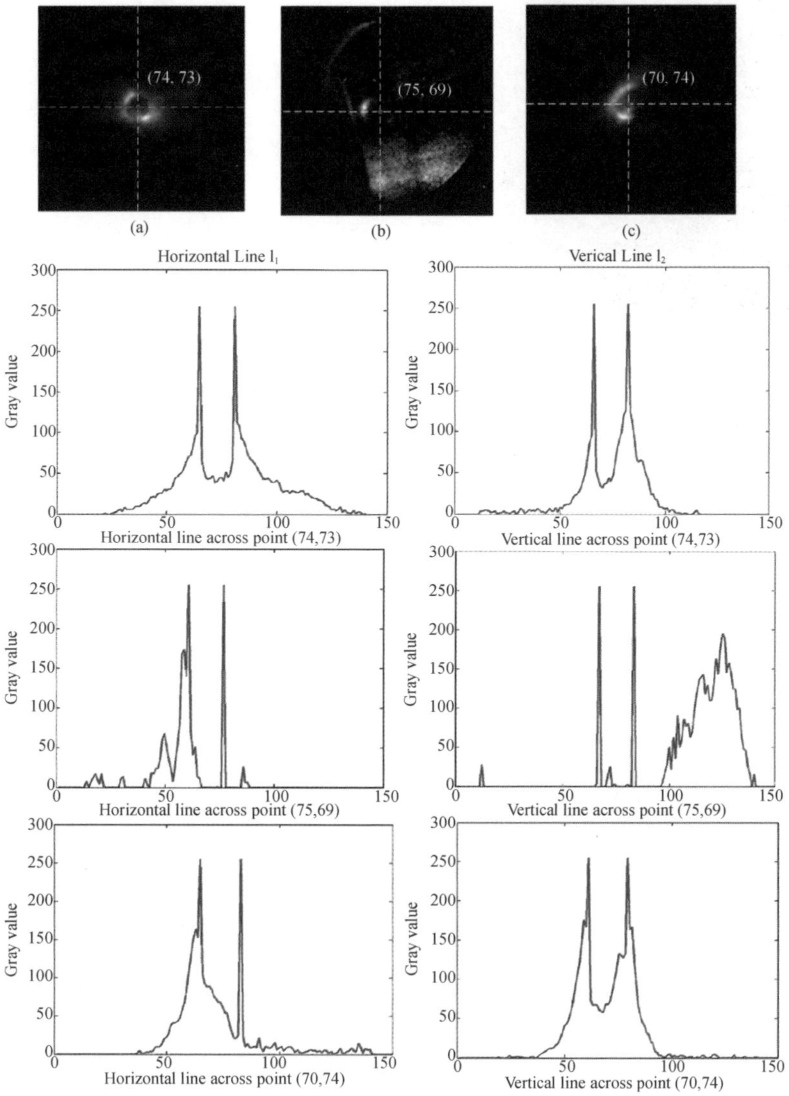

Fig. 2　Examples of spectral feature analysis of the EUVC image. The first row shows the selected points near the geocentric. Images in the rest rows illustrate the horizontal and vertical lines through the selected points, respectively.

The horizontal and vertical lines through these points both demonstrate that there are two peaks in the middle part of the EUVC image in terms of the spectral value, i. e. the image intensity. These high value points show as the bright region in the EUVC image, which is the brightest part of airglow (EUV-BPA) coming from the effects of the plasmaspheric He^+ 30.4-nm emission (Chen et al. 2014; Sandel et al. 2003). The Earth, as illustrated in Fig. 3, is located inside the airglow and closes to EUV-BPA. Here we consider only about the EUV airglow.

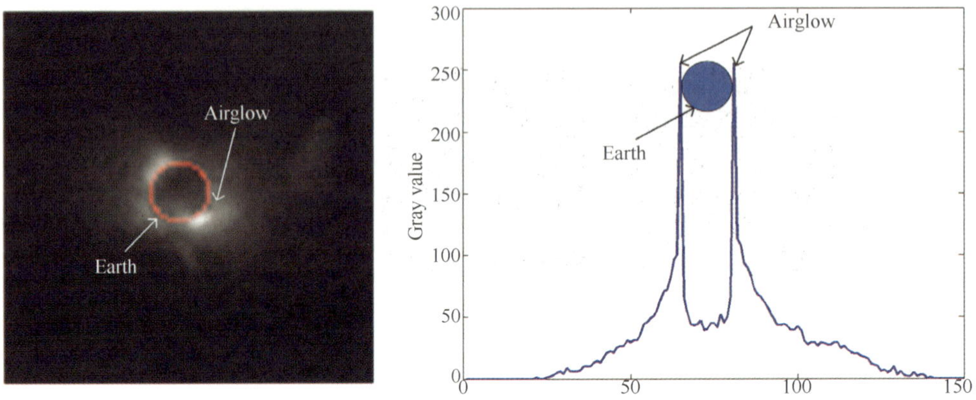

Fig. 3　An illustration of thespatial position of the Earth inthe EUVC image.

2.2　Circle-based difference method

The EUV airglow region surrounds the Earth and its center should be the geocentric position in the EUVC images. Based on the spectral characteristic of the EUVC image, the airglow usually has the local maximum spectral value, and the spectral value has a sharp change around the EUVBPA. Hence, one can extract the EUV-BPA from the change rate of the spectral value, i. e. the gradient of the image intensity. Difference is a commonly used method to calculate the change rate (Gonzalez and Woods 2008). Because of the Earth's shadow, the bright region of the airglow is not a complete circle-shaped region surrounding the Earth. Usually, the traditional difference of the image is calculated along one direction, such as horizontal or vertical, which can't effectively detect the dark shadow region of the plasmasphere. This makes difficulty for precisely detecting the geocentric coordinative position.

In order to overcome such a problem, a circle-based difference way is suggested here. The method uses the circle as the basic unit to calculate the change rate of the spectral value between one circle, $\boldsymbol{C}_{i0,j0}(r)$, and its neighboring circles, $\boldsymbol{Ex\_C}_{i0,j0}(r)$ and $\boldsymbol{In\_C}_{i0,j0}(r)$. These circles can provide the circle-shaped difference result with center position, which is used to capture the EUV-BPA and get the geocentric coordinative position. The details of the circle-based difference method are given as follows.

For a given point (i_0, j_0) and the radiusr, we first get a selected circle $\boldsymbol{C}_{i_0,j_0}(r)$ in (1),

$$\boldsymbol{C}_{i0,j0}(r) = \{(i, j) \mid (i-i_0)^2+(j-j_0)^2 = r^2, \\ i_0, j_0 \in \mathbf{N}, i, j, r \in \boldsymbol{R}\} \tag{1}$$

Discretize the circle $\boldsymbol{C}_{i_0,j_0}(r)$ in the image, we can get

$$\boldsymbol{C}_{i_0,j_0}(r) = \{(i, j) \mid (i-i_0)^2+(j-j_0)^2 = r^2, \\ i_0, j_0, i, j \in \mathbf{N}, r \in \boldsymbol{R}\} \tag{2}$$

The external circle $\boldsymbol{Ex\_C}_{i_0,j_0}(r)$ and the internal circle $\boldsymbol{In\_C}_{i_0,j_0}(r)$ of the $\boldsymbol{C}_{i_0,j_0}(r)$ can be similarly defined as:

$$\boldsymbol{Ex\_C}_{i_0,j_0}(r) = \{(i, j) \mid (i-i_0)^2+(j-j_0)^2 = (r+1)^2, \\ i_0, j_0, i, j \in \mathbf{N}, r \in \boldsymbol{R}\} \tag{3}$$

$$\boldsymbol{In\_C}i_0,j_0\ (r) = \{(i, j) \mid (i-i_0)^2+(j-j_0)^2 = (r-1)^2, \\ i_0, j_0, i, j \in \mathbf{N}, r \in \boldsymbol{R}\} \tag{4}$$

An example is given at the left of Fig. 4, where the red circle is the selected circle $\boldsymbol{C}_{i_0,j_0}(r)$, the green circle is its external circle $\boldsymbol{Ex\_C}i_0,j_0\ (r)$, and the blue circle is its internal circle $\boldsymbol{In\_C}_{i_0,j_0}(r)$.

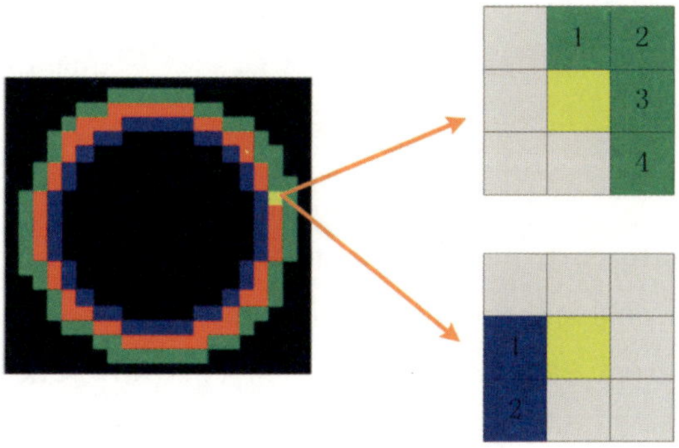

Fig. 4　Illustration of the circle-based difference method.

Second, we can further define the spatial neighboring relationship between points of these three circles. Namely, for each point (i', j') in the circle $\boldsymbol{C}_{i_0,j_0}(r)$, let $\boldsymbol{Ex\_N}(i', j')$ and $\boldsymbol{In\_N}(i', 'j)$ denote the sets of points belonging to $\boldsymbol{Ex\_C}_{i_0,j_0}(r)$ and $\boldsymbol{In\_C}_{i_0,j_0}(r)$, and neighboring site (i', j'). Then we have:

$$\boldsymbol{Ex\_N}(i', j') = \{(i, j) \mid (i, j) \in \boldsymbol{Ex\_C}_{i_0,j_0}(r), \\ (i', j') \in C_{i_0,j_0}(r), \mid i-i' \mid \leqslant 1, \\ \mid j-j' \mid \leqslant 1\} \tag{5}$$

$$\boldsymbol{In\_N}(i', j') = \{(i, j) \mid (i, j) \in \boldsymbol{In\_C}_{i_0,j_0}(r), \\ (i', j') \in \boldsymbol{C}_{i_0,j_0}(r), \mid i-i' \mid \leqslant 1, \\ \mid j-j' \mid \leqslant 1\} \tag{6}$$

An illustration is shown at the right of Fig. 4, where the yellow pixel denotes the point (i', j'), the four green pixels comprise the set $\boldsymbol{Ex\_N}(i', j')$ and the two blue pixels comprise the set $\boldsymbol{In\_N}(i', j')$.

Thereafter, the external and internal differences of point (i', j') can be calculated as follows,

$$Ex\_D(i', j') = \begin{cases} \dfrac{\sum_{(i,j)\in Ex\_N(i',j')} y(i,j)}{|Ex\_N(i',j')|} - y(i',j') & \text{if}(i',j') \in C_{i_0,j_0}(r) \\ 0 & \text{otherwise} \end{cases} \quad (7)$$

$$In\_D(i',j') = \begin{cases} \dfrac{\sum_{(i,j)\in In\_N(i',j')} y(i,j)}{|In\_N(i',j')|} - y(i',j') & \text{if}(i',j') \in C_{i_0,j_0}(r) \\ 0 & \text{otherwise} \end{cases} \quad (8)$$

Here, $Ex\_D(i', j')$ is the difference between the intensity of the point (i, j) and the mean intensity of pixels in $\boldsymbol{Ex\_N}(i', j')$, and $In\_D(i', j')$ is calculated similarly. Then, we further define the circle-based difference value of site (i', j') by considering both the external and internal differences, i. e. ,

$$Circle\_D(i', j') = Ex\_D(i', j') + In\_D(i', j') \quad (9)$$

At last, by summing the circle-based difference value of each site on the selected circle $\boldsymbol{C}_{i_0,j_0}(r)$, the total circlebased difference value of $\boldsymbol{C}_{i_0,j_0}(r)$ equals to

$$C\_D[\boldsymbol{C}_{i_0,j_0}(r)] = \frac{\sum_{(i',j')\in C_{i_0,j_0}(r)} Circle\_D(i', j')}{|\boldsymbol{C}_{i_0,j_0}(r)|} \quad (10)$$

The circle-based difference method suggested above is different with the tradition difference method, as it considers the mean difference of the spectral value between one selected circle and its external and internal circles. This difference method can detect the spectral change rate at the EUV-BPA with circular shaped constraint. The algorithm of the proposed method is shown as follows.

Algorithm

Input: *a given point* (i_0, j_0) *and the radius* r.

Output: *the circle-based difference of circle* $\boldsymbol{C}_{i_0,j_0}(r)$

(1) Use the given point (i_0, j_0) and the radius r to define the selected circle, $\boldsymbol{C}_{i_0,j_0}(r)$, and its external and internal circles, $\boldsymbol{Ex\_C}_{i_0,j_0}(r)$ and $\boldsymbol{In\_C}_{i_0,j_0}(r)$.

(2) Define the spatial neighboring relationship between points of selected circle and points of its neighboring circles accordingto Eqs. (5) and (6).

(3) Calculate the external and internal differences, $Ex\_D(i', j')$ and $In\_D(i', j')$, for each point of selected circle.

(4) Get the circle-based difference value of each site based on Eq. (9), and obtain the circle-based difference $C\_D[\boldsymbol{C}_{i_0,j_0}(r)]$ with Eq. (10).

2.3 Geocentric position detection

We use the circle-based difference method to retrieve the EUV-BPA. Because the spectral value changes quickly at the EUV-BPA, the circle of the EUV-BPA $\boldsymbol{C}_{i^*,j^*}(r^*)$ should have the maximum spectral change rate in the middle part of the EUVC image, i. e.

$$\boldsymbol{C}_{i^*,j^*}(r^*) = \arg \max_{\substack{(i,j)\in \boldsymbol{M} \\ r\in \boldsymbol{R}}} | C\_D[\boldsymbol{C}_{i,j}(r)] |.$$

Since the intensity of each point (i', j') at the EUVBPA is usually larger than the intensity of the neighboring site at its external and internal circles, $Ex\_D(i', j')$ and $In\_D(i', j')$ will be the negative values based on Eqs. (7) and (8). It means the circle-based difference value $C\_D[\boldsymbol{C}_{i,j}(r)]$ is also negative, then

$$\begin{aligned} \boldsymbol{C}_{i^*,j^*}(r^*) &= \arg \max_{\substack{(i,j)\in \boldsymbol{M} \\ r\in \boldsymbol{R}}} | C\_D[C_{i,j}(r)] | \\ &= \arg \max_{\substack{(i,j)\in \boldsymbol{M} \\ r\in \boldsymbol{R}}} (-C\_D[C_{i,j}(r)] \\ &= \arg \min_{\substack{(i,j)\in \boldsymbol{M} \\ r\in \boldsymbol{R}}} C\_D[C_{i,j}(r)], \end{aligned} \tag{11}$$

where $\boldsymbol{M}$ is the set of points in the middle part of the given image, and $\boldsymbol{R}$ is the set of different radius values. For finding the $\boldsymbol{C}_{i^*,j^*}(r^*)$, we use a two-step scheme to explore the center of the circle (i^*, j^*) and the radius r^*, respectively. First, we set the radius as a fixed value r_0, then find the optimal center (i^*, j^*) of the circle with radius r_0. That is

$$C_{i^*,j^*}(r_0) = \arg \min_{(i,j)\in \boldsymbol{M}} C\_D[C_{i,j}(r_0)] \tag{12}$$

As the EUVC image size of the Chang'E 3 is 150 × 150, we consider the points around (75, 75) as the middle part, namely, $\boldsymbol{M}$ is empirically set as $\boldsymbol{M} = \{(i, j) \mid |i - 75| \leqslant 7, |j-75| \leqslant 7, i, j \in \boldsymbol{N}\}$ in this paper. Figure 5 gives an example, where the circle centered at the (74, 73) takes the local minimum difference value.

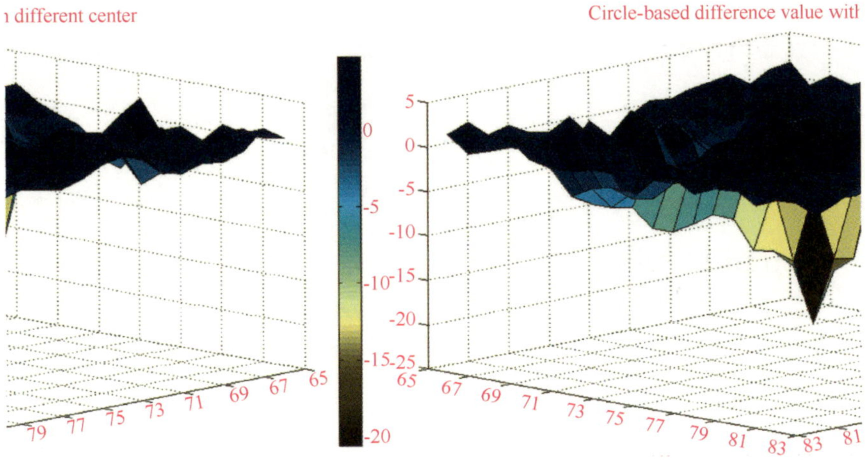

Fig. 5　Difference value with the fixed radius and various center position.

Second, we determine the optimal radius r^* according to the minimum difference value $C\_D[C_{i^*,j^*}(r_0)]$ from the set $\boldsymbol{R}$, which should have the minimum value of $C\_D[C_{i^*,j^*}(r_0)]$ among all the radiuses r_0 in $\boldsymbol{R}$, i. e.,

$$C_{i^*,j^*}(r^*) = \arg\min_{r_0 \in \boldsymbol{R}} C\_D[C_{i^*,j^*}(r_0)] \tag{13}$$

The radius of the EUV-BPA in each image is relatively stable with a length changing from 9 to 10 pixels in the EUVC image. We choose the values of r_0 from 9 to 10.2 pixels, with the increased step of 0.1 pixel each time, to compose the set $\boldsymbol{R}$. An example of finding r^* is shown in Fig. 6, $C\_D[C_{i^*,j^*}(r)]$ with $r = 9.4$ minimizes the difference values. Hence, we set r^* as 9.4. According to Eqs. (12) and (13), current circle $C_{i^*,j^*}(r^*)$ with the optimized center (i^*, j^*) and radius r^* is the circle of the EUV-BPA mentioned in Eq. (11), i. e.,

$$\begin{aligned} C_{i^*,j^*}(r^*) &= \arg\min_{r_0 \in \boldsymbol{R}} C\_D[C_{i^*,j^*}(r_0)] \\ &= \arg\min_{r_0 \in \boldsymbol{R}}[\arg\min_{(i,j) \in \boldsymbol{M}} C\_D[C_{i,j}(r_0)]] \\ &= \arg\min_{\substack{(i,j) \in \boldsymbol{M} \\ r \in \boldsymbol{R}}} C\_D[C_{i,j}(r_0)] \end{aligned} \tag{14}$$

Hence, the optimal center (i^*, j^*) of $C\_D[\boldsymbol{C}_{i^*,j^*}(9.4)]$ is the geocentric coordinative position of the given EUVC image for the example illustrated in Fig. 6.

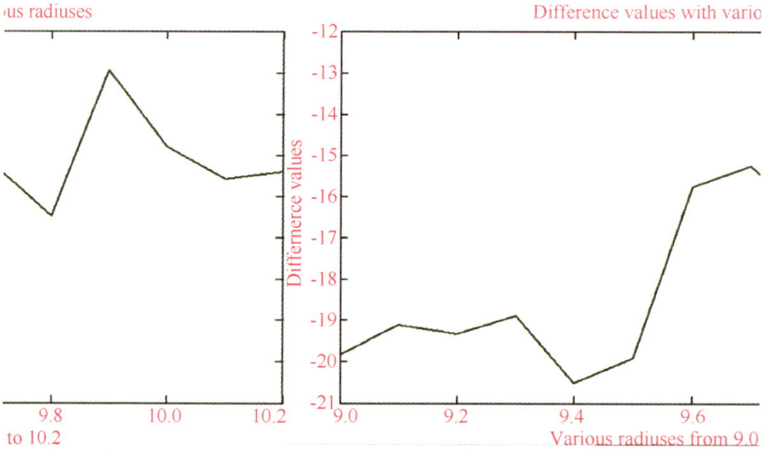

Fig. 6 Difference values with various radiuses.

3 Experimental results

A circle-based difference method is suggested and developed successfully in this paper to detect the geocentric coordinative position in EUVC images of Chang'E-3. In order to experimentally evaluate the method, 715 EUVC images, obtained by Chang'E-3 lander from the December 24, 2013 to the May 20, 2014, are employed to illustrate the performance of the method. Among these EUVC images, the geocentric positions of 35 images are difficult to detect according to the given spectral value, neither using the proposed method nor using the artificial recognition. For the rest 680 images, the circle-based difference way

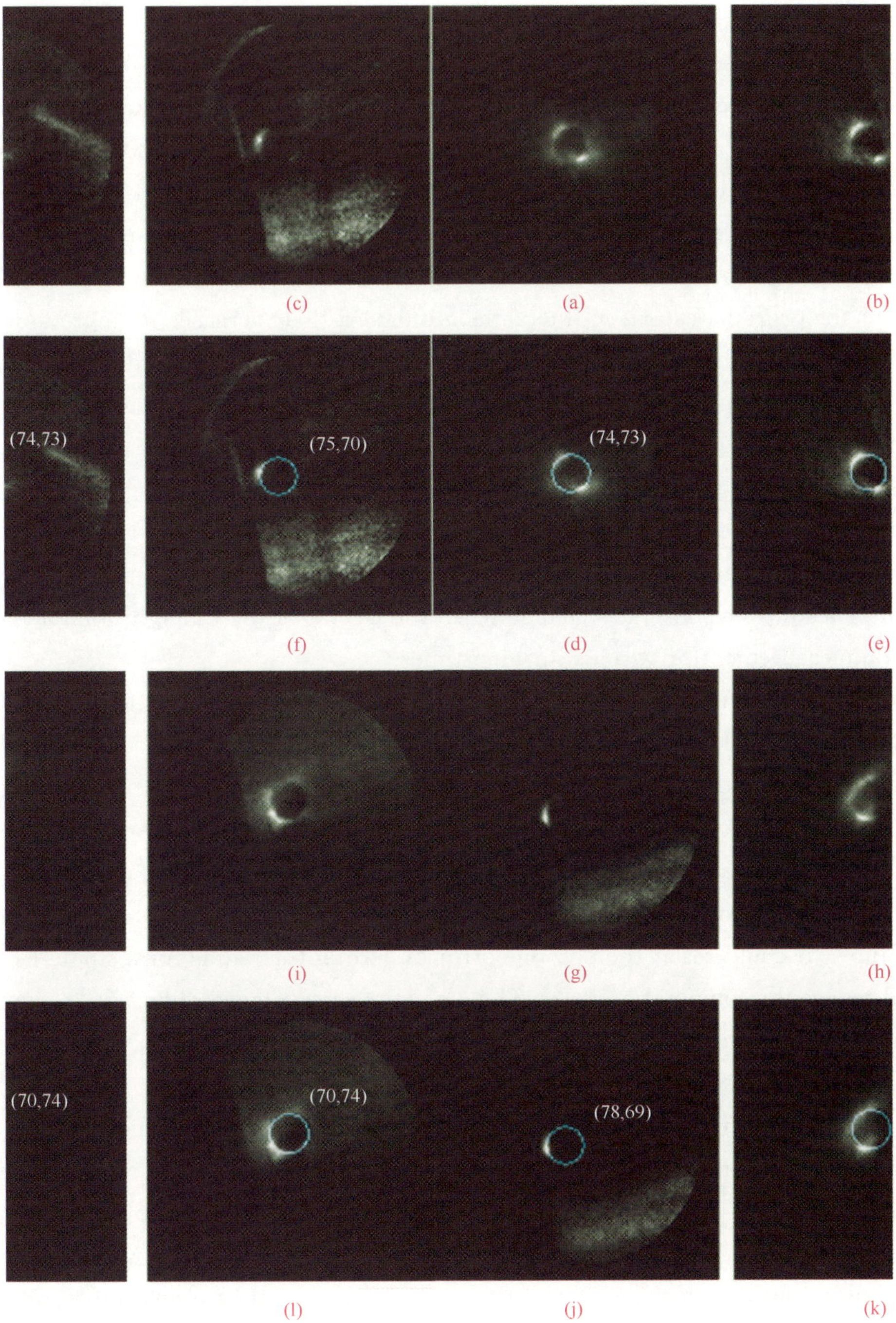

Fig. 7　Some detection results of EUVC images of the Chang'E 3. (a), (b), (c), (g), (h), and (i): EUVC image obtained at different time. (d), (e), (f), (j), (k), and (l): detection results including the geocentric position and the contour of the Earth.

can detect the geocentric position effectively. The new method has a success rate higher than 95 %. Some examples are given in Fig. 7. These images obtained at different times show various appearances because of the dynamic plasmasphere. The EUV airglow in some images is blurred, such as Fig. 7(a) and (h). Some images only have a little piece of the bright regions, such as Fig. 7(c) and (g). These make the detection challenging. As we observe, the retrieving results of the suggested method exhibit a remarkable robustness for geocentric detection, which are usually consistent with the artificial recognition results.

Geocentric detection results of all the 680 EUVC images are given in Fig. 8, where (a) and (b) are the coordinates axis x and y respectively, (c) shows the position from the 3D perspective, (d) gives the circular radius values of the 680 EUVC images. The geocentric position of the coordinates axis x fluctuates around 75 that increases in approximately the first 200 images and then decreases. The geocentric position of the coordinate axis y shows an increased trend in general, and its mean value is about 72. There is not obvious change rule of the geocentric position in the 3D figure, but the position points can be roughly divided into four or five groups. This is due to that the EUV imaging epoch of the Chang'E 3 is not continuous. The significant changes of the geocentric position are related with the intervals of different imaging times. It shows that the parameter evaluation of the control system may lead to several pixels change when the EUVC of the Chang'E 3 implements the calibration measurementfor various imaging times.

The choice or estimation of the radius depends on the spectral value of the EUV airglow. The airglow is highly dynamic and shows various appearances in different EUVC images. It makes the radius values r^* fluctuate within the interval [9, 10.2] in Fig. 8(d). However, the radius of EUVBPA will not change a lot during same period of observation time in the EUVC image of the Chang'E 3. Hence, we only use the averaged radius to detect the geocentric position for EUVC images obtained in the same month or in the same lunar day time. It could resist the possible error of setting the radius for a single EUVC image, and reduce the computation time. The details of the averaged radiuses are given in Table 1 and the geocentric positions of 680 EUVC images are also renewed with the new radiuses, as illustrated in Fig. 9.

As we observe, the geocentric positions of 680 EUVC images does not have an obvious changes when we alter the radius value. It illustrates the robustness of the proposed algorithm. Furthermore, the proposed method will cost about 9.3 second to detect the geocentric position of one EUVC image with setting the center of the circle (i^*, j^*) and the radius r^*. If only considering the center of the circle (i^*, j^*), the proposed method will cost about 0.7 second.

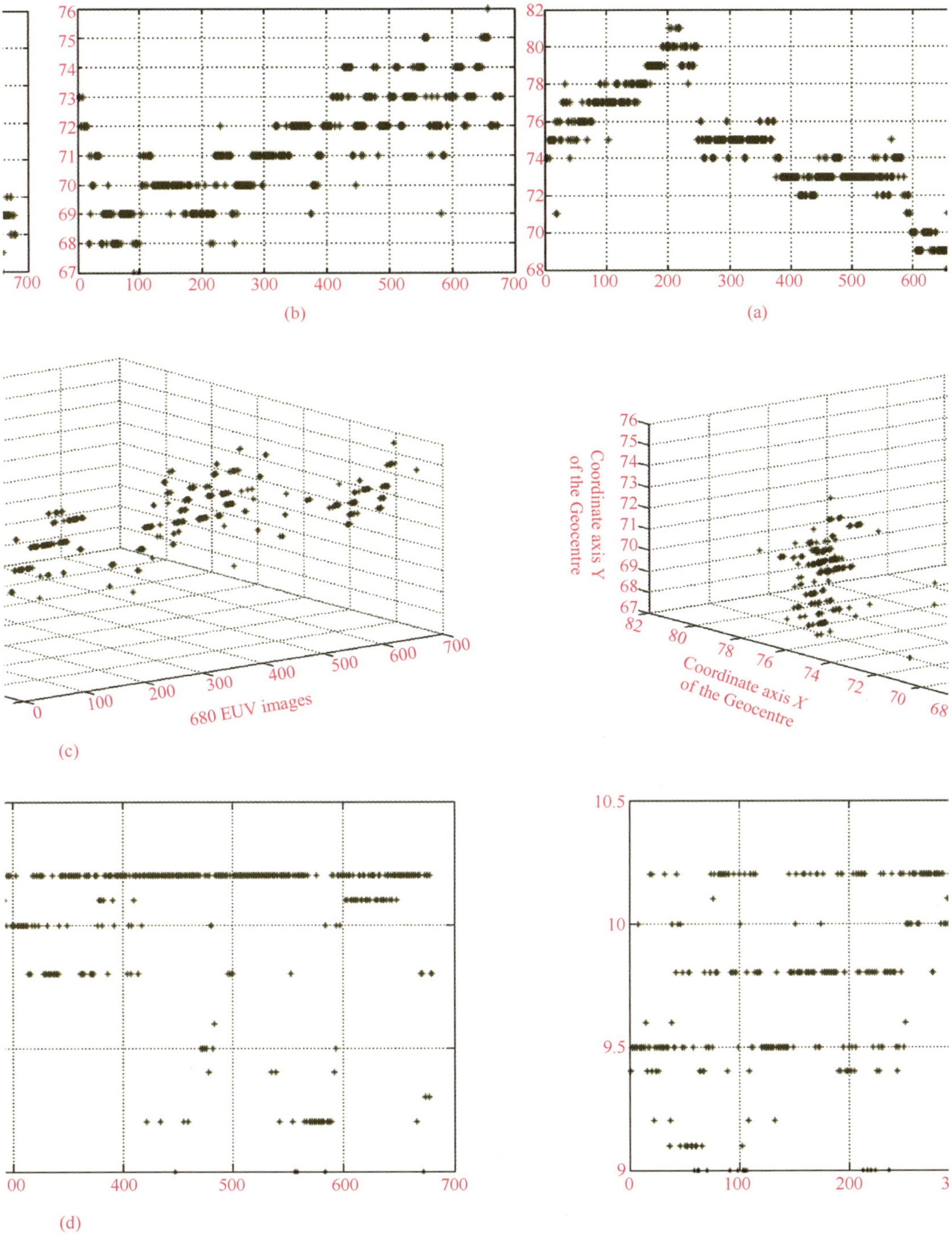

Fig. 8　Geocentric position of 680 EUVC images.

(a) geocentric position of the coordinates axis x; (b) geocentric position of the coordinates axis y; (c) geocentric position imaging from a 3D perspective; (d) radius values r^*.

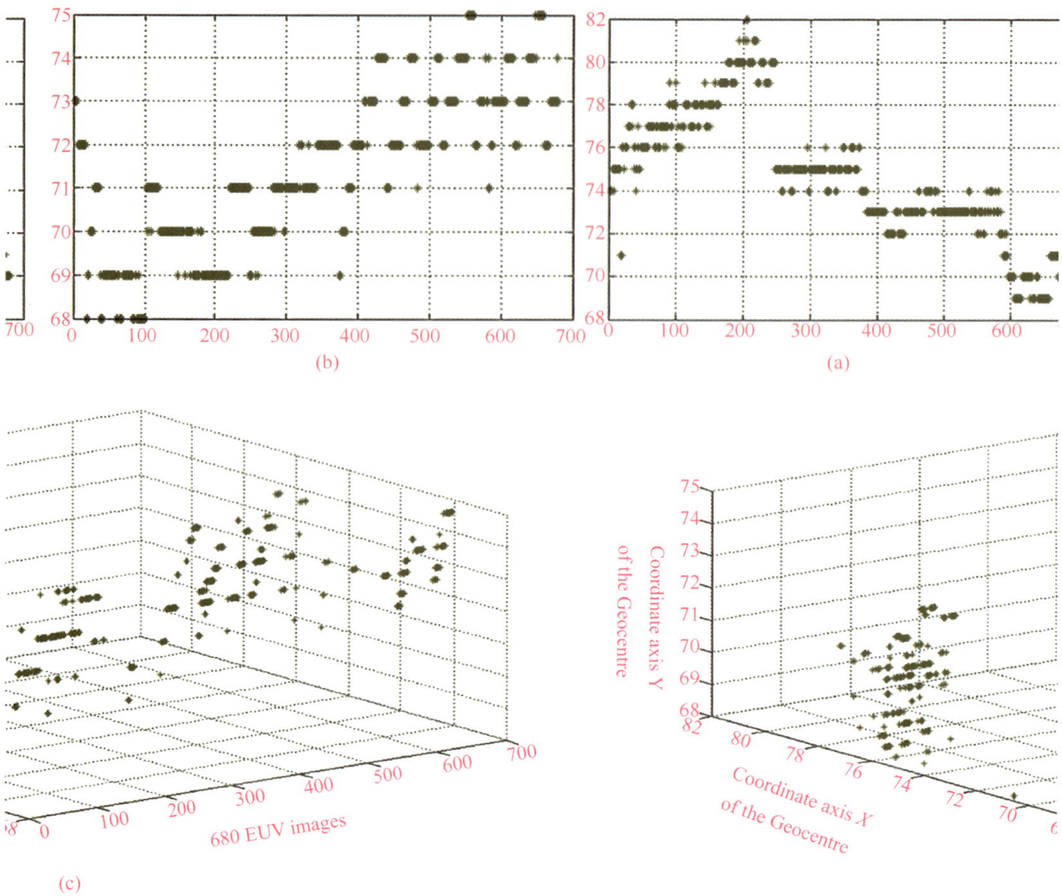

Fig. 9　Renewed geocentric position of 680 EUVC images.

(a) geocentric position of the coordinates axis x; (b) geocentric position of the coordinates axis y; (c) geocentric position imaging from a 3D perspective.

4　Conclusion

To summarize, we propose a circle-based method to detect the geocentric position from the EUVC image of the Chang'E 3. The strength of the proposed method lies in two aspects. First, the circle is used as the basic unit to calculate the difference value. Compared with the traditional difference methods, the circle-based difference method is suitable for capturing the contour of the brightest part of the airglow with the circle-shaped difference result. Second, our method is an automatic detection method. It can improve the efficiency of geocentric detection. Experimental results demonstrate that the proposed method can effectively detect the geocentric position from the EUVC images of the Chang'E 3, whose results are usually consistent with the artificial discrimination results.

According to data in Table 1, the EUV-BPA radius varies from month to month. To explore the reason why the radius changes, we consider the relationship between the EU-VBPA radius and some viewing geometry factors. Namely, these factors includes: (1) the Zenith angle of the sun at the landing area of Chang'E-3 lander, denoted as Arg 1; (2) the Zenith angle of the Earth under the condition of Arg 1, denoted as Arg 2; (3) the angle between the sunto- Chang'E-3 line and the Earth-to-Chang'E-3 line satisfying the condition of Arg 1 and Arg 2, denoted as Arg 3; (4) the distance between the Earth and the moon. Figure 10 demonstrates the lengths of EUV-BPA radiuses at different months varying from December, 2013 to May, 2014, and the month-averaging values of these viewing geometry factors at the corresponding time of the EUVC images.

Table 1　Choices of radiuses for different times

Months	Dec. 2013	Jan. 2014	Feb. 2014	Mar. 2014	Apr. 2014	May 2014
Radiuses	9. 5	9. 6	9. 6	10. 1	10	10

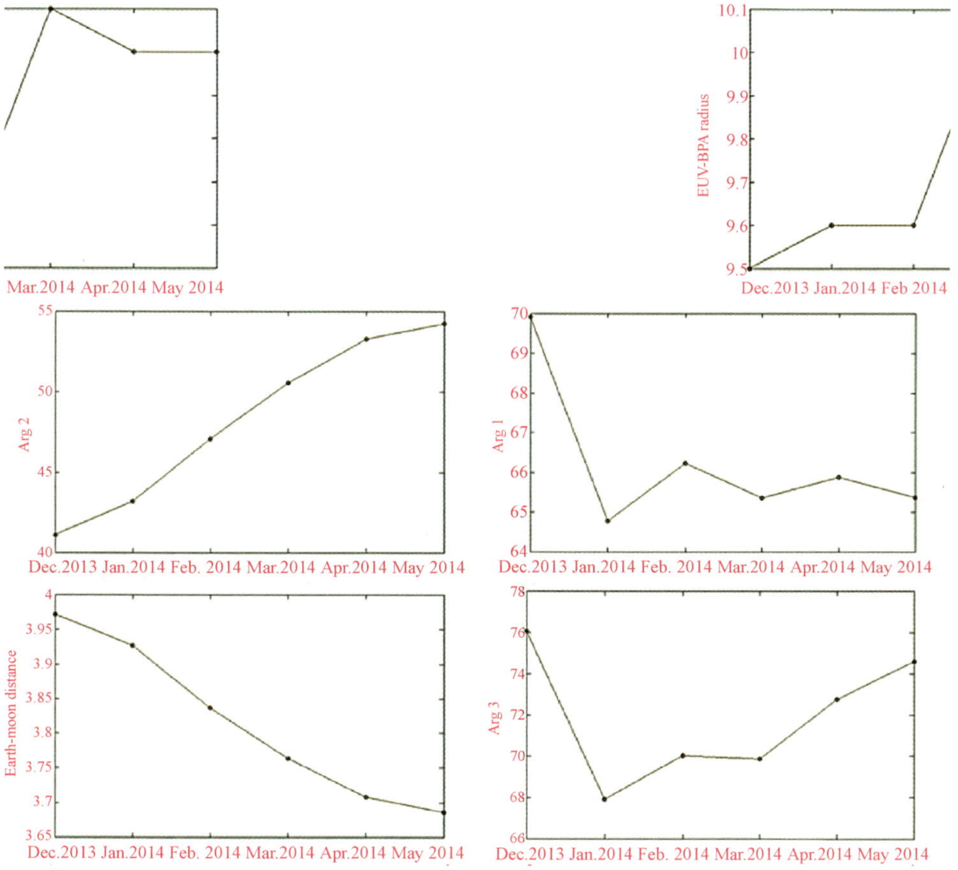

Fig. 10　Figures of the EUV-BPA radius, Arg 1, Arg 2, Arg 3, and Earth-moon distance from December 2013 to May 2014, respectively.

The correlations between the EUV-BPA radius and these viewing geometry factors are illustrated in Table 2. It can be seen that changes of both the Arg 2 and the Earth-moon distance show relative notable positive correlation and negative correlation with the change of radius, respectively. Regression analysis among them is that,

$$EUV\text{-}BPA \text{ radius} = 0.078 \cdot (\text{Arg } 2) + 1.5816 \, (\text{Earth-moon distance}) + \text{residual} \quad (15)$$

Table 2 Viewing geometry factors for different months, and the correlation between them and the EUV-BPA radiuses

Months	Dec. 2013	Jan. 2014	Feb. 2014	Mar. 2014	Apr. 2014	May 2014	Correlation
Arg 1 (degree)	69.9168	64.7786	66.2215	65.3607	65.8882	65.3745	−0.5419
Arg 2 (degree)	41.1193	43.2129	47.0665	50.5859	53.2667	54.2347	0.8979
Arg 3 (degree)	76.0785	67.9027	70.0194	69.8761	72.7662	74.6114	0.0074
Distance (10^8 m)	3.9717	3.9277	3.8372	3.7642	3.7081	3.6862	−0.8946

The residual errors of the above equation are 0.098, 0.016, −0.1416, 0.1992, −0.0213, and −0.0622 for EUV-BPA radius during December, 2013 to May, 2014, respectively. It indicates that the Arg 2 and the Earth-moon distance contribute partly to the change of the EUV-BPA radius. However, the duration of the EUVC observing time is only six months, which would limit the accuracy of the analysis. Moreover, others factors that we don't exactly know currently may impact the change of the EUV-BPA radius as well. Our further study will keep focusing on this problem.

Acknowledgements

The authors are very grateful to the editor and the anonymous referee for comments and suggestions which led to the present improved version of the paper. All the authors acknowledge support from the Key Research Program of the Chinese Academy of Sciences (Grant Y422013V01-CE-3), the national key basic research and development plan (Grant No. 2015CB857101). This work was also supported in part by the National Natural Science Foundation of China (Grant 41301470 and 41101425), the key research of Henan provincial univeristies (Grant 15A420001) and the basic research funds for the Henan provincial universities. We also thank the EUVC instrument team of Chang'E 3 mission for their help.

References

[1] Carpenter, D. L.: J. Geophys. Res. **68**, 1675 (1963).

[2] Carpenter, D.L.: J. Geophys. Res. **71**, 693 (1966).

[3] Chen, B., Song, K.F., Li, Z.H., et al.: Res. Astron. Astrophys. **14**, 1654(2014).

[4] Davis, M.W., Gladstone, G.R., Goldstein, J., et al.: In: Proc. Conference on UV, X-Ray, and Gamma-Ray Space Instrumentation for Astronomy XVIII, San Diego, CA (2013).

[5] Dent, Z.C., Mann, L.R., Menk, F.W., Goldstein, J.: Geophys. Res. Lett. **30**, 2 (2003).

[6] Feng, J.Q., Liu, J.J., He, F., et al.: Res. Astron. Astrophys. **14**, 1664 (2014).

[7] Fu, H.S., Tu, J., Cao, J.B., et al.: J. Geophys. Res. **115**, A07227 (2010).

[8] Gallagher, D.L., Adrian, M.L.: J. Atmos. Sol.-Terr. Phys. **69**, 341 (2007).

[9] Gonzalez, R.C., Woods, R.E.: Digital Image processing, 3rd edn. Pearson Prentice Hall, New Jersey (2008).

[10] He, F., Zhang, X.X., Chen, B., Fok, M.C.: Sci. China, Technol. Sci. **53**, 200 (2010).

[11] He, F., Zhang, X.X., Chen, B., Fok, M.C., Zou, Y.L.: J. Geophys. Res. **118**, 7085 (2013).

[12] Hoogeveen, G.W., Jacobson, A.R.: Ann. Geophys. **15**, 236 (1997).

[13] Keyser, J.D., Carpenter, D.L., Darrouzet, F., Gallagher, D.L., Tu, J.N.: Space Sci. Rev. **145**, 7 (2009).

[14] Lemaire, J.F., Gringauz, K.I.: The Earth's Plasmasphere. Cambridge University Press, Cambridge (1998).

[15] Lemaire, J., Storey, L.R.O.: J. Atmos. Sol.-Terr. Phys. **63**, 1105 (2001).

[16] Li, L., Chen, Z.Q., Xu, R.L., Kang, K., et al.: Adv. Space Res. **43**, 1143 (2009).

[17] Meier, R.R., Nicholas, A.C., Picone, J.M., et al.: J. Geophys. Res. **103**, 505 (1998).

[18] Nakamu, M., Yoshika, I., Yamaza, A., et al.: Geophys. Res. Lett. **27**, 141 (2000).

[19] Sandel, B.R., King, R.A., Forrester, W.T., et al.: Geophys. Res. Lett. **28**, 1439 (2001).

[20] Sandel, B.R., Goldstein, J., Gallagher, D.L., Spasojevic, M.: Space Sci. Rev. **109**, 25 (2003).

[21] Singh, A.K., Singh, R.P., Devendraa Siingh: Planet. Space Sci. **59**, 810(2011).

[22] Storey, L.R.O.: Philos. Trans. R. Soc. **246**, 113 (1953).

[23] Wu, B., Li, F., Ye, L., et al.: Earth Planet. Sci. Lett. **405**, 257 (2014).

[24] Yoshika, I., Yamaza, A., Murakami, G., et al.: Earth Planets Space **60**, 407 (2008).

[25] Yoshika, I., Murakami, G., Ogawa, G., et al.: J. Geophys. Res. **115**, A04217 (2010).

Moon-based EUV imaging of the Earth's Plasmasphere: Model simulations

Fei He[1], Xiao-Xin Zhang[2], Bo Chen[1], Mei-Ching Fok[3], Yong-Liao Zou[4]

1. Changchun Institute of Optics, Fine Mechanics and Physics, Chinese Academy of Sciences, Changchun, China;
2. National Center for Space Weather, China Meteorological Administration, Beijing, China;
3. NASA Goddard Space Flight Center, Greenbelt, Maryland, USA;
4. National Astronomical Observatories, Chinese Academy of Sciences, Beijing, China.

xxzhang@cma.gov.cn

Abstract: The EUV imager on board the Chang'E-3 lunar lander will image the Earth's plasmasphere from a lunar perspective to focus on some of the open questions in plasmaspheric researches (i. e., global structures, erosion, and refilling of plasmasphere). In order to achieve the understanding of the plasmaspheric dynamics in relation to these EUV images in lunar perspective, the He^+ 30.4 nm emission intensities and global structures of the plasmasphere viewed from the moon are investigated using a dynamic global core plasma model embedded with TS07 magnetic field model and W05 electric field model. Two typical storms observed by the IMAGE EUV imager are systematically simulated from the perspectives of the moon. It is found from the simulations that the maximum emission intensity of the plasmasphere is ~12.3 R which is greater than that detected from polar orbit, and the global shapes and temporal evolutions of large-scale plasmaspheric structures (plasmapause, shoulder, and plume) also have different patterns in moon-based simulated images. It is also shown that the plasmaspheric structures extracted from moon-based EUV images are in agreement with those from IMAGE EUV images. Systematic simulations demonstrate that specific latitudinal distribution of the plasmaspheric structures can only be imaged at specific positions in lunar orbit. It is expected that this investigation provides us with an overall understanding on moon-based EUV images and helps to identify the plasmaspheric structures and evolution patterns in future moon-based EUV imaging.

1 Introduction

The Earth's plasmasphere located above the ionosphere is a torus of low energy, dense plasma region with ions and electrons all trapped on geomagnetic field lines, forming a cold thermal plasma cloud up to 5～6 R_E(Earth radii). The plasmaspheric He^+ ions resonantly scatter the extreme ultraviolet (EUV) radiation of sunlight at 30.4 nm with intensity proportional to the column density along a line of sight (LOS) [*Meier and Weller*, 1972; *Meier*, 1991]. Since He^+ ion is the second abundant component in the plasmasphere [*Craven et al.*, 1997], the 30.4 nm emission is a natural choice for imaging the global plasmasphere given that H^+ has no optical emission. In addition, the magnetosphere is optically thin to this emission [*Brandt*, 1961], and the interplanetary radiation background intensity at 30.4nm is extremely low [*Paresce et al.*, 1981; *Gruntman*, 1992; *Jelinsky et al.*, 1995]. Thus, the He^+ 30.4 nm emission can be used to image the global plasmasphere, and the EUV images are intuitively suitable for researches on the dynamics and global structures of the plasmasphere during storms/substorms, as well as for space weather monitoring and forecasting.

The most significant progress in remote sensing of the plasmasphere in the past decades is the application of the wide field of view (FOV) optical cameras that image the plasma by detecting the resonantly scattered 30.4 nm sunlight from the He^+ in the plasmasphere [*Carpenter*, 2004]. The X-ray ultraviolet (XUV) scanner on board the Planet-Bmission [*Nakamura et al.*, 1999] carried out scanning imaging of the 30.4 nm emission of the plasmasphere during its travel to the Mars and for the first time obtained the partial plasmaspheric He^+ emission intensity distribution projected on the meridian plane [*Nakamura et al.*, 2000]. The first comprehensive EUV imaging of the plasmasphere was carried out by the EUV imager on board the IMAGE spacecraft in the apogean region of polar orbit [*Burch*, 2000; *Sandel et al.*, 2000]. Many important features of the plasmasphere were observed [*Sandel et al.*, 2001, 2003; *Adrian et al.*, 2001; *Goldstein et al.*, 2002; *Gallagher et al.*, 2005]. The telescope of extreme ultraviolet (TEX) on board the Selenological and Engineering Explorer (SELENE) (also known as KAGUYA) mission [*Sasaki et al.*, 2003] conducted overall imaging of theplasmasphere from lunar polar orbit [*Yoshikawa et al.*, 2008]. However, the XUV only imaged the partial plasmasphere during its near-Earth parking orbit from July 1998 to January 1999 because of its limited operation period and FOV of scanner; the EUV imager is mounted on a spin platform, and the IMAGE mission is operated in polar orbit with limitations of FOV and different vantage points, and only half (or less) of the duty circle is looking at the Earth; therefore, the plasmasphere cannot be imaged continuously, and the TEX was mounted on a three-axis stabilized platform, and the SELENE mission was operated in lunar polar orbit, and more than half of its duty circle was at the back of the moon; therefore, the plasmaspheric evolution during geomagnetic storms/substorms might not be completely imaged.

These problems might be eliminated in the moon-based EUV imaging. The equivalence of the spin period and the revolution period of the moon makes its one side always face the Earth. If an EUV imager is set on the surface of the moon facing the Earth, the FOV of the imager will always point to the Earth. Although there are small longitudinal and latitudinal disturbances due to the elliptic orbit of the moon and due to the angle (5.15°) between the plane of the lunar orbit and the ecliptic [*He et al.*, 2010a], these disturbances can be compensated by daily rotation of the imager. Thus, the imager will image the plasmasphere continuously during lunar revolution circling the Earth except for the full moon when the sunlight will go into the imager directly (the imager must be shut down). The distance of ~60 R_E from the Earth to the moon makes the FOV of the imager relatively small and easy to be achieved, and the uniform spatial resolution can be realized in the whole FOV at the same time. It is worthwhile to note that this long distance leads to increased integration time and/or decreased effective imaging area due to the r^{-2} decrease of the photon flux per unit area for the moon-based EUV imaging.

In the second phase of Chinese Lunar Exploration Program, which will be implemented in 2013, an EUV imager with FOV of 15°, angular resolution of 0.095°, temporal resolution (or integration time) of 10 min, and sensitivity of 0.12 count R^{-1} s^{-1} $pixel^{-1}$ will be mounted outside the instrumental module on the top of the lunar lander of the Chang'E-3 (CE-3) mission to image the 30.4 nm emissions resonantly scattered by the Earth's plasmasphere and then to study the dynamics of the plasmasphere from a new perspective. The moon-based EUV imager is able to detect the intensity less than 0.1 R and to recognize various structures of the plasmasphere (e.g., plasmapause, plume, and shoulder). The moon-based EUV images from this mission can be used to answer some open questions in plasmaspheric researches, such as the intensity distributions and the global structures of the plasmasphere, the erosion and refilling processes of the plasmasphere, the plasmaspheric responses to the solar wind and the interplanetary magnetic field (SW-IMF) and geomagnetic disturbances, and the transport of thermal plasma throughout the geospace and the inner magnetosphere.

It is expected that the moon-based EUV imaging will provide us an opportunity to study the plasmasphere from side perspectives. Since the resonantly scattered intensity of 30.4nm emission is proportional to the column density of He^+ along the integration path or LOS, EUV imaging from the moon enables us to study the overall dynamics of the plasmasphere. The moon-based images can also be used to analyze the latitudinal magnetic flux tube dynamics of the plasmasphere, which is impossible to be obtained from polar perspectives. Furthermore, when the moon-based EUV imager is combined with high polar orbit EUV imagers orbiting the Earth, the "true" three-dimensional (3-D) plasmaspheric density distributions can be obtained by inversing the simultaneous images from the polar orbit and the moon. When the moon-based EUV imager is combined with polar orbit auroral imagers, ionospheric imagers, and energy neutral atoms (ENA) imagers, the coupling dynamics of the plasmasphere to the ionosphere, to the radiation belt, and to the ring current can be comprehensively investigated.

Since no plasmaspheric EUV global images have been currently obtained from the moon (it is noted that the FOV of TEX is just $5^{\circ} \times 10^{\circ}$, which cannot image the overall plasmasphere in one snapshot), it is essential to simulate the moon-based EUV imaging to understand the plasmasphere systematically before the launch of the CE-3 moon-based EUV imager. *Swift et al*. [1989] simulated the O^{+} 83.4 nm emissions in the magnetosphere to study the global changes in the magnetospheric plasma and derive the specification of the imaging instrument. *Garrido et al*. [1994] simulated the He^{+} 30.4 nm and O^{+} 83.4nm emissions in the plasmasphere to reflect their emission intensities and structures in the magnetosphere from the side view but not so far as from the moon. The modeling principles in these two studies are the same, but their spatial resolutions were limited by their density models. In this investigation, the dynamic global core plasma model (DGCPM), which can simulate many fine structures of the plasmasphere [*Ober et al*., 1997, 1998; *Gallagher et al*., 2005; *Liemohn et al*., 2004, 2006; *He et al*., 2012], is used to study the evolutions of the global structures of the plasmasphere viewed from the moon and to understand how these structures will appear in the moon-based simulated images.

In an earlier work [*He et al*., 2010b], we have briefly reported the calculation results of the scattering intensity of the plasmasphere from the lunar perspectives for guiding the design of the moon-based EUV imager. In this paper, we will provide a thorough and systematic investigation of the plasmaspheric structures (such as the shoulders and the plumes) and their evolutions fromlunar perspectives. The simulation approach including the DGCPM model, the 3-D density construction, and the imaging method will be introduced in section 2. Then, two storms observed by IMAGE EUV will be simulated from the moon in section 3 to investigate the global plasmaspheric images and storm time plasmaspheric evolutions in moon-based EUV imaging, especially the evolution of shoulders and plumes. Finally, discussions and summary will be given in sections 4 and 5, respectively.

2 Simulation Approach

2.1 Model Description

The DGCPM established by *Ober et al*. [1997] is used to calculate the total ion density (H^+, He^+, and O^+; other ions are neglected) in the plasmasphere, and then, it is transformed to He^+ density. The model solves the following continuity equation [*Chen and Wolf*, 1972; *Rasmussen et al*., 1993]:

$$\frac{D_{\perp} N}{Dt} = \frac{F_n}{B_{ni}} + \frac{F_s}{B_{si}} \tag{1}$$

where $D_{\perp}/Dt$ is the convection derivative in the moving frame ($E \times B$) of the magnetic flux tube, N is the total ion content per unit magnetic flux tube assuming the density along a magnetic flux tube to be a constant, F_n and F_s are the flux in or out the magnetic flux tube at the northern and southern ionospheres, and B_{ni} and B_{si} are the magnetic field strengths at the northern and southern ionospheric foot points of the magnetic flux tube, respectively. It is noted that B_i in *Ober et al*. [1997] is broken into north/south components to accommodate the output from Tsyganenko field model.

Empirical models of the magnetic field and electric field should be specified in the plasmaspheric region. The magnetic field is specified by the International Geomagnetic Reference Field (IGRF) model and the Tsyganenko model (TS07) [*Tsyganenko and Sitnov*, 2007; *Sitnov et al*., 2008]. The electric field pattern obtained from Weimer convection model (W05) [*Weimer*, 2005] is mapped into the plasmasphere along magnetic field lines, each of which is assumed to be equipotential.

The numerical results from equation 1 can be used to derive the plasmaspheric density distribution at specified times. The plasmaspheric magnetic flux tubes initialized with saturated density [*Carpenter and Anderson*, 1992] are used to drive the DGCPM model for 5–6 days to reach an equilibrium stage under quiet solar wind conditions, and the model is then switched to strong SW-IMF conditions to simulate the structures and evolutions of plasmasphere during storm times.

2.2 He^+ Density Calculation

The He^+ density can be derived once the density ratios between He^+ and H^+ and between O^+ and H^+ are given, based on that the output of the DGCPM, n_{Total}, is the total ion density of H^+, He^+, and O^+. The density ratio between He^+ and H^+ ($R_{He/H}$) can be obtained from *Craven et al*. [1997]:

$$\log_{10} R_{He/H} = -1.541 - 0.176r + 8.557 \times 10^{-3} P - 1.458 \times 10^{-5} P^2 \tag{2}$$

where r is the distance from the Earth center in R_E, and P is defined as $P = (F_{10.7} +$

$F_{10.7A})/2$, where $F_{10.7A}$ is the 81 - day average of the daily 10.7 cm solar flux ($F_{10.7}$). The observation values of $F_{10.7}$ can be obtained from Space Physics Interactive Data Resource at NOAA (http://spidr.ngdc.noaa.gov/spidr/). Equation 2 is valid only in the plasmasphere for $r \leqslant 4.5\ R_E$. According to *Lennartsson and Sharp* [1982] and *Denton et al.* [2011], the typical value of $R_{He/H}$ varies from 1% at solar minimum to 3% at solar maximum at geosynchronous orbit. For the two cases considered in this study, $P \approx 190$, so $R_{He/H} = 2.5\%$ at geosynchronous orbit, in consistent with observations. So equation 2 can be used to extrapolate to the outer regions (trough and plume) for the first order approximation in this study.

Assuming that the density ratio between O^+ and H^+ ($R_{O/H}$) is a constant 1% [*Gallagher et al.*, 2000], then, the He^+ density can be obtained by

$$n_{He^+} = \frac{n_{Total}}{1 + R_{He/H} + R_{O/H}} R_{He/H} \tag{3}$$

where n_{Total} is the total ion density.

2.3 Three-Dimensional Density Distributions

Since the DGCPM outputs are SM equatorial plane densities, a 3-D density distribution of the plasmasphere needs to be constructed for intensity integration. The empirical field-aligned density model by *Tu et al.* [2006] is adopted in the density calculation as an ion density model based on the electric neutrality in the plasmasphere. According to *Tu et al.* [2006] model, the electron density $N_e(\lambda)$ along a magnetic field line with L value of L is calculated by the following formulas:

$$N_e(\lambda) = N_0(L)\cos^{-\beta(L)}\left[\frac{\pi\alpha(L)\lambda}{2\lambda_{INV}}\right]$$
$$\alpha(L) = A + B \cdot L, \beta(L) = C + D \cdot L \tag{4}$$

where λ and λ_{INV} are the magnetic latitude along a field line and the invariant latitude of the field line, respectively, N_0 is the equatorial plane ion density, namely, the equatorial He^+ density obtained in section 2.2. The parameters A, B, C, and D are to be determined by fitting equation 4 to observations. Since no field-aligned N_e distributions from IMAGE radio plasma imager soundings are available for the two storms investigated in this work, the average parameters with $A = 0.99$, $B = 0.005$, $C = 0.5$, and $D = 0.1$ in *Tu* et al. [2006] are adopted. In construction of the 3-D density distribution, the TS07 model is used to calculate the L value of a field line, and λ_{INV} of the field line is defined as the average of the magnetic latitudes of the foot points in the two hemispheres. For points on open field lines, the densities are set to be zero since all plasmaspheric particles are assumed to be trapped on closed field lines [*Lemaire and Gringauz*, 1998].

2.4 Intensity Integration

The He^+ density obtained from the DGCPM can be used to calculate the column integrated intensity along a given LOS direction by the equation

$$I = \frac{1}{4\pi}\int_{\mathrm{LOS}} e^{-\tau} p(\theta) g n(r) \mathrm{d}s \times 10^{-6} \tag{5}$$

where I is the column integrated intensity in rayleigh, and 1 $R = 10^6/4\pi$ photons cm^{-2} s^{-1} sr^{-1}, the phase function reflecting the anisotropy of the scattered radiation is given by $p(\theta) = 1 + 1/4(2/3 \sin^2\theta)$ [*Brandt and Chamberlain*, 1959], where θ is the angle between the incident direction (Sun-Earth direction) and the scattered direction in the direction of the imager, g is the resonant scattering rate (in photons s^{-1} ion^{-1}) calculated with the method involved in *Garrido et al*. [1994], $n(\boldsymbol{r})$ is the He^+ density in cm^{-3} at position $\boldsymbol{r}$ obtained in sections 2.2 and 2.3, and τ is the optical depth of 30.4 nm line and can be assumed to be zero since the magnetosphere is optically thin to this emission, and the absorption of magnetospheric species to 30.4 nm emission is extremely small above 1000 km [*Brandt*, 1961; *Meier and Weller*, 1972; *Garrido et al*., 1994]. The spontaneous emissions and multiple scattering of the helium ions are assumed to be neglected [*Brandt*, 1961; *Meier and Weller*, 1972].

The instrument counts I_C in this study are calculated by the following formula:

$$I_C = I \times S \times T \tag{6}$$

where I is calculated by equation 5; S is the sensitivity of the instrument, $S = 0.12$ count R^{-1} s^{-1} $pixel^{-1}$; and T is the integration time, $T = 600$ s.

3 Imaging the Plasmasphere From the Moon

In order to investigate the large-scale structures (e.g., plasmapause, plume, and shoulder), emission intensities, and dynamic evolutions of the plasmasphere from lunar perspectives, the storms observed by IMAGE EUV on 24 May 2000 (strong) and on 26 June 2000 (median) are simulated by the DGCPM in this section. It is expected that the simulations of these two storms will provide us basic pictures of the plasmasphere during active and moderate SW-IMF conditions in the moonbased EUV imaging.

To emphasize the differences between polar imaging and moon-based imaging, only IMAGE EUV observations are presented in Figure 1 (all projected in SM equator), and the detailed studies and simulations of the two storms from polar orbit can be found in *Goldstein et al*. [2002] and *He et al*. [2010b]. Figures 1a–1c are for the storm on 24 May 2000 and Figures 1d–1f are for the storm on 26 June 2000. The plume and shoulder of the plasmasphere in Figure 1 are manually extracted in the images where the emission intensity drops abruptly at the boundary using the method described in literatures [e.g., *Roelof and Skinner*, 2000; *Sandel et al*., 2003]. It is shown that the configurations of the plasmasphere change little with observation positions but dramatically with SW-IMF conditions, and the latitudinal distribution information of the plasmaspheric structures (plasmapause, shoulders, plumes, etc.) cannot be obtained from the polarorbiting images.

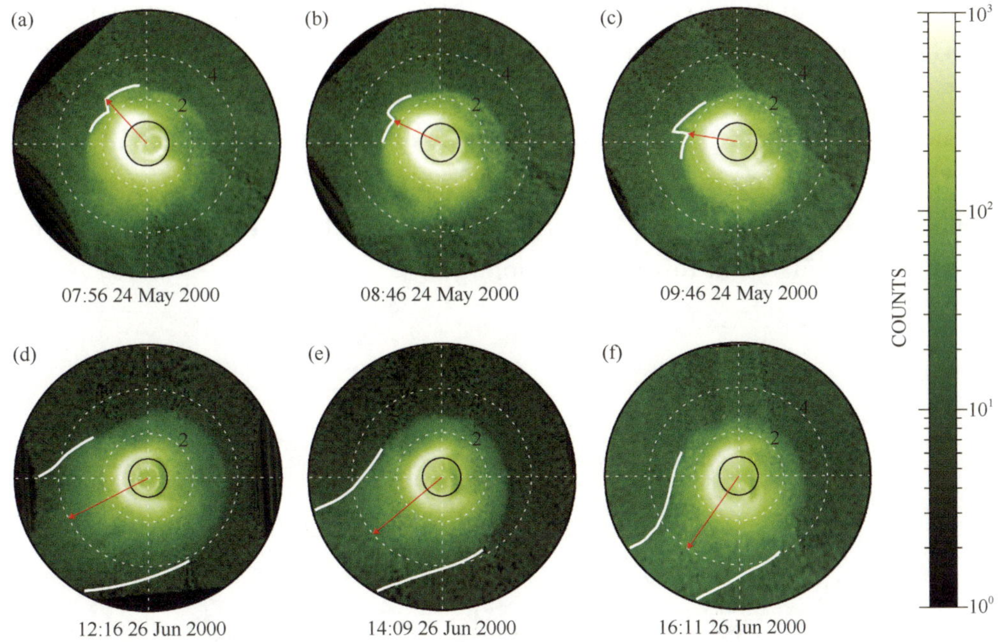

Figure 1　IMAGE EUV images of the plasmasphere at different UTs on (a − c) 24 May 2000 and (d − f) 26 June 2000. The thick white lines represent the manually extracted shoulders in Figures 1a − 1c and the unwrapped plumes in Figures 1d − 1f in the magnetic equatorial plane in SM coordinate system. The red arrows in Figures 1a − 1c represent the longitudinal directions of the shoulders, while the red arrows in Figures 1d − 1f represent the longitudinal directions of the plumes. The black circles represent the Earth. The horizontal dashed lines are along the noon-midnight line with noon to the left, while the vertical dashed lines are along the dawn-dusk line with dawn to the up. The dashed circles are drawn at $L = 2, 4$. The logscaled color bar representing the instrumental counts is shown at the right.

A virtual EUV imager is placed on the moon and views toward the center of Earth with an FOV of 15°, corresponding to a spatial size of 15.0 R_E on the projection plane that contains the center of Earth and is perpendicular to the axis of the FOV of the imager, assuming the average Earth-to-Moon distance to be 60.0 R_E. The spatial resolution of the image on the projection plane is 0.1 R_E with an equivalent angular resolution of 0.095°. The sensitivity, integration time, and sensitivity threshold of the imager are 0.12 count R^{-1} s^{-1} $pixel^{-1}$, 10 min, and 0.1 count min^{-1} $pixel^{-1}$, respectively, for all the simulations below. Twelve points in the lunar orbit in Figure 2 are selected to investigate the radiation intensity distributions from different lunar phases, and the coordinates of these points are all in SM in R_E. Three points are selected during adjacent lunar phases. The points located in the first quarter moon to the full moon sector of the lunar orbit are marked with *d* (−51.4, 21.9, 11.9), *e* (−39.9, 40.8, 9.0), and *f* (−22.0, 54.3, 4.8), and the points located in the full moon to the last quarter moon sector of the lunar orbit are marked with *a*(−21.8, 54.3, 5.5), *b*(39.7, 40.8, 9.5), and *c*(51.3, 21.9, 12.2). The remaining six points are symmetric to above points with respect to the Y_{SM} axis. When transformed to GSE coordinate system, the 12 points are symmetrically located around the new moon-to-full moon line. It is necessary to point out that the Earth's tilt angle is not considered in *He et al*. [2010b], resulting that the moon-based images are almost north-to-south symmetric. The effects of the Earth's tilt angle on the simulated images will be considered in this investigation.

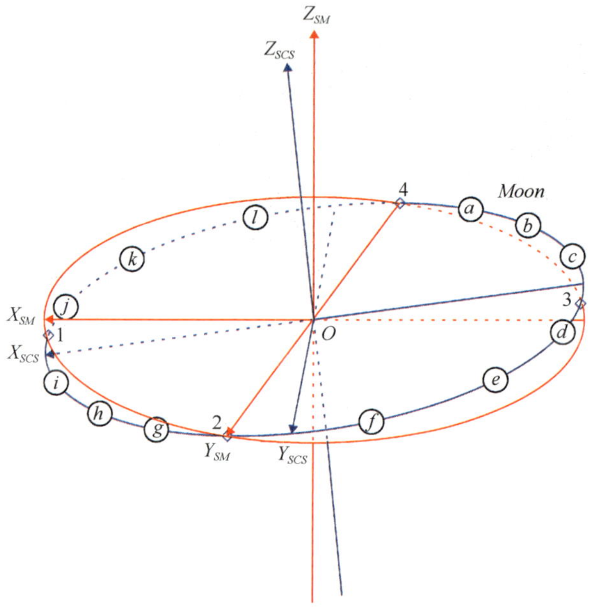

Figure 2 Illustration of the SCS and the SM coordinate systems. The 12 black circles represent the positions of the moon used in section 3. The four diamonds represent the lunar phases with the first for the new moon, the second for the first quarter moon, the third for the full moon, and the fourth for the last quarter moon. The XSCS axis is along the axis of the FOV of the imager, while the other axes are determined by rotating of corresponding SM axes and obey the right-hand law.

3.1 Imaging From Different Views

The EUV images simulated at different positions of the lunar orbit at 08:46 UT on 24 May 2000 and at 14:09 UT on 26 June 2000 are shown in Figures 3 and 4, respectively. All images are projected in the *yz* plane in the satellite coordinate system (SCS) as defined in Figure 2. In the following sections, the horizontal direction is from left to right along the SCS *y* axis, and the vertical direction is from down to up along the SCS *z* axis.

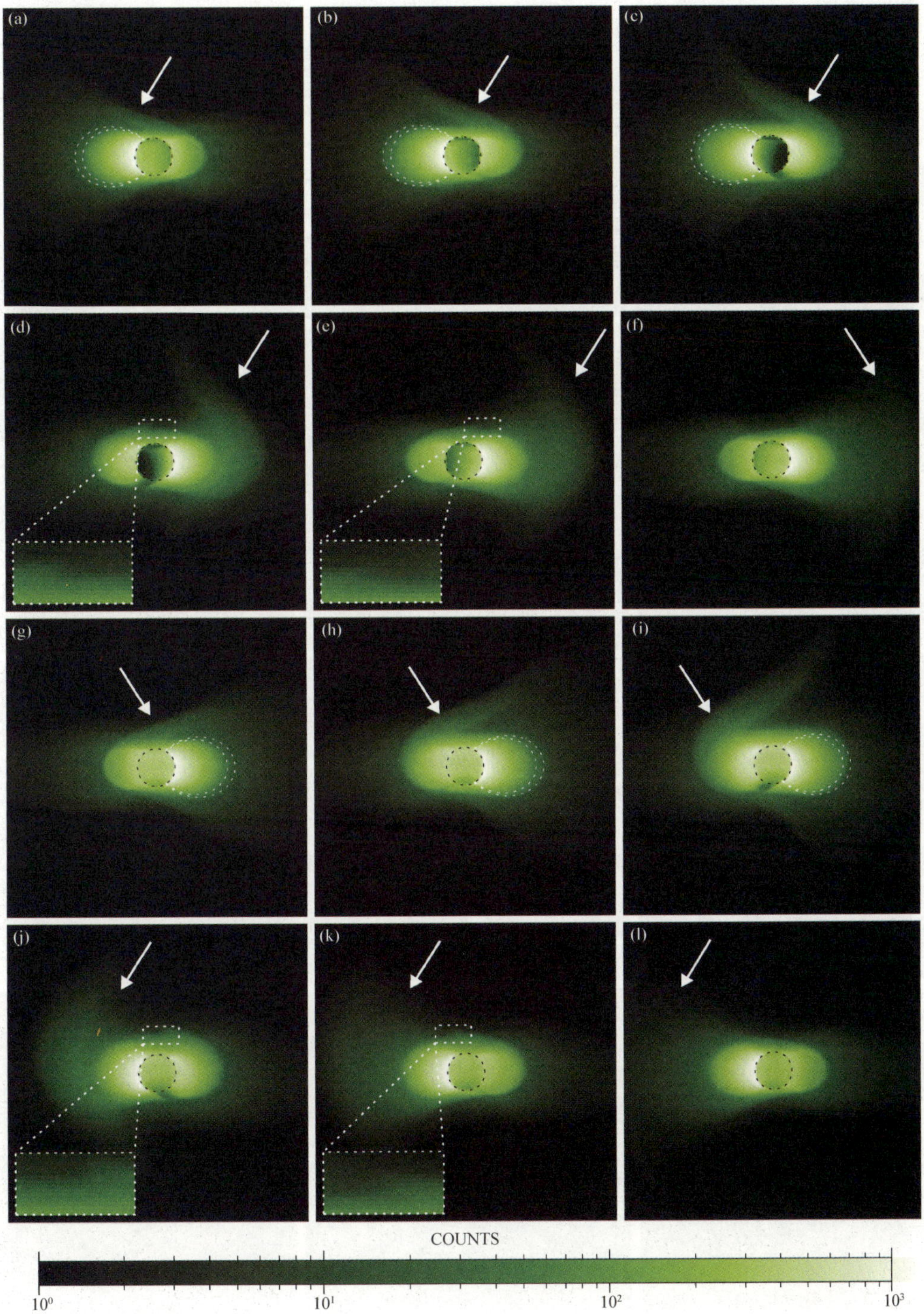

Figure 3　Modeled EUV images for the 12 positions in Figure 2 at 08:46 UT on 24 May 2000. The dashed black circles represent the Earth. The dashed rectangles and meniscus represent the region of shoulders. (a－c and g－i) The L values of the dipole field lines are 3.8 and 4.3. The plumes are indicated by white arrows. (d－e and j－k) The dashed rectangles at the lower left corners represent the magnified views of shoulder regions, and the log-scaled color bar is shown at the bottom.

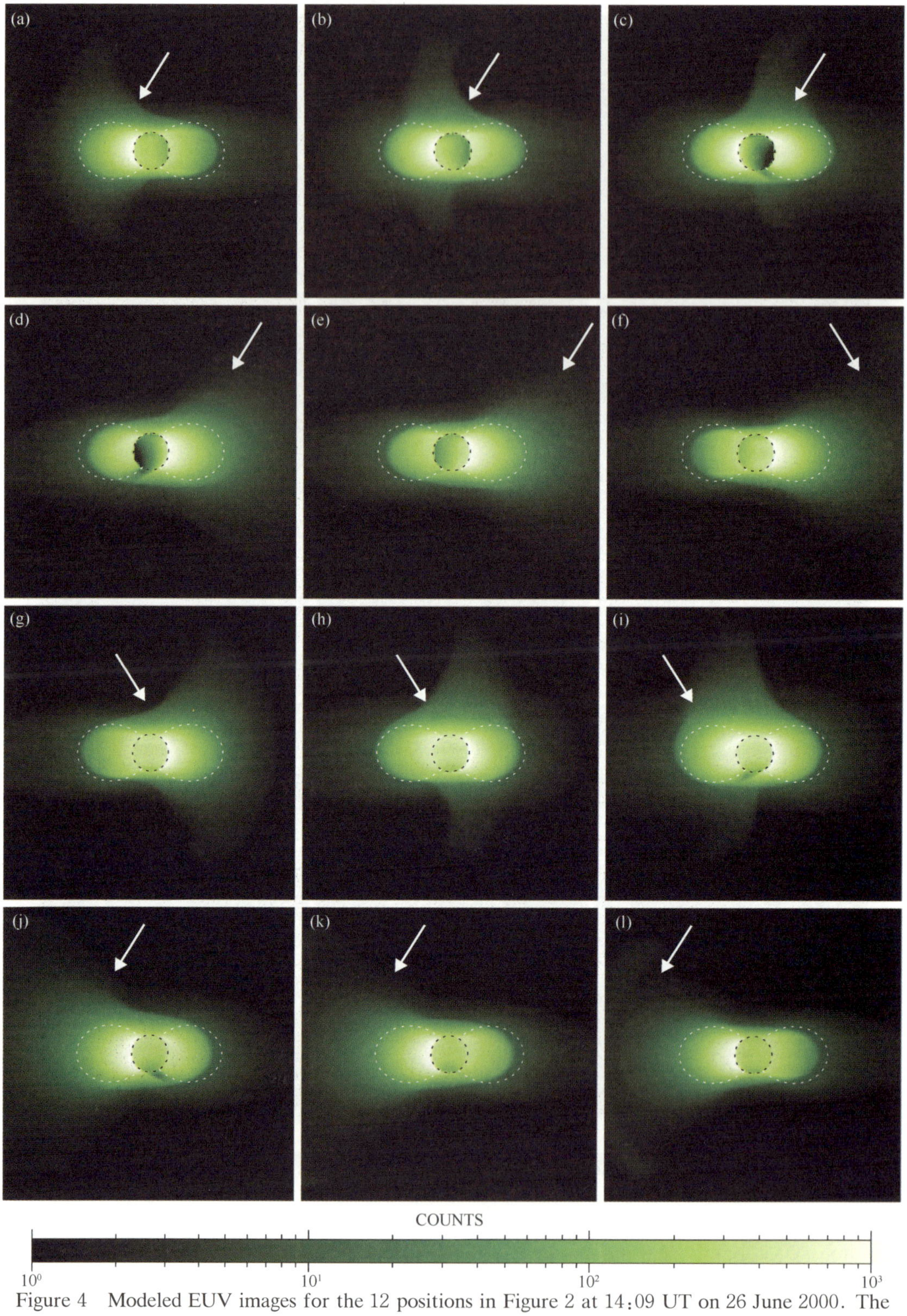

Figure 4　Modeled EUV images for the 12 positions in Figure 2 at 14:09 UT on 26 June 2000. The plumes are signed by the white arrows. The log-scaled color bar is shown at the bottom. The dipole field line with L value of 4.0 is shown by dashed white line.

3.1.1 He^+ Emission Intensity

When the simulated instrument counts are converted to rayleigh according to equation 6, the intensities from the main body of the plasmasphere within the sharp edges are 0.1 ~ 11.91 R in Figure 3 and 0.1 ~ 12.27 R in Figure 4, which are in consistent with the early sounding rocket measurements of 0.1 ~ 10 R [*Ogawa and Tohmatsu*, 1971; *Paresce et al.*, 1973], the simulated intensity of 0.1 ~ 15.0 R [*Roelof et al.*, 1992], and the Planet-B mission measurements of 0.1 ~ 7.0 R [*Nakamura et al.*, 2000]. The intensity in the plasmaspheric trough outside the plasmapause is approximately 0.02 ~ 0.1 R. The He^+ density beyond the plasmapause is quasi-stable during quiet periods and has a density of 0.2 – 2.0 cm^{-3} inferred from the DGCPM simulations and the Geotail measurements [*Matsui et al.*, 1999], and the corresponding column integrated intensity is 0.026 – 0.13 R. However, it is found that the He^+ density outside the plasmapause can increase to 4 – 20 cm^{-3} during disturbed periods (e. g., main phase of the storm) [*Yoshikawa et al.*, 2001], and the column integrated intensity is expected to achieve approximately 0.1 R in plasmaspheric trough. The maximum intensity in Figure 4 is larger than that in Figure 3 because the contribution of the plume ions to the integration in Figure 4 is larger.

3.1.2 Perspective Effects

It is noted that there exists a north-to-south asymmetry in the simulated images in Figures 3 and 4. This asymmetry in the SCS is resulted from the facts that the imager is not located on the SM equatorial plane, and the tilt angles between the SM equatorial plane and the plane of the lunar orbit are approximately $+18.3^\circ$ for 24 May 2000 storm and $+16.4^\circ$ for 26 June 2000 storm, respectively, even when the plasmasphere is north-to-south symmetric in SM.

The simulations demonstrate that the plasmaspheric shoulders might have two types of configurations in the moon-based images: the meniscus-shape shoulders indicated by the dashed meniscus regions in Figures 3a – 3c and 3g – 3i and the step-shape shoulders indicated by the dashed rectangle regions in Figures 3d, 3e, 3j, and 3k. The shoulders are not notable at other positions because of the shading of the main body of the plasmasphere. It is found that the spatial sizes of the shoulder are ~0.4 R_E in horizontal direction in Figures 3a – 3c and 3g – 3i and are ~0.3 R_E and ~0.4 R_E in vertical direction in Figures 3d, 3e, 3j, and 3k, respectively. These differences in size are caused by the different projection patterns and shading of the main body of the plasmasphere.

The shape and position of the plumes marked with the white arrows in Figures 3 and 4 change dramatically with the modeling positions since the LOS directions and the projection directions are different. The wrapped plume appears to surround the main body of the plasmasphere from side view in Figure 3. When the longitudinal direction of the plume (~15:00 magnetic local time (MLT) on equatorial plane as indicated by the red arrow in Figure 1e) is orthogonal to the axis of the FOV of the imager, the plume in the image is attached to the plasmasphere and shows a diffusive distribution as shown in Figures 4a, 4d−4g, and 4j−4l. Nevertheless, when viewed from the longitudinal direction of the plume, it will be vertically located in the center of the images in Figures 4b, 4c, 4h, and 4i. With the plumes lengthening and narrowing on the equatorial plane, the plumes in the images extend vertically. Since the plasmapause is irregularon equatorial plane, imaging from different positions, the main bodies of the plasmasphere in the moon-based images as shown in Figures 3 and 4 are also different.

3.1.3 Earth's Shadow Effects

The Earth's shadow effect is generated by the shading of the EUV emissions by the Earth. The Earth's shadows mainly contain two parts in imaging the plasmasphere, one is caused by the shadow behind the Earth in the view of the Sun and the other is the shadow in the FOV of the imager as shown in Figure 5. Both are clearly noted in Figures 3 and 4 in which the shadows are significantly different from those in Figure 1.

For an imager orbiting in the Earth's polar orbit (e.g., IMAGE), the two parts of Earth's shadows are shown by the red cylinder "A" and the blue cones "F_1", "F_2", and "F_3" in Figure 5a. "A" is unchanging with the satellite positions, while "F_1", "F_2", and "F_3" change with the satellite positions. Take IMAGE orbit for an example. The imaging is carried out in the apogean region of the polar orbit, and the images are projected on SM equatorial plane, so "F_1", "F_2", and "F_3" correspond to polar region of plasmasphere, where the densities in the blue cone regions are very low, and their contributions to the intensity integration are also small. Thus, the Earth's shadows in the IMAGE EUV images in Figure 1 change little with the satellite positions around the apogee. The shadows in the projected images in Figure 1 almost always lie in the horizontal direction at nightside.

For moon-based imaging, the shadow "A" is also unchanging but its projection on the images changes with the lunar positions. The shadow "F_M" changes dramatically with the lunar positions. Since the lunar orbit is tilted to the SM equatorial plane, when the imager is near the first quarter moon or the last quarter moon, e.g., position *f* or *a* in Figure 2, the moon is almost in the SM equatorial plane; thus, the projections of the shadow "A" in the simulated images (see Figures 3a, 3f, 4a, and 4f) are nearly along the horizontal directions since the projection plane is almost parallel to the SM *xz* plane and have little overlap with the projections of shadow "F_M" which are in the center of the images. In such cases, the effects of these two types of shadows are independent, and the shadows in the images are not significant.

When the imager is near the full moon, e.g., position *c* or *d* in Figure 2, the pro-

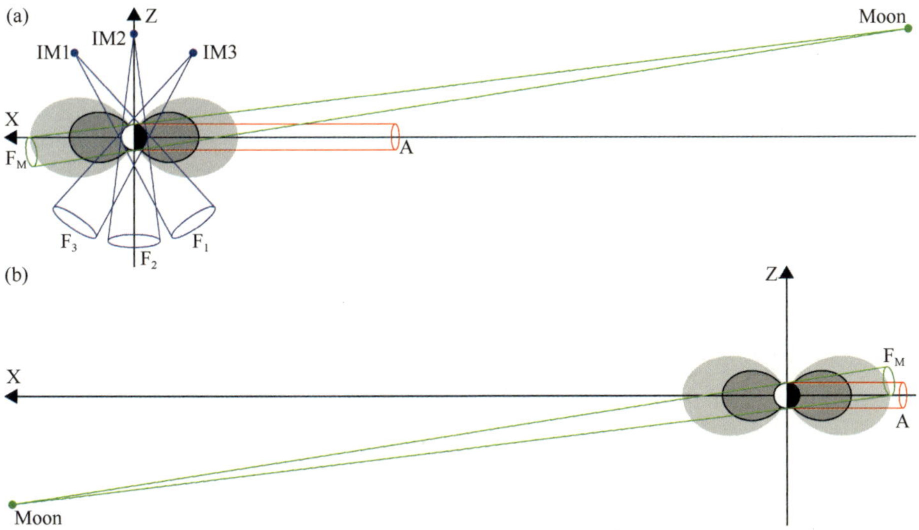

Figure 5　Illustration of the Earth's shadows for the polar orbiting imager (IMAGE) and the moon-based imager in the SM *xz* plane for (a) the full moon (b) the new moon. The red cylinder represents the shadow behind the Earth in the view of the Sun. "IM1", "IM2", and "IM3" represent three typical positions of IMAGE mission in different seasons. The blue cones marked by "F_1", "F_2", and "F_3" represent the shadows in the FOV of IMAGE corresponding to the three IMAGE positions. The green cones marked by "F_M" represent the shadow in the FOV of the moon-based imager. The thick black dipole field line represents the plasmapause; the deep gray region inside is the main plasmasphere while the gray region outside is the plasmaspheric trough. All cones are just the parts of FOV shaded by the Earth, not the true FOV of the imagers.

jection of the shadow "A" is tilted to the lower right corner in Figures 3c and 4c and to the lower left corner in Figures 3d and 4d with the tilt angle proportional to the latitude of the imager in SM. The shadows "A" and "F_M" in Figure 5a are located at nightside and dayside, respectively, and the amount of the shaded plasmaspheric ions is the largest. It is noted in such cases that the shadow "A" overlaps the shadow "F_M" and the shadows in the images are significant, like a comma "," shape. When the imager is near the new moon, e.g., position *i* or *j* in Figure 2, however, both the shadows "A" and "F_M" in Figure 5b are located at nightside, and the amount of the shaded plasmaspheric ions is greatly less than that of the full moon. Hence, the shadows in Figures 3i and 3j or 4i and 4j are not as notable as those in Figures 3c and 3d or 4c and 4d.

3.2　Time Evolution of Plasmaspheric EUV Images From the Moon

Based on understanding of the plasmaspheric properties from lunar perspectives in section 3.1, the time evolution of the plasmaspheric EUV images from the moon is discussed in this section so as to further assess the temporal evolution property of the moon-based EUV imaging.

3.2.1 Storm on 24 May 2000

The temporal evolutions of the plasmasphere for storm on 24 May 2000 are shown in Figure 6 for positions *a*, *b*, *c*, and *d*; in Figure 7 for positions *e*, *f*, *g*, and *h*; and in Figure 8 for positions *i*, *j*, *k*, and *l*. The evolutions imaged from the moon exhibit absolutely different patterns compared with IMAGE EUV imaging.

At 07:56 UT, the shoulder is at the dawn sector with a small radial size, and its outer boundary is smooth on the equatorial plane as shown in Figure 1a. Thus, the shoulder is not significant in Figures 6－8 (first column). As time goes on, the shoulder rotates toward noon and becomes wider in radius as seen from polar orbit, and its average rotating speed is ~1.13 h of MLT per hour at the outer edge in Figure 1. Correspondingly, the shoulder behaves as moving toward the center of the images and becomes vertically wider if viewed from positions *d*, *e*, *j*, and *k* (see Figures 6d, 7e, 8j, and 8k) or behaves as diffusing to outer space surrounding the plasmapause if viewed from the full moon to the last quarter moon sector or from the new moon to the first quarter moon sector of the lunar orbit, especially at position a (see Figure 6a). It is demonstrated that the meniscus-shape shoulder can only be observed from the full moon to the last quarter moon sector or from the new moon to the first quarter moon sector of the lunar orbit, while the step-shape shoulder can only be observed from the first quarter moon to the full moon sector or from the last quarter moon to the new moon sector.

According to the LOS projection patterns of the moon-based imaging and the magnetic field model (TS07) used in the simulation, when traced back onto the SM equatorial plane, the longitudinal positions of the stepshape shoulders indicated by the dashed rectangles are 09:02, 10:10, and 11:15 MLT in Figures 6d, 7e, 8j, and 8k, respectively, which are in consistent with that deduced from polar orbit images in Figures 1a－1c. The radial position of the inner edge of the shoulders is ~3.8 R_E which is slightly larger than IMAGE observations of ~3.0 R_E. This is probably because the magnetic field pattern embedded in the simulation is different from the actual pattern, and the dayside convection electric field is stronger than the actual electric field, resulting that the sunward convection becomes stronger. The vertical widths of the shoulders are 0.2 R_E, 0.3 R_E, and 0.4 R_E in Figure 6d and are 0.2 R_E, 0.4 R_E, and 0.5 R_E in Figure 8j, respectively. It is noted that the differences are caused by projection patterns. The corresponding radial widths on SM equatorial plane are 0.5 R_E, 0.6 R_E, and 0.8 R_E, respectively, which are also in consistent with polar orbit images in Figures 1a－1c. The fact that the outer edge of the shoulder rotates faster than the inner edge on the equatorial plane, as discussed both in our simulation and early research [*Goldstein et al.*, 2002], is exhibited as edge sharpening in vertical direction modeled from the moon, i. e., the upper part of the shoulder moves faster than the lower part (see Figures 6d and 8j).

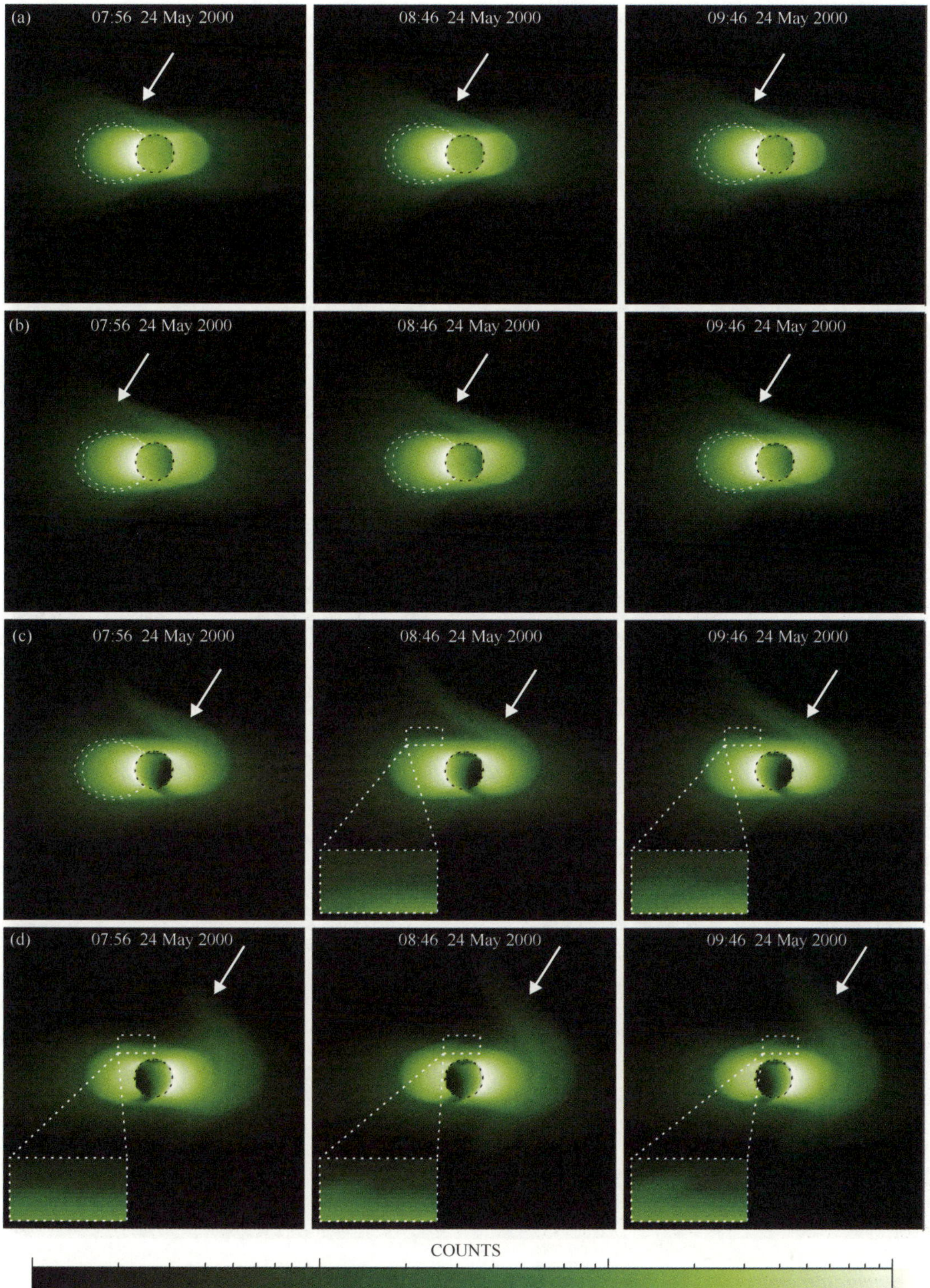

Figure 6　EUV images of the plasmasphere for the 24 May 2000 storm for positions *a*, *b*, *c*, and *d*. The dipole field lines with *L* values of 3.8 and 4.3 in rows 1 – 3 are the average positions of the inner edge and outer edge of the shoulder at 07:56 UT. Other format is the same as that of Figure 3.

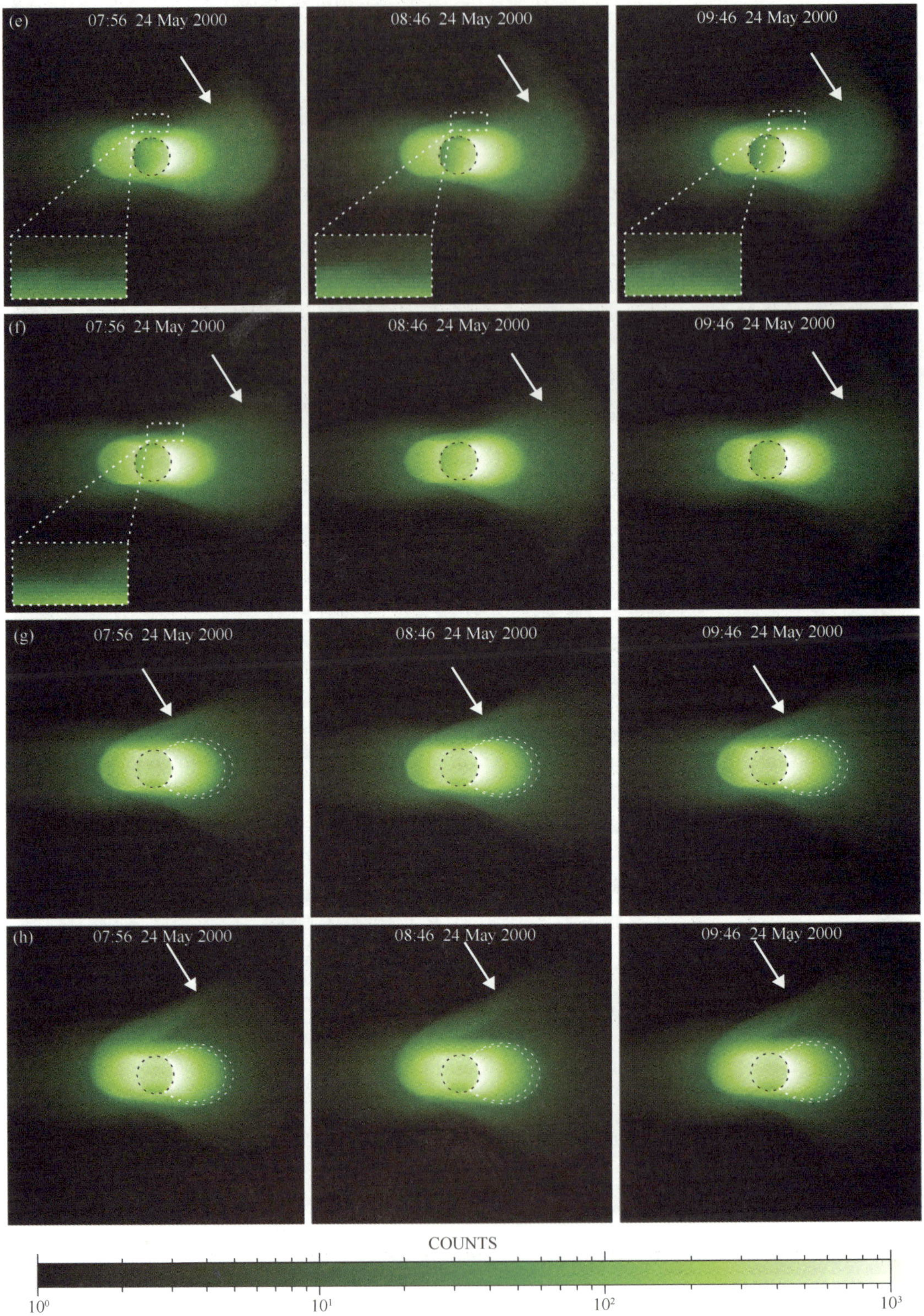

Figure 7　EUV images of the plasmasphere for the 24 May 2000 storm for positions *e*, *f*, *g*, and *h*. Other format is the same as that of Figure 6.

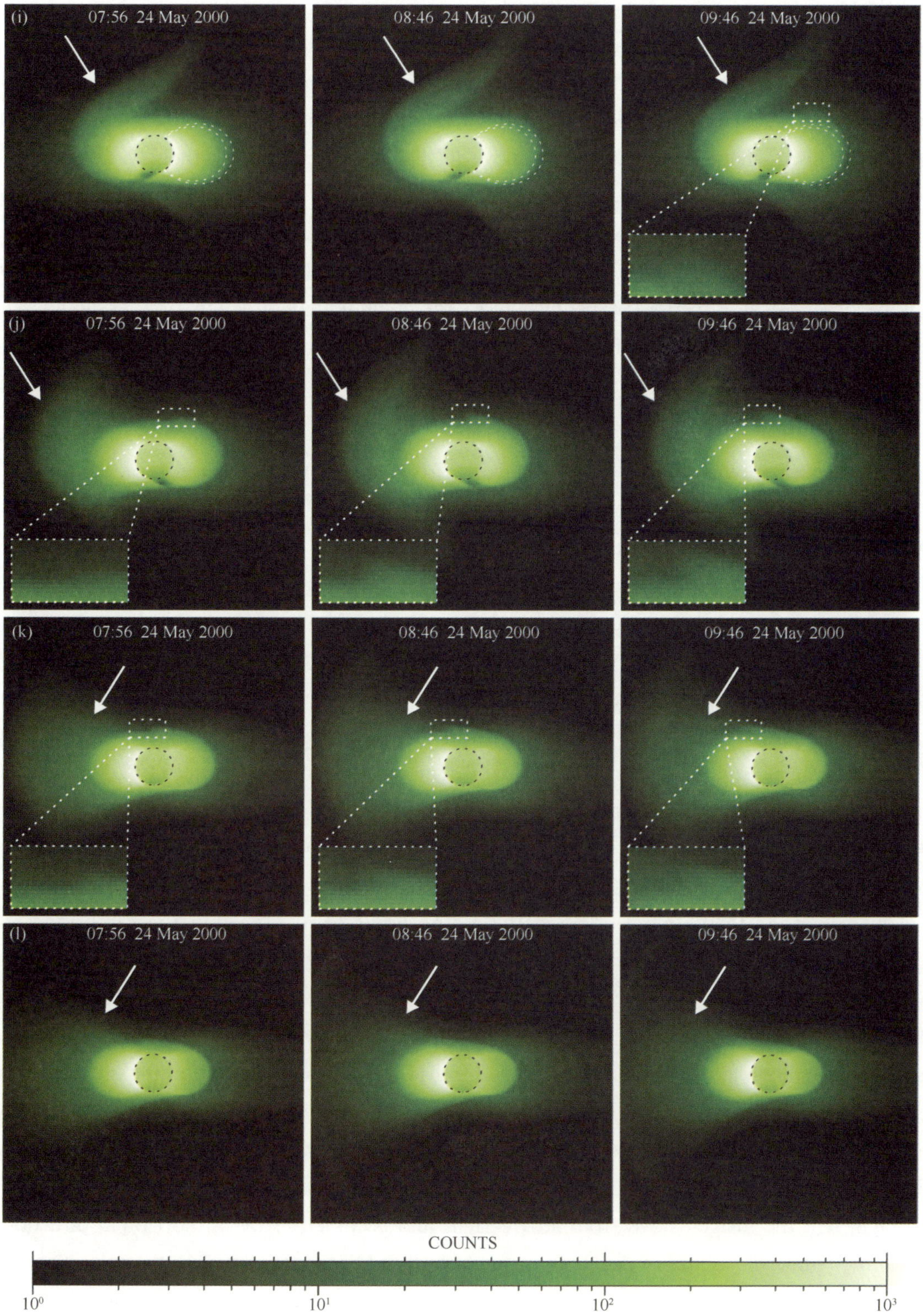

Figure 8 EUV images of the plasmasphere for the 24 May 2000 storm for positions i, j, k, and l. Other format is the same as that of Figure 6.

When the imager is located at position b or h, the shoulder is not shaded by the main body of the plasmasphere in the LOS integrations at these three UTs (see Figures 6b or 7h), and the moon-based images clearly reveal the latitudinal configuration of the shoulder. For the case of position a, the shoulder is shaded at 07:56 UT, and it is not clear in the first panel of Figure 6a. The meniscus-shape shoulders do not move in the images but change their widths in horizontal direction because the shoulders rotate and change their radial widths in the equatorial plane and the shading of the plasmasphere is different.

It can be concluded from the simulations that the latitudinal distribution of the shoulder can only be observed at direction perpendicular to the longitudinal direction of the shoulder as shown by the red arrows in Figures 1a – 1c, whereas the motion of the shoulder can only be observed at direction parallel to the longitudinal direction of the shoulder.

3.2.2 Storm on 26 June 2000

The temporal evolutions of storm on 26 June 2000 are shown in Figure 9 for positions a, b, c, and d; in Figure 10 for positions e, f, g, and h; and in Figure 11 for positions i, j, k, and l. The main body of the plasmasphere in Figures 9 – 11 has little difference from that of Figures 6 – 8. However, large differences exist in the outer parts of the plasmasphere.

In the case of 26 June 2000 storm, the plasmaspheric plume rotates duskward and becomes longitudinally narrow, and the outer parts of the images (region of plumes) of Figures 9 – 11 are shrunken and darkened. The plume is directly connected to the main body of plasmasphere in Figures 1d – 1f without wrapping, and thus, the gap between the plume and the plasmapause is not significant or no gap exists. In the case of 24 May 2000 storm, however, the plumes are wrapped in Figures 1a – 1c, so the gap between the plume and the plasmapause in Figures 6 – 8 is significant.

When the imager is located at the first quarter moon to the full moon sector or at the last quarter moon to the new moon sector of the lunar orbit, the imaging directions are approximately perpendicular to the longitudinal directions of the plumes, which appear diffusive distributions outside the plasmapause, and the latitudinal distribution of the plumes can be seen in Figures 9d, 10e, 10f, and 11j – 11l. However, when the imager is located at the full moon to the last quarter moon sector or at the new moon to the first quarter moon sector, especially at position b or h, the longitudinal direction of the plume on the SM equatorial plane is nearly parallel to the imager-to-Earth line, and thus, the plumes in the images in Figures 9b, 9c, 10h, and 11i are all along the vertical directions. From 12:16 UT to 16:11 UT, the plumes in the images move from left to right and become narrow in horizontal direction. When the plume silhouettes in the three images are traced back onto the SM equatorial plane, it is shown that the plumes rotate toward dusk and become narrowing, which is in consistent with observations. Erosion of the main body of the plasmasphere is also clear as shown by the dashed dipole field lines in Figures 9 – 11.

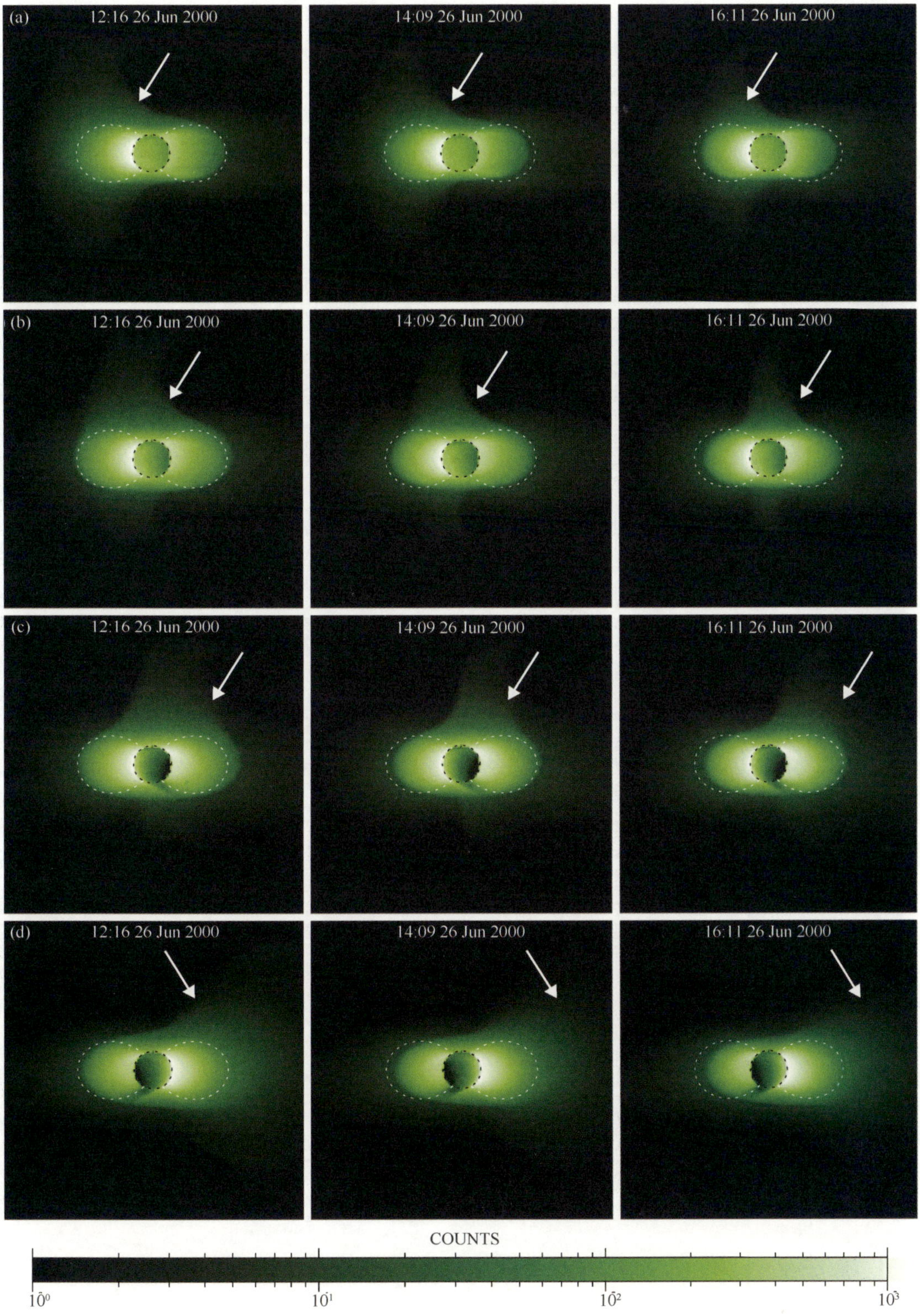

Figure 9　EUV images of the plasmasphere for the 26 June 2000 storm for positions a, b, c, and d. The dipole field line with L value of 4.0 is shown by dashed white lines. Other format is the same as that of Figure 4.

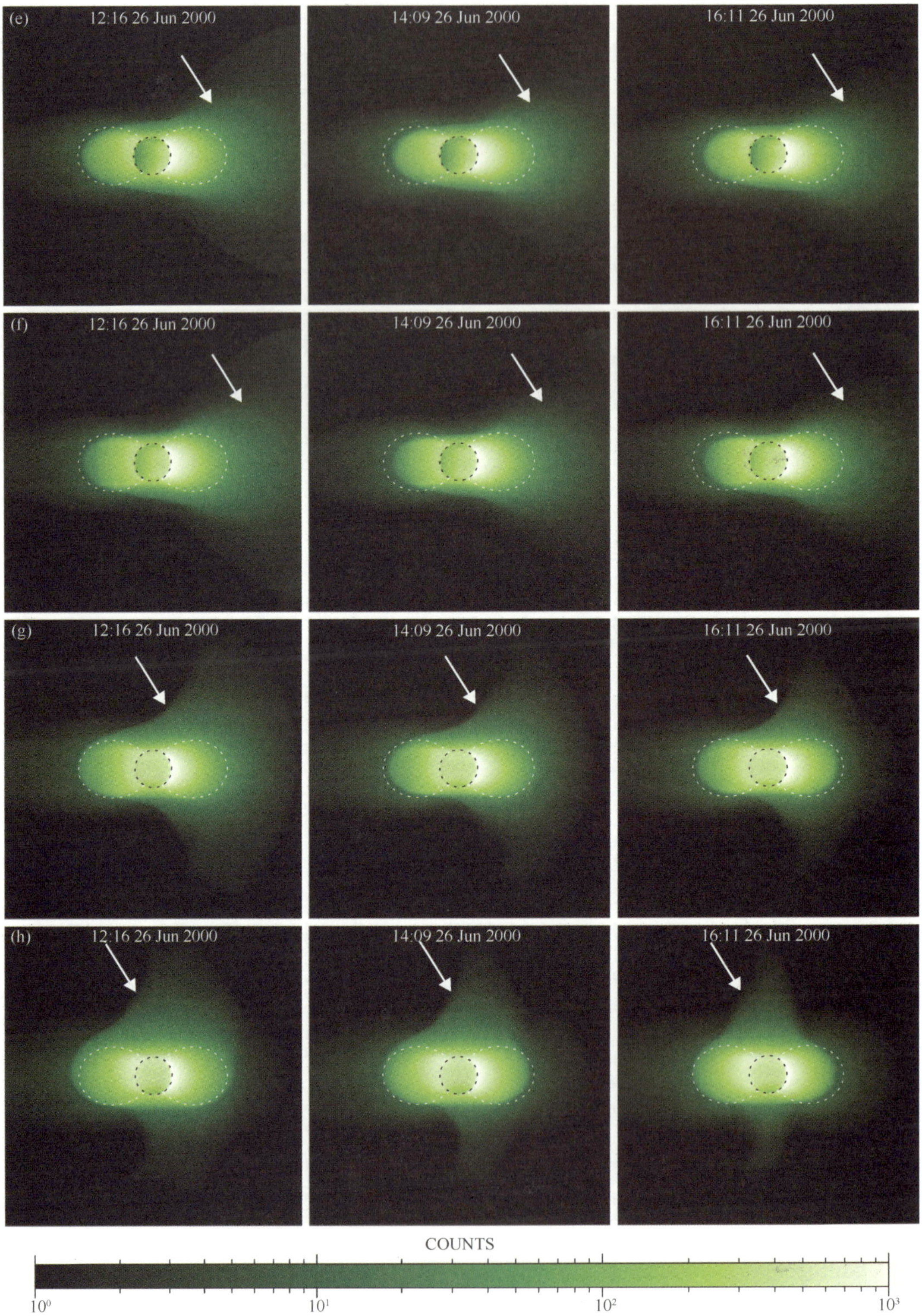

Figure 10　EUV images of the plasmasphere for the 26 June 2000 storm for positions *e*, *f*, *g*, and *h*. Other format is the same as that of Figure 9.

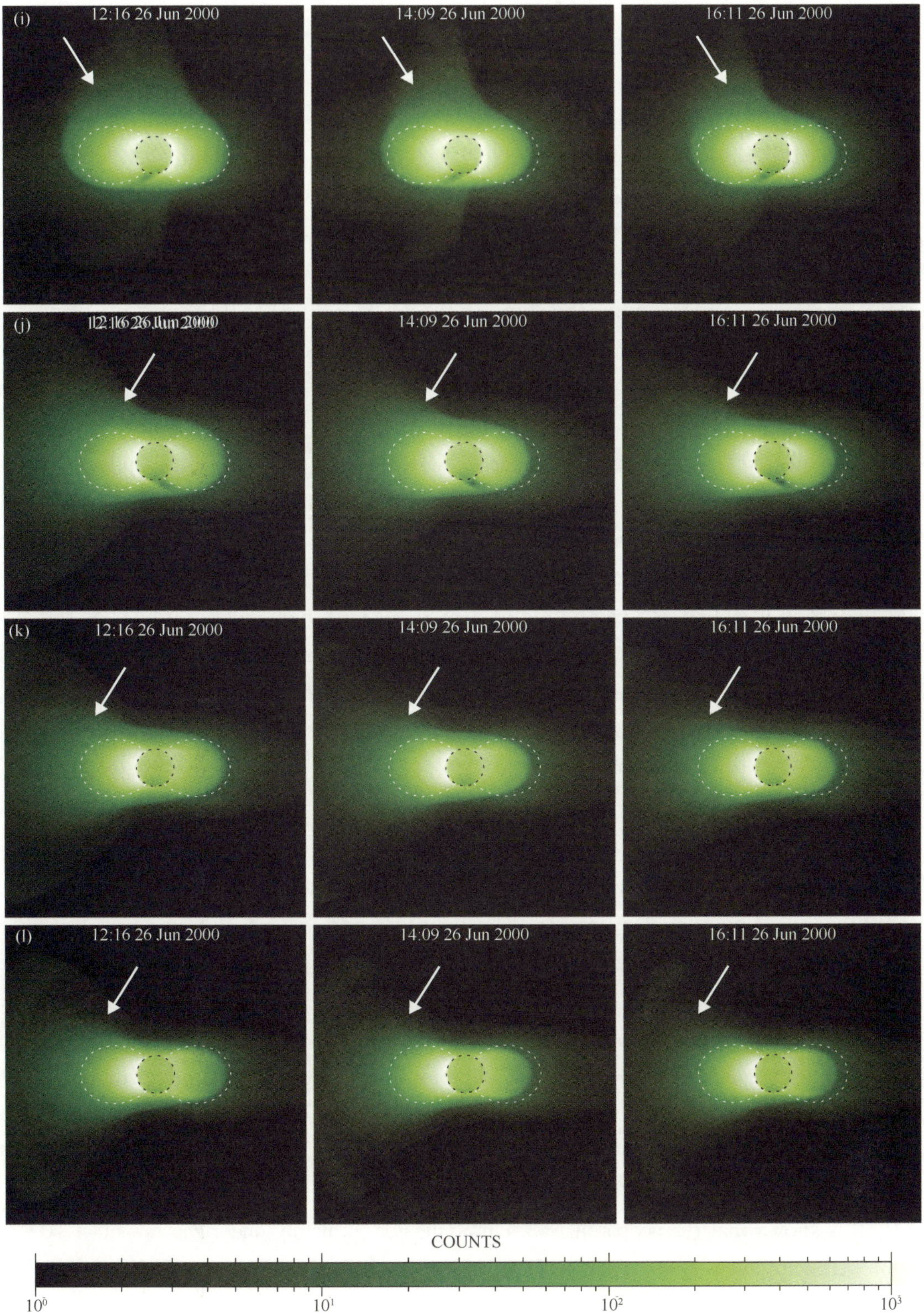

Figure 11　EUV images of the plasmasphere for the 26 June 2000 storm for positions i, j, k, and l. Other format is the same as that of Figure 9.

4 Discussion

The EUV imager on the CE-3 mission will continuously image the overall plasmasphere from the moon. The continuous imaging period is approximately 27 days during one lunar period (there is ~1.4 days around the full moon when the angle between the sunlight and the axis of the FOV of the imager is less than half of the FOV, and the sunlight can enter the imager which must be shut down). However, due to the power limitation of the lunar lander (hope this limitation can be solved in the next mission), the moon-based EUV imager will only image the plasmasphere during the first quarter moon to the last quarter moon, and the continuous observation period is ~12 days during one lunar period.

It is expected that this might provide us with the longest and continuous imaging period compared with all previous imagers [*Nakamura et al.*, 1999; *Sandel et al.*, 2000; *Sasaki et al.*, 2003] so as to advance the understanding of the plasmasphere-related questions that have not been solved by past observations. Discussions below will demonstrate that the moon-based EUV imaging might provide us with new characteristics of the global structures and dynamic evolutions of the plasmasphere and also indicate that this simulation may give us the comprehensive understanding on moon-based EUV images and the relationship between the moon-based EUV images and the plasmaspheric dynamics.

4.1 Intensity Distribution and Global Images of the Plasmasphere

In this simulation, the emission intensity is assumed to be only contributed by the He^+ 30.4 nm emission from the plasmasphere without considering the contaminations from other wavelengths or other origins, in order that we can clearly catch the global distributions of the plasmaspheric emission intensity in the images and easily discover new structures and new evolution patterns in the moon-based EUV images.

For the design of the CE-3 EUV imager and the further EUV image inversion, three noise sources should be considered. The first part is the instrumental background noise from the microchannel plates in the detector, which is too low to affect the signal-to-noise ratio (SNR) compared with the signal counts. The second part is the contamination from the He I 58.4 nm and the H Ly α emissions. The metallic filter is almost opaque to the Ly α emission which has little effect on SNR. It is known that the geocoronal 58.4 nm emission is mainly under the height of 2000 km with a maximum intensity of ~500 R [*Meier*, 1991], and the interplanetary 58.4 nm emission is almost uniform throughout the FOV of the imager with intensity of ~1.5 R [*Wu et al.*, 1981; *Jelinsky et al.*, 1995]. According to the spectra responses of the filter, the multilayer mirror, and the detector of CE-3 EUV at 30.4 nm and 58.4 nm, the sensitivity ratio of 30.4 nm to 58.4 nm is

~79.0 for CE-3 EUV, and the overall SNR in the whole FOV is greater than 2.0, and the SNRs in the main plasmasphere, plasmapause, and plume regions are greater than 3.0 in the common mode of CE-3 EUV (10 min exposure and 0.095° angular resolution). Therefore, the global structures of the plasmasphere can be grasped and identified with CE-3 EUV.

The third part is the 30.4 nm emissions from other sources, such as interplanetary space and He^+ born by charge-exchange collisions [*Gruntman*, 2001] between the solar wind alpha particles (He^{2+}) and the local atomic hydrogen (H) in the magnetosheath. It is known from the literatures that the interplanetary 30.4 nm emission is approximately uniform and extremely low with intensity to be ~0.001 R [*Paresce et al.*, 1981; *Jelinsky et al.*, 1995; *Gruntman*, 1992, 2001; *Gruntman et al.*, 2006]. For the case of solar wind charge exchange (SWCX), the intensity is related to the densities of solar wind He^{2+} and local H, the solar wind velocity, and the He^{2+} − H charge exchange cross section ($\sigma_{30.4}$) which is strongly dependent on collision velocity [*Gruntman*, 2001; *Gruntman et al.*, 2006]. Take the subsolar magnetopause for an example. The large density of H at subsolar magnetopause is ~100 cm^{-3} [*Paschmann et al.*, 1978], the typical He^{2+}/H ratio in the magnetosheath is 5%, and $\sigma_{30.4} = 6.275 \times 10^{-16}$ cm^2 at a high solar wind speed of 750 km s^{-1} [*Gruntman et al.*, 2006]. Assuming the LOS integration length to be 4.0 R_E (the distance between the magnetopause and the bow shock along the Sun-Earth line) and these parameters are constants along the LOS, the emission intensity is estimated to be ~0.005 R (equivalent to ~0.4 instrumental counts) given by *Gruntman et al.* [2006, formula 1]. Therefore, the emission intensity from the SWCX is below the sensitivity threshold of CE-3 EUV and might have little influence on the moon-based EUV imaging. Detailed discussion and simulation of the 30.4 nm emission intensity from the SWCX in the moon-based imaging will be discussed in the future.

4.2　New Characteristics of Moon-Based EUV Imaging

Modeled EUV images display new characteristics which can help us study the real time images of the moonbased EUV imager and catch the global structures of the plasmasphere. The new characteristics are as follows:

1. The main body of the plasmasphere exhibits new shape in the moon-based EUV images. Observed by IMAGE EUV, the main body of the plasmasphere is approximately circular [*Sandel et al.*, 2003], whereas in the moonbased images, the main body of the plasmasphere is elliptical and more or less coincides with the shapes of field lines.

2. Different from IMAGE observations, the shoulder of the plasmasphere has two types of shapes with different evolution patterns in the moon-based images. The shoulders may have step-like shapes in the upper parts of the images and move to the center with time when the imager is located in the first quarter moon to the full moon sector or

the last quarter moon to the new moon sector of the lunar orbit (see Figures 6d, 7e, 8j, and 8k) or may appear meniscus-like shapes surrounding the plasmapause in the left or right side of the images when the imager is located at the full moon to last quarter moon sector or the new moon to the first quarter moon sector (see Figures 6a, 6b, 7g, and 7h).

3. Directions and shapes of the plumes change dramatically with imaging positions for the moon-based images. For example,

a. The plumes might be at center of the images and extend along the vertical direction (see Figures 9b, 9c, 10h, and 11i), and then, the longitudinal direction of plumes on the equatorial plane might be parallel to the axis of the FOV of the imager. If the plumes in the EUV images have no wrapping, the plumes on the equatorial plane will extend directly in vertical direction from the main plasmasphere.

b. The plumes might be at the right (Figures 9d, 10e, and 10f) or left edge (Figures 11j−11l) of the images and attached to the main body of the plasmasphere with a diffusive distribution, and then, the direction of plumes on the equatorial plane might be perpendicular to the axis of the FOV of the imager.

c. The plumes might be at the right (Figure 6) or left (Figures 7g, 7h, 8i, and 8j) edge of the images and encircle the main body of the plasmasphere, and then, the plumes might be wrapped on the equatorial plane.

d. The plumes might move from left to right (Figure 9c) or from right to left (Figure 11i) in the images, revealing that the plumes are rotating duskward on the equatorial plane.

Above analysis of the relations between the LOS and the locations of the structures has been confirmed by SELENE observations [*Murakami et al.*, 2013]. When the plasmaspheric filament structures in *Murakami et al.* [2013, Figures 2 and 3] are traced onto the SM equatorial plane using the Minimum L Algorithm [*Wang et al.*, 2007; *He et al.*, 2012], the positions for the two cases are (3.7 R_E, 06:58 MLT) and (3.5 R_E, 08:20 MLT), respectively, in consistent with *Murakami et al.* results. The positions of the moon at 09:30 UT on 2 June 2008 (10:30 MLT in SM) and at 07:00 UT on 8 May 2008 (14:38 MLT in SM) are once known; the positions of the filaments around the Earth's dawn sector can be directly deduced without line tracing.

4. Erosions of the plasmasphere from the moon-based imaging are different from the polar orbit imaging. The first difference is the erosion of the main body of the plasmasphere. In polar orbit images, the erosion of the main body of the plasmasphere is more or less like a circle shrinking toward its center [*Goldstein et al.*, 2003; *Spasojevic et al.*, 2003], whereas in the moon-based images, the low-latitude parts of the images erode more sharply than the high-latitude parts of the images (e.g., Figures 9c and 11i). The

second difference is the erosion of the plume. Take unwrapped plume, for example, its erosion appears as narrowing in longitudinal direction and rotating toward dusk as seen by IMAGE in Figure 1d－1f, whereas the plume becomes narrow in horizontal direction and shifts horizontally in the moon-based images in Figures 9b, 9c, 10h, and 11i.

5. Boundary motion and local number density of the plumes may be reconstructed. From a single moon-based EUV image, the shape (or boundary) of the shoulder and the plume can be deduced through the image reconstruction algorithm, which can be found in *He et al*. [2011], and from a series of images, the boundary motions and the local number density changes can be obtained then. It is demonstrated in *He et al*. [2011, Figure 10 and equation 6] that the density profile in the plume may follow the same logarithmic law as the density profile in the main plasmasphere. Together with the upcoming Wide-Angle Auroral Imager on board the Chinese FengYun-3 (FY-3) satellite which will image the N_2 Lyman-Birge-Hopfield bands to get the global pictures of the aurora and the ionosphere, we can investigate the coupling of the plumes to the ionosphere and the ionospheric signatures of the plumes. Furthermore, knowing the boundaries of the plumes, the effect of the SW/magnetosphere coupling on the plumes can also be investigated [*Borovsky and Denton*, 2006].

6. Latitudinal information of the magnetic flux tubes may be deduced from adjacent moon-based images since the background intensity outside the plasmapause does not change much in a short period (10 min). Take Figure 12 for an example. From the three adjacent EUV images detected at position *f*, if the plasmasphere is refilled or eroded, then the number of magnetic flux tubes will increase or decrease. From 12:16 UT to 16:11 UT, the plasmasphere is eroded, and the outmost magnetic flux tube on this meridian is removed from the main body of the plasmasphere in Figures 12c－12e.

It is clearly shown from Figure 12a that the shape of the removed magnetic flux tube is approximately coincident with the dipole field line with L values of 3.5－3.8 while the L values are 3.3－3.5 in Figure 12b. The inconsistencies at high latitudes might be caused by the angle between the projection plane and the SM meridian plane. The intensity changes in the region between the dipole field lines $L = 3.5$ and $L = 3.8$ in Figure 12a are converted to He^+ density, and the profile is presented in Figure 13c. When the plasmasphere is eroded from boundary $L = 3.8$ to boundary $L = 3.5$ as illustrated in Figure 13a, the intensity changes in Figure 12a are mostly contributed by the gray ring in Figure 13a, while the plasmaspheric trough outside the ring changes little during the erosion. Thus, only the gray ring region is considered in calculation of the length of LOS with the method adopted in previous studies [*Gallagher et al*., 2005; *Murakami et al*., 2013]. At equatorial plane, this length (A1A2 in Figure 13a) is ~2.4 R_E and reduces to ~1.0 R_E at the latitude of 50° (B1B2 in Figure 13b) in the dipole field. By assuming

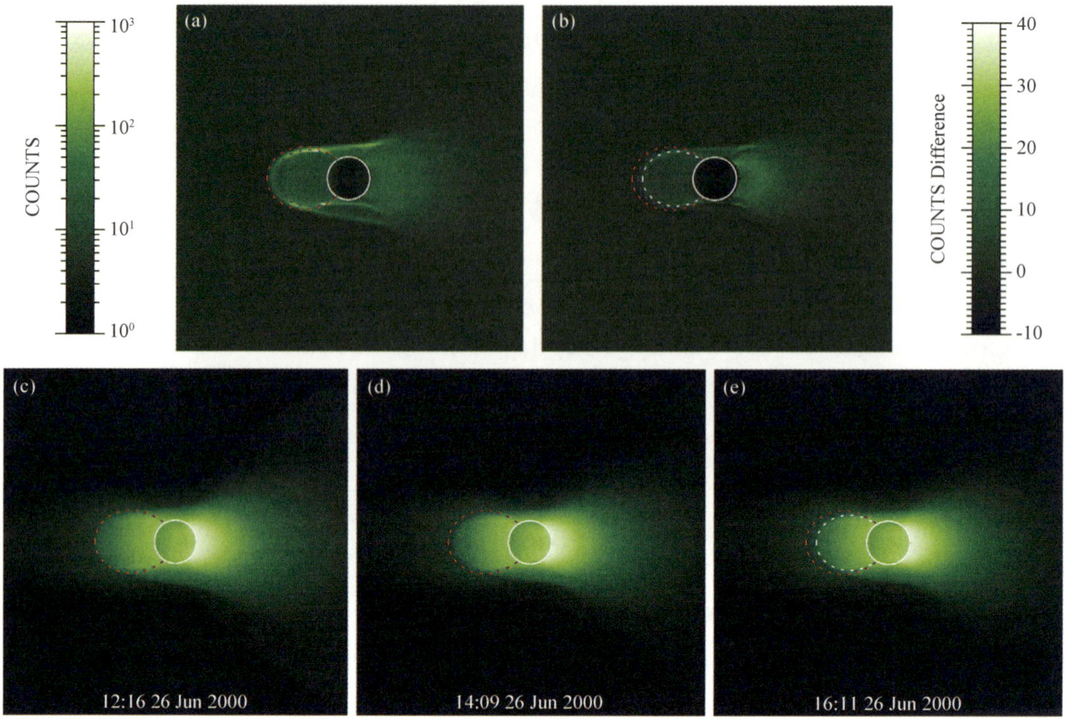

Figure 12　(a－b) Intensity changes of (c－e) EUV images detected at position *f* at three UTs for storm on 26 June 2000. Dashed red lines represent the dipole field lines with *L* value of 3.8. Dashed blue lines represent the dipole field lines with L value of 3.5. Dashed white lines represent the dipole field lines with *L* value of 3.3. Solid white circles represent the Earth. The log-scaled color bar at left represents the instrument counts. (a) is obtained by subtracting (d) from (c) while (b) is obtained by subtracting (e) from (d). The linear-scaled color bar at right represents the count differences between adjacent images.

the densities to be constants along the LOS in the gray ring, the He^+ density can be calculated by equation 5. The latitudinal profile of the calculated density is in agreement with *Tu et al*. model adopted in this study as shown in Figure 13c. The difference at midlatitudes might be because of the underestimating of the length of the LOS. It is illustrated from the results in Figure 13c that the latitudinal distribution of the plasmasphere can be estimated from the intensity changes in adjacent EUV images.

4.3 Plasmaspheric Response to SW-IMF

It is revealed from IMAGE observations that the SWIMF greatly affects and controls the global structures and dynamic evolutions of the plasmasphere, even though there are limited cases available for investigating this issue due to the observation limitations of the IMAGE EUV on the global structures of the plasmasphere [e.g., *Goldstein et al*.,

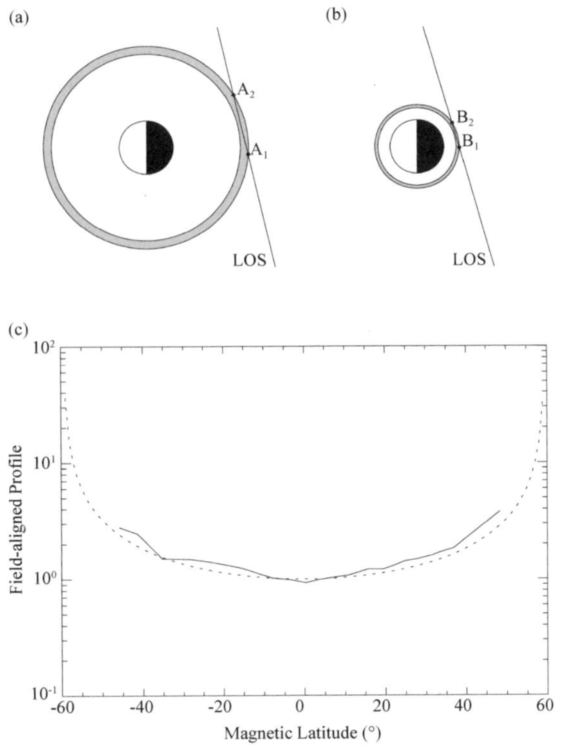

Figure 13　Diagram for the calculation of the effective length of LOS in field-aligned profile extraction for the (a) equatorial plane and (b) magnetic latitude of 50°. Both are the polar views. The gray rings represent the eroded parts of the plasmasphere. The outer and inner radii of the ring in Figure 13a are 3.8 R_E and 3.5 R_E, respectively, while in Figure 13b, these values are 1.6 R_E and 1.5 R_E, respectively. (c) Field-aligned profiles are obtained by dividing the density by the equatorial plane density. The solid line is obtained by the method explained in the text. The dashed line is $N_e(\lambda)/N_0(L=3.6)$ in formula 4.

2002; *Spasojevic et al.*, 2003; *Gallagher et al.*, 2005]. CE-3 provides the best platform to address this problem. As cited above, the continuous observing period of CE-3 can reach ~12 days, and more storms might be caught to investigate the plasmaspheric responses to the SW-IMF. The relationship between the plasmaspheric configurations and the SW-IMF conditions might be easily assessed in future.

4.4　Erosion and Refilling of Plasmasphere

As discussed in section 4.2, the latitudinal information of specific magnetic flux tube can be extracted from moon-based EUV images, and the shape, the boundary motions, and the local number density changes of the plume can be obtained from a series of images by using the imagereconstruction algorithm proposed by *He et al*. [2011]. It is expected to study how a magnetic flux tube is connected with ionosphere with high density during refilling/erosion events and how the equilibrium is established in the process of refilling/erosion. Furthermore, since the FOV of CE-3 EUV is 15°, the boundary of the plume can be traced to as far as the magnetopause, and the coupling of the plume to the magnetopause especially at the dayside reconnection site and the plasma loss to the magnetopause can be studied to further understand the coupling between the SW-IMF and the magnetosphere.

5 Summary

The CE-3 EUV imager will provide us with a unique opportunity to study the global dynamics of the plasmasphere. In order to better understand global structures and dynamics of the plasmasphere in a new perspective, the radiation intensities, global structures, and temporal evolutions of the plasmasphere viewed from the moon are systematically simulated with the dynamic model of DĠCPM, based on two typical storms observed by IMAGE EUV. The results are summarized as follows:

1. The 30.4nm radiation intensity of the plasmasphere detected fromthemoon is 0.1~12.3 R within the plasmapause and 0.02 ~ 0.1 R outside the plasmapause. These values are larger than those detected from the polar orbit because both the column integrations range from the moon and the phase function are larger than those from the polar orbit. The intensities of the SWCX generated 30.4 nm emission and the geocoronal 58.4nm emission, and their effects on the moonbased imaging will be investigated in future work.

2. Simulated EUV images exhibit new characteristics which can help us study the large-scale structures of the plasmasphere. The main body of the plasmasphere is approximately oval shaped, the plasmaspheric shoulder has two types of shapes (step shape and meniscus shape) according to different lunar positions, and the plasmaspheric plumes have different shapes under different SW-IMF conditions and different lunar positions. More storms will be identified in future moon-based imaging to investigate the responses of the plasmasphere to SW-IMF and geomagnetic conditions.

3. The evolutions of the plasmaspheric structures display new patterns in the moon-based EUV images, and the latitudinal information of specific magnetic flux tube can be extracted from the moon-based EUV images. It is found that the low-latitude part of the image erodes more sharply than the high-latitude part, the step-shape shoulder moves almost horizontally toward the center of the moon-based images, and the plume narrows and shifts in horizontal direction.

4. Based on IMAGE EUV observations that the typical scale sizes of plasmapause, shoulder, and plume are much larger than 0.1 R_E, and the average radial velocity of the plasmasphere during erosion or refilling in storm time is approximately 0.1 R_E/10 min [*Goldstein et al.*, 2003; *Murakami et al.*, 2007], it is expected that the CE-3 EUV with

FOV of 15°, angular resolution of 0.095° (spatial resolution of 0.1 R_E), temporal resolution of 10 min, sensitivity of 0.12 count R^{-1} s^{-1} $pixel^{-1}$, and sensitivity threshold of ~0.1 count min^{-1} $pixel^{-1}$ will successfully image the plasmasphere so as to clearly identify the global structures of the plasmasphere.

This investigation provides us with a clear overall understanding of the moon-based EUV imaging. The simulated results can help us to study the plasmaspheric structures in future moon-based EUV images and be used to perform image inversions in future work. It is expected that the plasmaspheric features simulated in this work will be identified in the observations of CE-3 EUV.

Acknowledgments

The authors would like to thank D. R. Weimer for providing the W05 electric field model. The authors would like to thank NASA-CCMC for providing the code of IGRF and Tsyganenko model and T. Forrester of IMAGE EUV team for the EUV data and relevant processing software. The authors also thank the ACE Science Center for the MAG and SWEPAM data and the Kyoto World Data Center for the Geomagnetic Index (*AL*, *Kp*, *Dst*). We also thank two reviewers for very valuable comments that helped us to improve the paper. This work was supported by the National Basic Research Program of China (2012CB957800 and 2011CB811400), the National Natural Science Foundation of China (41204102 and 41274147), the National Hi-Tech Research and Development Program of China (2012AA121000), and the Key Development Project of Chinese Academy of Sciences: Application research on the scientific data from Chang'E-3 mission.

Masaki Fujimoto thanks the reviewers for their assistance in evaluating this paper.

References

[1] Adrian, M. L., D. L. Gallagher, J. L. Green, and B. R. Sandel (2001), The large-scale plasmaspheric density trough associated with the 24 May 2000 geomagnetic storm: IMAGE EUV observations and global core plasma modeling, Eos Trans. AGU, 82, S352.

[2] Borovsky, J. E., and M. H. Denton (2006), Effect of plasmaspheric drainage plumes on solar-wind/magnetosphere coupling, Geophys. Res. Lett., 33, L20101, doi:10.1029/2006GL026519.

[3] Brandt, J. C. (1961), Interplanetary Gas, VI, on diffuse extreme ultraviolet helium radiation in the night and day sky, Astrophys. J., 134(2), 975－980.

[4] Brandt, J. C., and J. W. Chamberlain (1959), Interplanetary Gas, I, hydrogen radiation in the night sky, Astrophys. J., 130(1), 670－682.

[5] Burch, J. L. (2000), IMAGE mission overview, Space Sci. Rev., 91(1), 1－14.

[6] Carpenter, D. L. (2004), Remote sensing the Earth's plasmasphere, Rad. Sci. Bull., 308, 13－29.

[7] Carpenter, D. L., and R. R. Anderson (1992), An ISEE/Whistler model of equatorial electron density in the magnetosphere, J. Geophys. Res., 97(A2), 1097-1108.

[8] Chen, A. J., and R. A. Wolf (1972), Effects on the plasmasphere of a timevarying convection electric field, Planet. Space Sci., 20(4), 483-509.

[9] Craven, P. D., D. L. Gallagher, and R. H. Comfort (1997), Relative concentration of He^+ in the inner magnetosphere as observed by the DE 1 retarding ion mass spectrometer, J. Geophys. Res., 102(A2), 2279-2289.

[10] Denton, R. E., M. F. Thomsen, K. Takahashi, R. R. Anderson, and H. J. Singer (2011), Solar cycle dependence of bulk ion composition at geosynchronous orbit, J. Geophys. Res., 116, A03212, doi:10.1029/2010JA016027.

[11] Gallagher, D. L., P. D. Craven, and R. H. Comfort (2000), Global core plasma model, J. Geophys. Res., 105(A8), 18,819-18,833.

[12] Gallagher, D. L., M. L. Adrian, and M. W. Liemohn (2005), Origin and evolution of deep plasmaspheric notches, J. Geophys. Res., 110, A09201, doi:10.1029/2004JA010906.

[13] Garrido, D. E., R. W. Smith, D. W. Swift, S.-I. Akasofu, R. M. Robinson, and Y. T. Chiu (1994), Imaging the plasmasphere and trough regions in the extreme ultraviolet region, Opt. Eng., 33 (2), 371-382.

[14] Goldstein, J., R. W. Spiro, P. H. Reiff, R. A. Wolf, B. R. Sandel, J. W. Freeman, and R. L. Lambour (2002), IMF-driven overshielding electric field and the origin of the plasmaspheric shoulder of May 24 2000, Geophys. Res. Lett., 29(16), doi:10.1029/2001GL014534.

[15] Goldstein, J., B. R. Sandel, W. T. Forrester, and P. H. Reiff (2003), IMF-driven plasmasphere erosion of 10 July 2000, Geophys. Res. Lett., 30(3), 1146, doi:10.1029/2002GL016478.

[16] Gruntman, M. (1992), Charge-exchange born He^+ ions in the solar wind, Geophys. Res. Lett., 19, 1323-1326.

[17] Gruntman, M. (2001), Imaging the three-dimensional solar wind, J. Geophys. Res., 106(A5), 8205-8216.

[18] Gruntman, M., V. Izmodenov, and V. Pizzo (2006), Imaging the global solar wind flow in EUV, J. Geophys. Res., 111, A04216, doi:10.1029/2005JA011530.

[19] He, F., B. Chen, and X. X. Zhang (2010a), Moon-based imaging of the Earth's plasmaspheric extreme ultraviolet radiation, Opt. Prec. Eng., 18(12), 2564-2573 (in Chinese).

[20] He, F., X. X. Zhang, B. Chen, and M.-C. Fok (2010b), Calculation of the extreme ultraviolet radiation of the Earth's plasmasphere, Sci. China Tech. Sci., 53(1), 200-205.

[21] He, F., X. X. Zhang, B. Chen, and M.-C. Fok (2011), Reconstruction of the plasmasphere from moon-based EUV images, J. Geophys. Res., 116, A11203, doi:10.1029/2010JA016364.

[22] He, F., X. X. Zhang, B. Chen, and M.-C. Fok (2012), Plasmaspheric trough evolution under different conditions of subauroral ion drift, Sci. China Tech. Sci., 55, 1-8, doi:10.1007/s11431-012-4781-1.

[23] Jelinsky, P., J. V. Vallerga, and J. Edelstein (1995), First spectral observations of the diffuse background with the Extreme Ultraviolet Explorer, Astrophys. J., 442(4), 653-661.

[24] Lemaire, J. F., and K. I. Gringauz (1998), The Earth's Plasmasphere, Cambridge Univ. Press, New York.

[25] Lennartsson, W., and R. D. Sharp (1982), A comparison of the 0.1-17 keV/e ion composition in the near equatorial magnetosphere between quiet and disturbed conditions, J. Geophys. Res., 87

(A8), 6109－6120, doi:10.1029/JA087iA08p06109.

[26] Liemohn, M. W., A. J. Ridley, D. L. Gallagher, D. M. Ober, and J. U. Kozyra (2004), Dependence of plasmaspheric morphology on the electric field description during the recovery phase of the 17 April 2002 magnetic storm, J. Geophys. Res., 109, A03209, doi:10.1029/2003JA010304.

[27] Liemohn, M.W., A. J. Ridley, J. U. Kozyra, D. L. Gallagher, M. F. Thomsen, M. G. Henderson, M. H. Denton, P. C. Brandt, and J. Goldstein (2006), Analyzing electric field morphology through data-model comparisons of the Geospace Environment Modeling Inner Magnetosphere/Storm Assessment Challenge events, J. Geophys. Res., 111, A11S11, doi:10.1029/2006JA011700.

[28] Matsui, H., T. Mukai, S. Ohtani, K. Hayashi, and R. C. Elphic (1999), Cold dense plasma in the outer magnetosphere, J. Geophys. Res., 104(A11),25,077－25,095.

[29] Meier, R. R. (1991), Ultraviolet spectroscopy and remote sensing of the upper atmosphere, Space Sci. Rev., 58(1), 1－85.

[30] Meier, R. R., and C. S. Weller (1972), EUV resonance radiation from helium atoms and ions in the geocorona, J. Geophys. Res., 77(7), 1190－1204.

[31] Murakami, G., M. Hirai, and I. Yoshikawa (2007), The plasmapause response to the southward turning of the IMF derived from sequential EUV images, J. Geophys. Res., 112, A06217, doi:10.1029/2006JA012174.

[32] Murakami, G., I. Yoshikawa, K. Yoshioka, A. Yamazaki, M. Kagitani, M. Taguchi, M. Kikuchi, S. Kameda, and M. Nakamura (2013), Plasmaspheric filament: An isolated magnetic flux tube filled with dense plasmas, Geophys. Res. Lett., 40, 250－254, doi:10.1002/grl.50124.

[33] Nakamura, M., et al. (1999), Helium observation in the Martian ionosphere by an X-ray ultraviolet scanner on Mars orbiter NOZOMI, Earth Planets Space, 51, 61－70.

[34] Nakamura, M., I. Yoshikawa, A. Yamazaki, K. Shiomi, Y. Takizawa, M. Hirahara, K. Yamashita, Y. Saito, and W. Miyake (2000), Terrestrial plasmaspheric imaging by an Extreme Ultraviolet Scanner on Planet-B,Geophys. Res. Lett., 27(2), 141－144.

[35] Ober, D. M., J. L. Horwitz, and D. L. Gallagher (1997), Formation of density troughs embedded in the outer plasmasphere by subauroral ion drift events, J. Geophys. Res., 102(A7), 595－602.

[36] Ober, D. M., J. L. Horwitz, and D. L. Gallagher (1998), Convection of plasmaspheric plasma into the outer magnetosphere and boundary layer region: Initial results, in Geospace Mass and Energy Flow: Results From the ISTP Program, Geophys. Monogr. Ser., vol. 104, edited by J. L. Horwitz, D. L. Gallagher, and W. K. Peterson, pp. 45－51, AGU, Washington, D.C.

[37] Ogawa, T., and T. Tohmatsu (1971), Sounding rocket observation of helium 304- and 584-A glow, J. Geophys. Res., 76(25), 6136－6145.

[38] Paresce, F., S. Bowyer, and S. Kumar (1973), Observations of the He II 304-A radiation in the night sky, J. Geophys. Res., 78(1), 71－79.

[39] Paresce, F., H. Fahr, and G. Lay (1981), A search for interplanetary He II 304-A emission, J. Geophys. Res., 86(A12), 10,038－10,048.

[40] Paschmann, G., N. Sckopke, G. Haerendel, J. Papamastorakis, S. J. Bame, J. R. Asbridge, J. T. Gosling, E. W. Hones Jr., and E. R. Tech (1978), ISEE plasma observations near the subsolar magnetopause, Space Sci. Rev., 22, 717－737.

[41] Rasmussen, C. E., S. M. Guitar, and S. G. Thomas (1993), A two-dimensional model of the

plasmasphere: Refilling time constant, Planet. Space Sci., 41(1), 35-43.

[42] Roelof, E. C., and A. J. Skinner (2000), Extraction of ion distributions from magnetospheric ENA and EUV images, Space Sci. Rev., 91, 437-459.

[43] Roelof, E. C., B. H. Mauk, and R. R. Meier (1992), Instrument requirements for imaging the magnetosphere in extreme ultraviolet and energetic neutral atoms derived from computer-simulated images, Proc. SPIE, 1744, 19-30.

[44] Sandel, B. R., et al. (2000), The extreme ultraviolet imager investigation for the image mission, Space Sci. Rev., 91(1), 197-242.

[45] Sandel, B. R., R. A. King, W. T. Forrester, D. L. Gallagher, A. L. Broadfoot, and C. C. Curtis (2001), Initial results from the IMAGE Extreme Ultraviolet Imager, Geophys. Res. Lett., 28(8), 1439-1442.

[46] Sandel, B. R., J. Goldstein, D. L. Gallagher, and M. Spasojević (2003), Extreme ultraviolet imager observations of the structure and dynamics of the plasmasphere, Space Sci. Rev., 109(1), 25-46.

[47] Sasaki, S., Y. Iijima, K. Tanaka, M. Kato, M. Hashimoto, H. Mizutani, and Y. Takizawa (2003), The SELENE mission: Goals and status, Adv. Space Res., 31(11), 2335-2340.

[48] Sitnov, M. I., N. A. Tsyganenko, A. Y. Ukhorskiy, and P. C. Brandt (2008), Dynamical data-based modeling of the storm-time geomagnetic field with enhanced spatial resolution, J. Geophys. Res., 113, A07218, doi:10.1029/2007JA013003.

[49] Spasojević M., J. Goldstein, D. L. Carpenter, U. S. Inan, B. R. Sandel, M. B. Moldwin, and B. W. Reinisch (2003), Global response of the plasmasphere to a geomagnetic disturbance, J. Geophys. Res., 108(A9), 1340, doi:10.1029/2003JA009987.

[50] Swift, D. W., R. W. Smith, and S.-I. Akasofu (1989), Imaging the Earth's magnetosphere, Planet. Space Sci., 37(4), 379-384.

[51] Tsyganenko, N. A., and M. I. Sitnov (2007), Magnetospheric configurations from a high-resolution data-based magnetic field model, J. Geophys. Res., 112, A06225, doi:10.1029/2007JA012260.

[52] Tu, J.-N., P. Song, B. W. Reinisch, J. L. Green, and X.-Q. Huang (2006), Empirical specification of field-aligned plasma density profiles for plasmasphere refilling, J. Geophys. Res., 111, A06216, doi:10.1029/2005JA011582.

[53] Wang, C., T. S. Newman, and D. L. Gallagher (2007), Plasmapause equatorial shape determination via the Minimum L Algorithm: Description and evaluation, J. Geophys. Res., 112, A12201, doi:10.1029/2006JA012202.

[54] Weimer, D. R. (2005), Improved ionospheric electrodynamic models and application to calculating Joule heating rates, J. Geophys. Res., 110, A05306, doi:10.1029/2004JA010884.

[55] Wu, F. M., K. Suzuki, R. W. Carlson, and D. L. Judge (1981), PIONEER 10 ultraviolet photometer observations of the interplanetary glow at heliocentric distances from 2 to 14 AU, Astrophys. J., 245(5), 1145-1158.

[56] Yoshikawa, I., A. Yamazaki, K. Shiomi, K. Yamashita, Y. Takizawa, and M. Nakamura (2001), Loss of plasmaspheric ions during a storm observed by the EUV scanner onboard Planet-B, J. Geophys. Res., 106(A9), 18,911-18,918.

[57] Yoshikawa, I., et al. (2008), Telescope of extreme ultraviolet (TEX) onboard SELENE: Science from the Moon, Earth Planets Space, 60(4), 407-416.

Opto-mechanisms design of extreme-ultraviolet camera onboard Chang'E lunar lander

Zhaohui Li* , Bo Chen, Kefei Song, Xiaodong Wang, Shijie Liu, Liang Yang, Qinglong Hu, Ke Qiao, Liping Zhang, Guodong Wu, Ping Yu

Changchun Institute of Optics, Fine Mechanics and Physics, Chinese Academy of Science, 130022, Dong Nanhu Road 3888, Changchun, China

* lizh_ciom@aliyun.com

Abstract: The extreme-ultraviolet camera mounted on the Lander of China Chang-E lunar exploration project launched in 2013 is the first instrument used to imaging from the lunar surface to the whole plasmasphere around the earth. Taking into account both the lunar environment conditions and the weight and volume constraints, a single spherical mirror and a spherical microchannel plate detector make up the compact optical system. An optimized opto-mechanical design was presented using Finite Element Analysis Model, and the detail design for the important assemblies of the 2-axis platform, the primary mirror, the aperture door mechanism and MCP detector were all specially addressed for their environmental adaptability and reliability. Tests of mechanical characteristics have demonstrated that the position and pointing accuracy and its stability meets the operation requirements of 2′. Vibration results have shown that the EUVC has adequate stiffness and strength safety margin to survive in launch and the moon environments. The imaging performance with the resolution of 0.08° is measured after vibration, in agreement with the predicted performance.

1 Introduction

The extreme-ultraviolet camera (EUVC), as one of the important payloads in China lunar exploration project—Chang E Engineering, is being developed to image the Earth's plasmasphere from the lunar surface. It will observe the spatial structure and dynamics of the Earth's plasmasphere on a global scale, which plays an important role in complete the Chang E Engineering science objectives such as environmental monitoring, space weather forecasting and astronomy study. EUVC will detect the emission at 30.4 nm and monitor changes of density and distribution of the Earth's plasmasphere with an operational duration of 1 year[1,2].

To successfully achieve the scientific observation goals for Chang E mission, EUVC need to meet the requirements with space extreme environments, vibration in launch, and strict constraints of volume and weight. So the EUVC will be a very compact instrument with a good space environmental adaptability. Here, the opto-mechanical design of EUVC and a demonstration of its validity through finite element analysis (FEA) as well as the imaging performance tests are presented[3].

2 Design specifications and optical system description

Imaging to the entire earth plasmasphere from the lunar surface requires the EUVC has the wide field of view and need be mounted on a two-dimension pointing and tracking platform to keep the EUVC to point to the earth by adjustment of 0.5°/day. So EUVC is composed of two parts: an extreme ultraviolet band imaging telescope and a two-axis gimbal platform. The main parameters and constraints for the EUVC related to optomechanical design are summarized in Table 1.

Table 1　Principle EUV design parameters

property	Value
Mass	16.5 kg
Power	20 W
Size	470 mm×360 mm×290 mm
Field of view	15°
Optical design Prime focus	150mm
Angular resolution	0.1°
Sensitivity	0.1～0.2 counts/s. Re
Eigenfrequencies	>70 Hz(in launch direction)
	>40 Hz(in lateral direction)
Operational lifetime	1 year in-orbit
Operational temperature	-50℃～ + 90℃
Thermal interface	-140℃～ + 140℃
Larger vibration loads	Sine: 8g (5 Hz～100 Hz)
	Random: 10 g (rms)

To respond the environmental challenges and design constraints of weight and volume, design-optomechanical efforts are focused on environmental adaptability design to achieve compact structure and to maintain the optical performance after launching, landing and the moon day/night recycle. The report gives the configuration, structure and mechanism design, selection of material, and system assembly method based on FEM simulating analysis[4,5].

For imaging optical system[6], two-mirror Cassegrain-type telescope has been studied in the planning of this instrument. But the optical configuration with a single spherical mirror was finally chosen for the telescope to minimize the weight and volume. A multi-layer-coated mirror is used as focusing EUV photons, a metal thin filter near the focal plane to suppress unwanted wavelength-longer emissions and microchanel plates with spherical surface to pick up photon events in the system[7]. In the fact, The Selenological and Engineering Explorer (SELENE) has used the similar type of optics. The optical schematic of the EUVC is shown in Fig. 1.

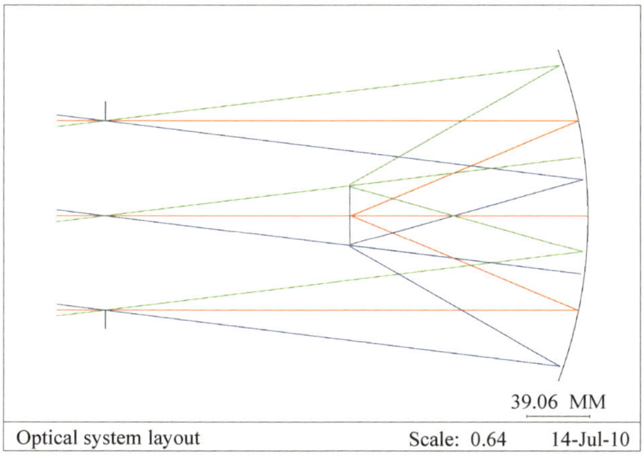

Fig. 1　Optical system of EUV camera.

The required angular resolution of 0.1° is achieved in the optical system over a 15° field of view with the minimum optical surface. The entrance pupil is located at the center of the spherical primary mirror for eliminating the effects of aberrations with 118mm aperture. Spot diagram is used to evaluate the optical system. The RMS spot diameter varies between 0.209 and 0.207 mm, respectively, for an on-axis object and, for the corners of the field of view, the spot size over the field of view is almost uniform. The position accuracy tolerance is reasonable by 0.05 mm mirror-detector separation error and 20″ slope error for image plane.

3　Two-axis platform mechanism

In the mechanical design process, EUVC has been benefited from the study of the several types of the aerial stable imaging platform, the previous tracking and the pointing mechanism design. According to general requirements of the lunar lander, the following design criteria should be fulfilled:

- The design is optimized for low mass and a minimum volume.

• Adequate stiffness and strength to survive during the launching and landing progress.

• The dimensional stability meets the requirements.

• The mechanism has the ability to be run in the extreme temperature environment.

There are basically two types of gimbals: Equatorial gimbals and azimuth/elevation gimbals. Despite equatorial type does not have keyhole problem near its zenith position, the disadvantages of large sweep volume and size are unacceptable in lunar exploration program. As a result, traditional Elevation/Azimuth two-axis platform is adopted which has the compromise merits in weight, small structure, and pointing accuracy. The details of the mechanical design, Finite Element Model (FEM) analysis and some tests to qualify the design have been done[8].

The two-axis platform holds the EUVC together with signal process electronics and highvoltage power supply module. To compensate the landing inclination of the lunar lander, the platform should have adequate range-of-motion with $\pm 45^{\circ}$ elevation angle and $\pm 55^{\circ}$ azimuthal angle. The pointing accuracies of the platform are $2'$ around the azimuthal axis and around the elevation axis respectively. The platform consists of two separate modules: elevation module and azimuth module, both modules are joined together via a U-shape support frame. The mechanical design must satisfy all strength and stiffness requirements, environment constraints and its interfaces with the lunar lander. The realized design is presented in Fig. 2.

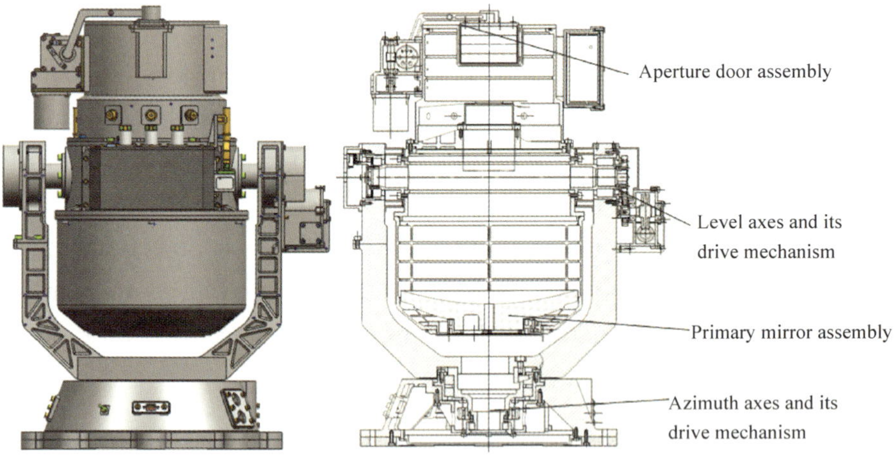

Fig. 2　The detail configuration and cross section of EUVC.

The elevation rotation module consists of the left and right level axis, stepper motor, gearbox to amplify the motor torque. Trade-off design between the sizes of bearing and its capabilities of vibration resistance are made based on dynamic analysis results. The duplex angular contact ball bearings with inner diameter of 25 mm are utilized as main support of the level axis which determines the rigidity of the level axis, so it is preload reasonably to eliminate axial clearance. A single ball bearing which is preloaded by a flexible ring, is fixed on the other end of the level axis. The flexible ring should have the ability to compensate the thermal deformation of rolling bearings and the U-shape frame. Similarly, the azimuth axis module consists of a vertical axis, the duplex angular contact ball bearings with inner diameter of 75 mm, and the supporter holding bearings[9].

The actuator module consists of a stepper motor, a worm-wheel box with speed ratio of 1:60 and two position sensors. Titanium has been used for the Actuator Module housing a box due to the reasons of low mass and CTE match with the other parts of the azimuth axis module. All the worm-wheels and bearings are dry lubricated by adhering to MoS_2. Using the self-clock property of worm gearing, it is able to maintain the position under high launch loads with an adequate safety margin. A high resolution stepper motor (1 °/step) with redundant windings has been developed for space application and optimized for maximum torque.

U-shape frame supports the imaging unit and electronic unit of the EUVC, which is one of the most important factors influencing mechanical characteristics of the 2-axis platform. The dynamic characteristics of the frame structures directly affect the adaptability of the system on vibrating environments. Different lightweight manners and several materials have been compared based on FEM model, Table 2 shows resonance frequency versus three kinds of materials. In the realistic instrument, U-shape frame is made of titanium for reasons of low mass and CTE match with level and azimuth axis which are also made of titanium.

Table 2　Natural frequencies of U-shape supporter structure

Materials	Vibration resonance frequency (Hz)		
	1st mode	2nd mode	3rd mode
Mg-alloy	245.43	262.47	443.71
Aluminum alloy	253.41	271.01	458.15
Titanium	318.36	338.36	573.86

The mass of the whole platform and imaging unit have been reduced as much as possible while still satisfying the required eigenfrequencies and maintaining adequate safety margins by structure FE-modeling analysis. On the other hand, the adaptability of the 2-axis platform in the lunar environment has been considered during design process and assembling phase. In order to reduce geometry deformation, all the structure elements have been kept in vacuum tube for 3 cycles from extreme cold −140℃ to heat +120℃, then the integrated 2-axis platform was processed using the same stress anneal technique.

4 EUV imaging telescope

The EUVC primary mirror is made of Zerodur, and its surface with roughness of 0.4 nm is smooth very much, and finally is coated with a narrow pass band reflective MoSi multilayer, which is only optimized for the specific 30.4 nm emission while other e-missions are excluded. Light reflected from the mirror is focused on the spherical focal surface of the sensor.

Noting the mirror structure shown in Fig. 3. The ring and radiation rubs are fabricated for light-weighted Zerodur on the rear surface of the mirror, and the center shaft from the back part of the mirror will be bonded to the mirror mount with suited gap. The mirror mount is made of Invar with near-zero CTE properties, which match the CTE of Zerodur. So the major strains will come from the procedure of assembling the mirror. Three flexure pads are fabricated around inner circular surface of the mirror mount to eliminate assemble strains, the center shaft of the mount is used to keep the mirror in the mount with normal position, being vertical to the bottom of the mirror mount. Meanwhile, the mirror centration is confined using thin shims between the mirror back shaft and the mirror mount. After adjustment, epoxy is injected into the bond gaps. In order to monitor the dynamic mirror thermal environment, a thermal sensor is bonded along the edge of a ring rub on the rear surface. As the thermal expansion coefficient of silica is lower ($1 \sim 3 \times 10^{-6}$/℃) than Titanium or Aluminum, the tube made of carbon fiber composite material is applied to keep the distance between the primary mirror and the spherical surface MCP detector changed in tolerance during the thermal cycling[10].

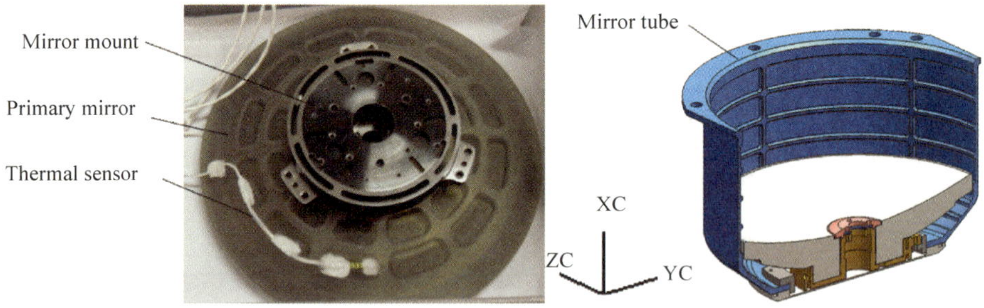

Fig. 3　The primary mirror assembly.

The changes of the mirror temperature is in the wide range of −45℃ ~ +90℃, it is very stringent for the mirror assembly. Thermal analysis of the mirror assembly has been carried out with the temperature change of 70℃, the analysis results are shown in Table 3.

Table 3　Influence of temperature on figure

Variation of temperature	RMS value of figure	PV value of figure
$\Delta T = 70℃$	13.44 nm	71.03 nm

As shown in Table 3, the figure accuracy of 13.44nm($\lambda/30$) at wavelength of 632.8 nm meets the requirements of optical image quality. To check for the thermal stress in the bonded mirror, interferometer measurements of the mirror after stored in the worst hot and cold conditions were taken at 20℃ in clean room, and the deformation of the surface figure are within error budget allocation, nearly no change comparing with the measuring result in manufacture process.

5　MCP detector assembly

The detector is comprised of 3 curved-channel microchannel plate coated with photocathode layer, an anode plate is mounted at the back of the microchannel plate[11]. Detector housing consisting of ceramic and Kovar-rings welded to a stainless steel flange and window. The photocathode converts the incoming photons into photoelectrons. A high voltage applied across the MCP causes these photoelectrons to be accelerated through microchannels. The position in X-Y directions is determined by an electronics unit which includes preamplifiers and position-calculating circuitry. A schematic diagram of the MCP is shown in Fig. 4.

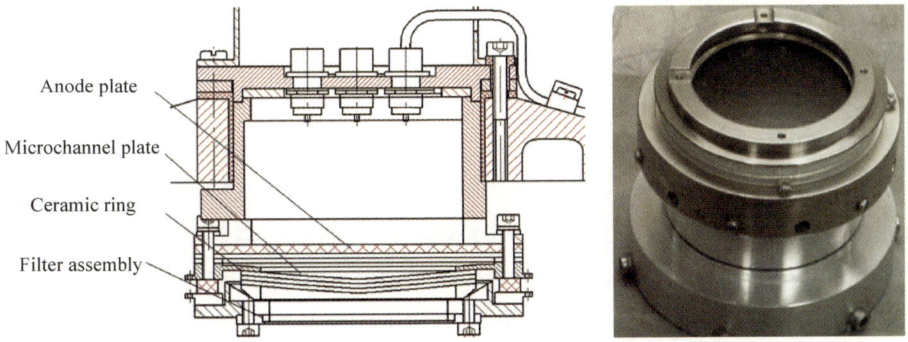

Fig. 4　Configuration of the MCP detector assembly.

The EUVC uses thin metal film filters in front of the detector to suppress undesired UV and the other radiation. The main damage to the filter is induced by air flow during launch, so the filter is protected by the aperture door to reduce the disturbance of airflow, and some small holes were manufactured on the filter mount. Air flow studies, combined with vibration analyses, followed by real tests were used to define venting holes (number, location, size). Besides the function to protect the fragile entrance filters during launch and landing process, the other primary function of the aperture door mechanism is used to be as the thermal control door[12]. Based on the thermal design, a heat radiator of Pu + 238 (Radiating heat Unit, RHU) was located on the aperture door. When the door closed in lunar night cycle, the RHU emitted heat to inner of the EUV camera, and remove the heat radiator when the door opened in lunar daytime. The door assembly is attached to the front aft of the lens tube, as shown in Fig.2. The door is opened by a stepper motor and a self-lock worm wheel mechanism with 40 : 1 transmission rate.

6 Modeling analysis and mechanics performance

The design of the structure was studied with the help of a finite element model, predicting overall stiffness and strain levels. The 2-axis platform in the EUVC imaging system comprises of several rotation mechanism modules, and modeling the dynamic mechanism with clearance connections is a challengeable issue in true prediction of its mechanics performance. The gap element method is adopted instead of coupling point restriction method to address the problems on elasticity contact and gap joint. Finite element equations of the contact problem composed of gap elements have been described in the reference paper[13].

Based on gap element method, the elevation axis module and the azimuth axis module in the 2-axis platform system are described with elastic contact condition, the worm wheel gear drive modules are described with clearance condition, while the other structure such as U-shape support frame, etc are modeled using general point coupling theory. A FEM model has been realized by selecting solid-flexure unit and flexure-flexure unit in Patran analysis program, and the analysis results demonstrated that the design of EUVC system has adequate axial stiffness, which is of primary importance in the launch vibration environment, while the lateral direction eigenfrequencies is about 47 Hz, larger than the minimum requested 40 Hz requested by satellite. Figure 5 shows the first 2 resonance modes in longitudinal direction and lateral direction respectively.

Additionally, the vibration tests have been carried out to get rid of early invalidation. According to the sine scan test, the acquired 1st natural frequency is 42.8 Hz, which is coincident to analysis result by FEM model. Therefore, the gap element model is proven to be able to truly describe the stiffness and strain level of the 2-axis tracking platform. After the severe vibration tests with sine input of 8g and random input of 10 g (rms), the maximal stress occurring at the connection of level bearings and the U-frame is equal to 145 MPa, which is safely below the proof stress of 440 MPa. The structural design and stiffness safety margin meets the space experimental qualification requirements specified by the project of Chang E lunar exploration engineering.

Fig. 5　Eigenfrequency of the 1st order mode shape based on gap element model. Left is vibration mode along launching direction, right is lateral direction with natural frequency of 47 Hz.

7　Verification and imaging performance

Following the mechanical test, the EUVC were installed in vacuum chamber after assembly as an integrity instrument in order to relax connection strain and maintain size stability. Then begin thermal vacuum test which includes following measuring items: The functional and pointing performance (position accuracy, stability); Torque margin checks throughout the lifetime during temperature change; Imaging performance under all environmental conditions. The test system includes a EUV light source with stability of 5% (a hollow-cathode lamp filled with helium gas), a McPherson 247 monochromator, a collimator with focus length 750mm and a test chamber with vacuum of better than 1×10^{-4} Pa, and temperature changes between −140℃ ~ +110℃.

In thermal vacuum tests, the Radiating heat Unit was instead of a simulated heater. The boundaries were based on the thermal interface condition with the lunar lander, which varies from −110℃ ~ +110℃. The thermal test verified the capability of the EUV camera to operate satisfactorily in vacuum at the expected hot and cold temperatures and the survival in non-operational extreme conditions without degradation of functional performance. The position pointing performance doesn't be changed significantly after thermal cycles, maintaining 2′ position accuracy. The minimum torque of moving the 2-axis mechanism smoothly were evaluated under hot and cold condition according to the operation voltage of stepper motor, the driving torque of 50 mN · m demonstrate it has proper safety margin under the lunar enter.

For optical performance testing[14,15], since the size of the illuminated beam at 30.4 nm from the monochromator is small, the EUV camera have to be rotated about the elevation axis and azimuth axis at different angle to obtain the image at different position in the field of view. The resolution target USA1951 was set at the focal plane of the collimator, the angle resolution of the EUVC can be calculated by the follow equation:

$$\alpha = \mathrm{argtg}\frac{1}{2 \cdot \nu \cdot f_c} \tag{1}$$

ν—the frequency of the minimum pair of lines recognized by eyes;

f_c—the focal length of the collimator.

The beam magnified image recorded on the detector demonstrate that the EUVC can distinguish 0.2 mm line width, so corresponding the 148 mm effective focal length, the angle resolution is 0.08°, less than the design value of 0.1°. Although the resolution of full aperture can't be determined directly by imaging a narrow collimated beam, the image quality (photometry, linearity), noise evaluation of the whole instrument could be verified based on the response model of MCP detector and electronic subsystem which have been calibrated in vacuum test facility. The end-to-end measuring results before launching are shown in Fig. 6.

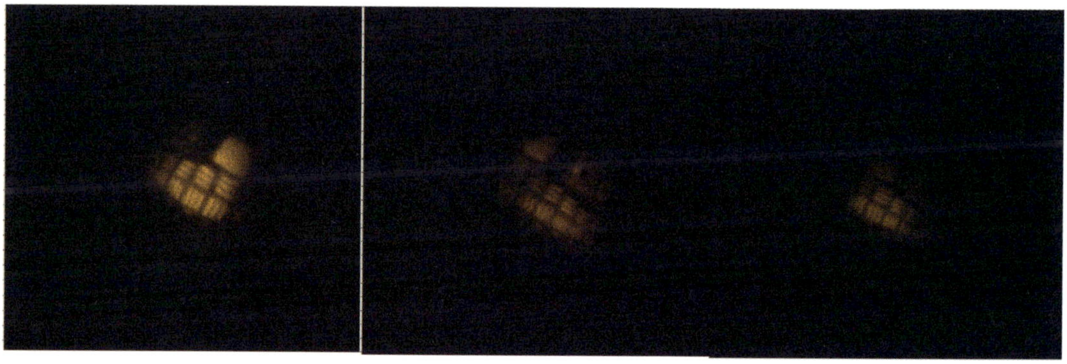

Fig. 6　Narrow beam image at detector for different incident angle.

The field-dependent distortion of the image was measured in 5 locations of the pupil, then adjust the position coefficients of three readout circuits from MCP detector to enable the EUVC to image uniformity. Figure 7 shows the comparison of image before and after correction, the results indicate the end-to-end characteristics of the full instrument is in the expected state by design.

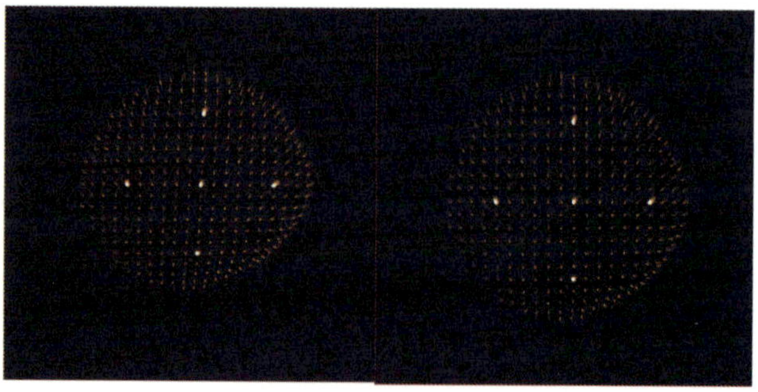

Fig. 7　Spot distortion at the different location of the detector.

8 Conclusions

The opto-mechanical design of EUVC has fully taken into accounting the primary limiting conditions, such as wide ranges of temperature change, severe vibration and shock, strict requirements of weight and volume and so on, and finally achieved the design optimization and design goal of EUVC on a lightweight, compact, high rigidity and stability.

The EUVC has been extensively tested in the qualification and verification test program. The vibration test shows the adequate eigenfrequencies and gives evidence on the integrity of the mechanical design in terms of stiffness and strength. Elevation drive module and azimuth drive module of the 2-axis platform, as well as the aperture door mechanism adopted the same kind of drive manner: worm-wheel and step motor, so it is relatively easy to control the dynamic characteristics of the 2-axis platform including reliability and stability of movement in the required environmental conditions, the pointing performance and the safety margin of driving torque have been checked and they were in accord with expectations. The image performance test indicated that the image angle resolution is less than 0.1°, the distortion and dark calculation level is in the tolerance range. In general, the design, and assembly and tests successfully satisfy the lunar landing mission requirements.

Acknowledgments

We acknowledge with appreciation the cooperation and support of the Center of Chinese Space Science throughout the EUVC development. We wish to acknowledge Professor Jingjiang Xie in the Center of Optics Technique in Changchun Institute of Optics, Fine mechanics and Physics who made the super smooth mirror for the project.

References

[1] O. Y. Ziyuan, L. Chunlai, and Z. Yongliao, "The scientific object of the first phase project of Chinese lunar exploration," Spacecraft Eng. **14**(1), 1-5 (2005).

[2] C. Bo and H. Fei, "Optical design of moon-based earth's plasmaspheric extreme ultraviolet imager," Opt. Precis. Eng. **19**(9), 2057-2062 (2011).

[3] C. O. Davis, J. Bowles, R. A. Leathers, D. Korwan, T. V. Downes, W. A. Snyder, W. J. Rhea, W. Chen, J. Fisher, P. Bissett, and R. A. Reisse, "Ocean PHILLS hyperspectral imager: design, characterization, and calibration," Opt. Express **10**(4), 210-221 (2002).

[4] J. H. Lee, C. W. Lee, Y.-M. Kim, and J.-W. Kim, "Optomechanical design of a compact imaging spectrometer for a microsatellite STSAT3," J. Opt. Soc. Korea **13**(2), 193-200 (2009).

[5] G. R. Carruthers, "Apollo 16 far-ultraviolet camera/spectrograph: instrument and operations," Appl. Opt. **12**(10), 2501 – 2508 (1973).

[6] P. Mouroulis, R. O. Green, and D. W. Wilson, "Optical design of a coastal ocean imaging spectrometer," Opt. Express **16**(12), 9087 – 9096 (2008).

[7] M. G. Pelizzo, D. Gardiol, P. Nicolosi, A. Patelli, and V. Rigato, "Design, deposition, and characterization of multilayer coatings for the Ultraviolet and Visible-Light Coronagraphic Imager," Appl. Opt. **43**(13), 2661 – 2669(2004).

[8] L. Zhaohui, W. Zhongsu, H. Qinglong, and Y. Liang, "Design of tracking platform and analysis of its stiffness for lunar EUV camera," Chin. J. Sci. Instrum. **31**(10), 2352 – 2356 (2013).

[9] C. M. Korendyke, C. M. Brown, R. J. Thomas, C. Keyser, J. Davila, R. Hagood, H. Hara, K. Heidemann, A. M. James, J. Lang, J. T. Mariska, J. Moser, R. Moye, S. Myers, B. J. Probyn, J. F. Seely, J. Shea, E. Shepler, and J. Tandy, "Optics and mechanisms for the Extreme-Ultraviolet Imaging Spectrometer on the Solar-B satellite," Appl. Opt. **45**(34), 8674 – 8688 (2006).

[10] W W. A. Podgorski, D. Caldwell, K. McCracken, M. P. Ordway, P. N. Cheimets, K. Korreck, L. Golub, J. Cirtain, and K. Kobayashi, "Minimizing the mirror distortion for Subarcsecond imaging in the Hi-C EUV telescope," SPIE Proc. **8502**, 85020E1 (2012).

[11] G. Murakami, K. Yoshioka, and I. Yoshikawa, "High-resolution imaging detector using five microchannel plates and a resistive anode encoder," Appl. Opt. **49**(16), 2985 – 2993 (2010).

[12] J. P. Wülser, J. R. Lemena, and T. D. Tarbella, "EUVI: the STEREO-SECCHI extreme ultraviolet imager,"SPIE Proc. **5171**, 111 – 122 (2004).

[13] J. Mitsugi, K. Ando, Y. Senbokuya, and A. Meguro, "Deployment analysis of large space antenna using flexible multibody dynamics simulation," Acta Astronaut. **47**(1), 19 – 26 (2000).

[14] L. Poletto, A. Boscolo, and G. Tondello, "Optical performances and characterization of an EUV and soft x-ray test facility," Proc. SPIE **3764**, 94 – 102 (1999).

[15] D. S. Martínez-Galarce, A. B. Walker, D. B. Gore, C. C. Kankelborg, R. B. Hoover, T. W. Barbee, and P. F. Boerner, "High resolution imaging with multilayer telescopes: resolution performance of the MSSTA II Telescopes," Opt. Eng. **39**(4), 1063 – 1079 (2000).

Plasmaspheric evolutions during substorms observed by CE-3 EUVC

X.-.X Zhang[1], F. He[2], B. Chen[2], M.-C. Fok[3], S. Nakano[4]

1. Key Laboratory of Space Weather, National Center for Space Weather, China Meteorological Administration, Beijing, China;
2. Changchun Institute of Optics, Fine Mechanics and Physics, Chinese Academy of Sciences, Changchun, China;
3. NASA Goddard Space Flight Center, Greenbelt, Maryland, USA;
4. The Institute of Statistical Mathematics, Tachikawa, Tokyo, Japan.

hef@ciomp.ac.cn

Abstract: The plasmapause locations determined from the Chang'e-3 (CE-3) Extreme Ultraviolet Camera (EUVC) images and the auroral boundaries determined from the Defense Meteorological Satellite Program (DMSP) Special Sensor Ultraviolet Spectrographic Imager (SSUSI) images are used to investigate the plasmaspheric evolutions during substorms. The most important finding is a nightside pointing plasmaspheric plume observed at 23:05 UT on 21 April 2014 under very quiet geomagnetic conditions. High correlations between the plasmapause evolutions and the auroral signatures exist during substorms. After substorm onset, the plasmapause erosion and the equatorward expansion of the auroral oval occur almost simultaneously in both MLT and UT, and then both the erosion and the expansion propagate westward and eastward. The enhanced convection during substorms or Earthward-propagation dipolarization fronts produces plasmasphere erosion and MLT propagations, and the substorm dipolarization causes pitch-angle scattering of plasma sheet electrons and the resulting precipitation excites aurora emissions at the same time.

1 Introduction

The ionospheric-originated cold and dense plasma region in the plasmasphere is the core region of inner magnetospheric couplings. The plasmaspheric responses to storms/substorms that are triggered by the changes of solar wind and interplanetary magnetic fields (SW-IMF) have always been the hot topic in the inner magnetospheric research. Numerous investigations of IMAGE Extreme Ultraviolet (EUV) images [Sandel et al.,

2000] have revealed that changes in SW-IMF parameters can cause the erosion or refilling of the plasmasphere [Sandel et al., 2001, 2003; Spasojevi. et al., 2003; Goldstein et al., 2003a, 2005; He et al., 2013]. The plume is a typical global structure of the plasmasphere under disturbed SW-IMF conditions and storm times, which can be generally formed in the post-noon to dusk sector as predicted by numerical modeling [e. g., Grebowsky, 1970; Chen and Wolf, 1972; Chen and Grebowsky, 1974; Rasmussen, 1993; Ober et al., 1997] and observed globally by IMAGE mission [Sandel et al., 2001; Spasojevi. et al., 2003, 2004; Goldstein et al., 2003b, 2004; He et al., 2013]. Most of the previous works have focused on the study of the plasmaspheric evolutions under strongly disturbed SW-IMF or geomagnetic conditions. During disturbed times, however, the variations of the SW-IMF and the geomagnetic conditions are so complicated that one cannot clearly distinguish which physical process contributes more to the dynamics of the plasmasphere. On the other hand, the plasmaspheric evolutions under quiet geomagnetic conditions have not been fully understood yet. Especially for the plasmaspheric plume, Grebowsky [1970] showed during weak convection or quiet time, the plume just corotates and thus can move from dayside or dusk to nightside. This substantial observation of nightside pointing plume during quiet and less disturbed SW-IMF and geomagnetic conditions has not been reported in the literatures. Some studies have demonstrated that the plasmapause can move toward the Earth during quiet periods in which substorms happen, and substorms may play an important role in the plasmaspheric dynamics during non-storm times [Kwon et al., 2015; He et al., 2016].

In addition to the external trigging factors (e. g., SW-IMF), dynamics in the inner magnetosphere and the ionosphere can also impact the evolutions of the plasmasphere. One important signature of the inner magnetosphere is the auroral substorm which produces strong ion and and electron precipitations in the ionosphere [Akasofu, 1964]. In the substorm onset phase, the aurora intensifies suddenly and moves equatorward and poleward in the premidnight magnetic local time (MLT) ionosphere [McPherron et al., 1973]. The front of the dipolar magnetic field (the so-called "dipolarization front") moves towards the Earth during the substorms, allowing more magnetotail plasma energized and transported into the polar ionosphere and the auroral oval expanded more equatorward [Goldstein et al., 2007; Runov et al., 2009; Ge et al., 2012]. The strong sunward compression by the substorm dipolarization front also causes the earthward moving of the nightside plasmasphere [Carpenter and Smith, 2001].

The auroral brightening and expansion are the general form of substorm activity which reflects the dynamics of the inner magnetosphere and ionosphere, such as magnetotail dipolarization, particle injection, and particle precipitation. A big collection of global images obtained from the Defense Meteorological Satellite Program (DMSP) Special Sensor Ultraviolet Spectrographic Imager (SSUSI) [Paxton et al., 1992] can be used to study the auroral substorm activities. The Chang'e-3 (CE-3) Extreme Ultraviolet Camera (EUVC) landed on the lunar surface is used to image the global plasmasphere at 30.4 nm from side perspectives with a field of view of 15°, an angular resolution of 0.1° and a temporal resolution of 10 min [Chen et al., 2014; Feng et al., 2014; He et al., 2016; Yan et al., 2016], and provides us an opportunity to study the global plasmaspheric evolutions during substorms. In this investigation, EUVC and SSUSI data obtained under weak and steady SW-IMF conditions on 21 February and 21 April 2014 will be used to study the relationships between plasmaspheric evolution and the substorm activities.

2 Overview of SW-IMF and Geomagnetic Conditions

The SW-IMF and geomagnetic conditions on 21 February 2014 (Case Ⅰ) and on 21 April 2014 (Case Ⅱ) are shown in Figure 1, with time shift of 45 min from ACE's location to the dayside magnetopause using the method in Zhang et al. [2005]. For Case Ⅰ, a south-

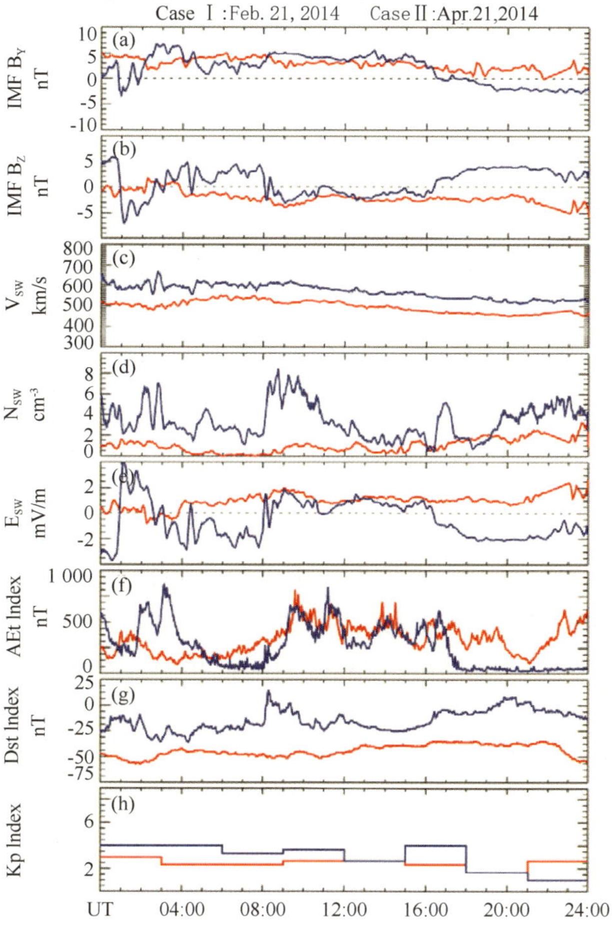

Figure 1　Overview of the SW-IMF and geomagnetic conditions for (red) Case Ⅰ and (blue) Case Ⅱ. The time shifted ACE SW-IMF data: B_Y and B_Z (in GSM), SW flow speed V_{SW}, SW electric field $E_{SW} = -V_{SW} \times B_Z$, and SW proton density N_{SW} are indicated in panels (a).(e), and the *AE*, *Dst* and *Kp* indices are shown in panels (f).(h), respectively.

ward turning of IMF happened at approximately 03:52 UT and lasted until the end of the day as shown in Figure 1a. After 04:00 UT, both SW-IMF and geomagnetic conditions were steady, with the amplitudes of B_Y and B_Z both below 5 nT, the SW speed V_{SW} around 500 km/s, the SW proton density N_{SW} below 2 cm^{-3}, the hourly *Dst* around −50 nT, and the 3-hour *Kp* below 3.0. It can be shown in Figures 1e and 1f that the solar-wind-driven convection was weak (SW electric field $E_{SW} < 2$ mV/m), however, during this period the auroral geomagnetic activity was disturbed after ~ 07:00 UT, as indicated by the *AE* index.

For Case Ⅱ, the IMF B_Z turned to south at ~01:00 UT and then was back to north at ~03:00 UT until ~08:00 UT when it turned to south again and continued for ~ 8 hours as indicated in Figure 1b. There were significant increases in N_{SW} while V_{SW} slowly decreased from ~ 600 km/s to ~ 500 km/s during these two periods of southward IMF as shown in Figures 1c and 1d, respectively. The amplitude of E_{SW} in Figure 1e was less than 3 mV/m during the whole day indicating a weak solar-wind-driven convection. The southward turning of IMF triggered the substorms happened at ~ 02:00 UT and ~ 08:30 UT and made the magnetosphere to be slightly disturbed as indicated in Figures 1f−1h.

3 Overview of Plasmaspheric Evolutions

The EUVC images and the corresponding plasmapause locations determined from the EUVC images using the Minimum L Algorithm (MLA) in He et al. [2016] are shown in Figure 2 and Figure 3 in 2-hour intervals for Case Ⅰ and Case Ⅱ, respectively. The EUVC was located between ~4.0 h and ~5.0 h MLT for Case Ⅰ, and between ~5.0 h and ~6.0 h MLT for Case Ⅱ, respectively, and all the images are projected in the *yz* plane of the Satellite Coordinate System (SCS) [He et al., 2016] with + *y* axis pointing right and + *z* axis pointing up (the sun was on the left).

Figure 2 indicates that the overall size of the plasmasphere was small for the whole day in which the plasmasphere was experiencing recovery from the magnetic storm on 19 −20 February. Continuous plasmaspheric refilling can be seen from 00:36 UT till 06:31 UT (Figures 2a−2d), during which the plasmapause expanded by approximately 0.5 R_E in the nightside to morning sector and by more than 1.0 R_E in the afternoon to dusk sector. The nightside plasmasphere was theneroded around 06:30 UT, and the dayside plasmapause moved sunward, especially in the noon to dusk sector, and an unwrapped plume was finally formed at 22:30 UT in the dusk in Figure 2l. A shrinkage from 00:36 UT to 10:31 UT and an expansion after 12:35 UT in the polar region (along the projected dipole axis) can also be seen in Figure 2. This phenomenon was caused by the variations of the latitude of the EUVC in SM coordinate system and the generation of the unwrapped plume. The closer the EUVC is to the SM equatorial plane, the narrower the plasmasphere is

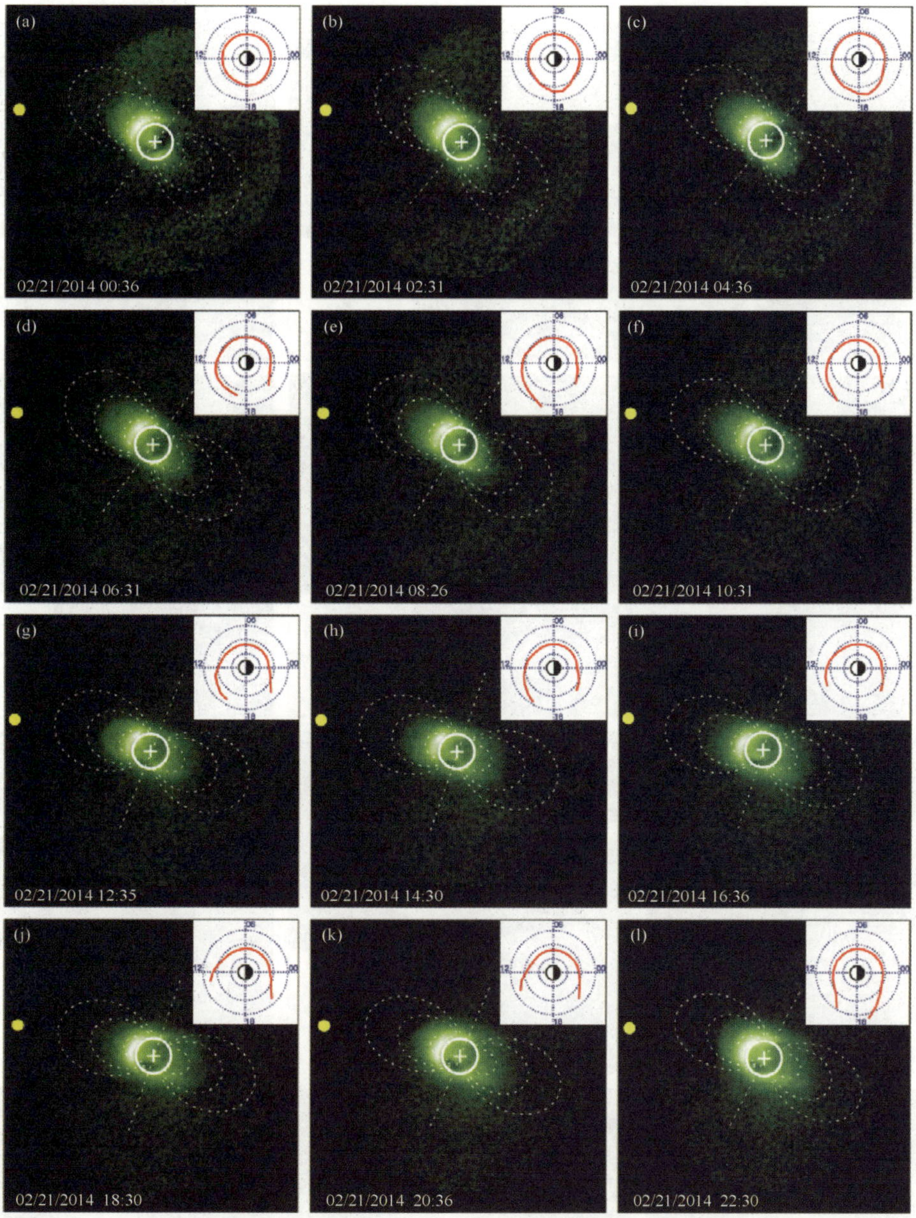

Figure 2　EUVC images for Case Ⅰ on February 21, 2014. The position and apparent size of the Earth is shown by the white crosses and circles. The yellow dots represent the directions of the Sun. White dashed straight lines represent the dipolar axis with up for north. The white dashed curves represent the projections of the dipolar magnetic field lines with L-values of 2.0, 4.0 and 6.0 in the meridian planes that are perpendicular to the axis of the FOV of EUVC. The UT for each image is shown at the lower left corner of each panel in 2-hour intervals. The reconstructed magnetic equatorial plane plasmapause shape is shown at the upper right corner of each panel by red thick solid curves with noon to the left and dusk to the down and the three blue dotted circles representing geocentric distances of 2.0 R_E, 4.0 R_E and 6.0 R_E, respectively.

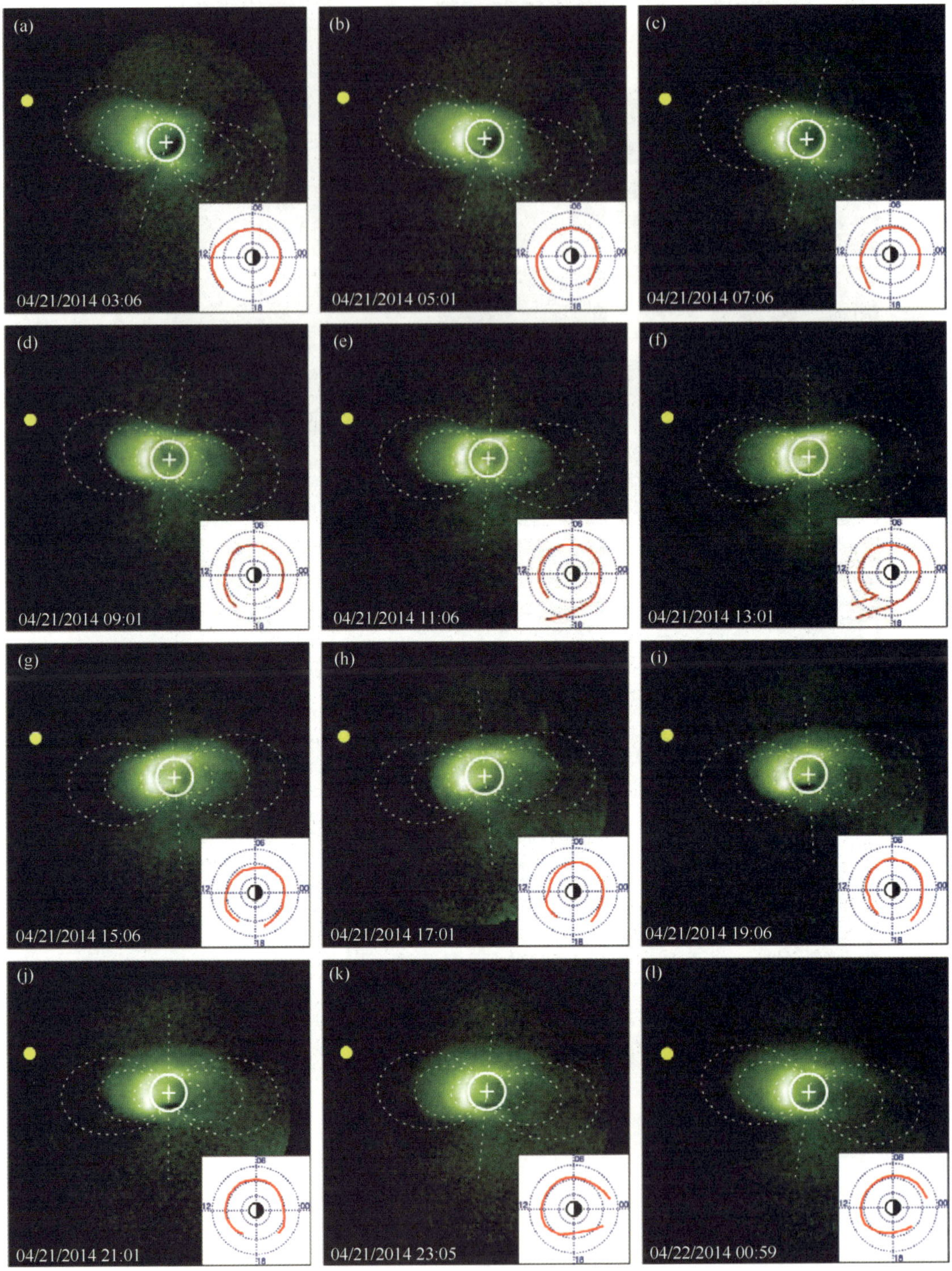

Figure 3　The same for Figure 2 but for Case Ⅱ on April 21, 2014. Note that the reconstructed plasmapause shapes are shown at the lower right corners.

exhibited in the vertical direction of the images (c.f., Figure 3 in He et al. [2011]). The distance of the EUVC to the SM equatorial plane changed from $-21.85\ R_E$ to -5.65 from 00:36 UT to 10:31 UT and changed from $-5.65\ R_E$ to $-26.26\ R_E$ after then. The expansion after 16:36 UT was caused by the generation of the plume in the dusk sector. The longitudinal direction of the plume on the equatorial plane was approximately parallel to the axis of the FOV of EUVC, and the plume extended approximately along the vertical direction in the images [He et al., 2013].

The case in Figure 3 is more complicated. The first small scale erosion began at ~03:00 UT, and the plasmasphere then recovered until 08:00 UT (can be seen clearly in Figure 5h in section 5) when the secondary erosion occurred and a wrapped plume was formed after ~09:00 UT. After the sudden enhancement of *AE* index at ~02:00 UT, the nightside plasmapause began to move inward while the dayside plasmapause moved outward (sunward). The plasmasphere was then refilled during the recovery of the substorm. During the substorm began at ~08:00 UT, the nightside plasmaspheric erosion began. A wrapped plume was formed from ~09:00 UT and became the most apparent at 13:01 UT. Then the plume started to corotate eastward around 17:00 UT as a result of the expansion of the corotation region due to the northward turning of the IMF shown in Figure 1. After 23:05 UT, the most interesting anti-sunward pointing plume was observed, which was different from the traditional scenario that the plumes generally appear at post-noon to dusk sector (during disturbed SW-IMF and geomagnetic conditions). This substantial observation of nightside plume corresponded to quiet and less disturbed SW-IMF and geomagnetic conditions. Actually, Grebowsky's model [1970] showed during weak convection or quiet time, the plume just corotates and thus can move from dayside or dusk to nightside. This motivated us to double-check the IMAGE EUV images for quiet and less active SW-IMF and geomagnetic conditions and similar cases were found as shown in Figure 4. It is worth noting that how an anti-sunward pointing plume can be formed during the recovery phase of the plasmasphere needs further investigation. In the following sections, we will focus on the substorms happened at ~07:00 for Case Ⅰ and at ~08:00 for Case Ⅱ to investigate substorm time plasmaspheric evolutions.

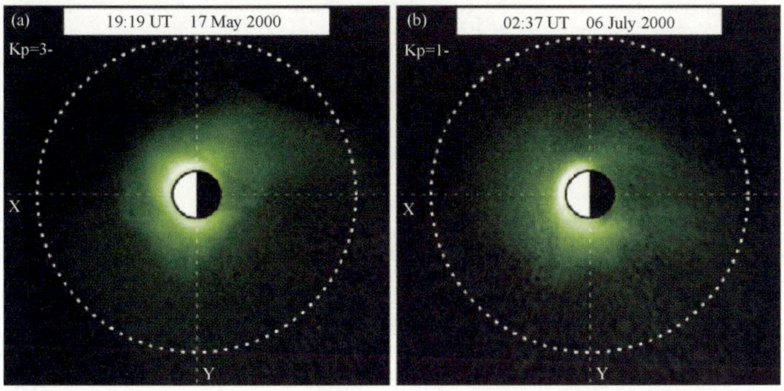

Figure 4 IMAGE EUV images on SM equatorial plane showing nightside pointing plumes (a) at 19:19 UT on 17 May 2000 and (b) at 02:37 UT on 6 July 2000, respectively. The dotted circle represents the geosynchronous orbit. The *Kp* indices for both images are also indicated.

4 Determination of Substorm Onset Timing

The all sky imagers (ASI) and the magnetometers data from the Time History of Events and Macroscale Interactions during Substorms (THEMIS) Ground Based Observatories (GBO) [Wanliss, 2006; Mende et al., 2007; Zou et al., 2010] were used to determine the timing of substorm onsets for these two cases, so as to investigate the correlations between the plasmaspheric evolutions and the substorm activities.

The keogram of the ASI auroral images with 3 second cadence and the Pi1 pulsations (2 - 40 s) calculated from the magnetometer data sampled at 2 Hz at Fort Simpson (FSIM) station from 06:30 UT to 07:30 UT on 21 February 2014 are shown in Figures 5a and 5c, respectively. In both panels, the vertical dashed line indicates the substorm onset time at 07:00 UT located at ~70° magnetic latitude (MLAT) and 22.4 h MLT. After onset, the aurora expanded equatorward and kept disturbed until the end of the day. The auroral brightening was associated with significant Pi1 pulsations as shown in Figure 5c.

The keogram of the auroral images and corresponding Pi1 pulsations at Fort Smith (FSMI) for the substorm happed after 08:00 UT on 21 April 2014 are shown in Figures 5b and 5d, respectively. The localized brightening of auroral from 08:06 to 08:25 in Figure 5b corresponded to the pseudobreakup event [Zhou and Tsurutani, 2001] with two small peaks in *AE* at 08:06 UT and 08:16 UT as shown in Figure 1. After substorm onset at 08:32 UT located at ~65° MLAT and 0.0 h MLT, the aurora brightened significantly and expanded both equatorward and poleward associated with significant Pi1 pulsations in Figure 5d.

5 Correlations between Plasmaspheric Evolutions and Auroral Signature

The magnetic equatorial plasmapause (PP) locations are extracted from the EUVC images using the MLA in He et al. [2016]. The auroral images at 135.6 nm obtained from the SSUSI onboard the DMSP satellites F16, F17 and F18 are mapped into a magnetic latitude-MLT grid in solar magnetic coordinate system. The equatorward boundary of auroral oval (EBAO) was extracted with the boundary recognition algorithm in Cao et al. [2008]. Both the PPs and the EBAOs are extracted in 1 h MLT intervals when data are available. Since the time resolution for EUVC images is 10 min and the time intervals for DMSP passing the same hemisphere is 30 min to 1 h, the PPs are binned into 30 min intervals and the EBAOs are binned to 1 h intervals to ensure the continuity in UT. Figures 5e-5j show the evolutions of the AE index, the geocentric distances of the magnetic

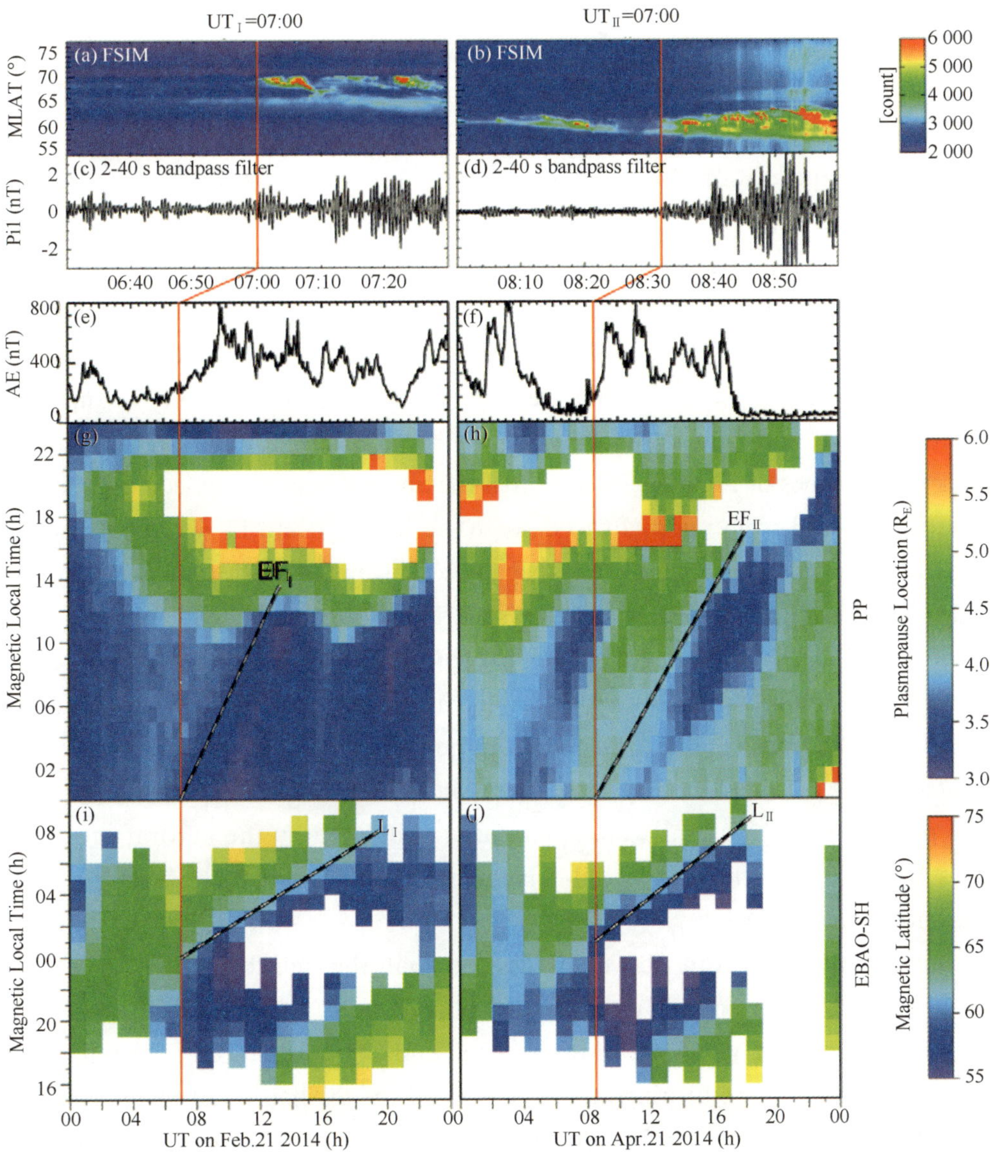

Figure 5　Determination of the substorm onset times and the evolutions of the plasmasphere and the aurora. Left is for Case Ⅰ and right is for Case Ⅱ. From top to bottom, shown are: auroral keograms taken from (a) Fort Simpson (FSIM) ASI on 21 February 2014 and (b Fort Smith (FSMI) on 21 April 2014; Pi1 pulsations (2－40 s) calculated from the 0.5 s temporal resolution magnetometer data at (c) FSIM and (d) FSMI; (e-f) the *AE* index; (g－h) the keogram-style plot of the PP, (i－j) the keogram-style plot of the EBAO in southern hemisphere (SH), respectively. The red vertical lines represent substorm onsets at $UT_{Ⅰ}$ ＝07:00 and $UT_{Ⅱ}$ ＝08:32, and the dashed lines marked with $EF_{Ⅰ}$ and $EF_{Ⅱ}$ represent the two erosion fronts (EFs) of the plasmasphere, with $L_{Ⅰ}$ and $L_{Ⅱ}$ representing the expansion fronts of the auroral oval in SH, respectively.

equatorial plasmapause (PP), the MLAT of the EBAO in the southern hemisphere for Case Ⅰ (left) and Case Ⅱ (right), respectively. Noting that we are not going to focus on the white portion in Figures 5g – 5j representing no plasmapause location determined from the EUVC images and/or no EBAO extracted from the DMSP SSUSI auroral images.

Two significant erosions of the plasmasphere are shown in Figures 5g and 5h with the substorm onset times labeled with $UT_{Ⅰ}$ = 07:00, and $UT_{Ⅱ}$ = 08:32 as determined in section 4, respectively. The most important features in Figures 5g – 5j are that erosions of the plasmasphere are highly correlated with auroral activities. The thick dashed lines defined as "erosion front" (EF) in Figures 5g and 5h represent the time (UT) and position (MLT) at which the plasmaspheric erosions began. In both cases, the onsets of the substorms began at midnight sector between ~21.0 h and ~1.0 h MLT as indicated by the thick dashed lines in Figures 5i – 5j. Then the auroral oval expanded equatorward and propagated eastward from midnight to dawn. The lines $L_{Ⅰ}$ and $L_{Ⅱ}$ were obtained by fitting the UT at which the auroral oval began expansion to the MLT. Similar eastward propagation trends are found in the plasmaspheric erosions as indicated by the EFs with speeds of 2.17 MLT/h and 1.89 MLT/h in Figures 5g and 5h, respectively. It is noted that after substorm onsets, the dayside plasmapause began to move sunward and the dayside EBAO moved towards high latitudes. When the nightside plasmaspheric erosions propagated to the dayside, the dayside plasmapause began erosion too. It is also indicated that the plasmaspheric erosions were apparently modulated by the auroral activities during the substorms since the solar-wind-driven convections were very weak for these two cases as shown in Figure 1.

It can be inferred from above discussions that the substorm onset triggered the plasmaspheric erosion events in the two case studies here. Before substorm onsets, the geomagnetic field in the magnetotail is stretched and energy is stored in the magnetotail. It is argued that southward turning of IMF triggered the dissipation of magnetotail energy which is injected into the auroral region and causes the substorm onsets. In dissipation of the magnetotail energy, geomagnetic field has changed to more dipolar configuration, and the dipolarization front is formed first in the premidnight-midnight sector, and then moves towards the Earth and spreads both eastward and westward [Ohtani et al., 1992; Runov et al., 2009]. At the same time, substorm dipolarization causes pitch-angle scattering of plasma sheet electrons and the resulting precipitation excites auroral emissions. On the other hand, enhanced convection during substorms or dipolarization fronts produces plasmaspheric erosions. Therefore, we suggest that the substorm dipolarization is closely associated with plasmaspheric erosions, the propagation of EFs, and the corresponding electron pitch-angle scattering causing the auroral signatures during substorms.

6　Conclusion

In this letter, we have reported nightside pointing plume observed by CE-3 EUVC on 21 April 2014. Several similar nightside pointing plumes were also found in IMAGE EUV images under quiet SW-IMF and geomagnetic activities. This substantial observation of nightside pointing plumes during quiet and less disturbed SW-IMF and geomagnetic conditions ($|E_{SW}| < 2$ mV/s, $AE < 50$ nT, $Kp < 2$, and $Dst > -10$ nT) is different from the traditional large-scale convection theory of the plasmasphere [Chen and Wolf, 1972; Rasmussen, 1992; Ober et al., 1997] and has not been reported in the literatures. High correlations between the plasmapause evolutions and the auroral signatures during substorms based on CE-3 EUVC and DMSP SSUSI observations were also reported. Investigation in this work indicates that the dynamics of the plasmasphere and ionosphere are strongly dependent on internal processes of the magnetosphere when solar wind-driven convections are weak and steady. More works need to be done in future to further understand the mechanism of generating the nightside pointing plumes and the inner magnetospheric dynamics during substorms.

References

[1] Akasofu, S.-I. (1964), The development of the auroral substorm, Planet. Space Sci., 12, 273 – 282, doi:10.1016/0032-0633(64)90151-5.

[2] Cao, C. G., T. S. Newman, G. A. Germany (2009), New shape-based auroral oval segmentation driven by LLS-RHT, Pattern Recognition, 42, 607 – 618, doi:10.1016/j.patcog.2008.08.018.

[3] Carpenter, D. L., and A. J. Smith (2001), The study of bulk plasma motions and associated electric fields in the plasmasphere by means of whistler mode signals, J. Atmos. Sol. Terr. Phys., 63, 1117 – 1132, doi:10.1016/S1364-6826(00)00217-0.

[4] Chen, A. J., and J. M. Grebowsky (1974), Plasma tail interpretations of pronounced detached plasma regions measured by OGO 5, J. Geophys. Res., 79(25), 3851 – 3855, doi: 10.1029/JA079i025p03851.

[5] Chen, A. J., and R. A. Wolf (1972), Effects on the plasmasphere of a time-varying convection electric field, Planet. Space Sci., 20(4), 483 – 509, doi:10.1016/0032-0633(72)90080-3.

[6] Chen, B., et al. (2014), Investigation and calibration of the Moon-based EUV camera for Chang'E-3, Res. Astron. Astrophys., 14(12), 1654 – 1663, doi:10.1088/1674 – 4527/14/12/013.

[7] Feng, J. Q., et al. (2014), Data processing and initial results from the CE-3 Extreme Ultraviolet Camera, Res. Astro. Astrophys., 14(12), 1664 – 1673, doi:10.1088/1674 – 4527/14/12/014.

[8] Ge, Y. S., X.-Z. Zhou, J. Liang, J. Raeder, M. L. Gilson, E. Donovan, V. Angelopoulos, and A. Runov (2012), Dipolarization fronts and associated auroral activities: 1. Conjugate observations and perspectives from global MHD simulations, J. Geophys. Res., 117, A10226, doi: 10.1029/

2012JA 017676.

[9] Goldstein, J., B. R. Sandel, W. T. Forrester, and P. H. Reiff (2003a), IMF driven plasmasphere erosion of 10 July 2000, Geophys. Res. Lett., 30(3), 1146, doi:10.1029/2002GL016478.

[10] Goldstein, J., B. R. Sandel, M. R. Hairston, and P. H. Reiff (2003b), Control of plasmaspheric dynamics by both convection and sub-auroral polarization stream, Geophys. Res. Lett., 30 (24), 2243.

[11] Goldstein, J., B. R. Sandel, M. F. Thomsen, M. Spasojevi., and P. H. Reiff (2004), Simultaneous remote sensing and in situ observations of plasmaspheric drainage plumes, J. Geophys. Res., 109, A03202.

[12] Goldstein, J., J. L. Burch, B. R. Sandel, S. B. Mende, P. C:son Brandt, and M. R. Hairston (2005), Coupled response of the inner magnetosphere and ionosphere on 17 April 2002, J. Geophys. Res., 110, A03205, doi:10.1029/2004JA010712.

[13] Goldstein, J., B. R. Sandelm H. U. Frey, and S. B. Mende (2007), Multiple plasmapause undulations observed by the IMAGE satellite on 20 March 2001, J. Atmos. Sol.-Terr. Phys., 69(3), 322-333.

[14] Grebowsky, J. M. (1970), Model study of plasmapause motion, J. Geophys. Res., 75(22), 4329-4333.

[15] He, F., X. X. Zhang, B. Chen, and M.-C. Fok (2011), Reconstruction of the plasmasphere from Moon-based EUV images, J. Geophys. Res., 116, A11203, doi:10.1029/2010JA016364.

[16] He, F., X.-X. Zhang, B. Chen, M.-C. Fok, and Y.-L. Zou (2013), Moon-based EUV imaging of the Earth's Plasmasphere: Model simulations, J. Geophys. Res. Space Physics, 118, 7085.7103, doi:10.1002/2013JA018962.

[17] He, F., X.-X. Zhang, B. Chen, M.-C. Fok, and S. Nakano (2016), Determination of the Earth's plasmapause location from the CE-3 EUVC images, J. Geophys. Res. Space Physics, 121, 296-304, doi:10.1002/2015JA021863.

[18] Kwon, H.-J., K.-H. Kim, G. Jee, J.-S. Park, H. Jin, and Y. Nishimura (2015), Plasmapause location under quiet geomagnetic conditions (Kp. 1): THEMIS observations, Geophys. Res. Lett., 42, 7303.7310, doi:10.1002/2015GL066090.

[19] McPherron, R. L., C. T. Russell, and M. P. Aubry (1973), Satellite studies of magnetospheric substorms on August 15, 1968. IX. Phenomenological model for substorms, J. Geophys. Res., 78, 3131-3149.

[20] Mende, S. B., V. Angelopoulos, H. U. Frey, S. Harris, E. Donovan, B. Jackel, M. Syrjaesuo, C. T. Russell, and I. Mann (2007), Determination of substorm onset timing and location using the THEMIS ground based observatories, Geophys. Res. Lett., 34, L17108, doi: 10.1029/2007GL030850.

[21] Ober, D. M., J. L. Horwitz, and D. L. Gallagher (1997), Formation of density troughs embedded in the outer plasmasphere by subauroral ion drift events, J. Geophys. Res., 102(A7), 595-6026.

[22] Ohtani, S., S. Kokubun, and C. T. Russell (1992), Radial expansion of the tail current disruption during substorms: A new approach to the substorm onset region, J. Geophys. Res., 97, 3129.3136, doi:10.1029/91JA02470.

[23] Paxton, L. J., et al. (1992), Special sensor ultraviolet spectrographic imager (SSUSI): An instru-

ment description, SPIE Vol., 1745, 2-15, doi:10.1117/12.60595.

[24] Rasmussen, C. E., S. M. Guitar, and S. G. Thomas (1993), A two dimensional model of the plasmasphere: Refilling time constant, Planet. Space Sci., 41(1), 35-43, doi:10.1016/0032-0633(93)90015-T.

[25] Runov, A., V. Angelopoulos, M. I. Sitnov, V. A. Sergeev, J. Bonnell, J. P. McFadden, D. Larson, K.-H. Glassmeier, and U. Auster (2009), THEMIS observations of an earthward propagating dipolarization front, Geophys. Res. Lett., 36, L14106, doi:10.1029/2009GL038980.

[26] Sandel, B. R., et al. (2000), The extreme ultraviolet imager investigation for the image mission, Space Sci. Rev., 91(1), 197.242, doi:10.1023/A:1005263510820.

[27] Sandel, B. R., R. A. King, W. T. Forrester, D. L. Gallagher, A. L. Broadfoot, and C. C. Curtis (2001), Initial results from the IMAGE extreme ultraviolet imager, Geophys. Res. Lett., 28 (8), 1439.1442.

[28] Sandel, B. R., J. Goldstein, D. L. Gallagher, and M. Spasojevi. (2003), Extreme ultraviolet imager observations of the structure and dynamics of the plasmasphere, Space Sci. Rev., 109(1), 25.46.

[29] Spasojevi., M., J. Goldstein, D. L. Carpenter, U. S. Inan, B. R. Sandel, M. B. Moldwin, and B. W. Reinisch (2003), Global response of the plasmasphere to a geomagnetic disturbance, J. Geophys. Res., 108(A9), 1340, doi:10.1029/2003JA009987.

[30] Spasojevi., M., H. U. Frey, M. F. Thomsen, S. A. Fuselier, S. P. Gary, B. R. Sandel, and U. S. Inan (2004), The link between a detached subauroral proton arc and a plasmaspheric plume, Geophys. Res. Lett., 31, L04803, doi:10.1029/2003GL018389.

[31] Wanliss, J. (2006), Substorm onset location and dipole tilt angle, Ann. Geophys., 24, 577-588.

[32] Yan, Y., H. N. Wang, H. He, F. He, B. Chen, J. Q. Feng, J. S. Ping, C. Shen, R. L. Xu, and X. X. Zhang (2016), Analysis of observational data from Extreme Ultra-Violet Camera onboard Chang'E-3 mission, Astrophys. Space Sci., 361:76, doi: 10.1007/s10509-016-2650-2.

[33] Zhang, X. X., C. Wang, T. Chen, Y. L. Wang, A. Tan, T. S. Wu, G. A. Germany, and W. Wang (2005), Global patterns of Joule heating in the high-latitude ionosphere, J. Geophys. Res., 110, A12208, doi:10.1029/2005JA011222.

[34] Zhou, X. Y., and B. T. Tsurutani (2001), Interplanetary shock triggering of nightside geomagnetic activity: Substorms, pseudobreakups, and quiescent events, J. Geophys. Res., 106(A9), 18,957-18,967, doi:10.1029/2000JA003028.

[35] Zou, S., M. B. Moldwin, L. R. Lyons, Y. Nishimura, M. Hirahara, T. Sakanoi, K. Asamura, M. J. Nicolls, Y. Miyashita, S. B. Mende, and C. J. Heinselman (2010), Identification of substorm onset location and preonset sequence using Reimei, THEMIS GBO, PFISR, and Geotail, J. Geophys. Res., 115, A12309, doi:10.1029/2010JA015520.

Reconstruction of the plasmasphere from Moon-based EUV images

Fei He[1], Xiao-Xin Zhang[2], Bo Chen[1], Mei-Ching Fok[3]

1. Changchun Institute of Optics, Fine Mechanics and Physics, Chinese Academy of Sciences, Changchun, China;
2. National Center for Space Weather, China Meteorological Administration, Beijing, China;
3. NASA Goddard Space Flight Center, Greenbelt, Maryland, USA.

Abstract: A two-step algorithm for plasmasphere reconstruction from images obtained from the Moon-based extreme ultraviolet (EUV) imager on the Chang'e-3 mission is described and illustrated using simulation data obtained from a dynamic global core plasma model (DGCPM). According to the line of sight (LOS) integration patterns in Moon-based EUV imaging and the outline characteristics of the images, the equatorial plane plasmapause is reconstructed with the Minimum L Algorithm by adopting a magnetic dipole approximation. Having obtained the plasmapause locations, the quasi three-dimensional (3-D) plasmasphere, which is put into the Genetic Algorithm (GA) as an initial guess, is constructed with a statistical model assuming that the density along a field line is a constant. In this way, the plasmaspheric structure and the quasi 3-D plasmaspheric density are extracted from the Moon-based EUV images. This work provides a feasible and applicable method for data analysis of Moon-based EUV imaging, which is to be realized on the Chang'e-3 mission in the Second Phase of Chinese Lunar Exploration Program.

1 Introduction

The torus-shaped plasmasphere is a cold and dense plasma region in the Earth's inner magnetosphere, which corotates with the Earth [Sandel et al., 2003; Burch et al., 2004; Gallagher et al., 2005; Galvan et al., 2010]. The particles in the plasmasphere are trapped on the magnetic field lines forming a field-aligned distribution, for which an empirical field-aligned density model suitable for constructing the realistic global plasmasphere model has been established by Tu et al. [2006]. The outer boundary of the plasmasphere is called the plasmapause, where the plasma density drops dramatically by 1−2 orders of magnitude or more in a relatively short distance of ~0.5 R_E (Earth radii)

[Carpenter, 1963, 1966; Gringauz, 1963; Carpenter and Anderson, 1992]. The shape and geocentric distance of the plasmapause are highly dependent on the interplanetary and geomagnetic conditions [e. g., Grebowsky, 1970; Horwitz et al., 1990; Carpenter and Anderson, 1992; Moldwin et al., 2002; Larsen et al., 2007], and it is usually located at geocentric distances of 3.0 − 6.0 R_E on magnetic equatorial plane [Lemaire and Gringauz, 1998; Sandel et al., 2003].

In the past two decades, many remote sensing methods have been developed and applied to the plasmasphere [e. g., Carpenter, 2004, and references therein], among which EUV photon imaging (NOZOMI-XUV [Nakamura et al., 2000]; IMAGE-EUV [Sandel et al., 2000]; KAGUYA-TEX [Yoshikawa et al., 2008]) has been proved to be the most effective method to obtain the global external views of the plasmasphere. The EUV images are collected through detecting the resonantly scattered solar 30.4 nm radiation by plasmaspheric He^+ with the intensity proportional to the column integrated density of the He^+ along the LOS, given that the plasmasphere is optically thin to 30.4 nm radiation [Brandt, 1961; Meier and Weller, 1972; Garrido et al., 1994]. Since He^+ is the second most abundant ion (constitutes approximately 15% of the total plasma population [Craven et al., 1997]) in the plasmasphere, measurements of the He^+ density can be used as a proxy of the overall plasmasphere.

In the Second Phase of the Chinese Lunar Exploration Program, which will be implemented in 2013, an EUV camera with field of view (FOV) of 16°, angular resolution of 0.095°, and time resolution of ~10 min will be mounted outside the instrumental module on the top of the lunar lander of the Chang'e-3 Mission (CE-3) to image the 30.4 nm radiation scattered from the Earth's plasmasphere and then to study the dynamics of the plasmasphere from a new perspective. The Moon-based EUV camera is able to detect intensities less than 0.1 Rayleigh and to capture the global structures of the plasmasphere (e. g., plasmapause, plume, shoulder, etc.).

One significant characteristic of the EUV images is the sharp He^+ edge; i. e., the boundary of the bright pixels and dim pixels. Goldstein et al. [2003] studied the Radio Plasma Imager (RPI) [Reinisch et al., 2000] and EUV [Sandel et al., 2000] data from the IMAGE mission [Burch, 2000] and revealed that the sharp He^+ edge in EUV images can be reliably interpreted as the plasmapause. Thus, knowing the two-dimensional (2-D) plasmapause on the equatorial plane from the EUV images serves as a basis from which one can reconstruct a 3-D plasmapause by utilizing an empirical magnetic field model [Wang et al., 2006]. Meanwhile, large scale plasmaspheric features including shoulders, plumes, notches, etc. [Sandel et al., 2001, 2003; Goldstein et al., 2002; Gallagher et al., 2005] can be identified on the equatorial plane. The plasmapause has other uses; such as serving as an indicator of geomagnetic activity [Goldstein et al.,

2003; Spasojevi. et al., 2003] or as an input parameter of plasmasphere model [Carpenter and Anderson, 1992].

The Edge Algorithm first proposed by Roelof and Skinner [2000] is a pure geographical approach to retrieve the equatorial plane plasmapause shape from IMAGE-EUV images [Sandel et al., 2001] without any minimization calculations. However, this algorithm has three limitations according to Wang et al. [2007]. First, it assumes that the plasmapause intersects the equatorial plane only once for a certain MLT; however, when a wrapped plume exists, there may be three intersections for some MLTs. Second, in some cases there is no envelope for certain LOS curves, such as notch and plume regions. Third, it is hard to find the exact envelope for the LOS curves in practice when the plasmapause is highly irregular. A revised Edge Algorithm proposed by Wang and Newman [2004] solves the first limitation by using a multiple crossing region hypothesis. Based on this algorithm, Wang et al. [2007] proposed the Minimum L Algorithm, which can solve the above problems. Details of the algorithm will be introduced in section 3.

The pseudo-density inversion technique of Gallagher et al. [2005] is used to obtain He^+ density distribution from EUV images. Their technique is based on the concept that the innermost regions penetrated by a given LOS will contribute most to the observed 30.4 nm intensity due to rapidly falling densities in the plasmasphere with increasing L-shell [Sandel et al., 2003]. The EUV instrument counts are first converted to column integrated density, and then the column integrated density is converted to pseudo-density by dividing by an estimate of the distance along the LOS that contributes most to the image intensity at each location in the FOV. The limiting factor of the technique is the extent of the error bars associated with the He^+ density of any given pixel. Most inverted densities are within about 50% of original with the maximum errors at the sharp plasmapause, in the Earth's shadow and in the low density channel inside the wrapped plume. In fact, this technique can be used to estimate density variations in plasma content and to capture the plasmaspheric features from EUV images.

The iterative inversion approach proposed by Gurgiolo et al. [2005] is the first effort to perform a "true" inversion of the 2-D IMAGE-EUV images. In their approach, the equatorial plane He^+ density is represented by a density matrix, each element of which represents a grid point in this plane parameterized in L-value (L) and geomagnetic longitude (Λ) and is associated with one LOS of the EUV image. This approach has been proven applicable to imaging geometries that project the plasmaspheric emissions on the equatorial plane. In perspectives like Moonbased EUV imaging, the plasmaspheric emission is projected on different meridian planes for different lunar positions and all the lines of sight are associated with different L-values and geomagnetic latitudes. Since some lines of sight of a Moonbased EUV image are parallel to the equatorial plane and have no associated gird point on the equatorial plane, the approach proposed by Gurgiolo et al. [2005] cannot be directly used to invert the Moon-based EUV images.

The above mentioned algorithms are all applied to the EUV images collected at high geomagnetic latitudes from the IMAGE EUV Imager operating in an Earth's polar orbit. This paper focuses on the reconstruction of the plasmapause from EUV images collected at very low latitudes (usually less than 15°) from lunar orbit. The arrangement of the paper is as follows. In section 2, the EUV imageries from the Earth's polar orbit and lunar orbit are presented and some limitations in the Moon-based EUV images are discussed. Then the Minimum L Algorithm and its application to Moon-based EUV images are introduced in detail in section 3. In section 4, the Carpenter and Anderson [1992] density model (CA Model) is used as a test for the applicability of the algorithm. In section 5, reconstruction results of the plasmapause for 24 May 2000 (Storm-Ⅰ) and 26 June 2000 (Storm-Ⅱ) storms modeled by the DGCPM [Ober et al., 1997] are presented and analyzed. The inversion of the plasmaspheric density with a genetic algorithm (GA) will be presented in section 6. Finally, a discussion and summary will be given in section 7.

2 EUV Imaging From Polar Orbit and Lunar Orbit

In the case of plasmasphere, where the plasma is constrained to dipole or dipole-like field lines, two typical projections are usually employed, one is to project the plasmaspheric emissions on the equatorial plane, and the other is to project them on meridian planes, as are shown in Figure 1a. Owing to the limitations of image FOV, the images can only by obtained from the apogee region when the imager is operating in the Earth's polar orbit. In this viewing geometry, there is a unique LOS that is tangent to the plasmapause surface for a given MLT, and the outline in the EUV image is more or less the same as the shape of the equatorial plasmapause. Figures 1b – 1d show three types of plasmasphere in birdcage format. Figure 1b represents the simplest plasmasphere without special features; Figure 1c shows the plasmasphere with wrapped plume and shoulder structures; and Figure 1d reveals the plasmasphere with unwrapped plume structure. The thick lines in Figures 1b – 1d represent the intersection lines of the plasmapause surface to the equatorial plane (or equatorial plasmapause). The outlines for the three types of plasmasphere when imaged from position A_1 (North Pole) are shown in Figures 1e – 1g. It is clear that the shapes of the plasmasphere outlines are almost the same as the equatorial plasmapause.

However, the results are completely different from those obtained from the lunar perspective (e.g., CE-3 mission). If the imager is located in the region between the two dashed lines in Figure 1a (e.g., position C), the LOS can only be tangent to the plasma-

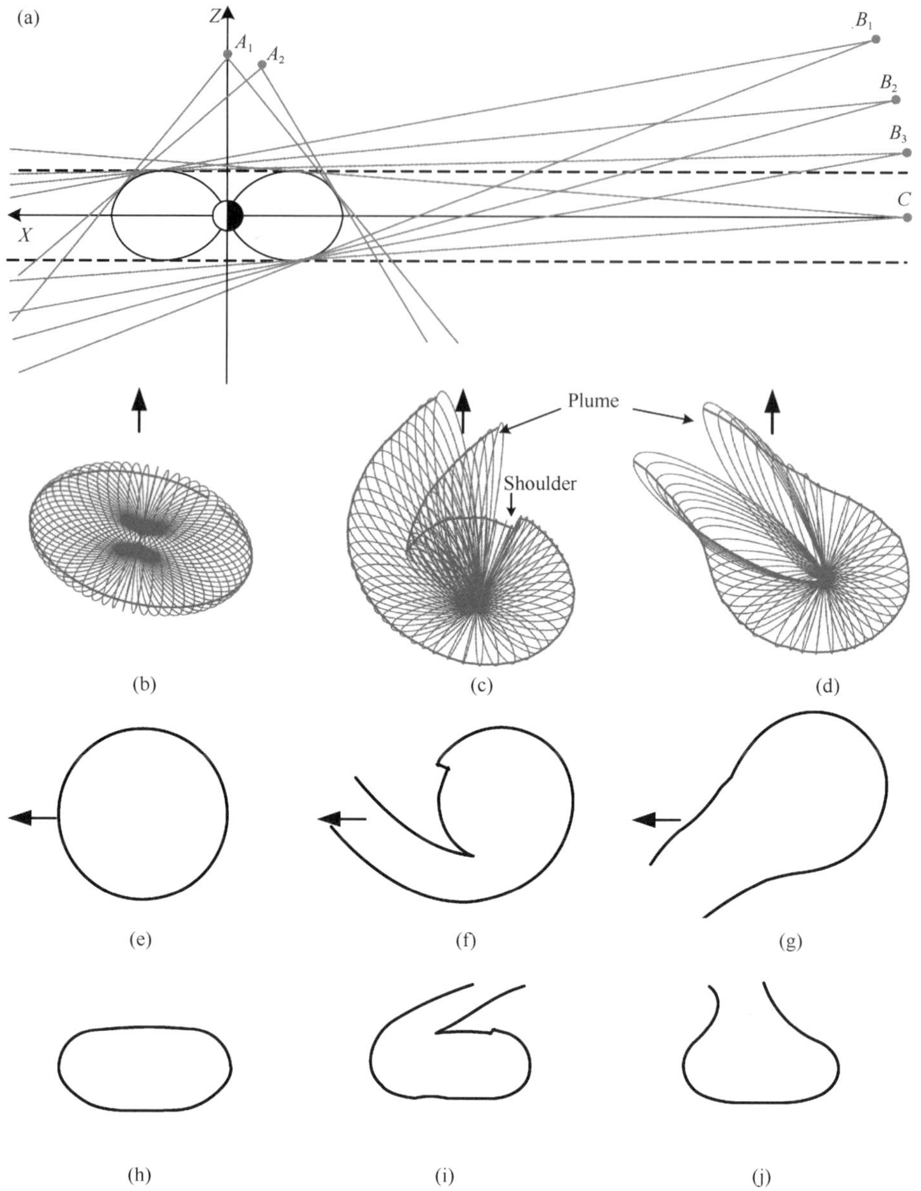

Figure 1　Image the plasmasphere from polar orbit and lunar orbit. (a) Illustration of the LOSs (gray lines) that are tangent to the plasmapause surface from different positions in polar orbit and lunar orbit, and the L-value of the dipole field line is 5.0. (b－d) Bird cage rendering of the plasmapause. (e-g) The plasmasphere outline on EUV image obtained from position A_1. (h－j) The plasmasphere outline on EUV image obtained from position B_2. The bold arrows in Figures 1b－1g represent the directions of the sun.

pause surface that faces the imager with the other side shaded, hence the imager should be located outside the dashed region; e.g., the positions of B_1, B_2, or B_3. When imaged from these positions, the plasmapause surface at each MLT has its own unique tangential

LOS. During the first-quarter Moon to the last-quarter Moon (here it represents half of the lunar orbit centered on 00:00 MLT from Earth's perspective), the Moon is above the equatorial plane of SM coordinate system and the unique tangential LOS condition can be satisfied. The plasmasphere outlines imaged from position B_2 are shown in Figures 1h − 1j for the three types of plasmasphere, respectively. It is obvious that all these outlines are totally different from the equatorial plasmapause shapes.

Since there is no plasmaspheric EUV image simultaneously (e. g., stereo) detected from different perspectives (e. g., Polar and Lunar), it is difficult to reconstruct plasmaspheric density fromsingle images with traditional approaches, including the computerized tomographic (CT) method [Kak and Slaney, 1999] and algebraic reconstruction technique (ART) [Gordon et al., 1970; Herman et al., 1973; Andersen and Kak, 1984]. However, the quasi 3-D plasmasphere can be reconstructed by adding some constraints, including fixing the plasmapause locations at different longitudes and assuming the density along a field line to be constant.

Reconstruction of the equatorial plane plasmapause from EUV images collected by the IMAGE mission has been done by Roelof and Skinner [2000], Sandel et al. [2003], Wang and Newman [2004], Gurgiolo et al. [2005], and Wang et al. [2007]. However, reconstruction from EUV images detected from lunar perspective still needs to be investigated. The Minimum L Algorithm proposed by Wang et al. [2007] solves the limitations of former algorithms (Edge Algorithm) and obtains fine results for the images obtained from polar perspectives. The Minimum L Algorithm will be introduced in detail and its applicability to lunar perspective images will be discussed next.

3 Minimum L Algorithm

3.1 Algorithm Overview

The rationality, accuracy, and suitability of the Minimum L Algorithm have been discussed in detail by Roelof and Skinner [2000], Sandel et al. [2001], and Wang et al. [2007]. Here we just state the steps of the algorithm. The algorithm implementation is divided into four steps as follows:

1. The first step is to determine the pixel whose LOS goes through the center of the Earth (center pixel). This pixel is used as a reference for other pixels during the calculation of the LOS vectors.

2. After the determination of the center pixel, the second step is to calculate the LOS vectors for each plasmasphere outline pixel based on the parameters of the center pixel, angular resolution of the sensor, and the sensor location information.

3. The third step is to calculate the L-values of all the dipole field lines intersected by the LOS through a plasmasphere outline pixel. For all the field lines, the one with the minimum L-value is identified, while the L-value (L) and geomagnetic longitude (Φ) of the line are saved. After all the plasmasphere outline pixels are processed, the coordinate tuples (L, Φ) on the equatorial plane are determined.

4. Finally, the coordinate tuples are interpolated with B-Spline to form a smooth curve representing the equatorial plane plasmapause.

3.2 Application to Moon-Based Images

In the construction of the Moon-based EUV images, a virtual EUV imager is located on the surface of the Moon viewing toward the center of the Earth, and moves with the Moon. The spatial resolution of the imager is 0.1 R_E (the corresponding angular resolution is 0.095° with the average Moon-Earth distance assumed to be 60.0 R_E) on the projection plane, which crosses the center of the Earth and is perpendicular to the axis of FOV; the temporal resolution is 10 min, during which the angle generated due to lunar motion is ~0.08°, which is less than the angular resolution of 0.095°, and the motion of plasmasphere is less than 0.1 R_E [Goldstein et al., 2003; Murakami et al., 2007]; thus the motions of the Moon and the plasmasphere are both ignored. The image FOV is 16.0°×16.0° corresponding to a spatial area of 16.0 R_E×16.0 R_E on the projection planes.

The SM coordinate system is adopted in the DGCPM and the coordinates of the Moon are transformed to the SM coordinate system. In the construction of the Moon-based EUV images, for convenient expression and easy calculations of LOS vectors, a satellite coordinate system (SCS) is set up based on the SM coordinate system, as is shown in Figure 2. The axis of the imager's FOV (or Moon-Earth line) is set to be the x axis of SCS (X_{SCS}). Given the position of the Moon in actual conditions, the longitude and latitude of X_{SCS} in SM coordinate system are calculated. Then the two angles are used to rotate the Y_{SM} and Z_{SM} to get Y_{SCS} and Z_{SCS} respectively, which form an orthogonal system satisfying the right hand law with X_{SCS}. The Z_{SCS} is parallel to the lunar orbital axis and the SCS coordinate system changes with the Moon. The column integrations are done and the LOS vectors are calculated in SCS. All the EUV images below are projected on the $X=0$ plane of SCS.

The Moon-based EUV images are 161 × 161 pixels in the $X = 0$ plane of SCS (namely the projection plane). According to the above settings, the Earth center is represented by the central pixel (the 81st pixel in both horizontal and vertical directions), corresponding to the origin (0.0, 0.0, 0.0) in SCS. If a plasmasphere outline pixel is (N, M) in the image, the coordinate of this pixel is $\mathbf{P}_P = (0.0, (N-81) \times 0.1\ R_E, (M-81) \times 0.1\ R_E)$, in which 0.1 represents the spatial resolution on the projection

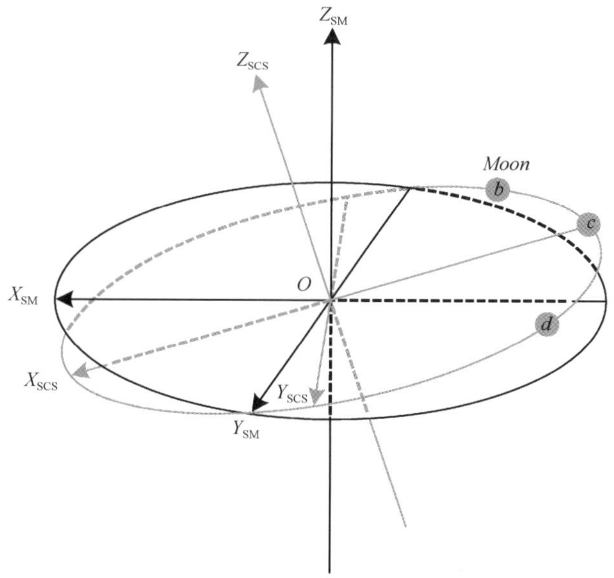

Figure 2　Illustration of the SM (black) and SCS (gray) coordinate systems. O is the Earth's center, X_{SM}-O-Y_{SM} is the equatorial plane, and X_{SCS}-O-Y_{SCS} is the lunar orbit. The three gray circles labeled b, c, and d represent the positions of the Moon used in section 5.

plane. The coordinate of the imager in SCS is $\mathbf{P}_S = (-R_S, 0.0, 0.0)$, where R_S is set to be 60.0 R_E (while R_S is determined by imager-to-Earth distance in real images). Finally, the LOS vector $\mathbf{V}_{LOS}$ is determined ($\mathbf{V}_{LOS} = \mathbf{P}_P.\ \mathbf{P}_S$).

In the construction of the LOS curves on the SM equatorial plane, each point in the LOS with interval of 0.05 R_E is first transformed to SM coordinate system, then the L-value and longitude of the dipole field line passing this point are determined. As to all the dipole field lines touched by the LOS, the one with minimum L-value is identified and the polar coordinate (L, Φ) of its intersection point on the equatorial plane is saved. When all the plasmasphere outline pixels are processed, the curve $L(\Phi)$ representing the plasmapause on the SM equatorial plane is determined. Finally, the equatorial plasmapause is reconstructed through B-Spline interpolation of the tuples (L, Φ) to get a smooth curve. In the above procedures, all LOSs are assumed to be single crossing, while multiple crossing cases [Wang et al., 2007] will be considered in section 5.

4　CA Model Tests

As a validation of the Minimum L Algorithm applied to the Moon-based plasmaspheric EUV images, the CA Model [Carpenter and Anderson, 1992] is adopted. With a magnetic dipole approximation, the 3-D plasmaspheric density is computed by tracing the field lines to the magnetic equatorial plane where the density is calculated by the CA

Model. It is assumed that the plasmasphere is azimuthally symmetric for simplicity. The standard plasmapause position used in this section is set to be 4.5 R_E. Since the CA Model is an equatorial electron density model, two further steps are necessary to construct the hypothesis plasmasphere for EUV imaging.

The first step is to transform the electron density (n_e) to He^+ density (n_{He}). The electron density is assumed to be equal to the sum density of He^+ and H^+ for the electric neutrality in plasmasphere ignoring O^+ whose concentration is very low [Comfort et al., 1988; Gallagher et al., 2000]. The relative concentration ($\alpha_{He/H}$) of He^+ to H^+ ions in the plasmasphere can be calculated with the empirical model of Craven et al. [1997]. Finally, the He^+ density can be obtained by $n_{He} = n_e \alpha_{He/H}/(1+\alpha_{He/H})$.

Then, the remaining step is to construct the 3-D plasmaspheric density. It is assumed that the He^+ density along a magnetic field line is a constant. While several field-aligned plasmaspheric density models exist [Gallagher et al., 2000; Huang et al., 2004; Tu et al., 2006], the assumption employed here is that the field-aligned He^+ density is constant. This is a reasonable assumption since most of the flux tube volume is near the equatorial plane. This assumption also makes the calculations of the 3-D plasmaspheric density and the weight matrix simpler and more efficient. The magnetic dipole field is used to map the 3-D space onto the equatorial plane. In addition, the SM coordinate system is adopted in our calculations, and the dipole tilt angle is ignored thereafter.

After the construction of the 3-D plasmasphere, the plasmaspheric EUV images can be modeled with the following integration equation:

$$I = \frac{10^{-6}}{4\pi}\int_l \exp(-\tau)p(\theta)gn(\mathbf{r})\mathrm{d}s \tag{1}$$

where I denotes the emission intensity in Rayleighs, $p(\theta) = 1 + 1/4(2/3-\sin^2\theta)$ is the phase function reflecting the anisotropy of scattered radiation [Brandt and Chamberlain, 1959], θ is the angle between the incident direction (Sun-Earth direction) and the scattered direction (from the scattering point to the imager), g is the resonant scattering rate (photons s^{-2} ion^{-1}) calculated with the method involved in Garrido et al. [1994], $n(\mathbf{r})$ is the He^+ density in cm^{-3} at position $\mathbf{r}$, and τ is the optical depth of 30.4 nm line, which can be assumed to be zero since the absorption of magnetospheric species to 30.4 nm radiation is extremely low above 1000 km [Brandt, 1961; Garrido et al., 1994], l is the integration path along a LOS, and ds is the integration element.

Here, only one geomagnetic longitudinal position of the Moon (at midnight in SM coordinate system) is adopted since the plasmapause is assumed to be azimuthally symmetric. The latitudes of the Moon in the SM coordinate system range from 4° to 16° with an increment of 4°. Actually, when the imager is located at midnight (full Moon sector of lunar orbit), the major radiation in the FOV is the solar radiation, and the imager must be shut down. In the test of the Minimum L Algorithm with the CA model, the influence of the sun is ignored. For the "real" plasmasphere to be discussed in section 5, direct sunlight is avoided in selection of the lunar positions.

The Minimum L Algorithm applications to CA Model are shown in Figure 3. For the four latitudes (4°, 8°, 12°, and 16°), the equatorial plane plasmapause can be well reconstructed from Moon-based EUV images. As is shown in Figure 4, the maximum relative error of the reconstructed plasmapause is 1.5%, corresponding to an absolute error of about 0.07 R_E(from the standard plasmapause at 4.5 R_E).

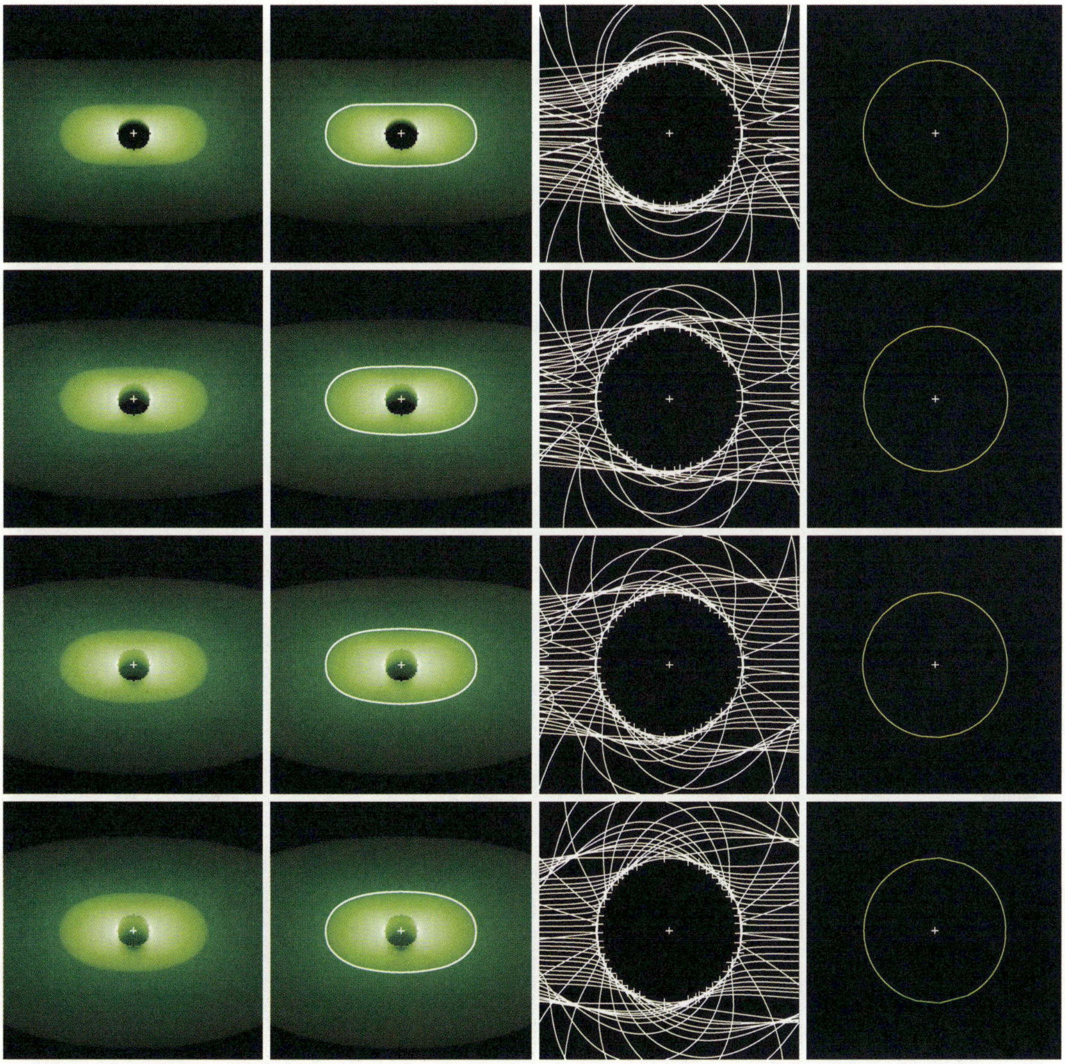

Figure 3　Minimum L algorithm applied to CA model. From top to bottom, the EUV images in first column are collected at latitudes of 4°, 8°, 12°, and 16°. The second column shows the plasmasphere outlines (white curves) overlaid in the modeled images. Third column shows the LOS curves on equatorial plane. Fourth column shows the reconstructed equatorial plane plasmapause (yellow). The white plus signs located at the center of the each image represent the center of the Earth.

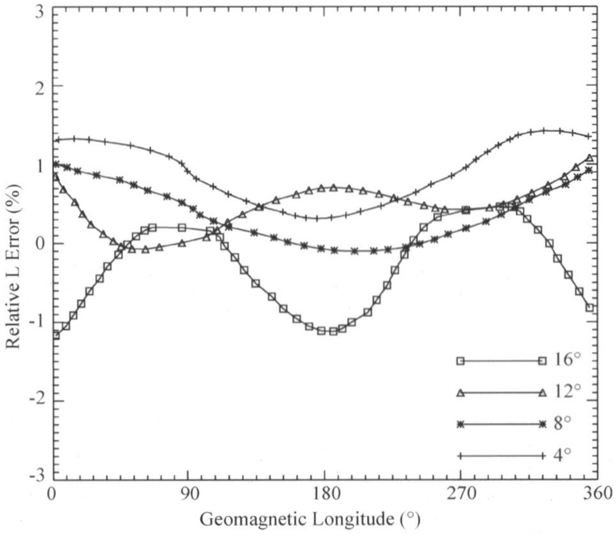

Figure 4 Illustration of relative L error for the reconstructed equatorial plasmapause.

As are shown in Figure 3, there are four types of LOS curves (presented in Figure 5) whose tangential lines coincide with the tangential lines of the plasmapause surface. When the LOS is tangent to the low-latitude plasmapause surface (corresponding to the plasmasphere outline pixels at the right edge in each plot of the second column in Figure 3), the intersection points to the dipole field lines are near the SM equatorial plane with

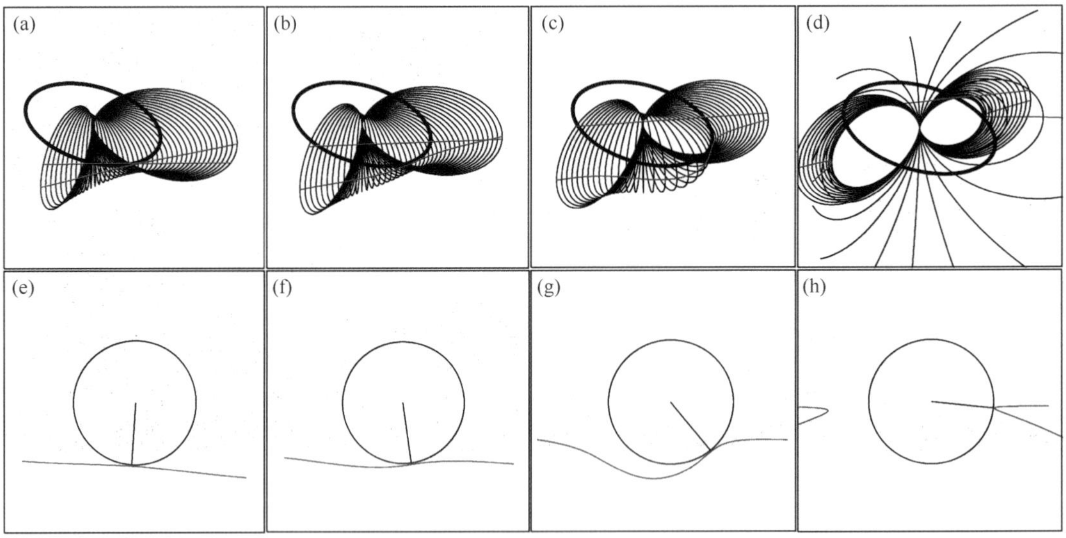

Figure 5 Four types of LOS curves in Moon-based EUV images as are shown in Figure 3. Radial lines in Figures 5e-5h correspond to the minimum L points. The Ω type line LOS curves in Figures 5d and 5h are not displayed completely. Red line indicates LOS, blue line indictes LOS curve, black line indicates dipole field lines touched by these LOS. The dashed circles in Figures 5a – 5d and solid circles in Figures 5e-5h represent the standard plasmapause (4.5 R_E).

little latitudinal change (Figure 5a), and the LOS curves are more or less like a "straight line" (Figure 5e). As the plasmasphere outline pixel moves to the upper center, the LOS is tangent to the high-latitude plasmapause surface, especially near polar region (Figure 5d), the latitude of the dipole field lines touched by the LOS change from $62^{\circ}-\sim 80^{\circ}$ and the corresponding L-values change from $4.5-\sim 40.0$, forming a "Ω type line" LOS curve (Figure 5h).

Tests of the algorithm with the CA Model show that Minimum L Algorithm is absolutely applicable to Moonbased plasmaspheric EUV images. Next, we will investigate the applications of the algorithm to more complex plasmaspheres with plume and shoulder structures, and further discuss the multiple crossing problems.

5 "Real" Plasmasphere

The "real" plasmaspheric structures simulated by the DGCPM are more complex than those simulated by the CA Model. When there are plumes, shoulders, notches, or other structures in the plasmasphere, the reconstruction procedures will become more complex. We will encounter a multiple crossing problem, namely, the plasmapause intersects the equatorial plane multiple times (usually three times) for certain MLTs. As is shown in Figure 6a, the plasmapause intersects the equatorial plane for three times at points A_2, B_2, and C_2.

Commonly, the plasmasphere has a wrapped or unwrapped plume on the dayside while the nightside plasmapause is more or less like a circular arc. Thus the reconstruction of the nightside plasmapause is straightforward, while the reconstruction of the dayside plasmapause (boundary of the plume or shoulder) is comparatively laborious. For the plume region, the first step is to identify the boundaries of the plume in the Moonbased EUV images. As is shown in Figure 7, the density distribution (the solid gray lines) in the main plasmasphere obeys almost the same law (the dashed black lines) as the plumes for both storms. For wrapped plumes (Figure 7a), the density between the plasmapause (line segment A_1-A_2 in Figure 6a) and the inner boundary of the plume (line segment A_1-B_2 in Figure 6a), and the density outside the outer boundary of the plume (line segment C_1-C_2) are both low and behave the same law (the dotted black line).

For the multiple crossing region, the LOS (e.g., MF in Figure 6f) that go through the pixels on line segment A_1-A_3 are tangent to the plasmapause of the main plasmasphere, the LOS (e.g., ME in Figure 6f) that go through the pixels on line segment A_1-B_3 are tangent to the inner boundary of the plume, and the LOS (e.g., MD in Figure 6f) that go through the pixels on line segment C_1-C_2 are tangent to the outer boundary of the plume.

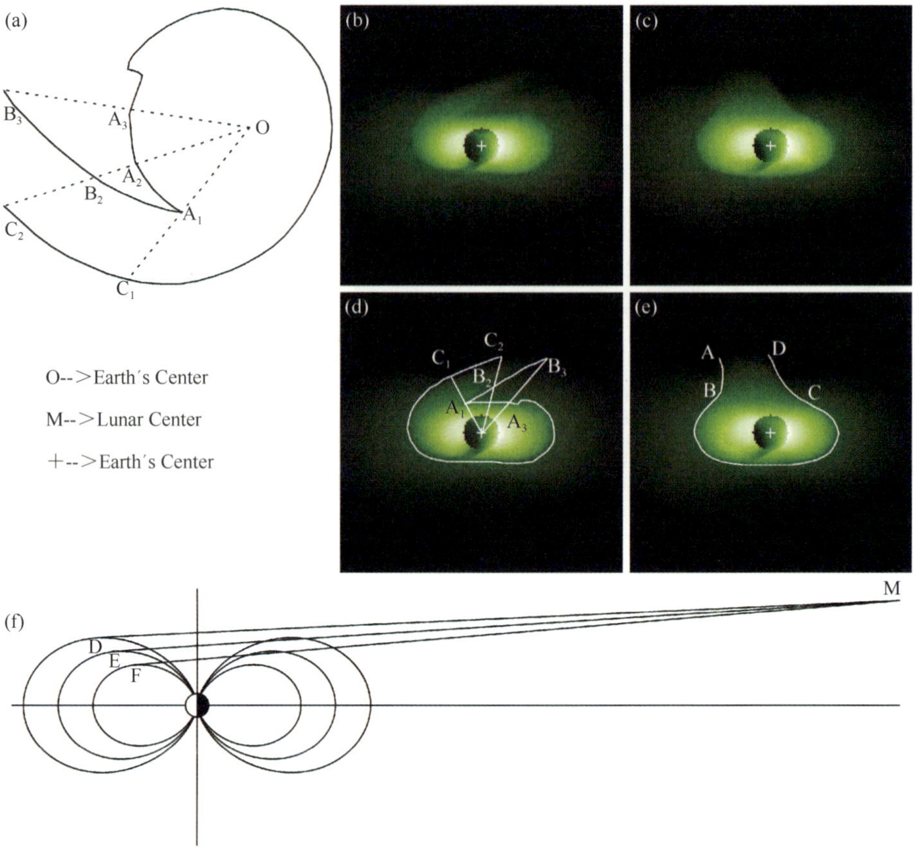

Figure 6　Illustration of multiple crossing region. (a) Equatorial plane plasmapause multiple crossing regions, (b−c) plasmaspheric images of Storm-Ⅰ and Storm-Ⅱ, (d−e) plasmaspheric outlines (white curves) overlaid in the images of Storm-Ⅰ and Storm-Ⅱ, and (f) illustration of three LOSs that are tangent to the plasmapause of the multiple crossing region.

Another troublesome problem we will encounter is the Earth's shadow. As is shown by IMAGE mission observations [Sandel et al., 2003] and model simulations [He et al., 2010], the Earth's shadowing is apparent when observed from polar orbit, and the night-side plasmapauses in polar EUV images are difficult to identify. In Moon-based EUV images; however, the Earth's shadowing has little effect on the determination of plasmasphere outline in the image. What mainly affects the determination of plasmasphere outline is the shading (or overlapping) of the main plasmasphere. For example, when the imager is located at the first-quarter Moon or last-quarter Moon sector of lunar orbit, the plume or shoulder structures may be shaded by the main plasmasphere, which makes the determination of the outline of the plume or shoulder impossible. When the imager is located near the full Moon sector of lunar orbit, the shading of the main plasmasphere has little effect on plasmasphere outline determination.

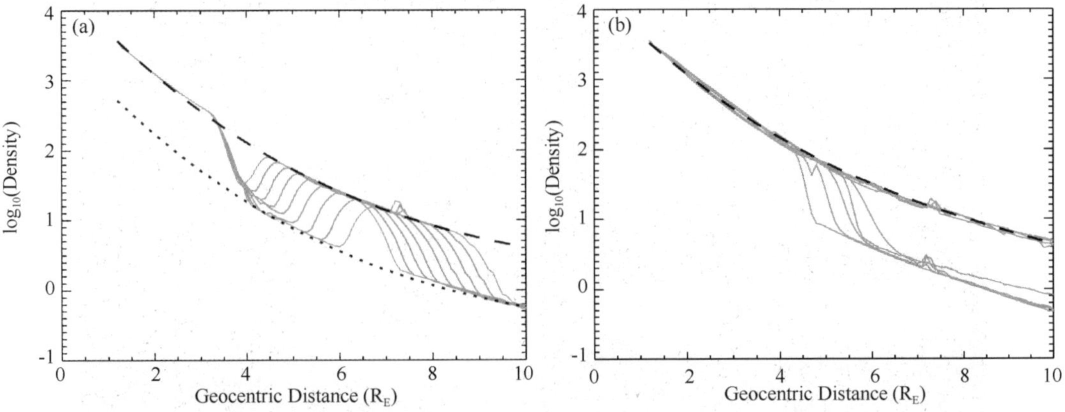

Figure 7　Comparisons of plasmaspheric density to plume density showing (a) Storm-I and (b) Storm-II. Gray curves are density modeled by DGCPM. The dashed curves are fitted density profiles for the main plasmasphere and the plume. The dotted line represents the fitted density profile for the trough between plasmapause and inner boundary of the plume and the trough outside the outer boundary of the plume.

Thus in this study, three positions *b*, *c*, and *d* located near the full Moon sector of lunar orbit in Figure 2 are adopted. Their coordinates in SM are b (− 39.7 R_E, .40.8 R_E, 9.5 R_E), c (.51.3 R_E, .21.9 R_E, 12.2 R_E), and d (.51.4 R_E, 21.9 R_E, 11.9 R_E), respectively. At these positions, the solar 30.4 nm radiations have no influence on Moon-based EUV imaging since the angle between the axis of the FOV ($16.0^\circ \times 16.0^\circ$) of the imager and the Sun-Earth line is greater than 16.0°, thus no solar radiation can directly enter the imager.

For Storm-Ⅰ, the plasmasphere outline pixels in single crossing regions (line segments $A_1 - A_3$ and $A_3 - C_1$ in Figure 6d) are used to reconstruct the plasmapause of the main plasmasphere; the plasmasphere outline pixels on line segment $C_1 - C_2$ are used to reconstruct the outer boundary of the plume; and the plasmasphere outline pixels on line segment $A_1 - B_3$ are used to reconstruct the inner boundary of the plume. For Storm-Ⅱ, the plasmasphere outline pixels on line segment B − C in Figure 6e are used to reconstruct the plasmapause of the main plasmasphere; and the plasmasphere outline pixels on line segments A − B and C − D are used to reconstruct the boundaries of the plume.

The reconstruction results for Storm-Ⅰ and Storm-Ⅱ are presented in Figure 8. The standard plasmapause is extracted from the equatorial density distribution simulated by DGCPM. The maximum and average relative errors of the reconstructed equatorial plane plasmapause are 0.08 R_E and 0.01 R_E, respectively.

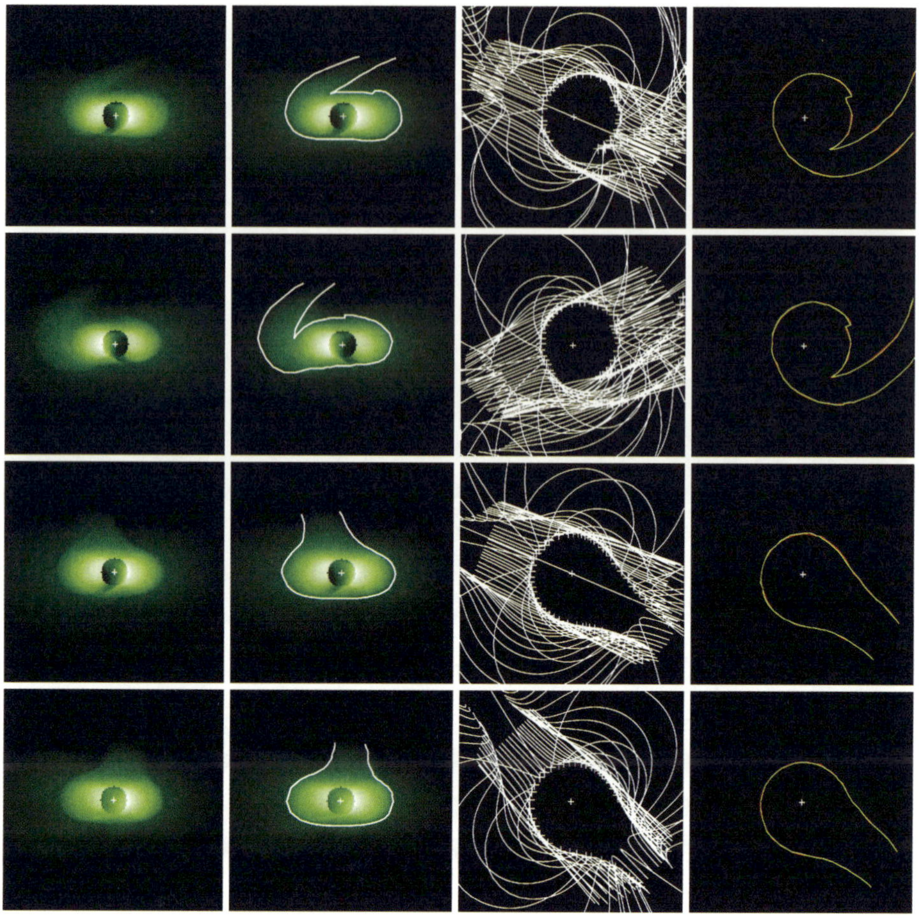

Figure 8　Equatorial plasmapause reconstructed from Moon-based EUV images. Top row shows Storm-Ⅰ EUV image detected at position c. Second row shows Storm-Ⅰ EUV image detected at position d. Third row shows Storm-Ⅱ EUV image detected at position c. Bottom row shows Storm-Ⅱ EUV image detected at position *b*. First column shows Moon-based EUV images. Second column shows EUV images with plasmasphere outline overlaid. Third column shows LOS curves on equatorial plane. Fourth column shows comparison of reconstructed plasmapause (yellow) and standard plasmapause (red). The white plus signs located at the center of the images represent the center of the Earth.

6　Inversion of Plasmaspheric Density

After determination of the equatorial plane plasmapause, the plasmaspheric density can, theoretically, be derived from an inversion of equation (1). Since it is impossible to analytically solve this nonlinear integral equation, a search and optimization method is necessary. In this respect, GA is the best choice.

6.1 Basic Principles of GA

GA is an efficiently heuristic overall optimization searching algorithm first invented by Holland [Holland, 1975]. It is the most popular technique in evolutionary computation and is highly developed in artificial intelligence [Reeves and Rowe, 2003; Sivanandam and Deepa, 2008, and references therein]. GA is a kind of algorithm that draws lessons from the Darwinian evolution of heredity, crossover, mutation, selection, and "Survival of the Fittest." The goal of the GA approach is to replicate the theory of natural selection mathematically.

The GA begins with a population that represents the potential solution set of the problem to be solved. This population is composed of a certain number of individuals after gene coding. Just like an individual in nature, the individual in GA displays fractional characteristics of the solution of the problem. The individuals are coded as binary or float strings (also called chromosome) according to specific problems. The float coding GA (FCGA), coding the individuals as real vectors or matrices [Michalewicz, 1996], is adopted here since the solution of our problem belongs to the set of real numbers. The space of all feasible solutions forms the search space. For scalar problems, the solution is a float number, and then the search space is the set of real numbers. For vector problems, the solution is a real vector or a 2-D curve, and then the search space is a 2-D space of real numbers. For matrix problems, the solution is a real matrix or a 3-D curved surface, and then the search space is a 3-D space of real numbers.

GA has been successfully applied to optimization problems like wire routing, scheduling, adaptive control, game playing, cognitive modeling, transportation problems, traveling salesman problems, optimal control problems, database query optimization, etc. [see Michalewicz, 1996; Sivanandam and Deepa, 2008, and references therein]. It can be used here to invert the plasmaspheric density from Moon-based EUV images.

Searching for the best solution is equivalent to looking for the extreme of a function in the search space. To achieve this, reproduction and selection of the individuals are performed. Just like the evolution of living creatures through crossover, mutation, and selection, the individuals in GA evolve to optimal solution through these procedures. Crossover and mutation represent different mathematical operations on the father chromosomes. The former is used to interchange the information of the father chromosomes and the latter to introduce new information in the son chromosomes.

During the evolution we encounter the problems of evaluating the quality of the individuals and updating the population. This is accomplished by calculating the fitness value of the individual as well as by selection. Finally, when the fitness value reaches the prefixed threshold, the optimized solution of the problem is searched out.

Inversion of the plasmaspheric density can be achieved through an optimization of the function:

$$f[n(\mathbf{r})] = I - \int_l \exp(-\tau) p(\theta) g n(\mathbf{r}) \mathrm{d}s \times 10^{-6} = 4\pi \tag{2}$$

where $f[n(\mathbf{r})]$ is called target function, other variables are the same as those of equation (1) except that $n(\mathbf{r})$ is unknown. Our goal is to search for a best solution $n(\mathbf{r})$ that satisfies the condition of $f[n(\mathbf{r})] < e$ (a prefixed threshold, e.g., $e = 10.6$ or smaller) in a 3-D space of real numbers. FCGA is used to search for the minimum of the function $f[n(\mathbf{r})]$. The implementation of the FCGA requires the steps to be described in sections 6.2-6.5.

6.2 Weight Matrix

Since it is impossible to invert the 3-D plasmaspheric density $n(\mathbf{r})$ directly from equation (1), discretization of the integration equation and some simplifications are necessary. The 3-D density is converted to quasi 3-D. In order to achieve this, the target density grids are first set on the equatorial plane, and the meridian plane density is calculated by field line tracing assuming that the density along a field line is constant. The simple dipole field model is adopted since Earth's dipolar magnetic field is dominant in the plasmasphere region. Finally, the plasmaspheric density is represented by a 2-D matrix **N** defined on equatorial plane. Then the weight matrix is defined as follows.

For a given LOS, the phase function $p(\theta)$ and the scattering factor g are both constant for all the points in the LOS. The column integration intensity of the LOS is determined by the density along the LOS curve on the equatorial plane. Given the integration elements ds, equation (1) can be rewritten as

$$I = c \sum_{i,j} W_{i,j} N_{i,j} \tag{3}$$

where $c = p(\theta) g \mathrm{d}s / 4\pi \times 10^{-6}$ is a constant, $W_{i,j}$ is the element of the weight matrix **W**, and $N_{i,j}$ is the element of the density matrix **N**. If we set a polar grid on the equatorial plane with the dimensions of N_r(radial) $\times$ N_p(longitudinal), the dimensions of **W** will also be $N_r \times N_p$. Each element $W_{i,j}$ of the weight matrix represents the contribution of the density of the corresponding grid point to the intensity and is initialized to zero. All of the integration points along the LOS are mapped onto the equatorial plane. If the resultant point coincides with the grid point, then the value of the corresponding element of **W** is set to be 1.0; if not, the density of the resultant point is obtained by 2-D interpolation, and the interpolation coefficients are allocated to the corresponding elements of **W**.

Since different LOSs correspond to different LOS curves on the equatorial plane (see Figures 3 and 8), each pixel in the Moon-based EUV image has its own weight matrix.

Thus equation (3) should be rewritten as

$$I_{i,j} = \sum_{kl} W_{ij,kl} N_{kl} \tag{4}$$

where (i, j) denotes the index of a pixel in the image, (k, l) denotes the index of a point in the density grid, and the constant c has been multiplied to $W_{ij,kl}$. If the dimension of the EUV image is $N_h \times M_v$, then there are $N_h \times M_v$ weight matrixes with the dimension of $N_r \times N_p$.

6.3 Coding of the Chromosomes

Just like the individuals in nature, the chromosome is the basic unit in GA. For plasmaspheric inversion, the chromosome is represented by the density matrix **N** of the plasmasphere. The elements of **N** represent the density values of the corresponding grids. The coding of the chromosomes, initial values, and the boundary conditions define the search space of GA. So coding is very important in GA. The density feature of the plasmasphere decides the coding mode and the boundary conditions.

The plasmaspheric He^+ densities range from 0.1 cm^{-3} in plasma trough region to several 1000 cm^{-3} in the inner plasmasphere. There are many types of density structures in the plasmasphere, e.g., shoulder [Goldstein et al., 2002], wrapped plume [Sandel et al., 2003], corotating notch [Gallagher et al., 2005], corotating density trough [Carpenter et al., 2000; Adrian et al., 2001; Fu et al., 2010], erosion event [Goldstein, 2006], etc. Figure 9 shows two examples of plasmaspheric density distributions from DGCPM simulations, which are also commonly observed [e.g., Sandel et al., 2003; Spasojevic et al., 2003] and simulated [e.g., Grebowsky, 1970; Chen and Wolf, 1972; Ober et al., 1997; Liemohn et al., 2004] before. There are sharp plasmapause, wrapped plume, and shoulder structures in the plasmasphere in Figure 9a, whereas only sharp plasmapause and unwrapped plume structures in the plasmasphere are presented in Figure 9b. For the DGCPM under consideration in this work, we only consider the typi-

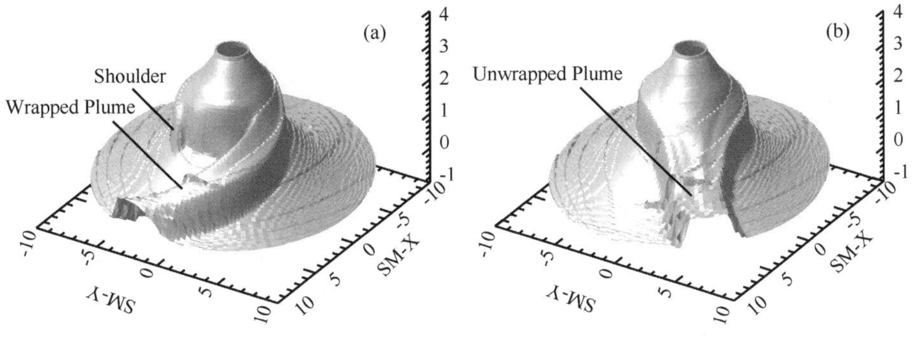

Figure 9　Equatorial plane plasmaspheric density distributions from DGCPM showing (a) Storm-Ⅰ and (b) Storm-Ⅱ. Z axis is the log density of the plasmasphere.

cal structures of plasmapause, shoulder, and plume in the plasmasphere. As is shown in Figures 9 and 10, we consider three basic plasmaspheric density distributions. Using a radial meridian plane to cut the surfaces in Figure 9, we get three types of plasmaspheric density profiles in Figure 10. The first type has single plasmapause (solid line in Figure 10), corresponding to the plasmasphere without crossing the plume in Figure 9. The second type has single plasmapause and two plume boundaries (dotted line in Figure 10), corresponding to the plasmasphere crossing the wrapped plume in Figure 9a. The third type has no plasmapause (dashed line in Figure 10), corresponding to the plasmasphere within the unwrapped plume in Figure 9b. Above three basic types of density profiles may not completely or truly reveal all the plasmaspheric density distributions and they are just used for the convenient construction of the initial chromosomes and search space in FCGA.

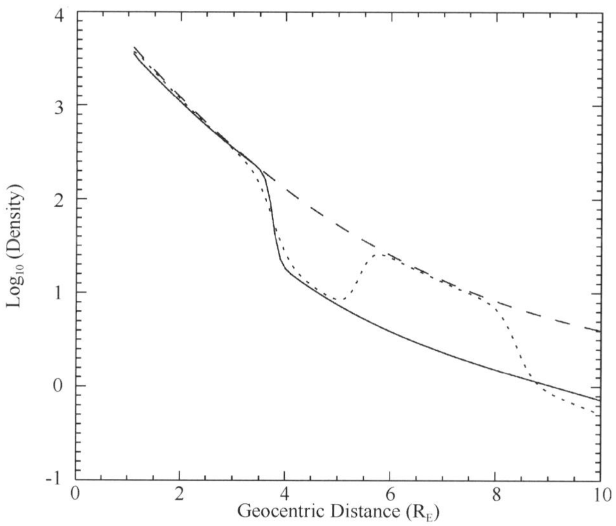

Figure 10　Three types of plasmaspheric density structures extracted from Figure 9. The solid line is obtained by cutting the plasmasphere without crossing the plume in Figure 9. The dotted line is obtained by cutting the plasmasphere crossing the wrapped plume in Figure 9a. The dashed line is obtained by cutting the plasmasphere within the unwrapped plume in Figure 9b.

In construction of the initial chromosomes, the density profiles for the main plasmasphere and the plume are the same, and the density profile for the trough between the plasmapause and the inner boundary of the plume is the same as that of the trough outside the outer boundary of the plume. Based on the plasmaspheric density data from the DGCPM simulations under different geomagnetic activities (weak, median, and strong), the density profiles for the main plasmasphere $n_{Main}(r)$ and the plume $n_{Plume}(r)$ are fitted as follows with least square polynomial fitting:

$$\log_{10}[n_{Main}(r)] = -0.001r^3 + 0.0455r^2 - 0.7325r + 4.355 \tag{5}$$

$$\log_{10}[n_{Plume}(r)] = -0.001r^3 + 0.0455r^2 - 0.7325r + 4.355 \tag{6}$$

where r is the geocentric distance in R_E on equatorial plane. The density profile for the trough $n_{Trough}(r)$ is

$$\log_{10}[n_{Trough}(r)] = -0.0034r^3 + 0.0925r^2 - 0.9773r + 3.967 \tag{7}$$

Density profiles of the different regions are integrated by a switch function $f(r, \varphi)$:

$$f(r,\varphi) = \tanh(a(\varphi)(x - b(\varphi)))/2.0 + 0.5 \tag{8}$$

where r is geocentric distance, φ is longitude, $a(\varphi)$ controls the switching region of the two adjacent models, and $b(\varphi)$ controls the connecting center, which is determined by the plasmapause reconstructed in sections 4 and 5. The value of $a(\varphi)$ has been fitted to be 6.0 at nightside and 4.0 at dayside. Finally, the equatorial plane density $N(r, \varphi)$ is constructed by

$$N(r,\varphi) = n(r) f(r,\varphi) \tag{9}$$

where $n(r)$ is the density calculated by equations (5) to (7), $f(r, \varphi)$ is the switch function. Using the fitted models and the plasmaspheric boundary conditions (plasmapause), the equatorial plane plasmaspheric density matrix **N** is constructed, and the upper and lower boundaries are set by adding or subtracting a constant to **N**. With this method, the search space (see Figure 11) of the FCGA is greatly contracted and the convergency of the FCGA is improved.

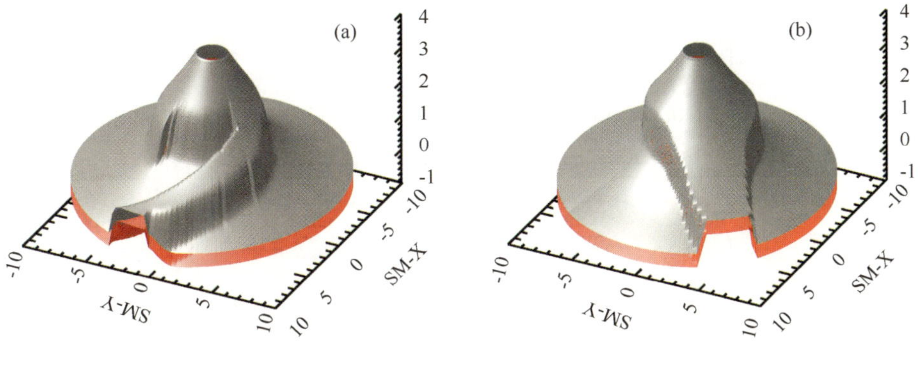

Figure 11　Boundary conditions and algorithm search space for FCGA showing (a) Storm-Ⅰ and (b) Storm-Ⅱ. Z axis is the log density of the plasmasphere. Gray layer is the upper boundary, and red layer is the lower boundary.

6.4　Reproduction of Chromosomes

After coding the chromosomes, we need to define the reproduction rules of the chromosomes. Reproduction rules that determine how the next generation is produced are core elements of the GA. The chromosomes are reproduced in two ways. One is crossover between two chromosomes and the other is the mutation of a single chromosome. Some information is inherited from the father; some information of the father is discarded. Among the sons, some are good, others are bad, and their survival is determined by the rule of "Survival of the Fittest," which is realized through selection rules to be described next. We have designed six types of crossover operators and one mutation operator (see Appendix A for details). The parents are randomly divided into pairs first, and then the crossover operators are applied to each pair to produce new populations. A mutation operator is applied to the new populations every few iterations according to the mutation probability.

6.5 Selection Rule

The final step is to define the selection rules of the son generation. It is essential in GA to retain the good populations and discard the bad ones of the son generation. The core of the selection rule is the selection criterion. In our study, the criterion (or the fitness) of an individual is defined as

$$F=\sum_{i=1}^{N_h}\sum_{j=1}^{M_y}\left(I_{ij}\sum_{k=1}^{N_r}\sum_{l=1}^{N_p}W_{ij,kl}N_{kl}\right)^2 \tag{10}$$

where F is the fitness value, and other variables have been defined before. The smaller the value of F is, the better the individual is. The steps of FCGA are presented in Figure 12.

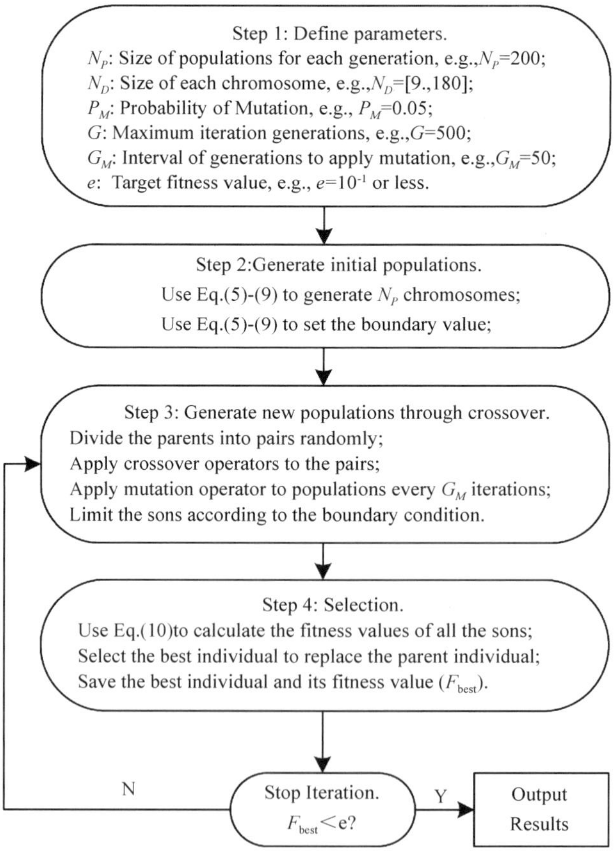

Figure 12　Flowchart of the FCGA.

6.6 Application Results

In the application of inversion, the DGCPM is first used to generate the original EUV images or the standard EUV images (Figures 13a, 13b, 14a, 14b), from which the equatorial plasmapause is derived with the Minimum L Algorithm. The EUV images in Figures 13 and 14 are both simulated at position *c* in Figure 2. The initial guesses of the density are obtained in Step 2 of Figure 12. Then these data are put into the FCGA for iteration. The reconstructed EUV images are shown in Figure 13d (for Storm-Ⅰ) and Figure 14d (for Storm-Ⅱ). For the two reconstructed images, the relative intensity error with the corresponding pixels of the standard image and the relative density error with the corresponding grid points of the standard plasmasphere are calculated. The results are presented in Tables 1 and 2. These errors suggest that the reconstructed plasmasphere densities are reasonable and credible.

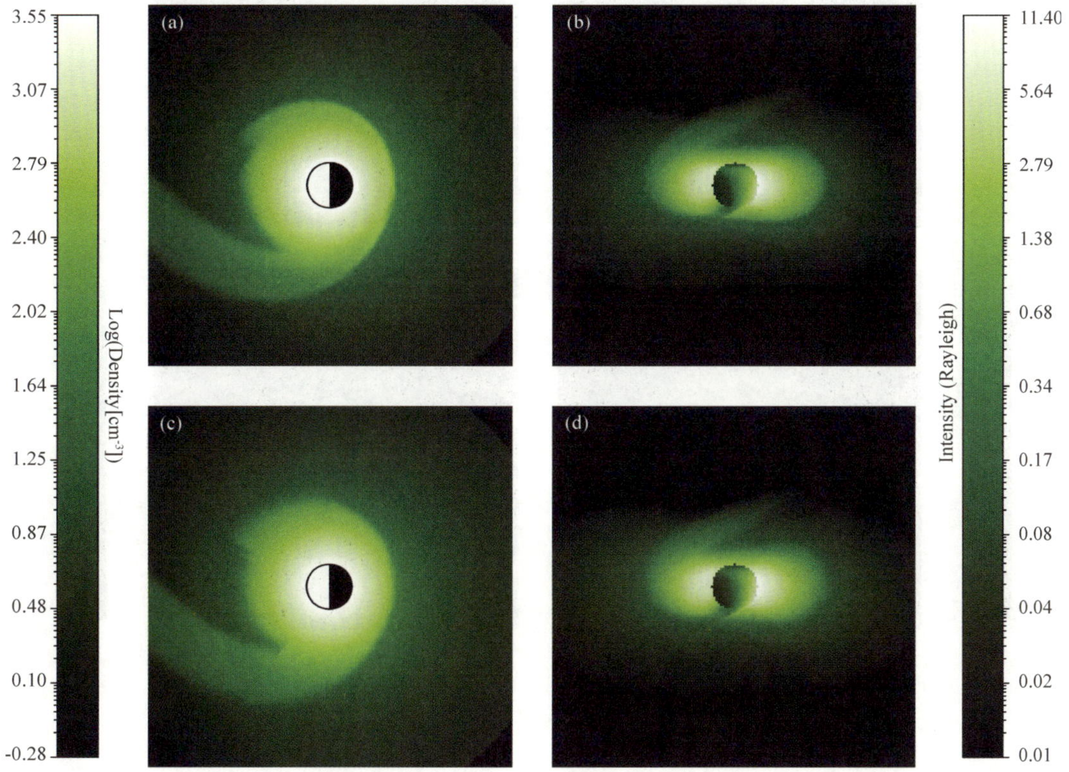

Figure 13　Reconstruction results for Storm-Ⅰ: (a) standard plasmaspheric density, (b) standard image, (c) reconstructed plasmaspheric density, and (d) reconstructed image. The log-scaled color bar for the density is shown at left, and the log-scaled color bar for the intensity is shown at right.

Table 1　Relative Intensity Errors for the Reconstructed EUV Images

EUV Image	Maximum Error	Average Error	Standard Deviation
Storm-Ⅰ	6.1×10.1	3.94×10.2	4.15×10.2
Storm-Ⅱ	7.2×10.1	3.82×10.2	4.96×10.2

Table 2　Relative Density Errors for the Reconstructed Plasmasphere

Plasmasphere	Maximum Error	Average Error	Standard Deviation
Storm-Ⅰ	8.1×10^{-1}	4.94×10^{-2}	7.58×10^{-2}
Storm-Ⅱ	7.2×10^{-1}	3.57×10^{-2}	7.63×10^{-2}

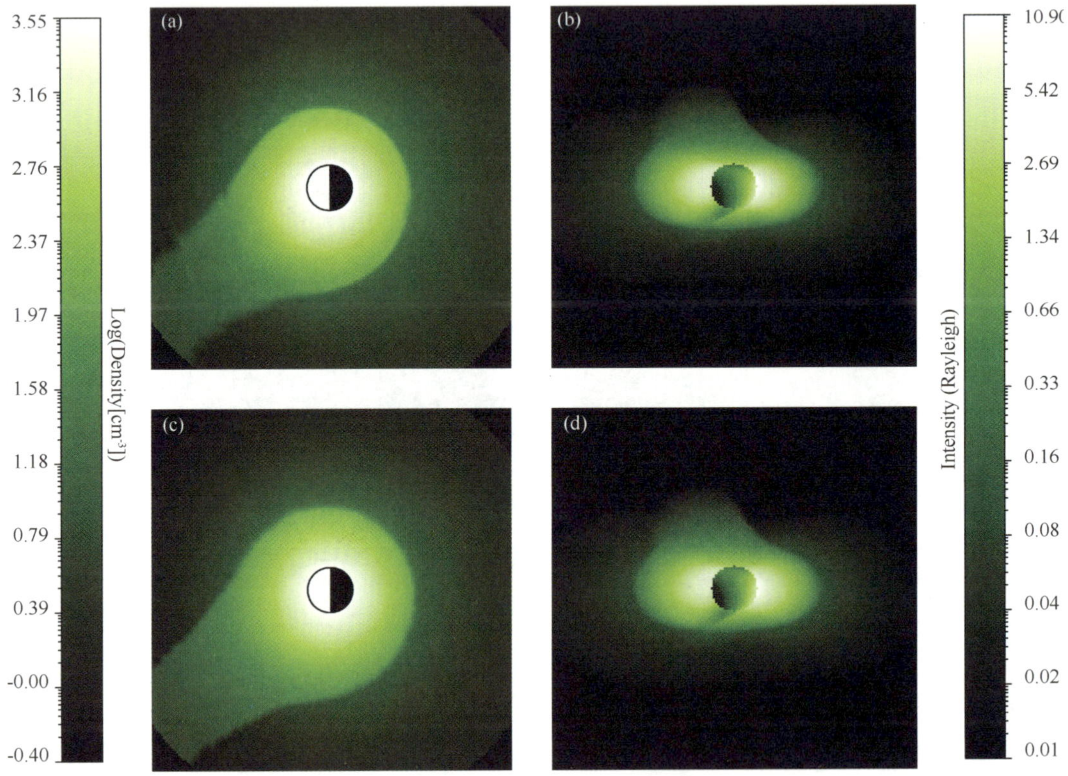

Figure 14　Reconstruction results for Storm-Ⅱ: (a) standard plasmaspheric density, (b) standard image, (c) reconstructed plasmaspheric density, and (d) reconstructed image. The log-scaled color bar for the density is shown at the left, and the log-scaled color bar for the intensity is shown at right.

7　Discussion and Conclusions

We have used the Minimum L Algorithm to reconstruct the equatorial plane plasmapause from the Moon-based EUV images. For the plasmasphere with simple structures, the reconstruction of equatorial plane plasmapause is easy and accurate. When there are complex structures, such as plume, shoulder, notch, and so on, the reconstruction procedure is complex. Currently, we can only reconstruct the plasmapause from Moon-based EUV images detected at specific positions in lunar orbit; e. g., from full Moon to last quarter Moon sector in lunar orbit.

At other positions, owing to the shading of the main plasmasphere, some sectors of the plasmapause cannot be reconstructed, especially the special structures that we are interested in, such as the shoulder and the plume. A possibly feasible approach to identify the plasmasphere outline at this region is that one reconstructs the equatorial plasmapause of the main plasmasphere first, which is then used to construct a virtual image from the same position as the original image with the unclosed part of the plasmapause connected by a circular arc. The virtual image is subtracted from the original image to get a new image without shading of the main plasmasphere. The outline of the new image may be used to reconstruct the boundaries of the shoulder or the plume. This approach will be investigated in detail in future work.

After the determination of the equatorial plane plasmapause, the plasmaspheric density is constructed with fitted models. Then this density is used as an initial guess for the GA to get the "real" plasmaspheric density iteratively. We have designed six types of crossover operators and one mutation operator for the reproduction of new individuals in GA. According to the principles of the GA, the best solution (density) with the EUV image constructed from which having the least difference from the original EUV image is searched out.

Reconstruction results of the plasmasphere can be used to quantitatively study the dynamics of the plasmasphere. For example, (1) reconstruction of the plasmapause from a series of images can be used to monitor the evolution of the plasmapause and long period results can be used for statistical study of the relationships between plasmapause shapes and solar wind/interplanetary magnetic field; (2) the reconstructed boundaries and local time densities of plumes can be used to investigate the motions of the plume and to study the effect of the plumes on solar wind/magnetosphere coupling; (3) the reconstructed plasmaspheric densities as well as the equatorial plasmapause position can be used to derive the convection electric field from plasmaspheric Alfvén layer motions [Larsen, 2007]; and (4) the flux tubes' evolution as well as the latitudinal distribution of the flux tubes can be derived from series of the Moon-based EUV images, which helps us study the field-aligned density model of the plasmasphere.

In our inversion algorithm, the density along field lines is set to be constant, which is not the real case. Therefore, the inversed density is pseudo 3-D. In future work, the field-aligned density model [e. g., Tu et al., 2006] will be added to our algorithm to inverse true 3-D density distribution of the plasmasphere. If other EUV images from different perspectives (e.g., Earth's polar orbit) can be detected simultaneously, the three-dimensional density distribution can be reconstructed more accurately.

Appendix A: GA Operators

In this section, **p** represents the fathers, **s** represents the sons, a (or **a**) represents the crossover factor, and the dimensions of **p** and **s** are both $N_r \times N_p$. The upper and lower boundaries of the populations are $\mathbf{b}^u$ and $\mathbf{b}^l$.

A1. Operator 1

Generate a random number a between (0, 1), for $i = 1, N_r$ and $j = 1, N_p$

$$\begin{aligned} s_{i,j}^1 &= ap_{i,j}^1 + (1+a)p_{i,j}^2 \\ s_{i,j}^2 &= ap_{i,j}^2 + (1-a)p_{i,j}^1 \end{aligned} \tag{A1}$$

A2. Operator 2

Generate random numbers $a_j (j = 1, N_p)$ between (0, 1), and $a(j) = a(N_P)$, for $i = 1, N_r$ and $j = 1, N_p$

$$\begin{aligned} s_{i,j}^1 &= a_j p_{i,j}^1 + (1-a_j)p_{i,j}^2 \\ s_{i,j}^2 &= a_j p_{i,j}^2 + (1-a_j)p_{i,j}^1 \end{aligned} \tag{A2}$$

A3. Operator 3

Generate random numbers $a_{ij} (i = 1, N_r, j = 1, N_p)$ between (0, 1), and $a(i, j) = a(i, N_P)$, for $i = 1, N_r$ and $j = 1, N_p$

$$\begin{aligned} s_{i,j}^1 &= a_{i,j} p_{i,j}^1 + (1-a_{i,j})p_{i,j}^2 \\ s_{i,j}^2 &= a_{i,j} p_{i,j}^2 + (1-a_{i,j})p_{i,j}^1 \end{aligned} \tag{A3}$$

A4. Operator 4－1

Generate random numbers $k_j (j = 1, N_p, 1 \leqslant k \leqslant N_r)$, generate a random number a between (0, 1), for $i = 1, N_r$ and $j = 1, N_p$

$$\begin{aligned} s_{i,j}^1 &= \begin{cases} ap_{i,j}^1 + (1-a)p_{i,j}^2 & i = 1, \cdots, k_j \\ p_{i,j}^1 & i = k_j + 1, \cdots, N_r \end{cases} \\ s_{i,j}^2 &= \begin{cases} ap_{i,j}^2 + (1-a)p_{i,j}^1 & i = 1, \cdots, k_j \\ p_{i,j}^2 & i = k_j + 1, \cdots, N_r \end{cases} \end{aligned} \tag{A4}$$

A5. Operator 4－2

Generate random numbers k_j (j = 1, N_p, $1 \leqslant k \leqslant N_r$), generate a random number a between (0, 1), for i = 1, N_r and j = 1, N_p

$$s_{i,j}^1 = \begin{cases} p_{i,j}^1 & i = 1, \cdots, k_j \\ a p_{i,j}^1 + (1-a) p_{i,j}^2 & i = k_j + 1, \cdots, N_r \end{cases}$$

$$s_{i,j}^2 = \begin{cases} p_{i,j}^2 & i = 1, \cdots, k_j \\ a p_{i,j}^2 + (1-a) p_{i,j}^1 & i = k_j + 1, \cdots, N_r \end{cases} \tag{A5}$$

A6. Operator 5－1

Generate random numbers k_j (j = 1, N_p, $1 \leqslant k \leqslant N_r$), generate random numbers a_j (j = 1, N_p) between (0, 1), for i = 1, N_r and j = 1, N_p

$$s_{i,j}^1 = \begin{cases} a_j p_{i,j}^1 + (1-a_j) p_{i,j}^2 & i = 1, \cdots, k_j \\ p_{i,j}^1 & i = k_j + 1, \cdots, N_r \end{cases}$$

$$s_{i,j}^2 = \begin{cases} a_j p_{i,j}^2 + (1-a_j) p_{i,j}^1 & i = 1, \cdots, k_j \\ p_{i,j}^2 & i = k_j + 1, \cdots, N_r \end{cases} \tag{A6}$$

A7. Operator 5－2

Generate random numbers k_j (j = 1, N_p, $1 \leqslant k \leqslant N_r$), generate random numbers a_j (j = 1, N_p) between (0, 1), for i = 1, N_r and j = 1, N_p

$$s_{i,j}^1 = \begin{cases} p_{i,j}^1) & i = 1, \cdots, k_j \\ a_j p_{i,j}^1 + (1-a_j) p_{i,j}^2 & i = k_j + 1, \cdots, N_r \end{cases}$$

$$s_{i,j}^2 = \begin{cases} p_{i,j}^2 & i = 1, \cdots, k_j \\ a_j p_{i,j}^2 + (1-a_j) p_{i,j}^1 & i = k_j + 1, \cdots, N_r \end{cases} \tag{A7}$$

A8. Operator 6－1

Generate random numbers k_j (j = 1, N_p, $1 \leqslant k \leqslant N_r$), generate random numbers a_{ij} (i = 1, N_r, j = 1, N_p) between (0, 1), for i = 1, N_r and j = 1, N_p

$$s_{i,j}^1 = \begin{cases} a_{i,j} p_{i,j}^1 + (1-a_{i,j}) p_{i,j}^2 & i = 1, \cdots, k_j \\ p_{i,j}^1 & i = k_j + 1, \cdots, N_r \end{cases}$$

$$s_{i,j}^2 = \begin{cases} a_{i,j} p_{i,j}^2 + (1-a_{i,j}) p_{i,j}^1 & i = 1, \cdots, k_j \\ p_{i,j}^2 & i = k_j + 1, \cdots, N_r \end{cases} \tag{A8}$$

A9. Operator 6－2

Generate random numbers k_j ($j = 1, N_p$, $1 \leqslant k \leqslant N_r$), generate random numbers a_{ij} ($i = 1, N_r$, $j = 1, N_p$) between (0, 1), for $i = 1, N_r$ and $j = 1, N_p$

$$s_{i,j}^1 = \begin{cases} p_{i,j}^1 & i = 1,\cdots,k_j \\ a_{i,j}p_{i,j}^1 + (1-a_{i,j})p_{i,j}^2 & i = k_j+1,\cdots,N_r \end{cases}$$
$$s_{i,j}^2 = \begin{cases} p_{i,j}^2 & i = 1,\cdots,k_j \\ a_{i,j}p_{i,j}^2 + (1-a_{i,j})p_{i,j}^1 & i = k_j+1,\cdots,N_r \end{cases} \tag{A9}$$

A10. Operator 7

Generate random numbers a_{ij} ($i = 1, N_r$, $j = 1, N_p$) between (0, 1), for $i = 1$, N_r and $j = 1, N_p$

$$s_{i,j} = \begin{cases} \begin{cases} p_{i,j} + \Delta(t, b_{i,j}^u - p_{i,j}), random(0,1) = 1 \\ p_{i,j} - \Delta(t, p_{i,j} - b_{i,j}^l), random(0,1) = 0 \end{cases} & \text{if } a_{i,j} < P_m \\ p_{i,j} & \text{if } a_{i,j} \geqslant P_m \end{cases} \tag{A10}$$

where P_m is the mutation probability, $\Delta(t, y) = y \times r \times (1 - t/T)^c$, r is a random number, T is the maximum iteration times, t is the current iteration times, c denotes the degree of non-uniformity [Michalewicz, 1996].

Acknowledgments

This work is supported by the National Natural Science Foundation of China (grants 40890160, 10878004, and 40974093), the Major State Basic Research Development Program of China (973 Program) (Grant 2011CB811400), and the Special Fund for Public Welfare Industry (Grant GYHY200806024).

Philippa Browning thanks the reviewers for their assistance in evaluating this manuscript.

References

[1] Adrian, M. L., D. L. Gallagher, J. L. Green, B. R. Sandel, and M. F. Rose (2001), The large-scale plasmaspheric density trough associated with the 24 May 2000 geomagnetic storm: IMAGE EUV observations and Global Core Plasma Modeling, Eos Trans. AGU, 82, S352.

[2] Andersen, A. H., and A. C. Kak (1984), Simultaneous algebraic reconstruction technique (SART): A superior implementation of the ART algorithm, Ultrason. Imaging, 6(1), 81－94, doi:10.1016/0161-7346(84)90008-7.

[3] Brandt, J. C. (1961), Interplanetary gas, VI, on diffuse extreme ultraviolet helium radiation in the night and day sky, Astrophys. J., 134(2), 975－980, doi:10.1086/147225.

[4] Brandt, J. C., and J. W. Chamberlain (1959), Interplanetary gas, I, hydrogen radiation in the night sky, Astrophys. J., 130(1), 670 – 682, doi:10.1086/146756.

[5] Burch, J. L. (2000), IMAGE mission overview, Space Sci. Rev., 91(1 – 2), 1 – 14, doi:10.1023/A:1005245323115.

[6] Burch, J. L., J. Goldstein, and B. R. Sandel (2004), Cause of plasmasphere corotation lag, Geophys. Res. Lett., 31, L05802, doi:10.1029/2003GL019164.

[7] Carpenter, D. L. (1963), Whistler evidence of a "Knee" in the magnetospheric ionization density profile, J. Geophys. Res., 68(6), 1675 – 1682, doi:10.1029/JZ068i006p01675.

[8] Carpenter, D. L. (1966), Whistler studies of the plasmapause in the magnetosphere, I. Temporal variations in the position of the knee and some evidence on plasma motions near the knee, J. Geophys. Res., 71 (3),693 – 709.

[9] Carpenter, D. L. (2004), Remote sensing the Earth's plasmasphere, Radio Sci. Bull., 308, 13 – 29.

[10] Carpenter, D. L., and R. R. Anderson (1992), An ISEE/whistler model of equatorial electron density in the magnetosphere, J. Geophys. Res., 97(A2), 1097 – 1108, doi:10.1029/91JA01548.

[11] Carpenter, D. L., R. R. Anderson, W. Calvert, and M. B. Moldwin (2000), CRRES observations of density cavities inside the plasmasphere, J. Geophys. Res., 105, 23,323 – 23,338, doi:10.1029/2000JA000013.

[12] Chen, A. J., and R. A. Wolf (1972), Effects on the plasmasphere of a time-varying convection electric field, Planet. Space Sci., 20(4), 483 – 509, doi:10.1016/0032-0633(72)90080-3.

[13] Comfort, R. H., I. T. Newberry, and C. R. Chappell (1988), Preliminary statistical survey of plasmaspheric ion properties from observations by DE 1/RIMS, in Modeling Magnetospheric Plasma, edited by T. E. Moore and J. H. Waite Jr., pp. 107 – 114, AGU, Washington, D. C.

[14] Craven, P. D., D. L. Gallagher, and R. H. Comfort (1997), Relative concentration of He^+ in the inner magnetosphere as observed by the DE 1 retarding ion mass spectrometer, J. Geophys. Res., 102(A2), 2279 – 2289, doi:10.1029/96JA02176.

[15] Fu, H. S., J. Tu, J. B. Cao, P. Song, B. W. Reinisch, D. L. Gallagher, and B. Yang (2010), IMAGE and DMSP observations of a density trough inside the plasmasphere, J. Geophys. Res., 115, A07227, doi:10.1029/2009JA015104.

[16] Gallagher, D. L., D. P. Craven, and R. H. Comfort (2000), Global core plasma model, J. Geophys. Res., 105(A8), 18,819.18,833, doi:10.1029/1999JA000241.

[17] Gallagher, D. L., M. L. Adrian, and M. W. Liemohn (2005), Origin and evolution of deep plasmaspheric notches, J. Geophys. Res., 110, A09201, doi:10.1029/2004JA010906.

[18] Galvan, D. A., M. B. Moldwin, B. R. Sandel, and G. Crowley (2010), On the causes of plasmaspheric rotation variability: IMAGE EUV observations, J. Geophys. Res., 115, A01214, doi:10.1029/2009JA014321.

[19] Garrido, D. E., R. W. Smith, D. W. Swift, S.-I. Akasofu, R. M. Robinson, and Y. T. Chiu (1994), Imaging the plasmasphere and trough regions in the extreme ultraviolet region, Opt. Eng., 33(2), 371.382, doi:10.1117/12.155909.

[20] Goldstein, J. (2006), Plasmasphere response: Tutorial and review of recent imaging results, Space Sci. Rev., 124, 203.216, doi:10.1007/s11214-006-9105-y.

[21] Goldstein, J., R. W. Spiro, P. H. Reiff, R. A. Wolf, B. R. Sandel, J. W. Freeman, and R. L. Lambour (2002), IMF-driven overshielding electric field and the origin of the plasmaspheric shoulder of May 24, 2000, Geophys. Res. Lett., 29(16), 1819, doi:10.1029/2001GL014534.

[22] Goldstein, J., M. Spasojevi., P. H. Reiff, B. R. Sandel, W. T. Forrester, D. L. Gallagher, and

B. W. Reinisch (2003), Identifying the plasmapause in IMAGE EUV data using IMAGE RPI in situ steep density gradients, J. Geophys. Res., 108(A4), 1147, doi:10.1029/2002JA009475.

[23] Gordon, R., R. Bender, and G. T. Herman (1970), Algebraic reconstruction technique (ART) for three-dimensional electron microscopy and x-ray photography, J. Theor. Biol., 29, 471.481, doi:10.1016/0022-5193(70)90109-8.

[24] Grebowsky, J. M. (1970), Model study of plasmapause motion, J. Geophys. Res., 75, 4329.4333, doi:10.1029/JA075i022p04329.

[25] Gringauz, K. I. (1963), The structure of the ionized gas envelope of earth from direct measurements in the USSR of local charged particle concentrations, Planet. Space Sci., 11(3), 281.296, doi:10.1016/0032-0633(63) 90030-8.

[26] Gurgiolo, C., B. R. Sandel, J. D. Perez, D. G. Mitchell, C. J. Pollock, and B. A. Larsen (2005), Overlap of the plasmasphere and ring current: Relation to subauroral ionospheric heating, J. Geophys. Res., 110, A12217, doi:10.1029/2004JA010986.

[27] He, F., X. X. Zhang, B. Chen, and M.-C. Fok (2010), Calculation of the extreme ultraviolet radiation of the Earth's plasmasphere, Sci. ChinaTechnol. Sci., 53(1), 200. 205, doi: 10. 1007/s11431-009-0311-1.

[28] Herman, G. T., A. Lent, and S. W. Rowland (1973), ART: Mathematics and applications, J. Theor. Biol., 42(1), 1.32, doi:10.1016/0022-5193 (73)90145-8.

[29] Holland, J. H. (1975), Adaptation in Natural and Artificial Systems, Univ. of Mich. Press, Ann Arbor.

[30] Horwitz, J. L., R. H. Comfort, and C. R. Chappell (1990), A statistical characterization of plasmasphere density structure and boundary locations, J. Geophys. Res., 95, 7937.7947, doi:10. 1029/JA095iA06p0 7937.

[31] Huang, X., B. W. Reinisch, P. Song, J. L. Green, and D. L. Gallagher (2004), Developing an empirical density model of the plasmasphere using IMAGE/PRI observations, Adv. Space Res., 33 (6), 829.832, doi:10.1016/j.asr.2003.07.007.

[32] Kak, A. C., and M. Slaney (1999), Principles of Computerized Tomograhic Imaging, IEEE Press, New York.

[33] Larsen, B. A. (2007), Quantitative studies of terrestrial plasmaspheric dynamics enabled by the IMAGE spacecraft, Ph.D. thesis, 130 pp., Montana State Univ., Bozeman.

[34] Larsen, B. A., D. M. Klumpar, and C. Gurgiolo (2007), Correlation between plasmapause position and solar wind parameters, J. Atmos. Sol. Terr. Phys., 69(3), 334.340, doi:10.1016/j.jastp. 2006.06.017.

[35] Lemaire, J. F., and K. I. Gringauz (1998), The Earth's Plasmasphere, Cambridge Univ. Press, Cambridge, U. K., doi:10.1017/CBO9780511600098.

[36] Liemohn, M. W., A. J. Ridley, D. L. Gallagher, D. M. Ober, and J. U. Kozyra (2004), Dependence of plasmaspheric morphology on the electric field description during the recovery phase of the 17 April 2002 magnetic storm, J. Geophys. Res., 109, A03209, doi:10.1029/2003JA010304.

[37] Meier, R. R., and C. S. Weller (1972), EUV resonance radiation from helium atoms and ions in the geocorona, J. Geophys. Res., 77(7), 1190.1204, doi:10.1029/JA077i007p01190.

[38] Michalewicz, Z. (1996), Genetic Algorithms + Data Structures = Evolution Programs, 3rd ed., Springer, Berlin.

[39] Moldwin, M. B., L. Downward, H. K. Rassoul, R. Amin, and R. R. Anderson (2002), A new model of the location of the plasmapause: CRRES results, J. Geophys. Res., 107(A11), 1339, doi:

10.1029/2001JA009211.

[40] Murakami, G., M. Hirai, and I. Yoshikawa (2007), The plasmapause response to the southward turning of the IMF derived from sequential EUV images, J. Geophys. Res. , 112, A06217, doi:10.1029/2006JA012174.

[41] Nakamura, M., I. Yoshikawa, A. Yamazaki, K. Shiomi, Y. Takizawa, M. Hirahara, K. Yamashita, Y. Saito, and W. Miyake (2000), Terrestrial plasmaspheric imaging by an extreme ultraviolet scanner on Planet-B, Geophys. Res. Lett., 27(2), 141.144, doi:10.1029/1999GL010732.

[42] Ober, D. M., J. L. Horwitz, and D. L. Gallagher (1997), Formation of density troughs embedded in the outer plasmasphere by subauroral ion drift events, J. Geophys. Res., 102(A7), 14,595.14,602, doi:10.1029/97JA01046.

[43] Reeves, C. R., and J. E. Rowe (Eds.) (2003), Genetic Algorithms-Principles and Perspectives: A Guide to GA Theory, Kluwer Acad., Dordrecht, Netherlands.

[44] Reinisch, B. W., et al. (2000), The Radio Plasma Imager investigation on the IMAGE spacecraft, Space Sci. Rev., 91, 319.359, doi:10.1023/A:1005252602159.

[45] Roelof, E. C., and A. J. Skinner (2000), Extraction of ion distributions from magnetospheric ENA and EUV images, Space Sci. Rev., 91, 437.459,doi:10.1023/A:1005281424449.

[46] Sandel, B. R., et al. (2000), The extreme ultraviolet imager investigation for the image mission, Space Sci. Rev., 91(1.2), 197.242, doi:10.1023/A:1005263510820.

[47] Sandel, B. R., R. A. King, W. T. Forrester, D. L. Gallagher, A. L. Broadfoot, and C. C. Curtis (2001), Initial results from the IMAGE extreme ultraviolet imager, Geophys. Res. Lett., 28, 1439.1442, doi:10.1029/2001GL012885.

[48] Sandel, B. R., J. Goldstein, D. L. Gallagher, and M. Spasojevi. (2003), Extreme ultraviolet imager observations of the structure and dynamics of the plasmasphere, Space Sci. Rev., 109(1), 25.46, doi:10.1023/B: SPAC.0000007511.47727.5b.

[49] Sivanandam, S. N., and S. N. Deepa (2008), Introduction to Genetic Algorithms, Springer, New York.

[50] Spasojevi., M., J. Goldstein, D. L. Carpenter, U. S. Inan, B. R. Sandel, M. B. Moldwin, and B. W. Reinisch (2003), Global response of the plasmasphere to a geomagnetic disturbance, J. Geophys. Res., 108(A9), 1340, doi:10.1029/2003JA009987.

[51] Tu, J.-N., P. Song, B. W. Reinisch, J. L. Green, and X.-Q. Huang (2006), Empirical specification of field-aligned plasma density profiles for plasmasphere refilling, J. Geophys. Res., 111, A06216, doi:10.1029/2005JA011582.

[52] Wang, C., and T. S. Newman (2004), Improved edge algorithm for localizing the plasmapause from IMAGE EUV data, paper presented at the Huntsville Modeling Workshop'04, Huntsville, Ala.

[53] Wang, C., T. S. Newman, and D. L. Gallagher (2006), Synthesis of 3D model of a magnetic field-influenced body from a single image, paper presented at Third International Symposium on 3D Data Processing, Visualization and Transmission, IEEE, Chapel Hill, N. C.

[54] Wang, C., T. S. Newman, and D. L. Gallagher (2007), Plasmapause equatorial shape determination via the Minimum L algorithm: Description and evaluation, J. Geophys. Res., 112, A12201, doi:10.1029/2006JA012202.

[55] Yoshikawa, I., et al. (2008), Telescope of extreme ultraviolet (TEX) onboard SELENE: Science from the Moon, Earth Planets Space, 60(4), 407.416.

Response of plasmaspheric configuration to substorms revealed by Chang'e 3

Han He[1,2], Chao Shen[3,4], Huaning Wang[1,2], Xiaoxin Zhang[5], Bo Chen[6], Jun Yan[1], Yongliao Zou[1], Anders M. Jorgensen[7], Fei He[6], Yan Yan[1,2], Xiaoshuai Zhu[1,2], Ya Huang[4], Ronglan Xu[4]

1. National Astronomical Observatories, Chinese Academy of Sciences, Beijing, China;
2. Key Laboratory of Solar Activity, Chinese Academy of Sciences, Beijing, China;
3. School of Natural Sciences and Humanity, Harbin Institute of Technology Shenzhen Graduate School, Shenzhen, China;
4. State Key Laboratory of Space Weather and National Space Science Center, Chinese Academy of Sciences, Beijing, China;
5. National Center for Space Weather, China Meteorological Administration, Beijing, China;
6. Changchun Institute of Optics, Fine Mechanics and Physics, Chinese Academy of Sciences, Changchun, China;
7. Electrical Engineering Department, New Mexico Institute of Mining and Technology, Socorro, New Mexico, USA.

hehan@nao.cas.cn

Abstract: The Moon-based Extreme Ultraviolet Camera (EUVC) of the Chang'e 3 mission provides a global and instantaneous meridian view (side view) of the Earth's plasmasphere. The plasmasphere is one inner component of the whole magnetosphere, and the configuration of the plasmasphere is sensitive to magnetospheric activity (storms and substorms). However, the response of the plasmaspheric configuration to substorms is only partially understood, and the EUVC observations provide a good opportunity to investigate this issue. By reconstructing the global plasmaspheric configuration based on the EUVC images observed during 20 – 22 April 2014, we show that in the observing period, the plasmasphere had three bulges which were located at different geomagnetic longitudes. The inferred midnight transit times of the three bulges, using the rotation rate of the Earth, coincide with the expansion phase of three substorms, which implies a causal relationship between the substorms and the formation of the three bulges on the plasmasphere. Instead of leading to plasmaspheric erosion as geomagnetic storms do, substorms initiated on the nightside of the Earth cause local inflation of the plasmasphere in the midnight region.

The plasmasphere contains dense and cold thermal plasmas that surround and corotate with the Earth[1]. The plasmas in the plasmasphere originate from the ionosphere and are trapped by the magnetic field of the Earth[1]. In empirical and theoretical models[2-9], the plasmasphere is in a torus structure since the filling of the ionospheric plasmas to the plasmasphere is along the geomagnetic dipole field lines[10], and thus the outer boundary of the plasmasphere (called plasmapause, where the plasma density drops by 1 – 2 order of magnitude[11]) can be fitted with the dipole field model of the Earth[4,8]. The plasmasphere is one inner component of the whole magnetosphere and its configuration is sensitive to magnetospheric activity (storms and substorms)[1,12]. Empirically, the size of the plasmasphere is related to the planetary geomagnetic disturbance level scaled by the Kp index[2,4]. The typical radial extension distance of the plasmapause is 4 – 6 Earth radii (R_E) for relatively quiet geomagnetic condition[2], while during severe magnetic storms, the plasmasphere can shrink significantly as the result of the erosion process in the inner magnetosphere[1,12]. Substorms initiated on the nightside of the Earth[13] may also affect the configuration of the plasmasphere[1,5,11,12,14-17], but the physical process is only partially understood in observation and theory[11].

In addition to in situ measurement of plasma density via spacecraft, the configuration of the plasmasphere can be observed by remote imaging[18]. Large field of view (FOV) imaging of the plasmasphere at 30.4 nm Extreme Ultraviolet (EUV) wavelength (sunlight spectral line resonantly scattered by the He^+ ions in the plasmasphere)[18] can reveal the global plasmaspheric configuration, the fine structure of the plasmasphere, and their time evolution[19,20], as demonstrated by the data from the EUV Imager[21,22] aboard the IMAGE (Imager for Magnetopause-to-Aurora Global Exploration) satellite[23,24] with an equatorial view (top view)[19] of the plasmasphere, and the Telescope of Extreme Ultraviolet (TEX) aboard the lunar orbiter KAGUYA with a meridian view[25-28]. The Extreme Ultraviolet Camera (EUVC)[29] carried by the lunar lander of the Chang'e 3 mission[30] is the latest instrument working at the 30.4 nm wavelength band for remote imaging observation of the plasmasphere (see Methods for the EUVC imaging principle). Because the EUVC is fixed on the lander of Chang'e 3, the track of the EUVC in space is basically the same as the orbit of the Moon, which is roughly 60 R_E away from the Earth. Thus it can provide a global and instantaneous meridian view (side view)[31,32] of the Earth's plasmasphere and its observations provide a good opportunity to investigate the responses of the plasmaspheric configuration to substorms. Comparisons with simultaneous in situ data from various space missions have demonstrated the reliability of the EUVC data for identifying plasmapause locations[33-35].

Here we use the EUVC data obtained on 20 – 22 April 2014 to analyze the shape of the plasmaspheric configuration and its relationship with substorms (see Methods for the

EUVC data reduction procedure). The cadence of the EUVC images is about 10 minutes[31], and the time span of the successively observed images is about 28 hours (from 21:02 UT on 20 April 2014 to 01:10 UT on 22 April 2014)[32], which covers more than one Earth's rotation. There are 153 frames of observed images in total[32]. This time series of EUVC images demonstrates the change of the profiles' shape of the plasmasphere when the whole plasmasphere corotates with the Earth (see Supplementary Video 1 for an animation of the 153 EUVC images). By reconstructing the global plasmaspheric configuration based on these EUVC images, we find that in the observing period, the plasmasphere had three bulges which were located at different geomagnetic longitudes. The inferred midnight transit times of the three bulges, using the rotation rate of the Earth, coincide with the expansion phase[36] of three contemporarily happened substorms. This result implies a causal relationship between the substorms and the formation of the three bulges on the plasmasphere.

Results

Meridian view of the plasmasphere seen by EUVC. In Fig. 1, we show the track of the EUVC in space during the observing period of the EUVC images (short blue curve). The orbit of the Moon in the whole month of April 2014 is also displayed in Fig. 1 for reference (red curve). Figure 1a utilizes the Geocentric Equatorial Inertial (GEI) coordinate system and Fig. 1b illustrates the EUVC track and Moon orbit in Solar Magnetic (SM) coordinate system (see Methods for the definitions of the GEI and SM coordinate systems). It can be seen in Fig. 1 that during the observing period, the EUVC is roughly located in the dawn sector of magnetic local time (MLT), thus both the dayside and the nightside plasmasphere can be seen by the EUVC simultaneously.

When discussing configurations of the plasmasphere, we are more interested in the magnetic coordinate systems (such as the SM coordinate system used in Fig. 1b), since the plasmasphere is confined by the geomagnetic field[1]. From Fig. 1b it can be found that during the observing period (20 – 22 April 2014), the EUVC was not exactly located on the magnetic equatorial plane (indicated by a shading horizontal surface in Fig. 1b), but was located in the south of the magnetic equatorial plane. Thus the scene captured by the EUVC during the observing period is not an exact meridian view, but a quasi-meridian view of the plasmasphere. In the left column of Fig. 2, we give two pictures of the plasmasphere obtained from two representative viewpoints of the EUVC. The two images were taken at 10:14 UT and 22:34 UT on 21 April 2014, respectively, when the EUVC was approaching the locations with the minimum angle (6.9°) and maximum angle (25.2°) to the magnetic equatorial plane on 21 April 2014 (see the middle and right col-

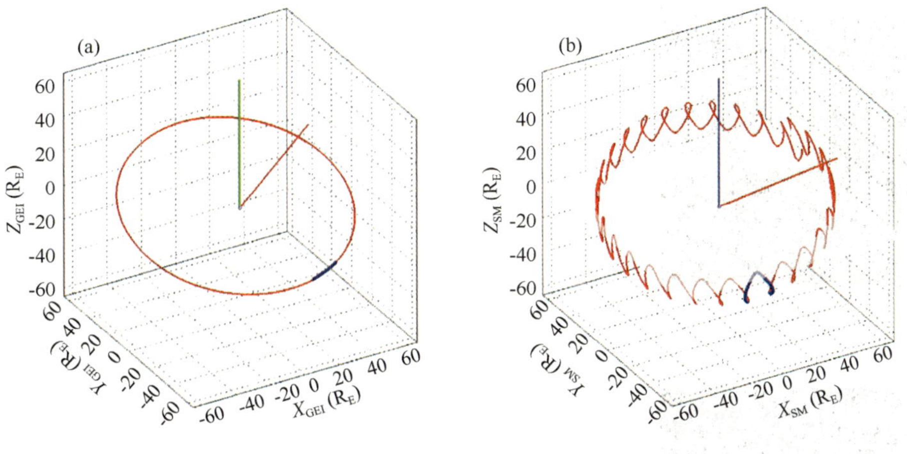

Figure 1　Tracks of the EUVC during the observing period. (a) Track of the EUVC in GEI coordinate system. The track of the EUVC during the observing period (from 21:02 UT on 20 April 2014 to 01:10 UT on 22 April 2014) is shown by the short blue curve. The red curve is the orbit of the Moon in the whole month of April 2014. The green bar indicates the rotation axis of the Earth (northern part) and the red bar gives the direction of the Sun at 12:00 UT on 21 April 2014. (b) Track of the EUVC in SM coordinate system. The blue bar indicates the geomagnetic dipole axis (northern part), and the shading horizontal surface represents the magnetic equatorial plane.

umns of Fig. 2). Figure 2 demonstrates different projected shapes of the torus plasmasphere as seen from different viewpoints along the rolling track of the EUVC in the SM coordinate system. Particularly, in Fig. 2b (with the larger southward angle of the viewpoint to the magnetic equatorial plane), the southern pole of the plasmasphere (and also the southern pole of the geomagnetic field) is exposed to the observer and can be identified as a dark hole in the EUV image owing to the absence of plasmas.

Plasmaspheric configuration reconstructed from the EUVC images. To reconstruct the global plasmaspheric configuration from the EUVC images, we first fit the shape profile of the dayside plasmapause using field lines in the geomagnetic dipole field model. We are concerned with the dayside plasmapause because it is more distinct without the shadow of the Earth. For each of the EUVC images, we select a dayside dipole field line in the geomagnetic meridian plane close to the EUVC image plane to fit plasmapause boundary. This meridian plane should be vertical to the plane determined by the line of sight (LOS) direction and the magnetic dipole axis. The plasmapause boundary in the image for field line fitting is identified via visual inspection, in which we use a threshold of intensity (28 counts per pixel, see Methods for the physical meaning of image intensity) to get a rough dayside plasmapause position for reference. Figure 3 illustrates an example of a dayside plasmapause shape profile fitted with the geomagnetic dipole field line

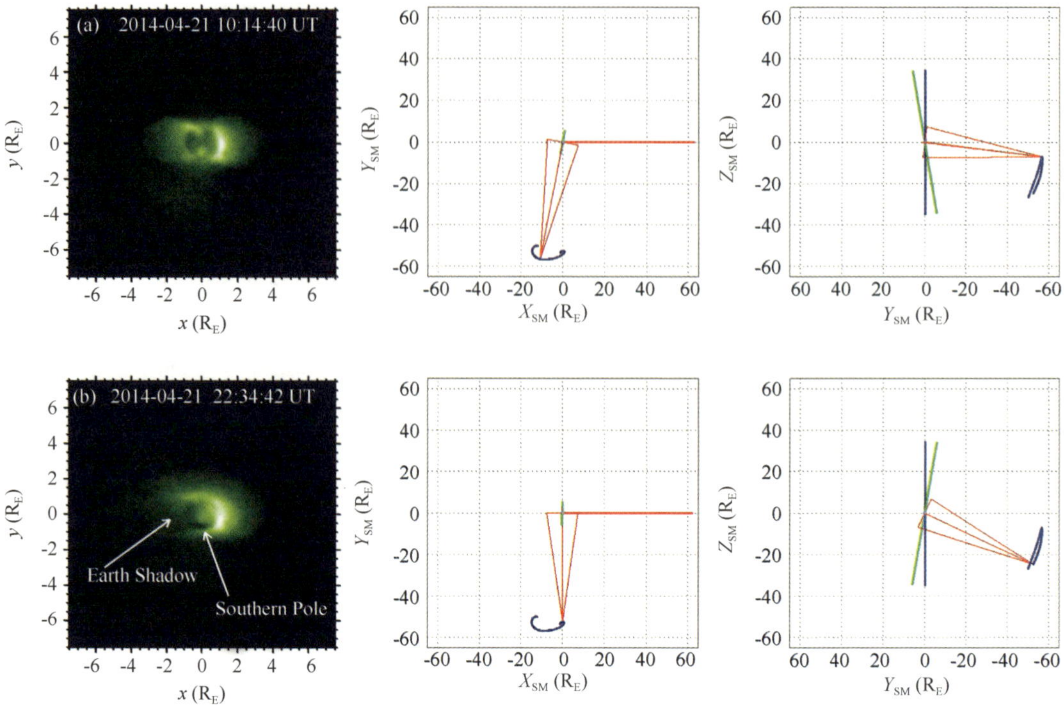

Figure 2　EUVC images observed from two representative viewpoints. (a) EUVC image (left column; log scaled image) of the plasmasphere obtained at 10:14 UT on 21 April 2014 when the EUVC was approaching the location with the minimum angle (6.9°) to the magnetic equatorial plane on 21 April 2014. The x-axis of the image is parallel to the magnetic equatorial plane and the y-axis is parallel to the projected direction of the magnetic dipole axis. The diagrams in the middle and right columns illustrate the viewpoint of the EUVC in SM coordinates when observing the image. The short blue curve is the track of the EUVC. The blue bar represents the magnetic dipole axis, the green bar represents the Earth's rotation axis, and the red bar represents the projected direction of the Sun. The three thin red lines originated from the EUVC location in each diagram indicate the line of sight (LOS) direction and FOV of the EUVC image. (b) EUVC image of the plasmasphere obtained at 22:34 UT on 21 April 2014 when the EUVC was approaching the location with the maximum angle (25.2°) to the magnetic equatorial plane on 21 April 2014. The shadow of the Earth and the southern pole of the plasmasphere can be seen in the image owing to the larger angle of the viewpoint to the magnetic equatorial plane ($Z_{SM}=0$).

based on the EUVC image observed at 10:14 UT on 21 April 2014 (the same image as in Fig. 2a). Figure 3a shows the image with the selected dayside dipole field line (blue curve) projected on the image plane. Figure 3b demonstrates the relative position between the image plane (green frame) and the meridian plane (blue frame) that contains the selected dipole field line.

After performing the dayside plasmapause profile fitting for the 153 EUVC images, we have the coordinates of 153 field lines. The radial distances of the field lines at the

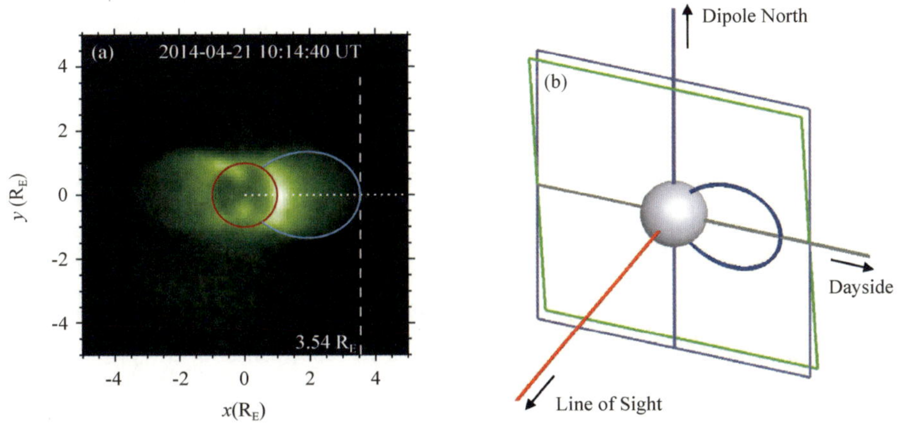

Figure 3　Plasmapause shape profile fitted with a selected dayside geomagnetic dipole field line. (a) An example EUVC image observed at 10:14 UT on 21 April 2014 (the same image as in Fig. 2a). The shape of the Earth[32,44] is outlined by a red circle. The blue curve is the projection of the selected fitting field line for the dayside plasmapause shape profile. The horizontal dotted line indicates the intersection of the magnetic equatorial plane with the image plane. The location of the vertical dashed line indicates the radial distance of the field line at the magnetic equatorial plane, whose exact value (L-value) is 3.54 R_E. (b) Diagram illustrating the relative positions of the EUVC image plane (green frame), the selected dayside dipole field line (blue curve), and the meridian plane (blue frame) containing the dipole field line. The central blue sphere in the diagram represents the Earth. The intersection between the image plane and the meridian plan is indicated by a gray horizontal line, which coincides with the horizontal dotted line in panel a.

magnetic equatorial plane are quantified by their L-values. The curve of the L-values with observing times is plotted in Fig. 4a. Three peaks of the L-value curve can be identified in Fig. 4a, which are labeled using the capital letters A, B, and C, respectively. We also extracted the dayside radial intensity distributions along the horizontal dotted line in Fig. 3a for all the EUVC images and obtained the time-distance diagram of the radial intensity, which is presented and compared with the L-value curve in Fig. 4b. It can be seen in Fig. 4b that the L-values determined from the profile fitting process are consistent with the variation of plasmapause locations illustrated in the time-distance diagram.

We employ the geomagnetic (MAG) coordinate system (see Methods for the definition of the MAG coordinate system) to reconstruct the global plasmaspheric configuration based on the 153 field lines. It is widely accepted that the plasmaspheric plasmas are confined in the field lines and corotate with the Earth[1]. In the MAG coordinate system, the corotation effect is eliminated and the plasmasphere can be considered as stationary (i.e., no rotation), which is convenient for the analysis of the global configuration. Because MAG longitude value of dayside direction changes over time, each of the 153 dipole field lines is given a corresponding MAG longitude. By combining all the field lines together in the MAG coordinate system, we obtain the global configuration of the plasmasphere during the observing period. The 3D view and top view of the reconstructed plasmaspheric configuration are shown in Fig. 4c,d. It can be seen from Fig. 4c,d that, during the observing period, the plasmasphere had three bulges (labeled A, B, and C, respectively) located at different geomagnetic longitudes, which correspond to the three peaks of the L-value curve in Fig. 4a.

Verification of the plasmaspheric configuration with in situ measurements. In order to verify the reconstructed plasmaspheric configuration based on the EUVC images, we use the in situ electron density data of the Electric Field and Waves (EFW)[37] instruments aboard the two satellites of the Van Allen Probes (VAP) mission[38] (see Methods for a detailed explanation of the electron density data of VAP) to determine the local positions of the plasmapause during 21 April 2014, and compare it with those deduced from the reconstructed configuration. The result of this comparison is presented in Fig. 5. Figure 5a is for the data of the VAP-A satellite and Fig. 5b is for the VAP-B satellite. The left column of Fig. 5 exhibits the orbits and electron density measurements of the VAP satellites accompanied with the reconstructed configuration in MAG coordinate system. Since the corotation effect of the plasmasphere is eliminated in the MAG coordinate system, the orbit tracks of the two VAP satellites become tortuous and cross in and out of the plasmasphere at different sites of the plasmapause. The right column of Fig. 5 gives the detailed comparison between the locations of the plasmapause deduced from the VAP in situ density data and those determined from the reconstructed plasmaspheric configuration along the orbits of VAP. The plasmapause locations obtained from the VAP in situ data (via visual inspection; i.e., identifying locations with sharp drops of electron density) are indicated by the vertical dashed lines. The intersection locations of the satellites' orbit to the plasmapause surface of the reconstructed configuration are indicated by the vertical dotted lines. It is interesting that most of the dashed and dotted lines are close even if the observational times of them are different, which means that the reconstructed plasmaspheric configuration is almost preserved during the observing period. This result verifies the reliability of the reconstructed plasmaspheric configuration based on the EUVC images.

Relationship between the three plasmaspheric bulges and the substorms. The three bulges of the plasmasphere are identified from the dayside shape profiles of the plasmapause, while an examination of the observed EUVC images (see Supplementary Video 1) shows that these bulges might also have appeared previously on the nightside, when three substorms evolved in their expansion phases (see Methods for the approaches to identify the expansion phases). To investigate the phase relationship between the three bulges

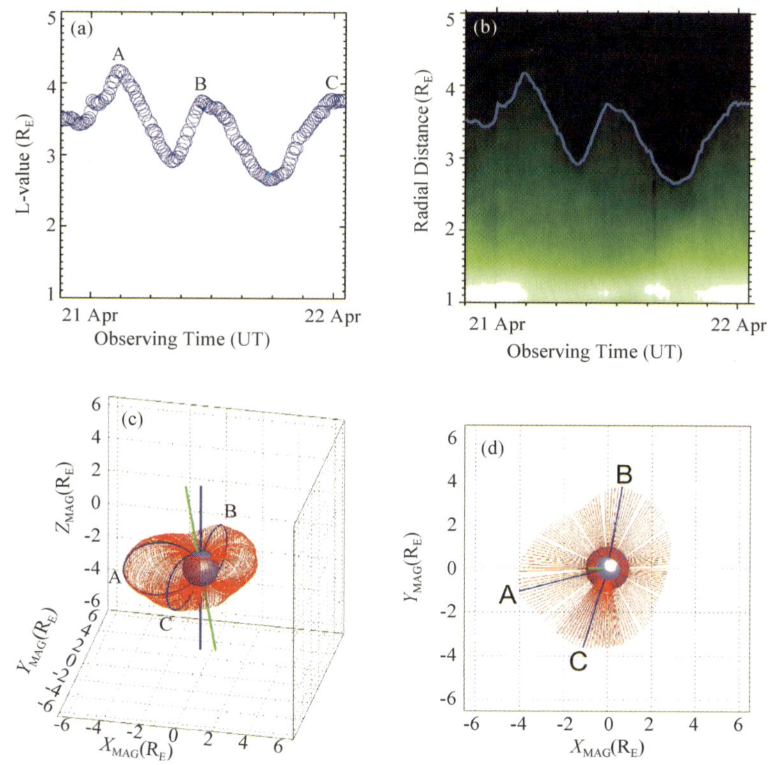

Figure 4　Determined plasmapause positions and reconstructed plasmaspheric configuration with the dayside fitting field lines. (a) Curve of the L-values with observing times for the 153 fitting field lines. Each circle symbol has its corresponding field line. The radius of the circle symbols (according to the vertical axis of the plot) is 0.1 R_E which is the pixel resolution of the EUVC data (see Methods) and represents the uncertainty in the determined plasmapause positions. The three peaks of the curve are labeled A, B, and C, respectively. (b) Time-distance diagram illustrating the dayside radial intensity distribution variation with the observational time of the 153 EUVC images. The curve of L-values is plotted overlying the diagram for comparison. (c) Three-dimensional view of the combined 153 fitting field lines (red color) in MAG coordinate system. The three bulges labeled A, B, and C correspond to the three peaks of the L-value curve in panel a. The field lines that have the largest radial distances in each of the bulges are highlighted in blue color. The blue bar indicates the geomagnetic dipole axis and the green bar indicates the rotation axis of the Earth. (d) Top view of the combined field lines. Some field line positions are void owing to the absence of corresponding EUVC imaging data. There exist overlapping field lines because the time span of the employed EUVC data covers more than one Earth's rotation.

and the substorms, we deduce the transit times at the midday and midnight MLT (magnetic local time) for all the 153 fitting field lines according to the rotation rate of the Earth (i.e., pure corotation assumption, see Methods for further explanation) and compare them with the variation of the AE index[39] which acts as proxy of substorm activi-

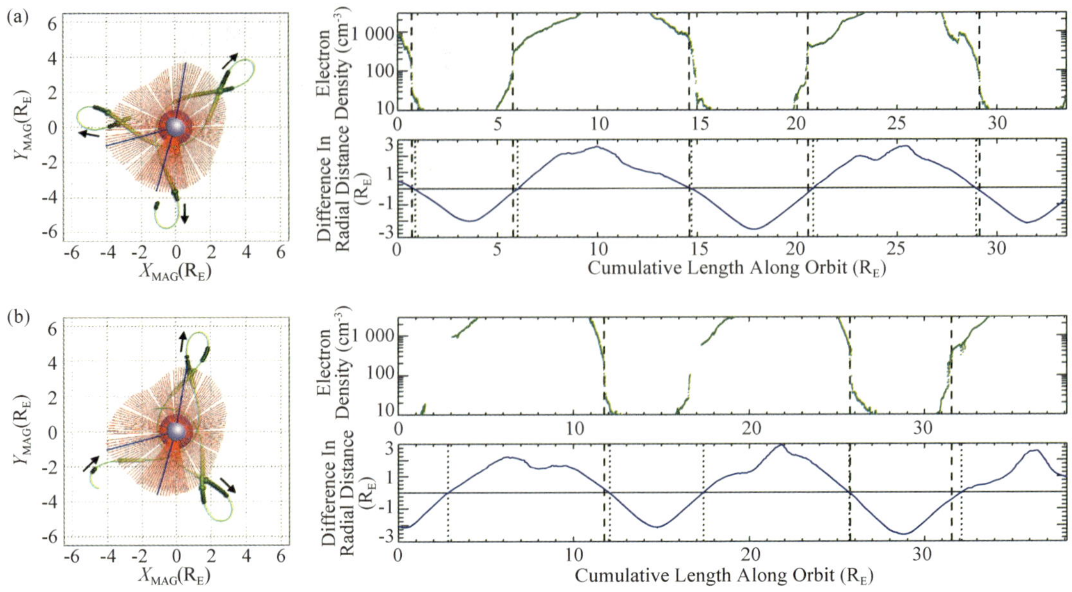

Figure 5　Comparison between the reconstructed plasmaspheric configuration and the in situ electron density data of VAP. (a) Comparison with the electron density data of the VAP-A satellite. The left column illustrates the orbit of VAP-A (thin green line) from 00:00 UT to 24:00UT on 21 April 2014 in the MAG coordinate system overlying the reconstructed plasmaspheric configuration (red color). The small arrows indicate the moving direction of the satellite along the orbit. The thick green lines indicate the segments of orbit with valid electron density measurements (darker color representing lower density value). The plasmapause locations determined from the electron density data are indicated by the enlarged spherical symbols on the orbit. The right column shows the distribution of the in situ electron density values along the orbit of VAP-A (upper plot; gaps in the curve correspond to unreliable or missing data) and the difference in the radial distance between the VAP-A location and the plasmapause surface of the reconstructed configuration (lower plot; the value being negative when the satellite is outside the volume enclosed by the surface). The plasmapause locations determined from the in situ density data (via visual inspection) are indicated by the vertical dashed lines. The intersection locations of the satellite's orbit to the reconstructed plasmaspheric surface are indicated by the vertical dotted lines. (b) Comparison with the electron density data of the VAP-B satellite. Some dashed lines are missed owing to the absence of the corresponding electron density data of VAP-B. Most of the dashed and dotted lines in the right columns of panels a and b are close except for the last ones of VAP-B data due to the complicated local electric density distribution.

ties[13]. Figure 6a displays the L-value curve of the fitting field lines using the midday transit times overlying the AE index curve, and Fig. 6b displays the L-value curve shifting back 12 hours (midnight transit time) overlying the AE index curve. It can be seen in Fig. 6 that the deduced time phase of the midnight transits of the three bulges coincides with the time phase of the contemporary substorm activities. This fact implies a causal relationship between the substorms and the bulges of the plasmasphere.

We also compared the midnight transit times of the three bulges with the AL and AU indices[39], with magnetic bay observations[40,41] from ground-based magnetometers, with the Wp index[42], and with the SuperMAG auroral electrojet index[43] (see Methods for details). The result confirms the above conclusion.

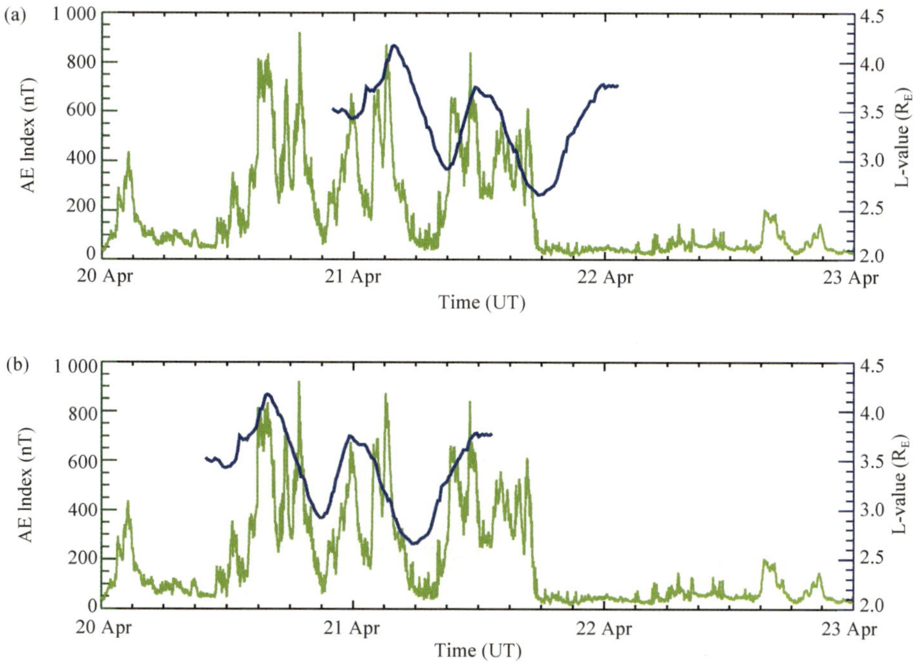

Figure 6　Comparison between the plasmapause positions and the variation of AE index. (a) L-value curve of the fitting field lines using the midday transit times (blue color) overlying the AE index curve (green color). (b) L-value curve using the midnight transit times overlying the AE index curve.

Discussion

From the time series of EUVC images observed during 20－22 April 2014, we identified three bulges which successively appeared at the dayside of the plasmasphere along with the rotation of the Earth. The inferred midnight transit times of the three bulges coincide with the contemporary expansion phases of three substorms. These observations demonstrate that the expansion phases of the three substorms cause the three bulges in the plasmasphere. Different from the concept that geomagnetic storms lead to erosion of the plasmasphere, a substorm can cause plasmaspheric inflation in a local magnetic longitude range around midnight.

A possible mechanism for this inflation process is a rapid filling of the upper magnetic field lines (or flux tubes) at the midnight region during the expansion phase of substorm, which affects the size of the flux tubes. Then these flux tubes rotate to the dayside and are recorded by the EUVC observations. Since the substorms happened successively, the three bulges deduced from EUVC images were also formed successively and thus are distributed at different geomagnetic longitudes. Besides, the newly formed bulge can overlap the previous plasmapause, which leads to a mismatch between the plasmaspheric reconstructions (see the overlapping region in Fig. 4d).

The hypothesis of flux tube rapid filling is inspired by the direct observation of the substorm dynamic process on the nightside of the plasmasphere in the EUVC images aroundthe time period from 8:00 UT to 12:00 UT on 21 April 2014 (see Supplementary Video 1). We performed a simulation of the Moon-based plasmaspheric observations during 21 April 2014 based on the Dynamic Global Core Plasma Model (DGCPM)[3] to illustrate the suggested mechanism using a rapidly filled flux tube added in the midnight region. This simulation is presented in an animation which is available as Supplementary

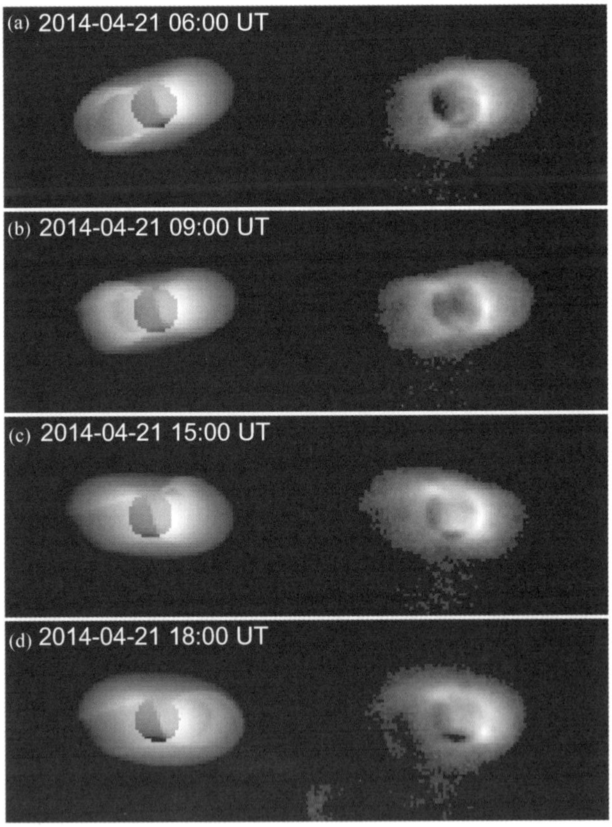

Figure 7　Comparisons between plasmaspheric simulation and observation. (a－d) Four successive frames of the simulated images which illustrate a filled flux tube (circular-looking plasma loop with larger brightness) corotating from the midnight sector to the midday sector (left) and the corresponding EUVC images (right).

Video 2 of this paper. Four frames of the simulated images are shown in Fig. 7. The details of the simulation are described in Methods. We will investigate the physical mechanism of the rapid filling process, as well as other kinds of substorm dynamics on the nightside of the plasmasphere (such as cross-L plasmas motion), in future studies.

Methods

EUVC imaging principle and data reduction. The EUVC uses a reflective optical system, which includes a spherical multilayer film mirror, a thin film filter, and a spherical photon-counting imaging detector[29]. The optical system is sensitive to the 30.4 nm emission from the Earth's plasmasphere. The raw data of the EUVC were processed by a series of calibration steps. The data productions include Level 1, Level 2A, and Level 2B data[31]. The Levels 2A and 2B data (in PDS format) are released for scientific research. Compared with the Level 2A data, the Level 2B data add more information in the PDS header, such as geometric positioning parameters[31]. The FOV of the EUVC images in Levels 2A and 2B data is $15^{\circ} \times 15^{\circ}$ and the size of the images is $150^{\circ} \times 150^{\circ}$ pixels (0.1°/pixel)[31]. The exposure time of each image is 10 min[29,31]. The intensity value of each pixel in the images is the number of photons captured by the EUVC during the exposure (dynamic range: $10 \sim 10^3$ counts per pixel), which reflects the He^+ column density of the plasmasphere along LOS[29,31,32,34].

We perform the data reduction process based on the Level 2B data of EUVC. The data reduction procedure for each EUVC image includes three steps: (1) Rescale the image and let the FOV be $15 \times 15\ R_E$ (i.e., $0.1\ R_E$/pixel), then the size of Earth radius will be the same (10 pixels/R_E) in all the processed EUVC images (note that in the original EUVC images the apparent radii of the Earth are slightly different owing to the variation of the Earth-Moon distance[44]); (2) Shift the image and place the disk of the Earth at the center of the image[32,44], then the pointing drift effect in the original EUVC images is eliminated; (3) Rotate the image and place the projected geomagnetic dipole axis along the y-axis direction[32], which is convenient for the profile fitting using dipole field lines. The observational parameters needed for the data reduction process are available in the header of the Level 2B data. A demo of the data reduction procedure can be found in ref. 32. All the 153 processed EUVC images during the observing period (20 – 22 April 2014) are combined into an animation which is available as Supplementary Video 1 to this paper.

The noise in the EUVC images shown in Supplementary Video 1 comes from the contamination by sunlight[31]. The higher noise level at the beginning of the animation is owing to the higher elevation angle of the Sun[31].

Geophysical coordinate systems. The definitions of the geophysical coordinate systems[45,46] used in this paper are given in Table 1. The coordinate transformations were conducted using the IDL Geopack DLM (Dynamic Link Module), which is based on the original GEOPACK Fortran library.

Table 1　Definitions of the geophysical coordinate systems. Note that the definitions give the directions of the axes instead of the unit vectors. The GSM coordinate system is not used in this paper but is referred to by the definition of the SM coordinate system[45].

Coordinate system	Axis	Definition
Geocentric Equatorial Inertial (GEI)	X_{GEI}	Pointing from the Earth towards the position of the Sun at the vernal equinox (intersection of the Earth's equatorial plane and the ecliptic plane)
	Z_{GEI}	Parallel to the Earth's rotation axis (north is positive)
	Y_{GEI}	$Z_{GEI} \times X_{GEI}$
Geomagnetic (MAG)	Z_{MAG}	Parallel to the magnetic dipole axis (north is positive)
	Y_{MAG}	$Z_{GEI} \times Z_{MAG}$
	X_{MAG}	$Y_{MAG} \times Z_{MAG}$
Geocentric Solar Magnetospheric (GSM)	X_{GSM}	Pointing from the Earth to the Sun
	Y_{GSM}	$Z_{MAG} \times X_{GSM}$
	Z_{GSM}	$X_{GSM} \times Y_{GSM}$
Solar Magnetic (SM)	Z SM	Parallel to the magnetic dipole axis (north is positive; same as Z_{MAG})
	Y_{SM}	$Z_{SM} \times X_{GSM}$ (same as Y_{GSM})
	X_{SM}	$Y_{SM} \times Z_{SM}$

Orbit of the Moon. The orbit positions of the Moon in the whole month of April 2014 shown in Fig. 1 are computed using the code (moonpos. pro) provided by the NASA's IDL Astronomy Library[47].

Geomagnetic field model. We use the dipole field model to calculate the geomagnetic field lines. The dipole axis is defined by the International Geomagnetic Reference Field (IGRF) model[48,49]. The practical tracing of the field lines is conducted using the IDL Geopack DLM.

The L-values of the plasmapause locations studied in this paper are less than 4.2 R_E (see Fig. 4a) and we only measure the dayside plasmapause positions which are less affected by the stretching effect of field lines during substorms. Thus we adopt the dipole field model for the plasmapause fitting in this work. When investigating the nightside plasmapause dynamics during the substorms in the future studies, we will use more sophisticated geomagnetic field models, such as the TS07D model[50,51].

In situ electron density data of VAP. Two instruments aboard the VAP satellites can provide in situ electron density measurements. One instrument is the Electric and Magnetic Field Instrument Suite and Integrated Science (EMFISIS)[52] which determines the electron density by tracking the upper hybrid frequency[53]. Another instrument is the Electric Field and Waves (EFW) which estimates the electron density by tracking the spacecraft potential[37]. The electron density value of EMFISIS is more accurate than that of EFW[53] (note that EFW relies on the values of EMFISIS to calibrate its results[37,53]), but the EFW measurements have higher time resolution and time coverage[37].

During the observing period of the EUVC images (20 – 22 April 2014), only the EFW electron density data are available. So we adopt the EFW electron density measurements in this paper (see electron density plots in Fig. 5). The in situ electron density values (as well as the timing and orbit data of VAP satellites) are taken from the Level 3 data files (in CDF format) of the EFW. Although the EFW data is not as accurate as the EMFISIS data, they are sufficient for determining the plasmapause positions via visual inspection (i. e., identifying positions with sharp drops of electron density; see the curves of electron density in Fig. 5). Figure 5 displays only the reliable electron density data (according to the reliability flags contained in the CDF data files). The gaps in the curves correspond to unreliable or missing data.

Comparison of the three plasmaspheric bulges with substorm observations. In Fig. 8, we compare the midnight transit times of the three plasmaspheric bulges with various substorm observations, which include the time series curves of the AL and AU indices[39] (Fig. 8a), magnetic bay observations[40,41] from three ground-based stations PBK (geographic latitude 70.9°, longitude 170.9°; magnetic latitude 65.0°; Fig. 8b), RVK (geographic latitude 65.0°, longitude 11.0°; magnetic latitude 64.3°; Fig. 8c), and LARG (geographic latitude 55.2°, longitude 254.7°; magnetic latitude 62.9°; Fig. 8d), the Wp index[42] (Fig. 8e), and the SuperMAG auroral electrojet index[43] (SME index; Fig. 8f). The L-value curve of the three bulges using the midnight transit times (the same L-value curve as in Fig. 6b) is plotted overlying the SME curve in Fig. 8f for comparison.

In Fig. 8, the three substorms corresponding to the three bulges (labeled A, B, and C, respectively, as in Fig. 4) are separated by three vertical dashed lines according to the minimum values of the SME index curve (see Fig. 8f). The occurrence times of substorms B and C are covered by the observing period of the EUVC images (indicated by the hatched area in Fig. 8f), and the expansion phases of the substorms B and C can be directly identified from the EUVC images by the intensification of foot points of the plasma loops around midnight region. The deduced expansion phases of the substorms B and C are highlighted with two deep-red shaded areas in Fig. 8 (from 2014 – 04 – 20 22:56 UT to 2014-04-21 03:38 UT for substorm B and from 2014-04-21 08:09 UT to 2014-04-21 11:58 UT for substorm C). It can be seen in Fig. 8f that the expansion phases of substorms B and C coincide with the midnight transit times of the bulges B and C.

The occurrence time of substorm A is not covered by the EUVC observing period (see the hatched area in Fig. 8f), so we assume that its probable expansion phase is centered at the peak position of the L-value curve associated with bulge A (see Fig. 8f) and the duration of the expansion phase is four hours (referring to the observed durations of the substorms B and C). The inferred probable expansion phase of substorm A is indicated by a light-red shaded area (centered at 2014-04-20 15:48 UT) in Fig. 8.

Figure 8b-d give the three magnetic bay observations for substorms A, B, and C, respectively. It can be seen that the expansion phases of the three substorms (represented by the three red shaded areas) coincide with the three magnetic bays which are marked with the capital letters A, B, and C in Fig. 8b-d, respectively. The Wp index curve in Fig. 8e represents the signal of mid-latitude Pi2 pulsations[54] for substorm onset time identification[42], which also shows compatibility with the derived expansion phases of the three substorms.

The AE indices (including AL and AU indices) data are supplied by World Data Center for Geomagnetism, Kyoto. The ground-based magnetometer data are provided by NASA's Coordinated Data Analysis Web (CDAWeb). The Wp index data are supplied by the Substorm Swift Search (S^3, S-cubed) web site (http://s-cubed. info). The SuperMAG auroral electrojet index data are supplied by the SuperMAG project (http://supermag. jhuapl. edu/indices).

Pure corotation assumption for the three plasmaspheric bulges. The plasmasphere as a whole corotates with the Earth[1]. Higher geomagnetic activity and local-time-dependent convection may lag the rotation rates of certain plasmaspheric features[55]. In this paper we adopt the pure corotation assumption to calculate the midday and midnight transit times of the three bulges because: (1) During the observing period of the EUVC images (20-22 April 2014), the geomagnetic activity is relatively low ($Kp \sim 4$) and then the corotation of the plasmasphere is less disturbed; (2) The bulges are large-scale plasmaspheric structure, thus they are relatively stable and are less affected by local convection (see Supplementary Video 1 for an intuitive impression).

Simulation of Moon-based plasmaspheric observations. The simulation is based on the DGCPM model[3]. An empirical model on the field-aligned plasmaspheric density distribution[7] is used to get the off-equatorial densities from DGCPM. The density in the Earth's shadow is set to zero. The simulated images are in log scale. A flux tube is added in the premidnight sector (assuming that the flux tube fills at high rate for a short period of time), which produces a circular-looking plasma loop with larger brightness in the images. This simulation is presented in an animation (Supplementary Video 2). Four frames of the simulated images are shown in Fig. 7.

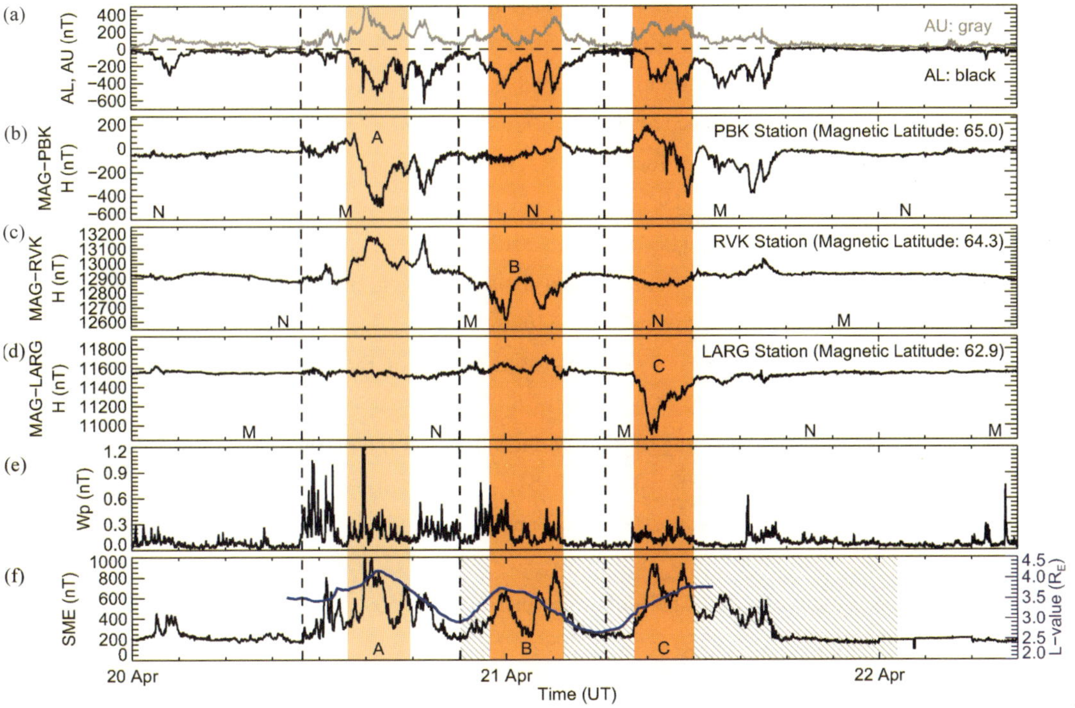

Figure 8　Comparison of the midnight transit times of the three bulges with various substorm observations. (a) AL (negative; black color) and AU (positive; gray color) indices. (b) H-component (along north direction) recorded by the magnetometer at PBK. The magnetic midnight and noon UT times of the station are marked with the letters "M" and "N" on the time axis, respectively (the same below). (c) H-component at RVK. (d) H-component at LARG. (e) Wp Index. (f) SuperMAG auroral electrojet index (SME index; black color). The L-value curve (blue color) of three plasmaspheric bulges using the midnight transit times is plotted overlying the SME curve for comparison. The hatched area indicates the EUVC observing period. The three red shaded areas represent the expansion phases of the three substorms (labeled A, B, and C, respectively).

References

[1] Singh, A. K., Singh, R. P. & Siingh, D. State studies of Earth's plasmasphere: A review. Planetary and Space Science 59, 810 − 834(2011).

[2] Carpenter, D. L. & Anderson, R. R. An ISEE/Whistler model of equatorial electron density in the magnetosphere. Journal of Geophysical Research: Space Physics 97, 1097 − 1108 (1992).

[3] Ober, D. M., Horwitz, J. L. & Gallagher, D. L. Formation of density troughs embedded in the outer plasmasphere by subauroral ion drift events. Journal of Geophysical Research: Space Physics 102, 14595 − 14602 (1997).

[4] Gallagher, D. L., Craven, P. D. & Comfort, R. H. Global core plasma model. Journal of Geophysical Research: Space Physics 105, 18819 − 18833 (2000).

[5] O'Brien, T. P. & Moldwin, M. B. Empirical plasmapause models from magnetic indices. Geophysical Research Letters 30, 1152 (2003).

[6] Reinisch, B. W. et al. Augmented empirical models of plasmaspheric density and electric field using IMAGE and CLUSTER data. Space Science Reviews 145, 231-261 (2009).

[7] Ozhogin, P., Tu, J., Song, P. & Reinisch, B. W. Field-aligned distribution of the plasmaspheric electron density: An empirical model derived from the IMAGE RPI measurements. Journal of Geophysical Research: Space Physics 117, A06225 (2012).

[8] Pierrard, V. & Stegen, K. A three-dimensional dynamic kinetic model of the plasmasphere. Journal of Geophysical Research: Space Physics 113, A10209 (2008).

[9] Pierrard, V. et al. Recent progress in physics-based models of the plasmasphere. Space Science Reviews 145, 193-229 (2009).

[10] Loi, S. T. et al. Real-time imaging of density ducts between the plasmasphere and ionosphere. Geophysical Research Letters 42, 3707-3714 (2015).

[11] Goldstein, J. Plasmasphere response: Tutorial and review of recent imaging results. Space Science Reviews 124, 203-216 (2006).

[12] Goldstein, J. & Sandel, B. R. The global pattern of evolution of plasmaspheric drainage plumes. Geophysical Monograph Series 159, 1-22 (2005).

[13] Rostoker, G. et al. Magnetospheric substorms-Definition and signatures. Journal of Geophysical Research: Space Physics 85, 1663-1668 (1980).

[14] Carpenter, D. L. & Smith, A. J. The study of bulk plasma motions and associated electric fields in the plasmasphere by means of whistler-mode signals. Journal of Atmospheric and Solar-Terrestrial Physics 63, 1117-1132 (2001).

[15] Goldstein, J. et al. Coupled response of the inner magnetosphere and ionosphere on 17 April 2002. Journal of Geophysical Research: Space Physics 110, A03205 (2005).

[16] Moldwin, M. B. et al. The appearance of plasmaspheric plasma in the outer magnetosphere in association with the substorm growth phase. Geophysical Research Letters 23, 801-804 (1996).

[17] Ober, D. M. et al. Premidnight plasmaspheric "plumes". Journal of Geophysical Research: Space Physics 102, 11325-11334 (1997).

[118] Burch, J. L. Magnetospheric imaging: Promise to reality. Reviews of Geophysics 43, RG3001 (2005).

[19] Sandel, B. R., Goldstein, J., Gallagher, D. L. & Spasojevic, M. Extreme Ultraviolet Imager observations of the structure and dynamics of the plasmasphere. Space Science Reviews 109, 25-46 (2003).

[20] Darrouzet, F. et al. Plasmaspheric density structures and dynamics: Properties observed by the CLUSTER and IMAGE missions. Space Science Reviews 145, 55-106 (2009).

[21] Sandel, B. R. et al. The Extreme Ultraviolet Imager investigation for the IMAGE mission. Space Science Reviews 91, 197-242 (2000).

[22] Sandel, B. R. et al. Initial results from the IMAGE Extreme Ultraviolet Imager. Geophysical Research Letters 28, 1439-1442 (2001).

[23] Burch, J. L. IMAGE mission overview. Space Science Reviews 91, 1-14 (2000).

[24] Burch, J. L. et al. Views of Earth's magnetosphere with the IMAGE satellite. Science 291, 619-

624 (2001).

[25] Murakami, G. et al. First sequential images of the plasmasphere from the meridian perspective observed by KAGUYA. Earth, Planets, and Space 62, e9 – e12 (2010).

[26] Yoshikawa, I. et al. Plasmaspheric EUV images seen from lunar orbit: Initial results of the extreme ultraviolet telescope on board the Kaguya spacecraft. Journal of Geophysical Research: Space Physics 115, A04217 (2010).

[27] Obana, Y. et al. Conjunction study of plasmapause location using ground-based magnetometers, IMAGE-EUV, and Kaguya-TEX data. Journal of Geophysical Research: Space Physics 115, A06208 (2010).

[28] Murakami, G. et al. Plasmaspheric filament: an isolated magnetic flux tube filled with dense plasmas. Geophysical Research Letters 40, 250 – 254 (2013).

[29] Chen, B. et al. Development and calibration of the Moon-based EUV camera for Chang'e-3. Research in Astronomy and Astrophysics 14, 1654 – 1663 (2014).

[30] Ip, W.-H., Yan, J., Li, C.-L. & Ouyang, Z.-Y. Preface: The Chang'e-3 lander and rover mission to the Moon. Research in Astronomy and Astrophysics 14, 1511 – 1513 (2014).

[31] Feng, J.-Q. et al. Data processing and initial results from the CE-3 Extreme Ultraviolet Camera. Research in Astronomy and Astrophysics 14, 1664 – 1673 (2014).

[32] Yan, Y. et al. Analysis of observational data from Extreme Ultra-Violet Camera onboard Chang'E-3 mission. Astrophysics and Space Science 361, 76 (2016).

[33] He, F., Zhang, X.-X., Chen, B. & Fok, M.-C. Reconstruction of the plasmasphere from Moon-based EUV images. Journal of Geophysical Research: Space Physics 116, A11203 (2011).

[34] He, F., Zhang, X.-X., Chen, B., Fok, M.-C. & Zou, Y.-L. Moon-based EUV imaging of the Earth's Plasmasphere: Model simulations. Journal of Geophysical Research: Space Physics 118, 7085 – 7103 (2013).

[35] He, F., Zhang, X.-X., Chen, B., Fok, M.-C. & Nakano, S. Determination of the Earth's plasmapause location from the CE-3 EUVC images. Journal of Geophysical Research: Space Physics, 121, 296 – 304 (2016).

[36] Rostoker, G. Identification of substorm expansive phase onsets. Journal of Geophysical Research: Space Physics 107, 1137 (2002).

[37] Wygant, J. R. et al. The Electric Field and Waves instruments on the Radiation Belt Storm Probes mission. Space Science Reviews 179, 183 – 220 (2013).

[38] Mauk, B. H. et al. Science objectives and rationale for the Radiation Belt Storm Probes mission. Space Science Reviews 179, 3 – 27(2013).

[39] Davis, T. N. & Sugiura, M. Auroral electrojet activity index AE and its universal time variations. Journal of Geophysical Research 71, 785 – 801 (1966).

[40] Rostoker, G. Macrostructure of geomagnetic bays. Journal of Geophysical Research 73, 4217 – 4229 (1968).

[41] Henderson, M. G. et al. Substorms during the 10 – 11 August 2000 sawtooth event. Journal of Geophysical Research: Space Physics 111, A06206 (2006).

[42] Nosé, M. et al. Wp index: A new substorm index derived from high-resolution geomagnetic field data at low latitude. Space Weather 10, S08002 (2012).

[43] Gjerloev, J. W. The SuperMAG data processing technique. Journal of Geophysical Research: Space Physics 117, A09213 (2012).

[44] Zheng, C., Ping, J., Wang, M. & Li, W. Geocentric position preliminary detection from the extreme ultraviolet images of Chang'E-3. Astrophysics and Space Science 358, 28 (2015).

[45] Russell, C. T. Geophysical coordinate transformations. Cosmic Electrodynamics 2, 184 - 196 (1971).

[46] Hapgood, M. A. Space physics coordinate transformations: A user guide. Planetary and Space Science 40, 711 - 717 (1992).

[47] Landsman, W. B. The IDL Astronomy User's Library. ASP Conference Series 52, 246 - 248 (1993).

[48] Finlay, C. C. et al. International Geomagnetic Reference Field: the eleventh generation. Geophysical Journal International 183, 1216 - 1230 (2010).

[49] Thébault, E. et al. International Geomagnetic Reference Field: the 12th generation. Earth, Planets, and Space 67, 79 (2015).

[50] Tsyganenko, N. A. & Sitnov, M. I. Magnetospheric configurations from a high-resolution data-based magnetic field model. Journal of Geophysical Research: Space Physics 112, A06225 (2007).

[51] Sitnov, M. I., Tsyganenko, N. A., Ukhorskiy, A. Y. & Brandt, P. C. Dynamical data-based modeling of the storm-time geomagnetic field with enhanced spatial resolution. Journal of Geophysical Research: Space Physics 113, A07218 (2008).

[52] Kletzing, C. A. et al. The Electric and Magnetic Field Instrument Suite and Integrated Science (EMFISIS) on RBSP. Space Science Reviews 179, 127 - 181 (2013).

[53] Kurth, W. S. et al. Electron densities inferred from plasma wave spectra obtained by the Waves instrument on Van Allen Probes. Journal of Geophysical Research: Space Physics 120, 904 - 914 (2015).

[54] Saito, T. Geomagnetic pulsations. Space Science Reviews 10, 319 - 412 (1969).

[55] Galvan, D. A., Moldwin, M. B., Sandel, B. R. & Crowley, G. On the causes of plasmaspheric rotation variability: IMAGE EUV observations. Journal of Geophysical Research: Space Physics 115, A01214 (2010).

Acknowledgements

This work is supported by the Key Research Project of Chinese Academy of Sciences: Application research on the scientific data from Chang'e 3 mission (grant KGZD-EW-603). H. N. W. acknowledges the support of National Natural Science Foundation of China (NSFC; grant 11273031). The contributions from the EUVC design and calibration team at Changchun Institute of Optics, Fine Mechanics and Physics (CIOMP), Chinese Academy of Sciences, and the EUVC data processing team at Science and Application Center for Moon and Deep Space Exploration, affiliated with the National Astronomical Observatories, Chinese Academy of Sciences (NAOC) are both greatly appreciated. The authors thank C. L. Li and the Ground Application System of Lunar Exploration affiliated with the NAOC for their valuable and efficient help on the data supplying (http://moon.bao.ac.cn). We thank NASA's VAP mission and EFW team for providing the in situ electron density data, and the Coordinated Data Analysis Web (CDAWeb) of NASA for providing the ground-based magnetometer data. The work by the EFW team was conducted under JHU/APL contract 922613 (RBSP-EFW). We thank the World Data Center for Geomagnetism, Kyoto for supplying the AE indices data, the SuperMAG project (PI Jesper W. Gjerloev) for supplying the SuperMAG auroral electrojet index data, the Substorm Swift Search (S^3, S-cubed) web site (http://s-cubed.info) for supplying the Wp index data, and the German Research Centre for Geosciences (GFZ) for supplying the Kp index data. We also thank NASA's IDL Astronomy Library for providing the code to compute the positions of the Moon, and Haje Korth for creating the IDL Geopack DLM library which is based on the original GEOPACK Fortran library by N. A. Tsyganenko.

Author Contributions

H. H., C. S. and H. N. W. initiated the study. H. N. W. and X. X. Z. conducted the discussions of this study. B. C. led the team for manufacturing the EUVC. J. Y. and Y. L. Z. supervised the Chang'e 3 research project. A. M. J. contributed the DGCPM simulation. H. H., C. S. and H. N. W. wrote the first draft. The remaining authors commented on the manuscript.

第四篇

月球实体命名篇

月球地理实体的名称如同地球上的地名一样，是人类赋予月球表面某个具体地理实体的名称，用于标记月表的各种形貌，以方便人们进行定位、描述和科学研究。与地球上的地名不同，月球上的名称绝大多数是以著名科学家的姓名来命名的。月球地理实体的命名必须遵循国际天文学联合会(International Astronomical Union，IAU)的规则和程序。2010 年 8 月 2 日，IAU 批准由我国科学家利用嫦娥一号科学探测影像数据首次申报的月球地理实体命名，将月球表面 3 个撞击坑分别命名为“蔡伦”“毕昇”“张钰哲”，实现了我国在月球地理实体命名上零的突破。2015 年 10 月 5 日，IAU 再次批准由我国科学家利用嫦娥三号科学探测影像数据申报的月球地理实体命名，将嫦娥三号着陆点区域命名为“广寒宫”，附近 3 个撞击坑分别命名为“紫微”“天市”“太微”。

第 10 章　月球地理实体命名历史现状和规则程序

10.1　月球地理实体命名的历史

月球地理实体命名已有几百年的历史，先后经历了个人意志命名时代和标准化管理时代。人类给月球表面形貌命名，最初是由于绘制月面图的需要，后续发展受到科学认识水平、科学研究需要和月球探测成果的很大影响。正如“没有航海知识的积累和 15～17 世纪的地理大发现，就不会有像太平洋、印度洋等海域的名称”一样，随着科学技术的不断发展和深空探测手段的日益进步以及人们研究月球的深入需求，所绘制的月面图越来越清晰、越来越精细，需要被标记命名的月球地理实体也越来越多，形成了目前仍在不断扩展的月球地理实体名称大家庭。

10.1.1　月球地理实体命名的个人意志时代

对月球表面形貌进行命名始于 17 世纪的意大利科学家伽利略(Galileo Galilei，1564—1642)。1609 年 11 月，伽利略用自制的能放大 30 倍的望远镜第一次观察月球，发现月球表面是那样的凹凸不平，还分布有很多圆形的坑，伽利略据此绘制了第一幅月面图。此后，伽利略还亲手绘制了 5 幅月球表面图。虽然从科学的角度看，伽利略手绘的月面图还不够精确，但月球的平原、山脉、撞击坑清晰可见，月球形貌和表面结构与地球有许多相似之处。伽利略还注意到，月球上的山脉较地球的山脉要高得多，于是他首开先河把月面上最明显的高山用他家乡的亚平宁山脉来命名。

随着望远镜技术的不断进步、观测水平的不断提升和月球研究活动的不断活跃，对月球撞击坑、山脉和其他地理实体的命名逐渐形成了分别由朗伦(Langrenus，1645 年)、赫维留斯(Hevelius ，1647 年)和里乔利(Riccioli，1651 年)提出的三种不同的命名方法。朗伦在他的命名方法中主要使用了科学家以及皇室和贵族成员的名称，他的月面图包含了 300 多个都得到命名的地理实体。相比之下，赫维留斯采取了截然不同的方法，他把月球正面与地球上的欧洲以及与亚洲和非洲的相邻部分紧密联系在一起，并用地球表面对应位置的地名来命名月球地理实体，他以此方法命名了一大批如“埃特那”撞击坑、“大黑湖”撞击坑等月球形貌的名称。里乔利则回归到了朗伦使用人名的命名方法，但他选择的范围几乎全部限制在了天文学家、哲学家以及至少以某种方式与月亮存在关联的其他科学家。里乔利的命名方法具有很好的规划性和一致性，他所命名的名称不仅基本上按照时间顺序从月球的北部边缘向南部边缘排列，而且还按照国籍、研究领域等进行了分组，同时以社会地位高的人物名称来命名更大型并且具有更显著形貌特征的环形坑。里乔利在其 1651 年出版的一本关于月球的书籍中对一幅直径 28cm 的月面图进行了描绘。在这幅月面图中，里乔利把月面的暗区称为"海"，赋予它们极其浪漫的名称，比如雨海、静海、虹湾、风暴洋等，而对于环形坑的命名则带有明显的个人喜好。比如，他钦佩希腊天文学家，就以希腊天文学家喜帕恰斯(Hipparchus)和托勒玫(Ptolemy)的名字分别命名了直径为 138 km 和 164 km 的两个环形坑；同样，他因一直主张第谷(Tycho)的学说优于哥白尼学说，遂以第谷的名字来命名月球南半球最瞩目、最突出、最壮观的直径为 85 km 的环形坑。当然，他也没忘记自己，将月球正面一个直径达 139 km 的环形坑冠上了自己的名字。在晴朗的夜空里，这个环形坑任何时候都能够被清楚地辨认。以对开本出版的里乔利的月球地图得到了广泛的传播，这也使得朗伦制作的数量有限的单张地图黯然失色，因此朗伦命名法在后来未被再使用，而赫维留斯和里乔利使用的方法很快得到普遍的接受并一直流传下来，现代天文学也沿用了他们的命名法。

随着望远镜性能的不断提高，德国天文学家约翰・施罗特(Johann Schröter)绘制了远比以前更为详细的大部分月球表面的地图。他的工作很快就证明了当时所使用的两种命名法的不足，因为在他所绘制的地图中还有许多形貌显著的环形坑没有被命名，特别是赫维留斯的命名法显得尤为不合适，因为他经常用一个名称来命名一组环形坑，而且许多名称过于冗长而不方便使用。施罗特在他的月面图中新添加了 70 多个天文学家和其他科学家的名字，同时还有许多撞击坑使用了字母代号进行标识。

月球地理实体命名的下一个里程碑是德国天文学家威廉・比尔(Wilhelm Beer)和约翰・海因里希・马德勒(Johann Heinrich Mädler)在 1834 年出版的《包含整个月球可见半球的月面图》。这张长度超过 3 英尺的月面图是基于由众多小环形坑构成的网络以及一系列孤立的山丘绘制而成的，每一个地理实体的月面位置都通过望远镜测量得以确定。这张图上保留了大多数里乔利和施罗特地图中的名称，还有 10 个赫维留斯地图中的名称，同时新增了 140 多个名称。此外，这张图应用了用字母来标识附属地理实体的命名规则：环形坑分配罗马字母，山峰和尖峰分配希腊字母，已经测定位置的地理实体使用大写字母，而没有测定位置的地理实体则使用小写字母。到 19 世纪的后半期，各国的天文学家都相继绘制了详细的月球地图，增加了许多新的名称并用名称替换了字母。

很令人遗憾的是，在月球地理实体命名的早期，东西方的科学、文化交流很少，尽管我国古代许多科学家、哲学家对人类文明的发展做出了巨大的贡献，但却少为西方所知。在 17－19 世纪的月球形貌命名表中，没有一个中国科学家或哲学家的名字。

四百多年前望远镜的发明开启了人类借助工具观察天体的新纪元，人类所发现的太阳系新天体的数量在快速地增长，月球地理实体命名也得以蓬勃发展。然而，以往的命名法也出现了不理想的状态：不同的天文学家往往是根据个人的喜好或者自身观测研究需要来为月球地理实体进行命名，命名的方法和名称来源带有很强的随意性。这就导致天文学家们可能对月球上同一个地理实体名称产生很大的争议，甚至一些环形山有多达三个不同的名称，给科学研究和工作交流带来诸多不便。直到 20 世纪初国际天文学联合会(IAU)成立以后，月球地理实体命名工作才逐渐得以统一和规范。

10.1.2　月球地理实体命名的标准化管理时代

1919 年 7 月，由当时的国际天文星图计划、太阳天文联合会和国际时间局等数个组织合并而成的国际天文学联合会(IAU)，在比利时布鲁塞尔成立。作为全世界各国专业天文学术团体联合组成的非政府性的学术组织，IAU 承担了对恒星、小行星、卫星、彗星等天体及其地名进行统筹规范命名的历史使命，其对天体命名工作所做出的贡献使它成为迄今为止国际上公认的为天体进行命名的唯一权威机构。IAU 成立以后，对天体的命名实行了规范化的管理，主要是对 IAU 成立前已经命名的天体名称进行了大范围的整理和认定，确立了一系列的命名程序和规则，而且还成立了专门的机构来负责命名工作的管理和运行，使早期命名中所带有的“明显的个人意志”得到了有效的改正。

最早致力于规范国际月球地理实体命名的活动可以追溯到英国天文学家塞缪尔·亚瑟·桑德(Samuel Arthur Saunder)，他于 1905 年开始的工作。1907 年，国际学院协会(IAU 的前身之一)在维也纳召开的大会上任命了一个由牛津大学特纳(Turner)领导的委员会，用来征求月球命名的改进意见，桑德也成为了该委员会的委员，但该委员会却由于成员的相继去世而从未发表过任何一份报告。期间，一位名为玛丽·阿德拉·布莱格(Mary Adela Blagg)的志愿者一直协助着桑德，在 IAU 成立之前做了大量的前期工作。1922 年，IAU 在其首次会员大会上成立了月球地名命名执行委员会，旨在对月球表面地名命名实行规范化、标准化的管理，布莱格女士以及其他几位天文学家被任命为该委员会的成员。1935 年，布莱格和米勒(Müller)编著的《已命名月球形态》(Named Lunar Formations)成为了被 IAU 采用的第一个月球命名的系统性名单，共包含了 681 个主要地理实体的名称和 5 400 个从属地理实体用字母标识的名称，这份著作中所使用的命名体系也被 IAU 所采用：重要的环形坑赋予名称，附近较小的环形坑用罗马字符标识，孤立的、高耸地理实体使用附近地理实体名称后附希腊字母标识，而现在被称之为“月溪”的地理实体则在名称后面跟附罗马数字。由于受肉眼和望远镜分辨能力的制约，主要是月球正面比较大的地形单元的命名。

对月球形貌进行命名的需求于 1957 年发生了显著的变化。1957 年 10 月 4 日，苏联发射成功了人类历史上第一个人造地球卫星，开辟了人类星际航行和太空探索的新时代。1959 年 1 月，苏联向月球发射了第一个月球探测器(Luna1)，它从月球近旁飞过；同年 9 月发射了第二个月球探测器(Luna2)，撞击在月球表面；同年 10 月发射第三个月球探测器(Luna3)，首次获得了月球背面的图像，使人类第一次得以目睹月球背面的面貌。苏联立即对月球背面的大多数较大的、明显的形貌进行了命名，这是月球背面名称多为苏联人的人名的原因。1965 年苏联发射了 Zond 3 号探测器，这是一种专业化的月球探测器系列，通过绕月飞行进行月面照相，获得大量的高分辨率的月面特征图像。1967 年美国发射了月球轨道器(Lunar Orbiter)系列探测器，获得了月球表面许多重要位置的高分辨率图像；1969 年起，美国实施了阿波罗计划，最终实现人类登上月球并安全返回地球的壮举。阿波罗号系列飞船的实施，是人类历史上对月球进行的最为宏伟的、划时代的月球探测活动。截止到 1976 年，苏联和美国共向月球发射了约 100 多个月球探测器（包括 6 艘阿波罗载人登月飞船）。从 1957 年人类进入太空时代，尤其是在 20 世纪 60—70 年代以月球探测为核心的苏美太空竞赛中，人类获得了大量、清晰、精细的月球图像和科学探测数据。更为精细的月球表面图像和新的地形单元的发现，使得为这些表面形貌特征命名成为一件十分迫切的事情。

IAU 再次承担了扩展和审查月球形貌命名的任务，以保障这些科学探测成果能在一种有序、公平与公正的方式下进行。特别是在 60 年代早期到中期，人类首次获取了月球背面的图像，IAU 承担起了为其建立命名系统的责任，同时卫星图像还揭示了许多远在地基望远镜观测能力之外的地理实体。首批 18 个月球背面的地名于 1961 年获得批准，但随后证明这在一定程度上是不成熟的，其中有一部分地理实体中的位置和描述不得不在后来进行了修正。对月球背面地理实体命名的管理工作一直被推迟到 1967 年，最终于 1970 采用了一份包含 513 个新名称的地名目录。与此同时，对月球地名的修订和扩充工作也一直在进行。鉴于 1935 年 IAU 出版著作中存在着许多不一致的地方，1960 年成立的亚利桑那大学月球和行星实验室（LPL）对这份月球地图和目录进行了彻底的修订和扩充。这项工作于 1966 年完成。新的地图和目录使用了一种新的命名系统，并被 IAU 于 1964 年和 1967 年接受，以取代 1935 年的 IAU 命名系统。而自 1966 年以来，对轨道器四号获取的高清晰度照片的研究表明，许多已经被命名为撞击坑的地理实体实际上都是不合适的，因为这些地理实体仅仅只是不规则的凹陷地形。这些有疑问的地名在轨道器四号高质量影像的地图上集中都被省略掉。

1973 年在悉尼召开的 IAU 大会将月面地名命名委员会进行了重整扩建，成立了行星体系命名委员会（Working Group for Planetary System Nomenclature，WGPSN），负责制定与维护天体命名规则公约和行星体系的命名。在随后的几年里，WGPSN 建议批准了月面图系列中引入的一些新的命名，以及许多先前非正式的阿波罗着陆点的名称。许多以这种方式引入的名称并没有遵循传统的命名模式，包括以男性和女性的常用名来命名一些非常小的地理实体。

IAU 所开展的大多数科学活动是通过其下设的 12 个科学分会来完成的，在各分会下又设置了共计 41 个不同研究领域的专业委员会和 78 个针对专门事务及不同项目的工作组和项目组。通过这种垂直管理的模式，IAU 在统筹天体名称及其地名的命名工作中发挥了巨大作用。其中隶属于 IAU 第三科学分会即行星系科学分会（Division III Planetary Systems Sciences）的行星系地名命名工作组（Division III WG Planetary System Nomenclature，WGPSN）负责太阳系各天体表面地名的命名。WGPSN 的前身是 1922 年 IAU 首次会员大会上成立的月球地名命名执行委员会。在 1973 年召开的 IAU 第 15 次会员大会上，月球地名命名执行委员会进行了重整扩建成立了 WGPSN，工作范围拓展到太阳系包括月球在内的各天体地名命名的审核、上报、公示、收录以及命名规则和程序的制定修改等一系列工作。本着有序、公平、公正和服务于科学研究的目标，WGPSN 义不容辞地承担了扩展和审查天体地名命名的职责。WGPSN 在成立之初就专门组建了月球、水星、金星、火星和外太阳系天体地名命名等五个工作小组，针对不同的天体确定其表面形貌特征的类型并提出相应的命名建议。目前，WGPSN 与其下设的六个工作小组通过召开不定期会议来开展太阳系天体地名命名的建议、审核等各项工作(事实上，现在他们的大部分工作都是通过邮件交流形式完成的)，并在 IAU 三年一次的大会上提交太阳系天体地名命名的工作报告。月球命名工作组的主要任务就是审查来自国际月球科学界的月球地理实体命名申请，并将通过审查的名称提交给 WGPSN 作进一步的审批。月球命名工作组的成员都是来自世界各国的月球科学家，现任主席为来自美国行星科学研究所的(Chunk Wood)，而中国科学院国家天文台的李春来研究员是唯一来自中国的工作组成员。工作组成员见表 10-1。

表 10-1　月球命名工作组成员

职位	姓名	国家
主席	C. Wood	美国
成员	F. El-Baz	美国
	L. Gaddis	美国
	H. Hiesinger	德国
	李春来	中国
	V. V. Shevchenko	俄罗斯
	Y. G. Shkuratov	乌克兰
	E. A. Whitaker	美国
	L. Wilson	英国

10.1.3　行星地名辞典

在 WGPSN 1976 年提出的决议中，其中有一项是计划发布一份纳入所有与行星命名有关的决议以及当前 IAU 批准名称的完整列表，随后再由相关的补充性卷宗详细说明后续的每次大会所批准的变更。这项工作由美国地质调查局(USGS)的天体地质分部立刻展开，但直到 1995 年美国政府印刷局才发行了行星命名地名辞典 1994 版和 1995 修订版。美国国家航空航天局(NASA)和美国地质调查局“可能愿意在 WGPSN 的主持下承担行星命名地名的定期出版”写入了 IAU 第 12A 会报中(1993 年)，而 WGPSN 也在当时建议执行委员会应当将这个地名辞典视为 IAU 行星命名的官方文件，以取代分散在各期 IAU 会报中发布的内容。初始版本的地名词典在 IAU 第 23B 会报(1997 年)中进行了宣布，并很快转换成了在线电子版，而之前承诺的每三年发布的印刷版补充材料就再未发行。

在 1994/1995 年的官方地名辞典之前，还存在着好几个地名辞典的印刷版本。在 1976 年和 1995 年之间，WGPSN 为 NASA 准备了多个半官方地名辞典的初步版本，这些地名辞典以美国地质调查局公开文件报告的形式出现，最早的副本被称为年度行星命名地名辞典。其中 1989 年发布的地名辞典与现在的在线计算机数据库具有很大的相似之处，但其并没有严格的遵照 1976 年宣布的地名辞典的指导方针。在其介绍中也表述了地名辞典并非只包含 IAU 批准的名称，还包含了在已出版地图中出现的名称。另外，在公开文件报告中出现的月球地理实体的位置和直径信息也与之前的 IAU 数据不同，但却没有解释这些数据的出处。

尽管行星地名辞典是由美国地质调查局发布的，但其月球部分实际上是由美国国家航空航天博物馆的地球与行星科学中心编制的。由于 IAU 在 1973 年宣布了用具体的名称取代字母表示的环形坑名称的意图，印刷版的地名辞典并没有列出用字母命名的环形坑。1994/1995 印刷版的行星命名地名辞典得到了广泛的传播，但很快就变得过时。幸运的是，现代计算机技术用一个在线电子版本替代了印刷版，并由美国地质调查局代表 IAU 进行托管。尽管一开始人们对利用电子数据库取代 IAU 会报中的变更声明表示担忧，但 IAU－USGS 的网站最终成为了月球命名以及所有太阳系天体表面地理实体命名的最新形式。

在行星命名辞典采用之后，月球地名的命名还出现了一些变化。之前，由 WGPSN 建议并随后发布于在线地名词典中的名称，是临时性或非官方的，直到在每三年召开的 IAU 大会上被正式批准才会获得官方地位。而后来的 IAU 大会通过了一项新的批准政策，根据这项政策，新名称的批准将不再需要在 IAU 大会中进行投票表决，WGPSN 只要将新的名称发布于在线地名词典中就视为立即生效成为官方名称，但若在三个月内有人提出反对意见则可能会被撤回。IAU 行星命名地名辞典之后的第二项较大的改变就是在 2006 年 IAU 大会中重新采用了字母环形坑，并将其称之为卫星坑，据说这是美国地质调查局詹妮弗·布卢(Jennifer Blue)和哈佛－史密森天体物理中心乔纳森·麦克道尔(Jonathan McDowell)多年游说的结果。

10.2　月球地理实体命名的惯例和现状

如同地球上的地名命名一样，对月球地理实体的命名也主要用于唯一性地标识月球表面上的某个地理实体，为月球上具有特殊形态、起源、性质及科学价值的地理实体提供准确的指示性信息，可以实现并加强有效的沟通交流。当获取天体表面的新图像时，科学家们就可以对这些图像中发现的地理实体进行研究和命名，并据此发表文章和出版地图，从而实现科学解释的广泛传播。除此之外，月球地理实体的命名还具有文化上的特殊意义，它被用于纪念在各个领域做出杰出贡献的学者、大师，以及发扬世界各民族的传统文化。

10.2.1　月球地名的组成

一个完整的月球地名通常包括两个部分，即地名通名和地名专名。地名通名是指普遍存在的具有明显共性的地理实体，当前的命名体系将月球上的地理实体划分成了 18 类，每一种类型使用一个拉丁术语对其典型形貌特征进行描述，并将其作为这一类型的地名通名。地名专名是区别共性地理实体的特定名称，用于唯一性地标识月球表面上某个具体的地理实体，目前对月球地理实体的命名主要是对专名的命名。在使用月球地名时，通常都采用通名在前、专名在后的表述，如 Sinus Iridum，其中 Sinus 即为通名月湾，而 Iridum 为专名，为彩虹之意，用来标识侏罗山脉(Montes Jura)所环抱的那一片月湾区域。需要注意的是，月球地名的中文译名采用了专名在前、通名在后的使用原则，如前述的 Sinus Iridum 其中文译名为虹湾。在这 18 种类型中，环形坑(Crater)的地名在使用上是比较特殊的一类，它采用了直接使用专名而省略通名的表述形式，如 Plato 就特指柏拉图环形坑。IAU 地理实体命名见表 10-2。

表 10-2　IAU 地理实体类型

序号	类型名称	中文名称	代码	说明
1	Crater(craters)	环形坑	AA	月球表面分布最为广泛的一种圆形凹坑构造
2	Catena(catenae)	坑链	CA	呈线性排列的一连串环形坑
3	Satellite Feature	卫星坑	SF	形态较小的环形坑，地理位置上分布于一个已命名环形坑的周围，享有相同的名字，但名字后随附字母以示区分
4	Albedo Feature	反照率特征点	AL	反照率和邻近区域相比特别高或低(即特别亮或暗)的区域
5	Planitia(planitiae)	平原	PL	较为平坦的一大片低地区域
6	Mare(maria)	月海	ME	具有较低反照率、较为平滑的大块玄武岩平原
7	Oceanus(oceani)	洋	OC	具有较低反照率的超大块玄武岩平原，月球上特指风暴洋
8	Lacus(lacūs)	月湖	LC	具有较低反照率的小块玄武岩平原
9	Sinus(sinūs)	月湾	SI	具有较低反照率的小块玄武岩平原，背靠月球高地，面朝月海
10	Rima(rimae)	月溪	RI	狭长、类似河床的凹槽
11	Palus(paludes)	月沼	PA	月海伸向月球高地、地形稍显崎岖的区域
12	Promontorium(promontoria)	海角	PR	向月海凸出的高地区域
13	Rupes(rupēs)	峭壁	RU	非常陡峭的斜坡
14	Dorsum(dorsa)	山脊	DO	月海中狭长、线性的凸起地形
15	Mons(montes)	山脉	MO	被平地所围绕的具有较大高度而凸起的区域
16	Vallis(valles)	月谷	VA	狭长、宽阔的谷地，常呈直线或弧形，陡壁平坦
17	Fossa(fossae)*	月沟	FO	狭长、较浅的凹陷地形
18	Landing site name	着陆点名称	LF	人类探测器在月球上着陆的位置

*历史上一共存在过 2 个月沟地名，后均被废弃，因此事实上月球上已没有月沟的地名。

10.2.2　月球地名命名惯例

在月球长达 300 多年之久的命名历史中，IAU 自成立以来一直致力于建立规范化的月球命名体系，并维护着一套标准的月球地名辞典。月球地名辞典中的专名主要有以下几种来源：1)人名，主要为在其领域内取得杰出成就或做出基础性贡献的已故科学家和极区探险家等；2)拉丁词汇，主要为描述天气和其他抽象概念的词；3)地球上的山脉，如月球上也存在着阿尔卑斯山脉。除此之外，有些在历史上得到公认的命名虽然与 IAU 当前的命名规则不符，但因其历史继承性的原因也得以沿用下来并获得了 IAU 的官方确认。经过多年的规范化努力，IAU 针对每类地理实体类型制定了月球地名的命名惯例(见表 10-3)，用来指导将来月球地理实体的命名。

表 10-3　月球地名命名惯例

类型	命名惯例
Craters	在其领域内取得杰出成就或基础性贡献的已故科学家和极区探险家。已故俄罗斯航天员用莫斯科海内部及周围的环形坑以示纪念。已故的美国航天员用阿波罗环形坑内部及周围的环形坑以示纪念。将来还会为其他航天国家在其航天员逝世后提供合适的纪念位置。
Lacūs，Maria，Paludes，Sinūs，Oceanus	描述天气和其他抽象概念的拉丁词汇
Montes	地球上的山脉，附近的环形坑，以及在其领域内取得杰出成就或基础性贡献的已故科学家
Rupēs，valles	附近的环形坑或其他地貌
Dorsa	地球科学家
Catenae，rimae	附近的环形坑
Satellite Features	根据附近显著的已命名环形坑后附字母进行标识的环形坑

通过通名加专名的表述，月球地名为月球表面某个具体的地理实体提供了简单易记并且容易传播和交流的替代名称。然而，对于科学工作者来说，仅仅只是一个简单的名字还不足以深刻的理解隐藏在月球地名背后的地理实体，因此在进行月球地理实体命名的过程中，还需要提供一些其他的关键信息以更好地理解月球地名及其所代表的月球地理实体。这些信息包括：

1)位置信息：包括中心经度、中心纬度、最北纬度、最南纬度、最东经度、最西经度的信息。其中，中心经度和中心纬度提供了月球地名所指地理实体中心点所处的位置，而地理实体的边界则用最北纬度、最南纬度、最东经度、最西经度的信息来界定。经度数据中的正值表示东经，负值表示西经，纬度数据中的正值表示北纬，负值表示南纬。对于那些较大的地理实体，它们在地形或地貌上并没有表现出明显的边界，因此这些地理实体的坐标只能是根据一个大致选定的中心点确定，具有相当大的随意性。边界及中心坐标可以根据未来任务获取的地球化学和地球物理数据更准确地加以确定。

2)大小信息：每一个地理实体都用一个以千米为单位的直径数据来表示其大小规模。由于月球地理实体都具有不规则的外形，因此采用其最长轴，或所有维度中具有最大值的那一维长度来表示该地理实体的直径大小。

3)名称来源信息：在月球地名的命名过程中，其中一个重要的原则就是命名应体现国际化，尽量从全世界的范围内选择在其领域内做出杰出成就和贡献的科学家或能体现优秀的民族文化。鉴于世界文化的多样性，每一个地名都提供了其来源主体所属的种族/文化群体或国家，并通过对该地名来源主体的简短解释以及名称拼写和来源信息的参考文献，加深对它的理解。在记录所属的种族/文化群体或国家时，有时候会出现某个具体的科学家出生于一个国家、但使其成名的工作却是在另一个国家进行的情况，这种状况下一般都记录使其成名的种群/文化群体或国家。

4)批准信息：提供了每个地名当前的批准状态以及批准时间。其中，批准状态包括 3 种最终的状态，分别是 IAU 采用(Adopted by IAU)、废弃(Dropped)和 IAU 从未批准(Never approved by the IAU)。另外还存在几种在地名审批过程中的中间状态。批准时间提供了月球地名获得 IAU 官方批准的年份，自 2006 年 9 月中旬之后，更为详细地记录了具体的日期。

5)影像信息：仅有地名等文字性的信息还不足以对地名所指代的月球地理实体的形貌特征具有直观、深刻的理解，月球地名库根据该地理实体的具体位置，专门提供了包含此月球地理实体的具体影像图幅编号，供读者查阅参考。

10.2.3　月球地理实体命名的现状

20 世纪 90 年代，美国实施了“克莱门汀”计划和“月球勘探者”计划，掀起了第二次探月高潮，首次获得了覆盖几乎整个月球的地形图，全球分辨率达到百米量级(100～300 m)，相继发现了月球上一些精细的地形单元，月球地名也进行了扩充。同时，随着一系列月球探测计划的实施，更多新的月球地形单元，包括处于永久阴影区中的月球南北极的一些地形单元，在本世纪初新一轮的月球探测高潮中被发现和确认。因此，月球地名表的新成员正在不断增加。IAU 地名词典中各类地名数统计见表 10 - 4。

(1)命名总体情况

截至 2016 年 6 月，IAU 月球地名库中共包含了 9 124 条月球地名记录。其中，除了官方批准的月球地名外，还包含了曾经在一定时间内使用过、但现今已不再使用的无效地名，这部分地名主要涉及两类：1)随着月球探测技术的不断发展，获取的更高分辨率的影像图完整地展现出地理实体更为详细的形貌特征，这也使得对一小部分地理实体的认识有了根本性的改变，于是将原先获得官方批准的这部分地理实体的命名废除，并根据新揭示的形貌特征重新进行命名。如原先仅有的两个月沟名称卡萨尔斯月沟(Fossa Casals)和柯西月沟(Fossa Cauchy)根据新的认识被废除，而后分别被重新命名为柯西峭壁(Rupes Cauchy)和柯西月溪(Rima Cauchy)。2)还有一部分地名虽然没有经过 IAU 的官方批准，但却在一定范围内获得了广泛使用，甚至有些地名还被包含在了出版的地图集中，但最终由于与现行的月球地名惯例相悖而不再推广使用。如历史上曾经用一批作家、诗人的名字来命名环形坑，其中包括我国唐代著名诗人李白、法国文豪雨果等，但最终因为与以科学家为主的命名惯例不相符合，这批环形坑的命名没有被采用，而是根据月球地名的命名惯例重新进行了命名。因此，在月球地名辞典的 9 124 条月球地名记录中，获得 IAU 官方批准、目前仍在使用中的有效地名实际为 9 014 个，而历史上曾经使用、现已被废除的无效地名多达 110 个。

表 10-4　IAU 地名词典中各类地名数统计

序号	类型名称	地名记录数	官方地名数	无效地名数
1	Crater(craters)	1616	1567	49
2	Catena(catenae)	20	20	0
3	Satellite Feature	7106	7059	47
4	Albedo Feature	1	1	0
5	Planitia(planitiae)	1	1	0
6	Mare(maria)	22	22	0
7	Oceanus(oceani)	1	1	0
8	Lacus(lacūs)	20	20	0
9	Sinus(sinūs)	11	11	0
10	Rima(rimae)	121	111	10
11	Palus(paludes)	3	3	0
12	Promontorium(promontoria)	9	9	0
13	Rupes(rupēs)	8	8	0
14	Dorsum(dorsa)	40	39	1
15	Mons(montes)	49	48	1
16	Vallis(valles)	14	14	0
17	Fossa(fossae) *	2	0	2
18	Landing site name	80	80	0

由于世界各国在天文学和空间探测科学与技术方面发展不平衡，因此各国科学家在月球地名命名工作上的参与度也不一样，导致月球地名命名的结果在区域代表性、民族代表性以及文化代表性方面显得不是很公平。迄今为止，经 IAU 批准并采用的有效月球地名中，由于卫星坑的名称是继承自附近显著的已命名环形坑的名称，因此不将其考虑在内，

在剩余 1 955 个月球地名中，名称来源分布于各大洲的情况分别为欧洲 1 504 个、亚洲 83 个、北美洲 330 个、南美洲 8 个、非洲 22 个、大洋洲 8 个，欧洲在月球地名数量上的绝对优势也是与月球地名命名在欧洲起源以及欧洲在科学技术以及文化历史上的深厚底蕴分不开的。具体到国家，美国是地名来源数最多的国家，为 318 个，与俄罗斯(包括前苏联)有关的月球地名也多达 182 个，表明了这两个传统航天强国对人类月球探索事业做出的贡献和取得的成就，而以德国、法国、英国、意大利为代表的欧空局成员国家也占据了相当多的数量，这些国家在月球地理实体命名上位于主导地位。由于亚洲国家月球探测活动起步较晚，并且在整个月球地理实体的命名过程中参与度较低，尽管 21 世纪以来以中国、日本和印度为代表的亚洲国家积极参与和发展月球与深空探测事业，并取得了辉煌的成果，但相关的月球地名数量却少之又少，分别为中国 17 个、日本 12 个、印度 12 个。尤为遗憾的是，我国古今许多著名科学家为人类文明发展做出了巨大的贡献，但却没获得“留名宇宙、永垂史册”的殊荣。目前，IAU 已经注意到中国、日本、印度等国家近年来在月球与深空探测事业上的巨大成就和科学技术水平的不断进步，也表示希望以更多的来自不同国家、不同民族的科学家的名字来命名月球上的各种形貌，以此纪念各国为人类科技发展和社会进步做出历史性贡献的科学家们。

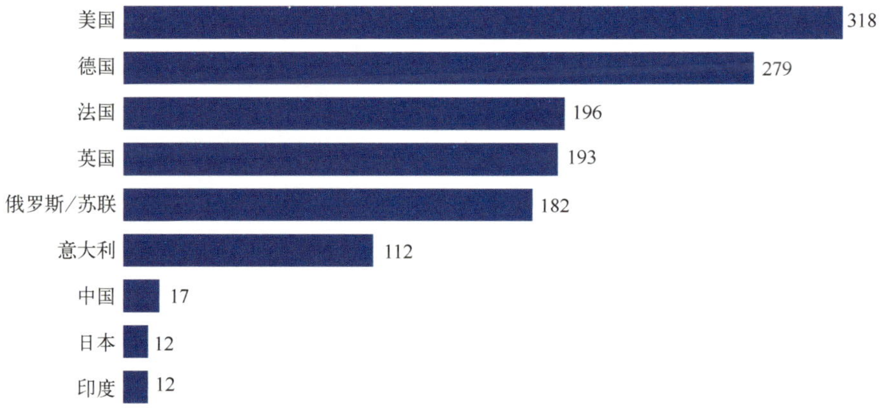

图 10-1　与各国有关的地名数量

(2)环形坑命名现状

环形坑是月球上最显著、分布最为广泛的形貌，从月球影像图中可以看到，月球表面布满了大大小小、密密麻麻的圆形凹坑构造，这些圆形凹坑构造主要是小行星等天体撞击月球表面的结果。由于月球没有大气的保护，导致其长时期地直接暴露于各类天体的“轰炸”之下，在其表面形成了密集的环形坑。据统计月球表面的环形坑总数在 33 000 个以上，尤以月球高地更为密集。

在已命名的月球地名中，数量最多的卫星坑(7 059 个)实际上也都是环形坑。月球上的卫星坑以前称之为字母环形坑(lettered crater)，它是根据周围具有显著地貌特征的已命名环形坑来命名的，也就是说，它与其“父”环形坑共享相同的名称，但在名称后面使用字母后缀以将其与“父”环形坑相区分。一个“父”环形坑周围可以分布有多个卫星坑，每个卫星坑根据它与“父”环形坑之间的位置关系用相应的大写英文字母进行标识。虽然卫星坑和“父”环形坑之间好像父子一样存在着从属关系，但实际上卫星坑的大小及形貌特征的显著程度未必逊色于其“父”环形坑，如环形坑冯·卡门(Von Kármán)的直径为 186 km，但其卫星坑冯·卡门 M(Von Kármán M)的直径却达 219 km，明显要大于“父”环形坑的规模。

卫星坑的命名在历史上经历了一系列的变迁。早在 1935 年，布莱格和米勒在它们编著的《已命名月球形态》中就系统性地使用大写的罗马字母来命名那些缺少主名的凹陷构造，同时他们还采用双罗马字母的形式来命名一些小环形坑，并将其视为字母环形坑的卫星坑。此外，他们还建议他人对这一命名系统进行扩展，以对感兴趣区域中较小的地理实体进行描述。而到了 1973 年，IAU 宣布了将逐渐使用具体的名称来取代字母环形坑的意图，并且在 1973—2006 年间由 IAU 公布的地名列表中，只将那些被重新命名过的字母环形坑包含在内。这在一定程度上被解读为 IAU 废弃了字母环形坑，但 IAU 大会通过的决议实际上并无此意，而且事实上它也建议在不确定的时间期限内，旧名称可以以括号的形式跟在新命名的名称后面，这项建议在 IAU 的第 15 界会报中被再次提及。2006 年，约 7 000 个仍未被重新命名的字母环形坑被正式添加到了 IAU 的月球地名辞典中，并将其称之为卫星坑。

纵观月球地理实体命名的历史，自 1985 年对一批月溪、坑链、山和峭壁进行命名之后，除环形坑和卫星坑之外的其他地理实体类型的命名基本停滞了，这在一定程度上与这些地形在月球上并不普遍存在有关，即使仍存在着尚未命名的这类地理实体，但其形貌特征的显著程度或在现阶段所具有的科学意义并不足以为它赋予一个专门的名称。目前，对月球地理实体的命名主要集中在环形坑和卫星坑。一方面，环形坑是月球上分布最为广泛、形貌特征最为明显的地形门类；另一方面，环形坑对于月球演化、地质演变等一系列科学问题具有重要的研究意义。因此，即使已经进入 21 世纪，世界各国的科学家对月球表面环形坑的命名活动依然非常活跃，2000—2016 年，一共新命名了 62 个环形坑和 4 个卫星坑，具体数量见表 10-5。在此期间新命名的环形坑与较早时期命名的环形坑相比，一个明显的特点就是直径偏小，只有 1 个环形坑(Hildegard，2016 年命名)的直径超过了 100 km，同批次命名的 2 个卫星坑其直径分别为 95 km(Poincaré F)和 60 km(Poincaré E)，但这 3 个环形坑都遭受了严重的侵蚀，形貌特征已被明显破坏。除此之外最大的 8 个环形坑的直径也只是在 50～70 km 之间，其余 55 个环形坑(包括 1 个卫星坑)全在 50 km 以下，甚至还有多个在 1 km 以下。这也反映出了现阶段月球地理实体命名的一个现实：随着月球命名高潮的逝去，月球上具有显著形貌特征的大规模地理实体基本已被命名，后续的命名将主要集中在规模虽小、但却具有重要科学意义的环形坑上。

表 10-5 2000—2016 年环形坑和卫星坑命名情况

类型 \ 年份	2000	2006	2008	2009	2010	2012	2014	2015	2016
环形坑	6	8	2	22	3	13	1	6	1
卫星坑				1					3

在名称的选择上，根据命名惯例主要集中于在其领域内取得杰出成就或做出基础性贡献的已故科学家和极区探险家。现有已命名的环形坑基本上遵循了这一惯例，但也有少数由于历史原因或者出于文化多样性的考虑而与惯例不相符的特例，如以神话传说中的人物来命名，或者以某个民族或地区中的常用名来命名。在我国 2015 年申请的 3 个环形坑的命名中，即提出以中国古天文中的“三垣”的名称“紫微”“太微”“天市”来命名，以此彰显中国古代天文学成就，最终获得 IAU 的认可和批准。此外，为了纪念已故的俄罗斯航天员和美国航天员，专门选择了莫斯科海和阿波罗环形坑这两块区域内部及周围的环形坑，分别以他们的名字命名。同时，IAU 将来也会提供合适位置的环形坑，以供其他航天国家已故航天员命名。

(3)着陆点命名现状

月球地理实体的分类大多为比较显著的形貌单元，其形体覆盖面积较大，特征较为明显，并且其命名大多遵循既定的惯例。而月球着陆点命名是月球地理实体命名中比较特殊的一类，这类地名所标识的形貌特征点集中于各次月球探测软着陆任务的着陆区附近，并且形体极小，大多在 1km 以下，其命名方式也较为随意。

经 IAU 批准的、与软着陆任务相关的地名主要涉及美国的 Apollo 系列任务以及苏联的 Luna 系列任务，共计 82 个，见表 10-6。其中，美国的 Apollo 系列任务对历次任务着陆区域内的精细形貌进行了大量的命名，这类地名被统称为着陆点名称，共计 79 个，剩余 3 个则与苏联的 Luna 系列任务有关。

从地名的意义或作用上看，着陆区内的地名可分成两类：一类是为了纪念探测器着陆位置而命名的，如 Statio Tranquillitatis 静海基地（Apollo 11）、Planitia Descensus 降落平原(Luna 9）和 Sinus Lunicus 落月湾(Luna 2)。此外 Luna 16 虽着陆于 Sinus Successus 之中，但现有资料无法确定该名字是否是为纪念其着陆位置而命名的。另一类则专门用以指代阿波罗着陆点附近的月球地理实体，这类地名是阿波罗着陆任务在训练或实施过程中所使用的、用以标识微小地理实体的名称。这些地理实体大多集中在巡游路线附近，并且使用一些容易记忆的名字，而不是用枯燥、繁琐的科学用语对这些地标进行命名。事实上，这些 IAU 批准的名字只是航天员在训练过程中所制定的所有非正式名字中的一小部分。

表 10-6　与历次月球软着陆任务相关的地名数统计

任务	命名数量	名字类别及说明
Apollo 11	2	着陆点名称(其中 Statio Tranquillitatis 静海基地用于纪念着陆位置)
Apollo 12	9	着陆点名称(landing site name)
Apollo 14	6	着陆点名称(landing site name)
Apollo 15	14	着陆点名称(landing site name)
Apollo 16	19	着陆点名称(landing site name)
Apollo 17	29	着陆点名称(landing site name)

续表

任务	命名数量	名字类别及说明
Luna 2	1	月湾(Sinus Lunicus 落月湾，用以纪念着陆位置)
Luna 9	1	平原(Planitia Descensus 降落平原，用以纪念着陆位置)
Luna 16	1 *	月湾(Sinus Successus 成功湾，参见注)

* 根据现有资料，无法确定与 Luna 16 任务有关的月球地名 Sinus Successus(成功湾)，是否为纪念任务的着陆点或着陆区而命名的。

Apollo 系列任务对着陆区内需要加以命名的地理实体的选择上具有如下特点：首先，除了可以对着陆区内的显著形貌进行命名外，还可以对探测器的着陆位置进行纪念性的命名；其次，命名的地理实体都是散布于历次 Apollo 任务巡游路线附近的、较易识别的形貌单元，其中绝大部分为环形坑，此外还包括峡谷、山丘、裂缝、陡坡等在内的其他较具有明显形貌特征的地理实体。在地理实体的大小方面，超过半数地理实体的直径都在 1 km 以下，而尺寸较大的地理实体则主要是峡谷、小山丘、裂缝等较为复杂的地形。其中，最大的地理实体为 Taurus - Littrow Valley，其长度达 30km；所命名的最大的环形坑为 St. George，其直径为 2km(图 10-2)。

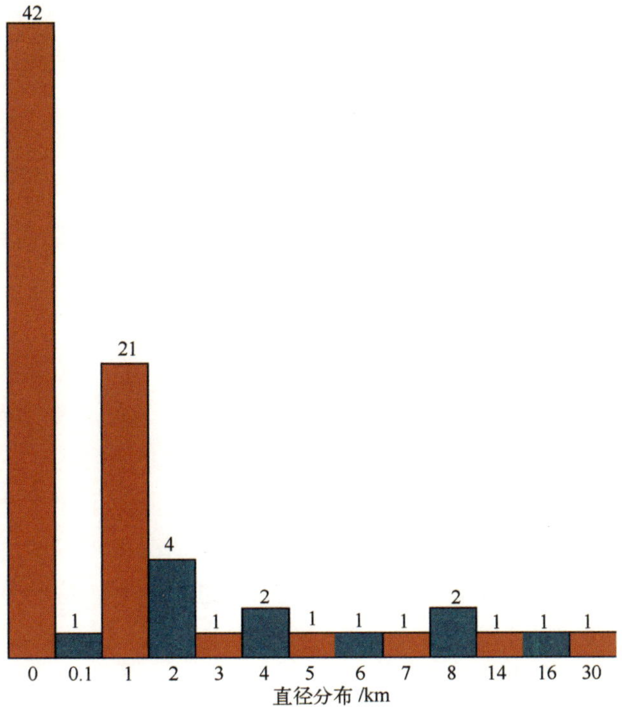

图 10-2　IAU 已命名着陆点直径分布数量图

在名称的选择上，大部分都是以常规的人名或物名方式来命名，但也存在着一些特殊之处：

1)其名字明显作为标识点或地标之用。如 Apollo 15 着陆区内命名的 index 环形坑，被用来作为轨道跟踪以及下降过程中的显著地标之用，Apollo 16 着陆点区内命名的 Half-way 环形坑，正好处于采样点 1 和 2 的正中间。

2)单个名字可命名多个环形坑。与常规的命名环形坑的方式不同，单个名称也可以用来命名由多个环形坑组成的环形坑群。如 Apollo 12 的着陆区形貌命名中，将一组由多个环形坑组成的、其外形轮廓与雪人酷似的环形坑群命名为 snowman(雪人)，其头部由 head(雪人头)环形坑组成，surveyor(勘察者)环形坑构成其身体，但构成其左右脚(left foot，right foot)和左右手(left hand，right hand)的环形坑名字却未通过 IAU 的批准。其他的类似名称还包括 Apollo 14 中的 triplet(三连坑)和 Apollo 15 中的 south cluster(南坑群)等。

10.2.4 月球地理实体命名的规则和程序

在人类对月球地理实体命名长达数百年的历史中，经历了漫长的不断修正和规范化的过程，最终才建立了标准化的行星命名地名辞典，并使月球地理实体的命名维持在一个有序、科学和体系化的状态。IAU 认可或审批的天体命名主要服务于天文学家的天文观测和科学研究工作，所建立的天体命名程序和规则主要目的也是帮助人类进一步识别、区分和认识这些天体。因此，IAU 所做出的关于天体命名的决定或建议都是来源于既定的科学事实和天文学界的广泛共识，不受任何国家法律或国际法的限制和约束。月球地理实体命名作为太阳系命名的其中一个分支，也应遵循 IAU 对天体命名的要义。

(1)IAU 命名规则

经过多年来的不断制订和修改，IAU 建立了完善的天体地名原则和程序。所有的天体地名命名申请必须符合以下基本原则，才能被 IAU 审核批准。

1)命名是一种工具，首要考虑因素应当是简单、清晰、明确。

2)一般尺寸小于 100m 的地理实体无法获取官方名称，除非它具有特殊的科学意义。

3)每个天体所选地名的数量应保持在最少。只有当地理实体具有特殊的科学价值，并且对它的命名有利于在科学界和制图界中使用，才应该对其命名。

4)不鼓励对两个或多个不同天体上的表面地理实体，以及卫星和小行星使用相同的名称。在名称特别合适、并且造成混淆的可能性非常小的情况下可以使用同名。

5)每个天体所选的具体名称应当以源国家的语言进行表述。应给出各字母的音译，但不要把一种语言翻译成另一种语言。

6)在可能的情况下，应当使用并拓展早期所建立的太阳系命名的主题。

7)太阳系命名在名称的选择上应体现国际化。IAU 国家委员会会对提交的建议进行考虑，但最终名称的选择是 IAU 的职责。在适当的情况下，对于每一幅地图上的名称，WGPSN 强烈支持从各个族群、国家和性别中进行公平的选择；但在着陆区地图中，来自于计划开展着陆任务的国家的名称可以具有更高的比例。

8)具有政治、军事和宗教意义的名称不会被采用，19 世纪之前的政治人物名称除外。

9)通常，行星天体上的命名不应以纪念人物本身为目的，但在特殊情况下可适用，用以纪念在国际上具有较高的、持续性影响力的人物。享有此誉的人物必须是逝世 3 年以上。

10)若人物的名称存在一种以上的拼写方式，则应采用该人物偏爱的拼写方式，或在权威参考文献中所使用的拼写方式。

11)环和环隙的命名以及新发现卫星的命名由 WGPSN 和 IAU 第 20 委员会联合审议制定。

12)被采用的名称需要随附易获取的权威来源，包括互联网来源在内。维基百科不能作为一种来源，但可能有助于确定适当的来源。

除了这些一般性规则之外，每个任务组还针对具体的行星天体，在制定一个有趣和有意义的命名时约定了一些附加的惯例，月球地名的命名惯例已在前文中进行了阐述。

(2)IAU 命名程序

任何人都有权向 IAU 申请对太阳系各天体表面具有特定地理方位的形貌进行地名命名。当首次获得行星或卫星表面图像时，IAU 的相关专门工作组(例如月球命名专门工作组)将会选定命名形貌的类别，并提出一些形貌特征的命名建议。当取得更高分辨率的图像或地形图后，根据研究人员绘制或描述特定表面和地质构造时的需要，可对这些附加的形貌特征进行命名。

任何人都有权向 IAU 专门工作组建议特定的名字，可以通过 IAU 行星地名辞典官方网站填写《天体地名命名申请表》(见表 10-7)，提交 WGPSN 主席或 IAU 相关专门工作组主席，也可以送交美国地质调查局(USGS)太空地质研究组相关人员，但不能保证这个名字会被采纳。IAU 专门工作组审核通过后，由主席提交至 WGPSN；经 WGPSN 成员审核通过后，此命名被视为批准，可用于各种制图和出版物中。

批准通过的命名将会被立即收录到 IAU 官方数据库——行星命名词典数据库中，并公布在其网站上。任何对此命名的具有重要性、实质性的异议，可在此命名公布于网站的三个月之内，以书面或电子邮件的方式向 IAU 第三分部主席提出，但批准通过的命名也仍会在 IAU 的各项事务中使用。

在月球地理实体的选择上，要求申请命名的地理实体其形貌直径须大于 100m，且本身具备特殊的科学研究价值。对于某些正在实施的太阳系探测计划中新发现的很小的表面形貌，比如卫星着陆点、航天器撞击点、小撞击坑、小山丘或岩石等，IAU 会以其太小为由拒绝批准为其进行地名命名，除非这个形貌具有特别的科学研究价值。其次，所建议的地名必须简单明了、不易混淆，且还必须对科学研究工作和天体表面图集制作有很大的帮助。此外，如果以人物姓名进行命名，通常不能单纯以纪念为目的，但在特殊情况下是可以用来纪念那些具有崇高和永久国际地位的人物；而且，获此殊荣的个人必须是已经去世三年以上。最后特别要注意的是，地名来源的选择应体现国家或民族的多样性，而带有政治、军事或宗教色彩的名称将不会被 IAU 采用，除非是 19 世纪以前政治人物的名字。

表 10-7　天体地名命名申请表(＊为必填项)

<table>
<tr><td colspan="6">申请人信息＊</td></tr>
<tr><td>姓名</td><td></td><td>电子邮件</td><td></td><td>职业</td><td></td></tr>
<tr><td colspan="6">将要命名的地理实体形貌信息</td></tr>
<tr><td>所属星系＊</td><td></td><td>所属天体＊</td><td></td><td>形貌类型＊</td><td></td></tr>
<tr><td rowspan="5">形貌坐标</td><td colspan="5">注：1. 请按照选项选择标明南或北、东或西。2．请用统一的小数点位数(例：13.32)</td></tr>
<tr><td>起始纬度</td><td>北纬/ 南纬：　　度</td><td>起始经度</td><td colspan="2">东经/西经：　　度</td></tr>
<tr><td>中心纬度</td><td>北纬/ 南纬：　　度</td><td>中心经度</td><td colspan="2">东经/西经：　　度</td></tr>
<tr><td>终点纬度</td><td>北纬/ 南纬：　　度</td><td>终点经度</td><td colspan="2">东经/西经：　　度</td></tr>
<tr><td>尺　寸＊</td><td colspan="4">最大长度：　　千米</td></tr>
<tr><td rowspan="2">命名理由＊</td><td colspan="5">注：只有具备特殊科学意义的地理实体才会被命名，且这项命名会对科学机构和制图机构具有普遍益处。请简短描述命名此地理实体的理由。若此项命名会被用于论文或制图，请提供论文期刊或地图系列的名字。</td></tr>
<tr><td colspan="5"></td></tr>
<tr><td rowspan="2">备注信息</td><td colspan="5">注：如果想提交更多关于该地理实体的信息，请填写在这里。</td></tr>
<tr><td colspan="5"></td></tr>
<tr><td rowspan="2">图片＊</td><td colspan="5">注：首先请将没有注解的图像附上，同时附上清晰标记地理实体边界的图像。如果是撞击坑，请在撞击坑中心用一个点标出，以便确认。若是彩色图像，请用 RGB 格式，不要用 CMYK。最大为 5MB。推荐使用 JPG 格式。</td></tr>
<tr><td>没有标注的图像</td><td></td><td>清晰标记边界的图像</td><td colspan="2"></td></tr>
<tr><td colspan="6">具体命名建议</td></tr>
<tr><td colspan="6">注：如果要推荐一个具体的命名建议，必须把其来源、大陆、种族及起源点填出。</td></tr>
<tr><td rowspan="2">建议名字</td><td colspan="5">注：所建议的名字不能保证被通过。建议名字必须符合地理实体形貌类型命名规范。</td></tr>
<tr><td colspan="5"></td></tr>
<tr><td rowspan="3">名字出处</td><td colspan="5">注：所建议的名字须有其文献(非互联网址)出处。该文献出处应易在图书馆找到，最好已在地名辞典里收录(见“行星名字出处词典索引目录“)。</td></tr>
<tr><td colspan="5">地名辞典中的出处：</td></tr>
<tr><td colspan="5">非地名辞典中的出处：</td></tr>
<tr><td rowspan="2">所属大陆</td><td colspan="5">注：建议名字来源的大陆或地理区域。(亚洲，欧洲等)。</td></tr>
<tr><td colspan="5"></td></tr>
<tr><td rowspan="2">所属种族</td><td colspan="5">注：建议名字所属的国家或者种族(中国、印度等)。</td></tr>
<tr><td colspan="5"></td></tr>
<tr><td rowspan="2">出身简述</td><td colspan="5">若是人物姓名，请简述其出生和去世日期(必须是去世 3 年以上的人物姓名才符合审查条件)。</td></tr>
<tr><td colspan="5"></td></tr>
</table>

10.3　月球上的中国名称

如前所述，由于月球地理实体命名始于 17 世纪欧洲，历史上东西方科学文化交流的障碍以及我国月球探测活动起步较晚等诸多因素，现有月球地名中，中国元素的名称极少。2004 年中国实施探月工程之前，在月球地名辞典的 9 124 个月球地名中，具有中国元素的名称仅有 15 个。在 2010 年以前，我国从未向 IAU 申请过月球地名的命名，直到我国首次绕月探测工程圆满成功后，才开始进行月球地名命名的申请工作。随着我国探月工程的逐步推进和科学研究的逐渐深入，月球上的中国名称必将越来越多。

10.3.1　探月工程实施前月球上的中国名称

1970 年，中国成功发射了自主研制的人造地球卫星，中国的国际地位也大大提升，月球形貌的命名表上才较多出现了中国人的名字。到 2010 年中国首次利用探月工程科学数据申报月球地理实体命名时为止，月球上共用 11 个中国人的名字，命名了 16 个月球表面形貌，包括 9 个撞击坑、2 个月溪和 5 个卫星坑，其中 2 个撞击坑和 2 条月溪在月球正面，其他 7 个撞击坑均在月球背面。

(1)万户撞击坑(Wan－Hoo / Van－Gu)

万户撞击坑(如图 10-3 所示)编号为 6484，中心点位置为月球西经 138.8°，南纬 9.8°；直径为 52 km；命名时间为 1970 年。该撞击坑位于月球背面，与撞击坑谢尔诺夫、埃文斯和帕森相邻，整体地形起伏较小，坑底无突起，为碗型撞击坑，但其坑唇发育不明显，且遭到后期撞击破坏。万户，明代官员，是世界上第一个尝试利用火箭推力飞行的人，被誉为世界载人火箭的先驱。万户在座椅上捆绑了 47 支火箭，自己坐在椅子上，手持 2 个大风筝，令人点火，试图利用火箭的推力和风筝的升力升空。万户惊人的胆略和非凡的预见，为后人进入太空打开了思路。

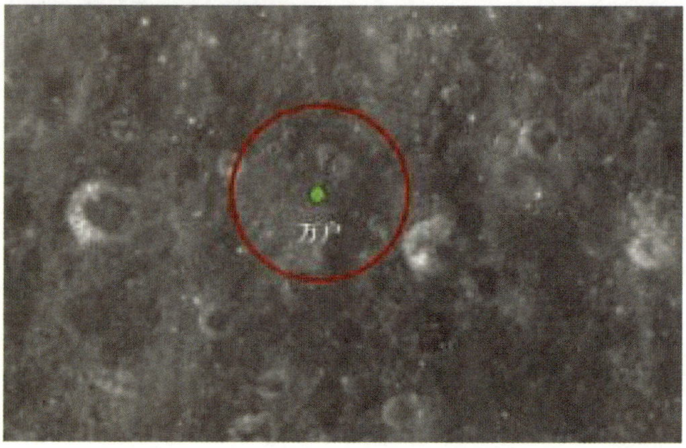

图 10-3　万户撞击坑

(2)郭守敬撞击坑(Kuo Shou Ching)

郭守敬撞击坑(如图 10-4 所示)编号为 3163，中心点位置为月球西经 133.7°，北纬 8.4°；直径为 34 km；命名时间为 1970 年。该撞击坑位于月球背面高地，地形起伏较小，形态保存完好，坑底平坦，为碗型撞击坑。郭守敬(1231—1316 年)，中国元朝天文学家、数学家、水利专家和仪器制造专家。郭守敬曾担任都水监，负责修治元大都至通州的运河。1276 年郭守敬修订新历法，经 4 年时间制订出《授时历》，通行 360 多年，是当时世界上最先进的一种历法。

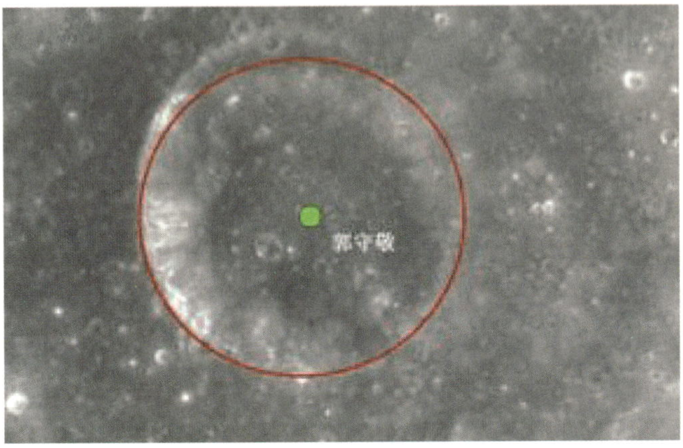

图 10-4　郭守敬撞击坑

(3)石申撞击坑(Shi Shen)

石申撞击坑(如图 10-5 所示)编号为 5487，中心点位置为月球东经 104.1°，北纬 76°；直径为 43 km；命名时间为 1970 年。该撞击坑靠近月球北极区，撞击坑北侧遭后期撞击破坏，已无法分辨其坑唇结构；撞击坑南侧形态完好，可看出撞击坑原为碗型撞击坑，坑

图 10-5　石申撞击坑

底平坦。石申，战国时期魏国的天文学家，著有《天文》八卷，同期齐国（也认为是楚国）天文学家甘德著有《天文星占》八卷，有考证说后人将这两部著作合为一部，取名为《甘石星经》，它是世界上最早的天文学著作。

(4)张衡撞击坑(Chang Heng)

张衡撞击坑（如图 10-6 所示）编号为 1133，中心点位置为月球东经 112.2°，北纬 19°；直径为 43 km；命名时间为 1970 年。该撞击坑位于月球背面，撞击坑边缘遭后期撞击破坏，但其形态基本保持完好。其坑底的凸起并不是与张衡坑同时形成的中央隆起，而是一个后期的小型撞击坑，与张衡坑同心，直径约为张衡坑的 1/3。张衡（78—139 年），东汉时期天文学家、数学家、地理学家、制图学家和发明家，为我国天文学、机械技术、地震学的发展作出了不可磨灭的贡献。

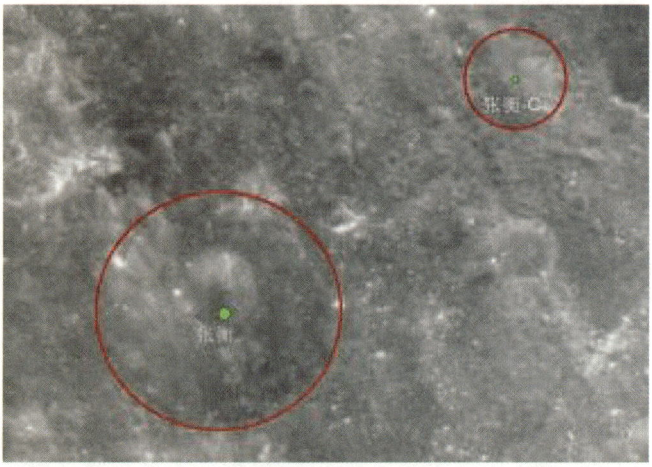

图 10-6　张衡撞击坑

(5)祖冲之撞击坑(Tsu Chung—Chi)

祖冲之撞击坑（如图 10-7 所示）编号为 6100，中心点位置为月球东经 145.1°，北纬 17.3°；直径为 28 km；命名时间为 1961 年。该撞击坑形貌保存完好，撞击坑边缘清晰，为典型的碗型撞击坑，坑底分布后期的小型撞击坑。祖冲之（429—500 年），字文远，汉族人，是我国南北朝时期杰出的数学家和科学家，其主要贡献在数学、天文历法和机械三方面。在天文学方面，创制了中国历法史上著名新历——《大明历》。

(6)嫦娥撞击坑(Chang—Ngo)

嫦娥撞击坑（如图 10-8 所示）编号为 1135，中心点位置为月球南纬 12.69°，西经 2.19°；直径为 2.34 km；命名时间为 1976 年。该撞击坑位于阿方萨斯撞击坑底，个体较小，但形态完好，为碗型撞击坑。嫦娥（音译），为中国女性普通名字，非指特定某人。

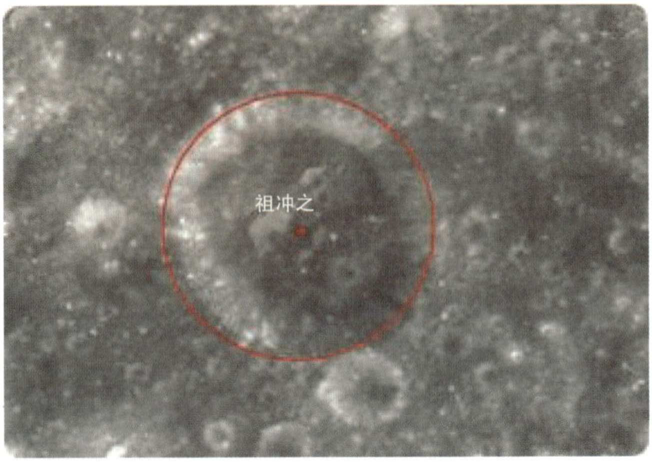

图 10-7　祖冲之撞击坑

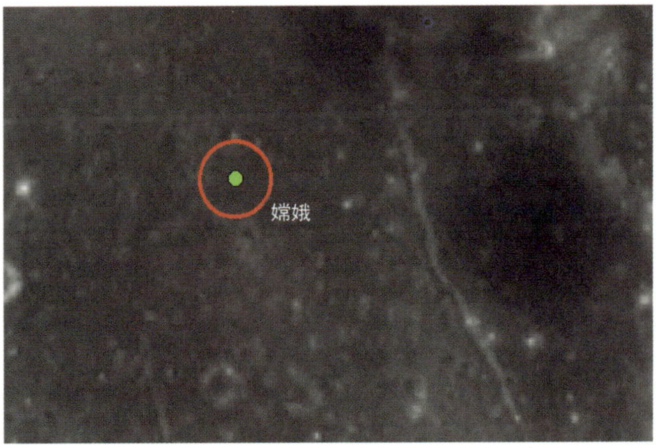

图 10-8　嫦娥撞击坑

(7)景德撞击坑(Ching—Te)

景德撞击坑(如图 10-9 所示)编号为 1184，中心点位置为月球东经 29.97°，北纬 20.02°；直径为 3.7 km；命名时间为 1976 年。该撞击坑位于澄海东南侧隆起边缘、鲁道夫月溪北侧，个体较小，但形态保存完好，为碗型撞击坑。景德为中国男性普通名字，非指特定某人。

(8)李白撞击坑(Li Po)

李白撞击坑(如图 10-10 所示)编号为 5763，中心点位置为月球东经 90.6°，南纬 3.5°；直径为 15 km。据 IAU 公布的该形貌地名注解，IAU 并没有批准将该形貌命名为李白撞击坑，2006 年该形貌被 IAU 核准为 Hume Z 卫星坑。该撞击坑位于史密斯海东南侧隆起边缘，形态保存完好，为碗型撞击坑，且能清晰看到撞击作用导致溅射出物质绕该坑呈辐射状分布。李白(701—762 年)，中国唐代诗人。

图 10-9　景德撞击坑

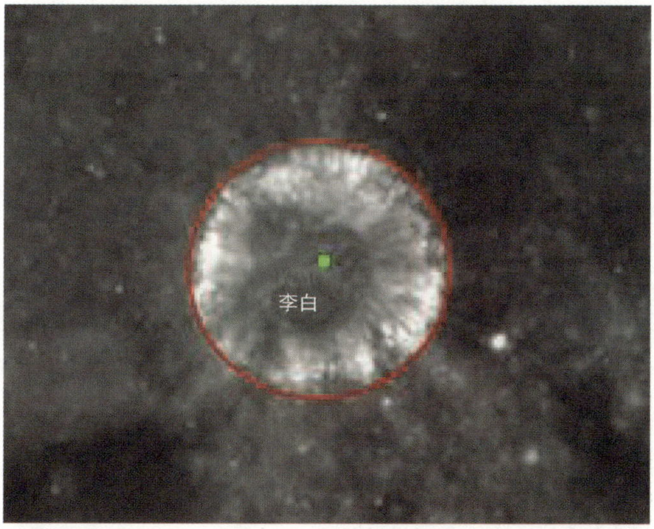

图 10-10　李白撞击坑

(9)高平子撞击坑(Kao)

高平子撞击坑(如图 10-11 所示)编号为 2922，中心点位置为月球东经 87.81°，南纬 6.71°；直径为 34.54 km；命名时间为 1982 年。该撞击坑位于史密斯海南部，坑底平坦，为碗型撞击坑，但其南侧坑缘遭后期的黑尔默特撞击坑和一个小型撞击坑的强烈破坏。高平子(1888—1970 年)，中国著名的天文学家，终身效力于天文学事业，对中国的天文学事业有奠基之功，在世界同行中也享有盛誉。

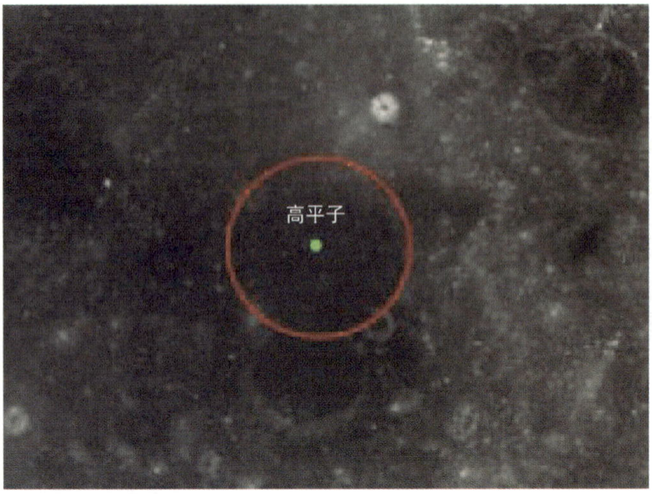

图 10-11　高平子撞击坑

(10)婉玉月溪(Rima Wan—Yu)

婉玉月溪(如图 10-12 所示)编号为 5087，中心点位置为月球西经 31.43°，北纬 19.98°；长度为 13.72 km；命名时间为 1976 年。该月溪沿着娜塔莎撞击坑西侧延伸。婉玉为中国女性的普通名字，非特定指某人。

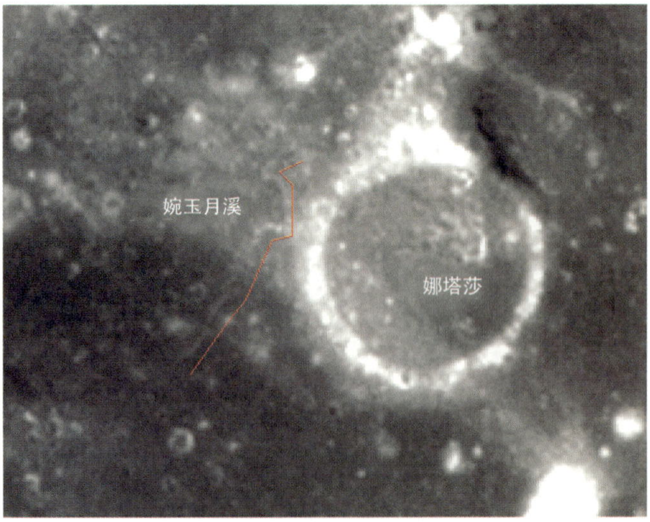

图 10-12　婉玉月溪

(11)宋梅(Rima Sung—Mei)

宋梅月溪(如图 10-13 所示)编号为 5084，中心点位置为月球东经 11.28°，北纬 24.59°；长度为 3.88 km；命名时间为 1985 年。该月溪宽度约为 0.5 km，沿 NE-SW 方向延伸，西南端开阔，呈喇叭状与一个坑相连。宋梅为中国女性的普通名字。

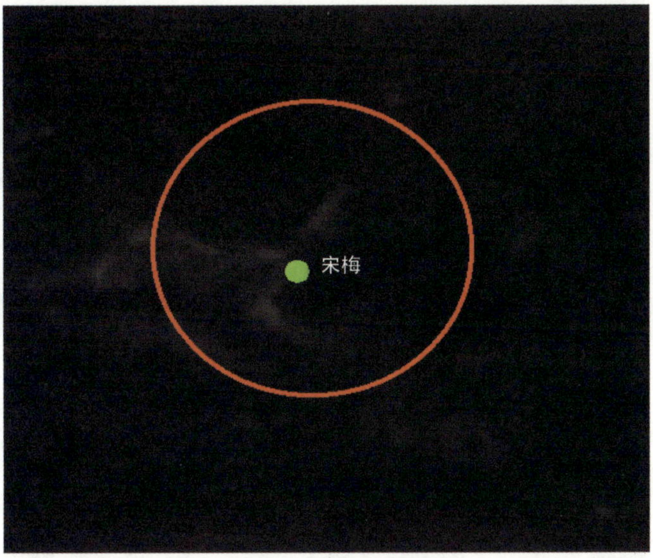

图 10-13　宋梅月溪

(12)万户 T 卫星坑(Wan—Hoo/Van—Gu T)

万户 T 卫星坑(如图 10-14 所示)编号为 13794，中心点位置为月球西经 141.13°，南纬 10.18°；直径为 21.22 km；命名时间为 2006 年。位于万户坑正西向，该卫星坑较小但形态保存完好，为典型的碗型撞击坑。

(13)石申 Q 卫星坑(Shi Shen Q)

石申 Q 卫星坑(如图 10-15 所示)编号为 13077，中心点位置为月球东经 96.3°，北纬 74.2°；直径为 45 km；命名时间为 2006 年。位于石申坑的西南向，撞击坑形态完好，坑唇清晰，坑底平坦，为典型的碗型撞击坑。

(14)石申 P 卫星坑(Shi Shen P)

石申 P 卫星坑(如图 10-16 所示)编号为 13076，中心点位置为月球东经 97°，北纬 71.7°；直径为 22 km；命名时间为 2006 年。位于石申 Q 坑的正南向，该坑早后期强烈破坏，仅东侧和北侧的坑唇尚可辨识。

图 10-14　万户 T 卫星坑

图 10-15　石申 Q 卫星坑

(15)张衡 C 卫星坑(Chang Heng C)

张衡 C 卫星坑(如图 10-16 所示)编号为 8249，中心点位置为月球东经 114°，北纬 20.4°；直径为 25 km；命名时间为 2006 年。位于张衡撞击坑东北向，坑缘呈椭圆形，无后期破坏，且整体地形平坦，坑唇发育并不明显。

(16)祖冲之 W 卫星坑(Tsu Chung—Chi W)

祖冲之 W 卫星坑(如图 10-17 所示)编号为 13540，中心点位置为月球东经 143.3°，北纬 18.5°；直径为 24 km；命名时间为 2006 年。位于祖冲之撞击坑西北向，该坑遭后期强烈破坏，但整体形态仍可辨识，坑底平坦，为碗型撞击坑。

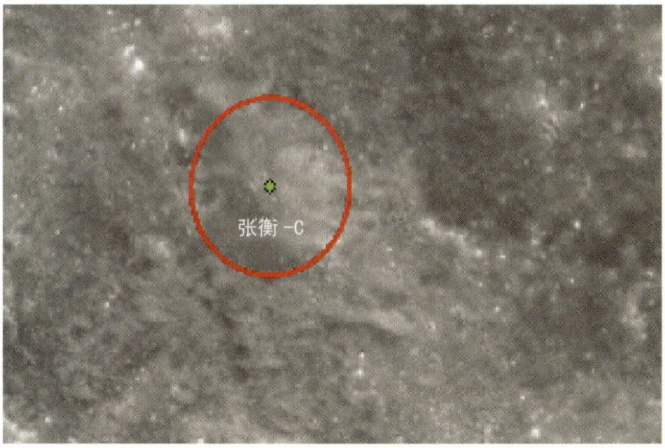

图 10-16　张衡 C 卫星坑

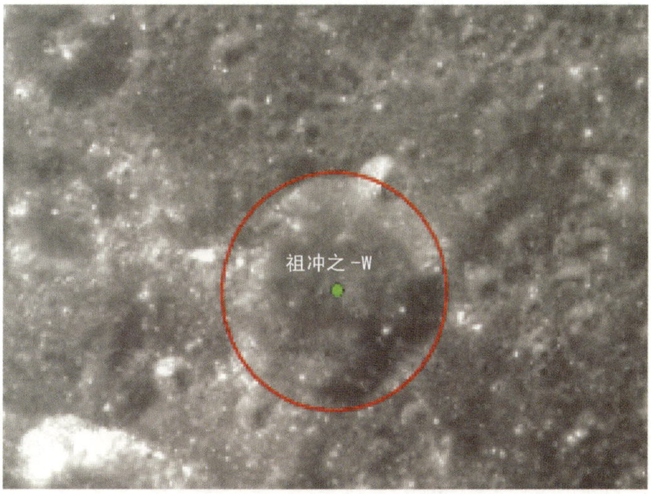

图 10-17　祖冲之 W 卫星坑

10.3.2　我国自主申请获批的月球地名

纵观月球地名的命名历史，某种意义上讲也是各个国家在月球和行星科学领域综合实力的体现，从最初的欧洲到随后的美国，再到苏联首次获取月球背面影像，最后到人类月球探测高潮的掀起，无不表明了这一点。中国之前一直游离于月球地名的大家族之外，到了 20 世纪六七十年代，美国、苏联在不断开展月球探测活动过程中，遇到了月球地名不足的问题，在这一背景下，本着命名应体现国际化的原则，跟中国有关的几个月球地名才开始出现在月球上。2007 年中国首次绕月探测工程的圆满成功，揭开了我国深空探测活动的序幕，同时也成为我国航天事业发展继人造地球卫星、载人航天之后的第三个里程碑，取得了举世瞩目的成就，极大地提升了我国在世界航天界的影响力，这也使我国可以利用自主获取的科学探测成果向 IAU 申请命名月球地名，最终将中国的科学成就、悠久文化深深的烙在月球上。2010 年以来，我国已先后两次向 IAU 提出了月球地理实体命名申请，截至 2018 年底，已获批的月球地名共有 7 个，包括 6 个环形坑和 1 个着陆点区域。

2007 年我国首次绕月探测工程成功后，嫦娥一号卫星获取了包括月球南北两极在内的全月面高精度影像数据，利用影像数据在清晰度及覆盖性上的优势，着重对月球南极和北极的形貌地形特征进行了科学的研究分析，并于 2010 年首次向 IAU 提出了对全月面范围内的 10 个月球地理实体进行命名的申请。2010 年 8 月，IAU 正式批准将位于月球北极和南极的 3 个环形坑命名为蔡伦、毕昇和张钰哲，实现了我国在月球地理实体命名上零的突破。

2013 年年底，我国嫦娥三号探测器首次成功实现在地外天体软着陆和月面就位探测及巡视勘察。为了便于对着陆器和巡视器所开展的科学活动以及所取得的成果进行了科学解译和交流，我国科学家依据美国阿波罗任务和苏联月球号任务的命名惯例，对着陆器在降落过程中可作为关键导航点或用作位置标识的环形坑、着陆位置区域、着陆器附近或巡视器巡视路线附近的典型精细形貌、具有科学意义或获取重要科学成果位置点附近的典型形貌等进行了研究分析，在此基础上第二次向 IAU 提出了对嫦娥三号着陆区 16 个月球地理实体命名的申请。2015 年 10 月，IAU 正式批准将嫦娥三号着陆点命名为“广寒宫”，将着陆点附近的 3 个环形坑命名为“紫微”“天市”和“太微”，而其余的 12 个位于广寒宫区域范围内、玉兔号月球车巡视路线附近的精细地形，由于其尺寸小于 IAU 所规定的 100m 要求而未获官方批准，但考虑到这些地名在解释嫦娥三号探测活动及科学成果方面的重要作用，IAU 建议可作为非官方的地名予以推广使用。

(1)利用嫦娥一号科学应用成果命名的月球地名

利用嫦娥一号科学应用成果申请并获批了 3 个环形坑“蔡伦”“毕昇”“张钰哲”，分别位于月球的北极和南极。由于月球赤道面与黄道面的夹角只有大约 6°，因此月球极区的太阳光照角非常小，太阳光强度很弱，对月球极区进行光学成像非常困难，在月球极区尚有没有被命名的大型环形坑。嫦娥一号获取了月表极区的全部影像，制作形成了当时覆盖最全、图像质量最好、定位精度最高的全月球影像图，在月球南北两极清晰地识别了尚未被命名的环形坑。因此，我国首次月球地名命名对象主要从月球南北两极的环形坑中选取。

①毕昇撞击坑(Bi Sheng)

毕昇撞击坑(如图 10-18 所示)编号为 14748，中心点位置为月球东经 148.46°，北纬 78.35°；直径 55.27 km；命名时间为 2010 年。该撞击坑靠近北极区，撞击坑遭到后期陨石撞击作用破坏，坑底和坑唇上小型撞击坑密布，但整体形态仍可辨识。坑底存在一个长约 12 km、NE-SW 向延伸的撞击坑链。毕昇(970—1051 年)，中国北宋时期著名发明家，他发明了活字排版印刷术。活字印刷是我国古代四大发明之一，为我国文化经济的发展和推动世界文明的进步作出了重大贡献。

图 10-18　毕昇撞击坑

②蔡伦撞击坑(Cai Lun)

蔡伦撞击坑(如图 10-19 所示)编号为 14749，中心点位置为月球东经 113.5°，北纬 80.3°；直径为 43 km；命名时间为 2010 年。该撞击坑靠近月球北极区，遭受后期撞击作用的强烈破坏，但其坑的形态仍可辨识，为碗型撞击坑。其坑缘上的小型撞击坑可能存在永久阴影区。2010 年 8 月 14 日格林威治时间凌晨 4 点，就在蔡伦撞击坑被命名后的第 12 天，月球天平动(即地面观测者所看到的月球正面边缘部位的微小变化)达到高峰，它向地球北半球的人们打了一个招呼，展示了它美丽的轮廓和部分阴影区的底部。蔡伦(63—121 年)，中国东汉时期发明家，他发明了造纸术。造纸术是我国古代四大发明之一。

图 10-19　蔡伦撞击坑

③张钰哲撞击坑(Zhang Yuzhe)

张钰哲撞击坑(如图 10-20 所示)编号为 14750，中心点位置为月球西经 137.8°，南纬

69.1°；直径为 35 km；命名时间为 2010 年。该撞击坑形态保存基本完好，坑底平坦，为典型的碗型撞击坑。张钰哲(1902—1986 年)，中国现代天文学家，“中华”小行星的发现者，曾任紫金山天文台台长和中国天文学会理事会理事长。他长期致力于小行星和彗星的观测和轨道计算工作，发现了许多星历表上没有的小行星和以“紫金山”命名的 3 颗新彗星。

图 10-20　张钰哲撞击坑

(2)利用嫦娥三号科学应用成果命名的月球地名

我国嫦娥三号月球探测器于北京时间 2013 年 12 月 14 日成功着陆在雨海地区虹湾东部，着陆点经纬度为 19.51°W，44.12°N，高程为 -2 615 m。嫦娥三号成功落月，是自 20 世纪六七十年代阿波罗成功登月之后的 40 余年里，人类探测器实现的唯一一次月球软着陆，也使我国成为继美国和苏联之后世界上第三个实现月面软着陆的国家。北京时间 2013 年 12 月 15 日，玉兔号月球车(如图 10-21 所示)与嫦娥三号着陆器成功分离，两器在着陆区域陆续开展了“巡天、观地、测月”的科学探测活动，实现了我国航天器首次在地外天体软着陆和就位探测与巡视勘察，获取了大量的科学数据。

为规范统一嫦娥三号着陆区地理实体的名称，进一步促进科学研究和学术交流，探月工程地面应用系统 2014 年开展了月球地名标准化和系统命名工作，利用嫦娥三号地形地貌相机、全景相机和降落相机获取的着陆区形貌影像数据，编制完成了《嫦娥三号着陆区形貌命名建议书》，提出对嫦娥三号月球着陆区中的 16 个地理实体进行命名，其中着陆点建议以中国古代神话中嫦娥和玉兔居住的宫殿——广寒宫命名，着陆区附近其他地理实体名建议以中国古星图中“三垣四象二十八宿”的星官名来命名。2015 年 6 月，中国科学院月球与深空探测总体部向 IAU 正式提交了命名嫦娥三号着陆区形貌的申请。经过近半年的逐级审议，IAU 于 2015 年 10 月 5 日在其官网上向国际社会公布，批准将嫦娥三号探测器着陆点以及玉兔号月球车勘察过的一片区域命名为“广寒宫”，其附近的三个撞击坑分别命名为“紫微”“天市”和“太微”。这种以我国古代天文学成就来命名我国当代月球探测成果，

图 10-21　嫦娥三号巡视器——玉兔号月球车

在以往的命名中尚无先例，既符合传统命名原则又不容易引起歧义和争论，同时也彰显了中国古代天文科技的辉煌成就。对提请命名的其余 12 个地理实体，IAU 建议可以作为非官方的命名，并认可这些命名在科学研究和学术交流中的使用。

①三垣二十八宿体系

中国古代天文学将天空划分为数百个星官。与现代星座有所区别的是，星官一般只是一组恒星的组合，而不是区域的概念，且其覆盖的区域较之现代星座要小得多。

这数百个星官又被统合为 31 个较大的天区，即靠近北天极的三垣和沿天赤道分布的二十八宿(如图 10-22 所示)。三垣即紫微垣、太微垣和天市垣；二十八宿又分为东南西北四象，分别为：东方青龙七宿——角、亢、氐、房、心、尾、箕；北方玄武七宿——斗、牛、女、虚、危、室、壁，西方白虎七宿——奎、娄、胃、昴、毕、觜、参；南方朱雀七宿——井、鬼、柳、星、张、翼、轸。

② 4 个获准命名的月球地理实体分布

“广寒宫”和“三垣”所处的月表区域位于雨海北部地区的月海平原，向北约 41km 处为拉普拉斯 F 撞击坑，这也是距离该区域最近的已命名地貌，向北约 120km 处即为雷克蒂山脉。整个区域在较大尺度范围内呈现出狭窄、修长、绵延的特征，表现为海岭地貌，整体地势较为平坦，呈西高东低的趋势，平均高程在 − 2 640m 以下，最低点位于天市环形坑的底部，约 − 2 674m。该区域具有较低的反照率，呈现出明显的暗色，在地质上属高钛玄武岩分布区，地质年龄为较年轻的爱拉托逊纪。

“紫薇”“天市”“太微”名称取自中国古代天文中的“三垣”，即“紫微垣”“天市垣”和“太微垣”，为紧邻“广寒宫”的 3 个较大的撞击坑，直径分别为 420m、480m 和 470m，便于在较大尺度上辨识嫦娥三号着陆点的位置，如图 10-23 所示。

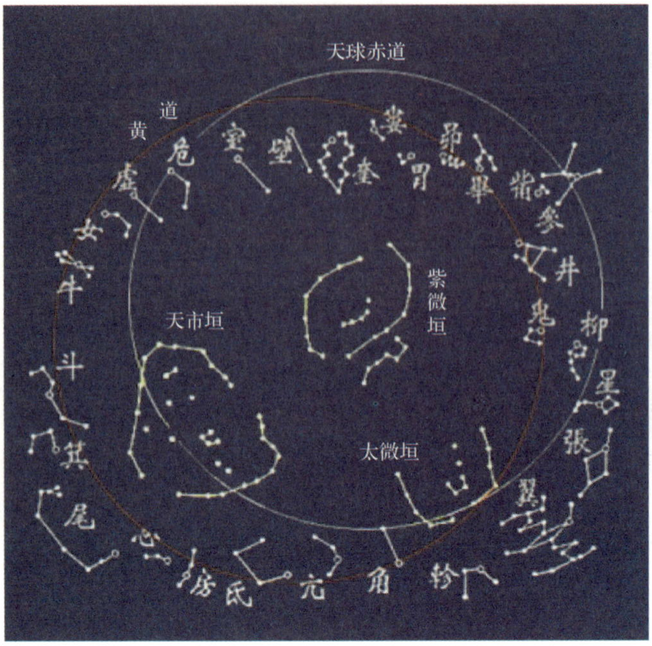

图 10-22　三垣二十八宿示意图

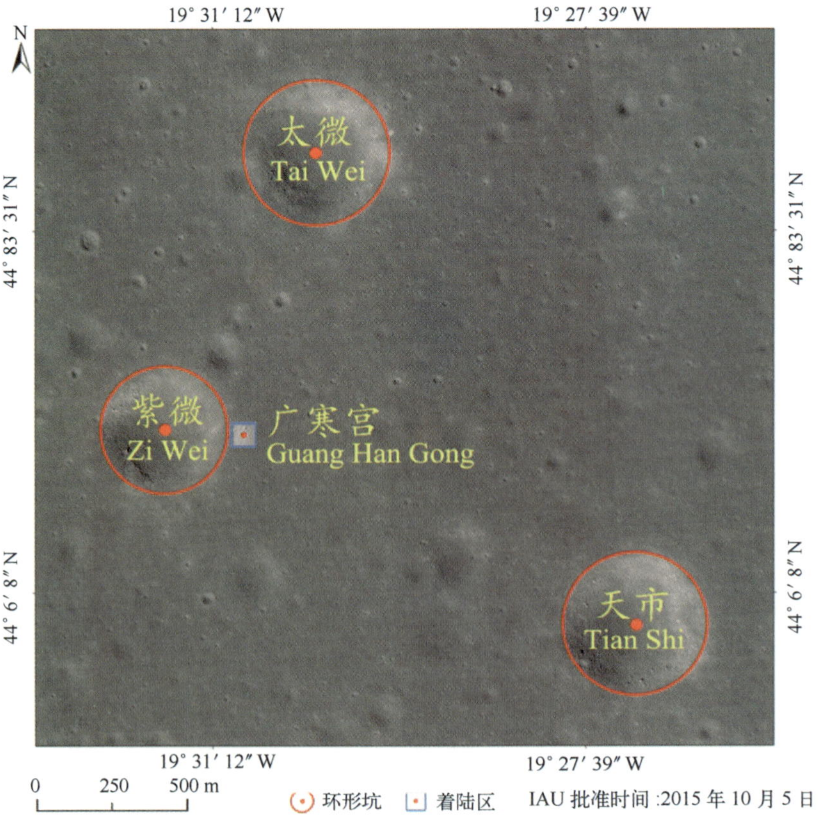

图 10-23　嫦娥三号着陆区获批命名的 4 个月球地理实体分布影像图

③紫微(Zi Wei)

紫薇撞击坑(如图 10-24 所示)编号为 15412，中心点坐标为月球北纬 44.12°、西经 19.52°，直径为 0.42 km ，命名时间 2015 年 10 月 5 日。“紫微”为中国古天文中“三垣”名称之一，用以在较大尺度上辨识嫦娥三号探测器着陆点位置。

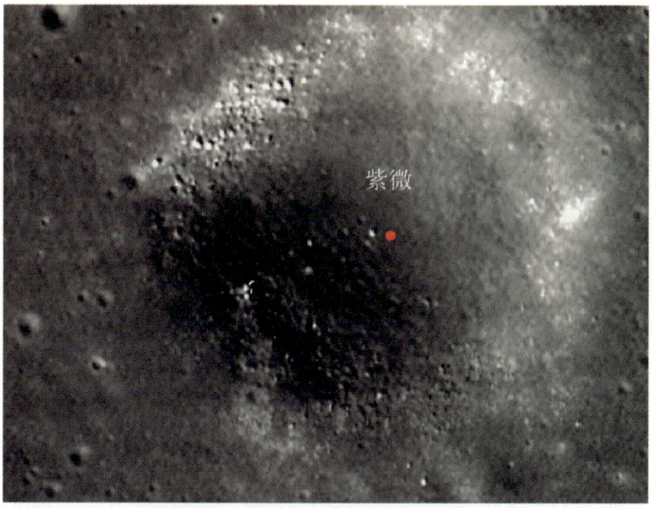

图 10-24　紫微撞击坑

④天市(Tian Shi)

天市撞击坑(如图 10-25 所示)编号为 15413，中心点坐标为月球北纬 44.1°、西经 19.45°，直径为 0.47 km ，命名时间 2015 年 10 月 5 日。“天市”为中国古天文中“三垣”名称之一，用以在较大尺度上辨识嫦娥三号探测器着陆点位置。

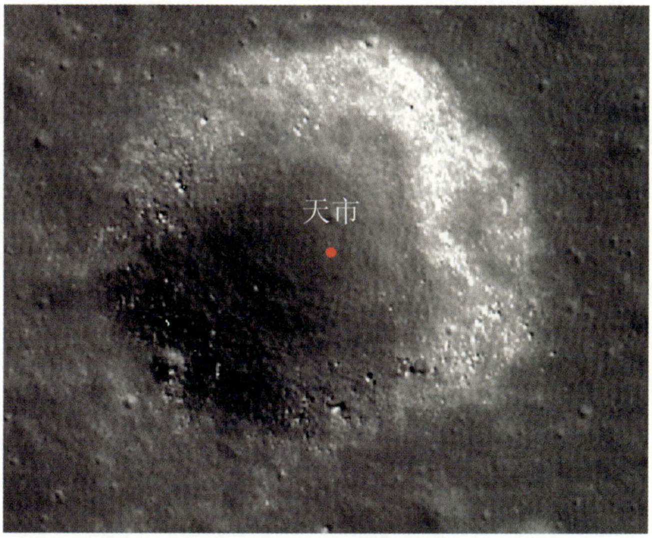

图 10-25　天市撞击坑

⑤太微(Tai Wei)

太微撞击坑(如图 10-26 所示)编号为 15414，中心点坐标为月球北纬 44.15°、西经 19.49°，直径为 0.48km，命名时间 2015 年 10 月 5 日。“太微”为中国古天文中“三垣”名称之一，用以在较大尺度上辨识嫦娥三号探测器着陆点位置。

图 10-26 太微撞击坑

⑥广寒宫 (Guang Han Gong)

广寒宫是指嫦娥三号月球着陆点周边方圆 77m 的区域，包括玉兔号月球车巡视路线及其东侧重要地貌，中心点坐标为月球北纬 44.12°、西经 19.51°，直径为 0.08km，命名时间 2015 年 10 月 5 日。广寒宫取自中国古代神话故事中嫦娥和玉兔在月亮上的宫殿，用以标记中国嫦娥三号探测器首次在月球上软着陆的位置，如图 10-27 所示。

广寒宫内包括嫦娥三号探测器的着陆点和玉兔号月球车的巡视路径。嫦娥三号安全着陆于月面后，转入月面工作段。在第一个月昼工作期，玉兔号月球车首先从着陆器上解锁、分离，沿着陆器上的转移支架，向北缓缓驶入月表的第一个停泊点 Y01 点。在 Y01 点月球车上的地形地貌相机首先开机进行了试拍，随后月球车继续往北行驶来到 Y02 点，在该点月球车调头与着陆器完成了第一次两器互拍；接着右转改变为向南行驶来到 Y03 点，再向正南方行驶到 Y04 点，再右转来到着陆器正南方的 Y05 点。Y02～Y05 点组成了一个以着陆器为中心的、近似六边形的右半边，并且在这几点着陆器和月球车都进行了两器互拍。随后月球车继续向南行驶，来到 Y06 点，完成规划的最后一次两器互拍，此时月球车距离着陆器正南方向约 18 m。完成两器互拍任务后，月球车又向南陆续行驶过 Y07，并停留在 Y08 点完成第一月昼工作任务。

经过一个月夜的休眠，开始第二个月昼工作。按照原定计划，月球车应前往位于其西南方向的大石块区域进行探测。月球车调整向西方向行驶，途中陆续经过 Y09～Y12 等几个点，到达离大石块不足 10m 的 Y13 点。然而此时从月球车发回的照片显示，大石块周边存在太多小石块，不适合月球车行驶，而大石块西侧的紫微撞击坑边缘显示出较好的科

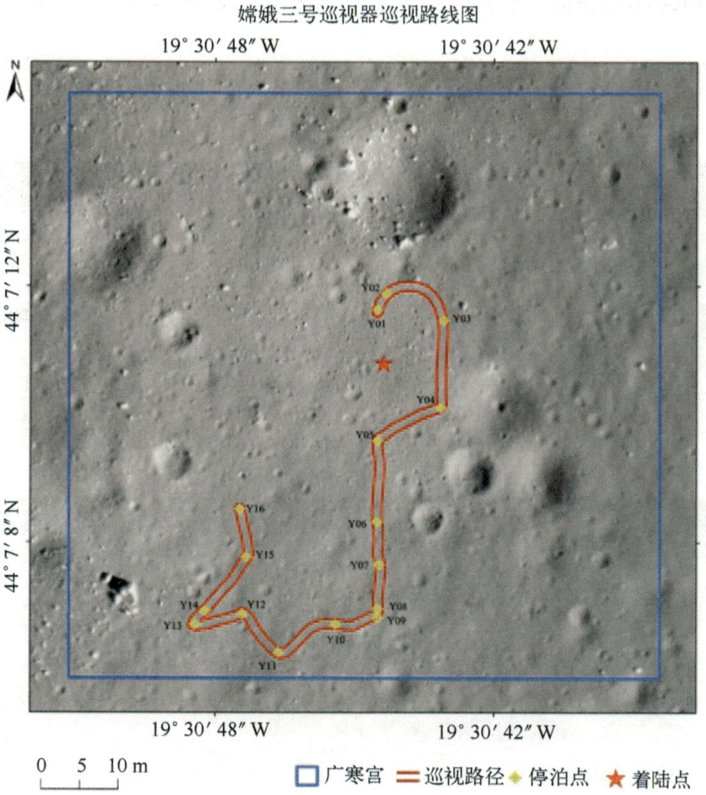

图 10-27　广寒宫

研价值，因此月球车在 Y13 点调整方向，折回向北方向行驶，经过 Y14 和 Y15 点，最终到达 Y16 点。月球车在 Y16 点不幸出现了故障，因此便永久地留在了该点。

在两个月昼的工作中，月球车和着陆器搭载的 8 台科学载荷获取了大量的科学数据，通过分析这些数据获得了非常有价值的科学成果。嫦娥三号着陆器上的地形地貌相机环拍图像如图 10-28 所示。

⑦广寒宫内 IAU 认可推广使用的月球地名

根据 IAU 现行的行星系地名命名规则，对直径小于 100m 的月球表面地理实体将不予进行官方命名，但同意这些尺寸较小的地理实体可以由感兴趣的科学家团队进行非官方的命名，并认可这些命名在科学研究和学术交流中的使用。IAU 月球命名委员会建议并认可在科学研究和学术交流中，推广使用我国 2015 年提请命名但未获准的其他 12 项地名，包括嫦娥三号着陆点周边区域的 9 个小撞击坑和 3 个小石块。

这 12 个地理实体用以标记嫦娥三号着陆点周边区域具有较大科学研究价值的形貌，其名称来源是：以嫦娥三号着陆点为基点，在其东、南、西、北 4 个正方位之间作 2 条 45°对角线，将嫦娥三号着陆点周边区域划分为 4 个方位区，分别对应中国古代天文星图中的“四象”(东苍龙、南朱雀、西白虎、北玄武)，按所处“四象”中的“二十八宿”星官的名字命名(见表 10-8)。

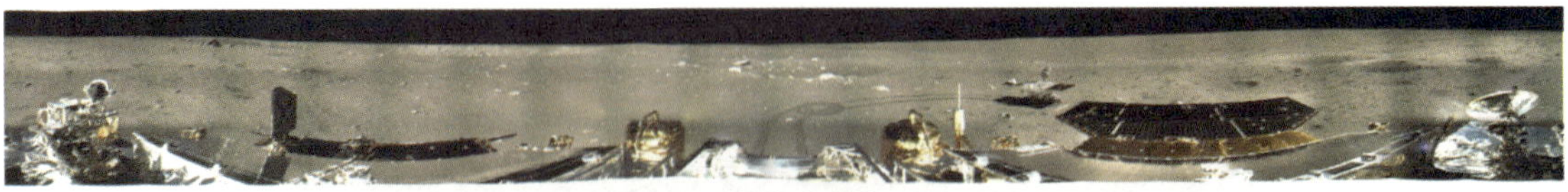

(a) 全视场角图像

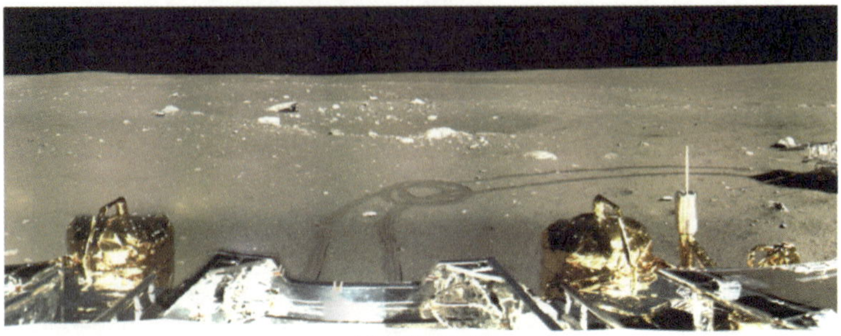

(b) 正北视场角图像

(c) 正东视场角图像

(d) 正南视场角图像

(e) 正西视场角图像

图 10-28　嫦娥三号着陆器上的地形地貌相机环拍图像

表 10-8　广寒宫内推广使用的月球地理实体命名表

编号	类型	直径	推广地名	英文名称	名称来源
1	环形坑	1.31m	天潢	Tian Huang	中国古星图中“二十八宿”中的星官名
2	环形坑	15.46m	天渊	Tian Yuan	
3	石块	2.48m	离宫	Li Gong	
4	石块	1.59m	阳门	Yang Men	
5	环形坑	9.95m	神宫	Shen Gong	
6	环形坑	7.32m	天庙	Tian Miao	
7	环形坑	9.02m	亢池	Kang Chi	
8	环形坑	3.97m	天稷	Tian Ji	
9	环形坑	2.11m	军市	Jun Shi	
10	环形坑	2.16m	器府	Qi Fu	
11	石块	5.20m	外屏	Wai Ping	
12	环形坑	4.92m	天关	Tian Guan	

广寒宫内推广使用的地理实体名称位置图如图 10-29 所示，部分地理实体名称的位置及实体影像如图 10-30 所示。

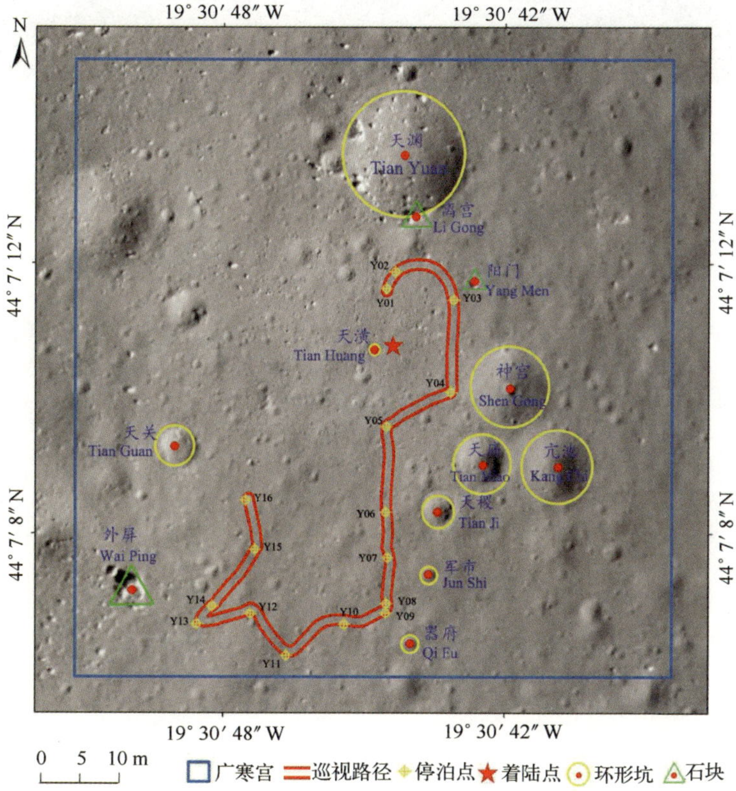

图 10-29　广寒宫内推广使用的月球地名

离宫

阳门

外屏

图 10-30　广寒宫内推广使用的部分月球地名位置图

(3)未来展望

月球地理实体命名作为月球探测科学研究与应用的重要成果之一，充分体现了一个国家历史上和当前月球探测活动的综合能力和国际影响力。由于我国月球探测工程起步较晚，在 IAU 正式批准的 1 955 个月球地名(不含卫星坑地名)中，具有中国元素的地名数量还很少，只有 17 个。但我们相信，随着我国月球与深空探测工程的深入推进及其国际影响力的不断提高，将来在月球上乃至太阳系其他天体上一定会出现更多的中国符号。

第五篇

月球科学展望篇

从 20 世纪 50 年代开始探测月球至今，人类已有一百多次的探测活动，对月球的认识实现了质的飞跃。随着探测技术的快速发展和研究的不断深化，一方面人们对月球的认识依然存在诸多的科学难题，诸如月球起源与演化、月球岩浆岩的形成与演化、月球“发电机”理论、月球内部圈层结构与演化、月球火山作用与热历史等重大科学问题仍存在诸多疑团，需要进一步探索、研究；另一方面，国际探测月球活动已从早期的以空间霸权争夺和发展技术为主目标，逐步发展到以发展技术和提升科学认识并重发展的目标。纵观国际月球的发展态势，不难发现，月球仍然是世界主要航天组织深空探测的主要关注点，未来对月球的探测活动也必将朝着以技术、科学和应用三大领域并重发展的方向进行，月球科研站、月球基地、月球村这些过去还停留在概念的发展理念，必将且实际上正在被各空间组织纳入其发展的规划中，而国际大合作也将成为必然的选择；中国实施探月工程 15 年并取得了四战四捷后，率先提出的 2030 年前后构建月球科研站的发展蓝图及其措施，必将为推动国际未来月球探测、科学研究与应用的发展做出重要贡献。

第11章　国际月球探测发展态势

月球是迈向更远深空的中转站，地月空间是太阳系探测的最佳试验场，月球探测成为人类走向更远深空进行技术和工程验证的重要环节。月球科学研究对推动空间科学发展有重要作用，月球资源开发利用对人类的可持续发展有重要意义。当前，美、俄、欧、日本等主要航天大国以及新型航天国家和地区都在实施月球探测计划，从而掀起了新一轮探月高潮。在当前及未来的探月活动中，月球资源的考查、开发与应用成为重点。

11.1　关键科学问题

11.1.1　月球起源与演化问题

从诞生以来，对宇宙的膜拜、向往、探索伴随着人类自身发展的整个历程。作为地球的唯一自然卫星，自然更是得到了人们的高度关注，月球“从哪里来、将到哪里去”，即月球的成因与演化的问题，一直“伴随”“困扰”抑或“激励”着人类整个发展历程。特别是人类第一台望远镜诞生后，这一问题就逐步从“猜测—观测”，上升到“理论—学说”的高度。随着20世纪50年代现代空间探测的诞生与快速发展，对月球的认知得到了空前的提升，月球的成因也从“父子说”“姐妹说”等众多假说逐步发展到今天被大多数学者认可却仍存在诸多疑团的“大碰撞说”(如图11-1所示)；同样，对月球演化进程的认识也经历了质疑—争辩—深化—再认识的过程。月球的起源和演化是一对“伴生”的科学难题，也是主导了月球其他科学难题的根本。

11.1.2　岩浆洋理论问题

月球形成之初，因生热元素特别是短衰期放射性生热元素等的热释放，导致月球形成了大面积的熔融现象，随后经历了结晶、分异而形成了壳、幔、核的过程。但是，有关月球岩浆洋理论模型如图11-2所示，从提出至今，许多问题一直受到挑战、质疑，如主导岩浆洋的规模是什么，岩浆洋是全球性还是局部性，岩浆洋的冷却固化时间是多少，一些关键难题至今仍然未得到真正的解决。

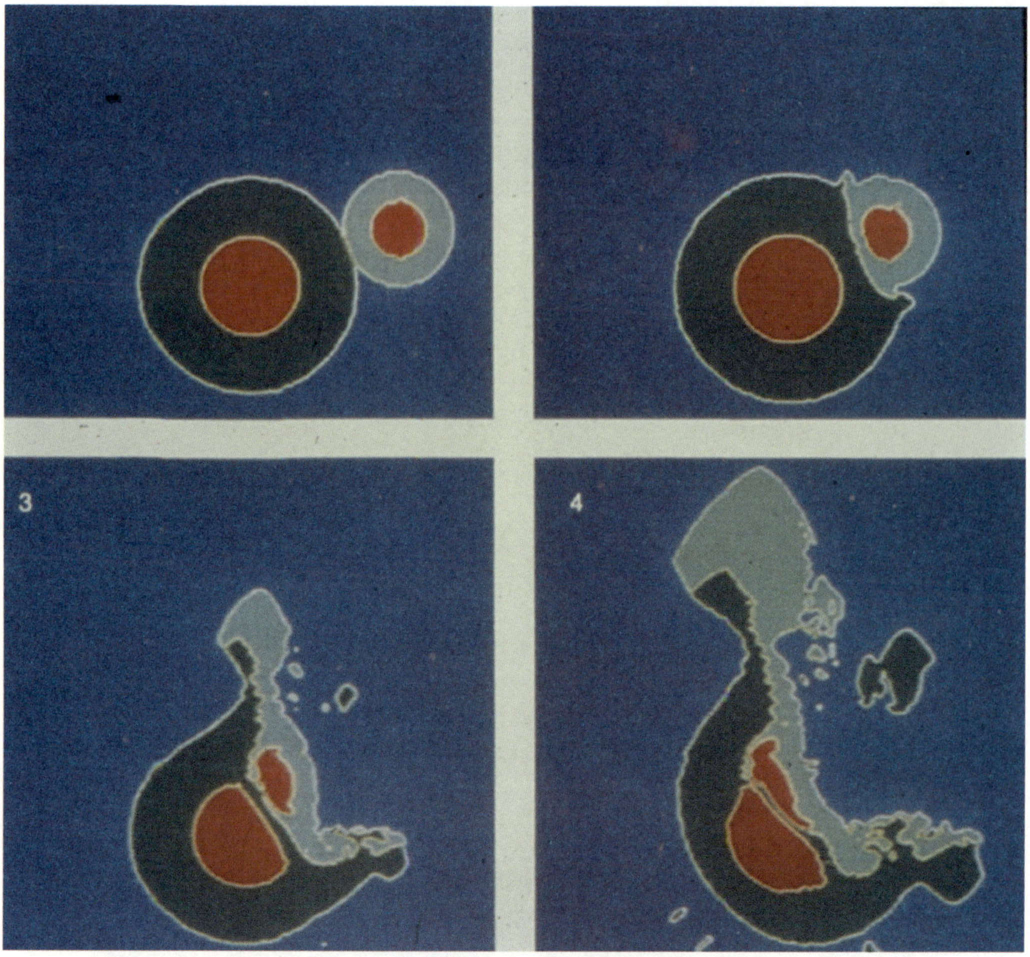

图 11-1　月球大碰撞成因理论模型

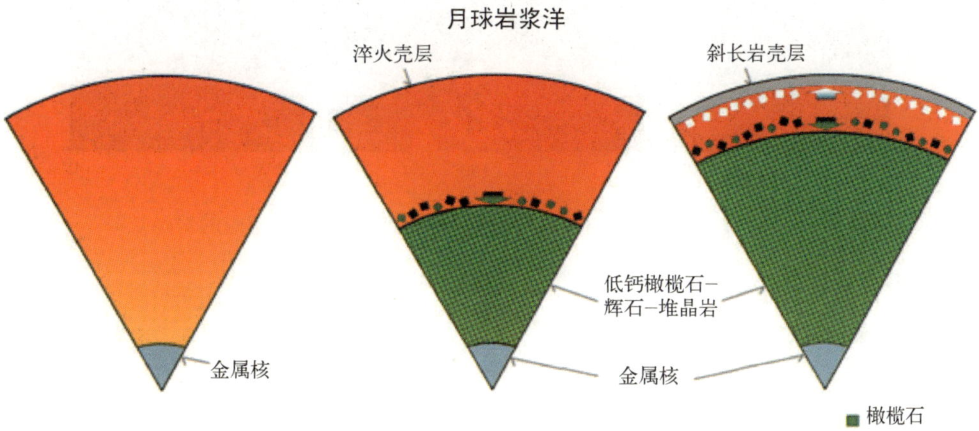

图 11-2　岩浆洋理论模型

11.1.3　月球“发电机”理论的问题

早期的月球探测，特别是阿波罗系列探测与研究成果，表明现今的月球不存在类似于地球一样的全球内禀磁场，但存在区域性磁场和很强的岩石剩磁，暗示了月球早期可能存在过全球内禀磁场，尤其是1998发射的LP、2007年发射的月神号等的探测成果，再次认证了早期月球存在“发电机”产生的全球磁场。但月球是什么时候形成这一全球磁场？是什么原因导致形成这一全球磁场？它又是怎么消失以及什么时间消失的？…… 一系列疑团一直在困扰着学术界。

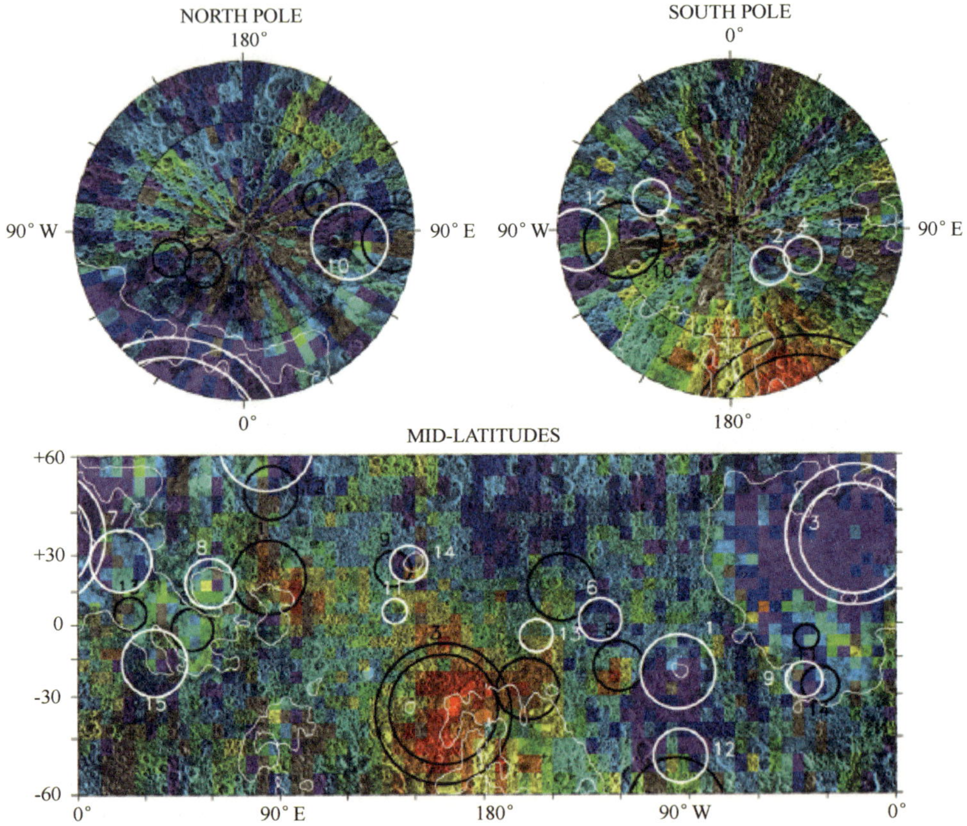

图 11-3　月球表面磁场强度分布图(黑色和白色圆圈代表相应的对蹠点)

11.1.4　月球内部圈层结构问题

月球内部圈层结构是了解月球演化历史、演化事件的最好见证和最重要的内容。虽然Apollo12，14，15，16号航天员成功地在月面架设4台月震观测台站，证实了月球与地球一样，也存在壳、幔、核的圈层结构，并大大提升了人类对月球内部结构的认识，但令人遗憾的是，由于Apollo台阵仪器性能的限制，强震事件激发的月球自由振荡信号低于当时台阵仪器记录噪声，无法记录到高质量的有效信号，影响了对月球内部的精细认识，如早期认为月核厚度约 700 km，后来认为只有约 400 km，而最新的研究事实表明只有 200 km 左右，有关月核的成分、厚度等问题一直争论不休。

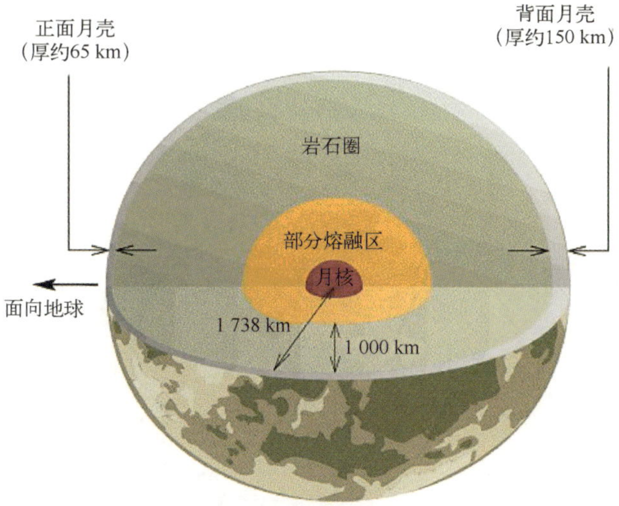

图 11-4　月球内部结构示意图

11.1.5　月球化学分异与热演化问题

月球物质组成和内部结构是月球科学最基本的问题，与月球起源和演化、岩浆岩结晶过程和月球发电机等重大科学问题密切相关，受到对月球内部成分及其分布特性的测量手段限制，目前对月球的总体化学成分和分布，特别是纵向分布情况的了解极为有限，对月球化学成分分异和热演化过程机理的认识也缺乏充分的证据，由此而派生的诸如月球存在大量质量瘤、奇特月海分布、大规模物质翻转、火山作用等问题同样一直存疑于学术界。

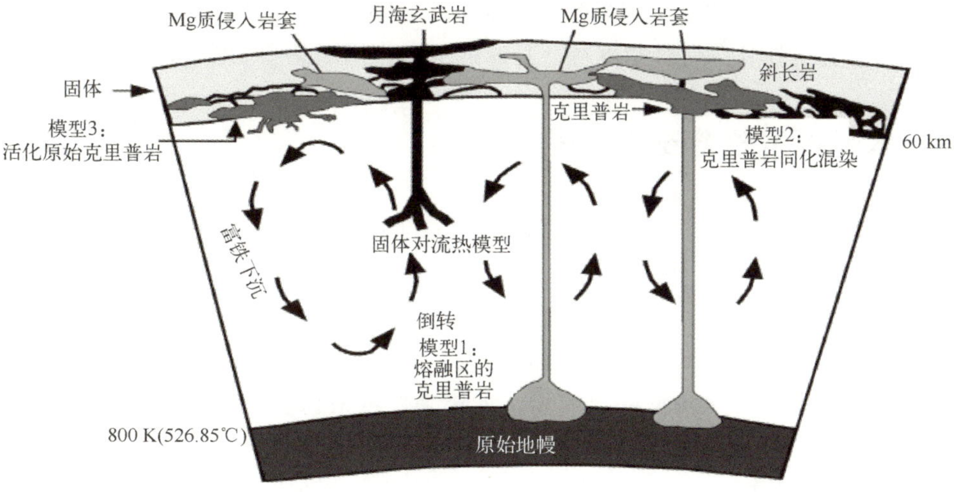

图 11-5　月球内部化学成分分异和热演化示意图

11.1.6　月球物质不均一性问题

月球的二元结构、月面存在三大地体(如图 11-6 所示)的分布格局、月海集中分布于月球正面、重力异常等现象，似乎都昭示着月球物质分布的极为不均一，由此衍生出的月球原始不均一性理论，而如此巨大的不均一性，必然进一步引发其深层次的原因——月球形成与演化的学术之争。

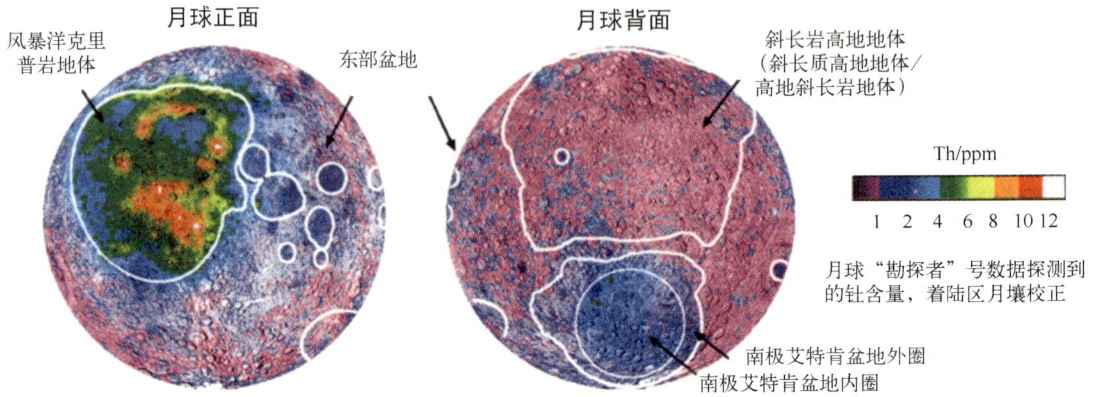

图 11-6　月球的三大地体：风暴洋克里普岩地体、高地斜长岩地体、艾肯盆地地体

11.1.7　月球的火山作用问题

月球的火山作用过程记录了月幔熔融作用在时空上的历史进程，实际上反映了月球的热特性和热演化历史，随着研究的不断深入和各种新、年轻的火山作用的发现，近十多年来，一场事关月球演化程度的新的学术之争也应运而生，由此引发了诸如“月球为什么有二元结构及其产生的时间?”“最早和最晚的一次玄武岩喷发是什么时间?”“克里普岩地体的产生机理和产生时间?” 等系列科学难题。月球的火山作用示意图如图 11-7 所示。

11.1.8　水和挥发性组分的问题

根据月球撞击成因理论，月球形成时温度过高，因而形成了一个规模很大乃至达到全球性的岩浆洋，水和其他挥发组分被认为几乎乃至全部丢失。也就是说，月球在岩浆洋演化阶段时不含或极为贫乏水(小于 10ppm)和挥发组分的。即使阿波罗样品如火山玻璃珠(如图 11-8 所示)、磷灰石或橄榄石包裹体中发现了水，也被认为是后期撞击作用(如彗星)或太阳风作用加入到月球内部的。然而，近年来，越来越多的证据，如发现高地斜长岩中约 320ppm 的水等，却颠覆了这一传统的理论观点，进而就水和挥发性组分在岩浆洋结晶固化时间上起关键作用等新观点掀起了新的一轮学术之争。

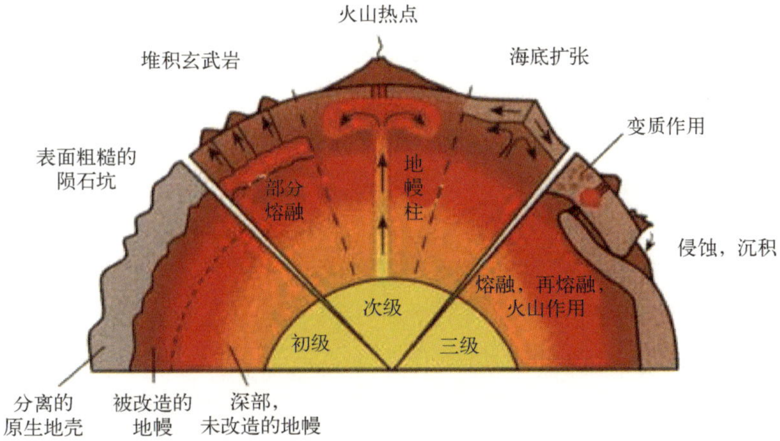

图 11-7　月球的火山作用示意图

图 11-8　月球岩石样品的火山玻璃珠

11.2　国际月球探测主要规划

11.2.1　美国月球探测计划

美国从 20 世纪 90 年代中期起，先后提出了“新太空计划”“机器人月球探测计划”和“月球货运和软着陆”倡议，这些规划都注重探月活动的科学需求和资源开发利用。其中，主要科学任务有：测绘月球表面地形地貌；勘察月球水冰和矿物等可用资源；探测辐射环境；研究月球大气和尘埃环境；精确测定月球各种物理场的分布；研究月球内部结构；获取未来无人和载人登月着陆点特征；为未来载人探测进行有关新技术的试验和验证。

2006年，NASA发布战略规划，把重返月球的载人探月列为6个战略目标之一。重返月球计划登陆方案类似于阿波罗计划，仍然选用月球轨道交会方案。主要内容包括利用机器人对月表进行研究，选择登月地点；实现再次载人登月，寻找可利用资源；建立月球基地，包括航天员生活设施、发电站和通信站等。在国际上，美国联合印度、韩国、日本、德国等八国成立了"国际月球网络"组织，计划把多个固定/移动式探测器部署到月面上。2010年6月，奥巴马政府对太空计划进行调整，将目标转向更具挑战性的火星。2014年，NASA把载人登火作为其太空探索的长期目标，计划2025年实现人类首次访问近地小行星，2035年左右载人绕火星轨道飞行，2039年实现载人登火星。

特朗普执政以来，再次把"重返月球"作为重点航天任务。2017年9月27日，NASA在第68届国际宇航大会上宣布启动名为"深空之门"的月球轨道站建设计划，并且把月球轨道站作为人类重返月球的基地和飞往火星的出发站。10月5日，副总统彭斯代表国家航天委员会首次提出了美国将重返月球的愿景。

2017年12月11日，在阿波罗17号航天员登陆月球45年之际，特朗普签署其上任后的"1号航天政策指令"，表示美国将带领人类重返月球，并对月球进行长期探索和利用，随后把人送入火星和其他更远的星球。

此后，2018年1月，ISECG发布的新版《全球探索路线图》对"深空之门"计划进行了较为详细的描述。该计划包含了一系列月球轨道和月面长期活动的任务。通过可重复使用的月球着陆器，执行载人登月任务；在月球表面和月球附近实现航天员和机器人协同工作；充当技术和操控测试平台，组装和检查前往火星的飞行器，验证探索火星所需的能力和技术，使探索者能够应对深空探索的挑战和风险；对太阳系展开科学调查，提高人类对月球和太阳系科学研究的水平。

具体来说，"深空之门"的3个主要特点是：

1)可重复使用。月球附近是探索月球和火星的可重复使用设备停放和维修的绝佳场所。该区域包含地球重力环境外的稳定轨道，是可重复使用机器人和载人登月系统便捷的起落点和任务间歇的补充推进、维护停放点。

2)测试。通过该任务可测试深空电子推进系统。而且，月球附近环境与航天员和飞船所需经历的深空环境相似。可在执行为期2～3年的火星任务之前进行空间能力测试，以确保月球以远的飞行准备就绪。紧急情况下，接近地球进行技术、进程和风险管理协议测试。

3)可到达性。当前国际上主要的发射和飞船运输系统，尤其是商业发射运输系统均可到达月球附近，提高了任务的可靠性，增加了任务机会，使得政府部门和私营企业之间的商业服务与合作存在多种可能性。

2018年9月24日，NASA公布了《国际太空探索活动报告》，将"深空之门"的概念修正为联合建造"月球轨道平台－门廊"的计划，重点关注1号航天政策指令的内容，提出了"重返月球并进行长期探索和利用，随后开展载人探火和其他目的地探测活动"的目标。

报告规划了从近地轨道到月球再到火星的载人探索路线图，包括以下五部分内容：面向月球、火星及以远目的地；美国人在月球轨道和月球表面；为太空生活做好准备；火星及以远目的地的机遇和发现展望；促进组织机构改革的举措。

报告提出了美国太空探索活动的五个战略目标：一是将“以政府投资为主导的近地轨道载人航天飞行活动”调整为“以私营为主的商业载人航天活动”；二是领导并开展月球表面活动，提升执行地月空间以远任务的能力；三是通过一系列机器人任务促进对月球资源的科学发现；四是实现美国航天员重返月球，并进行持续探索和利用活动；五是在月球上验证载人火星和其他目的地任务所需的能力。从该报告中可以看出，重返月球将成为美国未来太空探索活动的重要内容。

具体而言，在月球轨道的主要任务规划是：

2018 年：确定“月球轨道平台－门廊”计划、商业和国际合作伙伴关系，以及轨道站的最终配置；

2019 年：确定“月球轨道平台－门廊”的需求和轨道参数；

2020 年：利用“航天发射系统”(SLS)/“猎户座”(Orion)飞船执行 EM－1 模块无人环月任务；开发“月球轨道平台－门廊”有效科学载荷；确定“月球轨道平台－门廊”其他需求的获得方式(2021 年前完成)；根据运载火箭发展情况，决定未来“月球轨道平台－门廊”的后勤补给任务；

2022 年：执行 EM－2 模块载人环月任务；发射“门廊”第一个动力推进部件(PPE)到达月球轨道；

2024 年：根据乘员舱的开发和运营情况，确定是否需要进一步投资以增加从月球轨道返回地球的备选方案；

2024 年之后：基于载人重返月球计划和 2030 年载人火星轨道任务的决策情况，确定在月球轨道上开发和放置推进剂舱的需求和可行性；评估并做出适当决策，以满足“月球轨道平台－门廊”的发展需求。

月球表面探测活动的主要任务计划是：

2018 年：确定最早从 2019 年开始采购商业化月球有效载荷服务，实现月球表面端到端的有效载荷运送；确定月球资源和其他科学发现的潜在任务，包括月球表面巡视和采样返回能力；

2019 年：决定载人级月球着陆器能力验证任务的日期，开始载人月球表面方案和任务分析，以支持在 2029 年前将美国人送上月球表面的目标；

2020 年：开始载人重返月球表面所需的能力模拟、开发和/或购买其他设备（如乘员舱和上升飞行器、扩展“猎户座”服务舱等)；

2021 年：根据商业化月球有效载荷服务采购结果，计划为第二个资源与科学巡视器任务采购商业发射服务，或者在 NASA 进行任务开发与运行；

2022 年：在 NASA 月球资源与科学巡视器任务的基础之上，计划加速原位资源利用(ISRU)系统的开发与合作，或者保持基础研发工作；

2024 年：基于之前的研发能力与成果，决定载人重返月球表面的日期、方案和任务目标；

2024后的规划：基于月球表面访问成本、高功率电推进系统和原位资源利用的可行性、探索与科学任务和技术投资，以及私营部门和国际伙伴访问月球表面的需求，确定美国可持续载人重返月球表面的意义和相关基础设施开发项目。

11.2.2　欧洲空间局“月球村”构想

欧洲空间局(以下简称欧空局)的大部分月球与深空探测任务都采取了广泛的国际合作方式。2015年，欧空局提出了“月球村”和“太空4.0”的构想。这一构想强调“开放”和“联合”的航天思路，倡议建立永久性的国际月球站，可以自由和开放的进入，面向多种用途的多个用户。“月球村”将以月球为深空技术验证试验场，使之成为通向火星的月球基地，开展月球表面天文观测活动。

为实际推进这一构想，欧空局积极开展国际合作，推进月球探测任务进展。计划与俄罗斯在2022年合作实施月球极区采样返回任务(Lunar Polar Sample Return，LPSR)。该任务在俄罗斯的探月计划中是“月球-27”任务，计划采集月球南极或北极位于永久照明区域的月壤样品，样品将被储存在-150℃的容器内。因为在正常的温度和压力下，月壤中的重要物质可能会蒸发。该任务将继承欧空局和俄罗斯在2016年和2018年合作实施的“火星生物学”任务中的钻取技术。欧空局目前已开展月球着陆任务的研制和相关试验，其目标是利用月球作为深空技术验证的试验场，以降低未来载人登陆火星的技术风险，并建立通向火星的月球基站以及开展月球表面天文观测活动。

2018年10月，欧空局与德国宇航中心签署关于模拟月球有人栖息环境能量储存与供给的协议，计划在德国科隆的欧空局航天员中心建设月球模拟设施，包括1 000m^2的模拟月壤、月球栖息地和能量系统。

另一方面，面对日益紧迫的竞争，欧空局希望通过欧洲各国的联合加强欧洲航天事务的独立自主性。2018年10月9日，欧空局与欧洲航天工业协会共同呼吁欧洲加强航天一体化，并大幅增加对航天的投入，以应对在航天领域不断加强的挑战，增强欧洲航天事务的自主性。10月12日，欧洲航天工业协会发布立场文件，认为美国的新航天政策对欧洲的航天竞争力和在外空的行动自由形成了新的巨大的挑战，不利于独立的欧洲航天战略的实施推进。建议欧洲各国从政策和资金上大力支持航天发展，进一步明确建立独立的欧洲航天事业的决心，在创新性的科学探索任务方面加大国际合作。

11.2.3　俄罗斯的月球探测计划

2012年4月，俄罗斯航天局在《2030年前及未来俄罗斯航天发展战略》中制定了航天“四步走”的发展战略，分别以2015年、2020年、2030年、2030年以后4个时间为发展节点，对俄罗斯未来航天发展进行规划安排。按照规划设想，2020年左右，通过月面遥控车采集月球土壤样本，并将样本带回地球，对月球进行深入研究；2023年发射无人探月飞船与国际空间站对接；2035年之后，实现载人登月目标，部署月球研究考察站，实现月球考察站与地球之间的人员和货物运输，定期进行登月飞行，为全面参与载人登陆火星的国际合作任务做准备。为实现上述战略，2014 年，俄罗斯航天局发布了 2016—2025 年航天计划(见表 11-1)，继 20 世纪 70 年代中断了近 40 年后，重新启动月球探测，计划 10 年内连续实施“月球－25、26、27、28”4 次无人月球探测任务。

表 11-1　俄罗斯的月球探测计划(资料来源：俄罗斯航天局)

修订后的俄罗斯探月计划				
发射时间	2021 年	2023 年	2023 年	2028 年
任务名称	“月球－全球” (月球－25)	“月球－资源 1 轨道器” (月球－26)	“月球－资源着陆器” (月球－27)	“月球－土壤” (月球－28)
任务类型	着陆	轨道环绕	着陆	着陆－采样返回
探测器构型	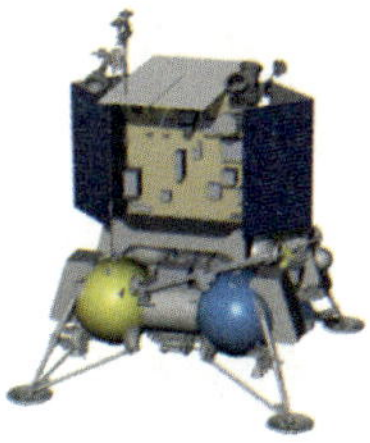			
运载火箭	联盟－2.1B	联盟－2.1B	联盟－2.1B	待定
验证技术	软着陆技术	对月高精度成像	高精度着陆，与轨道器通信，采样	高精度着陆，月面起飞，采样返回
质量/kg	1 750	2 250	2 200	4 000
有效载荷	科学载荷	科学载荷	科学载荷，钻取设备	月面起飞火箭，钻取设备
有效载荷质量/kg	30	160	105	509

11.2.4　日本、印度的探月计划

日本近年来在月球探测领域取得了重大进展。日本是继美国、苏联之后，第三个发射月球探测器的国家。日本把资源贫乏、领土狭小的国土特点成功转化为开发月球资源、开拓宇宙空间的动力。

2007 年 9 月 14 日，日本成功发射了月球环绕探测器月亮女神(SELENE)。月亮女神由 1 个主探测器和 2 个子探测器组成，携带 14 台科学仪器，总质量为 2 825kg。主要开展月表三维立体测绘、月球引力场测量和月球电离层等探测。主要科学任务是对月球进行全面勘察，包括丰富的元素资源、矿物成分、地形学、地质结构、重力场、磁场、等离子体环境和陆地大气，从而研究月球的起源和变化，测量月球和日地间的环境，研究未来利用

月球的可能性。2009 年 6 月，该探测器完成探测任务，进行了最后的月球撞击探测。

智能月球勘探着陆器(SLIM，Smart Lander for investigating Moon)是 JAXA 正在准备实施的任务，计划 2019 年发射。该任务采用小型探测器验证在数百米内的精确定点软着陆技术、精准导航控制和障碍物检测等。精确定点软着陆技术可以实现从易着陆区到想着陆区的转变。SLIM 的质量非常轻，对载荷配置有更高要求，轻型探测器可以提高月球探测的频次。SLIM 使用薄膜电池板和层压电池，通过采用数控电源，在减轻质量的同时，还能实现功能的整合，以有效地应对太阳光强度变化较大的深空探测任务。

日本宇宙航空研究开发机构(JAXA)制订的月球探测计划是实施机器人月球探测和载人任务相结合的探测；通过参加美国倡议的“月球轨道平台－门廊”计划，使用美国的“SLS”火箭，争取 2030 年把本国航天员送往月球。日本的月球计划较为关注对月球资源的开发和利用。2018 年 8 月 27 日，JAXA 和 NASA 签署了“关于月球探测及协同合作的联合声明”，明确了参加“月球轨道平台－门廊”计划和联合开展月球探测的意向。

印度一直把开发空间技术视为接近和赶上发达国家的一条捷径，因此航天工业在印度整体发展战略中占据重要位置。印度空间研究组织(Indea Space Research Organisation，ISRO)的月球探测计划包括“月船－1”(Chandrayaan－1)和“月船－2”(Chandrayaan－2)两个阶段的任务。“月船－1”在 2008 年 10 月 22 日成功发射，携带高分辨率遥感设备，对月球表面进行详查。“月船－1”搭载的 11 个科学载荷中，有半数来自 NASA、ESA 等航天机构。“月船－1”没有按预定计划全部成功，仅实现了绕月探测和撞击探测任务。

“月船－2”包括轨道飞行器、着陆器和月球车，任务的科学目标是进一步提高对月球起源和深化的认识。“月船－2”原计划与俄罗斯合作进行，由俄罗斯研制月球着陆器。2011 年 11 月俄罗斯“福布斯－土壤”火卫一探测器任务失败后，俄罗斯推迟向印度提供“月船－2”着陆器，印度放弃与俄方合作。2013 年 8 月，印度宣布自主研制月球轨道器、着陆器和月球车，实施独立的月球探测计划。

11.3 国际月球探测趋势

月球是深空探测的热点和主要航天国家的竞技场，月球探测是当今世界高新科技领域中具有挑战性、创新性和带动作用的系统工程。当前，全球竞争日益加剧，创新科技迅速发展，商业航天为太空探索注入新的动力，新一轮深空探测高潮和航天技术的迅猛发展加剧了探月活动和月球资源开采的竞争，国际探月出现了在竞争中合作、在合作中竞争的特点。

随着全球化程度的不断加深，统一配置多国资源、联合科技和经济优势，以国际合作方式实施大型探月项目日益成为重塑太空权益版图、维护空间秩序、巩固大国地位的重要手段，也成为新兴国家加入航天竞争、弥补技术短板的一条捷径。

当前主要航天国家都重视通过国际合作分担成本、共享成果、降低风险。尤其是大型项目，多国联合趋势明显。美国在火星任务中，将搭载德国、法国的科学载荷，并使用多国深空测控站的通信服务。俄罗斯 2030 年前航天国家政策指出，通过国际合作使其列居世界航天商业市场的领先地位。俄罗斯和美国、欧空局有多起载荷合作成功案例，而且俄、欧正在“火星生物学”(Exomars)项目上开展任务级合作。

合作带来的优势互补成为提高竞争力的一种主要方式，合作也成为竞争的更高一级层次。这里面，不仅有美国与欧洲、俄罗斯、日本，俄罗斯与欧洲之间的强强联合，也有美国与印度、俄罗斯与印度、韩国等强国与新兴航天国家的合作。其最终目的都是在航天技术突飞猛进、国际探月竞争加剧的背景下，在全球范围内统一配置技术和经济资源，发挥各自优势，抢占探月和资源开采先机，维护各自的太空权益。

从当前国际月球探测规划来看，未来有以下几个趋势值得关注。

(1)月球成为人类飞往火星的重要中转站，在月球表面建站成为国际热点

2011 年 9 月，国际空间探索协调组(ISECG，the International Space Exploration Coordination Group，ISECG)发布了《全球探索路线图》，该路线图规划了未来 25 年通过国际合作人类持续探索月球、小行星和火星的路径和方案，规定了探索目标和目的、任务方案及探索准备活动的协调等，促进全球合作探索战略的实施。2013 年 8 月，ISECG 把太空探索路线明确为低地球轨道任务、近地天体任务、月球任务、火星任务等 4 条主线。月球探索的关键目标是确定水和其他资源的可用性。

2018 年 1 月，ISECG 发布了新版《全球探索路线图》(如图 11-9 所示)，仍然沿用了“近地轨道－地月空间－载人飞往火星”的深空探测发展思路。其中，月球探测以开展无人探测为重点(见图 11-10)，2025 年前，美国、俄罗斯、欧空局、中国、日本、印度和韩国均有开展无人月球探测的计划；月球探测以着陆探测为主，规划任务中近 80%的任务是月面着陆任务(见表 11-2)。

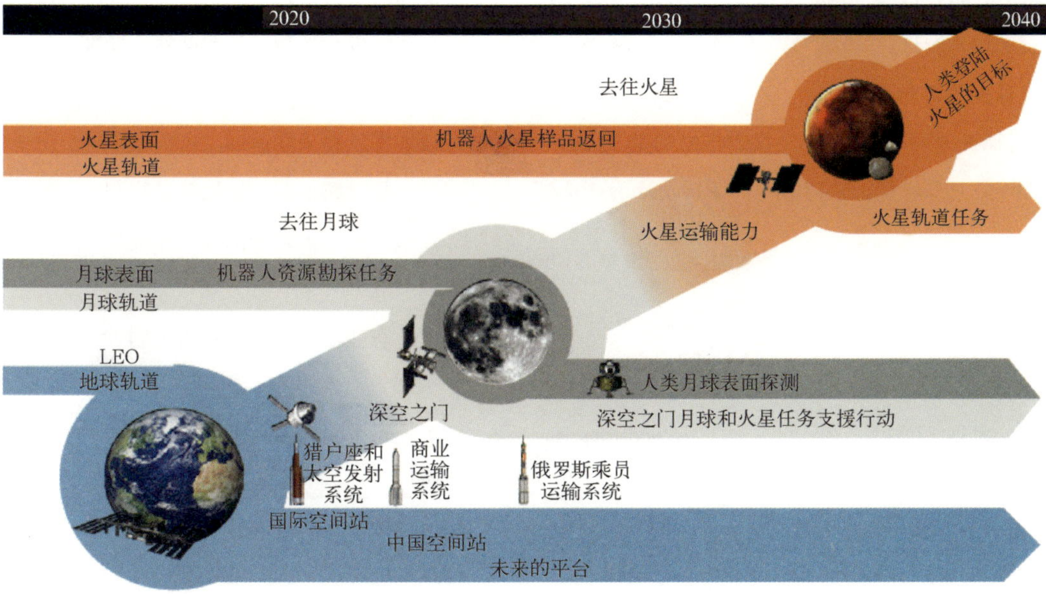

图 11-9 ISECG 发布的全球探索路线图

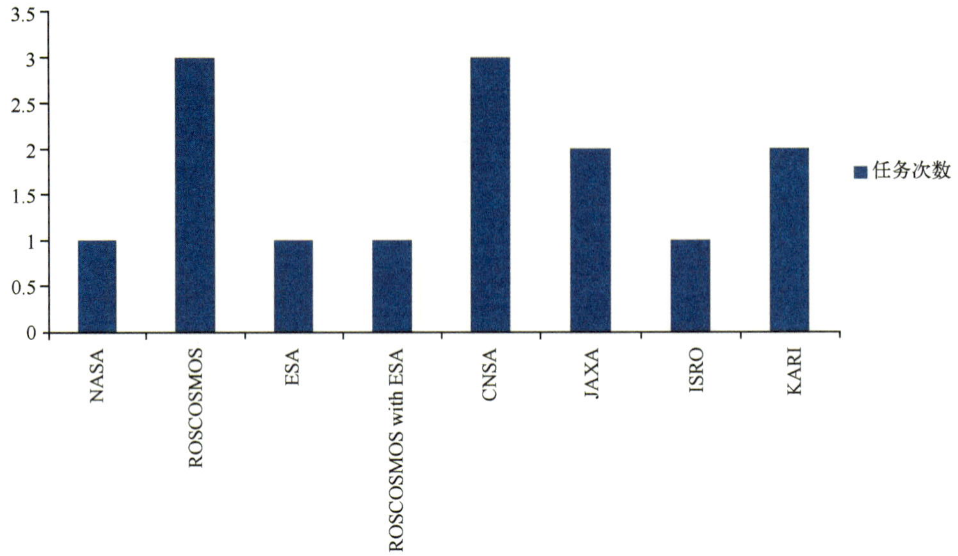

图 11-10　2025 年前无人月球探测任务

表 11-2　主要航天国家 2025 年前的无人月球探测任务

任务名称	机构/发射日期	任务目标
月船二号	ISRO/2018 年	极地科学轨道器、着陆器和探测器
嫦娥四号	CNSA/2018 年	月球背面着陆器和探测器，通信中继卫星
嫦娥五号	CNSA/2019 年	极区采样返回
韩国探路者月球轨道器	KAR/2020 年	极地科学轨道器
月球 25 号/“月球－全球”	Roscosmos/2021 年	月球挥发物探测，软着陆技术验证
月球探测智能登陆器	JAXA/2020 年	技术验证
月球极地采样返回	CNSA/21 世纪 20 年代初	极地挥发物采样返回
月球 26 号/月球－资源轨道器	Roscosmos/2022 年	极地科学轨道器。极地挥发物测绘
资源勘探任务	NASA/21 世纪 20 年代初	极地科学，挥发物勘探和采集；钻探技术演示
资源探测器	JAXA/21 世纪 20 年代初	极地着陆器和探测器；极地科学和挥发物勘探
月球 27 号/月球－资源着陆器	Roscosmos 和 ESA/2023 年	极地科学、挥发物勘探和采集；钻探技术验证
原位资源利用验证	ESA/2025 年	原位资源利用技术验证
韩国月球着陆器	KARI	技术验证
月球 28 号“月球－土壤”	Roscosmos	极地挥发物采样返回

(2)商业航天发展迅速，月球探测成为热点

当前，越来越多的商业航天公司参加到月球探测活动中，尤其是美国的商业航天公司，这与美国政府鼓励商业公司参与太空探索活动的政策导向密切相关。《全球探索路线图》明确表明，全球未来探索路线兼顾了政府和私营企业的发展需求和策略，将共同把人类的足迹从近地轨道延伸至月球，直至火星。“私营企业的航天活动有助于更具成本效益地实现空间探索的宏伟目标，使全球空间探索活动在经济上完全可负担”“私营企业的创新是使人类空间探索具有可持续性的必要组成部分，并有助于开拓新市场和经济扩张”。政府航天机构有兴趣发展与商业航天公司的合作，包括在动力、推进剂及其供应、机器人装配和维修、月球表面移动设备、商业空间服务(将货物运送至“深空之门”，将仪器或货物运送至月球表面，通信服务等)，而政府将给商业伙伴提供专业技术、基础设施、软件或硬件设施。事实上，NASA 将大部分低地球轨道业务移交给商业公司，自身则集中资源专注于先进技术的发展和更具挑战性的载人火星任务，重点发展月球以远深空探测能力。

在 NASA 政策、技术、资金和任务的全方位扶持下，商业航天模式获得了成功。2006 年以前，在航天商业运输领域只有波音和洛马等大公司，到 2016 年，已经涌现出一批如 SpaceX、轨道－ATK 公司、内华达山脉公司、比格罗航天公司、蓝色起源公司等极具创新性和竞争力的航天企业。商业公司的加入给国际月球探测活动带来了新的竞争，包括 GOOGLE 公司在内的一批互联网巨头也开始投资探月活动。

2014 年 1 月，NASA 宣布在“月球货物运输与软着陆方式降落”(Lunar CATALYST)计划中，寻找商业合作伙伴，共同发展可靠性高、成本效益好的商业化机器人月球着陆器，利用商业发射能力将小型(30～100 kg)和中型(250～500 kg)有效载荷运至月球表面。NASA 计划将 Lunar CATALYST 应用于下一步月球探测任务中。这些机器人着陆月面后，不但要分析月表数据，还要探测水资源。4 月，NASA 宣布与太空机器人技术公司、麦士登航天系统公司和月球快车公司建立协作伙伴关系，为其月球着陆器的研发和测试提供专业技术、测试设施和软件。NASA 还计划与比格罗航天公司合作，共同在月球上建立私人航天企业的月球基地。

为了在法律上保障私营公司探月活动中对太空资源的财产权利，2015 年 11 月 25 日，美国国会通过了《2015 外空资源探索和利用法》，赋予了私人实体对其开采的任何小行星资源或外空资源的各项权利，包括占有、拥有、运输、使用和出售的权利，为私人实体进行月球及行星采矿提供了法律依据。可以预见，在未来将会有越来越多的私营企业加入月球探测活动的行列。

(3)新兴国家积极推进太空计划

随着全球化的发展和航天科技的持续进步，月球探测已经不再是传统航天大国的专利。韩国、阿联酋、英国等新兴国家的一些航天机构也都宣布了月球探测计划。

2013 年 4 月，韩国航空航天研究院公布了一项“2040 太空计划”，提出了 2020 年发射环月飞行器、2025 年发射可采集月球样本的返回式飞船、2026 年发射火星飞行器和登陆

舱(2030 年)等目标。韩国尚不具备月球轨道进入、飞行器深空探测等核心技术，韩国正在积极推进与 NASA 的合作，希望获得技术和资金支持。

阿联酋太空署在 2015 年 5 月宣布启动国家太空战略发展计划，制订相关政策和法规，推动和保护航天产业的发展，建立航天研究中心，与友好国家开展航天合作协议等。计划在 2020 年发射“希望”号火星探测器，希望通过太空探索活动促进国家科技发展，实现“石油立国”向科技立国的转变。

第12章 未来展望

通过探月工程一、二、三期的逐步实施，我们掌握了月球探测的多项关键技术，具备了一定的技术能力、技术基础和科学研究能力，取得的成果也引起了国际同行愈来愈多的关注。我国将继续开展深入的月球探测活动(探月工程四期)。当前与俄罗斯、欧空局正在开展联合月球探测和月球科学研究领域的合作，这为实施以国际月球科研站为代表的国际月球大科学工程奠定了较好的基础。

后续月球探测活动重点在月球南极展开，月球南极作为整个月球的三大地体之一，是世界月球就位探测的空白。任务的主要探测区位于月球上最大、最古老的撞击坑——南极－艾特肯盆地边缘，科学价值大。直径约2 500 km，深达12 km的艾特肯盆地，是揭示月球深部物质组成和内部结构的天然剖面，同时也是揭示月球早期撞击历史的最理想区域。既是古老巨大撞击事件的“活标本”，也是“见证”永久阴影区水冰最直接的产地。其次，月球南极还具有长时间连续光照区，后续随着原位制造、水的提取和应用、原位推进剂补给、长期能源补给等应用技术的发展，极有可能以其独特的位置环境资源，成为未来深空探测的“基地”和“门户”。

12.1 未来月球探测基础科学预期

未来月球探测将围绕“月球水和挥发分的分布和来源”“月球深部物质组成和结构”“月球早期的撞击历史”“月球和太阳风相互作用”等基础科学问题，实现重大原创性科学突破。

12.1.1 月球水和挥发分的分布与来源

月球水和挥发分的分布和来源是国际月球探测的热点，也是月球科学亟待解决的关键科学问题，与月球起源、岩浆洋演化、后期物质加入等重大科学问题直接相关；月球的水同时也是未来的战略资源。

水是决定行星演化的关键要素之一，也在月球地质演化过程中起着非常重要的作用。大撞击假说认为月球由高温的熔体和气体重新凝聚形成，而之后的岩浆洋阶段也是一个月球去气的高温过程，一般认为月球是极“干”的，在物质组成上应具有明显的贫水和挥发分的特征。然而，对月球样品的分析得到了两种矛盾的结果，即一些样品贫水和挥发分，而另一部分样品的水含量和地球样品相当。上述矛盾引起了对月球大撞击起源假说的争议。除了月球样品之外，轨道器在月表探测到氢的信号。但是，其信号强度和氢的存在形式等均不确定。月球的水除一部分继承自月球形成之时，还有后期太阳风注入、小行星和彗星撞击加入。很显然，有关月球的“干”与“湿”的争论，以及水和挥发分的分布和来源等关键问题远没有得到解决。而且，这一科学问题的答案将对月球的形成和演化提供关键制约。

全月球表面氢(水)的含量与分布一直是学术界的热点问题，成为月球探测的重要内涵之一。利用轨道器搭载的中子伽码谱仪和月面矿物及热环境光谱成像仪，可以探测全月球表面氢(水)的分布。美国的卡西尼号(Cassini)和印度月船一号探测器收集的月表光谱数据中都具有水的特征峰，并且月球低纬度的月表光谱图中也有这个吸收峰。这些光谱仪测量表面约 1 mm 的深度，估计水含量为 10～1000 ppm，相当于 5 m^3 土壤中可含有 10 kg 水。此外，初步数据显示光谱中水吸收峰的强度随月表温度的增加而减低。这表明其中相当一部分水的信号可能来自于太阳风注入的吸附或者结构水。

月球永久阴影区水冰的存在与否、含量和储量则是时下月球科学争论的焦点，是未来国际月球探测的重要任务和首选目标。月球两极撞击坑底部存在永久阴影区，其温度低达 -180℃，是一个巨大的天然冷阱。当小行星或彗星撞击月表时，携带的一部分水通过高温气化在永久阴影区聚集。利用轨道器可以间接探测月球永久阴影区水冰的存在，估算其含量。2009 年美国发射的月球勘探轨道器(LRO)上搭载的 LCROSS 在南极 Cabeus 陨石坑的永久阴影区内探测到水及丰富的有机物，估计的水含量高达 5.9%。此外，LCROSS 在半人马座火箭撞击云中探测到有机物，暗示了水冰可能来自于彗星。

月球内部水的含量、分布、来源是验证月球大撞击假说的关键证据。月球上唯一已知的含水矿物是磷灰石，水以羟基(-OH)的形式存在，含量可高达百分之几。月球上的其他矿物名义上不含水，一般不超过几十个 ppm，甚至低于仪器的检测极限。火山玻璃珠、矿物中的熔融包裹体以及撞击熔融玻璃等可以含有较高的结构水，含量可高于 1 000 ppm。除水的含量以外，利用质谱可以测量氢同位素组成。通过对不同阿波罗计划返回的不同月球样品和各种月球陨石样品的水含量分析表明，水含量和氢同位素组成具有极大变化范围。根据氢同位素组成，可以识别水的来源，包括月球形成时保留的岩浆水、月球形成后小行星和彗星的加入以及太阳风的注入。同时水的氢同位素组成还能揭示强烈的蒸发去气过程。

12.1.2　月球深部物质组成和结构

行星物质组成和结构是行星科学最基本的问题，并与月球起源和演化、岩浆洋结晶过程、月球圈层结构和月球磁场等重大科学问题密切相关。首先，目前普遍接受的月球成因假说是大碰撞理论，可解释月球和地球的同源性，但大撞击后吸积时间、同位素异常等方面还需要月球深部物质组成和结构的新证据和约束。其次，通过月球深部物质成分和结构的研究，可以获取月球月壳不同深度乃至撞击溅射出深层月幔的矿物岩石信息，这对于细致研究月球岩浆洋结晶分异过程和月幔反转机制等均具有重要价值。月球岩石磁场还能提供撞击过程记录，帮助理解撞击产生的激波压强和加热现象。通过月球岩石剩磁的观测可以研究月球内核的热历史，是否存在融化的内核，以及是否曾经存在磁流体动力学发电机等问题。

南极-艾特肯盆地的岩石组成尚未被探测过，并且具有月球表面深达 12km 的天然剖面，是认识月球深部物质组成的绝佳位置。月球物质组成在深度方向上的分布信息是解决月球岩浆洋假说和月球壳－幔分异机制重大科学争议问题的关键，目前月面物质分布不均一性仍然是个谜。不论是岩浆洋假说，或其他有关月球壳－幔形成的模型，均不能解释月球表面所呈现出的极大不均一性。月球岩石成分的探测可以通过后续探测任务中的月球轨道遥感、着陆巡视探测和样品返回等多种方式进行全方位立体化研究。月球表层的月壤和岩石是各类轨道遥感和就位探测所直接探测的对象，其直接揭示月球月壳的成分特征和演化规律。

月球深部物质组成的研究可能会验证或者修正大撞击假说、完善岩浆洋假说。大撞击假说是月球起源的主流理论，但在同位素分布和挥发性元素的解释方面仍然存在较大争议。另一方面，岩浆洋结晶分异过程和月幔反转机制等均存在模糊之处。例如，关于月壳成分的全球不均一性，在月球遥感和样品研究方面均有体现，揭示月球月壳的形成可能不像岩浆洋假说那么简单；此外，最近的月球遥感研究表明，月球撞击坑中央峰的铁镁矿物含量并未随深度的增加而增加，这与岩浆洋理论的预测结果不符。对月球深部物质组成进行研究，充分认识其随深度的变化规律，可以阐释和约束月球熔融分异的过程。因此，月球深部物质组成的研究可能会验证或者否定岩浆洋假说。以往对于月球深部物质组成信息的获取手段非常有限，仅限于对撞击坑中央峰、坑壁等的遥感光谱研究，月球玄武岩虽然来自于月幔，但其源区深度不详，不能对月球物质随深度的变化规律形成有效约束。总之，对于月球深部物质组成的认识严重不足，需要开展全方位、多角度的综合研究，特别是结合高精度遥感光谱数据和全新的返回样品，才能深入认识月球深部物质随深度变化的基本规律。

月震、月磁、热流和地月距离是研究月球内部结构特性的综合手段，而月球内部结构则进一步制约了月球岩浆洋的结晶分异过程。月球内部结构与月球的形成和演化密切相关，尤其是受岩浆洋分异和物质翻转等过程的影响。通过研究月球的内部结构能够对月球岩浆洋的分异程度、物质组成及比例等形成至关重要的约束。通过月震分析获得的月球内部结构能够为研究月球动力学提供关键信息，月核更是研究月球磁场演化和月球发电机理论的重要突破口，月核大小和赋存状态一直备受科学界的广泛关注。通过月球环绕器和月球巡视器联合测量月球极区磁场可以填补月球极区磁场测量的空白，绘制全月球磁异常图，获得全球的三维矢量分布图，佐证早期月球是否存在发电机产生的全球磁场。月球激光测距可获得月球的惯性矩、重力场、内部结构物理性质等数据，丰富对月球内部结构的认识。通过月球表层温度的探测，获取不同深度月壤层的温度变化数据，推算出月壤的热导系数和月球内部热流，为更深入地认识月球的热演化过程提供关键数据基础。

12.1.3　月球早期的撞击历史

小天体撞击是太阳系早期普遍和重要的事件，对地球、火星等行星的演化产生了重大影响。由于长期和强烈的地质作用，地球早期的撞击痕迹已基本被抹除，而月球则最完整地保存了这段历史。因此，研究月球早期的撞击历史，不仅有助于理解月球早期的地质演化过程，而且对分析行星地球早期的演化也具有十分重要的借鉴意义。

月球形成之后仍持续遭受剧烈的撞击，这些撞击带来的物质会改变月球的成分，并影响月球早期及后期的演化，形成了月表广泛分布的撞击盆地和撞击坑。随着太阳系行星系统的演化，撞击强度逐渐降低。但是，有研究指出，在 39 亿年左右，月表撞击事件的频率异常升高，称之为 39 亿年密集撞击。因此，这里的“月球早期”指自月球形成到 39 亿年之间的演化阶段。

39 亿年密集撞击事件存在与否仍存在争议，有赖于对更古老撞击历史的研究。月球表面撞击坑统计定年曲线由年龄分布在 31～39 亿年的阿波罗样品进行了标定，但向更古老和更年轻地区的应用存在较大的不确定性，也限制了该方法向火星、水星等其他天体的拓展应用。月球南极－艾特肯盆地直径约 2 500km，是月球上最大的撞击坑，且非常古老，但其年龄未被测定。对月球南极－艾特肯盆地的探测和样品返回研究，可以率先测定南极－艾特肯盆地的年龄、月球早期撞击历史、认证 39 亿年密集撞击事件假说、校正月球表面撞击坑统计定年曲线。

(1)南极一艾特肯盆地的年龄

作为月球上最大也是最为古老的盆地，南极－艾特肯盆地的形成年龄代表了月球由以内动力作用为主的演化阶段进入以内外动力作用并重演化阶段的转折点，其代表着月壳一定冷却到可以记录大型撞击事件的发展阶段。对其形成年龄的确定，对于月球热演化的研究可以提供重要的约束。结合其撞击溅射物特征的研究，可以建立最古老的艾特肯系标准剖面，构建全新的月球早期地质演化年表。

(2)月球早期撞击历史

月球的两极地区是撞击坑分布密集的区域，而南极区分布的月球上最大也是最为古老的南极－艾特肯盆地，是开展月球早期撞击历史最佳位置。因为小天体撞击是太阳系早期普遍和重要的事件，且对地球、火星等行星的演化产生了重大的影响，因此厘清月球早期的撞击历史，可以为太阳系早期的撞击事件时间和撞击通量的确定、研究地球和火星演化历史提供参考。

(3)39 亿年密集撞击事件

在太阳系形成早期，各个星子之间产生剧烈撞击。月球形成之后仍然遭受剧烈的撞击，这些撞击对月球早期及后期的演化都具有重要的影响。随着太阳系行星系统的演化，撞击强度逐渐降低，但在 39 亿年左右，月表又遭受了一次密集强度的撞击，此后月球内部地质活动与外部撞击强度都逐渐减弱，只在月表形成相对少量的撞击坑。但根据样品建立的撞击频率分布序列存在很大缺口，而这一假说对整个太阳系历史的认识都非常重要，但其存在性一直备受争议。对南极区域进一步探测不仅可以对早期样品数据进行补充，还可以对 39 亿年密集撞击事件重新修正和认识。

(4)校准撞击坑统计定年曲线

自从20世纪60年代以来，克赖特尔(Kreiter)等人就开始利用撞击坑大小—频度(Crater Size－Frequency Distribution，CSFD)的关系进行地质单元年代测定。通过对月球表面特定区域撞击坑直径、数量进行测量统计，将撞击坑直径—频率累积分布统计结果和撞击坑产率方程相结合建立一定的联系，再以Apollo和Luna计划取回的月球部分地区的岩石样品同位素年龄进行校正，最终获得月球表面绝对模式年龄，该方法还被推广应用于类地行星。通过阿波罗返回样品和月球陨石中撞击熔融碎屑和撞击玻璃球的U－Pb和Ar－Ar定年，可以确定撞击事件的绝对年龄。对月球南极－艾特肯盆地的探测和返回样品的年代学研究，可以校正月球表面撞击坑统计定年曲线，可为研究月球和其他天体的晚期演化提供更加准确的时间标尺。

12.1.4　月球和太阳风相互作用

月球80%的时间处于太阳风中，其他时间则位于地球磁尾。由于月球没有内禀磁场，仅有月表零星的磁异常区域存在，太阳风或磁尾等离子体可直接轰击到月球表面。太阳风、磁尾粒子或宇宙线粒子注入并保存在月壤中，月壤成分被入射的带电粒子溅射逃逸到太空中，从而对暴露其中的月壤层特性产生较大的影响；而紫外辐射、带电粒子的注入等导致月表充电甚至出现大的电位差，使得月球表面的尘埃带电并迁移，同样也会改变月壤层的特征。带电粒子，特别是太阳风粒子与月壤的相互作用、月表尘埃的迁移是月壤演化历史的外因，主要体现在月壤演化的长期效应和短期效应两方面。长期效应研究的关键科学问题主要集中在月壤暴露年龄和历史、太空风化、漩涡区现象等方面，短期效应研究的关键科学问题主要集中在尘埃的迁移、带电粒子和月表空间环境的耦合等方面。

12.2　未来月球探测应用科学预期

月球探测应用科学范围很广，而且随着科学认知的增加而不断扩大。未来月球探测将围绕“月球资源就位利用试验”“月基天文观测”“月基宏观地球观测”“月基基础科学试验”等应用科学问题，以更好拓展人类生存空间，为人类文明服务。

12.2.1　月球资源就位利用试验

按照经济学的概念，资源可分为自然资源和社会资源两大类。自然资源，是指在其原始状态下就有价值的货物，具有可用性、整体性、变化性、空间分布不均匀性和区域性等特点，是人类生存和发展的物质基础和社会物质财富的源泉，是可持续发展的重要依据之一。月球资源是自然资源，按照上述定义以及对月球的认知程度，月球资源主要包括矿物资源，如钛铁矿、稀土以及月壤等；能源资源，如太阳能、核聚变燃料氦－3等；水资源以及特殊的环境资源等。本文所指的资源主要是月球上的矿物资源、能源资源和水资源。

月球资源利用指探测、开发和利用月球的自然资源，按照利用的方式可以划分为两类：一是在月面纯化收集后运回地球再利用，如氦-3；二是月球就位资源利用，如水冰。

可利用资源是指在技术上可行、经济上合理的情况下，通过工程措施能进行利用的部分资源，它比天然资源数量要少。按照目前月球探测结果，主要开发和利用月球资源是月球水冰、钛铁矿以及氦气等，利用这些月球资源一方面是为解决月球设施等运行面临的生保问题，另一方面为人类面临的能源问题提供一种可能的解决方案。

12.2.2　月基天文观测应用研究

利用月球 VLBI 天线开展 VLBI 观测将是一个开创性工作，将首次实现人类在地外天体邻近空间布设 VLBI 观测站。利用月球 VLBI 与地基 VLBI 台站组网观测有巨大的科学与应用价值，预期将在天体测量、天体物理以及深空飞行器精密导航研究方面取得一批原创性结果。

利用地月 VLBI 天线组网进行观测，凌日或凌大行星的河外射电源光线偏折、引力时延效应是地基基线的几十倍，由此对广义相对论引力理论的检验能力大幅提升，对 γ 常数的测量精度比目前最好测量结果精度提高一个数量级；月地基线观测，将为活动星系核天体物理研究提供高分辨率数据，研究星系核内部未知物理过程；月球 VLBI 在轨期间，通过国际合作，开展国际深空飞行器导航、测轨协作观测，一方面对深空飞行器提供国际测控支持，另一方面这些测量数据也可用于月球、深空飞行器目标行星历表精化、参考架连接研究，对太阳系历表改进发挥重要作用。

12.2.3　月基宏观地球观测应用研究

在三十几个地球半径范围之内，地球磁层、等离子体层、电离层、大气层是十分活跃的圈层。这些圈层长期受到太阳风和行星际磁场的影响，太阳活动直接在太阳风和行星际磁场中产生扰动。当这些扰动传播到地球附近空间，就与地球磁层发生强烈的相互作用，进而影响等离子体层、电离层和大气层，形成危害航天、通信、导航、电网等高技术系统的空间天气事件。由于太阳活动具有 11 年左右的周期性，因而地球磁层、等离子体层、电离层和大气层也会产生周期性的响应。这些周期性的响应不仅影响到地球空间环境，也会影响到地球的气候。获取地球各类圈层大尺度物理参量及其演变的观测数据是空间天气预报、气候变化和空间物理学研究的迫切需求。20 世纪 60 年代以来，虽然发射了大量的地球卫星对各类圈层进行原位采样探测和遥感观测，但终究只是获取这些圈层的局部数据，对于大尺度的动力学过程依然缺乏直观的了解。在距地球 38 万千米远的月面上建立观测站或在中继卫星上搭载观测仪器，可以对数十个地球半径范围内的物理量开展遥感测量，长期、连续地获取地球各圈层宏观数据。

12.2.4 太阳风和地球磁层相互作用

当太阳风重离子与地球外逸层中的中性成分发生碰撞时，激发态重离子向基态跃迁，发射出软X射线。对磁层进行X射线成像是探测磁层大尺度结构的新的方式，对太阳风磁层耦合过程研究具有重要意义。

随着太阳风动压和行星际磁场方向的变化，磁层顶的位置和形状在不断变化。磁层顶位形的确定是空间物理学的基本研究方向之一，是探索日地空间核心物理过程以及进行空间天气预报的基础。首先，磁层顶位形对于研究太阳风—磁层系统的耦合模式具有重要意义。太阳风动压的改变会造成磁层顶形状的自相似变化，即动压增强/减弱，则磁层顶靠近/远离地球，在此过程中磁层顶形状与变化之前的形状基本保持相似。但是当磁层顶重联发生时，日下点附近的磁层顶被剥蚀的程度相对侧翼而言要更强，所以磁层顶的整体形状会变钝。而且，当重联仅在局部区域发生时会造成该区域附近磁层顶的形变，形变的程度、位置、变化速率等均与重联过程的特性密切相关。因此，通过测量磁层顶的位置、形状、曲率、形变速率等信息，可以区分太阳风－磁层相互作用的主要驱动机制。其次，包括南北极区在内的磁层顶大尺度位形结构对于定量计算太阳风进入磁层空间的动量、能量和质量都至关重要。此外，磁层顶的位形结构也是空间天气预报的一个重要方面，磁层顶的确定对于保障载人航天活动和卫星仪器的安全具有重要意义。例如，当日冕物质抛射等爆发性太阳活动事件发生时，磁层顶将被显著地压缩，如果磁层顶被压至地球同步轨道内，那么运行于该轨道上的卫星将直接暴露于太阳风等离子体中，从而增加探测仪器及航天员健康受损的概率。

12.2.5 地球磁尾动力学过程能量中性原子月基成像观测

月基对地球磁尾动力学过程能量中性原子成像观测是对地球磁层中能量中性原子整体成像。迄今为止，对地球磁层的能量中性原子成像观测的时、空及能量分辨率均不能满足分辨地球磁尾动力学过程的要求。月基对地球磁尾动力学过程能量中性原子成像观测可以实现高时空及能量分辨率的等离子体片、电流片、磁尾重联区，磁场重联相关的磁场结构和流场结构、磁尾注入和逃逸等的成像观测，极大地增进人类对磁尾动力学过程的理解。在空间天气应用方面，月基对地球磁尾动力学过程能量中性原子成像观测可以为地磁暴、地磁亚暴等磁层爆发活动预报提供直接观测输入，结合物理模型建模，可以有效地提高对磁层爆发空间天气活动的预报水平。

12.2.6 地球等离子体层和电离层极紫外月基观测

地球等离子体层是位于内磁层的一个环状的冷等离子体聚集区域，与地球一起共转。它的底部是电离层(处于磁层内部)，外面被环电流和辐射带包围，其主要成分来自被地磁场俘获的电离层离子。地球等离子体层和电离层存在大量带电粒子，能够在紫外或极紫外波段产生多种辐射。其中 83.4nm 和 30.4nm 极紫外辐射是分别来自电离层和等离子体层的重要特征辐射。地球等离子体层和电离层是 2 个相互耦合的圈层，磁暴导致等离子体层带电粒子快速损失，而在平静期，电离层的带电粒子又能够缓慢地再填充到等离子体层。因而通过观测来自电离层和等离子体层的 83.4nm 和 30.4nm 谱波，可以获取在太阳、行星际和磁层扰动影响下发生在这两个圈层的各类物理学过程，以及他们之间的相互耦合过程的重要信息。利用月球探测后续任务对月球南极着陆探测的机会，实现对地球电离层和等离子体层的月基定点大视场连续成像观测，应用于空间天气的监测、研究和预报，大幅度提升空间天气研究水平和空间天气预报能力。

12.2.7 月基基础科学试验应用研究

空间生物学试验一直是国际空间基础科学试验的热点，月基生物学试验研究一直都是俄美在月球探测中科学载荷的主要内容。月球探测的重要目标之一是拓展人类的生存空间，为未来载人登月和建立月球基地、开发月球资源奠定基础，因此月球探测必然伴随着生物学研究，建立基于陆生生态系统的生物再生生命保障系统。目前为止，国内外有关陆生生物的空间效应研究工作都是针对单个植物体进行空间搭载实验研究，有关二元或多元的陆生生态系统在空间环境下的表现研究尚未开展，针对月球表面环境的生态系统搭载实验在之前尚无人提出。NASA 提出 2020 年月球车上搭载月球微型温室计划，主要研究的科学问题是植物是否能够在月球重力与辐射下正常发芽和生长。

月球环境最突出的特点是六分之一重力、低磁场和长时间低剂量辐射综合环境条件，基于陆生生态系统的生物再生生命保障系统，其物质循环、能量流动的规律和各生物的生物学效应等在月球表面均不清晰，并且月面的这种综合环境条件在地面上无法有效模拟，近地轨道飞行器的微重力条件也与此有很大差异。因此，在无人月球探测过程中开展小型陆生生态系统试验，取得地面大型有人实验系统模拟结果的矫正参数，为未来载人月球探测生命保障奠定基础。

12.3 后续月球探测思路

2018 年 3 月，国务院下发了《关于印发积极牵头组织国际大科学计划和大科学工程方案的通知》，提出国际大科学计划和大科学工程是人类开拓知识前沿、探索未知世界和解决重大全球性问题的重要手段，是一个国家综合实力和科技创新竞争力的重要体现。组织国际月球科研站大科学工程作为建设创新型国家和世界科技强国的重要标志，对于增强科技创新实力、提升国际话语权、解决全球关键科学问题、聚集全球优势科技资源和构建全球创新治理体系上具有积极深远意义。

随着探月工程三步走战略的逐步实施，中国已经掌握了月球探测的基本技术，探测月球的目标也由发展航天能力向“月球科学深化研究与资源开发利用”转变。在空间技术和空间科学的基础上开展空间应用，以空间应用推动空间技术和空间科学进步，空间技术、空间科学和空间应用三者协调发展。以建设国际月球科研站为主要内容的国际月球大科学工程倡议，依托探月工程后续任务，与欧洲、俄罗斯等国家积极开展国际合作，逐步建设人类长期开展科学探测和资源利用的验证平台——月球科研站，使其成为全人类太空开发的重要基础设施和地外天体开发的重大标志性共享平台，为后续月球探测和深空探测的可持续发展奠定基础。

12.3.1　国际月球科研站概念

月球科研站是指在月面建设的由若干功能区组成的基础科研设施，每个功能区包含多个功能模块，可维护、可扩展，能长期自主运行，持续开展月球科学研究、技术验证和资源开发利用(如图 12-1 所示)。其主要任务实现能源长期供给、自主运行和无人值守，开展科学研究和技术试验。月球科研站提供了一个系统性研究月球关键科学问题的长期平台。通过对月球深入探测、月基观测以及物理、生命、材料等科学实验，将使人类对月球的形成与演化，包括对月球的撞击形成机制、月球岩浆洋的结晶过程、月球的早期撞击历史与月海盆地形成，以及月球玄武岩浆的喷发历史等方面获得更深入的认识，同时也将成为走向深空的测试平台和中转站。

图 12-1　月球科研站基础功能构想

嫦娥三号开展了月基平台的天文和对地观测验证试验，取得了一系列重要成果，这是国际上首次开展这类科学研究。月基科研站的建立，为拓展和深化月基平台的天文观测和宏观地球科学研究提供了最好的条件。现今的月球探测已开始由较为纯粹的科学目标牵引，向科学研究与资源利用并重转变。利用月球这一天然、巨大的卫星平台，以及开发月球上独特的资源，成为下一阶段月球探测的新特点和趋势。

从远景来看，月球科研站作为未来人类“月球基地”的基本型，具备基本的能源、通信、巡视与飞跃探测、综合指挥控制等能力；在此基础上不断扩展，提高科学研究和资源开发利用能力，扩展支持航天员短期生存的能力，具备支持人机协同工作的能力，最终建成一个长期自主运行、短期有人照料的“月球基地”，包括实验室、工厂等，开展月球科学深化研究，开发利用月球资源，建立研究地月系统演化等科学问题的实验室，发展成为开发与利用月球原位资源的平台。

月球科研站对全月面到达、复杂地形着陆、月面连续能源供给、地月高精度测距、月面长期驻留等一批关键技术提出了更高要求，在工程实施过程中需要攻克众多的新技术、新工艺、新材料难题。通过工程的实施又将促进一系列基础科学的创新与发展，带动智能信息、控制、能源、材料和元器件等领域的发展，进而产生巨大的经济和社会效益。国际月球科研站作为人类地外天体开发的重大标志性共享平台，将大大推动国际月球大科学工程，成为全人类太空开发的重要基础设施(如图 12-2 所示)。

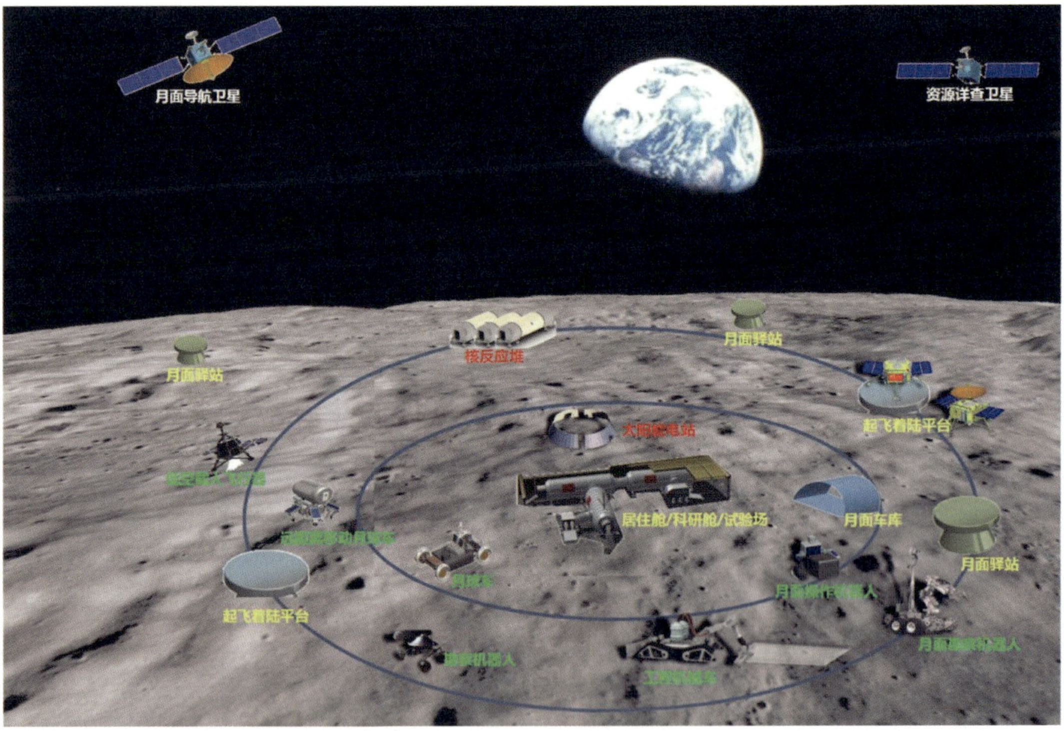

图 12-2　国际月球科研站构想

月球科研站是一个工程庞大、技术复杂、投入资金高的宏大构想，单靠一个国家或组织很难独立完成。根据国际月球探测合作经验和实践，倡议按照“开放合作，共担风险，成果共享”的原则，以“规划对接，任务设计，技术合作，联合实施”的方式开展国际合作，共同建设国际月球科研站。

规划对接是指结合各国或组织独立的月球探测规划，根据国际月球科研站任务需要，探讨发展方向与目标、初步任务安排，对战略规划进行对接，实现任务互补、目标融合和匹配。

任务设计是指围绕国际月球科研站建设目标，开展任务总体设计、各次级任务设计。例如，各方分别研制发射功能模块，互相补充，共同完成探测任务；各方机器人开展联合月面联合操作等。

技术合作是指互相利用对方已有的先进技术，完成承担的科研站功能模块建设任务，实现技术上的合作共赢，如软着陆技术、先进载荷技术、导引着陆技术等。

联合实施是指各方在科研站功能模块建设过程中、探测器发射运行过程中的联合。例如，共同研究定制科学目标，搭载科学载荷；联合开展着陆区优选工作；在轨任务中各方探测器协同工作；探测器发射过程中互相提供测控支持；各方分别研制科研站的功能模块，形成科研站的功能区；各国探测器可以联合对月震、资源分布等开展科学探测。

成果共享是指合作各方共享探测获取的工程和科学成果，如月面地形地貌、月球资源分布、月基观测数据等。

2011 年以来，中国与 29 个国家、空间机构和国际组织签署了 40 多项空间合作协定或谅解备忘录，参与联合国及相关国际组织开展的空间探索活动。在月球探测领域，已经与欧空局、俄罗斯等建立了长期的国际合作机制。与欧空局联合召开的中欧月球科学与月球探测研讨会吸引了国内外月球探测与月球科学研究领域的科学家参与，中欧双方计划成立科学家联合团队，论证国际月球科研站顶层科学问题，筹建中欧月球科学实验室。中俄总理定期会晤机制下的中俄航天合作分委会也已经连续举行了 19 次会议，在月球与深空探测领域的合作正在朝着任务级联合实施方向发展。2018 年 6 月 8 日，中国和俄罗斯签署了在月球与深空探测领域合作的谅解备忘录，为实施包括月球探测领域的大项目合作奠定了基础。

12.3.2　实施思路

总体来看，我国的探月工程起步晚但起点高，任务次数少但涵盖内容多，投入少但产出多，整体能力快速发展，并跻身于国际月球探测先进行列。未来将以空间科学、空间技术、空间应用协同发展为目标，保持良好的发展态势，持续开展月球探测，不断深化月球科学研究和新技术验证，为月球资源开发利用、行星际深空探测、月球科研站和载人登月奠定坚实的基础，成为探求宇宙未知、服务人类文明、构建人类命运共同体的重要标志。

1)在探月工程一期、二期、三期的基础上，实施探月工程四期，进行月球科考设施建设。前瞻性开展以月球南极为重点，包括原位探测和采样返回探测等多种形式的探测活动，形成全月面、长周期、复杂环境条件下的月球探测能力，实现极区原位科学研究、资源勘察和应用验证，促进取得重大原创性科学发现。积极推动月球以远的深空探测工程，以火星探测为主线，进一步开展行星际探测，不断提高技术及应用能力。

2)加强科学载荷技术研究。载荷的探测能力直接决定了行星际科学研究与应用水平，而深空的奥秘对科学载荷的研究者提出了更艰巨的要求。因此要大力推动基础科学研究，不断填补认知的空白；加强原材料、器件的水平，不断取得认知的新成果。本着开放合作的理念，鼓励中外科学家、工程技术专家联合研究、共同开发、协同实施，不断提高科学载荷的能力和水平。

3)加大基础研究支持力度，带动多学科发展。依托工程研制加强研究院所与高等院校的沟通与互联，建设相关特色学科建设，推动行星科学、空间物理学、空间化学及交叉学科发展，支撑未来月球探测乃至深空探测活动的蓬勃发展。

4)鼓励多元化投资，建立更加完善的成果转化机制。将推进重大工程科技创新成果向社会经济发展和科学普及领域的转化、推广和应用。通过完善社会资本的参与投资机制，支持参与月球重大基础设施建设，搭建成果和技术转化应用平台，推动技术的二次开发和产业应用。

5)充分利用我国探月领域当前良好的发展态势，积极加强国际合作，推广国际月球科研站的倡议。以共商、共建、共享为原则，共同开展战略研究、联合任务规划、联合月面操作、联合科学研究等多层次合作，并拓展和牵引“一带一路”沿线国家参与合作，分担投资和降低技术风险，共享科研成果，提升探测效益，推动实施月球大科学计划，为推进人类的月球探测事业贡献中国智慧和中国方案。

6)组建国内外科学家团队，促进科学成果产出。在重大工程的牵引带动下，完善技术创新体系和科学数据管理体系，培养科学家研究团队，造就具有国际视野的顶尖科学家，充分调动科学工作者的参与积极性，为获得重大科学发现创造更好的环境，集中获得一批原始创新科学成果。

7)积极推动世界级、国家级实验室建设。月球与深空探测是涵盖基础科学、工程技术、应用技术、多学科、多领域交叉的巨系统，是未来人类取得新认知、新突破并不断推动人类文明进步与发展的战略领域。通过能力建设，以及与国际知名机构联合建设，培育发展世界级、国家级实验室，让更多的科学家、技术专家参与，让更多的国家或组织合作，让更多的成果产出，更系统地服务于人类文明发展。

8)注重空间法律研究，服务人类文明。积极参与国际空间法律的研究和制订，加强技术发展、科学成果、民族文化与空间法律融合和促进，完善国际规则，推动技术进步，为构建人类命运共同体发出中国声音，彰显大国责任。

月球还有太多的谜团有待揭开，月球的起源与演化是一个跨学科、跨领域的重大科学问题。月球探测是我国迈向深空的第一步，也是走向更远深空的中转站，我们在探索浩瀚宇宙的道路上将永不停歇。

结　　语

“当今世界处在大发展、大变革、大调整时期，人类迎来科技文明前所未有的大发展时代，必须进一步彰显科学精神、科学思想、科学方法、科学知识对时代进步、人的全面发展的终极关怀，以历史纵深和整体视角，焕发精神力量的时代感召力、引领力”。作为发展我国航天事业重要组成部分的探月工程，以四发全胜的战绩，彰显了当代中国航天技术的能力和实力，展示了我们探月人的智慧和风采；探月工程，呼应时代的感召，向着国际月球探测舞台中央迈进；2019 年的 1 月 3 日 10 时 27 分，我国又实现一个创造历史的壮举——嫦娥四号成功着陆在预设的月球背面上，标志着引领未来国际月球探测已不仅仅是“我有一个梦”了，也标志着为人类的文明发展将做出更大贡献。

恩格斯曾经说过，“思维着的精神是地球上最美丽的花朵”。今天，嫦娥四号首次实现了人类在月球背面着陆巡视探测的壮举，印证了今天的探月人“智慧的结晶”就是最美丽的花朵。探月人，书灯下、试验间、测试场，是苦行僧、修行者、拓荒者；探月人，课堂上、报告厅、书海中，是思想者、传播者、践行者。

漫看天际云卷云舒，回思历史百感交集。曾几何时，我们也曾辉煌过，四大发明、世界科技强国。然而，近代以来，科学在中国几乎都是“舶来品”，如同美国物理学家亨利·奥古斯特·罗兰 1883 年在其《为纯科学呼吁》一书中，用中国作为反面教材来告诫美国科学界所说的那样——假如我们停止科学的进步而只留意科学的应用，我们很快就会退化成中国那样，多少年代以来他们都没有什么进步，因为他们只满足于科学的应用，却从来没有追问过他们所做事情中的原理。今天，摘取科学皇冠的机遇来了，但要实现它，还需要我们飓风沐浴、砥砺奋进，厚植创新文化沃土，一定要弘扬科学探索精神、培植科学传统，涵养科学家的精神气质，增强人民科学文化素质和理性思维能力。

如果说，探月工程的成功，弘扬了中国人伟大梦想精神、伟大探索精神、伟大团结精神、伟大开放精神，那么，今天探月之成功，也只能说仅仅是万里长征的第一步。如果说，探月工程的辉煌，展现了今日中国航天技术的进步，那么，相比较而言，今天的科学产出特别是原创性的大科学成果，还远远不够。虽然，探月工程系列任务成功了，但我们必须承认，在科学产出上确实还不尽人意；虽然，我们在科学研究上也取得了一些可喜的研究成果，正如本书中介绍的嫦娥一号的“月亮微波”、嫦娥二号首次“亲吻”图塔蒂斯小行星、嫦娥三号发现新岩石类型等，但这些远没达到我们的预期，而这也表明了我国的行星科学人才队伍的不足。

十年树木，百年树人。《铸就辉煌——中国探月工程科学成果》的出版，不仅仅是为了告诉公众，探月工程在科学上取得了哪些成就，更不是为了炫耀我们目前所取得的这些研究成果，而是想向公众传送这么一个愿望——希望有更多的人热爱科学、追求科学、奉献科学，有更多的人“理解科学本身的价值”(梁启超)，有更多的人了解月球、向往宇宙，为科学而奉献，有更多的人知道今天我们行星科学人才队伍的不足而努力去培植人才队伍的土壤，去酿造有利于人才队伍成长的养分，有更多的人成为新的探月人，有更多的人真正成为徜徉于科学象牙塔中的寻梦人。